U0233463

神经科学
NEUROSCIENCE

神经科学

NEUROSCIENCE

第4版·上卷

主　　编　韩济生

副 主 编　蒲慕明　饶　毅

编　　委　（按篇排序）

徐　涛　舒友生　段树民

叶玉如　饶　毅　张　旭

陈道奋　陈宜张　蒲慕明

贺　林　韩济生　吴朝晖

主编助理　王晓民　王　韵　梅　竹

北京大学医学出版社

SHENJING KEXUE

图书在版编目（CIP）数据

神经科学：上下卷 / 韩济生主编 . —4 版 . —北京：北京大学医学出版社，2022.10（2025.2 重印）
ISBN 978-7-5659-2725-6

Ⅰ . ①神…　　Ⅱ . ①韩…　　Ⅲ . ①神经科学　　Ⅳ . ① Q189

中国版本图书馆 CIP 数据核字（2022）第 165851 号

神经科学（第 4 版）

主　　编：韩济生
出版发行：北京大学医学出版社
地　　址：（100191）北京市海淀区学院路 38 号　北京大学医学部院内
电　　话：发行部 010-82802230；图书邮购 010-82802495
网　　址：http://www.pumpress.com.cn
E-mail：booksale@bjmu.edu.cn
印　　刷：北京信彩瑞禾印刷厂
经　　销：新华书店
责任编辑：陈　奋　袁朝阳　安　林　　责任校对：靳新强　　责任印制：李　啸
开　　本：889 mm×1194 mm　1/16　　印张：113.5　　字数：3670 千字
版　　次：2022 年 10 月第 4 版　2025 年 2 月第 2 次印刷
书　　号：ISBN 978-7-5659-2725-6
定　　价：680.00 元（上下卷）

本书由

北京大学医学出版基金资助出版

编者名单

编　者（以姓名笔画为序）

丁　鼐　浙江大学生物医学工程与仪器科学学院
于玉国　复旦大学智能复杂体系基础理论与关键技术实验室
于龙川　北京大学生命科学学院
万　有　北京大学神经科学研究所
马　健　清华大学生命科学学院
马　通　复旦大学脑科学转化研究院
马　德　浙江大学计算机科学与技术学院
马玉乾　中国科学技术大学生命科学与医学部
王　伟　中国科学院脑科学与智能技术卓越创新中心（神经科学研究所）
王　强　美国堪萨斯城密苏里大学医学院
王　颖　青岛大学神经精神疾病研究院
王　韵　北京大学神经科学研究所
王　蕾　中国人民解放军国防科技大学计算机学院
王以政　中国人民解放军军事科学院军事医学研究院
王玉平　首都医科大学宣武医院
王玉田　加拿大英属哥伦比亚大学脑研究中心
王立平　中国科学院脑科学与智能技术卓越创新中心（神经科学研究所）
王克威　青岛大学药学院
王佐仁　中国科学院脑科学与智能技术卓越创新中心（神经科学研究所）
王拥军　首都医科大学附属北京天坛医院
王昌河　西安交通大学生命科学与技术学院
王建枝　华中科技大学同济医学院
王晓民　首都医科大学
王晓群　中国科学院生物物理研究所
王继先　上海交通大学医学院附属瑞金医院
王继军　上海市精神卫生中心
王菲菲　复旦大学基础医学院
王梦阳　首都医科大学三博脑科医院
王跃明　浙江大学求是高等研究院
戈鹉平　北京脑科学与类脑研究中心
牛建钦　中国人民解放军陆军军医大学基础医学院
甘文标　深圳湾实验室神经疾病研究所
叶　冰　美国密歇根大学生命科学研究院
叶玉如　香港科技大学
田　波　华中科技大学同济医学院
邢国刚　北京大学神经科学研究所
戎伟芳　上海交通大学基础医学院
毕国强　中国科学技术大学生命科学学院
师咏勇　上海交通大学 Bio-X 研究院

朱　兵　中国中医科学院针灸研究所
朱景宁　南京大学生命科学学院
乔　梁　首都医科大学宣武医院
刘　琦　复旦大学芯片与系统前沿技术研究院
刘　超　北京师范大学心理学部
刘青松　美国威斯康星医学院药理毒理系
刘国法　美国托莱多大学自然科学与数学学院
闫致强　深圳湾实验室分子生理学研究所
孙　宁　华中科技大学同济医学院
孙坚原　中国科学院深圳先进技术研究院
孙衍刚　中国科学院脑科学与智能技术卓越创新中心（神经科学研究所）
纪如荣　美国杜克大学医学中心
杜久林　中国科学院脑科学与智能技术卓越创新中心（神经科学研究所）
李　磊　上海科技大学生命科学与技术学院
李　乾　上海交通大学医学院
李　武　北京师范大学认知神经科学与学习国家重点实验室
李天富　首都医科大学三博脑科医院
李云庆　中国人民解放军空军军医大学基础医学院
李玉兰　浙江大学医学院
李至浩　深圳大学心理学院
李旭辉　西安交通大学前沿科学技术研究院
李远清　华南理工大学自动化科学与工程学院
李松挺　上海交通大学自然科学研究院 / 数学科学学院
李昌林　广东省智能科学与技术研究院
李勇杰　香港大学深圳医院
李晓明　浙江大学医学院
李路明　清华大学神经调控国家工程研究中心
杨　锋　首都医科大学附属北京天坛医院
杨天明　中国科学院脑科学与智能技术卓越创新中心（神经科学研究所）
肖　岚　中国人民解放军陆军军医大学基础医学院
肖　林　华南师范大学脑科学与康复医学研究院
肖百龙　清华大学药学院
吴建永　美国乔治城大学医学院
吴政星　华中科技大学生命科学与技术学院
吴海涛　中国人民解放军军事科学院军事医学研究院
吴朝晖　浙江大学
时松海　清华大学生命科学学院
邱　俭　美国俄勒冈健康与科学大学化学生理学和生物化学系
何　生　中国科学院生物物理研究所
何　苗　复旦大学脑科学研究院
谷　岩　浙江大学医学院
汪小京　美国纽约大学神经科学中心
宋红军　美国约翰·霍普金斯大学医学院细胞工程中心
张　旭　广东省智能科学与技术研究院
张　哲　中国科学院脑科学与智能技术卓越创新中心（神经科学研究所）
张　嵘　北京大学神经科学研究所

张　遹　青岛大学神经精神疾病研究院
张玉秋　复旦大学脑科学研究院
张旺明　南方医科大学珠江医院神经外科中心
张楚珺　中国科学院脑科学与智能技术卓越创新中心（神经科学研究所）
陈　军　中国人民解放军空军军医大学第二附属医院
陈　彪　首都医科大学宣武医院
陈宜张　中国人民解放军海军军医大学
陈道奋　美国国立卫生研究院神经疾病和脑卒中研究所
陈聚涛　中国科学技术大学生命科学与医学部
林龙年　华东师范大学脑功能基因组学研究所
卓　敏　加拿大多伦多大学医学院生理系
明国莉　美国宾夕法尼亚大学 Perelman 医学院
罗　非　中国科学院心理研究所
罗振革　上海科技大学生命科学与技术学院
周　专　北京大学分子医学研究所
周栋焯　上海交通大学自然科学研究院／数学科学学院
周福民　美国田纳西大学医学中心
郑　平　复旦大学脑科学研究院
郑滨海　美国加利福尼亚大学圣地亚哥分校医学院
赵志奇　复旦大学脑科学研究院
胡小平　美国加利福尼亚大学河滨分校生物工程学院
胡新天　中国科学院昆明动物研究所
钟伟民　美国耶鲁大学分子、细胞与发育生物系
段树民　浙江大学
禹永春　复旦大学脑科学研究院
饶　毅　北京大学　首都医科大学　北京脑科学中心
施　静　华中科技大学同济医学院
施路平　清华大学类脑计算研究中心
姚小玲　上海交通大学医学院附属瑞金医院
贺　光　上海交通大学 Bio-X 研究院
贺　林　上海交通大学
秦　松　复旦大学基础医学院
袁　凯　北京大学第六医院
袁文俊　中国人民解放军海军军医大学生理学教研室
贾建平　首都医科大学宣武医院
夏　昆　南华大学
顾　勇　中国科学院脑科学与智能技术卓越创新中心（神经科学研究所）
柴人杰　东南大学生命健康高等研究院
钱　卓　华东师范大学脑功能基因组学研究所
倪　鑫　中南大学湘雅医院
徐　林　中国科学院昆明动物研究所
徐　波　中国科学院自动化研究所
徐　涛　中国科学院生物物理研究所
徐　敏　中国科学院脑科学与智能技术卓越创新中心（神经科学研究所）
徐　雁　中国医学科学院北京协和医院神经科
徐一峰　上海市精神卫生中心

徐广银　苏州大学苏州医学院
徐天乐　上海交通大学基础医学院
徐华敏　青岛大学基础医学院
徐富强　中国科学院深圳先进技术研究院
殷东敏　华东师范大学脑功能基因组学研究所
高永静　南通大学特种医学研究院 / 疼痛医学研究院
高志华　浙江大学医学院
郭　辉　中南大学生命科学学院
栾国明　首都医科大学三博脑科医院
唐北沙　中南大学湘雅医院
唐华锦　浙江大学计算机科学与技术学院
陶长路　中国科学院深圳先进技术研究院
陶乐天　北京大学生命科学学院
黄铁军　北京大学人工智能研究院
黄智慧　杭州师范大学药学院
梅　林　美国凯斯西储大学医学院
梅　峰　中国人民解放军陆军军医大学基础医学院
曹淑霞　浙江大学医学院附属邵逸夫医院
崔　嵓　中国科学院脑科学与智能技术卓越创新中心（神经科学研究所）
崔丽英　中国医学科学院北京协和医院神经科
崔彩莲　北京大学神经科学研究所
康新江　西南医科大学心血管医学研究所
章晓辉　北京师范大学认知神经科学与学习国家重点实验室
彭　勃　复旦大学脑科学转化研究院
蒋　毅　中国科学院心理研究所
韩　华　中国科学院自动化研究所
韩世辉　北京大学心理与认知科学学院
韩济生　北京大学神经科学研究所
傅小兰　中国科学院心理研究所
舒友生　复旦大学脑科学转化研究院
鲁　白　清华大学药学院
鲁朋哲　美国加利福尼亚大学圣地亚哥分校医学院
谢　青　上海交通大学医学院附属瑞金医院
谢俊霞　青岛大学
蒲慕明　中国科学院脑科学与智能技术卓越创新中心（神经科学研究所）
路长林　中国人民解放军海军军医大学神经科学研究所
鲍　岚　中国科学院分子细胞科学卓越创新中心（生物化学与细胞生物学研究所）
蔡时青　中国科学院脑科学与智能技术卓越创新中心（神经科学研究所）
蔡景霞　中国科学院昆明动物研究所
翟海峰　北京大学中国药物依赖性研究所
樊碧发　中日友好医院疼痛科
潘　纲　浙江大学计算机科学与技术学院
薛　天　中国科学技术大学生命科学与医学部

主编简介

韩济生，中国科学院院士，北京大学博雅讲习教授（神经生物学），北京大学神经科学研究所名誉所长。从1965年开始从中枢神经化学角度研究针刺镇痛原理，研制出"韩氏穴位神经刺激仪（HANS）"，用于治疗急慢性疼痛、海洛因成瘾、不孕不育和孤独症。研究获美国国立卫生研究院（NIH）RO1科研基金（1987—2000）及重点基金（2003—2008）。任中国自然科学基金委及科技部"973计划"（针麻原理研究）首席科学家，在国内外杂志及专著上发表论文500余篇，SCI引用1万余次。主编《神经科学》（第1～4版）（1993、1999、2008、2022）。培养博士88名，博士后18名，进修医师100余名。获国家自然科学奖二等奖和三等奖，国家科学技术进步奖二等奖和三等奖，获何梁何利科技进步奖（1995）、北京大学首届"蔡元培奖"（2006）、吴阶平医学奖（2011）、国际疼痛学会（IASP）荣誉会员（2012）、国际针灸联合会科技特殊贡献天圣铜人奖（2017）、谢赫·扎耶德国际传统医学奖针灸金奖（2022）。1979年以来应邀到27个国家或地区100余所大学演讲207次。创建北京神经科学会（1987）和中国疼痛学会（1989），曾任世界卫生组织（WHO）科学顾问（1994—2001），美国国立卫生研究院（NIH）学术顾问（1991—1993），瑞典隆德皇家学院国际院士（1987—）。任中华医学会疼痛学分会与中国医师协会疼痛医师分会创始主任委员及终身名誉主任委员，《中国疼痛医学杂志》创始主编及名誉主编；《生理科学进展》杂志名誉主编；国际标准化机构（ISO）第249技术委员会项目负责人之一，负责制定电针仪国际标准。

第 4 版前言

教科书是学科发展的关键环节和重要基础。《神经科学》从第 1 版开始，历经 30 年，经过群策群力，不仅长期坚持再版，而且越来越好。人生难得有几个 30 年，能够为世界生命科学的皇冠学科在中国落地、生根、发芽和成长做些事情，实为我们的大幸。本书第 4 版即将与读者见面，我内心无比喜悦。我相信，《神经科学》的全体作者都希望广大读者能从这本读物中获益。

本书力图反映高度综合和交叉的神经科学的全貌。近 30 年来，在多学科概念和技术推动下，神经科学的研究更加深化，与组学、心理认知、人工智能、物理学、化学、信息和材料学等领域有更广泛的交叉，并延伸进入大众的文化和语言中。为反映学科的变化，本书的内容也有相应的变化。与 2009 年出版的第 3 版相比，全书结构从 9 篇增加至 12 篇，篇幅从 61 章增加至 88 章。第 3 版的"神经系统细胞生物学"篇中有"神经胶质细胞"一章。由于近年来这一领域发展较快，现将其拓展为一个篇，仍由段树民教授主持编写。第 3 版"高级神经活动"篇中由汪小京教授执笔的"理论神经科学"一章，鉴于该领域发展极为迅速，本书特设"类脑智能"一篇，由吴朝晖教授主持编写，反映了脑科学与计算电子工程学相结合的新兴领域。近年来，医学界通过多种物理刺激直接作用于脑中枢或外周神经，用以治疗各种神经系统疾病，效果良好，第 4 版特增设"神经调控"一篇，由我主持编写。

本书的作者团队也反映出我国神经科学力量蓬勃发展的过程。全书作者由第 3 版的 107 位增加至 174 位，他们都来自世界各地重要的神经科学研究单位。关于各篇构成的主要内涵、编写思路和重点，在每篇起始均有 1000 字左右的引言概述，期望给读者以启迪。

无论从世界还是中国对神经科学的重视，还是交叉学科对神经科学的日益渗透和推动来看，神经科学都站在科学研究的前沿，并有着其他学科难以想象的旺盛持久的生命力。本书既反映技术的重要性，也反映理论的重要性。正如徐涛教授在本书第一篇的引言中所述，只有研究方法的突破，才能看到更多更新的现象，继而总结出更高更深的理论。当前，中国神经科学界已经超越了从事辅助性研究的阶段，到了创制全新仪器、产出一流研究成果的新时期，这是一个巨大的飞跃。也有观点认为神经科学终将从重资料积累的时代，迈入高度依赖想象力和建立新理论体系的时代。希望本书的定期再版能薪火相传、不负众望，继续做好神经科学学科发展的推手！

作为本书的集稿人，我深知，繁重而高质量的写作任务是从各位原已饱和的日程中挤压时间、精力来完成的，我愿在此对全体作者以及特邀审稿人表达衷心的感谢！我特别要对蒲慕明教授和饶毅教授两位副主编表达诚挚的谢意！他们的远见卓识和巨大付出是无可取代的。两年来，王晓民教授和王韵教授自始至终给予了非常及时的多方位的巨大帮助。梅竹博士通过大量细致的联络工作，或将成为百余位作者的终身好友！而北京大学医学出版社同仁们 30 年来一以贯之的细致负责的工作态度，已经令我陶醉其中，难以忘怀！

韩济生

二〇二二年三月三十一日

第 3 版前言

本书第 1 版系《神经科学纲要》，出版于 1993 年。问世后受到读者好评，先后获得国家教委科技著作特等奖（1995）、卫生部十年来科技书刊一等奖（1996）和国家科技进步三等奖（1998）。

我国神经科学创始人之一的张香桐教授为本书第 1 版写的序中提出了三点意见和希望：一是"把它称为《纲要》，似乎也未免过于谦虚了一些"。二是"在未来的年代里，继续出版"。三是"逐渐增加我国神经科学工作者自己的研究成果在世界神经科学知识宝库中的分量"。我们按照这些建议——加以落实。

首先是书名。从第 1 版的《神经科学纲要》改为第 2 版的《神经科学原理》，一是表明内容比"纲要"更为详尽，二是以介绍神经科学的基础理论为主。在编写第 3 版时，我们考虑到神经科学的基础和临床两个方面不能偏废，着力加强了与临床有关的部分，这也符合当今科学技术发展的总趋势。因此将第 3 版的书名改为《神经科学》。

其次是将此书作为一个书系不断再版。在 1993 年、1999 年两版基础上，2008 年推出第 3 版。全体编者深信，在我国神经科学队伍不断壮大的现实下，本书必将在中华大地继续展现其旺盛的生命力。

最后是在书中更多体现我国神经科学工作者的贡献。为此我们在全世界范围内邀请卓越的华人神经科学工作者参加本书的编写队伍。蒲慕明教授和饶毅教授在国际神经科学领域有广泛联系，熟知海外华裔神经科学家的发展情况，两位教授加盟作为副主编，更有助于使华裔神经科学工作者的科研成果能在本书中得到充分反应。

在结构和内容上，第 3 版与前两版相比做了一些调整。把第 2 版的"神经元的结构与功能"和"神经元通讯"两篇合并成一篇，称为"神经系统的细胞生物学"；并对"中枢神经系统的发育与可塑性"一篇的内容加以大幅度扩展。"神经系统高级功能"一篇是神经科学与认知科学的结合点，"神经系统疾病的基础研究"则是神经科学与神经内、外科和精神科的结合点，这两篇都得到了重点加强。调整之后，使本书在神经科学基础知识及其与实际联系方面更好地反映出当代神经科学发展的热点。在方法学方面，新增了光学成像和行为学方法的内容，旨在及时反映无创的脑功能成像与行为结合的最新进展。在不少章节的内容及参考文献中，力求体现出我国神经科学发展的进步与特色。

增加海外学者参与编写工作后，不可避免地增加了再版的难度，包括稿件的及时收集、文字的编辑加工等，在各方面共同努力下这些困难都一一得到了克服，保证了本书的及时出版，并使其继续保持了较高水平的"可读性"。

在本版编辑过程中，主编助理万有、罗非两位教授付出了巨大努力。在编辑后期，特别是在双色图的设计制作以及修饰方面，刘清华副教授协助万有教授进行了大量工作。北京大学医学出版社领导和韩忠刚、刘燕两位编辑，以及早期张彩虹编辑，都为本书的出版倾注了极大精力，在此一并表示最诚挚的感谢！

衷心希望广大读者对本书中的缺点和问题提出批评和建议，以便再版时改正。

韩济生

二〇〇八年八月八日

第 2 版前言

《神经科学纲要》1993 年出版以来，得到了广大读者的肯定，曾荣获 1995 年国家教委优秀学术著作特等奖、1997 年卫生部科技图书一等奖、1998 年国家科技进步三等奖。这是对全体作者和出版工作者的极大鼓励。正如我在第 1 版序言中所述"1993 年出书之日，也即着手准备改版之时"。5 年来，每位作者就本人所写章节的内容不断思考和积累新资料，按预定计划于 1998 年交出第 2 版书稿，使本书第 2 版得以在 1999 年如期出版发行。

1993—1998 年这 5 年正是国际学术界对脑科学予以高度重视的 5 年，美国国会关于将 20 世纪最后 10 年确定为"脑的十年"（The decade of brain）的决定取得了世界范围的响应，我国也将脑功能研究列为"八五"期间基础研究"攀登计划"的项目之一，予以重点支持。在神经科学蓬勃发展的热潮中，初版 5000 册《神经科学纲要》无疑起到了推波助澜的作用。

正如我国神经科学界元老张香桐教授为本书第 1 版所写的序言中所说："当然，我们现在出版的这部书不是'手册'，不论从哪个方面讲，都不能与德国的或美国的'手册'一类书籍相比。但是，如果把它称为'纲要'，似乎也未免过于谦虚了些。因为它具有一定的广度和深度，肯定不仅只是一个大'纲'，也不仅只是列举了一些'要'点。根据张先生的中肯评论，许多作者和读者来信建议本书改名为"神经科学原理"。经征求 60 余位作者的同意，从本版起书名做以上更改，当然，这一更名也使我们感到肩头的责任更重，压力更大。

为了适应 5 年来神经科学的发展，特别是分子生物学与神经科学相结合而带来的巨大进展，本版各章内容都做了较大幅度的调整，每章参考书目的篇数从 10 篇增至 20 篇以内，总篇幅也做了适当的增加（20%）。在 10 篇的总架构不变的情况下，增加了 5 章（受体，转运体，大脑联合皮质与功能一侧化，计算神经科学，神经系统疾病细胞治疗和基因治疗的基础研究），取消或合并了 4 章（神经元的生存环境与神经元一章合并，中枢神经递质的神经通路分散到各相应神经递质专章中讨论，神经系统再生与移植合并为一章，老年痴呆与锥体外系疾病合并为神经系统变性病）。因此总章数增加了一章（由 68 章增加为 69 章）。

特别要指出的是本书的作者群体在保持相对稳定的基础上，增加了年轻血液，全部 82 位作者中 45 岁以下的占 26%，他们都是活跃在科研教学第一线的中坚力量。此次在老一代科学家帮助下初试锋芒，在下一版中必将构成本书作者群体的主力部队。

如同在第 1 版时一样，我的助手罗非博士和北京医科大学出版社的王凤廷责任编辑在第 2 版的编审工作中付出了很多时间和精力。没有他们的帮助，本书将不可能在这样短的时间内如期出版。

我代表全书作者衷心期望广大读者能一如既往对本书从形式到内容提出宝贵意见，这种帮助是至为重要的、极其可贵的，预致最诚挚的谢意！

韩济生

一九九八年三月

第1版序1

最近一二十年间，神经科学在各发达国家，尤其在美国，有了极为迅速的发展。这一方面是反映自然科学本身发展的必然趋势。神经系统，特别是高等动物和人的脑是自然界最复杂的一种系统。在二十世纪的头六七十年间，物理学、化学和分子生物学等基础学科以及从它们引申出来的各种技术科学相继取得了长足的进步。有了这个基础后，脑这个自然界最复杂的系统自然地成为越来越多的研究者的注意对象。众所周知，近年来有许多在物理学、化学或分子生物学的研究中已经作出重要贡献的科学家转而研究神经系统。另一方面，神经科学的大发展也是反映人类社会继续发展和生存的需要。人类社会发展到今天，人有巨大的创造力，又有极大的破坏力，在许多方面对人类前途的最大威胁来自人自己。人类越来越需要学会更明智地控制自己的活动。这要求人对自己有更多的了解。人的脑是主司人的行为的，因此，了解人在自然科学意义上基本上就是了解人的脑。如何更好地保证脑的健康发育，如何更有效地增进脑的正常功能和防治脑的各种病变，在现今社会成为日益迫切需要神经科学加以研究解决的问题。

在我国，在生理科学中，神经生理学有其较受重视的历史传统。这对于在我国促进神经科学的发展是一个有利因素。我国神经科学与一些发达国家的神经科学相比，在发展深度和广度上存在着很大差距。怎样逐步地较快地缩短这个差距，是摆在我国神经科学界面前的一个严重课题。这里显然有密切相关的两个方面的问题，即教学方面和研究方面，以目前情况论，两者都大有改进、提高和新开拓的余地。我们要做的工作很多，有的可由个人或小的集体分头去做，有的则需要许多人合作进行。韩济生教授组织69位神经科学家合作编写《神经科学纲要》，是我国神经科学界的一件大事，这样一部相当全面地介绍神经科学的各个重要领域的教科书和参考书的出版，在我国填补了一个空白，可以预期，它将对我国神经科学的发展起到有力的促进作用。

冯德培
一九九二年七月九日于上海

第 1 版序 2

  这本一百多万字的巨著，是以韩济生教授为首的六十余位神经科学专家呕心沥血共同努力的结果，从最初孕育出书之念开始，至付梓之日为止，所需时间，统共不过年余。在这期间，把各地专家组织在一起，草拟出编写大纲，分别征求意见，取得一致同意，并争取到各方支持、经济补助以及出版厂家的优惠条件等，其任务之艰巨是令人望而生畏的。但由于韩教授为祖国神经科学事业而献身的精神和过人的精力，使他居然创造出了这一奇迹，实足令人钦佩。

  据约略估计，全世界关于神经科学的专业期刊，为数当在百种以上，每年发表的研究报告和综述文章，层见叠出，与日俱增。新技术的发现，新概念的产生和新知识的积累，正在以惊人的速度向前发展。从事神经研究的人们不禁产生一种共同的感觉，即：抱怨自己总是赶不上时代前进的步伐。从事培养青年的教师们也深感教学材料的匮乏，找不到一本真正及时的、最新的、可靠的、适用的神经科学教科书。目前，我国虽然也有不少较好的供大专院校使用的课本，但由于科学发展速度如此之快，而写一本教科书，往往需要较长时间才能出版。尤其是在我国目前经济匮乏，"出书难"的情况下，从写成一本书到出版问世，往往需要很长时间。再加以一本教科书在写成后还需要得到政府部门的审查批准，才能广泛发行，供学校采用。这样，又要花费很长时间。所以过去曾有人估计过：一项在实验室诞生的新知识，往往需要至少十年，才能进入教科书，在课堂上正式讲授。即使是在现今信息技术异常发达的时代，一项新知识的诞生、发展和成熟、直至为人们所普遍接受，也往往需要很长时间。在这漫长的时间里，即从实验室到教室这一过程中，有一个重要环节，那就是：一项新发现或新知识，必须有人去进行搜集、筛选、跨学科的联系贯通，和学术上的评价，才能最后被确认为颠扑不破的真理，有资格进入教科书内。要做到这一点是一项十分艰巨的任务。它要求编著者们在学术上具有真正的远见卓识和判断能力，在某一专业上是一个当代权威。

  严格地说：现在编写的这本"神经科学纲要"，不能算教科书，而只能算是一本教师们使用的教学参考资料。它起到为教科书编写所需要的新知识进行搜集、筛选、联系、评价的作用。科学的发展是无止境的，而个人的寿命与精力却极为有限。要想完成如此巨大的教学使命，显然不是任何个人所能为力的；必然依靠集体力量才行。关于这个道理很早就有人注意到了。只要你到图书馆书库里去转一转，就会发现：21 世纪初就已开始出现的德国式的 Handbuch 往往是由多数作者围绕着某一个专题进行广泛而深入的阐述，并且连续出版达数十年之久，执笔者往往是有关学科的权威人物，而且是跨时代的，跨国界的。每卷的长度甚至超过千页，卷序亦连续不断，自成系统。成为传布科学知识的重要宝库。当然，出这样卷帙浩繁的《手册》是困难的，有时可能也是不现实的。但是这种精神和做法，甚至在现代仍然是被肯定的。举例来说，美国生理学会主编的 *Handbook of Physiology*，就是在这种精神影响之下进行编辑的。在该书的序言里就曾明确到这一点。这套书关于神经生理学部分，在 1957 年初次出版，迄今已有三十余年的历史，连续出版了十余巨册，参加写作的神经科学专家逾百人，在学术界产生了巨大影响。

  当然，我们现在出版的这部书不是"手册"，不论从哪个方面讲，都不能与德国的或美国的"手册"一类书籍相比，但是，如果把它称为"纲要"，似乎也未免过于谦虚了些。因为它具有一定的广度和深度，肯定不仅只是一个大"纲"，也不仅只是列举了一些"要"点。书内各章的执笔者，在某一专业领域内都是名家，他们除搜集、筛选、评价现有的关于神经科学上的知识之外，有些人还介绍了我国其他学者及其本人的学术贡献，叙述详尽，评论得当。甚至有些篇章的作者对某些有争议的问题，明确地阐述了自己的独到见解，使读者耳目一新，有拨云雾而见青天之感。

笔者诚恳地希望：这个"纲要"也能像欧美各国出版的"手册"一类书籍一样，随着我国神经科学研究的发展，在未来的年代里，继续出版，并逐渐增加我国神经科学工作者自己的研究成果在世界神经科学知识宝库中的分量。科学知识是全世界人类的共同财富，也是由世界各国科学家共同创造的。我们必须分担我们自己应尽的职责。是为序。

张香桐
一九九二年五月于上海

目　录

第3篇 胶质细胞

第4篇 神经递质及受体

第 5 篇　神经系统的发育与可塑性

第6篇 感觉系统

第9篇　高级神经功能

第10篇　脑重大疾病

第 11 篇　神经调控

第12篇　类脑智能

第1篇 神经系统的现代研究方法

徐 涛

　　纵观神经科学的发展史，其发展与技术方法密不可分。从最开始的神经电活动记录到单细胞高通量电生理，从最初的钙成像到现在的超高分辨成像，冷冻电镜和光遗传以及透明（CLARITY）技术的应用，不断创新的技术方法直接催生了神经生物学一次又一次的革新。2002年诺贝尔生理学或医学奖获得者 Sydney Brenner 曾写道 "Progress in science depends on new techniques，new discoveries and new ideas，probably in that order." 例如，超分辨光学显微成像技术和冷冻电镜技术的发展对于系统地研究蛋白质间的组装和相互作用关系、蛋白质与神经元亚细胞器之间的关系，以及绘制神经系统的突触水平的连接图来理解神经回路是如何工作的等，都已经成为了当下关注的研究热点。

　　现在神经科学与众多学科深度交叉和融合，从机器模拟到脑功能成像，再到人工智能，人们运用多种手段来认识大脑和神经网络，神经科学进入了大数据时代。在我们不断解答疑问的过程中，在研究工具和方法改变的同时，带来了对观测对象认知尺度的变化，又促进了新的技术工具的产生。

　　从20世纪90年代以来，世界科研强国纷纷加快了对神经生物学研究的投入。随着中国脑计划的大力推进，对于学习神经生物学的学生来讲，适逢其会。本篇希望能够激励大家在全面了解神经科学现代研究方法后，在科研工作中勇于探索，开发新方法，带来新发现，产生新思想，在神经生物学这个奇妙的世界里大有作为。

李云庆　徐富强

第一节　神经束路追踪法

神经元之间的纤维联系是神经科学研究领域的最重要的基本问题之一。目前，应用于神经元之间纤维联系的最常用方法是利用神经元轴浆运输现象的神经束路追踪法。

一、轴浆运输追踪法

（一）轴浆运输及其类型

神经元（neuron）的突起有轴突（axon）和树突（dendrite）之分。由于轴突内缺乏参与蛋白质合成的核糖体，所以轴突的功能之一就是从神经元胞体将各种成分不断地运输至轴突及其分枝以维持其代谢。胞体内含有由酶合成的神经肽（如脑啡肽）和经典递质（如多巴胺），需顺向运输到轴突末梢释放；神经末梢也含有影响细胞代谢的物质（如神经营养因子），需逆向转运至胞体，这种运输现象称为轴浆运输（axoplasmic transport）。从胞体向轴突及其终末的运输称为顺行运输（anterograde transport）；反之，从轴突及其终末向胞体的运输称为逆行运输（retrograde transport）（图 1-1-1）。轴浆运输是一个需要能量（ATP）的耗能过程，虽然其机制尚未完全阐明，但现已明确微管（microtubule）、微丝（microfilament）和一些特殊的蛋白质在其中起关键作用。已知有若干种轴浆运

输类型，其速度因运输机制而异（详见第 2 篇第 1 章）。树突也有类似的运输现象。

（二）利用轴浆运输原理追踪神经纤维联系的常用方法

1. 辣根过氧化物酶追踪法　1971 年 Kristenson 等及 1972 年 LaVail 等先后将辣根过氧化物酶（horseradish peroxidase，HRP）用于追踪周围神经系统和中枢神经系统的纤维联系，创造了 HRP 追踪技术（HRP tracing technique）。从辣根中提取的 HRP 是由一分子的五色酶蛋白与一分子的棕色铁卟啉辅基结合形成的一种结合酶，其分子量为 40 kD，直径约为 3.0 nm。HRP 是一组同工酶的混合物，从中可分离出 A_1、A_2、A_3、B、C、D、E 七种同工酶，仅 B 型和 C 型同工酶能作为神经纤维联系的追踪剂，故选择同工酶的类型是用 HRP 追踪神经纤维联系的重要问题，如 Sigma 公司的 Ⅵ 型 HRP 中 80% 以上为 C 型同工酶，比较适宜用作追踪剂。HRP 的纯度通常用 RZ 值（reinheit zahl，德语）表示。用紫外光分光光度计检测 HRP 时，在 275 nm 及 403 nm 处各有一吸收峰，RZ 值等于两处吸收峰的比值，故 RZ 值也称吸收比。作为追踪剂的 HRP 的 RZ 值最好在 3.0 以上。

最初，HRP 仅被当作逆行追踪剂使用，也就是

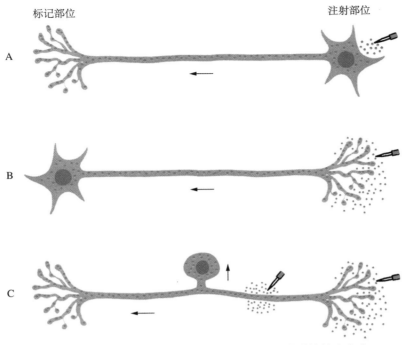

图 1-1-1　利用轴浆运输原理进行神经纤维束路追踪的基本方式

A. 顺行追踪；**B**. 逆行追踪；**C**. 跨节追踪。箭头指示追踪剂的运输方向

将 HRP 注射于神经末梢所在部位，HRP 随即通过非特异性整体胞饮（bulk endocytosis）的方式被摄入，包裹在直径为 50 nm 的小泡或 100～125 nm 的大颗粒囊泡中，小泡可融合成较大泡或连接于其他细胞器上，以便逆向运送，这种追踪方式叫作逆行追踪（retrograde tracing）（图 1-1-1A），该方法依赖可用组织化学方法显示逆向运送至胞体的 HRP。后来的研究观察到 HRP 也可以被神经元的胞体摄入，顺向运送至末梢部位，因而也可用作顺行追踪（anterograde tracing）（图 1-1-1B）。这些结果说明 HRP 在神经元中的运输无方向特异性，进入神经纤维的 HRP 可向其两端运输。

除单纯的游离型辣根过氧化物酶（free horseradish peroxidase）之外，还有结合型 HRP（combined HRP）。HRP 与麦芽凝集素（wheat germ agglutinin，WGA）共价偶联后形成 WGA-HRP，可大大提高其追踪的灵敏度，原因可能是 WGA 属于植物凝集素，经与神经元细胞膜的特异性受体结合的介导被胞饮入神经元。HRP 还可与霍乱毒素（choleratoxin，CT）结合，HRP 通过 CT 与细胞膜受体结合的介导进入神经元。霍乱毒素 B 亚单位（choleratoxin B subunite，CTB）无毒性，故现多单用 CTB 或 CTB-HRP 进行追踪研究。结合型 HRP 除了灵敏度高和用量较少之外，还可使 HRP 在胞内的降解时间明显延长，并能清晰地显示包括细微分支在内的整个神经元的全貌。由于游离 HRP、WGA-HRP 和 CTB-HRP 被摄入神经元的机制不同或受体种类不同，故可将几种 HRP 混合应用，它们通过不同的途径进入胞体，可以明显加强 HRP 的标记灵敏度和程度。

将 HRP 注射于周围神经感觉末梢部或神经干逆向标记背根神经节细胞后，HRP 还可进一步沿背根节细胞的中枢突顺向标记其在脊髓的中枢终止部位，称作跨节追踪（transganglionic tracing）（图 1-1-1C）。运送至末梢的 HRP，尤其是灵敏度高的 WGA-HRP 或 CTB-HRP，如果浓度高且密集，还可能出现跨突触标记（transynaptic labeling）现象。

HRP 方法的问世在神经通路及其功能的研究中具有划时代的意义。与以往的用镀银染色选择性显示溃变（degeneration）纤维的追踪方法（如 Nauta 法）相比，HRP 法具有明显的优势，除 Nauta 法难以掌握外，主要因为纤维溃变是基于手术造成的束路或核团破坏，而破坏范围难以精确定位。HRP 法在精确性方面，尤其是局部环路追踪研究上，显著优于纤维溃变法。

HRP 法的基本步骤是：将 HRP 注射至中枢核团或周围器官、神经的一定部位；存活一定时间后灌注固定动物，取材，切片；用双氧水（H_2O_2）及呈色剂四甲基联苯胺（tetramethylbenzidine，TMB）或二氨基联苯胺（diaminobenzidine，DAB）显示标记结果。

向中枢注入 HRP，可以采用压力注射和电泳两种方法。压力注射时，为了减少 HRP 沿针道扩散，注射完毕后应注意留针 10～15 min 后再缓慢拔针。电泳法的优点是泳入的范围很小，也不会在注射的局部形成液体压力而损伤组织。

HRP 被摄入的过程很快，但其到达预定部位的时间决定于运输速度及距离，运输速度因动物种类及纤维系统而异。HRP 可在轴突内被快速运送，通常认为顺行运输的速度较快，每天可达 300～400 mm；逆行运输的速度约为顺行运输速度的一半，但也有人证明两种运输的速度基本接近。HRP 在标记部位有一个聚集过程，同时 HRP 运至胞体后即被送入溶酶体内水解。因此，对每组实验必须具体测试，在聚集和降解两个相反的过程中求得最佳存活期和得到最佳标记效果。

选择适当的固定液进行固定是 HRP 追踪方法成功的关键之一。目前 HRP 追踪方法常用的固定液是戊二醛（glutaraldehyde）和多聚甲醛（paraformaldehyde）。多采用弱碱性固定液（pH 7.4）灌注加浸泡（后固定）的措施来保证固定的效果。由于戊二醛和多聚甲醛都对 HRP 的酶活性有影响，所以固定后应及时切片，切片后也应充分清洗。最初使用联苯胺（benzidine）和 H_2O_2 作为显示 HRP 的呈色剂，H_2O_2 在 HRP 的作用下放出原子氧，在低温或弱酸环境下为蓝色反应，在室温或弱碱条件下呈棕色，可用于光镜和电镜观察。其后，Graham 及 Karnovsky 介绍了用 DAB 和 H_2O_2 进行棕色反应的方法，该反应产物的电子密度较大，利于作电镜观察。Mesulam 于 1978 年又发明了在光镜水平更灵敏的 TMB 法，且 TMB 为非致癌性物质（联苯胺及 DAB 均可能致癌）。在进行呈色反应时，将切片在 H_2O_2 及 DAB 或 TMB 溶液中孵育，使组织中的 HRP 与 H_2O_2 结合成［HRP-H_2O_2］络合物。此络合物为可氧化供氢的 DAB 或 TMB，使之形成有色的沉淀物，堆聚在 HRP 周围。DAB 的氧化产物呈棕色颗粒，在暗视野下反射出金黄色光；TMB 氧化产物呈深蓝色颗粒，在暗视野下呈橙。TMB 的反应产物不如 DAB 者稳定，较易褪色，在 pH 值 7.0 的溶液中很快消失，但可用重金属盐（如钴、镍、钼、钨等）使之稳定。由于 TMB 反应时的酸度值低（pH 3.3），故细微结构保存不佳，虽可作电镜观察，但结构不如 DAB 法细致和清晰。DAB 反应产物在神经元胞体内呈褐色圆粒，联苯胺法或 TMB 法的反应颗粒呈蓝色。反应产物的大小及分布均较均匀，可扩展至树突近段内。

HRP 组织化学反应过程常分预反应和正式反应两个步骤。反应后，为了定位标记神经元等结构的位置和辨认核团的轮廓，可用焦油紫或中性红复染。

现在，已有市售的抗 WAG 或 CT、CTB 的抗体，故也可以应用免疫组织化学的方法（见本章）来显示 WAG 和 CT 或 WGA-HRP 和 CTB-HRP 的追踪结果。

HRP 追踪法与其他技术的结合应用：①与免疫组织化学技术的结合应用，既显示具体的纤维联系，还可阐明投射神经元的神经活性物质或其受体和转运体等。②与顺行追踪技术的结合应用，常用于研究两级以上的神经元所构成的纤维联系，尤其便于电镜水平观察。③与荧光素逆行追踪技术的结合应用可以观察神经元轴突的分支投射。

分析 HRP 标记结果时的主要注意事项：①有效注射范围：HRP 的注射范围从注射中心向周围扩散，浓度递减，其注射区的有效范围是一难以确定的问题，影响对结果的分析。一般认为，注射中心深染而不能辨明其结构的区域为有效区。②过路纤维问题：路经注射区的纤维也可摄取 HRP 并随着轴浆流被顺、逆行运输。因此，标记部位所出现的神经元或终末可能并非起于或终止于注射部位，在分析结果时应注意。③侧支标记：HRP 标记被一轴突末梢摄入后，在其被逆行运输的过程中，有一些可以沿该轴突的侧支被顺行运送至侧支的末梢，在侧支的末梢部形成终末标记。④跨突触标记。解决这些问题的办法是进行反向追踪，即在标记部位注射顺行或逆行追踪剂，与原来的标记结果互相印证。

2. 放射自显影神经追踪法　放射自显影术（autoradiography，ARG）可用于多方面的研究，在研究神经元联系方面的应用称为放射自显影神经追踪法（autoradiographic nerve tracing method，ARNT）。ARNT 法于 1972 年由 Cowan 等首先用于中枢神经系纤维联系的研究。此法比较灵敏，最大优点是不标记过路纤维，而这是 HRP 法和早期的神经纤维溃变法难以避免的。该方法的原理是利用放射性核素标记的氨基酸被神经元摄入后合成入蛋白质并被通过轴浆运输运送到神经元的不同部位，达到标记的目的。该法因需放射性核素标记，从生物安全和便利程度考虑，目前已少用。

3. 菜豆凝集素顺行追踪法　菜豆凝集素（*Phaseolus vulgaris* agglutinin，PHA）属于植物凝集素，它是由 4 个亚单位组成的糖蛋白。4 个亚单位均为 E 者为 PHA-E；4 个亚单位均为 L 者为 PHA-L；也有由 E 和 L 亚单位混合组成的 PHA。用于神经束路追踪时，仅 L 亚单位有效，故应使用 PHA-L。PHA-L 能通过与神经细胞膜特异性受体结合的介导而被胞饮入神经元内，随轴浆流向末梢运输，故 PHA-L 只能用于顺行追踪。PHA-L 法由 Gerfen 及 Sawchenko 于 1984 年首先报道，此法的主要优点是所显示的神经纤维末梢形态非常细致，基本上没有过路纤维标记的问题。

通常用含电解质的偏碱性溶剂，如 0.01 mol/L 的磷酸盐缓冲液（PBS，pH 7.4），将 PHA-L 配制成 2.5% 的溶液。电泳注入 PHA-L 时，应以正极接触 PHA-L 溶液，方能将 PHA-L 导入脑内，并可得到很局限的注射区。在注射区内，可见到完整的 PHA-L 标记神经元，包括它们的树突及其分支和部分轴突。电泳时的电流一般常用 $2 \sim 4\ \mu A$，以 7 s 通电和 7 s 断电的间歇电流通电 $15 \sim 30$ min。电泳的范围及注射区标记的深度与微玻管尖端的粗细、电流强度及通电时间均有关系。压力注射 PHA-L 的标记效果差，且易造成逆行标记，原因尚不清楚。因 PHA-L 进入神经元后，轴浆运输速度为 $4 \sim 6$ mm/d，比较缓慢，故 PHA-L 电泳后动物应该存活较长的时间（$1 \sim 3$ w）。另外，PHA-L 在脑内可维持 $4 \sim 5$ w 而不会被降解，所以 PHA-L 可有效地用于追踪很长的神经束路。最后需用抗 PHA-L 抗体通过免疫组织化学方法显示其顺行标记的结果。由于此特点，该法可与逆行神经束路追踪剂（如荧光染料、HRP 等）或靶神经元的免疫组织化学染色相结合使用，可确定传入纤维与靶神经元的联系及其化学性质。

4. 生物素葡聚糖胺顺行轴突追踪法　葡聚糖（dextran）是由肠系膜明串珠菌（leuconostoc mesenteroides）产生的多聚体。葡聚糖的分子量大小不一，用作神经束路示踪研究的分子量一般在 3 kDa。葡聚糖与不同的标志物结合形成各种追踪剂，生物素葡聚糖胺（biotinylated dextranamine，BDA）为典型代表。BDA 可用于顺行和逆行追踪，但顺行追踪的结果优于逆行追踪。BDA 顺行追踪法的基本步骤与 PHA-L 法基本相似。与 ABC 法中的生物素（biotin）一样，切片上神经元（注射区）和神经纤维终末（标记区）内的 BDA 与卵白素（avidin）之间有特别强的亲和力，常用结合了过氧化物酶（如 HRP）或荧光素（如 Texasred）的 avidin 与之孵育结合，通过组化反应或荧光显微镜观察来显示标记结果。BDA 用于顺行追踪法的优点：注射部位局限、动物存活时间较 PHA-L 法短（3 d ~ 2 w）、显示反应程序较 PHA-L 法简单、灵敏度高、能充分显示轴突的分支及终末，且所显示的神经纤维末梢形态比较细致、能在光镜和电镜水平进行多重追踪标记。BDA 标记法可能标记损伤的过路纤维，也可能标记注射区周围完好无损的纤维。BDA 用于逆行标记时，常常难以取得恒定的结果。BDA 法能够与其他逆行追踪标记和免疫组化方法结合应用，以便观察两级神经元之间的间接纤维联系以及两级神经元的递质及其受体。

此外，与生物素属于同一家族的追踪剂还有生物胞素（biocytin）和神经生物素（neurobiotin），它们具有许多与 BDA 相似的特点，也主要用于顺行追踪。可将它们用电泳或压力注射导入脑内，其注射范围很小，但分解快，注射后仅在动物存活 $24 \sim 48$ h 有效。由于生物胞素不会引起细胞内的生理变化，所以它是细胞内标记的有效工具，特别适用于脑片的细胞内标记。生物胞素可以标记出树突棘、轴突侧支和膨体，得到与 Golgi 法相同的标记结果，还可在电镜下观察。神经生物素也可用于细胞外和细胞内标记，其标记的结果比 PHA-L 法还要细致；顺行运输标记的结果比生物胞素好，但注射范围较大，注射后的分解速度比生物胞素慢。神经生物素有可能通过突触间隙，导致跨神经元运输。

5. 霍乱毒素 B 亚单位追踪法（CTB tracing）　霍乱毒素（cholera toxin，CT）由 A、B 两个亚单位构成；A 亚单位为毒素的毒性单位，B 亚单位为该毒素与细胞受体结合的单位，对机体无毒性，故常用 B 亚单位（CTB）作追踪剂，且能得到良好的标记效果。CTB 是一种灵敏的顺行、逆行和跨节标记的追踪剂。基于以上特点，将 CTB 注入某个核团，虽然可以同时观察该核团的传入和传出联系，但其传入联系的标记结果更好；在跨节标记的研究中，有人认为 CTB 能够比较特异地标记初级传入中的 C 纤维及其终末。

CTB 追踪法的步骤与 PHA-L 顺行标记法基本相同。CTB 电泳溶液的配制是取得满意标记结果的关键，常用的溶剂为 0.1 mol/L 磷酸缓冲液（pH 6.0）。由于 CTB 的运输速度较快，在体内分解慢，所以术后动物的存活期常选择 $3 \sim 7$ d，且能用于长距离纤维联接的研究。CTB 的标记结果用免疫组织化学方法显示，可在光镜和电镜水平观察。

CTB 追踪法可与免疫组织化学方法结合应用。

当用荧光素结合的第二抗体的免疫荧光法显示时，CTB 几乎具有所有荧光追踪剂的性能。现在已有 CTB 与异硫氰酸荧光素（fluoresceinisothiocyanate，FITC）或罗达明（rhodamine）结合形式的追踪剂，但这些结合形式追踪剂的标记结果比单独用 CTB 的标记结果稍差；优点是切片的处理很省时，并可同时追踪两条神经纤维通路。因为 CTB 的受体在不同种属或不同通路神经元上的分布不均匀，导致不同种类动物的 CTB 标记效果可能不同，甚至同种动物不同通路的标记效果也不一样，所以利用 CTB 进行束路追踪时，对结果的判断要谨慎。

6. 荧光素追踪法　1977 年，荷兰著名神经解剖学家 Kuypers 等发现部分荧光化合物（简称荧光素，fluorescein）可被神经纤维的末梢摄取，并通过轴浆流逆行运输到神经元胞体，切片后能在荧光显微镜下可直接观察和定位标记胞体，建立了荧光素逆行追踪法（fluorescien retrograde tracing method）。

荧光素追踪剂是一种在一定激发波长（excitation light wave length）的光照下，以一定发射波长（emission light wave length）发出特定颜色荧光的化合物。每一种荧光素都有各自特定的激发波长和发射波长以及荧光颜色。荧光素用于神经通路追踪，除了具有可靠性和灵敏性之外，其更突出的特点是利用其不同颜色可同时追踪和显示多重神经联系或成分，也可用于发育、移植和细胞内标记。用于细胞内标记时，荧光素可将单个神经元的形态特点与其电生理特性的研究结合起来。荧光素主要用于逆行追踪，顺行标记的荧光很弱，但也有例外，如四甲基罗达明葡聚糖胺的顺行标记纤维和终末则比较明亮。

由于荧光素的种类很多，不同荧光素在神经元内的标记特征不同，其中的绝大多数标记细胞质，只有少数仅标记细胞核，如核黄（nuclear yellow）、二脒基黄（diamidino yellow）等。因此，可选择一种或两种以上的荧光素分别对神经元进行单标、双标或多重标记，如荧光金（fluorogold）在紫外光激发下发金黄色荧光，是目前比较常用的一种逆行追踪剂；若在脑内不同核团或区域分别注射两种（或三种）不同的荧光素，在同一神经元胞体内能观察到两种（或三种）不同颜色的荧光，即说明该神经元的轴突借助其分支分别投射到脑内不同的核团或区域，这对深入认识和理解神经系统的结构和功能具有重要意义。

一般用蒸馏水配制荧光素追踪剂。有些荧光素易溶于水，可选用较细的微玻管（约 50 μm）注射；但大部分荧光素不易溶于水，只能用其悬浊液，注射时可选用较粗的微玻管（约 100 μm）。注射时应避免压力过大和速度过快，注射后应注意留针，以防溶液外溢。荧光素追踪剂宜现用现配，避光保存。

需要特别提醒注意的是，各种荧光素逆行运输的速度不同，所以脑内注射荧光素后，动物的存活时间也有差异。双重标记时，有时需要做两次手术先注射运输慢的荧光素，过一定的时间之后，再注射运输较快的荧光素。存活时间过长，荧光素运输到胞体后容易溢出，并污染周围的胶质细胞，干扰实验结果；时间过短，标记神经元太少，甚至看不到标记神经元。另外，荧光素在脑内运输的距离也不相同，脑内注射两种以上的荧光素时，要注意不同荧光素之间的配伍，选择在同一激发波长下能同时观察的两种荧光素进行双标研究则更佳。术后动物的灌注固定、取材和切片与其他方法基本相同，但切片后应尽快贴片和观察，以防荧光素从标记神经元中溢出和褪色（fading）。

荧光素追踪法的主要优点是可作双重或多重标记、步骤简便、节省、易与组织化学方法结合应用，如与各种神经递质组织化学（包括单胺、酶和其他神经活性物质）结合，便于研究投射神经元的化学性质。荧光素标记法的缺点是荧光素易扩散和褪色，切片不能长久保存，也不易避免过路纤维的摄取。可用防褪色封片剂针减慢褪色的速度；采用光转换（photo-conversion）法将荧光标记的产物经激发光照射后形成 DAB 反应产物，该产物可沉积在原荧光素标记部位长期保存。

7. 其他特殊荧光素追踪剂　此外，荧光素追踪剂还包括亲脂碳花菁染料（1ipophilic carbocyanine dye）、荧光素葡聚糖胺（fluorescent dextran amine）、荧光微球（fluorescent microbead 或 microsphere）等，它们兼具顺行和逆行标记的特性，大大扩充了其在研究中的应用范围。

（1）亲脂碳花菁染料：这类染料是利用它们能溶于细胞膜脂层内并在膜内扩散的特点，对无髓纤维的标记更有效，缺点是扩散的距离有限，故常用于胚胎的神经纤维追踪。亲脂碳花菁染料包括一系列追踪剂，其中 DiI、DiA（也称 DiAsp）和 DiO 最常用。它们既标记活神经元也标记固定组织的神经元，可以用于研究细胞膜的结构和动态变化。颜色不同的亲脂碳花菁染料能用多套滤光片和双重曝光（double exposure）观察，可追踪同一脑区内的多条通路。除了在体内（in vivo）的原位（in situ）追踪神经纤维联系外，亲脂碳花菁染料也用于在体外（in vitro）研究薄片培养中的神经元、分离神经元（DiI 和 DiO）和固定培养神经元（DiI 和 DiA）的联系，甚至还用于标记移植物。用于活薄片培养时，DiI 在使用定时连续显微摄像术（time-lapse microscopy）观察轴突发育的研究中很有用处。

亲脂碳花菁染料的突出优点是能使定位离体固定组织靶区内沉积的追踪剂比活体更精确，并可避免活体外科手术。与其他追踪剂通过轴突运输的特点不相同，亲脂染料可在固定组织中向外侧扩散，有时能到达内部的细胞器并最后通过间隙而扩散。用于活体时，这些染料与其他荧光素相似，它们经质膜扩散，在体内通过内吞（endocytosis）很快内化，标记的膜被颗粒状细胞质标记所取代，以至于妨碍了最远端的轴突和树突分支的标记。这些染料无细胞毒性作用，其标记结果可与其他追踪剂的标记效果相媲美。

亲脂碳花菁染料可与其他追踪剂结合应用，如荧光微球、荧光素葡聚糖胺、Luicifer yellow 等，也可与原位杂交、免疫组织化学等方法结合使用，但如在体内保存时间较长，组织的抗原性可能降低。

（2）荧光素葡聚糖胺类追踪剂：葡聚糖（dextran）的水溶解度很好，无毒。现在常用的产品是与赖氨酸残基共价键结合的葡聚糖，该残基经醛类固定后可键合周围的生物分子，使之不易在液体内丢失。荧光素葡聚糖胺的分子量不同，用于追踪研究的分子量一般为 3 kD，该分子量的荧光素葡聚糖胺的运输速度较快，能够标记神经元胞体和比较粗的突起。以下以四甲基罗达明葡聚糖胺（tetramethyl rhodamine dextran amine，TMR-DA；分子量 3 kD，橘红色）为代表进行叙述。

使用 TMR-DA 标记的优点是能进行顺行和逆行追踪，标记结果比较明亮，在体内的存留时间久，观察时不易褪色。TMR-DA 的水溶性虽然很好，但中性溶液配制的 TMR-DA 的吸收效果差；如果用酸性（pH 3.0）缓冲液配制 TMR-DA，则可明显提高 TMR-DA 的吸收和标记效果，但容易产生过路纤维非特异性标记的问题，故应设立与标记方向相反的对照实验予以证实，即逆标时，应设立顺标对照实验；顺标时，应设立逆标对照实验。

TMR-DA 来自植物，其抗原性比较强，容易得到特异性很强的抗体。虽然切片后 TMR-DA 标记的结果可在荧光显微镜下直接观察，但往往仅能观

察到位于神经元胞体和粗大的树突内的颗粒状标记产物；如果用抗 TMR-DA 的特异性抗体经过免疫组织化学方法间接地增强显示标记产物，就可以清楚地见到标记的细小树突，甚至树突棘（Kaneko et al，1996）。

注射 TMR-DA 后，应注意注入的剂量和留针的时间。如果注入的量过大和拔针过快，造成 TMR-DA 自针道溢出，进入脑脊液或血液，常常导致脉络组织和血管内皮细胞的标记，血管内皮细胞的标记极易与标记神经元混淆，此点在观察结果时应特别注意。

（3）荧光微球类追踪剂：荧光微球是用不同颜色的荧光素标记聚苯乙烯（polystyrene，一种分子探针）或乳胶（latex）微球制成的荧光素追踪剂。荧光微球可用于神经修复移植物显示、细胞培养标记、神经束路追踪等研究。荧光微球标记的优点是对组织几乎无损伤，对神经元无毒；不被过路纤维摄取，并很快被胶质突起所包围，仅在有限时间内的逆行运输才有效，致使注射区很小；能标记比较细致的结构；对光照的耐受力强，不易消褪；即使在动物体内长期（至少 2 年以上）存在，也不会影响标记的范围和强度，属于永久性的标记物；同时使用不同颜色（主要是红色和绿色）的荧光微球，可同时追踪脑内某个核团或区域的两条以上的神经纤维联系通路。所以，它在研究发育期或不同年龄段动物脑内神经纤维联系方面，都是有益的工具。但荧光微球对酒精和有机溶剂敏感，此点应特别注意。荧光微球可与细胞内注射（如 luicifer yellow）、免疫组织化学、免疫荧光等方法结合使用，甚至可与 Golgi 法或原位杂交组织化学以及其他分子生物学技术结合应用。

8. 病毒追踪法　目前，应用于神经通路追踪的工具病毒多由嗜神经病毒（neurotropic virus）改造而来，如伪狂犬病毒（pseudorabies virus，PRV）、单纯疱疹病毒（herpes simplex virus，HSV）、狂犬病毒（rabies virus，RV）、水疱性口炎病毒（Vesicular-stomatitis virus，VSV）等。此外，一些不跨突触的病毒载体可高效原位标记神经元的精细结构，如塞姆利基森林病毒（Semliki Forest virus，SFV）；或作为辅助病毒表达外源基因，如腺相关病毒（adeno-associated virus，AAV）；也可用于展示局部脑区的上游投射，如 2 型犬腺病毒（canine adenovirus 2，CAV2）。神经通路示踪常用的重组病毒载体见表 1-1-1。因不同的病毒对动物种属或不同部位神经元

表 1-1-1　神经通路示踪常用的重组工具病毒

分类			工具病毒名称	分类学归属	基因组类型
不跨突触			腺相关病毒（adeno-associated virus，AAV）	细小病毒科，依赖病毒属	单链 DNA
			犬腺病毒（canine adenovirus，CAV）	腺病毒科	双链 DNA
			塞姆利基森林病毒（semliki Forest virus，SFV）	披膜病毒科，甲病毒属	单股正链 RNA
			狂犬病毒（G 蛋白缺失）[rabies virus（Glycoprotein G-deleted），RV-ΔG]	弹状病毒科，狂犬病毒属	单股负链 RNA
			单纯疱疹病毒扩增子（herpes simplex virus amplicon，HSV amplicon）	疱疹病毒科，α 疱疹病毒亚科	双链 DNA
跨突触	跨多级	顺向跨多级	单纯疱疹病毒（herpes simplex virus，HSV）H129	疱疹病毒科，α 疱疹病毒亚科	双链 DNA
			水疱性口炎病毒（vesicular stomatitis virus，VSV）	弹状病毒科，水泡病毒属	单股负链 RNA
		逆向跨多级	伪狂犬病毒（pseudorabies virus，PRV Bartha）	疱疹病毒科，α 疱疹病毒亚科	双链 DNA
			狂犬病毒（rabies virus，RV）WT	弹状病毒科，狂犬病毒属	单股负链 RNA
	跨单级	顺向跨单级	单纯疱疹病毒（TK 敲除）[herpes simplex virus（TK-deleted），HSV-ΔTK]	疱疹病毒科，α 疱疹病毒亚科	双链 DNA
			腺相关病毒 1 型（adeno-associated virus，serotype 1，AAV-1）	细小病毒科，依赖病毒属	单链 DNA
		逆向跨单级	狂犬病毒（rabies virus，RVΔG-EnvA）	弹状病毒科，狂犬病毒属	单股负链 RNA
			伪狂犬病毒（TK 敲除）[pseudorabies virus（TK-deleted），PRV-ΔTK]	疱疹病毒科，α 疱疹病毒亚科	双链 DNA

类型的感染嗜性存在差异，故不同的重组工具病毒适用于不同的研究对象，而且每种工具病毒又可通过携载各种元件满足不同的研究需求。

基于病毒的神经通路示踪工具在解析神经通路的研究中具有诸多优势，包括：①唯一可追踪多突触联系通路的示踪剂；②具有灵活的遗传可操作性；③可携带不同的标示物；④可实现对特定类型神经元及通路的标记和结构研究。可视化标记是神经通路追踪的基础。重组工具病毒可携带多种报告基因（例如可通过免疫荧光显色的蛋白标签、可与底物反应显色的半乳糖苷酶、可直接显示颜色的 GFP、RFP、YFP 等荧光蛋白等）实现神经通路的可视化标记。在此基础上，携载脑虹（brainbow）元件，工具病毒可用于获得更复杂的神经通路信息；携载胞核、胞体、树突以及轴突定位元件，可实现对不同亚细胞结构的选择性或富集标记；通过将荧光蛋白拆分之后分别表达于突触前和突触后，可实现对突触结构的精细标记等。

目前适于不同研究需求的神经通路标记系统主要分为不跨突触的标记系统、跨单级突触的标记系统和跨多级突触的标记系统。

（1）不跨突触的标记系统，该系统包括：①高效原位转导的标记系统，如重组腺相关病毒载体（rAAV），其具有安全性高、免疫原性低、宿主范围广、病毒血清型种类多、作用持续时间长等特点；VSV 病毒载体具有宿主范围广的优势，进一步借助 EnvA/TVA 系统可控制所标记神经元的特异性，但由于 VSV 对标记的神经元有较大的细胞毒性，故需要进一步对其进行减毒改造；SFV 病毒载体能在感染后短时间内高丰度地表达外源蛋白，使用 VSV-G 或 RV-G 包装的假型 SFV 可以将 GFP 递送到神经元中，实现局部神经元的非特异性快速标记。②经轴突末端感染逆行标记的载体系统，如 RV 病毒载体，将其基因组中病毒跨膜必需的 G 蛋白基因敲除换成荧光蛋白基因（如 mCherry 或者 GFP），并用细胞系补偿表达病毒包装所需的 G 蛋白，最后获得可感染神经元的缺陷型重组 RV，其复制转录不受影响，可高丰度持续表达外源基因，从而可高亮标记所感染的神经元；CAV-2 载体可高效感染神经元轴突末梢，逆行标记神经元，但其生产系统的稳定性、通用性有待提高；Retro-AAV 病毒载体是通过建立 AAV 衣壳蛋白突变体病毒库，筛选到的一种新的 AAV 突变体（rAAV2-retro），可通过轴突末端感染有效的对投射类神经元逆行标记；HSV 扩增子载体是基于 HSV 制备的一种假型病毒载体，该载体不表达 HSV 的结构基因，为完全的复制缺陷性载体，可由轴突末端摄入，用于神经元的逆行标记。③稀疏高亮标记系统，如通过降低载体病毒（VSV、SFV 等）的滴度控制稀疏度即可实现对局部神经元完整形态的快速、稀疏、高亮标记；混合表达某种"触发因子"（如 Cre 重组酶等）和依赖此"触发因子"表达荧光蛋白（如 Cre 依赖的 DIO 元件等）的两种病毒，通过稀释前者的滴度控制标记神经元的稀疏程度，利用后者特异性高亮标记神经元的精细形态结构；借助 TRE 启动子的泄漏表达实现"稀疏"标记、同时借助 tTA/TRE 的正反馈机制实现荧光蛋白"高亮"表达的"Supernova"系统等。

（2）跨单级突触的标记系统，该系统包括：①顺行跨单级标记系统，Zeng 等（2017）基于 H129 细菌人工染色体，删除 HSV 复制必需基因 TK 并引入 tdTomato 表达框构建获得 H129△TK-tdT，该病毒感染神经元不能复制跨突触，利用 AAV 辅助病毒补偿表达 TK 蛋白可实现 HSV 顺行跨单级突触示踪标记。Castle 等（2014）研究表明 AAV1 可沿着轴突顺行运输，Zingg 等（2017）通过在突触前神经元感染高滴度的 AAV1-Cre，能有效跨一次突触且特异性驱动 Cre 依赖的外源基因在突触后神经元表达，实现 AAV1 顺行跨单级突触标记。然而其潜在的顺行跨突触传播机制仍不清楚，而且存在 AAV1 感染所需滴度高、跨突触效率低，只能携载表达 Cre 重组酶再诱导突触后神经元基因表达等限制因素。②逆行跨单级标记系统，G 蛋白缺失的 RV 感染神经元后不能包装子代病毒，除非在起始细胞内通过辅助病毒反式补偿足够的 RV G 蛋白，以便病毒完成包装后跨突触到突触前神经元。可以通过不同方式实现跨突触运输，如利用辅助病毒或转基因动物在特定细胞中表达相应的组分，结合 EnvA/TVA 系统可实现神经元特异性起始感染。与 HSV 顺行跨单级突触原理类似，PRV 也可通过删除复制必需基因 TK 并引入荧光基因表达框构建可逆行跨单级的病毒载体。

（3）跨多级突触的标记系统，该系统包括：①顺行跨多级标记系统，顺行跨突触示踪应用最多的工具病毒是 HSV1 的 H129 株，但也存在一些缺陷，如表达荧光弱、灵敏度低，往往需要免疫组化

放大荧光信号。Su 等（2020）利用类特洛伊木马策略，构建了显著增亮的 HSV 嵌合病毒，无须免疫组化便可直接成像。另外 HSV 也存在轴突末梢感染逆标的问题，Su 等（2019）发现 H129 存在一定的轴突末梢感染导致的非特异逆标，利用 H129 在长感染时间（＞3 天）的输出环路追踪时对结果需谨慎解读。除了 HSV，Beier 等（2013）和 Lin 等（2020）测试了 VSV 在啮齿类动物大脑中的顺行跨突触能力和神经元感染特性，之后又进行了一系列改造工作，实现了 VSV 对特定神经网络跨多级的顺向示踪。②逆行跨多级标记系统，PRV Bartha 株能严格逆行跨突触在神经元之间传播。在 PRV Bartha 株的基础上，通过加入 β-半乳糖苷酶、荧光蛋白基因等元件，构建重组 PRV 病毒，使病毒感染的神经元可视化，可实现对神经通路的可视化研究。野生型 RV 病毒也具有逆行跨多级的特性，囊膜糖蛋白 G 为跨突触必须蛋白，受体大量分布在轴突末端。基于野生型 RV 构建的工具病毒可用于外周神经初级传入纤维向中枢神经系统传入联系的示踪研究。

（4）病毒追踪法的局限性，主要表现在：①标记结果依赖于病毒的浓度。跨突触标记时，用高浓度的病毒虽可得到良好的标记结果，但易导致非特异性标记，对神经元的毒性大，引起神经元的死亡；用低剂量病毒虽可得到良好的标记，减少假阳性结果，但易致跨突触标记的能力降低。值得注意的是，使用表达 GFP 基因的重组病毒标记时，通常非常低的浓度也能得到良好的标记结果；使用高浓度的表达 GFP 基因的重组病毒，反而容易引起标记神经元的死亡或使后续的神经活性物质或受体的显示变得困难。②星形胶质细胞和巨噬细胞内吞病毒和感染神经元死亡后分解的细胞碎片，在标记神经元周围聚集，限制病毒的扩散。③使用病毒追踪时，除了病毒的顺行、逆行和跨神经元追踪的特性外，还应注意动物种属、年龄的特异性。④预防和避免感染。尽管用于追踪的工具病毒基本上为无毒或减毒的病毒（部分病毒除外），但在处理过程中，除了对病毒进行特别的生物安全（biosafety）检测和注意防护（如注射疫苗等）外，仍需要一定的设备、环境和防护条件。

二、变性束路追踪法

变性神经束路追踪法（degeneration nerve tract tracing technique）具有悠久的历史。当神经元的轴

突被损伤之后，在损伤轴突的近侧端和远侧端分别发生逆行和顺行溃变，甚至逆行和顺行跨神经元溃变；当神经元的胞体被损伤后，其轴突发生顺行溃变；当神经元的终末被损伤后，由于损伤较小，往往不发生逆行溃变。

损伤神经元及其轴突有物理性、化学性两种方法。前者包括锐器的切割、电凝、电离破坏、超声破坏等，存在的共同问题是无选择性，除了损伤神经元及其发出的纤维以外，也能损伤通过此部位的过路纤维，导致非特异性标记。

轴突运输追踪方法出现之前，神经纤维联系的研究几乎都依赖变性神经束路追踪法。20 世纪 40 年代，镀银染色法是研究神经纤维联系的主要手段，该法是根据银染溃变纤维的形态变化来判断、追踪溃变纤维的行径。但在密集的神经纤维网中发现单根溃变纤维，尤其是纤维接近终末部位的纤细部分绝非易事。20 世纪 50 年代出现了另一种镀银法 Nauta 法，该方法能避开正常纤维而仅染出溃变纤维，极大地推动了神经束路学的研究。到了 20 世纪 70 年代，轴浆运输追踪法成为主流，但变性束路追踪法在研究某些局部环路时仍有一定的使用价值。神经纤维溃变时，其纤维及终末出现特征性超微结构变化，可用于观察某些核团的传入纤维来源及其终末的突触关系，并可结合其他标记方法来研究此类传入纤维和特定形态的细胞（Golgi 法）、特定传出投射细胞（逆行标记法）、特定的其他传入纤维（顺行标记法），或含特定化学成分的神经元（免疫组织化学）之间的关系。还可以将变性法与免疫组织化学方法或原位分子杂交技术结合，观察当切断束路（或神经）后起始神经元胞体内化学成分的变化，切断的神经纤维近侧端和远侧端的形态学及组织化学变化，破坏起源核团（origin nucleus）后该核团投射的终止靶区（target region）内神经纤维及末梢的组织化学变化。

化学损伤法在神经通路，特别是化学通路及其功能的研究中很有用处。早在 19 世纪，就有人尝试用化学毒性物质对神经组织进行损毁，但该方法与物理破坏法一样，也存在损伤范围不易控制、目的损毁区及其周围组织（如血管、神经胶质）和过路纤维都被损伤等缺点。随着针对含特定化学物质神经元的化学损毁剂的出现和应用，化学性破坏的特异性才明显增强。化学性破坏的主要试剂有三类，单胺类和胆碱类神经毒剂可分别选择性地损毁单胺能和胆碱能神经元，而非选择性的兴奋性氨基酸类神经毒剂则可造成广泛性损伤。

单胺能神经毒剂包括 6- 羟多巴胺（6-hydroxy-dopamine，6-OHDA）、6- 羟多巴（6-hydroxydopa，6-OH-DOPA）、6-NH$_2$-DA 和木胺（xylamine），但 6-OH-DA 的应用最广。6-OH-DA 可选择性地被儿茶酚胺（catecholamine，CA）类神经元摄入，经过自氧化形成若干具有细胞毒性的产物。由于整个神经元的细胞膜均可摄入 6-OH-DA，故 CA 能神经元的任何部位都可被 6-OH-DA 破坏，但轴突末梢部最敏感，轴突次之，胞体最差。静脉注射 6-OH-DA 可以破坏外周的肾上腺素能神经纤维，但它不易通过血脑屏障，如欲造成中枢性破坏，需做脑室、脑池或脑内注射。上述损毁 CA 能神经元的化学毒剂又称为化学切割剂，用这些切割剂作为工具，是选择性地损毁中枢和外周单胺能神经元系统的有效手段。5- 羟色胺（5-hydroxytryptamine，5-HT）的同系物 5,6- 双羟色胺（5,6-DHT）和 5,7- 双羟色胺（5,7-DHT）具有选择性地损毁 5-HT 能神经元的作用，其作用途径与 6-OH-DA 相似。5,6-DHT 及 5,7-DHT 均不能通过血脑屏障，故需直接向中枢给药。5,6-DHT 的特异性较强，而 5,7-DHT 对去甲肾上腺素能及多巴胺能神经元也有一定的毒性作用。另外，对氯苯丙胺（p-chloroamphetamine，p-CAM）对不同 5-HT 能神经元系有选择性毒性作用，主要作用于上行 5-HT 系。p-CAM 可通过血脑屏障，但其作用机制不明。

与胆碱相似的乙基胆碱氮芥丙啶正离子（ethylcholine mustard aziridinium ion，简称 AF64A 或 ECMA），可选择性地损毁胆碱能神经元。

兴奋性氨基酸类神经毒剂的化学结构均与谷氨酸相似，能够非选择性地损伤神经元的细胞体，而不损伤轴突，故无过路纤维受损问题，这是其在神经束路学研究中的主要优点。常用作化学损毁的兴奋性氨基酸有红藻氨酸（或称海人酸，kainic acid，KA）和鹅膏蕈氨酸（ibotenic acid）。红藻氨酸提取自日本的一种海草，其神经兴奋作用比谷氨酸强 30 ～ 100 倍。红藻氨酸的神经毒性依赖于其兴奋作用，但其造成神经元损害的机制尚不清楚，可能不单是作用于兴奋受体的结果。不同神经元对红藻氨酸的敏感度不同，不同动物种属及不同年龄的动物之间也有差别。因此不同情况下应用的剂量应有所不同，并且应仔细检查注射部位及其周围神经元死亡情况。此外，麻醉剂有保护神经元免受其损害的作用，在实验时应避免使用长效麻醉药。鹅膏蕈氨酸是从一种蕈中提取的神经毒剂，是 NMDA（N-methyl-D-aspartate）受体的激动剂。鹅膏蕈氨酸的作用机制比红藻氨酸单纯，它能模拟内源性兴奋性氨基酸的作用，过度的兴奋导致神经元死亡。鹅膏蕈氨酸的毒性比红藻氨酸弱，能获得比较局限的注射部位（损害灶），不同神经元间敏感性的差别也较小。

第二节　化学神经解剖学方法

一、化学神经解剖学、神经递质和神经活性物质

20 世纪 70 年代，免疫组织化学（immunohistochemistry）技术被引入脑研究领域，它以特异性强、灵敏度高的特点，使神经元内所含的神经活性物质（neural active substances）、受体（receptor）和转运体（transporter）能够可视化（visualization），给形态学研究开辟了新的途径，形成了崭新的化学神经解剖学（chemical neuroanatomy）领域。化学神经解剖学主要研究各类神经活性物质在脑内的分布、投射联系及相互作用，可以通过定位、定性结合的手段探索脑的结构和机能关系，并对各种神经活性物质的合成酶及受体、转运体开展研究。用原位分子杂交技术在基因水平对神经活性物质及其受体 mRNA 的表达进行观察，是神经解剖学领域利用分子生物学技术促进研究发展的典范。

神经元中所含的具有生理活性的物质，可以统称为神经活性物质。人们开始认识的神经活性物质曾命名为化学传递物质（chemical transmiting substance）或神经传递物质（neurotransmitter），简称递质，并认识到突触部位的神经信息传递是由这些化学物质为媒介而实现的。一般将早期发现的活性物质称为经典传递物质（经典递质 classical transmitter），而将与神经传递有关的神经肽称为肽类递质（peptide transmitter）。神经肽和经典递质的一个重要区别点是经典神经递质在胞体和神经末梢均可合成，而神经肽只能在胞体内合成，经轴浆运输到神经终末。经典递质存在于小突触泡内，释放到突触间隙中；神经肽存在于大致密颗粒突触泡内，释放到突触活性区外的细胞间隙中，此差别决定了两者作用方式的不同。很多神经激素也在神经传递中起作用，它们既是激素又是递质。

以往曾根据经典递质在合成、运输、储存、释放、作用及失活等方面的特性，提出了作为神经传递物质的必备条件。神经活性物质种类繁多，其生物学特征及作用机制也不相同。因而，有人将具备神经传递物质条件的活性物质总称为神经递质，而将不完全具备条件者称为神经调制物质（neuromodulator）。也有人将传递物质和调制物质合称为神经调节物质（neuroregulator）。近年来还发现神经递质也可在细胞间隙内扩散作用于远处靶细胞上的受体，称容积传递（volume transmission）。因此，有人建议将在神经元与神经元及效应器之间进行信息传递的物质总称为神经信息物质（neural informational substance）。

二、酶组织化学法和荧光组织化学法

组织化学（histochemistry）或细胞化学（cytochemistry）是介于组织（细胞）学与化学之间的一门科学。细胞化学方法的目的是使用细胞学和化学的方法使细胞（组织）内的某些化学成分发生反应，在局部形成有色反应物，借此对各种活性物质在显微镜水平进行定性、定位和定量分析，是神经形态学的最基本的研究手段和内容。

酶组织化学（enzymohistochemistry）法的特点不是显示酶本身，而是利用酶对底物的催化作用，使底物发生颜色变化，借此对该酶进行定位和定量分析。在进行酶组织化学法反应时，保存完好的形态结构和保留最大的酶活性很重要。

1. 乙酰胆碱酯酶组织化学法和 NADPH 法　乙酰胆碱酯酶（acetylcholine esterase，AChE）是乙酰胆碱的分解酶，分布于肌肉运动终板的突触后膜上、神经元胞体及突触后膜上，故以往常将 AChE 的存在部位作为胆碱能突触传递部位的标志。AChE 法的原理是 AChE 分解底物，然后还原重金属盐捕获剂形成有色沉淀。AChE 法的具体实施方法较多，但自从有了胆碱乙酰转移酶（choline acetyltransferase，ChAT）抗体后，该法已很少用。

一氧化氮（nitric oxide，NO）是一种广泛存在于细胞内并具有多种功能的气体，NO 由一氧化氮

合成酶（nitric oxide synthase，NOS）催化精氨酸产生。已证实 NOS 就是硫辛酸脱氢酶（diaphase），该酶的活性又依赖于还原型辅酶Ⅱ（nicotinamide adenine dinucleotide phosphate，NADPH）。NADPH 法的基本原理是 NO 是 diaphase 的氧化底物，NO 从底物将氢传递给 NADPH，通过 NADPH 使受氢体硝基四氮唑蓝（NBT）还原为三苯基甲酯（triphenyl methyl ester），也称福尔马赞（formazan），形成蓝色沉淀，以此确定 diaphase 的位置并间接地反映 NO 的分布。将组织切片用含 NADPH 和 NBT 的反应液浸泡 20 min（37℃）即可显示结果。

2. 单胺类物质的荧光组织化学方法　最初致力于神经活性物质可视化并对各种单胺类物质进行定位研究工作的是瑞典学派。1962 年 Falck 和 Hillarp 创建了一种灵敏的组织荧光法（Falck Hillarp 法），用甲醛（formaldehyde，FA）诱发神经组织内的单胺类物质发出荧光，并使之能在荧光显微镜下观察。儿茶酚胺类物质发绿色荧光，5- 羟色胺（5-HT）发黄色荧光。1964 年 Hillarp 的学生 Dahlström 和 Fuxe 用此方法观察 5-HT 及儿茶酚胺类的分布，并对各核团进行了编号，开创了观察脑内神经活性物质定位分布（mapping）的先河。1972 年 Börjklund 等又建立了用乙醛酸（glyosylic acid，GA）诱发荧光的方法，提高了此技术的灵敏度。20 世纪 60 ～ 70 年代的诱发荧光法对神经组织内单胺类神经元的发现及分布做出了重要的贡献，进而推动了单胺类递质的功能及临床研究。其后，随着免疫组织化学法的发展，单胺类递质及其合成酶的显示多用免疫组织化学法。

三、免疫组织化学法

免疫组织化学（immunohistochemistry）是利用免疫学的抗体（antibody）与抗原（antigen）结合的原理以及组织化学技术对组织、细胞特定抗原或抗体进行定位和定量研究的技术。因为抗原与抗体的结合是高度特异的，所以免疫组织化学方法具有高度的特异性、灵敏性和精确性。免疫组织化学染色的抗原通常是肽或蛋白，有数量不等的抗原决定簇（antigen determinant）。抗原决定簇由暴露于抗原表面、在空间上相邻的 3 ～ 8 个氨基酸组成。一个抗原上可以有多个抗原决定簇。故由此而产生的抗血清中可能含有针对不同决定簇的多克隆抗体（polyclonal antibody）。用杂交瘤技术可以制成针对单个决定簇的单克隆抗体（monoclonal antibody）。

因为抗体仅识别特定的抗原决定簇，而不识别抗原本身，因此不同物质只要有相同的抗原决定簇，均可被同一抗体识别，所以在免疫组织化学法中应注意抗体的特异性及交叉反应。

由于在组织和细胞进行的抗原抗体反应一般是不可见的，需要用标记的方法将某种标记物（如酶、荧光素）结合到抗体上，再用组织化学方法使标记物可视化（visualization）或在荧光显微镜下观察荧光素发出的荧光（fluorescence）。标记抗体的物质还有铁蛋白、生物素、金颗粒及同位素等。用这些标记的抗体可以在组织切片上鉴别是否发生了特异的抗原抗体反应，并可对与抗体结合的抗原物质进行定位（localization）。

（一）免疫细胞化学常用染色方法

1. 免疫荧光细胞化学染色法　由 Coons 等（1950）建立的免疫荧光细胞化学（immunofluorescent cytochemistry）是现代生物学和医学研究中广泛应用的技术之一。由于该方法具有特异性、快速性和在细胞水平定位的准确性，故在神经生物学研究领域发挥着重要的作用。

（1）直接法（direct method）：将荧光素直接标记在特异性第一抗体上，荧光素标记的抗体直接与组织切片上相应的抗原结合，一次孵育成功，在荧光显微镜下观察，以鉴定抗原的部位（图 1-1-2）。此法简单，需时短，特异性强，但灵敏度低，而且必须分别标记每一种抗体，需要的抗体量大。在神经生物学研究领域，该法现已被间接法代替，几乎无人使用。

（2）间接法（indirect method）：该法先用第一抗体孵育组织切片，在第一抗体与组织中的抗原结合后，再用荧光素标记的第二抗体孵育，第二抗体是抗生产第一抗体的动物（如兔、羊、小鼠等）的 IgG 的抗体（图 1-1-2）。通过上述步骤用荧光素标记的第二抗体与第一抗体结合的方法来间接显示抗原的所在部位。间接法较直接法灵敏，经过二次甚至多次反应，标记强度得到放大，而且只需标记一种抗 IgG 抗体即可鉴定多种抗原。

此外，还可将荧光素标记到卵白素上，用 ABC 法的染色程序进行孵育和反应。由于 ABC 法的敏感性更高（详见后述），所以使用得也更广泛。

2. 免疫酶组织化学染色法　免疫酶组织化学染色法（immunoenzymohistochemical staining method）是在免疫荧光组织化学法基础上发展起来的，属于

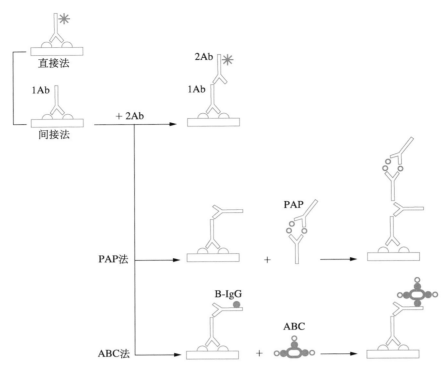

图 1-1-2　免疫组织（细胞）化学的反应方式

1Ab：第一抗体；2Ab：第二抗体；ABC：卵白素-生物素-辣根过氧化物酶复合物（ABC）；B-IgG：生物素标记的 γ 免疫球蛋白；PAP：过氧化物酶抗过氧化物酶（PAP）复合物

间接法，所不同的仅是用酶标记抗体和用组织化学方法显示结果，间接地对抗原物质进行定位。标记抗体常用的酶有辣根过氧化物酶（HRP）、碱性磷酸酶等。免疫酶法经过多次改进后，Sternberger（1970）又在此基础上创建了过氧化物酶抗过氧化物酶（peroxidase anti-peroxidase，PAP）法。PAP 复合物是 HRP 的抗体和 HRP 结合而生成的可溶性酶抗酶血清复合物，可作为特异性显色基团。PAP 法简化了操作步骤，提高了灵敏度，是目前免疫组织化学染色中常用的方法之一。

PAP 法需用三级抗体。首先用特异的第一抗体（多为兔、羊或小鼠 IgG）孵育组织切片，其次用抗第一抗体的抗体（如羊抗兔 IgG 或驴抗小鼠 IgG）作桥接，故第二抗体又称桥抗体（bridge antibody），然后用 PAP 复合物与桥抗体结合。桥抗体 IgG 分子有两个相同的 Fab 段，一个与第一抗体结合，另一个与 PAP 复合物结合，因此第一抗体及 PAP 复合物中的抗 HRP 抗体必须来自同一种动物（如图 1-1-2 中 PAP 法所示）。最后，用 HRP 的底物来显示 PAP 复合物。有若干种底物可供选择，不同底物可以产生不同的颜色反应。HRP 最常用的特异性底物是双氧水（H_2O_2），二氨基联苯胺（3，3′-diaminobenzidine，DAB）作为供氢体，HRP 在

H_2O_2 存在的情况下，能使 DAB 发生氧化，生成不溶性棕褐色反应产物沉淀，定位在抗原所在处。经 PAP 法制成的标本可在光镜及电镜下观察，并能长期保存。

PAP 法比间接荧光法灵敏，所用第一抗体的浓度可低于间接荧光法 10 倍左右。也可用其他酶代替 HRP 与相对应的抗体组成复合物，如碱性磷酸酶抗碱性磷酸酶（alkaline phosphatase antialkalinephosphatase，APAAP）等。

3. ABC 法　ABC 法与 PAP 法相似，也属于间接法，不同点是用 ABC 复合物替代了 PAP 复合物（Hsu 等，1981）。ABC 是卵白素（avidin）（抗生物素）与生物素（biotin）结合的 HRP 复合物（avidin biotinylated horseradish peroxidase complex）的简称。生物素为一小分子维生素，易于与很多生物分子交联。卵白素是存在于蛋清中的一种糖蛋白，每一分子上有 4 个同生物素亲和力极高的结合点，可以结合 4 个生物素。ABC 复合物是先将 HRP 与生物素结合，再将其与卵白素反应，使每一个卵白素分子上结合 3 个带 HRP 的生物素，留出一个能与其他生物素结合的空位。复合物上携带的 HRP 越多，则酶催化的反应越强烈，阳性结果也越明显。

ABC 法是在第一抗体反应后，先用生物素结合

的 IgG 抗体（biotinylated IgG）桥接，再用 ABC 孵育（如图 1-1-2 中 ABC 法所示），最后仍用 HRP 的底物呈色。由于生物素及卵白素间的亲和力极强，故 ABC 方法比 PAP 法更灵敏，有时又称为亲和细胞化学。在 ABC 法中，第一级抗体是针对目标蛋白的特异性的抗体，第二级抗体是生物素标记的针对第一抗体种属的二抗，第三级是 ABC 复合物。ABC 复合物与桥抗体之间是通过生物素结合的，因此 ABC 复合物没有种属特异性，可适用于任何种类的第一抗体。ABC 法与 PAP 法相比，具有操作时间短、灵敏度更高等优点。

4. 其他免疫细胞化学染色法　从金黄色葡萄球菌细胞壁上提取的 A 蛋白（staphylococcal protein A, PA）具有与多种哺乳动物血清中 IgG 的 Fc 片段结合产生沉淀的特点。人们利用此特点建立了蛋白 A 法。蛋白 A 法事先将 HRP 与 A 蛋白交联，此后通过孵育使 HRP 与 A 蛋白交联的复合物与切片上的第一抗体结合，随后进行呈色反应。此方法简便，效果也较好。此外也可以将胶体金（colloidal gold）粒子作为标记物吸着在 A 蛋白或第二抗体上，通过孵育使第二抗体与第一抗体结合，还可对胶体金粒子进行银增强反应（silver enhancement），能够分别在光镜和电镜下观察到黑色颗粒状沉着物，但胶体金标记第二抗体的方法常用于电镜的包埋后染色和观察。

如果把直径很小的纳米金（nanogold）颗粒交联到第二抗体上，通过孵育使纳米金颗粒标记的第二抗体与第一抗体结合，再对纳米金颗粒进行银增强反应，也可以分别在光镜和电镜下观察到黑色颗粒状沉着物。由于纳米金的直径很小，易随抗体穿过细胞膜，故该方法的敏感性和抗原定位能力均极佳。

蛋白 G（protein G，PG）是从 G 类链球菌中分离出来的胞壁蛋白，它能与多数哺乳动物 IgG 的 Fc 段结合，但不与狗 IgG 及人 IgM、IgD 和 IgA 结合。基因工程技术重组的蛋白 G 可以除去其与白蛋白及细胞表面的结合位点，故能减少交叉反应和非特异性结合。因此，重组蛋白 G 比天然蛋白 G 和蛋白 A 有更大的亲和力和稳定性，可以代替二抗，应用于免疫组织化学染色等领域。

以上所举，只是免疫组织化学染色技术中常用的几种基本方法。为了提高特异性和敏感性，不断地有一些改进的技术方法问世，也创建了一些免疫组织化学和标记法相结合的双标记法，以便进行定位、定性研究。1975 年单克隆抗体技术发明后，陆续产生了一些特异性很强的单克隆抗体，大大提高了抗体特异性。因其只能结合一个抗原决定簇，因此要求抗体有较高的滴度。

5. 免疫组织化学双重染色技术　为了研究两种物质在同一神经元或其突起和终末内的共存现象，或含不同化学物质的两种结构之间的相互关系，可以用相邻切片法、免疫荧光或免疫组织化学法进行双重染色，就染色结果而言，后两者比前者有更大的优越性，更有利于研究两种物质的相互关系。

（1）相邻切片法：将组织切成薄片，使部分神经元分布在两张以上的切片上。相邻的切片用不同的抗体进行免疫组织化学染色。比较相邻切片上同一神经元的染色结果，就可以判断两种物质是否共存于同一神经元内。这种方法适用于研究大神经元和两种特异性抗体（第一抗体）均来自同一种属的情况。

（2）不同颜色呈色的双标法：组织切片用第一种特异抗体孵育后，按 PAP 法或 ABC 法反应。在有重金属盐（钴、镍等）的情况下，DAB 反应产物呈蓝黑色或黑色；再用第二种抗体孵育，重复 PAP 法或 ABC 法，无重金属的 DAB 反应产物是棕色。这种方法特别适用于观察含某种物质的终末与另一种神经元之间的联系或分别存在于胞核和胞浆内的不同物质在同一神经元内的共存关系。

（3）免疫荧光组织化学双标法：按免疫荧光组织化学染色的步骤，将不同抗体和显示系统混合起来孵育。其条件是两种第一抗体需来自不同种属的动物。将两种第一抗体混合后与组织孵育，然后用不同荧光素（如 FITC 及 Texas Red）标记的二抗混合孵育，各自与其一抗结合，更换滤色片可在荧光显微镜或激光扫描共聚焦显微镜（详见本节）下见到发出不同荧光的染色结果。对于显示神经元、纤维、终末内的共存现象以及神经元与终末的联系来说，这种方法的效果最好。

6. 秋水仙素对免疫组织化学染色结果的影响　神经肽及其合成酶在神经元胞体内合成后经轴浆运输至终末部位释放发挥作用，它们在神经末梢内比较丰富，无须特殊处理就可以用免疫组织化学染色法显示出来，但胞体染色则不然。轴浆运输与细胞骨架系统（cellular skeleton system），尤其是微管有密切关系。秋水仙素（colchicine）可以破坏微管结构，阻止轴浆运输，使在神经元胞体内合成的物质在胞浆内储积起来，从而使胞体染得更加清楚和容易，这是显示神经元胞体免疫组化染色的常用手段。秋水仙素的给药方式因观察部位而异。对于研究大脑，通常经侧脑室给药；而研究脊髓，最好将其注入脊髓蛛网膜下腔；体外培养活体组织时，将其加入培养液也能增加胞体内神经肽及其合成酶的含量。给予秋水仙素后，动物需存活 1 ~ 2 d。秋水仙素对神经元也是一种刺激，甚至是病理性刺激。注射秋水仙素后动物的状态明显变差，容易死亡，应经常观察和随时准备灌流固定。

7. 抗体的选择、稀释度和效价　影响抗体质量最关键的因素是特异性，其次是效价。抗体除与其特异的抗原决定簇结合外，还可与组织内的蛋白质有非特异性理化结合。因此，过浓的抗体会增加非特异性着色。但抗体稀释度也不是越低越好。合适的抗体稀释度对提高染色的阳性率和获得好结果很重要。抗体在稀释液中的浓度称为抗体工作滴度，每毫升溶液中所包含的抗体分子越多，则溶液的滴度越高，可配制高稀释度的工作液。抗体的工作滴度称为效价（titer）。效价高，说明抗体的质量好。

一般情况下，将切片置于稀释（dilute）的抗体中，或将抗体滴加于裱于载玻片上的切片后，将切片置于湿盒内孵育。染色的效果与孵育的温度（如室温或 4℃）及时间有关。最佳效果需具体摸索。

鉴于标本的固定、切片的种类和稀释液种类等具体条件均可影响稀释度，每次实验均应根据实际情况来决定合适的抗体稀释度。常用以 0.01 mol/L 的 PBS（pH 7.4）配制的抗体稀释液组成如下：2% ~ 5% 正常血清、0.3% Triton X-100、0.05% 叠氮化钠（NaN$_3$）、0.25% 角叉菜胶（carrageenan）。此稀释液具有减少非特异性染色、增加抗体渗透和防止真菌污染的特点。但叠氮化钠有抑制 HRP 活性的缺点，故在稀释 PAP 或 Avidin-HRP 时不宜使用。Triton X-100 和角叉菜胶较难溶解，溶解时需要加热，待溶解后温度降至正常时，才能溶解正常血清，以防其中的蛋白变性。Triton X-100 能破坏超微结构，免疫电镜时应减量使用。配好的抗体工作液，应保存于 4℃，切忌反复冻融。

（二）免疫细胞化学的非特异性染色、交叉反应和对照实验

1. 非特异性染色及其消除方法　在进行免疫细胞化学染色时，组织中非抗原抗体反应出现的着色称为非特异性染色。非特异性染色的来源主要有以下五个方面。

（1）内源性过氧化物酶：主要存在于红细胞和中性粒细胞，固定效果较差时胶质细胞也是内源性过氧化物酶的来源之一，它们均影响免疫酶组织化学染色的结果。组织的良好冲洗和固定是消除内源性过氧化物酶的先决条件。内源性过氧化物酶的活性可用甲醇 -H$_2$O$_2$ 封闭，但 H$_2$O$_2$ 预处理可能破坏抗原。

（2）第一抗体：如果制备第一抗体的抗原纯度不高，其他蛋白产生的非特异抗体会结合或吸附到神经元上造成非特异性染色。除去的方法：①尽可能高地稀释抗体，以减低非特异抗体的浓度；②一抗孵育之后用 PBS 充分冲洗，能使非特异抗体解离；③在加入一抗之前，首先与正常血清孵育，以便封闭非特异结合位点。

（3）第二抗体：将 IgG 从血清中分离出来时，其中同时存在四种成分：①特异性抗 IgG；②抗原不纯所产生的非特异性抗 IgG；③供体血循环中的其他 IgG；④非 IgG 蛋白。上述成分中除特异性抗 IgG 外，其他成分可以通过交叉反应或非特异的疏水键与神经组织或细胞结合，产生非特异性染色。除去方法与除去第一抗体的非特异性染色方法基本相同。

（4）植物凝集素：主要来自胶质细胞，多发生在 ABC 法染色过程。使用 2- 甲基 -D- 甘露糖苷饱和生物素孵育可减低由植物凝集素造成的非特异性染色。

2. 免疫组织化学染色中的交叉反应　如前所述，抗体仅识别特异的抗原决定簇而不识别抗原本身，具有相同抗原决定簇的不同物质可以与同一种抗体结合。例如，甲硫氨酸脑啡肽（Tyr-Gly-Gly-Phe-Met）与亮氨酸脑啡肽（Tyr-Gly-Gly-Phe-Leu），5 个氨基酸中只有一个不同，因此如抗体识别整个脑啡肽分子，或其 N 端，则两种抗体可能起交叉反应，吸收试验也不能判断这种交叉反应。此时，常用不同来源的抗体或针对抗原不同片段（如只识别脑啡肽 C 端）的抗体来验证。使用 Western blotting 法可以帮助鉴别抗体的特异性。如果用原位杂交组织化学方法在 mRNA 水平得到与免疫组化染色相同的结果，也能印证免疫组化染色结果的正确性。

3. 免疫组织化学染色的对照实验　进行免疫组织化学染色时，必须证实组织内显示的荧光或有色产物确实是抗原与相应的特异性抗体结合所产生的。如前所述，影响免疫组织化学染色过程的因素很多。因此，必须要有严格的对照才能对染色结果作出正确的评价，常用的对照实验方法有：

（1）阳性对照：用已知含靶抗原的组织切片

与待检标本同样处理，免疫组织化学染色结果应为阳性，称阳性对照。通过阳性对照可证明靶抗原有活性，抗体的特异性高，染色过程中各个步骤以及所使用的试剂都合乎标准，染色方法可靠。尤其当待检标本为阴性时，阳性对照切片呈阳性反应可排除待检标本假阴性的可能。所以，若预期染色结果为阴性时，就必须设阳性对照。当阳性对照亦不显色，就证明在抗原保存、染色方法和（或）抗体效价等某一方面存在问题。

（2）阴性对照：用已知不存在相应靶抗原的组织标本染色，结果应为阴性。阴性对照可排除在染色过程中由于非特异性染色或交叉反应等因素造成的假阳性结果。阴性对照包括空白对照（常用缓冲液替代第一抗体）及替代对照（相同动物的免疫前血清或相同种属的正常血清），染色结果均应为阴性。

（3）自身对照：用同一组织切片上与靶抗原无关的其他抗体的染色作对照。阳性与阴性结果同在一个视野中，相互印证，本身就是对阳性反应的特异性对照。

（4）吸收实验：先将抗体与其针对的过量抗原混合孵育，两者形成特异性结合，再用结合后的混合物孵育切片，染色结果应为阴性。此法可证明待检组织切片的阳性结果是该抗体与组织内靶抗原特异性反应的结果。

免疫组织化学染色结果常常需要进行定性分析（qualitative analysis）及定量分析（quantitative analysis）。需要强调的是，用于定性或定量分析时，最好将对照组（control group）及实验组（experimental group）的切片贴裱在同一张载片上或将切片以相同条件同时孵育，以尽可能保证染色条件相对一致，使染色结果具有可比性。但无论用什么方法，免疫组织化学无绝对的对照实验，其结果也是相对的。因此，免疫组化染色的阳性物质均称作某某免疫反应（immunoreactive）物质或某某样免疫反应（like immunoreactive）物质。

（三）免疫细胞化学方法的基本过程及注意事项

成功的免疫细胞化学染色既要求保持组织细胞的结构，又要求酶反应有精确、稳定的定位并且有高度的特异性（specificity）和可重复性（repeatbility），因此，对结构和化学反应有影响的任何一种因素都会给染色造成不利影响。免疫组织化学染色的基本过程是固定、制片和反应。

1. 固定　神经系统内很多物质是可溶的，必须首先用固定剂（fixtive）将之交联起来，以免在染色过程中丢失，故需固定（fixation）。最常用的是 0.1 mol/L 磷酸缓冲液（pH 7.4）配制的 10% 福尔马林或 4% 多聚甲醛与 0.2% 苦味酸（picric acid）的混合液，适用于多数情况。但不同物质对固定剂的反应不同，没有一种适用于一切物质的固定剂。固定剂同时又有可能破坏抗原性。因此，选择合适的固定剂及合适的浓度、固定时间和方法十分重要。

在电镜标本制备过程中，在固定液中常需加入戊二醛。此外，在酶与底物充分反应之后，常常要用 1% 四氧化锇（OsO_4）进行后固定。

2. 制片　一些薄层组织可以铺片，如视网膜，但大多数材料需作切片，此过程称为制片（sectioning）。因目的不同可以制成石蜡切片、树脂切片、冰冻切片及振动切片。石蜡切片（paraffin section）在神经生物学研究领域使用较少。光镜研究用的树脂切片（resin section）主要是利用切片很薄的特点，一个神经元可以被切成若干张切片，做不同抗体的染色，以研究不同物质的共存现象。这种切片还可清楚地显示两个结构的关系，如轴突终末与神经元的关系。由于石蜡包埋和树脂包埋过程对抗原都有一定程度的破坏作用，为了对抗原尽量予以保存，常选用冰冻切片（frozen section）。蔗糖溶液浸泡组织块能避免冰冻过程中形成的冰晶对组织和细胞结构的破坏。振动切片（vibration section）较厚，但可以切较软的组织，能避免冰晶对超微结构的破坏和影响，故电镜标本必须用振动切片。

3. 反应　免疫组织化学反应可以将组织切片铺贴在载玻片上反应（reaction），也可将切片漂浸于反应液中进行，两者之间无实质差别。虽然漂染法的操作步骤比较烦琐，但染色效果往往优于片染法。在实际操作过程中，应根据自己的条件和经验探索最为合适的反应条件。需要注意的是向反应液内加入 H_2O_2 时，一定要循序渐进地缓慢进行，使反应液中 H_2O_2 的浓度由低到高，以保证组织化学反应能够比较完全地进行。这样做不仅能得到良好的染色结果，而且能减轻非特异性反应和得到清亮的本底。

为了使 HRP 催化的反应缓慢进行，可以使用葡萄糖氧化酶（glucose oxidase，GOD）- 葡萄糖（glucose）法替代 H_2O_2 进行反应（Shu et al，1988）。在此反应体系中，GOD 催化葡萄糖氧化并释放出游离氧，HRP 在游离氧存在的情况下，使 DAB 发生缓慢的氧化，生成有色反应产物，沉淀在发生酶催化反应的部位。

四、免疫电镜技术

免疫电子显微镜技术（immunoelectron microscopy，简称免疫电镜）是在超微结构水平定位抗原的方法。该方法具有较高的特异性。在免疫电镜技术中，可用酶、金颗粒和铁蛋白等标记抗体，而且标记过程不影响免疫反应的特异性。随着胶体金标记的第二抗体在免疫电镜技术中的应用，使免疫电镜技术在抗原定位方面更加准确。胶体金粒径大小不同，适合于不同用途，1～1.4 nm 的胶体金通常称为纳米金（nanogold）。

电镜的样品制备主要有包埋前染色和包埋后染色两种方法（图 1-1-3）。

（一）包埋前染色法

由于电镜染色制样过程对蛋白抗原性造成较大破坏，因此通常采用包埋前染色（pre-embedding staining）（图 1-1-3A）。用振动切片机（vibratome）将组织切成厚约 50～100 μm 的切片，可用冻融法

来增加切片内细胞膜的通透性，尽量不加入 Triton X-100 等。经冻融处理后，用 PAP 法或 ABC 法对切片进行免疫组织化学染色，最后用 DAB 和 H₂O₂ 显色。平板包埋（flat embedding）染色后的切片，在体视显微镜下选出并切下所需观察的部位，以便做超薄切片。DAB 的氧化反应产物电子密度高，在电镜下易于辨认。也可用针对第一抗体 IgG 并标有纳米金颗粒的第二抗体作免疫金染色。

在酶免疫法反应过程中，组织中的 HRP 与孵化液中的 H₂O₂ 和 DAB 反应产物沉积在 HRP 上及其周围，甚至扩散到较大范围，因此不能精确定位。免疫金法的标记可直接在电镜下观察，定位精确。还可以用银加强试剂使银堆积在纳米金颗粒上，更易于观察，但减弱了定位的精确性。

（二）包埋后染色法

包埋后染色法（post-embedding staining）（图 1-1-3B）是将组织块（tissue block）或振动切片作常规包埋，并用超薄切片机（ultrathin microtomy）制成超薄切片（ultrathin section），再在超薄切片上进行免疫细胞化学染色，通常用胶体金技术。由于超薄切片的厚度不到 0.1 μm，其上的细胞结构大

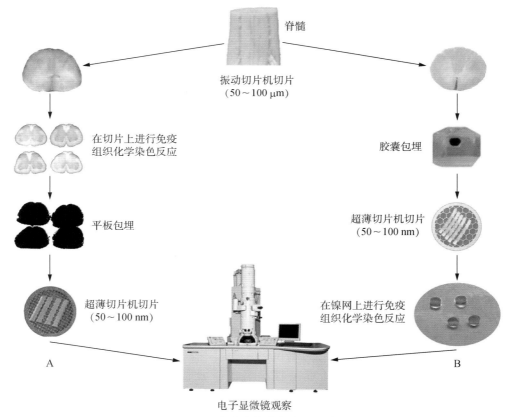

脊髓

振动切片机切片
（50～100 μm）

在切片上进行免疫
组织化学染色反应

胶囊包埋

平板包埋

超薄切片机切片
（50～100 nm）

超薄切片机切片
（50～100 nm）

在镍网上进行免疫
组织化学染色反应

A

B

电子显微镜观察

图 1-1-3　免疫电镜染色方法示意图

A. 包埋前染色法；**B**. 包埋后染色法

多被切开，不存在膜通透性问题，故标本无须冻融或用表面活性物质（surface active substance）处理。但由于标本是被包埋在树脂中，不利于抗体的透入，抗体只能染切片的表层。包埋后染色的最大优点是标记定位的精确性，但如常规包埋过程一样，对抗原有较强的破坏作用，因此其适用范围受限。冷冻置换（freeze substitution）法不使用常规包埋剂，可很好地保存抗原活性。此法在液氮提供的低温条件下用梯度酒精逐步置换组织中的水分，然后用特殊的包埋剂包埋，作超薄切片。冷冻置换法的缺点是其设备很昂贵，过程复杂，染色后的反差弱。

胶体金有不同大小的金颗粒，因此可作双标（double labeling）。但应用两种以上不同直径的金颗粒进行标记的技术难度较大。

五、原位杂交组织化学法

原位杂交组织化学（*in situ* hybridization histochemistry，ISHH）法创于 1969 年。在神经研究中，ISHH 法主要用于显示神经组织内的 mRNA，灵敏度很高。

ISHH 法是用标记的单链核酸探针与组织切片反应的方法。探针（probe）有 cDNA 探针、RNA 探针、寡核苷（oligonucleotide）探针，分别与组织内互补的 mRNA 结合，形成 DNA-RNA 或 RNA-RNA 杂交体。cDNA 指与 mRNA 互补（complementary）的 DNA 链，由克隆技术产生，原位杂交的特异性强，比 RNA 探针简便，应用较广。主要缺点是 cDNA 探针通常为双链的，必须在使用前加温，使之分离成两条单链，获得其中的 cDNA 链，才能参与杂交。RNA 探针也由克隆技术产生，技术上比 cDNA 困难。其优点是所产生的探针是单链的，不存在退火（annealing）问题，因此灵敏度更高，结合稳定。寡核苷探针是人工合成的一段与 mRNA 互补的短核苷链。短探针有利于透入组织，寡核苷探针的制备容易，针对性强，因而交叉反应小、特异性强。但由于探针短，其与 mRNA 结合不够牢固，故杂交及杂交后清洗的条件不能太苛刻。

探针的标记物有放射性同位素及非同位素两类。同位素中可供选择的有 ^{32}P、^{35}S 及氚（^3H），利用其放射性在杂交后进行放射自显影，使紧贴在组织切片上的底片或涂于切片上的感光核子乳胶曝光。非同位素标记可用生物素、碱性磷酸酶等物质标记探针，但灵敏度不及同位素。此外，还可用地

高辛抗地高辛抗体显示杂交结果。非同位素法与同位素法结合，能同时显示两种 mRNA。放射自显影法灵敏度高，结果的定量研究比组织化学方法容易进行。

原位杂交反应需在有利于探针结合的条件下进行。但在此条件下可能产生较多非特异结合，造成本底过高。因此，原位杂交时应注意增强组织的通透性、减少杂交时非特异结合的程度、减少本底标记。

mRNA 是由种碱基按一定序列排列组成的核糖核苷酸。所以在一定片段长度范围内，不同的 mRNA 分子之间存在碱基序列相同或高度相似的可能性。因此，原位杂交也存在与免疫组织化学相类似的交叉反应问题，但原位杂交尚无可靠的对照实验。在组织切片上的对照可采用：①用核糖核酸酶进行杂交前处理，mRNA 信号应不再出现。②用有意义探针在相邻切片进行杂交，应为阳性结果。③用过量的未标记探针作竞争试验，标记探针的特异结合将大为减弱。④在相邻切片对同一 mRNA 使用数种针对不同片段的探针进行杂交，能否得到同样结果。

原位杂交法及免疫组织化学法各有其适用范围及优缺点，两种方法的互相印证可以彼此作为其特异性的证据。原位杂交法能确切地反映某种物质表达的结果，而免疫组织化学法在反映细胞内物质量的变化则有不足。因为 mRNA 仅存在于胞体及近端树突内，故原位杂交法不适于研究神经纤维及其联系。

六、受体及转运体定位法

神经活性物质担负着在神经元间传递信息的作用，在其所作用的神经元上（内）存在具有特定构造的特异性结合位置，使其发挥调节效应的物质，称为受体（receptor）。受体是神经活性物质发挥作用的结构基础。受体不仅分布在细胞体的胞膜上，也存在于树突、轴突等的膜上，还存在于胞核和胞浆内（如类固醇激素的受体）。转运体（transporter）在神经系统内充当着特异性神经活性物质及其分解和代谢产物运输的角色。一般来说，受体和转运体都是蛋白质。一个神经元上可同时存在多种受体和转运体。制备针对某一受体或转运体的特异性抗体或特异性分子探针，就可以定位它们的分布，但前者的定位常常更精确。

配体（ligand）是与受体有亲和力的物质的总称，其中也包括常用的受体阻断剂（antagonist）和激动剂（agonist）。可用放射性同位素标记配体的方法，利用配体和受体结合来检测受体存在的部位。使用配体法时，应尽可能选择高亲和力及特异性强的拮抗剂或激动剂。但在用针对配体的抗体作免疫组织化学时，并不能定位受体之所在。

七、神经系统功能活动形态定位法

对于神经系统全面的了解，需要将功能学研究和形态学研究结合起来。但在方法学上，功能学研究方法和形态学研究方法是本质上不同的两类方法。通常针对同一目标，分别用不同方法进行研究，然后综合分析其结果，但下列这些方法能直接将两者结合起来。

（一）2-脱氧葡萄糖法

用 ^{14}C 标记的 2-脱氧葡萄糖（2-deoxyglucose，2-DG）定量测定大脑局部葡萄糖的消耗情况，简称 ^{14}C-2-DG 法。该法的基本原理是神经元活动时能量代谢增加，而其能量代谢主要依赖于葡萄糖。在脑内存在 2-DG 时，神经元可不加区别地将 2-DG 与葡萄糖一起摄入细胞内，两者都是己糖激酶的底物。但 2-DG 在被磷酸化成 2-DG-6-PO$_4$ 后，由于其第二碳原子上的羟基脱氧，2-DG-6-PO$_4$ 不能被磷酸己糖异构酶转化为果糖 -6-PO$_4$ 而继续在糖酵解循环中代谢。2-DG-6-PO$_4$ 也不能被葡萄糖 -6-磷酸脱氢酶作用而进入磷酸己糖旁路代谢。因此，2-DG-6-PO$_4$ 就在神经元内积聚，同位素的堆积程度反映了神经元的活动程度。该法利用此特点，在一定的实验条件下引起中枢神经某项功能系统活动增加的同时，将用 ^{14}C 标记的 2-DG 注入体内。^{14}C 即在活动的神经元内积聚，可用放射自显影的方法显示积聚的结果。神经元的各部分均需利用葡萄糖，但神经末梢在神经元兴奋时代谢率最高，因此 2-DG 法能更好地反映神经终末的功能状态。由于 2-DG 法不是基于轴浆运输原理，因此不受突触级数的限制，可以显示出特定条件下整个神经系活动的部位。此法的缺点是其解析度仅约 200 μm，试剂价格昂贵。

^{3}H-2-DG 法是在 ^{14}C-2-DG 法之后建立的，不同点是用 ^{3}H 代替 ^{14}C。该法的优点是灵敏度较 ^{14}C-2-DG 法高 500 倍，分辨率可达细胞水平。多采用放射自显影方法显示标记结果。

（二）c-fos（Fos）法

c-fos 基因（c-fos gene）是原癌基因（proto-oncogene），属于即刻-早期基因（immediate-early gene）家族。在很多刺激条件下，通过不同的第二信使导致神经元内 c-fos 的表达增强，形成 fos mRNA。由 fos mRNA 翻译成的 Fos 蛋白与另一即刻早期基因 c-jun 所产生的 Jun 蛋白构成二聚体，立即转移至细胞核内，调节其靶基因（target gene）的表达，引起细胞内的系列反应。因此，即刻早期基因的产物常被视为第三信使（the third message）。促使 c-fos 基因表达的机制尚不完全清楚，多种因素都可以引起 c-fos 表达；但有时即使某些神经元的确受到了刺激也难以检查出 Fos 蛋白反应。可见 c-fos 表达的增加仅仅说明在特定条件下，有关神经元的活动发生了变化，而其活动的性质及结果可以是多种多样的。c-fos 的反应速度因不同刺激及不同神经元系而异。神经元一般在受刺激后 30 min 内胞体中的 c-fos mRNA 就积聚起来，甚至达到高峰，在 1~2 h 后恢复到正常水平。Fos 蛋白在细胞核中的积聚出现稍晚，1 h 内出现明显反应，2 h 内达到高峰，但具体实验的最佳取材时间，需通过预实验确定。

由于引起 c-fos 反应的条件比较复杂，所以设立各种刺激条件及组织化学的对照就显得十分重要，对于阳性结果的解释应谨慎，对于阴性结果的分析尤其应注意。尽管目前对 c-fos 基因的认识尚不充分，在解释结果上有一些陷阱，但其仍是一种非常方便、解析度很高（达到单个细胞水平）、实用性强的方法。

（三）细胞色素氧化酶法

该法与 2-DG 法出现于同一时期。神经元线粒体内的细胞色素氧化酶（cytochrome oxidase）是提供神经元能量的重要酶。细胞色素氧化酶的表达水平与神经元能量需求密切相关，反映了神经元功能活动的相对程度。对于神经元来说，维持膜电位需要能量，为了维持膜电位，细胞膜不断去极化、复极化活动的能量需求也大。神经元不同部分细胞膜的活动不同，能量需求也不同。例如树突内线粒体多，细胞色素氧化酶活动性高。与 2-DG 法及 c-fos 法不同，细胞色素氧化酶的变化比较缓慢。因此，细胞色素氧化酶法所检出的是由某种慢性刺激所致细胞氧化活动维持相对稳定的一种状态。可以用酶组织化学、免疫组织化学或原位杂交组化等方法显示细胞色素氧化酶。

八、激光扫描共聚焦显微镜技术

光学显微镜（light microscope）作为细胞生物学（cytobiology）的研究工具仅可分辨出小于其照明光源波长一半的细胞结构。随着光学、视频、计算机等技术飞速发展而诞生的激光扫描共聚焦显微镜（lasers scanning confocal microscope，LSCM，简称共聚焦显微镜）有划时代的意义，使显微镜的分析能力有了质的飞跃，并且随着技术的不断发展和完善，用它可以进行形态学和功能学观察。

（一）基本原理

激光的特点为单色性好、相干性好。共聚焦显微镜的激光束经照明针孔由分光镜反射至物镜，并通过物镜聚焦于样品上，在 X-Y 面上逐行扫描。激发出的荧光经原入射光路直接返回，滤去激发光高峰以外部分，以除去或减轻同时被激发荧光的混杂（bleed through），再通过探测针孔，经光电倍增管调节后输送到计算机。在这条光路中，只有在聚焦平面上的光才能穿过探测针孔，即所谓共聚焦，排除了切片中非焦平面的图像。因此，其所采取的图像仅为原切片的一薄层。这种功能称作光学切片（optic sectioning），其厚度决定于物镜的分辨率，用一般 40 倍物镜，其光学切片厚度约为 0.6 μm。移动 Z 轴做若干层 X-Y 扫描后，可利用计算机软件对图像进行叠加、三维重构或仅显示 Z 轴切面的图像。

LSCM 采用常用氦氖绿激光（543 nm）、氦氖红激光（633 nm）、氩离子激光（488 nm）、多线氩离子激光（458 nm、488 nm、515 nm）、紫外激光（405 nm）等作光源。由于激光扫描共聚焦显微镜采用点扫描，样品暴露在激光下的时间极短，因此样品的荧光不易淬灭。

（二）激光扫描共聚焦显微镜的主要功能及其在神经科学研究中的应用

1. 荧光物质标记结构间的形态关系　图像的厚度对于分析不同荧光物质标记结构间的关系极为重要。例如，分析荧光标记的两种递质的关系，在普通荧光显微镜下观察一般切片时，如含有不同递质的两个细胞重叠在一起，则看似两种递质共存于一个细胞内，而这种现象在共聚焦显微镜光学切片时遇到的可能性较小，但在 0.6 μm 的光学切片上两个细胞重叠也是可能的，对标本进行三维扫描成像，可以解决两个结构重叠的问题。

2. 细胞间通讯研究　多细胞生物体中，细胞间相互影响和控制的生物学过程称为细胞间通讯。细胞之间有多种连接方式，其中缝隙连接是细胞间直接交通的渠道。相邻细胞膜的缝隙连接部位的亲水性通道允许小分子物质（如无机离子、糖、氨基酸等）双向流动，并与电生理反应和代谢变化偶联。LSCM 对细胞间通讯的研究可用于以下几个方面：①观察细胞间连接以及某些连接蛋白、黏附因子的变化，阐明细胞间通讯的形态学基础。②测量由细胞缝隙连接介导的分子转移。③测定胞内 Ca^{2+}、pH 值、cAMP 水平等因素对缝隙连接的调节观察它们对神经元间通讯的影响。④用荧光漂白后恢复（FRAP）技术监测荧光标记分子通过缝隙连接的情况。⑤通过测定某些物质对神经元通讯的影响，寻找新的药物。

3. 免疫荧光定量定位测量　LSCM 借助免疫荧光标记方法，可对细胞内荧光标记的物质进行定量、定性、定位的监测。如需要检测细胞膜、细胞核、细胞质内 3 种不同的物质，采用 3 种不同荧光标记的抗体标记样品，在 LSCM 下对 3 个相应的部位进行观察和测量，对神经元进行全方位的定量分析。在做定量分析时，每次扫描的参数必须一致，并需要配备必要的定位参照系统（positioning reference system）。

4. 细胞内离子分析　使用针对不同细胞内离子的荧光探针能选择性地与特定离子结合，导致荧光探针的荧光强度发生变化，激发光和发射光的波峰偏移，因而能准确地区别结合态和游离态探针。由于荧光强度的变化与细胞内离子的浓度呈比例关系，所以在 LSCM 下测量荧光探针的荧光强度变化之后，再经过一定的校准步骤，即可计算出细胞内离子的浓度。LSCM 可以准确地测定神经元内 Ca^{2+}、K^+、Na^+、Mg^{2+} 等离子的含量，用得较多的是 Ca^{2+} 的测定。使用 Ca^{2+} 的荧光探针（Fura-2、Fluo-3 等），通过对钙振荡（calcium oscillation）与钙波（calcium wave）的监测记录，可以间接了解 Ca^{2+} 对刺激介质，如化学因子、生长因子、药物及各种激素的反应和作用，对揭示神经元活动的机制有重要意义。

5. 细胞膜流动性的测定　细胞膜荧光探针受到激发后，其发射光为偏振光，其光极性的改变依赖于荧光分子周围的膜流动性产生消偏振的性质，故极性测量可间接反映细胞膜的流动性。通过专用计算机软件，LSCM可对细胞膜流动性进行定量和定性分析。细胞膜流动性的测定在膜磷脂脂肪酸组成分析、药物效应和作用位点、温度反应测定等方面有重要作用。

6.控制生物活性物质的作用方式 许多生物活性物质（神经递质、细胞内第二信使、核苷酸等）均可形成笼锁化合物。当处于笼锁（caged）状态时，其功能被封闭；特定波长的瞬间光照则使其解笼锁（uncaged），恢复其原有活性和功能，从而在生物代谢过程中发挥作用。LSCM具有光活化测定功能，可以控制使笼锁化合物探针分解的瞬间光波长和照射时间，从而人为地控制多种生物活性物质发挥作用的时间和空间。

LSCM技术正在快速发展，将会不断涌现出更多新功能。

参考文献

综述

1. 李云庆. GFP基因重组病毒在神经解剖研究中的应用. 解剖学报，2002，33（3）：307-311.
2. 李云庆，鞠躬. 形态学方法. 韩济生主编：神经科学. 第三版. 北京：北京医科大学出版社，2009：11-32.
3. 吕国蔚，李云庆. 神经生物学实验原理与技术. 北京：科学出版社，2011.
4. 韩增鹏，施祥玮，应敏. 神经环路示踪工具病毒的研究进展. 分析化学，2019，47（10）：1639-1650.
5. Fay RA，Norgren R. Identification of rat brainstem multisynaptic connections to the oral motor nuclei using pseudorabies virus. I. Masticatory muscle motor systems. *Brain Res Rev*，1997，25（3）：255-275.
6. Heimer L，Robards MJ. Neuroanatomical tract-tracing methods. 2nd ed，NewYork：Plenum，1990.
7. Mesulam MM. Tracing connections with horseradish peroxidase. New York：John Wiley and Sons，1982.
8. Polak JM，Van Noorden S. Immunocytochemistry：Modern methods and applications. Bristol：Wright，1986.

原始文献

1. Beier KT，Saunders AB，Oldenburg IA，et al. Vesicular stomatitis virus with the rabies virus glycoprotein directs retrograde transsynaptic transport among neurons in vivo. *Front Neural Circuit*，2013，7：11.
2. Castle MJ，Perlson E，Holzbaur EL，et al. Long-distance axonal transport of AAV9 is driven by dynein and kinesin-2 and is trafficked in a highly motile Rab7-positive compartment. *Mol Ther*，2014，22（3）：554-566.
3. Coons AH，Kaplan MH. Localization of antigenin tissue cell. Ⅱ. Improvements in a method for the detection of antigen by

means of fluorescent antibody. *J Exp Med*，1950，91（1）：1-13.
4. Ericson H，Blomqvist A. Tracing of neuronal connections with cholera toxin subunit B：Light and Electron microscopic immunohistochemistry using monoclonal antibodies. *J Neurosci Methods*，1988，24（3）：225-235.
5. Fort P，Luppi PH，Sakai K，et al. Nuclei of origin of monoaminergic，peptidergic，and cholinergic afferents to the cat trigeminal motor nucleus：a double-labeling study with cholera-toxin as a retrograde tracer. *J Comp Neurol*，1990，301（2）：262-275.
6. Gerfen CR，Sawchenko PE. Ananterograde neuroanatomical tracing method that shows the detailed morphology of neurons，their axons and terminals：Immunohistochemical localization of an axonally transported plant lectin，Phaseolus vulgaris-leucoagglutinin PHAL. *Brain Res*，1984，290（2）：219-238.
7. Hsu SM，Raine L，Fanger H. Use of avidin-biotin-peroxidase（ABC）in immunoperoxidase techniques：a comparison between ABC and unlabeled antibody（PAP）procedures. *J Histochem Cytochem*，1981，29（4）：577-580.
8. KanekoT，Saeki K，Lee T，et al. Improved retrograde axonal transport and subsequent visualization of tetramethylrhodamine（TMR）-dextran amine by means of an acidic injection vehicle and antibodies against TMR. *J Neurosci Methods*，1996，65（2）：157-165.
9. Katz LC，Iarovici DM. Green fluorescent latex microspheres：a new retrograde tracer. *Neuroscience*，1990，34（2）：511-520.
10. Kristensson K，Olsson Y，Sjöstrand J. Axonal uptake and retrograde transport of exogenous proteins in the hypoglossal nerve. *Brain Res*，1971，32（2）：399-406.
11. Kuypers HG，Catsman-Berrevoets CE，Padt RE. Retrograde axonal transport of fluorescent substances in the rat's forebrain. *Neurosci Lett*，1977，6（2-3）：127-135.
12. Lasek R，Joseph BS，Whitlock DG. Evaluation of radio-autographic neuroanatomical tracing method. *Brain Res*，1968，8（2）：319-336.
13. La Vail JH，La Vail MM. Retrograde axonal transport in the central nervous system. *Science*，1972，176（4042）：1416-1417.
14. Lin KZ，Zhong X，Ying M，et al. A mutant vesicular stomatitis virus with reduced cytotoxicity and enhanced anterograde trans-synaptic efficiency. *Mol Brain*，2020，13（1）：45.
15. Mesulam MM. Tetramethyl benzidine for horseradish peroxidase neurohistochemistry：a non-carcinogenic blue reaction product with superior sensitivity for visualizing neural afferents and efferents. *J Histochem Cytochem*，1978，26（2）：106-117.
16. Nance DM，Burns J. Fluorescent dextransas sensitive anterograde neuroanatomical tracer：Applications and pitfalls. *Brain Res Bull*，1990，25（1）：139-145.
17. Schmued LC，Fallon JH. Fluorogold：a new fluorescent retrograde axonal tracer with numerous unique properties.

Brain Res，1986，377（1）：147-154.

18. Shu SY，Ju G，Fan LZ. The glucose oxidase-DAB nickel method in peroxidase histochemistry of the nervous system. *Neurosci Lett*，1988，85（2）：169-171.

19. Su P，Wang HD，Xia JJ，et al. Evaluation of retrograde labeling profiles of HSV1 H129 anterograde tracer. *J Chem Neuroanat*，2019，100：101662.

20. Su P，Ying M，Han ZP，et al. High-brightness anterograde transneuronal HSV1 H129 tracer modified using a Trojan horse-like strategy. *Molecular Brain*，2020，13（1）：5.

21. Zeng WB，Jiang HF，Gang YD，et al. Anterograde monosynaptic transneuronal tracers derived from herpes simplex virus 1 strain H129. *Mol Neurodegener*，2017，12（1）：38.

22. Zingg B，Chou XL，Zhang ZG，et al. AAV-mediated anterograde transsynaptic tagging：mapping corticocollicular input-defined neural pathways for defense behaviors. *Neuron*，2017，93（1）：33-47.

于龙川

第 2 章 生理药理学方法

在神经科学的研究中，生理学和药理学的实验方法得到广泛的应用。本章简要介绍一些生理药理学中常用的实验方法，包括脑立体定位方法、脑内定点给药、在体脑组织推挽灌流、脑内神经化学物质的检测、脑内定点刺激与损毁、细胞外微电泳药物、脊髓蛛网膜下腔（caritas subarachnoidealis spinalis）内给药和脊髓灌流（spinal cord perfusion）等方法。20 世纪 70 年代发展起来的脑组织微透析（microdialysis）技术，特别是 21 世纪建立的能够在在体实验中实时测定的可遗传编码的荧光探针，对脑内神经递质和神经肽的检测具有高度特异性、高灵敏度及高时空分辨率。上述生理药理学中的实验方法和技术在神经科学研究中发挥了重要的作用，大大推动了人类对神经系统功能的了解。本章将作简要的介绍。

第一节 脑立体定位

在神经科学实验中常常需要对脑内某一个特定脑区或核团进行精确定位，然后采取某些处理措施，例如对这个脑区进行电刺激，或在这个脑区内注射药物，或记录这个脑区内神经细胞的电活动，或检测这个脑区内神经递质的释放情况等，以便观察或反映该脑区神经细胞功能状态的变化或机体各种生理生化指标的变化。上述实验中都需要使用脑立体定位的方法。本节简要介绍脑立体定位的基本原理和立体定位仪的使用方法。

一、脑立体定位的原理

动物实验中常常对其脑内某一个特定脑区或核团内注射药物或进行刺激等，怎样确定这些特定脑区或核团的位置，这项工作需要在相应动物的脑立体定位图谱指导下借助脑立体定位（brain stereotaxic）技术完成。现在已经有了多种动物的脑立体定位图谱，如大白鼠、小鼠、兔、猫、豚鼠等的脑立体定位图谱。临床上也有人脑的立体定位图谱。

下面以大鼠为例论述脑立体定位的原理和方法。实验室常用的大鼠的脑立体定位图谱有多个不同的版本，但是各种图谱的脑立体定位原理基本相同，都由彼此相互垂直的三个平面组成空间立体直角坐标系，按照这一坐标系对脑内部的结构定位。实验室常用的大鼠脑图谱有 Paxinos 和 Watson 编写的 "The rat brain in stereotaxic coordinates"（1982，1986，1998），Pellegrino 等编写的 "A stereotaxic atlas of the rat brain"（1979）等。国内常用的中文图谱有包新民和舒斯云编写的 "大鼠的脑立体定位图谱"（1990）等。

按照脑立体定位图谱上的方法固定大鼠的头部，这时颅骨表面的一些颅骨标志与脑内的各个结构的位置相对固定，从而以颅骨表面标志的坐标来确定脑内某一个脑区或核团的定位坐标。例如，Paxinos 与 Watson 编写的大鼠脑立体定位图谱和包新民与舒斯云编写的脑图谱都是 SD（Sprague Dawley）大鼠的脑立体定位图谱，图谱立体定位采用水平颅骨位，有耳间线和前囟中心两套立体定位坐标（图 1-2-1），有冠状和矢状两种切面，所以便于使用者学习和使用。

二、脑立体定位仪的使用方法

大鼠等啮齿类动物的脑立体定位方法是通过耳杆和上颌固定器将其头部固定，然后参考其颅骨表面的矢状缝（sagittal suture）、冠状缝（coronal

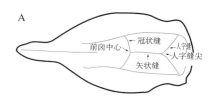

图 1-2-1 **大鼠颅骨表面的解剖学标志**
（修改自参考文献中的综述 7）

suture）、前囟中心（bregma）、人字缝尖（lamda）等解剖学标志（图 1-2-1）和相应的脑图谱以确定脑内部各个部位的位置坐标。

图 1-2-2 所示为实验室常用的啮齿类动物的脑立体定位仪，它的主要部件包括一个主框、一个或两个电极移动架以及动物头部固定装置。主框架为 U 形的方楞不锈钢制成，上面有可以沿主框架移动的电极移动架。电极移动架上有一组三维立体的移动滑尺，可以左右、前后和上下定量移动。通过这种三维立体移动滑尺的导向，参考图谱中某一脑区或核团的立体定位坐标，可以将电极准确地插到这个脑区或核团。

在实验中所用大鼠的种系可能与图谱上的不

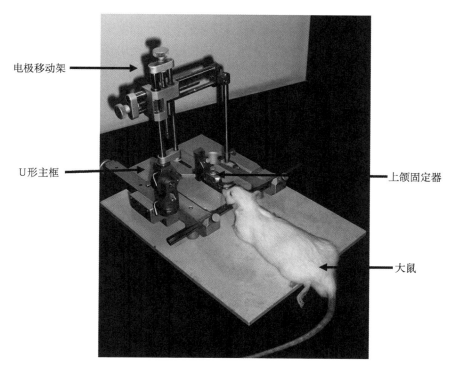

图 1-2-2 **脑立体定位仪及其使用方法**

同，但只要体重相近，其头部和脑的差异并不大。选用 200 ～ 350 g 的 SD 大白鼠，用耳杆和上颌固定器将大鼠头部固定在脑立体定位仪上（图 1-2-2）。第一步通过电极移动架上的钢针电极测定大鼠头部的矢状缝是否在两耳的正中线上，然后检测固定在脑立体定位仪上的大鼠头部是否左右对称。第二步移动电极移动架使电极尖端位于前囟中心，然后向后移动电极移动架使电极尖端位于人字缝尖，反复调节齿槽板使前囟中心和人字缝尖处于同一高度。第三步是确定三维立体定位系统，通过前囟中心及人字缝尖与主框架平行的平面为标定平面，通过前囟中心与上述标定平面垂直的冠状平面为 AP0 平面，因此前囟中心的立体定位坐标为 AP0、L0、H0。其中：A，anterior to Bregma；P，posterior to Bregma；L or R，left or right to midline；H，high；V，ventral to the surface of skull（下同）。例如该图谱中伏核的定位坐标为 AP + 1.7 mm，L 或 R 1.8 mm，H 7 mm（由颅骨面向下 7 mm）。

由于各个不同图谱使用的定位方法不同，所用的三维立体坐标也不同，有时同一个立体定位坐标在不同图谱中使用的名称亦不同，所以实验者必须按照所参照的图谱上的方法固定大鼠头部并进行定位。Paxinos 与 Watson 以及包新民与舒斯云编写的大鼠脑立体定位图谱有两种定位坐标，一是将前囟中心（bregma，B）定为 0，即 B 系统，从这点向前（又称嘴侧或头端）的冠状切面为 B，或 AP +，而从这点向后（又称尾侧）的冠状切面为 B －，或 AP。另一种定位坐标是两耳间连线的中点为 0，即 A 系统。还有一些图谱中将前囟向前的冠状切面称为 AP +，或 A，而从这点向后的冠状切面称为 AP －，或 P。所以不同图谱的坐标可能不同，必须仔细阅读所用脑立体定位图谱的说明。

对脑立体定位仪应该经常进行校正。在新安装、搬动或长期不使用等情况下必须对脑立体定位仪进行校验后再使用。避免由于定位仪的误差导致实验结果出现误差。

第二节　脑组织内推挽灌流与微透析

中枢神经系统内神经细胞之间通过突触（synapse）进行信息的传递。在哺乳动物的中枢神经系统内，大多数突触均为化学性突触。当动作电位到达突触前末梢时，突触前膜去极化，位于突触前膜上的 Ca^{2+} 通道开通，Ca^{2+} 内流，引起突触前膜内神经递质的释放，进入突触间隙的神经递质通过扩散到达突触后膜，与突触后膜上的受体结合，通过一系列反应，如蛋白质的合成或磷酸化、离子通道的开放或关闭，最终引起突触后神经元的功能状态发生变化。所以，在研究神经系统的功能时了解神经细胞之间信息传递的过程非常重要，研究人员常常需要对中枢神经系统内神经细胞外环境中的神经递质等化学物质的含量进行在体采样或测量。这类实验中通常采用脑组织内推挽灌流（push-pull perfusion）、离子选择性微电极（ion-selective microelectrode）、碳纤维电极（carbon fiber microelectrode）、抗体微电极（antibody microelectrode）等方法，以及在体脑组织微透析（microdialysis）技术。

上述实验方法和技术已经广泛应用于神经科学的研究中，但是尚不能实时动态检测脑组织中的神经化学物质。近年来发展了一系列较精确、

能够实时检测神经递质的方法，如电化学方法（electrochemical methods）、荧光探针（fluorescent probe）等，这些方法在精确检测神经递质方面具有较高特异性、灵敏度及时空分辨率，有些还可以应用在活体动物实验中。这些方法为研究神经系统的功能和相关疾病提供了新的技术方法。

下面简要介绍经典的在体脑组织推挽灌流和微透析技术，而灌流液中神经化学物质的常用测定方法见本章第三节。

一、脑组织推挽灌流

在体脑组织推挽灌流是一种采集特定脑区或核团内的神经细胞外液中所含有的神经化学物质的方法。实验装置由三部分组成：灌流液泵和进液系统、灌流探头、灌流液收集系统。实验仪器装置如图 1-2-3 所示。

灌流液泵和进液系统是由一个恒速泵和进液管组成的。灌流液在恒速泵推动下通过进液管进入灌流探头内。灌流液通常为人工脑脊液，温度维持在 36℃ ～ 37℃。通常在进液管外套一个粗管，粗管内有循环加热的液体，以使进液管中的灌流液温度保

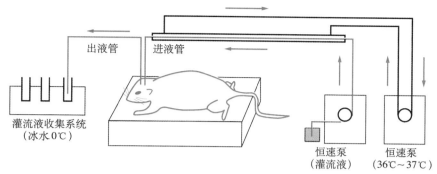

图 1-2-3　大鼠脑内推挽灌流实验装置图示

持在这一水平。

　　灌流探头有多种形式，图 1-2-4 所示为并列式和同心式推挽灌流探头。并列式推挽灌流探头结构较简单（图 1-2-4A），但对脑组织损伤较大。同心式灌流探头由两根不锈钢管套在一起组成（图 1-2-4B），灌流液由细的中心管进入脑组织，对脑组织灌流后通过套在中心管外的粗管流出。由于同心式推挽灌流探头的直径比较细，所以对脑组织的损伤也较小，是目前国内外实验室常用的灌流探头。现在市场上已经有微型的推挽灌流装置出售，其探头外径小于 1 mm，通常灌流速度为每分钟微升级，这样显著减少了对脑组织的损伤。

　　灌流液收集系统由出液管和收集器组成。为了避免样品中一些神经化学物质在室温下降解从而影响实验结果的准确性，常常在出液管外面套一根粗管，粗管内有循环使用的 0℃左右的液体，以降低出液管中的灌流液温度。

　　当进行脑内灌流时，在立体定位仪的三维电极移动架引导下将灌流探头插入目标脑区或核团，在灌流泵的驱动下灌流液通过进液管进入目标脑区或

核团的脑组织，持续对该部位的脑组织灌流。然后灌流液进入出液管中，再流入收集器中。如果是慢性动物实验，则可以在灌流的目标脑区或核团内埋植套管，每次灌流时将灌流探头通过套管插入目标脑区或核团，脑内埋植套管的具体方法见本章第四节。

　　脑内灌流实验所收集的样品中神经化学物质的含量可以通过仪器直接检测，或样品经过预处理后再进行检测。样品中一些小分子的神经递质可以通过高效液相层析等进行测定，而一些分子较大的化学物质如蛋白质和多肽则可以应用放射免疫测定或 ELISA 等方法检测。特别需要注意的是通过在体脑组织推挽灌流所收集的样品中含有灌流处脑组织中的多种化学物质，如蛋白质、多肽、氨基酸等多种化学物质，以及各种代谢产物。为了得到明确的实验结果，常常在检测前需要对收集的灌流液进行预处理，如加热、浓缩等。

二、脑组织内微透析

　　进行脑组织推挽灌流时常常遇到两个问题：一是灌流探头插入时可能造成灌流部位脑组织的损伤；二是推挽灌流时脑组织所释放的各种化学物质，包括各种蛋白质、多肽、氨基酸，以及各种代谢产物等均可进入灌流液中，这给灌流液中的特定神经化学物质的检测带来了干扰。为了避免上述问题，发展出一种新的脑组织灌流技术，即脑组织微透析方法。与脑组织内推挽灌流相比，微透析对脑组织的损伤相对小些，这是因为流动的灌流液与脑组织之间有一层透析膜，而且灌流液的流速较慢，所以对脑组织的损伤较小。

（一）微透析的原理和方法

　　当进行脑组织微透析的实验时，在立体定位仪三维电极移动架的引导下将微透析探头（microdialysis

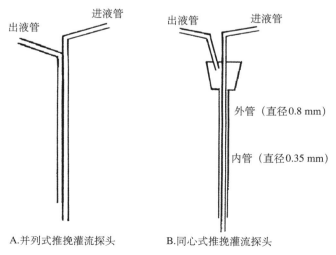

A.并列式推挽灌流探头　　B.同心式推挽灌流探头

图 1-2-4　推挽灌流探头

probe）插入目标脑区或核团，在微透析泵的推动下，透析液通过进液管到达目标脑区或核团，持续对该部位的脑组织透析。这时突触前膜释放到突触间隙的神经递质可以通过透析膜进入透析探头，然后随透析液通过出液管流入收集器中。

脑内微透析的关键部件是微透析探头。脑组织微透析探头由进液管、透析膜（管）和出液管三部分组成（图 1-2-5）。在脑内微透析实验中，当脑组织中某些分子较小且能通过透析膜的物质的浓度高于透析膜内侧灌流液的浓度时，这些化学物质的分子就会顺浓度梯度向透析膜内侧扩散，进入透析液中，然后随之流出透析探头。样品收集后可以直接或经过处理后检测其中某种神经化学物质的含量。脑内微透析时可以选用通透性不同的透析膜，以选择性允许分子量在一定范围内（小于透析膜的孔径）的化学物质能够通过透析膜进入透析液中。所以，脑内微透析所能监测的神经化学物质主要是一些经典神经递质和分子量较小的神经肽，当需要检测一些分子量较大的神经化学物质如蛋白质和多肽时，由于这些大分子的化学物质较难通过透析膜，所以不适于通过脑内微透析方法进行检测。

（二）微透析探头

在体微透析探头一般有两类：水平式和垂直式。水平式微透析探头的结构方式是入液管、透析膜和出液管以串行的方式连接，而垂直式微透析探头是入液管、透析膜和出液管以并行的方式连接（图

1-2-5）。水平式探头通过横穿植入脑内，简便易行，但对脑组织的损伤较大，所以很少应用。垂直式微透析探头分为环型、并列型和同心型三种（图 1-2-5）。环型微透析探头尖端由环状透析膜构成，内部衬以金属细丝防止变形。这种形式的微透析探头制作简单，有效透析部位较大，缺点是探头直径较大，所以对脑组织损伤有一定的损伤。并列式微透析探头类似于在并列式推挽灌流管尖端套上一个透析管，这个透析管的一端封闭。这种微透析探头的直径较小，对脑组织的损伤较小，但是制作难度较大，现在可以从公司定购。同心式微透析探头与同心式推挽灌流探头结构基本相同，只是在灌流管粗管尖端套上一个一端封闭的微透析管。现在同心式微透析探头是在体微透析实验中应用比较广泛的一种，可以自制，也可以从仪器公司定购。

（三）脑内微透析实验中的一些注意事项

脑内微透析实验能够在清醒和自由活动的动物上进行，这是脑内微透析技术的一大优点。但是，在分析微透析所得到的实验结果时应注意，实验结果所表示的仅仅是神经信息传递过程中神经末梢释放到突触间隙的神经递质浓度的平均变化，是以分钟或小时为单位时间内的变化，这种方法不可能检测到突触间隙神经递质浓度的实时变化。

脑内微透析方法特别适用于测定脑内分子量较小、含量极低的神经化学物质，如去甲肾上腺素、多巴胺、脑啡肽等。理论上小分子的肽应该也能够

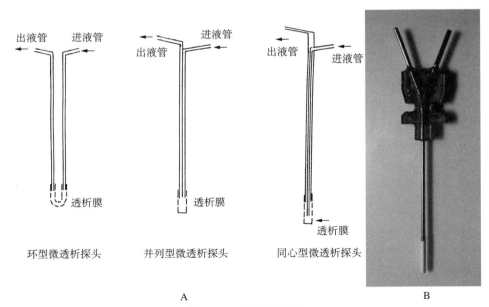

图 1-2-5   微透析探头

A. 各种不同类型微透析探头结构示意图；B. 商品化的同心式微透析探头

被检出，但是对于含碱性氨基酸较多的肽（如强啡肽），由于很容易附着在透析膜上，从而导致其透析效率较低。

脑内微透析实验所使用的灌流液为人工脑脊液，其中各种离子成分的浓度应与脑组织的细胞外液保持一致，透析液的流速一般为 0.1 ～ 10 μl/min。提高透析液的流速并不一定能够增加物质的跨膜透析量，透析液流速过大时可能增加透析处脑组织的损伤。一般在透析进行到 30 ～ 60 分钟时开始收集透析样品，因为这时透析液中的神经化学物质的回收率趋于稳定。在实验中常常通过调节透析液流速或增加透析采样的时间来提高样品的回收率。

另外，在慢性实验中，由于埋植的微透析探头需要在脑组织中存在较长时间，常常引起探头周围组织的增生，从而导致透析效率逐渐降低。所以进行慢性实验时必须考虑到这种变化对实验结果带来的影响。此外，在分析脑内微透析实验结果时应注意，所得实验结果表示的仅仅是突触传递过程中神经末梢释放到突触间隙的神经递质浓度的平均变化，是以分钟或小时为单位时间的变化，微透析很难只检测突触间隙神经递质浓度的实时变化。

在体微透析既可以通过透析膜收集脑组织中的神经化学物质，以检测脑内化学物质含量的变化，也可以将某些分子较小的试剂或药物加到灌流液中通过透析膜进入灌流区的脑组织中，从而影响该脑区神经细胞的功能。所以在体微透析是一种可以结合脑组织定点微透析和同时给药的实验方法。

由于大分子的物质不能通过微透析膜，所以在体微透析获得的透析样品常常不需要经过去除蛋白质等常规预处理过程而直接进行高效液相层析结合电化学或紫外等检测技术方法进行含量测定。这是微透析技术的一个优点，既缩短了实验过程，又避免了预处理所导致样品中神经化学物质的损耗，所以这种方法特别适用于测定脑内含量极低的神经化学物质，如去甲肾上腺素、脑啡肽等。脑内微透析技术和 HPLC 技术的结合为在整体动物上研究脑的复杂功能的化学调控提供了可能，并获得了许多极为有价值的实验结果。

第三节　神经递质的检测

神经递质是突触信息传递的关键分子，参与了多种生理和病理过程。因此，精确实时地检测脑内神经递质的释放，可以真实地反映脑内所发生的生理反应和与病理过程。然而，由于突触间隙非常微小，而且神经递质的释放和消除的速度非常快，给神经递质的精确实时检测带来了很大的困难。为了实现对神经递质释放的精确检测，多年来已经研发了数种生理学和药理学技术方法，如脑组织推挽灌流、脑组织微透析等技术，以取得特定核团或脑区内含神经递质的样品。然后结合离体标本生物测定（bioassay）、放射免疫测定、高效液相色谱法（high performance liquid chromatography，HPLC）等方法，对样品中的神经递质进行检测，以反映脑内所发生的生理反应和与病理过程。下面简要介绍几种常用的检测透析液和灌流液中神经递质的方法。

一、离体标本的生物检测

离体标本的生物检测（bioassay）是生理学和药理学研究中常用的一种方法，可以检测透析液、灌流液或组织提取液中某种神经化学物质的含量，以及测定药物的效价和浓度等。离体标本生物测定方法具有以下突出特点：①灵敏度很高，例如用水蛭背肌标本测量样本中的乙酰胆碱含量时灵敏度可以达到 10^{-9} ～ 10^{-10} g 水平；②离体标本生物测定所需的仪器比较常见，如测量肌肉收缩幅度所用的就是普通的常规生理仪器，包括张力换能器、生理记录仪等。

神经生物学中常用的离体标本有豚鼠回肠、小鼠或大鼠输精管、家兔输精管、水蛭背肌、蛙腹直肌等。水蛭背肌富含乙酰胆碱受体，可以用来检测样品中是否含有乙酰胆碱以及乙酰胆碱的浓度。当用毒扁豆碱处理水蛭背肌标本后，水蛭背肌标本对乙酰胆碱反应的灵敏度提高，即使样品中乙酰胆碱的含量在 10^{-8} ～ 10^{-10} M 的低浓度也能引起水蛭背肌标本的明显收缩。

豚鼠回肠平滑肌含有大量的 mu 阿片受体和少量 kappa 阿片受体，小鼠输精管富含 delta 阿片受体及少量 mu 和 kappa 阿片受体，大鼠输精管富含 mu 和 delta 阿片受体，家兔输精管主要含有 kappa 阿片受体。以上几种离体生物标本可以用来检测样品中是否含有阿片类物质，以及各种阿片类物质的含量。

二、放射免疫测定

1960 年，Yalow 等建立了一种应用放射性同位素测定蛋白质和多肽的方法。这种方法的原理是利用射性同位素标记的抗原与样品中含有的同种抗原竞争与相应抗体特异性结合，从而测定样品中含有抗原的量。Yalow 等利用胰岛素抗体和放射性同位素标记的胰岛素为试剂，应用放射免疫测定方法第一次对血浆中的胰岛素进行了测定。放射免疫测定方法的特异性强、灵敏度高，可以达到 10^{-9} ～ 10^{-12} g/ml（ng ～ pg/ml）水平，是测定蛋白质、多肽等神经化学物质的一种快速灵敏的方法。现在放射免疫测定方法广泛应用于基础研究和临床检测中。但是，这种测定方法存在同位素污染的问题，所以在实验中必须注意预防同位素污染和同位素辐射。

三、反相高效液相层析

反相高效液相层析（reversed phase HPLC，RP-HPLC）是分离检测样品中化学物质的一种常用方法，在神经生物学实验中常常与脑内微透析联合使用，以检测透析样品中神经化学物质的含量或浓度。脑组织灌流液或透析液中的多肽、氨基酸以及单胺类神经递质，不论是否带电电荷、所带电荷的正负以及带电荷的量，都可以应用反相高效液相层析进行检测。

除了以上几种检测方法外，毛细管电泳和质谱分析等一些技术也可以检测脑组织透析液中的神经化学物质。在检测透析液中的氨基酸类时，可以应用灵敏度更高的结合激光诱发荧光的毛细管电泳（capillary electrophoresis with laser induced fluorescence detection，CELIF）进行检测。在检测透析液中的某些多肽如脑啡肽时，可以应用质谱分析进行检测。

生物测定法与放射免疫测定法均可测定蛋白质、多肽等神经化学物质，就灵敏度而言，二者基本在同一水平。放射免疫方法方便快捷，但由于存在同位素污染问题，所以对实验室条件有一定的要求，从而限制了这种方法的广泛应用。生物标本测定法不存在同位素污染问题，设备简单，费用低廉，但生物测定方法中应用的检测工具是生物标本，很多因素均可以影响生物标本的灵敏度，特别要注意这类生物标本对化学性刺激的反应常常随着

时间的延长而发生变化，从而影响测量结果的重复性。应用反相高效液相层析检测神经化学物质，其回收率较高、灵敏度高，但是应用反相高效液相层析分离不同样品时需要摸索多种实验条件才可能获得较好的实验结果。

四、神经递质检测方法的研究进展

上述实验方法和技术已经广泛应用于神经科学的研究中，但是由于技术和条件等方面的局限性，尚不能实时精确地反映脑组织内神经递质释放的真实情况。为了精确实时地检测脑内神经递质的释放，以真实地反映脑内所发生的生理反应和病理过程，国内外研究人员陆续研发了一系列检测神经递质的方法，如利用电化学法原理的安培法、基于荧光成像的受体激活测定法（tango-assay method）、可遗传编码的荧光探针等。这些方法在精确实时地检测脑内神经递质释放方面都有很大的进步。下面简要介绍这些检测方法。

安培法是基于氧化还原反应原理的电化学检测方法，当突触前膜释放的神经递质通过扩散到达检测电极表面时发生氧化反应，通过检测被氧化还原的神经递质的动态变化以反映神经递质释放的情况。这种检测方法的主要问题是，当共存在神经细胞内的多种神经递质同时释放时，不能区分不同的神经递质的释放情况，所以必须与高压液相色谱联用以确认检测的是哪种神经递质。

2010 年 Nguyen 等为检测内源乙酰胆碱的释放研发了一种基于细胞系构建的神经递质探针 M1-CNiFER（cell-based neurotransmitter fluorescent engineered reporters）。这个探针的原理是通过乙酰胆碱受体与释放的乙酰胆碱结合后激活细胞内相应信号通路的原理构建的，特异性和灵敏度都很高。

近年来研发出两类可遗传编码的荧光探针，一类是以细菌周质结合蛋白为骨架构建的荧光探针，称为基于细菌周质结合蛋白构建的可遗传编码的神经递质荧光探针；另一类是以 G 蛋白偶联受体为骨架构建的荧光探针，称为基于 G 蛋白偶联受体构建的可遗传编码神经递质荧光探针。基于 G 蛋白偶联受体构建的探针在精确检测神经递质方面具有高度特异性、高灵敏度及高时空分辨率，特别是能够在体实验中进行实时测定。所以这类探针能够实时精确地检测脑组织中的神经化学物质，如乙酰胆碱、多巴胺等，为研究神经系统的功能和疾病提供了新

的技术方法。北京大学李毓龙实验室研发了一系列基于 G 蛋白偶联受体的探针，如乙酰胆碱传感器和多巴胺传感器。这种荧光探针的灵敏度、特异性、信噪比、动力学和光稳定性都适用于在体内和体外监测相应神经递质的信号。乙酰胆碱在脑内参与多种生理功能，实时检测其在脑内含量的变化很有必要。上述科研人员研发的乙酰胆碱传感器能够通过荧光信号选择性地响应外源和（或）内源性乙酰胆碱。所以，这种乙酰胆碱传感器适用于精确实时地分析乙酰胆碱信号，以用于监测生物体内胆碱能信号的传递。近年来他们还发展了一种基于多巴胺受体的荧光探针，可以实时检测活的果蝇、斑马鱼和小鼠脑中多巴胺的释放，这对于帕金森病的研究具有非常重要的意义。

第四节　脑内微量给药

在中枢神经系统内微量给药的常用方法有脑内微量注射药物、脑组织内微电泳药物和脑内微透析给药等方法。

在中枢神经系统内微量注射药物的实验方法主要包括侧脑室注射、脑组织或核团内注射和脊髓蛛网膜下腔内注射药物。从实验持续的时间上分为急性实验和慢性实验两种方式。在慢性实验中首先需要做脑内埋管手术，待动物恢复后才能进行脑内注射药物的实验。本节以大鼠为例，首先介绍脑内埋管及脑内注射药物的慢性实验方法，然后介绍脑内定点急性注射药物的实验方法。

一、脑内埋管和慢性注射药物

进行脑内埋管手术前要先查阅脑立体定位图谱，确定目标核团的立体定位坐标，然后根据该核团的立体定位坐标制作套管，再进行脑内定点埋管手术。具体的实验过程如下。

（一）查阅脑立体定位图谱和制作脑内埋植用的套管

脑立体定位图谱有许多种，按实验动物的种属分别有大鼠、家兔、豚鼠、猫等脑立体定位图谱，同一种属内还有不同品系的区别，如 Wister 大鼠和 Sprague Dawley 大鼠的脑立体定位图谱。按照实

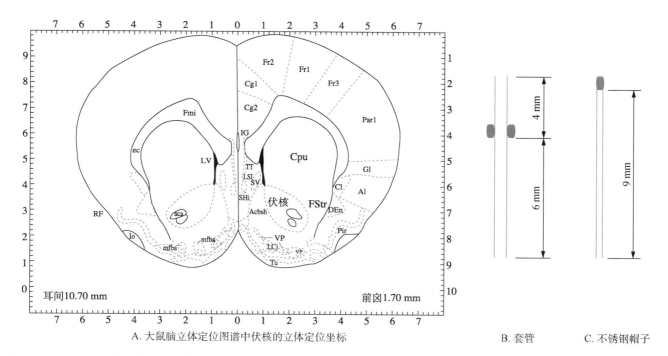

A. 大鼠脑立体定位图谱中伏核的立体定位坐标　　　　B. 套管　　　C. 不锈钢帽子

图 1-2-6　大鼠脑立体定位图谱中伏核的立体定位坐标（图 A 引自参考文献中的综述 7）与埋植用的不锈钢套管（**B**）和套管的不锈钢帽子（**C**）的示意图

验动物选用相应的脑立体定位图谱，然后在图谱中查找到目标核团的立体定位坐标，选定注射点的位置。例如在 Paxinos 与 Watson 的大鼠脑图谱中伏核的立体定位坐标为：B 1.0 ～ 2.7 mm 的范围内，L 或 R 为 1 ～ 3 mm 的范围内，V 为颅骨下 6.0 ～ 7.5 mm（图 1-2-6A）。我们可以选 AP ＋ 1.7 mm，L 或 R 1.8 mm，H7.2 mm 作为大鼠伏核的立体定位坐标（Paxinos and Watson，1998；Xiong and Yu，2006）。

制作脑内埋植的套管时首先要确定套管的长度，根据要埋管核团的位置和颅骨外的长度确定其总长度。通常套管需要露出颅骨外 4 mm，以便于用牙科水泥固定及插注射针头，颅内深度则要比给药点的深度减少 1 ～ 2 mm，这是为了防止注射时注射液回流到套管内。例如在大鼠伏核内给药点的定位坐标为 H 7.2 mm，则套管在颅骨下长度可为 6 mm，比注射点少 1.2 mm，然后再加上颅骨外面的长度 4 mm，则套管的总长度为 10 mm，而注射管总长度为 11.2 mm，这样就伸出套管 1.2 mm，这时注射点正好位于图谱中伏核的中心（H 7.2 mm）。

大鼠脑内埋植的套管可用外径 0.8 mm 的不锈钢管制做。在套管位于颅骨表面的位置处用细铜丝缠绕几圈（如伏核的套管总长 10 mm，在距离一端 4 mm 的位置缠绕细铜丝），然后用一点焊锡固定（图 1-2-6B）。套管的尺寸要求非常精确，特别是颅骨外部分的长度必须准确。套管埋植到脑组织后要插上一个套管帽子，以避免脑组织感染或灰尘进入套管内。套管帽子做法如图 1-2-6C 图所示：用外径 0.4 mm 的不锈钢管做套管的帽子，其长度比套管总长约短 1 mm，一端用锡固定。伏核套管的帽子长约 9 mm（图 1-2-6C）。

套管和套管帽子做好后可以浸泡在 75% 的医用酒精中，等进行埋管手术时将其放入生理盐水中备用，在手术完成后将套管帽子插入套管中。

（二）脑内埋植套管

大鼠被麻醉后将其头部固定在立体定位仪上。调节门齿杆和耳杆，使颅骨表面处于水平位置（图 1-2-1）。先后用碘酒和酒精棉球对大鼠头皮进行消毒，纵向切开颅骨上方的头皮，暴露颅骨，用生理盐水棉球清理颅骨表面。调节门齿杆和耳杆使大鼠颅骨表面的前囟与人字缝尖处于同一水平（图 1-2-2）。根据目标核团的立体定位坐标，确定在颅骨上钻孔的位置。然后用骨钻钻一个直径大约为 1 mm

的圆形孔，在电极移动架的引导下将不锈钢套管垂直地缓缓插入颅内。用少许 502 胶水封住套管和颅骨开口之间的缝隙，再用牙科水泥糊在套管周围。特别注意不要使牙科水泥流到颅骨周围的其他组织上，否则容易导致套管脱落。等牙科水泥凝固后，插上预先做好的套管帽子。

（三）脑内微量注射

在大鼠脑内注射药物时常用 1 ～ 10 μl 的微量注射器。在微量注射器针头的尖端离注射口约 3 mm 处用焊锡加粗，使之可以紧密地与 PE-60 管连接，PE-60 管的另一端连接一个用外径 0.4 mm 不锈钢管制成的注射针头。注射针头的长度按照目标核团或脑区的定位坐标确定。由于埋植的套管的长度比注射点少 1 ～ 2 mm，所以注射管的长度应伸出套管 1 ～ 2 mm。

在抽取药液前必须检查整个注射系统是否已经充满蒸馏水并排除导管中的气泡，然后检查整个注射系统是否漏液。抽取药液时先抽取约 1 μl 的空气形成一个气泡来作为标志，然后再抽取所需药液。在注射药物的过程中观察气泡是否向前移动，以确定药物是否注射到脑组织内。一般说来，脑内注射药物的体积为 0.1 ～ 0.5 μl，最多不超过 1 μl，注射时间不少于 1 分钟，体积越小、注射速度越慢则对脑组织的损伤就越小。注射药物后停留数分钟再取出注射针，以防注射液随注射针外溢。

（四）药物注射部位的检测

在全部实验结束后，必须检查注射位点是否位于目标核团内。可以向目标核团内注射极少量的染料或墨水，然后用过量的麻醉药将大鼠处死，取鼠脑冷冻后进行厚切片，观察注射点是否位于目标核团内，剔除注射点位于目标核团外的实验动物的数据。

二、脑内急性注射药物的方法

脑内注射药物的急性实验是在立体定位仪上完成的。动物的手术过程如前所述，按照大鼠脑立体定位图谱，将固定在电极架上的微量注射器针头垂直插入脑组织的目标核团内，然后进行微量注射。注射药物后停留数分钟再取出注射针头，然后进行后续实验。

三、神经细胞外微电泳给药

（一）微电泳的原理

神经元在兴奋时其细胞膜电位出现脉冲性的变化，称为动作电位或放电。通过微电极可以在细胞外记录到神经细胞的放电活动。多管微电泳方法建立于 20 世纪 50 ～ 60 年代，是在单管玻璃微电极的方法上发展起来的一种药理学方法，多管微电极由多根玻璃管围绕一根中心管组成，在应用中心电极记录神经细胞放电活动的同时，通过一定强度的电流将中心电极周围的其他玻璃微电极中的药物以分子或离子的形式电泳到所记录的神经细胞附近，这样对所记录的神经细胞施加药物，然后观察所记录的神经细胞功能状态的变化。多管微电泳方法具有三大特点。第一，与离体实验相比，这种方法得到的实验结果能够提供整体条件下目标神经细胞功能状态的瞬时信息。第二，定位精确，应用微电泳方法给药时药物的作用范围很小，可以精确定位到一个或几个神经细胞的反应，所以用来研究药物对单个神经细胞的直接作用。第三，灵活用药，可以通过改变不同电极施加微电泳电流来施加不同的药物，以及通过施加电流的大小来调节所施加药物的量。尽管多管微电泳药物的剂量不能非常精确，但是这种极微量的给药方法是生理学和药理学实验中其他给药方法难以企及的。

近年来许多实验室应用多管玻璃微电泳的技术研究跨膜信号传导的通路。应用多管微电泳方法可以直接对所记录的神经细胞施加多种受体的激动剂或拮抗剂，确定该神经细胞膜上是否存在这种受体，以及激活或阻断这种受体引起神经细胞发生兴奋还是抑制。另外，在记录神经细胞放电活动的同时，将跨膜信号传导通路中某些关键因子如 G- 蛋白、第二信使等的激动剂或抑制剂通过微电泳方法施加到所记录的神经细胞处，药物透过细胞膜进入到细胞内，就能够阻断或加强跨膜信号的传导，改变所记录的神经细胞的功能状态，从而达到研究受体激活后胞内信号传导通路的目的。

（二）多管微电极的制作与灌注

1. 多管玻璃微电极　微电泳方法是在单管玻璃微电极的方法上发展起来的，它由多根玻璃管组成，通常有 3 管、5 管和 7 管等几种（图 1-2-7）。可以自己拉制，也可以购买多管玻璃微电极毛胚再进一步拉制。

2. 多管玻璃微电极的灌注和电极阻抗的测量　在实验前几个小时或几十个小时需要对多管玻璃微

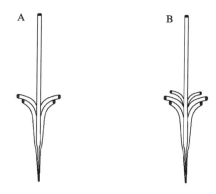

图 1-2-7　**多管玻璃微电极**
A. 五管玻璃微电极；**B**. 七管玻璃微电极

电极灌注电极液。灌注了电极液的多管玻璃微电极放置的时间不应太久，以防止电极液的化学物质在电极尖端结晶。多管玻璃微电极中心记录管和对照管（电流平衡管）的灌充方法如下：用 1 ml 的注射器，其针头连接一段尖端拉细的塑料管，然后吸入一定量的 2 M NaCl 溶液，然后将塑料管尖端分别伸入中心记录管和电流平衡管内，慢慢注射直至电极内充满溶液。许多药物如乙酰胆碱、去甲肾上腺素、多巴胺等可以按照实验要求配成溶液分别灌注到各个电极内。有些化学物质的溶液需要通过调节其 pH 使之产生最佳离子化，成为合适的电极液，以便于进行微电泳给药。

灌注后的多管玻璃微电极需要测量中心记录管的阻抗。将灌注后的微电极尖端浸没在 2 M 的 NaCl 溶液中，万用电表的两个接头，一个与用银丝做成针形电极连接，插到微电极内的溶液中，另一个与银片连接，浸在 2M 的 NaCl 溶液中。接通后万用电表上的读数就是微电极的电阻数。多管玻璃微电极记录管的阻抗一般在 10 ～ 50 兆欧为宜。

（三）神经细胞外微电泳给药

1. 药物的微电泳　神经细胞外微电泳给药的实验装置见图 1-2-8。多管玻璃微电极除了中心记录管用于记录神经细胞的放电活动外，其他各个管均可灌充药物。实验中通过操纵微电泳仪上的控制键，迅速改变接通这根加药管的电极的电流方向，并按照实验的要求调节施加到该管的电流强度，促使药物的分子或离子在电场力的作用下泳出微电极进入细胞间隙中。实验中常常通过改变电流的大小来调节多管微电泳时施加到细胞外的药物剂量。

2. 滞流电流的施加和电流平衡管的应用　在应用多管微电泳的实验中，多管微电极各加药管中

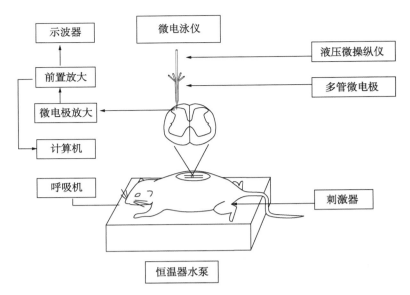

图 1-2-8　细胞外微电泳药物实验装置图示

分别灌注了含有药物的溶液。由于加药管内与细胞外液中药物浓度的差异，即使未施加电泳电流，加药管中的药物也会在浓度差的推动下向电极周围的神经组织扩散，作用于神经细胞后对实验结果造成影响。为了避免这种药物泄漏的影响，在应用多管玻璃微电极记录神经细胞放电信号以及微电泳药物时，需要在其他各加药管中分别施加和维持一个滞流电流，以防止药物的泄露。可以按照欧姆定律计算滞流电流的大小，即施加的电压除以电极电阻，可得到滞流电流的数值，一般在 5 ～ 20 nA。

在多管微电泳的实验中除了要有记录管与给药管外，还应有一根电流平衡管。在电流平衡管中灌注 2 M 的 NaCl 溶液，它主要作用是在微电泳药物时作为给药管的对照，同时还有保持电极周围的

神经组织电学中性的作用。

（四）微电泳部位的组织学定位

由于多管微电泳方法是通过一定的电流将药物的分子或离子电泳到记录的神经细胞附近，因此在实验中可以通过中心记录管施加染料以确定药物的作用部位。将 2 M 的 NaCl 溶液配制 2% 的 1 M 快绿作为电极液灌充到记录管中，在结束一个神经细胞放电活动的记录时，通过记录管施加 5 ～ 10 nA 的电流进行电泳，持续 20 ～ 30 分钟，然后取出记录部位的神经组织，放进多聚甲醛溶液中固定 12 ～ 24 小时，然后依次放入梯度乙醇（过夜）、二甲苯（1 ～ 2 小时）脱水、浸蜡后包埋、做连续切片，然后用苏木精-伊红染色，观察记录点的位置。

第五节　脊髓水平给药与灌流

脊髓在机体的感觉和运动功能中具有承上启下的重要作用，为了研究药物对脊髓水平感觉和运动功能的影响及其作用机制，建立了多种脊髓水平给药的方法。在临床治疗中常常也使用一些类似的脊髓水平给药方法，其中有的就是在动物脊髓水平给药方法的基础上发展起来的。

在腰部穿刺注射药物是一种常用的脊髓水平给药方法，这种给药方法简单快速，可以在麻醉或清醒的动物（大鼠、小鼠、狗等）上进行，在蛙或蟾蜍实验中也可进行。这种给药方法特别适用于急性

动物实验或一次性注射药物的实验。这种注射方法的缺点也很明显，有一定的操作难度，初学者需要经过多次练习才能准确地将药物注射到动物脊髓蛛网膜下腔内。而且应用这种方法时注射药物的次数受到限制，常常只能注射一次，再次注射时难度增加，如果需要多次注射，必须有较长时间的间隔。另外，在清醒的动物上进行注射时常常引发动物的应激反应。在临床治疗中有时也应用这种注射方法。

如果需要在动物的脊髓蛛网膜下腔内多次给药，常常应用脊髓蛛网膜下腔埋植套管的方法。这

种方法是 Yaksh 在 1976 年建立的。哺乳动物的蛛网膜下腔内充满脑脊液，在蛛网膜下腔内植入柔软无毒的细导管（PE-10），将微量药物沿导管注射到指定的脊髓阶段，药物就会随脑脊液扩散到该部位的脊髓组织中，这样就可以观察药物在脊髓水平的作用并研究其作用机制。这种给药方法的优点之一就是可以经导管多次给药，适用于慢性给药的动物实验。另外，这种方法还可以在一次实验中反复多次给药，例如先给予受体激动剂，再给予受体的拮抗剂等，这是腰部穿刺注射药物的方法很难做到的。通过脊髓蛛网膜下腔埋管注射药物的缺点：一是向脊髓蛛网膜下腔插管过程中易引起脊髓组织的损伤，所以手术有一定的难度；二是手术埋管术后需要数天的恢复期。所以在实验结束后应对每一只动物进行解剖，确认套管尖端的位置以及对脊髓的损伤情况。这种慢性给药方法，在神经生理学和神经药理学的研究中得到广泛的应用，正如 2003 年 Fairbanks 的评述中所讲到的，这种给药方法从动物实验推广到临床治疗，在脊髓蛛网膜下腔内埋管和慢性注射药物如吗啡等阿片类或 α2 受体激动剂等已经是临床治疗慢性痛的最常用的方法之一。

本节主要以大鼠脊髓蛛网膜下腔埋植导管和注射药物为例，说明脊髓蛛网膜下腔给药的方法，然后简单介绍脊髓灌流的方法。

一、脊髓蛛网膜下腔埋管

（一）埋管前 PE-10 管的预处理

大鼠脊髓蛛网膜下腔埋植的导管是 PE-10 管（polyethylene-10）。PE-10 管的材质无毒，其外径为 0.61 mm，内径为 0.28 mm。PE-10 管选取的长度应按照实验目的不同而有区别。例如从成年大鼠的枕骨大孔到脊髓腰膨大部位的长度约为 7.5 cm，加上在体外应留下一段以连接微量注射器，所以截取一段长度为 12.5 ～ 13.5 cm 的 PE-10 管。由于购买的 PE-10 管处于弯曲状态而影响插管，所以常常需要将 PE-10 管烫直。可用两把在钳部缠有胶布的止血钳夹住 PE-10 管的两侧，将其置入盛有开水的烧杯中后迅速取出并拉直，然后立即用冷水降温定形。

剪取一小片封口膜（约 3×60 mm），沿长轴拉开，在 PE-10 管的 7.5 cm 处缠绕，由于韧性使封口膜变薄并且具有黏性，在 PE-10 管的 7.5 cm 处缠绕成一个宽度 3 ～ 5 mm 的小结。封口膜一定要紧紧缠绕在 PE-10 管上（图 1-2-9A），因为这个小

结是将 PE-10 管固定到组织中的关键部位。如果这个小结没有紧紧粘在 PE-10 管上，注射药物过程中 PE-10 可能会从脊髓蛛网膜下腔内脱出，实验将无法正常进行。

近年来美国的公司生产一种新的比 PE-10 管更细的大鼠用脊髓蛛网膜下腔埋植的导管，称为 CS-1 intrathecal catheter system 32G，如图 1-2-9B 所示。这种导管由两部分组成，植入脊髓蛛网膜下腔的是很细的导管，其外径为 0.25 mm，内径为 0.12 mm，中间有一根不锈钢丝，其目的是加强这根非常细的塑料导管的强度，以便顺利将它插入大鼠的脊髓蛛网膜下腔内。这根不锈钢丝在埋管手术完成后应立即抽出。这种导管的另一部分为 PE-10 管（图 1-2-9B），这是留在枕骨大孔外的。这种导管已经过消毒，打开包装即可使用，主要特点就是，因为很细，所以非常容易插到大鼠的脊髓蛛网膜下腔内，轻易不会损伤脊髓，只是价格较高。

（二）脊髓蛛网膜下腔埋管的具体操作步骤

在大鼠腹腔注射戊巴比妥钠麻醉，常规消毒后剪去手术区的毛发，沿大鼠两耳尖连线的中点垂直线切开皮肤，正中切开肌肉，纵向分离肌肉，充分暴露枕骨大孔。这时取下撑开器，然后重新撑开枕骨大孔硬膜周围的肌肉，充分暴露枕骨大孔。用手术刀尖或弯头注射针头在枕骨大孔硬膜中部轻轻划

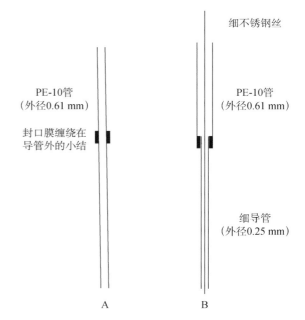

图 1-2-9　脊髓蛛网膜下腔埋植的导管
A. 使用 PE-10 导管制作的大鼠脊髓蛛网膜下腔埋植的导管；**B**. 一种商品化的大鼠用脊髓蛛网膜下腔埋植用的导管（CS-1 intrathecal catheter system 32G）

开一个小口，则清亮透明的脑脊液迅速涌出。

手术前用 75% 的酒精浸泡 PE-10 管，插管时用生理盐水将其冲洗干净并将 PE-10 管内充满生理盐水。使大鼠头部向下倾斜，沿着脊髓尾侧的方向把 PE-10 管缓缓从枕骨大孔开口处插入脊髓蛛网膜下腔内。插入时动作一定要轻，边插边观察大鼠肢体的反应，将 PE-10 管一直插到封口膜形成的小结处。插管过程中如果大鼠的肢体出现颤动，说明 PE-10 管已经插入脊髓组织中，应立即退出，然后重新插管。插管完成后立即进行缝合并固定导管，注意在缝合底层肌肉后用缝合线将 PE-10 管固定在肌肉上，再缝合上层的肌肉和皮肤。手术部位缝合后用缝合线将露出体外的 PE-10 管固定在大鼠颈部背侧的皮肤上。手术完成后立即用封口膜将体外的 PE-10 管的管口密封。术后大鼠一般需要恢复 3 ~ 5 天，这期间如有必要可每天注射抗生素预防术后感染。

二、脊髓蛛网膜下腔注射药物

（一）注射前准备

在大鼠脊髓蛛网膜下腔注射药物时常用 25 ~ 50 µl 的微量注射器。使用前应将微量注射器进行改造，在微量注射器针头的尖端离注射口约 3 mm 处用焊锡加粗，使其能够紧密地与 PE-60 管连接。这段 PE-60 管的长度为 20 ~ 30 cm，PE-60 管的另一端连接一个外径为 0.35 mm、长度约 10 mm 的不锈钢管制成的注射针头。这个注射针头连接 PE-60 管的一端也用焊锡加粗，以便能够与 PE-60 管紧密地连接。在进行脊髓蛛网膜下腔注射时将注射针头与大鼠埋植的 PE-10 管连接。

在抽取药液前必须仔细检查整个注射系统（主要是各个连接部位）是否漏液。特别需要强调的一点就是，整个注射系统只能用蒸馏水灌注，切不可用生理盐水灌注，因为生理盐水中的水分蒸发后会出现 NaCl 结晶，引起微量注射器的针栓堵塞，导致微量注射器无法使用。

由于多数实验是在清醒大鼠的蛛网膜下腔内注射药物，所以在注射过程中大鼠的活动或挣扎将影响到药物的注射。为了便于观察药物是否顺利地注射到蛛网膜下腔内，在抽取药液前通常先抽取 2 ~ 3 µl 的空气，这样就可以在塑料管中形成一个气泡作为标志，在注射药物的过程中观察气泡是否缓慢向前移动，以确定药物是否顺利地注射到蛛网膜下腔内。

（二）脊髓蛛网膜下腔内注射药物的具体操作步骤

脊髓蛛网膜下腔内注射药物的体积一般为 5 ~ 10 µl。用微量注射器抽取药液前应先用蒸馏水排除 PE-60 管内的空气。在抽取药液时应先抽取少量空气形成气泡作为标志，然后抽取 10 µl 的生理盐水，再抽取 10 µl（或 5 µl）的药物。注射时将不锈钢针头插进 PE-10 管内，推动注射器针栓，先将 10 µl（或 5 µl）的药物缓缓注射到蛛网膜下腔内，继续推动针栓使导管内的 10 µl 生理盐水冲刷 PE-10 管内的药液，使之全部进入脊髓蛛网膜下腔内。整个注射过程持续 1 ~ 2 min，边注射边观察塑料管中气泡的运动情况，同时观察注射系统是否有渗漏，以保证药物全部进入蛛网膜下腔内。

（三）注射部位的鉴定

在全部实验结束后，为了鉴定注射部位，可以在蛛网膜下腔内注射 0.1 µl 染料或墨水。然后处死动物，解剖脊髓观察脊髓腰膨大部位染料渗透情况，从而确定药物在脊髓扩散的范围。初学者有时会将 PE-10 管插到脊髓内部，所以实验结束后应一一解剖实验用的大鼠，剔除 PE-10 管插到脊髓内部或注射部位不正确的实验数据。

三、脊髓蛛网膜下腔内灌流

许多实验需要在脊髓水平不同节段采集脑脊液，以检测某些病理条件下或不同处理后脑脊液中某些神经化学物质含量的变化。可以按照实验目的和要求，采用在脊髓水平不同节段的蛛网膜下腔灌流，然后应用高压液相色谱方法或放射免疫测定等检测脊髓水平不同节段脑脊液中这些神经化学物质的含量及其变化。

以大鼠为例介绍蛛网膜下腔灌流的方法。手术过程详见本节脊髓蛛网膜下腔埋管的内容。首先向大鼠脊髓蛛网膜下腔插入一根 PE-10 管作为灌流的入液管，然后向大鼠脊髓蛛网膜下腔再插入一根 PE-50 管作为灌流的出液管。灌流入液管和出液管的长度按照实验需要在脊髓哪些节段灌流而定，例如实验将在 L3 ~ L5 处灌流，PE-10 管总长度可在 13 cm 左右，PE-50 的总长度为 7 ~ 8 cm。灌流泵联接 PE-10 管将灌流液推入到脊髓蛛网膜下腔冲洗脊髓，然后通过 PE-50 管将灌流液由脊髓蛛网膜下腔导出体外，收集待检测。

第六节　脑组织定点损毁

研究中枢神经系统的功能时，常常需要损毁某些特定的脑区或核团，以观察实验动物功能状态的变化，从而确定该脑区或核团的功能，或者制作某种动物的病理模型，如制作帕金森病或老年性痴呆的动物模型。脑组织损毁的方法一般包括物理性损毁和化学性损毁。

一、物理性损毁特定脑区或核团

物理性损毁分为机械性损毁（切除脑组织或切断某一神经通路）、高温性损伤（电解损毁、射频损伤以及微波损伤）。

（一）电解损毁

电解损毁特定的脑区或核团的方法是在脑立体定位上将金属电极插到特定的脑区或核团，按照需要损毁脑组织的大小通以毫安级阳极电流（一般为数毫安到几十毫安），通电时间约为数秒到几十秒。实验结束后通过组织学方法检测电解损毁部位的范围。

（二）射频损伤

神经组织对射频辐射比较敏感。进行脑组织局部热消融时，在立体定位仪的电极支架引导下，将某种能量（射频、微波或激光）导入脑内目标脑区或核团内以产生热效应，使目标脑区或核团内的温度瞬时升高，造成神经细胞凝固性坏死以达到损毁的目的。

二、化学性损毁特定脑区或核团

化学损毁方法是通过脑立体定位，用微量注射器或玻璃微电极向特定脑区或核团内注射某些神经毒剂，引起局部组织内神经细胞或神经纤维坏死。

神经组织化学损毁时常用的神经毒剂有兴奋性神经毒性氨基酸，如海人酸（kainic acid）、鹅膏蕈氨酸（ibotemic acid）、使君子酸（quisqualic acid）等，它们都是兴奋性氨基酸受体的激动剂，属于非选择性化学损毁剂。向出生后的幼鼠特定脑区或核团内注射兴奋性神经毒性氨基酸，引起神经细胞长时间过度兴奋和衰竭，从而导致目标脑区或核团内的神经细胞死亡。兴奋性神经毒性氨基酸对神经细胞的损毁没有选择性，对各种神经细胞均有损伤作用，这是一种常用的非选择性化学损毁神经细胞的方法。

单胺类毒剂是一种选择性化学损毁剂，这类毒剂能够选择性损毁单胺类能神经纤维，所以也称为神经末梢化学切断剂。单胺类毒剂是在 20 世纪 60 年代发展起来的，常用的有 6- 羟基多巴胺（6-hydroxydopamine，6-OH-DA）、6- 羟基多巴、5，6，- 双羟色胺等。

在中枢神经系统内 6- 羟多巴胺主要损毁单胺能神经纤维，而对单胺能神经细胞胞体的影响较小。6- 羟基多巴胺损毁单胺能纤维，包括去甲肾上腺素能神经纤维、肾上腺素能神经纤维、多巴胺能神经纤维。这种损伤的选择性较高，对乙酰胆碱、5- 羟色胺能纤维损伤很小。关于 6- 羟多巴胺引起单胺能神经纤维损毁的作用原理尚不明了，可能是 6- 羟多巴胺被摄入单胺能神经纤维内，发生氧化作用或产生

表 1-2-1　脑组织定点损毁的各种方法

损毁方式	损毁原理	特点和要求
机械性损毁	通过手术切除局部脑组织或切断某一神经通路	需要暴露脑组织，手术切除目标脑区的各种组织细胞，对周围脑组织损伤较大
高温性损伤	电解损毁：通过电流热效应损毁电极周围的组织细胞 射频损伤：通过射频电流热效应损毁电极周围组织细胞	需要立体定位，插入电极对脑组织有一定的损伤 需要立体定位，插入电极对脑组织有一定的损伤
化学性损毁	兴奋性神经毒性氨基酸：将化学损毁剂注射到目标脑区	需要立体定位，非选择性化学损毁剂，引起目标脑区内的各种神经细胞坏死
	单胺类毒剂损毁：将化学损毁剂注射到目标脑区	需要立体定位，选择性损毁单胺类神经纤维，对神经细胞胞体影响较小

有毒物质，导致神经纤维的坏死。

前些年发展起来一种免疫毒素损毁神经细胞的方法。例如利用免疫毒素 192-IgG saporin 选择性地损毁基底前脑的胆碱能神经细胞，引起大鼠的学习记忆能力明显下降。应用上述毁损方法建立的动物模型，虽然其学习记忆的能力明显下降，但并不一定同时出现老年性痴呆患者的其他典型病理学改变，如出现老年斑等。

上述的一些实验方法对神经细胞的损伤没有选择性，例如应用兴奋性神经毒性氨基酸损毁神经细胞时，对脑内的胆碱能神经元和非胆碱能神经元均有损伤作用。应用这类方法建立的动物模型只是从某些方面模拟某些疾病的病理学特征，所以在评价实验结果时应十分谨慎。

参考文献

综述

1. 韩济生主编.神经科学原理.北京：北京医科大学出版社，1997：7-92.
2. 包新民，舒斯云.大鼠的脑立体定位图谱。北京：人民卫生出版社，1991：1-137.
3. 万金霞，李毓龙.神经递质检测方法的研究进展。分析化学，2020，48：307-305.
4. Fairbanks CA. Spinal delivery of analgesics in experimental models of pain and analgesia. *Advanced Drug Delivery Reviews*，2003，55：1007-1041.
5. Hammarlund-Udenaes M. The use of microdialysis in CNS drug delivery study. Pharmacokinetic perspectives and results with analgesics and antiepileptics. *Advanced Drug Delivery Reviews*，2000，45：283-294.
6. Mosharov EV，Sulzer D. Analysis of exocytotic events recorded by amperometry. *Nat. Methods*，2005，2：651-658.
7. Paxinos G，Watson C. The rat brain in stereotaxic coordinates，Sydney：Academic Press，1998.
8. Rea H，Kirby B. A Review of Cutaneous Microdialysis of Inflammatory Dermatoses. *Acta Derm Venereol*，2019，99：945-952.
9. Stiller C-O，Taylor BK，linderoth B，et al. Microdialysis in pain research. *Advanced Drug Delivery Reviews*，2003，55：1065-1079.
10. Shannon RJ，Carpenter KL，Guilfoyle MR，et al. Cerebral microdialysis in clinical studies of drugs：pharmacokinetic applications. *J Pharmacokinet Pharmacodyn*，2013，40：343-358.
11. Ungerstedt U，Hallstrom A. In vivo microdialysis—a new approach to the analysis of neurotransmitters in the brain. *Life Science*，1987，41：861-864.
12. Ungerstedt U，Rostami E. Microdialysis in neurointensive care. *Curr Pharm Des*，2004，10：2145-2152.

原始文献

1. Barnea G，Strapps W，Herrada G，et al. The genetic design of signaling cascades to record receptor activation. *Proc Natl Acad Sci USA*，2008，105：64-69.
2. Bonansco C，Buno W. Cellular mechanisms underlying the rhythmic bursts induced by NMDA microiontophoresis at the apical dendrites of CA1 pyramidal neurons，*Hippocampus*，2003，13：150-163.
3. Drew KL，Pehek EA，Rasley BT，et al. Sampling glutamate and GABA with microdialysis：suggestions on how to get the dialysis membrane closer to the synapse. *J Neurosci Methods*，2004，140：127-131.
4. De Mattos R B，Cirrito J R，Parsadanian M，et al. ApoE and cluster in cooperatively suppress Abeta levels and deposition：evidence that ApoE regulates extracellular Abeta metabolism in vivo. *Neuron*，2004，41：193-202.
5. Inagaki HK，De Leon SB，Wong AM，et al. Visualizing neuromodulation in vivo：TANGO-mapping of dopamine signaling reveals appetite control of sugar sensing. *Cell*，2012，148：583-595.
6. Jing M，Zhang P，Wang G，et al. A genetically encoded fluorescent acetylcholine indicator for in vitro and in vivo studies. *Nat Biotech*，2018，36：726-737.
7. Kong L L，Yu L C. It's AMPA receptors，not kainate receptors，that contributes to the NBQX-induced antinociception in the spinal cord of rats. *Brain Res*，2006，1100：73-77.
8. Li JJ，Zhou X，Yu LC. Involvement of neuropeptide Y and Y1 receptors in antinociception in the arcuate nucleus of hypothalamus，an immunohistochemical and pharmacological study in intact rats and rats with inflammation. *Pain*，2005，118：232-242.
9. Nguyen Q T，Schroeder L F，Mank M，et al. An in vivo biosensor for neurotransmitter release and in situ receptor activity. *Nat Neurosci*，2010，13：127-132.
10. Soto C，Martin-CoraF，Leiras R，et al. GABAB receptor-mediated modulation of cutaneous input at the cuneate nucleus in anesthetized cats. *Neuroscience*，2005，137：1015-1030.
11. Sun F，Zeng J，Jing M，et al. A Genetically Encoded Fluorescent Sensor Enables Rapid and Specific Detection of Dopamine in Flies. Fish and Mice. *Cell*，2018，174：481-496.
12. Tzavara ET，Bymaster FP，Davis RJ，et al. M4 muscarinic receptors regulate the dynamics of cholinergic and dopaminergic neurotransmission：relevance to the pathophysiology and treatment of related CNS pathologies. *FASEBJ*，2004，18：1410-1412.
13. Wu X，Yu LC. Plasticity of galanin in nociceptive modulation in the central nervous system of rats during morphine tolerance：a behavioral and immunohistochemical study. *Brain Res*，2006，1086：85-91.
14. Yaksh TL，Rudy TM. Chronic catheterization of the spinal subarachnoid space. *Physiol Behav*，1976，17：1031-1036.
15. Yan Y，Yu LC. Involvement of opioid receptors in CGRP8-37-induced inhibition on the activity of wide dynamic range neurons in the spinal dorsal horn of rats. *J Neurosci Res*，2004，77：148-152.

第 3 章　电生理学方法

罗　非　孙坚原　徐　涛

神经系统的基本功能是接受、传导、加工并贮存信息，实现感觉、运动、学习与记忆以及认知思维等复杂活动。神经元是神经系统的基本结构与功能单位，神经元间通过电活动进行神经信息传导与加工。以记录与测量神经元电位及通道电流变化为基础，在不同层次上记录与分析各种电活动的电生理方法（表 1-3-1）是研究与认识神经系统活动规律最重要的手段之一（Windhorst U and Johansson H, 1999）。近代电生理方法发展有三个重要阶段。一是 20 世纪 40 年代出现的微电极细胞内记录技术，打开了检测单个神经元的基本性质、研究电活

动规律及其与兴奋和抑制等功能活动内在联系的大门。二是 20 世纪 70 ～ 80 年代膜片钳技术的问世，开启了神经元电活动的离子通道机制的探索过程，从而将电生理方法提高到记录与研究单个蛋白质功能活动的分子水平。三是 20 世纪末至 21 世纪初，发展了清醒动物在体神经元放电多通道记录技术和光遗传学技术，前者为同步记录神经网络中大量神经元的放电活动并分析其相互关系铺平了道路，后者则为有目的地改变指定细胞的电位活动从而研究特定神经元活动的生理意义打开了大门。Hodgkin，Huxley，Eccles 和 Neher，Sakmann 因在利用与发展

表 1-3-1　不同层次电活动记录的特点

电极位置	电活动记录类型	记录范围	检测电信号的幅度
头皮	脑电图和听觉诱发电位（EEG 和 AEP）	2 ～ 10 mm²	10 ～ 200 μV
硬膜外	皮质脑电图和硬膜外电位（ECoG 和 EP）	1 ～ 3 mm²	0.1 ～ 4 mV
皮质表面	皮质脑电图和硬膜外电位（ECoG 和 EP）	1 ～ 3 mm²	0.2 ～ 5 mV
细胞外	场电位和单位动作电位（FP 和 spike）	1 ～ 50 μm²	0.4 ～ 20 mV
细胞内	静息电位，突触后电位和跨膜动作电位（RP，PSP 和 spike）	0.5 ～ 3 μm²	1 ～ 100 mV

电压钳和膜片钳技术方面作出的巨大贡献，分别获得了 1963 年和 1991 年的诺贝尔生理学或医学奖。近年随着形态学、神经化学、分子生物学、免疫学技术以及计算机技术的迅速发展，有机地将电生理方法与之结合起来，必将为开拓神经科学的新前景提供广阔的途径。

第一节　脑电图和诱发电位

脑电图（electroencephalogram，EEG）由于其无创性和记录简易性，成为了临床诊断和神经科学基础研究中广泛应用的神经电生理记录手段。通过在人的头皮表面放置电极，可以记录到大脑的整体电活动，这种电生理活动被称为脑电图。Hans Berger 在 1924 年首先记录到人的脑电图，自此开始了脑电研究领域的恢宏篇章。通常认为，EEG 的来源是大脑内的突触后电位，而不是动作电位。其理由在于，尽管大脑的电活动包括动作电位和突触后电位，但是动作电位通常瞬时出现，且在传递过程中会相互抵消，因此并不能够在颅骨之外被电极记录到；而突触后电位的放电时间较长，其中很大一部分不会相互抵消，因此有可能在头皮被记录到。基于这些推论，研究者们普遍认为 EEG 是由于脑内大量神经元，尤其是部分与头皮表面垂直排列的皮质锥体神经元，在同步活动情况下产生的突触后电位的总和。EEG 的幅度、频率等特征会受到大脑内神经活动的影响，主要包括脑内群体神经元的细胞结构、环路特征以及细胞外电场等，这也是 EEG 用于神经科学领域诊断和研究的基础。

事件相关电位（event related potential，ERP）是指因为某些刺激或者认知事件产生的 EEG 活动的改变。这种改变相对于自发的 EEG 来说是非常小的，只有 $0.1 \sim 20\ \mu V$，所以当我们直接观察 EEG 信号的时候很难发现这种变化。然而由于这种变化由固定的刺激因素引起，理论上在同一实验条件下、在同一系统中，这种变化的反应模式是相同的，潜伏期也是恒定的。因此，可以利用平均叠加技术，将 ERP 从背景 EEG 中提取出来。通常可以理解为 EEG 是在外界环境安静的情况下记录的大脑自发电活动，而 ERP 则是某些刺激引起的大脑活动相对于基线状态的改变。当刺激是来自外界的感觉刺激时，ERP 也可以称为诱发电位（evoke potential，EP）。然而，需要注意的是，诱发电位可以是初级感觉刺激所引发的整个神经传导通路各阶段的电位改变，而 ERP 则不仅可以由初级感觉刺激引起，还可以由个体内源的认知活动引起。因此，ERP 不仅仅在神经科学研究领域被广泛应用，在心理学研究领域也备受重视。

一、EEG 的记录

EEG 作为一种神经信号记录的手段，其主要优点是无创性、对大脑电活动的直接测量、高度的时间分辨率以及可以应用于多种不同环境。EEG 设备已经不只局限于临床诊断和实验室研究。现阶段，随着便携式可穿戴 EEG 设备的发展，越来越多的研究者正在尝试将其推广到日常生活中。通常，在实验室中记录 EEG 的方法如下：

1. 为被试佩戴合适大小的电极帽。这些商业化的电极帽的表面通常都有可以连接脑电记录电极的孔并标示了约定俗成的名称，因此可以帮助实验者很方便地确定记录电极放置的位置。需要注意的是，一些脑电设备需要被试先清洗头皮以减少油脂。

2. 通过电极帽上的孔向头皮相应位置涂抹导电膏以降低头皮的电阻。

3. 将记录电极逐一连接在电极帽的相应位置（有些设备的电极帽已经直接与电极连接），通过电脑屏幕观察每个电极的实时电阻，如果电阻过高，可用酒精棉去除相应位置的头皮油脂，并涂抹导电膏。

4. 在耳垂等位置连接参考电极，连接之前同样用酒精棉擦去皮肤油脂。

5. 连接完成后，由记录电极导出的信号将经过模数转换和信号放大等一系列处理到达脑电信号采集计算机（图 1-3-1），以记录 EEG 数据，可结合视听觉等感觉刺激，或者其他认知任务，以用于后续的 ERP 数据分析。

根据不同的研究需要，脑电研究可以记录不同的导联数，有些甚至可以达到 256 导。导联数的增加，更有利于详细绘制脑电地形图或者进行源定位分析，但是对于计算机运算能力的要求也较高；更多的导联数还增加了涂抹脑电电极膏的时间以及检

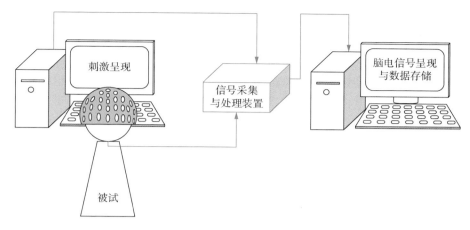

图 1-3-1 人类被试脑电记录硬件连接示意图

测正常电阻时间，这无疑增加了实验的烦琐程度以及挑战了被试的忍耐程度，因此非常有必要根据实验的需要选择合适的导联数，而不是一味追求更多的导联数。在一些脑疾病（例如癫痫）的治疗过程中，患者有可能会被植入颅骨的 EEG 电极，以便长期实时观察和记录其 EEG 波形。

在动物研究中，需要采用有创的方式记录 EEG 信号，例如将麻醉大鼠固定在立体定位仪上，暴露颅骨后，在特定的颅骨定位位置锚定特制的动物脑电电极末端的螺丝（图 1-3-2），通过焊接在螺丝上的金属导线可以将脑电信号传导至电极接口，在实验过程中可通过线缆和放大器到达脑电采集设备。

在记录脑电信号的过程中，不仅要放置记录电极，还要设置参考电极（reference electrode）和接地电极。参考电极的设置方法主要有三种：

1. 单极记录法　其方法是将参考电极放置在耳垂等非活动区（inactive zone），将皮质等活动区域的电位减去非活动区的电位，则可以得到 EEG 的相对值。这种方法反映的脑电地形图（EEG topography）的情况会较为真实。

2. 双极记录法　此类方法并不特意设置参考电极，而是将皮质等活动区域记录的电位相减，因此得到的是 EEG 的相对值。需要注意的是，这种方法主要是在临床实践中用于精确定位某局部区域的电位变化，无法反映真实的脑电地形图。

3. 还有一种参考电位是将所有记录电极的电位进行平均，通过这种方式可以避免单极记录产生的 EEG 非对称问题，这种平均的参考变异性更小，适合更多实验室结果的比较。但是这种参考方式与双极记录法相比较，不适合定位局部区域的电位变化。

EEG 记录的缺点主要在于其容易受到噪声的影响。由于 EEG 信号的幅度很弱，大约在 μV 级，信噪比较低，往往会被淹没于头部运动或者躯体运动造成的伪迹之中，因此在不同被试、不同实验之间的变异性非常大。随着工程信号处理方法和非线性理论的发展，EEG 信号处理手段得到了很大的提高，

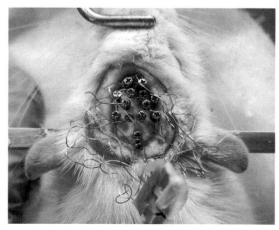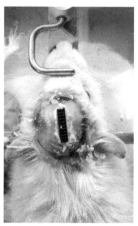

图 1-3-2 大鼠脑电电极埋置手术

左图：将自制脑电电极末端的螺丝固定在大鼠颅骨的特定位置；右图：固定后大鼠脑电电极

目前可以应用非常成熟的软件对 EEG 信号进行预处理，以去除这些伪迹。此外，在 EEG 记录的过程中，有些情况下还需要同时记录眨眼造成的伪迹（眼电），其方法是在被试的面部特定位置用胶布固定电极，采集垂直眼电和水平眼电，此信号在后续的分析中用于消除眼球运动造成的伪迹。另外，和所有的电生理研究一样，EEG 记录也需要连接地线以消除系统噪声。

二、EEG 的节律及应用

自发的 EEG 活动会表现出一定的周期性振荡，被称为节律（rhythm）。根据这种振荡的频率，可以将 EEG 区分为五种频段：δ 频段：0.5 ～ 3.5 Hz；θ 频段，4 ～ 7.5 Hz；α 频段，8 ～ 12.5 Hz；β 频段，13 ～ 30 Hz；γ 频段，大于 30 Hz，这个频段的范围在不同的研究中可能存在微小的差异。

一般认为，不同频段的 EEG 节律来源于不同的脑区，并且与个体当时的行为或者状态因素密切关联。例如，δ 频段的节律（简称 δ 节律）主要在睡眠阶段出现，可以反映个体深睡眠的状态；在昏睡或者麻醉状态，也可以记录到 δ 节律；但是也有研究者在安静的清醒状态下记录到了 δ 节律，一些研究者提出 δ 节律参与了语义加工或者认知加工。θ 节律反映了感觉信息的加工序列，但是部分脑区位置 θ 节律的爆发性出现可能提示有局部病变。α 节律是安静闭眼状态下的主要 EEG 节律，在睁眼时会减弱或者消失，其主要分布在枕叶、顶叶和颞叶后部，有研究者认为 α 节律反映了基本的认知功能，体现了个体自上而下的认知活动，如注意和工作记忆等。当个体正处于紧张和兴奋状态时，则主要表现出 β 波，反映了感觉运动皮质的活动。当个体处于一种更为兴奋的思考状态下或者接受某种刺激时，则更容易出现 γ 频段的 EEG 波形振荡，不过在睡眠过程中也能够被记录到。这种 γ 节律不仅与感觉相关联，还可能与高级认知相关联。

需要理解的是，对于 EEG 的节律，是人为将其区分为上述五个频段，这些节律所代表的意义会受到很多因素的影响。尽管已经有了上述普遍的对于这些节律的认识，但是其具体的机制及其所蕴含的大脑的秘密依然有待探索。除了上述有规律的振荡之外，还有一些较为特殊容易识别的波形，可以用于诊断神经系统的疾病，例如在癫痫状态下会出现尖波和棘波，也称为癫痫样放电。

探测睡眠过程中的脑电图，结合其他神经科学研究手段，有助于探索睡眠的奥秘，并且寻求睡眠相关障碍的解决方案。癫痫患者的脑电波，即使在非发作期（间歇期）有时也存在异常，由于特异性的癫痫样放电通过脑电图可以很容易地观察到，而且其价格低廉，在基层医院也可以广泛应用，因此相对于功能影像学等研究手段，可以更好地作为癫痫诊断的辅助方法。

三、ERP 的数据分析及应用

在采集了伴随刺激或者认知事件的 EEG 信号之后，需要进行滤波以及去除伪迹等预处理，之后通过对环刺激 / 环事件的 EEG 信号进行叠加平均，就可以得到 ERP 的信号。当刺激因素固定时，中枢神经系统中的 ERP 并非在所有部位都可以记录到，而只局限在与刺激的感觉系统相关的部位，因此可用于诊断感觉传导通路的异常。临床上应用听觉诱发电位（auditory evoked potential，AEP）、视觉诱发电位（visual evoked potential，VEP）以及躯体感觉诱发电位（somatosensory evoked potential，SEP），从其中相关波形（包括幅度与时程等）的变化判定该感觉传导途径中特定部位的功能改变。例如用于感觉系统传导疾病的诊断；脱髓鞘病变在中枢其他部位出现时检查感觉系统亚临床状况；某些疾病解剖分布和病理生理的辅助诊断；监测患者的神经功能状态变化等，如昏迷患者或者癫痫患者的监测。与普通的神经科检查相比，ERP 具有更客观、更敏感的优点，而且可以在患者麻醉或者昏迷的时候进行。其缺点是特异性不够高，这需要结合其他检查方法以及患者体征进行判断。

由于 ERP 的研究已经有了数十年的发展，相关的数据分析专著非常多，也较为成熟。最为基本的方式是分析其成分。较为典型的成分包括视觉刺激引起的 P1 成分，新异刺激所诱发的 P300 成分，还有与面孔高度关联的 N170 成分等。特异性的成分出现的幅度及潜伏期的变化不仅可以反应刺激的强度，还可能反应的是个体的神经信号传递是否正常以及注意与认知功能等。需要注意的是，当刺激因素固定时，中枢系统中的 ERP 只出现在和刺激的感觉系统相关的部位。因此，可以通过绘制脑电地形图，观察较为显著出现某种成分的部位。此外，还可以通过对连续信号进行时频分析来考察 ERP 的频率随时间的变化。

失匹配负波是近年来较为受关注的一种 ERP 成分。通过给予被试 oddball 范式，即在一系列常规刺激中穿插新异刺激，常规刺激和新异刺激的 ERP 的差值，会产生一种特殊的成分，称为失匹配负波（mismatch negativity，MMN），如图 1-3-3。有研究者提出 MMN 反映了个体的前注意成分，在多种神经精神类疾病的状态下，其 MMN 可能存在异常，因此有可能成为精神分裂症等疾病的诊断指标。

EEG 记录技术还可以与脑成像方法相整合，两种信号同步记录可以取长补短，综合了 EEG 时间分辨率高、反应灵敏的优点和脑成像（如磁共振成像）空间分辨率高、无创性定位脑代谢性变化的特点。EEG 的无创、便于测量的特点在脑机交互界面（brain-machine interface）技术上也得到了很好的利用，近年来人工智能技术的发展，使得实时处理大规模 EEG 信号成为可能，更进一步推进了脑机接口技术的发展。EEG 和新技术的融合、交叉，使其在现代医学以及心理学研究中发挥了越来越大的作用。

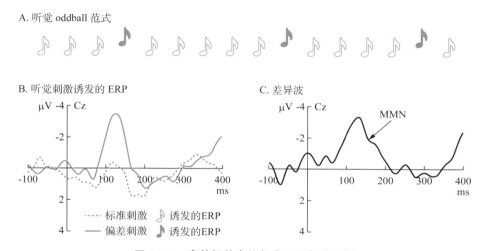

图 1-3-3 事件相关电位与失匹配负波示例
A. Oddball 范式示例。空心音符代表标准声音刺激，其出现次数较多；实心音符代表偏差刺激（与标准刺激存在某种差异），其出现次数较少；**B.** Cz 电极位置记录到的听觉刺激诱发的 ERP 波形示例；**C.** Cz 电极位置的偏差刺激诱发的 ERP 减去标准刺激诱发的 ERP 而得到的差异波示例，箭头所示即为失匹配负波

第二节 细胞外记录

细胞外记录（extracellular recording）是一种常用的记录神经细胞放电活动的方法。与细胞内记录不同，细胞外记录的引导电极一般放置在神经细胞或神经组织的表面或邻近部位（图 1-3-4），当神经细胞或组织出现兴奋性活动时，细胞膜会发生短促的去极化（动作电位），因此在引导电极部位会出现相对于静息电位的负电位；与此同时，如果将参考电极放置于非兴奋的部位，其记录到的是静息膜电位，两者的电位差通过细胞外电极传导到放大器，经过示波器显示出来，并且最终记录在计算机之中。需要注意的是，根据实验的不同，参考电极的放置部位可能存在差异，例如一些研究中将参考电极放置于皮下，另一些研究中将其他引导电极作为参考电极，即放置于相同脑区的其他位置。参考电极放置的位置不同会影响最终记录到的电位

差，这使得细胞外记录往往难以记录到真实的动作电位。所以，通常细胞外记录并不用于判定动作电位的幅度与波形，而是用于检测动作电位产生的部位、时间以及放电序列的频率和模式。因实验的标本、部位以及研究的目标不同，可以利用不同类型的引导电极，采用不同的方法进行检测。常用的几种细胞外记录方法的技术要点简介如下：

一、单个神经细胞电活动的记录

细胞外记录可用于引导和记录中枢某些核团的单个神经细胞的放电活动。针对不同的记录部位和实验需求，应先选择与制备合适的电极。早期较为常用的电极是玻璃微电极或者金属微电极，近年来也有研究者尝试探索新型材质的微电极，例如碳

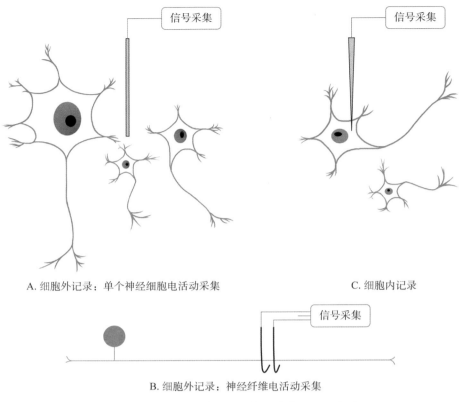

A. 细胞外记录：单个神经细胞电活动采集　　　　　C. 细胞内记录

B. 细胞外记录：神经纤维电活动采集

图 1-3-4　神经元细胞外记录与细胞内记录示意图

纤维电极。无论是脊髓还是大脑，都可以通过手术的方式埋置细胞外电极记录其电活动。由于躯干的运动会使得脊髓位置的电极难以固定，所以脊髓神经细胞的电活动记录往往仅能在麻醉状态下进行记录，而大脑核团的神经电活动则可以实现清醒自由活动状态下的记录（见本章第三节）。以大脑核团电极埋置手术（electrode embedding surgery）为例对此方法介绍：首先需要将动物固定于立体定位仪，确定待检测核团的立体坐标方位，然后在相应位置的颅骨钻孔（图 1-3-5），撕开硬脑膜，在微推进器的操纵下将电极尖端送到该核团部位，与此同时可以通过实时的电信号记录来寻找引导的神经细胞。在实验结束后，需要对电极尖端进行标记，并且将大脑进行切片，仔细核对电极尖端的定位是否准确，这是实验是否成功的关键。关于各种引导电极的制备方法与标准已有多种专著详尽介绍，在此从略。通常用于胞外引导的玻璃微电极尖端直径是 0.5 ～ 2 μm，相当于电极电阻值在 5 ～ 15 MΩ。金属微电极尖端因裸露（无绝缘层）多少不恒定，其直径可在 10 ～ 20 μm，在其周围可能同时存在多个神经细胞，有可能同时引导出多个神经细胞的放电活动，因此需要根据波形对记录到的神经细胞电活动进行分拣（sorting）。

图 1-3-5　待检测核团相应位置的颅骨钻孔

大鼠多通道单个神经元记录电极埋置手术过程中，在四个待检测核团相应位置的颅骨钻孔，周围的螺丝起到固定作用，与神经元信号采集无关。此手术用于清醒动物在体神经元单位放电多通道同步记录（见本章第三节）

交流电产生的噪声干扰是单个神经元记录过程中常遇到的棘手问题。由于微电极的尖端电阻值较大，在实验记录过程中常会伴随较大的交流噪声干扰，表现为幅度不等的 50 Hz 正弦波或随机杂波。减小交流电干扰的手段有如下几种：

1. 找到并移开或屏蔽产生交流电干扰的源头，例如未接地的电器。

2. 为引导个体或标本选择适宜的接地点，应尽可能采用一点接地，其中引导电路接地点的选择对干扰程度影响极大，往往需要在实验过程中反复测试选定。

3. 可制作一个将测试标本（包括实验动物）与引导电路包围的屏蔽罩，以减小周围交流电场的干扰。屏蔽罩可选用双层紫铜网制作，通过良导体接地。凡与交流电源直接连接的导线或电器都不应放于屏蔽罩内，防止在引导电路附近形成交流干扰源。

二、神经纤维电活动的记录

不仅仅是神经元胞体的电活动，神经纤维的传入放电脉冲也可以通过特殊的方式被引导与记录。在早期的研究中，研究者常通过记录从周围神经的神经干分离出的单神经纤维的放电脉冲模式，来判定传入纤维的类型。此种方法引导的单根神经纤维的放电脉冲较为稳定，持续记录时间可以达到 3 ~ 5 小时，因此能够进行充足的采样以分析其放电序列随时间进程而发生的变化。在慢性痛的研究中常用到此种技术。

分离单神经纤维（isolated single nerve fiber）是一项较为精细的手术，首先需要让动物处于麻醉状态下，实验全程控制好动物的麻醉深度，维持动物的体温和呼吸等生命体征；如果是离体的单神经纤维记录，则需要保持其所在环境的温度稳定性，并且持续用恒温的充氧生理溶液进行灌流。无论是在体还是离体状态下，都需要将神经干浸润在特定温度的石蜡浴槽中，以保持神经纤维的湿润，且避免短路。剥离神经干的外膜以及分离单个神经纤维都需要在体视显微镜下进行，用尖端已经修磨到合适程度的游丝镊来完成，在此过程中要尽量避免对神经纤维的损伤。此手术需要实验者有丰富的镜下操作经验。

分离出来的神经纤维细束悬挂在引导电极上，此时要避免对细束进行过度牵张。通常此类研究中的引导电极为单根或者双根的铂金丝电极，直径约为 30 μm。一根神经纤维细束可能含有多条神经纤维，只要其中一条有放电活动，就可以通过引导电极将其脉冲传导到放大器，之后将显示在示波器上，同时也会到达计算机进行数据分析与记录。此类实验中的参考电极可放于临近皮下组织。

三、神经干电活动的记录

神经干即神经纤维束，由多条神经纤维组成。

神经干电活动记录实验中记录到的神经活动也是多条神经纤维的同步放电活动的叠加，属于复合动作电位。由于不同刺激产生的动作电位之间可能会相互抵消，因此神经干表面能够引导出的复合动作电位需要由同一刺激诱发。与前述的神经纤维电活动的记录相类似，在体与离体两种情况下都可以引导神经干的电活动。其引导电极直径一般为 200 ~ 500 μm，主要采用铂金丝或银丝（外镀氯化银）。通过引导电极将神经干悬挂，进行双极引导记录，参考电极（地线）置于刺激与引导电极之间。相对来说，神经干电活动的引导和记录较为简单，但仍然有一些需要注意的问题：

1. 在对需要引导的神经干进行分离的时候，要将其周围的组织分离干净，过程中还要避免过度牵拉等机械损伤，还要维持神经干的湿润，通常也需要将引导电极连同悬挂的神经干浸入温石蜡油中。

2. 在体实验需要维持动物的体温和呼吸，保持平稳的麻醉状态；在离体实验中则要注意通过含氧生理溶液的灌注对神经干持续供氧。

3. 由于神经干记录的电极直径较大，因此更有可能受到干扰。常见的干扰包括试验台和电极振动、呼吸波动或者肌肉颤动，还有较为棘手的交流电干扰。要注意尽量避免这些干扰，一旦遇到，要及时查明原因，排除干扰。

4. 刺激伪迹也会影响复合动作电位的显示。在实验的过程中，可以考虑尽量增加刺激部位与引导电极所在部位的距离，最好能够大于 3 ~ 5 cm；选择合适的接地点或者通过刺激隔离器输出刺激脉冲也有可能减小刺激伪迹；还可以考虑将刺激电极部位的神经干的远侧端切断，从而减小刺激电流在周围组织的扩散，只剩下刺激电流与引导电极端的神经联系；将刺激部位的神经干浸浴在石蜡油槽中也有助于减弱这种电流的扩散。通常刺激伪迹幅度要小于引导电位幅度的 1/10。

5. 要注意将神经干的电活动与刺激造成的伪迹进行区别，可以根据一些特征来识别神经干的电位。首先，在一定的范围内，随着刺激强度的增加，复合动作电位的幅度也会增高，如果超过这个范围，其电位幅度将维持恒定，但是刺激伪迹却能够随着刺激强度而增大；其次，对于不同的神经干，其复合电位因纤维类型的差异，会产生相应的波形与宽度，如果不同神经干记录到相同的复合动作电位波形，应警惕是否为刺激伪迹或者噪声干扰；第三，如果刺激与引导电极之间距离较长，由于不同类型神经纤维的传导速度存在差异，其形成的复合动作电位中会显示出各自明确的潜伏期，在刺激重复呈现的情况下可以表现出恒定的潜伏期差异，利用这一特点可以测量神经干传导速度或区分不同类型神经纤维的活性；此外，在神经干施加局麻药可使其电位幅度逐渐减小乃至消失，将局麻药洗脱后可逐渐恢复其电位幅度，而刺激伪迹或者其他噪声没有此特征。

四、柔性电极技术在细胞外记录中的应用

无论是玻璃电极还是金属材质的微丝电极都有一个共同的缺点，就是硬度较高，难以变形，也就是材料学上所提出的杨氏模量（Young's modulus）较高，这种特性使得此类电极难以与生物组织贴合。虽然在实验动物或者患者麻醉状态下可以利用其进行细胞外电刺激，但是难以随身携带，想要应用到一些神经损伤的患者的日常生活中是具有相当大的困难的。即使一些电极可以埋置于患者的脑部，也有可能随着个体的运动而发生位移，因此比较容易损伤周围的组织，进而产生炎症反应，一方面影响神经记录的效果，另一方面也会给个体带来不适感。近年来，随着高分子材料学的迅速发展，

大量的新型柔性材料开始应用于细胞外记录的领域，为实现可穿戴的细胞外记录设备提供了可能。

柔性电极（flexible electrode）的特点是弹性模量较小，也就是说在产生形变的同时需要的应力非常小，所以能够很好地随着周围组织的形变而活动，与生物组织更加贴合。此外，可穿戴的柔性电极装置还需要具有更好的生物相容性且不能有毒性，这样才可以避免给身体造成损伤，减少炎症反应的发生，既保证电极的质量，又能够长时间的佩戴，可以降低患者的负担，更好地适用于生活之中。目前处于研究状态的柔性电极材料非常多，例如半导体硅电极、导电的聚合物、碳纳米管以及聚合物等。

柔性电极的应用以及潜在应用范围非常广泛。例如可以采用聚酰亚胺这种薄膜类的材质作为衬底，将铂电极或者硅晶体管集成的电路贴合在这种衬底上，制作成有弹性的柔软的电极片，进而贴合在脑组织表面记录皮质电活动或者进行皮质电刺激；还可以在肢体的肌肉植入柔性电极，使其接触到相应的神经纤维或者神经干，从而进行电刺激或者神经活动记录；此外，贴合于脊髓的柔性电极将帮助脊髓损伤的患者，一些研究者已经开展了相应的动物研究，例如在聚合物纤维表面覆盖导电银纳米线，从而实现脊髓位置的神经活动记录。

第三节　神经元单位放电多通道同步记录技术

清醒动物在体神经元单位放电多通道同步记录（multiple channel single-unit recording in awake freely-moving animals）技术，简称多通道记录，是在清醒动物脑内利用细胞外记录法同步记录不同脑区大量神经元的新兴技术。在 20 世纪最后十年中由 Donald J. Woodward、Sam A. Deadwyler 和 John K. Chapin 三个实验室合作研制成功。它的问世为研究神经元集群（neuronal ensembles）活动提供了可能性。本书将简单介绍该技术的方法和原理，以及它在神经科学领域的一些常见的应用。

一、多通道记录技术的基本原理

多通道记录是一种细胞外记录方法。它使用金属或硅晶微电极组成阵列，预先埋置在动物的指定

脑区中。待手术恢复后，动物可以在清醒状态下接受各种感觉刺激或完成各种行为任务，并同步记录各脑区的神经活动。为完成这一过程，需要制作一系列的硬件设备和软件界面。当前的多通道记录设备的更迭主要是致力解决其信号的稳定性，增强信噪比，让设备更加集成化并且合并电刺激和光遗传等其他功能。

二、多通道记录所需的硬件设备

完整的多通道记录系统的硬件设备包括三大部分：①微电极阵列（microarray）及其接口；②神经信号数字化与分拣（sorting）系统；③动物行为控制与记录系统。三部分各自包含一定数量的硬件设备，分别介绍如下。

（一）微电极阵列及其接口

微电极阵列（microelectrode array）是指将金属微电极尖端制作成特定的排列模式并固定下来，以便其可以适应所记录脑区神经元的分布。所用的微电极最常见的是不锈钢电极丝，其特点是价格低廉，且便于标记电极尖端位置。若电极同时也作刺激之用，可采用铂铱合金电极。电极丝直径一般在 $30 \sim 60\ \mu m$，表面用特氟龙（Teflon）绝缘。一组（常见的是 8 根）这样的电极丝焊接在特制的连接器（connector）上，并用可溶于温水的树脂固定成所需的阵列，例如 2×4 等，以适应不同脑区的形状。由于尖端只裸露出很短的电极丝，可以保证它有足够的强度垂直进入脑组织。在植入过程中用温生理盐水逐渐溶解树脂，就可以将电极尖端顺利送入较深层的核团。微电极阵列在达到脑内指定深度后，用牙科水泥封固，并将连接器排列固定在颅骨上形成插座。在实验中，与该插座相连接的插头上带有场效应管（field effect transistor，FET）电路，可将电极丝传出的信号加以初步放大。随着电生理记录技术的发展，微电极阵列的类型也逐渐多样化，可以根据不同的实验要求和不同的实验动物来选择不同类型的微电极阵列（图 1-3-6）。

（二）神经信号的放大与传输

从 FET 电路中传出的信号，再经过前置放大器（pre-amplifier）的放大，就可以送到数字信号处理器（digital signal processor，DSP）内进行下一步

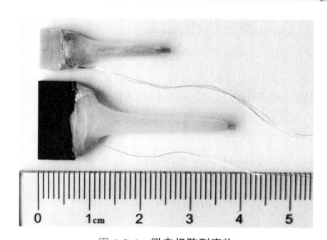

图 1-3-6　微电极阵列实物

上方为大鼠用 16 通道阵列（4×4），下方为大鼠用 8 通道阵列（2×4）

的模 / 数转换与神经信号分检工作了。由于所记录的是清醒并自由活动的动物，在信号进入前置放大器之前通常都需要经过一个换向器（commutator），以保证在传输电缆连续旋转的情况下仍时刻保持畅通，如图 1-3-7。

近年来，无线信号的处理技术得以广泛发展。一些研究中，研究者开始采用无线传输的方式，将前置放大器的信号直接传输到数字信号处理器，因此不再需要换向器和传输电缆。这种无线电生理记录的方式能够让大鼠的活动范围更广，执行的任务更加复杂，但是需要注意的是避免在无线信号传输的过程中引入噪声，也要避免有信号在传输过程中损失。

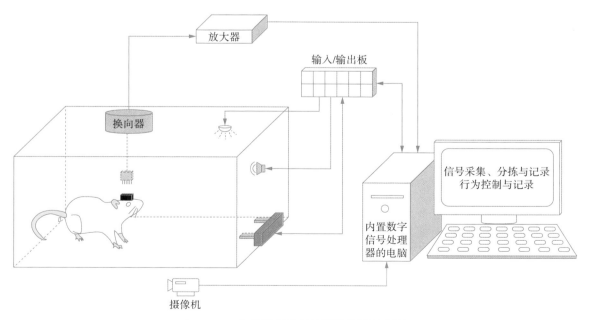

图 1-3-7　多通道记录系统硬件连接示意图

（三）数字信号处理器

这是一种专用的电路，它负责将前置放大器送来的模拟信号转换成数字信号，然后从中将不同神经放电单位的信号分离出来。在该技术发展的早期，DSP 板体积通常较大，因此放在与计算机分离的箱子中，称为 "Harvey box"，以纪念第一个制造成功的工程师 Harvey Wiggins。此后，随着计算技术的进展，该板的体积逐渐小型化，现在已经可以缩减为标准的 PCI 插卡，置入计算机机箱中。

（四）动物行为控制系统

对清醒、自由活动动物进行电生理记录的一大优势，是可以在记录动物神经元多个部位、多个神经元放点活动的同时，同步记录动物所发生的行为学事件，从而对神经元活动和行为两者之间的关系加以研究。在研究过程中，可以根据需要制作与电生理记录设备相适应的动物实验箱，并根据实验需求在实验箱中安装各种行为操作装置或者感觉刺激装置，例如给水器、杠杆、鼻触装置、信号灯以及声音刺激装置等。在这些装置和计算机之间通常需要一个输入 / 输出电路板（input/output board，I/O board），如图 1-3-7。

三、多通道记录技术的软件系统

多通道记录的软件系统主要包括神经信号分拣、神经信号记录、动物行为记录这三部分。以下分别叙述。

（一）神经信号的分拣

如前文单个神经细胞电活动记录中所提到的，埋置到相应核团的电极尖端可能同时靠近几个神经元，而且这几个神经元在记录过程中可能都有放电。这使得一个电极通道所导出的波形中，可能同时混杂了几个神经元的电活动，即 multiple unit 放电，而并非我们想得到的"单位放电"（single unit）。前者的数据在此后分析中的作用与单位放电不同，在准确反映单个神经元活动方面效果大打折扣。要解决这个问题，就需对其进行分拣（sorting）。

由于电极尖端与其周围各神经元的相对位置不同，其记录到的神经放电波形也是多种多样的，尽管其形状都与经典的动作电位波形相类似，但是在具体的参数，如峰值、负电位谷值以及下降支斜率等方面都会存在明显且稳定的差异。因此，研究者可以根据波形的特征对同一引导电极所导出的不同神经元的放电信号进行分离，从而得到单位放电的数据。常用的分拣方法包括参数分拣、窗口分拣和主成分分拣。

1. 参数分拣   此种分拣方式是通过设定具体的神经信号波形参数，将不同的神经信号进行区分。例如设定其峰值的上限和下限、设定其负后电位的最小阈值以及下降支跨越规定阈值的时间等，符合某一限定条件的信号将被记录为其中一个放电单位，不符合这一限定条件的信号将根据实际情况继续分拣出另一个放电单位或者作为背景噪声舍弃。

2. 窗口分拣   上述方法适用于单一电极所记录到的波形比较规则且相对单一的情形。对于比较复杂而重叠较多的情形，单纯利用参数分检往往难以获得满意的结果。此时可以采用窗口分检。这种方法是在波形显示界面上规定一些小窗口，能够同时穿过这些窗口的波形即被定义为来自同一个放电单位。需要注意的是，此种方法的计算量会随着规定窗口数目而增加，因此在保证有效分拣的前提下应尽可能少地设定窗口。

3. 主成分分拣   对于一些较为复杂的复合波形，参数分拣和窗口分拣会难以胜任。在这种情况下，往往需要主成分分拣这种技术。其方法是先对记录到的放电信号进行主成分分析，将放电波形转化为其主成分空间内的散点，之后对这些散点进行聚类分析，通过其结果来区分不同的放电单位。这种方法需要实验者较多的介入和判断，而且对于计算机运算速度要求也较高。

（二）神经信号的记录

常用的记录神经信号的方案有两种。第一种方案是记录所有原始的电位活动，此种方法可以在实验结束后进行信号离线（offline）分拣。其优点在于获得的信息更多，可以在后续的分析过程中随时调整神经元分拣的参数，有纠错的可能性；还可以根据实际的波形来判断数据质量或者判断间隔一段时间记录到的信号是否来自同一神经元。其缺点在于这种记录将得到相当庞大的数据文件，给数据存储带来沉重的负担，并且无法对神经元的放电情况进行在线反馈监控。当然在没有在线实时反馈监控需求并且数据存储容量能够满足的情况下，记录全部波形是最理想的方案。

第二种方案是在实验正式开始前对记录到的电信号进行在线（online）的数字化和分拣，之后仅需要记录每个单位放电发生的时间标记（time stamp）。这种方法的优势主要在于存储文件小，能够在线实时监控神经元放电情况；其缺点是舍弃了大量原始波形的信息，在后续的实验过程中难以对分拣参数进行调整，且难以判断数据的质量。

在现实的研究中，可以考虑将两种方案混合应用。例如可以在主要采用第二种方案记录单位放电发生的时间标记数据的同时，对部分通道或者部分时间段实行第一种方案，即对原始波形进行抽样记录。这种混合方案的运用，既可以控制存储文件的大小，又可以在后续分析中检验神经信号的记录质量。

近年来出现的一些数字信号处理器不仅可以分离动作电位的信号，还可以分离出局部脑区突触后电位的信号，并且进行存储记录，这就是局部场电位（local field potential，LFP）信号采集技术。同步记录动作电位和局部场电位的信号，有助于更为全面地分析各核团的神经活动。局部场电位记录的信号来源一般认为是当前核团的突触后电位的总和，但是也有研究者认为局部场电位的信号来源更为复杂，可能反映了神经网络的信息。无论如何，相对于 EEG 来说，局部场电位可以获得局部和核团或者脑区的信号，对于探索脑区或者核团机制来说具有重要意义。与 EEG 信号相类似，其所记录的数据也是采样时间点的电位，通常采样频率为 1000 Hz，有些还可以达到 30 KHz，但是需要计算机的运算能力更高。相对于 EEG 信号，LFP 的幅度和频率更高，这可能是由于其记录电极直接位于核团之中，信号更为直接，而 EEG 信号的记录电极在头皮位置，电位的衰减较多，且噪声较多。同时记录 LFP 的信号与峰电位的信号，将有助于更为全面地获得相关脑区神经活动的信息。

（三）清醒动物的行为记录与控制

通过行为控制软件，计算机可以发出指令，使得 I/O board 输出标准的晶体管-晶体管逻辑集成电路（transistor-transistor logic，TTL）控制信号，进而操纵动物行为箱内的各种装置，如控制信号灯亮起、声音提示、杠杆伸出缩回、给水器出水、跑步机启动和停止等；同时，动物的行为操作也能够被转换为标准的 TTL 语言，通过 I/O board 再输入计算机中。对行为装置的控制信号以及动物的行为操作信号都能够像神经元放电信号一样，通过计算机

以时间标记的形式被记录下来，且可以实现与神经元信号的同步记录。这些数据将共同用于后续的数据分析，例如分析复杂行为所伴随的目标脑区神经元活动。同样，在存储容量能够满足的情况下，也可以对动物的行为做全程录像，并在事后利用视频分析软件对一些复杂行为发生的时间和参数加以标记，并将数据整合到实时记录的数据文件中。

四、多通道记录数据的分析

尽管采用了时间标记方式和精巧的数据库压缩技术，多通道记录仍然可以在几个小时的实验中产生数十兆字节的实验数据。由于同步记录了多个行为事件和多个通道的单位放电事件，因而该数据是以高维度、大容量、多模式的形式存在的。相应地，也需要发展一些独特的数据分析方式加以分析。由于篇幅的限制，本节仅对常见的分析技术做提名式的介绍。读者可以从其他专著中寻找这些方法的具体实施途径。

（一）单个神经元的常规分析

如同以往单通道单位放电记录一样，多通道记录的数据可以按照经典的方式进行若干分析，诸如考察放电速率随时间的变化规律的放电频率直方图（rate histograms）、考察峰间期分布的峰间期直方图（interspike interval histograms）、考察单位放电振荡特性的自相关直方图（autocorrelograms）、考察放电时刻的光栅图（rasters）、考察放电频率分布特性的功率谱密度（power spectral densities）、考察簇状放电特征的簇放电分析（burst analysis）。将这些分析与行为事件相结合，就可以得到环事件直方图（perievent histograms）、环事件光栅图（perievent rasters）以及其他各种环事件分析。

（二）神经元间相互作用分析

由于可以同步记录多个神经元，因此可以应用多种考察神经元间相互作用的分析技术，如交互相关直方图（cross correlograms）、联合环刺激时间直方图（joint peri-stimulus time histograms，jPSTH）、交叉功率谱密度（cross spectral densities）、相干分析（coherence analysis）等。

（三）神经元集群活动分析

由于同步记录了大量神经元，因此可以采用

某些方式描述神经元群整体的特性及不同脑区之间的相互作用。常用的方法有主成分分析（principle component analysis）、独立成分分析（independent component analysis），以及利用所分离出来的成分所做的事件相关分析、判别分析（discriminant analysis）、回归分析、交互相关分析、定向相干分析（directed coherence）等。

（四）局部场电位信号分析

局部场电位的信号记录形式与 EEG 比较，都是记录特定采样时间的电位。其分析方法也有一定的相似性，因此对于自发的 LFP 可以分析其节律，如果伴随有感觉刺激、运动或者认知事件，也可以进行环事件分析，得到局部脑区的事件相关电位。由于 LFP 可以反应特定脑区的电位活动，因此也可以采用上述神经元集群分析的方法，考察脑区之间的相互作用。

五、多通道记录技术的广泛应用

多通道记录技术自创立以来，已经在感觉、运动、情绪、认知等领域的研究中获得了广泛的应用，并取得了极为丰硕的成果（Nicolelis M，2020）。它向人类证实了从卡尔·斯宾塞·拉什利（Karl Spencer Lashley）到唐纳德·欧丁·海布（Donald Olding Hebb）所提出的中枢等效性原理和神经细胞群落（cell assembly）学说的正确性，揭示了脑内同步放电链（synfire chains）和精确放电序列（precise firing sequences）的存在，从而获得了神经科学研究的重大理论进展。同时，它还揭示了感觉编码、运动控制、学习记忆等过程中的一些重要信息，从而促成了人类脑机交互界面（brain-computer interface）技术的重大进展，具有无比广阔的使用前景。

第四节　膜片钳技术

一、膜片钳技术的基本原理

膜片钳（patch clamp）技术是由厄尔文·内尔（Erwin Neher）和伯尔特·萨克曼（Bert Sakmann）发明的一种可以记录单个活细胞或局部细胞膜区域电生理信号的测量技术，其精度可达单个离子通道电流水平。其高精度信号检测是通过将信号记录区域与其他区域进行电阻值达千兆欧（GΩ）以上的巨阻电学隔离实现的。膜片钳电极通常由空心玻璃微管拉制而成，其尖端尺度为 1～数微米并抛光。记录时，电极管内充灌导电的电极内液并通过微电极夹持器与膜片钳放大器的探头相连，经施加负压使其尖端与细胞膜表面紧密封接，形成巨阻电学隔离区而极大降低背景噪声以达到皮安（pA）水平的高信噪比测量。以此为基础，膜片钳系统可以高精度地实现钳制电压条件下的电流测量（current clamp）和钳制电流条件下的电压测量（voltage clamp），或计算机软件控制下的其他电学参数测量。膜片钳记录原理电路如图 1-3-8 所示，主要由高增益放大器、电压控制电流源和差分放大器以及电压钳控制电路和电流钳控制电路组成，由计算机控制。电压钳模式下，细胞电位值经高增益放大器输入，由差分放大器读出其与钳制电压值之差，并经电压控制电流源以注入电流方式反馈到细胞，进一步调节细胞电位，直到细胞电位值与钳制电压值相等，而电压控制电流源的输出便为测量电流的读出；电流钳模式下，钳制电流经电流源注入细胞，而所测量的细胞电位值经高增益放大器直接读出。除此以外，基于计算机与放大器交互运算的以模拟离子通道电生理反应为目标的动态膜片钳（dynamic clamp）或称电导钳（conductance clamp）技术和以研究囊泡胞吐和胞吞的膜电容检测（membrane capacitance measurement）已被研发并成为常用的膜片钳电生理方法。

二、膜片钳记录模式

膜片钳有四种基本记录模式（图 1-3-9）。玻璃微电极尖端与细胞膜接触后，通过给电极轻微的负压形成紧密封接，使记录的电生理信号来源仅限于被封接的电极尖端区，此为细胞贴附式（cell-attached）记录模式（图 1-3-9B）。细胞贴附模式形成后，轻拉电极，可在保持边缘紧密封接的基础上将原来被贴附的细胞膜脱离细胞，此片细胞膜的外

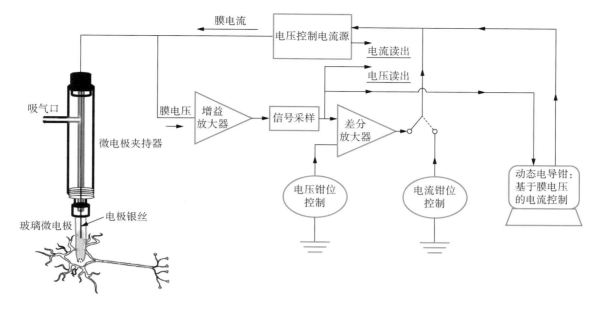

图 1-3-8 膜片钳系统工作原理图

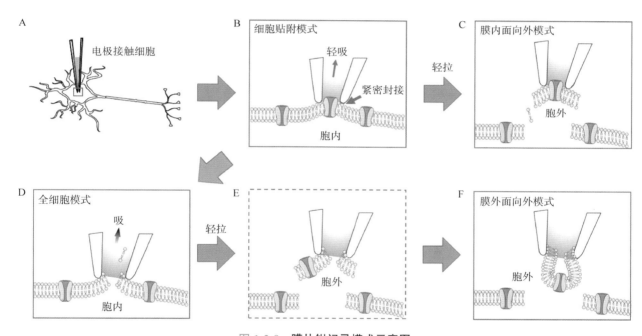

图 1-3-9 膜片钳记录模式示意图

表面对应电极内液，而其内表面则外向，此为膜内面向外（inside-out）记录模式（图 1-3-9C）。在细胞贴附模式下，如果进一步给电极以短促的负压吸破贴附区的细胞膜并保持贴附边缘的紧密封接，使电极内液与细胞内部相通，此为全细胞（whole-cell）记录模式（图 1-3-9D）。在全细胞模式形成后缓慢回撤电极，可将一小片膜从细胞上分离出来（图 1-3-9E），又因为脂膜特有的内在亲和性而在电极尖端迅速重新闭合形成新的片膜，此时该片细胞膜的外表面外向而内表面对应电极内液，故此为膜

外面向外（out-side-out）模式（图 1-3-9F）。

（一）细胞贴附式

这是在细胞无破损状态下进行记录的模式。通过控制电极尖端尺度可以使贴附区仅含单个或几个离子通道，或单个囊泡释放点，是记录单离子通道电流和单囊泡释放和回收信号的常用模式。通常电极内液与细胞外液相同，电极电位钳制在 0 mV 即设定贴附片膜两侧的电位差为细胞膜电位。当电极电压正向变化时，贴附片膜超极化。反之，电极电

压负向变化则诱发贴附片膜去极化。因为电极仅贴附在细胞膜的外部而未破膜，细胞结构基本完整，不会流失胞内的活性物质，所以适合观测接近生理状态下的片膜（membrane patch）电生理活动，同时也意味着这种模式无法直接干预和调控片膜内外的信号通路和细胞静息电位。

（二）膜内面向外模式

这个模式下细胞片膜吸附于电极尖端且与之紧密封接，但细胞片膜内侧面对应的是细胞外液，而外侧面对应的是电极内液，因此电极钳制电位与正常膜电位相反。该膜片钳模式的优点在于便于通过改变细胞外液（或细胞内液）来研究膜蛋白（如离子通道，神经递质受体等）的胞内调控功能和机制。

（三）膜外面向外模式

这个模式下细胞片膜吸附于电极尖端且与之紧密封接，但细胞片膜内侧面对应电极内液（细胞内液）而膜片外侧面则对应细胞外液。该膜片钳模式下电极钳制电位与正常膜电位相同，电流记录极性与全细胞模式一致。该膜片钳模式的优势不仅是有可能记录全细胞模式下难以实现的单通道电流记录，而且还在于能在较短时间内将片膜标本从一个细胞外液移到另一个细胞外液而实现完全相同数量和类型的膜蛋白在多种胞外环境下的电生理特性检测。

（四）全细胞记录模式

全细胞记录是最常用的一种膜片钳记录模式。它的特点在于可以从内部和外部对细胞进行干预和调控，同时进行电压钳位下的电流测量、电极电流钳位下的电压测量，也可以进行同时调控电压和电流的动态钳记录，实现电导钳位和基于鉴相原理的

细胞膜电容检测。在神经电生理研究中，全细胞记录模式除了用于测定神经细胞基本电学参数，如细胞膜电容（membrane capacity，C_m）、细胞膜电阻（membrane resistance，R_m），还可以用于测量静息电位、动作电位及其诱发阈值、各类离子通道电流及其电压相关性（I-V 曲线）、突触后电流、突触后电位、突触囊泡胞吐和胞吞（通过测量膜电容变化）。

全细胞记录模式下，电极与神经细胞的电学特性可以近似地用三元件等效电路表示（图 1-3-10）。其中包括细胞膜电容和细胞膜电阻，分别由细胞膜表面积和全细胞离子通道电学特性决定。另外还有记录电极−细胞的串联电阻，主要由电极电阻和破膜时在电极尖端的膜碎片和部分胞质残留引起。在进行关于离子通道相关的电生理研究时，通常会通过电容补偿和串联电阻的方法，最大限度地排除这两个无关参数的干扰。

全细胞记录模式使电极内液与细胞内部相通，可以在电生理记录的同时通过注入可溶性药物、信使物质、各类离子缓冲剂和螯合−去笼解剂等实现对细胞内信号通路的干预和调控，也可以在电生理记录以后吸取包括 mRNA 等细胞内容物质进行生化和遗传学分析，还可以通过注入荧光染料观察所记录细胞的形态。因为这一模式基本保持了细胞外膜的完整性，可以通过调整细胞浴液的成分从细胞外影响细胞信号通路和电生理活动，包括施加离子通道阻断剂、神经递质、受体拮抗剂或激动剂等，阻断、调节或分离各种离子通道活动。从另一方面看，全细胞记录模式的上述特点也带来了其自身的缺点。在破膜后，胞内成分会向电极的流失（washout），胞内记录环境逐渐偏离生理条件，导致电流出现缓慢的衰减（rundown）等非生理变化。为最大限度避免这一缺点，研究者有时采用不破膜

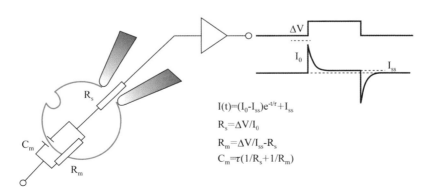

$$I(t)=(I_0-I_{ss})e^{-t/\tau}+I_{ss}$$
$$R_s=\Delta V/I_0$$
$$R_m=\Delta V/I_{ss}-R_s$$
$$C_m=\tau(1/R_s+1/R_m)$$

图 1-3-10　全细胞模式下三元件等效电路图及基本电生理参数测算

C_m、R_m 和 R_s 分别是细胞膜电容、细胞膜电阻和电极−细胞串联电阻。ΔV 为阶跃式的指令电压，I_0 和 I_{ss} 分别为反应电流的初始值和稳态值，τ 为电流瞬态指数式变化的时间常数。三元件的电生理参数电生理参数由图中公式算出

的穿孔膜片钳方法（perforated patch clamp）记录，即在电极内液中加入穿孔药制霉菌素（nystatin）或二性霉素 B（amphotericin B）等，在电极贴附的细胞片膜上形成只通过如 K^+、Na^+、Cl^- 单价离子的微小孔道，既实现了电极到细胞内部的电学连通，又避免了胞质主要成分的流失。但加入穿孔药的电极内液往往会造成紧密封接的困难，通常会在电极尖端浸入不含穿孔药的电极内液，尾端灌含穿孔药的电极内液，并在两种液体融合前迅速完成封接。穿孔膜片钳方法另一个至今无法克服的缺点是，所形成的微小孔道数目有限，导致无法降低电极串联电阻（通常大于 20 MΩ）而造成一定的补偿困难。

三、膜片钳实验设备

如图 1-3-11 所示，膜片钳实验所需的主要仪器有显微镜、膜片钳放大器、A/D 数模转换器、三维微操纵器、计算机（含软件）、显像系统及实验样本平台，和配有屏蔽罩的防震台等。放大器的探头（headstage）与电极夹持器（pipette holder）相连并固定在微操纵器。分离细胞膜片钳实验通常选用倒置显微镜以观察贴壁细胞，样本平台通常可二维平移，微操纵器直接安装在样本平台；而脑片膜片钳实验常利用正置红外显微镜并配有二维可平移底座，样本平台则固定在防震台，微操纵器固定于样本平台或直接安装在防震台上。

此外，实验准备还需要：用于溶液配制的高精度分析天平、磁力搅拌器、pH 计、渗透压仪；用于膜片钳电极制备的微电极拉制仪、微电极抛光仪；用于脑片制备的振动切片机、恒温水浴槽、手术用冷光源及手术器械；或用于细胞培养的培养箱等。

四、膜片钳实验准备

（一）记录电极及浴液制备

1. 玻璃微电极的制备　玻璃微电极通常是在实验当天制备并置于有盖的隔尘容器中。用于膜片钳微电极制备的是玻璃毛细管，其材料可使用软质玻璃（苏打玻璃、电石玻璃）或硬质玻璃（硼硅玻璃、铝硅玻璃、石英玻璃）。软玻璃电极常用于作全细胞记录，硬质玻璃因导电率低、噪声小而常用于离子单通道记录。玻璃微电极由电极拉制仪经一步或多步加热拉伸而制备，石英玻璃电极因其熔点高而通常由较为特殊的激光电极拉制仪拉制。多步拉制的主要目的是决定电极前端颈部的锥度。一般而言，大锥度而颈部短可降低电极的串联电阻。对用于单通道记录的电极，电极拉制完后需要在电极前端涂以硅酮树脂（sylgard）用于降低电极与浴液之间的分布电容，以减少本底噪声。通常微电极在涂抹硅酮树脂后还要对电极尖端进行抛光，烧去尖端的杂质并使其变得光滑，从而有利于实验时与细胞膜形成紧密而稳定的封接。玻璃微电极在实验前灌注经过滤的电极内液。电极灌注过程分灌尖（tip filling）和后充（back filling）两步：①电极尖端浸入内液，靠毛细管的虹吸或负压使尖端充满内液；②从电极尾端灌入内液，对电极内可能存在的气泡

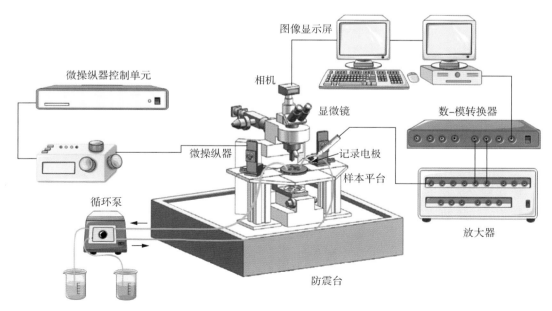

图 1-3-11　膜片钳系统相关硬件连接示意图

用手指轻弹电极去除，从而完成膜片钳玻璃微电极灌注。通常全细胞用玻璃微电极的电阻为 $2 \sim 5 \, M\Omega$，单通道记录用玻璃微电极的电阻为 $5 \sim 30 \, M\Omega$。

2. 电极银丝的氯化　对连接放大器探头和电极内液的银丝必须氯化，即在经打磨去氧化层的电极银丝表面涂上氯化银的过程，有电镀和直接涂层两种方法。电镀法是将待氯化的银丝和另一根银丝或铂丝插入含氯的溶液中（100 mM KCl 溶液或生理盐水）并通以直流电流（1 mA 左右）一段时间，使与正极相连银丝表面逐渐形成一层灰色的氯化银涂层。直接涂层法是将银丝浸入熔化状态的氯化银（酒精灯加热即可）直接覆盖其表面。在实验中多次更换玻璃微电极会使银丝氯化层受损，应经常注意观察银丝表面涂层是否褪色，还要留意记录时电流基线是否大幅度漂移，及时对银丝进行重新氯化。

3. 电极内液和细胞浴液的制备　电极内液和细胞浴液需根据不同的实验目的和研究标本相应配制，其要点是：

（1）pH 需调节在 $7.2 \sim 7.4$。电极内液 pH 缓冲对通常用 HEPES/NaOH，分离细胞浴液中通常选 HEPES/NaOH，而脑片细胞浴液中则多选碳酸-碳酸氢盐并充以 95% O_2 和 5% CO_2 二元气。

（2）对于哺乳动物的神经细胞，电极内液和细胞浴液的渗透压都需控制在 $290 \sim 310$ mmol/kg，防止损伤细胞。

（3）除了穿孔膜片钳方法，全细胞记录电极内液中应加入一定浓度的 EGTA 或 BAPTA，以及非钙 GTP 和 ATP 盐。

（4）电极内液在使用前需要经孔径为 $0.2 \, \mu m$ 左右的滤膜过滤。

（二）膜片钳实验标本制备

1. 急性细胞分离与原代培养细胞标本制备　急性分离细胞的过程与细胞原代培养过程基本一致，但前者不必在无菌条件下操作。

（1）动物：动物的年龄、性别、体重以实验要求为准。通常动物的年龄越小，细胞耐受性越好，存活率越高。原代神经元培养及膜片钳记录的取材应该优先选择胚胎或幼年动物。

（2）细胞分离和培养

1）用 100 $\mu g/ml$ 的多聚赖氨酸（PLL）预先处理需要种植细胞的玻璃玻片 2 小时以上。爬片使用前用无菌水清洗干净，并放入 24 孔板备用。准备不含 Ca^{2+} 和 Mg^{2+} 的 D-hanks 平衡盐溶液以及组织分离所需的手术器械、冰盒、解剖镜等。

2）选取新出生 24 小时内的小鼠，在冰上麻醉后，乙醇喷洒全身并断头取小鼠的海马组织，放入冰冷 D-hanks 溶液中。待全部海马组织分离完成后，弃去 D-hanks 溶液，并用预热且无菌过滤的 0.25% 胰蛋白酶消化液在细胞培养箱（37℃，5% CO_2）消化 20 分钟。

3）用 2 ml 粗口径巴斯德管将组织转移到 15 ml 离心管中，待组织沉淀后弃去胰酶消化液；加入 5 ml 含胎牛血清血清（FBS）的 DMEM 高糖培养基终止消化，并清洗两次以彻底洗去胰蛋白酶残留。

4）用带有小洗耳球的 2 ml 巴斯德管吹打组织约 30 次，使细胞充分分离；使细胞液通过 40 μm 细胞筛后收集在 50 ml 离心管中，并以每个玻片约 50 μl 细胞液体积种植在多聚赖氨酸预处理过的玻璃爬片上。

5）随后将 24 孔板转移到细胞培养箱。4 小时后将 DMEM 高糖培养基弃去，换成含 B27（2%）的 Neurobasal-A 培养基，此后每三天取半量培养液换液一次。

原代神经元膜片钳记录通常在细胞培养的第 12 ~ 19 天进行，此时神经细胞已经发育成熟并能保持相对良好的状态。

2. 脑片实验标本制备　不同脑区的脑片制备过程不尽相同，但基本步骤包括：

（1）动物麻醉后快速断头取脑，放入预先持续充以 95% O_2 和 5% CO_2 二元气的冰冻低钙人工脑脊液（artificial cerebrospinal fluid，ACSF；~ 0℃，配方与浴液相似，但钙离子浓度~ 0.1 mM，而镁离子浓度增加~ 2 mM）中，并分离出需要的脑组织。

（2）取出所需脑组织，在滤纸上修块（如果脑组织很小，则先用由浴液或生理盐水溶解制备的 2% ~ 4% 琼脂包埋）后，用氰基丙烯酸盐黏合剂（俗称 502）将组织块沿正确方向粘接到切片槽内的切片台上。

（3）将冰冻的低钙浴液倒入切片槽内直至淹没组织，并向槽内持续充以二元气。

（4）用振动切片机将组织切成厚度为 150 ~ 300 μm 的组织片。进刀的速度、振动频率和振动幅度根据具体脑组织质地及切片厚度等而定。

（5）将切下的脑片迅速转移至 37℃恒温水浴槽内已被持续充以二元气的盛有人工脑脊液的孵育槽内的孵育网上进行孵育。

（6）经 30 ~ 60 分钟孵育后，将孵育槽移出恒温水浴槽待用。

（7）用端部抛光的液滴管吸出一张脑片，转移至样品台的记录槽并用压片网固定。记录槽内始终维持着由蠕动泵驱动的充以二元气灌注的浴液灌流。

3. 在体膜片钳实验标本制备　用尿烷（约 1.3 g/kg）或戊巴比妥（初始 80 mg/kg，2 ～ 4 小时后每小时 16 mg/kg）对实验动物麻醉后，切开气管并导入呼吸管，以维持呼吸畅通和及时清理麻醉动物的痰液。在立体定位仪上固定动物头部并按图谱对目标脑区进行校准定位后，在目标脑区正上方施行开颅手术并移除硬脑膜。实验中须及时止血并清理伤口，用 37℃恒温毯给实验动物保暖并实时检测其直肠温度。实验结束后，应通过快速颈椎脱臼法或用二氧化碳气体将实验动物人道处死。

清醒动物的在体记录还需在实验前几天开始训练动物熟悉实验环境，使动物在实验当天不发生任何意外运动。

五、膜片钳实验

（一）膜片钳的封接

1. 离体细胞的膜片钳封接　无论是对离体状态下的分离细胞还是脑片神经元进行膜片钳记录，都应选择健康状态良好的细胞，它们的显微镜成像应呈现：形态上无明显空泡和颗粒，细胞膜光滑，无毛刺感；表面均匀，色泽发亮与透明，可见细胞核；周围有光晕，立体感强。选择好细胞后，通过夹持器给以玻璃电极一定正气压后入浴液，对电极持续施加一个 5 mV 左右、10 ～ 50 ms 的阶跃脉冲刺激，由放大器读出的电流变化值便可算出电极电阻。控制微操纵器驱动电极逐渐靠近细胞表面。当观察到在电极尖端处细胞表面出现浅凹陷时，迅速给予负压吸引，同时在电压钳模式设置钳制电位在 − 70 mV 左右，当封接电阻迅速增长至数百兆欧时停止负压，封接电阻值继续增长到千兆欧以上即完成膜片钳的巨阻封接。

2. 在体细胞的膜片钳封接　在体膜片钳的关键是能够让电极尖端接近目标神经元，现已发展出"盲插钳制法"（blind patch-clamp）和"定位钳制法"（targeted patch-clamp）等两种方法。"盲插钳制法"是将维持正气压的玻璃电极插入感兴趣的脑内一定区间内，当电极尖端触到区域内神经元的细胞膜时，电极电阻会突然增大 20% ～ 50%，这时迅速撤去正压而给予持续轻柔负压吸引直至达到 1 千兆

欧以上的紧密封接。这种方法的优点是可用于深部脑区的在体细胞的膜片钳，但缺点是成功率较低，且需要在电极液内加入染料、通过记录后标记来鉴别所记录细胞。"定位钳制法"的封接方法与"盲插钳制法"一样，但是与双光子成像结合直接定位目标细胞。在双光子成像下引导玻璃电极至较浅表的皮质中用荧光分辨的单个神经元表面，然后迅速撤去正压而给予持续轻柔负压吸引直至达到 1 千兆欧以上的紧密封接。荧光分辨神经元的方法有两种，一种是直接通过转基因或病毒表达的方法在目标神经元表达荧光蛋白，为玻璃电极接近提供成像目标（图 1-3-12A）。另一种是"阴影靶向钳制法"（shadow targeted patching），是将荧光染料配入电极内液，当电极下降到感兴趣区域时，通过给玻璃电极正压使染料扩散到细胞外组织空间，使目标细胞"负成像"（阴影，见图 1-3-12B）。这种方法的缺点是难以记录深部脑区的细胞。

（二）膜片钳记录

巨阻封接后，先要调节放大器内置快补偿电容（C-fast）以抵消电极与细胞片膜之间的分布式电容引起的瞬变电学效应，然后开始膜片钳记录。

根据研究内容，单个离子通道活动记录可以选择细胞贴附、膜内面向外或膜外面向外模式，一般在电压钳下记录离子电流，钳制电压以阶跃波（step）和锯齿波（ramp）形式为主。记录的同时可以通过电极内液或外部给药方式改变片膜环境。钳制电压控制的要点是不同记录模式下电极电压相对细胞膜的电学极性是不同的。对于膜外面向外模式，电极电压相对细胞膜的电学极性一致；而对细胞贴附模式和膜内面向外模式来说，则电极电压相对细胞膜的电学极性相反，即电极电压正向变化时片膜超极化。单个离子通道电流幅度通常在皮安

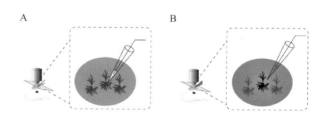

图 1-3-12　在体膜片钳的定位钳制法示意图

A. 荧光靶向神经元的膜片钳示意图，通过转基因或病毒表达方法对目标神经元表达荧光蛋白，在双光子显微镜下引导实现膜片钳封接；**B.** 阴影靶向神经元的膜片钳示意图，让玻璃电极内的荧光染料在正气压作用下扩散到脑组织空间，在双光子显微镜下使目标神经元轮廓以"阴影"形式呈现而引导实现膜片钳封接

（pA）级，对系统的排噪和稳定信号基线控制是至关重要的。

全细胞模式下根据研究内容可以在电压钳和电流钳模式之间切换。在电压钳方式下可观测：

（1）神经细胞膜电容、细胞膜电阻和电极−细胞串联电阻：根据细胞对小幅阶跃电压（不激活离子通道）的电流反应计算而得（图1-3-10）。

（2）离子通道电流：对钳制在一定电压的细胞，记录改变门控条件下的电流反应。

1）在阻断了其他离子通道的情况下，通过不同幅度的去极化或超极化可以记录某种电压门控离子通道的电流反应；通过一系列不同幅度电压刺激诱发的电流，可以获得电流−电压相关曲线（I-V曲线）。

2）突触后电流：在阻断了其他递质受体的情况下，通过刺激突触前细胞或神经纤维电刺激，抑或施以药物刺激（如神经递质、高渗溶液等），记录细胞的突触电流。

（3）细胞膜电容测量：在给去极化或神经纤维电刺激、抑或药物刺激（如高渗溶液等）的同时，记录分泌细胞或神经终末的膜电容，从而观测囊泡的胞吐（膜电容增加）和胞吞（膜电容下降）。通过单个囊泡的单位电容可测算参加分泌的囊泡数（原理见第五节）。

在电流钳方式下可观测：

1）细胞电位：在电流钳制为0的设置下记录的便是细胞的静息电位；当给予细胞一定的正向或负向钳制电流，便可观测到细胞电位一定程度的去极化或超极化。

2）动作电位：通过注入足够大的正向钳制电流，引起细胞电位去极化一定程度后便可记录到诱发的动作电位，从动作电位的快速上升相可以测算动作电位的阈值。也可以在0钳制电流的静息电位的条件下，通过刺激神经纤维而记录所传入的动作电位。

3）突触后电位：在阻断了其他递质受体的情况下，通过刺激突触前细胞或神经纤维电刺激，抑或施以药物刺激（如神经递质、高渗溶液等），记录细胞的突触后电位。

全细胞膜片钳记录中有以下需要考虑的要点：液接电位（liquid junction potential，LJP）补偿。液接电位是因电极内液和细胞质之间的各种具有不同迁移率的离子的浓度不同所形成的电极与细胞之间的接触电位差。在破膜不久的记录时需要作液接电位补偿，但随着电极内液与细胞质的交融，液接电位会逐渐消失。

1）细胞膜电容补偿：膜电容充放电的瞬间效应会显著影响电压和电流钳制效果，因此在形成全细胞后需要立刻调节放大器内置慢补偿电容（C-slow），以抵消细胞膜电容的瞬变电学效应。

2）电压钳下的电极−细胞串联电阻补偿：当细胞存在跨膜电流时，在电极−细胞串联电阻两端会产生一定的电位差且随跨膜电流而变，从而使细胞电位不再等于放大器的钳制电压，直接影响电压钳效果。为了避免电压钳失控（out of control），在记录电流时需要调节放大器内置的串联电阻补偿，以电压自举的方式予以补偿。

3）电压钳下的漏电流减除（leak subtraction）：漏电流减除是观测电压刺激诱发离子电流（如I-V曲线的获取）时的必需步骤。在记录电压门控离子电流时，阈上的电压刺激会导致两个成分的电流，一是作为观测目标的离子电流，二是细胞电学结构对电压刺激的被动电流，即通过细胞膜电阻和膜电容的漏电流（见图1-3-10）。而漏电流可以通过将幅度缩减了n倍的阈上刺激电压（即为阈下刺激）引发的被动电流迭加n次而得。漏电流减除即为阈上电压刺激诱发的电流减除漏电流而算出离子电流的方法。

第五节 膜片钳技术的扩展与神经电化学方法

一、基于电压钳的膜电容检测技术

当突触终末或分泌细胞的囊泡发生胞吐或胞吞时，其细胞膜面积便发生改变，相应的细胞膜电容也随之改变。与囊泡胞吐相对应的是膜电容增大，而囊泡胞吞时则膜电容减小。全细胞膜电容检测和细胞贴附式膜电容检测技术是高精度、实时观察囊泡活动的有效手段。

膜电容检测的原理是利用电容的电流与输入电压的相位正交性，在给予正弦波电压输入的情况下，从细胞电学三元件等效电路端口的电流相位的变化来计算出电容的变化。通常在电压钳记录模式下，由锁相放大器产生给予全细胞或局部细胞膜正弦电压，通过膜片钳放大器测量相应膜电流并通过鉴相电路将膜电容变化引起的电流相位变化检测出来。

全细胞模式下的膜电容检测方法有 Marty-Neher 法和 Lindau-Neher 法。Marty-Neher 是基于硬件锁相放大器及鉴相电路并结合软件计算，通过分离出正弦电流中的电容相应的虚部分量检测出电容的相对变化。这个方法的优点是检测精度高，缺点是系统还未商业化，需要研究者自己搭建；操作也复杂，需要不时调节鉴相控制保持正弦电流中的实部和虚部的正交并定标。Lindau-Neher 方法则更多地引入了软件计算，并通过引入膜电流直流分量的检测和背景离子电流的设定，实现细胞膜电阻和膜电容的直接计算。这个方法的优点是已有操作界面可视化的商业化系统，操作方便，缺点是直流膜电流分量检测和背景离子电流设定很难精准，所以测量精度无法达到单个囊泡胞吞或胞吐的高精度检测。需要指出的是，全细胞模式下的膜电容检测反映的是胞吞和胞吐导致的总体膜电容变化，无法解析其中胞吞和胞吐的组分。

单个囊泡的胞吞和胞吐活动由改进的 Marty-Neher 法在细胞贴附式膜片钳模式下实现。如图 1-3-13 所示，在给予片膜以高频正弦电压（通常大于 20 kHz）的同时，通过锁相放大器的鉴相电路分离

响应电流正交的实部（R_e）和虚部（I_m）分量，由此计算出囊泡的膜电容 C_v 和囊泡融合孔（fusion pore）的电导 G_p。这一方法被成功地用于分泌细胞和神经突触囊泡的胞吞和胞吐的检测。这一方法在测量单个囊泡膜电容变化的同时还可以对电压门控钙离子通道电流进行记录，可用于囊泡的融合和回收与钙通道电流之间的动力学关系的研究。

二、动态膜片钳技术

动态膜片钳又称电导钳，是膜片钳技术和计算神经科学相结合而诞生的方法。神经电活动主要是以离子通道活动为基础的，而通道的开启过程中膜电位因离子流动而改变，与此同时膜电位的变化又会改变离子通道门控和对离子的驱动力，从而改变跨膜电流的大小和方向。对这个电压和电流相辅相成的生理过程，在电压钳或电流钳模式下是难以测量和控制的。

动态钳（dynamic clamps）是在电流钳模式下通过软件和硬件结合，在所记录的神经元上产生可以模拟细胞膜上一种或多种离子通道的人工电导的动态控制，以此实现电导钳效应。以模拟一种配体门控离子通道为例，动态钳系统先获得该通道配体对离子通道门控的时间变化规律［即作为时间函数的电导，G（t）］和该离子的翻转电位（reversal

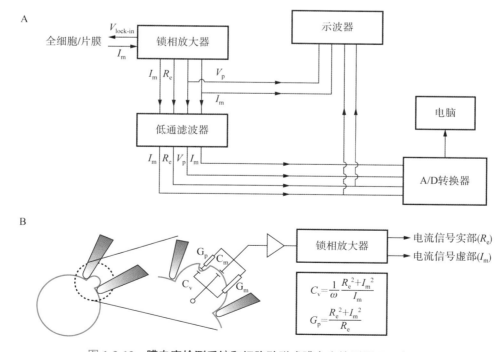

图 1-3-13　膜电容检测系统和细胞贴附式膜电容检测原理示意图
A. 膜电容检测硬件连接示意图；B. 细胞贴附式膜片钳模式下记录的膜电流通过锁相放大器鉴相后输出实部（R_e）和虚部（I_m）信号，由方框内的公式计算囊泡膜电容（C_v）和囊泡孔融合电导（G_p）

potential），通过即时膜电位与逆转电位之差［即离子驱动力，$V(t) - E_r$］与电导函数的乘积，便可算出并向神经元注入电流［$I(t) = V(t) - E_r \times G(t)$］，从而改变后一时刻的膜电压而驱动进一步的电生理变化，完成离子通道电导变化下的神经细胞电生理活动的观测。而对于细胞膜上某种电压门控离子通道，动态钳系统将先期获得其电压依赖性规律［$G(V)$］，再乘以离子驱动力而得到神经元注入电流实现动态的神经细胞电生理观测。动态钳是一个闭环的系统，它需要对膜电位不间断的、高速的采样和注入电流的快速计算，这对计算机和数据采集技术提出了很高的要求。目前动态钳已经完全可以通过软件和硬件结合实现，它不仅能进行非电压依赖性电导钳和电压依赖性电导钳，而且已成为模拟突触、构建生物计算机混合神经网络的有效研究工具（图 1-3-14）。

　　与电压钳和电流钳一样，动态钳只限于模拟记录点附近的电导变化，而对远离记录点的部位的模拟效果则很不理想。虽然离子流电信号的模拟不能代替离子以其化学属性参与的神经信号传导，但动态钳打破了长期以来存在于数学模型和实验电生理之间的壁垒，使理论学家可以在实际神经元上建模，实验科学家也根据理论对真实神经元作特定电生理特性的修改。

三、膜片钳转录组测序技术

　　这是一种对单个神经元进行膜片钳记录后从其胞体内提取转录组 RNA 进行测序的方法。膜片钳转录组测序（patch-seq）技术结合膜片钳电生理记录、形态学重构及单细胞水平的定量 RNA 测序等技术手段，对细胞的形态学、电生理学和转录组特征进行直接关联。为此，制备电极内液含有荧光染料及防止 RNA 降解的 RNaseOUT 等成分（具体配方依据实验要求确定），电极电阻一般小于 3 MΩ。进入全细胞记录模式后，在确保膜片钳质量前提下（漏电流小于 200 pA），按照设定的记录程序进行电生理记录，同时也可以对在全细胞模式下注入荧光染料的记录细胞进行形态学的成像与重构。电生理记录完成后，通过一个较强的负压可将胞体内含物吸入电极，在提取过程中通常将细胞电压钳制在 −5 mV 并施以幅度为 +25 mV 时间宽度 5 ms 的 100 Hz 方波刺激，以减少 RNA 的损失。随后迅速撤出电极并将电极尖端送入含有少量裂解液（约 3.5 μl，含 2% Triton X-100 和 5% RNaseOUT，用无核酸酶水配制）的厚壁 PCR 管中，敲碎电极尖端使所提取的 RNA 充分溶解于裂解液中，随后将含 RNA 的裂解液以干冰速冻，而后储存于 −80℃冰箱待用。提取到的单细胞 RNA 经过反转录、cDNA 文库构建、扩增等步骤后用于测序和数据分析。RNA-seq 文库的建立步骤依相应试剂盒而定。如果需要对多个细胞提取的 RNA 样本进行批量测序，在反转录的过程中可以给不同细胞的 RNA 分别引入一段 4～8 bp 的特异性分子识别标记（unique molecular identifiers，UMI），以便后续研究中有效识别 RNA 的细胞来源。

四、神经电化学技术

　　神经元之间和神经元与外周效应器之间的信息

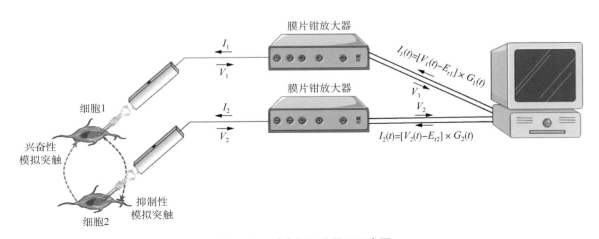

图 1-3-14　动态钳工作原理示意图

放大器记录细胞膜电位（V_1 或 V_2）数据，通过基于离子通道电导特性的计算（见图中公式）得到模拟该电导需要注入的电流（I_1 或 I_2），再由放大器注入细胞而实现电导钳制功能。本图以神经递质受体通道的电导钳为例，模拟两个神经元之间尚不存在的兴奋或抑制性的交互突触联系

传递主要是通过特化的神经终末分泌化学神经递质或调质进行的，神经递质更被称为神经系统的"第一信使"。而这些化学物质是难以用电生理方法直接观测的。用电生理方法检测神经递质分泌通常是间接地通过记录突触后电流实现。另一些如轴突曲张体等神经分泌结构，并无与其紧密耦合的突触后结构，因而无法使用上述测量手段。电化学方法克服了上述缺点，可以对神经分泌物质进行直接的检测。

电化学检测（electrochemical testing）的基本原理是根据在特定电压下的氧化 / 还原特性鉴别和定量分析电极周围的神经递质 / 调质类型及浓度，如图 1-3-15。用于神经分泌检测的电化学方法主要是基于贵金属（如铂、金）或碳纤维电极的伏安法与安培法。伏安法通过电极在一定电压范围内随时间重复扫描，通过记录电极所触及的神经递质交替发生氧化和还原反应的电流–电压曲线，根据氧化和（或）还原电流峰值出现电位区分神经递质 / 调质；安培法则是将电化学电极工作电压设置在所观测的神经递质 / 调质的氧化 / 还原电位附近，从而对神经递质 / 调质浓度进行实时、高精度的检测。

对于儿茶酚胺类（如多巴胺）与吲哚类（如五羟色胺）等具有较强氧化 / 还原特性的递质或调质，碳纤维电极可直接用于电化学检测。而对于呈电化学惰性的谷氨酸、乙酰胆碱等递质，则需要先对碳纤电极进行表面修饰才能进行电化学检测。氧化还原酶（redox enzymes）是针对惰性神经递质 / 调质最常用的电化学电极修饰物。惰性递质 / 调质在特定氧化还原酶的作用下，通过氧化可产生具有电化

学活性的副产物过氧化氢，后者作为报告分子在电极表面发生反应并产生电化学信号，由此可间接地实现惰性神经递质 / 调质的检测。

（一）在体神经分泌的电化学检测

在体电化学检测以伏安法为主，实验前需要先对电化学电极进行预定标（pre-calibration），确认其检测范围符合实验要求。开颅后将电化学电极插入实验动物脑中的目标区域，参比电极根据实验内容随记录电极同步插入或置于其他脑区或脑膜。按既定程序完成电化学信号检测并记录。完成检测后对电化学电极进行记录后定标，在此基础上进行结果分析。这一方法的优势是可以检测在体的、甚至是自由活动动物脑内的多种神经递质或调质信号，但因为检测空间是有限的、开放的，所以仅能局部地、不完整地检测电极附近的电化学信号。

（二）离体神经细胞分泌的电化学检测

离体电化学检测以碳纤维电极安培法为主，在脑片或培养细胞环境下开展。用预定标方法选取符合实验要求检测范围和精度的电化学电极。在镜下找到目标细胞或神经终末后，将电化学电极尖端移至细胞附近，随后充分接近（适当接触并压迫）可能的分泌位点，以保证释放出的递质 / 调质可迅速在电极表面发生反应、产生信号，并减少递质 / 调质的侧向扩散，按既定程序完成电化学信号的检测和记录并进行结果分析。这一方法通常可以检测到单个突触囊泡释放的量子化神经递质或调质信号，

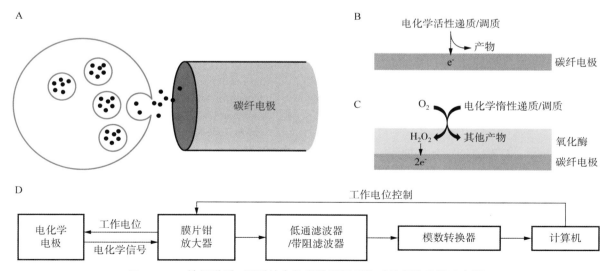

图 1-3-15　神经递质 / 调质的电化学检测原理和系统硬件连接示意图
A. 递质 / 调质由囊泡释放后扩散至电化学电极，与电极表面发生直接或间接的氧化 / 还原反应引起电子转移产生电化学信号；**B**. 电化学活性递质 / 调质在工作电压与电极表面发生直接氧化 / 还原；**C**. 电化学惰性递质 / 调质在电极表面氧化酶作用下氧化生成可作为报告分子的过氧化氢，产生电化学信号；**D**. 电化学检测设备示意图

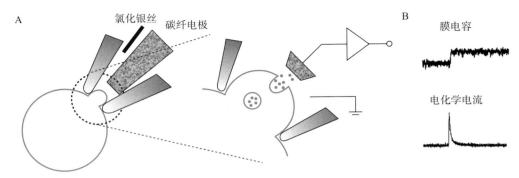

图 1-3-16　膜片钳电化学检测示意图

A. 在细胞贴附式膜片钳模式下检测单个囊泡融合引起的膜电容变化并计算囊泡大小和融合孔径，同时还检测这个囊泡释放神经递质引起的电化学电流并计算递质分子数目；**B**. 膜电容、电化学信号示例

但因为电极尺度有限（直径 5 ～ 7 μm）且只能贴附于细胞或神经末梢的一面，因此不可能检测到全细胞或全末梢的递质 / 调质分泌；又因为检测空间是半开放的，存在着不可控制的侧漏，所以即使能记到量子化电化学信号也不尽完整。

五、膜片钳电化学技术

将电生理-电化学技术结合起来的膜片电化学技术（patch amperometry）用于高精度检测单个囊泡融合和量子化递质释放，如图 1-3-16。该方法将经过蚀刻的碳纤维电极插入玻璃微电极，对分泌细胞进行细胞贴附模式下的膜电容和安培法电化学的同步检测。玻璃微电极与细胞的膜片钳封接阻断了侧漏，从而确保了量子化电化学信号的完整性；由单个囊泡融合引起的膜电容变化、融合孔电导可以推算囊泡的大小和融合孔的尺度。通过两种技术的有机结合，可观测囊泡内递质的浓度、囊泡融合动力学对神经递质 / 调质释放的影响，可实现量子化水平的神经突触信号的观测。

参考文献

综述

1. Arnal LH，Giraud AL. Cortical oscillations and sensory predictions. *Trends Cogn Sci*，2012，16：390-398.
2. Featherstone RE，Melnychenko O，Siegel SJ. Mismatch negativity in preclinical models of schizophrenia. *Schizophr Res*，2018，191：35-42.
3. Fries P. Rhythms for Cognition：Communication through Coherence. *Neuron*，2015，88：220-235.
4. Herreras O. Local Field Potentials：Myths and Misunderstandings. *Front Neural Circuits*，2016，10：101.
5. Hong G，Lieber CM. Novel electrode technologies for neural recordings. *Nat Rev Neurosci*，2019，20：330-345.
6. Mussa-Ivaldi FA，Miller LE. Brain-machine interfaces：computational demands and clinical needs meet basic neuroscience. *Trends Neurosci*，2003，26：329-334.
7. Patil AC，Thakor NV. Implantable neurotechnologies：a review of micro-and nanoelectrodes for neural recording. *Med Biol Eng Comput*，2016，54：23-44.
8. Stern JM. Simultaneous electroencephalography and functional magnetic resonance imaging applied to epilepsy. *Epilepsy Behav*，2006，8：683-692.
9. Sakmann B，Neher E（ed.）. Single-Channel Recording. 1995，Plenum Press：95-197，357-373.
10. Molleman A. Patch Clamping：An Introductory Guide to Patch Clamp Electrophysiology，John Wiley & Sons Ltd，2003：5-164.
11. Nicolelis M. The True Creator of Everything：How the Human Brain Shaped the Universe as We Know It，New Haven：Yale University Press，2020.
12. Noguchi A，Ikegaya Y，Matsumoto N. In Vivo Whole-Cell Patch-Clamp Methods：Recent Technical Progress and Future Perspectives. *Sensors*（*Basel*），2021，21：1448.
13. Bucher ES，Wightman RM. Electrochemical Analysis of Neurotransmitters. *Annu Rev Anal Chem*（*Palo Alto Calif*），2015，8：239-261.
14. Dernick G，Gong LW，Tabares L，et al. Patch amperometry：high-resolution measurements of single-vesicle fusion and release. *Nat Methods*，2005，2：699-708.
15. Windhorst U，Johansson H（Eds.）. Modern Techniques in Neuroscience Research，Berlin：Springer，1999：130.

原始文献

1. Chang JY，Paris JM，Sawyer SF，et al. Neuronal spike activity in rat nucleus accumbens during cocaine self-administration under different fixed-ratio schedules. *Neuroscience*，1996，74：483-497.
2. Cheung KC，Renaud P，Tanila H，et al. Flexible polyimide microelectrode array for in vivo recordings and current source density analysis. *Biosens Bioelectron*，2007，22：1783-1790.
3. Halgren M，Ulbert I，Bastuji H，et al. The generation and propagation of the human alpha rhythm. *Proc Natl Acad Sci*

USA，2019，116：23772-23782.

4. Jia Y，Lee B，Kong F，et al. A Software-Defined Radio Receiver for Wireless Recording From Freely Behaving Animals. *IEEE Trans Biomed Circuits Syst*，2019，13：1645-1654.

5. Lu C，Park S，Richner TJ，et al. Flexible and stretchable nanowire-coated fibers for optoelectronic probing of spinal cord circuits. *Sci Adv*，2017，3：e1600955.

6. McAvoy M，Tsosie JK，Vyas KN，et al. Flexible Multielectrode Array for Skeletal Muscle Conditioning，Acetylcholine Receptor Stabilization and Epimysial Recording After Critical Peripheral Nerve Injury. *Theranostics*，2019，9：7099-7107.

7. Neher E，Sakmann B. Single-channel currents recorded from membrane of denervated frog muscle fibres. *Nature*，1976，260：799-802.

8. Neher E，Marty A. Discrete changes of cell membrane capacitance observed under conditions of enhanced secretion in bovine adrenal chromaffin cells. *Proc Natl Acad Sci USA*，1982，79：6712-7126.

9. Lindau M，Neher E. Patch-clamp techniques for time-resolved capacitance measurements in single cells. *Pflugers Arch*，1988，411：137-146.

10. Margrie TW，Meyer AH，Caputi A，et al. Targeted Whole-Cell Recordings in the Mammalian Brain In Vivo. *Neuron*，2003，39：911-918.

11. Kitamura K，Judkewitz B，Kano M，et al. Targeted patch-clamp recordings and single-cell electroporation of unlabled neurons in vivo. *Nat Methods*，2008，5：61-67.

12. Andrew A，O'Neil MB，Abbott LF，et al. Dynamic clamp：computer-generated conductances in real neurons. *J Neurophysiol*，1993，69：992-995.

13. Fuzik J，Zeisel A，Máté Z，et al. Integration of electrophysiological recordings with single-cell RNA-seq data identifies neuronal subtypes. *Nat Biotechnol*，2016，34：175-183.

14. Pothos EN，Davila V，Sulzer D. Presynaptic Recording of quanta from midbrain dopamine neurons and modulation of the quantal size. *J Neurosci*，1998，18：4106-4118.

15. Albillos A，Dernick G，Horstmann H，et al. The exocytotic event in chromaffin cells revealed by patch amperometry. *Nature*，1997，389：509-512.

甘文标　吴建永

光学显微技术是大脑结构与功能研究最重要的基本工具之一。从 19 世纪末至 20 世纪初，Ramon y Cajal 等神经解剖学家利用光学显微镜和高尔基染色方法系统研究了神经细胞的形态及其相互间的联系。他们的一系列工作为我们提供了有关神经系统结构的丰富信息，并奠定了现代神经生物学的基础。早期的光学显微技术主要依靠化学染色后被染细胞和未染组织对光的吸收不同或细胞结构对光造成的像差不同来检测神经细胞的形态和结构。在过去的二三十年中，可用遗传编码的荧光蛋白以及新的荧光显微成像技术高度发展，使我们可以利用众多荧光探针来实时观察神经元结构和电活动的变化，以及细胞内生物分子之间的动态相互作用。荧光显微技术凭借其高灵敏、高时间及空间分辨率的特点已成为现代神经生物学研究中最强有力的实验工具之一。近年来，光学显微技术不仅用来观测，也可用来定向刺激特异的神经细胞（光学遗传学），使得我们在细胞及分子水平上研究大脑的结构和功能跃上了一个新台阶。本章我们将阐述光学显微技术在神经系统研究中的应用以及一些常见的问题。

第一节　观测神经系统结构的光学成像方法

哺乳动物的神经系统由数十亿的神经元组成，每个神经元都与其他成百上千的神经元相联系。由巨大数量的神经元组成的复杂神经网络是包括学习及记忆等在内的大脑功能的基础。从细胞及分子水平上研究神经元结构的发育与变化是理解大脑如何工作的前提条件。神经元结构如胞体、轴突、树突、突触等直径很小，为微米量级。由于一般光学显微镜（microscope）的最小分辨距离可达 0.2 μm，光学（optics）显微成像（optical imaging）因而成为研究大脑神经结构必不可少的工具。根据样品和研究问题的不同，一般需要选择以下不同的光学成像方法。

1. 明场、暗场、相称及微分干涉差显微镜成像　明场显微镜是以样品的颜色及其透射率为基础并通过物镜和目镜系统放大来观察细胞结构的显微镜，在生物研究中被广泛应用。因为神经细胞无色透明，细胞内各种结构间的反差很小，在明场显微镜下一般难以观察到细胞的轮廓及内部结构。所以利用透射式明场显微镜观察神经元的形态以及结构上的相互联系需通过各种染色方法（如高尔基染色，辣根过氧化物酶或燕麦凝集素染色）来增加被染细胞和未染组织的反差。在透射式明场显微镜基础上发展的暗场、相称及微分干涉差（differential interference contrast，DIC）显微镜，利用不同结构成分之间厚度和折射率的差别，可探测未染色薄样品或活细胞的精细结构，如细胞的形态、细胞核以及细胞器等。明场和相称显微镜在生物学中的应用历史悠久且有许多光学专著叙述（Augustine et al，2001；Murphy，2001），由于篇幅限制，在此将不详细讨论。

2. 荧光显微镜成像　荧光显微镜（fluorescence microscopy）利用一定波长的激发光照射荧光分子标记的样品，使用合适的滤光器滤掉所有的激发光而只探测样品被激发后发射的荧光（Lichtman and Conchello，2005）。因为荧光标记的样品低背景，即使是微弱的荧光信号也可以探测，因而荧光显微成像具有敏感性高、特异性强等特点。20 世纪 70 年代以来，神经递质及蛋白质抗体的出现，让我们可以用荧光免疫组织化学技术在分子水平上来研究神经系统的结构和组成。利用荧光标记的特异性抗体在组织细胞原位的抗原抗体反应，荧光显微镜可用于定性、定位、定量测定神经系统中具有特定分布的神经递质、离子通道、酶及蛋白信号受体等。近年来众多荧光探针（fluorescent probe）和荧光蛋白高速发展，其中最令人瞩目的是绿色荧光蛋白（green fluorescent protein，GFP）及其衍生物的出现。通过分子遗传方法编码，可以利用 GFP 类型荧光蛋白标记活体神经系统中的各种细胞和分子，区分兴奋和抑制神经元或者使用不同神经递质的神经元等，使得荧光显微成像成为研究神经系统的基本工具。常用的宽场（wide field）荧光显微镜可用于快速灵敏地检测薄样品中荧光标记的结构，但如果样品较厚，或活组织或在体研究中，非焦平面结构发射的荧光会严重干扰焦平面结构的荧光，导致图像对比度大幅度降低。对这类厚样品的荧光探测需要利用激光共聚焦扫描显微镜或双光子激光扫描显微镜。

3. 激光共聚焦扫描显微镜成像（confocal laser scanning microscopy，CLSM）　20 世纪 80 年代在荧光显微镜成像的基础上发展起来的激光共聚焦扫描显微镜，用可见或紫外波长的激光作点光源在物镜焦平面上扫描成像（Conchello and Lichtman，2005）。因在探测器前方放置一个针孔（pinhole）来阻止样品焦平面以外的荧光到达探测器，可大大提高图像的对比度、分辨率和清晰度。此外，通过在样本不同轴向深度上的扫描，可得到样品如细胞或组织三维结构的荧光图像。由于激光共聚焦扫描

显微镜可以以较好的信噪比选择性、特异性地检测低浓度分子，因此已逐渐成为观察神经系统结构和分子组成的一种普遍且重要的工具。旋转盘共聚焦显微镜（spinning disk confocal microscope）是点激光共聚焦显微镜出现后的一种技术，用机械转盘实现针孔对样品的两维扫描。其突出优点是可以同时通过几千个针孔进行成像，三维成像速度远高于激光共聚焦显微镜。

4. 双光子激光扫描显微镜成像（two-photon laser scanning microscopy，TPM）　双光子激光扫描显微镜结合了双光子激发荧光原理和激光扫描共聚焦显微镜技术，是一种探测深层生物样品荧光的成像技术（Helmchen and Denk，2005）。它利用脉冲激光的高能量，实现在物镜焦平面处两个红外或远红外激光光子同时激发单个荧光分子以及随后的扫描成像。由于两个光子能量同时被一个荧光分子吸收的概率非常低，远远低于单个光子被一个荧光分子吸收的概率，因此只有在镜头的焦点附近才有足够的光子密度产生双光子荧光，离开焦点的区域则都是暗的，从而达到光学选层的效果。另外，由于红外和远红外光在生物组织中的散射和吸收要少，双光子显微镜的红外激光可以穿透较深的生物组织，成像深度远超过紫外和可见光荧光显微镜。此外，双光子扫描显微镜成像仅激发焦点位置的荧光探针，不像共聚焦显微镜成像时激发焦点前后的区域，荧光的探测效率更高，显著减少光毒性和光漂白。双光子激光扫描显微镜的发展使我们首次可对活体深层组织荧光标记的细胞和分子进行高分辨率的动态观察（在组织内可深达 500～800 μm），大大促进了对活体动物大脑结构与功能的理解。

综上所述，针对样品和研究问题的不同，需选用不同的光学显微成像方法来研究神经系统的结构。需要指出的是，尽管光学显微成像在神经生物学研究中的应用已有上百年的历史，至今我们对于大脑结构及变化的大部分知识都来自用光学显微技术对固定组织的观察。鉴于大脑的复杂性及个体多样性，常常很难通过固定的生物组织去理解大脑在细胞和分子水平上的变化快慢和程度。比如大脑中许多新突触的形成会伴随着旧突触的消失，而突触的总数在很长时间内可能基本不变。固定的生物标本只能告诉我们突触的总数而不能反映突触形成和消失的速度和多少。神经生物学家们过去也常用光学显微技术对培养的神经细胞和活脑切片进行动态观察，但培养的神经细胞和组织缺少动物体内错综

复杂的神经联系和电活动，究竟大脑结构在学习与记忆等过程中是如何变化的仍然是一个谜团。彻底解开这个谜团需要在活体实验动物上长期跟踪神经细胞、突触和分子的变化。近年来众多荧光探针和荧光显微探测技术的发展让我们开始能够对活体大脑的细胞和分子动态进行高分辨率的实时观察。由于荧光显微技术发展飞速并在未来活体大脑研究中具有广阔的前景，以下我们将进一步阐述荧光探针及荧光显微探测技术的基本原理，并以实例来说明它们在正常及病变大脑结构研究中的应用。

一、荧光探针及其对神经元结构的标记

在过去的几十年里，科学家们合成了数以千计的水溶性和脂溶性的有机荧光分子。根据它们的不同化学和物理性质，许多荧光分子可以用来标记细胞膜、细胞器、蛋白质并用于测量离子浓度等。近年来利用分子遗传学手段开发了多种荧光蛋白质，如绿荧光蛋白及其各种颜色的变种，可结合分子生物学方法来标记神经系统中特定的细胞与分子。这些荧光分子的共同特点是，能够吸收能量较高、波长较短的光进入激发态，在几纳秒内发射出能量较低、波长较长的荧光。图 1-4-1A 中的雅布隆斯基（Jablonski）图表显示了荧光分子激发和发射的过程。当荧光分子吸收某些频率的光子以后，可由基态（S0）跃迁至电子激发态中的不同振动态。处于电子激发态的分子可通过无辐射弛豫（nonradiative relaxation）首先降落至激发态的较低振动能级，然后再由这个低振动能级以辐射弛豫的形式跃迁到基态中不同的振动能级，发出荧光。在单光子激发的情况下，分子内振动弛豫会导致较低能量的荧光光子被发射出来。由于激发态和基态有相似的振动能级分布，荧光分子的激发及发射谱呈镜像对称关系并有一部分重叠（图 1-4-1B）。

荧光探针同时吸收两个光子跃迁到激发态也可以发出荧光。在双光子激发情况下，单个激发光子的能量比荧光光子能量低一半左右，双光子激发荧光的优点是荧光只发生在成像物镜的焦点上，因此易对深层组织进行清晰成像（见以下双光子扫描显微镜）。无论单或双光子激发方式，都可用合适的滤光器滤掉激发光而只探测发射的荧光，这样就可以观察到荧光标记的结构了。

与许多非荧光探针相比，荧光染料（fluorescent dye）不仅可以用于标记固定后的生物样品，也可以方便地用于标记和观测活体样品。例如，亲脂

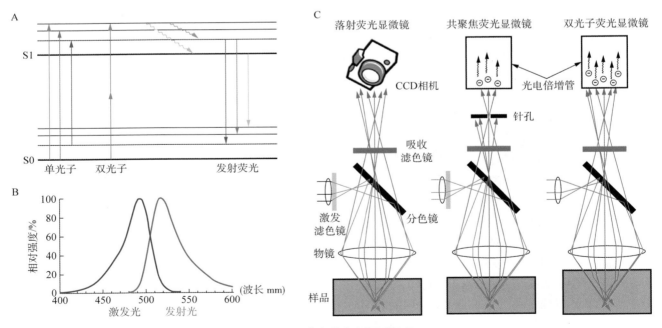

图 1-4-1　荧光激发和探测原理

A. 雅布隆斯基（Jablonski）图表显示了荧光分子激发和发射的过程。在吸收激发光子能量后，位于基态（S0）振动亚能级的分子被激发到激发单重态（S1）的振动亚能级之一。通过非辐射弛豫，被激发荧光分子先跃迁到 S1 的低振动亚能级，再返回基态 S0 的振动亚能级并发射荧光。荧光分子可吸收一个高能光子（单光子激发）或同时吸收两个低能光子而跃迁到激发态；B. 典型荧光分子的激发与发射光谱。由于激发态和基态振动能级分布，荧光分子的激发及发射谱呈镜像对称关系并有一部分重叠；C. 落射荧光显微镜，激光共聚焦扫描显微镜及双光子显微镜的基本原理示意图

的羰花青（carbocyanine）染料（如 DiI），通过电极注射或"基因枪"的方法可标记神经细胞膜，以观察神经树突和轴突的形态与变化，既适用于固定组织，也适用于活体细胞（图 1-4-3；Gan et al，2000；Honig and Hume，1989）。有些荧光染料通过突触小泡的循环直接标记突触，从而可以用来研究在突触传递过程中突触小泡的释放量和速率（如 FM1-43，Cochilla et al，1999）。此外，很多荧光分子通过化学耦联来标记生物分子（如荧光抗体），可用于观察细胞内分子的表达含量与变化。利用荧光分子定点标记蛋白质需要慎重考虑所用的化学标记方法，提高标记效率，并且避免蛋白活性因荧光标记而受到影响。近 20 年来，荧光蛋白被普遍用在细胞或转基因动物中标记神经元结构和特定的分子，大大促进了对神经细胞和分子变化的观察研究（Chalfie et al，1994；Feng et al，2000）。

荧光分子的另一个特性是其吸收和发射特性会因为外界环境的变化而改变。例如，有些化学荧光分子和荧光蛋白的激发及发射光谱会因为结合了钙离子、钠离子或氢离子等而改变。另外，有些荧光分子对电场敏感，如果被定位到膜上就可以提供光学信号来显示膜两侧的电位变化。基于这些原理，人们发明了许多可用于检测神经细胞各种离子浓度和电位变化的荧光探针。值得指出的是，细胞内一些富含色氨酸的蛋白质或有机分子，如 NADH 或 flavin（黄素）尽管没有标记，也会发射荧光。根据 NADH 和 flavin 在氧化还原反应中的作用，它们发射的荧光可用于测量细胞和组织的能量代谢。但内源蛋白和分子的自主荧光也会导致图像存在一定背景荧光，需注意和避免。

随着荧光探测技术的发展，许多荧光探针都可以在较低的生理浓度下被观测到。显而易见，因为这些灵敏度高、选择性强的荧光探针，神经生物学家们有了前所未有的、通过光学显微技术来研究细胞和分子水平上大脑变化的机会。

二、荧光显微成像方法

根据样品和实验问题的不同，我们可选择不同的荧光显微技术来灵敏有效地检测样品被激发光照射后发射的荧光。落射荧光显微镜（epifluorescence microscopy）是目前实验室最常用的荧光样品检测装置（Lichtman and Conchello，2005）。如图 1-4-1C 所示，其主要部件包括弧光灯（arc lamp）、激发滤色镜（excitation filter）、分色镜（dichroic mirror）、吸收滤色镜（barrier filter）和显微镜物镜、目镜，以及电荷耦合器件图像传感器（charge-coupled device，CCD）。落射荧光显微镜的主要特点是：①显微镜物镜不仅用于激发，也用于搜集样品的荧光；②依荧光激发及发射谱来选用的特定滤色镜组（激发滤色镜、分色镜和吸收滤色镜）可有效地激发和检测荧光。激发滤色镜用于选择激发光的波长和范围，分色镜用于反射激发光但透过被激发的荧光，吸收滤色镜用于进一步阻断透过分色镜的少量激发光而让荧光通过至 CCD；③一般采用 CCD 把光信号转换成电信号，输入至计算机中，经软件处理后显示图像。研究用的薄型背照式 sCCD 或 sCMOS 光电转换量子效率可近 90%，具有灵敏度高、信噪比较高的特点。

落射荧光显微镜可灵敏地检测薄样品中荧光标记的结构并可获得高帧率的清晰图像。但如果样品较厚，激发光不仅会导致焦平面上目标结构发出荧光，也会导致大量非焦平面结构发出荧光。取决于样品的厚度和类型。对于一个特定的二维图像，CCD 接收的荧光中有超过 90% 的荧光来自焦平面以外的结构是很常见的。这些非焦平面结构发出的荧光会让聚焦平面上结构的细节模糊，大幅度降低图像的对比度。另外，样品的荧光在到达物镜的途中会发生散射，使其看起来像从发生散射的最后一个位点发出的，而不是来自荧光分子的实际位置。由于样本的成像位置越深，发生散射的概率越高，因此厚样品离表面较近的平面发出的光会显得较亮，不能反映荧光标记的真实情况。

去掉焦平面以外的发射光和减少散射的一个重要手段是使用激光共聚焦扫描显微镜（图 1-4-1C）（Conchello and Lichtman，2005）。该显微镜用激光作光源，逐点、逐行、逐面扫描成像。激光扫描采用一对电流计镜（galvanometer-mounted mirrors）或声光偏转器（acousto-optical deflectors）来控制激光聚焦点在样品焦平面的扫描位置和速度。这种形式的激发并不选择性地激发焦平面上的荧光或是防止散射发生，但是通过在探测器前方与样品光斑焦点共轭的位置放置一个针孔，就可以在很大程度上阻止来自样品焦平面以外的荧光到达探测器（图 1-4-1C），从而提高图像的对比度、分辨率和清晰度，进而观察到较厚生物标本焦平面上的细节。除此之外，利用一个微动步进马达，共聚焦扫描显微镜可以改变焦平面位置而逐层获得样品二维横断面图像。将各层的光学图像经计算机三维重建软件处理后，可以得到其三维图像立体结构。共聚焦显微镜一般使用光电倍增管（photomultiplier tubes，PMT）把通过针孔的光信号转变为电信号传输至计算机进行光子检测。选用多个滤色镜组和光电倍增管，共聚焦显微镜可实现对多种荧光标记样品同时进行清晰成像。因需扫描成像，共聚焦显微镜的成像速度通常比用相机的宽场成像系统慢。

激光扫描共聚焦方法一般只有一个扫描针孔，扫描速度比较慢且亮度不够。旋转盘共聚焦显微镜与激光扫描共聚焦显微镜不同，旋转盘上可有几万个针孔，同时对视野中数千个位置进行共聚焦成像。这样其成像速度可达到每秒 1000 帧，成像亮度也可以达到肉眼直接观察。相比之下，激光扫描共聚焦显微镜产生的图像非常暗，只能使用灵敏度极高的光电倍增管进行观察，而且成像速度也只能达到每秒几帧。

单光子共聚焦扫描显微成像因为有效地排除了聚焦点以外的光信号干扰，提高了分辨率和反差，已经成为获取三维图像不可或缺的工具。然而，因为生物样品对短波长激光的强烈吸收和散射，共聚焦扫描显微镜对于离样品表面超过 150 μm 的深处结构很难清晰成像。近年来发展的双光子显微镜在很大程度上解决了较厚的样本和活体组织的成像问题（图 1-4-1C；Helmchen and Denk，2005）。

与共聚焦扫描显微镜和落射荧光显微镜的单光子激发不同，双光子显微镜使用两个激光光子来激发同一个荧光分子。双光子激发取决于荧光分子对两个低能光子的几乎同时的吸收。因为双光子激发必须让两个光子同时击中一个荧光分子，这就要求光子流的密度极高；在一个成像系统中，只有物镜的焦点才有足够的光子密度达到双光子激发，因此双光子成像几乎没有非焦平面荧光的干扰，达到极高的成像清晰度。另外，由于使用红外或远红光子激发荧光分子，可大幅度降低生物样品对激发光的吸收和散射。此外，由于焦平面外的荧光分子因激发光子的密度不够而不被激发，激发荧光产生的漂白和光损伤很少，从而延长了对活体的观察时间，这对于观测活体细胞而言是至关重要的。因为没有焦平面外的荧光被激发，发射的荧光不再需要经过共聚焦的针孔和扫描系统而被探测，使得双光子显微镜对于荧光的检测比激光共聚焦扫描显微镜更为有效。由于以上原因，双光子显微镜可以对较厚的生物样品如脑片和脑组织中深达 500 ~ 800 μm 的目

标进行荧光成像，成了目前活体脑成像的重要工具。

三、荧光显微光学切片断层成像技术

荧光显微光学切片断层成像技术（fluorescence micro-optical sectioning tomography，fMOST）是一种重构脑内神经元间远程连接的技术。这里"远程连接"是指即使神经细胞的胞体在一个脑结构中，却把轴突投射到几毫米甚至十几厘米之外的另一个脑结构里。

我们比较熟悉的远程连接的例子是大脑皮质和丘脑之间的双向互联，其中一个方向是由丘脑中的神经元把轴突投射到大脑皮质里，另一个方向是由大脑皮质中的神经元把轴突投射到丘脑。另外还有很多其他例子，如左右大脑皮质之间的双向连接（胼胝体）、大脑运动皮质与脊髓前角的单向投射（锥体系统）等。这些在教科书上列出的远程联系都含有数量很大的轴突，因此可以用传统的解剖学方法（比如切片、轴突特异染色）或核磁"扩散张量成像"（diffusion tensor imaging）来研究。

大脑内部还有很多功能重要的、远程连接不能用传统的解剖学方法来发现。fMOST 就是用来发现脑内只有少数轴突的远程连接通路的技术。这项技术的主要关键是能快速地从很多显微切片中重构远程连接通路。所谓远程虽然只有几毫米远，但为了看清组织的显微结构则需要切几千片。传统的组织学技术需要很大的人力物力来重构几千个切片的显微结构。而 fMOST 技术则是一边切一边拍照（图 1-4-2），这样就省去了切片、装片、显微镜拍照、图像对齐、软件重构等劳力密集的步骤。更重要的是，边切边拍的方法可以大幅度降低背景光，使成像更为清晰。

荧光成像时的背景光干扰是降低成像质量的主要因素。在脑组织中看清单个神经元有点像在森林中看清一棵树，背景里的其他树越多则越难看清其中一棵。几百年来随着显微技术的发展，发明了很多技术以减少厚组织中的背景光，比如激光片层扫描显微镜（light sheet microscopy，只照明厚组织中的一薄层）或双光子显微镜（two-photon microscopy，只让物镜的焦点处产生足够的荧光），虽然都能有效地减少背景荧光，但比较厚的脑组织中散射很强，使这些技术不能达到理想的效果。而 fMOST 技术采用了一个聪明的办法，用刀片挡住背景光，只对刀片前的一个薄片进行成像。这就像在

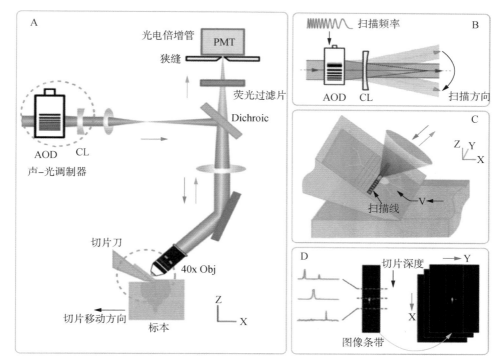

图 1-4-2　**fMOST 方法原理，说明见正文**
（引自参考文献中的原始文献 9）

一行树木后拉起一块幕布，挡住后面的森林。这种刀片形成的物理隔离虽然简单，效果却常常出乎意料地好。此方法自 2010 年发明以来逐渐变成研究脑内远程连接的有力工具。

图 1-4-2 描述了 fMOST 技术的一个实例。这个实例中利用激光作为光源，激发脑组织中的神经元上的荧光标记。如图 1-4-2A 所示，脑组织（下方黄色方块）的一个薄片被刀片提起，然后由一个 40 倍的显微镜物镜进行成像。其他的光学配置与普通激光扫描显微镜类似：用激光照明物镜的后焦平面，并由物镜聚焦后射入切片，照明其焦点周围的一个小三维空间（此空间称作一个"voxel"）。从此空间产生的荧光被物镜收集，由光电倍增管转化成电流，由电流的强度标志此空间点的荧光亮度。

为了形成二维光学图像，需要让光点在组织切片中进行 X-Y 方向的二维扫描。这里 Y 方向的扫描也称"行扫描"，由此测量了组织切片中一条线中各点的荧光强度（图 1-4-2C）。行扫描非常快，需要由声光扫描元件（acoustic-optical deflector，AOD）完成（图 1-4-2B）。而 X 方向的扫描也称为"帧扫描"，即让行扫描逐行遍布整个平面。帧扫描由组织块与刀片的相对运动来完成，即物镜和刀片相对位置固定，由组织块在 X 轴方向的运动完成。当

一片组织切片完成后，这片组织的二维荧光成像也完成了，组织块移回并上升进行下一片的切片及成像。如此往复，一片厚组织可以形成几千张高分辨率的二维图像，再通过软件合成为三维的脑结构图（图 1-4-2D）。由于切片的厚度可以控制，而切片的张数没有限制，所以图 1-4-2 所示的技术可以在很大的一块脑组织中三维重建神经元之间的高分辨率远程连接。

四、利用光学成像研究神经系统结构实例

1. 用荧光显微成像观测神经细胞的结构与发育
利用不同的荧光标记和成像技术，我们可以观测固定后或活神经细胞的形态，细胞器和特定分子的分布等。如图 1-4-3A 所示，使用亲脂的羰花青染料（DiI，DiO and DiD）标记神经细胞膜并以激光共聚焦扫描显微成像，可观察鼠脑片神经树突和轴突的复杂形态（Gan et al，2000）。使用特定的线粒体染料（MitoTracker）和落射荧光显微镜，我们可以观测培养的神经细胞中线粒体的分布和运动（图 1-4-3B）。使用不同荧光标记的抗体，可以灵敏地探测到培养的神经细胞内不同蛋白激酶的分布（图 1-4-3C）。除使用荧光染料外，荧光蛋白可用于活体

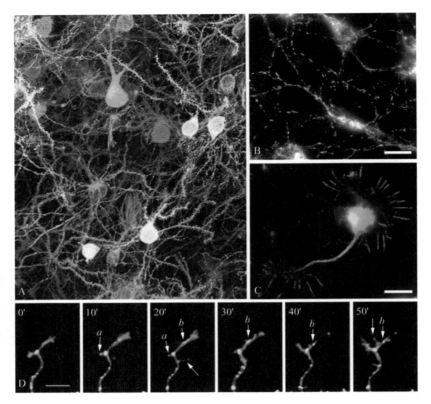

图 1-4-3　荧光显微成像观测神经细胞的结构与发育

A. 使用激光共聚焦扫描显微镜和不同羰花青荧光染料可观察脑片神经元的复杂形态（Gan et al，2000）。多个神经元因被不同荧光染料标记而呈不同颜色。**B**. 用荧光染料（MitoTracker）可标记并动态观察培养神经细胞的线粒体。**C**. 使用荧光标记抗体可探测培养神经细胞内不同蛋白（红与绿）的分布。**B**、**C**. 成像使用 CCD 相机，图片由 Emory 大学郑强博士提供。**D**. 使用双光子显微镜和两种不同荧光蛋白可观测活斑马鱼视网膜视神经节轴突（红色）和突触前膨体（黄色）生长发育。用间隔拍摄成像可观察到轴突分支和突触前膨体在体内的发育期间快速形成或消失。左上角为时间标尺。细胞每次成像的时间间隔为 10 分钟。三角箭头和箭头分别举例标出新形成的膨体和轴突分支。三角箭头标出的膨体 a 只存在于第二和第三张图片，而膨体 b 至少在 4 个图片中存在。修改自参考文献中的原始文献 17. 标尺：10 μm（**B** ～ **D**）

标记神经细胞的形态并观测。图 1-4-3D 显示了用两种不同的荧光蛋白来标记活斑马鱼视网膜视神经节轴突和突触前膨体（Meyer and Smith，2006）。用双光子显微镜间隔拍摄成像可观察到轴突分支和突触前膨体在体内的发育期间快速形成或消失，以及神经元电活动的影响。

2. 用活体成像研究鼠脑突触结构可塑性　在哺乳动物脑部，绝大多数的兴奋性轴-树突触联系出现在称为"棘"的特殊树突结构上。树突棘的可塑性在发育，学习与记忆过程中具有重要的作用。然而，对于它们在发育或成熟的活体动物中的变化知之甚少。甘文标实验组利用经颅双光子显微成像技术（transcranial two-photon imaging）和表达黄色荧光蛋白（YFP）的转基因小鼠对活体大脑皮质神经元的树突棘进行了观察（Grutzendler et al，2002）。通过磨薄头骨的窗口，可以对树突的单个树突棘进行高分辨率光学成像并长期跟踪。对成年鼠体感皮质（barrel cortex）的研究表明，> 70% 的树突棘

数目和位置都极为稳定，至少可以存在 19 个月以上，表明成年以后树突棘非常稳定并在长期信息存储方面可能有重要作用。此外，他们还研究了感觉体验对小鼠体感皮质树突棘的影响。体感皮质是小鼠接受胡须信号的部位，其感觉体验可以通过修剪胡须而轻易地剥夺。如图 1-4-4A ～ D 所示，通过修剪小鼠一侧面部的所有胡须，发现感觉剥夺对年轻动物感觉皮质树突棘的可塑性具有明显影响，但对成年动物树突棘的影响则十分有限（Zuo et al，2005）。这些高分辨率光学成像研究首次让我们了解到了活体大脑突触联系的发育与变化情况。

3. 用活体成像研究阿尔茨海默综合病（Alzheimer's diseases，AD）动物模型中的突触病理　神经元联系的结构及功能病变在一些神经退化性疾病的病理发生中一般都出现较早，在 AD 中尤其如此。用双光子显微成像 AD 动物模型，可以对 AD 病理发展过程中神经联系的紊乱进行直接观察。通过把一种 AD 模型的小鼠和表达黄色荧光蛋白的

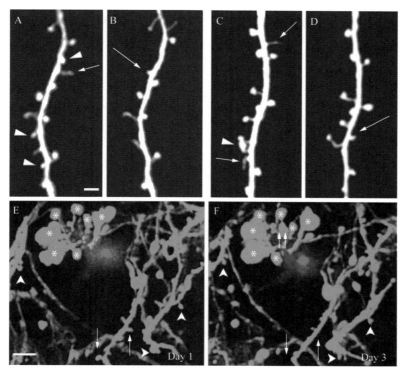

图 1-4-4　用活体成像研究鼠脑突触可塑性与病理

A ～ D. 利用双光子显微成像技术和表达黄色荧光蛋白的转基因小鼠研究感觉体验对小鼠体感皮质树突棘的影响。**A** 和 **B** 为对照组的 4 ～ 6 周龄小鼠体感皮质同一树突分支的反复成像。**C** 和 **D** 为感觉剥夺（修剪胡须）组。三角箭头、大箭头和小箭头分别标出树突棘的流失和形成以及树突棘前体（filopodium）的变化。观测标明感觉剥夺在此年龄段主要减少树突棘流失的速度，对树突棘的形成速度没有明显影响。**E ～ F.** 用双光子显微技术间隔拍摄成像研究 AD 小鼠模型中淀粉样物质沉淀（红色）对树突及轴突的损伤程度。尽管大部分的树突棘（三角箭头）和膨体（星形）在 2 天内保持稳定，但有一些结构明显发生变化，如树突棘流失（箭头）和膨体形成（双箭头）。标尺：2 μm（**A ～ D**）；5 μm（**E ～ F**）（引自 Zuo Y，Yang G，Kwon E，et al. Long-term sensory deprivation prevents dendritic spine loss in primary somatosensory cortex. *Nature*，2005，436：261-265.）

转基因小鼠交配繁育，可用双光子显微镜来研究 AD 大脑中淀粉样物质沉淀对突触连接的损伤在时间和程度上的影响。从几天到几星期的间隔拍摄成像表明，在淀粉样物质沉淀周围半径 15 微米以内有大量的树突棘和轴突膨体的形成和去除，表明淀粉样物质沉淀导致了其附近神经元结构的变化（图 1-4-4E ～ F，Tsai et al，2004）。这项研究还显示了淀粉样物质沉淀的形成对大脑回路的影响大大超过了以前人们的预测，并提供了清除早期淀粉样物质沉淀治疗方法的可视化评价手段。

第二节　观测神经元电活动和细胞内钙离子的光学方法

　　大脑的功能包括感觉、运动、知觉、意识、学习和记忆等，都是通过神经元的群体活动来实现的。从单个神经细胞的活动到群体神经元的活动之间存在着多层次由量变到质变的过程。把神经元的电活动转化为光信号，就可用成像的方法同时记录上百甚至上千个神经元的群体活动。几十年来经过神经科学家的不懈努力，今天我们已经可以把神经电活动转换成光信号，并用光学成像的方法观察和研究神经元的电活动。光学成像的方法使研究大脑电活动的方法由点记录发展到观察三维的动态图像，这样能更全面地观察和研究大脑多个神经元的群体行为和功能。

　　用光学信号记录神经元电活动始于 20 世纪 70 年代劳伦斯·科恩（Lawrence Cohen）的实验组（耶鲁大学）。开始的时候他们用强光透过枪乌贼的巨大神经，可直接测量伴随着动作电位的光信号。但这样直接观察到的信号太弱了，不久他们发现利用有机化学的染料对神经组织进行染色可以大大提高信号的幅度（Davila et al，1973）。这种化学小分子染料又称"电压敏感染料（voltage sensitive dye）"。它的分子通过范德华引力附着在细胞膜上。在膜电位变化时染料的颜色（对光波的吸收或荧光波长）会随之改变。这样跨膜电位变化的信号就可转变为光信号。

神经元的兴奋大多伴有细胞内钙离子浓度的快速变化，因此探测细胞内钙离子的变化也是用光学方法测量神经活动的方法。钱永佑（Roger Tsien）实验组于 20 世纪 80 年代中期发明了钙敏感荧光染料如 FURA-2 等（Grynkiewicz et al，1985）有机化学钙染料。21 世纪开发出可以利用分子遗传方法编码的钙敏感蛋白（GECI）。其中一种叫 GCaMP 的钙敏感蛋白（Nakai et al，2001）在 2010 年发展成熟（Cheng et al，2013），由于其信号强，成像方便而被广泛应用。许多研究小组也正在努力开发可以用遗传方法编码的电压敏感染料（GEVI）。由于钙离子蛋白的光信号远比电压敏感染料大，因此目前钙信号成像远远比电压信号光成像普及。但钙信号的生物过程速度较慢，往往不能分辨单个动作电位，而电压敏感染料时间分辨率很高，但信号弱。

另外，不用染料也可以间接观察神经活动。由于神经电活动需要消耗大量氧气，脑组织的血供流量与其中神经细胞的活动程度有密切的关系。脑组织中血液的颜色（氧饱和度）就可以用来间接地测量神经细胞的活动情况。这种不用染料的光学成像方法又称内源性光学信号成像（intrinsic optical imaging），20 世纪 80 年代中由格林沃德等（A. Grinvald）提出（Grinvald et al，1986）。此方法可以推延到红外光波长，红外光可以穿透皮肤和头骨，因此内源光信号可以直接在清醒的人脑上进行，是其他光学成像方法无可比拟的优点。

综上所述，目前用光学方法记录神经电活动可以分为三类。第一类是利用电压敏感染料把神经电活动转变为光信号；第二类是利用脑组织的"内源光信号"进行成像，即神经活动时产生的血流量的变化指示神经活动；第三类是用钙敏感染料显示与电活动有关的细胞内钙含量的变化。三类方法相比，使用电压敏感染料的时间-空间分辨率最高，可直接记录神经细胞的动作电位，但信号小，成像方法复杂，需要如开颅这类高度入侵式成像，而且染料存在一定的毒性。内源光信号成像的特点是不用有机染料或分子遗传技术，这样就可以直接对高等灵长类甚至人类进行光学记录；缺点是时间-空间分辨率很低，记录到的不是直接的神经信号而是间接的与神经活动有关的代谢信号。钙敏感染料成

像方法处于两者中间，方法相对简单而空间分辨率高，用遗传或病毒可在不同细胞中特异性表达钙敏感指示蛋白。以下介绍这三类光学成像法的应用。

一、电压敏感染料

把神经电活动变为光信号的关键环节是电压敏感染料。这种染料可溶解在细胞外溶液中，然后通过其分子中的亲脂部分结合在神经细胞膜上。染料与膜结合实际上是其溶解在双层质膜的液晶层内。染料一旦与膜结合就不容易再返回亲水相而在细胞外溶液中被洗去，也不会通过脂膜进入细胞。染料的分子中存在着隔离双烯（大 π 键）的电子云结构。这种电子云结构可与可见波长的光子相互作用，吸收一定波长的光子，使染料呈现一种颜色；或者吸收短波光子，放出长波长光子，使之呈现荧光。

神经细胞的双层脂膜的厚度只有 4 μm 左右，一个动作电位造成的跨膜电位变化约 100 mV。这 100 mV 的电位变化在这么薄的细胞膜两侧形成一个巨大的变化电场，强度达到 40 万伏特 / 厘米。这样强的电场足以影响染料分子与光子的相互作用，使其吸收或荧光的波长发生改变。换句话说，膜电位的变化可使染料的颜色发生改变。同时，只有结合在神经细胞外溶液中的染料分子才能受到动作电位的影响，改变其颜色或荧光，而在非兴奋膜和细胞外溶液中的染料分子却对光的波长变化无贡献。因之所测到的光信号直接反映了跨膜电位的变化。

图 1-4-5A 为几种常用小分子电压敏感染料的分子结构。耶鲁的科恩实验室自 20 世纪 70 年代起筛选了 5000 多种染料，最后选出几种最好的，标准是低毒性、信号强、容易染色和化学性质稳定。格林沃德（A. Grinvald）后来合成了几种十分优秀的染料（Grinvald et al，1986；Shoham et al，1999）。目前已被广泛应用。有机小分子电压敏感染料在浓度高时可能与离子通道相作用，使被染的细胞轻度去极化而改变神经细胞的兴奋性。由于这种原因，需尽量使用较低浓度的染料以降低染料的药理作用。常用小分子电压敏感染料共同的最大缺点是信号太弱，信号只是照明光的强度的万分之几到千分之几（图 1-4-5B）。要从这样弱的强度变化中提取信号正是这一技术的复杂之处，也是限制其方法普及的主要障碍。

近 15 年来另一个热点是基于蛋白大分子"荧光共振能量转移"（fluorescence resonance energy transfer,

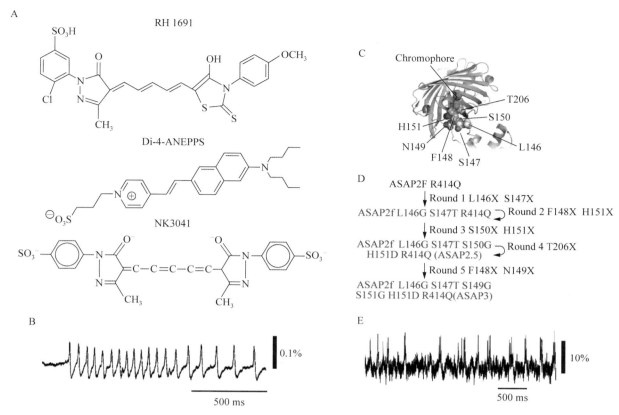

图 1-4-5　电压敏感染料

A. 三种有机分子染料的结构；B. 利用染料 NK3041 的光学记录到的神经峰电位；C. Chenigenenetic 电压敏感染料，由有机小分子染料和大分子蛋白 host 之间的能量转换改变荧光强度；D. 通过随机突变选出效果最好的蛋白 host 示意图。从每轮的大量突变种类里选出效率最高的突变分子进入下一轮繁殖选择，经过 5 轮突变－选择最终得到满意的电压－亮度转换系数；E. 在小鼠视觉皮质中光记录到的神经元峰电位。注意图 E 的标尺是 10%，即动作电位产生的膜电压变化引起大约 10% 的荧光亮度变化。对比图 B 中的标尺，动作电位引起的亮度变化只有 0.1%。但实际效果中 B 的信号质量好于 E，说明光学记录的效果不单单取决于信号的大小，还取决于光子流本身噪声的影响。对信号噪声的讨论见本章第四节

FRET）的电压敏感染料。膜电场变化可以改变蛋白分子的构像，使产生荧光的电子云与附近其他电子云出现能量转移，造成受体荧光频带突然变亮而供体荧光频带突然变暗的现象。理论上这种技术有潜力使光信号提高百倍至万倍以上，并可利用分子遗传学方法在特定的细胞中表达"探针"（发光的蛋白分子）。这种可以利用分子遗传学表达的电压敏感蛋白探针又叫"genetically encoded voltage indicators"（GEVI），信号比较强而且又能专门用于研究皮质中某一类细胞，因此是目前应用的主流。

最近（2019 年）霍华德－休斯医学研究所 Schrelter 小组开发的一种称作"Chemigenetic"的电压敏感指示剂，结合了小分子染料与可遗传标记的蛋白分子（Abdelfattah et al，2019）。通过这种结合达到可遗传携带和 FRET 发光两个优点（图 1-4-5C）。

GEVI 的开发可以利用生物进化的方法，即让蛋白染料同时在几亿个培养细胞上表达，并传代和随机突变。然后从多种遗传突变中选出更

亮，信号更强的杰出的品种进行扩增。这样开发的效率远远胜于人工十年挑选几千个的速度。以"Chemigenetic"为例，Schrelter 小组从较慢的 ASAP2f 出发，经过 5 轮进化选择，使反应时间降低到毫秒级，能够跟上动作电位的新品种 ASAP3（图 1-4-5D）。这种染料可以由病毒导入皮质，表达在需要研究的神经细胞上，信号非常大（图 1-4-5E），几乎可以用双光子显微镜进行记录（Vilette et al，2019）。

自然进化选择方法已经广泛用于各种荧光蛋白的开发，也有自动化的筛选仪器，利用快速繁殖的细菌来表达的荧光蛋白，进行多代进化筛选。

二、电压敏感染料信号记录原理和仪器

电压敏感染料的信号的幅度用 dF/F 来表达，其中 F 是静息时的光强度，dF 是神经活动引起的光

信号改变。一般有机电压敏感染料的 dF 只能达到 F 的 1% 甚至 0.1%，同时动作电位又是极快的信号（~ 1 毫秒），因此要求成像仪器有非常快的成像速度（~ 1000 幅 / 秒），同时又有非常大的动态范围来看清 0.1%（即 1000 级灰度）的亮度差别。普通照相机的成像速度在 10 ~ 100 幅每秒，能识别的亮度差别（灰度）只有 100 级，完全不能作为电压敏感染料的探测器。相比之下，钙离子信号的 dF/F 可达到 300%，持续时间在 0.1 ~ 2 秒。这样的信号肉眼可见，也可以用普通的视频相机进行成像。用电压敏感染料记录神经细胞动作电位的仪器还需要有足够的光通量。在采样速度 1000 幅每秒时要能看清 dF/F = 1%，就要求光通量达到每毫秒每像素一百万个光子。这是因为光子流中的统计噪声（shot noise）是光子流量的平方根，即当每个像素每个采样点有百万个光子时，噪声为 1000 个光子，或 0.1%，是信号 1% 的 1/10（即信噪比达到 10）。这样高的光通量是双光子显微镜和共聚焦显微镜难以达到的。而专用仪器光电二极管阵列可以满足几千幅每秒的成像速度，看清百万个灰度等级以满足记录 dF/F = 10^{-4} 这样的弱信号。但其缺点是结构复杂，每个像素需要一个独立的放大器，因此空间分辨率很低，只能有几百个像素（Huang et al，2010）。近年来 GEVI 可以达到 dF/F = 10% 以上，利用专用相机进行记录成为可能。专用相机也发展很快，目前的 sCMOS 相机已经能达到每秒上千幅成像速度和测量 dF/F 1% 左右的信号（Abdelfattah et al，2019）。

三、用内源性光信号记录神经活动

内源性光信号不用电压敏感或钙指示剂，直接观察神经活动产生的光信号。其基本原理如下：当大脑皮质某一局部区域有许多神经元活动时，神经元的耗能增加并产生较多的二氧化碳，二氧化碳可使局部的毛细血管扩张，从而使脑组织中的血流量增加。血流量的增加使脑组织"变红"（就像面部组织充血使脸色变红一样），产生可以检测的光信号。脑组织颜色的变化（即吸收波长的改变）是一复杂的动态过程。由于毛细血管网的一侧是动脉，另一侧是静脉，毛细血管中血流量增加时血管中动脉血（鲜红）的成分增加。在神经元刚一开始活动时（以初级视皮质为例，当眼睛刚看到物体时），神经元的耗氧量已经增加但血管网还未扩张。

这时局部脑组织中毛细血管血氧含量下降，静脉血（暗红）含量上升。之后神经元产生的二氧化碳使血管扩张、血流增加并且动脉血的成分增加。这两个过程在点达到平衡，之后由于血管扩张，局部区域中动脉血成分继续升高直到饱和，这样从视觉刺激开始到光学信号最大（饱和）大约需要 2 秒钟。在具体测量时，用一单色光（例如 530 nm）照明皮质，即可使颜色的变化转换到光强度变化。在实验动物的视觉皮质外颅骨开窗，用绿光照明皮质，并用一电视照相机或 CCD 摄取图像。在动物眼前放一电脑荧屏以提供视觉刺激。当视觉刺激是移动的条形图案时，视觉皮质上某些区域中神经元的活动增加。对于某一种活动方向敏感的神经元聚集在一处，称为方位柱（Orientation Column）。方位柱的分布情况可以用光学方法测量。若用各种方向的条形图像进行刺激并把不同方向的方位柱用彩色表示，复合到一张图上，就可见到视皮质功能柱的结构是十分有规律的（Bonhoeffer and Grinvald，1991）。

四、利用光学成像研究神经系统电活动实例

（一）用电压敏感染料测量多个神经元的动作电位

利用光学记录方法可以同时观察记录视野内多个神经元的电活动。在无脊椎动物的神经结中约有几千个神经细胞，可以利用电压敏感染料技术同时记录近百个神经元的动作电位（图 1-4-6A）。经典的神经生物学研究标本海兔（Aplysia）的缩鳃反射（Gill withdrawal reflex）是研究简单学习行为的早期模型系统。海兔的腹神经节有大约 2000 个神经元。用电压敏感染料染色后可以同时记录其中上百个神经元的放电情况。一般认为产生和控制缩鳃反射的神经元通路是由感觉神经元，运动神经元和少数中间神经元组成的简单线路。但是成像实验中发现，当缩鳃行为发生时，几百个神经元都在发放信号，提示即使一个很简单的行为也需要很多神经元的协同作用（Wu et al，1994）。在对另一种无脊椎动物蚂蟥（Leech）行为控制的研究中，光学成像也揭示重要洞见。当蚂蟥受到刺激时，它可以出现游泳或爬行两种不同的规避性行为。由于蚂蟥的神经节中有 300 个左右的细胞，用常规微电极纪录的方法无法找出产生决策（游泳或爬行）的神经通路。近

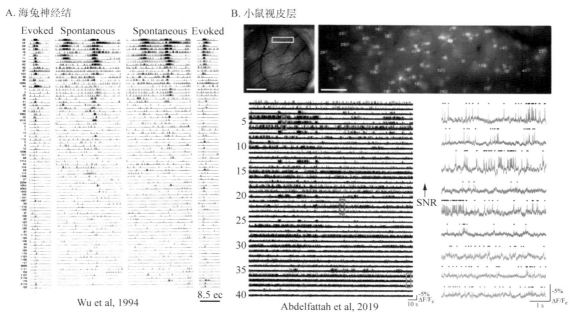

A. 海兔神经结　　　　　　　　　　　B. 小鼠视皮层

图 1-4-6　用电压敏感染料测量多个神经元的动作电位

（左图来自 Wu JY，Cohen LB，and Falk CX. Neuronal activity during different behaviors in Aplysia：a distributed organization？ *Science*，1994，263：820-823. 中图来自 Abdelfattah AS，Kawashima T，Singh A，et al. Bright and photostable chemigenetic indicators for extended in vivo voltage imaging. *Science*，2019，365（6454）：699-704.）

年发展起来的 FRET 电压敏感染料具有很高的灵敏度。用 FRET 和光学成像研究后发现，游泳或爬行两种行为的决策最先产生于一个神经元（Briggman et al，2005）。尽管如此，小分子有机电压敏感材料的信号太弱，大约只有 dF/F = 10^{-3}，因此必须使用光电二极管阵列这样的特殊仪器。利用分子遗传学方法可以让这种染料蛋白只在少数神经元上表达，形成类似于高尔基染色法的稀疏标记。这样可以大大减少杂散光干扰，达到同时记录几百个大脑皮质神经元的动作电位（图 1-4-6B）。图 1-4-6B 为利用 Voltron 方法在小鼠视皮质中记录的多个神经元动作电位。Voltron 就是利用结合了小分子电压敏感染料和可遗传标记的蛋白分子的方法来产生与膜电位有关的荧光强度。其优点是只在少数神经元上表达，形成类似于高尔基染色法的稀疏标记（图 1-4-6B 右上）。稀疏标记可以大大减少杂散光的干扰，使 dF/F 达到 10% 左右。

（二）用电压敏感染料测量单个神经元不同部位的电位波形

单个神经元不同结构如胞体、轴突和树突等处在一个动作电位出现时幅度和波形很可能不同，比如动作电位可能在树突的远端消失；或从树突的某一分支上产生却不扩布到整个神经细胞上。这种局部信息处理在许多神经结构中参与学习和感知过程，难以用微电极方法研究。光学记录方法提供了同时记录一个神经元不同分支电活动的有力工具。方法是把电压敏感染料注入一个神经元，或用遗传方法只在一个神经细胞上表达 GEVI，就可同时记录多个区域的电位波形（Zecevic，1996），对研究单个神经元上的突触整合过程提供很多信息（图 1-4-7）。

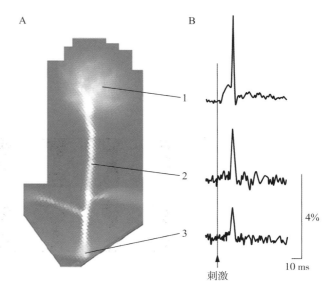

图 1-4-7　用电压敏感染料记录一个神经元上多个部位的电活动

A. 为脑片中一个神经元的照片，其荧光为胞内注射的电压敏感染料所产生；B. 为神经元上三个不同部位的电位波形。此图由耶鲁大学 Zecevic 博士赠送

（三）用电压敏感染料记录神经群体活动—兴奋波

脑电和各种频率的振荡是最常见的群体活动例子。在群体活动中只有少数神经元出现动作电位，而其他大部分神经元的膜电位只出现几毫伏的阈下活动。用光学成像方法可以研究各种振荡在神经组织中的空间结构。比如在振荡中不同的周波看起来是很相似的（图1-4-8中的R和S），但用光敏感染料成像的方法看到的波形在空间分布却有很大不同。如图1-4-8所示，在周波R出现时，其空间分布是平面波形，兴奋由视野的一侧扩布到另一侧；而在另一个周波S出现时，空间分布是螺旋波，以一个点为中心旋转，与台风的波形类似（Huang et al，2004）。大脑皮质中神经元之间的联系是非常广泛的。神经解剖学发现每一立方毫米中轴突接起来竟有几十公里长，构成一个复杂的神经网络。兴奋波在这一网络上的扩布也是动态的，如图1-4-8所示，有时是平面波，有时是螺旋波。也许在任一瞬间，在这一相对固定的神经网路中形成对某一事件处理的特异信息流。在对不同的外界事件处理中，脑皮质中信息波的流向和流速可以不同。这种动态的非特异通路的假设能更好地解释脑皮质的复杂性和可塑性。螺旋波在大鼠慢波睡眠时相中频繁出现（Huang et al，2010），提示新皮质网络的活动在某些状态下可能服从流体力学的规律。

（四）用钙敏感染料测量单个神经元的电活动

当脑皮质的神经细胞被钙敏感染料染色后，每一个动作电位都对应一个细胞内钙浓度突变（Mao et al，2001）。这样就可以用钙染料来记录神经元的电活动（图1-4-9）。与电压敏感染料相比，钙敏感染料的信号强得多，因此可以做到同时测量许多神经元的单个动作电位。但是钙敏感染料需要进入细胞并达到一定浓度后才有效果。这对成年动物的脑组织的染色有困难。最近发展的一种方法是将染料直接注入脑皮质中，这样可以染到直径约300 μm的范围内的许多神经元。这样就可用双光子显微技术观察在体大脑皮质神经元的电活动。用此方法发现大鼠的视皮质中并无功能柱结构，对不同视觉方向敏感的神经元是混合在一起的。而用同样的方法观察猫的初级视皮质，则发现对相同视觉方向敏感的神经元聚集在一起，形成明显的功能柱（Bosking et al，2002）。

从以上应用实例中可见，光学成像方法探测神经元电活动已经是较成熟的研究技术，弥补了传统电生理方法的不足。与其他成像方法如核磁成像（functional magnetic resonance imaging，FMRI）相比，光成像有明显的优缺点。其最大的缺点是它是一种损伤性测量法，而FMRI是非创性的，可以用于研究人脑。但光成像的时间和空间分辨率远比FMRI高，且电压敏感染料可以对神经系统电活动进行更直接的分析。

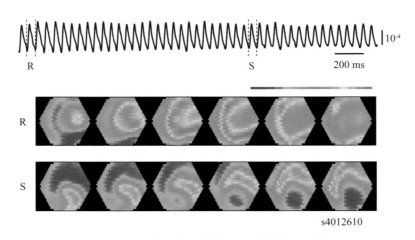

图1-4-8　由电压敏感染料记录到的神经兴奋波
图上方的波形是由一个光电二极管记录到的一串振荡。下方的假彩色图像是由所有464个光电二极管上的波形合成，以暖色（红-黄）代表波峰，冷色（绿-蓝）代表波谷。图中的图像为振荡中的两周（R和S）。周波R的空间分布为平面波，从一点开始扩布到四周。周波S为螺旋波，绕着一个中心旋转。每两图像间的时间间隔为5 ms，六角形的记录区直径约3 ms（改自Huang X，Troy WC，Yang Q，et al. Spiral waves in disinhibited mammalian neocortex. *J Neurosci*，2004，24：9897-9902.）

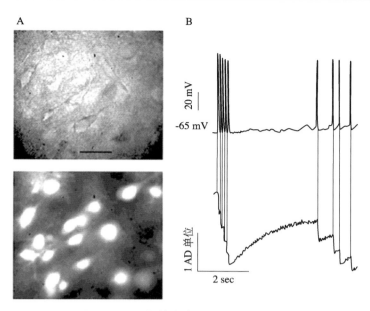

图 1-4-9　用钙敏感染料记录神经峰电位

A. 上为脑片的普通光照片；下为钙敏感染料（FURA）的荧光照片，可见许多被染色后的神经元。**B**. 上为其中一个神经元的电活动，由微电极记录；下为用光电二极管阵列记录到的光信号，可见每个动作电位对应一个钙信号（引自 Mao BQ，Hamzei-Sichani F，Aronov D，et al. Dynamics of spontaneous activity in neocortical slices. *Neuron*，2001，32：883-898.）

第三节　控制生物活性分子释放和神经元电活动的光学方法

光学显微技术的发展使我们能够越来越详细地观察到神经元结构、电活动以及与动物行为之间的关联。但理解大脑的工作机理不仅需要仔细观察，还需要精确地改变神经元的活动并与相应的动物行为联系起来。虽然我们可以利用直接电刺激或神经递质信号通路中的激动剂和阻断剂来增加或降低神经元的电活动，但这些方法在时间及空间的准确控制上（尤其在体内的情况下应用）存在着很大的局限性。近年来，结合化学合成与分子生物学技术，用光学方法来控制生物活性分子释放和神经元电活动逐渐发展起来。这些光学方法使我们开始能够在时间及空间上准确控制神经系统细胞和分子的活动，从而更好地理解神经系统活动与行为之间的因果关联。以下我们将介绍这些新发展的光控分子释放控制神经电活动的方法。

在过去的二十多年中，很多神经递质及信号传导分子的螯合剂得到了发展。这些螯合剂可结合谷氨酸、三磷酸腺苷 ATP 及自由钙离子等形成螯合物，并使螯合物处于非活性状态。但一经瞬时光照，有生物活性的被螯合物（如谷氨酸）可即刻被释放。利用这种特性，用光学显微技术可做到定时、定点地释放生物活性分子（Shoham et al，2005；

Wang and Augustine，1995）。近年来这种光控分子释放技术（uncaging）被广泛用于研究谷氨酸及自由钙离子对体外神经细胞结构与功能的影响。在体内实验中，因为几乎所有的神经元都有谷氨酸和 ATP 受体，为了用光释放螯合物来准确地控制神经元活动，Gero Miesenbock 实验组在果蝇特定的神经元（控制逃跑反射）异位表达了来自大鼠的 ATP 受体 P2X2。注射被螯合的 ATP 进入果蝇之后对果蝇进行光照，那些表达 P2X2 的神经细胞就会被 ATP 激活而放电，并引起与这些细胞功能相对应的行为（上下跳动及迅速扇动翅膀；Lima and Miesenbock，2005）。目前，光控分子释放成为了研究和改变神经细胞结构与功能的一种重要方法。但应用到哺乳动物的大脑研究时，其特异性和准确性仍需提高。

除了用光释放螯合物来间接激活神经元外，近几年的研究发现可直接用光来控制一种 Channel rhodopsin-2（ChR2）的通道蛋白质并导致神经元放电。ChR2 是来自一种名叫 *Chlamydomonas reinhardtii* 的绿藻的光控七次跨膜通道蛋白质。它在基于维生素 A 的辅基帮助及特定波长光的光照下，通道可迅速打开，随之大量非选择性的正电荷离子会内流。Karl Deisseroth 实验组发现，表达 ChR2 通道蛋白质的神经元在 488 纳米波长光的光照下，可以在毫秒范围内导致神经元去极化并产生动作电位（Boyden et al，2005）。Karl Deisseroth 及 Ed Boyden 实验组分别报道了一种来自高盐地带名为 *Natronomas pharaonnis* 细菌的光控氯离子泵 NpHR。NpHR 在黄光的刺激下，会将细胞外的氯离子大量泵入胞内，导致神经元超极化（Han and Boyden，2007；Zhang et al，2007）。由于 ChR2 和 NpHR 两种分子可以使用不同波长的光分别激活，所以可以将它们同时表达在同一个（组）神经元中，用不同波长的光来增加或降低神经元的电活动。ChR2 和 NpHR 两种分子的发现，让我们开始有了既可激活又可失活神经元的光控开关。冯国平实验组成功地构造了在大脑表达 ChR2 的转基因鼠（Arenkiel et al，2007）。在这种转 ChR2 基因鼠中，人们可以选择性地用光激活大脑内某个特定区域的神经元，并在其他的相关区域内检测神经元兴奋性的变化。ChR2 和其转基因鼠的出现使得我们在活体研究大脑复杂神经回路的连接与功能有了强有力的工具。随着分子生物学及工程学的发展，我们现在可以用光选择性地在大脑内激活或失活某一类或某一群神经元，并同时用光学显微技术来研究它们引起的功能变化。

第四节　光学成像方法中的信号、噪声与光毒性

由于光信号，特别是荧光信号很弱，在进行光成像实验时，我们需要尽量减少噪声。噪声主要有三类：暗噪声、光散粒噪声和机械-光噪声。在进行不同的实验和使用不同的装置时，主要影响信号 / 噪声比的只是这三类噪声之一。因为总噪声之平方等于三种噪声的平方之和，因此，如果三种噪声中的一种的幅度是其他的 3.3 倍，它的影响就会比其他两类大 10 倍左右，故其他噪声可忽略不计。在讨论噪声时只考虑噪声的绝对幅度是没有实际意义的，而用信号噪声比来衡量信号质量。例如，有一个强信号的幅度 dF/F $= 10^{-1}$，总噪声幅度是 10^{-2}，则信噪比为 10。而另一个弱信号的 dF/F $= 10^{-4}$，而噪声幅度是 10^{-6}，其信噪比则为 100。此外，后者信号虽小，但因为噪声更小，故信号质量超过前者的信号强噪声亦强的情况。

（一）暗噪声

又称系统噪声或仪器噪声（instrument noise），指在没有光照时，从成像系统输出的噪声。电子元件中有热扰动造成的暗噪声。制冷可以使暗噪声降低，目前可以做到大约只有几个光子 / 秒。而常温中工作的仪器暗噪声要高得多，如二级管阵列的暗噪可达几千至几万光电子 / 秒的水平。

（二）散粒光噪声（shot noise）

散粒噪声是光子流的理论涨落噪声。它的值是不随记录技术和标本而改变的，只与光强度有关。散粒噪声的强度是照明之平方根。若照明强度是 100 万光子 / 毫秒，散粒噪声即为 1000 光子 / 毫秒。此时噪声达到光强的 0.1%，因此最弱的可见信号也是 0.1%，即照明光的 1/1000。因此要看到更弱小的信号（$10^{-4} \sim 10^{-5}$），只能让散粒噪声低于信号，这时唯一的办法是提高照明光强度。只有在照明强度为一亿光子 / 毫秒以上时，才有可能看到 10^{-5} 的信号。散粒噪声是一种白噪声，意即在不同的频率上分布的噪声功率相同。在记录快信号时，散粒噪声的影响比记录同一幅度较慢的信号影响要大。在处理数据时，可进行数学滤波以去除信号主要分布之外的频带以增加信噪比。对白噪声与频率的关系及信号的功率-频率谱，请参考有关的电子工程学书籍。

（三）光毒性

光学成像中光毒性（photo-toxicity）和光漂白（photo-bleach）是限制记录时间的主要因素。光毒性是由于染料分子受到光照时产生的自由基损伤细胞膜和蛋白分子等造成的。照明光越强，光毒性也越高，可记录时间就越短。此外，染料在成像中还会被漂白，使光信号减弱。其机理与有色的衣服被阳光漂白类似，是染料分子直接被光子裂解的结果。

所有的荧光分子都有光毒性和光漂白现象，但其程度因不同荧光分子而异。由于光毒性和漂白的影响，电压敏感染料光学记录很少可以做连续记录，一般都是每隔几分钟做一个几秒的记录。因为

细胞内具有对抗光毒性损害的能力，这类间歇式的记录可以大大减少光记录造成的损害。在进行间歇式的记录时，光漂白对总记录时间的限制往往超过光毒性损害的限制，在用脑片的实验中，一个脑片标本可接受总量约 30 分钟的照射。如果分成每次10 秒的间断记录，则一个标本可在 4 ~ 5 小时内进行 180 次记录。这对于一般电生理和药理记录实验已是足够了。普遍使用的绿色荧光蛋白及其衍生蛋白光毒性低且不易被光漂白，可用来对神经元的结构作长期观察。

第五节　受激拉曼散射显微成像技术

受激拉曼散射（stimulated Raman scattering，SRS）成像技术是一种无须标记物的光学成像技术。本章前述的荧光成像技术在成像前都需要对观察标本进行标记，即用化学染料或分子遗传技术使荧光蛋白预先与被观察标本结合。而 SRS 技术由于不需要标记，可以避免标记物毒性和复杂遗传技术的限制，直接在人或其他不易标记的标本上应用。

光的散射是一种常见的自然现象，比如天空的蓝色就是阳光被空气分子散射造成的。这种散射被称为瑞利散射（Rayleigh scattering）。在瑞利散射过程中，散射光的波长与入射光波长相同，仅仅是方向发生了变化，故又可以称作弹性散射。而相对的，在非弹性散射中，散射光的波长、方向相较于入射光均会产生变化，这其中就以拉曼散射（Raman scattering）为代表。

从量子力学的角度来看，散射是由光子和分子能级的互动造成的。分子在没有光照时处于基态，受到光照时会吸收光子达到高能量状态，之后释放出散射光子回到基态或基态附近的振荡态（图1-4-10A）。按此解释，瑞利散射是指分子从高能态返回基态，因此吸收和释放的光子能量相同；而拉曼散射时分子释放出能量较低的光子，剩余的能量使分子在基态附近振荡，因此散射光的波长比入射波长更长。图 1-4-10A 为这两种散射时分子能级跳动的情况。由于拉曼散射光子的波长是由分子振荡态的能量决定，根据不同分子给出的不同拉曼散射波长就可辨识标本中不同的分子组分。

由于散射光中主要能量集中在波长不变的瑞利散射，而波长改变的拉曼散射光只占其中很小的一部分，这使拉曼散射成像非常困难。2008 年，谢晓亮小组发明了受激拉曼散射显微技术，实现了利用拉曼散射对生物标本进行无标记物成像。利用这种显微技术可以直接分辨细胞中脂肪或蛋白等物质的组分（Freudiger et al，2008）。

此显微技术的原理见图 1-4-10B。这项技术使两束激光的光子在短时间内同时击中显微镜中被观察标本的分子。当两束激光光子的能量差正好等于拉曼振动态的能量时，就会出现 SRS 效应。由于不同的分子拉曼振动态能量不同，仔细调整其中一束激光的波长，就会只对标本的一种分子产生 SRS 效应，使其变得明亮，而其他没有受到 SRS 效应的分子就构成暗的背景。因此，调整激发激光的波长就可以从物理学上“标记”不同的分子，无须再使用化学染料或分子遗传技术的荧光蛋白标记。图 1-4-10C 为用激光波长标记脑组织中脂类分子产生的图像。

2010 年谢晓亮组对 SRS 显微技术进行了改进，使检测的灵敏度提高了 10 倍以上（Saar et al，2010）。此改进是在成像物镜前使用了一个圆盘状的检测器来收集散射光子（图 1-4-10D）。由于分子发出的散射光飞向四面八方，若使用成像物镜从上方来原路收集光子，损失可高达 90% 以上。而物镜前的圆盘检测器直径可达 10 mm，这让光子收集的角度几乎达到 180°，远远超过镜头的集光能力。而提高集光能力就可以等比例缩短成像时间，因此这一改进使 SRS 的成像速率由原来的每秒一帧提高到每秒 30 帧，使检测动态生物过程成为可能。

读者可能会疑惑：用一个大圆盘检测是否能保证成像的空间分辨率？答案是完全能保证。因为在成像的每一时刻，检测器只测量图像中一个像素的散射光强度。图像的分辨率由像素的大小决定，而像素的大小是由双光子激发系统和物镜决定的，与检测器的大小无关。圆盘检测器看似简单，实际上想法非常聪明且实用有效。此方法也可以推广到其他双光子显微镜上，用于解决双光子显微技术中光子数量不足的普遍问题。

近年来光学显微成像技术（尤其是荧光显微成像）形成了一个覆盖广阔且飞速发展的领域，

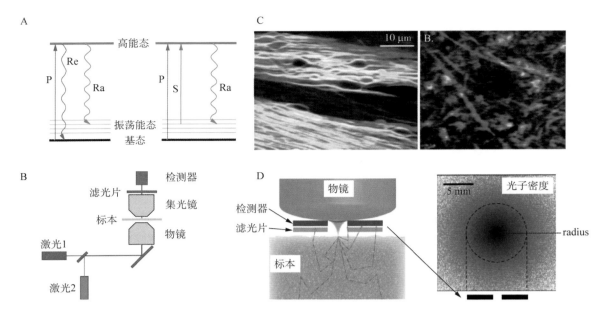

图 1-4-10　受激拉曼显微成像技术

A. 分子吸收入射光子 P，从基态跃迁到高能态。大部分电子从高能态直接返回基态，产生瑞利散射（Re），少部分返回振荡能态，产生拉曼散射（Ra）。当用另一个光子（S）照射时，若其能量恰好等于高能态和振荡态间的能量差，就可以产生受激发射，增加散射光的强度。**B**. 受激拉曼散射显微装置。激光 2 提供激发光子，其波长可以调整，以标记样品中某种分子。**C**. 鼠类脑组织的受激拉曼图像，左为神经纤维，黄色为受激的脂类共价键。右为深层脑组织中神经元的图像。**D**. 用圆盘检测器提高集光能力。圆盘检测器置于物镜和标本之间，可以尽量多地采集散射光子（橙色折线）。成像的像素尺寸由物镜和激光决定（橙色锥形），故圆盘的大小不影响分辨率。检测器前需要用滤光片去除瑞利散射的光子。右边的绿色点为圆盘检测器周围的光子密度（改自 Freudiger CW，Min W，Saar BG，et al. Label-free biomedical imaging with high sensitivity by stimulated Raman scattering microscopy. *Science*，2008，322（5909）：1857-1861. Saar BG，Freudiger CW，Reichman J，et al. Video-rate molecular imaging in vivo with stimulated Raman scattering. *Science*，2010，330（6009）：1368-1370.）

运用光学显微技术来认识大脑已经扩展到细胞及分子神经生物学的所有分支。众多的荧光染料及荧光探针可用来标记及检测活体组织、细胞或分子的动态变化。与此同时，激光共聚焦扫描显微镜和双光子显微镜等成像技术的发展让我们可以更加清楚地观察大脑内发生的细胞及分子动态事件。很多荧光显微技术如荧光共振能量转移检测技术（fluorescence resonance energy transfer，FRET）、全内角反射荧光显微镜（total internal reflection fluorescence system，TIRF）、荧光寿命成像技术（fluorescence lifetime imaging，FLIM）、荧光漂白后回复技术（fluorescence recovery after photobleaching assay，FRAP）、荧光关联谱分析（fluorescence correlation spectroscopy，FCS）、受激发射损耗显微技术（stimulated emission depletion，STED）、结构光照明超分辨率成像技术（structured illumination microscopy，SIM）等也不断发展并逐渐应用于神经生物学领域（Michalet et al，2003）。现代的光学显微成像技术已远远超越了一般意义上成像的简单概念。由于光学显微技术的特异性及敏感性，为我们对大脑的结构及功能的观察提供了前所未有的机会（Miesenbock and Kevrekidis，2005；Niell and Smith，2004）。随着新的探针、成像技术及数据分析的不断发展与完善，光学显微成像技术将在人们认识大脑的过程当中发挥越来越重要的作用。

参考文献

综述

1. Augustine G，Lichtman JW，and Smith SJ. Imaging：Optical Microscopy in the Biological Sciences. *Oxford University Press*，2001.
2. Cochilla AJ，Angleson JK，and Betz WJ. Monitoring secretory membrane with FM1-43 fluorescence. *Annu Rev Neurosci*，1999，22：1-10.
3. Conchello JA，and Lichtman JW. Optical sectioning microscopy. *Nat Methods*，2005，2：920-931.
4. Helmchen F，and Denk W. Deep tissue two-photon microscopy. *Nat Methods*，2005，2：932-940.
5. Honig MG，and Hume RI. Carbocyanine dyes. Novel markers for labelling neurons. *Trends Neurosci*，1989，12：336-338.
6. Lichtman JW，and Conchello JA. Fluorescence microscopy. *Nat Methods*，2005，2：910-919.
7. Miesenbock G，and Kevrekidis IG. Optical imaging and control of genetically designated neurons in functioning circuits. *Annu Rev Neurosci*，2005，28：533-563.

8. Murphy DB. Fundamentals of Light Microscopy and Digital Imaging. Wiley-Liss，New York，2001.

9. Michalet X，Kapanidis AN，Laurence T，et al. The power and prospects of fluorescence microscopies and spectroscopies. *Annu Rev Biophys Biomol Struct*，2003，32：161-182.

10. Niell CM，and Smith SJ. Live optical imaging of nervous system development. *Annu Rev Physiol*，2004，66：771-798.

原始文献

1. Arenkiel BR，Peca J，Davison IG，et al. In vivo light-induced activation of neural circuitry in transgenic mice expressing channelrhodopsin-2. *Neuron*，2007，54：205-218.

2. Bonhoeffer T，and Grinvald A. Iso-orientation domains in cat visual cortex are arranged in pinwheel-like patterns. *Nature*，1991，353：429-431.

3. Boyden ES，Zhang F，Bamberg E，et al. Millisecond-timescale，genetically targeted optical control of neural activity. *Nat Neurosci*，2005，8：1263-1268.

4. Briggman KL，Abarbanel HD，and Kristan WB Jr. Optical imaging of neuronal populations during decision-making. *Science*，2005，307：896-901.

5. Chalfie M，Tu Y，Euskirchen G，et al. Green fluorescent protein as a marker for gene expression. *Science*，1994，263：802-805.

6. Chen TW，Wardill TJ，Sun Y，et al. Ultrasensitive fluorescent proteins for imaging neuronal activity. *Nature*，2013，499（7458）：295-300.

7. Feng G，Mellor RH，Bernstein M，et al. Imaging neuronal subsets in transgenic mice expressing multiple spectral variants of GFP. *Neuron*，2000，28：41-51.

8. Gan WB，Grutzendler J，Wong WT，et al. Multicolor "DiOlistic" labeling of the nervous system using lipophilic dye combinations. *Neuron*，2000，27：219-225.

9. Gong H，Zeng S，Yan C，et al. Continuously tracing brain-wide long-distance axonal projections in mice at a one-micron voxel resolution. *NeuroImage*，2013，74：87-98.

10. Grinvald A，Lieke E，Frostig RD，et al. Functional architecture of cortex revealed by optical imaging of intrinsic signals. *Nature*，1986，324：361-364.

11. Grutzendler J，Kasthuri N，and Gan WB. Long-term dendritic spine stability in the adult cortex. *Nature*，2002，420：812-816.

12. Grynkiewicz G，Poenie M，and Tsien RY. A new generation of Ca^{2+} indicators with greatly improved fluorescence properties. *J Biol Chem*，1985，260：3440-3450.

13. Han X，and Boyden ES. Multiple-color optical activation，silencing，and desynchronization of neural activity，with single-spike temporal resolution. *PLoS ONE*，2007，2：e299.

14. Huang X，Xu W，Liang J，et al. Spiral wave dynamics in neocortex. *Neuron*，2010，68（5）：978-990.

15. Lima SQ，and Miesenbock G. Remote control of behavior through genetically targeted photostimulation of neurons. *Cell*，2005，121：141-152.

16. Mao BQ，Hamzei-Sichani F，Aronov D，et al. Dynamics of spontaneous activity in neocortical slices. *Neuron*，2001，32：883-898.

17. Meyer MP，and Smith SJ. Evidence from in vivo imaging that synaptogenesis guides the growth and branching of axonal arbors by two distinct mechanisms. *J Neurosci*，2006，26：3604-3614.

18. Nakai J，Ohkura M，Imoto K. A high signal-to-noise Ca（2＋）probe composed of a single green fluorescent protein. *Nature Biotechnology*，2001，19（2）：137-41.

19. Ross WN，Salzberg BM，Cohen LB，et al. Changes in absorption，fluorescence，dichroism，and Birefringence in stained giant axons：optical measurement of membrane potential. *J Membr Biol*，1977，33：141-183.

20. Shoham D，Glaser DE，Arieli A，et al. Imaging cortical dynamics at high spatial and temporal resolution with novel blue voltage-sensitive dyes. *Neuron*，1999，24：791-802.

第 5 章 电镜成像方法

毕国强　韩　华　陶长路

第一节　电子显微成像概述

一、电子显微成像与神经科学研究

电子显微成像技术（electron microscopy，EM，简称电镜），因其超高的分辨率，一直以来是人类认识微观世界的最主要技术手段之一。因为电子的波长极短（300 KV 加速电压下仅为 0.019Å），电镜的分辨能力远远高于光学显微镜，目前可高达 0.5Å。相比之下，常规光学显微的分辨率一般为百纳米量级，即使是突破了光学衍射极限的超高分辨荧光显微成像方法，其最高分辨率也只能达到几纳米。得益于其极高的分辨率，电镜技术在包括生命科学在内的众多学科的微观结构探测过程中一直发挥着至关重要的作用。诸多细胞及亚细胞结构，如内质网、核糖体、微管等结构的发现或最终鉴定，以及早期绝大部分微生物的鉴别，均依赖于电镜手段。在 19 世纪末期，Roman Cajal 改进 Golgi 染色法对神经元进行染色标记，并在其对脑组织形态的光学显微观察基础上提出神经元学说，开启了现代神经科学。但此后关于神经元学说和神经联接本质的辩论一直持续不休，直到 20 世纪 50 年代，人们应用电镜直接观察到神经元之间的突触连接的间隙，才为这一争论最终画上句号。近半个多世纪以来，不断创新的电镜成像技术在大脑神经突触结构与功能的分类、神经微环路的解析、神经突触传递机制的发现、突触蛋白分子的定位与分布等神经超微结构与功能研究中发挥了关键作用。

二、电子显微成像技术的发展简史

电镜按照其成像原理的不同，主要分为透射电子显微镜（transmission electron microscopy，TEM，简称透射电镜）和扫描电子显微镜（scanning electron microscopy，SEM，简称扫描电镜）。第一台透射电镜最早由德国物理学家 Ernst Ruska 和电子工程学家 Max Knoll 在 1933 年研制成功。随后在 1939 年，Ruska 在德国西门子公司制造出商用化的透射电镜，分辨率达到 10 nm。Ruska 由于在电子光学领域的开拓性贡献，因此获得了 1986 年诺贝尔物理学奖。另一方面，早在 1935 年，Max Knoll 在设计透射电镜的同时便提出了扫描电镜的原理和设计思路。1938 年，Manfred Von Ardenne 在透射电镜中加入扫描线圈制成了最早的扫描透射电子显微镜（scanning transmission electron microscope，STEM，简称扫描透射电镜），并描述了扫描电镜的结构。1953 年，第一台实用的扫描电镜在剑桥大学诞生，由 Charles Oatley 和他的学生 Dennis McMullan 制作而成。

自第一台电镜诞生后，近一个世纪来，电子

显微成像方法在样品制备技术和电镜性能等方面不断提升和突破。一方面，电镜样品制备技术得到了完善和多样化发展，基于化学固定（多聚甲醛、戊二醛的前固定和基于锇酸的后固定）和脱水包埋切片的制样方法一直沿用至今。随后发展出多种针对不同样本或特定功能的样本制备技术，如免疫电镜标记技术、冷冻断裂与复型技术、高压冷冻与冷冻置换技术等。另一方面，电镜技术在电子光源、样品台、电子探测器以及稳定性等方面不断优化与革新，与此同时，电镜三维重构理论以及相关算法的成熟，使得电镜技术迎来了新的时代。以冷冻电镜（cryo-electron microscopy，cryo-EM）为代表的高分辨、高保真技术正在向原子分辨和细胞原位生理状态下成像不断突破，以高通量扫描电镜成像为代表的体电子显微成像技术（volume electron microscopy，VEM）正在向小型模式动物的全脑乃至全身成像突破（陶长路等，2020）。

三、电子显微成像的基本原理

电镜与光学显微镜遵循类似的基本原理，从电子光源发射的电子束经过特定的加速电压后，被电磁透镜调制，形成高速的电子束，穿透样品时，通过跟样品中的原子核或电子发生相互作用，从而携带有样品的结构信息，最后通过物镜进行放大后被接收器接收，进而形成包含样品结构信息的图像。电子经过样品时，透过样品的电子可以被探测器接收后形成透射电子显微成像；一部分电子能够跟样品表面作用发生反射、产生二次电子等，接收这些电子则形成扫描电镜成像（图 1-5-1A）。透射电镜中，从电子光源发射的电子束经过高压加速（加速电压通常在 80～300 KV），进一步被聚光镜调整，电子束作用在样品上，透射电子形成的图像进一步被物镜和投影镜放大，最后被探测器接收。由于样品不同区域厚度、元素含量等差异，不同样品区域透射电子的数量以及电子的相位会存在差异，进而能够形成衬度图像（图 1-5-1B）。因此，透射电镜成像能够探知样品内部的细微物质结构。在扫描电镜中，电子枪发射的电子束经过低电压（加速电压通常在 0.2～30 KV）加速之后，经过聚光镜及物镜的会聚，将电子束缩小至直径为几纳米的电子探针，在扫描线圈作用下，电子探针在样品表面做光栅状扫描并激发多种电子信号。电子探针在与样品表面发生相互作用时，能够产生多种信号（如背散

射电子、二次电子、X 射线等），利用探测器同步采集这些信号，可以获得反映样品表面形貌或成分特征的扫描电子显微图像。因此，扫描电镜获得的图像衬度反映的是被测样品表面微区的特征差异（如形貌、原子序数、化学成分或晶体结构等）（图 1-5-1C）。

现代电子显微镜，主要由照明系统、成像系统、真空系统、样品台系统和探测器组成。

照明系统包括电子枪、高压器和多级聚光镜系统。其中核心部件为电子枪。按照材质，可分为热电子发射型电子枪（主要包括钨灯丝和六硼化镧灯丝）和场发射电子枪。一般高分辨率电镜均采用场发射电子枪，所发射电子束具有更好的时空相干性。

成像系统包括物镜、中间镜、投影镜以及光阑等。其中核心部件为物镜，电镜的分辨率主要取决于物镜。

真空系统包括各种真空泵，分为机械泵、扩散泵、分子泵、离子泵等。不同于光学成像，电子需

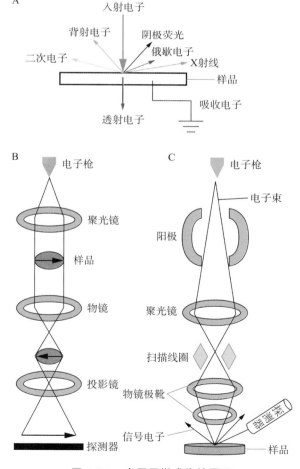

图 1-5-1　电子显微成像的原理

A. 电子与物质的相互作用；B. 透射电镜的基本构造与成像原理；C. 扫描电镜的基本构造与成像原理

要在高真空环境下工作，以避免电子与气体分子发生散射等问题影响电子成像。

样品台系统包括样品台和样品杆，样品台可实现样品的平移，同时需要能够实现样品沿 Z 轴倾转。样品杆，可分为常温和冷冻两种类型，一般样品杆只能放 1 ～ 2 个电镜载网。赛默飞世尔公司最新生产的 Titan Krios 型号冷冻透射电镜，其样品加载系统，可一次装载 12 个电镜载网。

探测器用于像的观察和记录，分为荧光屏、胶片和数字相机。荧光屏的成像范围大、反应速度快，用于像的实时观察。直到 2010 年前后，电镜成像数据的采集，尤其是高分辨成像的记录，主要利用胶片。数字相机主要包括 CCD 相机和最新发展的直接电子探测相机。目前，数字相机特别是直接电子探测相机，由于其极高的检测量子效率和数据采集速度，已经取代了胶片的使用。

第二节　常规电镜方法

一、传统透射电镜样品制备方法及应用

生物医学电镜技术的广泛应用很大程度上得益于制样技术的不断优化和多样化发展。由于上一节所提的电子显微成像的特殊性，生物样品的制备技术发展也主要围绕以下几方面：①电镜在真空环境下工作，样品不能含有液态水，而生物样品均含水量很高，需要对样品进行脱水或固化处理；②电子的穿透能力有限，通常只能穿透厚度在 500 nm 以下的样品，而生物样品普遍较厚，需要进行减薄处理；③电镜成像为衬度成像（contrast imaging），

生物样品主要由 C、H、O、N 等轻元素组成，衬度很弱，通常需要重金属染色来增强衬度，或进行标记来呈现特殊结构。半个多世纪以来，人们基于此发展出多种适用于不同研究对象和研究目的的电镜样品制备和成像技术（图 1-5-2）。以下将对主要样品制备方法及相应成像技术的原理及适用范围进行逐一介绍。

（一）基于化学固定、包埋和切片的电镜制样技术

早期生物电镜的样品制备主要采用基于化学固定的制样方法，这也是目前应用范围最为广泛的一

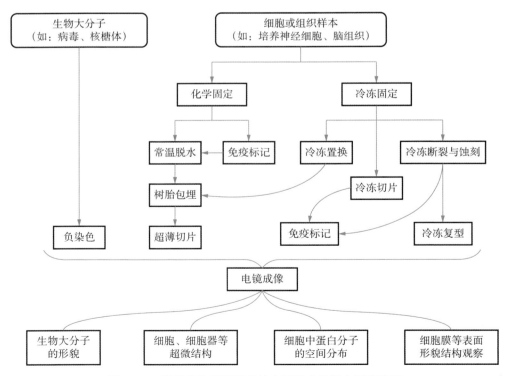

图 1-5-2　常规生物电镜技术的主要形式及基本实验流程

类方法。常规制样方法的基本流程包括取材、固定、脱水、渗透包埋、切片、后染色等（图 1-5-3A）。

1. 取材　在神经科学领域，样品通常为生物组织或培养细胞两类。组织样品取材时，为了尽可能保持组织样本生理状态下的细胞精细结构，通常需要做到"快、小、冷、准"四大基本要求。"快"，从生物体中裁剪下来的组织样本以最短时间放入固定液中，避免组织细胞缺氧及组织离体后细胞自溶等对结构的破坏；"小"，所取的组织块体积要尽量小，因为后续化学固定时，固定液的渗透能力较弱，为了保证样品内部的固定效果，组织块的大小通常不超过一个立方毫米；"冷"，所用固定液和操作工具等要预先冷藏，所有操作尽量在低温下进行，降低细胞内酶的活性，防止细胞自溶；"准"，

由于电镜成像视野较小，为保障每次实验成功率，取材部分要精准。而对于培养细胞，通常有消化离心法、刮除离心法、原位包埋法等取样方法。在神经科学中，通常为离体培养的原代神经元或胶质细胞，为了不破坏培养细胞直接的神经网络连接结构，通常采用原位包埋法，即将细胞连同培养基质（如盖玻片）一同固定，并作后续处理。

2. 固定　是将样品中的所有代谢过程完全停止并尽可能保持样本的原有状态。通常是利用醛类溶液将样本中的蛋白质、脂类固定。固定剂的主要作用是与蛋白质、脂质等生物大分子发生变性交联，进而维持其形态结构。常用的固定剂为戊二醛、多聚甲醛或二者混合液。

3. 后固定　醛类固定剂通常只能对蛋白质起到

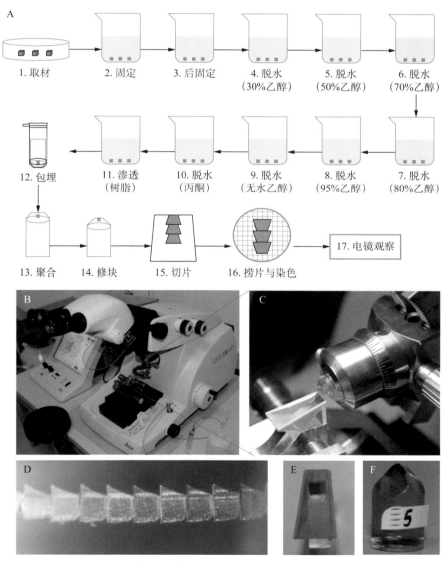

图 1-5-3　**基于化学固定、包埋和切片的电镜制样技术**

A. 基于化学固定的常规电镜样品制备的实验流程；**B**、**C**. 超薄切片机对树脂包埋样品的超薄切片；**D**. 连续切片条带；**E**. 用于超薄切片的玻璃刀；**F**. 修块后的样品树脂包埋块（图 **B** ～ **F** 由尹春英提供）

很好的固定效果，而对于磷脂类的膜结构，需要进一步利用四氧化锇（又称锇酸）等进行二次固定。由于锇酸为重金属，同时又可以充当染色剂，增加样品的衬度和导电性。为了防止锇酸与醛类以及之后的脱水溶液发生反应，后固定的前后均要使用缓冲溶液进行多次清洗。

4. 脱水   利用酒精或丙酮将样品中的水置换出来。为了防止脱水过快对结构的破坏，通常采用梯度酒精或丙酮多次脱水。

5. 树脂浸透和包埋   利用树脂包埋剂逐渐取代样品中的脱水剂，之后通过加热或紫外进行聚合，将组织或细胞固化在凝固的包埋剂中，从而得到包埋块。

6. 切片   将包埋块放到切片机上进行切片，通常切成厚度在 50 ~ 200 nm 的薄片，并将薄片捞到电镜的载网上。在正式切片之前，通常需要先用刀片对包埋块进行修剪成梯形，以使样品充分暴露，减少切片时间。为了能够在更大尺度，尤其是对厚样品进行三维结构解析，通常会将样品切片制备成连续的条带，将整个条带捞到电镜载网上。这样在后期的电镜成像中，可以开展对同一区域在不同 Z 轴厚度位置的成像，进而将这些图像在 Z 轴进行对齐、叠加重构，即可得到三维结构图像（图 1-5-3B ~ F）。

7. 染色   由于生物样品主要有 C、H、O、N 等轻元素组成，这些元素对电子的散射能力弱，为了增加样品成像衬度，通常需要对切片样品进行正染色，即利用重金属盐溶液进行染色。这些重金属离子会与细胞内的蛋白质和核酸等组分结合或富集。常用的染色剂主要是醋酸铀、柠檬酸铅和硝酸银等。

8. 成像   最后可以将样品放入透射电镜中进行成像。

基于化学固定、包埋和切片的电镜成像方法在经过半个多世纪的不断改良和完善后，适用于几乎所有的生物材料。该方法实验操作简单、成本较低，可推广性高，成为科研机构进行细胞超微结构观察研究、医院等单位进行病理超微诊断的最普遍的电镜方法。但这种方法也存在一定的缺陷，其每一步样品制备操作均会对样品的精细结构造成一定的影响。如化学固定会引起蛋白质变性交联，同时由于化学固定是一个相对缓慢的过程，固定过程中组织或细胞会发生应激反应，因而无法获得生理状态下样品结构；脱水过程会引起细胞结构塌陷、皱缩等，并会导致一部分细胞内蛋白等物质流失；树脂包埋包括树脂渗透和固化，在固化过程中树脂的收缩或膨胀会破坏样品结构；机械切片因受力会引起样品的皱缩；染色中利用重金属盐附着在蛋白质、核酸、磷脂膜等结构上，几乎不可避免地会引起或多或少的假象。因这一系列的制样过程对样品超微结构的损伤较为严重，导致利用透射电镜对生物样品的结构解析远远达不到电镜自身的分辨能力（图 1-5-4A ~ C）。

（二）基于高压冷冻与冷冻置换的样品制备技术

相比于传统基于化学固定对生物样品损伤较为严重的制样方法，快速冷冻制样法通过在极短的时间内（几十毫秒内）将样品的温度冷冻到 −180℃ 以下，使得样品中的水形成一种非晶体的玻璃态冰（vitreous ice），从而将样品近生理状态下的结构保存下来。快速冷冻制样法，根据具体冷冻的方式不同，可分为高压冷冻（high pressure freezing）和投入式冷冻（plunge-freezing）。关于投入式冷冻，我们将在下一节冷冻电镜部分进行介绍。高压冷冻是指在 200 MPa 以上的高压强下，利用冷冻剂对样品进行玻璃化冷冻固定。由于高压的作用使得水在冷冻时不容易结晶，因此高压冷冻样品的玻璃化冷冻厚度可达到 600 μm 左右，可普遍用于组织和厚细胞样品的冷冻固定。高压冷冻固定的样品通常较厚，无法直接用于电镜观察。

高压冷冻通常与冷冻置换（freezing substitution）相结合。冷冻置换过程中，高压冷冻固定的样品需要在低温下缓慢回温，并在回温的过程中利用有机溶剂将样品中的水分置换出来，随后利用树脂进行渗透，并在低温下进行聚合包埋。这些树脂包埋后的样品可以在常温下进行切片、染色和成像。高压冷冻与冷冻置换过程避免了化学固定对样品的影响，同时在低温下脱水也减少了样品成分的流失和结构的变化。因此，相对于基于化学固定的制样方法，这种方法极大地提升了样品超微结构的保存（图 1-5-4 D ~ F），是目前较为普遍的用于处理组织和厚细胞样品的方法。高压冷冻与冷冻置换设备较为昂贵，制样过程变得更长，通常对细胞或组织精细结构要求较高的研究可采用此类方法。另一方面，由于这种方法仍旧需要树脂包埋、切片和染色，对样品结构的影响在超微尺度上还是很明显的。

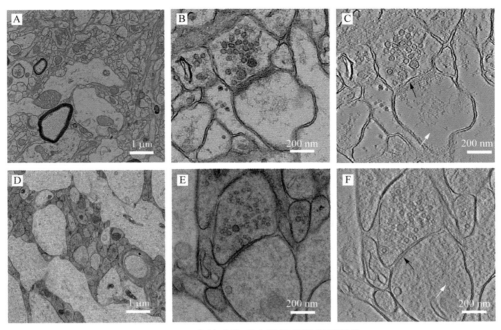

图 1-5-4 电镜成像观察脑组织的超微结构

A～C.基于利用化学固定、树脂包埋切片制样的小鼠海马组织的电镜成像。A.低倍电镜图；B.高倍成像展示单个突触的超微结构；C.同 B 图中同一区域，利用电子断层三维重构图像的截面图。D～F.基于高压冷冻-冷冻置换制样的小鼠海马组织的电镜成像。D.低倍电镜图；E.高倍成像展示单个突触的超微结构；F.同 E 图中同一区域，利用电子断层三维重构图像的截面图。由图中对比可知，高压冷冻-冷冻置换技术制备的样品中细胞膜更为光滑（黑色箭头所示），囊泡为规则圆形（圆圈所示），突触后树突棘中蛋白及细胞骨架分布更为均匀（白色箭头所示）（由孙戎提供）

（三）基于标记的电镜技术

电镜成像是衬度成像，因而图像为灰度图像，其亮暗反映了样品厚度及样品中元素对电子的散射程度。因此电镜图像缺乏特异性，通常只有磷脂膜和细胞器等比较规则的结构可以通过形态来进行辨认，而对于蛋白分子等特定结构均无法从图像中进行直接辨别。为了呈现出组织与细胞内的蛋白分布，或者在大视野下辨别特定细胞类型或种群，科学家们发展出了一系列基于特异性标记的电镜制样技术。其中应用最多的是在固定细胞或组织样品中的针对特定靶标进行分子结合或化学反应的电镜细胞化学技术（electron microscopic cytochemistry），主要包括免疫电镜技术、电镜酶细胞化学术、基因标记技术和一些其他的电镜制样技术（如特殊染色技术、放射自显影等）。

1. 免疫电镜技术 与免疫荧光染色类似，首先将抗体蛋白修饰连接上标记物（最常用为胶体金颗粒、铁蛋白等），再利用抗体来标记细胞中感兴趣的抗原蛋白。在电镜成像下，这些胶体金颗粒等标记物对电子的散射非常明显，因此能够直接在电镜图像中一一辨别，并根据他们的定位和数量估算特定蛋白分子的分布与丰度。20 世纪，对细胞或组织样品中的蛋白质分子识别和定位分析，主要依赖这种免疫电镜标记技术。针对不同的使用需求，主要发展出包埋前、包埋后标记，以及基于 Tokayasu 冷冻切片、冷冻断裂与蚀刻等制样技术的标记方法。

免疫电镜方法受多种因素影响，如抗体的结合效率和特异性、抗原活性的保持、抗体的穿透能力、细胞结构的维持、背景噪声等，通常标记效率很低，在 10% 以下。近些年来发展的超分辨光学显微技术，尤其是基于单分子定位的成像技术（PALM/STORM），能够达到 20 nm 以下的分辨率，在许多关于细胞和组织中蛋白分子空间分布的研究中开始替代免疫电镜技术。

2. 酶化学标记术（enzymatic chemical labeling） 主要是利用酶催化反应的特点，如氧化还原酶、水解酶等催化反应释放出中间产物，这些中间产物进一步被特异的底物所捕捉，最终形成与电子强烈作用的致密沉积物。其中一种较为常用的方法是基于过氧化物酶-二氨基联苯胺（DAB）的级联反应，其原理是过氧化氢酶催化过氧化氢释放氧原子，氧原子进一步与 DAB 反应使其氧化聚合成嗜锇酸聚合物，经锇酸固定染色后能够形成高电子密度的产物。利用这个原理，一方面，可以将改造后的辣根过氧化物辣根酶注射到特定脑区或神经元，再经过后续实验，电镜成像下可以观察到被标记的特定神经元；另一方面，可以利用细胞内不同细胞或细胞器中的特定酶，在亚细胞或细胞器层面研究酶的分布与活性。

3. 基因标记技术（gene-Marker technology）近些年来出现了一些基于基因改造的标记技术，如MiniSOG（mini singlet oxygen generator）是一种改造于拟南芥向光素2蛋白的小分子荧光黄素蛋白，在适当的光照射下，产生O_2，进一步与DAB反应使其氧化聚合，该聚合物经锇酸固定染色后能够形成电镜下可见的致密物。通过将MiniSOG基因与靶蛋白基因进行融合，能够在细胞内观察靶蛋白的分布与丰度。另外，MiniSOG是一种荧光蛋白，在光镜下可见，可用于光电联合成像。近期，北京生命科学研究所何万中等开发出基于富含半胱氨酸的金属蛋白的可克隆电镜标记技术，直接在细胞中遗传编码表达的标记蛋白上原位合成纳米金颗粒，能够实现细胞超微结构上单分子水平的精确识别与定位（Jiang Z et al，2020）。

4. 细胞胞吞法这一方法主要是应用于神经科学领域，基于神经元间频繁发生突触囊泡的释放与回收事件，将一些电子致密的颗粒，如量子点、金颗粒、铁蛋白等放置在细胞外液中。当神经细胞，尤其是突触前膜区域，发生囊泡内吞时，黏附在突触前膜间隙侧的电子致密颗粒会随囊泡回收内吞进胞质中。通常可以利用这一方法，来观察和研究囊泡的释放与回收动力过程。

（四）冷冻断裂蚀刻与复型技术

冷冻断裂技术是从20世纪50年代发展起来的一种适用于观察和研究断面形貌的电镜样品制备技术。其主要原理是通过将样品进行冷冻固定，随后将冷冻固定样品在低温下劈开（通常采用刀片等外力来破开冷冻样本），样品沿着最小阻力线断裂（通常细胞样品会从细胞膜的磷脂双分子层中间断开），进一步在低温低压下将样品表面水分升华，又叫冷冻蚀刻（freeze-etching），最后在蚀刻表面喷镀金属/碳复合薄膜，又叫冷冻复型（freeze-replica）。将复型膜转移到电镜载网上，即可利用电镜进行观察，主要用于如细胞质膜以及细胞器膜等膜表面超微结构研究。

基于这种技术能够对细胞内膜性结构及内含物精细结构进行保存。在此基础上，研究人员开发出冷冻复型免疫标记技术：样品冷冻断裂与冷冻复型后，利用去污剂SDS（sodium dodecyl sulfate）消化掉磷脂结构，随后进行免疫电镜标记。因在免疫标记时，断裂面的膜蛋白充分暴露出来，大大提高了免疫标记的效率。这一方法在突触膜蛋白的组织分布研究中发挥了重要作用。

（五）基于负染色的电镜技术

主要应用于小颗粒性样品，包括蛋白质复合物、病毒、核酸、细胞器等。通过用重金属盐溶液对黏附在电镜载网碳膜上的样品进行染色，重金属盐则会黏附在样品外围的碳膜上。在电镜成像时，由于背景被重金属盐堆积导致电子透过率低，而对应样品本身的电子透过率高，从而形成明暗反转的图像。由于样品的结构细节被重金属盐遮盖，负染方法通常无法得到样品的精细结构。

（六）常规透射电镜在解析神经细胞超微结构与功能上的应用

如前文所述，电子显微成像在神经科学研究领域一直扮演着至关重要的作用。以Roman Cajal和Camillo Golgi为代表的两大学派，关于神经元学说与神经网络学说之争一直延续到1950年左右。当时应用电子显微镜直接观察到了神经元之间的神经突触连接，才使得神经元学说得到最终确定。之后的半个多世纪以来，基于透射电镜成像的研究进一步推进了人们对神经突触的结构与功能分类、神经突触传递机制以及突触蛋白定位与分布等神经系统超微结构与功能关系的理解（Harris and Weinberg 2012）。

1. 神经突触的确定与分类19世纪50年代，随着样品固定、染色及切片技术逐渐成熟，利用电镜成像研究生物组织样品的结构与功能的方法日趋完善。1959年，Gray利用电镜对成年大鼠视皮质突触结构进行分析，观察到突触在突触后致密带（postsynaptic density，PSD）的差异，根据突触有无PSD结构，将突触分为Gray I型（有PSD）和Gray II型（无PSD）（Gray，1959）。随后Colonnier进一步利用电镜对大量视皮质突触进行分析，将突触分为非对称突触（asymmetric synapse）和对称性突触（symmetric synapse）。非对称性突触，即Gray I型，为兴奋性突触，突触后膜有一条厚度约20 nm的突触后致密带，突触间隙较宽，约30 nm，突触前囊泡为圆形，突触后大部分在树突棘上形成；对称性突触（symmetric synapse），即

Gray Ⅱ型，为抑制性突触，突触后无明显的 PSD 结构，突触间隙较窄，突触囊泡偏小且不规则，突触后多为树突干或胞体（Colonnier，1968）。

2. 突触囊泡释放与回收机制的电镜解析 神经突触的发现及其中突触囊泡作为神经递质释放的细胞器的确定，奠定了神经信息传递的结构基础。1979 年，John Hauser 与 Thomas Reese 合作，利用青蛙神经肌肉接头的突触连接进行研究，在给予神经肌肉结构进行刺激后的不同时刻，将样品进行固定并观察突触结构及囊泡的变化。通过分析发现，在刺激 1 分钟后突触中囊泡数量明显减少，而突触前膜明显变大；在刺激 15 分钟后，突触的囊泡减少，突触前膜和突触中内体（endosome）的数量均明显增加，并且刺激后在突触前膜和内体上均观察到网格蛋白包被的内吞。进一步结合辣根过氧化物酶（horseradish peroxidase，HRP）的内吞与显色反应进行追踪，发现 HRP 先在内体中出现，随后在囊泡中出现。根据这一系列实验，John Hauser 和 Thomas Reese 等完整描述了突触囊泡释放与回收循环的经典路径：突触囊泡与突触前膜融合释放神经递质，进一步通过网格蛋白包被的内吞进行回收，随后与内体融合，最后通过内体生成可释放的突触囊泡，这个研究奠定了突触囊泡循环的机制。进一步，Heuser 和 Reese 等开发了将电刺激与快速冷冻固定结合的冷冻样品固定技术。这种方法实现了在电刺激后，最快 2 ms 内将样品冷冻固定，进一步结合冷冻断裂与复型技术，实现了对突触囊泡胞吐过程的捕获与分析。利用这种技术，Heuser 和 Reese 等直接证实了量子化突触囊泡释放事件的结构基础（Heuser JE et al，1979）。

突触囊泡的释放与回收一直以来是神经科学，尤其是突触研究领域的重点难点之一。近年来，Shigeki Watanabe 等巧妙地将光遗传学技术与高压快速冷冻固定结合，通过光刺激转染表达光遗传学蛋白的神经细胞，诱发神经细胞产生动作电位，并在刺激的不同时刻将神经细胞进行快速高压冷冻固定，随后利用电镜观察不同时刻突触中囊泡的变化。通过这一系列实验发现，在突触中除了经典的 Kiss-and-Run 和网格蛋白介导的囊泡回收外，还存在另外一种非网格蛋白依赖的快速囊泡内吞回收机制（Watanabe S et al，2013；Watanabe S et al，2014）。

3. 突触蛋白组织分布的定量描述 在超分辨光学成像技术出现之前，免疫电镜技术是唯一一种能够在纳米尺度对细胞、组织中蛋白分子进行定位与空间分布研究的技术。其中最为典型的是神经突触中蛋白的丰度与相对空间关系分析。Weinberg 等利用免疫电镜技术，对突触中蛋白的丰度与相对分布关系进行了一系列系统分析。

Xiaobing Chen 等（Chen X et al，2008）利用电子断层三维重构成像技术（electron tomography，ET），对采用高压冷冻与冷冻置换方法制备的样品进行三维重构成像，通过对突触的断层三维重构图像进行直接观察，可辨别出疑似 NMDA 受体和 AMPA 受体结构，并在 PSD 区域观察到垂直纤维蛋白和水平纤维蛋白。结合免疫电镜等实验，他们推测垂直纤维蛋白为 PSD95，并发现每个 NMDAR 在侧边与两个 PSD95 分子结合，而 AMPAR 在底部中间与一个 PSD95 分子结合，垂直支架蛋白分子的头部与水平支架蛋白结合形成稳定结构。

4. 电镜成像对神经系统形态与超微结构的系统表征 由于神经系统的复杂性和重要性，国际上一直以来有多个研究团队专注于利用电镜成像技术对神经细胞与脑组织的超微结构进行系统观察与分析。例如，Alan Peters 及其合作者们多年来利用电镜成像对神经系统进行了研究，并主编了相应的图谱书籍 "*The Fine Structure of the Nervous System: the Neurons and Supporting Cells*"。该书收集了包含经典电镜技术、冷冻断裂与复型技术等多种电镜成像技术手段对哺乳动物脑组织各种结构的电镜成像。Alan Peters 并领导了针对老龄化大脑超微结构电镜成像解析的在线数据库 *Fine Structure of the Aging Brain*（http://www.bu.edu/agingbrain/）。Kristen Harris 团队专注于利用电镜成像解析突触的结构与功能，多年来系统定量表征了突触及其在可塑性过程中的形态及超微结构，并建立了以突触超微结构为核心，同时涵盖从神经元、血管、胶质细胞、突触、细胞器、蛋白分子的超微结构电镜图像的数据库 *Synapse Web*（http://synapseweb.clm.utexas.edu/）。

二、传统扫描电镜技术及在神经科学中的应用

扫描电镜的样品制备与经典透射电镜的样品制备流程基本一致，包含取样、化学固定、锇酸后固定、脱水、树脂渗透与包埋、切片等步骤。与透射电镜相比，扫描电镜成像时，由于利用低电压加

速，电子无法穿透样品。为了减少电子累积对样品的损伤以及对成像的干扰，扫描电镜样品通常需要进行表面镀碳或镀金处理，以提高样品的导电性。此外，可以利用临界点干燥法对脱水样品进行干燥处理，进一步导电处理后，采集二次电子和背散射电子信号，可以观察样品表面形貌或分析表面元素成分。

利用扫描电镜的高分辨率以及探测功能的多样性，神经科学家们对脑组织进行不同方式的形貌分析和成分分析。例如，人们利用扫描电镜的二次电子及背散射电子观察正常大脑和神经胶质瘤中血管及其周围组织状态。此外，扫描电镜还可以用于神经系统样品内部元素分析，如利用扫描电镜的能谱分析功能（energy-dispersive x-ray spectroscopy，EDS），人们发现气道注入的锰纳米颗粒可进入大脑，并造成神经损伤（Sarkozi L et al，2009）。

第三节　前沿电镜技术

生物体系，特别是神经系统的结构连接与功能实现，需要跨越多个时空尺度，因此对生命活动过程的深入研究往往需要研究手段具备高时空分辨、原位、动态、多尺度、多模态、高特异性和高通量等多种特性。为此，随着生物、物理、信息等多学科技术的发展和融合，工艺和技术上的不断革新，电子显微成像技术作为高分辨率成像技术的极致，也在上述的多个特性方面不断拓展，并发展出三种具有革新性的前沿电镜技术（图 1-5-5）：单颗粒分析冷冻电镜技术（single particle analysis cryo-electron microscopy，SPA Cryo-EM，通常简称 Cryo-EM、冷冻电镜），能够实现对生物大分子（包括蛋白质复合物、核酸、病毒等）的原子水平三维结构的测定与解析，为理解生物大分子的工作机理以及新型药物设计与改进提供结构信息（Cheng，2018）；冷冻电镜断层三维重构成像技术（cryo-electron tomography，Cryo-ET），能够在细胞原位解析其分子组织架构，并能与光学显微成像进行有效整合，在解析神经突触超微结构、病毒侵染细胞机理等方面不断取得突破（Oikonomou and Jensen，2017；Tao CL et al，2018a）；大尺度三维重构的体电子显微成像技术（large-scale volume electron microscopy，VEM），能够以纳米分辨率在空间成像范围可达立方毫米体积的尺度观察生物组织的精

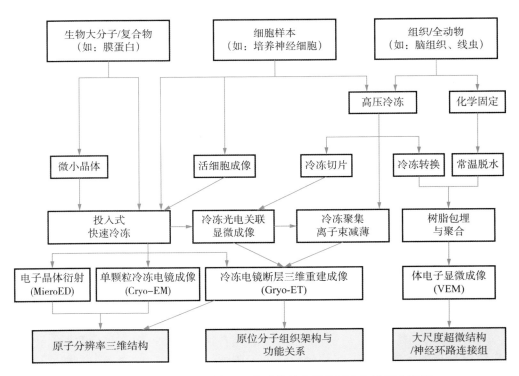

图 1-5-5　前沿生物医学电子显微成像的主要发展方向及基本流程

细结构，广泛应用于精细的细胞三维形态、局部的脑神经连接图谱的绘制（Titze and Genoud，2016）。本节中，我们将对这些前沿电镜成像技术的基本原理及其在神经科学领域的应用进行介绍。

一、冷冻电镜与神经蛋白的近原子分辨结构解析

在现代前沿生物医学电子显微成像技术中，最引人注目的当属能够解析蛋白质等生物大分子的原子分辨率三维结构的冷冻电镜技术。冷冻电镜技术的发展，一方面起源于三维重构理论的提出。1968年，英国剑桥大学 MRC 分子生物学实验室 Aaron Klug 领导的小组提出了中心截面定律（central slice theorem），即利用物体二维投影图像可重建其三维空间结构的方法。另一方面，美国加州大学伯克利分校 Robert Glaeser 团队于 1974 年证明，在低温下，蛋白质分子在电子显微镜的高真空中可以保持含水状态。1982 年，欧洲分子生物学实验室的 Jacques Dubochet 团队改进速冻的方法，成功将生物大分子冷冻到玻璃态冰中，奠定了冷冻电镜制样技术。这些技术一起奠定了今天的冷冻电镜三维重建技术，包括单颗粒分析冷冻电镜技术和冷冻电子断层三维重构技术。单颗粒冷冻电镜三维重建技术方法最早由 Joachim Frank 在 20 世纪 70 年代提出，其核心是通过收集大量具有同一性样品的二维投影，进而可以重构出其三维结构。Richard Henderson 在 1990 年首次利用冷冻电镜解析了冷冻条件下原子分辨率的细菌视紫红质二维晶体结构，随后对冷冻电镜的理论、技术和方法，给出了一系列理论和实验的预测。2008—2010 年，周正洪、张兴和 Nikolaus Grigorieff 等率先利用单颗粒冷冻电镜技术解析了二十面体病毒的近原子分辨率结构，标志着冷冻电镜技术用于解析生物大分子正式进入了原子分辨率时代。近几年来，直接电子探测相机（direct detect device，DDD）、Volta 相位板（Volta phase plate，VPP）和电子能量过滤器（electron energy filter，EEF）等技术的发展和应用，以及数据三维重构处理软件的创新，推动了冷冻电镜技术突飞猛进的发展，使得冷冻电镜成为生物大分子原子水平结构测定的最核心技术手段之一。并因此，Joachim Frank、Jacques Dubochet 和 Richard Henderson 三位推动高分辨冷冻电镜技术发展与应用的先驱者荣获了 2017 年诺贝尔化学奖。近几年来，单颗粒冷冻电镜技术进展迅速，分辨率明显提高，达到近原子水平，并广泛应用于蛋白功能的分子机理研究。可以预见，这一技术也将在新药的研发中发挥重要作用。

单颗粒分析冷冻电镜技术的基本流程为：从生物体或培养细胞中分离纯化出靶蛋白等生物大分子物质，利用快速冷冻固定将样品冷冻固定到冷冻电镜专用载网上，在冷冻电镜镜中采集大量二维投影图像，利用三维重构技术重建样品的高分辨三维结构（图 1-5-6A）。

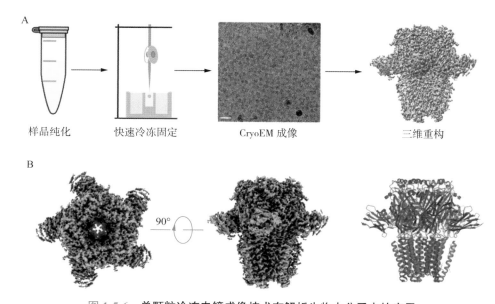

A

样品纯化　　快速冷冻固定　　CryoEM 成像　　三维重构

B

90°

图 1-5-6　单颗粒冷冻电镜成像技术在解析生物大分子中的应用

A. 单颗粒冷冻电镜成像技术的实验流程；B. 利用单颗粒冷冻电镜技术解释 GABA_A 受体高达 1.7Å 的原子水平三维结构及药物结合结构。图像由 MRC 分子生物学实验室 Radu Aricescu 教授惠赠

近年来，利用高分辨冷冻电镜技术，结构神经科学领域的研究者们解析了多种不同神经蛋白的不同亚基组成，不同药物结合状态下的近原子分辨结构，为理解相应药物作用机理、药物研发奠定了结构基础（图1-5-6B）（Nakane T et al，2020）。在神经系统疾病研究方面，Anthony W. P. Fitzpatrick等从老年痴呆症患者大脑中直接提取了Tau蛋白，利用冷冻电镜高分辨成像解析了其近原子分辨率，为理解老年痴呆症病等神经退行性疾病的分子机制找到了新的突破口（Fitzpatrick AWP et al，2017）。

高分辨冷冻电镜成像技术目前已广泛适用于解析较大的蛋白质复合物的原子分辨率结构，然而对于一些超大蛋白复合物或小分子蛋白或多肽，仍旧无法有效解析其高分辨结构。面对这些现状，冷冻电镜技术也在不断改进和优化，主要包括：发展更精确电子光学成像理论和计算方法来进行更准确的图像重构，实现单颗粒冷冻电镜分辨率的进一步突破；改善和革新电镜硬件技术，包括相位板、高性能相机和样品台系统等，实现更快更高信噪比成像等。而对于小蛋白分子，另外一种非常有前景的技术是微小晶体电子衍射成像技术（micro electron diffraction，MicroED）。MicroED技术，将蛋白分子生长成微小晶体，放置于电镜载网上进行快速冷冻固定，进一步通过冷冻聚焦离子束减薄后或直接放入冷冻电镜中，进行电子晶体衍射成像，可以解析相应蛋白的原子分辨率三维结构（Luo et al，2018）。

二、冷冻电镜断层三维重构成像与突触结构解析

对蛋白质等生物大分子结构的解析，目标是希望通过对其结构的测定来揭示其在生物机体中的功能与作用机理，从而推动对大自然中生命体奥妙的理解，并为相关疾病的发生机制与诊断，以及治疗药物的研发提供线索和依据。生物大分子的真实结构与功能是在特定的细胞内环境中才能真实呈现，而生物体是由成千上万种蛋白质、核酸、细胞器等多种组分组成的结构复杂多样的有机体，生命过程是高度动态变化的，同时存在高度的个体差异性。这就要求相应的研究技术手段能够在不同时空尺度下，在细胞原位对分子组织、分布及动态变化进行研究，以达到结构与功能研究的统一。

冷冻电镜断层三维重构成像技术（Cryo-ET）

是目前已知分辨率最高的细胞水平成像技术。其核心是通过收集同一样品不同角度的二维投影，再通过计算重构出样品的三维结构。结合快速冷冻制样技术，Cryo-ET能够在近生理条件下解析细胞等样本在分子水平的超微结构（图1-5-7）。与常规透射电镜技术不同的是，Cryo-ET不仅能够将生物大分子的空间分布和相互作用关系映射在其完整的细胞环境中，还可以以更高的分辨率揭示其原位三维结构，从而展现细胞或组织在近生理状态下的高分辨三维视野（图1-5-7）（Liu YT et al，2020，Tao CL et al，2018a）。Cryo-ET的适用范围涵盖从分子水平的蛋白质到亚细胞水平的细胞器，以至细胞水平的组织样本，有效填补了X-射线晶体衍射、核磁共振（nuclear magnetic resonance，NMR）以及单颗粒分析冷冻电镜等手段所解析的蛋白与复合物的高分辨结构与光学显微成像等手段所观察的细胞或组织整体水平的分子定位与细胞形态等低分辨信息之间的空白。

Cryo-ET技术的快速发展和广泛应用，始于2000年左右以Wolfgang Baumeister等为代表的先驱性工作，主要得益于能够实现不同角度倾转的稳定电镜样品台和能够进行实时成像的数字相机的发展。近年来，同样由于直接电子探测相机、相位板和电子能量过滤器等技术的发展与应用，Cryo-ET在成像分辨率和信噪比上均有了质的提升。同时，通过将Cryo-ET与光学显微成像结合的冷冻光电关联显微成像（cryo-correlative light and electron microscopy，Cryo-CLEM），即对样品进行光学显微成像，随后对同一样品的同一区域进行冷冻电镜成像，有效整合了光学显微与冷冻电镜的优势，从而实现对生物样品的动态、多尺度、高特异性、高灵敏性和高分辨等综合成像研究（图1-5-8）（Tao CL et al，2018a）。特别是徐涛等所发展的结合超分辨荧光显微成像的Cryo-CLEM技术，实现了对特定分子的单分子荧光定位与冷冻电镜超微结构的融合（Liu B et al，2015）。

Wolfgang Baumeister团队利用Cryo-ET解析了脑组织中分离出来的突触体（synaptosome）的三维超微结构，对突触囊泡间的连接蛋白、囊泡与突触前膜的结合等特征结构做了系统的表征（Fernandez-Busnadiego R et al，2010）。毕国强团队则应用Cryo-ET观察在电镜载网上直接培养的海马神经元，实现了对完整的神经突触的原位三维成像，并通过Cryo-CLEM技术实现对兴奋性突触和抑制性突触的

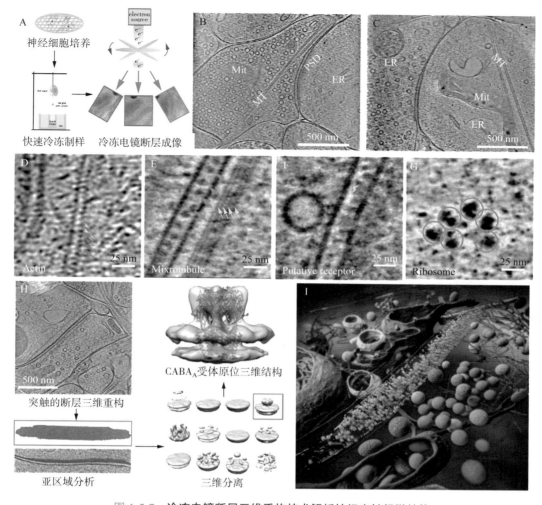

图 1-5-7　冷冻电镜断层三维重构技术解析神经突触超微结构

A. 冷冻电镜断层成像技术的基本原理及解析原代培养海马神经突触的基本流程；**B**、**C**. 兴奋性突触与抑制性突触的超微结构，其中包含微丝（红色箭头）、囊泡（绿色圆圈）、核糖体（青色圆圈）、致密核囊泡（紫色圆圈）绿色箭头、线粒体（Mit）、微管（MT）、内质网（ER）和突触后致密带（PSD）等结构；**C ～ G**. 突触中的分子水平精细结构，如微丝（Actin，红色指示单个单体亚基）、微管［microtubule，黄色箭头指示原纤维（protofilament）结构以及蓝色指示其中腔体中颗粒状蛋白结构］、谷氨酸受体（receptors，绿色箭头）和核糖体（ribosome，青色圆圈）等在；**H**. 冷冻电镜断层成像与亚区域平均技术实现对神经递质受体蛋白的原位三维重构；**I**. 三维可视化渲染展示抑制性突触中受体蛋白等超微结构的组织分布。引自参考文献中的综述 4；参考文献中的原始文献 12；原始文献 21

鉴别，并解析其精细结构特征，包括囊泡的形状、突触后致密区的厚度以及单个递质受体的形态和定位等（Sun R et al，2019；Tao CL et al，2018a；Tao CL et al，2018b；Tao CL et al，2012）。

　　Cryo-ET 的一个重要发展方向是更深入的后期数据处理技术。通过模版匹配（template-matching）方法，可以用已知蛋白的晶体结构或单颗粒冷冻电镜结构作为模板将该蛋白从 Cryo-ET 三维断层重构图像（cryo-tomogram）中一一自动识别出来，从而获取该蛋白在细胞内的空间分布信息。通过亚区域平均技术（sub-tomogram averaging），可以在细胞中原位解析该蛋白的高分辨三维结构。利用这一方法，Wolfgang Baumeister 团队对渐冻症相关

的 polyGA 蛋白聚集物在神经元细胞内的原位结构以及该聚集物对蛋白酶体功能的影响进行了研究（Guo et al，2018）；毕国强团队解析了抑制性神经突触的 GABA_A 受体的 19Å 分辨率原位结构，并发现这些受体在突触后膜上的分布呈现出一种半有序的介相（mesophase）自组织特征（图 1-5-7H ～ I）（Liu YT et al，2020）。

　　Cryo-ET 技术是蛋白质机器与细胞超微结构解析的最核心手段之一，但相比于单颗粒冷冻电镜，这一技术仍处于早期发展阶段，也将是冷冻电镜技术未来的研究重点和热点。可以预期，更高效快捷的样品制备方法、更高精度的成像和智能化数据分析方法，以及与荧光显微等多模态成像技术的关联

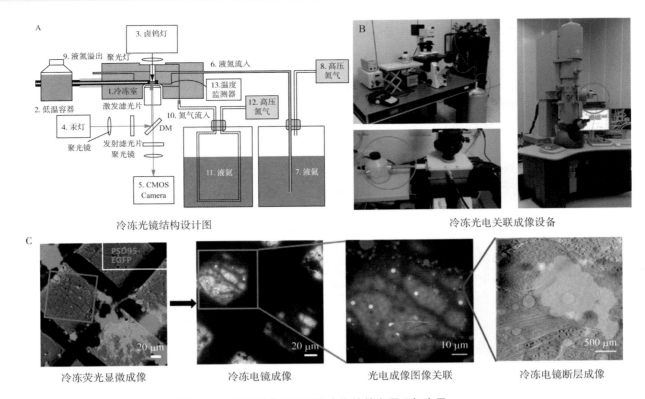

图 1-5-8　冷冻光电关联显微成像的基本原理与应用

A. 一种可以用于冷冻光电关联显微成像的冷冻光镜结构图；**B**. 利用冷冻电镜侧插杆实现冷冻光镜与冷冻电镜的关联成像；**C**. 利用冷冻光电关联成像实现对兴奋性突触的鉴别与超微结构解析。引自参考文献中的原始文献 20、原始文献 21

融合，将快速推动 Cryo-ET 技术的进一步发展及其在神经科学以及更广泛的生物医学领域的应用。未来的技术发展主要包括以下几个方面：

1. 基于冷冻切片（cryo-sectioning）与冷冻聚焦离子束切割（cryo-focused ion beam milling，Cryo-FIB）的冷冻样品减薄技术　Cryo-ET 的一个核心限制因素是样品的厚度，由于电子的穿透能力有限，对于 300 KV 电镜来说，一般样品厚度超过 500 nm，则无法获得清晰的电镜成像。发展基于冷冻切片与冷冻聚焦离子束减薄的冷冻电镜样本制备技术能够对冷冻玻璃化样品进行无损减薄，将是推动利用 Cryo-ET 对细胞与组织样品在分子水平超微结构解析的主要途径（Schaffer M et al，2019；Zhang J et al，2021）。

2. 优化 Cryo-ET 成像硬件、方法与数据处理技术等　与单颗粒冷冻电镜相比，Cryo-ET 在成像速度、成像数据质量以及后期数据处理上均存在明显不足，这些因素直接限制了 Cryo-ET 技术对细胞原位中生物大分子的解析。为此，在硬件方面，需要进一步发展更稳定更快速的样品台来提高数据收集速度；优化现有 Volta 相位板与发展新型相位板技术（如激光相位板，laser-based phase plate）等来提高数据采集质量和速度。软件方面，可以发展与优化的包括：对称性倾转的数据采集方式，基于不同样品高度的衬度传递函数的梯度校正方法，基于蛋白颗粒本身的迭代对齐方法，成像缺失锥矫正，基于深度学习的自动化蛋白查找，更精准的三维分类等方法，以实现对生物大分子在细胞内的空间分布以及定量化分析。

3.（时间相关）关联显微成像技术〔（time-correlated）correlation microscopy imaging〕　将 Cryo-ET 与其他研究手段结合，实现多模态的成像解析是细胞与组织水平结构与功能研究的重要手段。一方面，可以将基于单分子定位的超分辨荧光显微成像与 Cryo-ET 结合的高精度高分辨关联成像技术，有望实现将超分辨成像下单个荧光分子定位与 Cryo-ET 成像下单个电子密度颗粒的纳米精度对齐，从而实现荧光导向的细胞原位分子结构的直接鉴别。另一方面，可以将活细胞超分辨荧光显微成像、定点调控与瞬时冷冻制样等技术进行结合，实现时间相关−光电关联显微成像，能够精确解析特定功能状态下分子水平超微组织架构和大分子三维结构。

4. 冷冻扫描透射电子断层三维重构技术（cryo-scanning transmission electron microscopy tomography，cryo-STEMT） 扫描透射电子显微镜（scanning transmission electron microscopy，STEM），在透射电镜中，通过将电子束会聚成原子尺度的束斑，在样品上进行扫描并同步采集相应信号。这种成像方法，一方面能够对更厚的样本进行成像；另一方面，由于可以同步采集常规透射电镜中无法进行空间关联的其他信号，包括二次电子、散射电子、表征 X 射线和电子能量损失，能够对样品进行元素分析；并且，由于其可以保持在正焦成像，有效提高了厚样本的成像分辨率。将 STEM 与 Cryo-ET 结合，将在生物厚样本的超微结构与功能研究中有着很好的应用前景。

三、大尺度三维电镜与神经环路解析

伴随着生命科学研究对更大尺度成像的需求，尤其是各国脑计划中对绘制精细的细胞全貌、局部乃至全脑水平神经连接图谱的需求，体电子显微成像技术（volume-electron microscopy，VEM）应运而生。体电子显微成像技术的核心是将自动化样品减薄技术、批量自动化电子显微成像数据采集技术与计算机图像处理技术结合，进而实现对大尺度生物样本的连续减薄处理，并收集大量连续断面的电子显微成像数据，随后利用大量的二维结构照片进行自动化或半自动数据拼接拟合，最终获得高分辨三维图像（图 1-5-9）。体电子显微成像技术使得电子显微镜在生物学中的应用已不仅停留在对小范围组织或细胞局部的单纯直观的描述，而且可以开展

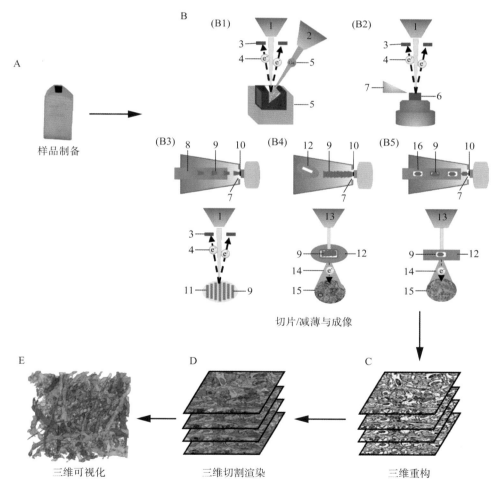

图 1-5-9 体电子显微成像解析大尺度生物样品超微结构的技术流程
B1、B2. 基于序列断面成像方式的三维电子显微成像技术，包括聚焦离子束扫描电镜成像技术（FIB-SEM）（B1）和自动断面切割三维扫描电镜技术（SBF-SEM）（B2）；B3 ~ B5. 基于序列切片成像方式的神经环路三维电子显微成像技术，包括带式自动收集序列切片的扫描电镜成像技术（ATUM-SEM）（B3）和基于序列切片的透射电镜成像技术（ssTEM）（B4、B5）。注：1. SEM；2. FIB；3. 背散射电子探测器；4. 背散射电子；5. Ga 离子；6. 镀金样品；7. 钻石刀；8. 条带；9. 切片；10. 样品；11. 硅晶圆；12. 铜网；13. TEM；14. 透射电子；15. 闪烁体；16. 带孔条带

对完整细胞、大尺度组织块乃至完整器官或小型模式动物全身，由定性到定量、由二维平面到三维空间的整体研究。

体电子显微成像技术的基本流程主要包括：样品包埋块的制备，与传统透射电镜或扫描电镜的样品制备方法及流程基本一致；样品切片/减薄与成像，三维拼接与重构，渲染与切割，可视化处理与分析（图1-5-9）。体三维电子显微成像技术核心主要包括高通量电子显微成像技术和三维重建与自动分析技术两个方面。

（一）高通量电子显微成像技术

高通量电子显微成像技术是指将组织样品切分成序列断面或超薄切片，同步或随后利用扫描电镜或透射电镜对序列断面或超薄切片进行成像，主要分为序列断面成像（图1-5-9 B1、B2）和序列切片成像（图1-5-9 B3～B5）两大类。

1. 聚焦离子束扫描电镜成像技术（focused ion beam-scanning electron microscopy，FIB-SEM） FIB-SEM基本原理是利用聚焦离子束（如液态镓离子，以及最新发展的氧、氮、氙和氩等各种气体离子）的切割性能，对样品包埋块感兴趣区进行表面断层切割，将样品表面暴露后，利用背散射电子或二次电子，进而自动获取样品的系列三维图像（Boergens and Denk，2013）。FIB-SEM是将切片和成像结合在电镜样品腔室内完成，是一种原位离子束切割和电子束成像的方式，其纵向切割分辨率优于5 nm，与X/Y方向成像分辨率接近，即空间分辨率可优于（5×5×5）nm（X/Y/Z）。

2. 自动断面切割三维扫描电镜技术（serial block-face-scanning electron microscopy，SBF-SEM） SBF-SEM是由自动三维断面逐层削除系统与场发射扫描电镜组成，是在扫描电镜样品腔室内完成钻石刀切片和序列断面成像。该方式纵向切割分辨率优于15 nm。此外，由于该方式是原位切割组织及成像，纵向切割分辨率高，图像配准难度小，并且可以做到样本零污染。FIB-SEM和SBF-SEM技术均是在电镜样品腔内完成切片和成像。该类方法在横向和纵向上分辨率接近，具备各向同性；缺点在于损毁性切片方式，一旦发现数据出现缺陷，将无法修复，不利于大规模重建工作的开展。

3. 基于序列切片的扫描电镜三维重构技术（automatic collector of ultrathin sections-scanning electron microscopy，ATUM-SEM） ATUM-SEM

工作的原理如下：利用超薄切片机将包埋在树脂中的生物组织连续切成厚度为30～70 nm的超薄切片，同步用类似于传送带的自动收集装置，将这些切片按顺序从水槽中运输至聚酰亚胺薄膜条带上；将收集好超薄切片的聚酰亚胺条带分段裁剪，有序粘贴于4英寸硅晶圆表面，构建该组织样品的"超薄切片文库"（ultrathin section libraries）；通过扫描电镜对文库中的超薄切片进行有序的大规模的图像采集。针对ATUM-SEM技术成像特点，最新发展的多束扫描电镜技术可以对晶圆上多达近百个区域进行同时成像，大大加快了数据采集的速度，从而可以实现大体量组织切片的高通量成像（Eberle and Zeidler，2018）。

4. 基于序列切片的透射电镜三维重构技术（serial sections-transmitted electron microscopy，ssTEM） 透射电镜采用平行光进行明场成像，成像速度远高于采用逐点扫描成像的扫描电镜。传统透射电镜不能实现高通量自动换样以及样品台移动，使得传统ssTEM技术的实际数据采集速度和通量远低于基于扫描电镜的体电子显微成像技术。近年来，研究人员通过自动收集超薄切片或改造常规透射电镜成像，实现了利用透射电镜对脑组织纳米尺度进行三维重构。美国霍华德休斯医学研究所Davi Bock研究团队，通过对透射电镜进行工程化改造，实现自动化快速在镜筒内移动样品以及自动拾取和放置铜网，大大提高了ssTEM拍摄通量（Zheng Z et al，2018）。

在上述高通量电子显微成像技术中，ATUM-SEM和ssTEM技术的拍摄区域可达毫米级，成像速度快，真正可实现大体量切片的高通量采集，是目前国际上利用电镜成像重建神经连接组的主要技术。此外，该技术另一独特优势在于序列切片可以保存，研究人员可根据研究目的不同对样品进行不同分辨率或只针对特定感兴趣区域的分次成像研究，实现对样品的反复"查阅"，从而提高了数据采集效率和灵活性。

（二）体电子显微成像数据的三维配准、重建与自动化分析技术

虽然目前研究人员已完成了对不同模式生物的部分脑区乃至全脑的海量级图像采集工作，然而后期海量成像数据的配准、重建、分析、归纳和整合，给神经生物学家带来了一个新的挑战。在数据配准问题上，尤其是基于ATUM-SEM或ssTEM的

脑组织电镜图像具有切片间结构差异大、配准精度要求高、数据量大等特点，需要从局部配准精度和全局配准精度两个方面来衡量，导致对计算资源需求很高，在很大程度上影响了该类技术的推广和应用。而在数据三维重建和自动化渲染分析方面，如果采用传统人工标注方法，在 TB 甚至 PB 级别的电镜数据集中追溯单个神经元的走向以及神经连接，可能需要花费数周甚至数月时间。

近两年发展起来的深度学习方法为迎接这一挑战提供了解决方案。利用深度学习逐像素地对电镜图像进行分割，能够将追踪神经元所需的时间缩短到几小时甚至几分钟。如，Xiao 等提出基于 3D 全卷积深度监督网络的神经元中线粒体重建方法，该方法通过 3D 卷积网络有效利用电镜数据的三维空间信息，并通过深度监督的策略避免网络训练中的梯度消失问题（Xiao C et al，2018）。另一方面，大规模电镜图像配准、标注和校验软件的应用，也极大提高了神经连接组三维重建的效率和准确性。如，美国霍华德休斯顿研究所 FlyEM 团队研发的 NeuTu 软件是基于分割结果的协同校验客户端软件，通过结合 3D 可视化的方法来提升校验效率（Zhao T et al，2018）。普林斯顿大学 Seung 等研发的 Eyewire 软件则采用众包的模式，动员世界各地的研究人员，旨在通过大众来重建神经元三维网络（Marx，2013）。

（三）利用体电子显微成像技术解析脑神经联接组

人脑是地球上最复杂的物体。脑连接图谱是理解脑的结构和功能的基石。根据其探测尺度不同，脑连接图谱包括宏观层面的核磁成像等、介观层面的光学成像等和微观层面的电镜成像等。由于分辨率的限制，前两个层面的图谱无法确立神经元之间的连接，即缺乏突触水平的信息。目前，只有微观连接图谱可以在密集的神经纤维网中追踪最微小（20 ～ 30 nm）的神经突触连接线路（图 1-5-10），才能建立有效的大脑皮质神经元索引地图。

目前，研究人员已在果蝇、斑马鱼、鼠视网膜和鼠脑皮质等图像采集及神经网络连接重建方面有先例。例如，美国霍华德休斯医学研究所的 Davi Bock 研究团队利用 ssTEM 技术以及自动化数据分析系统，对成体果蝇进行全脑电镜成像，成功构建突触级分辨率的神经环路连接组图谱。这项研究通过对果蝇蘑菇体（mushroom bodies）进行追踪标记和三维重建，并在该脑区中发现一类新的神经元（Zheng Z et al，2018）。哈佛大学研究人员通过开发自动化透射电镜成像系统 GridTape 技术，获取了突触级别分辨率的成年果蝇完整运动相关神经元连接组，并进一步分析运动神经元的组织结构以及与感觉神经元等的相互作用（Phelps JS et al，2021）。

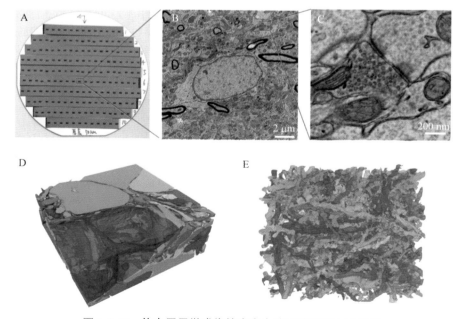

图 1-5-10　体电子显微成像技术在大脑环路研究中的作用

A. 大鼠神经组织序列切片；B. 单张切片高通量成像；C. 对 B 图的局部放大，展示其中单个突触的超微结构；D、E. 自动化重建神经网络超微三维结构

（四）活体脑成像与体电子显微镜三维重建关联融合技术

脑组织结构复杂，不仅细胞类型多，而且神经元之间又通过突触形成极为复杂的网络。这些复杂单元以及其构成的神经网络被认为是大脑认知、学习等功能的源泉，是破解人工智能的关键。我们不仅需要以纳米级分辨率的精度重建神经网络，还需要明确神经网络中各个细胞的功能、分类及连接等。通过活体光学脑成像和三维电子显微成像技术在维度和分辨率上各自的优势进行关联成像，对探究脑功能的秘密具有至关重要的意义。如，研究人员利用双光子成像技术对单个神经元上突触的活动进行实时观察后，之后进行电镜制样，并和光学成像结果进行比对，确定电镜样品上光学成像区域位置，然后利用自动断面切割三维扫描电镜对这一区域进行高分辨率成像，从而实现对大脑特定神经元突触活动进行功能和结构的关联（Scholl B et al，2021）。

四、小结与展望

电子显微技术作为人类认识微观世界最高分辨率的成像手段，在神经科学的发展历程中起到不可或缺的作用，基于电镜技术获得的关于神经细胞和神经突触超微结构的知识，迄今仍是我们理解神经系统基本构造的基石。同时，电子显微技术也是当前发展最快的前沿技术之一，通过几十年来，特别是近一二十年来从电子光学系统、样品制备方法和材料、机械控制、到数据分析处理算法等多方面原理和方法细节的不断创新和优化，产生了如单颗粒冷冻电镜、冷冻电镜断层三维重构、光电关联显微成像、体电子显微等前沿成像技术，在成像分辨率、原位解析与分子识别能力、大样品高通量数据采集能力等方面都达到了以往不可企及的高度，正在快速重塑我们对神经系统从突触分子的结构和组织构架、到神经微环路的连接特征、到小动物全脑联接组学的多尺度、全面深入的认识。这些发展依赖于电镜技术与生物学、物理学、化学、工程、信息与计算科学等多个学科的越来越紧密的交叉融合，而这一趋势，特别是电镜与人工智能技术的结合，将在未来进一步发展，并为我们带来意料之外的惊喜。

致谢

感谢中国科学院北京自动化研究所李琳琳博士参与了扫描电镜相关部分的撰写工作。感谢中国科学技术大学尹春英工程师、孙戎博士和 MRC 分子生物学实验室 Radu Aricescu 教授惠赠的数据。

参考文献

综述

1. 陶长路，张兴，韩华，等 . 前沿生物医学电子显微技术的发展态势与战略分析 . 中国科学：生命科学，2020，50（11）：1176-1191.
2. Cheng Y. Single-particle cryo-EM-How did it get here and where will it go. *Science*，2018，361：876-880.
3. Liu YT，Tao CL，Lau PM，et al. Postsynaptic protein organization revealed by electron microscopy. *Current opinion in structural biology*，2019，54：152-160.
4. Oikonomou CM and Jensen GJ. Cellular Electron Cryotomography：Toward Structural Biology In Situ. *Annu Rev Biochem*，2017，86：873-896.
5. Titze B and Genoud C. Volume scanning electron microscopy for imaging biological ultrastructure. Biology of the cell/under the auspices of the European Cell Biology Organization，2016，108：307-323.

原始文献

1. Boergens KM and Denk W. Controlling FIB-SBEM slice thickness by monitoring the transmitted ion beam. *Journal of microscopy*，2013，252：258-262.
2. Chen X，Winters C，Azzam R，et al. Organization of the core structure of the postsynaptic density. *Proc Natl Acad Sci U S A*，2008，105：4453-4458.
3. Eberle AL and Zeidler D. Multi-Beam Scanning Electron Microscopy for High-Throughput Imaging in Connectomics Research. *Front Neuroanat*，2018，12：112.
4. Fernandez-Busnadiego R，Zuber B，Maurer UE，et al. Quantitative analysis of the native presynaptic cytomatrix by cryoelectron tomography. *The Journal of cell biology*，2010，188：145-156.
5. Fitzpatrick A W P，Falcon B，He S，et al. Cryo-EM structures of tau filaments from Alzheimer's disease. *Nature*，2017，547：185-190.
6. Guo Q，Lehmer C，Martinez-Sanchez A，et al. In Situ Structure of Neuronal C9orf72 Poly-GA Aggregates Reveals Proteasome Recruitment. *Cell*，2018，172：696-705 e612.
7. Heuser JE and Reese TS. Evidence for Recycling of Synaptic Vesicle Membrane during Transmitter Release at Frog Neuromuscular Junction. *Journal of Cell Biology*，1973，57：315-344.
8. Heuser JE，Reese TS，Dennis MJ，et al. Synaptic vesicle exocytosis captured by quick freezing and correlated with quantal transmitter release. *The Journal of cell biology*，1979，81：275-300.

9. Jiang Z，Jin X，Li Y，et al. Genetically encoded tags for direct synthesis of EM-visible gold nanoparticles in cells. *Nature methods*，2020，17：937-946.

10. Liu B，Xue Y，Zhao W，et al. Three-dimensional super-resolution protein localization correlated with vitrified cellular context. *Scientific reports*，2015，5：13017.

11. Liu YT，Tao CL，Zhang X，et al. Mesophasic organization of GABAA receptors in hippocampal inhibitory synapses. *Nature neuroscience*，2020，23：1589-1596.

12. Luo F，Gui XR，Zhou H，et al. Atomic structures of FUS LC domain segments reveal bases for reversible amyloid fibril formation. *Nature structural & molecular biology*，2018，25：341-346.

13. Marx V. Neuroscience waves to the crowd. *Nature methods*，2013，10：1069-1074.

14. Nakane T，Kotecha A，Sente A，et al. Single-particle cryo-EM at atomic resolution. *Nature*，2020，587：152-156.

15. Phelps JS，Hildebrand DGC，Graham BJ，et al. Reconstruction of motor control circuits in adult Drosophila using automated transmission electron microscopy. *Cell*，2021，184：759-774 e18.

16. Sarkozi L，Horvath E，Konya Z，et al. Subacute intratracheal exposure of rats to manganese nanoparticles：behavioral，electrophysiological，and general toxicological effects. *Inhalation toxicology*，2009，21 Suppl 1：83-91.

17. Schaffer M，Pfeffer S，Mahamid J，et al. A cryo-FIB lift-out technique enables molecular-resolution cryo-ET within native Caenorhabditis elegans tissue. *Nature methods*，2019，16：757-762.

18. Scholl B，Thomas CI，Ryan MA，et al. Cortical response selectivity derives from strength in numbers of synapses. *Nature*，2021，590：111-114.

19. Sun R，Liu Y-T，Tao C-L，et al. An efficient protocol of cryo-correlative light and electron microscopy for the study of neuronal synapses. *Biophysics Reports*，2019，5：111-122.

20. Tao CL，Liu YT，Sun R，et al. Differentiation and Characterization of Excitatory and Inhibitory Synapses by Cryo-electron Tomography and Correlative Microscopy. *J Neurosci*，2018a，38：1493-1510.

21. Tao CL，Liu YT，Zhou ZH，et al. Accumulation of Dense Core Vesicles in Hippocampal Synapses Following Chronic Inactivity. *Front Neuroanat*，2018b，12：48.

22. Watanabe S，Rost BR，Camacho-Perez M，et al. Ultrafast endocytosis at mouse hippocampal synapses. *Nature*，2013，504：242-247.

23. Xiao C，Chen X，Li W，et al. Automatic Mitochondria Segmentation for EM Data Using a 3D Supervised Convolutional Network. *Frontiers in neuroanatomy*，2018，12：92.

24. Zhao T，Olbris DJ，Yu Y，et al. NeuTu：Software for Collaborative，Large-Scale，Segmentation-Based Connectome Reconstruction. *Frontiers in neural circuits*，2018，12：101.

25. Zheng Z，Lauritzen JS，Perlman E，et al. A Complete Electron Microscopy Volume of the Brain of Adult Drosophila melanogaster. *Cell*，2018，174：730-743 e722.

第 6 章 脑功能成像

李至浩 胡小平

摘　要

近年来脑成像技术（尤其是磁共振脑成像技术）的发展大大推动了神经科学领域的研究。自从 20 世纪 90 年代早期出现功能磁共振成像（functional magnetic resonance imaging，fMRI）以来，这种技术已逐步发展成为无创性脑成像的有力手段，被广泛地应用于各种基础和临床神经科学的研究中。在这一章里，我们将主要介绍 fMRI 的一般原理，采用 fMRI 技术进行脑功能成像的方法，以及 fMRI 的最新进展。另外，我们也将简要介绍其他的一些脑功能成像手段，如正电子发射断层成像（positron emission tomography，PET），脑电 / 磁图（electro/magnetoencephalography，EEG/MEG）以及穿颅磁刺激（transcranial magnetic stimulation，TMS）。

大脑是主宰我们生命活动的最高级中枢，其特殊的地位和重要的功能一直激发着神经科学家们对它的研究兴趣。但同时也正因为大脑在生命中的特殊性，对它的研究存在着特殊的困难。首先，大脑作为我们生命活动的中枢，对每一个人而言都是头等重要的，研究者不能随便地将其打开，直接监测其活动，这使得大脑在物理上对我们来说成为一个黑匣子。更重要的是，大脑功能机制的复杂性使我们即使面对完全暴露的大脑也不能方便地窥见其运作机理，这一点对我们来说构成一个真正的、完全的黑匣子。

脑功能成像技术是打开这一黑匣子、研究其内在工作机制的重要手段。总的来说，这一手段使我们可以在无损伤的条件下观察到大脑结构和功能之间的联系。实验研究中常用的脑功能成像方法有：①功能磁共振成像（functional magnetic resonance imaging，fMRI），主要依靠检测血氧水平变化来获得功能信号；②正电子发射断层成像（positron emission tomography，PET），能检测事先注入的放射性示踪物质在脑内的分布；③脑电和脑磁图［electro（magneto）encephalography，EEG，MEG］，能分别检测伴随大脑活动发生的电场和磁场改变；④穿颅磁刺激（transcranial magnetic stimulation，TMS），通过短暂地施加外部磁场来干扰特定脑区的神经活动，从而获得结构和功能之间联系的信息。

相对于其他的脑功能成像技术，磁共振成像出现得较晚但却发展迅速，且应用广泛。在过去的十几年中，这项技术的不断进步使得研究者可以不用

外加造影剂就能无损伤地对人脑中神经元活动的区域进行成像。迄今为止，fMRI 已经被运用于各种神经活动的研究，包括初级感觉和运动皮质的活动，以及注意、语言、情绪、学习和记忆等高级认知功能。自从功能磁共振成像技术出现以来，它已成为研究脑功能的强有力工具，引起了神经科学家、医学成像研究者和临床医生的极大兴趣。我们在本章中将重点介绍功能磁共振成像的基本原理、应用方法和最新进展。对于其他的脑功能成像手段，限于篇幅，仅作简要介绍。

第一节　磁共振成像的基本原理

一、磁共振现象

磁共振成像（magnetic resonance imaging，MRI）来源于核磁共振（nuclear magnetic resonance，NMR）现象。在 NMR 研究中，将物体（在脑成像研究中为人体）置于通常被称为 B_0（例如磁场强度为 1.5 T，T 指代 Tesla，或特斯拉）的主磁场中。在这一外部磁场的作用下，物体中的原子核自旋（spin）会发生磁化，倾向于沿着磁场的方向排列。若自旋初始不是沿着 B_0 方向，它就会围绕着 B_0 按一定的频率进动（precession）。这个频率称作 Larmor 频率，它与 B_0 的强度成正比，其比例常数与原子核的种类有关。对于 MRI，主要感兴趣的原子核是氢核（也就是质子），在场强为 1 T 的磁场中，氢核的 Larmor 频率是 42.53 MHz。在主磁场 B_0 之外，如果再施加一个按 Larmor 频率变换的射频磁场（radio frequency，RF），被磁化了的原子核就能够吸收该射频能量发生共振，从而转离它沿着 B_0 的平衡位置。磁化自旋所产生的磁场在垂直于主磁场方向上的分量会以 Larmor 频率旋转，继而会使得附近射频接收线圈中的磁通量发生变化而产生感生电动势，此即 MRI 信号的来源。MRI 信号的振幅依赖于许多参数，这些参数决定最终图像的明暗对比。

二、磁共振图像的空间编码

为了形成一幅图像，扫描仪需要对激发所引起的 NMR 信号进行空间编码。在 MRI 中，这是通过施加磁场梯度来实现的。所谓梯度就是在空间

上线性变化的磁场。由于 Larmor 频率和 B_0 之间的线性关系，磁场梯度让我们得以在空间上区分采集到的 NMR 信号。首先，我们采用选择激发来激发在特定位置上具有一定厚度的层片。这是通过在有外加垂直于层片的磁场梯度时施加有一定带宽的高频脉冲来实现的。选择激发后我们可以用很多种方法进行空间编码，并在空间频率域（spatial frequency space）中采集数据。空间频率域也叫 k 空间（k-space）。在 MRI 术语中，k 空间指的是二维或三维矩阵数据点，这些数据是在图像采集过程中获得的，相当于物体图像的傅立叶变换（Fourier transformation）结果。当只从一个切片获得图像时，k 空间数据属于二维，它表示沿着切片两个二维正交方向的编码。通过运用一个二维反傅立叶变换，可将测得的 k 空间数据转换成具有明暗对比的切片像素图像。

在自旋回波（spin-echo）序列或梯度回波（gradient-echo）序列这样的技术中，每个 RF 激发后只能收集一排沿着一维 k 空间的数据，花数秒到数分钟的时间才可以完成一幅图像。而在平面回波成像（echo-planar imaging，EPI）或螺旋成像（spiral imaging）技术中，单个 RF 脉冲激发后就能收集二维 k 空间数据点，这些信号采集程序被统称作单次激发序列（single-shot sequences）。用单次激发方法对一个切片成像大约需要 30～100 msec（具体速度与成像硬件的性能有关），这样整个脑的多层成像就可以在几秒钟之内完成。fMRI 研究通常采用单次激发的方法，因为这种方法成像速度快，有利于监测脑激活期间信号的连续动态变化。此外，单

次激发的方法还有一个优点是不受单个成像时间内（intra-image）被试运动的影响。

当然，单次激发条件下高速成像的实现是要付出一定代价的。事实上也存在许多与这些序列有关的固有局限性，例如图像变形和低信噪比。图像变形来源于磁场的不均匀性。因为 MRI 图像的形成是基于对磁场的人为空间调制，磁场的任何其他非可控空间变化都会造成空间编码的误差，从而导致 EPI 图像中的几何失真和螺旋成像中随空间变化的图像模糊。这个问题的严重性与具体的成像参数、实验条件以及磁场强度有关。因为脑组织和空气之间的磁化率差异，磁场的不均匀性在接近空气和脑组织交界处（air-tissue interfaces）最为严重。这种磁场的不均一性与磁场强度成正比，但幸好我们有许多方法可以矫正由于磁场不均所导致的图像失真。

单次激发成像的另外一个问题是数据采集过程中的 NMR 信号衰减。这种衰减由一个时间常数 T_2^*（其物理意义见下文）来决定。T_2^* 是脑功能磁共振成像的研究者常常听到的术语，因为通常为了获得功能信号对比，实验中主要采集的图像就是 T_2^* 加权像。在常规 T_2^* 加权像中，由于组织和气腔之间磁化率的不同会造成 T_2^* 变短，从而在邻近两种介质交界的区域导致很严重的信号损失。这个问题对于全脑功能的研究可能会带来一定的限制，但我们可以通过应用不同的数据采集策略或成像序列来减少信号损失，将这种局限性减到最小。这其中最简单的方法或许就是采用较薄的轴向切片（axial slices）。因为大多数磁场空间变化是沿着头的轴方

向（即头顶–脚底方向）的，减小这一方向上切片的厚度可以缩小这种磁场变化的范围，图 1-6-1 举例说明了这种方法。对于单次激发成像序列，T_2^* 衰减也限制了可以用来进行数据采集的时间窗口宽度，因而很难获得高分辨率图像。如果想得到高空间分辨率，常常需要配合运用半傅立叶采集和多次激发的方法，或减小视野。

三、磁共振图像对比

磁共振成像通常是通过对水分子中的质子进行射频脉冲激发来实现的。被激发的质子会经历一个弛豫过程而恢复到热平衡状态。一个质子在弛豫过程中可以和周围环境交换能量，这称为纵向弛豫（其时间常数为 T_1），它也可以和其他质子交换能量，这称为横向弛豫（其时间常数为 T_2）。

当激发脉冲序列的重复时间（time of repetition，TR）比较短时，纵向磁化强度（沿外加磁场方向，用 Mz 表示）在下一个激发脉冲到来之前往往不能完全恢复到平衡态。这样一来，T_1 较短组织的 Mz 相对于 T_1 较长的组织就恢复得多一点，前者在下一个激发周期中得到的能量也更多，其 MR 信号就相对更强。例如，在较短的 TR 下，大脑白质由于 T_1 较短而显得比 T_1 较长的脑脊液更加明亮。这种依赖于不同组织具有不同 T_1 特性而实现图像对比的方法就被称为 T_1 加权。

除了纵向弛豫，核磁共振信号也受横向弛豫过程的影响。这其中一个非常重要且常见的序列参数

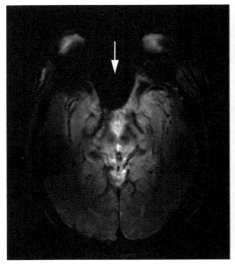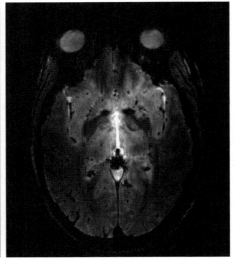

图 1-6-1　在 7 T，TE ＝ 15 mesc 条件下 FLASH 图像显示的 T_2^* 相关信号损失效应

左图是一张 5 mm 的切层，箭头标示出前额区域的显著信号损失。右图是同一个区域 5 张 1 mm 切层的加和。采用薄层图像叠加可以弥补信号损失

就是从激发点到数据采集点之间的时间间隔，称作回波时间（echo time，TE）。在 TE 期间，我们可以运用回波聚焦的脉冲（refocusing pulse）获得多个回波，即多回波成像（multi-echo imaging）。常规的功能成像不用多回波，这时场梯度脉冲将用于形成回波以成像，这样的回波因此被称作"梯度回波"（gradient-recalled 或 gradient echo）。当采用回波聚焦的脉冲时，我们探测到的是自旋回波序列信号（spin-echo signal），这个信号以 e^{-TE/T_2} 的形式作指数衰减，这里的 T_2 被称作横向弛豫时间（transverse relaxation time）。它是由于自旋的随机运动造成的，体现了这个本征弛豫过程的时间特性。若两种组织具有不同的 T_2，它们之间横向磁化强度衰减的速率就会不同。同样比较大脑白质和脑脊液，因为前者的 T_2 比后者要短，在一个 TE 较长的序列中，大脑白质将由于横向磁化强度比脑脊液衰减得多而在图像中显得较暗。这种依赖于不同区域具有不同 T_2 特性而实现图像对比的方法就被称为 T_2 加权。在梯度回波中，本征弛豫过程（relaxation processes）以及失相效应（dephasing）共同导致信号衰减。失相效应是由于磁场不均匀时不同位置的自旋进动频率不一样造成的相位不一致引起的，它可以通过回波聚焦的脉冲去除。在梯度回波成像中，相应的弛豫常数是 T_2^*，它体现了本征的 T_2 弛豫效应和失相效应综合造成的信号衰减时间特性。T_2^* 加权成像是依赖于血氧水平脑功能成像的主要方法。

四、小结

原子核自旋在外加磁场中会发生磁化。它们受特定频率的射频脉冲激发后可以通过一定的弛豫过程回复到基态（核磁共振）。磁共振信号被外加梯度场空间编码后而成像。通过调节 TE、TR 等参数，在具体的成像过程中我们可以获得 T_1 加权、T_2^* 加权等不同的图像对比度。

第二节　脑功能磁共振成像的机制

大多数的 fMRI 实验是基于血氧水平依赖（blood oxygenation level dependent，BOLD）的信号开展的。这是因为脱氧血红蛋白（deoxyhemoglobin）是顺磁性（paramagnetic），而氧合血红蛋白（oxyhemoglobin）则与脑组织类似，是反磁性（diamagnetic）；因此脑中局部脱氧血红蛋白浓度的改变能够导致 MRI 图像灰度的变化。大家普遍认为神经元的活动会导致局部脑血流量增加，但局部耗氧率（oxygen consumption rate of O_2，$CMRO_2$）增加的幅度相对较小。因此，在神经元（neuron）活动时局部毛细血管和静脉中的脱氧血红蛋白浓度会降低，从而导致 T_2^* 和 T_2 增加，这种增加表现为 T_2^* 和 T_2 加权的磁共振图像中局部像素信号强度的增强。基于这一原理，在研究神经系统的功能时，我们可以在被试静息的状态下、在完成特定任务的状态下，或者在受到特定刺激的状态下，连续地采集 T_2^*（或 T_2）加权像。随后用统计学方法对任务／刺激呈现时期与静息时期的图像进行对比分析，这样就能确定信号变化有统计显著性的脑区，这些区域就被认为是功能激活区域。图 1-6-2 和图 1-6-3 举例说明了这种类型的成像实验。图 1-6-2 显示了一种运动任务（motor task）条件下的皮质活动。

图 1-6-3 在一个三维头像的冠状切面中显示了进行注意转换作业任务时顶叶皮质、梭状区以及小脑的激活。

一、物理机制

（一）血氧水平依赖性（BOLD）的图像对比

BOLD 图像对比与血氧合状态有关，而血氧合状态可以改变血红蛋白的磁敏感性。氧合血红蛋白是反磁性的，这类似于脑组织；相反，脱氧血红蛋白是顺磁性的，它的出现会导致含有这些分子的区域中磁化率的显著改变。在脱氧血红蛋白浓度变化的时候，该蛋白分子或含有该蛋白分子的血管周围就会发生因磁化率差异引起的磁场不均匀，这种磁场不均匀性会缩短局部 T_2 和 T_2^*，从而导致磁共振信号变化，这就是 BOLD 现象。Ogawa 和他的同事首次在活体内观察到了 BOLD 现象，但 BOLD 现象的基础，即脱氧血红蛋白的顺磁特性（或血红蛋白的磁性随着氧合状态变化），在 1936 年就已经被发现了。血红蛋白的氧合状态对横向弛豫的影响也在更早就被报道。

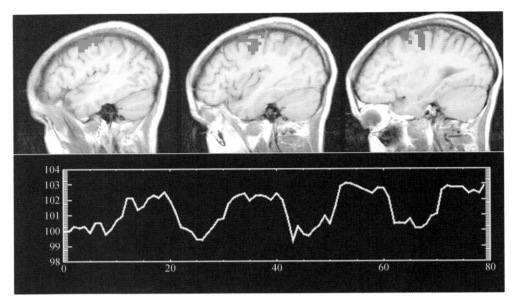

图 1-6-2　点手指运动时的脑激活区（上半部分）以及相应的信号−时间曲线（下半部分）
（此图为杨一鸿博士提供）

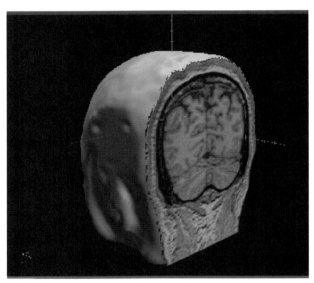

图 1-6-3　一项关于注意转移的 fMRI 研究

大脑顶叶皮质、棱状区以及外侧小脑在注意转移时表现出激活（大脑中标有红黄颜色的区域）

（二）血管内外的磁场差异与对比

脱氧血红蛋白位于脑血管内，它对水质子的影响依赖于质子相对于血管的位置。如果将一个无限长的圆柱体看作血管的近似物，则这个血管周围存在磁敏感性差异 $\Delta\chi$。受该血管的影响，空间上任意点以共振频率表示的磁场将与施加的磁场 ω_0 之间发生偏离。在血管圆柱体内，偏离 $\Delta\omega_B$ 可以由下面的公式算出：

$$\Delta\omega_B^{in} = 2\pi\,\Delta\chi_0\,(1-Y)$$
$$\omega_0\,[\cos^2(\theta)-1/3] \qquad (1)$$

在圆柱体外的任何点，磁场则根据下面的公式变化：

$$\Delta\omega_B^{out} = 2\pi\,\Delta\chi_0\,(1-Y)$$
$$\omega_0\,(r_b/r)^2\sin^2(\theta)\cos(2\phi) \qquad (2)$$

在这些公式中，$\Delta\chi_0$ 指的是完全去氧血的最大磁化率差异，Y 是氧化血的占比分数，r_b 是圆柱体半径，r 是感兴趣点和圆柱体中心之间的距离，其他参数请参见图 1-6-4 中标明的角度和相关距离。需要注意的是，在圆柱体外，磁场在一个相当于圆柱体半径的距离内快速变化；在等于圆柱体直径的距离上 $\Delta\omega_B^{out}$ 已经减小到它在圆柱体边界上值的 25%。如果这样一个血管出现在一个特定的体素（voxel，是三维图像的基本单位）中，这个体素内的磁场就会不均匀。这种不均匀效应对核磁共振的影响可以用动态平均和静态平均（dynamic and static averaging）来理解；前者是由水分子的弥散运动造成的，后者则是由不同场强下自旋的相位差别而引起的。

关于磁场不均匀性对 MR 信号的影响，很多文献已经从理论上进行了详细的讨论，这里我们只作一个简单的总结。对于血管外（即组织）的自旋，存在动态平均效应，这种效应是由于回波时间（即 TE）内的弥散引起的。因为典型 TE 内的弥散距离小，所以这种动态平均主要在小血管周围比较明显，比如直径小于 50 μm 的毛细血管。动态平均会导致 T_2 的变化，从而产生自旋回波和梯度回波图像中的 BOLD 信号对比。对于大血管，血管外自旋的动态平均效应可以忽略，但是如果不用回波聚焦的脉冲或采集不对称的自旋回波，静态平均就会

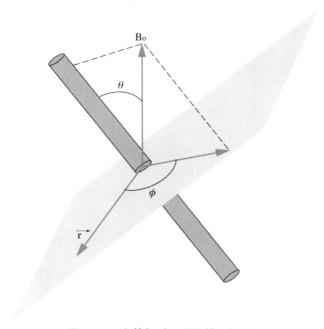

图 1-6-4　血管相对于磁场的几何位置

这里的角度（θ，φ）和距离（r）对应于文中的方程（1）和方程（2）

起作用。有数学模拟显示，动态平均主要以小血管（在～ 4 T 的场强下，直径 < 8 μm）为主，而静态平均主要为大血管（在～ 4 T 的场强下，直径 > 10 μm）效应。当然，这种血管大小的依赖也是场强的函数。

这里提到的血管外 BOLD 效应可以用下面的公式表达（R_2^* 也就是 $1/T_2^*$）

$$R_2^* = \alpha \left[\Delta \chi_0 \omega_0 (1-Y) \right] b_{vl} \quad （大血管）\quad (3)$$

$$R_2^* = \eta \left[\Delta \chi_0 \omega_0 (1-Y) \right] b_{vs} p \quad （小血管）\quad (4)$$

在这里 α 和 η 是常数，ω_0 是以频率为单位（rad/sec）的外加磁场，$\Delta \chi_0 \omega_0 (1-Y)$ 是频率差异，是由于圆柱体与其周围之间的磁化率差异造成的，圆柱体模拟含有去氧血红蛋白的血管，b_{vl} 是大血管（4T 下半径大于～ 5 μm 的静脉和小静脉）的血容量，b_{vs} 是小血管（毛细血管和小静脉，半径小于～ 5 μm，允许动态平均）的血容量，p 是部分起作用的小血管，也就是充满脱氧血红蛋白红细胞的血管。这些理论的一个重要推论是小血管效应随 B_0 的平方增加，而大血管效应随 B_0 线性增加。虽然这两种效应都随 B_0 增强，但是在高场条件下微血管的作用就会因为它对 B_0 的平方依赖性而变得相对更加重要。毛细血管均匀地分布于组织中，密度非常高，并且临近神经元活动的部位，而大血管在空间上离神经活动部位相对更远，因此高场有利于提高基于 BOLD 信号 fMRI 的空间特异性。当然，如果不考

虑 BOLD 现象对血管内（也就是血液）信号的影响，关于它的描述将是不完全的。在血液内，脱氧血红蛋白的磁化效应被完全地动态平均，并且缩短了脱氧血红蛋白的 T_2。有研究显示，这种效应随 B_0 平方增加。因此，即使忽略上述的血管外效应，当脱氧血红蛋白含量由于神经元活动增强而改变时，小血管和大血管内血液本身的 T_2 也会变化，导致 T_2 或 T_2^* 加权像中的信号强度变化。

二、生理机制

虽然我们对于神经活动生理过程的确切本质还不完全清楚，但是目前大家普遍认为，正如 PET 研究所显示的那样，神经活动时脑血流量（cerebral blood flow，CBF）大量增加，其增加幅度超过了氧利用（$CMRO_2$）的小量增加。结果是兴奋的神经元活动发生时 $CMRO_2/CBF$ 降低，导致 R_2^*（$= 1/T_2^*$）的降低，因此对 T_2^*（或 T_2）敏感的图像中信号强度增加。因为 BOLD 信号依赖于血氧水平，尤其是静脉血中的血氧水平，所以它在脑中与 CBF、$CMRO_2$ 以及脑血容量（cerebral blood volume，CBV）均密切相关。这三个生理参数之间相互影响，共同决定了 BOLD 效应。具体地说来：

$$\Delta R_2^* = -\frac{\Delta \text{BOLD}}{\text{BOLD}} \cdot \frac{1}{\text{TE}}$$

$$= -\alpha^* \left(\frac{\Delta Y}{1-Y} - \beta^* \frac{\Delta \text{CBV}}{\text{CBV}} \right) \quad (5)$$

在这里 α^* 和 β^* 是常数，Y 是血的氧化常数。氧化水平的变化，即 ΔY，则通过下面的公式与 $CMRO_2$ 和 CBF 的变化相关联：

$$\frac{\Delta Y}{1-Y} = 1 - \frac{1 + \Delta CMRO_2/CMRO_2}{1 + \Delta CBF/CBF} \quad (6)$$

通过测量 ΔR_2^* 和 ΔCBF，可以利用上面的公式，以及 Grubb 关系（Grubb's relationship），$\Delta \text{CBV}/\text{CBV} = [(\Delta \text{CBF}/\text{CBF} + 1)^{0.38} - 1]$，估计 $\Delta CMRO_2$。

三、小结

脑功能磁共振成像的主要机制是 BOLD 的图像对比。其生理基础是脑活动引起的血氧供应增加超出了神经元代谢耗氧的增加，这使得血管内脱氧血红蛋白的浓度降低，从而 T_2^*（或 T_2）变长。血管内脱氧血红蛋白对水质子核磁共振信号的影响表现为动态和静态平均效应。

第三节　脑功能磁共振成像的基本方法

一、成像数据的采集

（一）成像参数的选取

重复时间（TR）、回波时间（TE）、层厚（slice thickness）、空间分辨率以及切层数目是一些在 fMRI 实验中需要考虑的重要序列参数。TR 是对每个切层进行重复成像的一系列 RF 脉冲之间的时间间隔，相当于使用单次激发序列时每次采集所需要的时间。为了维持适当的时间分辨率，TR 不能设得很长；但是一个 TR 时间内可采集的图像层数是有限的，TR 越短则层数越少。所以选择 TR 时应当考虑到要允许有足够数量的切层。例如，当 TR 为 3 s 时，如果每个切层的采集时间是 100 ms，则最多可以获得 30 张切层。切层数应该足够多以覆盖所感兴趣的区域。TR 也受质子自旋的纵向驰豫时间（～1 s）影响，一般选在几秒的范围。TE 决定 BOLD 信号对比，并且影响获得信号的信噪比（signal-to-noise ratio，SNR）。在一个 T_2^* 加权像中，BOLD 相关的信号变化由下面的公式表示：

$$\Delta S = - S_0 e^{-\frac{TE}{T_2^*}} \Delta R_2^* TE \qquad (7)$$

在这里 S_0 是一个常数。ΔR_2^* 是激活所引起的弛豫时间（倒数）改变，反映脑活动的强度，它通常是负值，因此信号变化 ΔS 是正值。从公式（7）可以看出，当将 TE 设为 T_2^* 时，可以获得最大的信号变化。切层厚度以及切层的空间分辨率决定图像体素（voxel）的大小和 SNR。切层的厚度一般在几毫米，图像分辨率一般设为 1 ～ 5 mm/voxel。把切层数目乘以切层厚度，再加上切层之间的距离（可以为 0）就得到了总的采集体积。

（二）实验刺激范式

1. 组块式设计　在脑功能磁共振成像研究中，简单的实验设计是比较大脑的两种工作状态，比如静息状态和活动状态。活动状态下被试可以是在感觉刺激，完成运动或认知任务。这样的实验通常使用组块式设计（block design），它的意思就是把相同或类似的实验任务（或刺激）分布在各自对应的呈现"组块"当中（图 1-6-5）。在组块实验设计下，我们采集被试交替处于两种（也可以是多种）任务状态中的 T_2^*（有时为 T_2）加权像。有时在 fMRI 数据采集的过程中我们还记录被试的行为数据。

在组块实验范式下，我们需要确定的参数是刺激重复的次数以及静息和活动区间持续的时间。刺激重复次数的选择要基于信噪比的需要以及被试的实际耐受性。每次扫描（run）持续的时间通常在分钟级的范围，其中会包括数个活动和静息组块。由于 BOLD 反应的上升和下降时间一般需要 5 ～ 10 秒，每个活动或静息区间的时间长度通常为数十秒。

2. 事件相关（event-related）设计　在组块设计中，我们通常需要把相同类型的刺激集中在一起以"Block"的形式连续呈现。这种设计对于很多研究大脑高级认知功能（例如记忆）的实验来说是不合适的，因为很多实验需要测量每个被试对单个刺激而不是连续多个刺激的反应。再者，很多实验要求被试根据呈现的不同刺激做出不同的任务反应，若同类型的刺激都集中在一起而不是混合交替呈现，就会带来"预期效应"，即被试在刺激尚未呈现之前就已经知道将会发生什么并试图做好准备，而这往往是实验者不希望发生的。另外，多个刺激集中在一起也使得它们的 BOLD 信号在时间上交替重叠，不利于区分测量单次大脑响应的各种特性。

基于上述原因，我们引入事件相关的实验设计，即把独立或短暂的刺激单元分散呈现，每一个刺激单元就称为一个事件。事件与事件之间的时间间隔（inter-stimulus interval，ISI）可以选为一个常数，也可以随机变化。如图 1-6-6 所示，脉冲刺激之后 fMRI 的信号需要 2 ～ 3 秒钟才开始上升，4 ～ 6 秒钟后才达到峰值，10 多秒钟之后才能恢复到基线。

图 1-6-5　组块式实验设计图示
不同组块的持续时长可以相等，也可以不相等

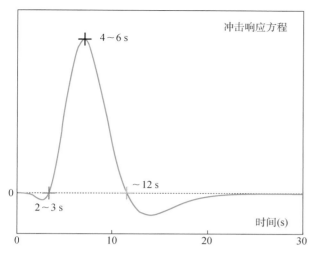

图 1-6-6　**fMRI 冲击响应方程图示**

图中曲线根据 Chen 等报告的方程 $\left[y(t) = w_1 \left(\dfrac{t}{\alpha_1} \right)^{\beta_1} e^{-t/\alpha_1} - w_2 \left(\dfrac{t}{\alpha_2} \right)^{\beta_2} e^{-t/\alpha_2} \right]$ 所绘制，所标的时间只是大概的估计，其具体的值将因不同的人、不同的脑区而异

另外在很多实验中，fMRI 信号在下降回复到基线后还可能继续下降一段时间之后才又逐渐恢复（post stimulus undershoot）。因为 BOLD 信号具有这种比较缓慢的血氧动力学特性，常规事件相关设计中的 ISI 一般应该不小于 5 秒钟。当然，在 ISI 可随机变化的时候（文献中通常称为 "jitter"），其平均值可以取得更短。

　　事件相关 fMRI 的使用是脑功能磁共振成像发展中革命性的一步。在组块式设计中，典型的任务周期是一分钟左右，期间被试多次执行任务。因此，基于组块设计的实验结果可以看作一种稳态响应（steady-state response），它得到的图像是对大脑在一段时间上的一个平均观察。这样的平均会丢失神经活动的时间信息，例如像学习效应，或者重复同一个作业所引起的习惯和（或）疲劳效应。相反，事件相关的 fMRI 通过增加一个维度——时间，提供了进一步研究神经活动事件（或更加精确的血液动力反应和代谢反应）的更丰富途径。单个事件的 BOLD 反应可能显示脑激活的短暂变化和不同脑区之间潜在可辨别的时间关系。另外，事件相关的 fMRI 除了能提供关于单个事件的脑激活信息，它还允许非传统的实验范式设计，比如用来研究偶然事件（infrequent/oddball events）的实验范式。

　　相对于组块式设计，事件相关设计的优点包括：①研究者可以在数据收集完毕之后根据被试的行为学指标区分不同的事件。例如把相同类型的刺激再分为"正确反应"和"错误反应"来进行进一步的分析；②使研究者能够较为细致地研究大脑对于各种事件响应 / 加工的时间特性；③研究者可以根据脑响应函数的不同来区分不同的功能（包括病灶）区域；④有的事件是不能重复连续呈现的，只有使用事件相关的设计才能对其进行 fMRI 研究。

　　3. 无任务（task-free）设计　组块式或事件相关的实验刺激范式都是以调制 / 影响大脑活动为前提的。而事实上，在没有特定的外部刺激或任务的条件下，大脑中的神经活动也非常活跃，这就是我们所熟知的固有自发的神经活动（intrinsic spontaneous activity）。这样的神经活动也能被 fMRI 所记录，并用来探测和研究大脑的各种功能。研究固有自发神经活动的好处在于，不需要设计任何特定的任务或刺激，只需要记录被试在静息状态下的 fMRI 信号即可。这样的操作简化对于健康被试的成像研究或许只是提供了额外的实验选项；但对于无法配合任务指令的人群，例如昏迷的患者、认知功能不足的幼儿或老人，或者是动物被试，无任务的实验设计则可能是进行 fMRI 实验的唯一选项。另外，以往基于实验任务或刺激的 fMRI 研究在很大程度上关心的只是"这里激活，那里没激活"的功能定位，即倾向于把各个激活脑区孤立开来分别研究。但作为一个超级神经网络，大脑皮质的各区域之间在客观上存在着繁复的联系。因为常常关注脑区域之间的功能连接，无任务设计的 fMRI 也促进了脑研究焦点从局部区域拓展到大范围的脑网络。

　　无任务设计下研究大脑区域之间功能联系的主要方法之一是基于静态下脑区间低频信号的相关分析。有研究表明低频信号波动（小于 0.1 Hz）在功能相关的大脑区域之间（如双侧运动、听觉、视觉以及感觉皮质之间）存在时间上的相关性。它反映了在空间上分离的大脑区域间存在着的功能联系。根据 Hebb 的理论，这样的联系可能源自具有较强突触连接的不同区域之间的同步电活动。有研究表明，脑区之间的低频信号相关在一些病理或生理条件下会发生改变，如药物成瘾、脑损伤、睡眠以及衰老等。综合起来，这些证据均说明了低频信号相关是正常大脑神经活动的一项重要指标，通过它我们可以得到不同脑区功能联系的重要信息。除了脑区之间无方向的功能连接（A-B 连接和 B-A 连接视作等同），静息态 fMRI 研究也能用结构方程分析等方法来推测区域间带方向性的有效连接（effective connectivity）。另外，通过计算静息态自发活动信号的低频震荡幅度（amplitude of low frequency fluctuation，ALFF）或者临近像素自发信号之间的相似性（regional homogeneity，Reho），无任务的实验设计也同样可以用来聚焦研究某个特定脑区的功能特性。

二、成像数据的分析

（一）数据的预处理

与脑活动相关的 MRI 信号变化最多只有基线信号值的百分之几。为了可靠地检测到这样小的信号变化，我们常常要采用一些统计学方法。除了固有的信号变化幅度较小外，一些其他的噪声也可能影响 fMRI 数据的质量。因此，在运用统计方法进行常规数据分析之前，我们常常还需要进行一些预处理。数据的预处理通常包括运动矫正（motion correction）、层间时间对齐（slice timing correction）、时间滤波（temporal filtering）和空间滤波（spatial filtering）。

因为被试头部在数据采集过程中难免会有轻微的运动，这种运动会造成像素信号强度与刺激无关的改变，即导入运动伪影。运动校正能够使得不同时间点上代表大脑同一位置的像素在空间上尽量重合在一起。其基本原理是估计每一幅图像相对于基准图像在三个平动和三个转动维度上的偏差，然后据此移动或转动进行校正以尽量消除运动带来的影响。

在一个 TR 时间内我们通常会采集不止一层的图像数据。但因为三维图像是逐层依次采集的，它们在时间上存在一定的先后顺序。为了使不同切层上大脑区域的信号-时间曲线都同步于一个共同的时间原点，我们需要在预处理时进行层间时间对齐。这一步骤比较简单，实际上就是对不同层上的信号曲线进行插值（interpolation），然后在同一时刻进行重取样（resample）。

BOLD 信号的变化中除了我们感兴趣的大脑活动成分之外，通常还带有由机器基线不稳所引起的线性漂移，由被试自身呼吸和心跳所带来的生理噪声等干扰成分。若这些干扰在频率上与我们感兴趣的信号差别较大，我们可以使用时间域上的滤波来减弱它们的干扰，这种滤波方法在静息态功能连接（resting-state functional connectivity）的数据分析中有广泛的应用。

fMRI 图像的空间滤波又称为空间模糊（blur）或空间平滑（smooth）。它把一个像素的信号替换为包括它在内附近一定范围内多个像素信号的加权平均值。这一过程实际上减小了相邻像素间信号的差别，或者说 fMRI 激活图的空间分辨率被降低了。但这样做的好处在于，通过叠加平均增加了信噪比，同时减小了不同被试间激活部位的空间差别，方便我们把多个被试的激活结果综合起来进行组分析。这样做的依据是，大脑中两个较为邻近的区域在激活特性的相似程度上应当比两个分得较开的区域更高。空间平滑一般在三维空间体素水平上进行，但也可以待皮质展开之后在二维平面上进行，从而消除皮质沟回褶皱对于像素空间临近性评价的影响。

（二）常用的激活检验方法

检测脑激活最常采用的方法是 t 检验（student's t-test）、交叉相关（cross-correlation）和一般线性模型（generalized linear model，GLM）。假定活动期间和静息期间获得的数据曲线是平台状的，并且它们之间的差异反应了大脑活动导致的信号变化，通过计算不同条件下信号强度的差异以及信号变异方差（estimated variance）之间的比值，t 检验能够检测脑活动时体素信号表现出的显著性变化。t 检验的优点是容易使用，缺点则来自它对信号曲线呈平台状的假设，以及对数据中的噪声成正态分布的假设。交叉相关分析通过一个预定的响应曲线方程来对 MRI 信号进行模拟，试图发现信号曲线与该预定变化相符的体素。这个预定的响应曲线可以是研究者根据刺激模式提出的合理假设，也可以是某个脑区中实际记录到的 BOLD 信号曲线（功能连接分析），甚至可以是在其他被试某个脑区中所记录到的 BOLD 信号曲线（被试间相关，inter-subject correlation）。当统计模型中需要考虑混淆因素或协变量时，GLM 是一个分析脑激活更加常用的方法。例如研究者常常会把被试的头动曲线作为不感兴趣的变量纳入 GLM 中，以期获得更好的信号变异模型，把感兴趣的信号从不感兴趣的噪声中更好地分离出来。需要注意的是，所有这些方法都依赖于事先知道或假定了信号反应形式这个前提，因此这样的做法通常称作"假设驱动"（hypothesis-driven）的分析。此外，它们也假定数据中噪声的统计分布已知（一般假设为正态分布）。在 *Functional MRI* 这本书中，由 Lange 撰写的一章对 fMRI 数据分析方法进行了更加全面的综述。

在分析事件相关的 fMRI 数据时，个体水平的 t

检验一般不大适用，因为事件引起的信号变化不是非 0 即 1 的简单二元区分。在这种情况下，一个简单有效的分析方法是假设一个特定的血氧动力学响应函数（如图 1-6-6，有的研究者也把它称为冲击响应方程，impulse response function，IRF），将它和刺激模式进行卷积（convolution），卷积的结果再与测量到的信号曲线做相关分析，或者放到 GLM 中做多重回归分析，从而得到统计激活图。另外一个方法是所谓的"反卷积"（deconvolution），其实质是不假定 IRF 的形状，只假设它是有一定宽度的离散函数，这些离散点上的值就是 GLM 模型中的未知变量，这些未知变量可通过刺激方程与测量到的实际数据进行"反卷积"求得。这样做的好处是，在找出激活脑区的同时还能获得各个脑区的 IRF，以便我们对事件相关的脑响应做更深入的定量分析（如响应峰宽、峰高以及达到峰值的时间）。这样做的缺点在于 GLM 模型中需要估计的参数比较多，在信噪比较低，或者试次（trial）样本量不足的情况下容易因为模型的过拟合（over fitting）把噪声过多地引入最终结果中。

（三）无模式假设（model free）的分析方法

上述常规的 fMRI 数据分析一般都是基于一定的激活模式假设。在通常情况下，这样的假设是足够合理的，其应用在较为简单的实验设计中也是非常简洁且有效的。但是在一些特殊的情况下，例如研究的脑网络相当复杂或者对 fMRI 信号响应的时间特性知之甚少，我们就还需要用到一些无模式假设的分析方法，或者叫作数据驱动（data-driven）的分析方法。根据具体的实验设计和需要研究问题的不同，无模式假设分析的方法有很多，其中常用的包括主成分分析（principle component analysis，PCA）、独立成分分析（independent component analysis，ICA）、归类分析（clustering analysis）以及上文提到的被试间相关等。

独立成分分析是近年来发展较快、被广泛使用的一种 fMRI 数据分析方法。在不需要对激活信号特征作出事先设定的条件下，它可以把采集到的数据分解为若干统计意义上独立的子成分。每一个子成分都具有特定的空间激活分布以及相应的信号时间曲线。这些成分有的来自真实与任务相关的大脑活动，有的则来自其他的噪声干扰（如头动）。实际应用表明，ICA 方法不但能够重复出类似于常规

分析方法得到的结果，在噪声干扰较大的条件下（如头动，任务完成正确率较低），它能够得到更为可靠的激活图。注意这里所说的"激活"并不一定要基于外加的实验刺激或任务，近年来发展较快的静息态脑功能成像中就并不施加特定的实验刺激。ICA 在静息态 fMRI 数据分析中所探测到的"激活"是自发神经活动所体现出来的本征（intrinsic）功能网络，这些网络在刻画固定人群（例如抑郁症患者）的神经系统特征时非常有用。基于数据驱动方法所获得网络特征可以进一步用于后续的更多数据驱动分析。例如，可进行时间维度上的归类分析以获得不同的"脑状态"；或者可进行空间维度上的归类分析以获得不同的"脑区分割"；或者可进行个体维度上的归类分析以区分不同的被试群体（如区分患有不同疾病的人群）。这里的归类分析还常常涉及到近年来炙手可热的机器学习方法，它可以把假设驱动和数据驱动分析所获得的多种数据特征整合在一起，应用于包括脑机接口（brain computer interfacing）、行为预测、疾病诊断和预后评估在内的许多领域。

三、功能成像的一些潜在问题

（一）大血管污染（large vessel contamination）

虽然 fMRI 已被广泛地运用于神经科学研究的许多领域，但是它还有许多值得注意的问题，例如它的空间特异性。研究者们对这个特性产生怀疑是因为同样能产生 BOLD 反应的大静脉往往远离（可达 1 cm）神经活动发生的位置。的确有实验研究表明，fMRI 的激活定位受大血管位置的影响，这些大血管在专门的血管图像中能够很容易地看出来。大血管对 fMRI 结果的影响可能来源于流入效应（inflow effect），也可能来源于前面提到的大血管本身的 BOLD 信号，这两种作用都不是针对神经科学的 fMRI 研究所想要看到的。对于流入效应，可以采用一个小的翻转角（flip angle）和（或）长的 TR，或运用能够破坏血管内信号的双极梯度（bipolar gradients）进行消除。但大血管本身的 BOLD 信号可以同时是血管内和血管外的，它相当复杂，不容易被消除。

（二）生理噪声（physiological noise）

功能 MRI 依赖于 T_2^*（或 T_2）加权像中局部信

号强度的变化。在理想条件下，我们希望只有与神经活动相关的信号变化被监测到。但实际上，许多信号变化是由图像到图像的波动（image-to-image fluctuations）造成的。这种波动导致了功能图像中的伪影，并且妨碍了对真实神经活动信号的监测。神经活动引起的信号变化幅度一般在百分之几的范围之内；在许多情况下，伪影波动的幅度（~ 2%）与其相当甚至更大。

除了由于 NMR 物理特性产生的噪声以外，fMRI 数据的波动有两个重要的来源：被试运动和生理相关的变化。固定被试在一定程度上可以减少被试运动，同时我们也已经有了许多数据后处理技术可以减小被试运动带来的信号噪声。另外，通过数据后处理技术也能减小生理噪声效应。导航者回波方法（navigator echo approach）是最早被用于减小由呼吸和心跳引起的 fMRI 数据波动的方法。后来，我们又发展了回顾校正方法（retrospective correction method），这种技术需要在 MR 数据采集的同时监测呼吸和心跳。在后期数据分析时，在呼吸周期和心动周期内，根据它们的位置截出相应的 MR 数据。通过将截出的数据拟合到一个周期函数，我们可以估计由于相应的生理活动引起的信号变化。这个变化最后可以从测得的数据中减去。研究证明，这种方法对于去除原始数据中的生理噪声波动是有效的，噪声消除率可以达到 80%。此外，因为这不是一种滤波方法（filtering approach），所以其优越性在于不要求生理活动具有严格的周期性，不要求

比生理活动变化更快的采样率，也不会歪曲激活的时程曲线。

对于头动和生理噪声的消除，目前较新的做法是采集单次激发下的多次回波（multi-echo）数据。根据上面的公式（7）可知，基于 BOLD 机制（由 ΔR_2^* 导致）的 fMRI 信号变化和 TE 是成正比的。换句话说，非正比于 TE 的信号变化就可视作为噪声。因此我们只需要在同一次扫描中的每个时间点上用不同的 TE 采集多个版本的数据，在随后的数据分析中，可以根据同一个信号波动曲线（例如可以通过 ICA 获得）在不同 TE 下的变化幅度表现来判断其是否为噪声。因为真正的 BOLD 信号波动幅度正比于 TE，TE 长则信号波动幅度大；而噪声波动幅度却不随 TE 发生变化。利用此差异，我们就可以在保留 BOLD 信号的同时剔除噪声成分。

四、小结

脑功能磁共振成像的基本参数包括 TE、TR、切层数目、切层厚度、图像分辨率等。通常的实验模式分为组块式的、事件相关的以及无任务的实验设计。实验获得的数据先经过一些预处理（如头动校正），然后再由有（如 t-test）或无（如 ICA）激活前提假设的数据分析手段获得激活图。除了脑功能活动的基本信息之外，采集到的信号中还夹杂有来自物理和生理等各方面的噪声。根据具体的研究目的，这些噪声可用不同的方法进行控制。

第四节   脑功能磁共振成像应用举例

一、组块式设计——关于 MT-MST 脑区活动受自主性注意调节的实验

这一实验来自 Kathleen 及其同事。他们研究大脑 MT-MST 区域对运动的感知是否受自主性注意的调节。如图 1-6-7 左上方所示，这一实验中给被试呈现的刺激为灰色背景中散布着的一些小点。这些小点分为两类：一类是黑色的，它们相对于背景是静止的；另一类是白色的，它们不断地向视野中心作汇聚运动。实验的两种条件非常简单，即被试要么注意观看黑色静止的点，要么注意观看白色运动

的点。根据一个声音提示，被试就在这两种状态间来回切换，每种状态持续 20 秒。

MT-MST 区域是大脑皮质中对运动敏感的地方。图 1-6-7 下方显示的结果表明，尽管被试一直可以看到白色的点在运动，但 MT-MST 区域对这一运动的响应却受到自上而下的注意调节。当被试注意观看这一运动时其响应信号增加，而当被试不注意观看运动时其响应信号下降。随着被试在两种实验条件下来回切换，这一区域的 fMRI 信号也显示出相应的矩形方波样变化。这一实验设计虽然简单，但却为注意的早期选择理论提供了有力的证据。

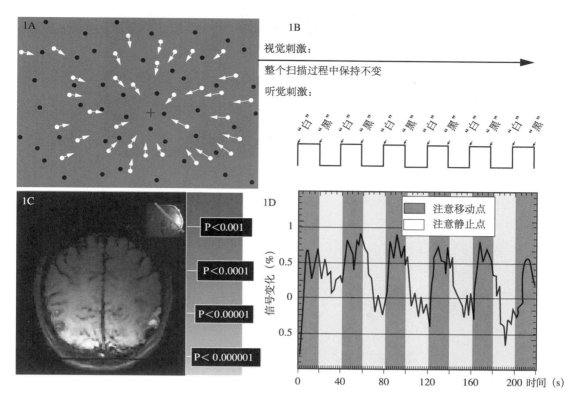

图 1-6-7　组块式设计 fMRI 实验举例

左上图为视觉刺激，右上图为实验任务设计，左下图为任务激活区域，右下图为信号-时间曲线（引自参考文献中的原始文献 13）

二、事件相关设计——关于工作记忆下的注意转移

这一实验来自我们对工作记忆中注意转移时大脑活动的研究。个体在对工作记忆中存储的不同信息进行访问时需要把注意聚焦在各个记忆子项上来回移动。这种注意移动反映了大脑自上而下的执行控制（executive control）功能。我们把注意移动和不移动两种类型的任务随机混合在一起进行事件相关的 fMRI 实验。在分别把对应于注意转移和不转移的两种信号分类叠加平均时发现，至少有三个重要的大脑区域表现出了注意转移条件下的激活增强，它们是左侧背外前额叶、扣带回以及内侧枕叶区（图 1-6-8 上部绿色箭头标出的激活）。事件相关的实验设计同时提供了关于大脑激活时间特性方面的信息。数据分析结果显示，左侧背外前额叶在注意转移与不转移两种条件下信号达到峰值的时间差与各被试自身的反应时延长存在显著的正相关（图 1-6-8 下部的拟合直线）。因为这一正相关只存在于左侧背外前额叶而非其他的激活区域，这一结果说明

在参与注意转移功能的神经网络中，左侧背外前额叶可能具有独特的支配或主导作用。

在这项实验工作中我们利用到了一些前面提到的关于事件相关 fMRI 的优点：扫描中把不同类型的任务随机混合；根据任务类型的不同把信号分类处理进行比较；提取脑激活时间特性方面的信息。

三、静息态实验设计——关于抑郁症人群中受炎症影响的脑网络

上文中提到任务态 fMRI 在对涉及患者的临床研究中受限；所以在这一实验中，我们采用对被试配合度要求较低的静息态 fMRI 来研究抑郁症人群中炎症水平对于脑功能网络的影响。抑郁症是一种常见的精神疾病，但其发病机制却尚未被阐明。本研究关注抑郁症的发病机制之一，即个体炎症水平的升高，及其与功能脑网络的改变以及抑郁症行为表现之间的关系。在无特定实验任务的条件下，根据采集到的静息态 fMRI 数据，我们先用频谱聚类（spectral clustering，也是一种数据驱动的分析方

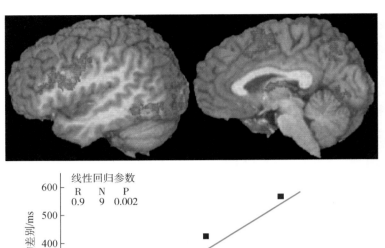

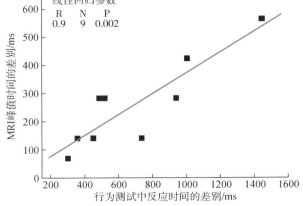

图 1-6-8 **事件相关 fMRI 实验举例**

上半图中绿色箭头标示了与工作记忆中注意转移密切相关的三个脑区：左侧背外前额叶、扣带回以及内侧枕叶区。下半图显示了左侧背外前额叶 fMRI 信号达到峰值的时间与行为学反应时之间的正相关（引自参考文献中的原始文献 14）

法）的方法把全脑分割为 100 个 ROI，然后再用贝叶斯多级模型的方法来检验这些 ROI 两两之间功能连接的强度是否显著受到炎症水平的调制。我们的研究在抑郁症人群中发现了如图 1-6-9 所示的一个"炎症网络"，它以腹内侧前额叶和纹状体奖赏区域为中心节点，通过 63 条功能连接辐射全脑内大范围分布的 47 个皮质区域。这个网路中的所有功能连接强度都随个体血液中 C- 反应蛋白（C-reactive protein，炎症水平的一个生化指标）的浓度升高而降低。我们还发现，这些功能连接数值可作为个体的脑网络特征输入一个称为"支持向量回归"（support vector regression）的机器学习算法中，从而对被试的抑郁症行为评分进行预测。用"决定系数"（coefficients of determination，常记作 R^2，

$0 \leqslant R \leqslant 1$）作为指标，我们对多项抑郁行为（例如快感缺失）预测的准确度都达到了 $R^2 > 0.5$，而常规的回归预测只能获得 $R < 0.5$ 的准确度。

四、小结

组块式设计、事件相关设计以及无任务的静息态设计各自都具有其他实验设计所不能替代的一些优点。以上例子分别展示了它们各自的应用。组块式设计信号强且稳定，事件相关设计允许灵活的任务和分析操作，而静息态设计则能适用广泛的人群并提供丰富的网络特征。我们应当根据研究的具体目的和条件对不同的实验范式进行灵活的选择应用，有时可能还需要把不同的范式综合起来联合应用。

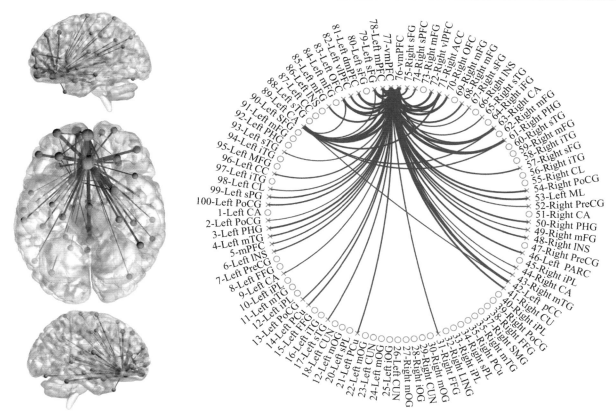

图 1-6-9　静息态 fMRI 实验举例

图中以全脑视角（左）和环形视角（右）展示了受炎症水平调控的一个大范围功能网络。该网络以腹内侧前额叶（左图中绿色球）和纹状体奖赏区域（左图中浅蓝色球）为中心，其网络连接强度可作为脑网络特征用于抑郁行为的准确预测［引自参考文献中的原始文献 2（2019），with permission from Elsevier.］

第五节　脑功能磁共振成像的最新发展

一、趋向采用高场

目前普遍认为 MR 图像本身的信噪比（SNR）与磁场强度成线性关系。作为一种磁化现象，BOLD 对比也随着磁场强度增加。事实上，由于静态和动态平均，上文描述的理论显示，BOLD 对比随着磁场强度超线性（supralinearly）增加。因为 SNR 和 BOLD 对比都随磁场强度增加，所以尽管在高场下横向驰豫（T_2 和 T_2^*）时间缩短，fMRI 的敏感性仍然随着场强增加。这一点已经在场强分别为 7 T 和 9.4 T 的条件下以人和动物为实验对象的研究中得到证实。此外，大小血管对 BOLD 信号的影响也依赖于磁场强度。大血管对信号的影响作用与场强呈线性关系，而小血管对信号的影响作用与场强的平方成正比。由于微血管作用与 B_0 平方的正比关系，在高场条件下它对功能图像的贡献相对增加。如前所述，微血管贡献的增加将改善基于 BOLD 信号

fMRI 的空间特异性。

二、利用磁共振成像的早期降低信号

血液动力学反应的范围在空间上可能比实际的神经元活动区域大，因此可能会影响 fMRI 的空间特异性，这种观点得到了内源信号光学成像研究的支持。内源信号光学成像能够达到高空间分辨率和时间分辨率，并且能够评定血红蛋白的氧合状态。光学成像研究显示，神经元兴奋发生后的脱氧血红蛋白浓度变化分两个阶段：首先是一个小的增加，持续约 4 秒，在 2 秒时达到最高，然后浓度开始下降，持续到神经元兴奋停止后几秒。Malonek 和 Grinvald 对猫视皮质方向柱（orientation columns）的光学成像研究表明，延迟阶段的脱氧血红蛋白反应在空间上扩展并超过了真正的神经兴奋区域，这表明延迟阶段反应的空间分辨率实际上只有 2～3 mm。

但另一方面，如果只选择性地测定初始阶段的脱氧血红蛋白浓度，得到的结果就能够基于差别光学成像信号（the differential optical imaging signal）来显示皮质功能柱的特异性刺激反应，这说明检测初始阶段的血氧动力学响应能克服目前 fMRI 方法在空间分辨率上的局限性。初始阶段脱氧血红蛋白的增加会造成 BOLD 信号的降低（图 1-6-6 中早于 2～3 s 的小负峰），这通过功能 MR 波谱和 fMRI 都能观察到，由 fMRI 监测到的早期反应与光学成像观察到的反应也非常一致。对初始 fMRI 信号降低（the initial dip）的研究结果表明，这种降低与光学成像所显示的脱氧血红蛋白浓度的增加一致，而且对于微血管的贡献可能更敏感；因为相对于延迟阶段正性的 BOLD 反应（信号上升），初始阶段负性BOLD 反应中微血管的贡献随场强增加得更快。更进一步的研究也表明，这种初始信号减低不是有限的刺激间隔所造成的假象。

三、利用非血氧依赖性的信号

由于其较好的信噪比和时间分辨率，当前

多数的功能磁共振成像研究是基于血氧依赖的所谓 BOLD 信号。然而 BOLD 信号并不直接反映神经元的活动，它是脑血流（CBF）、脑氧代谢率（$CMRO_2$）以及脑血体积（CBV）三者变化的综合体现，因此其信号本身并不具有直接的生理意义。另外，我们对于 BOLD 信号是否具有足够的空间分辨能力，是否可以对真实的神经活动区域（例如皮质方向柱）进行毫米级甚至更为精确的定位也还不太肯定。BOLD 信号的这些缺点使得利用非血氧依赖信号的脑成像技术也受到了研究者的欢迎。在这里我们简单介绍 CBF 和 CBV。

CBF 是检测神经代谢和功能的重要方法，当前无损伤测量 CBF 的成像技术主要是利用动脉自旋标记（arterial spin labeling，ASL）。当动脉血流经脑组织时会与组织发生水交换，若事先用射频翻转脉冲对动脉血进行了标记，则随后水交换所导致的组织磁化强度变化与血流成正比。基于这一原理，有自旋标记和没有标记的相继两次成像之差就定量地反映了 CBF。

CBF fMRI 一个突出的优点在于其较高的空间特异性。图 1-6-10 显示了 4.7 T 条件下 CBF fMRI

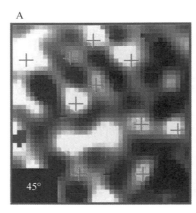
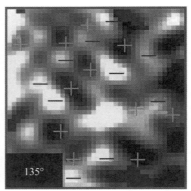
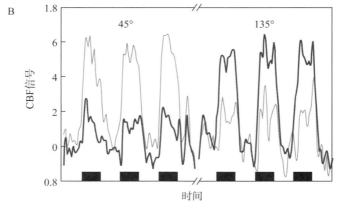

图 1-6-10   **CBF fMRI 显示的皮质方向柱**
两个方向（135° 和 45°）的光刺激分别具有各自敏感的皮质区域（上图中的白斑）和相应的信号时间曲线（下半图）（引自参考文献中的原始文献 18。with permission from National Academy of Sciences，U.S.A.）

检测到的皮质方向柱。上半图中的"＋"和"—"分别代表对应于 45° 和 135° 刺激的功能区。它们只对自身敏感的刺激表现出信号增强（表现为各自图中的白色亮斑）。下半图中曲线显示了两种功能区在自身敏感和非敏感条件下的信号变化，敏感刺激条件下信号强度大。需要指出的是，视觉皮质方向功能柱的检测是需要亚毫米量级（submillimeter）空间分辨率的，梯度回波 BOLD fMRI 是难以达到的。

除了较高的空间分辨率，CBF fMRI 的优点还有：①能定量测量静息 CBF 以及 CBF 的变化，有利于纵向实验研究或者在不同的实验人群和采样时间之间进行比较；② CBF 变化在理论上与场强无关。在信噪比足够的情况下，CBF 变化检测可在低场条件下完成；③ BOLD 信号对于组织–空气交界处的磁场不均匀较为敏感，因此对于下额叶 / 外颞叶区域的成像质量很差，而 CBF 信号则不存在这样的问题；④ BOLD fMRI 信号由于生理或系统原因常常会发生基线漂移，CBF 检测原理中的邻图像相减则有助于减弱这种缓慢的基线漂移。

与 CBF 类似，基于 CBV 的 fMRI 同样具有较高的空间特异性。在一定程度上，这是因为包括毛细血管上游小动脉在内的小血管在神经活动时表现出比大血管更为强烈的舒张。在使用外源性造影剂（contrast agent）的条件下，CBV fMRI 在中低场的信噪比通常比 BOLD fMRI 要高（1.5 ～ 2 T 约为 5 倍，4.7 T 为 1.5 ～ 2 倍）。但若不使用外源性造影剂，则其信噪比会减少到 BOLD 信号的约 1/3。

除了 CBF 和 CBV 以外，基于非血氧依赖信号的 fMRI 技术还可检测脑激活时的水分子弥散、电流干扰以及钙离子内流。Kim 和 Ogawa 的文章对这些技术作了更为详细的综述。

四、与电生理信号记录联合应用

在各种脑功能成像方法中，fMRI 具有高空间分辨率的优点。但是与电生理方法（比如脑电图，electroencephalogram，EEG）比较，fMRI 的时间分辨率比较低。因此，为了同时获得较高的空间分辨率和时间分辨率，人们希望能够将 fMRI 和电生理方法结合起来。为了提高 EEG 源定位（source localization）的空间分辨率，在根据 EEG 数据重建与脑活动相关的电流偶极子时，利用 fMRI 信息作为前提知识的方法是较为常见的。由于 MRI 扫描的特殊环境，同时记录 fMRI 和 EEG 有相当的困难，MRI 的磁场梯度变化也会给 EEG 的信号分析带来额外的噪声，但这些都是可以克服的困难。文献中有很多 fMRI 和 EEG 同步采集应用的例子。例如可以通过同时记录 fMRI 和 EEG 数据来研究睡眠期间或癫痫发作时大脑的自发活动。一项非常有趣的研究是，在动物被试中把 fMRI 数据与侵入性电极记录的信号进行直接相关，这对于阐明 BOLD 反应和相应的电生理活动之间的关系提供了重要依据。

五、与机器学习联合应用

脑功能成像是一项交叉学科，它与其他相关学科的发展相互促进。近年来这一相互促进的关系常常体现在它和计算机科学，特别是机器学习领域的交叉应用之中。从上面静息态实验的例子中可以看到，fMRI 能提供关于脑功能网络的海量信息；但在传统的研究中，这些信息中的绝大部分实际上都被忽略舍弃掉了。基于大数据分析的机器学习方法恰好能较为充分、高效地利用海量数据，从而在基于多变量预测或分类的应用场景下大显身手。这一方向的研究通常基于 fMRI 数据对某种行为进行预测、对某种疾病进行诊断、对某个结构进行分割，甚至对某个功能进行控制（脑机接口）。另外，最近也有研究使用基于深度神经网络（deep neural network）和拮抗生成网络（generative adversarial network）的图像生成算法来修复 T_2 图像在磁场不均匀区域（例如额底）的信号缺失，更加彰显了 fMRI 和机器学习之间相辅相成的促进关系。

六、小结

在 fMRI 实验研究中，人们总希望得到的信号具有更高的空间和时间分辨率、更好的信噪比以及反映出更多有关大脑功能活动的信息。关于这项技术的最新发展无一不是在朝着这些方面迈进的，我们对于脑活动机制的认识也正随着这些发展而不断得到丰富和加深。

第六节 非磁共振脑功能成像手段

一、正电子发射断层成像

正电子发射断层成像（positron emission tomography, PET）是基于对放射性示踪原子核进行检测的脑功能成像技术。通过把发射正电子的原子核标记于目标分子并注射到被试者体内，我们可以用 PET 显示这些被标记的分子在脑内的分布。

含有质子数目超过中子数目的原子核（如 ^{11}C，^{13}N，^{15}O 等）能够发射正电子（e^+）。正电子与周围粒子碰撞失去动能之后将与物质中的自由电子结合发生湮灭，从而释放出一对反向的（anti-parallel）、能量为 511 千电子伏特（KeV）的光子（γ 射线），这样的光子能够被周围含有闪烁晶体（scintillator）的 γ 射线探头所检测到。闪烁晶体的发光经过后继的光电倍增放大就成为我们所得到的 PET 信号，据此我们能从中提取出初始正电子的位置信息。因为 511 KeV 光子的成对反向性，PET 扫描仪中的 γ 射线探头也是成对耦合的，这样的设计可以确保只有同时产生的反向光子才被检测计数。闪烁晶体的属性、数量、大小以及光电倍增管决定最终 PET 图像的分辨率。在每一个检测方向上通常为 5 mm 左右。

在 PET 扫描实验中，一定时间间隔内每一个检测方向上的反向光子计数被记录下来，我们据此可以推算出这段时间内放射性物质在三维空间里的平均密度分布。进一步，由放射物质的密度分布及其随时间的变化，最终我们可以推算出所感兴趣的、与脑功能活动密切相关的生物特征参数，像血流速度（例如使用 $[^{15}O]H_2O$）、葡萄糖代谢率（例如使用 $[^{18}F]$-FDG）或者受体密度（例如使用 $[^{11}C]$ raclopride 研究多巴胺受体）等。

和基于 BOLD 信号的 fMRI 相比，PET 在时间和空间分辨率上并没有优势。但它有两个显著的优点值得我们注意：①能够提供绝对的生理参数值；②适合于对神经信号转导进行在体研究。结合 PET 和 fMRI 各自的特点和优势，两者的联合应用有助于在脑功能研究中带来以下几个方面的综合进展：关于认知活动中神经血管耦合的机制，关于药物对皮质网络的调节，关于神经信号转导参数的分布与认知功能的关系，以及关于认知活动中内源性神经递质的释放。值得注意的是，近年来发展起来的磁共振功能波普（functional magnetic resonance spectroscopy）能够在一定程度上弥补 BOLD 信号在上述两个方面相对于 PET 的不足，使研究者在不使用 PET 的情况下也能探究功能活动对于神经递质的调制。

二、脑电图和脑磁图

一般来说，大脑中神经细胞的功能是以电活动的形式体现的，因而伴随着神经细胞的活动，必然存在局部电场和磁场性质的改变。若这种电磁场的改变幅度足够大，就能够被设置在头皮附近的电极或线圈检测到，这就是我们所记录到的脑电图或脑磁图信号。通常的实验条件下，脑电图和脑磁图（electro/magnetoencephalography，EEG/MEG）信号主要来自大脑皮质的锥体细胞，因为它们的同向柱状排列结构使得电磁场的变化能够叠加而不是互相抵消。

EEG 信号的记录一般使用的是一组置于头皮上的电极，它们和头皮之间的间隙一般需要用导电的电极膏或盐水来填充。在单极导联记录模式下，我们选择一个固定的电极作为参考电极，其电位恒定义为零，其余所有电极上记录到的电位变化皆是相对于参考电极的相对值。有时在少数情况下（例如监视眼动信号），我们也会用到双极导联模式，这时一对电极就各自连接到差模放大器的两个输入端，互为参考。为了方便在不同研究结果之间进行比较，国际间制订有标准的电极放置位置，称为 10/20 系统。

相对于 EEG 电极，用于 MEG 信号记录的"线圈"则复杂和昂贵得多。这是因为脑活动磁场变化的强度仅在"皮"（10^{-12}）特斯拉的量级，为地磁场强度的数亿分之一。它需要极度灵敏的超导量子干涉元件（superconducting quantum interference device，SQUID）才能够被检测到。这样灵敏的元件当然也需要在良好的电磁屏蔽条件下才能正常工作。

通常的 EEG/MEG 数据分析一般包括滤波、基线校正、叠加平均等步骤，最终得到的是与不同刺激条件对应的事件相关电位／磁场（event-related potentials/magnetic fields）波形。把每个电极／线圈位置上的波形信息综合到一起就可以绘制出头皮表面电／磁场强度随时间变化的地形图。许多研究者还希望从记录到的 EEG/MEG 信号中计算出产生这些信号的电流"源"（source）在脑内的空间分布。严格地从数学意义上说，这种"逆向问题"（inverse problem）的解是无穷多的，即我们不可能从记录到的信号里唯一反推出产生信号的源。然而在实际研究中，通过合理地应用一些边界条件，我们确实能够从"源"分析中获得关于神经活动空间分布的有意义信息。根据"源"分析中事先所设定的边界条件的多少，我们通常可以在研究论文中看到"偶极子定位"（dipole localization）和"电流密度分布"（current density distribution）两种"源"分析模型。前者一般应用于仅涉及大脑初级知觉加工的研究，而后者则更适合于应用在大脑高级认知加工的研究中。这里需要指出的是，无论使用哪一种"源"分析模型，由于原始信号仅仅是由头皮表面有限的位置上记录到的，其结果的空间分辨率远远不及 fMRI。但 EEG/MEG 的最大优点在于其时间分辨率极好，如前所述，使用 fMRI 结果来指引"源"分析过程可以把两种脑功能成像方法的长处都发挥出来。另外，我们也可以把 EEG/MEG 中的每一个探头当作 fMRI 数据中的"体素"（voxel）来对待，这样上述提到的很多 fMRI 数据分析方法，例如 ICA 和功能／有效连接分析，也可以应用于 EEG/MEG 的数据分析。

三、穿颅磁刺激

脑功能成像的实验模式一般可以表达为任务→激活，即任务为脑区激活的充分条件，而脑区激活为任务的必要条件。在实际中，我们希望通过实验设计来控制一定的输入变量。但在很多情况下，除了我们能控制的实验变量外，同时还存在一些我们难以控制或完全被我们忽略了的额外变量（例如噪声）。额外变量同样作用于大脑，也可能引起脑区激活。这样一来，我们的实验模式就变成了任务$_{控制}$＋任务$_{额外}$→激活$_{任务}$＋激活$_{附加}$，所观测到的激活不一定由感兴趣的任务引起，有的激活不见得对我们设计的任务是必要的。举一个简单的例子，看书→灯亮着，但一盏灯亮时既发光又发热，是否两者都是看

书的必要条件呢？同样，脑功能成像也面临这样的问题：哪些激活区对于实验任务而言是必要的呢？

逻辑上，要证明命题 $A \rightarrow B$，也可以证明其逆否命题：$\overline{B} \rightarrow \overline{A}$。回到上面的例子，想确定发光与发热哪一个是看书的必要条件，只需分别干扰其一，看哪种情况会干扰看书。显然，没有光不能看书，发光是看书的必要条件。类似地，对于穿颅磁刺激（transcranial magnetic stimulation，TMS），简单地说，就是在特定的时刻、特定的头皮位置上，施加具有一定强度和持续时间的单个或多个磁脉冲。这样的磁脉冲作用于我们感兴趣的大脑皮质，其目的就是暂时地、一般无损伤地干扰该皮质的功能活动，从而干扰特定实验任务的完成。用 TMS 选择性地干扰某皮质区域发挥正常功能，同样也就能证明该皮质区域对某实验任务的必要性。

TMS 有单脉冲（single-pulse TMS）和多脉冲（repetitive TMS）两种模式。其工作时，刺激器中多个电容同时放电，电流流过位于被试头皮上的线圈，感应出的磁场穿入头皮和颅骨，作用于目标皮质。变化的磁场感应出干扰神经活动的电流，这可以被视作"神经噪声"（neural noise），即在有序的皮质神经元活动基础上加入的随机电活动。这样的"噪声"能延滞或干扰特定的皮质功能，所以在这个意义上 TMS 也被视为一种模拟的皮质损伤。当然，脉冲作用的时间很短，一般不会带来真正的伤害。

TMS 的空间分辨率为厘米量级。一方面这是因为头皮定位的准确性相对较低；更重要的另一方面，即使刺激只作用于某皮质位点，但通过突触传递，所产生的影响却可以很广泛。虽然 TMS 的空间分辨率不如 fMRI，时间分辨率为几十毫秒，不如 EEG/MEG，但作为脑功能研究手段，它具有独特的"功能分辨率"（将各个皮质区域的功能必要性加以区分），这使我们可以在其他手段所能达到的目的范围之外研究更为广泛的问题。类似于 TMS，实践中常见的神经调控手段还有穿颅直流电刺激，即通常说的 tDCS（transcranial direct current stimulation）。

四、小结

脑功能成像的手段是多样的。除了 fMRI 以外，PET、EEG/MEG、TMS/tDCS 等也在目前的神经科学研究中发挥着重要的作用。研究者应当熟悉各种

成像手段各自的特点，在研究实践中灵活应用，以使得它们之间的优势互补。

※　　※　　※

脑功能磁共振成像技术兴起于20世纪90年代初，虽然其发展时间比其他脑成像技术短，但已经在脑科学和医学中开创了一片非常活跃的研究领域。和其他无创伤的脑成像技术一道，它们的应用使得研究者能够较为精确地观察到大脑内部的功能活动（或者说对功能活动进行精确的定位），探讨各个功能区域之间的相互联系。正如Posner和Raichle所说，通过脑功能成像技术，神经科学家就能回答长期困扰人们的几个关键问题：脑功能事件到底发生在大脑的哪一位置，发生于何时，脑响应有多强，以及脑区各部分之间有何相互关联的变化。

纵观现代神经科学发展的历程，人们对自身神经系统认识的每一次飞跃都伴随着相关先进技术的辅助。多种成像手段各自的优点决定了它们在大脑高级功能研究中均具有不可为其他手段所替代的重要位置，它们为研究诸如学习和记忆等大脑的复杂认知功能提供了良好的技术支持。在加深对各种脑成像信号实质的理解以及建立可靠数据分析方法的前提下，我们相信并期待多种技术的联合应用，包括跨学科领域的技术交叉，将为神经科学的发展带来新一轮的飞跃。

参考文献

综述

1. Hashemi RH，Bradley WG. MRI：the basics. Baltimore：Williams & Wilkins，1997.
2. Jezzard P，Matthews PM，Smith SM. Functional magnetic resonance imaging：an introduction to methods. Oxford：Oxford University Press，2001.
3. Koch I. Analysis of multivariate and high-dimensional data. New York：Cambridge University Press，2014.
4. Lange，N. Statistical procedures for functional MRI. In：Moonen CTW，Bandettini P，eds. Functional MRI. Berlin：Springer，1999：301-336.

原始文献

1. Chen G，Burkner PC，Taylor PA，et al. An integrative Bayesian approach to matrix-based analysis in neuroimaging. *Hum Brain Mapp*，2019；40（14）：4072-4090.
2. Yin L，Xu X，Chen G，et al. Inflammation and decreased functional connectivity in a widely-distributed network in depression：Centralized effects in the ventral medial prefrontal cortex. *Brain Behav Immun*，2019，80：657-666.
3. Craddock RC，James GA，Holtzheimer PE，et al. A whole brain fMRI atlas generated via spatially constrained spectral clustering. *Hum Brain Mapp*，2012，33（8）：1914-1928.
4. Yan Y，Dahmani L，Ren J，et al. Reconstructing lost BOLD signal in individual participants using deep machine learning. *Nat Commun*，2020，11（1）：5046.
5. Ogawa S，Tank DW，Menon R，et al. Intrinsic signal changes accompanying sensory stimulation：functional brain mapping with magnetic resonance imaging. *Proc Natl Acad Sci USA*，1992，89（13）：5951-5955.
6. Kim SG，Ugurbil K. Functional magnetic resonance imaging of the human brain. *J Neurosci Methods*，1997，74（2）：229-243.
7. Kadah YM，Hu X. Simulated phase evolution rewinding（SPHERE）：a technique for reducing B0 inhomogeneity effects in MR images. *Magn Reson Med*，1997，38（4）：615-627.
8. Ogawa S，Lee TM，Nayak AS，et al. Oxygenation-sensitive contrast in magnetic resonance image of rodent brain at high magnetic fields. *Magn Reson Med*，1990，14（1）：68-78.
9. Fox PT，Raichle ME，Mintun MA，et al. Nonoxidative glucose consumption during focal physiologic neural activity. *Science*，1988，241（4864）：462-464.
10. Pauling L，Coryell CD. The Magnetic Properties and Structure of Hemoglobin，Oxyhemoglobin and Carbonmonoxyhemoglobin. *Proc Natl Acad Sci USA*，1936，22（4）：210-216.
11. Chen CC，Tyler CW，Liu CL，et al. Lateral modulation of BOLD activation in unstimulated regions of the human visual cortex. *Neuroimage*，2005，24（3）：802-809.
12. Friston KJ，Jezzard P，Turner R. Analysis of functional MRI time-series. *Hum Brain Mapp*，1994，1：153-171.
13. O'Craven KM，Rosen BR，Kwong KK，et al. Voluntary attention modulates fMRI activity in human MT-MST. *Neuron*，1997，18（4）：591-598.
14. Li ZH，Sun XW，Wang ZX，et al. Behavioral and functional MRI study of attention shift in human verbal working memory. *Neuroimage*，2004，21（1）：181-191.
15. Malonek D，Grinvald A. Interactions between electrical activity and cortical microcirculation revealed by imaging spectroscopy：implications for functional brain mapping. *Science*，1996，272（5261）：551-554.
16. Hebb DO. The organization of behavior：a neuropsychological theory. Mahwah，NJ：L. Erlbaum Associates，2002.
17. Wong EC，Buxton RB，Frank LR. Implementation of quantitative perfusion imaging techniques for functional brain mapping using pulsed arterial spin labeling. *NMR Biomed*，1997，10（4-5）：237-249.
18. Duong TQ，Kim DS，Ugurbil K，et al. Localized cerebral blood flow response at submillimeter columnar resolution. *Proc Natl Acad Sci U S A*，2001，98（19）：10904-10909.
19. Kim SG，Ogawa S. Insights into new techniques for high resolution functional MRI. *Curr Opin Neurobiol*，2002，12（5）：607-615.
20. Crivello F，Mazoyer B. Positron Emission Tomography of the Human Brain. In：U. W，H. J，editors. Modern Techniques in Neuroscience Research. Berlin：Springer；

1999.

21. Walsh V，Rushworth M. A primer of magnetic stimulation as a tool for neuropsychology. *Neuropsychologia*，1999，37（2）：125-135.

22. Posner MI，Raichle ME. The neuroimaging of human brain function. *Proc Natl Acad Sci U S A*，1998，95（3）：763-764.

23. Kundu P，Voon V，Balchandani P，et al. Multi-echo fMRI：A review of applications in fMRI denoising and analysis of BOLD signals. *Neuroimage*，2017，154：59-80.

24. Friston KJ. Functional and effective connectivity：a review. *Brain Connectivity*，2011，1：13-36.

25. Zang Y，Jiang T，Lu Y，et al. Regional homogeneity approach to fMRI data analysis. *Neuroimage*，2004，22（1）：394-400.

26. Hu X，Yacoub E. The story of the initial dip in fMRI. *Neuroimage*，2012，62（2）：1103-1108.

第 7 章　遗传学方法

殷东敏　钱　卓

在人类的 3 万多个基因中，约有 70% 的基因特异性或高水平地在大脑表达，因此对大脑基因功能的分析，不仅是神经科学领域的重要使命，对整个生命科学的发展也有巨大的带动作用。

现代遗传学诞生 100 多年来，伴随着与分子生物学的相互渗透与促进，已发展出一系列有效研究基因及其功能的分子遗传学方法。相对于神经科学的其他研究方法，分子遗传学方法为研究基因、蛋白质等分子的功能提供了更为直接和特异性的手段，正越来越广泛地应用于现代神经科学的研究工作中。分子遗传学方法的不断完善，以及与形态学、生理药理学、电生理学、行为学及功能成像等方法的交织应用，使研究者能够在分子-细胞-神经环路-神经网络-行为等不同层次全面展开对神经系统工作原理的探索；与此同时，新的研究需要也推动了遗传学方法本身的发展。

根据研究策略的不同，遗传学方法一般可以分为正向遗传学方法（forward genetics）和反向遗传学方法（reverse genetics）。正向遗传学方法是指从表型变化研究基因功能的方法，以显示突变表型的生物个体或群体（含自发突变和非特异诱导突变）为研究对象，探索与特异的表型或性状改变相关联的基因型改变，进而推论出相关基因及其产物的生化生理功能。反向遗传学方法则着眼于研究者选定的某个已知序列的基因，运用遗传学手段（如转基因或基因剔除等）对这些基因进行特异性操作，通过观察由此引发的突变个体的表型变化，揭示基因及其产物的生化生理功能。

根据不同的研究目的和实验对象，分子遗传学方法的应用也多种多样。本章主要介绍各重要阶段中分子遗传学方法的基本原理和基本技术路线，以及在神经科学研究中的应用实例。

第一节　正向遗传学方法

正向遗传学方法是从生物的表型（phenotypes）变化入手，寻找引起该表型变化的基因。由于自然发生的生物体表型突变比较罕见，研究者通常采用物理、化学或生物的方法对受试生物进行处理，使生物体内的基因发生随机突变，然后根据研究者的兴趣筛选出突变体（如生长、形状或行为突变体等），最终找出相应的突变基因并推测其功能。

目前最为有效的化学诱变剂包括烷化剂和叠氮化物两类。烷化剂中以甲基磺酸乙酯（ethylmethanesulfonate，EMS）和 N- 乙基 -N- 亚硝基脲（N-ethyl-N-nitrosourea，ENU）较为常用。诱导产生突变体时可直接将 EMS 或 ENU 注射入小鼠体内，或以这些诱导剂喂食线虫、果蝇、斑马鱼等低等动物。ENU 和 EMS 中的活性烷基能使雄性动物精母细胞 DNA 中的鸟嘌呤碳 6 位或胸腺嘧啶碳 4 位上的氧烷化,当精子的 DNA 进行复制时,烷化的鸟嘌呤或胸腺嘧啶分别与胸腺嘧啶或鸟嘌呤错配,导致 DNA 上原本的 GC 碱基对被 AT 替代,或 AT 被 GC 替代(图 1-7-1)。这种由碱基随机突变而引起的碱基错配所导致的基因突变,最终可引发其后代的表型发生改变。叠氮化物中以叠氮化钠(sodium azide,NaN₃)应用最广,NaN₃ 在生物的遗传物质进行复制时,因能使 DNA 的碱基发生替换,从而导致突变体的产生。NaN₃ 本身是动植物的呼吸抑制剂,毒性较强,目前主要用于植物(如大麦、玉米等)的诱导突变中。

借助正向遗传学的手段,研究者们发现了许多控制与调节重要生物功能的基因,为理解生命现象的分子机制打开了新的视野。其中比较典型的例子,是自 20 世纪 70 年代初以来,Seymour Benzer 研究小组利用化学诱导随机产生突变体的方法,在黑腹果蝇(*D.melanogaster*)中发现了调节生理节律的 *period* 基因及与学习记忆功能密切相关的 *dunce* 基因。下面我们以 *dunce* 基因的发现为例,来理解正向遗传学方法的基本技术路线。

为了研究学习与记忆的生物学机制,Benzer 实验室首先给正常的雄性果蝇(性染色体组成为 XY)喂食化学诱变剂 EMS 以诱导其基因产生突变,然后与携带有联体 X 染色体(X^X,attached-X)的雌性果蝇(性染色体组成为 X^XY)交配。在果蝇中,性别由 X 染色体与常染色体的比例决定,因此

X^XY 虽然携带 Y 染色体,但仍然表现为正常的雌蝇。这一交配产生的 F1 代可能出现以下四种性染色体组成:X^XY、YY、X^XX 和 XY,其中 YY 与 X^XX 型果蝇不能存活,因此存活下来的 F1 代雄蝇(XY)所携带的 X 染色体均来自诱变剂处理过的父本。由于不同的 F1 代雄蝇遗传到的 X 染色体可能携带不同的突变,因此每一只 F1 代雄蝇都是不同的突变体。将这些 F1 代雄蝇分别与携带联体 X 染色体(X^XY)的雌性果蝇杂交,则同一只 F1 代雄蝇所产生的 F2 代雄蝇(XY)将带有相同的突变 X 染色体,可以用来进行行为测试。这里的 F2 代,X 染色体来自雄蝇,Y 染色体来自雌蝇,这样便可以追踪不同代果蝇带有突变的 X 染色体,也不会因为基因重组而使突变基因丢失。如果 X 染色体上的基因突变影响到果蝇表型,只携带一条 X 染色体的雄蝇会出现表型;而在雌蝇中这一表型很可能会被另一条 X 染色体上携带的野生型基因修复。

他们采用经典的条件反射学习模式(classic conditioning paradigm)对果蝇进行训练,即分别用不同的气味 A 和 B 作为条件性刺激,给予气味 A 时配以非条件性刺激(轻微电击),而作为联合型学习(associative learning)的对照,给予气味 B 时则不伴随非条件性刺激(图 1-7-2)。在行为测试时,如果果蝇具有正常的学习记忆能力,在遇到气味 A 时将产生逃避行为;而在遇到气味 B 时,不产生逃避行为。通过这种行为学的筛选,Benzer 小组

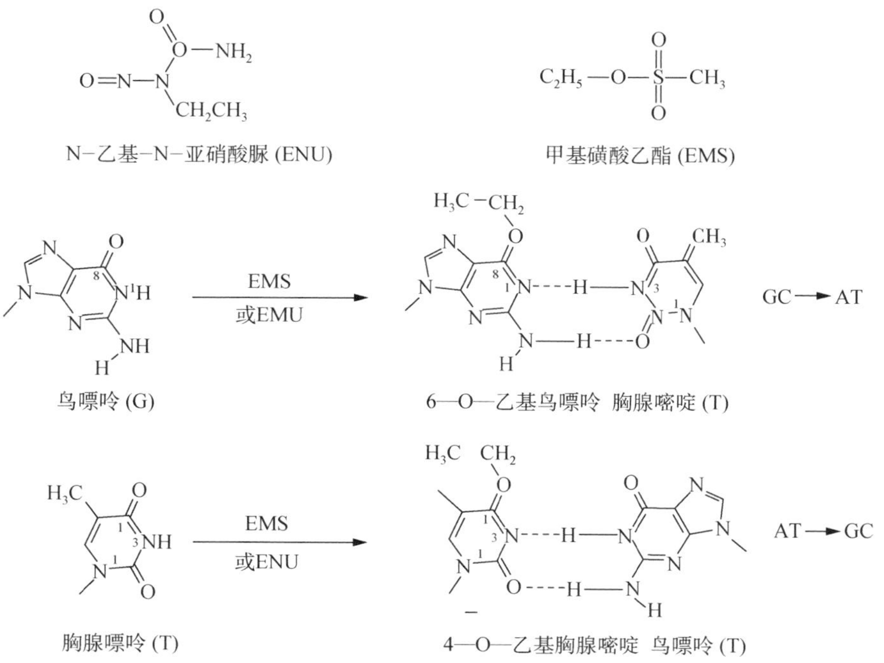

N—乙基—N—亚硝酸脲 (ENU)　　　　　甲基磺酸乙酯 (EMS)

鸟嘌呤 (G)　→ EMS 或 EMU →　6—O—乙基鸟嘌呤　胸腺嘧啶 (T)　　GC → AT

胸腺嘌呤 (T)　→ EMS 或 ENU →　4—O—乙基胸腺嘧啶　鸟嘌呤 (T)　　AT → GC

图 1-7-1　ENU 和 EMS 诱导突变的原理

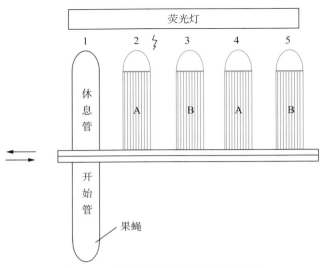

图 1-7-2　用于训练和测试果蝇的装置

开始管可在管 1～5 移动。管 1 为休息管，底部有孔供空气流通。管 2～5 装有带有 A、B 两种气味的格栅，其中管 2 有电刺激，管 2 和管 3 供训练用，管 4 和管 5 供测试用（改自 Dudai Y, Jan YN, Byers D, et al. dunce, a mutant of Drosophila deficient in learning. Proc Natl Acad Sci U S A, 1976, 73（5）: 1684-1688.）

于 1976 年成功地获得了一个学习记忆能力缺损的突变果蝇系，命名为 dunce（dnc）。

1989 年 Ronald L. Davis 研究小组克隆了 dunce 基因，发现该基因所编码的是 cAMP 磷酸二酯酶（cAMP phosphodiesterase，PDEase），该酶是调节 cAMP 水平的重要信号分子。因此 dunce 基因的发现，为建立 cAMP 在学习与记忆过程中的重要性提供了依据。

利用正向遗传学方法进行研究最常用的实验材料包括酵母、线虫、果蝇和斑马鱼等物种，这是由于这些生物体具有世代短、后代多、遗传背景清晰、突变率较高、饲养方便等特点。虽然 ENU/EMS 对小鼠同样有效，但因小鼠的饲养规模大、生长周期长，20 世纪 90 年代以前并未被大规模应用；直到 90 年代以后随着功能基因组学研究的广泛开展，小鼠作为最常用的哺乳类动物遗传模型，也逐渐用以进行突变体的诱导（图 1-7-3）。迄今经 ENU 等化学药剂的处理，已在小鼠中获得了上千种的表型突变体，为在高等哺乳动物中揭示神经系统的发育、神经活动的分子基础以及神经疾病的机制等提供了极为有用的实验材料。

人类在几万年的进化过程中，也自发地积累了各种基因突变，这些可遗传的基因突变引起了不同的遗传性疾病，为利用正向遗传学方法研究人类的基因功能提供了宝贵的资源。利用定位克隆等方法（positional cloning，即依靠连锁分析进行基因的染色体定位），许多与疾病密切相关的基因被分离和克隆，而人类基因组序列图谱的完成则为这项工作带来了极大的方便。例如，通过对早老性老年痴呆症患者（30～40 岁而不是通常的 60 岁以上）进行家系分析并进行遗传学作图，发现了早老基因 1（presenilin-1，PS1）和早老基因 2（presenilin-2，PS2）等与老年痴呆症的发生密切相关的基因。随着对 PS1、PS2 基因的克隆和功能研究，研究者对 PS 基因在 β 淀粉样前体蛋白代谢等的生化过程以及成年神经元再生、神经元衰老等方面的生理作用有了深入的了解。

在实际工作中，对以化学诱导剂为手段的正向遗传学方法所产生的诱变体基因进行克隆，需要经过极为复杂的步序，耗时甚长，因此依靠此类手段发现功能基因的进展较为缓慢。最近（Chang et al，2019），西湖大学许田研究小组成功地利用转座子（transposon）系统建立了高效的哺乳动物正向遗传学筛选方法。其原理是利用甘蓝环蛾（Trichoplusia ni）中的转座子 piggyBac（PB）及转座酶系统，使携带有转录终止序列、强启动子序列及荧光蛋白的转座子 PB，在转座酶的作用下在基因组中随机跳跃，插入不同的位置，从而导致插入位点附近基因的沉默或激活。同时，转座子的跳出还可以导致荧光素酶的表达从而作为新突变产生的标记。由于 PB 携带标志基因，使研究者很容易发现突变基因的位置，从而迅速对其进行定位克隆。同时，PB 转座子基因还可在人等哺乳动物的细胞株中高效导入外源基因并稳定表达，为体细胞遗传学研究和基因治疗等提供了新的手段。

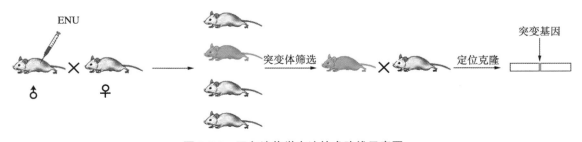

图 1-7-3　正向遗传学方法技术路线示意图

第二节　反向遗传学方法

分子生物学技术在过去20多年的飞速发展，特别是人类及其他物种基因组测序的完成，使人们对基因数量和基因序列有了较为确切的描述，对各种基因功能的认识也因此显得更加迫切。由于正向遗传学方法中诱导突变的随机性，研究者无法对基因组中的各个基因进行有选择地研究；而反向遗传学方法则可通过对选定基因进行修饰、对其表达水平进行调高或调低并研究因之出现的表型变化，判断该基因的功能，因此是功能基因组学研究的主要手段。反向遗传学又可分为转基因技术（在基因组中随机位点引入目标基因或其突变形式，从而达到调节基因的表达量或改变基因的作用方式的目的）和基因打靶技术（对目标基因位点进行编辑，从而调控基因的表达或对基因进行标记）两大类。

一、转基因技术

转基因技术是指将外源的基因导入生物体，使其在生物体的染色体基因组内稳定地整合并遗传给后代的一种方法。利用这一技术，研究者可以将任何感兴趣的基因转入受体生物。1980年Jon W. Gordon研究小组首次成功地将含有猿猴病毒（SV40）的启动子和人单纯疱疹病毒（HSV）的胞苷激酶（thymidine kinase）基因整合后的质粒DNA直接注射到小鼠受精卵原核中，得到了带有这种外源DNA的转基因小鼠，由此开辟了利用转基因技术在小鼠上研究生物学问题的新领域。

由于遗传学家对小鼠的生殖生理有较为深刻的了解，因此小鼠是转基因哺乳动物最常用的受体生物，其中C57BL6（简称B6）、FVB等近交系以及B6/CBAF1等杂交一代小鼠由于其受精卵原核较为清晰，便于进行显微注射，成为构建转基因小鼠的常用品系。研究表明，受体生物品系不同的遗传背景（如内源基因发生隐性或显性的突变），可影响转基因的表型变化，因此研究者除了考虑外源基因整合的效率、转基因动物的存活率之外，还需要考虑小鼠品系内源性的功能差异。比如，FVB和129近交系小鼠的学习记忆行为较差，因此很少被选来进行神经科学的研究；B6近交系也因在出生6个月后，部分小鼠往往出现听力障碍，而不适合用以进行与听力相关的转基因研究。

构建转基因小鼠的一般程序如下（图1-7-4）：

1. 转基因的载体构建　转基因载体的结构一般含有启动子、目标基因（target gene）及多聚腺苷尾端［Poly（A）tail］等。根据实验的目的和要求首先需要选择启动子（promoter），它可以是目标基因的原启动子，也可以是外源的启动子。启动子的强度、组织特异性及在发育过程中的活性变化等在很大程度上决定了研究者对转入基因功能研究的效率，因此发现新的、特异性的启动子目前也正是许多研究者们的重要目标。为了使目标基因的表达具有组织或区域特异性，研究者一般利用具有组织或区域特异性基因的5′端作为控制目标基因表达的启动子。启动子的长度一般在几kb～十几kb之间，但基因的表达通常还会受到一些远程调控因子，如增强子（enhancer）或抑制子（repressor）的调控，而这些因子可能距离基因有几十甚至几百kb。BAC（bacterial artificial chromosome）和YAC（yeast artificial chromosome）都是人工合成的克隆

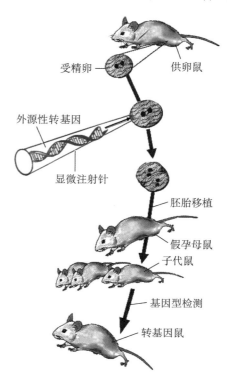

图 1-7-4　**显微注射法转基因小鼠制作流程**

载体，由于在载体上分别含有细菌染色体的复制子和酵母染色体的中心粒，这类载体可以包容巨大的 DNA 片段（BAC 可承载的 DNA 大小在几百 kb 以上，YAC 可达若干 MB）。使用 BAC 和 YAC 作为转基因载体可以更好地控制转基因表达的特异性及表达水平。

接下来是目标基因的编码区（CDS，coding sequence），根据实验目的不同，它可以编码正常的基因，也可以编码编辑过的功能发生变化的基因，例如某种持续活化（constitutively active）或显性失活（dominant negative）的酶。近来的一些研究证明，当用 CDS 序列作为转基因时，加入适当的内含子序列和 Poly（A）有助于使转基因在转录后成为成熟的 mRNA，从而促使由该转基因编码的蛋白质的表达。

2. 受精卵的准备　一般对健康的发育初情期前阶段的雌鼠（3～6 周龄）先注射马绒毛膜促性腺激素（pregnant mare serum gonadotrophin，PMSG），并于 42～48 小时后注射人绒毛膜促性腺激素（human chorionic gonadotropin，HCG）促其超排卵，使排卵数由通常的 6～8 枚增加至 20～30 枚。经激素处理过的雌鼠当天与健康可育的雄鼠交配，次日从输卵管内收集受精卵备用。

3. 转基因的导入　转基因的导入通常有两种方法，最常用的是显微注射法，另一种是病毒载体转染法。显微注射法是在显微镜下用玻璃微注射针将外源基因直接注射入受精卵原核内。由于雄原核较大，一般注射入雄原核相对容易些。外源基因导入后，在一部分的受精卵中被随机整合到其染色体的基因组中，随着受精卵的发育而表达和遗传。显微注射的优点通常有如下几方面：第一，外源基因的大小几乎不受限制，转基因可以为几 kb～几百 kb；第二，转基因整合到宿主染色体上的拷贝数较高（几到几十个拷贝），并整合到同一位点，有利于转基因在传代过程中保持稳定的高表达；第三，除对注射技巧有较高的要求外，显微注射法转基因技术已很成熟。

病毒载体转染法是近年来开始尝试的一种新方法，通常用经修饰过、已失去致病毒性的反转录病毒介导外源基因的转移。可以较容易地纯化出高滴度（titer）的反转录病毒，从而能有效地生成转基因胚胎。如近来由 David Baltimore 研究小组所报道的慢病毒载体（lentivirus vector），其优点是对受精卵的转染成功率较高，技术操作简单，可直接注射

到受精卵的透明带下或细胞胞浆内，或与受精卵共培养。但病毒载体的转基因包容量较小，最大不超过 9 kb，同时，病毒在转染过程中有时会在数个不同的染色体位点上同时整合外源基因（每个整合位点通常只有一个拷贝），因此通过这一方法获得的转基因首建鼠（founder）常常需要进行多代繁殖，才能获得稳定的、单整合位点的转基因小鼠品系。另外，利用这一方法转入的外源基因在动物体内的拷贝数通常没有显微注射的高（常常只有一个拷贝），转基因的蛋白表达量因此常低于显微注射的方法。这些因素使病毒载体转基因法在显微注射技术较为成熟的动物（如小鼠）中未得到广泛应用，但由于其整合的高效性，在构建受精卵供应数量受限制的转基因动物中（如狗、猴等）可能具有较好的前景。

4. 胚胎移植　这一步是将已接受显微注射的受精卵植入假孕雌鼠的输卵管内。假孕雌鼠（亦称孕育鼠，foster mother）是指与输精管结扎的雄鼠交配过的育龄雌鼠，因交配刺激而发生了一系列妊娠反应，可以为受精卵的进一步发育提供一个合适的环境。假孕雌鼠经过正常的 19 天妊娠过程，生出小鼠，待小鼠断乳后（通常在产后 21 天后）可对其进行基因型检测（genotyping）。

5. 对幼鼠进行分析与鉴定　因为只有部分出生的小鼠会在它们的基因组中携带转基因，研究者需要通过基因型分析从而鉴定出转基因鼠。转基因小鼠基因型的分析，一般是在幼鼠断乳后从尾尖或耳部获取少许组织用于提取 DNA，用 PCR 或 Southern blotting 等方法检测转基因的整合情况；而转基因的 mRNA 和蛋白表达情况可用原位杂交、Northern blotting、Western blotting、免疫组织化学等方法进行分析。

需要注意的是，注射后的受精卵发育成的小鼠（F 0 代）为嵌合体，如需得到可以稳定遗传的转基因小鼠，还需要将 F 0 代小鼠与野生型小鼠进行杂交，并对 F 1 代小鼠进行筛选。F 0 代小鼠之间不能进行交配。

在神经科学领域中较有影响的转基因技术应用实例，是 1999 年 Joe Z. Tsien（钱卓）研究小组构建的转基因"聪明小鼠"（又称杜奇鼠，Doogie mouse）。为了证明 NMDA 受体的 NR2B 亚基是调控学习记忆过程的关键分子，该小组选择 α-CaMK II 启动子，将 NR2B 转基因表达在与学习记忆密切相关的大脑皮质和海马等前脑区域的兴奋

性神经细胞中。α-CaMKⅡ启动子只在小鼠出生数周后才开始启动，从而使转基因的表达具有一定的时间特异性，排除了转基因对胚胎发育过程的影响。由此可见，选用适当的启动子对准确解释NMDA 受体 NR2B 亚基在控制突触可塑性及学习记忆中的功能有重要意义。

为了使启动子具有更加灵活的在时间上的可控性，Hermann Bujard 研究小组利用细菌特有的四环素操纵子中的四环素阻遏蛋白（tetR）与单纯疱疹病毒的 VP16 转录活化域（transaction domain）组成融合蛋白，构建了一个可通过四环素或其类似物进行调节的人工反式转录活化因子 tTA（Tc-controlled transactivator）。当这一活化因子 tTA 与四环素操纵子序列 tetO 结合后，可促使转基因的表达。但在 tTA 与四环素或其类似物（如强力霉素 doxycycline，简称 doxy）结合后，tTA 的构象发生变化，导致 tTA 与 tetO 启动子脱离，从而关闭转基因的表达（图 1-7-5）。Eric Kandel 研究小组利用 tTA/tetO 系统构建了在时间上可调控的 α-CaMKⅡ转基因小鼠，为阐述 α-CaMKⅡ在学习与记忆过程中的重要作用提供了实验模型。

二、基因打靶与基因剔除技术

虽然转基因技术可通过引进外源基因来干扰内源基因活动的平衡状态，从而揭示内源基因的生理功能，但在许多情况下，对内源基因的编辑可以更精确地揭示基因的功能，此类手段称为基因打靶（gene target）。

早期小鼠的基因打靶需通过胚胎干细胞（embryonal stem cells）中的同源重组（homologous recombination）予以实现。同源重组是指因包含相

似的 DNA 序列（同源顺序）而引起的发生在 DNA 分子之间的重组互换。Mario Capecchi 和 Oliver Smithies 研究小组分别于 20 世纪 80 年代初建立了同源重组技术，发现同源重组发生的频度受同源顺序的相似性及同源顺序长短的影响，相似的 DNA 片段越长，同源重组发生的概率越高。胚胎干细胞是动物胚胎发育早期囊胚中未分化的细胞团，具有向各种组织细胞分化的潜能，首先从小鼠囊胚中分离出胚胎干细胞并在体外培养成功的是 Martin Evans 研究小组。由于在高等动物细胞内外源基因与宿主基因之间自然发生同源重组的概率很低，Capecchi 研究小组又发展了称为"正-负选择法"（positive-negative selection）的方法用于较方便地筛选发生了基因同源重组的细胞。基于以上的技术，研究者可以将一种新基因或修饰后的基因定点引入真核生物的胚胎干细胞基因组中，使之随胚胎干细胞的发育和分化成为受体生物的生殖细胞并遗传给后代，这种对胚胎干细胞特定的内源性基因进行剔除或修饰的技术称为基因打靶，一般基因打靶用大于 2 kb 的同源序列作为同源臂，同源臂越长，重组率越高（图 1-7-6）。基因打靶可分为基因剔除和基因敲入两种情况。

构建基因打靶小鼠的过程一般如下：

1. 打靶基因的修饰 修饰的方法可以分为两种。一种是通过剔除靶基因的全部序列或关键部分的序列，从而使该基因失去功能，称为基因剔除（gene knockout，或者称基因敲除）。另一种是对靶基因的关键部位进行点突变以改变其功能特性，或用另一基因取代靶基因，这类方法称为基因敲入（gene knockin）。

2. 打靶载体在胚胎干细胞中重组后的筛选 打靶载体通过电转移法（electroporation）导入胚胎干细胞（一般来源于毛色为麻黄色的 129 纯种系小鼠）。由于打靶载体通常带有抗新霉素的 neo 基因，因此整合了打靶载体的胚胎干细胞能够在新霉素的环境下继续进行生长，由此这些胚胎干细胞可被筛选出来。通过酶切位点与 Southern blotting 的结合，或应用 PCR 的方法对打靶位点进行分析，进一步确定带有同源重组的胚胎干细胞株。

3. 嵌合体小鼠的产生 将筛选出来的重组胚胎干细胞扩增后，通过显微注射导入毛色为黑色的 B6 小鼠的囊胚中，再将此囊胚通过子宫转移植入假孕母鼠体内，使其发育成嵌合体小鼠（chimeric mice）。由于来自 B6 小鼠囊胚发育而来的表皮组织

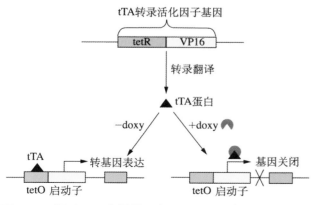

图 1-7-5 通过四环素操纵子（tTA/tetO 系统）实施对转基因的诱导性调控

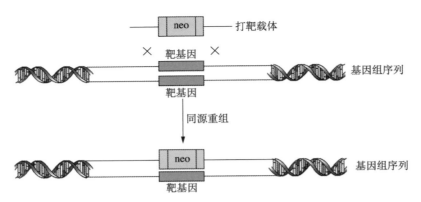

图 1-7-6　胚胎干细胞介导的基因打靶原理示意图

为黑色，而来自 129 小鼠胚胎干细胞的表皮组织为麻黄色（agouti colour，也称刺豚鼠色），因此可根据嵌合体小鼠体表麻黄色毛覆盖的面积来估算小鼠有多少组织器官来源于 129 小鼠的胚胎干细胞。麻黄色毛覆盖面积越大的（例如 90%）的嵌合体小鼠，其生殖器官的组织细胞发源于 129 小鼠胚胎干细胞的可能性就越大，因而可用于进一步的繁育与筛选。

4. 获得基因打靶纯合子小鼠　将通过以上方法选择出的嵌合体小鼠与野生型 B6 小鼠交配，在其后代中选择麻黄色小鼠（因麻黄色相对于黑色是显性的）进行进一步的基因分析，以确认这些小鼠是否含有被修饰过的靶基因。含有修饰基因的小鼠（或靶基因被剔除的小鼠）即为基因打靶的杂合小鼠。通过基因打靶杂合小鼠间的杂交，可获得纯合的基因打靶小鼠。对照正常鼠和基因打靶鼠表型或生物性状的改变，则可达到研究靶基因功能的目的。

由于纯合小鼠中靶基因的修饰发生在受精卵阶段，因此修饰过的靶基因的功效不仅在胚胎发育的整个过程中显现，还表现在生物体成体的各种组织细胞中。因此，20 世纪 90 年代应用基因打靶技术构建基因剔除小鼠以用于神经科学研究领域时，研究者就发现两个问题：一方面，某种基因一旦被剔除，在受体生物的所有组织中、在其各种发育阶段都不再有这种基因的存在。由于许多基因的表达与生物个体的发育密切相关，它们在胚胎早期被剔除后，靶生物的受精卵往往在未能发育完全时就夭折；或者因发育不正常而无法得到成年的实验动物，无法对该基因在成年期的功能进行研究。另一方面，这种传统的基因剔除缺少组织或器官的特异性，对于一些在各种组织中广泛表达的基因，它的剔除由于可能产生多种的行为缺陷而使分析复杂化，不利于精确解释靶基因在生物特定的时期、组织或区域

中的功能。

三、条件性基因剔除技术

为了克服传统的基因剔除技术在神经科学研究中的局限，钱卓研究小组发展出了条件性基因剔除技术（conditional gene knockout）。1996 年，他们首先利用 Cre/LoxP 系统通过区域特异性表达的 Cre 重组酶"切除"同向 LoxP 间的基因序列，从而达到在某一特定组织或细胞类型，或者在组织细胞发育的特定阶段剔除靶基因。这种有条件地剔除基因的技术，又称为第二代基因剔除技术。

Cre/LoxP 系统利用细菌噬菌体 P1 中的 Cre 重组酶，以 LoxP DNA 为靶序列，能特异地引起两个 LoxP 之间的同源序列进行互换。当一个 DNA 上有两个同向的 LoxP 时，这种互换会导致两个 LoxP 之间的 DNA 被"圈除"（loop out），即剔除。LoxP 是一段长 34 bp 的 DNA 序列，包括 8 bp 的核心区和两个 13 bp 的互补重复序列，两段 13 bp 序列是与 Cre 重组酶相结合的部位，结合后重组发生在 8 bp 的核心区域。研究证实这种位点特异性的重组系统可以使 Cre 重组酶在体外或哺乳动物的细胞内切除 LoxP 间的 DNA 片段，被切除的 DNA 片段的大小可以从几百个碱基对到 3 ～ 4 mm 长的染色体（图 1-7-7）。

利用 Cre/LoxP 重组系统构建区域特异性（region specific）的基因剔除小鼠通常需要构建两种遗传工程小鼠：第一，利用基因打靶技术在胚胎干细胞中通过同源重组将 LoxP 序列插入靶基因的特定位置，LoxP 插入的位置通常是在内含子中，并且远离重要调控序列。与此同时，作为正选择的 neo 基因也一般是置于不影响基因表达的位置，或者在同源重组后被 Cre 除去，最终要求是除了含

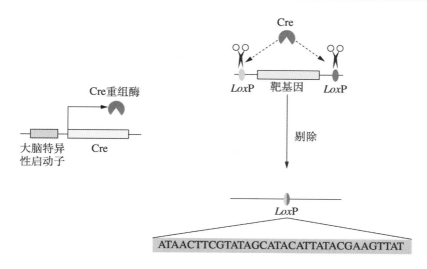

图 1-7-7　利用 Cre-*Lox*P 重组系统剔除靶基因

*Lox*P 序列之外，靶基因及其他基因均能正常表达。将打靶后的胚胎干细胞注射入受体小鼠的囊胚，并通过繁育获得靶基因中带有 *Lox*P 序列的纯合小鼠（称夹裹 Flox 小鼠，floxed mouse）。第二，构建带有区域特异性或（和）细胞类型特异性启动子的 Cre 转基因小鼠系。Cre 转基因小鼠与 Flox 小鼠杂交后，在既携带有 Flox 基因又携带有 Cre 重组酶的后代中，Flox 的靶基因即被 Cre "切除"，而这种切除只发生在 Cre 前所携带的特异性启动子所表达的区域或细胞类型中（图 1-7-8）。

　　许多实验揭示 NMDA 受体在神经可塑性中起着极其重要的作用，而原位杂交等技术显示 NMDA 受体在中枢神经系统中具有广泛的表达。正因为如此，当 NMDA 受体主亚基 NR1 基因被剔除后，隐性纯合小鼠由于神经系统功能不全会在出生后的 12 小时内死亡，这一结果虽证明了 NMDA 受体在神经网络发育过程中的重要性，却也让研究者无法对 NMDA 受体在学习记忆过程中的作用进行研究。钱卓小组利用其创建的条件性基因剔除技术，在海马

CA1 亚区特异性剔除了 NMDA 受体的 NR1 基因，成功地对 NMDA 受体在海马 CA1 亚区的作用进行了研究。他们的方法如下：

1. 构建前脑特异性的 Cre 转基因小鼠　为了达到使 Cre 转基因在前脑特异性表达的目的，该小组选择了 α-CaMK II 启动子。如前所述，该启动子只在皮质和海马等前脑区域的神经细胞中特异性表达，且在小鼠出生前的大部分发育期间缺乏转录活性。因此使用这一启动子可以避免由于在早期发育过程剔除 NMDA 受体基因所带来的弊端。

　　以显微注射的方法构建带有 α-CaMK II 启动子 -Cre-Poly（A）的转基因小鼠，并用多种方法证实了 Cre 只在前脑表达。

2. Cre/*Lox*P 重组效率的检测　由于 Cre/*Lox*P 重组系统的作用导致两个同向 *Lox*P 之间 DNA 序列的丢失是一个酶介反应，并非所有的有 Cre 表达的细胞都能高效率地进行重组。也就是说，对于一段特定的基因序列，重组的效率在不同细胞中可能有所不同；而对于不同的基因，Cre 的工作效率则可能因为基因在染色体中的位置，以及 *Lox*P 在基因上的相对距离等有较大的差异，因此精确地描述重组系统的效率及区域特异性对正确评价基因在特定生物过程中的作用至关重要。对 Cre/*Lox*P 重组系统效率的评价，一般可通过原位杂交或组织化学等手段在动物的不同年龄阶段进行检测，但这些方法不仅烦琐，而且耗时。

　　针对这一问题，该研究小组设计了一个简化的实验程序以对 Cre 的重组效率进行粗略评估，即利用 LacZ 构建了一个 Cre/*Lox*P 重组的报告基因，在这里 LacZ 基因的表达受到 *Lox*P 位点夹裹的 1.5 kb "停

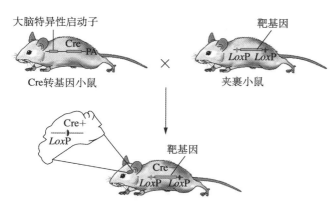

图 1-7-8　利用 Cre/*Lox*P 系统构建区域特异性基因剔除小鼠

止"序列的抑制，没有 Cre 表达的其他区域或组织由于"停止"序列（包括转录停止序列和翻译停止序列）的抑制作用不能被 Cre 切除，LacZ 基因则不能表达；而当在细胞里发生了 Cre/LoxP 介导的重组、从而剔除了"停止"序列后，LacZ 基因得以表达出来（图 1-7-9），LacZ 的表达方式可以很容易地通过 X-gal 染色或组织化学方法显示出来（图 1-7-10）。

3. 构建 LoxP-NR1-LoxP 基因打靶小鼠　在 NMDA 受体已鉴定的亚基中，NR1 是形成有功能受体所不可或缺的亚基，其缺损将导致 NMDA 受体离子通道功能的丧失，其他亚基则对 NMDA 受体起调节作用。因此，为达到剔除 NMDA 受体基因的目的，研究小组克隆了小鼠 NR1 基因的基因组 DNA，获得含有 22 个外显子、40 kb 的基因组 DNA。在构建打靶载体时，他们将第一个 LoxP 位点插入 NR1 基因外显子 10 和 11 之间的最大内含子（约 5 kb）的中间，第二个 LoxP 位点和 Neo 基因插入 NR1 基因 3′ 端的下游区，因此这两个 loxP 位点夹裹了 NR1 基因中长达 12 kb 的区间。由于这段区间编码 NR1 的所有 4 个跨膜区以及多肽链的整个 C 末端顺序，Cre/LoxP 系统对 NR1 靶基因的剔除，则导致 NMDA 受体的功能完全丧失。同时，这一插

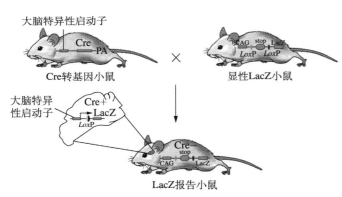

图 1-7-9　**快速检测 Cre/LoxP 重组的报告小鼠构建原理**

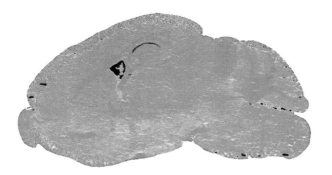

图 1-7-10　**LacZ 报告小鼠中 X-gal 染色仅在海马 CA1 亚区出现**

入方式也可降低损坏外显子与内含子的结合位点以及终止转录信号的风险。

利用这一打靶载体构建了 LoxP-NR1-LoxP 打靶小鼠。杂合小鼠间杂交产生 LoxP-NR1-LoxP 纯合小鼠（fNR1/fNR1，即内源性 NR1 基因被 LoxP 包裹）。由于 LoxP 的插入位点不影响 NR1 亚基的正常表达，fNR1/fNR1 纯合小鼠与同笼的野生型小鼠相比，其生化生理功能及行为等一切正常。

一旦将 fNR1/fNR1 纯合小鼠与选择出来的 CA1-Cre 转基因小鼠（Cre 仅在海马 CA1 区特异性表达）进行杂交，在带有 Cre 的 fNR1/fNR1 纯合后代小鼠中，Cre/LoxP 的重组作用导致 NR1 基因在海马 CA1 区特异性剔除。利用 CA1 区特异性 NR1 基因剔除小鼠进行的一系列生理和行为研究，首次证明了海马 CA1 亚区的 NMDA 受体是控制学习与记忆的关键性分子开关。目前，条件性基因剔除技术已被广泛应用于生物医学的各个领域。

四、诱导性条件基因剔除技术

条件性基因剔除技术实现了组织或区域特异性的基因剔除，为揭示神经科学的分子和细胞机制引入了有效的方法。但这种基因剔除是永久性、不可逆的，因此不便对生命活动过程中特定时间阶段的分子活动进行精确分析。比如，记忆的形成大致可包括学习、巩固、储存以及提取等四个过程，如果要研究 NMDA 受体分别在不同过程中的作用，研究者不仅需要在区域和细胞类型上，还需要在时间上能控制基因的剔除。

2000 年钱卓小组率先开发了可诱导、可逆转的条件性基因剔除技术（又称为第三代基因剔除技术）。其原理是在内源性 NR1 基因被剔除的特异区域，利用可诱导的转基因技术表达外源性的 NR1，以补救 NMDA 的功能。诱导性转基因技术是基于四环素操纵子（tTA/tetO 系统）的调控，当没有四环素或其类似物时，转基因（外源性 NR1）的表达将弥补内源性被剔除基因的功能，因此这个细胞会显示正常的表型；而当有四环素或其类似物存在时，这些化合物与 tTA 相结合，导致 tTA 从 tetO 启动子上脱离，使转基因的表达被关闭，此时由于内源性靶基因在细胞中已被剔除，该细胞（或区域）进入了基因剔除状态（图 1-7-11）。

利用第三代基因剔除小鼠技术，该研究小组发现不仅在记忆的获取阶段需要 NMDA 受体的激活，

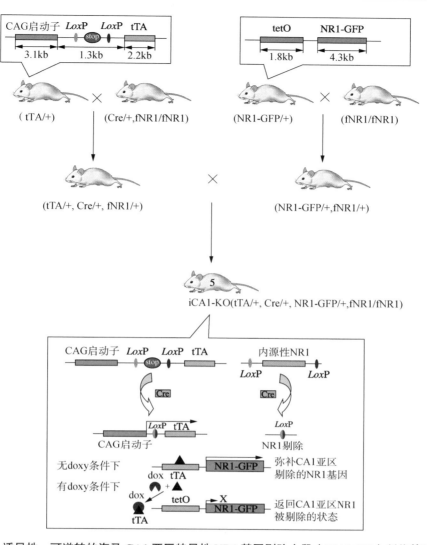

图 1-7-11　诱导性、可逆转的海马 CA1 亚区特异性 NR1 基因剔除小鼠（iCA1-KO）制作策略及原理

在记忆的巩固和储存阶段也需要 NMDA 受体的重复激活，从而揭示了长期记忆的分子机理。由此可见，新的技术策略往往能给研究者带来新的发现。

构建可诱导、可逆转的区域性 NR1 基因剔除小鼠，需要分别构建三种转基因小鼠（即区域特异性 Cre 转基因小鼠、"停止"序列夹裹型 tTA 转基因小鼠、tetO 启动子所调控的外源 NR1 转基因小鼠）及 LoxP 夹裹的 NR1 基因打靶小鼠（即 fNR1 小鼠）。为了便于识别外源性的 NR1 与内源性的 NR1，研究小组构建的 NR1 转基因为与绿色荧光蛋白（GFP）相融合的 NR1 基因（NR1-GFP），这一融合基因的产物具有与 NR1 相同的生理生化特性，而它所携带的 GFP 可通过荧光显微镜或通过 GFP 抗体进行检测，从而使外源的 NR1 转基因在受体小鼠中表达的型式和动力学可通过检测 GFP 来进行估算。

"停止"序列夹裹型 tTA 转基因小鼠中的 tTA 的表达依赖于与 Cre 转基因小鼠的交配而予以实现，即 tTA 的表达只有在 Cre/LoxP 重组系统将置于该基因前的"停止"序列剔除后才能进行。tTA 的表达继而启动了 CA1 区外源性 NR1-GFP 转基因的表达，从而补偿了 CA1 区被剔除的内源 NR1 基因。当给 iCA1-KO 小鼠饮用含有 doxy 的水后，造成 tTA 从 tetO 启动子上脱离，从而关闭了外源性 NR1 的表达，使小鼠的 CA1 亚区进入了没有 NR1 的基因剔除状态。当给小鼠恢复正常饮水（不含 doxy）后，又恢复了 NR1 在 CA1 中的表达。该方法实现了对 NR1 基因的功能性剔除的可诱导性和可逆转性。

五、诱导性蛋白剔除技术

虽然诱导性基因剔除技术为在不同的时间阶段

分析基因功能提供了较为灵活的手段，但由于生物功能的实施通常是基于已有蛋白质的表达，也就是说，在运用基因剔除方法研究某一选定的基因时，虽然基因被剔除了，但该基因剔除前所表达的蛋白质仍继续发挥着作用，而已合成蛋白质的完全降解一般需要几天或数个星期。因此，运用上述剔除基因的方法对通常发生在几分钟到几小时的快速生物过程就无法展开精确的分析。

为了进一步提高遗传操作时间调控的灵敏度，2003 年钱卓小组与 Kevan Shokat 小组联合开发了诱导性蛋白剔除技术，又称为第四代剔除技术。这一技术的基本原理是：针对某一感兴趣的靶蛋白（一般多为蛋白激酶），利用定点突变技术（site-directed mutagenesis）对编码靶蛋白的基因进行定点改变，从而改变该蛋白的结构域（structural motif），使之具有不同于野生型蛋白的结合位点，而本身的功能又不受影响。然后筛选针对该修饰过的结构域的抑制剂，通过特异性抑制剂达到在几秒至几分钟内快速剔除蛋白功能的目的。

这一技术运用的首例实验，是对 CaMK Ⅱ α 蛋白激酶（Ca^{2+}/calmodulin-dependent protein kinase Ⅱ α）在记忆巩固过程中的研究。蛋白激酶（protein kinases）在生物信号传导过程中起着极其重要的作用，基因组测序表明，在小鼠中有 600 多种蛋白激酶，由于激酶的催化亚区都必须与 ATP 结合，几乎所有的蛋白激酶的催化结构域都非常相似，这使传统的药物抑制剂无法特异性抑制某一激酶的活性。Tsien-Shokat 小组利用这一结构域的相似性，通过点突变技术使 CaMK Ⅱ α 催化结构域中的苯丙氨酸残基 Phe-89 突变为甘氨酸 Gly-89，导致在 CaMK Ⅱ α 与 ATP 相结合的部位挖出了一个隐性空穴（hidden cavity），而这一空穴的存在却不影响 CaMK Ⅱ α 本身的催化活性（图 1-7-12）。在将这一修饰过的 CaMK Ⅱ α 通过转基因技术引入前脑区域后，再将筛选出的高特异性的空穴结合抑制剂（bulky inhibitor）进行腹腔注射，在数分钟内实现了对该蛋白功能特异性、快速地剔除（acute knockout）。研究者也可通过在小鼠的饮水中加入空穴结合抑制剂，对该蛋白酶的功能进行长时期地剔除（chronic knockout）。通过快速、可诱导的蛋白剔除技术的应用，该小组发现学习后的第一个星期是长期记忆进行巩固的关键时间窗，期间 CaMK Ⅱ α 的精确的重复激活对记忆巩固至关重要。

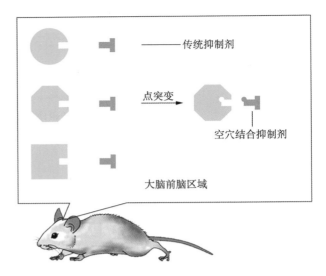

图 1-7-12 利用点突变技术和空穴结合抑制剂实施对蛋白质快速、特异性的剔除

六、CRISPR/Cas9 基因编辑技术

CRISPR/Cas9 是在研究细菌免疫时发现的一种基因编辑机制。它不同于第一代和第二代基因编辑技术（锌指酶和 TALEN），不需要依赖大量的筛选或复杂的构建，只需要一段由 20 个核苷酸组成的引导 RNA 即可引导核酸内切酶 Cas9 进行基因编辑。2005 年，西班牙微生物学家弗朗西斯科·莫伊卡（Francisco Mojica）在细菌的基因组中发现了一种基因序列–"规律成簇间隔短回文重复"（clustered regularly interspaced short palindromic repeats，CRISPR），并认为这种基因序列和细菌对抗病毒感染有关。2012 年瑞典微生物学家埃玛纽埃尔·卡彭蒂耶（Emmanulle Charpentier）和美国分子生物学家詹妮弗·杜德娜（Jennifer Doudna）合作，成功解析了 CRISPR/Cas9 基因编辑的工作原理，并因此获得了 2020 年诺贝尔化学奖。他们发现，一个具有 Cas9 蛋白、crRNA（CRISPR-derived RNA）与 tracrRNA（trans-activating crRNA）的体系可以成功地将目标 DNA 切开，crRNA 前 20 碱基使得 Cas9 具有靶序列特异性，tracrRNA 用来招募 Cas9 蛋白（如图 1-7-13 左所示）。为了降低系统的复杂度，研究人员使用头尾相接的办法将 crRNA 与 tracrRNA 组合成一个引导 RNA（sgRNA），然后他们证明了这个单一的引导 RNA 仍然能够引导 Cas9 去切割相匹配的 DNA 序列，Cas9 的切割位点在 PAM（protospacer adjacent motif）序列（NGG，N 为任何核苷酸，G 为鸟嘌呤）上游的第三个碱

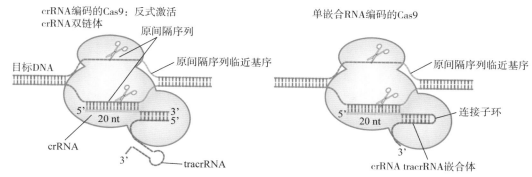

crRNA编码的Cas9：反式激活
crRNA双链体

原间隔序列

目标DNA

原间隔序列临近基序

crRNA

tracrRNA

单嵌合RNA编码的Cas9

原间隔序列临近基序

连接子环

crRNA tracrRNA嵌合体

图 1-7-13　**结合 tracrRNA 和 crRNA 功能的引导 RNA 和 Cas 对 DNA 进行编程**
（crRNA：CRISPR-derived RNA，CRISPR 引导的 RNA；tracrRNA：trans-activating crRNA，反式激活 crRNA）

基（如图 1-7-13 右所示）。2013 年，分别来自麻省理工大学和哈佛大学的张锋和 George Church 证明了 CRISPR/Cas9 基因编辑技术可以应用于哺乳动物和人类细胞。随后的实验进一步证明了这项技术也可以用于对来源于多个物种的多种细胞进行基因编辑。在神经科学研究方面，CRISPR/Cas9 被证明可以直接对成熟的神经元进行基因编辑。

由于 CRISPR/Cas9 技术的高效率，在小鼠中进行基因打靶不再需要依赖胚胎干细胞系的大量筛选，将 CRISPR/Cas9 系统需要的 Cas9、sgRNA 和同源重组模板直接注射或电转引入受精卵原核即可在后代中得到基因编辑的小鼠。此外，由于无须对细胞进行筛选，同源重组模板中无须加入抗性筛选基因，大大增加了同源臂位置选择的灵活性和模板种类的多样性。除常用的质粒模板之外，不同长度的单链 DNA 也可以作为模板指导基因编辑。

CRISPR/Cas9 系统不仅可用于基因的剔除和敲入修饰，还可用于激活或抑制内源性基因的表达。将 Cas9 进行人工改造后使其失去核酸内切酶活性，但保留其 DNA 解螺旋酶的活性，称为 dCas9。将一些转录激活因子或抑制因子与 dCas9 构建成融合蛋白，这些转录调控因子即可通过 sgRNA 的引导结合到靶基因的启动子区域，从而激活或抑制靶基因的转录。此外，哈佛大学的刘如谦（David Liu）等将胞嘧啶核苷酸脱氨酶（cytidine deaminase）偶联到 dCas9 后，可以对靶基因特定部位的碱基进行转变，而不发生 DNA 双链的断裂，这项技术称为碱基编辑（base editing）。将 dCas9 蛋白与不同的蛋白和酶进行融合，可以对目标 DNA 区域进行各种操作，包括但不限于各种 DNA 表观遗传学修饰、荧光成像、细胞核重构等。

在临床应用方面，张锋和 David Liu 的 Editas Medicine 公司已开始运用 CRISPR/Cas9 基因编辑技术治疗先天性视网膜病的临床试验。卡彭蒂耶（Charpentier）的 CRISPR Therapeutics 公司，在 CRISPR 基因编辑治疗 β 地中海贫血和镰状细胞病这两种遗传病的临床试验中取得了良好效果。但是，基因编辑是一把双刃剑，要防止违反伦理道德的滥用。

第三节　光／化学遗传学方法

一、光遗传学方法

光遗传学（optogenetics）是结合了光学（optics）及遗传学（genetics）的技术，能在体内外甚至自由活动动物的神经系统内，精准地控制特定类型神经元的活动。光遗传学在时间上的精确度可达到毫秒级别，在空间上的精确度则能达到单个细胞级别，如图 1-7-14 所示。利用 Cre-LoxP 等二元调控系统，将表达光敏感离子通道蛋白的基因导入特定类型的神经元中，然后通过特定波长光的照射，控制细胞膜上的光敏感离子通道蛋白的激活与关闭；进而改变细胞膜电压，引起细胞膜的去极化与超极化。当细胞膜去极化超过一定阈值时就会诱发动作电位，即神经元的激活；相反，当细胞膜超极化到一定水平时，就会抑制动作电位的产生，即神经元的抑制。这种技术可以低损伤、高灵敏地控制特定

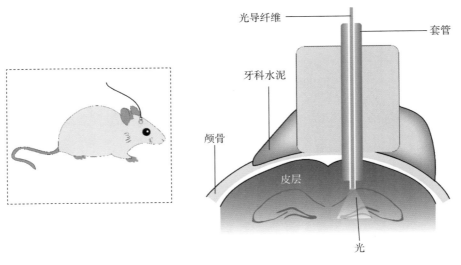

图 1-7-14 光遗传学操作示意图

类型神经元的活动，特别适用于清醒动物的行为学研究。

光遗传学工具可以分为两类：激活神经元的和抑制神经元的光遗传学工具。典型的用于激活神经元的光敏感通道蛋白 ChR2（视紫红质蛋白 2，channelrhodopsin 2），最早从莱茵衣藻（*Chlamydomonas reinhardtii*，拉丁学名）中发现，后经人为突变、修饰，改造成能适用于哺乳动物细胞、表达稳定对细胞无毒的工具。该蛋白在蓝光（最大激发峰在 470 nm 波长附近）的激发下会诱导阳离子通道的打开，促使神经元的去极化，进而诱发动作电位，激活神经元。典型的抑制神经元活动的光敏感蛋白 NpHR（嗜盐细菌视紫红质蛋白，Halorhodopsin），是从盐碱古菌（*Natronomonas*

pharaonis）里发现的。NpHR 在黄绿光（最大激发峰在 590 nm 波长附近）的激发下会诱导氯离子通道的打开，氯离子内流造成神经元的超极化，从而抑制神经元动作电位的产生；还有在苏打盐红菌（*Halorubrum sodomense*）里发现的光敏感蛋白 Arch（Archaerhodopsin-3），它在黄绿光（最大激发峰在 566 nm 波长附近）的激发下会诱导质子的外流，从而产生超极化信号，抑制神经元，如图 1-7-15 所示。

光遗传学的发展始于 21 世纪初。2002 年，杰罗·麦森伯克（Gero Miesenböck）实验室首先尝试进行了光控神经元活动的实验，他们把来自非脊椎动物的感光蛋白变视紫质（metarhodopsin）表达在体外培养的大鼠皮质神经元上，观察到了光照可使

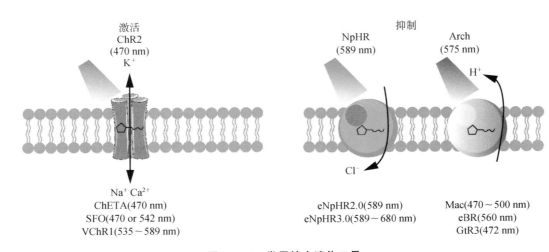

图 1-7-15 常用的光遗传工具

ChR2. channelrhodopsin 2，视紫红质通道蛋白 2；NpHR. halorhodopsin，嗜盐菌视紫红质；Arch. archaerhodopsin，古紫质；ChETA. ChR2 的（E123T/H134R）突变体；SFO. step function opsin，跃阶光敏感通道；VChR1. *Volvox*-derived channelrhodopsin-1；eNpHR2.0. enhanced halorhodopsin version 2.0；eNpHR3.0. enhanced halorhodopsin version 3.0；Mac. leptosphaeria maculans fungal opsins

神经元兴奋。这是实现光控细胞活动的最早的一个实验。2003 年，皮特·黑格曼（Peter Hegemann）实验室在微生物中发现并克隆了光敏离子通道蛋白 ChR1（channelrhodopsin 1）和 ChR2。许多神经生物学家为之振奋，世界各地同时有四个实验室尝试将 ChR2 蛋白表达于哺乳动物细胞。他们分别为美国斯坦福大学的卡尔·德塞罗斯（Karl Deisseroth）实验室、美国凯斯西储大学的林恩·兰德梅塞（Lynn T. Landmesser）和斯蒂芬·赫利茨（Stefan Herlitze）实验室、日本的 HiromuYawo 实验室以及美国韦恩州立大学的潘卓华实验室。德塞罗斯实验室的文章发表于 2005 年 8 月的 Nature Neuroscience，证明了光照 ChR2 蛋白可以激活体外培养的海马神经元。两个月以后，兰德梅塞和赫利茨实验室，也证明了光照 ChR2 蛋白可以激活体外培养神经元，以及在体激活脊髓神经元。随后日本的 HiromuYawo 实验室和美国的潘卓华实验室也发表了类似的工作。

德塞罗斯实验室的文章发表之后，光遗传相关的研究论文出现了快速增长。光遗传技术使得对自由活动动物的特定脑区的特定类型神经元进行调控成为可能，使科学家对神经系统的研究从基因、蛋白、细胞上升到环路水平。生物工程研究人员也尝试结合光遗传学、光学成像和组织细胞工程来构建人工的神经环路。临床研究者也在近十年尝试利用非侵入性的光遗传学手段来治疗各种疾病，例如嗜睡症、抑郁症、恐惧、焦虑、帕金森综合征和失明等。这些尝试给"光疗法"赋予了全新的意义。2015 年，美国食品与药品监督管理局（Food and Drug Administration，FDA）已经批准了光遗传学治疗失明的临床试验。但是将光敏感蛋白引入人脑还需要非常谨慎，特别是很多精神疾病涉及的脑区很广泛，使用光遗传学很难刺激如此大的范围。

二、化学遗传学方法

化学遗传学（chemogenetics）是结合了化学（chemistry）及遗传学（genetics）的技术。现在常用的化学遗传学技术是通过对一些 G 蛋白偶联受体（GPCR）的改造，使其能和先前无法识别的小分子化合物发生相互作用而被激活。这类被改造过的 GPCR 被称为由定制药物激活的定制受体 DREADD（designer receptors exclusively activated by designer drugs）。利用 Cre-LoxP 等二元调控系统，将表达

DREADD 的基因导入特定类型的神经元中，通过小分子化合物激活 DREADD 来达到调控神经元活性的目的。化学遗传学调控神经元活性不依赖光纤，可以实现无创，作用持续时间较长，但没有光遗传学那么灵敏。研究者可以根据实验目的，酌情选取合适的方案。

化学遗传学工具可以分为两类：激活神经元的和抑制神经元的化学遗传学工具。现在常用的激活神经元的 DREADD 是偶联 Gq 蛋白的 hM3Dq 受体——它是一种改造过的人 M3 型毒蕈碱乙酰胆碱受体（图 1-7-16），可以被小分子化合物 clozapine-N-oxide（CNO）激活，而不能被内源性神经递质乙酰胆碱激活。CNO 是抗精神药物氯氮平（clozapine）的代谢物，在低剂量（0.1 ～ 3 mg/kg）使用时不会对动物行为产生影响。但是，为了排除 CNO 代谢为氯氮平而发挥作用，一般需要将 CNO 注射到不表达 DREADD 的动物体内作为对照实验。hM3Dq 受体可以激活磷脂酶 C（PLC）而引起细胞内 Ca^{2+} 浓度升高，导致细胞去极化，从而激活神经元。目前常用的抑制神经元的 DREADD 是偶联 Gi 蛋白的 hM4Di 受体——它是一种改造过的人 M4 型毒蕈碱乙酰胆碱受体（图 1-7-16），可以被小分子化合物 CNO 激活，而不能被内源性神经递质乙酰胆碱激活。hM4Di 受体可以通过 Gβ/γ 激活向内整流的钾离子通道（GIRK），而引起细胞膜超极化，从而抑制神经元的活性。

化学遗传学的发展早于光遗传学，大致可以分为三个阶段。1991 年 Catherine Strader 和 Richard Dixon 设计了一个突变 β2- 肾上腺素受体（称为第一代化学遗传学工具 -Alelle-specific GPCR），它只能被合成的化合物丁酮激活，而不能被内源性神经递质肾上腺素激活。1998 年 Peter Coward 和

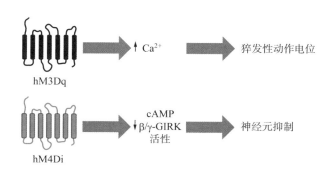

图 1-7-16　常用的化学遗传学工具 DREADD

hM3Dq：human M3 muscarinic DREADD receptor coupled to Gq，人 M3 型毒蕈碱乙酰胆碱受体；hM4Di：human M4 muscarinic DREADD receptor coupled to Gi，人 M4 型毒蕈碱乙酰胆碱受体

Bruce Conklin 改造了人源的阿片受体（称为第二代化学遗传学工具 -receptors activated solely by synthetic ligands，RASSL），它只能被人工合成的化合物螺朵林（spiradoline，一种镇痛药）激活，而不能被内源性阿片肽激活。至 2007 年 Bryan L. Roth 开发出只由特定药物激活的受体 DREADD（称为第三代化学遗传学工具）后，化学遗传学技术被广泛应用在神经研究领域（图 1-7-17）。

化学遗传学技术已经在信号转导、药物开发、功能基因组学等方面的研究中得到了广泛的应用。化学遗传学被广泛用于以细胞特异性、无创地增强或抑制神经元的活动。虽然 DREADD 没有光遗传学那样灵敏，但化合物作用持续时间长。由于在进行疾病治疗时，最有可能需要的是长期神经元环路调节，而 DREADD 可能会适合这类应用。此外，许多 FDA 批准药物的目标作用靶点是 GPCR，而 DREADD 是改造过的 GPCR，因此 DREADD 可能会在药物开发方面提供丰富的可能性。

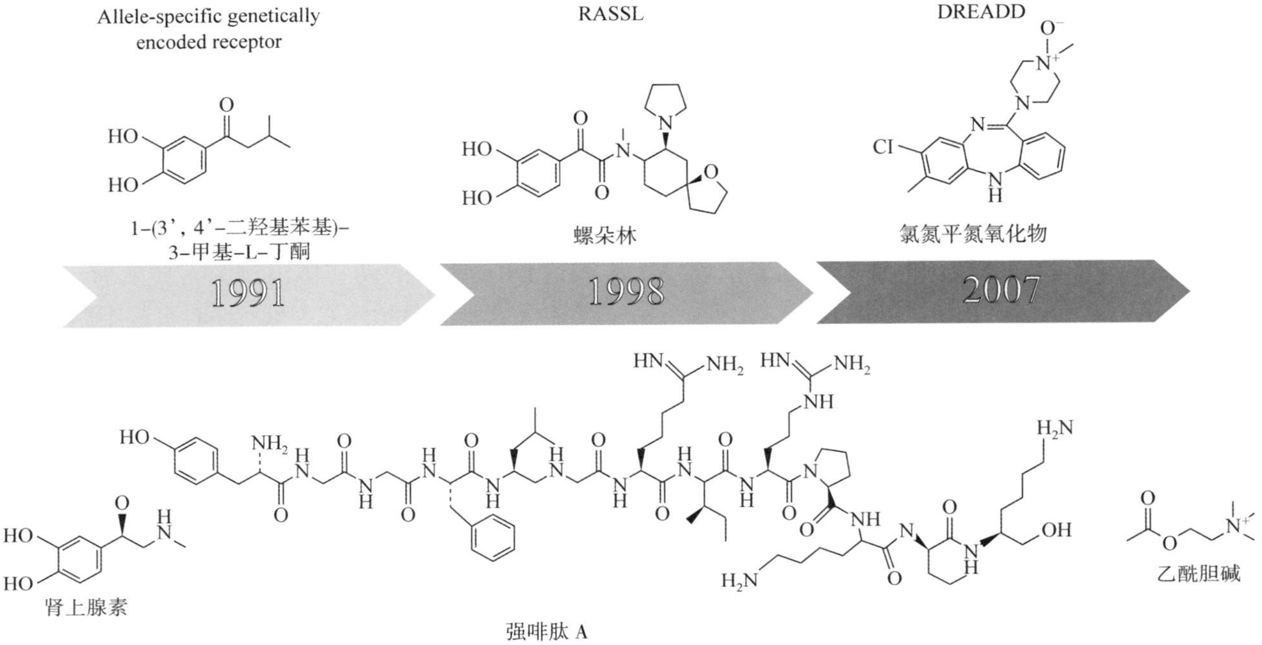

图 1-7-17　第 1～3 代化学遗传学工具及其对应的化合物

allele-specific genetically encoded receptor：等位基因特异性基因编码受体；RASSL：receptors activated solely by synthetic ligands，被合成配体激活的受体；DREADD：designer receptor exclusively activated by designer drugs，定制药物激活的定制受体

第四节　总结与展望

基于 CRISPR/Cas9 的第三代基因编辑技术给反向遗传学的研究带来了新的变革。目前的研究着眼于如何改进基因编辑的效率及减少脱靶的可能性。从 CRISPR/Cas9 基因编辑技术衍生而来的碱基编辑技术，由于不涉及 DNA 双链的断裂而备受基因治疗领域的青睐。目前科学家们正在试图拓展碱基编辑技术的适用范围及提高其基因编辑效率。CRISPR/Cas9 技术和单细胞 RNA 测序技术相结合也有可能对高通量的基因功能研究带来突破。例如，来自麻省理工大学的 Paola Arlotta 课题组通过对不同的引导 RNA 加上各自的 DNA 标签（barcode），可以在同一个实验中同时研究 35 个自闭症基因对胚胎发育中各类神经元和胶质细胞功能的影响。可以想象，随着不断吸收其他新技术新方法的成果，分子遗传学方法将在揭示基因的功能以及基因网络的功能方面继续发挥出巨大的作用。

参考文献

1. Hrabe de Angelis，MH，Flaswinkel H，Fuchs H，et al. Genome-wide，large-scale production of mutant mice by ENU mutagenesis. *Nat Genet*，2000，25（4）：444-447.
2. Mayford M，Abel T，Kandel ER. Transgenic approaches to cognition. *Curr Opin Neurobiol*，1995，5（2）：141-148.

3. Mayford M, Kandel ER. Genetic approaches to memory storage. *Trends in Genetics*, 1999, 15 (11): 463-470.

4. Miller VM, Paulson HL, Alegre PG. RNA interference in neuroscience: progress and challenges. *Cell Mol Neurobiol*, 2005, 25 (8): 1195-1207.

5. Deisseroth K. Optogenetics. Nat. *Methods*, 2011, 8 (1): 26-29.

6. Sternson SM, Roth BL. Chemogenetic tools to interrogate brain functions. *Annu Rev Neurosci*, 2014, 37: 387-407.

7. Cui Z, Wang H, Tan Y, et al. Inducible and reversible NR1 knockout reveals crucial role of the NMDA receptor in preserving remote memories in the brain. *Neuron*, 2004, 41 (5): 781-793.

8. Ding S, Wu X, Li G, et al. Efficient transposition of the *piggyback* (*PB*) transposon in mammalian cells and mice. *Cell*, 2006, 122 (3): 473-483.

9. Dudai Y, Jan Y, Byers D, et al. Dunce, a mutant of Drosophila deficient in learning. *Proc Natl Acad Sci USA*, 1976, 73 (5): 1684-1688.

10. Forrest D, Yuzaki M, Soares HD, et al. Targeted disruption of NMDA receptor 1 gene abolishes NMDA response and results in neonatal death. *Neuron*, 1994, 13 (2): 325-338.

11. Gordon JW, Scangos GA, Plotkin DJ, et al. Genetic transformation of mouse embryos by microinjection of purified DNA. *Proc Natl Acad Sci USA*, 1980, 77 (12): 7380-7384.

12. Hummler E, Cole TJ, Blendy JA, et al. Targeted mutation of the CREB gene: compensation within the CREB/AFT family of transcription factors. *Proc Natl Acad Sci USA*, 1994, 91 (12): 5647-5651.

13. Nakazawa K, Quirk MC, Chitwood RA, et al. Requirement for hippocampal CA3 NMDA receptors in acquisition and recall of associative memory. *Science*, 2002, 297 (5579): 211-218.

14. Shimizu E, Tang Y, Rampon C, et al. NMDA receptor-dependent synaptic reinforcement as a crucial process for memory consolidation. *Science*, 2000, 290 (5494): 1170-1174.

15. Tang YP, Dube GR, Rampon C, et al. Genetic enhancement of learning and memory in mice. *Nature*, 1999, 401 (6748): 63-69.

16. Tsien JZ, Chen DF, Gerber D, et al. Subregion- and cell type-restricted gene knockout in mouse brain. *Cell*, 1996, 87 (7): 1317-1326.

17. Tsien JZ, Huerta PT, Tonegawa S. The essential role of hippocampal CA1 NMDA receptor-dependent synaptic plasticity in spatial memory. *Cell*, 1996, 87 (7): 1327-1338.

18. Wang H, Shimizu E, Tang Y, et al. Inducible protein knockout reveals temporal requirement of CaMK II reactivation for memory consolidation in the brain. *Proc Natl Acad Sci USA*, 2003, 100 (7): 4287-4292.

19. Jinek M, Chylinski K, Fonfara I, et al. A programmable dual-RNA-guided DNA endonuclease in adaptive bacterial immunity. *Science*, 2012, 337 (6096): 816-821.

20. Cong L, Ran FA, Cox D, et al. Multiplex genome engineering using CRISPR/Cas systems. *Science*, 2013, 339 (6121): 819-823.

21. Mali P, Yang L, Esvelt KM, et al. RNA-guided human genome engineering via Cas9. *Science*, 2013, 339 (6121): 823-826.

22. Incontro S, Asensio CS, Edwards RH, et al. Efficient, complete deletion of synaptic proteins using CRISPR. *Neuron*, 2014, 83 (5): 1051-1057.

23. Konermann S, Brigham MD, Trevino AE, et al. Genome-scale transcriptional activation by an engineered CRISPR-Cas9 complex. *Nature*, 2015, 517 (7536): 583-588.

24. Gaudelli NM, Komor AC, Rees HA, et al. Programmable base editing of A·T to G·C in genomic DNA without DNA cleavage. *Nature*, 2017, 551 (7681): 464-471.

25. Nagel G, Szellas T, Huhn W, et al. Channelrhodopsin-2, a directly light-gated cation-selective membrane channel. *Proc Natl Acad Sci USA*, 2003, 100 (24): 13940-13945.

26. Boyden ES, Zhang F, Bamberg E, et al. Millisecond-timescale, genetically targeted optical control of neural activity. *Nat Neurosci*, 2005, 8 (9): 1263-1268.

27. Strader CD, Gaffney T, Sugg EE, et al. Allele-specific activation of genetically engineered receptors. *J. Biol. Chem*, 1991, 266 (1): 5-8.

28. Coward P, Wada HG, Falk MS, et al. Controlling signaling with a specifically designed Gi-coupled receptor. *Proc Natl Acad Sci USA*, 1998, 95 (1): 352-357.

29. Armbruster BN, Li X, Pausch MH, et al. Evolving the lock to fit the key to create a family of G protein-coupled receptors potently activated by an inert ligand. *Proc Natl Acad Sci USA*, 2007, 104 (12): 5163-5168.

30. Jin X, Simmons SK, Guo A, et al. In vivo Perturb-Seq reveals neuronal and glial abnormalities associated with autism risk genes. *Science*, 2020, 370 (6520): eaaz6063.

第 **8** 章　行为学方法

徐　林　蔡景霞

行为学（behavioral science）是研究人类和动物行为的一门科学，涉及多学科如人类学、社会学、生物学、心理学、药理学等相关领域技术方法和理论假说，是神经科学研究脑功能和脑疾病的必要手段之一。本章仅介绍动物行为学研究方法。人类行为学研究方法，可参见 Cozby 和 Bates 编著的《行为学研究方法》。动物和人类的行为学方法共享着相似的基本原理，各具特点。

大脑具有非凡的信息处理、计算和创造能力，调控运动、心跳、呼吸、情绪、决策、学习、记忆、感知觉等生命过程和行为表现。其病理过程和异常行为涉及诸多脑疾病如自闭症谱系障碍（autism spectrum disorders，ASD）、抑郁症（major depressive disorder，MDD）、阿尔茨海默病（Alzheimer's disease，AD）等，以及临床脑疾病的治疗途径和预后疗效，均是行为学的研究目标。

行为学方法（methods in behavioral research）是指行为学的科学研究方法，遵循一些行为学的基本规律，也就是透过现象看本质的方法论。首要问题是不同来源的研究结果应该具备可比性。利用遗传背景、病源微生物、繁殖饲养条件可控的模式动物，建立实验流程和动物模型，开展行为学观察和定量评估，赋予行为学研究结果的可比性，已经对神经科学各个领域产生了巨大的影响。这一特点显著地优越于人类的行为学研究，因为人类的遗传背景、病源微生物、成长环境等均具有不可控、难以追溯的缺点，导致研究结果具有高度的个体差异性。不可否认的是，动物模型反映的脑功能和脑疾病与人类的有很大差异，也许只能反映人类的某个或某些方面，但是人类正在利用各种模式动物建立各种动物模型开展脑功能和脑疾病的研究，正试图构建大脑工作原理和脑疾病机制的全貌。动物的行为背后隐藏着复杂的原因，也存在个体差异，但是行为学方法可通过考虑一些可控的因素，如环境因素、神经过程、奖励和惩罚、本能行为以及生命演化的基本法则，就可得到相对可靠的结果，通过生物统计得出可靠的结论。为实现该目标，行为学的实验设计就尤为重要，例如强调双盲、阴性对照和阳性对照等平行设计。这些基本要求，构成了行为学方法的根本基础，也是理解研究进展、新闻报道、产品广告是否可靠或可信的知识源泉。

值得强调的是，动物行为学研究揭示的脑功能和脑疾病机制，虽然和人类存在某种程度上的差异，但是相关的神经环路、细胞活动、受体和信号通路、遗传和表观遗传机制等却绝非大相径庭。

第一节　行为学研究涉及的动物伦理

动物伦理的核心思想可理解为保护动物和人类实验者的权利。各个国家相应的法规基本相似，包括我国于 2017 年公布的《国家实验动物管理法规》。在此仅简单地介绍一些基本要求：①拟开展实验的任何人员，需经过相关机构的专业培训，获得动物使用许可证。②拟开展的实验，包括实验流程、实验设计、动物品种和数量、性别等，需要得到单位动物伦理委员会的书面批准和过程监管。③只允许使用来源、品系、遗传背景清楚，微生物检测合格并具有合格证的动物。④必须使用防护措施如实验服、口罩、手套等，防止病源微生物在人类和动物之间的传播。例如实验人员在生病期间避免接触动物。⑤必须尽量减少动物使用量，尽量减少动物的疼痛、应激等，例如发现异常应激或生病的动物，如果不是属于实验目的，应及时终止实验。

遵循这些实验动物管理法规，不仅可保护动物和人类实验者的权利，还可保障行为学研究结果的可靠性和稳定性，为正确理解脑功能和脑疾病提供有价值的数据。

第二节　行为学的神经基础

理论上通过巴甫洛夫条件反射、奖励与惩罚动机、适者生存和优胜劣汰的基本法则，可自由地建立任何感兴趣的动物模型来研究脑功能和脑疾病。

一、条件反射

（一）经典条件反射

经典或巴甫洛夫（Pavlov，1849—1936）条件反射是一种联合型学习。巴甫洛夫给狗进食时，检测狗唾液分泌。巴甫洛夫把食物定义为非条件刺激（unconditioned stimuli，US），唾液分泌定义为非条件反射（unconditioned response，UR）。然后在给狗进食前打铃声，刚开始铃声并不能导致狗分泌唾液（铃声此时是中性刺激），狗只是在进食时才分泌唾液。经过不断地重复打铃声后立即给狗进食，狗学会了铃声和进食的关联，此时仅有铃声就能导致狗分泌唾液。巴甫洛夫把铃声定义为条件刺激（conditioned stimuli，CS），而铃声导致唾液分泌定义为条件反射（conditioned response，CR）。有趣的是，巴甫洛夫还发现，US 和 CS 并不需要同时呈现，US 在 CS 结束后的一定时间窗口内呈现，也能形成 US 和 CS 的关联学习，即 CS 也能导致 CR，称为痕迹条件反射（trace conditioning）。推广到人类的行为表现，人类由于具有更卓越的记忆和理解能力，可以在更大的时间尺度上将事件 A 和事件 B 关联在一起，例如祖母的嘱咐（事件 A）和笑貌（事件 B）之间在时间上可能相隔久远，但在回忆祖母时可同时提取 A 和 B。

（二）操作式条件反射

经典条件反射是两种刺激 US 与 CS 之间的关联，而操作式条件反射是操作行为与该行为结果的关联。任何一种操作式行为都有四种可能的结果：奖励的呈现或终止；惩罚的呈现或终止。对于动物实验来说，操作式行为需要立即呈现结果或一定时间窗口内呈现结果，才能形成操作式条件反射。也就是，经典条件反射更容易形成，因为 A（US）和 B（CS）之间是直接关联；操作式条件反射更不容易形成，因为 A（US）和 B（CS）之间多了一个行为操作。有趣的是，如图 1-8-1 所示，左图为树鼩，一种灵长类的近亲小型动物，能很好地学会触碰正确图案，得到食物奖励，经历每天 30 次、连续 3 天的训练可达到 80% 以上的正确率，也能进行很好的反转学习，这涉及学习记忆和其他认知功能。右图为大鼠，经历同样的、长达 9 天的训练，仅能达到约 50% 的正确率，表明大鼠不能完成这种任务。反转训练时，大鼠经历几次训练后，就拒绝触碰任何图案，不能得到任何奖励。相比之下，人类完成操作式条件反射的能力远远超越于动物，因为可通过语言理解行为与结果之间的关联。

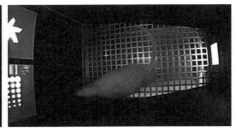

图 1-8-1 操作式条件反射箱（operant test chamber），又称为斯金纳箱（Skinner box）

左图为树鼩，右图为大鼠，在触摸屏上触碰正确的图案可在后面的食物槽中得到食物奖励；触碰错误的图案时，无食物奖励，仅有声音刺激提示其行为错误（摄自徐林实验室）

二、奖励与惩罚

斯金纳（Skinner，1904—1990）是行为主义心理学的奠基人，对行为心理学做出了巨大贡献，最具代表性的成就是提出了学习的强化理论：奖励使某种行为趋于反复或习惯化，奖励就是正性强化物，其过程称为正性强化；惩罚使人类或动物回避某种行为，惩罚就是负性强化物，其过程称为负性强化。相应的记忆称为正性记忆和负性记忆。负性记忆更容易形成（甚至1次形成）且牢固不消退；正性记忆通常需要反复学习才能形成。推测负性记忆更符合适者生存、优胜劣汰的基本法则，帮助个体回避风险或威胁以更好地生存。中脑多巴胺系统如腹侧背盖区（ventral tegmental area，VTA）和伏隔核（nucleus accumbens，NA）被广泛认为是奖励与惩罚的关键系统。值得强调的是，正性强化或负性强化，是指学习方式，其行为反应依赖于正性记忆和负性记忆，或两者兼具。实际上，如图1-8-2所示，与工作记忆密切相关的前额叶（prefrontal cortex，PFC），情绪记忆相关的杏仁核，陈述性记忆和空间记忆相关的海马（hippocampus，HC），程序记忆相关的纹状体、尾状核等，均与中脑多巴胺系统存在交互投射的神经环路和调控机制。

最近研究表明，丘脑-VTA环路、HC-VTA环路是记忆与奖励关联的重要系统，与成瘾记忆的提

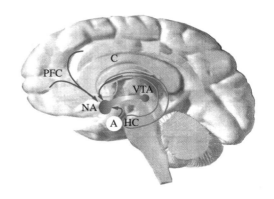

图 1-8-2 中脑多巴胺奖励系统

PFC. 前额叶；NA. 伏隔核；VTA. 腹侧背盖区；C. 尾状核；A. 杏仁核；HC. 海马（唐珣绘制）

取或记忆的永久性储存有着密切关系。而 PFC-A 环路、PFC-HC 环路与记忆提取和消退存在密切关系。

这些学习记忆的关键系统可能是不同行为表现的根本基础。值得注意的是，早在1949年，心理学家赫伯就提出了著名的科学假说，即神经活动可导致突触发生可塑性，是学习记忆的根本基础，也是一切行为的根本基础。其中，赫伯明确指出，行为学的基础就是记忆；行为的改变就是记忆的改变。但是，与遗传相关的本能行为，如睡眠、昼夜节律等行为不需要学习，只是这些行为发生改变时才需要学习。

第三节 普通行为学指标

行为学研究者需要牢记，任何动物行为学实验均需要记录动物的年龄、性别、体重，甚至定量评价昼夜节律、饮水进食量、自发运动量，因为它们很大程度上反映动物的身体状态是否正常。在研究

转基因或基因敲除动物时，这些指标尤为重要，因为基因操作可能导致意外的影响。例如在 Pet1-Cre；Rosa26-DT receptor（DTR）小鼠中注射白喉病毒（diphtheria toxin，DT），以期杀死成年的中枢神经

系统 5-HT 能神经元，但也意外地杀死了胰腺胰岛细胞，导致小鼠表现为焦虑样行为和典型的糖尿病表型。此外，行为学研究者每天都有责任观察动物是否毛色干净、温顺无攻击行为、正常进食饮水、存在常见的洗脸行为等，及早判断动物正常或异常。如果是慢性实验，还需要定期称取体重，当发现未知原因的体重负增长时，如果不是属于实验目的或设计，应立即终止实验。其他指标如动物的运动步态、运动平衡、呼吸、心跳、血压、体温、脑电等，可依据实验目的不同而不同。例如药理药效学的评价时，常常需要先排除药物对这些普通行为学指标的影响。

第四节　模式动物和动物模型

区别模式动物和动物模型的最简单办法，可把前者理解为动物，后者理解为模型。模式动物涉及许多物种，例如线虫（*Caenorhabditis elegans*）、果蝇（*Drosophila melanogaster*）、斑马鱼（*Danio rerio*）、小鼠（*Mus musculus*）、大鼠（*Rattus norvegicus*）、树鼩（*Tupaia belangeri*）、恒河猴（*Macaca mulatta*）、食蟹猴（*Macaca fascicularis*）、兔（*Oryctolagus cuniculus*）、比格犬（*Canis lupus familiaris*）等，各自具有独特的优势和特色。模式动物（animal model）是指符合实验动物管理法规、符合病原体微生物标准的动物。科学家们选择不同进化地位的物种以期阐明不同的科学问题。值得注意的是，在漫长的生命演化过程中，适者生存、优胜劣汰，赋予了灵长类包括人类大脑具有卓越的认知能力，利用猴、树鼩等灵长类动物或其近亲，研究大脑的基本工作原理和脑疾病，具有独特的合理性和必要性。其他不同系统进化地位的模式动物，研究脑功能和脑疾病也各具特色，因为大脑的基本工作原理如突触信息传递的单向性及其结构和功能的可塑性等可能在动物中具有普遍性。

动物模型（animal model）是指研究特定脑功能或脑疾病的实验范式（不同动物品系的模式动物、实验流程、实验方法等）。例如神经科学领域众所周知的莫里斯水迷宫（Morris water maze），是研究空间学习和记忆的动物模型。在此基础上，利用 APP/PS1 转基因小鼠开展莫里斯水迷宫研究，是研究 AD 的常用动物模型。

第五节　学习记忆及其相关脑疾病模型

认知功能（cognitive function）是指意识、思维、决策、语言、学习、记忆、情绪、感知觉等脑功能，赋予大脑卓越的智慧和创造能力，其中学习记忆似乎是所有认知功能的根本基础。因此，利用模式动物建立研究学习记忆的动物模型，探索其神经机制，一直是神经科学领域的重要组成部分和前沿热点。

研究学习记忆的动物模型众多，从低等动物海兔、昆虫、鱼类到高等非人灵长类动物都有。在学习记忆的动物模型基础上，根据实验目的的不同，可利用脑区损毁、药理学工具、基因敲除或转基因、光遗传或药理遗传等技术，可选择地干预学习或记忆的形成、记忆的巩固或提取阶段。例如，利用药理学、缺氧缺血、转基因等工具或技术，可建立痴呆症或 AD 动物模型，进而可研究相关的脑疾病机制。实际上，除了一些动物的本能行为以外，几乎所有的动物行为学研究方法都建立在学习记忆的基础上，且这些类型的学习记忆遵循着条件反射或奖励与惩罚或适者生存或优胜劣汰的基本规律。

一、空间记忆模型

空间记忆（spatial memory）在日常生活中起着极其重要的作用。记忆可分为短时记忆、长时记忆、远期记忆（或永久记忆），其阶段的划分还未有得到公认的标准。在动物实验中，常常将维持几分钟至几小时的记忆称为短时记忆；将维持 24 小时至 28 天的记忆称为长时记忆；将维持 28 天以上的记忆称为远期记忆。

AD 的早期症状主要局限于海马依赖的空间记忆损伤。最典型的例子就是老年人找不到回家的路，去医院就诊才发现老年人已患上 AD。磁共振脑成像发现，海马下托的结构改变可提前约 10 年预测 AD 发生。自 1982 年莫里斯（Morris RGM）报道了大鼠水迷宫动物模型可研究海马依赖的空间学习记忆以来，莫里斯水迷宫已被广泛地应用于研究海马依赖的空间学习记忆和 AD 及其相关的神经机制。

（一）基本原理

莫里斯水迷宫由直径为 1 ～ 1.5 米（小鼠）或 1.5 ～ 2.5 米（大鼠）的圆形水池、隐藏在水下的逃生平台、水池周边的环境线索（例如黄色布帘上黑色标记物）、摄像机和自动轨迹跟踪软件系统组成。莫里斯水迷宫是基于小鼠或大鼠的本能行为，即在水环境中强烈的逃生动机，驱使动物寻找隐藏在水下的逃生平台。初期学习阶段，动物并不知道逃生平台的存在，实验人员需要牵引动物至逃生平台。动物找到隐藏平台并上平台所花的时间，称为逃生潜伏期（escape latency），可作为定量指标评价动物的空间学习能力（图 1-8-3），因为动物需要用水池周边的环境线索去定位隐藏平台的位置。动物学会该任务后，例如小鼠在放入水迷宫 10 ～ 12 秒后就能上平台。间隔一定时间如 24 小时，再次放入水池中，此时把隐藏平台移去，进行空间记忆测试，观察动物首次到达平台位置的时间或穿越平台位置的次数或平台象限搜寻的时间或游泳距离等，均可定量评价动物的空间记忆能力（长时记忆）。例如学习后间隔 28 天进行空间记忆测试，可定量评价动物的远期记忆（空间记忆）。

常听研究者抱怨，在水迷宫中动物存在异常的行为，例如找到隐藏平台但不在平台停留的行为。此时，需要考虑动物的行为动机及其影响因素。动物处于异常的状态时，例如毛发脏乱，表明处于应激状态，直接或间接影响动物的逃生动机：①脏乱的毛发上存在大量脂肪，可增加动物的浮力，因此没有生存压力，就不急于上平台；②慢性应激可能导致动物处于抑郁样状态，失去逃生动机，也因此不上平台；③水迷宫中的水温也影响着动物的逃生动机，例如常把水温控制在 25℃，假如环境温度远远高于或低于此温度，那么动物在该水温中就可能感到舒适或不适，从而不急于或急于上平台。如果动物在第一次进入水迷宫中，出现趋边行为（图 1-8-3A），沿着水池边游泳，就表明动物的逃生动机正常。也常听研究者抱怨，水迷宫的结果不如预期，可能是这批动物存在什么问题。按照动物伦理的基本要求，研究者每天都应尽到职责，及时发现动物的康健状况，那么这些问题都是可以规避的。

（二）实验流程

1. 空间学习任务 空间学习任务（the spatial learning task of the Morris water maze）分为如下三个阶段：

（1）适应阶段：可依据实验目的的不同而不同。此阶段不可或缺，因为新环境对大鼠、小鼠有极大的吸引力，驱使它们去探究，从而记住环境线索。如果没有适应阶段，空间学习任务就会因为新环境而受到影响。该阶段让大鼠、小鼠自由游泳 1 ～ 2

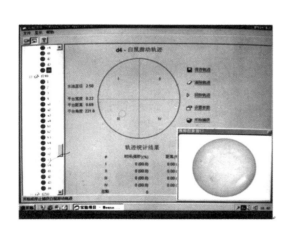
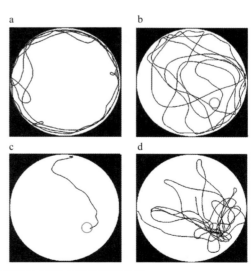

图 1-8-3　自动轨迹跟踪软件记录动物在不同象限的运动轨迹

a. 第一次进入水迷宫的动物可能会表现为典型的趋边行为，提示动物的逃生动机；b. 随着训练，动物初期表现为在四个象限内搜寻隐藏平台位置（蓝色圆圈）；c. 记住了隐藏平台位置的动物，表现为几乎直线上平台；d. 如果移去隐藏平台，那么动物会在平台象限反复搜寻（摄自徐林实验室）

分钟，每天 2 ～ 4 次，连续 2 ～ 4 天。适应阶段的另一重要目的是让动物适应操作人员的抓握。

（2）学习阶段：如图 1-8-3 左图所示，可把水池分为想象的四个象限：西北（Ⅰ）、东北（Ⅱ）、西南（Ⅲ）、东南（Ⅳ）。把隐藏平台放置于任意象限的中央，并且固定不变。许多办法可隐藏水下平台，使之不能直接看见，如在水中加入牛奶。但是随着牛奶的变质，会影响行为学实验，因此每天需要换水和加入牛奶。最佳的办法是使用食品染料，或生产塑料袋的废料，细小的白色或黑色颗粒均匀地覆盖在水表面，白色小鼠使用黑色颗粒，黑色小鼠使用白色颗粒。这些塑料细颗粒可反复使用，可避免浪费。从四个象限水池边中央位置，把大鼠或小鼠头向水池壁放入水中，动物的起始行为就是转身，避免行为操作者对动物的暗示。通常设定每次训练的最长游泳时间为 90 秒（小鼠）或 120 秒（大鼠），避免不必要的动物体温丢失或运动疲劳。超过此时间用杆牵引动物到隐藏平台。动物找到平台或被牵引到平台时，让动物在平台上停留 30 秒，随后用网兜将动物捞起，用毛巾轻轻擦干，放回饲养笼。上述整个过程就是一次训练（trial）。间隔至少 30 分钟，从另外一个位置把动物放入水池中开始下一次训练。根据实验需要，可分为弱训练，即每天训练 4 次；强训练，即每天可训练 6 ～ 8 次。连续训练的天数也可分为弱训练，即连续 3 ～ 5 天；强训练，即连续 6 ～ 12 天。值得注意的是，记忆损伤或增强的效应可能会因为弱或强训练而被掩盖。

随着每天的训练进程，动物定位隐藏平台的逃生潜伏期逐渐缩短（图 1-8-4a）。通常实验人员需要定义一个学会的标准，例如逃生潜伏期为 12 秒可定义为小鼠学会，40 秒定义为大鼠学会，以避免过度训练和不必要的浪费，也就是训练的天数可依据动物的成绩来决定。学会的标准取决于水池大小和动物品系，但有了统一的标准后，就可以定量评价动物的学习能力好坏，即训练的天数越少，表明学习能力越好。行为学方法还强调平行对照（如阴性对照、阳性对照、溶剂对照、野生型对照等），否则难以得出实验结论。此外，还值得注意的是，逃生潜伏期受到诸多因素的影响，随着动物数量（number，N）的增加，这些影响因素的贡献假如是随机的话，其影响就可能缩小，就需要依据经验或结合统计方法确定动物的最小数量。莫里斯水迷宫实验的常用数量是 N = 10。此时还需要考虑到动物伦理，在满足实验 N = 10 时，需要考虑尽量使用最少数量的动物。使用不必要数量的动物，就违反了动物伦理的基本要求。

（3）记忆测试阶段：在学习过程中的任何时间点均可设计记忆测试，因此又称为探测实验（probe test or trial）。学习后间隔一定时间进行记忆测试，称为记忆保持测试（retention test or trial）。探测实验和保持实验的方法和流程完全一致，区别在于前者在学习后常常仅间隔 30 分钟；后者间隔至少 24 小时（图 1-8-4b，间隔 24 小时后进行的记忆保持测试）。

撤去隐藏平台，把动物从平台位置的对侧象限水池边、面向水池壁放入水中，让其自由游泳 90 秒（小鼠）或 120 秒（大鼠）。此时有 4 种方法可定量评价动物的空间记忆能力：①平台象限占有时间：可假想将水池平分为四个象限，依据轨迹自动跟踪软件，计算动物在各个象限的占有时间。常常发现，记忆能力好的动物，表现为反复地搜寻隐藏平台象限（已撤去隐藏平台），在该象限所花的时

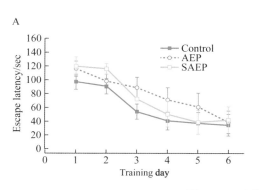
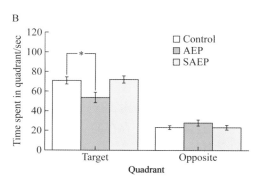

图 1-8-4　大鼠空间学习任务
A. 随着训练天数（training days）进程（每天 4 次，连续 6 天），大鼠表现为逐渐缩短的逃生潜伏期（escape latency），在第 6 天达到学会标准，约 40 秒上隐藏平台；B. 第 7 天撤去隐藏平台，进行空间记忆测试，动物花在隐藏平台所在象限（target quadrant）的时间显著高于在对侧象限（opposite quadrant）所花的时间。相对于无应激对照（control），单次高台应激（acute elevated-platform stress，AEP）损伤空间记忆提取。连续 7 天的高台应激（subacute elevated platform stress，SAEP）对记忆提取无影响（徐林绘制）

间远远大于在其他任何一个象限的时间（图 1-8-3d）。经验数据尽管如此，却存在一个悖论：空间记忆能力真正好的动物，搜寻过平台所在象限后，应该就不再去搜寻该位置。②平台位置占有时间：勾画一个比平台大一些的圆圈，假想动物进入这些位置就表明记得平台位置。这种定量评价并没有规避上述提及的悖论。③首次到达隐藏平台位置的时间：从学会的标准来看，小鼠在 12 秒或大鼠在 40 秒内就可上平台，那么撤去隐藏平台后，动物首次到达平台位置的时间，就可能是评价空间记忆的一个最佳指标。④穿越隐藏平台位置的次数：在总时间内，动物穿越隐藏平台位置的次数也可定量评价动物的空间记忆能力，但仍然未能规避上述提及的悖论，其优点在于规避了动物游泳速度带来的影响。因此，还需要提供动物在记忆测试时的平均游泳速度，才能凸显其记忆能力的改变。

2. 可视平台任务　许多因素均可影响对动物的空间学习任务的能力评价，例如游泳速度的改变可导致逃生潜伏期的改变、首次达到隐藏平台位置的时间改变。游泳速度与动物的体重有密切关系。因此在分组时，需要利用动物的体重进行随机分组，使得每组动物的平均体重基本相当，以尽量规避潜在的影响。这种办法在药理药效学实验中尤为重要，因为每只动物的给药剂量依赖于体重。然而，直接证据可使用可视平台任务检测来获取。可视平台任务（the visible platform task of the Morris water maze）的方法与上述空间学习任务几乎完全相同，唯一的区别是让隐藏平台可以直接可视，例如在平台一侧固定一杆小旗。经历每天 4 次、连续 4 天的训练后，动物可直线游泳上平台。此时可测试动物的游泳速度和视觉能力，动物学会后可把可视平台放置在任何一个未训练过的位置，测试动物是否仍然能很好地完成该任务。例如在第 5 天可以把可视平台移动到相邻象限中央。如果动物此时仍然是直线游泳到可视平台，说明视觉线索决定了动物的逃生行为；假如动物仍然直线游泳到训练时的原有平台位置，说明动物选择了空间记忆的逃生策略。在正常情况下，后者的可能性是不存在的。

3. 其他空间学习记忆任务

（1）基于水迷宫的反转学习任务：反转学习任务（reversal learning task）是指在动物完成了空间学习任务后，即学会有效地搜寻隐藏平台固定在某一象限时（西北），把隐藏平台移至对侧象限（东南），接着训练动物搜寻新位置的隐藏平台（东

南），因为动物通常在对侧象限花的时间最少。此时如果让动物从东北或西南象限入水，那么游泳去旧平台位置和新平台位置的距离是一致的。此时如果动物不能完成反转学习任务，则仍然会去旧平台位置西北，而不是去新平台位置东南；相反，则会去新平台位置东南，而不去旧平台位置西北。要完成反转学习任务，不仅需要学习记忆能力，还需要有正常的遗忘或抑制能力，即遗忘掉旧记忆或抑制旧记忆，才能实现反转学习。例如近期报道表明，中国儿童 P-Rex1 与 ASD 显著关联。已知 P-Rex1 是一种 Rac1 的激活因子，P-Rex1 缺失小鼠的空间学习和记忆均正常，但是不能完成反转学习任务。这一缺陷可能与遗忘有关，因为该小鼠的遗忘分子开关 Rac1 活动由于 P-Rex1 缺失而受损。

（2）基于水迷宫的延缓位置匹配任务：同一天训练的隐藏平台固定不变，但天与天之间的隐藏平台均在新位置。也是一种反转学习任务，但准确地讲，可称为延缓位置匹配任务（delayed matching-to-place task of the Morris water maze）。动物经历适应后，开始水迷宫的学习训练，每天训练 4 次，每次从不同象限放入动物，连续 5 天训练。每天第 1～4 次的训练，呈现逐渐缩短的逃生潜伏期。由于每天的隐藏平台位置均是新位置，新的一天训练就使得第 1 次训练的逃生潜伏期最长（t1），因为动物需要花更多的时间在更广的范围搜寻，才能找到新位置的隐藏平台。由于同一天的 4 次训练中，隐藏平台位置是固定的，随后的第 2、第 3、第 4 次训练中呈现迅速缩短的逃生潜伏期（t2 > t3 > t4）。其中利用 t1 减去 t2 或 t3 或 t4 可计算出逃生潜伏期的节约（saving），可定量评价动物的空间工作记忆。随着训练天数的增加，节约的时间增加，不仅表明了良好的空间工作记忆，也表明了良好的反转学习能力。

二、恐惧记忆模型

恐惧条件反射（fear conditioning）被广泛用于学习记忆的基本规律和神经机制研究，因为该模型的操作更简单、信息加工的阶段更清楚，使得研究相关的神经机制更容易。例如学习、短时记忆、长时记忆和远期记忆的时程划分和相应神经机制的理解和理论假说，很大程度上归功于恐惧记忆动物模型。此外，恐惧记忆模型还广泛用于焦虑、MDD、AD 和创伤后应激综合征（posttraumatic stress disorder,

PTSD）的研究。

（一）基本原理

恐惧记忆动物模型是基于经典的巴甫洛夫条件反射。根据条件反射的类型可分为线索恐惧条件反射（cued fear conditioning）和背景恐惧条件反射（contextual fear conditioning）。其中线索恐惧条件反射又分为延迟（delay）和痕迹（trace）恐惧条件反射。延迟恐惧条件反射是指 CS 如声音或闪光呈现一定时间（如 14 ~ 18 秒）后，与持续 2 秒的 US 足底电刺激同时终止。痕迹恐惧条件反射是指 CS 如声音或闪光呈现一定时间（如 16 ~ 20 秒）后，间隔一定时间窗口（如 10 ~ 18 秒），给予持续 2 秒的 US 足底电刺激。这种 CS 和 US 的配对刺激常重复 5 ~ 6 次，每次之间的平均间隔时间为 2 分钟，其目的是要规避预期（前瞻记忆或习惯化记忆）的干扰。背景恐惧条件反射则更加简单，持续 2 秒的 US 足底电刺激重复 5 ~ 6 次，每次之间的平均间隔时间为 2 分钟，其目的也是规避预期（前瞻记忆或习惯化记忆等）的干扰。背景恐惧条件反射的 CS 包括箱体的形状、大小、颜色、气味、地板、照明、风扇噪声等，在适应阶段动物会记住这些特征。一般认为，前额叶在信息加工的各个阶段、杏仁核在所有类型的恐惧条件反射、海马在背景和痕迹恐惧条件反射、皮质诸多区域在远期记忆的储存等，各自发挥着独特的关键作用。

（二）实验流程

1. 适应阶段 即使是恐惧条件反射，适应阶段也是不可或缺的，因为该阶段是动物产生环境线索记忆的必要阶段，直接与后续的恐惧条件反射相关。最常见的适应方法，是在恐惧条件反射训练的前一天，让动物适应训练箱（T-box）10 分钟。要获得更好的恐惧记忆，可连续 2 天适应，每天 10 分钟，使动物对 T-box 的线索记忆更加牢固，在此基础上才能形成更好的恐惧记忆。假如不进行适应训练，动物的恐惧条件反射可能不稳定，使得实验结果复杂化、难以预测。

2. 恐惧条件反射训练 把动物放进 T-box，让其自由探索 2 分钟，此时可测试其训练前的僵立时间（freezing time）（图 1-8-5，左图 Pre），也就是动物处于除了呼吸以外的静止不动时间，是动物和人类面临巨大威胁或新颖环境时的一种常见适应性行为。US 通常设定为 0.8 mA，持续 2 秒。CS 可以是声音 85 分贝、5 KHz、持续 16 秒，或闪光 4 Hz、持续 30 秒，或既无声音也无闪光的背景恐惧条件反射训练。在 CS 的最后 2 秒给予 US，或 CS 结束后的一定时间窗口内给予 2 秒的 US，或直接给予 2 秒的 US，这就构成了 1 次训练（trial）。通常给予 5 ~ 6 次训练，如果需要研究长时记忆尤其是远期记忆，则可适当增加训练次数。在每次训练之间的平均间隔 2 分钟和训练结束后让动物停留于 T-box 2 分钟，检测其僵立时间，然后才把动物放回饲养笼。自由探索的 2 分钟（训练前）、每次训练结束后的 2 分钟（1 ~ 5 次训练），用动物的僵立行为时间就可绘制出动物的学习曲线（图 1-8-5 左图）。

3. 恐惧记忆测试 间隔一定时间后（如图 1-8-5 右图，如间隔 30 分钟、1 天和 10 天后），把动物放回训练箱（T-box），检测 11 分钟内动物的僵立时间。检测的总时间可为 3 ~ 12 分钟，时间越长可导致随后的记忆检测受影响越大，例如消除（extinction）的可能性越大。假如使用同一组动物进行不同阶段的记忆检测，建议时间可用 3 ~ 5 分钟；假如使用独立的动物进行不同阶段的记忆检测，

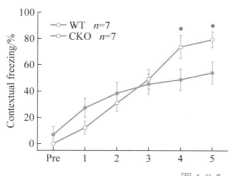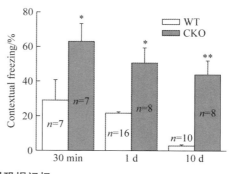

图 1-8-5 **背景恐惧记忆**

左图显示了小鼠相对于训练前（Pre）的 5 次训练导致背景僵立行为（contextual freezing）的增加，即学习曲线。右图显示了学习后的 30 分钟、1 天、10 天时检测的小鼠背景僵立行为，即恐惧记忆。与野生型小鼠（WT）相比，5-HT 缺失小鼠（CKO）具有恐惧记忆异常增强的行为表型（徐林绘制）

可使用更长的检测时间如 10～12 分钟。如图 1-8-5 右图所示，随着时间的推移，野生型和 CKO（5-HT 缺失）小鼠的记忆均出现了下降的趋势，这是因为实验设计的目的就是要探索每次检测 11 分钟对记忆消除的影响。CKO 小鼠始终表现出增强的恐惧记忆。这种增强的背景恐惧记忆，是因为记忆提取异常的缘故，因为测试前在脑内注射 5-HT 就可抑制其恐惧记忆的异常增高。

4. 恐惧记忆的泛化测试　记忆的泛化提取可以理解为活学活用、举一反三等认知灵活性的基础。在日常生活中，要重现学习时的条件如环境线索、心理状态等是几乎不可能的，因而难以实现记忆的精准提取。记忆提取常常依赖于相似的、但未学习过的新条件，如相似的新环境线索，也能有效地提取记忆，称为记忆的泛化提取。这一特点区别于模式完成（pattern completion）对记忆的提取，因为使用的提取线索是学习过的部分线索。

周恒（2017）等提出理论假说，认为泛化存在快速和慢速两种形式：快速泛化能在 24 小时内形成，依赖于背侧海马 CA1 的左右连接强度增强；慢速泛化能在 2～4 周内形成，其机制可能与皮质信息加工有关。

背景恐惧记忆的条件反射训练与上述完全相同。快速泛化：把动物放进 T-box 适应 10 分钟，1 小时后在 G-box（与 T-box 相似，但是体积大小、环境线索、光照、底板等均不同）中适应 10 分钟（图 1-8-6A）。24 小时后，让大鼠自由探索 T-box 2 分钟，然后给予 US（0.8 mA，持续 2 秒）5 次，每次间隔平均时间 2 分钟，最后让大鼠在 T-box 中停

留 2 分钟移回饲养笼。自由探索的 2 分钟（Pre）、每次训练结束后的 2 分钟，动物的僵立行为时间可绘制出动物的学习曲线。训练后在 0.5 小时、8 小时、12 小时、18 小时、24 小时进行记忆提取，为了避免记忆提取对随后记忆提取的影响，每个时间点的记忆提取实验均使用独立的动物组。先把大鼠放置于 G-box 中 5 分钟，记录其僵立时间。间隔 1 小时后，把大鼠放置于 T-box 中 5 分钟，记录其僵立时间。由于恐惧条件反射未在 G-box 中开展，G-box 仅与 T-box 相似，在 G-box 中的僵立时间就代表着泛化提取。如图 1-8-6b 图所示，大鼠的泛化可在 24 小时内快速形成。其机制还未完全清楚，周恒（2017）等报道表明，背侧海马 CA1 左右之间的单突触连接强度可能起着关键作用。慢速泛化：所有的实验流程几乎完全相同，只是在适应阶段（acclimation）不让动物适应 G-box。也就是随后的记忆提取过程中，G-box 对大鼠来说是完全陌生的。此时，要形成 100% 的泛化提取，就需要更长的时间，常常需要 2～4 周才能形成。其机制迄今仍然完全不清楚，猜测与 NMDA 受体和皮质信息加工有关。

三、工作记忆模型

工作记忆（working memory）是一种特殊的短时记忆（short-term memory），不仅负责信息的缓存，而且负责着重要的脑高级功能，如逻辑思维、推理、决策等，是人类智慧和创造力的根本基础。1935 年雅各布森（Jacobsen）等利用 WGTA（Wisconsin General Test Apparatus）装置的延缓反应

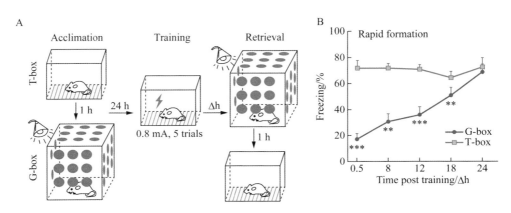

图 1-8-6　背景恐惧记忆及其泛化

A. 大鼠在 T-box（training box，训练箱）和 1 小时后在 G-box（generalization box，相似但不同的泛化箱）中适应（acclimation）10 分钟。T-box 和 G-box 环境线索可能会自动连接到一起。24 小时后在 T-box 进行背景恐惧记忆训练（training），并在不同的时间点（Δh）在 G-box 中进行记忆泛化提取，1 小时后在 T-box 中进行记忆精准提取（retrieval）。**B.** 五组独立的动物，在学习后（time post training）的 0.5 小时、8 小时、12 小时、18 小时和 24 小时进行泛化和记忆提取测试，使用僵立行为（freezing）衡量学习水平，表明 24 小时内形成记忆的快速泛化（rapid formation）（徐林绘制）

任务（delayed response task），发现非人灵长类动物的前额叶切除可导致短时空间记忆的损伤，表明前额叶在工作记忆过程中起着关键作用。近年来的研究发现还有其他脑区如海马、皮质等也参与了工作记忆。

（一）基于 WGTA 的工作记忆

WGTA 延缓反应任务是给予食物奖励驱使的动物工作记忆测试模型。食物呈现后用盖子隐藏起来，为了获得食物，猴必须要记住食物放置的空间位置，在左侧还是右侧的食物槽中（图 1-8-7）。延缓一定的时间（例如 10 秒）后，只允许猴进行 1 次选择。动物选择了正确的食物槽，得到食物奖励，记录为正确反应；选择了错误的食物槽，记录为错误反应。通常每天进行 30 次训练，连续几周的训练才能使猴的正确反应率达到 90%。值得注意的是，食物放置的左、右位置，需遵循半随机的原则。为了避免猴使用身体位置作为标记完成该任务，左、右食物槽之间的距离要尽量缩短。要完成延缓反应任务，需要正确的短时记忆、空间信息处理、注意力等加工过程。当前额叶受损后，动物的错误率增高，主要表现为不能矫正错误。在一定程度上，该任务反映了奖励驱使的注意、信息的短时储存、决策、执行功能等。实际上，类似的任务也广泛地应用于检测人类脑功能和脑疾病。

（二）直接延缓反应任务

直接延缓反应任务（direct delayed response task）广泛应用于检测前额叶皮质依赖的短时记忆或工作记忆。许多因素可干扰测试，如声音、光照、昼夜节律等。测试要求在每天的同一时间段进行，并且在隔音安静的环境中进行。

1. 适应阶段 连续一段时间让猴熟悉测试笼、测试房间、实验操作人员、食物，以及在食物槽中取食等。如果要进行药物实验，猴的口服给药存在极大困难，通常采用肌内注射给药。此时，需要让猴适应肌内注射，例如连续多天给予猴的臀部注射生理盐水，注射结束后立即给予食物奖励，猴很快就学会，温驯地让实验人员注射，可排除注射本身对后续行为学实验的影响。此外，还需要设计药物注射组和溶剂注射组的平行实验。

2. 测试阶段 分为暗示期、延缓期和反应期。在暗示期，实验操作员根据半随机表，把食物放入相应的食物槽，让猴看见整个过程。然后把形状、大小和颜色完全一致的不透明盖片分别遮盖左、右食物槽，并立即放下活动隔板。此时延缓期开始，经过一定的延缓时间后如 10 秒钟，拉起隔板，开始反应期。面对两个相同的盖板，只容许猴做出一次选择。猴子选择有食物的盖板，得到食物奖励，视为正确反应；选择无食物的盖板，无食物奖励，则视为错误反应。每天为一个测试单元，包含 30 次测试，两次测试的间隔时间固定，如 25～30 秒。根据预训练找到的最长延缓时间，可设计每个单元中有 5 个不同的延缓时间，延缓时间越长，正确反应率越低，以检测延缓依赖的工作记忆能力。此时调节 5 个延缓时间，使得溶剂对照组连续 2 天的正确反应率稳定在 60%～70%，从而给实验组的反应率（有空间变得更高或者更低）提供合适的对照。平行的药物实验，可在药物注射 1 小时后开始测试，记录其正确反应率。随后的第二天测试时，给予溶剂对照处理，1 小时后开始测试，记录其正确反应率，连续几天测试，直至正确反应率恢复到给药前水平，开始第二次给药实验。这样的设计，使得溶剂对照组和药物实验组的动物为同一组动物，也使得给药前、药物暴露期和药物恢复期的药效具有可比性，实现最少的动物数量完成评价，更清楚

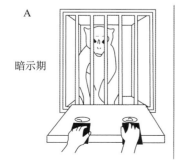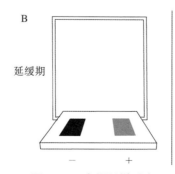

图 1-8-7 空间延缓反应

A. 为暗示期，隔板升起，让猴看见其中一个食物槽中有食物；B. 为延缓期，隔板放下，进行一定时间的延缓；C. 为反应期，隔板升起，让猴选择。+代表有食物，-代表无食物（蔡景霞绘制）

地判断某药物是否具有增强工作记忆能力的药效。

（三）交互延缓反应任务

交互延缓反应任务（delayed alternation task）的实验装置、适应阶段与上述直接延缓反应任务相同。

测试阶段：交互延缓反应的基本原理是，下一次食物的放置位置是这一次正确位置的相反位置，即这一次是左，下一次是右，再下一次是左，左右交互呈现。动物需要记住上一次的位置，才能正确地完成这一次的任务。首次任务让猴看见，在左、右食物槽中均放入食物，盖上盖片，放下隔板，延缓一定时间，升起隔板，允许猴选择任一盖片得到奖励。此时开始交互延缓反应测试的正式测试，放下隔板，选择猴未取食的位置放置食物，盖上盖片，不让动物看见此过程。延缓一定时间后，升起隔板，让动物选择。如动物选择正确，则把食物放置在另一侧，开始新的一次测试；如动物选择错误，则增加纠正错误的测试，把食物放置的位置保持不变，直到动物选择正确后，才开始新的一次测试。当某天的测试单元正确反应率达到90%以上时，在下一天的测试单元中，把延缓时间增加（例如从10秒增加到15秒），继续训练动物。这是一种纠正错误的实验流程，其中纠正错误的测试不计算在统计中。另一种实验流程是，可采用固定的训练次数，左、右交互呈现食物，不进行错误的纠正实验。

值得注意的是，计算机辅助的CANTAB（Cambridge neuropsychological test automated battery）认知测试系统中，也有各种延缓反应任务，其基本原理完全一致，同时还具有操作更简单容易的优点。该系统还整合了更多的灵长类认知检测任务，如情景记忆、执行功能、注意、联合型学习等。

（四）八臂迷宫的空间学习记忆任务

基于八臂迷宫的空间学习记忆任务（radial-arm maze task）是Olton和Samuelson于1976年创建的实验范式。

基本原理：大鼠或小鼠需要记住已经取过食物的臂或无食物的臂，才能准确地进入食物臂，获得食物奖励。

适应阶段：实验环境、抓握等的适应。由于该实验是以食物奖励为驱动的行为学研究，需要控制动物的进食量，使动物体重维持在不低于自由进食时的85%，维持1周的适应才开始正式实验。

实验流程：Olton和Papas 1979年提出固定四

个B臂取食的实验流程可同时检测大鼠的空间工作记忆和参考记忆，在业界使用较为广泛（图1-8-8）。第一阶段为学习取食阶段，八个臂的末端均放置食物粒，所有入口关闭。把大鼠放置在中心区域，打开所有臂的入口，开始计时，让大鼠自由从八个臂的末端取食。已经取食的臂不补充食物，理论上动物记住了哪些臂已经取食，仅进入未取食的臂。这是一种依赖于赢-转移的搜寻策略。记录动物取食所有臂的食物所花时间，可定量评价动物的空间工作记忆；动物第二次或以上进入同一臂为工作记忆错误。第二阶段为选择学习阶段，仅有四个臂的末端放置食物，让大鼠学会进入食物臂取食，无食物的四个臂为参考坐标。对同一只大鼠而言，放置食物的四个臂是固定的；但对不同大鼠而言，放置食物的四个臂是不同的。每天训练大鼠一次，每次10分钟。动物在10分钟内完成四个臂取食，记录动物首次进入食物臂的次数（四个臂，4次）、错误选择的次数（重复进入已经取过食的臂）以及完成任务（四个食物臂取食）的时间，可定量评价空间工作记忆和参考记忆。动物进入无食物臂为参考记忆错误，第二次或以上进入已经取过食的臂为工作记忆错误。随着训练天数的增加，在长时记忆的支撑下，参考记忆和工作记忆的正确率会迅速上升。

（五）T迷宫交互延缓反应任务

T迷宫交互延缓反应任务（delayed alternation task in T-maze）的基本原理：T迷宫由一条较长的主臂和两条较短的目标臂组成，形如大写字母"T"。其基本原理与WGTA测试猴的交互延缓反应

图1-8-8　八臂迷宫示意图
标记为B的臂放有食物，动物重复进入取过食的臂定义为错误
（蔡景霞绘制）

任务相似，均是上一次的取食位置（左）决定下次取食的位置（右）。

适应阶段：实验环境、抓握等适应。节食适应 1 周，即限制进食量，使动物体重维持在自由进食时的 85%。

实验流程：左、右臂均放置食物，让动物学会从食物槽中取食后，开始正式训练。将动物放置于 T 迷宫主臂的起始箱中，在左、右目标臂中放置食物，同时开放左、右臂入口。打开起始箱闸门，大鼠或小鼠就会跑向目标臂，当动物四肢均进入目标臂后，即判断已经做出选择，关闭该臂入口闸门，动物取食后 4 秒钟，把动物拿回起始箱，并打开目标臂入口闸门。间隔一定时间后（延缓期），再打开起始箱闸门，当动物进入前一次没有进入的臂时，视为正确反应，得到食物奖励（图 1-8-9）；相反，动物进入前一次取食臂（无食物）则为错误反应。每天训练 10 ~ 20 次，是决定于食物奖励驱动的行为。随着训练天数的增加，在长时记忆的支撑下，正确率可达到 90% 或以上，视为学会的标准。学会后可适当增加延缓期如从 5 秒增加到 10 秒，然后再继续训练。最大的延缓期也是判断工作记忆能力的很好标准。如果拟观察环境改变或药物处理的影响，例如想观察损伤效应，通过缩短延缓期，应把正确率稳定在 90%，因此损伤效应就容易显现；想观察增强效应，通过延长延缓期，应把正确率稳定在 70%，增强效应也因此容易显现。

（六）非空间工作记忆任务

使用计算机辅助的认知检测系统，如 CANTAB，还可进行延缓匹配任务，这种延缓匹配任务通过视觉图案、声音或嗅觉，进行非空间工作记忆任务（nonspatial working memory task）的测试。在此介绍一种延缓配对和延缓非配对任务（delayed match or non-match to sample task）。工作记忆是人类智慧和创造力的根本基础，但研究方法未能得到广泛推广，最主要的原因是人工密集性的操作工作。如果能够实现自动化的工作记忆研究，就可克服该问题。例如，中国科学院神经科学研究所李澄宇研究员实验室开发了一种自动化的、标准化的工作记忆测试系统（Liu D et al, 2014），可应用于小鼠、大鼠、树鼩等物种的工作记忆研究。采用了动物饮水的本能行为，在此基础上规定了 Go 任务：先后气味 A 和 B 或 B 和 A 暴露的匹配（图 1-8-10），动物舔水视为正确反应，不舔水视为错误反应；还规定了 No go 任务：先后气味 A 和 A 或 B 和 B 暴露，动物不舔水视为正确拒绝，舔水视为错误拒绝。两次气味的暴露之间间隔是延缓期，可依据实验目的设计间隔时间，通常为 6 秒。由于该系统的自动化程度非常好，使得工作记忆的操作变得简单、可行、标准化，排除了人为因素的干扰，可大规模地开展研究。此外，动物的头部是固定的，也可进行电生理或钙成像、光遗传等操作。

值得注意的是，工作记忆与长时记忆之间是相辅相成的，没有工作记忆就不能形成长时记忆，也不能实现有效的记忆提取；没有长时记忆，就不能完成工作记忆的学习。随着训练的进程，当动物达到学会的标准后，不再依赖于工作记忆的机制，如 Go/No go 任务学会后，损伤前额叶就不再影响 Go/No go 任务的操作，因为长时记忆可很好地弥补该任务的需求或其他脑区的代偿性参与。

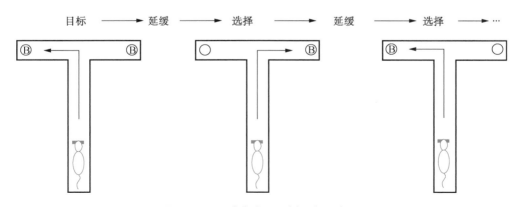

图 1-8-9　T 迷宫交互延缓任务示意图
B 表示食物，空圈表示无食物（蔡景霞绘制）

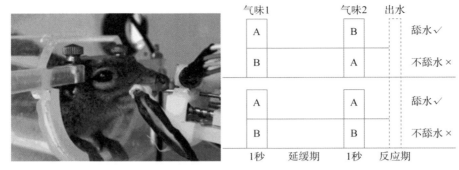

图 1-8-10   延缓配对或非配对任务

左图为树鼩，清醒状态固定在测试装置上。右图为训练方案和时程，气味 A 和气味 B 的匹配，定义为饮水奖励，此时动物舔水为正确反应，不舔水为错误反应。当仅有 A 或 B 气味，定义为没有饮水奖励，此时动物舔水视为错误反应，不舔水视为正确反应。该设计又称为工作记忆 Go/No go 任务（徐小珊绘制）

四、其他学习记忆常用模型

（一）眨眼条件反射

与恐惧条件反射相似，眨眼条件反射（eyeblink conditioning，EBC）也是一种经典的巴甫洛夫条件反射，广泛应用于学习记忆及其机制研究，也同样分为延迟和痕迹两种实验范式。前者可能与海马无关，与小脑存在密切关系；后者则依赖于海马系统。

实验流程相对简单，常用声音或闪光条件刺激与能诱导眨眼反应的非条件刺激（吹气或弱电刺激）配对。学习记忆是用条件反应率来定量评估，通常学会的标准为大于 90% 的条件反应率。最常用的模式动物是家兔、小鼠、大鼠。

（二）回避任务

1. 被动回避任务   被动回避（passive avoidance task）又称为抑制回避，动物通过学会抑制本能行为，来逃避厌恶刺激。

（1）一次训练步入测试：一次训练步入测试（one trial step through test）的优点是操作极为简单。实验装置如图 1-8-11 所示，由明箱、暗箱、恒流足底电刺激系统和计算机软件系统构成。明、暗箱之间有一道小门，可自动关闭。

第一天适应阶段，让动物自由探索明箱和暗箱。由于大鼠、小鼠具有避明趋暗的本能行为，正常的动物会更多地探究暗箱。第二天正式训练，把动物放置于明箱，头背向小门，动物会很快转身，步入暗箱，记录进入暗箱的延缓期作为基础水平。一旦动物进入暗箱，关闭小门给予动物一次足底电刺激（如 0.8 毫安，持续 2 秒）。结束后放回饲养笼。第三天，把动物放置于明箱，头背向小门，记

录动物转身从明箱进入暗箱的潜伏期。如动物 300 秒内不进入暗箱则终止实验，潜伏期为 300 秒。动物进入暗箱的潜伏期通常为 180 ~ 260 秒，表明第二天的足底电刺激强度适当。过强的电刺激强度会导致天花板效应，即所有动物均超过 300 秒才步入暗箱，无上升的空间。如图 1-8-11 所示，与溶剂对照组（CMC）相比，东莨菪碱（scopolamine）可损伤潜伏期，表明记忆损伤。在此基础上，低剂量的芬克罗酮（phenchlobenpyrrone）（我国化学一类抗阿尔茨海默病新药）能挽救这种损伤。

（2）一次训练跳台测试：一次训练跳台测试（one trial step down test）也具有操作简单的优点，也是基于大鼠或小鼠的本能行为。实验装置由明亮的箱体、放置在其中央的一个高度为 35 cm 的小平台（6×5 cm³）、箱体底部足底电刺激系统和计算机软件构成。把动物放置在小平台上，动物几乎都会立即跳下平台。

第一天适应阶段，把动物放置在小平台上，记录动物跳下平台的潜伏期。此时动物几乎都会立即跳下平台。让动物自由探索 10 分钟，放回饲养笼。第二天把动物放置到小平台上，当动物跳下小平台时，给予动物足底电刺激（如 0.8 毫安，持续 2 秒）。电刺激结束后，立即把动物放回饲养笼。可在不同时间点开展记忆测试，通常是在第三天把动物放置到小平台，记录动物跳下小平台的潜伏期。如果动物 60 秒内不跳下小平台，将动物放回饲养笼，潜伏期记录为 60 秒。同样可调节足底电刺激强度，使得动物在 60 秒内跳下平台，避免天花板效应，即所有动物在 60 秒内均不跳下平台。

2. 主动回避任务   主动回避任务（active avoidance task）的实验范式有许多，本章仅介绍

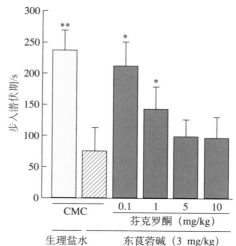

图 1-8-11　一次训练步入测试

左图为实验装置，右图为实验结果。暗箱、明箱的照明可由计算机控制，动物进入暗箱的潜伏期可由计算机自动记录。CMC ＝羧甲基纤维素钠（徐林绘制）

一种常用的双路穿梭箱回避任务（two-way shuttle avoidance）。该任务是利用 CS-US 的配对训练，让动物学会在 CS 提示下进行主动回避。实验装置为左、右两个箱体，之间有一道小门，可让动物在两个箱体之间穿梭，以及条件刺激声音或灯光以及非条件刺激足底电刺激系统组成。

适应阶段可持续至少 2 天，每天让动物自由探究箱体 10 分钟。训练阶段，让动物自由探索箱体 2 分钟，声音或灯光提示 10 秒，紧接着开始给予动物足底电刺激（0.8 毫安），一旦动物穿梭到对侧箱体，电刺激终止。每天可训练 30 ～ 50 次。经过训练之后，动物正确的回避反应是：电刺激开始前就已经逃避到对侧箱体。学会的标准可以定为 90% 的正确回避率。

有趣的是，中国科学院昆明动物研究所马晨博士发现，动物可以学会两种逃避策略：主动逃避，在声音或灯光提示的 10 秒钟内，逃避到对侧箱体，避免受到电刺激；被动逃避，在声音或灯光提示 10 秒钟结束后，受到电刺激时立即逃避到对侧箱体，避免继续受到电刺激。重要的是，这种自然形成的主动和被动逃避策略，具有长期的行为学后果，相比于被动回避动物，主动回避动物具有更好的空间记忆和抗抑郁能力。

（三）开放场检测

开放场或旷场检测（open field test）涉及动物的自发活动量如运动速度和运动距离等参数。对新药研究来说，该行为是检测药物是否存在不良反应的一个必要指标。

1. 基本原理　开放场检测涉及新颖性以及习惯化、敏感化等记忆类型。大鼠与小鼠的实验装置完全一致，区别仅在于箱体的大小。由于受大鼠或小鼠的好奇心驱使，表现为新颖环境的探究行为，相应的情绪行为如焦虑、应激驱使的趋边行为等。随着动物对开放场的熟悉程度增加，动物可很快适应该环境（习惯化），表现为失去探究动机。此时还可放入新物质，激发动物的新颖探究行为。动物也可表现为敏感化，例如给予吗啡或可卡因，可导致动物的运动量增加，随着反复给予同样剂量的吗啡或可卡因，运动量还可因敏感化进程而继续增加。

2. 实验流程

（1）适应阶段：依据实验目的可采用适应或不适应。例如拟检测在新颖环境中动物的焦虑水平，那么就不进行适应。如果实验目的需要排除焦虑或应激的影响，则适应是不可或缺的。常用办法是，每天把动物放入开放场 10 分钟，连续 3 天。观察动物的习惯化或适应，可用动物是否进入开放场时，出现大、小便，以及是否适应了操作人员的抓握来判断适应程度。

（2）实验阶段：把动物放入开放场，30 分钟至 1 小时，用软件连续记录动物的运动轨迹、运动距离，可统计动物在箱体周边与中央的分布时间或距离的比例，判断动物的焦虑水平，以及随时间的运动距离来判断动物是否存在习惯化，即随时间推移，动物的运动距离逐渐缩短。

对于进行过基因操作的小鼠来说，该行为检测也是必要的一个指标。该行为检测虽然操作简单，但是可以提供大量必要的信息，包括动物是否具有正常的自发活动、是否具有正常的习惯化类型的记忆、是否具有正常的焦虑水平如周边与中央区域的分布时间比例等。

第六节　精神疾病模型

建立恰当的精神疾病模型一直是神经行为学领域的巨大挑战。精神疾病的分类可参见"国际卫生组织疾病分类第11版"（International Classification of Diseases，the 11th edition，ICD-11）或美国精神病学会诊断标准"精神疾病诊断与统计手册第5版"（Diagnostic and Statistical Manual，the 5th edition，DSM-V）。

一、抑郁症模型

抑郁症（major depressive disorder）是一种情绪认知障碍，主要表现为持续2周或以上的情绪低落或快感缺失。值得注意的是，患者并不是无时无刻具有该症状，而仅仅是几乎每天的大多时间具有该症状。这提示抑郁症是一种状态性疾病，猜测负性记忆的下意识提取，可能是情绪低落或快感缺失的根本基础。

（一）强迫游泳

为了评价药物的抗抑郁功效，Porsolt等（1977）发展了大鼠强迫游泳模型（forced swimming test）。该模型毁誉参半。一方面，在许多抗抑郁药物的筛选和发现中该模型做出了重要的贡献。但是，常常有人把未能发现快速起效的抗抑郁症新药归咎于该模型，因为慢速起效的抗抑郁症药物如氟西汀（fluoxetine），在临床上需要连续服用4～8周才产生显著的抗抑郁疗效，但在该模型中似乎快速起效（1小时内）。实际上，2019年美国FDA批准上市的氯胺酮（ketamine），在临床患者和该模型中均快速起效，表明该模型是能够反映快速起效的特点的。

1. 基本原理　在水环境中，动物面临不可逃避的生存危机。首选出现挣扎行为，试图逃离水环境，表现为用前肢在玻璃缸壁上的爬缸行为（climbing）。当认知到不能逃生时，很快学会了不动行为（immobility）。爬缸和（或）不动时间可定量评估动物的抑郁症样行为，可以理解为逃生或放弃逃生。理论上这仍然是一种习得性行为或习惯化记忆。迄今仍然不可理解的是，单胺类抗抑郁症药物如氟西汀、谷氨酸类抗抑郁症药物氯胺酮为什么会减少动物的不动时间，进而代表着其抗抑郁的功效。一种猜测是：这些药物可能阻断了学习过程，或阻断了习惯化记忆的提取，因而动物表现为持续的逃生行为，即更少的不动行为。

2. 实验流程　由于该行为学方法是专门设计来检测药物的抗抑郁药效，不存在适应阶段。有两种常用方案测试不动时间：第一种，主要是针对小鼠实验，直接把小鼠放入水缸中6分钟，检测后2分钟内小鼠的不动时间和爬缸时间。第二种，主要是针对大鼠实验。第一天把大鼠放入水缸中15分钟，记录前5分钟内动物的不动时间和爬缸时间，作为基线；第二天把大鼠放回水缸中5分钟，记录动物的不动时间和爬缸时间；也可随后几天内继续进行测试，检测药物处理后的持续药效。第二种方法是基于第一天的强迫游泳训练，使得第二天5分钟内的不动时间增加、爬缸时间减少。

值得注意的是，药物的抗抑郁功效测试，需要设计阴性对照组（如生理盐水或溶剂组）、阳性对照组（如已知的抗抑郁症药物）、供试品的不同剂量组。对供试品的剂量需要设计足够的递增，如1 mg/kg、5 mg/kg、10 mg/kg，才能实现药效学的必要指标，即剂量-效应关系。

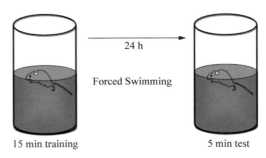

图 1-8-12　强迫游泳测试（forced swimming）
第一天进行15分钟的强迫游泳训练（15 min training），第二天用5分钟的强迫游泳测试（5 min test）检测动物的不动时间。通常在第二天测试前1小时给予药物处理，检测其抗抑郁药效（徐林绘制）

（二）悬尾测试

悬尾测试（tail suspension test）也是专门设计来研究药物抗抑郁等功效的一种行为学实验范式。基本原理与上述强迫游泳基本相似。其优点是操作简单，与强迫游泳相比，其结果更加稳定和更加有重复性。缺点是仅适合小鼠测试。

（三）72 秒延迟奖励

基本原理　低速 72 秒任务的差异性巩固（the differential reinforcement of low-rate 72 seconds task，DRL 72 秒）是一种基于操作式条件反射的延迟奖励模型，专门设计来检测抗抑郁药物的药效或其他脑高级功能如执行功能和决策等。该模型的创立得益于 20 世纪 60 年代美国心理学教授沃尔特·米歇尔设计的延迟满足人类实验。动物实验是在斯金纳箱操作式条件反射箱中进行，在灯光或声音提示下压杆，动物就能得到饮水或食物奖励。此时设计不同的延迟奖励潜伏期，在声音或灯光提示下，动物需要耐心等待 18 秒，或最终 72 秒后压杆才能得到奖励。要完成该任务，动物不仅要学会压杆与奖励之间的关联，还要学会延迟压杆与奖励之间的关联，涉及执行功能和决策等脑高级功能。

需要持续约 1 周的节食或节水、抓握等适应，然后才开始 DRL 72 秒训练。第一阶段为 DRL 0 秒，即动物学会在声音或灯光提示下，压杆就可得到奖励，当正确反应率达到 90% 后，开始第二阶段 DRL 18 秒。动物在声音或灯光提示下，等待 18 秒后压杆，才能得到奖励。需要每天训练 30 次，连续约 4 周才能达到 90% 的正确反应率。第三阶段 DRL 72 秒，动物在声音或灯光提示下，等待 72 秒

压杆才能得到奖励。经过一定天数的训练后，动物的正确反应率达到 70% 时，可开始药物的抗抑郁功效测试。抗抑郁症药物可使动物的正确反应率提高，表明食物的奖励效应得到增强或执行功能和决策得到改善。中国科学院昆明动物所王美娜博士发现（2004），仙茅（curculigo orchioides）粗提物能够使 DRL 72 秒的正确反应率从 70% 增加到 90% 左右，表明仙茅粗提物具有增强动物的脑高级功能和抗抑郁症的功效。在此基础上，通过活性跟踪，研究人员发现了小分子 CXZ-123（奥生乐赛特，国家中药一类抗抑郁症新药）具有抗抑郁活性。

值得注意的是，大鼠、小鼠是否具有抑郁症是该领域一直存在争议的问题（其他精神疾病也如此），因此习惯上把大鼠或小鼠的这类行为描述为抑郁样行为（MDD-like behaviors）。此外，研究抑郁样行为的实验范式有数十种，如习得性绝望或无助、糖水偏爱、社会竞争失败、慢性不可预知温和应激等。利用这些模型发现的新药的抗抑郁药效并不能保障或预测在临床试验中的有效性。相反，临床有效的分子结构或作用机制在大多数模型中均有效，提示临床的有效性决定于化合物的分子结构所作用的药物靶点及其作用机制，同时也提示这些模型在某方面很好地模拟了人类抑郁症的疾病机制。简单讲，临床试验的成功与否不决定于动物模型，而决定于临床治疗抑郁症的有效途径和相应机制的理解。

二、焦虑症模型

测试动物的焦虑（anxiety disorders）行为模型有许多种，例如已经介绍过的开放场、习得性被动

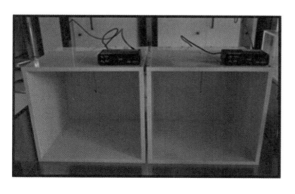
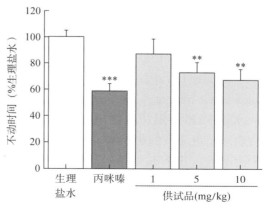

图 1-8-13　悬尾测试

左图为测试装置，把小鼠尾部用胶带包裹后，悬挂于箱体中的小勾上 6 分钟，计算机可自动记录后 2 分钟内动物的挣扎和不动时间。右图显示了阴性对照、阳性对照和供试品的抗抑郁功效，具有显著的剂量–效应关系（徐林绘制）

回避和主动回避等任务，还有新颖探索抑制的进食行为等。在此介绍一种专门用于检测动物的焦虑行为，也可利用该范式检测抗焦虑药物的药效，即高架十字迷宫（elevated plus maze）。

高架十字迷宫的基本原理是基于大鼠、小鼠的恐高本能行为，由高台、放置于高台上的十字迷宫组成，其中十字迷宫由两个开放臂（动物能看见离地面的高度）和两个封闭臂（动物看不见离地面的高度）组成。动物的本能行为是更多地探究封闭臂，提示其正常的焦虑行为；假如动物出现更多地探究开放臂，提示具有抗焦虑的行为。检测动物停留在封闭臂和开放臂的时间、穿梭于封闭臂和开放臂之间的次数，可定量评价动物的焦虑水平。同样也描述为焦虑样行为（anxiety-like behaviors）。

把大鼠或小鼠放置于高架十字迷宫的中央区域，面向其中一个开放臂或封闭臂，让动物自由探索 5 分钟。四肢进入任一臂算进入一次。记录动物停留于封闭臂和开放臂的时间、进入封闭臂和开放臂的次数。值得注意的是，该模型不具备重复测试的稳定性，例如，中国科学院昆明动物研究所周恒博士等发现，动物会很快产生习惯化记忆，并且该记忆依赖于 NMDA 受体的激活。换句话说，在重复测试时，由于习惯化记忆的影响，动物进入封闭臂和开放臂时间和次数的改变，不能客观地反映动物的真正焦虑水平的变化。

三、创伤后应激障碍模型

创伤后应激障碍（posttraumatic stress disorder，PTSD）是一种精神疾病，患者经历了强烈的精神创伤如战争、地震、受虐待等应激事件，导致的恐惧记忆不受控制地闪回和闯入再现。这种负性记忆极为牢固，可伴随终身。闯入式的再现表明不受意识控制，可严重地影响 PTSD 患者的日程生活和工作。

迄今还未有理想的 PTSD 模型。1998 年以色列海法大学 Gal Richter-Levin 教授创建了一种水下灾难模型（underwater trauma），即把动物放置于金属网中，沉入水下 30 秒。随后动物短暂暴露于金属网中，就会表现出更强烈的焦虑水平，如几乎不去开放场的中央区域、几乎不去高架十字迷宫的开放臂等。这种异常增高的焦虑水平可在大鼠中持续至少几个月。

业界中常用的 PTSD 模型仍然是恐惧记忆模型，缺点就是疾病模型与正常的恐惧行为难以区分。此时为了制造强烈的应激，足底电刺激的强度可调整到 1～1.5 毫安，并且使用惊跳反射任务检测动物是否存在类似于"惊弓之鸟"的表现，用以判断是否成功制造了 PTSD 模型。定量评价僵立行为与恐惧记忆的研究方法无区别，均可用于评价药物或干预对 PTSD 模型的治疗效果。

四、精神分裂症模型

精神分裂症（schizophrenia，SZ）是一种慢性重症精神疾病，主要表现为持续一个月以上的幻觉、妄想、语言混乱（思维紊乱）等症状。与其他脑疾病模型相比，发展精神分裂症的动物模型更加困难。由于精神分裂症的遗传度高，利用临床精神分裂症的遗传研究分析，发现关联的基因突变；利用基因敲除或转基因技术，研究动物的行为学，是目前最常用的研究方法。例如全基因组关联分析发现 ZNF804A 突变与精神分裂症存在关联。复旦大学黄缳博士等（2020）制造了 ZNF804A 突变小鼠，发现了系列的精神分裂症样行为表现，如恐惧记忆和空间记忆的损伤、年龄依赖的感觉门控（又称为前脉冲抑制，prepulse inhibition，PPI）损伤等。

前脉冲抑制：间隔一定时间（如 100 毫秒），前一个声音导致的躯体惊跳反射对后一个声音导致的躯体惊跳反射的抑制现象。这是一种快速的适应现象，是一种非陈述性记忆或决定于神经环路的负反馈。适应阶段是让动物在惊跳箱（startle reflex box）中适应 5 分钟，暴露于 50 分贝的背景噪声。惊跳反射是由 100 分贝、持续 20 毫秒的声音诱发，单独给予，以获取无前脉冲的惊跳效应；在前脉冲 65 分贝、72 分贝、83 分贝、持续 20 毫秒的声音结束后，间隔 100 毫秒后给予 100 分贝、持续 20 毫秒的声音，以获取前脉冲导致的抑制效应。50 次测试中，每次测试间隔的平均时间为 30 秒（20～40秒），避免动物产生预期。

值得注意的是，前脉冲抑制在精神分裂症患者中也存在损伤。因此动物模型中前脉冲抑制的损伤，可能是最好的生物学指标评价精神分裂症样的动物行为（schizophrenia-like behavior）。

五、自闭症谱系障碍模型

过去划分的自闭症、Asperger 综合征、幼儿瓦解性障碍、广泛性发育障碍均在 DSM-V 中统一归到了自闭症谱系障碍（autism spectrum disorder，ASD）。主要表现为语言、社会沟通和交往功能受损以及重复刻板行为等。

与精神分裂症模型类似，发展 ASD 的动物模型也非常困难。因为 ASD 也具有遗传度高的特点，相似的基因操作策略也可应用于动物的行为学研究。例如基于全基因组关联分析，北京大学第六医院李俊博士等发现（2015），P-Rex1 缺失动物表现为 ASD 样行为，社交和社交识别、发声、反转学习等受损。有趣的是，反转学习的受损可能与遗忘的分子开关 Rac1 激活受损有关，挽救 Rac1 激活或 NMDA 受体辅助激动剂 D-serine 可挽救小鼠的 ASD 样行为。由于 D-serine 是临床用于治疗难治性精神分裂症的药物，预示着 D-serine 也可能在临床上应用于治疗 ASD。

六、物质使用障碍模型

物质使用障碍（substance use disorder）过去又俗称为毒品成瘾，是一种慢性重症精神疾病。主要表现为：尽管存在疾病或受法律制裁等严重后果，使用人仍然持续地摄食物质或对毒品产生失去控制的渴求或寻觅行为，并伴随耐受性、难以戒断等症状。如可卡因、海洛因等物质使用障碍的复吸率高达 90% 以上。迄今预防或治疗物质使用障碍的措施远不能满足临床患者的需求。

然而，FDA 于 2018 年批准了大麻二酚（cannabidiol）治疗癫痫，于 2019 年批准了氯胺酮治疗抑郁症，正在使用冰毒开展 PTSD 的 Ⅲ 期临床试验。这些药物均是已知的成瘾性物质。似乎国际社会对一些成瘾性物质的使用有了重新的认识。实际上，

在 20 世纪早期，临床医生开处方使用鸦片类物质治疗抑郁症。有趣的是，1985 年 Khantzian 提出了自我治疗的理论假说，认为人们之所以使用成瘾性物质，是进行自我治疗的缘故，以控制焦虑、抑郁等。

（一）条件位置偏爱模型

条件性位置偏爱（conditioned place preference，CPP）模型、自给药和条件性敏感化等，是常用的物质使用障碍研究模型，几乎都是建立在经典的条件反射或操作式条件反射基础上的行为范式。摄食物质得到的奖励效应使得患者趋于重复摄食行为；戒断导致的戒断症状等惩罚效应，使得患者趋于回避戒断，也促使患者的重复摄食行为。这种双重效应或许可以解释为什么不管戒断多长时间，相关线索仍然可以导致患者的复吸率高达 90% 以上。

实验装置（图 1-8-14）由 A 箱、B 箱和它们之间的一个小门构成。摄像系统和计算机软件可自动记录动物的运动轨迹和在 A 箱和 B 箱中所花费的时间。该模型的适应阶段又称为训练前测试，主要是通过大鼠或小鼠在 15 分钟内的自由探索，判断它们是否对 A 箱和 B 箱有自然偏爱——这决定了随后的实验设计：使用有偏侧的（biased）或平衡的（unbiased）方案。偏侧的方案：假如动物在 A 箱停留的时间少，则设计为伴药侧，例如皮下注射吗啡后放置于 A 箱 30 分钟；B 箱设计为生理盐水侧，皮下注射生理盐水后放置于 B 箱 30 分钟。平衡方案：每只动物对 A 箱和 B 箱存在一定的自然偏爱，剔除自然偏爱严重的动物，半随机分组，使得每组动物对 A 箱和 B 箱的停留时间基本相等。可随机设定 A 或 B 为生理盐水侧或吗啡侧后就固定不变，每天分为上午和下午训练，吗啡训练和生理盐

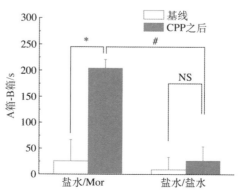

图 1-8-14　条件位置偏爱

左图为实验装置，横条纹为 A，竖条纹为 B；右图为实验结果。在吗啡（morphine，Mor）暴露下，动物形成了吗啡暴露箱的偏爱，而生理盐水（盐水）暴露没有导致这种偏爱

水训练可交替进行，即第一天吗啡上午、生理盐水下午，第二天生理盐水上午、吗啡下午。可连续4天、8天或12天训练。如果是研究吗啡的奖励效应或记忆效应，则4天训练足矣；如果是研究吗啡的物质使用障碍效应（即成瘾），建议为8天或12天训练。训练时A箱、B箱之间的小门关闭。

测试阶段A箱、B箱之间的小门打开，于训练前不做任何处理或给予小剂量吗啡后，把动物放置于装置中让动物自由探索A和B箱15分钟，记录动物在A和B箱中的停留时间。如图8-14所示，经历4天的训练后，动物对吗啡侧A箱产生了偏爱，停留时间显著高于训练前，也显著高于生理盐水侧。而生理盐水侧B箱的训练前和训练后停留时间无差异。

（二）敏感化模型

敏感化模型（sensitization model）是基于开放场测试。给予固定剂量的可卡因或吗啡，可导致多巴胺释放增加，促进动物的运动量增加。理论假说是，反复的摄食毒品可导致中脑多巴胺奖励系统的敏感化，一种非陈述记忆使得相同的剂量产生更大的效应，即动物的运动量增加的更多。有趣的是，

敏感化是背景线索依赖性的，换一个新的开放场箱体，相同的剂量并不能导致动物在新箱体中运动量的增加。表明这是一种背景线索依赖的敏感化学习。然而，在一定时候后，可能通过泛化机制使得这种敏感化转化为不依赖于原有的背景线索，相似的背景线索也可能导致运动量增加。

实验方案和操作流程可参见开放场测试。区别在于此时检测的动物运动量，是在吗啡或可卡因作用下的运动量，而开放场检测的是动物的自发运动量。新药的研究中，如果发现新药对开放场的运动量有增加效应，即类似于敏感化现象，则需要研究该新药是否具有躯体依赖性，即连续给药一定天数如28天后，突然停药，是否存在戒断症状；是否存在心理依赖性，即使用条件性位置偏爱模型判断新药是否可导致位置偏爱行为。

（三）自给药模型

人类的物质使用障碍具有失去控制、自我给药、渴求等特点。自给药模型（self-administration model）是模拟人类这些行为特点的最好模型。基本操作流程与上述描述的DRL 72秒类似。

第七节　神经疾病模型

在此简单描述几种重要的神经疾病（Neurological disorders）模型，对其行为学的评价可参见上述各种学习记忆的实验范式。

一、阿尔茨海默病模型

使用最广泛的阿尔茨海默病（Alzheimer's disease）动物模型是转基因小鼠模型（最常见的是转入了人类家族遗传突变的APPswe和PSEN1dE9）。利用阿尔茨海默病的人类家族致病基因，制作致病基因的转基因小鼠，研究小鼠阿尔茨海默病的发生、发展和发病机制。认知功能的检测可使用上述各种学习记忆的实验范式。转基因小鼠模型的缺点是，发病太快、可能难以涵盖90%以上的散发阿尔茨海默病现有机制。

阿尔茨海默病的患病率，在65岁时大约仅有百分之几；在85岁时可高达50%，提示年龄可能是阿尔茨海默病最关键的致病因素。因此，利用老

年猴进行阿尔茨海默病的新药药效评价可能是目前最佳的动物模型。我国抗阿尔茨海默病一类新药芬克罗酮（Phenchlobenpyrrone），就利用了老年猴的工作记忆能力自然下降现象，而该新药能改善这种记忆下降。

二、帕金森病模型

帕金森病（Parkinson's disease）的最主要临床症状是运动障碍，如运动迟缓、震颤等；也可表现为非运动症状如痴呆。DSM-V将帕金森病归为了神经认知障碍，因为运动实际上也是一种类型的学习记忆，称为程序性记忆，通过长期的习惯化形成了每个人独特的走路方式、四肢的精细控制等。传统心理学的观点如赫伯认为，记忆组织着人们的行为，那么就可以认为，帕金森病是特殊类型的学习记忆障碍。

因此，上述各种学习记忆的行为学范式均可应

用于帕金森病转基因小鼠（如 M83 小鼠或 B6.Cg-2310039L15Rik$^{Tg（Pmp-SNCA*A53T）23Mkle}$/J 小鼠，表达了人类突变的 α-synuclein）的分析，还可选择性地增加一些运动相关的学习记忆模型，如均速转棒测试、加速转棒测试、跑步机测试等，既可反映转基因小鼠的运动协调能力，也可反映其运动学习记忆能力。

三、出血性和缺血性卒中模型

卒中（stroke）俗称中风，分为出血性和缺血性。临床上还未有治疗出血性卒中的药物。溶栓药物如组织型纤维蛋白酶原激活剂（tissue plasminogen activator，tPA）或取栓手术在临床上广泛应用于治疗缺血性卒中。但这种治疗措施还不尽如人意，因为没有降低卒中患者的死亡风险，仅可能增加患者的康复可能性；还存在显著的时间窗口，如 tPA 需要在卒中后 3 ～ 4.5 小时以内、无出血风险才能使用，使得仅有约 5% 的卒中患者得到 tPA 治疗。

常见的卒中模型有胶原蛋白酶（collagenase）诱导的出血模型、内皮素（endothelin）诱导的缺血模型、光化学诱导的缺血模型、中动脉环线栓缺血模型（middle cerebral artery occlusion，MCAO）等。极难评价哪种模型最适合卒中新药的研发。然而，tPA 的发现很大程度上得益于 MCAO 研究，在该模型中首先发现了 tPA 治疗缺血性卒中的有效性，然后在临床试验中得到了验证。理论上，治疗卒中的最佳措施是神经保护剂，不仅可促进康复，也可能降低卒中死亡率。不幸的是，几十年来基于 MCAO 研究未能发现有效的神经保护剂。这种情况类似于抗抑郁症的新药研发历史，因为几十年来基于强迫游泳的研究也未能发现快速起效的抗抑郁症新药。可能的核心问题仍然是还不清楚哪种化合物的分子结构或哪种作用机制能够产生神经保护，因此超过 120 个神经保护剂的临床试验就如试错，均以失败告终。

无论卒中发生在大脑的哪个部位，神经损伤可导致顺行和逆行溃变，进而导致大范围神经网络的损伤。因此，在研究神经保护剂时，利用行为学功能评价可能是最为关键的指标。不幸的是，几乎所有神经保护剂的临床前研发均缺乏长期跟踪的行为学功效评价，这可能是诸多临床试验失败的根本原因。

卒中新药的功效评价可在制造卒中模型后给予药物处理，然后利用上述多种学习记忆和运动学习记忆的实验范式，定量评价卒中新药是否具有神经保护剂的功效。

参考文献

综述

1. American Psychiatric Association. Diagnostic and statistical manual of mental disorders, 5th ed. American Psychiatric Publishing, 2014.
2. Borsini F, Meli A. Is the forced swimming test a suitable model for revealing antidepressant activity? *Psychopharmacology*, 1988, 94: 147-160.
3. Flint J. Animal models of anxiety and their molecular dissection. *Semin Cell Dev Biol*, 2003, 14: 37-42.
4. Goldman-Rakic PS. Cellular basis of working memory. *Neuron*, 1995, 14: 447-685.
5. Hebb DO. Organization of behavior. New York: Wiley, 1949.
6. Hyman SE, Malenka RC. Addiction and the brain: the neurobiology of compulsion and its persistence. *Nat Rev Neurosci*, 2001, 2: 695-703.
7. Lisman JE, Grace AA. The hippocampal-VTA loop: controlling the entry of information into long-term memory. *Neuron*, 2005, 46: 703-713.
8. Leary MR. Introduction to behavioral research methods. MA: Allyn & Bacon, 2001.
9. Robinson TE, Berridge KC. The psychology and neurobiology of addiction: an incentive-sensitization view. Addiction 95, 2000, 2: S91-117.
10. Walsh RN, Cummings RA. The open field test: a critical review. *Psychol Bull*, 1976, 83: 482-504.

原始文献

1. Bai HY, Cao J, Liu N, et al. Sexual behavior modulates contextual fear memory through dopamine D1/D5 receptors. *Hippocampus*, 2009, 19（3）: 289-298.
2. Cai JX, Ma YY, Xu L, et al. Reserpine impairs spatial working memory performance in monkeys: reversal by the alpha 2-adrenergic agonist clonidine. *Brain Res*, 1993, 614: 1919.
3. Deroche-Gamonet V, Belin D, Piazza PV. Evidence for addiction-like behavior in the rat. *Science*, 2004, 305: 1014-1017.
4. Dong ZF, Han HL, Wang MN, et al. Morphine conditioned place preference depends on glucocorticoid receptors in both the hippocampus and nucleus accumbens. *Hippocampus*, 2006, 16（10）: 809-813.
5. Huang Y, Huang J, Zhou QX, et al. ZFP804A mutant mice display sex-dependent schizophrenia-like behaviors. *Mol Psychiat*, 2021, 26（6）: 2514-2532.
6. Li J, Chai AP, Wang LF, et al. Synaptic P-Rex1 signaling regulates hippocampal long-term depression and autism-like social behavior. *Proc Natl Acade Sci USA*, 2015, 112（50）: E6964-72.

7. Kubota K. Prefrontal unit activity during delayed-response and delayed-alternation performances. *Jpn J Physiol*，1975，25：481-493.

8. Kumari V，Soni W，Mathew WM，et al. Prepulse inhibition of the startle response in men with schizophrenia：effects of age of onset of illness，symptoms，and mediation. *Arch Gen Psychiat*，2000，57：609-614.

9. Li Z，Zhou QX，Li LJ，et al. Effects of unconditioned and conditioned aversive stimuli in an intense fear conditioning paradigm on synaptic plasticity in the hippocampal CA1 area in vivo. *Hippocampus*，2005，15：815-824.

10. McCormick DA，Thompson RF. Cerebellum：essential involvement in the classically conditioned eyelid response. *Science*，1984，223：296-299.

11. Montgomery KC. The relation between fear induced by novel stimulation and exploratory behaviour. *J Comp Physiol Psychol*，1958，48：254-260.

12. Morris RG，Garrud P，Rawlins JN，et al. Place navigation impaired in rats with hippocampal lesions. *Nature*，1982，297：681-683.

13. O'Donnell JM，Seiden LS. Effect of the experimental antidepressant AHR-9377 on performance during differential reinforcement of low response rate. *Psychopharmacology* (*Berl*)，1985，87：283-285.

14. Park S，Puschel J，Sauter BH，et al. Spatial working memory deficits and clinical symptoms in schizophrenia：a 4-month follow-up study. *Biol Psychiat*，1999，46：392-400.

15. Phillips PE，Stuber GD，Heien ML，et al. Subsecond dopamine release promotes cocaine seeking. *Nature*，2003，422：614-618.

16. Presty SK，Bachevalier J，Walker LC，et al. Age differences in recognition memory of the rhesus moneky（Macaca mulatta）. *Neurobiol Aging*，1987，8：435-440.

17. Richter-Levin G，Xu L. How could stress lead to major depressive disorder? *IBRO Rep*，2018，4：38-43.

18. Vanderschuren LJ，Everitt BJ. Drug seeking becomes compulsive after prolonged cocaine self-administration. *Science*，2004，305：1017-1019.

19. Wang J，Jing L，Toledo-Salas JC，et al. Rapid-onset antidepressant efficacy of glutamatergic system modulators：the neural plasticity hypothesis of depression. *Neurosci Bull*，2015，31（1）：75-86.

20. Zhou H，Xiong GJ，Jing L，et al. The interhemispheric CA1 circuit governs rapid generalization but not fear memory. *Nat Commun*，2017，8：2190-2199.

第2篇　神经元、突触与微环路

舒友生

1906 年的诺贝尔生理学或医学奖授予 Camillo Golgi 和 Santiago Ramón y Cajal，以表彰他们在揭示神经系统结构方面的突出贡献。但是，两人的获奖报告对神经系统结构的描述却是截然不同的。Golgi 坚持当时的主流观点，即神经系统是连续的网状结构，不是由独立细胞组成的。而 Cajal 基于 Golgi 的银染方法，提出神经系统是由独立的神经元通过特殊连接或空间进行相互通讯。Cajal 的理论后来被证明是正确的，并由此奠定了神经元学说（Neuron doctrine），即神经元是神经系统的结构和功能的基本单位。当然，后来发现某些神经元间存在缝隙连接，相互之间可以进行物质交换，因此 Golgi 的观点在某些程度上也是正确的。

神经元学说极大地推动了神经科学的发展。我们现在知道，神经元通过精细的、不连续的突触结构进行相互通讯。神经元具备与其他组织细胞不同的独特结构和生理特性。在结构上高度极化，具备接收信息的树突和传出信息的轴突；突触前神经元的轴突一般在突触后神经元的树突或胞体上形成突触。在生理特性上，神经元具有可兴奋性，通过产生动作电位对信息进行编码。神经元表达的特异性功能蛋白决定了这些独特的性质，特别是其细胞膜上种类各异的离子通道蛋白，包括电压门控钠离子通道、钾离子通道、钙离子通道等，对动作电位的阈值、波形、发放频率和模式进行调节，使得神经元具有电学"个性"。当动作电位传导至轴突终末，可触发突触前神经递质释放并与突触后受体结合，产生系列突触后反应和细胞内信号转导过程，这样就实现了神经元之间的信息传递。神经元往往接收大量的突触输入，相应的突触后反应将在树突和胞体上进行整合，触发或抑制动作电位的产生。树突和轴突的电缆性质和局部的离子通道调节了突触后电位的整合和动作电位的传导，这些过程可以通过计算模型进行描述。在神经系统的特定区域中，不同种类神经元通过突触联系形成各种微环路，对信息进行加工和处理，是实现该区域生理功能的结构基础。

本篇分 8 章，分别对神经元的基本细胞生物学、神经元的离子通道、神经元的膜电位与电学性质、动作电位的产生和传播、神经递质的释放与调控、神经递质的受体与信号转导、突触信号整合以及微环路生理学进行阐述。

第 *1* 章 神经元的基本细胞生物学

鲍 岚

神经元（neuron）是神经系统的基本结构和功能单位。神经元与其他组织的细胞具有许多类似的结构和功能，但同时也具有其独特的形态和作用，主要表现在其结构上高度的极性化（polarization）和细胞功能上的可兴奋性（excitability）。这些特征并非神经元所特有，例如上皮细胞和其他可分泌细胞也可以呈现极性化特征，肌肉细胞和某些腺细胞也具有可兴奋性。然而，神经元的极性化和可兴奋性都发展到了一个很高的程度，神经元在接受信号后可以将信号在较长的距离内进行加工和传导。本章描述神经元的基本结构和细胞器及其功能、神经元的轴浆运输，并讨论运动神经元和感觉神经元两类主要神经元结构和功能的差异和联系。

第一节 神经元的基本结构和功能

一、基本组成部分

神经元主要的组成和功能部分分为细胞体、树突（dendrite）、轴突（axon）和轴突终末（axon terminal），各部分相互延续，也常相隔一定的距离（图 2-1-1）。大部分神经元的胞体体积只占了整个神经元总体积的小部分，少于 1/10，在胞体内含有合成 RNA 和蛋白质的细胞核和各类细胞器。神经元的树突和轴突分别从胞体发出，是有别于其他细胞的特殊结构。从胞体可以发出多根树突，在其延伸过程中不断分支并形成树突棘（dendritic spine），以利于接受其他神经元广泛的信息传入。从胞体通常只发出单根轴突，在其终末部分可以形成许多分支，与其他的神经元或靶器官形成突触（synapse）连接，经轴突将冲动传递到轴突终末，通过突触传递对下一级神经元或靶器官的功能进行调控。

（一）细胞体是神经元代谢活动中心

神经元的胞体与其他细胞的结构基本一致，由细胞核、细胞质和细胞膜组成。神经元胞体是整个神经元的代谢和功能活动中心。细胞核内含有基因信息，生成的 mRNA 转运到神经元的胞浆内，胞

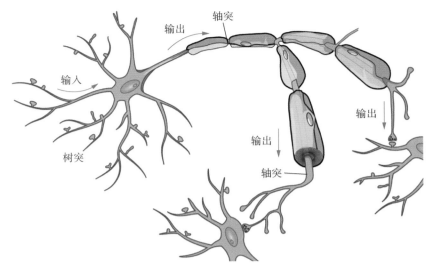

图 2-1-1   神经元结构模式图

体内含有蛋白质翻译和合成所需的底物和酶，这一过程要在蛋白质的合成装置中完成，这些合成装置由核糖体（ribosome）、内质网（endoplasmic reticulum）和高尔基复合体（Golgi complex）等细胞器组成（图 2-1-2）。蛋白质的合成主要发生在胞体和树突，轴突的蛋白质主要通过轴浆运输等途径运到末梢，在轴突内也可以合成一些蛋白质。细胞质中除了帮助蛋白质合成（protein synthesis）的细胞器外，还有线粒体、溶酶体、蛋白酶体、分泌泡和内吞体（endosome）等膜性细胞器（图 2-1-2），还有大量的细胞骨架（cytoskeleton）成分，包括

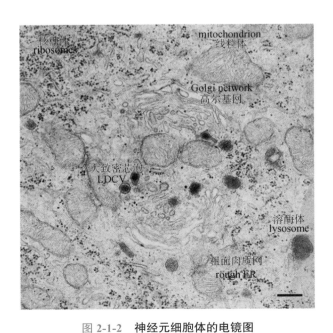

图 2-1-2   神经元细胞体的电镜图

透射电镜成像显示神经元胞体中的线粒体、高尔基网、溶酶体、粗面内质网和大致密芯泡。标尺为 250 nm

微管（microtubule）、微丝（microfilament）和神经丝（neurofilament）。近来，发现越来越多的非编码 RNA 在神经元中发挥作用，包括长非编码 RNA 和小 RNA，它们的合成、加工和代谢也主要是在胞体中完成。神经元的细胞膜与其他细胞类似，由疏水和不对称的脂质双分子层构成，形成了细胞与外界的屏障。作为可兴奋细胞，神经元的细胞膜上分布了更多种类的离子通道和受体。

神经元胞体的形状多种多样，可以呈圆形、锥体形和多角形，胞体大小也相差较大，小的横截面积只有几十平方微米，大的有数千平方微米。各种属动物中神经元胞体的大小也有较大的变化，但形状差异较小。在大部分神经元中，胞体是突触传入的重要位置，胞体接近触发区，因此抑制性输入特别有效。但在有些神经元，如背根神经节的初级感觉神经元，通常认为胞体不接受突触传入。同时，非突触传递的神经递（调）质也可以作用于胞体，从而对神经元功能进行调控。

（二）树突是神经元信号传入的主要部位

树突是神经元胞体向外周的延伸，胞体中所含有的细胞器大多可进入树突，在树突近段可见用于蛋白质合成的细胞器，包括粗面内质网、游离核糖体和高尔基复合体等，在远端会逐渐减少。许多 mRNA 通过轴浆运输可以运到树突，在树突进行蛋白质的翻译。通常一个神经元可以有多根树突（图 2-1-3），树突在向外生长的过程中不断发出分支，一般其分支比主干细，分支数量多者可以形成树突树。树突的全长都可以与其他神经元的轴突末梢形

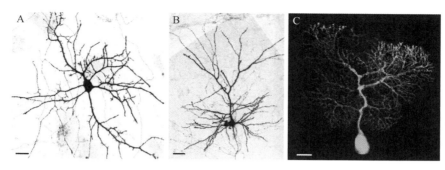

图 2-1-3　中枢神经系统神经元的树突

A. 荧光蛋白标记的培养大鼠海马神经元；B. 荧光染料标记的 2 周龄小鼠大脑皮质第 2/3 层锥体神经元；C. 用 SFV 病毒感染携带的 GFP 稀疏标记的小鼠小脑浦肯野神经元。标尺均为 20 μm（A 和 B 为北京大学于翔教授惠赠，C 为浙江大学沈颖教授惠赠）

成突触，广泛接受信号的传入，树突是神经元信号传入的主要部位。

神经元的树突表面会生长出一些细小的突起，称为树突棘（dendritic spine）。树突棘是树突接受信号传入的重要部位，在此处与其他神经元的末梢形成突触连接，树突棘的表面形成突触连接的突触后成分，有多种受体和离子通道聚集，在树突棘内也有蛋白质的合成。树突棘分为简单的和复杂的两种：简单的树突棘是中枢神经系统神经元中最常见的形式，主要由一个泡状的头通过一根狭窄的茎与树突主干相连；复杂的树突棘呈多叶的瘤状，常形成多个突触。树突棘可短而粗或长而细，其形状的主要差别在于茎的直径和长度、头部的体积和表面积（图 2-1-4）。树突棘的形状、大小和数量与其离胞体的距离、神经的支配和机体的发育阶段相关，当神经元的活动状态发生变化时树突棘的数量和形状都会发生可塑性改变，因此树突棘在学习和记忆等过程中有重要作用。在各种类型的脑疾病状态下，树突棘的结构和分布也会发生变化（图 2-1-4）。

（三）轴突是神经元信号传出的主要部位

轴突可由神经元的胞体或主干树突的根部发出，细胞体发出轴突处的锥形隆起称为轴丘（axon hillock）。一般神经元都有一根细长、表面光滑而均匀的轴突，长度有的可达 1 米多。轴突在延伸的途中很少分支，若有分支常自主干呈直角发出，形成侧支，其与主干的粗细基本一致。轴突到达要支配的神经元或其他效应细胞时，末端常会发出许多细小的分支，形成庞大的网络，称为终末，可与其他神经元的胞体、树突或轴突形成突触，一根轴突可以与多达 1000 个神经元形成突触。轴突终末也可与效应细胞如肌肉或腺细胞形成突触，神经元发出

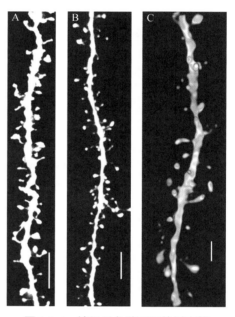

图 2-1-4　神经元各种不同的树突棘

小鼠 1 月龄（A. 高尔基染色）和 2 月龄（B. 荧光染料标记；C. 荧光染料标记重构）大脑皮质第 2/3 层锥体神经元的树突棘，标尺均为 5 μm（北京大学于翔教授惠赠）

的指令或冲动可通过突触传递到下级神经元或效应细胞。大部分轴突外有胶质细胞包绕而形成的髓鞘（myelin sheath）（图 2-1-5），在髓鞘之间形成郎飞结（node of Ranvier），此处是一些钠通道、钾通道和其他分子特异性聚集的区域（图 2-1-6），易于激活，信号在有髓纤维（myelinated axon）上主要通过郎飞结呈跳跃状传递，因此有髓纤维上的信号传递较快。在轴突的终末分支中没有髓鞘的覆盖。此外，在部分轴突外没有髓鞘，如背根神经节小神经元形成的无髓 C 纤维（图 2-1-5），也有部分轴突外的髓鞘较薄，如背根神经节小神经元形成的薄髓 δ 纤维。信号在这两类纤维上的传导速度都比有髓纤维慢。

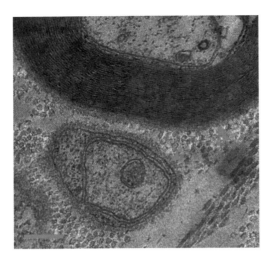

图 2-1-5   坐骨神经冠状面的透射电镜图

坐骨神经中包含有髓纤维（双箭头）和无髓纤维（箭头），标尺为 250 nm

轴突始段（axon initial segment，AIS）是指神经元轴突近胞体侧的无髓鞘节段，是一个特殊的结构（图 2-1-7）。此结构的轴膜内面有薄层致密的内衣（图 2-1-8），与有髓纤维的郎飞结处有类似的结构。轴突始段中细胞骨架聚集，微丝和微管集合成束，相邻的微管间有横桥相连。无髓的轴突也有与之相对应的一节起始段。已经发现有些分子可以特异性地分布在轴突始段，包括钠通道和膜上的一些分子（图 2-1-8），轴突始段膜的兴奋阈值最低，是神经冲动（即动作电位）的起始部位，与这些分子在该区域的特定分布有关。此外，也由于这段的特殊结构和分子分布，使得轴突与胞体中所含的分子有一些差异，轴丘是两者之间的连接部分，轴突中也可以进行一些蛋白质的局部翻译。

虽然轴突和树突都含有三种相同的细胞骨架（微管、微丝和神经丝），但其排列方式和生化特性

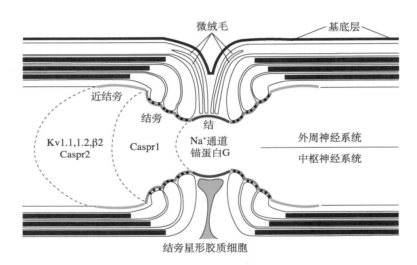

图 2-1-6   郎飞结的结构和分子模式图

（引自 Arroyo EJ and Scherer SS. On the molecular architecture of myelinated fibers. Histochem Cell Biol，2000，113：1-18）

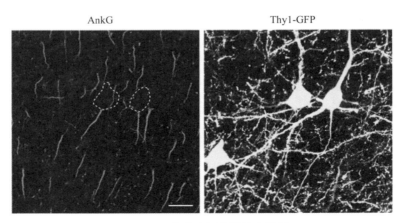

图 2-1-7   皮质神经元的轴突始段

在小鼠皮质脑切片 Thy1-GFP（右）标记的锥体神经元上 AnkG（左）抗体标记的轴突始段，虚白线框内为神经元的胞体所在处，标尺为 20 μm（复旦大学舒友生教授惠赠）

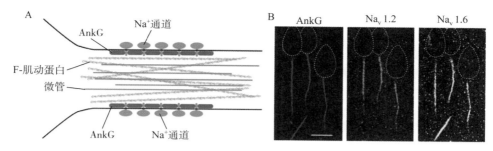

图 2-1-8　神经元轴突始段中的分子分布

A. 神经元轴突始段所形成的分子栅模式图，轴突始段限制了轴突与胞体和树突中膜蛋白相互间的扩散，但不限制膜内脂质的扩散；B. 在小鼠皮质脑切片锥体神经元上 AnkG（左）抗体标记的轴突始段，钠通道 $Na_v1.2$ 和 $Na_v1.6$ 在轴突始段定位。虚白线框内为神经元的胞体所在处，标尺为 10 μm（B 图为复旦大学舒友生教授惠赠）

有些区别。在轴突中微管的正端指向末梢，而负端朝向胞体；在树突中，微管极性是双向的，方向相反的微管各占一半。微管的极性影响了树突和轴突中运输细胞器、蛋白质、RNA 等货物的方向，也决定了它们的极性分布。轴突和树突内微管的相关蛋白也不尽相同，MAP2 主要存在于胞体和树突，而 Tau 蛋白则主要位于轴突。此外，在轴突主干上微丝、神经丝与钠通道呈螺旋状间隔排列。

（四）突触是实现神经元间或神经元与效应器间信息传递的部位

突触是神经元中最特殊的结构，它由突触前成分、突触后成分和突触间隙组成。根据突触的结构和电生理特点，可以分为化学性突触（chemical synapse）、电突触和混合性突触三种。在哺乳动物，几乎所有的突触都是通过神经递质释放来进行突触传递的，称为化学性突触。此类突触传递是神经系统中最常见和最重要的信息传递方式，一个神经元可以与许多神经元形成这样的突触连接。而电突触主要见于鱼类与两栖类等低等动物。电突触为缝隙连接，直径在 0.1 ～ 10 μm，突触前膜和后膜厚度基本相等，中间的缝隙为 2 ～ 4 nm，该缝隙由 6 个蛋白亚基组成的六角形小颗粒搭桥，形成细胞间的通道，使得离子和小分子通过，但阻止大分子进入该通道。缝隙连接的信号传递速度比大多数化学性突触要快。电突触在哺乳动物的神经系统中也有一定的功能，使得相邻的神经活动同步化。

化学性突触（图 2-1-9）的突触前成分（presynaptic elements）多由轴突的末梢组成，在每个轴突的终末都要分成许多小支，每一小支的末梢形成球状，称为突触终扣（synaptic bouton）。一个终扣内包括了突触前膜、许多线粒体、细胞骨架及突触囊泡等。突触前膜是神经元末梢特化产生，比一般的神经元膜稍厚，在突触前膜内侧附着一种呈斑点状向胞质内的致密突起。突触前的末梢内有许多线粒体存在，一方面可以摄取神经元兴奋时内流进入的钙离子，缓冲和清除细胞内过高的钙离子水平；另一方面产生 ATP，提供小泡沿微管滑行而释放递质的能量。在电镜下突触前膜附近含有较多的突触囊泡（synaptic vesicle），可以依此来判断突触前成分。突触间隙（synaptic cleft）宽 15 ～ 30 nm。间隙内常见糖蛋白和细丝等中等致密物质，这些物质将前后膜牢固地联系起来。突触后成分（postsynaptic elements）常由神经元胞体或树突分支构成，包括突触后膜及其膜下结构。突触后膜与突触前膜一样也是神经元膜特化而成，盘状的突触后致密带（postsynaptic density，PSD）是突触后膜最主要的特征，直径 300 ～ 500 nm，厚 50 ～ 60 nm，由几十种蛋白质组成，最主要的成分有肌动蛋白和血影蛋白（spectrin），最重要的成分包括许多受体和通道。

化学性突触根据其结构和功能分为不同的类型。依据组成突触结构的不同，将突触分为轴-树、轴-体、轴-轴、树-树、树-体、树-轴、体-树、体-体和体-轴等多种类型，其中前三种类型最为

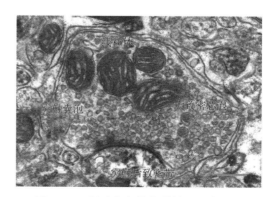

图 2-1-9　脊髓背角的化学性突触电镜图

突触前密布着突触囊泡，还有散在的大致密芯泡，有突触后致密带。标尺为 300 nm

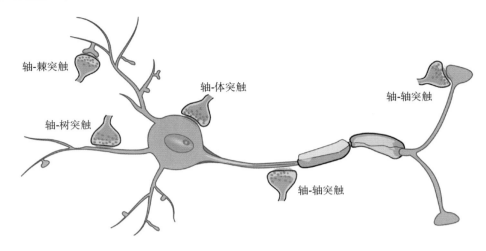

图 2-1-10   化学性突触中常见的突触类型

常见（图 2-1-10）。这些突触连接可以发生在不同
的神经元之间，也可以发生在一个神经元自己的轴
突和树突或树突和树突之间。根据突触的电生理特
性，还可以分为兴奋性和抑制性突触两大类。根据
突触前后膜的特征可分为不对称型（Ⅰ型）和对称
型（Ⅱ型）突触。此外，还可对突触进行其他方面
的分类。

二、结构特征

在胚胎发育过程中，神经元来自上皮细胞，因
此保留了上皮细胞的基本特征。神经细胞和上皮细
胞都有明显的极性，神经元胞体和由胞体发出的树
突相对应上皮细胞基底侧，而从神经元发出的轴突
相对应于上皮细胞顶侧（图 2-1-11），两处的细胞
膜具有不同的蛋白质组分，有的蛋白质可以选择性
地运输到神经元的轴突或上皮细胞的顶侧，有的蛋
白质可以到神经元胞体和树突或上皮细胞的基底
侧。神经元的轴突及其终末细胞膜的结构和分子分
布特化为有利于将信号传递到其他细胞，而胞体和
树突的细胞膜特化为从其他神经元接受信号。目前
对神经元和上皮细胞中分子的选择性分布机制有许
多研究，主要包括对不同蛋白质的选择性运输、保
留和去除机制。

三、分类

神经元之间差异很大，在神经元的发育分化过程
中形成了从形状到功能上的差异，同时在分子水平也
能体现出来。根据神经元形状、功能和所表达的神经

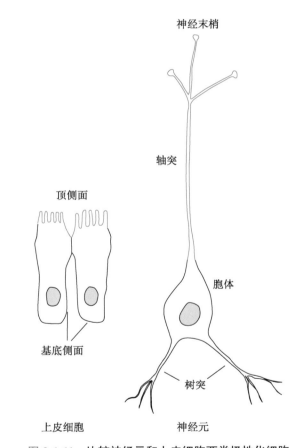

图 2-1-11   比较神经元和上皮细胞两类极性化细胞

递质的差异，可以初步把神经元分成不同的类别。

神经元的形状主要包括胞体的形状和突起的
数目、长度和排列。根据神经元突起的数目分为单
极、双极和多极神经元。单极或假单极神经元中最
常见的是背根节神经元，此神经元从胞体发出单根
突起，在离胞体不远处分为两支，一支为外周突将
温、痛和触压觉等初级感觉从外周传入，另一支为

中枢突将初级感觉信号传向脊髓背角。双极神经元是从胞体的两端分别发出一根树突和一根轴突，如视网膜的双极神经元。多极神经元有一根轴突和多根树突，如脊髓腹角的运动神经元、海马和大脑皮质的锥体细胞等。此外，还可以根据轴突的长短和树突野的形状进行分类。

不同部位的神经元所行使的功能是不一样的，据此将神经元分为感觉神经元、运动神经元和中间神经元。感觉神经元是将人体从外界所获得的各种感觉向高级中枢传递，如背根神经节、脊髓和脑干感觉核团中的神经元。运动神经元是将高级中枢所发出的指令向外周肌肉细胞传递，如大脑皮质的锥体细胞、脑干运动核和脊髓腹角中的神经元。中间神经元的主要功能是进行反馈调控，大脑皮质、丘脑和脊髓等许多部位均有分布。此外，根据神经元的电生理特征，将神经元分为兴奋性神经元和抑制性神经元。

神经元受到刺激后会分泌神经递质，根据所分泌神经递质的种类将其分为：胆碱能神经元、肾上腺素能神经元、去甲肾上腺素能神经元、多巴胺能神经元、谷氨酸能神经元、γ 氨基丁酸（GABA）能神经元和各种肽能神经元等。早期的研究认为一个神经元中只有一种神经递质存在，后来发现在一个神经元中可以有多种神经递质共存，建立了神经元中的递质共存理论。胆碱能神经元主要是副交感神经的节后神经元和脊髓运动神经元，去甲肾上腺素能神经元主要是交感神经的节后神经元，谷氨酸能神经元主要是兴奋性神经元，GABA 能神经元主要是抑制性中间神经元，各种肽能神经元分布较广，神经肽通常与其他神经递质共存于同一神经元突触内。

近年来，随着单细胞测序技术的发展，可以在单个细胞水平检测神经元中成千上万个分子的表达谱，进一步通过聚类分析等计算方法，依据分子表达的特征将神经元进行更加细致的分类，以一些代表性的基因来表征不同类群的神经元。目前这些新分类群神经元的功能以及分子表达谱与功能之间的联系仍有待进一步的研究。

第二节　神经元的细胞器及其功能

神经元与其他细胞一样，胞体包含一些大小不等、形状不规则的囊管状结构，且被膜所包围，称为膜性细胞器，其中包括细胞核、线粒体、蛋白酶体、粗面和滑面内质网、高尔基复合体、分泌泡、内吞体、溶酶体、囊泡和空泡装置（cisternae）以及功能性地连接这些细胞器的运输囊泡。

膜性细胞器的膜来自细胞外膜的内陷，它们的腔相当于细胞的外面，其脂质双层内叶相当于细胞膜的外叶，这样组成了细胞的内膜系统。这些膜性细胞器在结构上是不连续的，但通过运输囊泡可以进行高效和选择性的运输。在粗面内质网中合成的蛋白质和磷脂可以运输到高尔基复合体，通过分泌泡，经外排与细胞膜融合，构成了细胞内的分泌途径（secretory pathway）。另一方面，细胞进行内吞时，细胞膜及细胞外成分经内吞泡进入细胞内，融合入早期内吞体，或者通过囊泡再循环运回细胞膜，或者运往晚期内吞体再到溶酶体去降解，这些构成了细胞的内吞途径（endocytic pathway）（图2-1-12）。从简单的单细胞（酵母）到复杂细胞（神经元），细胞内的分泌和内吞机制非常保守。

一、在细胞核内编码蛋白质合成的信息

细胞核是细胞内最主要的细胞器。粗面内质网一部分特化的结构形成了核被膜，围绕着染色质DNA 和其相关的蛋白，形成了细胞核。核被膜的内外层膜融合形成核孔，再在核孔上组装一个核孔复合体，构成核内和核外的亲水通道。核孔复合体是由 100 多种不同蛋白质组成的精细结构，通过核孔复合体胞浆与核浆中的物质可以进行交换。

人体内不同种类细胞的细胞核含有相同的基因信息，在细胞增殖的过程中这些信息从父代细胞传递到子代细胞。但是，在每一种细胞内所含的蛋白质种类和数量却各不相同。在一个细胞中究竟要表达何种蛋白质，主要是通过结合到 DNA 上的转录因子来调控，这些因子在细胞浆内合成，通过核孔摄入细胞核内。某些细胞特异性地表达一些转录因子，就能选择性地转录特定分子的 mRNA，最终选择性地合成一些蛋白质，形成了神经系统中的神经元及各种不同亚型。在中枢和外周神经系统都发现

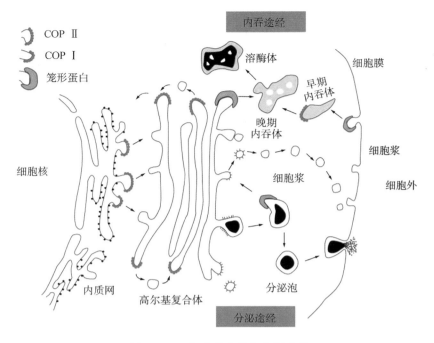

图 2-1-12　细胞的分泌和内吞途径

了一些特异性的转录因子，这些转录因子通过调控某些受体和神经递质的合成，使一些神经元成为具有特定功能的细胞亚型。

大脑中表达 200 000 多种 mRNA 序列，是肾或肝的 10 ～ 20 倍。一方面由于每一个神经元功能的相对复杂性，需要更多的分子来完成，因此每一个细胞比其他组织的细胞表达更多的基因信息，合成更多的分子来完成其复杂的功能；另一方面是大脑 10^{11} 的神经元中有大量不同类型的细胞，每一类型的细胞需要表达一组调控其功能的转录因子，促进特定 mRNA 的表达。在成熟的神经元中，细胞分裂已经停止，染色质不再自我复制，仅以基因表达的方式产生各种分子，通过调控分子表达的种类和数量来产生每个细胞共同和独特的功能。

二、依靠游离核糖体在胞浆合成蛋白质

蛋白质的合成在细胞浆中进行，从核内输出的 mRNA 分子与游离核糖体相连，从而把核糖体连成小丛，称为多核糖体。蛋白质的翻译从 mRNA 的 5′ 端开始，先生成蛋白质的 N 端，一个一个密码子地向前翻译，最后生成的是 C 端（图 2-1-13）。新合成的蛋白质大部分留在胞浆中，另一部分要输入到核、过氧化物酶体和线粒体内，在蛋白质的氨基

酸序列中编码了其最终要到达目的地的信号，如核定位信号、输入过氧化物酶体的信号和输入线粒体的信号（图 2-1-13）。在神经元内含量最丰富的胞浆蛋白质包括两类，即组成细胞骨架的各类亚基和催化细胞内代谢反应的酶类。

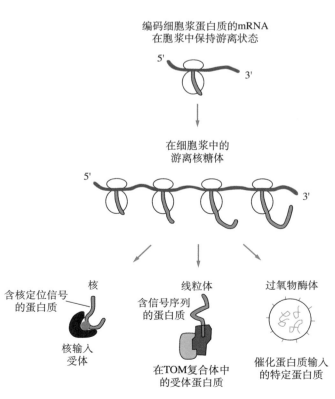

图 2-1-13　在胞浆内游离核糖体合成的蛋白质

蛋白质的一级氨基酸序列决定了其部分的特定功能，然而多肽链进行折叠形成二级和三级的空间结构对其特有功能的实现也是至关重要的。一个蛋白质的正确折叠需要伴侣分子，其作用是稳定蛋白质，直到在特定的时空进行正确折叠，这样就有效地防止了蛋白质的错误折叠。两个常见的伴侣分子是热休克蛋白 hsp70 和 hsp60，在许多蛋白质的合成过程中发挥作用，然后它们以一种能量依赖的方式从多肽中释放出来。通常情况下只有正确折叠的蛋白质才能进行有效的输出，到细胞特定的部位发挥功能。在细胞内不是所有的蛋白质都发生了正确的折叠，部分折叠错误的蛋白质会被清除出去，进行降解，这样防止了没有功能或者功能异常的蛋白质被错误地输出，从而导致某些疾病的发生。

要入核的蛋白质首先要在胞浆中进行折叠，然后一部分通过核孔输入到核内，不涉及膜运输，需要 ATP 提供能量。但核孔只允许小于 10 nm 的分子通过，因此许多蛋白质不能通过核孔自由地移动。在核内发挥作用的 DNA 聚合酶、RNA 聚合酶、剪切酶等只能依赖其氨基酸序列中的核定位信号，与胞浆内的入核受体结合，帮助它们进入核内，那些进入细胞核后又需要回到胞浆的蛋白质，在其氨基酸序列中有出核信号。

要进入线粒体和过氧化物酶体的蛋白质在胞浆中不进行折叠，在通过膜运输时必须是伸展的，到靶器官后才进行折叠，达到其成熟的结构。经典的线粒体输入信号位于蛋白质的 N 端，长为 20～80 个氨基酸，此序列形成一个两性分子的螺旋，亲水的带正电荷碱性氨基酸在一面，疏水的非极性氨基酸在另一面。但仅仅依靠蛋白质分子内部的序列是不够的，一个蛋白质进入线粒体时，还需要线粒体膜两侧特定的伴侣分子，例如 TOM、SAM 等复合体，借助与输入信号序列结合的受体帮助蛋白质进入线粒体内。在蛋白质与伴侣分子相互作用的过程中会引起 ATP 的水解而释放能量，从而帮助了蛋白质的正确折叠，使其能够行使正常的功能。在线粒体内，蛋白质的输入处内外膜接触到一起，便于蛋白质直接地进入线粒体基质内。

三、在粗面内质网中合成分泌蛋白、囊泡装置和膜蛋白

除了在细胞浆游离多核糖体内合成的胞浆蛋白外，一些分泌蛋白、细胞膜蛋白、组成囊泡装置（vacuolar apparatus）的膜上和腔内的蛋白都在粗面内质网内合成。粗面内质网由多核糖体附着在内质网表面形成，要合成这些蛋白质的 mRNA 与核糖体相连，蛋白质在合成过程中同时穿过内质网膜进入其腔内，这一过程称为协同翻译转运（图 2-1-14），需要 ATP 作为能量。

要进入内质网内的蛋白质的 N 端都有一个信号肽序列，由 8 个或 8 个以上的疏水氨基酸构成，引导核糖体与粗面内质网接触，不断延伸的多肽以能量依赖的方式穿膜进入内质网腔中，这时信号肽序列常通过蛋白质水解剪切被去除。如果新生成的是分泌蛋白或组成囊泡装置腔内的蛋白，合成的多肽不断地延伸，直到整个序列进入到腔内，被信号肽酶剪切成为自由蛋白质（图 2-1-14）。

膜蛋白的合成也要经过协同翻译转运，当多肽 N 端在内质网腔内延伸的过程中会遇到一段疏水或不带电的序列，长度约为 20 个氨基酸，紧接着一些碱性氨基酸，这时多肽链在内质网膜内继续合

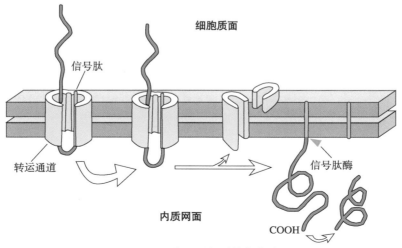

图 2-1-14　分泌蛋白质的合成过程

成，但向内质网腔内的转运停止，这段疏水的序列合成结束后会在内质网的胞浆面合成其余的多肽，形成了一个膜蛋白的 C 端（图 2-1-15）。如果在一个单链中有多个插入和停止转运的疏水序列，多肽在生成过程中就可以多次穿越膜，产生一个完整且具有多次跨膜区的膜蛋白。这类膜蛋白包括神经递质受体和离子通道等许多分子。

分泌蛋白、膜蛋白和囊泡装置蛋白在进入内质网后也要进行正确的折叠，也需要伴侣分子的帮助，其中有热休克蛋白的同族体 Bip 等，主要稳定蛋白质的结构，以利于正确折叠。这些蛋白质在内质网腔内进行了广泛的修饰，包括形成分子间的二硫键（Cys-S-S-Cys），这是由半胱氨酸侧链氧化产生，这种修饰对于稳定蛋白质的三维结构至关重要，而且这种修饰只能在内质网腔内特定的微环境中进行，因为在胞浆的还原环境中不能发生这样

的修饰。另一种重要的修饰是糖基化，由在内质网中特有的糖基化酶实现，在天冬酰胺（Asn）的氨基上添加一个复杂的多聚糖链，称为 N 连接的糖基化（图 2-1-16），该糖链在内质网腔内进行修剪和修饰，调控这一过程的伴侣分子包括 calnexin 和 calreticulin。在高尔基复合体中，蛋白质还会发生进一步的糖基化，包括复杂寡糖和高甘露糖糖基化。糖基化修饰有多重功能，保护蛋白质不被降解，使其能够正确折叠，也有利于蛋白质进入运输泡，从而进入到适当的膜性细胞器。通常情况下，膜蛋白都有一定程度的糖基化，对于一些膜蛋白来说是成熟与否的标志，例如神经元中的受体和离子通道，膜蛋白糖基化后使其更易插入到膜上，也防止了被蛋白酶降解。此外，由于同一蛋白质有一些不同的多糖链，增加了一个蛋白质结构的多样化，也使其功能多样化。

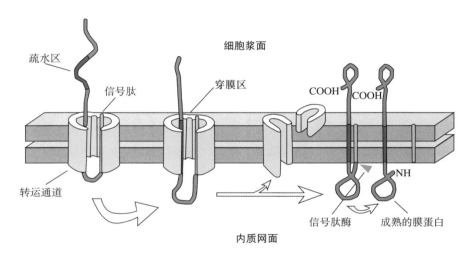

图 2-1-15　膜蛋白的合成过程

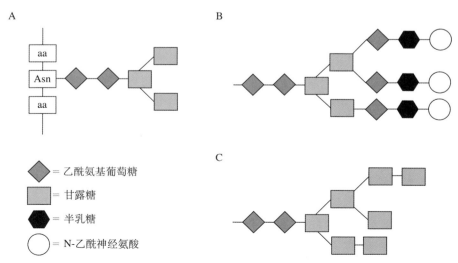

图 2-1-16　蛋白质的糖基化

A. N 连接的糖基化所依赖的内质网中形成的核心区域，包括两个乙酰氨基葡萄糖和三个甘露糖；**B**. 复杂寡糖糖基化；**C**. 高甘露糖糖基化

滑面内质网在结构上和粗面内质网是连续的，它是表面没有核糖体的内质网，它的功能之一是在整个神经元胞浆中作为一个可调控的钙库，缓冲胞浆内的钙浓度。当神经元受到外界刺激时，内质网是内钙释放的主要来源，同时在刺激过后也可以快速摄取钙，防止过度的钙响应，使细胞对下一个刺激重新获得反应性，以此来保证整个细胞的正常生理功能。

四、在高尔基复合体加工分泌蛋白

高尔基复合体由顺面（入口）和反面（出口）高尔基网组成。在电镜下，高尔基复合体位于核附近，靠近细胞中心，由一堆扁平的池相互排列成长带，在光镜下可以用分子标记物染出细丝状的结构。从内质网合成的蛋白质，通过囊泡首先到达高尔基复合体的顺面，与高尔基池的膜融合，转移到高尔基复合体，进行修饰和加工，通过一系列的囊泡运输，从一个池运输到下一个，从顺面高尔基网再转运到反面高尔基池（图 2-1-12），最终形成囊泡进行分泌或转运到细胞内的其他膜性细胞器。

在内质网到高尔基复合体、高尔基池相互间转运和从高尔基复合体转运出来，都涉及囊泡运输（图 2-1-12）。这些囊泡的形成都借助于蛋白质外套，这些外套有两个功能：一方面它们介导膜进入和产生初始的囊泡；另一方面它们对要装入囊泡的蛋白质进行选择。在不同的转运过程中形成各种囊泡的外套是不一样的，COP Ⅱ 外套帮助囊泡从内质网运输到高尔基复合体，COP Ⅰ 外套帮助囊泡在高尔基池之间运输，网格蛋白（clathrin）外套帮助从反面高尔基复合体输出和回收的囊泡，也介导胞质膜的内吞过程。外套在囊泡形成后迅速脱落。囊泡生成后要融合到目的地，需要膜表面分子的相互识别，SNARE 复合体的形成在囊泡的融合和分泌中至关重要。

在高尔基复合体内还会对蛋白质进一步的加工，除了前面已经介绍的糖基化，还包括加在氨基酸羟基上的 O 连接的糖基化。另外，磷酸化和硫酸盐化也会增加分泌蛋白的亲水性，精细地调控它们结合大分子伴侣的能力，延迟它们的降解。许多分泌蛋白在反面高尔基池内水解和剪切，产生了较短和具有生物活性的蛋白质，例如多种神经生长因子和神经肽。

五、蛋白质在胞浆内进行修饰

在胞浆合成的蛋白质可以经过两个过程的修饰，一是在翻译过程中修饰，称为协同翻译修饰；二是在合成后再进行修饰，称为翻译后修饰（post-translational modification）。最常见的协同翻译修饰是在蛋白质 N 端的酰基化，80% 的蛋白质要进行这种修饰，是在蛋白质的 N 端转移上一个酰基，常见的有肉豆蔻酰化和棕榈酰化。酰基化的主要功能是通过脂链使蛋白质能够与膜相联系，因此至关重要。进行肉豆蔻酰化的蛋白质包括 G 蛋白的 α 亚基和钙依赖蛋白磷脂酶等分子。棕榈酰化发生在 GABA 合成酶、钙调蛋白和生长相关因子等蛋白。

目前发现了多种蛋白质的翻译后修饰，包括异戊烯化、泛素化、磷酸化、乙酰化、甲基化、苏木化等。异戊烯化发生在蛋白质合成后的即刻，对锚定蛋白质到细胞膜的胞质面也很重要。蛋白质的泛素–蛋白酶体途径存在于神经元所有部位，是胞浆蛋白选择性和可调节性水解的一种机制。泛素化是在蛋白质分子上加一个高度保守的含 76 个氨基酸的泛素化蛋白，随后泛素单体就可以连续地加到此泛素基团上，此多泛素化链可以引导蛋白质通过蛋白酶体进行降解，通常认为当一个蛋白质发生折叠不良、变性或老化时会发生这类水解。然而，蛋白质的泛素化还可以参与了突触的形成、长时程记忆储存等神经元功能。

磷酸化是一种最常见的可逆性翻译后修饰，蛋白质在丝氨酸、苏氨酸或酪氨酸残基的羟基位置上被蛋白激酶磷酸化，也可以被蛋白质磷脂酶去磷酸化。通常是在细胞受到刺激的情况下蛋白质被磷酸化，从而使其活性发生改变，也可能影响其与其他分子的结合，可以在瞬间来快速调节一个蛋白质的功能。在一个蛋白质的序列中并不是所有的丝氨酸、苏氨酸或酪氨酸位点都可以被磷酸化，这些位点是否可以磷酸化是由其周围的序列决定的，要有利于蛋白激酶的结合。通过蛋白质的磷酸化和去磷酸化反应可以调节离子通道的动力学和在胞内的运输，可以调节受体的激活状态和内吞后的分选途径，也可以引导某些分子入核调节其他蛋白质的转录。

六、不同的分泌泡介导蛋白质向外周的输出

各类蛋白经过高尔基复合体后，需要通过囊泡

的形式运输出去，或分泌到细胞外，或运输到细胞膜、内吞体和其他的膜性细胞器。通常从功能上把囊泡分为两类，一类是持续分泌途径中的囊泡，可以携带新合成的膜蛋白和分泌蛋白，持续不断地与细胞膜融合，将囊泡内的物质分泌到细胞外，将囊泡膜上的蛋白直接融合到细胞膜上。另一类是可调节分泌途径中的囊泡，受细胞外因子刺激而发生分泌（图 2-1-17）。这类囊泡在各类神经细胞中都可以见到，更多见于神经内分泌细胞，内含神经肽等许多神经递（调）质，也发现一些受体也可以通过它们进行转运。这类囊泡在电镜下具有电子致密的芯，因此也称为大致密芯泡（large dense-core vesicle）（图 2-1-2），囊泡内含的物质在功能和生物合成上与内分泌细胞所含的肽颗粒相似。大致密芯泡主要运往轴突，在突触前的致密带旁区多见，受钙调控而外排，对其释放的最佳刺激与突触囊泡有所不同。

突触小泡（synaptic vesicle）是约 50 nm 的清亮囊泡，较大致密芯泡小，分布在突触前紧靠致密带，负责神经递质的释放。虽然在神经递质的释放时突触囊泡具有可调节分泌的特性，但它不在高尔基复合体组装而是在轴突终末。形成突触囊泡的膜成分通过持续分泌途径运输到突触前膜上，然后经过内吞过程形成突触囊泡，突触囊泡上有一些神经递质的转运体，可以主动地摄取终末内的神经递质，完成对突触囊泡内神经递质的补充（图

2-1-17）。通过生化方法可以纯化得到大量的突触囊泡，借助定量质谱分析描绘出了突触囊泡上几乎所有的膜成分。突触囊泡中的小分子神经递质释放是神经元信号传递的主要方式，当有信号传递到突触终末，通过钙离子内流，突触内钙离子浓度升高，调节突触囊泡的释放（图 2-1-17）。在突触囊泡释放神经递质的过程中，目前认为 SNARE 复合体在其中承担了很重要的作用。在递质准备释放时，胞浆膜上的 syntaxin 首先和胞浆内的 SNAP25 形成 t-SNARE，然后囊泡膜上的 VAMP-1 形成的囊泡 SNARE（v-SNARE）引导囊泡向其靠拢，组成较完整的 SNARE 复合体，实现囊泡膜和细胞膜的融合。当突触内的钙浓度迅速升高，可以结合 synaptotagmin，触发其与膜磷脂、SNARE 复合体结合，促使囊泡最终释放。

七、通过内吞将细胞膜和细胞外物质摄取到细胞内

神经元的内吞途径与分泌途径并行，是与细胞外进行物质交换的重要环节，主要功能是保持细胞膜面积的相对稳定，清除细胞膜上的一些无用的物质，降低细胞膜上的受体等调节分子的活性。

内吞过程的形成机制有两种，一种是由网格蛋白外套来介导（图 2-1-12），形成内吞囊泡，囊泡的笼形蛋白外套脱掉后与细胞内的早期内吞体融

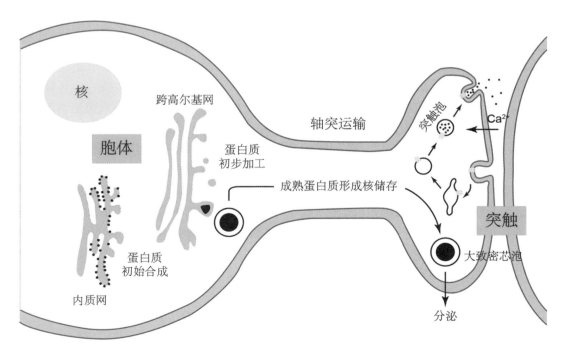

图 2-1-17　大致密芯泡和突触囊泡的产生、运输和分泌途径

合，一部分膜蛋白质会再循环到细胞膜，另一部分会去其他的细胞器，主要到晚期内吞体。另一种内吞也可以通过大的没有外套的囊泡，与早期内吞体融合。在神经元中，早期内吞体散布在整个树突，通过逆向轴浆运输运到晚期内吞体，分布在树突的近侧端和胞体，继续与溶酶体融合。溶酶体是细胞内消化的主要场所，含有多种水解酶，可以将蛋白质等彻底降解。在轴突中内吞主要发生在神经终末，大部分为再循环的突触囊泡，直接由失去网格蛋白外套的囊泡产生。

八、细胞骨架影响神经元形状并决定细胞器和蛋白质的不均匀分布

细胞骨架是影响一个神经元形状的最主要因素，决定了细胞浆内细胞器的不均匀分布，它把胞内的各种内含物整合成一体，以形成神经元各部位各种不同的形状，并产生协调的运动。细胞骨架包括三种主要的丝状结构：微管、神经丝（在非神经细胞中称中间丝）和微丝，这些细胞骨架和它们的相关蛋白占神经元总蛋白量的 25%，并在神经元的胞浆内形成了一张复杂的网络，不仅具有"刚性"，而且呈高度的动态性。

微管（microtubule）是由 13 根原丝（哺乳动物）组成的管状结构，外径为 25 ～ 28 nm（图 2-1-18），单根微管可以长达 0.1 mm。组成微管的每一根原丝由数对 α 和 β 微管蛋白亚单位线性排列而成，且都有极性，暴露在一端的是 α 微管蛋白（负极），另一端的是 β 微管蛋白（正极），原丝的方向性形成了整体微管的正极和负极。微管蛋白由一个多于

15 个基因的家族编码，在脑中由于不同基因的表达，存在有多个亚型的 α 和 β 微管蛋白。微管蛋白是一种 GTPase，一部分以游离态存在，另一部分以形成微管存在，微管通过增加 GTP 结合的微管蛋白二聚体而延长，GTP 水解成 GDP 影响了微管蛋白相互间的结合而导致微管缩短。在体外，微管蛋白二聚体可以加到微管的任一端，但加到正端的速度比负端要快。而在细胞内，微管的负端有结合蛋白，所以微管主要在正端聚合和生长，同时也不断地解聚和坍塌。微管的这种动态不稳定性使得微管一直处于迅速的重建状态，这对于其实现功能非常重要，阻止微管聚合或解聚都会影响细胞活动，特别是处于分裂中的细胞。

微管在延伸过程中如果在正端被 GDP 结合的微管蛋白加上帽子，就不再生长，还会导致快速解聚。因此，在细胞内存在微管相关蛋白（microtubule-associated proteins，MAPs），这些蛋白结合在微管上可以起稳定作用。在树突中起稳定作用的 MAPs 有 MAP2，在轴突中有 Tau 和 MAP3。此外，微管蛋白的翻译后修饰也可以调节微管的动态性和稳定性。微管形成脚手架，延伸到整个神经元。在轴突中，所有微管的正端朝向轴突末端，大量细胞器和蛋白质就是沿着这些有方向的轨道运输到轴突末端（图 2-1-18）。然而，在细胞体和树突，正向和反向极性的微管混合在一起，导致细胞体和树突有相似的细胞器。因此，微管在神经元的突起生长和极性建立中起关键作用。

神经丝（neurofilament）是神经元中的中间丝，直径 10 nm。每一个中间丝的亚基是长长的纤维蛋白，其两端各有一个球状末端，中央是一个 α 螺旋

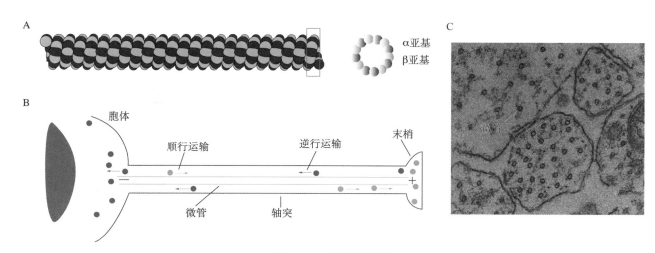

图 2-1-18　微管的结构
A. 微管蛋白分子亚基的组成和排列；B. 神经元轴突内微管排列的方向；C. 培养海马神经元突起中微管的透射电镜图，标尺为 100 nm

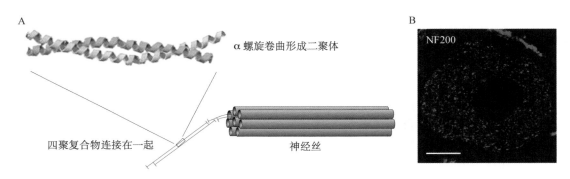

图 2-1-19　神经丝的结构

A. 神经丝的结构示意图；**B**. 用 neurofilament 200（NF200）抗体标记的背根神经节初级感觉神经元中的神经丝，标尺为 10 μm

区构成的细长棒状域，两个亚基可以相互缠卷形成稳定的二聚体，成对的二聚体再以非共价键结合形成四聚体，四聚体再通过非共价键首尾或旁侧结合最后产生绳状的中间丝（图 2-1-19）。神经丝具有很强的抗拉强度，是细胞骨架的骨，使细胞在被牵拉过程中能承受机械力的作用，是三类细胞骨架中最为坚韧和耐久的丝。同时，它们是神经元中最丰富的纤维成分，形成满布在胞浆中的网络，包围着细胞核，延伸到细胞膜的边沿，锚定在细胞膜上，通过桥粒间接地与相邻细胞中的丝连接。在轴突中神经丝平均比微管多 3 ～ 10 倍，与微管不同，神经丝非常稳定，在细胞内几乎总是呈聚合状态（图 2-1-19）。神经丝排列紊乱可见于一些疾病中，例如阿尔茨海默病等退行性疾病，这种特征性的损伤称为神经纤维缠结（neurofibrillary tangles）。

　　微丝（microfilament）直径 7 ～ 9 nm，在组成细胞骨架的三种纤维中最细（图 2-1-20）。微丝是球形肌动蛋白单体（每个带一个 ATP 或 ADP）绕成的双链螺旋，其中所有的球形肌动蛋白分子都朝向沿链轴的同一方向，因此肌动蛋白像微管一样在结构上有极性，有正负两端。肌动蛋白是所有细胞的一个主要成分，可能是自然界最丰富的动物蛋白。肌动蛋白包括数个分子形式：α、β 和 γ 亚型，神经细胞的肌动蛋白是 β 和 γ 亚型的混合体。肌动蛋白分子呈高度保守，在一种动物的不同细胞和相差很远的生物间均如此。

　　与微管和神经丝不一样，肌动蛋白丝形成短的多聚体，其数目比微管蛋白多许多，总长度至少是微管总长度的 30 倍，它们位于细胞浆接近于细胞膜下，与大量的结合蛋白（如 spectrin、fodrin、ankyrin、actinin 等）一起形成一张密而坚固的网。像微管一样，微丝处于聚合和解聚的动态循

环中。微丝的肌动蛋白和微管蛋白具有相同的聚合机制，神经元中大约一半的肌动蛋白是非聚合的单体，细胞内微丝的状态由结合蛋白调控。微丝分布在膜下，在这个区域的功能中起关键作用，如在发育过程中生长锥的运动性、细胞表面特化的微区（microdomain）产生、突触前后特化结构的形成等。微丝还可以作为细胞膜下运送膜性细胞器的轨道，动力分子是肌浆球蛋白（myosin），这在神经元的分泌中有重要作用，在神经元突起的新生和回缩也起关键作用。

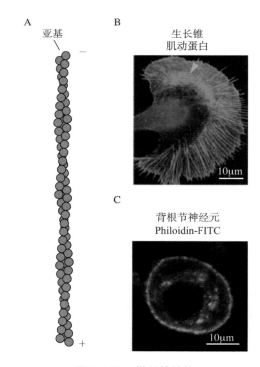

图 2-1-20　微丝的结构

A. 微管蛋白分子亚基的排列；**B**. 生长锥上用肌动蛋白标记的微丝分布（引自参考文献中的原始文献 7）；**C**. 在神经元用 Philoidin-FITC 标记的近细胞膜的微丝

第三节　神经元的轴浆运输

在许多神经元中，轴突构成了细胞总体积和表面积的大部分，可以伸展成细胞体直径的数千倍，例如在支配人体腿肌肉的运动神经元，从细胞体到神经终末的距离超过其直径的 10 000 倍。但几乎合成蛋白质的所有装置都在细胞体，而实现神经元主要功能却在神经末梢，因此新合成的膜蛋白和分泌蛋白必须从高尔基复合体主动运输到轴突，以供应轴突生长和维持的需要以及轴突终末神经递质的分泌。相比轴突，树突虽然局部可以进行较多的蛋白质合成，但是胞体仍然是树突的发育和功能实现的主要物质来源。

最早提出物质必须从细胞体运往轴突这一假说的是 Ramón y Cajal 等，但直到 20 世纪 60 年代使用同位素追踪剂才真正显示了轴浆中有从胞体运来的物质，确定了通过轴浆运输的物质包括了快速和慢速运输两种状态，同时还有顺向和逆向两个方向。如果将一根坐骨神经结扎，可以观察到在神经纤维中的轴浆随时间的延长蓄积到结扎的近侧端。轴浆以稳定的速率从胞体向终末移动，称为轴浆流（axoplasmic flow）。目前，在培养的神经元中可以实时地观察荧光蛋白标记的蛋白及细胞器的轴浆运输（图 2-1-21）。

通过快速轴浆运输（fast axonal transport）将膜性细胞器顺向运输到神经终末，也可以使其逆向回到胞体（图 2-1-21）。胞浆蛋白质和细胞骨架成分则以更慢形式进行顺向的慢速轴浆运输（slow axonal transport），有时需要一个星期或更长的时间才能到达轴突终末。这类主动运输比自由扩散要快。轴浆运输是显示细胞器在细胞中运动情况的典型案例，利用这一机制还可标记神经元的投射，以及上一级神经元与下一级神经元间的联系。

一、快速轴浆运输

膜性细胞器在轴突内通过快速轴浆运输进行顺向和逆向运动。在培养条件下观察神经元的轴突，可见大的颗粒在不停地急速运动，移动一段距离、停下、再开始移动，沿着轴突的线性轨道主动运输，这些轨道为微管（图 2-1-21）。

早期证明轴浆运输的实验是追踪在背根节神经元细胞体合成的蛋白质，背根节神经元是假单极神经元，从胞体发出单根突起，在不远处分为外周支和中枢支，外周支可长达 1 m 多。将 ^{35}S 标记的甲硫氨酸注射到背根神经节，神经元在合成蛋白质的过程中摄取同位素标记的氨基酸，合成的蛋白质经轴浆不断运输到神经终末，在注射后不同时间内分段获取一根神经的样品，运动的速率通过检测各段神经中被标记蛋白质的放射活性来计算。该研究显示，顺行运输依赖 ATP 供能，将胞体和神经断开，神经中这种顺行运输也同样发生。此外，运输还可以发生在体外重构的系统中，用这种方法已经阐明膜和其他的细胞内物质在神经突起中的移动。要检测某一蛋白质在轴浆中的顺行和逆行运输情况，比较简单的方法是结扎神经，同时检测该蛋白质在被结扎部位离胞体的近侧段和远侧段的不对称分布，如果蛋白在近侧段积聚表明其主要为顺向运输，如

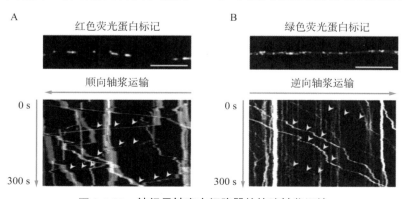

A　红色荧光蛋白标记　　　　　　B　绿色荧光蛋白标记

顺向轴浆运输　　　　　　　　逆向轴浆运输

0 s　　　　　　　　　　　　0 s

300 s　　　　　　　　　　　300 s

图 2-1-21　神经元轴突中细胞器的快速轴浆运输

A. 培养的初级感觉神经元轴突中 DsRed-mito 标记的线粒体快速正向运输（箭头）；B. 培养的初级感觉神经元轴突中 GFP-Rab7 标记的晚期内存体快速逆向运输（箭头）。标尺为 10 μm

果蛋白在远侧段积聚表明其主要为逆向运输。

快速顺行运输以每天200～400 mm或每秒2～5 μm速度运送膜性细胞器，包括许多小囊泡、囊管状结构、线粒体和大致密芯泡等，这些结构和所运输的物质为细胞膜的更新、分泌产物、轴突代谢维持所必需。在快速顺行运输中还包括膜性细胞器所含的酶、神经递质、神经肽和膜脂，大部分在胞体已经进行了修饰和剪切，但也有一些在运输过程中进一步加工，如神经肽类在运输过程中其前体肽被剪切和降解。顺行轴浆运输依赖于微管，为细胞器通过分子马达运输提供了轨迹，这种运动呈跳跃状，是由于细胞器从轨迹上周期性地解离或者与其他结构发生碰撞。最初是从秋水仙素、长春碱和生物碱的实验中发现了微管参与顺行轴浆运输，它们可以破坏微管和阻断有丝分裂，同时干扰了快速轴浆运输。用电子显微镜可以观察到在微管和囊泡间的连接桥（图2-1-22），它们由动力分子等组成。

快速顺行运输是将膜性细胞器从微管的负端运输到正端的过程，其动力分子是kinesin及其相关蛋白，称为KIFs——ATPases的一大家族。kinesin是由两个重链和两个轻链组成的异源四聚体，重链通过其球形头（ATPase区域）与微管接触，在上面行走，轻链与细胞器结合完成运输任务。目前发现有的KIF分子比较专一地运送含某个膜蛋白的囊泡，有的在许多分子和细胞器的运输过程中起作用（图2-1-23）。微管在轴突的排列是单向的，因此kinesin运输的方向是单向的，但是由于微管在树突中的排列方向是双向的，所以在树突中kinesin运输的方向也是双向的。

快速逆行运输是指从神经末梢到细胞体的过程，运输速度在每天200～300 mm，在这个方向运输的细胞器主要是在神经末梢通过内吞活动产生

的内吞体和溶酶体，还包括线粒体和内质网的成分。逆行运输的物质到达细胞体后，部分被送到溶酶体去降解，部分进核调控基因表达，部分进入高尔基器去重包装。在神经末梢神经生长因子结合其受体形成"信号内吞体"，利用逆行运输运到细胞体，调控了基因的表达，保证了神经元的生长和再生。一些毒素（如破伤风毒素）沿着轴突也被运到胞体，产生毒性作用。此外，还有一些病原体（如单纯疱疹、狂犬和灰质炎病毒）也可经过这一途径进入体细胞内，进一步扩增和传播。

与顺行快速运输一样，快速逆行运输中的细胞器也是沿着微管轨道。逆行运输的动力分子是dynein家族中的成员，包括微管相关蛋白1C（microtubule-associated protein 1C，MAP-1C）和细胞浆dynein1（cytoplasmic dynein 1）。dynein由一个重链、中间链、轻中间链和轻链组成，重链由一个基底部结构、两个茎和两个球形头形成一个多聚蛋

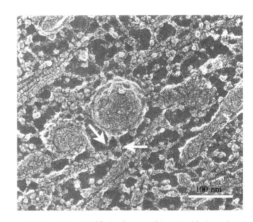

图 2-1-22 微管和囊泡颗粒之间的交叉桥

（引自 Hirokawa N，et al，Submolecular domains of bovine brain kinesin identified by electron microscopy and monoclonal antibody decoration. Cell，1989，56：867-878.）

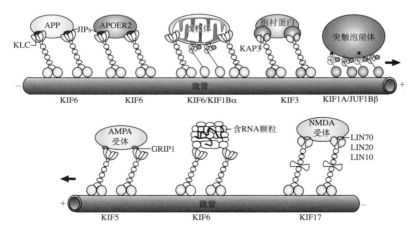

图 2-1-23 **KIFs** 家族成员在轴突和树突中运输不同种类的细胞器和蛋白质

（引自参考文献中的综述6）

白复合体，球形头附着在微管上，作为动力分子，向微管的负端移动，轻链负责结合所运载的货物，即不同的细胞器（图 2-1-24）。

利用神经元轴浆运输的原理，可以对神经元胞体、轴突和末梢之间的关系进行分析。将染料、表达荧光蛋白的质粒或病毒、同位素标记的蛋白、标记的糖或神经递质进行微注射，注射位置可以是胞体部位，也可以是神经末梢，经神经元内吞摄入，再通过轴浆运输到末梢或胞体，有些物质还可以跨神经元运输，标记下一级与之有突触连接的神经元。以往被用来进行束路追踪的是辣根过氧化物酶，它被神经元摄取后易被逆行运输，观察其化学反应产物可以知道神经元的路径和投射关系。有的追踪剂特异性地被某一类神经元摄取，如霍乱毒素

B 亚单位（cholera toxin B subunit，CTB）特异性地被背根节神经元的大细胞所摄取，这类神经元表面表达与之相结合的神经节苷脂（GM1），因此在坐骨神经内注入 CTB，可以特异性地标记背根节大细胞和在脊髓背角的传入神经纤维投射的区域（图 2-1-25）。近来多用表达荧光蛋白的顺行或逆行不跨突触或跨突触的病毒，感染特定区域或特定类型的神经元，追踪其投射和传导路径（图 2-1-25）。

二、慢速轴浆运输

膜性细胞器通过快速运输沿着轴突移动，胞浆蛋白质和细胞骨架通过慢速轴浆运输方式转运，慢速轴浆运输仅发生在从细胞体向轴突末梢，称为

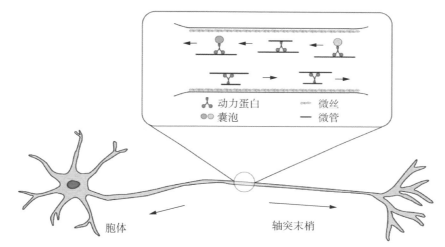

图 2-1-24 神经元细胞浆内 dynein 参与的轴浆双向运输模型

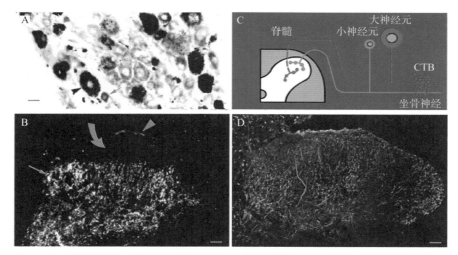

图 2-1-25 霍乱毒素 B 亚单位特异性地标记背根节神经元和其脊髓背角的传入纤维

A. 坐骨神经注入霍乱毒素 B 亚单位后 3 天在背根节神经元被标记的大细胞，标尺为 50 μm；B. 脊髓背角霍乱毒素 B 亚单位标记的纤维，标尺为 100 μm；C. 标记路径的模式图；D. 背根节 AAV-CAG-EGFP 感染 1 个月后脊髓背角标记的纤维，标尺为 100 μm（A、B 引自 Tong YG, et al. Increased uptake and transport of cholera toxin B-subunit in dorsal root ganglion neurons after peripheral axotomy：possible implications for sensory sprouting. J. Comp. Neurol，1999，404：143-158）

顺行，至少包括了两个成分，一个是较慢的成分（SCa），另一个是较快的成分（SCb），两个成分沿着轴突以不同的速率运输不同的蛋白质。Dynein 在慢速轴浆运输中也担当动力分子的角色，参与了双向的运输（图 2-1-24）。

慢速运输成分 a（SCa）的速度是每天 0.2 ～ 1 mm，主要携带制造细胞骨架的蛋白质。另外，短的微管和神经丝亚基或短的多聚体也以原有的微管轨道被移动。SCa 在整个慢速运输中所占比率的可变性较大，在大的轴突中，如坐骨神经中 α 运动神经元的轴突，大部分的慢速运输为 SCa；而在较小的轴突中，SCa 所占的比率就下降。

慢速运输成分 b（SCb）的速度为每天 2 ～ 8 mm，比 SCa 快两倍。通过这一成分携带的蛋白质更复杂，包括笼形蛋白、微丝和微丝结合蛋白，还有各种胞浆酶和蛋白质。微丝占了此成分的 5% ～ 10%，在 SCb 成分中许多蛋白质组装成可变的聚合体，可以瞬间与细胞骨架结合，在运输过程中 hsp70 可以组织这些复合体。

抑制轴浆运输可以很快地影响远侧轴突的功能，用神经毒素可以抑制轴浆运输，一些毒素作用在执行轴浆运输的动力分子上，如发现丙烯酰胺能抑制 kinesin 的功能，一些毒素影响能量代谢，另有一些毒素抑制从顺行到逆行运输的转换，最终影响物质的输送。这些常引起由外周向胞体发展的神经退行性病变。多种神经系统疾病都涉及轴浆运输障碍，如运动神经元疾病中的肌萎缩性（脊髓）侧索硬化症，其快速和慢速轴浆运输都受到了影响，这类疾病可以有不同的分子发病机制，但全部形成运动神经元特征性的神经丝堆积和由外周向胞体发展的神经退行性病变。其他多种神经退行性病变也有类似的机制，包括糖尿病神经病变和阿尔兹海默症，任何危及轴浆运输功能都有可能引起神经元的退行性病变。

第四节　不同神经元的结构和功能

在整个神经系统，各类神经元的结构和功能都存在很大差异，通过比较介导牵张反射的感觉和运动神经元，可以部分理解神经元结构和功能上的联系。牵张反射是一个简单的回路，包括：背根神经节中的大直径感觉神经元（sensory neuron）通过其分布于肌肉细胞中的传入神经末梢接收信息，经其中枢支与脊髓腹角的运动神经元（motor neuron）形成单突触联系，通过运动神经元控制肢体骨骼肌的收缩（图 2-1-26）。

一、感觉神经元

初级感觉神经元位于背根神经节中，是初级感觉传入的第一级神经元，与脊髓紧密相邻，它们的细胞体是圆形的，以往依据细胞的大小把初级感觉神经元粗分为两类，一类是传递本体感觉和触压觉且直径较大的大细胞，另一类是传递痛温觉且直径较小的小细胞。在牵张反射中，传递肌肉收缩状态信息的是大直径神经元，根据小鼠单细胞测序表达谱所得的新细分类型，属 PV 阳性的 C7 类大细胞，同时表达 Ntrk3 和 Wnt7a。在人体这类细胞的直径为 60 ～ 120 μm，在小鼠直径为 30 ～ 50 μm。这类神经元中所表达的受体和神经递（调）质与小神经元有所不同，与它承担的功能有关。初级感觉神经元是假单极神经元，从胞体发出单根突起，不远处就分叉成两支，PV 阳性大细胞的外周支投射到

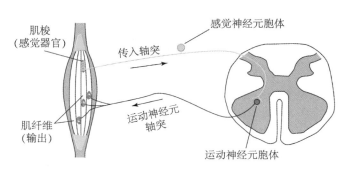

图 2-1-26　牵张反射环路

肌肉，中枢支部分与脊髓运动神经元的树突形成突触，组成牵张反射回路。

　　PV 阳性大细胞中传递肌肉收缩信息的外周支直径为 14 ～ 18 μm，为有髓纤维，由施万细胞形成的髓鞘厚 8 ～ 10 μm，髓鞘间形成朗飞结，此处特别分布有钠和钾等离子通道和其他分子（图 2-1-6）。这样的结构和分子基础使信号通过跳跃传递从一个朗飞结传给另一个，增加了神经沿着轴突传导的速度。PV 阳性大细胞外周支的末梢在肌梭里盘绕着一根细而特化的肌纤维（图 2-1-26），肌梭对牵拉敏感，当肌肉发生收缩时，肌梭受到牵拉，环绕在肌梭上的神经末梢将信号向上传递。

　　由背根神经节 PV 阳性大细胞所发出的中枢支形成背根，进入脊髓背角，可以分叉在脊髓中上行或下行，部分纤维与脊髓腹角的运动神经元形成突触。当完成牵张反射时，感觉神经元受到刺激，释放兴奋性氨基酸递质——L 型谷氨酸，作用于运动神经元的受体上，引起去极化，导致运动神经元兴奋，进一步在神经肌接头上释放乙酰胆碱，完成肌肉收缩。感觉传入的中枢支还可以与脊髓内的中间神经元发生突触连接，也可以上行到脑干与上级神经元发生突触连接，将感觉信息向上传递。

二、运动神经元

　　脊髓的运动神经元位于腹角，有大的胞体，核明显且大，核仁显著。运动神经元具有中枢神经元的显著特征，具有数根树突（图 2-1-27），每根树突具有复杂和广泛的树突树，其树突伸展范围广，树突干上分布有许多树突棘。从数量来看，每个细胞终末树突分支的总数常多于 100 支，投射范围距胞体为 2 ～ 3 mm，细胞体和树突膜的 3/4 被突触终扣所覆盖，这样的分布特征增加了运动神经元接受外界信号的区域，加强了对其功能的调节作用。一般一个运动神经元可以接受许多感觉神经元的信息，要达到发放的阈值至少需要接受 100 个感觉神经元的输入，当然一个感觉神经元也会与 500 ～ 1000 个运动神经元形成突触，这样形成了信息的会聚与发散。

　　运动神经元可以接受四方面的输入：一是从初级感觉神经元的兴奋性输入；二是从自己和其他运动神经元折返的兴奋性输入，这些折返支是从接近胞体处的轴突发出，投射回到运动神经元，调节细胞的活性；三是接受一种特殊类型的中间神经元（Renshaw 细胞）的抑制性输入，这些中间神经元接受折返支的支配，通过神经递质——L 型甘氨酸超极化运动神经元，因此抑制运动神经元的发放；四是接受另一类中间神经元的抑制性输入，这类神经元受从脑部控制和协调运动的下行纤维驱动。简单的反射活动只需要从兴奋性和抑制性输入的相互协调，而有目的的运动需要接受从大脑的输入进行更多的整合，以调控最终的输出和肌肉运动。

　　每个运动神经元发出一根轴突，其轴丘和轴突始段约有一个胞体直径长，轴丘表面的一半被突触终扣所覆盖，轴丘和轴突的起始部是作为一个主要的触发区域，对从其他神经元来的许多信号进行整合，并输出动作电位。介导牵张反射的轴突从腰骶部脊髓发出，加入股神经，经过很长的距离到达肌肉，进入肌肉时分叉成许多无髓细小分支，沿着一条肌纤维的表面行走，形成许多突触连接，称为神经肌接头（neuromuscular junction）（图 2-1-28）。每一条肌纤维仅与单根轴突形成突触连接，而单根轴

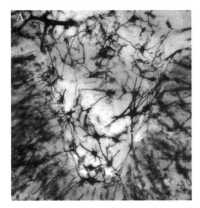
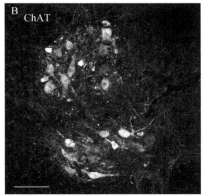

图 2-1-27　脊髓背角运动神经元

A. 用高尔基染色法显示的猫脊髓运动神经元及其树突分支（中国科学院神经科学研究所毛金标高级实验师惠赠）；B. 用 ChAT 抗体标记的小鼠脊髓运动神经元，标尺为 100 μm（上海科技大学李磊研究员惠赠）

神经丝-L+synapsin-1   α-环蛇毒素

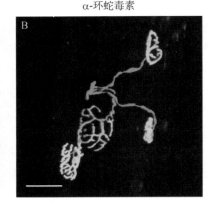

图 2-1-28　运动神经元支配肌肉的纤维和神经肌肉接头。用神经丝 -L 抗体标记运动神经元的轴突（绿色）和用 synapsin-1 抗体标记运动神经元的神经末梢（绿色），用 α- 环蛇毒素结合乙酰胆碱受体（红色）
A. 运动神经元分叉成许多无髓分支，标尺为 200 μm；**B**. 终末纤维沿着肌纤维的表面行走形成许多神经肌肉接头，标尺为 25 μm（上海科技大学李磊研究员惠赠）

突支配数根肌纤维。单根运动轴突可以支配的肌纤维数量在体内差异很大，在腿部单根运动轴突可以支配 1000 多根肌纤维，而在眼部一根轴突接触的肌纤维不多于 100 根。因此，要移动的身体重量越重，就需要支配较多的肌纤维，但如果对运动要进行精确的调控，支配的肌纤维就不能太多。

介导牵张反射的运动和感觉神经元除了以上介绍的形态等方面的不同外，另有两方面显著的不同点：一是突触传入的位置，感觉神经元的初级传入是从轴突外周支终末的感觉受体来的，而运动神经元几乎所有的突触位于树突上，仅有 5% 位于细胞体，抑制性的突触分布在细胞体或邻近的位置，而兴奋性的突触分布在远离胞体的树突；二是它们所用的神经递质，感觉神经元所用的递（调）质较多，运动神经元利用乙酰胆碱作为递质。

小结

神经细胞由四个不同的部分组成：从其他神经元接受信息输入的树突、神经元蛋白质和 RNA 合成和代谢的细胞体、长距离投射到靶细胞的轴突和释放神经递质的轴突终末。这些部分从结构上有机地联系在一起，行使整个神经元的完整功能。

神经元具有与其他细胞类似的细胞器，其蛋白质合成也遵循一些共同的规律。胞浆蛋白质在游离的多聚核糖体生成，通过弥散或轴浆运输移动，要到达细胞核、线粒体和过氧化物酶体的蛋白质通过它们氨基酸序列上的信号进入目的地。许多分泌蛋白质、膜蛋白和囊泡装置的蛋白质在粗面内质网上的核糖体内合成，通过协同翻译转运进入粗面内质网，然后被转运到其他膜性细胞器，或通过囊泡分泌途径转运到细胞表面或被分泌到细胞外。细胞膜或细胞外的物质通过内吞途径携带蛋白质去降解，或者回到分泌泡再使用。

神经元的细胞骨架由微管、神经丝和微丝组成，不仅维持了神经元的基本形状，而且在细胞内细胞器和蛋白质的分布和运输中承担了重要的角色。另外，在神经元的生长和囊泡运输及分泌等特殊功能中也起重要作用。神经元内各种动力分子沿着细胞骨架形成的轨道驱动细胞器，形成在胞内不均匀的分布状态。通过轴突内的快速顺行运输持续补充轴突末梢的大致密芯泡和突触囊泡，维持神经元的正常分泌和信号传递功能。神经元的轴浆运输对其生长信号的传递、突起的生长和维持等都有重要作用。

不同神经元既有相同处，又有不同处。感觉神经元和运动神经元形态学和分子组成上的差异直接与其功能相关。背根神经节初级感觉神经元和脊髓运动神经元因其胞体的大小和形状、树突树分布和轴突分支的不同，在整体神经网络上位置的不同，所分泌的神经递质不同，导致了这两类神经元分别行使感觉和运动功能。

参考文献

综述
1. Arroyo EJ，Scherer SS. On the molecular architecture of myelinated fibers. Histochem. *Cell Biol*，2000，113：1-18.
2. Debanne D，Campanac E，Bialowas A，et al. Axon Physiology.

Physiol Rev，2011，91：555-602.

3. Guedes-Dias P，Holzbaur ELF. Axonal transport：Driving synaptic function. *Science*，2019，366：eaaw9997.

4. Forrest MP，Parnell E，Penzes P. Dendritic structural plasticity and neuropsychiatric disease. *Nat Rev Neurosci*，2018，19：215-234.

5. Hirokawa N，Niwa S，Tanaka Y. Molecular motors in neuron：Transport mechanisms and roles in brain function，development，and disease. *Neuron*，2010，68：610-638.

6. Hirokawa N，Takemura R. Molecular motors and mechanisms of directional transport in neurons. *Nat Rev Neurosci*，2005，6：201-214.

7. Huang CYM，Rasband MN. Axon initial segments：structure，function，and disease. *Ann N Y Acad Sci*，2018，1420：46-61.

8. Kapitein LC，Hoogenraad CC. Building the neuronal microtubule cytoskeleton. *Neuron*，2015，87：492-506.

9. Papandréou MJ，Leterrier C. The functional architecture of axonal actin. *Mol Cell Neurosci*，2018，91：151-159.

10. Sleigh JN，Rossor AM，Fellows AD，et al. Axonal transport and neurological disease. *Nat Rev Neurol*，2019，15：691-703.

11. Südhof TC. Neurotransmitter release：the last millisecond in the life of a synaptic vesicle. *Neuron*，2013，80：675-690.

12. Terenzio M，Schiavo G，Fainzilber M. Compartmentalized signaling in neurons：From Cell Biology to Neuroscience.

Neuron，2017，96：667-679.

13. Ugolini G. Viruses in connectomics：Viral in connectomics：Viral transneuronal tracers and genetically modified recombinants as neuroscience research tools. *J Neurosci Methods*，2020，346：108917.

原始文献

1. Bian WJ，Miao WY，He SJ，et al. Coordinated spine pruning and maturation mediated by inter-spine competition for Cadherin/Catenin complexes. *Cell*，2015，162：808-822.

2. Hu W，Tian C，Li T，et al. Distinct contributions of Nav1.6 and Nav1.2 in action potential initiation and backpropagation. *Nat Neurosci*，2009，12：996-1002.

3. Li CL，Li KC，Wu D，et al. Somatosensory neuron types identified by high-coverage single-cell RNA-sequencing and functional heterogeneity. *Cell Res*，2016，26：83-102.

4. Takamori S，Holt M，Stenius K，et al. Molecular anatomy of a trafficking organelle. *Cell*，2006，127：831-846.

5. Xu K，Zhong G，Zhuang X. Actin，Spectrin，and associated proteins form a periodic cytoskeletal structure in axons. *Science*，2013，339：452-456.

6. Zhong S，Ding W，Sun L，et al. Decoding the development of the human hippocampus. *Nature*，2020，577：531-536.

7. Zhou FQ，Waterman-Storer CM，Cohan CS. Focal loss of actin bundles causes microtubule redistribution and growth cone turning. *J Cell Biol*，2002，157：839-849.

第2章 神经元的离子通道

王克威　蔡时青　肖百龙

第一节　钾离子通道

钾离子通道是分布最广、类型最多的一类离子通道，它存在于所有的真核细胞并发挥着多种至关重要的生物学功能。钾离子通道不仅负责建立和维持细胞膜的静息电位，同时也参与调节细胞的电活动并决定着动作电位的发放频率、幅度和重复放电活动的模式。第一个钾离子通道基因是在果蝇 *Shaker*（颤抖）突变体中定位克隆获得。在乙醚麻醉下，带有缺陷基因的果蝇自发强烈地抖动肢体，这种表型的果蝇取名为 *Shaker* 突变体。1987 年，华裔科学家叶公杼（Lily Yeh Jan）和詹裕农（Yuh-Nung Jan）领导的研究组首次从果蝇脑中克隆出 *Shaker* 钾离子通道基因。在随后的几年里，人们克隆了近百种不同种属动物及人的钾离子通道基因，

促使钾离子通道分子结构与功能方面的研究取得了极大的进展。1998 年 MacKinnon 和同事利用 X 射线晶体成像技术，首次观察到取自青链霉菌的钾离子通道 KcsA 的分子结构，从原子层次上揭示了钾离子通道的工作原理。由此掀起了离子通道蛋白质结构与功能方面研究的新浪潮。本节将介绍钾离子通道的结构与功能。

一、α 亚基的结构特征和命名

最初对离子通道的命名不太系统，有些根据抑制剂命名，如 amloride 敏感钠通道；有些根据突变体命名，如 *Shaker* 钾离子通道；有些则根据

相关的疾病命名，如囊肿性纤维化（Cystic fibrosis transmembrane conductance regulator，CFTR）氯离子通道。钾离子通道是目前发现类型最多的一类离子通道，有上百种之多，对这么多通道进行命名具有挑战性。后来根据 Chandy 的建议，国际药理学联合会（International Union of Pharmacology，IUPHAR）采用了电压门控钾离子通道 α 亚基的系统命名法，随后将其用于其他离子通道。与此平行，由人类基因组机构（Human Genome Organization，HUGO）基于基因名称而发展了 KCN 命名分类系统。今天，大多数出版物在提到 α 成孔亚基和辅助亚基多肽时使用 IUPHAR 命名法，基因名称使用 KCN 命名法

（表 2-2-1）。

根据跨膜次数和孔道特征的不同，可将钾离子通道简单地分为 6TM/1P、7TM/1P、2TM/1P 和 4TM/2P 四种（图 2-2-1）。根据门控生物物理特性的不同，钾离子通道又可分为电压门控钾离子通道、钙或钠离子激活的钾离子通道、内向整流钾离子通道和双孔道钾离子通道。电压门控钾离子通道家族庞大，是最常见的一类钾离子通道。所有电压门控钾离子通道家族成员的 α 亚基结构都颇为相似，均含有 6 个跨膜的 α 螺旋（transmenbrane segment，S1 ～ S6）和一个孔道襻（pore loop，P）。钾离子孔道襻含所有钾离子通道具有的保守序列，

表 2-2-1　**钾离子通道的 KCN 分类系统**

跨膜结构	基因名称	蛋白名称	样例
6TM/1P	KCNA1-KCNA7	K_V1	$K_V1.1$，Shaker
	KCNB1，KCNB2	K_V2	$K_V2.1$，Shab
	KCNC1-KCNC4	K_V3	$K_V3.1$，Shaw
	KCND1-KCND3	K_V4	$K_V4.1$，Shal
	KCNH1	$K_V10.1$	EAG 1
	KCNH5	$K_V10.2$	EAG 2
	KCNH2	$K_V11.1$	ERG 1
	KCNH3	$K_V12.2$	ELK 2
	KCNH14	$K_V12.3$	ELK 3
	KCNN1	KCa2.1	SKCa1
	KCNN2	KCa2.2	SKCa2
	KCNN3	KCa2.3	SKCa3
	KCNN4	KCa3.1	IKCa1
	KCNQ1-KCNQ5	K_V7	$K_V7.1$-$K_V7.5$
	KCNT1	KNa1.1	Slack
	KCNT2	KNa1.2	Slick
7TM/1P	KCNMA1	KCa1.1	Slo1（Maxi KCa，BK）
	KCNMC1	KCa5.1	Slo3
2TM/1P	KCNJ1	Kir1.1	Kir1.1
	KCNJ2，4，12，14	Kir2.1，2.3，2.2，2.4	Kir2.1
	KCNJ3，5，6，9	Kir3.1，3.4，3.2，3.3	Kir3.1
	KCNJ10，KCNJ15	Kir4.1，Kir4.2	Kir4.1
	KCNJ16	Kir5.1	Kir5.1
	KCNJ8，KCNJ11	Kir6.1，Kir6.2	Kir6.1
	KCNJ13	Kir7.1	Kir7.1
4TM/2P	KCNK1-KCNK15	K2P1 K2P15	TWIK

TM：跨膜结构域；P：孔道襻

由 TxGYG 氨基酸组成，亦称指纹序列（signature sequence）。α 亚基的氨基端和羧基端分别在胞浆内。目前认为，电压门控离子通道（K^+、Na^+ 和 Ca^{2+}）有着共同的进化起源。电压门控钠离子和钙离子通道是由 4 个重复的同源区（homologous domain）连接成的一条连续多肽。它们的同源区在结构上与 *Shaker* 钾离子通道 α 亚基有着共同的特点，但是各自有不同的门控（gating，即通道的开放与关闭）机制。有功能的钾离子通道是由 4 个 α 亚基组成的四聚体。1998 年 MacKinnon 研究组运用 X 射线衍射技术，首次解析了细菌 KcsA 钾离子通道的结晶结构，并证实了功能性钾离子通道由 4 个亚基组成。

顾名思义，钙或钠离子激活的钾离子通道是由细胞质内离子（包括 Ca^{2+}、Na^+、Cl^- 和 H^+）浓度变化激活的一类钾离子通道亚家族。细胞内钙离子升高可增加质膜钾离子通透性的第一个证据是 1958 年 Gardos 等发现钙离子螯合剂抑制了钾离子流出红细胞。第一个编码钙离子激活的钾离子通道的基因是在果蝇突变体 slowpoke（slo）中克隆鉴定的，随后其哺乳动物同源通道也被克隆出来。这种钾离子通道对钙离子和跨膜电压都很敏感，由于其具有较大的单通道电导，因此被称为 BK（Big Potassium）或 MaxiK 通道，在标准术语中被称为 KCa1.1。在 KCa1.1 之后，还发现有两类钾离子通道被钙离子门控，但与 KCa1.1 不同，它们对膜电压不敏感。它们属于 KCa2 家族（KCa2.1、KCa2.2 和 KCa2.3）和 KCa3 家族（KCa3.1）。因为与 KCa1.1 通道相比，它们的单通道电导很小（KCa2 通道）或中等（KCa3.1）。这两个家族也被称为 SK（Small Potassium）和 IK（Intermediate Potassium）通道。KCa2 通道介导向神经元注入钙离子后观察到的电流，KCa3.1 则是红细胞中首先检测到的通道。另外三个成员结构类似于 KCa1.1，被命名为 KCa4.1、KCa4.2 和 KCa5.1。与 KCa1.1 和 KCa5.1 不同，KCa4.1 和 KCa4.2 不是由细胞内的钙离子水平的变化激活的，而是由胞浆内钠离子和氯离子水平的变化来激活的，国际药理学联合会已将这两个通道分别改名为 KNa1.1 和 KNa1.2。和电压门控钾离子通道一样，这个家族成员的功能性钾离子通道是由 α 亚基的四聚体组成的。

双孔结构域（two P domain，K2P）钾离子通道家族有 15 个成员，这些成员具有独特的亚基结构、生物物理特性和生理作用。K2P 通道每个亚基有 4 个跨膜结构域（transmenbrane domain，TMD）和 2 个孔道襻，两个相同的 K2P 亚基形成 1 个钾离子选择性的单一中央孔道，在某些情况下，不同类型的亚基在体内形成异二聚体复合物。生理条件下，K2P 通道的开放概率在很大程度上与跨膜电压差（ΔVm）的变化无关。K2P 通道主要通过建立和维持细胞静息电位以及调控动作电位的频率和波形

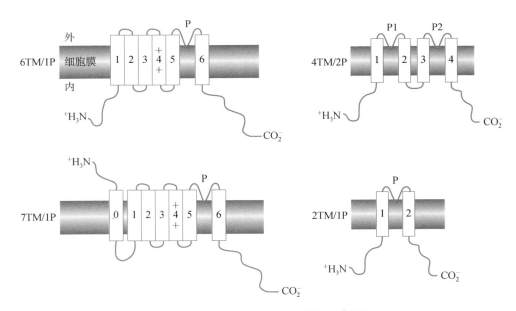

图 2-2-1　四种不同钾离子通道的跨膜结构

Shaker 或 K_V 钾离子通道由 4 个 α 亚基组成。每个 α 亚基由 6 个跨膜 α 螺旋 S1 ～ S6 和在第 S5 和 S6 跨膜段之间的孔道襻螺旋（pore helix，P）组成，S1 ～ S4 形成膜电位感受器（voltage sensor）。双孔道钾离子通道每个亚基是由 4 个跨膜螺旋和 2 个孔道襻组成（4TM/2P），如 TWIK1。BK 钾离子通道 α 亚基由 7 个跨膜螺旋 S0 ～ S6 和在第 S5 和 S6 跨膜螺旋之间的 P 组成，即 7TM/1P。内向整流类钾通 KIR（2TM/1P）有一个 P 以及两侧的跨膜 α 螺旋

来影响神经元或其他类型细胞的兴奋性。第一个哺乳动物的 K2P 亚基被称为"弱内向整流 K⁺ 通道中的 P 结构域串联（tandem of pore domains in a weak inward rectifying K$^+$ channel）"，简称 TWIK1。

内向整流是指钾流入细胞内远远比流向细胞外容易，内向整流钾离子通道每个亚基有 2 个跨膜结构域和 1 个孔道襻，有功能的内向整流钾离子通道是由同源或异源的 4 个亚基形成的四聚体。这个家族包括强内向整流钾离子通道（Kir2.x）、G 蛋白激活的内向整流钾离子通道（Kir3.x）和 ATP 敏感性钾离子通道（Kir6.x/SUR1-3）。它们不受膜电压门控。在结构上内向整流钾离子通道缺乏其他电压门控通道所具有的 S4 膜电位感受器。内向整流类钾离子通道对建立细胞膜的静息电位起着重要的作用。

二、选择性离子传导

钾离子通道的基本功能是特异性允许钾离子通过质膜。钾离子和钠离子的原子半径分别为 1.33Å 和 0.95Å。尽管钾离子半径大于钠离子，但是钾离子通道却能有效地选择性允许钾离子通过细胞膜，其通导钾离子的能力是钠离子的 1000 倍。同时，钾离子通道通导钾离子的速率也相当高。那么，钾离子通道是如何执行这项功能呢？ MacKinnon 和他的同事解析的青链霉菌钾离子通道 KcsA 的晶体结构向人们初步展示了钾离子通道的离子选择性和离子高速转运过程的原子基础。

钾离子通道的孔道（pore）是由 4 个相同的 α 亚基以对称的方式围成的离子传导通路。图 2-2-2 展示了 KcsA 钾离子通道中的 2 个亚基。每个亚基（160 个氨基酸）包含近中央通路的跨膜 α 螺旋 M2 和 1 个远离中央通路并靠近脂膜的 α 螺旋 M1，以及由 30 个氨基酸组成并连接 M1 和 M2 的孔道螺旋。该孔道襻螺旋（pore helix，P）插入一半深度的细胞膜，其带负电荷的羧基端指向离子通路。细胞膜上的离子通路（ion pathway）呈宽约 10Å、长为 12Å 充满水分子的桶柱状。桶柱状离子通路的下面连接呈倒置状锥体形的空腔（cavity）。从晶体结构看，通过了通道的钾离子在空腔的中部被水分子包裹水化。空腔内充满水分子的特性可以解释钾离子通道的一个重要生物学特性：即为了实现离子超高的传导速率需要，钾离子通道首先要排除离子进入细胞膜后的低电介环境的静电排斥力。通过孔道的离子在细胞膜的中部被水化（加上水分子），以

及孔道螺旋羧基端的负电荷朝向离子通路的特点，这样钾离子就会被稳定在细胞膜的中心部，由此来实现离子的超高速率传导。

钾离子通道的离子通路外 1/3 部分为选择性过滤器（selectivity filter），包含有 4 个钾离子结合位点，决定着离子选择的特异性。选择性过滤器是由 6 个氨基酸 TVGYGD 组成的保守序列，亦指纹序列（signature sequence）。该指纹序列位于第 5、第 6 跨膜的 α 螺旋之间的孔道区内。这段序列的发现对于后来克隆众多钾离子通道起到了极为重要的指导作用。钾离子在进入通道前被 8 个水分子所包围。为了穿过选择性过滤器，钾离子必须摆脱水分子的束缚。进入通道的每一个钾离子首先遭遇指纹序列蛋白中的 8 个氧原子的包围。这 8 个氧原子等距离排列在孔道内衬并朝向通道中心，分为上、下两层，每层为 4 个氧原子。8 个氧原子包围 1 个钾离子，完美地取代了通常情况下的水分子层。脱水后的钾离子沿着孔道从一个部位移到下一个钾离子结合的位点。一旦钾离子通过选择性过滤器后，它又重新被水分子包裹。水化后的钾离子在起到降低静电排斥力的同时，亦为钾离子的高效率转运提供了基础，使离子转运过程重复地进行。钠离子虽然小于钾离子，但不易通过。原因是钠离子无法与通道内衬的氧原子相互作用，而导致钠离子不能有效地通过钾离子通道。在细胞外钠离子 150 mM 的正常条件下，如果钾离子降低到 3 mM 将会导致通道蛋白的构象变成"倒塌"的状态。

钾离子通道的强离子选择性和超高的传导速率似乎自相矛盾。高度的离子选择性不仅需要离子间相互作用的精确协调、离子与结合位点既不过紧地结合，同时又要防止离子过快地扩散。从结构上看，目前有以下两个原因可以解释高度的离子选择性和超高的传导速率似乎矛盾的现象。第一，离子传导过程中选择性过滤器含有一个以上的离子。相同离子之间由此所产生的排斥作用可以克服并降低离子与其结合位点的内在亲和力。选择性过滤器有 4 个钾离子结合位点。在特定的时间点，2 个钾离子可与其受点结合，即结合在 1、3 或 2、4 的位置上。此传导过程重复进行，致使钾离子不断地从细胞外运送到细胞内，反过来亦如此。这一结果与 50 年前 Hodgkin 等提出的单排列离子传导学说恰好吻合。第二个解释是在高度选择性下的超高转运速率取决于选择性过滤器的结构与细胞内钾离子浓度。当细胞内钾离子远低于正常浓度时，选择性过滤器

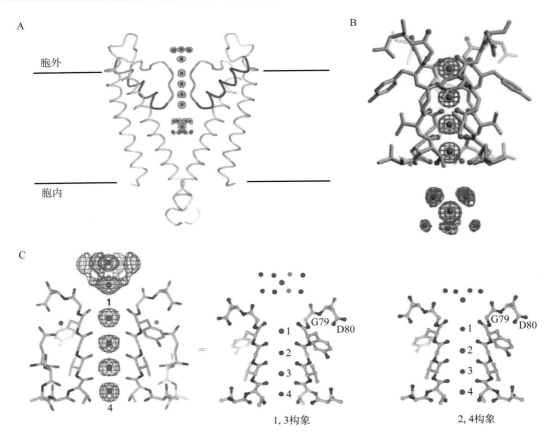

图 2-2-2　**KcsA 钾离子通道的离子传导孔道**

A. 显示两个 KcsA 蛋白亚基的结构。每个亚基包括靠近膜外侧和孔道内侧的两个 α 螺旋。4 个蓝色电子密度钾离子在选择性过滤器内。游离的钾离子被一层水膜所包裹，以水合分子形式存在。图中锥底部的钾离子被 8 个水分子（带小红点的电子密度蓝球）所包围。为了穿过选择性通道区，钾离子就必须摆脱水分子的束缚；**B**. 放大的 4 个脱水离子占据选择性过滤器的 4 个结合位点，以及中心腔内的 1 个水化离子。氨基酸侧链的氧原子（红色）形成的孔道内衬朝向通道中心。8 个氧原子包围 1 个钾离子。运出通道的钾离子重新被水分子包裹；**C**. 选择性过滤器的电子密度显示 2 个钾离子和 2 个水分子交替在过滤器内，即 1-3 和 2-4 的形式。[引自①参考文献中的原始文献 2；② Zhou Y，et al. Chemistry of ion coordination and hydration revealed by a K⁺ channel-Fab complex at 2.0A resolution. Nature，414（6859）：43-48.]

内的钾离子由原来的 2 个降低为 1 个，并伴有过滤器结构构象的改变。正常过滤器传导离子的结构构象需要 2 个钾离子的维持，当第 2 个钾离子一旦进入通道时便引起构象的变化。这一现象是简单的热力学结果，即极少部分离子结合的能量用来改变过滤器的结构，其结果是离子轻松地与过滤器结合，而不像构象改变之前离子结合的那样紧密。这种微弱的离子结合是超高转运速率的前提。

三、钾离子通道的门控机制

　　迄今为止所有的离子通道都有 2 个或 2 个以上的相对稳定的构象状态，每一个稳定的构象代表不同的功能状态。例如，每个离子通道至少有一个开放状态和一个关闭状态。通道在这两个状态之间的转换过程叫门控（gating）。门控过程可简单地由下面的公式表示：即通道从关闭到开放，开放的通道再回到关闭的状态。除此之外，开放的通道还可以失活后再回到关闭的状态；从关闭到开放的过程中，通道还可经过关闭中的失活过程然后再进入开放的状态。

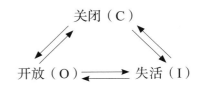

　　门控过程对细胞电活动的产生和调节起着重要的作用。一些电压门控钾离子通道在细胞膜去极化时受到激活（activation）而突然开放，而开放后的钾离子通道在瞬间内（数毫秒至数十毫秒）自身失活（inactivation）而关闭。电压门控钾离子通道的激活和失活的速率受膜电压的影响而改变。

Shaker 钾离子通道的氨基末端（N 末端）是控制快速失活的多肽段，其快速失活（通道关闭）通常发生在毫秒级水平。1990 年 Zagotta 等首次提出了 *Shaker* 钾离子通道快速失活分子机制的"球链"（ball and chain）学说。这一学说的基本内容是：*Shaker* 钾离子通道的游离 N 末端（特别是前 20 个氨基酸）在细胞内为球链状结构，在通道从关闭到迅速开放的同时，N 末端的"球链"也随即快速摆动，将通道内侧堵塞而导致正在开放的通道关闭，即称为 N 类型失活。

除了上面的"球链"学说所阐述的门控机制外，钾离子通道蛋白的跨膜 α 螺旋还通过本身构象的改变参与门控过程。那么，什么样的构象变化才能导致钾离子通道的孔道开放或关闭呢？MacKinnon 和同事近年来的对通道晶体结构的观察为回答钾离子通道的门控机制提供了有意义的线索。青链霉菌 KcsA 钾离子通道晶体是在有利于通道关闭的条件下生长的，因此它是通道关闭时的结构；受钙离子调节的 MthK 钾离子通道的结构则向人们展示了通道开放的状态，因为它是在钙离子与通道结合的条件下生长的晶体。比较 KcsA 和 MthK 两个晶体结构可以看出，除了连接孔道螺旋通道外部的环形脊角（turret）在 KcsA 上比较长之外，KcsA 和 MthK 在结构上的主要区别在于选择性过滤器的细胞内衬 α 螺旋的位置，即两个 M2（或第六跨膜 α 螺旋 S6）之间的间距的差异。KcsA 呈笔直的内衬 α 螺旋在细胞膜内表面附近形成交叉。交叉处的孔道直径变窄大约为 3.5Å，狭窄处的亲脂氨基酸对钾离子的流动形成阻碍。与 KcsA 明显不同的是，MthM 内衬 α 螺旋在转折处弯曲而外展，其结果是充满胞浆的中央空腔变大，使钾离子在胞浆和选择性过滤器之间的流动有更大的自由空间。从 KcsA 和 MthK 蛋白结晶的条件来推测，它们的结构应该分别为关闭和开放构象，结晶的结果与此推测恰好吻合。

无论是何种原因引起了通道的开放，KcsA 和 MthK 的三维结构很可能代表了其他钾离子通道孔道的关闭和开放的两种构象。很多钾离子通道的内衬 S6α 螺旋都有一个保守的甘氨酸，该甘氨酸很可能起到了像门折页的作用，控制内衬 α 螺旋朝开启或关闭的方向转换（图 2-2-3）。

四、膜电位感受器

Shaker 电压门控钾离子通道的膜电位"感受器"位于通道的跨膜段（S1 ~ S4）。*Shaker* 钾离子通道的 S4 跨膜区段排列着多个（每隔两个氨基酸）带正电荷的精氨酸。这些埋在细胞膜内带有

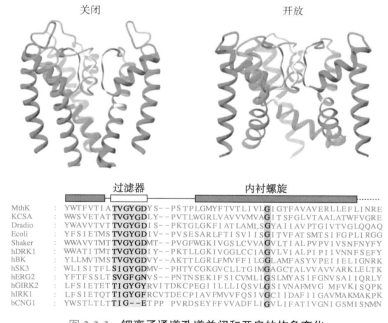

图 2-2-3　钾离子通道孔道关闭和开启的构象变化

图中展示的部分氨基酸序列分别来自几种电压门控和配体门控的钾离子通道。选择性过滤器标成橙色。似门折叶的部分，并起着门控作用的甘氨酸标成红色。左面的 KcsA 孔道关闭的结构仅示出 3 个亚基，与它相对应右面的 MthK 是孔道开放的结构（3 个亚基）。选择性过滤器上的氨基酸和甘氨酸标成亦分别标成橙色和红色［引自 Jiang Y, et al. The open pore conformation of potassium channels. Nature, 2002, 417（6888）: 523-526.］

正电荷的精氨酸在细胞膜去极化时（膜内电压相对为正），受到巨大膜电场力的排斥作用而被推向细胞膜外。通过点突变手段可将精氨酸突变成半胱氨酸，半胱氨酸可被工具药甲烷硫代磺酸盐（methanethiosulfonate，MTS）化学修饰而形成特异的疏基键。利用 MTS 与半胱氨酸的特异结合以及测定门控电流（gating current）的电生理手段所进行的研究表明，在膜电场的作用下，由于精氨酸的正电荷移动引起了通道蛋白亚基在构象上的改变。需要来自 4 个 S4 跨膜段 12 ～ 14 个正电荷的相对移动，才能引起单通道的开放。

喜温远古细菌 Aeropyrumpernix 的电压门控 KᵥAP 钾离子通道与 Shaker 等真核细胞的电压门控钾离子通道的氨基酸序列以及电生理的功能特点极为相近。2003 年，MacKinnon 和同事 Jiang 等将从细菌纯化的 KᵥAP 蛋白连接到单克隆抗体蛋白的 Fab 段，在体外没有脂膜支持的非自然环境下生长晶体。他们根据 KᵥAP 通道蛋白的三维晶体结构，在膜电位感受器电–机械偶联的结构基础上提出了膜电位感受器工作的"船桨"（paddle）学说，即 KvAP 的 S4 和 S3b 段的 α 螺旋形成船桨式的结构。该学说认为，KᵥAP 通道的结构代表了典型的由膜电位感受器 α 螺旋围成的通道结构，当受到电场力的作用，平卧并埋在脂膜内的 S4 和 S3b 段"船桨"由膜内向膜外的上方摆动，而导致 KᵥAP 通道开放。这个工作假说和传统的膜电位感受器 S4 电荷移动的模式不同。传统模式认为，在细胞膜内，S4 位于内衬蛋白围成的管道中与脂膜并无接触。在膜电位改变时，S4α 螺旋的正电荷以独立方式向外移动。而 KᵥAP 模式则强调，在膜电位改变时埋在膜内形为船桨样的 S4 电荷要克服脂膜的阻力由里朝外像船桨样地摆动。然而，由于 KᵥAP 的膜电位感受器"船桨"学说与传统的膜电位感受器移动的模式区别甚大，而且 KᵥAP 是在无脂膜的非自然条件下生长出的晶体，因此它的提出立即在学术界引起了不小的争论。持不同观点的学者认为"船桨"的移动距离远远大于利用 FRET（fluorescence resonance energy transfer）和化学工具药 MTS 所探测到的 S4 上精氨酸与孔道中心的距离，而且它很可能是扭曲非真实的结构。因此，该学说受到了质疑和挑战。

后来，MacKinnon 研究组又成功地结晶了电压门控 Kᵥ1.2 钾离子通道。与 KvAP 不同的是，Kᵥ1.2 钾离子通道的纯化和结晶是在细胞膜存在的自然条件下完成的。根据 Kᵥ1.2 膜电位感受器的晶体结构，MacKinnon 等对"船桨"学说在一定程度上做了三点修订和补充。第一，膜电位感受器在细胞膜内，除了通过局部的 S4 和 S5 之间的系带（S4 ～ S5 linker）与孔道连接之外，并非埋在由内衬蛋白围成的管道中，它基本上是独立的功能单位。第二，膜电位感受器 S4 通过 S4 和 S5 之间的连接襻与孔道内侧 S6 形成机械的连接。膜电位感受器 S4 的移动对通道激活门（activation gate）有直接的调节作用。第三，通道开放时，膜电位感受器带正电的 4 个精氨酸中的 2 个（第一、第二位）面对脂膜表面，另外 2 个精氨酸 R300 和 R303 则埋在膜电位感受器内。

接着，MacKinnon 研究组进一步解析了电压门控 Kᵥ1.2/Kᵥ2.1 嵌合通道结晶，在该嵌合通道里，Kᵥ1.2 的 S4 和 S3b 段"船桨"被 Kᵥ2.1 所对应的片段所替换。在高分辨率和类膜的环境中，该嵌合通道晶体揭示了原子间的相互作用：S4 精氨酸暴露在磷脂双分子层的膜上，与 S0 ～ S3a 上的酸性负电荷在胞内和胞外侧相互作用。胞内和胞外侧由位于膜中点附近的、S2 上的苯丙氨酸残基（F233）间隔，距离为 15Å。开放时"船桨"位移使精氨酸残基穿过苯丙氨酸残基间隔和疏水核心区，离开脂质膜（图 2-2-4）。

KᵥAP、Kᵥ1.2 和 Kᵥ1.2/Kᵥ2.1 通道的晶体结构为一些实验结果提供了比较合理的解释，并在一定程度上完善了膜电位感受器工作的假说。然而，迄今为止，还没有一个关闭状态的电压门控钾离子通道的晶体结构，膜电位感受器在离子通道从开放转换到关闭过程中的作用和机制仍不清楚。

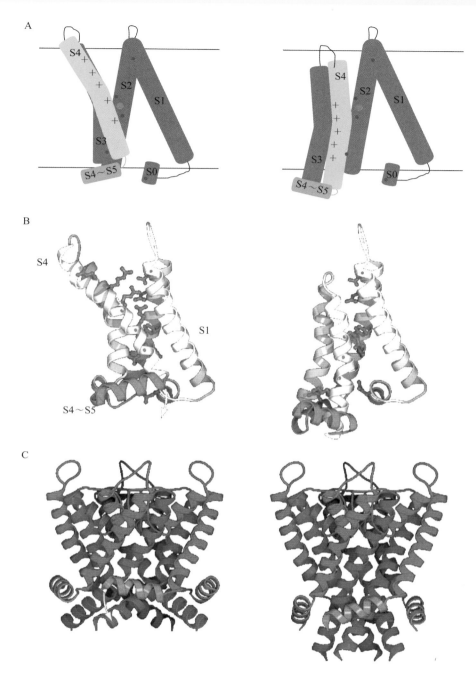

图 2-2-4　S1 ～ S4 膜电位感受器工作示意图

A. 卡通图示意膜电位感受器工作机制。螺旋 S1 ～ S4 和 S4 ～ S5 连接螺旋用不同颜色的圆柱体表示。门控正电荷位于 S4 螺旋上，用红色"＋"表示。S0（S1 之前的短 α 螺旋区域）、S1 和 S2 上的负电荷用蓝色圆点表示。处于开放构象（左），S3 和 S4 位于膜内，门控电荷更靠近膜细胞外的一侧，与外部的负电荷簇相互作用。S2 螺旋上的苯丙氨酸残基用绿色圆圈表示。膜电位的改变会导致 S4 螺旋向下方移动，构象（右）与门控电荷更接近细胞内的一面，并与近胞内负电荷相互作用。S4 的位移向下推动 S4 ～ S5 连接器，使其面向细胞内的一侧，与 S6 螺旋相互作用，关闭孔道。**B**. 左：在开放状态下，当膜去极化时，S4 螺旋上的 4 个正电荷（显示为蓝色条）位于膜的外半部，面向外部溶液。膜内部的正电荷通过与 S1 和 S2 中的负电荷残基（红色条）的相互作用而稳定。右：在封闭状态下，当膜电位为负时，S4 区域向内移动，使其正电荷现在位于膜的内半部。**C**. S4 的向内运动导致细胞质 S4 ～ S5 耦合螺旋向下移动。（引自参考文献中的原始文献 5）

第二节　电压门控钠离子通道

神经元动作电位（action potential）是神经元兴奋性的主要标志和电信号传导的基础。动作电位是细胞膜电位的迅速去极化（depolarization）、复极化（repolarization），然后再回到静息膜电位（resting potential）的膜电位变化过程。电压门控钠离子通道（voltage-gated sodium channel，VGSC 或 Na_V channel，以下简称 Na_V 通道或者钠通道）则是动作电位产生和传播的分子基础。

一、电压门控钠离子通道分类和命名

Na_V 通道是电压门控通道超大家族（包括钠、钾和钙通道）里最早被发现的成员。与钾和钙通道不同的是，已知 Na_V 通道的功能相似，但它们当初命名的方式很多而且混乱，即使对不同的同源体（isoform）也缺乏一致的命名。为澄清多个名称引起的混乱，后根据氨基酸序列的相似程度采用数字来定义亚家族及其亚型。该命名系统采用通道透过的离子的化学元素符号（Na）名称和生理调节因子电压（voltage）标记为下脚注字母 v 组成，即合并为 Na_V。下脚注后的数字如 Na_V1 表示亚家族基因，而小数点后的数字如 $Na_V1.1$ 表明通道的同源体。每个家族基因的剪接易变体由数字后的小写字母表示如 $Na_V1.1a$。9 种功能表达的 Na_V 通道的跨膜和胞外区的氨基酸序列有很高的同源性，至少有 50% 以上相同（图 2-2-5）。相比之下，K_V 或 Ca_V 通道家族成员之间差别较大，序列一致性在 50% 以下。就此意义而言，9 种 Na_V 通道可以归结成一个家族。

电压门控钠离子通道的表达有一定的组织特异性，$Na_V1.1$、$Na_V1.2$、$Na_V1.3$ 和 $Na_V1.6$ 主要在中枢神经系统上表达，它们的突变会引起癫痫、惊厥等中枢神经系统疾病；$Na_V1.4$ 主要在骨骼肌中表达，它的突变会引起周期性瘫痪；$Na_V1.5$ 主要在心脏表达，它的突变会引起 Long QT 综合征；而 $Na_V1.7$、$Na_V1.8$ 和 $Na_V1.9$ 则主要分布在外周神经系统中，它们的突变与剧痛症和疼痛不敏感直接相关。目前发现这 9 种亚型上有超过 1000 种突变会导致各种疾病，因此，钠通道是十分重要的药物靶点。

二、电压门控钠离子通道的结构特点

电压门控钠通道由 1 个 α 亚基和 1 ～ 2 个 β 亚基组成。α 亚基是成孔亚基，分子量达 250 kDa。所有 α 亚基的拓扑结构基本一致，均由 4 个同源重复区（分别称为 Ⅰ、Ⅱ、Ⅲ、Ⅳ 同源区）折叠而成，每个同源区包含 6 个跨膜区 S1 ～ S6。四个同源区的 S5 ～ S6 以及它们之间的襻（loop）区域组成孔道区，可选择性通透钠离子。S1 ～ S4 则构成电压感应区（voltage-sensing domains，VSD），可控制电压依赖性的门控过程。S4 上大量带正电荷的氨基酸（精氨酸或赖氨酸）是 VSD 感知电压的基础，它们每 3 个氨基酸出现一次。细胞膜的去极化会导致这些正电荷氨基酸及其所在的 S4 开始向外移动，进而带动整个蛋白在电-机械耦联机制作用下，最

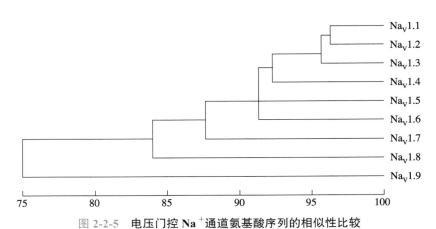

图 2-2-5　**电压门控 Na^+ 通道氨基酸序列的相似性比较**

采用 DNAStar 软件的 Megalign 程序，氨基酸序列的分析比较了 4 个重复的同源区 Ⅰ ～ Ⅳ，以及连接 Ⅲ 和 Ⅳ 的胞内襻

终打开整个通道，使得钠离子内流进入胞内。成孔区在结构上是假四聚体的架构。每个 S5 ～ S6 的襻参与形成孔道和离子选择性过滤器（selective filter），因而称为孔道襻。4 个同源重复区的孔道襻各贡献了一个关键氨基酸（分别为天冬氨酸 D、谷氨酸 E、赖氨酸 K、丙氨酸 A）形成高场强位点，对通道的钠离子选择性至关重要（图 2-2-6）。

β 亚基是单次跨膜的糖蛋白，含有一段较小的胞内区和类似免疫球蛋白的胞外区（β-Ig）（图 2-2-6），分子量为 30 ～ 40 kDa。在人体内一共有 4 种不同的 β 亚基，β1 ～ β4。其中 β1 和 β3 是通过非共价作用结合 α 亚基的，β2 和 β4 仅是通过一对二硫键来结合 α 亚基的。β 亚基参与调控钠通道复合体的膜转运、电压依赖性和通道门控过程的动力学特点（图 2-2-6）。

三、电压门控钠离子通道的失活动力学

可兴奋细胞上的钠通道在细胞膜去极化后可被快速激活而产生动作电位。之后的数毫秒，钠通道表现出快速失活的现象，即对钠离子的通透能力快速减弱至激活前的水平。单次持续或多次重复的细胞膜去极化可使钠通道进入慢失活状态。该状态需

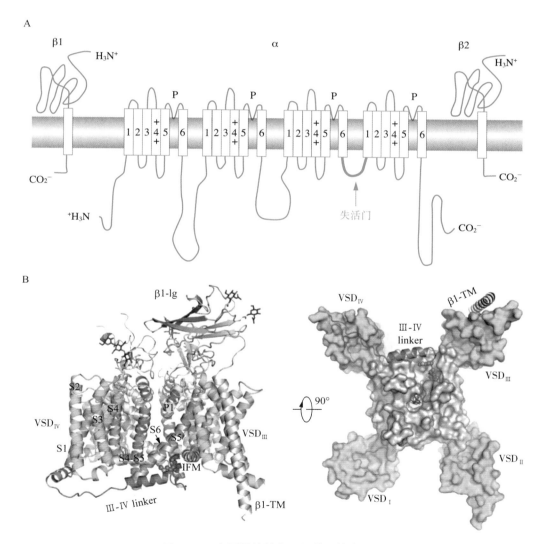

图 2-2-6　电压门控钠离子通道亚基的结构
A. 电压门控钠离子通道的拓扑结构。α 亚基由 4 个同源重复区（Ⅰ、Ⅱ、Ⅲ、Ⅳ 同源区）构成，每个同源区包含 6 个跨膜区 S1 ～ S6。S5 ～ S6 组成孔道。S1 ～ S4 形成电压感应区。S4 上带正电荷的氨基酸是感知电压的基础。β1 和 β2 为跨膜辅助亚基，是单次跨膜的糖蛋白，含有一段较小的胞内区和类似免疫球蛋白的胞外区。P 表示孔道。**B.** $Na_V1.4$-β1 复合体的冷冻电镜三维结构，左边是带状卡通图的侧面视角，右边是表面密度图的胞内视角。VSD Ⅲ指同源区Ⅲ的电压感应区，其他带 VSD 标注的以此类推。Ⅲ～Ⅳ linker 指同源区Ⅲ和Ⅳ之间的连接。IFM 是异亮氨酸-苯丙氨酸-甲硫氨酸模体，作为快速失活粒子。β1-Ig 是 β 亚基的胞外免疫球蛋白类似区。β1-TM 是 β 亚基的跨膜区（A 同第 3 版图 12-7。B 引自参考文献中的原始文献 9）

要持续复极化才可恢复。

真核生物钠通道快失活闸门的结构基础是同源区 Ⅲ 和 Ⅳ 之间的胞内连接（linker）。经典的电压门控钠通道的"球-链失活模型"（ball-and-chain inactivation model）认为该连接上的异亮氨酸-苯丙氨酸-甲硫氨酸模体（IFM motif）作为"失活球"，在快失活过程中折叠至孔道内口直接阻断钠电流。然而，随着 Na_V 通道结构的解析，发现该"失活球"在三维结构上远离中心孔道，因此其更可能是通过变构而非直接物理堵塞的方式来导致 Na_V 通道的快失活。钠通道电压依赖性的慢失活是由于选择性过滤器和成孔的 S6 跨膜区的构象变化而造成了通道关闭。

四、电压门控钠离子通道的分子药理学

电压门控钠通道是多种天然毒素的作用靶点。这些化合物和多肽大体上可分为两类，一类是孔道阻断剂，例如小分子的河豚毒素（tetrodotoxin，TTX）和石房蛤毒素（saxitoxin，STX），以及肽类毒素的 μ- 芋螺毒素（μ-conotoxin）。另一类是肽类门控调节毒素（gating modifier toxins，GMT），大小在数个到数十个氨基酸。GMT 可结合电压感应区而改变通道电压门控性质。比起小分子孔道阻断剂，多肽类阻断剂有更强的通道亚型特异性。

Na_V 通道上结合不同毒素和药物的受体位点大致分为 6 类。河豚毒素和石房蛤毒素与肽类孔道阻断剂 μ- 芋螺毒素（μ-conotoxin）都与神经毒素受体 1 结合。神经毒素受体 1 是由孔道襻和孔道襻外的氨基酸构成。脂溶性类神经毒素如蟾毒素（batrachotoxin）、藜芦定（veratridine）、乌头碱（aconitine）和木藜芦毒素（grayanotoxin）则与神经毒素受体 2 结合，它们的作用是激活 Na_V 通道。光亲和标记及点突变的研究证实，Na_V 通道第 Ⅰ 和第 Ⅳ 同源区的第 6 跨膜 α 螺旋即 $S6_I$ 和 $S6_{IV}$，是蟾毒素的受体部位。α- 蝎毒素（α-scorpion toxin）和海葵毒素（sea anemone）通过与神经毒素受体 3 结合使 Na_V 通道的激活-失活偶联变慢。神经毒素受体 3 位于第 Ⅳ 同源区的膜电压感受器 S4 外侧的 S3～S4 的连接襻。α- 蝎毒素激活 Na_V 通道，与第 Ⅱ 同源区的 S3～S4 连接襻的神经毒素受体 4 结合。Brevetoxin 和 ciguatoxin 来自海生的腰鞭毛虫，它们能引起温海水呈红色的毒潮。这些毒素与神经毒素受体 5 结合。第 Ⅰ 同源区的 S6 和第 Ⅳ 同源区的 S5 的部分，很可能是 Brevetoxin 和 ciguatoxin 的结合部位。与 α- 蝎毒素的作用相似，δ- 芋螺毒素延缓 Na_V 通道失活的速度。δ- 芋螺毒素与神经毒素受体 6 结合（表 2-2-2）。

得益于冷冻电镜技术的发展，我们可以从原子水平观察 Na_V 通道和天然毒素或临床药物所形成的复合体的结构。在小分子孔道阻断剂方面，美洲大蠊电压门控钠通道 Na_VPaS 与 TTX、STX 和 Dc1a（来自沙漠灌木蜘蛛毒液的 GMT）的复合体结构（图 2-2-7A）已经被解析出来。该结构显示 Dc1a 插入到第 Ⅱ 同源区的电压感知区和成孔模块之间，并且还与第三个同源区的孔道区及通道胞外组分有互作。也观察到 TTX 和 STX 结合在孔道区的选择性过滤器上，具体可与决定钠离子选择性的 DEKA 膜体上的 D375 和 E701 以及第 Ⅱ 同源区孔道部分的 E704 互作。人源 Na_V1.7 与 TTX 和 ProTx-Ⅱ（源自塔兰图拉毒蛛毒液的 GMT）的复合体结构以及人源 Na_V1.7 与 STX 和 HwTx-Ⅳ（源自塔兰图拉毒蛛毒液的 GMT）的复合体结构展示了这两类 GMT 主要结合在第 Ⅱ 同源区的第三次跨膜 S3 和第四次跨膜 S4 之间的连接襻（loop）上。在多肽类小分子孔道阻断剂方面，人源 Na_V1.2 与一类 μ- 芋螺毒素 K Ⅲ A 的复合体结构表明 16 个氨基酸的 K Ⅲ A 可与同源区 Ⅰ～Ⅲ 的胞外组分互作，其第七位的赖氨

表 2-2-2　作用在钠通道受体部位的毒素和药物

受体部位	毒素或药物	同源区
神经毒素受体部位 1	河豚毒素 石房蛤毒素 μ-芋螺毒素	Ⅰ S2～S6，Ⅱ S2～S6 Ⅲ S2～S6，Ⅳ S2～S6
神经毒素受体部位 2	藜芦定 蟾毒素 木藜芦毒素	Ⅰ S6，Ⅳ S6
神经毒素受体部位 3	α-蝎毒素 海葵毒素	Ⅰ S5～Ⅰ S6，Ⅳ S3～S4 Ⅳ S5～S6
神经毒素受体部位 4	β-蝎毒素	Ⅱ S1～S2，Ⅱ S3～S4
神经毒素受体部位 5	brevetoxins ciguatoxins	Ⅰ S6，Ⅳ S5
神经毒素受体部位 6	δ-芋螺毒素	未知
局麻药受体部位	局麻药 抗心率失常药 抗癫痫药	Ⅰ S6，Ⅲ S6，Ⅳ S6

酸可阻挡选择性过滤器的入口。

在阐述多肽类门控调节毒素的分子机制上，除了上述的几种 GMT 之外，Na$_V$PaS 和 Na$_V$1.7 嵌合体蛋白与 α- 蝎毒素 AaHII 的复合体结构显示了 AaHII 结合在第 I 同源区和第 IV 同源区的电压感应区上。α- 蝎毒素 Lqh III 可抑制 Na$_V$1.5 的快失活，二者复合体的结构显示 Lqh III 锚定在第 IV 同源区顶端，锲入第一、第二跨膜区 S1 ～ S2 和第三、第四跨膜区 S3 ～ S4 的连接之间。人源 Na$_V$1.7 与 ProTx-II 复合体的结构揭示了 ProTx-II 结合同源区 II 的电压感应区。激活态下，ProTx-II 利用 R22 与 K26 结合 E811 和 D816。去活态下，ProTx-II 还额外使用 R22 结合 E818，为 ProTx-II 的高亲和力和稳定构象的作用提供了分子水平的解释。

电压门控钠通道还是许多局部麻醉药物和治疗癫痫、慢性痛和心律失常药物的分子靶点。这些药物均以状态依赖（state-dependent）的方式阻断钠通道，即依赖于静息膜电位或动作电位产生的频率。电压依赖型的阻断可抑制异常去极化状态下细胞的钠电流，频率依赖型的阻断可抑制痛觉传输、癫痫和心律失常相关的高频兴奋细胞的钠电流，这些药物均不影响正常动作电位的产生。局部麻醉药受体由至少三个同源区（以第四同源区为主）的第 6 跨膜 α 螺旋 S6 的氨基酸构成。局部麻醉药、抗癫痫药和抗心律失常药都与钠通道孔道区内的受体结合。局麻药受体为复合药物受体。

靶向钠通道药利多卡因、氟卡尼与细菌电压门控钠通道 Na$_V$Ab 的复合物结构为药物作用的机制提供了分子层面的解释。利多卡因结合在通道中央腔中，位于离子选择性过滤器的胞内出口处（图 2-2-7B）。利多卡因和氟卡尼的氨基向上指向离子选择性过滤器，可与 175 位的苏氨酸互作而调节钠离子内流。

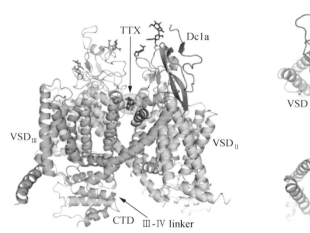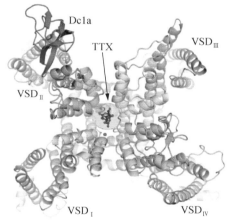

图 2-2-7　电压门控钠离子通道-药物复合体结构
Na$_V$PaS-Dc1a-TTX 复合体冷冻电镜三维结构的条带卡通图，左图和右图分别是侧面视角和胞外视角（改编自参考文献中的原始文献 10）

第三节　电压门控钙离子通道

电压门控钙离子通道（voltage-gated calcium channels，VGCC，以下简称 Ca$_V$ 通道或钙通道）家族可在细胞膜去极化时开放。经由电压门控钙离子通道内流的钙离子作为第二信使引发一系列如肌肉收缩、分泌、神经递质传递和基因表达等生理过程。电压门控钙通道的活动是偶联细胞表面电信号和胞内生理功能的重要基础。除了 Ca^{2+} 之外的一些离子（如 Ba^{2+}、Sr^{2+}）也能通过钙通道进入细胞内，但钙通道对它们的通透率甚低。

一、电压门控钙离子通道的分类和命名

哺乳动物钙通道 α$_1$ 亚基由十个不同的基因编码构成。钙通道的命名曾采用了以钙通道 α$_1$ 亚基命名的方式。例如，α$_{1S}$ 亚基是指来源于骨骼肌（skeletal muscle）的钙通道 α$_1$ 亚基。随后，按钙通道 α$_1$ 亚基发现的时间顺序以大写字母表示，分别命名为 α$_{1A}$ 到 α$_{1E}$ 亚基。自 2000 年起，钙通道的

名称借鉴钾离子通道的命名而更规范化。按每个通道透过离子的化学元素符号（Ca）名称和主要的生理调节因子电压标记为下脚注的 v（voltage）共同组成，合并为 Ca_V。根据 α_1 亚基序列相似性高低，可将钙通道分成三个亚家族，下脚注（v）后面的数字如 Ca_V1 表示亚家族基因成员（目前有 1 到 3）。在同一家族中，小数点后的数字表示 α_1 亚基被发现的先后顺序，如 $Ca_V1.1$（α_{1S}）、$Ca_V1.2$（α_{1C}）、$Ca_V1.3$（α_{1D}）和 $Ca_V1.4$（α_{1F}）。四个 Ca_V1 通道成员都构成 L 型钙通道。Ca_V2 亚家族含有 3 个成员，即 $Ca_V2.1$（α_{1A}）、$Ca_V2.2$（α_{1B}）和 $Ca_V2.3$（α_{1E}），分别介导 N 型、P/Q 型和 R 型钙电流。Ca_V3 亚家族也含三个成员，分别是 $Ca_V3.1$（α_{1G}）、$Ca_V3.2$（α_{1H}）和 $Ca_V3.3$（α_{1I}）。Ca_V3 三个成员都介导 T 型钙电流（图 2-2-8）。而钙通道又依据对电压的敏感程度划分为高电压激活亚型（high voltage activated，HVA）和低电压激活亚型（low voltage activated，LVA）。

钙通道同一亚家族成员之间 α_1 亚基的氨基酸序列至少有 70% 相同。不同亚家族之间 α_1 亚基的相同序列则不足 40%（图 2-2-8）。α_1 亚基的跨膜区和孔区的序列相对比较保守。

二、电压门控钙离子通道的结构功能特点

目前对钙通道的分子结构研究最多的是骨骼肌横

管中的 L 型通道 $Ca_V1.1$，它是多亚基复合物，包括 α_1（175 kD）、β（54 kD）、γ（30 kD）和 $\alpha_2\delta$（170 kD）亚基。$\alpha_2\delta$ 亚基包含一个 α_2 亚基和一个 δ 亚基，作为一条肽链被翻译，在后续成熟过程中会经过翻译后修饰，被切割成两部分，二者由二硫键相连接。电压门控钙离子通道中心的 α_1 亚基是成孔亚基，它与电压门控钠离子通道的 α 亚基有相似的跨膜折叠方式，即 α_1 亚基单链多肽的 24 次跨膜可划分为 4 个同源重复区 I～IV，每个同源区含有 6 次跨膜 S1～S6。与 Na_V 通道类似，每个同源区的 S1～S4 形成电压感应区，S4 跨膜区含有等间距的正电荷氨基酸，起着膜电位感受器的功能。在膜电场的作用下，移动的 S4 导致通道的构象变化而引起通道的激活（开放）。S5～S6 跨膜区和 S5～S6 的孔道襻共同组成孔道区，决定离子传导和离子选择性。α_1 亚基可与四类不同的辅助亚基相互作用：胞内的 β 亚基，胞外的 $\alpha_2\delta$ 亚基复合体以及跨膜的 γ 亚基。这些辅助亚基可调节钙通道的门控、组装和膜转运。例如，$\alpha_2\delta$ 亚基可促进通道定位到细胞膜表面，β 亚基可调节通道的动力学性质，γ 亚基可促进通道的失活（图 2-2-9A）。

冷冻电镜技术的发展使我们在原子水平上了解到真核生物电压门控钙通道的结构。已确认钙通道复合体精细的亚基组成、装配和互作。胞外视角看，假四聚的 α_1 亚基以顺时针方式排列，4 个 S5 和 S6 跨膜区以方形阵列形成孔道。S1～S4 跨膜

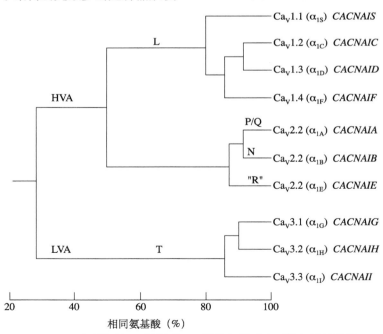

图 2-2-8　电压门控 Ca^{2+} 通道 α_1 亚基氨基酸序列的相似性比较

该图仅比较了 α_1 亚基跨膜部分和孔襻区氨基酸（约 350 个）一级序列的种系发生关系。Ca_V1 与 Ca_V2 家族之间的序列大约有 80% 相同。Ca_V1 或 Ca_V2 与 Ca_V3 之间的相同序列只有 28% 的相同

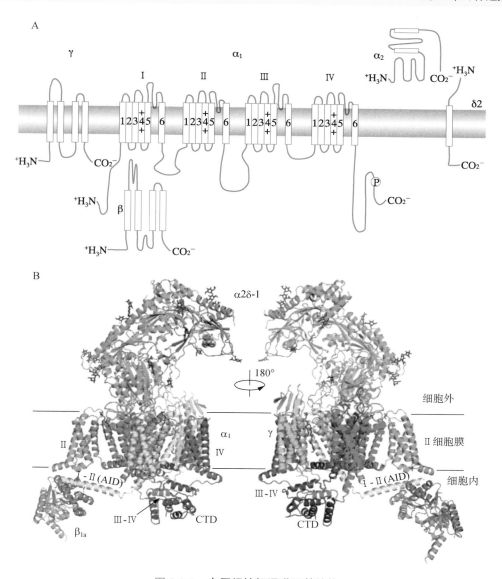

图 2-2-9 **电压门控钙通道亚基结构**

A. 电压门控钙通道的拓扑结构。电压门控通道是由 α_1、β、$\alpha_2\delta$ 以及 γ 亚基构成的膜蛋白复合体。α_1 跨膜亚基是主要亚基，构成传导 Ca^{2+} 的孔道。β 辅助亚基为胞浆蛋白。$\alpha_2\delta$ 辅助亚基以复合体的形式存在，其中 δ 亚基部分为膜锚定蛋白。γ 辅助亚基亦为膜蛋白。**B**. 骨骼肌 $Ca_V1.1$ 通道冷冻电镜三维结构的条带卡通图，图中为侧面视角，右图由左图翻转 180° 得到（B 改编自参考文献中的原始文献 11）

区形成束状电压感应区，4 个感应区相似但又不完全相同。$\alpha_2\delta$ 亚基包含 4 个串联的 cache 结构域和一个 VWA 结构域，它们彼此之间互相缠绕。α_2 亚基和 δ 亚基一级序列上是分离的，但是结构上二者相互折叠。较大的糖基化的 α_2 亚基投射向胞外，可能起细胞黏附分子的作用。从结构上也观察到了 $\alpha_2\delta$ 前体蛋白，证实了 δ 亚基的 C 末端存在蛋白酶水解的过程，而后通过糖基磷脂酰肌醇锚定到细胞膜上。γ 亚基被解析出 4 个跨膜区（TM1-4），一个胞外 β 片层以及胞内的 N 末端和 C 末端的襻（loop）。γ 亚基的 TM2 和 TM3 可与 α_1 亚基的同源区 IV 的 S3 和 S4 形成疏水性跨膜区界面。γ 亚基 C 末端的极性氨基酸可与 α_1 亚基 III 和 IV 同源区的连接区以及和 $S4 \sim S5_{IV}$ 形成氢键，使 γ 亚基特异性结合 IV 区。β 亚基含有一个 SH3 结构域和 GK 结构域，前者可与其他胞内蛋白互作，后者可与 α_1 亚基同源区 I 和 II 之间的胞内连接互作（图 2-2-9B）。

三、电压门控钙离子通道电流

Ca_V 通道电压依赖的激活方式与 Na_V 通道类似。跨膜区 S4 上大量带正电荷的氨基酸（精氨酸或赖氨酸）是感知电压的基础，它们每三个氨基酸出现一次。细胞膜的去极化会导致这些正电荷氨基酸及其所在的 S4 向外移动，最终完成通道开放和离子内流。不同细胞类型记录到的钙通道电流有明显不同的生理学和药理学特征。按字母顺序命名，根据电导值、动力学特性的不同可将钙电流分成几种不同的亚型，现知有 L、N、P/Q、R 和 T 型。

L- 型（long-lasting）钙电流的激活需要较强的细胞膜去极化刺激。L- 型钙通道开放时间久，约 10～20 ms，表现为持续长时钙内流，电导值 25 pS，衰变时间大于 500 ms。该电流可被如二氢吡啶（dihydropyridines）、苯烷基胺（phenylalkylamines）和苯并噻氮䓬类（benzothiazepines）等有机拮抗剂所阻断。骨骼肌和内分泌细胞记录到的钙电流主要为 L- 型钙电流，发挥的功能是启动肌细胞收缩和内分泌细胞分泌。中枢神经系统 L- 型电压门控钙通道由 $\alpha_{1C(D)}$ 亚基和辅助亚基组成。α_{1C} 亚基的 C- 端包含多个功能结构域，可分别与钙调素、钙调蛋白酶、cAMP 依赖性蛋白激酶等相互作用，从而参与 L- 型钙通道的功能调控。L- 型钙通道的过度激活与脑缺血、脑肿瘤、癫痫和神经退行性疾病等的病理过程有着密切的关系。

T- 型（transient）钙电流则被弱去极化所激活，其电流为瞬间电流。T- 型电流的开放时间短暂，引起瞬间短小钙电流，电导值 9 pS，激活电位 -70 mV，失活电位 $-100～-60$ mV，衰变时间为 $20～50$ ms。T- 型钙电流既不被阻断 L- 型钙电流的有机拮抗剂所阻断，亦不受肽类毒素的抑制。T- 型钙通道广泛表达于多种类型的细胞中，其功能主要在于调整动作电位和控制重复放电的形式。

N- 型（neuronal）钙电流具有高电压激活，较快速失活的特点，其电压依赖性介于 L- 型和其他高电压激活的钙通道（P/Q、R 型）之间。N- 型钙通道的 α_1 亚基标准命名为 $Ca_V2.2$（曾有文献以 α_{1B} 表示）。N- 型钙通道激活电位在 -10 mV，失活电位 $-100～-40$ mV，衰变时间 $50～80$ ms，电导大小介于 L- 型和 T- 型钙通道之间。如当 100 mM Ba^{2+} 为负载离子时，电导值 $15～20$ pS。N- 型钙通道对 Ba^{2+} 的选择性高于 Ca^{2+}。不同于其他电压门控钙通道亚型，N- 型钙通道主要分布于神经元以及疼痛传递和调控通路的神经元突触末梢。颈上神经节、背根神经节（dorsal root ganglia，DRG）、脊髓、延髓、中脑、小脑分子层、丘脑、黑质、豆状核尾侧、海马分子层、大脑皮质浅层等突触分布密集区域均有 N- 型钙通道分布。N- 型钙电流可被肽类毒素所阻断。分布在突触末梢的 N- 型钙通道的主要功能是通过诱导 Ca^{2+} 内流而触发神经递质释放。在炎症性痛或神经病理性痛等慢性痛中，机体对伤害性刺激敏感性增强，表现为痛觉过敏（hyperalgesia）。研发特异的 N 型阻断剂可以减少疼痛介质的释放，而达到镇痛的效果。

四、电压门控钙离子通道的分子药理学

三个亚家族 Ca^{2+} 通道的药理学特征有很大的不同。有机钙通道阻断剂是治疗心血管疾病的有效药物，α_1 亚基是其分子靶点。三类经典的钙通道拮抗药主要与三个部分重叠、别构偶联的受体位点互作（表 2-2-3）。苯烷基胺类（Phenylalkylamines）结合在 S6 区的孔道侧，二氢吡啶类（Dihydropyridines）结合在 S6 的脂质侧。更全面的突变研究鉴定到同源区 Ⅲ 的 S5～S6 和同源区 Ⅳ 的 S6 上的 9 个氨基酸组成了二氢吡啶类的受体位点。同源区 Ⅲ 的 S6 和 Ⅳ 的 S6 上相同的氨基酸和离子选择性过滤器上的氨基酸对苯烷基胺类（phenylalkylamines）和苯并噻氮䓬类（benzothiazepines）的结合至关重要。由细菌电压门控钠通道 Na_VAb 改造而来的钙通道 Ca_VAb 对钙拮抗药也有强亲和力。Ca_VAb 和药物复合体的 X 射线晶体结构展示了苯烷基胺类和二氢吡啶类结合的两个不同的受体位点。维拉帕米（苯烷基胺类的一种）结合在孔道中，结合位点位于离子选择性过滤器到中央空腔的胞内出口处。维拉帕米带电氨基向上投射到孔道中，与 175 位苏氨酸的羰基骨架形成复合物。药物两侧的芳香基团可与孔道离子选择过滤器形成疏水性相互作用。二氢吡啶类的氨氯地平（amlodipine）和尼莫地平（nimodipine）则结合在孔道模块外侧的脂质表面，位于两个电压感应区之间。单个二氢吡啶的结合即可导致 4 聚体对称的破坏，从而使 Ca^{2+} 直接结合在选择性过滤器上一个天冬氨酸的侧链羧基上，该协调位点的占据可有效阻塞孔道。而苯并噻氮䓬类的地尔硫䓬（diltiazem）则是结合在 Ca_VAb 的孔道中，其结合区域与苯烷基胺类有部分重合。真核生物电压门控钙通道和药物复合体的结构也凭借冷冻电镜技术逐步揭示。在兔源 $Ca_V1.1$ 通道中，维拉帕米和地尔硫䓬均结合在孔道选择性过滤器到中央空腔的胞内侧。地尔硫䓬结合在离子孔道中偏向同源区 Ⅲ～Ⅳ 侧，可以阻断离子通透路径。而含有维拉帕米的复合物中则鉴定出了两个不同的结合位点，

其中一处与地尔硫䓬结合位点有重合，两种结合模式中，维拉帕米均可以通过阻断离子通透路径发挥功能。其他二氢吡啶类结合在同源区Ⅲ～Ⅳ的"窗口"区，比起二氢吡啶类在 Ca$_V$Ab 上的结合位点，在垂直于膜的方向看更偏向胞内区约 10Å，在平行于膜的方向看，则更靠近孔道中心（图 2-2-10）。

钙通道的 Ca$_V$2 亚家族对二氢吡啶类钙通道阻断剂相对不敏感。这类通道可被高亲和力的肽类蜘蛛毒素所特异阻断。Ca$_V$2.1 可被 ω-agatoxin IVA 所特异地阻断。Ca$_V$2.2 可被 ω- 芋螺毒素（ω-conotoxin GIVA）所特异阻断。Ca$_V$2.3 通道可被合成的 tarantula venom 肽类毒素 SNX-482 所特异地阻断。由于对 Ca$_V$2 成员的特异阻断作用，这些肽类毒素是突触传递的强效阻断剂。加巴喷丁（gabapentin）和普瑞巴林（pregabalin）是可作用于辅助性亚基的 gabapentinoid 类钙通道拮抗剂。二者在临床上可用于治疗癫痫和慢性痛。此类药物可结合 α$_2$ 亚基胞外表面的 VWA 邻近区域并且调节 Ca$_V$2.2 通道在细胞膜上的表达。Ca$_V$2.2 通道介导 N- 型钙电流，因此对大脑和脊髓伤害感受通路的递质释放十分关键。该类药物可扰乱 Ca$_V$2.2 通道在细胞膜表面的正常循环过程，由此减少了外周到中枢神经系统的伤害性通路的信号。

Ca$_V$3 亚家族即 T 型钙通道对阻断 Ca$_V$1 的二氢吡啶和阻断 Ca$_V$2 的肽类毒素均不敏感。肽毒素 kurtoxin 可抑制 Ca$_V$3.1 和 Ca$_V$3.2 通道的激活。Z944 是 Ca$_V$3 亚家族的特异性阻断剂，目前在治疗癫痫和神经性疼痛上已进入二期临床试验阶段。Ca$_V$3.1

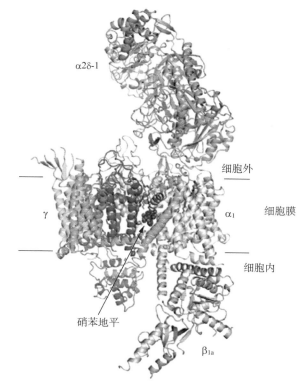

图 2-2-10　电压门控钙通道-药物复合体结构

兔 Ca$_V$1.1 和硝苯地平（二氢吡啶类拮抗剂）复合体冷冻电镜三维结构的条带卡通图。图中展示的是侧面视角（改编自 Zhao et al. Cryo-EM structures of apo and antagonist-bound human Ca$_V$3.1. Nature，2019，576：492-497.）

和 Z944 的复合物冷冻电镜结构显示拱形的 Z944 分子斜置在孔道区的中央空腔里，宽末端插入同源区Ⅱ和Ⅲ之间的开口中，窄末端悬在胞内闸门之上形成门塞而阻塞离子流。

表 2-2-3　Ca^{2+}通道的生理功能和药理学特点

通道亚型	电流类型	组织分布	生理功能	分子药物	肽类毒素
Ca$_V$1.1	L	骨骼肌	兴奋-收缩偶联	二氢吡啶类（依拉地平、硝苯地平），苯烷基胺类（维拉帕米），苯并噻氮䓬类（地尔硫䓬），加巴喷丁类（加巴喷丁、普瑞巴林），苯甲酰吡咯 FPL 64167、BPN-4689（Ca$_V$1.3 特异性）	ω- 芋螺毒素 TxVII，Glacontryphan-M，ω-agatoxin ⅢA，Huwenotoxin-1，SNX-482（Ca$_V$1.2 特异性），FS2，Ca^{2+} 通道阻滞剂 CSTX-1，L 型钙离子通道
Ca$_V$1.2	L	心肌 平滑肌 神经细胞 内分泌细胞 近端树突	兴奋-收缩偶联 突触整合 激素释放		
Ca$_V$1.3	L	内分泌细胞 神经细胞 窦房结 房室结 起搏细胞 听觉毛细胞 前庭细胞	激素释放 突触调节 心脏起搏 听觉传递 神经递质释放		
Ca$_V$1.4	L	视网膜杆状和双极细胞	神经递质释放		

（续表）

通道亚型	电流类型	组织分布	生理功能	分子药物	肽类毒素
Ca$_V$2.1	P/Q	神经末梢和树突 神经内分泌细胞	激素释放 神经递质释放 树突钙瞬变 神经兴奋调控	—	ω-芋螺毒素（MVIIC、SVIB、SIB）、ω-agatoxin（ⅢA、ⅣA）、ω-grammotoxin SIA
Ca$_V$2.2	N	神经末梢和树突 神经内分泌细胞	激素释放 神经递质释放 树突钙瞬变 神经兴奋调控	二氢吡啶类（西尼地平），加巴喷丁类（加巴喷丁、普瑞巴林），齐考诺肽，CNV2197944，新型N型钙通道阻滞剂，羟吲哚化合物（TROX-1），苯甲氧基苯胺衍生物，D2多巴胺受体阻断类抗精神病药衍生物（福莫卡因、氟桂利嗪、吡唑哌啶类、磺胺氨基哌啶），长碳链分子（单胺类脂、法尼醇）	ω-芋螺毒素（MVIIA、MVIIB、MVIIC、MVIID、FVIA、CVIB、CVID、CVIE、CVIF、SIA、SIB、SVIA、SVIB、GVIA）、ω-agatoxin ⅢA，ω-grammotoxin SIA，Huwenotoxin-1，SNX-325
Ca$_V$2.3	R	神经元胞体和树突	激素释放 神经递质释放 树突钙瞬变 重复放电	拉莫三嗪，托吡酯	ω-grammotoxin SIA，SNX-482
Ca$_V$3.1	T	神经元胞体和树突 心脏结细胞	心脏起搏 重复放电	唑尼沙胺，乙琥胺，丙戊酸，Z944，利尿阿米洛利，大麻素，NMP-7，TTA-A2，部分二氢吡啶类（ST101），ABT-639，NNC55-0396	蝎毒素多肽，KLI，KLII，原毒素Ⅰ，原毒素Ⅱ，PsPTx3，单核细胞化学引诱蛋白-1
Ca$_V$3.2	T	神经元胞体和树突 心脏结细胞 血管平滑肌细胞	心脏起搏 重复放电 低阈值胞吐 转录调控		
Ca$_V$3.3	T	神经元胞体和树突	心脏起搏 重复放电		

（改编自 Zhao et al. Cryo-EM structures of apo and antagonist-bound human Ca$_V$3.1. Nature，2019，576：492-497.）

第四节   氯离子通道

氯离子通道是一组功能和结构不同的阴离子选择性通道，参与调节神经元、骨骼肌、心肌和平滑肌的兴奋性、细胞体积、经皮盐转运、细胞内外室酸化、细胞周期和细胞凋亡等重要生理过程。除了离子型 GABA$_A$ 和甘氨酸受体，已知的氯离子通道（chloride channels，CLC）可分为电压敏感型亚家族的某些成员、钙激活通道、高（最大）电导通道、囊性纤维化跨膜传导调节器（CFTR）和容积调节通道。这里主要讨论和神经系统功能关系比较密切的电压门控氯离子通道、GABA$_A$ 和甘氨酸受体将在下节讨论。

一、CLC 氯离子通道家族

Miller 等在 20 世纪 80 年代对电鳗鱼电压门控氯离子通道的生物物理学特性进行了一系列的研究，在此基础上，Jentsch 等在 1990 年成功地从电鳗鱼神经组织中分离得到了 cDNA 克隆，并在蟾卵母细胞系统实现了功能表达，将它命名为 CLC-0，由此诞生了电压门控 CLC 氯离子通道家族。电压门控 CLC 氯离子通道是迄今为止所发现的第一类受细胞膜电位调控的氯离子通道，它在神经系统的兴奋和抑制性电活动方面发挥着重要的生理调节功能。CLC 氯离子通道作为一个大家族，目前发现有 9 个成员基因（表 2-2-4）。各成员之间有 50% 的氨基酸序列一致。

表 2-2-4　CLC 氯离子通道家族成员的功能特征

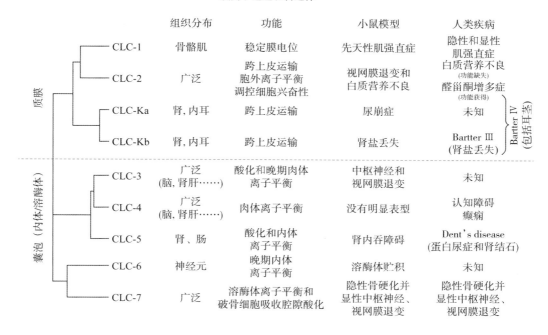

氯离子通道和转运体

	组织分布	功能	小鼠模型	人类疾病
CLC-1	骨骼肌	稳定膜电位	先天性肌强直症	隐性和显性肌强直症
CLC-2	广泛	跨上皮运输 胞外离子平衡 调控细胞兴奋性	视网膜退变和白质营养不良	白质营养不良（功能缺失） 醛甾酮增多症（功能获得）
CLC-Ka	肾，内耳	跨上皮运输	尿崩症	未知（Bartter IV，包括耳聋）
CLC-Kb	肾，内耳	跨上皮运输	肾盐丢失	Bartter III（肾盐丢失）（包括耳聋）
CLC-3	广泛（脑，肾肝……）	酸化和晚期肉体离子平衡	中枢神经和视网膜退变	未知
CLC-4	广泛（脑，肾肝……）	肉体离子平衡	没有明显表型	认知障碍 癫痫
CLC-5	肾、肠	酸化和内体离子平衡	肾内吞障碍	Dent's disease（蛋白尿症和肾结石）
CLC-6	神经元	晚期内体离子平衡	溶酶体贮积	未知
CLC-7	广泛	溶酶体离子平衡和破骨细胞吸收腔隙酸化	隐性骨硬化并显性中枢神经、视网膜退变	隐性骨硬化并显性中枢神经、视网膜退变

（质膜：CLC-1～CLC-Kb；囊泡（内体/溶酶体）：CLC-3～CLC-7）

二、CLC 氯离子通道亚基结构特点

目前熟悉的电压门控、递质（或配基）门控离子通道都是由 4 个或 5 个亚基呈对称方式围成中央孔道，而 CLC 通道的构造独特，不同于所有已知真核细胞离子通道的结构。最近的研究认为电压门控 CLC-0 氯离子通道在没有任何其他"辅助亚基"的情况下，其功能形式是由两个完全相同的亚基所组成的二聚体。每个亚基本身能形成完整的氯离子孔作为功能单位。这个功能性二聚体是由两个相互独立的氯离子孔道所组成。如果更形象地描述，这个二聚体结构就像一把双筒猎枪，枪筒本身是由两个功能独立的枪管（氯离子孔道）组成。CLC-0 的每个氯电导孔的单通道电导值为 8.0 pS。其中的"单管"或"双管"同时开放时，单个亚基的孔道由两半部分各 9 个 α 螺旋组成单通道，每个单通道电导值仍保持不变。CLC-0 二聚体的每一个独立氯离子孔道是由一条连续的多肽构成。研究表明，这条多肽的许多部分都参与氯离子孔道的构成。CLC-0 二聚体双筒结构也代表了 CLC 家族其他成员执行氯离子通道功能的结构基础。

2002 年 MacKinnon 实验室首次从两种原核细胞成功纯化并结晶了 CLC 家族蛋白结构。采用 X 射线衍射的方法，分别以 3.0Å 和 3.5Å 的分辨率解析了两个原核生物沙门菌（S.typhimurium）

（stCLC）和大肠杆菌 CLC（EcCLC-1）的 CLC 家族蛋白三维结构。从晶体结构可见，CLC 家族蛋白含有两个相同的亚基。亚基之间呈二重对称与膜平面垂直。沿着对称轴从细胞外看，每一个亚基呈一个三角形，它的长轴和短轴分别为 100Å 和 55Å。它占有的面积约 2300Å²，通道跨膜的厚度约 65Å（包含在液相中的部分）。每个亚基有 18 个 α 螺旋，标记为 A-R。A 和 R 两个 α 螺旋位于细胞膜内，其余 16 个 α 螺旋为跨膜结构。结构还显示，CLC 通道亚基由一条多肽相似的两个半截段连接而成，即 N 端的 α 螺旋 B～I 以及 C 端 α 螺旋 J～Q 对接而形成一个反向平行的假二重对称结构。

三、CLC 氯离子通道的单通道电导与门控过程

CLC 氯离子通道对氯离子具有高度的选择性（$Cl^- > Br^- > I^-$）。碘化物则不同程度地阻断氯离子电导。CLC 氯离子通道的另一个共同特点是，它们的单通道电导值都相当小。应用膜片钳技术记录到的电鳗鱼电器官 CLC-0 单通道电导为 8.0 pS。骨骼肌型 CLC-1 单通道电导较小，只能用非稳态噪声分析（non stationary noise analysis）测定，其电导值小于 1.0 pS。

CLC 氯离子通道的门控过程具有时间依赖性

和电压依赖性的特点。细胞膜超极化可缓慢增加通道开放的概率（慢门控过程）。去极化则增加通道的开放时间（快速门控）。在细胞膜超极化和去极化时，CLC-0 的开启分别经慢、快两种门控过程。CLC-1 只有快速门控，当去极化时引起快速门控的门迅速开放，随之启动并延长 CLC-1 的开放时间。一旦细胞膜超极化，快速门控的"门"立即自动关闭。CLC 氯离子通道的这种时间、电压依赖性门控过程在神经元兴奋与抑制的生理功能上起着重要的作用。CLC-2 仅存在慢门控，生理条件下的超极化对该门控过程不起任何作用，只有非生理条件的数秒钟强超极化才能启动慢门控。野生型 CLC-0 由于电压依赖的慢门控，在负电位时通道则缓慢激活，但是突变型 S123T 则失去了慢门控缓慢激活通道开放的功能（图 2-2-11）。

四、CLC 氯离子通道和 CLC 转运体

在发表 EcCLC-1 晶体结构的时候，人们对 CLC 家族成员的功能特性了解还比较初步，一直简单地认为 EcCLC-1 是氯离子通道，因为它具有 $Cl^- > I^-$ 这个氯离子通道典型的离子选择性偏好。此外，酸性 pH 能够强烈地激活 EcCLC-1。直到后来，Accardi 和 Miller 在研究中发现，EcCLC-1 实际上是一种次级主动的、严格耦合的、高产电的 $2Cl^-/1H^+$ 逆向转运蛋白。后来发现所有哺乳动物定位于细胞胞内的 CLC 蛋白，例如 CLC-3 到 CLC-7，以及一些植物的 CLC 实际上是阴离子 / 质子逆向转运蛋白。EcCLC-1 与哺乳动物 CLC 的整体序列同源性较低（20%），但一些证据支持 EcCLC-1 结构与哺乳动物 CLC 有相关性。在 EcCLC-1 晶体结构中，离子结合位点由四个独立的蛋白区域形成，这些区域在 CLC 蛋白质中高度保守，位于 NH2 末端的各个螺旋，包括螺旋 D 的 GSGIP 序列、螺旋 F

的 G（K/R）EGP 序列、螺旋 N 的 GXFXP 序列和螺旋 R 中高度保守的酪氨酸。这些区域中的大多数对 CLC-0 和 CLC-1 通道的门控和渗透也非常重要。

最近发表的牛 CLC-K 同源蛋白 3.8Å 分辨率的冷冻电镜结构第一次提供了 CLC 氯离子通道孔道结构，该结构揭示了氯离子转运途径和 CLC 转运体非常相似。为什么一些 CLC 蛋白作为离子通道而另一些则是转运蛋白？2018 年 Park 和 MacKinnon 利用冷冻电镜技术解析了人类 CLC 通道（称为 CLC-1）结构，给出了这个问题的答案：事实上，CLC-1 的结构确实与以前报道的 CLC 转运蛋白类似，但选择性过滤器里的一个氨基酸采用了一种独特的形状，这解释了 CLC-1 不能作为转运体。这个特殊的氨基酸是门控谷氨酸（E232），在氯离子转运体中是氯离子和氢离子交换的中心。Park 和 MacKinnon 发现在 CLC-1 通道中，它的构造有所不同，阻止了氯离子和氢离子交换，同时使离子孔道开放，以便被动传输氯离子。此外，在 CLC 通道中沿着离子扩散途径的另外两种氨基酸也被发现比 CLC 转运体中的对应物小，因此允许氯离子更快地扩散通过。

五、CLC 氯离子通道的功能

CLC 氯离子通道广泛分布于机体的兴奋性细胞和非兴奋性细胞膜以及溶酶体、线粒体、内质网等细胞器的质膜上。CLC 氯离子通道在神经元、骨骼肌等细胞的兴奋性调节、跨上皮转运水和盐、细胞容积调节和细胞器酸化等方面发挥着重要的作用。研究发现，CLC 氯离子通道的遗传缺陷则导致多种家族性的先天性肌强直、隐性遗传全身性肌强直、囊性纤维化病、遗传性肾结石等疾病（表 2-2-4）。

CLC-0 和 CLC-1 都具有稳定细胞膜电位的生理功能。在电鳗鱼电器官，CLC-0 开放产生的氯离子

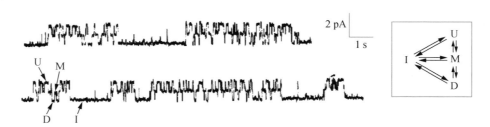

图 2-2-11 野生型 CLC-0 氯离子通道的单通道记录

单一的氯离子通道插入双层膜中，在 -90 mV 电位的条件下进行记录。记录到单通道的四个状态：失活状态（I）和通道的三个活动状态（M、U 和 D）。M 和 U 分别为 1 个和 2 个单通道的开放；D 表示单通道的关闭；I 表示失活状态，属于"慢门"的关闭。插图描述了四种状态之间的转换（改自参考文献中的原始文献 7）

电流维持着神经支配表面持续不变的负膜电位。而在神经支配的另一面，由于去极化时细胞膜保持着正电位，导致了电器官两个不同的神经支配面产生巨大的电场。在骨骼肌，CLC-1 的活动是维持兴奋性细胞膜电稳定的重要环节。人类遗传性肌强直疾病（myotonic disease）包括显性及隐性，均是由 CLC-1 的基因突变所造成的。

分布广泛的 CLC-2 的激活受细胞膜超极化、细胞容量和酸性 pH 的调节。表达 CLC-2 的蛙卵细胞在胞外低渗环境下受到激活，开启 CLC-2 参与调节降低由低渗引起的细胞肿胀。在多种组织细胞，CLC-2 都具有降低容量的调节作用。CLC-2 氨基末端的 20 个氨基酸对低渗条件下通道的激活起着重要的作用。clc-2 基因敲除的研究表明，CLC-2 通道在维持神经元对 GABA 的抑制性反应、细胞间相互作用和癫痫性放电中起着重要的作用。clc-2 基因敲除还可引起雄性小鼠不育。

第五节　温度敏感 TRP 通道

背根神经节（dorsal root ganglia，DRG）和三叉神经节（trigeminal ganglia，TG）的末梢广泛分布到皮肤和黏膜下，参与温度、机械力以及化合物的感知。这些神经元上存在多种温度敏感通道，它们可响应温度刺激而引发细胞去极化。瞬时受体电位（transient receptor potential，TRP）通道家族就是其中的一大类。自 1997 年 David Julius 研究组鉴定到首个温度敏感的 trp 基因家族成员 TRPV1 以来，许多 TRP 家族的蛋白被证实具有温度敏感性。这些温度敏感 TRP 通道统称为温度敏感 TRP 通道（thermoTRPs）。David Julius 因发现温度分子受体而被授予了 2021 年诺贝尔生理学或医学奖。

一、TRP 通道的分类和命名

对 TRP 的研究最早可追溯到 1969 年，因该基因的突变导致果蝇视网膜电图从平台样受体电位变为瞬时受体电位（transient receptor potential）而得名。1989 年首个 trp 基因被克隆后，其产物被预测是膜蛋白。自 1995 年起，哺乳动物的 trp 相关基因被逐步克隆，最终组成了一类庞大的 TRP 通道超家族，其中大部分成员在异源系统表达后可形成阳离子通道。

哺乳动物的 TRP 家族有 28 个成员。基于氨基酸序列同源性，它们可进一步分成 6 个亚家族：① TRPC（Canonical），含有 C1 ～ 7 共 7 个成员；② TRPV（Vanilloid），含 V1 ～ 6；③ TRPM（Melastatin），含 M1-8；④ TRPP（Polycystin），包括 P2、P3、P5；⑤ TRPML（Mucolipin），含 ML1-3；⑥ TRPA（Ankyrin），拥有一个成员 TRPA1。

二、温度敏感 TRP 通道的温度感知功能

Q_{10} 值表示温度增加 10℃后细胞电流幅度的相对变化，即 $Q_{10} = I_{T+10}/I_T$。只有 Q_{10} 值大于 5（冷激活通道则是小于 0.2）的 TRP 通道才被认为是温度敏感通道。目前在哺乳动物中，已发现有 11 种 TRP 通道在异源表达时可满足这个条件。它们包括热激活的 TRPV1（> 43 ℃）、TRPV2（> 52 ℃）、TRPV3（30℃～ 39℃）、TRPV4（25℃～ 35℃）、TRPM2（> 35℃）、TRPM3、TRPM4 和 TRPM5（15℃～ 35℃），以及冷激活的 TRPM8（< 20℃～ 28℃）、TRPA1 和 TRPC5。

TRPV1 可在初级感觉神经元中表达（无髓鞘 C 纤维），其激活可造成疼痛感。TRPV1 可被> 43℃ 的温度、质子和辛辣物质（例如辣椒素）激活，炎症因子可使其温度敏感性增强。并且这些刺激可协同增强 TRPV1 的活性。TRPV2 在多种组织中广泛表达，可被> 52℃ 的极端高热和渗透压变化激活。TRPV3 和 TRPV4 参与温热区间的感知，分别是 30℃～ 39℃ 和 25℃～ 35℃。TRPV3 在皮肤角质细胞和肠道中表达，而 TRPV4 在皮肤角质细胞、肾和唾液腺中表达。TRPM2 在> 35℃时开始表现出活性，其主要在脑和淋巴结等深层器官中表达。TRPM3 可由温度升高而激活，但没有明确的温度阈值。它有限地表达在大脑、肾、卵巢和睾丸中。TRPM4 和 TRPM5 均是钙离子激活的非选择性一价阳离子通道。二者的温度依赖范围在 15℃～ 35℃，且都在肠道中高表达。TRPM8 可响应凉爽的温度（20℃～ 28℃），且直接参与我们感知凉爽的过程。TRPM8 高表达在肝、前列腺和睾丸中。TRPA1 广

泛表达在多种组织中，虽有报道冷（＜ 17℃）可以激活 TRPA1，但该结论仍有争议。在脑中高表达的 TRPC5 也可被冷所激活。

作为温度感受器的 TRP 通道应在躯体感觉神经元中有表达，并且应分布到温度变化明显的组织器官里（例如皮肤和上呼吸道）。从这个角度出发，TRPV1-4、TRPM2、TRPM3、TRPM8 和 TRPA1 符合标准。这 8 个通道的响应温度也确实覆盖了哺乳动物躯体感觉所能区分的范围：极热（TRPV2）、热（TRPV1）、温热（TRPV3 和 TRPV4）、凉爽（TRPM8）和伤害性冷（TRPA1）。而这些 thermoTRP 通道中仅有 TRPM8 在单独缺失时被明确证明造成凉爽温度感知缺陷，而其他成员在单独敲除时仅导致微弱甚或完全正常的温度感知表型，而当把 TRPV1、TRPM3 以及 TRPA1 同时敲除时，小鼠基本完全丧失对热痛的反应。这些研究提示，这些 thermoTRP 成员可能协同参与温度感知。研究还鉴定发现一些非 thermoTRP 的温度感知分子受体，例如定位在皮肤角质细胞内质网上的 STIM1 蛋白可以决定小鼠温热感知的最适温度（33℃）。

三、温度敏感 TRP 通道的结构功能研究

目前的研究表明，所有 TRP 通道与电压门控钾离子通道的组装方式类似，均以同源四聚体的方式组装成功能性的通道，而每个单体含有 6 个跨膜的 α 螺旋（S1 ～ S6）。在 S5 和 S6 之间有一个内凹的孔道襻，孔道襻上包含了 1 ～ 2 个小的成孔螺旋（H1/H2）。通道整体可划分为两大模块：成孔模块，由最后两个跨膜螺旋和孔道襻组成（S5-P-S6）；电压感应模块或类电压感应模块，由前 4 个跨膜区形成束状（S1 ～ S4）。每个单体内的束状模块和临近单体的成孔模块互作，造成了结构域切换（domain swap）的效果。除了整体上的一致性，不同 TRP 通道的胞内 N 末端和 C 末端则是结构各异。例如 TRPV1-4 的 N 端是 6 个锚蛋白（ankryin）重复，C 末端是一段保守的 TRP 结构域（TRP domain）序列；TRPA1 的 N 端则有 14 ～ 19 个锚蛋白重复，但没有 TRP 结构域序列；TRPM8 没有锚蛋白重复，其 N 端是一段保守的 TRPM 通道特异性的序列和一个螺旋卷曲（coiled-coil）区域，C 末端也含有结构域 TRP 序列。

TRP 通道的结构研究主要得益于冷冻电子显微镜技术（cryo-EM）的发展。自 2013 年冷冻电镜的分辨率革命开始，程亦凡研究组和 David Julius 研究组合作解析了首个 TRP 通道 TRPV1 的全长高分辨率结构（图 2-2-12），此后越来越多 TRP 通道的结构被解析。冷冻电镜构象分类的优势使被解析的结构多含有不同状态（开放和关闭构象、抑制态或

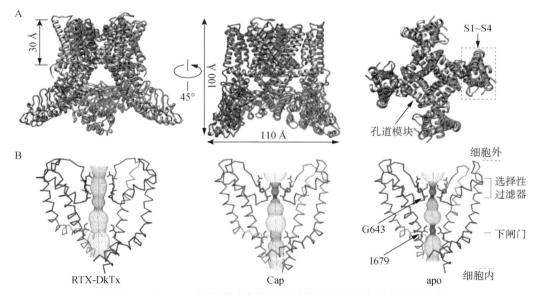

图 2-2-12　TRPV1 通道冷冻电镜三维结构和不同状态下的孔区结构

A. 哺乳动物 TRPV1 通道冷冻电镜三维结构的条带卡通图。从左到右分别是侧面视角、左图旋转 45° 后的侧面视角以及底部视角。TRPV1 四聚体跨膜区长 30Å，蛋白整体长 100Å、宽 110Å。Pore module：通道模块。**B**. 哺乳动物 TRPV1 通道不同开放状态下的孔道区结构，图中仅展示了对角相对的两个亚基。G643 和 I679 是关键的孔道闸门区氨基酸。从左到右分别是结合树脂毒素（RTX）和双节毒素（DkTx）后的完全开放状态，结合辣椒素（Cap）后的部分开放状态以及不结合配体（apo）的关闭状态［A 引自参考文献中的原始文献 14；B 引自 Cao Y, et al. Gating of the TrkH ion channel by its associated RCK protein TrKA. Nature，2013，496（7445）：317-322.］

激活态等），并且在许多结构中还能观察到通道与膜脂和钙离子的互作关系。不过由于这些结构的开放态多是添加通道激动剂后捕获到的，这和温度激活的构象变化是否一致还未可知。

已有大量结构功能研究旨在揭示 TRP 通道温度敏感性的结构基础。大部分情况下，这些工作假设 TRP 通道是一个模块化的分子机器，有一个明确的温度敏感功能区。基于这种推测，研究中常用的技术方法有：①引入随机突变，进行高通量功能筛选；②对推测的温度敏感功能模块做特定位点突变，以影响通道温度敏感性；③对温度敏感性有差别的其他物种同源蛋白和各类剪接变体进行结构功能分析；④构建不同 TRP 通道之间温度感应模块的嵌合体（chimera）等。此类研究在哺乳动物 TRPV1、TRPV3 和 TRPV8 的各类剪接变体以及不同物种（哺乳动物、蛇和果蝇）的 TRPA1 通道的研究过程中产出了大量研究成果。但温度敏感 TRP 通道的温度门控机制尚有待阐明。

第六节 配体门控离子通道

配体门控离子通道，通常也被称为离子型受体，是一类通过结合化学信使（即配体，例如神经递质）激活的离子通道。神经递质与其受体的一个（或多个）立体位点结合，触发构象变化，从而导致离子通道开放。配体门控离子通道介导了神经系统和躯体神经肌肉连接处在毫秒时间尺度上的快速突触传递。除了它们在神经传递中的传统作用外，目前也有证据表明一些配体门控离子通道介导了一种由周围的神经递质激活突触外受体引起的强直形式的神经调节。

配体门控离子通道包括兴奋性的、阳离子选择性的烟碱型乙酰胆碱、5-HT3、离子型谷氨酸和 P2X 受体，以及抑制性的、阴离子选择性的 GABA_A 和甘氨酸受体（图 2-2-13）。烟碱型乙酰胆碱、5-HT3、

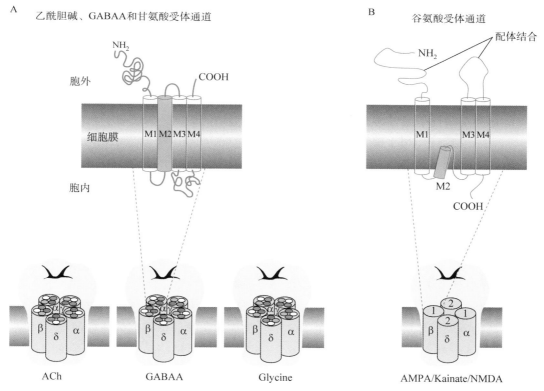

图 2-2-13 **神经递质门控的离子通道**

A. 烟碱乙酰胆碱、γ- 氨基丁酸和甘氨酸受体通道是由几种相关亚基组成的五聚体。如图所示，配体结合域由蛋白质的胞外氨基末端区域形成。每个亚基都有一个膜结构域，其中有四个跨膜螺旋（M1 ~ M4）和一个短的胞外羧基末端。M2 螺旋线沿着通道孔排列。**B**. 谷氨酸受体通道是四聚体，通常由两种不同类型的密切相关的亚基组成（这里表示为 1 和 2）。亚基有一个大的胞外氨基末端，一个具有三个膜盘旋螺旋（M1、M3 和 M4）的膜结构域，一个连接 M3 和 M4 螺旋的大的胞外环，以及一个细胞内羧基末端。M2 片段形成一个环，伸入和伸出细胞膜的细胞质侧，有助于提高通道的选择性。谷氨酸结合位点由细胞外氨基末端和 M3 ~ M4 细胞外环中的残基形成

GABA$_A$和甘氨酸受体是五聚体结构，由于在它们的组成亚基胞外结构域中存在由二硫键形成的限定性残基环，因此常被称为 Cys 环受体。离子型谷氨酸和 P2X 受体分别为四聚体和三聚体结构。多个基因编码配体门控离子通道的亚基，这些受体的大多数是异源多聚体。这种亚基组成的多样性导致在每一类配体门控离子通道中，具有不同药理学和生物物理性质的多种受体存在，它们在神经系统和其他组织中也有不同的表达模式。下面介绍几种主要的离子型神经递质受体。

一、乙酰胆碱受体

自 1914 年亨利·戴尔和奥托·洛伊（两位获得 1936 年诺贝尔生理学和医学奖）发现乙酰胆碱作为一种降低心率的药物以来，乙酰胆碱被认为是一种由胆碱和乙酰辅酶通过胆碱乙酰转移酶 A 合成的、可改变细胞功能的、内源性的信号化合物。在这一发现之前（1905 年），约翰·兰利报道了一种植物生物碱"尼古丁"产生的效果符合中枢神经末梢的受体介导的自主反应，他们后续的研究表明被测试的药物通过受体发挥作用。对尼古丁乙酰胆碱受体（nAChR）的了解始于两种自然有趣的生物。电鳗鱼有产电器官，能产生电脉冲来击昏猎物，该器官能表达大量的尼古丁乙酰胆碱受体，为提纯受体蛋白提供了原料来源。第二个是克雷特蛇毒 α-银环蛇毒素（α-BGT）以近乎共价的亲和力结合肌肉型 nAChR，抑制其功能，作用于神经肌肉连接处可导致衰弱性瘫痪。利用 α-BGT 亲和柱将 nAChR 从电鳗鱼的产电器官中分离提纯，从纯化的 nAChR 蛋白中获得 NH2 末端蛋白序列，利用反向遗传学方法鉴定、克隆和测序了尼古丁乙酰胆碱受体编码基因。随后不同的 nAChR 家族亚基相继被克隆出来（表 2-2-5）。

编码乙酰胆碱受体亚基的基因有 17 个（α1-10、β1-4、γ、δ 和 ε）。所有 α 亚基在乙酰胆碱结合位点附近都有两个串联的半胱氨酸残基，而未命名为 α 的亚基缺少这些残基。配体结合位点由 α 亚基（主成分）上至少三个肽域内的残基和相邻亚基（互补成分）上至少三个肽域内的残基形成。成年动物体神经肌肉连接处的乙酰胆碱受体具有化学计量（stoichiometry）（α1）2β1δε，而连接外（α1）2β1γδ 受体主要存在于胚胎和失神经骨骼肌及其他病理状态。至于 α2、α3、α4 和 β2 以

表 2-2-5 乙酰胆碱受体亚基

基因名称	蛋白名称	氨基酸残基数
CHRNA1	α1	482
CHRNA2	α2	529
CHRNA3	α3	622
CHRNA4	α4	627
CHRNA5	α5	515
CHRNA6	α6	494
CHRNA7	α7	534
CHRNA9	α9	479
CHRNA10	α10	450
CHRNB1	β1	501
CHRNB2	β2	502
CHRNB3	β3	458
CHRNB4	β4	498
CHRND	δ	517
CHRNG	γ	517
CHRNE	ε	496

及 β4 亚基，α 和 β 的成对组合（例如 α3β4 和 α4β2）足以在体外形成功能性受体，但在体内可能存在更复杂的异构体。

早期对电鳗鱼 nAChR 的研究提供了第一个结构信息，它和随后鉴定的所有 nAChR 亚基的结构有很高的相似性。所有有功能的 Cys 环家族的配体门控离子通道（包括 nAChR）是由五个亚基排列并形成中心孔道的五聚体。电鳗鱼 nAChR 呈现出穿过脂质双层的锥形结构，这个突出的胞外区由 β 链组成，称为 β 桶。四个 TM 域整齐地围绕着中心的 α 螺旋亲水性离子孔，TM2 形成孔道。TM4 远离孔道，大部分和脂质双层接触。TM1 和 TM3 通过互相反向定位和相对于 TM2 和 TM4 旋转 90°，帮助形成螺旋束（图 2-2-14）。

科学家最初通过定点突变、半胱氨酸替换突变扫描和化学修饰研究配体如何与受体结合并激活通道。随后蛋白结晶 X 射线和冷冻电镜技术的运用极大地推动了在原子分辨率水平上对乙酰胆碱受体结构和功能的理解。简单来说，当一个配体如尼古丁结合受体时，它结合在 α 亚基和相邻亚基"背面"的接合处形成的一个口袋里，这会在 β 桶中产生一个旋转的力，在 TM2 上产生扭矩，将其从疏水性、通道封闭的状态中扭转成更开放的亲水离子通道。

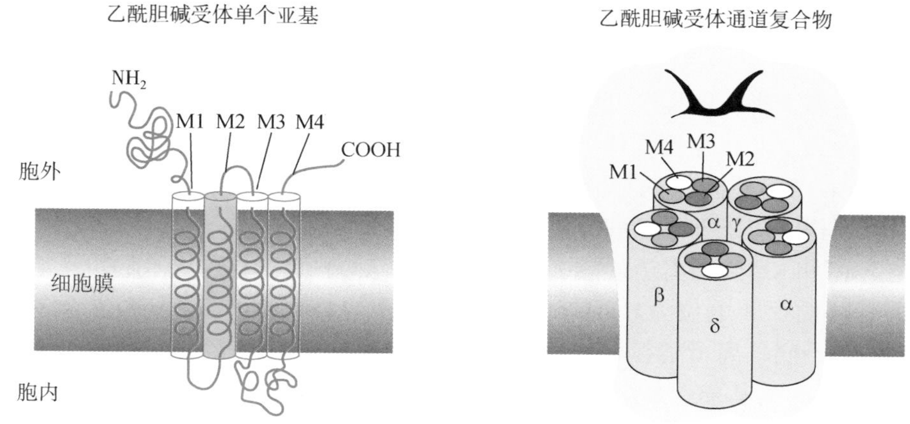

乙酰胆碱受体单个亚基　　　　　　　乙酰胆碱受体通道复合物

图 2-2-14　乙酰胆碱受体结构卡通图

左图：每个亚基包含一个大的细胞外 N- 末端、四个跨膜螺旋（M1～M4）和一个短的细胞外 C- 末端。N 端含有乙酰胆碱结合位点，膜螺旋形成孔。右图：五个亚基环形排列中心形成一个通道离子的孔腔，每个亚基的 M2 片段形成孔道

激动剂结合位点是相邻亚基之间的界面形成的一个疏水口袋。口袋的大部分（即正侧）是由 α 亚基的环状结构区（C- 环）提供，需要 Cys-Cys 对参与。这个环像一个互锁的手指一样围绕着相邻亚基的表面延伸。除了 Cys-Cys 对之外，配体结合也需其他残基主要是疏水性芳香族氨基酸残基，包括 Tyr100、Trp57、Tyr197 和 Tyr204 参与。而激动剂结合位点的背侧是由 B 环中的 W156 和 E 环中 β6 链上的 L121 组成，其顶部由 E 环中 V111 和 F119 形成（人类乙酰胆碱受体，图 2-2-15）。一般来说，正侧疏水残基的类型决定配体的亲和力，而负侧疏水残基则决定配体的选择性。

目前主要根据电鳗鱼 nAChR 晶体结构，通过计算机模拟方法推演配体结合如何打开 nAChR 通道：在激动剂和配体结合位点结合后，β 链的旋转运动可通过亚基传递到受体膜界面-跨膜结构域附近的残基。这时旋转运动传递了两个重要的相互作用。首先是将 β 链 β1 和 β2 之间的环向 TM2 和 TM3 的连接序列处移动。这将一个保守的缬氨酸（V44）推到由脯氨酸 -272（P272）和丝氨酸 -269（S269）形成的疏水囊附近。同时，β10 链逆时针移动，使精氨酸 -209（R209）移向谷氨酸 -45（E45）形成离子键。这些相互作用导致 TM4 旋转 15°，以移动疏水门控残基缬氨酸（V255）和（V259）以及亮氨酸（L251）远离孔区，并且使极性残基 S248 和 S252 朝向加宽的孔区，闸门的开放导致通道孔径完全水化，进而通透离子。

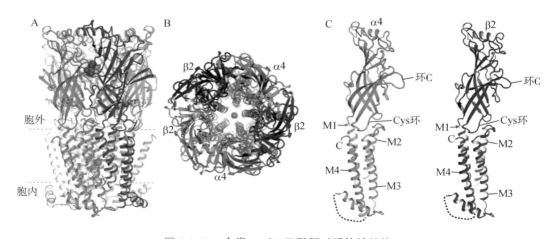

图 2-2-15　人类 α4β2 乙酰胆碱受体的结构

A. 平行于质膜的视图。α4 亚基呈绿色，β2 呈蓝色。尼古丁（红色）和钠（粉色）表示为球体。Cys 环和环 C 二硫键显示为黄色球体。N- 连接聚糖（棕色）显示为棒状。虚线表示膜的大致位置；B. 从细胞外看垂直于质膜的视图；C. 单个亚基的定向。细胞内结构域的未建模残基用虚线表示（修改自参考文献中的原始文献 8）

二、谷氨酸受体

谷氨酸受体可分为两大类，即离子型受体（谷氨酸直接结合并打开通道）和代谢型受体（G 蛋白偶联受体，通过产生第二信使间接地打开通道）。与乙酰胆碱门控通道一样，离子型谷氨酸门控通道具有几乎相等通透 Na^+ 和 K^+ 两种离子的能力。因此，离子型谷氨酸受体的反转电位为 0 mV。根据药理学和结构同源性的不同，离子型谷氨酸受体可分为四类：即 AMPA（α- 氨基 -3- 羟基 -5- 甲基异恶唑 -4- 丙酸）、红藻氨酸、NMDA（N- 甲基 -1- 天冬氨酸）以及 δ 受体。NMDA 受体被药物 APV（2-氨基 -5- 磷酸新戊酸）选择性阻断。AMPA 和海藻酸钠受体不受 APV 影响，但两者都被药物 CNQX（6- 氰基 -7- 硝基喹喔啉 -2,3- 二酮）阻断。因此，它们有时被称为非 -NMDA 受体。代谢型谷氨酸受体可被反式 -（1S,3R）-1- 氨基 -1、3- 环戊二羧酸（ACPD）选择性激活。

自 1989 年 12 月 Hollmann 等克隆第一个谷氨酸受体亚基后，已发现十多种谷氨酸受体亚基基因。离子型谷氨酸受体是由四个亚基组成的蛋白质复合物。这些亚基氨基酸序列在已知谷氨酸受体亚类包括 AMPA、kainate、NMDA 和 δ 之间高度相似。每个谷氨酸受体亚基包含四个结构域：两个胞外结构域（extracellular domain，ECD），即氨基末端（ATD）和配体结合（LBD）结构域；一个跨膜结构域（TMD）包括三个完整的跨膜螺旋（M1、M3 和 M4）和一个带有孔环和细胞质区域的部分跨膜螺旋（M2）。来自不同亚基的氨基末端和配体结合结构域形成二聚，并位于由跨膜结构域形成的紧凑的、四倍对称的离子通道上。

功能性谷氨酸受体是个四聚体复合物，通过在同一功能区内的亚基 AMPA 受体（GluA1 ～ GluA4）、红藻氨酸受体（GluK1 ～ GluK5）、NMDA 受体（GluN1、GluN2A ～ GluN2D、GluN3A 和 GluN3B）以及 δ 受体（GluD1 和 GluD2）组装而成。AMPA 受体亚基 GluA1 ～ GluA4 可以形成同聚物或异聚物。红藻氨酸受体亚基 GluK1 ～ GluK3 也可形成同聚体和异聚体，但是 GluK4 和 GluK5 仅能与 GluK1 ～ GluK3 共表达。δ 受体 GluD1 和 GluD2 能够形成同聚体，但似乎不能和 AMPA、红藻氨酸和 NMDA 受体亚基在异源表达系统中或内源组织中形成异聚体。此外，GluD1 和 GluD2 形成的受体似乎不能被任何已知的激动剂激活，GluD1 和 GluD2 是否能形

成异聚体受体目前也未知。功能性 NMDA 受体需要组装两个 GluN1 亚基和两个 GluN2 亚基，或一个 GluN2 和一个 GluN3 亚基。NMDA 受体需要同时结合谷氨酸和甘氨酸活化通道。GluN1 和 GluN3 亚基提供甘氨酸结合位点，GluN2 亚基形成谷氨酸结合位点。

离子型谷氨酸受体胞外氨基末端结构域与胞外配体结合域和细菌氨基酸结合蛋白同源。每个结构域形成一个双瓣蛤壳状结构，类似于细菌氨基酸结合蛋白的结构，氨基酸在蛤壳内结合。氨基末端结构域不结合谷氨酸，但与代谢型谷氨酸受体的谷氨酸结合域同源。在离子型谷氨酸受体中这个结构域参与亚基的组装，调节谷氨酸以外的配体对受体功能的影响，以及与其他突触蛋白相互作用调节突触发育。

配体结合域由两个不同的区域组成。一个区域位于细胞外的氨基端，从 ATD 末端结构域末端开始直到 M1 跨膜螺旋；第二个区域是由连接 M3 和 M4 螺旋的、大的胞外环组成。谷氨酸分子在蛤壳内的结合引起蛤壳裂片的闭合；竞争拮抗剂也与蛤壳结合但不会触发蛤壳裂片闭合。因此和蛤壳闭合相关的构象变化被认为是与离子通道的开放相关（图 2-2-16）。

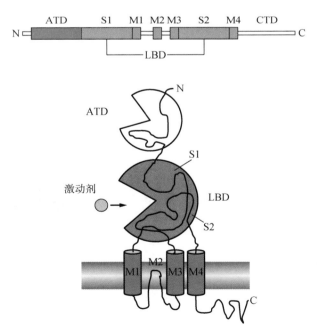

图 2-2-16　离子型谷氨酸受体的结构域组织和配体结合位点
线条和卡通显示谷氨酸受体的四个结构域，它们是细胞外 ATD、LBD、由三个跨膜螺旋（M1、M2 和 M4）和入膜环（M2）形成的 TMD 以及细胞内 CTD。LBD 由两个多肽片段（S1 和 S2）组成，它们折叠成双叶结构，具有上叶和下叶。激动剂结合位点位于两叶之间的缝隙中

三、GABA_A 受体

γ 氨基丁酸（γ aminobutyricacid，GABA）作为主要抑制性神经递质广泛分布于哺乳动物的中枢神经系统。GABA 通过激活两类受体发挥其紧张性抑制性的调节作用：GABA_A 受体和 GABA_B 受体。后者并非离子通道，其基因已被克隆。目前认为 GABA_B 受体的功能是通过 G 蛋白激活细胞内的第二信号系统，该受体不是本章讨论的内容。GABA_A 受体本身既作为配体门控氯离子通道，又含有 GABA 和多种药物配基结合位点，是一个通道受体复合体，它在神经生理及药理学研究中占有重要的地位。

1987 年，GABA_A 受体首次从牛大脑皮质中利用苯二氮（benzodiazepine）亲和层析柱分离和纯化。在弄清蛋白质一级序列之后，用合成的探针将 GABA_A 受体的 α1、β1 亚基的基因从牛脑 cDNA 文库中调出，其阅读框架分别为 456 个和 474 个氨基酸的多肽。将体外反转录合成的 mRNA（也称 cRNA，互补 RNA）注射到蛙卵细胞胞浆内，证实了 α1 和 β1 受体亚基的功能表达（Schofield et al，1987）。以 α1 和 β1 亚基为突破点，用类似的分子克隆方法随后筛选出了至少有 19 个成员组成的 GABA_A 受体亚基家族，并根据它们之间相同氨基酸序列归类为几个组。组内的氨基酸序列有 70% ～ 80% 相同，组间的相同序列也在 30% 以上。

亲脂分析表明，每个 GABA_A 受体亚基含有 4 个 α 螺旋跨膜亲脂段 M1 ～ M4。从起始的 N 末端到 M1 之间是一条较长的暴露于细胞外并含有多个糖基化位点的亲水性多肽。这段多肽以及 4 个跨膜区段的各个亚基之间在序列上享有高度的一致性。同时，在这段区域发现有多个磷酸化位点（如 PKC、PKA）的保守序列。GABA_A 受体亚基之间的另一个共同特点是 M2 跨膜段含有多个极性和带电荷的氨基酸。这段序列构成了 GABA_A 通道的氯离子通道孔区。M2 跨膜段是所有递质门控类离子通道（它们在进化发生上有共同的起源，同属一个家族）构成离子通道孔区的共同结构。

目前发现 GABA_A 受体存在 19 个不同的亚基，每种不同类型的亚基在脑内有明显的区域差异。GABA_A 受体的种类繁多，是哪种类型的受体真正存在于脑内？ GABA_A 受体结构的功能方式是由不同亚基组成的五聚体。理论估计，19 个亚基在不受任何限制的情况下自由组合，可以组成很多种不同类型的 GABA_A 受体。实际上，不同的亚基按规律组合只构成脑内有限种类的 GABA_A 受体。问题是哪些或哪几种组合才能真正代表脑内自然形式的 GABA_A 受体。对这一问题的探讨一直是神经药理学的研究热点，其原因在于 GABA_A 受体不仅具有多种神经药物的靶点，而且不同组合类型的受体（用体外细胞作功能表达，如蛙卵细胞）对药物作用的敏感性差异也很大。

应用不同亚基的抗体进行免疫沉淀、原位杂交、Western 杂交以及免疫定位等实验证明，脑内近一半 GABA_A 受体主要类型由 α、β2 和 γ2 这三种亚基组成（表 2-2-6）。由 α、β 和 γ 三种亚基组成的五聚体即 2α2βγ 是脑内 GABA_A 受体类型的典型结构。这种组合方式与应用放射标记配体的方法（在克隆 GABA_A 受体基因之前）所得到的苯二氮型靶点（BZ1）研究结果相一致，同时也符合 BZ1 靶点存在于 α1 亚基上的结论。临床上应用广泛的镇静催眠药唑吡旦（zolpidem）对 BZ1 靶点有高选择性，从其药理学作用机制看来，亦支持上面 GABA_A 受体呈五聚体即 2α2βγ 类型的组合方式。GABA_A 受体本身作为通道受体复合体含有多种药物结合的受点，这些药物受点与 GABA 识别位点在构象上相互作用直接或间接参与氯离子通道的门控过程，发挥着加强或抑制 GABA_A 受体的药理学作用。

表 2-2-6　主要类型 GABA_A 受体在脑内的分布

受体类型	大鼠脑内相对比例（%）	存在部位
α1β2γ2	43	多数脑区、海马、皮质中间神经元以及小脑
α2β2/3γ2	18	脊髓运动神经元和海马锥体细胞
α3βγ1/γ3	17	胆碱和单胺能神经元
α2βγ1	8	Bergmann 胶质细胞和边缘系统核团、胰腺
α5β3γ2/γ3	4	海马锥体细胞
α6βγ2	2	小脑颗粒细胞
α6βδ	2	小脑颗粒细胞
α4βδ	3	胸腺和海马回
其他少数类	3	全脑

第七节　机械门控 Piezo 离子通道

躯体感觉神经系统的初级感觉神经元能响应机械刺激，该过程的核心问题是如何将机械力刺激转变成电化学信号。

Hudspeth 和 Corey 在 1979 年发现牛蛙耳部毛细胞组织切片可响应机械刺激而去极化，该去极化相对机械刺激的延迟仅为 40 μs。后续研究发现在哺乳动物中该延迟仅为 10 μs。这样短的延迟排除了第二信使介导机械传导的可能性，表明是离子通道直接感受机械力而开放，引发阳离子内流。

为了更好界定机械门控通道，研究人员提出了 4 条标准：①该通道要能直接被机械力激活而无须通过中间信使；②该通道参与机体机械传导的过程；③在非机械敏感细胞中表达该通道能赋予该细胞机械敏感性；④该蛋白有成孔区和机械敏感区。除了这四个严苛的标准外，高等动物细胞中的机械通道的表达量往往较低，很难用常规生化方法纯化鉴定。而在细菌和无脊椎动物中鉴定发现到的机械门控通道在哺乳动物中都不具备功能保守性。因此，哺乳动物中介导阳离子内流产生细胞去极化和起始下游信号通路的机械门控通道的分子基础在很长一段时间不为人所知。

开创性的工作出现在 2010 年，由 Ardem Patapoutian 研究组鉴定到了 Piezo 通道家族［Piezo 源自希腊语 "πίεση"（píesi），意为压力］，从分子水平掀起了哺乳动物机械感知研究的热潮。Ardem Patapoutian 因发现介导哺乳动物触觉、本体觉、内脏觉的机械力分子受体而被授予了 2021 年诺贝尔生理学或医学奖。本节将对从 Piezo 通道家族的发现到结构功能和生理功能的研究进展做一概括介绍。

一、Piezo 通道家族的发现与确证

Piezo 通道最早是从鼠神经母细胞瘤细胞系 N2A 中鉴定到的。N2A 细胞可响应机械力刺激而产生明显的电流（图 2-2-17A，B）。通过 RNA 干扰（RNAi）敲低预测跨膜次数大于 2（离子通道的共性）的高表达基因，piezo1 被发现与 N2A 细胞机械敏感电流的产生密切相关（图 2-2-17B）。并且把

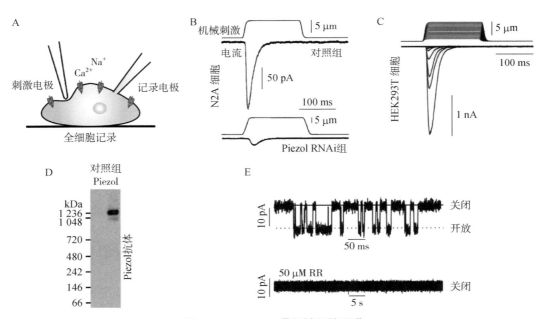

图 2-2-17　Piezo1 是机械门控通道

A. 以戳的机械力刺激细胞的电生理实验设置。记录电极与细胞形成全细胞记录模式，玻璃刺激电极在电驱动下戳细胞；**B**. 上图，在 N2A 细胞中，戳细胞可诱发内向电流，此处细胞钳制在 − 80 mV。下图，用 RNAi 技术敲低 piezo1 后，N2A 细胞的机械敏感电流显著降低；**C**. 将 Piezo1 表达在 HEK293T 细胞中，可赋予 HEK293T 细胞明显的机械敏感电流；**D**. 纯化的鼠源 Piezo1 蛋白形成多聚体；**E**. 上图，利用膜片钳技术记录到的重组在人工脂质双层膜上的 Piezo1 蛋白所介导的单通道电流；下图，在相同体系内加入钌红后，Piezo1 蛋白所介导的单通道电流被阻断（B、C 改编自参考文献中的原始文献 15；D、E 改编自参考文献中的原始文献 16）

piezo1 或者其同族的 *piezo2* 表达在无显著机械敏感电流的细胞中时，可赋予这些细胞响应机械力产生内向电流的能力（图 2-2-17C）。由此证明了 Piezo 是哺乳动物细胞产生机械敏感电流的必要和充分成分。

哺乳动物 Piezo 通道家族是一类巨大的膜蛋白，单体超过 2500 个氨基酸且与已知的蛋白都不具有同源性，预测多达 30～40 次跨膜区，因此其自身是否是介导机械门控阳离子电流的核心孔道亚基或仅是辅助必要组分并不清楚。研究者们纯化了 Piezo1 蛋白并重组到人工脂质体上（图 2-2-17D）。使用膜片钳电生理手段能在重组蛋白后的脂双层膜上记录到单通道开放事件（图 2-2-17E），并且该开放事件可被广谱阳离子通道抑制剂钌红（ruthelium red，RR）所阻断（图 2-2-17E）。随后肖百龙课题组与其合作者首次利用冷冻电镜方法揭示了 Piezo1 形成同源三聚体螺旋桨状结构，包含中心的孔道模块区和外周的三个桨叶作为机械传感模块区。进一

步结合电生理膜片钳与定点突变等研究方法，他们从功能上鉴定发现了 Piezo1 通道的核心孔道序列区。以上研究工作确证了 Piezo1 本身形成机械敏感离子通道的核心孔道亚基，从而确立了机械门控 Piezo 通道这一全新离子通道家族类型。

Piezo1 和 Piezo2 均是非选择性的阳离子通道，二者的反转电位在 5～10 mV，且电流-电压曲线呈线性关系。所以 Piezo 通道开放会导致细胞去极化和钙离子所介导的信号转导。Piezo1 和 Piezo2 的单通道电导分别为 29 pS 和 24 pS。在 -80 mV 的维持电压下，Piezo1 的失活时间为 15 ms，而 Piezo2 则呈现出约 6 ms 的快失活特点。

Piezo 家族在进化上很保守，绝大多数真核生物都含有 *piezo* 基因，包括植物、线虫、昆虫和脊椎动物。而酵母和原生生物中则没有 *piezo* 序列。在表达 Piezo 的物种中，哺乳动物中有 Piezo1 和 Piezo2 两个成员，在果蝇中只有单个确定的 *piezo*

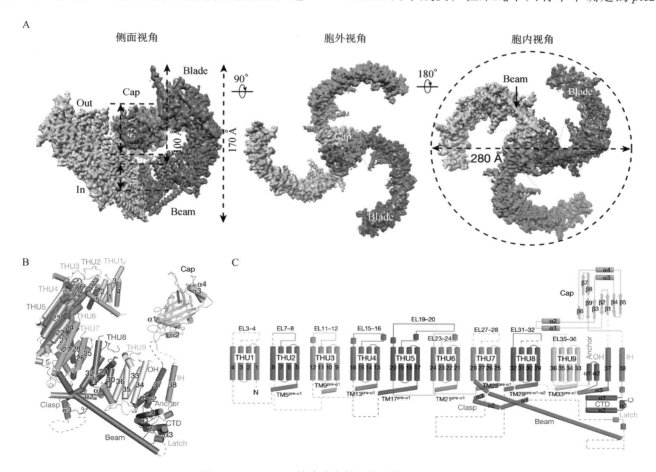

图 2-2-18　Piezo2 的冷冻电镜三维结构和拓扑结构

A. 哺乳动物机械门控 Piezo2 通道冷冻电镜三维结构的表面图。从左到右分别是侧面视角，胞外视角和胞内视角。Piezo2 三聚体高 170Å，帽子区高 53Å，跨膜区高 30Å，三叶螺旋桨直径 280Å。相应模块名称均已标出。B. Piezo 蛋白是含 38 次跨膜区的大型膜蛋白。前 36 个跨膜区组成桨叶区，每 4 个跨膜区形成一个跨膜螺旋单元 THU。最后两个跨膜区组成孔道模块。帽子区位于最后两个跨膜区之间。横梁区从第 28 次跨膜区连接到孔道中心。锚定区则楔入到第九个 THU 和 OH 之间。图中虚线表示冷冻电镜三维结构上无法观察到的部分。EL 指胞外襻（extracellular loop）。图 B 所示为 Piezo2 单体的结构模型。图 C 是其拓扑结构模型（改编自参考文献中的原始文献 19）

基因和另一个类 piezo 基因（pzl），在斑马鱼中则有 3 个成员。

二、Piezo 通道的结构特点

利用单颗粒冷冻电镜技术，肖百龙课题组与其合作者先后解析了 Piezo1 与 Piezo2 的三维结构。Piezo 蛋白由三个单体组成三叶螺旋桨状结构（直径 28 nm，高 17 nm），每个亚基含 38 次跨膜螺旋区，三聚体共计 114 次的跨膜螺旋区确证了它是已知跨膜次数最多的膜蛋白。虽然 Piezo2 和 Piezo1 只有约 42% 的序列同源性，二者的整体架构却高度类似。蛋白整体由外周桨叶（blade）部分向中心凹陷成纳米碗状，中心孔道区域上方有一胞外的帽子结构域（cap），细胞内侧有三个 9 nm 长的横梁结构（beam），将桨叶外周连接到中心孔道的胞内部分（图 2-2-18A）。

从拓扑结构上看，Piezo 蛋白单体包含氨基端桨叶区、羧基端成孔区以及联系二者的横梁（beam）和锚定区域（anchor）。氨基端桨叶区由前 36 次跨膜螺旋组成，其中每 4 个跨膜区组成一个结构单元，称为跨膜螺旋单元（transmembrane helical unit，THU）或 Piezo 重复（Piezo repeat）。孔道模块包含了最后两次跨膜螺旋，分别是外部螺旋（outer helices，OH）和内部螺旋（inner helices，IH）。帽子区（cap）也称作 C 端胞外域（C-terminal extracellular domain，CED），位于最后两个跨膜区之间。紧随 IH 的序列构成了 C 末端结构域（C-terminal domains，CTD）。胞内横梁结构位于每个桨叶的下方，空间上从第 28 次跨膜区连接到孔道中心。锚定区则楔入到第九个 THU 和 OH 之间（图 2-2-18B）。

三、Piezo 通道的机械门控方式

Piezo 通道三维结构的解析极大加速了对这类全新且复杂的离子通道的结构-功能关系的理解。研究发现，Piezo 通道的激活过程可能存在双门控机制（图 2-2-19），其中位于孔道跨膜区的闸门（TM gate）可能由帽子区（cap）的旋转带动而打开，而位于胞内的 3 条侧向离子通路（lateral portal）被三个"侧向门塞"（lateral plug gate）以物理方式堵塞，该闸门形成"门塞和闩锁机制"并通过桨叶-横梁区以类似杠杆原理来进行精妙的门控（图 2-2-19）。研究还鉴定发现了因缺失"侧向门塞"结构元件而

获得机械超敏性的 Piezo 通道剪切变体亚型，体现了自然进化精巧的调控机制。

经典的机械敏感离子通道门控模型主要有膜张力模型（force-from-lipid/FFL model）和细胞骨架牵拉模型（force-from-filament/FFF model，或 tether model）两种。在膜张力模型中，来源于膜的张力可引发脂质分子牵拉机械门控通道。原核生物的机械门控 MscL 通道和真核生物的机械门控 K_2P 钾离子通道都适配该模型。而在细胞骨架牵拉模型中，通道的锚蛋白重复区可作为绳子锚定到细胞骨架或基质上，骨架和基质的移动可控制通道的开闭。胞内区含有 29 个锚蛋白重复的果蝇 NOMPC 通道和内耳毛细胞上的机械门控通道就是这类模型的案例。从结构上看，Piezo 通道的纳米碗状构造可弯曲局部细胞膜。而将 Piezo1 重组到不对称脂双层中仍有机械敏感性。这些证据说明 Piezo 通道符合膜张力模型。然而 Piezo 还可感知细胞膜上的长程力学扰动，并且细胞骨架蛋白可显著影响通道的机械敏感性，表明 Piezo 通道同时也可利用细胞骨架牵拉模型进行机械门控。

Piezo 通道的一个标志性结构特征是其 38 次跨膜螺旋区形成一个向胞外侧高度扭曲的、非细胞膜平面的跨膜区结构，三个桨叶围合成直径 24 nm、深度 9 nm 的往细胞内侧凹陷的"纳米碗"状结构（图 2-2-19）。该独特结构特征的揭示为精准分析 Piezo 通道响应机械力刺激而导致通道开放的热力学过程提供了准确的参数。例如，基于关闭态 Piezo2 通道的完整的三维结构，精确测量出该纳米碗表面积为 700 nm^2，在细胞膜平面上的投影面积为 450 nm^2（图 2-2-19）。当受到张力处于开放状态时，科学家们推测 Piezo 通道的纳米碗曲率将会随之变小，如果桨叶部分完全处于平面状态，Piezo 通道在膜平面上的面积将会增大到 700 nm^2，导致在关闭与开放状态下平面膜面积变化最大可达到 250 nm^2（700 ～ 450 nm^2），而这个膜面积变化所导致的自由能差［λ（张力）×ΔA（膜面积变化）］可驱使 Piezo 通道从关闭态进入开放态。因此，Piezo 通道具备作为一类专业的机械门控阳离子通道的独特结构基础和工作机制。Piezo 通道所推测的开放状态的结构还有待解析。

四、Piezo 通道的生理功能

Piezo1 广泛表达在哺乳动物多种细胞组织中，

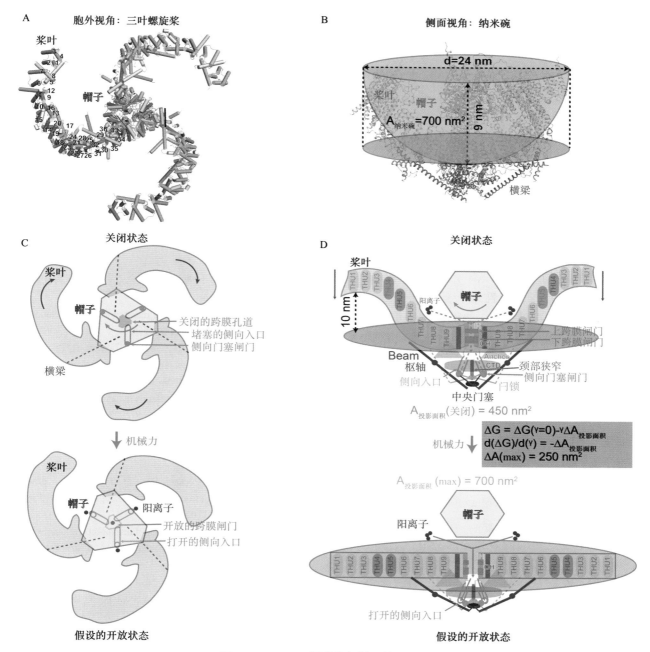

图 2-2-19　**Piezo 通道的机械门控机制模型**

A. Piezo 三叶螺旋桨的胞外视角；**B**. Piezo 高度弯曲的 3 个桨叶形成的纳米碗状架构。图中所示为侧面视角；**C**. 力诱发的帽子区和桨叶的旋转可能打开跨膜孔道并拔出侧向门塞，使阳离子能经由中央孔道和 3 个胞内侧向通路进入细胞；**D**. 当膜张力使桨叶完全展平时，纳米碗表面积将扩展到最大的 700 nm²。中间方框内的方程组描述的是通道从关闭到开放过程的自由能变化。张力敏感性是由膜投影面积的变化所决定的，最大可达 250 nm²。红虚线和红实线分别表示离子通透路径的关闭和开放。图 C 和图 D 也阐述了 Piezo 通道的双门控机制，即跨膜闸门由顶部帽子区的旋转来控制，侧向门塞由桨叶展平过程的门塞和闩锁机制来门控（改编自参考文献中的综述 10）

并利用多样的钙信号转导通路介导多种生理功能。例如，Piezo1 可作为血管、淋巴管内皮细胞流体剪切力感受器参与胚胎血管、淋巴管生成、成体血管重塑以及血压调节；Piezo1 和 Piezo2 可共同作为动脉血压感受器调节血压；表达在心肌细胞中的 Piezo1 可以响应心肌牵拉，从而维持心脏功能稳态；Piezo1 作为红细胞膜上流体剪切力感受器调控红细胞体积；表达在成骨细胞和骨细胞上的 Piezo1 可感知骨受力，从而调节骨的生成和重塑；在神经干细胞中，Piezo1 感知细胞微环境的力学性质来影响细胞命运。Piezo2 主要表达在外周初级感觉神经元包括背根神经节（DRG）和三叉神经节（TG），以及特化的触觉感知细胞 -Merkel 细胞，介导触觉、本体感觉、机械超敏痛（触摸痛）以及内脏觉中的机械力感知，参与调控呼吸、血压、排尿等生理功能。

　　Piezo 基因突变可导致人类遗传疾病。一类是功能缺失型突变（loss-of-function）。*piezo1* 的此类突变会造成先天性淋巴管发育不良（淋巴水肿）；

piezo2 基因的此类突变则会导致隐性远端关节挛曲综合征、脊柱侧凸、触觉和本体感觉缺陷、肌肉萎缩、新生儿呼吸窘迫等众多疾病。另一类是获得功能型突变（gain-of-function）。*piezo1* 的此类突变将会罹患遗传性干瘪红细胞增多症，在 *piezo2* 中此类突变会导致显性远端关节挛曲。

第八节　总　结

　　离子通道（ion channels）是细胞膜上大分子蛋白围成的含有水分子的孔道（pore）。在细胞膜两侧电化学梯度的驱动下，离子通道以超高速率（$10^{7 \sim 8}$ 离子/秒）高选择性地转运离子。离子通道不仅是神经元、心肌细胞、骨骼肌细胞等兴奋性细胞电活动的物质基础，而且存在于所有细胞膜上，并发挥着多种生物学功能，如建立细胞膜静息电位、产生电信号、调节钙离子信号和多种离子流动以及控制细胞容量等。离子通道功能异常可导致多种疾病，且其是重要的临床药物靶点。离子通道根据它们不同的门控（gating）机制，即离子通道的开放和关闭，大致可分为三大类。第一类是电压门控（voltage-gated），又称电压依赖（voltage-dependent）或电压敏感（voltage-sensitive）离子通道。这是一类有众多成员的超大家族。它们的开启和关闭受膜电位变化的调节和控制。根据选择通过的离子，可分为 K^+、Na^+、Ca^{2+}、Cl^- 四种主要类型通道，而且各型又分若干亚型。第二类为配体门控（ligand-gated），又称化学门控（chemical-gated）离子通道。该类通道多为非选择性离子通道。化学配体与通道结合后，可导致通道的开放，同时允许 Na^+、K^+、Ca^{2+} 或 Cl^- 通过。第三类是机械门控（mechano-gated），又称机械敏感（mechano-sensitive）离子通道。该类通道的开放和关闭受细胞膜或细胞骨架机械力变化的控制和调节，是实现机械信号向细胞电化学信号转换的通道。由于篇幅的限制，本章主要介绍了电压门控类超大家族的四种主要类型的通道（K^+、Na^+、Ca^{2+}、Cl^-）、瞬时受体电位（transient receptor potential，TRP）通道、配体门控通道和机械门控 Piezo 通道。

参考文献

综述

1. 韩济生主编. 神经生物学原理. 北京：北京医科大学出版社，2005：196-219.
2. Hille B. Ion channels of excitable membranes. 3rd ed. Sunderland：Sinauer Associates Inc.，2001.
3. Kandel ER，Schwartz JH，Jessell TM，et al. Principles of neural science. 5th ed. New York：McGraw-Hill，2013.
4. Kim DM，Nimigean CM. Voltage-gated potassium channels：a structural examination of selectivity and gating. *Cold Spring Harb Perspect Biol*，2016，8：a029231.
5. Jentsch TJ，Pusch M. CLC Chloride channels and transporters：structure，function，physiology，and disease. *Physiol Rev*，2018，98：1493-1590.
6. Hansen KB，Yi F，Perszyk RE，et al. Structure，function，and allosteric modulation of NMDA receptors. *J Gen Physiol*，2018，150：1081-1105.
7. Plested AJ. Structural mechanisms of activation and desensitization in neurotransmitter-gated ion channels. *Nat Struct Mol Biol*，2016，23：494-502.
8. Chandy KG，Gutman GA. Nomenclature for mammalian potassium channel genes. *Trends Pharmacol Sci*，1993，14：434.
9. Catterall WA，Lenaeus MJ，Gamal El-Din TM. Structure and pharmacology of voltage-gated sodium and calcium channels. *Annu Rev Pharmacol Toxicol*，2020，60：133-154.
10. Jiang Y，Yang X，Jiang J，et al. Structural Designs and Mechanogating Mechanisms of the Mechanosensitive Piezo Channels. *Trends in Biochemical Sciences*，2021.
11. Murthy SE，Dubin AE，Patapoutian A. Piezos thrive under pressure：mechanically activated ion channels in health and disease. *Nat Rev Mol Cell Biol*，2017，18：771-783.

原始文献

1. Papazian DM，Schwarz TL，Tempel BL，et al. Cloning of genomic and complementary DNA from Shaker，a putative potassium channel gene from Drosophila. *Science*，1987，237：749-753.
2. Doyle DA，Cabral JM，Pfuetzner RA，et al. The structure of the potassium channel：molecular basis of K^+ conduction and selectivity. *Science*，1998，280：69-77.

3. Jiang Y，Lee A，Chen J，et al. X-ray structure of a voltage-dependent K$^+$ channel. *Nature*，2003，423：33-41.

4. Long SB，Campbell EB，MacKinnon R. Crystal Structure of a Mammalian Voltage-Dependent Shaker Family K$^+$ Channel. *Science*，2005，309：897-903.

5. Long SB，Tao X，Campbell EB，et al. Atomic structure of a voltage-dependent K$^+$ channel in a lipid membrane-like environment. *Nature*，2007，450：377-382.

6. Accardi A，Miller C. Secondary active transport mediated by a prokaryotic homologue of ClC Cl- channels. *Nature*，2004，427：803-807.

7. Miller C，White MM. Dimeric structure of single chloride channels from Torpedo electroplax. *Proc Natl Acad Sci USA*，1984，81：2772-2775.

8. Morales-Perez CL，Noviello CM，Hibbs RE. X-ray structure of the human α4β2 nicotinic receptor. *Nature*，2016，536：411-415.

9. Pan X，Li Z，Zhou Q，et al. Structure of the human voltage-gated sodium channel Na$_V$1.4 in complex with β1. *Science*，2018，362：eaau2486.

10. Shen H，Li Z，Jiang Y，et al. Structural basis for the modulation of voltage-gated sodium channels by animal toxins. *Science*，2018，362：eaau2596.

11. Wu J，Yan Z，Li Z，et al. Structure of the voltage-gated calcium channel Cav1.1 at 3.6Å resolution. *Nature*，2016，537：191-196.

12. Zhao Y，Huang G，Wu J，et al. Molecular basis for ligand modulation of a mammalian voltage-gated Ca^{2+} channel. *Cell*，2019，177：1495-1506.

13. Caterina MJ，Schumacher MA，Tominaga M，et al. The capsaicin receptor：a heat-activated ion channel in the pain pathway. *Nature*，1997，389：816-824.

14. Liao M，Cao E，Julius D，et al. Structure of the TRPV1 ion channel determined by electron cryo-microscopy. *Nature*，2013，504：107-112.

15. Coste B，Mathur J，Schmidt M，et al. Piezo1 and Piezo2 are essential components of distinct mechanically activated cation channels. *Science*，2010，330：55-60.

16. Coste B，Xiao B，Santos JS，et al. Piezo proteins are pore-forming subunits of mechanically activated channels. *Nature*，2012，483：176-181.

17. Ge J，Li W，Zhao Q，et al. Architecture of the mammalian mechanosensitive Piezo1 channel. *Nature*，2015，527：64-69.

18. Zhao Q，Zhou H，Chi S，et al. Structure and mechanogating mechanism of the Piezo1 channel. *Nature*，2018，554：487-492.

19. Wang L，Zhou H，Zhang M，et al. Structure and mechanogating of the mammalian tactile channel PIEZO2. *Nature*，2019，573：225-229.

20. Geng J，Liu W，Zhou H，et al. A Plug-and-Latch Mechanism for Gating the Mechanosensitive Piezo Channel. *Neuron*，2020，106：438-451.

第**3**章　神经元的膜电位与电学性质

周栋焯　陶乐天

第一节　神经元的膜电位

神经元同其他细胞类似，被细胞膜包裹着，这层由蛋白质分子和磷脂双分子层组成的薄膜将细胞内空间同细胞外空间分离开来。胞内离子浓度和胞外离子浓度不相同，该离子浓度的差异导致电势差，而细胞内外的电势差就称为膜电位（membrane potential），即

$$V_m(t) = V_i(t) - V_e(t) \qquad (1)$$

其中，t 为时间，$V_i(t)$ 为细胞内电势，$V_e(t)$ 为细胞外电势。

一、静息态的神经元膜

当神经元处于静息状态时，此时的膜电位称为静息电位（resting potential，V_{rest}），可通过将微电极插入细胞质测量细胞的静息电位。微电极是细玻璃管，其尖端非常细（直径不超过 0.5 μm），这样在通过神经元细胞膜时对其产生的损伤极小。处于静息状态，意味着细胞膜电位恒定不变，此时虽然有电流流入流出细胞膜，但它们之间能够相互抵消，使得净电流为 0。维持细胞的静息状态是需要神经系统供给能量的，这些能量提供给离子泵，离子泵主动运输的电流抵消了由膜内外离子梯度差异或电势差导致的电流。

通常情况下，静息电位为负值，范围在 −30 ～ −90 mV。神经元膜内侧负的静息电位对神经系统功能的产生是极其重要的。要理解静息电位为什么为负值，就需要了解神经元内外离子及其分布。

二、平衡电位

细胞膜是由磷脂双分子层和镶嵌、贯穿在其中及吸附在其表面的蛋白质组成的。脂质是非水溶性的生物分子，因此，磷脂双分子层是几乎完美的电绝缘体，能有效地把神经元细胞质和细胞外液分隔开。细胞膜上的跨膜蛋白质分子的存在使得其能调节和选择物质进出细胞。细胞膜的这种选择性地让

某些分子进入或排出细胞的特性，叫作选择渗透性。

离子通道（ion channel）正是由跨膜蛋白质分子形成的。大多数离子通道有一个重要的特性，即离子选择性。钾通道选择性地通透 K^+，钠通道几乎只对 Na^+ 通透，钙通道通透 Ca^{2+} 等。许多通道还有另一个重要性质就是门控（gating），即该通道可开放和关闭，开关过程受膜局部微环境的控制。除此之外，跨膜蛋白质除了形成离子通道外，其余的也能形成离子泵（ion pump）。离子泵是一种酶类，它可以利用 ATP 分解释放的能量跨膜转运某些离子。

细胞内外离子浓度不同，如表 2-3-1 列举了枪乌贼巨轴突或哺乳类神经元上一些最常见的离子浓度。哺乳类神经元胞内钾离子浓度（≈ 140 mM）高于胞外钾离子浓度（≈ 5 mM）。由于钾通道的存在，一方面，K^+ 顺浓度梯度通过通道流向细胞外，此时，细胞内就开始得到净负电荷，出现跨膜电位差。随着胞内得到越来越多的负电荷，电力开始吸引带正电荷的 K^+ 通过通道流向胞内。当达到一定的电位差时，驱动 K^+ 外流的浓度梯度和驱动 K^+ 内流的电位梯度平衡。恰好能与 K^+ 浓度梯度平衡的电位差称作钾平衡电位（potassium equilibrium potential，E_K）。平衡电位只取决于膜两侧的离子浓度，和通道的特性以及离子通过通道的机制无关。

通过以上陈述可知，产生跨膜稳定的电位差是一件相对简单的事情，只需要离子的浓度差和选择性离子通透性。然而，以下三个问题值得我们注意：

1. 膜电位的巨大改变是由离子浓度的较小变化引起的 K^+ 流向胞外直到膜电位由 0 mV 达到 -80 mV，这种离子的再分布仅仅只需要细胞膜两侧 K^+ 浓度较小的变化。如对一个直径 50 μm、胞内含 100 mmol/L K^+ 的细胞，据计算使膜电位由 0 mV 达到 -80 mV 需要的浓度变化约为 0.000 01 mmol/L，也就是说，当通道插入细胞膜，K^+ 外流达到平衡后，胞内 K^+ 浓度从 100 mmol/L 降低到 99.999 99 mmol/L。这个浓度变化几乎可以忽略不计。

2. 净电荷差发生在膜的内外表面 磷脂双分子层很薄（< 7.5 nm），从而细胞膜两侧的离子之间才能产生静电相互作用，因此神经元膜内的负电荷和膜外的正电荷因相互吸引，从而分布在细胞膜的两侧。并且，胞内电荷分布不是均匀的，主要集中在膜的内表面。因此细胞膜也被认为有储备电荷的能力，这种性质称为电容。

3. 离子被驱动跨膜运动的速率与膜电位和平衡电位之差成正比 在神经元中，对于 K^+，当膜电位和钾平衡电位不相等且 K^+ 通道开放时，就有 K^+ 的净运动。对于特定离子而言，实际膜电位和平衡电位之间的差值（$V_m - E_{ion}$）就称为离子驱动力（ionic driving force）。

三、Nernst 方程

已知离子的跨膜浓度差，可通过 Nernst 方程计算其平衡电位。细胞内外的离子同时受到两种力的作用。一种是静电力，细胞内外存在电势差，负的膜电位吸引带正电荷的离子，使其流入细胞内，排斥带负电荷的离子，使其流出细胞；另一种是离子浓度差导致的扩散力，离子倾向于从浓度高的地方扩散到浓度低的地方，当离子受到的这两种力相互抵消时，离子处于平衡态。为了方便讨论，我们假设细胞内外只有一种类型的离子存在。

由热力学理论可知，分子处于能量 E 状态的概率同玻尔兹曼因子成正比，即 $p(E) \propto \exp(-E/kT)$，其中 k 为玻尔兹曼常数，T 为温度。考虑电荷量为 q 的正电荷在一个静电场中，其能量为 $E(x) = qu(x)$。其中 x 为电荷所处位置，$u(x)$ 为该位置处的电势。由于离子数目很大，分子处于能量 E 状态的概率近似等于处于能量 E 状态的离子密度。对于正电荷，在低电势的地方，离子密度更大。记 $n(x)$ 为在位置 x 处的离子密度，则有

$$\frac{n(x_1)}{n(x_2)} = \exp\left[-\frac{qu(x_1) - qu(x_2)}{kT}\right] \quad (2)$$

因此，电势差 $\Delta u = u(x_1) - u(x_2)$ 导致了

表 2-3-1　自由离子浓度和平衡电位

离子	枪乌贼巨轴突			哺乳类神经元		
	胞外浓度（mM）	胞内浓度（mM）	平衡电位（mV）	胞外浓度（mM）	胞内浓度（mM）	平衡电位（mV）
Na^+	440	50	$+55$	145	12	$+65$
K^+	20	400	-75	5	140	-84
Ca^{2+}	10	0.4	$+40$	2	0.0001	$+125$
Cl^-	560	52	-60	125	9	-67

离子密度的不同。由于这是一种平衡状态；反之，离子密度的不同也导致了电势差。因此，已知离子的跨膜浓度差，则有

$$E_{\text{ion}} = \Delta u = \frac{kT}{q} \ln \frac{n_2}{n_1} \qquad (3)$$

该电位称为 Nernst 电位（Nernst potential）或平衡电位（equilibrium potential）。其中 n_2 为细胞外离子浓度，n_1 为细胞内离子浓度。记住：平衡是顺浓度梯度的驱动力和电荷间同性相斥，异性相吸的静电力相互平衡。离子热能的增加增强了扩散，从而提高了离子的平衡电位，即 E_{ion} 同温度 T 成正比。

胞内钾离子浓度（≈ 140 mM）高于胞外钾离子浓度（≈ 5 mM）。钾离子带有一个单位正电荷 $q = 1.6 \times 10^{-19}$ C。玻尔兹曼常数 $k = 1.4 \times 10^{-23}$ J/K，由（3）可得，在温度 $T = 288$ K 下，$E_K = -84$ mV。同理可得 $E_{\text{Na}} = +65$ mV。

注意 Nernst 方程中并没有考虑离子的通透率或者离子电导，因此计算离子的平衡电位只需知道膜内外离子浓度，而不需要了解膜对离子的选择性和通透性。膜内外的各种离子都有其平衡电位。E_{ion} 为平衡离子浓度梯度的膜电位，因此在平衡电位下，即使膜对该离子有通透性，也没有净离子流动。

四、离子的跨膜分布

由上述可知，神经元的膜电位取决于膜两侧的离子浓度。表 2-3-1 为离子浓度的估计值。对于不同的神经元，其数值可能有不同，但 Na^+ 和 Ca^{2+} 总是膜外高于膜内，K^+ 总是膜内高于膜外。对于 Na^+，膜内外浓度差导致 $E_{\text{Na}} = +65$ mV，当假定膜外电势等于零时，这意味着在平衡时膜内有一个正的电势，Na^+ 可通过离子通道由膜的一侧流向膜的另一侧。从而，当膜电位小于 Na^+ 的平衡电位时，Na^+ 则会通过离子通道顺浓度梯度流向膜内。反之，当膜电位大于 Na^+ 平衡电位时，Na^+ 则会流向膜外。因此，当膜电位经过 E_{Na} 时，Na^+ 电流的方向将会变化，E_{Na} 也称为反转电位（reversal potential）。

膜内外离子浓度梯度如何积累形成的？神经元膜上的离子泵对形成离子浓度梯度非常重要。在细胞神经生理学中，有两种离子泵特别重要：钠-钾泵（sodium-potassium pump）以及钙泵（calcium pump）。钠-钾泵是一种酶，通过降解 ATP 释放能量驱动该泵，使得膜内 Na^+ 与膜外 K^+ 交换。在该泵的作用下，离子可以逆浓度梯度移动，确保了 K^+ 集中在膜内，而 Na^+ 集中在膜外。值得注意的是，这样的跨膜运动是需要消耗能量的。并且据估计，钠-钾泵消耗的 ATP 约占大脑 ATP 消耗量的 70%。钙泵也是一种酶，其将 Ca^{2+} 从膜内运输到膜外。此外，还可以通过一些其他的途径，包括膜内钙结合蛋白和细胞器，例如线粒体和某些可以富集钙离子的内质网等，使得膜内的 Ca^{2+} 浓度保持非常低的水平。

离子泵的存在及正常运转确保了离子浓度梯度的建立和维持。若没有离子泵，静息膜电位也将不复存在。

五、膜在静息状态下离子的相对通透性

离子泵建立了神经元的跨膜离子浓度梯度。结合离子浓度和 Nernst 方程，可以得到各离子的平衡电位。当膜内外只含有一种离子时，并且膜对该离子有单一选择通透性时，膜电位就等于该离子的平衡电位。然而，神经元包含许多离子，且并非只对单一离子有通透性。如我们可以考虑只有 Na^+ 和 K^+，若神经元只允许 Na^+ 通过，则此时的膜电位应该等于 E_{Na}。反之，若神经元只允许 K^+ 通过，此时的膜电位应该等于 E_K。若神经元对 Na^+ 和 K^+ 有相同的通透性，此时的膜电位应该等于 E_{Na} 和 E_K 的平均值。若神经元膜对 K^+ 有更高的通透性，膜电位将位于 E_{Na} 和 E_K 之间，但更接近于 E_K。这近似于神经元内的真实情形。静息膜电位为 -65 mV，其接近但未到达 K^+ 的平衡电位 -84 mV，这种差异是由于虽然细胞膜对 K^+ 具有更高的通透性，但仍然有 Na^+ 流入细胞。

六、乌贼轴突的膜电位

Bernstein 在 1902 年首次提出，静息膜电位的产生是细胞外和细胞内溶液中钾离子不等分布的结果。由于当时没有满意的测量膜电位的方法，他不能直接验证这个假说。但随着技术的发展，现在已经有方法能够精准的测量膜电位，并确定胞内外钾离子浓度的变化会导致膜电位符合 Nernst 关系式的变化。

第一个这样的实验是在支配枪乌贼外套的巨轴突上进行的。这些轴突的直径为 1 mm。该尺寸使

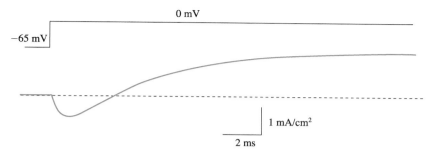

图 2-3-1　枪乌贼巨轴突的电压钳记录
膜电位保持在 －65 mV，然后去极化到 0 mV（引自参考文献中的原始文献 2）

得我们能够将记录电极插入到其胞质中直接测量膜电位。而且，由于枪乌贼轴突具有惊人的恢复力，即使用橡胶滚筒将轴浆挤压出来，并用内部灌流液代替后，其还能继续行使功能。这样，它们的内、外离子组分均能被控制。Hodgkin 和 Huxley 一起首先利用枪乌贼轴突做了许多实验（图 2-3-1），后来他们也因此荣获了诺贝尔奖。

　　枪乌贼巨轴突上一些主要离子浓度列于表 2-3-1（已略去一些离子，如镁离子和内部阴离子）。分离的轴突的实验通常在海水中进行，细胞内外钾离子浓度为 40：1。如果膜电位和钾离子的平衡电位相等，则其应该为 －93 mV。事实上，得到的膜电位远没有这么小，为 －65 mV ～ －70 mV。另一方面，膜电位要比氯离子的平衡电位 －55 mV 更小。

　　通过测量静息膜电位，并把其和不同胞外离子浓度时的钾离子平衡电位相比较，从而检验 Bernstein 假说。根据 Nernst 方程，在室温下，浓度比每改变 10 倍，膜电位应改变 58 mV。图 2-3-2 显示以枪乌贼轴突为材料，改变胞外钾离子浓度后，测量膜电位的实验结果。胞外钾离子浓度绘制于对数刻度的横坐标上，纵坐标为膜电位。通过观察可以看到，当胞外钾离子浓度高于一定程度时，膜电位和钾离子浓度才表现预料中的线性关系，且比例

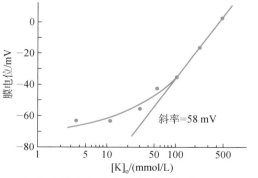

图 2-3-2　枪乌贼轴突中膜电位与胞外钾离子浓度的关系，绘于半对数坐标中。直线是根据 Nernst 方程绘出
（引自参考文献中的原始文献 1）

同期望一致：胞外钾离子浓度每改变 10 倍时，膜电位改变 58 mV。而在胞外钾离子浓度较小时，随着胞外钾离子浓度的升高，膜电位的改变较小。这个结果表明：钾离子的分布不是决定膜电位的唯一因素。

七、恒定场方程

　　要确定神经元的静息膜电位，就必须考虑跨膜的各离子电流。流向胞内的钠离子电流 i_{Na} 取决于钠离子的驱动力（$V_m - E_{Na}$）和膜对钠离子的通透性，即钠离子的膜电导 g_{Na}。钠离子的膜电导取决于神经元处于静息状态时，钠离子通道开放的数目：通道开放的越多，电导越大。因此，钠离子电流

$$i_{Na} = g_{Na}(V_m - E_{Na}) \tag{4}$$

同理，对钾离子和氯离子有：

$$i_K = g_K(V_m - E_K) \tag{5}$$

$$i_{Cl} = g_{Cl}(V_m - E_{Cl}) \tag{6}$$

若假设氯离子处于平衡状态，即 $i_{Cl} = 0$，膜电位保持恒定，钾离子和钠离子电流必须相等且反向才能使得净电流等于 0。

$$g_K(V_m - E_K) = -g_{Na}(V_m - E_{Na}) \tag{7}$$

重新整理方程，我们可以得到膜电位的表达式：

$$V_m = \frac{g_K E_K + g_{Na} E_{Na}}{g_K + g_{Na}} \tag{8}$$

观察这个关系式，当钾离子的电导远大于钠离子的电导时，即 $g_K \gg g_{Na}$，若要钾离子电流和钠离子电流相等，则钾离子的驱动力需远小于钠离子的驱动力，从而此时的膜电位更接近 E_K 而不是 E_{Na}。相反，若 g_{Na} 更大，则膜电位更接近 E_{Na}。

　　若氯离子不处于平衡状态，同理跨膜离子电流平衡，则有

$$V_m = \frac{g_K E_K + g_{Na} E_{Na} + g_{Cl} E_{Cl}}{g_K + g_{Na} + g_{Cl}} \tag{9}$$

这个观点最初由 Goldman 提出，后来 Hodgkin 和

Katz 也独立加以阐述，但是他们是从胞外离子浓度（[K]$_o$、[Na]$_o$、[Cl]$_o$）和胞内离子浓度（[K]$_i$、[Na]$_i$、[Cl]$_i$）以及细胞膜对各离子的通透性，推导出膜电位的方程，而不是从平衡电位和电导的角度。

$$V_m = \frac{RT}{zF} \ln \frac{p_K [K]_o + p_{Na} [Na]_o + p_{Cl} [Cl]_i}{p_K [K]_i + p_{Na} [Na]_i + p_{Cl} [Cl]_o}$$

$$= 58\log \frac{p_K [K]_o + p_{Na} [Na]_o + p_{Cl} [Cl]_i}{p_K [K]_i + p_{Na} [Na]_i + p_{Cl} [Cl]_o} \quad (10)$$

其中，R 为普适气体常数，T 是绝对温度，z 为通透离子的化合价，F 是法拉第常数。同之前类似，若氯离子处于平衡状态，则关于氯离子的那项不存在。此方程（10）称为恒场方程（constant field equation）。由于上述推导的前提之一是跨膜的电压梯度（或场）是均匀的。此方程类似电导方程，并且可做出相同的预测：当细胞膜对钾离子的通透性远高于钠离子和氯离子时，关于钠离子和氯离子的那几项就可以忽略不计，从而得到膜电位就近似等于钾离子的平衡电位：

$$V_m = 58\log \frac{p_K [K]_o}{p_K [K]_i} \quad (11)$$

同理，增加膜对钠离子的通透性则会导致膜电位向钠离子的平衡电位移动。

恒场方程说明了膜电位取决于膜对主要离子的相对电导（或膜对离子的通透性）和离子的平衡电位。在真实静息状态下，膜对钾离子和氯离子的通透性相对较高，因此，静息膜电位更接近钾离子和氯离子的平衡电位。当钠离子的通透性增加时，如在动作电位或兴奋性突触后电位期间，膜电位就会向钠离子的平衡电位移动。

八、静息膜电位

虽然恒定场方程十分有用，但由于其前提假设跨膜电位净电流等于零不是十分合适的，其不能对静息膜电位提供精确表达。真实情况是，对处于稳定条件下的细胞而言，各种离子的净电流都必须等于零，但在恒定场方程的假设下，其意味着细胞内逐渐充满钠离子和氯离子，流出钾离子，这显然不符合实际情况。细胞通过钠-钾泵使得细胞内的钠离子、钾离子浓度保持恒定。随着钠离子流入细胞，钾离子流出细胞，钠-钾泵消耗能量以相反方向转运相匹配的各种离子，从而使细胞维持在稳定的状态。

因此，为了对静息膜电位有更完整精确的表达，就必须考虑离子电流和离子泵的活动。在氯离子处于平衡的情况下，首先，考虑钠离子和钾离子被动跨膜流动产生的电流公式（4）和公式（5），但我们不再假设钠离子电流和钾离子电流大小相等、方向相反。若我们知道二者之间的关系，同样可以推导得到膜电位方程。泵的概念由此引入，每水解一个 ATP 释放的能量能够让钠-钾泵输送 3 个钠离子到胞外，同时摄取 2 个钾离子到胞内，保持细胞内外钠离子和钾离子浓度稳定，这也意味这被动离子电流也存在相同的比例，再加上钠离子电流和钾离子电流方向相反，则有 $\frac{i_{Na}}{i_K} = -\frac{3}{2}$，从而有

$$\frac{i_{Na}}{i_K} = \frac{g_{Na}(V_m - E_{Na})}{g_K(V_m - E_K)} = -1.5 \quad (12)$$

重新整理方程（12），可以求得膜电位方程

$$V_m = \frac{1.5 g_K E_K + g_{Na} E_{Na}}{1.5 g_K + g_{Na}} \quad (13)$$

此方程与恒定场方程推导得到的膜电位方程类似，因此可做相同的预测：膜电位取决于 g_K 和 g_{Na} 的相对大小。不同之处在于，钾离子的项乘以了 1.5，因此，在膜对钾离子的通透性更大的情况下，膜电位更接近钾离子的平衡电位。

总而言之，真实细胞在静息状态时，钠离子的被动内流是钾离子被动外流的 1.5 倍，而非二者大小相等、方向相反。被动离子电流大小是由两种离子的平衡电位和电导所决定的，大小 3：2 的比例则是由离子泵的转运特性决定的。

Mullins 和 Noda 首先在研究真实细胞静息膜电位的表达式时，把转运活动考虑在内。他们利用细胞内微电极，研究肌肉中离子的变化对膜电位的影响。如同 Goldman、Hodgkin 和 Katz，他们从膜对离子的通透性和电导推出了膜电位的表达式，这同上述用电导和平衡电位推导出的方程等价：

$$V_m = 58\log \frac{r p_K [K]_o + p_{Na} [Na]_o}{r p_K [K]_i + p_{Na} [Na]_i} \quad (14)$$

其中 r 是转运比（3：2）的绝对值。倘若其他通透离子处于稳态，如氯离子等，则此方程提供了对静息膜电位的精确描述。

九、氯离子的分布

若上述推导考虑氯离子情况会如何？同其他离子类似，跨膜氯离子的净电流等于零。氯离子能单纯通过调节胞内浓度达到平衡而不影响稳态膜电

位。然而，在许多细胞中，也存在氯离子的转运系统。在枪乌贼轴突及肌肉中，氯离子被主动地转运到细胞内，而在许多神经细胞中主动转运是向细胞外的。内向转运的结果是，平衡浓度有所增加，导致氯离子向胞外泄露，以平衡相反方向的转运。

十、膜电位的预测值

由上述膜电位的方程，我们可以代入真实数字，来预测膜电位。在枪乌贼轴突上，钠离子和钾离子的通透性常数之比约为 0.04∶1.0。利用这个相对值及表 2-3-1 中离子浓度值，通过公式（14）可以计算出海水（海水中钾离子浓度为 10 mmol/L，钠离子浓度为 460 mmol/L）中静息膜电位：

$$V_m = 58\log\frac{1.5\times10 + 0.04\times460}{1.5\times400 + 0.04\times50} = -73 \text{ mV} \quad (15)$$

从上式我们可以定量观察到，当细胞外钾离子浓度改变时，为什么膜电位没有随着钾离子的平衡电位的改变而线性改变。首先，在该情况下，胞外钾离子浓度为 1.5×10 = 15 mmol/L，钠离子浓度为 0.04×460 = 18.4 mmol/L，可以看到钾离子在半对数坐标下对总体静息膜电位的贡献率约为 45%。从而，当细胞外钾离子浓度变为两倍时，钾离子的平衡电位在半对数坐标下变为两倍，但并不会使得膜电位在半对数坐标下变为两倍，从而胞外钾离子浓度改变对膜电位的影响比钾离子是唯一可通透离子时的预期要小。但当细胞外钾离子的浓度升高到一定的水平时，钾离子的那一项在膜电位中占支配地位，使得其浓度每改变 10 倍，膜电位产生 58 mV 变化的理论极限。并且，另一个因素也加强了该效应：许多钾离子通道是电压激活的，当细胞外钾离子增多使得膜去极化时，通道开放。由于对钾离子的通透性增加，使得钠离子对膜电位的相对贡献进一步减弱。

总体来说，神经细胞的静息电位在 - 70 mV 水平。某些细胞，如脊椎动物骨骼肌细胞，静息膜电位可以为 - 90 mV 或更小，这反映出钠离子的通透性和钾离子的通透性的比例较低。特别是神经胶质细胞，对钠离子的通透性非常低，以至于它们的静息电位几乎和钾离子的平衡电位一样。其他细胞，

如水蛭神经节细胞和视网膜感受器，膜对钠离子的通透性相对较高，其静息电位只有 - 40 mV。

膜电位的变化

我们讨论的静息膜电位是指在稳态条件下的。例如，胞外氯离子浓度的变化对静息膜电位几乎没有影响，因为胞内氯离子浓度会适应这种变化。也就是说，胞外氯离子的浓度的改变会使得膜电位有一个瞬时的变化，但是膜电位经过长时间达到的稳态值不会改变。稳态电位是一个基线，所有膜电位的变化都叠加其上。这样的电位变化是如何产生的呢？一般来说，瞬时的变化，如那些介导神经系统中细胞间信号传递的变化，是膜通透性瞬时变化的结果，正如我们已从恒场方程得知，钠离子通透性的增加（或者钾离子通透性的降低）使得膜电位向钠离子的平衡电位的方向移动，产生去极化。相反，钾离子的通透性增加将导致膜电位朝着钾离子的平衡电位方向移动，产生超极化。信号传导中另外一种重要的离子是钙离子。胞内钙离子浓度很低，在大多数细胞中，$E_{Ca} > + 150$ mV，因此钙离子通透性增加导致钙内流和去极化。

氯离子通透性在控制膜电位中的作用特别值得注意。正如之前所说，氯离子对静息膜电位的影响很小，但胞内氯离子浓度为膜电位所调节并受到细胞膜上氯转运机制的修饰。氯离子的通透性的瞬时增加，可以产生超极化的影响，也可以产生去极化的影响，这取决于氯离子的平衡电位相对于静息电位是负还是正。不管是哪一种情况，电位变化通常还是相对较小的。即使这样，氯离子通透性增加对信号传递的调节依然非常重要，因为它倾向于把膜电位维持在氯离子的平衡电位的附近，因此减弱了其他影响因素所引起的电位变化。

通过这种方式稳定膜电位，对于控制许多静息时有较高氯通透性的细胞（如骨骼肌细胞）的兴奋性是重要的。在这类细胞中，阳离子的瞬时内流导致的去极化相对较小，这是因为经此开放通道的氯离子内流已经抵消了其中一部分。这一机制具有重要意义，如多种肌肉疾病是因为氯通道突变使得氯离子电导减小导致的，病变的肌肉由于失去了高氯电导的正常稳定化作用而超兴奋（肌紧张）。

第二节　神经元的电学性质

一、细胞膜的被动电学特性

神经元的被动电学性质（passive electrical property），特异地说，神经细胞膜的电阻和电容以及胞质电阻，在信号传递过程中起主要作用。在感觉终末器官中，它们是刺激与动作电位产生的纽带，它们使脉冲沿轴突扩散和传播；在突触处，它们使突触后神经元将许多刺激产生的突触电位进行加减。要理解动作电位的发生和传播及突触输入间的相互作用等现象，必须知道电信号是如何沿神经元传播的。

二、膜电容

神经元的细胞膜骨架是由两层磷脂分子构成，该骨架是绝缘的。细胞膜在让离子流过的同时，还在其内外表面积累电荷。从电学的角度上来讲，电荷分隔意味着细胞膜具有电容器的性质。一般来讲，电容器是由被一层绝缘材料分隔开的两块导电片（称为极板）组成。在神经细胞中，导体是细胞膜两边的两层液体，绝缘体是细胞膜本身。当一个电容器的两块极板接上电池充电时，其中一块极板会聚集正电荷，另一块极板会聚集负电荷。其电容定义为对其每加 1 V 电压，积累的电荷的多少，即 $C = Q/V$。两极板越接近，那么它们分隔并存储电荷的能力越强。而细胞膜仅约 5 nm 厚，所以它能存储相对较大量的电荷。在生物物理学领域内，电容通常用特定膜电容（specific membrane capacitance，C_m）来衡量，即单位面积上的电容，单位通常为 $\mu F/cm^2$，C_m 通常在 $0.7 \sim 1 \mu F/cm^2$，总的膜电容 C 为 C_m 乘以总细胞膜面积。典型的神经细胞膜电容为 $1 \mu F/cm^2$（$1 \mu F = 10^{-6}F$），变换上述等式，存储在电容器上的电荷为 $Q = CV$，因此，若细胞的静息膜电位为 -65 mV，则在细胞膜内表面单位面积上的净负电荷的量为 $(1 \times 10^{-6}) \times (65 \times 10^{-3}) = 6.5 \times 10^{-8} C/cm^2$，这个值等价于对每平方厘米膜有 4.1×10^{11} 个单价离子。当细胞膜两侧的电压发生变化时，便会产生由电容和电压变化引发的电流，称为电容电流，记为 I_C，其可以由电荷和电压的关系推导出来，

$$I_C = \frac{dQ}{dt} = C \frac{dV_m(t)}{dt} \qquad (16)$$

电容电流正比于电容器上电压的变化率，在给定电流的情况下，膜电容越大，膜电位变化越缓慢。

三、膜电阻

细胞膜上富集着大量的蛋白质，包括离子通道、酶、离子泵以及受体，如果把细胞膜比作围墙，这些蛋白质就像围墙上的门，每种门都需要特定的钥匙开启，即只有特定的信号或物质能够通过特定的门来传递。其中，离子能够进出离子通道，使得细胞膜可以像电阻一样导电，因此我们将细胞膜的电阻称为膜电阻 r_m，其单位为 $\Omega \cdot cm$。这种尺度看起来也许很奇怪，但是如果我们意识到膜电阻随着纤维的长度的增加而减小的话（会有更多的通道使得电流经膜泄露），那就不足为奇了。由于 r_m 表征的是长为 1 cm 的圆柱形轴突的膜电阻特性，它没有提供细胞膜本身的电阻特性的精确信息（还取决于纤维的大小）。因此，膜电阻通常用特定膜电阻（specific membrane resistance，R_m）来衡量，也称为比电阻，单位通常为 $\Omega \cdot cm^2$，即 $1 cm^2$ 膜的电阻。膜电阻 r_m 等于比电阻 R_m 除以膜的表面积，即 $R_m = 2\pi aLr_m$（a 为半径，此时长度 L 为 1 cm 的轴突）。由于 R_m 和神经元的几何形状无关，因此我们能将一个神经元的细胞膜与另一个具有不同大小或形状的神经元的细胞膜相比较。在大多数神经元中，R_m 主要由静息时膜对钾离子和氯离子的通透性决定的。这些性质在不同细胞之间差异很大。Hodgkin 和 Rushton 报道，在龙虾轴突中 R_m 的平均值约为 2000 $\Omega \cdot cm^2$，在其他标本中，测量结果范围从小于 1000 $\Omega \cdot cm^2$（膜上具有大量通道）到 5000 $\Omega \cdot cm^2$（膜上通道相对较少）。

同理，轴浆电阻（即内部纵向电阻）r_i 表示为 Ω/cm。轴浆的比电阻 R_i，单位为 $\Omega \cdot cm$，是横截面积为 $1 cm^2$、长度为 1 cm 的轴突轴向内阻。它也和神经元的几何形状无关，并且是对离子通过胞内空间自由程度的一种度量。为了在圆柱形轴突中

由 r_i 计算 R_i，沿圆柱体中心，电阻随着截面积的增大而减小。因此，1 cm 长的轴突电阻 r_i 等于 R_i 除以轴突截面积：$r_i = R_i a^2$。在枪乌贼神经中，R_i 的值约为 30 $\Omega \cdot cm$（20℃），这个值是从枪乌贼轴浆离子成分估计得到的。在哺乳动物中，胞质中的离子浓度较低，比电阻较高，在 37℃ 时约为 125 $\Omega \cdot cm$，蛙中的离子浓度更低，其比电阻在 20℃ 时约为 250 $\Omega \cdot cm$。

流经膜电阻的电流称为电阻电流，记为 I_R，根据欧姆定律计算可得，

$$I_R = \frac{V_m(t) - V_{rest}(t)}{R} \quad (17)$$

四、膜的电路模型

为了更方便地研究神经元的性质，我们需要对细胞膜进行建模。已知细胞膜具有电容性质和电阻性质，我们可以将其建模成一个电阻-电容电路（resistor-capacitance circuit，RC 电路），如图 2-3-3 所示。与电容器并联的是由电阻所表示的电导通路，它允许离子流进和流出细胞。在每一条通路中，电阻与相关离子的电导成反比；离子的电导越大，则对电流流动的阻力越小。经过电阻的离子电流由电池驱动，而这些电池即为每种离子的平衡电位与静息膜电位的差值。由第二、第三节已知电容电流和电阻电流，假设我们向细胞注射 $I_{inj}(t)$ 电流，基于方程 16 和方程 17，根据基尔霍夫电流定律（Kirchhoff's Current Law）得，

$$C \frac{dV_m(t)}{dt} + \frac{V_m(t) - V_{rest}(t)}{R} = I_{inj}(t) \quad (18)$$

设时间常数 $\tau = RC$，单位为 $\Omega \cdot F$，即为时间

单位 s，我们可以将方程（18）重新写为

$$\tau \frac{dV_m(t)}{dt} = - V_m(t) + V_{rest}(t) + RI_{inj}(t) \quad (19)$$

上式即为细胞膜的电学模型，注意，时间常数 τ 与细胞膜面积无关，这是因为半径增大（膜表面积增大）不但使得电容增大，还使得电阻相应地减小。假设细胞膜总面积为 S，则

$$\tau = RC = \frac{RSC}{S} = RS \cdot \frac{C}{S} = R_m C_m \quad (20)$$

五、线性电缆理论

电缆理论（cable theory）是用偏微分方程描述电压演化过程的一套理论，我们这里只介绍线性电缆理论（linear cable theory），其描述的神经元动力学过程不包含非线性主动离子通道电流，并且神经元接收的外界输入电流也不依赖于电压，此时仅将神经元看作包含电阻和电容的被动的细胞膜，即在动作电位阈值以下的电位变化，不激活任何电压敏感的、会改变膜电阻的通道。虽然这并不能反映神经元的真实活动，但为研究神经元的真实活动奠定了基础。

对于电流在电缆中扩散，我们可以设想以下情景：热沿着浸没在导热物质里（例如水）的绝缘的金属棒扩散。如果这根棒的一端被持续加热，热会沿着棒扩散，并一边扩散一边散失至周围的介质中去。距离加热端越远，温度越低；随着温度因距离而降低，热散失的速率也降低。假设周围介质是热的良导体，则热扩散的距离主要依赖于棒的导热性和绝缘层防止热散失的有效性。

电流在电缆中的流动也同上类似。在电缆一端注入电流，电流一边会沿着电缆扩散，一边也会穿过绝缘体而散失到周围的介质中。离该端越远，电流越小。电流扩散的距离依赖于导体的导电性以及绝缘体的绝缘效果。低阻抗的绝缘体，使得电流在来不及扩散到远处就已经漏失殆尽，高阻抗的绝缘体则使电流能够沿着电缆扩散到更远的地方。

在轴突中，电流由离子流动所承载：如果我们利用微电极向一根神经纤维注入电流，从微电极尖端流入轴突胞质的正电荷，会排斥其他正离子，吸引负离子。轴突胞质中最多的离子是钾离子，因此，其承载大部分电流。电流沿着轴突轴向流动；当它离开电极时，其中一部分电流因离子穿过细胞膜而损失。电压沿轴突的扩散距离依赖细胞膜相

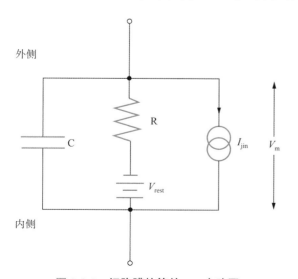

图 2-3-3　细胞膜的等效 RC 电路图

对胞质的电阻。低电阻的细胞膜具有较高的离子电导，使得电流未扩散到多远就泄露殆尽；高电阻的细胞膜，使得更多的电流轴向扩散，而不至于散失到外部溶液中。

我们可以将神经元分割为一个个串联的短的圆柱体，其等效电路如图 2-3-4 所示，设轴向电阻为 R_i，代表了每个圆柱体中点到下一个圆柱体中点的轴浆电阻。胞外电阻为 R_e，代表了在胞外空间中每个圆柱体到下一个圆柱体之间的轴向电阻（$r_a = R_a/\Delta x$，$r_e = R_e/\Delta x$ 为单位长度的细胞内外电阻，单位为 Ω/cm）。由欧姆定律可知，细胞膜内部和外部两点之间的电压差与轴向电流和轴向电阻的乘积相等，即

$$V_i(x,t) - V_i(x + \Delta x, t)$$
$$= r_a \Delta x I_i(x,t),\ V_e(x,t) - V_e(x + \Delta x, t)$$
$$= r_e I_e \Delta x(x,t) \qquad (21)$$

但由于记录槽中的神经元通常浸浴在大量的液体中，胞外沿圆柱体的轴向电阻通常认为是零，即 $R_e = 0$。当 $\Delta x \to 0$ 时，且细胞膜外部电势 $V_e = 0$ 时，$V_m = V_i$，即得

$$\frac{\partial V_m}{dx}(x,t) = -r_a \cdot I_i(x,t) \qquad (22)$$

其中，I_i 为细胞内的轴向电流，假设向 x 增大的方向流为正向，根据基尔霍夫电流定律，在每个节点处电流守恒，得到膜电流与两个方向的轴向电流的和为 0，即，

$$i_m(x,t)\Delta x + I_i(x,t) -$$
$$I_i(x - \Delta x, t) = 0 \qquad (23)$$

其中，i_m 即为单位长度上的膜电流，当 $\Delta x \to 0$ 时，

$$i_m(x,t) = -\frac{\partial I_i}{\partial x}(x,t) \qquad (24)$$

代入方程（22）得，

$$i_m(x,t) = \frac{1}{r_a}\frac{\partial^2 V_m(x,t)}{\partial x^2} \qquad (25)$$

由上一节可知，膜电流由电阻电流、电容电流和注入电流组成，即，

$$i_m(x,t) = \frac{V_m(x,t) - V_{rest}}{r_m} + c_m\frac{\partial V_m(x,t)}{\partial t}$$
$$- i_{ext}(x,t) \qquad (26)$$

假设膜的电学特性不随 x 改变，将方程 26 代入方程（25）得，

$$\lambda^2\frac{\partial^2 V_m(x,t)}{\partial x^2} = \tau_m\frac{\partial V_m(x,t)}{\partial t}$$
$$+ (V_m(x,t) - V_{rest}) - r_m i_{ext}(x,t) \qquad (27)$$

其中 $\lambda = (r_m/r_a)^{1/2}$ 称为空间常数，$\tau_m = r_m c_m$ 称为时间常数。在对坐标系做一个变换后，将其转化为无量纲变量。

$$x \to \hat{x} = \frac{x}{\lambda},\quad t \to \hat{t} = \frac{t}{\tau}$$

再对电压和电流变量做一个平移，

$$V_m \to \widehat{V_m} = V_m - V_{rest}\quad i_{ext} \to \hat{i}_{ext} = r_m i_{ext}$$

我们可以得到（在不混淆的情况下，将 $\widehat{V_m}$ 简写为 V_m）

$$\frac{\partial V_m(x,t)}{\partial t} = \frac{\partial^2 V_m(x,t)}{\partial x^2}$$
$$- V_m(x,t) + i_{ext}(x,t) \qquad (28)$$

方程（28）即为线性电缆方程，该式非常容易理解。在位置 x 处，其电压随时间的变化由三项决定。方程（28）右边第一项表示的是电流沿着神经元的扩散项，如果电压关于空间 x 是凸函数的话，那么这一项是正的。第二项是衰减项，会导致电压指数衰减到零。第三项是外界输入，是这个偏微分方程的非齐次项。这个输入可以是外部输入的电流或突触输入。

六、电缆方程的稳态解

为了更直观地理解电缆方程的动力学，我们可以求解方程（28）的稳态解，即 $\frac{\partial V_m(x,t)}{\partial t} = 0$。在该条件下，这个偏微分方程就变成了关于空间 x 的常微分方程。

$$\frac{\partial^2 V_m(x,t)}{\partial x^2} - V_m(x,t) = -i_{ext}(x,t) \qquad (29)$$

方程（29）对应的齐次方程（$i_{ext}(x,t) = 0$）的通解为［可直接将其代入方程（29）验证］

$$V_m(x,t) = c_1 \sinh(x) + c_2 \cosh(x) \qquad (30)$$

其中 c_1、c_2 为常数，由边界条件确定。

当外界输入不等于零时，我们可以通过以下标准方法找到对应的解。对于一个在 $x = 0$ 处的稳定的输

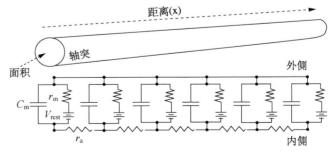

图 2-3-4　被动细胞膜的等效电路

入电流 $i_{\text{ext}}(x,t) = \delta(x)$，边界条件为 $V_m(\pm\infty) = 0$，我们可以解得

$$V_m(x,t) = \frac{1}{2} e^{-|x|} \qquad (31)$$

如图 2-3-5 所示，这个解是关于 $\hat{x} = \dfrac{x}{\lambda}$ 的函数。如果我们重新替换物理单位，我们可以得到

$$V_m(x,t) = \frac{1}{2} e^{-\left|\frac{x}{\lambda}\right|} \qquad (32)$$

因此，在膜电压达到稳定后，电压随着离电极的距离的增大而指数衰减，峰值电位的变化与注入的电流的大小成正比。除此之外，神经元上每隔长度 λ，膜电压下降 $\dfrac{1}{e}$ 倍，λ 衡量了电压变化沿纤维能扩散多远。

对于任意的稳定的输入电流，可以通过平移基本解方程（31）的叠加得到方程（29）的解，即

$$V_m(x,t) = \int dx' \frac{1}{2} e^{-|x-x'|} i_{\text{ext}}(x') \qquad (33)$$

这是一个将格林函数应用于稳定情况的例子，更一般的情况将会在下面讨论。

七、被动电缆的格林函数

下面我们主要讨论电压方程。格林函数定义为：当外界输入为狄拉克脉冲（Dirac δ pulse，指的是函数在除了零以外的点取值都等于零，而在其整个定义域上的积分等于一的广义函数）时，线性方程 28 的解称为格林函数。由于方程是线性的，对于任何给定的输入，我们都可以通过叠加格林函数来得到对应方程的解。因此，格林函数也被视为微分方程的基本解。下面我们考虑对于两端都无限长的电缆，如何求其格林函数？

当 $t = 0$ 时，在位置 $x = 0$ 处注入一个强的电流脉冲 $i_{\text{ext}}(x,t)$，则在任意时间任意位置处的电压为

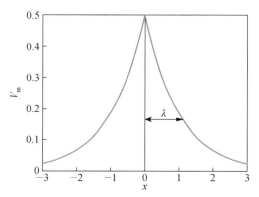

图 2-3-5　$i_{\text{ext}}(x,t) = \delta(x)$ 对应的电缆方程的稳态解

$$V_m(x,t) = \frac{\Theta(t)}{\sqrt{4\pi t}} \exp\left(-t - \frac{x^2}{4t}\right) \qquad (34)$$
$$\equiv G_\infty(x,t)$$

$G_\infty(t,x)$ 表示格林函数。在已知格林函数的基础上，对于一个无限长的电缆，其对应电缆方程的通解为

$$V_m(x,t) = \int_{-\infty}^{t} dt' \int_{-\infty}^{\infty} dx'\, G_\infty$$
$$(x - x', t - t') i_{\text{ext}}(x',t') \qquad (35)$$

因此，格林函数是一个特别优雅和有用的数学工具，一旦我们得到了单个电流脉冲对应的线性电缆方程的解时，我们就可以求出任意输入对应的解，其就等于在所有时刻，所有位置的脉冲输入的积分。

为了验证方程（34）是格林函数，即方程（28）的解，我们可以将方程（34）代入方程（28），记住，我们有 $\dfrac{\partial \Theta(t)}{\partial t} = \delta(t)$，因此可得

$$\left(\frac{\partial}{\partial t} - \frac{\partial^2}{\partial x^2} + 1\right) G_\infty(x,t) =$$
$$\frac{1}{\sqrt{4\pi t}} \exp\left(-t - \frac{x^2}{4t}\right) \delta(t) \qquad (36)$$

根据狄拉克函数定义，当 $t \neq 0$ 时，方程（36）右边等于零；当 $t \to 0$ 时，我们有

$$\lim_{t \to 0} \frac{1}{\sqrt{4\pi t}} \exp\left(-t - \frac{x^2}{4t}\right) \delta(t) = \delta(x) \qquad (37)$$

从而，验证了方程（36）的右边确实是等于方程 40 的右边，从而证明方程（34）是格林函数。

通过上述分析，我们有

$$\left(\frac{\partial}{\partial t} - \frac{\partial^2}{\partial x^2} + 1\right) G_\infty(x,t) = \delta(x)\delta(t) \qquad (38)$$

同时，我们也可以将方程（35）代入方程（28），再交换积分和求导的顺序，从而验证方程（35）是任意电流输入 $i_{\text{ext}}(x_0,t_0)$ 的电缆方程的通解。

$$\left(\frac{\partial}{\partial t} - \frac{\partial^2}{\partial x^2} + 1\right) V_m(x,t)$$
$$= \int_{-\infty}^{t} dt' \int_{-\infty}^{\infty} dx' \left(\frac{\partial}{\partial t} - \frac{\partial^2}{\partial x^2} + 1\right)$$
$$G_\infty(x - x', t - t') i_{\text{ext}}(x',t')$$
$$= \int_{-\infty}^{t} dt' \int_{-\infty}^{\infty} dx'\, \delta(x - x')\delta(t - t')$$
$$i_{\text{ext}}(x',t') = i_{\text{ext}}(x,t) \qquad (39)$$

至于格林函数的推导，由于我们只需要一个特解，从而只需要猜测出一个格林函数，然后验证其确实是对应的电缆方程的解即可。当然，我们也可以一步步推导出格林函数。为了得到格林函数，我们只需要将方程（28）的右端 $i_{\text{ext}}(x,t)$ 替换为在 $t = 0$，$x = 0$ 处的 δ 脉冲，再求对应方程的解。

$$\frac{\partial V_m(x,t)}{\partial t} - \frac{\partial^2 V_m(x,t)}{\partial x^2} + V_m(x,t)$$
$$= \delta(x)\delta(t) \tag{40}$$

对方程（40）两端关于空间 x 做傅里叶变换，我们有

$$\frac{\partial V_m(k,t)}{\partial t} + k^2 V_m(k,t) + V_m(k,t)$$
$$= \delta(t)/\sqrt{2\pi} \tag{41}$$

这是一个关于时间 t 的常微分方程，其解的形式为

$$V_m(k,t) = \exp\left[-(1+k^2)t\right]/\sqrt{2\pi}\,\Theta(t) \tag{42}$$

其中，$\Theta(t)$ 是 Heaviside 函数。对方程（42）做傅里叶逆变换我们可以得到对应的格林函数 $G_\infty(x,t)$。

$$V_m(x,t) = \frac{\Theta(t)}{\sqrt{4\pi t}}\exp\left(-t - \frac{x^2}{4t}\right)$$
$$\equiv G_\infty(x,t) \tag{43}$$

八、时间常数

改变膜电阻会产生跨膜电位的瞬时变化（图 2-3-6，虚线）。然而，由于电容器的充放电需要时间，这就减缓了膜电位的变化，使电信号延长（图 2-3-6，实线）。膜电位的上升可以用如下函数描述：

$$\Delta V = I \times r_m\left(1 - e^{-\frac{t}{\tau}}\right) \tag{44}$$

这里 t 是脉冲开始后的时间，时间常数 τ 是由膜电阻和膜电容的乘积决定的，即 $\tau = RC$。它衡量的是电压升到终值的（$1 - e^{-1}$）（或 63%）倍时所需要的时间。电压下降也是呈指数关系的，时间常数不变。在上升时，电阻电流从 0 开始，呈指数上升到最终值；相反，电容电流则以相同的时间常数下降到 0。在脉冲终止后，因外电流不在施加，流过电阻的唯一电流是流出电容的电流。因此，电阻电流和电容电流必定等值反向。

时间常数如何影响电缆中电流的流动？刚描述的电阻和电容并联的电路，可以用来表示球形神经细胞，该细胞具有的轴突和树突细小，以至于对球形神经元电学性质的影响可以忽略不计。但是对于其他神经元，在膜的电路模型那一节已经证明时间常数与膜面积无关，并且 C_m 对所有神经和肌肉细胞近似相同，约为 $1\ \mu F/cm^2$，从而，时间常数 τ 提供了一个方便的方法来测量细胞的比电阻 R_m。典型的神经和肌肉细胞的时间常数范围为 $1 \sim 20\ ms$。

九、直径对电缆特性的影响

电缆常数 r_m、c_m、r_i 特指 1 cm 纤维的常数。参数 r_m、c_m 依赖于纤维膜的比电阻，比电容和纤维直径。膜电阻 r_m 与膜的比电阻的关系式为 $r_m = R_m/(2\pi a)$。轴浆电阻 r_i 与轴浆的比电阻之间的关系为 $r_i = R_i \pi a^2$。

根据膜电阻中各关系式，我们可以推导出空间常数对纤维直径的依赖关系式：

$$\lambda = \sqrt{\frac{r_m}{r_i}} = \sqrt{\frac{a R_m}{2 R_i}} \tag{45}$$

即，空间常数和半径的平方根成正比。我们可以利用这种关系比较各种纤维，假设膜的比电阻均为 $2000\ \Omega \cdot cm^2$，1 mm 直径的枪乌贼轴突的轴浆比电阻为 $30\ \Omega \cdot cm$，其空间常数约为 13 mm；因为具有小直径和大的轴浆比电阻，50 μm 直径的蛙肌纤维的空间常数仅为 1.4 mm；而 1 μm 直径的哺乳动物的神经纤维空间常数为 0.3 mm。

总之，电缆参数 λ 决定了在一根神经突起中产生信号的扩散距离。例如，在其他性质相同的情况下，尽管小树突比大树突上的兴奋性突触后电位更大，大树突中电位将向胞体扩散得更远（λ 更大）。然而，空间常数 λ 不仅依赖于纤维的大小，还依赖于胞质和膜的电阻特性。假设在任何动物中所有细胞的胞质具有相当的比电阻是比较保险的。关于膜的比电阻的猜测则要不确定得多，其值在不同细胞间可以相差 50 倍或者更多。

十、动作电位传播

在无髓鞘的轴突，动作电位以连续波的形式把膜的去极化从起始处开始向外传播（图 2-3-7）。这种传播依赖于前方活动区被动电流扩散，从而将下一节段去极化到阈值。为说明参与动作电位产生和传播的电流本质，我们可以设想，动作电位在某时间点被瞬间冻结，并画出其沿轴突的空间分布，其所占的距离依赖于其时程和沿纤维的传导速度。例如，如果动作电位的时程为 2 ms，传导速度为 10 m/s（10 mm/ms），那么电位将在轴突上扩散 20 mm。在动作电位前缘附近，钠离子顺浓度梯度快速内流造

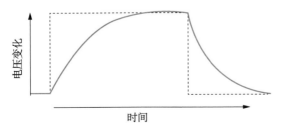

图 2-3-6　膜电位的变化为膜电容所减缓

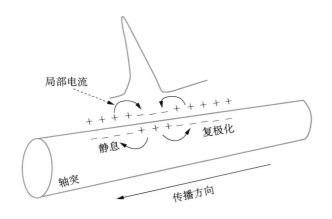

图 2-3-7 无髓鞘的轴突上局部电流导致动作电位传播

向前扩散到较远的距离，加速信号传导。其结果就是，大纤维比小纤维传导速度快，因为大纤维有较大的空间常数。如前已述，时间常数与纤维大小无关。在数值上，传导速度与纤维直径的平方根成正比。

十一、有髓鞘神经纤维和跳跃传导

在脊椎动物神经系统中，大的纤维都是有髓鞘的。在外周神经系统中，髓鞘由 Schwann 细胞形成。这些髓鞘细胞本身紧紧地包绕着轴突，且每包绕一次，在膜之间的胞质就被挤出，结果就形成了螺旋状紧密包绕的膜。包绕片层数少的有 10 ~ 20 层，最多约 160 层。通过这种方式，有效膜电阻大大增加，而膜电容减小。髓鞘一般占纤维总直径的 20% ~ 40%。在郎飞结（node of Ranvier）处，髓鞘被周期性地中断，暴露出轴膜狭窄的膜片。结间距离通常约为纤维外径的 100 倍，其范围在 200 μm ~ 2 mm。

成膜去极化。这就像经微电极注入电流，内向电流会通过轴浆纵向分布。前方活动区电流扩散使得新一段膜去极化，膜电位趋向阈值。动作电位达到峰值之后，钾离子的电导很高，电流通过钾离子通道流出，膜电位回到静息水平。

通常，动作电位在轴突一端产生，传向另一端。然而，并不存在固定的传播方向。在肌纤维中部神经肌肉接头处产生的冲动，会从接头处沿着两个方向传向肌腱。但是，除非在异常情况下，动作电位不会逆转其传播方向进行折返传导，这是因为紧随去极化峰值之后是不应期（refractory period），在不应期内不能发生再兴奋。在这个时期内，钠通道保持失活，钾电导依然很高，因此即使钠通道活动，去极化也很难发生。由于不应期的存在，当活动区电流沿纤维传导时，其后会紧随着一个不能再兴奋的不应区。当膜电位恢复到静息水平时，钠通道失活状态解除，钾电导恢复到正常水平，膜兴奋性得以恢复。

动作电位的传导速度取决于因正电荷的扩散，活动区前方的膜电容放电至阈值有多快、多远。而这又依赖于在活动区产生的电流量以及纤维的电缆性质。从而，动作电位传导速度受到纤维的空间常数和时间常数的影响。如果时间常数较小，膜就能迅速地去极化到阈值，传导速度也相对较快。如果空间常数较大，去极化的电流将会相应地从活动区

髓鞘的作用是将膜电流流动大部分限制于郎飞结，因为离子不易在高阻抗区结间流入或流出，同时结间电容电流也非常小，兴奋因此从一个郎飞结处跳到另外一个郎飞结处，极大地提高了传导速度（图 2-3-8）。这种冲动的传播称为跳跃式传导（saltatory conduction，来自拉丁语 saltare，"跳跃，跳舞"）。跳跃式传导并不意味着动作电位一次只在一个郎飞结处发生。在动作电位的前缘，当动作电位从一个结跳到下一个结时，先前经过的结仍然是活动的。有髓鞘轴突不仅比无髓鞘轴突传导速度更快，而且还能以更高的频率发放更长的时间。

有髓鞘纤维的传导速度从每秒几米到每秒一百多米。虾的有髓鞘轴突保持着传导速度的世界纪录：每秒大于两百米。在脊椎动物神经系统中，依照传导速度和功能可将外周神经进行分类。理论计算提示，在有髓鞘的纤维中，传导速度应与纤维的直径存在比例关系，不同大小的髓鞘纤维其比例系数也不相同。

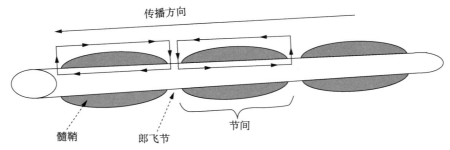

图 2-3-8 髓鞘包被的轴突上的动作电位转播

第三节   总   结

在神经元内，迅速的长程信息传递是以电信号为主要载体的。电信号由膜电位的短暂变化产生，而这些变化来自通过神经细胞膜的电流的流入和流出。磷脂双分子层是绝缘的，但细胞膜上的离子通道使得离子能够选择性进出细胞。细胞内外离子浓度不同，Nernst 方程给出了离子平衡电位和浓度梯度之间的关系。当细胞处于静息状态时，此时净电流为零，膜电位保持恒定。而细胞的静息膜电位主要取决于膜在静息状态下对 Na^+、K^+、Cl^- 的相对通透性。一般来说，膜电位更接近膜通透性更大的离子的平衡电位。在静息状态下，K^+ 是通透性最强的离子，因此，膜电位更接近 K^+ 的 Nernst 电位。

针对神经元的电学特性及其空间结构，我们可以利用电缆理论对神经元进行建模，探究神经信号是如何在树突和轴突上传播的。利用格林函数，我们可以求得任意外界输入下神经元的电压变化。神经元中的电信号的传播，依赖于细胞质及细胞膜的电学特性。当稳态电流注入一圆柱形纤维时，其局部电压振幅是由输入电阻决定的，其扩散距离是由空间常数决定的，而输入电阻和空间常数又由细胞膜的比电阻和细胞质的比电阻及纤维直径决定的。动作电位的传播速度依赖于膜的时间常数及空间常数，而在脊椎动物，大的有髓鞘的纤维中，兴奋都是从一个郎飞结跳至另一个郎飞结。

参考文献

综述

1. 韩济生主编 . 神经科学 . 第三版 . 北京：北京大学医学出版社，2009：185-195.
2. 杨雄里 . 神经生物学-从神经元到脑 . 原书第四版 . 北京：科学出版社，2003：89-101.
3. 王建军 . 神经科学-探索脑 . 第二版 . 北京：高等教育出版社，2004：57-60.
4. Koch C. Biophysics ofcomputation：information processing in single neurons. New York：Oxford University Press，1999.
5. Gerstner W，Kistler WM. Spiking neuron models：single neurons，populations，plasticity. Cambridge：Cambridge University Press，2002.
6. Gerstner W，Kistler W，Naud R，et al. Neuronal dynamics：from single neurons to networks and models of cognition. Cambridge：Cambridge University Press，2014.
7. Dayan P，Abbott L. Theoretical neuroscience：computational and mathematical modeling of neural systems. Cambridge：MIT Press，2001.

原始文献

1. Hodgkin AL，Keynes RD. The potassium permeability of a giant verve fibre. *J Physiol*，1955，128：61-88.
2. Hodgkin AL. The croonian lecture：ionic movements and electrical activity in giant nerve fibres. *Proc R Soc Lond B Biol Sci*，1958，148：1-37.
3. Hodgkin AL，Huxley AF，Katz B. Measurement of current-voltage relations in the membrane of the giant axon of Loligo. *J Physiol*，1952，116：424-4484.
4. Hodgkin AL，Huxley AF. A quantitative description of membrane current and its application to conduction and excitation in nerve. *J Physiol*，1952，117：500-544.

第**4**章　动作电位的产生和传播

舒友生　于玉国

第一节　动作电位的波形和发放模式

一、动作电位的电流钳记录

20 世纪 30 年代，神经生理学家将拉细的玻璃管插入到枪乌贼的巨大轴突（直径可达 1 mm）里面，记录到了轴突上产生的动作电位。现在，我们同样把尖端拉得非常细（小于 0.1 μm）的玻璃微电极插入神经元，通过电极注射电流刺激神经元，使其产生动作电位的发放（firing）。这种往细胞内注入电流，同时记录细胞膜电位的方法，是电流钳记录模式。前面提到细胞膜的静息膜电位大致在 − 70 mV，当接受到直接的正电流刺激或接收到兴奋性突触输入而产生去极化（depolarization）达到阈值电位时，神经元膜电位发生大幅度波动（70 ～ 110 mV）的动作电位（action potential），持续时间 0.5 ～ 10 ms。

动作电位的波形由如下几个时相组成（图 2-4-1）。膜电位从阈值电位快速去极化并达到峰值电位

的时间段，为动作电位的上升相（也称为去极化相）；从峰值电位复极化（repolarization）回落到静息膜电位的时间段为下降相（也称复极化相）。膜电位回落到静息膜电位时，一般会继续往更负的方向极化达到最低电位再恢复到静息电位水平，这一阶段称为后超极化（after-hyperpolarization，AHP）；如果膜电位不但没有超极化，反而发生明显的去极化，则称为后去极化（after-depolarization）。动作电位超过 0 mV 的正电位部分称为超射（overshoot）。从动作电位的起始至下降相结束，由于电压门控钠通道在开放后马上进入失活状态，不管刺激强度多大，神经元都不能产生动作电位，这段时间称为绝对不应期（absolute refractory period）。后超极化的进程中，部分钠通道从失活状态恢复到可激活状态，此时神经元受到刺激可以产生动作电位，但是由于可激活钠通道的数目有限，且膜电位处于

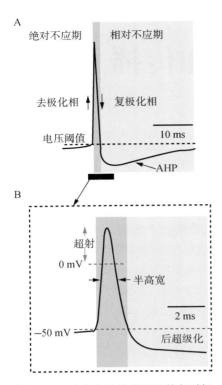

图 2-4-1　动作电位的波形及其各时相

A. 以中脑多巴胺能神经元自发的动作电位为例说明动作电位的波形和各时相。膜电位达到动作电位的阈值（threshold）时，快速去极化（depolarizing）形成上升相。从峰值电位复极化（repolarizing）回落到阈值电位，则为下降相。持续超极化至谷值又恢复至阈值，此为后超极化（AHP）。深蓝色显示绝对不应期（absolute refractory period），浅蓝色显示相对不应期（relative refractory period）。B. A 图中部分放大，显示绝对不应期和相对不应期的开始部分。超过 0 mV 的部分为超射（overshoot）。半高宽（half-width）为幅值一半时动作电位的宽度

超极化状态，需要更强的刺激才能产生动作电位，因此这段时间称为相对不应期（relative refractory period）。

二、动作电位的基本特点

当神经元受到刺激（或接收到输入信号），膜电位会发生变化，变化的幅度与刺激的强度有关。可将神经元的细胞膜简单地理解为一个电阻，在弱刺激时通过电阻的电流小，强刺激时通过的电流大。由欧姆定律可知，电压变化与电流是正比例关系，因此膜电位的变化幅度随刺激电流增大而变大。当刺激引起的膜电位变化达到阈值电位，就会产生动作电位。在同一神经元或相同种类的神经元上，动作电位的波形和时程相对固定。如果没有达到阈值电位，则动作电位不会产生。因此，动作电位具有全或无特征，相当于 1 或 0 的数字编码模式。

动作电位产生后，可沿轴突进行长距离传导。传导过程中动作电位的幅度维持相对恒定，即无衰减地传导。这样，神经元可将输出信号忠实地传递到其轴突终末。

由于存在不应期，在动作电位产生后的短暂时间内神经元不容易再次产生动作电位。这段不应期的长短决定了特定神经元的最高发放频率，因此也限制了其编码信息的能力及轴突承载信息的能力。不应期的存在也使得传播中的动作电位只能向一个方向传导，因为刚传导了动作电位的轴突上电压门控钠通道处于失活状态，在短时间内不能继续支持动作电位的传导。就像鞭炮的引信一样，燃烧过的区段不能再次燃烧，要等重新装满火药才行。

综上所述，动作电位具有电压阈值、全或无特性、无衰减地传导和不应期四个基本特点。

三、动作电位的波形

动作电位的波形并不是一成不变的，随着动作电位发放频率和发放时的基础膜电位水平而发生改变。发生明显改变的是动作电位的幅度和波宽。幅度为阈值至峰值的高度，波宽一般用高度一半时的所谓"半高宽"来描述（图 2-4-1）。在高频发放或簇状发放时，最先产生的动作电位往往幅度较高、波宽较窄，因为此时可用的电压门控钠通道和钾通道数量最多。接下来产生的动作电位则由于两种通道的部分失活（可用数量减少）而幅度变小、波形变宽。高频发放时间越长，动作电位的幅度越小、波形越宽。

因为自身的离子通道活动，或是在神经网络活动时接收到大量的突触输入，神经元的阈下膜电位水平是持续波动的。在此基础上，额外的高强度刺激或突触输入可导致动作电位的产生。同样由于阈下去极化也可引起通道失活，超极化又可让通道恢复到可激活状态，动作电位的波形随阈下膜电位波动而发生变化。因此动作电位的波形也编码了神经元的膜电位水平，反映细胞的活动状态。突触前电压门控钙通道的开放时长和驱动力都与动作电位波形有直接的联系，而进入突触前膜的钙离子的多少决定了神经递质的释放量和突触后电位的大小，因此波形编码的信息可以传递给突触后神经元。由此可见，动作电位不仅仅是全或无的数字信号，其波形随发放频率和阈下膜电位水平改变而变化，表明模拟信号编码的存在。

在不同细胞种类上，动作电位的波形存在巨大的差异（图 2-4-2）。皮质锥体细胞的动作电位波宽是抑制性中间神经元小清蛋白（parvalbumin）阳性细胞的两倍，半高宽分别为约 1 ms 和 0.4 ms。背根神经节中传导疼痛信息的小细胞的动作电位波宽是传导精细触觉的大细胞的好几倍。

在同一神经元的不同亚细胞结构上，动作电位的波形也存在较大的差异。锥体细胞顶树突上的动作电位往往是从胞体沿树突传播而来，由于树突上钠通道密度低且有钙通道的参与，动作电位"又矮又胖"（即幅度小、波形宽）。

四、动作电位的发放模式

神经元发放动作电位的模式多种多样（图 2-4-3），比如常规发放（regular spiking）、簇状发放（burst spiking）、快发放（fast spiking）、低阈值发放（low-threshold spiking）等。皮质锥体细胞按照发放模式主要有两类。一类是簇状发放神经元，一般是位于第 V 层的大锥体细胞；当给予方波电流刺激时，这类神经元往往以一串高频动作电位起始。另一类是常规发放神经元，大部分的锥体细胞属于此类；动作电位在方波电流开始时发放频率高一些，但是频率逐渐降低，对刺激电流产生适应性。皮质中两类数量最多的抑制性中间神经元，分别是快发放神

经元和低阈值发放神经元。前者在方波电流强刺激时，动作电位几乎没有适应性地高频发放。后者则先加速发放，频率越来越高，然后减速；当给予超极化刺激时，可以在刺激撤除后发生反弹（rebound）的簇状发放。

不同发放模式也可以存在于同一神经元上。丘脑的中继神经元就是一个很好的例子。在静息膜电位或更负的膜电位时，方波电流可以诱发簇状发放。但是，在较去极化的膜电位状态下给予刺激时，神经元则产生电紧张性发放（tonic firing）。这种模式的切换是由于这类神经元表达低阈值的钙通道，超极化情况下钙通道处于可激活状态，此时方波电流刺激诱发钙通道和钠通道共同引起的簇状发放，前者介导长时程的钙锋电位（calcium spike），后者介导钠锋电位（sodium spike）；去极化膜电位

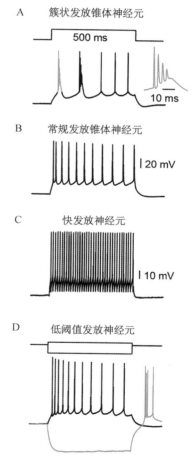

图 2-4-3　多种多样的动作电位发放模式

A. 簇状发放锥体细胞（burst spiking PC）。500 ms 的正电流方波诱发的动作电位呈簇状发放模式。插图显示几个动作电位呈高频簇状发放（蓝色）；**B.** 常规发放锥体细胞（regular spiking PC）。动作电位的频率呈适应性（adaptation）降低；**C.** 快发放细胞（fast spiking cell）。动作电位呈现高频无适应性地发放；**D.** 低阈值发放细胞（low-threshold spiking cell）。动作电位呈适应性发放。在给予负电流方波刺激时诱发反弹发放

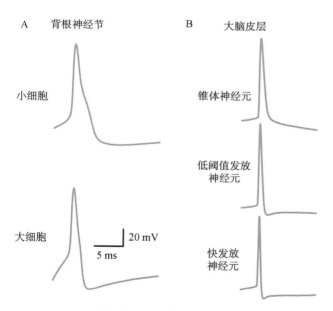

图 2-4-2　不同种类神经元的动作电位波形存在差异

在背根神经节中小细胞（small cell）的动作电位较大细胞（large cell）的宽；注意小细胞的动作电位下降相还出现驼峰现象（顾希垚博士赠图）。皮质锥体细胞（PC）的动作电位比低阈值发放（LTS）神经元和快发放（FS）神经元的宽

情况下钙通道失活，细胞只能产生由钠通道介导的动作电位。

在没有任何输入或外加电流刺激的情况下，有些神经元可自发产生动作电位，维持特定的节律发放。在离体脑片记录中，中脑多巴胺神经元产生稳定的慢节律的自发动作电位。丘脑中继神经元可以产生自发的簇状发放，乙酰胆碱可导致细胞膜电位去极化并切换成电紧张性自发活动。

第二节　动作电位的离子通道机制

一、动作电位过程中的电导成分

在早期的乌贼巨轴突记录中，Cole 和 Curtis 发现在动作电位过程中发生跨膜离子电导的剧烈升高（图 2-4-4），为动作电位发生的离子通道机制提供了第一个实验证据，即离子通过通道进行跨膜流动而导致了动作电位的产生。接下来，Hodgkin 和 Katz 发现降低细胞外钠离子浓度可以减小动作电位的幅度，进一步提示钠离子向细胞内流动决定了动作电位的上升相；同时，他们的实验也提示后续钾离子的通透性增加导致了动作电位的下降相。

Hodgkin 和 Huxley 认为，钠和钾离子的通透性直接受膜电位的调节，他们利用由 Cole 新研发的电压钳设备来钳制乌贼巨轴突的膜电位到不同的电压水平，同时测量电压门控钠通道和钾通道的电导变化。在前述的电流钳记录中，给予电流刺激的同时可以记录膜电位的变化。相反，在电压钳记录模式下，将膜电位钳制在特定的水平，如果此时引起跨膜离子流（膜电流），电压钳系统将往细胞内注入相反方向但相同大小的电流以维持膜电位不变。通过这样的方式，人们可以直接测量跨膜电流的方向和幅度。利用电压钳技术，Hodgkin 和 Huxley 为动作电位的离子机制提供了第一个完善的数学模型描述，并因此获得 1963 年诺贝尔奖。

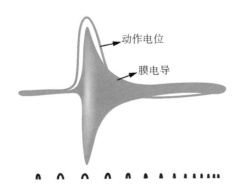

图 2-4-4　动作电位过程伴随剧烈的离子电导变化
示波器上记录到的动作电位及其过程中的膜电导变化。这是 1939 年 Cole 和 Curtis 在乌贼巨轴突上进行的细胞内记录

在电压钳实验中，获得的跨膜电流是钠和钾电流的混合，如何分离得到相对纯净的钠电流和钾电流呢？在 Hodgkin 和 Huxley 的实验中，他们用不能透膜的胆碱阳离子来代替细胞外的钠离子，这样钠电流就被阻断了，剩下的就是钾电流了。现在的实验中，我们可以利用阻断特定通道的毒素或药物来分离钠和钾电流（图 2-4-5）。在电压钳记录模式下，用四乙基铵（tetraethylammonium，TEA）阳离子阻断电压门控钾电流，可以得到纯净的钠电流；在电流钳模式下，神经元还可以产生动作电位，但是其下降相变得非常缓慢。相对应地，用 1 微摩尔浓度的河鲀毒素（tetrodotoxin，TTX）可阻断电压门控钠电流，获得电压门控钾电流。用没有毒素处理的全细胞电流减去此钾电流即可获得钠电流。河鲀毒素阻断钠通道后，神经元就不能产生动作电位了，这解释了为什么河豚是"致命的美味"了。

二、电压门控钠通道和钾通道的相继激活

1947 年初，Cole 和 Marmont 建立了电压钳实验技术。电压钳技术通过精确控制记录区域的电压恒定，因为 $I_C = C_m dV_m/dt = 0$，从而消除了电容电流，这样可以专注研究离子电流和电导率随时间变化的特性。在电压钳记录模式下，把细胞膜电位钳制在 -70 mV，并给予一系列从 $-60 \sim +70$ mV 的方波电压指令（每次增加 10 mV）。用上述药理学方法分离得到系列钠电流（I_{Na}）。向更负方向变化的电流为流向细胞内的内向电流。在 -30 mV 左右钠电流开始出现，其幅度随去极化变化而越来越大，这是因为钠通道开放的数目越来越多。细胞外钠离子浓度高于细胞内，根据 Nernst 方程，钠离子的平衡电位 E_{Na} 是 $+60$ mV。因此，在每次的电压指令 V_m 水平，钠离子的驱动力是 $V_m - E_{Na}$，其相应电导则应该是：$g_{Na} = I_{Na}/(V_m - E_{Na})$。当钠电流

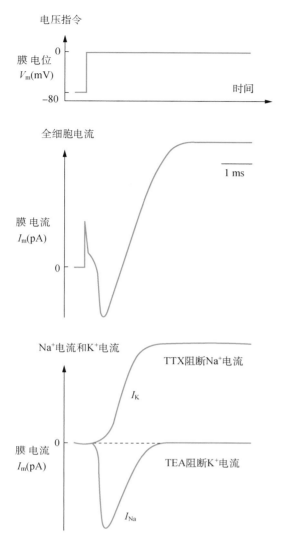

图 2-4-5　全细胞电流及其分离得到的电压门控钠电流和钾电流

在获得全细胞膜片钳记录后，通过膜片钳放大器给予方波电压指令（−60 ～ 0 mV，A），可以获得全细胞电流（Total current，I_c，B）。在此基础上，如果在细胞外的灌流溶液中加入 1 µM 的 TTX 可以阻断电压门控钠电流，从而获得钾电流（I_k，C）。如果灌流 TEA 阻断钾电流，则获得钠电流（I_{Na}）

达到峰值后又随去极化而变小，在 + 60 mV 时电流为 0，这是因为钠离子失去了驱动力。在 + 70 mV 时，驱动力方向发生逆转，钠电流变为外向电流。

电压门控钾电流在 − 30 mV 左右开始出现。细胞内钾离子浓度高于细胞外，钾离子的平衡电位 E_K 大约在 − 100 mV，不难理解外向的钾电流（I_K）幅度随 V_m 去极化而变得越来越大，其电导变化为：$g_K = I_K / (V_m − E_K)$。

同样的方波电压指令诱发的钠电流在时程上先于钾电流的出现（图 2-4-6）。如果用动作电位作为电压指令，同样发现钠电流比钾电流出现得早。这

些现象显示，在动作电位起始的初期只有电压门控钠通道的参与，负责动作电位的上升相。当膜电位去极化到阈值电压，少部分钠通道被激活，钠离子内流又使得膜电位更加去极化；更强的去极化又激活更多的钠通道，更多钠离子内流，如此剧烈的正反馈最终形成动作电位的快速上升相，直至钠离子的平衡电位。在皮质锥体细胞上，轴突产生动作电位过程的上升速率可达 2000 V/s。在动作电位上升相的后期，电压门控钾通道才开始开放。钾离子向细胞外的流动使得膜电位复极化，形成动作电位的下降相。

如上所述，钠通道和钾通道在动作电位过程中相继激活，分别介导动作电位的上升相和下降相，就像汽车的油门和刹车，踩油门让汽车加速，踩刹车让速度降下来。但是，在 Hodgkin 和 Huxley 的描述中，钠和钾的电导有非常多的重叠，好像是"油门"和"刹车"被同时踩下，能量利用效率不高。但也有实验表明，在实际的电流记录中钠和钾电流没有太多的重合，在哺乳动物中枢神经元上能量利用应该是高效的。能量的消耗反映在细胞需要 ATP 水解的能量用于驱动细胞膜上的 Na/K 泵，将动作电位过程中内流的钠离子泵出，而将钾离子泵入，从而维持这些离子的跨膜浓度梯度。

除了电压门控钠通道和钾通道外，大多数神经元还表达电压门控钙通道。与钠通道相似，去极化可以激活钙通道，在强电化学势的驱动下细胞外钙

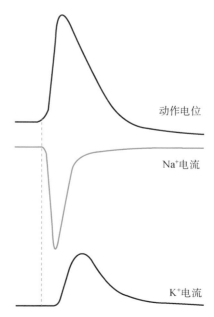

图 2-4-6　动作电位过程中钠电流和钾电流相继激活

将动作电位的波形（黑色）作为电压指令，分别获得钠电流（深蓝色）和钾电流（灰色）。钠电流先于钾电流激活

离子内流进入细胞内，进一步使得膜电位去极化，参与动作电位的产生。有些神经元表达有电压门控的氯通道，通道开放导致氯离子内流，参与动作电位的复极化过程。还有不少神经元表达对钠和钾离子都通透的超极化激活的环核苷酸门控阳离子通道（HCN），其介导的阳离子电流 I_h 的反转电位在 -30 mV 左右。这些通道可以被动作电位的后超极化激活，又导致膜电位去极化到阈值电位，产生继发的动作电位。因此，I_h 也是一种起搏（pace-making）电流，让神经元持续自发产生动作电位。

三、电压门控钠通道的快速失活与恢复

在给予方波电压指令时，电压门控钠电流被迅速诱发，但是维持时间不长（小于 1 ms），很快进入失活状态。此时，虽然去极化的指令电压一直存在，但是不再诱发出任何钠电流。

电压门控钠通道存在两道闸门：激活门和失活门。在静息状态下，激活门关闭，失活门开放，此时通道处于可用状态。当膜电位去极化，激活门打开，此时两道门都是开放的，钠离子通过孔道内流；

但是，这种状态仅维持非常短的时间，因为失活门在较高去极化电位水平会趋于关闭，通道进入失活状态，钠内流受阻。如果让膜电位复极化到静息电位水平，失活门又会打开，激活门关闭，通道又恢复到可用的静息状态，但是这一恢复过程需要较长的时间（图 2-4-7）。

具体需要多长时间才能恢复？用两个相同的指令电压脉冲来测量。让第一个脉冲诱发出完整的钠电流，观察到激活和失活过程。逐渐拉长两个脉冲间处于复极化的时间间隔，可以看到第二个脉冲诱发的电流也逐渐变大，直至恢复到与第一个电流相同的幅度，此时对应的时间间隔可用于描述钠通道从失活恢复到可激活状态所需时间（图 2-4-7C）。需要注意的是，全细胞膜片钳记录到的钠电流反映的是大量钠通道的整体行为，钠电流的大小反映的是通道开放的数目多少，不是每个钠通道的单通道电流。从前面章节的描述可知，单通道的开放是全或无的，单通道电流在特定膜电位下因为驱动力相同幅度维持不变。

上述钠通道的失活和恢复过程对应于动作电位的不应期，钠通道的完全失活状态对应于绝对不应期，从失活恢复的过程与动作电位的后超极化一

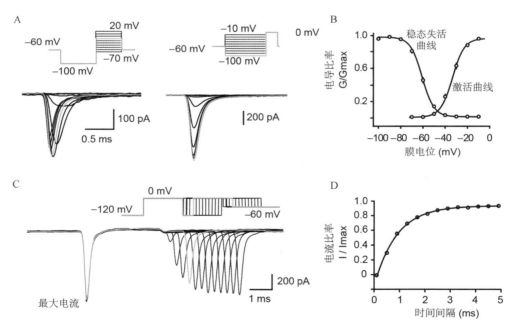

图 2-4-7　钠电流的激活、失活与恢复
A. 钠电流的激活与失活。左：指令电压（上）显示细胞被钳制在 -60 mV；在每次测试电压方波（$-70 \sim 20$ mV）前，把细胞钳制在 -100 mV 并维持 100 ms，使得全部钠通道都处于可被激活状态（available）。测试电压诱发电流（下）的幅度用于绘制通道激活曲线。右：此处测试电压是 0 mV，在测试电压方波之前把细胞钳制在不同的膜电位水平（$-100 \sim -10$ mV）并维持 100 ms；因为不同膜电位下失活的钠通道数目不同，测试电压可以检测不同膜电位情况下的通道失活程度（steady-state inactivation），即测试通道的可激活性（availability）。测试电压诱发电流的幅度用于绘制失活曲线。**B**. 钠电流的激活和失活曲线。电导 G 的计算是电流除以驱动电压（即钠离子的平衡电压与测试电压的差）。**C ～ D**. 钠电流的恢复。每次给予细胞两个测试电压方波（$-120 \sim 0$ mV），时间间隔逐渐延长。如果时间间隔较短，大部分钠通道没有从失活状态恢复到可激活状态，第二次测试电压诱发的电流就小。随间隔时间延长，电流逐渐变大

起对应于相对不应期。因此，钠通道的失活恢复过程的长短决定了动作电位发放的频率。钠通道的失活也使得高频发放时后续动作电位的上升相速率下降、幅度减低。

四、电压门控钠通道的亚型

电压门控钠通道的 α 亚基大约有 2000 个氨基酸残基，是由四个同源结构域（Ⅰ～Ⅳ）相连组成的假四聚体，每个结构域有六个跨膜 α- 螺旋（S1 ～ S6）。其中 S4 有较多带正电荷的氨酸残基，是钠通道的电压感受器，膜电位的去极化使得 S4 发生位移，通道蛋白构象发生变化，导致通道开放。连接 S5 和 S6 的片段形成类似发卡的 P 环，4 个 P 环是孔道形成的重要结构。哺乳动物的 α 亚基也受 β 辅助亚基的调节，β 亚基仅 200 个氨基酸残基，可调节 α 亚基在细胞特定部位膜上的定位和稳定性，以及钠电流的动力学性质。

迄今，共有 9 种 α 亚基被鉴定出来，即 $Na_V1.1$ ～ $Na_V1.9$。其中，$Na_V1.1$、$Na_V1.2$、$Na_V1.3$ 和 $Na_V1.6$ 组成的通道是中枢神经系统中主要的钠通道亚型。$Na_V1.6$、$Na_V1.7$、$Na_V1.8$ 和 $Na_V1.9$ 是外周神经系统的主要亚型。$Na_V1.4$ 和 $Na_V1.5$ 分别主要分布于骨骼肌和心肌。

根据对 TTX 的敏感性不同，可将这些钠通道亚型分为 TTX 敏感型和不敏感型。$Na_V1.5$、$Na_V1.8$ 和 $Na_V1.9$ 属于后者，其他亚型属于前者。在外周神经系统，$Na_V1.7$、$Na_V1.8$ 和 $Na_V1.9$ 参与疼痛信息的传递，是研发镇痛药物的重要靶点。

不同种类的神经元表达的钠通道亚型可能存在差异。在皮质，兴奋性的锥体神经元表达有 $Na_V1.2$ 和 $Na_V1.6$，抑制性的快发放神经元表达 $Na_V1.1$ 和 $Na_V1.6$。低阈值发放神经元则表达这三种钠通道亚型。

五、电压门控钾通道的亚型和作用

电压门控钾通道存在多种亚型。与钠通道一样，不同钾通道亚型由不同的基因进行编码，在通道结构上存在差异，在激活动力学和电压依赖特性上也不尽相同。在神经系统中，分布有多种重要的钾通道亚型，如：延迟整流钾通道、A 型钾通道、D 型钾通道、钙激活钾通道以及 M 型钾通道等（图 2-4-8）。

在膜电位快速去极化的情况下，**延迟整流钾通道**（delayed rectifier potassium channel）（如 $K_V2.1$、$K_V2.2$、$K_V7.1$）较钠通道的激活延后，导致上述的钠电流和钾电流相继出现的现象。

当给予持续的去极化方波指令时，**A 型钾通道**（A-type potassium channels）（如 $K_V4.1$ ～ 4.3、$K_V1.4$）快速激活并快速失活，与钠通道相似；**D 型钾通道**（D-type potassium channels）（$K_V1.1$、$K_V1.2$、$K_V1.6$）快速激活，但以秒级的时程缓慢失活。这两类钾通道均可被较小的膜电位去极化激活，使得神经元不容易在突然去极化的初始阶段产生动作电位。由于 A 型钾通道迅速失活，神经元可以随即产生动作电位。由于 D 型钾通道失活缓慢，持续的正电流注射导致膜电位发生缓慢的斜坡样去极化，需要延迟一段时间才产生动作电位。这两类钾通道均参与介导动作电位的复极化过程。由于 D 型钾通道在阈下去极化的不同水平其失活程度不同（即可用的通道数目不同），动作电位的复极化速率及波宽存在差异，因此 D 型钾通道在动作电位的模拟信息编码中发挥重要作用。

细胞内钙浓度的升高，如膜电位去极化导致电压门控钙通道的激活和钙内流，钙离子随即结合一类钾通道的胞内段使得其电压依赖性发生负向偏移，在较负的膜电位即可被激活。这类通道称为**钙激活钾通道**（calcium-activated potassium channel）（KCa1.1、KCa2.1 ～ 2.3），在没有钙的情况下通道也可以被激活，但需要非生理的强烈去极化；在胞内钙浓度升高时，通道则可在生理的去极化范围激活。在动作电位的产生过程中，钙通道被激活并继而打开钙激活钾通道，参与介导动作电位的复极化和后超极化。

在静息膜电位的基础上，非常小的去极化即可激活 **M 型钾通道**（M-type potassium channel）（$K_V7.2$ ～ 7.5）。这类通道的激活过程非常缓慢，大约需要几十毫秒。M 型钾通道的激活把膜电位从去极化状态再拉回来，因此是稳定神经元静息膜电位的机制之

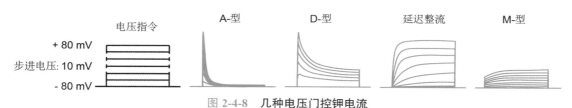

图 2-4-8　几种电压门控钾电流

典型的钾通道电流：A 型钾通道、D 型钾通道、延迟整流钾通道（delayed rectifier）、M 型钾通道电流

一。毒蕈碱型乙酰胆碱受体激活可以关闭该型钾通道，从而改变神经元的兴奋性。

六、通道种类及其组合决定神经元的发放模式

如果说神经元的动作电位发放具有"个性"（图 2-4-3），那么决定其特征性发放的因素就是各种离子通道的组合表达。神经元通过表达一整套离子通道来确定其兴奋性，并适应它所承担的信息处理任务。神经元的功能不但由其所处神经环路中的位置来决定，而且由其兴奋性的高低、发放频率及发放模式的动态变化来确定。

电压门控钠通道决定动作电位的电压阈值，因此是神经元兴奋性的决定因素。电压门控钾通道则对兴奋性和发放模式具有重要的调节作用。在电生理研究中，人们通常使用方波电流注射方式来测试神经元的发放模式。当注入正电流时，膜电位的去极化可以激活电压门控钠通道和钾通道。上面提到的 A 型钾通道具有非常快的激活和失活动力学性质，抑制了神经元在去极化方波的初始阶段产生动作电位，出现延迟发放的现象。当神经元在动作电位阈值水平持续去极化，A 型钾通道处于失活状态，也就没有了延迟发放现象。中脑多巴胺神经元的发放模式就是这样的。

有些皮质锥体神经元的适应性发放，主要是因为表达有延迟整流钾通道，导致动作电位发放频率在方波电流的初始阶段较高，而后逐渐下降。皮质的快发放神经元表达有电压门控钾通道亚型 $K_v3.1$，使得动作电位复极化非常迅速；复极化过程中该通道的激活门又极快地关闭，导致非常短暂的后超极化和不应期。因此，该类神经元具有非常窄的动作电位（半高宽约 0.3 ms），频率可达 900 Hz。

表达有 HCN 通道的某些神经元可以自发产生动作电位。给神经元注射超极化方波电流时，膜电位超极化，导致 HCN 通道被激活并持续开放，阳离子内流引起膜电位去极化，形成膜电位的所谓"sag"（下垂）现象。当突然撤除超极化电流时，膜电位往静息电位恢复并且"反弹"出一个与 sag 形状相反的去极化电位，这是由来不及关闭的 HCN 通道电流导致的。丘脑的中继神经元不但有 HCN 通道，而且表达有低阈值的电压门控钙通道。超极化时钙通道处于可激活状态；突然撤除超极化电流时，钙通道开放并参与形成更大的反弹电位；该电位导致神经元产生簇状发放（即一串高频动作电位）。由于钙通道很快就失活了，加上钾通道的激活，膜电位又超极化，从而再次激活 HCN 通道和后续的节律性电活动。因此，HCN 通道的电流是一种起搏电流。由此可见，表达在神经元上特定种类离子通道的组合决定了该神经元的电活动"个性"。

第三节　动作电位产生的 Hodgkin–Huxley 数学模型和理论

1952 年，Hodgkin 和 Huxley 连续在 *Journal of physiology* 上发表了五篇论文，通过对枪乌贼巨轴突（图 2-4-9）的电压膜片钳记录研究，将神经元轴突的细胞膜模拟成物理学中的电子电路，将细胞膜和膜对离子的通透性（膜电导）分别用电容、电池和电阻来模拟（如图 2-4-9 所示），并通过实验精确计算了膜电容和钠钾膜离子通道随电压的变化参数，最终建立了一组描述神经元巨轴突产生动作电位过程的非线性常微分方程组，即"Hodgkin-Huxley 理论计算模型"，简称 HH 模型。这是有史以来最成功的描述复杂生物过程的数学理论模型之一，它定量描述了细胞膜上钠和钾电导随电压和时间变化动力学，仿真模拟了动作电位的产生过程。由此发展出来的电缆方程可仿真模拟动作电位产生和传输过程，并且可以准确预测动作电位的传播速度。从数学角度来说，Hodgkin-Huxley 模型是一个很好反映扩散方程的例子，动作电位的传导对应于方程的一个行波解。也就是说，它是一个传播过

艾伦·劳埃德·霍奇金
（Alan Lloyd Hodgkin）

安德鲁·赫胥黎
（Andrew Huxley）

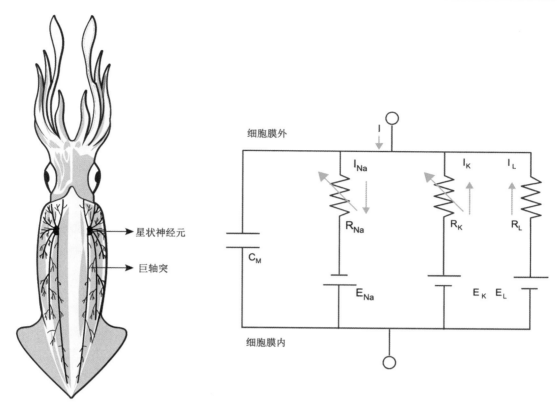

图 2-4-9　（**左图**），枪乌贼星状神经节（Stellate ganglion）的巨轴突（Giant axon）；（**右图**）神经元细胞膜的等效电子电路，包含电容（C_M）、钠电阻（R_{Na}）、钾电阻（R_K）和漏电阻（R_L）以及三个离子通道分别对应的电池电压（E_{Na}）（E_K）（E_L）

程中形状和速度不变的解。这一节我们会详细介绍 Hodgkin-Huxley 数学模型及其理论基础。

一、Hodgkin-Huxley 数学模型

Hodgkin 和 Huxley 建立了如图 2-4-9 右图所示电路模型，电路由电池、电阻和电容组成，细胞膜相当于一个电容 C_M，每种离子通道相当于电阻，跨膜离子浓度差形成的平衡电位（平衡状态下膜内外离子浓度产生的电位差）相当于一个驱动电池电源（驱动力随膜电位距离平衡电位的增加而增加），跨膜电位 V_M 随跨膜电流的方程可描述为：

$$c_M \frac{\partial V_M}{\partial t} + I_{ion} = I_M \qquad (1.1)$$

其中 C_M 是单位面积的膜电容（假定为常数），V_M 是膜电位（去极化为正），t 是时间，I_{ion} 是流经膜的净离子电流，I_M 是总的膜电流（内流设为负向）。

细胞膜的磷脂双分子层是离子电流的不良导体，因为它对大多数离子来说是不可渗透的。然而，细胞膜包含有可以使离子通过的离子通道蛋白。离子通道可分为"门控"和"非门控"两种。非门控通道通常是打开的，而门控通道打开的概率

取决于膜电位，这种电压依赖的离子通道称为电压门控通道。细胞膜对一种离子的通透性取决于对该离子具有选择通透性的通道打开的数目。大多数门控通道具有离子的特异性，即打开时仅允许某种离子通过，且在静息态时处于关闭状态。因此，非门控离子通道主要贡献静息电位，而门控通道打开允许离子跨膜流动时，会调控膜电位去极化（带正电的离子内流）或超极化（带正电的离子外流或带负电的离子内流）。

Hodgkin-Huxley 经典模型包括了三种离子电流：钠电流、钾电流和漏电流，电流的大小与电导乘以电势差的驱动力成比例：

$$\begin{aligned} I_L &= g_L (V_M - E_L) \\ I_K &= g_K (V_M - E_K) \\ I_{Na} &= g_{Na} (V_M - E_{Na}) \end{aligned} \qquad (1.2)$$

电导 g_L、g_K、g_{Na} 由膜中许多微通道的开放引起的，可以很容易地用膜通道的概念来描述：每个单独的膜通道包含几个门控亚单位，当所有门控亚单位处于允许状态（允许离子通过）时，通道被认为是开放的。一旦通道打开，对应的离子会大量在通道内沿着浓度差和电势差迅速流进（或流出）。门控亚单位处于打开（可通过）状态的概率取决于

膜电压的当前值。为了完成这个模型，我们需要描述如何计算膜电导 g_{Na}、g_K、g_L。

在细胞静息态，钠钾离子通道处于关闭状态，当通过电压钳将电压控制在远低于静息膜电位时，此时记录到的电流则为渗漏电流（主要是由 Cl^- 离子跨膜形成），然后根据

$$g_L = (V_M - E_L)/I_L \tag{1.3}$$

来计算出漏电导 g_L。

由于电压门控电导 g_{Na}、g_K 在一个动作电位期间随时间而变化，为了分析动作电位下离子电导的非线性特性，并确定上述的各种参数，Hodgkin 和 Huxley 利用电压钳技术进行了一系列的实验，并结合电压门控模型研究了参与乌贼轴突动作电位的 Na^+ 和 K^+ 电导。

Hodgkin 和 Huxley 用两种实验方法来分离离子电流并计算出 g_{Na}、g_K 如何依赖于电压变化。第一个实验是一个简单的电压钳反馈电路，它允许实验者让膜电位是一个常数或保持在 V_c 水平。电压钳实验通过向轴突中注入电流来实现，注入的电流与在电压钳制在不同电压水平下流入电压门控通道的电流大小相等且方向相反。由于电压钳记录到的膜电流包括离子电流和电容电流（电容电流满足 $I_C = c_M \dfrac{dV_M}{dt}$）两部分，当膜电位被固定为一个常数值时，电容电流为 0，则此时记录到的膜电流就是漏电流或电压门控膜离子通道的打开或关闭而产生的离子电流。

图 2-4-10 是电压被固定在 0 mV 时的电压钳实

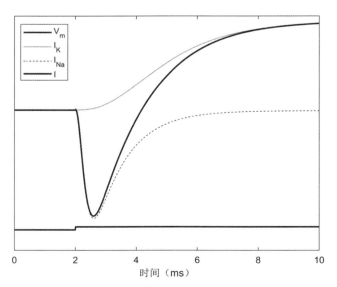

图 2-4-10   数值计算电压钳实验结果

膜电位取值从静息开始变化到 0 mV。结果是紧跟着内向电流会有一个外向电流存在。分离开的 K^+、Na^+ 电流如图中所示

验结果的数学模拟。首先记录到的膜电流 I_M 是向膜内流入部分，随着时间推移，内流电流减少，且逐级反转变为向膜外流的电流。通过降低膜外含有 Na^+ 的浓度，Hodgkin 和 Huxley 两位科学家确定内向电流的产生是因为 Na^+ 的流入。最后通过应用放射性示踪剂同位素 ^{24}Na 在产生动作电位过程跨膜流动，最终确定是钠离子在动作电位初始过程向膜内流入产生。通过放射性示踪剂同位素的方法也确定了在高度去极化时外向电流是由钾离子向膜外流出引起。

为了分别研究去极化时出现的内流和外流离子电流，Hodgkin 和 Huxley 先是通过用更大的可渗透性阳离子代替细胞外电解液中的 Na^+ 来分离出 K^+ 电流。现在有很多化合物能选择性地阻断不同的电流，其中很多源自天然毒素（例如，能阻断 Na^+ 通道的河鲀毒素）。一旦 Na^+ 电流被阻断，通过电压钳钳制膜电位在不同水平，K^+ 电流可通过从记录到的膜电流 I_M 减去漏电流计算得出。并可进一步根据欧姆定律来计算出钾电导：

$$g_K(t) = \frac{I_K(t)}{V_M - E_K} \tag{1.4}$$

同样可用铯离子替代 K^+，或用 TEA 等药物阻断钾通道的方式，分离出 Na^+ 电流，并计算出钠电导

$$g_{Na}(t) = \frac{I_{Na}(t)}{V_M - E_{Na}} \tag{1.5}$$

图 2-4-11 给出了保持钳制电压在不同水平时的 I_K 和 I_{Na} 的电导。注意 g_{Na} 开始增加的速率比 g_K 快很多，而且 Na^+ 通道在去极化停止前就开始关闭。K^+ 通道则随着膜去极化一直保持打开的状态。这说明 Na^+ 通道存在三种状态：静息、激活和失活；K^+ 通道则存在两种状态：静息和激活。当细胞去极化时，Na^+ 通道从静息（关闭）转到激活（打开）状态，如果去极化继续，Na^+ 通道就转为失活（闭合）状态。

由于钠电导在去极化过程先迅速增加，之后慢慢减少到 0。这使得 Hodgkin 和 Huxley 两位科学家给出一个合理假设，Na^+ 通道有两个门（见图 2-4-12）：一个快门（激活门）m，用线表示；一个慢门（失活门）h，用圈表示。膜在区极化时，钠离子通道打开必须满足通道的两个门都处于打开状态。静息时，激活门是关闭的，而失活门是打开的。当膜去极化时，激活门打开让 Na^+ 进入细胞，失活门（圈）在更高膜电位时开始关闭，总体使得 Na^+ 的跨膜流动呈现瞬态短时程相。Hodgkin 和 Huxley 使用了更复杂的电压钳方法，首先固定膜电位在一个

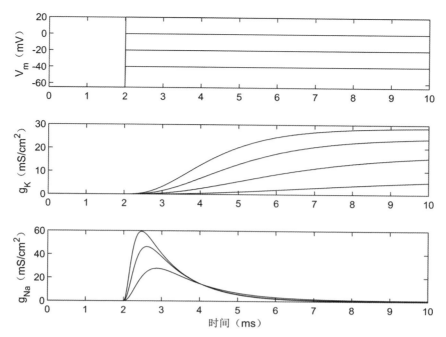

图 2-4-11　数值计算电压钳在不同膜电位时 K$^+$ 和 Na$^+$ 电导随时间变化曲线

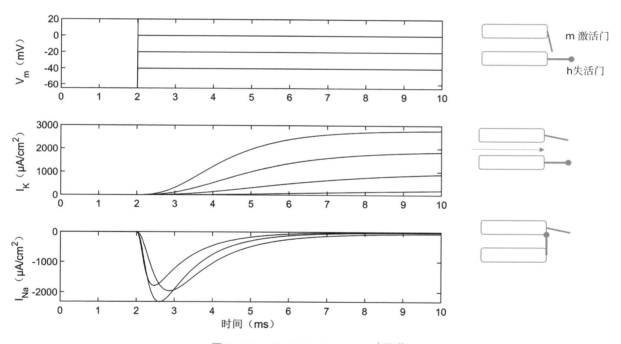

图 2-4-12　**Hodgkin-Huxley Na$^+$ 通道**

（左图）不同电压钳制水平记录到的钠电流随时间变化曲线；（右图）钠通道的模型示意图。在静息膜电位状态（上图）m 激活阀门处于关闭状态，而 h 失活阀门处于打开状态。当膜电位受刺激去极化时（中图），m 激活阀门打开，和已打开的失活门一起让钠通道开放，允许钠离子大量内流而导致细胞膜内瞬时高幅度去极化。当膜电位去极化到很高水平（下图），h 失活阀门关闭

接近静息态电压水平，然后加以短暂的阶跃电压以探测激活门的快速动力学变化。其次固定膜电位在不同的初始电压水平，然后突然跃迁到一个更高的膜电位，以此来探测钠电流失活门动力学过程。

用电压钳实验数据，Hodgkin 和 Huxley 分别拟合出来钾离子和钠离子的电导表达式：

$$g_{\mathrm{K}} = \overline{g}_{\mathrm{K}} n^4 \qquad g_{\mathrm{Na}} = \overline{g}_{\mathrm{Na}} m^3 h \qquad (1.6)$$

其中 $\overline{g}_{\mathrm{K}}$ 和 $\overline{g}_{\mathrm{Na}}$ 为最大电导，n、m、h 对应于上述的通道打开概率，即门控变量，取值在 0～1。K$^+$ 通道有 4 个相同的但彼此相互独立的门控变量 n，n^4 表示 K$^+$ 通道打开的概率。Na$^+$ 通道的门控变量也有 4 个，但分 2 类，一类是激活门的门控变

量，包括 3 个彼此独立的相同的变量 m，其值大小表示概率，则激活门的打开概率为 m^3。另一类是 Na^+ 失活门 h，其值大小表示失活门打开的概率。Hodgkin 和 Huxley 对离子通道的结构进行了猜测：钠钾离子通道各有 4 个门控变量，可能意味着这些离子通道各自包含有 4 个亚基单元。这 4 个亚基单元处于打开或关闭的状态彼此相互独立，只依赖于当前膜电压水平。这样，离子通道打开的概率就是 4 个门控变量各自概率值的乘积，意味着只有 4 个亚基单元均处于打开时，通道才会打开。经过实验测量和数据拟合，HH 模型的每一个门控变量随电压的变化都满足一阶常微分方程：

$$\frac{dn}{dt} = \alpha_n (V)(1 - n) - \beta_n (V) n$$

$$\frac{dm}{dt} = \alpha_m (V)(1 - m) - \beta_m (V) m \quad (1.7)$$

$$\frac{dh}{dt} = \alpha_h (V)(1 - h) - \beta_h (V) h$$

其中

$$\alpha_n (V) = 0.01 (V + 55) / (1 + \exp(-(V + 55)/10))$$

$$\beta_n (V) = 0.125 \exp(-(V + 65)/80)$$

$$\alpha_m (V) = 0.1 (V + 40) / (1 - \exp(-(V + 40)/10))$$

$$\beta_m (V) = 4 \exp(-(V + 65)/18)$$

$$\alpha_h (V) = 0.07 \exp(-(V + 65)/20)$$

$$\beta_h (V) = 1/(1 + \exp(-(V + 35)/10))$$

这样，HH 模型描述的跨膜离子电流可以概括为：

$$I_{ion} = \bar{g}_{Na} m^3 h (V_M - E_{Na}) + \bar{g}_K n^4 (V_M - E_K) + \bar{g}_L (V_M - E_L) \quad (1.8)$$

通过实验数据拟合，Hodgkin 和 Huxley 得到了如下的参数值：$\bar{g}_{Na} = 120 \ mS/cm^2$，$\bar{g}_K = 36 \ mS/cm^2$，$\bar{g}_L = 0.3 \ mS/cm^2$，$E_{Na} = 50 \ mV$，$E_K = -77 \ mV$，$E_L = -54.4 \ mV$。

现在我们知道，钾离子通道确实是由 4 个亚基单元组成的蛋白质。Hodgkin 和 Huxley 通过拟合的方法准确的猜出了钾通道的蛋白质结构，不得不说这是一项非常伟大的工作。在 Hodgkin-Huxley 模型中，每个离子通道都是一种跨膜蛋白随膜电位变化发生构象变化形成的允许特定的离子通过的孔道，即电压门控通道。离子在其中会从膜高浓度的一侧向低浓度一侧因离子浓度梯度差和膜电位差而发生流动。这些门通道打开和关闭的概率取决于膜电位，其基本假设是，膜中的离子通道随着电场的变化而发生构象变化。这种构象变化将导致通道从打

开状态移动到关闭状态，反之亦然，且开闭态之间的反应是一级反应。假设模型可如下式所示：

$$open \underset{\alpha(V)}{\overset{\beta(V)}{\rightleftharpoons}} closed$$

其中 $\alpha(V)$ 和 $\beta(V)$ 分别是依赖于电压的速率常数，分别对应门从关闭到打开和从打开到关闭的开关速率。

为了建立描述电导的微分方程，离子通道 i 以 p_i 的概率被打开，即从宏观尺度来看，也可以认为 p_i 是处于打开状态的门的占比。则根据定义，离子通道门关闭的概率是 $1 - p_i$，且

$$\frac{dp_i}{dt} = \alpha_i (V)(1 - p_i) - \beta_i (V) p_i \quad (1.9)$$

此处 p_i 分别对应上述提到的 m、n、h。如果我们令 m 对应开门状态，则 $1 - m$ 就对应门的关闭状态，根据质量作用定律得出

$$\frac{dm}{dt} = \alpha(V)(1 - m) - \beta(V) m$$
$$= (m_\infty(V) - m)/\tau(V) \quad (1.10)$$

其中

$$m_\infty(V) = \frac{\alpha(V)}{\alpha(V) + \beta(V)}$$

$$\tau(V) = \frac{1}{\alpha(V) + \beta(V)} \quad (1.11)$$

如果 V 是常数，则很容易解这个方程。初始值为 $m(0)$ 的解为

$$m(t) = m_\infty(V) + (m(0) - m_\infty(V)) e^{-t/\tau(V)} \quad (1.12)$$

注意，这个解以依赖于时间常数 $\tau(V)$ 的比率接近稳态 $m_\infty(V)$。

速率常数 $\alpha(V)$ 和 $\beta(V)$ 的表达式依赖于电压。Borg-Graham 等提出了一个基于热力学的简单公式来描述速率常数 $\alpha(V)$ 和 $\beta(V)$。其思想是，打开或关闭通道的概率与电势成指数关系。因此，

$$\alpha(V) = A_\alpha \exp(-B_\alpha V)$$
$$\beta(V) = A_\beta \exp(-B_\beta V)$$

由此，我们得到

$$m_\infty(V) = \frac{1}{1 + \exp(-(V - V_h)/V_s)} \quad (1.13)$$

其中，V_h、V_s 是常数。时间常数 $\tau(V)$ 通常是关于 V 的不对称钟形函数。如果 $B_\beta = -B_\alpha$，那么 $\tau(V)$ 就是一个双曲线。在 Hodgkin-Huxley 模型中，这些函数是通过数据拟合得到的。

结合以上所描述的膜电位、电流以及电导的模型，我们可以初步得到定量描述 Na^+ 和 K^+ 通道行为、神经兴奋和传导的 Hodgkin-Huxley 模型：

$$I = c_M \frac{\partial V_M}{\partial t} + \bar{g}_{Na} m^3 h (V_M - E_{Na})$$
$$+ \bar{g}_K n^4 (V_M - E_K) + \bar{g}_L (V_M - E_L) \quad (1.14)$$

$$\frac{dn}{dt} = \alpha_n (V)(1 - n) - \beta_n (V) n$$

$$\frac{dm}{dt} = \alpha_m (V)(1 - m) - \beta_m (V) m$$

$$\frac{dh}{dt} = \alpha_h (V)(1 - h) - \beta_h (V) h$$

其中 α_n、β_n、α_m、β_m、α_h、β_h 的表达式以及参数同上一节所示。

图 2-4-13 显示了 m、h、n 对电压变化的反应。

图 2-4-14 显示了动作电位和 K^+、Na^+ 电导 g_K、g_{Na} 随时间的变化曲线。这里，细胞膜从静息态开始，在 $t = 0$ 时使细胞去极化，并由于钠电流迅速涌入膜内导致快速去极化后产生了一个动作电位。

当细胞去极化时，我们改变激活曲线的值：n_∞ (V)、$m_\infty (V)$ 增加，而 $h_\infty (V)$ 减小。由于 n、m、h 趋向于其激活曲线，于是 n、m 初始时增加，而 h 减少，也就是说，K^+ 通道打开，而 Na^+ 通道有的激活有的失活。然而，τ_m 比 τ_n 和 τ_h 小很多，于是 Na^+ 通道激活比 Na^+ 失活或 K^+ 通道打开要快很多。因此，Na^+ 电导 $g_{Na} = \bar{g}_{Na} m^3 h$ 比 $g_K = \bar{g}_K n^4$ 增加快很多。

Na^+ 电导的增加会导致 Na^+ 电流的大幅增加，$I_{Na} = g_{Na} (V - E_{Na})$。只要细胞接近于静息态，驱动力 $V - E_{Na}$ 就会很大（$E_{Na} \approx + 55\ mV$）。因此，Na^+ 电流决定着膜电位上升相，并且 V 会增加到 Na^+ 的

Nernst 电位。随 V 增加，V 向着 E_{Na} 增加时，Na^+ 通道失活门开始关闭。这是因为 $h \to h_\infty (V) \approx 0$，且 Na^+ 的驱动力 $V - E_{Na}$ 减小。由于这两个原因 Na^+ 电流关闭。同时，由于 $n \to n_\infty (V) \approx 1$，$K^+$ 通道激活。而且 K^+ 驱动力 $V - E_K$ 变得非常大，此时 K^+ 电流占据膜电位变化主导地位，膜电位必须向 K^+ 的 Nernst 电位回落。这对应动作电位的下降沿。

动作电位之后细胞复极化，此时 $n_\infty \approx 0$，$m_\infty \approx 0$ 及 $h_\infty = 1$。一段时间之后，n、m 和 h 接近它们的稳态值，细胞回到静息态。Hodgkin 和 Huxley 用 HH 模型做了仿真模拟，计算结果与真实实验的测

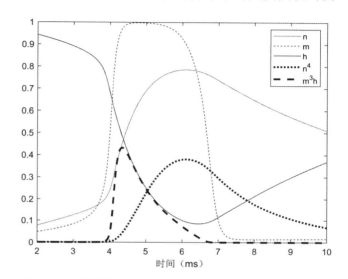

图 2-4-13　激活和失活变量 m、h 和 n 对电压随时间变化的反应

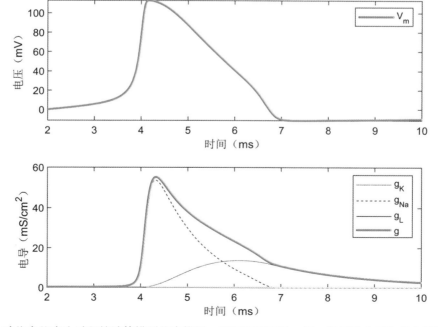

图 2-4-14　一个动作电位产生过程的计算模型仿真模拟，下图显示了钠、钾、漏三种电导和总电导随时间变化曲线

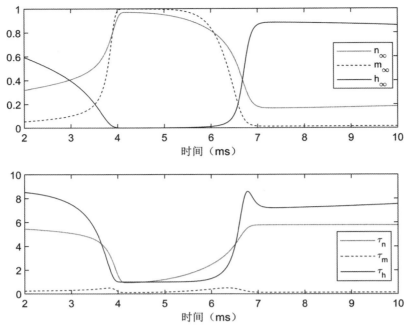

图 2-4-15　动作电位过程中 3 个通道变量（上）及时间常数（下）随时间的变化曲线

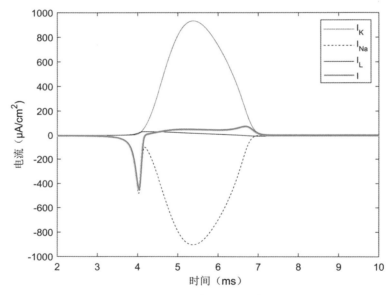

图 2-4-16　动作电位过程中 Na$^+$ 电流和 K$^+$ 电流随时间的变化

量结果基本一致，这让科学家们可以通过模拟的方法探究单个神经元的放电模式和神经微环路的动态调控机制，以及仿真模拟大脑活动成为可能，Hodgkin-Huxley 理论模型也因此成为里程碑式的工作，开创了计算神经科学领域，两位科学家也因此获得了 1963 年的诺贝尔生理学或医学奖。

二、温度对动作电位产生过程的影响

综上，Hodgkin-Huxley 模型是一个含有四个微分方程的系统，其中包括一个膜电位方程，三个通道门控变量方程。然而考虑到细胞大分子的生物化学反应速度通常依赖于温度，Hodgkin 和 Huxley 两位科学家也细致测量了在不同环境温度下的钠钾离子电导门控变量的变化情况，并在门控变量的速率常数方程加了一个温度因子来拟合实验测量数据，如下所示：

$$c_\text{M} \frac{\mathrm{d}V}{\mathrm{d}t} = -\bar{g}_\text{Na} m^3 h \left(V - E_\text{Na}\right)$$
$$-\bar{g}_\text{Na} n^4 \left(V - E_\text{K}\right) - \bar{g}_\text{L} \left(V - E_\text{L}\right)$$

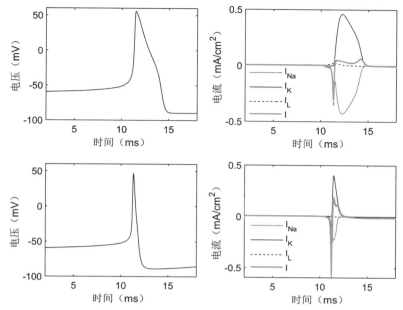

图 2-4-17　动作电位在不同温度下的电压以及电流变化，上下图分别为 18℃和 37℃

$$\frac{\mathrm{d}n}{\mathrm{d}t} = \phi\left[\alpha_\mathrm{n}(V)(1-n) - \beta_\mathrm{n}(V)n\right]$$

$$\frac{\mathrm{d}m}{\mathrm{d}t} = \phi\left[\alpha_\mathrm{m}(V)(1-m) - \beta_\mathrm{m}(V)m\right] \quad (1.15)$$

$$\frac{\mathrm{d}h}{\mathrm{d}t} = \phi\left[\alpha_\mathrm{h}(V)(1-h) - \beta_\mathrm{h}(V)h\right]$$

由于实验进行时的温度条件是非常重要的，且通道本身是随机的，对温度很敏感。因此，"开""关"状态转换的比率取决于温度的指数形式。温度越高开关转换越快：

$$\phi = Q_{10}^{(T-T_\mathrm{base})/10} \quad (1.16)$$

Q_{10} 为温度每增加 10℃时生化反应速率增加的比例。对枪乌贼巨轴突细胞膜，$T_\mathrm{base} = 6.3$℃，$Q_{10} = 3$。

考虑到冷血动物（如海洋环境中的枪乌贼，体温在 6℃～18℃）和温血动物（例如 37℃中的啮齿动物大脑）之间超过 20℃的温度差，玻尔兹曼-阿伦尼斯的热力学理论（或者所谓的 Q_{10} 效应）表明，离子通道的生化过程和动力学特性在这样的温度差之下将大不相同。确实，有研究通过计算模型和实验研究发现了温暖体温的存在比起十几摄氏度的自然环境温度将导致离子通道动力学特性的显著变化，包括钠、钾离子激活时间常数的数倍减小，动作电位上升相的速度提升，动作电位时程的缩短以及钠、钾电流交叠的大幅度减少（图 2-4-17）。这样，温度从 6.3℃升高过程，动作电位的产生过程耗能也急剧降低了 10 倍之多（图 2-4-18）。当温度升高到温血动物的体温 37℃～40℃时，动作电位

产生的能耗接近理论最小值。因此可以说，哺乳动物和鸟类在进化历程中形成的体内 37℃的恒温调节机制是脑内神经元动作电位产生和传输过程中高效节能的一个有效机制。同时，稳定的体温可能非常有利于提高神经系统的可靠性以及编码的精确性。

自 1952 年提出后，Hodgkin-Huxley 模型在生理学领域得到了广泛应用。我们可以通过许多不同的数值方法来求解 Hodgkin-Huxley 模型。有工作介绍了前向 Euler、改良 Euler、后向 Euler、Runge-Kutta、Adams-Bashforth-Moulton 预测-校正器和 Matlab 的 ODE45 函数六种不同的数值方法，对误差进行了初步分析并进行了比较。

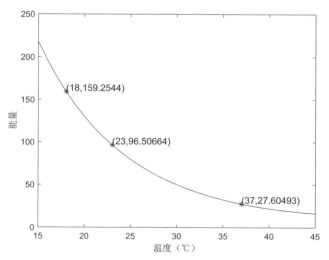

图 2-4-18　简单地用电流的积分表征消耗的能量，可以得到上图所示的变化趋势（理论上温度继续升高超过一定温度蛋白通道可能失活，所以继续升温趋势失去意义）

第四节   动作电位产生的亚细胞位点

一、动作电位产生于轴突始段

最先产生动作电位的部位，是一个神经元接收到信息并最终整合形成输出信息的位点。在哺乳动物的中枢神经系统，虽然动作电位可以在神经元的不同部位产生（如局部强电流刺激、强同步的突触输入），但是在生理条件下，轴突始段是最先产生动作电位的位置。树突和胞体整合突触输入信息形成的分级电位（graded potential）与自发膜电位波动共同作用而达到阈值后，即可产生动作电位。

中枢神经元一般只有一条轴突。有些神经元的轴突从胞体发出，如皮质锥体神经元；而有些则从树突发出，如中脑多巴胺神经元。刚发出的节段没有髓鞘包裹，称为轴突始段（axon initial segment，AIS）。轴突始段的长度 10 ~ 60 μm，不同种类神经元的这一长度各不相同。无髓鞘的轴突同样具有轴突始段。轴突始段的结构非常特殊，与郎飞结类似，表达有超高密度与动作电位产生相关的离子通道，包括电压门控钠通道、钾通道、钙通道及其相关蛋白（如锚定蛋白等）。轴突始段与胞体（或树突）相连接的过渡部位，往往呈漏斗状，称为轴丘（axon hillock）。与轴突始段相比，轴丘上离子通道的密度低很多，因此不可能是动作电位的首先产生的位点。

在外周神经系统，感觉神经末梢在受到伤害性刺激、机械压力和温度变化等刺激时，首先产生动作电位。这些动作电位继而沿轴突传导至位于背根神经节的胞体，并同时传导至脊髓背角，这是感觉信息传递的重要外周路径。

二、钠通道密度与亚型决定动作电位的起始

电压门控钠通道开放引起的内向钠电流，决定了动作电位的起始及其快速去极化的上升相。轴突始段分布有超高密度的钠通道，是胞体和树突密度的几倍到几十倍。多巴胺神经元轴突始段的通道密度是胞体的 4 ~ 9 倍，锥体神经元上则高达约 30 倍（图 2-4-18）。如果每个通道在特定膜电位下开放的概率相同，那么高密度的钠通道在微小去极化

时即可募集足够数目的通道用于起始动作电位，这是动作电位在轴突始段起始的原因之一。

在轴突始段，钠通道的密度相对均匀，那为什么动作电位的首发位点往往是轴突始段的远离胞体端呢？在有髓鞘的轴突上，动作电位在轴突始段的末端（即髓鞘起始部位）首先产生；在无髓鞘的轴突上，也是在远离胞体的位点产生。最可能的原因可能是远端与近端钠通道的生物物理特性不同。果然，膜片钳记录显示远端钠通道的激活电压更低，免疫荧光染色显示钠通道的亚型存在差异。在皮质锥体神经元的轴突始段，低阈值的 $Na_V1.6$ 和高阈值的 $Na_V1.2$ 分别聚集在远端和近端（图 2-4-18）。钠通道亚型的这种选择性分布模式也存在于皮质抑制性神经元上，如快发放神经元，但是通道亚型有区别，是远端 $Na_V1.6$ 和近端 $Na_V1.1$ 的组合模式。低阈值的 $Na_V1.6$ 决定动作电位的起始，而高阈值的 $Na_V1.2$ 提供足够的电流用于为巨大的胞体和树突的膜面积进行充电并使其达到阈值电位，使得动作电位可以传播至这些细胞区域。

也有些神经元的轴突始段仅分布一种钠通道亚型，如多巴胺神经元可能仅分布有 $Na_V1.2$（图 2-4-18）。这种情况下，钠通道的高密度分布和局部电学性质应该是决定性因素。相对于胞体，轴突始段的直径非常小（约 1 μm），因此膜面积少，使其充电达到动作电位阈值的电流就非常小，易于产生动作电位。

三、轴突始段的输入突触调节动作电位的产生

轴突主干一般不接收突触输入，但是轴突始段是个例外。有些神经元的轴突始段接收来自 GABA 能神经元的突触输入，如皮质的锥体神经元，其轴突始段接受一类称为 Chandelier 细胞的突触输入。有意思的是，所形成的 GABA 突触主要分布于 $Na_V1.6$ 聚集的区段，即控制动作电位起始的关键区域。因此，这类 GABA 能神经元对动作电位的产生具有强大的调控作用。但是，关于这些突触到底是抑制性的还是兴奋性的，仍存在争议。

一种观点认为是抑制性的，因为兴奋 Chandelier

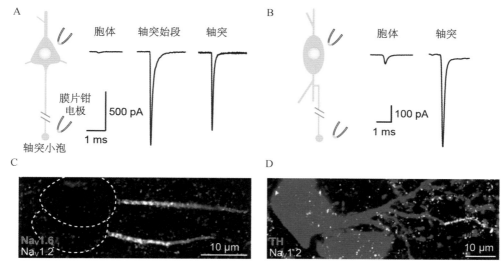

图 2-4-19　轴突始段钠通道密度与亚型分布

A. 从皮质锥体神经元的胞体（soma）、轴突始段（AIS）和轴突（axon）主干上获得同样大小的外面向外膜片（outside-out patch），在电压钳模式下获得膜片上最大的钠电流。注意 AIS 和轴突上的电流远远大于胞体电流；**B**. 同 A 的记录模式，但是膜片是从中脑多巴胺神经元上获得；**C**. $Na_V1.2$（白色）和 $Na_V1.6$（蓝色）在锥体神经元 AIS 的选择性分布；**D**. 在中脑络氨酸羟化酶（TH）阳性的多巴胺神经元的 AIS（注意轴突从树突发出）上，表达有 $Na_V1.2$

细胞可以抑制锥体神经元的动作电位产生。另一种观点认为是兴奋性的，因为轴突始段 $GABA_A$ 受体介导的突触电流的反转电位较静息膜电位（约－70 mV）更去极化一些（约－50 mV）。GABA 突触的输入在锥体神经元引起的不是超极化的抑制性突触后电位，而是去极化的兴奋性电位。由于一个 Chandelier 细胞同时支配多个锥体神经元的轴突始段，可能导致这群细胞的同步化电活动。

第五节　动作电位的传导

一、无髓神经纤维上动作电位的传导

动作电位在轴突始段产生后，即沿轴突无衰减地顺行传导至轴突终末，介导突触传递。在一些生理或病理条件下，动作电位也会出现传导失败的情况。那么什么因素影响动作电位的传导呢？轴突的几何形态、膜上的离子通道，及其髓鞘化程度对动作电位的传导有重要的调节作用。

当膜电位达到动作电位的阈值，正反馈的再生性钠电流驱使轴突始段远端的膜电位快速去极化并达到峰值，形成动作电位的上升相。同时，由于动作电位起始处胞内累积了正电荷，比邻近轴突膜内的电位更正一些，在轴突内形成一个轴向电流，导致邻近轴突的去极化→钠通道激活→动作电位产生；如此反复，动作电位在无髓神经纤维上向前传导（图 2-4-19）。在传导过程中，因为刚产生过动作电位的膜上钠通道处于失活状态（即绝对不应期），

不能继续支持动作电位的产生，所以传导中的动作电位不能回传。

我们可以将动作电位所处的轴突区域与邻近区域看作两片不同的轴突膜（等效于膜电阻 r_m 与膜电容 c_m 的并联），由导电的轴浆（即轴向电阻 r_a）相连。相比于细小的轴突，较粗的轴突具有较小的轴向电阻，因为横截面积大（电荷载体——离子数目多）。根据欧姆定律，$I = V/R$，较粗的轴突（r_a 小）上轴向电流大，为邻近膜充电达到同样的阈值电压所需时间短。因此，动作电位在粗大轴突上的传导速度相对较快。

因为 $\Delta V = \Delta Q/C$，而 $\Delta Q = I \times \Delta t$，如果电流大，在膜的两边累积电荷的速度快，膜电位变化就较快；如果电容大（即膜面积大）所需电荷多，电流就需要较长时间使膜电位达到特定电压。所以，轴向电阻 r_a 和单位长度轴突的膜电容 c_m 决定了达到阈值电压所需的时间。所需时间与时间常

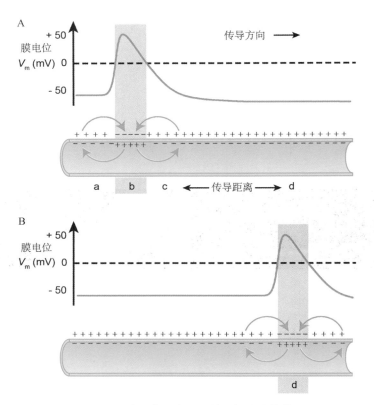

图 2-4-20　动作电位在无髓神经纤维上的传导

A. 从左到右传播的动作电位，导致轴突两个相邻区域的形成膜电位的差异，产生一个局部电路电流，导致邻近轴突膜去极化并被动扩散。电流从更正的活动区域 b 经轴浆扩散到动作电位之前的不太正的静息区域 c，以及经历过动作电位的较负的区域 a。在区域 a，由于电压门控钾通道参与动作电位的复极化和超极化，大量钾离子外流导致轴突膜重新极化。B. 短暂时间之后，动作电位沿着轴突达到区域 d，并继续重复此传导过程至远端轴突

数 $\tau = r_a c_m$ 呈正相关，而电位变化在轴突上的传播速度与 $r_a c_m$ 呈负相关。因为 c_m 与轴突直径呈正比关系，而 r_a 与轴突直径的平方呈反比关系，轴突直径增大的整体效应是 $r_a c_m$ 变小，电位变化的传播速度就变快。乌贼的巨轴突是个特例，直径达 1 mm。大多数神经元的胞体体积较小，轴突直径约 1 μm，这样可以在有限的空间中容纳更多数量的神经元，极大地扩充了脑皮质的计算容量。

二、有髓神经纤维上动作电位的跳跃式传导

在有髓神经纤维上，轴突被少突胶质细胞（中枢）或施万细胞（外周）形成的髓鞘所包裹。这种包裹并不完全，每隔几百微米至 1～2 mm 就有一段长约 1 μm 的裸露轴突，即郎飞结。

动作电位在轴突始段产生时，轴向电流经髓鞘下轴浆流向第一个郎飞结。层层包裹轴突的髓鞘极大地增加了轴突膜的厚度（高达百倍）。电学上，

电容的大小与电极板间绝缘层的厚度呈反比关系。因此，髓鞘包裹使得膜电容 c_m 大大减小，在同等粗细的轴突上 $r_a c_m$ 则降到极低，使得轴突上电位变化的被动传播速度变得非常快。因此，有髓纤维上电位变化的传导速度远高于无髓纤维。

郎飞结的结构与轴突始段相似，分布有高密度的电压门控钠通道。轴突始段上动作电位产生时的去极化电位传导至郎飞结，激活钠通道，又产生全幅度的动作电位（图 2-4-20）。这样的传导接连发生，动作电位从一个结跳到下一个结，称为跳跃式传导（saltatory conduction）。动作电位就像"狼烟"从一个"烽火台"传导至下一个，实现信息的高速传递。

有些神经系统疾病是由脱髓鞘引起的，如多发性硬化症。当动作电位传导至脱髓鞘的轴突段，由于膜电容突然变大以及轴突膜阻抗变小，前一个郎飞结来源的内向电流不足以为脱髓鞘的轴突膜进行充电，不能使之达到阈值电位。脱髓鞘的轴突膜上钠通道的密度也不高，不能支持动作电位的传导。

A 正常的有髓鞘轴突

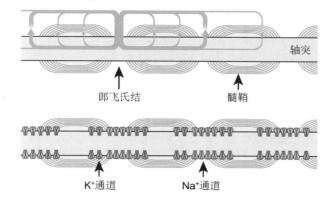

B 脱髓鞘轴突

图 2-4-21　动作电位在有髓神经纤维上的跳跃式传导

A. 动作电位传导至郎飞结 b，电压门控钠通道大量开放，膜电位变正；与无髓鞘轴突相似，形成向两侧扩散的轴向电流，使得邻近郎飞结迅速去极化并激活其钠通道，产生幅度相同的动作电位。这样动作电位就从 b "跳跃" 到 c。由于髓鞘的包裹，结间通过髓鞘损失的电流非常小，而通过邻近郎飞结的电流就很多。**B**. 在脱髓鞘的区域，动作电位的传导会放缓或被阻断

三、动作电位的反向传导

　　传播过程中的动作电位一般不会返回，但是在轴突始段的远端（靠近胞体 30 ～ 50 处）最初产生时，因为其两边的钠通道都处于可激活状态，动作电位除了顺行传导也可以反向传导至胞体和树突。由于胞体体积和膜面积很大，轴突始段高密度的钠通道为胞体充电并为其达到阈值电压提供足够的电流。

　　在皮质锥体神经元上，轴突始段远端的低阈值 $Na_V1.6$ 被激活即起始了动作电位的暴发，而近端的高阈值 $Na_V1.2$ 则随即激活，促进动作电位侵入到胞体和树突。由于动作电位最开始在轴突始段产生，然后反向传播到胞体和树突，因此在胞体记录到动作电位的上升相具有明显的两相，即开始的轴突始段电位（AIS potential）和继后的胞体–树突电位（somatodendritic potential）。

　　反向传导至树突的动作电位具有重要的生理功能，如参与发放时序依赖的突触可塑性（spike timing-dependent plasticity）的形成。在树突的突触后膜上，反向传导的动作电位可驱除阻断 NMDA 受体的 Mg^{2+}，使得该受体介导的突触可塑性得以出现。在一些神经调质神经元上，如中脑多巴胺神经元，反向传播的动作电位可导致胞体和树突释放神经调质。

第六节　动作电位传输的 Hodgkin–Huxley 电缆理论

一、动作电位传输的电缆模型

　　动作电位沿着非髓鞘轴突传输时，膜电位 $V(x,t)$ 沿着轴向 X 坐标满足欧姆定律：

$$\frac{\partial V(x,t)}{\partial x} = -r_a \cdot i_a \qquad (1.17)$$

其中 $r_a = \dfrac{R_a}{\pi a^2}$，$R_a = 0.15\ \mathrm{k\Omega \cdot cm}$ 是轴向电阻和电阻率，a 是轴突半径，i_a 是轴向电流，根据基尔霍夫定律，在任何一个电路节点，流入的电流等于流出的电流和

$$\frac{\partial i_a}{\partial x} = -i_m + i_{stim} \qquad (1.18)$$

其中 i_{stim} 是外加刺激电流，i_m 是跨膜电流总和，满足如下公式

$$
\begin{aligned}
i_m = 2\pi a \cdot [\,& C_m \frac{\partial V(x,t)}{\partial t} + g_{Na}^{max} m^3 h\,(V(x,t) \\
& - V_{Na}) + g_K^{max} n^4 (V(x,t) - V_K) \\
& + g_L (V(x,t) - V_L)\,]
\end{aligned} \qquad (1.19)
$$

其中的参数参照上一节内容。

　　将公式（1.17）和公式（1.19）代入公式（1.18），得到

$$\frac{\partial^2 V(x,t)}{\partial x^2} = -r_a \frac{\partial i_a}{\partial x} = -r_a(-i_m + i_{stim})$$

$$
\begin{aligned}
C_m \frac{\partial V(x,t)}{\partial t} = G_a \frac{\partial^2 V(x,t)}{\partial x^2} - g_{Na}^{max} m^3 h \\
(V - V_{Na}) - g_K^{max} n^4 (V - V_K) -
\end{aligned}
$$

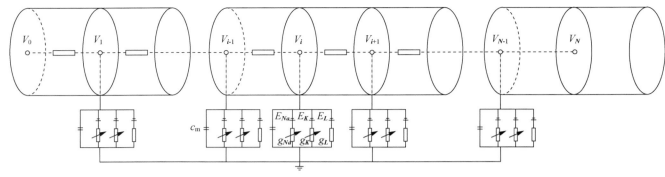

图 2-4-22　轴突电缆模型示意图

$$g_L (V - V_K) + I_{stim} \qquad (1.20)$$

其中 $G_a = \dfrac{a}{2R_a}$，$I_{stim} = i_{stim}/(2\pi a)$（$\mu A/cm^2$），这就是动作电位沿轴突传输的电缆方程。

二、神经元能量模型

神经元通过突触相互连接形成庞大的神经网络，而大脑则是由众多负责不同感知和认知功能的神经网络集群构成。神经系统通过神经元内部的电信号以及突触之间的电化学信号传递信息，而产生和传输这些电、化学信号需要消耗大量的代谢能量。本节将先介绍轴突上动作电位产生和传导过程的能耗方程。对于一个有限长度的轴突，动作电位在有限长度 L 的神经元轴突上传导时，位于 x 位置的细胞膜在 t 时刻的电位 $V(x,t)$ 满足方程（1.20）。电路在 t 时刻轴突电子电路的所有组成部分的能量满足如下能量守恒公式

$$H_b^{all} + H_C^{all} + H_g^{all} = H_s^{all} \qquad (1.21)$$

其中 H_b^{all}、H_C^{all}、H_g^{all}、H_s^{all} 分别表示电路电池蓄能、电容能量、离子通道电阻耗能和输入刺激能量。所有离子通道电池蓄能为 $H_b^{all} = H_K + H_{Na} + H_L$，分别由下式描述：

$$H_K^{all} = \int_{t=0,x=0}^{t=T,x=L} \frac{\partial^2 H_K}{\partial x \partial t} dxdt = \int_{t=0,x=0}^{t=T,x=L} I_K V_K dxdt$$

$$H_{Na}^{all} = \int_{t=0,x=0}^{t=T,x=L} \frac{\partial^2 H_{Na}}{\partial x \partial t} dxdt = \int_{t=0,x=0}^{t=T,x=L} I_{Na} V_{Na} dxdt$$

$$H_{Na}^{all} = \int_{t=0,x=0}^{t=T,x=L} \frac{\partial^2 H_L}{\partial x \partial t} dxdt = \int_{t=0,x=0}^{t=T,x=L} I_L V_L dxdt$$

$$(1.22)$$

所以每个离子电池的功率可描述为：

$$\frac{\partial^2 H_K}{\partial x \partial t} = I_K V_K$$

$$\frac{\partial^2 H_{Na}}{\partial x \partial t} = I_{Na} V_{Na} \qquad (1.23)$$

$$\frac{\partial^2 H_L}{\partial x \partial t} = I_L V_L.$$

膜电容在电路任何位置的功率可表示为：

$$\frac{\partial^2 H_C}{\partial x \partial t} = C_m \frac{\partial V(x,t)}{\partial t} V(x,t) \qquad (1.24)$$

由于电容在电路中起到充电和放电作用，本身并不耗能，所以在对时间积分之和为 0

$$H_C^{all} = \int_{t=0,x=0}^{t=T,x=L} \frac{\partial^2 H_C}{\partial x \partial t} dxdt = 0 \qquad (1.25)$$

而由刺激电流给系统带来的能量可表示为：

$$H_s^{all} = \int_{t=0,x=0}^{t=T,x=L} \frac{\partial^2 H_s}{\partial x \partial t} dxdt$$

$$= -V(x,t) I_s \qquad (1.26)$$

而电路中所有耗能的部分是各个离子通道电导和轴向电阻的耗能

$$H_g^{all} = H_{g_K} + H_{g_{Na}} + H_{g_L} + H_a \qquad (1.27)$$

其中方程右边各项分别表示钾电导、钠电导、漏电导和轴向电阻的耗能。这各个电导和电阻的功率可表示为：

$$\frac{\partial H_{g_K}}{\partial x \partial t} = I_K (V(x,t) - V_K)$$

$$\frac{\partial H_{g_{Na}}}{\partial x \partial t} = I_{Na} (V(x,t) - V_{Na})$$

$$\frac{\partial H_{g_L}}{\partial x \partial t} = I_L (V(x,t) - V_L)$$

$$\frac{\partial H_a}{\partial x \partial t} = -i_a \frac{\partial V(x,t)}{\partial x} \qquad (1.28)$$

其中轴向电流可由公式（1.18）得到 $i_a = -\dfrac{1}{r_a} \dfrac{\partial V(x,t)}{\partial x}$。

将公式（1.29）代入公式（1.28）并进行积分可得：

$$H_g^{all} = \int_{t=0,x=0}^{t=T,x=L} \left(\frac{\partial H_{g_K}}{\partial x \partial t} + \frac{\partial H_{g_{Na}}}{\partial x \partial t} + \frac{\partial H_{g_L}}{\partial x \partial t} + \frac{\partial H_{g_a}}{\partial x \partial t} \right) dx dt$$

$$= (2\pi a) \int_{t=0,x=0}^{t=T,x=L} \left[I_{Na}(V - V_{Na}) + I_K(V - V_K) + I_L(V - V_L) - \frac{1}{2\pi a} i_a \frac{\partial V}{\partial x} \right] dx dt$$

$$\Rightarrow \int_{t=0,x=0}^{t=T,x=L} \frac{\partial^2 H_g^{all}}{\partial x \partial t} dx dt$$

$$= (2\pi a) \int_{t=0,x=0}^{t=T,x=L} \left[g_{Na}^{max} m^3 h \left(V(x,t) - V_{Na} \right)^2 + g_K^{max} n^4 \left(V(x,t) - V_K \right)^2 + g_L \left(V(x,t) - V_L \right)^2 + G_a \left(\frac{\partial V}{\partial x} \right)^2 \right] dx dt \quad (1.29)$$

这就是动作电位传输的能量方程。

另外，通过公式（1.21）我们还可以推导出另一等价的电缆能量方程，

$$H_g^{all} = H_s^{all} - H_b^{all} - H_c^{all}$$

$$H_g^{all} = \int_{t=0,x=0}^{t=T,x=L} \left(\frac{\partial H_s}{\partial x \partial t} - \frac{\partial H_b}{\partial x \partial t} - \frac{\partial H_C}{\partial x \partial t} \right) dx dt$$

$$H_g^{all} = (2\pi a) \int_{t=0,x=0}^{t=T,x=L} \left[V(x,t) I_s - (I_K V_K + I_{Na} V_{Na} + I_L V_L) - C_m \frac{\partial V(x,t)}{\partial t} V(x,t) \right] dx dt$$

$$\because C_m \frac{\partial V(x,t)}{\partial t} = G_a \frac{\partial^2 V(x,t)}{\partial x^2} - I_{Na} - I_K - I_L + I_{stim}$$

$$\therefore H_g^{all} = (2\pi a) \int_{t=0,x=0}^{t=T,x=L} \left[I_{Na}(V - V_{Na}) + I_K(V - V_K) + I_L(V - V_L) - G_a \frac{\partial^2 V}{\partial x^2} V \right] dx dt$$

$$\Rightarrow \int_{t=0,x=0}^{t=T,x=L} \frac{\partial^2 H_g^{all}}{\partial x \partial t} dx dt$$

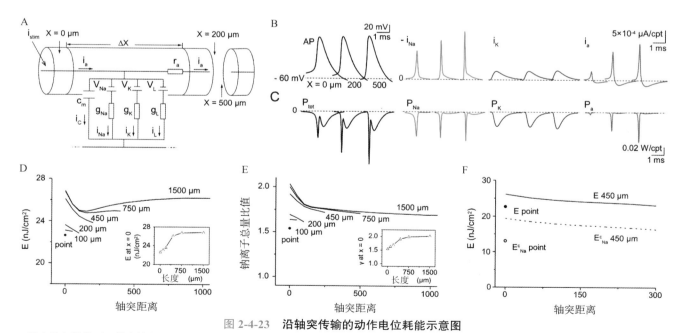

图 2-4-23　沿轴突传输的动作电位耗能示意图

A. 轴突的电缆模型，其中轴向电流 i_a 流过均匀圆柱体内的轴向电阻 r_a。膜电流分别由 i_C、i_K、i_{Na} 和 i_L 组成，分别通过膜电容，钾、钠和漏电导；B. 轴突不同位置产生的动作电位 AP（黑色）钠电流（红色）、钾电流（蓝色）和轴向电流（绿色）；C. 总能耗功率 P_{tot}（黑色），$P_{tot} = P_{Na} + P_K + P_a + P_L$ 及其主要成分；D. 沿不同长度的轴突（相同直径，AP 在 60 赫兹，37℃）的单个动作电位耗能随轴突距离分布，随着轴突长度的增加，AP 耗能在起始部位的能量消耗增加；E. 在产生动作电位过程实际产生跨膜钠离子总量和理论所需最小量的比率 γ 随轴突长度的变化曲线。注意，轴突越长，相同距离处的比值越高。插图随着轴突长度的增加，AP 起始部位的 γ 值增加；F. 基于能量方程得到的动作电位能耗和基于钠离子电量计数的能耗（即 1 个 ATP 搬运 3 个 Na^+）的比较。可以看到基于钠离子估算的能量少计算了很多能耗值

$$= (2\pi a) \int_{t=0,x=0}^{t=T,x=L} \left[g_{Na}^{max} m^3 h (V - V_{Na})^2 + g_K^{max} n^4 (V - V_K)^2 + g_L (V - V_L)^2 - G_a V \frac{\partial^2 V}{\partial x^2} \right] dxdt \quad (1.30)$$

公式（1.30）的结果和公式（1.29）在数值计算上是等效的。

由此，我们可以得到无髓鞘轴突在产生和传输动作电位过程中的电路总耗能以及各个部分的耗能（部分结果如图示）。

第七节　总　结

动作电位是神经元的主要输出信号，是神经元对信息进行编码的最重要的电活动形式。动作电位具有电压阈值、全或无特性、无衰减地传导和不应期等基本特点。动作电位存在全或无（1 或 0）特性，说明其通过数字模式对信息进行编码。动作电位的波形在不同神经元上存在较大的差异；就是在同一个神经元上，也根据其活动状态（如发放动作电位的频率、膜电位水平高低等）或受神经调质的调节，动作电位波形也存在差异，并决定轴突末梢释放递质的多少和突触后电位的大小，因此动作电位也具有模拟信号编码模式。动作电位在神经元上最先产生的位点一般在轴突始段，主要是因为此处分布有高密度的电压门控钠离子通道。当神经元整合树突和胞体上的突触信号后，如果膜电位达到钠通道激活的阈值，随即在轴突始段产生动作电位，并沿轴突顺行传导至轴突终末介导突触传递，同时也反向传播至胞体和树突参与突触可塑性的形成。动作电位的复极化相主要由电压门控钾离子通道介导，钠通道和钾通道的相继激活形成了动作电位的峰样波形。上述这些过程可以通过详细的推导，深入了解神经元上离子通道对神经元电活动的贡献。因此，在本章中我们介绍了模拟一片细胞膜的点神经元电子电路的动作电位产生过程的 Hodgkin-Huxley 经典模型方程、轴突电缆模型产生和传导动作电位过程的 Hodgkin-Huxley 电缆方程、能量消耗的电缆能量方程，并由此可以精确地计算出动作电位在产生和传导过程中的波形，以及所有离子通道和轴向电阻的动态耗能变化。

电压门控钠通道和钾通道存在很多亚型，与其他离子通道一起通过不同的组合决定了特定种类神经元的"个性"电活动模式。有些神经元具有簇状发放模式，有些超高频发放，有些则持续自发产生紧张性或簇状发放。现在神经科学领域神经环路的研究非常多，对神经元之间"硬"联系（突触连接）可以了解得非常清楚，但是神经元动作电位发放的精确时间及其发放模式等"软"信息却知之甚少。我们需要了解神经元电活动的动态变化，才能真正理解神经环路的运行方式及其功能机制。

参考文献

综述

1. Connors BW，Gutnick MJ. Intrinsic firing patterns of diverse neocortical neurons. *Trends in Neurosci*，1990，13（3）：99-104.

2. Johnston D，Wu SM. Foundations of cellular neurophysiology. MIT Press，1995.

3. Kandel ER，Schwartz JH，Jessell TM，et al. Principles of neural science. 6th ed.：McGraw Hill，2021.

4. McCormick DA，Bal T. Sleep and arousal：thalamocortical mechanisms. *Annu Rev Neurosci*，1997，20：185-215.

5. Siciliano R. The Hodgkin-Huxley model-its extensions，analysis and numerics. McGill Univ，Canada，2012.

原始文献

1. Cole KS，Curtis HJ. Electric impedance of the squid giant axon during activity. *J Gen Physiol*，1939，22：649-670.

2. Hodgkin AL，Huxley AF，Katz B. Measurement of current-voltage relations in the membrane of the giant axon of Loligo. *J Physiol*，1952，116（4）：424-448.

3. Hodgkin AL，Huxley AF. Currents carried by sodium and potassium ions through the membrane of the giant axon of Loligo. *J Physiol*，1952，116（4）：449-472.

4. Hodgkin AL，Huxley AF. The components of membrane conductance in the giant axon of Loligo. *J Physiol*，1952，116（4）：473-496.

5. Hodgkin AL，Huxley AF. The dual effect of membrane potential on sodium conductance in the giant axon of Loligo. *J Physiol*，1952，116（4）：497-506.

6. Hodgkin AL，Huxley AF. A quantitative description of membrane current and its application to conduction and excitation in nerve. *J Physiol*，1952，117（4）：500-544.

7. Hu W，Tian C，Li T，et al. Distinct contributions of Nav1.6 and Nav1.2 in action potential initiation and backpropagation. *Nat Neurosci*，2009，12：996-1002.

8. Ju HW，Hines ML，Yu Y. Cable energy function of cortical

axons. *Sci Rep*，2016，6：29686.

9. Li T，Tian C，Scalmani P，et al. Action potential initiation in neocortical inhibitory interneurons. *PLoS Biol*，2014，12（9）：e1001944.

10. Llinás R，Jahnsen H. Electrophysiology of mammalian thalamic neurones in vitro. *Nature*，1982，297：406-408.

11. Moujahid A，d'Anjou A，Torrealdea FJ，et al. Energy and information in Hodgkin-Huxley neurons. *Phys Rev E*，2011，83（3）：031912.

12. Rinberg A，Taylor AL，Marder E. The effects of temperature on the stability of a neuronal oscillator. *PLoS Comput Biol*，2013，9（1）：e1002857.

13. Shu Y，Hasenstaub A，Duque A，et al. Modulation of intracortical synaptic potentials by presynaptic somatic membrane potential. *Nature*，2006，441：761-765.

14. Williams SR，Stuart GJ. Mechanisms and consequences of action potential burst firing in rat neocortical pyramidal neurons. *J Physiol*，1999，521，467-482.

15. Yu Y，Hill AP，McCormick DA. Warm body temperature facilitates energy efficient cortical action potentials. *PLoS Comput Biol*，2012，8（4）：e1002456.

第5章 神经递质的释放及其调控

吴政星　王昌河　周　专

第一节　神经信号突触传递

神经系统由神经细胞（神经元）与神经胶质细胞组成。神经元是神经系统的结构、功能与发育的基本单位。人类大脑的神经元数量达千亿（10^{12}）数量级，种类至少上千。神经元与神经元、感觉细胞及包括腺体细胞、内分泌细胞、肌肉细胞等在内的效应细胞组成神经回路。神经回路构成复杂的神经网络与神经系统。单个神经元难以单独执行神经系统功能；神经回路才是神经系统的完整功能单位，能够执行并完成神经系统内信息的分析处理与整合，即执行神经计算功能。神经回路的神经信号处理包括：感觉细胞的感觉信号转换（将各种类型的内外环境刺激转变为感受器电位）与编码（感觉类型与感觉信号强度的编码）、感觉信号的解码（通过不同的信号途径转变为同一效应细胞的不同活动或不同效应细胞活动变化）、神经信号在细胞间的传递（包括神经元间、神经元与感觉细胞、神经元与效应细胞间的传递）、神经元间神经信号的分析与整合，最终实现神经系统对行为与生理活动的精确调控。神经信号的传递是神经回路信号处理的基础，由高度特化的执行细胞间信号传递任务的结构基础即神经突触完成。神经系统中主要的突触信号传递模式为化学传递（chemical transmission）

与电传递（chemical transmission）。此外，还存在其他的信号传递方式，如化学-电混合突触传递（mixed transmission）、类似于内分泌途径的容积传递（volume transmission，神经递质经过细胞外液扩散作用于远处的靶细胞）或可称为神经体液传递（neurohumoral transmission）和通过电场影响邻近细胞的兴奋性。

一、突触类型

意大利解剖学家高尔基（Camillo Golgi，1873）发明了一种灵敏的神经元银离子染色方法（高尔基染色）。西班牙解剖学家卡哈尔（Santiago Ramón y Cajal）在 19 世纪 80 年代运用和发展了 Golgi 银染方法，对多类型神经细胞进行大量的观察与描绘，使人们对神经系统的细胞组成有了初步认识。瓦尔德尔（H. Waldeyer-Hartz，1891）将细胞学说应用到神经系统，并提出神经元学说。该学说的核心内容为：神经元为细胞，每个神经元是神经系统的发育、解剖和功能的单独实体，神经元具有结构与功能极性。神经元通过一个特殊结构进行信号传递。1897 年，英国生理学家 Charles Sherrington 将此结构命名为突触（synapses）。突触处神经信号的传递过程称为突触传递（synaptic transmission）。突触信号传递速度很快，达毫秒级，因而人们最初认为，突触传递是通过电流直接由一个神经元流到另一个神经元来完成，即突触的电传递。1921 年，Otto Loewi 发现迷走神经通过一种化学物质（后鉴定为乙酰胆碱，acetylcholine，ACh）将神经信号传递给心肌细胞，说明神经信号可通过化学物质来传递，即突触的化学传递。两种突触信号传递方式在科学界存在广泛争论。直到 20 世纪 50 ～ 60 年代，随着生理学和超微结构成像技术的发展成熟，大量证据表明两种突触传递都存在。突触化学传递是神经系统的主要神经信号传递方式，突触电传递为次要方式，其结构为缝隙连接。缝隙连接几乎遍布所有

组织，存在于平滑肌、心肌与其他细胞之间。两类突触的结构、信号传递机制与功能不同（图 2-5-1 与表 2-5-1）。此外，还存在**化学与电混合突触传递**方式。混合突触含有化学与电突触结构，可同时执行两种模式的突触传递，化学传递通过突触后机制调控电传递活动强度。

二、电突触与电传递

通过电流进行细胞间信号传递的突触为电突触（electronic synapse）。电突触存在于视网膜、海马、大脑新皮质、基底神经节、小脑、交叉上核和丘脑网状核等，不仅存在于神经细胞间，也存在于胶质细胞之间。

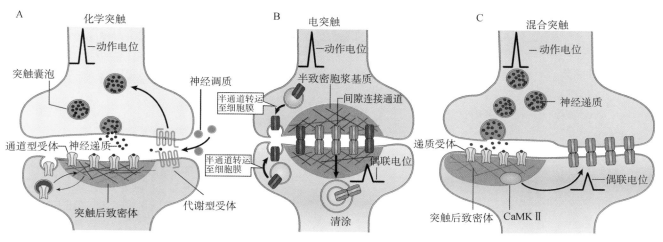

图 2-5-1　突触传递模式

A. 化学突触传递，是神经系统主要神经信号突触传递模式。化学突触结构复杂，包括突触前终末、突触间隙和突触后结构，其神经信号的基本传递过程是：动作电位到达突触前终末，激活突触前膜的电压门控型钙通道，Ca^{2+} 内流，胞内 Ca^{2+} 浓度升高，触发囊泡与突触前膜融合，囊泡内的神经递质释放到突触间隙；神经递质与突触后膜的受体（包括离子通道型受体即胞外配体门控通道和代谢型受体即 G 蛋白偶联受体）结合，激活受体；产生兴奋性（去激化）或抑制性（超极化）突触后电位，或通过生化级联反应调控基因表达；B. 电突触传递，由细胞间缝隙连接完成。许多排列紧密的缝隙连接通道将相邻细胞紧密连接在一起，通道中央的孔道连通两个细胞的胞浆，允许电流和小分子物质（分子量小于 1 kDa）在细胞间直接流动，实现细胞间信号无延迟的快速信号相互（双向）联通；C. 混合突触传递。混合突触包含化学突触和电突触结构，同时执行两种突触传递功能。化学突触传递通过突触后机制［含钙离子-钙调蛋白依赖激酶Ⅱ（calcium/calmodulin-dependent protein kinaseⅡ，CaMKⅡ）激活］，调节电突触传递活动强弱［改自 Pereda AE. Electrical synapses and their functional interactions with chemical synapses. *Nat Rev Neurosci*，2014，15（4）：250-263.］

表 2-5-1　电突触与化学突触的特性

突触类型	突触间隙距离（nm）	细胞间的胞质连接	超微结构	信号传递介质	突触传递延迟	突触传递方向	功能特征
电突触	4	有直接连接	缝隙连接通道	电流	无	双向传递	直接电信号传递，使细胞同步活动
化学突触	20 ～ 40	无直接连接	突触前结构（突触囊泡、活动区、突触前膜）、突触后结构（突触后膜、递质受体、突触后致密体）	化学递质	至少 0.3 ms，通常 1 ～ 5 ms 或更长	单向传递	将"全或无"（数字信号）动作电位转变为递质的分级释放，可进行信号分析与整合

（一）电突触结构

电突触为两细胞间的缝隙连接（gap junction），是细胞间紧密连接的特化区域（图 2-5-2）。两细胞缝隙连接处的距离为 4 nm，远小于化学突触的突触间隙（20 ～ 40 nm）。紧密排列的众多缝隙连接通道将突触前与突触后细胞连接在一起，将细胞胞浆直接连通，允许电流与小分子物质（包括离子和小分子有机物，如葡萄糖、氨基酸、cAMP 与 cGMP 等第二信使）在细胞间直接流通。每个缝隙连接通道由两个分别位于相邻细胞质膜中的半通道或称为连接子（connexon）组成，每个连接子由 6 个联接蛋白（connexin）亚基组成。联接蛋白包含 4 个贯穿细胞膜的跨膜螺旋、胞内 N 端与 C 端结构域、胞浆功能调节环和胞外蛋白互作环。胞外蛋白互作环介导两个半通道的互作，使之形成完整的细胞间通道。可由相同的联接蛋白组成同型通道，也可由两种不同的联接蛋白构成异型通道。许多胞内因子可调节胞浆功能调节环的构象，胞外因子也可通过跨

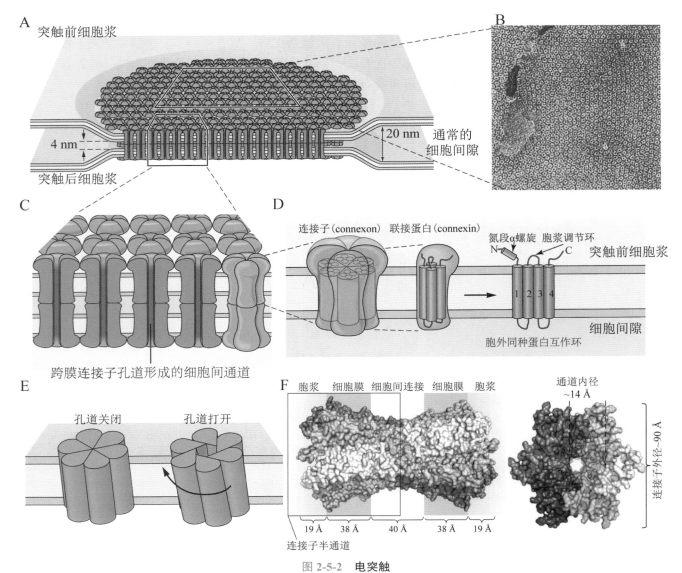

图 2-5-2　电突触

基于 X 射线和电子衍射的缝隙连接通道的三维结构模型。A. 电突触，即缝隙连接，由贯穿两细胞膜的多个特殊通道组成。缝隙连接通道允许电流直接从一个细胞流到另一个细胞，也允许离子和小分子有机物在细胞间流动；B. 大鼠肝细胞缝隙连接通道的电子显微镜图像。组织经负染，通道附近区域和通道孔呈现黑色。每个通道的轮廓呈六边形；C. 每个缝隙连接通道由两个半通道组成，每个半通道贯穿两个相邻细胞的细胞膜。缝隙连接通道使两个细胞的胞浆连通在一起；D. 每个半通道，即连接子，由 6 个联接蛋白亚基组成。联接蛋白长约 7.5 nm，贯穿细胞膜，其结构包括胞内 N 端（含 N 端 α 螺旋）和 C 端、4 个跨膜 α 螺旋（1 ～ 4）和胞外蛋白互作环；E. 6 个联接蛋白形成六边形的连接子，在其结构中央有直径约 1.5 ～ 2 nm 的孔道，当亚基顺时针方向旋转大约 0.9 nm（胞浆面视角），通道打开；F. 重组人 Cx26 缝隙连接 X 射线晶体结构图（分辨率 3.5Å）。左图，两个结合在一起的连接子侧面观空间填充模型，跨膜螺旋连接环未显示。右图，从胞浆至细胞膜俯视结构图，通道内径约 14Å，通道内壁有许多极性带电荷的氨基酸残基（A ～ E 修改自 Siegelbaum and Kandel. Overview of synaptic transmission. In：*Principles of Neural Science*，5th edn：McGraw-Hill Medical，2013；F 引自参考文献中的原始文献 11）

膜信号转导改变功能调节环构象。调节环构象变化使得整个通道构象改变，从而使缝隙连接通道的功能接受调控。

（二）电突触传递的特性与功能

电突触传递借助于电流和化学信号物质在细胞间的直接流通，无须进行信号转换，局部电位（模拟信号）和动作电位（数字信号）直接在细胞间进行传递。电传递通常是双向的，几乎没有延迟，传递强度取决于电突触的结构与活动机制。由于电传递主要通过电流或小分子物质实现信号直接传递，不需将数字信号（动作电位）转变为模拟信号，因而可使相互连接的细胞同步活动，但通常不能进行信号的放大与转换。与离子通道类似，缝隙连接通道的开放与关闭受到跨细胞电位和跨膜电位（电压门控）、磷酸化、pH 和钙离子等因素的调控。在部分特殊的电突触（如螯虾的巨大运动突触）中，由于通道蛋白具有电压门控特性，只允许去极化电流从突触前到突触后细胞的单方向流动。电突触传递效率与间隙通道的数目呈正相关，也取决于突触前和突触后神经元的体积。若突触前神经元足够大使之包含足够多的通道，而突触后神经元体积相对较小，则兴奋（动作电位）易于传递。在缝隙连接中，只有少部分通道（0.1% ~ 10%）具有功能，联接蛋白的磷酸化使通道开放的数目或概率增加。间隙通道的更新活跃，更新半衰期为 1 ~ 3 h。通道数目取决于胞吐与胞吞两过程，囊泡胞吐将通道转运到细胞膜，胞吞活动将通道蛋白清除（图 2-5-1B），这一循环过程受到严密调控。因而，电传递是动态变化的，在通道活动（构象变化）和数目两方面受到调控，且两细胞半通道受到的调控可以不同。目前认为电突触在神经系统的发育、形态发生、活动模式形成、神经网络信号处理等方面具有重要功能。

三、化学性突触与化学传递

通过化学中介物即神经递质进行细胞间神经信号传递的特化结构称为化学性突触（chemical synapse），该方式的神经信号细胞间传递为化学传递。化学传递是神经系统最主要的信号传递方式，广泛存在于神经系统的各个区域。化学性突触存在于感觉细胞与神经元之间、神经元与神经元之间、神经元与效应细胞（包括肌肉、内分泌、腺细胞等）之间、胶质细胞与神经元之间。

（一）化学性突触的结构

化学性突触结构复杂，包括突触前结构、突触间隙和突触后结构（图 2-5-3）。突触前结构为膨大的轴突终末，也称突触终末，由线粒体、小突触囊泡、致密核心大囊泡、内涵体等细胞器和细胞膜组成。细胞中主要有两类囊泡：一类是直径约 50 nm 的清亮小囊泡（clear vesicle），主要分泌谷氨酸、γ-

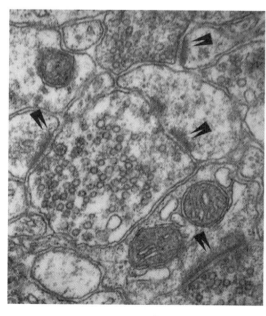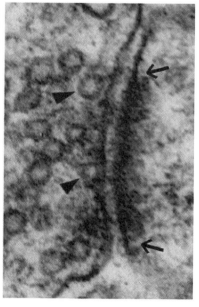

图 2-5-3　突触终末的显微结构

电镜图像显示海马神经元的化学突触的结构。大细胞器为线粒体，大量小的圆形结构为储存神经递质的突触囊泡。突触前膜活性区在电镜图像中呈细绒毛状增厚，为囊泡锚定和膜融合之所。突触间隙为分隔突触前膜与突触后膜的空间，存在有细胞基质

氨基丁酸（gamma-aminobutyric acid，GABA）等神经递质；另一类是直径在 100 nm 以上的致密核心大囊泡（large dense core vesicle，LDCV），主要在神经及内分泌细胞中分泌儿茶酚胺等激素和神经肽。虽然两者的囊泡内含物不一致，但其分泌的基本过程基本相似，相关蛋白具有保守性。每个突触终末含 100～200 个突触囊泡，每个囊泡含有数千至上万个递质分子。与突触后细胞相对的细胞膜为突触前膜，在突触前膜囊泡聚集和膜融合的特化区域为活性区（active zone），此处存在大量与囊泡胞吐相关的蛋白质，在电子显微图像中呈现电子致密性。突触囊泡聚集于活性区并在此处与突触前膜融合。化学突触的突触间隙为 20～40 nm，其中存在细胞基质和酶。突触后结构为突触后细胞特化区域，包括突触后膜和突触后致密体，突触后膜存在大量密集排列的递质受体。

（二）化学性突触的传递过程

突触化学传递是由一系列活动组成的复杂过程，其基本过程如下：①突触囊泡的生成与神经递质填充。②兴奋-释放偶联。动作电位传导至轴突终末，引起突触前膜去极化，电压依赖性钙通道开放，胞外钙离子顺浓度梯度（电化学势能）内流，通道附近局部区域胞浆 Ca^{2+} 浓度升高至 10～100 μM；Ca^{2+} 与定位于囊泡膜的突触结合蛋白（synaptotagmin，Syt）结合，触发囊泡与突触前膜的融合并将神经递质释放至突触间隙。神经递质以囊泡为单位的释放，称为递质的量子释放。③突触后

电位或电流的产生。神经递质经突触间隙扩散，与突触后膜的受体结合，激活受体，使突触后膜产生去极化（Na^+、Ca^{2+} 等阳离子内流）或超极化（Cl^- 内流），即产生兴奋性或抑制性突触后电位或电流；从而，突触后细胞兴奋性增加或下降。④突触间隙神经递质的清除。递质经酶解（如胆碱酯酶水解 ACh），胶质细胞、突触前膜与后膜上递质转运体的摄取，及扩散这三种机制从突触间隙清除（图 2-5-4），神经信号传递终止。⑤突触前囊泡循环，即突触前膜蛋白质与脂膜成分通过多种类型的胞吞活动进入胞浆并生成新的突触囊泡。

（三）化学性突触的传递性质与功能

不同于电突触的电信号在细胞间即时直接传递，化学突触的信号传递经历了信号的多次转换。在突触前，具有"全或无"特性的动作电位这一数字信号转变为神经递质的分级释放信号，即将数字信号转换为模拟信号。在突触后膜，递质与突触后受体结合引起兴奋性（去极化）或抑制性（超极化）突触后电位。突触后电位为局部电位（local potentials）或分级电位（graded potential），为模拟信号，不具有"全或无"的性质，不能沿细胞膜进行传导，只能进行电紧张扩布即电场的直接扩布，其强度迅速衰减，与扩布距离的平方成反比。如同其他局部电位，突触后电位可以累加。该电位没有不应期，可进行时间（同一部位连续多个刺激所引起的电位）和空间（在相邻部位同时多个刺激造成的电位）向量叠加，分别称为时间总和（temporal

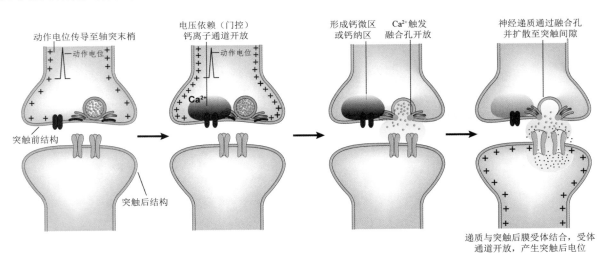

图 2-5-4   化学性突触传递过程

化学传递的基本过程包括突触囊泡的产生与神经递质的摄取或填充；动作电位引起突触前膜钙通道开放、钙离子内流，钙信号触发囊泡融合与神经递质释放；递质在突触间隙扩散并与突触后膜受体结合、配体门控受体通道开放、阳离子（Na^+/Ca^{2+}）或阴离子（Cl^-）内流，突触后膜产生兴奋性或抑制性变化并细胞膜进行电紧张性（电位强度与距离平方成反比）扩布；突触间隙中神经递质的清除；突触前膜蛋白与脂膜成分的胞吞与囊泡循环（修改自参考文献中的综述 19）

summation）与空间总和（spatial summation）。突触后电位电紧张性扩布至神经元的动作电位触发区（轴突始段，分布有高密度的钠通道与钾通道），触发或抑制动作电位产生。动作电位沿轴突传导至末梢，且强度不随距离衰减，借此过程，模拟信号又转变为数字信号。神经信号化学传递的多个过程，特别是神经递质的释放，受到了严密且精确的调控，因而具有高度的可塑性，这是神经环路与神经网络进行神经信号处理、学习与记忆等神经系统功能的核心基础。

（四）突触囊泡的生成与神经递质摄取

神经递质聚集和储存在突触囊泡内并以囊泡为单位进行释放，即递质的量子释放。突触囊泡的生成主要依赖于轴突终末的囊泡循环，神经递质通过囊泡转运体填充至突触囊泡。囊泡转运体为具 12 次跨膜区的膜蛋白，以质子（H^+）电化学梯度（$\Delta \mu H^+$）（转运一个递质分子进入囊泡交换出 2 个质子）或囊泡膜电位（$\Delta \psi$）为能量，将神经递质转运至囊泡内。囊泡内的质子电化学梯度由囊泡质子泵或称为质子 ATP 酶（H^+-ATPase）提供。质子泵水解 ATP，将胞浆 H^+ 转运至囊泡腔，建立起 H^+ 电化学梯度，使囊泡内 pH 值维持在 5.5

左右。囊泡递质摄取由五类囊泡转运体完成（表 2-5-2 和图 2-5-5）：囊泡乙酰胆碱转运体（vesicular ACh transporter，VAChT）转运 ACh；囊泡单胺转运体 1 和 2（vesicular monoamine transporter 1 和 2，VMAT1 和 VMAT2）承担所有单胺递质（儿茶酚胺、多巴胺和 5- 羟色胺等）的转运；囊泡谷氨基转运体（vesicular glutamate transporter 1/-2/-3，VGLUT1/-2/-3）负责谷氨基的转运；囊泡抑制性氨基酸转运体（vesicular inhibitory amino acid transporter，VIAAT），或囊泡 GABA 转运体［vesicular GABA transporter，VGAT］转运 GABA 和甘氨酸；囊泡核苷酸转运体（vesicular nucleotide transporter，VNUT）转运 ATP 与 ADP。不同类型递质转运体序列同源性不高，且利用的能量也有差异，如谷氨基转运体偏向于利用膜电位，乙酰胆碱转运体和单胺转运体以质子浓度梯度为主要能量。这些囊泡递质转运体将轴突终末胞浆中合成的神经递质转运至囊泡内并高度浓缩，转运体类型与递质转运能量的调节是调控囊泡递质含量（即递质量子大小）与突触信号传递的重要因素。囊泡递质转运体是决定突触囊泡摄取不同种类神经递质的主要决定因子。部分神经元可同时表达多种转运体，因而同一突触终末可存在多种递质囊泡。质子泵或递质载体的表达水平可影

表 2-5-2　囊泡神经递质转运体

基因名	转运体	底物	驱动力与转运模式
SLC17A5	囊泡兴奋性氨基酸转运体（vesicular excitatory amino acid transporter，VEAT）	谷氨酸、天门冬氨酸	膜电位（$\Delta \psi$），单向转运
SLC17A6	囊泡谷氨酸转运体（vesicular glutamate transporter 2，VGLUT2）	谷氨酸	膜电位（$\Delta \psi$），单向转运
SLC17A7	囊泡谷氨酸转运体（vesicular glutamate transporter 1，VGLUT1）	谷氨酸	膜电位（$\Delta \psi$），单向转运
SLC17A8	囊泡谷氨酸转运体（vesicular glutamate transporter 3，VGLUT3）	谷氨酸	膜电位（$\Delta \psi$），单向转运
SLC17A9	囊泡核苷酸转运体（vesicular nucleotide transporter，VNUT）	ATP、ADP	膜电位（$\Delta \psi$），单向转运
SLC18A1	囊泡单胺转运体（vesicular monoamine transporter 1，VMAT1）	5- 羟色胺、肾上腺素、去甲肾上腺素、组胺、多巴胺	膜电位（$\Delta \psi$）、ΔpH、H^+，反向转运
SLC18A2	囊泡单胺转运体（vesicular monoamine transporter 2，VMAT2）	5- 羟色胺、肾上腺素、去甲肾上腺素、组胺、多巴胺	膜电位（$\Delta \psi$）、ΔpH、H^+，反向转运
SLC18A3	囊泡乙酰胆碱转运体（vesicular acetylcholine transporter，VAChT）	乙酰胆碱	膜电位（$\Delta \psi$）、ΔpH、H^+，反向转运
SLC32A1	囊泡 γ- 氨基丁酸转运体（vesicular GABA transporter，VGAT）；或囊泡抑制性氨基酸转运体（vesicular inhibitory amino acid transporter，VIAAT）	γ- 氨基丁酸、甘氨酸	膜电位（$\Delta \psi$）、Cl^-，协同运输

响囊泡递质的填充量，如单胺类转运体的过表达可使单个囊泡释放的递质增加，简单地增加轴突终末胞浆谷氨酸浓度就可以促进萼状突触（calyx of Held）内谷氨酸递质向囊泡的转运，增加突触囊泡内递质含量。

突触囊泡内包含的递质分子达数千到上万个，囊泡内含物的理论浓度可达 1000 mM 以上。如电鳐电器官单个囊泡包含 200 000 个 ACh 分子，ACh 浓度为 0.9 M、ATP 为 0.17 M；在肾上腺嗜铬细胞致密核心囊泡中，肾上腺素浓度为 0.5 ~ 1 M、ATP 为

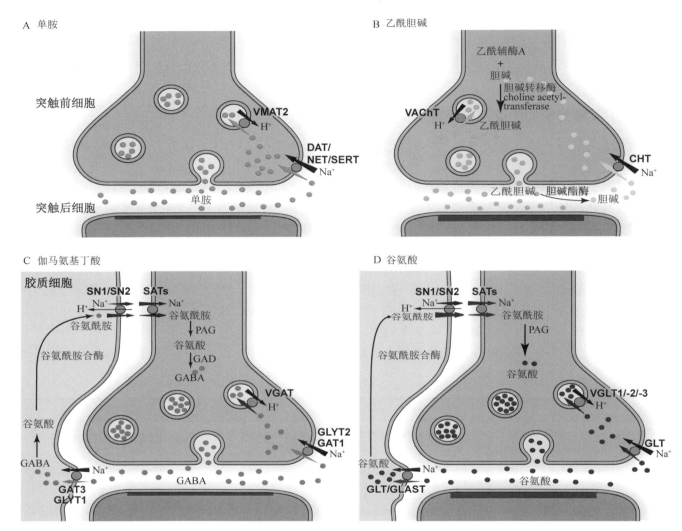

图 2-5-5　神经递质转运体与递质囊泡摄取和突触间隙递质清除。神经递质转运体分布于突触囊泡膜和突触前膜、突触后膜、神经胶质细胞质膜。囊泡递质转运体将胞浆内神经递质转运至突触囊泡内，质膜转运体将突触间隙与细胞外液中的递质转运至胞内

A. 多巴胺转运体（dopamine transporter，DAT）、去甲肾上腺素转运体（norepinephrine transporter，NET）和 5- 羟色胺转运体（serotonin transporter，SERT）三类转运体介导单胺递递质的跨细胞膜转运。囊泡单胺转运体 2（vesicular monoamine transporter，VMAT2）将所有三类单胺递质转到突触囊泡内，为突触囊泡填充神经递质；B. 乙酰胆碱（acetylcholine，ACh）由囊泡乙酰胆碱转运体（vesicular ACh transporter，VAChT）摄入突触囊泡；ACh 合成原料胆碱由质膜胆碱（choline transporter，CHT）转运至轴突终末内。突触间隙的 ACh 由胆碱酯酶（acetylcholinesterase，AChE）水解而清除，以终止胆碱能信号；C. 在 γ- 氨基丁酸（gamma-aminobutyric acid，GABA）与甘氨酸能神经末梢，GABA 转运体（GABA transporter-1，GAT1）和甘氨酸转运体 2（glycine transporter-2，GLYT2）分别介导两类递质的摄取，神经胶质细胞质膜中的 GABA 转运体 3（GAT3）与甘氨酸转运体 GLYT1 也介导 GABA 与甘氨酸的摄取与清除；囊泡 GABA 转运体（vesicular GABA transporter，VGAT）将 GABA 与甘氨酸转运至突触囊泡内。在胶质细胞中，谷氨酰胺合成酶将谷氨酸转变为谷氨酰胺。谷氨酰胺由系统 N 转运体（system N transporter1/2，SN1/SN2）和系统 A 转运体（system A transporter，SAT）通过相同运输转运至神经末梢。摄取进入突触终末的谷氨酰胺由磷酸活化谷氨酰胺酶（phosphate-activated glutaminase，PAG）转变为谷氨酸；谷氨酸脱羧酶（glutamic acid decarboxylase，GAD）催化 GABA 的生成；D. 递质谷氨酸由囊泡谷氨酸转运体 1、2 与 3（vesicular glutamate transporter，VGLT1/-2/-3）摄取进入突触囊泡。释放到突触间隙的谷氨酸，大部分由周围胶质细胞质膜谷氨酸与天门冬氨酸转运体（L-glutamate/L-aspartate transporter，GLAST）和谷氨酸转运体（glutamate transporter，GLT）摄取及清除（修改自 Siegelbaum et al. Neurotransmitters. In: *Principles of Neural Science*，5th ed：McGraw-Hill Medical，2013）

$120 \sim 300$ mM、Ca^{2+}为 40 mM。如此高浓度内含物的理论计算渗透压可高达 1500 毫渗透摩尔（mOsm），而实际的胞浆渗透压仅为 ~ 320 mOsm。因此，必然存在一种机制将囊泡内含物固定成为浓缩基质才能降低囊泡内渗透压，以避免囊泡被渗透裂解。目前观点认为突触囊泡腔内存在由糖蛋白糖残基组成的基质胶，它与递质、ATP 及钙离子形成复合物，将这些分子固定起来。在电鳐 ACh 突触囊泡中，只有 5% 的 ACh 与 ATP 分子是游离的。清澈小囊泡的基质胶主要由突触囊泡糖蛋白 2（synaptic vesicle glycoprotein 2，SV2）家族蛋白的囊泡腔内结构域的糖残基组成。此外，乙酰胆碱转运体、突触囊泡蛋白（synaptophysin）、突触结合蛋白和突触囊泡蛋白 25（synaptic vesicle protein 25，SVP25）等囊泡膜蛋白也产生糖基化，这些糖蛋白的糖链共同组成了囊泡基质。在致密核心大囊泡中，其核心基质蛋白主要包括嗜铬蛋白 A/B（chromogranin A/B，CgA/CgB）、Secretogranin Ⅱ/Ⅲ（Sg Ⅱ/Sg Ⅲ）等 granin 蛋白，这些 granin 蛋白在内质网上合成后进入高尔基体发生相应的糖基化修饰，之后被分选转至致密囊泡中，形成致密囊泡的基质核心，也是调控单胺类递质及神经肽分泌的重要调节蛋白。

神经递质转运体除分布在囊泡膜以外，还分布于突触前膜、突触后膜和神经胶质细胞膜，后者统称为质膜（细胞膜）转运体。质膜递质转运体以 Na^+（或 Cl^-）浓度梯度为能量，将突触间隙递质转运出去，以清除突触间隙中的神经递质，并将神经递质合成所需的原料转运到突触前结构的胞浆内（图 2-5-5）。

（五）神经递质的失活和回收

释放至突触间隙的神经递质必须被快速清除，以及时终止神经信号。神经递质的清除主要有三条途径：酶解、质膜转运体摄取和自由扩散。①酶解。乙酰胆碱是第一个被鉴定出的神经递质，它由突触间隙的胆碱酯酶分解而灭活。20 世纪 50 年代，绝大部分神经生物学家认为所有神经递质都是通过酶解机制而灭活。②通过转运体的活动来清除。1959 年，Julius Axelrod 和他的同事们发现，释放到突触间隙的去甲肾上腺素通过突触前膜的"泵"机制重新摄取回收到轴突终末。很快发现 5-羟色胺、其他单胺类递质和氨基酸递质通过同样的机制摄取与回收，而乙酰胆碱的酶解机制却成了特例。由此，质膜递质转运体通过依赖于钠离子或氯离子浓度梯度的跨膜转运将神经递质转运出突触间隙，以清除神经递质。转运途径是单胺与氨基酸递质的主要清除方式（图 2-5-5）。递质的摄取回收机制为一些精神药物（如抗抑郁药物）提供了"靶点"。③扩散。递质分子的扩散可以降低突触间隙中神经递质的浓度，对递质清除具有一定贡献。

（六）离子通道型和代谢型神经递质受体

Paul Fatt 和 Bernard Katz（1952）在神经肌肉接头的运动终板发现配体门控离子通道，即兴奋性 N 型乙酰胆碱受体。乙酰胆碱与受体的结合导致通道开放，通透阳离子 Na^+、Ca^{2+} 和 K^+，引起细胞膜去极化。在抑制性突触中，抑制性神经递质，如 GABA 和甘氨酸，使通透 Cl^- 的通道开放，细胞膜超极化。20 世纪 60 年代，对乙酰胆碱、谷氨酸、GABA 和甘氨酸介导的突触后反应的广泛研究，研究者发现这些神经递质与突触后受体结合直接调节离子通道的开放。1976 年 Erwin Neher 和 Bert Sakmann 创立的单通道电流记录技术为配体门控通道的研究提供了新手段，并带来了对这些通道的全新认识。例如，乙酰胆碱可触发神经肌肉接头乙酰胆碱门控通道短暂开放（通常为 $1 \sim 10$ ms），并形成一个相当于每个通道每秒流过 $20\,000\ Na^+$ 的内向电流方波脉冲。

20 世纪 70 年代，Paul Greengard 等的研究表明，神经递质（如乙酰胆碱、GABA 和 5-羟色胺等）除了激活突触后膜配体门控通道受体（也称为离子型受体，ionotropic receptors），产生持续时间为数毫秒的快速突触后电位外，还可与另一大类称为代谢型受体（metabotropic receptors）结合，产生持续时间为数秒或数分钟的缓慢突触后反应。因而，某一突触前神经元释放的某种神经递质通过激活不同的离子型或代谢型受体在不同的靶细胞产生不同的生理作用。代谢型受体是具有 7 个跨膜区的 G 蛋白偶联受体（G protein-coupled receptor，GPCR），其种类比离子型受体丰富。递质与该类受体结合后，激活其偶联的相应 G 蛋白三聚体，释放结合 GTP 的 α 亚基和 βγ 亚基复合体，α 亚基作用于效应酶，产生如 cAMP、cGMP、二酯酰甘油和花生四烯酸代谢产物等胞内第二信使；βγ 亚基复合体可调控细胞膜离子通道的活动。G 蛋白和第二信使能直接激活某些通道。更为普遍的机制是第二信使物质进一步激活下游信号分子（通常为蛋白激酶），通过对通道蛋白或通道复合体调节亚基的磷酸化来调节通道功能。GPCR 是一个很大的蛋白家族，它们不仅作为小分子和肽类神经递质的受体起作用，也是视觉、嗅觉等的感受器分子。

第二信使物质介导的突触信号缓慢传递具有以下重要特性。①第二信使系统通过作用于通道的胞内结构域调节通道功能，可通过以下三条途径实现：第二信使激活蛋白激酶，介导通道蛋白磷酸化；与配体结合的受体激活 G 蛋白，G 蛋白与通道蛋白相互作用调节其功能；cAMP 和 cGMP 与通道蛋白结合调节通道功能，如视觉和嗅觉感受细胞的 cAMP 和 cGMP 门控离子通道；②神经递质通过第二信使调控通道以外的蛋白质分子，引起突触后细胞产生一系列下游级联反应；③第二信使转入细胞核，调控转录调节蛋白的活动从而调控基因表达。因此，第二信使既可调节已有蛋白分子的活动，还可调控新蛋白的合成，后一作用可导致突触的结构改变；④突触信号快传递和慢传递的作用不同，突触信号快传递为通常的神经信号传递所需要，而突触信号慢传递通常对神经网络起调节作用，调控信号传递的强度、反应类型和反应的持续时间。

第二节　神经分泌的兴奋-释放偶联

在突触前动作电位（兴奋）触发递质释放（即兴奋-释放偶联过程）中，Ca^{2+} 是触发递质分泌的关键信号分子，其基本过程是：神经元动作电位引起细胞膜去极化，激活电压门控型钙通道，Ca^{2+} 内流，进而触发 Ca^{2+} 依赖性的囊泡胞吐（exocytosis）作用，神经递质则以囊泡为单位、以"全或无"的量子化分泌释放至胞外。整个囊泡胞吐的动态过程包括囊泡在细胞内的生成、募集、拴系/锚定、激活、囊泡融合与递质分泌等步骤，其后伴随着胞吞和囊泡循环再利用，囊泡的这些活动组成一个连续的动态过程。近期研究发现神经递质的"亚量子化"分泌（foot-stand-alone），后被命名为 kiss-and-run，并发现动作电位可不依赖于 Ca^{2+} 直接触发囊泡分泌（Ca^{2+}-independent but voltage-dependent secretion，CiVDS），神经递质"量子化"分泌理论得到进一步发展和完善。

一、神经递质释放与囊泡循环

神经分泌的整个过程包括：由高尔基体反面网络结构出芽（budding）形成分泌囊泡，并向细胞膜定向转运即募集（recruitment）、囊泡在运输过程中不断成熟（maturation）、在细胞膜附近拴系（tethering）和锚定（docking）、囊泡的激活或成熟（priming）、最后在动作电位及钙信号驱动下囊泡与细胞膜融合（fusion）、其内含物通过融合孔释放至胞外等步骤。囊泡胞吐后，部分细胞膜发生胞吞（endocytosis）形成内吞囊泡（endocytic vesicle），以维持细胞膜的动态平衡及神经递质的可持续分泌，内吞囊泡经过或不经过内涵体阶段而逐步形成新的分泌囊泡，实现循环再利用。尽管各步骤之间难以截然分开，但各步骤中参与反应的分子有所不同，所受到的调控也不同，因而可将整个过程分为不同的功能阶段。

囊泡在与细胞膜融合前，需经历转运、成熟、锚定、激活等多个发育成熟阶段，这些过程相对缓慢，因而细胞必须储存一定数量的已经"激活"的囊泡才能对刺激做出迅速反应。在生理条件下，Ca^{2+} 触发的囊泡分泌发生在几百微秒以内，某些情况下甚至少于 100 μs。根据时程，突触神经递质释放可分为历时几十到数百毫秒的同步快速释放（synchronized release）和其后紧随的异步慢速释放（asynchronized release）。同步释放的延迟非常短（50 ～ 500 μs）且持续时间也较短（与钙离子脉冲信号时程相当），异步释放可持续 1 s 以上。绝大多数研究者认为快速胞吐相代表即刻可释放囊泡库（readily releasable pool，RRP）的释放，即那些不需要再经历成熟阶段就能对胞内 Ca^{2+} 信号做出快速反应的那部分囊泡的释放。在突触分泌过程中，RRP 迅速耗竭，囊泡释放速率随时间呈指数衰减。缓慢的持续分泌相代表那些在刺激开始时处于发育早期阶段并随着使用而动员（use-dependent mobilization）的那部分囊泡的释放。电生理检测到的快速释放囊泡数目只占形态学上锚定囊泡的一部分，这意味着在锚定囊泡成为可释放囊泡前还需要经历一个成熟过程，通常将这个成熟过程称为囊泡的激活。因而，至少可以根据囊泡的状态和在细胞内的空间分布将它们划分三大类型：未锚定囊泡（也称储存囊泡）、已锚定但未激活的囊泡和激活的可释放囊泡，并将这些不同类型的囊泡归纳于不同的囊泡库。离细胞膜距离大于 100 nm 的位于胞浆中的未锚定囊泡称为储存囊泡，构成储存囊泡库（reserve pool）；靠近细胞膜，与膜距离小于 100 nm 的囊泡为拴系和锚定囊泡，其中距离为 5 ～ 10 nm 的为锚定囊泡，它们都归属于可释放囊泡库（releasable pool，RP）。在内分泌细胞和神经元中，可释放囊泡库又可分为缓慢释放囊泡库（slowly releasable pool，SRP）和快速（或即刻）释放囊泡库。肾上腺嗜铬细胞是一种神经内分泌细胞，它的囊泡融合分子构件与神经元基本相同，因而常作为神经分泌的细胞模型，其囊泡的动力学过程研究得比较清楚，见图 2-5-6。

（一）囊泡的生成和循环

神经元突触囊泡的生成方式有两种。其一是全新的生成途径，这类囊泡来源于高尔基体，需要经过长距离运输才能到达轴突末梢，难以对囊泡的消耗进行快速补充，因而不是突触囊泡补充的主要方式。突触囊泡来源的主要途径是胞吞和囊泡循环再利用。突触囊泡的循环方式又有多种，其中网格蛋白介导的胞吞（clathrin-mediated endocytosis，CME）是突触囊泡补充的主要途径。这种内吞囊泡进入胞浆，经脱包被和再酸化后融合到早期内涵体，由内涵体出芽形成新的分泌囊泡，或内吞囊泡不融入早期内涵体，而是直接酸化并装填神经递质，以资循环利用（图 2-5-7）。神经元中还存在一种刺激强度依赖性的巨胞吞作用（bulk endocytosis），与 CME 不同，巨胞吞单次回收的膜面积非常大，内吞后直接形成内涵体，再由内涵体以网格蛋白包被囊泡的形式产生新的分泌囊泡。此外，还有一种特殊的胞吐-胞吞模式，即囊泡与细胞膜融合形成融合孔并释放神经递质后，囊泡膜并

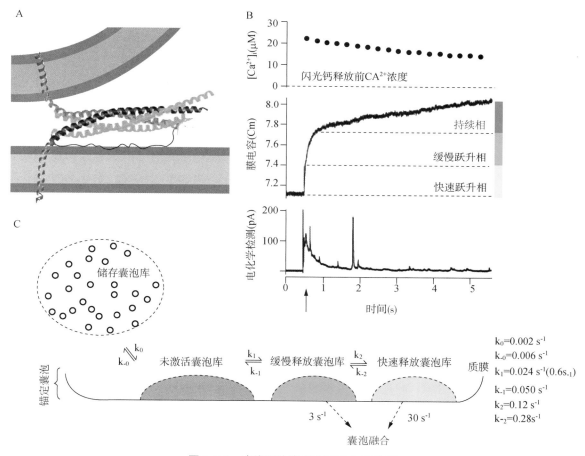

图 2-5-6　**嗜铬细胞囊泡胞吐动力学特征**

A. 待释放的囊泡示意图（由 SNARE 复合体提供融合动力，详见第三节）；B. 用短暂的强紫外光裂解钙离子络合物（箭头），将胞内钙由基础钙浓度（～ 50 nM）上升到 20 μM 时引起典型的细胞分泌反应。中间曲线为细胞的膜电容变化，膜电容的增加与融合的囊泡数成正比。膜电容曲线的快速跃升相（黄色）代表快速释放囊泡（RRP），慢速跃升相（绿色）代表缓慢释放囊泡库（SRP），持续相（红色）代表未激活囊泡库（unprimed pool，UPP）的囊泡缓慢激活后的释放。微碳纤电极记录到的信号为囊泡释放的儿茶酚胺类物质的氧化电流信号；C. 囊泡的四种状态。当储存囊泡库（约 2000 囊泡）中的部分囊泡转运并锚定到细胞膜时，即成为未激活囊泡库中的囊泡。电子显微镜所观察到的形态学上锚定的囊泡约 850 个，分为未激活囊泡库（～ 650 个囊泡）和激活囊泡库。激活囊泡库又可分为缓慢释放囊泡库和即刻释放囊泡库（各约 100 个囊泡）。激活囊泡可在 Ca²⁺ 浓度阶跃升高后一秒内释放完（修改自参考文献中的综述 7）

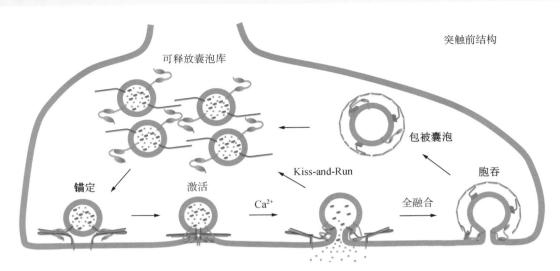

图 2-5-7　突触前膜囊泡的胞吐、胞吞与囊泡循环

突触囊泡（SVs）转运到突触前膜的活性区后，拴系和锚定到突触前膜并被激活。当动作电位到达突触前膜时，电压门控型钙通道打开，钙离子内流，触发囊泡与质膜融合，神经递质以囊泡胞吐的形式释放到胞外。胞吞与胞吐紧密偶联以维持细胞膜的动态平衡及神经递质的可持续释放，神经元主要通过网格蛋白介导的胞吞、kiss-and-run 和巨胞吞过程进行囊泡膜回收，内吞囊泡经过脱包被（裸露囊泡则不含此过程）、酸化和递质再填充等过程进行循环和再利用

不与细胞膜混合，而是直接关闭融合孔并从细胞膜上解离下来，形成的内吞囊泡直接再次酸化并装填神经递质，成为新的递质囊泡，此囊泡胞吐和循环方式称为 "kiss-and-run"；甚至还有部分囊泡释放神经递质后不离开细胞膜，关闭融合孔后即进行递质充填形成新的囊泡，此方式为 "kiss-and-stay"。

（二）囊泡的募集

囊泡募集是细胞内部的囊泡向细胞周边部位定向转运的过程。其分子机制涉及包括动力蛋白、Rab、可溶性 N- 乙基马来酰亚胺敏感结合蛋白受体（soluble N-ethylmaleimide-sensitive attachment protein receptor，SNARE）等多种囊泡蛋白与细胞骨架的相互作用及多种调节因子的调控。微管、肌动蛋白微丝和多种动力蛋白（myosin、kinesin、dynein）为囊泡定向转运提供了通路和动力。从高尔基体到细胞周边的囊泡转运依赖于微管系统；在细胞周边的致密肌动蛋白网络层，囊泡依赖于肌动蛋白-肌球蛋白 V 的相互作用而附着在肌动蛋白网上并向细胞膜转运。ATP 提供了囊泡运输所需的能量。在轴突终末，肌动蛋白网络可能是突触囊泡转运的通路，但其本身可能不为囊泡运输提供动力；肌动蛋白也为囊泡胞吞所需，可通过促进胞吞和回收而增加储存囊泡的数量。蛋白激酶和单体 G 蛋白的 Rho、Rab 家族参与了囊泡转运调节。Ca^{2+} 激活钙调蛋白依赖性蛋白激酶 Ⅱ（Ca^{2+}/calmodulin-dependent kinase Ⅱ，CaMK Ⅱ），将 syntaxin 的 C

端磷酸化，促进囊泡从细胞骨架上释放出来，从而促进囊泡转运，加速囊泡募集。

（三）囊泡的拴系和锚定

拴系是指囊泡定位和松散地附着于靶膜的过程或状态。拴系状态下，囊泡膜与靶膜的距离 75～150 nm。拴系后囊泡进一步靠近靶膜，两层膜之间的距离 5～10 nm，此过程或状态即囊泡的锚定。细胞内囊泡与其他内膜结构的融合过程及囊泡胞吐过程都存在着囊泡的拴系和锚定，此过程对保证囊泡与靶膜的特异性融合、确保细胞在正确的时间和空间进行膜融合与膜分裂的动态转变具有重要意义。

囊泡锚定过程的分子机制目前还未达成共识。参与囊泡锚定过程的分子包括拴系蛋白、Sec1/Munc-18 和 Rab 等。小 G 蛋白 Rab 参与了突触囊泡的拴系过程，Rab3A-GTP 可募集 RIM1（Rab3-interacting molecule 1）等与囊泡锚定相关的蛋白，从而调节拴系和锚定。Munc-18 可与 Rab 效应物及拴系复合物相互作用，促进囊泡从拴系转变为锚定状态。SNARE 学说曾认为囊泡的锚定是由各 SNARE 蛋白（质膜蛋白 syntaxin-1、SNAP-25 和囊泡膜蛋白 synaptobrevin）聚合形成 SNARE 聚合物介导的，但这一推测已被基本排除。近期研究表明突触结合蛋白 synaptotagmin-1（Syt1）是介导锚定的囊泡膜蛋白，首先 Munc-18 与闭合状态的 syntaxin-1 形成异源二聚体，随后与 SNAP-25 结

合形成 syntaxin-1/Munc-18/SNAP-25 三聚体，当囊泡到达质膜后便通过 Syt1 与 syntaxin-1/Munc-18/SNAP-25 结合，完成囊泡在质膜上的锚定过程。

（四）囊泡激活（或成熟）

锚定囊泡需要激活后才能与靶膜融合。囊泡的"激活"是囊泡获得与靶膜融合能力的过程。它是低浓度钙（数百纳摩尔）和磷脂酰肌醇代谢产物依赖性的耗能过程，需要 ATP 的水解提供自由能。在 Ca^{2+} 依赖的调节型分泌中，囊泡的激活过程是限速步骤。目前观点认为囊泡激活过程是形成囊泡-质膜融合所必需的分子构件或蛋白复合物的过程。最小的囊泡融合机器是由 SNARE 蛋白复合体和 Syt 组成的大分子复合物，其中存在于囊泡膜和靶膜之间的 trans（异位）-SNARE 复合体是最核心的蛋白融合机器（见下一节）。Munc-13 是已知最重要的囊泡激活调控蛋白，囊泡锚定后，Munc-13 使 Munc18-1 从 syntaxin-1 上释放出来并使 syntaxin-1 形成开放构象，启动 SNARE 复合体形成，使囊泡进入激活阶段。Syt 是囊泡融合分子构件中的重要蛋白，它可能也参与了囊泡的激活过程。在肾上腺嗜铬细胞中，SV2A（synaptic vesicle protein 2A）可增加 SNARE 复合体的数量，促进囊泡激活，但其是否直接介导突触囊泡的激活还有待于实验证据的证实。基础钙离子浓度的增加可促进囊泡激活过程，使 RRP 和 SRP 增大。Ca^{2+} 对囊泡的激活效应一部分是通过激活 PKC 产生的，PKC 通过对 SNARE 及相关蛋白的磷酸化作用，促进囊泡激活。蛋白激酶 A（protein kinase A，PKA）对 SNAP-25 第 138 位苏氨酸的磷酸化也可导致 RRP 和 SRP 增加，表明 SNAP-25 的磷酸化可促进囊泡激活。

（五）囊泡融合

囊泡膜与细胞膜融合孔的形成是分泌过程的最后步骤，亲水性的囊泡内容物必须通过囊泡融合孔才能释放到胞外（图 2-5-8）。膜融合过程存在较大的能量障碍（约 40 k_BT），SNARE 核心复合体由 trans 向 cis 状态转变所释放的能量可克服膜融合过程的能障（图 2-5-9）。水环境中脂质双分子层的融合经历两个步骤。首先，两层膜在相对的两个半层之间发生相互作用前，在 SNARE 聚合物的作用下克服静电排斥力而相互靠近；其后，脂质双分子层

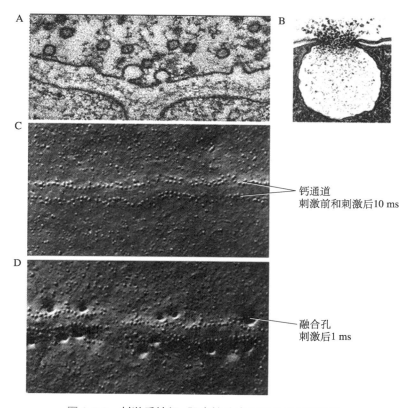

图 2-5-8　刺激后神经-肌肉接头囊泡融合的电镜照片

A. 强烈刺激后的神经-肌肉接头神经递质的释放，可清晰见到突触活性区囊泡与突触前膜的融合，囊泡形成"Ω"形状；**B**. 囊泡内容物通过融合孔释放的透射电子显微镜照片；**C** 和 **D**. 囊泡融合所形成的融合孔的冰冻蚀刻扫描电子显微镜照片。**C** 为刺激前 10 ms，无融合孔；**D** 为刺激后 1 ms 的图像，可清楚见到孔径大小不等的融合孔。融合孔部位的钙通道密度较高（修改自参考文献中的原始文献 4）

的亲水和疏水部分的界限被打破，产生非双分子层的中间过渡态（hemi-fusion），最终钙离子触发 Syt 的 C2A 和 C2B 结构域更深地插入细胞膜，使囊泡与细胞膜进一步靠近并促进融合孔的形成和扩张。

融合孔为膜融合过程形成的跨膜亲水性孔道（图 2-5-8）。融合孔可以在膜融合形成后的数毫秒时间内突然打开，形成直径大约 2 nm 的孔道；在其后的 10 ～ 20 ms 内，其孔径可扩大或缩小，形成具有不同电导的相对稳定的中间状态。通常融合孔会逐渐扩大直至不可逆开放（full fusion）；也可能融合孔在瞬时开放后最终关闭，囊泡从细胞膜上分裂下来，进入胞浆再次酸化以资循环再利用（kiss-and-run）；还可出现持续几毫秒到数十毫秒的融合孔不规则的开放和关闭交替现象，即融合孔闪烁（flickering）。Ca^{2+} 为囊泡融合过程的触发信号，Syt 蛋白是 Ca^{2+} 感受器。SNARE 蛋白复合体是介导囊泡胞吐过程并为之提供动力的核心蛋白质机器，它是由位于质膜上的 t-SNARE（targeting SNARE）蛋白 syntaxin 和 SNAP-25（25 kDa synaptosome associated protein）及位于囊泡膜上的 v-SNARE（vesicle SNARE）蛋白 synaptobrevin（或 VAMP2，vesicle-associated membrane protein 2）通过四个 SNARE 基序（motif）组装形成的蛋白复合体。SNARE 基序的 α- 螺旋从远离膜的氨基端开始聚合，并以类似闭合拉链的形式向羧基端推进，形成 trans-SNARE 复合体，在此过程中所产生的机械力通过 synatobrevin 及 syntaxin 连接区和跨膜区的传递，促使囊泡膜和质膜形变并使之相互靠拢，最终触发两膜之间的融合（图 2-5-9）。囊泡与质膜完全融合后，t-SNARE 和 v-SNARE 插在同一膜上，成为 cis（同位）-SNARE 聚合体，随后 NSF 水解 cis-SNARE 复合物，使各 SNARE 蛋白游离开来，以便循环再利用。

（六）胞吞与囊泡循环

胞吞过程是一系列受到精密调控的将膜脂、膜蛋白及胞外溶液以囊泡形成转运至胞内的过程。尽管在非神经元细胞中，胞吞过程都是以组成型的方式持续发生，但在神经元及内分泌细胞中，胞吞过程在时间和空间上均与胞吐紧密偶联，这对维持细胞膜动态平衡及神经递质的可持续释放等至关重要。胞吐之后数秒至数分钟以内，神经元即可完成与胞吐相当水平的胞吞过程。电生理膜电容实时记录、pHlourin 荧光成像等实验表明，神经元胞吐偶联多种动力学特征不同的胞吞形式，包括时间常数～ 1 s 的快速胞吞、时间常数在 20 ～ 30 s 的慢速相胞吞；此外，还包括时间常数在 50 ～ 100 ms 的超快速胞吞及强刺激偶联的过度胞吞等。这些不同动力学特征的胞吞过程可能由不同的胞吞途径介导，一般认为，kiss-and-run 介导了快速相胞吞过程，网格蛋白介导的胞吞是重要的慢速相胞吞过程，超快速胞吞则主要由 actin 和 dynamin 共同介导。CME 是目前已知最重要也是研究最清楚的一种胞吞形式，转铁蛋白受体等多数膜受体都是通过网格蛋白介导的内吞作用进入胞内的。Kiss-and-run 和刺激强度 / 神经兴奋依赖性的巨胞吞作用是 CME 的重要补充，这些不同的胞吞模式相互协调精密调控囊泡的循环速度和效率。同时，胞吞作用尤其是巨胞吞过程还需要一种刹车机制以确保胞吐－胞吞

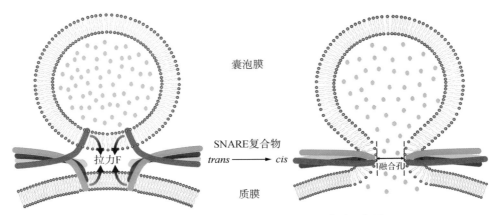

图 2-5-9　**SNARE 复合体诱导的膜融合模型示意图**

左图，定位于细胞膜（target membrane）上的三个 SNARE 基序（α- 螺旋结构）与定位于囊泡膜（vesicle membrane）上的第四个 SNARE 基序组装形成 trans-SNARE 复合体。SNARE 的组装过程起始于 SNARE 蛋白远离膜的 N 端，以闭合拉链的形式向 C 端推进，进而产生内向的机械力将两膜拉近，促使它们融合。右图，囊泡融合后，内向的机械力消失，SNARE 复合体由 trans（反式）状态转变为 cis（顺式）状态（引自参考文献中的综述 14）

的精密偶联及细胞膜的动态平衡，近期研究表明不能结合 Ca^{2+} 的 Syt 成员 Syt11 是胞吞作用的重要刹车蛋白，但其刹车机制尚不清楚，是否存在一种钙离子 / 兴奋依赖性的胞吞作用刹车机制值得进一步深入研究，这对理解细胞囊泡与质膜的动态平衡及其精密调控至关重要。

二、神经递质囊泡释放的量子学说

Katz 和 Fatt 除对突触后配体门控受体结构和功能做出突出贡献外，他们提出的神经递质释放量子学说则奠定了神经分泌理论的核心基石。他们发现，在神经–肌肉接头，每个量子包含约 5000 个递质分子，在突触前终末活性区的特定位点由囊泡胞吐活动进行量子化释放（quantal secretion）。突触前膜也能自发地进行递质的量子释放，每个量子的递质分泌产生的微突触后电位的幅度保持在一个相对恒定的数值。单个活性区自发释放的速率很低，为 10^{-2}/s。当动作电位传至轴突终末时，递质释放速率瞬时性急剧升高，达到每秒 1000 个囊泡，突触后电位的幅度基本等于每个量子单位的幅度乘以量子数目。数秒内，递质释放速率又降低恢复至静息水平。他们的工作表明：化学递质（如 ACh）并不是以单个递质分子的形式释放的，而是以一相对恒定的单位增量——或称为"量子"进行释放，这一发现被总结为 Katz 量子分泌假说，即神经元中的神经递质均以囊泡为单位进行"全或无"（all-or-

none）的量子化分泌（图 2-5-10）。该假说的建立为现代神经领域的快速发展奠定了重要理论基础，被称为神经分泌领域的核心基石之一。

三、Kiss-and-run 与亚量子分泌

（一）亚量子分泌的发现

Katz 等观察到的微终板电位幅度（图 2-5-10）呈连续的正态分布，而并非单一幅值，这反映了单个囊泡递质释放量的变异。研究表明，虽然递质以囊泡胞吐的方式释放，但各囊泡的递质释放量并不是恒定的，而是在一定范围内呈随机分布。囊泡递质释放量的改变取决于释放动力学（决定于囊泡融合方式和融合孔动力学）和每个囊泡的递质充盈量等多种因子的影响和调节。微碳纤电极电化学记录因其具有毫秒级别的时间分辨率，成为最初检测儿茶酚胺（catecholamine，CA）等可氧化性神经递质分泌及囊泡融合孔开放的首选工具。微碳纤电极氧化电流的每个峰信号即代表 CA 的一个量子化分泌，峰信号大小代表量子化水平。在这些峰信号出现之前往往伴还伴随着一个特殊的"foot-signal"，这种小的信号是由于递质从刚形成的融合小孔中释放出来导致的，囊泡融合孔完全打开神经递质一涌而出时则对应其后的巨大峰值信号，代表囊泡内神经递质完全释放至胞外。早在 1996 年，Zhuan Zhou 等首次记录到 stand-alone foot 现象，即出现瞬时的类似于"foot-signal"的小电流信号，而没

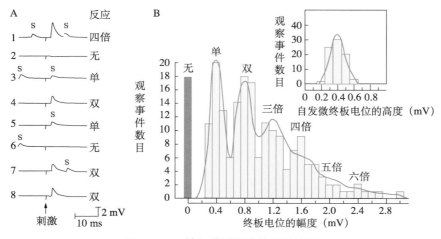

图 2-5-10 神经递质释放的量子性质

神经递质以一相对恒定的单位增量（量子）进行释放。每个量子的递质产生一个相对恒定幅度的微突触后电位。突触后电位的幅度基本等于每个量子单位的幅度乘以量子数目。A. 8 个相同强度的连续电脉冲刺激运动神经时，细胞内记录到的电位变化。神经组织浸浴于含镁离子的无钙溶液中以减少递质的释放概率。突触后电位对各次刺激的反应不同，或无反应，或为单倍单位电位的反应，或为 2～4 倍反应。自发微终板电位（S）与单位量子电位相似；B. 神经递质释放的量子性质。终板电位幅度的频率分布，0 mV 处的第一个峰为无反应（不释放递质，无终板电位）事件的频次，0.4 mV 的峰代表单位终板电位，为最小的诱发反应，这种单位反应的电位幅度与自发微终板相同（插图）；其他各峰代表电位幅度为单位电位的多倍数反应（修改自参考文献中的原始文献 1）

有大的 spike 峰信号（图 2-5-11），意味着融合小孔形成后并没有完全打开，而是很快关闭，期间只有部分神经递质被释放出来，因而将其定义为神经递质的亚量子化分泌（subquantal secretion），后人将这种亚量子分泌信号定义为 kiss-and-run 囊泡融合模式。此外，在 stand-alone foot 及 prespike foot 的碳纤信号中，常伴随着氧化信号的快速震荡（rapid fluctuations/flickering），当时对这种现象的解释是囊泡与细胞膜完全融合前，经历了一系列的不断开放和关闭的过程（图 2-5-11）。亚量子分泌的发现开启了神经递质囊泡分泌的新纪元，囊泡融合孔开放动力学及其调控机制研究不断涌现，神经分泌由量子化分泌进入亚量子分泌时代。

（二）Kiss-and-run 学说

碳纤记录的 stand-alone foot 信号及氧化电流快速震荡现象的发现让大家意识到囊泡释放不再是单纯的"全或无"的形式，还可通过对囊泡融合的动态调节来控制递质的释放水平，从而成为神经可塑

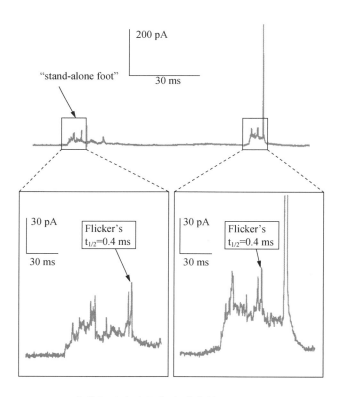

图 2-5-11　嗜铬细胞中去甲肾上腺素的量子化分泌与亚量子分泌
采用微碳纤电极电化学记录去甲肾上腺素的氧化电流信号，分别代表典型的 stand-alone foot 分泌信号（左）与含 prespike foot 的量子化分泌事件（右），在两种 foot 信号中均发现氧化信号的快速震荡现象（rapid fluctuations/flickering），代表囊泡融合孔经历了多次不断的开放与关闭过程（引自参考文献中的原始文献 10）

性调节的重要机制之一。后人根据两种分泌模式的特点，将他们归类于全融合（full fusion）和 kiss-and-run 两种不同的囊泡分泌形式。在全融合分泌中，囊泡膜与细胞膜之间的融合孔逐步扩大并迅速打开，囊泡膜融入细胞膜成为质膜的一部分，囊泡中的神经递质全部释放至胞外，对应"全释放"的量子化分泌模式。Kiss-and-run 对应的是亚量子分泌，囊泡与细胞膜形成狭窄的融合小孔并短暂开放，融合小孔开放后并不扩张，而是在原地经过或不经过闪烁后完全关闭，囊泡膜仍然保持自己的独立结构而不与细胞膜发生成分交换，部分递质从融合小孔中扩散出去后，囊泡迅速与细胞膜脱离，不经过内涵体等循环过程，而是直接酸化并可继续参与下一轮刺激偶联的分泌过程。相比之下，full fusion 的囊泡膜则全部与细胞膜融合，只能通过随后其他位置的胞吞过程重新形成一个有分泌功能的新囊泡。

除电化学手段检测融合孔动态外，Linggang Wu 等使用膜片钳 cell-attached 的方式，通过膜电导记录观察到神经元突触中也存在两种不同类型的分泌模式，即膜电导快速上升后回到基线（融合孔瞬间开放）与膜电导快速上升而不再下降（全融合）。除了以上两种电生理检测手段，荧光实时成像的方法也被用于检测囊泡的分泌模式。在新鲜分离的大鼠海马神经元中，Xiaoke Chen 等发现机械刺激可引起 FM 染料从谷氨酸能囊泡中逐步释放（kiss-and-run）出来，且这种分泌模式受胞内钙离子和分泌复合物 SNARE 的共同调控。全内反射荧光显微镜（TIRF）的发展为囊泡融合孔动态检测提供了重要手段。David Bowser 等使用一种对 pH 敏感的绿色荧光蛋白（pHluorin）对囊泡蛋白 VAMP2 进行融合标记，用以监测星型胶质细胞中单个囊泡的分泌过程，可以检测到 ATP 诱导的 VAMP2-pHluorin 的实时分泌信号。他们根据囊泡分泌的荧光值特点来区分 full fusion 和 kiss-and-run，以 VAMP2-pHluorin 荧光点中心为圆心，形成荧光信号向外的扩散晕，即荧光点核心与外围区域都有荧光值信号上升的分泌事件定义为 full fusion，即囊泡与细胞膜完全融合；当只有中心信号而没有外围信号的时候，则定义为 kiss-and-run，即这种分泌模式下囊泡与细胞膜接触后开口较小，囊泡膜仍保持自己的独立性而不与质膜混合，随后融合孔关闭，囊泡从质膜上分离下来进入胞浆。在神经元及内分泌细胞中，采用 BDNF/NPY-pHluorin 的荧光成像，也可观察到致

密核心大囊泡的两种分泌模式，即有扩散晕结构的 full fusion 和无扩散晕的 kiss-and-run。至此，神经递质通过 full-fusion 和 kiss-and-run 两种囊泡融合模式进行量子化与亚量子化分泌的观点被广泛接受，神经递质量子分泌理论得以进一步发展和完善。

（三）囊泡融合孔与分泌模式调控机制

儿茶酚胺类递质碳纤记录的 stand-alone foot 信号及氧化电流快速震荡现象让大家意识到囊泡释放不再是单纯的"全或无"的形式，而是受到囊泡融合孔开放的精密调控。然而，囊泡融合孔动力学受哪些因子调节及其调控机制目前还知之甚少。近期研究表明，SNARE 蛋白复合体、Syt 蛋白、Ca^{2+} 浓度变化、GPCR、PKC 及细胞膜磷脂成分的改变均可能引起囊泡融合孔动力学变化，从而调节单个囊泡的递质释放量。

SNARE 复合体与其分子开关 Syt 蛋白等形成囊泡融合的动力，而囊泡的微管系统和融合所需的能量形成融合孔开放的阻力，两者之间的平衡决定了囊泡融合孔的开放程度、动态过程及分泌模式：融合动力大于阻力则囊泡倾向于 full fusion；反之则倾向于 kiss-and-run。研究表明，囊泡上 SNARE 复合体的数目影响囊泡融合模式的选择，full fusion 需要多个 SNARE 复合体的共同作用，而一个 SNARE 复合体虽能促使囊泡融合小孔开放却不能介导其进一步扩张。相反，囊泡上的微管系统形成囊泡融合的阻力，破坏微管系统可促进囊泡融合孔扩张，囊泡分泌倾向于 full fusion。同时，动力蛋白 Dynamin 1（dyn1）也可通过其切割酶效应来限制囊泡融合孔的开放程度、开放时间等动力学过程，进而促使囊泡融合以 kiss-and-run 方式进行。因此，囊泡上的 SNARE 动力系统与囊泡融合的阻力形成平衡系统来调控囊泡的融合模式，从而精确调控神经递质的量子分泌水平。

促进融合的动力系统还包含其他促进 SNARE 复合体形成的相关蛋白 complexin、钙离子、GPCR 等，它们都能影响囊泡的融合模式。Complexin 被认为是 SNARE 复合物的附属物，complexin 突变后，囊泡分泌从 full fusion 变成 kiss-and-run。同时，GPCR 也可通过与 SNARE 复合物的相互作用参与囊泡融合模式的调控，同时内源性 GPCR 还可通过 Gi-βγ 抑制儿茶酚胺类递质分泌的量子化水

平，动作电位除直接触发钙依赖性或钙非依赖性的囊泡分泌外，还可通过细胞膜去极化而失活 GPCR-Giβγ 进而增大囊泡融合孔开放程度与量子化分泌水平。此外，Ca^{2+} 浓度变化同样可引起囊泡分泌模式的改变，细胞外高浓度 Ca^{2+} 可促使囊泡倾向于 kiss-and-run，细胞内高浓度 Ca^{2+} 可促进 full fusion 的发生，进一步研究结果表明胞内局部钙信号是决定两种分泌模式的关键，与 Ca^{2+} 通透性只有 ~ 5% 的 TRPV1 通道相比，电压门控型钙通道（Ca^{2+} 通透性 100%）可触发更多的 full fusion 分泌事件。与此相对应，触发囊泡融合的 Ca^{2+} 感受蛋白 Syt 也是调控融合孔开放动态的重要分子。囊泡的融合模式与 Syt 蛋白的数目息息相关，Meyer B Jackson 等发现，Syt1 过表达可延长囊泡融合孔开放时间，促进囊泡全融合模式，Syt1 C2A 结构域中的 Ca^{2+} 结合位点是全融合所必需的，而 Syt7 可通过 Ca^{2+} 依赖性的推-拉作用模型促进全融合模式的发生。相比之下，不结合 Ca^{2+} 的 Syt4 则会抑制全融合模式而促进 kiss-and-run 的发生。

传统观点认为亚量子分泌是通过 kiss-and-run 的囊泡融合模式进行的，而量子化的全释放则主要以囊泡全融合方式进行。近期研究采用 sniffer patch 和微碳纤电极电化学同步记录的方式直接记录到肾上腺嗜铬细胞中的去甲肾上腺素和 ATP 从同一囊泡中"共分泌"的现象，进一步发现 somotostatin 处理或 Syt7 敲除后囊泡融合孔开放程度降低、kiss-and-run 比例增加，但它们均只能降低同一个囊泡中去甲肾上腺素的分泌，而对 ATP 分泌则没有影响。这一结果提示去甲肾上腺素存在亚量子分泌，其量子化水平受囊泡融合模式严格调控，而同一囊泡内 ATP 的分泌似乎只存在量子化的全释放分泌模式。相比之下，当致密囊泡中的基质蛋白 CgA 敲低或敲除后，somotostatin 对去甲肾上腺素和 ATP 共分泌的不同调节作用消失，表明致密囊泡内的基质成分是决定两种递质是否发生"亚量子化分泌"的决定因子，基质蛋白可通过调节与不同递质的结合及解离速度而参与调控部分神经递质的量子化分泌水平；但游离的小分子神经递质则可自由通过囊泡融合孔，不受融合模式调控全部进行量子化全释放（图 2-5-12）。因此，囊泡基质蛋白作为一种独立的调控手段，与囊泡分泌模式共同作用决定同一囊泡中不同神经递质 / 神经肽的分泌模式与量子化水平。

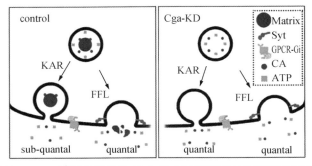

图 2-5-12　嗜铬细胞囊泡融合模式与基质蛋白共同决定去甲肾上腺素与 ATP 的量子化分泌水平

去甲肾上腺素被基质蛋白包裹在囊泡基质中，ATP 主要以游离方式存在。在正常生理条件下，去甲肾上腺素在 kiss-and-run 分泌模式下呈亚量子分泌，量子化水平受囊泡融合孔精密调控，而 ATP 的分泌则不受囊泡融合模式影响，均为全释放。将基质蛋白 CgA 敲低后，去甲肾上腺素与 ATP 均为游离态，它们的分泌均不受融合模式调控（引自参考文献中的原始文献 9）

四、神经递质分泌的钙离子依赖性

（一）囊泡分泌的钙依赖理论

Bernard Katz 对神经科学的另一重要贡献是神经递质释放的钙离子学说（Ca^{2+} hypothesis），该假说认为神经分泌是神经递质通过 Ca^{2+} 依赖性的囊泡与质膜的融合过程而分泌至胞外的。Katz 和 Miledi 发现，去除胞外 Ca^{2+} 可完全阻断神经肌肉接头突触前神经兴奋引起的突触后终板电位（end-plate potentials）变化，终板电位可剂量依赖性地受到细胞外 Ca^{2+} 的严格调控（图 2-5-13）。即使将胞外的 Na^+ 全部用 Ca^{2+} 替代，终板电位依然存在，表明突触囊泡的释放依赖于 Ca^{2+} 而不是 Na^+，Ca^{2+} 是触发神经递质大量释放的关键信号。随后的工作表明 Ca^{2+} 并不只是神经分泌的触发信号，胞内 Ca^{2+} 浓度的动力学直接决定了囊泡分泌的动力学特征。当 Ca^{2+} 浓度小于 1 μM 时，几乎没有突触囊泡递质释放，1 ～ 2 μM 开始释放，释放速率（单位时间内囊泡释放的数量）随胞内 Ca^{2+} 浓度（$[Ca^{2+}]_i$）升高而增加，当 $[Ca^{2+}]_i > 20$ μM 时囊泡的释放速率达到饱和。之后，囊泡分泌的 Ca^{2+} 假说进一步在巨型枪乌贼轴突突触、大鼠小脑平行纤维突触及 calyx of Held 突触等其他突触模型上得到验证。总之，这些高分辨率的电生理记录结果表明，突触前膜的动作电位是通过介导 Ca^{2+} 内流而与囊泡分泌紧密偶联在一起的。

（二）钙离子对囊泡分泌的调控

在突触前结构的兴奋-释放偶联过程中，Ca^{2+}

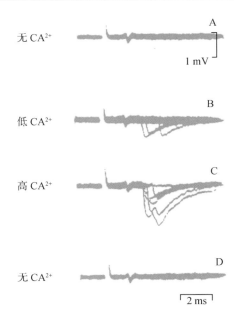

图 2-5-13　钙离子对化学突触神经递质分泌的调控作用

图为蛙神经肌肉接头的胞外膜电位记录的重叠曲线，神经肌肉接头浸泡在无 Ca^{2+} 外液中，含有 500 mM $CaCl_2$ 的玻璃电极用于膜电位记录，通过电极电泳控制 Ca^{2+} 是否外流与流速。在 A ～ D 四个记录中，通过给予电极足够的负压完全抑制 Ca^{2+} 外流，则电刺激不能诱发突触后膜电位变化（**A**）；将记录电极的负压稍稍降低，则有一定机会获得一些全或无的单位膜电位变化（**B**）；进一步降低电极电压让更多 Ca^{2+} 内流，则可高概率记录到多个单位的膜电位变化（**C**）；再次阻断 Ca^{2+} 外流则突触后膜电位变化消失（**D**），提示突触后膜电位剂量依赖性地受到 Ca^{2+} 调控（修改自参考文献中的原始文献 5）

是触发神经递质释放的关键信号分子。当兴奋（动作电位）抵达轴突终末时，激活聚集在活性区的电压门控型钙通道，胞外 Ca^{2+} 内流，进而触发囊泡与质膜的融合与神经递质分泌。在大部分突触中，突触前膜的钙通道为 P/Q 或 N 型钙通道，小部分为 R 型钙通道，而 Ca^{2+} 内流始于动作电位峰，在突触前膜完全复极化后结束，使局部区域（距通道口 < 20 nm）的 Ca^{2+} 浓度由静息状态的 ～ 100 nM 快速升高到 10 ～ 100 μM，由于轴突终末胞浆的 Ca^{2+} 缓冲能力很强且非常迅速，Ca^{2+} 浓度的升高表现为瞬时性，持续时间 400 ～ 500 μs，时程与钙电流相对应。这种瞬时 Ca^{2+} 脉冲信号能够触发锚定在活性区的可释放囊泡与突触前膜的融合，并释放神经递质。如前所述，这种神经兴奋偶联的分泌可分为快速同步释放和持续慢速的异步释放两种分泌模式，这两种释放形式都具有严格的 Ca^{2+} 依赖性，但它们对 Ca^{2+} 的依赖性和所受到的调控可能不同。对囊泡分泌钙离子协同性的分析表明，囊泡融合的分子构件（机器）需要结合 4 ～ 5 个 Ca^{2+} 才能触发囊泡融合或释放。最近实验发现，结合 1 ～ 5 个钙离子的突触囊泡均可进行胞吐，当 Ca^{2+} 浓度降低时，

囊泡融合的表观钙离子协同性降低（主要为异步释放）。突触快速囊泡释放的高钙离子协同性表明囊泡融合速率与 Ca^{2+} 浓度之间不是线性关系，这种非线性关系使得突触囊泡融合对 Ca^{2+} 浓度的变化极为敏感且限制在一个很窄的 Ca^{2+} 浓度区间和很短的时间内。

除电压门控型钙通道介导神经兴奋-分泌偶联之外，配体门控型非选择性阳离子通道，如 TRP 通道（transient receptor potential，瞬时受体电位通道）、NMDA 受体、钙库控制的钙通道（store operated calcium channel，SOC）等通常也可介导 Ca^{2+} 内流并触发神经递质的释放。此外，轴突胞浆的 Ca^{2+} 既可来源于胞外 Ca^{2+} 内流，也可来自胞内钙库的钙释放。突触终末的主要钙库包括内质网、线粒体和酸性囊泡等。肌醇 1,4,5- 三磷酸受体（inositol trisphosphate receptors，IP_3Rs）和兰尼碱受体（ryanodine receptors，RyR）是介导内质网钙释放的重要通道蛋白。多种胞外因子都可通过激活磷脂酶 C（phosphlipase C，PLC）水解磷脂酰肌醇 4,5- 二磷酸（phosphatidyliositol 4,5-biphospate，PIP_2）产生三磷酸肌醇（Inositol 1,4,5-trisphosphate，IP_3），IP_3 激活 IP_3R 进而介导内质网钙释放。对 IP_3 不敏感的内质网钙库可被咖啡因（caffeine）和兰诺定（ryanodine）激活，这类钙库的钙释放过程主要由内质网膜上的 RyR 受体介导。RyR 受体通常在空间上与 L 型钙通道偶联，细胞膜去极化使得胞外少量的 Ca^{2+} 通过电压门控型钙通道进入胞浆，从而激活 RyR 受体，迅速将内质网钙库中的 Ca^{2+} 释放到细胞质，这一过程被称为钙致钙释放（calcium-induced calcium release，CICR）。过高的胞质 Ca^{2+} 浓度会抑制 RyR 活性，导致通道关闭。线粒体不仅是细胞有氧呼吸的基地和供能场所，也是神经突触重要的胞内钙库和 Ca^{2+} 缓冲器。线粒体主要利用 Na^+ 电化学梯度，通过 Na^+/Ca^{2+} 交换体外排 Ca^{2+}；同时，神经元会因去极化或由于谷氨酸受体和 NMDA 受体等的激活而引起 Ca^{2+} 内流，当胞内 Ca^{2+} 浓度达到 0.3～0.5 μM 时，线粒体就会通过其钙离子单相转运体快速摄取胞内 Ca^{2+}，对 Ca^{2+} 胞内稳态起重要调控作用。近期研究发现溶酶体也是神经元重要的胞内钙库，TPRA1 可直接介导溶酶体钙释放，进而触发神经递质分泌。

（三）钙离子非依赖的囊泡分泌

自 1967 年 Katz 等首次在神经肌肉接头揭示了 Ca^{2+} 对囊泡分泌的重要作用之后，Ca^{2+} 依赖的囊泡分泌在其他神经突触、胞体及内分泌细胞上得到了大量验证。Syt 蛋白被发现是介导囊泡分泌的 Ca^{2+} 感受器之后，一系列工作清楚地揭示了钙离子依赖性囊泡分泌的分子机制。动作电位通过电压门控钙通道介导 Ca^{2+} 依赖的囊泡分泌模型被大家广泛接受，并被作为经典的囊泡分泌理论写进教科书。然而，随着对 Ca^{2+} 与钙信号在神经分泌调控中的作用与机制研究的深入，大家逐渐发现了一些例外情况。如近期研究表明，与胞内钙信号不同，胞外 Ca^{2+} 本身并不是分泌的必需条件，而是对囊泡分泌及其"量子化"水平具有很强的抑制作用，去除胞外 Ca^{2+} 可直接触发囊泡分泌。同时，在神经系统中还有几种 Ca^{2+} 不依赖的囊泡分泌类型被大家普遍认可。第一种是高渗溶液引发的囊泡分泌，利用 0.5 M 蔗糖能够触发突触前囊泡分泌，这部分分泌是非 Ca^{2+} 依赖的，尽管其机制还不清楚但却被普遍认为来自突触前膜的即刻可释放囊泡库 RRP。第二种是神经突触自发的囊泡分泌（spontaneous release），研究表明突触自发的囊泡分泌有很大一部分是 Ca^{2+} 非依赖的，其调控机制也不清楚。尽管上述两种类型的分泌都是 Ca^{2+} 非依赖的，但它们并不是由动作电位触发的。在很长一段时间内，神经系统中由动作电位触发的分泌都被认为是 Ca^{2+} 依赖的分泌，直到 1989 年，Parnas 等发现在 Crayfish 的神经肌肉接头处存在一种电压直接触发而不依赖于 Ca^{2+} 的分泌。尽管后来被证明他们的实验中并没有完全去除 Ca^{2+} 的影响，但其研究结果让我们重新审视了 Ca^{2+} 对囊泡分泌的重要性。

2002 年，周专团队首次报道了由动作电位直接触发的、完全不依赖于 Ca^{2+} 的新型囊泡分泌模式。他们在急性分离的背根神经节神经（dorsal root ganglin，DRG）神经元中发现，在胞外不提供 Ca^{2+} 的条件下给予一串动作电位刺激，能引起急性分离的 DRG 神经元胞体细胞膜电容的增加，即产生了分泌（图 2-5-14A），且利用玻璃电极向胞内灌注 10 mM 的钙离子螯合剂 BAPTA 后，这种由去极化直接触发的分泌依然存在。相比之下，嗜铬细胞的分泌信号在不含 Ca^{2+} 的细胞外液中被完全阻断，表明 DRG 神经元中的确存在一种不同于传统 Ca^{2+} 依赖性分泌的新型分泌模式，团队成员将这种分泌模式命名为钙离子不依赖但电压依赖的分泌（calcium-independent but voltage-dependent secretion，CiVDS）。由于 CiVDS 整个分泌过程不需要 Ca^{2+} 参与，只需要动作电位即可触发，因此 CiVDS 在量子化分泌的动力学上比传统钙依赖性分泌（calcium-dependentg secretion，CDS）要更加迅速。此外，传统 CDS 通常紧密偶联 dynamin 依赖的胞吞过程以进行细胞膜回收与再利用。与 CiVDS 偶联的内吞则比 CDS 更快，这种快速的胞吞活动不需要 Ca^{2+} 和 dynamin 参与，而受 PKA 的精密调控。CiVDS 分子机制的研究结果表明，电压门控钙通道 Ca$_V$2.2 是触发 CiVDS 的电压感受器，Ca$_V$2.2 在感知膜电位变化后发生构象变化，并通过其第Ⅱ（domain Ⅱ）和第Ⅲ（domain Ⅲ）结构域之间的 synprint 肽段与 SNARE 蛋白相互作用，从而直接拉动囊泡与质膜发生融合（图 2-5-14B）。随后，CiVDS 又

被发现存在于颈上神经节神经元（superior cervical ganglion，SCG）和肾上腺组织切片嗜铬细胞（adrenal chromaffin cell，ACC）中，进而将这种全新的分泌模式从初级感觉神经系统拓展至全身交感系统。值得一提的是，无论是在感觉神经元还是交感神经系统，CiVDS 对细胞分泌的贡献水平均与传统 CDS 相当，甚至在某些情况下（如静息状态）CiVDS 介导的分泌可能占主导地位，表明两种分泌模式可能通过功能互补的方式协同调控神经分泌过程。总之，CiVDS 这种新型分泌模式的发现及其分子机制的解析让人们对动作电位触发的囊泡分泌活动有了更深入的认识和理解，也对电压门控型钙通道的生理功能有了更深刻的诠释。

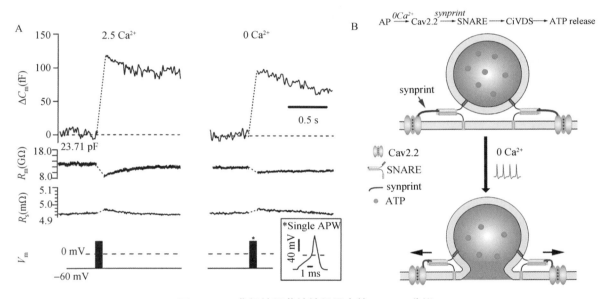

图 2-5-14   背根神经节神经元中的 CiVDS 分泌

A. 采用电生理膜电容信号实时检测细胞的胞吐和胞吞过程，采用膜电阻（membrane resistance，Rm）和串联电阻（series resistance，Rs）来指示膜片钳封接状态，采用动作电位串刺激诱导神经分泌过程。图为同一神经元在 2.5 mM Ca^{2+} 外液（左）和不含 Ca^{2+} 外液（右）中记录的膜电容曲线；B. CiVDS 的分子机制模型。电压门控型钙通道 Ca$_V$2.2 通过其第Ⅱ与第Ⅲ结构域之间的 synprint 肽段（红色）与 SNARE 蛋白相互作用，当动作电位到达时，细胞膜去极化引起 Ca$_V$2.2 构象变化，Ca$_V$2.2 通过 synprint 区域拉动 SNARE 蛋白复合体，进而直接触发囊泡与质膜的融合。因此，即使在没有 Ca^{2+} 的条件下，动作电位亦可直接触发 CiVDS 分泌（引自参考文献中的原始文献 8；原始文献 2）

第三节   神经递质囊泡释放的分子机制

囊泡融合作为细胞的基本生理功能，其分子机制在进化过程中高度保守。对参与分泌过程的主要蛋白质的鉴定和分离始于酵母细胞非调节性分泌的遗传和生化研究。参与神经元和内分泌细胞胞吐过程的关键蛋白有 SNARE 蛋白、SNARE 调节蛋白、Rab 蛋白及效应物和钙结合蛋白等，其中 SNARE

蛋白是介导囊泡融合的核心蛋白质分子机器，突触结合蛋白 synaptotagmin 是触发囊泡融合的钙离子感受器，其余的蛋白质对 SNARE 蛋白的构象或聚合过程进行调节，从而调控囊泡的激活和融合过程，或介导囊泡的出芽、转运、募集、拴系和锚定等过程的分子间相互作用或（和）参与对这些过程的调节。

一、递质囊泡释放的 SNARE 学说

递质释放研究的一个重要里程碑式进展是对参与囊泡释放循环各过程相关蛋白质的纯化和克隆。Paul Greengard 对 synapsin 及其在突触短期可塑性的作用研究、Thomas Südhof 和 Richard Scheller 对囊泡蛋白、Pietro De Camilli 对囊泡回收的研究为理解囊泡转运（trafficing）、锚定、激活和融合等动力学过程做出了重要贡献。通过囊泡循环系统的体外重建，James Rothman 等成功对囊泡出芽、靶向（targeting）、识别（recognition）和融合（fusion）所必需的蛋白质进行了鉴定。基于以上研究成果，Rothman 和同事们提出了影响深远的模型，即 SNARE 学说。该学说认为，囊泡融合需要位于囊泡膜上的囊泡 SNARE 蛋白（vesicle SNARE，v-SNARE）与靶膜上的特异性受体蛋白（target SNARE，t-SNARE）相互识别和结合。位于神经轴突终末质膜上的 syntaxin 和 SNAP-25（synaptosome-associated protein of 25 kDa）具有 t-SNARE 特性，而位于突触囊泡膜上的 VAMP（vesicle-associated membrane protein，也称 synaptobrevin）具有供体蛋白或 v-SNARE 的特性。VAMP、syntaxin 和 SNAP-25 这三种 SNARE 蛋白是梭菌毒素和金属蛋白酶（metalloprotease）抑制突触传递的靶蛋白，SNARE 蛋白在递质释放活动中的重要性因此得以

认识。Rothman 等的体外重构实验表明，分别含有 v-SNARE 和 t-SNARE 蛋白的脂质体能够自发融合；Reinhard Jahn 等基于快速冰冻 / 深蚀刻电子显微镜技术和 X 射线晶体学技术的研究证明，VAMP、syntaxin 和 SNAP-25 可形成将囊泡与质膜拉近并促进囊泡融合的超螺旋（coiled-coil）核心复合体。

（一）SNARE 蛋白

SNARE 蛋白是一类具有同源的 60～70 个氨基酸残基组成的 SNARE 基序（motif）的小分子膜结合蛋白，是启动囊泡融合的最基本分子，是调节性和非调节性囊泡胞吐活动激活与融合过程的关键蛋白机器，同时参与所有细胞内膜系统结构的转运与融合过程。SNARE motif 是 SNARE 蛋白介导囊泡膜融合最关键的元件，根据氨基酸序列不同可将其分为 Qa、Qb、Qc 和 R 这 4 类，Q 为谷氨酰胺残基，R 为精氨酸残基。SNARE 复合体是由这 4 种不同的 SNARE motifs 各自贡献一个基序组装成的四螺旋稳定杆状结构（图 2-5-15）。通常情况下，R-SNARE 定位在囊泡膜上（v-SNARE），通过与靶膜上的含有其他三种 Q 基序的 SNARE（t-SNARE）相互作用介导囊泡与质膜的融合。SNARE 蛋白可被破伤风毒素（tetanus toxin，TeNT）和肉毒杆菌毒素（botulinum toxin，BoNT）等神经毒素特异性裂解，其裂解部位见图 2-5-16。不同的神经毒素通过

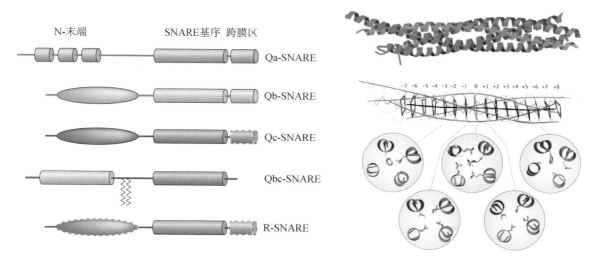

图 2-5-15　SNARE 蛋白的结构与 SNARE 核心复合体组装

SNARE 蛋白的结构域（左）：虚线为边框线的结构域在某些 SNARE 蛋白中不存在，Qa-SNARE（红色）含一个 N 端反相平行的三 α 螺旋束，Qb-（浅绿色）、Qc-（绿色）和 R-SNAREs（蓝色）的 N 端为一个椭圆形结构域；Qbc-SNARE 代表 SNAP-25 家族成员，这类成员含有一个 Qb 基序和一个 Qc 基序，两个 SNARE 基序之间的连接区域通常发生棕榈酰化（折线）；SNARE 蛋白的 C 端为 α 螺旋跨膜区（Qbc-SNARE 除外）。四个 α 螺旋 SNARE 基序组成为超螺旋 SNARE 核心聚合体（右）：数字标示为 SNARE 核心复合体互作侧链的分层，0 层为红色，其他层标记为黑色。部分代表性螺旋层的空间结构显示在黄色阴影圆中，上面三个为 0、－3 和＋6 层的非对称螺旋层（－3 和＋6 层中含有一个保守的苯丙氨酸），下面两个为 0 层两边的疏水螺旋层，本层结构也是高度保守的（引自参考文献中的综述 4）

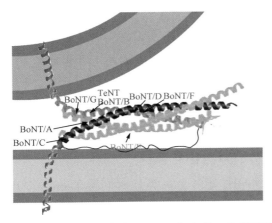

图 2-5-16   介导囊泡融合的 SNARE 复合体工作模型及其神经毒素裂解位点

图中除了显示各 SNARE 蛋白的 SNARE 基序骨架结构外，还显示了其跨膜区和连接区的结构。跨膜区及与 SNARE 基序 α- 螺旋相连的连接区用 α- 螺旋表示。Syntaxin-1a（红色）和 VAMP2（蓝色）的跨膜区用黄色表示，SNAP-25 两个 SNARE 基序（绿色）间的连接环用橙色表示，此片断为无定形多肽链。4 个 α- 螺旋束组成核心复合体。VAMP2 的破伤风毒素（tetanus toxin，TeNT）和肉毒杆菌毒素（botulinum toxin，BoNT）B 型（BoNT/B）裂解位点为 Gln76 和 Phe77 之间，BoNT/F 的位点为 Gln58 和 Lys59，BoNT/G 为 Ala81 和 Ala82，BoNT/D 为 Lys59 和 Leu60。Syntaxin-1a 的 BoNT/C 裂解位点为 ALys253 和 Ala254 之间。SNAP-25 的 BoNT/E 裂解位点为 Asp193 和 Glu194，其 BoNT/A 裂解位点是 Arg176 和 Gln177194 之间（引自参考文献中的原始文献 6）

酶切在不同的 SNARE 蛋白，而抑制神经递质释放，进而起到阻断突触传递的作用，因而被广泛应用于神经分泌与突触传递的基础研究及临床应用。

（二）SNARE 核心复合体与囊泡激活和膜融合

在胞吐作用中，囊泡分泌主要由 VAMP2、syntaxin-1 和 SNAP-25 三种 SNARE 蛋白介导。VAMP-2 主要由 C 端跨膜区和 R-SNARE 序列组成，syntaxin-1 主要由 C 端的跨膜区、Qa-SNARE 和 N 端的 H_{abc} 结构域组成，SNAP-25 则是由两个 SNARE motifs（Qb 和 Qc）串联组成而不含跨膜区。溶液中游离的 SNARE 模体为无定形结构，能自发地聚合形成平行排列的超螺旋束（supercoiled coil）。三类 SNARE 蛋白以 1∶1∶1 的比例进行聚合，其四个 SNARE 基序的 α- 螺旋束平行排列聚合形成核心复合体（图 2-5-17），其聚合过程从远离膜的氨基末端开始，以闭合拉链的形式向靠近膜的羧基端发展，通过 VAMP2 及 syntaxin 的连接区和跨膜域的传递，使囊泡膜和靶膜弯曲形变、相互靠拢并最终融合在一起，这就是经典的 SNARE "拉链"

（zippering）模型（图 2-5-16）。SNARE 基序构成的四螺旋杆状结构的中心包含 16 层相互作用的支链，除了最中间的第 "0" 层由 3 个非常保守的谷氨酰胺（Q）和 1 个精氨酸（R）组成外，其他的所有层都是由疏水性氨基酸残基组成的，它们通过这四种不同的 SNARE 基序自发组装成具有稳定结构的 SNARE 四聚体（图 2-5-15）。核心复合体各 SNARE 基序间的相互作用力很强大，这些相互作用力包括疏水性相互作用、氨基酸残基侧链的氢键和盐桥作用力等。因而，SNARE 聚合物极其稳定，能够抵抗 SDS 的灭活作用、蛋白酶消化、梭菌神经毒素的裂解，并且具有高达 90℃ 的热稳定性。在 SNARE 聚合过程中，其构象发生改变并释放能量，所释放的能量用于克服囊泡膜与靶膜融合时的能量障碍。SNARE 蛋白的聚合存在着紧密结合和松散结合两种物理状态，这两种状态都具有触发囊泡融合的能力，但其分泌动力学特性不同，可能分别对应于快速跃升相（exocytotic burst）和慢速跃升相这两种囊泡融合形式，即分别对应于 RRP 和 SRP 的释放。同时，紧密结合的 SNARE 聚合体对梭菌毒素不敏感，而松散的 SNARE 聚合体为可逆结合状态且对梭菌毒素敏感。

（三）SNARE 蛋白的结构域

多数 SNARE 蛋白的 C 端为单次跨膜区，SNARE 基序的 N 端通常含有一个可独立折叠的结构域，但有些 SNARE 蛋白没有 C 端跨膜区或 N 端的结构域，还有少量 SNARE 蛋白如 SNAP-25 则含有两个不同的 SNARE 基序，它们之间通过一个可被棕榈化修饰的线性连接区首尾相连，棕榈化修饰是 SNAP-25 定位到质膜上的分子基础（图 2-5-15）。Syntaxin 的长氨基末端具有三个 α- 螺旋（α-helix），称为 H_{abc}，该三螺旋束结构域可抑制溶液中 SNARE 蛋白核心复合体的形成，进而抑制囊泡融合。Syntaxin 的 H_{abc} 结构域可反向折叠到其羧基末端的 R-SNARE 基序上，形成所谓的封闭结构（closed conformation），阻碍 SNARE 复合体的形成（图 2-5-17）。这种 Syntaxin 单体可与 Munc-18（或称 n-Sec1）形成异源二聚体，使 syntaxin 的 H_{abc} 与其自身 SNARE 基序的 α- 螺旋解离，转变为开放结构（open conformation），再与 SNAP-25 形成三聚体，这种三聚体具有囊泡锚定的功能。同时，"闭合型" syntaxin 也可自主形成同二聚体，还可与 SNAP-25 按照 1∶1 的比例形成异源二聚体或

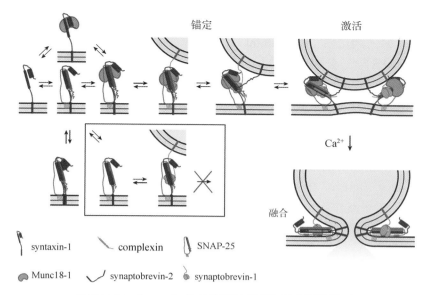

图 2-5-17　**Syntaxin 构象改变及其囊泡融合调控模型**

Syntaxin（红色）的 H_{abc} 结构域可反向折叠到其 SNARE 基序上，形成封闭结构（closed conformation），SM 蛋白 Munc-18（亮蓝色）可结合闭合构象 syntaxin 的四 α- 螺旋束（三个 H_{abc} 螺旋和一个 SNARE 基序），使 H_{abc} 螺旋束与其 SNARE 基序解离，形成开放结构（open conformation），再与 SNAP-25（绿色）形成三聚体，Munc-18 可稳定 syntaxin/SNAP-25（1∶1）二聚体，以便与 VAMP2/synaptobrevin-2（蓝色）结合形成 SNARE 蛋白复合体。闭合型 syntaxin 也可自主形成同二聚体，还可与 SNAP-25 按照 1∶1 的比例形成异源二聚体或按 2∶1 的方式形成三聚体，然而这种结构并不能介导囊泡锚定与激活过程。同时，Syt1 也参与了囊泡锚定与激活过程（引自参考文献中的原始文献 3）

按 2∶1 的方式形成三聚体，然而只有 Syntaxin 与 SNAP-25 按 1∶1 形成的异源二聚体才能和 Munc-18 结合形成三聚体，Munc-18 可稳定 syntaxin/SNAP-25（1∶1）二聚体，以便之后与 VAMP2 结合形成 SNARE 蛋白复合体。因此，syntaxin 的氨基末端对囊泡激活和融合过程的调控具有重要意义，也是 SNARE 蛋白之所以成为调节性胞吐过程膜融合基本分子构件的结构基础。尽管 SNAP-25 两 α- 螺旋中间的连结区即富含半胱氨酸的中间结构域对其囊泡融合功能不是必要的，但连接区的四个半胱氨酸棕榈酰化后能够将 SNAP-25 结合到细胞膜上，提高 SNAP-25 的局部浓度，以便形成足够的 SNARE 复合物，对调节性分泌非常重要。此外，SNARE 蛋白跨膜区与 SNARE 基序间连接区的序列改变也会影响膜融合效率。

（四）SNARE 复合体的解离与循环

SNARE 蛋白复合体在膜融合前分别位于不同的膜上，称为反式 SNARE（*trans*-SNARE），在膜融合后各 SNARE 蛋白位于同一膜上，此时称为顺式 SNARE（*cis*-SNARE）。*Cis*-SNARE 须解聚成游离的单体才能使 SNARE 蛋白回收利用，从而完成 SNARE 循环，以保证分泌的持续性。胞浆中的 NSF（*N*-ethylmaleimide-sensitive factor，*N*-乙基马来酰亚胺敏感因子）在附属蛋白 α/β-SNAP（soluble NSF attachment protein，水溶性 NSF 结合蛋白，与 SNAP-25 无关）的招募及协助下水解 ATP，促使 SNARE 解聚。蛋白质重构实验表明，NSF/SNAP 只解聚 *cis*-SNARE，但对酵母菌液泡融合的研究显示，酵母的 NSF/SNAP 同系物 Sec18/Sec17 也能将 *trans*-SNARE 解聚。此外，NSF/SNAP 能解聚由 syntaxin 和 SNAP-25 形成的四螺旋束，这种同位的螺旋束阻碍 SNARE 核心复合体的形成。总之，SNARE 聚合体的聚合与解聚对囊泡融合非常重要。一方面，囊泡与胞膜间形成 *trans*-SNARE 复合体是囊泡融合的关键步骤，为囊泡融合提供动力；另一方面，SNAPs-NSF 的活性被认为是 *cis*-SNARE 复合体解聚并释放和循环利用 SNARE 蛋白的关键，同样在囊泡的融合与循环中至关重要。

二、囊泡释放的触发

神经递质和激素的释放主要是通过 SNARE 蛋白复合体介导的 Ca^{2+} 依赖或 Ca^{2+} 不依赖性的囊泡胞吐活动来实现的。电压门控型钙通道与 SNARE 蛋白的直接相互作用是电压依赖但 Ca^{2+} 不依赖性囊泡分泌的主要机制（详见第二节），相比之下，突触结合蛋白（synaptotagmin，Syt）则是 Ca^{2+} 依赖性囊泡分泌的重要钙离子感受器与分子开关。细胞内存在许多 Ca^{2+} 结合蛋白，如钙调蛋白（calmodulin）、CaMK Ⅱ、annexin 和 CAPS 等。分泌过程的不同步骤或不同类型的囊泡融合过程可能具有不同的 Ca^{2+} 感受分子，Syt、Munc-13、Munc-18、Doc2 和 rabphilin 等多种蛋白均含有 C2 结构域，这些蛋白能够结合 Ca^{2+} 并参与对分泌功能的调节。现在普遍认为，Syt 是介导囊泡与质膜融合的最重要的 Ca^{2+} 感受蛋白（calcium sensor），可 Ca^{2+} 依赖性地与细胞膜磷脂及 SNARE 复合体相互作用，起始囊泡与质膜的融合，调控神经递质和激素分泌，同时，Syt 还可促使质膜发生弯曲形变以利于囊泡与质膜的融合。此外，Syt 还参与了囊泡的锚定与激活过程，并可通过与 stonin-2、AP-2 等胞吞衔接蛋白的相互作用参与胞吞调控。因此，Syt 在神经、内分泌细胞及其他细胞的分泌和胞吞活动中起着重要的调节作用。

（一）Syt 蛋白的结构与分类

Syt 属于典型的 Ⅰ 型膜蛋白，是介导囊泡与质膜融合的 Ca^{2+} 感受蛋白和分子开关。Syt 的 N 端序列位于囊泡内腔，其后为单链跨膜片断（transmembrane region，TMR），胞浆段主要由两个串联的 C2 结构域组成，位于 N 端的 C2 结构域为 C2A，位于 C 端的为 C2B。Syt 的 C2 结构域平均长度约 135 个酸残基，各自都由 8 个 β 折叠和 3 个松散的环形结构组成，Syt 与 Ca^{2+} 的结合主要是通过 C2A 和 C2B 结构域上环 1 和环 3 上保守的天门冬氨酸 Asp 残基 D1 ～ D5 完成。C2 结构域中的 β 折叠结构首尾相连，每个折叠都位于 Ca^{2+} 结合位点的同侧，这样，C2 结构域结合 Ca^{2+} 后的整体构象没有太大改变，但 C2 结构域的相对方位可能会改变。Syt 的 C2B 可结合 2 个 Ca^{2+}，而 C2A 可以结合 3 个 Ca^{2+}（图 2-5-18）。因此，每个 Syt 蛋白可结合五个 Ca^{2+}，并通过 Ca^{2+} 依赖性地与细胞膜磷脂及 SNARE 复合体相互作用，起始囊泡与质膜的融合，调控神经分泌。

Syt 蛋白家族在进化上非常保守，哺乳动物细胞中共有 16 个 Syt 成员，分别在胞内细胞器转运、囊泡融合及胞吞过程中表现出不同的调控特性。但并非所有的 Syt 都可结合 Ca^{2+}，Syt 1、2、3、5、6、7、9 和 10 可结合 Ca^{2+}，并可 Ca^{2+} 依赖性的与磷脂分子结合，被划分为钙依赖性 Syt；Syt 4、8、11、12、13、14 与 15 为 Ca^{2+} 非依赖性 Syt。根

据 Syt 在 Ca^{2+}-Syt- 膜复合物中的解离动力学特征，Ca^{2+} 依赖性 Syt 又可分为快速解离、中速解离和慢速解离三类，Syt 1、2 和 9 属于快速解离类，解离时间 ～ 50 ms；Syt 3、5、6 和 10 属于中速解离类，解离时间 ～ 250 ms，它们的 N 端含有多个半胱氨酸残基，并可通过它们之间的二硫键形成二聚体结构，因而通常被单独划为一类；Syt 7 属于慢速解离类，解离时间 ～ 500 ms，需要的 Ca^{2+} 浓度为数 μM 到几十 μM。快速解离的 Syts（Syt 1、2 和 9）是同步释放（或称快相分泌）过程中的 Ca^{2+} 感受器，而解离速度较慢的 Syts（syt 3、5、6、7 和 10）可能是异步释放（或称慢相分泌）的 Ca^{2+} 感受器。在 Ca^{2+} 不依赖性 Syts 中，Syt4 和 Syt11 因其 C2A 结构域中含有一个 Asp 残基突变为 Ser 而不能结合 Ca^{2+}，而其 C2B 结构域中虽不含突变，但其空间方位发生变化，也不能结合 Ca^{2+}；其他 Syt 的两个 C2 结构域中均不含 Ca^{2+} 结合位点。Syt 17 虽然也含有 C 端的两个 C2 结构域，但它们不含 N 端跨膜区，不是严格意义上的 Syt 蛋白。

（二）Syt 介导囊泡融合的分子模型

20 世纪初期，科学家们逐渐揭示 Syt 蛋白作为钙离子感受器在囊泡分泌的过程中起重要作用，大量生化实验表明 Syt 可与很多突触蛋白结合，其中包括介导囊泡分泌的核心 SNARE 蛋白复合体。免疫沉淀结果表明 Syt 与 SNARE 蛋白单体及复合体之间的结合特异性非常高，除了 v-SNARE，Syt 的胞浆区与 syntaxin、SNAP-25、t-SNARE 异源二聚体或完全组装好的 SNARE 复合体都有相互作用，且他们之间的相互作用会被 Ca^{2+} 显著增强。在功能上，采用 Syt1 抗体和 Syt1 蛋白重组的研究表明，Syt1 在分泌过程中起关键作用，人工合成的 C2A 和 C2B 结构域保守区多肽片段阻断了囊泡锚定以后的胞吐步骤，且 Syt1 敲除小鼠神经元胞吐的快速分泌成分基本丧失。目前，Syt 蛋白调节 Ca^{2+} 依赖性的囊泡融合与神经递质分泌的模型已被广范接受和认可。

囊泡与质膜融合的动力来自 SNARE 蛋白复合体，Syt1 Ca^{2+} 依赖性地与 SNARE 蛋白复合体及质膜磷脂双分子层相互作用是其调节囊泡融合所必需的先决条件。大多数 Syt 可 Ca^{2+} 依赖性地结合 syntaxin 和 trans-SNARE 复合体，Syt 与 syntaxin 的结合主要是通过其 C2 结构域与 syntaxin N 端的 H$_{abc}$ 结构域及 C 端 SNARE 基序的相互作用完成的。Syt

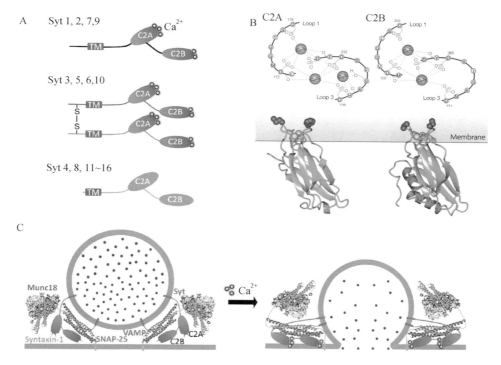

图 2-5-18　Synaptotagmin 的蛋白结构及其囊泡融合调控模型

A. Syt 蛋白的结构域及其基本分类（Syt17 因缺少 N 端跨膜区而没有包含进来），Syt 蛋白根据其对 Ca²⁺的结合能力和 N 端是否能够形成二硫键可大致分为三大类；**B**. Syt1 C2 结构域及其钙离子依赖性地与质膜 PI（4，5）P₂的互作界面。上：C2A 和 C2B 结构域近膜端富含 Asp 的 loop 环状结构，及其 Ca²⁺结合位点；下：loop 环与 Ca²⁺的结合后可中和该区域的负电性界面，进而促进 C2 结构域插入质膜中，促进囊泡融合（修改自参考文献中的综述 2；综述 6）；**C**. Syt 蛋白作为 Ca²⁺感受器，通过 Ca²⁺依赖性的与 SNARE 复合体（由 VAMP/synaptobrevin、syntaxin-1 和 SNAP-25 构成）及膜脂成分的互作而启动囊泡融合的分子模型

的 C2A 结构域与 syntaxin 和 SNAP-25 的结合能力较强，而 C2B 结构域则相对较弱，但增加胞内 Ca²⁺浓度可显著增加 C2B 结构域与 SNARE 蛋白的结合能力，所以，C2B 在 Ca²⁺触发的囊泡融合过程中更为关键。Complexin 是分子量 20 KDa 的小分子蛋白质，由 N 端、C 端序列及中间的两个 α 螺旋区域构成。其中，C 端的 α 螺旋区为核心螺旋区，N 端的为附属螺旋区，它既是囊泡融合所必需的组分，又是钙信号到达前钳制囊泡分泌的调节蛋白。Complexin 与 Syt 蛋白可竞争性地与 SNARE 复合体结合，Syt-SNARE-complaxin 之间的相互作用是 Syt 调控钙依赖性囊泡融合的关键（图 2-5-19）。当胞内钙离子处于基础水平时，complexin 与部分组装好的 SNARE 蛋白复合体结合，其核心 α 螺旋结构反向平行地与 VAMP2 和 Syntaxin-1 的 SNARE 基序结合在一起，其附属螺旋结构则按 45° 转角由其核心复合体延伸至另一个部分组装的 SNARE 蛋白复合体上（开放模式），并将其 C 端的螺旋环结合到该 SNARE 复合体上，钳制并稳定 SNARE 复合体在 trans 状态。当动作电位到达后，胞外 Ca²⁺内流并与 Syt 结合，Syt 的 C2B 结构域结合 Ca²⁺后与 SNARE 基序的结合能力增强，因而可竞争性地去除 complexin 附属螺旋结构对 SNARE 复合体的钳制作用，SNARE 复合体完全扣紧，在 trans-SNARE 复合体的势能驱动下，囊泡与质膜融合，同时 SNARE 复合体转变为 cis 状态，以待循环和再利用。

同时，Syt1 还可通过 C2 结构域插入质膜磷脂双分子层上，Ca²⁺依赖性地调节囊泡膜与质膜之间的距离，进而调节囊泡融合。在神经元和神经内分泌细胞中，Syt1 与磷脂膜之间的作用力主要是通过其 C2 结构域中带正电荷的氨基酸残基与质膜内侧带负电荷的 PIP₂ 之间形成的静电力，这些正电荷碱性氨基酸残基成为多聚 Lys 侧链，它们是介导 C2 结构域与 PIP₂ 结合的保守基序。C2A 结构域自身就具有 Ca²⁺依赖性的与脂质膜上带负电荷的磷脂酰丝氨酸（PtdSer）及磷脂酰胆碱（PtdCho）的结合能力，其环 1 和环 3 上形成 Ca²⁺结合位点的氨基酸残基是其结合膜所必需的，这些环的末端可侵入磷脂疏水层 1/6 的深度。C2B 结构域单独存在时和质膜

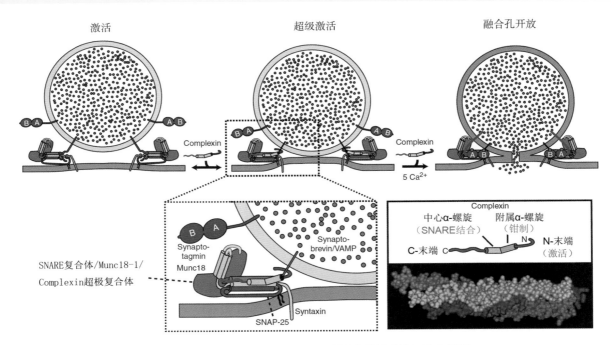

图 2-5-19 Syt-SNARE-complexin 互作与囊泡钳制−融合模型

Complexin 与正在组装的 trans-SNARE 复合体结合，稳定 SNARE 复合体的组装，并将 SNARE 复合体钳制在 trans 状态，阻断其力学势能触发囊泡融合，进而钳制囊泡的自发性分泌而促进神经兴奋偶联的分泌过程。Syt 蛋白结合 Ca^{2+} 后与 SNARE 复合体结合能力增强，可竞争性地去除 complexin 对 SNARE 的钳制作用，触发囊泡融合与递质分泌（引自参考文献中的综述 12）

没有这种结合能力，C2A 的存在可激活 C2B 与质膜结合的能力。细胞在静息时的基础 Ca^{2+} 浓度在 $50 \sim 200$ nM 以下，Syt1 的 C2 结构域通过其正电荷的赖氨酸富集区插入到质膜 PIP$_2$ 中，并保持质膜与囊泡膜之间的相对较大的距离，使得 VAMP2 无法与 Syntaxin-SNAP-25 二聚体形成 SNARE 蛋白复合体。当胞内 Ca^{2+} 浓度升高时，Syt 的 C2B 结构域就会与质膜结合，从而拉近囊泡膜与质膜之间的距离，促使 SNARE 蛋白复合体形成，并触发囊泡与质膜的融合。同时，C2 结构域与 PIP$_2$ 的结合还会加强 Syts 对 Ca^{2+} 的亲和力，游离 Syt1 对 Ca^{2+} 的亲和力较低，Syt1 结合磷脂后对 Ca^{2+} 的亲和力提高 $100 \sim 10\,000$ 倍，因此 C2A 与三个 Ca^{2+} 结合的 K_d 值分别为 $60\ \mu M$、$400\ \mu M$ 和 > 1 mM，在与细胞脂膜结合的情况下，其表观 Ca^{2+} 亲和力可达 $5 \sim 10\ \mu M$。C2B 的两个 Ca^{2+} 结合 K_d 值为 $300 \sim 600\ \mu M$，C2B 与 PIP$_2$ 的结合则进一步增加了 Ca^{2+} 驱动的 C2B 定向插入脂膜的进程。由于 PIP$_2$ 位于质膜内侧，使得 Syt1 能够准确识别细胞质膜，促进囊泡与质膜的融合。

此外，Syt1 还可通过促进质膜的形变来易化分泌过程。在基础 Ca^{2+} 浓度下，多个 Syt1 与 SNARE 蛋白复合体形成环状排列的寡聚复合物，其 C2 结构域与细胞膜富含 PIP$_2$ 的脂筏结合，此时，C2A 结构域可通过 Ca^{2+} 非依赖性的与 trans-SNARE 复合体和 PIP$_2$ 的结合来钳制囊泡融合。当细胞兴奋，或其他因素使胞内 Ca^{2+} 浓度升高或囊泡附近的局部 Ca^{2+} 浓度升高至数 μM 或数十 μM 时，Syt1 的 C2B 结构域环 1 和环 3 结合 Ca^{2+} 后，该结合位点便迅速插入膜质双分子层中，C2B 结构域发生旋转和寡聚化，环状寡聚复合物中的 C2B 结构域一起协调促使质膜发生局部形变，促进囊泡更进一步靠近质膜并可改变脂膜的局部张力，降低了疏水作用对囊泡融合的阻力，利于囊泡融合孔的形成。

（三）Syt 调控囊泡的锚定与激活

Syts 除了调控囊泡和其他分泌颗粒的膜融合外，还参与囊泡的锚定与激活，同时还可参与细胞的胞吞调控。囊泡在突触前膜上的锚定位置是决定其能否发生融合及其融合动力学特征的重要条件。现有研究表明，Syt1、syntaxin-1、Munc-18、SNAP-25 及其他锚定分子共同协作来完成囊泡锚定过程。在神经突触中 Syt1 对囊泡锚定的相对位置非常重要，可将囊泡锚定在电压依赖性钙通道附近，以便于钙通道激活时产生的局部钙信号能够更有效地触发囊泡融合与神经递质释放。当分泌囊泡到达质膜的分泌位点时，Syt1 就会通过其 C2B 结构域与 syntaxin-1/Munc-18/SNAP-25 三聚体结合，启动囊泡的锚定过程。随之，VAMP2 与复合体 Syt/syntaxin-1/Munc-18/SNAP-25 结合，形成 SNARE 核心复合体，进而允许 complexin 反向平行地结合到 SNARE 基序上。当 Ca^{2+} 浓度升高后，Syt1 的 C2B 结构域结合 Ca^{2+} 后，其与 SNARE 复合体 C 端基序的结合能力增强，可竞争性地去除 comlexin 的钳制作用，进而将囊泡融合孔打开，触发分泌。同时，Syt 的 C2 结构域均可与 P/Q 型钙通道相互作用，C2B 结构域还可与 N 型钙通道的 "synprint" 点结合，进而将囊泡锚定在钙通道附近，将突触囊泡精准锚定在钙通道丰富的分泌位点，当动作电位到达并引起 Ca^{2+} 内流时，囊泡便能在最早的时间内感受到局部钙浓度变化，以实现囊泡的快速同步释放（60～200 ms）。若 Syts 与钙通道的这种结合能力受到破坏，囊泡便不能锚定在离子通道附近，分泌受到抑制，且对动作电位响应的时间也会被延迟。

囊泡激活是囊泡获得融合能力的过程，其分子机制是形成囊泡融合所必需的分子构件的过程，即形成由 SNARE 蛋白、complexin、Syt 和磷脂分子组成复合物的过程。Syt1 参与囊泡激活的证据主要来自对 Syt1 敲除小鼠的研究，Syt1 敲除鼠突触传递中的快速分泌部分被抑制了，但高渗蔗糖溶液刺激所分泌的囊泡总数并没有发生变化，高渗蔗糖溶液引起的突触囊泡分泌不需要 Ca^{2+}，一般认为它主要是通过 SNARE 复合体介导处于锚定和激活状态的所有囊泡与质膜进行融合，表明 Syt1 可能在囊泡锚定后的分泌步骤，即激活和囊泡融合阶段起作用。同时，过表达 Syt1 和 Syt4 会抑制自发分泌，Syts 可能通过其钙不依赖性地与 SNARE 复合体的结合来钳制自发分泌，而通过钙依赖性地与 SNARE 复合体的结合来促进兴奋偶联的囊泡分泌。总之，Syt 作为囊泡锚定、激活及融合过程的钙离子感受器及其触发囊泡融合孔形成和扩张的功能已获得普遍认可。

三、囊泡释放的调节蛋白

（一）SM 蛋白对胞吐活动的调控

SM（Sec-1/Munc-18）蛋白是所有膜融合过程中所必需的一种 SNARE 调节蛋白，在 SNARE 复合体的组装过程中发挥着重要功能。这类蛋白为 60～70 kDa 的亲水性蛋白，不同蛋白之间的同源性不高，但其结构非常保守，为包含三个结构域的拱形结构，中间形成了约 15Å 的 V 字形空穴。

在哺乳动物中发现了 Munc-18a、Munc-18b 等 7 种 SM 蛋白，它们参与了囊泡的转运和分泌等过程。Munc-18 在囊泡的锚定、syntaxin-1 构象、SNARE 组装和融合孔动力学具有重要的调节作用。事实上，在脊椎动物的突触分泌中，敲除 Munc-18 比敲除 VAMP2 或 SNAP-25 对细胞分泌的抑制作用更强，可完全阻断神经递质的释放。现有研究表明，Munc-18a 可与闭合构型的 syntaxin-1 结合，还可与 syntaxin-1/SNAP-25 异源二聚体结合，具有稳定 syntaxin-1/SNAP-25 异源二聚体的作用，当 VAMP2 与之结合形成 SNARE 复合体时，Munc-18 就会从复合体上解离下来。同时，Munc-18 及其他 SM 蛋白均可直接或间接地结合到 SNARE 复合体上，将 SNARE 蛋白复合体中的 t-SNARE 与 v-SNARE 栓系在一起，具有稳定 SNARE 复合体的功能。Munc-18 与 syntaxin 及 SNARE 复合体的结合方式在进化上具有保守性，大多数 SM 与 syntaxin 的作用方式可能以不同的调节机制调节 SNARE 核心复合物的装配，在细胞的融合和分泌过程中发挥着至关重要的作用。

Munc-13 是已知最重要的囊泡激活调控蛋白，它可与神经元突触膜胞外分泌调节蛋白 1（rab-interacting molecules 1，RIM1）的锌指结构域结合，进而将结合在 RIM1 上的 Rab3A 置换出来，同时将 Munc-13 同源二聚体解离，形成的激活态的 Munc-13 单体。Munc-13 单体可与 syntaxin-Munc18-1 复合物结合，将 syntaxin H_{abc} 游离出来并稳定于开放构象，促使 syntaxin-Munc18-1 与 VAMP2 和 SNAP-25 结合，形成 SNARE 复合体（图 2-5-20）。Syntaxin 两个高度保守的氨基酸残基的点突变 L165A 和 E166A 使 syntaxin 保持在开放构象，此突变基因（而非野生型基因）过表达能够将 Unc-13（Munc13-1 同系物）缺失突变的线虫 *C. elegans* 神经元在无钙外液中的自发递质释放恢复到野生型水平，表明 Unc-13 直接作用于 syntaxin 或通过与 Munc-18 的相互作用使 synataxin 转变为开放构象，启动 SNARE 蛋白聚合，促进囊泡激活。

（二）小 G 蛋白对胞吐活动的调控

G 蛋白又称 GTP 酶，是能够结合和水解 GTP、对细胞的广泛生理功能起调控作用的蛋白质信号分子。G 蛋白参与了对囊泡动力学过程几乎所有步骤的调控，根据其结构可分为三聚体 G 蛋白和单体小 G 蛋白。单体小 G 蛋白存在于从酵母到人类的所有

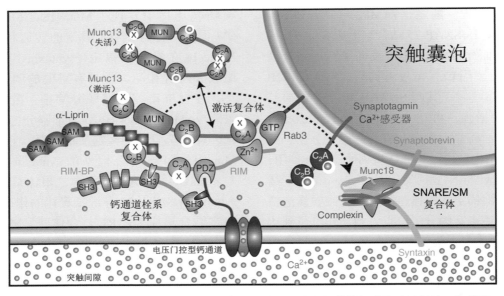

图 2-5-20 由 SNARE 蛋白及 SNARE 调节蛋白共同完成和调节的细胞胞吐过程的工作模型

目前最简单的突触囊泡胞吐模型是 Ca^{2+} 与囊泡融合分子构件，即 Syt-SNARE 蛋白复合物的结合，引起锚定在突触活性区钙通道附近的囊泡与细胞膜融合。分泌活性区复合物是由 RIM N 端的锌指结构域和 Munc-13 N 端的 C2A 结构域、RIM 脯氨酸富含区与 RIM-BP 的 SH3 结构域、RIM 的 C2B 结构域与 α-liprin 之间的相互作用形成的。活性区复合物通过 RIM 与 Rab3 或 Syt 蛋白的结合锚定分泌囊泡，并通过 RIM 或 RIM-BP 与 N- 或 P/Q 型钙通道的结合，将囊泡锚定在分泌活性区。此外，SNARE 相互作用蛋白，如 Munc-18、complexin 和 Rab3A 可能调节 SANRE 聚合体的形成，从而调节突触可塑性过程中的神经递质释放强度（引自参考文献中的综述 13）

真核细胞中，是一个超过 100 个成员的超家族，至少可以分为 Ras、Ran、Rad、Rab、Arf（ADP-ribosylation factor）和 Rho（Ras homolog）家族，参与对囊泡活动调节的单体小 G 蛋白主要为 Rho、Rab 和 Arf 家族。Rho 家族调节细胞骨架的重构和基因表达等，Rab 和 Arf 家族调节囊泡转运、锚定、激活和融合。

Rho 家族包括 Cdc42（cell division cycle 42）、Rac（Ras-related C3 botulinum toxin substrate 1）和 Rho 亚家族，其成员在人类超过 23 个，主要调节细胞骨架的重构、细胞的极化和形态，以及细胞贴附、生长、发育、基因表达、膜转运、轴突引导和伸长等众多细胞功能的调节。网格蛋白介导的胞吞和非网格蛋白介导的胞吞（包括吞噬作用和吞饮作用）过程均依赖于肌动蛋白的多聚化，Rho 家族是肌动蛋白的调节因子，为肌动蛋白的多聚化所必需，参与胞吞调节，对细胞内囊泡转运也起着重要调节作用。Ras、Rho/Rac/Cdc42 和 Rab 家族的小 G 蛋白在羧基末端进行脂化修饰，如在半胱氨酸残基上进行金合欢醇（farnesyl）化和棕榈酰（palmitoyl）化。小 G 蛋白的脂化不仅为其与膜的结合及正确的空间分布所必需，而且对其与上游调节物和下游效应物的结合以及效应物的活化十分重要。

Arf 家族由 6 个小分子量（20 kDa）的 GTP 结合蛋白组成。根据结构和功能可将哺乳动物的 Arf 家族分为三个类型：第一类包括 Arf1、Arf2 和 Arf3，第二类有 Arf4 和 Arf5，第三类包括 Arf6。除 Arf6 外，活化状态的 Arf 与高尔基体结合，将包被蛋白复合物（coatomer）和网格蛋白的适配蛋白复合物募集到高尔基体，是高尔基体囊泡出芽的必需因子。Arf6 位于细胞膜，其活性循环在细胞膜上完成，参与了对囊泡胞吞和细胞膜附近细胞骨架重排的调节。Arf6 可能是神经元递质释放的重要调节因子，促进神经递质的快速释放，其促分泌功能的作用机制可能是通过调节细胞膜囊泡胞吐位点的磷脂酰肌醇二磷酸的局部浓度来实现。

Rab 存在于所有真核细胞中，是小 G 蛋白超家族中最大的分支，在人类基因组中，可能有多达 63 个基因编码 Rab 蛋白。Rab 蛋白分布于细胞器膜上，具有细胞器特异性，即不同的 Rab 蛋白定位于不同的细胞器膜上。Rab 蛋白及其效应物是囊泡空间和时间特异性拴系和锚定的主要因子，因而是保持细胞器特异性的主要因素。它们直接或间接参与囊泡出芽、囊泡与细胞骨架成分的互作和囊泡定向运输等，在神经元中，Rab 蛋白还参与对囊泡的拴系、锚定、激活和膜融合过程的调节。Rab 效应物种类繁多，拴系蛋白是研究得最清楚的一类，包括 exocyst（调节囊泡与细胞膜的拴系过程）、HOPS 蛋白复合物（酵母细胞内调节囊泡向液泡转运的 Ypt7 效应物)、p115 (参与调节高尔基体内部运输的 Rab1 效应物) 和 EEA1 (胞吞过程中的 Rab5 效应复合物) 等, Rab 与这些效应物的相互作用使囊泡特异性地拴系到靶膜, 但其机制尚不清楚。Rab 的另一类重要效应物, RIM (Rab3-interacting molecule)、DOC2 和 Rabphilin 等则**通过与 Sec1/Munc-18 的相互作用**调节 SNARE 蛋白的构象及 SNARE 核心复合体的聚合反应, 从而调节囊泡激活和融合过程。其可能的作用机制包括: ①将拴系蛋白募集到 Rab 微区; ②囊泡拴系锚定后将 SNARE 蛋白选择性地募集到 Rab 微区, 以便 trans-SNARE 复合物的组装; ③通过其效应物调节 SNARE 蛋白的构象 (如 Sec1/Munc-18 对 syntaxin 构象的调节) 和 trans-SNARE 的聚合反应过程, 甚至使多个 trans-SNARE 复合物聚合起来, 构成融合孔的结构骨架。

(三) G 蛋白偶联受体对囊泡胞吐活动的调节

G 蛋白偶联受体主要通过三聚体 G 蛋白及其下游效应分子参与囊泡胞吐调节。三聚体 G 蛋白为位于细胞膜上的跨膜蛋白, 由 α、β 和 γ 三个亚基组成, 其中 β 和 γ 无论在三聚体 G 蛋白的失活或激活状态下均紧密结合在一起, 形成 βγ 亚基复合物。G_{α} 亚基和 $G_{\beta\gamma}$ 亚基复合物具有各自的效应物, 两者在功能上可以相互独立, 也可能相互协同或拮抗。

越来越多的实验证据表明异源三聚体 G 蛋白直接或间接参与了对囊泡胞吐各环节的调节。三聚体 G 蛋白存在于包括突触囊泡、内吞囊泡和分泌囊泡等多种细胞膜结构上。许多神经递质和激素通过 GPCR-G 蛋白信号系统的跨膜信号传递作用, 调节细胞内第二信使 (Ca^{2+}、IP_3 和 DAG 等), 间接作用于胞吐的多个过程, 以确保胞吐活动在时间、空间和强度上被精确调控。G 蛋白活化解离后的 α_{GTP} 和 βγ 亚基复合物分别作用于细胞内的许多效应物, 如离子通道、腺苷酸环化酶、磷脂酶和激酶等。在神经元轴突终末, 一些 G 蛋白偶联受体能与下游的磷脂酶相互作用, 降低融合分子构件的钙敏感性。钙通道是已知的异源三聚体 G 蛋白的靶蛋白, G 蛋白和 syntaxin 的相互作用能够调节突触前膜钙通道的活动。在神经内分泌细胞中, 三聚体 G 蛋白与 SNARE 蛋白之间存在相互作用, 因而 SNARE 蛋白也可能是三聚体 G 蛋白的靶分子之一。此外, 游离的 $G_{\beta\gamma}$ 亚基也可能直接作用于分泌的分子构件, 调

节融合孔动力学, 从而调节囊泡内含物的释放。

四、胞吐-胞吞的偶联与平衡

胞吞过程在维持细胞膜动态平衡、囊泡回收与再利用、神经递质可持续释放等方面均发挥重要调节作用。尽管在非神经元细胞中, 胞吞过程都是以组成型的方式持续发生, 但在神经元及内分泌细胞中, 胞吞过程在时间和空间上均与胞吐紧密偶联。早期透射电镜和扫描电镜对突触结构的形态学观察结果表明, 在去极化刺激 5 ms 以内, 可在分泌活性区 (active zone) 发现大量正在融合的分泌囊泡, 然而在刺激发生 10 s 以后, 在囊泡融合位点外围则可发现大量网格蛋白包被小窝 (clathrin-coated pits, CCP)。膜电容记录的结果表明, 去极化刺激触发囊泡融合与神经分泌的同时, 也加速了神经元的胞吞过程, 胞吞的大小和速度与胞吐水平密切相关, 而膜电容通常在去极化刺激之后的数秒至数分钟之内就可以完全回复到基础水平。这些研究表明, 神经元的胞吐和胞吞在时间、空间和数量上紧密偶联。

(一) 神经元的胞吞类型

神经元中存在多种类型的胞吞模式以维持胞吐-胞吞偶联与平衡的精密调控过程。其中, 网格蛋白介导的胞吞 (clathrin-mediated endocytosis, CME) 是神经元最重要、也是目前研究最清楚的一种胞吞模式。转铁蛋白受体 (transferrin receptor, TR) 等多数膜受体都是通过 CME 进入胞内的, 这种胞吞以形成网格蛋白包被囊泡 (clathrin-coated vesicles, CCV) 为主要特征, 胞吞速度相对较慢 (动力常数为 10 ~ 13 s)。Kiss-and-run 是一种特殊的胞吞形式, 在这一过程中, 分泌囊泡与质膜融合时囊泡结构并没有完全融入质膜中, 而是在融合小孔开放一段时间后迅速关闭, 并从细胞膜上分裂下来, 重新进入胞浆直接循环再利用。持续高强的神经兴奋还可启动兴奋依赖性的巨胞吞作用 (bulk endocytosis) 过程, 这类胞吞通常是先形成较大的膜内陷结构, 再 dynamin 激酶依赖地从细胞质膜上分裂下来, 实现膜结构与膜蛋白的快速回收, 最后, 形成的内涵体再分生出小分泌囊泡以备循环和再利用。

网格蛋白介导的胞吞过程一般起始于 F-BAR (FER/Cip4 homology-Bin-Amphiphysin-Rvs) 蛋白 FCHo 在富含 PIP_2 的胞吞位点的富集。FCHo 含有

一个 N 端 F-BAR 结构域和一个 C 端 μ-HD 结构域（AP-2 μ 结构域的同源域）。通常两个 FCHo 蛋白通过它们的 F-BAR 结构反相自组装为同源二聚体，这一结构可识别富含 PIP$_2$ 的较小弧度的膜内陷结构，并可插入到细胞膜内层进一步介导膜结构的弯曲变形；同时，其 μ-HD 结构域可招募 EPS15、intersectin、amphiphsin、SNX9、nexin 9 等含 BAR/F-BAR 结构域的蛋白，这些蛋白继续促进质膜发生弯曲形变，形成网格蛋白包被小窝的起始位点。EPS15、intersectin 可募集 AP-2（adaptor protein-2）、Epsin、AP180 等衔接蛋白至内吞位点，需要内吞回收的膜蛋白与膜受体主要通过 AP-2、stonin-2、β-arrestin 等衔接蛋白进行募集。同时，AP-2、Epsin 等衔接蛋白还可招募网格蛋白及其他辅助蛋白形成网格蛋白包被结构。网格蛋白以三个重链和三个轻链自聚体的形式形成网格蛋白三联体骨架，网格蛋白重链包括 1 个 N 端的球形结构域（与 AP-2 相互作用）、1 个近端的轻链结合区和 1 个 C 末端附近的三聚化结构域等多个功能结构域，每个重链分子结合 1 个轻链分子，3 个重链分子通过它们 C 端的三聚化结构域之间的相互作用形成三脚架结构；不同数量的网格蛋白支架最终组装成不同形状的网格蛋白包被，促使质膜内陷形成网格蛋白包被小窝。Amphiphysin、endophylin 和 nexin 9 等含 BAR 结构域的蛋白在弧度较高的颈部招募 dynamin 至网格蛋白包被小窝，dynamin 是一种大分子 GTP 酶，通过自发组装聚合和 GTP 水解释能将网格蛋白包被囊泡从质膜上分裂下来。Actin 在 CCP 颈部通过自聚与解聚过程将包被囊泡转运至胞内。Auxilin 和细胞周期蛋白 G-associatedkinase（GAK）招募 ATP 酶热休克蛋白 70（heat shock cognate 70，HSC70）至包被囊泡，解聚网格蛋白包被，synaptojanin 则通过其磷酸酶活性使磷脂酰肌醇去磷酸化，进而促使 AP-2、Epsin 和 AP180 等从包被囊泡上解离下来，完成内吞过程。

刺激强度依赖性的巨胞吞作用与网格蛋白介导的胞吞及 kiss-and-run 等内吞过程不同，它一次内吞回收的膜面积非常大，内吞后直接形成内涵体，再由内涵体以网格蛋白包被囊泡的形式产生新的分泌囊泡。在生理状态下，巨胞吞作用只在神经元活性较强的时候才发生，calcineurin 可能是调节巨胞吞过程的 Ca^{2+} 感受蛋白。它主要定位在胞浆中且与 Ca^{2+} 的亲和力较低，只有在较强的刺激条件下，胞内 Ca^{2+} 浓度才能上升至 μM 水平，才

能与 calcineurin 结合并激活其磷酸酶活性，进而促进 dynamin 1 去磷酸化，触发巨胞吞过程。同时，glycogen synthase kinase 3（GSK3）对 dynamin 1 的磷酸化是限制巨胞吞作用的的重要机制，而高强度刺激可磷酸化并激活蛋白激酶 Akt，进而磷酸化并失活 GSK3，确保 dynamin 1 被充分去磷酸化，进而加速巨胞吞过程。因此，dynamin 1 去磷酸化与再磷酸化的循环是精密调控巨胞吞过程的重要机制。但随着强刺激的持续，dynamin 1 因未能被再磷酸化而抑制巨胞吞过程的持续发生，这与长时间高强度刺激令 Ca^{2+} 脱敏及囊泡库被清空等因素导致的胞吐水平的降低是一致的，这对细胞囊泡与质膜的动态平衡及其精密调控非常重要。

（二）胞吐–胞吞偶联平衡的分子机制

在神经元中，胞吐与胞吞在时空上高度偶联。大量证据表明，Ca^{2+} 除直接触发分泌外，还直接调控分泌偶联的胞吞过程（compensatory endocytosis）。也有研究表明，在某些情况下增加胞内 Ca^{2+} 浓度反而减缓分泌偶联的胞吞过程。还有研究者发现，胞吞过程不受 Ca^{2+} 调控，导致 Ca^{2+} 对胞吞的调控作用备受争议。然而，Ca^{2+} 在胞吐–胞吞偶联与平衡中的核心作用目前已被广泛接受，Ca^{2+} 及其效应物调节胞吞的分子机制逐渐清晰（图 2-5-21）。Calmodulin 是 Ca^{2+} 调控胞吞最重要的效应物之一，几乎参与了所有分泌偶联的胞吞过程的调控。Ca^{2+}/calmodulin 主要通过激活 calcineurin、介导 calcineurin 底物（常称为 dephosphins）的去磷酸化进而参与胞吞调控的。如 dynamin、synaptojanin、amphiphysin、epsin 和 Eps15 等在胞吞不同阶段具有重要调节作用的蛋白都是 calcineurin 的重要底物，在强刺激条件下，这些底物蛋白就会被 calcineurin 去磷酸化，它们或被激活或与衔接蛋白结合能力增强，进而启动或加速胞吞过程。

Syt1 除作为神经分泌的 Ca^{2+} 感受器外，也是调控胞吞作用的重要 Ca^{2+} 感受蛋白。近期研究表明，Syt1 是调控慢速相胞吞过程的 Ca^{2+} 感受器，Syt1 敲除导致神经元胞吞异常，其可能的机制是 Syt1 可 Ca^{2+} 依赖性地与细胞膜的 PI（4，5）P$_2$ 结合，并将 PIP$_2$ 富集到胞吞位点，PIP$_2$ 可直接与网格蛋白的衔接蛋白 AP-2 复合物结合，将后者募集到胞吞位点。同时，大多数 Syt 蛋白都与 AP-2 具有较高的结合力，且 Syt 的两个 C2 结构域均可结合 stonin-2 的 μ HD 结构域，通过与 AP-2 和 stonin-2

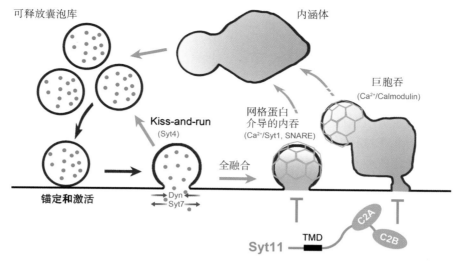

图 2-5-21 胞吐-胞吞偶联平衡的分子机制

分泌囊泡经拴系、锚定和激活等阶段，神经兴奋激活电压门控型钙通道，Ca²⁺内流，触发囊泡与质膜的融合及神经递质分泌。胞吞与胞吐紧密偶联以维持细胞膜的动态平衡及神经递质的可持续释放，神经元主要通过网格蛋白介导的胞吞、kiss-and-run 和巨胞吞过程进行囊泡膜回收，calmodulin、synaptophysin、SNARE 蛋白、钙离子结合 Syt（Syt1，Syt7）、非钙离子结合 Syt（Syt4、Syt11）与 dynamin（Dyn）等协同作用以确保胞吐-胞吞的偶联与平衡（改自参考文献中的原始文献 7）

的相互作用将其招募至胞吞位点。同时，全长 Syt7 也可促进慢速相的网格蛋白介导的胞吞过程，且是 kiss-and-run 发生的重要钙离子感受器。与 Ca²⁺依赖性 Syt 不同，不结合 Ca²⁺的成员 Syt11 是胞吞作用的负向调控蛋白，Syt11 同时抑制网格蛋白介导的胞吞及巨胞吞过程，进而调节囊泡循环与神经递质的可持续分泌，是确保神经元胞吐-胞吞精密偶联与平衡的重要刹车机制。

SNARE 除作为介导囊泡分泌的核心蛋白机器外，VAMP2、syntaxin 和 SNAP-25 均在胞吐-胞吞的偶联与平衡中具有重要调节作用。VAMP2 缺失导致海马神经元快速胞吞异常，采用 tetanus toxin 切割 VAMP2 和 VAMP3，则 calyx 突触胞吞的快速

相和慢速相均被抑制。SNAP-25 敲低抑制海马神经元的慢速胞吞相，而采用 botulinum toxin E 清除 SNAP-25 则同时抑制 calyx 的快速和慢速胞吞。采用 botulinum toxin C 清除 syntaxin-1 也可抑制神经元胞吞过程。此外，synaptophysin 可能也是胞吐-胞吞的重要调节蛋白，synaptophysin 敲除可抑制持续神经兴奋偶联的胞吞过程，但 C 端截短的 synaptophysin 突变体只能恢复持续兴奋之后的胞吞过程，而不能恢复持续刺激期间的胞吞异常，表明这两个阶段的胞吞过程对 synaptophysin 不同结构域的需求有所不同。尽管 synaptophysin 和 SNARE 蛋白在胞吐-胞吞的偶联平衡中均具有重要调节作用，但其具体的调控机制尚不清楚。

第四节 神经递质释放与突触传递可塑性

广义的突触可塑性（synaptic plasticity）是指信号传递强度、突触发育（突触生成、维持与撤除）和突触形态的可变性或可调性。突触可塑性对神经系统发育与信号分析处理至关重要，是动物行为可塑性的基础。突触传递可塑性是突触传递效率的短期和长期的改变与调节，包括突触前神经递质释放与突触后细胞反应可塑性。本节关注于突触传递的突触前神经递质释放可塑性。在突触后细胞对递质反应不变的情况下，递质释放量增加的结果是突触

传递增强，而递质释放量减少造成突触传递减弱。神经递质释放受到严格而精确的调控，可迅速（数秒内）并极大程度（多倍）地改变，且这种变化能够维持数秒至数小时，甚至数天。原则上，递质释放调控由两类机制介导：轴突终末的钙离子内流与囊泡递质释放对钙离子浓度的响应。突触前膜神经递质释放受到内在和外在因子的调控，内在因子如轴突终末的快速动作电位发放，外在因子如来自其他神经元的直接突触（轴突-轴突突触）联系与神

经调质的调节。

一、突触囊泡融合的调控与突触可塑性

突触传递可塑性的突触前机制源于神经递质释放量的改变，可以由以下几条途径引起：单位时间内囊泡融合数目即融合速率改变（包括突触前结构中囊泡数目与膜融合几率变化）、单个囊泡递质含量变化导致的神经递质释放量的改变、囊泡融合方式或（和）融合孔动力学变化造成的囊泡递质释放水平变化。囊泡融合速率决定于轴突终末可释放囊泡数量和囊泡释放概率，这两个参数不是固定，而是高度动态可调的。从囊泡动力学过程可知，可释放囊泡的数目决定于未激活囊泡数目、囊泡激活与去激活速率、囊泡耗竭或融合速率三个因素，其中囊泡激活是速率限制性步骤。囊泡激活受到钙离子、蛋白激酶和其他调控蛋白的调节。

（一）轴突终末胞浆钙离子浓度是突触前递质释放可塑性的重要调节因子

轴突终末突触囊泡递质释放强烈依赖于胞浆 Ca^{2+} 浓度。囊泡释放速率与 Ca^{2+} 浓度的 3～4 次方成正比；此外，Ca^{2+} 浓度的升高促进囊泡激活速率，从而增加可释放囊泡数目。通常，每次动作电位造成的局部钙升高受到胞浆 Ca^{2+} 结合蛋白的螯合、线粒体对 Ca^{2+} 的摄取和细胞膜中 Ca^{2+} 泵与转运体向胞外的转运而迅速降低。然而，突触前结构的强直兴奋（高频动作电位发放）引发的大量 Ca^{2+} 内流造成 Ca^{2+} 清除与缓冲系统的饱和，引起 Ca^{2+} 浓度短期持续升高，称为残留钙离子（residual Ca^{2+}）。残留钙是影响突触囊泡激活，从而改变可释放囊泡数量的重要因素。有很多证据表明神经元兴奋引起的钙离子残留造成短时程突触传递增强。其可能的机制包括：①直接促进囊泡激活，增加可释放囊泡数目；② Ca^{2+} 影响突触囊泡的融合和胞吞方式。突触囊泡的胞吐方式有全融合（full fusion）的量子释放和不完全融合（kiss-and-run）的亚量子分泌，后者释放的递质量随融合孔扩张的程度及时间而改变，能够在较大范围内变动。囊泡胞吞方式的变化会影响囊泡循环和重新利用的速率，从而最终改变突触递质释放的强度；③钙残留还可能使钙离子高敏感性（囊泡融合的 Ca^{2+} 浓度阈值低）和低协同性（只需要结合较少，如 1～2 个 Ca^{2+}）的囊泡释放

数目增加，从而增加后续兴奋触发的突触递质释放强度；④通过激活 CaMK Ⅱ，增加可释放囊泡数目与囊泡融合概率，促进融合孔的开放。

（二）蛋白激酶与其他蛋白质对突触前递质释放的调控

除钙离子残留外，轴突终末中第二信使激活的蛋白激酶也参与了对突触囊泡递质释放的调节。如 cAMP 激活的 PKA，Ca^{2+} 激活的 CaMK Ⅱ、酪蛋白激酶 Ⅱ（casein kinase Ⅱ，CK Ⅱ）、蛋白激酶 C（protein kinase C，PKC）、细胞周期蛋白依赖激酶 5（cyclin-dependent kinase 5，CDK-5）和丝裂原激活蛋白激酶（mitogen-activated protein kinase，MAPK），参与了短时程和长时程突触传递效率变化和调控的诸多方面，囊泡激活、融合和循环的分子机器中的多个必需蛋白和调节蛋白是这些蛋白激酶的作用底物。其中，已知 CaMK Ⅱ、PKA 和 PKC 的激活促进神经递质的释放。CaMK Ⅱ 的主要作用机制可能是：使 synapsin 1 磷酸化，促使滞留在轴突终末胞浆网格内或肌动蛋白网络内的囊泡动员出来，促进囊泡向活性区的募集，增加可释放囊泡的数量。PKC 是突触可塑性的重要调节因子，能够磷酸化囊泡锚定、激活和融合所需的 SNAP-25 和 Munc18，增加可释放囊泡的数量，增强突触传递的强度。PKC 还可通过对囊泡融合的某些分子构件如 synaptotagmin 和 SNAP-25 的磷酸化，增加囊泡融合的 Ca^{2+} 敏感性和降低协同性，从而增强轴突终末对钙信号的反应，增加递质释放的强度。在许多类型的突触，PKA 也可增加囊泡的释放概率，其作用底物包括 RIM、SNAP-25、snapin、cysteine string protein（CSP）等，这些蛋白的磷酸化可增加释放囊泡的数量、或（和）增强囊泡融合分子构件对钙信号的反应，进而增加递质释放。

二、递质释放量子水平调节与突触可塑性

递质以囊泡的方式释放，各囊泡的递质释放量并不是恒定的，而是在一定范围内呈随机分布。囊泡递质释放量的改变取决于释放动力学（囊泡融合方式和融合孔动力学）和每个囊泡的递质充盈量，受到多种因子的影响和调节。Katz 等观察到的微终板电位幅度（图 2-5-10）呈连续的正态分布，而并非单一幅值，反映了单个囊泡递质释放量的变异。

嗜铬细胞微碳纤电化学测量表明，致密核心大囊泡儿茶酚胺的释放量为连续分布，释放动力学取决于囊泡融合方式和融合孔动力学特性；融合孔动力造成神经递质释放动力学变化的现象也在中脑多巴胺神经元及海马神经元的神经肽分泌中观察到。突触囊泡融合孔动力学受哪些因子调节及其调节机制目前还知之不多。局部 Ca^{2+} 信号、Ca^{2+} 效应蛋白（calmodulin 和 Syt）、G 蛋白偶联受体、PKC 及细胞膜磷脂成分的改变，可能引起囊泡融合孔动力学变化，从而调节单个囊泡的递质释放量。近期研究表明，囊泡基质蛋白（CgA、sg Ⅱ 等）的种类和表达水平是独立于囊泡融合孔动力学之外的、调控神经递质量子分泌的另一重要途径。因此，基质蛋白对突触可塑性的调节作用与机制将是以后研究的新方向。

囊泡递质充填量受到以下几种因素的影响：囊泡的跨膜电化学势能，囊泡膜上的递质转运体的性质、种类和数量，以及囊泡周围胞浆的递质浓度。囊泡的递质载体的种类和数量变化改变了递质填充的种类和动力学，如破坏递质载体复合物的 H^+-ATP 酶活力可显著减少突触囊泡谷氨酸的充填，人为改变胞浆递质的浓度影响了囊泡填充，此外如果囊泡在未完全充填前融合，其递质释放量必然减少。目前还不清楚囊泡填充是否受到调控和受到什么样的调节。

第五节　总　结

人脑是由 $\sim 10^{12}$ 个神经元通过 $\sim 10^{15}$ 个突触结构形成的复杂神经网络，突触连接是神经元进行信息交流、维持大脑生理功能的结构和功能基础。由化学突触介导的化学传递是神经系统的主要神经信号传递方式，电突触和突触电传递为次要方式，其结构为缝隙连接。神经递质储存在分泌囊泡中，以囊泡为单位进行全或无的量子分泌，或以 kiss-and-run 模式进行亚量子分泌，其分泌过程可依赖于胞内钙离子、或不依赖于钙离子而由动作电位直接触发。分泌囊泡经转运、募集、锚定、激活等一系列动态过程后才能与质膜融合，SNARE 复合体是囊泡融合的核心蛋白机器，是由 VAMP2、syntaxin 和 SNAP-25 通过四个 SNARE 基序的 α-螺旋束平行排列聚合形成的闭合拉链式结构，为囊泡融合提供动力。突触结合蛋白 Syt 是重要的钙离子感受器和分子开关，Syt 与 SNARE 复合体及质膜磷脂双分子层的相互作用是其调节囊泡融合的先决条件。Complexin 可与 Syt 竞争性地结合 SNARE 复合体，这是神经兴奋-分泌偶联的关键所在。SM 蛋白、小 G 蛋白、GPCR 及下游通路对 SNARE 组装和囊泡分泌具有重要调节作用。胞吐之后，囊泡蛋白及脂质成分主要通过网格蛋白介导的胞吞、kiss-and-run 和巨胞吞过程进行回收与循环再利用。分泌至胞外的神经递质与突触后膜上的受体结合完成突触传递过程，多余的神经递质通过相应的质膜转运体直接或间接转运至胞内，再经囊泡转运体填充至分泌囊泡。囊泡融合与神经递质的量子分泌水平是神经元实现突触前神经递质释放可塑性的重要机制。

参考文献

综述

1. Brunger AT，Leitz J，Zhou Q，et al. Ca^{2+}-triggered synaptic vesicle fusion initiated by release of inhibition. *Trends Cell Biol*，2018，28：631-645.
2. Chapman ER. Synaptotagmin：a Ca（2＋）sensor that triggers exocytosis? *Nat Rev Mol Cell Biol*，2002，3：498-508.
3. Jackman SL，Regehr WG. The mechanisms and functions of synaptic facilitation. *Neuron*，2017，94：447-464.
4. Jahn R，Scheller RH. SNAREs—engines for membrane fusion. *Nat Rev Mol Cell Biol*，2006，7：631-643.
5. Jahn R，Fasshauer D. Molecular machines govering exocytosis of synaptic vesicles. *Nature*，2012，490：201-207.
6. Martens S，McMahon HT. Mechanisms of membrane fusion：disparate players and common principles. *Nat Rev Mol Cell Biol*，2008，9：543-556.
7. Rettig J，Neher E. Emerging roles of presynaptic proteins in Ca^{2+}-triggered exocytosis. *Science*，2002，298：781-785.
8. Rosenmund C，Rettig J，Brose N. Molecular mechanisms of active zone function. *Curr Opin Neurobiol*，2003，13：509-519.
9. Saheki Y，De Camilli P. Synaptic vesicle endocytosis. *Cold Spring Harb Perspect Biol*，2012，4：a005645.
10. Schneggenburger R，Neher E. Presynaptic calcium and control of vesicle fusion. *Curr Opin Neurobiol*，2005，15：266-274.
11. Soykan T，Maritzen T，Haucke V. Modes and mechanisms of synaptic vesicle recycling. *Curr Opin Neurobiol*，2016，39：17-23.

12. Sudhof TC. Calcium control of neurotransmitter release. *Cold Spring Harb Perspect Biol*，2012，4：a011353.

13. Sudhof TC，Rizo J. Synaptic vesicle exocytosis. *Cold Spring Harb Perspect Biol*，2011，3：a005637.

14. Sudhof TC，Rothman JE. Membrane fusion：grappling with SNARE and SM proteins. *Science*，2009，323：474-477.

15. Wu LG，Hamid E，Shin W，et al. Exocytosis and endocytosis：modes，functions，and coupling mechanisms. *Annu Rev Physiol*，2014，76：301-331.

16. Zucker RS，Regehr WG. Short-term synaptic plasticity. *Annu Rev Physiol*，2002，64：355-405.

17. Pereda AE. Electrical synapses and their functional interactions with chemical synapses. *Nat Rev Neurosci*，2014，15：250-263.

18. Kandel ER，Schwartz JH，Jessell TM，et al. Principles of Neural Science. 5[th]ed. New York：McGraw-Hill，2013.

19. Lisman JE，Raghavachari S，Tsien RW. The sequence of events that underlie quantal transmission at central glutamatergic synapses. *Nat Rev Neurosci*，2007，8：597-609.

原始文献

1. Boyd IA，Martin AR. The end-plate potential in mammalian muscle. *J Physiol*，1956，132：74-91.

2. Chai ZY，Wang CH，Huang R，et al. Ca$_V$2.2 gates calcium-independent but voltage-dependent secretion in mammalian sensory neurons. *Neuron*，2017，96：1317-1326.

3. de Wit H，Walter AM，Milosevic I，et al. Synaptotagmin-1 docks secretory vesicles to syntaxin-1/SNAP-25 acceptor complexes. *Cell*，2009，138：935-946.

4. Heuser JE，Reese TS. Structural changes after transmitter release at the frog neuromuscular junction. *J Cell Biol*，1981，88：564-580.

5. Katz B，Miledi R. The effect of calcium on acetylcholine release from motor nerve terminals. *Proc R Soc Lond B Biol Sci*，1965，161：496-503.

6. Sutton RB，Fasshauer D，Jahn R，et al. Crystal structure of a SNARE complex involved in synaptic exocytosis at 2.4 A resolution. *Nature*，1998，395：347-353.

7. Wang CH，Wang YS，Hu MQ，et al. Synaptotagmin 11 inhibits clathrin-mediated and bulk endocytosis. *EMBO Rep*，2016，17：47-63.

8. Zhang C，Zhou Z. Ca^{2+}-independent but voltage-dependent secretion in mammalian dorsal root ganglion neurons. *Nat Neurosci*，2002，5：425-430.

9. Zhang QF，Liu Bin，Wu QH，et al. Differential co-release of two neurotransmitters from a vesicle fusion pore in mammalian adrenal chromaffin cells. *Neuron*，2019，102：173-183.

10. Zhou Z，Misler S，Chow RH. Rapid fluctuations in transmitter release from single vesicles in bovine adrenal chromaffin cells. *Biophy J*，1996，70：1543-1552.

11. Maeda S，Nakagawa S，Suga M，et al. Structure of the connexin 26 gap junction channel at 3.5Å resolution. *Nature*，2009，458：597-602.

第 6 章 神经递质的受体和信号转导

高永静　纪如荣

　　神经元之间的信息交换主要是通过各种化学信使物质实现。这些神经元间的信使物质如何被细胞膜蛋白识别并通过胞内信号转导产生特定的效应，是神经科学的基本问题之一。事实上，上述信息物质除源于神经元产生的经典神经递质外，还包括很多源于非神经元（如星形胶质细胞、小胶质细胞）的化学物质（如细胞因子、ATP 等）。除了神经元之间，神经元与胶质细胞以及胶质细胞与胶质细胞之间也通过化学物质进行信息交换。虽然本章重点介绍神经元内的信号转导，但有些胞内信号通路在非神经元细胞内与神经元内类似。细胞外的信息分子特异性地与细胞膜表面的受体（receptor）结合，刺激细胞产生胞内调节信号，并传递到细胞特定的反应系统而产生生理应答，这一过程称为细胞跨膜信息传递（transmembrane signaling）。具有信息传递功能的分子称为信使物质，细胞外信使物质称为**第一信使**，包括经典的神经递质（如谷氨酸、乙酰胆碱、去甲肾上腺素）、神经多肽和神经调质（如生长因子、细胞因子、脂质、ATP、microRNA）。大多数第一信使不进入细胞，而是与靶细胞膜表面的特异受体结合，进而改变受体的构象。激活的受体引起细胞某些生物学特性的改变，如膜对某些离

子通透性变化及膜上某些酶活性的变化，从而调节细胞功能。另外有一小部分信息物质如甾体激素，它们可以通过膜的脂双层自由进入细胞，与胞浆或细胞核内的相应受体反应，从而调节基因的表达。

　　受体是位于细胞表面或细胞内的蛋白分子，能以很高的特异性识别信使物质，称为配体（ligand），而且一旦与配体结合，即能影响神经细胞的活性。由于这种识别、激活双重作用，受体本身也参与了信息物质的产生和放大。尽管信使物质种类繁多，它们都有特异性的受体，有的受体还有不同的亚型。根据受体本身的结构及其效应体系的不同，受体分成五大类。①配体门控性离子通道（ligand-gated ion channels）或离子型受体（ionotropic receptors）。这类受体与配体结合后能改变离子通道的活性，以乙酰胆碱 N- 型受体和谷氨酸 NMDA 受体为典型。受体本身由配体结合部位与离子通道两部分构成。当激动剂与受体结合时，离子通道开放，细胞膜通透性增加。这类受体激活后产生持续仅几毫秒的快速突触后反应。②G 蛋白偶联受体（G protein-coupled receptors，GPCR）或代谢型受体（metabotropic receptors）。这类受体与其配体结合后即激活膜内侧偶联的 G 蛋白，使其释放出活

性因子，调节效应器（如离子通道或蛋白激酶）的活性。它们被激动剂激活后可以产生持续时间较长的慢突触后反应。以这种 G 蛋白偶联的受体种类繁多，它们都由一条肽链组成并含有 7 个跨膜区段。③激酶受体。受体本身具有某种酶的活性，其催化部位在细胞膜的内侧。配体与受体结合后改变酶活性，从而导致一系列效应。如生长因子受体的胞内部分具有酪氨酸激酶（tyrosine kinase）活性。④酶偶联受体（enzyme-linked receptors）。受体本身没有酶活性，但胞内部分和蛋白激酶偶联。如细胞因子受体，它们的受体与生长因子受体结构相似，但无酪氨酸激酶活性。上述四类受体位于细胞膜上，属于细胞表面受体（cell-surface receptors）或跨膜受体（transmembrane receptors）。⑤细胞内（核）受体（intracellular/nuclear receptors）。这类受体位于细胞浆中，对能够穿过细胞膜的小的脂溶性配体分子（如各种类固醇激素、甲状腺素等）作出反应。这类受体与配体结合后，会触发构型变化，从而暴露受体蛋白上的 DNA 结合位点。配体–受体复合物进入细胞核后与 DNA 的特定区域结合，促进特定基因的 mRNA 生成。细胞内受体可以直接影响基因表达，而不需要将信号传递给其他受体或信使。也有一些受体，不属于上面的任何一种类型。

第一信使作用于靶细胞后在胞浆内产生的信息分子称为**第二信使**，是胞外信息与细胞内效应之间必不可少的中介物。目前已发现的第二信使有环磷酸腺苷（3′,5′-cyclic adenosine monophosphate，cAMP）和环磷酸鸟苷（cyclic guanosine monophosphate，cGMP）等环核苷酸类、细胞膜肌醇磷脂代谢产物 1,4,5- 三磷酸肌醇（inositol-1,4,5-triphosphate，IP3）、二酰甘油（diacylglycerol，DAG）以及钙离子（Ca^{2+}）组成的第二信使联合体。细胞信息传递是以一系列蛋白质的构型和功能改变引发的瀑布

式级联反应。一个胞外信号逐级经过胞浆中雪崩式的酶促放大反应，迅速在细胞中扩布到特定的靶系统。大量胞外信息通过对靶细胞中蛋白质磷酸化的特异调节而产生各种各样的细胞效应。蛋白质磷酸化作用是生物调节最基本和最重要的公共通路。蛋白质磷酸化系统由蛋白激酶、蛋白磷酸酶和它们相应的底物蛋白组成。蛋白激酶催化底物从脱磷酸转变为磷酸化，蛋白磷酸酶则使磷酸化蛋白变回脱磷酸状态。脑组织具有活跃的蛋白磷酸化活动，蛋白激酶如蛋白激酶 A（protein kinase A，PKA）、蛋白激酶 C（protein kinase C，PKC）、钙调蛋白激酶（Ca^{2+}/calmodulin-dependent protein kinase，CaMK）及有丝分裂原激活的蛋白激酶（mitogen-activated protein kinase，MAPK）的活化是细胞外信号调节蛋白质磷酸化的重要环节。

多种细胞内信号转导通路可以进一步产生长时程变化，这些变化经常是通过基因转录来实现的。基因的诱导表达由转录因子激活，转录因子是一种核蛋白质，它能与特定的 DNA 序列或位点结合而启动基因表达。转录因子从功能上分为三类。第一类是预先存在于核内的蛋白质，在信号到来时被蛋白激酶磷酸化后直接发生转录激活作用；第二类是在受刺激后能迅速表达，然后进入核内激活转录的蛋白质；第三类是配体激活的转录因子，它们是激素的核内受体。同时，基因的表达受到表观遗传调控，包括组蛋白修饰、DNA 甲基化和非编码 RNA 的调节。

虽然受体的偶联方式有限，但是由于受体调节不同的靶分子，以及各种受体间在各水平上的相互作用（受体间相互作用、转导过程中的相互作用、效应体系之间的相互作用），最终产生了复杂纷纭的生理调节。特别是通过调节各种靶基因的表达，进一步产生了复杂的长时程调节。

第一节　神经递质的受体

经典的神经递质（neurotransmitter）是指在神经元的化学突触传递过程中，由突触前膜释放，并向突触后膜起信息传递作用的特殊化学物质。神经递质的特征包括：必须在神经元内合成和储存；递质通过一定的机制释放入突触间隙；递质作用于突触后膜上的特异性受体；释放入突触间隙的递质有

适当的失活机制；递质的突触传递作用能被递质激动剂或受体阻断剂加强或阻断。有些化学物质由神经元、胶质细胞或其他细胞释放，本身不直接引起突触后效应细胞的生物学效应，而是对递质的突触传递效率起调节作用，被称为神经调质（neuromodulater）。实际上，某种物质是递质还是

调质不是绝对的，可能在某种情况下起递质作用，而在另一种情况下起调质作用。不管是神经递质还是神经调质，它们都通过与受体结合将细胞外信号传递到细胞内。本节所讨论的内容包括神经递质和调质的信号转导。

一、受体的基本概念

受体是指首先与内源性配体或药物特异结合并产生效应的细胞蛋白质。受体负责识别和结合神经递质、激素以及药物和毒素等细胞外第一信使物质，对第一信使信号进行初步的、必不可少的加工转换，并将其传入胞内。因此，受体是胞内外信号进行分子交换的中转站或分子传感器，通过跨膜信息传递产生胞内生理效应。

（一）受体的发展历史

1907 年英国生理学家 Langley 发现，烟碱能物质可使骨骼肌收缩，而美洲箭毒可拮抗这一作用，因而引入受体分子的概念来解释此类特异物质对神经和肌肉的强烈作用。他指出，许多药物和毒物都以类似的方式起作用，不同类型的细胞存在不同的接受物质，因而能产生不同的效应。上述思想逐渐为药物化学家所接受，对药物和神经递质的研究产生了深远影响。Dale（1914）则通过实验把胆碱受体分为毒蕈碱样（muscarine-like，M 型）和烟碱样（nicotine-like，N 型）两大类。随着分子生物学技术的发展，1982 年第一个经典的烟碱样乙酰胆碱受体（nAChR）基因被成功克隆。目前所有重要的受体和离子通道蛋白的基因和氨基酸序列均已被阐明。已知所有的膜受体都是蛋白质（糖蛋白、脂蛋白或糖脂蛋白）。

（二）受体的基本特征

生物化学的发展使受体的含义不断泛化，不同学科对此的解释差别很大。生理学关注的仍是经典意义上的受体：能识别和结合内源性配体，通过信息转换和一系列的信号转导过程产生生理效应。配体是指能与受体特异结合的生物活性物质，包括内源性配体如递质和激素，以及外源性配体如药物和毒素等化学物质。根据放射性同位素标记配体与受体的结合特性，受体应具备下列特征：①具有内源性配体如神经递质和激素，或外源性配体如药物和毒物。②可饱和性：受体是细胞的功能蛋白，在生

理条件下组织细胞中受体分子的数目基本不变。不断增加配体浓度，效应强度呈剂量依赖性增加。当配体浓度升高到某一临界值时将出现两种情况，一是可被占领的有效受体已全部被占领，二是配体-受体的结合与解离速率达到平衡。此时继续增加配体浓度，效应强度已不再增加，即表现出受体与配体结合的可饱和性。③高亲和性：受体与配体结合呈高亲和性。通常用配体-受体复合物的平衡解离常数 K_D 表示亲和力的大小。K_D 值是亲和力的倒数。K_D 值越小，亲和力越高。④高选择性：指受体对配体的选择性，也可理解为受体的立体专一性，取决于受体和配体分子两方面的因素。受体蛋白复杂的空间结构是立体专一性的分子基础。⑤可逆性：在大多数情况下，配体与受体通过氢键、离子键、范德华力等非共价键相结合，这种结合遵循质量定律。在一定剂量或浓度范围内，配体受体复合物形成的多少与单位容积内受体和配体的浓度成正比。受体的可逆性还表现为已结合的配体能被高亲和力或高浓度的同类配体竞争性拮抗并被置换出来。极少数天然配体如 α 银环蛇毒素或某些药物与受体呈不可逆的共价结合，是受体研究的重要工具。⑥特定的组织定位：受体在组织、细胞和亚细胞中的分布和定位与其生物效应呈规律性的相关，这是受体检定中最具有说服力的功能指标。

分子克隆技术初步阐明了受体的一级结构特征，它们都可以被划分为三个区域：①在膜外侧面的肽链末端。通常这部分常常被多糖修饰。这一区域多是由亲水性氨基酸组成，而且有时形成 S-S 键，以联系同一受体的不同部分或其他受体。②跨膜部分。这部分多由疏水性氨基酸组成，形成 A 螺旋结构。每个结构 20 ～ 25 个残基，有的受体肽链存在多个跨膜螺旋。而这一区域与一些受体和配基的结合常有密切联系。此外，与离子通道的形成也密切相关。③受体肽链的细胞内末端。受体与效应器偶联的部位或本身的效应部位（如酪氨酸激酶）都在细胞膜内。

（三）膜受体的分类与亚型

分子克隆研究指出受体亚型的生物多样性和复杂性。尽管信使物质种类繁多，它们都各有其特异性的受体，有的受体还有各种不同的类型。受体的一个重要功能在于信号识别，所以对神经递质和激素等信使分子的选择性成为受体分类的基础，如分别将识别接受乙酰胆碱（acetylcholine，ACh）或

5- 羟 色 胺（5-hydroxytryptophane，5-HT）递 质 的受体叫 ACh 受体（ACh receptor，AChR）或 5-HT 受体（5-HT receptor，5-HTR）。在不同的组织中同一种受体产生的效应有一定的差别，预示受体存在不同的类型（type）。如毒蕈碱和烟碱可分别模拟 ACh 在自主神经系统和神经肌肉接头的作用，因而将 AChR 分为 mAChR（M 型）和 nAChR（N型）两种类型。阿托品和箭毒分别是两者的拮抗剂。根据肾上腺素和去甲肾上腺素在不同组织中的效应差别，将肾上腺素受体分为 αAR 和 βAR 两种类型。根据不同组织中的受体的效应差别以及受体与高选择性配体的敏感性的差别建立的受体药理学分类方法，又可将不同类型的受体分为各种亚型（subtype），如 α 受体可分为 α_1 和 α_2 亚型，α_1 亚型又可分为 α_{1A} 和 α_{1B} 亚型等。

受体分子克隆研究支持受体的药理学分类，但也指出药理学分类低估了受体亚型的多样性和复杂性。氨基酸序列分析表明，受体的亚型通常由氨基酸序列略有差异的同源蛋白质组成，但如 ACh 的M 型和 N 型受体、肾上腺素的 α 和 β 受体、γ-氨基丁酸（γ-aminobutyric acid，GABA）受体的 $GABA_A$ 和 $GABA_B$ 等不同类型受体之间并无亲缘关系，其分子结构和生理效应均有很大的差别。应该认识到，并非因为药物的选择性使受体分为不同的亚型，而是因为确实存在不同的受体亚型分子，它们能找到不同的配体。以 $\alpha_1 AR$ 的 α_{1A}、α_{1B} 亚型为例，α_{1B} 亚型基因首先被克隆和定位。继之在克隆 α_{1A} 时发现 α_{1C}、α_{1D} 亚型，并证明 α_{1C} 在体内的组织分布和药理学特性与药理学分类中的 α_{1A} 亚型一致，随后在 1994 年正式确定 α_1 受体分为 α_{1A}、α_{1B}、α_{1D} 三种亚型。一种内源性激动剂可激活同一受体的多个亚型，也可激活完全不同的受体。而且，生物胺类递质能与所有脊椎动物的同源受体结合，也能与非脊椎动物甚至低等生物的同源受体结合，而这些种族同源受体之间存在很大差异。

根据受体所偶联的效应体系，将经典的神经递质受体分成两大类。①配体与受体结合后改变离子通道的活性。受体本身由配体结合部位与离子通道两部分构成。当激动剂与受体结合时，离子通道开放，细胞膜通透性增加（图 2-6-1）。这一类受体称为离子通道受体。激活后可以产生延续仅几毫秒的快速突触后反应。②受体和离子通道不是同一个蛋白。受体与其配体结合后即与膜上的 G 蛋白偶联，使其释放出活性因子，调节效应器，产生生物学活

性。这一类受体称为 G 蛋白偶联受体或代谢型受体，激活后可以产生持续较长的慢突触后反应。

二、离子型受体

由于这类受体直接操纵离子通道的开关，改变细胞膜的离子通透性（图 2-6-1A），它们大都介导快速的信号传递，而无须通过其他细胞内信使物质。"tropic"来自希腊词根"tropos"，意思是"在刺激后移动"。这类受体的一个典型例子就是肌肉的 N- 乙酰胆碱受体。它由 4 种亚单位组成 $\alpha_2 \beta \gamma \delta$ 五聚体。每个亚单位都由若干跨膜区段组成，共同围成一个离子通道。乙酰胆碱的结合位点在 α 亚单位的细胞膜外侧。

其他许多受体门控离子通道，如谷氨酸受体（AMPA、NMDA 和 Kainate 型），甘氨酸受体、γ-氨基丁酸 A 型受体等（表 2-6-1），都是由数目和种类各异的亚单位组成的离子通道。值得指出的是，根据通道对离子的选择性，可以将其分成阳离子通道和阴离子通道两类。这与各亚单位靠近通道出、入口处的氨基酸残基所带电荷密切相关。阳离子通道（如 N 乙酰胆碱受体 -Na^+ 通道）入口处的氨基酸多带负电荷；反之，阴离子通道（GABA 受体的 Cl^- 通道）入口处的氨基酸则多带正电荷。除了细胞外的信使物质以外，一些细胞内的信使物质如 1，4，5- 三磷酸肌醇（IP_3）等，其受体位于细胞内的各种膜结构之上，也属于离子通道型，它的激活常常可引起细胞内 Ca^{2+} 储池的 Ca^{2+} 释放，提高胞浆中游离 Ca^{2+} 浓度。IP_3 受体在本质上与细胞膜上的离子通道一样。

三、G 蛋白偶联受体

GPCR 是目前已发现种类最多的受体。受体与其配体结合后即激活膜内侧偶联的 G 蛋白，后者释放出活性因子。这种活性因子与效应器发生反应，并调节其活性（图 2-6-1B）。这类受体又称为代谢型受体，因为它们需要中间代谢产物来介导其作用。尽管以这种方式偶联的受体种类繁多，但偶联蛋白都属于结构和功能极为类似的一个家族。由于它们都能结合并水解三磷酸鸟苷（GTP），而且其功能也受 GTP-GDP 转换的调节，所以通常称为 G 蛋白。因此，这类受体就被统称为 G 蛋白偶联受体。其效应器（effector）可以是离子通道，也可以

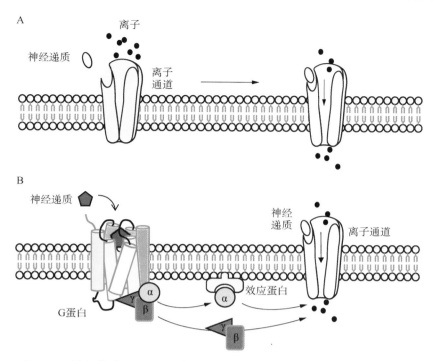

图 2-6-1　神经递质可以通过两类不同的受体蛋白来调节突触后神经元的活性

A. 离子通道受体（配体门控的离子通道）集受体和离子通道于一体；**B**. G 蛋白偶联受体（或代谢型受体）通常激活 G 蛋白，通过 G 蛋白来直接调节离子通道活性或通过胞内第二信使间接调节离子通道活性

表 2-6-1　离子通道受体有各自不同的亚型组成

递质	谷氨酸			γ- 氨基丁酸	甘氨酸	乙酰胆碱	五羟色胺	嘌呤类
	AMPA	**NMDA**	**Kainate**	**GABA**	**Glycine**	**N 型 -Ach**	**5-HT**	**ATP-P2X**
受体亚型	GluR1	NR1	GluR5	α（1～7）	α_1	α（2～9）	5-HT3	P2X1
	GluR2	NR2A	GluR6	β（1～4）	α_2	β（1～4）		P2X2
	GluR3	NR2B	GluR7	γ（1～4）	α_3	γ		P2X3
	GluR4	NR2C	KA1	δ	α_4	δ		P2X4
		NR2D	KA2	ε	β			P2X5
		NR3A		ρ（1～3）				P2X6
		NR3B						P2X7

是某些酶（如腺苷酸环化酶等）（图 2-6-1B）。这一类受体被激动剂激活后可以产生持续时间较长的慢突触后反应。以这种方式发挥作用的受体种类见表 2-6-2。这类受体遍布机体的各个器官组织，其激动剂的种类包括生物胺、蛋白激素、多肽激素、肠多肽、花生四烯酸系列的活性物质、光、嗅觉以及其他许多因子。

这些受体在结构上有很大的相似性。最明显的就是，所有这些受体都由一条肽链形成，其 N 末端在细胞外，C 末端在细胞内；而且肽链形成 7 个跨膜螺旋结构（transmembrane，TM）和相应的三个细胞膜外环和三个细胞膜内环（图 2-6-2）。即使是不同配基的受体，其一级结构（氨基酸序列）也表现出相当大的相似性。尤其是跨膜螺旋部位更为明显。正是利用这种特点，很多这类受体的一级结构得以阐明。特别值得提出的是，分子生物学技术不仅应用于受体一级结构的阐明，同时也应用于受体功能及构效关系的研究。例如，可以相应改变克隆基因的特定位点，在基因中嵌入一段序列，使之形成杂合体，或截短一段基因序列使之形成短截体。经过这样改变的受体基因在一定条件下得以表达后，通过研究其功能的改变，即可得到受体构效关系的直接证据。此外，根据受体的一级结构，制备某些关键片断肽链的特异抗体，观察这些抗体对受

表 2-6-2　G 蛋白偶联受体（代谢型受体）的亚型

递质	谷氨酸			γ- 氨基丁酸 GABA	多巴 Dopamine	（去甲）肾上腺素 NE，Epi	组氨酸 Histamine
	Class Ⅰ	Class Ⅱ	Class Ⅲ				
受体亚型	mGluR1	mGluR2	mGluR4	GABA$_B$R1	D1$_A$	α$_1$	H1
	mGluR5	mGluR3	mGluR6	GABA$_B$R2	D1$_B$	α$_2$	H2
			mGluR7		D2	β$_1$	H3
			mGluR8		D3	β$_2$	
					D4	β$_3$	

递质	五羟色胺 5-HT	嘌呤类		乙酰胆碱 M 型 -Ach	阿片样物质 Opioid	大麻样物质 Cannabinoid
		A 型	P 型			
受体亚型	5-HT 1A	A1	P2Y	M1	μ	CB1
	5-HT 1B	A2a	P2Z	M2	δ	CB2
	5-HT 1C	A2b	P2T	M3	κ	
	5-HT 1D	A3	P2U	M4		
	5-HT 2A			M5		
	5-HT 2B					
	5-HT 2C					
	5-HT 4					

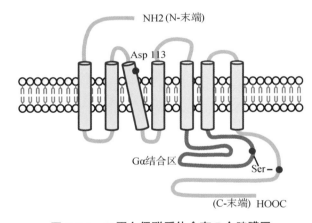

图 2-6-2　G 蛋白偶联受体含有 7 个跨膜区

β$_2$ 肾上腺素受体（β$_2$ adrenergic receptor，β$_2$AR）在结构上与其他 G 蛋白偶联受体诸如 β$_1$AR、M 型乙酰胆碱受体（M-AchR）、视紫红质（rhodopsin）很类似。一个重要的特点是，神经递质的受体结合部位在若干跨膜螺旋构成的袋状结构之中，并有氨基酸 Asp113 参与。图中黑色部分的氨基酸序列（胞内第 3 亲水环）参与 G 蛋白与受体的结合。而图中两个蓝色的丝氨酸（Ser）残基则参与受体的失活

体功能的影响，也同样是很有效的方法。由于这些方法的应用，我们对受体与配基的结合、与 G 蛋白及效应器的偶联机制等都有了新的认识。

G 蛋白结合位点位于受体胞内的亲水环上。G 蛋白偶联受体的胞内第 2、第 3 亲水环（loop）上都有一些高度保守的氨基酸残基。αAR 和 βAR 的胞内第 3 亲水环是 G 蛋白结合部位（图 2-6-2）。缺失和定点突变研究还表明，β$_2$AR 的第二亲水环、跨膜区 TM3、TM5 和 TM6 中少数嵌入膜表面的残基也与 G 蛋白识别有关。它们可能形成一个以第 3 亲水环为中心的结构域，负责识别 G 蛋白。mAChR 和阿片受体的 G 蛋白结合部位也定位在胞内侧第 3 亲水环上。

G 蛋白偶联受体的配体结合部位埋藏在膜内。G 蛋白偶联受体的胞外亲水环上不存在配体结合位点，但胞外亲水性结构参与配体分子的初步识别，也可影响配体的特异结合活性。如 δ 阿片受体第 1 或第 3 亲水环分别被 μ 受体第 1 或第 3 亲水环取代后，前者使 δ 受体对 μ 受体特异激动剂 DAMGO 的亲和力增加，后者使 δ 受体对其特异激动剂 DPDPE 的亲和力降低。配体结合部位由跨膜区的一些氨基酸残基组成，埋藏于膜的脂类双层结构中以配体结合小袋（ligand binding pocket）的形式存在。跨膜区的一些氨基酸残基在所有 G 蛋白偶联受体中都是高度保守的，如第三跨膜区（TM3）中的 Asp 残基及其侧翼的氨基酸残基高度保守，见于 δ

阿片受体、m₁AChR 和所有的胺类递质受体。β₂AR 的 TM3 中的 Asp113 的羧基可与儿茶酚胺分子的氨基形成离子键（图 2-6-2），同时其 TM5 的 Ser204 和 Ser207 与儿茶酚核上的羟基相互作用。位于两个不同跨膜区的三个残基可能共同构成儿茶酚胺配体的结合位点。

四、神经递质的其他受体

分子生物学对受体研究最重要的贡献之一就是阐述了这样一个事实：许多看起来毫不相干的受体竟然来源于共同的祖先，属同一个受体基因超家族。除了前面提到的离子通道偶联受体和 G 蛋白偶联受体外，细胞表面受体还有酪氨酸激酶受体（如生长因子受体）和酶连受体（如细胞因子受体），另外还有细胞内受体（如糖皮质激素受体）。

（一）生长因子受体

这一类受体具有酪氨酸激酶活性，包括神经生长因子（nerve growth factor，NGF）受体、脑源性神经营养因子（brain-derived neurotrophic factor，BDNF）受体、表皮生长因子（epidermal growth factor，EGF）受体、血小板源性生长因子（plateletderived growth factor，PDGF）受体、成纤维细胞生长因子（fibroblast growth factor，FGF）受体、胰岛素（insulin）受体和胰岛素样生长因子（insulin-like growth factor，IGF）受体等。它们只有一个跨膜区段，共同特征是受体的细胞内

结构具有酪氨酸激酶活性，而位于细胞膜外侧的结构则各不相同，这一部分决定其与配体结合的特异性（图 2-6-3）。因此这类受体被称为酪氨酸激酶受体，或受体酪氨酸激酶（receptor tyrosine kinase，RTK）。它们几乎都是原癌基因（proto-oncogene）产物。

1. 受体酪氨酸激酶的激活　配体与受体酪氨酸激酶（receptor tyrosine kinase，RTK）结合后，依次引起以下的反应来产生生物学效应：①受体二聚化。这一作用可能是由于配体结合后引起受体细胞外部分的构型改变所致；②受体分子自身的酪氨酸磷酸化。目前认为此改变的模式是，受体细胞膜外侧部分的二聚化引起胞浆部分的并列，使彼此的空间距离变小，发生相互接触而引起构型变化。发生构型变化后的 RTK 将刺激 RTK 内在的酪氨酸激酶活性，从而导致两个 RTK 之间的相互磷酸化。RTK 自身磷酸化的酪氨酸位点有数个，它们多数位于催化结构区之外；③自身磷酸化后，RTK 具备对底物磷酸化的能力；④磷酸化的酪氨酸召集细胞内的各种靶信号分子，启动细胞内信号转导。RTK 除被自身的配体激活外，还可通过其他因素激活，例如激活 G 蛋白偶联受体的血管紧张素等（见后面阐述）、膜去极化以及紫外线应激等，都可能激活 RTK。

2. RTK 的靶分子（效应器）及生理功能　在 RTK 被磷酸化的酪氨酸上，可结合多种靶信号分子，这些分子按照功能可分为三大类。第一类是酶，如磷脂酶 C（phospholipase C，PLC；PLCγ）、

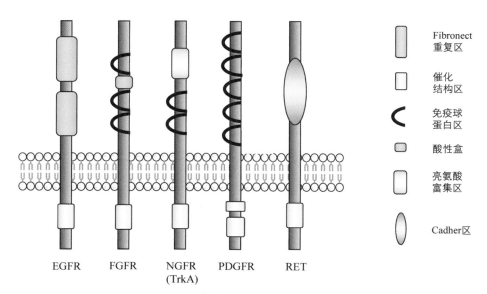

图 2-6-3　受体酪氨酸激酶的一些代表结构

EGFR. 表皮生长因子受体；FGFR. 成纤维细胞生长因子受体；NGFR. 神经生长因子受体；PDGFR. 血小板源性生长因子受体；RET. GDNF 受体

肌醇磷脂 3 激酶（PI3K）、蛋白质磷酸酶 SH-PTP、非受体酪氨酸激酶 Src 和 GTP 酶激活蛋白（GAP）等。这些酶的活性或者可受 RTK 的激活，或者因为结合于受体而转位于质膜上，从而得以接近它们的底物。第二类是接（adaptor）蛋白，这些蛋白没有明显的催化结构域，而普遍含有 Src 同源结构域（Src-homologous domain，SH2 或 SH3）。接头蛋白可通过其结合结构域（binding-domain），如 SH2、SH3、PH 等，而结合其他信号分子，因而它们在信号转导中起衔接作用。例如，RTK 最主要的下游信号转导链 Ras/Raf/MAPK（将在后面阐述），就是通过接头蛋白 Shc 和 Grb2 与 RTK 的磷酸化酪氨酸相互作用而启动的。第三类是结构蛋白，或称细胞骨架（cytoskeleton）蛋白，被 RTK 磷酸化后将导致细胞膜或细胞内结构的重排，如 annexins Ⅰ 和 Ⅱ，clathrin，paxillin，fibronectin 和 cadherins 等。

RTK 经典的功能是参与细胞存活和轴突生长。同时，RTK，尤其是 Trk 受体，在调节神经可塑性活动中起重要作用。例如脑源性神经生长因子 BDNF 通过 TrkB 受体可以调节大脑海马的学习记忆、大脑的药物成瘾、脊髓的痛觉敏感化等。又如 NGF 通过 TrkA 受体可以提高外周感觉神经元的敏感性从而产生痛敏。除了产生快速反应之外，RTK 还能通过调节基因表达对细胞发挥长时效作用。其对 DNA 合成等方面的作用，常常在数小时之后才出现。例如 NGF 和 BDNF 可以通过 MAPK/CREB 信号通路分别在感觉神经元和海马神经元诱导多种基因表达（见后面进一步阐述）。

（二）细胞因子受体

细胞因子不仅在免疫系统发挥重要作用，在神经系统也有很重要的功能，尤其是和神经系统的疾病密切相关。细胞因子包括以下几类：白细胞介素（interleukins，IL-1 至 IL-18）、干扰素（interferons，IFN-α，β，γ）、肿瘤坏死因子（tumor necrosis factor，TNF-α）和转化生长因子（transforming growth factor β，TGFβ）。它们的受体与生长因子受体结构相似，但无酪氨酸激酶活性。根据其结构，细胞因子受体可分为四大类：免疫球蛋白超家族（如 IL-1 受体等）、Ⅰ-类细胞因子受体（包括大多数细胞因子，如 IL-2，IL-6 受体）、Ⅱ-类细胞因子受体（如 IFN-α，β，γ 受体）、TNF 受体（如 TNF-α 受体）。大多数 Ⅰ-和 Ⅱ-类细胞因子受体含有细胞因子特异识别的亚单位和信号转导的亚单位。大多数细胞因子和受体结合后使受体形成二聚体，结合并激活蛋白激酶 JAK（Janus kinase）。JAK 进一步激活转录因子 STAT（signal transducers and activators of transcription，包括 STAT1-6），通过诱导基因表达而产生效应。趋化因子是一类特殊类型的细胞因子，它们的受体属于 G 蛋白偶联受体。

除免疫细胞外，神经元和胶质细胞也能合成细胞因子和趋化因子，参与介导胶质细胞和神经元相互作用。在神经系统受到创伤时，这些细胞因子可作用于神经元或胶质细胞上的细胞因子受体而影响相应细胞的功能。过去十多年的进展表明，细胞因子（如 IL-1β、TNF-α）和趋化因子（CCL2、CXCL1）可在很短的时间内（数分钟）通过非基因调控增加感觉神经元的敏感性；另外细胞因子和趋化因子（如 CXCL13）也可作用于胶质细胞（如星形胶质细胞和小胶质细胞），促进胶质细胞的激活，从而促进痛觉敏感，这也是病理性疼痛的重要发病机制。细胞因子同时也和多种神经退行性疾病（如老年性痴呆）的形成有关。

（三）细胞内受体

甾体激素、维生素等与位于细胞内的受体结合，进入胞核产生转录调节活性。这类受体是一类配体依赖的转录调节因子，又称核受体（nuclear receptor）。它们属于同一受体超家族，人类的核受体家族包含 48 个成员，例如 FXR、LXR、PPAR、RXR、VDR 等。核受体家族成员分子由 A/B、C、D、E/F 四个具有不同功能的结构域组成。A/B 结构域包含 1～2 个转录激活结构域，能够接受配体非依赖的顺式激活（图 2-6-4）。C 结构域为保守的 DNA 结合区域，是核受体的特征性区域，同时影响核受体对其伴侣核受体的选择。E 结构域为铰链区，带

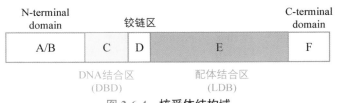

图 2-6-4　核受体结构域

有核定位的信息。E/F 结构域能与配体结合，二聚体化并被激活，发挥转录因子的作用调控下游靶基因转录。核受体在细胞核内通过三种基本模式调节基因转录：核受体与其伴侣转录因子的二聚体被其配体亲脂性小分子激活直接结合至靶 DNA 序列调节转录；该二聚体受到配体激活后招募其他转录因子，后者与靶 DNA 的靶序列结合调节转录；该二聚体受到细胞表面受体或 CDK 蛋白激酶的激活而与靶 DNA 的靶序列结合调节转录。此外，核受体还可能与胞浆蛋白相互作用发挥转录因子之外的功能。

第二节　G 蛋白及其靶分子

根据 Sutherland 提出的第二信使学说，一些激素（如肾上腺素、胰高血糖素等）激活膜上的腺苷酸环化酶（adenylate cyclase，AC），将 ATP 转变为第二信使物质 cAMP，并以之调节细胞内的代谢。药理学的研究表明，AC 的活性受各种特异受体的调制。当时据此提出的模式认为受体与 AC 是直接偶联的。Rodbell 等（1971）发现，只有存在 GTP 时，胰高血糖素才可能激活 AC；同时，GTP 也影响胰高血糖素受体与其结合的亲和力，显示了 GTP 对受体及其效应器的双重调节作用。随后，Schramm 等使用细胞融合技术证实 β 肾上腺素受体与 AC 是两个不同的蛋白。Gilman 在随后一系列的研究表明，GTP 对受体-腺苷酸环化酶体系的调节需要另外一种蛋白（偶联蛋白）的参与。当这种蛋白被分离纯化之后，人们发现它具有特异的 GTP 结合位点，而且其活性受 GTP 调控，故称为 G 蛋白。G 蛋白的发现及对其结构和功能的深入研究，开辟了跨膜信息传导机理研究的新时代，突出贡献者 Gilman 和 Rodbell 于 1994 年获得诺贝尔生理学或医学奖。近年来，越来越多的 G 蛋白偶联受体的结构被解析出来，包括 M1 和 M4 乙酰胆碱受体、阿片受体等。在 GPCR 信号传递和结构生物学方面做出重要贡献的 Lefkowitz 和他的学生 Kobilka 也因此获得 2012 年诺贝尔化学奖。

不管是 GPCR 还是激酶（如 RTK）联接的受体，受体和效应器均可通过 GTP 结合的蛋白偶联。总的来说，G 蛋白可以分为两大类：一类是由 α、β、γ 亚单位组成的三聚体 G 蛋白；另一类是单聚体 G 蛋白，又称小分子 G 蛋白。

一、三聚体 G 蛋白

这类 G 蛋白种类繁多，与跨膜信息传递有关，它们在结构和功能上有许多共性。① G 蛋白都是膜蛋白；② G 蛋白都由 3 个不同的亚单位组成：α 亚单位分子量在 39 ～ 46 kD；β、γ 亚单位通常组成紧密的二聚体，共同发挥作用；③不同 G 蛋白在结构上的差别主要表现在 α 亚单位。Gα 家族分为四类：Gαs，Gαi，Gαq，Gα12。正因为有了 α 亚单位的多样化才能实现 G 蛋白对多种功能的调节。例如受体对 AC 的调节有两种结果：激活（如通过 β 肾上腺素受体）或抑制（如通过阿片受体）该酶。介导这两种作用的 G 蛋白分别为 $G\alpha_s$（S 代表 stimulation）和 $G\alpha_i$（i 代表 inhibition）。即使是 $G\alpha_s$ 和 $G\alpha_i$ 也有许多不同的类型，例如 $G\alpha_i$ 又分为 $G\alpha_{i1}$，$G\alpha_{i2}$，$G\alpha_{i3}$，$G\alpha_o$，$G\alpha_t$，$G\alpha_g$ 和 $G\alpha_z$。G 蛋白 α 亚单位的共性十分明显：它们都具有特异的 GTP 结合位点，有 GTP 酶活性，都能被细菌毒素催化发生 ADP- 核苷化（ADP-ribosylation）。然而不同的 G 蛋白可被不同的毒素催化：$G\alpha_s$ 只能被霍乱毒素催化，$G\alpha_i$ 则只能被百日咳毒素催化，而 $G\alpha_t$ 则既能被百日咳也能被霍乱毒素催化发生 ADP- 核苷化。百日咳毒素与 G 蛋白反应后，使 G 蛋白与受体和效应器脱偶联，从而阻断了 G 蛋白介导的效应。

（一）三聚体 G 蛋白的调节机制

当外环境中不存在受体激动剂时，G 蛋白的 3 个亚单位呈聚合状态，α 亚单位与 GDP 结合（$G_{\alpha\beta\gamma}\cdot GDP$）。而当外环境中存在受体的激动剂时，受体与之结合，同时释放 GDP。在 Mg^{2+} 存在的条件下，GTP 取代 GDP，并使整个复合体解离为三部分，即受体、βγ 复合体以及被激活的 $\alpha_s\cdot GTP$ 亚单位（图 2-6-5）。$\alpha_s\cdot GTP$ 可激活效应器。由于 α_s 亚单位本身具有 GTP 酶活性，因而 GTP 被水解成为 $\alpha_s\cdot GDP$，后者再与 βγ 亚单位形成 G 蛋白三聚体。由于 α 亚单位上的 GTP 酶催化速度很慢，所以，一般认为 GDP 的释放是这个循环中的限速步

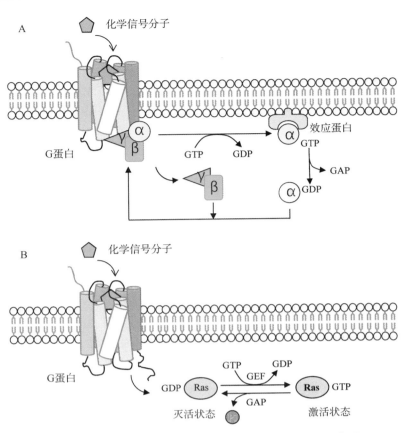

图 2-6-5   多聚体（A）和单聚体（B）G 蛋白的激活和失活

骤。在这一反应中，实际上包括了两种调节机制，即受体调节和 G 蛋白调节；前者受控于相应的激动剂与其受体结合，而后者则受控于 GTP-GDP 的转换。在实验研究中，常使用一些不易被水解的 GTP 衍生物，比如 GTPγS、Gpp（NH）p、Gpp（CH）p，以便观察 G 蛋白的作用机制。这些化合物与 G 蛋白结合后，会使它较长时间保持解离状态，持续地影响其效应酶。

（二）G 蛋白 βγ 亚单位的结构

到目前为止，在哺乳动物中，已发现有 21 种 α 亚单位（39 ~ 52 kD）。此外，还存在 5 种 β 亚单位（35 kD）和 12 种 γ 亚单位（6 ~ 8 kD）。βγ 亚单位在体内以异源二聚体形式存在。不但 α 亚单位在信号传导中起作用，βγ 亚单位同样作为一个功能单位参与整个信号传导过程。在 G 蛋白三个亚单位中，β 亚单位保守性最高，β_1、β_2、β_3 和 β_4 由 340 个氨基酸残基组成，同源性高达 80% ~ 90%，β_5 与其他 β 亚单位同源性约 50%。$G_{βγ}$ 复合体通过 $G_γ$ 的羧基末端连接到细胞膜上，目前已发现的 12 个 γ 亚单位，氨基酸序列变异较大，从而决定了 $G_{βγ}$ 功能的特异性。$G_β$ 和 $G_γ$ 紧密结合，

两者都有多个区域的氨基酸残基参与连接。在 $G_α$、$G_{βγ}$ 解离前后，$G_{βγ}$ 无构象改变，$G_α$ 可能作为 $G_{βγ}$ 的负性调节物限制 $G_{βγ}$ 的游离或覆盖 $G_{βγ}$ 与效应器结合的界面。研究证实，$G_{βγ}$ 可调节 AC、PLC、离子通道及 GPCR 激酶；而且 $G_{βγ}$ 是 G 蛋白偶联受体和受体酪氨酸激酶两种跨膜转导系统的交叉点，将两者有机地联系起来（见后面阐述）。

（三）三聚体 G 蛋白的功能

1. 调节腺苷酸环化酶（AC）活性　很多激素或递质的受体通过调节细胞膜上的 AC 活性产生效应。参与受体与 AC 偶联的有两类 G 蛋白：介导激活 AC 作用的 $Gα_s$ 和介导抑制 AC 的 $Gα_i$（图 2-6-6）。$Gα_s$ 对 AC 的激活是通过生成活性状态的 αGTP。某些激素或递质与受体结合后会导致 AC 活性降低。$Gα_i$ 的 β 和 γ 亚单位与 $Gα_s$ 基本相同，只是 α 亚单位有较明显的差别。AC 的活性主要取决于被激活的 $Gα_s$ 的数量。由于 G_i 的含量往往比 $Gα_s$ 高 5 ~ 10 倍，因此 $Gα_i$ 被激活后释出的 βγ 亚单位会远远高于被激活的 $Gα_s$，并使之被灭活。G 蛋白对不同亚型的 AC 有不同的作用方式。同时 G 蛋白的 βγ 亚单位也参与对它的直接调节。$G_{βγ}$

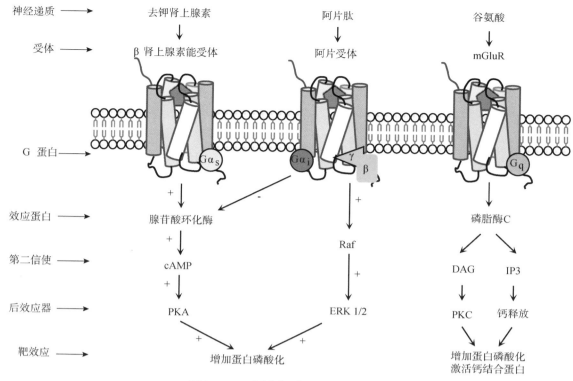

图 2-6-6 **G 蛋白偶联受体的传出通路**
在所列出的三种情况下，神经递质和受体结合后激活 G 蛋白并进一步激活第二信使通路。$G\alpha_s$、$G\alpha_q$ 和 $G\alpha_i$ 代表三种不同的三聚体 G- 蛋白

对 AC 有激活作用。如 $G_{\beta\gamma}$ 与 AC-II 靠近羧基末端的第 965～982 位氨基酸结合，其中以 QXXER 片段最为重要，在 AC-IV、AC-VII 及 β-ARK、GIRK 和 PLC_β 上均有类似片段。因此人工合成的 AC-II（956～982）多肽片段作为 $G_{\beta\gamma}$ 抑制剂用于研究 $G_{\beta\gamma}$ 的功能。另外，$G_{\beta\gamma}$ 对 Raf/MAPK（ERK）有激活作用，从而使 ERK 磷酸化并转位到核内，促进基因转录和新蛋白合成。

2. 通过 cGMP 磷酸二酯酶来调节视网膜光感传导 视网膜的视杆细胞通过视紫红质（rodopsin）辨别微弱的光线。杆状细胞膜的电兴奋状态受细胞内 cGMP 的调节。在黑暗中，杆状细胞的 cGMP 浓度较高，促使细胞膜上的钠通道开放，产生暗电流。而光照使视紫红质被激活，从而降低细胞内的 cGMP 浓度，关闭钠通道，使细胞膜逐步处于超级化状态。而 cGMP 的浓度是由 $G\alpha_t$ 来调节的。在黑暗的条件下，几乎所有的 $G\alpha_t$ 都与 GDP 相结合，这时它不具有影响 cGMP 的活力。但光照使视紫红质被激活，$G\alpha_t$ 与 GTP 结合，进一步结合和活化 cGMP 磷酸二酯酶，使之水解 cGMP，从而降低细胞内的 cGMP 浓度。一个被光激活的视紫红质分子可以被反复使用 500 次之多，光信号在这一过程中被放大了 500 倍。

3. 调节磷脂酶 C 的活性 细胞膜上的肌醇磷酸酯是很多第二信使物质的前体。多种递质和激素的受体都与膜上肌醇磷脂特异的磷脂酶 C（PLC）偶联，调节其活性，从而影响诸如 IP₃ 和 DAG 等第二信使物质的产生。IP₃ 和 DAG 则分别调节胞浆中 Ca^{2+} 浓度和 PKC 活性，影响多种细胞功能。磷脂酶 C 的活性受 G 蛋白调节。磷脂酶 C 分为 β、γ、δ 三个亚型，其基本功能都是水解细胞膜上的磷酸肌醇脂，使之生成三磷酸肌醇和甘油二酯。$G_{\beta\gamma}$ 对 PLC_β 有调节作用，其兴奋作用不依赖于 G_α。

4. 通过 G 蛋白偶联受体激酶（G protein-coupled receptor kinases，GRK）调节受体的活性 如果长期使受体暴露于激动剂，就会发生受体的失敏（desensitization）现象，即同样水平的激动剂不再激活受体的效应器。这种现象是通过受体激酶实现的。所谓受体激酶实际上也是一类蛋白激酶，它们的底物是某些特定的受体。受体激酶被激活后使其底物受体的特定部位发生磷酸化，使受体不再激活其偶联的 G 蛋白，结果也就不能再激活其偶联的效应器。有意思的是，一些受体激酶也是与 G 蛋白偶联的。与 G 蛋白偶联的受体激酶包括 β 肾上腺素受体激酶（adrenergic receptor kinase，ARK）、ARK 属于 GRK 家族（GRK1-6）。GRK 可使 GPCR 失去活性，该作用需要 β-arrestin（β 阻抑素）参与。

5. 调节受体门控的离子通道的活性　以上所述 G 蛋白的功能都涉及酶活性的变化。但 G 蛋白也可以另一种调节方式来直接改变细胞膜的离子通透性或膜电位。膜上的一些离子通道例如钾、钙通道受激素或递质的调节。以心房肌和心脏节律细胞为例，迷走神经释放 ACh 后，激活 M 型胆碱受体，导致钾通道开放，形成细胞膜超极化状态从而使细胞的节律性去极化减慢。人们很早以前已注意到，给予乙酰胆碱后，膜电流的变化并非即刻发生。目前认为，这种延搁的原因是 M 胆碱受体与钾通道之间需要 G 蛋白的介导，这种 G 蛋白也对百日咳毒素敏感。一般采用膜片钳（patch clamp）电生理技术来研究 G 蛋白与离子通道之间的作用机制。在 G 蛋白对离子通道的调节方面，内向整流钾通道（GIRK）是研究最完善的。Clapham 等（1987）首次提出 $G_{\beta\gamma}$ 可以使心房肌细胞钾通道开放频率提高 150 倍。随后，大量实验证实，G 蛋白偶联受体对内向整流钾通道的调节主要由 $G_{\beta\gamma}$ 介导。$G_{\beta\gamma}$ 可直接兴奋 GIRK，而 G_α 作用微弱。以往对 GIRK 功能调节的研究主要集中于 $G_{\beta\gamma}$ 对重组的 GIRK 的调节方面。$GIRK_1$ 与 G_β 和 G_γ 共同表达后出现持续激活的钾通道活性。近年的研究表明 $G\alpha_{i/o}$ 也与 GIRKs 结合，与 $G_{\beta\gamma}$ 共同调节通道门控。

二、单聚体 G 蛋白（小分子量 G 蛋白，简称小 G 蛋白）

小 G 蛋白是继受体偶联的 G 蛋白（三聚体 G 蛋白）之后发现的另一类具有 GTP 酶活性的蛋白。与三聚体 G 蛋白不同，小 G 蛋白只有一个亚单位，具有胞浆游离与膜结合两种形式，不与受体偶联。小 G 蛋白有结合 GTP 或 GDP 的两种状态（图 2-6-5B），用 GTP 取代 GDP 将激活小 G 蛋白，这一作用由鸟苷酸交换因子（guanosine-exchange factor，GEF）来完成；而将 GTP 水解为 GDP 将使它们失活，这一过程由小 G 蛋白的内在 GTP 酶催化，内在 GTP 酶的活性可被 GTP 酶激活蛋白（GTPase-activating protein，GAP）激活。

小 G 蛋白是一类含有 70 多个成员的超家族，根据其结构与功能的同源性可分为几个家族：Ras、Rho、Rab 和 Arf，以及 Ran 家族。这些蛋白参与多种细胞功能，如有丝分裂、基因表达、细胞骨架

的构成、囊泡的运输、离子通道的调节以及蛋白质核转运等，它们在各种驱动这些功能的分子机器（molecular machine）中是最基本的控制元件，因而也被称为信号转导的分子开关。下面以 Ras 为例阐述小 G 蛋白参与信号转导的机理。

Ras 蛋白是一组分子量在 21 000 的小分子量 G 蛋白。大量的研究表明，此类蛋白在细胞的增生与分化过程中都是关键的调节因子。编码 Ras 蛋白的基因突变或调节失常与许多人类肿瘤有关。突变的 Ras 蛋白的确能干扰细胞的生长与分化。能使受体酪氨酸激酶活性增加的某些细胞外因子或刺激可以使 Ras 蛋白被激活。Ras 蛋白在跨膜信息传递过程中起着重要的作用，这种作用主要通过 Ras/Raf/MAPK 信号通路来实现。

小 G 蛋白活性的调节

1. 鸟苷酸交换因子（GEF）的正向调节　GEF 的作用是使 Ras-GDP 变成 Ras-GTP 而激活 Ras。GEF 首先与 Ras-GDP 结合，使 GDP 从 Ras 上解离，留下与 GEF 结合的 Ras，后者迅速与 GTP 结合，然后 GEF 从 Ras 脱离。

2. GTP 酶激活蛋白（GAP）的负向调节　离体情况下，Ras 仅具有较低的内在 GTP 酶活性。基于此，人们从细胞内寻找能刺激 GTP 酶活性的因素，从而导致一类 GAP 的发现。GAP 的作用是刺激小 G 蛋白的内在 GTP 酶活性，加速 GTP 的水解，从而加快小 G 蛋白的失活。按照 RasGAP 同源序列，哺乳动物有六种 RasGAP：p120 GAP、成神经纤维素（neurofibromin，NF1）、GAP1 亚家族、SynGAP 家族、Plexins、IQGAP。p120 GAP 是第一个发现的 RasGAP。NF1 基因突变将引起成神经纤维瘤病（neurofibromatosis 1），是一种常见的人类遗传病，其主要临床表现为发生在神经末梢的成神经纤维瘤和雪旺细胞瘤、角膜小结、色素沉着及学习记忆力低下等，并具有较高的恶变倾向，因而 NF1 基因是肿瘤抑制基因。NF1 与 p120 GAP 在调节 Ras 活性的功能上具有重叠性，双重突变将导致严重的致死性胚胎发育障碍。

受体偶联 G 蛋白的活性也受 GAP 的调节，其 GAP 称为 RGS（regulators of G protein-signaling），它们能刺激 G 蛋白内在的 GTP 活性，促使 G 蛋白由 GTP 结合向 GDP 结合形式转化，从而催化 G 蛋白的失活。

第三节　第二信使

Sutherland 及其同事在研究肾上腺素对肝糖原的分解效应时，发现了激素作用于细胞膜而产生出一个热稳定、可透析的因子，即 3′,5′- 环一磷酸腺苷（cAMP），它继而促进胞浆内活性糖原磷酸化酶的形成。如果说激素（如这里的肾上腺素）是把化学信息带到细胞表面的第一信使，那么 cAMP 则是把信息接力传递到细胞内部的第二信使。Sutherland 由此提出了著名的 cAMP- 第二信使假说，为日后更多的胞浆内信使的研究奠定了基础。1975 年，Michell 提出了细胞膜肌醇磷脂降解可打开 Ca^{2+} 通道的观点。随后的研究证明，细胞内钙动员与胞外信号刺激引起的细胞膜磷脂转变密切相关。而后发现钙调蛋白（calmodulin，CaM）与 Ca^{2+} 结合后可调节多种蛋白激酶的功能，逐渐认识到 Ca^{2+} 作为一种信息分子，可独立地或与其他信息分子相互作用，共同参与信息传递的整个过程。几十年来，人们在细胞信息传递领域已发现的胞内第二信使有环核苷酸类成员 cAMP、cGMP，细胞膜肌醇磷脂代谢物 IP3 和 DAG，及胞内 Ca^{2+} 等。除了 Ca^{2+}，Mg^{2+} 也可作为细胞内信使，原因是它的浓度在细胞受到刺激时也发生动态变化，而且 Mg^{2+} 能与核苷酸、寡核苷酸以及 600 多种酶相结合。镁和钙通常被认为具有拮抗作用。镁能抑制 Ca^{2+} 的运输和细胞内钙的活性，阻止钙水平升高带来的病理性影响。在非激活状态下 NMDA 受体被 Mg^{2+} 所阻断，而神经元去极化可以通过去 Mg^{2+} 阻断而激活 NMDA 受体。

从分子生物学角度看，细胞信息传递是以一系列蛋白质的构型和功能改变引发的瀑布式级联反应。一个胞外信号，逐级经过胞浆中雪崩式的酶促放大反应，迅速在细胞中扩布到特定的靶系统。而第二信使的产生在瀑布式信息级联反应中是重要的一环。

一、环核苷酸作为第二信使

（一）3′,5′- 环一磷酸腺苷（cAMP）

cAMP 作为最早被发现的经典第二信使，是被研究得最广泛、最深入的信使物质之一。cAMP 作为瀑布式信息级联反应中的第二信使，调节众多激素、神经递质和神经活性物质对细胞的作用。在神经系统中最经典的功能之一为介导儿茶酚胺类神经递质的作用。腺苷酸环化酶（adenylate cyclase，AC）是生成 cAMP 的主要效应酶，它为一种跨膜糖蛋白，主要分两类：一类主要存在于脑组织，被 Ca^{2+}- 钙调蛋白激活；另一类广泛分布，其活性由 G_s 介导。AC 催化亚单位 C 与 G_s 形成复合体，催化底物 Mg^{2+}-ATP 生成 cAMP。在神经系统中，大部分神经递质和激素通过刺激或抑制 cAMP 合成来调控细胞功能。细胞内 cAMP 的正常浓度为 $0.1 \sim 1~\mu M$。磷酸二酯酶（phosphodiesterase，PDE）可水解 cAMP 为 5′-AMP。PDE 对控制胞内信使 cAMP 水平起决定性作用。目前已知的 PDE 有 7 种。其中除 V 型、VI 型是 cGMP 特异性的，其余均为 cAMP 特异性的。

一般认为绝大多数 cAMP 的生理功能都是通过 PKA 来介导的，PKA 由催化亚单位 C 和调节亚单位 R 组成。全酶时无活性，只有在 cAMP 与调节亚单位 R 结合后，才能释放出被激活的催化亚单位 C，促使靶蛋白磷酸化，进而产生多种生理、生化效应（见后面进一步阐述）。但 cAMP 的生理功能不都是通过 PKA 来介导的。例如，cAMP 通过 Epac（exchange protein activated by cAMP）可激活 MAPK 信号转导通路。

急性或持续使用某些受体激动剂（如吗啡）可造成迅速的 cAMP 水平的不应答性，称为脱敏或耐受现象（desensitization or tolerance），其机制涉及受体蛋白磷酸化及解偶联。这一现象成为 G 蛋白偶联受体系统的共同特性。这种调节过程促进了细胞对信息的整合及对环境的适应性。

（二）环磷酸鸟苷（cGMP）

cGMP 是由鸟苷酸环化酶（guanylyl cyclase，GC）催化 GTP 生成。GC 以膜结合颗粒型和胞浆可溶型两种形式存在。可溶型 GC 由 α 和 β 亚基形成二聚体，而且 αβ 两个亚基对于 GC 的催化活性都是必需的。目前已克隆出 α_1、α_2 和 β_1、β_2 各两种亚型。cGMP 的水解受 cGMP 特异的磷酸二酯酶催化。在完整细胞中，许多递质刺激的 cGMP 效应

依赖于胞外 Ca^{2+}；但在钙调蛋白存在时，Ca^{2+} 又可激活 cGMP 特异的 PDE。因此，胞内 Ca^{2+} 的升高既促进 cGMP 的效应，又能增加它的水解。cGMP 还能激活或抑制 cAMP 特异的 PDE，参与对 cAMP 代谢的调节。cGMP 发挥效应主要是通过 cGMP 依赖的蛋白激酶（PKG）。cGMP 还可直接调控某些离子通道，如前面所述的视杆细胞上的 Na^+ 通道，来调控视觉信号的传导。气体信使一氧化氮（NO）的作用也是通过 cGMP 来实现的。

近年的研究显示 cyclic-GMP-AMP（cGAMP）可作为新型的第二信使。cCGMP 合成酶（cGAS，cGAMP synthase）是胞浆内核酸（如 DNA）的感受器。cGAS 产生的 cGAMP 可以通过结合 STING（Stimulator of Interferon genes）诱导 I 型干扰素（IFN-α，β）的合成，从而达到抗病毒作用。最近的研究显示 cGAMP 在感觉神经元可激活 STING，然后通过产生 I 型干扰素引起长时程的镇痛作用。

二、膜磷脂代谢产物 DAG 及 IP$_3$ 作为第二信使

除了环核苷酸通路作为第二信使外，许多重要的第二信使是通过膜磷脂代谢而产生。多种激动剂作用于受体后，通过肌醇磷脂的降解来介导细胞效应。肌醇磷脂只占质膜总脂质的 5%～10%，却是最具活性的一类。其分布大多位于质膜内侧。肌醇磷脂降解产生的两个最重要的第二信使：IP$_3$ 和 DAG。它们均来自磷脂肌醇 -4,5- 二磷酸（PIP$_2$）。如图 2-6-7 所示，PIP$_2$ 含磷脂酰基及肌醇残基，第二个碳原子多结合花生四烯酰基，易溶于有机溶剂而不溶于水，在体内可被多种特异性磷脂酶水解。当激动剂与质膜上的特异性受体（图 2-6-5 所示的 mGluR）结合后，激活磷脂酶 C（phospholipase C，PLC），催化底物 PIP$_2$ 生成 IP$_3$ 和 DAG，发挥第二信使作用（图 2-6-7B）。而后肌醇磷酸酶水解 IP$_3$ 为无活性的 IP$_2$，第二信使作用即终止。IP$_2$ 继续水解失去磷酸根成为 IP$_1$，最终成为游离肌醇，重新进入肌醇磷脂循环。磷酸肌醇主要存在于胞质中，易溶于水。

肌醇磷脂的合成及分解受磷脂酶 C（PLC）和肌醇磷酸酶的调节。PLC 主要存在于胞质中，而其底物肌醇磷脂均位于细胞膜中，故认为 PLC 必须先结合于质膜上，与 GTP 结合生成复合物后才能被激活。PLC 具有底物特异性，它对肌醇磷脂以外的

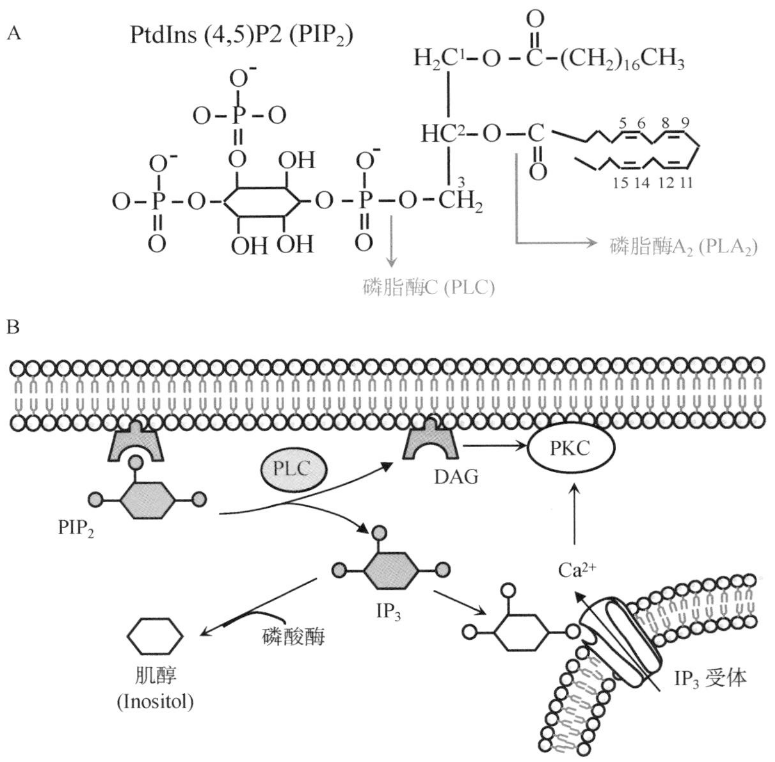

图 2-6-7 磷脂肌醇的结构和相关信号通路

A. 磷脂肌醇的结构及特异性磷脂酶的作用部位。磷脂肌醇由磷脂酸与肌醇通过磷酸二酯键形成。各种特异性的磷脂酶都有其特定的作用部位。B. 涉及 IP$_3$ 和 DAG 的第二信使通路

任何磷脂均不产生水解作用，因此又被称为肌醇磷脂特异的磷脂酶 C。迄今为止，在哺乳动物中已发现 10 种 PLC。所有 PLC 均为单肽链酶，分为 β、γ 和 δ 三种类型。PLC-γ 含有 Src 同源区域（Src homology domain）SH2 和 SH3。不同类型 PLC 独特的结构特征决定其特异的激活机制。PLC 的激活是受体引起的细胞跨膜信息传递中极普遍而重要的事件。除了谷氨酸受体外（图 2-6-5），激活 PLC 的受体还包括毒蕈型胆碱 M_1、M_2、M_3 受体，肾上腺素 α_1 受体，缓激肽 B_1、B_2 受体，P 物质 NK_1 受体，神经营养因子 TrkA、TrkB、TrkC 受体，细胞因子 IL-1、IL-6 受体等。PLC 的激活主要有以下三种机制：① G 蛋白 G_q 的 α 亚基介导 PLC-β 的激活（通过 mGluR、$M_{1\sim3}$ AchR、NK_1R 等受体）；②由 $G_{\beta\gamma}$ 二聚体介导的 PLC-β 的激活（通过 IL-8 等受体）；③生长因子受体酪氨酸激酶（RTK）介导 PLC-γ 的激活：NGF、BDNF、EGF 及 FGF 等生长因子受体具备内在 RTK 活性，其胞内区酪氨酸磷酸化位点与 PLC-γ 的 SH2 区特异性作用，使 PLC-γ 被磷酸化而激活。除 G 蛋白外，Ca^{2+}、pH、脂质环境也可影响 PLC 的活性。新霉素、庆大霉素对 PLC 有抑制作用。

目前认为 IP_3 主要作用于内质网上 Ca^{2+} 通道偶联的 IP_3 受体。IP_3 受体的序列同源性及三级结构与负责肌浆网钙动员的 ryanodine 受体类似。两者均为结构庞大的四聚体 Ca^{2+} 通道，并享有许多共同的调节因子和与质膜钙通道的通讯联系。当 IP_3 结合到其特异性受体后，打开钙通道（3 个 IP_3 打开一个钙通道），使 Ca^{2+} 从内质网中进入胞浆。K^+ 是 IP_3 引起 Ca^{2+} 释放所必需的。IP_3 受体介导钙动员的最初反应，是引起短暂的胞内钙储池释放 Ca^{2+}，随后是由内钙释放诱导的、作用较长的外钙内流。IP_3 通过这种钙动员作用，导致胞内 Ca^{2+} 的升高；Ca^{2+} 进一步激活 Ca^{2+}/CaM 依赖的蛋白激酶，引起特异的蛋白质磷酸化而介导细胞效应。

PIP_2 的另一代谢产物 DAG 特异地激活 PKC，使效应蛋白磷酸化而发挥生理功能。一般认为，IP_3/Ca^{2+} 和 DAG 两个反应系统共同调节着 PKC 的活化和失活。DAG 和 IP_3 相伴而生，分别作为第二信使，构成两条独立的信号传递通路，故称为"分叉信号通路"。但是这两条通路既可单独作用又可协同作用。

值得一提的是，大多数引起肌醇磷脂降解水解的激动剂亦能激活磷脂酶 A_2（PLA_2）（图 2-6-7A），其水解磷脂的产物是花生四烯酸（arachidonic acid）。花生四烯酸的代谢产物可以进一步作为信使。尤其重要的是花生四烯酸通过 cyclooxygenase（COX）酶解可以产生前列腺素（prostglandin，PG）。前列腺素 E_2（PGE_2）参与炎症的产生，并可刺激外周神经元末梢引起痛觉敏感。许多常用的抗炎镇痛药都作用于 COX 酶，如阿司匹林（Aspirin）、indomethacin。COX 酶主要分为两种：COX1 和 COX2，其中 COX2 的表达可以被炎症等刺激所诱导。新型的抗炎镇痛药可以特异性地阻断 COX2 的功能，从而避免抑制 COX1 产生的肠胃道不良反应（如胃溃疡）。

三、胞内 Ca^{2+} 作为第二信使

最早发现 Ca^{2+} 的信使作用是作为一种偶联因子，在肌肉组织的兴奋-收缩及腺体的刺激-分泌中起偶联作用。随后的研究发现 Ca^{2+} 广泛地参与了体内多种生理效应的调节，尤其是在 IP_3/Ca^{2+} 和 DAG/PKC 第二信使系统中具有特殊地位。Ca^{2+} 和 IP_3、DAG 一起可以被看作第二信使联合体。从现有的资料不难看出，Ca^{2+} 已经成为神经元内最重要的信使。几乎所有神经元的功能，直接或间接地受到 Ca^{2+} 调节。在所有的情况下，信息是通过短暂的胞浆内 Ca^{2+} 增加，激活各种钙结合蛋白而得以传递。

Ca^{2+} 的细胞生物学功能在很大程度上是建立在细胞内外 Ca^{2+} 的不平衡分布上。胞外液（如脑脊液和血液）中 Ca^{2+} 的浓度为几个 mM 水平，而胞浆内游离 Ca^{2+} 浓度仅为 0.05 ～ 0.1 μM。内质网、肌浆网以及线粒体都具有聚集 Ca^{2+} 的能力，其中 Ca^{2+} 的浓度类似胞外 Ca^{2+} 浓度，相当于胞内 Ca^{2+} 浓度的 10 000 倍，为胞浆内 Ca^{2+} 参与多种生理功能提供了取之不竭的源泉。正是这种明显的浓度差，成为 Ca^{2+} 发挥第二信使作用的生理基础。因而，$[Ca^{2+}]_i$ 的测定是生物技术的一个重要的部分。目前不但可以用 Ca^{2+} 荧光显示剂 Quin-2、Fura-2、Indo-1、Fluo-3 等精确、灵敏地测定单个细胞 $[Ca^{2+}]_i$ 水平的变化，也可以用基因编码的钙离子指示剂 GCaMP3、GCaMP6 等在体大规模记录神经元的活动，这无疑有助于人们对 Ca^{2+} 的重要生理作用机制和神经系统功能进行更深入的研究。

维持胞内外 Ca^{2+} 浓度梯度主要依靠两个分子：一个是钙泵（ATPase），还有一个是 Na^+/Ca^{2+} 交换器（exchanger）。Ca^{2+} 通过一个或多个 Ca^{2+} 通透的

离子通道可顺着浓度梯度进入胞浆作为胞内信使。这些通道是位于质膜上的电压或配体门控的 Ca^{2+} 通道。此外，其他离子通道可以让 Ca^{2+} 从内质网释放，包括 IP_3 受体和 ryanodine 受体。这些胞内 Ca^{2+} 离子通道是受胞内信使门控的。另一方面，Ca^{2+} 可反馈调节 IP_3 的产生。细胞外 Ca^{2+} 内流所诱发的胞内储 Ca^{2+} 释放机制，在传递和放大外来信号中所起的重要性也日益受到重视。胞外信号刺激而产生的胞内 Ca^{2+} 信号并不是恒定的，而是呈现重复的峰状变化（spikes）。这种 Ca^{2+} 峰在传导神经冲动诱导的突触后细胞内信号过程中起重要作用。

Ca^{2+} 的效应多数是通过几种钙结合蛋白或某些受 Ca^{2+} 调节的酶或蛋白，如 PKC、磷脂酶、肌动蛋白和离子通道蛋白来介导。研究的最多的是钙调蛋白（CaM）。几乎所有真核细胞都含有 CaM，它在神经组织中含量较高。CaM 内部有 4 个结构相似的 Ca^{2+} 结合位点，Ca^{2+} 与之结合后使其构象发生改变，易于和各种酶及蛋白结合从而修饰它们的活性。现在认为 CaM 是细胞内的 Ca^{2+} 受体，Ca^{2+} 是以 CaM-Ca^{2+} 复合物方式启动靶酶而引起生理效应。$[Ca^{2+}]_i$ 的微小变化即能引起 CaM 活性的改变：Ca^{2+} 浓度改变会使 CaM 发生构象的改变，形成不同的构型，从而识别不同的酶系统，引起不同的生物效应。例如，低浓度 Ca^{2+} 通过 CaM 激活 AC，而高浓度 Ca^{2+} 则通过 CaM 抑制 AC 同时激活 PDE，从而调控 cAMP 和 cGMP 的浓度。一些受 CaM 调节的酶类，如 PDE、PKC、NOS、Ca^{2+}/Mg^{2+}-ATP 酶都有一相同的抑制亚单位，此亚单位与 CaM 和 Ca^{2+} 形成三元复合物，使酶蛋白处于激活状态。

第四节　蛋白激酶和磷酸酶作为第二信使的最后靶分子

大约在 50 年前，蛋白质磷酸化就被认为是糖原代谢的一个调节机制。但很多年以后，磷酸化的重要意义才得到认识。现认为第二信使是通过调节胞内蛋白的磷酸化状态而影响神经元的功能。大量胞外信息通过对靶细胞中蛋白质磷酸化的特异调节而产生各种各样的细胞效应。因此，蛋白质磷酸化作用是生物调节最基本和最重要的公共通路（图 2-6-8）。

脑组织具有活跃的蛋白磷酸化活动。蛋白质磷酸化系统由蛋白激酶、蛋白磷酸酶和它们相应的底物蛋白组成。蛋白激酶催化底物从脱磷酸转变为磷酸化，蛋白磷酸酶则使磷酸化蛋白变回脱磷酸状态。所有蛋白激酶都催化 ATP 的 γ 磷酸基团转移至相应底物氨基酸残基的羟基部位上（图 2-6-8）。第一类蛋白激酶以底物蛋白的丝氨酸或苏氨酸残基为磷酸化部位，被称为丝/苏氨酸蛋白激酶；第二类为蛋白酪氨酸激酶，它仅磷酸化底物的酪氨酸残基。蛋白磷酸酶则催化磷脂键的裂解。

一、蛋白激酶

早在 1932 年，Lipnamm 和 Levene 就证实了蛋白质肽链中的丝氨酸和苏氨酸残基可以共价键的方式与磷酸结合，具有调控细胞活动的意义。继 cAMP-第二信使概念提出后，Krebs 发现了 cAMP 依赖的蛋白激酶系统在信号转导中的作用。Greengard 又于

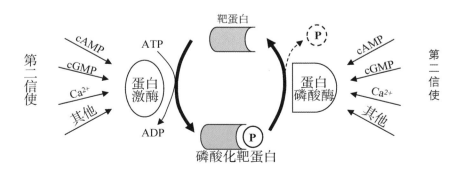

图 2-6-8　磷酸化对细胞蛋白的调节

蛋白激酶将 ATP 上的磷酸基团转移到底物蛋白的丝氨酸、苏氨酸或酪氨酸残基上。这种磷酸化可逆性地改变细胞的结构和功能，而磷酸酶则可去除磷酸基团。蛋白激酶和磷酸酶均受到各种胞内第二信使调节

1970 年证明了 cGMP 依赖的蛋白激酶系统的存在。继而日本神户大学的西泰美报道了蛋白激酶 C 的作用。之后人们又发现了钙调蛋白与 Ca²⁺ 依赖的蛋白激酶系统。各种蛋白激酶在细胞结构中的分布以及底物特异性都具有很大的差异。经典的蛋白激酶均以激活物命名，如受 cAMP、cGMP、Ca²⁺ 和 DAG 激活的蛋白激酶。在一些特定神经元内注射 cAMP、cGMP、Ca²⁺/CaM、Ca²⁺/DAG 依赖的蛋白激酶，可模拟某些已知神经递质的生理效应。而特异的激酶抑制剂则抑制此种效应。由此证明，蛋白激酶活化是第二信使产生特异效应的一个必要的步骤。

现已知人类基因组中共有 518 个基因编码蛋白激酶，占人类基因总数的 1.7%。这些蛋白激酶可以互相影响，几乎调节细胞功能的每一个方面。尤其是有丝分裂原蛋白激酶（MAPK），可以和所有主要的蛋白激酶系统发生对话（cross-talk）。下面介绍一些主要的蛋白激酶系统，重点介绍非受体酪氨酸激酶和有丝分裂激酶。

（一）cAMP 和 cGMP 依赖的蛋白激酶 A 和 G

蛋白激酶 A（protein kinase A，PKA）在脑内存在两种亚型：PKA-I 和 PKA-II。在没有 cAMP 的情况下，PKA 为四聚体，包括两个调节亚基和两个催化亚基。该酶被激活时，cAMP 结合到调节亚基，引起催化亚基的释放而发挥催化作用（图 2-6-9A）。该酶有较广泛的底物特异性，可使许多蛋白的丝氨酸或苏氨酸残基磷酸化。虽然 PKA 的催化亚基和许多其他蛋白激酶的催化亚基很相似，其调节亚基上不同的氨基酸仍可使 PKA 和多种不同的蛋白结合。

蛋白激酶 G（protein kinase G，PKG）有两个相同的亚基，每个亚基上都具有 cGMP 结合位点和催化单位。cGMP 与酶结合后激活全酶，其过程不伴亚基的游离。该酶在脑中的分布及底物的特异性极其有限。受 PKG 催化的底物有 cAMP 特异的 PDE、G 激酶、Ca²⁺-ATP 酶。

（二）Ca²⁺ 和钙调蛋白依赖的蛋白激酶

Ca²⁺ 和钙调蛋白（CaM）结合可调节蛋白质的磷酸化和脱磷酸化。在神经元内含量最高的 Ca²⁺ 和钙调蛋白依赖的蛋白激酶（Ca²⁺ and calmodulin-dependent kinase，CaMK）是 CaMK-II。CaMK-II 是一个多功能的丝/苏氨酸蛋白激酶。CaMK-II 在脑内含有 α 和 β 两种类型，各自含有调节亚基和催化亚基。类似 PKA 和 PKC 的激活，Ca²⁺ 和钙调蛋白的结合使 CaMK-II 的催化亚基暴露出来，从而磷酸

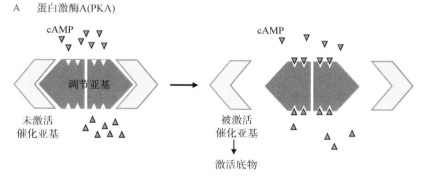
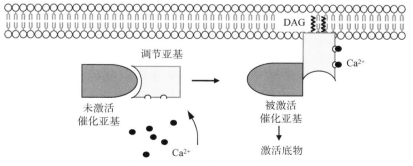

图 2-6-9 PKA 和 PKC 的激活

蛋白激酶含有催化亚基，负责转移磷酸基团到底物蛋白。由于存在自身抑制区域，这些催化亚基一般处于被抑制状态。当第二信使（cAMP、Ca²⁺、DAG）和调节亚基结合后，覆盖于催化亚基上的自身抑制区被移走，从而使催化亚基被激活

化大量的底物蛋白。CaMK-Ⅱ在调节神经元的可塑性变化过程中起关键作用。例如，CaMK-Ⅱ可磷酸化谷氨酸 AMPA 受体 GluR1 亚型，从而提高该受体的活性，增强兴奋性突触的传递，成为学习记忆的分子基础。和 CaMK-Ⅱ的分布完全不同，CaMK-Ⅳ主要分布于神经元的细胞核内，参与调节神经元的基因表达。

（三）蛋白激酶 C

PKC 是一类由 Ca^{2+} 与磷脂一起激活的蛋白激酶。由于 PKC 的发现，阐明了 DAG 的第二信使功能，DAG 可促进 PKC 与 Ca^{2+} 和磷脂的亲和力，使该激酶在 Ca^{2+} 的生理浓度下即可被激活。PKC 具有广泛的底物特异性，对细胞内的多种功能进行调控。PKC 为单体蛋白多肽链，继最初发现的"经典"的 4 种 PKC 亚型（α，$β_Ⅰ$，$β_Ⅱ$ 和 γ）之后，迄今已发现 12 种亚型。其中 PKC-γ 为脑 / 脊髓组织所特有。PKC 含有一个调节活性的疏水区及一个催化活性的亲水区，调节单位具有 DAG、磷脂和 Ca^{2+} 的结合部位（图 2-6-9B）。根据顺序的相似性及激活的模式，PKC 家族可以分为三类。经典的（conventional）PKC 亚型均可被磷脂，尤其是 phosphatidylserine（PS），以及 DAG 和 Ca^{2+} 所激活。新型的（novel）PKC 亚型需要磷脂和 DAG 来激活。非典型（atypical）PKC 亚型仅被磷脂所激活。PKC 可引起多种蛋白分子中的丝氨酸或苏氨酸残基磷酸化。

肿瘤促进剂佛波醇酯（phorbol ester）是常用的 PKC 激动剂。虽然磷脂酶 C 激活后水解 PI 生成 DAG 被公认是激活 PKC 的经典途径，磷脂酶 D（PLD）在 PKC 激活中也起重要作用。肌醇磷脂外的其他磷脂，特别是磷脂酰胆碱（PS）的水解，能够在细胞效应的晚期释放出 DAG，继续激活 PKC。PKC 可通过磷酸化调节多种谷氨酸受体和离子通道的功能。

（四）非受体酪氨酸激酶

除经典的蛋白激酶外，还存在一些不需要第二信使介导的蛋白激酶，具代表性的有酪氨酸蛋白激酶（protein tyrosine kinase，PTK）。脑中含有较高的 PTK 活性和内源性底物，对于神经元的生长、存活和分化具有重要的调控作用。

目前已经发现的胞浆 PTK 有 9 个家族，其划分是根据分子内的催化结构区的相似性以及其他功能结构区的存在与否而来。非受体酪氨酸激酶 **Src** 是目前所有胞浆 PTK 中结构功能了解的最为清楚的一个。v-Src 是第一个从分子水平上被阐明的原癌基因，是罗氏肉瘤病毒（Rou's sarcoma virus）的转化基因产物。Src 家族有 9 个成员（Src，Fyn，Yes，Fgr，Lyn，Hck，Lck，Blk 和 Yrk），它们具有共同的结构特征，从氨基（N）端到羧基（C）端的顺序为：①一段短的 N 端膜结合（anchor）序列或 SH4 结构区。在这一序列中有两个酰化位点，可以发生两种转酰基反应，其作用是将激酶结合于质膜，这一作用是激酶激活的前提。②一段低保守的独特序列。③一段约 50 个残基的 SH3（Src homologue 3）结构区，可与富含脯氨酸的序列发生特异结合。④一段约 100 个残基的 SH2（Src homologue 2）结构区，能特异地与磷酸化酪氨酸结合。SH2 与 SH3 在信号转导中具有极为重要的作用。这是因为，许多信号分子不仅含有 SH2 和 SH3 结构区，并且含有能与 SH2 和（或）SH3 相结合的区域。⑤一段约 250 个残基的 PTK 催化序列（激酶区）。该序列高度保守，但却决定其底物的特异性，决定被 PTK 磷酸化的蛋白质类型。⑥一段 15～17 个残基的 C 末端尾巴，含有一个酪氨酸位点（Tyr527），该位点在各种不同的 PTK 中的相对位置是恒定的，其磷酸化对激酶活性起抑制作用，可以抑制 Src 活性达 98% 以上。Tyr527 在基础状态下具有较高的磷酸化程度，用以控制 Src 活性，以免活性过高导致功能失调而引起转化。

Src 对突触的可塑性变化具有重要的调控作用。例如 Src 可使谷氨酸 NMDA 受体的 NR2B 亚基磷酸化，从而提高该受体的活性和突触传递的效率。通过这一分子机制，Src 可参与调节学习记忆和痛觉敏感。

（五）有丝分裂原激活的蛋白激酶（MAPK）及其信号转导通路

MAPK 也是一类不直接被第二信使激活的丝 / 苏氨酸蛋白激酶。MAPK 最初仅被认为与细胞生长有关，但随后的研究显示 MAPK 在调节胞内各种信号转导过程中起着至关重要的作用。MAPK 在正常情况下处于非激活状态，但可以被其他激酶磷酸化而激活。MAPK 家族主要有三个成员：ERK（extracellular singal-regulated kinase，细胞外信号调节的激酶）、p38 和 JNK（c-Jun N-terminal kinase）。这三个 MAPK 代表三条独立的信号通路。ERK 是

发现最早也是研究最多的家族成员，包括 ERK1
（p44 MAPK）和 ERK2（p42 MAPK）。MAPK 最
初的命名与 ERK 有关。由图 2-6-10 可见，MAPK
由 MAPK 激酶（MAPKK，又称 MEK）激活，而
MEK 由 MAPK 激酶的激酶（MAPKKK，如 Raf）
所激活。而 Raf 则由小 G 蛋白激活。Ras-Raf-MEK-
ERK 是研究最清楚的一条 MAPK 通路。已知 ERK
通路参与调节神经系统的可塑性，而 p38 和 JNK 通
路参与调节神经系统损伤后的反应，例如应激反应
和神经元的凋亡，以及胶质细胞在损伤和应激后的
反应。

1. Ras/MAPK 通路的激活　多种刺激可通过鸟
苷酸交换因子（GEF）Sos 的交换作用激活 Ras，其
中受体酪氨酸激酶（RTK）激活 Ras 是研究最多的
途径。RTK 激活后，其磷酸化的酪氨酸能召集接合
蛋白 Shc，Shc 再通过其 SH 结构区吸引结合另一种
接合蛋白 Grb2，Grb2 也能与 RTK 的磷酸化酪氨酸
结合。此时的 Grb2 能将 GEF Sos 吸引到质膜上并
与之结合，进而激活 Sos（图 2-6-11）。Sos 结合于
质膜对其激活既是必要的也是充分的。用分子手段
将 Sos 结合于质膜上，就能直接导致 Ras-MAPK 通
路的激活。

Raf-1 是 Ras 最主要的靶分子。Raf-1 是一种丝氨
酸 / 苏氨酸蛋白激酶，其氨基端直接与 Ras-GTP 相
互作用，这一作用能将 Raf-1 结合到质膜。Raf-1 的
效应器是 MEK，进一步激活 MAPK（ERK）。ERK
也有许多效应器，如核糖体 S6 激酶（p90RSK）、
$K_V4.2$ 钾离子通道、与细胞骨架有关的微管相关蛋
白、受体酪氨酸激酶、鸟苷酸交换因子和多种转录
因子如 Elk1、CREB、Fos 等。

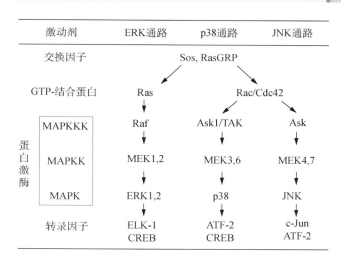

激动剂	ERK通路	p38通路	JNK通路
交换因子		Sos, RasGRP	
GTP-结合蛋白	Ras		Rac/Cdc42
MAPKKK	Raf	Ask1/TAK	Ask
MAPKK	MEK1,2	MEK3,6	MEK4,7
MAPK	ERK1,2	p38	JNK
转录因子	ELK-1 CREB	ATF-2 CREB	c-Jun ATF-2

（MAPKKK、MAPKK、MAPK 行左侧合并标注为"蛋白激酶"）

图 2-6-10　MAPK 家族（ERK、p38 和 JNK）的三条信号转导通路

有报道显示，去极化引起的钙内流能在大脑
皮质神经元上通过钙调蛋白激活 Ras/MAPK 通路，
Pyk2 和 Src 等酪氨酸激酶可能参与这一过程。由于
去极化刺激在神经系统中的普遍性，这一方式激活
Ras 在神经系统中具有重要功能意义。

**2. 中枢磷酸化 ERK（pERK）的诱导作为神经
元活性的标志物**　前面提过 MAPK 通路的激活是
由磷酸化来实现的。磷酸化 ERK（phosphorylated
ERK，pERK）抗体可特异性地辨认 ERK 上的两个
磷酸化位点（Thr202/Tyr204）。这两个位点的磷酸
化对 ERK 的活性是必需的。于大鼠脚掌注射辣椒
素（capsaicin）可刺激 C 类纤维，激活伤害性感受
器产生强烈的烧伤痛（burning pain）。辣椒素可进
一步诱导 pERK 在脊髓的表达。这一磷酸化过程在
数分钟内即可实现。pERK 的诱导非常特异：仅出

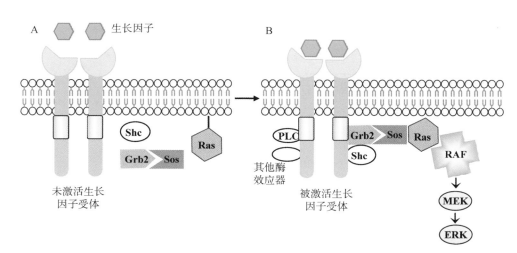

图 2-6-11　通过生长因子受体（酪氨酸蛋白激酶）激活 Ras/MAPK 信号转导通路
A. 未激活状态；B. 激活状态。生长因子受体除激活 Ras/MAPK 信号通路外，还可激活 PLC 通路和 PI3K 通路

现在伤害性纤维所支配的脊髓背角内侧神经元中。除了化学性伤害性刺激，温度和机械伤害性刺激亦可诱导 pERK。pERK 的诱导可被各种镇痛药（如吗啡）所抑制。重要的是 pERK 在背角神经元内的诱导对痛觉敏感的形成是必需的。

和原癌基因 c-Fos 的表达一样，pERK 的表达能在很大程度上反映神经元的活动情况，可用于示踪神经功能通路。这一方法具有以下优点：①基础水平低：反应迅速，灵敏度高；②分辨率高：可在单个细胞水平显示神经元的活动；③有较好的特异性：不同刺激诱导的表达具有不同的时空分布特征。与 c-Fos 相比，pERK 诱导的阈值似乎更高。

二、蛋白磷酸化酶

第二信使通过蛋白激酶催化底物磷酸化而发挥调节效应，而这种调节效应则可被蛋白磷酸化酶催化的脱磷酸反应而终止（图 2-6-12）。和蛋白激酶一样，蛋白磷酸化酶也可分为丝 / 苏氨酸磷酸化酶和酪氨酸磷酸化酶两大类。目前了解较多的蛋白磷酸化酶主要包括丝 / 苏氨酸磷酸化酶 PP-1（protein phosphatase-1）、PP-2A（protein phosphatase-2A）和 PP-2B（protein phosphatase-2B，也称 calcineurin）。总的来说，蛋白磷酸化酶对底物的特异性较低（与蛋白激酶相比）。PP-1 和 PP-2A 在药理学上较相似，均可被细胞膜通透的毒素 Okadaic acid 和 Calyculin A 所抑制。PP-2A 的底物包括多种蛋白激酶（PKA、PKC、CaMK-II、CaMK-IV、ERK 等）。PP-2B 在药理学上和 PP-1 及 PP-2A 不同，对它们的抑制剂不敏感，但免疫抑制剂 FK506 和 cyclosporin A 可抑制 PP-2B 的活性。

如蛋白激酶一样，磷酸化酶的活性也受到严格调控。PP-1 受到调节蛋白抑制因子 -I（inhibitior-1）的控制。抑制因子 -I 可结合磷酸化酶 PP-1 而抑制其活性。抑制因子 -I 只有被 PKA 磷酸化后才表现出活性（图 2-6-12）。因此，胞内 cAMP 含量升高不仅可以激活 PKA，同时可抑制 PP-1。这提供了一个正反馈调节来控制胞内的磷酸化程度。PP-1 的底物特异性较低，可使多种底物蛋白脱磷酸化，参与众多生理功能。例如 PP-1 可使 CaMK-II 脱磷酸化而失活，也可和 NMDA 受体 NR1 亚单位结合。

PP-2B 在神经元内含量很高。该酶被 Ca^{2+}/CaM 激活，进而使抑制因子 -I 脱磷酸化而失活（图 2-6-12）。在基底神经节的多巴能神经元内，多巴胺通过 D1 多巴受体激活 PKA，从而磷酸化抑制因子 -I（在这些细胞内又称为 DARPP-32），抑制神经元内 PP-1 的活性，提高神经元磷酸化水平。在这些细胞内激活 NMDA 受体引起的 Ca^{2+} 内流可激活 PP-2B，从而刺激磷酸化酶的活性。PP-2B 的底物还包括 IP_3 受体、Ryanodine 受体和突触蛋白 PSD-95 等。

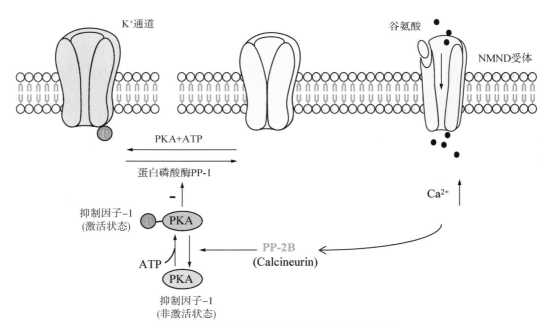

图 2-6-12　蛋白磷酸酶对神经元兴奋性的调节

磷酸化的强度和时程可被磷酸酶抑制因子 -I 调控。PKA 通过磷酸化抑制因子 -I 可抑制磷酸酶 PP-1 的活性。抑制因子 -I 的磷酸化程度则受磷酸酶 PP-2B 调节。激活谷氨酸 NMDA 受体引起 Ca^{2+} 内流，激活 PP-2B，通过抑制因子 -I 激活 PP-1，进而开放钾通道

第五节　信息传导系统之间的相互调节

我们已经介绍了大多数目前已知的受体、效应器以及细胞内重要的信使物质。现已知与 G 蛋白偶联的受体仅在哺乳动物中即已超过几百种，其中包括各种受体的亚型。同一递质不同亚型的受体通常与不同的第二信使通路偶联，或者调节不同种类的离子通道。事实上，某种受体亚型可能与若干不同的效应器偶联，而若干不同种受体又可能影响同一效应器。除了受体的多型性之外，近年来的研究表明效应器也是有多型性的，例如目前已确定了多种腺苷酸环化酶、蛋白酶 C、磷脂酶 C 和多种磷脂酶 A_2。此外，GPCR 所调节的离子通道也存在不同亚型。因此可以想见，如此众多种类的受体与效应器之间在特定情况下的正确交联与相互作用是多么复杂。要产生协调一致的整体作用，在更大程度上有赖于整合交联机理。

但我们也可以看出，细胞外的信号物质数目种类远远超过已知的细胞内信使物质。多种细胞外信号物质必然共用有限的效应体系和细胞内信使物质发挥作用。因此，多种递质、激素及调节物质作用于同一细胞的情况，就可以部分地归结为有限的几种细胞内信使物质之间的相互作用。信号系统之间的相互作用发生在各个不同的水平。除了细胞内信使物质的相互作用之外，还发生在受体 -G 蛋白偶联的水平、受体水平、乃至细胞外信使水平。设想某细胞受到特定作用之后，必然会影响它的递质、调质，或激素的分泌，这又反过来影响其他细胞分泌的水平，发生更为复杂的变化。而蛋白磷酸化是信使系统相互作用的基础。

cAMP、cGMP 和包括 DAG、IP3、Ca^{2+} 的第二信使联合体除了参与多种细胞活动的调节过程，它们彼此还密切联系，相互作用和制约，共同将胞外信号精确地传递并逐级放大，发挥生理效应。Ca^{2+}-CaM 是细胞内 Ca^{2+} 信息通路和 IP_3、DAG 系统中的重要组分，而 Ca^{2+}-CaM 还能在不同的细胞中抑制或活化 AC，以改变 cAMP 的浓度；相反，胞内 cAMP 则通过影响电压控制的 Ca^{2+} 通道促进 Ca^{2+} 跨膜内流，激活膜上 Ca^{2+} 泵和 Na^+ 泵，促进 Ca^{2+} 外流和内质网摄取 Ca^{2+}，从而调节胞内 Ca^{2+} 浓度。

cAMP 和 G 蛋白对 MAPK 通路的调节

多年以来细胞生物学家就已发现 cAMP 能影响细胞的生长，但一直不明了其发生的机理。在 PC12 细胞系和神经细胞中，cAMP 水平增高能导致 ERK 通路的激活（图 2-6-13）。cAMP 可通过 PKA 激活 ERK。需要指出的是，cAMP 的作用不都经过 PKA。现已知 cAMP 可通过激活 Epac 进一步激活 ERK 通路（图 2-6-13）。

传统观点认为，G 蛋白介导的信息传递系统和受体酪氨酸激酶（RTK）系统，在构成和功能上都相互独立。但近年来的研究发现，G 蛋白通过激活 Ras、MAPK 或 PI3K，将两个系统有机地联系在一起。生理情况下，细胞内 cAMP 的水平主要受 G 蛋白调节。如 G_s 可以直接刺激 AC 的活性而升高 cAMP 水平，而 G_i 的作用则与 G_s 相反，因而 G_s 和 G_i 对 ERK 的调节似乎应与 cAMP 的调节相吻合。但实际上并不这么简单，因为 RTK/Ras/Raf/ERK 通路的每个环节都可能受 G 蛋白信号的调节。例如，血栓素和 LPA 可作用于 G_i 而引起百日咳毒素敏感的 Ras 激活，M_2 受体激动剂卡巴可也通过 G_i 引起 Ras 依赖的 Raf-1 激活。在这两种情况下，G_i 对 Ras/Raf-1 的激活是由 $G_{\beta\gamma}$ 介导的，单独表达 $G_{\beta\gamma}$ 也可达到同样的效应，因而与细胞内 cAMP 水平无关。

RTK 主要激活三条信号通路：除 MAPK 通路外，还可激活 PLC 通路和肌醇磷脂 3 激酶（PI3K）

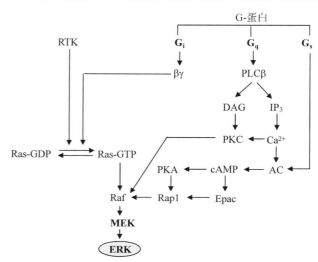

图 2-6-13　信号通路间的相互作用：各种 G- 蛋白和 cAMP/PKA 对 MAPK 通路的调节模式图

通路。PI3K 由调节亚单位 P85 和催化亚单位 P110 组成，其产物三磷酸肌醇磷脂，与细胞生长和存活密切相关。$G_{\beta\gamma}$ 活化除了激活 MAPK 通路外，还能激活 PI3K 通路。$G_{\beta\gamma}$ 敏感的 PI3K 与传统的 RTK 激活的 PI3K 不同，特异性 PI3K 强抑制剂 Wortmanin 对 $G_{\beta\gamma}$ 敏感的 PI3K 抑制作用很弱。$G_{\beta\gamma}$ 敏感的 PI3K 被认为是 $PI3K_\gamma$。

G_q 对 ERK 的调节也很复杂。在表达 M_1 受体（与 G_q 偶联）的 COS-7 细胞中，卡巴可激活 ERK，该作用依赖于 Ras。但是，在 COS-7 细胞中过量表达有活性的 G_q 或 PLC-β2，或用 PKC 激动剂 TPA 处理 COS-7 细胞，也能激活 ERK，提示 G_q 的作用可能是通过 PKC 介导。直接将 cAMP 类似物或 PKA 激动剂 forskolin 加入 COS-7 细胞，也能激活 ERK，提示 G_q 偶联的 M_1 受体也可能通过升高 cAMP 的水平而激活 ERK（图 2-6-13）。

通过 G- 蛋白激活 MAPK 通路的另外一个途径被称为 "transactivation"（图 2-6-14）。激活卡巴可和血栓素的受体可导致 EGF 样生长因子从膜结合的形式释放，然后通过旁分泌或自分泌的方式刺激 EGF 受体（RTK），从而激活 MAPK 通路。这种交换过程是通过 Src 或 PKC 等分子激活金属蛋白酶（matrix metalloprotease）来实现的。金属蛋白酶可切割未激活的生长因子前体（Pro HB-EGF）（图 2-6-14）。这样，第一个配体可诱导毫不相干的第二个配体的产生，从而激发第二配体的信号传导通路。这种 transactivation 的调节方式可使细胞整合多样化的刺激。这一机制有助于解释前列腺癌的产生，因为前列腺素可通过 MAPK 通路致癌，而 COX-2 抑制剂也许可通过抑制前列腺素产生而调控前列腺癌。Transactivation 的方式在调节神经元的信号转导过程中也起到重要作用。

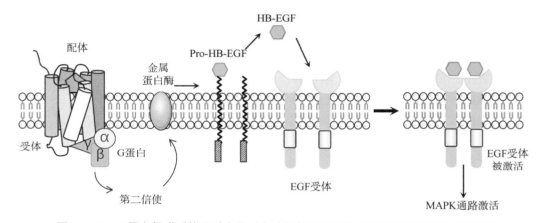

图 2-6-14　G 蛋白偶联受体通过金属蛋白酶切割激活受体酪氨酸激酶和 MAPK 通路

第六节　细胞核内的信号转导

第二信使通过促进合成新的 mRNA 和蛋白质使神经元功能产生长时程变化。基因的诱导表达是由转录因子激活的，因而转录因子是细胞外信号转导的最后一站。通过转录产生新的蛋白至少需要数十分钟，如即刻 - 早期基因（immediate-early gene，IEG）蛋白（c-Fos 等）的合成。但一般的新蛋白合成需要数小时至几十个小时。因此这种转录引起的反应比离子移动或磷酸化引起的反应慢得多（差几个数量级）。在某些情况下，这种基因反应，如引起神经元分化的反应，可永久改变一个神经元。

转录因子是能与特定的 DNA 序列或位点结合而启动基因表达的核蛋白质，共有三类。第一类是预先存在于核内的蛋白质，在信号到来时被蛋白激酶磷酸化后直接发生转录激活作用，如 CREB、ELK、ATF 等。第二类是在受刺激后能迅速表达，然后被磷酸化，进入核内激活转录。这一类主要是即刻早期基因的产物，如 Fos、Jun、Zif268 等，有人将这一类称为核内第三信使。第三类是配体激活（ligand-activated）的转录因子，它们是激素的核受体，与激素结合后发生构象改变而被激活。近年来的研究表明，基因的表达受到表观遗传调控，包括组蛋白修饰、DNA 甲基化、非编码 RNA 的调节。下面重点讨论转录因子 CREB 和 c-Fos 以及组蛋白修饰和 DNA 甲基化对基因表达的调控。

一、CREB 在调节神经元基因表达过程中起重要作用

cAMP 反应元件结合蛋白（cAMP response element binding protein，CREB）是一个几乎分布于所有神经细胞的重要转录因子。CREB 通常结合在其特异的 DNA 位点（CRE：TGACGTCA）上。在没有刺激的情况下，CREB 处于非磷酸化状态。但是 CREB 可在丝氨酸 133 位点被磷酸化而激活。已知在多种情况下，例如神经递质和生长因子的刺激及神经元去极化等，均可诱导 CREB 磷酸化（pCREB）。多条信号传导通路参与 CREB 磷酸化（图 2-6-15）。PKA 被激活后可进入细胞核激活 CREB。CREB 也可被胞内钙浓度升高而磷酸化，在这种情况下，CRE 又被称作 CaRE（calcium response element）。钙依赖的 CREB 磷酸化主要是由钙调蛋白激酶-Ⅳ（CaMK-Ⅳ）调控的，因为该激酶分布于细胞核内。ERK 通过一个 CREB 激酶 RSK2 可诱导 CREB 磷酸化。重要的是，cAMP 和钙离子浓度升高及 PKA 同样可激活 ERK 通路（图 2-6-15）。磷酸化的 CREB 可形成二聚体。CREB 诱导基因转录还需要 CREB 结合蛋白 CBP（CREB binding protein）共同参与。

神经元的多种基因表达受到 CREB 调控，这些基因的启动子区（promoter）含有 CRE 元件。这些基因包括即刻早期基因 c-fos 和 zif-268，神

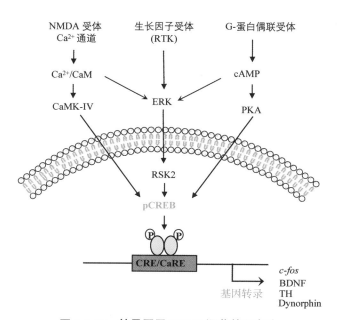

图 2-6-15　转录因子 CREB 调节基因表达
多条信号通路，如 CaMK-Ⅳ、PKA 和 MAPK 通路，可引起 CREB 磷酸化，从而诱导许多基因的表达而维持神经元的长时程可塑性变化

经营养因子 BDNF 及其受体 TrkB 基因，合成儿茶酚胺神经递质的关键酶酪氨酸羟化酶（tyrosine hydroxylase，TH）基因，调控神经元凋亡的 Bcl-2 基因以及多种神经肽基因。因此，CREB 不仅可调节神经元的生长和存活，还可调节神经元的长时程可塑性变化，例如神经活性依赖的突触形成、学习和记忆、药物成瘾和慢性疼痛。ERK/CREB 通路在调节脊髓产生的疼痛和海马诱导的记忆过程中有类似的作用。

值得一提的是上述信号通路，尤其是 MAPK 通路，不仅可激活 CREB，还可激活其他转录因子，如 ELK-1、ATF-2、c-Jun 等。

二、C-fos 作为即刻早期基因调控迟反应基因的表达

即刻早期基因（immediate early gene）c-fos 在未刺激的情况下基础表达较低，但刺激后可在数十分钟至数小时内迅速表达（转录是短暂的，只有几十分钟至几小时）。成熟的蛋白质（Fos）一经合成就进入核内，因而很难在胞浆内检测到。已经发现的即刻早期基因有 c-fos 和 c-jun 家族、egr 家族和 myc 家族，其中 Fos 和 Jun 是首先被鉴定的核内第三信使，也是研究得比较清楚的转录因子。Fos 和 Jun 都属于碱性亮氨酸拉链（basic-zipper，bZip）蛋白，其共同结构特点是都含有一个碱性区和与之相邻的亮氨酸拉链区。Fos 与 Jun 可形成异源二聚体，与它们结合的 DNA 启动子区特殊位点称为 AP-1 位点。作为神经元的核内第三信使，AP-1 调节的神经系统靶基因包括强啡肽和神经降压素、酪氨酸羟化酶、神经生长因子和加压素等。相对于即刻早期基因，这些基因又被称为迟反应基因（late response gene）。

在 c-fos 基因的启动子区，有三个特别的调节序列，分别称为 sis 诱导元件（sis-inducible element，SIE）、血清反应元件（serum-responsive element，SRE）和前面提到的 CRE/CaRE cAMP/Ca^{2+} 反应元件。c-fos 基因又被称为原癌基因，是一类广泛存在于原核细胞和真核细胞基因组内的高度保守基因，由于它们可被反转录病毒转导后变成有致癌活性的病毒癌基因而得名。不同的刺激通过不同的信号转导通路作用于不同的调节序列而诱导 c-fos 的表达。各种第二信使通路（cAMP、Ca^{2+}、DAG-PKC 等）的激活均可引起 c-fos 表达。c-fos 已被作为神经系

统研究基因调控的一个典范，是神经科学领域研究最广泛的基因。c-Fos 蛋白的表达也已被作为显示神经元活动和神经功能通路的常用标志物。国内 20 世纪 90 年代初就开始用 Fos 表达来研究神经通路的功能，阐述了针刺过程中镇痛通路的激活。

三、表观遗传修饰对基因表达的调节

神经系统发育和发挥功能时需要调节大量特定的基因集的表达，表观遗传调控则通过控制基因表达在神经系统的多种生理和病理过程中发挥重要作用。最近研究表明，组蛋白修饰和 DNA 甲基化受神经元活动和神经递质和调质信号的调控。

（一）神经细胞活动和信号转导影响组蛋白修饰

组蛋白可发生多种修饰，主要包括乙酰化、巴豆酰化、甲基化、磷酸化和泛素化。所有组蛋白氨基端的赖氨酸残基都可能被乙酰化。乙酰化造成赖氨酸的正电荷被去除，导致带负电的 DNA 和邻近核小体之间的静电接触减少，染色质变松散，因此 DNA 变得更容易接近，从而促进转录。组蛋白的甲基化修饰可以导致转录抑制或激活，这取决于组蛋白中哪些氨基酸发生了甲基化。例如，组蛋白 H3 在赖氨酸 4（trimethylation of histone H3 at lysine 4，H3K4me3）上的三甲基化是一个促进基因转录

的修饰，而其他的甲基化如 H3K9me2、H3K9me3、H3K27me2、H3K27me3 和 H4K20me3 与转录抑制有关。巴豆酰化修饰发生在赖氨酸残基上，它是活跃启动子的标志，并对转录抑制子产生抵抗作用。组蛋白也受到磷酸化作用的影响，它参与乙酰化、甲基化或巴豆酰化修饰过程的调节。

神经活动会诱导 CCAAT 盒结合蛋白（CCAAT-box binding protein，CBP）、CREB 和神经元 PAS 结构域蛋白 4（neuronal PAS domain protein 4，NPAS4）的募集，从而促进突触活动相关基因的转录增强。神经元中 CREB 与 CRE 元件结合依赖于启动子区组蛋白乙酰化修饰程度的影响（图 2-6-16A）。神经元钙信号和 NO 信号能够调节组蛋白乙酰化修饰状态。除了乙酰化，突触活性还通过诱导组蛋白的其他修饰影响基因表达。例如，H3K4me3 修饰在条件恐惧模型大鼠造模一小时后的海马中上调。最近，组蛋白 H3 磷酸化也在许多不同类型神经元细胞中被检测到，并对多个信号通路作出反应。例如，在海马中，ERK 和 MSK（丝裂原和压力激活激酶）通路都会导致神经元组蛋白 H3 磷酸化，还发现由突触活动引起的组蛋白 H3 磷酸化与核结构的改变有关。

神经元的突触活动能够影响组蛋白乙酰化修饰酶的分布。在神经元中，组蛋白乙酰化酶（histone acetylases，HAT）和组蛋白去乙酰化酶（histone deacetylase，HDAC）是最具特征的染色质修饰酶。

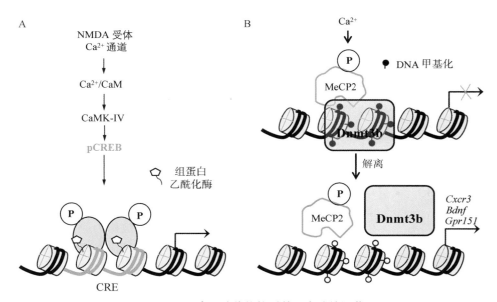

图 2-6-16　表观遗传修饰对基因表达的调节

A. 组蛋白乙酰化修饰。CRE 元件附近核小体组蛋白乙酰化增强，促进了 CREB 与基因启动子的结合。B. DNA 甲基化修饰。神经元钙信号和兴奋性变化会促进 DNMT3b 表达下调，进而与基因组解离，促进 Gpr151、Cxcr3 基因启动子区发生 DNA 去甲基化；神经元钙信号还可以促进 MeCP2 第 421 位丝氨酸的磷酸化，使其与 Bdnf 基因启动子区解离，促进转录

Ⅱ类 HDAC 可以在细胞核内穿梭，这种穿梭可以通过细胞外的信号来调节。例如，在海马神经元中 HDAC4 的核输出由自发电活动诱导，而 HDAC5 的输出依赖于 NMDA 受体激活介导的钙离子内流。

（二）神经信号转导影响 DNA 甲基化修饰参与的转录调控

长期以来，DNA 甲基化被认为是一种稳定和不可逆的修饰，标志着转录不活跃的基因。然而越来越多的证据表明，在外周和中枢神经系统中，DNA 甲基化可以通过降低 DNA 甲基转移酶（DNA methyltransferase，Dnmt）的活性或表达，或者通过增强或上调 DNA 去甲基化酶的活性或表达而得到缓解，从而促进生理活动或疾病相关的下游基因的表达。

神经元活动影响受突触活性调控基因启动子区的 DNA 甲基化改变。例如，DNA 甲基化的动态变化与介导记忆形成相关神经元反应的基因的转录抑制有关。在情境恐惧条件化后，海马 Dnmt1 mRNA 表达增加。有趣的是，抑制记忆基因蛋白磷酸酶 1（protein phosphatase-1，PP1）基因启动子中的 CpG 岛的甲基化修饰也增加，而编码促进记忆形成的 Reelin 蛋白基因却被迅速去甲基化。在海马中，神经活性提高了细胞内生长停滞和 DNA 损伤诱导蛋白 45β（growth arrest and DNA-damage-inducible protein 45 beta，Gadd45b）的表达，该基因是受神经细胞活性调节的一个即早基因，被证明在体外具有 DNA 去甲基化酶活性，它的表达上调促进了成年人神经再生相关基因启动子区的去甲基化和表达上调。DNA 甲基转移酶 3β（DNA Methyltransferase 3 Beta，Dnmt3b）在外周神经损伤或糖尿病引起的神经病理性疼痛小鼠脊髓中表达下调，从而能够降低脊髓神经元中趋化因子受体 Cxcr3 和孤儿 G 蛋白偶联受体 151（Gpr151）基因启动子区的 DNA 甲基化，上调它们的转录水平促进疼痛的发生发展（图 2-6-16B）。

甲基化 CpG 结合蛋白 -2（Methyl CpG binding protein 2，MeCP2）是哺乳动物大脑中一种重要的表观调控因子。MeCP2 是 DNA 甲基化的重要阅读器，通过与甲基化的 DNA 结合抑制相关基因的转录。MeCP2 调节大脑发育并在整个成年期维持成熟神经元的功能。它的活性也受到动态神经信号传导的动态影响。例如，在海马神经元中，突触活动影响的核钙信号介导 MeCP2 丝氨酸 421 上的磷酸化，该位点磷酸化与其活性有关，当其发生磷酸化后能够从 BDNF 启动子上解离下来，促进 BDNF 的表达和树突的生长。药理学抑制 CaMK 可阻断突触活性诱导的 MeCP2 丝氨酸 421 磷酸化。研究表明，MeCP2 在神经系统中不仅只发挥基因抑制的作用，还可促进基因表达。在海马神经元中，如果缺失 MeCP2 会导致上千个基因表达下调；它通过与 CREB 结合能够促含有 CRE 调节序列基因的转录。MeCP2 基因功能缺失型突变，儿童出现认知、运动倒退、手的刻板动作，称为 Rett 综合征；MECP2 过表达（duplication/triplication）同样可以导致患儿出现严重的孤独症样表现、智力障碍、反复感染和过早夭折，称为 MECP2 重复综合征。

除了组蛋白修饰和 DNA 甲基化，其他一些表观修饰，如染色质重塑、非编码 RNA 以及 RNA 甲基化修饰等也被证明受神经递质介导的细胞内信号调节。三维图像重建分析表明，短时突触激活后，海马神经元的细胞核发生内折和染色质组织的改变。神经递质和调质信号传到胞内后能够影响基因表达，而表观调控是调节基因表达的关键因素，因此神经元更高水平的转录调控依赖于对染色质结构和核结构的刺激依赖性表观修饰，产生协调的转录反应。

第七节　总结与展望

神经元内存在着错综复杂的信号转导通路。激活这些通路通常是由胞外化学信号如神经递质和激素来诱发的。受体接收胞外第一信使分子，通过跨膜信息传递产生胞内生理效应，实际上是胞内外信号进行分子换元的中转站或分子传感器。根据受体本身的结构及其效应体系的不同，可以把受体分成五大类：离子通道门控受体、G- 蛋白偶联受体、激酶类受体、酶连受体和核受体。许多用于治疗神经系统相关疾病的药物都是针对受体设计的。经受体转导的跨膜信息传递机理包括三个主要环节：信使物质首先被特异的受体识别，并与之结合，经过一系列复杂的介导过程，导致细胞内效应器活性变化，调节细胞的各种活动，即所谓识别、转导和效应这三个主要环节。

多种受体激活三聚体或单聚体G蛋白，从而调节胞内各种蛋白酶通路或离子通道。激活受体的一个共同结果是产生第二信使。由核苷酸类cAMP/cGMP、肌醇脂质代谢产物DAG、IP$_3$和Ca^{2+}所组成的第二信使联合体独立或相互作用，通过结合效应器，介导着大量胞外信号对神经系统各种功能的调控。而蛋白磷酸化则是各信使作用的最后公共通路，同时又是各信使进行调控的枢纽。蛋白激酶和磷酸酶通过调节底物的磷酸化来改变底物功能。这些底物类型繁多，可以是离子通道、代谢酶或其他蛋白激酶，以及控制基因表达的转录因子。

结构和功能高度进化的生命体本身，就决定了机体信息传递及调控机制的精妙和复杂。这种繁复的调控机制保证神经元内信号转导通路在一个很大的时空范围内产生反应，极大限度地放大和精细调节神经环路的信息处理能力。对细胞信号转导的研究大致可以分为以下几个阶段：第一阶段以受体的发现为标志。第二阶段以第二信使和G蛋白的发现为里程碑。由受体酪氨酸激酶启动的、由Ras介导的MAPK信号转导链的各个环节，都已基本解开。G蛋白和第二信使信号对MAPK通路的调节也是这些发现中的一个闪光点。第三阶段则以原癌基因产物在信号转导中作用的阐明为热点。第四阶段则阐明表观遗传修饰对神经元基因表达的调节。最新的研究进一步显示神经元胞浆内存在核酸（DNA和RNA）受体的信号通路。这些发现的意义不仅在于揭示了细胞信号转导的机理，而且揭示了神经系统基因转录的调节机理为长时程神经元可塑性变化提供了分子机制，有助于解释学习记忆药物成瘾痛觉敏感以及神经退行性疾病和精神疾病的发病机理。

一切生命活动，包括高级神经活动，实际上都是在细胞信息的传递和调控下进行的。这种复杂而微妙的信息传递和调控机制是机体细胞适应瞬息万变的环境的基础，其中任何一个环节出现障碍，都可能会引起疾病。因此，对神经元信息传递和调控的研究，将成为神经科学的主旋律。这些研究将极大地促进神经系统疾病的诊断和治疗。最后需要指出的是，神经元被胶质细胞紧密包围，它们之间的相互作用对神经元在生理和病理情况下信号的传递和调节至关重要。

参考文献

综述

1. 韩济生主编.神经科学原理（第三版）.北京：北京大学出版社，2008.
2. Kramer IM. Signal transduction. 3rded. San Diego：Academic Press，2015.
3. Kandel ER，Schwartz JH，Jessel TM，et al. Principles of neural science. Chapter 11. 5thed. New York：The McGraw-Hill Companies，2013.
4. Francis SH，Corbin JD. Structure and function of cyclic nucleotide-dependent protein kinases. *Annu Rev Physiol*，1994，56：237-272.
5. Gilman AG. Nobel lecture. G proteins and regulation of adenylyl cyclase. *Biosci Rep*，1995，15：65-97.
6. Jiang BC，Liu T，Gao YJ. Chemokines in chroic pain：cellular and molecular mechanisms and therapeutic potential. *Pharmacol Ther*，2020，212：107581.
7. Levitan IB. Modulation of ion channels by protein phosphorylation and dephosphorylation. *Annu Rev Physiol*，1994，56：193-212.
8. Lonze BE，Ginty DD. Function and regulation of CREB family transcription factors in the nervous system. *Neuron*，2002，35：605-623.
9. Manning G，Whyte DB，Martinez R，et al. The protein kinase complement of the human genome. *Science*，2002，298：1912-1934.
10. Newton AC，Bootman MD，Scott JD. Second Messengers. *Cold Spring Harb Perspect Biol*，2016，8：a005926.
11. Scheffzek K，Shivalingaiah G. Ras-Specific GTPase-Activating Proteins-Structures，Mechanisms，and Interactions. *Cold Spring Harb Perspect Med*，2019，9：a031500.
12. Sweatt JD. Mitogen-activated protein kinases in synaptic plasticity and memory. *Curr Opin Neurobiol*，2004，14：311-317.
13. Syrovatkina V，Alegre KO，Dey R，et al. Regulation，signaling，and physiological functions of G-Proteins. *J Mol Biol*，2016，428：3850-3868.
14. Wacker D，Stevens RC，Roth BL. How ligands illuminate GPCR molecular pharmacology. *Cell*，2017，170：414-427.
15. Weis WI，Kobilka BK. The molecular basis of G protein-coupled receptor activation. *Annu Rev Biochem*，2018，87：897-919.

原始文献

1. Donnelly CR，Jiang C，Andriessen AS，et al. STING controls nociception via type I interferon signalling in sensory neurons. *Nature*，2021，591：275-280.
2. Hunt SP，Pini A，Evan G. Induction of c-fos-like protein in spinal cord neurons following sensory stimulation. *Nature*，1987，328：632-634.
3. Impey S，Obrietan K，Wong ST，et al. Cross talk between ERK and PKA is required for Ca^{2+} stimulation of CREB-dependent transcription and ERK nuclear translocation. *Neuron*，1998，21：869-883.
4. Jakovcevski M1，Akbarian S. Epigenetic mechanisms in neurological disease. *Nat Med*，2012，18：1194-1204.
5. Ji RR，Baba H，Brenner GJ，et al. Nociceptive-specific

activation of ERK in spinal neurons contributes to pain hypersensitivity. *Nat Neurosci*，1999，2：1114-1119.

6. Koehl A，Hu H，Maeda S，et al. Structure of the μ-opioid receptor-Gi protein complex. *Nature*，2018，558：547-552.

7. Li FY，Chaigne-Delalande B，Kanellopoulou C，et al. Second messenger role for Mg^{2+} revealed by human T-cell immunodeficiency. *Nature*，2011，475：471-476.

8. Logothetis DE，Kurachi Y，Galper J，et al. The beta gamma subunits of GTP-binding proteins activate the muscarinic K^+ channel in heart. *Nature*，1987，325：321-326.

9. Moodie SA，Willumsen BM，Weber MJ，et al. Complexes of Ras GTP with Raf-1 and mitogen-activated protein kinase kinase. *Science*，1993，260：1658-1661.

10. Moriyoshi K，Masu M，Ishii T，et al. Molecular cloning and characterization of the rat NMDA receptor. *Nature*，1991，354：31-37.

11. Riccio A. Dynamic epigenetic regulation in neurons：enzymes，stimuli and signaling pathways. *Nat Neurosci*，2010，13：1330-1337.

12. Su Y，Shin J，Zhong C，et al. Neuronal activity modifies the chromatin accessibility landscape in the adult brain. *Nat Neurosci*，2017，20：476-483.

13. Veyrac A，Besnard A，Caboche J，et al. The transcription factor Zif268/Egr1，brain plasticity，and memory. *Prog Mol Biol Transl Sci*，2014，122：89-129.

14. Yin JC，Wallach JS，Del Vecchio M，et al. Induction of a dominant negative CREB transgene specifically blocks long-term memory in Drosophila. *Cell*，1994，79：49-58.

15. 纪如荣，张勤，张淼，等.电针诱发大鼠中枢神经系统 Fos 样蛋白的生成.科学通报，1993（4）：370-373.

章晓辉　李松挺

　　神经元之间主要通过化学突触来进行快速、准确地信息传递。突触前神经元的轴突终末释放的化学递质，在突触间隙快速扩散并与突触后膜的特定递质受体结合，引起突触后神经元活动的改变。根据突触效应的时程特性，突触递质受体分为离子通道型受体（ionotropic receptor）和代谢型受体（metabotropic receptor）。离子通道型突触受体激活时可直接引起离子通道的开放，使突触后膜发生快速的电位变化，持续几十毫秒；代谢型受体的激活往往需要多个动作电位触发释放的递质量，通过信号转导过程引起胞内第二信使（如 cAMP、钙离子等）浓度的变化或蛋白激酶活性的改变，直接

或间接地引发离子通道的开放或关闭，故引起缓慢的突触后膜电位变化，可持续数秒至数分钟。大多数中枢神经元接受多达上千个突触输入，并分散于不同的树突位置上。因此，神经元的一个必要功能是整合加工输入的突触信号，并生成动作电位完成信息输出。本章将着重介绍由离子通道型受体介导的快速兴奋性突触后电位（excitatory postsynaptic potential，EPSP）和抑制性突触后电位（inhibitory postsynaptic potential，IPSP）在神经元树突上作用和整合过程及其基本计算规则，以及树突的结构形态与膜电学特性对突触信息输入-输出功能的影响。

第一节　树突的形态和电学特性

一、树突的形态特征

　　一百多年前，西班牙神经科学家 Santiago Ramón y Cajal 在他的经典著作 *Histology of the Nervous System of Man and Vertebrates* 中提出，神经元具有两种由胞体膜延伸形成的突起结构——树突和轴突，它们彼此互不重叠；神经元的树突主要用于接受来自其他神经元轴突的电信号，并将信号传递至胞体和轴突。不同的树突和轴突的分支结构和形态

特征也是区分不同类神经元的一个重要特征。树突的形态就类似于自然界中的树木枝干一样，从胞体伸出，枝干由粗到细，由少到多。树突结构在面积上和体积上占比最大，是接受各类突触信息的最主要区域。树突具有宽广的膜面积，能承载下数以千计的突触信息输入位点，复杂的树突分支能提供不同来源的突触输入，在空间位置上形成局部簇集结（clustering distribution）或弥散分布（uniform distribution），为对各种来源的众多信息进行差异性

加工提供结构基础。

以大脑中数量最多的兴奋性锥体神经元（pyramidal neuron）为例，它具有典型的顶树突（apical dendrite）和基树突（basal dendrite）：顶树突可由一个主干从胞体延伸并分支至几百微米距离，并在远端形成众多短分支树突冠；基树突沿胞体放射状散开，伸展较短。顶树突和基树突差异较大的形态暗示它们可能会以不同的方式整合突触前的输入信息，或它们接受的突触输入源自不同脑区。例如，海马 CA1 区锥体神经元的顶树突远端接受的是来自内嗅皮质穿通通路到达的输入，其余部分树突则主要接受从 CA3 区锥体神经元的突触投射。在 CA1 区远 - 近端轴上，远端 CA3 神经元倾向于在 CA1 锥体神经元的顶树突形成突触，近端 CA3 神经元则倾向于投射到 CA1 锥体神经元的基树突上。新皮质第 5 层锥体神经元的基树突主要接收源自同层内部的短程突触输入，顶树突则负责接受来自丘脑等其他脑区的远程突触输入。

源自不同亚型中间神经元的抑制性突触也呈现树突空间位置的特异性。例如，在海马和皮质区，一类表达小清蛋白（parvalbumin，PV）中间神经元主要在锥体神经元的胞体、近端树突或轴突始段（axon initial segment，AIS）上形成抑制性突触，另一类表达生长抑素（somatostatin，SOM）中间神经元则在远端树突上形成抑制性突触。与兴奋性突触大多位于树突棘（spine）不同，抑制性突触主要位于树突干（shaft）上。

二、递质受体在胞体和树突的表达

与不同突触定位于不同亚细胞结构区或树突位置相对应，兴奋性突触和抑制性突触的递质受体在突触后神经元中呈现不同的分布特征。其中，兴奋性谷氨酸能突触在电镜成像下呈非对称的突触结构，突触后膜包含 AMPA 型谷氨酸受体（α- 氨基 -3- 羟基 -5- 甲基 -4- 异恶唑丙酸受体，AMPAR）和 NMDA 型谷氨酸受体（N- 甲基 -D- 天冬氨酸受体，NMDAR），它们皆是递质门控的离子通道型受体，分别介导生成快速和较慢的兴奋性突触后电位（excitatory postsynaptic potential，EPSP）。谷氨酸结合 AMPAR 直接引起通道开放，非选择性地允许一价阳离子通过，因 Na^+ 内流大于 K^+ 外流，导致突触后膜的快速去极化。AMPAR 在突触后膜区的受体密度或表达量在不同来源的突触上存在较

大差异性，呈现出突触前、后神经元类型的特异性。例如，海马 CA3 锥体神经元分别接受同侧齿状回（dentate gyrus，DG）的 mossy 投射突触与对侧 CA3 commissural/associational（C/A）投射突触，mossy 突触间 AMPAR 数量差异性较小，但 C/A 突触中 AMPAR 数量总体上只有 mossy 突触的 1/4，突触间受体密度差异较大，并存在约 15% 不表达 AMPAR 的沉默突触。相比 CA3 锥体神经元，抑制性中间神经元上的 C/A 突触后膜表达约 4 倍数量的 AMPA 受体，而且突触间受体密度相对均匀。

另一类 NMDAR 在大多中枢兴奋性突触中与 AMPAR 共存，它是一种化学和电压双重门控的通道。激活 NMDAR 需要同时符合两个条件：①结合谷氨酸（和甘氨酸）；②突触后膜去极化至一定水平（> - 40 mV）去除 NMDA 受体通道内 Mg^{2+} 阻滞。MDAR 开放对 Na^+、K^+ 和 Ca^{2+} 都有通透性，但其通道开放和关闭相对缓慢，因此介导谷氨酸突触电流的较晚期成分。NMDAR 在突触后膜上表达量和亚基组成上呈现出相似的突触前、后神经元类型的特异性。例如，CA3 锥体神经元中，C/A 突触的 NMDAR 由 NR1、NR2A 和 NR2B 亚基组成，而 mossy 突触则只包含 NR1 和 NR2A；与锥体神经元相比，支配抑制性神经元的兴奋性突触往往表达更少量的 NMDAR。

快速的抑制性突触活动主要由递质 γ- 氨基丁酸（γ-aminobutyric acid，GABA）及其 A 型 GABA 受体（$GABA_AR$）所介导，引发 Cl^- 内流，产生快速抑制性突触后电位（inhibitory postsynaptic potential，IPSP）。$GABA_AR$ 由 5 个不同亚基组装而成，至今为止，尽管已鉴定出 18 个不同亚基（$\alpha_1 \sim \alpha_6$，$\beta_1 \sim \beta_3$，$\gamma_1 \sim \gamma_3$，δ，ε，π，$\sigma_1 \sim \sigma_3$），其中由 α_1、α_2、α_3、α_6、$\beta_{2/3}$ 和 γ_2 组装的受体在中枢中最广泛地分布于大部分脑区，包括新皮质、海马、小脑、嗅球、神经基底核与脊髓等。不同亚型抑制性神经元形成的抑制性突触可包含由特定亚基组成的 $GABA_AR$。例如，在皮质或海马的锥体神经元中，表达 PV 抑制性突触往往位于胞体、近端树突或轴突起始段，特异地表达 α_1 的 $GABA_AR$，而表达 SOM 抑制性突触位于较远端顶树突，特异地表达 α_2 的 $GABA_AR$。$GABA_AR$ 除了在抑制性突触中富集外，同时也少量地在突触外周（extra-synaptic site）和胞体的质膜上分布。

抑制性突触后膜也表达 B 型 GABA 受体（$GABA_BR$）。它为代谢型受体，通过 G 蛋白信号转

导通路使膜上 K^+ 通道开放，造成突触后膜电位较慢的超极化和激活胞内分子信号。因 $GABA_BR$ 往往在突触外周分布，激活时需要较高频的突触活动或单次的高 GABA 释放量。因此，$GABA_BR$ 介导的抑制性突触功能更多的是对神经元兴奋性和功能的调制作用（neuromodulation）。

三、树突膜的被动电学特性

早期的研究表明，树突膜上存在大量的非电压依赖性离子通道，这些通道决定了树突膜的被动电学特性。这些被动电学特性主要包含三个：单位长度膜电阻（R_m）、单位长度膜电容（C_m）与单位长度轴向（胞质）电阻（R_i）。其中，R_m 大小由树突膜上的非电压依赖的离子通道密度决定，C_m 和 R_i 大小主要与树突直径或表面积，以及细胞膜和胞质的电学性质决定。这些被动膜电学参数决定激活兴奋性突触所生成的局部 EPSP 的幅值大小以及其在树突上被动扩布时的衰减程度。通过胞体电生理记录实验测算得到的主要脑区的神经元的这些参数范围为：C_m，$\sim 1\ uF/cm^2$；R_m，$70 \sim 500\ \Omega M$；R_i，$70 \sim 220\ \Omega M$。

研究表明，在电压信号树突上被动扩布过程中，电压幅值随扩布距离呈指数性衰减，其中相关的衰减空间常数（space constant，λ）主要由 R_m 和 R_i 决定：

$$\lambda = (R_m/R_i)^{1/2} \tag{1}$$

可见较大的 R_m 和较低的 R_i 造成较大的 λ 值，突触信号衰减缓慢，在树突上能扩布的距离较远。同时，由于树突膜电容（C_m）倾向对较快的突触信号进行滤波，故对于时程较快的突触（电位或电流）信号在树突被动扩布中也会呈现较大的衰减。

降低树突局部 R_m 会产生两个后果：一是激活相同数量的突触所产生的局部 EPSP 幅值减小，二是电位在向胞体的传播过程中衰减更多。考虑到锥体神经元的顶树突上遍布着突触输入，且在生理情况下存在众多自发的突触活动，它可显著地降低树突膜电阻，进一步加剧远端输入在传播过程中的衰减。

树突轴向电阻（R_i）对突触电位扩布的影响更加复杂。降低 R_i 可增加突触电流向四周扩散，从而减小突触激活时生成的局部 EPSP 幅值，但同时也减小了充满局部电容的电荷量，有利于突触电流向胞体传导，故有可能会出现胞体 EPSP 幅值相对于正常 R_i 情况下略增大。因此，R_i 的作用需考虑树突

的几何特征与突触位点具体位置等多个因素。

四、树突膜的主动电学特性

许多研究结果表明，树突膜上存在多种电压依赖的离子通道，它们在接受和传导突触信号的同时对其进行一系列的主动加工。其中，采用膜片钳电生理方法直接测定树突膜上的电压依赖的离子通道活动发现，与胞体或轴突部位相似，树突膜上存在相近类型的各类电压依赖的离子通道，包括电压激活的 Na^+ 通道、Ca^{2+} 通道、K^+ 通道以及其他一些非选择性的阳离子通道，并且部分离子通道的密度在树突上分布呈现出远-近端的差异或梯度。

电压依赖的 Na^+ 通道主要富集于锥体神经元的胞体、AIS 和髓鞘包围的轴突朗飞结部位（Nodes of Ranvier）。其中，AIS 的远-近端存在不同亚型的钠通道聚集分布，它们分别负责动作电位的产生（Nav1.6）和向胞体反向传播（Nav1.2）。与之不同的是，Na^+ 通道在树突膜上的密度相对较小，并在空间分布上相对均一。新近冷冻断裂免疫电镜（freeze-fracture immune-EM）观测结果提示，海马 CA1 锥体神经元的顶树突膜上可能存在 Nav1.6 空间分布梯度，随离胞体的距离增加而逐渐减少。许多研究表明，神经元树突上同时表达多种钙通道，包括 L 型（Cav2.1）、P/Q 型（Cav2.2）、N 型（Cav2.3）和 T 型（Cav3.1 ～ 3.3）通道，存在各自的分布特征，但尚未观测到存在树突远-近端的空间分布差异性。同时，电压依赖的多种钾通道在大多神经元中表达，它们在轴突-胞体-树突上的分布密度基本相似。例如，海马 CA1 锥体神经元中，A 型 K^+ 通道（K_A）主要分布于胞体与树突区，通道密度随树突长度有小幅上升（约 2 倍），并在更远端树突维持相同密度。

电生理记录锥体神经元树突电位的直接证据表明，尽管树突上存在较低密度的 Na^+ 通道和 Ca^{2+} 通道，但是在远端突触输入的激活数量足够多，或时间上足够同步的情况下，突触输入可诱发远端树突生成 Na^+ 锋电位、Ca^{2+} 锋电位或 NMDA 锋电位（dendritic NMDA spikes）。树突锋电位具有以下功能：①放大远端兴奋性输入，有助于远端突触后电位传播至胞体并产生较大作用；②局部树突信号的直接输出，在一些情况下，树突局部锋电位能直接诱发神经元胞体或 AIS 发放动作电位，完成局部突触信息的直接输出。例如，新皮质第 5 层锥体神经

元中，远端树突生成的较宽锋电位可传播至胞体，并决定神经元的簇放电（burst spiking）模式。

由于树突上分布较高密度的 K_A 型钾通道，其密度在树突越远端越高，树突锋电位在产生或扩布过程中，快速的膜电位去极化可激活树突上 K_A 通道，对树突局部锋电位产生强烈的抑制作用。因此，远端树突锋电位经常不能稳定地传至胞体。因为根据树突的电缆特性，激活相同数量的突触在越远端树突产生越强的局部膜的电位去极化并越易诱发树突锋电位，所以 K_A 通道在树突远–近端的密度分布特性也符合它控制树突局部锋电位发生的作用。

树突膜上的 K_A 通道在抑制胞体动作电位向树突反向传播中也发挥重要作用。值得注意的是，当兴奋性突触活动先于胞体动作电位几毫秒至十几毫秒发生时，生成的 EPSP 在正向传播中可激活树突膜上 K_A 通道，由于 K_A 通道具有快速激活和失活特性，在之后的动作电位向树突回传过程，K_A 通道对它的抑制作用将显著减弱或消失，这有利于动作电位完整地回传至激活的突触所在的树突区域，引起更大突触后膜去极化，促进 NMDAR 开放和大量钙离子内流，引发胞内一系列信号反应和对突触结构和功能的长时程修饰。这种突触前、后神经元放电时序依赖的突触增强可塑性（spike timing-dependent synaptic potentiation，STDP）依赖于树突 K_A 通道的调控机制。

超极化激活–环化核苷酸门控的阳离子通道（hyperpolarization-activated and cyclic nucleotide-gated cation channels，HCN）在海马和皮质区锥体神经元中存在明显的亚细胞区域分布梯度：远端树突（60 倍于胞体密度）>近端树突（4 倍）>胞体；在远端树突区，树突干膜上 HCN 通道密度远大于树突棘。HCN 通道在膜电位复极化至 -50 mV 左右被激活，同时受胞内 cAMP 或 cGMP 的调节，通道开放时通透 Na^+、Ca^{2+} 和 K^+ 生成非选择性阳离子内流（I_h），进而引起膜电位去极化。但研究表明，HCN 通道在不同亚细胞区的分布梯度并不普遍存在于其他脑区的神经元中。

小脑浦肯野细胞中，Na^+ 通道主要富集于胞体膜上，其通道密度在树突上急速降低，加上特殊的树突形态，这些因素决定胞体生成的动作电位基本上回传（back-propagation）至树突部位。但浦肯野细胞树突表达 P/Q 型和 T 型 Ca^{2+} 通道，能够生成树突 Ca^{2+} 锋电位，同时树突表达高密度的 Ca^{2+} 激活的 K^+ 通道（BK 和 SK 通道），激活这些通道会终止树突局部锋电位的发放。

综上所述，神经元树突上存在多类电压依赖的离子通道，有些通道类型在轴突–胞体–树突轴或树突远–近轴上形成明显的差异分布或密度梯度。这些电压门控的离子通道的激活组成了树突的主动电导，在调节突触电位的幅度和传播以及诱导突触长时程可塑性中发挥重要作用，它们是树突信息加工机制的重要组成部分。

第二节　突触信号的传播

神经元通常从树突上接收大量的兴奋性和抑制性突触信号。这些突触信号会引发树突细胞膜上离子通道的开放及其特异的胞内外离子的跨膜流动，进而改变神经元树突局部的膜电位。突触电位（EPSP 和 IPSP）会沿着树突内部传递至胞体或 AIS，最终决定动作电位的发放。一个兴奋性或抑制性突触输入对 AIS 和胞体的膜电位的作用主要与以下三个因素相关：①树突局部突触电位幅值大小；②突触位点至 AIS 或胞体的距离；③树突树（dendritic tree）的被动电缆特性和主动电导特性。

一、突触信号在树突传播的理论研究

在 20 世纪中期，由于当时实验技术限制，人们对神经元的活动只能在胞体附近记录。为定量研究突触信号的传播如何依赖于树突的几何形态和被动细胞膜特性，Wilfrid Rall 发展了描述树突电压演化过程的线性电缆理论。线性电缆理论的推导请见本章第二节"神经元的膜电位与电学性质"，它把一个神经元不含电压敏感离子通道的一段树突看成一节一维的电缆，描述了当树突上接收电流输入时，该段树突上的膜电位的时空动力学应满足：

$$\lambda^2 \frac{\partial^2 V_m(x,t)}{\partial x^2} = \tau_m \frac{\partial V_m(x,t)}{\partial t} + [V_m(x,t) - V_{rest}] - R_m I_{inj}(x,t) \quad (2)$$

其中，$\lambda = (R_m/R_i)^{1/2}$ 为空间常数，$\tau_m = R_m C_m$ 为时间常数，R_m 为树突的单位长度膜电阻（单位：Ω cm），R_i 为树突的单位长度轴向电阻（单位：Ω/cm），C_m

为树突的单位长度膜电容（单位：μF/cm）。时间常数 τ_m 仅依赖于细胞膜的电容电阻大小，反映神经元膜电位对输入电流信号记忆衰减的快慢，时间常数越大表明神经元膜电位对输入的记忆衰减越慢。当输入消失时，树突的膜电位将经过 τ_m 时间衰减至原来的 $1/e$。空间常数 λ 除了依赖于细胞膜的性质外，还依赖于细胞质的电阻大小，反映神经元膜电位随距离衰减的快慢，空间常数越大表明神经元膜电位随空间位置衰减的越慢。对于理想的无限长电缆某一点处的电流输入，在距离输入位置 λ 处的膜电位反应为输入位置处膜电位的 $1/e$。

真实的神经元具有分叉结构的树突，此时树突的每一段上的膜电位演化都可由电缆方程（2）描述，并利用适当的电流守恒边界条件可以将对应所有树突段膜电位演化的电缆方程耦合起来，描述具有真实几何形态的神经元树突信号传播过程。面对当时实验记录树突远端活动的困难，线性电缆方程在数学上可以解析求解，从而为理论研究树突信号传播和整合提供了有效的手段。如图 2-7-1A 所示，基于线性电缆方程的理论分析表明，突触信号在树突内部传播时，沿胞体方向膜电位衰减很快，而沿相邻树突分支方向膜电位衰减较慢。如图 2-7-1B 所示，沿胞体方向传播过程中，树突各位置记录的膜电位的时间尺度会变缓慢。此外，如图 2-7-1C 所示，神经元接收突触输入的位置离胞体越远时，在胞体处引起的膜电位变化幅值越小，膜电位到达峰值的时间越长，膜电位的宽度也越宽。线性电缆方程的理论预测在运动神经元等神经元实验记录中得到了验证。

突触信号的传播除了受树突的几何形态和细胞膜的被动性质影响之外，也受到树突上丰富的电压敏感的离子通道活动（主动电导）影响。线性电缆理论预测树突远端的输入传播到胞体时膜电位幅值衰减很快，而近期实验发现，树突上电压敏感的离子通道的激活会放大树突远端的输入信号，从而使得远端突触输入传播至胞体处的幅值衰减减小。当远端树突接收多个输入时，树突上也可能会产生 Na^+、Ca^{2+} 或 NMDA 相关的树突锋电位，进一步放大突触输入信号。这些都使得突触信号在树突内的传播过程变得更为复杂。由于电压敏感的离子通道动力学具有高度非线性性，且突触电流通常也具有非线性，这些现象都超出了线性电缆方程的描述范围，因此在线性电缆方程中需要加入相应的非线性离子电流，并通过数值计算的方法模拟神经元接收突触输入信号后的膜电位反应以及树突膜的被动与主动电学特性如何影响突触信号的传播。

二、突触信号传播的实验研究

神经元树突树具有复杂分支的三维结构，使得对来自不同核团或神经元的众多突触输入在不同空间位置上分配成为可能。例如，海马 CA1 区锥体神经元和新皮质第 5 层锥体神经元中，源自不同 GABA 能中间神经元的抑制性突触特异地定位于不同的树突区域：篮状细胞的输入大多落在近胞体的基树突和近端顶树突区域，O-LM 细胞的输入则定位于远端顶树突；从胞体记录到的 IPSP 时程来看，近端树突生成的 IPSP 时程较长，而远端输入

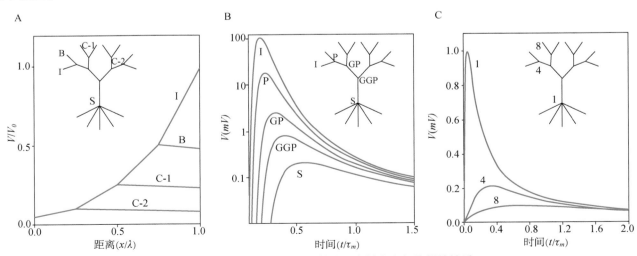

图 2-7-1   电缆方程预测的突触信号在树突内部传播的性质

A. 当在 I 处接收常值电流输入时，膜电位 V 和输入位置处膜电位 V_0 的比值沿胞体方向衰减很快，而沿相邻树突分支方向衰减较慢；**B.** 当在 I 处接收瞬时电流输入时，沿胞体方向传播过程中树突各位置记录的膜电位的时间尺度会变缓慢；**C.** 电缆方程预测的胞体膜电位随输入位置的依赖关系。当瞬时电流输入给在树突上 1、4、8 位置时，线性电缆理论所预测的胞体处的膜电位反应，它们具有不同的幅值和时间尺度

的 IPSP 时程较短。与之相反的是，激活近端树突部位的兴奋性突触，胞体记录到的 EPSP 上升相越短，而越远的突触生成的 EPSP 其上升相越长，但在总时长并不呈现显著区别。此外，基于树突"电缆"模型推测，虽然距胞体越远的突触激活生成更大幅度的局部 EPSP，但在传播路径中经历更大的衰减（可达近 100 倍），最终改变胞体膜电位变化的效应会更小。

但是早期研究发现，当电刺激激活脊椎运动神经元上不同位置的单根输入轴突纤维时，胞体上记录到单位（unitary）EPSP 幅度值基本保持相似。这个观测结果提示，虽然不同位置生成的突触电位信号在树突传播中衰减程度不同，但存在某个机制可使它们最终在胞体上产生相似效应。这种不同位置的突触效应的"民主性"（democratic impact）同样也在海马 CA1 锥体神经元中被观测到：源自 CA3 的兴奋性投射突触分布在 CA1 锥体神经元的近几百

微米长度的顶树突上，但胞体上记录到单位 EPSP 幅值却非常相近。现已知，存在多种细胞分子机制来共同保证突触输入的"民主性"：越远端树突具有①更大的突触结构；②更高的的突触后 AMPAR；③更高 NMDA/AMPA 受体比例。然而，类似的不同位置突触输入的"民主性"现象并没有在皮质锥体神经元树突中被观测到，即远端的单位 EPSP 在传到胞体时幅度较小，对胞体生成动作电位无法产生直接影响。研究表明，因激活远端树突上突触生成更大幅度的局部 EPSP，皮质锥体神经元可通过产生远端树突 Ca^{2+}（或 NMDA）锋电位的方式来调节神经元胞体的输出放电。此外，理论研究指出，尽管海马 CA1 锥体神经元存在不同位置的突触效应在胞体上"归一化（synaptic scaling）"机制，但如存在大量自发的背景突触活动时，这种机制的作用会被显著减弱。

第三节 突触输入整合的基本规则

一、突触输入的空间整合和时间整合

在中枢神经系统中，每个神经元平均接收 2000 ~ 4000 个突触输入，其中绝大多数突触分布于顶树突和基底树突上。激活单个突触输入所引起的 EPSP 或 IPSP 的幅度都非常小，一般在几十至几百微伏（μV）。因此，必须通过对众多突触输入的总和（summation），才能促使突触后神经元膜电位从静息值（− 65 ~ − 80 mV）达到动作电位发放阈值（约 − 40 mV），并决定神经元动作电位发放的时空特征。这一过程称为突触输入的树突整合（dendritic integration of synaptic inputs），树突整合有两种形式：

空间总和（spatial summation）是指神经元上相邻区的几个突触同时活动所产生的多个突触后电位的总和。时间总和（temporal summation）是指神经元上的某一个（或几个）突触连续激活时，相继产生的多个突触后电位的总和。

根据神经元树突电缆理论，树突的空间常数（λ）和时间常数（τ_m）影响突触信号沿树突传播至胞体的变化，也影响着树突上接收多个突触信号时的时间和空间总和结果。一般认为，空间常数决定

了突触信号整合的相对空间位置，时间常数决定了突触输入信号整合的时间窗口。对脑薄片中各类神经元的电生理测定发现，皮质和海马锥体神经元的树突和轴突 λ 值在 400 ~ 500 μm，而各类神经元的 τ_m 值则差异较大，例如海马 CA3 和 CA1 锥体神经元的 τ_m 分别约为 60 ms 和 30 ms，腹侧耳蜗神经核细胞的 τ_m 只有 0.2 ms。考虑到各类神经元有非常相近的 C_m，不同类型神经元之间的 τ_m 值差异由它们的 R_m 值差别所决定，因此神经元胞体及其树突所表达的离子通道类型和密度同样决定了突触信号的时间总和能力。

二、兴奋性突触输入的整合

兴奋性突触信号的树突整合过程是神经元信息处理的一个重要环节，能直接决定了什么样来源和形式的输入可以导致细胞的放电。早期的电缆模型推断，多个距离相近的 EPSP 在树突上的实际总和值应小于它们线性算术总和值，即表现为亚线性总和（sublinear summation）；机制上是由于先产生的 EPSP 会减小之后激活的突触电流的驱动电势（driving force），引起 EPSP 之间的相互削弱。

Sydney Cash 和 Rafael Yuste 通过脑片电生理实验研究却发现，海马 CA1 锥体神经元树突中，EPSP 空间整合整体上以线性总和为主，同时也观测到顶树突主干上的亚线性总和以及基树突单个分支内部中超线性总和（supra-linear summation）。这种整体上线性的 EPSP 空间总和依赖于树突的主动电学特性，在阻断电压门控 Na^+ 通道和 Ca^{2+} 通道以及递质受体 NMDAR 后，树突整合 EPSP 呈现出与电缆模型结果一致的亚线性为主。这些结果表明，树突膜上各类电压激活的离子通道（主动电导）直接调节 EPSP 整合效率。Panayiota Poirazi 等采用 NEURON 仿真模型系统地验证了在不同树突分支之间或同一树突内 EPSP 总和整体呈现线性；同时指出，当两个 EPSP 在同一个树突分支中相距较近时，就易呈现 EPSP 的超线性总和，机制上依赖于局部树突膜上 NMDA 受体的开放。这种树突 NMDAR 锋电位或 Na^+ 锋电位依赖的 EPSP 的超线性总和也在许多神经元中被观测到。有实验表明，树突膜上 HCN 通道开放产生的 I_h 电流也参与对树突 EPSP 线性的空间总和的调节。

　　突触活动生成的 EPSP 动力学持续十几至几十毫秒，在这个时间窗口内不同时间发生的 EPSP 可以通过时间总和累积突触效应。由于树突的被动电缆特性和低通滤波效应，相对于胞体或树突近端 EPSP，远端 EPSP 到达胞体时，其时程有显著延长，存在更大时间窗口更有利远端突触信号在胞体的时间总和（图 2-7-2）。这种较高时间总和效率弥补了远端 EPSP 对胞体膜电位影响偏弱的不足。但实验研究表明，顶树突上存在的 HCN 通道密度的

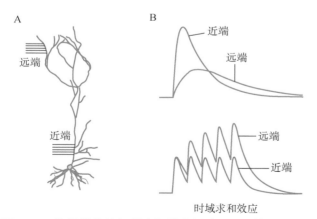

图 2-7-2　海马锥体神经元上远端和近端 EPSP 的时间总和差异

A. 海马锥体神经元分别接收远端和近端多个输入示意图；B. 来自树突远端和近端的单个（上图）和多个（下图）兴奋性输入引起的胞体处膜电位反应。远端 EPSP 时程由于树突电缆效应相对更长，因而利于在胞体上的时间整合

远近轴梯度可弱化远、近端 EPSP 时间总和效率的差异性，树突上电压激活的 K^+ 离子通道也具有相似的对抗效应，而且不同类型离子通道对 EPSP 时间总和的效率调节作用可能存在输入位置的特异性。

三、兴奋性输入与抑制性输入的整合

　　抑制性输入对神经元的 EPSP 空间和时间整合效率以及动作电位输出时空特征都起着重要的调节。例如，神经环路中的前馈抑制作用（feed-forward inhibition）可将连续的兴奋性输入限制在短短几个毫秒内，也可减小 EPSP 时间整合的窗口长度，只有高同步性 EPSP 通过空间总和才有可能促发胞体发放动作电位，这有利于突触事件同步性检测（coincidence detection）。类似地，反馈抑制作用（feed-back inhibition）可限制连续突触输入的膜电位变化时程，完成优先对早期短时间内的突触事件的整合加工。

　　激活 GABA 能抑制性突触可生成两种形式的抑制作用：一种是由 $GABA_AR$ 开放引起 Cl^- 内流，造成膜电位的超极化；另一种是分流抑制作用，指的是兴奋性电流从抑制性输入激活的 $GABA_A$ 受体分流漏出（shunting），从而减弱在胞体上膜电位去极化水平。因 Cl^- 介导的抑制性突触后电流的反转电位（reversal potential）接近于神经元静息膜电位（V_{rest}），激活个别抑制性突触引起的膜电位超极化较弱，且相对于兴奋性 AMPAR 开放时间，$GABA_AR$ 具有更长的活动时程，因此在静息神经元中，即使抑制性输入未能引起明显的膜超极化，它对兴奋性突触电流的分流抑制效应仍发挥重要作用（图 2-7-3A）。在 EPSP 和 IPSP 整合中，分流抑制效应依赖于兴奋性突触和抑制性突触的相对输入位置。Christof Koch 等基于树突电缆模型，提出了"On-the-path"理论，即当抑制性输入位于兴奋性输入向胞体传导的路径中间时，其对兴奋性输入的分流抑制为最大，而位于其他位置则无明显的抑制效果（图 2-7-3C ～ D）。

　　在实验测定上，Jiang Hao 等结合海马脑片锥体神经元电生理和 NEURON 仿真模型计算，建立了一个简单 EPSP 和 IPSP 整合经验法则（具体内容见第四部分"突触信号整合的理论进展"），并通过分流指数 k 定量描述了分流作用的输入位置关系依赖性。两者树突位置的具体规则为：①当抑制性输入位于树突主干上，它对所有更远端的兴奋性输入

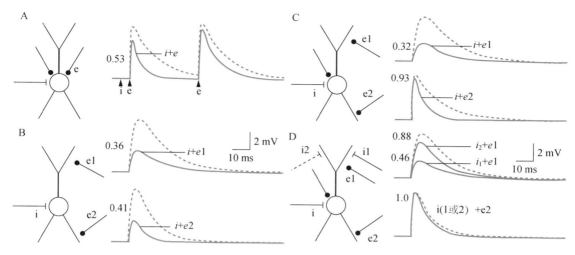

图 2-7-3 EPSP-IPSP 整合效率的输入位置关系依赖性

示意图来自理论计算，抑制性电导（i_{syn}）先于兴奋性电导 50 ms 施加于不同的位置，数值表示为 EPSP-IPSP 总和幅值与单独 EPSP 幅值的比值。虚线：单独 EPSP；实线：EPSP-IPSP 总和。**A.** i 和 e 都在胞体位置，i 先于 e 20 ms 激活，因细胞膜电位位于 GABA$_A$R 电流的反转电位（$V_{rest} = E_{GABA}$），i_{syn} 激活并不引起膜电位超极化；**B.** i 在胞体，$e1$ 在远端顶树突，$e2$ 在底树突；**C.** i 在顶树突主干，$e1$ 在远端顶树突，$e2$ 在底树突；**D.** $i1$ 和 $i2$ 分别在远端顶树突不同分支，$e1$ 与 $i1$ 同在一个顶树突分支，$e2$ 在底树突

的分流抑制效率基本一致，与两者之间的距离远近没有关系；对更近端的兴奋性输入，分流抑制效率（k）依赖于与兴奋性输入之间的空间距离，距离越短，其分流作用越大；②当两个输入同时发生在同一树突分支内，分流抑制作用的强度最强，其分流效率的位置依赖性仍基本遵循上述的非对称规则；③当两个输入位于不同的树突分支上，分流抑制作用极其微弱（图 2-7-4）。这些实验发现不仅验证了模型提出的 "On-the-path" 理论，而且发现了分流抑制效率的位置空间关系的 "非对称性"。这些计算整合规则是理解支配不同亚细胞区域的抑制性输入在神经信息加工中的具体作用机制的基本基础。

四、在体（*in vivo*）情况下突触输入整合

在清醒的完整脑中，神经元时刻接受大量突触的输入，其 V_{rest}、R_m 和膜活动响应时间常数（τ_m）等电学特性的变化更为复杂，维持于一种 "高电导" 状态（high conductance state）。在体情况下，一个神经元中激活的突触输入的时空特性使得在体树突整合呈现一个更为复杂的过程。

在体皮质神经元树突整合过程中，其远端顶树突更易生成 Ca^{2+} 锋电位，较粗的近端顶树突和基底树突则更易产生 NMDA 锋电位。在大、小鼠的桶

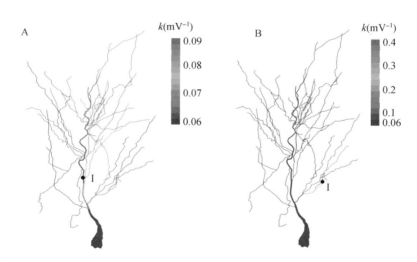

图 2-7-4 抑制性输入位于主干（A）和特定分支（B）上时对所有树突位置上兴奋性输入的分流效率（k）图谱
数据来自锥体神经元 NEURON 模型计算，"I" 标示抑制性突触的具体位置

状（barrel）体感皮质和运动皮质区都被观测到，伴随着锥体神经元的胞体簇放电（burst spiking），其远端树突存在较长时长的 Ca^{2+} 锋电位。在编码位置信息的海马 CA1 锥体神经元中，基底树突中生成与特定位置相关的 NMDA 锋电位。这些实验研究提示，树突局部锋电位可能是促进簇放电的一个重要因素，通过生成局部树突锋电位来特异地提高一些特定突触输入整合效率，使在体突触整合呈现超线性的特征。在体树突输入-输出信息加工机制很大可能参与到感知觉和行为执行中。抑制性突触输入和树突上电压依赖的离子通道活动同样对在体树突整合与锋电位起一定的调节作用。但由于存在复杂的抑制性突触环路和离子通道相互调节，对这两种调节的具体机制以及是否直接参与感知觉功能或行为执行尚不清楚。

五、突触信号整合的理论进展

基于突触信号整合的实验研究结果，计算神经科学家开始发展突触信号整合的理论。一种流行的观点认为神经元的每一个树突分支均是一个独立的计算子单元，其上接收的兴奋性突触输入只会显著改变该分支内部的膜电位，而不会显著改变其他分支上的膜电位。因此，在同一分支上接收的兴奋性输入会以较强的非线性形式在树突分支上进行局部整合，再传播至胞体改变胞体膜电位。而在不同分支上接收的兴奋性输入则几乎互不影响，在胞体处以较为线性的形式进行加合，如图 2-7-5A 所示。特别地，对于锥体神经元，其每个树突分支上接收大量聚集的兴奋性突触输入时，可能引发树突局部放电等强非线性效应，使得树突分支局部和胞体处的膜电位反应较强。相较而言，若这些兴奋性输入分散分布在多个树突分支上时，其引起的树突和胞体处的膜电位较弱。因此，神经元可被描述成是一个双层网络，网络的第一层为每一个树突分支上的兴奋性突触信息整合，其输入-输出关系为 $d_j = g(\sum_i w_i^j x_i^j)$，其中 x_i^j 为第 j 个分支上第 i 个突触输入的激活度，w_i^j 为第 i 个突触输入的强度，g 为第 j 分支的非线性激活函数（激活函数需通过实验测量得到，通常为 Sigmoid 曲线），d_j 为第 j 个分支经过突触整合后的输出电流；第二层为树突分支之间的信号整合，其输入输出关系为 $r = f(\sum_j W_j d_j)$，其中 W_j 为第 j 个分支输出电流传播到胞体处的变化强度系数，f 描述了胞体处的输入电流与神经元放电

率 r 之间的关系。近期，这个观点已被推广到描述神经元的多层网络理论，可描述不同类型的神经元接收兴奋性和抑制性输入时的突触整合效应，如图 2-7-5B 所示，且该理论得到了一定的计算模拟和实验验证。

多层网络理论侧重于定性描述突触信号线性与非线性整合的过程，而近期的理论与实验工作对突触信号整合的非线性结构给予了定量刻画。实验发现，由树突上的一对兴奋性和抑制性突触输入在胞体处引起的放电阈下的膜电位变化服从以下突触信号整合法则：

$$V_S = V_E + V_I + k V_E V_I, \qquad (3)$$

其中，V_E 和 V_I 为神经元单独接收兴奋性和抑制性输入时胞体处的膜电位，V_S 为神经元同时接收兴奋性和抑制性输入时胞体处的膜电位，k 为分流系数，它几乎不依赖于输入的强度，但依赖于输入的空间位置。若给定抑制性输入在树突的树干某处，当兴奋性输入介于胞体与抑制性输入之间时，k 随着兴奋性输入位置远离胞体而增加；当兴奋性输入比抑制性输入更加远离胞体时，k 不再随着兴奋性输入位置的改变而变化。该法则定量刻画了突触信号的非线性整合效应满足双线性结构。通过进一步对电缆方程的理论分析揭示了该法则背后的机制。由于突触输入的电流近似满足欧姆定律形式 $I_{Syn} = g_{syn}(V - E_{syn})$，其中 g_{syn} 为突触输入电导，V 为突触局部膜电位，E_{syn} 为突触的反转电位，因此输入电流不仅依赖于电导，且依赖于突触局部的膜电位。当神经元接收两个输入时，其中一个输入信号会传播至另一个输入信号的位置，造成此位置处的膜电位改变，从而影响另一个输入的突触电流，引发输入之间的非线性整合。理论分析表明，非线性整合效应可以用多项式刻画，而截断到二阶的多项式即方程（3）已经可以准确描述实验中观察到的树突整合非线性效应。此外，通过理论分析可将树突整合法则（3）推广到多个兴奋性和抑制性输入情形：

$$V_S = \sum_i V_E^i + \sum_j V_I^j + \sum_{ij} k_{EI}^{ij} V_E^i V_I^j + \sum_{mn} k_{EE}^{mn} V_E^m V_E^n + \sum_{pq} k_{II}^{pq} V_I^p V_I^q. \qquad (4)$$

即，当神经元接收多个输入时，其胞体处的膜电位变化 V_S 为这些输入分别给予时的膜电位变化 V_E^i 和 V_I^j 的线性加和再加上每对输入对应的双线性整合电位 $k_{EI}^{ij} V_E^i V_I^j$、$k_{EE}^{mn} V_E^m V_E^n$、$k_{II}^{pq} V_I^p V_I^q$。推广的突触信号整合法则（4）在仿真锥体神经元的计算模型上已得到验证，如图 2-7-5C～D 所示，但对于树突放电等强非线性突触整合的描述仍有待检验。

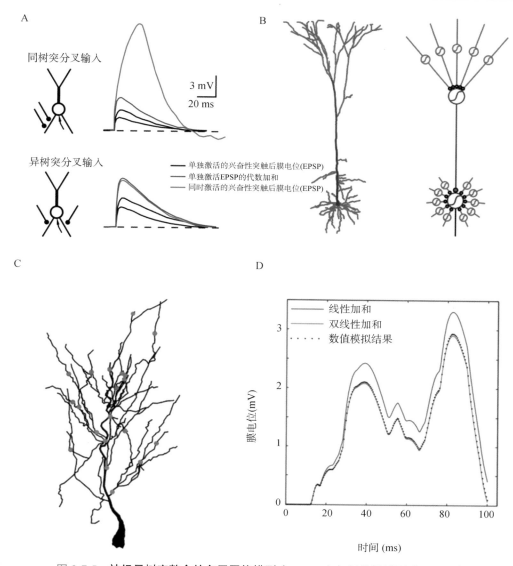

图 2-7-5　神经元树突整合的多层网络模型（A ～ B）与双线性模型（C ～ D）

A. 当神经元的同一树突分支接收两个兴奋性输入时，其胞体处的膜电位为分别给单个输入时胞体处膜电位的超线性加和。当神经元的两个树突分支分别接收两个兴奋性输入时，其胞体处的膜电位为分别给单个输入时胞体处膜电位的线性加和；**B**. 一个皮质椎体神经元和其对应的三层网络模型。红色部分代表远端突触输入，浅蓝色部分代表近胞体突触输入，它们组成了网络的第一层，均以超线性的方式整合局部突触输入信号（用包含 S 型函数的小圆圈表示），第一层的输出会输入两个属于第二层的节点进行整合（用包含 S 型函数的大圆圈表示），一个在胞体附近用深蓝色表示，一个在顶树突分叉处。这两个节点的输出最终会汇集到轴突始段进行非线性整合，决定是否产生动作电位，即轴突始段为网络的第三层节点（图中未画出）；**C**. 仿真神经元模型树突上 15 个兴奋性突触（红色）和 5 个抑制性突触（蓝色）的位置分布。每个输入的时间随机分布于 0 ～ 100 ms；**D**. 仿真神经元模型胞体处的阈下膜电位模拟结果与双线性法则（文中公式 4）预测基本重合，但和所有输入分别给时的反应的直接线性加和误差较大

知识点 Box：研究突触信号整合的常见理论方法

　　端口分析：该分析方法常见于电路分析中。以双端口分析为例，当不含电压依赖的离子通道的被动神经元接收一个兴奋性突触输入和一个抑制性突触输入时，若假设输入电导为常数，则在突触位置处和胞体处的反应可以由欧姆定律得到：$V_E = K_{EE}I_E + K_{EI}I_I$，其中 $I_E = g_E(E_E - V_E)$，为

在兴奋性突触处的输入电流，$I_I = g_I(E_I - V_I)$，为在抑制性突触处的输入电流，g_E 和 g_I 为突触输入电导，V_E 和 V_I 为相应的反转电位，K_{EE} 为在兴奋性突触处的输入电阻，K_{EI} 为兴奋性突触和抑制性突触之间的传递电阻。K_{EE} 和 K_{EI} 和突触的空间位置有关，其值可以通过实验测量得到。对于在

抑制性突触处和胞体处的膜电位变化 V_I 和 V_S，我们也可以写下类似的服从欧姆定律的方程，因此我们可以得到三条代数方程

$$V_E = K_{EE}g_E(E_E - V_E) + K_{EI}g_I(E_I - V_I),$$
$$V_I = K_{IE}g_E(E_E - V_E) + K_{II}g_I(E_I - V_I),$$
$$V_S = K_{SE}g_E(E_E - V_E) + K_{SI}g_I(E_I - V_I),$$

联立以上三条方程我们可以求解神经元树突接收兴奋性和抑制性突触收入时胞体处的膜电位反应，定量研究其如何依赖于输入的位置以及输入的强度等。双端口分析可以推广到多个突触输入情形，研究被动神经元突触信号的空间整合。

基于突触输入的电缆理论：在端口分析中，树突上的输入电阻和传递电阻如何依赖于树突的几何结构和生物物理性质并未显式给出。基于突触输入的电缆理论可以进一步理解不含电压敏感的离子通道的树突性质对突触信号整合的影响。以一对兴奋性和抑制性突触信号整合为例，当神经元树突上接收一个兴奋性突触输入和一个抑制性突触输入时，其膜电位满足方程：

$$\lambda^2 \frac{\partial^2 V_m}{\partial x^2} = \tau_m \frac{\partial V_m}{\partial t} + (V_m - V_{rest}) - r_m g_E \delta(x - x_E)(V_m - E_E) - r_m g_I \delta(x - x_I)(V_m - E_I)$$

其中，g_E 和 g_I 为兴奋性电导和抑制性电导，$\delta(\cdot)$ 为 Dirac-Delta 函数。该方程的解析解可以由渐近分析的方法得到，其解可导出树突整合法则（3）和（4）。基于突触输入的电缆方程可用于研究被动神经元突触信号的时空整合。

仿真神经元模拟：对于树突上含电压敏感的离子通道的神经元，我们可以通过模拟仿真神经元模型来研究突触信号整合。当前仿真神经元模型的几何结构可以重构实验成像记录的真实神经元结构，每一段树突分支上的膜电位动力学满足修正的电缆方程，即在基于突触输入的电缆方程中加入电压敏感的离子电流，离子电流的种类、密度和动力学均可由实验测量得到。最后通过数值模拟的方法离散仿真神经元的微分方程模型，进行数值求解。仿真神经元模拟可借助 NEURON 和 GENESIS 等软件实现。

第四节　突触信号整合的计算意义

突触信号整合的生理意义在于完成神经信号在单个神经元的输入和输出的信号转换。这一转换的特性决定神经元自身的运算特性。当多个突触信号在神经元上进行时空叠加时，最终到达轴突始段的电位将决定动作电位的发生时间和数量。在这种情况下，神经元的运算主要体现为空间和时间的积分功能。如前所述，由于神经元树突具有复杂的几何结构，树突上存在大量的电压依赖性离子通道，且兴奋性和抑制性突触在树突表面是有序分布的，以及突触上的输入时间也遵循特定模式，这些因素使单个神经元可以进行复杂的神经信号的运算。在神经系统，大量神经元构成神经回路。在神经回路中，更为复杂的神经信号运算，如视觉神经元的方向选择性（direction selectivity）和听觉神经元的同步性检测（coincidence detection），又是如何完成的？这是当今神经科学研究的重要问题。这些运算可能通过神经元之间的特异性连接方式，加上神经元本身的基本运算功能如突触输入的时空整合来完成，但也可能是单个神经元就具有这些运算特性。

如图 2-7-6A 所示，突触电位可以通过在树突上的整合来完成信号的同时性检测运算。当一侧耳的神经元接受到输入信号时，位于脑干的听觉神经元产生突触后电位，它们将汇集到神经元树突的同一分支上进行时空整合。由于树突的电学特性，这些信号将不足以产生足够的电流以触发胞体产生动作电位。但是，如果另一侧耳同时收到输入信号，则神经元的另一树突也产生突触电位。当两侧的突触电流同时到达胞体时，这些信号将会产生足够的膜电位变化，从而诱发动作电位。这样，树突的电学特性和突触在树突上的特殊分布，使得神经元具有同时性检测的运算功能。

此外，突触电位可以通过在树突上的整合实现对时序刺激信号产生方向选择性。如图 2-7-6B 所示，理论和实验研究发现，当神经元树突上不同空间位置接收多个突触输入信号时，神经元在胞体处的膜电位反应依赖于输入信号的激活顺序。若输入

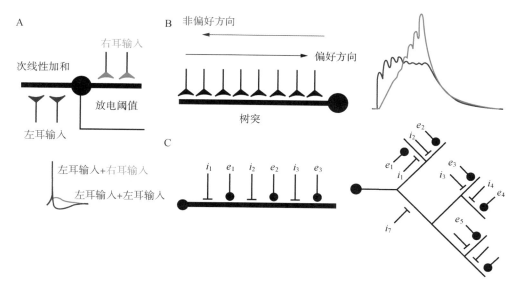

图 2-7-6　突触信号整合的计算举例

A. 树突的同时性探测。当一侧耳的神经元接受到输入信号时，位于脑干的听觉神经元产生突触后电位，这些信号将不足以产生足够的电流以触发胞体产生动作电位。但是，如果另一侧耳同时收到输入信号，则神经元的另一树突也产生突触电位，当两侧的突触电流同时到达胞体时，这些信号将会产生足够的膜电位变化，从而诱发动作电位。**B**. 树突的方向选择性。当神经元树突上不同空间位置接收多个突触输入信号时，神经元在胞体处的膜电位反应依赖于输入信号的激活顺序。**C**. 树突的逻辑运算。理论和实验研究发现，当抑制性输入处于兴奋性突触输入信号传递至胞体的路径上时，抑制性输入对兴奋性输入的抑制最有效，因此神经元可以实现 AND-NOT 逻辑运算。树突结构（a）可实现逻辑运算 e₃AND-NOT（i₁ORi₂ORi₃）ORe₂AND-NOT（i₁ORi₂）OR（e1AND-NOTi₁）；树突结构（b）可实现逻辑运算（e₁AND-NOTi₁）OR（e₂AND-NOTi₂）OR{［（e₃AND-NOTi₃）OR（e₄AND-NOTi₄）OR（e₅AND-NOTi₅）OR（e₆AND-NOTi₆）］AND-NOTi₇}

开始先激活树突远端的突触再逐渐激活树突近端的突触时，神经元胞体处反应较强。反之，若输入开始先激活树突近端的突触再逐渐激活树突远端的突触时，神经元胞体处的反应较弱。神经元树突对空间分布的突触信号激活时序的敏感性可能为神经元的方向选择性提供了计算基础。

另外，神经元树突上突触信号的整合可以让神经元实现多种逻辑运算及其组合。理论和实验研究发现，当抑制性输入处于兴奋性突触输入信号传递至胞体的路径上时，抑制性输入对兴奋性输入的抑制效应较强，而抑制性输入处于兴奋性输入信号传递至胞体的路径之外时，抑制性输入对兴奋性输入的抑制效应较弱。因此，若要引发胞体处的动作电位，神经元需要同时激活树突上的若干个兴奋性输入，且不激活这些兴奋性输入至胞体的路径上的抑制性输入。如图 2-7-6C 所示，这些条件的组合可实现逻辑运算中的"与""或""非"运算。

与啮齿类等小动物脑的锥体（主）神经元相比，人脑锥体神经元具有更大更复杂的树突形态与更多的树突棘数量和更高的密度，有利于突触输入的信息加工。研究者在对人脑皮质的电生理研究中发现，人脑皮质第 5 层锥体神经元中兴奋性突触引起的树突膜电位变化更局限于局部区域，并且树突

上电压激活的离子通道密度也更少，因此远端的突触输入对全局兴奋性的调控相对较弱，这些特性提示人脑神经元树突更倾向于局部信息加工方式。与之不同的是，人脑皮质第 2/3 层锥体神经元却具有更大的兴奋性，树突可生成持续发放的局部钙锋电位，不依赖于胞体的动作电位；与啮齿类动物的皮质锥体神经元的树突钙锋电位相比，人脑神经元由钙锋电位幅值可变，与输入强度成反比，这一树突整合特性能放大弱突触的作用，而抑制强突触的效应，赋予人脑神经元可执行对输入信息的"异或（XOR）"逻辑运算。这种树突的 XOR 计算功能尚未在啮齿类等小动物的神经元中被观测到。

综上所述，树突具备强大的信息整合与加工功能，整合广泛分布于树突上的兴奋性突触和抑制性突触信号。由于不同类型神经元具有复杂多样的树突形态，且在树突上差异性地表达多种电压依赖性和电压非依赖性的离子通道，而这些主动和被动电导因素在突触信号整合中发挥着重要的调节作用，因此不同类型的神经元树突整合功能与形式也不尽相同。此外，兴奋性与抑制性突触信号在树突上输入具有较复杂的时间与空间特性，须经历较复杂的时间-空间总合过程，最终决定局部树突、胞体或轴突始段发放动作电位的时空特征。因此，突触输

入信号在树突上的整合加工过程是神经信息处理的首要环节，它的功能状态决定了大脑信息处理能力的边界。通过应用新实验技术、发展新理论模型以及加强两者之间的结合研究，将会进一步揭示树突计算的基本规则和机制以及其在认知、学习记忆或抉择等高级功能中的作用机理。

知识点 Box：逻辑运算

逻辑运算又叫布尔运算，是一组运算法则。逻辑运算中参与计算的对象只有两个，即"逻辑真"和"逻辑假"。"逻辑真"简称"真"，用字母 T 表示，"逻辑假"简称"假"，用字母 F 表示。T 和 F 构成一个集合，我们称之为布尔集合。布尔集合对逻辑运算是封闭的。基本的逻辑运算包括"AND（逻辑与）"，"OR（逻辑或）"，"NOT（逻辑非）"，以及"XOR（逻辑异或）"。由于电子计算机电路通电和断开两种状态完美符合逻辑运算中的 T 和 F 两个布尔值的互斥特征，因此逻辑运算是计算机计算的底层基础。

AND（逻辑与）：对于参与逻辑与运算的两个布尔值 a 和 b，当且仅当 a 和 b 同时为真时，结果为真，否则结果为假。

OR（逻辑或）：对于参与逻辑或运算的两个布尔值 a 和 b，当且仅当 a 和 b 同时为假时，结果为假，否则结果为真。

NOT（逻辑非）：对于参与逻辑非运算的布尔值 a，当 a 为真时，结果为假；当 a 为假时，结果为真。

XOR（逻辑异或）：对于参与逻辑异或运算的两个布尔值 a 和 b，当 a 和 b 相同时，结果为假；当 a 和 b 不同时，结果为真。

参考文献

综述

1. Stuart GJ，Spruston N，Hausser M. Dendrites. 3rd ed. Oxford：Oxford University Press，2016.

2. Koch C. Biophysics ofcomputation. New York：Oxford University Press，2004.

3. Poirazi P，Papoutsi A. Illuminating dendritic function with computational models. *Nat Neurosci*，2020，21：303-321.

4. London M，Häusser M. Dendritic computation. *Annu Rev Neurosci*，2005，28：503-532.

5. Magee JC. Dendritic integration of excitatory synaptic input. Nat Rev Neurosci，2000，1：181-190.

原始文献

1. Gidon A，Zolnik TA，Fidzinski P，et al. Dendritic action potentials and computation in human layer 2/3 cortical neurons. *Science*，2020，367：83-87.

2. Beaulieu-Laroche L，Toloza EHS，van der Goes MS，et al. Enhanced dendritic compartmentalization in human cortical neurons. *Cell*，2018，175：643-651.

3. LiST，Liu N，Zhang XH，et al. Bilinearity in spatiotemporal dendritic integration of synaptic inputs. *PLoS Compt Biol*，2014，10：e1004014.

4. Hao J，Wang XD，Dan Y，et al. A simple arithmetic rule for spatial summation of excitatory and inhibitory inputs in pyramidal neurons. *Proc Natl Acad Sci USA*，2009，106：21906-21911.

5. Poirazi P，Brannon T，Mel BW.Arithmetic of subthreshold synaptic summation in a model CA1 pyramidal cell. *Neuron*，2003，37：977-987.

6. Cash S，Yuste R. Linear summation of excitatory inputs by CA1 pyramidal neurons. *Neuron*，1999，22：383-394.

第 **8** 章　微环路生理学

何　苗　禹永春

第一节　微环路生理学的基本概念

在神经系统中，特定区域内的神经元通过突触相互连接，形成微环路（microcircuit），从而执行该区域所承载的功能。微环路是连接神经元这一神经系统的基本结构单元与特定神经功能的桥梁。广义而言，任何脑区中相互连接、能够进行信息处理的神经元集群均可被称为微环路。在不同物种的神经系统或神经系统的不同分区中，为了满足不同的功能需求，微环路的构筑方式通常存在显著差异。即便是在同一分区中，不同亚区之间的微环路也往往有所不同。因此，当讨论微环路这一概念时，往往需要在特定的物种与脑区中展开介绍。

根据在信息处理中所扮演的角色，可将微环路中的神经元分为主神经元（principal neuron）和中间神经元（interneuron）两大类。主神经元将轴突投射到远离胞体所在的脑区，负责对外信息输出，也称为投射神经元（projection neuron）；中间神经元则通常将树突和轴突局限在本地，参与区域内的

信息处理，也称为局部神经元（local neuron）。因此，微环路也可定义为特定区域中主神经元和中间神经元之间的相互连接和相互作用的特定模式，它是该区域行使具体生理功能的结构基础。无论是主神经元还是中间神经元，都包括在形态、电生理与神经化学特性、连接模式、基因表达以及其他许多方面高度异质的不同类型。不同神经元类型之间的灵活组合对于实现复杂的神经功能十分重要。因此，明确构成微环路的神经元类型及其相互连接和传递信息的方式，是微环路生理学的关键研究内容。此外，微环路可塑性及其调控机制也是微环路生理学研究关注的另一重要方面。

在下面几节中，我们首先将着重介绍哺乳动物大脑皮质这一最为复杂的高级脑区中的微环路；其次，将扩展介绍其他几个代表性脑区和海兔这一简单物种中的微环路；最后，将简单介绍在微环路生理学研究中常用的几项关键技术。

第二节 大脑皮质微环路

一、大脑皮质的基本结构和神经元类型

大脑皮质是神经系统的高级中枢，是神经系统进化史上出现最晚、功能上最为复杂的一部分。哺乳动物大脑皮质的大部分区域具有经典的 6 层水平分层（layer 1～6，L1～6）结构，其中包含两大类神经元：谷氨酸能兴奋性神经元和 γ- 氨基丁酸（γ-aminobutyric acid，GABA）能抑制性神经元。其中，前者占皮质神经元总数的 70%～80%，起源于端脑背侧脑室区的神经干细胞；后者占 20%～30%，主要起源于端脑腹侧的内侧神经节隆起和尾侧神经节隆起（medial and caudal ganglionic eminence），少量起源于视前区（preoptic area）（关于大脑皮质发育的介绍，详见第 5 篇第 5 章）。

皮质中的兴奋性神经元绝大多数是锥体细胞（pyramidal cell），因其胞体形态而得名（图 2-8-1），主要在 L2～6 中分层分布。锥体细胞的轴突在局部脑区建立的兴奋性突触是皮质中兴奋性突触的主要来源。还有少部分兴奋性颗粒细胞（granule cell，又称多棘星状细胞，spiny stellate cell）位于 L4，它们是丘脑输入的主要支配对象。锥体细胞经常根据胞体所在的分层或轴突投射的位点进行分类，两者之间高度相关。通过胼胝体投射到对侧大脑皮质的胼胝体投射神经元（callosal projection neuron，CPN）主要分布在 L2/3，少量分布于 L4～6。向丘脑投射的皮质-丘脑投射神经元（corticothalamic projection neuron，CThPN）主要分布在 L6。向皮质外其他区域投射的皮质下投射神经元（subcerebral projection neuron，SCPN）主要分布于 L5。这些不同类型的锥体细胞是皮质信息输出的主要通道，也是皮质微环路中的主神经元。每个锥体细胞接收 2000～20 000 个突触输入，其本地轴突能支配附近 1%～30% 的锥体细胞。同层锥体细胞之间的连

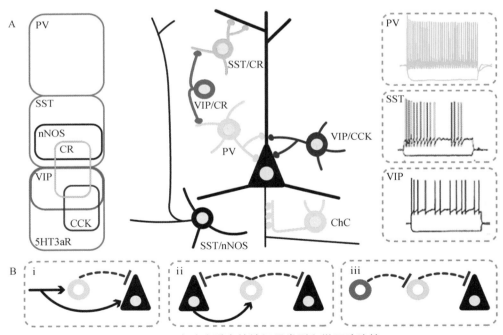

图 2-8-1　大脑皮质中的神经元类型和微环路连接

A. 简化大脑皮质微环路示意图。黑色三角形细胞为锥体细胞，圆形细胞为中间神经元，不同颜色代表不同类型。左图：大脑皮质中间神经元常见标记基因及其相互关系。PV：小清蛋白；SST：生长抑素；5HT3aR：5- 羟色胺 3 型受体 a 亚基；VIP：血管活性肠肽；nNOS：神经型一氧化氮合酶；CR：钙网膜蛋白；CCK：胆囊收缩素。ChC：在锥体细胞轴突起始部选择性建立突触的吊灯细胞（chandelier cell）。传统上认为 ChC 是 PV 神经元的一种亚型，但近年来研究发现也存在 PV 免疫染色阴性的 ChC，可能低表达甚至不表达 PV。右图：三大类中间神经元的代表性放电模式。PV 细胞具有快放电（fast spiking）的特征。B. 三种基本抑制性微环路连接模式：（i）前馈抑制、（ii）反馈抑制和（iii）去抑制

接概率从浅层到深层逐渐下降，不同层之间的连接则存在方向性，例如从 L4 到 L2/3 的连接和从 L2/3 到 L5～6 的连接。

皮质中的抑制性神经元大部分仅在局部脑区建立连接，不进行长程轴突投射，因此也被称为短轴突细胞（short axon cell），在皮质微环路中扮演中间神经元的角色。仅有极少量抑制性神经元能进行跨皮质分区、跨半球或者皮质外的投射，称为 GABA 能长程投射神经元（long-range GABAergic projection neuron，GPN）；但其占比很小，功能也不明确。因此，大部分文献中提及皮质微环路中的神经元时，通常将主神经元、投射神经元与锥体细胞三者等同起来，且将中间神经元与 GABA 能抑制性神经元等同起来。在本节后续的介绍中，如无特别说明，也将沿用这一惯例。

中间神经元是皮质中抑制性突触的主要来源。它们虽然数量较少，但是异质性极高。不同类型的中间神经元在树突和轴突的分枝模式、突触连接的亚细胞定位和特性、固有电生理特征（intrinsic properties）、放电模式（firing pattern）、共释放的神经调质或神经活性肽、所表达的钙结合蛋白等许多方面存在差异。传统上，中间神经元类型的命名主要反映其轴突形态特征，例如吊灯细胞（chandelier cell）、双极细胞（bipolar cell）、篮状细胞（basket cell）等。在实际研究中，中间神经元的分型主要依赖于标记基因所表达的蛋白或多肽，例如小清蛋白（parvalbumin，PV）、生长抑素（somatostatin，SST）、5-羟色胺 3 型受体 a 亚基（5-HT 3A serotonin receptor subunit，5HT3aR）、血管活性肠肽（vasoactive intestinal peptide，VIP）、神经型一氧化氮合成酶（neuronal nitric oxide synthase，nNOS）、钙网膜蛋白（calretinin，CR）、胆囊收缩素（cholecystokinin，CCK）等。分别表达 PV、SST 和 5HT3aR 这三种标记基因的中间神经元是皮质中最主要的三个大类，每一大类还可以进一步划分为多个亚型（图 2-8-1A）。利用标记基因进行遗传分类的中间神经元类型在基因表达、形态和电生理特征上存在一定的特异性，但不同类型之间也可能某些方面存在交叠。许多特征可以在不同个体之间连续变化，在不同类型之间存在倾向性但并不离散分布。也有少数特征在特定神经元类型中高度特异，例如吊灯细胞的突触亚细胞定位和 PV 细胞的快放电（fast spiking）特征。由于树突的分枝相对简单，单个中间神经元接收信息的突触数量远少于锥体细胞的突触数量，一般只有 200～600 个。

皮质微环路中的神经元连接存在两方面的选择性：细胞类型和突触连接的亚细胞定位。锥体细胞上的大部分兴奋性突触建立在树突棘上，也有一些建立在树突干上，但不在胞体、近端树突或轴突上建立；锥体细胞上抑制性突触则可建立在树突干、树突棘、胞体和轴突始段（axon initial segment，AIS）上。不同类型的中间神经元在锥体细胞上建立突触的亚细胞定位具有很强的选择性，并且由遗传决定。吊灯细胞仅在锥体细胞的 AIS 上建立突触，PV 篮状细胞和共表达 VIP 和 CCK（VIP/CCK）的篮状细胞主要在胞周（perisomatic）区域建立突触，可能在调节锥体细胞的输出方面作用更大；共表达 SST 和 CR（SST/CR）的 Martinotti 细胞则主要在远端树突上建立突触，可能在调节锥体细胞的输入方面作用更大。还有一些中间神经元主要与其他中间神经元建立突触，例如共表达 VIP 和 CR（VIP/CR）的双极细胞，从而对锥体细胞起到去抑制（disinhibition）的作用（图 2-8-1A）。锥体细胞对中间神经元建立的兴奋性突触主要位于胞体和树突上。除了化学突触，某些神经元之间还能通过缝隙连接（gap junction）形成电突触。中间神经元之间的电突触在同步化放电和皮质网络振荡中起到重要作用。

二、抑制性环路的连接模式

如上所述，抑制性中间神经元具备很高的多样性和异质性。不同类型的中间神经元在突触前后连接的神经元类型、建立突触的亚细胞定位、连接效能、动力学特征、可塑性，以及对乙酰胆碱、5-羟色胺、去甲肾上腺素、多巴胺等其他神经递质和调质的响应等许多方面存在差异。这些差异对于皮质环路功能的多样性和灵活性十分重要，对脑神经网络产生不同状态、不同振荡形式以及不同行为模式下的动态变化也有着显著贡献。

抑制性神经元对兴奋性神经元的调控依赖于几种基础连接模式：前馈抑制（feedforward inhibition）、反馈抑制（feedback inhibition）和去抑制（disinhibition）（图 2-8-1B）。理论上讲，任何一种抑制性神经元都可以参与上述任何一种模式。但实际上，不同类型的抑制性神经元参与不同模式的概率存在差异。即便是参与同一模式，由于突触的连接概率、连接强度、亚细胞定位、动态变化等方面存在差异，特定的抑制性神经元类型往往倾向于在特定连接模式中发挥更大的作用。

（一）前馈抑制

在前馈抑制中，来自皮质之外的兴奋性轴突同时在皮质中的兴奋性神经元和抑制性神经元上建立兴奋性连接，而抑制性神经元又在兴奋性神经元上建立抑制性连接。因此，外来的兴奋性输入对皮质中的投射神经元同时产生单突触（monosynaptic）兴奋和双突触（disynaptic）抑制（图2-8-1B，左图）。

前馈抑制的一个典型例子是初级感觉皮质L4中的微环路（图2-8-2）。皮质所接收的外界输入信息需要经过丘脑的转导。来自丘脑的兴奋性轴突投射到L4，同时连接其中的兴奋性颗粒细胞和抑制性PV篮状细胞，PV篮状细胞又在颗粒细胞的胞体和近端树突上建立抑制性突触，从而形成强有力的前馈抑制。这一抑制使得颗粒细胞仅能在单突触兴奋到达之后和双突触抑制到达之前这一很短的时间窗内有机会发放动作电位，并导致来自丘脑的输入仅能在这一时间窗内被整合并传递到下一级。这一环路在体感皮质、视觉皮质和听觉皮质中普遍存在，是丘脑到皮质信息转换和感觉信息处理的关键，起到重合检测（coincidence detection）的作用：由于能够进行信息整合的时间窗极短，只有高度同步的

丘脑输入才能被有效整合，而不够同步的输入则会被前馈抑制过滤掉。这增强了皮质对偏好刺激与非偏好刺激的响应差，从而使得皮质具备比丘脑更强的特征识别能力。此外，前馈抑制也使得皮质的响应能够更好地反映感觉输入的时程。

（二）反馈抑制

在前馈抑制中，抑制性神经元被外来的兴奋性输入所兴奋；而在反馈抑制中，抑制性神经元则被本地的兴奋性输入所兴奋，再返回去抑制为其提供兴奋性输入的神经元。在最简单的反馈抑制环路中，单个抑制性神经元直接抑制兴奋它的同一个兴奋性神经元，即产生回返性抑制（recurrent inhibition）。但是，反馈抑制也可以产生在群体水平上。在这种情况下，被兴奋的抑制性神经元不仅抑制直接兴奋它的神经元（图2-8-1B，中图左），也抑制在本地的其他兴奋性神经元（图2-8-1B，中图右），从而产生侧抑制（lateral inhibition）。因为皮质中间神经元与主神经元之间的连接概率远高于主神经元之间的连接概率，所以第二种情况普遍存在。这一环路可以减弱或者阻断本地兴奋性神经元的发放。

大部分中间神经元类型都能参与反馈抑制环路，但是产生的效应由于各自连接特性的不同而存在差异。例如，在胞周建立突触的PV神经元和在远端树突建立突触的SST神经元都能参与反馈抑制环路，但它们所接收到的兴奋性输入具有不同的动态特征：前者接收的同来源的兴奋性输入最初很强但逐渐减弱（即所谓的短时程抑制，short-term depression），而后者则正好相反，表现出短时程增强（short-term facilitation）。因此，当兴奋性神经元持续放电时，初期主要激活PV神经元介导的胞体抑制，后期则主要激活SST神经元介导的远端抑制。近期还有研究发现，中间神经元接收的兴奋性输入在持续发放时存在的非同步化谷氨酸释放现象也具有类型选择性，主要存在于对SST神经元而非PV神经元的输入中。这也导致PV神经元的兴奋性输入与抑制性输出的耦合更为精确，而SST神经元则会出现延迟，从而分别介导快速和慢速的反馈抑制。此外，兴奋性输入随时间增强这一动态特征还导致SST神经元对高频连续输入十分敏感，使其容易被高频放电的单个突触前兴奋性神经元激活。与其相反，PV神经元难以被来自单个细胞的连续兴奋输入所激活，但更容易被多个同步放电的兴奋性

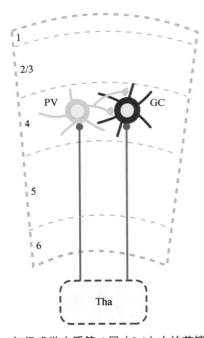

图 2-8-2　初级感觉皮质第 4 层（L4）中的前馈抑制环路
来自丘脑（Tha）的兴奋性轴突投射到 L4，同时连接其中的兴奋性颗粒细胞（GC）和表达小清蛋白（PV）的篮状细胞。PV 细胞在 GC 的胞体和近端树突上建立抑制性突触，通过前馈抑制调控 GC 的活性

输入所激活。

（三）去抑制

除了直接与锥体细胞连接，中间神经元也能与其他中间神经元连接，从而对锥体细胞起到去抑制的效果（图 2-8-1B，右图）。虽然许多类型的中间神经元都能参与去抑制，但是某些类型建立此类连接的倾向性更强。例如，在初级体感皮质、视觉皮质、听觉皮质和前额叶皮质中的多项研究发现，位于皮质浅层的 VIP/CR 双极神经元可通过抑制 SST 神经元去抑制锥体细胞。感觉皮质中的 VIP 神经元主要被来自高级皮质的反馈兴奋所激活：运动皮质激活体感皮质中的 VIP 神经元，扣带皮质激活初级视觉皮质（primary visual cortex，V1）中的 VIP 神经元。由此可见，VIP-SST 去抑制环路可能是皮质间信息交流的常用环路。VIP 神经元也接收皮质下的兴奋性输入，包括离子型的胆碱能和 5- 羟色胺能输入，这提示 VIP-SST 去抑制环路也参与皮质下核团对皮质的调控。

同类中间神经元的内部连接和不同类中间神经元的相互作用也会影响其调控微环路中的主神经元的方式。例如，同一类中间神经元之间如果存在高概率的抑制性连接，会导致其同步化发放，从而使得其支配的主神经元也同步化发放。如果一类中间神经元在内部连接较少，但对其他类型的连接较多，那么当其活性增加时，就会降低其他类型的中间神经元对主神经元的抑制，从而增加其自身对主神经元的抑制所贡献的比例。

三、皮质典型环路

在研究大脑皮质微环路的历程中，研究者们不断尝试绘制皮质微环路的简化图示，以期帮助理解环路连接的基本规则和信息处理的工作原理。典型环路（canonical circuit）是指在特定分区甚至整个皮质中通用的基本环路连接模式，这一概念最初源于对猫视觉皮质的研究，Douglas 和 Martin 在 1991 年的一项重要先驱性工作中建立了猫视觉皮质的典型微环路模型，并对在体记录的数据进行了成功的模拟（详见参考文献）。他们认为复杂的皮质神经网络的工作模式可以通过多次重复相对简单的微环路模块来进行模拟。此后这一概念被推广到其他皮质分区中。随着对不同物种和不同皮质区域中环路研究的进展，对于皮质微环路连接模式的复杂性和

多样性的认知也不断加深。这些研究显示，尽管皮质微环路的连接存在某些普遍性连接原则，但是很可能并不存在普适于所有物种和皮质分区的通用模式。

与不同投射模式的锥体细胞在皮质中的分层分布模式相一致，在大部分皮质环路中，浅层的锥体细胞负责皮质间和半球间的信息交互，而深层的锥体细胞负责对皮质外（丘脑、中脑、脊髓等）的信息输出。来自丘脑的兴奋性轴突在皮质的每一层中均建立突触，既支配锥体细胞，也支配中间神经元。早年占据主流的观点曾认为，皮质的信息处理以顺序组织的多级前馈处理为主，来自丘脑的强输入对皮质环路的输出起主导作用；但是后续的研究发现，本地神经元之间抑制性和兴奋性回返连接（recurrent connection）、对弱输入的放大效应、兴奋与抑制之间的动态平衡是皮质典型环路的基本特征。例如，猫视觉皮质 L4 中的神经元接收多个丘脑神经元的弱输入。只有当足够多突触前丘脑神经元同步发放时，L4 神经元才能被激活从而发放动作电位。L4 中的回返连接通过赢者通吃的计算模式，放大同步化输入产生的阈上兴奋，同时减弱非同步输入的效应。

四、桶状皮质的微环路

啮齿类动物初级体感皮质中表征胡须的桶状皮质（barrel cortex）因其结构的特殊性和规律性，近年来已成为研究皮质微环路的重要模型。在其第四层中的细胞形成桶状（barrel like）的细胞集群，桶状皮质因此而得名。垂直于皮质表面、贯穿整个皮质厚度的桶状功能柱（barrel column）整合表征胡须运动、运动前规划和行为情景的各种信息，对胡须触碰的物体的位置和性质进行解码。

大鼠与小鼠的桶状皮质在分层、细胞类型和层内连接等方面高度相似，因此后续介绍中整合了两个物种中的实验发现。在小鼠中，桶状功能柱的平均直径约为 300 μm，长度约为 1.35 mm，每个功能柱中包含大约 10 000 个神经元。每个桶中的细胞对一根特定胡须的刺激响应最快且最强，该胡须被称为主胡须（principal whisker），对主胡须附近的其他胡须的响应则更弱且更慢。

桶状皮质中约 85% 的细胞是兴奋性神经元，剩余约 15% 为抑制性神经元，其中约有 50% 为 PV 神经元，剩余 50% 中 SST 神经元和 5HT3aR 神经

元约各占一半。桶状皮质的 6 层分层结构较为清晰。其中 L2 和 L3 的分界仅从细胞分布来看不容易区分，但根据环路连接可以划分为约 60 μm 厚的浅层（L2）和其下的深层（L3）。L1 中仅包含中间神经元。L2 中的锥体细胞较小，顶树突（apical dendrite）较短或水平分枝，基树突（basal dendrite）则较为茂密。L3 中的细胞具有典型的锥体细胞形态，包括生长到 L1 的顶树突和覆盖范围较广的基树突。L4 中的颗粒细胞环状排列形成桶壁，其树突则向桶壁内部缺少胞体的区域中生长。L5 进一步分为浅层（L5A）和深层（L5B）两个亚层。L5A 中的锥体细胞具有密集的基树突，其较细的顶树突延伸到 L1 中分枝，但分枝覆盖范围较小。L5B 中的锥体细胞更大，顶树突更粗，在 L1 中的分枝覆盖范围更大。L6 中锥体细胞的类型异质性较高，大部分顶树突终止于深层或中层，只有少数生长到 L1。不同层中兴奋性神经元的密度不同，范围从 L5A 中 5.5×10^5 个 /mm³ 到 L4 中的 1.2×10^5 个 /mm³。兴奋性突触的密度分布则较为均匀，范围从 L5A 中 2×10^9 个 /mm³ 到 L4 中的 3×10^9 个 /mm³。

桶状皮质接收的输入主要来自丘脑中的腹后内侧核（ventral posterior medial nucleus，VPM）与后核内侧区（medial subdivision of the posterior nucleus，POm）。它们中继来自三叉神经节和脑干中的三叉神经核的上行输入。一根胡须激活 VPM 中约 250 个呈桶状分布的神经元；这些神经元投射到皮质中的单个桶状功能柱中。VPM 也直接兴奋 L4 和 L5 中的 PV 神经元，但对 SST 神经元的输入则弱得多。POm 轴突分布于 L5A 和 L1，与 L5A 和 L3 神经元建立突触且后者上的突触更弱，且不与 L4 和 L5B 神经元建立突触。桶状皮质也接收其他皮质分区的输入，例如初级触觉运动皮质（primary vibrissal motor cortex，vM1）和次级体感皮质（secondary somatosensory cortex，S2），还接收来自中缝核的 5-羟色胺能输入、来自蓝斑的去甲肾上腺能输入、来自腹侧被盖区的多巴胺能输入和来自基底前脑的胆碱能输入。

桶状皮质每一层内部的兴奋性连接十分紧密，各层之间的投射则按强度大小排列如下：L4 → L3、L2/3 → L5、L3 → L2、L5A → L2、L4 → L5、L5 → L6、L4 → L6 和 L6 → L4。虽然每一层都接收层间输入，但是对 L4 和 L6 的层间输入最弱。在不同"桶"之间，也存在相互的兴奋性投射。中间神经元的异质性连接则大部分严格局限于单层

或是单个功能柱的内部。在 L5 SST 神经元中，Martinotti 细胞的轴突向 L1 生长并与 L1 中的树突连接，而非 Martinotti 细胞的轴突则向 L4 生长并抑制 L4 中的细胞。VIP 神经元主要集中分布在 L2 和 L3，但是其轴突能够垂直生长到皮质各层。PV 神经元与其自身、SST 神经元以及兴奋性神经元都有很高的连接概率。SST 神经元对 PV 神经元和兴奋性神经元的抑制也有很高的连接概率，但是 SST 神经元之间不存在化学突触。VIP 神经元接收长距离的兴奋性谷氨酸能和胆碱能输入，再通过抑制 SST 神经元起到去抑制作用。

桶状皮质对皮质下和其他皮质分区的输出主要由深层的锥体细胞所介导。浅层的锥体细胞也对皮质间的连接有所贡献。L1 和 L4 的细胞不对外投射。L2/3 中包含两类锥体细胞，分别投射到 vM1 和 S2。L5A 和 L3 神经元投射到 vM1、S2 和鼻周皮质，以及通过胼胝体投射到对侧体感皮质的外侧区。L5B 神经元投射到 POm、延髓和脑干。L6B 中的部分神经元投射到 VPM。

对桶状皮质微环路细胞构筑和连接方式的深入了解促进了对其环路功能机制的认知。以 L4 为例，感觉输入通过 VPM 兴奋颗粒细胞和 PV 神经元，PV 神经元又抑制颗粒细胞，构成了经典的前馈抑制环路（图 2-8-1B，左图）。颗粒细胞也能兴奋 PV 神经元和 SST 神经元，并被它们所抑制，构成经典的反馈抑制环路（图 2-8-1B，中图）。除了 VPM 之外，L4 几乎不接收其他脑区的长程兴奋性输入。在主动感知时，触觉产生的感觉信号和胡须运动产生的信号可被 VPM 中放电频率的变化所表征。但 L4 兴奋性神经元仅表征触觉信息，不表征运动信息。这是因为在胡须运动时，PV 神经元抑制 L4 兴奋性神经元的发放。而触觉能够激活多个 VPM 神经元同步发放，从而在前馈抑制生效之前瞬间兴奋 L4 兴奋性神经元。

五、长程输入与神经调节

来自丘脑的长程投射是皮质微环路信息输入的主要来源。几乎所有传入皮质的信息都要经过丘脑转导，因此所有皮质分区都从丘脑接收长程输入。皮质也向丘脑投射，两者之间的相互连接非常紧密，并具有拓扑特性。L4 和 L6 是皮质接收丘脑投射的主要位点，但其他各层中通常也有突触分布。来自丘脑的投射在皮质中建立的突触可分为两类：

一类是具备强离子通道型受体和高释放概率，能够产生较大的兴奋性突触后电位，称为驱动型（driver）突触；另一类则是较弱的调节型（modulator）突触，能够调节驱动型突触的兴奋性、电导率和增益，通常在多次激活时会逐渐减弱，即呈现衰减型特征。

皮质微环路受到 5- 羟色胺、去甲肾上腺素、多巴胺、乙酰胆碱、组胺等多种神经递质的调控。它们可以通过突触传递发挥作用，也可以通过突触外分泌和胞外扩散作用在特定神经元类群上。这些神经递质大部分来自皮质下的特定核团，其轴突在神经系统中广泛分布。除了上述神经递质之外，某些神经内分泌细胞分泌的神经内分泌激素也可以通过循环系统对许多皮质环路产生影响。

上述神经递质对皮质神经元的调控具有选择性。例如，小鼠 PFC 中 L5 锥体细胞一部分表达 1 型多巴胺受体（dopamine receptor D1，D1R）并具备簇状放电特性，而另一部分则表达 2 型多巴胺受体（dopamine receptor D2，D2R）且表现出后超极化特性；中间神经元则表达两种受体。这些受体对神经活动的调控依赖于神经递质的浓度。在猴的工作记忆测试中，PFC 中记忆相关的神经元对受体激动剂的响应呈现为浓度依赖性"∩"型曲线，当活性过高或过低时工作记忆都会受阻；去甲肾上腺素对这些神经元的调控也呈现浓度依赖性"∩"型曲线。5- 羟色胺 2A 型受体倾向于在锥体细胞和胞体靶向型中间神经元中表达，而 3 型受体主要在树突靶向型中间神经元中表达。

六、皮质微环路的多样性

为了满足物种在进化中的适应性和不同皮质分区的功能需求，不同物种和皮质分区中的微环路在共有某些基本特征的基础上，彼此之间也存在显著的差异，包括环路中包含的细胞类型及其比例、输入和输出特性和突触的动力学特征等许多方面。

在不同物种中，兴奋性神经元与抑制性神经元的绝对数量和相对比例均存在差异。例如，大脑较小的啮齿类动物倭鼩鼱（suncus etruscus）和鼹鼠（talpa europaea）的皮质中神经元的密度均远高于人脑；大、小鼠中抑制性神经元的比例则远低于灵长类。除了上述差异，灵长类皮质中还存在啮齿类皮质中不存在的新型抑制性神经元，例如双束细胞（double bouquet cell）。这类细胞具有垂直于皮质表面向下延伸多层、形似马尾的轴突束，在人和非人

灵长类皮质中数量众多且分布规律。它们的马尾状轴突与来自锥体细胞的髓鞘化轴突束呈现一一对应关系。但是，在啮齿类或者兔形目动物中并未发现这类细胞。上述现象说明，灵长类皮质在进化过程中获得了数量和类型更多的抑制性神经元。同一类神经元的神经化学特性和形态在不同物种之间也可能存在差异。例如，松鼠猴的前额叶和枕叶皮质中吊灯细胞的轴突末梢表达促肾上腺皮质激素释放因子，而在猕猴相同脑区中的吊灯细胞则不表达；在人脑皮质的 L5 ～ 6 能观察到 PV 或 CB 染色标记的吊灯细胞轴突末梢，而在其他物种中则只能观察到 PV 阳性的吊灯细胞轴突末梢。在猫的感觉运动皮质中，L5 锥体细胞的顶树突并不延伸到 L1，而是直接在 L5 上方大量分枝。在猴子的运动皮质和猫的运动皮质、体感皮质、顶叶皮质和视觉皮质中，L5 的某些锥体细胞几乎没有树突棘。

不同皮质区域中微环路的差异在垂直和水平两个方向上均有所体现。在垂直方向上，并非所有区域的皮质都是以 6 层结构的方式构筑。在运动区和运动前区中，颗粒细胞所在的 L4 随着发育而消失，因此这些分区被称为无颗粒皮质（agranular cortex）；成年灵长类的 V1 的分层多于六层，在皮质其他分区中也存在分层更少或更多的情况。在水平方向上，即便都具备相同的分层结构，在不同分区间各层的厚度、细胞密度、细胞类型、细胞形态、连接方式等各方面可能也存在差异。例如，猕猴前额叶皮质（prefrontal cortex，PFC）和 V1 中不同抑制性神经元类型的分布存在差异。V1 中 PV 神经元占主导地位，而 PFC 中的比例则是 24% PV 神经元、28% CB 神经元和 45% CR 神经元，即非 PV 神经元占主导地位。人类和猕猴 PFC 中的锥体细胞比 V1 中的更大、树突棘密度更高。有趣的是，这种差异在小鼠中不存在，提示这可能是灵长类所特有的现象。此外，在运动通路中，从初级皮质到高级皮质，锥体细胞的体积也逐渐增大、树突分枝和树突棘逐渐增多。由此可见，在感觉和运动通路中，随着脑区层级的升高，锥体细胞的突触整合能力也逐渐增强。

在外部连接方面，不同皮质分区或分层在所接收的皮质外输入的构成、强度、空间分布等特性上都可能存在差异。例如，来自丘脑的输入在各个分区的不同层中建立突触的密度、强度和动态特性不同。即便在同一层中，不同位置的神经元也可能接收不同的输入。一个典型的例子是啮齿类的桶状

皮质，其 L4 中形成"桶"的神经元集群接收一类丘脑输入但几乎不接收胼胝体输入，而"桶"之间区域则接收另一类丘脑输入，并且也接收胼胝体输入。在内部连接方面，除了由于细胞类型和细胞本身特征的不同所造成的差异，同类连接的数量差异也可能导致功能差异。例如，在 PFC 中存在大量的回返性兴奋（recurrent excitation），它是支撑工作记忆（即外界输入停止后短时间内继续存储信息的能力）所需的持续性神经活动的机制之一。虽然感觉区域中也存在类似的连接，但是连接的强度或比例可能低于 PFC。计算模拟显示，当回返性连接超过一定阈值后，就会涌现出能够自我维持的持续性神经活动。此外，PFC 中 L5 锥体细胞之间的兴奋性突触表现出比 V1 中更强的易化倾向，也有助于通过神经活动依赖性机制增强回返性兴奋。

第三节　其他脑区和物种中的微环路

一、感觉系统中的微环路：以嗅球为例

目前对感觉系统中某些微环路研究的相对比较深入，嗅球微环路正是其中之一。嗅球存在于鲸目之外的所有脊椎动物中，与无脊椎动物中的触角叶（antenna lobe）功能相仿。它是嗅觉信息从鼻腔输入后进行传递和处理的初级中枢，将嗅觉信息转化为神经信号输入大脑。嗅球的微环路结构在早期曾被认为与视网膜相似，但近年来则发现与丘脑或初级视觉皮质更相似。嗅球中已发现的细胞类型超过 20 种，这里我们只着重介绍其中的核心大类及其连接方式（图 2-8-3）。

嗅球具备清晰的分层结构，最外层为嗅神经层，分布着来自嗅上皮（olfactory epithelium，OE）中嗅觉受体神经元（olfactory receptor neuron，ORN）的

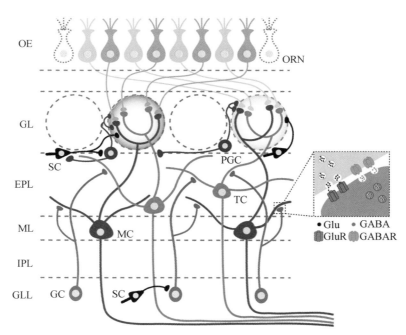

图 2-8-3　嗅球中的神经元类型和微环路连接

气味分子（odor molecules）与嗅上皮质（OE）中的嗅觉受体神经元（ORN）结合。不同颜色代表表达不同气味受体的 ORN。表达同一种气味受体的 ORN 将轴突投射到嗅小球层（GL）中的同一个嗅小球中，并与主神经元的顶树突形成突触连接。嗅球中有两类主神经元：僧帽细胞（MC）和丛状细胞（TC）。MC 的胞体排列为一层，即 MC 胞体层（ML）。TC 的胞体位于外网状层（EPL）中。GL 中的中间神经元球旁细胞（PGC）的树突与 MC 和 TC 的树突之间形成 GABA 能或多巴胺能突触。MC 和 TC 的次级树突与颗粒细胞（granular cell，GC）的顶树突在外网状层（EPL）形成突触。GC 的胞体密集排布于嗅球深层，形成颗粒细胞层（GCL）。另一类中间神经元短轴突细胞（SC）在 GL 和 GCL 均有分布。在 GL 中与主神经元或 PGC 均有连接，在 GCL 中则抑制 GC。插图：GC 的树突与 MC/TC 树突之间形成的交互突触（reciprocal synapse）。在单一 GC 树突末梢和 MC/TC 树突的接触位置上，同时存在前者对后者建立的 GABA 能突触和后者对前者建立的谷氨酸（Glu）能突触。谷氨酸受体（GluR）与 GABA 受体（GABAR）分别位于 GC 和 MC/TC 树突的突触后膜上

轴突。ORN 以一个月左右的周期更新，由嗅觉上皮中的干细胞产生的神经元进行补充。每个 ORN 上仅表达一种气味受体。气味受体为 G 蛋白耦联受体；气味分子与受体的结合通过激活第二信使系统改变 ORN 的电位。气味分子的种类成千上万并可以混合存在，因此嗅觉是一种多维的感觉。同一受体可以结合多种气味分子，配体与受体之间适配的程度决定了激活的强度。某些受体能够结合的气味分子类型存在一定的重叠。

嗅神经层下方为嗅小球层（glomeruli layer，GL）。分散在 OE 中、表达同种受体的 ORN 将轴突会聚投射到 GL 中的同一个嗅小球上，与僧帽细胞（mitral cell，MC）和丛状细胞（tufted cell，TC）的树突建立连接。MC 和 TC 是谷氨酸能兴奋性神经元，也是嗅球中的主神经元。它们的轴突投射到初级嗅觉皮质和杏仁核，是嗅球信息输出的通道。MC 和 TC 的投射位点虽然有所交叠，但并不完全相同。MC 的轴突通过外侧嗅束投射到梨状皮质的几个亚区。TC 的轴突大部分终止于嗅结节，也有少部分投射到梨状皮质前部。在哺乳动物中，单个 MC 的单根顶树突（又称主树突）经由外网状层终止于单个嗅小球中，并在其中簇状分叉，分别与 ORN 的轴突建立轴突–树突连接，与球旁细胞（periglomeruli cell，PGC）或短轴突细胞（short axon cell，SC）等中间神经元伸入嗅小球的树突建立树突–树突连接。每一个嗅小球中的神经元连接所形成的亚环路被称为一个嗅小球单元。嗅小球是所有物种中嗅球的基本组织模式，对于实现气味感知的信息处理十分重要。嗅小球与视觉皮质的功能柱和体感皮质中的桶状功能柱相仿，是解剖学上皮质信息处理的基本单元的最佳示例；但是，前两者在不同物种中存在差异，而嗅小球则几乎在所有物种中都一样。PGC 是 GL 中数量最多的中间神经元。每个 PGC 具有一到三根短的有棘树突，在单个嗅小球中分枝。部分 PGC 不具备轴突，如果有轴突则在嗅小球层中侧向延展。PGC 细胞释放 GABA 或多巴胺，或者两者均释放，产生抑制性效应。

GL 的下方是外网状层（external plexiform layer，EPL）。GL 是嗅觉输入信息的处理层，而 EPL 则是嗅球输出信息的处理层。单个 MC 的多根基树突（次级树突）在 EPL 稀疏分枝并横向延展，与 GABA 能颗粒细胞（granule cell，GC）的树突棘建立树突–树突连接。TC 的胞体也位于 EPL 中，与其他细胞的连接方式与 MC 相仿。传统观点将 TC 细胞看成小型的 MC，但近期研究表明它们具备不同的转录组、遗传决定因子、生理特征、神经化学特征和投射特征。MC 和 TC 平行介导嗅觉信息。

MC 的胞体所处的位置比 EPL 更深，形成较薄的 MC 胞体层（mitral body layer，ML）。大部分 GC 的胞体则在比 ML 更深处密集排布，形成颗粒细胞层（granule cell layer，GCL）。GC 具有在 EPL 中分枝的放射状长树突和短的中心树突，但不具备轴突。MC/TC 与 GC 间存在交互（reciprocal）的树突–树突连接，前者兴奋后者，而后者抑制前者。电镜观察发现这种树突间的交互突触十分特别，多个突触可以同时存在于单个 GC 树突末梢与 MC/TC 树突的连接位点中：单个 GC 树突末梢上既包括抑制性突触的突触前结构，也包括兴奋性突触的突触后结构，并分别与同一 MC/TC 树突上相邻的抑制性突触的突触后结构和兴奋性突触的突触前结构相对应（图 2-8-3，插图）。GC 介导反馈抑制和侧抑制，导致 MC 和 TC 放电同步化，产生振荡。侧抑制另一功能是增强 MC 和 TC 对不同气味响应的对比度。GCL 中也存在 SC，对 GC 起抑制作用。

大脑的脑室区产生的新生神经元通过吻侧迁移流迁移到嗅球对 GC 和 PGC 进行更新。这一机制增强嗅觉关联记忆的灵活性并提升对奖赏性气味的行为响应的准确性。计算模拟发现在不影响分辨的前提下，颗粒细胞存储的气味数量存在上限。因此，GC 的更新可能有助于保持最优的气味记忆数量，从而避免一生中连续的气味学习会影响气味分辨。

神经调质在嗅觉信息处理中起到重要作用。在嗅小球内部，PGC 释放的多巴胺可提升对环境变化的敏感性。嗅球也接收很多来自其他脑区的神经纤维支配，包括来自斜角带水平支核的胆碱能投射、来自中脑的去甲肾上腺素能和 5- 羟色胺能投射。这些纤维终止在嗅球内的不同细胞层次。胆碱能受体在嗅球中广泛存在，它们通过加强僧帽和球旁细胞的反应、延长颗粒细胞的反应来提升对不同气味的分辨能力。去甲肾上腺素抑制自发活动，但不影响感觉诱发的响应。它也控制习惯性记忆的长度。此外，嗅球中还包含除下丘脑之外最高浓度的牛磺酸和促甲状腺激素释放激素。脑啡肽、P 物质、促黄体激素释放激素和促生长素也在嗅球中有所分布。嗅球细胞也表达许多调节性多肽和激素的受体，胰岛素受体的密度在全脑各区域中位居前列。

上述内容主要介绍了主嗅球中的细胞构成与环路连接。除此之外，还存在与主嗅球平行的其他嗅觉通路。副嗅球从梨鼻器接收信息输入，投射到内侧和外侧杏仁核，传递有关天敌、配偶和同类的信息。脊椎动物中还存在变形嗅小球复合体（modified glomerular complex，MGC）和项链嗅小球（necklace glomeruli）。前者介导幼年动物哺乳相关的气味，后者接收表达鸟苷酸环化酶和环磷酸鸟苷激活型磷酸二酯酶的 ORN 亚型的输入。昆虫中存在的一对被称为巨型嗅小球复合体（macroglomerular complex）的大型嗅小球参与外激素信号的处理。

二、运动系统中的微环路：以纹状体为例

纹状体是基底神经节的主要组成部分，除了调控运动，也参与认知和记忆等多种高级功能。不同于前面介绍的微环路，纹状体中的主神经元是 GABA 能抑制性投射神经元，而非谷氨酸能兴奋性投射神经元。这类神经元因其形态特征被命名为中型多棘神经元（medium spiny neuron，MSN），约占纹状体神经元总数的 90%，在某些物种中甚至高达 97%。剩余的神经元是几类 GABA 能中间神经元和少量胆碱能中间神经元。因此，纹状体中的谷氨酸能兴奋性突触全部源于皮质和丘脑的外部输入，大部分建立在 MSN 的树突棘上，也有部分建立在 MSN 的树突干和中间神经元上（图 2-8-4）。这两类兴奋性输入的空间分布都具有拓扑规律，功能上存在对应关系的皮质和丘脑分区投射到纹状体的同一区域。

MSN 根据投射通路的差异可分为两个亚群，分别介导直接通路（direct pathway）（图 2-8-4 左侧）和间接通路（indirect pathway）（图 2-8-4 右侧）。前者表达多巴胺 1 型受体（D1R）、P 物质与强啡肽，直接投射到基底神经节中输出核团——苍白球内侧部（internal segment of the globus pallidus，GPi）和黑质网状部（substantia nigra pars reticulata，SNr），同时也向苍白球外侧部（external segment of the globus pallidus，GPe）投射轴突侧枝；后者表达多巴胺 2 型受体（D2R）和脑啡肽，只向 GPe 投射；GPe 再直接或通过丘脑底核（subthalamic nucleus，STN）间接投射到基底神经节的输出核团。另外，纹状体中存在片状的细胞聚集，被命名为纹状小体（striosome），其中既包含 D1-MSN，也包含 D2-MSN。纹状小体之外的部分被称为基质（matrix），也包含两类 MSN。近年的一项研究发现纹状小体

中的 D1-MSN 可以进一步根据 Pdyn 和 Tshz1 两种基因的差异表达分为两种亚型，前者参与经典直接通路的功能，促进运动、编码奖赏性信息、促进正性强化；而后者虽然也具有类似的投射，但介导的功能与经典直接通路相反，抑制运动、编码惩罚性信息、促进负性强化。在静息条件下，纹状体的大部分 MSN 处于相对超极化的静默状态，在接收到皮质或丘脑的兴奋性输入时才激活相应的亚群。

MSN 的轴突除了向外投射，也在纹状体内部分枝，并在其他 MSN 的树突干上建立抑制性突触。直接通路的 MSN 既连接同类 MSN，也连接间接通路中的 MSN。因此，MSN 之间的连接会构成前馈抑制环路。而纹状体中的 GABA 能中间神经元则介

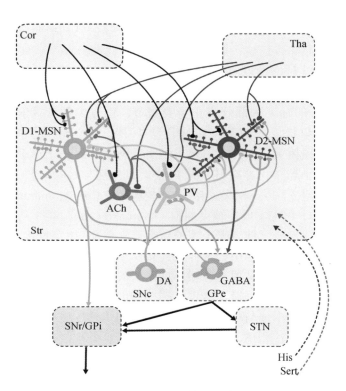

图 2-8-4 纹状体微环路

纹状体（Str）中主要的神经元类型是 GABA 能投射神经元，这些中型多棘神经元（MSN）也是纹状体微环路中的主神经元（principal neuron）。MSN 分为两类，左侧为介导直接通路的 D1-MSN，右侧为介导间接通路的 D2-MSN。直接通路直接投射到苍白球内侧部（GPi）、黑质网状部（SNr）和苍白球外侧部（GPe）。间接通路投射到 GPe，再投射到 SNr/GPi，或通过丘脑下核（STN）投射到 SNr/GPi。纹状体接收皮质（Cor）和丘脑（Tha）的兴奋性输入，也接收大量来自黑质致密区（SNc）的多巴胺能神经元的调控、本地胆碱能中间神经元调控和脚桥核的胆碱能神经元的调控，还接收少量来自结节乳头核的组胺能（His）神经元的调控和来自背侧中缝核的 5- 羟色胺能（Sert）神经元的调控。本地的 MSN 之间存在抑制性相互连接，也接收本地 GABA 能中间神经元的抑制性调控和来自 GPe 的远距离抑制性调控。纹状体中存在多种类型的 GABA 能中间神经元，图中仅展示了快速放电的小清蛋白（PV）阳性神经元，它主要在 MSN 胞周建立抑制性突触

导反馈抑制。这些 GABA 能中间神经元表达与皮质中相仿的各种标记基因，例如 PV、SST、nNOS、NPY、CR 等，在发育上也与皮质和海马中的中间神经元同源，电生理特性也具有相似性。它们主要在 MSN 的树突干上建立突触，其中快放电的 PV 神经元建立的突触主要位于胞周。除了内源性的 GABA 连接，GPe 也对纹状体进行 GABA 能投射。

在神经调质方面，纹状体接收来自结节乳头核的组胺能输入、来自背侧中缝核的 5- 羟色胺能输入和来自黑质致密区（substantia nigra pars compacta，SNc）的多巴胺能输入（图 2-8-4，右下）。其中多巴胺能输入远比其他两类密集。SNc 中的单个多巴胺能神经元可以对纹状体中相当大的范围提供输入。在大鼠中，单个多巴胺能神经元的轴突分枝能够覆盖纹状体 5.7% 的体积。这提示多巴胺能的输入既存在很高程度的汇聚，也存在很高程度的发散。据估测，单个多巴胺能神经元可能在背侧纹状体中建立 170 000～408 000 个突触。这些突触不仅建立在 MSN 上，也建立在中间神经元上。纹状体中几乎所有结构都受到多巴胺的调控。

纹状体也是全脑中胆碱能标记基因分布最为密集的区域。虽然纹状体本地胆碱能中间神经元的数量不多，但其轴突分枝十分密集。这些神经元接收丘脑、皮质和 MSN 的输入，以类似于多巴胺的方式对 MSN 进行输出，同时也通过调控 GABA 能中间神经元间接影响 MSN。除了本地的胆碱能神经元，脚桥核也对纹状体有显著的胆碱能输出。与多巴胺类似，胆碱能受体也分为两种类型，毒蕈碱型胆碱能受体和尼古丁型胆碱能受体，且均参与调控。

三、情绪系统中的微环路：以杏仁核为例

杏仁核是位于皮质下方、靠近大脑腹侧的一对杏仁状结构，在情绪调控中起到重要作用。杏仁核的分区十分复杂（图 2-8-5），呈现为杏仁样外观的是由外侧杏仁核（lateral amygdala，LA）和基底（basal，B）杏仁核的前部分区组成的基底外侧杏仁核（basolateral amygdala，BLA）。中央杏仁核（central amygdala，CE）更靠内侧。其余的杏仁核核团被定义为嗅觉系统的组成部分，包括内侧杏仁核（medial amygdala，M）、皮质杏仁核（posterior medial subdivision of cortical amygdala，CA）、后侧杏仁核（posterior amygdala，PA）、背内

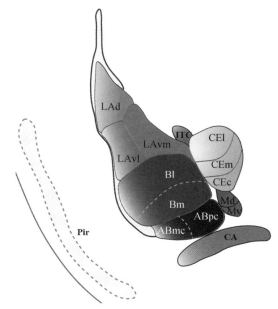

图 2-8-5 杏仁核的分区

杏仁核可分为三个大的分区：外侧杏仁核（LA）、基底杏仁核（B）和中央杏仁核（CE）。位于 LA、B 和 CE 之间的间层细胞团（ITC）也是杏仁核的一部分，介导对 LA 和 BA 与 CE 连接的抑制性调控。LA 又可进一步划分为背侧（LAd）和腹侧（LAv），腹侧进一步分为内侧（LAvm）和外侧（LAvl）。B 也可分为内侧（Bm）和外侧（Bl）。CE 可分为外侧（CEl）、内侧（CEm）和中心（CEc）。在 B 的下方还存在辅助基底杏仁核（accessory basal amygdala，AB），分为小细胞（pc）和大细胞（mc）两个分区。内侧杏仁核（M）和皮质杏仁核（CA）隶属于嗅觉系统。M 又分为背侧（Md）和腹侧（Mv）。Pir：梨状皮质（piriform cortex）

侧杏仁核（basomedial amygdala，BMA）、梨状杏仁区（piriform amygdala area，PAA）、后侧梨状过渡区（posterior piriform transition area，TR）、外侧嗅束核（nucleus of the lateral olfactory tract，NLOT）和剩余的皮质来源的杏仁核（cortical amygdala，COA）区域等。早期研究认为杏仁核是一个完整的功能单元，在所有上述分区之间整合处理信息；LA 是杏仁核的主要输入核团，CE 是杏仁核的主要输出核团。虽然近年来的研究逐渐揭示杏仁核不同分区很可能参与不同的功能，在本节中我们仍然把各个核团作为杏仁核的分区而非单独的脑区来介绍。

对杏仁核进行情绪相关功能研究时，最常用的行为范式之一是条件恐惧（fear conditioning，FC）。恐惧是情绪的基本形式和面对危险或威胁的防御机制，包括先天性的本能恐惧（innate fear）和后天的习得性恐惧（learned fear）两类，FC 是对后者的模拟。在 FC 中，单次或多次给予非伤害性条件刺激（conditioned stimulus，CS）与伤害性非条件刺激（unconditioned stimulus，US）配对刺激后，单独给予 CS 即可诱发原本由 US 诱发的防御性响应，

即形成了对 CS 的条件恐惧记忆。杏仁核参与条件恐惧记忆的形成、存储、提取和消退等各个阶段。早期环路模型认为 CS 通过丘脑和皮质输入到 LA，LA 将信息传递到 CE，CE 输出到脑干，导致恐惧行为。在此模型中，LA 中的突触可塑性变化被认为是 CS 和 US 关联记忆产生的关键，而 CE 则是导致恐惧行为表现的关键。

杏仁核不同分区中的神经元类型存在差异。在 LA、B、辅助基底杏仁核（accessory basal amygdala，AB）和 COA 中，大部分神经元是谷氨酸能的兴奋性投射神经元。它们与皮质中的投射神经元在形态和电生理方面高度相似。位于间层细胞团（intercalated cell masses，ITC）、CE 和 M 中的投射神经元则大部分是与纹状体 MSN 相似的 GABA 能抑制性神经元。不同分区的微环路连接与其所包含的投射神经元类型一致，分别与皮质和纹状体相仿。GABA 能中间神经元在杏仁核各分区中普遍存在，它们主要以前馈方式与主神经元连接，但也通过去抑制调控杏仁核功能。通过标记基因的表达，可将杏仁核中的主神经元和中间神经元分为多种亚型，不同亚型存在不同的连接模式和功能特性。

以 CE 的外侧区（lateral CE，CEl）为例，该区域中存在分别表达 SST 和蛋白激酶 C-δ（protein kinase C-δ，PKC-δ）两大类互不交叠的 GABA 能神经元亚型，共占其神经元总数的 80% ～ 90%。这两类神经元之间连接的概率远低于同亚型内部。在条件恐惧范式中，大部分 SST 神经元被 CS 激活，而大部分 PKC-δ 神经元则被抑制。表达促肾上腺皮质激素释放激素（corticotropin-releasing hormone，CRH）的神经元是 CEl 中的另一类亚型，分布比 SST 神经元和 PKC-δ 神经元更靠近吻侧。SST 神经元和 CRH 神经元在 FC 中均发生兴奋性突触增强（synaptic potentiation），但前者参与恐惧记忆的提取和表达，后者则参与恐惧学习而不参与恐惧行为的表达。虽然过去一般认为 CE 是 LA 的下游，但近期研究发现 CEl 中的 PKC-δ 神经元能够对 LA 传递 US 信息；若在 FC 学习过程中抑制 CEl 中 PKC-δ 神经元的活性，LA 中突触可塑性将被阻断。这说明杏仁核中的微环路连接比过去认为的更为复杂。

四、低等生物中的微环路：以海兔缩鳃反射为例

海兔是一类神经系统相对简单的海洋软体动物。它的神经元以神经节的形式组织在一起，神经元个体很大并有不同的色素沉着，容易辨认、记录和刺激，因此便于用于神经环路研究。已有研究发现，海兔中的许多学习形式体现出与哺乳动物相似的行为学特征，提示它们可能具备相似的神经机制。因此，在海兔中开展学习记忆的研究，可以为从基本条件化出发理解高级学习范式提供桥梁。

海兔虹吸管受到刺激的时候会把柔嫩的外鳃缩回体内以免遭受伤害。这是一种先天就有的简单防御性行为，称为缩鳃反射。这一行为由海兔腹神经节中的单突触环路介导：虹吸管感觉神经元（sensory neuron，SN）直接在支配鳃的运动神经元（motor neuron，MN）上建立突触。中间神经元（interneuron，IN）也参与这一环路的调控（图 2-8-6）。尽管这个环路十分简单，却足以承载习惯化（habituation）、去习惯化（dishabituation）、敏化（sensitization）、经典条件化（classical conditioning）和操作性条件化（operant conditioning）等各种学习形式。例如，如果在短时间内频繁地刺激海兔，但不伤害它，缩鳃反射就会减弱，即"习惯化"；相反，如果在给予非伤害性触觉刺激的同时给予电击，缩鳃反射就会增强，即"敏化"。通过调整训练的频率和次数，所产生的变化还可产生短期或长期记忆。这些不同的学习和记忆形式能够被突触连接的变化所反映，并能够在整体动物或离体实验体系中加以研究。

缩鳃反射环路中的短期记忆的形成主要由 SN 对 MN 的单突触连接上兴奋性突触后电位（excitatory postsynaptic potential，EPSP）的变化所介导。短期习惯化的产生是由于突触前 SN 神经递质释放减少，导致 EPSP 减弱。短期去习惯化和敏化则依赖于神经调质介导的突触前易化，5- 羟色胺在其中起到主要作用。敏化是对静息突触的易化，在此过程中

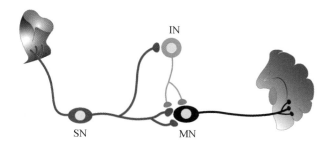

图 2-8-6　海兔的缩鳃反射环路

感觉神经元（SN）分布在虹吸管（左侧图示）处的神经末梢感受到触觉刺激后，将信号传递到支配鳃（右侧图示）的运动神经元（MN）。中间神经元（interneuron，IN）通过释放 5- 羟色胺等神经调质，调控 SN 到 MN 的突触强度

5- 羟色胺与突触前 G 蛋白耦联受体结合，导致环磷酸腺苷（cyclic adenosine monophosphate，cAMP）增加；cAMP 激活 cAMP 依赖性蛋白激酶（cAMP-dependent protein kinase，PKA），通过磷酸化关闭钾离子通道，导致动作电位变宽、钙离子内流增大和神经递质的释放增多。去习惯化是对习惯化后抑制突触的易化，在此过程中 5- 羟色胺导致受体相关的蛋白激酶 C（protein kinase C，PKC）的激活，通过不依赖于动作电位变宽的机制来易化突触，其中可能涉及囊泡的移动，以及钙离子 / 钙调蛋白依赖性蛋白激酶（Ca²⁺/calmodulin-dependent protein kinase，CamK II）。短期记忆相关的变化是暂时的。在刺激停止后，分子水平的变化很快消失，突触连接的变化也会随之在较短时间内恢复到最初的状态。

5- 羟色胺也参与长期记忆的形成。在体外培养体系中，可以重现 SN 和 MN 之间的单突触连接并检测 5- 羟色胺的效应。研究发现，单次加入 5- 羟色胺可导致突触有效性（synaptic effectiveness）的短期变化，而在 1.5 小时内间隔加入 5 次 5- 羟色胺则能够导致长达数天的长期改变。在表型上，短期和长期的改变具有惊人的相似性，包括神经递质释放的增多、动作电位的增宽和特定类型的钾离子通道的抑制等。但是，它们所涉及的细胞变化存在本质差异。离体和在体的研究发现，长期记忆需要基因的转录和新蛋白的合成，并涉及结构上的改变。长期敏化伴随着新突触的形成，长期习惯化则涉及已有突触的消失。这些结构上的变化涉及突触前和突触后的机制，可以维持较长的时间，并且持续的时间与记忆持续的时间一致。

长期易化的突触前机制主要涉及磷酸化 cAMP 响应元件（cAMP-responsive element，CRE）结合蛋白 CREB1 和 CREB2 对基因表达的调控，前者为激活型（activator），后者为抑制型（repressor）。长期易化需要激活前者并解除后者介导的转录抑制。这两者之间的平衡对于果蝇和小鼠中的长期记忆也十分重要。在果蝇中，表达抑制型 CREB 能阻断长期嗅觉记忆，但不影响短期记忆；过表达激活型 CREB 则能增加密集训练形成长期记忆的效率。与此相仿，在小鼠中部分敲除激活型 CREB 影响海马依赖性长期记忆，但不影响短期记忆；降低抑制型 CREB 的同源基因 ATF4 的表达则能增强海马依赖性长期记忆形成。CREB 介导的对胞外刺激的响应受到一系列蛋白激酶和磷酸酶的调控。因此，CREB 可以整合多种信号转导通路的信息。CREB 的信息整合能力和抑制与激活的双向调控能力可能是它在从无脊椎动物到脊椎动物的多种条件下的记忆存储中发挥中心功能的原因。此外，非编码 RNA 和 DNA 甲基化等表观遗传学机制也在转录调控中起到重要作用。长期易化的突触后机制包括钙离子浓度增加、蛋白激酶活性、蛋白质合成、基因调控和谷氨酸受体集群的增加，其中某些机制的激活依赖于突触前后神经元之间顺行和逆行的信号交流。

从最初模型的提出至今，对缩鳃反射环路的认知随着研究的进展不断加深。我们可以看到，即便对于如此简单和基本的反射环路，其功能调控也涉及许多不同的机制，并且彼此之间存在着复杂的相互作用。这些机制中有许多在高等生物的神经系统中仍然进化保守，对于复杂环路的研究具有重要借鉴意义。

第四节 研究微环路的技术手段

微环路的研究涵盖细胞构筑、连接模式、神经活动及其动态变化与可塑性等多个侧面，跨越微观（纳米级—突触）、介观（微米级—细胞）和宏观（毫米级—脑区）等多个层次，因此需要用到分子生化、遗传发育、形态解剖、电生理和计算模拟等多种技术手段。在本节中，我们主要介绍四种常用的关键技术。

一、遗传标记

微环路研究的一个重要方面是解析其神经元构成及其相互之间的连接关系。线虫、海兔等低等动物的神经系统较为简单并且神经元谱系相对固定，因此可以对微环路中的每一个神经元进行识别和分析，绘制单细胞水平的连接图谱。对于较为高等的动物中更为复杂的微环路，往往难以在单个研究对象中进行全覆盖式的分析来重构微环路，而是需要在多个个体中进行多次实验采样，通过分析不同类型神经元的连接特征，总结归纳微环路连接的规律。对神经元进行可靠的分型标记、调控和记录，是开展这类研究的技术基础。

神经元的产生与分化受到遗传程序的调控。利用在发育过程中调控细胞命运的转录因子，或者是在有丝分裂后神经元中差异表达的标记基因，借助细胞内源性基因表达调控机制来驱动各类工具基因的表达，即可对不同神经元谱系或类型进行遗传标记和调控。最为直接的遗传标记方式是利用神经元类型特异性调控元件直接驱动荧光蛋白等转基因表达（图 2-8-7A），例如在 GABA 合成酶 Gad67 的内源基因位点中插入绿色荧光蛋白 GFP 的编码序列，即可标记 GABA 能神经元。但是，目前更为常用的是遗传标记的二元系统（binary system）。该系统分别包括驱动子（driver）和报告子（reporter）两个组分，前者保障标记的特异性，后者提供调控的灵活性（图 2-8-7B）。在驱动子中，细胞类型特异性

基因表达调控元件驱动某种分子开关（例如位点特异性 DNA 重组酶 Cre 或 Flp，或转录激活因子 tTA 或 Gal4）的表达。报告子则响应于驱动子，表达各类工具基因（effector）（例如荧光蛋白、钙敏蛋白、光敏通道等），从而对神经元分别进行形态标记、活性检测、活性调控等各项操作。在小鼠中，最为常用的遗传标记系统是 Cre-loxP 系统：驱动子在特定细胞类型中表达 Cre 重组酶，通过 Cre 催化 LoxP 重组来激活报告子中工具基因的表达（图 2-8-7B，左图）。多系统逻辑组合可进一步提升遗传标记的灵活性和特异性（图 2-8-7C）。

遗传标记使得不同研究者能够在不同实验体系中可靠地研究同一类神经元的微环路连接模式，从而总结其连接规律。这一技术与神经活动监测和调控（如膜片钳、钙成像、光遗传等）、环路示踪、电镜重构等其他技术相结合，为在复杂神经系统中开展微环路研究提供了重要支撑。

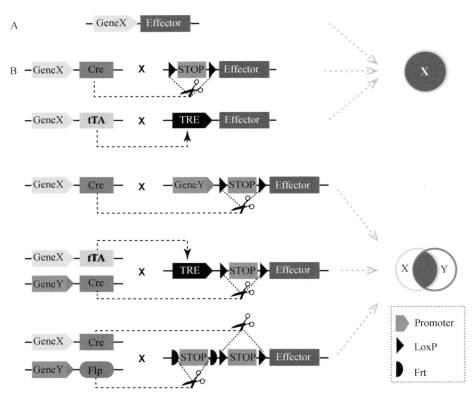

图 2-8-7　遗传标记策略

A. 单转基因遗传标记。利用基因 X 的表达调控元件直接驱动工具基因（effector）进行遗传调控；**B.** 遗传标记的二元系统。在驱动子（乘号左侧）中，利用基因 X 的表达调控元件驱动分子开关（Cre 或 tTA）表达。报告子（乘号右侧）响应于驱动子，表达 effector。上图：位点特异性 DNA 重组酶系统。Cre 识别 LoxP 催化同源重组，去除报告子中阻碍 effector 转录和翻译的 STOP 序列，激活表达。下图：转录激活系统。tTA 识别 TRE 启动子，招募 RNA 聚合酶启动转录，激活表达；**C.** 组合标记的三种策略。上图：分别在驱动子和报告子中利用基因 X 和 Y 的表达调控元件驱动 Cre 和效应基因。中图-下图：分别利用两个基因 X 和 Y 的表达调控元件驱动分子开关（中：tTA 和 Cre；下：Cre 与 Flp），共同驱动工具基因的表达。图中示例为逻辑取交系统，用于遗传调控共表达两种基因的细胞类型。改变报告子的设计还可实现取补、取并等其他逻辑运算方式

二、膜片钳多细胞记录

利用膜片钳同时对多个神经元进行全细胞记录是微环路研究中确认神经元之间突触连接的金标准之一，其基本操作是在一个神经元上诱发动作电位，同时在其他神经元上记录可能存在的突触后响应。这项技术能够精准记录亚微秒时间尺度、单突触级别的电位（电流）变化，并可与生物素灌注后染色与形态重构、细胞质（或全细胞体）吸取后单细胞测序（patch-seq）等技术手段相结合，从电生理特征、形态特征和基因表达谱三个尺度对所记录的神经元身份（neuronal identity）进行分析，以及从连接概率、突触强度与动态、突触可塑性等多方面对神经元之间的连接特征进行分析。其不足之处在于较难进行在体应用和长距离连接的检测，并且通量较小，单次实验中能够同时分析的细胞数量有限。近年来，一些新的实验系统将膜片钳记录与光遗传等新兴技术手段相结合，进一步拓展了其应用场景。例如，CRACM（ChR2 assisted circuit mapping）技术将光遗传与膜片钳记录结合，利用光敏通道激活突触前细胞群体或其轴突末梢，用膜片钳对突触后细胞进行记录，可分析微环路所接收的长距离的外源输入。在其他一些研究中，研究者们则借助光激活的高分辨率和可控性，精准激活单个突触，结合膜片钳记录突触后响应，分析突触连接的精细特征。目前也有研究尝试在活体动物中开展单细胞和多细胞的膜片钳记录。

三、电镜重构

电镜重构是唯一能够全覆盖式、无偏向性、高分辨率重构特定区域中所有突触连接的技术方法。随着遗传标记和光学成像技术的发展，已经有不少方法能够实现亚微米级别的神经元重构。但是，这些方法只能追踪被标记的神经元，无法采集未标记部分的信息。此外，尽管光学成像可以结合突触前后的分子标记来分析可能存在的突触连接，仍然需要结合电生理记录等其他技术手段来确认功能性连接实际存在。而电镜的高分辨使得我们可以直接观察和重构突触结构，并可通过其形态来分辨突触的类型。近年来，电镜重构技术进步使得研究者们可以在较大的空间尺度（几百微米到几毫米）上重构

环路连接的细节。继线虫被电镜整体重构之后，研究者们又陆续重构了完整的果蝇大脑和一些哺乳动物大脑切块（包括不同脑区和不同发育时期），揭示出许多过去未知的微环路连接规律。目前，电镜重构的瓶颈在于成像数据量巨大、重构工作量繁重，因此仍然未能重构哺乳动物的完整脑区。但是，随着技术的发展和进步，相信这些问题将会在不久的将来被解决。

四、计算模拟

随着神经科学的发展，我们对微环路的解剖学和生理学特征有了越来越深入的认知。但是，对于微环路信息处理的机制和动态变化的规律，目前仍了解得不够深入。要真正理解复杂的大脑神经网络及其更为复杂的动态变化，需要将实验与理论相结合。通过计算模拟，一方面可以从实验数据中提炼普遍规律，揭示微环路的工作原理，另一方面还可以基于已知特征对未知行为进行预测，指导进一步的实验研究。此外，通过模拟自然界中的神经网络来构筑类脑智能，发展机器算法，对于发展人工智能技术也具有重要的借鉴意义。

在利用海兔缩鳃反射研究学习记忆时，整合了环路、细胞和分子机制的计算模型成功模拟了习惯化、去习惯化、敏化和经典条件化等行为的大部分已知特征，并且成功预测了一些后续被实验验证的高级特征。在对皮质典型环路的研究中，对 L4 中回返环路（recurrent circuit）的模拟预测出对丘脑输入放大效应的增益范围为 2 ～ 5 倍，后续在视觉皮质和听觉皮质中验证了这一预测。近年来，研究者们试图对神经环路进行更大规模的计算模拟。在欧洲蓝脑计划（Blue Brain Project）的支持下，Markram 等人数字化重构了一个相对完整的大鼠体感皮质微环路，其中包括 31 000 个神经元和 37 000 000 个突触。这一计算模型成功重现了一些在体研究的结果，并预测了许多类型的网络活动，其中一些得到了离体实验数据的支持。该数据存储在 Neocortical Microcircuit Collaboration（NMC）数据库中。随着实验技术的发展，我们将积累更多、更准确、更高时空分辨率的实验数据，未来可能构建更大规模、更贴近真实的脑数学模型，以帮助我们真正理解脑功能的环路机制。

第五节 总 结

神经元相互连接构成神经环路，对信息进行传递、处理和储存。局部的微环路是神经系统各个区域执行功能的结构基础。因此，要理解神经系统的功能原理，需要对微环路的细胞构筑、连接模式、调控机制和可塑性变化进行深入研究。在本章中，我们介绍了哺乳动物的大脑皮质、嗅球、纹状体和杏仁核中的微环路和海兔的缩鳃反射环路。可以看到，虽然微环路连接存在一些基础模式（例如三种不同的抑制环路），但是不同脑区中的细胞组成和微环路连接模式存在着显著的差异。近年来，遗传标记等技术的进展大大促进了小鼠等哺乳类模式生物中的微环路研究，对微环路的计算模拟也有了长足进步。这些研究不仅有助于我们认识人类大脑的功能原理，对于类脑智能的发展也具有借鉴意义。

参考文献

综述

1. Shepherd GM and Grillner S. Handbook of brain microcircuit. 2nd ed. New York：Oxford University Press，2018.
2. Harris KD，Shepherd GM. The neocortical circuit：themes and variations. *Nat Neurosci*，2015，18：170-181.
3. Tremblay R，Lee S，Rudy B. GABAergic Interneurons in the Neocortex：From Cellular Properties to Circuits. *Neuron*，2016，91：260-292.
4. Petersen CC. The functional organization of the barrel cortex. *Neuron*，2007，56：339-355.
5. DeFelipe J，Alonso-Nanclares L，Arellano JI. Microstructure of the neocortex：comparative aspects. *J Neurocytol*，2002，31：299-316.
6. Shepherd GM，Chen WR，Greer CA. Olfactory bulb. In the Synaptic Organization of the Brain（ed. GM Shepherd）. 5th ed. New York：Oxford University Press，2004.
7. Burton SD. Inhibitory circuits of the mammalian main olfactory bulb. *J Neurophysiol*，2017，118：2034-2051.
8. Silberberg G，Bolam JP. Local and afferent synaptic pathways in the striatal microcircuitry. *Curr Opin Neurobiol*，2015，33：182-187.
9. Janak PH，Tye KM. From circuits to behaviour in the amygdala. *Nature*，2015，517：284-292.
10. Johnson，L. R. and J. E. LeDoux. The anatomy of fear：microcircuits of the lateral amygdala. In J. M. Gorman（ed.），Fear and Anxiety：The Benefits of Translational Research. Washington，DC：APPA Press，2004，227-250.
11. Franklin KBJ，Paxinos G. Paxinos，et al. The mouse brain in stereotaxic coordinates. Fourth edition. ed. Amsterdam：Academic Press，an imprint of Elsevier，2013.
12. Kandel ER. The molecular biology of memory storage：a dialogue between genes and synapses. *Science*，2001，294：1030-1038.
13. He M，Huang ZJ. Genetic approaches to access cell types in mammalian nervous systems. *Curr Opin Neurobiol*，2018，50：109-118.
14. Kubota Y，Sohn J，Kawaguchi Y. Large Volume Electron Microscopy and Neural Microcircuit Analysis. *Front Neural Circuits*，2018，12：98.
15. Yuste R. From the neuron doctrine to neural networks. *Nat Rev Neurosci*，2015，16：487-497.
16. Zhou Y，Li H，Xiao Z. In Vivo Patch-Clamp Studies. *Methods Mol Biol*，2021，2188：259-271.

原始文献

1. Douglas RJ，Martin KAC，Whitteridge D. A canonical microcircuit for neocortex. *Neural Computation*，1989，1：480-488.
2. Pfeffer CK，Xue M，He M，et al. Inhibition of inhibition in visual cortex：the logic of connections between molecularly distinct interneurons. *Nat Neurosci*，2013，16：1068-1076.
3. Deng S，Li J，He Q，et al. Regulation of recurrent inhibition by asynchronous glutamate release in neocortex. *Neuron*，2020，105：522-533 e524.
4. He M，Tucciarone J，Lee S，et al. Strategies and tools for combinatorial targeting of GABAergic neurons in mouse cerebral cortex. *Neuron*，2016，91：1228-1243.
5. Lefort S，Tomm C，Floyd S，et al. The excitatory neuronal network of the C2 barrel column in mouse primary somatosensory cortex. *Neuron*，2009，61：301-316.
6. Cavarretta F，Marasco A，Hines ML，et al. Glomerular and mitral-granule cell microcircuits coordinate temporal and spatial information processing in the olfactory bulb. *Front Comput Neurosci*，2016，10：67.
7. Doig NM，Moss J，Bolam JP. Cortical and thalamic innervation of direct and indirect pathway medium-sized spiny neurons in mouse striatum. *J Neurosci*，2010，30：14610-14618.
8. Xiao X，Deng H，Furlan A，et al. A genetically defined compartmentalized striatal direct pathway for negative reinforcement. *Cell*，2020，183：211-227 e220.
9. Matsuda W，Furuta T，Nakamura KC，et al. Single nigrostriatal dopaminergic neurons form widely spread and highly dense axonal arborizations in the neostriatum. *J Neurosci*，2009，29：444-453.
10. Frost WN，Kandel ER. Structure of the network mediating siphon-elicited siphon withdrawal in Aplysia. *J Neurophysiol*，1995，73：2413-2427.

11. Petreanu L，Huber D，Sobczyk A，et al. Channelrhodopsin-2-assisted circuit mapping of long-range callosal projections. *Nat Neurosci*，2007，10：663-668.

12. Gouwens NW，Sorensen SA，Baftizadeh F，et al. Integrated morphoelectric and transcriptomic classification of cortical GABAergic cells. *Cell*，2020，183：935-953 e919.

13. Markram H，Muller E，Ramaswamy S，et al. Reconstruction and simulation of neocortical microcircuitry. *Cell*，2015，163：2，456-492.

14. Yu K，Ahrens S，Zhang X，et al. The central amygdala controls learning in the lateral amygdala. *Nat Neurosci*，2017，20：1680-1685.

第3篇　胶质细胞

段树民

胶质的概念是由著名的德国病理学家 Virchow 提出的，早于 Cajal 的神经元学说的建立。Virchow 认为脑组织的细胞外间隙充满着神经细胞分泌的胶状物质，将神经细胞黏合在一起，从而起到支持神经细胞的功能。后续的研究表明，胶质是由几类形态和功能各异的细胞组成，它们共同的特征是不具有类似神经元的细胞特性，如动作电位的产生、突触的连接。因此也被认为是脑内的支持细胞而长期没有受到重视。随着研究的深入，人们逐渐认识到不论脑的功能还是在脑疾病状态下，胶质细胞都起着至关重要的作用。

胶质细胞在脑内所占的比例随着生物进化程度的提高而升高，主要分为三类：第一类是星形胶质细胞，有关胶质细胞的多数概念，都是从这一类胶质细胞得出的，如对神经元的支持营养作用。随后发现的钙波及与神经元和突触的相互作用，说明星形胶质细胞可能参与神经系统的高级功能。第二类是少突胶质细胞，产生中枢神经系统中包裹轴突的髓鞘。第三类是小胶质细胞，被认为是脑内的吞噬和免疫细胞，经典的研究主要集中在脑的病理过程，近年来对其在生理情况下参与脑的发育及其与神经元相互作用也受到关注。

20 世纪 90 年代以来，随着星形胶质细胞钙波的发现，有关胶质细胞在信息处理方面（如神经信号分子分泌、各种受体的表达和功能、与神经元及其突触之间的相互作用等）的研究受到重视。值得注意的是，这些胶质细胞新功能的研究大多都是在离体组织和细胞培养中进行的。近年来有关神经元研究的技术手段得到快速发展，这些手段在胶质细胞的研究中也得到很好的应用，如活体成像、光遗传学和化学遗传学、单细胞测序等技术的应用，促进了在活体情况下胶质细胞对各种脑功能作用的研究。

第 1 章　星形胶质细胞

戈鹄平　秦　松　李玉兰

星形胶质细胞（astrocyte，又称 astroglia）是中枢神经系统数量最多、分布最广的胶质细胞类型。Astro 源自希腊语 ástron，是星体（star）的意思，因其形如夜空的星星而得名。最早提出胶质概念的是德国解剖学家 Virchow，他在 1856 年提出脑组织的细胞外间隙充满着神经胶质（neuroglia），起到支持神经细胞的功能。直到 1873 年才由 Golgi 通过自己发明的 Golgi 染色确定它们是一种独特的细胞类型。1893 年由 Andriezen 发现胶质细胞存在原浆型和纤维型两个亚型。同年，科学家 Von Lenhossek 根据这些细胞的形状把上述两类细胞称作星形胶质细胞。

第一节　星形胶质细胞的起源和发育

哺乳动物中枢神经系统（central nervous system，CNS）神经元和星形胶质细胞都来源于胚胎期的神经上皮细胞，表现为"先产生神经元而后产生胶质细胞"这一分化规律。随着胚胎的发育，神经上皮分为室层（ventricular zone，VZ）、室下层（subventricular zone，SVZ）、中间层（intermediate zone，IMZ）和边缘层（marginal zone，MZ）。大脑皮质神经发生的初期，通常在小鼠胚胎第 9～10 天（E9～10），神经上皮细胞形态上发生很大改变，转变为放射状胶质细胞（radial glial cell，RGC）。RGC 是一种特殊的神经胶质细胞，具有神经干细胞（neural stem cells，NSC）的功能，是神经元和胶质细胞的前体细胞。

一、胚胎期星形胶质细胞的生成

在脊椎动物大脑中，神经元和胶质细胞（星形胶质细胞和少突胶质细胞）是随时间顺序依次生成的，它们来自共同的前体细胞。大脑中各种细胞生成在时空上差别很大，但互有重叠。在哺乳动物的大脑皮质中，神经元最早生成，然后是星形胶质细胞，最后是少突胶质细胞。在前脑的发育过程中，侧脑室的室层最早出现，由生发层细胞产生神经元和放射状胶质细胞。大鼠的神经元在胚胎期第 12 天（E12）出现，两天后达到最高峰，在 E17 停止。VZ 背侧区域称为室下层，在 E14 形成，SVZ 在 E19 成为脑的主要生发层，是胶质细胞产生的重要区域。从 E17 开始，SVZ 产生星形胶质细胞和少突胶质细胞，在出生后两天内 SVZ 生成的星形胶质细胞达到高峰（图 3-1-1）。

出生时大多数脑区的神经元发生都已经完成，神经元的数量维持基本恒定。另一方面，随着大脑的生长，神经胶质细胞的数量在出生后三周内激增，局部星形胶质细胞的增殖构成了大脑皮质星形胶质细胞的主要来源。在小鼠大脑皮质发育过程中，来自 RGC 的星形胶质细胞生成发生在两个阶段。第一阶段，通常在胚胎晚期（E16～E18），RGC 通过不对称分裂生成神经胶质祖细胞。这些细胞产生后从 VZ/SVZ 向皮质放射状迁移，并经历数轮增殖，从而在同一皮质柱内形成多个星形胶质细胞

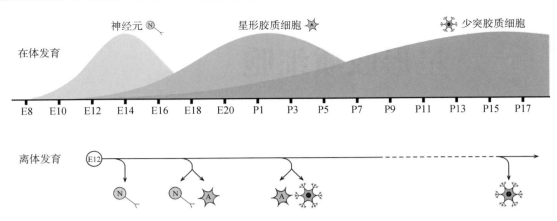

图 3-1-1　大鼠脑中神经元和两种胶质细胞的生成时间重叠并有所错开

神经元、星形胶质细胞、少突胶质细胞的生成分别在胚胎期第 14 天（E14），出生后第 2 天（P 2），P14 ～ 17 达到最高峰。长期培养的 E12 脑组织中的胶质细胞也存在类似的生成模式（毕湛迎改绘）

簇。第二阶段发生在分化的末期，是由 RGC 直接转化产生的。RG 由单极转变成过渡性 tRG（transitional radial glia）。这些过渡性 tRG 经历终末分化，生成的星形胶质细胞向两侧迁移，最终分布于白质和灰质区（图 3-1-2）。

二、出生后星形胶质细胞的生成

相比于新生鼠，成年小鼠大脑皮质的神经元数目没有显著的变化，但绝大部分胶质细胞却是在出生后产生，成年后皮质胶质细胞数目增加了 6 ～ 8 倍。P1 ～ 6（出生后第 1 ～ 6 天）的大鼠脑内有 400 万～ 600 万胶质细胞，至 P21（断奶期）可达 3500 万，并且该数目直至成年期均维持稳定。星形胶质细胞，作为大脑中最主要的胶质细胞类型，在啮齿类等哺乳动物中大部分是在出生后产生。它们来源比胚胎期复杂，以皮质为例，主要分为四种来源：放射状胶质细胞、SVZ 细胞、NG2 胶质细胞、局部区域产生的星形胶质细胞。各种来源的星形胶质细胞占比在脑的不同发育时期以及不同脑区差异

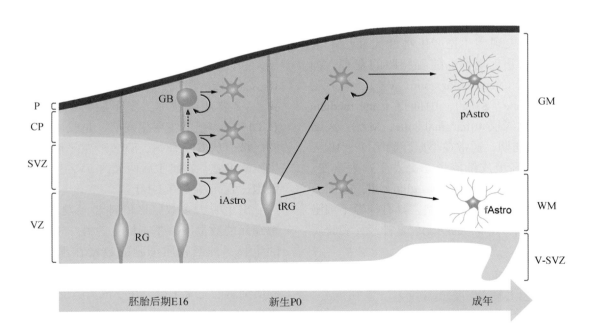

图 3-1-2　大脑皮质星形胶质细胞的来源

放射状胶质细胞（RGC）首先在胚胎后期至围产期产生胶质母细胞（GB），GB 沿放射状胶质细胞迁移时经历了几轮分裂，形成星形胶质细胞簇。RGC 在分化的末期，从室层（VZ）脱离并形成单极过渡性放射状胶质（tRG），它们分别在灰质和白质中产生原浆型（pAstro）和纤维型星形胶质细胞（fAstro）。在出生后早期，皮质中分化的星形胶质细胞进行对称分裂并产生子星形胶质细胞。P. 软脑膜；CP. 皮质板；V-SVZ. 室下层；pAstro. 原浆型星形胶质细胞；GM. 灰质；WM. 白质（毕湛迎改绘）

很大。当前除了对大脑皮质和脊髓星形胶质细胞的发生了解比较多，其他脑区和核团的星形胶质细胞来源、占比以及后期发育的机制等研究都非常少。

中枢神经系统（central nervous system，CNS）发育过程中，神经干细胞由向神经元分化转变为向胶质细胞分化，该过程受到多种信号通路和转录因子的调控。目前已经确定了几种内源信号通路，即 Janus 激酶/信号转导子和转录激活子（Janus kinase/signal transducer activator of transcription，JAK/STAT）、骨形态发生蛋白和 Mad 相关蛋白（bone morphogenetic protein-smad，BMP-SMAD）、Notch、成纤维细胞生长因子（fibroblast growth factor，FGF）以及神经胶质生成营养因子，如睫状神经营养因子（ciliary neurotropic factor，CNTF）、心肌营养因子 1（cardiotrophin-1，CT-1）和白血病抑制因子（leukemia inhibitory factor，LIF）等，它们调节神经干细胞向星形胶质细胞的命运分化。

在脊髓 VZ 中，神经元发生大约在 E11.5 停止，胶质细胞生成约在 E12.5 开始，转录因子性别决定区 Y-box 9（SRY-box transcription factor 9，Sox9）和核因子 I A（nuclear factor I A，NFIA）在胶质细胞命运决定中起关键作用。Sox9 和大脑 POU 域蛋白 2（brain-2，Brn2）调节 NFIA 的表达，进而诱导胶质细胞的发生。并且，Sox9 和 NFIA 之间的相互作用能够调节星形胶质细胞迁移和成熟。在新皮质发育中，含锌指和 BTB 结构域的蛋白质 20（zinc finger and BTB domain containing 20，Zbtb20）在抑制少突胶质前体细胞 OPC（oligodendrocyte precursor cell）产生的同时，可促进星形胶质细胞的发生，而敲除 NFIA 或 Sox9 则抑制 Zbtb20 活性。

在脊髓胚胎发育早期，基本的螺旋-环-螺旋（basic helix-loop-helix proteins，bHLH）转录因子 Scl/tal1（stem cell leukemia/T-cell acute lymphoblastic leukemia 1）通过与少突胶质细胞转录因子 Olig2（oligodendrocyte transcription factor 2）的拮抗关系促进星形胶质细胞的生成。在 p2 和 pMN 区域边界，Scl 和 Olig2 之间的相互作用使 p2 区产生星形胶质前体细胞，而 pMN 区产生少突胶质前体细

胞。转录因子 Pax6（paired box 6）和 Nkx6.1（NK6 homeobox 1）在不同的 VZ 区表达，决定 p1、p2 和 p3 区的星形胶质前体细胞向腹侧白质迁移，分别分化成三种星形胶质细胞亚型（从背侧至腹侧依次为 VA1、VA2 和 VA3）（图 3-1-3）。

Notch 信号传导在星形胶质细胞发生中起着重要调节作用。在胚胎发育早期，Notch 激活除了诱导 NFIA 之外还维持 NSC 库，而 NFIA 通过诱导 Notch 效应子 Hes5（hes family bHLH transcription factor 5）维持对神经发生的持续抑制作用。Hes5 的功能丧失导致星形胶质数目细胞减少，而 Hes5 的功能增强会产生更多的星形胶质细胞。另外，NFIA 与星形胶质细胞基因启动子，例如与胶质纤维酸性蛋白（glial fibrillary acidic protein，GFAP）结合，通过与 DNA 甲基化酶 1（DNA methyltransferase 1，Dnmt1）相互作用削弱其甲基化而提高 GFAP 的转录水平。

最近有研究发现，在小鼠大脑皮质胚胎发育后期，VZ 区 RG 中 FGF 信号通路被激活，FGF 信号转导的激活能够抑制神经元发生并促进星形胶质细胞生成。另外，对斑马鱼的相关研究发现，FGF 受体 3 和 4 敲除会影响星形胶质细胞的形态发生，进一步说明 FGF 信号通路在星形胶质细胞命运决定以及发育中的重要作用。

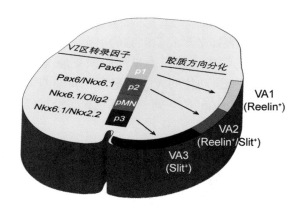

图 3-1-3　脊髓中星形胶质细胞 VZ 起源和它们在白质的空间特异性分化
VZ 区表达不同的转录因子，决定来自 p1、p2 和 p3 区的三种星形胶质细胞亚型的生成，从背侧至腹侧依次为 VA1（Reelin⁺）、VA2（Reelin⁺/Slit⁺）和 VA3（Slit⁺）星形胶质细胞（毕湛迎改绘）

第二节   星形胶质细胞的特性和生物学功能

一、星形胶质细胞的特性

1904 年 Heldeld 推测胶质细胞之间形成一个胞质相通的细胞网络，即后来被发现的缝隙连接（gap junction）。另外，Golgi 很早就观察到星形胶质细胞会与血管之间形成缠裹的结构，后期科学家证实，这种缠绕涵盖了毛细血管表面的 99% 以上，称为终足（endfoot）结构，又称脚板（footplate）（图 3-1-4），是构成血脑屏障的重要成分，这也是星形胶质细胞最特有的亚细胞结构。除终足外，星形胶质细胞的其他突起类似神经元的树突，从胞体发出众多突起呈放射状向外伸展，而且经过多次分叉，形成大量终端微小突起，整体如"灌木丛"状。这些细小突起有部分缠裹着突触，形成三重突触结构。

需要指出的是，在哺乳动物的大脑中的其他胶质细胞类型，包括 NG2（nerve/glial antigen 2）胶质细胞（即少突胶质前体细胞，OPC）和小胶质细胞（microglia），它们在形态上和星形胶质细胞有相似性。通过判断突起数量、形态、特定抗体的标志物以及是否存在终足等特性，可把其他胶质细胞和星形胶质细胞加以区分。大多数研究一直用 GFAP 免疫染色来表征星形胶质细胞的形态，但它仅显示主要的分支结构，仅代表星形胶质细胞总体积约 15%。成熟啮齿动物的大脑中星形胶质细胞可以覆盖 2 万～ 8 万 μm^3 的空间，能够包裹多个神经元的胞体，与 300 ～ 600 个神经元树突相联系，并与大约 10 万个神经突触相接触。人脑中单个星形胶质细胞所覆盖的体积比啮齿类星形胶质细胞大 20 倍以上。另外，位于人大脑皮质第五与六层的星形胶质细胞具有一个或几个细长突起（图 3-1-5），这种特殊的形态特征是否意味着它们具有特定功能，至今是个未解之谜。

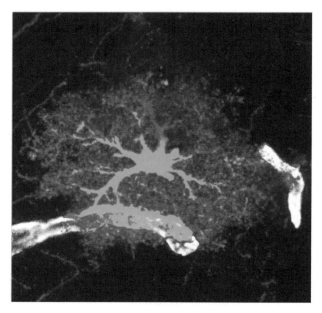

图 3-1-4   星形胶质细胞（蓝色为 GFP 的假色显示）及其终足包绕毛细血管壁（白色，Laminin 抗体染色）
（戈鹉平实验室提供）

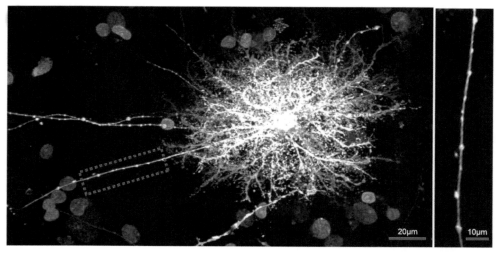

图 3-1-5   人脑皮质星形胶质细胞（白色）的形态

传统上将星形胶质细胞区分为原浆型和纤维型两类：原浆型星形胶质细胞（pAstro）的突起短而粗，分支较多，主要分布于灰质；而纤维型星形胶质细胞（fAstro）的突起细长，分支少，主要分布于白质。原浆型星形胶质细胞通常高表达酸性钙结合蛋白 S100β（S100 calcium binding protein β），而纤维型星形胶质细胞更多地表达 GFAP。在功能上，原浆型星形胶质细胞与突触和血管内皮细胞相关联，从而直接参与组成"神经血管单元"。由于纤维型星形胶质细胞位于白质中，表明它们可能参与髓鞘形成。有趣的是，尽管贝格曼胶质细胞和穆勒胶质细胞在形态上与原浆型星形胶质细胞不同，但在调节突触活性方面具有相似的功能。除了 GFAP 和 S100β 作为通常的标志物，其他星形细胞标志物包括谷氨酸 / 天冬氨酸转运体（glutamate-aspartate transporter，GLAST）、醛缩酶（aldolase）C、CD44、谷氨酰胺合成酶（glutamine synthetase，GS）和脂肪酸结合蛋白 7（fatty acid binding protein 7，FABP7）。另外，水通道蛋白 4（aquaporin 4，AQP4）和连接蛋白 30（connexin30，Cx30）被用于星形胶质细胞末端标志物。基于基因分析以及小鼠模型研究，确定一种代谢酶-乙醛脱氢酶 1 蛋白家族 L1（aldehyde dehydrogenase 1 family member L1，ALDH1L1）能够非常特异而且均匀地标记整个大脑中的星形胶质细胞。

星形胶质细胞存在广泛的分子和功能的异质性。比如，整个脑内星形胶质细胞在形态、密度和增殖速度方面都存在着区域特异性。海马的星形胶质细胞相比于纹状体的星形胶质细胞，具有更多的缝隙连接和 K^+ 通道介导电流；两个区域的星形胶质细胞显示出类似的分支复杂性，但纹状体星形胶质细胞覆盖面积更广，海马星形胶质细胞则与神经元有更多的相互联系。

二、星形胶质细胞的生物学功能

（一）参与脑代谢

由于胶质细胞拥有终足和大量细小突起等形态结构，Andriezen 和 Lugaro 分别于 1893 年和 1907 年提出星形胶质细胞通过从血管输送物质至神经元来提供营养支持，同时降解或者摄取神经元所释放的各种物质。有趣的是，这些建立在形态学观察上的大胆猜测，神经科学家 Cajal 却不大认同：他更倾向于相信星形胶质细胞是起绝缘神经元电活动的作用，而非在脑代谢中起重要作用。对星形胶质细胞的代谢研究是在生物化学和神经化学两门全新学科的出现后才有了突破性的发展。现今我们对于胶质细胞如何介导血液循环系统和神经元二者之间各种代谢物质的输送与转运的了解还是极为有限。

研究胶质细胞的代谢极具挑战，因为它们总是和神经系统其他的细胞在结构上交错在一起。早期研究胶质细胞的代谢是通过刺激前庭，然后分离前庭核的神经元和胶质细胞，发现刺激后神经元呼吸链相关酶活性和浓度大量增加，但胶质细胞的呼吸链酶（如细胞色素氧化酶）活性却明显降低，后期证明胶质细胞的糖酵解能力在这种情况下明显增加。通过使用 H3 标记的 2-deoxy-D-［5,6-3H］glucose（一种不能被细胞代谢掉的葡萄糖的类似物），发现它们都被富集在胶质细胞内。雄蜂的视网膜里的胶质细胞只能进行糖酵解，把丙氨酸转移给邻近的感光细胞，感光细胞依赖丙氨酸的氧化提供能量。体外培养星形胶质细胞为研究它们的代谢提供了便利，研究发现星形胶质细胞表现出很高的糖酵解途径，并由此产生大量的乳酸。同时，星形胶质细胞内还有大量的糖原作为脑的主要能量储备场所。糖原可以通过降解产生大量的乳酸输送给神经元。

星形胶质细胞在调节细胞外谷氨酸及其代谢中起重要的作用。作为大脑中最广泛存在的神经递质，谷氨酸的回收利用和大脑的活动息息相关。高浓度的谷氨酸对神经元具有毒性，所以它在细胞外的浓度须经过精准的调控。星形胶质细胞膜上表达大量的谷氨酸转运体 GLT1（glutamate transporter 1）和 GLAST。神经元兴奋后释放的谷氨酸，除了作用于突触后受体，扩散的谷氨酸很快被星形胶质细胞上的谷氨酸转运体转运到胞内。星形胶质细胞内有大量的 GS，可以把富集的谷氨酸转变成谷氨酰胺。谷氨酰胺通过转运体 SNAT（sodium-coupled neutral amino acid transporter）从星形胶质细胞释放出来，很快被神经元的转运体 SNAT（如 SNAT2）摄入，然后通过谷氨酰胺酶（glutaminase）转化成谷氨酸（图 3-1-6）。谷氨酸大约有 80% 进入上述的释放回收循环，剩余的谷氨酸主要由添补反应（anaplerosis）参与氧化途径而被消耗。星形胶质细胞为了防止添补反应耗尽胞内谷氨酸和谷氨酰胺，可以从三羧酸循环（tricarboxylic acid cycle，TCA）由葡萄糖合成，或者通过天冬氨酸氨基转移酶（aspartate aminotransferase）合成来补充。可见，星形胶质细胞在代谢方面表现出独特的多面

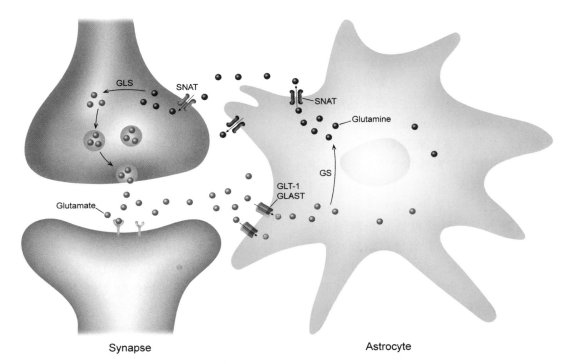

图 3-1-6 星形胶质细胞（astrocyte）和神经元突触（synapse）谷氨酸 - 谷氨酰胺（glutamate-glutamine）代谢循环图
（毕湛迎提供）

性。另外，它们还能根据不同环境而表现出巴氏效应（Pasteur effect）或瓦氏效应（Warburg effect）：提高氧供水平虽然能促进星形胶质细胞的氧化代谢，但它们也可以进行无氧糖酵解（anaerobic glycolysis）和产生乳酸为代价（巴氏效应）；在低于正常生理氧气水平下，星形胶质细胞仍能够进行有氧糖酵解（aerobic glycolysis）产生乳酸（瓦氏效应）。

谷氨酸代谢在星形胶质细胞中研究比较清楚，神经元和胶质细胞之间其他代谢物的研究才刚刚起步。星形胶质细胞可为活动中的神经元提供乳酸，并参与神经元对脑微血管活动的调节。干扰糖原的分解而抑制星形胶质细胞乳酸的生成，或者干扰星形胶质细胞的乳酸转运体活动，可以缓解个体应对长期压力时表现出的消极反应。同时，多项研究证明星形胶质细胞释放的乳酸参与了小鼠的学习记忆、睡眠、觉醒等活动。

（二）调节突触形成和成熟

在啮齿类动物大脑皮质的发育中，虽然神经元的产生早于胶质细胞，但只有星形胶质细胞产生后，神经突触才大量形成。星形胶质细胞对突触形成的作用最初是在纯化的视网膜神经节细胞（retinal ganglion cell，RGC）培养系统发现的。在缺乏星形胶质细胞的情况下，生长的 RGC 很少形成突触。然而，在与星形胶质细胞共培养的条件下，神经元突触形成显著增加。大量研究表明，星形胶质细胞在突触形成中发挥重要的作用。星形胶质细胞可以分泌脑源性神经生长因子（brain derived neurotrophic factor，BDNF）、肿瘤坏死因子 α（tumor necrosis factor α，TNF-α）、转化生长因子 β（transforming growth factor-β，TGF-β）、血小板反应蛋白（thrombospondin，TSP）、磷脂酰肌醇蛋白聚糖（glypican）、SPARC（secreted protein acidic and rich in cysteine）样蛋白 1（SPARCL1）等多种细胞因子和蛋白，影响神经突触形成、修剪和成熟（表 3-1-1 显示星形胶质细胞影响突触形成和成熟主要的分泌因子）。

小鼠出生后两周内，为 CNS 大规模突触形成的时期，其间星形胶质细胞高度表达 TSP1 和 2，并启动突触的形成。TSP 通过结合膜蛋白（包括 Ca^{2+} 通道亚基 α2δ-1 和突触后细胞黏附分子 Neuroligin1）诱导正常突触的形成。有实验证明，TSP 与 α2δ-1 在突触后水平相互作用，通过激活 Rac1（rac family small GTPase 1）通路，促进新生突触联系时肌动蛋白细胞骨架的重塑。随着 TSP 分泌，星形胶质细胞释放先天免疫分子 pentraxin3（PTX3），通过诱导 AMPA（α-amino-3-hydroxy-5-methyl-4-isoxazolepropionic acid）受体在突触后膜聚集，促进兴奋性突触功能的成熟。除了 TSP 以外，富含半胱氨酸的酸性分泌蛋白（secreted protein acidic and rich in cysteine，SPARC）家族的两个成员 Hevin（也称为 SPARCL1）和 SPARC 对视觉皮质突触的结构和功能的成熟也是必需的。而且，SPARCL1 最近被鉴定为与阿尔茨海默病（Alzheimer's disease，AD）的临床前阶段神经元损伤相关的基因网络的一个成员，其突变体与认知功能的下降密切相关。

在不同脑区中，星形胶质细胞分泌的促突触形成因子的表达水平亦有差异，导致对突触形成的贡献不同。这种差异或许起源于星形胶质细胞的异质性。转录组测序（RNAseq）表明，不同种群的星形胶质细胞诱导突触形成的基因表达水平确实有显著差异。有研究揭示，相对于中脑、海马或大脑皮质，小脑的星形胶质细胞可以诱导更多的突触形成，可能与该亚群 Hevin 和磷脂酰肌醇蛋白聚糖 4（Glypican 4，GPC4）的表达水平较高有关。在神经发育后期，神经元之间通过突触构建联系，逐渐形成神经网络系统。为了保证神经网络系统连接的准确性，星形胶质细胞协同小胶质细胞秉持"使用或丢弃"原则，通过吞噬作用将多余的突触修剪掉，保证了神经系统的运行效率。最近，有研究表明成年小鼠海马 CA1 区的星形胶质细胞具有吞噬作用，通过吞噬受体 Megf10（multiple EGF like domains 10）消除成年海马体中不必要的兴奋性突触连接，对于维持正常海马体突触的连接环路和可塑性至关重要。

随着星形胶质细胞的成熟，星形胶质细胞通过它们包绕突触周围的突起（perisynaptic astroglial process，PAP）与突触发生接触。为了促进与突触的相互交流，PAP 为膜上的通道、转运蛋白和受体［包括谷氨酸转运蛋白 GLAST 和 GLT1，钾通道 Kir4.1（inward rectifier K$^+$ channel Kir4.1）和谷氨酸受体 mGluR3 和 5（metabotropic glutamate receptor 3/5）］的表达提供了充足的空间。通过这种特殊的解剖结构和蛋白质定位，星形胶质细胞监测并调节突触功能，从而主动参与控制突触传递。

PAP 与神经元突触前后成分形成紧密的结构并在功能上相互作用，由此产生"三联突触（tripartite synapse）"的概念，星形胶质细胞通过释放神经胶质递质（如谷氨酸、D-丝氨酸和 ATP）来调节突触传递。通过间接调节突触的传递效率，星形胶质细胞能调节突触的长时程增强作用（long-term potentiation，LTP）。星形胶质细胞可以释放 ATP（adenosine triphosphate）等来调节海马基底部突触活动的强度，增加了 LTP 动态变化的范围。另外，PAP 对突触活动驱动的变化极为敏感，LTP 的诱导可短暂地增强 PAP 的运动性和收缩性，促使突触后树突棘生长。除发育过程外的星形胶质细胞和神经元相互作用，在后面章节会有具体的阐述。

（三）调节脑微血管循环

出生后大脑的快速增长伴随着血管密度和胶质细胞密度 6 ～ 8 倍的增加。小鼠出生后第一周大脑中的血管密度虽然持续增加，但增速较低。从第二周开始，血管密度快速增加。大鼠脑血管在 P8 ～ 21 高速增生，在 P21 左右（断奶期）达到顶峰。成年鼠大脑血管密度基本维持稳定，但有缓慢下降的趋势。哺乳动物大脑中超过 99% 的毛细血管表面被胶质细胞终足所缠绕。通过 GFAP 染色，可以观察到终足分为两类：一类是如同马车轮；另一类是平行条纹走向，如同斑马纹。终足结构可能参与血脑屏障（blood-brain barrier）的形成，调控紧密连接分子的表达。但出生后大量生成的星形胶质细胞，在发育过程中如何与血管形成终足，终足的形成是否受特定分子和信号通路参与调节，仍然所知甚少。这是当前星形胶质细胞领域值得探索的一个重要方向。

星形胶质细胞的大量增殖与脑血管增生、软脑膜增生，及树突和突触的数目激增的时间上基本一致。这可能与胶质-血管单元形成，胶质-神经元相互协同作用相关。以视网膜为例，星形胶质细胞可以释放血管生长因子（vascular endothelial growth factor，VEGF）加速血管的增生。在缺少胶质细胞的区域，则没有血管。提示了星形胶质细胞和血管在神经发育过程中存在互相影响、协同生长的密切联系。有趣的是，放射状胶质细胞均有一个终足结构缠绕在软脑膜血管上，其部分分支也有一些细小的突起接触在皮质内部的血管上。在神经发育后期，放射状细胞通过收缩突起，然后转化成星形胶质细胞。终足结构特异性，意味着星形胶质细胞在生成和发育过程中和血管或者血液中成分有很多密切的联系。但血管是否通过分泌一些营养因子或者细胞外基质来改变胶质细胞的增殖仍然是个未解的问题。星形胶质细胞的终足对于脑细胞与血管进行物质交换，包括葡萄糖从血液转运到神经元、血流的调节等，都起了重要的作用。

鉴于星形胶质细胞的终足几乎完全包裹着血

管，并且所有胶质细胞类型中唯独星形胶质细胞拥有这样一种特化结构。过去十余年，围绕星形胶质细胞如何参与调节脑血流的研究如火如荼。大脑虽然只占人体重量的 2%，却消耗 20% 的能量。在人脑中，葡萄糖和氧气是主要"燃料"。氧化代谢主要是有氧糖酵解来实现。大脑各种电活动中，耗能最大的是突触信号传递。所以微小的脑血流的调节，都和神经活动息息相关。

星形胶质细胞的形态早期已被 Golgi（1894）和 Romon Y Cajal（1897）等一批科学家在各自著作中描述。他们最早发现星形胶质细胞缠裹着血管和神经元的胞体。这些形态学特征促使 Cajal 猜测星形胶质细胞可能参与调控大脑微血管循环。直到 100 年后（2003 年），Zonta 发现星形胶质细胞可释放前列腺素 E2（prostaglandin E2，PGE2），促使被终足缠裹的血管发生舒张。其后十年间，在这个领域有众多的研究证明星形胶质细胞在大脑局部血流控制中的影响。通过应用光刺激胞内钙释放技术（Ca^{2+} uncaging），后期的研究已经在脑片、视网膜及活体小鼠上证明星形胶质细胞和血管的相互作用是钙离子依赖的。这些实验表明，星形胶质细胞内的钙离子浓度的快速升高会诱导小动脉舒张或者收缩。这些血管反应可以被磷脂酶 A2（phospholipases A2，PLA）所阻断。后续研究发现，PLA2 可以降解细胞膜上的脂质，从而释放出花生四烯酸（arachidonic acid，AA），同时抑制 AA 转换成具有血管收缩特性的 20- 羟-二十烷四烯酸（20-hydroxyeicosatetraenoic acid，20-HETE）。另一项研究发现，星形胶质细胞的钙离子升高，会诱发终足合成 PGE2，导致血管舒张。但视网膜，无论是星形胶质细胞还是穆勒胶质细胞内的钙离子升高，既能通过 20-HETE 诱发小动脉的收缩，也可以通过形成血管活性脂分子或者环氧二十碳三烯酸（epoxyeicosatrienoic acids，EET）诱发血管舒张。不同实验室观察到，胶质细胞钙离子升高的血管反应相反，这有可能和血氧分压（PO_2）有关：在 PO_2 高的情况下，AA 转化成 20-HETE 通路占主导，导致血管收缩；在 PO_2 低的情况下，PGE2 导致舒张的通路占据上风，导致血管舒张。尽管有大量的实验室独立证明星形胶质细胞钙离子升高导致血管舒张或者收缩，但不同实验室无法在活体情况下重复一些脑片或者离体视网膜的实验。迄今该领域研究还充满争议，对终足这个特殊的结构和功能需有重新审视的必要。

（四）星形胶质细胞的活化

在脑缺血、创伤性脑损伤以及神经退行性疾病等病理过程中，星形胶质细胞发生活化形成反应性星形胶质细胞，表现为胞体肥大、突起增粗、分支增多、嗜酸增殖和 GFAP 上调等特征。星形胶质细胞的活化是 CNS 在许多病理生理情况下的常见反应。反应性星形胶质细胞可释放多种细胞因子，如神经营养因子（BDNF、VEGF 等）、炎性因子 [interleukin-1β（IL-1β）、TNF-α 等] 和细胞毒素（lipocalin 2，LCN2）等（表 3-1-1）。这些细胞因子既可发挥神经保护作用，同时也具有神经毒性作用，最终激发炎症反应或加剧中枢神经损伤。也有观点认为，星形胶质细胞活化并不一定加剧神经损伤，可能在前期起到限制损伤区域的作用，防止损伤扩大，后期胶质瘢痕阻碍了神经修复。

星形胶质细胞的活化并不呈现"全或无"的现象，其形态和分子特征依据组织损伤的特点发生不同程度的渐进性改变。根据病变的严重程度，有学者把反应性星形胶质细胞分为轻度、中度和重度三种阶段，其中重度伴有致密的神经胶质疤痕形成。严重的组织损伤、卒中或自身免疫反应等能够引起反应性星形胶质细胞发生快速的分裂增殖，星形胶质细胞的标志物如 GFAP、S100β、Vimentin、GLAST、BLBP（brain lipid-binding protein）等表达水平都显著升高。有研究发现小鼠脑损伤后，转录因子 SOX2 在反应性星形胶质细胞的表达水平显著增高，并且在小鼠脑中特异性敲除星形胶质细胞中 SOX2，可显著减少创伤性脑损伤诱发的星形胶质细胞增殖和胶质瘢痕形成，有利于脑外伤后小鼠运动和认知功能的改善。

研究表明，在小鼠星形胶质细胞中特异性敲除 STAT3 后，其脊髓损伤后的炎症水平增加、组织损伤加剧以及损伤后运动恢复功能出现障碍。另一方面，星形胶质细胞中核转录因子 NF-κB（nuclear factor-κB）活化会加剧中枢神经病变，而抑制该信号可有效阻止神经系统损伤。依据巨噬细胞 "M1" 和 "M2" 表型特点，有研究发现在脂多糖（lipopolysaccharide，LPS）诱发神经炎症和局部脑缺血损伤过程中，分别可产生两种不同表型的反应性星形胶质细胞（reactive astrocytes），称为 "A1" 和 "A2" 型。A1 型反应性星形胶质细胞高表达多种补体活化蛋白以及一些神经毒素蛋白。相反，A2 型反应性星形胶质细胞高表达多种神经营养因子，可能促进神经元存活和突触生长或修复（图 3-1-7）。

表 3-1-1　星形胶质细胞分泌的影响突触形成和功能的分子

基因名称	突触类型	分子通路	对突触的影响
突触的形成			
血小板 1&2（TSP 1&2）	兴奋性	$\alpha_2\delta$-1- > Rac	促进脊柱沉默突触的形成和肌动蛋白重塑
Hevin	兴奋性	NRX1a 及 NL1B	促进沉默突触的形成
SPARC	兴奋性	对 hevin 的神经元伴侣的显性负性作用	拮抗 hevin 诱导型突触
胆固醇	兴奋性	类固醇和刺猬通路	促进兴奋性突触形成，增加突触前强度和递质释放
BDNF	兴奋性	erbB	促进兴奋性突触的形成
雌性激素	兴奋性	ER-α receptor	促进兴奋性突触的形成
γ- 原钙粘蛋白	兴奋性和抑制性	星形胶质细胞 / 神经元的接触	促进兴奋性突触的形成
TGFβ	兴奋性和抑制性	NMDAR/serine D/CAMKII	促进兴奋和抑制性突触形成
突触的成熟			
PTX3	兴奋性	β3 integrin/MAPK	激活含 GluA 的沉默突触
糖基磷脂酰肌醇蛋白聚糖 4&6	兴奋性	RPTPδ/NP1/GluA1	诱导功能性突触
脊索样蛋白 1	兴奋性	CR 重复	促使含 GluA 突触成熟
胶质神经连接蛋白（1&2）	兴奋性和抑制性	神经外素	促进 AMPA 和 NMDA 受体的募集
Wnt	神经肌肉接头	Repo（果蝇）	增加突触 AMPA 受体
其他			
肝配蛋白 A3	兴奋性	Rac	促进正常的树突形态
脑信号蛋白 3A	兴奋性和抑制性	丛状蛋白 A/ 神经纤毛蛋白 1 受体复合物	为运动和感觉神经元回路的形成提供定位
神经调节蛋白 1	兴奋性和抑制性	ErbB	调节皮质 GABA 能神经元的切向迁移
BMP	兴奋性和抑制性	BMP 受体	维持突触微环境的稳态
Maverick	神经肌肉接头	Gbb- 依赖的逆行信号（Drosophila）	协调突触前和突触后成熟

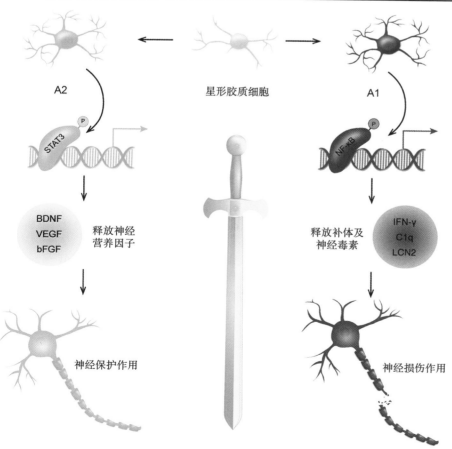

图 3-1-7　反应性星形胶质细胞对神经元保护和损伤的双重功能

A1 型反应性星形胶质细胞（A1s）表现为受体、转运体、递质差异表达，以及炎性蛋白和细胞因子释放，这些变化可能导致神经保护功能丧失、血脑屏障破坏和神经炎症增加，最终导致神经元死亡；而 A2 型反应性星形胶质细胞（A2s）主要分泌神经营养因子，可能促进神经元存活（毕湛迎改绘）

目前为止，在不同 CNS 损伤性疾病发生过程中，尚未完全阐明反应性星形胶质细胞两种表型发生的分子机制。具体参与的疾病及相关机制在后面章节有详细阐述。

（特别感谢毕湛迎、周乐波、刘依彤在本章插图绘制、校对、协助编辑中的贡献）。

参考文献

综述

1. Akdemir，ES，Huang AY，Deneen B. Astrocytogenesis：where，when，and how. *F1000 Research*，2020，9：233.
2. Chai H，Diaz-Castro B，Shigetomi E，et al. Neural circuit-specialized astrocytes：transcriptomic，proteomic，morphological，and functional evidence. *Neuron*，2017，95（3）：531-549.
3. Ge WP，Jia JM. Local production of astrocytes in the cerebral cortex. *Neuroscience*，2016，323：3-9.
4. Khakh BS，Deneen B. The emerging nature of astrocyte diversity. *Annu Rev Neurosci*，2019，42：187-207.
5. Chaboub LS，Deneen B. Developmental origins of astrocyte heterogeneity：the final frontier of CNS development. *Dev Neurosci*，2012，34（5）：379-388.
6. Kriegstein A，Alvarez-Buylla A. The glial nature of embryonic and adult neural stem cells. *Annu Rev Neurosci*，2009，32：149-184.
7. Li K，Li J，Zheng J，et al. Reactive astrocytes in neurodegenerative diseases. *Aging Dis*，2019，10（3）：664-675.
8. Simon DW，McGeachy MJ，Bayır H，et al. The far-reaching scope of neuroinflammation after traumatic brain injury. *Nat Rev Neurol*，2017，13（3）：171-191.
9. Bröer S，Brookes N. Transfer of glutamine between astrocytes and neurons. *J. Neurochem*，2001，77（3）：705-719.
10. Parnavelas JG. Glial cell lineages in the rat cerebral cortex. *Exp Neurol*，1999，156（2）：418-429.
11. Linnerbauer M，Wheeler MA，FJ Quintana. Astrocyte crosstalk in CNS inflammation. *Neuron*，2020，108（4）：608-622.
12. Virchow RLK. Gesammelte abhandlungen zur wissenschaftlichen medicin. frankfurt am main. Germany：Meidinger sohn & comp，1856.
13. Lenhossek von M. Der feinere bau des nervensystems in lichte neuester forschung. 2nd ed，Berlin：Fischer's Medicinische Buchhandlung H. Kornfield. 1893.
14. Bouzier-Sore AK，Pellerin L. Unraveling the complex metabolic nature of astrocytes. *Front Cell Neurosci*，2013，7：179.
15. Golgi C. Sulla struttura della sostanza grigia del cervello. Gazzetta Medica Italiana. *Lombardia*，1873，33：244-246.

原始文献

1. Chen C，Zhong X，Smith DK，et al. Astrocyte-specific deletion of Sox2 promotes functional recovery after traumatic brain injury. *Cereb Cortex*，2019，29（1）：54-69.
2. Chen J，Poskanzer KE，Freeman MR，et al. Live-imaging of astrocyte morphogenesis and function in zebrafish neural circuits. *Nat Neurosci*，2020，23（10）：1297-1306.
3. Ge WP，Miyawaki A，Gage FH，et al. Local generation of glia is a major astrocyte source in postnatal cortex. *Nature*，2012，484（7394）：376-380.
4. Koeppen J，Nguyen AQ，Nikolakopoulou AM，et al. Functional consequences of synapse remodeling following astrocyte-specific regulation of Ephrin-B1 in the adult hippocampus. *J Neurosci*，2018，38（25）：5710-5726.
5. Lee JH，Nguyen AQ，Nikolakopoulou AM，et al. Astrocytes phagocytose adult hippocampal synapses for circuit homeostasis. *Nature*，2021，590（7847）：612-617.
6. Liddelow SA，Guttenplan KA，Clarke LE，et al. Neurotoxic reactive astrocytes are induced by activated microglia. *Nature*，2017，541（7638）：481-487.
7. Hyden H. Quantitative assay of compounds in isolated，fresh nerve cells and glial cells from control and stimulated animals. *Nature*，1959，184：433-435.
8. Tsacopoulos M，Evêquoz-Mercier V，Perrottet P，et al. Honey bee retinal glial cells transform glucose and supply the neurons with a metabolic substrate. *Proc. Natl. Acad. Sci. U.S.A*，1988，85（22）：8727-8731.
9. McKenna MC，Sonnewald U，Huang X，et al. Exogenous glutamate concentration regulates the metabolic fate of glutamate in astrocytes. *J Neurochem*，1996，66（1）：386-393.
10. Pardo B，Rodrigues TB，Contreras L，et al. Brain glutamine synthesis requires neuronal-born aspartate as amino donor for glial glutamate formation. J. Cereb. *Blood Flow Metab*，2011，31（1）：90-101.
11. Hertz L，Hertz E. Cataplerotic TCA cycle flux determined as glutamate-sustained oxygen consumption in primary cultures of astrocytes. *Neurochem Int*，2003，43（4-5）：355-361.
12. Levison SW，Chuang C，Abramson BJ，et al. The migrational patterns and developmental fates of glial precursors in the rat subventricular zone are temporally regulated. *Development*，1993，119（3）：611-622.
13. Zerlin M，Levison SW，Goldman JE. Early patterns of migration，morphogenesis，and intermediate filament expression of subventricular zone cells in the postnatal rat forebrain. *J Neurosci*，1995，15（11）：7238-7249.

第**2**章　少突胶质细胞

肖　岚　梅　峰　牛建钦

第一节　少突胶质细胞的研究历程

少突胶质细胞（oligodendrocyte）是中枢神经系统（central nervous system，CNS）的髓鞘形成细胞，由少突胶质前体细胞（oligodendrocyte precursor cell，OPC）发育分化而成。通常一个少突胶质细胞可发出多个突起，分别包绕多根神经元轴突形成髓鞘（myelin sheath），保证神经冲动在 CNS 快速传导。从 19 世纪发现髓鞘开始，历经了近 200 年的研究，才明确了少突胶质细胞是 CNS 的髓鞘形成细胞。

一、认识髓鞘的历史

对髓鞘的认识经历了一个漫长的过程，起初认为髓鞘是神经纤维的一部分。早在文艺复兴时期，现代解剖学之父 Andreas Vesalius 就描述了动物的胼胝体结构，这是对脑白质最早的认识。18 世纪，显微镜发明者，荷兰科学家 Antony van Leeuwenhoek 首次对周围神经的有髓神经纤维进行描述，他在 1717 年给英国皇家哲学汇编的信中有以下内容：“神经由非常纤细的管道组成，结构极其精细，纵向走行，管道的厚度略大于管道内隧道直径的 1/3。”之后，研究者通过对神经纤维压片处理后，在镜下

观察到大量的颗粒状或小球样结构，故认为髓鞘（或髓鞘小球）是神经纤维的成分。1781 年，意大利物理学家 Felice Fontana 利用放大 800 倍的显微镜，观察并描述了有髓神经纤维的结构，但仍然将髓鞘认为是神经纤维的一部分。

19 世纪以后，对髓鞘的认识有了新的进展。德国生物学家 Ehrenberg 在 1833 年使用更高级的显微镜进行观察，首次将髓鞘与神经纤维区分开来。1839 年，法国生理学家 Schwann 发现了髓鞘由神经鞘膜及细胞核组成，称为施万膜或施万鞘。1854 年，德国病理学家 Virchow 将这种髓样物质命名为“Myelin”即髓鞘。Myelin 源于希腊语 Myelos，用于描述骨髓的颜色和形态。但 Virchow 并没有将髓鞘作为神经系统中的特殊结构。后来，德国科学家 Max Schultze 发现锇酸染色可以很好地显示髓鞘类结构。之后，法国组织学和病理学家 Ranvier 于 1871 年首次发现包绕轴突的髓鞘可分隔为多个节段，裸露的部位称为郎飞结（node of Ranvier）。

关于髓鞘是如何形成的，Ranvier 曾在 1872 年提出假设，认为髓鞘可能是由一种扁长的脂肪细胞包绕神经轴突形成，但并没有提及这种细胞可能就

是施万细胞。1909 年，Cajal 提出另一种假设，认为髓鞘是由轴突分泌产生的。尽管 Cajal 承认轴突外存在施万细胞，但受当时染色技术所限，他错误地认为，施万细胞的功能只是在轴突产生髓鞘的过程中发挥了支持作用。直到电子显微镜的出现和运用，美国华盛顿大学神经病理学家 Geren 在 1954 年提出并证明了髓鞘是由施万细胞包绕轴突形成。而 CNS 髓鞘的发现，得益于 1921 年 Hortega 利用碳酸银染色法，发现了少突胶质细胞。Richard Paul Bunge 于 1962 年利用电镜技术确认了少突胶质细胞是 CNS 的髓鞘形成细胞，并且发现，一个少突胶质细胞的多个突起可以包绕多根轴突形成多个郎飞结。

二、髓鞘功能的发现

关于髓鞘的功能，早在 1858 年，Virchow 就首次提出绝缘理论，认为髓质鞘膜起绝缘的作用，将电流限制在神经纤维内，并保证只在无髓的纤维末端放电。1878 年，Ranvier 肯定了 Virchow 的假设，将髓鞘与跨大西洋电缆进行了类比，认为髓鞘主要的作用是绝缘，从而保证了神经纤维中的信号传输更加高效。通过与无脊椎动物的对比，他还特别指出髓鞘是脊椎动物高度进化的表现。1925 年，芝加哥大学生理学教授 Ralph Stayner Lillie 首次提出神经信号在有髓神经纤维上进行跳跃传导的理论。他用封闭的铁缆来模拟轴突，用玻璃制的绝缘管套在铁缆上，并将其分隔出周期性的间隙以模拟髓鞘包绕的神经纤维，测试结果表明，电信号在有髓神经纤维上的传输速度远高于无髓神经纤维。此外，日本庆应义塾大学生理学家 Ichiji Tasaki 研究发现电势在郎飞结处极高，外向电流足以跨过 1～2 个结间体，从而激活下游的神经冲动传导。英国生理学家 Andrew Fielding Huxley 与德国生理学家 Robert Stampfli 合作研究，确认了 Tasaki 的研究结果，并通过测量髓鞘的电阻和电容，推导出计算电流沿神经纤维传输速度的复杂公式，得出了动作电位的跳跃传输理论。总的来说，有髓神经纤维的电信号可以在郎飞结处被接收，并产生新的动作电位，传导至下一个郎飞结，实现跳跃式传导，从而大大加快神经信号的传输速度。

三、少突胶质细胞的发现

少突胶质细胞是由西班牙科学家 Rio-Hortega 首次发现并命名的。1921 年，Hortega 采用改良镀银染色，成功地将少突胶质细胞与之前被 Cajal 认为的、神经元和星形胶质细胞外的"第三类成分"（即小胶质细胞）区分开来，并根据"该细胞突起较少，成群分布于轴突之间"而将其命名为少突胶质细胞。这个命名实际上是受当时染色技术的限制而造成的误导。事实上，少突胶质细胞的突起很多，长度足以覆盖整个轴突。通过与施万细胞的系统比较，Hortega 推测少突胶质细胞的功能可能类似于施万细胞，与中枢神经系统成髓鞘有关。由于 Hortega 染色方法较难重复，其观点并未得到当时包括 Cajal 在内的研究者们的认同。直到 1924 年，神经外科医生 Wilder Penfield 解决了少突胶质细胞特异染色的技术难题，确认了最初对该细胞的描述后，少突胶质细胞作为一类新的胶质细胞的观点才为大众所接受。

为了更为细致地研究少突胶质细胞，Hortega 于 1928 年通过进一步改良，建立了 Golgi-Hortega 染色法。根据细胞间的毗邻关系，将少突胶质细胞分为三个亚群，分别为丛生型（即神经纤维间）、神经元旁和血管旁少突胶质细胞。进一步，根据胞体体积和形状、突起特性（朝向）、与轴突的关联以及所关联轴突的类型等，将少突胶质细胞分为了四类（Ⅰ～Ⅳ型）。Ⅰ型少突胶质细胞称为罗伯逊少突胶质细胞，由苏格兰科学家罗伯逊观察所发现。该型细胞胞体圆而小，向多个方向伸出细突起，并延伸向只有较薄髓鞘的轴突。该型少突胶质细胞分布较广，包括灰质（几乎所有神经元旁少突胶质细胞都属于Ⅰ型）和白质（常以神经纤维束间的方式）中。Ⅱ型少突胶质细胞称为 Cajal 少突胶质细胞，以纪念 Cajal 本人。该型细胞只出现于白质中，较Ⅰ型细胞大，形态以多边形或立方形为主，突起数量比Ⅰ型少突胶质细胞少而粗，朝向轴突延伸方向，并垂直贴附其上。Ⅲ型少突胶质细胞或帕拉蒂诺少突胶质细胞因帕拉蒂诺得名，因其本能地认为髓鞘来源于神经胶质细胞。Ⅲ型细胞较Ⅰ型和Ⅱ型细胞少，多分布于白质中有较厚髓鞘的神经纤维处（如大脑脑干和脊髓处），主要形态特点为胞体较大，分出 1～4 个分支，伸向轴突。Ⅳ型少突胶质细胞，也称施万样少突胶质细胞，得名于两者相似的形态，均为胞体平坦、向外延伸并依附，单向或双向延伸至脑干和脊髓白质内中等或较粗的轴突。Bunger 于 1962 年利用电镜观察，最终确认了少突胶质细胞是 CNS 的髓鞘形成细胞，并且发现一个少突胶质细胞可以包绕多根轴突形成髓鞘。这在一定程度上保证了 CNS 的髓鞘形成仅需较少的少突胶质细胞，因而节省了空间。现在，少突胶质细胞的分类主要根据其包绕轴突的直径大小，通常以轴突直径 2 ～ 4 μm 以下 / 以上为分界，分为两类，分别对应了 Hortega 分类中的 Ⅰ / Ⅱ 和 Ⅲ / Ⅳ 型。此外，尽管功能不清楚，Hortrega 还通过改良染色描述了 NG2（neuron-glial antigen 2）阳性细胞，即 OPC 的存在。

随着研究技术的不断进步，人们对少突胶质细胞的产生、发育成熟和功能有了更为系统的认识。少突胶质细胞形成的髓鞘除了绝缘和加快神经冲动的传导，还能支持轴突能量代谢、保护轴突完整性。不仅如此，CNS 的髓鞘形成具有可塑性，并可能主动参与神经环路的建立和功能调节。

第二节　少突胶质细胞的发育

作为 CNS 的髓鞘形成细胞，少突胶质细胞由其前体细胞 OPC 发育分化形成。OPC 起源于神经管上皮，经历细胞命运决定，通过迁移和不断增殖，广泛分布到 CNS 各个区域，并分化为成熟少突胶质细胞，包绕神经元轴突形成髓鞘。OPC 在分化为成熟少突胶质细胞的过程中，形态变化剧烈，阶段性表达特异性蛋白分子，这些分子参与调控分化过程，也可以作为不同阶段少突胶质细胞的标志物，整个发育过程受到了细胞内、外多种因素的精细调控，并具有高度时空特异性。

一、OPC 的发生

OPC 起源于胚胎期的神经管上皮，区域性分次产生，具有显著的时空特异性。以小鼠为例，OPC 最早于胚胎 11.5 天（embryonic day 11.5，E11.5）在小脑处产生，随后相继出现在脊髓、大脑和其他脑区。不同区域的 OPC 都产生于三个相对集中的时间段，不同时间段产生的 OPC 的最终分布区域及比例差异较大。

（一）大脑的 OPC

大脑 OPC 最早起源于 E12.5 的内侧节隆起（medial ganglionic eminence）和前脚内侧区（anterior entopeduncular area）。这些 OPC 向腹侧和背侧迁移，于 E16.5 到达发育中的皮质。第二波产生的 OPC 起源于 E15.5 的内侧前脑（medial forebrain），尤其是皮质-纹状体区，包括外侧节隆起（lateral ganglionic eminence）。这些 OPC 主要向皮质迁移，在出生时分布于整个大脑。第三波产生的 OPC 则起源于出生时的室管膜下区（subventricular zone）背侧和外侧，就近分布到胼胝体、皮质等区域。第三波产生的 OPC 会逐渐与前两波产生的 OPC 混合，并最终替换之前的 OPC。如皮质中第一波产生的 OPC，在出生后 10 天（postnatal day 10，P10）几乎被完全替换，故第三波产生的 OPC 成为皮质中 OPC 最终的主要成分。此外，腹侧区第一波产生的 OPC 也会在成年后完全消失（图 3-2-1）。

（二）小脑的 OPC

小脑中的 OPC 主要起源于小脑的外部区域。第一波产生的 OPC 主要起源于 E11.5 的后脑（菱脑）泡腹侧 1 区（metencephalic ventral rhombomere 1 region），并向着未来小脑的方向迁移，在 E16.5 到达小脑，并不断增殖，于 E18.5 分布于整个小脑中。第二波产生的 OPC 局限于小脑室区（cerebellar ventricular zone），但细胞数量较少，到 E18.5 时，仅占小脑 OPC 总数的 6%。出生后，第四脑室周围的神经上皮还可以持续性产生 OPC，并分布到小脑各区，成为小脑 OPC 的主要来源（图 3-2-1）。

（三）脊髓的 OPC

脊髓中最早产生的 OPC 起源于 E12.5 的腹侧 pMN 区，这些 OPC 向腹侧和背侧进行迁移，最终分布到整个胚胎期的脊髓中，是脊髓中 OPC 的主要来源。之后，脊髓第二波产生的 OPC 源于 E15.5 的近脊髓背侧的 dP3 ～ 6 区，这些 OPC 主要分布到脊髓背侧，占 OPC 总量的 10% ～ 15%。出生时，还有少量 OPC 产生，但目前对这些 OPC 的起源认识还不清楚，推测可能来自于脊髓中央管室管膜下区（central canal subependyma）的神经前体细胞（图 3-2-1）。

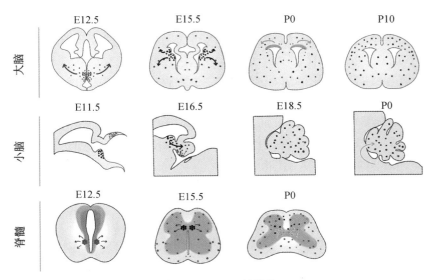

图 3-2-1 OPC 的发生

（四）其他

CNS 其他区域 OPC 的产生目前还不清楚，推测可能都来源于脑室周围的神经前体细胞，比如：下丘脑的 OPC 就来源于第三脑室周围，于 E13.5 出现，E17.5 细胞数量到达高峰；视神经的 OPC 来源于 E12.5 的视前区（preoptic area），经过视交叉，最终迁移进入视神经。

尽管大脑中早期起源的 OPC 在出生后占 OPC 细胞种群的绝大多数，但这一比例随着动物进入成年期而逐渐下降，推测出生后仍有新的 OPC 不断产生。这种情况在髓鞘损伤后尤其明显，如室管膜下区的神经干细胞 / 神经前体细胞可分化产生新的 OPC，参与髓鞘再生。

人 OPC 的发生与小鼠 OPC 的发生有相似的变化规律。研究发现，人类室管膜下区外侧（outersu-bventricular zone）是大脑皮质 OPC 的发源地。

二、OPC 的迁移、增殖和分化

OPC 的发生仅局限在几个特定区域，且数量较少。在启动分化前，OPC 通过迁移和不断增殖，广泛分布到整个 CNS，并达到相对稳定的细胞密度。

（一）OPC 的迁移

OPC 的迁移是其命运决定之后，最早的发育事件之一。通常认为 OPC 形成后，立即向目的地方向进行迁移。因此，胚胎期 OPC 发生的高峰也是 OPC 迁移最活跃的阶段。随着 OPC 不断迁移分布于整个 CNS 后，其速度减慢，最终停止。在小鼠 OPC 最终于 P9 左右达到较晚发育的浅层皮质处，停止迁移。当局部出现脱髓鞘损伤时，OPC 可以重新进入迁移状态，进入损伤区域，进行增殖分化和髓鞘再生。OPC 在迁移中大致按照先向腹侧、再向背侧的方向进行。OPC 的细胞突起顶端具有类似生长锥的结构，可以感知神经组织中多种分子所形成的浓度梯度，以此分辨迁移的方向。比如血小板源性生长因子（platelet-derived growth factor，PDGF）、BMP（bone morphogenic protein）、Shh（sonic hedgehog）和 Wnt/β-catenin 信号分子等都可以诱导 OPC 迁移。

此外，OPC 的迁移还受到细胞极性、运动能力等因素的影响，而这些作用通常是由一些分泌性分子、细胞外基质成分和神经元轴突表面分子介导的。由于技术手段的限制，目前难以对 OPC 的迁移运动进行在体实时观察，相关的研究也刚刚起步。最新的活体脑片 / 脊髓片观察发现，发育和再生中迁移的 OPC 表现出典型的双突起形态，这些 OPC 将血管作为物理支架，以"蠕动"或"跳跃"的方式快速分散到整个神经组织或损伤部位。但如何确定 OPC 的迁移距离和速度，以及发育和再生中 OPC 的迁移是否有区别等问题，至今仍不清楚。

（二）OPC 的增殖

OPC 的增殖是通过有丝分裂的方式进行，其分裂方式有两种：一是对称分裂，即分裂产生两个子细胞都仍保持在 OPC 阶段，以利于快速扩大细胞种群，维持 CNS 中的细胞密度；另一种是不对称分裂，即分裂产生两个子细胞，一个仍保持在 OPC 阶段，而另一个能够分化为成熟的少突胶质细胞，满足髓鞘形成的功能需求。

OPC 的增殖速度与动物的年龄和细胞密度密切相关，通常在胚胎及幼年小鼠中 OPC 增殖较快。成年后，随着细胞种群密度的增大，OPC 增殖减慢。而当局部的 OPC 死亡、分化后，细胞密度降低，此时 OPC 会重新启动增殖，以补充丢失的细胞，恢复原有的细胞密度。影响 OPC 增殖的主要因素来自于微环境中具有分裂剂（mitogen）活性的生长因子。而细胞外基质、神经元电活动、免疫相关因素（如激活的小胶质细胞、细胞因子 LIF 等）以及 OPC 自身密度负反馈机制等，也都可以影响 OPC 的增殖。此外，研究发现，OPC 可以利用其表达的连接蛋白（connexin），形成半通道（hemichannel），摄取葡萄糖等能量物质，维持细胞的增殖。

OPC 的增殖有利于扩大细胞种群数量，形成髓鞘。以小鼠为例，出生后 OPC 大量增殖，并于 7 天左右开始分化成熟形成髓鞘。即使到出生后 1 个月，髓鞘形成到达高峰时，OPC 仍不断分裂增殖。再如大鼠从出生后 1～5 个月的发育过程中，少突胶质谱系细胞的数量增加了约 3.5 倍，而星形胶质细胞和小胶质细胞的数量变化则不明显。值得注意的是，OPC 增殖与分化有一定联系，但不是必然。比如 PDGF 等促进增殖的生长因子可以抑制 OPC 分化；但通过抑制 CyclinE-CDK2 复合物的形成促进 OPC 退出增殖周期，却不足以使其开始分化；而通过促进 CyclinE-CDK2 复合物的形成从而促进 OPC 的增殖，也不能延后 OPC 开始分化的时间。

（三）OPC 的分化

作为一种前体细胞，OPC 可以分化为成熟少突胶质细胞。在培养条件下，OPC 还可以形成 2 型星形胶质细胞，因此，OPC 也曾经被称为双向潜能少突胶质 -2 型星形胶质前体细胞（bipotential oligodendrocyte-type-2 astrocyte progenitor cells）。目前认为，OPC 主要是向少突胶质细胞谱系方向分化，其过程包括 OPC 退出细胞周期，开始合成髓鞘相关成分，并发生形态改变，最终膜状突起包绕神经元轴突形成髓鞘的一系列复杂发育事件。根据细胞成熟度的不同，可大致划分为 OPC、未成熟少突胶质细胞（immature oligodendrocyte）、成熟少突胶质细胞（mature oligodendrocyte）三个阶段。细胞命运跟踪的实验发现，非常少的 OPC 还会进入细胞

死亡的进程，推测可能是由于其分化过程出现了阻碍，但分化成熟的少突胶质细胞极少自然凋亡。需要明确的是，虽然这些发育事件都是少突胶质细胞分化的必需环节，但不是所有必需环节都可以作为细胞分化成熟的标志。比如 OPC 退出增殖周期，并不意味着其能合成髓鞘相关蛋白并分化成熟。另外，合成髓鞘相关蛋白和髓鞘形成是否是一个连续发生的事件，抑或是两个被分别调控的事件，还不完全清楚。因此，在开发促进髓鞘再生的治疗策略时，需要综合考虑两个事件独立发生的情况。

培养中的 OPC 在无生长因子的条件下，分化为成熟的少突胶质细胞；而在有血清的条件下，可分化为星形胶质细胞。在体情况下，OPC 分化为星形胶质细胞的现象主要发生在出生前的腹侧前脑部分，或者疾病等特定的条件下。OPC 的这种转分化情况是固定的正常发育模式，还是发育异常时的代偿，目前还没有定论。此外，有实验还观察到，OPC 能够逆向分化为神经干细胞，继而分化为神经元和其他类型胶质细胞，说明 OPC 还具有一定的神经祖细胞特性。

（四）成体 OPC

已有的研究表明，随着 CNS 的发育成熟，OPC 除部分细胞分化为成熟的少突胶质细胞外，大量的细胞则进入慢增殖的静息状态，并维持终身，这些 OPC 被称为成体 OPC（adult OPC），约占成年 CNS 中总体细胞数的 5%。当发生脱髓鞘损伤后，成体 OPC 可以迁移到达损伤部位，增殖分化，进行髓鞘再生（remyelination）。虽然成体 OPC 是 CNS 中主要的增殖细胞之一，但在培养条件下，成体 OPC 的增殖速率还是较发育中的 OPC 慢。此外，成体 OPC 在分化能力上还表现出一定的区域差异性，如胼胝体内的成体 OPC 能分化形成 20% 的成熟少突胶质细胞，而皮质中成体 OPC 仅能形成 5% 的少突胶质细胞。最新的研究还表明，损伤部位周围的再生薄层髓鞘，可能主要由原有残存的少突胶质细胞产生，而非由成体 OPC 分化成熟产生。

三、OPC 和少突胶质细胞的标志物及鉴定标准

整个少突胶质细胞系从 OPC 到成熟少突胶质细胞的过程中形态变异较大，各阶段有特定的分子表达，以此可作为标志物来鉴定不同发育阶段的少

突胶质细胞（图 3-2-2）。

（一）OPC 阶段性标志物

1. PDGF Rα PDGFR 在中枢神经系统的受体包括 PDGF Rα 和 PDGF Rβ，其中 PDGF Rα 是 OPC 的特异性标志物，而 PDGF Rβ 是血管的周细胞（pericyte）的标志物。PDGF Rα 是 OPC 接受生长因子 PDGF 刺激，进行增殖的最主要受体，随 OPC 分化，其表达量迅速下调。在 OPC 中敲除 PDGF Rα 后，OPC 的增殖受到抑制。

2. NG2 也 称 为 CSPG4（chondroitin sulphate proteoglycan），是一种硫酸软骨素糖蛋白，主要表达于 OPC 的细胞膜和突起上，用以辅助 PDGF Rα 对 PDGF 的反应。NG2 可以作为 OPC 的表面抗原，用于标志 OPC 及分化起始阶段的未成熟少突胶质细胞。由于周细胞也表达 NG2，且也呈现出双突起的细胞形态，与迁移状态的 OPC 极为相似，因此，需要通过细胞的突起长度及定位的不同与 OPC 进行区别。通常 NG2 标志的周细胞突起更长，更紧密地贴附于血管表面。

3. A2B5 A2B5 是 OPC 表面的神经节苷脂单抗原决定簇。有研究发现，不是所有的 OPC 都同时表达 A2B5 和 NG2，这种表达差异可以用来区分 OPC 的不同发育阶段和功能状态。如 NG2$^+$A2B5$^-$ 的 OPC 较 NG2$^+$A2B5$^+$ 的 OPC 在发育状态上更早，细胞多处于迁移、增殖状态；而 NG2$^+$A2B5$^+$ 的 OPC 更趋向于近成熟的分化状态。但也有研究认为，A2B5 的表达阶段与 PDGF Rα 相似，是较 NG2 更早期的标志物。

4. GPR17 GPR17 是 OPC 表面特异性表达的 G 蛋白偶联受体，在 OPC 的分化过程中呈现出先升高后降低的表达趋势，因此主要用于鉴定 OPC。GPR17 能够限制 OPC 的分化进程，使之停滞于特定阶段。

（二）少突胶质细胞阶段性标志物

1. 糖脂类单抗 表达于细胞表面的糖脂类单抗，如 O4、O1 以及 R-Mab 都是少突胶质谱系细胞的糖脂类抗原。O4 表达时间早于 O1 和 R-Mab，因此 O4 一般用于标志分化过程中的未成熟少突胶质细胞，而 O1 和 R-Mab 则主要标志成熟少突胶质细胞。

2. CNPase CNPase（2′,3′-cyclic-nucleotide 3′-phosphodiesterase）是一种磷酸二酯酶，在成熟少突胶质细胞中表达丰度仅次于髓鞘蛋白 PLP 和 MBP。CNPase 蛋白表达从未成熟少突胶质细胞阶段开始直至成熟，在成熟少突胶质细胞中，CNPase 蛋白主要存在于少突胶质细胞胞体和成熟髓鞘的结旁区胞膜反折部分的胞质中，并不直接参与髓鞘的形成。虽然 CNPase 在少突胶质细胞中是否发挥水解酶活性尚不清楚，但过表达 CNPase 可致少突胶质细胞膜异常延展，从而影响小鼠髓鞘发育，提示 CNPase 可能通过与 Tubulin 结合，调控细胞骨架结构变化，参与少突胶质细胞突起的生长以及随后的髓鞘形成和维持过程。

3. APC APC（adenomatous polyposis coli）是一种与家族性腺瘤性息肉发病密切相关的肿瘤抑制基因，APC 蛋白也表达于多种细胞中。在 CNS 中，APC 在成熟少突胶质细胞中高表达，主要分布

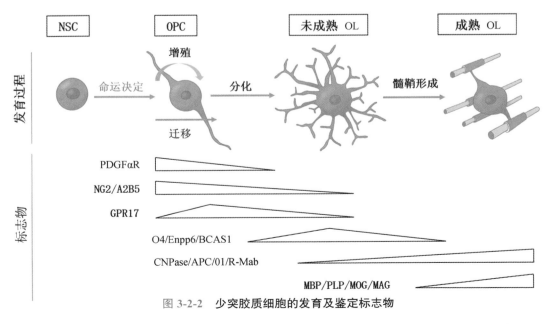

图 3-2-2 少突胶质细胞的发育及鉴定标志物

于胞体中。采用 CC1 单克隆抗体可以标志成熟少突胶质细胞的胞体。此外，APC 蛋白可抑制 WNT/β-catenin 信号通路的激活，发挥促进 OPC 分化和髓鞘形成的作用。

4. Enpp6　Enpp6（ectonucleotide pyrophosphatase/phosphodiesterase 6）是一种胆碱特异性的甘油磷酸二酯酶，基因表达谱分析和原位杂交实验均提示，该基因主要表达于分化启动后的 OPC。而在细胞进一步成熟过程中，该基因的表达明显下降，在成熟少突胶质细胞的表达水平低，因此该分子可用于标志未成熟少突胶质细胞。

5. BCAS1　BCAS1（breast carcinoma amplified sequence 1）是乳腺癌扩增序列 1 基因，其表达产物特异性分布于未成熟少突胶质细胞，在 OPC 阶段和成熟少突胶质细胞阶段的表达水平低，可用于标志分化过程中的 OPC，BCAS1 敲除小鼠出现髓鞘发育不良的表型。

6. Connexin　Connexin 是胶质细胞中普遍表达的一类蛋白分子，可在细胞间形成缝隙连接，或在细胞膜上形成半通道，将胶质细胞连接成胶质网络，利于细胞间离子或小分子物质交流。Connexin47/32/29 是少突胶质细胞谱系特有的连接蛋白，其表达与细胞的发育状态密切相关。Connexin47 在 OPC 中表达较高，而 Connexin32 和 29 在 OPC 中表达量低，在成熟少突胶质细胞中表达量高。故可以用不同的 Connexin 作为鉴定 OPC 或少突胶质细胞的辅助标志物。

四、少突胶质细胞发育分化的调控

从 OPC 的命运决定到最终分化为成熟少突胶质细胞的过程是在各种激素、营养物质、生长因子等诸多因素作用下，通过激活特定的胞内信号通路和转录因子，启动髓鞘基因的表达而实现，同时也受转录后和表观遗传等机制的调控（图 3-2-3）。

（一）细胞外信号分子

1. PDGF　PDGF 最初从血小板分离得来，是一种碱性糖蛋白。中枢神经系统中的 PDGF 可由星形胶质细胞和神经元分泌产生。PDGF 通过与 OPC 的特异性受体 PDGF Rα 结合而发挥作用，是一种重要的促细胞分裂剂。实验中 PDGF 不仅可以促进 OPC 的迁移、增殖，抑制分化成熟，还可以通过激活 JAK/STAT 信号通路维持 OPC 的存活。

2. FGF-2　成纤维细胞生长因子 -2（fibroblast growth factor-2，FGF-2）也被称为碱性成纤维细胞生长因子（basic fibroblast growth factor，bFGF），是由神经元和胶质细胞产生的多肽类物质，在胚胎期表达量高。组织中逐渐增高的 FGF-2 和逐渐减弱的 BMP 信号水平，是调控胚胎期脊髓背侧 OPC 产生的主要模式。此外，FGF-2 可以上调 OPC 的 PGDF Rα 表达水平，促进 OPC 的迁移、增殖并抑制分化。在疾病状态下，FGF-2 则可诱导细胞凋亡。

3. IGF-1　胰岛素样生长因子 -1（insulin-like growth factor-1，IGF-1）是一种具有促生长作用的多肽类物质，主要由星形胶质细胞产生，是 CNS 发育时期重要的自分泌和旁分泌信号分子。IGF-1

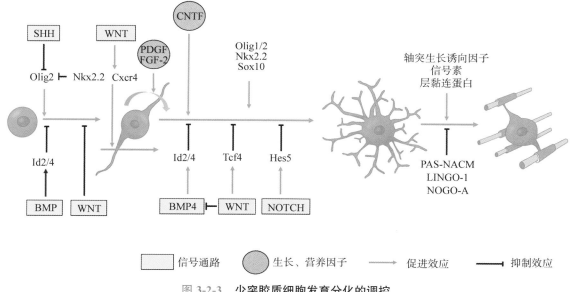

图 3-2-3　少突胶质细胞发育分化的调控

是发育期 OPC 分化成熟和存活的重要调控因子，在成年期主要促进细胞存活，抑制凋亡。其作用机制可能是通过激活 PI3K/AKT 信号通路，促进存活，抑制凋亡；通过 MAPK/ERK 信号通路，促进 OPC 增殖。此外，成年期 IGF-1 还可以通过抑制 BMP 信号通路，促进神经干细胞定向分化为 OPC。

4. CNTF 睫状神经营养因子（ciliary neurotrophic factor，CNTF）是由神经元和胶质细胞产生的神经营养因子，其最突出的作用是维持中枢和周围运动神经元的存活及其功能。CNTF 可维持 OPC 的存活，并对其分化有显著的促进效应。CNTF 可通过 Gp130-JAK 信号通路，促进 OPC 分化为成熟的少突胶质细胞。但对 CNTF 基因敲除小鼠的观察发现，小鼠的髓鞘结构和成熟少突胶质细胞数量并没有发生显著性改变，提示 CNTF 并不是 OPC 分化所必需的因子，而只是参与并促进了这一过程。此外，有研究发现 CNTF 还能诱导 OPC 分化为星形胶质细胞。

5. 其他 随着研究的深入，不断有新的因子或某些因子的新功能被发现。比如：表皮生长因子（epidermal growth factor，EGF）和色素上皮细胞因子（pigment epithelium-derived factor，PEDF）对成体 OPC 的产生有调节作用；白血病抑制因子（leukemia inhibitory factor，LIF）对 OPC 的存活、分化有作用等。在疾病状态下，M1 型小胶质细胞分泌的趋化因子 CCL2、CCL20，炎性因子 IL-1α/β、TNF-α 等，可以损伤少突胶质细胞和髓鞘。同时，M2 型小胶质细胞分泌产生的抗炎因子 IL-10、抗氧化因子 HO-1、GSH 以及神经营养因子 TGF-β 等，可抑制损伤部位的炎症反应，促进 OPC 分化成熟及髓鞘再生。

（二）细胞内信号通路

1. Wnt β- 连锁蛋白通路（Wnt/β-catenin pathway） Wnt 蛋白可与 Frizzled 受体结合后激活下游信号通路，在 OPC 的发育过程中发挥重要作用。Wnt 配体与受体结合可以增加细胞内 β-catenin 的活性，从而发挥促进 OPC 分化的生物学效应。Wnt/β-catenin 通路可影响 Shh 信号通路，从而调节 OPC 的发生。在沿血管迁移的过程中，OPC 与血管的贴附是通过 Wnt 信号通路下游 CXCR4 受体与血管内皮细胞所表达的 SDF1 配体相互作用而实现的。而在成熟少突胶质细胞中，β-catenin 及下游分子 Tcf4 均呈现明显的下调，表明经典的 Wnt/β-catenin 信号通

路在髓鞘形成过程中发挥负性调节作用。病理状态下，神经组织中高浓度的 WNT 信号分子可能导致 OPC 内该信号通路的过度激活，成为抑制髓鞘再生的关键因素。但目前少突胶质细胞内表达何种亚型的 Wnt 受体，尚不清楚。

2. BMP4 信号通路（BMP4 signal pathway） 骨形成蛋白受体（bone morphogenetic protein receptor，BMPR）是一种丝氨酸/苏氨酸激酶受体，与转化生长因子 TGF-β（transforming growth factor-β，TGF-β）超家族成员之一的骨形成蛋白（BMP）结合后，将信号传递给细胞内的 SMAD 分子，通过入核的 SMAD 多元复合物调控靶基因的转录。OPC 中主要表达 BMPR，可通过上调转录因子 ID2 及下调少突胶质细胞 IG1/2 的表达，抑制神经干细胞向 OPC 的定向分化。在 OPC 分化过程中，BMP 信号通路与 WNT/β-catenin 信号通路的作用类似，也抑制少突胶质细胞的分化成熟。此外，实验表明，BMP 信号通路可能是 WNT/β-catenin 的下游通路，WNT/β-catenin 信号通路在抑制 OPC 分化时，需要 BMP 信号通路的参与。在损伤造成血管渗漏时，血液中的纤维蛋白原可激活 OPC 的 BMP 信号通路，上调 ID2 等转录因子的表达，从而抑制 OPC 的分化成熟；同时，还可诱导 OPC 分化为星形胶质细胞，这可能也是抑制髓鞘再生的关键因素之一。

3. Notch 信号通路 OPC 特异性表达 Notch1 受体，而发育早期的轴突上高表达 Notch 配体 Jagg1，Jagg1 与 Notch1 受体相结合可激活转录因子 HES5，从而抑制 OPC 分化和髓鞘形成。髓鞘发育启动后，部分轴突上的 Jagg1 表达明显降低，提示在 CNS 中 Jagg1-Notch1 信号通路的表达存在时空差异，这在髓鞘形成的过程中发挥了重要作用。此外，锌指蛋白 Deltex 可以通过抑制 Notch1 信号诱导髓鞘相关糖蛋白 MAG 的表达，促进 OPC 的分化成熟及髓鞘的再生。

4. Shh 信号通路 音猬因子（sonic hedgehog，Shh）信号是一种局域性蛋白质配体，广泛存在于脊椎动物体内，参与调控细胞的命运、增殖与分化。Shh 信号分子通过与其受体 PTC 结合，解除其对下游分子 G 蛋白偶联受体蛋白 SMO 的抑制作用，进而使转录因子 Gli 由胞浆进入胞核，启动基因转录，参与胚胎脑和脊髓的发育调控。Shh 信号主要参与调控 OPC 的起源。小鼠脊髓腹-背轴 Shh 浓度梯度可调控少突胶质细胞谱系特异性转录因子 Olig1 和 Olig2 的表达，从而诱导 OPC 的产生；但

脊髓背侧 OPC 的产生则不依赖于 Shh 信号的调节。

5. G 蛋白偶联受体（GPCR）　GPCR 家族是一大类 G 蛋白偶联的跨膜受体，也是目前临床药物开发的潜在靶点，因而受到广泛关注。部分 GPCR 在髓鞘形成过程中发挥重要作用。GPR17 和 GPR37 属于视紫红质家族 GPCR，其中 GPR17 在 OPC 和未成熟少突胶质细胞中表达，成熟少突胶质细胞则不表达 GPR17。而 GPR37 则在成熟的少突胶质细胞中表达。特异性敲除少突胶质细胞系中的 GPR17 或 GPR37 可加速髓鞘形成，而过表达 GPR17 则会抑制 OPC 分化。此外，Kappa 阿片受体（KOR）及 1 型毒蕈碱受体（M1R）也表达于 OPC 上并发挥调控 OPC 分化和髓鞘形成的作用。KOR 具有正向促进 OPC 分化和髓鞘形成的作用，而 M1R 是一种负向调控 OPC 分化的受体，少突胶质细胞中特异性敲除 M1R 可促进髓鞘形成和再生。

（三）转录因子

1. Olig1/2　Olig1 和 Olig2 是碱性螺旋-环-螺旋的转录因子少突胶质细胞 IG 家族的两个成员，以同源或异源二聚体形式与 DNA 上 E-box 序列结合而发挥作用，调控 OPC 的发生和分化。胚胎期，Olig1/2 参与神经干细胞发育为 OPC 的命运决定过程。在 Olig1/2 双基因敲除小鼠的 CNS 中，无 OPC 存在；而在 Olig2 基因敲除的前脑中，OPC 仍少量存留，中脑和后脑中的数量甚至达到正常，说明在 OPC 发生时，这些区域的 Olig1 对 Olig2 有一定的代偿效应。Olig1/2 也参与促进 OPC 的分化成熟。虽然在具体的调控阶段等细节上仍有争议，但大多观点认为，Olig1 主要促进 OPC 的终末成熟，而 Olig2 对早期分化作用更大。此外，Olig1/2 可以发生核-浆位移。胞浆中的 Olig2 促进 OPC 向星形胶质细胞方向分化；胞浆中的 Olig1 促进少突胶质细胞突起的生长和膜状结构的扩展。

2. Nkx2.2　Nkx2.2 属于同源框基因 NK/NKX 家族成员，在神经发育分化中具有重要作用。Nkx2.2 参与了 OPC 起源区域的界定。在 OPC 早期发育的时空调节过程中，NKX2.2 和 PAX6 为腹侧界，IRX3 和 Olig2 为背侧界。在脊髓发育早期，NKX2.2 对 Olig2 的表达有抑制作用。NKX2.2 缺失时，Olig2$^+$ 的 pMN 区在腹侧表现为扩张。NKX2.2 也可以调节 OPC 的分化成熟。当 NKX2.2 缺失时，PLP/DM20 和 MBP 的表达明显下降。目前 NKX2.2 促进 OPC 分化成熟的机制尚不明确，推测可能与其对某些髓鞘蛋白基因的调节有关。

3. SOX10　SOX10 属于高移动组分（high mobility group）超家族的 DNA 结合蛋白。SOX10 有三个不同的位点可以直接结合 MBP 邻近启动子以活化转录，促进 OPC 的分化成熟。SOX10 缺陷小鼠脊髓中 MAG、PLP 和 MBP 均丢失。SOX10 也可以通过与其他转录因子协同发挥作用。SOX10 与 Olig1 结合形成复合体，从而与 MBP 基因的 5′ 端结合，直接活化 MBP 基因转录。其他能与 SOX10 发挥协同作用的转录因子还包括 Olig2 等。此外，SOX10 还可通过增强髓鞘蛋白基因或连接蛋白 Connexin47/32 的表达，促进 OPC 分化成熟。

4. Id2/4　DNA 结合抑制因子（inhibitor of DNA binding，Id）蛋白也是碱性螺旋-环-螺旋家族中的转录因子。Id 蛋白家族包括 Id1/2/3/4。Id2/4 都与 OPC 的起源密切相关，但不同的是 Id4 为 OPC 起源所必须，而 Id2 不是。在有丝分裂原存在的情况下，Id2 发生磷酸化，使细胞从分裂周期的 G1 期进入 S 期，进而促进 OPC 的增殖。Id2/4 也是重要的抑制 OPC 分化的转录调控因子。其机制可能是 Id2/4 通过和 Olig1/2 相互作用，干扰了 Olig1/2 与 E 蛋白形成聚合物而抑制髓鞘基因的转录。BMP 信号通路就是主要通过调控 Id2 和 Id4 的表达来抑制 OPC 的分化成熟。Id2 也是 WNT/β-catenin 信号通路的直接下游靶基因，在 WNT/β-catenin 通路激活时高表达，抑制 OPC 分化。

5. 其他转录因子　近年来还发现多种转录因子能够促进或抑制 OPC 发育。Hes5 为抑制性碱性螺旋-环-螺旋的转录因子 Hes 家族成员，特定表达于 Notch 信号通路下游。OPC 中过表达 Hes5 能抑制分化。SOX5/6 通过干扰 SOX10 的功能，尤其是阻断 SOX10 对髓鞘碱性蛋白 MBP 启动子的活化作用，抑制细胞分化成熟。TCF4 也叫作 TCF7l2（transcription factor 7-like 2），是 WNT/β-catenin 下游的一个转录因子。在 OPC 发育中，TCF4 可以与核中的 β-catenin 结合，抑制 OPC 的分化成熟。然而特异性敲除 TCF4 后，小鼠大脑中 OPC 的分化过程受到抑制，而用电穿孔的方法在新生小鼠的脑室中注射 TCF4 后，则可诱导 OPC 的异位分化，这说明 TCF4 的抑制效应需要在 OPC 正常分化的过程中才能发挥。

（四）表观遗传调控

1. 组蛋白乙酰化　核小体由组蛋白（histone）

八聚体包绕 150 bp 的 DNA 构成，是调控染色质三维空间构象改变的关键基本单位。组蛋白的乙酰化由乙酰转移酶（histone Acetyltransferase，HAT），如 CBP、P300 等，和与之拮抗的组蛋白去乙酰化酶（histone deacetylase，HDAC），包括 HDAC1/2/3 等协同完成。HDAC1/2 在 OPC 发育的多个阶段都有作用。HDAC1 通过促进 Shh 信号通路调控 Olig2 的表达，稳定 OPC 的起源。HDAC1/2 对 OPC 分化的调控作用主要是通过解除对 OPC 的分化抑制而实现的。比如：HDAC1/2 以及 HDAC11 可通过调控组蛋白 H3 去乙酰化而关闭 Id2、SOX2 等少突胶质细胞转录抑制因子的表达；HDAC1/2 还可竞争性结合 CBF1 和 TCF4，分别关闭 Notch 和 WNT/β-catenin 信号来阻止转录抑制因子 Hes5、Sox11 的作用，从而促进髓鞘基因的表达和少突胶质细胞的成熟分化。此外，HDAC3 可与组蛋白乙酰转移酶 P300 相互作用，抑制 OPC 向星形胶质细胞分化。

2. 组蛋白甲基化 组蛋白甲基化由组蛋白甲基转移酶（histamine methyltransferase，HMT）催化，其中 H3K27 的甲基化在 OPC 起源过程中起重要作用。EZH2 是 PRC2（polycomb repressive complex 2）复合体的一个重要的催化酶，它负责将 H3K27 甲基化。过表达 EZH2 可以阻止神经干细胞向星形胶质细胞的分化，从而刺激其向 OPC 的分化，而且 EZH2 在 OPC 分化过程中，甚至未成熟的少突胶质细胞中都高表达。

3. 染色质重塑 染色质重塑可通过染色质域解旋酶 DNA 结合蛋白、SWI/SNF 复合体等方式调控。在 OPC 分化过程中，染色体凝集与去凝集主要由 ATP 依赖的 SWI/SNF 复合体介导。SWI/SNF 复合体的亚基成分 BRG1（也叫 Smarca4）被转录因子 Olig2 招募至髓鞘相关基因的增强子处，促进其表达。而染色质域解旋酶 DNA 结合蛋白 8（chromodomain helicase DNA-binding protein 8，CHD8）可通过激活 BRG1 的表达调控染色质重塑；同时招募 H3K4 组蛋白甲基转移酶 KMT2，调控组蛋白甲基化，调节 OPC 的分化过程。

4. 小 RNA 小 RNA（miRNA）作为转录后调控的一种重要方式，也参与了 OPC 分化的调控。研究发现，在 OPC 中去除剪切形成小 RNA 的关键酶 Dicer，OPC 分化和髓鞘形成受阻；而在成熟的少突胶质细胞中去除 Dicer，则引发髓鞘脂质成分异常。不仅如此，在发育和疾病状态下，已鉴定出某些 miRNA，如 mir-219、mir-338，可靶向调控 PDGFRα、SOX6、Hes5 等，参与 OPC 发育分化的调控。

第三节 髓鞘形成

OPC 分化为成熟少突胶质细胞的过程中，形成的膜性突起反复包绕神经元轴突，发育为致密的多层同心圆状细胞膜结构的过程，称为髓鞘形成（myelination）或者髓鞘发生（myelinogenesis）。髓鞘形成是少突胶质细胞和神经元轴突相互识别的过程。一般认为轴突提供关键信号，启动少突胶质细胞的髓鞘形成。髓鞘形成也受细胞外基质等微环境因素的调节。由于髓鞘的厚度与轴突直径呈正相关，实践中采用轴突直径比髓鞘化轴突直径作为参数（G- 比值，G-ratio），评价髓鞘形成情况，成熟髓鞘 G-ratio 一般在 0.6 ～ 0.8。CNS 髓鞘形成的开始时间较晚，人的髓鞘形成时间大约从最后一个孕期开始（孕 28 ～ 32 周）一直到青春期前；而小鼠的髓鞘形成时间在 P7 左右开始。目前认为髓鞘形成参与了神经功能发育的过程，嗅觉和视觉等感觉通路功能发育较早，髓鞘形成的时间也较早。此外，白质的髓鞘形成较灰质更早，大脑皮质深层的髓鞘形成较浅层早，说明髓鞘形成具有空间特异性。

一、髓鞘的形成过程

少突胶质细胞成熟和髓鞘形成过程中，细胞的基因表达谱和形态都发生剧烈的变化。相较于 OPC 阶段，成熟少突胶质细胞因髓鞘形成需要大量细胞膜，细胞表面积增加了约 6500 倍。因为 OPC 在 CNS 持续存在，成年后仍可以产生新髓鞘，被称为髓鞘可塑性，参与调控学习、认知等高级脑功能。OPC 分化为成熟少突胶质细胞，首先启动内源性分化程序，包括髓鞘相关蛋白的表达和膜状突起形成等，随后膜状突起反复包绕轴突，形成同心圆状多层致密脂质膜结构。与施万细胞的髓鞘形成相比，少突胶质细胞形成髓鞘的过程更加复杂。由于研究手段的局限性，目前对纳米级的髓鞘形成过程的认识尚不清楚。采用高压低温电镜连续切片和在体实时观察等方法，目前认为少突胶质细胞的突起可能采用"毛毯爬行（carpet crawler）"的模式形成髓鞘（图3-2-4），大致分为三个阶段：

1. 起始阶段　少突胶质细胞形成膜性突起，边缘含有较多细胞质，其余部分两层细胞膜紧贴，远端呈舌状突起，为生长区（growth zone）。

2. 生长阶段　膜性突起与轴突相互作用，舌状突起边缘部分紧贴轴膜，且含有较多细胞质部分，称为内舌（inner tongue），在内舌的引导下反复包绕轴突。同时大量合成髓鞘蛋白和脂质膜成分，形成多层细胞膜结构。舌状突起边缘的胞质通道，呈螺旋状环绕轴突。舌状突起基底部边缘靠近胞体的部分较宽，也含有细胞质通道，位于最外层，称为外舌（outer tongue）。此外，在膜状突起的中间部分，从突起起始部分向内舌方向，存在放射状胞质通道，其余部分两层细胞膜紧密贴合。

3. 成熟阶段　当膜状突起包绕轴突达到一定圈数后停止，除了边缘的胞质通道，其余胞质通道大量减少，胞膜紧贴形成髓鞘。与此同时，舌状突起两侧沿轴突向郎飞结方向继续延伸，并将膜状突起边缘和胞质通道推向接近郎飞结区域，突起两侧的富含胞质的区域，反折形成髓鞘结旁区。随着细胞膜增加，内舌胞质通道变得与轴突相平行。这些胞质通道可作为少突胶质细胞物质交换、髓鞘蛋白更新和轴突营养物质供给的重要途径。

二、髓鞘的结构

CNS 的髓鞘是由成熟少突胶质细胞膜性突起反复包裹轴突形成，髓鞘的基本成分是少突胶质细胞的细胞膜和少量胞质。在电镜下观察有髓神经纤维的横切面，可见轴突外典型的同心圆样层状结构。在环绕轴突的多层膜结构中，主致密线和两条周期内线交替出现。其中单根主致密线主要成分是少突胶质细胞致密髓鞘膜的胞质部分，而相邻的两条周期内线则是少突胶质细胞的细胞膜，相邻两条主致密线的间距约为 12 nm。在纵行方向，髓鞘呈节段性包裹轴突，相邻髓鞘节段之间裸露的轴突称为郎飞结，相邻郎飞结间的髓鞘节段称为结间体，长度一般为 150～200 μm。郎飞结区域的轴膜上富含钠离子通道，且直接暴露在周围细胞外基质中，可迅速去极化并形成动作电位。而富含脂质的髓鞘绝缘轴突不能产生电活动，使得动作电位从一个郎飞结跳跃式传导到下一个郎飞结，加速动作电位在轴突上的传导，并且减少能量消耗。结间体靠郎飞结的边缘区域，靠近轴突的髓鞘胞膜反折形成的环状结构，称为结旁区（paranode）；结旁区远离郎飞结一侧区域称为近结旁区（juxtaparanode）（图3-2-5）。与其他部位致密的细胞膜不同，结旁区髓鞘胞膜反折区域仍存留有胞质通道，膜上表达有一些特征性蛋白，如 NF155 等，NF155 可与表达于结旁区轴膜上的 Contactin-1 以及 Contactin 相关蛋白（Caspr）形成复合体，锚定于结旁区轴膜和髓鞘膜上。一般认为，结旁区胶质-轴突连接的主要作用是将郎飞结上丰富的钠离子通道和近结旁区的钾离子通道分隔开。郎飞结上表达丰富的钠离子通道 Nav1.6、Caspr 分布于两侧结旁区的轴膜上，Caspr/Nav1.6 结构的出现提示功能性髓鞘结构形成。

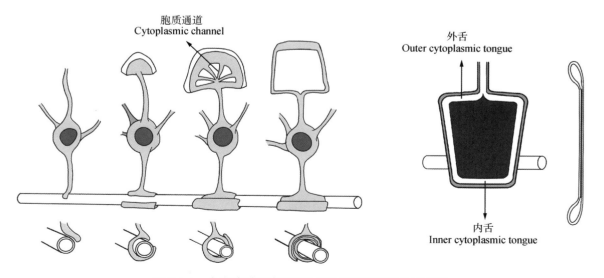

图 3-2-4　少突胶质细胞突起包绕轴突形成髓鞘的模式图

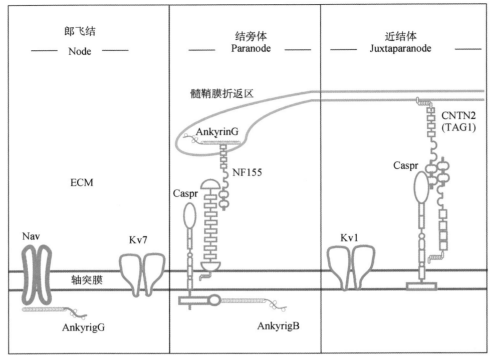

图 3-2-5　**CNS 郎飞结的结构模式图**

Ankyrin. 锚蛋白；Kv. 钾离子通道；Nav. 钠离子通道；NF155. 神经丝蛋白 155；Caspr. 接触蛋白相关蛋白；CNTN2. 接触蛋白 2

三、髓鞘的生化成分

CNS 干重的 60% 为髓鞘成分，髓鞘干重成分主要为脂质和蛋白质，其中脂质成分约占 70%，蛋白质占 30%，成分比例与少突胶质细胞的细胞膜一致（图 3-2-6）。

（一）脂类

髓鞘中脂质主要包括磷脂、糖脂和胆固醇，糖脂中以鞘糖脂为主，胆固醇、磷脂和鞘糖脂约占髓鞘中脂质总量的 65% 以上。一般细胞的细胞膜中，胆固醇、磷脂和鞘糖脂的比例约为 2.5∶6.5∶1；而在髓鞘中，胆固醇、磷脂和糖脂的摩尔比例约为 4∶3∶2 ～ 4∶4∶2 之间。髓鞘膜中丰富的胆固醇对维持髓鞘膜的稳定性非常重要，而糖脂中的半乳糖苷脂则是 CNS 髓鞘中的特异性成分。在髓鞘形成过程中，脂质合成障碍可致髓鞘形成异常，如神经酰胺半乳糖转移酶（CGT）参与合成半乳糖脑苷脂，CGT 缺陷小鼠表现出成熟髓鞘厚度变薄，胆固醇代谢异常也可致髓鞘再生障碍。

（二）髓鞘相关蛋白质

成熟少突胶质细胞形成的髓鞘中含大量的特征性蛋白，称为髓鞘蛋白（myelin protein），如蛋白脂蛋白（PLP）、髓鞘碱性蛋白（MBP）、髓鞘相关糖蛋白（MAG）、髓鞘少突胶质细胞糖蛋白（MOG）等，其中 MBP 和 PLP 的丰度最高（图 3-2-6）。这些髓鞘蛋白保证髓鞘能够形成紧密细胞膜结构，对维持髓鞘的结构也非常重要（图 3-2-6）。

1. PLP（proteolipid protein） PLP 及其剪接变异体 DM-20 是髓鞘中丰度最高的蛋白，约占蛋白总量的 50%。PLP 蛋白分布于细胞膜上，其 N- 末端和 C- 末端均位于胞膜的胞内侧，一般认为 PLP 蛋白在 CNS 髓鞘的周期内线稳定中发挥重要作用。

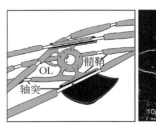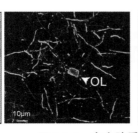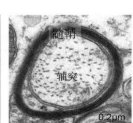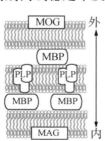

图 3-2-6　**少突胶质细胞与髓鞘**

在 PLP 突变或敲除小鼠中，髓鞘的周期内线出现异常。人 PLP 蛋白及其剪接体是由 X 染色体 Xq22 上的 PLP1 基因编码，小鼠的 PLP 蛋白编码基因也位于 X 染色体上。PLP 是一个极为保守的基因。人或动物模型中，PLP 基因突变或异常复制可致髓鞘形成减少，甚至可致模型动物死亡，提示 PLP 在髓鞘形成过程中发挥重要作用。

2. 髓鞘碱性蛋白（myelin basic protein，MBP） MBP 是髓鞘中丰度第二的髓鞘蛋白，MBP 也是保守基因，同样存在多种剪接体。在不同物种或细胞分化不同阶段，MBP 剪接体的含量存在差异，在人体内，最主要的亚型是 18.5-KD 和 17.2-KD，而在小鼠中，主要亚型是 18.5-KD 和 14-KD。在 CNS 髓鞘中，MBP 蛋白位于致密髓鞘胞膜表面，目前认为 MBP 是髓鞘中主致密线的主要成分。在未成熟少突胶质细胞中，MBP 的 mRNA 定位于胞体，而随着细胞成熟，mRNA 定位于远离胞体的细胞突起中，表明在髓鞘形成过程中，MBP 的 mRNA 会运输至突起并在原位翻译成为蛋白。Shiverer 转基因小鼠中，敲除 MBP 基因可致髓鞘中主致密线缺失，少突胶质细胞可以产生膜性结构包绕轴突，但不能形成致密的髓鞘，提示 MBP 蛋白可能发挥"黏合"相邻细胞膜形成髓鞘的作用。

3. 丝裂原激活蛋白激酶（myelin associated glycoprotein，MAG） MAG 在髓鞘中含量较低，小于蛋白总量的 1%。MAG 分子具有一个简单的跨膜结构域和较大的糖基化胞外基团。蛋白有两种剪接体，大小分别为 72-KD 和 67-KD。MAG 蛋白具有跨膜结构域和胞外结构，但 MAG 蛋白并不表达于致密的多层髓鞘膜上，它通过跨膜结构域锚定于靠近轴突的髓鞘膜上。有研究表明，胞外结构域可与轴突上的唾液酸糖蛋白等信号分子识别并结合，提示 MAG 可能参与髓鞘与轴突之间的相互作用。MAG 基因敲除小鼠能形成髓鞘，但表现出髓鞘形成延迟，轴突周围和结旁区结构异常以及结旁区胞膜过度反折。同时，MAG 缺乏可致小鼠成熟过程中出现髓鞘减少及脑白质营养障碍，提示 MAG 介导的轴突-髓鞘信号在髓鞘形成和维持中发挥重要作用。

4. 髓鞘少突胶质细胞（myelin oligodendrocyte glycoprotein，MOG） MOG 是一种髓鞘相关糖蛋白，分子量 26-KD。MOG 也是一种跨膜髓鞘蛋白，与 MAG 相反，MOG 定位于最外层髓鞘膜。目前 MOG 的功能仍不清楚，MOG 基因敲除小鼠可以正常形成髓鞘，并不出现显著的神经功能异常，其膜定位特点提示，MOG 可能参与胞外信号传导。临床上部分多发性硬化患者体内可检测到抗 MOG 抗体。MOG 蛋白也常用于制备自身免疫性脱髓鞘疾病动物模型，可以诱导 T 细胞介导的炎症反应，导致自身免疫性脑脊髓炎（experimental autoimmune encephalomyelitis，EAE）。

5. 少突胶质细胞髓鞘糖蛋白（oligodendrocyte-myelin glycoprotein，OMgp） OMgp 是一种髓鞘相关糖蛋白，表达丰度低，OMgp 表达于少突胶质细胞细胞，也存在于神经元上。其功能可能是通过与轴突的相互作用从而抑制轴突再生。

四、调控髓鞘形成的因素和分子机制

髓鞘形成过程是少突胶质细胞和神经元轴突相互识别，启动髓鞘化的过程。CNS 存在大量均匀分布的 OPC，在 CNS 发育过程中，髓鞘形成过程具有显著的时空特异性。成年大脑仍存在大量无髓鞘包裹的轴突，髓鞘形成可被环境因素诱导，比如丰富的环境因素可增加成年小鼠感觉皮质的髓鞘形成。值得注意的是，CNS 的髓鞘分布模式很复杂，同一轴突上的结间体可以相邻，也可以不连续，甚至分散存在。纯化培养的 OPC 在不含神经轴突的培养体系中，可以表达 MBP、PLP 等成熟少突胶质细胞特异性表达的蛋白，并形成膜状突起，说明离体培养 OPC 能够不依赖神经元轴突而启动分化。但是在体研究尚未观察到仅分化而不形成髓鞘的现象，说明少突胶质细胞的分化和髓鞘化是高度偶联的过程。采用化学和光遗传学技术，证明增加神经元电活动可以明显促进髓鞘形成，说明髓鞘形成是具有高度选择性的，而神经元轴突是主导了髓鞘形成过程的重要外源性调控因素。

（一）轴突的几何学特征

CNS 能被髓鞘包绕的轴突直径几乎都大于 0.2 ～ 0.4 μm，且轴突越粗，少突胶质细胞形成的髓鞘也越厚，提示轴突本身的几何学特征可能参与调控髓鞘形成。在离体培养体系中，采用多聚甲醛固定培养神经元轴突，OPC 仍然可以在被固定的轴突上形成髓鞘。进一步采用人工合成的塑料纤维丝作为人工轴突，体外培养的 OPC 经过分化后，可以包裹直径大于 0.3 ～ 0.4 μm 的人工轴突形成髓鞘，而对于直径更小的人工轴突，则不能包绕形成髓鞘。说明培养的少突胶质细胞可以识别人工轴突的几何学特征，并形成髓鞘。在体情况下，CNS中很多结构都具有类似轴突的特征，但是少突胶质细胞无一例外地选择轴突形成髓鞘，说明几何学特征仅为髓鞘形成提供必要的允许性（permissive）条件，还有其他信号参与调控轴突的髓鞘形成。

（二）轴突信号分子

轴突的信号分子可表达排斥性（repulsive）信号和诱导性（attractive）信号，调控少突胶质细胞在轴突上选择性形成髓鞘。

1. 神经细胞黏附分子（NCAM） NCAM是一类表达于神经元上的膜蛋白黏附分子，在神经元轴突定向生长过程中具有重要的导向作用。PAS-NCAM是NCAM家族中的重要成员，在发育早期，轴突上PAS-NCAM表达量较高，抑制OPC分化，随着发育进展，轴突上的PAS-NCAM分子表达水平出现明显下调，髓鞘形成启动。在离体实验中，使用抗PAS-NCAM抗体或可作用于PAS-NCAM的水解酶（endo-N）处理，能明显增加共培养体系中的髓鞘形成，而在体条件下使用endo-N也可在发育早期促进视神经的髓鞘形成。说明，PAS-NCAM是一种表达在发育早期的轴突上，可负向调控髓鞘形成的关键分子。

2. Lingo-1 Lingo-1（leucine-rich repeat and immunoglobulin-like domain-containing 1）是一种可表达于神经元和少突胶质细胞上的信号分子，可参与调控神经元和少突胶质细胞的存活，神经突起生长以及轴突再生等。使用抗体封闭Lingo-1分子可促进髓鞘形成，而在神经元中过表达Lingo-1则会抑制OPC分化成熟。在体实验中也呈现类似的现象，提示神经元上的Lingo-1会在髓鞘发育过程中起抑制作用。在多发性硬化等脱髓鞘疾病患者或模型中，损伤区域的Lingo-1表达增加，髓鞘再生受到抑制，而使用特异性结合Lingo-1的抗体处理，可明显促进OPC分化和髓鞘再生。以上表明，Lingo-1信号在髓鞘发育和再生中发挥抑制效应。

3. 轴突生长诱向因子（netrin） 轴突上的Netrin也参与调控髓鞘形成，Netrin-1及相应受体DCC（deletion of colorectal cancer）分别表达在轴突和少突胶质细胞上。Netrin-1或DCC突变小鼠中，OPC可正常分化成为多突起的少突胶质细胞，但电镜下可见成熟髓鞘结旁区的细胞间连接出现异常，在一些疾病模型中，成熟髓鞘结旁区的少突胶质细胞与轴突间的连接在早期出现损伤，而激活Netrin-1可以发挥保护髓鞘效应，提示Netrin-1/DCC信号参与

调控成熟髓鞘形成和稳定性。

4. 信号素（semaphorin） 信号素是一类在神经系统发育过程中对于神经元轴突生长起重要调控作用的蛋白，其可表达于轴突膜上或以分泌蛋白的形式存在，不同种类的信号素蛋白与对应的丛状蛋白结合发挥生理功能。信号素蛋白家族也在OPC分化过程中发挥重要的调节作用，其中Sema6A以一种自分泌的形式激活对应的丛状蛋白，发挥正向调控OPC分化的作用，其他信号素分子如Sema4D、Sema3A等可能在多发性硬化发病和髓鞘再生中发挥作用。

5. 层黏连蛋白（laminins） 层黏连蛋白是基膜中的重要成分，广泛分布于细胞外基质中。层黏连蛋白可通过与Integrin β1相互作用，激活后正向调控OPC分化的信号通路，如Akt-1、p38 MAP kinase等，促进髓鞘形成。在少突胶质细胞和施万细胞，层黏连蛋白还可以与轴突上的NRG1协同作用，促进细胞分化和髓鞘形成。

6. Nogo-A Nogo-A是一种表达于神经元和少突胶质细胞的膜蛋白，具有抑制轴突再生的作用。该分子含有Amino-Nogo和Nogo-66两个结构域。少突胶质细胞表达的Nogo-66能够与轴突的Nogo-A受体（NgR1）结合，启动轴突内的GTPaseRhoA信号途径，介导肌动蛋白解聚和轴突生长锥的崩解。Amino-Nogo主要位于细胞浆，可产生不依赖于NgR1的轴突生长抑制作用。Nogo-A并不影响少突胶质细胞成熟，但可抑制髓鞘的长度和数量，可能调控分化启动之后的髓鞘形成过程。

五、髓鞘再生

髓鞘再生是脱髓鞘发生后，病灶周围OPC增殖、迁移并分化成熟，在发生脱髓鞘的轴突上形成新髓鞘的过程。新形成的髓鞘较正常髓鞘薄，结间体也更短。髓鞘再生可以修复髓鞘，恢复神经快速传导的能力，并保护轴突，减少轴突退化的发生。由于成年动物CNS存在大量的OPC，能够持续分化为成熟少突胶质细胞，并形成新的髓鞘。一般认为，髓鞘损伤有可能完全恢复。但CNS脱髓鞘疾病，如多发性硬化，髓鞘再生常不完全。髓鞘再生的过程被认为是髓鞘发育过程的重演，大多数调控髓鞘发育的内源性和外源性的分子机制也参与调控髓鞘再生。然而与髓鞘发育不同的是，CNS脱髓鞘疾病，如多发性硬化，常因自身免疫性反应等原

因，脱髓鞘局部出现神经炎症和髓鞘碎片（myelin debris）。小胶质细胞可吞噬、清理髓鞘碎片，也可释放细胞因子加重局部炎症反应。因髓鞘碎片含有抑制 OPC 分化和髓鞘形成的信号分子，如 LINGO-1、Semaphorins/Ephrins、Netrin-1 等，导致髓鞘碎片清理效率低下，这可能是髓鞘再生不完全的重要原因。此外，髓鞘碎片还含有大量髓鞘相关蛋白如 Nogo-A 等，能够抑制轴突的再生。

第四节　少突胶质细胞的生物学特性和功能

少突胶质细胞谱系（oligodendrocyte lineage cells）包括从 OPC 到成熟少突胶质细胞的一系列细胞。OPC 启动分化后，经历未成熟少突胶质细胞阶段，突起不断增加，形成膜状突起，最后分化为成熟少突胶质细胞，呈同心圆状反复包绕轴突形成髓鞘，保证神经信息的高效快速传递，也可为轴突提供能量。作为少突胶质细胞的前体细胞，OPC 是髓鞘形成和髓鞘再生的重要储备细胞，仅在非常特定条件下，少量 OPC 可分化为星形胶质细胞。

一、少突胶质细胞的生物学特性

（一）OPC 的形态与生理特征

培养条件下，OPC 具有典型的双极细胞突起，随着分化成熟，细胞形态发生剧烈变化，从双极细胞突起，变为多突起，并继续在突起末端形成扁平的膜状结构。与培养的 OPC 形态差异明显，在体 OPC 除了在迁移时细胞呈现出双极突起的形态，多数情况下细胞为多突起样，因此 OPC 也被称为多突胶质细胞（polydendrocyte 或者 synantocyte）（图 3-2-7）。OPC 终身存在，并相对均匀地广泛分布于整个 CNS，白质中 OPC 的数量为灰质中的 1.5 倍，形态在不同区域有所差异。通常灰质中的 OPC 呈球形，细胞突起从胞体发出，伸入周围的神经元细胞体之间；白质中的 OPC 胞体较长，突起多与神经元轴突呈平行排布。

尽管 OPC 属非兴奋性细胞，但其细胞膜上仍表达电压门控 K^+ 通道、Na^+ 通道和 α- 氨基 -3- 羟基 -5- 甲基 -4- 异氧丙酸（AMPA）受体，并表现出对 TTX 敏感的去极化特性。由于 OPC 与神经元间形成类似突触样的结构，λ- 氨基丁酸（GABA）刺激会引发 OPC 而非少突胶质细胞短暂的去极化反应，提示 OPC 的去极化可能参与了细胞分化的调节。

（二）少突胶质细胞的结构特征

作为 CNS 髓鞘形成细胞，少突胶质细胞与周围神经系统的施万细胞不同，其可以伸出多个细胞突起，反复包裹轴突形成髓鞘（图 3-2-6）。少突胶质细胞胞体的直径 10 ～ 15 μm，细胞核呈圆形或者卵圆形。利用转基因荧光标记等方法，可以直接观察到单个少突胶质细胞发出多个细胞突起形成的多个髓鞘节段。在不同物种、不同脑区中，少突胶质细胞形成的髓鞘节段的数量和长度略有差异。电镜下，成熟少突胶质细胞胞体电子密度高，核内染色质高度聚集；而分化中的少突胶质细胞（未成熟少突胶质细胞），胞体电子密度较低或核内染色质聚集程度较低。少突胶质细胞还含有大量的线粒体和核糖体，参与髓鞘蛋白的合成和更新。

在少突胶质细胞成熟过程中，细胞骨架蛋白及其相关的结合蛋白，在形态改变和细胞内物质运输中发挥重要作用。少突胶质细胞细胞骨架主要是由微丝（microfilaments）和微管（microtubules）构成，但缺乏中间丝（intermediate filaments）。其中，微丝主要由肌动蛋白（actin）组成，在胞膜下方促进丝状伪足和板状伪足的形成，稳定初级突起的生长和胞体形态，微管以微管蛋白（tubulin）为基本构件，在微管结合蛋白（microtubulin associated proteins，MAPs）的调节下，扩展到各级细胞突起中，通过微管的聚合、解聚等动态变化，发挥调控

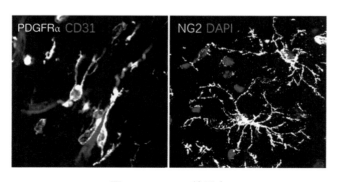

图 3-2-7　OPC 的形态
迁移时 OPC（PDGFRα$^+$）呈双极突起的形态（CD31 标记血管），而多数情况下 OPC（NG$^+$）为多突起样

细胞突起生长、细胞器运输和髓鞘蛋白运输等生物学功能。

二、少突胶质细胞的功能

由于成熟少突胶质细胞的分化经历了多个阶段，因此处于不同分化状态的少突胶质细胞在 CNS 发育、功能维持和对外刺激的反应中表现出一定的差异。

（一）OPC 的功能

1. 分化为成熟的髓鞘形成少突胶质细胞   OPC 是少突胶质细胞的前体细胞，不仅参与 CNS 发育中的髓鞘形成，而且在 CNS 损伤情况下，OPC 能迅速反应，是髓鞘再生的主要细胞来源。而在成体 OPC 中，能分化成熟为少突胶质细胞并用于新髓鞘形成的比例更少。在髓鞘再生过程中，成体 OPC 需要经历从静止态激活，细胞形态发生改变，迁移到髓鞘损伤部位并大量增殖，满足细胞数量要求后再分化为成熟少突胶质细胞，进行髓鞘再生。虽然髓鞘再生的过程与发育中的髓鞘形成过程类似，但由于炎症环境、OPC 自身老化以及 OPC 发育对某些调控因子，如 Olig1 的需求不同等，使得二者存在一定差异。再生中，新生的髓鞘往往也较原有髓鞘更薄更短，具体原因目前尚不明确。

2. 调节神经元功能活动   除了保持分化为成熟少突胶质细胞的能力以外，OPC 也表达一些神经递质受体，如谷氨酸和 GABA 受体等，参与神经元突触传递的调节。此外，培养的 OPC 能够快速代谢谷氨酸等神经递质，推测可以参与 CNS 中的谷氨酸等的稳态调节。

3. 胶质活化   在病理状态下，OPC 激活可参与损伤部位的胶质瘢痕形成；而且 OPC 还可影响血管生成和血-脑屏障的完整性，并参与免疫细胞激活和免疫反应等。

4. OPC 功能的异质性   一般认为，早期发生的 OPC 在生物学功能上是无异质性的，用基因操控手段，清除胚胎时期脑发育中某一波产生的 OPC，相邻波段产生的 OPC 会快速迁移，重新分布到无 OPC 的区域，该过程不会引起实验小鼠发育或存活的差异。得益于近年来单细胞测序技术的发展和运用，通过对不同脑区、不同年龄的 OPC 进行基因分析鉴定，诸多证据表明，无论是发育中 OPC，还是成体 OPC，都具有功能异质性。

（二）少突胶质细胞的功能

1. 形成髓鞘（见第三节），保证神经信息快速准确的传导   这也是少突胶质细胞最重要的功能。髓鞘发育异常或脱髓鞘可导致 CNS 白质病变，如多发性硬化等。

2. 为轴突提供营养和能量代谢支持   少突胶质细胞中可产生较高浓度的乳酸，乳酸不仅可供少突胶质细胞本身分解产生 ATP，还能依靠少突胶质细胞中在靠近轴膜的髓鞘膜上表达的单羧酸转运体 1（monocarboxylate transporters 1，MCT1），顺浓度梯度将乳酸、丙酮酸和酮体等转运入轴突，作为轴突能量来源。少突胶质细胞也可以分泌神经营养因子，如 BDNF、NGF、GDNF 和 IGF-1 等，对神经元突起生长等发挥重要作用。

3. 维持轴突稳定性   少突胶质细胞靠近轴突的髓鞘膜表达钾离子通道 Kir4.1，对维持神经元轴突外钾离子正常浓度以及轴突稳定性具有重要作用。此外，少突胶质细胞中表达的 CNP 对于维持神经元轴突稳定性非常重要。敲除少突胶质细胞中的 CNP 虽然不影响髓鞘结构，却可引起轴突的肿胀和变性，导致小鼠死亡，这说明少突胶质细胞有独立于髓鞘包绕功能之外的更多细胞功能。除此之外，少突胶质细胞与星形胶质细胞间通过 Connexin 通道蛋白形成缝隙连接，可供葡萄糖等小分子能量物质进行转运以及双向的钙离子信号传递，其具体的功能还有待挖掘。

参考文献

综述

1. Boullerne AI, The history of myelin. *Exp Neurol*，2016，283（Pt B）：431-445.
2. Perez-Cerda F，MV Sanchez-Gomez，C Matute，Pio del Rio Hortega and the discovery of the oligodendrocytes. *Front Neuroanat*，2015，9：92.
3. Stadelmann C，Timmler S，Barrantes-Freer A，et al.，Myelin in the Central Nervous System：Structure，Function，and Pathology. *Physiol Rev*，2019，99（3）：1381-1431.
4. van Bruggen D，E Agirre，G Castelo-Branco，Single-cell transcriptomic analysis of oligodendrocyte lineage cells. *Curr Opin Neurobiol*，2017，47：168-175.
5. Goldman SA，NJ Kuypers，How to make an oligodendrocyte. *Development*，2015，142（23）：3983-95.
6. Emery B，Regulation of oligodendrocyte differentiation and myelination. *Science*，2010，330（6005）：779-782.
7. Zuchero JB，BA Barres，Intrinsic and extrinsic control of oligodendrocyte development. *Curr Opin Neurobiol*，2013，

23（6）：914-920.

8. van Tilborg E，de Theije C，van Hal M，et al. Origin and dynamics of oligodendrocytes in the developing brain：Implications for perinatal white matter injury. *Glia*，2018，66（2）：221-238.

9. Juarez AL，He D，Lu QR. Oligodendrocyte progenitor programming and reprogramming：Toward myelin regeneration. *Brain Res*，2016，1638（Pt B）：209-220.

10. Fernandez-Castnaneda A，Gaultier A. Adult oligodendrocyte progenitor cells- Multifaceted regulators of the CNS in health and disease. *Brain Behav Immun*，2016，57：1-7.

11. Huang N，Niu J，Feng Y，et al. Oligodendroglial Development：New Roles for Chromatin Accessibility. *Neuroscientist*，2015，21（6）：579-588.

12. Baumann N，Pham-Dinh D. Biology of oligodendrocyte and myelin in the mammalian central nervous system. *Physiol Rev*，2001，81（2）：871-927.

13. Nave K. Myelination and the trophic support of long axons. *Nat Rev Neurosci*，2010，11（4）：275-283.

14. Chang K，Redmond S，Chan JR. Remodeling myelination：implications for mechanisms of neural plasticity. *Nat Neurosci*，2016，19（2）：190-197.

15. Quarles RH，Norton WT，Morell P. Myelin Formation, Structure and Biochemistry. 7th ed. Amsterdam：Elsevier，2006.

16. Mogha A，D'Rozario M，Monk KJT. G Protein-Coupled Receptors in Myelinating Glia. *Trends Pharmacol Sci*，2016，37（11）：977-987.

17. Wang F，Mei F. Kappa opioid receptor and oligodendrocyte remyelination. *Vitam Horm*，2019，111：281-297.

18. Franklin RJM，Ffrench-Constant C. Regenerating CNS myelin-from mechanisms to experimental medicines. *Nat Rev Neurosci*，2017，18（12）：753-769.

原始文献

1. Hughes EG，Orthmann-Murphy JL，Langseth AJ，et al. Myelin remodeling through experience-dependent oligodendrogenesis in the adult somatosensory cortex. *Nat Neurosci*，2018，21（5）：696-706.

2. Xiao L，Ohayon D，McKenzie IA，et al. Rapid production of new oligodendrocytes is required in the earliest stages of motor-skill learning. *Nat Neurosci*，2016，19（9）：1210-1217.

3. Niu J，Tsai HH，Hoi KK，et al. Aberrant oligodendroglial-vascular interactions disrupt the blood-brain barrier，triggering CNS inflammation. *Nat Neurosci*，2019，22（5）：709-718.

4. Tsai HH，Niu J，Munji R，et al. Oligodendrocyte precursors migrate along vasculature in the developing nervous system. *Science*，2016，351（6271）：379-384.

第 **3** 章 　小胶质细胞

高志华　彭　勃

　　小胶质细胞（microglia）是中枢神经系统的常驻免疫细胞，占脑内细胞总数的 5% ～ 10%。在成年脑内，它们遍布全脑，胞体较小（直径 7 ～ 10 μm），伸出很多细长的突起和分支，时刻不停地监控脑内微环境改变，并迅速响应脑内病损，在维持脑功能稳态、预防病原体入侵、修复脑损伤和防御脑疾病发生发展中发挥重要作用。自 20 世纪初期发现小胶质细胞以来，历经 100 多年的研究，科学家们逐步发现了小胶质细胞在脑内的生物学特征和功能。

第一节　小胶质细胞的发现与研究历程

一、小胶质细胞的发现与命名之争

　　20 世纪初期，正是西班牙科学与文化蓬勃发展之际。当时，西班牙著名的神经科学家 Santiago Ramón y Cajal 提出的以神经元及其连接为中心的"神经元学说（neuron doctrine）"已获得一致认可。他在马德里建立了一所神经科学研究学校，吸引了来自各地的优秀学者，其中包括来自德国的 Nicolas Achucarro。Achucarro 在加入 Cajal 实验室之前，曾在德国跟随 Alois Alzheimer 学习，对神经胶质细胞（neuroglia）很感兴趣，而 Cajal 也因为 Achucarro 的加盟，对脑内的胶质细胞产生了兴趣。随后，来自西班牙偏远乡村的 Pio del Rio-Hortega 加入了 Achucarro 实验室，从事胶质细胞的研究。

　　1919 年，Rio-Hortega 利用自己改良的含氨碳酸银染色法，发现 Cajal 原来发现的脑内的"第三类成分"——非神经元、非星形胶质细胞、无树突、非极性的小细胞（apolar cells），其实包含了两类不同的细胞。他分别命名它们为小胶质细胞（microglia）和束间胶质细胞（interfascicular glia），后者随后更名为少突胶质细胞（oligodendrocytes）。尽管当时由 Camillo Golgi 发明的高尔基染色法已得到广泛应用，但每个实验室的染色方法和动物模型都不尽相同，因此除神经元与星形胶质细胞之外，脑内其他形态各异的细胞拥有形形色色的名字，如泡沫细胞（foam cells）、棒状细胞（rod cells）、清道夫细胞（scavenger cells）和颗粒脂肪细胞（granuloadipose cells）。Rio-Hortega 通过改良的染色和精细的描绘，首次对脑内这一类胞体小、分枝多的特殊小胶质细胞群体进行了系统描述，提出它们是一类不同于星形胶质细胞、少突胶质细胞的细胞，为鉴定脑内三种主要的胶质细胞类型提供了良好的科学基础和证据。他还根据小胶质细胞的形态变化特征，推断小胶质细胞可能来源于中胚层，因此又将其命名为中胚层胶质（mesoglia）。

　　然而，Rio-Hortega 的正确发现却遭到了 Cajal

的强烈反对。由于 Cajal 利用自己的染色方法只能看到无树突、非极性的小细胞，无法看到清晰的细胞突起和分枝，他一直不认可 Rio-Hortega 用改良方法看到的富含细长突起的分支状小胶质细胞。而且，由于苏格兰科学家 William Ford Robertson 曾用 mesoglia 一词描述中胚层来源的一类形态较小、具有吞噬活性的细胞，Cajal 曾把发现小胶质细胞的优先权归功于 Robertson，把它们命名为 "Robertson-del Rio" 细胞。直到 1924 年，美国的神经外科医生 Wilder Penfield 重新审视 Robertson 当初的实验结果，发现 Robertson 观察到的细胞其实并非小胶质细胞，而是脑内的少突胶质细胞，它们既不来源于中胚层，也不具备吞噬作用。至此，Rio-Hortega 与 Cajal 之间的纷争才得以解决，Rio-Hortega 的发现也得到广泛认可。此后，Rio-Hortega 被尊称为 "小胶质细胞之父"。

二、小胶质细胞研究的发展历程——从体外到活体研究

继 Rio-Hortega 发现脑内小胶质细胞之后，众多研究陆续证实了小胶质细胞存在于不同物种、不同脑区和胶质瘤等疾病中。1939 年，来自加拿大蒙特利尔神经研究所的 John Kershman 研究了小胶质细胞侵入人胎脑中的过程，并将小胶质细胞迁移途径中的一些热点聚集脑区，如胼胝体等，称之为 "小胶质细胞喷泉"。之后的数十年，小胶质细胞的研究一直处于较为缓慢的发展阶段。直到 1968 年，德国慕尼黑 Georg Kreutzberg 实验室通过引入了面神经损伤的模型，在保持血脑屏障完整，不受外周单核细胞影响的情况下研究小胶质细胞的功能。

早在 20 世纪 30 年代，科学家们就通过对不同发育时期脑和疾病脑的组织形态学分析，发现了小胶质细胞拥有快速迁移、增殖和吞噬等功能。然而，受限于当时的研究方法和手段，一直无法有效开展小胶质细胞的生化与功能分析。1986 年，美国科学家 Dana Giulian 与 Timothy Baker 首次从大鼠新生脑中分离纯化了小胶质细胞，成功实现了小胶质细胞的体外培养。之后，科学家们利用病毒感染原代培养的鼠源小胶质细胞又建立了稳定的小胶质细胞株 BV-2。利用各种不同的刺激与实验操控条件，科学家们发现了小胶质细胞的一系列生化特性和功能。如应用革兰阴性细菌来源的脂多糖（lipopolysacchride，LPS）刺激小胶质细胞，发现小胶质细胞能大量合成和释放白介素 1（interleukin-1，IL-1）、白介素 6（interleukin-6，IL-6）和肿瘤坏死因子（tumor necrosis factor α，TNF-α）等细胞因子和炎症因子，推测小胶质细胞是体内神经炎症的主要来源。尽管原代培养的小胶质细胞和 BV-2 细胞系并不能完全代表活体小胶质细胞的状态和反应，但由于缺乏有效的手段与方法，直到 21 世纪初期，体外培养仍是研究小胶质细胞的一种主要手段。

同时，能特异性识别脑内小胶质细胞（和巨噬细胞）的离子化钙结合连接蛋白 1（ionized-calcium binding protein 1，IBA1）以及 F4/80 等抗体的应用，使得小胶质细胞的鉴定和形态标记相对便捷。随后，利用急性活脑片中小胶质细胞能结合西红柿凝集素的特性，科学家们通过加入西红柿凝集素至脑片孵育液，能观察到小胶质细胞在脑片原位的改变和响应。随着基因重组技术的发展，科学家们逐渐构建了特异性标记小胶质细胞的报告基因小鼠和小胶质细胞特异性重组酶小鼠，以便进一步研究小胶质细胞功能（见下文）。

三、小胶质细胞的功能研究历程——从病理到生理研究

早在 19 世纪中晚期，Rio-Hortega 尚未系统描述和命名小胶质细胞之前，病理学家们就已经注意到病变脑内存在一些与正常细胞形态截然不同的一些细胞。如 1878 年，德国病理学家 Carl Fromman 曾在一位多发性硬化患者脑内检测到一些以损伤为中心聚集的细胞，它们胞体肥大，突起粗短且稀疏。他曾推测这些可能是疾病过程中发生改变的胶质细胞。随后，数位科学家如 Nissl、Alzheimer 和 Merzbacker 等都在疾病脑内发现并描述了这一类细胞，但由于不了解它们的来源和身份，这些细胞分别被称为 "杆状细胞" "网格样细胞" 和 "清除细胞"。

直到 1932 年，Rio-Hortega 在 *Cytology and Cellular Pathology of the Nervous System* 一书中，系统描述了小胶质细胞的多项特征，后人才陆续证实脑内病变周围聚集的细胞为小胶质细胞。Rio-Hortega 根据小胶质细胞在不同发育时期和疾病中的不同形态，分别描述了突起粗短、胞体肥大的阿米巴样和突起细长、胞体细小的分支样小胶质细胞，并提出阿米巴样小胶质细胞能发挥吞噬作用，是脑内主要的清道夫细胞。因此，根据形态学特征，小胶质细胞被分为两类：①阿米巴样细胞，又称为 "反应性小胶质

细胞（reactive microglia）"，它们在形态上与单核细胞和巨噬细胞类似，吞噬能力强，主要在胚胎发育晚期轴突生长区域出现，出生后两周左右消失，在成年脑出现疾病或损伤时再次出现。②分支样细胞，又称为"静息性小胶质细胞（resting microglia）"，它们胞体细小，突起长短不一，分支多，缺乏水解酶，吞噬能力弱，主要在出生后晚期（2～3周）逐渐出现，并一直在脑内长期存在。早期，关于上述两类细胞之间的关系颇有争论，一直到 20 世纪 80 年代，科学家通过免疫组化和电镜观察，才发现在出生后发育晚期，阿米巴样细胞能向分支态细胞转化，说明这两类形态迥异的细胞其实是小胶质细胞在脑内不同发育阶段、不同功能（正常或疾病）状态下的两种互换形式。

由于早期一直认为中枢神经系统是一个免疫豁免器官，有关小胶质细胞的功能研究多集中于疾病脑内的反应性小胶质细胞，忽略了小胶质细胞本身的免疫调控和稳态维持等生理功能。而且，由于体外培养在很长一段时间都是研究小胶质细胞生物学功能的主要方法，而小胶质细胞在绝大部分培养条件下呈现出激活状态，因此有关小胶质细胞的功能研究可能更多地反映了病理状态下小胶质细胞激活的相关功能。

通过体外培养的小胶质细胞，科学家们发现小胶质细胞是分泌、释放炎症因子的主要细胞。通过对多种脑内病灶周围聚集激活的小胶质细胞的分析，科学家们发现小胶质细胞能通过释放细胞因子

与炎症因子介导脑内的神经炎症，加重神经损伤，发挥神经毒性作用，加重病程进展，因此小胶质细胞一直被认为是脑内疾病的推波助澜者（见下文）。

2005 年，利用特异性标记小胶质细胞的报告基因小鼠（CX3CR1-GFP 小鼠），结合双光子活体动物显微成像，来自德国与美国的两个研究组首次在活体动物水平发现，生理状态下的小胶质细胞实际上并不是真正的"静息"状态，而是时刻不停地伸出突起，动态巡逻、监控着各自的领土范围，改变了人们对静息性小胶质细胞的看法。一旦脑内出现细微的损伤，周围的小胶质细胞会迅速伸出突起向损伤处迁移聚集，通过突起包裹局限损伤，并进一步通过吞噬作用清除损伤，促进组织修复。自此，小胶质细胞的研究逐渐由体外转向了活体。近年来的研究通过多种手段逐步发现了小胶质细胞在发育和成年脑内的多种生理功能。如小胶质细胞在胚胎发育早期进入脑内，能通过吞噬、清除脑内凋亡的神经元前体细胞，调控神经元前体细胞数目，调节神经元发生。在（啮齿类动物）胚胎发育晚期和出生后第一周，阿米巴样小胶质细胞在神经元轴突纤维束和白质联合区域聚集，能促进少突胶质细胞前体细胞发育和髓鞘形成。在出生后晚期，小胶质细胞能通过多种机制诱导突触后树突棘形成，修剪多余突触，调控突触传递。而在成年脑内，小胶质细胞则通过其高度活跃的细胞突起和分支紧密监控着脑内神经元、突触以及其他类型细胞的活动，并及时对异常改变做出响应，维持脑生理功能稳态。

第二节　小胶质细胞的起源与发育

一、小胶质细胞的起源

早在 1919 年，Rio-Hortega 就曾提出小胶质细胞的起源与星形胶质细胞、少突胶质细胞等其他类型的胶质细胞不同，根据小胶质细胞在脑内出现的时间和形态特性，他认为小胶质细胞来源于中胚层。尽管 Rio 的推测准确，但是领域内对小胶质细胞的真实发育起源存在长时间的误读。长期以来，研究人员认为小胶质细胞和外周的单核细胞类似，均来源于骨髓，由血液或骨髓内的细胞分化形成，并维持小胶质细胞的更替（turnover）。其主要实验证据来自骨髓移植：将携带有标记基因的供体骨髓细胞移植入受体小鼠后，受体小鼠脑内将出现

供体细胞来源携带有标记基因的小胶质细胞样细胞（microglia-like cells）。此外，基于骨髓移植的谱系追踪实验也被广泛用于研究因神经退行性病变诱导的小胶质细胞增生（microgliosis）过程中增生细胞的起源。

然而，基于骨髓移植的谱系追踪由于其研究技术造成的假象（artifact）却使得该研究结论被误读。首先，在骨髓移植的实验中，需要将提取的供体骨髓细胞通过静脉注射方式直接引入至受体的血液中。在正常情况下，动物的血液中并不存在大量的未经分化的骨髓细胞。骨髓细胞本身是具有高度分化潜能的干细胞，而血液中的 B 细胞、T 细胞、单核细胞等均为骨髓细胞分化而成的成熟细胞。因

此，基于骨髓移植的谱系追踪实验人为地在循环系统中引入了本不该存在的未经分化的骨髓细胞，该假象给谱系追踪引入了很强的变量，进而影响实验的观察和结论。此外，接受骨髓移植的受体小鼠在移植前需要经过放射性辐照处理。然而，放射性辐照处理会破坏受体小鼠的血脑屏障，使得本不能进入中枢神经系统的血液细胞（含移植时引入循环系统中的骨髓细胞）进入中枢神经系统。因此，在这两个人为干预因素的共同作用之下，领域内长期误认为骨髓和血液细胞参与了小胶质细胞的生理性更替和病理性增生过程。

直到 2007 年，来自加拿大不列颠哥伦比亚大学的 Fabio Rossi 团队首次利用连体共生模型（parabiosis）实验证明小胶质细胞并非起源于骨髓细胞。他们将野生型 C57BL/6 小鼠与全身携带绿色荧光标记的小鼠（β-actin-GFP）之间的毛细血管网络相融合，从而实现两只小鼠之间的血液细胞交换。该模型不会在血液中引入高分化潜能的骨髓细胞，亦无须放射性辐照处理，从而可以在更接近生理条件的情况下对小胶质细胞的血液起源问题进行谱系追踪。如果传统的模型是正确的，那么 β-actin-GFP 小鼠血液细胞将能进入野生型 C57BL/6 小鼠脑内，分化成携带有绿色荧光标记的小胶质细胞。然而，Fabio Rossi 发现在野生型 C57BL/6 的连体共生小鼠脑内并不会出现携带绿色荧光标记的小胶质细胞。提示，在生理情况下小胶质细胞的更替是由脑内小胶质细胞的自我更新（self-renewal）完成，并非来自骨髓细胞或血液细胞的分化。进一步，研究人员通过连体共生模型发现，即使是在神经退行性病变引发的小胶质细胞增生中，迅速增生的小胶质细胞也主要来自内源性小胶质细胞的增殖，而起源于血液细胞的小胶质细胞比例非常少。

近年来大量的谱系追踪证据发现，哺乳动物脑内的小胶质细胞来源于胚胎发育时期卵黄囊（yolk sac）内的 RUNX1⁺/C-KIT⁺ 原始造血细胞。它们在胚胎发育早期，骨髓尚未形成时（小鼠胚胎期 E7.5 ~ E8.5）迁移至脑内，是神经系统中最早出现的胶质细胞。在脑内，这些小胶质细胞的前体细胞受到一系列神经来源信号分子的调控（见下文），进一步增殖、迁移、分化，形成各脑区内均匀分布、形态高度分支、独特的免疫细胞群体——小胶质细胞。

二、小胶质细胞的发育

从卵黄囊原始造血细胞发育为成熟的小胶质细胞需要经历多个步骤，包括髓系细胞命运决定与定向分化、小胶质细胞增殖、迁移和成熟分化等过程（图 3-3-1）。胚胎发育早期卵黄囊内髓系细胞的命运决定主要依赖于两个重要的髓系细胞决定性转录因子 Runx1 与 PU.1。缺失 Runx1 与 PU.1 会导致卵黄囊内原始巨噬细胞减少，体内髓系细胞如小胶质细胞、树突状细胞和外周单核细胞的缺失。进入脑内的原始巨噬细胞向小胶质细胞的定向分化进一步依赖干扰素调节因子 8（interferon regulatory factor 8，IRF8）。缺失 IRF8 不影响卵黄囊内原始巨噬细胞数

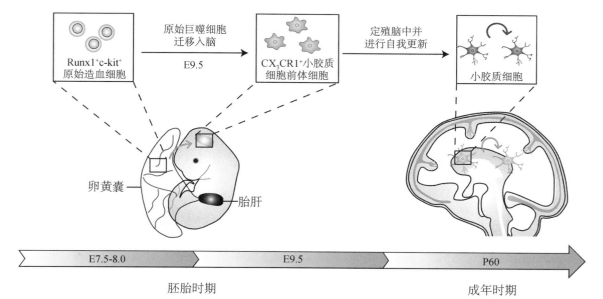

图 3-3-1　小胶质细胞的起源与发育
（曹克磊提供）

目，但导致胚胎发育与成熟时期脑内的小胶质细胞显著减少。

在胚胎发育早期进入脑内的少量原始巨噬细胞通过快速增殖来实现数目的扩增。小胶质细胞的增殖、发育与存活依赖于集落刺激因子1受体（colony stimulating factor 1 receptor，CSF1R）介导的信号通路。CSF1R是一种受体酪氨酸激酶，在脑内特异性地表达于小胶质细胞。神经元分泌的集落刺激因子1（CSF1）和白介素34（interleukin-34，IL-34）是CSF1R的配体。CSF1/IL-34与CSF1R结合后，刺激CSF1R的自身磷酸化，激活下游的信号通路，促进小胶质细胞的快速增殖和发育。CSF1R信号通路能激活PU.1，促进髓系细胞的命运决定与分化。CSF1R对于早期发育时期小胶质细胞的增殖和成年时期小胶质细胞的数目稳态必不可少，敲除CSF1R的小鼠脑内小胶质细胞几乎全部缺失，而使用药物或中和性抗体抑制CSF1R则会使脑内小胶质细胞迅速消亡。有意思的是，通过抑制CSF1R杀死脑内绝大部分的小胶质细胞后，残存的小胶质细胞（＜1%）在1周内能通过自我增殖的方式迅速再生并遍殖全脑（再殖，repopulation），恢复至正常密度，展现出惊人的再生能力。

啮齿类动物脑内小胶质细胞的数目在胚胎时期和出生后迅速增加，约在出生2周后达到高峰，随后细胞数量会有所下降，3周后逐渐稳定，并逐渐维持至成年小胶质细胞的数量水平。除了CSF1R信号通路，其他因素包括转录因子RUNX1、PU.1、趋化因子受体CX3CR1和组蛋白脱乙酰酶HDAC1和HDAC2等都会影响发育时期小胶质细胞的增殖。有意思的是，以上多数基因缺失仅导致小胶质细胞数目在出生后2周内的短暂下降，2周之后小胶质细胞数目会迅速回升并逐渐恢复成年时的稳态数目，说明在出生后2周，小胶质细胞本身或脑内微环境的调控因素发生了变化，使小胶质细胞在不同时期、利用不同分子途径的代偿和稳态维持机制完成发育，形成"多重保险"，避免由于单个基因的缺陷导致小胶质细胞发育异常而对机体造成重大影响。

小胶质细胞侵入脑实质后，其增殖与迁移在发育过程中呈现一定的时空特异性。在胚胎发育早期，小胶质细胞常聚集在富含神经前体细胞的脑室下层（sub-ventricular zone，SVZ），而在胚胎发育晚期至出生后1周内，小胶质细胞则主要聚集在轴突富集的白质区域，包括白质联合区域的胼胝体、中脑的多巴胺能轴突束、小脑的白质纤维区。小胶质细胞时空特异性分布可能与脑内不同区域表达的趋化因子种类和浓度如IL-34、CSF1、CXCL12和CX3CL1（fractalkine）存在异质性有关，使得小胶质细胞在部分区域特异性聚集，进一步发挥调节神经前体细胞的发育、轴突生长和突触修剪等功能。

在（小鼠）出生后2~3周，小胶质细胞通过快速增殖和迁移，逐步达到稳定的细胞数目，并分布至全脑，在不同脑区内呈现出均匀分布的状态。约在出生后3周，小胶质细胞在脑内逐渐分化成熟，表现为胞体小、突起高度分支的分枝态样（ramified microglia）。近年来应用转录组与单细胞测序技术发现不同发育时期的小胶质细胞拥有截然不同的分子表达谱。胚胎发育早期原始的小胶质细胞主要高表达一系列与细胞增殖相关的基因，如minichromosome maintenance complex component 5（*Mcm5*）、disabled-2（*Dab2*）。出生后1周内的前体样小胶质细胞主要表达一些活化相关基因，如受体酪氨酸激酶（*Axl*）、分泌型磷蛋白质-1（*Spp1*）、胰岛素生长因子-1（*Igf1*）等，表现出较强的吞噬能力，可有效清除发育早期凋亡细胞，修剪突触以及释放神经营养因子等。出生后2周左右，小胶质细胞开始稳定表达一系列特征性标志物，主要为细胞膜表面受体（感受器）如跨膜蛋白119（TMEM119）、嗅质蛋白样-3（OLFML3）、嘌呤受体（P2RY12）、SAL-LIKE 1（SALL1）、G蛋白偶联受体-34（GPR34）、FC受体（FCRLs）、氨基己糖苷酶亚单位b（Hexb）和唾液酸结合Ig样凝集素H（SIGLEC-H）等，即小胶质细胞的核心稳态基因表达谱（core homeostatic gene expression profile）。有意思的是，最近研究发现人类小胶质细胞在妊娠13周就已经开始表达*P2ry12*、*Tmem119*等小胶质细胞成熟标志性基因，表明人脑的小胶质细胞在妊娠中期就开始趋于成熟、稳定。

小胶质细胞的分化、发育、成熟及其核心基因的表达依赖于转化生长因子β（transforming growth factor β，TGFβ）信号通路。TGFβ信号通路是重要的免疫抑制因素，调控免疫细胞的发育、分化、活化以及先天和适应性免疫细胞的稳态。敲除*Tgfb1*基因后，小鼠脑内小胶质细胞的成熟受阻，形态发生显著变化，分支变短变少，*P2ry12*、*Sall1*和*Fcrls*等成熟标志物的表达缺失。

第三节　小胶质细胞的生物学特性与功能

小胶质细胞是驻扎在脑实质内的免疫细胞，与脑内神经元和其他细胞紧密接触、互相联系。小胶质细胞通过和脑内其他类型细胞之间的相互作用，分泌细胞因子、介导免疫反应和炎症反应，在维持正常脑功能稳态、防御病原体入侵和脑疾病发生发展中发挥重要作用。

一、小胶质细胞的生物学特性

作为 CNS 内的免疫细胞和"哨兵"，小胶质细胞会对脑内的异常做出迅速响应。小胶质细胞在感受到周围微环境中的一系列信号分子变化后，如外源性病原体相关的分子模式（pathogen-associated molecular pattern，PAMP）和内源性损伤相关的分子模式（damage-associated molecular pattern，DAMP），会迅速从脑内生理稳态时的胞体细小、突起分支细长的分枝态转变为胞体肥大、突起回缩的阿米巴样态，并伴随细胞内的一系列生化分子改变，即小胶质细胞激活。

（一）激活小胶质细胞的信号通路

小胶质细胞表面存在一系列感知外部信号变化的受体，如 Toll 样受体（Toll-like receptor，TLR）、嘌呤类受体（purinergic receptor）和 2 型髓系细胞表达触发受体（triggering receptor expressed on myeloid cells 2，TREM2）等。大量细胞外信号分子，都能与小胶质细胞表面受体结合，激活小胶质细胞，使小胶质细胞形态和生化功能发生显著改变。

1. Toll 样受体　TLR 是一类模式识别受体（pattern recognition receptor），可被多种环境信号激活。其中，TLR4 是识别外来致病原 PAMP 的关键受体，而 TLR-7，8 受体能识别自身来源的内源 DAMP 分子，如线粒体 DNA 等。TLR4 与革兰阴性菌外膜的脂多糖结合后，迅速激活小胶质细胞，并通过下游的连接蛋白髓样 88 分子（MyD-like 88，MyD88）介导的核转录因子（nuclear factor κB，NF-κB）信号通路，促进小胶质细胞内 TNF-α、IL-1、IL-6 等炎症因子的大量合成，并上调小胶质细胞分化决定簇 68（CD68）和下调 Ⅱ 型嘌呤受体

的 P2Y12 受体，触发炎症反应。

2. 嘌呤受体　嘌呤受体是一类被细胞外核苷酸分子激活的膜受体，包括代谢性和离子型受体两大类。细胞受损时，大量核苷酸分子如 ATP、ADP 等会释放至胞外，能显著激活小胶质细胞表面的嘌呤类受体。当脑内发生微损伤或病变时，局部升高的 ATP 能迅速激活小胶质细胞膜表面的代谢型 P2Y12 受体，触发小胶质细胞突起向病损处的快速延伸和聚集，介导小胶质细胞的快速形变和向损伤处的趋化。当损伤扩大，局部 ATP 显著升高（> 100 μM）能激活离子型 P2X7 受体，促进 IL-1 释放，加剧炎症反应，诱导细胞凋亡，发挥细胞毒性作用。此外，尿苷二磷酸（UDP）能通过激活 P2Y6 受体促进小胶质细胞对损伤组织与碎片的吞噬和清除作用；而 ATP 也能激活 P2Y4 受体促进小胶质细胞的吞饮活动（pinocytosis），可能在清除脑内可溶性有害分子如 Ab 和抗原呈递等过程中发挥具有重要作用。有趣的是，ATP 并不能激活 P2Y6 增强小胶质细胞的吞噬能力，UDP 也不能激活 P2Y12 或 P2Y4 受体来促进趋化和吞饮作用，表明 ATP 和 UDP 可能分工合作调节小胶质细胞的趋化和吞噬/吞饮作用。

3. TREM2　TREM2 是一种特异性表达于髓系细胞膜的单跨膜蛋白，由胞外段、跨膜结构域和胞内段组成。TREM2 的胞内段较短，主要通过与其结合的 DAP12（由 *TYROBP* 编码）在胞内进行信号传递。DAP12 的胞内段富含免疫受体酪氨酸的活化基序（immunoreceptor tyrosine-based activation motifs，ITAM），将 TREM2 来源的信号传递至下游分子。近年来研究发现，TREM2 是阿尔茨海默病（Alzheimer's disease，AD）病程中重要的 β 淀粉样蛋白（Aβ）的直接受体，*Trem2* 敲除或缺陷小鼠的小胶质细胞无法形成斑块偶联小胶质细胞（plaque-associated microglia），并对 Aβ 沉积的吞噬能力减弱。人类全基因组关联研究（genome-wide association studies，GWAS）中发现 TREM2[R47H] 突变与散发性 AD 有很强的相关性，其突变所致的 Aβ 沉积可能是引起 AD 的主要原因之一（见下文）。同时，大规模的全基因组关联分析发现，在汉族人口中，TREM2[R47H] 与散发性 AD 的关联性较低，体

现出一定的人类族裔的特异性。

（二）小胶质细胞激活的效应

小胶质细胞激活是一把双刃剑。一方面，急性激活的小胶质细胞能够释放神经营养因子、吞噬入侵的病原体与死亡细胞碎片，促进脑内细胞的存活和修复；另一方面，长期激活的小胶质细胞通过释放细胞因子、炎症因子所引起的慢性炎症会对脑内细胞发挥毒性作用，促进细胞死亡。而且，小胶质细胞在吞噬入侵病原体和死亡细胞碎片的同时，可能会误伤健康细胞，从而促进脑内各种病变的病理进程。由于小胶质细胞激活后的功能复杂性，在不同神经退行性病变中，小胶质细胞所扮演的角色不尽相同；即便是在同一种疾病的不同时期，小胶质细胞在疾病中的作用也可能截然不同。正所谓"一念天堂，一念地狱"，如何发现小胶质细胞在疾病过程中的关键转变机制，利用小胶质细胞作为靶点治疗中枢神经系统疾病，是小胶质细胞研究领域持续的热点和难点。

二、小胶质细胞的功能

正常生理状态下，小胶质细胞在脑内主要发挥三大功能（图3-3-2）：①感知微环境变化，行使生理、免疫监控作用；②分泌生长、营养因子，清除死亡细胞、组织碎片，促进神经元和周围细胞发育、存活；③分泌细胞因子、免疫因子，保护大脑免受自身与外来损伤。因此小胶质细胞是脑内的"哨兵""园丁"和"卫士"。

（一）小胶质细胞的稳态监控功能

小胶质细胞高度活跃，即便在健康脑内，它们时时刻刻都通过细长突起的延伸与回缩，监控脑内微环境的变化。当脑内发生损伤时，小胶质细胞会快速响应，并伸出突起、迁移到损伤部位，清除微损伤，维持脑环境稳态。

细胞外核苷酸介导的嘌呤信号通路在调节小胶质细胞运动中起着关键作用。小胶质细胞通过其高表达的P2Y12受体，能灵敏感受到脑内损伤、局部微环境中ATP/ADP浓度的上升，迅速激

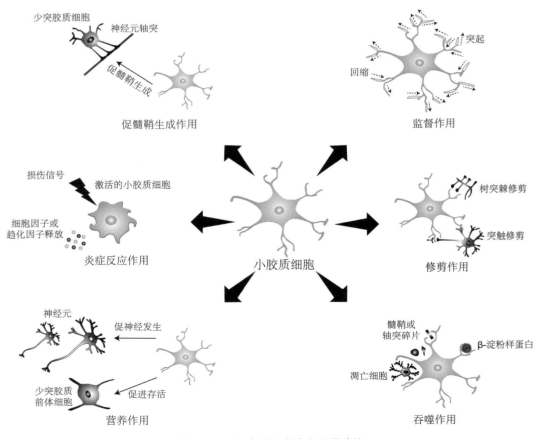

图 3-3-2　小胶质细胞的生物学功能
（曹克磊提供）

活、触发小胶质细胞突起向病损处的快速延伸和聚集。缺失 P2Y12 受体的小胶质细胞对 ATP/ADP 浓度梯度失去响应，突起无法朝损伤部位延伸和趋化，但并不影响小胶质细胞基本的运动能力及其稳态监控能力。P2Y12 受体下游的磷酸肌醇 3- 激酶（phosphoinositide-3-kinase，PI3K）-Akt 通路（AKT serine/threonine kinase 1）和磷脂酶 C（phospholipase C，PLC）通路，是调控小胶质细胞趋化的关键信号通路。此外，ATP 会迅速被细胞外核苷酸酶水解生成腺苷，而小胶质细胞被激活后会显著上调腺苷受体 A2a。有意思的是，腺苷 -A2a 受体通路介导的效应与 ATP-P2Y12 受体通路的效应相反，A2a 受体激活介导小胶质细胞突起的回缩和躲避，可能有助于防止小胶质细胞到达损伤处后的过度迁移；提示 ATP 与腺苷介导的信号通路相互拮抗、相互制约，紧密调控小胶质细胞的运动。因此，当局部病损发生时，小胶质细胞可以分别通过 ATP 及其代谢产物腺苷所介导的嘌呤信号通路，共同完成对损伤的响应，迅速迁移到损伤病变位点，发挥吞噬及免疫功能。

此外，小胶质细胞对微环境的监控依赖于脑内维持觉醒的关键神经递质 - 去甲肾上腺素。研究发现，脑干内蓝斑核中去甲肾上腺素能神经元释放的去甲肾上腺素能与小胶质细胞上表达的肾上腺素能 β2 受体结合，使小胶质细胞突起分支的延伸相对维持在一个较为缓慢而恒定的速度和较小的监控范围内。当动物处于麻醉状态时，蓝斑核中去甲肾上腺素能神经元受到抑制，去甲肾上腺素释放减少，小胶质细胞突起延伸的速度显著增加，监控范围也显著增大，增强监控活性。另一方面，当动物发生癫痫或惊厥时，神经元活动显著增加时，ATP 释放增加，会通过结合 P2Y12 受体，促进小胶质细胞突起延伸、增强监控活动。因此，小胶质细胞通过不同神经递质或调质介导的信号通路，发挥实时监控功能，随时响应脑内微环境中的变化，维持脑功能稳态。

（二）小胶质细胞的支持、营养功能

小胶质细胞能通过吞噬作用清除脑内凋亡细胞，修剪多余突触、重建神经环路；也能分泌营养因子如胰岛素样生长因子 1（insulin-like growth factor 1，IGF-1），脑源性神经营养因子（brain-derived neurotrophic factor，BDNF）等调控脑内神经元的存活、少突胶质细胞的发育和突触形成。

小胶质细胞在胚胎发育早期即进入脑内，并在富含神经元前体细胞的脑室下区聚集。小胶质细胞能通过吞噬和清除凋亡的神经元前体细胞，调控前体细胞数目，确保神经元的正常发生。在胚胎发育晚期和出生后 1 周，小胶质细胞在神经元的轴突纤维束和白质联合区聚集，通过分泌 IGF1 调节皮质内第 V 层锥体神经元的存活。在胼胝体区域，阿米巴样小胶质细胞与少突胶质细胞前体细胞（oligodendrocyte precursor cells，OPC）毗邻，通过小胶质细胞释放的 IGF-1，促进 OPC 向少突胶质细胞的分化，促进髓鞘形成。缺失小胶质细胞或敲除小胶质细胞的 IGF-1 会显著延迟少突胶质细胞的发育，导致髓鞘形成受阻。

小胶质细胞能合成和释放 BDNF，促进神经元前体细胞增殖和新生神经元的存活，促进突触后树突棘形成和突触发育，调节突触可塑性。小胶质细胞能紧密监控神经元与突触活动，并通过补体介导的途径，修剪和清除脑内多余或病变突触，维持脑内突触发育和功能活动稳态。在成年脑内，小胶质细胞能调控海马区新生神经元的发育，调控学习与记忆过程中的突触动态变化，重塑脑内的神经环路（见下文小胶质细胞与神经元的相互作用）。

（三）小胶质细胞的免疫调控功能

作为脑内主要的免疫细胞，生理状态下的小胶质细胞主要发挥免疫监控功能。当外界致病原入侵或脑组织局部发生病变或损伤时，脑内 "监控态" 的小胶质细胞会转化为 "激活态"，合成并释放一系列免疫调控因子如 TNF-α、IL-1、IL-6、IL-10 与 IL-12 等。鉴于外周巨噬细胞激活后会呈现促炎（M1 型）和抗炎（M2）型的极化（polarization）效应，研究人员曾把激活的小胶质细胞也相应分为 M1 与 M2 型。M1 型小胶质细胞可在体外培养条件下由脂多糖（LPS）、干扰素（IFN）等激活诱导而成，它们高表达并释放促炎因子 TNF-α、IL-1 与 IL-6，具有较强的促炎效应；而 M2 型小胶质细胞可在体外培养条件下由 IL-4 与 IL-12 等刺激诱导而成，它们高表达精氨酸酶 1（arginase 1），分泌 IL-10 与 IL-12 等抗炎因子，具有较强的抗炎和组织修复能力。但大量的体内研究发现，小胶质细胞具备高度多样性和异质性，激活后的小胶质细胞存在多种形式和状态，并发挥多种复杂的功能，并非简单的 M1 促炎与 M2 抗炎状态。

小胶质细胞不仅能通过释放的趋化因子，招募外周单核细胞；也能通过释放的细胞因子，调控星形胶质细胞，引发免疫级联反应；进一步调控脑内神经元和突触活动。一般而言，在急性期，小胶质细胞释放的免疫因子诱发急性神经炎症，有助于局限、清除和修复脑内病损；而在疾病慢性期，小胶质细胞诱发的慢性神经炎症可能恶化神经损伤，发挥细胞毒性作用，加重神经系统疾病病变（见下文"小胶质细胞与疾病"）。

参考文献

综述

1. Kettenmann H，Hanisch UK，Noda M，et al. Physiology of microglia. *Physiol Rev*，2011，91（2）：461-553.

2. Sierra A，Paolicelli RC，Kettenmann H. Cien Anos de Microglia：Milestones in a Century of Microglial Research. *Trends Neurosci*，2019，42（11）：778-792.

3. Hong S，Stevens B. Microglia：Phagocytosing to Clear，Sculpt，and Eliminate. *Dev Cell*，2016，38（2）：126-128.

4. Perdiguero EG，Geissmann F. The development and maintenance of resident macrophages. *Nat Immunol*，2016，17（1）：2-8.

5. Holtman IR，Skola D，Glass CK. Transcriptional control of microglia phenotypes in health and disease. *J Clin Invest*，2017，127（9）：3220-3229.

6. Kierdorf K，Prinz M. Microglia in steady state. *J Clin Invest*，2017，127（9）：3201-3209.

7. Prinz M，Erny D，Hagemeyer N. Ontogeny and homeostasis of CNS myeloid cells. *Nat Immunol*，2017，18（4）：385-392.

8. Butovsky O，Weiner HL. Microglial signatures and their role in health and disease. *Nat Rev Neurosci*，2018，19（10）：622-635.

9. Askew K，Gomez-Nicola D. A story of birth and death：Insights into the formation and dynamics of the microglial population. *Brain Behav Immun*，2018，69：9-17.

10. Frost JL，Schafer DP. Microglia：Architects of the Developing Nervous System. *Trends Cell Biol*，2016，26（8）：587-597.

11. Thion MS，Ginhoux F，Garel S. Microglia and early brain development：An intimate journey. *Science*，2018，362（6411）：185-189.

12. Ginhoux F，Prinz M. Origin of microglia：current concepts and past controversies. *Cold Spring Harb Perspect Biol*，2015，7（8）：a020537.

13. Crotti A，Ransohoff RM. Microglial Physiology and Pathophysiology：Insights from Genome-wide Transcriptional Profiling. *Immunity*，2016，44（3）：505-515.

14. Ginhoux F，Guilliams M. Tissue-Resident Macrophage Ontogeny and Homeostasis. *Immunity*，2016，44（3）：439-449.

15. Allen NJ，Lyons DA. Glia as architects of central nervous system formation and function. *Science*，2018，362（6411）：181-185.

16. Spittau B，Dokalis N，Prinz M. The Role of TGFbeta Signaling in Microglia Maturation and Activation. *Trends Immunol*，2020，41（9）：836-848.

17. Farber K，Kettenmann H. Purinergic signaling and microglia. *Pflugers Arch*，2006，452（5）：615-621.

原始文献

1. Kierdorf K，Erny D，Goldmann T，et al. Microglia emerge from erythromyeloid precursors via Pu.1- and Irf8-dependent pathways. *Nat Neurosci*，2013，16（3）：273-280.

2. Nikodemova M，Kimyon RS，De I，et al. Microglial numbers attain adult levels after undergoing a rapid decrease in cell number in the third postnatal week. *J Neuroimmunol*，2015，278：280-288.

3. Paolicelli RC，Bolasco G，Pagani F，et al. Synaptic pruning by microglia is necessary for normal brain development. *Science*，2011，333（6048）：1456-1458.

4. Datta M，Staszewski O，Raschi E，et al. Histone Deacetylases 1 and 2 Regulate Microglia Function during Development，Homeostasis，and Neurodegeneration in a Context-Dependent Manner. *Immunity*，2018，48（3）：514-529.

5. Cunningham CL，Martinez-Cerdeno V，Noctor SC. Microglia regulate the number of neural precursor cells in the developing cerebral cortex. *J Neurosci*，2013，33（10）：4216-4233.

6. Matcovitch-Natan O，Winter DR，Giladi A，et al. Microglia development follows a stepwise program to regulate brain homeostasis. *Science*，2016，353（6301）：aad8670.

7. Kracht L，Borggrewe M，Eskandar S，et al. Human fetal microglia acquire homeostatic immune-sensing properties early in development. *Science*，2020，369（6503）：530-537.

8. Butovsky O，Jedrychowski MP，Moore CS，et al. Identification of a unique TGF-beta-dependent molecular and functional signature in microglia. *Nat Neurosci*，2014，17（1）：131-143.

9. Qin Y，Garrison BS，Ma W，et al. A Milieu Molecule for TGF-beta Required for Microglia Function in the Nervous System. *Cell*，2018，174（1）：156-171.

10. Davalos D，Grutzendler J，Yang G，et al. ATP mediates rapid microglial response to local brain injury in vivo. *Nat Neurosci*，2005，8（6）：752-758.

第4章 施万细胞和其他胶质细胞

戈鹄平　黄智慧

在大脑中，经典胶质细胞类型为星形胶质细胞、少突胶质细胞、小胶质细胞。它们分布于啮齿类动物几乎所有的主要脑区。除了对经典胶质细胞进行研究，我们不应该忽视其他胶质细胞类型的重要功能，比如外周的施万细胞、小脑的贝格曼胶质细胞、存在于视网膜的穆勒胶质细胞、嗅觉系统的嗅鞘细胞、神经节的卫星胶质细胞、消化系统的肠胶质细胞和下丘脑的室管膜伸长细胞等。

第一节　施万细胞

一、前言

周围神经系统（peripheral nervous system，PNS）中最常见的一大类神经胶质细胞称施万细胞（Schwann cell，又称雪旺细胞或许旺细胞），以 Theodor Schwann 的姓命名。施万细胞从胚胎时期的神经嵴（neural crest）细胞发育而来。它们参与周围神经系统中神经纤维髓鞘的形成。施万细胞具有去分化、增殖、迁移等生物学特性。其表面有基膜，能分泌神经营养因子来改善受损神经微环境，促进受损神经元的存活及轴突的再生。施万细胞在许多病理过程中起重要作用，如神经退行性疾病、神经性疼痛及癌症。

二、施万细胞的来源与发育

施万细胞起源于胚胎时期的神经嵴细胞。发育过程主要经历三个阶段：施万细胞前体（Schwann cell precursors，SCP）的形成；SCP继而分化为未成熟的施万细胞（immature Schwann cells，iSchs）；最后发育为成熟神经的髓鞘施万细胞（myelin Schwann cell）和非髓鞘施万细胞（nonmyelin Schwann cell 或 Remak Schwann cell）。

早期胚胎神经束（小鼠胚胎 E12/13）由紧密堆积的轴突和扁平的神经胶质细胞组成，没有明显的细胞外空间、基质或基底层。胶质细胞的胞体位于神经束内部或表面的轴突之间，这些神经胶质细胞正是施万细胞前体。随后，施万细胞前体分化为未成熟的施万细胞（E14），此时，含有胶原的细胞外空间出现在神经束内，可见血管和成纤维细胞，施万细胞基底层开始形成，并且在神经束表面可以分辨出神经周鞘。未成熟的施万细胞共同包裹轴突束，形成不规则的轴突/施万细胞柱。每个柱都被新生的基底层覆盖，并被已在神经束内形成的细胞外基质包围。最后，未成熟的施万细胞通过径向排序（radial sorting）随机包绕不同的轴突分化为成熟的施万细胞（E17～E18），保护成熟神经（图3-4-1）。

施万细胞前体除可以发育为成熟神经的髓鞘和非髓鞘施万细胞，还可以发育为黑色素细胞（melanocytes）、神经内膜成纤维细胞（endoneurial fibrolasts）和副交感神经元（parasympathetic neurons）（图3-4-1）。所以，施万细胞前体具有至少四种潜在的命运选择。这些早期周围神经系统胶质细胞的广泛发育潜能类似于中枢神经系统胶质细胞——放射状胶质细胞（radial glial cells，RGC）。除此之外，施万前体细胞还控制神经自发性收缩，并参与发育中的背根神经节（dorsal root ganglion，DRG）和运动神经元（motoneuron）的存活。

三、施万细胞的生物学特征

（一）施万细胞参与周围神经髓鞘的组成

施万细胞是周围神经系统中特有的神经胶质细胞。有髓神经纤维的轴突由施万细胞层层环绕形成多板层的髓鞘。髓鞘不仅绝缘而且有保护轴突的功能。每个施万细胞包绕轴突形成一段髓鞘，同根轴突上相邻的髓鞘之间形成间隙，称为郎飞结（Ranvier node）。郎飞结处的轴突是裸露的。相邻的两个郎飞结之间形成局部电流，使兴奋以跳跃的方式传导，加快有髓鞘纤维的传导速度。施万细胞外面还包绕着一层基膜，与施万细胞最外面的一层胞膜一起被称为神经膜（neurilemma）。神经膜在光镜下可见。

（二）施万细胞对神经损伤的反应促进损伤修复

严重的周围神经损伤有两种，一种是轴突断伤（axonotmesis），一种是神经断伤（neurotmesis）。

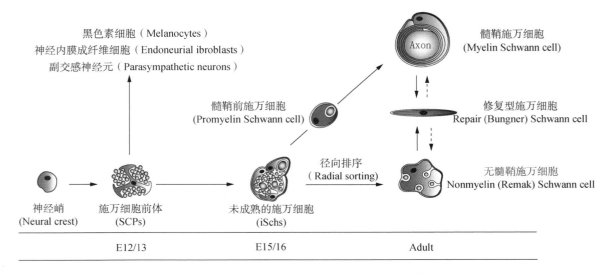

图 3-4-1　施万细胞前体（SCP）谱系中的主要转变

施万前体细胞除可以发育为成熟神经的髓鞘和非髓鞘施万细胞，还可以发育为黑色素细胞、神经内膜成纤维细胞和副交感神经。周围神经损伤后，施万细胞会转分化为修复施万细胞（也称 Bungner 施万细胞），促进轴突的再生。E 代表胚胎期（引自参考文献中的综述 2）

在轴突断伤中，轴突受损，但结缔组织鞘和含有基底层管的施万细胞仍然保持完整；而在神经断伤情况下，轴突、结缔组织鞘和基底层管都被破坏中断。在啮齿类动物中进行外周神经切断操作时，神经两端之间形成一个组织桥（tissue bridge），通过组织桥，轴突同作为再生单元的施万细胞紧密相连可生长到远端残端区域。

　　无论是轴突断伤还是神经断伤，远端神经的轴突死亡都会引发一系列涉及施万细胞、巨噬细胞以及其他血源性细胞的事件。神经断裂远端的髓鞘与神经纤维肿胀碎裂，碎裂小片被施万细胞或巨噬细胞吞噬，这个过程称为 Wallerian 变性（Wallerian degeneration）。Wallerian 变性有利于建立一个适于支持受损神经元存活、轴突再生的环境。施万细胞因其具有去分化、增殖、迁移、分泌神经营养因子等能力，在改善受损神经周围微环境过程中担当极为重要的作用。

　　1. 施万细胞的可塑性　神经交叉接合和移植实验证明，有髓鞘和无髓鞘的施万细胞为双能细胞。在 Wallerian 变性过程中，由损伤引起的施万细胞分化被表征为去分化，也通常被称为激活。神经受损后，髓鞘施万细胞分解其髓磷脂去分化为无髓鞘施万细胞，从而获得其早期发育的能力，包括增殖、分泌生长因子、径向排序、再生轴突芽以及髓鞘再生。有髓鞘施万细胞向修复型施万细胞〔repair（Bungner）Schwann cells〕转化涉及表型的丧失（去分化）和获得（激活），这种细胞类型的变化也称为转分化或者细胞重编程。

　　2. 施万细胞的增殖与迁移　施万细胞是 Wallerian 变性中唯一分裂和增殖的细胞。周围神经损伤后施万细胞立即开始增殖分裂。增殖的施万细胞通常向损伤区迁移，在基膜所围成的神经膜管内有序地排成一条新的细胞索，称为 Bungner 带。Bungner 带的施万细胞柱形成了从损伤部位到神经靶向区域的轨迹，Bungner 施万细胞为轴突的再生提供指导线索，同时为轴突再生提供所需的神经生长因子使其获得营养支持。再生的轴突进入 Bungner 带，大部分施万细胞开始凋亡，存活的施万细胞开始成比例的与轴突匹配并围绕轴突形成髓鞘。施万细胞在增殖分裂的同时，分别从神经断裂的两侧向对方迁移，并最终在断裂端之间形成组织通道，引导轴突向 Bungner 带定向生长来最终实现神经再支配。细胞外基质和细胞黏附分子对施万细胞的迁移速度产生重要影响。

　　3. 施万细胞改善受损神经周围微环境　周围神经发生损伤后，施万细胞反应首先会上调一组神经营养因子（neurotrophin，NT）来促进受损神经元的存活和轴突伸长。这些蛋白包括胶质细胞神经营养因子（glia cell line-derived neurotrophic factor，GDNF）、脑源性神经营养因子（brain derived neurotrophic factor，BDNF）、神经营养因子-3（neurotrophin-3）、神经生长因子（nerve growth factor，NGF）、血管内皮生长因子（vascular endothelial growth factor，VEGF）和多效生长因子（pleiotrophin）等。其次，损伤发生后，远端的施万细胞会上调细胞因子的表达，包括肿瘤坏死因子 -α（tumor necrosis factor-α，TNFα）、LIF、白细胞介素 IL-1α、IL-1β 和 MCP1，以招募巨噬细胞。IL-6 和 LIF 等还可直接作用于神经元促进轴突再生，而且聚集的巨噬细胞会进一步提供持续来源的细胞因子。此外，它们还能促进远端神经的血管化。同时，巨噬细胞在损伤处聚集激活可吞噬溃变的轴突和髓鞘，为轴突的再生提供空间。

四、施万细胞与疾病

　　如上文所述，施万细胞是周围神经系统的主要神经胶质细胞，在正常生理条件下维持神经元稳态。应对损伤时，施万细胞具有去分化、增殖迁移和促进轴突再生的能力，以此维持周围神经系统的可塑性。除此之外，施万细胞在神经退行性疾病、疼痛及癌症进展的发病机理中也起着重要作用。

（一）炎症性神经病

　　自身免疫性外周神经病，例如格林 - 巴利综合征（Guillain-Barre syndrome，GBS）和慢性炎症性脱髓鞘性多发性神经病（chronic inflammatory demyelinating polyneuropathy，CIDP），其特征是周围神经髓鞘丢失。它们是机体对包括施万细胞在内的神经成分的自身免疫反应引起的。

（二）感染性疾病

　　麻风病是由麻风分枝杆菌感染皮肤和周围神经引起，累及施万细胞，主要表现为周围神经病变。麻风分枝杆菌与施万细胞基底层相互作用，导致 PI3K 信号激活、施万细胞肌动蛋白细胞骨架重组以及分枝杆菌内化。分枝杆菌一旦内化进入施万细胞，就会启动强烈的免疫反应，促发炎症细胞因子上调，导致麻风分枝杆菌和宿主施万细胞的破坏，致使结核性麻风病人感觉和运动神经破坏。

（三）糖尿病性神经病变和神经性疼痛

糖尿病性神经病是糖尿病患者常见的并发症。研究表明，高血糖和氧化应激会损害施万细胞线粒体并导致异常的脂质代谢，这说明施万细胞可能对糖尿病性神经病的发病机制起着重要作用。研究表明，真皮-表皮连接处存在专门的机械敏感的施万细胞，它们能够将疼痛性信息传递至神经。施万细胞与免疫细胞之间的相互作用失调会导致创伤后神经性疼痛和持续性神经损伤。

（四）癌症中的施万细胞

有研究显示施万细胞可以掩盖与恶性肿瘤相关的疼痛，这可能导致恶性肿瘤的无症状期延长，并导致癌症的延迟发现。施万细胞和其他外周神经胶质细胞在癌症引起的疼痛中的作用仍然存在争议，但是靶向神经胶质细胞可能是一种新颖的癌症治疗策略。

第二节　贝格曼胶质细胞

一、贝格曼胶质细胞的概念、起源及形态

贝格曼胶质细胞（Bergmann glial cell）又称为高尔基上皮细胞（Golgi epithelial cell），是特异性存在于小脑中的一类胶质细胞。1857年，卡尔·贝格曼首次报道其在小脑中鉴定出了一种放射状胶质细胞RGC。为纪念贝格曼的发现，后人将这类细胞命名为贝格曼胶质细胞。贝格曼神经胶质细胞是位于浦肯野细胞的胞体周围的单极胶质细胞，由RGC衍生而来。贝格曼细胞具有相对较小的胞体（直径约10μm），一个细胞含有3～6个突起，这些突起从浦肯野细胞层（Purkinje cell layer）的胞体出发，向上延伸，穿过分子层（molecular layer），最终到达小脑皮质顶端的软脑膜（Pia）并形成胶质界膜（glia limitan）。通常情况下，一个浦肯野细胞会被几个贝格曼细胞围绕，比如在啮齿类动物中通常是8个贝格曼细胞围绕一个浦肯野细胞，而贝格曼细胞的突起会形成类似于"隧道（tunnel）"一样的结构包绕浦肯野细胞的树突。贝格曼胶质细胞的突起复杂稠密，它们会与浦肯野神经元树突形成的平行纤维紧密接触，而每个贝格曼胶质细胞可覆盖多达8000个突触。

传统观点认为，小脑是中枢神经系统中负责身体运动机能的较高级调节中枢。近些年的研究表明，小脑还参与复杂的学习记忆、认知、情感和语言处理等高级神经活动。哺乳动物的小脑皮质是典型的片层状结构，发育中的小脑皮质由外向内分别是：外颗粒层（external granular layer，EGL）、分子层（molecular layer，ML）、浦肯野细胞层（Purkinje cell layer，PCL）及内颗粒层（inner granule cell layer，IGL）。外颗粒层的主要成分是未成熟的颗粒细胞，其在小脑的发育阶段出现，随着发育的成熟，这些颗粒细胞会沿着贝格曼胶质细胞迁移至内颗粒细胞层直至外颗粒层消失；分子层主要包括颗粒细胞的轴突，浦肯野细胞的树突，贝格曼胶质细胞的纤维和γ-氨基丁酸能中间神经元等；浦肯野细胞层由浦肯野细胞胞体和贝格曼胶质细胞胞体组成，浦肯野细胞的主要功能是传出神经冲动，因此该细胞会有很多的轴突和树突便于传递和接收神经冲动，贝格曼细胞的主要功能就是伸出贝格曼纤维，辅助未成熟的颗粒细胞迁移至内颗粒细胞层（图3-4-2）；内颗粒细胞层主要由外颗粒细胞层迁移过来的颗粒细胞及高尔基细胞（Golgi cell）组成。小脑片层状结构的发育和形成是颗粒细胞、浦肯野细胞及贝格曼胶质细胞相互协调作用的结果。

对恒河猴和小鼠小脑皮质中分子层的三维成像及拓扑学分析表明，分子层中存在着几种类型的非典型贝格曼胶质细胞。与典型的贝格曼胶质细胞不同，某些贝格曼胶质细胞仍存在于内颗粒细胞层的深部，其纤维也并未到达皮质表面。在血管附近存在着一些罕见的非典型贝格曼胶质细胞，它们只有一个突起且其纤维终端也并未达到软膜，这些非典型的贝格曼胶质细胞可能是小脑皮质发育后期的某些显著性改变导致的。

电子显微镜研究已经证实，在小鼠胚胎E15或大鼠的E17时，它们的小脑内已经存在未成熟的贝格曼胶质细胞。大鼠的未成熟贝格曼胶质细胞在出生后当天（P0）开始，从浦肯野细胞层的较深区域向外迁移，在P4时，它们以单层的形式

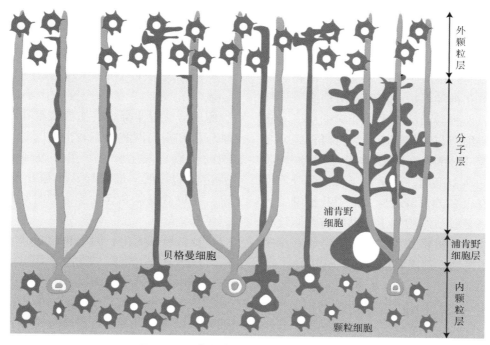

图 3-4-2　哺乳动物小脑皮质结构示意图

哺乳动物的小脑皮质为片层状结构，由外向内分别是：外颗粒层、分子层、浦肯野细胞层及内颗粒层（石家莉、毕湛迎绘）

排列在浦肯野细胞的正下方。从贝格曼神经胶质向外延伸并进入外颗粒细胞层的纤维的数量在出生后逐渐增加，并在 P8 达到峰值，然后逐渐减少。贝格曼胶质细胞的形态类似于胚胎期侧脑室区的 RGC，这些细胞具有细长的放射状纤维延伸至软脑膜的表面并引导未成熟神经元向小脑皮质进行放射状迁移。RGC 可以使用特定的标志物进行标记，例如脑脂质结合蛋白（brain lipid binding protein，BLBP）。星形胶质细胞的特异性标志物，例如谷氨酸 / 天冬氨酸转运体（glutamate-aspartate transporter，GLAST）、波形蛋白（vimentin）和胶质纤维酸性蛋白（glial fibrillary acidic protein，GFAP），可同时用于标记发育中和成年小鼠小脑中的 RGC 和贝格曼胶质细胞。另外，其他蛋白，例如谷氨酰胺合成酶（glutamine synthetase，GS）、腱糖蛋白 -C（tenascin-C）、3- 磷酸甘油酸脱氢酶（3-phosphoglycerate dehydrogenase，3-PGDH）、Sox9 和 S100β 等也可用于标记贝格曼胶质细胞。研究表明，不同发育阶段的贝格曼胶质细胞会高表达不同的基因，进而导致贝格曼胶质细胞发挥不同的功能，比如 P6 小鼠的贝格曼胶质细胞中高表达核糖体相关基因和大量的转录因子，而 P30 小鼠的贝格曼胶质细胞中高表达与突触相关的分子。

二、贝格曼胶质细胞的生理功能

体外和体内研究均表明，在小脑发育过程中，贝格曼胶质细胞在引导颗粒细胞从外颗粒细胞层迁移至内颗粒细胞层中发挥着重要作用，80%～90% 哺乳动物皮质中的数十亿个神经元前体细胞都是沿着 RGC 的纤维迁移至最终的目的地。贝格曼胶质细胞的正确结构以及其与颗粒细胞之间的相互作用对于小脑颗粒细胞的成功径向迁移至关重要。根据神经元前体细胞迁移的相对方向，颗粒细胞可通过径向（radial）或切向（tangential）进行迁移。在小鼠出生早期的小脑中，外颗粒细胞层中的颗粒细胞主要通过切向进行迁移。随后，在小鼠小脑外颗粒细胞层和分子层的交界面上，成对的颗粒细胞穿过分子层，经过一段静止期后，颗粒细胞伸展出一个单极突起，实现由切向迁移到径向迁移的转变。这一过程中，贝格曼胶质细胞胞体由圆形转变为细长的纺锤形。分子层中颗粒细胞的迁移速率与小鼠的年龄高度相关，其最大迁移速率出现在出生后第7～12天，在出生后第15天，所有前体细胞都会迁移到内颗粒细胞层。颗粒细胞沿贝格曼胶质细胞的径向迁移对颗粒细胞从分子层迁移至内颗粒细胞层的正确位置并形成小脑皮质的片层状结构起着决定性作用。

贝格曼胶质细胞在整个小脑发育过程中扮演着多种角色，包括引导颗粒细胞的迁移、分化、突触形成、突触传递和突触可塑性等。此外，贝格曼胶质细胞还可以通过摄取牛磺酸来促进代谢物的供应，渗透压调节和神经保护。同时，贝格曼胶质细胞还可以被病原性刺激激活以采取相应的反应。总之，贝格曼胶质细胞与颗粒细胞及浦肯野神经元之间的密切联系是中枢神经系统中神经元-神经胶质细胞相互作用的典型范例；但是关于贝格曼胶质细胞及其功能还有很多的未解之谜，需要我们继续为之探索，如贝格曼胶质细胞除了辅助颗粒细胞迁移是否还有其他功能、贝格曼胶质细胞调节颗粒细胞迁移具体的分子机制，都需要进一步的研究。

三、贝格曼胶质细胞的病理功能

外颗粒细胞层中的颗粒细胞沿着贝格曼细胞迁移至内颗粒细胞层对小脑皮质片层状结构的形成至关重要。颗粒细胞迁移异常通常会导致运动功能障碍和共济失调，例如，人类小脑中的神经元异位与泽尔韦格综合征、阵发性共济失调和多发性畸形密切相关。在年轻小鼠中，敲除贝格曼胶质细胞中的AMPA受体会导致包裹在浦肯野细胞突触周围的贝格曼胶质细胞突起萎缩，进而诱发浦肯野细胞电流幅度和持续时间的增加，以及谷氨酸能突触形成的延迟；在成年小鼠中，贝格曼胶质细胞中AMPA受体的失活也会引起胶质细胞突起的萎缩。这些生理

和结构上的变化伴随着小鼠精细运动协调的行为障碍。由此可见，贝格曼胶质细胞中的AMPA受体对整个生命过程中的突触整合和小脑功能输出至关重要。

研究表明，C型尼曼-匹克蛋白1（Niemann-Pick type C1，NPC1）的一个突变体小鼠的贝格曼胶质细胞的分化发生异常，主要表现在细胞突起的放射轴较粗和横向网状形态较少。同时，贝格曼胶质细胞的功能也发生异常，主要表现为GLAST和GS表达量的降低，最终导致小鼠小脑皮质的结构紊乱，小鼠获得复杂运动能力的时间与对照组相比延迟了2.5天。

成纤维细胞生长因子9（fibroblast growth factor 9，FGF9）对出生后小鼠的小脑颗粒细胞的迁移起关键作用。敲除小鼠神经管中的 Fgf9 基因导致贝格曼细胞的纤维支架形成受阻，颗粒细胞迁移受损和浦肯野细胞成熟异常，最终导致小鼠表现出严重的共济失调行为。此外，研究表明，Wnt/β-catenin通路在小脑皮质状结构形成中起关键作用；Notch信号通路在调节贝格曼细胞的发育及颗粒细胞迁移中发挥重要作用；音猬因子（sonic hedgehog）调节颗粒细胞的增殖及小脑皮质片层结构的形成。这些因子的表达异常都会导致运动功能障碍或共济失调。

对贝格曼胶质细胞生理功能的深入理解及与之相关的疾病的发生发展的调节机制的深入研究，可为治疗运动功能障碍或共济失调提供新的靶点及新的方法。

第三节 穆勒胶质细胞

视网膜中主要有三种胶质细胞，包括穆勒胶质细胞（Müller glial cell）、小胶质细胞以及星形胶质细胞。少突胶质细胞仅在少数哺乳动物视网膜中发现，比如兔，被认为是第四种视网膜胶质细胞。尽管在中枢神经系统的其他部位，星形胶质细胞数量最多，但在视网膜中，它仅存在于神经纤维层（nerve fiber layer），而穆勒胶质细胞则数量最多，约占90%。1851年，德国科学家 Heinrich Müller 在视网膜中发现一种有"特殊的放射状纤维"的细胞，此后，人们便将这种细胞称为穆勒胶质细胞。经过一个多世纪的探索，人们对穆勒胶质细胞有了更为全面和深入的认识，发现它在视网膜的神经发育、代谢、神经递质传递、钾离子平衡等过程中发

挥着不可取代的作用。此外，越来越多的研究证明穆勒胶质细胞还具有转分化为神经元的潜能。

一、穆勒胶质细胞的起源及其形态特点

穆勒胶质细胞与6种视网膜神经元共同起源于视网膜祖细胞（retinal progenitor cells，RPC）。这7种细胞以相对保守的顺序发育。穆勒胶质细胞在发育的末期出现（图3-4-3），其形态呈放射状，却不具有类似大脑发育胚胎期的RGC的基本功能。穆勒胶质细胞不能作为神经元发育的祖细胞，也不能作为视网膜神经元迁移的支架。RPC在发育的过程

中从内成神经细胞层（innerneuroblast layer，INBL）的巩膜侧向玻璃体侧延伸，其胞体以依赖细胞周期的方式在巩膜到玻璃体间迁移，S 期胞体位于玻璃体侧，M 期、G1/G2 期则在巩膜侧。穆勒胶质细胞细胞核定位于内核层，其突起向巩膜侧延伸至外限制膜，并在视网膜下间隙形成微绒毛；向玻璃体侧延伸并形成终足，形成外界膜。这使得穆勒胶质细胞的突起跨越整个视网膜，而中间段的突起则包绕着神经元，形成以神经元为核心的"微单元（micro unit）"（图 3-4-4）。除此之外，它还包绕着视网膜深处的血管，与血管内皮细胞和周细胞共同构成深层血管血-视网膜屏障（blood-retinal barrier，BRB），浅层血管则由沿着视神经从大脑中进入视网膜的星形胶质细胞包绕，构成浅层血管的 BRB。

穆勒胶质细胞的成熟还伴随着电生理特性的变化。比如细胞膜对 K^+ 的高渗透性，并由此产生较负的静息膜电位（哺乳动物约－80 mV）。这是穆勒胶质细胞所有电生理活动的基础。

二、穆勒胶质细胞的基本功能

穆勒胶质细胞膜的高 K^+ 通透性对维持神经元的稳态至关重要。神经元活动不断向细胞外释放的 K^+ 可通过"钾虹吸"的作用迅速被穆勒胶质细胞吸收，并释放到玻璃体和血管中。哺乳动物穆勒胶质细胞细胞膜表达多种钾离子通道，主要包括：内

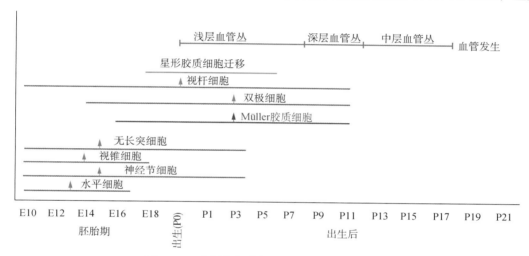

图 3-4-3　小鼠视网膜祖细胞的发育时间和顺序
（引自参考文献中的综述 16）。注：向上的箭头表示发育的高峰期

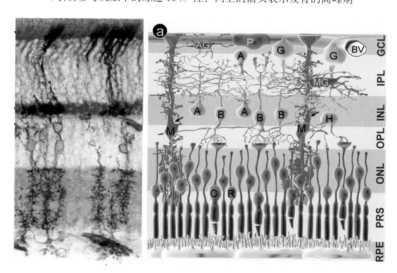

图 3-4-4　人类视网膜细胞组成示意图

穆勒胶质细胞（M）的细胞核位于内核层（INL），其漏斗状终足形成视网膜的内表面；终足包绕深部血管，与血管内皮和周细胞共同构成血-视网膜屏障（BRB）；在外核层（ONL），包绕视杆细胞（R）和视锥细胞（C）；其微绒毛包绕视神经节细胞（G），并延伸到视网膜下间隙。A：无长突细胞；B：双极细胞；H：水平细胞；P：外膜细胞；MG：小胶质细胞；AG：星形胶质细胞；BV：血管；RPE：视网膜色素上皮；PRS：光感受器；OPL：外丛状层；IPL：内丛状层；GCL：视神经节细胞层（引自 Reichenbach A，et al. New functions of Muller cells. Glia，2013，61：651-678）

向整流钾离子通道 Kir4.1（inwardly rectifying K$^+$ channel）、Kir2.1、TWIK 相关的酸敏感性钾离子通道 TASK（TWIK-related acidsensitive K channel）以及钙离子依赖的钾离子通道。其中 Kir4.1 在维持 K$^+$ 平衡电位中发挥着主要的作用，它在细胞膜上的分布具有明显的极性，高度富集在靠近玻璃体和血管的终足中。

水的跨膜转运多数依赖水通道蛋白（aquaporin，AQP），视网膜最主要的水通道蛋白是 AQP4，表达在穆勒胶质细胞和星形胶质细胞中。AQP4 与 Kir4.1 在空间上的分布极其相似，而水的转运常常耦合 K$^+$，Kir4.1 受到抑制后会导致细胞水肿，AQP4 的异常也会导致 K$^+$ 在细胞外积聚。研究发现，AQP4 基因敲除小鼠仅在视网膜深层血管出现渗漏，说明穆勒胶质细胞中的 AQP4 对维持 BRB 的完整性至关重要。

穆勒胶质细胞在视网膜神经递质循环中起着重要作用。在动作电位触发之后，为避免神经递质毒性，突触间隙的神经递质须快速清除。穆勒胶质细胞细胞膜表达多种神经递质摄取系统，包括谷氨酸、γ- 氨基丁酸和甘氨酸。穆勒胶质细胞通过 GLAST 将过量的谷氨酸转运进细胞，随后通过 GS 转化为谷氨酰胺，运送给神经元，作为合成谷氨酸和 γ- 氨基丁酸的原料。而当细胞外谷氨酸处于低水平时，穆勒胶质细胞可以通过 BRB 在血液中摄取谷氨酸，维持神经元谷氨酸的平衡。γ- 氨基丁酸在被穆勒胶质细胞摄取后转化为谷氨酸，随后便进入到与谷氨酸相同的代谢通路中。当视网膜暴露于高水平的氨（如肝功能衰竭）时，仅表达在穆勒胶质细胞中的 GS 可以将其最终转化为谷氨酰胺，从而解除氨的毒性。

穆勒胶质细胞主要通过无氧糖酵解的方式为其自身和神经元提供能量，即使在氧气充足时也是如此；若葡萄糖缺乏，它还可以通过其他底物，如乳酸、丙酮酸等产生能量；短暂的缺血或缺氧时，穆勒胶质细胞则可利用自身储存的糖原来满足能量需求。因此，穆勒细胞对缺血、缺氧、低血糖等极端环境具有较强的抵抗能力。穆勒胶质细胞糖酵解产生的乳酸通过乳酸脱氢酶和丙酮酸激酶合成丙酮酸并释放到细胞外，被神经元摄取后，可作为三羧酸循环的底物被利用。而神经元通过葡萄糖氧化磷酸化释放的 CO_2 被穆勒胶质细胞吸收，通过碳酸酐酶合成 HCO_3^-，并通过 H^+/HCO_3^- 交换体运输到玻璃体中。穆勒胶质细胞与神经元之间这种能量代谢的互惠互利关系被称为"代谢共生（metabolic symbiosis）"。

三、穆勒胶质细胞在疾病中的作用

视网膜几乎所有的病变，包括光损伤、视网膜创伤、缺血、视网膜脱离、青光眼、糖尿病视网膜病变和老年性黄斑变性等，都会激活穆勒胶质细胞。在病变初期，穆勒胶质细胞可以通过产生多种抗氧化剂和神经营养因子等保护组织免受进一步损伤；还可以通过转分化为具有神经元表型的细胞来参与到组织的再生。然而，穆勒胶质细胞的病变也会导致神经元的退行性变，形成胶质瘢痕，阻碍视网膜组织再生。

穆勒胶质细胞在病变早期通过各种机制发挥对神经元的保护作用，包括缓冲升高的钾离子、摄取过量的谷氨酸、释放抗氧化剂（谷胱甘肽）或分泌多种生长因子和营养因子（如 BDNF、NT3、GDNF、CNTF、FGF 等）。在缺氧时，穆勒胶质细胞合成过量的血管内皮生长因子（vascular endothelial growth factor，VEGF），具有扩张血管、重建血管、保护神经元的作用，但是同时也会导致血管渗漏和新血管形成，进而加重病情。

激活的穆勒胶质细胞会发生异常增生，伴随重要功能蛋白表达下调，如 Kir4.1、AQP4、GS、碳酸酐酶等，破坏胶质细胞-神经元之间的相互作用，导致视网膜渗透压、酸碱平衡紊乱，提高神经元对刺激的敏感性，进而导致神经元退行性变。变性的穆勒胶质细胞还会释放炎性因子，如 TNF、单核细胞趋化蛋白 -1（monocyte chemoattractant protein-1，MCP-1），对神经元产生更为直接的毒性作用。增生的穆勒胶质细胞形成胶质瘢痕，是中枢神经系统无法重新建立的重要原因，比如视网膜脱落后，胶质瘢痕占据了死亡的光感受器的空间，阻碍了光感受器的再生。

Kir4.1 通道活性降低导致的 K$^+$ 电导的减弱是穆勒胶质细胞发生病理性改变的早期特征，此时的穆勒胶质细胞不具备增殖活性，这种初始状态被称为保守性胶质增生（conservative gliosis）；增殖性胶质增生（proliferative gliosis）的特征是 Kir4.1 的错误定位，导致其活性进一步下降，进而形成新的静息膜电位，这种静息膜电位与 RPC 的膜电位相似。目前认为，细胞周期蛋白激酶抑制剂 p27kip1 的下调在保守性胶质增生转变为增殖性胶质增生的过程中发挥重要作用，随后穆勒胶质细胞进入细胞周期，但不能无限增殖，这可能与细胞周期蛋白 cyclin D3 的下调有关。在形态上，穆勒胶质细胞的细胞核从内核层迁移到外核层，以与 RPC 相似的方式分裂。

研究者们在一些模式生物中找到了穆勒胶质细胞转分化为神经元的证据：硬骨鱼（如斑马鱼）受损的视网膜可以再生；出生后的雏鸡的穆勒胶质细胞可有限地再生神经元；鼠的穆勒胶质细胞在一定的外界条件下也可以转分化为神经元。这也提示人视网膜神经元再生的可能性。

第四节　嗅鞘细胞

一、前言

嗅鞘细胞（olfactory ensheathing cells，OEC）存在于嗅觉系统，兼具有施万细胞和星形胶质细胞的特性，能促进轴突的生长和胶质细胞的再生。目前移植嗅鞘细胞被广泛应用于治疗各种中枢神经损伤、脱髓鞘等疾病，并显示很好的临床应用前景。目前，对嗅鞘细胞的研究多集中于中枢损伤修复，而忽视了对嗅鞘细胞自身基本的生物学特性的研究。只有充分了解嗅鞘细胞的生物学特性，才能更好地发挥其在中枢损伤修复中的治疗作用。

二、嗅鞘细胞的发现及归属命名

嗅鞘细胞发现已有一百多年历史，最先描述这类特殊细胞的是 Golgi 和 Blanes 两位组织形态学家。根据形态，他们发现哺乳动物嗅球内含有两种类型胶质细胞：一类是星形状细胞，分布于整个嗅球；另一类是梭形状细胞，仅分布于嗅球最外两层（图 3-4-5）。经大量研究表明，星形状细胞是星形胶质细胞，而梭形状细胞是嗅鞘细胞。

自从嗅鞘细胞被发现后，由于嗅鞘细胞缺乏特异的分子标志物，对于它的命名和归属分类一直是该领域争议的课题。起初，基于该细胞形态像施万细胞，且具有外周神经胶质细胞特性，嗅鞘细胞被命名为嗅神经施万细胞（olfactory nerve Schwann cell）。但随后发现，嗅鞘细胞位于中枢神经系统嗅神经层，形成胶质细胞屏障（glia limitation），具有星形胶质细胞的特性，将其归属于星形胶质细胞。为减少分歧，嗅鞘细胞被认为是一种新型胶质细胞，命名为成鞘细胞（ensheathing cell）。目前，将位于嗅上皮、嗅黏膜固有层、包绕嗅神经外周和中枢嗅球的这类成鞘细胞统称为嗅鞘细胞（图 3-4-6）。

三、嗅鞘细胞起源与发育

由于缺乏嗅鞘细胞发育分化不同阶段的特异分子标志物，在其发育和分化机制方面的研究进展缓慢。嗅上皮起源于嗅基板（olfactory placodes），而嗅觉系统其他部分来源于外胚层神经嵴，对于嗅鞘细胞来自嗅基板还是神经嵴一直存在争议。目前越来越多的证据，尤其细胞命运和遗传谱系示踪技术

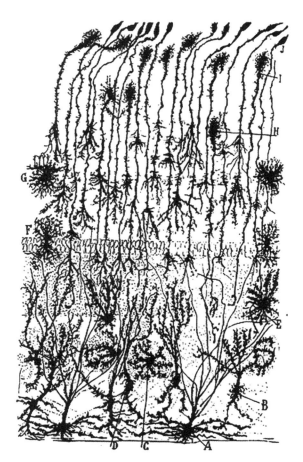

图 3-4-5　成年猫嗅球胶质细胞分布图
A.嗅神经层胶质细胞；**B**，**C**.嗅小球胶质细胞；**D**.嗅小球间胶质细胞；**E**.嗅分子层胶质细胞；**F**.僧帽细胞层胶质细胞；**G**.深分子层胶质细胞（引自参考文献中的综述 4）

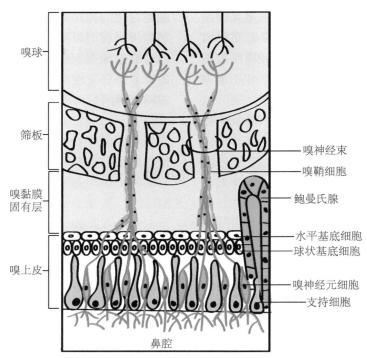

图 3-4-6 嗅鞘细胞在嗅觉系统中分布示意图
（石家莉绘）

等研究，表明嗅鞘细胞具有双重来源–神经嵴和嗅基板。在嗅觉发育过程中，嗅鞘细胞前体细胞来源于神经嵴，迁移入嗅基板，随后发育成嗅鞘细胞（图 3-4-7）。因此，嗅鞘细胞和施万细胞有着共同的发育起源——神经嵴，这能解释这两类细胞在形

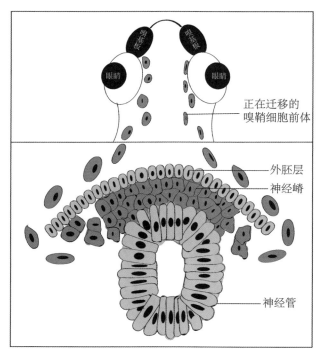

图 3-4-7 嗅鞘细胞起源和发育示意图
（石家莉绘）

态和功能存在的某些相似性。嗅鞘细胞与嗅神经束一起迁移进入中枢嗅球，最终定位于嗅球的嗅神经层并进行增殖，与中枢起源的星形胶质细胞一起形成胶质屏障。

四、嗅鞘细胞生物学特性和功能

（一）嗅鞘细胞亚型

运用电子显微镜技术可以将嗅鞘细胞与其他细胞区分开，主要是根据嗅鞘细胞所处位置、胞浆电子密度、散在的中间纤维丝、不规则的细胞核和是否包绕嗅受体神经元轴突的特点加以区分。Cuschieri 和 Bannister 通过对发育过程中嗅鞘细胞超微结构的观察，于 1975 年首先提出嗅鞘细胞可能由不同形态的亚型细胞所组成这一观点。嗅鞘细胞分布于嗅上皮、嗅基底膜、嗅神经束和嗅神经层，运用不同的抗原标志物进行组化研究发现，定位于不同部位的嗅鞘细胞表达不同的抗原标志物，这预示着存在多种嗅鞘细胞亚型，如嗅球嗅神经层外层嗅鞘细胞表达 p-75 和 E-NCAM，而嗅神经层内层嗅鞘细胞表达神经肽 Y，不表达 p-75 和 E-NCAM。这种嗅鞘细胞表面抗原的多样性很可能是由于嗅鞘细胞从嗅黏膜到嗅球是一个从不成熟到成熟的发育过程，或者在不同部位的嗅鞘细胞表达

不同的表面抗原分子，发挥不同的功能。嗅鞘细胞亚型的多样性也体现在原代培养嗅鞘细胞。尽管不同实验室采用不同种属、组织、不同发育时期和不同的培养方法培养嗅鞘细胞，但是培养的嗅鞘细胞均呈现扁平（astrocyte-like OEC）和梭形（Schwann cell-like OEC）两种基本的形态。

（二）嗅鞘细胞生理学功能

目前认为嗅鞘细胞在嗅觉系统内主要发挥如下功能：①包绕嗅受体神经元轴突，类似施万细胞的髓鞘化，促进嗅受体神经元动作电位的发放；②在发育过程中，促进嗅受体神经元轴突生长和导向；③参与嗅上皮再生修复；④具有吞噬免疫功能。嗅鞘细胞可分泌一些细胞外基质分子，如 Laminin、L1、NCAM、E-NCAM 等黏附分子，帮助嗅神经元轴突从基底膜往嗅球的延伸，同时可分泌一些神经营养因子，如 NGF、BDNF 和 GDNF，促进神经元存活和生长。嗅鞘细胞自身及分泌的细胞外基质可以形成类似于管道样的结构，这种管道从基底膜一直延伸到嗅球，而嗅神经元轴突正是被这种管道所包绕，为嗅神经元轴突的生长、延伸和靶向创造了微环境。成年嗅受体神经元自我更新，新生的轴突很可能沿着之前嗅鞘细胞创造的通道从嗅上皮正确地投射进入嗅球。同时嗅鞘细胞能分泌一些导向性因子帮助嗅轴突投射，如 Semaphorin 3A 轴突排斥因子，排斥表达其受体的嗅受体轴突，使其正确的投射到嗅小球。

（三）嗅鞘细胞在中枢神经损伤修复中的作用

近几年研究表明，由于嗅鞘细胞的一些独有生物学特性（促轴突生长、与星形胶质细胞兼容性等），已成为移植治疗中枢神经损伤的热点细胞。Ramon Cueto 和 Nieto-Sampedro 首次报道神经根切

断后嗅鞘细胞移植有利于感觉神经再生并进入脊髓。随后发现，嗅鞘细胞移植到大脑内可以继续存活，在皮质脊髓束损伤后移植嗅鞘细胞可促进其功能恢复。到目前为止，基于各种损伤模型，大部分的研究表明嗅鞘细胞能促进轴突的再生长和功能的恢复，但也有部分研究表明嗅鞘细胞对轴突再生和功能恢复的作用非常局限。在临床上，已有研究证明嗅鞘细胞移植治疗脊髓损伤患者是安全的，但其疗效在不同的患者存在较大差异。因此，嗅鞘细胞移植治疗中枢损伤是否有效仍具有争议，源于以下几个方面：①不同实验采用的不同的损伤模型；②嗅鞘细胞的来源部位、实验动物年龄、培养纯化方法和培养时间不同；③嗅鞘细胞移植技术和移植的时间选择不同；④术后评价指标不同，即行为学实验指标、形态学指标等方面。最近也有报道将移植的嗅鞘细胞重编程形成神经元治疗脊髓损伤，为联合治疗中枢神经损伤提供了新手段。

（四）展望

嗅鞘细胞在嗅觉系统发育和中枢神经系统损伤修复中发挥了重要的作用，但我们对这个独特的神经胶质细胞的生物学特性了解甚少。嗅鞘细胞来源于神经嵴和嗅基板，但具体的分化机制并不清楚。在胚胎发育过程中，嗅鞘细胞与嗅神经元之间的相互关系研究也甚少，比如嗅鞘细胞通过何种机制介导嗅神经元生长和正确投射仍不清楚。对嗅鞘细胞与施万细胞及星形胶质细胞的区别还需进一步研究。嗅鞘细胞在损伤的神经轴突再生的作用已基本得到肯定，但在临床上应用还需谨慎，仍需解决嗅鞘细胞的来源问题。因此，深入研究嗅鞘细胞的生物学特性，积极而审慎地探索嗅鞘细胞移植治疗中枢神经损伤的新策略，将有可能为神经损伤相关疾病的治疗提供新途径。

第五节　卫星胶质细胞

周围神经系统（peripheral nervous system，PNS）不仅由神经纤维组成，还包括大量的神经节。神经节中不仅有神经元的胞体还有部位特异性神经胶质细胞，卫星胶质细胞（satellite glial cell，SGC）就是其中之一。卫星胶质细胞是包裹在感觉、交感和

副交感神经节中神经元胞体外的扁平状胶质细胞，帮助协调和稳定神经元的微环境（图 3-4-8）。1836年，Purkinje 的学生 Valentin 首次在论文中提及感觉神经节神经元胞体周围包裹着一层细胞鞘，当时这种鞘细胞被认为是一种色素颗粒。经过一个多世

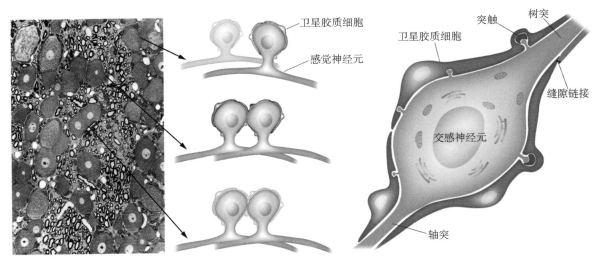

图 3-4-8   神经节中卫星胶质细胞的显微结构
（毕湛迎改绘）

纪的探索，人们对此种细胞的认识逐渐加深，将其命名为卫星细胞。由于"卫星细胞"一词也用来指骨骼肌纤维的祖细胞，所以现在感觉和自主神经节中的卫星细胞也常被称为卫星胶质细胞。

一、卫星细胞的起源与发生

卫星胶质细胞与神经节的神经元都来源于外胚层，脊神经节的卫星胶质细胞大部分起源于神经嵴，而神经嵴的细胞会经历上皮-间充质转化（epithelial-to-mesenchymal transition，EMT），从背侧神经管分层，沿着不同的路径迁移到最终位置。其中建立周围神经系统的细胞通过背根迁移，形成背根神经节（dorsal root ganglion，DRG），进而形成周围神经系统。在这些细胞中，感觉神经元是优先被决定命运的，在周围神经系统中其胞体位于背根神经节，中枢突通过背根延伸到中枢神经系统，

周围突则延伸形成外周神经。而卫星胶质细胞则是后被决定命运的，它们通过背根迁移到背根神经节中，在那里与神经元细胞体形成紧密包裹（图3-4-9）。

二、卫星胶质细胞的结构

卫星胶质细胞呈无突起的扁平板层状。通常数个卫星胶质细胞会包裹一个神经元形成结构功能单元，这些结构功能单元被结缔组织分隔开。除此之外，也存在数个神经元聚集成簇，被分隔在同一个结缔组织间隙中的情况。这种包裹结构使神经元和胶质细胞之间广泛的物质交换成为可能。交感神经节神经元周围的卫星胶质细胞与感觉神经节中的类似，但是还包裹了突触，可以通过调控突触周围的环境影响信号传递。副交感神经节神经元的周围也被卫星胶质细胞所覆盖，并参与突触的维持和重

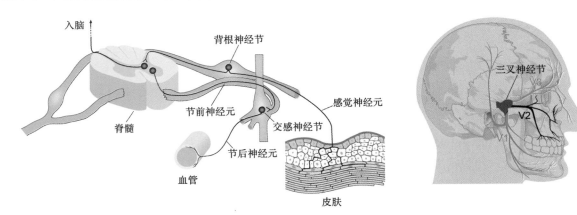

图 3-4-9   卫星胶质细胞包绕感觉神经元和交感神经元的模式示意图
V. 血管（毕湛迎绘）

构。由于这些部位卫星胶质细胞分布散在、分离困难等原因，目前相关研究并不多。

三、卫星胶质细胞的特征

（一）卫星胶质细胞的缝隙连接

通过电子显微镜或者注射示踪剂可以发现，神经系统大多数胶质细胞通过缝隙连接相互耦联，从而允许离子和小分子通过。神经元周围的卫星胶质细胞也存在这种耦联，但耦联在很大程度上取决于 pH 值的变化。缝隙连接是由连接蛋白（connexin，Cx）组成，小鼠背根神经节和三叉神经节中最丰富的连接蛋白是 Cx43 和 Cx32。缝隙连接的数目与年龄呈反比，并且损伤会对缝隙连接产生影响，表现在卫星胶质细胞与神经元以及神经元与神经元之间的缝隙连接的数目增加。

（二）离子通道

卫星胶质细胞中没有电压依赖性的 Na^+ 或 Ca^{2+} 通道，因此不能传导动作电位。但卫星胶质细胞中存在 K^+ 通道，且主要为 Kir4.1 钾通道。卫星胶质细胞与脑中的星形胶质细胞有许多相似之处，例如：Kir4.1 通道也表达在星形胶质细胞、少突胶质细胞和视网膜穆勒胶质细胞中，并构成静息 K^+ 的电导。Kir4.1 在卫星胶质细胞中的功能和疼痛有一定关系，当使大鼠三叉神经节卫星胶质细胞中的 Kir4.1 钾通道亚基所对应的基因被沉默时，可在无神经损伤的情况下产生类似疼痛的反应。

（三）卫星胶质细胞和神经元的通信

1. 谷氨酸　卫星胶质细胞与中枢的星形胶质细胞类似，也表达 GLAST 和 GS。谷氨酸是一种兴奋性神经递质，但是过量的谷氨酸会导致神经元过度兴奋，引起疼痛。周围神经系统中由于降解谷氨酸酶的缺乏，主要是由胶质细胞来负责谷氨酸的清除。卫星胶质细胞通过摄取细胞外的谷氨酸，使其保持在相对较低的水平来维持神经元微环境的稳态。

2. 嘌呤受体和三磷腺苷（adenosine triphosphate，ATP）　胞外嘌呤核苷酸广泛参与多种生理和病理过程，包括疼痛信息的传递。细胞外核苷酸可激活配体门控阳离子通道 P2X 受体和代谢性 G 蛋白偶联 P2Y 受体，在感觉系统中扮演递质和神经调节因子的角色。卫星胶质细胞为了维持稳态，会表达各种神经递质的受体，其中就包括一些 P2 受体，这使它们能够对神经元释放的 ATP 做出反应。P2X 受体在感觉神经元中有较高的表达，在卫星胶质细胞中的表达则较低。P2Y 受体在感觉神经元和卫星胶质细胞中也有表达，且 P2Y 受体在炎性条件下其表达发生显著变化。实验发现，卫星胶质细胞与促炎剂缓激肽（pro-inflammatory agent bradykinin，BK）一起温育后增加了 P2Y 受体激活的反应，所以卫星胶质细胞可能参与了痛觉过敏和异常性疼痛的发生。ATP 及其类似物可以作用于嘌呤受体，是感觉神经节中神经元与卫星胶质细胞之间相互作用的重要介质，可以激活卫星胶质细胞和神经元上的嘌呤受体来增加嘌呤受体间的通信，从而引起神经元活动的改变。

3. 交叉去极化　感觉神经节中的神经元不包含有突触，并且为卫星胶质细胞和结缔组织包裹，似乎这样的结构会使神经节中神经元之间的相互作用困难重重，但是背根神经节中神经元的电活动却能引起相邻神经元的去极化，这种现象称为"交叉去极化（cross depolarization）"。目前虽然尚不清楚到底是什么分子机制，但是 P2 受体和缝隙连接参与了交叉去极化的过程。卫星胶质细胞有助于交叉去极化，并且通过嘌呤受体 P2R 与神经元发生相互作用，而嘌呤受体上调是损伤后卫星胶质细胞激活的一部分，所以卫星胶质细胞这种交叉去极化的模式是激活和引起疼痛的重要因素。

四、卫星胶质细胞的可塑性

成年个体的卫星胶质细胞表达 Sox2，而 Sox2 是表达在神经干细胞中的典型转录因子，并参与调节神经干细胞的分化、增殖和存活。与此相一致，胚胎鼠的背根神经节中的卫星胶质细胞可以发育为少突胶质细胞、施万细胞和星形胶质细胞，但是这种多向分化的能力和小鼠的年龄相关。此外，在背根神经节中过表达诱导少突胶质细胞分化关键调控因素 Sox10 后，可出现少突胶质细胞样细胞，而这些细胞正是起源于卫星胶质细胞。这种可塑性可以在特定条件下将卫星胶质细胞诱导成不同的靶细胞，这可能会为一些疾病的治疗提供新的思路。

第六节　皮肤胶质细胞

一、皮肤胶质细胞的起源与分化

　　皮肤中胶质细胞的起源和其他类型的周围神经胶质细胞一样，均起源于神经嵴细胞（neural crest cell，NC）。在胚胎发育过程中，神经嵴细胞可分化成边界帽（boundary cap，BC）细胞群，神经嵴细胞和边界帽细胞均可沿发育的神经迁移，在发育中的神经表面分化为施万细胞前体 SCP。随后 SCP 分化成未成熟的施万细胞 SC，进而再产生各种类型的成熟的周围神经胶质细胞。在此过程中，部分 NC 和 BC 沿周围神经迁移至皮肤，形成高度特化的皮肤胶质细胞（cutaneous glial cell）（图 3-4-10）。目前，研究认为皮肤中 NC 和 BC 来源的胶质细胞有三种亚型：①皮肤感觉小体相关施万细胞；②毛囊周围披针状复合体（lanceolate complexes）末端施万细胞；③伤害感受性施万细胞。

二、皮肤胶质细胞与感觉

（一）皮肤感觉小体相关施万细胞

　　皮肤的感觉小体是位于机械感受性神经元外周末梢的结构，起低阈值机械感受器（low-threshold mechanoreceptor，LTMR）的作用，是皮肤接收各种感觉的受体，如轻抚、触压觉、伸展和振动。LTMR 的机械性感觉模式取决于其连接的神经纤维

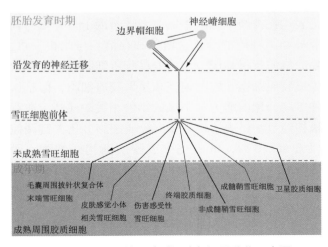

图 3-4-10　周围神经胶质细胞起源及分化示意图
（改自参考文献中的综述 7）

种类（Aβ、Aδ 和 C 型纤维）。它们在功能上分为两大类：快速适应性（RA）和缓慢适应性（SA）机械感受器，各自又可以细分为两种类型，即 Ⅰ 型和 Ⅱ 型。皮肤感觉小体代表 Aβ 型纤维 -LTMR 感觉器官的不同形态型，包括触觉小体（Meissner corpuscle）、环层小体（Pacinian corpuscle）、鲁菲尼小体（Ruffini corpuscle）及梅克尔细胞（Merkel cell）- 神经突复合体。在结构上，除 Merkel 细胞是上皮来源以外，其他三种感觉小体主要由轴突和胶质细胞（非髓鞘细胞）组成，并与神经内膜或神经束膜细胞共同形成囊状结构。不同的感觉小体形态结构不尽相同，胶质细胞组成形式及命名不一，如触觉小体的层状细胞、环层小体的内核层状细胞以及鲁菲尼小体的内核细胞（图 3-4-11）。

　　触觉小体位于真皮乳头内，是一种 RA Ⅰ 型机械感受器，感受域较小，对低频振动敏感，集中在对轻触特别敏感的区域，如指尖、手掌、脚底、嘴唇、面部和生殖器的皮肤。触觉小体由 Aβ 型神经轴突、非髓鞘层状施万细胞和神经内膜起源细胞形成的外囊组成（图 3-4-11）。环层小体位于皮下，是真皮中最大的感觉小体，是一种 RA Ⅱ 型机械感受器，具有广泛的感受域，对高频振动敏感。结构上，环层小体具有典型的洋葱状结构，中央为轴突，由非髓鞘施万细胞覆盖，形成所谓的内核（inner core），内核被神经内膜细胞中间层包围，中间层亦被神经束膜细胞形成的外核胶囊（outer core-capsule complex）覆盖，以多层同心方式排列（图 3-4-11）。鲁菲尼小体位于皮肤较深层，是一种 SA Ⅱ 型机械感受器，通常对皮肤在某一方向的拉伸很敏感。鲁菲尼小体呈梭形，具有锥形末端，其单个轴突及分支嵌在施万细胞和胶原蛋白中，这些都被神经束膜细胞形成的多层囊状结构包裹（图 3-4-11）。

　　传统上认为，感觉小体的胶质细胞在机械性刺激感受传导过程中是支持细胞，仅起被动作用。但是，它们与轴突之间存在离子通道和类似突触的系统，这表明皮肤感觉小体中的胶质细胞活跃地参与了机械脉冲向电脉冲的转换过程。但是，皮肤胶质细胞上参与感觉功能的离子通道有哪些，其中的分子机制是什么，这些问题依然处在探索阶段。

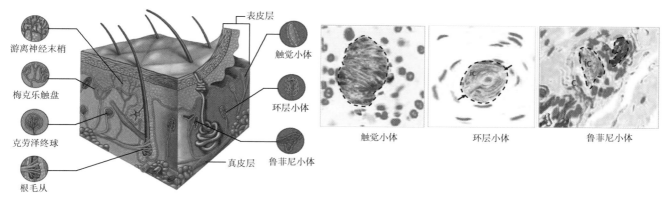

图 3-4-11　皮肤感觉小体示意图及免疫荧光图

（免疫荧光图引自 García-Piqueras J，et al. The capsule of human Meissner corpuscles：immunohistochemical. evidence. J. Anat. 2020，236：854-861）

（二）毛囊周围披针状复合体末端施万细胞

大多数哺乳动物超过 90% 的体表被覆有毛囊，这些毛囊可调节体温，促进汗液排出，并参与感知皮肤上的机械性刺激。小鼠背部毛发皮肤中有三种主要的毛囊亚型（zigzag、awl/auchene and guard），每一种亚型都有独特的 LTMR 与其相关并在机械性刺激感觉过程中发挥特定作用。Aβ 型纤维形成的披针状复合体（lanceolate complexes）可能与感受头发移动速度有关。显微研究表明，感觉神经末梢呈披针形纵向平行于毛囊长轴排列，并且每根神经末梢都包裹在手指形末端施万细胞的突起中。

（三）伤害感受性施万细胞

既往认为，痛觉神经纤维穿过基底膜时，失去了胶质细胞附着并以无髓鞘的自由神经末梢的形式进入表皮。该观点的转变出现在 2019 年，Abdo 和同事发现了一种特殊的皮肤神经胶质细胞类型——伤害感受性施万细胞（nociceptive Schwann cells），其广泛的长突起在表皮下边界形成网状结构。这些特殊的胶质细胞具有放射状突起并包裹伤害感受性纤维的无髓神经末梢，构成了一种以往未曾发现的痛觉器官——胶质-神经终末器官（glio-neural end organ）。伤害感受性神经及施万细胞均可传递有害的热和机械性感觉，对刺破和撞击等引发疼痛的机械损伤很敏感，在感受伤害性刺激中具有重要的生理作用（图 3-4-12）。

进一步研究以弄清这些伤害感受性施万细胞如何将感觉信号传递至感觉神经将是一个有趣的领域。另外，还有一些值得关注的科学问题，例如，机械性刺激如何影响伤害感受性施万细胞的生物学特征？离子通道是否在伤害感受性施万细胞引发疼痛感中起作用？伤害感受性施万细胞如何应对轴突损伤和某些病理状态？伤害感受性施万细胞在慢性疼痛中是否有临床应用前景？

三、皮肤胶质细胞参与皮肤稳态及多种病理过程

施万细胞与皮肤稳态有关，具有显著的免疫和组织稳态维持/修复等作用，它们可以响应外源性和内源性危险信号，呈递抗原并调节先天性和适应性免疫系统的细胞。尽管 SC 对于修复皮肤内受损的轴突至关重要，它们同时也能够向皮肤干细胞群发出信号，以促进非神经组织修复和再生。Parfejevs 和同事发现 SC 有助于皮肤伤口愈合，皮肤损伤后激活的胶质细胞去分化并增殖，从受损的神经迁移散布到肉芽组织中，通过旁分泌作用调节 TGF-β 信号传导，上调了许多与伤口愈合相关的分泌因子的表达，并促进成纤维细胞的分化。由此提出一个问题，皮肤胶质细胞是否能成为促进皮肤伤口愈合的治疗靶标？对该领域的探索也将非常有意义。

除了参与皮肤感觉与稳态以外，胶质细胞在多种皮肤疾病中起作用。例如，SC 参与神经纤维瘤的形成与生长、麻风病的感染以及黑色素瘤的生长和侵袭。这些研究提示了胶质细胞在皮肤生理功能和病理过程中的作用可能被低估了。尽管胶质细胞是皮肤中重要的一种细胞群体，但其在皮肤病中的作用机制仍然知之甚少，亦非常值得我们去关注。

四、展望

尽管近年来在我们对皮肤胶质细胞的理解取得了进展，但仍需解决许多知识上的重大空白。在

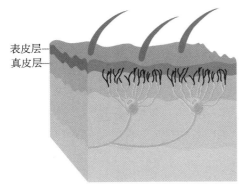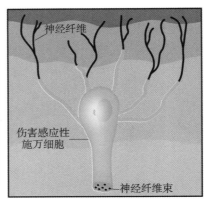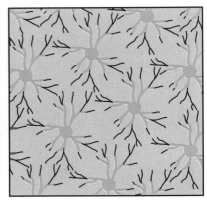

图 3-4-12　表皮下边界和表皮中，伤害感受性施万细胞和神经纤维共同构成胶质-神经终末器官

（毕湛迎绘，原图出自参考文献中的综述 21）

皮肤稳态中的作用及其对皮肤神经免疫系统的贡献，除了其促进修复再生外，还知之甚少。对于皮肤感觉方面，胶质细胞参与不同的感觉是基于哪些机制？与哪些离子通道相关？此外，最近的发现表明，肠道胶质细胞能够调节肠道屏障稳态和对环境的免疫反应，皮肤胶质细胞是否也执行类似的功能？胶质细胞在各种皮肤疾病当中扮演什么角色？总而言之，目前胶质细胞在皮肤生理和病理过程中可能是重要的参与者，该领域尚有许多有趣的科学问题值得探索。

第七节　肠胶质细胞

一、肠胶质细胞的发现和细胞学特性

胃肠道神经系统主要由神经元和胶质细胞构成。研究提示，胃的胶质细胞和肠道的来源类型类似。1899 年，Dogiel 在《肠神经丛中神经节构造的特征》中首次对肠胶质细胞进行描述。但肠胶质细胞（enteric glial cell，EGC）作为一种独特的细胞类别，最早是在 1981 年由 Gabella 提出。肠神经胶质细胞是周围神经胶质细胞的主要组成，位于肠神经系统（enteric nervous system，ENS）的肌层、黏膜下神经丛的神经节内以及神经节外部位，例如平滑肌层和黏膜层。肠神经胶质细胞来源于神经嵴细胞，这些细胞在胚胎发生过程中从神经管的迷走神经和骶骨水平出来，并在整个胃肠道上均匀地分布。基于它们共同起源于神经嵴细胞，EGC 长期被认为与外周神经系统中的施万细胞类似。后期超微结构分析和免疫组化研究提示，肠神经胶质细胞与星形胶质细胞更相似，因此肠神经胶质细胞后被认为是肠道的星形胶质细胞。星形胶质细胞标记物 GFAP 和钙结合蛋白 S100β 通常用于识别肠神经胶质细胞。但现今肠胶质细胞转录谱分析对这一理论提出了挑战。虽然肠道胶质细胞不形成髓鞘，但几乎所有的肠胶质细胞表达髓磷脂蛋白脂蛋白 1（proteolipid protein，PLP1），总体而言，肠神经胶质细胞与成髓鞘胶质细胞共有表达的基因多于星形胶质细胞。肠胶质细胞可混合表达星形胶质细胞和少突胶质细胞标志基因，提示尽管它们具有这两种类型的细胞的共有基因，但又不同于其中任何类型，这些发现意味着肠道胶质细胞可能是完全独特的胶质细胞亚型或肠胶质细胞具有异质性。

二、肠胶质细胞的分类

根据形态特征、肠壁内分布以及分子和生理特性，肠胶质细胞大致分为 4 种类型（图 3-4-13、图 3-4-14）：Ⅰ 型或"原生质"肠神经胶质细胞（"protoplasmic" enteric gliocyte），其状如星，位于神经节内，具有短而不规则分支的突起，类似于中枢神经系统的原浆型星形胶质细胞；Ⅱ 型或"纤维性"肠神经胶质细胞（"fibrous" enteric gliocyte），位于神经节间纤维束中的拉长胶质细胞，类似于中枢神经系统白质区的星形胶质细胞；Ⅲ 型或"黏膜"肠神经胶质细胞（"mucosal" enteric gliocyte），位于上皮下，具有多个长分支突起；Ⅳ 型或"肌肉内"

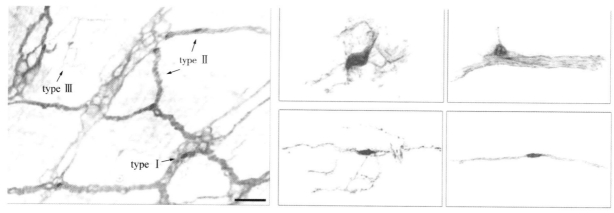

图 3-4-13 Sox10-Cre∷MADM 小鼠中单细胞标记的肠胶质细胞类型
（引自参考文献中的综述 14）

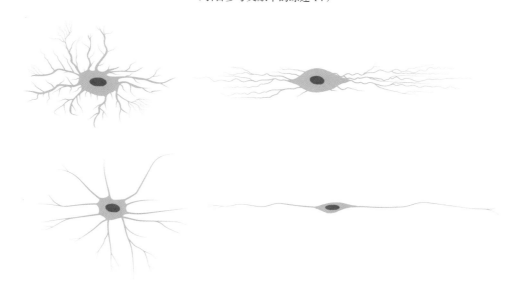

图 3-4-14 四种不同形态的肠神经胶质细胞的示意图
（毕湛迎绘）

肠神经胶质细胞（"intramuscular" enteric gliocyte），在肌肉组织中带有纤维的细长胶质细胞。已知的分子标志物不能完全区分这些形态亚型，但是大多数肠道胶质细胞表达 Sox10、PLP1、S100β 和 GFAP 等分子。

三、肠胶质细胞的功能

研究表明，肠神经胶质细胞对维持肠道的上皮屏障、调节肠蠕动、肠上皮分泌和吸收及宿主对病原体的防御至关重要。肠道胶质细胞调节慢性腹部疼痛，在腹腔疾病和溃疡性结肠炎患者中，观察到 EGC 中 S100B 过表达和释放。肠道胶质细胞对炎症性肠病、细菌和病毒感染、术后肠梗阻、运动障碍、功能性胃肠道疾病、肠易激综合征的调控中都有重要的作用。最近的证据表明，肠神经胶质细

胞数量远远超过肠道神经元，它们参与胃肠功能的控制：它们含有神经递质前体，具有摄取和降解神经配体的机制，并表达神经递质受体，使其非常适合作为中介体在肠道神经系统中进行信息传递和处理。肠神经胶质细胞在维持肠道黏膜屏障的完整性中发挥重要作用。由于可以合成细胞因子、呈递抗原并参与炎症反应，肠胶质细胞也被认为是 ENS 和免疫系统之间的纽带。肠神经胶质细胞在人类疾病中的作用尚未得到系统的研究，但根据现有证据，可以预见，肠神经胶质细胞与肠道各种病理过程的发病机理有关，特别是与神经炎症或神经变性病变有关。

有报道发现，肠胶质细胞可以通过感知细胞危险信号（例如 ATP）并随后触发神经元死亡的机制来调节神经变性。此外，肠胶质细胞通过与免疫细胞的相互作用间接影响炎症环境。肠胶质细胞可

对病原菌作出反应而转变为反应性表型，并经历了从 ATP 到二磷酸腺苷、二磷酸/腺苷、尿苷三磷酸（UTP）的嘌呤能转换，这可能会通过改变肠道神经元功能和（或）存活来改变神经传递。肠神经胶质细胞缺陷，其分泌的肠道屏障有益因子减少，从而导致病原菌的大量涌入。

四、展望

数十年的研究使人们对不同类型的胃肠道细胞如何发展、存活并发挥功能以协调诸如胃肠道蠕动、黏膜分泌和营养吸收等作用，有了较为深入的认识。尽管肠道神经胶质细胞的不同亚群对肠道动态平衡起着关键而独特的作用，但不同空间分布的肠神经胶质细胞之间的动态关系，调节其稳态平衡的生理信号以及它们对创伤或疾病的反应仍然未知。

如何实现高空间分辨率和时间特异性研究肠胶质细胞对肠神经环路组装，神经元–神经胶质动态作用、黏膜感觉、内脏伤害感受以及肠胶质细胞与免疫系统之间的相互作用是个很大的挑战。除了这些遗传标记或生化改变挑战外，肠道连续运动和收缩亦使得肠胶质细胞研究变得复杂。

第八节 室管膜伸长细胞

一、形态特征与解剖学位置

室管膜伸长细胞（tanycyte）是一类排列在第三脑室边缘的特殊胶质细胞类型。英文名 Tanycytes 本意为"stretched cell（伸长细胞）"，因其形态学特征为其基底面有细长的突起伸往下丘脑实质（图 3-4-15）。室管膜伸长细胞最早是由 Horstmann 在 1954 年提出的，当时他描述了该细胞的独特结构特征：具有单个的长突起投射到下丘脑的不同区域。

室管膜伸长细胞的胞体镶嵌在第三脑室腹侧的室管膜层中。根据相对于第三脑室的位置分布，分为两类细胞。位于背侧的称为 α 伸长细胞，包括 α1 和 α2 两种类型；而位于腹侧的称为 β 伸长细胞，也包括 β1 和 β2 两种类型（图 3-4-15）。α 伸长细胞的突起可伸入内部脑组织的特定核团，如一部分 α1 伸长细胞会伸入下丘脑背内侧核（dorsomedial hypothalamic nucleus），另一部分 α1 伸长细胞伸入下丘脑腹内侧核（ventromedial hypothalamic nucleus）。大部分 α2 伸长细胞则会伸入弓状核（arcuate nucleus）。β 伸长细胞排列在更腹侧的第三脑室边缘，其中 β1 伸长细胞的胞体排列在漏斗状第三脑室边界的侧向延伸的凹陷处。β2 伸长细胞的胞体则排列在漏斗状凹陷的底部。所有伸长细胞的顶面都有微绒毛结构直接与第三脑室里的脑脊液接触，有趣的是，在正中隆起部位（median eminence，ME）具有门静脉毛细血管，β2 伸长细胞的突起会与其直接接触，从而检测血液循环中能反映机体代谢改变的小分子物质，如葡萄糖、肥胖相关激素等。这里的 β2 伸长细胞之间的紧密连接蛋白将一整排 β2 伸长细胞连接在一起，形成血液与脑室内脑脊液之间的屏障。

二、室管膜伸长细胞的特性和功能

最早被发现具有葡萄糖感受功能的细胞类型是胰腺 β 细胞，对其葡萄糖转运以及下游信号通路已经研究得较为彻底，被作为一种范式。早期在新鲜制备的脑片上的研究表明，伸长细胞（α1、α2、β1）对细胞外葡萄糖浓度的改变十分敏感，当进行乙酰胆碱和血清素预处理时，能增强伸长细胞对细胞外葡萄糖浓度改变的敏感度。尽管伸长细胞感受

图 3-4-15 伸长细胞的细胞亚群位于第三脑室边缘解剖学空间分布位置图解

（引自参考文献中的综述 19）

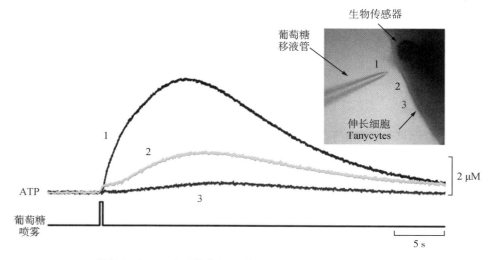

图 3-4-16　伸长细胞可以感受葡萄糖，膜片钳记录展示伸长细胞对葡萄糖的响应
（引自参考文献中的原始文献 8 ）

葡萄糖背后的分子机制还未被完全解释，已有的证据支持一种可能的理论框架：伸长细胞表达一种钠离子依赖的葡萄糖转运体 Glut2，葡萄糖在被转运进入胞内后会引起钠离子的协同转运，当伸长细胞膜上的钠钙离子交换泵感受到钠离子浓度膜内外差的改变后则会打开，引起钙离子内流，进而激活下游信号通路（图 3-4-16 ）。另外，葡萄糖分子还可能会结合伸长细胞膜上的一种 GPCR 受体（Tas1r2 与 Tas1r3 的异源二聚体），进而激活下游信号通路。

除了响应脑室中葡萄糖浓度外，伸长细胞还可以对甲状腺激素进行转运以及胞内代谢。这一功能依赖于其膜上的阳离子转运体 OATP1C1（Slc21a14）和单羧酸类转运体蛋白 MCT8（Slc16a2），这两种转运体都可以转运甲状腺素（T4）和三碘甲状腺原氨酸（T3）。伸长细胞胞体内表达的脱碘酶（Dio2）可以将 T4 转换为 T3，T3 可以进一步通过特定转运蛋白转运的方式扩散到第三脑室周边的下丘脑核团。因此伸长细胞又被称作下丘脑甲状腺激素的"守门人"。

三、展望

初步证据表明，下丘脑回路面对不断变化的代谢状态具有可塑性。例如，禁食会改变神经元的葡萄糖敏感性；如果伸长细胞在代谢控制回路中活跃，它们也可能会发生与代谢状态有关的功能变化。伸长细胞如何参与下丘脑对代谢的调节？伸长细胞–神经元沟通的结构基础是什么？伸长细胞如何和血管进行物质交换，并感受血液中各种代谢物变化？

都是未来这个领域需要解决的问题。

（特别感谢陈茹玥在卫星胶质细胞、周乐波在皮肤胶质细胞、陈行军在肠胶质细胞、叶梦在穆勒胶质细胞、李军在室管膜伸长细胞章节所承担的编写工作。施万细胞部分由王梦梦、邢舒乔协助整理。毕湛迎、刘依彤协助本章插图绘制、编辑工作）。

参考文献

综述

1. Kidd GJ, Ohno N, Trapp BD. Biology of Schwann cells. Handb. Clin. *Neurol*, 2013, 115: 55-79.
2. Jessen KR, Mirsky R, Lloyd AC. Schwann Cells: development and role in nerve repair. Cold Spring Harb. Perspect. *Biol*, 2015, 7（7）: a020487.
3. Chen ZL, Yu WM, Strickland S. Peripheral regeneration. Annu. Rev. *Neurosci*, 2007, 30: 209-233.
4. Levine C, Marcillo A. Regarding several points of doubt of the structure of the olfactory bulb: as described by T.Blanes. *Anat Rec*（Hoboken）, 2008, 291（7）: 751-62.
5. Katoh H, Shibata S, Fukuda K, et al. The dual origin of the peripheral olfactory system: placode and neural crest. Mol. *Brain*, 2011, 4: 34.
6. Verkhratsky A, Butt A. Glial physiology and pathophysiology. John Wiley & Sons, 2013.
7. Hanani M. Satellite glial cells in sympathetic and parasympathetic ganglia: In search of function. *Brain Res Rev*, 2010, 64（2）: 304-327.
8. Hanani M, Spray D. Emerging importance of satellite glia in nervous system function and dysfunction. Nat. Rev. *Neurosci*, 2020, 21（9）: 485-498.
9. Hanani M. Satellite glial cells in sensory ganglia: from form to function. Brain Res. *Rev*, 2005, 48（3）: 457-476.
10. Kastriti ME, Adameyko I. Specification, plasticity and evolutionary origin of peripheral glial cells. Curr. Opin.

Neurobiol，2017，47：196-202.

11. Cobo R，García-Mesa Y，García-Piqueras J，et al. The Glial cell of human cutaneous sensory corpuscles：origin，characterization，and putative Roles. 2020.

12. Gulbransen BD，Sharkey KA. Novel functional roles for enteric glia in the gastrointestinal tract. *Nat. Rev. Gastroenterol. Hepatol*，2012，9：625-632.

13. Rao M，Gershon MD. Enteric nervous system development：what could possibly go wrong. *Nat. Rev. Neurosci*，2018，19：552-565.

14. Boesmans W，Lasrado R，Vanden Berghe P，et al. Heterogeneity and phenotypic plasticity of glial cells in the mammalian enteric nervous system. *Glia*，2015，63：229-241.

15. Bringmann A，Pannicke T，Grosche J，et al. Müller cells in the healthy and diseased retina. *Prog. Retin. Eye Res*，2006，25（4）：397-424.

16. Bringmann A，Iandiev I，Pannicke T，et al. Cellular signaling and factors involved in Müller cell gliosis：Neuroprotective and detrimental effects. *Prog. Retin. Eye Res*，2009，28（6）：423-451.

17. Vecino E，Rodriguez FD，Ruzafa N，et al. Glia-neuron interactions in the mammalian retina. *Prog. Retin. Eye Res*，2016，51：1-40.

18. Horstmann E. The fiber glia of selacean brain. *Z Zellforsch Mikrosk Anat*，1954，39（6）：588-617.

19. Rodríguez EM，Blázquez JL，Pastor FE，et al. Hypothalamic tanycytes：a key component of brain-endocrine interaction. *Int. Rev. Cytol*，2005，247：89-164.

20. Gomez RM，Sánchez MY，Portela-Lomba M，et al. Cell therapy for spinal cord injury with olfactory ensheathing glia cells（OECs）. *Glia*，2018，66（7）：1267-1301.

21. Doan RA，Monk KR. Glia in the skin activate pain responses. *Science*，2019，365（6454）：641-642.

原始文献

1. Morris JH，Hudson AR，Weddell G. A study of degeneration and regeneration in the divided rat sciatic nerve based on electron microscopy. IV. Changes in fascicular microtopography，perineurium and endoneurial fibroblasts. *Z Zellforsch Mikrosk Anat*，1972，124（2）：165-203.

2. Edwards M，Yamamoto M，Caviness Jr V. Organization of radial glia and related cells in the developing murine CNS. Ananalysis based upon a new monoclonal antibody marker. *Neuroscience*，1990，36（1）：121-144.

3. Komuro H，Yacubova E，Yacubova E，et al. Mode and tempo of tangential cell migration in the cerebellar external granular layer. *J. Neurosci*，2001，21（2）：527-540.

4. Li L，Ginty DD. The structure and organization of lanceolate mechanosensory complexes at mouse hair follicles. *Elife*，2014，3：e01901.

5. Abdo H，Calvo-Enrique L，Lopez JM，et al. Specialized cutaneous Schwann cells initiate pain sensation. *Science*，2019，365（6454）：695-699.

6. Hanani M，Reichenbach A. Morphology of horseradish peroxidase（HRP）-injected glial cells in the myenteric plexus of the guinea-pig. *Cell Tissue Res*，1994，278：153-160.

7. Drokhlyansky E，Smillie CS，Van Wittenberghe N，et al. The human and mouse enteric nervous system at single-cell resolution. *Cell*，2020，182（6）：1606-1622.

8. Frayling C，Britton R，Dale N. ATP-mediated glucosensing by hypothalamic tanycytes. *J. Physiol*，2011，589（9）：2275-2286.

第5章 胶质细胞与神经元的相互作用

谷 岩 李玉兰

第一节 星形胶质细胞和神经元的相互作用

星形胶质细胞是存在于中枢神经系统的主要胶质细胞。近年研究表明，星形胶质细胞参与脑发育、生理和病理等过程。星形胶质细胞具有高度异质性以适应其局部环境。在不同物种或同一物种不同脑区，星形胶质细胞除了在形态、数量和结构上存在差异之外，其生理特性如膜电位、钾电导、谷氨酸转运体和各种受体的表达及胶质纤维酸性蛋白（glial fibrillary acidic protein，GFAP）等蛋白质的表达也有所不同。星形胶质细胞具有一重要特征，即其突起会紧密接触并包绕神经元的突触，使其可以在调控和整合局部突触信息上发挥重要功能，这构成了星型胶质细胞和神经元相互作用的重要基础。

一、星形胶质细胞通过胞内钙信号变化响应神经元的活动

星形胶质细胞和神经元不同，它不会产生动作电位，但运用 Ca^{2+} 成像技术发现，星形胶质细胞内钙水平会有显著的波动，被认为是其兴奋性的表征。星形胶质细胞通过 Ca^{2+} 信号反映接收到的信息，并可能在局部或网络水平调控突触功能。在活体动物上的研究也发现，感觉刺激以及在自发运动和自主神经功能活动期间，星形胶质细胞均有 Ca^{2+} 信号增加，进一步表明星形胶质细胞钙信号可能具有重要的生理功能。

星形胶质细胞的内钙有多种来源（图 3-5-1）。其中的一个主要来源是内质网（endoplasmic reticulum，ER），通过激活内质网上的三磷酸肌醇受体（inositol triphosphate receptors，IP_3R）介导内质网钙库释放 Ca^{2+}。IP_3R 开放需要 Ca^{2+} 和 IP_3 作为共同激动剂，单个 IP_3R 亚单位有一个 IP_3 结合位点和多个 Ca^{2+} 结合位点，形成功能性 IP_3 门控的钙释放通道。通过细胞质膜流入的 Ca^{2+} 或细胞内扩散介导的 Ca^{2+} 升高可进一步促进 ER 释放 Ca^{2+}，这个过程称为 Ca^{2+} 诱导的 Ca^{2+} 释放。该过程发生取决于 Ca^{2+} 升高浓度达到 IP_3R 激活阈值。而 IP_3R 的激活阈值依赖于磷脂酶 C（phospholipase C，PLC）产生的 IP_3 水平。

PLC 是一类脂类水解酶，它能催化磷脂酰肌醇 4,5- 二磷酸［phosphatidylinositol(4,5)-bisphosphate，PIP2］分解产生 1,4,5- 肌醇三磷酸（1,4,5 inositol triphosphate，IP_3）和二酰甘油（diacylglycerol，DAG）。PLC 的经典激活机制是 G_q 蛋白偶联机制。尽管星形胶质细胞是非电兴奋性细胞，但它们表达多种七螺旋跨膜 G 蛋白偶联受体（G protein-coupled receptors，GPCR），感受和接收神经突触活

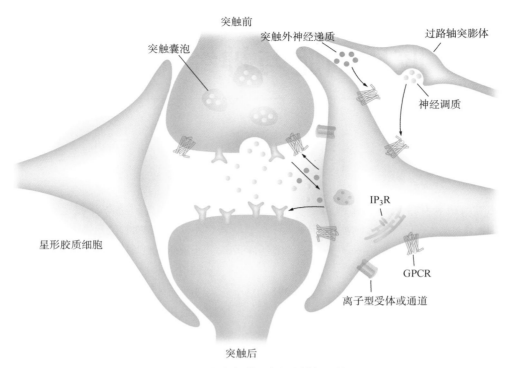

图 3-5-1　星形胶质细胞和突触相互作用

突触活动释放的神经递质或神经调质引起星形胶质细胞 Ca^{2+} 活动，Ca^{2+} 活动引起星形胶质细胞释放信号分子调控神经元兴奋性、突触传递和可塑性（毕湛迎、李玉兰绘）

动的信息，包括代谢型谷氨酸受体（metabotropic glutamate receptor，mGluR）、代谢型 ATP 受体（P2Y receptor，P2YR）、代谢型 GABA_B 受体（metabotropic GABA_B receptor，GABA_BR）、腺苷受体（adenosine receptor，AR）、毒蕈碱型乙酰胆碱受体（muscarinic acetylcholine receptor，mAChR）和肾上腺素能受体（adrenergic receptor）等。GPCR 广泛表达在星形胶质细胞的胞体和突起上，对配体有相对较高亲和力和相对较慢的脱敏特性，具有多级信号级联放大效应。因此，GPCR 可有效探测到浓度水平非常低的神经递质或调质，从而通过产生 IP_3 引起星形胶质细胞 Ca^{2+} 活动增加。研究发现，mGluR 激动剂能增加体外培养的星形胶质细胞 Ca^{2+} 事件的大小和持续时间。类似地，低频刺激谷氨酸能 Schaffer 侧支能增加海马脑片中星形胶质细胞 Ca^{2+} 事件的大小和持续时间，上述 Ca^{2+} 事件的调节特性可被 mGluR 拮抗剂阻断。

神经突触活动释放的神经递质也可以通过配体门控离子通道（ligand-gated ion channels）介导星形胶质细胞内 Ca^{2+} 升高，这些通道对包括 Ca^{2+} 在内的阳离子都具有通透性。目前已证实，星形胶质细胞表达 ATP 门控的离子型 P2X 受体、乙酰胆碱（acetylcholine，Ach）和 5- 羟色胺（5-hydroxytryptamine，5-HT）门控的

烟碱型乙酰胆碱受体（nicotinic acetylcholine receptor，nAChR）和 5- 羟色胺 3 型受体（5-hydroxytryptamine type 3 receptor，5-HT3）等多种受体。

星形胶质细胞表达的瞬时受体电压 A1 和 V1 通道（transient receptor potential ion channel A1 and V1 channels，TRPA1/TRPV1）通过 Ca^{2+} 内流介导 Ca^{2+} 升高。TRPA1 对维持胞质静息状态的 Ca^{2+} 水平也有重要作用，也可能对介导机械性刺激（如血管收缩和舒张，细胞生长和迁移等）具有重要作用。研究发现，阻断 TRPA1 具有降低星形胶质细胞自发 Ca^{2+} 活动，进而降低 GABA_A 受体介导的抑制性突触效能等作用。这可能是由于星形胶质细胞 Ca^{2+} 活动降低引起 GABA 转运体 GAT3 对 GABA 的摄取减少，使细胞外 GABA 水平增加，进而引起 GABA_A 受体失敏所致。

Na^+/Ca^{2+} 交换体（Na^+/Ca^{2+} exchanger，NCX）利用 Na^+ 梯度将三个 Na^+ 转运入细胞，并使一个 Ca^{2+} 转运出细胞。然而，当细胞内 Na^+ 升高时，NCX 开放反向模式，使 Ca^{2+} 内流。Na^+ 可以通过电压和配体门控通道、离子受体以及 Na^+ 驱动的谷氨酸和 GABA 摄取等方式进入星形胶质细胞。星形胶质细胞通过谷氨酸 / 天冬氨酸转运体（glutamate-aspartate transporter，GLAST）、谷氨酸转运体 -1

（glutamate transporter-1，GLT-1）、兴奋性氨基酸转运体（excitatory amino acid transporter，EAAT）EAAT1 和 EAAT2 摄取细胞外谷氨酸，以及 GABA 转运体 3（GABA transporter 3，GAT-3）摄取突触外 GABA 时，均会伴有 Na^+ 的胞内转运，激活 NCX 的反向转运活动，使 Na^+ 泵出细胞，Ca^{2+} 泵入细胞，增加 Ca^{2+} 水平。

除了突触活动诱发星形胶质细胞钙活动升高，星形胶质细胞的突起和胞体还存在自发钙活动。研究表明，麻醉状态下啮齿动物皮质星形胶质细胞自发钙活动较少。

星形胶质细胞 Ca^{2+} 信号反应被认为较慢，可能无法参与实时信息处理。神经元的单个动作电位持续时间是几毫秒，突触后电位持续可达几十毫秒，而星形胶质细胞的 Ca^{2+} 事件则持续几百毫秒到数十秒。此外，星形胶质细胞对外部刺激或神经元活动的反应有一定的延迟。研究表明，感觉刺激诱发星形胶质细胞 Ca^{2+} 事件的起始时间在 $1.0 \sim 5.5$ s。然而也有小部分星形胶质细胞表现出快速 Ca^{2+} 事件，每个钙反应起始时间大约是 333 ms（神经元一个钙反应起始时间大约是 208 ms）。与神经细胞中动作电位以米每秒的速度传播相比，星形胶质细胞钙信号以微米每秒的速度传播。因此，星形胶质细胞 Ca^{2+} 事件由于反应时间或传播速度较慢，可能无法进行基于速度的信息编码，然而它们可以 Ca^{2+} 事件的模式（Ca^{2+} 事件发生的时间、数量、时程和区域）进行信息的整合和编码（图 3-5-2）。

Ca^{2+} 升高一般发生在星形胶质细胞微结构域（microdomains），比如星形胶质细胞突起，随后会以细胞内 Ca^{2+} 波的形式传播到细胞的其他部位（图

3-5-2）。此外，Ca^{2+} 波会通过缝隙连接向周围星形胶质细胞长距离传递，引起全局（global）Ca^{2+} 升高。除了缝隙连接，星形胶质细胞间还可通过囊泡和非囊泡释放 ATP、谷氨酸和 D- 丝氨酸等递质进行信息交流。星形胶质细胞释放的 ATP 也会介导星形胶质细胞网络内长距离 Ca^{2+} 信号传递。最终，Ca^{2+} 通过质膜排出和（或）被 Ca^{2+} 库摄取来终止 Ca^{2+} 事件。

二、星形胶质细胞通过释放各种 "胶质递质"分子参与调控神经 元活动

星形胶质细胞内钙水平是其活动的重要表征，内钙水平的变化会引起活性分子即胶质递质（gliotransmitter）释放，包括 ATP/ 腺苷、谷氨酸和 D- 丝氨酸等。这些分子一旦释放到细胞外，就会影响局部神经元的兴奋性。这种星形胶质细胞和神经元双向通信的方式被称为三突触连接（tripartite synapse），即突触前和突触后成分与星形胶质细胞突起（突触旁）的相互作用和相互信号传递。目前胶质递质释放的机制尚未完全解析，但生物探针技术的发展使得很多生物活性分子都可以通过适当设计和靶向的基因编码探针表达在星形胶质细胞表面并进行成像。这为在离体组织及在活体动物上监测胶质递质和探究星形胶质细胞功能提供了新工具。

不同胶质递质对突触调控的作用不一样，包括兴奋或抑制突触传递、参与长时程增强（long-term potentiation，LTP）或者长时程抑制（long-term depression，LTD）、异突触易化或抑制（heterosynaptic

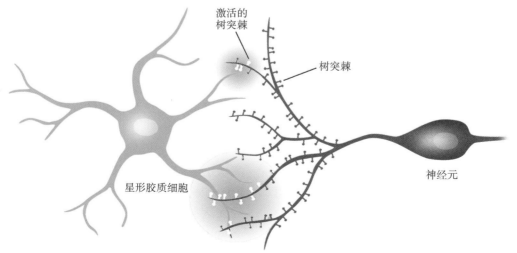

激活的树突棘
树突棘
星形胶质细胞
神经元

图 3-5-2　星形胶质细胞的 Ca^{2+} 事件和 Ca^{2+} 波传递
（李玉兰、毕湛迎绘）

facilitation/depression）。目前尚不清楚星形胶质细胞钙信号如何产生如此复杂多样的突触效应。根据已有研究报道，以下几个因素可能是其重要原因：不同受体引起星形胶质细胞内钙增加的特异性；引起不同胶质递质释放的 Ca^{2+} 依赖机制不同；胶质递质作用于不同类型的细胞。

其中，嘌呤能信号如 ATP 与腺苷在调节突触活动和功能中起着重要作用。嘌呤能受体分为 P1（腺苷受体）和 P2（ATP 受体），都参与神经元——星形胶质细胞的相互作用。大量研究表明，神经突触活动使星形胶质细胞释放 ATP，引起同突触和异突触抑制。细胞外腺苷水平主要依赖于星形胶质细胞释放 ATP 的降解。ATP 被外核苷酸酶降解为腺苷，作用于神经元突触前腺苷 A_1 或 A_{2A} 受体，调控突触传递。腺苷通过激活 A_1 受体抑制突触传递，而激活 A_{2A} 受体则增强突触传递。值得注意的是，由于突触前受体分布的不同，星形胶质细胞来源的 ATP 或腺苷可分别对不同神经元及神经环路产生不同影响。例如，海马星形胶质细胞来源的 ATP/腺苷通过激活突触前腺苷 A_1 受体下调兴奋性突触传递，激活突触后 $P2Y_1$ 受体，增强抑制性突触传递，从而有效下调整个海马神经环路的兴奋性。通过兴奋不同亚型中间神经元下调兴奋性突触传递有助于海马异突触抑制效应。中央内侧杏仁核星形胶质细胞来源的腺苷，通过激活突触前腺苷 A_1 受体抑制兴奋性突触传递，同时通过激活腺苷 A_{2A} 受体增强抑制性突触传递，从而降低中央杏仁核神经元的兴奋性。

此外，胶质细胞来源的谷氨酸通过激活神经元上不同受体引起不同的突触效应。谷氨酸通过作用于突触前 1 型 mGluR 和突触外 NMDA 受体，增强兴奋性突触传递。相反，激活 2/3 型 mGluR 引起异突触抑制。胶质递质 D- 丝氨酸则可以作为突触后 NMDA 受体内源性共同激动剂，增强 NMDA 受体活性，引起 LTP。

三、星形胶质细胞对脑功能的调控

（一）星形胶质细胞调控学习记忆

星形胶质细胞在局部和网络水平上调控突触和神经元网络可塑性，这也是记忆编码和其他认知功能的基础。海马依赖的恐惧记忆加工引起星形胶质细胞突起数量、EAAT2 和缝隙连接蛋白 connexin 43 表达增加，GFAP 蛋白表达降低，提示星形胶质细胞可能参与学习记忆加工。星形胶质细胞中表达的连接蛋白 connexin 30 在调控突触可塑性和学习记忆方面具有重要作用，connexin 30 蛋白缺失会增加突触前星形胶质细胞突起对突触的包绕，增强谷氨酸摄取，下调 LTP，降低恐惧记忆。

学习记忆加工需要星形胶质细胞和突触网络的协同作用。例如，通过光敏感通道蛋白（channelrhodopsin-2，ChR2）兴奋海马 CA1 区星形胶质细胞，使其释放 ATP，ATP 和其降解产物腺苷下调整个海马神经环路的兴奋性，打断记忆巩固过程，引起场景恐惧记忆降低。类似地，通过 Gq DREADD（designer receptors exclusively activated by designer drugs，DREADD）激活中央杏仁核星形胶质细胞，释放 ATP 并降解为腺苷，降低中央杏仁核神经元兴奋性和听觉恐惧记忆。然而也有研究发现，通过 Gq DREADD 激活海马星形胶质细胞会引起 NMDA 受体依赖的 LTP，从而增加记忆获取。这种差异反映了胶质细胞功能的复杂性，其原因可能是：激活星形胶质细胞的刺激模式不同；脑区差异；不同的胶质递质作用在不同突触环路，引起不同的突触效应。激活星形胶质细胞 Gs 偶联信号通路降低长时程记忆，而敲除星形胶质细胞 Gs 偶联的腺苷 A_{2A} 受体增强记忆。阿尔茨海默病（Alzheimer's disease，AD）患者星形胶质细胞 A_{2A} 受体表达增加，因此靶向调控该受体可能是增强记忆的治疗策略。

星形胶质细胞通过释放 D- 丝氨酸激活 NMDA 受体参与到海马 LTP 和记忆形成。激活星形胶质细胞的 α7nAChR 使其释放 D- 丝氨酸，增强突触后 NMDA 受体活动和恐惧记忆。激活星形胶质细胞的大麻素受体 1（cannabinoid receptors 1，CB1）也可使其内钙活动升高并释放 D- 丝氨酸，进而激活 NMDA 受体，增强海马依赖的物体识别记忆。敲除星形胶质细胞的 CB1 抑制海马 CA3-CA1 突触的 LTP 并降低物体识别记忆，这一效应可被外源性补充的 D- 丝氨酸所逆转。

星形胶质细胞释放的左旋乳酸（L-lactate）对长时程记忆也是必要的。药理学方法阻断 L-lactate 的来源使其向神经元的转运受阻，可抑制 CA3-CA1 突触的 LTP 生成并降低长时程记忆，外源性补充 L-lactate 则可逆转上述现象。星形胶质细胞而非神经元表达的 β2 肾上腺素能受体（beta2-adrenergic receptors，β2AR）在记忆巩固中具有重要作用，主要是通过激活 β2AR 诱发星形胶质细胞释放 L-lactate 引起的。因此，星形胶质细胞与神经元代谢的偶联在记忆形成中发挥关键作用。

（二）星形胶质细胞调控睡眠觉醒

越来越多的证据表明星形胶质细胞在调控睡眠觉醒中发挥重要作用。根据脑电图（electroencephalogram，EEG）和肌电图（electromyogram，EMG）记录大脑活动和肌肉运动，哺乳动物睡眠觉醒分为三个状态：快速动眼睡眠（rapid eye movement，REM），非快速动眼睡眠（nonrapid eye movement，NREM）或慢波睡眠（slow wave sleep）和觉醒（wakefulness）。传统观点认为，睡眠一方面受到生物钟的调节，即昼/夜节律变化可影响睡眠；另一方面，睡眠还受到内稳态调控，即保证生物体一定睡眠量的内在驱动可影响睡眠。

星形胶质细胞通过腺苷调控睡眠内稳态。腺苷水平随睡眠压力而变化；在清醒和伴随睡眠压力增加时，腺苷水平逐渐升高，而在睡眠时，腺苷水平下降。注射腺苷 A_1 和 A_{2A} 受体拮抗剂可促进觉醒，而注射腺苷或腺苷受体激动剂则促进睡眠。通过在星形胶质细胞上表达 dnSNARE（dominant negative SNARE domain of the vesicle protein VAMP2），阻止 SNARE 依赖的胶质递质 ATP 释放，降低细胞外腺苷水平，引起睡眠压力降低。同时，注射腺苷 A_1 受体拮抗剂亦可使动物睡眠压力降低，提示星形胶质细胞通过腺苷 A_1 受体激活调控睡眠稳态。光遗传学激活下丘脑腹外侧视前区星形胶质细胞引起促睡眠效应，是由于刺激引起 ATP 释放并降解为腺苷发挥作用。

有证据显示，星形胶质细胞通过影响慢波振荡调控睡眠稳态。慢波活动（slow wave activity）起源于皮质锥体神经元的同步慢振荡，出现在一些麻醉状态和睡眠节律中。研究发现星形胶质细胞调控皮质慢波振荡。星形胶质细胞表达 dnSNARE 抑制胶质递质释放降低皮质慢波振荡，这种网络活动的改变是由于突触后 NMDA 受体功能下降，以及细胞外腺苷水平减少，激活 A_1 受体引起的抑制作用也降低。另外，研究发现光遗传兴奋星形胶质细胞引起细胞外谷氨酸水平增加，使局部神经元网络活动向慢波振荡状态转变。

星形胶质细胞内的 Ca^{2+} 信号在调控睡眠觉醒中也发挥重要作用。在体成像技术显示在睡眠觉醒周期中，星形胶质细胞表现出不同 Ca^{2+} 信号特征。在睡眠状态皮质星形胶质细胞内的 Ca^{2+} 信号不活跃，但在向觉醒状态转化前显著升高，并且突起的钙信号多于胞体。

星形胶质细胞对神经递质和神经调质的反应是通过细胞内钙浓度的变化所介导的。因此，星形胶质细胞可能利用细胞内钙振荡来记录和整合清醒时周围的神经元活动。这可能使星形胶质细胞产生负反馈调节抑制"唤醒"信号（例如乙酰胆碱、去甲肾上腺素和谷氨酸等）并促进睡眠。

四、研究星形胶质细胞与神经元相互作用的方法和技术

近十年新的研究方法与技术的开拓和引入，包括转基因动物模型、病毒工具、光遗传学、化学遗传学和在体动态成像，为星形胶质细胞和神经元相互作用的深入研究提供了新的可能。

（一）利用转基因动物模型操纵星形胶质细胞特定基因表达

使用转基因动物靶向操纵星形胶质细胞是近年来常用的特异性调控星型胶质细胞功能的有力手段。选择性地使用遗传学方法在星形胶质细胞上表达或敲除基因，需要同时考虑两个因素：①靶向基因在星形胶质细胞上表达比例有多高，即表达效率；②排除靶向基因在其他细胞类型上表达，即在星形胶质细胞上表达特异性。

目前一些 Cre 重组酶依赖的转基因动物模型使用星形胶质细胞标志物作为启动子操纵基因表达，例如 GFAP、ALDH1L1、S100β、GLAST 等。这些星形胶质细胞基因表达依赖于脑区分布、发育阶段和生理状态。通常大部分星形胶质细胞标志物基因在神经祖细胞中表达活跃，并且在特定脑区中可以在非星形胶质细胞类型中检测到，因此实验者必须根据实验需要选择和鉴定基因表达的特异性。例如，人源和鼠源 GFAP 启动子驱动的转基因表达可能会在一些神经元中和神经干细胞中探测到。GLAST 启动子驱动的转基因动物在小脑几乎标志100% 的 Bergmann 星形胶质细胞，但在皮质和纹状体中表达效率较低，只标记20% ～ 30% 的星形胶质细胞。

当前认为他莫昔芬（tamoxifen）诱导的 ALDH1L1-CreER^{T2} 小鼠是出生后全脑标记星形胶质细胞最干净的转基因小鼠动物模型，基因表达时间可控，在成年动物中具有较高表达特异性和效率。由于 ALDH1L1 和其他的基因标志物（GFAP，GLAST）

一样，在出生后神经干细胞中表达，因此应避免在出生后早期诱导而感染到其他类型的细胞上。

（二）利用病毒工具靶向操纵星形胶质细胞特定基因表达

通过转基因方法表达目的基因会感染到多个脑区和一些外周器官，对探究局部脑区星形胶质细胞功能有一定困难。向特定脑区注射携带目的基因的病毒载体能够克服以上缺陷。GfaABC$_1$D 启动子（681 bp）来源于对人源 GFAP 启动子 gfa2（2.2 kb）的改造，其活性大约是 gfa2 的两倍，而且体积更小，更适合于生物病毒载体。GfaABC$_1$D 启动子在星形胶质细胞上具有较高的表达效率和特异性。总之，目前比较可靠的病毒方法是用腺相关病毒（adeno-associated viruses，AAV）2/5 血清型配合 GfaABC$_1$D 启动子。

（三）利用光遗传学工具选择性刺激星形胶质细胞

传统的星形胶质细胞研究手段，例如药理学等，都有一定局限性，时间精度低和（或）不能做到细胞类型特异性操纵。光遗传学具有很高的时间和空间分辨率以及特异性，并且可以和许多其他研究手段相结合，比如电生理（从单细胞到细胞群体，从离体脑片到在体记录）、行为学等方法，开创了神经元和神经环路研究新篇章。由于这些优势，目前它们正逐渐在神经胶质细胞研究领域得到应用。

光遗传学是可在时间上精确操控特异性细胞类型活动的光刺激方法。最常用的通道蛋白 ChR2，在约 470 nm 的蓝光刺激下 Na$^+$ 通过此通道蛋白流入细胞，导致神经元去极化，产生动作电位（图 3-5-3）。ChR2 可以通过特异性启动子的病毒载体驱动或使用 Cre 重组酶依赖的转基因动物在星形胶质细胞上特异性表达。

由于光遗传刺激不能引起星型胶质细胞像神经元那样产生动作电位，曾经认为光遗传手段可能不适合胶质细胞研究。但星形胶质细胞与神经元不同，其兴奋性主要表现为内钙升高。研究表明，光遗传刺激星形胶质细胞上表达的 ChR2 后，由于 Na$^+$ 流入细胞后可以激活 NCX 反向转运，导致 Na$^+$ 流出细胞，Ca^{2+} 流入细胞，从而引起内钙水平升高。光遗传学兴奋海马 CA1 区星形胶质细胞释放胶质递质 ATP 引起长时程异突触抑制。此外星形胶质细胞通过释放 ATP 和其降解产物腺苷，分别增加中

间神经元的兴奋性，降低锥体神经元的兴奋性，从而有效地下调整个海马神经环路的兴奋性。在行为学水平，光遗传学兴奋星形胶质细胞降低场景恐惧记忆和恐惧相关焦虑样行为。在初级视觉皮质光遗传兴奋星形胶质细胞诱发神经元兴奋性和抑制性反应，证明了星形胶质细胞影响感觉刺激的加工和整合。在体光遗传刺激脊髓星形胶质细胞通过其释放的 ATP 和炎症因子诱发神经元兴奋，从而导致机械痛和热痛超敏。

有研究指出，ChR2 开放会导致胶质细胞内酸化引起谷氨酸释放，模拟脑缺血损伤时细胞状态的改变。但也有研究表明，ChR2 刺激引起星形胶质细胞 Ca^{2+} 信号的动力学特征和自发 Ca^{2+} 信号相似。由于 ChR2 表达在细胞质膜上，是胞吐发生的部位，跨膜 Ca^{2+} 内流在诱导胶质递质释放方面可能比 GPCR 引起 Ca^{2+} 活动介导递质释放更有效，因此 ChR2 也为探索胶质细胞功能提供了很好的工具。

黑视蛋白（melanopsin）是一种 G 蛋白偶联的光敏色素，其最佳激发波长是 470～480 nm 的蓝光（图 3-5-3）。刺激表达在星形胶质细胞上的黑视蛋白引起胞体和突起 IP$_3$ 依赖的 Ca^{2+} 信号升高，导致 ATP/ 腺苷释放，通过 P2Y1 受体和腺苷 A$_{2A}$ 受体调控突触可塑性和学习记忆。因此光刺激黑视蛋白在时间上可控，并且偶联到 GPCR 通路，也是兴奋星形胶质细胞可选的工具，有助于探究与时间偶联的突触和行为学功能。

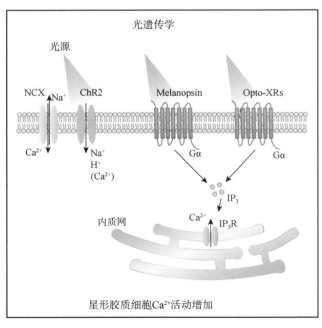

图 3-5-3 **操纵星形胶质细胞的光遗传学方法**
（李玉兰、毕湛迎绘）

还有一些被改造的光敏感 GPCR，主要是 Gq 偶联的人源 α_{1a} 肾上腺素能受体（a_1AR）和 Gs 偶联的仓鼠源 β_2 肾上腺素受体（β_2AR），称为 opto-XR（图 3-5-3）。opto-XR 在细胞外和跨膜部分包含光激活视紫红质蛋白，但细胞内成分是 GPCR。光刺激 opto-XR 引起细胞信号通路分子 cAMP、IP_3 和 Ca^{2+} 增加。因此 opto-XR 通过激活 GPCR，调控细胞内信号通路和突触网络功能。在海马 CA1 星形胶质细胞表达 Opto-a_1AR 可以增强恐惧记忆获取，但具体机制不清楚。

光遗传工具不仅为星形胶质细胞调节神经元和突触网络提供了新的方法，还使人们对星形胶质细胞参与调控大脑功能有了更深入认识。

（四）利用化学遗传学工具选择性刺激星形胶质细胞

化学遗传学（chemogenetics）是表达改造过的 GPCR，并只由特定药物激活 DREADD（图 3-5-4）。常用的 DREADD 有 Gq 偶联的 hM3Dq 受体（改造自人毒蕈碱型乙酰胆碱受体亚型 M3）、Gi 偶联的 hM4Di 受体（改造自人毒蕈碱型乙酰胆碱受体亚型 M4）、Gs 偶联的 rM3D 受体（改造自大鼠毒蕈碱型乙酰胆碱受体亚型 M3）。

通过病毒载体驱动或使用 Cre 重组酶依赖的转基因动物都可以使 DREADD 在星形胶质细胞上特异性表达。DREADD 可被氯氮平-N-氧化物（clozapine N-oxide，CNO）或其代谢物氯氮平激活。

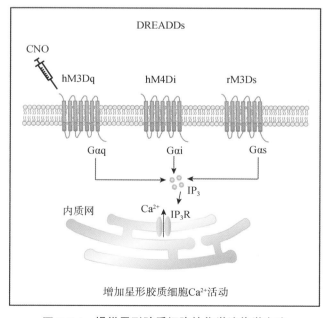

图 3-5-4　操纵星形胶质细胞的化学遗传学方法
（李玉兰、毕湛迎绘）

CNO 本身较难透过血脑屏障，而其代谢物氯氮平可以穿过血脑屏障，除了直接在局部脑区给药，还可以通过腹腔注射或通过食物和水的途径口服。CNO 介导的 DREADD 兴奋在约 30 分钟左右达到最大效果并可持续 2 小时，因此这种方法适合对星形胶质细胞进行长时间操纵。有意思的是，激活 Gq、Gi 和 Gs 偶联的 GPCR 都能增加星形胶质细胞 Ca^{2+} 水平，兴奋星形胶质细胞。但在实验使用时应考虑到不同脑区 Gq-、Gi- 和 Gs-DREADD 介导的 Ca^{2+} 信号和下游效应可能不同。

研究证实，在星形胶质细胞上表达 DREADD 可以调控突触传递和动物行为。在中央杏仁核通过 CNO 兴奋表达 hM3Dq 的星形胶质细胞引起胶质递质 ATP/腺苷释放，特异性增强抑制性突触传递和抑制兴奋性突触传递，导致恐惧记忆下降。在伏隔核兴奋表达 hM3Dq 的星形胶质细胞引起谷氨酸释放并抑制动物可卡因寻求行为，使得星形胶质细胞特异性 Gq DREADD 成为潜在的药理学靶点。兴奋下丘脑表达 hM3Dq 的星形胶质细胞抑制 AGRP（agouti-related protein）神经元活动，调控摄食行为。兴奋表达 hM4Di 的纹状体星形胶质细胞增强兴奋性突触传递并诱发动物多动行为。

值得注意的是，GPCR 通路由于其第二信使及信号级联放大效应，反应时程相对光遗传学的光敏蛋白通道更慢。并且，由于第二信使对下游蛋白激酶的激活，可能影响许多不同的信号通路，如 PKC 与 PKA 都是通过催化多种蛋白质上丝氨酸或苏氨酸磷酸化，调节多种细胞的代谢、生长、增殖和分化。另外，还有细胞缓慢应答胞外信号的过程，其反应链可表示为：激素-G 蛋白耦联受体-G 蛋白-腺苷酸环化酶-cAMP-PKA-基因调控蛋白-基因转录。PKC 的活化可增强多种基因的转录。因此化学遗传学可能存在激活不同下游信号通路，从而使不同脑区的星形胶质细胞引起不同效应的问题。

（五）利用各种 Ca^{2+} 指示剂标记星形胶质细胞钙活动

由于星形胶质细胞内 Ca^{2+} 事件的幅度、动力学特征和发生位置存在多样性，目前没有一种 Ca^{2+} 指示剂可以反映星形胶质细胞 Ca^{2+} 活动的全谱。不同的指示剂表征出来的 Ca^{2+} 现象的光谱特征也不同。因此，需要根据 Ca^{2+} 事件动力学特征或者发生的细胞位置等选择 Ca^{2+} 指示剂。大多数指标都能很好地检测到胞体 Ca^{2+} 事件。Ca^{2+} 指示剂 Oregon Green

BAPTA1，通过细胞渗透的方式很好地进入神经元和星形胶质细胞，从而能够研究神经元-胶质网络中的群体 Ca^{2+} 动态。Rhod-2 可以选择性地渗透入星形胶质细胞，也是研究网络 Ca^{2+} 动态很好的指示剂。如果想同时检测具有不同特征的 Ca^{2+} 信号，比如胞体和突起中的 Ca^{2+} 信号，Fluo-4 应该是最优选择，因为它能展现出 Ca^{2+} 信号更好的动态荧光范围和信噪比。但是以上钙染料渗透进入成年脑组织内部并标记细胞比较困难。此外，染料会随时间从细胞中代谢，运用在活体动物重复的长期成像实验也比较困难。

目前遗传编码的钙指示剂（genetically encoded Ca^{2+} indicators，GECI），一类 Ca^{2+} 敏感蛋白，在离体脑片和活体动物成像中得到广泛的使用。已经研发出越来越多的具有不同功能和优点的 GECI 变体，广泛适用于探索具有不同特征的 Ca^{2+} 信号。GECI 可以选择性地表达在星形胶质细胞或星形胶质细胞的特定结构，如质膜或细胞内的细胞器（线粒体、内质网），可比上述的胞浆钙指示剂更精确展示出不同亚区的 Ca^{2+} 信号动态变化。GECI 在星形胶质细胞精细远端突起的表达也较好，可很好展示精细突起的 Ca^{2+} 信号动态变化。此外，与合成染料相比，GECI 适合对活体动物进行长期成像研究。使用 GECI 已证明星形胶质细胞通过钙反应调控神经元和突触活动，整合到局部突触功能中。星形胶质细胞的近端和远端突起均可接收来自树突和轴突的信息，引起动态的钙活动变化。利用 GECI 对星形胶质细胞进行三维钙成像，可以捕捉到星形胶质细胞不同亚区的局部 Ca^{2+} 信号和异质性的 Ca^{2+} 信号。已有实验表明，约 5.1% 的 Ca^{2+} 信号发生在星形胶质细胞的胞体，约 85% 发生在突起，约 9.7% 发生在终足（endfeet）。

在星形胶质细胞中表达 GECI 可采用以下方法：使用星形胶质细胞特异的启动子 ALDH1L1、GLAST、GFAP 和 S100β 驱动表达 Cre 重组酶的小鼠品系与 LoxP-Stop-LoxP-GCaMP 小鼠杂交，这是一种非侵入性的方法，可以使 GECI 在大量的星形胶质细胞上表达。此外，还可通过胚胎电转和 AAV 感染来实现。AAV 依赖的方法不需要 Cre 重组酶的小鼠品系，可以在特定脑区星形胶质细胞上表达 GECI。

虽然 GECI 有无可争辩的优点，但在使用时也需要注意其缺点并需要严谨的对照实验。GECI 是 Ca^{2+} 缓冲剂，长时间表达会降低胞内游离的 Ca^{2+} 信号浓度，从而可能改变星形胶质细胞的状态，不能准确反映星形胶质细胞的真实生理功能。GECI 在星形胶质细胞中的表达是可变的，它取决于所使用的星形胶质细胞启动子类型和所研究的大脑区域。当通过病毒注射的方式表达 GECI 时，应当考虑星形胶质细胞对这种侵入性的注射方法比较敏感。利用可跨血脑屏障的病毒（如 AAV-PHP.eB 等）则能在无创的条件下对星形胶质细胞进行操作，避免颅内注射对星形胶质细胞产生的影响。

（六）利用在体成像技术实时观察星形胶质细胞的活动

大量的研究已经证明，星形胶质细胞主动和神经元相互作用，调控神经元网络活动，是大脑环路中不可缺少的成分。双光子激光扫描荧光显微镜（two-photon laser scanning microscopy，TPLSM）的发明使皮质脑区活体组织中星形胶质细胞的高分辨率成像成为可能。通常是在麻醉或清醒的动物中通过头盖骨窗或磨薄头盖骨，进行数天到数月的监测（图 3-5-5）。星形胶质细胞作为神经环路的一部分，TPLSM 技术使我们得以一瞥其在完整大脑中时间和空间上的动态变化。通过转基因动物模型对星形胶质细胞进行荧光标记或通过注射荧光标记物（如硫罗丹明 101，sulforhodamine 101）结合在体成像技术，极大地促进了我们对这些细胞的理解和认识。实时监测星形胶质细胞为其在突触修剪、传递和可塑性以及三突触连接方面的功能提供了新证据。

Ca^{2+} 信号变化是星形胶质细胞和神经元相互作用中非常重要的环节，目前 TPLSM Ca^{2+} 成像技术也是离体或在体水平探究星形胶质细胞活动的重要手段。通过特异启动子的转基因动物或病毒载体，使 GECI 特异表达在星形胶质细胞上进行 Ca^{2+} 成像。目前，由于 TPLSM 主要局限于大脑皮质区域的成像，不能用于皮质下脑区成像。三光子成像能使大脑更深层区域可视化，将进一步增加我们对星形胶质细胞功能的了解。

星形胶质细胞通过内钙水平的变化及其引起的胶质递质释放与神经元相互作用，调控突触功能。在新方法和新技术的支持下，对星形胶质细胞对脑功能调控作用的相关研究已取得巨大进展。对星形胶质细胞如何参与和引起大脑功能及其障碍等方面的研究，为临床转化治疗相关疾病提供了新思路。（感谢本节戈鹬平和白雪博士的修改与审阅）

星形胶质细胞Ca²⁺信号成像

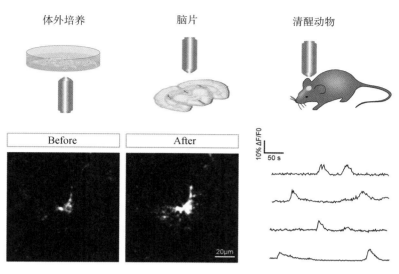

图 3-5-5　星形胶质细胞钙成像方法
（李玉兰、毕湛迎绘）

第二节　小胶质细胞与神经元的相互作用

在正常生理条件下，小胶质细胞并非处于一种"静息状态（resting state）"，而是活跃地与神经元发生相互作用，监视并维持着组织的稳态（homeostasis）。小胶质细胞通过与神经元的相互作用，积极参与中枢神经系统的发育，调节出生后早期发育过程中神经环路的精细化与功能成熟，感知并调控神经元兴奋性状态的变化，以及调控在大脑中神经元突触的动态变化。

小胶质细胞与神经元的相互作用主要包括以下几个方面：①对神经元进行营养支持作用；②调控神经细胞的凋亡并清除凋亡的细胞；③与神经元胞体接触并监视和调控神经元兴奋性；④对神经元突触动态变化的调控（图 3-5-6）。

小胶质细胞可以通过多种方式与神经元发生作用，主要包括：①通过分泌释放可溶性分子对神经元发生作用；②通过直接接触或吞噬而发生作用；③通过其他类型细胞间接作用。

一、小胶质细胞对神经元的营养支持作用

小胶质细胞在胚胎发育期就进入中枢神经系统，并参与了对神经系统发育的调控。离体实验显示，小胶质细胞的培养液可以促进神经干细胞的自我更新和增殖，表明小胶质细胞分泌的物质对于神经干细胞具有营养和支持作用。因此，在发育过程中的中枢神经系统和成年的大脑内，小胶质细胞分泌的多种神经营养因子对于神经干细胞和神经元的营养和支持作用都不容忽视。小胶质细胞分泌的类胰岛素生长因子 1（insulin-like growth factor 1，IGF-1）、脑源性神经营养因子（brain-derived neurotrophic factor，BDNF）等，可以促进神经前体细胞的增殖、新生神经元的存活与发育。

在成年大脑中的特定区域，如侧脑室壁的脑室下层（subventricular zone，SVZ）和海马齿状回的颗粒下层（subgranular zone，SGZ），神经干细胞不断产生新生神经元，称为成体神经发生（adult neurogenesis）。同样，小胶质细胞通过分泌 BDNF 等神经营养因子促进神经前体细胞的增殖以及新生神经元的存活和发育。此外，小胶质细胞也通过快速清除大量凋亡细胞而维持组织环境的稳态、促进新生神经元的发育和整合，从而调控神经环路的功能。

趋化因子 CX3CL1（即 fractalkine）的受体 CX3CR1 特异性表达于小胶质细胞。而 CX3CL1 结合于小胶质细胞的受体 CX3CR1，被认为是使小

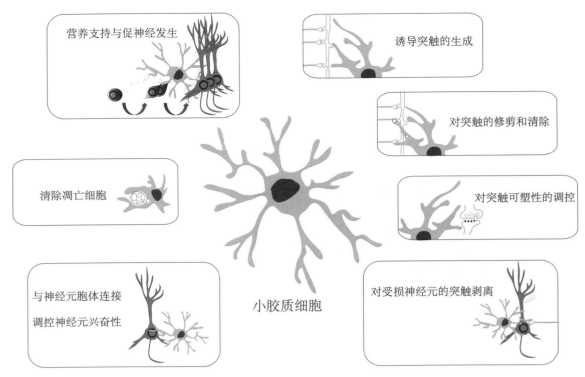

图 3-5-6　小胶质细胞在中枢神经系统中的功能

胶质细胞具有神经保护功能和促进神经发生的重要分子机制。在大脑发育期，如果小胶质细胞缺乏CX3CR1，则会降低大脑皮质神经元的存活，从而引起大脑皮质的发育缺陷。而在成年大脑中，缺乏CX3CR1则会导致小胶质细胞的促炎反应升高以及新生神经元数量的显著减少，表明小胶质细胞与神经元之间的相互交流影响神经发生的水平。CX3CL1在海马组织中的含量随运动而增加、随衰老而减少，这与运动和衰老对海马神经发生的影响相一致，提示小胶质细胞可能通过CX3CL1-CX3CR1信号传递而对运动、衰老等条件下的成体神经发生影响。

二、小胶质细胞调控神经细胞的凋亡并清除凋亡的细胞

小胶质细胞作为中枢神经系统中的主要免疫细胞，通过吞噬清除发育中凋亡的神经元以及衰老过程中坏死的神经元，对维持神经系统的稳态和正常功能起着关键的作用。在生理状态下，小胶质细胞对凋亡细胞的清除非常高效，因此可以避免凋亡细胞内容物的泄露，并且不引起炎症反应。

在神经系统发育过程中，大量的神经细胞会进入程序性凋亡。迅速清除凋亡细胞及其降解产物以避免凋亡细胞碎片和降解产物在组织中的扩散，对

于维持组织环境的稳态是非常重要的。而小胶质细胞可以诱导细胞的程序性凋亡，并识别和吞噬清除发生凋亡的细胞。如在海马、小脑等脑区，小胶质细胞通过释放超氧化物（superoxide），诱导其他细胞的凋亡，并通过表达于小胶质细胞的髓系细胞触发受体 2（triggering receptor expressed on myeloid cells 2，TREM2）介导对凋亡细胞的清除，这个过程不引起炎症反应。另外，小胶质细胞可以通过直接清除 Tbr2$^+$和 Pax6$^+$的神经前体细胞而直接调控神经前体细胞的数量。因此，在中枢神经系统发育中，小胶质细胞通过调控神经细胞的凋亡或存活而对于控制神经细胞的正常数量有着重要的作用。

在成年大脑中的海马齿状回的 SGZ，神经干细胞持续产生新生的齿状回颗粒神经元。新生神经元中的一部分会存活、发育成熟并整合到海马神经环路中；而大多数新生神经元会在产生后几天之内就走向凋亡。齿状回中分支态小胶质细胞（ramified microglia）可以通过其具有许多分支的突起清除这些凋亡的细胞，并形成"珠链状结构（ball-and-chain structures）"，这与神经退行性疾病中所观察到的进行吞噬作用的阿米巴样小胶质细胞（amoeboid microglia）不同。这种处于 unchallenged 状态的小胶质细胞对于凋亡细胞的吞噬清除具有非常高的效率，从以下几个方面可以说明：在某一特定时刻下，

①凋亡细胞被吞噬的比例高（＞90%）；②处于吞噬状态的小胶质细胞比例高（＞35%）；③对凋亡细胞的清除时间短（1.2～1.5 h）。因此，小胶质细胞对凋亡细胞的快速高效的清除对于维持神经发生微环境具有重要的作用。

三、小胶质细胞与神经元胞体的连接

早期的研究观察到，小胶质细胞与神经元胞体具有近距离的接触，并且大量小胶质细胞的突起被募集在兴奋性较高的神经元胞体附近。然而一直以来还不清楚小胶质细胞是否与神经元的胞体发生相互作用，以及小胶质细胞调控神经元兴奋性的方式。最近的研究表明，在小鼠和人类大脑多个脑区中，小胶质细胞的突起与神经元胞体之间存在特异性的通信结构位点，即胞体嘌呤能连接（somatic purinergic junctions）。在这些连接位点的神经元胞体侧富集着线粒体、囊泡样结构、囊泡核苷酸转运体（vesicular nucleotide transporter，vNUT）、溶酶体相关膜蛋白 1（lysosomal-associated membrane protein 1，LAMP1）等，而促进囊泡分泌的 Kv2.1 和 Kv2.2 也聚集在连接位点的神经元细胞膜。而连接位点的小胶质细胞侧的细胞膜上则发现 P2Y12 受体的特异性聚集。因此，在这些神经元胞体-小胶质细胞的特异化连接的膜位点上，小胶质细胞可以通过 P2Y12 受体迅速感受神经元的兴奋性活动的变化，并可能通过神经元-小胶质细胞相互作用而调控神经元的兴奋性。另外，这种嘌呤能连接可以使小胶质细胞密切并持续地监测神经元的健康状态，及时探测神经元损伤，并且可以在神经元发生损伤时对神经元产生保护作用或调控其凋亡。

四、小胶质细胞与突触的相互作用

大量研究表明，无论是在发育中还是成年的中枢神经系统中，小胶质细胞总是不断地用其具有许多分支的突起巡查神经元之间的突触联系。电子显微镜成像已经证明了小胶质细胞与神经元突触之间的直接接触。利用双光子在体成像的方法发现，在生理状态下，小鼠视皮质的神经元突触平均约每 1 小时就会受到小胶质细胞突起的接触，每次接触时间为 5 分钟左右。小胶质细胞接触神经元突触的时间与频率会受到神经元及突触兴奋性活动的影响，而且在不同发育时期、不同生理和病理条件下均有

不同。例如，在神经元活动被抑制或体温降低时，小胶质细胞对突触的接触频率会下降。小胶质细胞与突触的相互作用对于突触的功能与动态变化具有重要的调控作用，从而参与调控大脑神经环路的精细化连接与生理功能。小胶质细胞与神经元不断地发生相互作用，并通过多种分子机制调节突触的动态变化。通过这些分子机制，小胶质细胞能够直接感知单个突触的活动，并特异性地调控突触的强度，诱导形成新的突触或对已有的突触功能进行增强或削弱/消除。小胶质细胞与突触的相互作用包括以下几个方面：①诱导新突触的生成；②修剪已有的突触；③调控突触可塑性；④剥离受损神经元的突触。小胶质细胞对突触的作用方式大致可以分为：①释放生长因子、细胞因子等作用于突触；②与突触发生直接接触和作用；③通过其他细胞或改变和重塑细胞外基质而间接影响突触的动态变化和可塑性。

（一）小胶质细胞与突触生成

小胶质细胞起源于卵黄囊，并在胚胎发育早期就进入神经系统，因此被认为是第一类出现在神经系统中的胶质细胞（早于星形胶质细胞与少突胶质细胞的产生）。在啮齿类动物中，小胶质细胞在胚胎期 8.5 天时进入中枢神经系统，早于第一波神经元突触生成的时间（为胚胎期第 14～15 天），提示在发育早期进入中枢神经系统内的小胶质细胞，可能通过释放一些生长因子促进了胚胎早期的神经元突触生成。在胚胎晚期和出生后的中枢神经系统发育过程中，小胶质细胞对突触的生成有重要的调控作用，并且这种作用一直延续到成年。如在感觉皮质，小胶质细胞对神经元树突的直接接触可以引起树突内局部的 Ca^{2+} 的升高和肌动蛋白的聚集，并直接诱导树突生成新的突起。而在清除了小胶质细胞的情况下，神经元树突棘密度、神经元之间的突触连接、经验依赖的学习引起的突触形成与清除均有显著降低。在出生后 19～30 天清除小胶质细胞显著降低学习依赖的树突棘的形成与清除。反之，在离体培养的海马脑片上加入小胶质细胞可以增加神经元的兴奋性和抑制性突触的数量。这些均表明小胶质细胞对于新突触的生成具有诱导和支持作用。

小胶质细胞可以通过分泌多种神经营养因子、细胞因子等诱导突触的生成。小胶质细胞是 BDNF 的来源之一，而 BDNF 是调控突触可塑性的重要

神经营养因子，可以促进神经元突触的生成以及增强突触可塑性。在学习记忆的过程中，BDNF引起神经元中的原肌球蛋白激酶受体B（tropomyosin-related kinase receptor B，Trk B）的磷酸化是突触可塑性以及新突触形成的重要机制。清除小胶质细胞或者在小胶质细胞中敲除BDNF均可以减少新突触的生成，并削弱突触可塑性与学习记忆。CX3CL1-CX3CR1介导的神经元−小胶质细胞相互作用对于突触的功能成熟具有重要调控作用，而CX3CR1缺陷会延迟突触后谷氨酸受体的功能性成熟。

因此，在胚胎期和出生后的中枢神经系统发育阶段，小胶质细胞通过直接接触和释放多种因子等方式，诱导新突触的生成、支持突触的功能性成熟、维持突触功能与可塑性；并且这些调控作用一直持续到成年。因此，通过诱导和支持神经元突触的生成，小胶质细胞对于神经环路发育、经验依赖的神经环路的重塑等过程具有重要的调控作用。

（二）小胶质细胞对突触的修剪与清除

出生后最初的几个星期，是中枢神经系统中的神经环路和神经元都处于最具有可塑性的时期，大量的突触形成、被重塑或清除。神经元最初会形成大量的突触，远远超过成年后所维持的突触的数量。随后在神经元与神经环路兴奋性活动的调节下，这些未成熟的突触中的一部分会被维持并得到增强；而与此同时，另外很大一部分突触会被永久性消除，这个过程称为突触修剪（synaptic pruning）。越来越多的证据表明，小胶质细胞在中枢神经系统发育所经历的突触修剪过程中起着重要作用。在突触修剪时期的丘脑（thalamus）、小脑（cerebelum）、嗅球（olfactory bulb）、海马（hippocampus）及大脑皮质（cortex）等脑区中，

都观察到小胶质细胞的激活以及与神经元突触的活跃接触。

在大脑的发育过程中，小胶质细胞通过吞噬突触结构来塑造和完善神经环路中神经元之间的突触连接。在这个过程中，小胶质细胞对于突触前结构和突触后结构均具有修剪清除的作用。在对小胶质细胞在发育早期的突触修剪功能的研究中，视网膜节细胞（retinal ganglion cells，RGC）对背外侧膝状核（dorsal lateral geniculate nucleus，dLGN）的投射是一个经典的实验模型。在哺乳动物中，双眼颞侧视网膜节细胞的轴突投射到同侧背外侧膝状核，而鼻侧视网膜节细胞的轴突投射到对侧背外侧膝状核。因此，单侧的背外侧膝状核接受来自双眼视网膜节细胞的传入，并投射至初级视皮质，以完成视觉信息的初步加工。然而在发育早期，来自双眼视网膜节细胞的轴突在一侧背外侧膝状核中有大量重叠分布，并与背外侧膝状核神经元形成大量冗余的突触连接。在出生后的第一个星期，视网膜投射到膝状核的突触（retinogeniculate synapses）会经历一个剧烈的重组过程，称为眼特异性分离（eye-specific segregation）。在这个过程中包含了对不正确的双眼视网膜神经节细胞（binocular retinal ganglion cells）投射的修剪清除，和正确的眼特异性突触连接的维持和增强。背外侧膝状核中的小胶质细胞通过清除来自视网膜节细胞的冗余轴突末梢及突触，使来自同侧和对侧眼球的视网膜节细胞轴突末梢在背外侧膝状核中形成正确的分布，从而塑造视觉神经通路以处理视觉信息（图3-5-7）。小胶质细胞在背外侧膝状核中的突触修剪功能如果出现缺陷，则会导致视觉神经通路中神经元之间的突触连接不正常，从而影响该神经通路正常功能的形成。在出生后早期，大脑多个区域均存在小胶质细

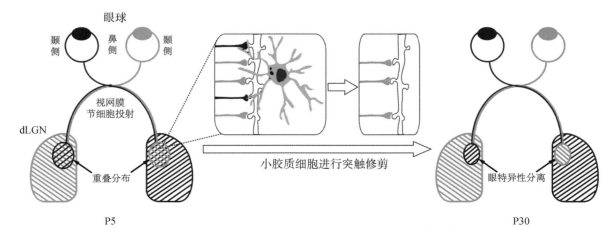

图 3-5-7　视觉神经环路发育中 dLGN 小胶质细胞介导的突触修剪

胞对神经元突触的修剪作用，因此表明小胶质细胞积极而广泛地参与了调控出生后大脑发育过程中神经环路精细化塑造。小胶质细胞对神经元突触的修剪和清除可以从幼年持续到成年。在健康青春期小鼠的前额叶皮质及成年小鼠的海马内，也可观察到小胶质细胞对突触成分的吞噬和清除，并且在经验、学习记忆相关的神经环路重塑以及长期记忆的遗忘中具有重要的调控作用。

小胶质细胞可以感受突触的功能状态，并且对突触的清除具有选择性。双光子在体成像显示，小胶质细胞的突起偏好接触较小的神经元树突棘，而这些小胶质细胞接触的神经元树突棘比未经小胶质细胞接触的树突棘有更高的概率被清除。其中的机制尚不完全清楚，但是可以肯定的是，小胶质细胞对突触的清除与突触的兴奋性活动相关。例如，在发育中的 dLGN，来自双眼的投射发生竞争，当用药物（如 TTX）抑制一侧眼睛视网膜节细胞的兴奋性时，小胶质细胞会选择性地吞噬清除兴奋性较弱一侧的神经轴突末梢，从而导致双眼支配区域面积的改变。

（三）调控小胶质细胞突触清除功能的机制

经典补体信号通路（classical complement pathway）是介导小胶质细胞进行突触修剪和清除的重要机制之一。一般认为，来自星形胶质细胞的细胞因子 TGF-β 启动神经元表达 C1q，而 C1q 激活了经典补体信号通路的级联反应。在这条信号通路中，C1q 结合并激活由 C1s 和 C1r 组成的 C1 复合物。随后，C1s 将 C4 裂解为 C4a 和 C4b，C4bC2a 随后将 C3 裂解为 C3a 和 C3b（即激活的 C3）。激活的 C3 可以被表达于小胶质细胞的补体受体 3（complement receptor 3，CR3）所识别。在培养的小胶质细胞中，补体分子 C1q 复合物、C3a 以及 C5a 都可以将小胶

质细胞激活。在发育中的中枢神经系统，C1q、C3 表达于神经元并且定位于神经元的突触，其表达水平及其在突触上的定位与 dLGN 中突触修剪的峰值时间高度吻合。C1q 和激活的 C3 作为"吃我"信号（eat-me signals）被表达 CR3 的小胶质细胞识别，并启动小胶质细胞的吞噬作用（图 3-5-8）。因此，补体分子 C1q、C3 和位于小胶质细胞的补体受体 3（CR3）是介导小胶质细胞对突触修剪的重要分子途径。

以发育早期 dLGN 中的突触修剪为例，在缺乏 CR3 或 C3 的小鼠中，来自双眼的神经轴突在 dLGN 中形成的突触不能有效地被小胶质细胞清除，因此双眼投射不能在 dLGN 中形成正确的眼特异性分离（图 3-5-9）。补体信号通路介导的小胶质细胞对突触的修剪和清除不仅在发育中视觉通路发生，也在多个其他脑区以及成年后都有发生，提示补体信号通路可能是大脑中介导小胶质细胞对突触进行清除的一种普遍的机制。如在 C1q 敲除小鼠的感觉运动皮质（sensorimotor cortex）中，轴突末梢的密度显著增加，并且表现出非典型性癫痫发作。这些结果表明，补体信号通路与小胶质细胞介导的突触修剪和清除对于神经环路连接的正确建立和正常的生理功能是至关重要的。在成年海马中小胶质细胞对神经元突触的清除也依赖于补体信号通路，并且是长期记忆遗忘的一种重要机制。在一定条件下，小胶质细胞上的补体受体 CR3 的激活也可以介导神经元突触上 AMPA 受体的内吞，从而导致突触的弱化和 LTD，因此也是小胶质细胞介导遗忘的可能机制之一。

在神经环路精细化过程中，表达于小胶质细胞的 TREM2 也可以促进小胶质细胞对突触蛋白的吞噬。如果缺失 TREM2，海马中则会出现一过性的突触标志物水平上升、神经元树突棘数量增加、突触输入增加等现象。如果缺失了 TREM2 的信号转

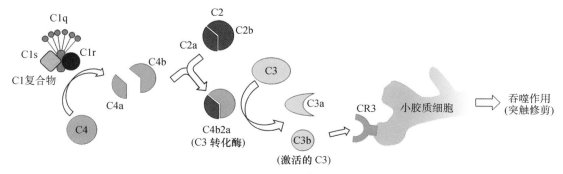

图 3-5-8　经典补体信号通路介导的小胶质细胞突触修剪

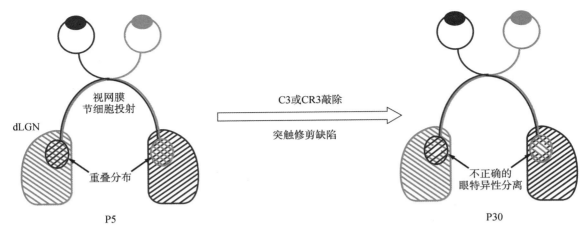

图 3-5-9 敲除 C3 或 CR3 导致发育中突触修剪障碍和视觉神经通路发育缺陷

导分子 DAP12（DNAX-activating protein of 12 kDa），也会导致同样的缺陷。有研究表明，TREM2 或 DAP12 的突变或缺陷是多种神经退行性疾病的风险因子，如阿尔茨海默病（Alzheimer's disease，AD）、额颞叶痴呆（frontotemporal dementia，FTD）、肌萎缩侧索硬化症（amyotrophic lateral sclerosis，ALS）等，提示小胶质细胞 TREM2 在这些疾病中对突触功能产生影响。

小胶质细胞除了通过吞噬介导突触的修剪和清除外，也可以通过趋化因子介导突触的清除。CX3CL1 是一种神经元表达的趋化因子，其受体 CX3CR1 在中枢神经系统的小胶质细胞中特异性表达。在大脑发育过程中的某些脑区如海马，CX3CL1-CX3CR1 的相互作用介导了小胶质细胞对突触的正确清除。而缺失了 CX3CR1 的小鼠的海马和桶状皮质（barrel cortex），神经元树突棘密度显著增加并可持续到成年，提示突触修剪出现了缺陷，同时突触联系的功能性成熟出现缺陷。由于 CX3CL1 被认为是调控小胶质细胞运动与迁移的趋化因子，因此 CX3CL1-CX3CR1 可能通过影响小胶质细胞的募集而参与调控突触的精细化与清除，但具体机制还不清楚。

在中枢神经系统中，存在另一些分子作为"别吃我"信号（don't eat me signals）来平衡作为"吃我"信号的补体分子等。神经元可以表达内源性补体信号通路抑制因子 SRPX2（sushi repeat protein X-linked 2）来调节补体通路依赖的突触清除。SRPX2 可以直接结合于 C1q 并抑制其活性。在丘脑和皮质，SRPX2 的表达可以保护突触不被小胶质细胞清除，而 SRPX2 的缺失会导致 C3 沉积的增加和小胶质细胞对突触的过度清除。CD47 是一种跨膜免疫球蛋白超家族蛋白，在突触修剪期的视上丘有高表达。神经元细胞膜上表达的 CD47 可以作用于其位于小胶质细胞的受体 SIRPα 并抑制小胶质细胞对神经元突触蛋白的吞噬。CD47 或 SIRPα 的表达缺陷会导致小胶质细胞对突触的过度清除和 dLGN 的突触数量减少。

综上所述，在大脑发育过程中的突触修剪时期以及成年后，小胶质细胞通过多种分子机制对神经元突触进行修剪和清除，使神经元之间建立正确的突触连接、维持突触的数量、介导经验依赖的突触精细化调控、调节学习记忆与遗忘过程中突触的动态变化；而小胶质细胞对突触的吞噬清除过程在多种分子机制调控下达到一种动态平衡，并受到神经元和神经环路兴奋性活动的调控。

（四）小胶质细胞对突触可塑性的调控

在学习和记忆的过程中，小胶质细胞不但可以通过与神经元直接相互作用而诱导和促进新突触的生成，也可以通过对已有突触的可塑性进行调控，直接影响突触的生理特性与功能。小胶质细胞表达多种神经递质受体如谷氨酸和嘌呤能受体，并感知神经元与突触的兴奋性活动状态的变化，并改变其自身的突起的数量及与突触接触的时间，以及分泌多种因子参与调控突触的可塑性。如小胶质细胞分泌的 BDNF、肿瘤坏死因子 -α（tumor necrosis factor-α，TNF-α）、白介素 1β（interleukin-1 beta，IL-1β）等均可以调控突触传递与突触可塑性。

TNF-α 是小胶质细胞释放的一种促炎性细胞因子。在正常生理条件下，低水平的 TNF-α 是调控突触强度尺度（synaptic scaling）的强效应剂，并且可以调控 AMPA 受体转运及其介导的突触电流。在海马脑片上孵育 TNF-α，可以在不产生 LTP 或 LTD 的情况下增加 AMPAR/NMDAR 介导的突触电流比例。较新的研究表明，小胶质细胞产生的 TNF-α 和 ATP 通过星形胶质细胞的 TNF 受体 1（TNFR1）和 P2Y1 受体激活星形胶质细胞，星形胶质细胞进而放大 ATP 信号并释放谷氨酸激活神经元代谢型谷氨酸受体 mGluR5，从而增强神经元兴奋性突触后电流（excitatory post-synaptic currents，EPSC）频率。因此，小胶质细胞可通过调控星形胶质细胞的活动而参与了对突触传递的稳态调节。

另外，小胶质细胞可以通过多种分子机制调节突触后膜的受体表达水平、磷酸化以及内吞等过程，从而调控突触强度的动态变化。例如，小胶质细胞来源的 IL-1β 和 TNF-α 通过降低 AMPA 受体的磷酸化作用以及改变 NMDA/AMPA 受体亚基的表达而降低 LTP。来自小胶质细胞的 BDNF 可调节神经元谷氨酸受体亚型 GluN2B 和 GluA2 在突触上的表达。小胶质细胞也能够通过 CX3CL1-CX3CR1 信号通路抑制 AMPA 受体介导的突触传递。在细菌脂多糖（lipopolysaccharide，LPS）的作用下，小胶质细胞补体受体 C3 的激活可以导致 AMPA 受体的内吞以及 LTD。

与星形胶质细胞和突触形成的"三组分突触"（tri-partite synapse）相比，虽然小胶质细胞与突触的接触和相互作用更加具有动态变化，但是鉴于小胶质细胞与突触前、突触后、星形胶质细胞在空间上紧密联系，并且通过多种信号分子密切相互作用，近年来也提出了"四组分突触"（quad-partite synapse）的概念（图 3-5-10）。小胶质细胞在这种紧密联系中通过对突触的直接和间接作用，调控着

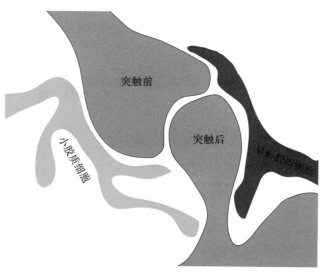

图 3-5-10　小胶质细胞参与的"四重组分突触结构"

突触传递效率、突触可塑性等突触结构与功能的动态变化。

（五）小胶质细胞对细胞外基质的重塑与突触动态变化的相关性

小胶质细胞不但可以直接与突触发生作用，而且也可以通过对细胞外基质（extracellular matrix，ECM）的重塑而影响细胞外的空间，从而间接影响突触的动态变化。由于神经元与突触处于细胞外基质的包裹中，这些细胞外基质为神经元与突触提供了结构支撑从而有利于其保持结构稳定性，同时可以影响神经元内离子缓冲并为神经元提供氧化应激反应的保护。但是细胞外基质的存在也限制了神经元和突触的结构可塑性。

早期的研究主要集中在病理条件下小胶质细胞对细胞外基质的清除。在组织损伤及病理条件下，小胶质细胞通过其分泌的组织蛋白酶（cathepsin）、钙蛋白酶（calpain）、金属蛋白酶（metalloproteases）、组织性纤溶酶原激活因子（tissue-type plasminogen activator）等多种蛋白酶对细胞外基质蛋白如层黏连蛋白（laminin）、纤连蛋白（fibrinectin）等进行降解和清除。

近年的研究表明，小胶质细胞在生理状态下持续对细胞外基质进行重塑。细胞因子白介素 -33（Interleukin-33，IL-33）是白介素 1（IL-1）家族的细胞因子。在脊髓和丘脑的发育中，IL-33 由发育中的星形胶质细胞产生，并且促进小胶质细胞对突触的吞噬，从而对脊髓和丘脑中形成正确数量的突触和建立正确神经环路的功能具有重要调控作用。在成年海马中，IL-33 由神经元分泌并介导小胶质细胞对细胞外基质蛋白聚糖（aggrecan）、短蛋白聚糖（brevican）等的吞噬清除，从而利于新的突触的形成以及海马新生神经元的整合。如果神经元缺失 IL-33 或小胶质细胞缺失其受体 ILRL1，则会引起神经元树突棘可塑性缺陷、减缓新生神经元的整合，并减弱远程记忆的准确性。因此，在生理条件下，小胶质细胞清除和重塑细胞外基质对于经验依赖的神经元突触动态变化和可塑性、新生神经元的突触整合，以及新记忆的形成与巩固具有重要的调控作用。

（六）病理条件下的小胶质细胞与突触剥离

在神经元受损的情况下，小胶质细胞接触神经元并将神经元上的突触进行分离的现象，称为突触

剥离（synaptic stripping）。对于小胶质细胞对突触剥离的研究，最早是由 Blinzinger 和 Kreutzberg 于 1968 年发表。他们在截断大鼠面神经后，发现激活的小胶质细胞参与了突触剥离，即突触前的轴突末梢与突触后神经元胞体或树突被胶质细胞分离。截断面神经损伤了面神经核内运动神经元的轴突，因此引起了面神经核内小胶质细胞的激活。这些激活的小胶质细胞可以增殖并迁移到受损神经元周围，并与受损神经元发生相互作用，最终导致这些神经元上的突触被剥离。

激活的小胶质细胞可以释放多种神经营养因子来调控神经元的存活，如神经生长因子（nerve growth factor，NGF）、神经营养因子 -4/5（neurotrophin-4/5，NT-4/5）、转化生长因子 -β1（transforming growth factor-β1，TGF-β1）、胶质源神经营养因子（glial-derived neurotrophic factor，GDNF）、成纤维细胞生长因子（fibroblast growth factor，FGF）以及白介素 -3（interleukin-3，IL-3）；另外小胶质细胞也释放一些具有细胞毒性的促炎性因子，如肿瘤坏死因子 -α（tumor necrosis factor-α，TNF-α）、白介素 -6（IL-6）、一氧化氮（nitric oxide，NO）等。在不同的病理环境下，小胶质细胞所分泌的因子可以是不同的。

小胶质细胞可以通过多种因子感受神经元的损伤，如一些趋化因子和小分子 ATP。通常来说，在损伤发生的情况下，可以使小胶质细胞产生反应的信号可以分为"找到我（find-me）"信号和"吃我（eat-me）"信号。"找到我"信号吸引小胶质细胞到损伤部位；而"吃我"信号则使小胶质细胞可以识别要清除的目标并启动吞噬作用。目前认为，ATP 是在神经元损伤后引起小胶质细胞迁移和聚集的一种重要信号分子。而小胶质细胞所表达的嘌呤受体 P2Y12 介导小胶质细胞对环境中 ATP 的感知及发生趋化反应。

五、小结

虽然来自不同的起源，星形胶质细胞和小胶质细胞作为中枢神经系统中重要的两类胶质细胞，通过与神经元的相互作用，调控着神经系统的发育、神经元的活动与功能。

星形胶质细胞可以通过胞内钙信号的变化，响应神经元的兴奋性活动；同时，星形胶质细胞通过释放各种胶质递质分子调控神经元的活动，从而参与学习与记忆、睡眠与觉醒等脑功能的调控。

小胶质细胞在大脑发育过程中通过分泌多种神经营养因子促进神经元的发生，同时也通过快速清除大量凋亡细胞而维持组织环境的稳态。小胶质细胞的突起与神经元胞体之间存在特异性的嘌呤能连接通信结构位点，并可以迅速感受并调控神经元的兴奋性。

星形胶质细胞、小胶质细胞与神经细胞之间的突触信息传递活动有密切的相互作用。星形胶质细胞的突起会紧密接触并包绕神经元的突触，调控和整合局部突触信息；小胶质细胞则通过其突起不断巡视神经元的突触。星型胶质细胞和小胶质细胞可以分别在不同分子机制的介导下，通过诱导突触生成、突触修剪、调节突触可塑性等作用方式，调控神经元突触的结构与功能，因此对神经环路发育和脑功能有重要的调控作用。

参考文献

综述

1. Semyanov A, Henneberger C, Agarwal A. Making sense of astrocytic calcium signals - from acquisition to interpretation. *Nat Rev Neurosci*, 2020, 21（10）: 551-564.
2. Kofuji P, Araque A. G-Protein-Coupled Receptors in Astrocyte-Neuron Communication. *Neuroscience*, 2021, 456: 71-84.
3. Yu X, Nagai J, Khakh BS. Improved tools to study astrocytes. *Nat Rev Neurosci*, 2020, 21（3）: 121-138.
4. Volterra A, Liaudet N, Savtchouk I. Astrocyte Ca^{2+} signalling: an unexpected complexity. *Nat Rev Neurosci*, 2014, 15（5）: 327-335.
5. Santello M, Toni N, Volterra A. Astrocyte function from information processing to cognition and cognitive impairment. *Nat Neurosci*, 2019, 22（2）: 154-166.
6. Haydon PG. Astrocytes and the modulation of sleep. *Curr Opin Neurobiol*, 2017, 44: 28-33.
7. Almad A, Maragakis NJ. A stocked toolbox for understanding the role of astrocytes in disease. *Nat Rev Neurol*, 2018, 14（6）: 351-362.
8. Kettenmann H, Kirchhoff F, Verkhratsky A. Microglia: new roles for the synaptic stripper. *Neuron*, 2013, 77（1）: 10-18.
9. Cserep C, Posfai B, Denes A. Shaping Neuronal Fate: Functional Heterogeneity of Direct Microglia-Neuron Interactions. *Neuron*, 2020, 109（2）: 222-240.
10. Wilton DK, Dissing-Olesen L, Stevens B. Neuron-Glia Signaling in Synapse Elimination. *Annu Rev Neurosci*, 2019, 42: 107-127.
11. Hammond TR, Robinton D, Stevens B. Microglia and the Brain: Complementary Partners in Development and Disease. *Annu Rev Cell Dev Biol*, 2018, 34: 523-544.

原始文献

1. Zhang JM，Wang HK，Ye CQ，et al. ATP released by astrocytes mediates glutamatergic activity-dependent heterosynaptic suppression. *Neuron*，2003，40（5）：971-982.

2. Yang Y，Ge W，Chen Y，et al. Contribution of astrocytes to hippocampal long-term potentiation through release of D-serine. *Proc Natl Acad Sci USA*，2003，100（25）：15194-15199.

3. Zhang Z，Chen G，Zhou W，et al. Regulated ATP release from astrocytes through lysosome exocytosis. *Nat Cell Biol*，2007，9（8）：945-953.

4. Li Y，Li L，Wu J，et al. Activation of astrocytes in hippocampus decreases fear memory through adenosine A1 receptors. *Elife*，2020，9.

5. Bindocci E，Savtchouk I，Liaudet N，et al. Three-dimensional Ca^{2+} imaging advances understanding of astrocyte biology. *Science*，2017，356（6339）：eaai8185.

6. Choi M，Ahn S，Yang EJ，et al. Hippocampus-based contextual memory alters the morphological characteristics of astrocytes in the dentate gyrus. *Mol Brain*，2016，9（1）：72.

7. Ingiosi AM，Hayworth CR，Harvey DO，et al. A Role for Astroglial Calcium in Mammalian Sleep and Sleep Regulation. *Curr Biol*，2020，30（22）：4373-4383.

8. Bojarskaite L，Bjørnstad DM，Pettersen KH，et al. Astrocytic Ca^{2+} signaling is reduced during sleep and is involved in the regulation of slow wave sleep. *Nat Commun*，2020，11（1）：3240.

9. Paolicelli RC，Bolasco G，Pagani F，et al. Synaptic pruning by microglia is necessary for normal brain development. *Science*，2011，333（6048）：1456-1458.

10. Parkhurst CN，Yang G，Ninan I，et al. Microglia promote learning-dependent synapse formation through brain-derived neurotrophic factor. *Cell*，2013，155（7）：1596-1609.

11. Schafer DP，Lehrman EK，Kautzman AG，et al. Microglia sculpt postnatal neural circuits in an activity and complement-dependent manner. *Neuron*，2012，74（4）：691-705.

12. Sierra A，Encinas JM，Deudero JJ，et al. Microglia shape adult hippocampal neurogenesis through apoptosis-coupled phagocytosis. *Cell stem cell*，2010，7（4）：483-495.

13. Stevens B，Allen NJ，Vazquez LE，et al. The classical complement cascade mediates CNS synapse elimination. *Cell*，2007，131（6）：1164-1178.

14. Wang C，Yue H，Hu Z，et al. Microglia mediate forgetting via complement-dependent synaptic elimination. *Science*，2020，367（6478）：688-694.

第6章　胶质细胞与疾病

肖　岚　戈鹉平　高志华

神经胶质细胞在中枢神经系统（central nervous system，CNS）中一直被认为是非兴奋性细胞，主要对神经元发挥支持、营养和保护的作用。近年来，各类神经胶质细胞及其生理功能不断被发现和揭示。胶质细胞的发育或功能障碍均可导致一系列神经精神疾病，而各类胶质细胞在疾病的发生、发展中的作用表现出各自的特异性。

第一节　星形胶质细胞与疾病

星形胶质细胞异常与很多脑疾病相关，最常见的包括脑肿瘤、癫痫、肌萎缩侧索硬化、缺血性卒中、阿尔茨海默病和亚历山大病等。

星形胶质细胞拥有和神经元类似的递质受体和离子通道蛋白家族，但具体到某个通道或者受体的表达以及它们的表达水平存在很大差异。一些特定通道蛋白会在星形胶质细胞上特异高表达，比如内向整流钾离子通道 Kir4.1。在脑中，它主要位于星形胶质细胞的突起或者特化的终足结构上，与水通道蛋白 4（aquaporin 4，AQP4）具有共定位的特征。生理状态下，这些通道蛋白对维持大脑钾离子和水的稳态至关重要，其异常表达会促使疾病的发生和发展。不仅如此，星形胶质细胞还高表达缝隙连接蛋白 Cx43 和 Cx30，多个 Cx 蛋白可组成半通道或缝隙连接，参与胶质细胞间信息通信。通过缝隙连接，星形胶质细胞之间互相交换小分子物质，包括各种离子（如钙和钾离子）、细胞内信号分子

和代谢物（如葡萄糖、氨基酸）等，维持胶质细胞间信号传递或者物质运输等。即便如此，星形胶质细胞的缝隙连接异常与各种神经系统疾病之间是否存在因果关系，以及这种因果关系的强弱，至今仍不十分清楚。除此以外，星形胶质细胞也可高表达兴奋性氨基酸转运体 1（EAAT1，即 GLAST）和 EAAT2（即 GLT-1）用于清除突触间隙的兴奋性神经递质谷氨酸。研究表明，递质转运体的异常表达可直接或间接导致多种神经系统疾病。星形胶质细胞也可以释放一些神经活性物质，包括谷氨酸、丝氨酸和 ATP 等，然而星形胶质细胞究竟如何释放这些物质并影响疾病进程，尚待研究。

一、癫痫

癫痫（epilepsy）是中枢神经系统最常见的疾病之一，大约影响世界 1% 的人群。临床表现为运动

异常、抽搐和短暂性意识丧失等，且具有反复发作的特点。癫痫发作会导致大脑神经元损伤并诱发异常的胶质增生（gliosis），但这种增生如何影响大脑功能，尚不清楚。对癫痫中胶质细胞变化的研究主要集中在颞叶癫痫。例如：癫痫的发作与癫痫样神经发作频率相关，后者又会受到胞外钾离子影响。星形胶质细胞可在终足表达 Kir4.1 和 AQP4 蛋白，调控脑内胞内外钾离子的浓度，这提示星形胶质细胞可参与癫痫的发生发展。

近期研究报道，谷氨酸转运体和谷氨酸受体在癫痫发作和癫痫样信号传播中起重要作用。在致病灶区，谷氨酸浓度明显增加。基因敲除研究显示，星形胶质细胞 EAAT2 是脑内清除胞外谷氨酸的主要转运体。在 EAAT2 全敲除的小鼠大脑里，发现有自发的癫痫样信号，这与颞叶癫痫患者的海马区病变的表征类似。通过药理学阻断 EAAT2 可以降低癫痫样神经活动的阈值。在结节性硬化癫痫模型里，EAAT1 和 EAAT2 的表达下调，但它们在癫痫组织里的功能和表达仍然存有争议。

谷氨酰胺合成酶（glutamine synthetase，GS）在颞叶癫痫患者硬化海马组织中表达要低于非硬化癫痫脑组织。谷氨酸被星形胶质细胞摄取后，GS 会迅速将谷氨酸转化成谷氨酰胺。在硬化组织内，谷氨酸-谷氨酰胺合成环路受到抑制，导致谷氨酸在星形胶质细胞胞浆和胞外空间大量聚集。这可能加剧或者诱发癫痫性神经放电。

二、肌萎缩侧索硬化

肌萎缩侧索硬化（amyotrophic lateral sclerosis，ALS）是一类慢性神经肌肉异常疾病，多成年起病。主要因大脑皮质和脊髓运动神经元退化而导致肌肉萎缩和功能异常。目前世界上约 95% ALS 患者为自发性。星形胶质细胞与 ALS 密切相关。在 ALS 患者中，星形胶质细胞的谷氨酸转运体异常，导致胞外的谷氨酸浓度异常增加，从而造成运动神经元的兴奋性损伤。

研究发现，从自发性 ALS 患者组织分离的突触小体（synaptosome）中谷氨酸转运能力降低。在脊髓灰质区，EAAT2 是主要的谷氨酸转运体。患者大脑运动皮质和脊髓前角的谷氨酸转运体 EAAT2 有所缺失，导致谷氨酸的清除受损，从而对神经元产生兴奋性毒副作用，诱发 ALS。在 EAAT2 敲除的小鼠中，神经元异常兴奋伴随细胞死亡。EAAT2

缺失可能是由于 RNA 剪切过程出现异常而影响蛋白质的表达，但对这个结论仍有争议。

氧化抑制是造成谷氨酸转运体转运效率降低的另一个因素。超氧化物歧化酶 1（superoxide dismutase 1，SOD1）是胞浆里的一种代谢酶，可以将超氧自由基转换成过氧化氢，它是生物体内抗氧化酶系的重要成员之一。既往的研究在家族性 ALS 患者中发现 SOD1 异常。SOD1 突变伴随着 EAAT2 活性的抑制，在有 SOD1 基因突变的小鼠中，可以观察到 EAAT2 蛋白的缺失。迄今仍然不清楚 ALS 神经元损伤是由星形胶质细胞谷氨酸转运体表达异常造成，还是由氧化损伤直接导致。运动神经元的 AMPA 受体激活，会导致线粒体钙离子超载，从而促使大量氧化自由基从脊髓的运动神经元释放，增加了局部氧化反应发生，影响了胶质细胞谷氨酸转运体表达与功能，并降低附近星形胶质细胞对谷氨酸的摄入。有报道认为，神经元上 NMDA 受体的激活，会提升环氧化酶 2（cyclooxygenase 2，COX2）的表达，促使前列腺素 E2（prostaglandin E2，PGE2）和活性氧自由基（reactive oxygen species，ROS）的产生，从而诱发星形胶质细胞释放大量的谷氨酸，形成恶性循环，诱发 ALS 病变。在自发性 ALS 患者的脑组织里，代谢型谷氨酸受体 mGluR1α、mGluR5 和 mGluR2/3 在星形胶质细胞表达上调，这些受体的上调会导致胶质细胞钙离子浓度升高，诱发谷氨酸释放，加剧病变。

三、缺血性脑卒中

卒中已经成为第一大致残因素。缺血性卒中（ischemic stroke）占卒中患者的 80% 左右。大脑局部缺血会导致不可逆的脑损伤，伴随大量的神经元死亡。胶质细胞是神经-血管单元（neurovascular unit）的重要组成部分。在成年哺乳动物脑中，超过 99% 的微血管表面被星形胶质细胞终足所缠绕，越来越多的证据表明，星形胶质细胞在神经元和血管的发育和功能维持中起非常重要的作用。星形胶质细胞很多分子在细胞水平定位上呈现出极性分布。AQP4 在星形胶质细胞的终足高表达，提示 AQP4 在缺血性卒中发挥重要作用。敲除 α-Syntrophin 使血管周围 AQP4 缺失，会极大降低缺血性卒中造成的脑水肿，这和全身敲除 AQP4 所观察到的现象类似。在缺血性卒中的缺血半暗带（penumbra），AQP4 表达水平明显下降；而在卒中核心区，胶质细胞 AQP4 蛋白几乎全部丧失。星形胶质细胞在生理状况下的体积维持需要 AQP4 和 Kir4.1 的协同作用。在视网膜里，AQP4 的敲除会延缓水肿的形成，但 AQP4 和 Kir4.1 表达同时下调，却会增加缺血性卒中造成的损伤。在不同脑区的星形胶质细胞发现有不同的 Kir 通道亚型。比如，在前脑和嗅球，有 Kir4.1 和 Kir5.1 的表达，但在海马和丘脑的星形胶质细胞却没有 Kir5.1 表达。另外，Kir2 和 Kir6 在其他多个脑区的星形胶质细胞有表达。目前尚不清楚，除 Kir4.1 外其他的 Kir 通道在钾离子缓冲中的贡献有多大，是否与 AQP4 也有协同作用。

星形胶质细胞可通过缝隙连接互相传递信息。在卒中脑区，缝隙连接蛋白 Cx43 处于选择性失活状态，其细胞定位和表达水平与 AQP4 很相似，表达均下调。但星形胶质细胞的缝隙连接在脑卒中的作用还有待研究。

缺血性卒中状态下，胶质细胞的膜特性和细胞内代谢会发生改变，进而导致细胞外空间相应的改变，并导致神经元暴露在高谷氨酸的毒副环境中。EAAT1 和 EAAT2 在神经元和胶质细胞的谷氨酸循环中起重要的作用，因此可推测它们在脑卒中损伤的重要作用。这两种分子表达水平在不同脑区存在差异，这些差异会导致脑卒中时脑损伤程度不同。尽管 EAAT2 具有清除胞外谷氨酸的作用，但通过遗传学的手段进行 EAAT2 的敲除，或通过反义 RNA 敲低 EAAT2 等，不同实验室发现 EAAT2 对于卒中的作用很不一致。迄今，EAAT1 和 EAAT2 对卒中引发的脑损伤加重还是减缓，仍然争议很大。

卒中后脑修复过程中，神经-血管单元需要重建。近年来发现活化的星形胶质细胞可以释放血管内皮生长因子（vascular endothelial growth factor，VEGF）、血管生成素 1（angiopoietin 1，Ang1）、内皮素（endothelin）来参与卒中后血管生成、神经元发生与胶质细胞可塑性。这些为未来研究加速卒中后脑修复提供一些可能的新思路。

四、阿尔茨海默病

20 世纪初期，就有报道星形胶质细胞活化是阿尔茨海默病（Alzheimer's disease，AD）的病理特征之一。星形胶质细胞的特征蛋白——GFAP 和 Vimentin 在淀粉样斑块周围能观察到表达上调，其形态学上表现为突起异常、肥大且增长，异常的突起缠绕或穿插于淀粉样斑块中。但星形胶质细胞激活与 AD 的确切关系仍然充满争议。体外实验和 AD 小鼠模型均证实，β-淀粉样蛋白（β-amyloid）能刺激胶质细胞表达各种炎症相关因子，包括 IL-1β、IL-6、TNF-a、IFN-γ 和诱导型一氧化氮合酶（inducible nitric oxide synthase，iNOS）。一些针对炎症信号的新型治疗方法也随之出现，包括破坏星形胶质细胞内的钙调磷酸酶（calcineurin）或者活化 T 细胞核因子（nuclear factor of activated T-cells，NFAT），以缓解淀粉样斑块累积，从而减轻淀粉样蛋白造成的认知障碍。

通过遗传学调控，敲除 GFAP 和 Vimentin，星形胶质细胞不再出现激活的形态特征。在 APP/PS1 AD 小鼠模型中，如果敲除 GFAP 和 Vimentin 对应的基因，淀粉样蛋白附近胶质细胞不再出现肥大增生等，且不再有突起穿插于淀粉样斑块的形态学特征。在 GFAP 和 Vimentin 双敲除的小鼠中，淀粉样斑块数目加倍，神经元的形态呈现异常。奇怪的是，双敲除小鼠的 IL-1β、IL-6、IL-10、TNF-α、TGF-β 和 iNOS 含量却都维持不变，GS 和 S100β 表达水平也没有影响。另外，双敲除 GFAP 和 Vimentin 对于 APP 表达和功能也没有影响，主要的差异表现在胶质细胞和斑块的直接相互作用上。

星形胶质细胞具有吞噬功能，其表达的 Draper/Megf10 和 Mertk/integrin αVβ5 等蛋白都与吞噬相关，星形胶质细胞可以通过内吞作用或者巨胞饮作用吞噬 β-淀粉状蛋白，然后转移入溶酶体降解。体外培养的小鼠星形胶质细胞可以降解淀粉样斑块，激活的星形胶质细胞也可以释放蛋白酶，如金属蛋白酶 9（metalloproteinase-9），进而降解 β-淀粉样蛋白。有学者推测衰老会引起溶酶体功能异常，从而导致 β-淀粉样蛋白累积。因此，激活或者高表达转录因子 EB（transcription factor EB，TFEB）可以促使星形胶质细胞内更多溶酶体生成，从而促进 β-淀粉样蛋白清除以延缓淀粉样斑块形成。

绝大部分 AD 患者的具体病因仍不清楚，但遗传学分析已经发现一些跟 AD 致病密切相关的基因在胶质细胞中高表达，13% 的患者中淀粉样前体蛋白（amyloid precursor protein，APP）及早老蛋白（presenilins，PS）1 和 2 功能异常。载脂蛋白 E（apolipoprotein E，ApoE）在星形胶质细胞里有极高的表达，也是 AD 遗传高风险因素。携带一个或者两个 *APOE ε4* 等位基因的患者患晚发性 AD 的概率比非携带者分别要高 3 倍和 12 倍。

五、亚历山大病

亚历山大病（Alexander disease，AxD）是一种脑白质病，主要发生于婴幼儿，由 *GFAP* 基因突变引起，呈常染色体显性遗传。GFAP 特异表达于中枢神经系统的星形胶质细胞，其异常突变，致使细胞内的 GFAP 蛋白堆积，可导致罗森塔尔纤维（Rosenthal fibers，RFs）在星形胶质细胞的胞体、远端突起及终足大量聚集。该病临床表现多样。患者出现大头症，发育延迟，双侧大脑白质区域一定程度受损，在前额叶表现尤为严重。少数患者在脑干出现局灶性病变。星形胶质细胞在大脑分布较均匀，但为何 *GFAP* 基因异常导致特定脑区更容易受影响，至今仍不清楚。

第二节　少突胶质细胞与疾病

少突胶质细胞髓鞘化轴突不仅有助于中枢神经系统信息的高效准确传导，同时也为轴突提供营养支持。少突胶质细胞发育障碍、损伤可导致一系列以脑和脊髓的髓鞘缺失或破坏为主要病变特征的疾病。中枢神经系统髓鞘发育不良或脱髓鞘疾病包括遗传性和获得性两大类。前者主要是成熟的少突胶质细胞在形成髓鞘过程中，由于编码某些酶的基因缺陷导致髓鞘代谢障碍，统称为脑白质营养不良性疾病。而后者又分为原发性免疫介导的炎性脱髓鞘疾病，如多发性硬化症等；以及继发于其他疾病的脱髓鞘疾病，如缺血-缺氧性疾病后的白质损伤等。此外，近年来研究显示，少突胶质细胞发育障碍或功能异常也参与精神分裂症等精神疾病的病理过程。

一、脑白质营养不良性疾病

脑白质营养不良性疾病（leukodystrophy disease）是一组由于遗传因素导致髓鞘形成缺陷，继而引起脑白质发育障碍的疾病，其代表性疾病包括佩梅病和异染性脑白质营养不良等。此类疾病比较罕见，患者多为儿童，主要表现为神经系统广泛受累，如智力障碍、感觉障碍、肌张力减弱和运动失调等。

（一）佩梅病

佩 梅 病（Pelizaeus-Merzbacher disease，PMD）是一种罕见的 X 连锁隐性遗传病，男性罹病，女性多为携带者。该病与 X 染色体长臂（Xq22）上的蛋白脂蛋白（proteolipid protein 1，PLP1）基因突变相关，可导致广泛白质区域髓鞘形成异常，脑白质弥漫性损伤。PMD 主要发生于出生后数月的婴儿或儿童，相比其他类型的白质营养不良病，该病发病率（全球新生儿发病率在 1/90 000 ～ 1/750 000）较低，甚为罕见。

1. 临床分型和病理特征　PMD 根据起病时间和病情的严重程度可分为新生儿型、经典型和轻症型 / 遗传性痉挛性截瘫 2 型（spastic paraplegia type 2，SPG2）。其中新生儿型症状最重，经典型次之，SPG2 症状最轻。新生儿型 PMD 在新生儿期即发病，临床症状最重，大多在婴幼儿期死亡。经典型 PMD 发病年龄在 1 ～ 5 岁，患儿早期表现为眼球震颤、肌张力低下。随病情进展眼球震颤常常消失，继而出现运动发育障碍，例如步态蹒跚、共济失调、四肢瘫痪等，还可伴有认知力的减退和锥体外系的异常表现。通常女性 *PLP1* 基因突变杂合子没有明显的症状，但在 SPG2 型男性患者的后代中，女性成年后也可表现出部分 PMD 症状。

研究发现，患者临床症状轻重与患者脑组织髓鞘病变的程度密切相关。新生儿型 PMD 的大脑组织中，可见大部分区域髓鞘缺失，少突胶质细胞数量减少或细胞骨架明显异常。经典型 PMD 中，在血管周围可见一些残留的髓鞘，成岛样分布，为髓鞘退化的表现，同时周围伴有胶质细胞增生。SPG2 患者中，脑组织中的髓鞘呈虎斑样改变，磁共振成像（magnetic resonance imaging，MRI）表现为髓鞘连续性缺失。

2. 神经生物学机制　佩梅病中的 *PLP1* 基因突变包括重复、错义、删除等。*PLP1* 基因编码的蛋白质是经二硫键折叠的膜蛋白，该蛋白对维持 CNS 髓鞘稳定具有重要作用。*PLP1* 点突变可导致 PLP 蛋白错误折叠，可使该蛋白从内质网转运到高尔基体修饰的过程受阻，使其聚集于内质网，造成功能性蛋白减少，且对少突胶质细胞产生细胞毒性，进而导致髓鞘减少甚至脱失。*PLP1* 错义突变可导致新生儿型 PMD。该亚型中，少突胶质细胞凋亡，伴有轴突损伤，因此临床症状也最严重。如果 *PLP1* 基因发生的是删除/无义突变，则主要是影响基因的转录，导致蛋白质合成减少，故不会有多余蛋白堆积于内质网导致细胞毒性损伤。这种类型的基因突变导致少突胶质细胞损伤较轻，能够存活，表现为少突胶质细胞分化受阻和成髓鞘减少。因此，删除/无义突变诱发的症状往往较轻，例如 SPG2 和 PLP-1 缺失综合征。此外，经典 PMD 亚型中 *PLP1* 重复突变则导致 PLP1 和 DM20（其伴随蛋白）蛋白表达过高，导致少突胶质细胞功能丧失以及成髓鞘障碍。

（二）异染性脑白质营养不良

异染性脑白质营养不良（metachromatic leukodystrophy，MLD）是一种常染色体隐性遗传的神经鞘脂沉积病。主要因 22 号染色体上芳基硫酸酯酶 A（arylsulfatase A，ASA）基因或神经鞘酯（脑硫脂）激活蛋白 B（sphingolipid activator protein B，SAP-B）缺陷，使溶酶体内硫酸脑苷脂水解受阻而沉积于全身各组织，但以中枢神经系统的白质、周围神经及内脏组织较为明显，表现为神经系统广泛脱髓鞘。该病发病率为（0.8 ～ 2.5）/10 万，多为散发病例，按发病年龄和病情的严重程度分为 3 型，包括晚期婴儿型、少年型、成年型。其中以晚期婴儿型最为常见，占患病者的 50% ～ 60%，病情也最重，一般于 5 岁前死亡。该病以进行性的神经退化合并周围神经病变为主要病理表现，临床表现主要为进行性神经系统损害，包括进行性四肢瘫痪，伴严重的语言、认知功能障碍。

（三）肾上腺脑白质营养不良

肾上腺脑白质营养不良（adrenoleukodystrophy，ALD）是一种脂代谢障碍疾病，呈 X 染色体隐性遗传，基因定位在 Xq28。由于体内多种氧化酶缺乏，长链脂肪酸（C23 ～ C30）代谢障碍，脂肪酸在脑、肾上腺皮质等部位沉积，导致脑白质广泛的、进行性脱髓鞘改变及肾上腺皮质病变。该病多在儿童期（5 ～ 14 岁）发病，通常为男孩，可表现家族聚集性，首发症状包括脑功能障碍或肾上腺功能不全等，病程缓慢进展，具体表现为进行性认知功能障碍伴行为异常，例如记忆力减退、易哭、傻笑等，同时还可出现视力障碍、步态异常等其他神经系统症状。部分患者可逐渐出现肾上腺功能不全，例如低血压、皮肤色素沉着等。该病病理表现为枕叶、顶叶和颞叶白质内对称的大片状脱髓鞘病灶，可累及脑干、视神经，但周围神经不受损。血管周围炎性细胞浸润位于脱髓鞘病灶中央，是该病区别于多发性硬化（multiple sclerosis，MS）的病理特征之一。电镜下，小胶质细胞和其他胶质细胞内可见特异性板层状包涵体，经免疫组化证实这些胞浆包涵体内容物为脂质成分。

二、弥散性脑白质损伤

脑白质损伤（white matter injury，WMI）是新生儿脑损伤中最常见的一类，颅脑外伤、脑出血、缺血和缺氧等损伤因素均可导致新生儿白质损伤。新生儿白质损伤主要分类以下几种类型：室周白质软化（periventricular leukomalacia，PVL）、点状白质损伤（punctate white matter lesions，PWML）和弥散性白质损伤（diffuse white matter injury，DWMI）。PVL 是新生儿白质损伤中最严重的类型，经颅超声或 MRI 检查，可在早期观察到室周白质出现明显损伤信号，伴随白质和皮质体积减小。微灶性坏死中，由于梗死灶极小，早期经颅超声较难检测出，MRI 检查较易检测出颅内出血导致的微灶性坏死病灶。出血导致的微灶性坏死可在 T1 加权像上清楚观察到。随着患者年龄的增加，小的梗死灶可逐渐消失，由胶质瘢痕替代。随着医疗技术的进步，严重的白质损伤如 PVL 的发生率显著下降，而弥散性白质损伤 DWMI 的发生率正逐年上升，成为临床上最常见的 WMI 类型。

（一）DWMI 的疾病特征

多种因素如缺氧、炎症等均可诱发 DWMI。单纯缺氧，如早产导致的肺发育不良或者生产时胎头受压是 DWMI 最常见的诱发因素。MRI 检查提示 DWMI 患儿表现出脑室轻度扩大、胼胝体变薄等。MRI 检查中弥散张量成像（diffusion tensor imaging，DTI）中部分各向异性指数（fractional anisotropy，FA）这一指标可有效反应白质中髓鞘的完整性和纤维致密性等。DTI 是弥散加权成像（diffusion weighted imaging，DWI）的发展和深化，是当前唯一的一种能有效观察和追踪脑白质纤维束的非侵入性检查方法。利用 DTI 可观察到 DWMI 患儿 FA 值更低，部分患者的 FA 值降低现象甚至可在成年观察到，以上提示 DWMI 患儿存在持续性的白质（髓鞘）发育异常。DWMI 患者在发育过程中表现出神经功能损伤，如运动、感觉功能异常以及认知功能障碍等，部分患者的神经功能障碍可持续至成年，甚至终生。例如，DWMI 患儿在青少年时期仍存在的脑白质变薄与其语言功能障碍密切相关；而成年后白质微结构的改变则与其认知功能障碍密切相关。此外，有临床研究表明：相较于足月儿，发生 DWMI 的早产儿出现白质病变的同时，自闭症的发病率也明显增加，提示 DWMI 可能会提高其患精神疾病的易感性。

（二）DWMI 的病理机制

由于少突胶质细胞内铁离子浓度高、半胱氨酸含量低，故清除自由基和抗氧化能力差，因此对缺血-缺氧敏感，其中尤以分化过程中的未成熟少突胶质细胞更易受损。病理检查结果显示，DWMI 病变区域主要表现为髓鞘减少，成熟少突胶质细胞数量减少，而病变区域的 OPC 数量变化不明显，甚至出现轻度增加，提示 DWMI 病变区域少突胶质细胞成熟障碍。同时，病变区域伴随出现胶质增生、炎症反应等。目前，DWMI 中少突胶质细胞成熟障碍的机制并不清楚，发育过程中 OPC 表达谷氨酸受体 AMPAR 和 NMDAR，谷氨酸可参与调节少突胶质细胞发育和髓鞘形成，但谷氨酸水平过高会损伤白质区域的少突胶质细胞和髓鞘形成，即兴奋性毒性。正常情况下，星形胶质细胞可摄取多余的谷氨酸使之维持在正常水平，但有研究表明，在慢性缺氧模型小鼠中，活化的星形胶质细胞中 GLT-1 和 GLAST 的表达均降低，导致局部谷氨酸浓度升高，抑制了 OPC 分化和髓鞘形成。另有研究表明，新生儿 DWMI 的病变区域存在活性氧（ROS）的异常聚集，造成 OPC 的氧化应激，并通过减少促 OPC 分化的转录因子如 Sox10、Olig2 等的表达，发挥抑制髓鞘形成的效应，严重者可直接导致细胞凋亡。同时，损伤区域的其他病变，如小胶质细胞激活、胶质瘢痕形成等都可直接或间接抑制 OPC 分化和髓鞘形成。例如，活化小胶质细胞分泌的促炎因子可影响未成熟少突胶质细胞的存活和成熟。多种因素可能相互作用，最终引起 DWMI 病变区域 OPC 分化障碍。

（三）DWMI 的治疗

对于 DWMI 的治疗，目前临床上常用的低温疗法可以一定程度减轻缺血、缺氧引起的脑损伤，但对于 DWMI 的远期神经功能损伤并无有效的治疗方法。DWMI 患者及相应动物模型的病变区域存在大量不能正常分化的 OPC，近期的研究表明，通过特异性敲除 OPC 中的 M1 受体或在 OPC 中过表达 EGFR 可有效增加慢性缺氧模型小鼠的髓鞘形成，改善突触发育、神经传导功能，并改善远期神经功能损伤。此外，某些促 OPC 分化的药物或化合物，如 Clemastine、U-50488 及 EGF 等可增加慢性缺氧模型小鼠的髓鞘形成，改善慢性缺氧引起的运动协调和认知功能障碍。这些研究结果提示，促进 OPC 分化和髓鞘形成可能成为临床治疗 DWMI 的潜在策略之一。

三、原发性脱髓鞘疾病

中枢神经系统脱髓鞘疾病是一组由免疫炎性介导的、以少突胶质细胞损伤和髓鞘脱失为主要病理特征的疾病。包括多发性硬化、弥漫性硬化、同心圆硬化等。

（一）多发性硬化

多发性硬化（multiple sclerosis，MS）是以 CNS 白质炎症性脱髓鞘病变为主要特点的自身免疫性疾病，也是最常见的 CNS 脱髓鞘疾病。本病最常受累的部位为脑室周围白质、视神经、脊髓、脑干和小脑。可引起多种症状，包括视觉障碍、感觉改变、肢体无力、抑郁、认知障碍、膀胱或直肠功能障碍及疼痛等，严重的可以导致活动障碍甚至残疾。根据其病程特点，可大致分为复发缓解型、继发进展型、原发进展型以及进展复发型。MS 的发病率具有明显的地域特异性，在西方国家较高，可达 1/1000，而在亚洲大约是 2/100 000。除此之外，MS 在紫外线照射较少的高纬度国家较为普遍，而赤道附近的国家则相对较少，这两类地区的紫外线照射强度具有明显差异。

1. 病理特点　MS 的特征性病理改变为 CNS 白质内多发性脱髓鞘斑块，伴有反应性胶质增生、局部炎症反应、轴突损伤等等。电镜下，损伤的髓鞘膜内侧层面之间出现膜层结构松散，并且在郎飞结旁髓鞘中，出现了细胞器的聚集和降解，这被认为是 MS 早期炎症损伤区域髓鞘即将开始降解的标志。疾病早期和晚期的病理学表现不同。

（1）MS 早期：损伤区域可见小胶质细胞，T 细胞和 B 细胞介导的炎症反应。小胶质细胞是主要的炎症细胞，其数量是 T 细胞的 10 倍。活动性病灶内还含有大量的反应性星形胶质细胞。大约在30%的损伤区域中有少突胶质细胞大量凋亡和丢失，损伤区域中首先表现出 MAG 和 MOG 的丢失，而 MBP、PLP 暂时保留完好甚至出现过量表达。

（2）MS 晚期：脑损伤区内少突胶质细胞几乎完全消失。病灶边缘清楚，整体细胞数量少，炎症反应局限，表现为局限的血管周围炎性细胞浸润（T 细胞、少量浆细胞、小胶质细胞）。慢性病程中的活跃性脱髓鞘损伤区域的边缘会出现小胶质细胞的聚集。与新鲜病灶出现轴突肿胀或串珠样改变甚至断裂相比，慢性脱髓鞘病变中轴突通常保留较多，但与正常白质比较还是明显减少。

髓鞘修复在 MS 的各个病程阶段均发生，与慢性病灶相比，急性活动性病灶内髓鞘再生较完全，其显著特点是，出现簇集的短而细及不规则的髓鞘，常与脱髓鞘同时存在。但在大部分患者中，髓鞘修复都较局限。作为髓鞘再生的主力，OPC 在 MS 早期的损伤区域较多，但随着病程延长，其在损伤区域中数量明显减少。

2. 病因和发病机制　MS 病因和发病机制至今不明，可能与遗传、环境、病毒感染等多种因素相关。目前认为 MS 是自身免疫性疾病，周围和中枢神经系统的免疫炎性反应均被激活，从而导致髓鞘的脱失和神经元的变性。在 MS 患者的血清或者脑脊液中，均存在可以识别 MBP、MOG 和 PLP 等髓鞘蛋白的 CD4$^+$ 或 CD8$^+$ T 细胞。其中 CD4$^+$ T 细胞又分为 Th1 和 Th2 等细胞亚群，MS 就是典型的 Th1 型细胞为主的自身免疫病。Th1 细胞通过分泌 IL-2、IFN-γ 和 TNF-α 等介导细胞毒性 T 细胞

和小胶质细胞活化，发生细胞免疫反应。随着免疫研究深入，更多的 CD4$^+$ T 细胞亚群，例如 Th17 细胞在 MS 患者中增多。而在 MS 患者的脑和脊髓病灶部位，CD8$^+$ T 细胞在数量上远远超过 CD4$^+$ T 细胞。它们能够特异性识别内源性递呈的髓鞘蛋白肽段从而杀伤少突胶质细胞。除了直接杀伤作用外，CD8$^+$ T 细胞还可分泌大量的炎性因子（例如 IFN-γ、IL-2 等）参与 MS 的发病及进展。除此之外，补体和自身反应性抗体也参与 MS 病灶区的少突胶质细胞和髓鞘的损伤。

除周围免疫系统被激活以外，CNS 内的小胶质细胞和星形胶质细胞也被大量激活并参与到抗原呈递、激活和放大 T 细胞的免疫反应过程。激活的胶质细胞本身也释放大量的炎性介质，介导少突胶质细胞的损伤。此外，小胶质细胞还可以释放一些蛋白酶、超氧化合物中间产物和 NO 等对少突胶质细胞造成损害，导致髓鞘脱失和轴突的继发性损伤（图 3-6-1）。实验性自身免疫性脑脊髓炎（experimental autoimmune encephalomyelitis，EAE）是一种经典的 MS 模型。在建立 EAE 模型时，注射髓鞘蛋白、髓鞘肽或髓鞘反应性 T 细胞均可以诱导出类似 MS 的临床表现和组织病理学改变。而且 T 细胞是 MS 炎性浸润中的重要细胞，在不同的病理亚型中均存在。

值得注意的是，MS 脱髓鞘病灶内的 OPC 虽然可以增殖，但由于免疫炎症微环境难以完全去除的缘故，这些 OPC 难以分化成熟，完成髓鞘再生，这也成为 MS 缓解-复发的重要原因之一。有趣的是，2019 年的一项在 MS 标本中利用 ^{14}C 技术追踪

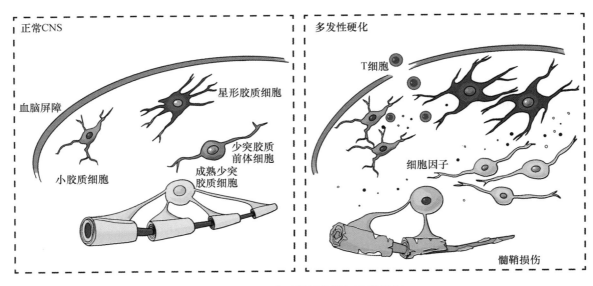

图 3-6-1　**MS 中髓鞘损伤的细胞学机制**

少突胶质细胞命运的研究显示，不同于小鼠，在人的 MS 髓鞘修复区域中，并不是我们传统认为的 OPC 新形成的少突胶质细胞，而是既存的成熟少突胶质细胞直接参与髓鞘的修复，这说明，在临床 MS 发病过程中，自身免疫虽然损伤了髓鞘，但残留的少突胶质细胞仍然具有进行髓鞘修复的潜力。

3. MS 的治疗　MS 由于病因及发病机制不明，病理过程复杂多样，临床症状和病理亚型存在异质性，尤其是对进展复发型疾病，至今尚不能完全治愈。目前的治疗方案多集中在免疫调节和抗感染治疗，以期促进疾病从活跃状态转归到静息状态，缓解症状并延缓疾病进展，但目前尚未取得令人满意的疗效。此外，促进髓鞘再生不失为治疗 MS 的有效途径，开发有效的髓鞘再生药物或寻找关键的药物靶点也是本领域的研究热点之一。最新的临床研究报道，利用可促进 OPC 成熟分化的药物 Clemastine 治疗 MS，取得较好的效果，已经进入临床 2 期实验。除此之外，为实现髓鞘再生，也有研究者尝试通过移植 OPC 或神经祖细胞（神经干细胞）达到治疗效果。

（二）弥漫性硬化和同心圆硬化

1. 弥漫性硬化（diffuse sclerosis）　是一种散发的慢性进行性脱髓鞘疾病，病因不明，病理改变虽与 MS 相似，但炎性脱髓鞘较后者更为严重。由 Schilder 在 1912 年首先描述，故又称 Schilder 病。常见大脑半球或整个脑叶不对称的、界限清晰的白质脱髓鞘改变，多以一侧枕叶为主，典型者可通过胼胝体延伸至对侧。本病主要见于儿童，呈亚急性或慢性进行性恶化，临床上以进行性视力障碍、智力减退为主要表现，伴有不同程度的精神障碍及运动障碍。在脱髓鞘区，炎性反应明显，轴突相对保留，在病灶中央区轴突可显著破坏。该病发生早期可见病灶内血管周围淋巴细胞和巨噬细胞浸润，巨噬细胞内有髓鞘分解颗粒；晚期胶质细胞增生，囊变和空洞形成，可累及胼胝体。

2. 同心圆性硬化（concentric sclerosis）　又称 Baló 病，是一种少见的大脑白质脱髓鞘疾病，由 Baló 于 1928 年首次报道。该病病理特点为病灶内髓鞘脱失带与髓鞘保存带呈同心圆层状交互排列，形似树木年轮或大理石花纹状。脱髓鞘层可见髓鞘崩解，但轴突保存相对完好，血管周围可见淋巴细胞浸润和星形胶质细胞活化等。本病多发于 20～50 岁青壮年，急性或亚急性起病，多为单相

病程，多数患者以明显精神障碍为首发症状，伴有轻度认知障碍及局灶性神经功能障碍，如眼外肌麻痹等。同心圆性硬化的临床表现和病理改变与 MS 相似，故多数学者认为它可能也是 MS 的一种变异型。

四、精神分裂症

精神分裂症（schizophrenia，SZ）是一种受遗传因素与环境因素共同影响的重型 / 严重精神疾病，全球年发病率约为 1%，其发病多在青壮年，复发患者通常难以治愈。SZ 最典型的精神障碍症状被称为阳性症状，包括幻觉和妄想，可导致偏执狂。SZ 也存在一些阴性症状，如社交退缩、情感淡漠、积极性丧失等，严重时可致记忆力、注意力和执行力减退。这些阴性症状和认知障碍对患者生活质量影响更大，且与患者的愈后不良密切相关。尽管病因不明，SZ 的遗传度较高，被认为是一种神经发育异常疾病。近年来系列研究显示，除了神经元发育和功能异常以外，少突胶质细胞在疾病的病理生理进程中也发挥了重要的作用。

（一）少突胶质细胞异常与 SZ

1. SZ 中少突胶质细胞异常的影像学表现　MRI 结果发现，精神分裂症患者侧脑室扩大，内侧颞叶、颞上回体积减小，额、顶叶畸形，白质不同程度体积减小以及基底节、胼胝体、丘脑、小脑等皮质下结构的异常。DTI 进一步显示，慢性精神分裂症患者大脑中均有不同程度的白质异常。值得注意的是，首次发病的 SZ 患者皮质和皮质下区域已经表现出白质异常。临床数据显示，髓鞘完整性与首次发病的 SZ 患者的认知功能关联，说明 SZ 患者主要的认知障碍可能与髓鞘形成障碍及由此带来的神经信号传导异常相关。

2. SZ 中少突胶质细胞异常的分子遗传学　生物芯片分析发现，SZ 患者脑内，多个少突胶质细胞相关基因（例如 *Olig1*、*Olig2*、*Sox10* 等）和髓鞘结构相关基因（例如 *MAG*、*MOBP*、*PLP1*、*MOG* 等）的表达异常降低。此外，全基因组关联分析以及家族遗传证据显示，大量髓鞘和少突胶质细胞相关基因是 SZ 的易感基因，并且可能与 SZ 患者的部分症状密切关联。例如，研究发现 MAG 基因中的某些单核苷酸多态性位点（single nucleotide polymorphism，SNP）可影响 SZ 患者大脑信息处理速度和注意力等。

3. SZ 中少突胶质细胞异常的病理学表现　对 SZ 患者尸检标本的研究发现，患者脑白质异常，表现为髓鞘超微结构改变、白质纤维束结构紊乱以及白质体积减小；免疫组化染色进一步发现患者白质内髓鞘蛋白的表达以及成熟少突胶质细胞数量的减少。而少突胶质细胞发育异常很可能是 SZ 发病的重要基础。最近研究表明：利用 SZ 患者 iPSC 来源的 OPC 进行 RNA-seq 分析，发现细胞分化相关基因的表达异常，说明 SZ 患者的少突胶质细胞可能是因为遗传缺陷而出现发育障碍。

（二）SZ 中少突胶质细胞异常的实验研究

尽管 SZ 发病机制不清楚，相关动物模型不成熟，但一些研究仍然提供了少突胶质细胞可能参与 SZ 发病的证据。研究发现，通过基因操控或药物处理干预少突胶质细胞的发育和髓鞘形成，可以诱发小鼠产生 SZ 相关的行为学改变。不仅如此，将 SZ 患者来源的 iPSC 移植到髓鞘缺失的 Shiverer 小鼠中，嵌合体小鼠大脑中表现出髓鞘形成障碍、白质减少，并且表现出异常精神行为。此外，神经精神药理实验研究发现，第二代非典型性抗精神病药喹硫平（quetiapine，QUE）可以促进少突胶质细胞的成熟和髓鞘再生，并改善小鼠的髓鞘缺陷以及异常精神行为。因此，少突胶质细胞发育障碍或功能异常可能参与了 SZ 的病理生理学过程。但具体的神经环路机制还有待进一步研究。

五、自闭症及其他疾病

（一）自闭症

自闭症（autism）是一种常见的神经发育障碍性疾病，以遗传因素为主，由遗传和环境因素相互作用而导致。该病多起病于婴幼儿时期，以社交障碍、刻板与重复行为等为主要临床表现，多数患儿还会伴有不同程度的智力发育迟滞。虽然自闭症的病理机制并不清楚，但目前大部分研究认为主要是大脑前额叶、边缘区以及壳核等脑区发育异常，导致神经元兴奋性和抑制性信号失衡，以及不同脑区间神经传导束的异常所致。而神经传导束的构成，除神经纤维外，还有包绕神经纤维的髓鞘，因此髓鞘在自闭症中的作用也受到越来越多的关注。

无论是动物模型还是临床数据均显示，自闭症个体中均能发现白质发育异常，并且在自闭症患者中，白质的改变程度与临床症状密切相关。不过自闭症患者中，白质的增多或减少均有报道。在动物模型中进一步分析，发现 OPC 增多，成熟少突胶质细胞和髓鞘相关蛋白均减少，说明少突胶质细胞的发育受阻。最近研究通过对自闭症的模型小鼠进行转录组分析，观察到一系列少突胶质细胞相关的基因表达发生改变。与此同时，在少突胶质细胞中特异性敲除染色质重塑因子 CHD8（自闭症中常见的突变基因）的杂合子小鼠中，胼胝体、海马和纹状体等多个脑区发生了白质结构和功能连接的改变，少突胶质细胞发育受阻。而这些结构及功能变化程度与小鼠社交行为异常密切相关。此外，利用化合物阻断与 CHD8 相连的组蛋白甲基化酶，可以逆转少突胶质细胞的发育异常并减轻小鼠的神经功能障碍。提示少突胶质细胞的发育障碍和功能异常可能是自闭症发病中的重要机制之一。而临床数据也显示，自闭症患者治疗过程中症状的好转与白质的修复密切相关。因此，通过促进早期患儿脑内少突胶质细胞发育和髓鞘形成，有望对自闭症患儿的症状起到缓解作用。

（二）肌萎缩性脊髓侧索硬化症

随着对少突胶质细胞功能的进一步认识，尤其少突胶质细胞通过 MCT-1 为轴突提供能量这一发现，一些神经退行性疾病的发生也被认为与少突胶质细胞的功能异常密切相关。肌萎缩性脊髓侧索硬化症（amyotrophic lateral sclerosis，ALS）是一种以脊髓前角运动神经元变性导致相关的骨骼肌发生进行性瘫痪的神经退行性疾病。近年来研究发现，ALS 患者的脑白质存在损伤，少突胶质细胞中 MCT-1 等蛋白质存在异常表达和分布，从而引起乳酸转运的减少，导致神经元轴突局部能量供应的紊乱，引发轴突损伤甚至神经元缺失。在多种 ALS 模型中均发现，少突胶质细胞中会存在一些被吞入的疾病相关蛋白，例如 SOD1 或 TDP-43，导致内质网应激和氧化损伤，影响轴突的能量供应。也有研究显示，OPC 中特异性去除突变的 SOD1，可以延缓 ALS 动物的发病并延长其存活时间，同时，这些效应也伴随着少突胶质细胞中 MCT-1 表达的增加，说明少突胶质细胞对神经元的能量供应在疾病的启动中发挥重要作用。此外，从 ALS 患者中获得 iPSC 并诱导形成的少突胶质细胞并不能正常产生和释放乳酸。以上研究表明，少突胶质细胞在 ALS 中的作用远比我们想象中重要，通过促进髓鞘形成，可能对改善 ALS 的疾病进程起到关键的作用。

第三节 小胶质细胞与疾病

小胶质细胞作为中枢神经系统中主要的免疫细胞，在维持中枢神经系统稳态和功能中发挥重要作用。它们能对脑内的病损迅速作出响应，几乎所有脑内病变如急性脑损伤、慢性神经退行性疾病以及精神疾病等都伴随着小胶质细胞的激活与改变。以小胶质细胞激活、聚集改变、缺失或功能紊乱为病理特征的一类疾病，被称为小胶质细胞疾病（microgliopathy）。但在绝大多数神经和精神类疾病中常常伴有小胶质细胞的激活，这些改变多为继发性小胶质细胞病变（secondary microgliopathy）；仅有极少数疾病是由于原发性小胶质细胞病变（primary microgliopathy）所致。

一、小胶质细胞单基因突变性疾病

除神经元特异性表达的基因突变会导致一系列神经系统疾病之外，小胶质细胞特异性表达的单基因突变也会造成严重的神经系统疾病，包括目前公认的遗传性弥漫性脑白质病变伴轴索球样变性（hereditary diffuse leukoencephalopathy with spheroids，HDLS）以及 Nasu-Hakola 病（Nasu-Hakola disease，NHD），均属于原发性小胶质细胞疾病。这表明小胶质细胞稳态对于脑的正常功能维持至关重要，其功能异常可直接导致脑功能受损。

（一）HDLS

在（啮齿类）动物出生后第 1 ~ 2 周，小胶质细胞在胼胝体等白质区域显著聚集，它们不仅能释放胰岛素样生长因子 1（insulin-like growth factor 1，IGF1）等营养因子，促进神经元的存活和 OPC 的分化，还能通过吞噬作用对突触和髓鞘进行修剪，促进突触和髓鞘的形成和功能成熟，调节脑白质发育。小胶质细胞来源于卵黄囊的原始巨噬细胞（primitive macrophage），其发育与存活依赖于细胞表面的集落刺激因子 1 受体（colony-stimulating factor-1 receptor，CSF1R）。在发育早期，使用 CSF1R 抑制剂清除小胶质细胞会导致鼠脑髓鞘形成障碍、白质发育缺陷，提示正常脑白质发育依赖小胶质细胞。CSF1R 基因纯合突变或复合型杂合突变的患者

无法正常发育，在产前就会出现严重的脑、骨发育异常甚至死亡。患者脑内完全缺乏小胶质细胞，并伴有多种先天性脑畸形，包括胼胝体缺失、脑室扩大、小脑发育不良、弥漫性白质病变和严重的骨质硬化症。而 CSF1R 单基因位点的杂合突变会导致常染色体显性遗传性脑白质病变伴轴索球样变性（HDLS），该病多中年发病且进展迅速，从发病到死亡的平均病程仅 6.8 年。HDLS 临床表现复杂多样，可表现为性格行为改变、进行性认知功能衰退等显著的神经精神症状，也会出现非对称性帕金森综合征、锥体束征等运动及步态障碍症状，最终因长期卧床及多种并发症而死亡。头颅 MRI 表现为双侧非对称性的 T2 高信号，主要累及深部脑室周围白质，可有皮质脊髓束受累、弥漫性脑萎缩、脑室扩大、胼胝体发育不良等。病理特征主要为脑内额顶叶斑片状白质变性，继而发展为弥漫性白质变性、髓鞘缺失、轴突缺损以及周围伴有过度活化积聚、富含脂质和色素沉积的小胶质细胞而形成的球样膨大轴突。HDLS 患者的 CSF1R 基因突变均位于第 12 ~ 22 号外显子，累及酪氨酸激酶的编码区域，导致 CSF1R 的自身磷酸化与下游信号通路的传递受损。有关小胶质细胞 CSF1R 突变与 HDLS 病变的机制仍需进一步研究阐明。

（二）NHD

NHD 又称多囊性脂膜样骨发育不良伴硬化性白质脑病（polycystic lipomembranous osteodysplasia with sclerosing leukoencephalopathy，PLOSL），是一种罕见的人类隐性遗传病，临床表现为早发性、渐进性认知障碍和骨囊肿。该病主要高发于芬兰和日本，中年起病，病程进展快，数年后可致患者死亡。其病理改变主要表现为前额叶、颞叶皮质与基底节白质区域的髓鞘丢失和小胶质细胞的显著异常增生和激活。

遗传学研究发现，编码髓系细胞触发受体 2（triggering receptor expressed on myeloid cells-2，TREM2）和编码酪氨酸激酶结合蛋白（transmembrane immune signaling adaptor TYROBP，也称 DNAX-activating protein of 12 kDa，DAP12）的基因突变与 NHD 患者

的表型密切相关。TREM2 是一种特异性表达于髓系细胞膜的单跨膜蛋白，胞内段较短，主要通过连接蛋白 DAP12 进行细胞内的信号转导。DAP12 的胞内段富含免疫受体酪氨酸的活化基序（immunoreceptor Tyrosine-based Activation Motifs，ITAM），将 TREM2 来源的信号传递至下游分子。TREM2-DAP12 蛋白复合体不仅表达于破骨细胞，调节破骨细胞分化和功能；同时也表达于脑内小胶质细胞，能调控小胶质细胞发育、存活和吞噬功能。目前 TREM2-DAP12 基因突变致 NHD 的机制不明，其功能异常可能影响破骨细胞的分化和溶骨功能，导致骨囊肿形成；在脑内则抑制小胶质细胞吞噬功能，促进炎症反应，导致脑白质变性和认知障碍。

二、小胶质细胞与神经退行性疾病

多种慢性神经退行性疾病如阿尔茨海默病（Alzheimer's disease，AD）、帕金森病（Parkinson's disease，PD）、亨廷顿舞蹈症（Huntington's disease）等的典型病理特征之一是小胶质细胞在病灶周围的聚集和激活，以及由小胶质细胞所介导的慢性神经炎症。近年来研究表明，小胶质细胞在神经退行性疾病的发生发展中发挥重要作用，尤其是小胶质细胞与 AD 发病的联系备受关注。

（一）AD

AD 是目前全球患病人数最多的神经退行性疾病，主要临床表现为进行性认知衰退和记忆丧失。其病理特征主要包括以下三方面：①细胞外 β- 淀粉样蛋白（amyloid-β，Aβ）堆积所形成的淀粉样斑块；②细胞内高度磷酸化的 Tau 蛋白形成的神经纤维丝的缠绕与沉积；③大量小胶质细胞在淀粉样沉淀斑块周围的聚集和活化。

1. AD 的发病机制 根据遗传学特征，AD 可分为家族型 AD（familiar AD，FAD；又称早发型，early-onset AD，EOAD）和散发型 AD（sporadic AD，SAD；又称迟发型，late-onset AD，LOAD）两类。仅约 5% 的 AD 患者为家族型，其病变与 Aβ 产生相关基因如淀粉样前体蛋白（amyloid precursor protein，APP）、早老素（presenilin-1，PSEN1；presenilin-2，PSEN2）等的突变相关。绝大多数 AD 患者为迟发型，与携带有载脂蛋白 Eε4 型（apolipoprotein ε4，ApoE4）或 TREM4^{R47H} 等变异体密切相关。

已知由分泌酶切割 APP、产生 Aβ 淀粉样蛋白在胞外沉积的过程是 AD 发病的一种重要病理机制。APP 是一种高表达于脑内的 I 型跨膜蛋白，APP 被切割后产生的 Aβ 片段，含有 42～43 个氨基酸，主要来自 APP 的胞外段和跨膜段。全长 APP 被 β-、γ- 分泌酶在 Aβ 的 N- 与 C- 端位点切割后，释放出 Aβ 片段。其中，β- 位点的 APP 切割酶（β-site APP cleaving enzyme，BACE）切割 APP，产生可溶性 β-APP 肽段和 β- 末端片段（β-C-terminal fragment，β-CTF）。β-CTF 继续被 γ- 分泌酶（由 PSEN1 与 PSEN2 基因编码）在不同位点进行切割，形成含有 37～42 个氨基酸的不同长度 Aβ 淀粉样蛋白，其中含有 42 个氨基酸的长 Aβ（Aβ42）更容易在脑内沉积，形成纤维状聚集物，产生更大的神经元毒性。

生理情况下，Aβ 片段的产生和清除处于动态平衡之中，小胶质细胞可通过 TREM2 识别并及时清除 Aβ，使 Aβ 斑块不易在脑内沉积。致病性 APP 突变位点多集中或靠近 β-，γ- 分泌酶的切割位点，PS-1 与 PS-2 突变致 γ- 分泌酶活性增强，都能使 Aβ 产生显著增加，大量 Aβ 在脑内快速沉积、形成斑块，诱发神经毒性、退变和早发型 AD。而 TREM2 发生突变（如 TREM2^{R47H}），小胶质细胞识别和吞噬 Aβ 能力减弱，Aβ 产生与清除之间的动态平衡被破坏，Aβ 在脑内缓慢积累，数十年后出现明显的斑块和迟发型 AD。

2. 小胶质细胞在 AD 中的作用 学界曾一度认为减少 Aβ 的产生能延缓疾病进程，然而，迄今为止，针对 β-、γ- 分泌酶的抑制剂以及抗 -Aβ 的免疫治疗都收效甚微。随着针对 Aβ 产生和降解药物在 AD 治疗过程中的失败，AD 的研究重心也逐步从 Aβ 与 tau 沉积，转向了小胶质细胞介导的神经免疫与神经炎症在 AD 中的作用。小胶质细胞与 AD 的直接联系来自大规模的全基因组关联研究（Genome-Wide Association Studies，GWAS）。GWAS 分析发现，脑内特异性表达于小胶质细胞的 II 型髓样细胞受体（triggering receptor expressed on myeloid cells 2，TREM2）在 R47H 位点突变的基因变异体（rs75932628），使人类罹患 AD 的风险增加 3～4.5 倍，与已知 LOAD 最强遗传风险因素 APOE 的 ε4 等位基因相当。其余多个与 LOAD 发病相关的风险基因，如 INPP5D、SPI1、BIN1、PICALM、SORL1、CR1、CD33 和 MS4A 基因家族类等，都主要分布于小胶质细胞，提示小胶质细胞功能异常与 AD 发病密切相关。

小胶质细胞是一把双刃剑，在 AD 发病中具有双重作用。在 AD 发病早期，小胶质细胞能够通过细胞膜表面受体如 CR3a、CD36、CD47、α6β1 和 Toll- 样受体等识别细胞外错误折叠的 Aβ，迅速激活、增殖，并包绕、吞噬和清除 Aβ。当 Aβ 长期堆积且超过小胶质细胞的清除负荷时，在 Aβ 斑块周围聚集的小胶质细胞就会处于持续激活状态。长期被 Aβ 激活的小胶质细胞会上调如 CD36、CD11c、MHC-II 与 iNOS 等一系列促炎标志物，激活炎症小体，分泌炎症因子 IL-1β。一方面，Aβ 诱导的促炎因子会削弱小胶质细胞对 Aβ 的清除能力，而且小胶质细胞炎症小体 NLRP3 激活后释放的凋亡相关 ASC 蛋白能与 Aβ 结合，加剧 Aβ 沉积、种植和扩散。另一方面，炎症因子促进 Tau 蛋白的过度磷酸化和神经纤维的缠结，加剧神经元退行性病变，促进 AD 病程进展。因此，在 AD 早期，聚集在 Aβ 淀粉样斑块周围的小胶质细胞形成一道屏障，可能发挥限制疾病和保护脑的作用；但随着 AD 病程的发展，小胶质细胞功能失调，进而促进疾病的加剧与恶化。

最近的研究详细比较了正常小鼠与 AD 模型小鼠脑内小胶质细胞的转录组，鉴定出了一类与 AD 密切相关的小胶质细胞亚群，即疾病相关小胶质细胞（disease-associated microglia，DAM）。DAM 是一群位于 Aβ 斑块周围，呈阿米巴样激活的小胶质细胞。DAM 的转录组表达谱与正常的小胶质细胞截然不同，它们普遍下调小胶质细胞原有的特征性稳态基因（homeostatic signature），上调一系列免疫相关的促炎基因。直接向鼠脑内注射凋亡神经元也能诱导与 DAM 类似的基因表达谱，提示神经元损伤与死亡可诱发退行性疾病中小胶质细胞基因表达谱的改变。在 AD 疾病发展过程中，正常稳态（homeostatic）小胶质细胞向 DAM 的转变经历了两个不同的激活时相：疾病早期的激活需要 TREM2 参与，而疾病后期的激活则无须依赖 TREM2。对 AD 患者以及 AD 模型的进一步分析发现，TREM2 缺失后会妨碍小胶质细胞在斑块周围聚集并转变成 DAM。在 5XFAD 或 APP/PS1 AD 模型小鼠中，缺失 TREM2 后，小胶质细胞的激活明显受阻，对周围环境中的病变失去响应，无法在斑块周围聚集，不发生阿米巴样形变，也无法形成特征性的 DAM 分子表达谱，提示 TREM2 是 Aβ 斑块与神经元退变诱发小胶质细胞改变的重要门户。由于缺失 TREM2 的小胶质细胞无法在斑块周围聚集激活，

不能形成限制斑块扩散的有效屏障，同时在增殖、向斑块迁移和清除 Aβ 斑块等方面也存在功能缺陷，因此 AD 模型鼠脑内的海马和皮质会出现更为严重的斑块沉积，并伴有严重认知功能障碍。与普通 AD 患者相比，含有 TREM2^{R47H} 突变的 AD 患者脑中，Aβ 斑块周围的小胶质细胞显著减少，激活水平显著降低，而脑内纤维丝样斑块明显增加，提示 TREM2 与小胶质细胞在 AD 中发挥了保护作用。

3. 小胶质细胞参与 AD 的机制　在脑内，TREM2 特异性表达于小胶质细胞。TREM2 编码单次跨膜蛋白，其胞外段含有免疫球蛋白（immunoglobulin，Ig）样结构域，跨膜段和胞内段与 TYROBP 基因编码的接头蛋白 DAP12（DNAX-activating protein of 12 kDa，DAP12）相互作用。TREM2 的 Ig 样结构域能特异性识别磷脂与不同类型的载脂蛋白。一旦 TREM2 与配体结合，胞浆内的 Src 家族蛋白激酶会迅速磷酸化 DAP12 的 ITAM 序列。一方面，磷酸化的 ITAM 序列募集脾酪氨酸激酶（spleen tyrosine kinase，SYK），磷酸化下游的 Pyk2、β-catenin 入核，促进下游基因转录和小胶质细胞激活，同时 SYK 也能磷酸化下游 VAV2/3-Rac1/Cdc42-Arp2/3 通路，促进细胞骨架重排和吞噬；另一方面，磷酸化的 ITAM 序列募集 SHIP1 和 BIN 等蛋白，促进细胞膜脂质流动，促进受体内吞与降解（图 3-6-2）。

体外实验发现 TREM2 能显著抑制脂多糖 LPS 及其受体介导的促炎反应；而 LPS 刺激也会导致小胶质细胞 TREM2 的表达快速下调。在不同 TOLL 样受体（Toll-like receptor，TLR）激动剂的刺激下，TREM2 缺失的巨噬细胞与小胶质细胞释放肿瘤坏死因子（tumor necrosis factor-α，TNF-α）与白介素 -6（interleukin-6，IL-6）等炎症因子显著升高。野生型 TREM2 能直接结合细胞外的 Aβ 寡聚体。结合 Aβ 的 TREM2 能增强与 DAP12 的相互作用，募集 SYK 进一步磷酸化下游分子，促进小胶质细胞的激活与吞噬，促进 Aβ 沉积物的清除。AD 发病相关的 TREM2 突变体（R47H）与 Aβ 的结合能力显著降低，从而削弱 Aβ 诱导的小胶质细胞信号通路，显著降低其吞噬与清除凋亡神经元、细胞碎片以及 Aβ 的能力，增加 AD 患病风险。

TREM2 的胞外段被金属蛋白酶 ADAM10 切割形成可溶性的 TREM2（soluble TREM2，sTREM2）。正常人脑脊液中能检测到低浓度的 sTREM2（0.2～4 ng/ml），而 AD、额颞叶痴呆（frontotemporal dementia，FTD）与多发性硬化等疾病患者的脑脊

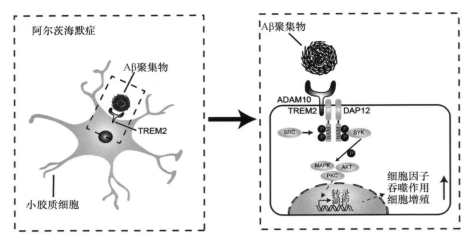

图 3-6-2   Aβ 激活的小胶质细胞 TREM2 信号通路
（曹克磊提供）

液中均能检测到 sTREM2 水平的显著升高。对于显性遗传性 AD 患者，脑脊液中升高的 sTREM2 水平可比其预计发病时间早 5 年，说明 sTREM2 是诊断 AD 等退行性疾病的潜在生物学标志物。

在 AD 模型小鼠中增强人源 TREM2 基因的表达，能显著改善 AD 模型小鼠脑中的 Aβ 沉积、组织损伤和认知能力，提示调节 TREM2 依赖的小胶质细胞激活可以延缓 AD 的发生发展。同时，对含有 TREM2 R47H 突变的小鼠 AD 模型使用选择性激活 TREM2 的抗体，能够显著诱导小胶质细胞的增殖和激活，长期用药后，能够显著降低斑块的沉积以及神经元轴突的退化。一期临床试验结果显示该抗体具有较好的安全性，还能降低患者脑脊液中的 sTREM2 含量，说明针对 TREM2 的靶向激活药物对 AD 具有一定治疗作用，但确切疗效还需进一步临床试验。

（二）PD

帕金森病是世界第二大神经退行性疾病，临床主要表现为静止性震颤麻痹、运动迟缓、肌肉强直和步态不稳等一系列运动失调症状。该疾病的主要病理特征是中脑黑质的多巴胺能神经元进行丢失，α- 突触核蛋白（α-synuclein，SNCA）形成的路易斯小体在多巴胺能神经元中堆积以及小胶质细胞在损伤多巴胺能神经元周围聚集。

1. PD 的发病因素   PD 包括家族性和散发性两类，仅 5%～10% 的 PD 病例为家族性。家族性 PD 与一系列基因突变相关，包括富亮氨酸重复激酶 2（leucine-rich repeat kinase 2，LRRK2）、α- 突触核蛋白、Parkin RBR E3 ubiquitin protein ligase

（PRKN）、PTEN-induced kinase 1（PINK1）、DJ-1、VPS35 和 glucocerebrosidase（GBA）等。其中，LRRK2 基因突变是 PD 最常见的致病因素，SNCA 基因突变则可导致 α- 突触核蛋白表达增加且更容易聚集。PRKN、PINK1 和 DJ-1 编码的蛋白都与线粒体正常功能的维持相关。PRKN 是一种 E3 泛素连接酶，PINK1 是一种丝氨酸苏氨酸蛋白激酶，它们在线粒体自噬过程中发挥协同作用。

2. 小胶质细胞在 PD 中的作用   遗传学上，小胶质细胞与 PD 之间的联系不如 AD 紧密，但小胶质细胞介导的神经炎症是帕金森病的一个重要病理特征。临床研究发现 PD 患者的中脑黑质区域存在大量活化的 MHC Ⅱ 阳性小胶质细胞，而且患者的脑脊液和血清中炎症因子如 TNF-α、IL-6 与 IL-1β 水平显著上调，提示小胶质细胞介导的慢性神经炎症在 PD 的发生发展过程中起到重要的作用。在 PD 发病过程中，神经元产生的 α-Synuclein 不仅具有神经元毒性，也能通过 Toll 样受体 1 和 2（TLR1/2）激活小胶质细胞，促进 α-Synuclein 扩散和神经炎症反应。过表达 α-Synuclein 突变体（SNCA^{A53T}）的转基因 PD 模型小鼠中，小胶质细胞的吞噬受体 Axl 显著上调。敲除 Axl 与 MertK 两个与吞噬有关的 TAM 受体能延缓神经退变，提示小胶质细胞的 Axl 受体介导了 α-Synuclein 对小胶质细胞的病理作用。

LRRK2 基因突变在家族性和散发性 PD 病例中最为常见。LRRK2 是一个包含多个结构域的高分子蛋白，具有 GTP 酶与丝氨酸苏氨酸激酶双重活性，在神经元与免疫细胞中高表达，参与轴突和突触的形态发生、膜转运、自噬和溶酶体降解等多个过程。LPS 刺激能提高小胶质细胞 LRRK2 表达和酶活性，抑制 LRRK2 酶活性或敲低 LRRK2 能降低 LPS 触发的炎症反应。携带 LRRK2 致病突变的小鼠对 LPS 诱导的黑质多巴胺能神经元死亡较野生型小鼠更为敏感，脑内神经炎症水平也显著升高，提示 LRRK2 突变可能通过免疫系统参与 PD 的病理改变。

三、小胶质细胞与其他疾病

（一）神经病理性痛

1. 痛觉传导通路　伤害性刺激可诱发个体感觉与情绪上的不适，即疼痛。疼痛是机体受到伤害的一种警示信号，能引发机体的一系列防御性反应，实现自我保护。外周伤害刺激激活痛觉感受器（主要是初级感觉神经元的 Aδ 和 C 纤维末梢）后，信息由背根神经节（dorsal root ganglion，DRG）神经元的中枢突传递至脊髓背角（spinal dorsal horn，SDH），在脊髓背角内换元后，激活上行的痛觉投射神经元，到达大脑中枢，引起痛觉。

已知脊髓背角兴奋和抑制神经元之间的动态平衡，是痛觉信息加工和传递的重要"闸门"。伤害性刺激会打破背角内兴奋和抑制性神经元之间的平衡，使闸门开放，导致痛觉投射神经元过度激活，信息上传到脑干以及与痛觉情感相关的脑区，诱发疼痛及相关负性情绪。伤害性刺激去除后迅速消失的疼痛为急性痛；而一些长期存在的疼痛被称为慢性痛（持续时间超过 3 个月）。非伤害性刺激也能诱发疼痛反应，给机体带来长期的不适和负性情绪。由神经系统损害和功能障碍所诱发的神经病理性痛是一种典型的慢性疼痛，表现为长期存在的自发性疼痛（spontaneous pain）、痛觉过敏（hyperalgesia）和触诱发痛（allodynia）。

2. 小胶质细胞在神经病理性痛中的作用　神经病理性痛（neuropathic pain）与外周痛觉神经元与中枢痛觉传导通路的敏化（peripheral and central sensitization）密切相关。小胶质细胞在中枢敏化（central sensitization）过程中发挥重要作用。研究发现，外周神经损伤后，脊髓背角的小胶质细胞的数目显著增加，形态由分枝状转变成阿米巴样，并发生快速增殖与活化（即 microgliosis）。外周神经损伤后，DRG 神经元会显著上调集落刺激因子 1（colony-stimulating factor-1，CSF1），并经其中枢突运输到脊髓背角释放，通过与小胶质细胞上的 CSF1R 结合后，促进小胶质细胞的快速增殖活化。敲除小鼠 DRG 神经元的 CSF1 基因，能抑制周围神经损伤所诱发的小胶质细胞增殖与活化，抑制神经病理性痛的产生和维持。

神经损伤后，脊髓背角活化的小胶质细胞上调多种受体，包括 ATP 受体（P2X4、P2X7 和 P2Y12 受体）与趋化因子受体（CX3CR1）等。神经元损伤释放的 ATP 可与小胶质细胞上的受体结合，激活小胶质细胞释放多种细胞因子和趋化因子，如 TNF-α、IL-1β 和 BDNF。其中，BDNF 和脊髓背角浅层投射神经元上的酪氨酸激酶 B 受体结合，下调 K⁺-Cl⁻ 共转运蛋白 2（KCC2）表达，上调 Na⁺-K⁺-Cl⁻ 共转运蛋白 1（NKCC1）表达。KCC2 向 NKCC1 的转换升高细胞内氯离子浓度，导致上游抑制性神经元释放的 GABA 激活突触后膜氯离子通道后，氯离子外流，细胞膜发生去极化，去抑制（disinhibition）GABA 能信号，使投射神经元兴奋性升高（图 3-6-3）。而 TNF-α、IL-1β 和 IL-18 等

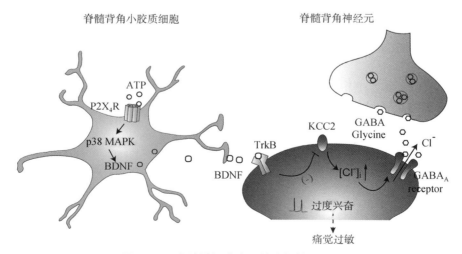

图 3-6-3　小胶质细胞介导的中枢敏化作用
（胡亚玲提供）

也能直接或间接激活投射神经元的 NMDA 受体，促进突触传递。二者共同促进中枢痛觉传导通路的敏化，增强伤害性刺激的疼痛样反应（痛觉过敏），并使得非伤害性刺激表现出疼痛样反应（触诱发痛），即自发性疼痛。

小胶质细胞介导的神经病理性疼痛具有性别差异，注射米诺环素（minocycline）等抑制小胶质细胞激活或应用药物清除小胶质细胞能缓解雄性小鼠神经损伤后的触诱发痛，但对雌性小鼠无明显作用。目前，临床治疗神经病理性疼痛的药物疗效不佳且不良反应大。小胶质细胞与神经元之间的信号分子或其下游分子可能成为许多新药开发的潜在靶点，如何利用这些靶点并设计靶向药物仍处于临床前阶段，亟待进一步研究。

（二）卒中

卒中是成年人致死致残的首要病因，给全球造成了巨大的经济负担。卒中包括两种基本类型：缺血性卒中和出血性卒中。创伤或脑血管病变引起的脑血管破裂，血液在颅骨内积聚，压迫脑实质，为出血性卒中。血管被斑块或其他物质阻塞，血流受阻，导致大脑血液和葡萄糖供给不足，为缺血性卒中。

脑缺血后会迅速激活缺血区域的小胶质细胞。大脑中动脉栓塞（middle cerebral artery occlusion，MCAO）的缺血模型中，栓塞30分钟后就能观察到缺血核心区小胶质细胞的形态变化，胞体增大，突起变短的阿米巴样形态。缺血后3～7天，能观察到缺血周围半影区（ischemic penumbra）小胶质细胞增生（microgliosis）。临床影像学结果也能观察到脑缺血卒中患者在疾病的不同阶段，小胶质细胞在梗死区和周围区域的不同活化状态。缺血后1周，大量增殖的小胶质细胞聚集在缺血周围，与星形胶质细胞共同形成胶质界膜，包裹并局限缺血导致的损伤。

小胶质细胞在缺血性脑卒中中发挥着双重作用。一方面，缺血后激活的小胶质细胞可以发挥神经保护作用，它们能直接吞噬、快速清除缺血后损伤的神经元，促进损伤修复。应用CSF1R抑制剂清除小鼠脑内的小胶质细胞，在构建MCAO模型24小时后，发现小胶质细胞缺失组比正常组动物缺血的损伤区域体积增加了60%；而在小胶质细胞清除后两周（此时小胶质细胞已增殖恢复）再行MCAO手术，则发现脑缺血损伤区域与对照组无明显区别，说明小胶质细胞在脑缺血中具有保护

作用。另一方面，缺血后长期激活的小胶质细胞存在神经毒性作用。慢性持续活化的小胶质细胞会上调包括肿瘤坏死因子α（tumor necrosis factor α，TNF-α），一氧化氮合酶（inducible nitrogen oxide，iNOS）与白介素6（interleukin 6，IL-6）等一系列炎症因子引发炎症级联反应，加重缺血带来的脑损伤。

（三）其他疾病

几乎脑内所有疾病都伴有小胶质细胞的激活和改变，多发性硬化症、脊髓侧索硬化、抑郁症等多种神经与精神类疾病的发生发展都可能与小胶质细胞介导的免疫或炎症反应相关，但具体机制有待进一步阐明。

参考文献

综述

1. Pekny M，Messing A，Steinhäuser C，et al. Astrocytes：a central element in neurological diseases. *Acta Neuropathol*，2016，131（3）：323-45.

2. Seifert G，Schilling K，Steinhäuser C，Astrocyte dysfunction in neurological disorders：a molecular perspective. *Nat Rev Neurosci*，2006，7（3）：194-206.

3. Waldman AT，Leukodystrophies. *Continuum（MinneapMinn）*，2018，24（1，Child Neurology）：130-149.

4. Inoue K. Pelizaeus-Merzbacher disease：Molecular and cellular pathologies and associated phenotypes. *Adv Exp Med Biol*，2019，1190：201-216.

5. Deczkowska A，Keren-Shaul H，Weiner A，et al. Disease-associated microglia：A universal immune sensor of neurodegeneration. *Cell*，2018，173（5）：1073-1081.

6. Konno T，Kasanuki K，Ikeuchi T，et al. CSF1R-related leukoencephalopathy：A major player in primary microgliopathies. *Neurology*，2018，91（24）：1092-1104.

7. Kalia LV and Lang AE. Parkinson's disease. *The Lancet*，2015，386（9996）：896-912.

8. Colonna M and Butovsky O. Microglia function in the central nervous system during health and neurodegeneration. *Annu Rev Immunol*，2017，35：441-468.

9. Yeh FL，Hansen DV，and Sheng M. TREM2，microglia，and neurodegenerative diseases. *Trends Mol Med*，2017，23（6）：512-533.

10. Prinz M and Priller J. Microglia and brain macrophages in the molecular age：from origin to neuropsychiatric disease. *Nat Rev Neurosci*，2014，15（5）：300-12.

11. Perry VH，Nicoll JA，and Holmes C. Microglia in neurodegenerative disease. *Nat Rev Neurol*，2010，6（4）：193-201.

12. Hickman S，Izzy S，Sen P，et al. Microglia in neurodegeneration. *Nat Neurosci*，2018，21（10）：1359-1369.

13. Basbaum AI，Bautista DM，Scherrer G，et al. Cellular

and molecular mechanisms of pain. *Cell*，2009，139（2）：267-84.

14. Inoue K and Tsuda M. Microglia in neuropathic pain：cellular and molecular mechanisms and therapeutic potential. *Nat Rev Neurosci*，2018，19（3）：138-152.

原始文献

1. Manley GT，Fujimura M，Ma T，et al. Aquaporin-4 deletion in mice reduces brain edema after acute water intoxication and ischemic stroke. *Nature Med*，2000，6（2），159-163.

2. Rothstein JD，Van Kammen，Levey M，et al. Selective loss of glial glutamate transporter GLT-1 in amyotrophic lateral sclerosis. *Ann Neurol*，1995，38（1）：73-84.

3. Wallraff A，Kohling R，Heinemann U，et al. The impact of astrocytic gap junctional coupling on potassium buffering in the hippocampus. *J Neurosci*，2006，26（20）：5438-5447.

4. Chever O，Djukie B，MaCarthy KD，et al. Implication of Kir4.1 channel in excess potassium clearance：an in vivo study on anesthetized glial-conditional Kir4.1 knock-out mice. *J Neurosci*，2010，30（47）：15769-15777.

5. Kraft AW，Hu X，Yoon H，et al. Attenuating astrocyte activation accelerates plaque pathogenesis in APP/PS1mice. *FASEB J*，2013，27（1）：187-198.

6. Verghese PB，Castellano JM，Holtzman DM. Apolipoprotein E in Alzheimer's disease and other neurological disorders. *Lancet Neurol*，2011，10（3）：241-252.

7. Messing A，Brenner M，Feany MB，et al. Alexander disease. *J Neurosci*，2012，32（15）：5017-5023.

8. Sidoryk-Wegrzynowicz M，Wegrzynowicz M，Lee E，et al. Role of astrocytes in brain function and disease. *Toxicol Pathol*，2011，39（1）：115-23.

9. Wang F，Yang YJ，Yang N，et al. Enhancing Oligodendrocyte Myelination Rescues Synaptic Loss and Improves Functional Recovery after Chronic Hypoxia. *Neuron*，2018，99（4）：689-701 e5.

10. Green AJ，Gelfand JM，Cree BA，et al. Clemastine fumarate as a remyelinating therapy for multiple sclerosis（ReBUILD）：a randomised，controlled，double-blind，crossover trial. *Lancet*，2017，390（10111）：2481-2489.

11. Kang SH，Li Y，Fukaya M，et al. Degeneration and impaired regeneration of gray matter oligodendrocytes in amyotrophic lateral sclerosis. *Nat Neurosci*，2013，16（5）：571-9.

12. Kawamura A，Abe Y，Seki F，et al. Chd8 mutation in oligodendrocytes alters microstructure and functional connectivity in the mouse brain. *Mol Brain*，2020，13（1）：160.

13. Windrem MS，Osipovitch M，Liu Z，et al. Human iPSC Glial Mouse Chimeras Reveal Glial Contributions to Schizophrenia. *Cell Stem Cell*，2017，21（2）：195-208 e6.

14. Swanson MR，Hazlett HC. White matter as a monitoring biomarker for neurodevelopmental disorder intervention studies. *J NeurodevDisord*，2019，11（1）：33.

第4篇　神经递质及受体

叶玉如

一般神经生理学中，谈到突触传递的神经递质，都是指外周神经系统中传出神经的递质，例如乙酰胆碱（acetylcholine，ACh）是运动神经和自主神经节前纤维的递质，去甲肾上腺素（noradrenalin，NA）是交感节后纤维的递质，等等。本篇中讨论的是在中枢神经系统中发挥作用的神经递质，它的范围比较广，大致可分三类：一是经典神经递质，除 ACh、NA 以外，还包括另外两种单胺类物质，多巴胺（dopamine，DA）和 5- 羟色胺（5-hydroxytryptamine，5-HT），以及兴奋性递质谷氨酸（glutamic acid，Glu）和抑制性递质 γ 氨基丁酸（γ-aminobutyric acid，GABA）。它们都是分子量 100 左右的小分子，由突触前神经末梢释出，经过突触间隙，作用于突触后膜上的受体发挥信号传递作用，本篇中将分 6 章予以介绍。二是逆行信号传递分子，由突触后细胞产生，逆向作用于突触前末梢。其中内源性大麻样物质（2AG 和 anadamide）作用于突触前膜上的大麻样受体（CB1 和 CB2），而一氧化氮（nitric oxide，NO）和一氧化碳（carbon monoxide，CO）则穿过突触前细胞膜，进入胞浆发挥作用。这类递质分子量特别小，通过弥散悄然行动，在信号传递中起到负反馈作用。三是神经肽，多数是 5 ~ 31 个氨基酸残基组成的小肽。分子量远大于经典神经递质，起效较慢，持续时间较长，类似突触调制物质（调质）。神经肽种类繁多，将近三位数，按其分布及其功能不同还可起递质或激素的作用。本篇将其分为 2 章介绍，即一般神经肽和阿片肽。

正如上文所述，神经递质种类何止百种，由于篇幅有限，只能择其代表性者予以介绍。在各种递质中，按照其在脑内含量丰富和功能确切作为重要性的标准，应该首推兴奋性递质 Glu 和抑制性递质 GABA。但中枢信号化学传递的特点之一就是递质设置的重复性和多样性。即使同一种递质还可以作用于多种受体，产生不同作用。神经递质及其受体的多样性使神经系统的调控更加精细和复杂。另一方面，神经递质及其受体功能的紊乱与多种神经系统疾病息息相关，如疼痛、抑郁症、焦虑症等。以 5-HT 为例，已鉴定的受体至少有 7 种，每种又有几种亚型，在脊髓中，根据其末梢分布部位不同，既可引起镇痛，又可导致痛敏。考虑到上述复杂情况，似乎很难设想有关知识如何能应用于临床。研究者的对策，一是采用各种手段细分受体亚型，合成各自的激动剂和拮抗剂，在特定部位发挥特定作用；另一方面也可设计各种嵌合分子，发挥其有利作用，抑制其不利作用。

本篇中我们把注意力集中到化学性突触传递上，但事实上，具有化学传递功能的分子可能还有其他作用。例如，脑啡肽是第一个被发现的内源性阿片肽，具有明确的镇痛作用，但很少有人注意到甲硫脑啡肽还有抑制细胞复制的作用。后者可能不利于损伤组织的修复，但未尝不是合成新型抑癌物质的契机。

施 静 孙 宁 田 波

　　胆碱能神经的化学递质是乙酰胆碱（acetylcholine，ACh），广泛分布于生物界，发挥着多种作用。归纳起来至少有四种功能：①作为神经信息传导的化学递质；②局部激素作用：在神经发育的前期及无神经支配组织中非常重要；③某些细菌、真菌或植物的氮代谢产物之一；④毒物作用：如黄蜂刺及刺草中均含大量ACh。

　　在物种进化中，胆碱能神经的定位形成两个分支。脊椎动物脊髓的传出神经及其相应的神经元是胆碱能的，如运动神经元、自主神经节前神经元、副交感节后神经元及少数交感节后神经元，而感觉神经元是非胆碱能的。对于节足动物恰恰相反，其感觉神经元是胆碱能的，传出神经元是非胆碱能的。

　　ACh是最古老的神经递质之一，大致出现在4亿年前神经系统雏形刚一出现的时候。在高等动物高度发达的中枢神经系统中，因为有一系列新递质出现，胆碱能神经的比重相对下降了。这种变化使得高度发达的脑更易于执行多种复杂的功能。许多神经元，如脊椎动物的初级感觉神经元及视神经，既无ACh又无胆碱乙酰基转移酶，却存在乙酰胆碱酯酶。这些神经在进化早期可能也是胆碱能的，只是在进化过程中逐渐失去了其递质-ACh。

　　ACh是胆碱和乙酸形成的酯。含季铵离子，呈强碱性，在任何pH都充分呈离子状态。它极易成盐。其卤化物有吸湿性，易溶于水，也易水解。但其过氯酸盐不吸湿，可作为标准化合物。ACh最稳定的pH为3.8～4.5。在pH7及37℃时，水解半衰期为20天。在碱环境中易破坏，pH 10及100℃时，可全部水解。

　　X衍射研究表明，ACh结晶呈平面环形构象，因其带部分负电荷的醚氧原子与带正电荷的季铵氮原子间有相互吸引。磁共振研究证明ACh在水溶液中也呈此构象。

第一节   乙酰胆碱的生物合成

连续神经冲动可引起 ACh 从神经末梢反复释放，胆碱能神经元必须及时合成足够的 ACh 才不致使末梢中 ACh 耗竭，保证胆碱能神经突触的正常传递。ACh 生物合成是在胆碱乙酰基转移酶（choline acetyltransferase，EC2.3.1.6，俗名胆碱乙酰化酶，简称 ChAT）催化下，乙酰辅酶 A（Acetyl coenzyme A，AcCoA）转乙酰基到胆碱完成。转乙酰基反应如下：

$$（CH_3）_3N^+CH_2CH_2OH + AcCoA \xrightarrow{ChAT}$$
$$（CH_3）_3N^+CH_2CH_2OCOCH_3 + CoA$$

ACh 主要在神经末梢中合成，只有少量来自胞体。神经轴突钳夹试验发现，ACh 堆积在钳夹部位近胞体端，表明 ACh 有正向轴突转运，速度约 120 mm/d。依此速度计算，由胞体转运的 ACh 不足末梢 ACh 周转率的 1/1000，故经此途径所补给末梢 ACh 储备的量极少，神经末梢可以合成几乎全部 ACh 需要量。脑内 ACh 的合成速度为 10～20 nmol/（g·h），每分钟可合成占总储备量 3% 的 ACh，这与刺激大脑皮质释出 ACh 的最大速度相当。

一、胆碱乙酰基转移酶

ChAT 是一个蛋白质家族，依据物种的不同，其分子量为 67～75 kDa。通过不同的剪切形式，编码 ChAT 的基因转录形成多种 mRNA。

ChAT 的活性区域有咪唑基和阴离子结合部位，AcCoA 的乙酰基先转运至咪唑基上，胆碱的一个带正电荷季胺离子与阴离子结合部位相结合，然后胆碱再转移至乙酰基生成 ACh。

ChAT 广泛分布于神经系统中，主要在突触前神经末梢。但无神经支配的胎盘却也有丰富的 ChAT，人类妊娠 18～34 周时胎盘中含量最多，比尾状核中高 4 倍，而后逐渐减少。此外，ChAT 还存在于精子及一些植物和细菌中。

ChAT 在神经元胞体粗面内质网中合成，尔后藉轴突转运机制运送到神经末梢的胞浆中。轴突转运机制是指物质及细胞器从胞体到轴突末梢（顺向转运）和由轴突末梢到胞体（逆向转运）除藉单纯扩散及布朗运动以外的全部转运机制。兔、猫、大鼠、小鼠及蛙的 ChAT 的正向转运速度为 1～20 mm/d，而电鳐神经中可达 50～140 mm/d。差速离心等研究显示，ChAT 活性主要存在于突触体组分中。从脑区角度来看，ChAT 活性高度表达于两类区域，一类是胆碱能投射神经元的末梢（如海马结构等），另一类是含有大量胆碱能中间神经元的核团（如尾核和壳核等）。ChAT 和乙酰胆碱酯酶常作为特异性标志物用于胆碱能神经元的形态学研究，ChAT 由于其在突触前轴突末梢的优势分布，更能显示胆碱能神经元的投射关系。

神经元激活去极化、钙离子内流、多种蛋白激酶促使 ChAT 磷酸化，通过多种方式调节 ChAT 的活性。ChAT 以动力学过量形式存在，该酶的米氏常数 Km 对底物 AcCoA 为 0.4～1 mmol/L，对底物胆碱为 7～46 μmol/L，而这两种底物在神经元内的实际浓度仅为 50 μmol/L 和 5 μmol/L。因此，尽管 ChAT 在 ACh 的合成中起着至关重要的作用，但该酶并不是 ACh 合成的限速因素。

二、乙酰基的供给

神经元中 ACh 乙酰基的直接前体是 AcCoA，AcCoA 在大鼠及小鼠脑中的含量 3～17 nmol/mg。AcCoA 的合成酶类主要位于线粒体内，少量存在于胞浆中。就 ACh 生成量来说，AcCoA 最重要的来源是线粒体内丙酮酸的氧化脱羧反应及脂肪酸的 β 氧化反应，即主要由糖酵解及脂肪酸氧化途径生成。但也可来自一些氨基酸的降解代谢。AcCoA 在糖、脂肪及一些氨基酸主要代谢通路中占重要地位。它把糖酵解、脂肪酸氧化及氨基酸降解代谢与三羧酸循环连接起来（图 4-1-1）。

三、胆碱的供给和代谢

虽然胆碱是一个简单的化合物，为细胞生命所必需，但神经细胞却不能合成它，只能靠分解胆碱酯类来获得释出的胆碱。神经细胞中的胆碱主要靠血循环供给，借助细胞膜上的专一性载体摄取到细胞中。

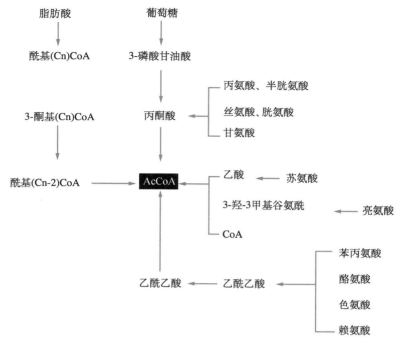

图 4-1-1　AcCoA 在糖、脂肪及氨基酸代谢中的地位

当食物中缺乏胆碱时，血中胆碱浓度下降，而脑中变化不大。血浆中的胆碱库可以补充脑中的胆碱库。肝中合成的胆碱酯、胶质细胞中储备的胆碱及神经末梢释放的 ACh 水解产生的胆碱都可成为 ACh 合成过程中胆碱的来源。

胆碱有一个季胺离子，带正电荷，有专一的汲取系统，很容易由血液进入神经细胞。胆碱汲取有两种方式：①胆碱专一性载体系统。该系统存在于血脑屏障、神经元末梢、突触囊泡及胶质细胞膜上，具有可饱和性和需能性，需有葡萄糖和氧的供给，反应遵循米氏方程。胆碱专一性载体系统分为

两种，即高亲和性转运体（$K_m = 1 \sim 5 \ \mu mol/L$）及低亲和性转运体（$K_m = 10 \sim 100 \ \mu mol/L$）。高亲和性转运体为 Na^+/Cl^- 依赖性转运体，存在于胆碱能神经元的末梢；而低亲和性转运体为非 Na^+/Cl^- 依赖性转运体，几乎存在于所有细胞，主要与磷脂酰胆碱的合成有关。②胆碱非饱和性汲取。胆碱分子带正电荷，而细胞膜内侧面带负电荷，胆碱依电化学梯度被动地平衡分布。这种摄取即便在高浓度胆碱存在时也不被饱和，也不需能量供给（图 4-1-2A）。

哺乳类动物体内胆碱的代谢主要为磷酰化和

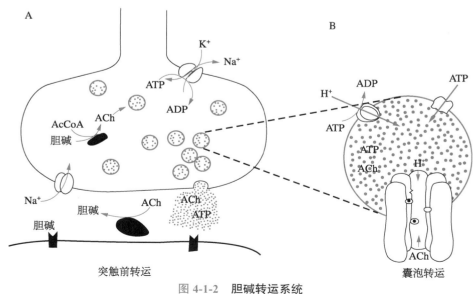

图 4-1-2　胆碱转运系统

A. 突触前转运；B. 囊泡转运

氧化反应。胆碱的磷酰化反应受胆碱激酶催化，以ATP为磷酸供体。胆碱的氧化反应分两步，先被胆碱脱氢酶转化为甜菜醛，后者在甜菜醛脱氢酶的催化下转化为甜菜酸。胆碱的代谢可以影响组织中游离胆碱的浓度，由于胆碱的供给是ACh生物合成的限制性因素，神经末梢微环境中胆碱的利用率及其穿越神经膜的能力，在ACh代谢调节中起重要作用，从而影响神经元的活动。通过对胆碱可利用性的调节可间接地影响ACh的合成。因此，人类食物中胆碱虽不缺少，但内源性胆碱的利用率会受到病理和药物的影响，进而影响ACh的合成。

四、乙酰胆碱合成的调控

在神经细胞，ACh的生物合成持续存在——无论是神经冲动到达时ACh的大量释放或神经末梢自发地随机ACh少量释放，都需要新合成的ACh补偿。突触活动增加时，ACh释放增多，随即ACh合成加快使末梢中的ACh迅速恢复至正常水平，或出现短暂的轻微的升高，但最终ACh总量并不增多。

ACh的生物合成主要受以下四种因素调控。① ACh释放后，依质量作用定律使胆碱乙酰化过程加快；②突触前合成的ACh达到正常水平后，与高亲和性胆碱转运体结合，使转运体在ACh高浓度一侧（膜的一侧）固定化，胆碱转运不能从另一侧进行。待ACh释放后，突触前ACh浓度降低，转运体的固定化解除，转运体又能转向膜的外侧，作为胆碱摄取的媒介；③ ACh降低末梢电化学梯度，减少胆碱的非饱和性摄取，从而减少ACh的合成；④神经冲动导致Ca^{2+}内流，胞浆内Ca^{2+}浓度升高可以增加丙酮酸脱氢酶系的活性，使线粒体提供的AcCoA增多，而线粒体外的AcCoA浓度是ACh生物合成的限速因素之一，AcCoA浓度升高增强ACh的合成。

第二节 乙酰胆碱的囊泡储存和突触释放

ACh在胞浆合成后，一部分进入囊泡储存，另一部分依然存在于胞浆。因此，胆碱能神经元末梢中有两个ACh库，分别位于突触囊泡及胞浆两个隔室中。大约50%存在于囊泡中，浓度约150 mmol/L，另外50%存在于胞浆中，浓度20～30 mmol/L。囊泡中ACh和囊泡蛋白结合在一起。ACh能够在囊泡内储存，依赖于囊泡乙酰胆碱转运体（vesicular acetylcholine transporter，VAChT）。

一、乙酰胆碱的囊泡储存

VAChT基因位于ChAT基因的第一个内含子之内，而且这两个基因在同一个起点开始转录。这提示VAChT和ChAT具有共调节机制。VAChT蛋白具有12次跨膜结构域构象，每转运1分子ACh到囊泡内，需要2分子囊泡内的H^+逆向转运到胞浆。VAChT的羧基末端有许多重要的修饰位点，例如PKC可以使VAChT磷酸化，从而调节该蛋白在细胞内的转运以及在细胞膜上的定位。

因囊泡在末梢中的位置不同，可分为活动囊泡和储存囊泡。靠近突触前膜的活动囊泡中，ACh的周转速度比远离前膜的储存囊泡快得多。刺激神经导致前膜附近新囊泡形成，新合成的ACh使新囊泡充盈，距突触前膜远的储存囊泡未能参与。所以新囊泡中含大部分新合成的ACh。神经冲动到达末梢时，先动员新囊泡，使新合成的ACh递质优先释放；而远离突触前膜的储存囊泡负责储存ACh。储存囊泡中不是均匀的隔室，囊泡中的ACh也不是均一分布：位于囊泡内边缘区域是新合成的ACh，位于囊泡中心区域是早先合成的ACh，两者之间没有严格的界限，是一个由中心向边缘展开的旧新ACh梯度壳，其交换是缓慢的。ATP与ACh共包装在囊泡内，囊泡中心ATP浓度高，向外逐渐递减。ACh与ATP的摩尔比值在中心区域为4:1，在边缘区域为9:1。介导ATP转运到囊泡内的是一类可饱和的、高亲和性的转运体。囊泡膜上还有H^+-ATP酶（质子泵），用于稳定囊泡内高浓度H^+环境（图4-1-2B）。

生理学研究也表明，神经末梢有两个ACh功能性隔室。20 Hz电刺激时，每个刺激释出的ACh量起初很高，而后降至恒态。即刺激先引起小隔室ACh大量释放，耗竭后由大隔室中的ACh补充小隔室，维持恒速释放，强直刺激时也有类似现象。

骨骼肌细胞也有自己的ACh库，它与神经元

ACh 库是分开的。切断神经导致的退行性变只破坏神经细胞 ACh 库，而不影响骨骼肌 ACh 细胞库。骨骼肌细胞 ACh 库是静止状态下去神经肌肉发生 ACh 自发释放的源泉。相应地，ChAT 也有与 ACh 匹配的神经元和骨骼肌两个库。

二、乙酰胆碱的突触释放

因为神经递质主要储存在神经末梢的囊泡内，因此 ACh 的突触释放机制被认为主要是从囊泡释放，亦即囊泡假说（vesicle hypothesis）。囊泡假说的基本论点是，突触囊泡相当于递质量子，囊泡内含物的释放相当于量子的释放，囊泡外排作用和递质释放是同步的，1 个囊泡释出 1 个量子的 ACh（哺乳动物胆碱能神经末梢每个囊泡内大约含有 2000 个 ACh 分子）。如前所述，含 ACh 的突触囊泡有两类：一类叫活动囊泡，靠近突触前膜，处于递质释放及再充盈的活动区；另一类叫储存囊泡，比较远离突触前膜，是神经递质的储存库。活动囊泡比储存囊泡致密，体积也较后者小 25%，新合成的 ACh 及 ATP 优先地被新形成的空囊泡汲取，而这些新囊泡正位于活动区。因而出现这样的现象，总是活动囊泡先释放，又总是活动囊泡先充盈。新合成的 ACh 先释放，而储存囊泡中早期合成的 ACh 在非连续性刺激时却保持不变，只有在连续刺激时才被动员。

突触囊泡释放 ACh 到突触间隙是 Ca^{2+} 依赖性的过程。神经元去极化，使末梢电压依赖性钙离子通道开放，细胞外 Ca^{2+} 进入突触前末梢，启动囊泡膜和突触前膜的融合过程，突触囊泡膜上多种蛋白，如 synaptobrevin、synaptophysin 和 synaptotagmin 等参与了这个过程（图 4-1-3）。

囊泡假说还提出囊泡膜的循环机制，认为参与囊泡膜循环的主要是活动囊泡：装载递质的囊泡释放递质以后，空囊泡膜有两个去向：①可逆性外排，即排空的囊泡立即重新封闭，退回到胞浆中；②不可逆性外排，即空囊泡与突触前膜融合并掺入其中，而后在远离突触间隙的地方藉内陷作用再回到末梢中。胞浆中合成的 ACh 可被突触囊泡膜上的转运系统转运到囊泡中，以充盈新生的空囊泡。囊

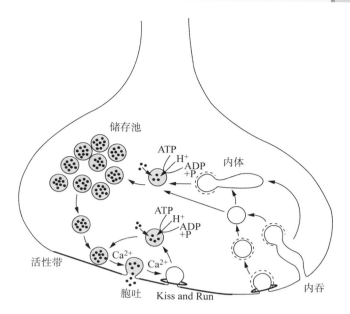

图 4-1-3　**ACh 囊泡释放过程**

泡转运 ACh 是 Na^+ 依赖的转运过程，同时也受囊泡膜电位的影响，这种转运是一个缓慢的过程，因此，刺激引起 ACh 释放后，尽管囊泡数已恢复至正常值，但 ACh 的装填却需较长时间。

突触前膜上存在 AChE 及 Na^+，K^+-ATP 酶，而突触囊泡膜上存在 Ca^{2+}、Mg^{2+}-ATP 酶，故囊泡不是突触浆膜简单的翻板。假若内陷的是融合的原囊泡膜，则形成新的突触囊泡。假若内陷的是突触浆膜，则被包被蛋白捕获而形成包被囊泡，与浆膜分离，再逐渐脱去包被成为突触囊泡。包被囊泡也可相互融合成池，池又生"芽"，形成突触囊泡。这样，囊泡膜的特异组分得以保留，保证了囊泡组分在循环中的恒定性。

包被蛋白包括包涵素（clathrin，分子量 180 kDa，占包被囊泡总蛋白量的 40% ～ 70%）及其他一些分子量为 55 kDa 及 125 kDa 的蛋白质。以 2 Hz 刺激神经-肌接头时，囊泡膜循环周期为 2 ～ 3 h。

囊泡假说不但对微小终板电位及动作电位的量子释放给了圆满的解释，又对囊泡如何储存递质及做好释放的准备、囊泡膜又怎样循环利用做了一整套描述。囊泡假说的基本公式是：囊泡＝量子，释放＝囊泡外排。

第三节 乙酰胆碱的失活

一、胆碱酯酶

胆碱酯酶可分为两大类，即乙酰胆碱酯酶（acetylcholinesterase，EC3.1.1.7，又叫真性胆碱酯酶，简称 AChE）和丁酰胆碱酯酶（butyrylcholinesterase，EC3.1.1.8，又叫假性胆碱酯酶，简称 BChE）。随着胆碱酯酶生物化学及分子生物学研究的深入，在结构上已经证明它们是不同的两类胆碱酯酶。真、假胆碱酯酶的活性可用选择性底物及选择性抑制剂加以区别。AChE 不催化苯甲酰胆碱的水解，BChE 不催化 β- 甲基-乙酰胆碱的水解。AChE 选择性抑制剂有 BW284C51 及石杉碱甲（福定碱）；BChE 选择性抑制剂有 TIPP，它们对 AChE 及 BChE 的抑制强度分别相差 3 ～ 5 个数量级。在组织化学实验中，故可先与 10 pmol/L TIPP 温孵，而后以 β- 甲基-乙酰胆碱为底物测量 AChE 活性；或先与 10 μmol/L BW284C51 或石杉碱甲温孵，而后以丁酰胆碱 BCh 为底物测量 BChE 活性。

AChE 不仅存在于胆碱能神经，也存在于非胆碱能神经及其他组织中，如脊髓背根非胆碱能感觉神经轴突、胎盘、红细胞及不含 ChAT 的神经母细胞瘤。

AChE 在神经元胞体中合成，而后转运到整个神经细胞，其顺向转运速度可达 100 ～ 480 mm/d，AChE 有少量逆向转运。轴突中的 AChE 只有 5% ～ 20% 是移动性的，轴突中不移动性 AChE 位于内质网及细胞膜上。

胆碱酯酶的活力中心已经得到较好的阐明。它主要由酯解部位（esteristicsite）及阴离子部位（anionic site）构成。酯解部位中有 3 个功能基团，即酸性基团（酪氨酸的酚羟基）、酰化基团（丝氨酸的羟基）及碱性基团（组氨酸的咪唑基）。阴离子部位为二羧酸（门冬氨酸或谷氨酸）的游离羧基。阴离子部位周围还有疏水区。

胆碱酯酶的一级结构中有许多丝氨酸残基，但只有活力中心酯解部位的丝氨酸能参与酰化反应。这是因为分子内部电荷接力系统（charge relay system）的存在能够使酯解部位的丝氨酸活化。电荷接力系统是由胆碱酯酶催化亚基多肽链上相距很远的门冬氨酸、组氨酸及丝氨酸在三维结构中相互靠近形成的。门冬氨酸的游离羧基吸引组氨酸咪唑基氮原子上的质子，通过共轭效应使咪唑基上另一个氮原子吸引丝氨酸羟基的质子形成氢键，从而使丝氨酸羟基活化。活化的羧基氧原子带有负电荷，具有很强的亲核性，可以对底物乙酰胆碱的羰基碳原子或有机磷毒剂的磷原子发生亲核攻击，使酶乙酰化或磷（膦）酰化。

乙酰胆碱酯酶活力中心不仅能高效地催化酰化反应，而且是一个构象抗原决定簇，显示明显的抗原活性。因而乙酰胆碱酯酶活力中心具有催化及诱导抗体产生的双重功能。

胆碱酯酶的氨基酸组成及一级结构已经弄清的有：人真性胆碱酯酶、人假性胆碱酯酶、电鳐（Torpedo califfornica，Torpedo marmorata）电器官 AChE、果蝇（Drosopila melanogaster）AChE 等。

人血清 BChE 和人胎脑及人胎肝 BChE 的氨基酸组成及排列顺序无差别，说明同一种属不同组织中的 BChE 的一级结构完全相同，是由同一个基因编码的。电鳐电器官 AChE、果蝇脑 AChE 及人 AChE 一级结构有很大的相似性，说明在分子进化中它们有共同的祖先。

生化实验表明，AChE 以多种分子形式存在。所有形式共有的"催化亚基"可有单体、二聚体或四聚体形式（多聚体形式通过共价二硫键结合在一起）。多聚体通过翻译后修饰将糖脂与其羧基末端的连接。该糖磷脂酰肌醇锚定插入细胞膜中，使酶被束缚在细胞膜的外表面。

AChE 催化亚基还与结构蛋白形成异聚体装配体，该结构蛋白可以不同方式在细胞外束缚 AChE。在神经肌肉接头处的 AChE 主要形式由 1 个、2 个或 3 个催化亚基的四聚体组成，这些四聚体通过二硫键和卷曲螺旋机制与称为 ColQ 的胶原蛋白尾部相链接。在催化亚基的 AChE 四聚体中，四个 C 末端结构域（每个由 40 个氨基酸组成的 α 螺旋结构，称为 T 肽）围绕胶原蛋白富含脯氨酸的 N 末端附着域（PRAD）形成圆柱体 ColQ。三个 ColQ 链缠绕在一起形成一个三螺旋，该螺旋可以结合多达 3 个 AChE 四聚体。ColQ 的 C 末端插入基底膜中，基底膜包裹着突触后肌细胞膜。因此，AChE 的催化亚基突出进入突触间隙，在那里它们被最佳放置以结合并降解 ACh（图 4-1-4）。

二、胆碱酯酶的生物学功能

ACh 的失活有三种方式：酶水解、扩散及再摄取。AChE 存在于突触前后膜及突触间隙里，它可以迅速地催化末梢释出的 ACh 的水解，是 ACh 失活的主要方式。其次是扩散失活，经计算 ACh 从突触间隙通过扩散降低浓度一半所需时间为 $0.5 \sim 2$ ms。ACh 再摄取在其生理失活过程中是微不足道的，只在依色林或有机磷毒剂抑制 AChE 的条件下才表现得明显起来。ACh 摄取与胆碱共用同一载体，两者可以产生竞争性抑制。但胆碱摄取比 ACh 摄取活跃得多，而且大多数组织中 AChE 催化 ACh 水解的速度比 ACh 再摄取的速度大 3 个数量级，所以 ACh 再摄取的概率是很小的。

在 ACh 释放的瞬间，突触前膜邻近处 ACh 浓度很高，对前膜上的乙酰胆碱酯酶产生过量底物抑制效应，使 ACh 有机会到达突触后膜、而无明显损失。待突触前膜附近的 ACh 浓度下降时，底物抑制效应解除，ACh 开始大量被酶催化水解。AChE 的催化效率极高，1 个酶分子 1 秒内可以催化分解 ACh 25 000 μmol（K_{cat} 值）。一次神经冲动释放到突触间隙的 ACh 可被分布在突触处的 AChE 在数毫秒内全部分解掉。ACh 水解生成乙酸和生理作用很弱的胆碱，从而维持了正常的神经功能。其水解反应式如下：

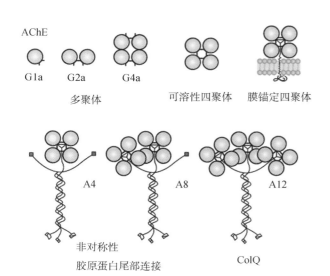

图 4-1-4　**AChE 聚合装配模式图**

$$(CH_3)_3N^+CH_2CH_2O\ CH_3 + H_2O \xrightarrow{AChE}$$
乙酰胆碱

$$(CH_3)_3N^+CH_2CH_2OCOH + CH_3COOH$$
胆碱

BChE 分布在许多系统中，如脑的白质、心血管系统、呼吸系统、消化系统、生殖泌尿系统及一些内分泌和外分泌腺中。BChE 的生理功能尚不十分清楚，可能有以下几种作用：①防止突触间隙乙酰胆碱的外漏；②脂肪酸在肝中代谢过程中产生丁酰辅酶 A，在有胆碱存在时可生成丁酰胆碱。丁酰胆碱有强烈的烟碱样作用，若不被立刻破坏掉，则可能会引起毒性反应。BChE 可以将丁酰胆碱在其生成部位就地分解。脂肪酸代谢还可生成其他有毒性的胆碱酯类物质，如棕榈酰胆碱，BChE 也可使之迅速水解；③ BChE 与脂蛋白代谢密切相关。

三、乙酰胆碱水解反应机制

胆碱酯酶催化反应中有两个底物，即 ACh 和水。水是过量的，故符合单分子反应动力学，为假一级反应。但从反应方程来看，它实际上是双分子反应，先生成乙酰化酶，再水解释放出乙酸，属于乒乓反应模式。

$$E \xrightarrow{+\ ACh} E \cdot ACh \xrightarrow{-\ Ch} E \cdot AC \xrightarrow{+\ OH}$$
（四面体中间体）

$$E \cdot AC \cdot OH \xrightarrow{-\ AC} E$$
（四面体中间体）

具体机制包括：① AChE 的 Ser220 对 ACh 的羰基碳进行亲核攻击，形成瞬时的共价四面体中间体；其 His440 从丝氨酸羟基上拾取质子。②四面体中间体构象变化，酯键断裂形成乙酰基酶，质子从 His440 转移到胆碱氧中，并释放胆碱。③生成的乙酰基丝氨酸中间体受到水分子的亲核攻击，形成第二个四面体中间体。通过向 His440 提供质子，水分子可能变得更具亲核性。④四面体中间体释放乙酸并恢复活性位点丝氨酸。

乙酰化酶水解反应的活化能低。ACh 水解反应的总平衡常数（［ACh］［H_2O］）/（［Ch］［AC］）在 23℃时约为 0.25，自由能约 3 kcal/mol。AChE 以 ACh 为底物时的最适底物浓度为 $1 \sim 10$ mmol/L，大于此浓度则出现过量底物抑制效应。AChE 催化反应的最适 pH $7.8 \sim 8.2$。米氏常数在 $0.3 \sim 0.5$ mmol/L。

第四节　中枢乙酰胆碱分布及胆碱能神经通路

脑内胆碱能神经元分为两类：局部环路神经元和投射神经元。

一、胆碱能局部环路神经元

这类神经元在核团内部组成局部环路，不向核外发出投射纤维，属于中间神经元。主要位于纹状体、伏隔核、嗅结节、大脑皮质Ⅱ～Ⅳ层和海马。纹状体的胆碱能神经元参与黑质-纹状体多巴胺系统对运动的调节。

二、胆碱能投射神经元

这类神经元主要分布在基底前脑和脑干，这些神经元向其他脑区发出投射纤维，分别形成基底前脑胆碱能系统和脑干胆碱能系统。

基底前脑胆碱能系统：胞体位于隔内侧核（相当于 Mesulam 和 Perry 分类的 Ch1 细胞群）、斜角带（Ch2、Ch3）、苍白球腹侧 Meynert 基底核（Ch4）。它们的投射纤维形成下列通路：①隔内侧核、斜角带-海马通路；②斜角带-杏仁核复合体通路；③隔区、视前区-缰内侧核、中脑脚间核通路；④ Meynert 基底核-大脑皮质通路。由此可以看出，接受这些胆碱能输入的脑区主要是大脑皮质和海马。其中感觉皮质和边缘皮质接受了来自基底核以及斜角带的投射，它们被认为参与了情绪状态的调节和感觉输入的皮质整合。而接受来自隔内侧核以及斜角带胆碱能神经投射的海马则与学习记忆功能密切相关。

脑干胆碱能系统：胞体位于脚桥被盖核（Ch5）、背外侧被盖核（Ch6）。脚桥被盖核和背外侧被盖核的纤维分背、腹束，向头端投射至丘脑、下丘脑、苍白球和尾壳核。它们的纤维与其他上行纤维组成上行网状激活系统，引起警觉和觉醒。内侧缰核、二叠体旁核则分别投射于脚间核和上丘（图4-1-5）。

延髓中的胆碱能神经元：分布在舌下神经核、迷走神经背核、面神经核、三叉神经脊束核等，参与脑干对躯体运动和内脏运动的调节。

脊髓中的胆碱能神经元：包括脊髓前角运动神经元，侧角和骶部的交感、副交感神经节前神经元。脊髓背角还有胆碱能中间神经元。

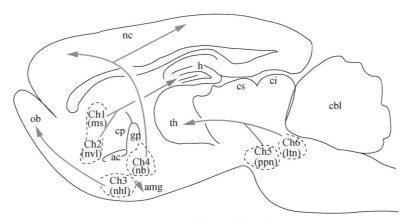

图 4-1-5　中枢胆碱能系统

ac. 前连合；amg. 杏仁核；cbl. 小脑；ci. 下丘；cp. 尾状-壳状复合体；cs. 上丘；gp. 苍白球；H. 海马；ltn. 被盖背外侧核；ms. 隔内侧核；nb. 基底核；nc. 新皮质；nhl. 水平肢核；nvl. 腹侧肢核；ob. 嗅球；ppn. 脑桥脚核；th. 丘脑

第五节 胆碱能受体

根据配体药理学特异性的不同，可以将胆碱能受体分为烟碱受体和毒蕈碱受体。烟碱受体属于配体门控离子通道受体，而毒蕈碱受体则属于 G 蛋白偶联受体。

一、烟碱受体

烟碱受体（nicotinic receptor，N-AChR）是一个受体家族，它广泛分布在不同种属动物的中枢及周围神经系统中，骨骼肌及电器官烟碱受体分别发现于脊椎动物骨骼肌神经-肌接头及电鱼的电板；神经元烟碱受体发现于脊椎动物脑、神经节、Renshow 细胞、嗜铬细胞及由肾上腺瘤衍生而来的 PC12 细胞。

自主性神经节、神经-肌接头及中枢神经元的烟碱受体虽然都受烟碱作用而统称烟碱受体，但却表现出不同的药理学性质。如配体多次甲基双季铵盐（CH_3）$_3$$N^+$（$CH_2$）$N^+$（$CH_3$）$_3$·$2X$ 的 $n = 5 \sim 6$ 时，两个氮原子间的伸长距离约为 1 nm，对神经节的阻断作用强；而 $n = 10$ 时，两个氮原子间的伸长距离约 1.4 nm，对神经-肌接头的阻断作用强。所以把它们分别称为 N_1 受体及 N_2 受体。至于 $n = 16 \sim 18$ 时又出现阻断作用强的现象，可能是配体跨受体单位结合所致。中枢神经元烟碱受体的药理学性质则又有许多不同点，特别是 α- 银环蛇毒素（α-BGT）可以阻断骨骼肌烟碱受体的激活，却不能阻断中枢神经元烟碱受体的激活。但 α-BGT 在神经元上有其专一性结合部位，而烟碱也可阻断 α-BGT 与这种专一性结合部位的结合，只不过需要高浓度的烟碱。这种结合部位属低亲和力结合部位，所以这类分子被称为 α-BGT/ 烟碱结合分子。这类分子是不同于中枢神经元烟碱受体的另一类分子，功能尚不清楚。烟碱受体的分类如下：

1. 电器官及骨骼肌烟碱受体

（1）电器官烟碱受体：电器官烟碱受体是一种膜结合的糖蛋白，由 4 种不同的多肽链（亚单位）组成的大分子。4 种肽链分别称作 α、β、γ 及 δ，它们在烟碱受体分子组成中的摩尔比为 2：1：1：1。烟碱受体分子组成以亚单位表示时为 $\alpha_2\beta\gamma\delta$，5 个多肽链构成一个单体。单体具有烟碱受体的全部活性。不同来源的烟碱受体的氨基酸组成成分相似，4 种肽链有共同的祖代基因，但不是彼此的衍生物，而是具有不同结构和功能的不同亚单位（图 4-1-6）。

（2）骨骼肌烟碱受体：哺乳类动物骨骼肌纤维由许多单个肌细胞融合而成。在其融合过程中，烟碱受体经历了结构、性质、代谢及分布等一系列变化，出现两种亚型，即胚胎型和成年型。胚胎初期，烟碱受体较慢地掺入整个膜面，以大鼠为例，密度只有 200 个 /μm^2，而后掺入浆膜速度加快。融合 1 天后，运动神经元与肌细胞接触，开始有功能性突触形成。神经支配促使烟碱受体在突触区簇集，密度可达 10 000 个 /μm^2。神经支配肌细胞成熟后，突触外区的烟碱受体逐渐减少，出生 3 周后，每平方微米只剩下几个甚至消失。在神经-骨骼肌突触发育阶段，烟碱受体代谢率也发生变化。起初周转很快，半衰期约 1 天。突触成熟后，烟碱受体变得稳定，半衰期大于 10 天。烟碱受体蛋白的等电点向偏酸侧位移。乙酰胆碱引起的离子通道开放时间由数毫秒缩短到约 1 ms。受体的免疫学性

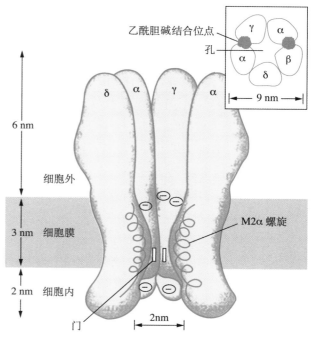

图 4-1-6 **N-AChR 结构模式图**

质也有改变。这些变化主要因为烟碱受体的分子结构发生了变化，即五聚体中的 γ 亚单位随着神经-肌接头的成熟逐渐地被 ε 亚单位代替。骨骼肌中有 α、β、γ、δ、ε 亚单位编码的 5 种基因。

胚胎型烟碱受体向成年型烟碱受体的转换在一定程度上是可逆的。切断轴突阻断突触活性或用药物毒物阻断烟碱受体功能，都可使烟碱受体的合成及代谢加快，新生的烟碱受体又出现在整个肌细胞膜上，这就是去神经肌肉出现对乙酰胆碱超敏的原因。新生的烟碱受体的生物化学、生物物理、电生理及免疫学性质又和肌肉被神经支配前的胚胎型一样。最有趣的是，若用电直接刺激去神经肌肉，又可抑制胚胎型受体的合成。说明生理的或外加给肌肉的电活动可以调控烟碱受体的生物合成，调控发生在基因水平。去神经的肌肉中，烟碱受体各个亚单位的 mRNA 的确大大增多了，而电刺激又可使之减少。

骨骼肌烟碱受体在神经肌肉接头形成过程中胚胎型与成年型共存于同一肌肉细胞上，其相对含量取决于运动神经元对肌肉的支配程度。电器官烟碱受体不经历亚型的转变，始终是 $\alpha_2\beta\gamma\delta$ 五聚体。

外周烟碱受体不仅可以被 ACh 激活，还可被多种化学分子激活或拮抗（表 4-1-1）。

（3）烟碱受体的结构与功能：电镜下，神经肌接头处的烟碱受体位于突触后的肌细胞膜上，呈直径 8 ～ 9 nm 的对称玫瑰形，中间为直径 1.5 ～ 2.5 nm 的低密度区。该低密度区是受体蛋白的通道部分。每一个玫瑰形受体蛋白都由五个高电子密度区组成，它们围绕着与质膜平面相垂直的轴心排列。

表 4-1-1   周围烟碱受体的激动剂及拮抗剂

激动剂	拮抗剂
烟碱（小剂量）	美加明
氨甲酰胆碱	四乙铵
β-甲基乙酰胆碱	烟碱（大剂量）
乙酰胆碱	筒箭毒
	季铵酚
	双氢-β-刺桐啶
	α-BGT（α-银环蛇突触后神经毒素）
	α-cobrotoxin（α-眼镜蛇突触后神经毒素）
	C5（五烃季铵）
	C5（六烃季铵）
	C10（十烃季铵）

烟碱受体通常是通过电鳐或电鳗的电器官纯化得来。应用胆碱能配体琼脂糖凝胶亲和柱可以纯化得到 290 ～ 300 kD 的糖蛋白。在去垢剂 SDS 存在条件下，可以将这种蛋白解离成四种不同的亚单位，其分子量分别为 38 kD（α）、49 kD（β）、57 kD（γ）和 64 kD（δ）。

从 α、β、γ、δ 亚单位的 DNA 序列可以推演出它们的氨基酸序列，结果显示，这些亚单位具有高度的同源性和非常相似的构象：①N 末端有一段长达 210 ～ 224 个氨基酸残基的亲水性结构域，其中含有糖基化位点；②从 N 末端到 C 末端依次为 M1、M2 和 M3 三个疏水性序列，其间由 20 ～ 30 个氨基酸残基的短的亲水链相连接；③ M3 之后是另一个大约 150 个氨基酸残基的亲水性结构域，其中含有功能性的磷酸化位点；④其后是第四个疏水序列和较短的 C 末端。每一个亚单位的 N 末端都位于细胞膜的胞外侧（突触间隙），第二个长的亲水性结构域则位于胞浆侧，四个疏水序列都是跨膜片断，而 C 末端也朝向突触间隙。

从富集烟碱受体的膜上分离出 α 亚单位，或者将 α 亚单位的 mRNA 表达于卵母细胞上，可以进行胆碱能激动剂与 α 亚单位的共价结合实验。结果显示，在 α、β、γ、δ 四个亚单位中，α 亚单位存在胆碱能激动剂的结合位点。应用标记的胆碱能配体 MBT 可以证明，α 亚单位上含有半胱氨酸 192 和 193 残基的区域是与胆碱能配体相互作用的重要位点之一。为了获得更为确切的天然受体蛋白的乙酰胆碱结合位点图，一种光激活性的物质 ^{3}H-DDF 被用来作为胆碱能配体。^{3}H-DDF 是乙酰胆碱的竞争性拮抗剂，它一旦被光激活，就能与 α 亚单位的乙酰胆碱受体结合位点形成共价结合。结果显示，tyr93、trp149、tyr190、cys192 和 cys193 都标记上了 ^{3}H-DDF。这些位点位于 α 亚单位分别与 γ、δ 亚单位的交界面上。一种 ACh 结合蛋白（AChBP）是烟碱受体细胞外段 N 末端的结构同源体，对其晶体结构的解析进一步证实了烟碱受体结合配体的位点。

同样，光激活的非竞争性抑制物也可以用来标记那些参与构成离子通道壁的氨基酸残基。应用放射活性的氯丙嗪经过紫外线照射后，能标记电鳐（torpediniformes）乙酰胆碱受体各种亚单位 M2 跨膜区上的丝氨酸、亮氨酸和苏氨酸残基。这表明 M2 跨膜片段，构成了离子通道的孔壁。冷冻电子显微镜图像显示，完整的烟碱受体所有跨膜结构域均为螺旋结构，M2 结构域形成的中心环被 M1、

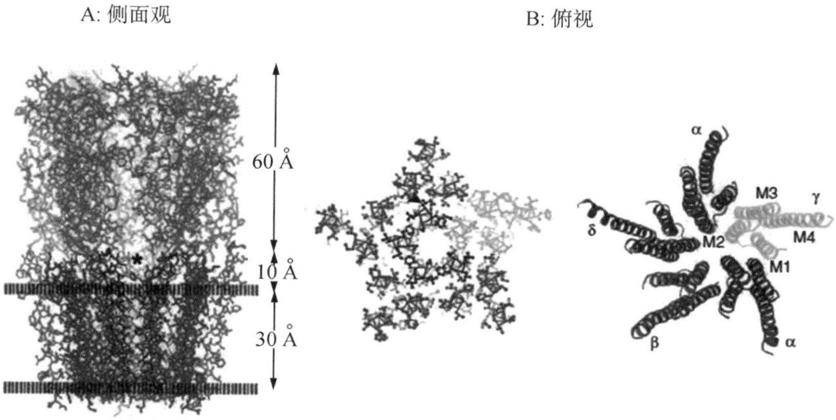

A: 侧面观　　　　　　　　　　B: 俯视

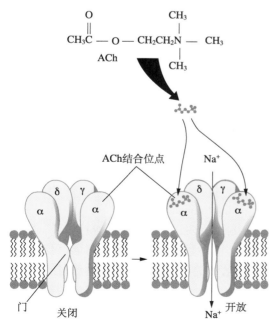

图 4-1-7　**电鳐电器官 nAChR 结构图**

M3 和 M4 结构域形成的五星状壁包围，M2 结构域中心环构成的通道为疏水带（关闭状态）。配体结合诱导近跨膜片段的细胞外结构域与跨膜片段组件之间的相互作用，使 M2 发生扭曲运动，从而打开疏水带（开放状态）（图 4-1-7）。

烟碱受体是阳离子通透性受体。当两个乙酰胆碱分子结合到受体上时，触发了离子通道的开放。细胞外离子替换实验显示，烟碱受体对 Na^+、K^+、Ca^{2+}、Mg^{2+} 等阳离子具有通透性。其中，Na^+ 的进胞量大于 K^+ 的出胞量，所以在膜电位为负时，用膜片钳技术可以记录到一个内向电流，而 Ca^{2+} 与 Mg^{2+} 仅构成此内向电流的一小部分（图 4-1-8）。

2. 神经元烟碱受体　哺乳类中枢及周围神经元上，那些对 α-BGT 不敏感的能被低浓度（nnol/L）烟碱识别的具有烟碱传递功能的烟碱高亲和性结合部位，称作神经元烟碱受体；而另一些能与 α-BGT 高亲和性地结合却仅能与高浓度（μmol/L）烟碱结合，又无烟碱传递功能的烟碱低亲和性结合部位，称作 α-BGT/烟碱结合蛋白。烟碱受体和烟碱结合蛋白是各自独立的，可以共存于同一类型细胞上，也就是说一种类型的神经元上可以有一种以上的烟碱结合部位。

（1）神经元烟碱受体的性质不同于骨骼肌烟碱受体：烟碱结合部位亚单位基因家族编码了一系列不同的烟碱结合部位。神经元烟碱受体及 α-BGT/烟碱结合部位与骨骼肌烟碱受体的药理学性质、免疫学性质及分子结构均不相同。

抗神经元烟碱受体抗体可阻断神经元烟碱受体的激活效应，却不与 αBGT/烟碱结合蛋白结合。α-BGT 专一性地几乎是不可逆地与脊椎动物骨骼肌烟碱受体结合，竞争性地拮抗乙酰胆碱的作用，但 α-BGT 对高等脊椎动物的神经元烟碱受体的传递却不能阻断，而只能与功能不明的 α-BGT/烟碱结合蛋白结合。α-BGT 对低等脊椎动物，如金鱼、蜥蜴、蟾蜍及龟的神经元烟碱受体则有阻断作用。

高等脊椎动物骨骼肌烟碱受体 α 亚单位的乙酰胆碱结合位点有一对保守的相邻的半胱氨酸残基，这个区域有一个 32 肽"毒素结合序列"（第 173～204 位氨基酸），是 α-BGT 的高亲和力结合部位。此毒素结合序列在神经元烟碱受体 α 亚单位上保守性不高，与其相应区的同源性很低，说明神经元烟碱受体不是 α-BGT 结合蛋白。这是 α-BGT 能阻断运动终板烟碱传递而不能阻断神经元烟碱受体的分子基础。低等脊椎动物神经元烟碱受体所以能被 α-BGT 拮抗，其 α 亚单位上很可能有此毒素结合序列。

（2）神经元烟碱受体的分子结构：神经元烟碱

图 4-1-8　**ACh 激活 N-AChR 模式图**

受体与骨骼肌烟碱受体的分子结构明显不同。神经元烟碱受体只有两种亚单位构成（$\alpha_{2\sim10}$ 及 $\beta_{2\sim4}$），其亚单位分子量 $50\sim70$ kDa，受体分子量约 250 kDa。故推测神经元烟碱受体是由 α 及 β 亚单位组成的杂合五聚体。

脊椎动物烟碱受体的各个亚单位之间有相似的框架，它们都有细胞外区，M1～M3 跨膜区，胞浆区及含 M4 的 C 末端区。各亚单位长度不同，α 含很长的胞浆区。如前述，所有 α 亚单位的细胞外区均保留以双硫键连接的相邻的 2 个半胱氨酸残基。形成的这一小环是乙酰胆碱启动烟碱受体构象变化导致离子通道开放的"分子开关"。此双硫键可被［^{3}H］MBTA 标记。若将此键还原，或以丝氨酸置换任一半胱氨酸，均使受体功能改变。

各 α 及 β 亚单位在细胞外区的氨基酸序列也有相似性，特别是被 13 个氨基酸分开的 2 个半胱氨酸及双硫键形成的大环在神经元烟碱受体及运动终板受体各亚单位中都保留着。此环为 β 结构，在脯氨酸处有一转折。各亚单位的疏水跨膜区序列也极相似，每个亚单位均提供 M2 片段组成离子通道。跨膜结构保守性极强，经不起突变，各亚单位的胞浆区则是多变的。胞浆区受进化的制约比细胞外区及跨膜区少，无论氨基酸顺序或序列长度均有很大变化。尤其是 M_3 和 M_4 之间的胞浆段，它是亚单位中变异最多的区域。其 B-B-X-S 肽段（B 为碱性氨基酸，S 为丝氨酸，X 为任一氨基酸）称作磷酰化序列，是 cAMP 依赖性蛋白激酶（PKA）的作用部位，在神经元烟碱受体及骨骼肌烟碱受体多个亚单位中均有保留。α_2 亚单位胞浆区出现一段含 17 个氨基酸残基的特有的聚谷氨酸序列（第 371～387 位氨基酸），其生理意义尚不清楚。聚谷氨酸序列在电压门控钠通道的胞浆区段中也存在。

鉴于神经元烟碱受体亚单位的结构域、亲水度图谱及氨基酸序列与骨骼肌烟碱受体亚单位的同源性，推测也有相似的二级结构及组装方式。

（3）神经元烟碱受体的亚型：不同的 α 亚单位与 β 亚单位以不同的排列顺序及数目可构成众多的可能的组合体（亚型），例如 $(\alpha_4)_2(\beta_2)_2X$（X = β_2、α_4、α_5）等，它们在对配体的敏感性、脱敏作用、配体诱导的上调、通道特性等方面都存在诸多差异。但其中哪些是功能性的，哪些是"非功能性"的，哪些是机体实际存在的亚型，尚待一一确定。

神经元烟碱结合部位的亚单位并不都参与功能性配体离子通道的构成。β_2 或 β_4 分别与 α_2、α_3、α_4 均可构成烟碱受体离子通道，而 α_5、β_3 与任何其他亚单位均不能构成功能性烟碱受体。因而推测 α_5 及 β_3 或许是构建 α-BGT 结合蛋白的亚单位，但尚待证实。

银环蛇毒毒液中除含 α-BGT 外，还含有另一类神经毒素，含量很少，叫作神经元 BGT（n-BGT）。这是一类对许多脊椎及无脊椎动物神经元烟碱受体有高度选择性的高亲和性拮抗剂。n-BGT 对骨骼肌烟碱受体的亲和力极低，只有 α-BGT 的 1/500～1/200。另外，n-BGT 也可与 α-BGT/ 烟碱结合蛋白结合。烟碱受体竞争性拮抗剂 d- 筒箭毒及咪噻芬（trimethaphan）可防止 n-BGT 对神经元的作用，而非竞争性烟碱受体拮抗剂美加明不能防止 n-BGT 的作用。

中枢神经系统中已经发现的几种亚型的功能性烟碱受体具有不同的药理学性质。神经元烟碱受体并非全被 n-BGT 阻断，脑中有被 n-BGT 阻断的亚型，还有不被 n-BGT 阻断的亚型存在。成年脊椎动物脑中可能主要为 $\alpha_4\beta_2$ 亚型烟碱受体，而神经节中主要为对 n-BGT 敏感的 $\alpha_3\beta_2$ 亚型，其次为对 n-BGT 不敏感的 $\alpha_3\beta_4$ 亚型。

受体离子通道亚型的多样性是接收化学或电信号的受体的普遍性特征。信号接收蛋白多型的生理意义在于可增加神经元信息处理的能力，是神经元可塑性的物质基础。

受体亚型是由不同基因编码或不同剪接而产生的。翻译后加工与修饰及细胞内调控机制所造成的药理学及生理学性质的变化不应该视为不同亚型的表现，如最常见的磷酰化反应介导的脱敏作用对受体离子通道的调节。磷酰化反应对受体功能的调控属于"态"的变化，而不是亚型的差异。

（4）神经元烟碱受体的配体：神经元烟碱受体的选择性配体常用的有骏河缎虎鱼毒素（surugatoxin）、新骏河缎虎鱼毒素（neosurugatoxin）、K- 毒素（K-toxin）。非选择性配体有烟碱、乙酰胆碱、d- 筒箭毒、双氢 β 刺酮酊（DHEE）、柳珊瑚毒素（lophotoxin）、α 蜗牛毒素（α-conotoxin）及变性毒素 a（anatoxin-a）。

（5）神经元烟碱受体除对 Na^+、K^+ 透外，对 Ca^{2+} 的通透性也很大：神经系统的烟碱受体对 Ca^{2+} 的通透性比骨骼肌烟碱受体大，不同的受体亚型之间差别也很大，由 α_7 亚单位构成的神经元烟碱受体对 Ca^{2+}/Na^+ 的通透比例接近 20，该类受体的 M2 跨膜区段氨基酸残基谷氨酸 237 被丙氨酸替换

可以消除这种 Ca^{2+} 的通透性，但不影响受体的其他功能，因此此类受体的激活可以导致胞内 Ca^{2+} 水平显著增加，而不伴有电压门控 Ca^{2+} 通道的开放，其他亚单位组合的神经元烟碱受体对 Ca^{2+}/Na^+ 的通透比例是 1.0 ～ 1.5。

（6）突触前烟碱受体作为自身受体或异源受体：神经元烟碱受体分布在突触后和突触前。突触前烟碱受体可以作为自身受体，位于突触区，或邻近突触的末梢前部分，正反馈调节 ACh 释放。在脑内，突触前烟碱受体主要作为异源受体，增加去甲肾上腺素、多巴胺、谷氨酸和 γ- 氨基丁酸的释放。突触前烟碱受体正反馈调节的机制是受体激活后，Na^+ 的内流使膜去极化，从而开放电压门控 Ca^{2+} 通道。某些类型的神经元烟碱受体对 Ca^{2+} 的高通透性（如 α 类型）也导致 Ca^{2+} 内流，细胞内 Ca^{2+} 水平的提高促进递质的释放。目前认为突触前烟碱受体对激动剂的敏感程度至少比突触后烟碱受体大 10 倍，所以很容易被低浓度的激动剂激活。

二、毒蕈碱受体

1. 毒蕈碱受体亚型 毒蕈碱受体（muscarinic receptor，M-AChR）目前可分为五种药理学亚型，即 M_1 ～ M_5。它们分型的主要依据是与不同的选择性 M 受体拮抗剂（或抗胆碱药物）的亲和力的差别（表 4-1-2）。

表 4-1-2 **M 胆碱受体的激动剂及拮抗剂**

激动剂	拮抗剂
muscarine（毒蕈碱）	atropine（阿托品）
carbachol（碳酰胆碱）	methylatropine（甲基阿托品）
methacholine（乙酰甲胆碱）	scopolamine（东莨菪碱）
pilocarpine（毛果芸香碱）	methylscopolamine（甲基东莨菪碱）
arecoline（槟榔碱）	3-quinuclinodinyl benzilate（QNB，二苯羟乙酸喹宁酯）
oxotremoline（氧化震颤素）	哌仑西平
	替仑西平
	美索曲明
	AFDX116
	希姆巴辛
	gallamine（季铵酚）
	己氢硅烷二苯尼多
	P-氟己氢硅烷二苯尼多

M_1 受体与哌仑西平（pirenzepine，PZ）呈高亲和力结合，K_d 约 10 nmol/L。主要分布在神经组织中，包括大脑皮质、海马、纹状体和丘脑等，主要分布在突触后，尤其是树突前位。脑中 M_1 受体占 M 受体的 50% ～ 80%。

M_2 受体与 AF-DX116 呈高亲和力结合，K_d 约 100 nmol/L。主要分布在心脏，在神经和平滑肌上也有一定量分布。在神经组织中，主要富集在脑干和丘脑，但在大脑皮质、海马和纹状体也有发现。M_2 受体主要分布在胆碱能神经的轴突末梢，作为突触前自身受体，通过负反馈调节作用抑制 ACh 的释放。

M_3 受体主要分布在外分泌腺体和肠道平滑肌上，神经组织中表达量更少。在神经组织中，可见于大脑皮质和海马。它与 AF-DX116 结合的亲和力很低，K_d 约 3000 nmol/L。与 PZ 结合的亲和力也显著低于 M_1 受体，K_d 约 200 nmol/L。已发现一些抗胆碱能药物能与 M_3 受体选择性地结合，如 Hexahdrosiladifenidol（HHSiD）与 M_3 结合的 K_d 约 2 nmol/L。

M_4 受体在许多脑区有分布，但在纹状体的作用尤为突出，它能够调节多巴胺的释放。与 M_2 受体相似，M_4 受体也可以作为胆碱能神经末梢的自身受体。M_4 显示出与 M_3 受体类似的药理学特性，但不同之处在于 M_4 受体对 methoctramine 具有较高的亲和性。

M_5 受体的药理学特性与前 4 种受体亚型都不相同。其在脑内的表达量较低，主要位于中脑的腹侧被盖区、黑质等区域。

2. 毒蕈碱受体的分子结构 使用 SDS-PAGE 电泳法和蔗糖梯度离心法测定溶脱纯化的 M 受体的分子量，为 52 ～ 70 kD，根据 M 受体的 cDNA 推导的受体的氨基酸序列估算 M_1、M_2 和 M_4 的分子量约 52 kD，M_5 为 60 kD，M_3 为 64 kD。

M 受体含有 460 ～ 590 个氨基酸，其中约 170 个氨基酸组成 7 个跨膜区，其余的组成 4 个细胞外区段和 4 个细胞内区段，其中细胞内第三区段最长，含 157 ～ 203 个氨基酸。各亚型的跨膜区段氨基酸序列相似程度较高。各亚型的差别主要是细胞外的氨基端段、细胞内的羧基端段和细胞内第三区段中的氨基酸序列。

M 受体蛋白属糖蛋白，糖基化部位在氨基端的 3 个门冬酰胺基上。在羧基端有 3 个可磷酰化的苏氨酸残基。受体蛋白与配体结合部位推测是在第三跨膜区段上的门冬氨酸残基上。细胞内第三区段位于第四和第五跨膜区段细胞内根基部位的氨基酸段，推测为与 G 蛋白的结合部位（图 4-1-9）。

3.毒蕈碱受体的信号转导 M 受体在配体的作用下首先与 G 蛋白结合，诱导一系列生化反应，再经过第二信使或直接调节细胞膜上的离子孔道的功能状态，导致一系列反应。

M_1、M_3 和 M_5 受体与 $G_{q/11}$ 蛋白结合后，激活磷脂酶 C（PLC），分解磷酸肌醇生成二酰基甘油（DAG）和三磷酸肌醇（IP_3），它们作为第二信使又引起下述变化：

DAG 可激活蛋白激酶 C（PKC），导致细胞膜 K^+ 传导下降（该电流为电压敏感性电流，称作 M 电流，M1 受体激活导致该通道 K^+ 外流受到抑制，细胞膜缓慢去极化）和 Ca^{2+} 传导增加，产生去极化效应，一般认为这是突触后神经元兴奋和平滑肌收缩的机制。

IP_3 作为第二信使作用在细胞内网质上，使胞内 Ca^{2+} 浓度增加，进而激活对 Ca^{2+} 和钙调素敏感的蛋白激酶，导致细胞膜上 Ca^{2+} 和 Na^+ 传导增加或肌浆球蛋白磷酸化，引发多种多样的生理功能。

上述信号通路还可能激活丝裂原激活蛋白激酶（MAPK），因此 M_1 和 M_3 受体还可能与细胞增殖有关。

M_2、M_4 受体与 G_i 蛋白结合后，抑制细胞内的腺苷酸环化酶（AC），细胞内 cAMP 含量下降，导致蛋白激酶 A（PKA）活性下降，在外周组织中使心肌细胞膜上 Ca^{2+} 传导下降，造成心肌细胞膜超极化，或使平滑肌细胞膜 K^+ 传导下降，造成平滑肌细胞膜去极化。

M_2、M_4 受体与 G_i 蛋白结合后，通过 βγ 亚单位激活细胞膜上内向整流 K^+ 通道。一般认为这导致细胞膜超极化，是位于突触前的 M 受体发挥突触前抑制的机制。

4.毒蕈碱受体亚型的细胞生理

（1）神经元：M 受体在神经组织中的分布十分广泛，它们不但存在于胆碱能神经元的胞体和树突上，也存在于非胆碱能神经元的胞体和轴突终端部位。在一个神经元上既有兴奋性 M 受体，也有抑制性 M 受体。

M 受体引起的神经元兴奋作用系 K^+ 传导降低所致，包括三种机制：①使维持膜电位的 K^+ 通道关闭；②与 M 电流有关的 K^+ 通道功能下降，出现

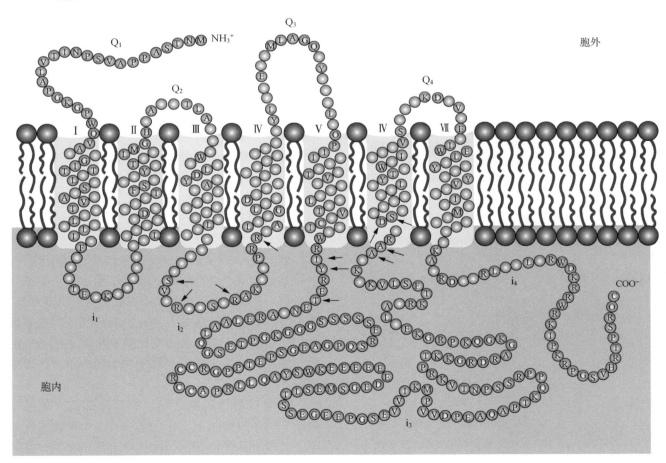

图 4-1-9　M 受体结构模式图

突触膜慢的去极化、簇式发放和重复发放的易化；③与细胞膜超极化有关的 K^+ 通道关闭，导致峰形发放后超极化作用减弱和重复发放的易化。

M 受体引起的神经元抑制作用系 K^+ 通道开放及细胞膜超极化的结果。调节这种作用的是 M_2 受体。

在一些胆碱能神经突触上，M_2 受体位于突触前膜，其功能是对 ACh 的释放进行负反馈调节。M_2 受体也与 M_1 受体以及烟碱受体共存于突触后膜上，与 N 受体激活时出现快兴奋性突触后电位（fast EPSP）不同，M_2 受体激活时出现抑制性突触后电位（IPSP），M_1 受体激活时出现慢兴奋性突触后电位（slow EPSP）。

必须指出，M 受体亚型的结构和功能因神经元所在部位不同而有差别，例如在神经肌肉接头上，位于突触前膜上的是 M_3 受体，其功能也是负反馈调节 ACh 释放。

（2）心肌：M_2 受体存在于窦房结、房室结和心肌上。小剂量 ACh（nmol/L 水平）首先兴奋起搏点上的 M_2 受体，通过抑制超极化电流引起心率减慢。提高 ACh 浓度后，心肌上的 M_2 受体激活，降低心肌收缩力和速率。当 G_i 蛋白激活后，心肌内 cAMP 浓度下降，细胞膜上 Ca^{2+} 通道磷酸化过程减慢，Ca^{2+} 通道关闭，细胞内 Ca^{2+} 浓度下降，细胞功能减弱。另一方面，通过内向整流 K^+ 通道起作用，当 M_2 受体激活导致细胞复极化 K^+ 外流加速，呈超极化状态，从而抑制心肌。

（3）平滑肌：平滑肌上的 M 受体主要是 M_3 亚型，其次是 M_2 亚型。M_3 受体的功能是调节平滑肌的收缩，其机制是 ACh 激活 M_3 受体，与其偶联的 G_q 蛋白发挥功能，使磷脂肌醇转换率增加，生成 DAG 和 IP_3，作为第二信使调节 Ca^{2+} 和 K^+ 通道功能，使细胞膜去极化。

平滑肌上的 M 受体可以拮抗 β 肾上腺素受体的肌肉松弛作用，其机制是通过 G_i 蛋白起作用，G_i 蛋白激活可使细胞内 cAMP 浓度下降和 K^+ 通道关闭，从而缓冲了 β 受体激活后引起的 cAMP 浓度增加和 K^+ 通道开放。调节这一作用的 M 受体亚型一般认为是 M_2 受体。

（4）腺体分泌细胞：在外分泌腺上，如泪腺、颌下腺、腮腺、胃及肠黏膜上的分泌细胞均含有 M_3 受体。胰腺 β 细胞也含 M_3 受体。

M_3 受体对腺体分泌功能的调控主要通过 G_q 蛋白通路，即增加磷脂肌醇代谢和细胞内 Ca^{2+} 水平来实现。

5. 毒蕈碱受体亚型的选择性激动剂和拮抗剂临床治疗学展望 M 受体在体内分布十分广泛，功能十分复杂，例如中枢 M 受体主要是调控学习、记忆、运动调节、前庭功能和镇痛等。现存的 M 样受体激动剂和拮抗剂大多数缺乏受体亚型选择性，故不良反应很大也很多，极大地限制了药物治疗效应的发挥和临床使用，寻找 M 受体亚型的选择性激动剂和拮抗剂已成为当今药学研究的热点之一，也是临床治疗学的期望所在。例如，M_1 受体拮抗剂更适合于治疗帕金森病，而较早的研究也显示 M_1 受体激动剂可用于治疗阿尔茨海默病。

心脏中 M_2 受体的主要功能是负性节律和负性肌力作用。M_2 受体激动剂可以像 β 阻断剂一样起到相应的临床治疗效应。而 M_2 受体拮抗剂可以代替阿托品治疗窦性或结性心动过缓和房室传导阻滞。值得指出的是血管平滑肌中的 M 受体是 M_3 亚型，因此，在用 M_2 受体拮抗剂或激动剂治疗时，不必担心外周血管反应的副作用。

呼吸系统中也有较多 M 受体，肺的通气道主要是 M_3 受体，肺组织中 M_1 和 M_3 受体约各占一半，M_3 受体略多于 M_1 受体。临床上如用阿托品治疗气管收缩性哮喘或呼吸困难，常有很多不良反应，现已证实哌仑西平治疗慢性阻塞性呼吸困难效果好，不良反应小。

在胃肠道神经组织中含有 M 受体，在腺体和平滑肌上有较多的 M_3 受体。最近发现 M_1 受体在胃酸分泌中起重要作用，所以 M_1 受体拮抗剂哌仑西平是一个较好的胃溃疡治疗药。M_1 受体激动剂 dicyclomine 可用来治疗肠激惹综合征。

可以预期新的 M 受体亚型的选择性激动剂和拮抗剂的发现，对临床治疗的发展将具有十分重要的意义。

第六节 胆碱能系统的生理与病理作用

一、胆碱能系统的生理功能

（一）学习与记忆

动物注射拟胆碱药能增进学习记忆的能力，而抗胆碱药则减弱之。对于人类，东莨菪碱也降低正常人的近期记忆能力。这可能由于东莨菪碱阻断了信息由第一级记忆向第二级记忆的转移过程。此外，胆碱能系统阻滞引起的学习记忆的减退，与正常老年人的健忘症极为相似。提示老年人的记忆障碍很可能与中枢胆碱能活动减退有关。另外，在阿尔茨海默病患者脑内也发现疾病早期梅奈特基底核中的胆碱能神经元发生变性。

（二）觉醒与睡眠

中枢胆碱能活动参与慢波和快波睡眠，在觉醒和睡眠中起着多方面的调节作用。脑桥头端被盖胆碱能神经元参与网状上行激活系统，维持机体处于觉醒状态。而在脑桥头端被盖外侧区的胆碱能神经元在快速眼动睡眠期活动明显增强，表明 ACh 促进快速眼动睡眠期的启动。目前认为网状结构胆碱能上行激动系统和皮质胆碱能系统，对激活并维持脑电和行为觉醒有重要作用（第 9 篇第 1 章）。

（三）体温调节

脑内 ACh 对体温调节的作用较复杂，存在种属差异。在猴的实验中观察到，在寒冷环境中猴下丘脑前区和视前区 ACh 的释放增多，同时体温上升；在温热环境中 ACh 则释放减少，体温下降。将 ACh 或拟胆碱药注入小脑延髓池和下丘脑，可使鼠的体温降低，而对猫、豚鼠、羊、猴等引起体温升高。此外，M、N 型胆碱受体在体温调节中可能起不同的作用，如猫 M 受体兴奋时体温升高，N 受体兴奋时则体温降低。ACh 在发热过程中可能具有重要作用。在下丘脑前区和视前区注射前列腺素引起体温升高，同时伴有 ACh 释放增加。若事先注射阿托品阻断胆碱受体，可对抗前列腺素引起的发热作用。

（四）摄食和饮水

中枢 ACh 对摄食和饮水活动是分别调节的，但往往两者同时发生，并存在种属差异。在大鼠实验中，将氨甲酰胆碱注入边缘系统许多部位（下丘脑外侧区、穿隆、隔区、扣带回、海马、丘脑、乳头体等）都可以引起饮水反应，继之以摄食活动。这些脑区之间通过纤维联系形成回路，称为胆碱能渴饮回路。在这一回路上的任一部位注射阿托品或东莨菪碱，都可阻断 ACh 或氨甲酰胆碱引起的饮水活动；注射毒扁豆碱引起内源性 ACh 蓄积，也可以产生饮水活动。另外，在隔区注射阿托品可抑制摄食活动。上述结果提示，ACh 通过边缘系统促进大鼠的饮水和摄食活动。在家兔实验中，下丘脑外侧区注入小剂量氨甲酰胆碱引起饮水，而大剂量产生摄食活动。在猴的实验中，把 ACh 或氨甲酰胆碱注入下丘脑可阻止饿猴的摄食和饮水，这一作用可以被阿托品所对抗。

（五）感觉和运动

在感觉特异投射系统中，第一级肯定不是胆碱能的。但刺激视神经，可引起大脑皮质有关区的 ACh 释放增加。在感觉非特异投射系统中，脑干网状结构上行激动系统中有大量胆碱能纤维参与。在运动功能方面，大脑皮质的大锥体细胞是胆碱敏感细胞；脑干和脊髓发出的自主神经、运动神经都是胆碱能的。在纹状体，尾核的 ACh 和多巴胺之间的平衡，对维持机体的运动有重要意义。

（六）镇痛与针刺镇痛

中枢胆碱能系统参与镇痛。外周给予能透过血脑屏障的阿托品能拮抗拟胆碱药的镇痛作用，而外周注射难透过血脑屏障的甲基阿托品则不能拮抗之。难透过血脑屏障的拟胆碱药氨甲酰胆碱外周给药无镇痛作用，而脑室注射有镇痛作用。这些结果说明拟胆碱药的镇痛作用部位在中枢而不是外周。

中枢胆碱能系统在针刺镇痛中也起着重要作用。

1. 针刺镇痛时中枢 ACh 释放和更新率的变化 应用脑室灌流或推挽灌流方法，可以动态观察递质释放的变化。发现针刺镇痛时家兔尾核的 ACh 释放增加，其增加量与针刺镇痛效应相关。更新率能定量地反映递质代谢的变化。已观察到针刺镇痛时，大鼠尾核、丘脑 ACh 更新率升高，此时 ACh 的合成率和利用率均升高。

2. 应用药物改变中枢胆碱能活动观察对针刺镇痛的影响 动物脑室或尾核内注射密胆碱，抑制 ACh 的生物合成；脑室或尾核内注射阿托品或东莨菪碱阻断中枢胆碱受体，均减弱针刺镇痛效果。反之，动物皮下或尾核内注入毒扁豆碱，抑制胆碱酯酶，使 ACh 积蓄，可加强针刺镇痛作用。

3. 针刺镇痛时胆碱酯酶活性变化 一些实验室在针刺镇痛时观察到某些脑区如蓝斑、丘脑、下丘脑、尾核、扣带回等的胆碱酯酶活性增高；而在脊髓罗氏胶质、三叉神经脊束核的胆碱酯酶活性下降。胆碱酯酶分布广泛，针刺镇痛时胆碱酯酶活性变化的确切意义有待研究。

二、胆碱能系统功能紊乱引起的疾病

（一）肌无力综合征

肌无力综合征（Eaton-Lambert syndrome）的产生是由于动作电位到达运动神经轴突末梢时，ACh 释放量不足所致。该病与重症肌无力症病因不同，但症状相似。患者常有癌症发生。肌无力综合征的发病机制与肉毒素中毒类似，可能干扰了 ACh 释放所必需的 Ca^{2+} 的供给。ACh 释放不足，则肌无力，易疲劳。患者体内 ACh 的生物合成及胆碱的摄取均正常。抗胆碱酯酶剂治疗此症的效果不如重症肌无力症，而治疗肉毒素中毒的药物盐酸胍（guanidine hydrochloride）对肌无力综合征有效。

（二）假性胆碱酯酶缺陷症

假性胆碱酯酶缺陷症是一种遗传性疾病，至少涉及两个染色体位点。人血清 BChE 已发现 3 种非典型变异，即地布卡因抗性型（EaEa）、氟化物抗性型（EfEf）及沉默基因型（EsEs）。患者 BChE 无活性或活性很低。此症患者平日无症状，但手术使用去极化型肌松剂琥珀酰胆碱时，因它不能被 AChE 水解，而血浆又缺乏 BChE，故使琥珀酰胆碱长时间在体内存留，与 ACh 竞争烟碱受体，造成骨骼肌持久的瘫痪，波及呼吸肌时，则导致窒息。正常人手术用琥珀酰胆碱后，2 ~ 10 min 内自动呼吸恢复，而此患者可数小时不恢复。此时，静脉给人含 BChE 的人血浆或人 BChE 提纯制品，可达到治疗的目的。

（三）有机磷毒剂中毒症

有机磷毒剂是真性及假性胆碱酯酶的强烈抑制剂，被用作农业杀虫剂或化学战剂。有机磷毒剂可以经过胃肠道、呼吸道、皮肤、注射等各种途径侵入机体，抑制全身各个组织中及体液中的胆碱酯酶。急性中毒时，神经性毒剂靠近 AChE 的活性表面，依靠亲脂性（疏水性）吸附或静电引力与 AChE 的疏水区或负性部位结合，使神经毒剂固定在最有利与酯解部位发生作用的位置。同样，在酯解部位的酸基和碱基协助下，神经性毒剂的膦酰基上的磷原子与 AChE 丝氨酸的氧原子形成共价键结合，同时酯键断裂，膦酰基与 AChE 结合形成稳定的膦酰酶（phosphorylatedenzyme），这一过程称酶的膦酰（phosphorylation）。神经突触的乙酰胆碱酯酶被有机磷毒剂膦酰化后，失去水解乙酰胆碱的能力。神经冲动达到末梢引起递质释放，释出的 ACh 因不被水解，便长时地存在于突触间隙，持续地作用在下一级神经元或效应器的胆碱受体上，导致中枢及外周毒蕈碱受体和烟碱受体功能的极度亢进。患者出现缩瞳、胸闷、呼吸困难、心动过缓或过速、流涎、流涕、多汗、恶心、呕吐、腹痛、肌颤、无力、紧张、焦虑、眩晕、头痛、嗜睡，严重者还出现发绀、抽搐、惊厥、昏迷、窒息、麻痹，最后死亡。慢性中毒发生在长期低剂量暴露的环境中，还可能出现一些迟发性神经症状。对有机磷毒剂的治疗已经有了一套有效的措施。生理对抗剂阿托品及胆碱酯酶重活化剂氯磷啶都是常用的单药，"解磷针"则是我国市售的有机磷农药中毒的特效复方注射液。

（四）胆碱酯酶自身免疫性疾病

1990 年 Brimijoin 发现抗大鼠脑 AChE 的一些单克隆抗体给大鼠静脉注射后，可以与血液中的 AChE 结合，少量抗体可穿越血脑屏障及血脑脊液屏障与中枢神经系统中的 AChE 结合，形成的抗原抗体复合物被网状内皮系统迅速地清除，造成 AChE 含量减少。由于 Brimijoin 使用的单克隆抗体是非抑制性抗体，只能与 AChE 结合而不影响酶活性，故受注射大鼠的大体状态正常，运动功能良好，不出现 AChE 抑制症状，无副交感神经功能障碍出现。但大鼠在静脉注射特异抗体后 4 h 内均出现明显的眼睑下垂，持续 10 余天仍不恢复。这意味着眼肌 AChE 或交感神经功能选择性地受损，或优先受损。如果机体长期暴露于抗 AChE 抗体的环境中，很可能在神经系统更广泛的部位造成免疫性损伤，诱发出其他的生化改变和功能异常。AChE 自身免疫反应性可能是某些尚未被发现的神经精神疾病的病因。人类的胆碱酯酶自身免疫性疾病有待临床学家去发现。

（五）胆碱酯酶交叉免疫性疾病

牛甲状腺球蛋白第 2210 位氨基酸的下游序列与电鳐电器官 AChE 第 30 位氨基酸的下游序列有惊人相似之处。特别是 AChE 第 144 ～ 195 位氨基酸之间的肽段与甲状腺球蛋白相应肽段间相同性高达 60%。疏水度图谱也显示二者可能有共同的抗原决定簇。Grave 病又叫突眼性甲状腺肿，是一种甲状腺自免疫性疾病。患者血清与电鳐 AChE 有交叉免疫反应，抗甲状腺球蛋白抗体与眼肌 AChE 也有选择性的交叉免疫反应。这种选择作用被认为是 Grave 眼病的病因。

阵发性夜间血红蛋白尿是一种补体介导的血细胞膜蛋白疾病，由患者的骨髓干细胞产生的红细胞、粒细胞及血小板均对补体介导的裂解异常敏感。红细胞 AChE 可减少 70%。

Chagas 病是因克鲁斯锥（Trypanosomacruzi）感染而产生抗宿主组织抗体的免疫性疾病。抗体针对横纹肌的特异组分、神经元及结缔组织，并与红细胞及基底膜蛋白有交叉免疫反应。患者血清中可检出抗 AChE 抗体，说明人 AChE 与锥虫表面抗原有共同的抗原决定簇。可导致宿主 AChE 减少。

（六）阿尔茨海默病

基底前脑中胆碱能神经元广泛支配着大脑皮质及有关结构，在识别和记忆功能中起重要作用。阿尔茨海默病患者的这些胆碱能神经元在疾病早期即发生选择性退行性变。海马及新皮质中的胆碱能神经出现老年斑及神经原纤维缠结。皮质 AChE 活性减低，红细胞及脑脊液中的 AChE 活性也降低。

（七）帕金森病

帕金森病痴呆及非痴呆患者额叶皮质中的 AChE 活性明显低于正常人。痴呆患者脑中有生化异常及病理改变，与阿尔茨海默痴呆患者相似，如海马及大脑皮质出现老年斑及神经原纤维缠结，无名质中胆碱能神经元发生退行性变。

（八）重症肌无力症

重症肌无力症（myasthenia gravis）是一种常见病，发病率约 1/20 000，是骨骼肌烟碱受体的自身免疫性疾病。大多数重症肌无力患者的胸腺不正常，胸腺髓质生发中心组织增生，其中 1/10 的人有胸腺瘤，胸腺中 T 淋巴细胞和 B 淋巴细胞异常增多，并有肌样细胞出现。这些细胞表面有烟碱受体存在，参与烟碱受体自身免疫反应。患者血中出现抗烟碱受体抗体，可与全身骨骼肌表面的烟碱受体结合。抗原抗体复合物的形成妨碍 ACh 接近受体结合部位，导致烟碱受体功能障碍，这是重症肌无力症产生的初始病因。

抗血清中的 IgG 使烟碱受体产生交联，继而集聚。细胞对集聚的烟碱受体优先识别及降解。一部分集聚的受体先内陷进入胞体，后被溶酶体中的蛋白水解酶消化掉，另一部分只是简单地脱落，在此过程中有补体 C 和大量吞噬细胞参加。患者肌细胞烟碱受体不断地交联、集聚和内陷，那些新生的烟碱受体也遭到同样的命运，长此下去最终导致肌细胞上烟碱受体数目的减少，即所谓的灶性溶解（focal lysis）。

抗血清对烟碱受体的直接阻断在病因学中只起很小的作用，致病的主要机制是灶性溶解导致的受体数的减少。因为主动免疫过程需要时间产生抗体，抗体生成后又需要时间造成烟碱受体的缺失，因此烟碱受体的功能性障碍是逐渐形成的。

患者肌细胞表面烟碱受体可以减少到正常人的 11% ～ 30%，但每次神经冲动引起乙酰胆碱释放的量是正常的，乙酰胆碱降解速度也不加快。正常释放的乙酰胆碱作用于数量剧减的烟碱受体不足以引起突触后膜的激发，造成传递阻滞。烟碱受体的减少是影响神经传递的原发性损伤。这种损伤导致的突触后膜皱褶结构的简单化，又造成烟碱受体天然分布致密区与乙酰胆碱释放部位之间原有的匹配定向发生扭曲，进一步加剧这种损伤产生的后果。

重症肌无力患者的症状是骨骼肌反复收缩时迅速出现无力现象。骨骼肌障碍可以是全身性的或局部性的，后者常累及外侧动眼肌肉。晚期产生肌肉瘫痪，若涉及呼吸肌则危及生命。患重症肌无力症的母亲的新生儿可出现暂时性重症肌无力症状。

重症肌无力症可用抗胆碱酯酶剂治疗或胸腺切除法治疗。

参考文献

综述

1. Bazalakova MH，Blakely RD. The high-affinity choline transporter：A critical protein for sustaining cholinergic signaling as revealed in studies of genetically altered mice. *Handbook of Experimental Pharmacology*，2006，175：525-544.

2. Changeux JP. Nicotine addiction and nicotinic receptors：Lessons from genetically modified mice. *Nature Reviews Neuroscience*，2010，11：389-401.

3. Conn PJ，Jones CK，Lindsley CW. Subtype-selective allosteric modulators of muscarinic receptors for the treatment of CNS disorders. *Trends in Pharmacological Sciences*，2009，30：148-155.

4. Cordero-Erausquin M，Maruhio LM，Klink R，et al. Nicotinic receptor function：new perspectives from knockout mice. *Trends Pharmacol Sci*，2000，21：211-218.

5. Langmead CJ，Watson J，Reavill C. Muscarinic acetylcholine receptors as CNS drug targets. *Pharmacology & Therapeutics*，2008，117：232-243.

6. Massoulié J，Millard CB. Cholinesterases and the basal lamina at vertebrate neuromuscular junctions. *Current Opinion in Pharmacology*，2009，9：316-325.

7. Silman I，Sussman JL. Acetylcholinesterase：'classical' and 'non-classical' functions and pharmacology. *Current Opinion in Pharmacology*，2005，5：293-302.

8. Wess J，Eglen RM，Gautam D. Muscarinic acetylcholine receptors：Mutant mice provide new insights for drug development. *Nature Reviews Drug Discovery*，2007，6：721-733.

9. Wessler I，Kirkpatrick CJ. Acetylcholine beyond neurons：The non-neuronal cholinergic system in humans. *British Journal of Pharmacology*，2008，154：1558-1571.

原始文献

1. Mesulam MM，Mufson EJ，Wainer BH，et al. Central cholinergic pathways in the rat：An overview based on an alternative nomenclature（Ch1-Ch6）. *Neuroscience*，1983，10（4）：1185-1201.

2. Anagnostaras SG，Murphy GG，Hamilton SE，et al. Selective cognitive dysfunction in acetylcholine M1 muscarinic mutant mice. *Nature Neuroscience*，2003，6：51-58.

3. Brejc K，van Dijk WJ，Klaassen RV，et al. Crystal structure of an AChbinding protein reveals the ligand-binding domain of nicotinic receptors. *Nature*，2001，411：269-276.

4. Govind AP，Vezina P，Green WN. Nicotine-induced upregulation of nicotinic receptors：Underlying mechanisms and relevance to nicotine addiction. *Biochemical Pharmacology*，2009，78：756-765.

5. Grønlien JH，Håkerud M，Ween H，et al. Distinct profiles of alpha7 nAChR positive allosteric modulation revealed by structurally diverse chemotypes. *Molecular Pharmacology*，2007，72：715-724.

6. Sacco KA，Bannon KL，George TP. Nicotinic receptor mechanisms and cognition in normal states and neuropsychiatric disorders. *J Psychopharmacol*，2004，18：457-474.

7. Seeger T，Fedorova I，Zheng F，et al. M2 muscarinic acetylcholine knock-out mice show deficits in behavioral flexibility，working memory and hippocampal plasticity. *Journal of Neuroscience*，2004，24：10117-10127.

8. Unwin N. Refined structure of the nicotinic acetylcholine receptor at 4Å resolution. *Journal of Molecular Biology*，2005，346：967-989.

9. Verderio C，Rossetto O，Grumelli C，et al. Entering neurons：Botulinum toxins and synaptic vesicle recycling. *Embo Journal*，2006，7：995-999.

10. Vetter DE，Katz E，Maison SF，et al. The alpha10 nicotinic acetylcholine receptor subunit is required for normal synaptic function and integrity of the olivocochlear system. *Proceedings of the National Academy of Sciences of the United States of America*，2007，104：20594-20599.

第 2 章 兴奋性氨基酸

王 强 王以政

第一节 中枢神经系统的兴奋性递质——谷氨酸

谷氨酸（L-glutamate 或 L-glutamic acid）是一种脊椎动物脑内含量很高的氨基酸。半个世纪以前就已发现谷氨酸具有显著的兴奋中枢神经系统的作用。以传统的神经递质检定标准为准，谷氨酸已符合一个兴奋性神经递质的基本条件：①谷氨酸可在突触前末梢中合成和贮存；②能够在生理刺激的条件下以 Ca^{2+} 依赖的方式释放；③谷氨酸诱发的反应和内源性兴奋性递质诱发的反应相同，并通过特定的谷氨酸受体介导；④选择性的谷氨酸受体拮抗剂可以阻断谷氨酸诱发的反应；⑤突触间隙内存在着迅速终止谷氨酸作用的机制。谷氨酸属于脑内分布最广的氨基酸递质之一，存在于大多数的神经通路中，通过对神经元的兴奋性以及脑内代谢性活动的影响，谷氨酸介入了多种生理及病理细胞活动的调节。天冬氨酸（L-aspartate 或 L-aspartic acid）在早年的文献中曾被认为是一种兴奋性氨基酸神经递质，近年来，由于缺乏足够的证据支持其符合上述检定神经递质的标准，其充当脑内兴奋性氨基酸神经递质的可能性已大大降低。

一、谷氨酸的脑内分布

谷氨酸在中枢神经系统内分布极广，几乎所有的神经元都有相应的谷氨酸受体。早期多用生理或

药理学的方法研究脑内利用谷氨酸为递质的主要神经通路，这些方法包括电刺激某些神经通路时测定脑灌流液中谷氨酸的释放，以及损毁这些神经通路后谷氨酸释放量的变化。还有利用神经末梢高亲和性摄取谷氨酸的特性进行放射自显影追踪。20 世纪 80 年代利用初步研制成功的谷氨酸专一性抗体，开始应用光镜与电镜观察谷氨酸通路在中枢神经系统内的分布。综合现有的资料，中枢神经系统内绝大多数兴奋性突触都以谷氨酸为递质。哺乳类脑内以兴奋性氨基酸为递质的神经通路包括感觉和运动投射系统、皮质内神经网络、皮质至基底节神经核团和丘脑结构的投射通路以及几乎所有环节的视觉传导通路（图 4-2-1）。

二、谷氨酸的合成、贮存和释放

谷氨酸是由糖代谢三羧酸循环的中间产物 α- 酮 戊 二 酸（α-ketoglutarate）在 转 氨 酶（aminotransferase）的作用下加氨基而生成，也可由谷氨酰胺（glutamine）经谷氨酰胺酶（glutaminase）脱氨基产生。

谷氨酸能神经末梢胞浆内的谷氨酸经由低亲和性的谷氨酸转运体（glutamate transporter），不断转运入特异性的突触前小囊泡内贮存。这种主动的转

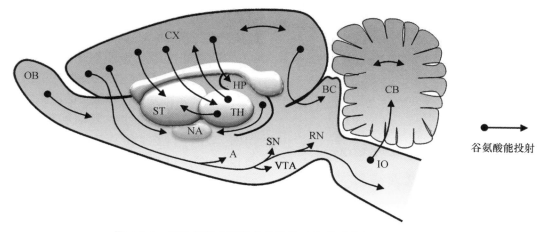

图 4-2-1　哺乳类脑内以兴奋性氨基酸为递质的主要神经通路
A.杏仁核；CB.小脑；CX.大脑皮质；HP.海马；IO.下橄榄核；NA.伏隔核；OB.嗅球；RN.红核；SC.上丘；SN.黑质；ST.纹状体；TH.丘脑；VTA.腹侧被盖区

运过程可使囊泡内的谷氨酸浓度达到～ 100 mmol/L，大大高于胞浆内的谷氨酸浓度（～ 10 mmol/L）。谷氨酸囊泡转运是由囊泡膜质子泵（H^+-ATP 酶）产生的囊泡膜电位驱动的，质子泵利用水解 ATP 所获得的能量，驱动 H^+ 进入囊泡内，形成膜电位及囊内酸性环境，两者驱动谷氨酸转运入囊泡内。另外，H^+ 内流也带动 Cl^- 的被动转运，因此，低浓度 Cl^-（～ 1 ～ 5 mmol/L）可促进谷氨酸囊泡转运。H^+ 和 Cl^- 的依赖性构成低亲和性谷氨酸转运体的主要电化学特征。目前已发现囊泡膜谷氨酸转运体具有三种亚型，它们在脑内分布、合成及功能上均有特异性。

囊泡内聚集的谷氨酸即成为待释放的神经递质。神经末梢去极化时，囊泡内的谷氨酸即以 Ca^{2+} 依赖性的胞裂外排（exocytosis）方式释放。单个囊泡的释放能使突触间隙内谷氨酸浓度由～ 1 μmol/L 升至～ 1.1 mmol/L，足以使突触后受体和谷氨酸的结合达到饱和，随后谷氨酸浓度迅速降低，时间常数仅为～ 1.2 ms。已有的研究发现了众多突触前末梢蛋白，这些蛋白具有调节小囊泡递质释放的作用，比如 Synaptobrevin、Syntaxin 和 SNAP-25 蛋白参与了囊泡膜与突触前膜的融合，而 Ca^{2+} 结合蛋白 Synaptotagmin 可经 Ca^{2+} 激活后介导囊泡与突触前膜融合蛋白的结合。越来越多的研究表明，谷氨酸的释放是一系列由 Ca^{2+} 内流启动、经多种蛋白调节下的囊泡释放过程。

三、谷氨酸的摄取

释放至突触间隙内的谷氨酸在激活突触后膜或前膜谷氨酸受体时，通过向周围弥散，被突触前末梢和毗邻的胶质细胞摄取，迅速终止其作用。由质膜高亲和性转运体承担的谷氨酸摄取，不仅避免了过长时间谷氨酸受体的刺激，而且适时调节突触传递：通过调节突触间隙内谷氨酸的浓度，谷氨酸转运体可以调节谷氨酸受体的表达量、范围和时程。这些调制作用同时又取决于突触的结构、谷氨酸的释放量和频率以及周围胶质细胞的分布情况。总之，通过谷氨酸转运体的有效运作，静息状态下胞外体液中谷氨酸的含量得以维持在～ 1 μmol/L 或以下。

位于突触前末梢膜及胶质细胞膜上的高亲和性转运体属于 Na^+/K^+ 依赖性神经递质转运体，其活动以胞内外 Na^+ 和 K^+ 的浓度梯度为能源，不依赖胞外 Cl^-。谷氨酸的转运是一个生电过程：高亲和性转运体同时摄取一个谷氨酸分子和两个或三个 Na^+，并向胞外排出一个 K^+ 和一个 OH^-（或 HCO_3^-），使胞内净增一个或两个正电荷，由此产生伴随谷氨酸摄取的内向电流，用全细胞记录技术可从胶质细胞记录到这种电流反应。五种高亲和性谷氨酸转运体（或兴奋性氨基酸转运体，EAAT）已被克隆：EAAT1（glutamate/aspartate transporter，GLAST）、EAAT2（glutamate transporter 1，GLT1）、EAAT3（excitatory amino acid carrier 1，EAAC1）、EAAT4 和 EAAT5。EAAT1 和 EAAT2 是两个最主要的转运体，分别具有 6 个和 8 个跨膜区，主要分布在胶质细胞，仅在视网膜上位于神经元。分布于神经元的 EAAT3 具有 10 个跨膜区。EAAT4 和 EAAT5 分别分布于小脑的浦肯野细胞和视网膜神经元。高亲和性转运体的特征与位于突触前末梢内囊泡膜上的低亲和性转运体有显著不同（表 4-2-1）。

表 4-2-1 高亲和性和低亲和性谷氨酸转运体的比较

	高亲和性转运体	低亲和性转运体
分布部位	质膜	囊泡膜
亲和性（K_m）	2～20 μmol/L	1.6 mmol/L
Na^+依赖性	＋	－
Cl^-依赖性	－	＋
专一性	L, D-Glu, L, D-Asp 等	仅 L-Glu
生理功能	降低胞外谷氨酸浓度	囊泡内积聚谷氨酸以备释放

摄入胶质细胞内的谷氨酸在谷氨酰胺合成酶的作用下转变成谷氨酰胺，后者在突触前末梢中经谷氨酰胺酶的作用脱氨基生成谷氨酸，形成神经元和胶质细胞之间的"谷氨酸-谷氨酰胺循环"（图 4-2-2）。需要指出的是，胶质细胞的谷氨酸摄取是清除突触内谷氨酸递质的主要机制。并且，谷氨酸-谷氨酰胺循环是重复利用谷氨酸的最主要的途径。

传统的高亲和性谷氨酸转运体抑制剂包括 DHK、THA、1-氨基环丁烷-反式-二羧酸、L-CCG-III 和 L-trans-2,4-PDC。后来发现的 L-CCG-IV、L-trans-2,3-PDC 和 3-TMG 则对 EAAT2 具有一定的选择性抑制作用。上述抑制剂，在特定的实验条件下，可有效地抑制谷氨酸的摄取，增大或延长微电泳谷氨酸诱发的去极化反应。

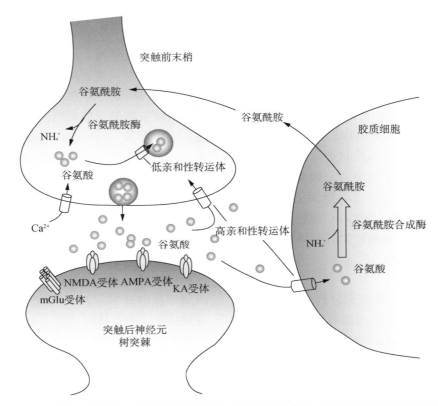

图 4-2-2 谷氨酸的释放、摄取以及神经元和胶质细胞之间的"谷氨酸-谷氨酰胺循环"

第二节 谷氨酸受体

谷氨酸受体分为两类：离子型谷氨酸受体（ionotropic glutamate receptors，iGluR）和代谢型谷氨酸受体（metabotropic glutamate receptors，mGluR）。离子型谷氨酸受体的结构通常是由 4 个亚基组成具有功能性的受体-通道复合物。每个亚基包含 2 个胞外结构域（N-端结构域和配体结合结构域）、由 3 个 α-螺旋（M1、M3 和 M4）片段和 M2 发夹环构成的跨膜结构域，以及位于胞内的 C-端结构域（图 4-2-3）。C-端区有被多种蛋白激酶磷酸化的位点，离子通道主要由 α-螺旋 M3 片段组成。离子型谷氨酸受体一经激活即发生构象改变，导致各自的通道开放和阳离子内流，并引起突触后膜去极化，这种突触后反应是阳离子进入和（或）电压门控离子通道的打开及更多阳离

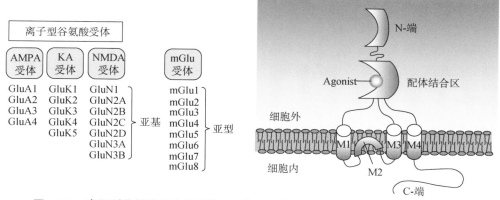

图 4-2-3　离子型谷氨酸受体的亚型、亚基和跨膜结构以及代谢型谷氨酸受体的亚型

子内流的结果。根据药理学特点，离子型谷氨酸受体又可分为 NMDA 受体（*N*-methyl-D-Aspartate receptor）、AMPA 受体（α-amino-3-hydroxy-5-methyl-4-isoxazolepropionic acid receptor）和 KA 受体（kainate receptor）。研究发现，NMDA 受体与其他两种离子型谷氨酸受体有很大区别，故 AMPA 受体和 KA 受体又被称为非 NMDA 受体。脑内正常谷氨酸能突触传递多由快时程的 AMPA 受体来完成。代谢型谷氨酸受体与鸟苷酸调节蛋白（G 蛋白）偶联，属 G 蛋白偶联受体，这些受体经由 G 蛋白-第二信使系统，介导了谷氨酸能突触的信号传导。

一、非 NMDA 受体

非 NMDA 受体家族成员是介导快速兴奋性神经传递的重要受体。按序列同源性和兴奋剂选择性，非 NMDA 受体可分为两亚类：第 Ⅰ 亚类包括四个亚基（GluA1 ~ GluA4），对 AMPA 具有高度的选择性，称 AMPA 受体；第 Ⅱ 亚类包括五个亚基（GluK1 ~ GluK5），对 KA 具有选择性，故称 KA 受体，GluK4 和 GluK5 对 KA 的亲和力更高。与 NMDA 受体亚基类似，非 NMDA 受体亚基也具有 M1 ~ M4 区段，M2 决定离子通道的选择性。此外，M3 ~ M4 序列高度保守。脑内非 NMDA 受体亚基分布也各不相同，GluA1 ~ GluA4 遍及各脑区神经元，但小脑颗粒细胞、Bergman 胶质和浦肯野细胞分别缺乏 GluA1/GluA3、GluA2/GluA3 和 GluA4 的表达。非 NMDA 受体无须去极化，只要与谷氨酸接触便可被激活。与 NMDA 受体比较，非 NMDA 受体有着显著不同的功能方式，其主要的特征是对选择性兴奋剂的反应更快，而对 Ca^{2+} 的通透性偏低。

（一）AMPA 受体

AMPA 受体广泛分布于大脑皮质、边缘系统和丘脑。AMPA 受体是由四种亚基（GluA1 ~ 4）组成同源四聚体或异源四聚体。像所有离子型谷氨酸受体一样，GluA 亚基有一个胞外 N- 端结构域和一个胞内 C- 端结构域，S1 和 S2 区组成配体结合结构域而 C- 末端则有与胞内活性蛋白（如 NSF 和 PICK1 等）的结合位点，这些蛋白可能在 AMPA 受体的转运和定位中发挥作用。AMPA 受体介导的谷氨酸能兴奋性突触后电流，主要以快时程为特征。谷氨酸和 AMPA 可以诱发其快速的脱敏反应，AMPA 受体上包含有受体激动剂或者抑制剂结合位点、影响受体脱敏作用的位点、通道内位点以及辅助亚基结合位点。所有的四个 AMPA 受体亚基都存在着 flip 和 flop 两个剪切变异体，即在 M3 和 M4 跨膜结构域所形成的细胞外环处，其 C- 末端的尾部有一个剪切部位，这个部位内很小的改变（几个氨基酸的改变）就可引起明显的受体脱敏和复敏的速率以及其他受体效应的变化。大多数的 AMPA 受体不具备 Ca^{2+} 通透性，GluA2 亚基决定了 AMPA 受体对 Ca^{2+} 的通透性，不含 GluA2 亚基的 AMPA 受体对钙及其他二价离子的通透性增高。GluA2 亚基对 Ca^{2+} 通透性的影响是由 GluA2 mRNA 转录后编辑决定的。这就是所谓的 GluA2 亚基 Q/R 位点编辑（> 99%），受体的第二跨膜区 607 位残基的谷氨酸（Q）可转变为精氨酸（R），GluA2（Q）对 Ca^{2+} 有通透性，而 GluA2（R）则没有。

1. AMPA 受体的转运　长时程增强（long-term potentiation，LTP）被认为是学习和记忆的神经基础。NMDA 受体和 AMPA 受体对于 LTP 都起着重要的作用，但 NMDA 受体和 AMPA 受体在突触后膜上的行为是不同的。NMDA 受体在后膜上相对稳定，突触后 NMDA 受体的激活，产生钙离子内流，这对于 LTP 的产生起着重要的作用。而 AMPA 受体在兴奋性突触处的分布是动态的，在膜上的含量是高度可变的，甚至发现有部分突触后膜只有 NMDA 受体而没有 AMPA 受体，AMPA 受体的这种缺乏使突触失去了 AMPA 受体介导的快时程突触后电流，由于此种突触难以完成正常的兴奋性突触传递功能，故称为沉寂突触（silent synapse）。在 LTP 的形成过程中，有大量的 AMPA 受体被募集到这种突触中来，这可使沉寂突触转化为有功能的兴奋性突触。除了 LTP 以外，长时程抑制（long-term depression，LTD）也是突触可塑性的重要形式之一，AMPA 受体在此过程中起着重要作用，AMPA 受体的内吞及膜上数量的减少被认为与 LTD 的表达有关。

2. AMPA 受体的合成、修饰和运输　受体蛋白的合成直接调节受体在突触部位的含量。脑内许多类型的神经元以及胶质细胞中都有 AMPA 受体的 mRNA。GluA1 和 GluA2 基因的启动子区域含有一些调控序列，如 GluA2 的 REST（RE1-Silencing Transcription factor）调控位点就可以抑制 GluA2 在非神经细胞中的表达。抑制神经元的突触活性可以增加 AMPA 受体的转录活性，其具体的机制还不清楚。已知 AMPA 受体在粗面内质网内翻译，并在内质网内经过糖基化等修饰后再运输出来。AMPA 受体亚基的二聚化也是在内质网中发生的。GluA2 亚基 Q/R 位点编辑对于其在内质网中的运输起着重要的作用。在内质网中翻译修饰之后，再经过高尔基体进行修饰，修饰后成熟的受体就可以被运到树突或轴突了。受体亚基的 C- 末端对 AMPA 受体的运输产生很大影响，AMPA 受体的亚基的重要不同在于它们细胞内 C- 末端的长短，GluA1 亚基具有较长的 C- 末端，而 GluA3 亚基则具有较短的 C- 末端，GluA2 和 GluA4 根据不同的剪接可以有或长或短的 C- 末端。含有 GluA1 亚基的 AMPA 受体向突触的运输是依赖于突触活性的，而含有 GluA2 亚基的 AMPA 受体在突触属于组构性（constitutively）运输。这可能是由于与不同 AMPA 受体亚基 C- 末端相互作用的蛋白存在差异，这些蛋白与 AMPA 受体形成不同的复合物，导致受体在运输方式和功能上的特异性。

3. AMPA 受体在突触后部位的运输　在发育早期，AMPA 受体通常在树突中的分布是比较弥散的，而在发育晚期，AMPA 受体高度集中在相关神经元的突触后膜，并成簇分布。在细胞内可以分离出含有 AMPA 受体的囊泡。AMPA 受体是如何从囊泡运输到突触部位的还不是很清楚。有的研究认为受体直接插入突触部位，但是更多的研究认为受体是先插入突触外的质膜上，然后再扩散到突触部位的。AMPA 受体在细胞膜上可以随意移动，但当它们靠近突触形成的部位时，这种移动明显降低，而且这种 AMPA 受体侧向移动的活性可被调控突触强度的信号所调节。在 GluA1 基因敲除的小鼠，突触部位的 AMPA 受体数目没有明显变化，而突触外质膜上的 AMPA 受体数目则大量减少，表明突触外的质膜是 AMPA 受体上膜和下膜的主要发生部位。也有实验显示，AMPA 受体插入质膜的部位，存在亚基选择性，GluA1 亚基的插入主要是先发生在突触外的质膜部位，而 GluA2 亚基的插入却是直接发生在突触部位的。突触部位聚集的 AMPA 受体的数量对突触强度来说有决定作用。不同形态的树突棘上 AMPA 受体的数量也不相同，在比较成熟的蘑菇状树突棘上，AMPA 受体的分布比较多，而在比较小的树突棘（可能是蘑菇状树突棘的前体）上，AMPA 受体的分布则比较少或几乎没有，这表明 AMPA 受体突触部位的数量在树突棘的发育过程中，受到动态调节。

4. 与 AMPA 受体相互作用的蛋白　AMPA 受体的运输不是靠其自身来完成的，须有和它相互作用的多种蛋白参与其中。这些蛋白包括：① PDZ 蛋白：突触后致密区（postsynaptic density，PSD）里存在着多种含有 PDZ 区的胞浆蛋白，它们与 AMPA 受体亚基的羧基末端 PDZ 结合区相互作用，同时，也与其他蛋白相互作用。这些蛋白之间的相互作用，使 AMPA 受体与这些蛋白形成了一个大的多蛋白复合体，从而调节受体的突触定位和通道功能。含有 PDZ 区的蛋白与受体的结合是精确调控的，不同的 PDZ 蛋白与不同的受体亚基结合，形成不同的蛋白复合体。②和具有长羧基末端的 AMPA 受体亚基相互作用的蛋白：GluA1 亚基的 C- 末端较长，通过其 C- 末端的 ATGL 肽段，主要与含有 Ⅰ 型 PDZ 区的蛋白相结合，例如 SAP-97 蛋白。其他蛋白如 PSD-95、PSD-93 或 SAP-102 都不直接与 GluA1 亚基相互作用。SAP-97 和 GluA1 亚基可以共定位在内质网上，集中分布在轴突尖端和突触后致密区。SAP-97 只是在含有 GluA1 亚基的突触部位才有分布。③和具有短羧基末端的 AMPA 受体亚基相互作用的蛋白：GluA2 和 GluA3 亚基的 C- 末端较短，其 C- 末端为 SVKI 肽段，主要与 Ⅱ 型

PDZ 区结合。两个与 GluA2 的 C- 末端相互作用的蛋白是 GRIP（glutamate receptor interacting protein）和 ABP（AMPA receptor binding protein）。这两个蛋白都含有 7 个 PDZ 区，通过第 3、第 5 和第 6 位的 Ⅱ 型 PDZ 区与 AMPA 受体相结合，其他的 PDZ 区则可以和另外一些蛋白相互作用，而且，GRIP/ABP 自身还可以相互聚合。很明显，GRIP/ABP 可将 AMPA 受体和其他的蛋白聚合形成一个大的信号复合体。此外，GluA2 亚基 C- 末端还和 PICK1 的 PDZ 区相互作用，也可以与不含 PDZ 区的 NSF（N-ethylmaleimide-sensitive fusion protein）相互作用，NSF 是一种在膜融合过程中起着重要作用的 ATP 酶，GluA2 亚基与它的相互作用，对于 GluA2 亚基的囊泡运输和插入突触质膜来说，非常重要。

蛋白质组学研究表明，AMPA 受体是一个大的蛋白复合物，除核心亚基外，还可以与称作辅助亚基（Auxiliary subunit）的蛋白相互作用，目前研究较多的辅助蛋白包括 Transmembrane AMPA receptor regulatory protein（TARP）和 Cornichon like protein CNIH2/3。TARP 有多个亚型：γ2（Stargazin）、γ3、γ4、γ5、γ7 和 γ8。Stargazin 具有 4 个跨膜区段和 1 个高度碱性的胞内 C- 末端，其 C- 末端上含有 PDZ 结合区，可以和 PSD-95 蛋白相互作用。Stargazin 和 PSD-95 的结合对于 AMPA 受体在细胞膜上的稳定表达至关重要，Stargazin 基因缺陷鼠有小脑功能共济失调，其小脑颗粒细胞膜上没有 AMPA 受体的表达；恢复 Stargazin 基因后可使 AMPA 受体重新分布到细胞膜上。Stargazin 的 C- 末端可以被 PKA、PKC 和 CaMK Ⅱ 磷酸化，这些磷酸化可以增强 Stargazin 与 PSD-95 的结合，从而稳固 AMPA 受体在突触后致密区的表达。CNIH2/3 与 TARP 相似，也可以促进 AMPA 受体的表面膜表达。最近的研究显示，在小鼠海马的 AMPA 受体上，CHIN2 和 TARP-γ8 分别结合在 A′/C′ 和 B′/D′ 位点上。

5. 与 AMPA 受体亚基胞外段相互作用的蛋白 AMPA 受体亚基的胞外段对于受体的运输和成簇分布也发挥重要作用。Narp（neuronal activity-regulated pentraxin）蛋白可以和 AMPA 受体亚基胞外段的 NTD（N-terminal domain）结构域相互作用。在细胞中同时表达 Narp 和 AMPA 受体，Narp 蛋白可以招募 AMPA 受体形成大的聚合体，在培养的神经细胞中表达 Narp 蛋白，可以增加兴奋性突触的数目，而对于抑制型突触的数目则没有影响。

6. 蛋白磷酸化的调制作用 与 NMDA 受体类似，蛋白磷酸化也为调节 AMPA 受体活动的重要机制。GluA1 亚基 C- 末端的 S831 和 S845 是两个敏感的磷酸化位点。此外，GluA2 亚基 C- 末端的 3 个位点（S863、S880 和 Y876）以及 GluA4 亚基 C- 末端的 2 个位点（T830 和 S842）均可被磷酸化。GluA3 亚基似乎缺乏磷酸化的调节。上述磷酸化位点的磷酸化主要是由 PKA、PKC、CaMK Ⅱ 以及酪氨酸激酶完成。细胞的正常或病理活动可经这些磷酸激酶调节受体的磷酸化。现有资料表明，AMPA 受体磷酸化的变化可以具有至少下列几项生理学意义：①影响离子通道的电生理学特性；②影响受体的膜内外转运和聚集；③调节受体亚基 C- 末端与各类膜内蛋白的相互结合和作用。

7. 突触前的 AMPA 受体 虽然 AMPA 受体主要分布在突触后膜上并在此发挥功能，但突触前膜上也有功能性的 AMPA 受体。在神经细胞的发育过程中，轴突末梢生长锥会长出丝状伪足样突起，这些伪足样突起具有极高的运动活性，是突触连接发生的部位。谷氨酸可以通过作用于突触前膜上的 AMPA 受体来抑制这些丝状伪足样突起的运动，而且去极化可以快速招募 AMPA 受体分布到突触前膜上。突触前膜上的 AMPA 受体对于神经递质的释放也有影响。

（二）KA 受体

KA（红藻氨酸）受体是谷氨酸受体中的另一种非 NMDA 受体。KA 受体不同于 AMPA 受体的最早依据是脊髓初级传入 C 类纤维能被 KA、却不能被使君子氨酸（QA）去极化。KA 受体可以由 5 种亚基组成多聚体，这些亚基包括 GluK1 ～ 3（具有低亲和力的 KA 结合位点）和 GluK4/5（具有高亲和力的 KA 结合位点）。GluK1、GluK2 和 GluK3 可以形成同聚体或者异聚体的功能性的离子通道，而 GluK4 和 GluK5 只能与 GluK1 ～ 3 异聚组合，单独的 GluK4 和 GluK5，不能形成功能性的离子通道。KA 亚基也有一个细胞外的 N- 末端，并与第 3 和第 4 跨膜之间的外环形成配体结合区。KA 受体的 GluK1 和 GluK2 亚基也存在着剪切变异和 mRNA 的 Q/R 位点编辑，但是其发生的概率比 GluA2 亚基（99%）低，分别为 35% 和 75%。由编辑后的亚基所组成的 KA 受体，对 Ca^{2+} 的通透性降低。而且，在胚胎发育的过程中，主要是表达没有编辑过的 GluK1/2 亚基，而在成年的动物，主要表达编辑过的 GluK1/2 亚基。

KA 受体的离子通道特性与 AMPA 受体相似，激活后也是主要通过门控 Na^+ 通道产生快速的兴奋性突触后电位（excitatory postsynaptic potential，EPSP），仅上升和下降的速率比 AMPA 受体的 EPSP 稍慢。目前的拮抗剂尚难以将两者明确区分开来。

1. KA 受体的分布和功能   KA 受体广泛分布于中枢和周围神经系统内，但在不同区域的亚基组成具有较大的差异。GluK1 主要存在于背根节（dorsal root ganglion，DRG）细胞、大脑下脚、隔核、扣带皮质以及小脑的浦肯野细胞中。GluK2 在小脑颗粒细胞中分布最多，也存在于纹状体和海马的齿状回以及 CA3 区。GluK3 mRNA 在全脑都呈低水平表达。GluK4 几乎局限于海马的 CA3 区，但在海马齿状回、杏仁核、内嗅皮质中也有低水平表达。GluK5 在神经系统中的分布最为广泛。

AMPA 受体和 KA 受体均可被经典的非 NMDA 受体拮抗剂 CNQX 阻断。KA 受体不仅存在于突触后膜，在突触传递中发挥作用，而且还存在于突触前膜，通过调节神经递质的释放，在突触可塑性中发挥作用。KA 受体与癫痫的发病有关。腹腔注射 KA 可被用来制备短暂脑卒中模型。KA 受体在诱导海马 CA3 区苔状纤维非 NMDA 受体依赖性 LTP 中发挥关键作用。在躯体感觉皮质突触可塑性的调节中，也发挥多种重要作用。在 LTP 的形成过程中，当 AMPA 受体介导的突触传递增加时，KA 受体介导的突触传递则减少。

近来的研究发现，KA 受体不仅具有离子通道的功能，而且还似乎具有代谢型受体的功能，即可以通过 G 蛋白的机制，传递信号。不过，这其中的具体的信号传导通路以及 G 蛋白机制的独立性，尚有待阐明。

2. 与 KA 受体相互作用的蛋白   目前，对与 KA 受体相互作用的蛋白研究相对较少。KA 受体可以和 PSD-95/SAP-90 发生相互作用，其中 GluK2 亚基的胞内区域可以和 PSD-95 的第一个 PDZ 结构相结合，而 GluK5 亚基可以和 PSD-95 的 SH3 及 GK 结构相结合。这些结合可能下调 KA 受体对激动剂的脱敏反应。另外，neuropilin and tolloid-like（Neto）proteins（Neto1 和 Neto2）是 KA 受体的辅助亚基，参与 KA 受体失活、脱敏和转运的调节。

二、NMDA 受体

中枢神经系统广泛表达 NMDA 受体。NMDA 受体复合体多由 4 个亚基组成，它们形成复合的中空孔道，主要通透水合阳离子（K^+，Na^+，Ca^{2+}）。NMDA 受体主要介导了兴奋性突触传递中的慢时程成分，并且参与了突触可塑性的形成。突触可塑性包括 LTP 和 LTD，是当前理解学习和记忆活动的重要分子机制。在病理情况下，NMDA 受体的过度激活参与了癫痫诱发和神经退行性疾病的发病，如阿尔茨海默病（临床上使用的美金刚就是 NMDA 受体的通道阻断剂）、脑缺血、卒中等。

1. NMDA 受体的亚基   NMDA 受体有三种亚基：GluN1、GluN2 和 GluN3。GluN2 亚基又可分为 GluN2A、GluN2B、GluN2C 和 GluN2D 四 种，GluN3 亚基也可分为 GluN3A 和 GluN3B 两种。通常，功能性的 NMDA 受体是异源四聚体，即由两个 GluN1 亚基和两个 GluN2 或者 GluN3 亚基所共同组成的四亚基复合体。此外，在发育的早期阶段，可以见到异源三聚体的 NMDA 受体，即由 GluN1/GluN2B/GluN3A 或 者 GluN1/GluN2B/GluN2D 所组成的三亚基复合体，而在成年阶段，则是 GluN1/GluN2A/GluN2B 或 者 GluN1/GluN2A/GluN2C 的 三 亚 基 复合体。NMDA 受体的生理学功能具有明显的亚基依赖性，通常认为 GluN1 是形成 NMDA 受体的基本亚基，而 GluN2 则为调节亚基。不同亚基组成的 NMDA 受体表现出不同的脑区分布和生理学特性（如单通道电导、细胞外 Mg^{2+} 阻断以及受体通道的失活时间常数）。在静息电位时，NMDA 受体被 Mg^{2+} 以电压依赖性方式阻断而失活，神经细胞膜的去极化可解除 Mg^{2+} 的阻滞作用，使 NMDA 受体被激活（图 4-2-4）。除谷氨酸外，NMDA 受体还需要一个共同的激动剂：甘氨酸或者 D- 丝氨酸，在共同激动剂的作用下，NMDA 受体方可被激活而发挥功能。近来的研究发现，神经元和星形胶质细胞都可以释放 D- 丝氨酸来调节 NMDA 受体的活动。

NMDA 受体和非 NMDA 受体激活后均可引起细胞膜对离子通透性的变化，但与非 NMDA 受体不同的是，NMDA 受体激活后，除引起 Na^+ 内流和 K^+ 外流的通透性增加外，还引起 Ca^{2+} 内流的通透性增加，致使大量 Ca^{2+} 入胞，故 NMDA 受体激活后产生一种慢时程的兴奋性突触后点位（excitatory postsynaptic potential，EPSP）。而 非 NMDA 受 体激活时，由于不增加 Ca^{2+} 的通透性，只使 Na^+ 和 K^+ 的通透性增加，从而产生一种作用快、消失也快的短时程 EPSP。需要注意的是，不含 GluA2 的 AMPA 受体激活时，也可以增加 Ca^{2+} 的通透性。

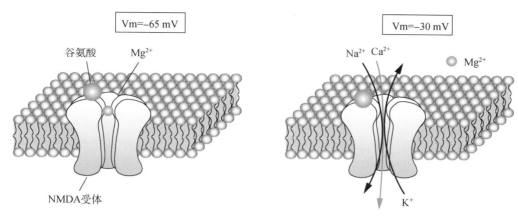

图 4-2-4　**NMDA 受体通道激活模式图**

在静息电位时（－ 65 mV），NMDA 受体被 Mg^{2+} 以电压依赖性方式所阻断而失活。神经细胞膜的去极化（－ 30 mV）可解除 Mg^{2+} 的阻断作用，经与配体结合后，NMDA 受体才被激活，因此，NMDA 受体的激活受配体和膜电位的双重调节

在谷氨酸刺激时的单通道门控研究中发现，GluN1/GluN2B 组成的 NMDA 受体，离子孔道的开放可分为截然不同的快和慢两种动力学构象变化过程，这样的两种过程是由 GluN1 和 GluN2B 两种亚基分别介导，表现出激活速率的亚基特异性和激动剂结合位点的依赖性。亚基磷酸化或胞外异构调节因子可以调节此种受体亚基的特异性。

GluN1 全基因敲除导致胚胎死亡，表达生存所必需量（5%）的 GluN1 基因时，小鼠存活，但行为表现异常，比如异常的运动活动、社会和性行为缺陷、呆板以及一些类精神分裂症行为。在海马 CA1 区基因的特异性敲除，该鼠可正常生长至成年，但 CA1 区 NMDA 受体介导的突触后电流缺失，缺乏形成 LTP 的能力，空间记忆能力受损但非空间学习能力无显著变化，提示 CA1 区的 NMDA 受体在空间记忆中起重要作用。在高等哺乳动物脑内，NMDA 受体在记忆存储涉及神经元间突触联系的修饰过程中起到不可或缺的作用。

GluN3A 或 GluN3B 可同 GluN1 一起形成受甘氨酸调节的 NMDA 受体，该受体不受谷氨酸和 NMDA 的影响，可被 D- 丝氨酸所抑制。功能性的 GluN1/GluN3A 受体在小鼠脑内已有报道。GluN1/GluN3A 或 GluN1/GluN3B 形成的受体是对 Ca^{2+} 相对不通透的阳离子通道，该通道对经典 NMDA 受体的通道阻滞剂 Mg^{2+}、MK-801 和 memantine 以及竞争性拮抗剂均不敏感。在含 GluN3 亚基的大脑皮质神经元内，甘氨酸可诱发出阵发式发放的兴奋反应，单通道记录结果表明该甘氨酸诱发的反应可被 D- 丝氨酸所抑制。另外，GluN3A 可能通过调节 NMDA 受体的活动在树突发育过程中起作用。

NMDA 受体在突触内外均有表达。近来的研究发现，突触外 NMDA 受体激活以后，可以发挥与突触内 NMDA 受体不同的作用。比如，突触内 NMDA 受体的激活，可引起转录因子 CREB（cyclic AMP response element binding protein）的表达增加和一些促细胞凋亡蛋白的表达降低，从而提高细胞的成活性。相反，突触外 NMDA 受体的激活，则会通过抑制 CREB 和提高促细胞凋亡蛋白的活性，促进细胞凋亡。

2. NMDA 受体的转运　NMDA 受体存在着基础性（constitutive）的内吞和激动剂诱导、笼型蛋白介导的内吞两种方式。后者是细胞表面受体普遍存在的脱敏机制，然而，这种脱敏现象所引起的下游信号的级联反应的分子基础目前还不清楚。

对于基础性内吞的研究表明，30 分钟内成熟神经元表面的 AMPA 受体以 15% ～ 20% 的速率内吞，而对应 NMDA 受体内吞的速率只有 5%，甚至更低。但对于发育中的神经元，以离体培养第 8 天的神经元为例，30 分钟内 NMDA 受体的内吞速率高达 22%，这与 AMPA 受体内吞速率大致相仿。NMDA 受体的高内吞速率会伴随着神经元的成熟而逐渐消失。与此相关的在体研究表明，在前脑和中脑发育过程中，NMDA 受体亚基的组成会存在由富含 GluN2B 向 GluN2A 亚基的切换，这一过程可能伴随着脚手架蛋白 PSD-95 同 GluN2A 亚基、SAP-102 同 GluN2B 亚基的优先锚着而发生。在视上丘和视皮质的浅表层细胞，伴随发育的进程，同样存在着电活动依赖的 GluN2 受体亚基表达切换。

3. NMDA 受体与胞浆蛋白的相互作用　GluN1 和 GluN2 各自与特异的胞浆蛋白相互作用。连接于 NMDA 受体 C- 末端的蛋白分支网络像树根一般延伸入胞内。这些胞浆蛋白就其与受体的结合方式和作用大致分为两类，第一类直接与 NMDA 受体亚基的 C- 末端结合，参与受体通道活性的调节，如 Ca^{2+}/钙调蛋白和 CaMK II。第二类通过脚手架蛋白 PSD-95 间接与 NMDA 受体连接，参与受体的突触定位、细胞骨架锚着、细胞膜表面的局部成簇以及信号的传导。

NMDA 受体的 GluN2 亚基，通过其 C- 末端的保守序列，与突触后致密区蛋白 PSD-95/SAP90 的 PDZ1 或 PDZ2 结构域相结合。PDZ 结构域因最早克隆的 3 个均含该同源区的基因而得名，它们是 PSD-95、Dlg 和 ZO-1。GluN2/PSD-95 复合物可能有 4 个功能，①受体的定位：NMDA 受体通过 GluN2 亚基与 PSD-95 的结合而共定位于兴奋性突触后膜；②信号传导复合物的装配：GluN2/PSD-95 复合物参与了调节 NMDA 受体相关的信号传导功能。PSD-95 的敲除可以改变海马 NMDA 受体依赖的 LTP；③成簇 / 聚集：在膜上的聚集；④细胞骨架的锚着：PSD-95 通过结合细胞骨架，可以将 NMDA 受体和其他相关的信号分子连接于细胞骨架上。

GluN1 是 NMDA 受体的必需组分，其 C- 末端存在着剪接变体，并且比 GluN2 亚基的 C- 末端短许多。通常，GluN1 不与 PSD-95 相结合，但已知有数个胞浆蛋白与 GluN1 的 C- 末端相互作用，这些蛋白包括 α-Actinin、钙调蛋白、Yotiao 和低分子量神经丝亚单位（neurofilament light，NF-L）。

4. 与 NMDA 受体相互作用的其他蛋白 血影蛋白（spectrin）和肌动蛋白结合蛋白与 GluN1、GluN2A 和 GluN2B 的 C- 末端都可结合。Neuroligin 是分布于突触后膜的一种跨膜蛋白，其 C- 末端可以与 PSD-95 的 PDZ 区相结合，而其位于细胞外突触间隙的 N- 末端则可以与突触前膜的跨膜蛋白 β-Neurexin 相互作用，β-Neurexin 的细胞内末端又锚着于突触前膜内的骨架蛋白上，这样就强化了突触后与突触前的联系。

5. NMDA 受体的调制

（1）甘氨酸的增强作用：甘氨酸能够明显增强 NMDA 诱发的电流反应，但对 AMPA 或 KA 诱发的反应无影响。此增强作用对士的宁不敏感，但可被犬尿喹啉酸（kynurenic acid）、7- 氯犬尿烯酸和环亮氨酸（cycloleucine）等药物阻断。D- 丝氨酸和 D- 丙氨酸产生类似的增强作用。在单通道记录中，甘氨酸明显增加 NMDA 受体通道的开放频率，不改变平均开放时间和单通道电流幅度。在海马神经元中，NMDA 受体通道必须同时结合 2 个谷氨酸分子和 2 个甘氨酸分子才能开放。在爪蟾卵母细胞表达的 NMDA 受体，若灌流液中不加甘氨酸，NMDA 几乎不能诱发电流反应。因此，甘氨酸被认为是激活 NMDA 受体的"辅助激动剂"（co-agonist）。但是 NMDA 受体上甘氨酸结合位点和谷氨酸结合位点之间存在着负变构效应。NMDA 受体 GluN1 亚基中 3 个部位的突变明显减弱甘氨酸的增强作用，对谷氨酸的激动作用则无影响，这 3 个部位是：①第 370 位残基附近的甘氨酸结合区（苯丙氨酸 -X- 酪氨酸）；②第 448 位苯丙氨酸残基；③ TM3 和 TM4 之间的区域。

（2）多胺的调制作用：精氨酸降解产生精胺、亚精胺、腐胺等多胺中间产物，细胞具备调节这些多胺释放、摄取和代谢的机制。在生理 pH 条件下，多胺分子中每个氮原子都变成带正电荷的季铵盐基团，使多胺成为多价阳离子，能和带负电的生物大分子如核酸、酸性磷脂质、膜蛋白等结合，并可连接胞内带负电荷的不同成分，形成复合物，产生复杂的生理效应，包括调制 NMDA 受体的作用。应用体外重组 GluN1-GluN2B 亚型 NMDA 受体发现多胺产生两种增强 NMDA 受体活动的作用：①依赖甘氨酸的增强作用，在甘氨酸浓度未饱和时（< 1 μmol/L），增加 NMDA 受体对甘氨酸的亲和性；②不依赖甘氨酸的增强作用，在甘氨酸浓度饱和时，通过变构效应改变通道蛋白的构象，增大通道的开放频率。多胺增强作用的机制可能与解除 H^+ 对 NMDA 受体的紧张性抑制有关，因为带正电荷的多胺离子，相当于在 GluN2B 亚基上形成带正电荷的胞外环，能对 H^+ 作用部位起屏蔽作用。多胺还对 NMDA 受体的活动产生两种抑制性作用：①在通道外口形成电流屏障减小通道电导，或在 Mg^{2+} 作用部位阻滞通道开放（电压依赖性抑制）；②减小 NMDA 受体对激动剂的亲和性。由于 NMDA 受体蛋白上存在着多胺的不同作用部位，多胺的作用显得十分复杂。

（3）蛋白磷酸化的调制作用：某些 G 蛋白偶联性受体（如代谢型谷氨酸受体和 μ- 阿片受体）可通过 PKC 信号转导系统增强 NMDA 受体的活动。PKC 增强 NMDA 受体通道活动的机制是减弱 Mg^{2+} 的阻滞作用。在海马神经元内注射磷酸酶 -1 和磷酸酶 -2A，可使受体蛋白去磷酸化，导致 NMDA 受体通道的开放频率显著降低。而注射这两种酶的抑制剂则产生相反的作用。由此可见，NMDA 受体的活动受蛋白激酶和磷酸酶之间平衡的调节。现有证据表明磷酸化主要发生在 GluN1、GluN2A 以及

GluN2B 亚基的 C- 末端。比如，在 GluN1 亚基的细胞内 C- 末端，S890 和 S896 可被 PKC 磷酸化，S897 可被 PKA 磷酸化，而 GluN2B 亚基 C- 末端的 S1303 可被 CaMK II 磷酸化。这些 serine 位点磷酸化的变化均有明确的生理学意义。利用磷酸化位点特异性抗体，可以对受体磷酸化在各种生理和病理条件下的变化进行比较准确的定量分析。

三、代谢型谷氨酸受体

代谢型谷氨酸（mGlu）受体属于一组 G 蛋白偶联性受体。根据其序列相似性、激动剂的作用强度次序以及胞内信号转导机制，8 种已克隆的代谢型谷氨酸受体可进一步分成三组。第一组受体（mGlu1/5）与 $G_{\alpha q}$ 蛋白偶联，通过活化磷脂酶 C（PLC），水解膜内磷酸肌醇（PI）为第二信使甘油二酯（DAG）和 1,4,5- 三磷酸肌醇（IP_3），后者进一步刺激 IP_3 受体，触发细胞内 Ca^{2+} 的释放。第二组受体（mGlu2/3）和第三组受体（mGlu4/6/7/8）与 $G_{\alpha i}$ 蛋白偶联，受体激活时抑制腺苷酸环化酶，从而降低胞内 cAMP 的水平。

除了上述经典的由 G_α 蛋白介导的信号转导通路以外，代谢型谷氨酸受体还可以激活一些其他的胞内信号转导通路。比如，通过 $G_{\beta\gamma}$ 蛋白，mGlu2 受体可以磷酸化激活 ERK（extracellular signal-regulated kinase）。通过一个非 G 蛋白依赖的机制，代谢型谷氨酸受体也可以激活一条由 β-Arrestin 介导的信号转导通路。这些信号转导机制的多样化，说明了代谢型谷氨酸受体功能的复杂性。值得注意的是，有些激动剂可以选择性地影响一条特殊的信号通路，这为研究受体与特异性通路的信号传导机制提供了工具。此外，代谢型谷氨酸受体的功能与离子型谷氨酸受体不同，受体本身并不是直接被激活的跨膜离子通道，而是通过激活胞内多种信号转导通路间接参与细胞生化活动的调节。

代谢型谷氨酸受体除具有 7 个特征性的跨膜结构域，和其他各种 G 蛋白偶联受体之间并无同源性，因此代谢型谷氨酸受体应属于 G 蛋白偶联受体中的一个新家族。代谢型谷氨酸受体的 N- 末端位于胞外，有 500 多个残基，形成谷氨酸的结合位点。第一和第三胞内环高度保守，与激活 G 蛋白有关。C- 末端游离于胞内，与众多结构蛋白和信使蛋白偶联，调节受体的表达、转运和 G 蛋白偶联信号的转导。现已发现，mGlu1/5 受体的长 C- 末端可与

Homer 偶联蛋白的 N- 末端结合。利用 C- 末端的卷曲螺旋结构，Homer 可调节 mGlu1/5 受体的膜内聚合。而且，Homer 还可与其他信使蛋白结合，促进 mGlu1/5 与 Homer 结合蛋白间的信号转导。此外，虽然代谢型谷氨酸受体多以同源二聚体的形式发挥功能，近来的研究发现，不同的受体亚型之间也可以形成异源二聚体，比如，mGlu2 和 mGlu4 可以形成 mGlu2/4 异源二聚体，mGlu2 与 mGlu3 和 mGlu7 之间也可以形成 mGlu2/3 和 mGlu2/7 异源二聚体。这些异源二聚体具有独特的生理学特征，而且，对于某些选择性激动剂的反应，也与相应的同源二聚体的反应有所区别。

mGlu 受体在脑内分布不同，互有重叠。mGlu6 受体比较特殊，主要分布在视网膜双极神经元。第一组的 mGlu 受体多见于突触后膜，而第二及第三组的 mGlu 受体可分布于突触前膜及突触后膜，具有较强的调节神经递质释放的功能。突触后膜的 mGlu 受体多分布于突触周边，因此较突触中央的离子型受体激活慢，并受突触递质释放量的影响。这种 mGlu 受体在突触内的分布规律具有重要的生物学意义，它使 mGlu 受体成为一个在突触信息传递和突触可塑性变化中起着调节作用的受体。

代谢型谷氨酸受体的内源性配体是谷氨酸。近年来，代谢型谷氨酸受体的选择性激动剂和拮抗剂的发展有了长足的进步。DHPG 已成为广泛应用的第一组受体的选择性激动剂，CHPG 可用作 mGlu5 受体的选择性激动剂，DCG-IV 主要用于第二组受体的激动剂，EGLU 和 LY341495 为第二组受体的拮抗剂。L-AP4 为第三组受体的激动剂。上述激动剂和拮抗剂的选择性相对较高和应用相对广泛。其他还有众多针对不同组受体或 8 个亚型受体的选择性激动剂和拮抗剂。不过，对这些激动剂和拮抗剂在实际药理学实验中的选用以及实验资料的解释，取决于对这些工具药在选择性、受体亲和力、毒性以及在整体或培养细胞上使用时其理化和代谢特征的进一步检验和完善。

近年来，变构调节剂（allosteric modulator）在代谢型谷氨酸受体领域的研究中比较活跃。变构调节剂结合在代谢型谷氨酸受体的第 7 跨膜段，而内源性配体谷氨酸和传统的正构（orthosteric）激动剂和拮抗剂则与受体的 N- 末端相结合。CPCCOet 和 MPEP 是最早筛选出来的分别针对 mGlu1 和 mGlu5 受体的负向变构调节剂。随后又发现了更多针对其他代谢型谷氨酸受体亚型的负向或正向变构调节

剂。正向变构调节剂需要在内源性配体谷氨酸存在的条件下发挥作用。变构调节剂具有一些明显的特点，它们通常较易穿过血脑屏障，对受体亚型也具有较高的选择性，而且，可以选择性地激活受体后某种特定的信号转导通路。因此，变构调节剂在目前的新药开发中受到重视。

第三节　谷氨酸受体介导的生理功能和神经疾病

一、正常的生理功能

（一）兴奋性突触传递

神经元通过突触来传递信息和进行交流。谷氨酸受体对于正常突触的传递功能是必要的。谷氨酸受体激活以后，通过下游信号传导通路，影响到细胞的很多功能活动，包括突触的联系、神经网络的形成、细胞的兴奋性、细胞的存活以及轴突导向分子的基因表达等。谷氨酸受体最重要的功能之一是介导兴奋性突触后电流（excitatory postsynaptic current，EPSC）。EPSC 有两个组分，一个由 AMPA 受体介导，而另一个由 NMDA 受体介导（图 4-2-5）。在突触传递的过程中，AMPA 受体和 NMDA 受体都会被激活。由于 AMPA 受体自身快速的激活失活动力学特性，AMPA 受体更适合于介导快的突触传递过程。相比之下，由 NMDA 受体介导的突触传递则慢得多而且持续时间更长，这是因为它们的激活或失活比 AMPA 受体更加缓慢。

AMPA 受体介导的 EPSC 随时间的变化情况有赖于两种因素：其一，突触内的瞬间谷氨酸浓度；其二，突触后膜上受体的特性。突触前的谷氨酸释放量以及扩散或重吸收的速度共同决定了突触间隙谷氨酸的浓度。受体对谷氨酸的亲和力以及它们的失活和脱敏情况控制着由突触间隙神经递质引起的突触电流的时间变化情况。AMPA 受体不同亚基的表达决定了其失活或脱敏的动力学特性。因此，在不同的突触部位，不同亚基的组合调节着快 EPSC 的随时间而变化的特性。内源性的 AMPA 受体大多是由 GluA1-4 构成的异聚体。在海马和皮质的非锥体神经元以及脊髓背角神经元中，对钙离子通透的 AMPA 受体可以参与兴奋性突触传递过程。AMPA 受体对活动依赖性的突触功能的增强或减弱也有修饰作用。

NMDA 受体也介导 EPSC，所不同的是，NMDA-EPSC 比 AMPA-EPSC 要慢得多，而且持续时间更长。另外，NMDA 受体的激活需要甘氨酸或 D- 丝氨酸（与 GluN1 亚基结合）和谷氨酸（与 GluN2 亚基结合）的协同作用。NMDA 受体对谷氨酸的亲和力较高，因此突触间隙内少量的谷氨酸就可以使 NMDA 受体开放。NMDA 受体的生理功能表现出三个基本特点：①在静息膜电位时，NMDA 受体持续被镁离子阻断，在神经元细胞膜去极化的情况下，镁离子的阻断作用消除，离子流得以通过受体；②NMDA 受体激活后，大量的胞外钙进入细胞，影响和调节了许多钙敏感的信号传导通路的活动；③如上所述，由 NMDA 受体介导的神经递质传递较慢并且持续时间较长。

KA 受体的功能研究相对局限，这主要是因为缺乏特异性的药理学工具可以将 KA 受体和 AMPA 受体完全区分开来。内源性的具有功能的 KA 受体

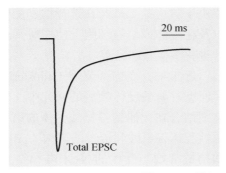
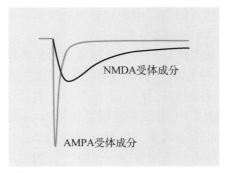

图 4-2-5　神经元的兴奋性突触后电流

用选择性阻断剂可以将两种受体介导的电流成分分开来。在加入 NMDA 受体阻断剂的条件下，可以记录到 AMPA 受体介导的电流成分（右侧蓝色），而在加入 AMPA 受体阻断剂的条件下，则可以记录到 NMDA 受体介导的电流成分（右侧黑色），注意两种成分的上升和下降的速率不一样

首先在大鼠背角神经节细胞中发现，该处的 GluK1 和 GluK5 mRNA 表达水平很高。KA 受体和 AMPA 受体一样，也可以介导兴奋性突触信号的传递，高频刺激海马的 mossy fiber 而在 CA3 区域神经元中产生的慢兴奋性突触后电流就是由其表达的 KA 受体所介导的。KA 受体还可以调节突触前神经递质的释放以及突触传递功能的增强或减弱。有研究表明，KA 受体有可能作为治疗疼痛和癫痫的药物靶点。

（二）脑发育

在大脑的发育过程中，谷氨酸对神经元的分化、迁移和存活有着重要的作用，这有赖于谷氨酸受体介导的钙离子内流。如果在动物出生前，用 MK801 等药物阻断 NMDA 受体，则会引起部分神经元的凋亡，并且神经元凋亡的程度与其所处的发育阶段有着很大的相关性。动物出生前后，NMDA 受体介导的自发和诱发性突触电活动，对于突触的发育成熟以及神经元网络的选择性完善，至关重要。

（三）突触的可塑性和学习记忆

离子型谷氨酸受体除了介导快速的突触信息传递外，在突触可塑性中也有很重要的作用。受体的特性、定位和数量的变化均可以影响经由神经回路的信息传递。哺乳动物中有两种 Hebbian 形式的突触可塑性：LTP 和 LTD。长久以来，鉴于活动依赖性的 LTP/LTD 在大脑学习记忆中的重要性，两者的分子机制受到了广泛地研究。

LTP 有几种截然不同的形式：①依赖 NMDA 受体的 LTP；②与通透钙离子的 AMPA 受体相关的 LTP；③海马 mossy fiber 处的 LTP。依赖 NMDA 受体的 LTP 在被诱导出来的过程中，有数个蛋白激酶的参与，其中 CaMK II 备受注目。阻断 CaMK II 或者基因敲除该激酶后，NMDA 就不能诱导出 LTP。有实验表明，通过 NMDA 受体的钙离子内流，激活胞内的 CaMK II，激活的 CaMK II 可以磷酸化 GluA1 亚基的 S831 位点，从而增加受体通道的电导。此外，在诱导 LTP 的过程中，大量的 AMPA 受体被募集到突触中来，许多细胞内信号蛋白以及和 AMPA 受体亚基相互作用的蛋白都参与了这个过程。蛋白激酶参与 LTP 的诱导和早期维持，但不参与 LTP 的后期维持，LTP 的后期维持需要有新蛋白的合成。LTP 的产生需要 CaMK II 的激活。激活的 CaMK II 可以通过两种方式调节 AMPA 受体，一是直接磷酸化 AMPA 受体亚基，从而增强其功能；二

是帮助 AMPA 受体上膜。还有其他一些蛋白激酶参与了 LTP 的诱导，比如 PKA、PKC、MAP 激酶和 PI₃ 激酶。GluA1 亚基在 LTP 的形成过程中起着重要的作用，在 GluA1 基因敲除的成年鼠，海马 CA1 区未能诱发 LTP，而在 GluA2 亚基敲除的成年鼠，海马 CA1 区则仍然存在 LTP。另外，某些突触部位表达可以通透钙离子的 AMPA 受体，这些受体可能参与了对突触可塑性的调节。

LTD 主要有两种形式，一种依赖于 NMDA 受体的激活和钙离子内流，并且需要下游蛋白磷酸酶的作用；另一种则依赖于代谢型谷氨酸受体的激活。除以上的两种 LTD 外，还存在着一种独特的 LTD，它位于海马的中间神经元，其突触部位含有通透钙离子的 AMPA 受体，该处 LTD 的诱导既需要突触后钙离子的内流，又需要突触前代谢型谷氨酸受体的激活。AMPA 受体的内吞及膜上数量的减少被认为与 LTD 的形成密切相关。许多刺激因素都可以引起 AMPA 受体在突触部位的减少。NMDA 受体、代谢型谷氨酸受体以及胰岛素受体的激活都可以下调突触膜上 AMPA 受体的数目。泛素化参与了 AMPA 受体的内吞行为，一些与 AMPA 受体相互作用的蛋白（如 PSD-95），甚至是受体本身都可能受泛素化的调节，进而调节突触膜上 AMPA 受体的数目。在 LTD 的形成过程中，AMPA 受体亚基也可以受磷酸化的调节，GluA2 亚基的 S880 位点磷酸化，可以阻止 GluA2 亚基与 GRIP1/ABP 蛋白的相互作用，同时增加 GluA2 亚基与 PICK1 蛋白的结合。LTD 的发生伴随着 GluA2 亚基 S880 位点磷酸化的增加，导致 GluR2 亚基与 GRIP1/ABP 和 PICK1 结合的选择性变化，从而影响突触部位的 AMPA 受体数目。

尽管在突触传递的本质上 AMPA 受体有着更普遍的意义，然而一般认为 NMDA 受体在学习记忆中起着主要作用。不同动物的实验都表明，NMDA 受体参与到学习过程中（主要是信息的编码过程）。代谢型谷氨酸受体对新信息的获取作用不大，但是，在记忆的形成过程中却有一定的作用，其可能参与信息的调节、巩固和再提取。总之，代谢型谷氨酸受体的功能因大脑结构和学习任务的不同而有所差异。

（四）突触的稳态可塑性

除 Hebbian 形式的突触可塑性（LTP/LTD）以外，还存在着另外一种突触可塑性：稳态可塑性

（homeostatic plasticity）。这是指神经元在处于高度或者低度活动时，利用其负反馈的调节机制，将自身整体的突触活动水平降低或者调高，以使其活动水平维持在一个正常的生理范围。近来的研究表明，稳态可塑性涉及 AMPA 受体的表达水平、受体亚基的组合、受体与其他蛋白的结合以及受体亚基的磷酸化。比如，在稳态调升（homeostatic scaling-up）的过程中，表面膜和突触内的 GluA1 同源和 GluA1/2 异源的 AMPA 受体含量增加，这一增加与 GluA1 的 S845 而非 S831 位点的磷酸化有关。GluA2 亚基在稳态调升中也起着重要作用，它的作用水平的调节涉及与它直接结合的蛋白（GRIP1/2 和 PICK1）以及 C- 末端的磷酸化。

抑制性 GABA 受体拮抗剂 bicuculline 在培养神经元上所引起的兴奋性突触稳态调降（homeostatic scaling-down）也与 AMPA 受体有关，表现为 GluA1/2/3 亚基蛋白表达水平的下降和向突触方向运输的降低，这可能与 GluA1/2 亚基上数个磷酸化位点的去磷酸化和 GluA1/2 的泛素化有关。此外，越来越多的实验发现，稳态可塑性与 Hebbian 形式的突触可塑性之间，存在着紧密的联系和互动。

二、神经疾病

"兴奋性毒"（excitotoxicity）是指过多的兴奋性氨基酸对神经元造成的毒性作用，这也是急性中枢神经系统疾病（如脑缺血、脑外伤和癫痫）导致细胞死亡的主要机制。兴奋性毒也可能在一些慢性疾病中起作用，如肌萎缩侧索硬化症（amyotrophic lateral sclerosis，ALS）。一类被称为谷氨酸转运体的蛋白家族负责吸收细胞外多余的谷氨酸到细胞内，进而重新加载到突触前囊泡。生理状态下，谷氨酸释放及谷氨酸重吸收的平衡作用，可以维持细胞外谷氨酸浓度低于 1 μmol。在特定的病理状态下，如缺血性脑卒中，神经元处于氧糖剥夺状态，神经元去极化进而释放大量谷氨酸，同时神经元及胶质细胞离子失衡，导致依赖细胞膜内外离子浓度梯度发挥重吸收作用的谷氨酸转运体功能受限，在谷氨酸释放被显著放大及谷氨酸重吸收被显著抑制的情况下，细胞外谷氨酸浓度显著上升，过多的谷氨酸会强烈激活谷氨酸受体，尤其是 NMDA 受体，进而引起钙离子大量流入神经元，造成神经元内钙离子超载。钙离子作为细胞内第二信使，会引起一系列下游信号分子激活，包括 calpain、

phospholipase A2、caspase、CaMK、endonuclease 等，这些激酶或蛋白酶异常活化会造成线粒体损伤，细胞质膜破坏，细胞骨架崩解，自由基产生，一氧化氮合成，DNA 碎片化，内质网功能丧失，细胞酸化等严重后果，最终表现为细胞的凋亡或坏死。这种由细胞外过量谷氨酸引起的细胞死亡称为谷氨酸兴奋性毒作用。总之，在突触间隙内，兴奋性氨基酸释放过多或者对其重吸收不足都可能导致谷氨酸受体的过度激活，最终造成神经元死亡。很多研究表明，谷氨酸受体介导的钙内流也可能是发生神经退行性病变的关键。

Olney 最初提出 "excitotoxicity" 这一名词是为了说明其观察到的谷氨酸导致神经元胞体树突明显膨胀的现象。当把谷氨酸注入未成年小鼠时，会破坏视网膜的内神经层。Olney 的工作证实了谷氨酸对视网膜的毒性作用，并且指出红藻氨酸盐可以导致脑损伤。另外，兴奋性毒在脑缺血性细胞死亡中的作用，也已得到证实。

尽管兴奋性毒主要是由 NMDA 受体来介导的，非 NMDA 受体也参与了许多神经系统疾病的发生过程。在敏感的神经元，钙通透性高的 AMPA 受体可导致过量的钙内流，这在一些神经退行性疾病的发生过程中发挥着重要作用。尤其是许多神经损伤因素，可使神经元 GluA2 表达降低，继而导致 AMPA 受体介导的钙内流增高，产生细胞毒性作用。所以，对 AMPA 受体的研究也将有助于找到预防和治疗神经系统疾病的方法。对中枢神经系统内 KA 受体的功能和生理特性，还知之甚少。一般认为 KA 受体与癫痫的发生有关。实验表明，kainate 通过激活海马的 KA 受体，使神经元产生高度的兴奋性而导致癫痫，另外发现，KA 受体也参与了痛觉的形成过程。

除了在急性脑卒中中扮演主要的损伤因素外，在很多神经退行性疾病中，谷氨酸兴奋性毒都发挥作用。亨廷顿舞蹈症是一种遗传性神经退行性疾病，主要影响情绪、认知以及运动功能。纹状体中一类被称为 medium-size spiny neuron 的 GABA 能神经元是最显著受损的细胞类型。研究发现，上述 GABA 能神经元中突变的 Huntingtin 蛋白会通过 PSD-95 使 NMDA 受体过度兴奋，引起该种细胞通过兴奋性毒作用特异性受损，进而出现特有的神经学表型。阿尔茨海默病是一种以进行性认知和记忆缺失为主要特征的神经退行性疾病。这种疾病的显著特征是细胞外沉积的 β-amyloid peptide。已

有研究表明，由于区域性 NMDA 受体亚型分布改变而导致的 NMDA 受体过度激活在阿尔茨海默病中确实存在，进而介导相应神经元发生退行性改变。作为唯一能清除细胞外谷氨酸的蛋白家族，谷氨酸转运体功能缺失在各种神经系统疾病中都扮演着重要作用。在肌萎缩侧索硬化症中，谷氨酸转运体 GLT-1 的 mRNA 异常剪切会导致 GLT-1 蛋白表达缺失，由此，谷氨酸在细胞外过度累积，进而使特定神经元发生细胞凋亡。这样的机制同样发生在阿尔茨海默病、星形胶质细胞瘤以及颞叶癫痫中。在阿尔茨海默病中，海马区中 GLT-1 表达量在 β-amyloid peptide 附近会显著下降。另外在多发性硬化症中，少突胶质细胞中两种谷氨酸转运体 GLAST 和 GLT-1 蛋白表达量下降，使得白质损伤进一步加剧。

目前还没有证据表明代谢型谷氨酸受体直接参与谷氨酸引起的兴奋性毒信号通路。一般认为，NMDA 受体过度激活所引起的钙超载是导致兴奋性毒的主要原因。由 NMDA 受体介导的兴奋性毒作用，是通过其下游的信号通路实现的，即在突触后致密区，NMDA 受体与 PSD-95 相互作用，把外界信号与下游的信号通路连接起来，因此，阻断 NMDA 受体和 PSD-95 的相互作用可以对大鼠脑缺血起到保护作用。至于具体的下游信号通路，有研究表明，在谷氨酸的刺激下，NMDA 受体通过 PSD-95 激活一系列信号通路，使得胞内钙离子浓度升高，进而产生大量的活性氧分子（ROS）、氧自由基（O_2^-）、一氧化氮以及高活性的过硝基化合物（$ONOO^-$）等有害物质，胞内过多的一氧化氮和过硝基化合物可使 PARP-1 蛋白（核 DNA 修复酶）被激活。缺血时，PARP-1 的激活会消耗细胞内的 ATP，引起神经元死亡。而且，PARP-1 和过硝基化合物可以促进 AIF（apoptosis-inducing factor）入核，作为一个促凋亡蛋白，AIF 可以造成 DNA 的大规模片段化。

综上所述，细胞外谷氨酸浓度受到谷氨酸释放和重吸收的严密调控，任何打破这一稳态的状况都可能引起谷氨酸兴奋性毒作用，进而产生一系列反应致使细胞损伤，最终导致机体产生相应的神经功能性变化。

参考文献

1. Chen S，Gouaux E. Structure and mechanism of AMPA receptor-auxiliary protein complexes. *Curr Opin Struct Biol*，2019，54：104-111.

2. Diering GH，Huganir RL. The AMPA receptor code of synaptic plasticity. *Neuron*，2018，100：314-329.

3. Dogra S，Conn PJ. Targeting metabotropic glutamate receptors for the treatment of depression and other stress-related disorders. *Neuropharmacology*，2021，196：108687.

4. Gregory KJ，Goudet C. International union of basic and clinical pharmacology. CXI. pharmacology，signaling and physiology of metabotropic glutamate receptors. *Pharmacol Rev*，2021，73：521-569.

5. Hansen KB，Yi F，Perszyk RE，et al. Structure，function，and allosteric modulation of NMDA receptors. *J Gen Physiol*，2018，150：1081-1105.

6. Petit-Pedrol M，Groc L. Regulation of membrane NMDA receptors by dynamics and protein interactions. *J Cell Biol*，2021，220：e202006101.

7. Reiner A，Levitz J. Glutamatergic signaling in the central nervous system：ionotropic and metabotropic receptors in concert. *Neuron*，2018，98：1080-1098.

8. Scheefhals N，MacGillavry HD. Functional organization of postsynaptic glutamate receptors. *Mol Cell Neurosci*，2018，91：82-94.

9. Stansley BJ，Conn PJ. Neuropharmacological insight from allosteric modulation of mGlu receptors. *Trends Pharmacol Sci*，2019，40：240-252.

10. Stroebel D，Paoletti P. Architecture and function of NMDA receptors：an evolutionary perspective. *J Physiol*，2021，599：2615-2638.

第 3 章　抑制性氨基酸

抑制性和兴奋性氨基酸类神经递质活性之间的阴-阳平衡对维持正常脑功能非常重要。脑内主要的抑制性氨基酸类神经递质有 γ- 氨基丁酸（γ-aminobutyric acid，GABA）和甘氨酸（glycine，Gly）。GABA 主要在大脑皮质、海马、丘脑、基底神经节和小脑中起重要作用。甘氨酸主要在脊髓和脑干发挥作用。此外，有证据表明，牛磺酸（taurine，Tau）也可能是脑内一种重要的抑制性神经递质或调质。

第一节　GABA 是一种重要的抑制性神经递质

一、GABA 的发现历史

γ- 氨基丁酸（GABA）最初是从微生物或植物的代谢产物中发现的，在 1883 年首次被人工合成。1950 年 Awapara、Roberts 和 Udenfriend 所在的三个独立研究小组同时在哺乳动物脑内发现了 GABA。同年，Bessman 和 Roberts 分别发现了 GABA 的合成酶——谷氨酸脱羧酶（L-glutamic decarboxylase，GAD）。3 年后，Roberts 等又发现了 GABA 的降解酶——GABA 转氨酶（GABA transaminase，GABA-T）。1953 年 Florey 从哺乳动物脑组织中提取出一种当时称之为抑制因子的物质，发现它可以抑制甲壳类神经肌肉接头的信息传递，后来证明其中主要的有效物质就是 GABA。1966 年 Krnjevic 将 GABA 微电泳到猫的大脑皮质，引起神经元的超极化，并且其平衡电位与抑制性突触后电位（inhibitory postsynaptic

potential，IPSP）的反转电位相同，由此证明 GABA 是神经组织释放的抑制性氨基酸。1970 年 Curtis 等发现荷包牡丹碱（bicuculline methiodide，BMI）能阻断 GABA 引起的 IPSP 及其抑制效应，并证明荷包牡丹碱是 GABA_A 受体的竞争性拮抗剂。在 20 世纪 70 年代中期，Enna 和 Snyder 以及 Richard 等将放射性配体结合到 GABA 受体结合位点，为研究受体的生化和药理特性提供了有力工具。1978 年 Braestrup 和 Mohler 等分别发现了 GABA_A 受体上苯二氮䓬类药物的特异性结合位点。1987 年 Kaufman 等鉴定出 GAD67 的 cDNA 和它的基因，后命名为 GAD1。1991 年 Erlander 等克隆了 GAD65 的 cDNA，并发现了它的基因，将其命名为 GAD2。虽然 GABA_B 受体的概念在 20 世纪 70 年代已经提出，并对其功能也有了一定的了解，但直到 1997 年才克隆出它的基因。

由上可知，GABA 是广泛存在于神经系统中、具有独立的合成与降解酶系统、作用于特异的受体产生抑制效应的神经递质。

二、GABA 的代谢过程

GABA 是由谷氨酸脱羧而成，主要存在于神经元内，释放后被降解成琥珀酸进入三羧酸循环，或被转运体重摄取而终止其效应（图 4-3-1）。

$$\underset{COOHCHCH_2CH_2COOH}{\overset{NH_2}{|}} \xrightarrow[PLP]{GAD} \underset{CH_2CH_2CH_2CH_2COOH}{\overset{NH_2}{|}} + CO_2$$

神经胶质细胞中不存在 GAD，因此在成熟的脑内只有神经元才能合成 GABA。神经元中谷氨酸的主要来源是星形胶质细胞提供的谷氨酰胺，后者经线粒体膜上磷酸化激活的谷氨酰胺酶（phosphate-activated glutaminase，PAG）催化脱氨基而生成谷氨酸（图 4-3-1）。除此之外，谷氨酸还可以来源于三羧酸循环（tricarboxylic acid cycle，TCA）和糖酵解的中间产物。某些氨基酸如脯氨酸、鸟氨酸和精氨酸等也可以通过多步代谢反应生成谷氨酸。这些来源共同维持着体内稳定的谷氨酸和 GABA 的供应。

GABA 合成酶 GAD 的分子量约为 130 kDa，

（一）GABA 合成

在神经元中，GABA 主要由脑内含量极高的谷氨酸经 GAD 的脱羧作用生成（图 4-3-1）。该反应以磷酸吡哆醛（Pyridoxal5′ -phos-phate，PLP）为辅酶，PLP 与 GAD 的结合对酶活性的快速调控起非常重要的作用。GAD 以谷氨酸为 GABA 合成的直接前体，其反应式如下所示：

其特异性及稳定性较高，且在大部分脑区 GAD 的分布与 GABA 相平行。因此，通常情况下，GAD 可作为 GABA 的标记酶。在 GABA 能神经元中，GAD 广泛存在有两种形式，按分子量分为 GAD67（67 kD）和 GAD65（65 kD），有时也按其发现的先后顺序称为 GAD1（GAD67）和 GAD2（GAD65）。它们由不同的基因编码，在人类染色体的定位分别为 10p11.23 和 2q31。GAD 一般以二聚体的形式存在，且大多是同聚体，少数也能形成异聚体。同时 GAD 有脱辅酶（不含 PLP，apoGAD）和全酶（holoGAD）两种形式，全酶具有催化活性。

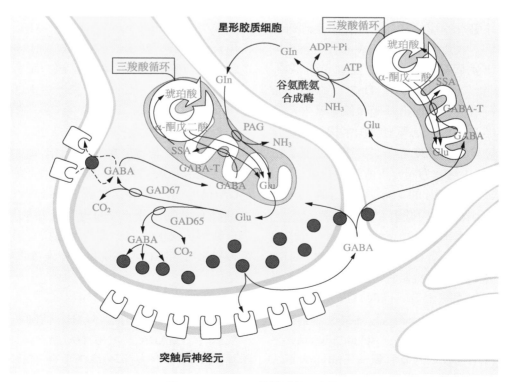

图 4-3-1　**GABA 代谢过程示意图**
GABA 代谢过程起始于由谷氨酸脱羧酶（GAD）直接并不可逆地对谷氨酸脱羧，生成 GABA，最后转化为琥珀酸

GAD 的 N 末端与酶的胞内定位相关，C 末端由 5 个基序组成，与其催化活性相关。由于分子结构上的差异，GAD65 和 GAD67 具有不同的酶学特性，它们在细胞内和脑区的分布及调节方式也不尽相同。GAD65 在神经末梢较多，其合成的 GABA 主要储存在突触囊泡中，以胞吐的形式从突触前释放，负责快速抑制性突触传递。而 GAD67 则广泛分布于胞体和树突内，经其合成的 GABA 主要储存在胞浆中。在大脑新皮质、小脑和基底核中，GAD67 mRNA 的含量较 GAD65 多；而在视觉系统和神经内分泌系统，则 GAD65 的 mRNA 含量较多。在发育过程中，大部分脑区内的 GAD67 mRNA 出现早于 GAD65 mRNA，但 GAD65/GAD67 mRNA 比值随着突触的形成而逐渐增高。脑组织受损后会诱导 GAD67 及其 mRNA 的显著增加，而 GAD65 及其 mRNA 变化较小。这些事实说明，GAD67 和 GAD65 的表达受到不同机制的调控。运用 GAD 基因敲除小鼠进行的研究提示，经二者催化合成的 GABA 可能具有不同的功能。GAD65 基因敲除纯合子小鼠（GAD65$^{-/-}$）是非致死的，其表型、运动能力、脑重和组织结构与同窝野生小鼠（GAD65$^{+/+}$）相比无明显差别。与 GAD65$^{+/+}$小鼠相比，GAD65$^{-/-}$小鼠或杂合子突变小鼠（GAD65$^{+/-}$）脑中 GABA 含量并没有明显的下降。但从出生后 12 周开始，GAD65$^{-/-}$小鼠会出现易受惊并引发癫痫的行为特征。电生理研究表明，GAD65$^{-/-}$小鼠神经元 GABA 的释放量不能维持最大，其出生后视皮质的可塑性也受到影响。GAD67 基因敲除纯合子小鼠（GAD67$^{-/-}$）有正常的出生率，但在出生后表现出呼吸系统紊乱并于第一天早晨（P 0.5）死亡。但其脑组织结构、细胞排列形式并无明显异常。免疫组化研究表明，其大脑皮质中 GAD 的表达量降为同窝野生型小鼠的 20%，GABA 的含量减少为正常的 7%。另一有趣的现象是，GAD67$^{-/-}$小鼠出生时伴有严重的唇裂。

GAD 蛋白表达水平具有稳态的（homeostatic）负反馈调节特性，表现为当 GABA 生成过多时，GAD 蛋白水平会显著下降，其机制可能是基因翻译水平下降或蛋白质降解水平上升。同时，研究发现，3-巯基丙酸（3-mercaptopropionic acid，3-MP）、磷酸吡哆醛谷氨酰 -γ- 腙（pyridoxal phosphate glutamyl-γ-hydrazone，PLPGH）及烯丙基甘氨酸（allylglycine）对 GAD 都有较特异的抑制作用，这些都为进一步深入研究提供了便利。

（二）GABA 囊泡释放

抑制性神经递质 GABA 从突触前膜释放到突触间隙的过程是通过突触囊泡定向、囊泡膜与细胞质膜融合等步骤实现。当突触囊泡膜与突触前膜融合后，囊泡中的 GABA 递质随即释放到突触间隙。膜融合是 GABA 囊泡释放的关键步骤，这一过程主要是由可溶性 N- 乙基马来酰亚胺敏感因子附着蛋白受体（soluble N-ethylmaleimide-sensitive factor Attachment protein REceptor，SNARE）复合体的形成来介导。SNARE 复合体是由酵母中至少 24 个成员和哺乳动物细胞中超过 60 个成员组成的大型蛋白质复合物，其主要作用是介导突触囊泡与突触前膜的融合。SNARE 复合体核心由三个蛋白组成，包括位于突触前膜的突触融合蛋白 Syntaxin 1A 和 SNAP-25（Synaptosomal-associated protein of 25 kDa）；还有位于囊泡膜上的囊泡 SNARE 蛋白（Vesicle-SNARE），也称小突触泡蛋白（Synaptobrevin）。当动作电位引发突触前细胞质膜 Ca^{2+}内流后，突触囊泡与位于突触前膜上的 Syntaxin 1A 和 SNAP-25 共同形成异源二聚体，称为定向 SNARE 复合体（Target-SNARE），后者通过与位于突触囊泡膜上的 Vesicle-SNARE 蛋白（即小突触泡蛋白 Synaptobrevin）形成 SNARE 复合体，从而将两膜拉近，最终驱动膜融合的发生。定向 SNARE 复合体上有供 Synaptobrevin 结合的位点，当 Synaptobrevin 定向与 SNARE 复合体的结合位点结合后，便形成 SNARE 复合体，从而实现突触囊泡与突触前膜的融合。这一融合过程受到多种蛋白质的调控，比如位于突触囊泡的突触结合蛋白（Synaptotagmin），通过感受 Ca^{2+}浓度，从而决定是否启动突触囊泡的融合过程。

突触囊泡与突触前膜融合后，GABA 递质从突触囊泡释放到突触间隙，作用于位于突触后膜的 GABA 受体，传导信号到下一级神经元。融合的突触囊泡膜会通过一系列内吞机制从突触前膜回收，重新形成突触囊泡。抑制性递质突触囊泡释放的调控机制可能在神经系统疾病中发挥重要作用。

（三）GABA 降解

与合成途径不同，GABA 的降解酶系存在于线粒体中。GABA 首先在 GABA-T（以维生素 B$_6$ 为辅酶）作用下去除氨基产生琥珀酸半醛（succinyl semialdehyde，SSA），后者经琥珀酸半醛脱氢酶（succinyl semialdehyde dehydrogenase，SSADH）

氧化成琥珀酸（succinic acid，SA），然后进入三羧酸循环；或经琥珀酸半醛还原酶（succinic semialdehyde reductase，SSAR）还原成 γ-羟基丁酸（γ-hydroxybutyric acid，GHB）。由于 SSADH 的活性很强，所以氧化反应部分往往占据优势。SA 参加三羧酸循环又产生 α-酮戊二酸（α-ketoglutarate，α-KG），后者氨基化后又成为 GABA 的前体谷氨酸。所以该 GABA 的代谢路径可以看作三羧酸循环的旁路，称为 GABA 旁路（图 4-3-1）。GABA 旁路存在于神经元和神经胶质细胞中。神经胶质细胞膜上的 GABA 转运体可以摄取由突触释放的 GABA，并通过 GABA 旁路参与 GABA 的降解。

GABA-T 分布很广，主要存在于中枢和周围神经细胞的线粒体内。此外，GABA-T 还分布在肝、肾、睾丸、卵巢和胰腺。GABA-T 的抑制剂有羟胺（hydroxylamine）和氨氧乙酸（aminooxyacetic acid，AOAA）等，前者抑制效应较后者强 100 倍左右。由于 GABA-T 抑制剂可以减少 GABA 的降解，提高脑内 GABA 含量，因此在动物实验中常被用来观察内源性 GABA 的作用。而 AOAA 在高浓度时可以使细胞内、外 GABA 的浓度都升高，产生广泛的抑制效应。

GABA-T 也可以与 SSADH 组成多酶复合体，其作用可能是有利于辅助 SSA 的生成。SSADH 是由 4 个 54 kD 亚基组成的四聚体，目前已纯化出人类和大鼠的 cDNA，人类编码 SSADH 的基因定位在 6p22。

GABA 的合成和降解在亚细胞水平是高度区域化的，GAD65 和 GAD67 位于囊泡膜上或胞浆中，而 GABA-T 和 SSADH 位于线粒体中。这为胞内 GABA 含量的维持和精细调控提供了重要的结构基础。除代谢降解途径外，分布在 GABA 能神经末梢的高亲和力 GABA 转运体具有高效的重摄取功能，是终止 GABA 能突触传递的另一种重要机制。

（四）GABA 转运

GABA 的转运主要是通过 GABA 转运体（γ-aminobutyric acid transporter，GAT）来实现的。GAT 是一类 600 个氨基酸左右的糖蛋白，根据其动力学特征和抑制剂敏感性的不同可分为 4 类，在大鼠中分别为 GAT1、GAT2、GAT3 和 GAT4（又称 BGT1）。作为 Na^+、Cl^- 偶联转运体家族的成员，它们都具有 12 个跨膜的疏水螺旋结构，胞外表面有一个大的具有糖基化位点的环状结构，其 N、C 两端都位于膜内侧并带有磷酸化位点（图 4-3-2）。通过将底物转运与顺电化学梯度的 Na^+、Cl^- 流动相偶联，GAT 可以逆化学梯度将 GABA 跨膜转运至细胞内。化学计量法研究发现，三者的转运存在一定的比例关系，通常是 $2\ Na^+ : 1\ Cl^- : 1\ GABA$。

GAT 在神经元和胶质细胞都有表达，通常分布于突触周围的膜上。不同的转运体的脑区分布并不相同。GAT1 主要分布在大脑皮质、海马、嗅球、丘脑、小脑、视网膜、纹状体等脑区，与底物 GABA 分布相一致，是神经系统中最重要的 GABA 转运蛋白。GAT3 主要分布在视网膜、脑干、嗅球、下丘脑等脑区，在大脑皮质不表达，海马中只有非常低的表达。GAT2 主要表达在软脑膜、脉络丛、室管膜、视网膜和小脑，其在新生鼠中的表达丰度远比成年鼠高，因此被认为可能与发育有关。BGT1 在脑中分布广泛，各脑区的表达丰度很相近，同时在培养系统中发现 BGT1 主要在 I 型和 II 型星形胶质细胞上表达，在神经元上未检测到它的表达，它

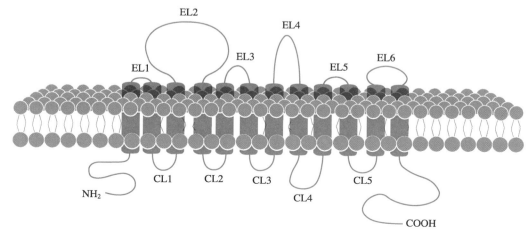

图 4-3-2 **GABA 转运体拓扑结构示意图**
EL1-EL-6. 胞外环；CL1 ～ CL5. 胞内环

可能是胶质细胞特有的转运体，其在脑中的作用和渗透压调节有关。此外，GAT2 和 BGT1 除分布在中枢外，在外周组织（主要在肝脏和肾脏）也有分布。

由于转运体通过清除突触间隙的神经递质调节神经递质的活性，特异性转运体抑制剂可能通过增加突触间隙内 GABA 的含量，成为治疗某些神经系统疾病的新药。例如 GAT1 特异性阻断剂 tiagabine 目前已经作为临床治疗惊厥的药物。但是 tiagabine 在临床上表现出了多种不良反应，主要表现为震颤、运动性共济失调、头昏、意识衰弱，也可能发生神经过敏。这些不良反应到底是不是因为 GAT1 阻断导致的 GABA 浓度升高所引起呢？GAT1 基因敲除小鼠为了解这些问题提供了帮助。研究发现，GAT1 基因敲除的小鼠可以正常存活，并且表现出了正常的繁殖能力和生命周期，但是，在行为学上，GAT1 基因敲除小鼠表现出了多种异常。首先在提尾时，GAT1 敲除小鼠表现出震颤，以及四肢收缩反应，而不同于正常小鼠的伸展姿势；其次，GAT1 基因敲除小鼠表现出了运动能力异常，包括行走的步态中带有震颤的表现，平衡能力降低等；另外，在旷场实验中，GAT1 基因敲除小鼠探究能力降低，显示出明显的焦虑和神经紧张状态。在电生理实验中发现，不论是海马还是小脑中，GAT1 基因敲除小鼠由突触外 GABA$_A$ 受体介导的电流持续增大，提示 GAT1 敲除后引起细胞间隙中 GABA 浓度增加。由于 GAT1 基因敲除小鼠的异常行为与 tiagabine 在临床使用的副作用十分相似，进一步揭示了 GAT1 的重要作用，以及作为药物靶点时可能存在的问题，并为开发以 GAT1 为靶点的新治疗策略提供了重要参考。

三、GABA 受体分型

根据对激动剂及拮抗剂的敏感性的不同，目前将 GABA 受体分为 A 和 B 两型，其分子结构、药理学特性各有所不同。GABA$_A$ 受体是配体门控离子通道，被 GABA 激动，通过开启 Cl$^-$ 通道产生突触后抑制，其效应能被直接关闭 Cl$^-$ 通道的印防己毒素（picrotoxin，PTX）阻断；GABA$_B$ 受体也可被 GABA 激动，通过 G 蛋白和 K$^+$、Ca^{2+} 通道偶联，产生突触前或突触后抑制，对印防己毒素不敏感，但能被氯苯氨丁酸（baclofen）激活。

（一）GABA$_A$ 受体分子结构

GABA$_A$ 受体与甘氨酸受体、N 型乙酰胆碱受体及 5-HT$_3$ 受体等共同组成配体门控离子通道超家族，它们均具有类似的拓扑结构（图 4-3-3），都不经过第二信使系统，直接开启跨膜的离子通道，传递信息。GABA$_A$ 受体分布在整个神经系统，由 5 个亚基围成一个完整的 Cl$^-$ 通道复合物。其亚基包括 α（1～6）、β（1～3）、γ（1～3）、δ、ε 及 π、θ 和 ρ（1～3）亚基。其中，由 ρ（1～3）亚基同聚或异聚形成的功能性受体与其他 GABA$_A$ 受体相比，表现出特异的药理学特性，比如对于荷包牡丹碱、苯二氮䓬类和巴比妥类调节剂不敏感，历史上也被称为 GABA$_C$ 受体，但国际基础和临床药理学联合会命名和标准委员会（Nomenclature and Standards Committee of the International Union of Basic and Clinical Pharmacology，NC-IUPHAR）基于受体的结构和功能特性，建议将 GABA$_C$ 受体归属为一类包含 ρ 亚基的特殊 GABA$_A$ 受体。

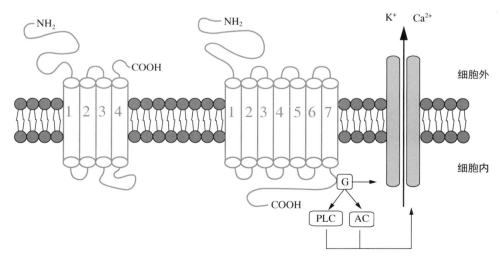

图 4-3-3　GABA$_A$ 和 GABA$_B$ 受体拓扑结构
左：GABA$_A$ 受体拓扑结构；右：GABA$_B$ 受体拓扑结构

GABA$_A$ 受体在结构上含有长的 N 末端细胞外结构域（extra-cellular domain，ECD）、4 个保守的跨膜区（TM1～4）及 1 个短的 C 末端胞外结构域。配体一般和 ECD 中的结合域结合，引发受体构象改变，使门控通道打开。而 TM2 则构成了受体的 Cl$^-$ 通道内壁，TM2 中的氨基酸残基决定了受体对 Cl$^-$ 的选择性。此外，GABA$_A$ 受体亚基还具有 TM2 和 TM3 之间的一段小的胞外结构域以及 TM3 和 TM4 之间的一个大的胞内环状结构域，后者包含多个受体转运相关骨架蛋白的作用位点，也含有不同的丝氨酸、苏氨酸和酪氨酸蛋白激酶作用位点，是磷酸化调节的主要区域。GABA$_A$ 受体胞内结构域是各个亚基间序列差异最大的区域。

GABA$_A$ 受体主要分布在突触后膜，负责介导中枢快速抑制性突触传递。此外，也有证据表明 GABA$_A$ 受体在突触前调节其他神经递质的释放。研究发现，GABA$_A$ 受体必须同时含有 α 和 β 亚单位时才能表达其受体特性，绝大多数 GABA$_A$ 受体由 α、β 和 γ 以 2:2:1 的比例构成，在某些受体中 δ、ε 和 θ 等亚基可以替代 γ 亚基，但数量较少。神经细胞膜上的 GABA$_A$ 受体既可以定位于突触内介导相位性（phasic）抑制，也可以定位于突触外部位介导紧张性（tonic）抑制。研究证明，γ 亚基是调节 GABA$_A$ 受体在突触后聚集（clustering）和定位（targeting）的关键亚基。在 γ2 亚基敲除的 3 周龄小鼠（此时野生型小鼠 GABA$_A$ 受体在突触后已高度聚集）中发现，该突变小鼠突触后 GABA$_A$ 受体明显丢失，产生致死性癫痫发作。相反，δ 亚基在突触外 GABA$_A$ 受体介导的紧张性抑制中发挥作用。

像许多其他膜受体或离子通道一样，GABA$_A$ 受体的表达、亚基构成、分布以及膜转运（membrane trafficking），常常受种系发生、个体发育以及某些生理和病理条件的调节。GABA$_A$ 受体异常的转运、表达和（或）门控作用与人类的自闭症、精神分裂症和一系列特发性癫痫综合征有关。此外，遗传关联研究还表明，GABA$_A$ 受体亚基基因与酒精依赖、饮食失调、自闭症和躁郁症关系紧密。

（二）GABA$_A$ 受体药理学特性

1. 胞外调控 经分离提纯及受体结合特性的分析，证明 GABA$_A$ 受体是一个由 GABA 识别位点、苯二氮䓬（benzodiazepine，BDZ）识别位点及 Cl$^-$ 通道组成的复合体。其激动剂有 GABA 及其类似物，如蝇蕈醇（muscimol）及其衍生物（dihydromuscimol 和 thiomuscimol），以及 THIP（45,6,7-tetrahydroisoxazolo［5,4-c］pyridin-3-ol）等，它们结合并活化 GABA$_A$ 受体，从而调节离子通道的开启或闭合，产生相应的生物学效应。其拮抗剂有荷包牡丹碱（竞争性）和印防己毒素（非竞争性）。同时，GABA$_A$ 受体还受胞外其他多种物质的调控，如巴比妥类（barbiturates）、Zn^{2+}、pH、神经活性甾体激素、某些麻醉药和乙醇等。它们与 GABA$_A$ 受体的结合位点及产生的药理作用各不相同（图 4-3-4）。

（1）苯二氮䓬类药物：苯二氮䓬类药物如安定（diazepam）、氯硝安定（clonazepam）、氟硝安定（flunitrazepam）、咪唑安定（midazolam）等能与 GABA$_A$ 受体 BDZ 识别位点高亲和力地、稳定地结合，K$_d$ 为 2.6～3.6 nmol/L。这类药物既不直接激动 GABA 识别位点，也非间接通过加速 GABA 的释放或抑制 GABA 的降解和重摄取而加强 GABA 的作用，而是通过变构调节作用，增加低亲和性的 GABA$_A$ 受体的亲和力，以增强 GABA 与识别位点的结合。当 GABA 不存在时，BDZ 本身对 Cl$^-$ 通道没有影响，但能增加 GABA 开启 Cl$^-$ 通道的频率（不影响每个 Cl$^-$ 通道开启的时间），增强 GABA 的抑制效应，从而使得突触后膜的超极化程度增加，产生抗焦虑、镇静的作用。因此 BDZ 是 GABA$_A$ 受体的正性变构调节物。

BDZ 在 GABA$_A$ 受体上的结合位点是在 α 亚基（α1、α2、α3 或 α5）和 γ2 亚基的界面上。α 亚基中保守的组氨酸残基（H）对 BDZ 的结合起着至关重要的作用。BDZ 不敏感型受体中，组氨酸残基被精氨酸残基（R）取代；而 α1 亚基点突变小鼠

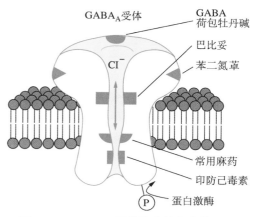

图 4-3-4 **GABA$_A$ 受体胞内外位点模式图**
GABA$_A$ 受体胞内外至少有五类常见的化合物结合位点

（H101R）失去对安定、氯硝安定和酒石酸唑吡坦（zolpidem）等药物的敏感性。BDZ 结合位点不仅需要 α 亚基，同时还需要 γ 亚基。研究表明，γ2 亚基 N 末端影响 GABA$_A$ 受体对苯二氮䓬类药物的高亲和力，而 γ2 亚基的 T281、I282 和 S291 这三个氨基酸则是 BDZ 结合后 GABA$_A$ 受体变构所必需的残基。

BDZ 与 GABA$_A$ 受体的结合是 Cl$^-$ 依赖的，同时还受 GABA 和蝇蕈醇或其他激动剂的影响，主要起增加激动剂亲和力的作用，但不改变结合位点的数目。此效应能被荷包牡丹碱所阻断。氟马西尼（Ro15-1788）是 BDZ 识别位点的拮抗剂，分别拮抗 BDZ 或 β- 咔啉 -3- 羧酸（β-carboline-3-carboxylic acid，β-CC）与 BDZ 识别位点的结合，从而阻断它们的正性或负性变构调制作用，但它本身对受体没有作用。

BDZ 在临床上主要用于治疗焦虑症、癫痫、肌肉痉挛、失眠和疼痛等。BDZ 与受体结合后产生的效果很复杂，主要取决于配体的种类以及受体中 α 和 γ 亚基的类型。不同的配体化合物既可以作为激动剂（加强 GABA 的反应，产生抗惊厥的作用），也可以作为反向激动剂（inverse agonist），负向调节 GABA 的反应，产生促惊厥的作用。

三唑哒嗪（triazolopyridazine，CL218872）也是 BDZ 结合位点上的配体，其增强 GABA$_A$ 受体的亲和力不如 BDZ 强，但它不易耐受，且没有镇静与催眠等副作用。有人根据 CL218872 与 BDZ 识别位点结合的亲和力不同，将 BDZ 识别位点分为 Ⅰ 型、Ⅱ 型。BDZ Ⅰ 型与 CL218872 结合的亲和力较 BDZ Ⅱ 型高 21 倍，BDZ Ⅰ 型介导较强的抗惊厥效应，而 BDZ Ⅱ 型则主要介导较强的镇静作用。

在寻找作为 GABA$_A$ 受体的正性变构调制物及与 BDZ 识别位点结合的内源性配体时，有人在人尿中提取到了 β- 咔啉 -3- 羧酸（β-carboline-3-carboxylic acid，β-CC）。合成的 β-CC 能和 BDZ 识别位点高亲和性地结合，是 BDZ 识别位点的激动剂，但它却产生与 BDZ 相反的作用，即拮抗 GABA 的抑制作用，具有致焦虑、致惊厥的作用，故称之为反向激动剂。也有人把致焦虑的 β-CC 称为 GABA$_A$ 受体的负性变构调制物。在人和大鼠脑内还发现一种内源性神经肽，在体内加工成两种安定结合抑制物（diazepam binding inhibitor，DBI），能减弱 GABA 与受体的结合，引起焦虑。所以这种致焦虑肽也可以作为内源性 GABA$_A$ 受体的负性变

构调制物而发挥作用。

（2）巴比妥类药物：巴比妥类药物如戊巴比妥（pentobarbital）和苯巴比妥（phenobarbital）在临床上主要用于催眠、镇静、麻醉、抗惊厥等。巴比妥类药物与 BDZ 的作用机制不同，在低浓度时，巴比妥类药物通过变构机制正性调节对 GABA 的反应，增强突触后膜超极化；在高浓度时，巴比妥类药物可以作为 GABA 类似物，能够在没有 GABA 的情况下直接激活 GABA$_A$ 受体。因而，巴比妥类药物是 GABA$_A$ 受体的正性变构调节物，可以通过变构作用加强 GABA 的抑制效应。单通道分析进一步表明，巴比妥类药物可以增加 GABA$_A$ 受体通道的平均开放时间，而对单通道的电导值和开放频率均无影响。

（3）Zn^{2+}：Zn^{2+} 是生物体内必需的微量元素之一。在神经系统中，类似神经递质能参与突触传递及细胞兴奋性的调节。研究表明，Zn^{2+} 能阻断 GABA 与 GABA$_A$ 受体结合的反应，由于 Zn^{2+} 在 GABA$_A$ 受体上的作用位点与 GABA 并不相同，因而它并不是竞争性地拮抗 GABA，而是通过变构调节作用抑制 GABA$_A$ 受体反应。

2. 胞内调控　GABA$_A$ 受体除了接受多种胞外物质的变构调节外，它还受多种胞内物质如 Ca^{2+}、三磷腺苷（adenosine triphosphate，ATP）、PKA、蛋白激酶 C（protein kinase C，PKC）、蛋白酪氨酸激酶（protein tyrosine kinase，PTK）和钙离子 / 钙调素依赖性蛋白激酶 Ⅱ（Ca^{2+}/calmodulin-dependent protein kinase Ⅱ，CaMK Ⅱ）等的调节。GABA$_A$ 受体的胞内调节对神经元的兴奋性也有着重要的影响。

（1）胞内游离 Ca^{2+}：Ca^{2+} 是介导神经细胞跨膜信号转导和控制细胞基本功能的重要因子。有研究表明胞内游离 Ca^{2+}（[Ca^{2+}]$_i$）的升高可以抑制 GABA$_A$ 受体介导的反应。[Ca^{2+}]$_i$ 可以通过多种途径增高，如胞外 Ca^{2+} 通过谷氨酸 NMDA 受体亚型以及电压依赖性 Ca^{2+} 等进入细胞或通过胞内钙库的 Ca^{2+} 释放等。Ca^{2+} 对 GABA$_A$ 受体的抑制作用的靶区可能是一个潜在的细胞内 Ca^{2+} 结合位点，此位点位于 GABA$_A$ 受体 -Cl$^-$ 通道复合体的附近。但也有人认为 [Ca^{2+}]$_i$ 的升高主要是激活了 Ca^{2+}- 依赖性的蛋白磷酸酶（Calcineurin，CaN），通过脱磷酸化来抑制 GABA$_A$ 受体的反应。此外有研究显示，在小脑浦肯野细胞上，[Ca^{2+}]$_i$ 的升高对 GABA$_A$ 受体的反应是增强作用而非抑制作用。

（2）磷酸化调节：磷酸化调节是受体和离子通

道的一种重要的调节方式。如前所述，GABA$_A$ 受体亚基在跨膜区 TM3 ～ TM4 之间有一个大的胞内结构域，其上有许多磷酸化的调控位点。GABA$_A$ 受体的磷酸化调节具有亚基差异性，许多研究表明，GABA$_A$ 受体的 β 和 γ 亚基对于磷酸化调节更为敏感。许多胞内的蛋白激酶如 PKA、PKC、PTK 以及 CaMK II 等均对 GABA$_A$ 受体有磷酸化调节作用，可能对控制神经元兴奋性有重要影响。

（3）ATP：胞内的 ATP 也可以对 GABA$_A$ 受体进行调节。在全细胞膜片钳记录电极内液中加入 ATP 能有效阻止 GABA$_A$ 受体反应的衰减。鉴于在急性分离的大鼠孤束核神经元中，GABA$_A$ 受体反应的维持并不依赖于 ATP 及其衍生物参与的磷酸化过程，Shirasaki 等推测 ATP 的作用可能是由于细胞内的嘌呤能受体被激活的结果。然而，Amico 等在大鼠小脑颗粒细胞上的研究却发现，ATP 和酪氨酸磷酸酶阻断剂均可阻止 GABA$_A$ 受体反应衰减。但若加入酪氨酸激酶阻断剂时，即使电极内液中含有 ATP，GABA$_A$ 受体反应仍有部分衰减。同时他们还发现，在膜外面向外的单通道记录模式中，ATP 也可阻止反应衰减。因此，他们认为 ATP 可能通过磷酸化 GABA$_A$ 受体亚基的酪氨酸残基而阻止 GABA$_A$ 受体反应的衰减，而且不需要其他可溶性蛋白质的参与。

3. 膜蛋白调控 相互作用蛋白质组学研究表明，越来越多的蛋白质成为潜在的中枢神经系统中内源性 GABA$_A$ 受体复合物的组成部分。具体而言，包括 LH4（也称为 Lhfp14 或 GARLH4）、Clptm1、Shisa7（也称为 CKAMP59）等已被鉴定，且对 GABA$_A$ 受体的调控具有重要作用。

（1）LH4：是一种 4 次跨膜蛋白，最初在亲和纯化得来的皮质含 α1 的 GABA$_A$ 受体复合物中被鉴定，后续发现海马及小脑含 α2 的 GABA$_A$ 受体复合物也具有这种蛋白成分。LH4 在抑制性突触中高度富集，其与 GABA$_A$ 受体的相互作用对于 GABA 能神经元在体内外的突触传递至关重要。相关研究提示，LH4 以亚单位特异性、输入特异性和细胞特异性的方式控制 GABA$_A$ 受体的突触聚集，而不影响细胞表面运输和 GABA$_A$ 受体的特性。

此外，Neuroligin2（NL2）是一种细胞黏附蛋白，对抑制性突触的发展和功能十分重要，对 GABA 能神经元形成的突触连接也具有重要作用。蛋白质组学和生化研究均证明 LH4 作为天然 GABA$_A$ 受体复合物的组成部分，可与 NL2 相互作用。同样，在 NL2 蛋白质组学筛选中，LH4 被确定为 NL2 的主要结合伴侣。

（2）Clptm1：与 LH4 可以促进 GABA$_A$ 受体突触机制不同，Clptm1 通过增加细胞内（尤其在内质网）的限制性因素，并在高尔基体中对 GABA$_A$ 受体的早期向膜运输进行负调控，导致异源细胞和海马神经元中 GABA$_A$ 受体细胞表面 Clptm1 的表达降低。此外，Clptm1 还以活性依赖的方式双向调节抑制性突触。Clptm1 的过表达可模拟抑制传递的稳态下调，相反，Clptm1 敲低诱导抑制传递的稳态上调。但值得注意的是，敲低和过表达沿相同方向而不是相反方向阻碍稳态平衡，表明存在抑制稳态调控的 Clptm1 非依赖性途径。

（3）Shisa7：可与 GABA$_A$ 受体相互作用调节 GABA 能递质信号传递。Shisa7 还参与调节 GABA$_A$ 受体的动力学和药理学特性。

（三）GABA$_B$ 受体分子结构和药理学特性

GABA$_B$ 受体作为一种 G 蛋白偶联受体（G protein-coupled receptors，GPCR），属于 GPCR 中的 C 家族。它具有胞外 N 末端结构域（ECD）、7 次跨膜结构域和胞内 C 末端结构域（ICD）（图 4-3-5）。同时，GABA$_B$ 受体具有 C 家族 GPCR 的结构特点：很长的胞外 N 末端结构域。它的激动剂主要有 GABA、baclofen 和 3-APPA（3-aminopropyl phosphinic acid）等，拮抗剂主要有 phaclofen、2-hydroxysaclofen、MBFG（4-amino-3-（5-methoxybenzo［b］furan-2-yl）butanoic acid）、δ-AVA（δ-amino valeric acid）、CGP 35348（3-amino-propyl-diethoxy-methyl-phosphinic acid）和 CGP 52432（3-［（3,4-dichlorophenyl）methylamino］propyl-（diethoxymethyl）phosphinic acid）等。

GABA$_B$ 受体由 GABA$_{B1}$ 和 GABA$_{B2}$ 形成异二聚体才能形成具有完整功能的受体。其中 GABA$_{B1}$ 与配体结合相关，起着受体的作用；而 GABA$_{B2}$ 与 G 蛋白相偶联，与受体正确转运到细胞表面以及活化 G 蛋白下游的信号反应有关。它们通过各自的 C 末端形成了由螺旋−螺旋联结而成的异二聚体。这样当 GABA 结合到 GABA$_{B1}$ 的 N 末端配体的结合域时，就可以通过与 GABA$_{B2}$ 的偶联活化 G 蛋白，从而激活下游信号传导途径（图 4-3-5A）。

GABA$_B$ 受体分布在整个神经系统，多数脑区 GABA$_A$ 受体多于 GABA$_B$ 受体，但在小脑分子层及中脑脚间核等则主要是 GABA$_B$ 受体。GABA$_B$ 受体

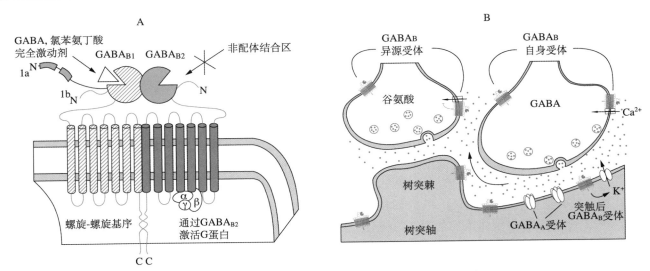

图 4-3-5 GABA_B 受体活化过程以及突触前、突触后效应
A. GABA_B 受体的活化过程；B. GABA_B 受体的突触前效应及突触后效应

主要通过 G 蛋白调节电压依赖型 Ca^{2+} 通道（主要是 N、P/Q、L 型）和内向整流型 K^+ 通道（inward rectifier K^+ channel，Kir）。在突触前膜，GABA_B 受体通过降低电压门控 Ca^{2+} 的钙内流来调节神经递质和神经肽的释放，起着类似调质的作用；在突触后膜，GABA_B 受体主要与 Kir 相偶联，介导慢抑制性突触后电位（图 4-3-5B）。

GABA_B1 和 GABA_B2 的 mRNA 广泛分布于啮齿类和人的中枢神经系统中，而且其分布与配体结合实验得到的受体分布一致。其中 GABA_B2 的 mRNA 是神经元特异表达的，而 GABA_B1 的 mRNA 在神经元和神经胶质细胞都有表达。在二者表达的区域中，有 95% 的区域具有两者 mRNA 分子的共分布。而在那些不共分布的区域可能还有其他功能性 GABA_B 受体存在。

GABA_B 受体参与许多生理过程例如 LTP 诱导的调节，调节成神经细胞的迁移以及海马的节律活动。此外，通过对 GABA_B 受体的干预，可以对多种疾病起治疗作用，如药物成瘾、痉挛、认知障碍、疼痛和癫痫等。

四、GABA 分布及其生理功能

哺乳动物体内 GABA 分布广泛，在脑内含量较高，周围神经和肾、肝和血管等其他器官和组织中也有微量的 GABA。脑内 GABA 的含量约为单胺类递质的 1000 倍以上。早年对各脑区 GABA 含量的测定，发现以黑质、苍白球最高（＞9 μmol/g），其次是下丘脑（6.2 μmol/g），其余依次为中脑的上丘、

下丘、中央灰质及小脑的齿状核（均为 4 μmol/g 以上），尾核、壳核及内侧丘脑（均为 3 μmol/g 以上），大脑与小脑皮质含量较低（均为 2 μmol/g 以上），脑的白质最少（＜1 μmol/g）。后用放射自显影显示 GABA 神经元或其受体的分布，能更准确地定位，所测结果与生化测定相似。由于高纯度的抗体的研制，用特异性更高的免疫细胞化学方法，不仅能在光镜下将 GABA 定位到细胞内、神经末梢内，还可在电镜下精确定位到突触，发现脑内约有 30% 的突触以 GABA 为递质。此外，双标记技术的应用还可观察到 GABA 与其他神经递质、神经肽等的共存现象。

在发育过程中，GABA 和 GABA_A 受体在啮齿动物胚胎的第 14 天就已经出现，因此研究者们推测，GABA 在调节脑发育过程中可能通过 GABA_A 受体发挥着重要作用。同时，在脊髓背根神经节细胞（dorsal root ganglion neurons，DRG）以及未成熟的中枢神经系统神经元中，GABA 具有兴奋性作用。有意思的是，不论 GABA 引起的是抑制效应还是兴奋效应都能被荷包牡丹碱阻断，说明都是 GABA_A 受体被激活而产生的效应。此外，在神经系统发育过程中，GABA 能效应从兴奋性转变为抑制性，也主要是由内源性 GABA 所介导的。

在未发育成熟的大脑中，细胞内部 Cl^- 浓度很高，GABA 起着兴奋性作用。而且 GABA 能突触在很广的区域和结构中先于谷氨酸能突触的产生。目前普遍认为，GABA 能的早期兴奋性，促进了神经元生长和突触形成，而后期随着谷氨酸能兴奋性突触的形成，GABA 能效应变为抑制性，从而避免了

神经兴奋毒性的产生。

NMDA 受体是谷氨酸受体家族中的一员。在发育过程中，由于内源性 GABA 分泌并作用于 GABA 受体（主要是 GABA$_A$ 受体），引起神经元胞内 Cl$^-$ 外流，从而产生去极化效应。这种去极化作用，一方面使得 NMDA 受体的 Mg^{2+} 阻断作用易于解除，从而易化了 NMDA 受体的激活；另一方面则激活 L 型电压依赖性 Ca^{2+} 通道（L-voltage-dependent calcium channel，L-VDCC），引起胞外 Ca^{2+} 内流，从而通过一系列胞内信号通路影响着细胞核内 mRNA 的表达水平，使得 K$^+$-Cl$^-$ 共转运体（K$^+$/Cl$^-$-cotransporter-2，KCC2）mRNA 表达水平升高，Na$^+$-K$^+$-Cl$^-$ 共转运体（Na$^+$-K$^+$-2Cl$^-$-cotransporter，NKCC1）mRNA 表达水平降低，从而导致胞内 Cl$^-$ 浓度降低，Cl$^-$ 平衡电位向负的方向移动。因此，随着发育的成熟，GABA 作用于其相应受体就引起 Cl$^-$ 内流，产生超极化效应，从而抑制神经细胞的兴奋性。

多数 GABA 能神经元属于中间神经元，而有的脑区内或脑区间还存有 GABA 能的投射神经元。它们的轴突终扣围绕着行使各种功能的非 GABA 能神经细胞，如皮质的锥体细胞、嗅球的僧帽细胞、海马的锥体细胞、黑质的多巴胺能神经元、中缝背核的 5-HT 能神经元、蓝斑的去甲肾上腺素能神经元以及脊髓背角的投射神经元及腹角的运动神经元，起着突触后的抑制性调控作用。部分 GABA 神经元终扣与突触前终末形成轴-轴突触，产生突触前抑制作用。有的 GABA 神经元也接受 GABA 能的中间神经元的支配。此外，GABA 能神经元还可接受 GABA 通过自身受体的反馈调节。目前公认的 GABA 能通路主要包括：①纹状体-黑质径路：由纹状体（主要是苍白球）至黑质；②隔区-海马径路；③小脑-前庭外侧核径路；④小脑皮质-小脑深核往返径路；⑤下丘脑乳头体-新皮质径路；⑥黑质-上丘径路；⑦广泛存在的局部固有径路。

总体来看，GABA 不论作用于突触前末梢还是突触后膜上的受体，不论是由 GABA$_A$ 受体还是 GABA$_B$ 受体介导的都是抑制作用。不论是通过 GABA 中间神经元的紧张性控制，还是通过 GABA 投射神经元的位相性控制，也都是抑制性调控。因此可以认为，GABA 是产生中枢抑制作用的主要递质，在神经系统兴奋抑制平衡中起重要作用。

五、GABA 与疾病

（一）GABA 与癫痫

实验表明，在癫痫和癫痫样状态下，GABA$_A$ 受体的亚基组成以及药理学特性都会发生不同程度的变化，导致 GABA 能抑制性系统的脱抑制（disinhibition），影响中枢神经系统的兴奋抑制平衡，参与到癫痫的发展中。首先，癫痫发作后，GABA 受体亚基会产生不同程度的修饰。研究显示，齿状回颗粒细胞上 GABA$_A$ 受体 α1、α2 亚基有上调现象，导致 GABA 和 Zn^{2+} 的受体敏感性上升，而 BDZ Ⅰ 型调节剂唑吡坦（zolpidem）的敏感性降低。与此相反，海马 CA1 区锥体细胞上 γ2 亚基在癫痫后出现下调，该亚基下调对海马的信息处理会产生重大的影响。其次，有研究发现，癫痫患者发作间期（interictal）放电能被 GABA$_A$ 受体激动剂蝇蕈醇所抑制。由此可见，GABA$_A$ 受体在癫痫患者脑组织中可能通过脱抑制来参与癫痫的发生与发展。癫痫导致的这种 GABA$_A$ 受体的脱抑制效应还可能与癫痫后细胞膜上 Cl$^-$ 转运体 KCC2 的表达减少有关。另外，不同途径导致的突触间隙 GABA 浓度的变化在癫痫发病过程中也发挥一定的作用。有报道表明，促肾上腺皮质激素释放激素诱发大鼠癫痫发作 24 小时后，新皮质中间神经元 GAT1 表达增加。此外，还有报道称在小鼠癫痫发作 1 小时后，GAT3 的 mRNA 表达量明显升高，但未见蛋白质水平的变化。GABA 转运体的上调导致了突触间隙 GABA 浓度的降低，也可能导致 GABA 能的脱抑制。因此，GAT 的表达上调有可能参与了癫痫的发病过程。但也有研究表明在有些实验动物模型，GAT 的表达也可能下调。因此 GAT 在不同类型的癫痫过程中的变化有所不同。目前在癫痫治疗中多采用 GABA$_A$ 受体正向调节剂以及 GAT 阻断剂等提高 GABA 能抑制性系统功能，纠正 GABA 能脱抑制导致的兴奋抑制平衡紊乱，以达到治疗的目的。

癫痫患者 GABA$_A$ 受体的遗传学研究发现，GABA$_A$ 受体亚基突变与先天性癫痫有很明显的相关性。目前已经发现的可能位点有：γ$_2$K289M、γ$_2$R43Q、γ$_2$Q351X 和 γ$_2$A322D。进一步的研究提示，GABA$_A$ 受体亚基的突变可能通过影响其在突触聚集的差异化，从而导致轻重不一的癫痫综合征。

（二）GABA 与焦虑

焦虑症是一种常见的心理或情感障碍。焦虑症能导致神经系统的永久性失调。正电子发射断层扫描和单光子发射断层扫描研究表明，伴有恐慌症状的焦虑患者的颞叶甚至是整个脑区都有 GABA_A 受体 BDZ 结合位点的减少现象。另外，用抵触行为训练小鼠诱导高焦虑，也观察到了 GABA_A 受体亚型（主要是 α_1 和 α_2 亚基）的选择性改变。同样，人们还发现在恐慌患者的脑区中 GABA 表达水平也比健康对照组的要低。GABA 能抑制性系统的相应降低，就使得中枢神经系统兴奋抑制平衡向兴奋性方向偏移，从而参与焦虑症的产生。

（三）GABA 与脑缺血损伤和保护

脑血管性疾病作为常见病、多发病，是目前危害人们健康的三大主要疾病之一，其发病率随年龄增长而增高。在脑血管性疾病当中又以缺血性血管疾病最为常见。

脑缺血损伤过程中，除了具有谷氨酸兴奋性毒性、钙超载、细胞凋亡、炎症、自由基、一氧化氮以及线粒体损伤等通路外，机体内可能同时也存在着相应的保护通路，而 GABA 系统的抑制作用可能在其中起着极其重要的作用。研究发现，缺血能改变 GABA 神经递质传递，如再灌早期的 GABA 神经传递的丢失会引起神经兴奋，并可能导致神经元死亡。通过增强 GABA 能抑制性效应，如增加 GABA 在突触前和突触后的结合，防止 GABA 的重新摄取、代谢以及通过运用激动剂和变构剂增强 GABA_A 受体的活性等，可以起到神经保护的作用。此外，有研究表明 GABA_A 和 GABA_B 受体激动剂（分别为 muscimol 和 baclofen）均可通过增加 nNOS（Ser847）磷酸化，显著保护神经元免受缺血引起的死亡。

（四）GABA 与抑郁症

抑郁症目前已经是一种十分常见的精神疾病，世界上有千千万万人深受抑郁之苦。作为中枢神经系统的主要抑制性神经递质，GABA 在抑郁症诱发中扮演着重要的角色。临床前实验研究表明，抑郁模型动物脑内 GABA 水平减少，临床情绪紊乱患者的血浆和脑脊液中也能观察到 GABA 水平的降低。在自杀的抑郁症患者脑中可以检测到 GABA 水平的下调以及 GABA_B 受体结合位点的减少。同时有研究显示，抗抑郁药以及 GABA 激动剂可通过增强脑内 GABA 能活性发挥抗抑郁作用。目前有研究提示，GABA 在抑郁症发病中的作用可能是通过它与肾上腺素能和 5- 羟色胺能终末的相互作用，影响神经系统兴奋-抑制平衡。

（五）GABA 与痛觉调制

GABA 作为抑制性神经递质在脊髓及脑中广泛分布。研究表明，GABA 在痛觉调制中有着重要作用。如在门控制学说（gate-control theory，GCT）中，脊髓 GABA 能中间神经元对痛敏神经元的抑制可以减轻痛感受，而其脱抑制则会导致痛敏。

GABA 的痛觉调制作用可以同时由 GABA_A 和 GABA_B 受体来介导。研究表明，GABA_A 受体拮抗剂荷包牡丹碱可以使痛阈降低，导致非痛刺激转化为痛刺激。相反，GABA_A 受体激动剂则可降低神经损伤导致的痛反应。另外，GABA_B 受体药物的行为学实验也支持了该受体在痛觉中的作用。令人感兴趣的是，在慢性痛模型中 GABA 及其相关的合成酶被上调，提示 GABA 递质系统可能通过抑制痛觉传入而发挥内源性 "镇痛剂" 的作用。

（六）GABA 与药物成瘾

研究表明，氯苯氨丁酸以及特异性的 GABA_B 受体激动剂 CGP 44532 能抑制大鼠对可卡因、酒精以及海洛因的主动摄取，但对大鼠的摄食无影响。故 GABA 可能通过 GABA_B 受体参与药物成瘾和戒毒的过程。随着酒精对 GABA_A 受体的作用的研究越来越多，许多药理和行为实验表明，GABA_A 受体可能也参与了酒精摄取的调节。

（七）GABA 与睡眠

GABA 在睡眠诱导和维持中的作用已被广泛接受，目前大多数的失眠治疗都针对 GABA 受体。最早使用的药物是 1864 年由 Adolf von Baeyer 合成的巴比妥类药物，该类药物增加了 γ- 氨基丁酸（GABA）与 GABA_A 受体的结合。在 20 世纪初期，它们被证明可以诱发睡眠。

Yamatsu 等（2016）报道称，口服 GABA 会显著缩短睡眠潜伏期，并增加非快速眼动睡眠的总时间，表明 GABA 在预防睡眠障碍中起着至关重要的作用。此外，GABA 和 L- 茶氨酸的混合物可以减少睡眠潜伏期，增加睡眠时间，并上调 GABA 和谷氨酸 GluN1 受体亚基的表达。另一方面，脑电图分析显示在压力条件下，GABA 可增加 α 波，减少 β 波和增强 IgA 水平，表明 GABA 能够在压力条件下诱导机体放松。

越来越多的研究显示，GABA 能神经元集群参与了睡眠控制。目前已知，至少有下丘脑腹外侧视前区，脑干面神经旁核，伏隔核和皮质的 GABA 能神经元可能参与引起非快速眼动（non-rapid eye movement，NREM）睡眠。而位于下丘脑外侧区域的含有神经肽黑色素浓缩激素和 GABA 的神经元可控制快速动眼睡眠（rapid eye movement sleep，REM）表达。位于腹侧导水管周围灰质区的 REM-off GABA 能神经元已显示出通过抑制位于脑干亚区的下外侧被盖核的谷氨酸能神经元来控制 REM 睡眠。总而言之，从大脑皮质到延髓，整个大脑中存在多种 GABA 能神经元，参与控制 NREM 和 REM 睡眠。

（八）GABA 与精神分裂症

精神分裂症作为一种常见的重性、致残性精神疾病，在儿童期、青春期或成年期出现，对患病个体产生了严重的后果，造成相当大的家庭和社会负担。尽管在了解其生理病理学方面已取得了一些进展，但许多问题仍未解决，对该疾病的了解仍然不多。

研究发现，在一些皮质和皮质下 GABA 系统中，已确定 GABA 能神经元密度降低、GABA 受体和再摄取位点异常。动物模型研究也表明，GABA 及 GABA- 多巴胺相互作用在精神分裂症中具有重要的作用。临床研究中，GABA 激动剂的辅助使用有助于精神分裂症症状的改善。

此外，GABA 及 GABA 受体的变化还参与女性经前期综合征、肿瘤、僵人综合征等疾病的发病过程。

第二节　甘氨酸

甘氨酸作为结构上最简单的氨基酸，在机体中具有许多重要的功能。在中枢神经系统中，甘氨酸是一种在抑制性和兴奋性突触传递中都非常重要的神经递质，具有复杂的生理作用。在脊髓、脑干和视网膜，它主要通过甘氨酸受体 Cl^- 通道起作用。与 $GABA_A$ 受体 Cl^- 通道类似，成年动物体内甘氨酸受体的激活可以引起 Cl^- 内流，导致神经元的超极化，从而发挥抑制性神经递质的作用。通过阻断甘氨酸受体（如士的宁，strychnine），可以引起严重的癫痫发作。在神经发育早期，由于细胞内高氯，甘氨酸受体的激活介导 Cl^- 外流。此时，甘氨酸受体的激动剂，如甘氨酸、牛磺酸和 β 丙氨酸等使细胞去极化，可引起兴奋性效应和细胞内 Ca^{2+} 升高。因此，它们和 GABA 一样，能够在发育早期发挥神经营养作用。在发育晚期，随着外排 Cl^- 的转运体 KCC2 的出现和表达增多，胞内 Cl^- 水平会降到低氯的状态，从而使受体介导的去极化作用转变为超极化作用。

除了作用于甘氨酸受体外，微摩尔浓度的甘氨酸还可以作为 NMDA 受体的共同配体（co-agonist），结合到对士的宁不敏感的 NMDA 受体 / 甘氨酸结合位点上，增强谷氨酸介导的兴奋作用，从而参与调控兴奋性突触传递。但是更高浓度的甘氨酸（≥ 100 μmol/L）则可以启动突触后膜上 NMDA 受体的内吞，从而可能负性调节兴奋性突触的功能。

此外，甘氨酸也可以作用于包含 GluN3 亚基的谷氨酸受体亚型，直接开放非选择性阳离子通道。

一、甘氨酸合成与降解

在机体中，甘氨酸主要用来合成蛋白质，而在神经系统中，一些神经元将小部分甘氨酸包裹进突触前的突触囊泡中作为神经递质。哺乳动物中枢神经系统中，大多数甘氨酸是从葡萄糖经过丝氨酸合成。丝氨酸由丝氨酸羟甲基转移酶（serine hydroxymethyltransferase，SHMT）催化转化为甘氨酸，其中 SHMT 以磷酸吡哆醛（维生素 B_6 的衍生物）为辅酶（图 4-3-6）。一般认为这种转化发生在线粒体中，因为线粒体中 SHMT 的分布与甘氨酸的分布相一致。甘氨酸的降解主要通过甘氨酸裂解系统（glycine cleavage system，GCS）来完成（图 4-3-6）。GCS 位于线粒体内膜上，它的缺失会引起一系列代谢紊乱，称作非酮性高甘氨酸血症（nonketonic hyperglycinemia），表现为脑脊液中甘氨酸浓度过高。

二、甘氨酸转运

在生理状态下，甘氨酸转运体使胞外甘氨酸浓度维持在 150 nM 左右。甘氨酸转运体属于 Na^+/Cl^-

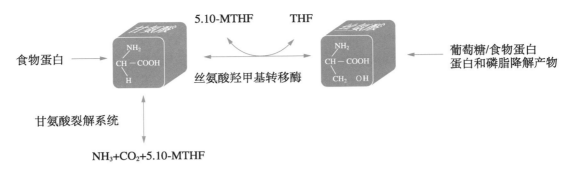

图 4-3-6 甘氨酸代谢示意图

甘氨酸的合成：在丝氨酸经丝氨酸羟甲基转移酶（SHMT）的催化下，由丝氨酸合成；甘氨酸的降解：通过甘氨酸裂解系统（GCS）分解代谢

依赖的转运体蛋白大家族，该家族包括单胺（5- 羟色胺、去甲肾上腺素和多巴胺）转运体和 GABA 转运体。这些转运体在序列上高度相似，其蛋白具有相似的拓扑结构（图 4-3-7）：拥有 12 个跨膜区域，由 6 个胞外环（EL1 ～ EL6）和 5 个胞内环（IL1 ～ IL5）连接起来，其 N- 末端和 C- 末端都位于胞内。

（一）甘氨酸转运体化学计量学

在能量上，甘氨酸转运体介导的甘氨酸摄取与 Na^+/K^+ 泵维持的跨膜 Na^+ 梯度相耦联。据推测，胞外 Na^+、Cl^- 以及甘氨酸的结合引起甘氨酸转运体构象的改变，导致转运体从"外向"到"内向"的朝向状态改变。这时，甘氨酸结合位点向胞质暴露，从而释放结合的甘氨酸和离子。随后，"空"转运体恢复为外向构型。甘氨酸转运体底物（substrate）/ 离子共转的化学计量（stoichiometry）已经确定，其中 GlyT2 是 $3Na^+/1Cl^-/1$ 甘氨酸，而 GlyT1 是 $2Na^+/1Cl^-/1$ 甘氨酸（图 4-3-7）。在生理情况下，一个 Na^+ 的差异使得 GlyT2 转运甘氨酸的驱动力比 GlyT1 大得多。因此，在维持胞内毫摩尔量级和胞外微摩尔量级甘氨酸水平方面，GlyT2 相比 GlyT1 更为有效。相反，低 Na^+ 转运化学计量使得 GlyT1 的反向转运更容易实现，也就是说，在底物、离子梯度或者膜电位改变的情况下，神经递质可以从胞内释放到胞外（图 4-3-7）。

（二）甘氨酸转运体分布

GlyT1 的分布遍及全脑，除了在有甘氨酸能抑制性作用的区域，如脊髓、脑干和小脑等有表达，在缺少甘氨酸受体的区域，如间脑、视网膜、嗅球和大脑半球，GlyT1 也有表达，说明在这些区域

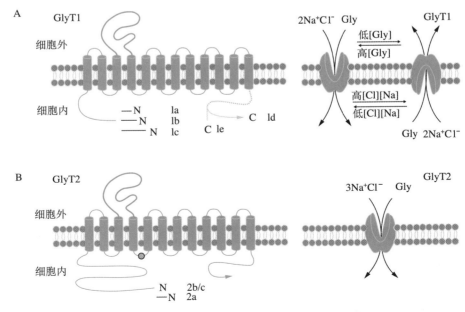

图 4-3-7 甘氨酸转运体的拓扑结构和转运特性

A. 甘氨酸转运体 GlyT1 的拓扑结构和转运特性；B. 甘氨酸转运体 GlyT2 的拓扑结构和转运特性

GlyT1 可能参与调控 NMDA 受体附近甘氨酸浓度。药理学研究结果表明,在大脑皮质 GlyT1 行使转运甘氨酸的职能,而在小脑则是两种转运体共同起作用。与 GlyT1 的广泛分布相比,GlyT2 的分布就很局限,后者主要分布在脊髓、脑干和小脑。在脊髓背角和前角、听觉系统以及脑神经核这些区域有较高的 GlyT2 表达。另外,在青蛙的视网膜上,有报道表明存在 GlyT1 和 GlyT2 两种亚型。

甘氨酸转运体在细胞与亚细胞水平上的定位更进一步显示了其与神经传递相关的特定功能(图 4-3-8)。GlyT2 主要位于神经元的细胞膜上,在甘氨酸能神经末梢以及轴突上都有高水平的 GlyT2 表达。因此,GlyT2 已被作为具有甘氨酸免疫反应的神经元的标记(marker),在终止甘氨酸能神经传递的过程中发挥重要作用。虽然 GlyT2 主要表达在神经元上,但是在小脑,它在胶质细胞上也有表达。另外,少突胶质细胞前体细胞(oligodendrocyte precursor cell,OPC)上可能也有 GlyT2 的表达。GlyT1 主要存在于胶质细胞的核周体(perikarya)和突起(processes),围绕在甘氨酸能或非甘氨酸能神经元周围。胶质细胞上的 GlyT1 与 NMDA 受体具有共定位,提示 GlyT1 不仅在甘氨酸能系统中起作用,还参与了谷氨酸能突触传递。分析其 mRNA 水平发现,除了脊髓、脑干和小脑,在一些前脑区域,如皮质、海马、丘脑、下丘脑和嗅球,神经元上都有中等或高水平 GlyT1 mRNA 的表达,而这些区域并没有甘氨酸能神经元。

(三)甘氨酸转运体药理特性

除了结构和分布的不同,GlyT1 和 GlyT2 在药理学特性上也表现出一定差异,例如二者对乙醇的敏感性不同。早期研究发现,抗抑郁药物 amoxapine 可以阻断 GlyT2a,但是对 GlyT1 作用甚微。一些低亲和力的甘氨酸重摄取拮抗剂,例如 glycyldodecylamide 也对 GlyT2 有作用。而肌氨酸(N-甲甘氨酸)则只对 GlyT1 有效。另外,花生四烯酸和酸性 pH 也具有阻断胶质细胞转运体 GlyT1 的作用。但是上述这些药物对转运体的亲和力都不高。一些专一的高亲和力抑制剂已被研究出来。其中,肌氨酸衍生物 N-[3-(4′-fluorophenyl)-3-(4′-phenylphenoxy)propyl]sarcosine(NFPS),也叫 ALX-5407,就是一种 GlyT1 选择性的强效拮抗剂,其 Ki 为 5 nmol/L,而对 GlyT2 无效。同样,对其他的氨基酸转运体,例如脯氨酸、谷氨酸或者是 GABA 的转运体,NFPS 也无明显作用。针对 GlyT2 的高亲和力的专一性拮抗剂也有许多研究,例如 O-[(2-benzyloxyphenyl-3-flurophenyl)methyl]-L-serine(ALX-1393),以及一些 5,5-diaryl-2-amino-4-pentenoates 或者 4-benzyloxy-3,5-dimethoxy-N-[(1-dimethylaminocyclopentyl)methyl]benzamide 的同系物,在治疗中这些 GlyT2 拮抗剂可能对减轻疼痛有帮助。另外,一些研究小组还在 COS7 细胞系上筛选出一些 GlyT2 的拮抗剂,例如 2-(Aminomethyl)-benzamide 的同系物,benzoylpiperidine 的衍生物以及各种氨基酸的衍生物。

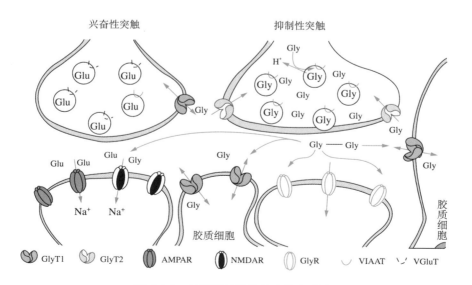

图 4-3-8　甘氨酸转运体的定位和功能
GlyT1 主要定位在胶质细胞的核周体和突起上；GlyT2 主要定位在神经元的细胞膜上

三、甘氨酸受体

甘氨酸受体 Cl^- 通道是配体门控离子通道型受体家族成员。该家族受体由 5 个亚基组成，是神经递质和药物的重要靶点。其可在胚胎神经元中介导兴奋性突触传递，但更为熟知的功能是在脊髓和脑干介导抑制性突触传递。甘氨酸受体由 $\alpha_1 \sim \alpha_4$ 和 β 亚基的同聚五聚体或异聚五聚体组装而成。甘氨酸受体亚基表达的不同决定了其药理学特性的多样性。甘氨酸受体亚基的表达随发育而改变，就大鼠而言，从 α_2 向 $\alpha_1 \beta$ 的转化大约在生后 20 天完成。α 亚基通过胞质蛋白 gephyrin 负责甘氨酸受体与突触部位细胞骨架的锚定（anchoring）。因为甘氨酸受体参与脊髓运动反射环路并向痛觉感觉神经元提供抑制性调节，所以对甘氨酸受体具有强效调节作用的化合物可能成为开发肌松剂和镇痛药的首选。

（一）甘氨酸受体亚基组成和分布及其在发育中的变化

甘氨酸受体作为第一个从哺乳类中枢神经系统中分离的神经递质受体蛋白，最先在成年大鼠脊髓突触膜上作为士的宁结合位点而被纯化。它是由两个独立的多肽——分子量分别为 48 kD 和 58 kD 的糖蛋白组成的五聚体复合物，这两个多肽分别被称为 α 和 β 亚单位。成年的甘氨酸受体结构组成主要是 $3\alpha_1 \cdot 2\beta$。在重组体系中，由 α 亚基组成的同聚体也是有功能的。甘氨酸受体与烟碱型乙酰胆碱受体（nicotinic acetylcholine receptor，nAChR）、$GABA_A$ 受体、5-HT$_3$ 受体以及线虫 C. elegans 的谷氨酸（Glu）门控 Cl^- 通道（GluCl）具有很大的同源性，它们共同构成一个配体门控离子通道超家族，其亚基均含有一个长的 N- 末端细胞外区（含配体结合位点）、一个短的 C- 末端、两个末端之间的 4 个跨膜片断（TM1 ～ TM4），在跨膜区 TM3 ～ TM4 之间有一个大的细胞内环，其中包含有多个磷酸化位点。与甘氨酸受体共纯化出来的还有一种胞浆蛋白，即 93 kD 的 gephyrin，其主要功能是，通过与胞浆中的微管蛋白相结合，从而将甘氨酸受体锚定在突触后的细胞骨架上，同时还可以在突触后膜的胞内面修饰甘氨酸受体。甘氨酸受体的 β 亚基 TM3 ～ TM4 之间有一段 18 个氨基酸序列，负责 gephyrin 与甘氨酸受体的结合。另外，β 亚基还有影响受体药理学和功能的特性，比如通道电导、

门控动力学，对激动剂、阻断剂和调控剂的敏感性等。在人体中已经鉴定出 3 个不同基因编码的甘氨酸受体 α 亚基（$\alpha_1 \sim \alpha_3$）；在啮齿类中已鉴定出 4 种，这些 α 亚基之间的同源性高达 80% 以上，编码人 α_1、α_2 亚基的基因分别位于 5 号染色体的 p32 和 X 染色体的 p21.1 ～ 22.1，两者都有 9 个外显子。目前只发现一种 β 亚基，其编码基因位于 4 号染色体的 q32。

甘氨酸受体 α 亚基的跨膜区 TM2 与其他配体门控离子通道有显著的序列同源性，是离子通道壁的重要组成部分，其特定残基的突变可影响通道的电导和对印防己毒素的敏感性。甘氨酸受体的特征之一是其单通道不是处于单一的电导状态，而是表现为多态性，即有一个主电导及若干个次电导，主电导由 TM2 区残基 G254 决定，因此甘氨酸受体介导的全细胞电流表现为显著的外向整流特性。由 α_1 亚基同聚而成的甘氨酸受体的单通道主电导值是 86 pS，而与 β 亚基共表达时为 44 pS。

不同甘氨酸受体亚基编码基因的表达具有显著的时间和空间差异性。编码 β 亚基的基因在胚胎和成体中枢神经系统中广泛表达；而编码 α_1 和 α_3 的基因主要在成体的脑干和脊髓中表达。编码 α_2 亚基的基因在胚胎期和初生的中枢神经系统中表达较多。编码 α_4 的基因在低等脊椎动物中有表达，可能是人体中的一个假基因。在出生后的两周内，可以观察到一个更快速的受体失活力学，这种动力学上的变化可能反映了甘氨酸受体亚基组成上的改变。在成体的脊髓中，甘氨酸受体是一个异聚体的膜蛋白，由 α_1 和 β 亚基组成。而胚胎期的甘氨酸受体主要是 α_2 亚基组成的同聚体。胚胎期和初生期合成的同聚体受体蛋白可能主要是突触外受体。

（二）甘氨酸受体药理学

1. 拮抗剂　士的宁是一种经典的甘氨酸受体拮抗剂，少量应用可导致运动紊乱，增加肌肉紧张性，感觉、视觉和听觉系统过度活跃，大剂量应用会导致抽搐和死亡。在对喹啉衍生物的研究中发现了更多的甘氨酸受体选择性拮抗剂。在重组表达的甘氨酸受体中，4- 羟基喹啉和 4- 羟基 - 喹啉 -3- 羧基酸都可以抑制微摩尔量级的甘氨酸诱导的反应。喹啉环的 5- 和 7- 位被 Cl 取代或被三氟甲基取代后可以增强其抑制能力。

$GABA_A$ 受体拮抗剂印防己毒素也能抑制甘氨酸受体 Cl^- 通道，并可以用来区分同聚和异聚的甘

氨酸受体：$\alpha_1\beta$ 型甘氨酸受体对于印防己毒素有抗药性，而 $\alpha1$ 同聚体型甘氨酸受体在低微摩尔浓度就可以被印防己毒素抑制。大阴离子氰三苯硼酸根离子（XTB）是含 α_1 亚基甘氨酸受体的使用依赖性抑制剂，在膜电位为正时更加有效，这与开放通道阻断剂效应是一致的。

2. Zn^{2+}　Laube 等运用 α_1 嵌合体模型证明，α_1 亚单位 N 末端胞外结构域中位于 95 ～ 105 之间（一种决定受体表达和组装的"组装盒"）或（和）148 ～ 151 之间的残基，对于 Zn^{2+} 介导的增强甘氨酸激活电流的作用是至关重要的。但是，这些区域似乎与较高浓度 Zn^{2+} 引起的电流抑制没有关系，推测 Zn^{2+} 对甘氨酸电流的双向调节作用可能是由高亲和力和低亲和力 Zn^{2+} 结合位点分别介导的。我们在新生大鼠脊髓神经元上观察到，较高浓度 Zn^{2+}（$10\ \mu mol/L$ ～ $1\ mmol/L$）明显抑制甘氨酸和牛磺酸激活的电流。然而，低浓度 Zn^{2+}（$< 10\ \mu mol/L$）对二者均无明显作用。该结果是否由于脊髓神经元甘氨酸受体只表达低亲和力 Zn^{2+} 结合位点所致，值得深入研究。

（三）甘氨酸受体调控

配体门控离子通道型受体可被 PKA、PKC、CaMK II 和 PTK 磷酸化。对于 nAChR，上述激酶的调节位点分布在 nAChR 亚单位的不同区域，但它们都位于 M3 和 M4 之间大的胞内环。甘氨酸受体亚单位也受上述这些激酶调节。同配体门控离子通道超家族的其他成员一样，甘氨酸受体的磷酸化可能与长时程突触可塑性以及受体在突触的簇集有关。此外，甘氨酸受体功能还受一些生理相关因素，如细胞内 Ca^{2+}、pH、神经活性甾体激素以及一些药物，如麻醉剂的调控。

1. PKA 磷酸化　Vaello 等（1994）运用生化分析方法，在体外表达的甘氨酸受体 α 亚单位和脊髓神经元上证实，甘氨酸受体可直接被 PKA 磷酸化。运用全细胞和单通道膜片钳记录技术，Huang（1990）和她的同事在培养的三叉神经元中观察到 PKA 以增加通道开放概率的机制显著增强甘氨酸激活的电流。在重组表达的 α 亚单位甘氨酸受体中，也观察到了 PKA 类似的增强作用。相反，在下丘脑，黑质和脊髓新鲜分离神经元上，PKA 均抑制甘氨酸受体介导的电流。徐天乐等进一步在脊髓背角神经元的研究发现，去甲肾上腺素（noradrenaline，NA）通过激活 $\alpha2$ 受体，抑制腺苷酸环化酶，减少

cAMP 生成，使 PKA 活性降低，导致甘氨酸受体"脱抑制"和功能上调。以上结果提示 PKA 磷酸化效应具有脑区或（和）甘氨酸受体亚型选择性。有证据表明，致炎因子前列腺素 PGE_2 抑制脊髓背角神经元甘氨酸受体的功能由 PKA 磷酸化作用介导，并且该抑制作用通过 $\alpha3$ 亚基实现。

2. PKC 磷酸化　研究表明，甘氨酸受体 α_1 亚单位的胞质结构域的 Ser-391 处存在 PKC 磷酸化位点。运用佛波酯激活 PKC，可使甘氨酸激活的电流减小，这与在 nAChR 中观察到的结果相似。然而，越来越多的资料表明，PKC 增强中枢神经系统神经元甘氨酸受体介导的电流。运用制霉菌素穿孔膜片钳方法，徐天乐等观察到 PKC 激动剂 PMA 和 OAG 均增强甘氨酸电流。PKC 的这一作用可能具有重要的生理意义。因为在脊髓新鲜分离神经元中，5-HT 激活与 IAP 耦联的 5-HT$_2$ 受体，激活磷脂酶 C（PLC），增加甘油二酯（DAG）的生成，DAG 增强 PKC 的活性，从而也使甘氨酸受体的功能上调；而在 PKC 抑制剂 chelerythrine 存在下，5-HT 增强甘氨酸电流的作用被阻断。

3. CaMK II 磷酸化　虽然在迄今鉴定的甘氨酸受体的 4 个 α 亚单位和 2 个 β 亚单位上均未发现 CaMK II 磷酸化的位点，但是 Randic 研究小组（1995）报道，向新鲜分离的脊髓背角神经元内注射 CaMK II 的 α 亚单位可增强甘氨酸激活的电流。Ogino 等发现，斑马鱼 Mauthner 细胞（毛特讷细胞，在鱼类和两栖类后脑中分出毛特讷纤维的大细胞）中的 Gephyrin（桥蛋白，与在脊髓和脑干的抑制性突触的主要受体蛋白甘氨酸受体产生直接的相互作用）磷酸化可影响甘氨酸受体聚集和导致行为上对声音的脱敏。徐天乐等发现，激活 AMPA 和 NMDA 受体分别增强脊髓背角神经元甘氨酸激活的电流，AMPA 和 NMDA 受体介导的效应均依赖于细胞外 Ca^{2+} 浓度，提示经 AMPA 或 NMDA 受体内流的 Ca^{2+} 可以上调甘氨酸受体的功能。徐天乐等进一步发现，以钙调素（CaM）抑制剂 CPZ、TFP 和 W-7 或 CaMK II 抑制剂 KN-62 预处理细胞后，Ca^{2+} 的增强作用被取消，提示 Ca^{2+} 对甘氨酸受体的增强作用是由 Ca^{2+}/CaM 和 CaMK II 介导的。此外，在钙调神经磷酸酶（calcineurin，CaN）抑制剂 okadaic acid 或 FK 506 存在下，CaMK II 对甘氨酸电流的增强作用不能恢复，提示 CaMK II 和 CaN 活性的平衡是协同调节甘氨酸受体通道的功能所必需的。

4. PTK 磷酸化　在甘氨酸受体 β 亚单位 Tyr-

431 处也有一个潜在的 PTK 磷酸化位点，但它的功能仍未查明。据推测可能也与受体集簇有关，因为 β 亚单位增加功能性甘氨酸受体的表达。还有研究表明，酪氨酸激酶抑制剂 genistein 可独立于 PTK，对甘氨酸受体有直接的抑制作用。

5. Ca^{2+}   通过谷氨酸激活的通道的 Ca^{2+} 内流，可引起甘氨酸电流幅度快速（< 100 ms）而短暂的增加，这在调节甘氨酸能传递增益方面具有重要的生理意义。基于大鼠脊髓背角神经元上甘氨酸受体的药理学分析，我们提出该效应由 CaMK II 和 CaN 介导。Fucile 等在培养的脊髓神经元和重组 α_1 甘氨酸受体上研究了同样的效应，然而他们发现该效应不受磷酸化、去磷酸化以及 G 蛋白依赖过程的影响。这种差异可能由于所研究神经元的来源不同所致，同时也表明多重机制参加该效应。另一项在中脑腹侧被盖区（ventral tegmental area，VTA）神经元上进行的研究发现，Ca^{2+} 依赖的增强可以被乙醇拮抗。

6. pH   配体门控性阴离子通道的激活会导致胞外 pH 的短暂升高，其机制很可能与阴离子通道对 HCO_3^- 的通透性有关。当通道开放，HCO_3^- 流出细胞，引起胞内酸化和胞外碱化。徐天乐等运用带活性突触终扣的急性分离脊髓背角神经元标本，研究了 pH 改变对甘氨酸受体以及甘氨酸能抑制性突触后电流的影响，发现胞外酸性 pH 抑制甘氨酸受体功能以及甘氨酸能突触传递，碱性 pH 产生相反的作用。对于重组的 α_1 和 $\alpha_1\beta$ 甘氨酸受体，当 pH 从 7.5 降为 6.0 时，甘氨酸 EC_{50} 显著升高。这种效应似乎由甘氨酸受体胞外结构域某个特定的相互作用所介导，因为该效应被 α_1 亚基的突变 H109A、T112A 和 T112F 消除。突变为对应于 T112（如 T135A）的 α 亚基残基，H^+ 敏感性也有所降低。

7. 神经活性甾体激素   神经活性甾体激素是中枢神经系统胶质细胞和神经元以胆固醇和血液中的甾类前体为底物合成的激素类物质。尽管外周生成类固醇的腺体产生的甾体激素很容易进入大脑，但是中枢神经系统生成的神经活性甾体激素具有很重要的旁分泌作用。神经活性甾体激素产生的复杂的行为效应主要归因于 GABA_A 受体和 NMDA 受体，但神经活性甾体激素对天然和重组甘氨酸受体也有显著作用。在培养的脊髓神经元上，孕酮（前体为孕烯醇酮，PREG）和硫酸孕烯醇酮（PREGS）对甘氨酸电流均有抑制作用。

虽然神经活性甾体激素对甘氨酸受体起作用的分子机制还不确定，对 GABA_A 受体的作用研究却已经取得一定进展。基于 alphalaxone 敏感和不敏感 GABA_A 受体亚基的嵌合研究，人们认为决定神经活性甾体激素作用的氨基酸序列在 TM2 跨膜区的氨基端。与此一致，GABA_A 受体 α_1 亚基的 V2′S 突变降低 PREGS 阻断效率达 30 倍。对于甘氨酸受体而言，2′ 残基是许多其他调节因子发挥作用所必需的，因此，它很可能也与神经活性甾体激素调节甘氨酸受体的机制有关。

8. 麻醉剂   麻醉浓度下的三氯乙醇、醚和吸入性麻醉药卤化烃如氟烷、异氟醚、甲氧基氟烷和七氟烷等可增强甘氨酸受体对低浓度（EC_{10}）甘氨酸的反应。此外，临床相关浓度时，氙气（$1 \sim 2\ \mu mol/L$）可使其反应增加约 50%，笑气（$20 \sim 30\ \mu mol/L$）也可使甘氨酸（EC_{10}）反应增加约 75%，氟烷的作用最强，可增加超过 200%，而异氟烷、安氟烷、甲氧基氟烷、七氟烷的增强作用分别为 177%、163%、100%、63%。氯仿和乙醚对甘氨酸反应的增强作用为 100% 和 200%。在浓度较高时，氙气和笑气增强作用将显著上升，如笑气在校正的水相浓度达到 $300\ \mu mol/L$ 时，其增强作用可达 1400%，并且在应用最大浓度（EC_{100}）甘氨酸（1 mmol/L）时仍显示有明显的增强作用。

能够增强同聚体甘氨酸受体介导的 Cl^- 电流的麻醉药主要是挥发性吸入麻醉药。醇类也能增强甘氨酸激发的电流。相比之下，戊巴比妥、异丙酚和 alphaxalone 对甘氨酸激发电流仅有微弱影响。由不同亚基组成的重组受体与神经元上的天然受体对全麻药有相似的反应性，α_1 亚基同聚体与 $\alpha_1\beta$ 异聚体对全麻药的敏感性几乎无差别。徐天乐等的实验结果显示，静脉全麻药戊巴比妥、依托咪酯和异丙酚均能延长新生大鼠脊髓背角神经元甘氨酸能抑制性突触后电流的时程。通过甘氨酸受体药理学分析，表明临床相关浓度的戊巴比妥通过变构调控抑制甘氨酸电流的幅度，同时能够减慢甘氨酸受体的脱敏（desensitization）和去活化（deactivation）。依托咪酯和异丙酚则能增强大鼠脊髓背角神经元甘氨酸受体的反应，使其甘氨酸反应浓度曲线向左移，并且二者也能够明显减慢甘氨酸受体的脱敏和去活化。因此，在甘氨酸受体上即存在吸入麻醉药的作用位点，也可能存在静脉全麻醉药的作用位点。

四、甘氨酸的生理功能

甘氨酸在神经系统中具有复杂的生理作用，在抑制性和兴奋性突触传递中都非常重要。作为一种抑制性神经递质，它参与运动和感觉信息的处理，调节运动功能和痛觉、视觉和听觉功能。对于成年神经元而言，突触前释放的甘氨酸或细胞外施加的激动剂激活甘氨酸受体开放阴离子选择性通道，进而导致 Cl^- 内流进入细胞。由此产生的突触后细胞膜的超极化稳定细胞的静息电位，从而抑制神经元的发放。而在早期发育过程中，由于胚胎神经元相对正的 Cl^- 平衡电位的缘故，甘氨酸担当兴奋性神经递质。此时，甘氨酸受体的激活导致 Cl^- 外流，从而引起神经元膜的去极化以及电压门控 Ca^{2+} 通道的开放。由此产生的胞内 Ca^{2+} 的升高在突触形成中可能具有重要作用，因为已经发现 Ca^{2+} 通道拮抗剂阻碍甘氨酸受体在甘氨酸能突触终末的正确定位。出生后，K^+/Cl^- 共转运体 KCC2 介导 Cl^- 主动外排，使得 Cl^- 平衡电位相对较负。出生后的前两个星期，还观察到衰减动力学变快的转变。这种动力学特性的转变反映了甘氨酸受体亚基组成的改变。在成年脊髓，甘氨酸受体是由 α_1 和 β 亚基组成的异源五聚体。胚胎甘氨酸受体主要是 α_2 亚基组成的同源五聚体。

除了在抑制性甘氨酸能突触中作为神经递质，甘氨酸作为除 D- 丝氨酸之外的另一种 NMDA 受体必需的共同配体，通过增强 NMDA 受体的功能调节兴奋性神经传递。虽然甘氨酸结合位点在 NMDA 受体的 GluN1 亚基上，但是决定其亲和力的是 GluN2 亚基，其中主要的两种 GluN2 亚基 GluN2A 和 GluN2B，GluN2A 对甘氨酸的亲和力比 GluN2B 低 10 倍。因此，随着神经发育过程中 GluN2A 表达量的增多，NMDA 受体对甘氨酸的亲和力也将下降。

甘氨酸与 NMDA 受体结合的亲和力比甘氨酸受体高大约 100 倍。因此，据推测，在生理条件下，NMDA 受体甘氨酸结合位点是饱和的，因为脑脊液中甘氨酸浓度达到微摩尔量级。然而，外加 $0.5 \sim 20$ μmol/L 甘氨酸，仍然可以增强 NMDA 受体的电流，提示 NMDA 受体甘氨酸结合位点并没有达到饱和。

五、甘氨酸与疾病

抑制性甘氨酸能突触传递的缺陷可以导致脑功能异常。亚惊厥剂量的士的宁可引起感觉过敏，而急性士的宁中毒可导致全身肌张力过高。人和动物中几种遗传性疾病也产生类似症状。这些疾病的一个显著特征是增强的惊厥反射。分子水平的研究表明，抑制性甘氨酸能通路的缺陷是多种惊厥综合征的共同病理学基础。

（一）家族性惊厥病

家族性惊厥病（hyperekplexia，HKPX）谱系的基因分析表明，此病基因位于 5q 染色体的末端，此处恰是甘氨酸受体 α_1 亚单位基因所在地。Shiang 等（1993，1995）的研究表明，α_1 亚单位基因有两处突变，即由 Leu 或 Gln 代替 Arg-271，以及以 Cys 代替 Tyr-279。由于此病是以常染色体显性等位基因模式遗传的，包含 Arg-271 突变型的同聚体甘氨酸受体实际上不会在体内发生。在一个既含有正常甘氨酸受体 α_1 基因又含有病变的甘氨酸受体 α_1 基因的惊厥病染色体上，三个 α_1 亚单位中平均只含有一个或两个突变基因。Langosh 等（1994）给非洲爪蟾胚胎以 1：1：8 的比例注射野生型 α_1、R271L 或 R271Q α_1 以及野生型 β 亚单位 cRNA，以形成同时表达正常和病变 α 亚单位的 α_1/β 异聚体。他们在该异聚体上发现，甘氨酸的敏感性减少 $5 \sim 6$ 成，甘氨酸激活的电流减少 $26\% \sim 29\%$。另一个家族性惊厥病突变基因与此病一个常染色体隐性突变有关，导致 α_1 亚单位 M1 ～ M2 胞内环中 Asn 代替了 Ile-244。体外重组实验表明，含有此突变的 α/β 甘氨酸受体对甘氨酸的敏感性以及甘氨酸电流均与野生型 α_1、R271L 或 R271Q α_1 和 β 亚单位共表达的 α_1/β 甘氨酸受体相似。

作为家族性惊厥病病理学基础的基因缺陷研究，查明了在三个位点上的四个突变。有趣的是，这些突变通常集中在受体的通道口附近，即在 M1 ～ M2 胞内环或 M2 ～ M3 胞外环。毫无疑问，这些结果将进一步推动对包括马来西亚的拉塔病（latah）、美国缅因州和加拿大的 jumping 病，西伯利亚和亚洲、非洲的部分地区的痉跳病（myriachit），日本的伊姆病（imu），非洲的 bantu 病，缅甸的 jauns 病，泰国的 bah-tsche 病，菲律宾的 silok 病和 lapp panic 病等其他人类惊厥病的分子机制的深入研究。

（二）鼠惊厥综合病

这一类型惊厥病的表型类似于鼠的常染色体隐性突变，共有三种类型：spasmodic、oscillator 和 spastic。Spasmodic、oscillator 和 spastic 纯合子突变体对意外刺激反应呈现肌张力过强、肌痉挛、摔倒后不能站立等。病鼠直到出生两周后表型还正常，但到第三周时出现症状。这段时间正好与胎儿 α_2 甘氨酸受体亚型被成体 α_1/β 甘氨酸受体替代相对应。Spasmodic 是甘氨酸受体 α_1 亚单位无义突变引起的，使得亚单位的胞外 N- 末端 Ala-52 被 Ser 代替。具有此突变的重组 α_1 亚单位同聚体甘氨酸受体对甘氨酸敏感性减小 6 倍。Oscillator 属于 spasmodic 的等位基因突变体，由于移码突变引起 α_1 亚单位 M3 结构域改变，产生不完整的蛋白质，因而不能组装成有功能的甘氨酸受体。与已描述过的两类鼠惊厥综合征不同，甘氨酸受体 β 亚单位基因的缺陷是引起 spastic 的原因。由于内含子 LINE-1（一种独特的重复序列 motif 经常被发现在不活动假基因样序列中）的插入，引起 β 亚单位的 mRNA 异常拼接，从而导致外显子略读（或跳读）和蛋白质的早熟，以及脊髓与脑中 β 亚单位水平急剧减少。尽管 spastic 脊髓甘氨酸受体功能正常，但与野生型动物相比受体数量明显减少。这说明 spastic 突变阻碍了协助甘氨酸受体有效组装的 β 亚单位的表达。缺少 β 亚单位时，spastic 动物中枢神经系统中表达的甘氨酸受体亚型可能主要是 α_1 同聚体，执行与 $\alpha_1/$ β 甘氨酸受体类似的功能。

（三）肌阵挛

脊髓中甘氨酸受体表达减少也与牛和马肌阵挛（myoclonus）有关。然而，至今人们还不知这是否同样是由于某个 α 或 β 亚单位缺陷所引起的。有趣的是，肌阵挛牛脊髓和脑中 GABA 结合位点增加。在 spastic 小鼠的中枢神经系统中也发现 GABA 结合位点增加。增强的 GABA 能抑制性神经传递可能是对惊厥综合征引起的甘氨酸能抑制性神经传递减弱的一种补偿性反应。

（四）遗传性惊厥病的生理趋同现象

惊厥病分子基础的研究说明了不同的突变是怎样在生理上趋同的。惊厥病影响甘氨酸能中枢传递的机制可归纳为两类：①通过降低激动剂敏感性和（或）效能而削弱甘氨酸受体功能；②阻碍或减少甘氨酸受体表达。这两种机制趋同于中枢神经系统中甘氨酸能抑制性活动的破坏，最终导致惊厥综合征。

第三节　GABA 与甘氨酸共释放及其相互作用

中枢神经系统中单个神经元释放单一的神经递质是人们普遍接受的传统观点。GABA 和甘氨酸是两种完全不同的抑制性神经递质，在中枢神经系统中各自发挥着重要作用。然而有趣的是，最近的研究表明，在中枢神经系统的某些区域（如脊髓、脑干和小脑），GABA 和甘氨酸可能作为共递质（cotransmitter），发挥共传递（contransmission）的作用。同时，GABA$_A$ 受体和甘氨酸受体可以在突触后膜共存，并且 GABA 能与甘氨酸能突触反应之间并不是简单的叠加，而是具有交互作用。

一、突触前 GABA 和甘氨酸的共释放

免疫组织化学、电镜、电生理等方法都证实同一突触前末梢存在不同神经递质共释放现象。神经递质共释放可以表现为相同性质的递质共释放，如抑制性递质和抑制性递质的共释放；也可以表现为不同性质的递质共释放，如抑制性递质和兴奋性递质的共释放。Triller 等用免疫细胞化学观察到在脊髓腹角神经元的突触上 GABA$_A$ 受体与甘氨酸受体并存，因而推测甘氨酸和 GABA 可在同一末梢共同介导突触传递。Todd 和 Sullivan 的结果也支持这一假设，依据是在部分脊髓中间神经元上甘氨酸阳性细胞（释放甘氨酸的细胞）数比 GABA 阳性细胞数少，且凡是甘氨酸阳性细胞均表现 GABA 阳性，即双阳性样反应在胞体和终扣上共存，并且突触后 GABA$_A$ 受体、甘氨酸受体和 gephyrin 共存。在此基础上，Jonas 等则采用电生理记录方法将脊髓运动神经元上微小抑制性突触后电流（miniature inhibitory postsynaptic currents，mIPSC）区分为三类，两类为单相衰减（decay），但时程不同，另一类为双向衰减特性。在分别施加 GABA$_A$ 受体或甘氨酸受体的特异阻断剂荷包牡丹碱和士的宁后，具不同特性的三类 mIPSC 转变为近似甘氨酸能或 GABA 能特性的 mIPSC。这一结果有力地表明了甘氨酸和 GABA 可在同一突触前共释放，突触后 GABA$_A$ 受体和甘氨酸受体共存，双向衰减特性

的 mIPSC 为同一囊泡释放的甘氨酸和 GABA，即同一囊泡释放两种神经递质。因为单一神经递质不可能激活结构和功能不同的 GABA$_A$ 受体和甘氨酸受体，而单个 mIPSC 只能反映突触前单个囊泡所致的突触后事件。这一现象被更多的电生理结果支持。徐天乐等在带突触终扣的脊髓背角神经元上也观察到 GABA 和甘氨酸的共释放。在小脑 Golgi 传入纤维的 Lugaro 突触也存在甘氨酸和 GABA 共释放，用 GAD65 和 GlyT2 特异地标记 GABA 和甘氨酸，结果显示 GAD65 和 GlyT2 可存在于同一囊泡，GABA$_A$ 受体和甘氨酸受体抗体双标也证实两种受体在 Golgi 突触后膜上共存。脑干运动神经元也有 GABA$_A$ 受体和甘氨酸受体共存，并同时接受 GABA 和甘氨酸能输入，电生理记录结果则表明其输入也是由 GABA 和甘氨酸共释放所致。

二、突触后 GABA$_A$ 受体和甘氨酸受体的相互作用

早在 1979 年，Barker 和 McBurney 就报道，在小鼠脊髓神经元上，预加甘氨酸或 GABA 抑制随后施加的 GABA 或甘氨酸电流，即交互抑制。进一步研究表明，这种交互抑制与驱动力的改变（即胞内外 Cl$^-$ 浓度梯度和钳制电压）无关。在大鼠脊髓神经元和七鳃鳗的脊髓神经元上也报道存在甘氨酸和 GABA 间的交互抑制，即甘氨酸和 GABA 共同作用时的电流幅度小于二者分别作用之和。另外，在大鼠嗅球的部分神经元上，预加一种递质可抑制另一递质诱导的电流，反之亦然。尽管很多证据都表明甘氨酸受体和 GABA 受体之间存在交互抑制，并

且这种交互抑制在神经系统中具有区域特异性，但其具体的作用机制并不清楚。有人推测存在一种同时结合两种递质的受体，一种递质的结合阻碍了另一递质与受体的结合。徐天乐等在大鼠脊髓神经元上对这种机制进行了深入探讨，同时施加甘氨酸和 GABA 时，记录到的电流值小于分别施加时的电流值的和，这种交互抑制不依赖 Cl$^-$ 流动方向或跨膜 Cl$^-$ 浓度梯度，而依赖于激动剂的浓度，表明是由受体活化的数量决定。有意思的是，这种交互抑制呈现明显不对称性，予加甘氨酸对 GABA 电流的抑制强于 GABA 对甘氨酸电流的抑制。进一步探求其机制发现，甘氨酸对 GABA 电流的抑制依赖于蛋白磷酸酶 2B（PP2B），PP2B 抑制剂可阻断甘氨酸受体激活对 GABA 电流的抑制，却对 GABA$_A$ 受体激活引起的甘氨酸电流的抑制无影响，表明甘氨酸对 GABA 电流的抑制依赖于 PP2B 的活化。非选择性蛋白激酶抑制剂使甘氨酸对 GABA 电流的抑制不可恢复，但对甘氨酸电流的恢复无影响，表明激酶的活性对 GABA$_A$ 受体从抑制状态中的恢复是必需的，而甘氨酸受体却不需要。结论是甘氨酸受体的激活导致 PP2B 的活化或 GABA$_A$ 受体磷酸化位点的暴露，前者使 GABA$_A$ 受体脱磷酸化，电流被抑制；GABA$_A$ 受体抑制状态的恢复则依赖于 GABA$_A$ 受体的再次磷酸化。甘氨酸受体的激活引起 PP2B 依赖 GABA$_A$ 受体脱磷酸化的机制可能是直接通过受体与受体间的相互作用改变 GABA$_A$ 受体的构象，暴露其磷酸化位点。虽然甘氨酸受体的功能也受磷酸化调节，但 GABA$_A$ 受体激活引起的甘氨酸电流的抑制似乎不依赖磷酸化作用，因为蛋白磷酸酶和蛋白激酶抑制剂均不影响 GABA 对甘氨酸电流的抑制。

第四节　牛磺酸

牛磺酸（taurine，Tau）即 2- 氨基乙磺酸，是一种含硫的 β 氨基酸。在哺乳动物中枢神经系统中，牛磺酸是含量最为丰富的游离氨基酸之一，具有许多特定的脑功能。例如，对于成年动物而言，牛磺酸可以超极化神经元和减少神经元动作电位发放，是一种抑制性氨基酸；在损伤情况下，牛磺酸具有神经保护作用。在神经系统发育过程中，牛磺酸也具有重要作用。此外，牛磺酸还具有调节渗透压、稳定细胞膜、信号转导、抗氧化以及调节钙稳态等作用。

牛磺酸具有神经抑制性，关于这一点，有大量文献报道。早在 20 世纪 60 年代初，Curtis 及其同事就发现牛磺酸能抑制脊髓神经元，增加膜电导和超极化神经细胞膜。随后的研究显示，牛磺酸在大脑皮质、小脑和海马都具有抑制性。在这些神经组织中，离子电渗法施加的外源性牛磺酸都具有抑制神经元动作电位发放的作用。胞内记录表明，牛磺酸诱导的超极化和胞外 Cl$^-$ 浓度成比例，即牛磺酸的抑制作用是 Cl$^-$ 依赖的。在海马 CA3 神经元和颗粒细胞中，牛磺酸介导的抑制也源于 Cl$^-$ 电导的增

加。当用蒽9-羧化酶（Anthracene-9-carboxylase）阻断 Cl⁻ 通道，牛磺酸不再超极化肌肉细胞或者增加其膜电导。除了表现出神经抑制性，Lombardini 的研究还表明，在神经终末有牛磺酸分布。此外，在哺乳动物中枢神经系统中，也发现了高亲和力牛磺酸转运体（taurine transporter，TAUT）。基于这些实验证据，有理由认为牛磺酸是一种潜在的抑制性神经递质。

随着膜片钳技术的应用，人们对牛磺酸在细胞水平上的作用有了更深入的了解。对于大鼠嗅球僧帽细胞，牛磺酸显著增加膜电导，而对膜电位的影响则取决于钳制电位和 Cl⁻ 平衡电位的相对大小。同样，对于海马、黑质、视上核、小脑、伏隔核以及新皮质等许多脑区的神经元，牛磺酸也具有同样的效应。通过对牛磺酸激活电流的受体药理学研究进一步表明，牛磺酸是通过激活 $GABA_A$ 受体和（或）甘氨酸受体从而开启 Cl⁻ 通道的，具体激活受体的类型具有脑区特异性。幼年大鼠海马，伏隔核和成年大鼠视上核神经元，低浓度牛磺酸激活甘氨酸受体，而高浓度牛磺酸同时激活甘氨酸受体和 $GABA_A$ 受体；对于大鼠嗅球中的僧帽细胞和 tufted 细胞，Belluzzi 等则证明，尽管这两类细胞都表达甘氨酸受体，牛磺酸却只激活 $GABA_A$ 受体而不激活甘氨酸受体。另外，Yoshida 等还发现，对于小鼠新皮质神经元，介导牛磺酸作用的受体随发育过程发生改变，发育早期（P2～7）主要激活甘氨酸受体，而晚期（P27～36）主要激活 $GABA_A$ 受体。

徐天乐等的研究显示，在大鼠脊髓背角神经元上，外源性牛磺酸可以诱导 Cl⁻ 电流。该电流能被中枢神经系统兴奋性药物士的宁有效阻断，提示牛磺酸直接作用于脊髓神经元甘氨酸受体。此外，在大鼠听觉脑干下丘神经元上，牛磺酸也能直接作用于士的宁敏感的甘氨酸受体开放 Cl⁻ 通道，从而降低神经元兴奋性和突触传递效能。这些结果提示，牛磺酸在痛觉和听觉信息加工中可能具有重要作用。

参考文献

综述

1. Zhang Y，Hughson FM. Chaperoning SNARE folding and assembly. *Annu Rev Biochem*，2021，90：581-603.
2. Harvey RJ，Yee BK. Glycine transporters as novel therapeutic targets in schizophrenia，alcohol dependence and pain. *Nat Rev Drug Discov*，2013，12（11）：866-885.
3. Alexander SPH，Mathie A，Peters JA，et al. CGTP Collaborators. The Concise Guide to Pharmacology 2019/20：Ion channels. *Br J Pharmacol*，2019，176 Suppl 1（Suppl 1）：S142-228.
4. Moss SJ，Smart TG. Constructing inhibitory synapses. *Nat Rev Neurosci*，2001，2（4）：240-50.
5. Froemke RC. Plasticity of cortical excitatory-inhibitory balance. *Annu Rev Neurosci*，2015，38：195-219.
6. Payne JA，Rivera C，Voipio J，et al. Cation-chloride cotransporters in neuronal communication，development and trauma. *Trends Neurosci*，2003，26（4）：199-206.
7. Rudolph U，Knoflach F. Beyond classical benzodiazepines：novel therapeutic potential of GABAA receptor subtypes. *Nat Rev Drug Discov*，2011，10（9）：685-697.
8. Han W，Shepard RD，Lu W. Regulation of $GABA_A$Rs by transmembrane accessory proteins. *Trends Neurosci*，2021，44（2）：152-165.
9. Schmidt MJ，Mirnics K. Neurodevelopment，GABA system dysfunction，and schizophrenia. *Neuropsychopharmacology*，2015，40（1）：190-206.
10. Xu TL，Gong N. Glycine and glycine receptor signaling in hippocampal neurons：diversity，function and regulation. *Prog Neurobiol*，2010，91（4）：349-361.
11. Tritsch NX，Granger AJ，Sabatini BL. Mechanisms and functions of GABA co-release. *Nat Rev Neurosci*，2016，17（3）：139-145.

原始文献

1. Ganguly K，Schinder AF，Wong ST，et al. GABA itself promotes the developmental switch of neuronal GABAergic responses from excitation to inhibition. *Cell*，2001，105（4）：521-532.
2. Söllner T，Whiteheart SW，Brunner M，et al. SNAP receptors implicated in vesicle targeting and fusion. *Nature*，1993，362（6418）：318-324.
3. Hua Y，Scheller RH. Three SNARE complexes cooperate to mediate membrane fusion. *Proc Natl Acad Sci U S A*，2001，98（14）：8065-8070.
4. Gong N，Li Y，Cai GQ，et al. GABA transporter-1 activity modulates hippocampal theta oscillation and theta burst stimulation-induced long-term potentiation. *J Neurosci*，2009，29（50）：15836-15845.
5. Shigetomi E，Tong X，Kwan KY，et al. TRPA1 channels regulate astrocyte resting calcium and inhibitory synapse efficacy through GAT-3. *Nat Neurosci*，2011，15（1）：70-80.
6. Gomeza J，Hülsmann S，Ohno K，et al. Inactivation of the glycine transporter 1 gene discloses vital role of glial glycine uptake in glycinergic inhibition. *Neuron*，2003，40（4）：785-796.
7. Gomeza J，Ohno K，Hülsmann S，et al. Deletion of the mouse glycine transporter 2 results in a hyperekplexia phenotype and postnatal lethality. *Neuron*，2003，40（4）：797-806.
8. Jonas P，Bischofberger J，Sandkühler J. Corelease of two fast neurotransmitters at a central synapse. *Science*，1998，281（5375）：419-424.

9. Rivera C，Voipio J，Payne JA，et al. The K^+/Cl^- cotransporter KCC2 renders GABA hyperpolarizing during neuronal maturation. *Nature*，1999，397（6716）：251-255.

10. Fiumelli H，Cancedda L，Poo MM. Modulation of GABAergic transmission by activity via postsynaptic Ca^{2+}-dependent regulation of KCC2 function. *Neuron*，2005，48（5）：773-786.

11. Tan KR，Brown M，Labouèbe G，et al. Neural bases for addictive properties of benzodiazepines. *Nature*，2010，463（7282）：769-774.

12. Miller PS，Aricescu AR. Crystal structure of a human GABAA receptor. *Nature*，2014，512（7514）：270-275.

13. Geng Y，Bush M，Mosyak L，et al. Structural mechanism of ligand activation in human GABA（B）receptor. *Nature*，2013，504（7479）：254-259.

14. Kim JY，Liu CY，Zhang F，et al. Interplay between DISC1 and GABA signaling regulates neurogenesis in mice and risk for schizophrenia. *Cell*，2012，148（5）：1051-1064.

15. Zheng J，Li HL，Tian N，et al. Interneuron accumulation of phosphorylated tau impairs adult hippocampal neurogenesis by suppressing GABAergic transmission. *Cell Stem Cell*，2020，26（3）：331-345.

16. Tyzio R，Nardou R，Ferrari DC，et al. Oxytocin-mediated GABA inhibition during delivery attenuates autism pathogenesis in rodent offspring. *Science*，2014，343（6171）：675-679.

17. Liu J，Wu DC，Wang YT. Allosteric potentiation of glycine receptor chloride currents by glutamate. *Nat Neurosci*，2010，13（10）：1225-1232.

第 4 章　儿茶酚胺

曹淑霞　李晓明

　神经系统内有一些胺类化合物，它们都含有儿茶酚（catechol）的结构，总称为儿茶酚胺（catecholamine，CA）。中枢和周围神经系统的儿茶酚胺类神经递质/激素有去甲肾上腺素（noradrenaline，NA 或 norepinephrine，NE）、多巴胺（dopamine，DA）和肾上腺素（adrenaline，A 或 epinephrine，E）。本章重点介绍去甲肾上腺素和肾上腺素这两类儿茶酚胺类神经递质，多巴胺在另外章节中详细介绍。

　在儿茶酚胺类递质的生物合成过程中，多巴胺是去甲肾上腺素的前体。虽然体内凡有去甲肾上腺素的组织，其中必然也有多巴胺，但在中枢很多部位，多巴胺的分布又与去甲肾上腺素不平行，所以一般认为多巴胺本身也是一种独立的神经递质。去甲肾上腺素一方面是大脑和交感节后神经元中的神经递质，另一方面去甲肾上腺素是合成肾上腺素的前体，通过 N 端甲基化生成肾上腺素，但这一过程

主要发生在肾上腺，因此体内主要释放肾上腺素的器官是肾上腺，通过血液循环作用于体内其他的器官，中枢神经系统也可以合成少量的肾上腺素。

　儿茶酚胺是经典神经递质中研究得最为详细的一种，它在体内的生物合成、储存、释放和消除以及影响这些环节的工具药都已有较为详细的研究。应用重组 DNA 技术，对儿茶酚胺受体亚型（α_{1A}、α_{1B}、α_{1D}、α_{2A}、α_{2B}、α_{2C}、β_1、β_2、β_3）进行了分子克隆，初步搞清了它们的氨基酸序列和蛋白的一级结构，对其精细结构和构效关系的研究仍在进行。近年来，基因编辑技术和光遗传技术的迅速发展，使得对儿茶酚胺受体功能的研究有不少进展，也使得对儿茶酚胺能神经元的输入输出投射模式得到了广泛研究。基于基因编辑的儿茶酚胺检测方法的出现大大提高了儿茶酚胺的在体检测特异性和时空灵敏度。

第一节　儿茶酚胺

一、儿茶酚胺的合成

（一）儿茶酚胺的合成过程

对合成儿茶酚胺的酶促反应过程已经十分清楚。儿茶酚胺的合成由酪氨酸（L-tyrosine）开始（图 4-4-1）。食物中有充足的酪氨酸供应，体内去甲肾上腺素能神经元、肾上腺素能神经元和肾上腺髓质的嗜铬细胞可以从细胞外摄取酪氨酸，酪氨酸在胞浆内经酪氨酸羟化酶（tyrosine hydroxylase，TH）形成多巴（L-DOPA），再经多巴脱羧酶（DOPA decarboxylase，DDC）催化而形成多巴胺（dopamine，DA）。多巴胺被摄入囊泡内。在囊泡中，多巴胺经多巴胺 β- 羟化酶（dopamine beta-hydroxylase，DβH）催化生成去甲肾上腺素（图 4-4-2）。在肾上腺素能神经元和肾上腺髓质嗜铬细胞中

存在苯乙醇胺氮位甲基移位酶（phenylethanolamine-N-methyl transferase，PNMT），将去甲肾上腺素进一步催化形成肾上腺素。

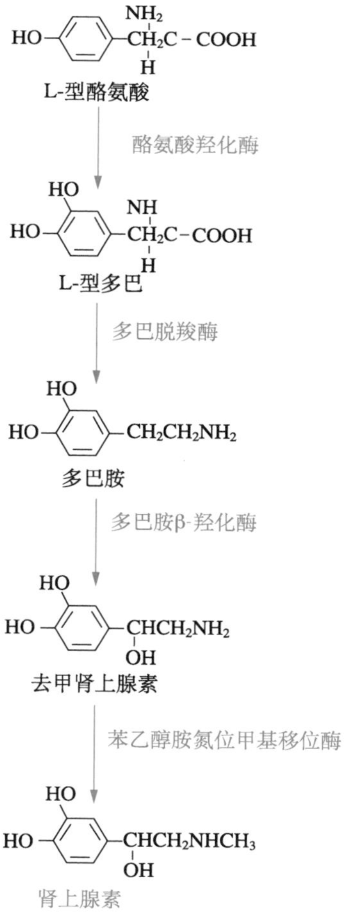

（二）儿茶酚胺合成过程中的酶

儿茶酚胺合成过程中的酶是非常重要的，可以通过影响体内儿茶酚胺的合成量进而影响儿茶酚胺的相关功能，如敲除酪氨酸羟化酶或多巴胺羟化酶的小鼠均呈胚胎致死。对这些酶成分的底物、辅酶、动力学特性和抑制剂等进行详细分析，有利于发展相关疾病的治疗药物。

1. 酪氨酸羟化酶（tyrosine hydroxylase，TH） 该酶是由 4 个分子量为 59 000 的亚基组成的同源四聚体，其功能是使酪氨酸羟化成多巴，存在于去甲肾上腺素能、多巴胺能和肾上腺素能神经元中以及肾上腺髓质嗜铬细胞的胞浆内。

$$酪氨酸 + O_2 + 四氢喋啶 \xrightarrow[\text{二氢喋啶还原酶}]{TH} 多巴 + H_2O + 二氢喋啶$$

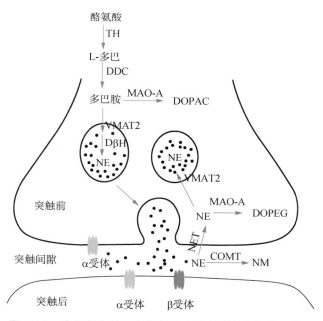

图 4-4-2　去甲肾上腺素在神经元突触末梢内的合成示意图
TH. 酪氨酸羟化酶；DDC. 多巴脱羧酶；VMAT2. 位于囊泡膜上的单胺类转运体；DβH. 多巴胺 β- 羟化酶；NE. 去甲肾上腺素；MAO-A. A 型单胺氧化酶；DOPAC. 二羟苯乙酸；NET. 去甲肾上腺素转运体；COMT. 儿茶酚胺氧位甲基移位酶；DOPEG. 二羟基苯乙二醇；NM. 去甲变肾上腺素

图 4-4-1　儿茶酚胺合成示意图

此酶需要 Fe^{2+} 和 O_2 等要素以及还原型的蝶啶（如四氢蝶啶）作为辅酶才能正常工作。此酶专一性强，特异性地作用于 L- 酪氨酸，但该酶是儿茶酚胺的合成过程中的一个限速因子，因其在神经元胞浆中的含量较少，且活性较低，而在血液中酪氨酸供应比较充裕，因此提高或抑制该酶活力即可大幅度影响儿茶酚胺的合成。

该酶主要是一个可溶性的酶，与膜上的成分，如磷脂酰丝氨酸，发生相互作用可以改变其动力学特征。该酶的磷酸化位点主要存在于 N 端（如 N 端的丝氨酸磷酸化位点），可以通过调控其磷酸化使其活性发生改变，例如：PKA 磷酸化第 40 位的丝氨酸，Ca^{2+}/PKC 磷酸化第 40 位的丝氨酸，Ca^{2+}/钙调蛋白激酶 II（CaMK II）磷酸化第 19 位的丝氨酸和少量第 40 位的丝氨酸，均可导致酶活性的增加。

酪氨酸的类似物 α- 甲基（对位）酪氨酸（α-methyltyrosine，α-MT）是酪氨酸羟化酶的竞争性抑制剂（表 4-4-1）。α-MT 可在几个方面干扰儿茶酚胺的合成：①对酪氨酸羟化酶产生竞争性抑制，此为其阻断儿茶酚胺合成的主要环节，由于酪氨酸羟化酶是儿茶酚胺合成中的关键酶，因而 α-MT 可有效地抑制儿茶酚胺的合成；②对多巴脱羧酶和多巴胺 β- 羟化酶产生竞争性抑制，一部分 α-MT 在酪氨酸羟化酶作用下变成 α- 甲基多巴，后者又可在多巴脱羧酶和多巴胺 β- 羟化酶的作用下变成 α-甲基去甲肾上腺素，成为"伪递质"。

2. 多巴脱羧酶（DOPA decarboxylase，DDC） 该酶的催化活性形式是同源二聚体，其功能是使多巴脱羧成多巴胺。该酶广泛存在于含儿茶酚胺和血清素的神经元内，也存在于包括肾和血管等非神经元组织中，其亚细胞定位于细胞浆中。

该酶以磷酸吡哆醛（pyridoxal phosphate，PLP）为辅酶。对底物的要求不太专一，组氨酸、酪氨酸和色氨酸等芳香族左旋氨基酸均可作为其底物进行脱羧，其中包括 5- 羟色胺的前体：5- 羟色胺酸（5-hydroxytryptophan，5-HTP），因此将其称作芳香族左旋氨基酸脱羧酶（Aromatic L-amino acid decarboxylase，AADC）更为恰当。若将此酶完全抑制，则不仅儿茶酚胺合成受阻，5- 羟色胺的合成也将受到影响。

多巴脱羧酶的抑制剂分为可逆与不可逆两种（表 4-4-1）。α- 氟甲基多巴（α-fluoromethyl dopa）是多巴脱羧酶的不可逆抑制剂，可作为多巴脱羧酶的基质，被摄入儿茶酚胺能神经元，并与该酶以共价键的形式牢固结合，最后使其失活，作用不可逆，并能透过血脑屏障进入中枢神经系统。α- 二氟甲基多巴（α-difluoromethyl dopa）的作用与之相似，但较弱，且不易透过血脑屏障，主要对外周组织中的多巴脱羧酶产生不可逆抑制。α- 甲基多巴（α-methyldopa）和苄丝肼（carbidopa）等是多巴脱羧酶的可逆抑制剂，后者不易透过血脑屏障，这些抑制剂由于抑制作用不强，选择性不高，且易于影响 5- 羟色胺等其他递质的合成，从阻断儿茶酚胺合成来考虑，不是理想的工具药。

3. 多巴胺 β- 羟化酶（dopamine β-hydroxylase，DβH） 该酶是一个四聚体组成的糖蛋白，由分子量约为 71 kD 和 73 kD 的亚基组成，总分子量约 290 000。其功能是使多巴胺羟化为去甲肾上腺素。多巴胺 β- 羟化酶完全存在于囊泡内，因此去甲肾上腺素合成的最后一步只能在囊泡内进行。儿茶酚胺从神经元和肾上腺中释放时，该酶一同被释放，因此该酶也存在于血浆中。

与酪氨酸羟化酶一样，该酶是一个具有混合功能的氧化酶，利用分子氧来形成加到侧链 β 位碳上的羟基，在反应过程中将抗坏血酸盐还原成二氢抗坏血酸来提供电子。此酶含 Cu^{2+}，参与了反应过程中的电子交换。多巴胺 β- 羟化酶还需要维生素 C 和富马酸（fumaric acid）作为辅酶。

双硫醒（disulfiram，antabuse）和 4- 甲基 -1- 高哌嗪硫代羰基二硫化物 FLA-63［bis-（1-methyl-4-homopiperazinyl thiocarbonyl）disulfide］是多巴胺 β- 羟化酶的抑制剂（表 4-4-1）。由于多巴胺 β- 羟化酶中的 Cu^{2+} 起着极为重要的作用，故能与 Cu^{2+} 结合的药物即可抑制此酶的活性，这些药物即通过螯合 Cu^{2+} 抑制多巴胺 β- 羟化酶，从而阻断去甲肾上腺素的合成。

表 4-4-1 儿茶酚胺合成酶的特异性抑制剂

儿茶酚胺合成酶	抑制剂	功能
酪氨酸羟化酶	α- 甲基（对位）酪氨酸	竞争性抑制剂
多巴脱羧酶	α- 氟甲基多巴（不可逆）	与酶共价键结合使其失活
	α- 甲基多巴、苄丝肼（可逆）	
多巴胺 -β- 羟化酶	双硫醒、FLA-63	螯合 Cu^{2+}
苯乙醇胺氮位甲基移位酶	SKF64139、SKF29661	竞争性抑制剂

4. 苯乙醇胺氮位甲基移位酶（phenylethanolamine-N-methyl transferase，PNMT）　该酶的分子量为 38 000 ～ 40 000，存在于肾上腺素能神经元和肾上腺髓质嗜铬细胞的胞浆内，可使去甲肾上腺素的氮位甲基化而生成肾上腺素。该酶的活性受皮质类固醇调节。

SKF64139（7，8-dichloro-1，2，3，4-tetrahydroiso-quinoline hydrochlofide）和 SKF29661（1，2，3，4-tetra-7-sulfonamide）均为苯乙醇胺氮位甲基移位酶的竞争性抑制剂（表 4-4-1），作用可逆。动物口服 SKF64139 后，由于抑制了该酶使肾上腺素的合成受阻，表现为脑干中肾上腺素的含量显著降低，肾上腺素与去甲肾上腺素的比值显著减少。SKF64139 易于透过血脑屏障，而 SKF29661 则不能透过。

将儿茶酚胺合成过程中的四种酶进行比较，多巴脱羧酶含量最多且活性最高，多巴胺 β- 羟化酶和苯乙醇胺氮位甲基移位酶次之，酪氨酸羟化酶含量最少，且活性最低。从合成速度看，也以多巴脱羧酶最快，多巴胺 β- 羟化酶较慢，酪氨酸羟化酶则最慢，故酪氨酸羟化酶成为儿茶酚胺合成中的限速因子。

（三）儿茶酚胺合成的调节

体内存在着有效的机制调节儿茶酚胺的合成速率。酪氨酸羟化酶是儿茶酚胺生物合成中的限速因子，该酶受各种生理因素的调节，从而调控儿茶酚胺的合成速率。这种调节分为短周期调节和长周期调节两种。

短周期调节多在突触水平进行，对神经元活性即时的变化作出反应，作用发生快而维持时间短。这种调节有以下几方面：①终端产物的反馈抑制。胞浆内游离的儿茶酚胺增多时，可以竞争酪氨酸羟化酶与喋啶辅酶的作用位点，反馈抑制酪氨酸羟化酶的羟化作用，使得合成速率降低；②当神经元激活时，引起神经末梢儿茶酚胺大量释放，囊泡摄取儿茶酚胺的能力增强，胞浆内儿茶酚胺浓度降低，从而去除了儿茶酚胺对酪氨酸羟化酶的抑制作用；另外，神经冲动到来时，神经末梢发生的去极化激活酪氨酸羟化酶，酶的动力学特征发生变化，与喋啶辅酶具有高亲和力，对终端产物的抑制作用不敏感，合成速率增加。两方面共同作用使得神经冲动到来引起末梢储存的儿茶酚胺大量释放时，末梢内儿茶酚胺的浓度也能保持相对稳定，没有显著降低。

长周期调节在神经元的胞体水平进行，当交感神经活性在较长的时间内增加时，神经元内的酪氨酸羟化酶和多巴胺 β- 羟化酶的 mRNA 量增加，新合成的酶经轴突运输到神经末梢，此调节作用发生慢而持久。

通过短周期和长周期的共同调节，使得神经末梢中儿茶酚胺的量保持相对稳定。

二、儿茶酚胺的贮存和释放

（一）儿茶酚胺的贮存

儿茶酚胺主要贮存于神经末梢的囊泡中。多巴胺 β- 羟化酶存在于囊泡中，即去甲肾上腺素的合成位于囊泡内，且细胞液中含有包括单胺氧化酶在内的酶可以降解儿茶酚胺，因此去甲肾上腺素主要贮存于囊泡中，胞液中去甲肾上腺素的浓度较低。虽然合成肾上腺素的苯乙醇胺氮位甲基移位酶主要位于胞浆中，即合成肾上腺素的反应主要位于胞浆中，但合成后的肾上腺素一般被转运回嗜铬颗粒（在嗜铬细胞的胞浆内有大量颗粒，它们在电镜下表现为大小不等的囊泡，这些颗粒可被二铬酸钾染成棕黄色，此反应叫嗜铬反应，故称为嗜铬颗粒）中贮存。

储存儿茶酚胺的囊泡在电子显微镜下呈现一致密中心，因此称"致密中心囊泡（dense-core vesicle）"，按其大小不同可分为两种：大囊泡直径 70 ～ 100 nm，小囊泡直径 45 ～ 50 nm。在神经元中，两种囊泡的分布不同，大囊泡多存在于轴突和末梢，而小囊泡几乎全部集中于末梢。至于神经元内所含大小囊泡的比例，种属差异颇大，如鼠类（大鼠、豚鼠）的输精管中，大囊泡仅占 5%，小囊泡则占 95%；在牛的脾神经中，大囊泡占 40% ～ 50%，小囊泡占 50% ～ 60%，几乎各占一半；在人类，大囊泡的比例也较高。

Dahlstrom（1965）和 Kapeller（1967）在结扎轴突后发现在胞体近侧端积聚了很多致密芯大囊泡，首次提供了大囊泡起源于神经细胞体，而后沿轴突向远端运输的证据。一般认为大囊泡在胞体的高尔基体生成，沿着神经微管的外壁向神经末梢转运，若用秋水仙碱或长春碱将微管破坏，则大囊泡的转运受阻。至于小囊泡的来源是否也如此，无明确证据。部分学者认为，大囊泡释放后的空泡形成小囊泡，其壁上尚有不溶性的多巴胺 β- 羟化酶可继续合成新的去甲肾上腺素，并可从胞浆中摄取游离的去甲肾上腺素进行储存。也有证据认为，轴突内光面内质网也可形成小囊泡，小囊泡可重复使用几次，最后为多囊体所吞噬而消灭。

1. 大囊泡的主要组成成分 将自牛的脾神经轴突中分离得到的大囊泡直接进行分析，含去甲肾上腺素量为 250 ~ 500 nmol/mg，相当于每个大囊泡含 3600 ~ 6500 个去甲肾上腺素分子。在轴突运输过程中，大囊泡内去甲肾上腺素不断合成，去甲肾上腺素量不断增加，到末梢时去甲肾上腺素量增至 700 ~ 1200 nmol/mg，相当每个大囊泡含 9000 ~ 16 000 个去甲肾上腺素分子。此外，大囊泡也含多巴胺，其含量约为去甲肾上腺素的 7% ~ 8%，为合成去甲肾上腺素的原料。

在大囊泡内，去甲肾上腺素与 ATP 形成复合物，以较为稳定的形式储存于囊泡内。早期的研究认为，去甲肾上腺素与 ATP 的结合之比为 4:1，即 4 分子去甲肾上腺素与 1 分子 ATP 相结合，以后发现大囊泡易受某些细胞器内 ATP 的污染（如线粒体富含 ATP），去除这些污染，则神经末梢内大囊泡的去甲肾上腺素与 ATP 之比为 30:1 ~ 60:1。

大囊泡内多巴胺 β- 羟化酶分为可溶和不可溶两种。前者溶于囊泡内液中，约占多巴胺 β- 羟化酶总量的 2/3，当囊泡释放时，多巴胺 β- 羟化酶与儿茶酚胺和 ATP 等一起释出。后者附着于囊泡内膜上，占总量的 1/3，不能释出。每个大囊泡含多巴胺 β- 羟化酶的总量为 5 ~ 12 个分子。

大囊泡内含有多种嗜铬颗粒蛋白（chromogranin），如嗜铬颗粒蛋白 A 和嗜铬颗粒蛋白 B 等，其中以嗜铬颗粒蛋白 A 的含量最多，嗜铬颗粒蛋白 A 和 B 是可溶性蛋白，在囊泡的生成中起调节作用。应用蔗糖密度梯度和分级离心技术分离大囊泡，并除去囊泡外污染的阿片肽，发现大囊泡内含有阿片肽，其分子量较小，估计为甲硫氨酸脑啡肽（ethionine enkephalin，M-ENK）和亮氨酸脑啡肽（leucine enkephalin，L-ENK）等。此外，在大囊泡内还发现有 P 物质、血管活性肠肽（vasoactive intestinal peptide，VIP）和神经紧张素（neurotensin，NT）的存在，它们的功能与调制去甲肾上腺素有关。

2. 小囊泡的主要组成成分 从大鼠输精管中分离出的小囊泡测得去甲肾上腺素含量为 230 nmol/mg，相当于每个小囊泡含 900 个去甲肾上腺素分子。小囊泡内多巴胺含量甚少，仅为去甲肾上腺素的 1%。小囊泡中是否含有多巴胺 β- 羟化酶尚有争议，测得每个小囊泡仅含 0.1 个多巴胺 β- 羟化酶分子，从

这个数字看，小囊泡可能不含多巴胺 β- 羟化酶。但也有人认为小囊泡也分为两种，少量小囊泡含多巴胺 β- 羟化酶，大部分小囊泡则不含该酶。

（二）儿茶酚胺的钙依赖量子释放

目前，多数学者认为儿茶酚胺的释放是一种量子释放。

在儿茶酚胺的释放过程中，囊泡承担了一个双重角色，既提供了儿茶酚胺在末梢释放的量，又介导了释放的整个过程。动作电位到达神经末梢时，突触前膜的通透性发生改变，Ca^{2+} 进入细胞内，促进囊泡附着突触前膜，并使两层膜融合，继而形成小孔，将囊泡内容物排到突触间隙，然后两层膜各自重新弥合。近来的研究认为，在静息神经元，一部分小囊泡簇集于突触前膜活动区，称为"入坞（docking）"，当动作电位到达神经末梢时，膜去极化，激活钙通道，使细胞内该部位的 Ca^{2+} 浓度上升到 1 mmol/L 左右，Ca^{2+} 浓度升高使入坞的囊泡与突触前膜融合，然后有囊泡内容物，如递质等的释放。大囊泡的释放部位可以在突触前膜之外，大囊泡释放的阿片肽等可以调节去甲肾上腺素等经典递质的功能。现在研究表明囊泡膜、胞液以及突触前膜上的一些蛋白参与了囊泡的融合与入坞的过程，如囊泡相关膜蛋白（vesicle-associated membrane proteins，VAMP）、N- 乙基顺烯二酰亚胺敏感的融合蛋白（N-ethylmaleimide-sensitive fusion protein，NSF）以及突触融合蛋白（syntaxin）、神经外素（neurexins）等。

儿茶酚胺的释放受到反馈性调节。当儿茶酚胺释放过多，突触间隙的浓度过高时，可通过负反馈抑制儿茶酚胺的释放，这种负反馈的调节来源于突触前膜的 α_2 受体，使负反馈可以非常及时而有效。此外，当交感神经长期受刺激后，神经末梢及突触后细胞有前列腺素（prostaglandin，PG）的释放，前列腺素可抑制儿茶酚胺的释放，这一负反馈机制可以部分解释长期刺激交感神经时去甲肾上腺素释放的减少。有人认为，不论是突触前 α 受体或前列腺素调节的负反馈作用，可能都是由于影响了 Ca^{2+} 的转运，从而抑制儿茶酚胺的释放。

三、儿茶酚胺的重摄取和酶解失活

（一）转运体介导的儿茶酚胺重摄取和再利用

儿茶酚胺的消除是通过重摄取和酶解失活两条

途径进行。儿茶酚胺在体内的消除是一个比较复杂的过程，它涉及酶对它们的破坏和儿茶酚胺从生物活性部位（突触间隙）转运到非生物活性部位（神经元内），即重摄取这两种过程。重摄取是单胺类神经递质终止其生理作用的主要方式，在单胺类神经末梢，重摄取的量占释放总量的 3/4。儿茶酚胺属单胺类递质，其重摄取也是如此。

突触间隙或血液中的儿茶酚胺可被突触前的神经组织摄取，也可被突触后膜和非神经组织摄取（表 4-4-2），前者称为第一类摄取（μ1），后者称为第二类摄取（μ2）。μ1 是高亲和力和能量依赖的主动转运，能逆浓度梯度摄取并聚集儿茶酚胺，因而在低浓度时即有摄取能力，另外其摄取的特异性也较高，例如，去甲肾上腺素神经末梢对去甲肾上腺素的摄取能力大于肾上腺素，对 L 型去甲肾上腺素的摄取能力大于 D 型。相反，μ2 的亲和力较低，必须在高浓度时才有较多的摄取，而且对各种单胺类神经递质的选择性较小，对去甲肾上腺素与肾上腺素、L 型与 D 型去甲肾上腺素均无差别。一般来说，神经末梢释放的儿茶酚胺主要被突触前膜所摄取，即以 μ1 为主，血液中的儿茶酚胺则有较大部分被非神经组织所摄取，即以 μ2 为主，如以摄取总量而论，无疑 μ2 大于 μ1。

神经组织对儿茶酚胺的摄取又分为两个步骤，首先通过细胞膜进入胞浆，称为膜摄取（membrane uptake）；其次再由胞浆进入囊泡，称为囊泡摄取（vesicle uptake）。前已提及神经末梢释放的去甲肾上腺素大部分经膜摄取重新摄入末梢内，以供再次释放（图 4-4-3）。但摄入神经末梢胞浆内的去甲肾上腺素如不及时处理，必将遭到胞浆内单胺氧化酶的破坏，因此必须通过囊泡主动快速地将其摄入囊泡内。Von Euler 等用肾上腺素能神经中分离得到

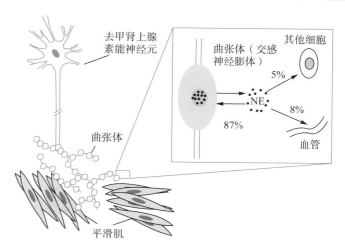

图 4-4-3 大鼠交感神经系统释放的去甲肾上腺素被神经和非神经组织摄取相对量的模式图

的囊泡与 ³H- 去甲肾上腺素孵育，后者被囊泡快速摄取。膜摄取的生理意义已十分清楚，这有助于在生理情况下突触传递的快速进行。即使在高频刺激下，神经末梢仍有充分的去甲肾上腺素可供释放。

膜摄取和囊泡摄取分别在儿茶酚胺能神经末梢膜和囊泡的膜上进行，它们是由不同的载体来完成。存在于去甲肾上腺素能神经末梢上的去甲肾上腺素转运体（noradrenaline transporter，NET）已被克隆，是一种分子量为 69 000 的蛋白质，由 617 个氨基酸组成，具有 12 次跨膜区域。根据 RNA 杂交实验，这种去甲肾上腺素转运体的 mRNA 分布于肾上腺和脑干等处。去甲肾上腺素回收到神经末梢后还要经过第二次转运才能进入囊泡。存在于囊泡膜上的囊泡单胺类转运体（vesicular monoamine transporters）亦已被克隆，也有 12 次跨膜区域，此种转运体为 H^+ 依赖的，每重摄取一个单胺类分子入囊泡便要驱出 2 个 H^+，这个过程也是耗能的，

表 4-4-2   神经和非神经组织儿茶酚胺转运体的底物特异性和抑制剂

转运体	底物的特异性	抑制剂
神经元转运体		
NET	DA ＞ NE ＞ E	地昔帕明，可卡因，尼索西汀
DAT	DA ＞＞ NE ＞ E	Cocaine，氯苯咪吲哚，GBR-12909
非神经元转运体		
OCT1	DA ≈ E ＞＞ NE	异丙菁，皮质酮
OCT2	DA ＞＞ NE ＞ E	异丙菁，皮质酮
EMT（OCT3）	E ＞＞ NE ＞ DA	异丙菁，皮质酮

注：NET. 去甲肾上腺素转运体；DA. 多巴胺；NE. 去甲肾上腺素；E. 肾上腺素；DAT. 多巴胺转运体；OCT. 有机阳离子转运体；EMT. 单胺转运体

需 ATP 供能。

三环类抗抑郁剂可影响儿茶酚胺膜转运的过程，包括丙咪嗪（imipramine）、去甲丙咪嗪（desimipramine）、阿米替林（amitriptyline）、去甲替林（nortriptyline）、氯丙米嗪（chlorimipramine）、去甲氯丙米嗪（desmethyl chlorimipramine）和马普替林（maprotiline）等是膜泵抑制剂。三环类化合物进入人体，可经酶促反应脱去甲基成为活性代谢产物后继续发挥作用，但活性代谢产物抑制儿茶酚胺摄取的作用一般大于母体，如去甲丙咪嗪和去甲替林的作用分别大于丙咪嗪和阿米替林。去甲基的代谢产物还可在体内进一步代谢，成为羟基代谢产物，如羟基丙咪嗪和 10- 羟基–去甲替林等，后者对儿茶酚胺的摄取仍有抑制作用，可以说明三环类药物作用的持久性。三环类化合物除对儿茶酚胺重摄取有抑制作用外，对 5- 羟色胺的重摄取也有抑制作用。后来发现体内脱甲基的代谢产物，如去甲丙咪嗪和马普替林等抑制去甲肾上腺素的摄取较专一，而含双甲基的三环化合物，如：阿米替林和氯丙米嗪等抑制 5- 羟色胺的摄取较专一。

另外，低浓度的可卡因对中枢和周围神经儿茶酚胺的摄取均有抑制作用。从器官灌流实验可见，低浓度的可卡因（< 1 μg/ml）可抑制去甲肾上腺素的重摄取，增加组织 ^{3}H 去甲肾上腺素的外流，可卡因对儿茶酚胺增敏作用的原理即在于此，而高浓度的可卡因因局麻作用而减少 ^{3}H 去甲肾上腺素的外流。

利血平（reserpine）是囊泡摄取和储存的抑制剂，是临床上常用的影响囊泡摄取特异性较高的药物，利血平不影响膜摄取。同位素标记法证明，利血平对囊泡膜有极高的亲和力，能与其形成牢固的结合，其主要作用为：①选择性地阻断囊泡膜上 Mg^{2+}-ATP 酶系统，以阻断囊泡对儿茶酚胺的摄取。因此，不论是新合成的多巴胺或是由突触间隙重摄取回到胞浆的去甲肾上腺素，都难以进入囊泡；②阻止囊泡内的去甲肾上腺素和 ATP 与嗜铬颗粒蛋白相结合，因此已经存在于囊泡中的去甲肾上腺素也逐渐渗漏至胞浆内。大量停留于胞浆内的去甲肾上腺素在线粒体表面的单胺氧化酶的作用下逐渐被破坏，其结果使囊泡储存的去甲肾上腺素逐渐减少至耗竭，使突触传递受阻。受利血平作用后的囊泡很难再恢复其功能，必须待到新的囊泡由轴浆运输至末梢，以代替功能受损的囊泡才能恢复神经功能。因此，利血平一次大量应用后脑内单胺类递质大幅度降低，往往需几天或十几天后才能完全恢复。利血平在耗竭儿茶酚胺的同时，也耗竭 5- 羟色胺。在利血平的基础上，合成了一系列作用相似的药物。四苯嗪（tetrabenazine）是较常用的一个，其特点是作用维持时间较利血平短，对脑内单胺类神经元的作用较外周强，耗竭去甲肾上腺素的作用较 5- 羟色胺为强。

（二）儿茶酚胺最终可以通过酶解失活

去甲肾上腺素释放后生理作用的消失主要由于重摄取，但其最终失活仍取决于两种酶的作用，即单胺氧化酶和儿茶酚胺氧位甲基移位酶（catechol-O-methyltransferase）（图 4-4-4）。

1. 单胺氧化酶（monoamine oxidase，MAO） 是一种分子量为 120 000 ～ 125 000 的黄素蛋白。MAO 的作用是促使单胺类物质氧化脱氨基成为醛，但以这一形式存在的时期甚为短暂，很快地经醛还原酶还原为醇，或经醛脱氢酶氧化成酸。该酶广泛存在于神经和非神经组织中。在神经元内，MAO 主要存在于线粒体膜上，由于它特定的细胞内定位，因此该酶可以使神经末梢内游离的儿茶酚胺失活。目前已知 MAO 至少有 A 和 B 两种类型，脑内 A 型和 B 型 MAO 同时存在：A 型主要存在于交感神经末梢，作用于去甲肾上腺素和 5- 羟色胺；而 B 型存在于松果体等组织，主要作用于苯乙胺。对多巴胺、酪胺和色胺等，则 A 型和 B 型的 MAO 均有作用。

MAO 抑制剂分为两类：氯吉宁（clorgyline）是选择性地针对 A 型 MAO 的抑制剂，骆驼蓬灵（harmaline）和去氢骆驼蓬碱（harmine）也能对 A 型 MAO 进行专一和可逆性的抑制；丙炔苯丙胺（deprenyl）是针对 B 型 MAO 的专一而不可逆的抑制剂。优降宁（pargyline）小剂量时优先抑制 B 型 MAO，大剂量时也抑制 A 型 MAO。此外，对 A 型和 B 型 MAO 均有抑制作用的还有苯乙肼（phenylzine）、异丙烟肼（iproniazid）和苯环丙胺（ranylcypromine）等。MAO 在胃肠道和肝也有重要的保护作用，可以防止食物中所含的酪胺和苯乙胺被吸收后进入体循环，当用 MAO 抑制剂治疗抑郁和高血压时，胃肠道和肝中的 MAO 不能发挥作用，此时摄入含大量酪胺的食物时可能有发生严重高血压的危险。

2. 儿茶酚胺氧位甲基移位酶（catechol-O-methyl transferase，COMT） 该酶广泛存在于神经和非神经组织内，特别是肝和肾等组织中含量尤多。有学

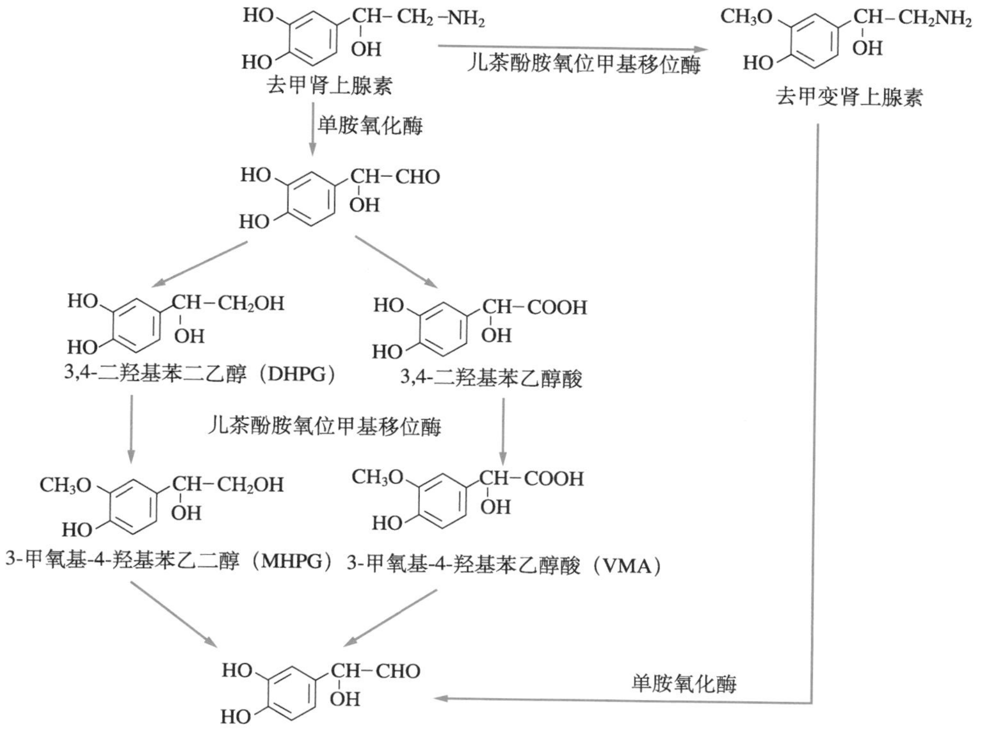

图 4-4-4　去甲肾上腺素降解途径

者认为在突触间隙，特别是突触后膜上也有 COMT 的存在。这种酶的作用是将甲基转移到儿茶酚胺环上 3 位的氧上，成为 3- 甲氧基 -4- 羟基衍生物，其中需要 Mg^{2+} 的参与。这种酶具有广泛的底物识别性，从而使所有的含侧链的儿茶酚均被甲基化。

托卡朋（tolcapone）是作用于外周和中枢神经系统的可逆性 COMT 竞争性抑制剂。阿片哌酮（opicapone）和恩托卡朋（entacopone）是作用于外周的高效、长效、可逆性 COMT 竞争性抑制剂，两者皆被用于帕金森病的临床治疗，但 COMT 抑制剂

仅在与左旋多巴联合应用时才发挥作用。另外，去甲肾上腺素合成酶、降解酶和转运体也被报道与很多其他疾病相关，大致见表 4-4-3。

体内儿茶酚胺代谢中的 MAO 与 COMT，究竟何者起主要作用要根据不同情况做具体分析。神经末梢释放至突触间隙的去甲肾上腺素大部分为突触前膜重摄取，当其进入胞浆后立即与线粒体表面的 MAO 相遇，因此先由 MAO、再经 COMT 代谢。血液中的去甲肾上腺素则主要在肝和肾等组织内，先由 COMT、再经 MAO 而代谢。因此，在中枢神经

表 4-4-3　去甲肾上腺素合成、降解过程中重要的酶和转运体相关疾病

名称	相关疾病
酪氨酸羟化酶	帕金森病，TH 缺陷多巴反应性肌张力障碍，TH 缺陷进行性婴幼儿脑病，伴有运动迟缓的 TH 缺陷婴儿帕金森病，抑郁症，精神分裂症，高血压
多巴脱羧酶	帕金森病，双相障碍，腹泻，前列腺癌，高血压
多巴胺 -β- 羟化酶	帕金森病，阿尔茨海默病，精神分裂症，抑郁症，儿童注意力缺陷多动症，唐氏综合征，创伤后应激综合征，甲状腺功能减退，自闭症，多巴胺 β- 羟化酶缺乏症，高血压
囊泡单胺转运蛋白 2	帕金森病，迟发型运动障碍，亨廷顿病，糖尿病
去甲肾上腺素转运体	高血压，心脏病等心血管疾病，肥胖症，神经性厌食症，注意力缺陷多动症，抑郁症，成瘾，疼痛，阿尔茨海默病，帕金森病
单胺氧化酶	抑郁症，焦虑症，自闭症，冲动控制障碍，注意力缺陷多动症，帕金森病，阿尔茨海默病
儿茶酚胺氧位甲基转移酶	帕金森病，阿尔茨海默病，精神分裂症，癌症，高血压、心脏病等心血管疾病，疼痛，高同型半胱氨酸血症

中去甲肾上腺素的最终代谢产物以 3- 甲氧基 -4- 羟基苯乙二醇为主；而在外周组织中去甲肾上腺素的最终代谢产物以 3- 甲氧基 -4- 羟基苯乙醇酸为主。肾上腺素的降解代谢过程和步骤与去甲肾上腺素相同，氧化脱氨和氧位甲基化过程对两者是完全一样的。

测定儿茶酚胺的代谢产物可反映脑内儿茶酚胺的释放率或更新水平。在临床研究中一般测定脑脊液中儿茶酚胺的代谢产物，因为尿液中的浓度大量地来自外周肾上腺髓质系统。然而，酸性代谢产物主要从脑脊液中排泄，用丙磺舒（probenecid）预处理阻断其运输过程，可以对儿茶酚胺在脑中更新率得到更可靠的估计。

第二节 儿茶酚胺的脑内分布

最早用来观察儿茶酚胺能神经元的方法是化学发光法，Falck 和 Hillarp 发现组织切片经甲醛处理后能够使儿茶酚胺环化，形成了密集的黄绿色荧光。但甲醛处理后所发出的荧光弱且不稳定，后来发现用乙醛酸处理可以提高检测的灵敏度，观察到更加精细的结构。随着对儿茶酚胺合成和转运途径的详细了解、原位杂交和免疫组织化学检测技术的进一步发展，利用寡核苷酸、cRNA 探针或特异性抗体可以在 mRNA 水平或蛋白水平对儿茶酚胺合成和转运途径中的特异性酶和转运体进行检测、定位，从而确定儿茶酚胺类物质的脑内分布。在儿茶酚胺能神经元的轴突末梢，儿茶酚胺在释放后可以被高选择性地重摄取，因此可以用放射性同位素标记的 6- 羟多巴胺或去甲肾上腺素孵育脑片，通过放射自显影的方法定位儿茶酚胺能的神经元和末梢。近年来，李毓龙教授实验室开发的基于去甲肾上腺素 α_2 受体的基因编辑检测方法，使得在体细胞类型特异性的儿茶酚胺动态检测成为可能，并有效提高了在体儿茶酚胺检测的特异性和时空灵敏度。总之，用各类检测方法进行的研究使儿茶酚胺的脑内分布得到不断的证实和修正。

一、去甲肾上腺素能神经元的脑内分布

（一）胞体定位

中枢去甲肾上腺素能神经元的胞体主要分布在从尾部腹外侧延髓到喙部脑桥的一系列分散又相连续的核团中（图 4-4-5）。

Fuxe 等将儿茶酚胺能神经元细胞群记为"A"，将脑干从尾部到喙部的 7 个去甲肾上腺素能细胞群标记为 A1 ～ A7。各个细胞群的具体位置为：A1 位于延髓尾部网状核腹外侧区内（caudal ventrolateral medulla，CVLM）及其周围；A2 位于延髓尾部背中侧，舌下神经核的背外侧、迷走神经背核和孤束核附近；A3（仅见于大白鼠）位于延髓下橄榄复合体及其背侧；A4 位于脑桥背外侧，是由室管膜下神经元组成，呈带状沿小脑上脚至 A6 细胞群的尾侧，有些哺乳动物（如袋獾）中不存在；A5 位于脑桥腹外侧，面神经核周围和上橄榄核外侧；A6 位于脑桥背侧蓝斑核（locus coeruleus，LC）内；A7 位于脑桥外侧网状结构内（Köllike-Fuse nucleus 附近）。因 A4 和 A7 细胞的边缘与 A6

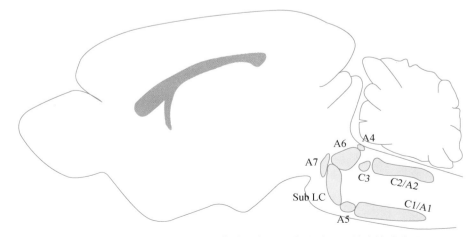

图 4-4-5 大鼠脑内去甲肾上腺素能和肾上腺素能神经元的胞体分布图

细胞群相连续，有学者认为 A4、A6 和 A7 合在一起共同组成一个复合体。有研究发现臂旁核中也有少量去甲肾上腺素能神经元与 A6 连续，因此也看作复合体的一部分。

A1 ～ A7 细胞群中，最大的为蓝斑核的 A6 细胞群，约占中枢去甲肾上腺素能神经元数目的一半。人类的蓝斑核约有 12 500 个神经元，大鼠每一侧蓝斑含约 1500 个神经元。近年来，对 A6 细胞群的研究表明蓝斑核去甲肾上腺素能神经元并非是同质的，根据神经元的形态、膜电特性、分子表达情况等，又可将蓝斑核去甲肾上腺素能神经元分为不同的细胞亚群，如按照形态至少分为体积较大的多极神经元和体积较小的梭形神经元；按照分子表达情况分为与甘丙肽共表达的神经元、与神经肽 Y 共表达的神经元等；根据肾上腺素受体的表达情况分为位于喙部表达 α1 受体的去甲肾上腺素能神经元和位于尾部表达 α2 受体的去甲肾上腺素能神经元等。除了以上神经肽和受体类型，蓝斑核还有很多其他的神经肽和受体类型被发现，如伽马氨基丁酸（gamma amino butyric acid，GABA）、食欲素（orexin）/ 下丘脑分泌素（hypocretin）以及阿片样（opioid）受体等，但它们表达分布情况至今还不是很清晰。另外，利用逆向追踪试剂的研究发现，投射区域不同的蓝斑核神经元胞体分布呈现地形特征，如投射到前脑区域（如海马和隔区）的蓝斑核神经元多位于蓝斑核背侧，而小脑和脊髓区投射的蓝斑核神经元则更多位于腹侧，并且有报道表明，位于不同区域的蓝斑核神经元介导的功能可能也不同。随着研究技术的进步蓝斑核的异质性及其与功能的关系会越来越清晰。

（二）纤维投射

人类中枢神经系统中约含有上百亿个神经元，而其中去甲肾上腺素能神经元仅有几万个。虽然脑内去甲肾上腺素能神经元数量较少，但其纤维投射非常广泛（图 4-4-6），A1 ～ A7 细胞群发出的上行纤维几乎遍及全脑各个部位；而下行纤维投射到脊髓的前角、后角、中间外侧柱和中央管周围等。

1. 上行投射纤维　去甲肾上腺素能上行投射系统分背侧束和腹侧束两大通路。

（1）背侧束通路：起源于蓝斑核，向上投射到全部端脑，其粗大的上行纤维即被盖背侧束由后向前，在中脑被盖的顶部横过，大部分纤维加入内侧前脑束，继续前进到隔区，然后转向背侧上行，绕胼胝体进入扣带回，其末梢广泛投射到新皮质。此外，蓝斑还发出部分纤维至小脑，终止于小脑皮质。

多个实验室的研究证据表明，蓝斑核去甲肾上腺素能神经元的输出纤维是高度分支化的，如投射到听觉皮质的蓝斑核神经元，也支配嗅球、扣带回、体感皮质、海马、下丘脑、小脑和延髓，而投射到其他区域的蓝斑核神经元也呈类似的投射模式，但不同脑区的轴突密度并不是完全均匀的。另外，投射到不同脑区的蓝斑核神经元接受的输入也呈广泛性。因此，现在观点认为，蓝斑核去甲肾上腺素系统广泛的输入和投射可能与其调节整个大脑状态的重要特征相吻合，少量蓝斑核神经元可能更有选择性地支配某些特异性靶点以及突触后受体的类型与分布的不同可能是蓝斑核神经元特异性调控某些功能的内在机制。

（2）腹侧束通路：由 A1、A2、A4、A5、A7

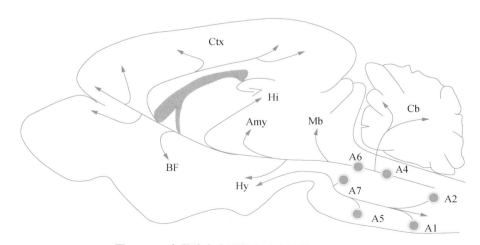

图 4-4-6　大鼠脑内去甲肾上腺素能神经元投射图

Mb. 中脑（midbrain）；Hy. 下丘脑（hypothalamus）；Amy. 杏仁核（amygdala）；Hi. 海马（hippocampus）；BF. 基底前脑（basal forebrain）；Ctx. 皮质（cortex）；Cb. 小脑（cerebellum）

细胞群发出的纤维，分布到中脑、间脑和端脑的边缘系统。其上行纤维起源于 A1 和 A2，到脑桥后与源于 A4～A7 的纤维汇合，再一起通过小脑上脚的腹侧进入中脑。此纤维束主要分为三支：①部分纤维与中缝背核及其附近的儿茶酚胺能纤维联系，分布于第Ⅲ脑室背侧周围；②有较多的纤维分布于中脑网状结构；③部分纤维进入间脑，加入内侧前脑束，进而分成腹侧支、内侧支、背侧支和腹内侧支，分布于下丘脑。此外，腹侧束还有部分纤维进入小脑。

2. 下行投射纤维　由延髓和脑桥的 A1～A2 和 A5～A7 细胞群的神经元发出，行走于脊髓的去甲肾上腺素能通路。

该系统有两个主要纤维束：①背侧束通路：起自蓝斑和部分 A7，纤维下行分布于延髓的孤束核、迷走神经背核、三叉神经脊束核和下橄榄复合体，然后汇成大的下行通路，最后直达脊髓侧角与背角，行使调节交感神经及感觉传入的作用。②腹侧束通路：起自延髓的 A1～A2，纤维下行分成两支进入脊髓，其一经脊髓的前束下行，终止于前角；另一经侧束下行，止于侧角，A1、A2 还可能发出纤维投射到延髓迷走神经背核和孤束核。

（三）末梢分布

各去甲肾上腺素细胞群发出上行或下行纤维，分成许多大小分支，形成去甲肾上腺素末梢分布于各核团。研究表明，从髓质到嗅球，几乎所有脑区都包含去甲肾上腺素能轴突，除了纹状体、苍白球等区域有非常密集的多巴胺神经元轴突，这表明两种类型的儿茶酚胺神经元之间可能存在分工。现就各去甲肾上腺素细胞群神经末梢的分布情况大致归纳如下：

1. A1 神经元的末梢分布　用顺行放射自显像和化学染色法的研究表明，A1 神经元上行的投射主要通过外侧下丘脑到达终纹床核、内侧视前区以及下丘脑的几个核团，如背内侧核、背侧下丘脑区、室旁核、视上核和正中隆起。这些投射主要是同侧的。A1 神经元到脊髓的投射主要位于胸段椎体十字交叉的位置。这些投射支持 A1 神经元在心血管稳态调节、体液稳态调节和体温调节中的重要作用。

2. A2 神经元的末梢分布　A2 神经元投射到多个端脑区域，包括伏隔核、无名质、前外侧终纹床核（alBST）、杏仁核中央核，以及丘脑和下丘脑的穹窿下器官、视上核、内侧视前核、背内侧核、下丘脑外侧区、室旁核、弓状核、结节乳头核、丘脑中央核等。A2 细胞群对中脑、脑桥、延髓的投射包括中脑导水管周围灰质、后梯形核、红核后区（retrorubral field）、腹侧被盖区、柯利克-融合核（Kölliker-Fuse nucleus）、臂旁核、蓝斑核及 peri-LC 区域。另外，A2 对中脑、脑桥、髓质的网状结构、疑核（nucleus ambiguus）、迷走神经背侧运动核以及脊髓的背角和 X 层也有投射。这些证据提示，A2 神经元可能在进食、情绪、应激反应、情绪学习和成瘾等方面有调控作用。另外，A2 神经元在迷走神经背核复合体和延髓网状结构中局部投射到参与迷走神经对心血管和消化功能控制的孤束核神经元。

3. A5 神经元的末梢分布　研究表明，A5 神经元在杏仁核中央核、下丘脑穹窿周围区、中脑导水管周围灰质、臂旁区和孤束核有显著的投射，其他的 A5 投射包括丘脑室旁核、终纹床核。未定带、下丘脑外侧和背侧区可能也有 A5 的末梢分布。此外，A5 神经元可支配髓质腹外侧网状结构，其中包括孤束核、尾腹延髓、头腹外侧延髓、尾压区和后梯形核等。几乎所有由 A5 去甲肾上腺素能神经元支配的区域都参与心血管调节。此外，A5 区域接受的脊髓以上的中枢输入基本是心血管调节的核心，因此，A5 细胞群有可能对心血管调节系统产生重大影响。

A5 去甲肾上腺素能神经元主要通过脊髓外侧索，向身体同侧脊髓胸段的中外侧细胞柱，特别是交感神经节前神经元，提供最密集的神经支配，因此，A5 神经元对交感功能影响最大。有研究表明，A5 神经元为脊髓中间带外侧核（intermediolateral nucleus，IML）交感前节神经元提供主要的去甲肾上腺素能支配，它们就沿着胆碱能节前神经元的细胞体和近端树突分支并建立连接。另外，A5 向身体同侧颈段的深背角（Ⅳ～Ⅵ层）和中间区（Ⅶ层）也有投射；向腰段的投射较颈段和胸段更为分散和广泛。虽然在背角深区和中间区有较多的轴突，但在脊髓背角和腹角也有散在的轴突投射。A5 神经元对这些脊髓区域的神经支配为这些去甲肾上腺素能神经元参与调节心血管反射和脊髓内疼痛信息的传递提供了解剖学支持。

A5 去甲肾上腺素能神经元不仅具有心血管功能，而且在呼吸控制中发挥重要作用。A5 神经元与膈肌运动神经元突触相连，参与缺氧和高碳酸血症引起的呼吸反应。我们还证实了 A5 区、内侧臂旁核和柯利克-融合核参与了模糊核中喉运动神经元的活动，产生喉部收缩和增加声门下压力。最后，A5 去甲肾上腺素能神经元也参与由旁臂复合体的激活引起的心肺反应，旁臂复合体是脑干呼吸网络的重要组成部分，是平静呼吸所必需的。

4. 蓝斑复合体（A4、A6 和 A7）神经元的末梢分布　蓝斑核神经元可以广泛投射到身体同侧的端脑、间脑和脑干（中脑、脑桥和延髓）区域，是前脑去甲肾上腺素的主要来源。如在端脑区域，A6 神经元广泛支配身体同侧的所有大脑皮质、基底节的所有区域（中隔区、内视前区和无名质等）以及边缘系统的杏仁核和海马区域，并且 A6 为海马神经元提供去甲肾上腺素的唯一来源。

间脑区域，A6 支配靠近丘脑背侧的一些核团以及下丘脑腹外侧视前区、室旁核、视上核、外侧下丘脑 / 穹窿周围区域、结节漏斗部区域（tuberoinfundibular area）、弓状核等；在脑干区域，A6 神经元广泛的支配副交感神经节前核（Edinger-Westphal 核、唾液核和迷走核）、交感运动前核（premotor sympathetic nuclei）（喙部腹外侧延髓、尾端的中缝核、中缝背核、脑桥脚和外背侧盖核）、运动核（面神经核、舌下核、三叉神经运动核、动眼神经核复合体）以及感觉核（三叉神经感觉核、耳蜗核）。A6 神经元对小脑和脊髓也有广泛投射；A6 神经元轴突通过背侧和腹侧索到达脊髓灰质的所有部位（背角、腹角和中间外侧核），但在背角分布特别密集。A7 神经元对脊髓的投射也呈同侧优势，通过外侧索投射到脊髓的所有部分，但在腹角运动神经元的分布密度更大。投射到脊髓背角的 A7 神经元可能参与疼痛信号的调节。

其中，蓝斑核对扣带皮质、齿状回、杏仁核中央核有非常密集的投射；海马 CA3 区、梨状皮质区、小脑前叶和小脑小叶、屏状核、杏仁核其他部位和丘脑前腹侧核有中度投射；而大脑新皮质、小脑新皮质和海马 CA1 区有轻度投射。一些脑干的核团，除面神经核有轻度投射，而其他的则都有密集的投射。在脊髓的背角分布特别密集。蓝斑核在认知控制、行为灵活性、觉醒、情景记忆和情绪记忆的形成和提取、疼痛调节、应激反应、心血管调节、瞳孔光反射和一些交感神经和副交感神经功能等众多功能中起着关键作用。

二、肾上腺素能神经元的脑内分布

（一）胞体定位

肾上腺素能神经元的胞体主要位于延髓。肾上腺素能神经元因后来才被发现而被标记为 "C"，从尾部到喙部的 3 个细胞群分别称为：C1、C2 和 C3。C1（占全脑约 72% 的肾上腺素能神经元）位于下橄榄复合体的外侧，相当于喙部延髓腹外侧网状核，与 A1 相邻，前后跨度为斜方体后核的前端到网状外侧核的前 1/3 处；C2（占全脑约 13% 的肾上腺素能神经元）位于延髓背侧、第四脑室底的迷走神经背核、孤束核和舌下神经核处，与 A2 相连续；C3（占全脑约 15% 的肾上腺素能神经元）位于喙部背中侧延髓，胞体分散于内侧纵束之间，是在内侧纵束的一个延髓中线结构，从第四脑室腹侧表面到中缝核的尖端，前后跨度为从旁巨细胞背核（dorsal paragigantocellular nucleus）的尾端到舌下神经核的喙端之间（图 4-4-7）。

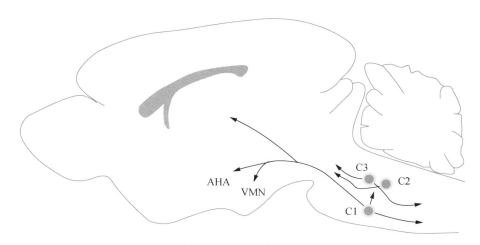

图 4-4-7　**大鼠脑内肾上腺素能神经元投射图**
AHA. 下丘脑前区（anterior hypothalamic area）；VMN. 腹内侧核（ventral medial nucleus）

（二）纤维投射

C1 ～ C3 细胞发出的纤维，经网状结构和被盖腹侧区，纵贯延脑、脑桥、中脑和下丘脑外侧区，与去甲肾上腺素能的腹侧束混合，经内侧前脑束上行，其纤维沿途支配迷走神经背核、孤束核、蓝斑的腹侧部、中脑导水管周围灰质腹侧部、丘脑的缰核、中线核、下丘脑背内侧核、室旁核、视前区、弓状核和正中隆起，部分纤维可达到杏仁核、伏隔核和隔区，另外 C1 ～ C3 细胞群还发出下行纤维至脊髓中间外侧核。

（三）末梢分布

C1 神经元主要投射至包括脑干的去甲肾上腺素能神经元细胞群（如 A1、A2、A5、A6 和 A7 细胞群）、5- 羟色胺能神经元密集的区域（如中缝背核、中缝苍白球）、迷走背核复合体（孤束核和迷走背运动核）。C1 神经元也支配胸段脊髓的 X 层和中外侧细胞柱以及众多参与调节交感神经系统、副交感神经系统和垂体的核团。C1 神经元对于前端的投射主要有侧臂旁核（PBN）、导水管周围灰质（PAG）、外侧下丘脑、下丘脑的室旁核（PVH）、背内侧核（DMH）、穿窿周围区以及弓状核、视上核、正中视前区、内侧视前核、内侧结节核和圆柱核等区域。C1 神经元也支配丘脑室旁核（PVT），它在应激反应中扮演重要角色。研究表明 C1 对端脑区域没有明显的投射。C1 细胞对压力反射有重要

贡献，由动脉压力感受器活动降低引起的低血压而导致的交感、呼吸和神经内分泌的反应属于压力反射。C1 所在的区域是脑干中控制静息和动脉压反射整合的关键区域，在调节吸气、调节交感神经活动和动脉压力中起关键作用，但它们不参与由外周或中枢化学感受器激活而引起的与呼气后期相关的交感神经活动的增强。

C3 神经元对于端脑的支配有前嗅核、中隔核、对角束核、终纹床核以及内侧杏仁核；C3 神经元投射到下丘脑的终板血管器、视交叉上核、弓状核、下丘脑外侧、穿窿周围区、内侧结节核、圆柱核、室旁核、室周核、背内侧核、视前内侧核、后交叉核、正中隆起和视上核以及丘脑区域的室周核（PVT）和菱形核；中脑和脑桥的导水管周围灰质、腹侧被盖区和中缝背核、A6、A7、柯利克-融合核和臂旁核以及延髓的迷走背核复合体（迷走运动背核、孤束核）、A1 和喙部的腹外侧延髓也接受 C3 神经元的纤维投射。脊髓颈段、胸段、腰段和骶骨的 X 层以及胸段的中间外侧细胞柱内都有非常密集的 C3 神经元投射。C1 和 C3 神经元都处于脑干心血管调控和低糖反应的神经网络之中。利用光遗传学的方式激活 C3 肾上腺素神经元可以诱导交感兴奋和心血管运动功能，C3 神经元诱导的心血管激活的作用小于 C1 神经元。大鼠中的糖皮质激素受体免疫反应的 C1、C2 和 C3 肾上腺素能神经元投射到下丘脑或脊髓，也提示了肾上腺素参与了心血管的调节。

第三节　肾上腺素受体

肾上腺素受体（adrenoceptors）是指与去甲肾上腺素或肾上腺素结合的受体的总称。因脑内去甲肾上腺素的含量比肾上腺素高出 50 ～ 100 倍，应用一般技术难以将两者区分。直到 1974 年以来，免疫组织化学和放射酶学等技术不断问世，证明灵长类脑内确实存在肾上腺素能神经元及其通路，这些神经元参与血压调节。由此，从理论上说，在肾上腺素能神经元支配及其形成的突触中，应有肾上腺素受体的存在。

依据药理学作用，最早将肾上腺素受体分为 α 与 β 两类，后来又进行了更精细的分类。近年来，特别是分子生物学技术在受体研究中的应用，新的

肾上腺素受体亚型不断发现。基因敲除小鼠的出现对肾上腺素受体亚型的功能提供了一些见解。总之，肾上腺素受体的分类和功能有待进一步验深入研究。

一、α 肾上腺素受体的分型与分子结构

（一）α 受体的分型

最早根据解剖学受体的定位将 α 肾上腺素受体（α adrenocepetors）分为突触后 α_1 受体和突触前 α_2 受体，后来发现突触后也有 α_2 受体。现在根

据受体对特异性激动剂或拮抗剂选择性的不同（表 4-4-4），将 α 受体分为 α_1 受体与 α_2 受体。对 α_1 受体的亚型近年来颇多争论，有 3 种 α_1 受体的亚型已被克隆，即 α_{1B}、α_{1C} 和 α_{1D}，但与药理学分类相对应的 α_{1A} 受体亚型尚未克隆。经多个实验室更为深入的研究以及国际药理学会上充分的讨论，证明 α_{1C} 克隆受体的药理特性以及在体内的分布均与药理学分类中的 α_{1A} 亚型相一致，因而在 1995 年经国际药理联合会公布，将 α 受体分为 α_{1A}、α_{1B} 和 α_{1D} 三种亚型。α_2 受体又分成 α_{2A}、α_{2B}、α_{2C} 三种亚型，均已被克隆。后来又报道了一种不同于上述的 α_2 亚型，建议称为 α_{2D} 亚型，还需进一步的证实。

α_1 受体在血管调节中起着重要的作用，另一方面也被证明可以影响心脏的结构和功能。据报道，α_{2A} 受体亚型介导了大部分 a_2 受体激动剂的药理功能，是介导 α_2 受体激动剂引起的镇痛、镇静、降压、低温和行为作用的主要亚型。此外，α_{2A} 受体可增强前额叶皮质的认知功能。刺激血管平滑肌中的 α_{2B} 受体导致血管收缩，此外，α_{2B} 亚型参与了一氧化氮的镇痛作用的调节。虽然 α_{2A} 受体是小鼠中枢神经系统大部分区域的主要亚型，但 α_{2C} 亚型也广泛分布于大脑。α_{2C} 受体在腹侧、背侧纹状体和海马 CA1 区大量表达。α_{2C} 受体已被证实可调节多巴胺能神经传递和各种行为反应，并诱导低温。

（二）α 受体的分子结构

为了解肾上腺素受体的化学本质，多年来应用各种方法进行提取和纯化，近年来又通过重组 DNA 技术，分别搞清了各种去甲肾上腺素受体的化学结构。α 受体的提取和纯化工作进展较 β 受体稍晚，用亲和层析法从平滑肌细胞中纯化得到了 α_1 受体的部分氨基酸序列，用它制备探针进一步得到了叙利亚仓鼠的 α_1 受体的一级结构，用人的血小板纯化的 α_2 受体的序列制备探针得到了其一级结构。迄今为止，应用重组 DNA 技术，已将 α_1 和 α_2 受体各种亚型进行克隆，其中组成 α_{1A}、α_{1B} 和 α_{1D} 受体的氨基酸数分别为 466（牛）、515（大鼠田鼠）和 560（大鼠），组成 α_{2A}、α_{2B} 和 α_{2C} 受体的氨基酸数分别为 450（人）、450（人）和 461（人）。进一步的研究发现它们与 M 胆碱受体一样，同属具有七次跨膜螺旋的受体（图 4-4-8），它们的功能均通过 G 蛋白的介导，称为 G 蛋白偶联受体。α_2 受体与 α_1 受体结构上的差别为，α_2 受体第三个胞内环更大，而羧基末端较短。

二、α 肾上腺素受体的脑内分布与信号通路

（一）α 受体的脑内分布

早年应用放射自显影技术直接显示了脑内去

表 4-4-4　α 受体激动剂和拮抗剂

激动剂		拮抗剂	
α_1 受体选择性：		**α_1 受体选择性：**	
苯肾上腺素（phenylephrine）	$\alpha_1 > \alpha_2$	酚苄明（phenoxybenzamine）	$\alpha_1 > \alpha_2$
甲氧胺（methoxamine）	$\alpha_1 > \alpha_2$	哌唑嗪（prazosin）	$\alpha_1 > \alpha_2$
st587	α_1	Corynanthine	α_1
α_2 受体选择性：		**α_2 受体选择性：**	
氯压啶（可乐宁，clonidine）	$\alpha_2 > \alpha_1$	妥拉唑啉（tolazoline）	$\alpha_2 > \alpha_1$
右美托咪啶（dexmedetomidine）	$\alpha_2 > \alpha_1$	育亨平（yohimbine）	α_2
guanfacine	$\alpha_2 > \alpha_1$	Rauwolscine	α_2
azepexole（B-HT933）	α_2		
B-HT920	α_2		
UK14303	α_2		
非选择性 α 受体：		**非选择性 α 受体：**	
去甲肾上腺素	$\alpha_1 + \alpha_2 + \beta_1$	酚妥拉明（phentolamine）	$\alpha_1 + \alpha_2$
肾上腺素	$\alpha_1 + \alpha_2 + \beta_1 + \beta_2$		

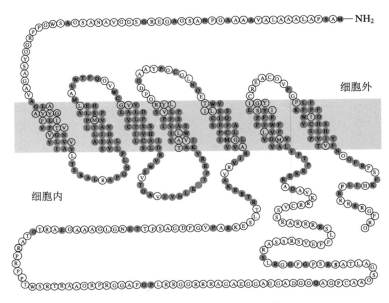

图 4-4-8　肾的 α_2 肾上腺素受体

实心圈内的氨基酸表示与血小板中 α_2 肾上腺素受体的氨基酸相同

甲肾上腺素受体的分布，但因放射配基的选择受到很大的限制，一是新的去甲肾上腺素受体亚型不断发现，而与其相应的配基常常缺乏；二是现有配基对受体亚型的特异性和选择性不高，曾经认为 ^{3}H-rauwolscine 对 α_{2C} 受体特异，但后来发现对 5-HT$_{1A}$ 受体也有结合，因此结果常随所用的药物而发生偏差。后来去甲肾上腺素受体各种亚型序列不断被阐明，因此可以用原位杂交技术来检测脑内各去甲肾上腺素受体亚型的 mRNA 水平和脑内分布，该方法为：取受检测受体亚型最特异的一段序列作为探针，在组织切片上进行原位杂交，从而得到该亚型 mRNA 在脑内分布的图像。优点是可以在细胞水平较为系统地观察各去甲肾上腺素受体亚型 mRNA 在脑内的分布，其选择性高，分辨力强，可弥补放射自显影的不足。缺点是只能得到该受体 mRNA 在神经元胞体的表达，由于只有少量的 mRNA 从胞体输向轴突和树突，因此难于检测分布在末梢的受体，而放射自显影技术则可检测胞体和末梢的受体分布，所以用两种技术所得的结果可能会有些差异。目前用受体某部分的特异性的多肽序列做成抗体，应用免疫组织化学技术也可检测在胞体和末梢的受体分布。

根据原位杂交技术所得的结果（表 4-4-5），发现各 α_1 受体亚型 mRNA 在中枢的分布：α_{1B} 受体 mRNA 密集分布在大脑皮质、丘脑、中缝核和松果体；α_{1D} 受体 mRNA 主要分布在嗅球、大脑皮质、海马、丘脑网状核、下橄榄复合体和脊髓。各 α_2

受体亚型 mRNA 在中枢的分布：α_{2A} 受体 mRNA 分布在大脑皮质第Ⅳ层、蓝斑、下丘脑、孤束核、延髓、脊髓背角和中间外侧柱；α_{2B} 受体 mRNA 主要分布在丘脑、下丘脑；α_{2C} 受体 mRNA 主要分布在嗅球、大脑皮质、小脑皮质、海马、纹状体、背根神经节和交感神经节。

（二）α 受体的信号通路

α 肾上腺素受体为 G 蛋白偶联受体超家族成员。激活 α 肾上腺素受体，通常需通过 G 蛋白（guanine nucleotide regulatory protein）的介导，通过与第二信使偶联，然后产生一系列的信号转导和生理效应。与 α 肾上腺素受体有关的第二信使系统主要为腺苷酸环化酶（adenylate cyclase，AC）系统和磷脂酰肌醇（phosphotidyl inositol，PI）系统（图 4-4-9），腺苷酸环化酶系统由三部分组成，即受体、G 蛋白和腺苷酸环化酶，它们都位于细胞膜上。激活 α_2 受体（包括 α_{2A}、α_{2B}、α_{2C}），通过抑制性 G 蛋白（$G_{i/o}$）的介导，抑制腺苷酸环化酶（cAMP）活力，使腺苷酸环化酶减少，从而产生生理效应。另一方面，激活 α_1 受体（包括 α_{1A}、α_{1B}、α_{1D}），通过兴奋性 G 蛋白（G_x 或 G_o）的介导，导致磷脂酰肌醇的水解，产生重要的化学信使物质三磷酸肌醇（IP$_3$）和二脂肪酰甘油酯（DAG）等。三磷酸肌醇可使细胞内非线粒体钙库释放钙，钙又直接或间接地调控细胞功能，二脂肪酰甘油酯可激活蛋白酶 C（PKC），从而调控细胞的功能，产生受体的生理

表 4-4-5　大鼠中枢神经系统内各肾上腺素受体 mRNA 的分布

结构	肾上腺素受体 mRNA						
	α1B	α1D	α2A	α2B	α2C	β1	β2
嗅球	+	+++	+（−）	（−）	+++	+（−）	++
大脑皮质	+++	++	++	（−）	++	++	++
海马	（−）	+++	+（−）	（−）	+++	+（−）	+
纹状体	（−）	（−）	（−）	（−）	+++	（−）	（−）
丘脑	+++	+（−）	+（−）	+	+	+	+
下丘脑	+	（−）	++	（−）	+	（−）	+
中缝背核	+++	（−）	（−）	（−）	（−）	（−）	（−）
松果体	+++	+（−）	（−）	（−）	（−）	+++	+
小脑皮质	++	+	+++	++	++	+（−）	+（−）
蓝斑	（−）	（−）	+++	（−）	（−）	（−）	（−）
延脑	++	（−）	++	（−）	（−）	（−）	（−）
孤束核	（−）	（−）	++	（−）	（−）	（−）	（−）
下橄榄核复合体	（−）	+++	（−）	（−）	（−）	（−）	（−）
脊髓	++	++	++	（−）	+	+（−）	+
脊髓中间外侧柱	+	（−）	+++	（−）	（−）	（−）	（−）
背根神经节	（−）	（−）	+	（−）	+++	（−）	（−）
交感神经节	+（−）	+（−）	（−）	（−）	+++	+	（−）

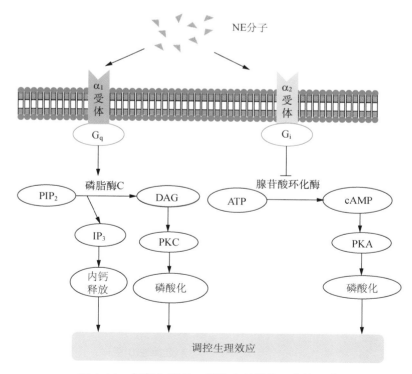

图 4-4-9　与肾上腺素 α 受体有关的第二信使系统

NE. 去甲肾上腺素；Gq. 兴奋性 G 蛋白；Gi. 抑制性 G 蛋白；PIP2. 磷脂酰肌醇二磷酸；IP3. 三磷酸肌醇；DAG. 二脂肪酰甘油酯；PKC. 蛋白激酶 C；ATP. 三磷腺苷；PKA. 蛋白激酶 A

效应。

α 肾上腺素受体和其他受体一样，根据生理变化而有所增减，用利血平等药物造成神经元的去甲肾上腺素耗竭，使 α_1 受体的结合力升高。

三、β 肾上腺素受体的分型与分子结构

（一）β 受体的分型

依据不同药理学特性和发挥的生理功能，可以将 β 受体分为 β_1 受体、β_2 受体和 β_3 受体。β_1 受体和 β_2 受体的激动剂和拮抗剂见表 4-4-6。β_3 受体的药理学特性与前两种受体不同，受到激活后可引起机体非寒战性的生热作用，并与遗传性的肥胖、脂代谢的控制和糖尿病的发展有关。β_1 受体基因敲除小鼠心血管反应异常；β_2 受体基因敲除小鼠在激动剂处理后瘦素（leptin）和胰岛素浓度异常。

（二）β 受体的分子结构

迄今为止，三种 β 受体均已被克隆。β_1 受体和 β_2 受体的纯化较早，在 80 年代初，Venter 等应用单克隆抗体免疫亲和层析和 SDS 聚丙烯酰胺凝胶电泳等技术，从火鸡红细胞膜中纯化了 β_1 受体，接着又从人肺中纯化了 β_2 受体，分别得到了 β_1 和 β_2 受体蛋白。近年来通过重组 DNA 技术进一步搞清了各种 β 受体亚型的氨基酸顺序，β_1 受体分别由 477（人）和 466（大鼠）个氨基酸组成，β_2 受体分别由 413（人）和 418（大鼠）个氨基酸组成。新近发现的 β3 受体由 402（人）或 388（小鼠）个氨基酸组成。这三种受体的结构非常相似，在细胞膜上的拓扑图也完全相同，有 7 次跨膜结构，同属 G 蛋白偶联受体超家族受体，不但有相同的结构，其作用特点也类同，即它们的作用都通过 G 蛋白的介导。

这类受体的氨基端较短，面向细胞外，上面有两个加糖基的部位；而羧端较长，伸入细胞内，这里有着丰富的丝氨酸和苏氨酸，可能是进行磷酸化的部位。其与配基结合的部位，主要与受体的跨膜片段有关，删除 β_2 受体的细胞外环或细胞内环各片段，对配体结合并无影响，但当删除跨膜片段中的氨基酸时，则见配体结合力明显减弱，改变 β_2 受体第 II、III 或 IV 跨膜区中若干高度保守的氨基酸之一时，配基结合性质也发生变化。与 G 蛋白结合的部位，与连接 V～VI 跨膜片段的第三胞内环有关。此外，细胞内羧基末端的近端也参与 G 蛋白的偶联。2007 年人类 β_2 肾上腺素受体的晶体结构得到解析，这将推动特异性激动剂和拮抗剂的筛选。近年来在人体发现了一些肾上腺素 β_1 受体的变异体（polymorphic variation），占了总量的 5% 以上，如 β_1 受体的第 49 位丝氨酸被甘氨酸代替，第 389 位的精氨酸被甘氨酸代替，这些变异体在介导其配体的作用和对其拮抗剂的药理作用上都存在着较大的差别，对机体发生心血管疾病的危险性也有贡献。

表 4-4-6　β 肾上腺素受体激动剂和拮抗剂

激动剂		拮抗剂	
β_1 受体选择性：	$\beta_1 > \beta_2$	**β_1 受体选择性：**	$\beta_1 > \beta_2$
多巴酚丁胺（dobutamine）		心得宁（practolol）	
他佐洛尔（tazolol）		阿替洛尔（atenolol）	
奈必洛尔（nebivolol）		美托洛尔（metoprolol）	
β_2 受体选择性：	$\beta_2 > \beta_1$	**β_2 受体选择性：**	$\beta_2 > \beta_1$
特布他林（terbutalin）		布托沙明（butoxamine）	
沙丁胺醇（albuterol, sulbutamol）		IPS 329	
奥西那林（metaproterenol）			
非选择性 β 受体：		**非选择性 β 受体：**	$\beta_1 + \beta_2$
去甲肾上腺素	$\alpha_1 + \alpha_2 + \beta_1$	心得安（propranolol）	
异丙肾上腺素（isoprenaline）	$\beta > \alpha$	心得平（oxoprenolol）	
		心得静（pindolol）	

四、β 肾上腺素受体的脑内分布与信号通路

（一）β 受体的脑内分布

各 β 受体亚型 mRNA 在中枢的分布（见表 4-4-5）：β₁ 受体 mRNA 主要分布于大脑皮质、松果体、脊髓和交感神经节。β₂ 受体 mRNA 主要分布于嗅球、梨状皮质、海马、小脑皮质和脊髓，颈上神经节和背根神经节也有分布。关于 β₃ 受体，根据免疫组织化学等研究的结果发现，β₃ 受体主要分布在周围组织，如脂肪胆囊和结肠等。用放射自显影的方法研究 β₁ 和 β₂ 受体的相对比率，发现 β₁ 受体主要分布在小脑以外的部位，β₂ 受体在全体脑部位有同等程度的分布，因此 β 受体在脑内分布的差异可能主要由 β₁ 受体的分布多少决定。

（二）β 受体的信号通路

激活 β 受体（包括 β₁、β₂、β₃），通过 Gs 的介导，使腺苷酸环化酶活力增加，cAMP 产生增加，使细胞内的一些酶及蛋白磷酸化能显著增强酶的活性，从而产生生理效应。此外，cAMP 依赖的受体磷酸化对激动剂引起的受体本身的回收和失敏都是重要的，目前也发现了非 cAMP 依赖的受体磷酸化。

（三）β 受体的调控

β 肾上腺素受体调节是在生理和病理条件下研究最多的一种受体。对该受体的调节分为同系调节和异系调节两大类。同系调节是指受体受到自身的激动剂激动所引起的调节作用，常在较短时间内发生，目前主要在 β₂ 受体中发现，当受体受到激动剂激动时，在数分钟内受体被 β 受体激酶磷酸化，促进 β-arrestin 与受体的结合，受体与 G 蛋白解离终止下游信号，同时发生受体内吞进入细胞内，然后再循环到膜表面，此时通常没有新蛋白质的合成。异系调节是指除了受体自身激动剂以外的其他物质对受体的调节作用，需要较长时间，甾类激素甲状腺激素和抗抑郁药物对该类受体的调节就属于这类调节，一般都伴随着蛋白质合成的改变，甾类化合物中的氢化可的松可增加异丙肾上腺素对心肌的影响，甲状腺素功能亢进时 β 受体的数量和对激动剂的亲和性都提高，缓慢给予抗抑郁药后 β 受体数量减少。

第四节　肾上腺素受体的生理功能

一、心血管调节

脑内去甲肾上腺素的降压作用主要与 α₂ 受体的活动有关，而心率减慢作用则可能与 α₁ 受体有关。给猫椎动脉注入苯丙胺使脑内儿茶酚胺释放增加，引起血压明显降低，这种降压作用可为 α₂ 受体拮抗剂育亨宾（yohimbine）或哌嗪氧烷（piperoxane）所抑制；脑内注入 α₂ 受体激动剂氯压啶（clonidine）引起血压降低，这些结果充分说明脑内去甲肾上腺素的降压作用与 α₂ 受体有关。自发性高血压大鼠（spontaneous hypertensive rat，SHR）的实验中观察到，氯压啶的降压作用为纳洛酮所阻断，并能使这种大鼠的离体脑片释放 β-内啡肽，在正常大鼠则无此现象。最近发现大鼠脑室内注入 β-内啡肽抗体或强啡肽抗体也可对抗脑室注入去甲肾上腺素的降压效应，提示激活 α₂ 受体引起降压的机制中可能有内阿片肽（β-内啡肽和强啡肽）的参与。

脑内 β 受体参与去甲肾上腺素的升压作用。将微量去甲肾上腺素注入动物下丘脑的后区则可引起血压升高，电刺激下丘脑后区可见下丘脑去甲肾上腺素释放增加，同时血压也升高，这提示参与去甲肾上腺素升压作用的中枢神经系统结构可能为下丘脑的后区，并通过 β 受体来实现。

激活脊髓 α 受体使血压降低和心率减慢。于大鼠脊髓蛛网膜下腔注射去甲肾上腺素或 α₂ 受体激动剂氯压啶，引起血压降低、心率减慢及腹腔神经节后交感神经放电的抑制，α₁ 受体拮抗剂哌唑嗪（prazosin）和 α₂ 受体拮抗剂育亨宾可防止上述效应，而 β 受体拮抗剂心得安则不能，说明去甲肾上腺素通过激活脊髓中的 α₁ 和 α₂ 受体，使交感神经张力降低，从而使血压降低和心率减慢。于脊髓蛛网膜下腔注射 α₂ 受体激动剂氯压啶的研究结果显示，注射氯压啶后，脊髓释出的强啡肽比注射前增加 4 倍以上。强啡肽可导致降压，因而脊髓 α 受体激动而引起的降压作用可能有强啡肽的参与。

由于缺乏足够的亚型选择性配体，对这些受

体亚型的具体生物学功能了解很少。单个受体亚型编码基因缺失的基因靶向小鼠为肾上腺素受体的生理意义多样性增加了重要的新见解，如缺乏 α_{1A} 或 α_{1D} 受体的小鼠在正常静息条件下血压较低，但 α_{1B} 受体基因缺失对基础血压没有影响。应用 α_1 型受体激动剂的药理学研究表明，3 种受体（α_{1A}、α_{1B} 或 α_{1D}）分别敲除的小鼠中去甲肾上腺素引起的急性压力反应都弱很多，表明 α_{1A}、α_{1B} 和 α_{1D} 受体都有助于血管张力的调节。而两种 α_2 受体亚型控制的血压反应呈相互拮抗趋势，例如，α_{2A} 受体降低交感流出和血压，而 α_{2B} 亚型则升高血压。

在对心血管功能的调节中，肾上腺素能神经元可能比去甲肾上腺素能神经元起着更为重要的作用，如孤束核内微量注入去甲肾上腺素或肾上腺素，均可引起降压作用，但肾上腺素的作用大于去甲肾上腺素。从 SHR 的实验中还发现，肾上腺素参与 SHR 的发病，出生 4 ~ 6 周的 SHR 中，延髓孤束核附近肾上腺素的更新已明显降低，并伴有外周交感神经活动增强和血压升高，表明幼年的 SHR 中该部位肾上腺素能神经元的功能就有缺损，以致减压反射减弱、血压升高。这种肾上腺素能神经元功能的缺损被认为是 SHR 遗传性高血压的病因。

二、体温调控

哺乳类动物下丘脑部位存在着体温调节中枢，而这个部位含有丰富的单胺类神经末梢。给猫和狗等的脑室注入去甲肾上腺素或肾上腺素，均可使动物体温降低 0.5℃ ~ 2.0℃，同时伴有外周血管舒张，其作用部位可能在下丘脑的前区和视前区，因微量去甲肾上腺素注入此区可引起体温降低，而注入其他部位则不引起体温的变化。去甲肾上腺素可能是作用于下丘脑的 α 受体而影响体温，因为如事先注入 α 受体拮抗剂，再从脑室注入去甲肾上腺素便不能引起体温的降低，反而有轻度的升高；注入 β 受体拮抗剂则无效应。脑室内注射去甲肾上腺素引起体温变化有明显的种属差异。例如：与猫、狗相反，给羊、兔和大鼠的脑室内注入去甲肾上腺素可引起体温的升高，α 受体拮抗剂也可阻断其升温作用，可见这种升温作用也是通过 α 受体而实现的。

三、进食调控

存在于下丘脑与摄食有关的结构统称为摄食中枢，下丘脑外侧区（lateral hypothalamic area）与动物饥饿和摄食有关，破坏下丘脑外侧区，动物拒食、消瘦甚至饥饿而死。相反，下丘脑腹内侧核（ventromedial nucleus of hypothalamus）与动物饱食而停止摄食有关，损毁下丘脑腹内侧核，动物不停地摄食，不知饱足，因此有人称下丘脑外侧区为"饿中枢"，下丘脑腹内侧核为"饱中枢"，两者在功能上相互拮抗，调节着动物的摄食活动。

20 世纪 60 年代初，在动物实验中通过埋藏瘘管将去甲肾上腺素晶粒（1 ~ 5 μg）置于下丘脑外侧区附近，经 5 ~ 8 min 的潜伏期，动物开始摄食，作用维持 20 ~ 40 min。肾上腺素也有增加摄食的作用，但不如去甲肾上腺素明显，而放置异丙基肾上腺素则可使动物摄食减少。目前多数研究认为，在下丘脑外侧区放置去甲肾上腺素增加动物摄食的作用是通过 α 受体实现，因为从瘘管中预先放置 α 受体拮抗剂酚妥拉明（phentolamine）或酚苄明（phenoxybenzamine），均可对抗去甲肾上腺素的摄食作用，而使用 β 受体拮抗剂心得安（propranolol）则对去甲肾上腺素的摄食作用无明显影响。但有些研究认为，在下丘脑外侧区附近放置去甲肾上腺素引起的摄食增加，并不是由于去甲肾上腺素直接激活了下丘脑外侧区的 α 受体，而是作用于下丘脑腹内侧核的 α 受体，从而抑制了下丘脑腹内侧核功能活动的结果，放置异丙基肾上腺素抑制摄食则是作用于下丘脑外侧区的 β 受体，抑制了下丘脑外侧区活动的结果。

四、感觉信号处理

（一）痛觉调控作用

脑室注射去甲肾上腺素可拮抗吗啡镇痛，用 6-OHDA 损毁大鼠去甲肾上腺素上行背束或腹束纤维，均可增强并延长吗啡镇痛，说明脑内去甲肾上腺素能神经元有拮抗吗啡镇痛的作用。小鼠脑室内注射 α 受体拮抗剂酚妥拉明可加强吗啡镇痛，而 β 受体拮抗剂心得安则对吗啡镇痛未见明显影响。对 α 受体的作用做进一步分析，发现 α_1 受体拮抗剂酚苄明可使吗啡镇痛的 ED_{50} 显著降低，即增强了吗啡镇痛，而 α_2 受体拮抗剂对吗啡镇痛无明显影响。说明脑内去甲肾上腺素主要通过 α_1 受体的作用拮抗吗啡镇痛。

Yaksh 等将去甲肾上腺素注入大鼠脊髓蛛网膜下腔产生镇痛作用，且呈量效关系。脊髓内去甲肾上腺素也可加强吗啡镇痛。证据有：①大鼠吗啡镇痛时发现：去甲肾上腺素的代谢产物去甲变肾上腺素（normetanephrine，NM）在脊髓的背侧增加，腹侧不增加。已知脊髓背侧存在痛觉传导通路背外侧束，脑内去甲肾上腺素下行纤维经背外侧束下行达脊髓背角，提示吗啡镇痛时去甲肾上腺素下行系统的功能极为活跃；②吗啡使脊髓 NM 增加的作用可为阿片受体拮抗剂纳洛酮（1 mg/kg）所拮抗，说明这种作用通过阿片受体而起作用；③高位脑干横断，该作用仍存在，而在颈 1 处横断脊髓则该作用消失，提示作用部位在脑干下部。下脑干为脊髓去甲肾上腺素能纤维发源之处，该处有 A1、A2、A5 和 A7 等细胞群发出下行纤维至脊髓。吗啡激活了位于下脑干的去甲肾上腺素下行系统，使去甲肾上腺素释放增加，加强镇痛。吗啡激活去甲肾上腺素下行系统成为吗啡镇痛中的主要环节之一。吗啡镇痛的下行抑制系统除有去甲肾上腺素参与外，还有 5- 羟色胺和内阿片肽系统的参与。

在周围神经切断和损伤时，初级感觉神经元中部分肾上腺素受体亚型的 mRNA 水平发生明显变化。在大鼠坐骨神经切断模型中，肾上腺素受体 α_{2A}、α_{1B}、α_{2D} 和 β_2 的 mRNA 水平显著上调，同时在背根神经节神经元中，去甲肾上腺素显著增强三磷腺苷（adenosinetriphosphate，ATP）诱发的电流，因此推测这些受体的变化可能在神经损伤引起痛的产生和发展中起作用。临床上发生的灼性神经痛也与肾上腺素受体有关，外周脚掌给予肾上腺素引起痛觉过敏，应用 β_2 受体拮抗剂可以明显削弱肾上腺素引起的痛觉过敏，表明外周的肾上腺素主要通过 β_2 受体致痛。肾上腺素作用于周围神经，可以通过蛋白激酶 A（PKA）和蛋白激酶 C（PKCε）信号通路增强河豚毒素（tetrodotoxin）不敏感的钠离子通道的电流，提示钠离子通道在肾上腺素外周致痛中起重要作用。肾上腺素引起痛觉过敏有性别特异性，其中在雄性大鼠上可导致较强的痛觉过敏，说明性激素对肾上腺素引起的痛觉过敏有调节作用。

（二）其他感觉信号处理

许多对完整动物的研究表明，局部应用或增加突触释放去甲肾上腺素也可以增强个体神经元和神经网络对其他感觉输入的反应。最早在清醒的动物（大鼠、松鼠和猴）身上使用单元记录系统的研究发现，蓝斑核神经元对听觉、视觉和触觉刺激的反应均呈放电活动的显著增加。脑干蓝斑去甲肾上腺素系统的输出可以改变与任务相关的感觉信号处理，从而影响目标导向的行为反应。如：在训练对奇怪的视觉刺激做出反应的猕猴中，发现目标刺激可以驱动强大的相位放电，而非目标刺激则不会产生变化。相位放电反应是根据刺激的期望值和产生动作所需要的努力来衡量的。进一步的分析表明，相对于刺激，这种相性反应与动作更一致。去甲肾上腺素与调控内脏、体感、嗅觉、听觉、视觉等感觉信号的脑区有广泛的相互作用，但去甲肾上腺素系统是如何处理这些信号以及何时影响下游决策、运动反应和最终的行为结果是后面需要继续深入研究的重要内容。

五、觉醒状态维持

在动物实验中，注入苯丙胺加强中枢神经系统的儿茶酚胺活动时，可观察到一般活动、激醒和防御反射加强等行为表现，而用药物阻断去甲肾上腺素的作用时，则往往观察到动物一般活动减少，提示儿茶酚胺的中枢作用以兴奋为主，表现在脑电和行为两个方面。从去甲肾上腺素脑内通路可知，上行背束分布到广大皮质与海马区域，电刺激上行背束引起脑电低幅快波，损毁此束则慢波睡眠增加。在酚苄明和酚妥拉明等 α 受体拮抗剂的作用下，脑电也出现高幅慢波，这些事实提示去甲肾上腺素上行背束与紧张性激醒作用有关，即有助于中枢神经系统维持觉醒状态。但损毁此束后给予较强的感觉刺激仍能引起脑电激醒，后者称为位相激醒，似与去甲肾上腺素无关。

最近的研究证明，蓝斑核去甲肾上腺素能系统具有强大的唤醒促进作用。蓝斑核去甲肾上腺素增强觉醒部分是通过位于皮质下包括中隔区和内视前区等多个结构的 β 和 α_1 受体介导。解剖学研究表明，去甲肾上腺素的增强唤醒作用不仅局限于蓝斑核，还可能包括 A1 和 A2 去甲肾上腺素能细胞群。因此，调节觉醒状态的去甲肾上腺素能系统涉及多个去甲肾上腺素能核团与多个皮质下区域的作用。药理研究表明，这些系统的联合作用对于持续维持与自发清醒相关的唤醒水平是必要的。而去甲肾上腺素能神经传递的失调可能是导致包括失眠和压力相关的各种行为障碍的原因之一。

六、运动功能调控

帕金森病（Parkinson's disease，PD）被认为是一种黑质多巴胺能细胞死亡导致的疾病。然而，最近的证据表明，蓝斑核去甲肾上腺素系统损伤也是这种疾病的关键组成部分。在 PD 中，蓝斑核细胞丢失发生在整个核内，并延伸到蓝斑核周围、蓝斑下区域，其余的神经元表现出明显的萎缩和表型的改变。应用选择性破坏多巴胺细胞的药物 1-甲基 4-苯基 1,2,3,6-四氢吡啶（1-methyl 4-phenyl 1,2,3,6-tetrahydro pyridine，MPTP）导致黑质纹状体系统多巴胺大量丢失，但通常不会导致严重的运动症状。而 MPTP 联合蓝斑核的药物损毁，则就出现了 PD 的典型运动症状。此外，在 PARK2 基因突变的 PD 小鼠模型中，蓝斑核细胞丢失，而黑质纹状体系统不受影响。在 PD 的动物模型中的研究表明，蓝斑核的去甲肾上腺素能信号对黑质多巴胺能细胞可能起到了一定的保护作用，如：缺乏去甲肾上腺素转运体基因的小鼠则对 MPTP 毒性有部分缓解，提示细胞外去甲肾上腺素可能对多巴胺细胞死亡有保护作用。临床的一项研究证实 PD 患者黑质多巴胺能细胞死亡，并观察到蓝斑核细胞大量丢失。值得注意的是，到前脑的蓝斑核上行环路投射并不是 PD 的唯一原因，因为下行到脊髓的蓝斑核投射在僵硬中起关键作用。蓝斑对运动皮质和脊髓的投射可为理解帕金森病广泛的症状提供重要的见解。

另有研究表明，β_2 受体敲除并没有改变基础运动，但却显著增加了急性服用可卡因引起的运动活动，以及 α_{1B} 受体亚型敲除小鼠由 D-安非他明、可卡因或吗啡诱导的运动亢进较野生型小鼠显著减少。此外，在 α_{1B} 受体缺陷小鼠中，由安非他明、可卡因或吗啡引起的行为敏感也显著减少了。

七、情感行为调控

临床上，阻断去甲肾上腺素重摄取的药物经常被用于焦虑症、抑郁症等精神疾病的治疗，这表明去甲肾上腺素系统参与了这些情感行为的调控。一些来自临床的病理证据表明，去甲肾上腺素能系统与情感行为关系密切，如双相障碍患者躁狂状态下，脑脊液中去甲肾上腺素及其代谢产物的浓度明显升高。相反，去甲肾上腺素浓度在抑郁症患者中下调，并与双相障碍患者的情绪转变相关。尸检的结果显示肾上腺素受体（β 类、α_2 类和 α_1 类）在

抗抑郁药物治疗后也发生显著变化。其中，α_1 受体及其信号通路还是许多精神活性物质的重要靶点，包括抗抑郁药物。Doze 等最近的一项研究表明，长期使用去甲肾上腺素相关抗抑郁药物或电惊厥休克后，α_{1A} 受体的表达增加可能介导了这些疗法的抗抑郁效果。已有报道丙咪嗪和其他三环类抗抑郁药（tricyclic antidepressants，TCA）治疗能增加小鼠和大鼠不同脑区 α_1 受体密度。电休克（electric shock，ECS）治疗可增加大鼠大脑皮质和海马的 α_{1A} 受体（而非 α_{1B} 受体）mRNA 水平和受体密度，提示 α_{1A} 受体在抗抑郁中的特异性参与作用。然而，α_1 受体亚型介导抗抑郁作用的具体机制仍有待研究。

小鼠中的研究表明大脑中 α_1 肾上腺素能神经传递受损确实与抑郁症症状有关，中枢神经 α_1 受体阻断可以诱导抑郁症相关行为。利用慢性轻度应激（chronic mild stress，CMS）抑郁症模型进行的研究表明，α_{1B} 受体信号可能参与了动物的抑郁行为的发生，CMS 造模 3 周后，大鼠海马 α_{1B} 受体 mRNA 表达增加，但其他两种 α_1 受体亚型没有改变。但转基因小鼠中的研究表明，α_{1A} 受体活性突变形式的小鼠（而非 α_{1B} 受体活性突变的小鼠）显示了抗抑郁的表型。β_2 受体的缺失也可抑制抑郁样行为。

蓝斑核在去甲肾上腺素介导的情感类行为中发挥非常重要的作用。多种速效抗抑郁药可抑制蓝斑去甲肾上腺素能神经元的活动。研究表明，蓝斑核与 PD 早期的非运动症状（如抑郁和焦虑）有关。神经黑色素（neuromelanin）是 PD 神经退行性病变的一个有用的生物标志物，它是多巴胺和去甲肾上腺素合成的副产品，可以通过 MRI 获得。伴抑郁症状的 PD 患者中蓝斑核神经元的丢失会加剧。在小鼠中的研究也表明，蓝斑核去肾上腺素能神经元的异常激活可导致脑脊液中去甲肾上腺素水平和多巴胺水平的显著上升，进而导致小鼠表现出躁狂样的行为学表型。我们观察到的蓝斑核和抑郁之间的一个联系是压力发作会加重抑郁症状。这可能是由于应激诱导的促肾上腺皮质激素释放激素系统和蓝斑核之间的相互作用，因为促肾上腺皮质激素释放因子（可能从杏仁核释放）在抑郁症患者的蓝斑核中增加。在创伤后应激障碍中，50% 的患者会发展为抑郁症，这一观察结果加强了压力和抑郁之间的联系。

其他疾病，如慢性神经性疼痛，也可诱发抑郁

症，这也与去甲肾上腺素能损害相关。在疼痛相关的焦虑中，促肾上腺皮质激素释放激素诱导细胞外信号调节激酶信号的激活，从而上调蓝斑核的功能。

许多研究表明，焦虑症患者的焦虑与肾上腺素受体功能密切相关。在正常人群中，肾上腺素受体的敏感性随着焦虑水平的升高而增加。从临床患者中间接测量去甲肾上腺素功能得到焦虑症患者去甲肾上腺素功能障碍的证据。基因敲除小鼠的研究也表明，β 受体缺失增加了焦虑或先天恐惧的水平。重复的社交失败导致的类似焦虑的行为和增强的小神经胶质的反应依赖于 β 肾上腺素受体。最近的一项关于广泛性焦虑症（generalized anxiety disorder，GAD）遗传易感性的研究评估了肾上腺素受体基因变异与 GAD 的关系，为肾上腺素能神经系统在该疾病中的关键作用提供了支持。众所周知，压力会增加蓝斑核神经元的放电，进而引起觉醒，并会导致焦虑和厌恶。另外，去甲肾上腺素受体还与其他精神疾病密切相关，如精神分裂症患者海马区 β1 肾上腺素受体结合发生改变，为中枢去甲肾上腺素能神经元在精神分裂症神经病理中的作用提供了进一步的证据。

八、认知行为调控

蓝斑核去甲肾上腺素系统对认知行为具有深远的影响。蓝斑核损伤或靶向特异性药物的操纵均可导致学习方面的严重缺陷。损伤的动物需要更长的时间才能学会沿着跑道跑以获得食物奖励，并且根据任务条件和操控细节的不同，蓝斑核去甲肾上腺素可以影响记忆加工的不同阶段。现在认为，蓝斑核至少有两种放电模式对行为表现有影响：背景滋补模式（tonic mode）和短时程的相位模式（phasic mode）。关于蓝斑核和行为表现之间关系的第一个线索来自灵长类动物的研究，该研究发现，低频率的滋补活动与任务逃避和困倦相关；而高频率的滋补活动/低频率相位放电也与任务脱离相关，尽管猴子在这种情况下会分散注意力。处于中间的一个最有效点，即低频率的滋补活动和高频率的相位放电与良好的任务投入有关。这些放电模式引起不同的去甲肾上腺素释放谱和不同的下游环路调制。

新皮质和基底前脑受到蓝斑浓密的去甲肾上腺素能神经支配，兴奋性去甲肾上腺素能 α1 和 β 受体在兴奋性神经元中广泛表达，抑制 α2 受体在 GABA 能神经元中表达，允许蓝斑去甲肾上腺素对这些区域施加兴奋性影响，进而通过调节皮质兴奋性影响认知行为，如前额叶皮质（prefrontal cortex，PFC）在目标导向性行为的认知和行为过程中发挥重要作用，而 PFC 中的去甲肾上腺素信号是前额叶认知的重要调控因子。PFC 依赖性认知的去甲肾上腺素能调节是复杂的，其浓度和受体特异性的作用可能依赖于神经元的活动状态，如 PFC 中，高亲和性的突触后 α2 受体，在中等觉醒水平下中等程度的去甲肾上腺素释放中被激活，促进工作记忆。相比之下，低亲和力的 α1 受体在高唤醒条件（如应激）下的高释放率状态下活动，导致损害工作记忆表现，同时促进注意力灵活性。这些观察表明，PFC 中的 α2 和 α1 受体调控不同的认知过程。虽然 α2B 肾上腺素受体似乎在大脑中只起很小的作用，但前额叶皮质突触后 α2A 肾上腺素受体的激活可以改善认知功能。

去甲肾上腺素在学习和记忆中的作用被认为部分依赖于杏仁核和海马。众所周知，杏仁核可以调节恐惧和焦虑反应，它包含所有主要的去甲肾上腺素受体类型；而这些受体的表达都与情感记忆的形成和提取有关，如阻断杏仁核基底外侧核（basolateral amygdala，BLA）的 β1 肾上腺素受体对情境性和听觉条件性恐惧记忆的反应有不同程度的影响。海马-前额叶通路参与各种认知功能。BLA 中去甲肾上腺素通过 α2 和 β 肾上腺素受体影响海马-前额叶突触可塑性。蓝斑核是海马中去甲肾上腺素的唯一来源，所有主要的肾上腺素受体类型在此都有报道。蓝斑-海马通路对记忆的形成、巩固和提取至关重要。海马 β 肾上腺素受体的存在以及 β 肾上腺素受体在突触可塑性和学习记忆功能调节中的重要性已得到充分证明。海马 CA1 区中的 β 肾上腺素受体参与记忆巩固的调节。在情境性恐惧条件作用下，CA3 区 β1 肾上腺素受体表达显著增加，而 β2 肾上腺素受体表达未发生变化。但将 β1 或 β2 受体拮抗剂或重组慢病毒 RNAi 载体局部注入 CA3 区均可损害长期情境性恐惧记忆和水迷宫空间记忆。海马齿状回（dentate gyrus，DG）区域细胞外去甲肾上腺素浓度在主动回避行为习得过程中显著升高，消退训练后逐渐恢复到基线水平。局部注射 α1 受体的拮抗剂哌唑嗪可显著加速主动回避行为的习得，而局部注射 α1 受体激动剂苯肾上腺素则可延缓主动回避行为的习得。这些结果表明，大鼠海马 DG 区 α1 肾上腺素受体抑制主动回避学习。在水迷宫中，α1B 受体缺陷的小鼠无法习得空间任务。

　　另外，去甲肾上腺素系统还广泛的投射到听觉、视觉、嗅觉等皮质区域，也调控着感觉相关的认知功能，如在听觉皮质，β 肾上腺素信号对复杂声音的辨别学习具有任务相关的重要性，β 肾上腺素受体激活支持长期记忆巩固和再巩固。此外，β₁ 肾上腺素受体的滋补型输入可能对调控记忆的获取有重要作用。β_1 肾上腺素受体拮抗剂和 β_1 肾上腺素受体激动剂分别延缓和促进声波的辨别学习，而 β_2 选择性药物无效。

九、神经保护作用

　　大脑缺血时脑内过量的儿茶酚胺会加重对神经系统的损害，因此抑制儿茶酚胺的释放可以减轻缺血引起的损伤。肾上腺素 α_2 受体是突触前的儿茶酚胺自身受体，它的激活可以抑制突触前儿茶酚胺的释放。在不完全性大脑缺血模型中，给予大鼠 α_2 受体的激动剂可乐宁，可以通过降低缺血引起的血中儿茶酚胺量从而改善神经损伤。实验表明，缺血前给予 α_2 受体的选择性激动剂右美托咪啶（dexmedetomidine）具有显著的神经保护作用，并且呈现剂量依赖性，该作用可以被选择性的 α_2 受体拮抗剂所阻断，尾状核和海马的病理检测也提供了充分的证据。右美托咪啶对缺血引起的神经保护作用是通过直接作用于神经元引起的，而不是间接的作用，因为产生神经保护作用的右美托咪啶剂量不引起平均动脉压、心率和体温的变化。右美托咪啶的神经保护作用比谷氨酸受体拮抗剂的功效更强。

参考文献

综述

1. Alluri SR，Kim SW，Volkow ND，et al. PET radiotracers for CNS-adrenergic receptors: Developments and perspectives. *Molecules*，2020，25（17）.
2. Guyenet PG. The sympathetic control of blood pressure. *Nat Rev Neurosci*，2006，7（5）：335-346.
3. Rinaman L. Hindbrain noradrenergic A2 neurons: diverse roles in autonomic, endocrine, cognitive, and behavioral functions. *Am J Physiol Regul Integr Comp Physiol*，2011，300（2）：R222-235.
4. Schwarz LA，Luo L. Organization of the locus coeruleus-norepinephrine system. *Curr Biol*，2015，25（21）：R1051-1056.
5. Chandler DJ，Jensen P，McCall JG，et al. Redefining noradrenergic neuromodulation of behavior: Impacts of a modular locus coeruleus architecture. *J Neurosci*，2019，39

（42）：8239-8249.
6. Uys MM，Shahid M，Harvey BH. Therapeutic potential of selectively targeting the alpha2C-adrenoceptor in cognition，depression，and schizophrenia-new developments and future perspective. *Front Psychiatry*，2017，8：144.
7. Philipp M，Hein L. Adrenergic receptor knockout mice: distinct functions of 9 receptor subtypes. *Pharmacol Ther*，2004，101（1）：65-74.
8. Bari BA，Chokshi V，Schmidt K. Locus coeruleus-norepinephrine: basic functions and insights into Parkinson's disease. *Neural Regen Res*，2020，15（6）：1006-1013.
9. Waterhouse BD，Navarra RL. The locus coeruleus-norepinephrine system and sensory signal processing: A historical review and current perspectives. *Brain Res*，2019，1709：1-15.
10. Guyenet PG，Stornetta RL，Bochorishvili G，et al. C1 neurons: the body's EMTs. *Am J Physiol Regul Integr Comp Physiol*，2013，305（3）：R187-204.
11. Pavol Svorc. Autonomic nervous system. *Intechopen*，2018：113-131.

原始文献

1. Bucci D，Busceti CL，Calierno MT，et al. Systematic morphometry of catecholamine nuclei in the brainstem. *Front Neuroanat*，2017，11：98.
2. Feng J，Zhang C，Lischinsky JE，et al. A Genetically encoded fluorescent sensor for rapid and specific in vivo detection of norepinephrine. *Neuron*，2019，102（4）：745-761 e748.
3. McKellar S，Loewy AD. Efferent projections of the A1 catecholamine cell group in the rat: an autoradiographic study. *Brain Res*，1982，241（1）：11-29.
4. da Silva EF，Freiria-Oliveira AH，Custodio CH，et al. A1 noradrenergic neurons lesions reduce natriuresis and hypertensive responses to hypernatremia in rats. *Plos One*，2013，8（9）：e73187.
5. Holt MK，Pomeranz LE，Beier KT，et al. Synaptic inputs to the mouse dorsal vagal complex and its resident preproglucagon neurons. *J Neurosci*，2019，39（49）：9767-9781.
6. Myers B，Scheimann JR，Franco-Villanueva A，et al. Ascending mechanisms of stress integration: Implications for brainstem regulation of neuroendocrine and behavioral stress responses. *Neurosci Biobehav Rev*，2017，74（Pt B）：366-375.
7. Roman CW，Derkach VA，Palmiter RD. Genetically and functionally defined NTS to PBN brain circuits mediating anorexia. *Nat Commun*，2016，7：11905.
8. Schneeberger M，Gomis R，Claret M. Hypothalamic and brainstem neuronal circuits controlling homeostatic energy balance. *J Endocrinol*，2014，220（2）：T25-46.
9. Bruinstroop E，Cano G，Vanderhorst VG，et al. Spinal projections of the A5，A6（locus coeruleus），and A7 noradrenergic cell groups in rats. *J Comp Neurol*，2012，520（9）：1985-2001.
10. Byrum CE，Guyenet PG. Afferent and efferent connections of the A5 noradrenergic cell group in the rat. *J Comp Neurol*，

1987，261（4）：529-542.

11. Chandler DJ，Gao WJ，Waterhouse BD. Heterogeneous organization of the locus coeruleus projections to prefrontal and motor cortices. *P Natl Acad Sci USA*，2014，111（18）：6816-6821.

12. Pickel VM，Segal M，Bloom FE. A radioautographic study of the efferent pathways of the nucleus locus coeruleus. *J Comp Neurol*，1974，155（1）：15-42.

13. Koga K，Yamada A，Song Q，et al. Ascending noradrenergic excitation from the locus coeruleus to the anterior cingulate cortex. *Mol Brain*，2020，13（1）：49.

14. Schwarz LA，Miyamichi K，Gao XJ，et al. Viral-genetic tracing of the input-output organization of a central noradrenaline circuit. *Nature*，2015，524（7563）：88-92.

15. Cao SX，Zhang Y，Hu XY，et al. ErbB4 deletion in noradrenergic neurons in the locus coeruleus induces mania-like behavior via elevated catecholamines. *Elife*，2018，7.

16. Menuet C，Sevigny CP，Connelly AA，et al. Catecholaminergic C3 neurons are sympathoexcitatory and involved in glucose homeostasis. *J Neurosci*，2014，34（45）：15110-15122.

17. Sevigny CP，Bassi J，Williams DA，et al. Efferent projections of C3 adrenergic neurons in the rat central nervous system. *Journal of Comparative Neurology*，2012，520（11）：2352-2368.

18. Card JP，Sved JC，Craig B，et al. Efferent projections of rat rostroventrolateral medulla C1 catecholamine neurons：Implications for the central control of cardiovascular regulation. *J Comp Neurol*，2006，499（5）：840-859.

19. Qu L，Zhou Q，Xu Y，et al. Structural basis of the diversity of adrenergic receptors. *Cell Rep*，2019，29（10）：2929-2935 e2924.

王昌河 周 专 康新江

　　多巴胺（dopamine，DA）是单胺类神经递质的重要代表，也是当前研究最多的脑内神经递质之一。DA系统是人体重要的奖赏系统，在情绪、学习、认知、奖赏、社交等行为中具有重要的调控作用。人们对DA的研究可追溯至1958年，瑞典药理学家Carlsson首次报道了纹状体内DA含量占全脑的70%，提出DA可能是脑内独立存在的神经递质。随后奥地利临床医生Hornykiewicz通过尸检结果发现帕金森病（Parkinson's disease，PD）的病因与DA的减少和缺失密切相关。继之，L-3,4-二羟基苯丙氨酸（L-DOPA，DA前体）作为DA的替代方案成功用于PD的临床治疗。这些创造性的成就赋予了人们极大的鼓励和启迪。随后发现安定剂（neuroleptic）可通过阻滞DA受体治疗精神分裂症（schizophrenia），表明DA与人类思维活动密切相关。近年来，又发现可卡因、冰毒等毒品的成瘾性也与脑内DA水平密切相关。这些事实表明人类生命所依赖的躯体运动和思维活动以及毒品成瘾等都与DA密不可分，充分表明DA具有重要的生理功能及病理意义。脑内DA神经通路的确定、放射性配体结合实验和自显影技术等都证明了DA受体的存在，为脑内DA神经系统的形态结构研究提供了重要依据。近年来，分子生化、电化学记录、光遗传、化学遗传、双光子成像等系列新技术的发展成功揭示了DA突触传递的调控机制、DA神经环路与生理功能等，为探索DA的作用规律奠定了重要基础。本章将重点介绍DA的研究史、DA受体与转运体、DA分泌调控、DA环路与生理功能等内容。

第一节 多巴胺神经元及其投射通路

一、多巴胺神经元分布

DA 来源于 DA 能神经元的分泌，脑内 DA 神经元主要集中在中脑的黑质致密区（substantia nigra pars compacta，SNc；A9）、中脑腹侧被盖区（ventral tegmental area，VTA）、下丘脑及其脑室周围。DA 神经元可以分为多个不不同的亚群，不同亚群的 DA 神经元可通过四条神经投射通路向大脑的各个不同脑区进行投射：黑质-纹状体通路（nigrostriatal pathway）、中脑-边缘系统通路（mesolimbic pathway）、中脑-皮质通路（mesocortical pathway）、结节-漏斗通路（nodule funnel pathway）（图 4-5-1），分泌的 DA 可通过与 DA 受体（DRD1、DRD2 等）相结合，调控运动、奖赏、情绪、成瘾等行为。

二、黑质-纹状体通路

黑质-纹状体通路是从黑质区 DA 能神经元发出传出神经纤维，投射至背侧纹状体的神经通路，在运动控制中发挥重要的作用。

纹状体是运动控制的核心部位。神经信号从纹状体向其他基底神经节传输经由直接通路（direct pathway）和间接通路（indirect pathway）两条路径。直接通路起始于表达 D_1 受体的 γ-氨基丁酸（γ-aminobutyric acid，GABA）能多棘投射神经元（spiny projection neurons，SPN），D_1 神经元通过轴突投射到基底神经节的 GABA 能输出核团-苍白球内侧部（globu pallidus interna，GPi）和黑质网状部（substantia nigra pars reticulate，SNr）。GPi 参与轴向运动和肢体运动，SNr 参与头、眼部运动。直接通路中的 SPN 也有一小部分通过轴突投射到 GABA 能神经核团-苍白球外侧部（globus pallidus externa，GPe）。间接通路中的 GABA 能 SPN 神经元表达 D_2 受体，受 DA 抑制调控，该 D_2 受体阳性的 SPN 神经元只投射到 GPe，GPe 向谷氨酸能的底丘脑（subthalamic nucleus，STN）和 GPi/SNr 投射。STN 再向输出核团 GPi/SNr 和 GPe 投射，形成投射到输出核团的并行通路。因此，间接通路通过多突触环路在纹状体和基底神经节的输出核团形成连接。间接通路中，STN 还接受皮质的兴奋性输入（cortical input）。GPe、GPi、STN、SNr 中的神经元能不依赖于突触传入而自发产生动作电位。这种机制导致直接通路和间接通路中纹状体的 GABA 能神经元能够反向调控投射到丘脑（thalamus）、上丘（superior colliuculus）和脑桥脚核（PPN）的 GPi 和 SNr 的动作电位的发放（图 4-5-2）。因此，它们的解剖结构赋予了直接通路和间接通路的不同效应。直接通路通过抑制性输入在 GPi 和 SNr 发挥抑制效应，间接通路通过去抑制在 GPi 和 SNr 发挥兴奋效应。由于 GPi 和 SNr 处是 GABA 能抑制性神经元

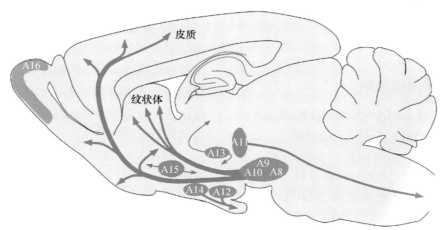

图 4-5-1 中脑 DA 的神经投射环路

根据 DA 能神经纤维支配的脑区，把脑内 DA 能神经元分为 4 类：长轴上行性神经元（A8～A10）支配纹状体、边缘叶皮质、大脑皮质等脑区；长轴下行性神经元（A11）支配脊髓、下丘脑和视前区；短轴神经元（A11～A15）支配第 3 脑室周围和下丘脑垂体等组织；超短轴神经元（A16～A17）支配嗅球和视网膜等部位（引自参考文献 1）

基底神经节环路

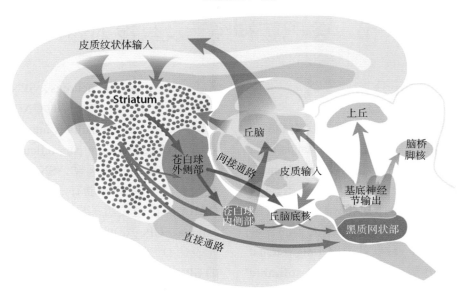

图 4-5-2　纹状体直接通路和间接通路

纹状体接受皮质-纹状体和丘脑的兴奋性输入。基底核的输出部分是苍白球内侧部（GPi）和黑质网状部（SNr），直接投射到丘脑（thalamus）、上丘（superior colliculus）和脑桥脚核（PPN）。直接通路起源于表达 D_1 受体的多棘投射神经元（SPN），向输出核团 GPi 和 SNr 投射。间接通路起源于表达 D_2 受体的 SPN，仅投射到苍白球外侧部（GPe），联合底丘脑 STN 通过跨突触向输出核团投射。直接通路和间接通路对基底核输出核团进行拮抗调节（引自参考文献 3）

投射到丘脑，丘脑通过谷氨酸能神经元投射到运动皮质。最终效应表现为直接通路增强运动，而间接通路表现为抑制运动。

三、中脑-边缘系统通路

中脑-边缘通路从腹侧被盖区（ventral tegmental area，VTA）DA 能神经元胞体发出传出纤维，投射至位于腹侧纹状体的伏隔核（nucleus accumbens，NAc），海马、杏仁核等神经核团，在成瘾、抑郁症等病理发生及学习记忆、认知功能、情绪调控中发挥重要作用。

（一）中脑-伏隔核通路

中脑-伏隔核通路（VTA-NAc）是大脑中奖赏机制的核心通路，是情感系统中不可或缺的部分，它负责激励动机、强化学习、愉悦寻求、处理恐惧或厌恶刺激等功能，同时也是药物成瘾的神经机制之所在。

NAc 区域的 DA 释放能够驱使机体寻求奖励的行为，即增强该行为的强烈动机，代表着"想要"的强烈渴望。因此，该通路是形成动机导向行为的核心枢纽，这条通路从两种环境下介导着激励动机与渴望：①无条件线索关联性的奖励，包括食

欲和性欲等本能性渴望和意料之外的奖励，如本能性渴望得到满足后引发奖励回路 DA 释放，进而促进后续的激励动机；②条件线索关联性奖励，当奖励关联的条件线索出现时，VTA 神经元活性增加，NAc 处 DA 分泌增加，进而预测即将获得的奖励，并赋予强化行为的动机。NAc 作为边缘系统的接口，整合来自边缘系统的记忆、情感和认知信号，并通过输出到苍白球和其他运动效应器区域将其转化为行动。来自边缘系统上游海马、基底外侧杏仁核（basolateral amygdala，BLA）、前额叶皮质（prefrontal cortex，PFC）和丘脑的谷氨酸能输入向 NAc 发送与奖励有关的信息，而从 VTA 释放的 DA 可通过修饰这些谷氨酸能输入的突触特性和 NAc 中 SPN 神经元的兴奋性来决定这些信息的重要性。因此，这些谷氨酸能输入的变化可以通过 NAc 转化为与动机相关的行动模式（接近或逃避）。

VTA-NAc 通路还是成瘾性药物的最主要目标，成瘾性药物劫持大脑的奖赏系统是通过改变其突触可塑性与适应性来实现的，包括对于 VTA 的 DA 神经元、GABA 能神经元、NAc 区 SPN 中的突触连接与可塑性的改变。通过光遗传学方法逆转某些突触变化可有效治疗成瘾药物引起的行为敏化。VTA-NAc 神经通路异常也是抑郁症等情绪障碍的

重要神经机制。机体暴露于压力下可以诱导 VTA DA 突触中的 AMPAR 介导的突触传递增强和 NAc 中 SPN 突触功能变化。通过光遗传学和化学遗传学技术方法，选择性抑制 VTA 中的 DA 神经元可诱导抑郁样行为，而利用慢性压力策略诱导的抑郁样表型可通过选择性激活 VTA 神经元进行逆转。

（二）中脑–海马通路

中脑–海马通路在学习记忆中具有重要的调节作用。中脑 VTA 区的 DA 神经元和海马之间形成一个功能闭合环路。当一个需要存储的刺激信息到来时，这个环路中的海马神经元率先做出反应，编码该信息的神经信号由海马下托（subiculum，Sub）、伏隔核和腹侧苍白球传递到 VTA，导致 VTA 区神经元出现兴奋放电，进而在海马投射区释放 DA，释放的 DA 导致长时程增强介导记忆的巩固。激活海马区多巴胺 D_1/D_5 受体不仅有助于记忆编码，而且对于将短时程记忆转化为蛋白合成依赖的长时程记忆也有重要意义。多巴胺 D_2 类受体（D_2、D_3 和 D_4）也存在于在海马区，它们的激活只影响了海马的可塑性和兴奋性，在记忆巩固过程中的作用还没有得到证实。

（三）中脑–杏仁核通路

杏仁核是条件性恐惧神经环路中的重要节点，多种行为学研究表明，永久或暂时损伤杏仁核会影响条件恐惧的形成。中脑–杏仁核通路在条件恐惧的形成中发挥重要的作用。杏仁核中多巴胺传递在条件恐惧的获得上至关重要，D_1 和 D_2 受体介导了这个过程。有证据表明，条件刺激和非条件刺激关联的强化主要基于杏仁核中 D_1 受体介导的突触可塑性。

四、中脑–皮质通路

前额叶皮质（prefrontal cortex，PFC）在多个高级认知功能与情绪调控中起着关键作用，如决策、注意力、社交行为等。PFC 从结构上可以分为背外侧区和腹内侧区。中脑–皮质通路主要是中脑 VTA 多巴胺神经元向 PFC 进行投射构成。DA 通过调控该区域中间神经元和局部中间神经元的内在兴奋性和突触可塑性，从而影响这些重要的认知功能和情绪调控。到达背外侧前额叶皮质（dlPFC）的分支调节认知及执行功能，而到达腹内侧前额叶皮质（vmPFC）的分支调节情绪和情感。PFC 区 DA 及其相关受体的功能异常与情绪障碍、社交功能密切相关。帕金森病患者中，由于 DA 分泌严重不足，PFC 区域的 D_2 神经元兴奋性异常增加，从而介导了 PD 中焦虑情绪障碍的非运动性症状。精神分裂症患者中，由于 DA 系统功能亢进，PFC 区域的神经网络功能紊乱是导致精神分裂症出现社交障碍的重要机制。因此，抗精神病药通过阻断中脑皮质系统中的多巴胺受体，使精神分裂症的阴性症状得以缓解。

第二节　多巴胺的合成与代谢

DA 是一种内源性含氮有机化合物，为酪氨酸在代谢过程中经二羟苯丙氨酸产生的中间产物，是儿茶酚胺类递质的一种（其他为肾上腺素和去甲肾上腺素）。

Carlsson 等发现，注射 L-DOPA 可提高 PD 动物模型的运动能力及其脑组织 DA 水平。相应地，研究人员试着对 PD 患者和脑炎导致的 Parkinson 综合征患者使用 L-DOPA，发现它可有效缓解这些患者的运动障碍。因此，恢复 DA 分泌水平很快发展为 PD 的重要治疗策略之一，而 L-DOPA 也迅速成为 PD 和相关病症的首选治疗药物。

一、多巴胺的合成

食物中的酪氨酸吸收后，经氨基酸转运系统运送至 DA 神经元内。L- 酪氨酸在 DA 合成限速酶–酪氨酸羟化酶（tyrosine hydroxylase，TH）的作用下生成 L-DOPA，进一步在芳香族氨基酸脱羧酶（aromatic amino acid decarboxylase，AADC）的作用下生成 DA。合成后的 DA 在囊泡表面单胺转运体（vesicular monoamine transporter-2，VMAT-2）作用下转运到分泌囊泡中。在动作电位到来时，通过囊泡和质膜融合的方式进行胞吐，分泌到胞外。

二、多巴胺的代谢

神经元内的 DA 又可在单胺氧化酶（monoamine oxidase，MAO）作用下转化为双羟苯乙酸（dihydroxyphenylacetic acid，DOPAC），转运到神经元外的 DOPAC，在儿茶酚 -O- 甲基转移酶（catechol-O-methyl transferase，COMT）的作用下转化为高香草酸（homovanillic acid，HVA）；释放到突触间隙的 DA，作用于突触后的 DA 受体发挥生理功能。一部分在多巴胺转运体（Dopamine Transporter，

DAT）的作用下再摄取到胞内，剩下的 DA 先后在 COMT、MAO 的作用下生成 3- 甲氧基酪氨酸（3-methoxy-tryramine. 3-MT）和 HVA（图 4-5-3）。脑组织中的 DOPAC 能反映神经元内 DA 的代谢状况，可通过微碳纤电极电化学记录或高效液相色谱–电化学法（high performance liquid chromatography-electrochemical detection，HPLC-ECD）进行检测。3-MT 是释放到突触间隙的 DA 的中间代谢物，存在时间短故而不易检测；终产物 HVA 可在脑组织、脑脊液或血浆中检测到。

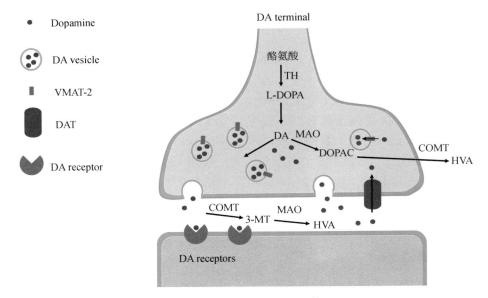

图 4-5-3　**DA 的合成与代谢**

酪氨酸在 TH 的作用下首先形成 L-DOPA，进一步在 AADC 的作用下生成 DA，合成的 DA 经过 VMAT-2 转运到分泌囊泡中，在动作电位到达时通过胞吐作用分泌到突触间隙。释放到突触间隙的 DA，作用于突触后的 DA 受体发挥生理功能。一部分经过 DAT 再摄取到胞内，剩余的 DA 在 MAO 作用下转化为 DOPAC，转运到神经元外的 DOPAC 在 COMT 的作用下转化为 HVA；释放到突触间隙的 DA，先后在 COMT、MAO 的作用下生成中间产物 3-MT 和终产物 HVA

第三节　多巴胺分泌与检测

正是由于 DA 参与许多生理功能调节和病理过程，对 DA 分泌及其调控机制的研究是深入研究和理解 DA 相关疾病致病机制的关键所在，也是研究其病理分子机制的基础与前提。目前主要的 DA 检测方法有微碳纤电极电化学检测、微透析–高效液相色谱分析、荧光染料与成像等。

一、多巴胺的分泌

DA 和其他儿茶酚胺类神经递质存储在神经元的突触小囊泡（synaptic vesicles，SVs）中，或神经

元和神经内分泌细胞的致密核心大囊泡（large dense core vesicles，LDCVs）中。因此，DA 等神经递质以囊泡为单位通过质膜融合的方式释放到胞外，这种分泌形式被称为量子化释放。实时监测 DA 等单胺类递质的量子分泌水平、解析其调控机制是理解DA 生理功能与病理意义的关键所在。随着单细胞微碳纤电极安培法的使用，在分离的肾上腺嗜铬细胞上记录到的去甲肾上腺素（noradrenaline，NE）的氧化电流信号，每个氧化电流峰信号（spike）代表一个囊泡内 NE 的量子化释放。而在培养 DA 神经元的胞体附近和轴突末梢（bouton）也记录了量

子释放事件，分别代表了胞体树突和突触囊泡的 DA 量子化释放。因 DA 的突触囊泡直径约 40 nm，体积是肾上腺嗜铬细胞中分泌颗粒的 1/1000，所以 DA 的量子分泌检测很具挑战性，仍是 DA 量子分泌研究的重要瓶颈。同时，由于检测灵敏度的限制，DA 是否存在亚量子分泌模式及其调控机制也尚不清楚，仍是本领域重要的未解之谜。

DA 的突触分泌过程依赖于突触前内膜系统的稳态平衡，包括囊泡质膜融合的精准调控与囊泡循环的动态调控。在这两个过程开启之前，有 3 个环节为整个分泌过程奠定物质基础与空间支点，分别为：①DA 囊泡表面 VAMT2 分子将 DA 转运进囊泡对分泌囊泡进行递质填充；②囊泡因其质膜与多种分子蛋白相互作用聚集而形成囊泡簇（vesicle cluster），即形成储存囊泡库（reserve pool，RP）；③一些囊泡通过 SNARE（soluble N-ethylmaleimide-sensitive factor attachment protein receptors）复合体等囊泡融合相关蛋白分子锚定在突触前膜并进行融合分子机器的组装，形成即刻可释放囊泡库（readily release pool，RRP）。当动作位点到达 DA 突触末梢时，电压门控型钙通道打开，Ca^{2+} 内流，引起突触前膜内的 Ca^{2+} 瞬间上升，并与突触结合蛋白 synaptotagmin-1/7（Syt1/Syt7）等钙离子感受蛋白结合，触发 SNARE 复合体的构象变化，突破质膜

融合的能量势垒，引起囊泡与突触前膜的融合，迅速将 DA 释放到突触间隙。囊泡融合后，再从质膜上通过 dynamin 依赖（如网格蛋白介导的内吞、kiss-and-run、巨胞吞过程等）或 dynamin 不依赖的胞吞作用进行囊泡膜与囊泡蛋白的回收，内吞囊泡融入早期内涵体，进入囊泡循环途径，从循环内涵体分生出新的分泌囊泡，经过酸化和 DA 的再填充等过程，进入下一轮分泌循环（图 4-5-4）。

释放到突触间隙的游离 DA 会结合并激活突触后膜上的 DA 受体，进而激活下游信号通路实现功能状态的调节。同时，突触外的 DA 亦可激活突触前膜的 D2 自受体，D2 自受体作为一种抑制性受体，通过激活 Kv1.2 离子通道、抑制囊泡运输等多种途径抑制 DA 分泌，从而实现负反馈的调控功能。过量的 DA 通过突触前膜上的多巴胺转运体（dopamine transporter，DAT）转运至胞浆内，实现突触间隙 DA 的快速清除和回收再利用。

突触间隙 DA 水平的动态变化对于突触传递的调控作用至关重要，胞外 DA 水平为 DA 分泌总量减去 DA 转运体回收量的净值。同时，DA 神经元存在紧张性放电（tonic firing）和时相性放电（phasic firing）两种放电形式。紧张性放电对于维持基础 DA 水平具有决定性作用。而当出现有意义的行为事件时，常常伴随时相性放电，进而出现

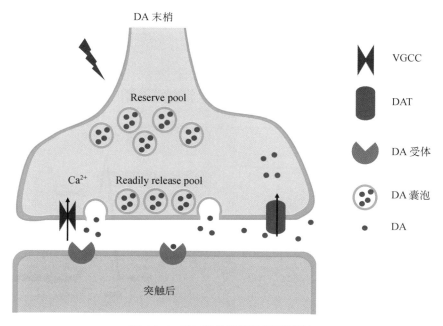

图 4-5-4　DA 释放及囊泡循环过程

动作电位到达突触末梢，使突触前膜去极化，电压依赖钙离子通道（VGCC）打开，引起突触前膜内 Ca^{2+} 浓度急剧上升，使得锚定在活化区（active zoon）的 DA 囊泡库（readily release pool）与前膜融合，释放 DA 到突触间隙。释放的 DA 即可以作用于突触后的 DRD1 和 DRD2，还可负反馈作用于突触前的 D2DR，对 DA 释放起到抑制作用。还可通过 DA 转运体（DAT）重摄取到突触前。囊泡通过胞吞的方式进入囊泡循环，经过 VMAT2 对囊泡进行 DA 填充，进入存储库（reserve pool）

DA 水平的动态变化，一般变化动力学特征表现为快速上升后迅速下降。快速上升代表着密集的动作电位带来的 DA 浓度快速升高，而下降是由于 DA 转运体将胞外的大量 DA 回收进入胞内，使得胞外恢复基础 DA 水平。因此，当采用微碳纤-电化学技术或 DA 荧光实时成像技术监测 DA 信号时，记录到的 DA 信号为 overflow 信号，反映的是胞外真实 DA 浓度的动态变化过程。

二、多巴胺的检测

（一）微碳纤电极电化学检测

电化学检测法是目前最常用的 DA 实时检测方法之一，根据检测电极上的电压是否恒定，分为安培法（amperometry）和循环伏安法（cyclic voltammetry，CV）。尤其是微碳纤电极（carbon fiber electrode，CFE）的使用，使得实时原位检测 DA 成为可能。

1. 安培法 安培法是将恒定的电压施加到 CFE 记录电极上，CFE 上的电势可将 DA 神经末梢或胞体释放的 DA 氧化，一个 DA 分子在氧化过程中丢失两个电子，释放的电子可被 CFE 检测到，通过电信号放大器将微弱的氧化电流放大，进而记录到相应的氧化电流。氧化电流的大小与 DA 浓度正相关，因此可在生理水平实现 DA 分泌的实时检测（图 4-5-5A）。安培法的优点是由于其具备非常高的时间分辨率（可达毫秒级），所以在反映 DA 分泌信号的动力学特征上具有高度的保真性。利用安培法的优势可在 DA 的主要投射区域背侧纹状体区记录到电刺激引起的 DA 两相分泌信号（两相时间间隔仅为 10 ms），其中第一相分泌为 DA 神经元兴奋引起的直接分泌信号，而第二相则为乙酰胆碱能中间神经元兴奋-分泌后通过 N 型乙酰胆碱受体间接介导的 DA 分泌，第二相分泌可被生理水平的尼古丁完全阻断，两相 DA 分泌信号的发现为吸烟成瘾的分子与环路机制研究提供新思路。

安培法记录的缺点是需要对记录到的氧化电流

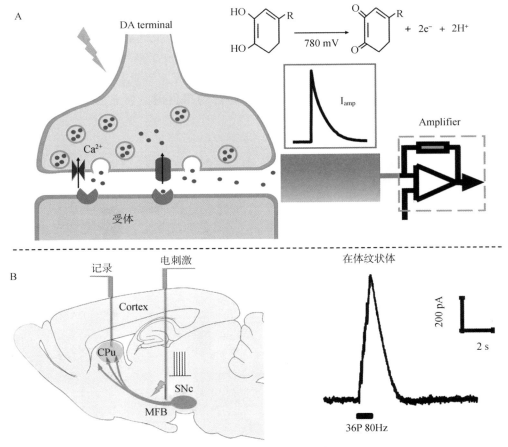

图 4-5-5 安培法检测 DA 及应用

A. 施加恒定电压（如 780 mV）到 CFE，DA 神经末梢或胞体释放的 DA 能够被 CFE 上的电压氧化为多巴胺醌，每个 DA 分子在氧化过程中可释放 2 个电子，这些电子可以被 CFE 检测到，通过电生理放大器就可以记录到一个相应的氧化电流，氧化电流的大小即可反映 DA 的浓度。**B**. 电刺激中脑 DA 神经元的投射纤维前脑内侧束（medial forebrain bundle，MFB），利用微碳纤电极在体（in vivo）记录纹状体区 DA 的分泌（引自参考文献 19）

进行定性鉴定，因为所有在钳制电压下可被氧化的物质均可贡献于碳纤电极记录的氧化电流信号，所以长期以来该方法的适用脑区主要局限于背侧纹状体（dorsal striatum）和伏隔核（nucleus accumbens，NAc）。然而，这种记录模式结合相关神经环路中特定神经纤维束的局部电刺激亦可实现在体（in vivo）动物脑组织中 DA 分泌的实时记录（图 4-5-5B），尤其是近年来各种基因编辑技术与光遗传、化学遗传技术的出现，特异性激活某种单胺类神经元结合安培法记录则大大拓宽了微碳纤电极电化学记录的适用范围。

2. 循环伏安法　循环伏安法是在电极上施加周期性的三角波形的氧化-还原电压，电极表面的 DA 等还原性物质会随电压发生氧化-还原的周期性变化，从而得到其氧化-还原的伏安图谱。不同的物质，其氧化还原特性不同，具有不同的氧化-还原峰，因而具有不同的伏安特征图谱。因此，伏安图的特征性波形可以作为对 DA 等单胺类递质定性检测标准。如图 4-5-6 所示，在 DA 的伏安图谱中，

氧化峰电流的大小即代表 DA 的浓度，根据这一原理可在多种还原性物质共存的情况下，特异性剥离 DA 的氧化-还原电流并实时检测其浓度变化。它的缺点在于时间分辨率较安培法稍低一些。

（二）高效液相色谱电化学检测

高效液相色谱法（high performance liquid chromatography，HPLC）是最早应用于对组织成分进行分离鉴定的方法之一，至今仍在广泛使用。这是一种利用样品中物质的极性不同，导致其在通过层析色谱柱时在色谱柱中的保留时间不同，从而实现分离检测的分析方法。在体、脑片和组织水平上微透析收集的样品及组织、细胞裂解液中的成分均可用 HPLC 色谱柱进行分离，结合电化学检测器即可实现对其中的 DA 成分进行定性、定量分析（图 4-5-7）。HPLC- 电化学法的优点在于它对物质定性鉴别的能力比循环伏安法更准确，缺点在于它的时空分辨率更差，只能在分钟及以上的时间尺度上对 DA 的浓度变化进行定量分析。

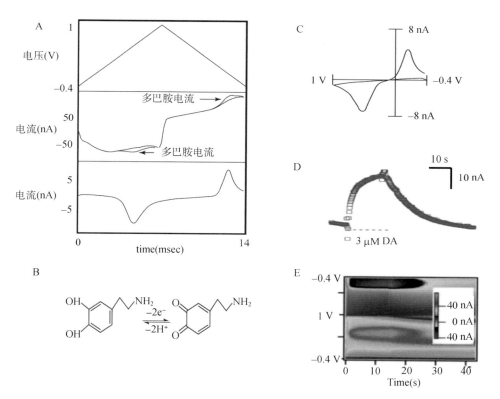

图 4-5-6　循环伏安法检测 DA

A. 将电压从 − 0.4 V ～ 1 V 进行连续扫描，然后再从 1 V 扫描到 − 0.4 V，完成一个三角波形的氧化-还原周期（A 上）。在碳纤维电极上得到一个非法拉第背景的图形（A 中），箭头指向为 DA 的氧化峰和还原峰。扣除背景后 DA 的电流-时间曲线（A 下）。B. 在三角波的氧化-还原电位作用下，DA 被氧化为多巴胺醌，多巴胺醌被还原为 DA。C. DA 在循环伏安法呈现的电流-电压曲线。每种可氧化的物质都有自己独特的电流-电压曲线 "指纹"，通过对比标准品能够对其进行定性。D. DA 在循环伏安法实时记录的电流-时间曲线。曲线幅度上的每一点代表在 600 mV 氧化电压下记录到的峰氧化电流。E. 通过循环伏安法进行电压扫描时得到的 DA 信号的二维伪彩色谱图（引自参考文献 8）

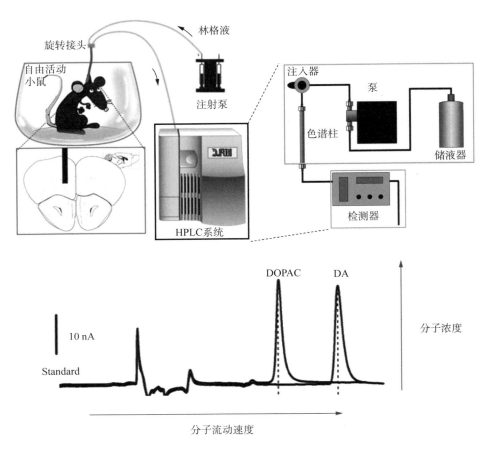

图 4-5-7   微透析 -HPLC- 电化学法检测 DA

通过微透析探针在自由活动小鼠的内侧前额叶（mPFC）进行微透析采样，将所得样品注入注射孔，在流动相的带动下进入色谱柱，根据样品中物质的极性不同，不同物质在色谱柱中的保留时间不同，从而达到成分分离的目的。分离的还原性成分通过电化学检测器进行检测分析，氧化电流峰的峰值大小代表活性成分的含量。通过与标准品进行比对，根据出峰时间，可对不同组分进行定性分析（引自参考文献 19）

（三）其他检测方法

DA 除了可以通过微碳纤电化学法、高效液相色谱电化学法进行检测，还可通过荧光实时成像法、ELISA 法、正电子发射计算机断层显像（PET-CT）等进行定性、定量检测。荧光实时成像是通过检测一些能够选择性进入 DA 囊泡中的荧光分子的变化，以表征 DA 分泌的方法。2009年，由美国 David Sulzer 小组发明的荧光假神经递质（fluorescent false neurotransmitters，FFN），由于其结构与 DA 有一定相似性，可以被 VAMT2 转运至 DA 囊泡，通过对假递质荧光信号的监测即可实现刺激引起的 DA 囊泡分泌进行成像。这种染料可以在单细胞和脑片水平上进行 DA 分泌动态过程分析，具有操作方便、且能进行实时检测等优点。近期，我国学者通过对 DA 受体进行工程化基因改造制作了可遗传编辑的 DA 荧光探针（GPCR-activation-based-DA，GRAB_DA），虽然时间分辨率和检测灵敏度仍略逊于微碳纤电极电化学记录，但具有与双光子显微镜尤其是可佩带式微型双光子荧光成像设备相结合的优势，该方法可应用于清醒动物及自由行为动物不同脑区 DA 动态变化的实时检测，成为传统 DA 分泌检测方法的重要补充。通过抗原抗体反应的酶联免疫反应（ELISA）也能够对 DA 进行检测，这种检测方法具有灵敏度高等优点（pg/ml）。

第四节　多巴胺受体亚型与分布

一、脑内多巴胺受体亚型与分布

DA 受体是响应内源性 DA 的 G 蛋白偶联受体（G-protein coupled receptor，GPCR）亚家族，包括 D_1、D_2、D_3、D_4 和 D_5 五种亚型。根据它们与 G 蛋白的偶联和信号转导特性可分为 D_1 类受体（D_1 和 D_5）和 D_2 类受体（D_2、D_3 和 D_4）两大类。当 DA 激活 D_1 类受体时，由兴奋性 G 蛋白（G_s）介导，激活腺苷酸环化酶（adenylate cyclase，AC），刺激环磷酸腺苷（cyclic adenosine monophosphate，cAMP）产生，引起 DA 下游神经元兴奋性增强。反之，当 D_2 类受体被激活后，由抑制性 G 蛋白（G_i）介导，抑制 AC 酶活力和 cAMP 产生，神经元兴奋性降低。

通过生理功能、药理学反应、电生理技术以及放射自显影等技术，证实 DA 受体存在于 DA 神经元的胞体−树突或轴突末梢上、突触后非 DA 神经元及与 DA 神经元无突触联系的非 DA 神经元上。它们的空间定位有所不同，因而其生理功能亦有所不同。D_1 受体（DRD1）专一性分布部位有甲状旁腺、眼眶睫状肌和小梁（调控眼内压）以及脑血管脉络丛、肾血管；D_2 受体（DRD2）的专一性分布部位有 DA 神经元突触前末梢和胞体、垂体、呕吐中枢。然而，在大部分脑区中，D_1 受体和 D_2 受体通常共同存在，但其分布密度有所不相同。以 $[^3H]$-spiperone 和 $[^{125}I]$ iodosulpiride 为配体对 D_2 受体进行放射自显影，结果表明 D_2 受体主要分布在纹状体（striatum）、伏隔核（nucleus accumbens，NAc）、嗅结节、黑质致密部（SNc）、黑质网状区（SNr）、腹侧被盖区（VTA）等多个脑区；分布最多的脑区为尾壳核头端和侧面，其次为伏隔核、嗅结节、SNc、VTA、垂体中叶，再次为中隔、中央杏仁核、海马、缰核、下丘脑、大脑额叶、扣带回、四迭体、SNr、三叉神经脊髓核等。采用 $[^3H]$-SCH-23390 作为配体对 D_1 受体进行标记发现，D_1 受体分布最多的脑区为尾壳核、伏隔核、嗅结节、SNr、杏仁内核，其次是杏仁侧核、丘脑下部、额叶，再次之为杏仁前皮质、内侧中央丘脑、上迭体等。上述结果均显示黑质−纹状体 DA 系统中 D_1 受

体和 D_2 受体的密度都很高，且 D_1 受体比 D_2 受体表达水平高 1.5～36 倍。

二、多巴胺受体的分子结构

DA 受体是属于 G 蛋白偶联受体（GPCR）的超基因家族成员，具有 7 个高度保守的跨膜区结构（transmembrane domain，TMD）。已知的 5 种 DA 受体亚型具有很高的序列同源性，且不同亚型具有相似的结构特点：其肽链 N 端在质膜外侧，C 端在质膜内侧，在脂质双分子层中有 7 个 α 螺旋组成的跨膜结构域（TMD）。膜两侧有 3 个胞外环（extracellular loop，ECL）和 3 个胞内环（intracellular loop，ICL），第二个胞外环 ECL2 在 D_1 受体和 D_2 受体的配体选择性上发挥重要的调控作用，与信号转导相关 G 蛋白的结合位点在第二、第三两个胞内环上（ICL_2、ICL_3）（图 4-5-8）。激活状态下的 D_1 受体和 D_2 受体的近胞内端结构的构象差异导致它们各自耦连不同的下游 G 蛋白。

在 GPCR 家族中，除 rhodopsin 和 D_2 类受体外，其他家族成员的基因编码区均不含内含子。D_2 类受体的基因是不连续基因，如 D_2 受体的 mRNA 前体需要通过拼接，去除插入的内含子序列，使编码区即外显子（extron）连接成为连续序列，才能形成成熟的 mRNA，并翻译产生不同的蛋白质分子，即长、短两种不同的 D_2 受体，分别分布在突触后和突触前，介导 DA 突触传递与自身负反馈调节。D_1 类受体的基因在编码区没有内含子，其拼接过程不同于 D_2 受体。

D_1 类受体（D_1 receptor）。1990 年，多个实验室同时报道了 D_1 受体的同源克隆。通常认为甲硫氨酸（methionine）是 D_1 受体 mRNA 翻译的起始位点。人的 D_1 受体基因上有 2 个甲硫氨酸编码区，大鼠 D_1 受体基因上有 3 个甲硫氨酸编码区，把人 D_1 受体基因上的第一个甲硫氨酸和大鼠 D_1 受体基因上的第二个甲硫氨酸作为翻译起始位点，成功获得全长为 446 个氨基酸的 D_1 受体克隆。

此后，有三个实验室利用人的 D_1 受体或 $5-HT_{1A}$ 受体的 cDNA 片断作为探针，筛选人基因库，得到

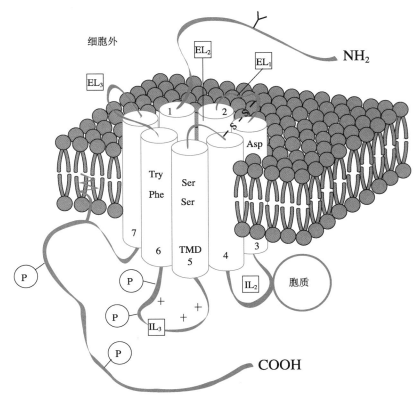

图 4-5-8　**DA 受体结构**

上图显示的是 D₁ 类受体，D₂ 类受体与 D₁ 类受体不同的是 C 端较短和第三个胞内环较大。跨膜区域中和 DA 结合的氨基酸残基已被标记。图中显示了第三个胞内环和 C 端潜在的磷酸化位点和 N 端潜在的糖基化位点。E1 ~ E3：胞外环；1 ~ 7：跨膜区；I2 ~ I3：胞内环（引自参考文献 7）

的克隆编码 477 个氨基酸，将该编码蛋白称为 D₅ 受体。另外两个实验室得到的克隆编码 475 个氨基酸，将该编码蛋白称为 D₁ᴮ 受体。实际上，D₁ᴮ 受体和 D₅ 受体的序列具有 85% 同源性，而在 TMD 的同源性则高达 95%，表明 D₁ᴮ 受体是 D₅ 受体的种族同系物。

三个实验室同时报道了相似的 D₁ 受体的分子结构，该受体由 446 个氨基酸组成，其中 40% ~ 43% 的氨基酸序列与 D₂ 受体相同，TMD-2 和 TMD-3 几乎有 57% 的氨基酸序列与 D₂ 受体相同。D₁ 受体的 N 端有 2 个糖蛋白链，分别连接在 Asp5 和 Asp175 残基上。与 D₂ 受体相反，D₁ 受体的胞内 C 端肽链较长，第三个胞内环 IL₃ 较小。Gs 偶联在 IL₃ 的 216 ~ 228 氨基酸序列（RIYRIAQKQIRRI）上。D₁ 受体上 PKA 的磷酸化部位为 133 ~ 136 氨基酸序列和 265 ~ 268 氨基酸序列。细胞外信号作用于 D₁ 受体，通过 Gs 增加腺苷酸环化酶（AC）活性，进一步增加 cAMP 水平，进而影响胞内效应酶（即 PKA 和 PK II 激酶系统），对胞内环 IL₂、IL₃ 上的 Ser 和 Thr 残基进行磷酸化放大信号，完成信号转导作用。近期利用冷冻电镜技术解析了 D₁ 受体与 G 蛋白的复合物结构，揭示了 D₁ 受体通过

正位结合口袋识别内源性 DA 的机制和 D₁ 受体延伸结合口袋的特征，为配体的高亲和力和高选择性提供了结构证据，并进一步发现了 D₁ 受体的正向别构调节位点。

D₂ 类受体（D₂ receptor）。 D₂ 受体（DRD2）是第一个被克隆得到的 DA 受体。1988 年，以仓鼠 β₂ 受体基因为探针筛选大鼠基因组文库，得到一个不完整片段，再以此片断作为标记探针，从大鼠的 cDNA 文库中获得一个全长的克隆受体基因。核苷酸序列分析表明，它所编码的蛋白由 415 个氨基酸组成，属于 GPCR 家族成员，能与 D₂ 受体的配体相结合；它的 mRNA 组织分布与已知的 D₂ 受体分布相吻合，表明其翻译产物是 D₂ 受体。其后，用 DRD2 的 cDNA 为探针又克隆得到 D₃ 受体（DRD3）和 D₄ 受体（DRD4）。D₂ 类受体的特点是胞内 C 端较短，而第三个胞内环 IL₃ 较大。

D₂ 受体有 26% ~ 48% 的氨基酸序列与 α₂、β₂、M₁ 受体相同。3 个糖蛋白链连在 N 端的 Asn-5、17、23 残基上，胞内 C 端只有 14 个氨基酸，没有 Ser 和 Thr 残基，这与 GPCR 家族其他受体（如 α、β、5-HT、M、rhodopsin 等）不同。根据胞内环 IL₃ 上氨基酸数量的多少可以分为 D₂ₛ 和 D₂ʟ 两

种亚型。D_{2S} 的肽链较短，由 135 个氨基酸组成；在其 241～242 氨基酸插入 29 个氨基酸的长链 D_2 受体称为 D_{2L}（图 4-5-9）。D_{2S} 与 D_{2L} 的分布不同：D_{2S} 位于 DA 胞体及突触前，D_{2L} 位于突触后。GCRP 与配体相结合的位点称为结合口袋（binding pocket），位于 TMD 内。胞内环 IL_3 是 G_i 作用部位，其中 Ser228～229 残基是蛋白激酶 A（PKA）的磷酸化位点。

D_3 受体的基因前体与 D_2 受体相同，特性也与 D_2 受体相似。约 45% 的氨基酸序列和 70%～80% 的 TMD 部分与 D_2 受体相同，对配体 DA 的识别部位亦相同，胞内环 IL_3 的肽链很长，胞内 C 端肽链很短。D_3 受体分布在突触前和胞体上。D_4 受体从人的神经瘤杂交细胞（SK-N-MC）中克隆获得，与 D_2 受体同源性达 60%，它的胞内环 IL_3 的氨基酸数目变化较大（166～186 个），包含 16 个氨基酸（PAPGLPPDPCGSNCAP）的 7 次重复序列。D_4 受体只分布于少数脑区（如海马、基底节、大脑皮质等），且表达量较低。在丘脑和下丘脑 A_{11}～A_{14} 区 DA 神经元支配的脑区也存在 D_4 受体。心血管系统中 D_4 受体的 mRNA 水平比中脑高 20 倍，尤以左心室和血管平滑肌上含量丰富。

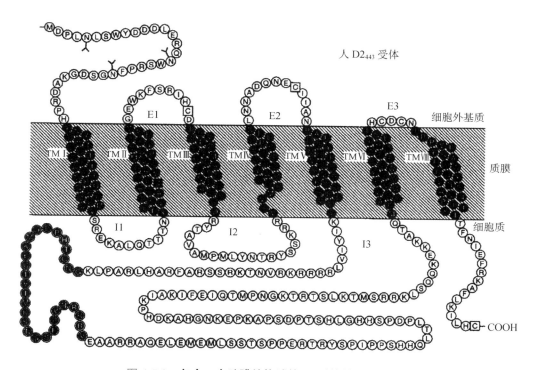

图 4-5-9　包含 7 个跨膜结构域的 D_2 受体的分子结构图

氨基酸残基主要以圆圈标识，部分以方框标识的氨基酸主要为以下 3 类：（1）配体结合位点，包括 Asp（D）80、114 和 Ser（S）193、194、197；（2）二硫键桥，含 Cys（C）107、182；（3）棕榈化位点 Cys443。N 端糖基化位点以"Y"标识。E1～E3：胞外环；TM Ⅰ～Ⅶ：跨膜区；I1～I3：胞内环。第三胞内环上的黑色圆圈代表与 D_{2L} 相比，D_{2S} 缺少的 29 个氨基酸（引自参考文献 5）

第五节　多巴胺受体的信号转导系统

一、兴奋性多巴胺受体与信号通路

D_1 类受体是兴奋性 DA 受体，通过 G 蛋白的 α_s 亚基（$G_{\alpha s}$）激活 AC 酶。纹状体中 α_s 亚基的表达非常低，但 D_1 受体的表达却很高。后来发现，伏隔核和嗅结节处的 D_1 受体通过 $G_{\alpha olf}$ 激活 AC。$G_{\alpha olf}$ 与 $G_{\alpha s}$ 的氨基酸同源性高达 88%，两者具有相同的功能。如将这些脑区的 $G_{\alpha olf}$ 基因敲除，激活 D_1 受体的后续功能就会缺失，不能增加背侧纹状体及伏隔核的 c-fos 表达。此外，D_1 受体也能与 $G_{\alpha o}$ 和 $G_{\alpha q}$ 结合。

G 蛋白的 $\beta\gamma$ 亚基也参与 D_1 类受体的 AC 酶活化作用。敲除 G 蛋白的 γ_7 亚基后，D_1 受体对 AC 的活化作用被明显抑制，而 D_5 受体功能不受影响；

抑制 γ₇ 亚基的表达导致脑内 G 蛋白 β₁ 亚基表达量减少。这提示，α$_s$β₁γ₇ 三聚体在 D₁ 受体激活后活化 AC 的过程中至关重要。D₁ 受体的信号转导途径有 3 条（图 4-5-10），分别为 PKA（protein kinase A）信号途径、PKC（protein kinase C）信号途径和髓鞘相关糖蛋白（mitogen-activated protein kinase，MAPK）信号途径。

G$_{αs}$ 介导的 PKA 途径。 激活 D₁ 类受体，通过 G$_{αs}$ 或 G$_{αolf}$ 活化 AC₅，胞内 cAMP 含量升高，PKA 被激活后对多种底物进行磷酸化修饰，如 DA 和 cAMP 调节的磷蛋白 -32（dopamine and cAMP-regulated phosphoprotein 32 kD，DARPP-32）、离子通道和 cAMP 效应元件结合蛋白（cAMP-response element binding protein，CREB）等。D₁ 受体激活后，CREB 被磷酸化激活引起核内基因的表达，CREB 调控基因表达对突触可塑性具有重要调节作用。DARPP-32 具有双重功能，当 D₁ 受体被激活，它的 Thr₃₄ 被 PKA 磷酸化，可抑制蛋白磷酸酶 1（protein phosphatase 1，PP1）的去磷酸化作用，进而增强 PKA 的效应。另一方面，当 DARPP-32 的 Thr75 被 CDK5 磷酸化后，可抑制 PKA 的效应。这种抑制作用又可被 PKA 激活的蛋白磷酸酶 2A（PP2A）所抑制。

这种平衡作用是 DA 信号传导中的一种反馈机制。

G$_{αq}$ 介导的 PKC 途径。 这是一条不依赖 cAMP，而依赖磷脂酶 C（phospholipase C，PCL$_β$）的信号转导途径。激活 D₁ 受体通过 G$_{αq}$ 激活 PCL$_β$，将磷脂酰肌醇二磷酸（Phosphatidylinositol 4，5-biphosphate，PIP₂）水解为三磷酸肌醇（inositol triphosphate，IP₃）和甘油二酯（Diacylglycerol，DG）。IP₃ 作用于内质网上的 IP₃ 受体（IP₃ receptor，IP₃R），IP₃R 是内质网上的 Ca²⁺ 通道，可介导内质网 Ca²⁺ 释放到胞浆中。DG 可以激活 PKC，活化 CDK5，CaMK Ⅱ 和 CREB 等。

丝裂原活化蛋白激酶（MAPK）途径。 D₁ 类受体介导的 MAPK（mitogen-activated protein kinase）通路有两条。一是 PKA 磷酸化激活 p38MAPK 和 c-Jun N-terminal kinase（JNK）；D₁ 激动剂 SKF38393 可以诱导 p38MAPK 和 JNK 的活化，而 PKA 抑制剂 H-89 能抑制 p38MAPK 和 JNK 的活化，PKC 的抑制剂 calphostin C 则没有这种作用，这条转导途径与学习记忆相关。另一条是通过 cAMP 直接激活的交换蛋白（exchange protein directly activated by cAMP/cAMP-activated guanine nucleotide-exchange factor，Epac/cAMP-GEF），将无活性的 RAP1（结合 GDP）转化为有活性的 RAP1（结合 GTP），激

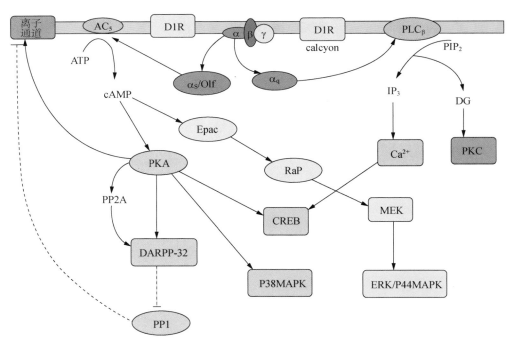

图 4-5-10 D1 受体信号通路

（1）D₁ 类受体激活后，通过 G$_{αs}$ 或 G$_{αolf}$ 活化 AC₅，活化的 AC₅ 将 ATP 转化为第二信使 cAMP，分别活化 PKA 和 Epac。PKA 被激活后可以磷酸化多种底物如 CREB、P38MAPK、离子通道、DARPP-32 和 PP2A，磷酸化后的底物发挥各自生理功能。磷酸化的 PP2A 可以进一步使磷酸化的 DARPP-32 去磷酸化，对 DARPP-32 的磷酸化进行反馈调节。磷酸化的 DARPP-32 能够抑制 PP1，可以对 PP1 对离子通道的抑制发挥去抑制作用。cAMP 活化后的 Epac 进一步级联激活 RAP、MEK 和 ERK/P44MAPK。（2）D₁ 受体通过 G$_{αq}$ 激活 PCL$_β$，水解 PIP₂ 分解为 IP₃ 和 DG。IP₃ 作用于内质网上的 IP₃ 受体（IP₃ receptor，IP₃R），可介导内质网 Ca²⁺ 释放到胞浆中。DG 可以激活 PKC。实线表示兴奋，虚线表示抑制

活胞外信号调节蛋白激酶（extracellular signal-regulated protein kinase，ERK），进而诱导各种即早基因的表达，MAPK 激酶（MAPK kinase，MAPKK 或 MEK）抑制剂可以阻止这种表达。这条途径可能是 DA 对基因诱导表达起关键性调控作用的重要机制。

二、抑制性多巴胺受体与信号通路

D_2 类受体是抑制性 DA 受体，D_2 类受体的信号转导是由 PT（pertussis toxin）敏感的 $G_{\alpha i/o}$（包括 $G_{\alpha i2}$、$G_{\alpha i3}$ 和 $G_{\alpha o}$）亚基介导，也能与 PT 不敏感的 $G_{\alpha z}$ 亚基偶联，这两者的作用都是抑制 cAMP 的合成。如 D_2 受体激活后，由于 $G_{\alpha i/o}$ 对 AC_5 的抑制作用，导致 cAMP 含量降低、PKA 活性下降，DARPP-32 和 CREB 等底物的活性也随之下降。此种作用与 D_1 受体 -G_s 的增强作用刚好相反。

同时，$G_{\beta\gamma}$ 亚基在 D_2 类受体的信号转导中也有其独立的作用。D_2 类受体被激活后，G 蛋白的 $G_{\alpha i/o}$ 亚基与 $G_{\beta\gamma}$ 亚基分离，$G_{\beta\gamma}$ 亚基也有调控信号转导的功能，共有 4 种方式：①激活 AC_2 和 AC_4 的催化作用（但 D_3 受体没有此作用）；②激活 PLC_β，通过 IP_3 释放内质网的 Ca^{2+}，作用于 CREB；③调控细胞膜上 K^+、Ca^{2+} 通道；④值得重视的是 $G_{\beta\gamma}$ 能激活 MAPK 通路，由两个同工酶 ERK 和应激活化蛋白激酶（stress-activated protein kinase/Jun amino-terminal kinase，SAPK/JNK）参与作用。MAPK 被激活后可以刺激核 DNA 合成及细胞的增殖、分化和生存等。

D_3 受体有其自身的特殊性，可与 $G_{\alpha i/o}$ 结合，与 $G_{\alpha z}$ 亚基的结合能力很弱，但可结合 $G_{\alpha q/11}$ 亚基进行信号传导。D_3、D_4 受体还可在非神经元细胞中激活 ERK 信号通路，促进细胞增殖。

第六节　多巴胺自受体与反馈调节

DA 自受体存在于胞体部位和神经末梢，由 D_2 和 D_3 受体参与反馈调控 DA 神经元电活动及神经分泌。DA 自身受体位于轴突末梢者称突触前 DA 受体，能负反馈抑制 DA 的生物合成和神经分泌。

一、胞体多巴胺自受体对神经元放电活动的调节

中脑腹侧被盖区（VTA）和黑质致密部（SNc）是 DA 能神经元聚集的主要核团。DA 能神经元的轴突无髓鞘包裹，属于无髓纤维，传导速度慢（0.58 m/s）。在胞外记录 DA 能神经元的自发放电活动，有明显不同于其他神经细胞的特征：①动作电位（action potential，AP）时程宽（2～5 ms）；②自发放电频率较低（1～10 Hz）；③有单放电（single firing）和串放电（burst firing）两种型式。

许多神经递质或神经调质，包括儿茶酚胺，能够激活 G 蛋白门控内向整流钾离子通道（G-protein-gated inwardly rectifying K^+ channels，GIRK），钾离子外流，诱发缓慢的抑制性突触后电位，导致细胞超极化。VTA 和 SNc 处的 DA 神经元表达 Kir3.2（GIRK2）和 Kir3.3（GIRK3）通道，D_2 受体主要与 $G_{i/o}$ 和 GIRK2 偶联。D_2 受体激活后发生构象变化，导致 G_α 亚基从结合 GDP 的无活性状态转变为结合 GTP 的活性状态，活化后的 G_α 亚基与 $G_{\beta\gamma}$ 亚基解离，解离后 $G_{\beta\gamma}$ 亚基与 GIRK2 通道结合，GIRK2 通道打开，钾离子外流，DA 神经元超极化，进而抑制 DA 神经元的放电活动（图 4-5-11）。

二、突触前多巴胺自受体的反馈调节作用

突触前 DA 自受体主要是 D_2 受体，可以反馈抑制 DA 的释放，在 DA 突触传递中发挥重要的调节作用。大量研究表明 DA 的释放和信号转导可被 D_2 受体激动剂抑制和 D_2 受体抑制剂增强。突触前 DA 自受体主要在以下三个方面发挥负反馈调节作用（图 4-5-12）。

调节 DA 的释放。 突触前 D_2 自受体的主要作用是对轴突末梢 DA 的胞吐分泌进行调节。DA 神经元兴奋后，通过突触囊泡的胞吐活动分泌 DA，分泌的 DA 激活 D_2 自受体，降低了后续兴奋偶联的 DA 的释放概率（release probability）。D_2 受体通过 $G_{i/o}$ 下游信号通路抑制 DA 释放主要通过以下两种途径：①通过游离出的 $G_{\beta\gamma}$ 亚基抑制 P/Q- 和 N- 型钙通道，抑制钙离子内流，进而抑制钙离子依赖

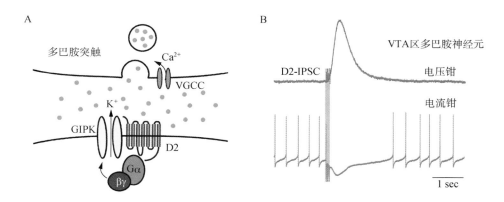

图 4-5-11 胞体树突 D_2 受体激活能够使 DA 神经元超极化，引起动作电位发放暂停
A. 图示显示在 SNC 区和 VTA 区，D_2 受体激活后，G 蛋白的 βγ 亚基介导 GIRK 通道激活，引起 K^+ 外流，使 DA 神经元处于超极化状态。**B.** 胞外串刺激引起 DA 的释放，局部高浓度 DA 激活 D_2 自受体，引起 VTA 区 DA 神经元动作电位发放暂停（引自参考文献 2）

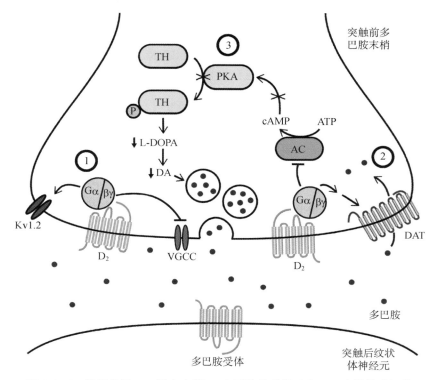

图 4-5-12 纹状体区 DA 轴突末梢 D_2 自受体信号通路和 DA 突触传递调节
D_2 受体对 DA 合成、分泌与再摄取的调控通路：（1）D_2 受体通过激活 Kv1.2 通道抑制 DA 囊泡的释放概率，并抑制电压门控型钙通道（voltage-gated calcium channel，VGCC），进而抑制钙离子内流，减少 DA 释放；（2）突触前 D_2 受体激活后通过增加质膜上 DA 转运体（DA transporter，DAT）的表达增加 DA 的再摄取，并通过与质膜上 DAT 的相互作用增加 DAT 活性，进而增强 DA 的再摄取能力；（3）长期激活 D_2 受体降低 PKA 依赖的酪氨酸羟化酶（tyrosine hydroxylase，TH）的磷酸化水平，降低 TH 酶活性，从而降低 DA 的合成和 DA 在囊泡内的填充（packaging）（引自参考文献 2）

的 DA 释放；②通过电压依赖性钾通道（$K_v1.2$）引起钾离子内流，细胞超极化，进而抑制 DA 释放，抑制 $K_v1.2$ 或使用 $K_v1.2$ 缺失小鼠可以降低 D_2 受体激动剂 quinpirole 对纹状体 DA 释放的抑制作用。

调节 DA 再摄取。 DA 释放后，胞外 DA 主要通过 DA 转运体（DA transporter，DAT）进行清除，一方面快速终止 DA 信号传递，另一方面介导 DA

的回收再利用。D_2 受体激活后，可增加 DAT 在细胞表面的表达水平，进而加速 DA 的再摄取过程。当 D_2 受体过度激活时或 DA 末梢在长时程串刺激的情况下，D_2 受体激活还可通过与 DAT 相互作用而增加 DAT 活性，使 DA 再摄取加速。而 DA 神经元处于基础活性时，由于胞外 DA 浓度不足以高到激活 D_2 受体增加 DAT 活性的程度，因而不能加速

DA 的再摄取过程。

调节酪氨酸羟化酶活性。突触前 D₂ 受体激活后抑制酪氨酸羟化酶（TH）活性，这是一个缓慢的过程。D₂ 受体激活后，AC 酶活性降低，cAMP 合成减少，依赖 cAMP 的 PKA 活性降低，TH 调节区域的磷酸化水平下降从而导致 TH 活性降低。长时程 D₂ 受体的激活降低 TH 活性，降低 DA 的合成，进一步降低突触前 DA 囊泡的装填水平和改变囊泡单胺转运体（vesicular monoamine transporter，VMAT）的表达和分布，最终抑制 DA 的突触传递强度。

第七节　多巴胺转运体

DA 神经元质膜上具有 DA 转运体（dopamine transporter，DAT），在囊泡膜上有囊泡单胺转运体（vesicular monoamine transporter，VMAT），两者的分子结构均含有 12 个跨膜区（transmembrane domain，TMD）。DAT 是属于 Na⁺ 和 Cl⁻ 相偶联的转运体家族，其功能是重摄取被释放到突触间隙的 DA，终止 DA 的生理效应，并将其转运至胞浆以资循环再利用（图 4-5-13A）。VMAT 属于依赖 H⁺ 的转运体家族，负责将胞浆中的 DA 摄入到分泌囊泡贮存起来，以备分泌（图 4-5-13B）。

一、多巴胺质膜转运体

DA 转运体（DA transporter，DAT）位于 DA 神经元的突触前膜上，将释放到胞外的 DA 进行再摄取，终止其生理效应，同时还是毒物 MPP⁺ 进入 DA 神经元的闸门，也是成瘾药物的作用靶点之一。

DAT 分子结构有 12 个疏水的跨膜结构域（TMD），膜两侧有 6 个胞外环（EL）和 5 个胞内环（IL）（图 4-5-14）。肽链的 N 端和 C 端均位于胞内，具有蛋白激酶 A（PKA）、蛋白激酶 C（PKC）和钙 / 钙调蛋白依赖性蛋白激酶 Ⅱ（CaMK Ⅱ）的磷酸化位点，提示 DAT 的功能可由不同的信号转导途径调节。N 端和 C 端除了位点特异性的修饰外，还能与许多结合伴侣相互作用（如 syntaxin 1A、DA 自受体等），与这些分子的相互作用能够增强或抑制 DAT 的转运能力。在胞外段，3 个 N-糖基化位点位于 EL2 上，这些位点发生磷酸化将下调 DAT 功能，所以这些位点对 DAT 的运输效率和在细胞膜表面存量至关重要。在 EL2 上的二硫键不参与 DAT 的转运，但参与 DAT 的生物合成。DAT 跨膜结构中，TMD2 上的亮氨酸拉链样基序（motif）对于 DAT 定位于质膜上至关重要。

DAT 属于 Na⁺-Cl⁻ 偶联神经递质转运体家族（SLC6 基因家族）。DAT 转运 DA 时需要 2 个 Na⁺ 和 1 个 Cl⁻，转运过程对膜两侧的电位产生影响，

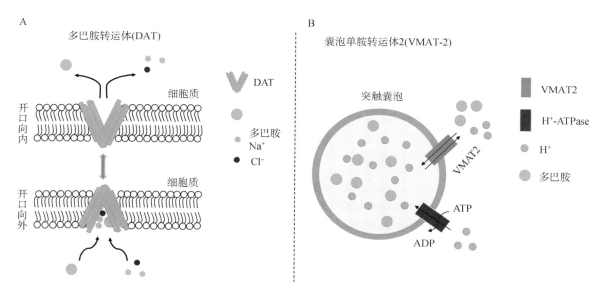

图 4-5-13　**DAT 和 VMAT2 的功能模式图**
A. DAT 从胞外向胞内转运 1 个 DA 分子需要 2 个 Na⁺ 和 1 个 Cl⁻ 协助同向转运，构象从面向胞外转变为面向胞内完成转运过程。B. VMAT2 从胞浆向囊泡内转运 1 个 DA 需要 2 个 H⁺ 反向转运协助，囊泡内 H⁺ 浓度梯度由 H⁺-ATP 酶向囊泡内转运 H⁺ 产生

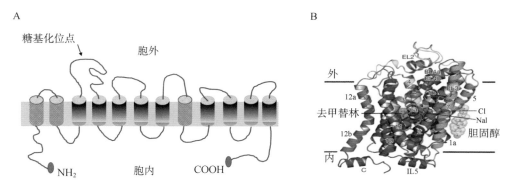

图 4-5-14　**DAT 的结构**

A. DAT 分子结构有 12 个疏水的跨膜结构域（TMD），膜两侧有 6 个胞外环（EL）和 5 个胞内环（IL），肽链的 N 端和 C 端均位于胞内；B. DAT 的晶体结构（侧面观）。不同颜色的螺旋形结构表示 12 个跨膜结构域，Na$^+$、Cl$^-$ 和胆固醇分子分别以紫色、绿色和黄色球体表示（引自参考文献 30）

同时也受跨膜电位的调节。DAT 利用 Na$^+$/K$^+$-ATP 泵维持的胞外高 Na$^+$ 浓度梯度，将 DA 快速单向顺 Na$^+$ 浓度梯度转运到胞内。在转运过程中 Cl$^-$ 的功能在于抵消 Na$^+$ 向胞内转运过程中产生的正电荷负载。因此，DAT 在维持 DA 的稳态调节上具有重要的生理功能，但同时也是引起 DA 系统异常与相关疾病的重要作用靶点。

成瘾药物的作用靶点。DAT 是许多成瘾性药物的作用靶点，在药物成瘾治疗中具有重要作用。例如可卡因和安非他明，它们的作用都是增加突触间隙中 DA 的浓度，但它们的作用机制却不同。可卡因是 DAT 的阻滞剂，抑制 DAT 对 DA 的再摄取过程，进而减缓突触间隙 DA 的清除速率；而安非他明的作用主要是逆转 DAT 的转运过程，增加突触间隙 DA 的浓度（图 4-5-15）。

MPTP 导致 PD 的靶点。MPTP 的摄入能使人产生典型的帕金森病（Parkinson's disease，PD）样症状。MPTP 通过血脑屏障，进入脑内胶质细胞中，由单胺氧化酶 B（MAO-B）转化为 MPDP$^+$ 和 MPP$^+$ 两种自由基。MPP$^+$ 是一种极性分子，不能自由进入细胞，依赖于质膜上的 DAT 摄取进入 DA 神经元中。DAT 特异性拮抗剂马吲哚（mazindol）可完全阻止 MPP$^+$ 进入 DA 神经元中。DAT 基因敲除的突变小鼠，不能转运 MPTP，所以 MPTP 对其产生的毒性很弱；而 DAT 表达增加的转基因小鼠，对 MPTP 毒性则更敏感。由于黑质部位 DA 神经元和树突高表达 DAT，所以 MPTP 对它的损害具有高度选择性。

二、多巴胺囊泡转运体

囊泡单胺转运体（vesicular monoamine transporter，

VMAT）将胞浆中的 DA 转运到分泌囊泡中。VMAT 有两种亚型：VMAT1 和 VMAT2。VMAT2 表达在中枢神经系统的单胺能神经元上，VMAT1 只表达在胃、肠和交感神经系统相关的内分泌/旁分泌细胞上。DA 囊泡转运体为 VMAT2。

VAMT2 在结构上包含 12 个 TMD，N 端和 C 端都位于胞质中。N 端、C 端和囊泡的腔内环上有多种氨基酸残基糖基化、磷酸化反应位点。与 DAT 同向转运 DA、Na$^+$、Cl$^-$ 不同，VMAT2 是一种质子依赖的反向转运体，通过 VMAT2 构象的改变将囊泡中的 2 个质子和胞浆中的 1 个 DA 分子进行交换。这种转运依赖 H$^+$-ATP 酶通过分解 ATP 产生的能量，将 H$^+$ 逆浓度梯度转运到囊泡中所产生的 H$^+$ 浓度梯度。有很多因素影响 VMAT2 的功能，从而影响囊泡神经递质分泌的量子大小。VMAT2 在转运 DA 过程所依赖的 H$^+$ 浓度梯度不是一成不变的，会随着 DA 向囊泡转运而逐渐消散，H$^+$ 浓度梯度的维持需要依赖囊泡膜上的 H$^+$-ATP 酶，因此，H$^+$-ATP 酶是对囊泡转运调节的靶点之一。阻断 H$^+$-ATP 酶的功能或影响 H$^+$ 浓度梯度建立的因素都会改变 VMAT2 向囊泡转运 DA 的能力。VMAT2 向囊泡中转运 DA 不仅依赖 H$^+$ 浓度梯度，还依赖胞浆中 DA 的浓度。用 L-DOPA 处理增加胞浆中的 DA 后，在囊泡数量不变的情况下，增加了 DA 囊泡的量子大小。

VMAT2 也是很多药物的作用靶点，调节 DA 释放动力学的药物，如安非他明（amphetamine）、可卡因（cocaine）、哌甲酯（methylphenidate）和阿扑吗啡（apomorphine）均可改变 VMAT2 的表达量。在果蝇中利用光学成像技术发现，加入安非他明后，VMAT2 在分泌囊泡脱酸和增加胞浆中 DA

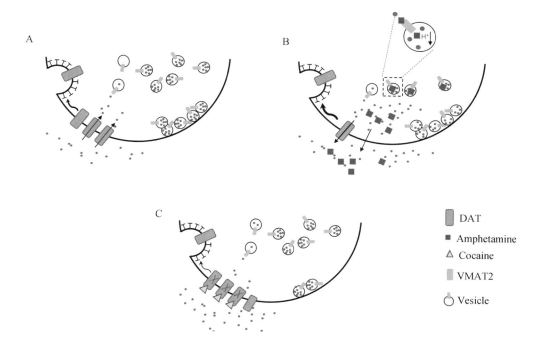

图 4-5-15　安非他明和可卡因作用于 DA 能神经末梢的机制

A. DA 能神经末梢在没有安非他明（amphetamine）和可卡因（cocaine）作用时的基础状态。**B.** 安非他明加速 DAT 的内吞，将 DAT 转运到胞浆；还可直接通过质膜进入胞浆，逆转 DAT 的转运过程，增加胞外 DA 的浓度；同时，还可作为一种弱碱进入囊泡降低囊泡内的酸性环境，或直接结合 VMAT2，减少 DA 向囊泡内填充；最后，安非他明还能降低胞浆部分 DA 囊泡的数量。**C.** 可卡因抑制 DAT 对 DA 的转运，同时还能增加质膜上 DAT 的表达，胞外 DA 浓度增加。而且，可卡因增加胞浆部分囊泡数量，同时减少锚定在突触前膜处囊泡的数量，增加纹状体 DA 末梢 DA 含量

浓度的过程中至关重要。胞浆中的安非他明可被 VMAT2 转运到囊泡中，在转运过程中和 H^+ 进行反向转运偶联，导致后续的囊泡内碱化，改变了囊泡内 H^+ 浓度梯度，抑制 DA 在囊泡中的装载过程，进而增加胞浆中 DA 的浓度（图 4-5-15B）。

增加囊泡膜表面 VMAT2 的表达不仅可以增加囊泡的量子大小，还可以增加量子释放事件的频率。VMAT2 的表达水平是转录因子、蛋白激酶、G 蛋白和结合伴侣之间复杂相互作用的结果，会随着神经活动进行上调或下调，这反过来又会改变囊泡的量子大小（quantal size）和突触效率（synaptic efficacy）。VMAT2 转运到囊泡膜表面依赖 PKA 的信号转导，PKA 的作用尽管很关键，但 PKA 并不直接磷酸化 VMAT2 蛋白，而是调节 VMAT2 的 N 末端的糖基化和直接磷酸化 CREB 调控转录激活。

第八节　多巴胺的生理功能和病理意义

DA 作为一种重要是神经递质，通过和 DA 受体（D1DR、D2DR）结合，调控下游投射区不同类型神经元的突触连接强度、兴奋性和突触可塑性，从而介导重要神经环路的自适应和神经网络的内在平衡，实现对于包括运动、奖赏、情绪和成瘾等生理行为和病理行为的调控。

一、多巴胺与成瘾

药物成瘾是当今全球面临的重大健康问题之一，每年成千上万人死于毒品。因此，对药物成瘾机制与治疗方案的探索从未止步。目前，虽然对于所有药物成瘾的机制尚未形成统一的理论，但对于能够以不同方式引起 DA 分泌增加的药物来说，DA 中脑边缘系统–奖励回路在成瘾的形成中扮演了重

要角色。成瘾药物的靶标是中脑边缘 DA 系统，涉及腹侧被盖区（VTA）及其主要投射区，包括伏隔核（NAc）和前额叶皮质（PFC）（图 4-5-16）。成瘾药物引起投射区伏隔核和前额叶皮质 DA 的大量释放，过量的 DA 通过其受体改变投射区的突触可塑性，从而介导了成瘾行为的形成与维持，包括对药物的渴求、戒断后复吸等动机。

早在 20 世纪 70 年代，人们发现了 DA 在成瘾中的潜在作用。研究人员通过开展行为强化实验，观察到小鼠反复利用植入脑部特定区域的电极进行自我电刺激，而此特定脑区为 DA 神经元胞体的聚集区。这项行为强化实验很好地模拟了药物成瘾的强烈动机行为。药理学研究表明，利用抗精神病药阻断 DA 受体会减轻成瘾药物在大鼠和灵长类动物中的成瘾增强作用。此外，利用大鼠脑微透析技术，发现成瘾性药物直接增加了伏隔核中 DA 的释放。临床上，利用单光子发射计算机断层扫描（single-photon emission computed tomography，SPECT）结合示踪技术，可以间接检测纹状体中 DA 水平。以此技术发现在成瘾患者纹状体中发现 DA 水平升高。此外，酒精、烟草、氯胺酮和大麻都可以增加受试者纹状体 DA 释放，从而为 DA 成瘾理论提供有力证据。

DA 分泌与成瘾。虽然所有成瘾性药物的共同点是，它们增加了 VTA 投射区域以及 VTA 本身的 DA 水平，但不同成瘾性药物的作用方式不尽相同。精神兴奋剂可卡因直接阻断 DA 转运体（DAT），导致 NAc 区域 DA 神经末梢释放的 DA 无法重回收而停留在突触间隙中，从而引起突触间隙 DA 水平的升高。苯丙胺则靶向阻断突触前膜内囊泡上的 VMAT2，导致胞质 DA 升高，从而通过 DAT 逆向运输到胞外，引起突触间隙 DA 水平增加。尼古丁可通过激活在 DA 神经元上表达 α4β2 的烟碱样受体，直接增加 DA 神经元的放电。此外，尼古丁还可通过激活 DA 神经元上的 α6β2 烟碱型乙酰胆碱受体阻断中间胆碱能神经元对 DA 神经元的兴奋作用，抑制 DA 的基础释放水平进而降低了 DA 囊泡库的清空速度，并易化 DA 的持续分泌。相比之下，阿片类药物、大麻素、γ-羟基丁酸酯（GHB）和苯二氮䓬类药物则主要通过降低 VTA 区中间神经元的兴奋性，从而间接导致 DA 神经元兴奋性增加（图 4-5-16）。

DA 突触可塑性与成瘾。成瘾性药物通过"劫持"DA 中脑边缘系统–奖赏回路，导致对于成瘾

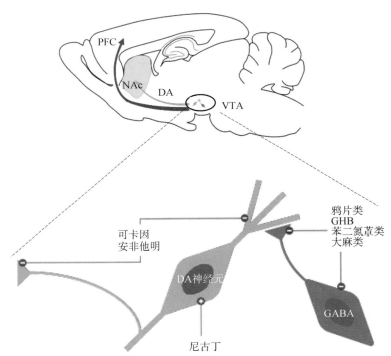

图 4-5-16　作为成瘾药物靶点的中脑边缘皮质 DA 通路

上图为中脑边缘皮质 DA 通路的矢状切面图，包含腹侧被盖区（VTA）、伏隔核（NAc）和前额叶皮质（PFC）。投射神经元主要是 DA 能神经元，并且受局部 GABA 能神经元（即中间神经元）的抑制。放大的示意图显示了三种成瘾药物作用机制：尼古丁可直接使 DA 神经元去极化，而阿片类药物、GHB、苯二氮䓬类、大麻则通过对中间神经元的抑制（即 DA 神经元去抑制）间接起作用，可卡因、安非他明作用于轴突末端以及 DA 神经元树突上的 DA 转运蛋白（DAT）。可卡因可作为 DAT 的抑制剂，而安非他明则可促进非囊泡释放。在这两种情况下，VTA、NAc 和 PFC 中的 DA 含量都会增加

药物强烈的渴求动机与行为敏化，"劫持"的手段是通过 DA 分泌的巨量增加而改变 DA 神经元自身及其下游神经元的突触可塑性。成瘾药物的急性增强作用在于其对 DA 释放水平的增加，而当其被代谢分解、DA 水平趋于稳定后，个体对成瘾药物的渴求动机来自中脑边缘系统高强度突触可塑性的驱动，这种突触可塑性改变即药物诱导的神经回路适应性改变，主要发生在 VTA 和 NAc 区域。这种突触可塑性主要表现为谷氨酸突触强度的增加，即 AMPA 受体（α-amino-3-hydroxy-5-methyl-4-isoxazolepropionic acid receptor）介导的兴奋性突触后电流（excitatory postsynaptic current，EPSC）与 NMDA 受体（N-methyl-D-aspartate receptor）介导的 EPSC 的比率增加。对实验动物单次注射可卡因 24 h 后，在 VTA 区的 DA 神经元中可以观察到 AMPA/NMDA 比率升高。而药理阻断 VTA 中的 D_1/D_5 受体，可以抑制这种突触可塑性的改变。AMPA/NMDA 比的增加是由于 AMPA 传输增强，同时 NMDA 传输降低，具体分子机制为 AMPAR 和 NMDAR 的重新分布。服用其他成瘾性药物（包括吗啡、尼古丁、乙醇和苯二氮䓬类药物）后，VTA 区 DA 神经元的兴奋性突触连接强度也会增加。

与 VTA 的改变相似，成瘾性药物会激活或"劫持"NAc 的突触可塑性，且药物诱导的突触可塑性对随后成瘾行为具有重要的决定性作用。NAc 中的兴奋性突触可以表现为几种不同形式的突触可塑性，包括 NMDAR 依赖的长时程增强（long-term potentiation，LTP）和长时程抑制（long-term depression，LTD），内源性大麻素依赖的 LTD（eCB-LTD）和 mGluR 触发的 LTD 等突触可塑性机制。如连续 5 天注射可卡因后，电生理检测会发现 NAc 中多棘投射神经元（spiny projection neurons，SPN）的 AMPAR/NMDAR 比降低，且这种降低伴随着 NMDAR 依赖性的 LTD 减弱。另一方面，通过操纵 LTP 和 LTD 引起的突触强度改变可重塑成瘾的强度。研究表明 LTP 和 LTD 诱导改变了酒精的自我给药，即寻求药物的动机行为。在体内应用光遗传刺激诱导 LTP 模式会导致寻找酒精行为的长期持续增强，而诱导 LTD 则会降低这种行为，且这种诱导的长期增强效应能够被 D_1 受体阻断剂所阻断。因此，在 NAc 区域改变由 DA 介导的兴奋性突触可塑性或可成为药物成瘾的治疗策略之一。

二、多巴胺与帕金森病

帕金森病（Parkinson's disease，PD）是仅次于阿尔茨海默病（老年痴呆）的第二大神经退行性疾病，1817 年英国外科医生 James Parkinson 首次对 PD 进行了系统描述，并将其归类于神经系统疾病。PD 的临床症状主要表现为行动徐缓、静止性震颤、肌肉僵直、动作僵化和姿势不协调等运动性症状，同时还伴随有嗅觉障碍、睡眠障碍、认知障碍、抑郁、焦虑、痴呆、疼痛、尿失禁、便秘等一系列非运动症状，其中有些非运动性症状通常早于运动性症状 10 年甚至更久的时间出现。PD 的病理特征主要表现为中脑黑质（SNc）区 DA 能神经元的选择性死亡及其投射区（纹状体、前额叶、杏仁核、海马等）DA 分泌减少（图 4-5-17）。流行病学统计表明，65 岁以上人群的发病率在 1.7% 以上，80 岁以上老人的发病率可高达 10%；男性发病率更高，在多数人群中，男性发病率可为女性发病率的 2 倍以上。我国目前 PD 患者约 350 万人，占全球患病人数的 50%，并以 10 万 / 年的速度进行增长，PD 已经成为一种严重影响人类健康、给社会和家庭带来沉重负担的一种高发性神经退行性病变。

PD 的致病基因。 PD 按照致病原因可分为散发性 PD 和遗传性 PD 两大类，但无论是遗传性还是散发性 PD 都具有诸多共同病理特征，其中最重要的是黑质 DA 神经元凋亡，这预示着它们可能在 PD 的发生发展过程中有着相同 / 相似的病理机制。近期研究，特别是在全基因组关联分析（Genome-wide association study，GWAS）技术的出现之后，发现了一些重要的孟德尔式遗传的 PD 关联基因。目前已经发现 20 种以上独立的 PD 风险基因，其中有 10 种以上重要的 PD 风险基因，而 SNCA（α-synuclein），PARK2（parkin），PARK6（PTEN induced putative kinase 1，PINK1），PARK7（DJ-1），PARK8（Leucine-rich repeat kinase 2，LRRK2）和 Synaptotamin-11（Syt11）目前已被证明是可直接介导 PD 病理进程的重要致病基因。这些基因或通过影响线粒体、溶酶体、蛋白酶体或囊泡循环等 DA 神经元的正常生理功能而导致 DA 神经元凋亡，最终引起 PD 的病理进程。

PD 的病理机制。 关于 PD 的病理机制目前已形成线粒体假说、蛋白酶体假说、溶酶体假说、及囊泡循环假说等四大假说。①线粒体假说：多种 PD 相关基因功能异常导致线粒体功能缺陷，进而引起了 PD 的病理发生。Parkin 和 PINK1 共同参与

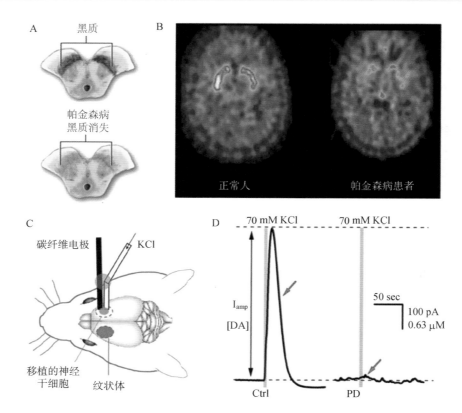

图 4-5-17　PD 的病理特征

PD 的病理特征主要表现为中脑黑质致密部（SNpc）DA 能神经元的选择性死亡及其投射区纹状体（striatum）内 DA 的分泌异常。**A**. 在石蜡切片组织中观察到 PD 患者 SNpc 区黑质结构的消失；**B**. 通过 DAT-PET 显影技术在临床上观察到 PD 患者黑质区 DA 转运体减少，代表着 DA 神经元凋亡；**C**、**D**. 通过在体碳纤维微电极电化学记录的方法，在 KCl 刺激条件下，在大鼠纹状体区记录 DA 神经元突触末梢分泌，发现 PD 模型鼠中 DA 分泌显著降低（引自参考文献 18）

线粒体的质量控制过程，Parkin 和 PINK1 突变引起功能缺陷线粒体累积，最终导致 DA 神经元功能障碍及死亡。LRRK2 突变能够引起线粒体钙稳态异常，促进线粒体自噬发生，导致神经退行性病变；DA 神经元中 DJ-1 功能缺陷会导致 α-synuclein 异常聚集，进一步导致线粒体氧化应激水平迅速上升；VPS35 突变导致线粒体破损和线粒体功能障碍，黑质 DA 神经元出现丢失和凋亡。②蛋白酶体假说：神经元和胶质细胞中的 parkin 和 α-synuclein 都能通过影响蛋白酶体的降解功能，从而导致细胞内蛋白质稳态失衡，进而诱发 PD。同时，在神经元和胶质细胞中对泛素-蛋白酶体系统（ubiquitin-proteasome system，UPS）进行抑制，也会引起 PD 样的病变，因此蛋白酶体的功能紊乱也是 PD 的诱因之一。③溶酶体假说：PD 相关基因突变，如 α-synuclein、LRRK2、Parkin、PINK1 等参与溶酶体介导的降解过程，而溶酶体相关基因 GBA、ATP13A2 等，也与 PD 病理发生密切相关，这些证据都说明溶酶体功能紊乱是 PD 发生的潜在机制。④囊泡循环假说：近期研究表明，囊泡循环

失衡导致的突触分泌与传递异常可能是导致 PD 及其他神经退行性疾病的重要机制。首先，早期神经退行性疾病患者脑组织及 PD 动物模型中参与突触传递的关键蛋白表达水平明显降低或改变。同时，在神经退行性疾病小鼠模型的早期阶段，尚未出现明显神经元凋亡时就已表现出明显的突触传递异常，且神经退行性病变始于突触末梢。更为重要的是，α-synuclein、LRRK2、Parkin、Syt11、Synaptojanin-1、GAK 等大多数 PD 致病基因都直接或间接参与了神经分泌、胞吞等囊泡循环中的关键生理过程，提示囊泡循环异常可能是 PD 重要的致病机制。此外，Syt11 对胞吞与囊泡循环的抑制作用是导致 PD 的关键，抑制 Syt11 对囊泡循环的刹车效应可完全逆转 parkin 相关 PD 的病理进程，证明胞吞与囊泡循环异常是 PD 发生的早期重要病理机制。

DA 的毒性作用。DA 在脑内作为一种潜在的氧化应激源得到了广泛的认同。胞内过量的 DA 如果不能通过酶分解代谢或转运到囊泡中清除，就会形成超氧化物多巴胺半醌（dopamine semiquinone，

DASQ）和多巴胺醌（dopamine quinone，DAQ），这两者都能导致氧化应激，产生神经毒性。异常氧化应激通常是导致神经退行性病变这一复杂级联事件的起始。DAQ 的胺基基团分子内环化形成不稳定的中间产物隐性多巴胺铬（leukodopaminochrome，LDAC），进一步氧化形成相对稳定的多巴胺铬（dopaminochrome，DAC），DAC 经过进一步重新排列形成 5,6- 二羟基吲哚（5,6-dihydroxyindole，DHI），最后氧化生成 5,6- 二羟基吲哚醌（5,6-dihydroxyindolequinone，DHIQ）（图 5-18）。DAQ、DAC、DHIQ 和 DOPAL（胞内 DA 经 MAO 代谢生成的中间产物）作为 DA 来源的氧化性衍生物作用于转录后蛋白修饰，在 PD 的发生过程中发挥 DA 的毒性作用。通过对蛋白碎片进行精确的电喷雾质谱法（ESI/MS）分析，发现一种或多种 DA 的衍生物对蛋白进行过修饰。

多种神经蛋白与 DA 衍生物相互作用后发生功能失调。α-synuclein 由于在 lewy 小体中广泛存在，在 PD 发生中起重要作用。早期实验显示，DA 衍生物（DAQ、DAC、DOPAC 和 DHIQ）与 α-synuclein 相互作用能够导致毒性 α-synuclein 寡聚物的生成，但这种作用是否通过非共价键结合目前还没有定论。DA 衍生物修饰的 α-synuclein 通过阻碍分子伴侣介导的自噬或其他胞内蛋白导致神经退行性病变。

除 α-synuclein 外，还有一些蛋白可以被 DA 衍生物修饰。其中 GBA 编码的葡糖脑苷脂酶（GCase）、parkin 和 DJ-1 的氧化应激在 PD 发生中具有重要的作用。GCase 是一种溶酶体酶，在糖脂葡糖神经酰胺分解成神经酰胺和葡萄糖中起催化作用。GCase 功能缺陷会导致 Gaucher 病，是一种溶酶体储存相关疾病，但当只有一条等位基因发生突变时，与 PD 具有很强的相关性，是目前发现的 PD 最普遍的遗传风险因子之一。最近发现，DAQ 会对 GCase 上的活性位点半胱氨酸残基进行共价修饰，降低酶的活性、造成溶酶体功能障碍和 α-synuclein 聚集。研究表明，parkin 的活性半胱氨酸位点被 DA 衍生物修饰后，导致 parkin 功能失活。parkin 是一种 E3 泛素连接酶，可对不同底物进行泛素化修饰并介导其蛋白酶体依赖的降解过程，进而在自噬蛋白降解通路中发挥重要作用。parkin 与早发性常染色体隐性遗传 PD 密切相关，理解它的作用机制对于 PD 的临床治疗具有重要的生理及病理意义。DJ-1 在神经元发生氧化应激时发挥保护性作用，DJ-1 在线粒体蛋白组学中发现被 DAQ 修饰。DAT 也可被 DA 衍生物修饰，修饰后的 DAT 再摄取功能降低。

PD 的神经环路异常。 如前所述，神经信号从纹状体向其他基底神经节传输经由直接通路和间接通路两条路径。最终效应表现为直接通路对增强运动，而间接通路表现为抑制运动。与正常人相比、PD 患者由于 SNpc 处 DA 神经元的大量死亡，纹状体处 DA 分泌大量减少，导致直接通路中的 SPN 兴奋性降低，对 SNr/GPi 抑制作用降低，而间接通路中的 SPN 兴奋性升高，对 GPe 的抑制性增强，对 STN 的去抑制作用减弱，由于 STN 核团为兴奋性的谷氨酸神经元，对 GPi 和 SNr 的兴奋性增强。直接通路和间接通路的综合作用导致 GPi 和 SNr 的兴奋性增强，对丘脑的抑制作用增强，最终表现为运动功能减弱，运动起始困难等 PD 的运动症状（图 4-5-19）。与此相对应，通过光遗传学方法，在 PD 模型小鼠上通过选择性激活 D_1 SPN 能够很大程度缓解 PD 的运动障碍，而在正常小鼠上通过选择性激活 D_2 SPN 能够导致小鼠的运动徐缓，出现 PD 样的运动能力下降。

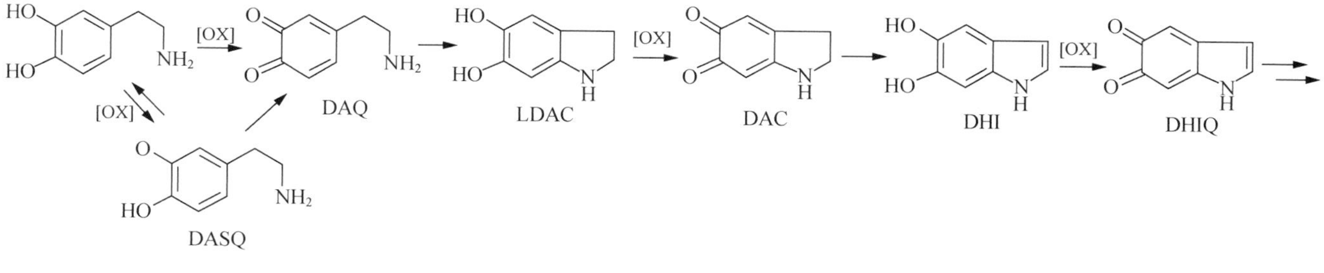

图 4-5-18 DA 的氧化步骤，[ox] 指代氧化

DA 氧化成 DAQ 或 DASQ，DASQ 作为中间产物进一步形成 DAQ，DAQ 的胺基基团分子内环化形成不稳定的中间产物 LDAC，LDAC 经过氧化生成 DAC，DAC 经过进一步重新排列形成 DHI，最后氧化生成 DHIQ。DAQ. 多巴胺醌；DASQ. 多巴胺半醌；LDAC. 隐性多巴胺铬；DAC. 多巴胺铬；DHI. 5,6- 二羟基吲哚；DHIQ. 5,6- 二羟基吲哚醌（引自参考文献 9）

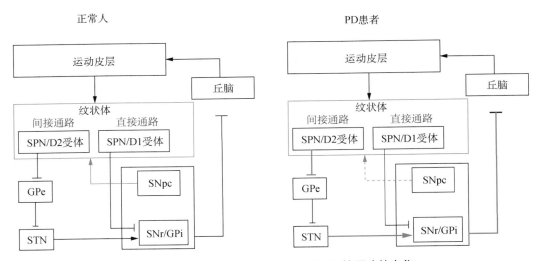

图 4-5-19 **PD 患者基底核直接通路和间接通路的变化**

与正常人相比，PD 患者由于 SNpc 处 DA 神经元的大量死亡，纹状体处 DA 分泌减少，导致直接通路中的 SPN 兴奋性降低，对 SNr/GPi 抑制作用降低，而间接通路中的 SPN 兴奋性升高，对 GPe 的抑制性增强，对 STN 的去抑制作用减弱。直接通路和间接通路的综合作用导致 GPi 和 SNr 的兴奋性增强，对丘脑的抑制作用增强，最终表现为运动功能减弱、运动起始困难等 PD 的运动症状

三、多巴胺与精神分裂症

精神分裂症（schizophrenia，SCZ）是一个令人痛苦的复杂的精神综合征。在世界范围内，精神分裂症的发病率高达 1%。精神分裂症的三大核心症状包括阳性症状、阴性症状和认知障碍。阳性症状为幻觉、妄想和感知障碍，阴性症状包括语言障碍、思维逻辑混乱、快感与动机缺失以及社会交流障碍。认知症状表现为工作学习记忆力下降、执行功能障碍、注意力下降、言语障碍等广泛的认知功能障碍。阳性症状是精神分裂症最显著和典型的症状。虽然精神分裂症的具体病理机制尚未完全确定，但针对其病理机制已提出多种假说，包括 DA 假说、神经网络假说、免疫异常假说等。而其中 DA 假说由来已久，得到大量的临床药理学、神经成像证据以及动物模型研究的支持。

DA 分泌异常与 SCZ。 在健康个体中，使用 DA 兴奋剂（如苯丙胺等）可诱发类似于 SCZ 的精神症状，精神分裂症患者对其更为敏感。给予精神分裂症患者施用利血平，清空囊泡中的 DA 后，可减轻 SCZ 的精神症状。使用正电子发射断层扫描（PET）成像对未服用过药物的 SCZ 患者的研究发现，大脑包括纹状体的皮质下区域 DA 的合成和存储都有所增加，突触 DA 浓度升高。此外，临床研究证实，DA 异常发生在精神分裂症症状出现之前，不是精神病发作或抗精神病药使用的结果。与 SCZ 患者表现相似，高风险 SCZ 受试者也表现出皮质下突触 DA 含量增加和基础 DA 合成能力增强。总体而言，精神分裂症的发生与 DA 异常分泌增加高度相关，同时 DA 分泌水平的恢复也能带来精神分裂症的症状缓解。

DA 受体表达异常与 SCZ。 当前对 DA 系统的干预是治疗 SCZ 阳性症状最有效的方案。临床上确定能够治疗精神病的药物都能阻断 D_2 受体功能，并且它们的临床效果与它们结合 D_2 受体的强度有高度关联性。PET 扫描 SCZ 患者发现，纹状体中多巴胺 D_2 受体表达增加。而且 DA 神经元兴奋性的增加与 SCZ 中精神错乱症状起始有关。患者尸检研究表明，背外侧前额叶皮质突触前 D_2 受体的表达增加，而突触后 D_2 受体的表达减少。通过 SPECT 成像技术在 18 名未经治疗的 SCZ 患者中发现纹状体区 D_2 受体与 DA 结合的比例升高。此外，使用选择性过表达纹状体 D_2 受体的小鼠动物模型研究表明，该转基因小鼠在工作记忆任务、行为灵活性、条件联想学习任务等方面表现出认知障碍。即使停止 D_2 基因的过表达，小鼠的工作记忆和条件联想学习任务的缺陷仍然存在，这表明 SCZ 的产生不是由于 D_2 受体的持续过表达而是由发育关键期过度表达引起的，与当前广泛认为 SCZ 是神经发育性疾病的共识一致。而在 dysbindin 转基因小鼠模型中，发现前额叶皮质 D_2 受体的增加引起社交功能障碍和工作记忆受损，表明前额叶皮质 DA 的突触传递亦参与 SCZ 阴性症状与认知障碍的病理发生。

第九节 展 望

DA 是大脑内最重要的神经递质之一，它所支配的脑区较为广泛，且不同的下游脑区具有不同的生理功能。如在进化上高度保守的基底神经节的输入端——纹状体，维持着机体运动功能的正常执行，兼有奖励和惩罚强化学习功能；在进化上高度保守的奖赏环路的核心枢纽——伏隔核，负责激励动机与强化学习以及诸多情绪信息的整合；在人类大脑中高度进化发达的智慧中枢——前额叶皮质，执行着高级认知功能，包括决策、抽象思维等高级智能。

DA 对下游脑区神经元发挥精准调控作用依赖于胞外 DA 的时空动态变化。因此，对 DA 分泌模式与分子机制的探索和对 DA 高时空分辨率检测技术的开发将有助于正确理解 DA 的精准调控机制。如前所述，DA 以量子化形式进行囊泡分泌，囊泡分泌依赖于由 SNARE 复合体、syt1/7、dynamin 等相关蛋白分子所介导的质膜融合，这些分子间的互作与构象变化决定着囊泡融合形式、释放 DA 的融合孔的动态变化，从而从囊泡层面决定着胞外的 DA 时空变化。因此，对于 DA 囊泡质膜融合过程中，质膜融合复合体分子结构动态解析与协作模式的深入研究，将是揭示 DA 分泌模式及其分子调控机制的关键。在 DA 能神经元胞体分泌 DA 上，当前基于微碳纤的电化学记录方法能够精准记录其量子化分泌，而在突触传递层面，当前的微碳纤记录技术、基于 DA 探针的荧光实时成像技术都无法做到记录量子化分泌。DA 探针实时成像技术与自由动物行为相结合的研究方法，能够极大拓展不同脑区 DA 信号生理意义的研究深度，亦是在未来研究 DA 相关行为环路机制的重要利器。

光遗传学、病毒示踪技术的兴起，给传统 DA 神经环路的研究带来了巨大变革。DA 神经环路的研究将步入逐步精细化与网络化的新阶段。精细化表现在亚群和特定基因表达群两种方式。如在 VTA 区域的 DA 神经元，依据其投射的靶向区，可分为 NAc 投射的 DA 神经元和 PFC 投射的 DA 神经元等，而在纹状体的纹状小体（striosome）上的 D_1 SPN 神经元依据表达基因可分为 pdyn$^+$和 Tshz1$^+$ D_1 SPN 神经元，并且它们分别介导正向强化学习和负向强

化学习。网络化表现在两个方面，一是诸多神经环路表现为双向性而非单向性，如 VTA-NAc 环路，VTA 以 DA 能投射到 NAc，而 NAc 的中间壳部（NAc-med）的 D_1 SPN 神经元以 GABA 能投射到 VTA 的 DA 神经元上，同时 NAc 的内侧壳部（NAc-lat）的 D_1 SPN 神经元以 GABA 能投射到 VTA 的 GABA 神经元上，双向投射环路对于该环路功能的塑造有何重要生理意义还亟待深入探究；二是神经环路存在直接环路和间接环路并存，如 VTA-NAc 环路为直接通路，VTA 以 DA 能投射到 PFC、海马、基底外侧杏仁核，这些下游脑区再以 Glu 能投射到 NAc 构成间接通路，最终 NAc 接收并整合所有输入信息。这种直接环路与间接环路并存现象赋予了神经网络的高度复杂性，同时也可能为神经网络提供了平衡机制，计算神经生物学和精细环路研究的联合有助于揭示其底层逻辑与生物学意义。

正由于 DA 系统在大脑内的重要性，其功能失调常常是多种神经疾病的病理特征或致病机制。虽然当前已经在这些疾病的病理机制上取得了一系列重要发现与进展，但还未能基于这些理论开发出有效的治疗性药物或方案，针对这些疾病在 DA 系统上的精细分子与神经机制的深入探索仍然是未来神经科学重要的前沿方向。人口老龄化的趋势带来 PD 患者快速增长，PD 的病理特征是 SNc 的 DA 神经元的特异性丢失，而 VTA 的 DA 神经元往往较少丢失，DA 神经元的异质性赋予了它们对各种生存不利因素易感性的不同，结合单细胞测序技术研究，将有助于挖掘其深层的基因表达与调控机制，为 DA 神经元的保护带来新的契机。SCZ 与 ADHD 作为给患者带来精神痛苦的神经发育性疾病，具有相似的病理特征即 DA 分泌功能增强，但它们的临床表现却迥异，因此它们不同的 DA 相关致病机制仍然亟待深入探索。抑郁症与焦虑症作为在全球广泛流行的负向情绪障碍，它们的致病机制被认为与 DA 奖赏回路的失调密切相关，但同时它们又伴随着认知功能、记忆功能的下降，因此这些交织而复杂的临床表现需要通过精细化的神经环路、核团亚区深入探究，才能揭示其发生发展的病理机制。总之，对 DA 相关精神疾病的多维度、多层次且细致

入微的深入研究，不仅有助于正确理解 DA 在疾病中的病理意义，也有助于为早期干预及治疗提供新的洞见与方案。

参考文献

1. Björklund A，Dunnett SB. Dopamine neuron systems in the brain：an update. *Trends Neurosci*，2007，30（5）：194-202.

2. Ford CP. The role of D2-autoreceptors in regulating dopamine neuron activity and transmission. *Neuroscience*，2014，282：13-22.

3. Gerfen CR，Surmeier DJ. Modulation of striatal projection systems by dopamine. *Annu Rev Neurosci*，2011，34：441-466.

4. German CL，Baladi MG，McFadden LM，et al. Regulation of the dopamine and vesicular monoamine transporters：pharmacological targets and implications for disease. *Pharmacol Rev*，2015，67（4）：1005-1024.

5. Jackson DM，Westlind-Danielsson A. Dopamine receptors：molecular biology，biochemistry and behavioural aspects. *Pharmacol Ther*，1994，64（2）：291-370.

6. McHugh PC，Buckley DA. The structure and function of the dopamine transporter and its role in CNS diseases. *Vitam Horm*，2015，98：339-369.

7. Missale C，Nash SR，Robinson SW，et al. Dopamine receptors：from structure to function. *Physiol Rev*，1998，78（1）：189-225.

8. Mundroff ML，Wightman RM. Amperometry and cyclic voltammetry with carbon fiber microelectrodes at single cells. Curr Protoc Neurosci，2002，Chapter 6：Unit 6.14.

9. Monzani E，Nicolis S，Dell'Acqua S，et al. Dopamine，oxidative stress and protein-quinone modifications in Parkinson's and other neurodegenerative diseases. *Angew Chem Int Ed Engl*，2019，58（20）：6512-6527.

10. Segura-Aguilar J，Paris I，Muñoz P，et al. Protective and toxic roles of dopamine in Parkinson's disease. *J Neurochem*，2014，129（6）：898-915.

11. Surmeier DJ，Ding J，Day M，et al. D1 and D2 dopamine-receptor modulation of striatal glutamatergic signaling in striatal medium spiny neurons. *Trends Neurosci*，2007，30（5）：228-235.

12. Abi-Dargham A，Rodenhiser J，Printz D，et al. Increased baseline occupancy of D2 receptors by dopamine in schizophrenia. *Proc Natl Acad Sci USA*，2000，97（14）：8104-8109.

13. Bloemen OJ，Koning MB，Gleich T，et al. Striatal dopamine D2/3 receptor binding following dopamine depletion in subjects at ultra high risk for psychosis. *Eur Neuropsychopharmacol*，2013，23（2）：126-132.

14. Dearry A，Gingrich JA，Falardeau P，et al. Molecular cloning and expression of the gene for a human D1 dopamine receptor. *Nature*，1990，347（6288）：72-76.

15. Dexter DT，Jenner P. Parkinson disease：from pathology to molecular disease mechanisms. *Free Radic Biol Med*，2013，62：132-144.

16. Gubernator GN，Zhang H，Staal RG. et al. Fluorescent false neurotransmitters visualize dopamine release from individual presynaptic terminals. *Science*，2009，324（5933）：1441-1444.

17. Howes OD，Montgomery AJ，Asselin MC，et al. Elevated striatal dopamine function linked to prodromal signs of schizophrenia. *Arch Gen Psychiatry*，2009，66（1）：13-20.

18. Kang XJ，Xu HD，Teng SS，et al. Dopamine release from transplanted neural stem cells in Parkinsonian rat striatum in vivo. *Proc Natl Acad Sci USA*，2014，111（44）：15804-15809.

19. Li ML，Xu HD，Chen GQ，et al. Impaired D2 receptor-dependent dopaminergic transmission in prefrontal cortex of awake mouse model of Parkinson's disease. *Brain*，2019，142（10）：3099-3115.

20. Maskos U，Molles BE，Pons S，et al. Nicotine reinforcement and cognition restored by targeted expression of nicotinic receptors. *Nature*，2005，436（7047）：103-107.

21. Mor DE，Tsika E，Mazzulli JR，et al. Dopamine induces soluble alpha-synuclein oligomers and nigrostriatal degeneration. *Nat Neurosci*，2017，20（11）：1560-1568.

22. Saal D，Dong Y，Bonci A，et al. Drugs of abuse and stress trigger a common synaptic adaptation in dopamine neurons. *Neuron*，2003，37（4）：577-582.

23. Sun FM，Zeng JZ，Jing M，et al. A genetically encoded fluorescent sensor enables rapid and specific detection of dopamine in flies，fish，and mice. *Cell*，2018，174（2）：481-496.

24. Tan KR，Brown M，Labouèbe G，et al. Neural bases for addictive properties of benzodiazepines. *Nature*，2010，463（7282）：769-774.

25. Wang CH，Kang XJ，Zhou L，et al. Synaptotagmin-11 is a critical mediator of parkin-linked neurotoxicity and Parkinson's disease-like pathology. *Nat Commun*，2018，9（1）：81.

26. Wang L，Shang SJ，Kang XJ，et al. Modulation of dopamine release in the striatum by physiologically relevant levels of nicotine. *Nat Commun*，2014，5：3925.

27. Xiao P，Yan W，Gou L，et al. Ligand recognition and allosteric regulation of DRD1-Gs signaling complexes. *Cell*，2021，184（4）：943-956.

28. Zhou QY，Grandy DK，Thambi L，et al. Cloning and expression of human and rat D1 dopamine receptors. *Nature*，1990，347（6288）：76-80.

29. Zhuang YW，Xu PY，Mao CY，et al. Structural insights into the human D1 and D2 dopamine receptor signaling complexes. *Cell*，2021，184（4）：931-942.

30. Penmatsa A，Wang KH，Gouaux E. X-ray structure of dopamine transporter elucidates antidepressant mechanism. *Nature*，2013，503（7474）：85-90.

第 6 章　5- 羟色胺

张玉秋

5- 羟色胺（5-hydroxytryptamine，5-HT），又名血清素（serotonin），是脑内含量较低的一类神经递质，但却占据非常重要的地位。位于脑干中缝核群的 5-HT 神经元几乎投射到整个中枢神经系统（central nervous system，CNS），广泛参与多种生理和病理过程的调节，包括摄食、体温调节、睡眠与觉醒、性行为、运动、学习记忆、奖赏、药物成瘾、疼痛和精神疾病。尽管 5-HT 最初是从血清和胃肠道中分离出来的，且在这些组织中的含量高达人体 5-HT 总量的 95% 以上，但真正获得广泛关注和研究的却是 CNS 中的 5-HT。由于血脑屏障的存在，血液中的 5-HT 很难进入 CNS。因此，中枢和外周的 5-HT 可以看作两个独立的系统，CNS 的 5-HT 只能在中枢 5-HT 神经元内合成。

第一节　5- 羟色胺的合成和代谢

一、5-HT 的生物合成

5-HT 在化学上属吲哚胺类化合物，由吲哚（indole）和乙胺（ethylamine）两部分构成。在生理 pH 条件下，5-HT 不能通过血脑屏障，也不能从细胞外间隙进入细胞内。所以，它的合成只能在 5-HT 神经元内。

5-HT 是由色氨酸（tryptophan，Trp）经两步生化反应合成。第一步是在色氨酸羟化酶（Trp hydroxylase，TPH）的作用下将 Trp 转化为 5- 羟色胺酸（5-hydroxytryptophan，5-HTP），这一步反应是限速的。5-HTP 在芳香族氨基酸脱羧酶（aromatic amino acid decarboxylase，AAAD，又名 HTP decardoxylase，HTPD）作用下脱羧而生成 5-HT（图 4-6-1）。

Trp 是一种人体必需氨基酸，哺乳类动物体内

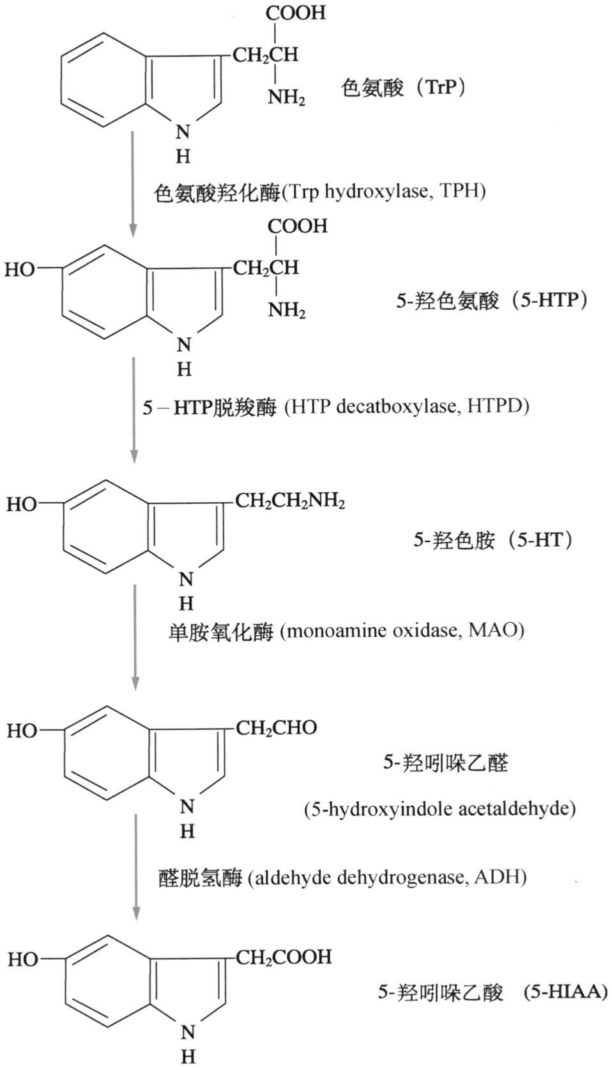

图 4-6-1　**5-HT 的生物合成和代谢**

其中物质标注：
- 色氨酸（TrP）
- 色氨酸羟化酶（Trp hydroxylase, TPH）
- 5-羟色氨酸（5-HTP）
- 5-HTP脱羧酶（HTP decatboxylase, HTPD）
- 5-羟色胺（5-HT）
- 单胺氧化酶（monoamine oxidase, MAO）
- 5-羟吲哚乙醛（5-hydroxyindole acetaldehyde）
- 醛脱氢酶（aldehyde dehydrogenase, ADH）
- 5-羟吲哚乙酸（5-HIAA）

不能自行合成，只能从食物中获取。血浆中的 Trp 有游离的（占总量的 10%～20%）和与血浆蛋白结合的（占总量的 80%～90%）两种形式，前者更易被载体（carrier）转运进入脑内。由于转运 Trp 的载体同样也可转运其他中性氨基酸（如苯丙氨酸、丝氨酸、甘氨酸、缬氨酸、亮氨酸等），因此决定 5-HT 神经元中 5-HT 水平的一个重要因素就是饮食中 Trp 和其他中性氨基酸的相对含量。其结果是，与 5-HT 功能相关的行为特别易受饮食的影响。

血中的 Trp 必须先经过血脑屏障进入脑内，进入脑内的 Trp 还需要通过神经元细胞膜的主动转运机制才能进入 5-HT 神经元。突触体和胶质细胞上都存在对 Trp 的主动转运机制。当脑内 5-HT 含量增高时，转运机制便受抑制，对 Trp 的亲和力降低；反之，当脑内 5-HT 降低时，转运效能提高，Trp 转运速度加快，以保证 5-HT 的合成。

在人和其他哺乳动物中，存在两种不同的 TPH 异构酶 TPH1 和 TPH2；前者主要分布于外周组织，中枢也有分布，而后者只表达于中枢神经系统。TPH 存在于 5-HT 能神经末梢的胞浆内，是一种需氧羟化酶，血液中氧饱和度降低时，该酶的活性下降。与酪氨酸羟化酶（tyrosine hydroxylase，TH）一样，TPH 也需四氢蝶呤（tetrahydrobiopterin）作为辅酶，起电子传递体的作用。TPH 的米氏常数（K_m）为 $5×10^{-5}$ mol/L，而脑内实际 Trp 浓度为 $3×10^{-5}$ mol/L，说明在正常情况下脑内 TPH 并未被饱和，因此提高脑内 Trp 水平可增加 5-HT 的合成。但由于 TPH 含量少，活性低，因此 5-HT 合成量的增加通常不会超过两倍。

5-HTP 脱羧酶（HTPD）与 DA 脱羧酶性质极为相似，其活力强，组织中含量高。因此 Trp 一旦羟化成 5-HTP 后，即被迅速脱羧而生成 5-HT，因此脑内 5-HTP 的含量极低，几乎不能测出。由于 HTPD 数量多、特异性差、在脑内广泛分布，因此外源性注射 5-HTP 可在许多神经元内被转化为 5-HT，对于原来不含 5-HT 的神经元，它就成了"伪递质"。一个明显的例子是，正常情况下尾壳核中含 TPH 很少，5-HT 含量极低。但由于尾壳核内 HTPD 含量较多，注射 5-HTP 后，尾壳核神经元内 5-HT 的含量明显升高，这显然是一种非生理现象。

二、5-HT 的储存和释放

5-HT 能神经末梢摄取和储存 5-HT 的过程与儿茶酚胺（catecholamines，CA）有很多相似之处。5-HT 能神经末梢也含有致密中心囊泡，在电镜下与 CA 囊泡不易区分，在胞浆中合成的 5-HT 很快被囊泡摄取和储存。最近的研究表明，囊泡内有一种分子量为 45 000 的蛋白质，被称为特异的 5-HT 结合蛋白（serotonin binding protein，SBP）。在囊泡内的高 K$^+$ 环境中，SBP 能与 5-HT 紧密结合形成复合体；当囊泡的内容物外排时，SBP/5-HT 复合物与低 K$^+$高 Na$^+$ 的细胞外液接触，5-HT 即与 SBP 解离而发挥递质作用。

与其他单胺类神经元一样，相当比例的 5-HT 神经元的轴突末梢呈树枝状分布，在这些轴突分支上，有大量的结节状曲张体（varicosity）。有时一个神经元上甚至可见 500 000 多个曲张体沿轴突分布。因此，一个 5-HT 神经元可有大量的递质释放部位。与经典的化学性突触不同，从曲张体释放出的 5-HT 通过弥散到达突触后受体，弥散距离可达 20 纳米到几个微米。

三、5-HT 的清除

5-HT 在突触间隙消除的过程与去甲肾上腺素（norepinephrine，NE）和多巴胺（dopamine，DA）相似，有重摄取和酶解失活两种方式。

（一）5-HT 重摄取

释放入突触间隙的 5-HT 与受体结合，又迅速解离，这些 5-HT 大部分被突触前末梢重新摄取。用 ^3H 标记的 5-HT 进行实验，当 5-HT 浓度小于 10^{-7} mol/L 时即可有一部分 5-HT 被 5-HT 能神经末梢上的 5-HT 转运体（serotonin transporter，SERT）所摄取，这是生理情况下出现的高亲和力摄取。被摄取的 5-HT 一部分降解，一部分进入囊泡储存。当［^3H］5-HT 浓度大于 $8×10^{-6}$ mol/L 时，可以通过多巴胺转运体（DAT）、去甲肾上腺素转运体（NET）或有机阳离子转运体（OCT）被其他神经末梢摄取，这是低亲和力的、非特异的摄取。这种情况只有在提供大量 5-HTP 引起 5-HT 大量生成和释放的情况下才会发生，被摄取的 5-HT 大部分在胞浆内被降解。

SERT 与 DAT 和 NET 同属 Na^+/Cl^- 依赖的神经递质转运体大家族。现已克隆的大鼠 SERT 由 630 个氨基酸组成，具有 12 个跨膜结构、多个糖基化位点，主要分布在中脑中缝核群、脑干等 5-HT 丰富的区域。最近的研究发现，神经胶质细胞膜上也存在这种转运体。SERT 的功能受多种调节蛋白调控。突触蛋白 Syntaxin 1A（Syn1A）可抑制 SERT 向细胞膜转运，从而减少功能转运体在细胞表面的数量。至少三类转运体结合蛋白（serotonin transporter binding proteins，STBP）STBP1、STBP13 和 STBP14 已被鉴别。

（二）5-HT 的降解

被摄取入神经末梢的 5-HT 一部分进入囊泡储存和再利用，一部分被线粒体表面的单胺氧化酶（monoamine oxidase，MAO）作用，首先氧化脱氨基而成 5- 羟吲哚乙醛（5-hydroxyindole acetaldehyde），后者又迅速被醛脱氢酶（aldehyde dehydrogenase，ADH）作用而氧化成 5- 羟吲哚乙酸（5-hydroxyindole acetic acid，5-HIAA）。这虽不是 CNS 内 5-HT 代谢的唯一方式，但却是最重要的方式（图 4-6-2）。

MAO 在 5-HT 的降解中发挥了重要作用。因而 MAO 抑制剂的应用，可使脑内 5-HT 的含量显著升高。目前已知 MAO 有两种亚型：MAO-A 和 MAO-B。在成年脑，MAO-A 主要代谢单胺类神经递质，包括 5-HT、DA 和 NE。MAO-B 主要代谢酪胺和 β- 苯乙胺。有些令人不解的是，MAO-A 在大鼠 NE 神经元的表达却明显高于 5-HT 神经元，MAO-B 则大量表达于 5-HT 和组胺神经元上。当然，这种分布上的差异也不是绝对的，除单胺类神经元外，两种 MAO 也表达在非单胺类神经元和胶质细胞上。

近年来发现，除 MAO 外，脑内还有两种甲基移位酶也可使 5-HT 代谢失活。一是羟基吲哚氧位甲基移位酶（hydroxyindole O-methyl transferase，HIOMT），使 5-HT 的 5 位羟基转化成甲氧基，再在 MAO 的作用下生成 5- 甲氧基吲哚乙酸（5-methoxyindole acetic acid，5-MIAA）；另一种是芳香烃胺氮位甲基移位酶（aromatic alkylamine N-methyl transferase，AANMT），使 5-HT 的胺基转化成为 N- 甲基衍生物，即 N- 甲基 5-HT。这两种酶在脑的正常 5-HT 代谢中不起主要作用，但在松果体内则起主要作用。松果体内 5-HT 浓度较脑内高 50 倍，HIOMT 含量极高，还存在一种 5-HT 氮位乙酰化酶，在这两种酶的联合作用下可使 5-HT 转变成 5- 甲氧基 -N- 乙酰基 5-HT，即褪黑素（melatonin）。

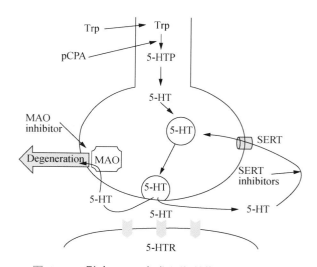

图 4-6-2　影响 5-HT 合成和代谢药物的作用环节
Trp. 色氨酸；TPH. 色氨酸羟化酶；pCPA. 对氯苯丙氨酸；5-HTP. 5- 羟色胺酸；5-HT. 5- 羟色胺；5-HTR. 5-HT 受体；MAO. 单胺氧化酶；MAO inhibitor. 单胺氧化酶抑制剂；SERT. 5-HT 转运体；SERT inhibitor. 5-HT 转运体抑制剂

四、影响 5-HT 合成和代谢的药物

（一）5-HT 合成酶抑制剂

由于 TPH 是合成 5-HT 的限速酶，因此抑制 TPH 是阻断 5-HT 合成的最佳选择。自从 Koe 和 Weissman 1966 年报告对氯苯丙氨酸（parachloro phenylalanine，pCPA）可以选择性抑制 TPH、阻断 5-HT 的合成以来，pCPA 沿用 20 余年，至今仍是阻断 -5HT 合成最理想的工具药。比如给大鼠腹腔一次性注射 300 mg/kg pCPA，或连续 3 天每日注射 100 mg/kg pCPA，可使脑内 5-HT 含量降低 80%～90%。给药第 2～3 天 5-HT 水平达最低点，1 周后开始恢复，2 周基本恢复正常水平。需要指出的是，pCPA 只抑制 TPH 而不抑制 HTPD，因此在注射 pCPA 后若给予 5-HTP 可使 5-HT 重新出现，从而逆转 pCPA 的作用。pCPA 的不足之处是对酪氨酸羟化酶（TH）也有轻度的抑制作用。比如腹腔注射 pCPA 后 1～6 天，脑内 NE 含量可降低 10%～20%，在解释实验结果时应加以注意。

除 pCPA 外还有另一些合成酶抑制剂，如 6- 氟色氨酸、α- 正丙 – 多巴酰胺（H22/54）和对氯苯丙胺（PCA）等。研究发现，6- 氟色氨酸阻断 5-HT 合成的效果与 pCPA 相近，但作用维持时间较短；H22/54 的作用效果要弱于 pCPA；PCA 一次给药 10 mg/kg 即可使脑内 5-HT 含量降低 60%，且作用可持续 4 个月之久，但该药降低 5-HT 的幅度较小，且作用环节较复杂，不是理想的工具药。

此外，抑制 HTPD 也可阻断 5-HT 的合成，有效的抑制剂有 α- 甲基 -5-HTP 和 α- 甲基多巴。其中以 α- 甲基 -5-HTP 较为可靠。由于 HTPD 不像 TPH 那样只存在于 5-HT 能神经元内，而是广泛存在于多种神经元内，因此 HTPD 不是首选的用药对象，相关药物也应用较少。

（二）5-HT 神经纤维的化学切断剂

继 6-OHDA 破坏 CA 神经纤维这一发现之后，Baumgarten 等（1971）试用 5,6- 双羟色胺（5,6-dihydroxy tryptamine，5,6-DHT）作为 5-HT 神经纤维的化学切断剂获得成功。比如研究发现，给大鼠脑室注射 75 μg 5,6-DHT，可使脊髓 5-HT 含量降低 85% 以上，持续 6 个月仍未完全恢复，而脑内 5-HT 神经元受损较轻。如欲选择性降低脑内 5-HT 的含量，则可将小剂量 5,6-DHT 注入中脑被盖的腹内侧以损毁 5-HT 上行纤维，该法可使前脑 5-HT 含

量降低 70%～80%，而延脑桥和脊髓不受影响。该种用药方法的缺点是前脑 DA 的含量可发生一过性下降（下降 30%，5 天恢复），NE 含量则升高 50%。

随后发现的 5,7-DHT 毒性较 5,6-DHT 低，因此应用剂量可增加一倍。大鼠脑室注射 150 μg 5,7-DHT 可使脊髓内 5-HT 含量降低 90% 以上，前脑和脑干分别降低 80% 和 60%；缺点是对 NE 神经纤维也有较强的亲和力，使脑内 NE 含量下降 50%，54 天仍未恢复。

5,6-DHT 的应用促进了中枢 5-HT 神经元的形态学研究。比如注射 5,6-DHT 1～3 天后 5-HT 纤维及其末梢被破坏，接近末梢处的轴索变粗，直径可增大至 3～15 μm，其内有大量黄、橙或棕色荧光物质堆积，据此可追踪 5-HT 纤维的走行。

总之，为降低 CNS 内 5-HT 含量，① pCPA 是首选的药物；② 5,6-DHT 可以定位地损毁 5-HT 纤维，并促进了形态学研究；③生理学中常用的通直流电或注射海人藻酸（kainic acid）等损伤神经核团的方法也可加以选用；④近年来迅速发展的 Cre/loxP（或 Flp/FRT）重组酶技术可在 DNA 的特定位点上执行删除、插入、易位和倒位，实现对特定基因在特定细胞的功能操控，利用该技术可以条件性、选择性和脑区特异性地抑制或杀死 5-HT 神经元及其投射通路，目前已得到广泛应用。

（三）促 5-HT 释放剂和 5-HT 耗竭剂

芬氟明（fenfluramine）可选择性促进 5-HT 释放，并抑制其重摄取，使突触间隙内 5-HT 的含量增加，从而加强了 5-HT 的作用，可对疼痛及摄食功能产生影响。但长期服用此药可使脑内 5-HT 的储量降低，甚至使中缝核群神经元受损，临床宜慎用。

抑制 5-HT 储存的药物有利血平和四苯嗪，它们不但耗竭 5-HT，而且还耗竭 CA。目前尚未发现特异的 5-HT 耗竭剂。

（四）5-HT 重摄取抑制剂

能阻断 5-HT 的药物，可阻断 5-HT 的重摄取。这类药物有三环类化合物、氟氧苯丙胺、芬氟明和可卡因。

三环类化合物可抑制膜泵，阻断神经末梢对 CA 和 5-HT 的重摄取，从而加强单胺类递质的功能活动。不同的药物对 5-HT 和 CA 略有偏重，比如以抑制 5-HT 重摄取为指标，三环类药物的作用强度次序依次为氯丙咪嗪＞丙咪嗪＞阿米替林＞普鲁

替林＞去甲咪嗪＞去甲替林；而阻断 NE 重摄取的效价次序大体相反。

氟西汀（fluoxetine）是一种新型的高效 5-HT 重摄取抑制剂，它不影响 CA 的再摄取。大鼠腹腔注射 10 mg/kg fluoxetine，作用可维持 24 h 以上，是一种较理想的工具药，临床上有促眠、镇痛、减肥和抗抑郁焦虑的作用。

（五）单胺氧化酶抑制剂（MAOI）

MAO-A 抑制剂氯吉宁（clorgyline）可使脑内 5-HT 含量显著增高，而 MAO-A 抑制剂盐酸司立吉林（deprenyl）并不影响 5-HT 含量。多数 MAOI 对 A、B 两型 MAO 都有抑制作用，常用的有优降（pargyline）、苯乙肼（phenylzine）和苯环丙胺（tranylcypromine）。

第二节　5- 羟色胺神经元及其通路

一、5-HT 神经元的特性

哺乳动物脑内 5-HT 神经元约占全脑神经元的 0.1%，这群神经元能够合成、释放和重摄取 5-HT。编码色氨酸羟化酶（TPH）、囊泡单胺转运体（VMAT2）和细胞外 5-HT 转运体（SERT）以及单胺氧化酶（MAO）等蛋白的基因都可能作为 5-HT 神经元的基因标识。在小鼠的研究发现，编码上述蛋白的基因中，只有 *Tph2* 是特异性表达在中枢 5-HT 神经元的基因。因此，*Tph2* 可作为小鼠中枢神经系统 5-HT 神经元细胞类型特异性标志基因。

不同脑区和不同功能的 5-HT 神经元具有不同的电生理特性。比如，中缝背核（dorsal raphe nucleus，DR）侧翼的 5-HT 神经元与其内侧的相比具有更高的兴奋性。这种兴奋性的差异也与其基因表达和传出投射相关。DR 表达 *Gad1-5-HT* 神经元和 *Gad1-Tph2* 神经元比单表达 *Tph2* 的神经元有更低的输入阻抗和放电频率。同样，中缝正中核（median raphe nucleus，MR）的 5-HT 神经元与 DR 5-HT 神经元也有不同的电生理特性。MR *Rse2*（*Hoxa2*）*-Pet1* 5-HT 神经元与 *En1-Pet1* 和 *Egr2-Pet1* 神经元相比具有更高的兴奋性。投射到内侧前额叶皮质（medial prefrontal cortex，mPFC）和背侧海马（dorsal hippocampus，dHP）的 *Gal-5-HT* 神经元比投射到基底外侧杏仁核（basolateral amygdaloid nucleus，BLA）的 5-HT 神经元的动作电位阈值更低、半波宽更窄、放电频率更高。除上述固有电生理特性外，5-HT 神经元的活动也具有经验依赖性。慢性社交孤立可导致 DR 5-HT 神经元活动显著降低，抑制小电导钙激活钾通道 SK3 可反转上述改变并改善行为异常表征，提示 5-HT 神经元的电生理特性部分地依赖于神经元中所表达离子通道的活性。

来自免疫组织化学、原位杂交、转录组学、在体和离体电生理记录等多种实验研究表明 5-HT 可与其他神经递质（如谷氨酸、γ- 氨基丁酸）和神经肽共释放。在大鼠腹内侧 DR 和 MR，约有 80% 的 5-HT 神经元表达 VGLUT3（一种在脑干谷氨酸神经元高表达的囊泡谷氨酸转运体）。光遗传学激活 MR 投射到海马的 5-HT 神经元可引起谷氨酸和 5-HT 的共释放，并可通过作用于 AMPA、NMDA 和 5-HT3 受体引起海马突触后神经元的快速去极化。对 BLA 5-HT 投射的研究也显示光遗传激活 5-HT 神经元可引起谷氨酸和 5-HT 的共释放，且具有频率依赖性：低频刺激（< 1 Hz）可诱发释放谷氨酸，而较高频率刺激（10 ～ 20 Hz）则可诱发释放 5-HT。这些结果提示，在体情况下 5-HT 神经元的放电频率或放电模式可能触发其释放不同的神经递质。最近的单细胞测序实验显示，小鼠 5-HT 神经元可表达编码 γ- 氨基丁酸（GABA）合成酶的基因 *Gad1* 和 *Gad2*。但 5-HT 是否与 GABA 共释放的直接实验证据尚无报道。对小鼠中缝核群 5-HT 神经元的研究显示，*Tac1*（编码 P 物质）、*Penk*（编码脑啡肽）、*Pdyn*（编码强啡肽原）、TRH、CGRP、CCK、CRH 和 NOS1 等在 5-HT 神经元均有表达。比如在人中，约 50% 的 DR 和 25% 的 MR 5-HT 神经元表达 TAC1 mRNA。

5-HT 与其他神经递质和神经肽的共释放，提示其对其他中枢神经具有较为复杂的调控机制。

二、5-HT 神经元的分布

脑内 5-HT 神经元主要分布于低位脑干的中线上，被称为中缝核群（raphe nuclei），主要由 8 个核团所组成。瑞典学者 Dahlström 和 Fuxe 用醛诱发

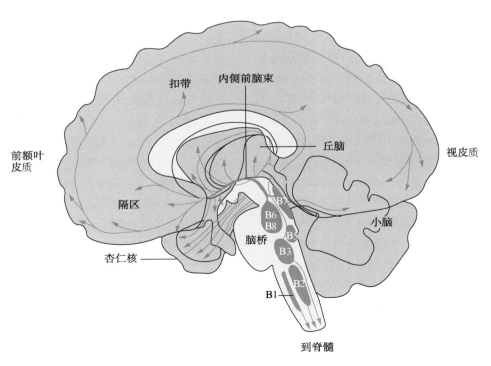

荧光法将 5-HT 能神经元的聚集地分为 9 个细胞群（B1 ～ B9），此外还有些散在的 5-HT 细胞分布于附近区域（图 4-6-3）。近年来，随着遗传学和基因组学新技术的发展，单细胞转录本和全脑单神经元的重建，为 5-HT 神经元亚群的定位提供了有价值的解剖学和功能特异性信息。

B1 细胞群主要在中缝苍白核内，位于延髓尾侧，锥体束腹侧，自锥体交叉至面神经核平面。B2 细胞群主要在中缝隐核内，与 B1 在同一平面，位于 B1 背侧。B3 细胞群主要在中缝大核内，位于延-脑桥交界处，尾侧与 B1 延续。B4 细胞群位于第 Ⅳ 脑室底的灰质内，展神经核和前庭神经内侧核的背侧。B5 细胞群主要在中缝脑桥核内，位于三叉神经运动核水平。B6 细胞群在脑桥吻侧中缝的两侧，中央上核及其邻近区。B7 细胞群主要在中脑中缝背核内，在中脑导水管周围灰质（PAG）的腹侧，内侧纵束的内侧。B8 细胞群位于中央上核内，在中脑下丘尾端到脚间核尾侧平面。B9 细胞群主要位于下丘平面的中脑被盖部，脚间核的背侧，内侧丘系内侧。

三、5-HT 神经元的投射

尽管脑内 5-HT 神经元的数量较少，但其在 CNS 的投射范围广，遍布脑和脊髓大部分区域。

5-HT 神经元的纤维投射分上行和下行两部分，上行纤维又分为腹束（较大）和背束（较小）两支。5-HT 上行腹束起自 B6 ～ B8 核群，加入内侧前脑束，投射至多个脑区（图 4-6-3，图 4-6-4），包括脚间核、黑质、缰核、丘脑内侧核、束旁核、下丘脑后核、下丘脑内、外侧核、下丘脑前核、视交叉上核、弓状核、视前区、隔核、嗅结节、斜角带、杏仁核、尾壳核、海马、内嗅皮质、梨状皮质、额、顶、枕叶皮质等。其中位于 DR 的 B7 组 5-HT 能神经细胞群为前脑提供了主要的上行 5- 羟色胺能投射。小鼠的 DR 中有约 9000 个 5-HT 能神经元，人类约为 160 000 个。DR 的 5-HT 能神经元广泛投射到中脑和前脑的不同区域，包括腹侧被盖区 / 黑质致密区、丘脑、下丘脑、杏仁核、前额叶皮质和嗅球。这些区域与奖励、情感控制和感觉运动整合等功能的调节密切相关。DR 尾侧部和束间部的 5-HT 神经元还以低密度的方式投射到海马和内侧隔区。此外，DR 的 5-HT 能神经元还向后脑发出下行投射，包括臂旁核、脑桥中央灰质、延髓内侧区、上橄榄复合体和面神经核。上行背侧束主要起自 B3、B5 和 B6，投射到 PAG 和下丘脑后区。此外还有一部分 5-HT 纤维投射到小脑。5-HT 下行纤维束主要发源于 B1 ～ B3，纤维束自脊髓侧索下行，分布于脊髓背角、侧角和前角。

图 4-6-3　人脑 5-HT 神经元投射

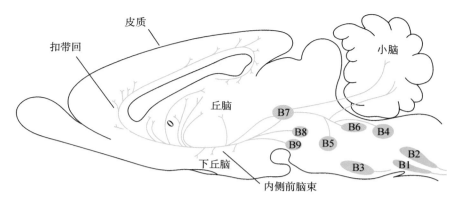

图 4-6-4　小鼠 5-HT 神经元投射

第三节　5- 羟色胺受体

　　5-HT 产生的效应是通过多种 5-HT 受体介导的。5-HT 及其受体广泛存在于中枢和周围神经系统（peripheral nervous system，PNS）以及许多非神经组织，如胃肠道、心血管系统和血液。

　　对 5-HT 受体的分类始于 1957 年。Gaddum 和 Picarelli 发现 5-HT 对豚鼠回肠的收缩的调节可通过两种不同的机制：①直接作用位于平滑肌细胞的受体引起回肠收缩，该作用可被 dibenzyline（D）阻断；②通过位于神经元的受体间接作用于回肠平滑肌，morphine（M）可阻断这一作用。据此，前者得名 D 受体，后者称为 M 受体。1979 年，随着放射性配体结合技术的发展，5-HT 受体研究进入了新的纪元。Perontka 和 Snyder 采用放射性配体［^{3}H］5-HT，［^{3}H］spiperone 和［^{3}H］LSD 鉴定了两个不同的 5-HT 受体结合位点。由于 5-HT 是唯一能够置换这些放射性配体的神经递质，因此命名为 5-HT$_1$（与［^{3}H］5-HT 有较高亲和力）和 5-HT$_2$（与［^{3}H］5-HT 亲和力较低，具有 D 受体特征）。根据对［^{3}H］spiperone 亲和力的高低，Pedigo 等（1981）将 5-HT$_1$ 又分为 5-HT$_{1A}$ 和 5-HT$_{1B}$ 两个亚型。1984 年，Pazos 等证明了能够被［^{3}H］mesulergine 标记的第三个 5-HT$_1$ 受体亚型，称 5-HT$_{1C}$ 受体。鉴于 5-HT$_2$ 和 5-HT$_{1C}$ 受体分享着共同的信号通路，后分别更名为 5-HT$_{2A}$ 和 5-HT$_{2C}$ 受体。随着分子克隆技术的推广和应用，1992 年，5-HT$_2$ 受体家族的第三个亚型 5-HT$_{2B}$ 受体成功克隆，具有 D 受体的药理学特性。对 5-HT M 受体的确认和重新分类得益于更为特异的 5-HT 受体激动剂、拮抗剂和放射性配体的发现。1986 年，Bradley 等将 M 受体归类为 5-HT$_3$ 受体。1988 年 Dumuis 在小鼠的胚丘（embryo colliculi）和海马神经元描述了一种对 5-HT$_1$，5-HT$_2$ 和 5-HT$_3$ 受体拮抗剂均不敏感的受体亚型，激活该受体可增加而不是抑制 cAMP 的生成。1995 年，Gerald 等在大鼠脑组织中克隆了该受体的两个亚单位，即 5-HT$_{4A}$ 和 5-HT$_{4B}$ 受体。随后，通过对 5-HT 受体同源序列的扫描分析，5-TH$_5$，5-HT$_6$ 和 5-HT$_7$ 受体相继被确认和克隆。

　　根据 1997 年国际药理学会受体命名协会（NC-IUPHAR）公布的"受体和离子通道的命名"标准，5-HT 受体现统一分为两大家族，7 个亚家族（图 4-6-5）。

1. G 蛋白偶联受体家族

　　（1）与 G$_{i/o}$ 蛋白偶联，抑制腺苷酸环化酶（AC）的有：5-HT$_{1A}$、5-HT$_{1B}$、5-HT$_{1D}$、5-HT$_{1E}$、5-HT$_{1F}$ 和 5-HT$_{5A}$。

　　（2）与 Gs 蛋白偶联，激活 AC 的有：5-HT$_4$、5-HT$_6$ 和 5-HT$_7$。

　　（3）与 Gq 蛋白偶联，激活磷脂酶 C（PLC）的有：5-HT$_{2A}$、5-HT$_{2B}$、5-HT$_{2C}$。

2. 配体门控离子通道受体家族　5-HT$_{3A}$、5-HT$_{3B}$ 和 5-HT$_{3C}$。

一、5-HT$_1$ 受体

　　5-HT$_1$ 受体是 5-HT 受体最大的亚家族。包括 5 个亚型：5-HT$_{1A}$、5-HT$_{1B}$、5-HT$_{1D}$、5-HT$_{1E}$ 和 5-HT$_{1F}$。由于原名为 5-HT$_{1C}$ 受体的分子结构和信号转导与 5-HT$_2$ 受体相似，现已归类到 5-HT$_2$ 受体家族，更

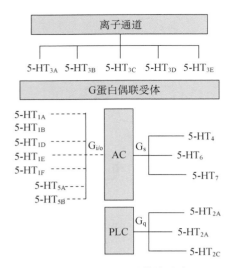

图 4-6-5　**5-HT 受体的分类**

（——）正反应（激活腺苷酸环化酶）；（-----）负反应（抑制腺苷酸环化酶）；AC. 腺苷酸环化酶；PLC. 磷脂酶 C

名为 5-HT$_{2C}$ 受体，故 5-HT$_{1C}$ 牌号空缺。5-HT$_1$ 受体各个亚型的氨基酸序列有 40% ～ 60% 同源性，均有 7 个跨膜结构，与 G$_{\alpha i}$/G$_{\alpha o}$ 蛋白偶联，抑制 AC 活性，调节其他信号通路或离子通道（表 4-6-1）。

（一）5-HT$_{1A}$ 受体

人 5-HT$_{1A}$ 受体是第一个被克隆的 5-HT 受体。在比较宽松的杂交实验条件下，它与全长的 β2 肾上腺素受体 cDNA 有交叉杂交，曾命名为 "G-21"。该克隆是一个无内含子基因，位于人 5q11.2 ～ 13 染色体，所编码的 5-HT$_{1A}$ 受体由 422 个氨基酸组成。大鼠和小鼠 5-HT$_{1A}$ 受体于 1990 年和 1993 年相继被克隆，与人 5-HT$_{1A}$ 受体有 85% ～ 89% 的同源性。

5-HT$_{1A}$ 受体是哺乳动物脑内分布最多的亚型，广泛分布于大鼠 CNS，以边缘系统为多。原位杂交、免疫组织化学和放射性配体结合位点检测结果一致显示：5-HT$_{1A}$ 受体高密度分布在外侧隔区、海马 CA1 区和齿状回、额叶皮质、内嗅皮质、缝核、脚间核和脊髓。5-HT$_{1A}$ 受体在 DR 和 MR 的 5-HT 能神经元作为自身受体高表达，对 5-HT 神经元的放电频率具有强大的稳态控制作用。5-HT$_{1A}$ 受体在许多脑区，特别是边缘系统（如海马脑区）和皮质，也可作为突触后受体表达，脊髓亦是如此。在豚鼠，肠神经丛也表达 5-HT$_{1A}$ 受体，其可对快速兴奋性突触后电位进行抑制性调制。中枢 5-HT$_{1A}$ 受体过度激活可引起 5-HT 行为综合征、焦虑、抑郁和低血压。最近的研究显示，5-HT$_{1A}$ 受体激活还可降低皮肤血管收缩和炎症性发热反应，导致体温降低。

5-HT$_{1A}$ 受体的跨膜信号传递主要是通过 G$_{\alpha i}$/G$_{\alpha o}$ 蛋白介导抑制 AC 活性，激活钾通道和失活钙通道（图 4-6-6）。在重组的细胞系上，5-HT$_{1A}$ 受体也被报道可调节 PI-PLC、PKC 和 ERK/MAPK 活性。5-HT$_{1A}$ 受体与几种 G 蛋白结合的顺序是：G$_{i3}$ > G$_{i2}$ ≥ G$_{i1}$ ≥ G$_o$ > G$_z$。在额叶皮质，5-HT$_{1A}$ 受体主要与 G$_o$ 和 G$_{i3}$ 相偶联；在海马、中缝背核和下丘脑则分别与 G$_o$、G$_{i3}$ 和 G$_{i1}$、G$_{i3}$、G$_z$ 相偶联。结合 5-HT$_{1A}$ 受体在 5-HT 能神经元密集支配的区域（如海马和皮质）高表达以及对内源性配体 5-HT 的高度亲和力，突触后 5-HT$_{1A}$ 受体是 5-HT 在脑内的主要抑制性受体。

（二）5-HT$_{1B}$ 受体

对 5-HT$_{1B}$ 和它的相似物 5-HT$_{1D}$ 受体的认识经历了一个复杂而充满矛盾的过程。最初曾以为 5-HT$_{1B}$ 受体是啮齿类动物（大鼠、小鼠、田鼠）所特有的受体，但随后的分子克隆研究发现，啮齿类 5-HT$_{1B}$ 受体与人 5-HT$_{1D\beta}$ 受体有 97% 的同源性，故大鼠 5-HT$_{1B}$ 受体又名 r5-HT$_{1B}$，人 5-HT$_{1D\beta}$ 又名 h5-HT$_{1B}$。

编码 5-HT$_{1B}$ 受体的基因位于人 6q13 染色体和小鼠 9E 染色体，r5-HT$_{1B}$ 和 h5-HT$_{1B}$ 受体分别由 386 个和 390 个氨基酸组成。两者有 32 个氨基酸不同，其中 8 个位于跨膜区。r5-HT$_{1B}$ 受体与 β- 肾上腺素受体拮抗剂 pindolol 的亲和力明显高于 h5-HT$_{1B}$ 受体。导致这一药理学特性差别的原因在于第 7 个跨膜区的一个氨基酸。r5-HT$_{1B}$ 受体分子的第 355 位氨基酸是苏氨酸，而 h5-HT$_{1B}$ 受体在这个位置上是天门冬氨酸。

免疫组织化学和放射性配体结合实验显示：5-HT$_{1B}$ 受体主要分布在基底神经节，尤其是苍白球和黑质。在间脑、上丘、背侧下脚、尾壳核、导水管周围灰质、大脑皮质、杏仁核、下丘脑和脊髓背角也有低到中等密度的分布。在 CNS 中，5-HT$_{1B}$ 受体的功能主要是作为抑制性突触前受体，调节 5-HT 和许多其他神经递质的释放。除神经系统之外，5-HT$_{1B}$ 受体也分布在脑动脉或其他血管组织，参与对血管舒缩的控制。5-HT$_{1B}$ 受体与多种行为和精神疾病相关，如偏头痛、运动能力、药物滥用、焦虑、抑郁和攻击行为等。

与 5-HT$_{1A}$ 受体相类似，5-HT$_{1B}$ 受体的跨膜信号传递也是通过 G$_{\alpha i}$/G$_{\alpha o}$ 蛋白介导抑制 AC 活性，调节 PLC 和 ERK 活性，控制内向整流钾通道。

（三）5-HT$_{1D}$ 受体

5-HT$_{1D}$ 受体（曾名 5-HT$_{1D\alpha}$）位于人 1p34.3 ～ 36.3 染色体，与 5-HT$_{1B}$ 受体有 63% 的同源性。所编码的受体蛋白由 377 个氨基酸组成。

与 5-HT$_{1B}$ 受体在 CNS 的高密度分布相比，5-HT$_{1D}$ 受体在脑内的表达水平很低。放射性配体结合实验显示，5-HT$_{1D}$ 受体结合位点主要分布在苍白球、尾壳、底丘脑核、间脑、黑质和额顶叶皮质。有研究显示，5-HT$_{1D}$ 和 5-HT$_{1B}$ 受体具有生理性联合作用。单独表达时，两者均可以单体或同源二聚体形式存在；在转染的细胞系上共表达时，可表现为单体或异源二聚体。5-HT$_{1B}$ 和 5-HT$_{1D}$ 受体在某些脑区的共存提示在生理条件下也可能形成两者的异源二聚体。5-HT$_{1D}$ 受体可能与 5-HT$_{1B}$ 受体一同参与介导神经源性炎症和三叉神经痛。

像其他 5-HT$_1$ 受体一样，5-HT$_{1D}$ 受体也通过与 G$_{\alpha i}$/G$_{\alpha o}$ 蛋白偶联抑制 AC 活性，调节钾通道和钙通道。

（四）5-HT$_{1E}$ 和 5-HT$_{1F}$ 受体

与其他 5-HT$_1$ 受体亚型所展现的对 5-HT 和 5-carboxamidotryptamine（5-CT）的高亲和力不同，5-HT$_{1E}$ 和 5-HT$_{1F}$ 仅对 5-HT 具有高亲和力，而对 5-CT 的亲和力极低。

5-HT$_{1E}$ 受体基因位于人 6q14 ～ 15 染色体，所编码的受体蛋白由 365（人）或 366（大鼠）个氨基酸组成。5-TH$_{1F}$ 受体由 366 个氨基酸组成，编码它的基因位于人染色体 3q11。两者间的同源性大于 70%。

原位杂交结果显示，5-HT$_{1E}$ 受体 mRNA 主要表达在皮质、尾壳核和杏仁核。5-HT$_{1F}$ 受体 mRNA 在脑内集中表达在中缝背核、三叉神经节、海马、皮质、纹状体、丘脑和下丘脑。5-HT$_{1F}$ 受体主要与偏头痛的发生机制有关。

选择性 5-HT$_1$ 受体激动剂和拮抗剂见表 4-6-1。

二、5-HT$_2$ 受体

5-HT$_2$ 受体可介导中枢和外周 5-HT 的多种生理功能，因此在临床上备受关注。目前已知 5-HT$_2$ 受体有三个亚型：5-HT$_{2A}$、5-HT$_{2B}$ 和 5-HT$_{2C}$（原名 5-HT$_{1C}$）。它们也属于 G 蛋白偶联受体大家族，具有典型的 7 次跨膜结构。三种 5-HT$_2$ 受体亚型之间有 70% 的同源性，对 5-HT 有相似的高亲和力。5-HT$_2$ 受体通过与 Gq 蛋白偶联，激活磷脂酶 C（PLC）、PLA2 和 PLD 等，产生胞内第二信使，介导神经元的多种功能活动。

（一）5-HT$_{2A}$ 受体

大鼠、田鼠、小鼠、猪、羊、猴和人等多个种属的 5-HT$_{2A}$ 受体 cDNA 均已被克隆。人 5-HT$_{2A}$ 受体基因位于 13q14 ～ 21 染色体，由三个外显子、两个内含子组成，编码 471 个氨基酸长度的蛋白质。

5-HT$_{2A}$ 受体广泛分布在 CNS 和外周组织中。在 CNS，5-HT$_{2A}$ 受体分布甚广，以大脑皮质密度最高。5-HT$_{2A}$ 受体在皮质的表达明显高于其在丘脑、基底神经节和海马等皮质下结构中的表达。该型受体在小脑和脑干中的表达极少。5-HT$_{2A}$ 受体也是皮质中表达最丰富的 5-HT 受体。5-HT$_{2A}$ 受体在皮质兴奋性锥体神经元的树突上表达最为密集，尤其是在 V 层。猴和人类前额叶皮质（PFC）Ⅱ～Ⅴ层中几乎所有的谷氨酸能神经元均表达 5-HT$_{2A}$ 受体，而同一层中仅约 30% 的 GABA 能中间神经元表达 5-HT$_{2A}$ 受体。5-HT$_{2A}$ 受体的层状定位（例如在皮质的 V 层）与 5-HT 能神经元在皮质中的轴突末端的定位高度吻合。5-HT$_{2A}$ 受体是自上而下的皮质 -DR 抑制性反馈回路的重要组成部分，在调节 5-HT 释放中起着至关重要的作用。

在外周组织，5-HT$_{2A}$ 受体主要分布在血小板、血管平滑肌、子宫平滑肌和胃肠道平滑肌。中枢 5-HT$_{2A}$ 受体与 GABA、ACh、DA、内啡肽和强啡肽神经元，以及 GABA$_A$ 和 NMDA 受体均有共存，提示 5-HT$_{2A}$ 受体可能是维持皮质正常神经兴奋和抑制活动所要求的。外周组织的 5-HT$_{2A}$ 受体主要介导血小板积聚、血管和血管外平滑肌收缩等反应。

5-HT$_{2A}$ 受体的跨膜信号传递是通过与 G$_{q/11}$ 蛋白偶联，激活 PLC，水解磷脂酰肌醇 -4,5 二磷酸（PIP$_2$），产生三磷酸肌醇（IP$_3$），动员胞内钙库释放，进而可引起 L- 型 Ca^{2+} 通道和 PKC 的激活。5-HT$_{2A}$ 受体还可通过两个平行的信号级联系统激活 PLA$_2$，导致花生四烯酸（AA）的释放：①通过激活百日咳毒素敏感的 G$_{\alpha i}$/G$_{\alpha o}$ 蛋白引起 G$_{\beta \gamma}$ 释放，启动 Ras-Raf-MEK-ERK 信号级联，导致 ERK 介导的 PLA$_2$ 磷酸化；②通过与百日咳毒素不敏感的 G$_{\alpha 12/13}$ 蛋白偶联激活 Rho-p38，引起 PLA$_2$ 磷酸化。此外，5-HT$_{2A}$ 受体激活也可刺激 ERK/MAPK、PLD、cAMP-PKC、Jak$_2$/STAT3h 和 Ca^{2+}/CamK Ⅱ 等信号通路，激活 Ca^{2+} 通道以及 Ca^{2+} 依赖钾通道。

（二）5-HT$_{2B}$ 受体

5-HT$_{2B}$ 受体是最后一个被克隆的 5-HT$_2$ 受体。在人、小鼠和大鼠，它分别由 481 个、504 个和 479 个氨基酸组成。编码 5-HT$_{2B}$ 受体的基因位于人 1q36.3 ～ 37.1 染色体，有两个内含子。

5-HT$_{2B}$ 受体在外周组织中表达于胃、肠、肝、心脏、肾、肺，尤其是胃底部和肺动脉。脑内 5-HT$_{2B}$ 受体表达水平很低，主要局限在小脑、外侧隔区、下丘脑、中央杏仁核、额叶、蓝斑、海马和中缝背核。激活大脑动脉内皮细胞的 5-HT$_{2B}$ 受体可引起 NO 释放，导致血管舒张，参与偏头痛的发病。肺动脉 5-HT$_{2B}$ 受体可能涉及肺动脉高压。胃肠系统 5-HT$_{2B}$ 受体参与肠易激综合征（irritable bowel syndrome，IBS）的发病。

除激活 PLC 和 PLA$_2$ 外，5-HT$_{2B}$ 受体也快速、短暂地激活原癌基因 P21 ras，进而活化 ERK/MAPK。5-HT$_{2B}$ 受体刺激还可激活 cD1/Cdk4、cE/Cdk2 激酶通路和 NO-cGMP 信号通路。

（三）5-HT$_{2C}$ 受体

5-HT$_{2C}$ 受体是第一个被克隆的 5-HT$_2$ 受体亚型，曾名 5-HT$_{1C}$ 受体。在人、小鼠和大鼠，该受体分别由 458 个、459 个和 460 个氨基酸组成，其编码基因位于人 Xq24 染色体，有三个内含子。

5-HT$_{2C}$ 受体在脑内的分布较 5-HT$_{2A}$ 受体更多、更广。分布密度最高的是脉络丛，其次是大脑皮质。海马、纹状体、隔区、伏核、杏仁核、尾壳核、黑质、丘脑、中脑和脑干的多个核团以及脊髓也都有较高水平的表达。在腹侧被盖区，5-HT$_{2C}$ 受体参与调控伏隔核多巴胺的释放。外周组织曾被认为不表达 5-HT$_{2C}$ 受体，但目前知道大鼠 II 型肺细胞和人淋巴细胞也存在 5-HT$_{2C}$ 受体。中枢 5-HT$_{2C}$ 受体涉及脑脊液生成和转运、运动、摄食、焦虑、性行为和认知等多种功能的调节。

与其他 5-HT$_2$ 受体相似，5-HT$_{2C}$ 受体也通过 G 蛋白偶联激活 PLC、PLA$_2$ 和 PLD 信号级联通路。

选择性 5-HT$_2$ 受体激动剂和拮抗剂见表 4-6-1。

三、5-HT$_3$ 受体

5-HT$_3$ 受体，即 Gaddum 和 Picarelli 在 1957 年命名的 M 受体，是 5-HT 受体家族中唯一的配体门控离子通道大家族成员。刺激该受体引起一个短暂的内向电流，进而打开非选择性阳离子通道（Na$^+$、Ca^{2+} 内流和 K$^+$ 外流），启动快速去极化。因此，它与其他 5-HT 受体（5-HT$_{1～2}$ 和 5-HT$_{4～7}$）不同，其他 5-HT 受体属 G 蛋白偶联受体，通过 G 蛋白激活和胞内第二信使介导的信号通路引起缓慢反应。突触前 5-HT$_3$ 受体的活化导致快速的 Ca^{2+} 内流，增加细胞内钙浓度。另一方面，突触后 5-HT$_3$ 受体的激活导致神经元快速的钠和钾依赖性去极化。人 5-HT$_3$ 受体基因位于 11q23.1 ～ 23.2 染色体，编码一个由 487 个氨基酸组成的五聚体蛋白质。5-HT$_3$ 受体和烟碱乙酰胆碱受体（nAChR）、GABA$_A$ 受体、甘氨酸受体以及 Zn^{2+} 激活的离子通道一样，属于 Cys-loop 受体超家族。这个超家族的成员由五个蛋白质亚基组成，在中心孔周围形成五聚体排列。由于两个半胱氨酸残基之间存在一个特征性的 13 个氨基酸组成的环，在 N 端细胞外结构域附近形成了二硫键，因此使用了 "Cys-环" 一词。迄今为止，已克隆了 5 个 5-HT3 受体亚基，即 5-HT$_{3A-E}$。其中，5-HT$_{3A}$ 亚单位首先从神经源细胞系（neuronally derived cell line）分离，它的两个剪切变异体随后从神经母细胞瘤 – 神经胶质瘤细胞（NCB-20，NG 108-15）和大鼠自然杀伤细胞获得，它们具有类似的药理学和电生理学特性。1999 年，Davies 等克隆出 5-HT$_3$ 受体的第二个亚单位 5-HT$_{3B}$。电生理学研究显示：单独表达 5-HT$_{3A}$ 或 5-HT$_{3B}$ 亚单位的受体仅表现很低的电导和反应幅度，提示 5-HT$_{3A}$ 和 5-HT$_{3B}$ 受体亚单位的异聚结合是 5-HT$_3$ 受体获得其完整功能特性所必需的。5-HT$_{3A}$ 亚单位表达在细胞表面，是一个具有 4 个跨膜结构和一个细胞外 N 末端的蛋白质，在细胞外 N 末端含有 5-HT 及其激动剂的识别位点。5-HT$_{3B}$ 亚单位存在于细胞的内质网中，不表达 5-HT 结合位点。当 5-HT$_{3B}$ 亚单位与 5-HT$_{3A}$ 亚单位共表达时，5-HT$_{3B}$ 亚单位从内质网转运到细胞表面与 5-HT$_{3A}$ 亚单位形成功能性异聚体。所有 5-HT$_3$ 受体亚基均在 CNS 中表达。含有 A 亚基可使 5-HT$_3$ 受体发挥功能，从而产生在神经元上表达的同型 5-HT$_{3A}$ 或异型 5-HT$_3$ 受体。尽管含有 5-HT$_{3C}$、5-HT$_{3D}$ 或 5-HT$_{3E}$ 的异源受体也对 5-HT 产生应答并产生与同型 5-HT$_{3A}$ 受体类似的生物学特性，但是目前科学家对其药理学特性知之甚少。另一方面，异型 5-HT$_{3A/B}$ 受体表现出完全不同的特征。它和同型 5-HT$_{3A}$ 受体在单通道电导、钙渗透性、5-HT 浓度-响应曲线、脱敏率和电流-电压关系方面有很大差异。

5-HT$_3$ 受体广泛分布在中枢和周围神经系统及

表 4-6-1 **5-HT 受体的类型和亚型**

命名	5-HT$_{1A}$	5-HT$_{1B}$	5-HT$_{1D}$	5-HT$_{1E}$	5-HT$_{1F}$
曾用名	—	5-HT$_{1D\beta}$	5-HT$_{1D\alpha}$	—	5-HT$_{1E\beta}$，5-HT$_6$
选择性激动剂	8-OH-DPAT	舒马普坦 L 694247	舒马普坦 PNU 109291	—	LY334370 LY 344864
选择性拮抗剂	（±）WAY100635	GR55562 SB 224289 SB 236057	BRL 15572	—	—
放射性配体	[^{3}H] WAY100635 [^{3}H] 8-OH-DPAT	[^{125}I] GTI [^{125}I] CYP（rodent） [^{3}H] 舒马普坦 [^{125}I] GTI	[^{125}I] GTI [^{3}H] 舒马普坦 [^{125}I] GTI	[^{3}H] 5-HT	[^{125}I] LSD [^{3}H] LY334370
信息转导通路	G$_{i/o}$CAMP↓，gK$^+$↑	G$_{i/o}$cAMP↓	G$_{i/o}$cAMP↓	G$_{i/o}$cAMP↓	G$_{i/o}$cAMP↓
基因/染色体定位	HTR1A/5q11.2-13	HTR1B/6q13	HTR1D/ 1p34.3-36.3	HTR1E/6q14-15	HTR1F
结构 -7TM	h421 P08908 m421 Q64264 r422 P19327	h390 P028222 m386 P28334 r386 P28564	h377 P28221 m374 Q61224 r374 P28565	h365 P28566	h366 P30939 m366 Q02284 r366 P30940

命名	5-HT$_{2A}$	5-HT$_{2B}$	5-HT$_{2C}$	5-HT$_3$	5-HT$_4$
曾用名	D/5-HT$_2$	5-HT$_{2F}$	5-HT$_{1C}$	M	—
选择性激动剂	DOI	BW 723C86	Ro 600175	SR 57227 m-CPBG 2- 甲基 -5- 羟色胺	BIMU8, RS 67506 ML 10302 PRX-01340 SL 650155
选择性拮抗剂	酮色林 MDL100907	SB200646 SB204741	美舒尔精 SB200646 RS 102221	格拉斯琼 昂丹司琼 托烷司琼	GR 113808 GR 125487 SB 204070 RS 100235 RS 67532
放射性配体	[^{125}I] DOI [^{3}H] 酮色林 [^{3}H] MDL 100907	[^{3}H] 5-HT	[^{125}I] LSD [^{3}H] 美舒尔精	[^{3}H]（S）- 扎可普利 [^{3}H] 托烷司琼 [^{3}H][^{3}H] 格拉斯琼 [^{3}H] GR 65630 [^{3}H][^{3}H] LY 278584	[^{3}H] GR 113808 [^{3}H] RS 57639 [^{125}I] SB 207710
信息转导通路	G$_{q/11}$ IP$_3$/DG gCl$^-$↑	G$_{q/11}$ IP$_3$/DG gCl$^-$↑；gCa^{2+}↑	G$_{q/ii}$ IP$_3$/DG gCl$^-$↑	配体门控阳离子通道	G$_S$，β- 抑制蛋白 cAMP↑，Src, ERK gK$^+$↓，gCa^{2+}↑
基因/染色体定位	HTR2A/13q14-21	HTR2B/2q36.3-37.1	HTR2C/Xq24	HTR3/11q23.1-23.2	HTR4/5q31-33
结构 -7TM	h471 P28223 m471 P35362 r471 P14842	h481 P41595 m504 Q02152 r479 P30994	h458 P28335 m459 P34968 r460 P08909	多亚基 5-HT3A-E	h387 Y09756 m387 Y09587 r387 U20906

（续表）

命名	5-HT$_{5A}$	5-HT$_{5B}$	5-HT$_6$	5-HT$_7$
曾用名	5-HT$_{5\alpha}$	5-HT$_{5\beta}$	—	5-HT$_X$，5-HT$_1$-like
选择性激动剂	—	—	EMD 386088 EMDT E-6801 LY 586713 WAY466 WAY 181187 WAY 208466	AS 19 LP 12 LP 44
选择性拮抗剂	SB 699551-A	—	BGC20761 Ro 046790 Ro 630563 Ro 4368554 SB 271046 SB 357134 SB 399885 SB 258585 SGS-518 diF-BAMPI	SB 258719 SB 269970 SB 656104-A
放射性配体	[^{3}H] 5-CT [^{125}I] LSD	[^{3}H] 5-CT [^{125}I] LSD	[^{3}H] 5-CT [^{3}H] LSD [^{125}I] LSD [^{125}I] SB 258585	[^{3}H] 5-CT [^{3}H] SB 269970 [^{3}H] 5-HT [^{125}I] LSD
信息转导通路	G$_{i/o}$ CAMP ↓	尚未确认	G$_S$，cdk5，PI3K，Ras cAMP ↑，Cdc42，AKT，mTOR，ERK1/2	G$_S$，Ras，PKCε，RoA cAMP ↑，ERK，p38
基因/染色体定位	HTR5A/7q36.1	HTr5b/2q11-13	HTR6/1p35-36	HTR7/10q23.3-24.3
结构-7TM	h357 P47898 m357 P30966 r357 P35364	m370 P31387 r370 P35365	h440 P50406 m440 NP_067333 r436 P31388	h445 P34969 m448 P32304 r448 P32305

外周组织中。在外周，5-HT$_3$受体主要位于控制肠道的自主神经系统节前、节后神经元和感觉系统神经元。它们在调节自主神经功能（例如运动和蠕动、分泌和内脏知觉）中发挥重要作用。因此5-HT$_3$受体病变可导致功能性胃肠道疾病，如消化不良或肠易激综合征。此外，多项研究表明，5-HT$_3$受体也在免疫和炎性细胞如单核细胞和T细胞中表达。这些研究提示5-HT$_3$受体也与免疫和炎症反应的调节有关。在CNS，5-HT$_3$受体表达在孤束核和迷走神经背核，参与呕吐反射的启动和控制。多项研究报道，肿瘤化疗和放疗引起的恶心和呕吐可能是由这些脑区内的5-HT$_3$受体所介导。此外，5-HT$_3$受体也高表达于与认知功能密切相关的脑区（如基底神经节和海马），以及和情绪行为和动机密切相关的脑区（如杏仁核、扣带皮质、纹状体、腹侧被盖区和伏隔核）。提示5-HT$_3$受体可能是抗神经精神疾病（如精神分裂症、抑郁症、焦虑症和药物滥用）药物的潜在靶点。

5-HT$_3$受体激动剂和拮抗剂见表4-6-1。

四、5-HT$_4$受体

Dumuis（1988）首次在小鼠的胚丘（embryo colliculi）和海马神经元描述了一种能够刺激cAMP生成的5-HT受体。该受体对5-HT$_1$、5-HT$_2$和5-HT$_3$受体拮抗剂均不敏感，但可被Benzamides激活，而微摩尔浓度的 Tropisetron 能阻断之。1995 年，Gerald 等在大鼠脑组织中克隆了该受体的两个亚型，命名为 5-HT$_{4S}$（5-HT$_4$ short，387 个氨基酸）和 5-HT$_{4L}$（5-HT$_4$ long，406 个氨基酸），5-HT$_{4L}$ 后被证明有测序错误。事实上，5-HT$_{4L}$ 受体在多个种属包括大鼠，小鼠和人都是由 388 而不是 406 个氨基酸残基组成。根据 NC-IUPHAR 推荐的分类法，5-HT$_{4S}$ 和 5-HT$_{4L}$ 现已更名为 5-HT$_{4A}$ 和 5-HT$_{4B}$。

人 5-HT$_4$ 受体基因是最长的 G 蛋白偶联受体基因，有 38 个外显子间隔超过 700 kb，位于 5q31 ～ 33 染色体。它所编码的蛋白质自 Leu$_{358}$（所有 5-HT$_4$ 受体亚型最后一个共同的氨基酸）之后，其 C 末端不同长度和组成的剪接异构体共有 9 个被克隆，即 5-HT$_{4A-G}$、5-HT$_{4HA}$ 和 5-HT$_{4HB}$。

5-HT$_4$ 受体在脑和外周组织均有分布。在外周主要分布于胃肠道（食管、回肠、结肠）、膀胱、肾上腺和心脏。5-HT$_4$ 受体可参与胃肠道平滑肌收缩调节，是治疗消化不良、胃食管反流或肠易激综合征的靶点。此外，5-HT$_4$ 受体的活化可引起心脏收缩，参与心脏收缩动力学过程。在 CNS，5-HT$_4$ 受体 mRNA 在基底节（尾壳核、腹侧纹状体）、伏隔核、嗅结节、内侧缰核和海马中高表达。5-HT$_4$ 受体和神经元标记物的双标记原位杂交表明，5-HT$_4$ 受体 mRNA 在基底前脑 Parvalbum 阳性的 GABA 能神经元和谷氨酸能锥体神经元中均有表达。单细胞 mRNA/cDNA 分析表明，60% 的前额叶皮质锥体神经元存在 5-HT$_4$ 受体 mRNA 表达。5-HT$_4$ 受体蛋白高表达在基底神经节、黑质、苍白球、纹状体、Calleja 岛和嗅球，而在海马、额顶叶皮质、内嗅皮质、隔区、下丘脑、缰核、梨状皮质、杏仁核和丘脑有中低程度表达。中枢 5-HT$_4$ 受体主要表达在突触后神经元，参与多种调制神经递质的释放（如 DA、ACh、5-HT 和 GABA），增强突触传递功能，在学习记忆、认知评价、疼痛、焦虑、抑郁、摄食、运动和奖赏等过程中发挥重要作用。

5-HT$_4$ 受体的不同的剪接体可偶联不同的 G 蛋白如 G$_{\alpha s}$、G$_{\alpha 13}$、G$_{\alpha q}$、G$_{\alpha i}$，不同程度地激活 AC，增加 cAMP 的形成。以 5-HT$_4$ 受体介导的 ACh 释放为例：刺激 5-HT$_4$ 受体，通过 G 蛋白介导增加 cAMP 生成，进一步激活 PKA，磷酸化并抑制电压激活钾通道，导致电压依赖钙通道的激活，Ca^{2+} 内流启动 ACh 释放。除刺激 AC 外，5-HT$_4$ 受体也可通过 G 蛋白的 βγ 亚单位直接与钾通道和电压依赖的钙通道偶联，引起一系列受体后事件。此外，

5-HT$_4$ 受体还可以通过 β-arrestin1 激活 Src 和 ERK 激酶，导致 pERK1/2 磷酸化，该通路不依赖 G 蛋白发挥作用。

选择性 5-HT$_4$ 受体激动剂和拮抗剂见表 4-6-1。

五、5-HT$_5$ 受体

1992 年，小鼠 5-HT$_5$ 受体首先被克隆。Plassat 等对 G 蛋白偶联受体亚家族的 5-HT 受体同源序列进行扫描时发现了这一新的 5-HT 受体亚型，即 5-HT$_5$ 受体。1993 年，Matthes 等分离出另一个相似受体，命名为 5-HT$_{5B}$ 受体，并将初始命名的 5-HT$_5$ 受体更名为 5-HT$_{5A}$ 受体。小鼠 5-HT$_{5A}$ 和 5-HT$_{5B}$ 受体基因之间有 77% 的同源性，分别编码由 357 和 370 个氨基酸组成的蛋白质。人 5-HT$_{5A}$ 受体基因位于 7q36 染色体，有一个内含子，编码一个 357 个氨基酸长度的蛋白质。该受体对 5-CT 较 5-HT 有更高的亲和力。人 5-HT$_{5B}$ 受体基因位于 2q11 ～ 13 染色体，由于终止密码的干扰，该基因在人体不能编码功能蛋白。

5-HT$_{5A}$ 受体主要存在于神经系统，在神经元和胶质细胞均有表达。在下丘脑、海马和胼胝体 5-HT$_{5A}$ 受体主要分布于星形胶质细胞；在皮质、嗅球、视交叉上核、小脑、中缝背核和中缝大核主要分布于神经元。部分中缝核 5-HT 神经元胞体和轴突均表达 5-HT$_{5A}$ 自身受体。外周 5-HT$_{5A}$ 受体主要分布在主动脉体 I 型细胞和颈上神经节细胞。5-HT$_{5A}$ 受体激活主要介导运动功能。此外，在应激状态下，适应性行为的习得也涉及 5-HT$_{5A}$ 受体。由于人 5-HT$_{5B}$ 受体基因不表达功能蛋白，对该型受体的研究极少。有限的资料显示，啮齿类 5-HT$_{5B}$ 受体仅在中枢神经系统有较少的分布。

5-HT$_{5A}$ 受体的信号转导是通过 G$_i$/G$_o$ 蛋白偶联抑制 Forskolin 刺激的 AC 活性，减少 cAMP 的产生，抑制 ADP- 核糖体环化酶，激活外向电流。表达于爪蟾卵母细胞的 5-HT$_{5A}$ 受体也可与内向整流钾通道相偶联。

目前，除一种 5-HT$_{5A}$ 受体拮抗剂被报道外，尚无其他特异性 5-HT$_{5A}$ 和 5-HT$_{5B}$ 受体激动剂和拮抗剂。

六、5-HT$_6$ 受体

5-HT$_6$ 受体也是在对 G 蛋白偶联受体大家族的 5-HT 受体进行同源基因扫描时发现的，同时也是

最晚（1993）被克隆的 5-HT 受体亚型。人 5-HT$_6$ 受体基因位于 1p35～36 染色体，编码的蛋白质在人类和小鼠中由 440 个氨基酸组成，而在大鼠由 438 个氨基酸组成，包括两个内含子，与小鼠和人有 89% 的同源性。5-HT$_6$ 受体蛋白有相对较短的 N 末端和第三胞内环以及一个较长的 C 末端。

5-HT$_6$ 受体主要分布在 CNS，外周组织少有分布，仅在大鼠免疫器官（如脾和淋巴结）和胃有少量 5-HT$_6$ mRNA 表达。在神经系统，5-HT$_6$ 受体分布密度较高的脑区有纹状体、嗅球、伏隔核、海马、杏仁核和皮质。在成熟神经元内，5-HT$_6$ 受体主要表达在神经元纤毛样结构中，部分脑区神经元胞体也有表达。体内神经化学研究表明，5-HT$_6$ 受体激活可促进 5-HT、DA 和 GABA 等神经调制的释放，下调突触间隙的 ACh 水平。提示 5-HT$_6$ 受体可能参与对胆碱能、多巴胺能和 GABA 能神经系统的调控。5-HT$_6$ 受体在不同脑区、不同性质神经元上的分布及其药理学功能研究提示，其可能涉及摄食、认知、情绪紊乱和癫痫发作等过程。小鼠脑内 5-HT$_6$ 受体表达水平显著低于人和大鼠，[^{125}I]-SB 258585 结合实验显示，其与小鼠 5-HT$_6$ 受体的亲和力仅为人和大鼠的 1/4。因此，在药理学实验中用小鼠评价 5-HT$_6$ 受体时要特别注意。

5-HT$_6$ 受体与 5-HT$_4$ 受体一样，可通过 G 蛋白依赖和 G 蛋白非依赖两种胞内机制发挥作用。大多数学者认为，5-HT$_6$ 受体是通过 Gs-AC-cAMP-PKA-CREB 途径发挥作用的，表达在神经元纤毛上的 5-HT$_6$ 受体主要通过 AC3 信号通路调节神经元活动。此外，5-HT$_6$ 受体可以通过多条 G 蛋白非依赖通路发挥作用，如 5-HT$_6$ 受体可通过 cdk5/Cdc42 信号通路促进神经棘的延长，也可通过 PI3K/Akt/mTOR 信号通路发挥作用，还可以介导 Fyn 蛋白磷酸化经 Ras/MEK 介导 ERK1/2 的激活，通过与 Jab1 形成复合体介导 CJun 磷酸化。与其他 5-HT 受体亚型相比，5-HT$_6$ 受体与 5-HT 的亲和力相对较低，与多种色胺化合物结合的顺序为：LSD ＞ 5-methoxytryptamine ＞ 5-HT ＞ 2-methyl-5-HT ＞ 5-CT。表达在 HEK 293 细胞的大鼠 5-HT$_6$ 受体可快速脱敏，在受体表达量不变的情况下，受体的反应性在 1 小时内降低 50%。有研究显示，PKA 介导的受体蛋白磷酸化可能是该受体脱敏的主要机制。

5-HT$_6$ 受体选择性激动剂，选择性拮抗剂见表 4-6-1。

七、5-HT$_7$ 受体

大鼠、小鼠、豚鼠和人的 5-HT$_7$ 受体均已被克隆，各种属间的同源性大于 90%。人 5-HT$_7$ 受体基

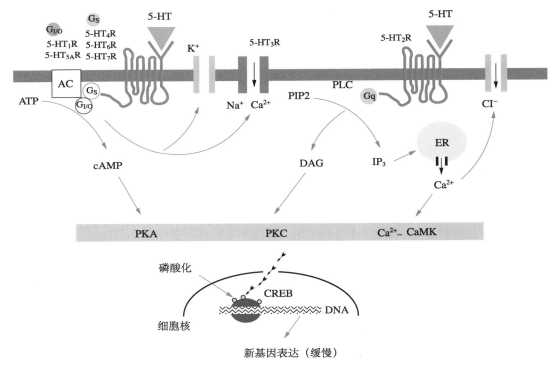

图 4-6-6　5-HT 受体及受体后机理示意图

AC. 腺苷酸环化酶；Ca^{2+}-CaMK. 钙-钙调蛋白激酶；CREB. cAMP 反应元件蛋白；DAG. 二酰甘油；ER. 内质网；IP$_3$. 三磷酸肌醇；PIP2. 磷脂酰二磷酸肌醇；PKA. 蛋白激酶 A；PKC. 蛋白激酶 C；PLC. 磷脂酶 C

因位于 10q23.3 ～ 24.4 染色体，编码 445 个氨基酸的蛋白质。编码区有两个内含子，一个位于第二胞内环，另一个位于 C 末端。依 C 末端的不同，5-HT$_7$ 受体基因有 4 个剪切异构体，5-HT$_{7A, B, C}$ 存在于大鼠，5-HT$_{7A, B, D}$ 存在于人体。目前尚未发现这些剪切异构体在药理学特性方面的差异。

5-HT$_7$ 受体在 CNS 的分布主要有丘脑、下丘脑、大脑皮质、海马、杏仁核、黑质、中缝背核、导水管周围灰质、基底节、小脑和脊髓，其中在丘脑前核、海马齿状回的分布密度最高。除 CNS 外，5-HT$_7$ 受体在外周初级感觉神经元也有分布。神经系统中大多数神经元 5-HT$_7$ 受体定位于 GABA 能神经元的胞体和轴突终末，同时也发现在胶质细胞和

脑膜细胞以及颅内血管中表达。此外，5-HT$_7$ 受体也广泛表达于外周平滑肌组织，包括血管和非血管平滑肌。5-HT$_7$ 受体的药理学研究显示其主要涉及昼夜节律，睡眠，体温调节，疼痛，情绪和认知等功能。

与 5-HT$_4$ 和 5-HT$_6$ 受体相类似，5-HT$_7$ 受体也通过 G$_{\alpha s}$ 蛋白激活 AC，导致 cAMP 水平上调。5-HT$_{7A}$ 受体亚单位主要与 Ca^{2+}- 钙调蛋白敏感的 AC，即 AC$_1$ 和 AC$_8$ 偶联，引起胞内 Ca^{2+} 增多。此外，刺激 5-HT$_7$ 受体也可激活其他胞内信号通路，如 Ras 依赖的 ERK1/2、PKCε 介导的 p38/MAPK 和 RhoA 信号通路等。

选择性 5-HT$_7$ 受体激动剂和选择性 5-HT$_7$ 受体拮抗剂见表 4-6-1。

第四节 5- 羟色胺的生理和病理功能

一、摄食和体温调节

给予大鼠 5-HTP、flouxetine、fenfluramine 等都可减少大鼠的摄食，说明 5-HT 具有抑制摄食作用。但详细研究其作用机制发现：①激活 5-HT$_{1B}$ 受体可抑制摄食，而激活 5-HT$_{1A}$ 受体则增加摄食；②激活腹侧被盖区 5-HT$_{2B}$ 受体不影响饥饿引起的摄食，但促进摄入美食，阻断 5-HT$_{2C}$ 受体可增加摄食；③ 5-HT$_4$ 受体的激动剂引起厌食，而给予拮抗剂或受体敲除引起小鼠的摄食增加，在肥胖人群和过度喂养大鼠的尾状核壳和伏隔核均观察到高水平的 5-HT$_4$ 受体。此外，对 PET 的研究显示，被试的体重指数与伏隔核、腹侧苍白球、眶额叶皮质和海马内 5-HT$_4$ 受体之间存在一定的相关性。④ 5-HT$_6$ 受体拮抗剂可抑制摄食，减轻体重，5-HT$_6$ 受体基因敲除小鼠对高脂饮食引起的肥胖具有抗性；⑤ 5-HT 注入下丘脑 PVN 核抑制摄食，注入中缝核则促进摄食；⑥外周注射 5-HT 也可抑制摄食，表明外周的 5-HT 受体也参与抑制摄食。

研究任何一种中枢神经递质在体温调节中的作用都受各种实验条件的影响，包括动物种属、药物剂量、室温高低等等，5-HT 也不例外。研究表明，不同浓度的 5-HT 可经由不同的受体亚型的介导对体温产生调节。具体来说，低浓度 5-HT 主要激活 5-HT$_7$ 受体，而高浓度 5-HT 则通过激活 5-HT$_{1A}$ 受体和抑制 5-HT$_7$ 受体参与体温调节。此外，不同脑

区的 5-HT 在体温调节方面的作用也有所差别。例如中缝核群内注射 5-HT 可使体温升高，而小鼠脑室内注射 5-HT$_{1A}$ 受体激动剂 8-OH-DPAT 则可使体温降低。

二、睡眠、运动和性行为

5-HT 对睡眠的调节作用复杂。大多动物实验结果说明，中缝核（5-HT 胞体所在的位置）对于睡眠的启动和维持至关重要。比如破坏猫的中缝核或注射 pCPA 后，猫出现严重失眠，尤以慢波睡眠的减少更为明显；pCPA 的作用可被 5-HTP 所翻转。单独应用 5-HTP 或 fenfluramine 可产生促眠作用。在斑马鱼和小鼠，遗传学或药理学阻断或抑制中缝核 5-HT 的产生可减少睡眠，影响睡眠深度和对睡眠剥夺的体内稳态反应，持续光遗传学激活（tonic activation）该核团可以增加睡眠，而脉冲刺激（burst activation）诱导觉醒。总之，多数动物研究资料说明中枢 5-HT 与睡眠有关。研究人类 5-HT 与睡眠的关系发现，中枢 5-HT 的功能活动与快波睡眠有密切关系，抑制 5-HT 生成或阻断 5-HT 受体主要影响快波睡眠。药理学实验和临床观察显示，5-HT$_7$ 受体在调节昼夜节律和睡眠结构中具有重要作用。5-HT$_7$ 受体拮抗剂可选择性地抑制大鼠快速动眼睡眠（REM sleep），该作用可能是通过调节下丘脑视交叉上核 GABA 的释放来控制胆碱能 REM

启动神经元的活动。与之一致的是，5-HT$_7$ 受体敲除小鼠表现为 REM 睡眠降低。敲除 5-HT$_{2B}$ 受体影响睡眠稳态。阻断啮齿类动物 5-HT$_{2C}$ 受体促进觉醒，减少快波睡眠。5-HT$_{2C}$ 受体激动剂和 5-HT$_{2A}$ 受体拮抗剂缓解恒河猴睡眠障碍，缩短入睡时间，增加睡眠效率。5-HT$_{2C}$ 受体拮抗剂阿戈美拉汀临床上已用于治疗重症抑郁患者睡眠障碍，其可能通过相移昼夜节律系统从而改善抑郁患者的睡眠。目前科学家正在开发 5-HT$_{1A/D}$ 受体激动剂（例如吡罗美汀、piromelatine）作为治疗失眠的新药。尽管此类化合物对于维持睡眠和慢波睡眠具有显著作用，但是无法减少长时间的睡眠延迟。

脊髓运动神经元表达多种 5-HT 受体，如 5-HT$_{1A}$、5-HT$_{1B}$、5-HT$_{2A}$、5-HT$_{2B}$ 和 5-HT$_{2C}$ 受体，通过易化超极化依赖的阳离子电流和 L 型 Ca^{2+} 通道，增加运动神经元的兴奋性，促进运动。脊髓损伤引起的肌肉麻痹主要由于缺乏脑干来源的 5-HT，损伤后脊髓局部 5-HT$_{2C}$ 受体增多可缓解运动障碍，但因失去中枢的调控，过度表达的 5-HT$_{2C}$ 受体也可引起肌肉痉挛。慢性脊髓损伤后，5-HT$_{2A}$ 和 5-HT$_{2C}$ 受体在腰骶部脊髓运动神经元表达上调可促进排尿。

5-HT 传入纤维是小脑第三大传入来源，仅次于苔状纤维和攀缘纤维，5-HT$_{2A}$ 受体表达在小脑顶核，兴奋突触后的该受体增加大鼠转棒加速度和平衡木上的运动表现，说明 5-HT 传入纤维通过调节脊髓小脑的输出调节运动。

在性行为调控方面，早期研究发现中枢 5-HT 对性行为有抑制作用，这与中枢 DA 增强性行为形成鲜明对比。但新近的分析性研究表明：①对雄鼠性行为，5-HT$_{1A}$、5-HT$_{1B}$ 和 5-HT$_2$ 激动剂都有促进作用；②对雌鼠的性行为，5-HT$_{1A}$ 激动剂有抑制作用，而 5-HT$_2$ 激动剂有促进作用。有趣的是，氟立班丝氨（Flibanserin）是 5-HT$_{1A}$ 受体激动剂和 5-HT$_{2A}$ 受体拮抗剂，刺激下丘脑-垂体-肾上腺轴，提高雌性猕猴性欲，而传统的 5-HT$_{1A}$ 受体激动剂抑制雌性性性欲。氟立班丝氨也可治疗妇女绝经期前的性欲降低。

三、学习和记忆

多种 5-HT 受体亚型涉及学习记忆和认知过程，但 5-HT 受体对学习与记忆调控作用及机制复杂。有证据表明突触后 5-HT$_{1A}$ 受体激活会损害学习和认知能力。然而，突触后 5-HT$_{1A}$ 受体激活通常被认为

是抗焦虑药和抗抑郁药的特性之一，选择性 5-HT 再摄取抑制剂（selective serotonin reuptake inhibitor, SSRI）慢性治疗改善学习和认知功能也被认为有突触后 5-HT$_{1A}$ 受体的参与。关于 5-HT$_{1A}$ 受体在学习记忆中的作用，多项研究得出了相悖的结果，比如 5-HT$_{1A}$ 受体激动剂和拮抗剂都被报道有助于记忆的改善。5-HT$_{1B}$ 基因敲除小鼠显示出比野生型小鼠更强的学习能力，5-HT$_{1B}$ 受体拮抗剂可改善由于胆碱能神经递质丢失所致的认知障碍。激活内侧前额叶皮质和内侧隔核 5-HT$_{2A}$ 受体增强大鼠工作记忆，如新异物体识别。5-HT$_{2B}$ 受体参与长时记忆的形成、获取和视觉辨别学习。5-HT$_{2A}$ 和 5-HT$_{2C}$ 受体拮抗剂翻转二亚甲基双氧苯丙胺（MDMA，摇头丸）引起的记忆减退。5-HT$_{2C}$ 基因敲除小鼠的空间学习能力出现异常，阻断 5-HT$_{2C}$ 受体改善大鼠的决断能力，激活 5-HT$_{2C}$ 受体增强巩固学习正反馈的敏感性，降低负反馈的敏感性，说明该受体可调节学习的灵活性。阻断 5-HT$_3$ 和 5-HT$_6$ 受体可增强空间学习和认知能力。5-HT$_6$ 受体拮抗剂可增强不同年龄大鼠在 Morris 水迷宫实验和新物体识别中的记忆维持，逆转东莨菪碱诱导的记忆缺陷，提示其改善学习记忆功能可能与胆碱能系统有关。激活 5-HT$_4$ 和 5-HT$_7$ 受体增强动物的记忆能力和对以往记忆的唤醒，抑制 5-HT$_4$ 受体会导致记忆受损。5-HT$_{5A}$ 受体也被报道与应激状态下的适应性行为的习得有关，5-HT$_{5A}$ 受体基因敲除小鼠的探究能力明显增强。最近的光遗传学研究揭示，DR 向 BLA 的 5-HT 投射通路参与恐惧记忆的形成和恢复，激活这条通路有助于恐惧和损害消退。这一功能需要 BLA 5-HT$_{1A/2A}$ 受体介导。此外，5-HT 能神经投射对海马功能和记忆形成也具有调节作用，利用光遗传手段激活海马 CA1 区中的 5-HT 神经末端，既可以增强 CA3 到 CA1 兴奋性突触传递，又可以增强空间记忆。相反，光遗传抑制 CA1 区的 5-HT 神经末梢，可以显著减弱空间记忆。这一突触增强的作用是由 5-HT$_4$ 受体所介导的。

四、药物依赖和奖赏

药物依赖是一种与皮质有关的条件刺激和非条件刺激结合的记忆过程。额叶皮质可储存和加工成瘾性药物的欣快感和精神刺激作用，海马和杏仁核对条件刺激进行处理，并通过伏核对腹侧纹状体活动的调控，影响药物依赖者的行为活动，特别是

觅药行为。现已明确，药物依赖与脑内 DA 神经元功能改变密切相关。大多数成瘾性药物（例如可卡因、安非他明、烟碱、阿片等）均可通过不同的机制、程度不同地引起伏核 DA 水平的升高，而伏核 DA 神经元的激活与觅药行为关系最为密切。5-HT 递质系统与药物戒断后的不良状态和长期持续的负性情感状态密切相关。吗啡戒断（4 周）后，小鼠 DR 脑区的 5-HT 水平持续下降，小鼠出现显著的绝望行为、社会交往缺陷等情绪反应，而长期给予 SSRI 可以预防情绪低落。此外，5-HT 递质系统在吗啡戒断早期参与吗啡成瘾的形成。5-HT$_{2B}$ 受体可调节 DA 神经元，参与药物依赖。阻断 5-HT$_{2B}$ 受体改变可卡因引起的兴奋性运动。5-HT$_{2C}$ 受体激动剂洛卡色林（lorcaserin）可以显著降吗啡和海洛因依赖的行为敏感性和纳洛酮加速的戒断症状，以及尼古丁成瘾等。如前所述，虽然 5-HT$_3$ 受体在伏隔核、中脑腹侧背盖区、纹状体、黑质，和中缝背核低表达，但是其可以显著影响这些脑区中 DA 的浓度：5-HT$_3$ 受体激动剂可增加 DA 在这些脑区的释放，而阻断 5-HT$_3$ 受体可抑制 DA 递质系统活性。许多实验和临床资料表明，5-HT$_3$ 受体拮抗剂可以通过降低伏隔核、中脑腹侧背盖区中的多巴胺浓度有效减轻吗啡和酒精依赖者的戒断症状和对吗啡和酒精的渴望（craving）。5-HT$_3$ 受体拮抗剂可以显著抑制吗啡、可卡因、尼古丁、安非他明和酒精引起的中脑边缘区域的多巴胺增加。5-HT$_3$ 受体拮抗剂还可以对抗由于 DA 升高或酒精摄入引起的多动症状（hyperactivity）。5-HT$_3$ 受体拮抗剂抗阿片类和乙醇依赖的机制目前尚不清楚，推测可能与 5-HT$_3$ 受体参与调节中枢 DA 的释放以及长期使用成瘾性药物影响 5-HT$_3$ 受体配体门控离子通道的功能有关。另一类与药物依赖和成瘾密切相关的 5-HT 受体是 5-HT$_{1A}$ 和 5-HT$_{1B}$。已证实 5-HT$_{1A}$ 自身受体介导的抑制性反馈效应的脱敏及继发的 5-HT 能神经网络的过度兴奋，在 3,4-亚甲二氧基甲基苯丙胺（MDMA，摇头丸）相关成瘾行为的生理病理学机制中具有重要作用。在酒精依赖大鼠，脑内 5-HT$_{1B}$ 受体结合位点明显减少。敲除 5-HT$_{1B}$ 受体基因，小鼠的酒精摄入量显著增加。给予 5-HT$_{1B}$ 受体激动剂可降低酒精的摄入量，抑制酒精摄入引起的攻击行为。早期的药理学研究提示，5-HT 引起的行为抑制和惩罚可能主要是通过拮抗多巴胺功能实现的。近年来，行为操控、电生理记录和功能成像研究显示，5-HT 系统也直接参与奖赏过程。光遗传学激活

DR 的 5-HT 神经元可直接引起条件位置偏好，并可促进奖赏期待。在多种奖赏（如社交和性活动）或奖赏期待时，小鼠 DR 内 5-HT 神经元活动增强，在非人灵长类 DR 神经元也获得类似结果。

五、疼痛

在外周，5-HT 是一种致痛物质，将微量 5-HT 置入人前臂内侧的皮泡内，可导致剧痛，预先在皮泡内置入低浓度 5-HT$_3$ 受体阻断剂 ICS 205930 可阻断该作用，提示 5-HT$_3$ 受体参与 5-HT 的外周致痛作用。

将微量 5-HT 直接注入动物脑内可产生镇痛作用。用 pCPA 耗竭 5-HT 可引起痛觉过敏。补充 5-HTP 后，痛觉恢复正常。在不同水平破坏脑干上行 5-HT 投射通路，也能引起痛觉过敏。提示脑内 5-HT 可能主要介导镇痛作用。

在脊髓，早期的研究也显示 5-HT 主要介导镇痛作用。20 世纪 80 年代以后，人们开始注意一种新的现象，即根据实验中所用的脑刺激强度、给药方式、用药剂量以及动物模型的不同，5-HT 对脊髓伤害性信息的调制具有明显的双重性。5-HT 受体的激活不仅可以产生镇痛作用，还可以引起痛觉易化，提示 5-HT 对脊髓伤害性信息的调制可能是经由多种 5-HT 受体亚型的介导实现的（图 4-6-7）。目前，5-HT$_{1-7}$ 受体亚型均已在脊髓背角发现。

（一）5-HT$_1$ 受体

5-HT$_1$ 受体是脊髓背角中主要的 5-HT 受体类型，它也广泛分布于除脊髓外的整个神经系统中。联合应用 5-HT 和多种 5-HT 受体阻断剂的实验证明，5-HT 对甩尾反射的抑制作用是经由 5-HT$_1$ 受体所介导的。而在所有 5-HT$_1$ 受体亚型中，5-HT$_{1A}$ 受体是疼痛相关研究中受到关注最多的受体。5-HT$_{1A}$ 受体在脊髓的分布密度最高，占全部 5-HT 受体的 50%。皮下注射 5-HT$_{1A}$/5-HT$_{1B}$ 受体激动剂 5-Me-ODMT 可明显抑制大鼠甩尾反射。联合应用 5-HT 和多种 5-HT 受体阻断剂进一步证明，5-HT 对甩尾反射的抑制作用需经由 5-HT$_1$ 受体介导。小鼠鞘内注射 5-HT$_{1A}$ 受体激动剂 8-OH-DPAT 和 5-HT$_{1B}$ 受体激动剂 RU24969 等也可明显抑制甩尾反射。比如鞘内预先给予 SP，8-OH-DPAT 和 RU24969 对甩尾反射的抑制作用则明显减弱。与以上结果相驳，另有实验结果显示激活脊髓的 5-HT$_1$ 受体可明显易化

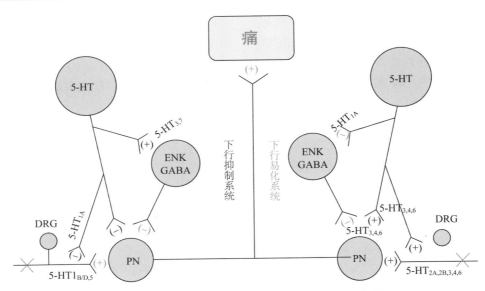

图 4-6-7　5-HT 受体在痛觉信息调制中的作用示意图
DRG. 背根神经节；ENK. 脑啡肽；PN. 脊髓投射神经元；（＋）. 兴奋；（－）. 抑制

脊髓的伤害性反射。比如在大鼠鞘内注射 5-HT$_1$ 受体激动剂均可明显易化大鼠的甩尾反射和脊髓背角神经元对伤害性刺激的反应。在延髓头端腹内侧区（rostral ventromedial medulla，RVM）给予 5-HT$_{1A}$ 受体拮抗剂 WAY-100 635 可降低机械性超敏反应，推测 WAY-100 635 可能通过抑制 RVM 内 5-HT 神经元自身表达的 5-HT$_{1A}$ 受体，进而导致向脊髓投射的 5-HT 能神经末梢释放的 5-HT 增多，从而发挥镇痛作用。卓敏等的系列研究工作也提示，脑干下行易化系统对脊髓伤害性反射的易化作用可通过 5-HT$_1$ 受体介导。比如鞘内注射 5-HT$_{1A}$ 受体激动剂 8-OH-DPAT 可明显易化脊髓背角神经元对伤害性刺激的反应。此外，鞘内注射 5-HT$_{1A}$ 还能明显减弱皮下注射吗啡所引起的抗伤害作用。以上两类互相矛盾的实验结果有待进一步工作加以澄清。皮质刺激具有产生抗伤害感受作用，据报道 5-HT$_{1A}$ 受体可在刺激初级运动皮质（M1）和次级感觉皮质（S2）所诱发的抗伤害效应中发挥重要作用。在神经病理性疼痛模型中，脊髓 5-HT$_{1A}$ 受体的激活可能部分介导刺激 M1 产生的抗伤害作用。而将 5-HT$_{1A}$ 受体激动剂注射到 RVM，可抵消刺激 S2 产生的抗痛作用。

形态学研究显示，5-HT$_{1A}$ 受体广泛分布在脊髓背角神经元，包括抑制性中间神经元和兴奋性投射神经元。如前所述，5-HT$_{1A}$ 受体可通过与 G 蛋白偶联抑制 AC 活性、激活 K$^+$ 通道，最终对神经元的兴奋性产生抑制性影响。这样，分布在抑制性中间神经元（如 GABA 和 ENK）上的 5-HT$_{1A}$ 受体可通过去抑制作用易化脊髓伤害性反射，而分布在兴奋

性投射神经元上的 5-HT$_{1A}$ 受体可直接抑制脊髓伤害性反应。与 5-HT$_{1A}$ 受体不同，5-HT$_{1B}$ 受体的分布位点主要在突触终末，包括初级传入末梢和下行投射神经元的轴突末梢，少量分布在脊髓兴奋性投射神经元。在 Aδ 和 C 类初级传入末梢均分布有 5-HT$_{1B}$ 受体，主要与 SP 和 CGRP 共存。5-HT$_{1B}$ 受体激活可通过抑制初级传入末梢伤害性递质的释放或直接抑制脊髓兴奋性投射神经元产生镇痛作用。5-HT$_{1D}$ 和 5-HT$_{1F}$ 受体的分布与 5-HT$_{1B}$ 相似，提示其可能具有类似的功能。另外，分布在脑血管内膜和三叉神经传入终末的 5-HT$_{1B}$、5-HT$_{1D}$ 和 5-HT$_{1F}$ 受体所介导的抗伤害作用可能参与偏头痛的缓解。如三环类抗抑郁药可通过激活 5-HT$_{1B/1D}$ 受体缓解偏头痛。

（二）5-HT$_2$ 和 5-HT$_3$ 受体

前期实验发现激活 5-HT$_2$ 受体既可引起痛觉抑制又可产生痛觉易化作用。Solomon 等在观察 5-HT 受体亚型在介导降压和镇痛时发现，鞘内注射 5-HT$_2$ 受体激动剂 MK-212 和 quipazine 等可明显抑制大鼠的甩尾反射。此外，5-HT$_2$ 受体在介导阿片肽的抗伤害作用中也具有重要作用。与此相反的结果是，激活脊髓 5-HT$_2$ 受体可明显易化甩尾反射和撕咬、搔扒等伤害性反应，而阻断脊髓 5-HT$_2$ 受体则明显提高痛阈。形态学观察显示，分布于脊髓背角的 5-HT$_2$ 受体主要是 5-HT$_{2A}$ 和 5-HT$_{2C}$。这两种受体亚型在初级传入末梢、脊髓抑制性中间神经元和兴奋性投射神经元上均有分布。由于 5-HT$_2$ 受体通过激活 PLC 和抑制 K$^+$ 电流对神经元活动产生

兴奋性影响，所以分布在初级传入末梢和兴奋性投射神经元的 5-HT$_2$ 受体主要介导 5-HT 的促痛作用，而分布在抑制性中间神经元的 5-HT$_2$ 受体则参与 5-HT 的镇痛过程。5-HT$_{2A}$ 受体是神经性疼痛模型中 5-HT$_2$ 受体三种亚型中研究最多的一种。5-HT$_{2A}$ 受体的激活可能通过多种机制参与疼痛信号的形成和传入，而抑制该过程或拮抗 5-HT$_{2A}$ 受体可以产生镇痛作用。因此，5-HT$_{2A}$ 受体拮抗剂如 Ketanserin 可能是治疗神经性疼痛的潜在药物。对 5-HT$_{2B}$ 和 5-HT$_{2C}$ 受体功能的研究远少于 5-HT$_{2A}$ 受体。即使它们具有相似的分子结构，它们也可能以不同的机制起作用并获得不同的结果。比如研究发现，鞘内注射两种选择性和高亲和力的 5-HT$_{2B}$ 受体拮抗剂 LY-266097 和 RS-127445 可以明显减少 SNL 诱导的痛觉敏化。与之矛盾的是，鞘内注射 5-HT$_{2B}$ 受体激动剂也可以减弱 CCI 诱导的痛觉敏化。针对 5-HT$_{2B}$ 受体激动剂 / 拮抗剂的不同效应，将需要做更多的实验研究。

与 5-HT$_1$ 和 5-HT$_2$ 受体相比，对 5-HT$_3$ 受体在痛觉调制中作用的研究所获得的结果较为一致。Willis 实验室的研究发现，电刺激 PAG 或期内微量注射兴奋性氨基酸所引起的脊髓背角伤害感受性神经元的抑制效应可被 5-HT$_3$ 受体阻断剂所阻断。提示脊髓的 5-HT$_3$ 受体在痛觉下行抑制中具有重要意义。Glaum 曾报道，鞘内注射 5-HT$_3$ 受体激动剂 2-Me-5-HT 可模拟鞘内注射 5-HT 所引起的大鼠甩尾反射和热板反射的抑制作用，而 5-HT$_3$ 受体阻断剂 ICS205-930 和 MDL72222 则可阻断 5-HT 和 2-Me-5-HT 的抗伤害效应。Wilcox 小组的系列研究也表明，鞘内注射 5-HT$_3$ 受体激动剂 2-Me-5-HT 可明显抑制由鞘内注射 SP 和 NMDA 所引起的小鼠撕咬和搔扒行为。此外，由伤害性刺激和 SP、NMDA 所诱发的脊髓背角神经元的伤害性反应也可被微电泳 2-Me-5-HT 所抑制，该抑制效应可被 5-HT$_3$ 受体阻断剂 ICS205-930 和 GABA 所阻断，提示 5-HT 对脊髓伤害感受性信息的抑制是经由 5-HT$_3$ 受体介导 GABA 的释放，进而通过对初级传入纤维终末的突触后抑制而实现的。

但也有研究发现，激活脊髓 5-HT$_3$ 受体可增加伤害性行为和电生理反应。上述作用可能是通过激活初级传入末梢，释放伤害性神经递质或直接激活兴奋性投射神经元的 5-HT$_3$ 受体介导的。

（三）5-HT$_{4-7}$ 受体

5-HT$_4$ 受体在疼痛中的作用研究较少，且结果不一致。有研究发现大鼠脊髓鞘内给予 5-HT$_4$ 受体拮抗剂不影响基础痛阈，但可以显著逆转脊髓电刺激的镇痛作用。但也有研究发现鞘内给予 5-HT$_4$ 受体拮抗剂可以剂量依赖地缓解由神经损伤引起的机械痛敏，发挥镇痛作用，该作用可以被 5-HT$_4$ 受体激动剂所翻转。

预先鞘内给予 5-HT$_{5A}$ 受体拮抗剂可降低 5-HT 或 5-CT 的镇痛作用，也可逆转 Mangiferin（一种消炎镇痛药）对神经损伤大鼠的镇痛作用。这些研究提示 5-HT$_{5A}$ 受体可参与疼痛的调节，其受体激动剂可能是神经病理性疼痛的一种潜在治疗靶点。

近年来关于 5-HT$_6$ 受体在疼痛中的作用逐渐被关注。研究表明，5-HT$_6$ 受体的拮抗剂可减轻福尔马林诱导的疼痛行为。鞘内给予 5-HT$_6$ 受体拮抗剂也可剂量依赖性地缓解神经损伤引起的机械痛敏。此外，有研究表明，mPFC 中的 5-HT$_6$ 受体还参与神经病理性疼痛所致的记忆受损，提示 5-HT$_6$ 受体拮抗剂不仅可以产生镇痛作用，而且改善神经病理性痛所致的记忆障碍，单独使用或与其他镇痛药联合使用的 5-HT$_6$ 受体拮抗剂可能为神经病理性疼痛提供一种新的治疗策略，特别是对于有认知和记忆问题的慢性痛患者。

在外周，5-HT$_7$ 受体表达在人和啮齿类动物的 DRG 神经元。在中枢，5-HT$_7$ 受体表达在脊髓背角以及与疼痛调节密切相关的脑区，如 ACC、vlPAG 和 VLO 等。Santello 等的系列工作表明，ACC 内给予 5-HT$_7$ 受体激动剂，可以增强 HCN 通道的功能，修复神经损伤导致的 ACC 神经元的树突形态异常，并可缓解神经病理性疼痛。在 vlPAG 中给予 5-HT$_7$ 受体激动剂，亦可产生剂量依赖的镇痛作用。

5-HT 受体在调制脊髓伤害感受性信息中的上述种种相互矛盾的可能作用，目前尚难解释清楚。上述作用的差异是否由于动物种属、给药方式、用药剂量、激动剂或阻断剂的特异性以及观察指标和实验操作等不同原因造成，还需进一步研究探讨。

六、精神疾病

（一）焦虑

大量临床和实验证据表明，5-HT 与焦虑调节相关。比如，增加 5-HT 释放或抑制 5-HT 重摄取引起突触间隙 5-HT 浓度增高可导致焦虑症；相反，耗竭脑内 5-HT 或阻断 5-HT 受体具有缓解焦虑的作用。

PET 检测发现社交焦虑症（social anxiety disorder，

SAD）与 5-HT 转运体和多巴胺转运体在恐惧和奖赏相关的脑区中的表达增加有关。5-HT$_{1A}$、5-HT$_4$、5-HT$_6$ 受体和 SERT 基因敲除小鼠在多种焦虑样行为测试（如旷场、十字迷宫和对抗测试）中均表现出显著的焦虑样表型。而在不同脑区选择性过表达 5-HT$_{1A}$ 受体，可以显著缓解这些转基因鼠的焦虑样行为。药理学研究也显示，海马内给予 5-HT$_{1A}$ 受体激动剂 8-OH-DPAT 可引起焦虑样行为，但中缝核内注射 8-OH-DPAT 则具有抗焦虑作用，提示 5-HT$_{1A}$ 自身受体可能涉及抗焦虑作用，而 5-HT$_{1A}$ 突触后受体可能参与焦虑过程。5-HT$_{1B}$ 自身受体也参与对焦虑状态的调控。比如缺乏 5-HT$_{1B}$ 自身受体的小鼠在旷场实验中表现出焦虑样行为的减少，中缝背核内过表达 5-HT$_{1B}$ 自身受体可通过抑制 5-HT 的释放增加小鼠的焦虑样行为。此外，5-HT$_{1B}$ 受体也参与对焦虑状态的调控，如隔核-海马通路的 5-HT$_{1B}$ 受体可通过控制 ACh 的释放调节焦虑样行为。背侧 PAG 和杏仁核通路上的 5-HT$_{1B}$ 受体可通过调节 GABA 释放进而影响焦虑样行为。中缝背核过度表达的 5-HT$_{1B}$ 受体则可通过调节 5-HT 的释放增加小鼠的焦虑样行为。激活 BNST 与 5-HT$_{2C}$ 受体可增加听觉惊吓任务中的焦虑样行为。有研究显示，从 DRN 释放的 5-HT 可通过激活 BNST 中的 5-HT$_{2C}$ 受体导致恐惧和焦虑样行为，而经典抗抑郁药慢性治疗则可下调 5-HT$_{2C}$ 受体的功能。

中缝背核向不同脑区的 5-HT 投射可能参与不同的情绪反应和行为调节。中缝背核向杏仁核投射的 5-HT 能神经元可调节焦虑样行为，而向额叶皮质投射的 5-HT 能神经元则可参与机体在面对挑战时的主动应对。此外，激活 5-HT$_4$ 受体已在多种动物模型中显示出抗焦虑作用。比如，激活内侧前额叶 5-HT$_4$ 受体或 DR 靶向内侧前额叶锥体神经元的神经末端可以产生快速抗焦虑作用。

（二）抑郁

抑郁症患者脑脊液中 5-HT 和 5-羟吲哚乙酸（5-HIAA）含量较正常人为低，尸检也发现抑郁症患者中缝核内 5-HT 含量减少。应用 5-HTP、三环类化合物或 5-HT 重摄取抑制剂有较好的抗抑郁作用，提示 CNS 的 5-HT 功能降低可能导致抑郁的发生。最近的光遗传学研究提示，慢性痛继发的抑郁症状与 DR 的 5-HT 神经元到中央杏仁核的 SOM 中间神经元投射通路的功能降低有关。

5-HT$_{1A}$、5-HT$_{1B}$、5-HT$_{2A}$、5-HT$_{2B}$、5-HT$_{2C}$、5-HT$_3$、5-HT4、5-HT$_6$ 和 5-HT$_7$ 受体都可能涉及抑郁的发生。临床观察显示，抑郁症患者前脑 5-HT$_{1A}$ 受体功能明显降低，因抑郁症自杀者的脑内 5-HT$_{1A}$ 受体结合力显著下降，提示 5-HT$_{1A}$ 受体有抗抑郁作用。5-HT$_{1A}$ 受体基因敲除小鼠表现出更高水平的焦虑和抑郁样症状，可能与边缘脑区突触后 5-HT$_{1A}$ 受体信号不足有关。选择性 5-HT$_{1A}$ 受体激动剂的作用似乎与传统的抗抑郁药相似。与此相反，5-HT$_{1B}$ 受体拮抗剂能明显增强 5-HT 重摄取抑制剂的抗抑郁作用。近年的研究显示，缺乏 5-HT$_{1B}$ 自身受体的小鼠在强迫游泳和糖水偏好实验中表现出抑郁样行为减少的表型。5-HT$_{2A}$ 受体可参与抑郁症在内的多种中枢神经系统疾病的发生过程。5-HT$_{2A}$ 和 5-HT$_{2C}$ 受体拮抗剂是临床上重要的抗抑郁药，对于 SSRI 不敏感的患者有很好的治疗效果。5-HT$_{2B}$ 受体也被报道参与重症抑郁、帕金森病引起的快感缺失和剥夺睡眠引起的抑郁样行为。星形胶质细胞和中缝核的 5-HT 神经元都表达 5-HT$_{2B}$ 受体，药理学阻断星形胶质细胞的 5-HT$_{2B}$ 受体或敲除该受体可阻断 fluoxetine 的抗抑郁效应。中缝核的 5-HT 神经元上表达的 5-HT2B 受体可正向调节 5-羟色胺神经元活性。与此效应相吻合，通过药理学或遗传学方法失活 5-HT2B 受体可使慢性 SSRI 治疗的抗抑郁作用消失。5-HT$_3$ 受体拮抗剂所产生的中枢效应也被考虑用于抗精神病和抗抑郁的治疗中。与重度抑郁症有关的许多病理过程都受到 5-HT$_3$ 受体及其拮抗剂的调节。蓝斑内 5-HT$_3$ 受体激活可显著抑制前额叶（PFC）脑区内 NE 的释放，而 5-HT$_3$ 拮抗剂则可显著提高抑郁症患者 PFC 内 NE 的水平。在海马和 PFC 内 GABA 神经元上表达的 5-HT$_3$ 受体可通过调控 GABA 释放来调节锥体神经元的谷氨酸释放，从而促进中缝核内的 5-HT 神经元释放 5-HT，发挥抗抑郁作用。Vortioxetine 是一种新型抗抑郁药，多项动物实验表明，其抗抑郁作用应归因于突触后而不是突触前 5-HT$_3$ 受体的拮抗作用。近年来一些新型的 5-HT$_3$ 受体拮抗剂在抑郁动物模型中显示出抗抑郁和（或）抗焦虑效果，可能与其对下丘脑-垂体-肾上腺轴的调节及其与 5-HT 系统的相互作用或抗氧化特性相关。动物实验证明，5-HT$_4$ 受体激动剂具有快速抗抑郁作用，在 mPFC 过表达 5-HT$_4$ 受体的小鼠出现显著的"抗抑郁样"表型。临床研究显示，重症抑郁患者纹状体内 5-HT$_4$ 受体的结合率降低，尸检研究报告提示抑郁症自杀受害者多个脑区 5-HT$_4$ 受体结合发生改变。5-HT$_4$ 受体缺失或药理阻断改受体可导致抑郁和焦虑样行为增加。5-HT$_4$ 受体激动剂（RS67333）在啮齿类动物中使用仅三天即可产生抗抑郁效应。5-HT$_6$ 受体广泛表达在与情绪调节密切相关的脑区，如纹状体、伏隔核、前额叶皮质等。临床上一些抗抑郁药与 5-TH$_6$ 受体有很高的亲和力。动物行为学实验表明，5-HT$_6$ 受体的激动剂和拮抗剂均可以产生抗抑郁作用。具体的机制还有待进一步研究。5-HT$_7$ 受体基因敲除小鼠在强迫游泳实验中显示出抗抑郁样表型。5-HT$_7$ 受体拮抗剂也显著减少动物的抑郁样行为。此外，在缺失 5-HT$_7$ 受体的小鼠中，某些抗抑郁药物的作用消失，提示 5-HT$_7$ 受体也可能是潜在的抗抑郁药作用靶点。

（三）精神分裂症

研究表明，5-HT$_7$ 受体与精神分裂症的发病有一定的相关性。有尸检报告显示，在精神分裂症患者的背外侧前额叶皮质中 5-HT$_7$ 受体 mRNA 表达降低；[^{3}H] SB-269970（5-HT$_7$ 受体拮抗剂）结合位点在 Brodmann's 第 9 区显著下降。对 5-HT$_7$ 受体单核苷酸多态性（SNP）与精神分裂症患者进行对照关联分析后发现，一个内含子 SNP 和一个启动子 SNP 与精神分裂症有关联。对精神分裂症全基因组关联研究也显示关联基因位于 10q22 染色体，与 5-HT$_7$ 受体基因（10q21 ～ 24）非常接近。此外，一些典型和非典型的抗精神病药物对 5-HT$_7$ 受体均具有很高的亲和力。

对于脊椎动物攻击性行为的神经化学研究显示，5-HT 水平总是与攻击性呈负相关。进一步研究发现，5-HT 对攻击行为的抑制主要是通过 5-HT$_{1B}$ 受体介导的。比如敲除 5-HT$_{1B}$ 受体基因的小鼠显示出较强的攻击性，而给予 5-HT$_{1B}$ 受体激动则可明显抑制其攻击行为。5-HT$_{2A/C}$ 受体也可参与攻击性行为调节。比如 5-HT$_{2A/C}$ 受体抑制剂可减少小鼠的攻击性行为，其激动剂则可增强攻击性行为。5-HT$_{2C}$ 受体抑制剂或反向激动剂也可减少孤养小鼠的攻击性行为。此外，有研究发现在攻击性较强的雌猪脑内，中缝核 5-HT$_{2A}$ 受体表达显著增加。

七、神经系统其他疾病

（一）阿尔茨海默病

临床观察发现，在阿尔茨海默病（Alzheimer's disease，AD）患者中存有海马和额叶皮质中 5-HT$_{2A}$

和 5-HT$_{1A}$ 受体表达降低和 5-HT$_4$ 受体丢失现象。5-HT$_4$ 受体激动剂可促进前额叶皮质和海马 ACh 的释放，从而修复 AD 中发生的胆碱能神经系统损伤。此外，一些研究发现，5-HT$_4$ 受体可促进具有神经保护作用的可溶性淀粉样前体蛋白（sAPPα）释放，5-HT$_4$ 受体激动剂通过 cAMP 依赖性激活的 cAMP/Epac（exchange factor directly activated by cAMP 1，交换蛋白）信号通路进一步增强该作用，同时减少了神经细胞中 Aβ 的聚集，进而改善 AD 的进程。5-HT$_6$ 受体拮抗剂的应用也被认为是治疗 AD 的一种很有前途的策略。有研究表明，AD 患者皮质区域的 5-HT$_6$ 受体密度显著降低，系统或局部给予 5-HT$_6$ 受体阻断剂可升高背侧海马细胞外 Ach 的含量，增强皮质和海马的脑电图 γ 和 θ 功率，改善认知功能。

（二）癫痫

某些抗癫痫药可通过增加 5-HT 受体表达水平来产生抗癫痫作用。同时，5-HT$_{2A}$ 受体的缺乏会明显增加癫痫发作的风险。该受体可通过与单胺类神经递质、GABA 和谷氨酸相互作用，进而直接或间接的控制整个网络结构中的神经元兴奋性。进一步的研究提示，5-HT$_{1A}$、5-HT$_{2C}$、5-HT$_3$、5-HT$_4$ 和 5-HT$_7$ 受体可能均参与癫痫的发生和维持，并可影响惊厥的易感性。多项研究表明，在颞叶癫痫患者和癫痫大鼠模型中皮质 5-HT$_6$ 受体表达增高，5-HT$_6$ 拮抗剂增加癫痫发作潜伏期，降低癫痫发作的严重程度。5-HT$_7$ 受体也被报道与癫痫相关，5-HT$_7$ 受体阻断剂能够显著降低癫痫发作。因此，5-HT$_6$ 和 5-HT$_7$ 受体被认为是治疗癫痫的潜在靶点。

（三）帕金森病

60% 帕金森病患者可伴发精神障碍，包括幻觉、错觉、妄想等。5-HT$_{2A}$ 受体在大脑皮质 V 层锥体神经元有大量表达，匹莫范色林（Pimavanserin）作为 5-HT$_{2A}$ 受体高选择性反向激动剂 / 拮抗剂，同时与 5-HT$_{2C}$ 受体有较低的亲和力，是治疗帕金森病精神障碍的首选药物。因其不会阻断多巴胺 D2 受体，故不像经典的多巴胺抑制剂一样可加重帕金森病的运动障碍。在大鼠实验中，阻断 5-HT$_{2A}$ 受体可减缓左旋多巴（L-DOPA）引起的运动障碍和精神症状。临床研究表明，匹莫范色林还可治疗帕金森病引起的睡眠障碍和阿尔茨海默病引起的精神障碍。EMD-281 014 是 5-HT$_{2A}$ 受体的选择性抑制剂，可缓解帕金森病引起的运动和精神障碍。

八、5-HT 综合征

1992 年，Insel 及其同事首次报道了一种由于中枢或外周神经系统 5-HT 含量过多引起的中毒症状，命名为 5-HT 综合征（serotonin syndrome）。该病症状轻重不等，从轻微到致命。典型症状包括精神状态改变、自主神经功能障碍和神经-肌肉亢奋等。临床诊断该病最常用的是 Hunter 诊断标准，即有 5-HT 药物暴露史的患者，出现以下一种或多种情况可作出诊断：自发性阵挛、诱导性阵挛伴激动和发汗、眼球震颤伴有躁动和发汗、震颤和腱反射亢进、肌张力增高、体温超过 38℃（表 4-6-2）。给小鼠、大鼠、豚鼠、兔、猫、狗等动物大量 5-HT 前体（如 5-HTP）及（或）重摄取抑制剂（如 fluoxetine），也可引起一系列类似人类 5-HT 综合征的行为。在大鼠主要是摇头、前肢踏步样动作、后肢僵硬外展、尾竖起、颤抖和肌肉紧张度加大。实验发现引起这些症候群的中枢作用部位在脑干和脊髓。其中缓慢摇头、前足踏步和颤抖已明确是 5-HT$_{1A}$ 受体所介导。此外，5-HT$_{2A}$ 受体也在其中有贡献。5-HT$_{2C}$ 受体则可能与后背弓起有关。而颈部迅速抽动（类似于湿狗样抽动）和抽搐则可能是通过 5-HT$_2$ 和 5-HT$_6$ 受体对运动神经元的兴奋作用引起的。

多种以 5-HT 系统为靶点的药物和其他相关药物可导致 5-HT 综合征发生（表 21-3），常发生在过量或几种抗抑郁药物混合使用后。近十年来，5-HT 综合征的临床发病率有所增加，其主要原因可能包括：抑郁症发病率升高，非处方抗抑郁药和非法药物使用增加，以及企图使用抗抑郁药自杀的比例增

大。治疗包括立即停用 5-HT 类药物、补水和支持性护理以控制血压、高热、呼吸和心脏并发症。镇静最好用苯二氮䓬类药物。难治病例可能对解毒剂赛庚啶有反应，口服或经胃管给药。

表 4-6-2　5-HT 综合征临床表现

程度	临床表现
轻度	头痛、恶心、腹泻、躁动、震颤、肌肉运动不协调、下肢痉挛
中度	全身肌肉抽搐、反射亢进、牙齿颤抖、烦躁、发汗、心动过速、呼吸困难、眼震颤、瞳孔扩大
重度	高热、高/低血压、持续阵挛或僵硬、发作性强直阵挛、神志不清、谵妄、呼吸抑制、横纹肌溶解

表 4-6-3　导致 5-HT 升高的药物

选择性 5-HT 重摄取抑制剂（SSRI）	西酞普兰、氟西汀、氟伏沙明、帕罗西汀、舍曲林、维拉唑酮、沃替西汀
选择性去甲肾上腺素重摄取抑制剂（SNRI）	文拉法辛、度洛西汀、（左）米尔纳基普兰
三环类抗抑郁药（TCA）	氯丙咪嗪、普拉米明
单胺氧化酶抑制剂（MAOI）	吗氯贝胺、水胺酰肼、苯那嗪、曲安奈普罗、亚甲蓝、利奈唑啉（弱）、异烟肼（弱）、美索龙（弱）
阿片类药物	哌啶、美沙酮、戊唑嗪、哌替啶、曲马多
非处方类药物	L-色氨酸、人参、右美沙芬、S-腺苷-L-蛋氨酸、扑尔敏、溴苯那敏
非法药物	摇头丸、可卡因、安非他明、甲基苯丙胺、芬特明、麦角酸、浴盐

第五节　总　结

5-HT 是经典神经递质之一。脑内 5-HT 神经元胞体主要集中在低位脑干的中线附近，称为中缝核群。从中缝核群发出的纤维几乎投射到整个中枢神经系统。

自 20 世纪 40 年代发现至今，近一个世纪的研究逐渐形成了对 5-HT 功能的总体认识，特别是对其在调控情绪、睡眠-觉醒、镇痛、摄食、认知、记忆等方面达成了共识。

随着基因组学、遗传操控和病毒示踪等新技术手段的发展和应用，近十年来针对 5-HT 神经元及其相关环路的功能研究更具特异性。全脑 5-HT 特异性投射及功能图谱有望在不远的将来绘制完成。

随着 5-HT 受体亚型的克隆和功能鉴定，越来越多的研究发现，5-HT 在不同投射脑区和不同亚型受体的介导下可能产生不同、甚至截然相反的效应。这使得人们对中枢 5-HT 的功能产生了难以把

握的迷茫。但另一方面，正是由于 5-HT 在中枢的分布广，各类受体亚型功能差异大，更为其生理、病理、药理研究提供了巨大的空间。可以预期，针对各类 5-HT 受体亚型的遗传操控手段、各种影响 5-HT 代谢的工具药和专一性受体激动剂和拮抗剂的研发，将为未来数十年的 5-HT 研究开辟出一片新的天地。

参考文献

综述

1. Bardin L. The complex role of serotonin and 5-HT receptors in chronic pain. *Behav Pharmacol*，2011，22：390-404.

2. Carhart-Harris RL，Nutt DJ. Serotonin and brain function：a tale of two receptors. *J Psychopharmacol*，2017，31：1091-1120.

3. De Deurwaerdère P，Bharatiya R，Chagraoui A，et al. Constitutive activity of 5-HT receptors：Factual analysis. *Neuropharmacology*，2020，168：107-967.

4. Fakhfouri G，Rahimian R，Dyhrfjeld-Johnsen J，et al. 5-HT3 receptor antagonists in neurologic and neuropsychiatric disorders：The iceberg still lies beneath the surface. *Pharmacol Rev*，2019，71：383-412.

5. Grimaldi B，Fillion G. 5-HT-moduline controls serotonergic activity：implication in neuroimmune reciprocal regulation mechanisms. *Prog Neurobiol*，2000，60：1-12.

6. Holst SC，Valomon A，Landolt HP. Sleep pharmacogenetics：Personalized sleep-wake therapy. *Annu Rev Pharmacol Toxicol*，2016，56：577-603.

7. Hu H. Reward and aversion. *Annu Rev Neurosci*，2016，39：297-324.

8. Liu QQ，Yao XX，Gao SH，et al. Role of 5-HT receptors in neuropathic pain：potential therapeutic implications. *Pharmacol Res*，2020，159：104-949.

9. Liu Z，Lin R，Luo M. Reward contributions to serotonergic functions. *Annu Rev Neurosci*，2020，43：141-162.

10. Millan MJ. Descending control of pain. *Prog Neurobiol*，2002，66：355-474.

11. Ohno Y，Shimizu S，Tokudome K，et al. New insight into the therapeutic role of the serotonergic system in Parkinson's disease. *Prog Neurobiol*，2015，134：104-121.

12. Okaty BW，Commons KG，Dymecki SM. Embracing diversity in the 5-HT neuronal system. *Nat Rev Neurosci*，2019，20：397-424.

13. Ramaker MJ，Dulawa SC. Identifying fast-onset antidepressants using rodent models. *Mol Psychiatry*，2017，22：656-665.

14. Sharp T，Barnes NM. Central 5-HT receptors and their function；present and future. *Neuropharmacology*，2020，177：108-155.

15. Talton CW. Serotonin syndrome/serotonin toxicity. *Fed Pract*，2020，37：452-459.

原始文献

1. Okaty BW，Freret ME，Rood BD，et al. Multi-scale molecular deconstruction of the serotonin neuron system. *Neuron*，2015，88：774-791.

2. Cummings J，Isaacson S，Mills R，et al. Pimavanserin for patients with Parkinson's disease psychosis：a randomised, placebo-controlled phase 3 trial. *Lancet*，2014，383：533-540.

3. Garcia-Garcia AL，Canetta S，Stujenske JM，et al. Serotonin inputs to the dorsal BNST modulate anxiety in a 5-HT1A receptor-dependent manner. *Mol Psychiatry*，2018，23：1990-1997.

4. Huang KW，Ochandarena NE，Philson AC，et al. Molecular and anatomical organization of the dorsal raphe nucleus. *eLife*，2019，8：e46464.

5. Liu Z，Zhou J，Li Y，et al. Dorsal raphe neurons signal reward through 5-HT and glutamate. *Neuron*，2014，81：1360-1374.

6. Oikonomou G，Altermatt M，Zhang RW，et al. The serotonergic raphe promote sleep in zebrafish and mice. *Neuron*，2019，103：686-701.

7. Ren J，Friedmann D，Xiong J，et al. Anatomically defined and functionally distinct dorsal raphe serotonin sub-systems. *Cell*，2018，175：472-487.

8. Ren J，Isakova A，Friedmann D，et al. Single-cell transcriptomes and whole-brain projections of serotonin neurons in the mouse dorsal and median raphe nuclei. *eLife*，2019，8：e49424.

9. Santello M，Nevian T. Dysfunction of cortical dendritic integration in neuropathic pain reversed by serotoninergic neuromodulation. *Neuron*，2015，86：233-246.

10. Sengupta A，Holmes A. A discrete dorsal raphe to basal amygdala 5-HT circuit calibrates aversive memory. *Neuron*，2019，103：489-505.

11. Teixeira CM，Rosen ZB，Suri D，et al. Ansorge MS. Hippocampal 5-HT input regulates memory formation and schaffer collateral excitation. *Neuron*，2018，98：992-1004.

12. Wu X，Morishita W，Beier KT，et al. 5-HT modulation of a medial septal circuit tunes social memory stability. *Nature*，2021，599：96-101.

13. Xia G，Han Y，Meng F，et al. Reciprocal control of obesity and anxiety-depressive disorder via a GABA and serotonin neural circuit. *Mol Psychiatry*，2021，26：2837-2853.

14. Zhang YQ，Gao X，Ji GC，et al. Expression of 5-HT1A receptor mRNA in rat lumbar spinal dorsal horn neurons after peripheral inflammation. *Pain*，2002，98：287-295.

15. Zhou W，Jin Y，Meng Q，et al. A neural circuit for comorbid depressive symptoms in chronic pain. *Nat Neurosci*，2019，22：1649-1658.

第 *7* 章　逆行信使

李旭辉　卓　敏

第一节　反馈调节和逆行信号

　　反馈调节是神经系统功能的重要调控机制，逆行信号的反馈调节对于神经网络的信号传递具有重要作用。根据反馈调节发生的位置不同，可将其分为三类：①在神经系统水平，大脑对于感觉传入的反馈调节能控制感觉信号在脊髓水平的传递，即下行调节系统。这种下行调节是双相的，包括下行抑制性调节和下行易化性调节。下行抑制性调节通过激活下行抑制通路减少脊髓对外周感觉刺激的反应，而下行易化性调节则通过下行易化通路产生相反的效果。这种双相的调节有着重要的生理意义，例如，下行抑制具有内源性的镇痛作用，而下行易化则使机体对痛觉刺激更加敏感，从而使机体对于潜在的危险和刺激做出更灵敏的反应。最新的研究发现，大脑中存在皮质直接到脊髓的下行易化投射通路。②在局部神经回路水平，神经递质或神经调质（包括神经肽）可以反作用于突触前末梢，从而对突触前神经递质的释放进行逆行的反馈调控。如果是正反馈调节，神经递质的释放将被进一步增

强，从而增强突触传递；而负反馈调节则使神经递质释放减少，减弱突触传递。③细胞和分子水平的反馈调节。例如胞内信使蛋白之间的反馈调节控制信号转导（signal transduction）通路（图 4-7-1）。

　　在中枢神经系统中，神经信号的传导通常是顺行的，即突触前神经元兴奋后产生动作电位，动作电位由轴突传导到末梢，引起神经递质在突触前末梢释放，然后突触后细胞通过相应受体接收到此信号，再将该信号整合加工后传递给下级神经元。然而，近几十年以来，越来越多的证据表明神经信号在突触水平的传递是双向的，突触后的细胞也可以产生各种逆行信号分子影响突触前神经元，这类信号分子被称为逆行信使（retrograde messenger）。逆行信使的提出最早是用于解释长时程增强（long-term potentiation，LTP）的突触机制，即解释 LTP 是由突触前还是突触后诱发产生的这一问题。如果 LTP 完全在突触后被诱导和表达，则突触后细胞与突触前细胞在 LTP 诱导后不需要交流。如果突触前

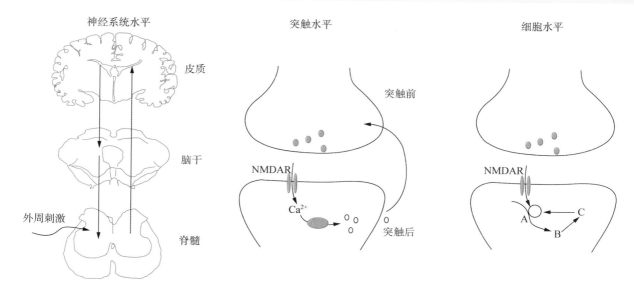

图 4-7-1 反馈调节是神经系统、突触及细胞水平的重要调控机制
A. 脊髓中感觉传递的上行和下行调节系统。从皮质、中脑及脑干发出的下行投射系统对脊髓的感觉传递具有双相调节作用。通过激活下行易化或抑制系统，动物能够增强或者降低其对外周刺激的反应。**B.** 突触水平的反馈控制。由可扩散的小分子对突触前神经递质的释放进行逆行调节。**C.** 细胞内的胞内信使及蛋白之间的反馈控制。激活蛋白 A（如环化酶）引起 B 分子的生成，继而激活下游蛋白 C 的活性，蛋白 C 活性的增强又会进一步调节蛋白 A 的活性

机制参与 LTP，则在 LTP 诱导后，突触后细胞需要与突触前细胞进行交流。一种机制是突触后细胞在收到 LTP 诱导刺激后合成并释放逆行信使。另一种机制可能是突触跨膜蛋白被突触后细胞中的 LTP 诱导刺激改变，这些蛋白质构象的变化将这些信息传递到突触和突触前细胞。在这两种机制中，逆行信使机制最受关注。20 世纪 90 年代初期的一系列工作证明了逆行信使的存在，包括一氧化氮（nitric oxide，NO）、一氧化碳（carbon oxide，CO）、内源性大麻素（endocannabinoids）和花生四烯酸等。过去大部分的研究工作集中在对 NO 和 CO 的研究。近年来，内源性大麻素（如 anandamide 和 2-AG）受到更多的关注，被认为可能是神经系统中主要的逆行信使。

从广义上说，逆行信使是由突触后神经元产生，并作用到突触前神经元的信号分子。逆行信使的功能在于影响突触前神经元的发育分化、突触形成、突触传递及其可塑性等。2009 年，Wade G. Regehr 等提出了定义逆行神经信使的建议标准，他们提出如果一种信号分子满足以下所有标准，则可以将其视为逆行神经信使：

- 逆行信使的合成与释放必须位于突触后神经元中；
- 干扰突触后神经元逆行信使的合成或释放必须能阻止逆行信号的传递；

- 逆行信使的适当作用位点必须位于突触前末梢；
- 干扰逆行信使的突触前作用靶点必须能消除逆行信号；
- 将突触前末梢暴露在能够提供足够逆行信使的逆行信号通路中也能模拟产生逆行信号，即使在逆行信使不足的情况下，配合逆行信号的其他因素也可以实现相似的效果。

根据逆行信使作用方式的不同，可以把逆行信使分为以下三类：①跨细胞膜的可扩散性逆行信使。它们可以直接扩散到突触前末梢，作用于突触前受体或穿过突触前膜作用于细胞内的靶点而发挥功能。该类逆行信使包括气体类逆行信使 NO 和 CO、内源性大麻素、花生四烯酸、血小板活化因子（platelet activation factor，PAF）等。②不可直接跨膜，但通过突触后细胞以胞吐的形式释放并作用于突触前受体而发挥作用的逆行信使。它们与经典的神经递质类似，被包装在囊泡中，通常需要 Ca^{2+} 的协助由突触后膜释放至突触间隙。该类逆行信使包括各种神经营养因子如神经生长因子（nerve growth factor，NGF）、脑源性神经营养因子（brain-derived neurotrophic factor，BDNF）等。③逆行信号也可以通过突触后分子和突触前分子直接相互作用而实现。突触前膜和突触后膜并不是孤立的，各种跨膜蛋白和胞外基质的相互作用使它们成为有机的整

体。因此，突触后的蛋白可以通过物理变构的方式将信号逆行传递至突触前神经元。如在突触间隙，突触后的跨膜蛋白 neuroligin 可以和突触前跨膜蛋白 neurexin 直接作用，调节突触前神经递质释放和突触前末梢的分化。

到目前为止，人们对逆行信使的研究主要集中在第一类逆行信使，即局部作用于突触前末梢和突触后棘突之间的可扩散性的逆行信使：NO、CO 和内源性大麻素等。与经典神经递质不同的是，它们作为逆行信使并不通过囊泡释放，并且也不需要特定地释放机制。在本章中，我们也将重点讨论第一类逆行信使 NO、CO 和内源性大麻素类在突触传递、突触可塑性、感觉信号传递以及学习与记忆功能等方面发挥的作用。

第二节　大脑中的逆行信使

一、一氧化氮

NO 是一种自由基性质的气体，具有一个额外电子，化学性质活泼。作为一个细胞内及细胞间的信号分子，NO 一直是中枢神经系统中逆行信使的最突出候选者之一。NO 主要通过脑细胞（大约 2%）的神经元型一氧化氮合酶（neuronal nitric oxide synthase，nNOS）在神经元中内源性分泌。NO 按需合成，因为它的膜渗透性的特点，不能储存。与传统的神经递质和调质不同，NO 有着独特的性质：①通过非囊泡机制释放；②能透过细胞膜；③半衰期非常短（1～5 s）；④作用靶点不是特异性受体，而是与一些酶或蛋白结合转而激活下游信号通路。这些性质使得 NO 能够快速释放和快速失活，而且不需要任何受体就可以从各个方向扩散到靶蛋白，因此 NO 在机体的各种生理功能中发挥着"魔力般"的作用。如众多研究表明，NO 参与中枢神经系统、免疫系统、心血管系统、感觉系统、消化系统的生理功能。此外，NO 也参与很多病理过程，如高血压、卒中、败血症以及一些中枢退行性疾病等。因此，对 NO 功能及其作用机制的研究，不仅有助于了解人体系统在分子水平的工作机制，而且可以为疾病的临床诊断和治疗提供重要的信息。

L- 精氨酸是细胞内 NO 的前体。Ca^{2+} 通过 N- 甲基 -D- 天冬氨酸（N-methyl-D-aspartate，NMDA）受体进入细胞内激活一氧化氮合酶，在一氧化氮合成酶的催化下，L- 精氨酸分解为 NO 和 L- 瓜氨酸（图 4-7-2A 和表 4-7-1）。NMDA 受体通过与一氧化氮合酶的物理接近程度来严格调控其活性。NO 一旦合成，就具有细胞渗透性，可以作用于多种靶标。在哺乳动物中有着多种 NOS 的同工酶，根据纯化时间的先后，称之为 NOS Ⅰ、NOS Ⅱ和 NOS Ⅲ。① NOS Ⅰ最早是在大鼠和猪的小脑中被发现（1990），又称为神经元型 NOS（nNOS）。免疫组化研究表明，这类 NOS 也存在于其他各种神经组织和非神经组织中。② NOS Ⅱ最早从啮齿类巨噬细

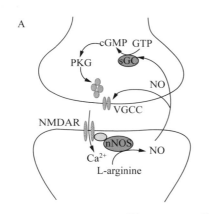
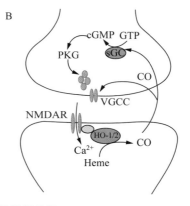

图 4-7-2　**NO 和 CO 气体逆行信使**

A. L- 精氨酸是细胞内 NO 的前体。在一氧化氮合成酶（nNOS）的催化下，L- 精氨酸分解为 NO 和 L- 瓜氨酸。nNOS 是以钙-钙调蛋白依赖的形式被激活。由于其对钙-钙调蛋白的敏感性，nNOS 能被多种受体信号通路激活，比如 NMDA 受体，L- 型电压门控钙通道以及胆碱能受体等。**B.** 亚铁血红素是细胞内 CO 的前体。在血红素加氧酶（HO）的催化下，亚铁血红素的卟啉环被切断并生成胆绿素（biliverdin）。同时亚铁离子被释放出来，并且一个碳原子最终形成了 CO。在神经元中，HO-2 像 nNOS 一样，以钙-钙调蛋白依赖的形式被激活。HO-2 能被酪蛋白激酶 -2（CK2）磷酸化，继而被激活

胞中分离出来（1991），它在细胞因子、脂多糖以及多种药物的诱导下表达，所以又称为诱导型 NOS（inducible NOS，iNOS）。除巨噬细胞外，多种细胞类型均可表达 iNOS，包括血管内皮细胞、心肌细胞和神经细胞等。③NOS Ⅲ 最初是在内皮细胞中被发现和纯化的（1991），所以又称为内皮 NOS（endothelial NOS，eNOS）。

Bredt 和 Snyder 的研究表明，NOS 的激活是钙–钙调蛋白（CaM）依赖的（图 4-7-2A），这个发现大大促进了对 NO 的研究。进一步的研究表明，NMDA 或谷氨酸可在不同脑区通过激活 NMDA 受体和随后的钙内流，诱导 NO 的生成。如在海马或脊髓中给予 NMDA 均能诱导 NO 释放。在小脑中，谷氨酸可诱导 NO 的快速释放，该过程对小脑的长时程抑制（long-term depression，LTD）十分重要。除谷氨酸外，NOS 也受到其他神经递质的调节，比如乙酰胆碱、缓激肽及神经生长因子等。NOS 在中枢神经系统中广泛表达。在新皮质，NOS 存在于浅层神经元中并与其他神经递质如神经肽 Y 和生长抑素（somatostatin）共存；在海马，NOS 存在于 CA3 和 CA1 锥体细胞和齿状回（DG）颗粒细胞中。有趣的是，不同类型的 NOS 分布在海马中的不同区域。如在 CA1 锥体细胞中，eNOS 大量分布，而 nNOS 则较少。在脊髓中，NOS 主要分布在脊髓背角，特别是 Ⅱ 层神经元中。研究发现 NO 通过激活含有 GluNR1 和 GluNR2 亚基的 NMDA 受体以逆行方式调节脊髓中的 nNOS 活性，这种作用可能是维持神经病理性疼痛的原因。总之，NOS 的广泛分布提示 NO 在神经系统中具有广泛的生理功能和病理作用。

二、一氧化碳

内源性 CO 来自亚铁血红素的降解（图 4-7-2B 和表 4-7-1），1898 年 Saint-Martin 和 Nicloux 首次发现了血红素的存在。在亚铁血红素加氧酶（heme oxygenase，HO）的催化下，亚铁血红素的卟啉环被切断并生成胆绿素（biliverdin），胆绿素进而被胆绿素还原酶还原成胆红素。亚铁离子被释放出来，并且一个碳原子最终形成了 CO。

HO 有两种形式：HO-1 和 HO-2。HO-1 的表达可以由机械压力等细胞刺激而诱导，因此 HO-1 称为诱导型 HO。HO-1 在肝脏和脾脏有高浓度地表达，这些部位与红细胞的破坏有关。血红素加氧酶

（heme oxygenase，HO）-2 广泛分布于体内，在脑中高密度地表达。HO-2 不能直接被诱导，所以称为结构型 HO。目前的研究表明，HO-2 可以被多种方式激活。如 CaM 以一种钙依赖的方式与 HO-2 有着很高的亲和力，其结合可激活神经元中的 HO-2。HO-2 也可被酪蛋白激酶 2（casein kinase 2，CK2）磷酸化，从而被激活。此外，在神经元中，蛋白激酶 C（protein kinase C，PKC）也可激活 CK2。多种信号通路调节 CO 的生成，提示 CO 在脑的多种生理功能中拌有重要作用。在生理上，CO 会导致血管舒张，而在病理上，CO 信号系统的紊乱与阿尔茨海默病、肌萎缩侧索硬化症等中枢神经系统疾病有关。

三、内源性大麻素

内源性大麻素（endocannabinoids）也是体内一类重要的可扩散性逆行信号分子。对内源大麻素的研究始于对植物大麻中有效物质及其作用机理的探索。在 1964 年，Raphael Mechoulam 实验室发现了 Δ^9-THC 是大麻的主要活性物质。1990 年，Lisa Matsuda 团队克隆并鉴定出了一种能够结合 Δ^9-THC 并在中枢神经系统中高表达的大麻素受体，CB1 受体。两年后，Raphael 团队首次从猪脑中提取出一种内源性大麻素样物质：N- 花生四烯酸乙醇胺（anandamide，AEA），由此提出了内源大麻素的概念。1995 年 Raphael 团队和 Sugiura 团队分别是从狗肠和大鼠脑中分离出了另一种内源大麻素 2-花生四烯酸甘油酯（2-arachidonoylglycerol，2-AG），尽管二者的结构与从植物大麻中提取的大麻素受体激动剂 Δ9-THC 有较大的差异，但它们都能够激活大麻素受体并产生生物学效应。由于脑内的 2-AG 的含量至少是 anandamide 的 50 倍，同时 2-AG 是 CB1 受体和 CB2 受体完全激动剂，而 anandamide 仅是部分激动剂，表明 2-AG 可能是更重要的内源性大麻素样物质（图 4-7-3 和表 4-7-1）。

内源性大麻素在脑中的合成是主要由 Ⅰ 型代谢性谷氨酸受体和突触后去极化引起的钙离子上升而激活，然后再由突触后神经元的胞体和树突释放。当突触后神经元兴奋时，mGlu 受体被激活，胞内 Ca^{2+} 浓度升高，并激活磷脂酶 C，产生甘油二酯，然后被甘油二酯脂肪酶裂解，产生 2-AG。如果 mGlu 受体激活导致胞内 Ca^{2+} 浓度升高，作用于细胞膜上的磷脂，则激活酰基转移酶裂解为 N- 花

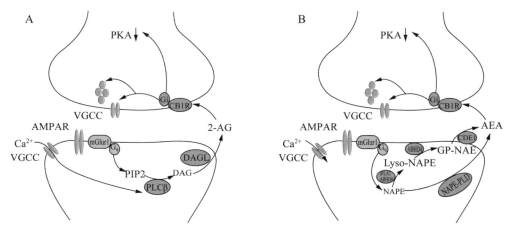

图 4-7-3　2-AG 和 AEA 大麻素类逆行信使

A. 突触后细胞去极化导致电压门控钙通道（VGCC）开放，激活与 Gq 蛋白偶联的代谢 I 型谷氨酸受体（mGluRI）。胞内 Ca^{2+} 浓度升高并激活磷脂酶 C（PLCβ），将脂质体 PIP2 转化为 DAG，DAG 被脂肪酶转化为内源性大麻素 2-AG。2-AG 激活突触前 CB1 受体，反作用于突触前靶标以降低释放的可能性。**B**. 电压门控钙通道和 mGluRI 激活后作用于细胞膜上时，可激活酰基转移酶（NAT）产生花生四烯酸磷脂酰乙醇胺（NAPE）。NAPE 可以被磷酸二酯酶直接裂解产生 AEA。NAPE 也可以被 sPLA2 或 ABHD4 催化形成溶血性 NAPE，然后被 ABHD4 催化形成 GP-NAE，随后再被磷酸二酯酶 GDE1 转化为 AEA。AEA 的酶失活是通过膜结合的 FAAH 进行的，在 FAAH 的作用下转化为花生四烯酸（AA）和 EA

表 4-7-1　中枢神经系统中可弥散性逆行信使

信使	前体	合成的酶	激活途径	靶蛋白
NO	精氨酸	nNOS；eNOS	Ca^{2+}-CaM	sGC；S- 蛋白质巯基亚硝基化
CO	血红素	HO-1；HO-2	Ca^{2+}-CaM；PKC	sGC
大麻素	NAPE	NAPE-PLD	NAPE-PLD；ABHD4-GDE1；PLC-PTPN22	CB1/CB2
2-AG	DAG	DAGL	mGluR-Ca^{2+}-PLC	CB1/CB2

生四烯酸磷脂酰乙醇胺，再被磷酸二酯酶裂解，产生 anandamide（图 4-7-3）。anandamide 与 2-AG 释放到突触间隙后作用于突触前膜上的大麻素受体——CB1 受体和 CB2 受体而发挥功能。细胞外的内源大麻素会被转运体等蛋白转移至细胞内，进而被细胞中的内源大麻素降解酶分解而失活。此外，研究发现 anandamide 和 2-AG 的代谢产物花生四烯酸有助于调节突触前钾离子通道活性，进而调节神经元兴奋性产生突触前抑制。花生四烯酸的分泌需要不同的谷氨酸受体参与才能在神经系统的不同部位实现逆行信使的功能。关于不同的花生四烯酸分泌激活系统及其作为逆行信使所发挥的多种作用还需更多的研究。内源性大麻素作为典型的信号分子，它们在心血管、呼吸、胃肠功能、伤害感受、肥胖、低血压休克、晚期肝硬化、流产和恶性疾病等病理过程中发挥作用。

四、其他逆行信使

（一）神经营养因子

神经元可以分泌多种类型的蛋白质，有些蛋白质可以潜在地激活突触前受体而调节神经递质的释放，这些蛋白也扮演着逆行信使的角色。例如，脑源性神经生长因子（BDNF）可以在突触可塑性（synaptic plasticity）的快速形式中充当逆行信使。当突触后细胞被激活后，含有 BDNF 的分泌囊泡与突触后膜融合释放 BDNF，BDNF 与突触前 TrkB 受体结合，将逆行信号快速地传导至突触前并增强神经递质的释放。越来越多的研究报道，其他分泌蛋白也有可能作为逆行信使，包括其他生长因子，如神经生长因子（NGF）、神经营养因子 NT-3 和 NT-4、胶质细胞源性神经营养因子（GDNF）、TGFβ 超家族中的众多信号分子，以及可以与卷曲蛋白结合的 Wnt、LRP 和其他受体等。

（二）黏附分子

虽然大多数逆行信号是由可扩散物质介导的，但突触后的跨膜蛋白和突触前的跨膜蛋白通过直接接触传递信息在突触发生中也起着重要作用。例如，神经细胞黏附分子（NCAM）通过影响突触形成的不同方面和钙黏蛋白-钙黏蛋白复合物的跨突触信号参与 LTP。在无脊椎动物突触发育中，Fasciclin Ⅱ 的突触后变化通过引起突触特异的补偿性的突触前改变，在轴突引导和突触发育中发挥重要作用。对视网膜突触的研究发现，人为提升 Ephrin-B 信号会迅速增加突触前末梢的递质释放。这些结果表明，直接接触可能允许突触后细胞在快速的时间尺度上调节突触前细胞的释放。Cadherins、neuroligin-neurexins、Eph-ephrins、nectins 和组织相容性复合物是突触前和突触后细胞之间的主要黏附分子。

（三）神经肽

大脑神经元中存在多种类型的神经肽，如强啡肽、甲氧脑啡肽、神经肽 Y、孤啡肽、分泌素和 P 物质等，它们都参与调节神经递质的释放。在海马颗粒细胞中，树突去极化导致 Ca^{2+} 通过电压门控钙通道流入，进而促进含有强啡肽的囊泡释放。强啡肽激活突触前末梢的 κ 阿片受体，抑制突触前神经递质的释放。颗粒细胞利用强啡肽逆行控制兴奋性突触传入的强度，进而阻断强啡肽的释放，阻断逆行信号的传导。此外，强啡肽也被证明可以逆行抑制下丘脑中的谷氨酸能突触传递。神经肽的逆行信号是否是突触调节的普遍机制仍然是一个悬而未决的问题。尽管有证据表明，一些神经元的树突上会有神经肽的释放，同时一些突触能够受神经肽的调节，但仍需要更进一步研究确定是何种神经元形成的突触受到了突触后释放的神经肽的逆行性调节。

（四）传统的神经递质

越来越多的研究表明，传统的神经递质是可能从树突中释放，它们同样可以介导突触传递的逆行调控。1999 年，Zilberter 首次报道了新皮质神经元中，动作电位可以促使 GABA 从树突中释放，突触后释放的 GABA 通过突触间隙激活锥体细胞突触前突起上的 $GABA_B$ 受体，从而抑制突触前末端的释放。除 GABA 外，突触后神经元树突也可以释放其他传统的神经递质，并可能参与到逆行信号的调节中。例如谷氨酸可以从皮质的一些锥体细胞或 GABA 能的小脑浦肯野细胞树突中释放。血清素也被发现能够从中缝背核神经元的胞体和树突中释放，并最终影响递质释放。此外，也有许多研究观察到多巴胺可以从神经元的胞体和树突中释放，由于多巴胺也具有调节神经递质释放的能力，因此，多巴胺也可能是一种重要的逆行信使。

第三节　NO、CO 和内源性大麻素的分子靶点及其下游信号通路

一、可溶性鸟苷酸环化酶

NO 和 CO 在神经元中的一个主要靶点蛋白是可溶性鸟苷酸环化酶（soluble guanylyl cyclase，sGC）（图 4-7-2 和图 4-7-4）。NO 和 CO 可激活 sGC，从而产生神经元中重要的第二信使环鸟苷酸（cGMP）。cGMP 至少可以激活下游三条信号通路：① cGMP 依赖的蛋白激酶（PKG）通路；② cGMP 相关的磷酸二酯酶（PDE）通路；③ cGMP 门控的离子通道。

另外，cGMP 本身也参与了突触可塑性。有报道表明，NOS 敏感的 LTP 需要 sGC 和 cGMP 的参与。在海马中，抑制 sGC 会抑制 LTP 的产生；而当给以细胞膜可通透性 cGMP 类似物如 8-Br-cGMP 时，较弱的突触刺激也能够诱导产生 LTP。在小脑中，cGMP 对于 LTD 同样具有重要作用。当给浦肯野细胞灌流 8-Br-cGMP 或直接注射 cGMP 的同时给突触前平行纤维弱刺激，能够产生平行纤维—浦肯野细胞突触反应的 LTD。cGMP 诱导的 LTD 是活性依赖（activity dependent）的，仅仅给予 cGMP 类似物或弱刺激本身都不能产生明显的 LTD，必须两者同时出现才有效。另外，cGMP 诱导的 LTD 可以阻断普通电刺激诱导的 LTD，从而进一步表明小脑浦肯野细胞 LTD 需要 cGMP 的参与。值得一提的是，由美国加利福尼亚大学圣地亚哥分校的 Roger

Tsien 等开发的一系列 cGMP 的类似物为研究 cGMP 的分子机制提供了很大帮助。这些类似物具有膜通透性，一旦进入神经元内，会被 cGMP 磷酸二酯酶降解成 cGMP，因此它们能够模拟神经元激活时 cGMP 的增加。

sGC 也可以被 PKC 和 cAMP 依赖的蛋白激酶（PKA）磷酸化并激活。由于 PKC 在 LTP 中被激活，因此在海马的 LTP 中，sGC 既有可能不仅被 NO 和 CO 等逆行信使所激活，也有可能被 PKC 磷酸化所激活。对 sGC 的活性研究表明，强直刺激可以诱导瞬时的 cGMP 水平升高，在 10 秒钟时达到最高值，但在强直刺激后 5 分钟降低到基础水平之下，cGMP 的减少是由强直刺激诱发的 cGMP 磷酸二酯酶（PDE）活性的持续增强引起的，这种降低可以一直持续 60 分钟。

二、cGMP 依赖的蛋白激酶 G

cGMP 依赖的蛋白激酶（PKG）是 cGMP 一个重要的下游蛋白（图 4-7-2 和图 4-7-4）。在小脑中，cGMP 被认为通过激活 PKG 而发挥作用。PKG 存在于胞浆中，它在小脑中的浓度比其他脑区的浓度要高出 20 ～ 40 倍，特别在浦肯野细胞中 PKG 浓度更高。研究表明，PKG 对小脑浦肯野细胞 LTD 的诱导十分重要。PKG 的选择性抑制剂 KT5823 可以阻断由 8-Br-cGMP 诱导的 LTD。KT5823 也能阻断由 tACPD 诱导的 LTD。进一步的研究表明，KT5823 仅对 LTD 的诱导过程起作用，如果在 LTD 诱导之后给以 KT5823，并不能阻止 LTD，说明 LTD 的维持并不要求 PKG 的持续激活。卓敏（Min Zhuo）和 Eric Kandel 的研究发现，在海马中 PKG 抑制剂能够阻断 LTP 的诱导，而 PKG 选择性激活剂可以诱导产生 LTP。另外，基因敲除 PKG 能够显著减弱海马中的 LTP，这个结果进一步证实 PKG LTP 的形成具有重要的作用。

三、cGMP 相关的磷酸二酯酶

除了 PKG 以外，cGMP 相关的 PDE 也是 cGMP 重要的下游信号蛋白。PDE 可以降解胞内的 cGMP，从而调节 cGMP 水平。在哺乳动物的大脑中发现了多种类型 cGMP 特异性磷酸二酯酶的表达。由强直刺激引起的神经活性导致 NO 和（或）CO 的激活，升高了细胞内 cGMP 的水平，从而进一步激活

PKG。而与此同时，cGMP 相关的 PDE 又能降低细胞内 cGMP 的水平。因此，这种相互作用的形式产生了神经元中 sGC 激活的信号反馈环路。

四、cGMP 门控的离子通道

环核苷酸门控（cyclic nucleotide-gated ion channel, CNG）离子通道是 Ca^{2+} 通透的非特异性阳离子通道，它们可以被胞内 cGMP 和 cAMP 直接激活。两种 CNG 通道的亚型在海马的神经元中均被发现，基因敲除 CNG 通道可以降低 LTP。CNG 通道的研究主要集中在视网膜光感受器细胞上。在黑暗中，细胞膜上的 cGMP 门控的 Na^+ 和 Ca^{2+} 通道开放，产生内向电流。而在光线作用下，由于 PDE 被激活，细胞内 cGMP 水平降低而导致通道关闭，引起细胞超极化。此外，膜片钳记录显示，视网膜节细胞上的 CNG 通道可以被 NO 供体和 cGMP 激活。

五、非 cGMP 依赖性通路

除了 cGMP 依赖的信号通路，NO 还会影响突触前囊泡释放相关的蛋白，增加递质释放（图 4-7-4）。NO 增加了 VAMP/SNAP-25/syntaxin 1a 核心结构的形成，并抑制 n-src1 与 syntaxin 1a 的结合，这两种效应都会增强囊泡向突触前末梢移动并和突触前膜融合，从而增强神经递质的释放。虽然该调节可能是非 cGMP 信号通路依赖的，但是 NO 和 CO 也

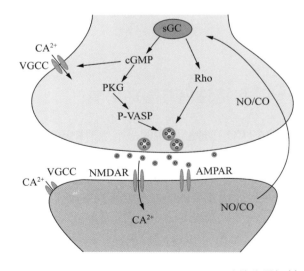

图 4-7-4　NO 和 CO 增强突触前递质释放的分子机制
在兴奋性神经末梢，NO 和（或）CO 能激活 sGC，导致 cGMP 浓度的增加；cGMP 能激活 PKG，进而诱发 VASP 的磷酸化。磷酸化的 VASP 和 Rho 协同作用，增强神经递质的释放

能通过 sGC 和 PKG 通路调节血管扩张刺激磷蛋白（vasodilator-stimulated phosphoprotein，VASP）的磷酸化，并进而增强突触前末梢 synaptophysin 的聚集来调节神经递质的释放。

当激活诱导型 NOS，生成高浓度 NO 时，NO 几乎能与细胞内各种蛋白起反应。在这种情况下，NO 的靶分子包括氧自由基、含铁蛋白、含硫蛋白、含巯基蛋白等。NO 可以通过半胱氨酸残基的 S- 亚硝基化直接作用于多种蛋白质。多数情况下这些反应会引起细胞毒性，导致酶功能的丧失，甚至细胞死亡。

六、大麻受体及其信号通路

大麻受体（cannabinoid receptors）包括 CB1 受体和 CB2 受体，它们介导了内源性大麻素 anandamide 和 2-AG 的生理功能。这两个受体仅有约 44% 的同源性，说明它们在进化上的距离可能较远。CB1 受体广泛分布于神经系统中，脑内的 CB1 受体主要分布于基底神经节（黑质、苍白球、外侧纹状体）、海马 CA 锥体细胞层、小脑和大脑皮质中。CB1 受体的这种分布模式可能与大麻素在记忆、认知、运动和痛觉等过程中的调控有关。而 CB2 受体主要分布于外周，如脾边缘区、免疫细胞、扁桃体等，CB2 受体的这种分布模式则可能与大麻素免疫抑制作用相关。

与 NO、CO 类似，内源性大麻素类物质在脑内可作为可扩散性的逆行信使直接由突触后神经元释放。释放至突触间隙的内源性大麻素主要作用于突触前膜受体而发挥功能。目前的研究表明，突触前 CB1 受体的激活可以抑制神经递质的释放。当内源性大麻素与 CB1 受体结合后，激活 CB1 受体耦联的 G_i/G_o 蛋白转导信号通路，抑制腺苷酸环化酶（AC），使 cAMP 含量减少，进一步抑制 cAMP 依赖的蛋白激酶（PKA）（图 4-7-3）。PKA 被抑制后会增加外向性 K^+ 电流。同时 CB1 受体还可以抑制 N 和 Q/P 型电压依赖 Ca^{2+} 通道开放，进而使突触前神经递质，如 GABA 或谷氨酸的释放减少。与 CB1 受体类似，外周的 CB2 受体激活也通过抑制 AC 和 N 型 Ca^{2+} 通道的机制而发挥调节作用。

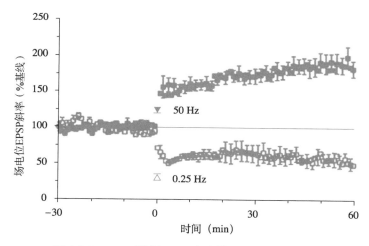

图 4-7-5　NO 对海马 CA1 中突触可塑性的双向调节

在弱的强直刺激下同时给以 NO 可以产生持续的突触反应增强，即 LTP。而在低频刺激时同时给以 NO 可以产生长时间的突触反应抑制，即 LTD

第四节　NO、CO 和内源性大麻素对突触可塑性的调节

一、NO 对突触可塑性的调节

中枢神经系统中存在两种形式的突触可塑性，即 LTP 和 LTD。最早发现逆行信使也是用于阐释突触前和突触后机制均在 LTP 的表达中起作用。支持 NO 参与 LTP 的证据包括：①使用选择性 NOS 抑制剂可以抑制场电位记录的兴奋性突触后电位（fEPSP）的 LTP。但传统的电生理和药理学实验

难以定量地显示抑制剂的作用，例如 NOS 的活性究竟被抑制了多少不得而知。②来自遗传学基因突变小鼠的实验证据也支持 NO 在 LTP 中起重要的作用。NOS 的单核苷酸遗传学敲除并不引起 LTP 变化，而完全敲除 NOS 则可以明显地抑制 LTP 的产生。不同于药理学方法，在这些实验中，NOS 的整体活性都被完全地去除了。③ NO 作为逆行信使参与 LTP 的证据来自直接将 NO 应用于脑片实验，即同时给予 NO 和弱的突触刺激可以诱导出 LTP（图 4-7-5）。用此方法诱导的 LTP 不能被 NMDA 受体阻断剂所阻断，说明 NO 产生的效应处于 NMDA 受体效应的下游。

由于记录条件和技术的限制，大部分对 LTP 的研究都仅限于记录诱导后的 45 ～ 60 分钟，即早期 LTP（early-phase LTP，E-LTP）。而对晚期 LTP（late-phase LTP，L-LTP）研究较少。L-LTP 是指记录诱导后 2 ～ 3 小时或更长时间的突触反应的增强，它需要更强的诱导刺激，但认为是更接近长期记忆的一种突触可塑性形式。对于 L-LTP 的研究表明，抑制 NO 并不能显著抑制 L-LTP，而 CO 的阻断则能显著抑制 L-LTP。

许多研究表明，NO 作为逆行信使也在其他形式的突触可塑性中发挥作用。L 型电压敏感的 Ca^{2+} 通道（L-VGCC）依赖的 LTP 通常与 NMDA 受体依赖的 LTP 共存，主要反映增强的突触前递质释放。Pigott 在 2016 年报道 NO 通过其第二信使 cGMP 发挥作用，在依赖 L-VGCC、不依赖 NMDA 受体的 LTP 中发挥出乎意料的重要作用，NO 可能作为响应突触后 L-VGCC 开放而产生的逆行信使。

NO 信号不仅调节谷氨酸能突触传递，而且对出生后早期小鼠海马中的 GABA 能突触传递也有调节作用。Csere'p 在 2011 年报道急性切片中的神经元钙成像显示，NO 信号机制也参与同步网络活动模式的控制。在腹侧被盖区（ventral tegmental area，VTA），激活多巴胺能神经元的兴奋性突触可以诱导增强向其投射的 GABA 能异突触 LTP。此 GABA 能的 LTP 在突触前表达，且可以被钙离子螯合剂 BAPTA 阻断突触后 Ca^{2+} 离子升高而抑制，这表明中间有逆行信使的参与。VTA 多巴胺能神经元表达 NOS，细胞外应用 NO 的清除剂可以阻断 GABA 能的 LTP。

NO 参与多种生理过程，研究发现存在不止一种 NO 介导的逆行信号系统。2009 年，Taqatqeh 证

实在小鼠海马中存在两种 NO-GC 受体（NO-GC1 和 NO-GC2），它们对 NO 诱导的海马 LTP 都必不可少。然而，在另一项研究中，没有证明 NO 依赖性 LTP 信号在周围皮质中发挥作用，但注射神经元 NOS 抑制剂可以导致视觉识别记忆力下降。这些结果表明 NO 对大脑不同部位的作用可能不同，需要更多的体内实验来确定 NO 的作用及其作为逆行信使的分子机制。

NO 也可能参与 LTD 的作用。LTD 最初也在海马中被发现。人们推测这种突触抑制可能是为了防止 LTP 引起的突触传递产生的饱和。在电生理研究发现 LTD 的同时，用神经化学方法发现从突触前末梢释放的神经递质也会随之减少。LTD 的诱导也需要突触后 NMDA 受体和（或）代谢性谷氨酸受体的激活。研究表明，一些逆行信使可能会参与 LTD。1994 年，Bolshakov 及 Siegelbaum 研究发现，虽然海马 CA1 区域 LTD 的诱导是在突触后，但它们的表达和维持却是在突触前，这也类似于海马 CA1 区域的 LTP。在 LTD 的诱导中，突触后的激活可能释放一些可以扩散的信使来作用于突触前末梢，从而产生突触前递质释放减少和随后的 LTD。NO 是被首先想到的候选逆行信使分子。但实际上，NO 作为逆行信使在 LTD 中的作用还存在争议。有实验表明，NOS 的抑制剂 L-MMNA 的预处理能够阻止海马 LTD 的诱导。但另有研究小组发现，给予更长时间的 L-MMNA 预处理时，没有得到相同的结果。我们的结果表明，在低频（0.25 Hz）刺激突触前纤维的过程中给以 NO 能够产生 LTD（图 4-7-5）。这种 LTD 不依赖于 NMDA 受体，并且不被 GABA 受体阻断剂影响。

二、CO 对突触可塑性的调节

研究表明，CO 作为逆行信使也对突触可塑性具有调节作用。用 ZnPP 抑制 CO 合成酶的活性可以阻断 LTP 的诱导（图 4-7-6）。但是基因敲除亚铁血红素加氧酶 HO-2 并不影响 LTP 的诱导，这可能是由于 HO-2 在 LTP 中的作用被其他的信号蛋白所代偿。目前还不清楚其他的与 HO-2 通路相关的基因敲除是否会导致 LTP 的完全抑制。另外，同时给予 CO 和突触低频刺激可诱导 LTP，这进一步证明了 CO 在 LTP 中的作用（图 4-7-7）。2020 年，Ueno 等研究发现，在黑腹果蝇脑外植体中，激活蘑菇体

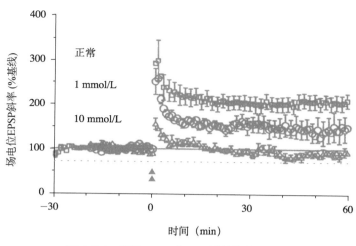

图 4-7-6 海马 AC1 中 CO 活性依赖的 LTP
CO 合成抑制剂 ZnPP 灌流给药，剂量依赖地抑制海马 LTP 的诱导

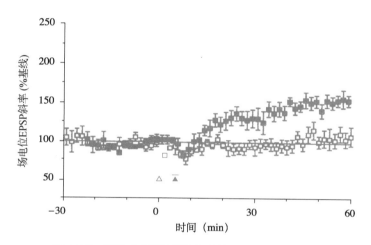

图 4-7-7 海马中低频刺激同时给予 CO 可诱导 LTP
CO 诱导的 LTP 是通路选择性的。Paired. 伴有低频刺激，能产生 LTP；Unpaired. 无低频刺激的通路不能产生 LTP

（MB）神经元可以产生 CO，它作为一种逆行信号引起局部突触前末梢释放多巴胺（dopamine，DA）。CO 的产生取决于突触后 MB 神经元中血红素加氧酶的活性，并且 CO 诱发 DA 释放需要 Ca^{2+} 通过兰尼碱受体流出。此外，使用 CO 清除剂去除 CO 会阻止 DA 的释放。

迄今为止，没有报道表明 CO 作为逆行信使参与 LTD。有趣的是，在一项研究中，当 NO 与 CO 配对应用时，小龙虾伸肌细胞记录到的兴奋性突触后电压的幅度明显增加，这表明 CO 增强了逆行信使 NO 的作用。这一观察开辟了新的研究思路，提示逆行信使可能不是单独行动，而是相互合作以产生预期的效果。

三、内源性大麻素对突触可塑性的调节

内源性大麻素 anandamide 和 2-AG 通过逆向传导作用于突触前神经元，抑制突触前神经递质的分泌，从而调节突触传递及其可塑性。例如在海马中，CB1 受体定位于 GABA 能神经元的突触前神经末梢上，它的激活可直接抑制 GABA 的释放，从而降低对兴奋性突触的抑制作用。如前文所述，突触后神经元的去极化可以激活内源性大麻素的合成和分泌，而作为逆行信使的内源性大麻素则可以抑制突触前 GABA 的释放，这种突触后神经元去极化诱导的突触前抑制性神经递质释放减少的现象被

称为去极化诱导的抑制减弱（depolarization-induced suppression of inhibition，DSI），这种内源性大麻素和 CB1 受体所介导的 DSI 现象也同样可以促进 LTP 的诱导。与 DSI 相似，当 CB1 受体存在于兴奋性突触前末梢时，CB1 受体激活可以抑制突触前谷氨酸的释放，这种现象被称为去极化诱导的兴奋减弱（depolarization-induced suppression of excitation，DSE）。另外，也有报道表明，CB1 受体介导的 DSE 现象也可能引起兴奋性突触的 LTD。

在大多数情况下，内源性大麻素的逆行信号激活突触前 CB1 受体，从而导致神经递质释放概率降低。例如，在海马中，内源性大麻素调节 PKA 活性，该活性通过 RIM1α 起作用以降低抑制性突触释放的可能性。内源性大麻素在基底外侧杏仁核（BLA）中也充当逆行信使，在通过分离具有完整突触前神经末梢的 BLA 突触后神经元中，CB1 激动剂可以降低自发的 GABA 能电位，而 CB1 拮抗剂则增加这种反应。在小鼠听觉和视觉皮质中，抑制性电流与突触后去极化相结合时抑制了 DSI，而大麻素拮抗剂可以阻断这个抑制现象。这一发现证明了内源性大麻素在新皮质中间神经元和锥体神经元之间的突触中也起到逆行信使的作用。在小脑中，内源性大麻素也可以起到逆行信使的作用，激活的突触抑制了神经递质的释放，而失活的突触不表现出这种现象。

星形胶质细胞也参与内源性大麻素逆行信号的调节。神经元和星形胶质细胞协同调节 2-AG 含量和内源性大麻素依赖性的突触可塑性。星形胶质细胞的 MAGL 主要负责将 2-AG 转化为神经炎性前列腺素，使其能更方便进行细胞膜的穿梭。研究表明，如果 LTP 在特定突触中被诱导，短暂的抑制性突触前刺激将在相邻突触中诱导 LTD。因此，内源性大麻素的作用在大脑的不同部位表现不同，这取决于神经元活动、谷氨酸摄取调节和（或）影响内源性大麻素生物合成、运输和降解因素的不同时空模式。

许多体外研究表明，内源性大麻素的释放受代谢型谷氨酸受体（mGluR）调节。在 CB1 受体基因敲除的小鼠中，mGlu 受体激活后不能引起 GABA 释放的抑制，这表明 mGlu 受体激活诱导的内源性大麻素也是通过 CB1 受体而调节 GABA 的释放。在谷氨酸能突触中，多个突触的同时长期输入激活可以促进谷氨酸富集并导致 mGluR1/5 受体的强烈激活。局部激活 mGluR1/5 会降低引起内源性大麻素释放所需的 Ca^{2+}。在大多数情况下，内源性大麻素的释放需要突触后细胞中钙的活性的提高和 mGluR1/5 受体的同时激活。PLCβ 是钙传感器，可协同响应钙的增加和 mGluR1/5 的激活。Iremonger 等研究报道，内源性大麻素会抑制兴奋性末梢释放的谷氨酸，CB1 受体的阻断剂可以抑制这种 LTD。这种 LTD 本质上是突触前产生的，但需要从突触后神经元释放强啡肽，而强啡肽的释放和随后的 LTD 需要突触后 mGlu 受体的激活。

此外，有研究显示内源性大麻素 anandamide 和 2-AG 的代谢产物花生四烯酸在诱导海马的 LTP 中起到了一定的作用，即花生四烯酸的浓度在细胞内强直刺激后显著升高。神经元吸收预先形成的花生四烯酸并通过将其酯化为膜磷脂而储存起来。花生四烯酸实现逆行信使的功能在神经系统的不同部位需要不同的谷氨酸受体参与。在大鼠海马的脑片中，用 NMDA 受体拮抗剂和 mGlu 受体拮抗剂分别处理花生四烯酸介导 LTP 之后的脑片，研究发现海马脑片中的 LTP 被 mGlu 受体拮抗剂显著减弱，这表明代谢型谷氨酸受体激活对于海马中花生四烯酸介导的 LTP 的诱导和维持至关重要。花生四烯酸还介导与新生大鼠海马中长期抑制相关的突触前机制。2014 年，Carta 报道海马中 CA3 锥体细胞以活性依赖的方式在突触后释放花生四烯酸充当逆行信使。花生四烯酸的作用是通过直接调制电压门控钾（Kv）通道来扩大突触前动作电位。当突触后细胞以生理方式激活时，可触发这种形式的短期可塑性。这种短时的突触可塑性提升了海马苔藓突触中诱导突触前形式 LTP 的阈值。因此，脂质体通过活性依赖性释放直接调节突触前电压门控钾通道作为调节突触传递的生理机制。

第五节　NO、CO 和内源性大麻素的生理功能和病理意义

一、学习记忆

海马 LTP 被认为可能是空间记忆的分子基础。全身性给予 NOS 抑制剂，可以影响大鼠在水迷宫行为测试中空间记忆的形成（表 4-7-2）。但是，由于 NOS 分布广泛，很难因此得出结论认为这种空间记忆的缺失是由于抑制剂阻断了海马的 LTP，还是抑制剂的一些不良反应所引起的。将 NOS 抑制剂局部地注射到海马中的实验可以解决这个问题。实验表明，将 NOS 抑制剂局部注射到海马区域，能够影响大鼠在训练过程中寻找水面下平台的方式，但是并不影响其寻找平台位置的效率。如果在同一个水域中挪动平台的位置，海马 NOS 活性的抑制也并不影响学习的能力。另外，海马局部给药也不影响大鼠对于平台的空间记忆，说明在 NOS 被抑制时，大鼠仍能学习到平台的空间位置，因此可以推测海马中的 NO 对大鼠的空间记忆并不是很重要。然而这些研究的另一个难点在于没有相对应的生化实验确认 NOS 活性被抑制的程度。事实上有很多非选择性的 NO 合成酶的抑制剂在学习记忆（learning and memory）实验中产生了大量互相矛盾的结果。另外，因为 NO 是属于内皮源性的降压因子，这些药物同样也可以引起血压的改变，从而让实验结果的解释更为复杂。还有研究表明，腹腔注射一种不影响血压的 NO 合成酶抑制剂 7-NI，该抑制剂能够阻断 85% 的 NO 合成酶活性，并且能够使大鼠在水迷宫和八臂放射迷宫实验中产生记忆缺失。研究发现，NO 凭借其逆行信使的作用，增强听觉丘脑中早期生长反应基因 I 的表达，这对于外侧杏仁核中恐惧记忆的形成和巩固非常重要。

巴甫洛夫条件反射可以作为研究恐惧记忆的模型。在该模型中，腹腔注射 NOS 的抑制剂并不能阻断恐惧记忆的获得或表达，但是，NOS 的抑制确实降低了动物的运动活性，并且导致了相应恐惧反应的增加，这些实验结果证明 NOS 并不参与调控恐惧记忆。

内源性大麻素能诱导 LTP 和 LTD 的形成，并在学习和记忆中发挥重要作用。因此，靶向调节这些内源性大麻素可被视为治疗神经退行性疾病和记忆障碍的新策略。

二、慢性痛

已有报道表明，NO 对外周和中枢神经系统中伤害信息的传递十分重要（表 4-7-2）。在脊髓中，NMDA 受体激活可引起 NO 的生成。有研究发现，NMDA 可通过 NO 引起谷氨酸释放的增加。突触后产生的 NO 扩散至突触前末梢，激活可溶性 GC 并升高 cGMP 的水平。cGMP 以活性依赖的方式增强突触前末梢神经递质的释放。有趣的是，有研究报

表 4-7-2　可扩散性逆行信使在中枢神经系统中的功能

信使	脑区	突触功能	生理功能
NO	大脑皮质；海马；脊髓；杏仁核	LTP LTP/LTD GPCR 的第二信使	认知；头痛 记忆；慢性痛 脊髓损伤；吗啡耐受
CO	大脑皮质；海马 脊髓	LTP GPCR 的第二信使	老年痴呆； 记忆；慢性痛 脊髓损伤
anandamide	大脑皮质；海马； 脊髓；小脑；纹状体	LTD LTP/LTD GPCR 的第二信使	慢性痛；脊髓损伤； 老年痴呆；抑郁；焦虑； 药物成瘾；吗啡耐受
2-AG	大脑皮质；海马； 脊髓；小脑；纹状体	LTD LTP/LTD GPCR 的第二信使	慢性痛；老年痴呆； 药物成瘾；吗啡耐受；神经保护

道在脊髓中 NO 可以镇痛，但也有研究认为 NO 可以致痛，目前还不清楚 NO 的这种双相效应是否依赖于突触前纤维的活性，这种活性依赖的机制有可能能够解释脊髓中"上发条（windup）"现象和 LTP 依赖于传入活性的特异性。

天然的大麻素及其合成物在急、慢性疼痛（chronic pain）的动物模型中具有明显的镇痛作用。Δ^9-THC、anandamide、CB1 受体激动剂 CP-55490 都能明显提高动物的痛阈，并且这种镇痛作用可被 CB1 受体拮抗剂 Sk41716A 所拮抗。电刺激大鼠中脑导水管灰质（PAG）所引起的镇痛作用也可被 SRl41716A 所阻断，提示痛觉通路中的下行抑制系统可能通过内源性大麻素及其受体而发挥作用。

三、药物成瘾

中脑边缘多巴胺系统是药物成瘾（drug addiction）产生的神经解剖学基础。大麻中的化学成分能够增加中脑边缘多巴胺系统的神经传递。已有研究表明，阿片类药物成瘾时大脑伏隔核内的多巴胺含量明显升高，而大麻也可以引起相似的现象。在 CB1 受体敲除的小鼠中，长期应用吗啡后伏隔核内未见多巴胺含量的增加。这些结果表明，CB1 受体与阿片受体在药物成瘾的过程中具有相互作用（表 4-7-2）。

第六节　总结与展望

反馈调控机制对于维持神经回路的稳定十分重要。越来越多的研究发现许多神经递质或调质不仅参与顺行信号的作用，而且还可以作为逆行信号起作用。在各种逆行信号分子中，可扩散的信号分子，如 NO、CO、内源性大麻素 anandamide 和 2-AG 是中枢神经系统中最典型的逆行信使。由于这些信号分子能够快速合成，并且不依赖于囊泡释放，它们在突触信号传递，特别是在突触可塑性中发挥着重要的作用。在本章中，我们着重以 NO、CO 和内源性大麻素作为逆行信使家族中的主要的例子，讨论了它们在神经系统中的作用和功能。我们先后讨论了 NO、CO 和内源性大麻素的合成、作用靶点、下游信号蛋白，以及它们参与突触可塑性调节的生理学和病理学意义。

逆行信使对突触传递的精细调节影响了神经信号在神经网络内的通讯和存储，因此，对逆行信使的研究为神经网络水平的信号传递和整合提供了重要的信息。虽然在本章中我们只着重讨论了可扩散性逆行信使，但其他逆行信号分子如神经营养因子 BDNF、细胞黏附分子、神经肽等也都可能在神经系统中发挥重要的调节作用，像气体分子 H_2S 也已被建议作为大脑中的逆行信使进行研究。另外一些研究表明，逆行信号分子之间会出现协同效应，例如当 NO 与 CO 配对出现时，CO 可以增强 NO 逆行信使的作用，这一发现为逆行信使的研究提供了新的思路和挑战。

逆行信使除了对突触传递的急性调节外，对于突触前神经元的长期营养支持、细胞识别、突触形成、神经元成熟分化等都有重要的作用。因此，逆行信使所产生的信号并不仅仅局限作用于突触前末梢，而且这些信号或逆行信使自身也可以扩散到突触前神经元的其他部位，甚至可以扩散到细胞核内长距离地发挥其作用。逆行信号在突触前神经元中的扩散可能依赖于胞内信号通路的传递，如 Ca^{2+} 波、Ca^{2+}-cAMP 波等，这些信号可由局部启动，然后迅速扩布到整个细胞。此外，胞内的分子转运系统也一定程度参与了逆行信号在突触前神经元的远距离传导。

逆行信使研究遇到的主要挑战是如何完全、有选择性地和可逆地消除逆行信号，进而确定其在特定行为学中的作用。这个过程需要迅速，并尽量减少由代偿机制引起的并发症。在许多情况下，选择性干扰某种逆行信号是一项特殊的挑战。逆行信号所涉及的分子系统可能与顺行信号所涉及的分子系统相同，且同一种分子可能同时起到两种不同的作用。此外，还需要考虑突触前和突触后神经元以外的细胞的参与，药物的应用或突触激活可能会刺激附近的神经元和星形经胶质细胞，释放可能与突触可塑性有关的物质。在今后的研究中，还应该关注新技术和新一代工具的突破，以便对逆行信使的产生机制和上下游效应分子有针对性的操作和控制，例如李毓龙教授团队最新开发的内源性大麻素 eCB 的荧光探针为实时监测内源性大麻素的动态变化提供了可能。此外，还应将逆行信使的基础研究与临床研究结合起来，在人体中验证是否有类似的逆行信号调控机制，这不仅可以帮助我们更好地理解相关疾病的发病机制，也可以为临床治疗提供新的思路和方法。

参考文献

综述

1. Garthwaite J. NO as a multimodal transmitter in the brain: discovery and current status. *Br J Pharmacol*, 2019, 176: 197-211.
2. Suvarna Y, Maity N and Shivamurthy MC. Emerging trends in retrograde signaling. *Mol Neurobiol*, 2016, 53: 2572-2578.
3. Schmitz D, Breustedt J and Gundlfinger A. Retrograde signaling causes excitement. *Neuron*, 2014, 81: 717-9.
4. Padamsey Z, Emptage N. Two sides to long-term potentiation: a view towards reconciliation. *Philos Trans R Soc Lond B Biol Sci*, 2014, 369: 20130154.
5. Castillo PE, Younts TJ, Chavez AE, et al. Endocannabinoid signaling and synaptic function. *Neuron*, 2012, 76: 70-81.
6. Best AR, Regehr WG. Identification of the synthetic pathway producing the endocannabinoid that mediates the bulk of retrograde signaling in the brain. *Neuron*, 2010, 65: 291-2.
7. Regehr WG, Carey MR and Best AR. Activity-dependent regulation of synapses by retrograde messengers. *Neuron*, 2009, 63: 154-70.
8. Alger BE. Retrograde signaling in the regulation of synaptic transmission: focus on endocannabinoids. *Prog Neurobiol*, 2002, 68: 247-86.
9. Poo MM. Neurotrophins as synaptic modulators. *Nat Rev Neurosci*, 2001, 2: 24-32.
10. Kaczocha M, Haj-Dahmane S. Mechanisms of endocannabinoid transport in the brain. *Br J Pharmacol*, 2021.

原始文献

1. Ueno K, Morstein J, Ofusa K, et al. Carbon monoxide, a retrograde messenger generated in postsynaptic mushroom body neurons, evokes noncanonical dopamine release. *J Neurosci*, 2020, 40: 3533-3548.
2. Selvam R, Yeh ML and Levine ES. Endogenous cannabinoids mediate the effect of BDNF at CA1 inhibitory synapses in the hippocampus. *Synapse*, 2018, e22075.
3. Pigott BM, Garthwaite J. Nitric oxide is required for L-type Ca (2 +) channel-dependent long-term potentiation in the hippocampus. *Front Synaptic Neurosci*, 2016, 8: 17.
4. Viader A, Blankman JL, Zhong P, et al. Metabolic interplay between astrocytes and neurons regulates endocannabinoid action. *Cell Rep*, 2015, 12: 798-808.
5. Li G, Stewart R, Canepari M, et al. Firing of hippocampal neurogliaform cells induces suppression of synaptic inhibition. *J Neurosci*, 2014, 34: 1280-92.
6. Carta M, Lanore F, Rebola N, et al. Membrane lipids tune synaptic transmission by direct modulation of presynaptic potassium channels. *Neuron*, 2014, 81: 787-99.
7. Hashimotodani Y, Ohno-Shosaku T, Tanimura A, et al. Acute inhibition of diacylglycerol lipase blocks endocannabinoid-mediated retrograde signalling: evidence for on-demand biosynthesis of 2-arachidonoylglycerol. *J Physiol*, 2013, 591: 4765-76.
8. Henry FE, McCartney AJ, Neely R, et al. Retrograde changes in presynaptic function driven by dendritic mTORC1. *J Neurosci*, 2012, 32: 17128-42.
9. Bonfardin VD, Theodosis DT, Konnerth A, et al. Kainate receptor-induced retrograde inhibition of glutamatergic transmission in vasopressin neurons. *J Neurosci*, 2012, 32: 1301-10.
10. Iremonger KJ, Kuzmiski JB, Baimoukhametova DV, et al. Dual regulation of anterograde and retrograde transmission by endocannabinoids. *J Neurosci*, 2011, 31: 12011-20.
11. Cserép C, Szonyi A, Veres JM, et al. Nitric oxide signaling modulates synaptic transmission during early postnatal development. *Cereb Cortex*, 2011, 21: 2065-74.
12. Taqatqeh F, Mergia E, Neitz A, et al. More than a retrograde messenger: nitric oxide needs two cGMP pathways to induce hippocampal long-term potentiation. *J Neurosci*, 2009, 29: 9344-50.
13. Wang HG, Lu FM, Jin I, et al. Presynaptic and postsynaptic roles of NO, cGK, and RhoA in long-lasting potentiation and aggregation of synaptic proteins. *Neuron*, 2005, 45: 389-403.
14. Williams SE, Wootton P, Mason HS, et al. Hemoxygenase-2 is an oxygen sensor for a calcium-sensitive potassium channel. *Science*, 2004, 306: 2093-7.
15. Boehning D, Sedaghat L, Sedlak TW, et al. Heme oxygenase-2 is activated by calcium-calmodulin. *J Biol Chem*, 2004, 279: 30927-30.
16. Boehning D, Moon C, Sharma S, et al. Carbon monoxide neurotransmission activated by CK2 phosphorylation of heme oxygenase-2. *Neuron*, 2003, 40: 129-37.
17. Klyachko VA, Ahern GP and Jackson MB. cGMP-mediated facilitation in nerve terminals by enhancement of the spike afterhyperpolarization. *Neuron*, 2001, 31: 1015-25.
18. Zhuo M, Hu Y, Schultz C, et al. Role of guanylyl cyclase and cGMP-dependent protein kinase in long-term potentiation. *Nature*, 1994, 368: 635-9.
19. Zhuo M, Small SA, Kandel ER, et al. Nitric oxide and carbon monoxide produce activity-dependent long-term synaptic enhancement in hippocampus. *Science*, 1993, 260: 1946-50.
20. Lindskog M, Li L, Groth RD, et al. Postsynaptic GluA1 enables acute retrograde enhancement of presynaptic function to coordinate adaptation to synaptic inactivity. *Proc Natl Acad Sci USA*, 2010, 107: 21806-11.

第 *8* 章 神经肽及其受体

路长林

第一节　神经肽总论

一、神经肽研究简史

神经肽是生物体内的一类生物活性多肽，主要分布于神经组织，也存在于其他组织，按其分布及其功能不同分别起递质（transmitter）、调质（modulator）或激素（hormone）的作用。

神经肽研究可追溯至 20 世纪 30 年代初期。1931 年 von Euler 和 Gaddum 从动物肠和脑组织提取出一种可引起肠平滑肌收缩、血管舒张及血压降低的粉状物质，称为 P 物质（substance P，SP），1936 年被确定为肽，是最早发现的神经肽。1954 年，Du Vigneaud 测定了垂体后叶血管升压素（vasopressin，VP）和催产素（oxytocin，OT）的结构并成功人工合成。在 20 世纪 60 年代后期和 70 年代初期，随着下丘脑激素的陆续发现，并证明它们也属于肽类物质，进而逐步提出了神经肽的概念，将分泌肽类物质的神经元称为肽能神经元，将这类神经元分泌的肽类物质称为神经肽。20 世纪 70 年代中期，Hughes 等发现了脑啡肽，以及随后发现的内啡肽和强啡肽等一大类内源性阿片肽，加速了对神经肽的研究。由于 1969 年 Berson 和 Yalow 创立了放射免

疫分析技术（radioimmunoassay，RIA），得以测出体内微量的神经肽及其动态变化；后来出现的免疫细胞化学技术（immunocytochemistry，ICC），可精确描绘神经肽的分布及其细胞内定位；特别是多肽化学和分子生物学技术的引进，促进了神经肽研究的蓬勃发展。神经肽研究目前已成为当今生物医学界最活跃的研究领域之一。

二、神经肽家族的分类

神经肽种类繁多，分类方法至今尚无统一。以往曾按功能、发现部位或所属家族分类，但均不够全面。本文加以综合，见表 4-8-1。

三、神经肽的生物合成

神经肽是在特定的细胞内合成，首先由其基因转录成 mRNA，然后再翻译成无活性的前体蛋白，装入囊泡，经酶切、修饰等加工成有活性的神经肽（图 4-8-1）。神经肽的生物合成与经典递质不同，即不是在神经末梢合成，而是在胞体核糖体合成前

表 4-8-1 神经肽的分类

类别	名称
速激肽	P 物质（substance P，SP） 神经激肽 A（neurokinin A，NKA） 神经激肽 B（neurokinin B，NKB） 神经肽 K（neuropeptide K，NPK） 神经肽 γ（neuropeptideγ，NPγ）
下丘脑神经肽	促皮质激素释放激素（corticotropin releasing hormone，CRH） 生长激素释放激素（growth hormone releasing hormone，GHRH，GRH） 生长抑素（somatostatin，SS） 促性腺激素释放激素（gonadotropin releasing hormone，GnRH） 促性腺激素抑制激素（gonadotropin inhibitory hormone，GnIH） 促甲状腺激素释放激素（thyrotropin releasing hormone，TRH）
垂体神经肽	血管升压素（vasopressin，VP），曾称抗利尿激素（antidiuretic hormone，ADH） 催产素（oxytocin，OT） 黑素皮质素肽（melanocortin peptides，MC） 催乳素（prolactin，PRL）
内阿片肽	甲硫-脑啡肽（met-enkephalin，M-Enk） 亮-脑啡肽（leu-enkephalin，L-Enk） α- 内啡肽（α-endorphin，α-EP） β- 内啡肽（β-endorphin，β-EP） 强啡肽 A（dynorphin A，Dyn A） 强啡肽 B（dynorphin B，Dyn B） α- 新内啡肽（α-neo-endorphin） 内吗啡肽（endomorphin，EM）A
胰高血糖素相关肽家族	胰高血糖素样肽 1（glucagon-like peptide-1，GLP-1） 葡萄糖依赖性促胰岛素肽（GIP） 血管活性肠肽（vasoactive instestinal peptide，VIP） 组异肽（peptide histidine isoleucine，PHI） 组甲肽（peptide histidine methionine，PHM） 垂体腺苷酸环化酶激活肽（pituitary adenylate cyclase activating polypeptide，PACAP）
神经肽 Y 基因家族	神经肽 Y（neuropeptide Y，NPY） 胰多肽（pancreatic polypeptide，PP）
内皮素家族	内皮素 1（endothelin-1，ET-1） 内皮素 2（endothelin-2，ET-2） 内皮素 3（endothelin-3，ET-3）
利钠肽家族	心房肽（atrial natriuretic peptide，ANP），曾称心房利钠肽、心钠素 脑钠肽（brain natriuretic peptide，BNP），曾称脑利钠肽 C 型利钠肽（C-type natriuretic peptide，CNP）
铃蟾样肽家族	铃蟾肽（bombesin，Bn），曾称蛙皮素 胃泌素释放肽（gastrin releasing peptide，GRP） 神经调节肽 B（neuromedin B，NMB）
降钙素基因超家族	降钙素（calcitonin） 降钙素基因相关肽（calcitonin gene-related peptide，CGRP） 降钙素原（procalcitonin）
其他神经肽	缓激肽（bradykinin，BK） 缩胆囊素（cholecystokinin，CCK），曾称胆囊收缩素 神经降压肽（neurotensin，NT） 血管紧张素（angiotensin，Ang） 甘丙肽（galanin，Gal） 瘦素（leptin） 食欲素（orexin） 神经肽 S（neuropeptide S，NPS） 动力素原（prokineticin）

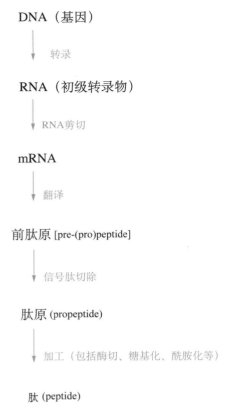

图 4-8-1 神经肽生物合成过程的模式图

体大分子，装入囊泡经轴浆运输至神经末梢，在转运的过程中完成酶切等翻译后加工，形成有活性的神经肽。

神经肽的基因，除含有神经肽的编码区外，在其上游还有一段控制其转录的区域即启动子区。对神经肽基因的研究发现，不同的神经肽可来源于同一基因。在不同的组织中，由于加工的不同，同一基因可产生不同的神经肽。如前阿黑皮素原（pre-pro-opiomelanocortin，POMC）基因，可产生促肾上腺皮质激素（adrenocorticotropic homone，ACTH）、β-促脂解素（β-Lipotropin，β-LPH）、α-LPH、γ-MSH、α-MSH、促皮质激素样中间肽（corticotropin-like intermediate peptide，CLIP）和 β-EP（图 4-8-2）。

神经肽前体在核糖体合成时，先合成一段有18～25 个氨基酸组成的信号肽序列，附着在核糖体上的新生肽，边延长边穿透粗面内质网膜层，最后整个肽链都进入内质网池。信号肽在引导多肽链进入内质网后，即被特异的蛋白水解酶切除，余下的部分为肽原。

神经肽前体的翻译后加工是经过一系列的酶切，其切割产物又经羧肽酶将羧基端的碱性氨基酸依次切除。从前体的氨基酸顺序看，它们的羧基端一定有一甘氨酸残基与成对的碱性氨基酸相联，当这两个碱性氨基酸被羧肽酶切除后，剩下的甘氨酸经 α- 甘氨酸酰化酶作用形成酰胺。以上 3 种酶互相配合依次作用是由前体生成神经肽的主要方式。

四、神经肽的释放与降解

由于神经肽不能在轴突终末合成，释放后也不能回收再利用，所以神经肽的释放相比神经递质的释放应该更严格，在中枢神经系统内，某些神经肽的释放也需要强的刺激（比如高频电刺激或激光刺激）。神经肽或神经递质的释放都依赖于细胞外的钙离子存在。基于形态大小，神经末梢含有两种囊泡，其中小囊泡（30～40 nm）即突触囊泡含经典神经递质，另一种是大致密核心囊泡（大于 70 nm）含神经肽和经典神经递质。神经末梢上有几种钙离子通道，T 型和 N 型钙离子通道存在于突触区，而 L 型存在于突触外区。小囊泡的释放与 N 型离子通

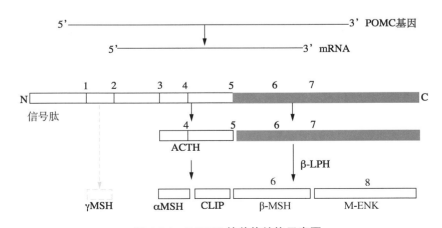

图 4-8-2 POMC 的前体结构示意图

POMC 以及酶切后的终产物，其中 1、2、3、4、5、6、7、8 为酶切位点

道有关；大致密核心囊泡的释放与 L 型钙通道有关。

　　酶促降解是神经肽的主要失活方式。神经肽与神经递质不同，一般无重摄取机制。神经肽释放后可经氨肽酶、羧肽酶和一些内肽酶降解而失活。有些内肽酶能识别不同的神经肽，而有些神经肽可抑制一些内肽酶的活性。还有一种可识别肽结构中的脯氨酸而切除羧基的酶，称为脯氨酸内肽酶。神经肽释放后的酶促降解在少数情况下也可使神经肽的活性增加，例如血管紧张素（angiotensin，Ang）。Ang Ⅰ 是十肽，经 Ang 转化酶的作用切去 C 端的 2 个氨基酸而形成 Ang Ⅱ，其缩血管作用增强。Ang Ⅱ 经天冬氨酸肽酶作用切去天冬氨酸 N 端后形成活性更强的 Ang Ⅲ，后者需经进一步降解才失活。

五、神经肽的作用方式

　　神经肽的作用十分复杂，主要以三种方式起作用。神经内分泌方式：这是最早发现的神经肽作用方式。如 OT、VP 以及下丘脑释放激素，如 TRH、CRH、GnRH 等，都是从神经末梢分泌释放后，经血液循环作用于远隔部位的靶细胞，起神经激素或内分泌激素的作用。神经递质传递方式：神经肽从神经末梢释放后，通过突触间隙作用于突触后膜上的受体，使突触后神经元或靶细胞发生兴奋或抑制。神经肽的发现使神经递质的概念进一步扩展。如 SP 就是痛觉传入的初级感觉神经纤维的递质。神经调质（neuromodulator）作用方式：神经肽在多数情况下作为神经调质对靶细胞发挥作用。多数神经调质本身无信息功能，它仅改变神经元对神经递质的反应，而不改变神经元的膜电位，不直接使靶细胞产生动作电位，只影响突触前终末的递质释放或改变靶细胞对释放递质的敏感性，但有些神经肽却可作用于突触后受体并激活一系列信号传导通路，进而改变神经元对神经递质的反应。也有文献表明，NPY 增强脑动脉收缩和抑制舒张的能力，至少部分是由 NPY 诱导的膜去极化引起的。神经递质和调质均由神经细胞合成并由突触前的终末释放，并作用于相应的受体。研究比较清楚的例子是促性腺素释放素（gonadotropin releasing homone，LHRH）在牛蛙交感神经节中的传递（图 4-8-3）。

　　神经肽免疫细胞化学和神经肽受体放射自显影的研究发现，某些神经肽含量高的区域其受体的含量不一定高，反之亦然，说明存在着配对不准（mismatch）的现象。这可能是神经肽旁分泌的又

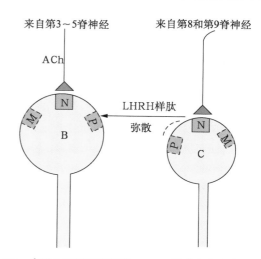

图 4-8-3　牛蛙交感神经节细胞 LHRH 的旁分泌和自分泌作用
B 和 C：交感神经节后神经元；M：乙酰胆碱 M 型受体；N：乙酰胆碱 N 型受体；P：LHRH 受体，由第 8、9 脊神经释放的 LHRH 除作用于 C 细胞外，还可作用于 B 细胞上的 P 受体

一证据。由于神经肽无重摄取失活机制，因此，与神经递质相比，神经肽的作用缓慢而持久；其作用的特异性依赖于其受体的特定分布。近年的研究表明，神经肽还具有其他作用方式。多种神经肽具有神经营养作用，如 α-MSH、ACTH 及 ACTH 片段可促进神经突起生长。VIP 和 PACAP 具有保护神经元的作用。神经肽还具有肌肉营养作用，如 CGRP 的肌肉营养作用。神经肽对免疫细胞可能还具有细胞因子样作用，免疫细胞本身可合成和分泌神经肽，如阿片肽、SP、LHRH 等。这些神经肽对免疫细胞的分化、增值和细胞因子产生等功能均有作用。

六、神经肽受体及其第二信使

　　现已发现，除心房肽（ANP）受体外，所有已克隆的神经肽受体都属于鸟核苷酸调节蛋白，即 G 蛋白偶联受体（G protein-coupled receptor，GPCR）。G 蛋白是一类需要 GTP 激活的蛋白质家族，由 3 个不同的亚单位（α、β、γ）构成。GPCR 的共同特征是受体蛋白的肽链形成 7 个 α 螺旋区段并跨膜 7 次，在大多数情况下要通过细胞内的第二信使产生效应。ANP 受体由于其本身就是膜上的鸟苷酸环化酶（cGMP），该受体激活时直接引起细胞内 cGMP 含量增加，不需要 G 蛋白的介导。

　　现已证明 cAMP、三磷酸肌醇（IP_3）、二酰甘油（DG，又称甘油二酯）、Ca^{2+} 和花生四烯酸及其代谢产物，通过 G 蛋白与某种神经肽受体相连成为

该神经肽受体的细胞内第二信使。

某些神经肽受体可激活 2 条信号传导通路，它们之间有协同作用。如 IP₃ 和 DG 就是由同一受体激活，蛋白激酶 C（protein kinase C，PKC）是它们之间协同作用的中心环节。还有些神经肽受体的不同亚型所激活的第二信使传递系统不同，生理效应是由这些信使之间的相互作用而介导的。

七、神经肽与神经递质共存

神经肽和经典神经递质的神经元，虽然在形态上无明显差别，但神经肽和经典神经递质各有其特点（表 4-8-2）。基于上述的不同特点，经典递质适宜于完成迅速而精确的神经调节；而神经肽似乎更适宜于调节缓慢而持久的功能变化。但有些神经肽也具有神经递质的功能。

20 世纪 80 年代 Hökfeld 首先发现，同一神经元可含有 2 种以上的活性物质，通常是一种经典神经递质和一种神经肽，也有 1 种递质和 2 种以上神经肽。例如，免疫组织化学方法证明，在中枢神经系统，主要由去甲肾上腺素（norepinephrine，NA）神经元组成的蓝斑核中，有 25% 的神经元含有 NPY。延髓中缝大核 5-HT 神经元与 SP 共存，其中有一部分还同时含有 TRH。外周神经系统中的神经肽大多与经典递质共存。

共存的神经肽和神经递质共同释放后，两者分别作用于突触前或突触后各自的受体，起相互协同作用，更有效地调节细胞或器官的功能。典型的例子是猫颌下腺副交感神经元内 VIP 和乙酰胆碱（acetylcholine，ACh）共存（图 4-8-4）。实验发现，用低频电刺激（2 Hz）引起猫唾液腺的分泌和血管舒张可被阿托品所阻断，提示该效应系由电刺激引起 ACh 释放的作用，但高频刺激时释放大量 VIP 引起的血管舒张不能被阿托品所阻断，相反，阿托品能进一步促进高频刺激时 VIP 的释放，VIP 释放增多可导致血管舒张时间的延长。受体结合实验表明，VIP 可加强胆碱能受体对 ACh 的亲和力。因此，VIP 和 ACh 的共存，其相互作用的方式，包括突触前和突触后作用。它们共同参与对颌下腺的调节，其作用相辅相成。

表 4-8-2   神经肽和经典神经递质的比较

	神经递质	神经肽
相对分子量	一般小于数百	几百到几千
中枢含量	一般为 $10^{-9} \sim 10^{-10}$ mol/mg	$10^{-1} \sim {}^{2}10^{-15}$ mol/mg
合成	在胞体的末梢由小分子的前体，在合成酶的作用下合成	只能在胞体合成，首先由基因转录，形成大分子前体，再由酶加工生成有活性的神经肽，并通过轴浆运送到末梢
储存	大、小囊泡内	大囊泡内
降解	释放后，可被重吸收，重复利用；也可被酶降解	酶促降解是主要的降解方式，无重摄取
作用	典型的作用是在突触处完成点对点的快速传递，迅速引起突触后膜的电变化和功能变化，有时也可扩散到较远的部位	大多作用缓慢，影响范围较广，不一定直接触发效应细胞的电变化和功能改变；也有一些神经肽可完成快速的突触传递

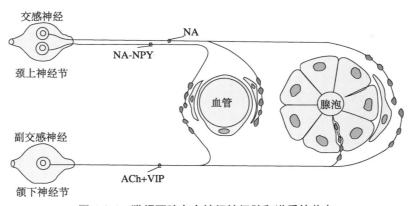

图 4-8-4   猫颌下腺自主神经神经肽和递质的共存

副交感神经中 ACh 和 VIP 共存，交感神经中 NA 和 NPY 共存，神经中共存的两种物质起相互协同作用

八、神经肽的主要特点

综上所述，神经肽的特点主要包括以下几方面：神经肽合成的特殊性，表现在复杂的合成过程，同一前体在不同的部位和不同组织生成的终产物不同；神经肽在储存、释放和清除的途径不同；神经肽作用的复杂性，表现在作用方式复杂性，可作为神经调质和神经递质起作用，作用部位复杂性，在中枢

和外周作用不同，神经肽与神经递质共存作用的复杂性；神经肽具有功能的多样性，同一种神经肽有多种功能，同一种神经肽对同一器官的效应也不同，同一种神经肽，随剂量、作用部位的不同及动物种属的不同，其功能也不同。同一种神经肽对不同的细胞可产生多种效应。因此，在研究神经肽的功能时，既要分析其对不同细胞或器官的作用，又要注意到神经肽的整体生理效应。

第二节　神经肽各论

本节以各神经肽家族中比较典型、常见、重要的神经肽为代表，扼要介绍该神经肽家族的组成、结构特点、受体及亚型和重要的生理功能。内阿片肽家族，请详见阿片肽及其受体一章。

一、速激肽家族

速激肽（tachykinin）家族是由 14 个成员组成，在哺乳动物主要有 5 种，非哺乳动物有 9 种。速激肽家族中最早发现的是 P 物质（substance P，SP）。Maggio 等于 1980 年发现了 K 物质（substance K，SK），后来发现的 NK-α 及神经介素 L（neuromedin L）实际上也是 SK，现统称神经介素 K-A（neuromedin K-A，NKA）。NK-β 与后来发现的神经介素 K 为同一物质，现统称为神经介素 K-B（neuromedin K-B，NKB）。SP 与 NKA、NKB 是哺乳动物速激肽的代表。SP 为 11 个氨基酸残基，NKA 和 NKB 都是 10 个氨基酸残基，但前 5 个氨基酸序列不同。它们有共同的 C 端序列。

速激肽来源于前速激肽原。哺乳动物组织有 2 个速激肽基因。①前速激肽原 A 基因（preprotachykinin-A，PPT-A），PPT-A 又分为 α、β 和 γ PPT-A。PPT-A 编码 SP、NKA、neuropeptide K（NPK）和 neuropeptide γ（NPγ）。②前速激肽原 B 基因（preprotachykinin-B，PPT-B），它编码 NKB。参与速激肽失活的酶中主要有血管紧张素转换酶（angiotensin converting enzyme，ACE）和中性内切酶（neural endopeptidase，NEP）。

根据各种速激肽与其受体亲和力不同，其受体可分为 NK1R、NK2R 和 NK3R 三种亚型。NK1R 对 SP 和泡蛙肽亲和力较高；NK2R 对 NKA、Kassinin 和章鱼涎肽（eledoisin）亲和力较高；而 NK3R 对

NKB 亲和力较高。三种受体中，SP 与 NK1R 受体结合力最强，因而 NK1R 特称 SP 受体（SPR），NK2R 和 NK3R 分别称为 SK 受体（SKR）和神经调节肽 K 受体（NKR）。人类 NK1R、NK2R、NK3R 分别由 407 个、398 个和 456 个氨基酸残基组成，它们均属于 G 蛋白偶联受体。

在中枢神经系统（central nervous system，CNS）和周围组织器官均有 NK1R 的分布，例如在纹状体、脊髓、胃肠道、泌尿系统和呼吸道。NK2R 及其 mRNA 主要分布于外周组织，包括胃肠道和呼吸道，也见于中枢神经系统。NK1R 和 NK2R 也可在同一靶细胞共同表达。NK3 可能仅限于中枢内。

SP 广泛分布于中枢和外周组织。脑内 SP 最高浓度见于皮质下区，如黑质、下丘脑、苍白球、尾壳核及中央灰质；脊髓背侧比腹侧浓度高 5～10 倍。外周组织中以回肠、结肠、腮腺和颌下腺含量较高，主要分布于这些器官的感觉神经末梢、血管内皮细胞、免疫细胞及成纤维细胞。在多数细胞中 SP 与 NKA 共存。NKB 也广泛分布于 CNS，但在外周组织几乎没有 NKB。

速激肽的生理功能包括：在 CNS，SP 可调节神经元的活动，兴奋大锥体细胞；增强垂体激素分泌；SP 可刺激多巴胺（dopamine，DA）、NA 和 5-HT 在脑内的合成和释放。SP 介导伤害感受和抗伤害感受的离子通道，SP 调节不同细胞类型的神经激肽 1 受体（NK1R）的离子通道和不同效应系统，参与痛觉传导，被认为是第一级伤害性传入纤维末梢释放的兴奋性神经递质，但在 CNS 的较高级部位，SP 却具有明显的镇痛作用。

SP 参与调节心率、血压和血管的伸展，在缺血再灌注和心血管应激反应中起重要作用。SP 通过从免疫和心肌肥大细胞释放的促炎细胞因子和基质金

属蛋白酶，参与不良心脏重塑和心脏炎症。SP 与纤维化疾病和过程有关，如伤口愈合、心肌纤维化、肠纤维化、骨髓纤维化、肾纤维化和肺纤维化。SP 参与调节肿瘤细胞增殖、新生血管生成、肿瘤细胞的侵袭、浸润和转移等与肿瘤有关的生物学功能，并对肿瘤细胞具有抗凋亡作用，如胰腺癌、食管鳞状细胞癌。SP 和 NK1R 在与应激相关的脑区表达，如杏仁核、海马、下丘脑及前额叶。中枢给予 SP 可产生一系列恐惧相关的行为。另外，SP/NK1R 系统的空间分布与 5- 羟色胺（5-hydroxytryptamine，5-HT）和 NA 有明显的重叠，而后者与应激、情感及焦虑的调节密切相关。因此，应用 SP 受体拮抗剂可有望成为抗焦虑药和抗抑郁药。另外，NK1R 拮抗剂还可有望成为抗恶心和呕吐药。

二、下丘脑神经肽

下丘脑是重要的神经内分泌器官，分泌多种神经激素参与神经内分泌功能调节，如促皮质激素释放激素（corticotropin releasing hormone，CRH）、GHRH、SS、TRH、GnRH 等经典内分泌激素。本文选择一些进展较快的下丘脑神经肽做简单介绍。

（一）促皮质激素释放激素

CRH 为下丘脑分泌、由 41 个氨基酸残基组成的神经内分泌激素。人和大鼠的 CRH 结构完全相同。它能促进腺垂体 POMC 来源的肽类激素释放，如 ACTH、β- 促脂解素（β-LPH）和 β-EP。

CRH 广泛分布于 CNS 中枢及 PNS 组织，中枢内下丘脑含量最高。下丘脑中主要存在于室旁核的小细胞，其纤维主要投射至正中隆起，通过垂体门脉系统调节腺垂体 ACTH 的分泌。CRH 可与多种神经肽共存于室旁核神经元，如血管升压素、催产素、脑啡肽、强啡肽和神经降压肽等。CRH 也广泛存在于其他外周组织，如垂体中间叶、肾上腺皮质和髓质、睾丸间质细胞、胃肠道中胰腺分泌胰高血糖素的内分泌细胞、胃上皮细胞和小肠的神经纤维、胎盘等。正常人外周血浆 CRH 的水平很低，平均为 6.2 ng/L。

促皮质激素释放激素受体（corticotropin releasing hormone receptor，CRHR）可分为 2 种亚型，即 CRHR-1 与 CRHR-2，CRHR-2 又可分为 CRHR-2α 和 CRHR-2β。根据对 CRHR 的选择性，可将 CRH 家族分为 3 个亚家族，即选择 CRHR1 的 CRH；选择 CRHR2 的 Urocortin Ⅱ 和 Urocortin Ⅲ，及无选择性的尿皮素 Ⅰ（urocortin Ⅰ）、Urotensin Ⅰ 和 Sauvagine。CRHR-1 主要分布于中枢神经系统，主要介导经典的 CRH 促进垂体 ACTH 释放作用，参与应激反应。CRHR-2 主要分布于外周组织，如心血管和骨骼肌，介导 CRH 的扩张血管作用等。

CRH 是下丘脑-垂体-肾上腺皮质（hypothalamic-pituitary-adrenocortical，HPA）轴和下丘脑外回路中基础反应和应激激活反应的关键因子，CRH 起着神经调质的作用，协调对应激的体液和行为的适应性反应。近年发现，应激激活的下丘脑室旁核（PVN）、中央杏仁核（CeA）和终纹床核（BNST）的 CRH 神经元与苍白球（GPe）的 CRHR1 阳性神经元构成突触连接，这是一个新的连接边缘系统和基底神经节的回路。PVN 的 CRH 神经元向邻近的 CRH 反应神经元发出信号，可能在 HPA 轴反馈、神经内分泌协调和自主神经信号转导中发挥作用。这种在 PVN 微回路中，局部 CRH 激活了 CRFR1 神经元，而这些神经元又在 CRH 神经元上产生抑制性 GABA 能突触来抑制兴奋性，从而限制了 HPA 轴对应激的过度反应，并促进应激恢复。

应激（stress）引起 CRH 及相关肽的释放，其主要作用是激活 HPA 轴，产生的应激反应影响各系统的功能，与抑郁症、焦虑、摄食障碍及成瘾有关；CRH 与环境结合可能是自闭症谱系障碍发病的主要因素；在中枢和外周，CRH 介导的通路可影响胃肠道功能；CRH 系统还参与心血管功能、皮肤炎症、关节炎及肿瘤中的血管生成；CRHR 明显参与下丘脑-垂体-卵巢（hypothalamic-pituitary-ovarian axis，HPO）轴的调节，影响生殖功能，在局部则与蜕膜化、胚胎着床、早期胎儿发育和引发产程迟缓有关。

CRH 家族中 UCN Ⅰ 可与所有 CRHR 结合，其与 CRHR2β 的亲和力是 CRH 的 40 倍，与 CRHR1 的亲和力是 CRH 的 6 倍。脑内给予 UCN 可引起类似 CRH 对应激引起的行为及生理效应，在体内与体外可引起 ACTH 的分泌，也是一很强的摄食和饮水的抑制剂。在外周是心血管功能的调节者。

UCN Ⅱ 和 UCN Ⅲ 是 CRHR2 的选择性配体，它们具有明显的分布特点，都见于脑和胃肠道，具有与 CRH 相似的介导应激反应的效应。中枢内给予 UCN Ⅱ 也抑制胃排空，其强度类似 CRH，但 UCN Ⅰ 和 UCN Ⅲ 则不太强。外周内给予 UCN Ⅰ 和 UCN Ⅱ，其作用强于 CRH。因此，无论在中枢还是外周，UCH 在调节胃肠道运动、应激时痛反应及应激相关的病理生理变化起重要作用。

CRH 分泌的调节：除 HPA 轴的产物（CRH、ACTH、糖皮质激素）对下丘脑的 CRH 合成与释放具有负反馈调节外，心房肽（ANP）、SP、γ- 氨基丁酸（GABA）和阿片肽类物质均可抑制下丘脑 CRH 的合成与释放；而经典神经递质 ACh、5-HT、肾上腺素、NA 及多肽类激素，如 VP、Ang Ⅱ、神经肽 Y（NPY）等对下丘脑 CRH 分泌也起促进作用。一些细胞因子，如白介素 1（IL-1）、IL-6 也有促进下丘脑 CRH 分泌的作用，NO 对去极化和 IL-1β 诱导的下丘脑 CRH 分泌具有抑制作用。

（二）生长抑素

生长抑素（somatostatin，SS）是下丘脑神经细胞分泌的 14 肽激素。Brazeau 等于 1973 年从羊下丘脑分离提取，并确定了其结构。它能抑制腺垂体生长激素（GH）的释放，故又称 GH 释放抑制激素。14 肽的 SS 是主要分子形式，此外还有 SS-28，亦称生长抑素原或大生长抑素。

生长抑素受体（somatostatin receptor，SSTR）有 5 种亚型，分别命名为 sstr1、sstr2、sstr3、sstr4 和 sstr5，它们之间有高度的同源性，并与阿片受体有 30% 的同源性，这也是 SS 类似物可能对阿片受体拮抗作用的原因。5 种 SS 受体均为 G 蛋白偶联受体，其细胞内信号转导途径有以下几种：sstr2 和 sstr5 的细胞内信使是 Ca^{2+}；sstr2 不与 G_i 偶联，与 G_o 偶联，抑制 Ca^{2+} 通道；有的与 G_i 蛋白偶联，抑制腺苷酸环化酶的活性，减少 cAMP；有的与 G_o 蛋白偶联，抑制 Ca^{2+} 通道。

中枢内 SS 神经元主要分布于下丘脑前部室周核及室旁核的小细胞部，弓状核、视交叉上核及下丘脑外侧区。SS 免疫反应阳性神经元还见于海马、纹状体、杏仁核、扣带回及新皮质等区域。SS 阳性纤维分布比胞体分布更广泛。外周主要见于消化系统，SS 在胃肠道的分布约占全身 70% 以上，主要分布在黏膜上皮细胞、黏膜下肌间神经丛及胃肠道的外来神经纤维。胰腺中的 SS 主要存在于 D 细胞中。

SS 是一种广泛的抑制性神经肽，具有抗分泌、抗增殖和抗血管生成的作用。可抑制垂体 GH 分泌、TSH 释放、PRL 和 ACTH 的分泌。鉴于天然 SS 在体内半衰期短，人工合成的 SS 类似物已用于临床治疗肢端肥大症、胰腺炎、胃肠和胰腺神经内分泌肿瘤，其潜在的治疗用途包括糖尿病并发症，如视网膜病变、肾病和肥胖，这是由于它们抑制了胰岛素样生长因子 1（IGF-1）、血管内皮生长因子（VEGF）和胰岛素的分泌，以及对肾素-血管紧张素系统（RAS）的影响。

SS 在神经系统中，作为神经递质或调质定位于中间神经元，在神经元活动微调中，参与突触可塑性和记忆形成。SS 作用于突触前和突触后，调节神经细胞的兴奋性和神经元反应。皮质中 SS 神经元主要在感觉皮质。SS 神经元还能执行独特的神经计算功能。SS 神经元的化学性激活可增加睡眠慢波活动（SWA）、单个慢波斜率和非快速眼动（NREM）睡眠时间，而它们的化学性抑制降低 SWA 和慢波发生率，而不改变 NREM 睡眠时间。

（三）促甲状腺激素释放激素

促甲状腺激素释放激素（thyrotropin releasing hormone，TRH）是下丘脑神经元合成和分泌的肽类激素，由 3 个氨基酸残基组成，即焦谷氨酰胺-组氨酰胺-脯氨酰胺。氨基端的焦谷氨酸及羟基端的酰氨基虽然对维持 TRH 的生物活性很重要，但位于中间的组氨酸残基则是决定 TRH 活性的关键结构。人和动物 TRH 的化学结构相同，无种属特异性。

Schally 等 1966 年首先从猪下丘脑分离出一种能调节垂体分泌促甲状腺激素的物质，称为 TRH。脑内下丘脑正中隆起 TRH 含量最高。TRH 神经元胞体密集在下丘脑的室旁核和室周核的小细胞区，其神经终末投射到正中隆起外侧带及神经垂体。TRH 也见于 CNS 以外的组织，如消化道、胎盘、视网膜及肾上腺组织。TRH 受体分布较 TRH 本身更广泛。

TRH 是通过下丘脑-垂体-甲状腺（hypothalamo-hypophyseal-thyroidal，HPT）轴，刺激腺垂体促甲状腺激素细胞释放促甲状腺激素（thyroid-stimulating hormone，TSH），后者再调节甲状腺素（thyroxine）的释放。TRH 也能促进催乳素（PRL）释放。下丘脑室旁核中的 TRH 神经元整合与能量相关的信息，在能量代谢调节中起重要作用。TRH 还具有垂体外作用，特别是在 CNS，它既可以作为一种神经激素通过受体调节其他递质作用，也可以作为一种神经递质直接起作用。动物实验表明，TRH 可引起行为改变，如兴奋、精神欣快及情绪暴躁等。TRH 可能是通过中枢影响自主神经对心血管活动的调节而引起血压升高。TRH 信号通路在脑干参与刺激迷走神经活动，触发迷走神经介导的胃肠功能。

TRH 的分泌受 TSH 和甲状腺素的反馈调节。TSH 可经门静脉血管发挥短反馈作用，使 TRH 分泌减少。T_3 和 T_4 可通过酶的作用使 TRH 分泌减少，也可通过减少或下调垂体 TRH 受体影响 TRH 分泌。神经递质 NE、DA、5-HT 及组胺均可刺激 TRH 释放。急性寒冷可刺激 TRH 分泌并引起垂体 TSH 释放增加。SS 可抑制 TRH 引起的 TSH 分泌。

（四）促性腺激素释放激素

促性腺激素释放激素（gonadotropin releasing hormone，GnRH）又称促黄体生成激素释放激素（luteinzing hormone releasing hormone，LHRH），是下丘脑合成和释放的十肽激素。GnRH 通过垂体门脉系统作用于腺垂体 GnRH 受体，促使垂体合成并释放促黄体生成激素（luteinizing hormone，LH）、卵泡刺激素（follicle-stimulating hormone，FSH）。GnRH 具有多种形式，哺乳动物的大脑通常表达两种不同的形式，GnRH1 和 GnRH2。

GnRH 神经元在人类主要分布于下丘脑内侧基底部、内侧视前区及终板等处。GnRH 纤维以正中隆起最密集，主要位于外侧带。GnRH 受体（gonadotropin releasing hormone receptor，GnRHR）为 G 蛋白偶联受体，由 327 个氨基酸组成，存在于垂体促性腺激素细胞。GnRH 受体 mRNA 水平随性周期变化。授乳可明显影响 GnRHR mRNA 水平，吮乳可明显抑制 GnRHR mRNA 的表达。

GnRH 是生成和释放垂体促性腺激素的中枢调节因子，进而调节性腺功能和性激素的生成，对青春期的开始和生殖状态的维持至关重要。下丘脑 GnRH 呈脉冲式启动，可不依赖性激素即可促进性成熟（sexual maturation）。生理剂量的 GnRH 可激活下丘脑-垂体-性腺（hypothalamic-pituitary-gonad，HPG）轴，引起 LH 和 FSH 的阵发性释放，GnRH/GnRHR 系统也在人子宫内膜和卵巢中表达，支持其在母体子宫内膜滋养层侵袭和胚胎着床过程中的生理调节作用，以及卵泡发育和黄体功能。HPG 轴的任何水平调节失调都会导致或加重激素依赖性疾病，如青春期延迟（delayed puberty）或性早熟（sexual precocity）、不孕症、前列腺癌和卵巢癌、良性前列腺增生症、多囊卵巢综合征、子宫内膜异位症、子宫肌瘤，以及新陈代谢和认知障碍等。GnRH 神经元不仅存在于下丘脑，还存在终末神经、腹侧前脑和中脑，起神经调质作用。动物实验表明，GnRH 还具有抗衰老作用。

下丘脑 GnRH 的释放受到多种神经递质调节。单胺类神经递质中以 NA 系统对 GnRH 的调节最重要。NA 神经末梢可以经突触联系直接控制 GnRH 神经元的活动；还可以改变中间神经元的活动，从而间接影响 GnRH 的分泌。近年发现，Kisspeptin 分别驱动 GnRH 释放和神经激肽 B（NKB），强啡肽起到启动和停止信号作用。还发现 Kisspeptin 在调节 GnRH 妊娠和青春期发育中起重要作用，并对控制性行为的神经回路起组织作用。

（五）促性腺激素抑制激素

Tsusui 等于 2000 年首先在鹌鹑脑中发现促性腺激素抑制激素（gonadotropin-inhibitory hormone，GnIH），一种新的下丘脑合成和释放的 12 肽激素。GnIH 神经元见于下丘脑室旁核，其终末见于正中隆起。GnIH 可通过降低 GnRH 神经元的活性以及直接降低垂体促性腺激素来减少促性腺激素的合成和释放。生殖腺中的 GnIH 则直接参与生殖腺活性的局部调控。GnIH 还以自分泌和（或）旁分泌的方式作用于性腺，以抑制性类固醇的产生和细胞分化及成熟。在哺乳动物，GnIH 不仅调节 HPG 轴，而且还调节社会动机行为。

哺乳动物中 GnIH 直系同源肽也被称为 RFamide 相关肽（RFamide-related peptide，RFRP），其特异性受体是孤儿 GPCR（GPR147），鉴于 RFRP 对 GPR147 具有更高的亲和力，因此，GPR147 是 GnIH（RFRP）的主要受体。Gpr147 可能与 $G\alpha i$ 蛋白偶联，通过抑制 AC/cAMP/PKA/ERK 磷酸化途径，抑制 GnRH 刺激的促性腺激素亚单位基因转录。

GnIH 是哺乳动物生殖的重要神经内分泌调节因子，抑制垂体前叶分泌 LH 和 FSH，还可能通过抑制 GnRH 的合成和释放来抑制促性腺激素的合成和释放。在哺乳动物，GnIH 也会抑制 GnRH 的刺激质 kisspeptin 的释放。哺乳动物的 GnIH 在睾丸和卵巢中也有表达，并以自分泌或旁分泌的方式抑制配子发生和性类固醇的产生。因此，哺乳动物的 GnIH 可能作用于 HPG 轴的所有水平，以抑制生殖。GnIH 还参与青春期、发情周期、月经周期、季节性生殖的调节。

由于各种应激刺激增加脑组织中的 GnIH mRNA、GnIH 或 GnIH 神经元活性，以及 GnIH 神经纤维和 GnIHR 广泛分布于端脑、间脑和中脑的边缘系统，因此，GnIH 通过对 HPG 轴的负性调节而成为应激的介导者。GnIH 还可通过增加疼痛敏感性、焦虑和减少运动活动、攻击性行为和性行为来减少对机体内稳态的威胁。

三、垂体神经肽

脑垂体是体内重要的内分泌器官，分泌多种激素。本文主要介绍腺垂体分泌的黑素皮质素肽和催乳素，垂体后叶（神经垂体）释放的 VP 和 OT。VP 和 OT 实际上是由下丘脑产生，经下丘脑垂体束运送至垂体后叶储存与释放。

（一）黑素皮质素肽

黑素皮质素肽（melanocortin peptides，MC）或黑素皮质素系统，是其前体分子 POMC 经翻译后加工形成的一组多肽，包括 ACTH、α-、β-、及 γ-促黑激素（melanocyte stimulating hormone，MSH）。POMC 基因在其表达细胞内形成含有 265 个氨基酸的前体蛋白 -POMC。除垂体外，POMC 还广泛见于神经及周围组织。在腺垂体，POMC 经前体转换酶 PC1 生成 ACTH 及 β-LPH；在垂体中间叶，经 PC2 生成 α-MSH 和 β-EP。ACTH 为 39 肽，α-MSH 为 13 肽，β-MSH 为 18 肽，γ_1-MSH 为 11 肽，γ_2-MSH 为 12 肽，γ_3-MSH 为 27 肽。

黑素皮质素受体（melanocortin receptor，MCR）有 5 种，即 MC1R、MC2R、MC3R、MC4R 和 MC5R。它们的氨基酸组成有很大的同源性，都属于 G 蛋白偶联受体，通过激活腺苷酸环化酶增加 cAMP 浓度而发挥生理作用。①MC1R 又称 α-MSH 受体或 MSH 受体（MSHR）。人 MC1R 由 317 个氨基酸组成。α-MSH 是 MC1R 的自然激动剂，其次为 ACTH，而 β-MSH 和 γ-MSH 的激动剂的作用很弱。MC1R 不仅存在于皮肤黑色素细胞膜，还广泛存在于 CNS 和外周器官。α-MSH 与 MC1R 相互作用调节皮肤生理及黑色素生成。②MC2R 因其天然激动剂为 ACTH，故又称为 ACTH 受体（ACTHR），人 MC2R 由 297 个氨基酸组成，与 MC1R 的氨基酸有 39% 相同。ACTH 与 MC2R 相互作用，主要分布于肾上腺皮质，调节肾上腺皮质甾类激素的生成和释放。③人 MC3R 由 361 个氨基酸组成，主要分布于下丘脑、边缘系统、海马及中脑；胎盘及消化道；也见于心脏、单核细胞等。MC3R 的天然激动剂是 γ-MSH，其次是 α-MSH 和 ACTH（4-10）。在 γ-MSH 中，其激动剂的作用强度依次为：γ_2-MSH ＝ γ_1-MSH ＞ γ_3-MSH。MC3R 参与调节自主神经功能、摄食

和炎症，可能还介导心肌缺血再灌注引起心律紊乱的保护效应。④人 MC4R 由 332 个氨基酸组成，主要分布于脑，包括皮质、丘脑、下丘脑、脑干和脊髓。MC4R 的天然激动剂是 α-MSH 和 ACTH，其次是 β-MSH 和 γ-MSH。MC4R 参与调节自主神经和神经内分泌功能，α-MSH 通过 MC4R 可抑制摄食。MC4R 可能还参与能量平衡和性行为的勃起功能。⑤人 MC5R 由 325 个氨基酸组成，主要分布于外周组织，包括肾上腺、脂肪细胞、肾、肝、肺、淋巴结、骨髓及乳腺等。MC5R 类似于 MC1R 和 MC4R，为 α-MSH 和 ACTH 识别，而不是 γ-MSH。MC5R 的高度表达还见于多种外分泌腺组织，参与外分泌腺功能的调节。

MC 系统的生理功能广泛，包括调节黑色素生成、甾体激素功能、能量平衡、摄食、肥胖、心血管功能、性功能及腺体分泌。最近发现某些 MC 具有抗菌作用。MC 除了调节对乙醇的神经生物学反应外，MC 系统也调节对兴奋剂和阿片类药物的神经生物学反应。MC 在血细胞、免疫细胞及其他细胞具有抗细胞因子及抗炎效应，其中 MC1R 起重要作用。α-MSH 还具有神经营养作用，它既可以促进胚胎期神经组织的分化和发育成熟，又对维持成年期神经细胞的生存及受伤神经的再生或修复具有重要作用。

正常情况下，MC 的分泌受下丘脑调节。下丘脑通过 CRH 调节 ACTH 分泌，通过促黑色素细胞刺激激素释放抑制因子（melanocyte-stimulating hormone release inhibiting factor，MRIF）和黑色素细胞刺激激素释放因子（melanocyte-stimulating hormone releasing factor，MRF）调节 MSH 的分泌，其他神经肽也参与调节 ACTH 和 MSH 的分泌，如 NPY、TRH、Ang II 及 SS 等。脑内其他神经元也参与 MC 分泌的调节，如 DA、GABA 及 NA 神经元。外界其他因素也影响 MC 的分泌，如应激刺激、昼夜节律、吸吮刺激及体内水平衡状态等。

（二）催乳素

催乳素（prolactin，PRL）是相关激素 GH、胎盘催乳素（placental lactogen，PL）家族中的一员。它是腺垂体泌乳细胞分泌的含有 199 个氨基酸残基的多肽激素。泌乳细胞的数量随年龄增长并不发生显著变化。PRL 引起了一系列对后代喂养至关重要的反应，包括乳腺上皮细胞的增殖和分化，以及神经发生，这对哺乳动物和非哺乳动物物种的母性行

为都至关重要。

催乳素受体（prolactin receptor，PRLR）也是一种 GPCR。在人发现多种 PRLR 亚型，这些亚型具有相同的胞外部分，但胞内部分的大小和顺序不同，形成"短型""中型"和"长型"受体。人 PRLR 主要是由 598 个氨基酸残基组成的"长型"受体，并至少能与三种配体（PRL、PL 和 GH）结合。PRLR 信号转导是由一个单配体分子（PRL）与两个细胞外相互作用位点结合而启动，即结合域 1 和结合域 2，继而触发受体二聚体构象变化。PRLR 不具有内源性酪氨酸激酶活性，而是通过相关的细胞质蛋白传递信号。

PRL 和 GH 一样不需通过靶腺，可直接引起生物效应，其主要生理功能是促进乳腺发育生长，发动和维持泌乳（lactation）。青春期乳腺发育主要是由于雌激素的刺激，而妊娠期是在 PRL、雌激素、孕激素及绒毛膜生长素共同作用下，乳腺组织进一步发育。由于此时血中雌激素与孕激素浓度过高，与 PRL 竞争乳腺上皮细胞的受体，使 PRL 不能发挥催乳作用。分娩后，血中雌、孕激素浓度大大降低，PRL 才发挥发动和维持泌乳的作用。在人类，卵巢卵泡内 PRL 含量随卵泡发育成熟而增加，月经周期晚期急剧下降至接近血清水平。PRL 影响黄体功能包括：调控 LH 的数量，刺激 LH 的受体生成；促进孕酮生成及降低孕酮的分解过程。

PRL 除了具有上述重要作用外，还有许多其他功能，包括在新陈代谢、皮肤和毛囊、骨骼稳态、母性护理和肾上腺功能中的作用。如通过影响胰腺 β 细胞质量和胰岛素生成，在葡萄糖代谢中起关键作用。PRL 在 CNS 具有促食欲作用，通过控制脂肪细胞的分化和命运在能量平衡中起重要作用。PRL 在人类皮肤和毛囊中都产生，在皮肤生物学中具有重要作用，从在头发生长中调节角蛋白表达到控制上皮干细胞功能。PRL 水平异常通常与骨代谢异常有关，PRL 还可通过调节性激素水平对骨骼重塑产生直接和间接影响。PRL 还有助于在母亲和新生儿之间建立一种养育关系，母性行为（maternal behavior）的发展也依赖于 PRL。

PRL 的释放受到多种因素调节：具有 PRL 释放因子活性的神经肽有 TRH、VIP、Ang Ⅱ、OT、VP。PRL 释放抑制因子主要是 DA，主要是 D_2 受体。GABA 和促性腺激素释放激素相关肽（GAP）对 PRL 释放也起抑制作用。5-HT 作用于脑内，可直接刺激 PRL 释放。内源性阿片肽可以刺激动物

的 PRL 分泌。刺激 PRL 分泌的物质还有：CCK、GAL、SP、褪黑素和组胺；抑制 PRL 分泌的物质还有：促胃液素、NT、缓激肽 MRH 和 ACh。

（三）血管升压素

血管升压素（vasopressin，VP）因具有抗利尿作用，又称抗利尿激素（antidiuretic hormone，ADH）。VP 为九肽激素。因 VP 成分中含有精氨酸，故也称精氨酸升压素（arginine-vasopressin，AVP）。VP 是由下丘脑 VP 神经元首先合成大分子 VP 前体，该前体包含 VP 和神经垂体素 Ⅱ（neurohypophysin Ⅱ），在转运过程中经酶的作用，裂解为 VP 和神经垂体素 Ⅱ，它们在神经垂体的神经末梢储存以备释放。

VP 神经元主要集中在下丘脑 PVN、视上核（SON）和视交叉上核（SCN），也见于下丘脑外其他神经核团。PVN 和 SON 的大细胞 VP 能神经元轴突通过正中隆起与 OT 能神经元轴突组成下丘脑-垂体束（hypothalamo-hypophysial tract）到达垂体后叶（posterior pituitary）释放 VP 至体循环。小细胞 VP 能神经元将 VP 转运至正中隆起和垂体门脉系统，还神经支配临近的下丘脑神经元，并向脑内其他区域投射。

血管升压素受体（vasopressin receptor，VPR）有 V1aR、V1bR 和 V2R 三种亚型。CNS 中主要是 V1R。V1aR 和 V1bR 分布脑区不完全相同。VP 与 OT 受体（OTR）也有一定的结合能力。VPR 和 OTR 都属于 GPCR，有人将 VPR 和 OTR 称为 VP-OT 受体家族。在脑内，VPR 经 VP 刺激后激活信号转导通路，包括 $Gq/_{11}$/PLC/PKC/MEK1/2/MAPK、PI3 激酶和钙/钙调蛋白激酶通路，以及增加 DNA 合成，细胞周期的进展和细胞增殖。V2 受体主要分布在肾脏、心脏及血管，参与调解血流。

VP 是一种强效的血管收缩剂，在生理浓度下使血管变窄，但因血管床的不同而异。VP 在调节心肌分化、生长和收缩方面起重要作用。VP 在 CNS 中作用复杂，不仅可以缓冲血压的过度升高，也可以缓冲血压的过度降低。V1R 在决定出血后低血压的血流动力学适应中起着至关重要的作用，如失血、脱水导致血容量减少时，体内 VP 释放增加，外周释放的 VP 产生血管收缩，而中枢释放的 VP 则有助于缓解出血后心动过缓和产生低血压。高血压与心力衰竭与 VP 神经元激活增强和 VP 受体表达改变有关，VP 还参与了蛛网膜下腔出血或脑损

伤后炎症过程和脑水肿的发生。

VP 与 Ang Ⅱ 在肾调节尿液排泄方面相互作用，该过程通过联合刺激肾小管中 Ang Ⅱ 的 AT1AR 和 V2R，以及联合刺激肾血管中的 AT1AR 和 V1aR 来实现。下丘脑 SCN 中的 VP 神经元表现出明显的昼夜节律（circadian rhythms）性。近年发现，SCN 中的 VP 神经元属于自主起搏器组，在调节昼夜节律中起作用，其分泌的 VP 也参与体温调节。VP 还通过 V1aR 和 V1bR 调节食物摄取和葡萄糖稳态。VP 还参与调节胰高血糖素和胰岛素的释放，β 细胞释放胰岛素是通过刺激 V1bR 介导的，而胰高血糖素的释放是通过刺激 V1bR 和 OTR 实现的。在肾上腺，VP 引起肾上腺皮质肥大和增生，并通过刺激 V1aR 刺激醛固酮和糖皮质激素的分泌，VP 与 ACTH 协同作用，调节肾上腺皮质激素释放。

在 HPA 轴，VP 也可通过 V1bR 促进 CRH 和 TRH 的释放，间接促进 ACTH 的释放。VP 经 V1aR 可影响 LHRH 的释放，可能在启动排卵前 LH 激增中起重要作用。VP 对学习和新记忆的获得，以及情绪和社会行为具有长期影响，临床观察显示抑郁和其他精神疾病与 VP 分泌的显著变化有关。中枢 VP 具有镇痛（analgesia）作用，还增强电针镇痛作用，该效应不依赖于内源性阿片肽系统，其镇痛作用与中脑导水管周围灰质、中缝核群和尾核等部位有密切关系。VP 和 CRH 还是机体对应激的神经-适应性反应的重要调节者。在慢性应激中，VP 系统不适当的激活与抑郁有关，攻击行为与脑脊液中 VP 释放增加有关，VP 可能通过与雄激素的协同作用在攻击性调节中发挥作用。VP 影响感觉加工和神经可塑性。不适当的 VP 分泌可能在精神分裂症中发生的心身应激进程中起作用。

VP 的分泌主要受体液渗透压、血容量和血压、缺氧和 Ang Ⅱ 的变化调节。正常情况下，血浆渗透压（plasma osmotic pressure）变化是影响 VP 释放的主要因素。水负荷增加时，血浆渗透压降低，VP 释放减少，肾对水的重吸收减少，尿量增加，严重时引起尿崩症（diabetes insipidus）；而当禁水或失水时，情况相反，尿量减少。下丘脑外侧视前区的渗透压感受器（osmoceptor）和渴-摄水机制有关，SON 和 PVN 及其附近和第三脑室腹侧的渗透压感受器与控制 VP 释放机制有关。正常情况下，容量感受性调节对 VP 的释放不发挥作用，只有当血容量发生剧烈变化，如失血达 10% 以上时，可明显影响 VP 释放。严重失血时，不仅 VP 释放增加，

Ang Ⅱ 释放也增加，从而 VP 释放增加更明显。颈动脉化学感受器也参与 VP 释放的调节，当血中氧分压低于 8 kpa，或 CO_2 分压升高时，都能促进 VP 释放。下丘脑 VP 神经元直接受 ACh 能神经支配，也接受儿茶酚胺和 GABA 能神经支配。NA 可通过 α 受体抑制 VP 释放。内源性阿片肽可能抑制 VP 释放，Ang Ⅱ 可促进 VP 释放。其他如应激、疼痛、肌肉运动等都可影响 VP 释放。

（四）催产素

Dale 于 1906 年报道了神经垂体提取物对猫妊娠子宫有收缩作用。1910 年，Ott 和 Scott 又证明了该提取物促进排乳。进一步实验证明，这两种不同的作用是由同一物质产生，即催产素（oxytocin，OT）。近年研究表明，OT 除上述经典作用外，在体内还具有广泛的生理作用。OT 是一个最早被阐明一级结构，并且能人工合成的肽类激素。

OT 是下丘脑 OT 神经元产生的九肽激素。OT 神经元在下丘脑首先合成大分子 OT 前体，该前体包含 OT 和神经垂体素 Ⅰ（neurohypophysin Ⅰ）。同 VP 一样，在转运过程中经酶裂解为 OT 和神经垂体素 Ⅰ，并经下丘脑-垂体束运送到垂体后叶储存以备释放。OT 和 VP 的结构相似，仅在第 3 位和第 8 位的氨基酸不同，OT 分别是异亮氨酸和亮氨酸，而 VP 分别为苯丙氨酸和精氨酸。由于 OT 和 VP 的分子结构既相似而又有差异，因此，在生物效应方面既有共同点，又各有特点。

OT 神经元主要集中在下丘脑 SON 和 PVN，还见于视前区、下丘脑前区、外侧区、第三脑室的室周区及其侧壁室管膜下区。OT 主要由 SON 和 PVN 内大细胞神经元合成。大细胞 OT 神经元也广泛投射至前脑各区域，表明与复杂的社会和情感行为相关。OT 小细胞神经元向脑干和脊髓广泛投射，可能与自主功能、疼痛调节和镇痛有关。OT 神经元还和 CCK、亮-脑啡肽（L-Enk）分别共存。

人、大鼠和猪的催产素受体（oxytocin receptor，OTR）都属于 GPCR。由于 VPR 与 OTR 有部分同源性，因此 VPR 也能识别 OT。CNS 内广泛存在 OTR，特别是下丘脑、前额皮质、海马和杏仁核。中枢 OTR 不仅对 OT 及其类似物有很高的亲和力，而且对 VP 也有一定的亲和力。OTR mRNA 在子宫内膜及肌层、乳腺、卵巢和 CNS 内均有表达。OT 与子宫内膜及肌层、乳腺内 OTR 结合可使子宫平滑肌和乳腺管肌上皮细胞收缩，通常将此种受体称

为子宫型 OTR。

OT 的生理功能包括：OT 参与人的分娩过程。刺激外生殖器、吸吮乳头与刺激子宫均可反射性促使 OT 分泌，引起子宫收缩，对精子运行具有促进作用。OT 可促进 ACTH 分泌，促进 PRL 释放，促进大鼠 GnRH（LH 和 FSH）释放，其经典作用是促进妊娠末期子宫平滑肌收缩和泌乳期乳腺肌上皮收缩（泌乳）。

OT 除参与生殖功能外，OT 对母性行为等社会行为、情绪具有重要影响，并与临床神经、精神障碍有关，如自闭症谱系障碍、精神分裂症、边缘型人格障碍、额颞叶痴呆、神经性厌食症、神经性贪食症、PDST、抑郁、阿片类药物和酒精依赖等。OT 还调节社会行为，包括社会回报、促进亲社会行为（prosocial behavior）的社会认知、社交焦虑症。然而，复杂的行为功能，包括选择性的性行为、社会联系和养育需要 OT 和 VP 的联合活动。OT 在调节进食和能量摄入方面也起重要作用，可通过减少食物摄入、增加能量消耗和诱导脂肪分解而持续减轻体重，特别是对摄食过量引起的肥胖者。OT 可以调节与动脉粥样硬化性心血管疾病直接相关的因素，如炎症、体重增加、食物摄入和胰岛素抵抗。

OT 的释放受到多种因素调节。所有生殖相关的刺激，如出生、泌乳以及交配，都能刺激 OT 分泌。此外，生理性和情绪性应激，以及渗透压性刺激也激活 OT 系统，因此，OT 也被认为是一种应激激素。神经递质中，NA 可促进 PVN 和 SON OT 神经元释放 OT，DA 在中枢通过 D_1 受体促进 OT 释放，在外周通过 D_2 受体抑制 OT 释放。脑室注射 ACh 可促进雌性大鼠 OT 释放。OT 与 5-HT 系统之间相互作用协调机体应激反应。例如，应激源诱导下丘脑的 OT 释放可被 5-HT 拮抗剂阻断，而 OT 可以刺激中缝核 5-HT 释放。脑内 OT 也可以发挥正反馈自我调节作用，促进 OT 释放增加。神经肽中，内源性阿片肽，如 M-Enk 和 β-EP 抑制下丘脑的 OT 释放。CCK 可选择性增强 OT 神经元活动，促进 OT 释放。CRH 可通过 MSH 间接促进 OT 释放。OT 系统与糖皮质激素之间存在双向联系，OT 主要在下丘脑水平调节下 HPA 轴的活动，而糖皮质激素则调节 OT 系统。

四、胰高血糖素相关肽家族

Bayliss 和 Starling 于 1902 年发现了促胰液素（secretin），Said 和 Mutt 于 20 世纪 70 年代分离出一种具有很强血管扩张作用的多肽，称为血管活性肠肽（vasoactive intestinal peptide，VIP）。Miyata 等于 1989 年从下丘脑分离出垂体腺苷酸环化酶激活肽（pituitary adenylate cyclase activating polypeptide，PACAP）。VIP、PACAP 与促胰液素、胰高血糖素（glucagon）、胰高血糖素样肽 -1（glucagon-like peptide-1，GLP-1）、胰高血糖素样肽 -2（glucagonlike peptide-2，GLP-2）、糖依赖性胰岛素释放肽（glucose-dependent insulinotropic polypeptide，GIP）、生长激素释放激素（growth hormone releasing hormone，GHRH）、组氨酸异亮氨酸肽（peptide histidine-isoleucine，PHI）及组氨酸甲硫氨酸肽（peptide histidine-methionine，PHM）等在结构上相似，统称胰高血糖素相关肽超家族（glucagon related peptide superfamily）。本文主要介绍垂体腺苷酸环化酶激活肽（pituitary adenylate cyclase activating polypeptide，PACAP）。

垂体腺苷酸环化酶激活肽

PACAP 是由 38 个氨基酸残基组成的多肽，因其能强烈激活垂体细胞腺苷酸环化酶而得名。PACAP 主要分布于下丘脑 PVN、SON 的大细胞和小细胞神经元，并被分泌到脑垂体，以及其他脑区，如端脑、小脑和脑干。

垂体腺苷酸环化酶激活肽受体（pituitary adenylate cyclase activating polypeptide receptor，PACR）属于促胰液素受体家族，也是 GPCR。该家族包括 PACAP-1 受体（PACR₁）、VIP/PACAP-1 受体（VPACR₁）及 VIP/PACAP-2 受体（VPACR₂）。VIP 和 PACAP 是 VPACR₁ 和 VPACR₂ 的内源性配体，而 PACR₁ 则选择性与 PACAP 结合，其与 PACAP 的亲和力比 VIP 高 100～1000 倍；VPACR₁ 和 VPACR₂ 与 PACAP 及 VIP 的亲和力相似，对两者无选择性。VPACR 可通过刺激腺苷酸环化酶触发 PKA-cAMP 及 PLC 和 PLD 信号通路。VPACR₁ 在肺内表达最高，VPACR₂ 主要在周围组织。

PACAP 作为一种神经递质、神经调质和神经营养因子广泛分布于 CNS 和 PNS，具有多种生物学功能，如参与神经发育和再生、神经保护、神经调节、神经源性炎症、痛觉、药物成瘾和体温调节，并作为应激反应的主调节器，通过自主神经系统调节心理和生理平衡。PACAP 还参与能量平衡，包括产热、活动、能量储存和食欲的调节。PACAP 具有明显的扩张血管作用,其降压作用与 VIP 相当。PACAP 及其受体广泛分布于免疫系统,参与保护免疫细胞、促进淋巴细胞成熟及白介素 6(IL-6)释放、增强吞噬作用及通过白介素抑制或激活炎症反应。

PACAP 在内分泌系统中起重要作用。PACAP 经 PACR₁ 对胰岛素分泌具有剂量依赖性和葡萄糖依赖性促进作用。在垂体促性腺激素中,PACAP 增加促性腺激素 α、促黄体生成激素 β、促卵泡激素 β 亚单位的表达,以及 GnRH 受体及其自身受体 PACR₁ 的表达增加,从而调节这些激素分泌功能。

五、神经肽 Y 基因家族

Tatemoto 和 Mutt 于 1982 年从猪脑组织中提取和纯化出一种新的含 36 个氨基酸的多肽,称为神经肽 Y(neuropeptide Y,NPY)。NPY 与胰多肽(pancreatic polypeptide,PP)和肽 YY(peptide YY,PYY)的基因来源于同一原始基因,它们具有相似的胰多肽折叠结构,故将上述 3 个肽称为神经肽 Y 基因家族(neuropeptide Y gene family),亦称胰多肽家族(pancreatic polypeptide family)。PYY 和 PP 只由消化系统的内分泌细胞表达,而 NPY 则分布在肠-脑轴(intestines-brain axis)或脑-肠轴(brain-intestines axis)的各个层次。

NPY 是中枢神经组织含量最高的神经肽之一,广泛存在于除小脑以外的脑组织和脊髓。NPY 还与 SS 或 GABA 共存于海马结构的中间神经元。下丘脑的 NPY 主要存在于弓状核神经元,大脑皮质中与摄食活动调节有关的嗅沟周围 NPY 含量最高,NPY 存在于脊髓各段,但以骶段、胸段和腰段含量较高。表达 NPY 的主要系统还包括肠神经元、初级传入神经元、贯穿大脑的若干神经通路和交感神经元。外周组织中,呼吸、循环、消化和泌尿系统均有 NPY 的存在。

神经肽 Y 受体(neuropeptide Y receptor,NPYR)属于 GPCR,在人有 4 种,即 Y1、Y2、Y4 和 Y5 受体。Y1 受体由 384 个氨基酸组成,NPY 与 Y1 受体的短肽亲和力类似于与其全长的亲和力。Y2 受体基因编码 381 个氨基酸蛋白,Y2 受体与 Y1 和 Y4 受体仅有 30% 序列相同。NPY 的 C 端 NPY13-36、NPY18-36 对 Y2 受体的亲和力较高。Y4 受体基因具有高度多态性,Y4 受体与 PP 具有高度亲和力。Y5 受体基因编码 446 个氨基酸蛋白,人 PP 与 Y5 受体具有高度亲和力。Y1 受体激活可通过磷酸酰肌醇系统动员细胞内钙离子。Y2 受体激活可以抑制 N 型钙离子通道开放。NPY 还可通过磷脂酶 A_2-环氧化酶-前列腺素途径发挥作用。

NPY 的生理作用广泛。中枢作用:NPY 是作用最强的食欲肽之一,促进食欲和摄食行为,参与调节能量消耗、产热,控制能量平衡(energy balance),与肥胖和糖尿病有关。NPY 在中枢中还作为一种神经保护因子、一种神经干细胞增殖因子、一种增加营养支持因子、一种自噬的刺激因子、一种兴奋性毒性和神经炎症的抑制因子。NPY 在某些神经退行性疾病(neurodegenerative disease)和神经免疫疾病(neuroimmune disease)中起不同的作用,如发挥神经保护作用,增加营养支持,降低兴奋性毒性,调节钙稳态,减轻神经炎症。NPY 通过抵消 Aβ 的毒性、减少突触前神经末梢 Ca^{2+} 内流、降低谷氨酸的兴奋毒性、抑制小胶质细胞的活化和抑制神经炎症反应等多种机制,在阿尔茨海默病(AD)发病中起重要作用。在帕金森病(PD)发病中,NPY 主要是通过 Y2 受体,激活丝裂原活化蛋白激酶(MAPK)和 Akt 通路,对黑质多巴胺细胞体和纹状体终末具有神经保护作用。NPY 通过配体与纹状体和黑质小胶质细胞上受体转运体的特异性结合发挥神经保护作用。NPY 还参与神经发育调节,通过刺激 LHRH 释放调节生殖功能。中枢注射 NPY 可降低血压、减慢心率和呼吸频率,SCN 注入 NPY 可改变昼夜节律;NPY 可加强 CRH 促进 ACTH 释放,影响 GH、PRL、TRH 和 LH 的释放。NPY 参与调节应激反应,在创伤后应激障碍(post traumatic stress disorder,PTSD)、肠易激综合征(irritable bowel syndrome,IBS)中起重要作用。NPY 参与情绪调节,具有抗焦虑和减轻压力特性,通过 Y2 受体促进恐惧消除,并产生长期的恐惧抑制。NPY 通过 Y1 和 Y2 受体介导抗伤害作用,Y1 受体通过介导 SP 释放的抑制作用参与 NPY 的镇痛效应。Y1 激动剂和 Y2 拮抗剂有助于抑制或防止酗酒。NPY 还是神经可塑性、神经传递和记忆的调节因子。NPY 对记忆既有抑制作用,又有刺激作用,这与记忆类型、时相、剂量、脑区及 NPY 受体的亚型有关。

在周围神经系统:NPY 主要存在于交感节后神经元,一般与 NA 共存。NPY 通过突触前膜的 Y2 受体可抑制神经递质的释放,通过突触后膜的 Y1 受体起类似肾上腺素能 α1 受体的效应。NPY 对呼吸道主要起舒张作用,并认为是通过突触前膜 Y2

受体抑制迷走神经乙酰胆碱和非肾上腺素能、非乙酰胆碱能的感觉神经纤维的递质释放起作用。小剂量 NPY 主要通过突触后膜 NPY 受体对呼吸道平滑肌起收缩作用。由于 NPY 受体的分布和作用类似于肾上腺素 α1、α2 受体，故促使交感活动增强的刺激如运动、出血、缺氧等均可促进支配心脏和肾上腺的交感神经 NA 和 NPY 的释放，从而可诱发血管收缩、血压升高、心输出量和血管阻力增加。NPY 的缩血管作用不能被肾上腺素 α 或 β 受体阻断剂所阻断。NPY 能抑制胃的收缩和排空，对小肠和结肠也有舒张作用。NPY 在平衡外周免疫攻击引起的生理系统紊乱中起着重要的稳态作用。

六、降钙素基因超家族

降钙素基因超家族（calicitonin gene superfamily）是由降钙素（calicitonin，CT）、降钙素基因相关肽（calicitonin gene related peptide，CGRP）、肾上腺髓质素（adrenomedullin，AM）和胰淀素（amylin，AMY）组成。前三者的基因都位于第 11 对染色体，后者位于第 12 对染色体，因为第 12 对染色体是第 11 对染色体进化的复制品，故四者属于同一家族。它们的氨基酸序列有很强的同源性，并具有相似的生物活性。近年又发现一些家族新成员，如降钙素受体刺激肽（calcitonin receptor-stimulating peptide，CRSP）和中介素（intermedin）。本文仅以 CGRP 为代表作一简介。

CGRP 是 1982 年发现、由 37 个氨基酸残基组成的神经肽，有 αCGRP 和 βCGRP 两种形式，它们分别来自 CT 基因和 CGRP 基因。CGRP 虽来自 CT 基因，但其分子结构和生理功能与 CT 不同。正常情况下，CT 基因在甲状腺滤泡旁细胞内转变成 CT mRNA，而在脑和神经组织内则转变为 CGRP mRNA，两者分别经翻译后产生各自的终产物 CT 类肽和 CGRP 类肽。

CGRP 通过受体复合体发挥作用。包括降钙素受体样受体（calcitonin receptor-like receptor，CRLR），它与受体活性修饰蛋白 -1（receptor activity-modifyingproteins-1，RAMP1）共表达，构成对 CGRP 具有高亲和力的受体；CRLR 与 RAMP2 共表达，构成对 AM 具有高亲和力的受体；CRLR 与 RAMP3 共表达，构成 CGRP 家族各种激动剂的受体。CTR 本身优先对 CT 反应，CTR 还可以与三个 RAMP 结合，产生 AMY1、AMY2 和 AMY3 受体，它们对

胰淀素反应。

CGRP 从感觉神经末梢释放，AM 是由刺激血管细胞产生，而 AMY 是由胰腺分泌，它们都具有舒张血管活性。CGRP 扩张血管作用最强，并对多种心血管疾病具有保护作用。CGRP 在高血压和缺血性事件中对血压调节和稳态反应中起重要作用。CGRP 能神经支配整个心肌组织和血管系统，并可减轻其病理生理学的各个方面，包括心肌肥大、再灌注损伤、心脏炎症以及细胞凋亡。因此，CGRP 是一种心脏保护性的内源性介质。CGRP 广泛分布于人类 PNS 和 CNS 的伤害性通路中，其受体也在疼痛通路中表达，是参与偏头痛（migraine）病理生理学的关键神经肽，CGRP 拮抗剂可以显著改善发作性和慢性偏头痛。CGRP 广泛表达于肺气道、血管及淋巴组织的特殊上皮细胞及 C 纤维，从而介导多种效应，包括血管调节、支气管保护、抗炎及组织修复等作用。CGRP 对胃肠道平滑肌主要起抑制性作用。在脊髓水平，CGRP 能促进痛信号的传递，在脊髓背根神经节初级传人神经元 CGRP 与 SP 共存。脑内注射 CGRP 可提高痛阈，纳洛酮不能阻断此作用。CGRP 在维持正常的妊娠功能中也具有重要作用。

糖皮质激素与辣椒素能促进 CGRP 的释放。雄激素与 δ 阿片及 μ 阿片受体激动剂均能抑制 CGRP 的释放。

七、内皮素家族

Yanagisawa 等于 1988 年从猪主动脉内皮细胞中分离提取了内皮素（endothelin，ET），具有很强的血管收缩作用。内皮素家族（endothelin family）包括 ET-1、ET-2 和 ET-3，它们在结构上非常相似，为同分异构体。

ET 是由 21 个氨基酸残基组成的多肽。经典的 ET 是指 ET-1，是目前所知作用最强的内源性长效血管收缩因子。ET 也是先合成肽前体，通过翻译后加工形成有活性的 ET。不同的 ET 来自各自的前体。

ET 受体也属于 GPCR。C 端磷酸化可调节 ET 受体的敏感性。内皮素受体（endothelin receptor，ETR）包括两个亚型，即 ETR_A 和 ETR_B。ETR_A 主要与 ET-1 和 ET-2 结合，与 ET-3 亲和力较低。ETR_B 与 3 种 ET 的亲和力相同。两种 ET 受体所介导的药理学作用不尽相同，ETR_A 可能与血管收缩有关，ETR_B 则与血管舒张有关。ET 受体可与多种 G 蛋白偶联，

如 G_q、G_s、G_i 和 G_o。人 ETR_A 含 427 个氨基酸，ETR_B 含 440 个氨基酸，它们都是单拷贝基因。ET 受体广泛分布于机体各器官。在脑内，ET 受体主要集中在灰质部分。此外，脑毛细血管细胞、胶质细胞也有 ET 高度特异的结合部位。在外周器官，ET 受体还见于肺、心脏、肝、肾上腺、肾以及子宫和胎盘等组织。

ET 存在于神经系统的一些血管内皮细胞中，但更多（3/4）分布于神经元内。脑内的 ET 主要集中在小脑浦肯野细胞、大脑皮质、侧脑室及下丘脑 SON 神经元。在脊髓 ET 还见于运动神经元、感觉神经元及背根神经节细胞。ET 与 CGRP 还共存于脊髓运动神经元，与 SP 共存于脊髓感觉神经元。

ET 的生理作用：在心血管系统中，ET-1 主要在平滑肌细胞、心肌细胞、成纤维细胞中表达，尤其是在血管内皮细胞。ET-1 是血管功能的主要调节因子，通过 ETR_A 和 ETR_B 调节心脏收缩力、全身和肾血管阻力、盐和水的再吸收以及肾小球的功能。在病理性心血管疾病（cardiovascular disease），如系统性高血压（systemic hypertension）、肺动脉高压（pulmonary hypertension）、扩张型心肌病和糖尿病微血管功能障碍，以及在缺血、左心室肥大和心力衰竭的发病机制中起关键作用。ET-1 的急性和慢性效应都依赖于细胞内信号通路的激活，而细胞内信号通路是由 ETR_A 激活后产生的 IP3 和 DG 调节的。

ET-1 也是最有效的肾血管收缩剂，在调节肾血流量、肾小球滤过、钠水转运和酸碱平衡（acid base balance）中起重要作用。ETR_B 表达于肾内皮细胞和血管平滑肌细胞。ET 系统的激活或下游 ET 信号通路的过度表达与高血压、急性肾损伤、糖尿病和非糖尿病性肾病以及免疫性肾炎等多种病理生理状态有关。ET-1 在子痫的病理生理过程中也起重要作用，ET-1 与症状严重程度呈正相关。在青光眼中，系统性 ET-1 调节机制和血管反应也发生改变，ET 拮抗剂在青光眼治疗中具有潜在的作用。ET_B 受体在正常人肝脏中占优势，在肝硬化患者的肝中 ET_B 表达上调，而在肝硬化门脉中下调。ET 系统，包括 ET-1 和受体（ETR_A 和 ETR_B）可能参与糖尿病脑血管病的许多方面。

八、利钠肽家族

1970—1985 年，陆续发现了由心脏和脑分泌的一类具有多种效应的利钠肽（natriuretic peptide，NP）激素家族，包括心房肽（atrial natriuretic peptide，ANP）、脑钠肽（brain natriuretic factor，BNF）、C 型利钠肽（c-type natriuretic peptide，CNP）、Dendroaspis NP（DNP）和尿扩张素（urodilatin）。结构上它们有很高的同源性，功能上都与调节循环内稳态有关。在人类，ANP 和 BNP 由 1 号染色体上的 NP 前体 A（NPPA）和 NPPB 基因编码，而 CNP 则由 2 号染色体上的 NPPC 编码。NP 由心肌细胞、成纤维细胞、内皮细胞、免疫细胞（中性粒细胞、T 细胞和巨噬细胞）和未成熟细胞（如胚胎干细胞、肌肉卫星细胞和心脏前体细胞）通过某些机制合成和分泌。

NP 系统具有明显的自分泌、旁分泌和内分泌功能。利钠肽受体（natriuretic peptides receptor，NPR）至少有 3 种：NPRA、NPRB 和 NPRC。ANP 主要与 NPRA 和 NPRB 结合；BNP 主要与 NPRC 结合，而与 NPRA 亲和力较低；CNP 主要与 NPRB 和 NPRC 结合。NPR 存在于心脏、脑、肾、肾上腺、肝、胰腺、血管和胃肠平滑肌、脂肪细胞、软骨细胞、纤维母细胞和血小板中。活化的 NPR 催化三磷酸鸟苷（GTP）转化为 cGMP，后者作为细胞内第二信使激活 PKG 和 PDE，调节包括离子通道、蛋白质磷酸化、核转位和基因表达等多种途径，所有这些途径都发挥生物学效应。NP 具有利钠、利尿、扩血管、抗增殖、抗肥大、抗纤维化和其他对心脏代谢保护作用。NP 还代表机体自身的抗高血压系统，并为平衡肾素-血管紧张素系统（rnin angiotensin system，RAS）和交感神经系统（SNS）释放的血管收缩因子-促有丝分裂-钠保留激素提供代偿性保护。

ANP 主要在心房产生和储存。人的 ANP 有 α、β、γ 三种，分别为 28 肽、56 肽和 126 肽。NPRA 在肾、肾上腺、肺、回肠末端、主动脉和脂肪组织中大量存在。在肾功能方面，ANP 具有强大的利钠、利尿作用，但作用时间较短。这与肾小球滤过率增加、肾小管对钠和水的重吸收减少有关。ANP 还可通过抑制醛固酮的分泌来使钠和尿的排出增加。ANP 还抑制 VP 的释放，从而使肾小管对水的重吸收减少。在心血管系统，ANP 作为内分泌激素调节血压及血容量，抑制心脏肥大和纤维化，诱导心肌细胞凋亡和抑制成纤维细胞生长，还可直接抑制心肌收缩力。ANP 可直接舒张血管，降低外周阻力降低血压。ANP 可拮抗 NA 和 Ang Ⅱ 的缩血管作用。ANP 在血管系统中还起到促血管生成、抗炎和抗动脉粥样硬化的作用。在 CNS，脑室注射 ANP 可抑制因脑内注射 Ang Ⅱ 所引起的饮水行为；可明显抑制动物摄盐；对 VP 高水平的释放以及 Ang Ⅱ 所引起的 ACTH 释放都有抑制作用；也抑制 Ang Ⅱ 所引起的血压升高。缺氧可引起 ANP 表达增强及释放增加，从而可防止产生缺氧性肺动脉高压。ANP 也参与调节恐惧引起的应激反应，非肽类 ANP 受体配体可用于治疗焦虑。ANP 参与能量平衡调节，通过 cGMP 和 PKG 刺激运动诱导的脂解作用；通过线粒体解偶联蛋白 -1 和 p38 丝裂原活化蛋白激酶影响白色脂肪向棕色脂肪转化；促进骨骼肌氧化和皮下脂肪分解。

BNP 同 ANP 都是由心房产生和储存。BNP 和 ANP 都优先与 NPRA 结合，并通过靶组织细胞内 cGMP 增加发挥类似的作用。BNP 和 ANP 的表达和分泌都受多种因素刺激，并通过多种信号途径进行调节。BNP 除了利钠、利尿和血管舒张外，对心脏也有直接作用，可提供代偿性保护，如抑制心肌细胞凋亡和坏死，减少心肌肥厚和纤维化。BNP 能调节心脏损伤后的免疫和炎症反应。BNP 还可减少外周血中的单核细胞、B 淋巴细胞和自然杀伤细胞，参与调节巨噬细胞的趋化性和炎症分子的产生。心肌缺血时，心室肌释放 BNP，通过调节冠状血管张力及降低心肌对缺血损伤的易感性而起到保护心肌作用。BNP 在心衰患者中比 ANP 升高更明显。BNP 和 N 末端 BNP 前体（NTproBNP）是决定心衰诊断和预后的生物学标志物，可能有助于指导心衰的治疗。BNP 也同 ANP 一样参与调节能量平衡，还以 cGMP 介导方式促进脂肪细胞产生激素敏感的脂肪酶。

CNP 作为脑内最丰富的 NP，在心房、心室、肾、软骨细胞、内皮细胞和血细胞中都可合成，是内皮细胞、心肌细胞和成纤维细胞释放的一种调节心血管系统重要生理功能的自分泌和旁分泌介质。虽然 ANP、BNP 和 CNP 都具有对心、肾的保护作用，但 CNP 的抗纤维化作用最强，而对肾作用较弱。CNP 不仅调节血管张力和血压，而且还调控广泛的心血管事件，包括炎症、血管生成、平滑肌和内皮细胞增殖、动脉粥样硬化、心肌细胞收缩、肥大、纤维化等，心脏电生理学等。临床上，心衰患者的 CNP 水平轻微升高，而心衰的严重程度与 CNP 水平显著相关。此外，CNP 抑制肺部高压和纤维化的方式与心衰相似。CNP 在女性生殖过程中起重要作用，与卵母细胞质量密切相关。CNP

和 NPRB 在生发泡至囊胚的不同阶段的细胞浆中均有表达。无论是在受精培养基中还是在胚胎培养基中，CNP 都能提高胚胎的细胞率和囊胚率。总之，人卵泡液中 CNP 可预测体外受精患者的妊娠结局，其机制与卵母细胞质量或胚胎发育能力有关，可促进胚胎发育。CNP 还可以以自分泌和旁分泌形式引起血管舒张和血管重塑，并通过鸟苷酰环化酶 B 调节骨生长。缺氧、细胞因子和纤维化生长因子是心脏和肾重构过程中固有的，是 CNP 产生和释放的公认刺激因素。

九、铃蟾肽样肽家族

Anastasi 等首先从两种欧洲蛙，即铃蟾（bombina）和产婆蟾（alytes）的皮肤提取物中获得一种 14 肽物质，命名为铃蟾肽（bombesin，Bn）。后来陆续发现多种与铃蟾肽相似、且具有类似生物特征和生理作用的多肽，如 1980 年，McDonald 等从猪胃中分离出 27 个氨基酸的多肽，称胃泌素释放肽（gastrin releasing peptide，GRP），与 Bn 具有非常高的同源性。1983 年，Minamino 从猪脊髓中分离出 10 肽，称神经调节肽 B（neuromedin B，NMB），统称为铃蟾肽样肽家族。它们广泛分布于脑、肠、肺，尤其是人的胎儿肺和癌组织中。

Bn 又称铃蟾素或蛙皮素，来自由 119 个氨基酸组成的前体蛋白。GRP 和 NMB 都是通过与特定受体 GRP 受体（GRPR）和 NMB 受体（NMBR）结合发挥其生物学效应。GRPR（27 肽）和 NMBR（10 肽）在结构上具有相似性，属于哺乳动物铃蟾肽样肽（BLP）受体家族。该家族还含有 Bn 受体的亚型 3（BRS-3），一种与 GRPR 和 NMBR 同源的孤儿受体。哺乳动物 BLP 及其同源受体广泛分布于正常组织中，也存在于多种肿瘤中。GRP 与 GRPR 优先结合，GRPR 的亲和力比 NMBR 高 650 倍。NMB 与 NMBR 优先结合，NMBR 的亲和力比 GRPR 高 670 倍。BRS-3（399 肽）与人 GRPR 有 51% 的氨基酸同源性，与人 NMBR 有 47% 的同源性，因为其天然配体未知，故在体内分布不详。

Bn 的生理作用：在 CNS，发现 NMB 和 NMBR、GRP 和 GRPR 都参与叹息活动的调节。发现大多数表达 GRPR 的脊髓中间神经元介导瘙痒的传递。BLP 及其受体家族也参与调节应激反应和交感神经活动，并在应激反应中增加排尿频率。脑室注射可使血浆肾上腺素浓度升高，可引起不同迷走神经分支差异性激活或抑制，出现深度的心动过缓和强烈的胃排空抑制。BRS-3 还通过中枢交感神经机制参与血压和心率的调节。GRP 还参与昼夜节律（circadian rhythms）反应和体温调节（thermoregulation）。Bn 还能调节 TSH 释放、刺激各种胃肠肽释放、刺激胰腺分泌及平滑肌收缩等。GRP 在神经系统中可能参与记忆形成的调节，GRPR 拮抗剂在海马区阻断 GRPR，可损害抑制性回避记忆。NMBR 基因中的两个多态性与精神分裂症（SCZ）易感性有关，表明 NMBR 可能在 SCZ 易感性中起作用。

BLP 及其受体在先天性免疫反应和适应性免疫反应中发挥重要作用。GRPR 拮抗剂可减轻药物性肝损伤和肝内中性粒细胞浸润。GRP 在特征性皮炎的发生发展中也起重要作用。Bn 对胃肠道固有的黏膜免疫具有调节作用。BLP 在调节能量代谢中起重要作用。脑室注射 GRP 可引起血糖水平升高，是由于中枢 GRP 刺激胰腺胰高血糖素分泌增加所致。BRS-3 受体似乎也在葡萄糖稳态中起作用。BLP 及其受体在细胞增殖中起关键作用，而且可能在组织发育中起重要作用。NMB/NMBR 下调可抑制破骨细胞形成，NMBR 激活后可能通过调节巨噬细胞集落刺激因子信号传导在破骨细胞发育中起作用。Bn 也诱导视黄酸受体在肺组织中表达，提示 Bn 可能通过维甲酸信号通路在胎儿肺发育中发挥调节作用。BLP 及其受体在许多恶性肿瘤中异常表达，并且在许多癌症组织中具有自分泌生长效应。除 GRP 外，NMB 还作为肿瘤细胞的自分泌生长因子，其受体 NMBR 也在许多肿瘤中过度表达。NMBR 拮抗剂抑制人乳腺癌细胞系的迁移和侵袭，并降低这些细胞的上皮-间充质转化表型。

十、其他神经肽

（一）缩胆囊素和胃泌素

胃泌素（gastrin）和胆囊收缩素（cholecystokinin，CCK）是分别于 1906 年和 1928 年首先发现的两种胃肠激素，作为胃和小肠的激素调节因子。在人类，编码胃泌素和 CCK 前体的基因位于染色体分别为 17q21 和 3p22 ～ p21.3。生物活性胃泌素包括胃泌素原、甘氨酸延伸胃泌素 -17 或 -34（Ggly）和酰胺化胃泌素 -17 或 -34（Gamide），而生物活性的 CCK 包括甘氨酸延伸和酰胺化的 CCK-33、-58、-22 和 -8。在人类，在消化系统中，CCK-33 和 CCK-22 是主要形式（因其首次被认识是由于引起胆囊收缩）。

酰胺化 G-17 和 CCK-33 主要存在于血浆中，而酰胺化 CCK-8 主要存在于大脑中。

在摄食反应中，胃黏膜 G 细胞合成和释放的胃泌素刺激肠嗜铬类（ECL）细胞分泌组胺，再通过激活 H2 组胺受体进一步诱导壁细胞释放酸性物质，而 CCK 主要由小肠上部 I 细胞产生和分泌，以刺激胆囊收缩和胰酶分泌。胃泌素和 CCK 是经典的肠道激素和强效的神经递质，广泛分布于胃肠道、CNS 和外周神经元。

胃泌素和 CCK 的广泛生理功能由两个同源受体介导，它们属于视紫红质样 GPCR。胃泌素受体（gastrin receptor）也被称为 CCK2 受体（CCK2R，也称为 CCK-B 受体）。胃泌素和 CCK 对 CCK2R 具有相似的亲和力。CCK1 受体（CCK1R，也称为 CCK-A 受体）被认为是 CCK 的同源受体，其亲和力和效力比胃泌素高 500 ～ 1000 倍。CCK2R 主要是在脑和胃肠道的某些区域表达，包括胃上皮壁细胞、ECL 细胞和 D 细胞、胰腺腺泡细胞、肌间神经元、单核细胞和 T 淋巴细胞以及人外周血单个核细胞，而 CCK1R 主要见于胰腺腺泡细胞、胆囊平滑肌、胃黏膜主细胞和 D 细胞，以及大脑和外周神经元。

CCK2R 和 CCK1R 都能通过 Gq 蛋白信号激活 PLCβ，从而使磷脂酰肌醇 4,5- 二磷酸水解为 IP_3 和 DG。此外，第二信使 DG 与 IP_3 诱导的内质网 Ca^{2+} 外流一起，刺激 PKC 异构体的磷酸化，以激活下游效应蛋白，如 MAPK 和炎症调节因子 NF-κB。然而，只有 CCK1R 能与 G_s 蛋白偶联激活腺苷酸环化酶，催化细胞质 ATP 生成 cAMP。细胞内 cAMP 作为第二信使激活 PKA，进一步刺激 cAMP 反应的磷酸化元素结合蛋白。

胃泌素和 CCK 不仅作为简单的胃肠激素，刺激胃酸分泌和胰酶释放、刺激胰岛细胞生长以及胰岛素和胰高血糖素的分泌，而且在维持胃黏膜和胰腺的完整性、神经发生和肿瘤转化等细胞过程中起重要作用。因此，修饰的 CCK 和胃泌素被认为是治疗 1 型和 2 型糖尿病的潜在药物。CCK 不仅刺激胆囊收缩、促进胆汁排放，还能刺激体液和碳酸氢盐的分泌。CCK 能够释放一些小肠酶，如碱性磷酸酶、双糖酶和肠激酶。此外，CCK 刺激胰腺淀粉酶、胰凝乳蛋白酶原和胰蛋白酶原的生物合成。CCK 有助于控制肠道运动，肠道远端有大量 CCK 神经元支配，这些神经元通过节后副交感神经释放 ACh 间接作用于肌细胞。CCK 通过 CCK1 受体可诱导饱腹感，并将这种作用传递到传入的迷走神经纤维，饱感信号再从迷走神经经孤束核和末梢区到达下丘脑。

　　CCK 参与调节心血管功能，其外周效应表现在：CCK 在餐后肠系膜循环充血中起主要作用。当摄入食物时，肠壁肠内分泌细胞释放的 CCK 刺激神经系统介导的局部充血，促进消化过程。在中枢，CCK 存在于许多脑区的神经元中并释放，其中有些在自主控制中发挥作用。在心血管系统的中枢控制中，CCK 不参与心血管控制的内环境稳定，而是一种神经调节剂，通过主要作为突触活动的而不是中介来影响神经兴奋性。短期激活 CCK 系统，通过促进对极端生理或心理应激挑战的急性心血管和行为反应，可能是有益的；但慢性刺激该系统可能是无益的，这为病理生理状况的产生奠定了基础，如惊恐障碍和慢性疼痛，这两种状态都表现为显著的自主激活。CCK 对持续性和炎症性疼痛的镇痛作用与 CCK2 受体信号有关。杏仁基底外侧核的 CCK-B 受体在介导对焦虑的快速和急性反应中起重要作用。由于 CCK 和 DA 共存于中脑边缘系统，CCK 在调节对精神活性物质的行为和神经化学反应中起重要作用，分别通过 CCK1 和 CCK2 受体调节慢性和急性效应，给予 CCK-B 受体拮抗剂可影响对精神活性物质敏感性。除了急性消化作用外，胃泌素和 CCK 被认为具有强大的增殖和抗凋亡作用，促进癌症的发病和进展。胃泌素和（或）CCK 在人胃腺癌、结直肠癌和胰腺癌中的表达高于相应的正常组织，表明这些肽在促进癌变中的潜在作用。

　　蛋白质和脂肪是促使 CCK 分泌的因素。二价阳离子，如锌、钙也是 CCK 释放的刺激物。铃蟾肽也可刺激 CCK 释放。CCK 可刺激胰酶分泌，同时胰酶的分泌又可反馈抑制 CCK 释放。瘦素通过与 CCK 的相互刺激作用，促进 CCK 分泌，此环路受损可导致肥胖和糖尿病。

（二）血管紧张素家族

　　血管紧张素（angiotensin 或 angiotonin，Ang）是肾素-血管紧张素系统（rnin angiotensin system，RAS）的主要组成部分。近年发现 Ang 家族除了 Ang Ⅰ 和 Ang Ⅱ 外，还包括 Ang（1-7）、Ang-2-8（Ang Ⅲ）、Ang-3-8（Ang Ⅳ）、Ang（1-12）、Ang（1-9）、Alamandine 和 Ang A。Ang（1-7）是由血管紧张素转换酶2（angiotensin converting enzyme 2，ACE2）对 Ang Ⅱ 的催化作用而产生的。Ang Ⅲ 是由 Ang Ⅱ 通过氨基肽酶的酶切而产生。Ang Ⅳ 是被另一种氨基肽酶从 Ang Ⅲ 中分离出来的。Ang（1-12）为 Ang Ⅰ 和 Ang Ⅱ 的上游非肾素前体肽。Ang（1-9）是由 Ang Ⅰ 经几种羧肽酶作用后产生，除了被 ACE 转化为 Ang（1-7）或被氨肽酶 A 转化为 Ang（2-9）外，Ang（1-9）还发挥直接对 Ang Ⅱ 起反调节作用。Alamandine [Ala^1 Ang（1-7）] 是由 Ang（1-7）内生合成的，具有许多 Ang（1-7）的功能性质。血管紧张素 A（Angiotensin A，Ang A）已在人血浆中被鉴定出来，它与 Ang Ⅱ 的区别在于第一个氨基酸位置的天冬氨酸取代了丙氨酸。Ang A 在心血管系统中具有与 Ang Ⅱ 相似的生理功能。

　　Ang Ⅰ 对大多数器官无明显的生物活性作用，Ang Ⅲ 的含量是 Ang Ⅱ 的 10% ~ 20%，其升压作用很弱。因此，血管紧张素通常指 Ang Ⅱ。

　　Ang 受体分为 AT$_1$R 和 AT$_2$R。AT1R 以往也称 Ang 受体 B、Ang Ⅱ 受体 1 或 Ang Ⅱ 受体 α；AT$_2$R 以往称为 Ang 受体 A、Ang Ⅱ 受体 2 或 Ang Ⅱ 受体 β。AT$_1$R 包含 2 个亚型，即 AT$_{1A}$R 和 AT$_{1B}$R。Ang Ⅱ 和 Ang Ⅲ 主要与 AT$_1$R 和 AT$_2$R 结合。Ang Ⅱ 诱导 AT1R 激活，通过 G 蛋白（G$_{q/11}$，G$_{12/13}$ 和 G$_{i/0}$）刺激多种细胞内信号通路，包括 PLC、Ca^{2+} 通道、PLD、PLA2、腺苷酸环化酶、MAPK、Janus 激酶信号转导和转录激活因子（JAK-STAT），以及烟碱酰胺腺嘌呤二核苷酸磷酸（NADPH）等。Ang Ⅱ 诱导的 AT$_2$R 激活，经 G$_{iα2}$ 和 G$_{iα3}$ 引起 G 蛋白偶联，结果通过激活磷酸酪氨酸磷酸酶导致抑制 MAPK。

　　AT$_1$R 属于 GPCR，在 RAS 信号转导中起核心作用。它在各种组织中都有局部性表达，如肾、心脏、血管平滑肌、内皮、脂肪和大脑等，通常认为在对 Ang Ⅱ 刺激的反应中，调节血压和盐、水稳态。除了调节全身生理和体内平衡外，AT$_1$R 还参与细胞增殖、凋亡、纤维化和炎症，从而导致高血压、心血管/肾脏疾病和代谢紊乱等病理状态。Ang Ⅱ 经 AT$_1$R 的信号转导可导致神经毒性和血脑屏障损伤，这种细胞损伤作用是通过 MAPK 和 JNK 信号转导所介导。

　　AT$_2$R 也属于 GPCR，但其与 AT$_1$R 的序列同源性只有 34%。虽然 AT$_2$R 在大多数成人组织中表达水平低于 AT1R，但 AT$_2$R 在肾、心脏、血管、脂肪和脑等组织中均有表达。AT$_2$R 具有与 AT$_1$R 相反的作用，如血管舒张、利尿钠和抗炎作用，AT$_2$R 还可能与血管生长有关。Ang Ⅱ 引起 AT$_2$R 介导的血管舒张是通过激活 BK-NO-cGMP 信号转导级联调节。AT$_2$R 促进 NO 和 cGMP 产生是通过 BK B2 受体增加 BK 的产生，或不依赖 BK 通路直接增加 NO 产生。因此，AT$_2$R 的信号转导本质上不同于 AT1R，这种区别有助于通过 AT$_2$R 的反调节作用，对抗 Ang Ⅱ 经 AT1R 的有害作用。Ang Ⅱ 与 AT$_2$R 作用可促进神经元发芽、脑重增加。Ang Ⅱ 参与调节脑内一些脑区的神经活动，例如心血管中枢，可能与下丘脑 GABA 能和谷氨酸能通路的神经元作用有关。Ang Ⅲ 可与 AT$_1$R、AT$_2$R 和非 AT 受体结合。

Ang Ⅱ 的生理作用主要是升高血压。Ang Ⅱ 可直接作用于心脏和血管，使心率加速、心输出量增加和血管平滑肌收缩。Ang Ⅱ 也可使交感神经末梢 NA 释放增加，重摄取减少，从而使血压升高。Ang Ⅱ 也促进肾上腺髓质释放肾上腺素和 NA，促进神经垂体释放 VP，使血压升高，但 Ang Ⅱ 的长期升高可导致病理性心肌肥大和心力衰竭。有证据表明，Ang Ⅱ 在治疗心源性休克、血管舒张性休克和顽固性休克中可能发挥作用，而且可能在心脏骤停时恢复循环中起作用。

Ang Ⅱ 与 VP 具有协同作用。Ang Ⅱ 经与 AT$_1$R 作用，促进 VP 神经元释放 VP，VP 通过 V1aR 调节肾的肾素释放。Ang Ⅱ 和 VP 还分别作用于 AT$_1$R 和 V1aR，使血管收缩，增强心肌收缩力，刺激交感肾系统，升高血压。同时，在压力反射调节血压中起拮抗作用。Ang Ⅱ 经与 AT$_1$R 作用和 VP 与肾 V1aR 和 V2 受体作用，调节肾血流量。此外，这两种肽都能促进醛固酮的释放并增强其在肾小管中的作用。中枢给予 Ang Ⅱ 可引起动物急切地饮水，不仅使喝足水的大鼠去继续饮水，而且使饥饿大鼠为饮水而停止摄食，这种渴效应可能是通过穹隆下器。Ang Ⅱ 也可引起 ACTH 和 OT 释放，抑制肾素分泌。

Ang Ⅲ 是血压调节中的一个重要多肽，甚至比 Ang Ⅱ 还重要。Ang Ⅳ 通过 AT$_4$R 作用介导神经退行性疾病的保护机制。Ang Ⅳ 还参与血流调节、学习记忆和神经元发育。在一些脑疾病中，脑 ACE/Ang Ⅱ/AT$_1$R 轴与增加氧化应激、凋亡和神经炎症引起的神经退行性病变有关。阻断 AT$_1$R 具有很强的神经保护作用。另外，ACE2/Ang 1-7/MASR 是脑 RAS 的另一个轴，可以抵消 ACE/Ang Ⅱ/AT$_1$R 轴在大脑神经元损伤的作用。

高血压（hypertension）与癌症通常为共病，被认为是影响癌症进展的因素。Ang Ⅱ 可通过调节黏附、迁移、侵袭、增殖和血管生成，在多种肿瘤的转移中起关键作用。ACE 抑制剂和 Ang Ⅱ 受体阻断剂（ARB）可降低肿瘤的转移潜能。肥胖时 RAS 系统的激活是乳腺脂肪组织局部和全身炎症的潜在因素。RAS 可能是肥胖与乳腺癌之间相互作用的环节，其中 Ang Ⅱ 在肥胖和恶性细胞中都过度表达，有助于细胞的增殖和生长。因此，肥胖、RAS 和 BC 之间存在潜在的机制。

血管紧张素原（angiotensinogen，AGT）是血管紧张素的前体。糖皮质激素通过调节 AGT 的基因表达，影响 AGT 的合成，从而影响 Ang Ⅱ 的浓度。对 RAS 的调节，主要表现在对血管紧张素代谢酶的调节。肾素是一种蛋白水解酶，能催化血管紧张素原生成血管紧张素 Ⅰ。在外周，循环血量减少是引起肾素释放的基本条件。Ang Ⅱ 可直接抑制肾素的释放（短反馈），也可通过升高血压抑制肾素的分泌（长反馈）。ACE 催化血管紧张素 Ⅰ 转化成 Ang Ⅱ，因此，影响此酶的任何因素都影响 Ang Ⅱ 的生成。

（三）缓激肽

Rocha 和 Silva 于 1949 年，分别利用胰蛋白酶和蛇毒作用于血浆获得一种相似的平滑肌痉挛剂，称之为缓激肽（bradykinin，BK）。BK 是由 9 个氨基酸残基组成的多肽。BK 属于激肽（kinin）家族的成员之一。人和哺乳动物体内至少有 3 种激肽，即 BK、胰激肽（kallidin）和赖氨酰缓激肽。

激肽是在激肽释放酶的作用下，从其前体激肽原（kininogen）酶解而产生。血浆激肽释放酶能裂解高分子量激肽原（激肽原 Ⅰ），而组织激肽释放酶作用于低分子量激肽原（激肽原 Ⅱ）。两种酶都能产生两种低分子量血管活性肽：九肽 BK 和十肽（赖氨酰缓激肽或胰激肽）。BK 的寿命很短，只有 30 秒，因为它很快被内肽酶降解。ACE 可将 90% 的活性 BK 降解为非活性形式的 BK（1-5），而 10% 的 BK 被羧肽酶 N 降解为 BK 的活性代谢物（1-8）。在组织内部，对 BK 降解最重要的酶是中性内肽酶，它能将 BK 分解成五种氨基酸的非活性形式。

缓激肽受体（bradykinin receptor，BKR）有两种，即 BK$_1$R 和 BK$_2$R。BK$_1$R 在健康组织中含量很低，而 BK$_2$R 则广泛分布。人类两种类型受体的基因都位于第 14 条染色体上（BK$_1$R：14q32.1 ～ q32.2，BK$_2$R：14q32.1 ～ q32.2）。两种受体都属于 GPCR。BK$_1$R 由 353 个氨基酸组成，其 N 端有不同的糖基化位点，E/DRY 和 NPxxY 基序对其活化后的结构修饰具有重要意义。同时，它还具有不同的磷酸化位点，这些位点增加与 β-arestin 结合的亲和力，对 G 蛋白内化与受体脱敏很重要。BK_2R 由 364 个氨基酸组成，也具有糖基化位点、基序 E/DRY 和 NPxxY，以及参与受体脱敏的特定磷酸化位点。BK_1R 与 BK_2R 的氨基酸序列有 36% 的同源性。BK_1R 通常与（des-Arg9）-BK 和（lys-des-Arg9）-BK 结合，后者被认为更具选择性。BK_2R 对激肽和 BK 表现出很高的亲和力。

两种受体的激活都会以类似的方式导致 G 蛋白激活。$G_{\alpha q/11}$ 激活导致磷脂酶 $C\beta$（$PLC\beta$）的活化及 PIP_2 降解为 IP_3 和 DG。IP_3 通过内质网上的 IP_3 受体引起钙动员，增加细胞内 Ca^{2+} 浓度。Ca^{2+} 通过钙敏感通道调节细胞膜的通透性和 PKC 的 DG 活化，随后激活 PLA2 和 PLD。缓激肽 BK2R 的活性通过激活不同的 G 蛋白而实现的，如 $G_{\alpha i/o}$、$G_{\alpha s}$ 和 $G_{\alpha 12/13}$。

BK 生理作用包括：①在心血管系统，激肽是体内强有力的舒血管物质。静脉注射 BK，可引起全身大部分动脉（包括冠状动脉）舒张，此效应除直接对血管作用外，还可通过释放前列腺素间接发生作用。激肽对心肌有正性变力作用。激肽对血压的影响是双向的，先使血压下降，随后又回升，且常高于正常血压。BK 还具有类似血管通透因子的特性，可增加毛细血管对液体和蛋白的通透性。BK 增加血脑屏障（blood brain barrier）通透性，并通过动脉扩张和静脉收缩升高颅内毛细血管血压，从而导致脑水肿的形成。② BK 通过激活组织和炎症细胞参与炎症过程，它介导炎症细胞的募集、NO 产生和前列腺素、速激肽和细胞因子 / 趋化因子的释放。在哮喘中，BK 诱发气道中的急性炎症反应，包括血浆蛋白外渗和平滑肌收缩，反过来导致气道阻塞。此外，BK 通过上皮源性支气管保护因子，成为支气管高反应性的间接刺激物和过度支气管收缩的负性调节物。③激肽是强烈的致痛物质，将 BK 注入动物腹腔、动脉和皮内等部位，均可引起剧烈疼痛。组织损伤时，局部组织蛋白酶被激活，所产生的激肽，除引起局部疼痛、毛细血管扩张、血管通透性增加外，还引起白细胞聚集，发生红、肿、热、痛和渗出等炎症反应（inflammatory reaction）。④血浆激肽系统与血浆其他蛋白水解系统，如补体系统、凝血系统和纤维蛋白溶解系统均以凝血因子 XII α 为始动机制，它们之间互相促进、互相制约，达到相对平衡。⑤ BK 在较高浓度时能兴奋神经节及肾上腺髓质，对 CNS 具有广泛作用。⑥在某些疾病中起重要作用，如气喘、变态反应、风湿关节炎、肿瘤、糖尿病、内毒素和胰岛性休克。在缺血损伤性血管疾病，BK 通过 BK1R 可促进组织修复。

（四）甘丙肽家族

甘丙肽（galanin，GAL），是 Tatemoto 等于 1983 年从猪小肠中提取的一种 29 个氨基酸残基的生物活性多肽，分布于中枢和外周神经系统以及其他组织，如巨噬细胞、骨骼肌、心肌、脂肪组织和胰岛。人 GAL 含有 30 个氨基酸且 C 端无酰胺化。

甘丙肽样肽（galanin-like peptide，GALP）是 1999 年在猪下丘脑中发现的第二个甘丙肽家族成员。GALP 是一种 60 个氨基酸残基的多肽，与 GAL（1-13）在 9～21 位具有相同的序列同源性。GALP 表达神经元主要局限于下丘脑弓状核和垂体后叶。

阿拉林（Alarin）是 GAL 家族的第三个成员，由 25 个氨基酸残基组成，于 2006 年首次从人类神经母细胞瘤的神经节细胞中分离出来。Alarin 是编码 GALP 的剪接变体。Alarin 主要分布于小鼠副嗅球、内侧视前区、杏仁核和下丘脑不同核团，大鼠中脑和后脑的蓝斑和蓝斑下斑以及肾上腺。

Spexin（SPX）是 GAL 家族的新成员，由 14 个氨基酸残基组成。最初在 2007 年，由生物信息学从人类蛋白质组的数据挖掘中首次发现，随后利用基于不同脊椎动物基因组数据库的进化概率模型对其进行了确认。SPX 广泛分布于中枢神经系统和外周神经系统各种组织，如肝、肾、甲状腺、卵巢、皮肤、肺、胃、小肠、结肠、胰岛、肾上腺、内脏脂肪、食管和睾丸等。

甘丙肽受体（galanin receptor，GALR）有 3 个亚型，即 $GALR_1$、$GALR_2$ 和 $GALR_3$。人 $GALR_1$ 含有 349 个氨基酸残基，属 GPCR 视紫红质亚家族，通过 $G_{i\alpha}$ 抑制腺苷酸环化酶的活性，降低 cAMP 水平；通过 $G_{i\beta\gamma}$ 及其中间物激活 MAPK。人 $GALR_2$ 由 387 个氨基酸残基组成，主要通过 $G_{q/11}$ 激活 PLC，PLC 分解 PIP_2 生成 IP_3 和 DG，使细胞内 Ca^{2+} 升高。人 GALR3 由 368 个氨基酸残基组成，通过 $G_{i/o}$ 蛋白，作用于 K^+ 通道亚单位 $GIRK_1$ 和 $GIRK_4$，产生百日咳毒素敏感性反应。GALR 主要在垂体、胰腺、肾上腺、甲状腺、心肌、下丘脑弓状核、海马、腹侧被盖区和中缝核表达最高。受体-配体结合实验表明，GALP 通过激活 $GALR_{2/3}$ 而不是

GALR$_1$ 来调节代谢和能量平衡。受体结合研究证实，Alarin 不与任何已知的 GALR 结合，或与放射性标记的 GAL 竞争下丘脑结合位点。最近的研究证实，SPX 也是激活 GALR$_{2/3}$ 而不是 GALR$_1$，这表明 SPX 可能是 GALR$_{2/3}$ 的天然配体。SPX 和 GAL 都能与 GALR$_2$ 结合并诱导 G 蛋白介导的信号转导，但在信号转导后，SPX 仅轻微诱导 GALR$_2$ 内化，而 GAL 诱导大量 GALR$_2$ 内化，导致启动另一条信号通路。因此，与 GAL 不同，SPX 是一种内源性偏向性激动剂，它优先激活 G 蛋白介导的信号传导，而不是内化介导的信号。这些受体偏好和作用机制的差异可能解释了 SPX 和 GAL 对食欲和生殖行为的相反影响。

GAL 家族的生理作用包括：GAL 参与能量代谢、摄食、生殖、水平衡、肠动力、肠道分泌、激素分泌（胰岛素）等多种功能行为，还参与神经保护（neural protection）、神经再生（neuranagenesis）、神经内分泌（neuroendocrine）、药物成瘾（drug addiction）、情绪（emotion）、痛觉和认知功能。GAL 的神经保护和神经再生能力也构成了一系列生理和病理功能（包括癫痫、慢性焦虑症、抑郁和疼痛）的基础。

例如：GAL 家族参与调节能量代谢和内稳态的保持。下丘脑 PVN 内给予 GAL 可增加食物摄入、糖耐量、脂肪偏好以及肥胖和血脂异常的风险，同时降低胰岛素抵抗和血压，从而可降低 2 型糖尿病和高血压的发生率，并且是通过 GALR$_1$ 起作用的。GALP 也参与摄食行为、体重、能量代谢和内稳态的调节。Alarin 也促进摄食行为、增加体重及影响 LH 的分泌。GAL 和 GALP 都可以改善胰岛素抵抗（insulin resistance）和葡萄糖耐受（glucose tolerance），从而可避免 2 型糖尿病的产生。SPX 是一种新型的脂肪因子，与胃肠运动、胰岛素和葡萄糖稳态、脂质代谢和能量平衡等多种代谢作用有关。SPX 可降低体重，改善代谢状况和脂肪细胞肥大，并引起炎症性 Ly6C- 巨噬细胞减少，同时伴有炎症标志物表达。GAL 家族还参与中枢心血管调节，影响血压和心率。

研究表明，在人和鼠中缝背侧核（DRN）多数 5-HT 神经元共同表达 GAL，GAL 可抑制 5-HT 的释放，选择性 GAL3 拮抗剂在大鼠中产生抗焦虑和抗抑郁作用。也有研究表明，GAL 可能作为成瘾的一种重要神经调质。人类基因研究和动物模型都强调了这种神经肽在情感障碍，以及酒精、尼古丁和鸦片依赖中的作用。因此，焦虑（anxiety）和抑郁（depression）与成瘾可能有共同的神经生物学基础。动物实验表明，GAL 既可以产生抑郁效应，也可以产生抗抑郁效应。GALR$_1$ 和 GALR$_3$ 介导抗抑郁作用，而 GAL 与 GALR$_2$ 结合则产生类似抑郁的作用。这可能与 GALR 亚型不同的信号转导通路有关。GAL 也是成瘾潜在的一种重要神经调质。人类基因研究和动物模型都强调了这种神经肽在情感障碍、乙醇、尼古丁和鸦片依赖中的作用。GAL 能系统在调节寻求奖赏行为、促进食物和乙醇的摄入方面具有复杂的作用。下丘脑激活 GAL，特别是在 PVN 内，除了寻求乙醇外，还会诱导自发进食行为。GAL 可刺激下丘脑 DA 释放，还可促进伏隔核中突触 DA 的积累，从而增强药物寻求行为的奖赏，因此，在成瘾形成中起重要作用。

神经肽是生物体内的一类生物活性多肽，大多分布于神经组织，也存在于其他组织。神经肽是由前体蛋白大分子经酶切、修饰等加工而形成有活性的神经肽，经酶切而失活。神经肽作用复杂，按其分布及作用对象不同分别起神经递质、神经调质或神经激素的作用。神经肽受体大都属于鸟核苷酸调节蛋白，即 GPCR，其细胞内第二信使因受体偶联不同的 G 蛋白而异。通常经典递质适宜于完成迅速而精确的神经调节；而神经肽似乎多适宜于调节缓慢而持久的功能变化。

除脑功能外，神经肽在机体其他系统中也具有重要意义，它不仅是认识脑和其他器官功能一个有力的入门工具，而且通过对其研究还会对脑与其他疾病的诊治提供有力的手段。目前神经肽的研究主要集中在新的神经肽的发现，特别是信号传导中小肽的发现、已知神经肽新受体的克隆、神经肽受体激动剂和拮抗剂的人工合成以及神经肽新的生理或病理功能的发现。由于各种生物学新技术和方法的不断涌现，必将促进神经肽的深入研究，以便最终揭示神经肽的确切功能。

参考文献

综述

1. Vuppaladhadiam L, Ehsan C, Akkati M et al. Corticotropin-releasing factor family: A stress hormone-receptor system's emerging role in mediating sex-specific signaling. *Cells*, 2020, 9, 839: 1-31.

2. Tsutsui K, Ubuka T. Discovery of gonadotropin-inhibitory hormone (GnIH), progress in GnIH research on reproductive physiology and behavior and perspective of GnIH research

on neuroendocrine regulation of reproduction. *Molecular and Cellular Endocrinology*. 2020, 514, 110914: 1-11.

3. Yoon S, Kim YK. The role of the oxytocin system in anxiety disorders. Y.-K. Kim (ed.), Anxiety Disorders, *Advances in Experimental Medicine and Biology*. 2020, 1191: 103-120.

4. Wua Y, Hea H, Cheng Z et al. The role of neuropeptide Y and peptide YY in the development of obesity via gut-brain axis. *Current Protein and Peptide Science*, 2019, 20: 750-758.

5. Forte M, Madonna M, Schiavon S et al. Cardiovascular pleiotropic efects of natriuretic peptides. Int. *J Mol Sci*, 2019, 20, 3874: 1-18.

6. Cunha-Reisl D, Caulino-Rochal A. VIP modulation of hippocampal synaptic plasticity: A role for VIP receptors as therapeutic targets in cognitive decline and mesial temporal lobe epilepsy. *Frontiers in Cellular Neuroscience*, 2020, 14, 153: 1-9.

7. Kee Z, Kodji X, Brain SD. The role of calcitonin gene related peptide (CGRP) in neurogenic vasodilation and its cardioprotective effects. *Frontiers in Physiology*, 2018, 9, 1249: 1-13.

8. Escobales N, Nuñez RE, Javadov S. Mitochondrial angiotensin receptors and cardioprotective pathways. *Am J Physiol Heart Circ Physiol*, 2019, 316 (6): H1426-H1438.

9. Demsie DG, Altaye BM, Weldekidan E et al. Galanin receptors as drug target for novel antidepressants: Review. *Biologics: Targets and Therapy*. 2020, 14: 37-45.

10. 路长林主编. 神经肽基础与临床. 上海: 第二军医大学出版社, 2000.

原始文献

1. Zhang R, Asai M, Mahoney CE, et al. Loss of hypothalamic corticotropin-releasing hormone markedly reduces anxiety behaviors in mice. *Mol. Psychiatry*, 2016, 22: 733-744.

2. Jiang Z, Rajamanickam S, Justice NJ. Local corticotropin-releasing factor signaling in the hypothalamic paraventricular nucleus. *J Neurosci*, 2018, 38: 1874-1890.

3. Mancini A, Howard SR, Cabrera CP, et al. EAP1 regulation of GnRH promoter activity is important for human pubertal timing. *Human Molecular Genetics*, 2019, 8 (28): 1357-1368.

4. Kiyohara M, Son YL, Tsutsui K. Involvement of gonadotropin-inhibitory hormonein pubertal disorders induced by thyroid status. *Sci Rep*, 2017, 7: 1042.

5. Jiang HB, Du AL, Luo HY, et al. Arginine vasopressin relates with spatial learning and memory in a mouse model of spino-cerebellar ataxia type 3. *Neuropeptides*, 2017, 65: 83-89.

6. Winter J, Jurek B. The interplay between oxytocin and the CRF system: regulation of the stress response. *Cell Tissue Res*, 2019, 375 (1): 85-91.

7. Georgiou P, Zanos P, Hourani S, et al. Cocaine abstinence induces emotional impairment and brain region-specific upregulation of the oxytocin receptor binding. *Eur J Neurosci*, 2016, 44: 2446-2454.

8. Julian MM, Rosenblum KL, Doom JR, et al. Oxytocin and parenting behavior among impoverished mothers with low vs. high early life stress. *Arch Womens Ment Health*, 2018, 21(3): 375-382.

9. Enman NM, Sabban EL, McGonigle P, et al. Targeting the Neuropeptide Y system in stress-related psychiatric disorders. Neurobiol. *Stress*, 2015, 1: 33-43.

10. Spencer B, Potkar R, Metcalf J, et al. Systemic central nervous system (CNS)-targeted delivery of neuropeptide Y (NPY) reduces neurodegeneration and increases neural precursor cell proliferation in a mouse model of Alzheimer disease. *J Biol Chem*, 2016, 91: 1905-1920.

11. Ashina H, Newman L, Ashina S. Calcitonin gene-related peptide antagonism and cluster headache: An emerging new treatment. *Neurol Sci*, 2017: 1-5.

12. Caires A, Fernandes GS, Leme AM, et al. Endothelin-1 receptor antagonists protect the kidney against the nephrotoxicity induced by cyclosporine-A in normotensive and hypertensive rats. *Braz J Med Biol Res*, 2017, 51: e6373.

13. Tumlin JA, Murugan R, Deane AM, et al. Outcomes in patients with vasodilatory shock and renal replacement therapy treated with intravenous angiotensin Ⅱ. *Crit Care Med*, 2018, 46 (6): 949-957.

14. Azushima K, Ohki K, Wakui H et al. Adipocyte-specific enhancement of angiotensin Ⅱ type 1 receptor-associated protein ameliorates diet-induced visceral obesity and insulin resistance. *J Am Heart Assoc*, 2017, 6: e004488.

15. Mhalhal TR, Washington MC, Newman K, et al. Exogenous glucagon-like peptide-1 reduces body weight and cholecystokinin-8 enhances this reduction in diet-induced obese male rats, *Physiol Behav*, 2017, 179: 191-199.

16. Wen D, Sun D, Zang G, et al. Cholecystokinin octapeptide induces endogenous opioid-dependent anxiolytic effects in morphine-withdrawal rats. *Neuroscience*, 2014, 277: 14-25.

17. Bai YF, Ma HT, Liu LN et al. Activation of galanin receptor 1 inhibits locus coeruleus neurons via GIR, K channels. *Biochemical and Biophysical Research Communications*, 2018, 503: 79-85.

18. Abot A, Lucas A, Bautzova T, et al. Galanin enhances systemic glucose metabolism through enteric Nitric Oxide Synthase-expressed neurons. *Mol Metab*, 2018, 10: 100-108.

19. Kolodziejski PA, Pruszynska-Oszmalek E, Micker M, et al. Spexin: a novel regulator of adipogenesis and fat tissue metabolism. *Biochim. Biophys. Acta Mol Cell Biol*, 2018, 1863 (10): 1228-1236.

20. Fang X, Zhang T, Yang M, et al. High circulating alarin levels are associated with presence of metabolic syndrome. *Cell Physiol Biochem*, 2018, 51 (5): 2041-2051.

王　韵

　　阿片为罂粟科植物罂粟未成熟果实浆汁的干燥物，含有 20 多种生物碱，吗啡为其主要成分。由于吗啡及其类似物主要的药理作用是产生镇痛及引起精神欣快感，因而在临床上主要用于缓解重度疼痛，如术后痛及晚期癌症痛。在机体的其他系统如呼吸系统和消化系统中，阿片也有广泛的药理效应，因而也被用于治疗咳嗽和腹泻等疾病。然而，阿片的某些药理效应限制了它的临床应用。例如，它可以产生呼吸抑制、便秘和瘙痒等不良反应，其中呼吸抑制是临床上过量应用致死的常见原因。另外，反复应用阿片样物质可导致耐受（tolerance）、依赖（dependence）和成瘾（addiction）。近几十年来，由于阿片样物质的依赖、成瘾及其他不良反应，导致了阿片的误用、滥用，甚至引起使用者的死亡，进而造成了严重的社会问题。

　　为了找到既能保持强镇痛效应、又能减少成瘾倾向及其他不良反应的阿片样物质，人们进行了大量研究工作。尽管这一目标尚未能达到，但有关的探索极大地推动了生理学、药理学和生物化学的发展。其中最重要且仍在发展的历史性发现，即阿片受体和内源性阿片肽的发现，使神经肽的内源性配体与受体相结合的概念得到证实，因而具有深远的理论意义。随着研究神经元、神经环路及大脑功能的工具和手段不断发展，人们发现了内源性阿片系统高度的复杂性和多样性。内源性阿片肽不仅仅发挥其对阿片受体的激活作用，并且阿片肽代谢产物的功能及其作用机制以及外周阿片肽的功能等远未阐述，阿片肽及其受体是值得深入探索的重要领域。

第一节   阿片受体

一、阿片受体的发现

人们在长期为克服吗啡的成瘾性而对其进行大量化学结构改造的研究中认识到，吗啡类药物可能通过体内受体发挥作用。Martin 在 1967 年最早提出脑内存在阿片受体（opioid receptors）。许多学者为确证此受体的存在进行了大量研究。由于不易区分特异性结合与非特异性结合，为阿片受体的研究带来很大困难。Goldstein 在 1971 年首先应用 ^{3}H- 左吗喃与脑匀浆的立体专一性结合来显示脑细胞膜上立体构型特异性的阿片结合位点，虽然他们的结果说明特异性结合只占 2%，没有完全解决存在的问题，但为阿片受体的研究开辟了前进的道路。之后 Snyder、Simon 和 Terenius 三个实验室在 1973 年分别独立地用不同的放射配体结合分析法在 Goldstein 工作基础上证实了大鼠脑内有阿片受体存在。因阿片受体存在的证实及阿片受体的定性和定量方法的解决，掀起了研究阿片受体的热潮。

二、阿片受体的种类

阿片受体的发现导致内源性阿片样多肽（脑啡肽与内啡肽等）的发现，而阿片样多肽的发现又大大推动了阿片受体分型的研究。人们在研究工作中认识到阿片受体是多样性的。最初 Martin 等在 1976 年发现吗啡及其合成类似物在慢性脊髓狗（chronic spinal dog）实验上的作用存在差异，据此将阿片受体分为 μ、κ 及 σ 三种类型。Lord 及 Herz 等又分别提出在豚鼠回肠和小鼠输精管上存在 δ 受体、兔输精管上存在 κ 受体。现已证明在脑内至少存在 μ、δ 和 κ 三种阿片受体。对这些受体的命名有某些历史性原因。尽管现在已合成了许多对 μ 受体选择性更高的配体，但 μ 受体当初是以其与吗啡的亲和力最高而得名的。δ 受体的命名是因为它在小鼠输精管（mouse vas deferens）中含量丰富，它对内源性的脑啡肽有很高的选择性。κ 受体则是因它与乙基环唑酮的亲和力高而得名，尽管目前看来这种配体对 κ 受体的选择性并不很高。后来，人们利用扩增人基因组 DNA 筛选 cDNA 文库的方法，试图明确经典的阿片受体亚型，却发现了一种与阿片受体有高度同源性的新型受体孤啡肽受体（N/OFQ peptide receptor，NOP），最早被称为 ORL$_1$ 受体。目前在大鼠、小鼠和人中都发现此受体，而且三者同源性大于 90%。尽管已确认 NOP 受体属阿片受体家族，但与阿片受体药理学特性并不相似，对经典的三种阿片受体有高亲和力的配基与 NOP 受体的亲和力很低。此外，通过药理学特性的进一步研究，人们提出每一种受体可能有不同

表 4-9-1   **NC-IUPHAR 核准的阿片肽受体的命名**

NC-IUPHAR 已核准的命名	其他命名（未经核准）	推测的内源性配体
M，mu 或 MOP	MOR，OP$_3$	β-内啡肽（非选择性） 脑啡肽（非选择性） 内码啡肽 -1 内码啡肽 -2
δ，delta 或 DOP	DOR，OP$_1$	脑啡肽（非选择性） β-内啡肽（非选择性）
K，kappa 或 KOP	KOR，OP$_2$	强啡肽 A 强啡肽 B α- 新内啡肽
NOP	ORL1，OP$_4$	Nociceptin/orphanin FQ（N/OFQ）

注：对应于被阿片类药物激活的受体，被内源性阿片肽激活的阿片受体家族可以用两个缩写字母 OP 表示；通常情况下，采用希腊字母 μ、δ 和 κ 来描述三种阿片受体，当希腊字母不能用或者不方便用时，也可以用 mu、delta 或 kappa；或者用 MOP、DOP 或 KOP 来表示三种阿片受体。（改编自：Brian M Cox et al. Challenges for opioid receptor nomenclature：IUPHAR Review 9. *British Journal of Pharmacology*，2015，172：317-323.）

的亚型，并发现了一些新型的阿片受体，分别命名为 ε、η、ι 和 ζ。原来认为是阿片受体的 σ 受体，由于其药理学特性与其他阿片受体明显不同，目前认为应不属于阿片受体的范畴。除了用希腊文命名上述三种主要的阿片受体外，国际基础与临床药理学联合会命名与标准委员会（NC-IUPHAR）规范了四种阿片受体命名，见表 4-9-1。

三、阿片受体激动剂和拮抗剂

自发现阿片受体具有多种类型以来，为研究阿片受体亚型的功能，人们花了大量精力寻找或试图合成选择性强的配体。迄今已合成或找到一些对不同类型阿片受体亚型有较高选择性的配体。Goldstein 等在 1989 年采用了结合位点特征（binding site signature，BSS）及配体选择性特征（ligand selective profiles，LSP）即配体与亚型受体

的平衡解离常数负对数图谱，比较了 47 种阿片受体亚型激动剂和拮抗剂的亲和力及选择性，提出最常用的阿片受体选择性激动剂和拮抗剂。此外，随着分子生物学、结构生物学、计算机模拟结构分析技术和药理学研究的不断发展及新的内源性阿片肽的不断发现，涌现了越来越多的高选择性的阿片受体激动剂及拮抗剂。尤其是 2012 年以来阿片受体晶体结构的解析，明确多种小分子拮抗剂或激动剂与不同阿片受体亚型结合。表 4-9-2 中及表 4-9-3 列出了一些最常用及新近依据阿片受体晶体结构确认的阿片受体高选择性激动剂和拮抗剂。

四、阿片受体的分子生物学

（一）阿片受体研究的历程

自 1973 年证实阿片受体的存在后，纯化阿片受体成为许多科学家研究的目标。但多年的研究表

表 4-9-2　不同类型阿片受体的高选择性激动剂

类型	激动剂	药理学特性
μ	D-Ala^2-N-Met^5-脑啡肽-Gly-ol（DAMGO）	脑啡肽来源的肽类激动剂，与 μ 阿片受体亲和力为其他阿片受体类型的 100 倍
	内码啡肽-1,2	内源性高亲和性的肽类激动剂
	JOM-5	高亲和性（7 nM），中等程度选择性的肽类激动剂
	Tyr-D-Arg-Phe-Lys-NH2（DALDA）	高亲和力和高选择性皮啡肽来源肽类激动剂
	舒芬太尼	作用比吗啡强 600～800 倍，与 μ 阿片受体亲和力为其他阿片受体类型的 100 倍的生物碱类激动剂，呼吸抑制作用较小
	羟甲芬太尼（ohmefentanyl，OMF）	比吗啡作用强 6000 倍，μ 阿片受体特异性生物碱类激动剂
	Tyr-Pro-MePhe-D-Pro（PL017）	μ 阿片受体特异性肽类激动剂
	H-Dmt-Tic-Phe-NH2（DIPP-NH2））	μ 阿片受体激动剂
	BU-72	μ 阿片受体激动剂
δ	D-Ala^2-D-Leu^5-脑啡肽（DADLE）	δ 阿片受体特异性肽类激动剂
	D-［Pen^{2,5}］-脑啡肽（DPDPE）	δ_1 阿片受体特异性肽类激动剂
	D-Ser^2-Leu^5-脑啡肽-Thr^6（DSLET）	δ_2 阿片受体特异性肽类激动剂
	SNC-80	δ 阿片受体特异性非肽类激动剂，动物试验证明可口服，且不良反应很小
	BW373U86	δ 阿片受体特异性非肽类激动剂，可透过血脑屏障
κ	强啡肽 A（1-13）	κ 阿片受体内源性激动剂
	螺朵林（U-62066）	κ 阿片受体激动剂，无胃肠运动抑制效应，无便秘，但有烦躁不安等中枢效应
	U-69，593	κ1 受体选择性激动剂
	布马佐辛	κ2 受体选择性激动剂
	U-50，488H	κ 阿片受体非肽类激动剂
	ICI-204，448	只作用于外周
NOP	孤啡肽 FQ	NOP 内源性激动剂
	Ro 64-6198	NOP 选择性受体激动剂

表 4-9-3　不同类型阿片受体的高选择性拮抗剂

类型	拮抗剂	药理学特性
μ	纳洛酮	为广谱阿片受体拮抗剂，但与 μ 阿片受体的亲和力强于 δ 和 κ 受体的 5～10 倍，易通过血脑屏障，起效快，但作用持续时间短
	naltrexone（纳曲酮）	为广谱阿片受体拮抗剂，但与 μ 阿片受体的亲和力强于 δ 和 κ 受体的 5～10 倍，其作用比 naloxone 强 2 倍，持续时间长，可达 24 小时
	环丙啶	与 μ 阿片受体的亲和力比 κ 受体强 30 倍，比 δ 受体强 100 倍
	β-FNA	不可逆性 μ 阿片受体拮抗剂
	CTOP	μ 阿片受体肽类拮抗剂
	纳洛肼	μ_1 阿片受体拮抗剂
δ	纳曲吲哚（NTI）	δ 阿片受体特异性拮抗剂
	H-Dmt-Tic-Phe-NH2（DIPP-NH2）	δ 阿片受体拮抗剂
	SB-205，588	δ 阿片受体特异性拮抗剂，为纳曲吲哚衍生物
	马来酸酯（BNTX）	δ_1 阿片受体特异性拮抗剂
	纳曲吲哚-5'-异硫氰酸盐（5'-NT Ⅱ）	δ_2 阿片受体特异性拮抗剂
	纳曲本（NTB）	δ_2 阿片受体特异性拮抗剂
κ	nor-binltorphimine（nor-BNI）	κ 阿片受体特异性拮抗剂
	JDTic	κ 阿片受体拮抗剂
NOP	JTC-801	NOP 选择性受体拮抗剂
	UFP-101	NOP 选择性受体拮抗剂
	C-24	NOP 受体拮抗剂
	C-35	NOP 受体拮抗剂
	SB-612111	NOP 受体拮抗剂

引自 Goldstein A and Naidu A. Multiple opioid receptors：ligand selectivity profiles and binding site signatures. *Molecular Pharmacol*，1983，36：265-272. Eguchi M. Recent advances in selective opioid receptor agonists and antagonists. *Medicinal Research Reviews*，2004，24：182-212. 以及 Kristen A Marino. Insights into the function of opioid receptors from molecular dynamics simulations of available crystal structures. *British Journal of Pharmacology*，2018，175：2834-2845.

明，与绝大多数细胞表面受体有所不同，阿片受体的纯化极为困难。虽然研究报道纯化了可与阿片样物质结合的蛋白质，但这些假定的阿片受体与阿片样物质的亲和力很低、立体选择性差或没有。这主要是因为绝大部分能够成功溶脱其他受体的溶脱剂会破坏阿片受体的结合能力。直至 1985 年，才有首次从牛纹状体中分离出有活性的阿片受体的报道，对 ³H-bramazosin 的亲和力与膜蛋白制备相似。但使用这种方法获得受体蛋白的得率很低，50 g 组织只能制得 0.03 mg 受体蛋白。由此可见，要靠这种分离纯化的方法分析蛋白的一级结构几乎是不可能的。

1983 年，N 乙酰胆碱能受体 cDNA 克隆的成功，为采用基因工程技术研究受体开了先例。自此以后，许多受体的 cDNA 得到克隆，受体的一级结构及构效关系得到阐明。但阿片受体 cDNA 的克隆工作却步履艰难。原因主要是经典的克隆方法是：先分离提取受体，部分降解成片段（因为测序要求 NH₂ 端游离，而大多数受体 NH₂ 端是封闭的），纯化片段，用 Edman 逐步降解法测序，根据氨基酸的顺序，推测核苷酸顺序，合成相应的寡核苷酸探针，然后从可表达此受体的组织 cDNA 文库中将受体 cDNA 钓出。由于此种方法的第一步还是依赖于受体蛋白的分离，而阿片受体分离迟迟不能成功，使 cDNA 克隆工作难以进行。

1988 年，罗浩等从脑细胞中克隆出一种阿片结合蛋白，其性质与免疫球蛋白大家族中的细胞黏连分子相似，因此命名为阿片结合的细胞黏连因子（opioid binding cell adhesion molecule，OBCAM），但这种蛋白因没有跨膜区，不像阿片受体。直至

1991 年，还没有成功克隆阿片受体的报道。

（二）阿片受体 cDNA 的克隆

1992 年美国加州大学洛杉矶分校的 Evans 等首先报道了 δ 受体的克隆成功。他以 NG108-15 杂交瘤细胞为材料，采用"功能表达克隆法（expression cloning）"将 δ 受体克隆成功，并阐明了 δ 受体蛋白的一级结构。通过将 δ 受体 cDNA 转染到 COS 细胞，以受体结合试验证明其对结合 δ 受体选择性配体 DPDPE 有高亲和力，而对 μ 和 κ 受体的配体亲和力都很低。几乎在同时，法国的 Kieffer 等报道克隆 δ 受体成功，方法路线也完全相同。在这一成果的启发下，对 μ 和 κ 受体的克隆相继获得成功。1993 年我国留美学者于雷（Yu Lei）等采用"低严谨度（low stringency）杂交法"，从大鼠脑 cDNA 文库中克隆出 μ 受体 cDNA。同年，Yasuda 和 Meng 用同样方法，从大鼠和豚鼠脑 cDNA 文库中克隆出 κ 受体 cDNA。药理学实验表明，μ、δ 和 κ 阿片受体都有多种亚型。已克隆出的三种阿片受体的药理学特征分别符合 μ_1、δ_2 和 κ_1 受体

亚型，其他亚型的 cDNA 一直未能得到克隆，却出人意料地克隆出一些新受体，这些受体的共同特征是目前找不到能与之结合的配体，但从核苷酸序列上看与阿片受体的同源性大于 50%，说明属于阿片受体家族，这些受体也称为"孤儿受体（orphan receptor）"。其中由于人的 NOP 受体和 μ、δ 和 κ 阿片受体高度同源，被确认为第四种阿片受体。表 4-9-4 为四种克隆阿片受体的特性比较。

（三）阿片受体结构的比较

当年克隆出的阿片受体均认为是具有 7 个跨膜片段的 G 蛋白偶联受体。在细胞膜内、外各形成三个环，N 端位于细胞外，C 端位于细胞内。在第 Ⅰ、Ⅱ 细胞外环上各有一个半胱氨酸残基，之间可形成二硫键，图 4-9-1 显示的是 μ 阿片受体的拓扑结构图，其他两种阿片受体的结构图与此类似。从 cDNA 推测的氨基酸组成来看，阿片受体为一疏水性蛋白质，又含有二硫键，这就解释了为什么纯化的阿片受体极不稳定，对各种溶脱剂敏感，而加入磷脂则可使受体的构型稳定在活性状态。人与大鼠

表 4-9-4　四种克隆阿片受体的特性

	μ	δ	κ_1	NOP
基因家族	G- 蛋白偶联的 7 个跨膜区	G- 蛋白偶联的 7 个跨膜区	G- 蛋白偶联的 7 个跨膜区	G- 蛋白偶联的 7 个跨膜区
mRNA 大小	10 ～ 16 kb	4.5 kb	5.2 kb	3.25 kb
氨基酸残基数	398	372	380	370
选择性激动剂	DAMGO	DPDPE	U-69,593	痛敏肽 / 孤啡肽 FQ（N/OFQ）
	舒芬太尼	［Dala2］三溴素 Ⅰ 和 Ⅱ	U-50,488	Ro 64-6198
	PL017	DSBULET	C-1977	
	吗啡		DYN（1-17）	
选择性拮抗剂	CTAP（6.4 ～ 7.9）	ICI-194, 864	Nor-BNI	JTC-801
	CTOP	纳曲吲哚		UFP-101
		TIPP（8.7）		
放射配体	［^{3}H］DAMGO	［^{3}H］DPDPE	［^{3}H］U-69,593	
	［^{3}H］PL017	［^{3}H］TIPP	［^{3}H］C-1977	
		［^{3}H］纳曲吲哚		
信号转导	与 Gi 蛋白偶联	与 Gi 蛋白偶联	与 Gi 蛋白偶联	与 Gi/Go 蛋白偶联
	抑制 cAMP	抑制 cAMP	抑制 cAMP	抑制 cAMP
	激活 K^+ 通道	激活 K^+ 通道	激活 K^+ 通道	激活 K^+ 通道
	抑制 Ca^{2+} 通道	抑制 Ca^{2+} 通道	抑制 Ca^{2+} 通道	抑制 Ca^{2+} 通道
糖基化位点数目	5	2	2	3

的 μ 受体均含有 409 个氨基酸，两者的结构之间有 95% 的同源性；而大鼠 δ 受体和 κ 受体则分别含有 407 个和 398 个氨基酸，它们与 μ 受体分别有 59% 和 62% 的同源性。人类四种阿片受体的氨基酸序列如图 4-9-2。后来发现，不同类型的阿片受体基因均存在多个剪接转录本，如 μ 阿片受体不同受剪接转录本可分别翻译出具有 7 次跨膜区域、6 次跨膜区域或 1 次跨膜区域的受体蛋白。

2012 年 Kobilka 实验室报道了小鼠 μ 受体和 δ 受体的晶体结构，同年，Stevens 实验室报道了人 κ 受体和 NOP 的晶体结构。当时的研究对比了视紫红质序列中与阿片受体类似的序列，并考虑到视紫红质中的 α 螺旋跨膜区域的位置，认为每一种阿片受体均有 7 个围绕一个中心配体结合口袋排列

的 α 螺旋跨膜区域。尽管 NOP 的跨膜区域在空间排列位置上与其他三种阿片受体的跨膜区域不同，这四个受体的 7 次跨膜区域总体定位却非常相似。四个受体在第二跨膜区（transmembrane domain 2，TM2）、TM4、TM6 和 TM7 螺旋处存在弯曲，这些弯曲参与形成每个受体的配体结合口袋的形状。与保守的跨膜区域相比，阿片受体家族的四个亚型的胞外环和胞内环之间具有更大的差异。κ 受体和 NOP 的第二胞外环酸性氨基酸较多，因此与 μ 受体和 NOP 不同，κ 阿片受体和 NOP 的配体结合口袋呈高度酸性，这可能与 κ 受体的内源性配体强啡肽 A 和 NOP 的内源性配体孤啡肽的高度碱性相关。G 蛋白偶联受体结构总体上都有一个或更多的半胱氨酸-半胱氨酸二硫键，阿片受体家族仅在相

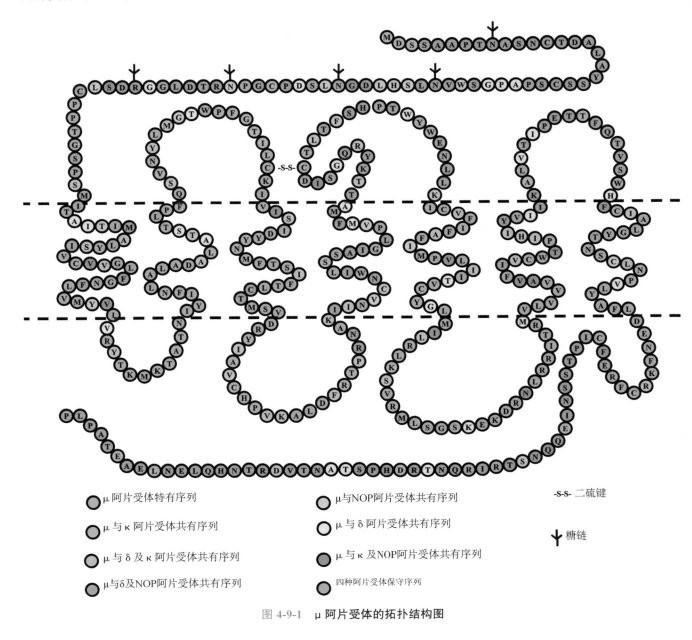

图 4-9-1　μ 阿片受体的拓扑结构图

```
         1                                                                60
HNOP   ---------- --------- ---------- -MEPLFPAPF WEVIYGSHLQ GNLSLLS-PN H---------
hKOR   MDS------- --------- ---------- --P-IQIFR GEPGPTCAPS ACLPPNSSAW
hDOR   ---------- --------- -MEPAPSAGA ELQ--PPLF- ANASDAY-PS ACPSAGAN--
hMOR   MDSSAAPTNA SNCTDALAYS SCSPAPSPGS WVN—LSHLD GNLSDPCGPN RTDLGGRD--
                                             :  .: .      *.

         61                                                              120
hNOP   --------SL LPPHLLLNAS HGAFLPLGLK VTIVGLYLAV CVGGLLGNCL VMYVILRHTK
hKOR   FPGWAEPDSN GSAGSEDAQL EPAHISPAIP VIITAVYSVV FVVGLVGNSL VMFVIIRYTK
hDOR   --------AS GPPG------ ARSASSLALA IAITALYSAV CAVGLLGNVL VMFGIVRYTK
hMOR   --------SL CPP------- -TGSPSMITA ITIMALYSIV CVVGLFGNFL VMYVIVRYTK
              :            .          : *.:*  *  .**.** * **: *:*:**

        121                                                             180
hNOP   MKTATNIYIF NLALADTLVL LTLPFQGTDI LLGFWPFGNA LCKTVIAIDY YNMFTSTFTL
hKOR   MKTATNIYIF NLALADALVT TTMPFQSTVY LMNSWPFGDV LCKIVISIDY YNMFTSIFTL
hDOR   MKTATNIYIF NLALADALAT STLPFQSAKY LMETWPFGEL LCKAVLSIDY YNMFTSIFTL
hMOR   MKTATNIYIF NLALADALAT STLPFQSVNY LMGTWPFGTI LCKIVISIDY YNMFTSIFTL
       ********** ******:*.  .*:***..   *:  ****  *** *::*** ****** ***

        181                                                             240
hNOP   TAMSVDRYVA ICHPIRALDV RTSSKAQAVN VAIWALASVV GVPVAIMGSA QVED—EEIE
hKOR   TMMSVDRYIA VCHPVKALDF RTPLKAKIIN ICIWLLSSSV GISAIVLGGT KVREDVDVIE
hDOR   TMMSVDRYIA VCHPVKALDF RTPAKAKLIN ICIWVLASGV GVPIMVMAVT RPRD—GAVV
hMOR   CTMSVDRYIA VCHPVKALDF RTPRNAKIIN VCNWILSSAI GLPVMFMATT KYRQ—GSID
       ******:* :***::***. **  :*: :* :. * *:* : *:  .: . : : .     :

        241                                                             300
hNOP   CLVEIPTPQD -YWGPVFAIC IFLFSFIVPV LVISVCYSLM IRRLRGVRLL SGSREKDRNL
hKOR   CSLQFPDDDY SWWDLFMKIC VFIFAFVIPV LIIIVCYTLM ILRLKSVRLL SGSREKDRNL
hDOR   CMLQFPSPSW -YWDTVTKIC VFLFAFVVPI LIITVCYGLM LLRLRSVRLL SGSKEKDRSL
hMOR   CTLTFSHPTW -YWENLLKIC VFIFAFIMPV LIITVCYGLM ILRLKSVRML SGSKEKDRNL
       * :  :      :* .  ** :*:*:*::*: *:* *** ** : **:.*:* ***:****.*

        301                                                             360
hNOP   RRITRLVLVV VAVFVGCWTP VQVFVLAQGL GVQPSS-ETA VAILRFCTAL GYVNSCLNPI
hKOR   RRITRLVLVV VAVFVVCWTP IHIFILVEAL GSTSHS-TAA LSSYYFCIAL GYTNSSLNPI
hDOR   RRITRMVLVV VGAFVVCWAP IHIFVIVWTL VDIDRRDPLV VAALHLCIAL GYANSSLNPV
hMOR   RRITRMVLVV VAVFIVCWTP IHIYVIIKAL VTIPET-TFQ TVSWHFCIAL GYTNSCLNPV
       *****:**** *..*: **:* ::::::: *           :* ** **.**.***:

        361                                                             420
hNOP   LYAFLDENFK ACFRKFCCAS ALRRDVQVSD RVRSIAKDVA LACKT-SETV PRPA------
hKOR   LYAFLDENFK RCFRDFCFPL KMRMERQSTS RVRNTVQDPA YLRDI—DGM NKPVX-LVVE
hDOR   LYAFLDENFK RCFRQLCRKP CGRPDPSSFS RAREATARER VTACTPSDGP GGGAAA----
hMOR   LYAFLDENFK RCFREFCIPT SSNIEQQNST RIRQNTRDHP STANTV-DRT NHQLENLEAE
       ********** ***.:*      .  .:.    * *.     :

        421             445
hNOP   ---------- --------- ----
hKOR   MSSYSSSGRE EFNDLGLTQI TTAV
hDOR   ---------- --------- ----
hMOR   TAPLP----- --------- ----
```

图 4-9-2　人类四种阿片受体氨基酸序列比较

HNOP：人类孤啡肽受体；hKOR：人类 κ 受体；hDOR：人类 δ 受体；hMOR：人类 μ 受体。图中红色代表四种受体的保守区

似的位置上有一个这样的二硫键，将第二胞外环和第三跨膜区域的细胞内末端连接起来。Granier 等观察到 μ 受体的平行二聚体，κ 受体既有平行二聚体也有反平行二聚体，而 δ 受体仅存在反平行二聚体。由于晶体中的二聚化是在结晶过程中产生的，尚不能确定晶体中的寡聚化是否代表在体情况下也存在功能性的二聚体形式。图 4-9-3 所示为四种阿片受体晶体结构的比较。

五、阿片受体的分布

人们很早就采用受体放射自显影的方法观察阿片受体的分布。例如，1977 年，Atwen 等发现在脊髓中阿片受体主要分布在背角第 I 层（边缘细胞层）和第 II 层（胶状质）。阿片受体也分布于三叉神经脊髓束核的胶状质部分、孤束核、联合核、插入核（nucleus intercalatus）、疑核、迷走神经背核和极后区（area postrema）。他们指出这些部位可以解释

阿片的镇痛效应及某些胃肠道不良反应。之后随着特异性配体的发展，受体结合实验的结果已十分丰富。但这一方法尽管定位和定量均比较准确，其组织学分辨率却有局限性，难以在细胞水平观察受体的分布。

自从阿片受体成功克隆，人们开始利用原位杂交技术观察阿片受体 mRNA 的分布，并应用免疫组化技术观察阿片受体蛋白的分布。这两种技术均提供了很好的细胞水平定位信息，有利于揭示阿片受体的合成和代谢动力学。表 4-9-5 列出了大鼠脑内 μ、δ 和 κ 阿片受体的分布情况，表 4-9-6 列出了小鼠脑内四种阿片受体的分布情况。

研究结果表明，大鼠 μ 受体 mRNA 在中脑和下丘脑表达最多，海马和纹状体较少。在丘脑，μ 受体 mRNA 和 μ 受体分布非常一致，而在皮质和背缝核，虽没有 mRNA，但有 μ 受体，可能是这些区域的 μ 受体定位于突触前，或因 mRNA 量太少不能测出。大多数脑内 μ 受体 mRNA 的分布与脑

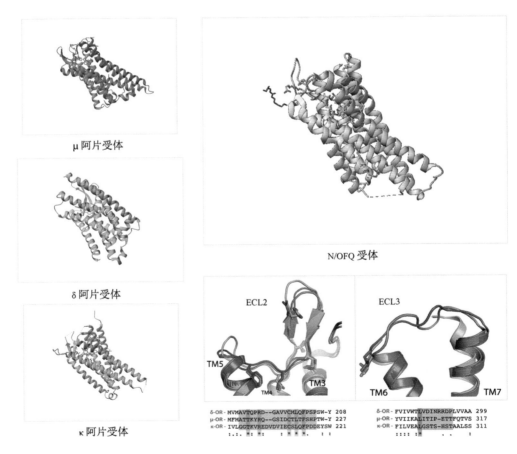

图 4-9-3 四种阿片受体晶体结构比较

从右下图可以看出：阿片受体家族在第二胞外环（the second extracellular loop 2，ECL2）含有保守的 β 链折叠，产生了一个宽的、开放的结合口袋。尽管结构相似，但该区域只有五个残基是绝对保守的。保守的残基在序列比对中以红色显示，并显示为棒状。第三胞外环（ECL3）配体结合选择性的决定因素，在 μ 受体和 δ 受体中显示出中等度的结构变异性。在 κ 受体结构中，由于电子密度低，该区域不能被解析。阿片亚型的 ECL3 只有单一亮氨酸残基是保守的（晶体结构图数据来自 PDB 数据库，右下图引自参考文献中的原始文献 7）

表 4-9-5 大鼠脑内阿片受体的分布

脑区	mRNA 分布			受体结合放射自显影		
	μ	δ	κ	μ	δ	κ
1. 端脑						
额皮质	+	++++	0	+++	++	+
梨状皮质	++	++++	++	++	++	++
内嗅皮质	++	++++	++	++	++	++
杏仁核						
中间核	++	0	+++	0	0	++
内侧核	++++	++++	++++	+++	++	++
外侧核	+	++++	+++	++++	+++	+++
海马结构						
海马	++	++	0	+++	++	+
齿状回	++	++	0	+++	+	+
嗅结节	+++	++++	+	+++	+++	+++
伏隔核	+++	+++	+++	++++	++++	++++
尾壳核	+++	++++	++	++++	++++	+++
苍白球	++	+	++	+	+	+
内侧隔区	+++	+	++	+++	+	+
终纹床核	+++	++	++++	++	++	++
视前区	+++	+	+++	+	+	++++
2. 间脑						
下丘脑						
视上核	0	0	++	0	0	++
室旁核	+/0	0	++++	0	0	++
弓状核	+	0	++	0	0	++
腹内侧核	0	++++	++++	0	+	+++
背内侧核	+/0	0	+++	+	0	+++
外侧区	++	+	++++	+	0	++
丘脑						
室周核	++++	0	++++	0	0	++++
中央内侧核	++++	0	++++	++++	+	++
联合核	++++	0	+	++++	+	++
内侧缰核	+++	0	0	+++	+	+++
3. 中脑						
脚间核	++++	++	+	++++	+++	+++
黑质						
致密部	+	++	++	+++	0	0
网状部	0	++	++++	++	+	+
腹侧被盖区	+	+	+++++	+++	0	++
导水管周围灰质	++	+	++	+	0	++
上/下丘	++++	++	++	++++	+	++
中缝背核	++	0	+++	++	0	++
4. 脑桥/延髓						
臂旁核	+++	0	++	+++	0	++
中缝大核	++	0	+	++	0	+
巨细胞网状核	++	++	++	+	0	+
孤束核	++++	+	+	++++	+	+++
外侧网状核	0	+++++	0	+	0	+
三叉神经脊束核	+	+++	+++	+++	0	++
5. 脊髓						
胶状质	++	+	+	+++	+	

注：+++++.极强；++++.较强；+++.强；++.中；+.弱；0.无

表 4-9-6　小鼠脑内阿片受体的分布

脑区	mRNA 分布			
	Oprm1	Oprd1	Oprk1	Oprl1
1. 端脑				
新皮质	+	+++	++	+++
嗅球区	+	+++	－	++
海马	+	+++	+	+++
屏状核	+	+	++++	++
伏隔核	+++	+	+++	+
杏仁核	++	++	+	+++
纹状体	+++	+++	++	++
苍白球	+	+++	+	++
2. 间脑				
背侧丘脑	++++	++	+	++
后丘脑	+	+	－	++
上丘脑	++++	+	++	+++
底丘脑	+	++	+	++
下丘脑	+++	+	++	++++
3. 中脑				
上丘	++	+	+	++
下丘	++	+	+	++
红核	+	+	+	++
黑质	+	+	+	++
导水管周围灰质	+	－	++	+++
网状结构	++	+	+	++
腹侧被盖区	－	－	++++	++
4. 脑桥				
臂旁核	++++	+	++	+++
网状结构	+++	++	+	++
网状被盖核	+	++	－	++
5. 延髓				
三叉神经脊束核	++	++	－	++
网状结构	++	++	+	+++
6. 小脑				
小脑皮质	－	－		+
小脑核	－	++	+	++

注：＋＋＋＋.极强；＋＋＋.较强；＋＋.强；＋.弱；－.无。
数据来源：Allen brain atlas ISH data

啡肽神经元末梢分布一致。但在海马例外，在有脑啡肽能神经末梢的部位，无 μ 受体 mRNA 和 μ 受体结合位点，排除了这些受体参与脑啡肽能传递的可能性。μ 受体 mRNA 分布于脑内与痛觉感受和镇痛有关的脑区，如脊髓的三叉神经核，楔状核，丘脑、延脑腹侧正中部，蓝斑和中脑导水管周围灰质。也分布于与呼吸有关的脑区，如孤束核、疑核和臂旁核。但不分布于后极区，此部位被认为与吗啡样物质引起的恶心和呕吐有关。在顶盖腹侧、下丘脑侧部和前庭耳蜗神经核也有 μ 受体 mRNA 分布，这些部位被认为与自身给药行为有关。

小鼠脑区，δ 受体表达不多，部位局限。表达最多的部位是垂体前叶和松果体，其次在嗅球内颗粒层，下丘脑的背内侧核、腹内侧核和弓状核，杏仁核和海马，脑桥核和下橄榄体。中度表达部位是皮质和小脑颗粒层。δ 受体 mRNA 比较大量地在松果体和垂体表达，由于这两种组织不受血脑屏障保护，说明 δ 受体更像一个外周神经系统阿片受体。这也是一些不易进入血脑屏障的循环中的阿片肽得以发挥生理作用的原因，同时从其分布的部位来看，推测 δ 受体的生理功能可能与内分泌关系密切。

κ 受体原位杂交结果表明，大、小鼠和豚鼠脑 κ 受体 mRNA 均广泛分布。大鼠脑中高分布区为屏状核、前庭耳蜗神经核、嗅球、梨状核、顶部皮质、下丘脑、丘脑室旁核、未定带、黑质和被盖核腹侧。在下丘、导水管周围灰质、蓝斑和脊髓分布较少。小鼠脑中高表达区为新皮质（5，6 层）、梨状皮质、海马、杏仁核、缰核、下丘脑和蓝斑等。豚鼠脑中高表达区为皮质（前、顶、颞、枕部）以及扣带回、梨状皮质深层（5，6 层）。κ 受体的 mRNA 表达与放射自显影显示的 κ 受体分布基本相同，不同的在于：黑质、网状带、上丘灰质层等 κ 受体很多，而 κ 受体 mRNA 很少，这种差别表明存在受体运输或受体主要局限于突触末梢。

NOP 受体 mRNA 的外周分布不如阿片受体广泛，只在肾上腺、肝、小肠有发现。输精管和脾有所分布，在心脏、肾、肺、卵巢、胰腺、视网膜、睾丸及骨骼肌未检出有转录物存在。但是在中枢神经系统，它的分布十分广泛，主要分布在大脑新皮质、梨状皮质、丘脑、下丘脑、隔区、视前区、海马、杏仁核区、小脑、纹状体、嗅球、中脑中央灰质、中缝背核、蓝斑核以及脊髓背角，表明该受体可能参与多种生理功能，其中包括与痛的感觉和调制相关的功能以及与情绪活动有关的功能。原位杂交实验表明小鼠 NOP mRNA 在边缘系统、下丘脑和脊髓中表达较高，提示其功能与神经内分泌调节、镇痛、本能行为、情感有关，还可能与学习、记忆有关。

六、阿片受体相关的信号途径

配体与细胞表面受体的结合只是整个作用过程的第一步。激活了的受体又会作用于细胞内的一种或数种生化过程。这些过程被称为第二信使系统，正是它们介导了各种生理效应。

已知阿片受体能与数种第二信使系统相偶联。其中了解得最多的是腺苷酸环化酶，它能把 ATP 转化为 cAMP。许多细胞表面受体都与此酶偶联，从而在与相应配体结合后升高或降低胞内 cAMP 的水平。在多种组织中，阿片样物质均可抑制腺苷酸环化酶的活性。

如同其他受体一样，阿片受体与腺苷酸环化酶的相互作用是通过一类能与三磷酸鸟苷（guanosine triohosphte，GTP）结合的蛋白质（GTP 结合蛋白，或称 G 蛋白）的介导而实现的。在许多脑区都已观察到阿片受体与 G 蛋白相偶联而存在，这种蛋白似乎参与介导许多种阿片效应。除了腺苷酸环化酶以外，G 蛋白还能介导受体与其他第二信使相作用，诸如磷脂酰肌醇（phosphatidylinositol，PI）的水解以及离子通道的调节。PI 的水解释放出两种第二信使，即能激活磷脂酶 C 的二酰甘油，以及可调节胞内 Ca^{2+} 分布的三磷酸肌醇。

除了上述经典的通路外，磷酸化修饰在阿片受体的调节中也发挥重要作用。有研究表明，阿片受体在 G 蛋白偶联受体激酶（G protein-coupled receptor kinases，GRK）磷酸化后招募 arrestin，由于 arrestin 分子是将磷酸化 GPCR 与蛋白质结合的关键蛋白质，因而可以调控阿片受体的失敏、消除受体作用和对信号进行分类，进而决定阿片受体的命运。体外的研究表明，μ、δ 和 κ 受体的 C 末端在 arrestin2/3 结合中起关键作用。C 端丝氨酸突变体受体表现出减少激动剂诱导受体内化和 arrestin 的募集，而显性阳性突变的 arrestin 突变体（如 arrestin-2-R169E 或 arrestin-3-R170E）结合非磷酸化的受体可以挽救丝氨酸突变的 μ、δ 和 κ 受体的内化，提示阿片受体转运依赖于 arrestin。由于大部分研究是在异源表达系统中使用过量表达的 arrestins 和阿片受体亚型进行的，这些结果不能代表生理状态下阿片受体和 arrestin 之间的相互关系，尚需通过体内方法进行确认。

现在已经证实，阿片受体激活触发的两种主要信号转导途径即 β-arrestin 2 或（和）G 蛋白途径或多或少存在偏向性。广泛表达的 β-arrestin 2 通过失敏和内化调节阿片受体信号，而 G 蛋白途径是"经典"信号途径，介导了不同阿片受体亚型的多种功能，包括镇痛。另外，据报道，偏向性的阿片受体配体可引起阿片受体的构象变化，激活特定的信号通路。事实上，一些结构的研究表明，G 蛋白偏向的与 β-arrestin 偏向的配体所引起的特定的阿片受体构象的变化不一样，这和受体的激活和失活状态的平衡相关，决定了配体选择与 G 蛋白抑或是和 β-arrestin 结合。这些研究为这些蛋白的结合模式提供非常有价值的思路，并阐明了哪些特定的氨基酸残基参与这些过程。然而，要真正理解这一现象，还需要进一步的研究加以确认。图 4-9-4 所示是功能选择性概念的最简单的形式。

除了细胞内信号和受体磷酸化修饰外，阿片受体可以和其他的 GPCR 相互作用，并鉴定出了一整套锚定蛋白和膜蛋白组分。这些相互作用越来越受到重视，从某种意义上来说，蛋白质相互作用是阿片受体分子药理学前沿研究领域，可使阿片受体的研究从之前的在异源表达系统向在体系统推进。张旭等深入研究了 δ 阿片受体介导镇痛的分子机制。该研究涉及 P 物质和阿片类物质两大痛觉调控系统，发现在初级感觉神经元中新合成的 P 物质前体分子（protachykinin）与 δ- 阿片受体发生直接的相互作用，并将该阿片受体带入可调控的分泌途径中，使 δ- 阿片受体在它的激动剂刺激下，或在痛觉信号的刺激下，能够出现在这些感觉神经元的表面，与相应受体激动剂结合，产生镇痛作用。他们还观察到没有 P 物质基因的小鼠，δ- 阿片受体无法正常运输到脊髓中痛觉传入纤维的终末，也无法有效地出现在细胞表面发挥作用，这种小鼠不产生吗啡耐受，说明 P 物质前体调控 δ- 阿片受体转运的原理在形成吗啡耐受中发挥重要作用。该研究突破了痛研究中对 P 物质和阿片类物质两大痛觉调控系统的传统认识，揭示了 P 物质前体分子是调控阿片系统镇痛功能和吗啡耐受的关键分子，也为开发药效强、不良反应小的新型镇痛药提供了理论基础。

在某些组织中，阿片受体也与各种离子通道相偶联。例如，在部分脑区及豚鼠黏膜下神经丛中，已发现阿片受体与离子通道相关联。总的说来，μ 和 δ 受体激活 K^+ 离子通道，κ 受体抑制 Ca^{2+} 通道。无论是哪种情况，其结果都是抑制了神经元的放电。

与内源性阿片受体相关的信号传导通路已在不同组织和细胞中被广泛研究过。结果表明不同细胞中抑制腺苷酸环化酶（adenylyl cyclase，AC）活性、

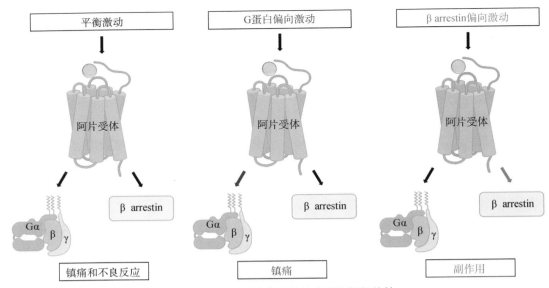

图 4-9-4   阿片受体激动剂的功能选择相关性

所有不招募 β-arrestin 2 的阿片受体亚型的配体，可以去除镇痛作用外的亚型选择性的不良反应。对于 μ 阿片受体（MOR），偏向性配体的耐受性较小。对于 κ 阿片受体（KOR），偏向性配体有较少的镇静和快感缺失作用。对于 δ 阿片受体（DOR），偏向性激动剂可以将抽搐与镇痛分开。对于阿片受体样受体（NOP），偏向配体的作用尚不明确，但记忆障碍、镇静和低温等作用可能被去除（引用和改编自 Faouzi A. Biased Opioid Ligands，*Molecules*，2020，25：4257.）

降低电压门控 Ca^{2+} 通道的通透性或激活内向整流的 K^+ 通道，都将导致神经元活性被抑制。克隆受体的成功使我们可以用相同结构、相同数目的受体在可控条件下来研究信号转导机制。

七、阿片受体结构与功能的关系

许多 G 蛋白偶联受体与配体结合的部分都是由几个带电荷的基团组成的，这些基团位于由跨膜区形成的疏水性口袋中。小鼠 δ 受体的第 95 位天冬氨酸残基正是这样一个带电基团，将天冬氨酸突变为天冬酰胺，则受体对 δ 激动剂的亲和力减弱，而对 δ 受体拮抗剂和非选择性激动剂的亲和力没有改变。这种改变不像是因为与 G 蛋白脱偶联所致，因为 δ 受体激动剂作用于突变受体，仍可抑制腺苷酸环化酶活性。提示 δ 受体激动剂和拮抗剂以及 δ 受体选择性激动剂和非选择性激动剂与受体不同部位结合，而第 95 位的天冬氨酸对 δ 受体选择性激动剂的结合影响很大。

通过对 κ 和 δ 受体嵌合体（chimeras）的研究表明，激动剂和拮抗剂分别与 κ 受体不同的结构域作用。而在对 μ 受体的研究中则显示，其 N 端对受体与配体的亲和力及受体与 G 蛋白偶联功能关系不大。此外，阿片肽类化合物及生物碱类内在活性也依赖于阿片受体不同的结构域，如阿片生物碱的内在活性与 C 端结构无关，而阿片肽类的内在活性

则需要 C 端的完整性。我们相信，随着阿片受体结构与功能关系的阐明，将使阿片类激动剂和拮抗剂的设计具有更强的预见性。

八、阿片受体的寡聚化及其对受体功能的影响

传统观点认为，阿片受体通过单体发挥作用。但越来越多的证据表明，阿片受体不仅能以寡聚化（两个或多个受体分子聚合在一起）形式存在，而且这种寡聚体在细胞信号转导中发挥着重要作用。阿片受体的寡聚化包括同源寡聚化及异源寡聚化。关于阿片受体同源寡聚化有大量的报道，用不同抗原决定簇标记受体的研究显示，在未受刺激细胞中，δ 阿片受体以单体或二聚体形式存在，其水平不依赖于受体的表达。二聚体水平是激动剂依赖的，增加激动剂浓度则降低二聚体水平，相应地提高单体水平。激动剂介导的 δ 阿片受体的二聚体减少，其时程比内吞时程短，表明单聚体先于激动剂介导的内吞，提示激动剂激活的受体二聚体或寡聚体可能提供了一个便于与 G 蛋白结合的具有稳定构象的表面。近来，关于不同类型阿片受体之间形成异源二聚体的研究也逐渐增多，而且异源二聚体似乎具有更重要的作用。δ 阿片受体可以与 μ 及 κ 受体形成异源二聚体，从而导致阿片受体的药理特性发生改变。κ 与 δ 受体相互作用形成的异源二聚

体，和 δ 或 κ 受体高选择性配体的亲和力均降低，但在其中一种受体选择性激动剂存在的情况下，另一受体的选择性激动剂则与该异源二聚体有高亲和力，即表现出激动剂的协同作用。异源二聚体也影响阿片受体的转运特性（trafficking properties），并表现出新的信号转导和调节特性。如在 κ 与 δ 受体选择性配体的作用下，对腺苷酸环化酶发挥协同抑制作用。埃托啡是一种非选择性阿片受体激动剂，其可引起 δ 受体内吞，但不引起 κ 受体内吞，也不能诱导 δ-κ 异源二聚体内吞。因此 δ-κ 受体异源二聚体是新颖的受体复合物，具有独特的配体结合、效应器偶联和信号调节特征。尽管 NOP 和 μ 受体之间的异源二聚化仍然存在争议，但在细胞培养和背根神经节神经元研究表明，NOP 和 μ 受体形成的异源二聚可能通过改变受体-配体的相互作用、相应受体的功能活性和受体的运输在 NOP 或 μ 受体活性的调节中发挥作用。这些独特的结合位点和新颖的受体信号转导将使 δ 与 κ 受体、μ 与 δ 受体及 NOP 和 μ 受体的寡聚体成为新的药物靶标，新的阿片类化合物将不是针对单个阿片受体而是针对其联合体。寡聚化增加了阿片受体功能的复杂性，有限的受体基因通过寡聚化作用产生多样的各具特性的信号单位，新的治疗药物设计和发现可直接来源于阿片受体寡聚化的鉴定。围绕阿片受体同源、异源寡聚化仍存在一些问题，随着对这些问题的深入探讨，将会对阿片系统有更深的认识。

九、阿片受体的生理学意义

在阿片受体克隆之前，对不同亚型阿片受体生理功能知之甚少，它们几乎完全是依据其对不同配体的选择性来分类的。而阿片受体的克隆，尤其是不同类型阿片受体基因敲除技术的成功，使得阿片受体生理学意义初露端倪。在正常情况下，有 20%～30% 的阿片受体与脑啡肽结合，起着对痛觉的调控作用，维持正常痛阈，发挥生理性止痛功能。μ 受体敲除的小鼠对热痛的阈值降低，而压痛的阈值不变，说明 μ 受体与机体热痛的感受有关。令人费解的是，μ 受体敲除小鼠的化学痛阈值上升了。μ 受体基因敲除小鼠在应激反应时产生的镇痛作用减弱，提示 μ 受体参与应激镇痛。μ 受体敲除小鼠的自发活动减少，不易产生焦虑和抑郁，提示 μ 受体也参与情绪的调控。此外，μ 受体敲除小鼠的交配行为减少，精子数量减少，运动度减弱及

体积减小，提示 μ 受体参与正常性行为及性功能的维持。也有研究表明，μ 受体功能缺陷小鼠在条件性位置偏爱实验中对除吗啡外的多种成瘾药物的奖赏效应也降低，提示 μ 受体在奖赏环路中发挥重要作用。需要关注的是，μ 受体敲除小鼠的表型会因为缺失的是外显子 1 还是外显子 2 而存在差异。外显子 2 缺失的 μ 受体敲除小鼠对激活 μ 受体产生的所有行为如镇痛、运动过度、呼吸抑制、便秘及免疫抑制均消失，而外显子 1 缺失的 μ 受体敲除小鼠却保留了吗啡 -6- 葡萄糖醛酸（morphine-6-glucuronide，M6G）和海洛因的镇痛效应，提示这两种阿片类药物发挥作用是通过 μ 受体基因的外显子 2 实现的。另一例外是，在由炎症诱导的慢性疼痛模型中，μ 受体敲除小鼠反较正常小鼠恢复更快，并且这种恢复能够被 δ 受体拮抗剂 naltrindole 阻断，提示在慢性疼痛时小鼠 δ 受体的活性增加。此外，也有数据表明，μ 受体基因敲除小鼠对 δ 激动剂的作用也减弱了，这些研究均表明，μ 受体和 δ 受体在功能上存在关联性。

通过对 μ、δ 和 κ 受体基因敲除小鼠的行为学比较，发现 δ 受体敲除小鼠表现出持续的焦虑和抑郁症状，提示 δ 受体在生理情况下能够提高情绪。另外，对于 δ 受体激动剂的药效学研究亦证明其具有抗抑郁的作用，因而，对 δ 受体激动剂的研究有望开发出治疗情感障碍性疾病的药物。有研究表明，δ 受体激动剂的镇痛作用强，不良反应小，但发挥镇痛作用需要较大的剂量，可能和 δ 受体定位于细胞内而不在细胞膜上有关。值得关注的是，δ 受体敲除小鼠不易产生吗啡耐受，提示 δ 受体与吗啡耐受相关。κ 受体敲除小鼠对热痛、炎症痛和压痛与正常小鼠无差别，而采用腹腔注射醋酸溶液引起腹部收缩扭体反应的扭体试验证明，κ 受体敲除小鼠产生扭体阳性小鼠数比正常小鼠明显增加，提示正常小鼠的 κ 受体对内脏化学刺激引起的疼痛有抑制作用。κ 受体敲除小鼠不表现出 κ 受体选择性激动剂引发的条件性厌恶行为，对慢性吗啡处理经纳洛酮注射小鼠引发的戒断症状也减轻，对应激产生的镇痛和不动的行为也降低，提示 κ 受体在吗啡成瘾和应激引起的情绪反应发挥作用。NOP 受体敲除的大鼠和小鼠对基础痛阈无影响，但却增加了福尔马林诱导的炎症痛觉敏化。NOP 受体的敲除小鼠与野生型小鼠相比，表现出更为持久的运动能力，有证据表明 NOP 受体参与了多巴胺能系统对运动功能的调控作用。

第二节　阿片肽

内源性阿片肽是在哺乳动物脑中天然生成的具有阿片样活性的物质。它的发现比阿片受体晚了几年。内源性阿片受体配体的存在并非出人意料之事，因为脑不会专为只存在于植物中的阿片生物碱分子准备受体。某种特定受体的存在必然标志着能够激动它的配体的存在。但由于当时还没有关于神经肽的知识背景，发现这些配体居然是肽类物质的确令人惊讶。

一、阿片肽的发现

基于上述思想，在阿片受体的存在被证实之后，人们就开始着手在脑组织中分离内源性阿片配体。首先必须具备的是建立一套能有效地检测微量阿片活性的系统。幸运的是，有些离体的组织系统可以灵敏地检出阿片活性，例如小鼠输精管（mouse vas deferens）标本和豚鼠回肠标本。只要微量的阿片类物质就可以抑制它们的收缩。

1975 年，Hughes 从猪脑中提纯了两种具有很强阿片活性的物质，它们分别是由 5 个氨基酸构成的小肽，被命名为脑啡肽。次年，李卓浩以此为蓝本从下丘脑提取物中找到了含有 31 个氨基酸的 β-内啡肽（β-endorphin，β-EP）。1979 年，Goldstein 又发现了含有 17 个氨基酸残基的强啡肽。它们构成了阿片肽的三个大家族。

孤儿 ORL 受体被发现后，人们开始利用表达了该受体的真核细胞系，检测脑组织分离物对 forskolin 所致的 cAMP 升高的抑制作用，经过一系列的纯化和序列分析，终于发现了该受体的天然配体。它是一分子量为 1810 的 17 肽，其 N 末端氨基酸为 Phe（F），C 末端氨基酸为 Gln（Q），因而被命名为孤啡肽（orphanin FQ，OFQ）。因其具有致痛敏或抗镇痛的效应，也被称为 nociceptin。

人们很早就注意到，所有已发现的天然阿片肽都缺乏对 μ 受体的高选择性，这极大地限制了关于阿片镇痛和成瘾的研究。Zadina 等在 1997 年终于发现了两种具有高度 μ 受体选择性的内源性配体，分别命名为内吗啡肽（endomorphin）-1 和 2。

二、阿片肽的分类和结构

虽然阿片肽的大小相差悬殊，但它们中的大部分都有共同的 N 端氨基酸序列 Tyr-Gly-Gly-Phe，这一序列几乎成为阿片肽家族的标志。由于最早发现的所有阿片肽有着相同的 N 末端序列，因此人们猜测，它们的阿片活性可能取决于这些共同序列，而它们对不同类型阿片受体的选择性和作用的持久性则可能决定于 C 末端部分的长度及其氨基酸序列。

1. 经典的阿片肽家族　脑啡肽家族是由 5 个氨基酸组成的小肽，包括甲硫氨酸脑啡肽（methionine enkephalin，MEK）和亮氨酸脑啡肽（leuthine enkephalin，LEK）。内啡肽家族中最主要的是含有 31 个氨基酸的 β 内啡肽（β-EP）。其次有 α 内啡肽（α-EP，16 肽），还有 γ 内啡肽（γ-EP，17 肽）。强啡肽家族主要包括强啡肽 A（Dyn-A，17 肽）和强啡肽 B（Dyn-B，13 肽）。它们的氨基酸序列见表 4-9-7。

2. 其他阿片肽　当已认定脑中存在的阿片肽为阿片受体的配体之后，人们又在南美蛙的皮肤中找到了一组具有阿片样活性的肽类。其中之一的蛙皮素（dermorphin，名称来自 "dermis" 和 "morphine"）是一种七肽，其氨基酸序列为 Tyr-D-Ala-Phe-Gly-Tyr-Pro-Ser，另一种名为 deltorphin，氨基酸序列为 Tyr-D-Met-Phe-His-Leu-Met-Asp。它们在阿片样物质分析试验中都显示很强的活性，其中 deltorphin 名副其实，对 δ 受体的活性特别强。除了阿片样活性外，这类物质还有一个特别有趣之处，就是它们的第二位氨基酸都是 D- 型的，不同于通常的 L- 型氨基酸。不过，由于未能在脑中找到它们，一般认为这些肽可能不作为神经递质起作用。

前面提到的孤啡肽是脑内第一个破坏了经典阿片肽序列规律的神经肽。尽管它的结构与强啡肽 A 相似，而且也具有 17 个氨基酸，其氨基端第 2 ～ 4 个氨基酸序列与其他经典阿片肽骨架结构相同。但它 N 末端的氨基酸不是经典的 Tyr 而是 Phe。其序列为 Phe-Gly-Gly-Phe-Thr-Gly-Ala-Arg-Lys-Ser-Ala-Arg-Lys-Leu-Ala-Asn-Gln。

阿片受体发现以来，只有 μ 受体一直没有专一

表 4-9-7 主要阿片肽的氨基酸序列

名称缩写	氨基酸序列
MEK	Tyr-Gly-Gly-Phe-Met
LEK	Tyr-Gly-Gly-Phe-Leu
β-EP	Tyr-Gly-Gly-Phe-Met-Thr-Ser-Glu-Lys-Ser-Gln-Thr-Pro-Leu-Val-Thr-Leu-Phe-Lys-Asn-Ala-Ile-Ile-Lys-Asn-Ala-His-Lys-Lys-Gly-Gln
α-EP	Tyr-Gly-Gly-Phe-Met-Thr-Ser-Glu-Lys-Ser-Gln-Thr-Pro-Leu-Val-Thr
γ-EP	Tyr-Gly-Gly-Phe-Met-Thr-Ser-Glu-Lys-Ser-Gln-Thr-Pro-Leu-Val-Thr-Leu
Dyn-A	Tyr-Gly-Gly-Phe-Leu-Arg-Arg-Ile-Arg-Pro-Lys-Leu-Lys-Trp-Asp-Asn-Gln
Dyn-B	Tyr-Gly-Gly-Phe-Leu-Arg-Arg-Gln-Phe-Lys-Val-Val-Thr
OFQ	Phe-Gly-Gly-Phe-Thr-Gly-Ala-Arg-Lys-Ser-Ala-Arg-Lys-Leu-Ala-Asn-Gln
nocistatin	Thr-Glu-Pro-Gly-Leu-Glu-Glu-Val-Gly-Glu-Ile-Glu-Gln-Lys-Gln-Leu-Gln
EM-1	Tyr-Pro-Trp-Phe-NH_2
EM-2	Tyr-Pro-Phe-Phe-NH_2

性的内源性配体。1997 年 Zadina 利用黑色素细胞刺激素释放抑制因子（MSH inhibiting factor，MIF）的内源性衍生物 Tyr-MIF-1 的抗体从体内找到了称为 Tyr-W-FIF-1（Tyr-Pro-Trp-Gly-NH_2）的肽，并对其结构加以修改，发现四肽 Tyr-Pro-Trp-Phe-NH_2 存在于体内且有高度 μ 受体选择性，命名为内吗啡肽 -1（endomorphin-1，EM-1）。然后利用其抗体从体内找到了另一种结构相似的肽 Tyr-Pro-Phe-Phe-NH_2，命名为内吗啡肽 -2（endomorphin-2，EM-2）。有趣的是，这些内源性 μ 配体只含有 4 个氨基酸，而且其第 2 和第 3 位的氨基酸也与经典的序列非常不同。这一发现给阿片肽研究领域带来新的活力。

三、阿片肽的前体

经典的阿片肽可分为三大类，加上孤啡肽，合计 4 类。每一类都由一种特定的巨型前体分子衍化而来。前阿黑皮素（proopiomelanocortin，POMC）是 β 内啡肽的前体；前脑啡肽原（preproenkepahlin，PPE，或称前脑啡肽 A）是甲硫脑啡肽及亮脑啡肽的前体；而前强啡肽原（preprodynorphin，PPD，也称前脑啡肽 B）则是各种强啡肽的前体。前孤啡肽原（prepronociceptin，PPNOC）是孤啡肽的前体。尽管不同前体的分布有很大的重叠，这些前体分子都有自己特定的编码基因，在脑中也都有确定的分布区域。

阿片肽是由其相应前体经一系列步骤产生的。在此过程中，这些大型前体分子被特殊的酶降解成较小的肽。大多数降解酶都在毗连的两个碱性氨基酸[精氨酸和（或）赖氨酸]之间打断肽键。因而，通过研究这些成对碱性氨基酸在前体序列中存在的部位，就可以推测经蛋白水解作用后可能生成哪些较小阿片肽及其序列。三种主要前体肽中的每一种都能产生出大量这样的小肽，其中的许多小肽都已被分离出来并得到了一定程度的研究。

1. 前阿黑皮素（POMC） 在三种阿片肽前体中，POMC 可以说是最不像阿片样物质的一个。其原因有二：第一，它只含有一种单拷贝的阿片肽 β 内啡肽，这一点不同于其他两种前体，它们每个都含有几种具有阿片活性的肽类，有些还含有同样肽段的多个拷贝。第二，POMC 同时还是几种生物活性已很明确的非阿片肽的前体，其中包括促肾上腺皮质激素（adrenocorticotropic hormone，ACTH），及 α、β 和 γ 黑色素细胞刺激素。所有这些非阿片肽都在躯体应激反应中起重要作用，提示 β 内啡肽可能也有此作用。

前阿黑皮素在垂体前叶及中间叶中的浓度很高，在下丘脑、杏仁核、丘脑室周核、脑桥-延髓部及导水管周围灰质中亦有很高的浓度。脊髓中也有中等浓度的 POMC。在中枢神经系统以外，它还存在于肾上腺、睾丸以及其他几种组织中。关于 POMC 结构及其降解特性参见第四篇第 8 章神经肽及其受体中的内容，在此不赘述。

2. 前脑啡肽原（PPE） PPE 是许多种阿片肽的前体，其中最重要的两种是甲硫脑啡肽和亮脑啡肽。这是在 1975 年最先被分离出来的阿片肽，也是脑中含量最高的阿片肽。它广泛存在于几乎所有脑区，但在纹状体、下丘脑、苍白球、杏仁核、延髓及脊髓中浓度特别高。在外周，已知它存在于属于雄性生殖系统的几个部分中。它的 mRNA 在被伴刀豆球蛋白 A（ConA）活化的 T 细胞中有极高的浓度。

PPE 是分子量约 27 000 的肽链，它包含 7 个脑啡肽序列，其中甲硫脑啡肽出现 6 次。但其中有两个序列，在其甲硫氨酸后面没有通常的酶切位点，因而这两个序列的水解产物之一是甲硫脑啡肽后接精–甘–亮（甲八肽），另一个后接精–苯丙（甲七肽）。关于脑啡肽前体降解的研究资料很多，主要用的是脉冲示踪法（pulse chase study），即先将放射活性掺入大分子前体中，再跟踪其逐渐出现在各种小肽中的时间。起初，这类工作都是在牛肾上腺中做的，因为这种组织中 PPE 及其相应产物含量极丰富，且又缺乏 POMC。以后的结果则主要来自脑的研究。显然，PPE 的水解过程在肾上腺和脑中是有区别的，肾上腺中积累着一些含有两个脑啡肽序列的大肽，而脑内则没有。

脑中 PPE 的转录受到一系列不同机制的控制。在新纹状体，多巴胺抑制其合成；在下丘脑，雌激素增高 PPE mRNA 的水平。多次刺激杏仁核（点燃刺激法）可提高海马及其他脑区的 PPE mRNA 水平。在脊髓，炎症刺激可增高 PPE mRNA 含量。上述绝大部分观察结果的生物学意义尚属未知；总的来说，脑啡肽及其相关肽在脑中有广泛的作用，其中不仅包括应激反应，也可能包括对许多神经递质活动的调节。此外，长期使用吗啡也可以使纹状体 PPE mRNA 表达减少。

如同 POMC 一样，在 PPE 基因启动子的上游已找到了数个调节位点；事实上，这已成为基因调节研究中广泛使用的重要模型系统。这些位点包括 PPE mRNA 的基础合成及刺激诱导的合成所必需的 ENKCRE-2 以及位于其上游紧邻的 ENKCRE-1。后者本身作用很小，但却能与前者协同作用。与 ENKCRE-2 结合的有蛋白因子 AP-1 和 AP-4，其中 AP-1 是两种调节蛋白 Fos 和 Jun 的复合体；但有资料表明，Fos 蛋白与 PPE mRNA 共存的概率很小，用 fos 和 jun 的反义核苷酸序列也不能阻断 PPE 基因的表达，提示 AP-1 复合物在脑啡肽前体生成的调节中可能不起主要作用。另一蛋白因子 ENKFT-1 则与 ENKCRE-1 结合。除了这两个位点外，在 ENKCRE-2 的下游还有第三个调节位点，它专门与转录因子 AP-2 结合。

3. 前强啡肽原（PPD） PPD 中含有以亮脑啡肽而不是甲硫脑啡肽序列作为 N 末端的长链阿片肽序列。因而，它最初被认为是亮脑啡肽的前体。它在脑中的分布与脑啡肽相似。在纹状体、海马和下丘脑中有最高浓度。不过，强啡肽在这些脑区中的浓度远低于脑啡肽。在中枢神经系统之外，PPD 存在于肾上腺及生殖器官中。

PPD 的裂解过程可能比 PPE 更复杂。因为它不仅能产生多种阿片肽，而且能够以不同的方式生成不同组的产物（图 4-9-5）。这些产物中，最重要的有强啡肽 A（1～17）、强啡肽 B（1～29）、强啡肽 A（1～8）以及 α 新内啡肽。虽然这几个及其他强啡肽类产物总的来说与 κ 阿片受体有高亲和力，但它们中的大部分与 μ 和 δ 受体的亲和力也相当高。因而 PPD 的不同水解途径可以产生与这三类主要阿片受体有不同相对亲和力的产物。

PPD 在下丘脑和纹状体中的裂解程度要比在垂体前叶中更为完全。脑内产生的是相对较小的肽类终产物，而垂体中则有较大量的大型中间产物。裂解过程可因不同的酶的存在而发生明显变化。强啡肽转化酶可以把强啡肽 A（1～17）转化成强啡肽 A（1～13），及把强啡肽 B（1～29）转化成强啡肽 B（1～13）。

和其他阿片肽一样，PPD mRNA 的生成在许多脑区内均受到多种因素的影响。例如，在基底节中，多巴胺使 PPD mRNA 的含量增高；在新纹状体中，GABA 可使之降低。海马中的 PPD mRNA 则受点燃作用下调的调节。此外，长期脑室注射 μ 受体和 κ 受体激动剂均可使下丘脑、海马和纹状体的 PPD 表达下调。

有关 PPD 调节研究最深入的区域是脊髓。急、慢性炎症及脊髓创伤或横断时，脊髓中 PPD 的转录加速，提示强啡肽在脊髓水平的痛信息处理中起一定作用。

目前已有资料表明，PPD mRNA 的转录受 AP-1 复合体的调节。因为使用 fos 和 jun 的反义核苷酸序列可以阻断其表达。

4. 前孤啡肽原（PPNOC） 正如其他神经肽，孤啡肽也是由一个较大的前体产生的。小鼠、大鼠及人的孤啡肽前体均已被克隆出来，并发现它定位于人的第 8 号染色体上（8p21）。在这三类种属中，孤啡肽同源性达 80%。根据氨基酸序列分析发现，在这个前体中还包含了其他几种肽类物质，其中痛稳素（nocistatin）是研究得最为广泛的一个肽。它从孤啡肽前体的上游水解出来，在体内天然存在，且能对抗孤啡肽及前列腺素造成的痛敏，并翻转孤啡肽对抗吗啡镇痛的效应，因而被称为 nocistatin。其序列长度及组成在不同种属中有所不同，但 C 末端的 6 个氨基酸残基（Glu-Gln-Lys-Gln-Leu-Gln）在不同种属中是高度保守的，它在 nocistatin 的生物学活性中可能具有重要作用。小鼠的孤啡肽前体最长含 41 个氨基酸，大鼠次之含 35 个氨基酸，人的最短只有 30 个氨基酸。在小鼠的序列中有一有趣的 DAEPGA 结构域，它重复了三次。大鼠中也有类似的重复两次的结构域，但人的则没有。三种不同种属前体物质长度的差异就是基于这一结构域的有无。

四、阿片肽的受体选择性

虽然内源性阿片肽对不同阿片受体有一定的选择性，但三类阿片肽与三型阿片受体之间却没有严格的对应关系。β 内啡肽与 μ 及 δ 受体均有很高的亲和力，脑啡肽则更倾向于选择 δ 受体。强啡肽曾被描绘成 κ 选择性的配体，但它与 μ 及 δ 受体也有一定的亲和力。一般地说，较短的强啡肽对 μ、δ 受体的亲和力相对较高。

如前所述，阿片肽的 N 端酪氨酸对其与阿片受体相互作用中的重要性已得到广泛认可。这方面的证据有：酪氨酸存在于所有经典阿片肽中；它可以产生类似阿片类生物碱的构象；去掉酪氨酸则消除了这些肽对阿片受体的亲和力，等等。不过，阿片肽的其他部分在与受体相互作用中也可能起重要作用。如前所述，从 β- 内啡肽的 C 端去掉几个氨基酸会显著降低其阿片受体亲和力。此外，如从强啡肽 A（1 ～ 13）的 C 末端切除几个氨基酸，尽管不会影响其对阿片受体的总亲和力，但却改变了其受体选择性：随着肽逐渐变短，其 δ 受体亲和力也越来越大（更像亮脑啡肽）。因而很多内源性阿片肽的 C 末端部分可能也与膜上特殊位点相互作用，尽管这样的位点尚未能像与 N 端酪氨酸相互作用的经典阿片受体那样得到清楚的认识。

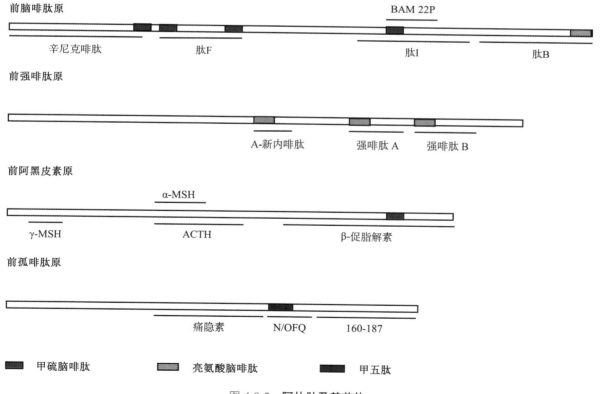

图 4-9-5 阿片肽及其前体

第三节 阿片肽的生理和药理作用

一、参与痛觉信息调制

阿片肽作为内源性阿片样肽的简称，顾名思义，其功能与阿片的药理功能相似，首先表现为强有力的镇痛功能。从阿片肽的分类来看，脑啡肽、强啡肽、β-内啡肽、孤啡肽以及后来的内吗啡肽均有明显的镇痛功能，但彼此又有所不同。

1. 首先要看作用部位。脑啡肽和β内啡肽在脑内和脊髓均有镇痛作用，其中β内啡肽脑内含量远大于脊髓，因此以脑内（特别是中脑导水管周围灰质）作用为主；强啡肽在脊髓发挥镇痛作用，而在脑内反而对抗吗啡镇痛；孤啡肽与强啡肽作用有某种相似之处，也是在脑内对抗吗啡镇痛而在脊髓有镇痛作用，表现出明显的作用部位差异性。

2. 其次要看针对哪类疼痛。例如脑内注射强啡肽，用热甩尾实验作为伤害感受的检测指标是无效的，而用冷水甩尾实验检测则有明显的抗伤害感受作用。

3. 药理实验时所用剂量不同可以得出不同结果。例如给大鼠脊髓蛛网膜下腔注射强啡肽，小剂量（5 nmol、10 nmol）镇痛，而大剂量（20 nmol）引起前角运动神经元损伤导致运动麻痹。因此用下肢或尾部肌肉运动反应作为检测终点的实验方法容易得出假象。为克服这一困难，有人改用在尾部用热或电刺激，用嘶叫作为伤害感受的指标，比较有说服力地证明，强啡肽在背角的镇痛作用和在前角的致瘫作用是可以分离的，在脊髓背角，强啡肽确有抗伤害感受作用。

4. 外源性注射阿片肽引起的药理作用与内源性释放的阿片肽的生理作用不一定完全相同。后者的作用往往只能用受体阻断剂或特异性抗体微量注射的方法才能显示。例如100 Hz电针引起的镇痛作用可以被脊髓蛛网膜下腔注射强啡肽抗体或κ受体拮抗剂所取消，表示脊髓中的强啡肽和κ受体在介导100 Hz电针镇痛中发挥重要作用。

5. 病理情况下发挥的作用与生理情况下不一定完全相同。例如在炎症或神经损伤引起的大鼠慢性痛模型中，脊髓脑啡肽和强啡肽的基因表达均有大幅度增加，这时阿片肽的作用变得复杂，既表现镇痛作用，又加强了痛敏作用，后者往往超过了前者。这从脊髓蛛网膜下腔注射强啡肽抗体导致痛敏减轻的实验结果中可以表现出来。

6. 深入的研究表明从脑下行至脊髓的强啡肽通路中有抗镇痛成分，Fujimoto等称之为"强啡肽下行抗镇痛系统"。但在细胞和分子水平，强啡肽的这种双重作用是如何实现的，仍然有待研究。

这些发现提示，阿片肽的中枢效应可能取决于其作用部位及动物的功能状态。平时所观察到的药理效应只是各种效应叠加的结果。

二、植物性神经功能调节

人们早就注意到阿片类药物具有呼吸抑制、便秘和嗜睡等不良反应。机体的内源性阿片肽参与机体的一系列植物性（自主）神经功能的调节，包括心血管活动、消化活动和体温调节等。应该指出，许多经典递质（包括交感神经及副交感神经的主要递质去甲肾上腺素、乙酰胆碱等）都是调节植物性神经功能的活性物质。阿片系统也是参与调节的一种因素。这种调节功能在正常生理状态下一般不很明显，但在异常状态下（如因创伤、缺氧和疼痛引起应激时）可能具有重要的病理生理意义。

三、内分泌和免疫功能调节

在高等动物及人类机体中，神经系统、内分泌系统及免疫系统是控制机体生理功能的三大调节系统。而阿片肽则是全面参与这三大系统调节功能的重要因素。除了上面已经提及的阿片肽作为神经递质或调质参与中枢神经功能的调节之外，阿片肽还对下丘脑-垂体-内分泌腺体的多条途径具有一定的影响，其中β-内啡肽的影响最为明显。此外，已经在外周免疫细胞上发现有阿片受体及阿片肽，这就为阿片肽参与神经免疫网络调节提供了物质基础。阿片肽作为神经系统与免疫系统相联系的一种中介物质这方面的研究已经开始引人注目。

四、性行为与妊娠

在啮齿类动物的研究中发现，参与交配行为的脑区有脑啡肽分布。药理研究表明，阿片受体激动剂可抑制雄性动物的交配行为。在雌性动物，阿片也同样抑制性功能。然而 μ 阿片受体基因敲除的研究却得到了不同的结果，如前文所述，μ 阿片受体敲除动物表现为交配行为的减少、精子的数量降低及活动性减弱、精子的体积减小，提示内源性 μ 阿片系统可能在维持正常性行为及其他性功能中发挥着重要作用。

在怀孕早期，脊髓中 PPD 和强啡肽的含量显著增加。后期尽管强啡肽前体含量减少，但强啡肽含量仍持续增高水平。在经产道分娩的妇女，血浆 β 内啡肽浓度在分娩时迅速升高，这可能与提高痛耐受能力有关。此外，在孕晚期，阿片受体拮抗剂可增加子宫的自发收缩，提示阿片系统具有抑制宫缩的作用。

五、摄食调节

阿片肽广泛分布于调节摄食行为的神经网络中，并与其他调节分子相互作用共同调节动物的摄食行为。外周或中枢给予阿片受体激动剂促进摄食，而拮抗剂则抑制摄食，阿片肽还介导了奖赏性摄食。有趣的是长期高糖饮食可以加强中枢内源性阿片肽的基础活性，增强中枢阿片肽网络之间的相互联系，使动物产生内源性阿片依赖而导致对糖的依赖行为，当给予纳洛酮时，动物居然可产生类似阿片戒断的行为及神经化学改变。阿片肽及其他摄食因子的相互作用对摄食行为的影响值得进一步深入研究。

六、神经元发育调控

内源性阿片系统对神经元发育的调控起一定的作用，这已成为神经生物学中一个重要概念。阿片类物质对神经元的增殖有直接的抑制作用。而一定浓度的阿片类物质对某些神经元的存活与生长则表现出促进作用。阿片类物质对不同发育阶段的神经元和神经元的不同部位的影响有一定的差异性。正是这些复杂的调控机制使得神经系统的神经元按一定数量和一定时程分化、生长和成熟。此外，阿片类物质对中枢神经系统损伤后神经纤维侧支出芽和突触重建具有促进作用。目前对这种促进作用的内在机制尚不清楚，但进一步研究将为解决中枢神经系统尤其是脊髓初级传入通路损伤后修复的条件以及途径提供一些新思路。

七、细胞保护

内吗啡肽可以通过清除自由基而抑制低密度脂蛋白的氧化，其中内吗啡肽 1 的作用较内吗啡肽 2 的作用强，提示内吗啡肽可能改善氧自由基所导致的神经系统退行性疾病的相关症状。此外，阿片受体激动剂对缺血（包括脑缺血及心肌缺血）引起的细胞死亡具有保护作用，并可增强细胞对缺血的耐受力。而孤啡肽受体拮抗剂可以缓解帕金森病相关的症状及神经退行性病变，提示内源性孤啡肽可能参与帕金森病的形成。有关阿片肽对细胞保护作用的机制日益被揭示，阿片肽有望成为神经损伤保护作用药物的靶点之一。

八、学习与记忆

阿片系统在条件反射中的作用越来越受到重视，尤其是在条件性位置偏爱（conditioned place preference，CPP）和条件性位置厌恶（conditioned place aversion，CPA）中。在大鼠腹侧被盖区及导水管周围灰质中注射吗啡可导致 CPP，而将纳洛酮注入同一脑区可导致 CPA；向其他脑区中注射则没有这一效应。在其他几种学习模型中，也均有阿片肽参与的证据。

不仅如此，阿片肽还影响记忆的保持过程。μ、δ 和 κ 受体激动剂均可抑制已形成的条件反射，提示阿片机制不利于记忆的保持。但另一方面，阿片的依赖和渴求本身又是一种最强烈和持久的记忆过程。此外，阿片受体及阿片肽还介导了预期性恐惧学习，研究表明，在恐惧性学习过程中，μ 阿片受体激动剂加强小鼠对条件性刺激的注意力，从而使恐惧性记忆增强，而 κ 阿片受体激动剂的作用则相反。因此阿片与学习记忆的关系有待深入研究。

九、运动功能调节

吗啡及相关药物对运动功能发挥调节作用，但在不同物种的作用有显著差异，如可促进马和猫的运动功能，但抑制狗的运动功能。对于啮齿类动物低剂量的阿片类药物可使其运动功能增强，吗啡治疗后的小鼠表现出"跑合"（running fit）现象，高剂量时出现痉挛和功能受损。这种对吗啡的反应受基因控制，对吗啡无反应的人对安非他明也没有运动反应，这些运动反应与黑质纹状体系统有关。μ和δ受体在黑质、VTA以及纹状体背侧和腹侧表达，表明其对运动功能发挥调控作用。N/OFQ及其受体对运动功能，尤其是多巴胺能系统对运动功能发挥重要的调控作用，这些研究为帕金森病的治疗提供了重要的启示。

十、精神异常和情绪调节

在动物的抑郁模型中，甲硫氨酸脑啡肽、亮氨酸脑啡肽、吗啡及脑啡肽酶抑制剂均表现出治疗作用；纳络酮则加重抑郁症状。这表明抑郁症可能与阿片系统的功能降低有关。有证据表明，阿片系统功能降低可能导致孤独症，如抑郁症患者血浆和脑脊液中β-内啡肽含量减少。

正常情感和情绪的维持可能也与内源性阿片有关。研究表明，健康人血浆β-内啡肽含量高代表着情绪稳定。正如我们所熟知的，吗啡可改善心境，这可能也是其导致成瘾的原因之一。一般认为，情感和情绪的异常，部分原因可能是阿片系统的失衡。

十一、惊厥与卒中

一般说来，μ受体激动剂有促惊厥作用，而κ受体激动剂则是抗惊厥的。硬膜外注射吗啡还可产生肌痉挛。但在电击所致的惊厥中，吗啡可抑制其肌紧张成分，胆囊收缩素（cholecystokinin，CCK）可增强此效应；吗啡的抗惊厥作用可被CCK$_A$和CCK$_B$受体拮抗剂所阻断。在大鼠的听源性惊厥中，内源性CCK可促进惊厥的发生，而内源性阿片肽则具有抗惊厥作用。

在卒中模型动物，同侧杏仁中央核亮氨酸脑啡肽和强啡肽的免疫组化染色显著增强。缺血后6 h给予κ受体激动剂U-50488可先降低而后加强神经系统功能的恢复，提示κ阿片机制可促进卒中的痊愈过程。这一效应可能是通过抑制血管活性肠肽，进而减少脑水肿产生的。

十二、阿片耐受和阿片成瘾

阿片类药物以具有明显的欣快感及严重的成瘾性而著称，因而形成重大的医学及社会问题。阿片肽研究的发展，也为探求阿片耐受及阿片成瘾机制开辟了重要的道路。阿片耐受及成瘾的产生，可能是外源性阿片类药物的反复使用，抑制或影响了内源性阿片肽系统的功能，以至在停用药物时，引起机体生理功能的紊乱。阿片耐受与成瘾主要与μ受体的功能有关。有关阿片耐受及成瘾详细资料参见药物依赖性一章。

第四节 阿片肽研究的展望

从实验动物技术来看，由于转基因及基因敲除技术的使用，经过转基因（导入外源基因）或基因敲除（敲除内源性基因）的动物成了深入研究阿片肽及阿片受体功能的理想模型。由此既可观察导入或敲除的该类基因的功能，也可观察敲除了某一类别的基因后，其他相关基因功能的变化（例如敲除μ受体后，分析δ和κ受体的功能）。随着分子生物学技术的进一步发展，转基因及基因敲除技术可望在某一器官、组织、不同神经类型，并可针对基于不同的外显子分别进行敲除或制备不同剪接转录本的转基因动物，这就使阿片肽及阿片受体功能的研究更加细致和精确。从构效关系研究来看，结构

与功能相统一，一直是阿片肽研究的重点之一。阿片受体分子结构的特性，阿片受体与配体的结合及识别的分子基础等均在不断深化，而晶体结构的解析及计算机模拟结构分析技术则为阿片肽构象研究打开了方便之门。从医疗及实用意义上看，寻找高效低毒不成瘾的镇痛药物一直是人们长期盼望的目标。而要做到这一点离不开对阿片镇痛、耐受及成瘾机制的深入研究。近几年来，受体信号偏向性配体概念和受体异构化的理念得到普遍认可，为开发高效低毒不成瘾的阿片类药物提供了新的方向。此外，最新的证据显示，除了有通过细胞膜上受体的信号传导外，阿片受体的信号通路还存在空间偏

倚，即配体与受体结合可发生在不同的细胞组分中。尽管这些研究尚处于细胞水平，尚不清楚其在整体中的意义，但在不同细胞组分中的配体与受体结合可能会因各细胞组分的差异进而导致配体结合耐受性和持久性存在差异，这也是未来研究的一个重要方向，为阿片类药物的研发提供新思路。禁毒、戒毒已成为新世纪的社会热点。而戒毒中克服阿片引起的精神依赖性（心理依赖性）要比克服身体依赖性（生理依赖性）困难得多，这也是造成许多吸毒者屡戒屡犯的重要原因之一。深入揭示这种精神依赖的神经生物学机制包括记忆机制，必将有助于解决这一社会难题。

总之，50 多年来，阿片肽研究一直是神经科学领域研究热点之一，这期间高潮迭起，引人注目。20 世纪 70 年代阿片受体和阿片肽的发现，使神经肽的内源性配体和受体相结合的概念得到证实，因而具有深远的理论意义，有力地推动了神经肽化学及受体药理学的蓬勃发展。展望新世纪中的阿片肽研究，估计还会有新的阿片肽及受体（或受体亚型）基因克隆发现。人们期待着阿片肽的研究不断出现新的突破，从而为社会、为人类带来新的福音。

参考文献

综述

1. Bodnar RJ. Endogenous opiates and behavior：2018. *Peptides*，2020；132：170-348.
2. Bruchas MR，and Roth BL. New technologies for elucidating opioid receptor function. *Trends Pharmacol Sci*，2016；37（4）：279-89.
3. Corder G，Castro DC，Bruchas MR，et al. Endogenenous and exogenous opioids in pain. *Ann Rev Neurosci*，2018；41：453-457.
4. Cox BM，Christie MJ，Devi L，et al. Challenges for opioid receptor nomenclature：IUPHAR Review 9. *Br J Pharmacol*，2015，172：317-323.
5. Fricker LD，Margolis EB，Gomes I，et al. Five decades of research on opioid peptides：Current knowledge and unanswered questions. *Mol Pharmacol*，2020，98：96-108.
6. Grim TW，Acevedo-Canabal A，and Bohn LM. Toward directing opioid receptor signaling to refine opioid therapeutics. *Biol Psychiatry*，2020，87（1）：15-21.
7. Toll L，Bruchas MR，Calo G，et al. Nociceptin/Orphanin FQ receptor structure，signaling，ligands，functions，and interactions with opioid systems. *Pharmacol Rev*，2016，68：419-457.
8. Valentino RJ and Volkow ND. Untangling the complexity of opioid receptor function. *Neuropsychopharmacology*，2018；43（13）：2514-2520.

9. Valentino RJ and Volkow ND. Opioid research：Past and future. *Mol Pharmacol*，2020，98：389-391.

原始文献

1. Evans CJ，Keith DE，Morrison H，et al. Cloning of a delta opioid receptor by functional expression. *Science*，1992，258：1952-1955.
2. Fan T，Varghese G，Nguyen T，et al. A role for the distal carboxyl tails in generating the novel pharmacology and G protein activation profile of mu and delta opioid receptor hetero-oligomers. *J Biol Chem*，2005，280：38478-38488.
3. Filliol D，Ghozland S，Chluba J，et al. Mice deficient for delta- and mu-opioid receptors exhibit opposing alterations of emotional responses. *Nat Genet*，2000，25：195-200.
4. Goldstein A，Tachibana S，Lowney LI，et al. Dynorphin-（1-13），an extraordinarily potent opioid peptide. *Proc Natl Acad Sci USA*，1979，76：6666-6670.
5. Guan JS，Xu ZZ，Gao H，et al. Interaction with vesicle luminal protachykinin regulates surface expression of delta-opioid receptors and opioid analgesia. *Cell*，2005，122：619-631.
6. Kieffer BL，Befort K，Gaveriaux-Ruff C，et al. The δ-opioid receptor：Isolation of a cDNA by expression cloning and pharmacologicol characterization. *Proc Natl Acad Sci USA*，1992，89：12048-12052.
7. Granier S，Manglik A，Kruse AC，et al. Structure of the δ-opioid receptor bound to naltrindole. *Nature*，2012，485：400-404.
8. Meunier JC，Mollerean C，Toll L，et al. Isolation and structure of the endogenous agonist of opioid receptor like ORL1 receptor. *Nature*，1995，377：532-535.
9. Meunier J，Mouledous L，and Topham CM. The nociceptin（ORL1）receptor：molecular cloning and functional architecture. *Peptides*，2000，21（7）：893-900.
10. Okuda-Ashitaka E，Minami T，Tachibana S，et al. Nocistatin，a peptide that blocks nociceptin action in pain transmission. *Nature*，1998，392（6673）：286-289.
11. Simonin F，Valverde O，Smadja C，et al. Disruption of the kappa-opioid receptor gene in mice enhances sensitivity to chemical visceral pain，impairs pharmacological actions of the selective kappa-agonist U-50，488H and attenuates morphine withdrawal. *EMBO J*，1998，17：886-897.
12. Sora I，Li XF，Funada M，et al. Visceral chemical nociception in mice lacking mu-opioid receptors：effects of morphine，SNC80 and U-50，488. *Eur J Pharmacol*，1999，366：R3-5.
13. Wang JB，Johnson PS，Persico AM，et al. Human μ opiate receptor：cDNA and genomic clones，pharmacologic characterization and chromosomal assignment. *FEBS Letters*，1994，338：217-222.
14. Zadina JE，Hackler L，Ge LJ，et al. A potent and selective endogenous agonist for the μ-opiate receptor. *Nature*，1997，386：499-501.

第5篇　神经系统的发育与可塑性

饶　毅

对神经发育的研究，从传统的形态学描述到细胞、分子机制的揭示，经过一百多年，是一个交叉了多个学科、应用了多个技术、充满活力的领域。

发育神经生物学研究两大类问题。第一类有关神经系统细胞的生与死。神经发育始于动物胚胎早期，新生期仍然活跃。在成年动物仍有部分区域有新的神经细胞形成。神经系统起源于外胚层。神经干细胞可以自我增殖，并产生前体细胞。前体细胞迁移到起作用的位置，根据其来源、局部环境分化成多种神经细胞和神经胶质细胞。

神经发育的第二大类问题是神经细胞之间（或者神经细胞和靶细胞之间）联系的建立和修饰。神经细胞发出纤维，投射到靶细胞建立神经通路，形成信息联络网。神经细胞间连接不仅在发育过程中被控制，而且在成年动物中还常常调节神经细胞间的连接，调节和修饰联接是神经可塑性（如学习、记忆）的关键。

发育神经生物学与形态学有密切的关联。现代神经科学之父、西班牙科学家Cajal等通过观察不同时期的胚胎切片，描绘了神经发育的基本步骤，提出了动态的神经系统功能和发育的概念。在功能上Cajal认为神经细胞是神经信息传递的基本单元；在发育上发现了轴突末端的生长锥，提出了神经纤维导向的概念。

发育神经生物学与发育生物学紧密相关。德国的Roux（1888）和Driesch（1892）等用两栖类动物进行的研究，开启了实验胚胎学研究的先河。德国的Spemann和学生Mangold（1924）发现了中胚层诱导外胚层产生神经系统。诱导是发育生物学的中心概念之一。

发育神经生物学与遗传学密切相关。19世纪末Morgan研究了两栖类动物的发育。20世纪初他和学生用黑腹果蝇做研究，奠定了现代遗传学的基础，使果蝇成为强有力的模式动物。英国的Brenner开创性地通过遗传学研究秀丽隐杆线虫，对神经发育有很大的促进。小鼠的遗传学，特别是转基因技术和基因敲除技术，推动了神经发育的研究。

发育神经生物学与细胞生物学有双向影响。Harrison在体外培养神经细胞，从而发明了细胞培养的方法，成为细胞生物学的一个基本方法。程序性细胞凋亡最早在神经发育过程中发现。第一个生长因子是Levi-Montalcini研究神经发育时发现的。

目前了解出生后神经发育要远少于胚胎期发育，了解行为的发育远少于形态发育，了解环境对神经发育的影响少于基因对神经发育的影响。发育神经生物学与进化生物学是一个薄弱的环节，所以发育神经生物学不是一个平衡发展、走进终结期的学科，还有重要的问题有待深刻的研究。本篇几章介绍目前所知较多的方面，而其他知之甚少的方面并非不重要。

第1章 神经系统的发生与分化

钟伟民　王晓群

　　神经系统巨大的信息加工能力，从比较简单的感觉和运动协调到人类高度复杂的认知活动，都依赖于比其他系统有更多种多样的细胞类型。虽然神经发育的关键问题和原理与其他器官相比没有根本的不同，神经细胞的多样性使发育神经生物学成为一个特别有挑战性的领域。近三十年来，分子、细胞和遗传学研究极大地促进了我们了解在神经发育过程中，从最初似乎无差别的前期细胞群，如何产生种类繁多、功能迥异的细胞类型。

　　神经系统由外胚层细胞分化形成。在脊椎动物发育过程中，外胚层中部分细胞首先变成神经上皮细胞进而形成神经板，后者卷曲成神经管，最终成为中枢神经系统（图5-1-1）。神经管有两个主要的轴线：前后（头尾）轴［front and rear（head to tail）axis］和背腹轴（dorsal-ventral axis）。前后轴将神经系统分成前脑、中脑、后脑和脊髓，还将这些区域细分为更加特殊的神经结构。在背腹轴上，不同的区域也有不同的神经细胞种类。在有些部位，还有左右轴，即左右两侧分布不同的神经细胞。外周神经系统来源于与神经板相邻的神经嵴（neural crest），后者是外胚层中一群特殊的细胞，从发源地迁移到胚胎多个部位，形成包括外周神经系统在内的多种组织。

　　在分子水平上，参与决定和影响细胞命运和

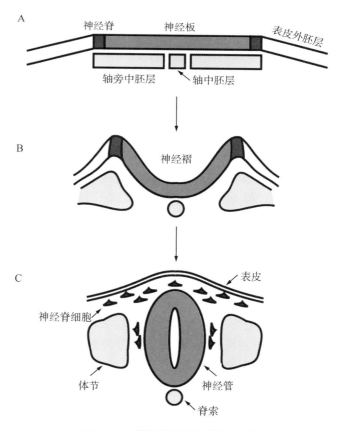

图 5-1-1　脊椎动物神经管的形成
A.神经板期；**B**.神经褶期；**C**.神经管期。示意图显示脊髓截面的神经系统及其周围组织，背侧在上，腹侧在下

分化的因子大体可以分为两类：一类是细胞外环境因子，另一类是细胞内部的因子。外源因子可以是"诱导因子（inducing factor）"，它们是由其他细胞分泌的信号分子。一些诱导因子自由弥散，可长程作用；另外一些因子则被限制在细胞膜表面，或者因细胞外基质导致弥散性低，起局部或者短程作用。诱导因子在胚胎轴上呈特异的时间和空间分布模式，从而使神经管不同部位获得特异的区域信息，进一步激活或抑制细胞内因子。跨细胞膜的受体是感应细胞外信号的首当其冲的内源因子，其活性受调节后，通过细胞浆中的信号转导通路，调节转录因子，最终在细胞核里决定细胞分化。

细胞分化（cell differention）需要多个步骤，每一步可以有多组基因和表观遗传变化。神经发育早期确定区域和细胞种类差别，随后发生大量的细胞分裂，这样才能从起初少量的前期细胞产生成熟神经系统所需的大量细胞，并将有共性的细胞进一步分化成特定类型的神经元和胶质细胞。未成熟神经元停止分裂，并离开增殖区，迁移到最终位置，有一部分细胞分化，并通过轴突和树突和其他细胞建立突触联系，也有一部分细胞死亡。

人们对神经发育的理解，得益于线虫和果蝇等无脊椎模式生物。由于用它们可以进行很好的遗传学分析和操作，这些低等动物提供了偏倚相对较少的途径来研究基因组不同部件对神经发育的贡献。虽然这些动物的神经系统比较简单，但是基本的分子和细胞机制在演化上是保守的。本章不对神经系统的形成作详细的描述，而是着重于阐述一些基本的分子和细胞机制，特别是决定脊椎动物神经细胞命运的机制。

第一节　神经细胞类型

意大利科学家高尔基（Camillo Golgi）在 19 世纪就发明了观察神经系统的有效染色方法。西班牙科学家卡哈尔（Santiago Ramón y Cajal）用高尔基的方法对神经系统不同细胞进行了详细的观察和分类。神经细胞简单地可分为神经元和神经胶质细胞。从功能上，神经元可以分为四类：感觉神经元，运动神经元，中间神经元和神经内分泌细胞。还有很多方法可以将它们进一步分型，包括：形态、位置、表达的基因、神经递质和投射的靶细胞等。比如，某段脊髓中的运动神经元有共性，与其他节段的运动神经元不同。但是，还可以根据其支配的肌肉再把同一节段中的运动神经元进一步区分开来。所以，运动神经元的分化不仅需要所有神经元共同的机制，也需要各段、各亚型运动神经元特异的机制。在哺乳动物大脑新皮质中，有两类基本的神经元：投射神经元和局部神经元；前者的细胞体呈锥体形状，以兴奋性的谷氨酸为神经递质；后者的细胞体非锥体状，以抑制性的 γ- 氨基丁酸为神经递质。它们的胚胎来源不同：投射神经元来自于新皮质本身，由其室管膜层（ventricular zone）的前体细胞产生，放射状局部迁移到其他层；而局部神经元来源于新皮质外，通过长程迁移成为皮质的一部分。这两类神经元都可以进一步划分为多种亚型，由出生时间决定它们处于皮质的特定板层，也发挥不同的感觉、运动和认知功能。神经系统其他部位同样包含多种神经元。

神经胶质细胞的数量大大超过神经元，传统上认为它们主要起支持作用，但越来越多的证据表明它们有更主动地调节神经信号的功能。在脊椎动物中，胶质细胞分小胶质细胞和大胶质细胞。小胶质细胞是吞噬细胞，来源于神经系统外的巨噬细胞，在生理和发育上，都不同于神经系统的其他细胞。主要的大胶质细胞包括少突胶质细胞（oligodendrocytes）、施万（Schwann）细胞和星状胶质细胞（astrocytes）。少突胶质细胞分布于中枢神经系统，而雪旺细胞分布于外周神经系统，它们用髓鞘包裹神经元的轴突，起到绝缘作用。星状胶质细胞数量最多，胞体呈星状，突起的终足较宽。它们参与多种神经系统的生理功能，如形成血脑屏障、维持细胞外钾离子浓度，及清除神经递质等；它们之间能以胶质细胞的递质和调质以及缝隙连接来交流信息。也有证据显示，有些胶质细胞能产生神经元。这些不同的细胞都由不同的分化程序来产生。

第二节　邻近的非神经细胞诱导神经系统产生并影响其型式发生

脊椎动物胚胎发育先形成三个胚层：内胚层（endoderm）主要产生消化系统和肺等内脏器官，中胚层（mesoderm）产生骨骼、肌肉、血液和肾等，外胚层（ectoderm）产生神经系统和表皮。德国发育生物学家斯佩曼（Hans Spemann）和他的研究生曼葛得（Hilde Mangold）通过两栖类动物蝾螈（*Triturus taeniatus* 和 *Triturus cristatus*）的实验发现，神经发育的第一步是外胚层细胞选择两种命运中的一种：成为神经系统的细胞抑或成为皮肤的细胞。

一、神经诱导的概念

两栖类动物的成熟卵子已具有极性，卵黄浓度较高的一侧为植物极，对侧为动物极，而动物和植物两极所形成的轴线也是未来胚胎的前后（头尾）轴。胚胎的背腹轴在受精时决定：精子进入的一侧为腹侧，对侧为背侧。两栖类三个胚层的前期细胞产生于早期胚胎的不同部位：动物极一半的表层细胞成为外胚层，植物极一半的表层细胞成为内

胚层，而中胚层主要来自赤道区域的深层细胞。神经系统来自背侧外胚层，而腹侧的外胚层形成表皮（图 5-1-2B）。在原肠胚期（gastrulation），三个胚层的细胞通过高度协调的移动被重新分布，并在胚胎的不同部位进一步分化。未来的中胚层细胞先向背侧移动，进入一个位于外胚层背侧、称作"背唇"（dorsal lip）的结构，随后离开背唇，并转而沿着外胚层细胞的内侧迁移到胚胎内部。

在 20 世纪初期，Mangold 和 Spemann 用不同肤色的蝾螈做了一系列实验，将胚胎某一部位的组织块移植到另一部位，并观察供体和宿主细胞的命运。他们在 1924 年报道，将供体原肠胚早期的背唇（主要含迁移中的中胚层细胞）移植到另外一个胚胎（宿主）的腹侧以后，宿主会形成两个神经板：一个是原来就应该发生，位于胚胎背侧；另外一个位于宿主胚胎的腹侧，它主要来源于宿主外胚层原本应该形成表皮的细胞，而这个神经板内侧紧邻的是供体来源的背唇中胚层细胞（图 5-1-2A）。他们提出：背唇的中胚层细胞诱导外胚层产生神经系统，

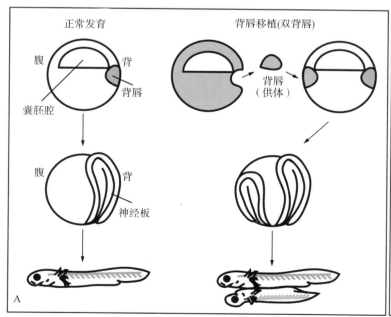
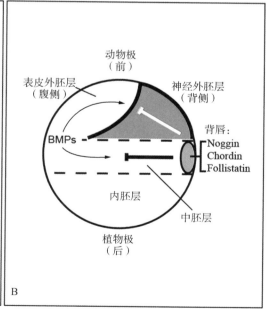

图 5-1-2　背唇可以诱导两栖类动物胚胎形成第二条神经轴

A. Spemann 和 Mangold 的组织块移植实验。将供体原肠胚早期的背唇移植到宿主胚胎的腹侧以后，宿主会在应该形成腹部表皮的位置，产生包括神经板在内的第二个体轴。**B**. 神经诱导的分子模型。背唇中胚层细胞分泌的 Noggin、Chordin 和 Follistatin 能阻止外胚层中的 BMP 家族蛋白与其受体结合，从而抑制 BMP 诱导表皮的产生，使背侧外胚层形成神经板。示意图显示的是原肠胚期早期的两栖类动物胚胎，虚线显示的是将来变成中胚层的、赤道区域的深层细胞

这也就是神经诱导（neural induction）的概念。以后的实验进一步证明了这个概念，而且还发现，正常胚胎发育过程中存在多个诱导作用。荷兰科学家纽库普（Pieter Nieuwkoop）发现，中胚层本身需要来自内胚层的信号诱导产生。除了胚层诱导以外，诱导是发育过程中具有普遍意义的一个原理。胚胎不同小区域中某些特定细胞也常常有诱导作用：细胞发出信号，决定性地改变周围其他细胞的命运。

二、神经诱导源于对表皮命运的抑制

诱导现象发现后，许多科学家试图找到其分子基础［诱导因子（inducing factor）］。20世纪80年代发现了能诱导中胚层形成的分子，主要是纤维生长因子（FGF）和转化生长因子家族（TGF-β）。TGF-β成员很多，其中有活素（activin）和骨形态发生蛋白（BMP）。它们的受体都是跨膜蛋白，其胞外段和配体结合，胞内段有蛋白激酶活性区域。活素具有很强的诱导中胚层形成的功能。在研究活素参与中胚层诱导的过程中，美国科学家Ali Hemmati-Brivanlou和Doug Melton把活素受体的胞内段切除后得到了可以显性失活受体的突变分子，并发现这个突变分子不仅能抑制中胚层的产生，而且在外胚层还能诱导神经细胞产生。为了解释这一自身不能传出信号的突变分子如何起神经诱导的作用，他们提出神经诱导是双重抑制的结果：外胚层本身可以形成神经系统，但是某些分子抑制外胚层产生神经板，而神经诱导是由于这些分子的活性被其他分子抑制所造成。因为活素受体的显性负性突变分子也能抑制同一家族的其他受体，所以这些抑制神经诱导的分子很可能是和活素相关的分子。其后发现，抑制BMP受体的活性也导致神经诱导。

在20世纪90年代，具有神经诱导作用的分子——头素（noggin）被首先发现，这是一个产生于背唇的分泌型蛋白。随后背唇产生的其他分泌型蛋白，如脊素（chordin）和卵泡抑素（follistatin），也被发现可诱导神经发生。生化研究表明，头素和脊素均可与BMP结合，从而阻止BMP与其受体结合；而低浓度的BMP可以抑制外胚层神经发生，促进表皮发生。这一系列的研究从分子角度揭示了神经诱导的机制。也就是说，外胚层细胞具有形成神经板的潜力，而这种潜力被外胚层内存在的BMP所抑制，只有当背唇分泌的头素、脊素和卵泡抑素等弥散到外胚层，结合并抑制外胚层中的BMP，才能诱

导神经发生。在两栖类，因为这些抑制表皮诱导的因子来源于背侧的中胚层细胞，所以神经板发生于背侧外胚层。进一步研究结果表明，当四个BMP家族成员（BMP2/4/7和ADMP）基因的功能同时被抑制后，非洲爪蟾的外胚层广泛形成神经组织，这为神经诱导的模型提供了强有力的支持。虽然这个模型起初依赖于爪蟾的研究结果，这一模型随后在其他实验动物中也得到了验证。此外，除BMP信号外，翅整素（Wnt）和FGF家族蛋白也可能参与神经诱导。

三、非神经细胞决定神经系统型式发生

除了神经诱导以外，中胚层还决定神经系统的前后轴和背腹轴。中胚层本身存在前后差异：前端是索前板（prechordal plate），来自原肠胚期先进入背唇的中胚层细胞，产生头部的中胚层组织；后面是脊索中胚层（chordamesoderm），来自后进入背唇的中胚层细胞，产生脊索（notochord）（图5-1-3A）。使用原肠胚期不同阶段的背唇，或者前后轴不同区域的中胚层，可以诱导出不同的神经组织。除了中胚层外，与前端神经板相邻的内胚层（有时也被称为"内中胚层"）也影响神经系统的前后轴分化。一个称作"双信号（dual signal）"或"双步骤（two-step）"的理论可以解释神经板如何沿着前后轴分化的。这一假说提出，中胚层发出两个信号，第一个信号（激活因子）诱导形成前端神经板（前脑和中脑），第二个信号（转化因子）将第一个信号诱导产生的神经板转化为后端的神经结构。由于第二个信号以浓度梯度形式存在于中胚层（或外胚层本身），神经板前端和后端所受第二信号的影响不同，因而决定了神经板的前后（图5-1-3B）。虽然双信号理论提出于20世纪50年代，但是它能解释近年来分子研究的结果。前面提到的神经诱导分子，如头素和脊素，可以作为这一理论的第一信号。具有第二信号功能的因子有FGF、维甲酸（retinoic acid）和Wnt蛋白。与神经诱导一样，双重抑制也在决定神经系统前后轴的过程中起作用。例如，前端内胚层和索前中胚层分泌多头素（cerberus）、Frzb-1和巨头蛋白（dickkopf-1）等因子。这些分子都能影响神经板前后轴，但是，cerberus既可以抑制Wnt，也可以抑制BMP，可以单独诱导产生头，而Frzb-1和dickkopf-1只能抑制Wnt，不能抑制BMP，没有能力单独诱导产生头。

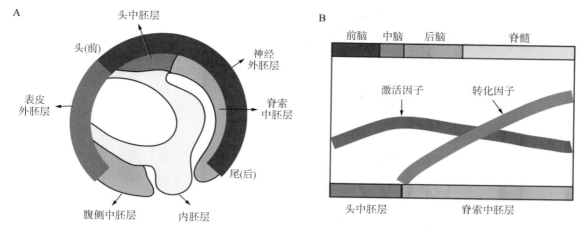

图 5-1-3　中胚层细胞能决定神经系统的前后轴

A. 原肠胚期晚期的两栖类动物胚胎的组织结构（前后轴中线水平的切面）；**B**. 图示神经板如何沿着前后轴分化的"双信号"假说

第三节　诱导分子可以通过浓度梯度决定细胞多种命运

发育生物学中的一个重要概念是形态发生原（morphogen）：局部产生的形态发生原可在一个组织中弥散形成浓度梯度（concentration gradient），并以浓度依赖的方式决定组织中不同部位细胞的命运；不同浓度决定不同的细胞命运，多个浓度决定多个命运。这一概念同样适用于神经发育，神经管沿背腹轴的发育是一个好的例子。神经管背腹轴（dorsal-ventral axis）的不同部位含有不同类型的细胞。在脊髓中（图 5-1-4A），运动神经元（MN）位于腹侧，感觉神经元位于背侧，中间神经元位于其间，同类型的神经元还可以细分为各种亚型。神经管腹背两端还各有一个特殊的结构，即腹侧中线的底板（floor plate）和背侧中线的顶板（roof plate）。德国胚胎学家 Johannes Holtfreter 在 20 世纪 30 年代开始的研究发现，与神经管腹侧相邻的脊索可以诱导神经管腹侧结构产生，包括底板、运动神经元和部分中间神经元。脊索只在胚胎发育阶段存在，把它去除后，神经管腹侧结构不能形成，而将脊索转移到靠近神经管背侧，可以抑制背侧结构的产生，并诱导出腹侧结构。20 世纪 90 年代英籍美国科学家 Thomas Jessell 等发现，脊索中表达分泌型蛋白刺猬素（Sonic Hedgehog，Shh），后者能进一步诱导神经管底板的形成，底板细胞也表达 Shh。在神经管内，Shh 不能完全地自由弥散，但是可以形成浓度梯度，在腹侧最高，并通过浓度梯度介导脊索确定神经管背腹轴的功能：高浓度的 Shh 诱导最腹侧的神经管结构形成，低浓度 Shh 诱导远离腹侧的

神经管结构，一直作用到神经管的侧面结构。

Shh 蛋白首先作为一个前体被合成，其后自身切割：其羧基端片段具有蛋白酶活性，将前体切割成为两段，并给氨基端片段加上固醇基团。氨基端片段含有所有发育信号。其受体是由两个跨膜蛋白组成的复合体：一个是粗糙蛋白（patched，简称 Ptc），另一个是平滑蛋白（smoothened，简称 Smo）。在没有 Shh 时，这两个受体蛋白相互结合，Ptc 抑制 Smo 功能，但是当 Shh 结合于 Ptc 以后，Ptc 就不再与 Smo 结合，Smo 激活细胞内信号转导通路，最终影响两种同源异型类（homeodomain，简称 HD）蛋白家族转录因子的表达（图 5-1-4A）。Ⅰ型 HD 蛋白的表达最初由维甲酸等其他因子激活，但它们在脊髓腹侧的表达会被 Shh 抑制，而Ⅱ型 HD 蛋白的表达会被 Shh 信号转导通路激活。不同浓度的 Shh 对不同 HD 蛋白的表达有不同的影响，因而背侧表达的Ⅰ型 HD 蛋白在腹侧有不同的边界，而腹侧表达的Ⅱ型 HD 蛋白在背侧有不同的边界。同时，边界相邻的Ⅰ型和Ⅱ型 HD 蛋白抑制彼此的表达，进而使它们之间的边界变得非常清晰。更为重要的是，这些蛋白在背腹轴不同位置上的表达调控 HD 蛋白编码，导致不同的神经前期细胞在背腹轴不同位置上出现，这些神经前期细胞通过进一步的分裂与分化，产生出脊髓腹侧不同的神经元（图 5-1-4B）。例如，运动神经元的前期细胞（pMN）和 V3 中间神经元的前期细胞（p3）都表达 Nkx6.1，但不表达 Irx3；pMN 还表达

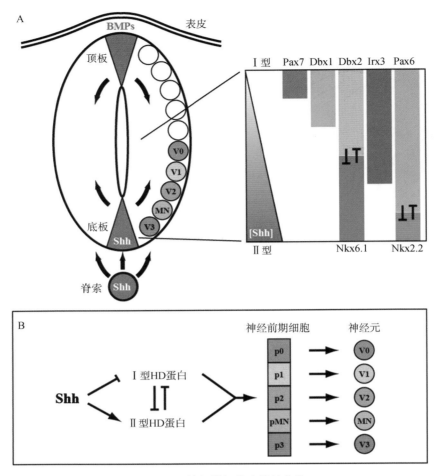

图 5-1-4　神经管沿背腹轴的分化

A. Shh 和 BMP 家族蛋白分别在脊髓腹侧与背侧形成浓度梯度，从而使神经前期细胞在背腹轴不同的位置选择不同的命运。Shh 由脊索和底板分泌，而 BMP 则由表皮（神经管形成之前）或顶板（神经管形成之后）分泌。B. 神经管沿背腹轴分化的分子模型。Shh 抑制Ⅰ型 HD 蛋白的表达，但激活Ⅱ型 HD 蛋白的表达。Ⅰ型和Ⅱ型 HD 蛋白能抑制彼此的表达，但它们在腹侧的不同位置有不同的表达范围，形成 HD 蛋白编码，从而共同分化神经前期细胞，使后者只能产生某一种神经元

Pax6，而 p3 则表达 Nkx2.2（图 5-1-4A）。在应该形成 pMN 的区域，Nkx2.2 和 Irx3 的异位表达都会抑制 pMN 的产生；前者使这个区域也产生 p3，而后者则促进 V2 中间神经元的前期细胞（p2）的形成。

　　在脊髓背侧，顶板及其背侧的表皮细胞在功能上与腹侧的底板和脊索十分相似，它们通过分泌多种 BMP 家族蛋白来影响背侧不同神经前期细胞的产生。Shh 和 BMP 介导的信号传导通路几乎在整个神经管起作用，它们通过影响不同转录因子的表达，使不同神经元产生于后脑、中脑，及大部分前脑的不同背腹轴部位。在神经系统沿前后轴分化的过程中，诱导因子的作用最终也体现在细胞内因子，尤其是

转录因子，在不同区域的特异性表达。值得一提的是编码同源异型框（homeobox，Hox）蛋白的基因簇。在果蝇等节肢动物的胚胎发育过程中，Hox 基因簇的不同成员按照在基因组中的排列顺序沿前后体轴按顺序表达，并通过这些转录因子的区域特异性的表达，使动物的体节各具特征。Hox 基因簇在演化上高度保守，它们的保守性既体现在所编码蛋白的氨基酸序列上，也体现在基因簇的各个成员在基因组中的排列顺序以及它们沿胚胎前后轴的表达顺序上。脊椎动物的部分后脑和脊髓呈节段性，而同源的 Hox 基因也被用来决定这些神经组织前后各个节段的特征。

第四节　神经细胞的多样性是外源性和内源性机制共同作用的结果

神经系统通过中胚层诱导基本成型后，神经细胞的进一步分化涉及两个方面。一方面，神经系统的不同部位会被细分为更特殊的功能区域。例如，人和其他哺乳动物的大脑新皮质由胚胎前脑的背部分化形成，具有控制运动和人类思维的功能，也用于分析和整合躯体感觉、听觉和视觉等信息，这些功能由新皮质中不同的区域所调控。另一方面，神经管同一位置上产生的神经元会被分化为具有不同功能的亚型。前面提到过，脊髓同一节段的运动神经元可以根据其支配的肌肉分为不同的亚型。有意思的是，虽然不同亚型的运动神经元产生于脊髓的同一位置，但是它们出生时，已经表达不同的 LIM 蛋白家族转录因子，而此时，神经元与肌肉纤维还没有形成突触连接。也就是说，运动神经元亚型的形成很难单纯地用环境因素的差异来解释。在神经发育过程中，除了前面讲述的分泌诱导因子到环境中的机制外，其他分子和细胞机制也起极其重要的作用。在同一环境中，相邻的细胞可以通过彼此间的直接相互作用来选择不同的命运。细胞也可以变得完全不受环境影响，而是通过固定型式的分裂来产生不同的神经细胞。在更多的情况下，神经细胞的命运是由外源性和内源性机制共同决定的。

一、环境因素可以影响神经细胞的命运

除了诱导神经系统最初的分化和成型外，在将神经系统细分成更特异的功能区域过程中，诱导因子（inducing factor）依然起重要的作用。前面已经提到，人类最复杂的感觉和知觉功能是由大脑新皮质的不同区域来处理。近年来的研究发现，成年哺乳动物新皮质中的功能区域在胚胎发育时期就可以观察到，也就是说，相应区域的神经前期细胞之间就已经有差异。胚胎前脑的不同区域有成型中心（patterning center），通过分泌不同因子来影响神经前期细胞的分化。

在神经发育早期，前脑背侧中线分泌的 BMP 和 Wnt 家族蛋白，以及来源于腹侧的 Shh，沿着背腹轴把前脑背部分成海马、新皮质和嗅觉皮质等不同结构。在新皮质的进一步分化中，背侧的成型中心继续分泌 BMP 和 Wnt 蛋白，从中线至两侧形成浓度梯度；其他的成型中心，如位于前脑头端的细胞，会分泌 FGF8 等因子，沿着前后轴形成浓度梯度（图 5-1-5A）。在皮质的不同位置，这些浓度梯度对神经前期细胞的分化有不同的影响，进而形成最初的皮质区域图谱。增强或减弱这些分泌因子的表达可以改变成熟皮质中功能区域的分布，这表明这些成型中心对于这些功能区域的形成起很大的作用。例如，在胚胎期降低前脑头端 FGF8 的表达量，可以显著减少成年小鼠皮质前部的功能区。反之，在前脑后端异位表达 FGF8，可以产生第二个、在正常情况下只有在皮质前部形成的躯体感觉皮质（图 5-1-5B）。一个有意思的现象是，分泌因子的浓度梯度影响胚胎皮质细胞中多种转录因子的表达量，从而形成相对应的皮质前期细胞和它们产生的神经元中转录因子的表达量梯度，进而影响细胞分裂以及神经元产生、迁徙、突触连接和凋亡，最终决定神经网络的形成。需要指出的是，虽然在皮质与皮质外神经元之间形成特异突触连接过程中，神经元自身的特性以及它们所在的环境在最初起很大作用，但是，神经网路的精细化和维持还取决于神经活动。也就是说，脑的发育和功能，既受先天（遗传）因素的影响，也受到后天（神经活动）因素的影响。

环境因素能决定细胞命运的另一个例子是神经嵴细胞（neural crest cells）的分化。神经脊细胞起源于神经板两侧的外胚层（图 5-1-1），其中有些细胞成为神经板的一部分，直至神经管形成以后才迁移出来。神经脊细胞迁移的范围相当广，在胚胎的不同部位形成似乎没有什么共性的多种细胞类型，包括外周神经系统的神经元和胶质细胞、皮肤的色素细胞、内分泌和旁分泌组织、面部的软骨和骨骼，及多种器官中的结缔组织。虽然这些不同的细胞来源于胚胎前后轴不同位置上的神经脊细胞，但是移植实验表明，它们所产生的细胞类型并不是取决于它们的起始位置，而是取决于它们最后所迁移到的部位，这说明它们的命运在很大程度上是由环境因素所决定的。在体外，不同的生长因子〔（BMP2/4）、施万细

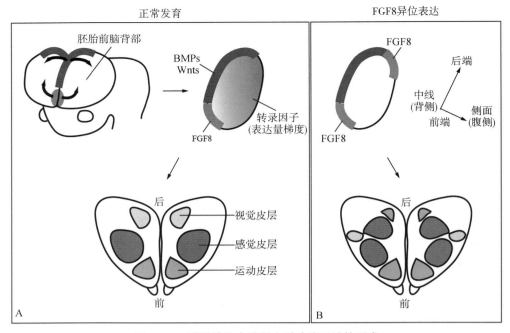

图 5-1-5　**哺乳动物大脑新皮质功能区域的形成**

A. 在正常发育过程中，胚胎前脑背部中线和头端的成型中心分泌 BMP、Wnt 和 FGF8 等因子，使这些蛋白分别沿背腹轴和前后轴形成浓度梯度，进而影响多种转录因子在神经前期细胞中的表达量，最终把大脑新皮质分化成不同的功能区域。**B**. 受在胚胎前脑后端异位表达的 FGF8 影响，大脑新皮质能在后端形成第二个运动和躯体感觉皮质

胞（胶质细胞生长因子）和平滑肌（TGF-β）] 可以把神经脊细胞分化成交感神经元。

二、细胞之间可以通过"对话"（直接相互作用）来选择不同的命运

在神经系统发育过程中，相邻的细胞经常会选择不同的命运，这种选择有时是通过细胞之间的"对话"来实现的。一个经典的例子是果蝇发育中神经前期细胞的决定。果蝇的神经外胚层细胞均具备成为神经前期细胞的潜力，并表达能使它们成为神经前期细胞的因子 [称为"促神经基因"（proneural gene）]。然而，一个形成中的神经前期细胞能通过"神经形成基因"（neurogenic gene）阻止邻近的细胞也选择这一命运，因此，最终只有一小部分神经外胚层细胞会继续表达促神经基因而成为神经前期细胞，其余变成表皮或辅助细胞（图 5-1-6A）。

在这个被称为"侧位抑制"（lateral inhibition）的过程中，两个神经形成基因，缺角蛋白（notch）和三角蛋白（Delta）所介导的细胞间的对话发挥关键作用（图 5-1-6B）。Notch 是一种跨膜受体，其氨基端在细胞膜外，可与配体结合，其羧基端在细胞内，具备直接调控基因表达的能力。Delta 是 Notch 的配体，也是一种跨膜蛋白。在神经外胚层细胞中，Notch 的

表达量是相似的，但 Delta 在形成中的神经前期细胞中的表达量较高，这使得 Delta 能激活邻近细胞的 Notch 受体。Notch 被激活后，其羧基端经酶切脱离细胞膜，并进入细胞核，通过与缺毛蛋白抑制因子 [suppressor of hairless，Su（H）] 的结合而激活分叉增强因子 [enhancer of split，E（spl）] 类转录因子的表达。后者抑制包括无毛基因簇（achaete-scute complex，AS-C）在内的促神经基因的表达，从而使神经前期细胞周围的细胞变成其他细胞。由于 Delta 本身的表达也需要促神经基因，Notch 被激活后也会抑制 Delta 的表达，从而使邻近细胞不能通过激活 Notch 来抑制促神经基因在神经前期细胞中的表达。也就是说，通过 Notch 信号传导及其反馈机制，相邻的细胞可以对神经和表皮命运作出不同的选择。由于这种反馈机制可以放大细胞之间随机出现的 Notch 信号传导的差异，因此，即使把一个形成中的神经前期细胞杀死，邻近细胞中的一个也会替代它。在缺失 Notch 的情况下，几乎所有的神经外胚层细胞都变成神经前期细胞；反之，在神经外胚层细胞中持续激活 Notch，它们都不能变成神经前期细胞（图 5-1-6C）。有意思的是，一个神经前期细胞有时可以抑制周围上百个细胞，其中大部分与它并不直接相邻，这是通过神经前期细胞伸展出的细长的突起实现的，而且 Delta 能促进这种突起的生长。

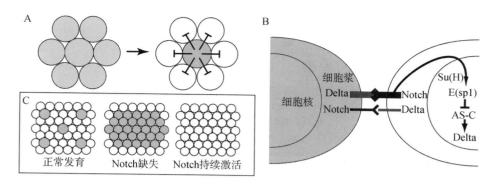

图 5-1-6　**Notch 介导的信号传导通路能使细胞之间可以通过对话来选择不同的命运**

A. 在果蝇的正常发育过程中，一个形成中的神经前期细胞（深绿色）能阻止邻近的神经外胚层细胞（浅绿色）也选择这一命运，使后者变成表皮细胞（白色）；B. 形成中的神经前期细胞通过 Delta 来激活邻近细胞中的 Notch 信号传导通路，从而抑制 AS-C 和 *Delta* 等基因的表达，使邻近的细胞不能成为神经前期细胞；C. Notch 活性的改变能影响果蝇神经前期细胞的数量

Notch 介导的信号传导通路在进化上相当保守，所有被研究过的动物都用它来介导发育过程中细胞之间的相互作用。脊椎动物有多个编码 Notch 和 Delta 的基因。在小鼠胚胎发育过程中，上调和下调 Notch 信号传导通路中各个基因的活性，会影响神经系统内外多种组织的形成。虽然这些实验还不能精确地阐明 Notch 的作用，但是 Notch 信号传导的变化会导致细胞命运的改变，也能影响很多其他方面的细胞分化，这说明细胞之间的相互作用在脊椎动物的发育中也起关键的作用。

三、前期细胞可通过不对称分裂产生多种神经细胞

不对称细胞分裂（asymmetric cell division）能产生两个在出生时就不同的子细胞。果蝇等无脊椎动物的细胞多样性主要来自这种内源性的不对称分裂。例如，在果蝇的外周神经系统中，各种感觉器官是一种叫作"感觉器官前体"（sensory organ precursor，SOP）细胞的神经前期细胞分裂形成。用于感受机械或化学信息的外感觉（ES）器官由四种细胞组成：刚毛细胞（hair，H），感觉神经元（N），毛孔细胞（socket，S）和鞘细胞（sheath cell，Sh）。刚毛和毛孔细胞形成可以在体外看到的感受器，感觉神经元将收集到的信息传送到中枢神经系统，还有一个起支持作用的鞘细胞。这四种细胞由 SOP 细胞通过三轮不对称分裂产生（图 5-1-7B）：SOP 第一次分裂产生一个ⅡA 和一个ⅡB，它们都是二级前体细胞；ⅡA 进一步分裂产生刚毛和毛孔细胞，ⅡB 分裂产生一个胶质细胞和一个三级前体细胞（ⅢB），其中胶质细胞凋亡或迁移到其他地方，不成为 ES 器

官的一部分，而ⅢB 细胞则再次分裂产生一个神经元和一个鞘细胞。果蝇中枢神经系统中的神经前期细胞叫作"神经母细胞"（neuroblast），也通过一系列的不对称分裂来产生不同的神经元和胶质细胞。

那么，两个子细胞为何在出生时就有不同的命运呢？一个主要的机制是在细胞分裂时，将决定细胞命运的因子只定位在细胞的一侧，并通过这样不对称的分布把这些因子只分配给其中的一个子细胞。例如，华裔美国科学家詹裕农（Yuh Nung Jan）和叶公杼（Lily Yeh Jan）实验室的研究表明，果蝇的麻木蛋白（Numb）是一个决定不对称细胞命运的因子（图 5-1-7A）。在 SOP 细胞分裂间期，Numb 蛋白几乎是均匀地分布在 SOP 的细胞浆内（黏附在细胞膜内侧）。但是，当 SOP 细胞进入分裂期后，Numb 会很快地集中到细胞的一侧，并在分裂后主要被分配给ⅡB 细胞。Numb 蛋白在两个 SOP 子细胞中的不对称分布使它们选择不同的命运：在 Numb 缺失的情况下，两个 SOP 子细胞都变成ⅡA；反之，如果迫使 SOP 细胞将 Numb 蛋白较平均地分配给两个子细胞，它们都变成ⅡB 细胞。ⅡA 和ⅢB 细胞虽然在出生时没有从母细胞得到 Numb，但它们能合成新的 Numb 蛋白，并通过 Numb 的不对称分布使两个子细胞选择不同的命运。也就是说，在 Numb 缺失的情况下，SOP 细胞只能产生一个只有四个毛孔细胞的 ES 器官，而 Numb 蛋白的平均分配也会阻碍 ES 器官的形成，使它只含有四个感觉神经元（图 5-1-7B）。进一步的研究表明，这一 Numb 介导的机制在果蝇发育过程中，使很多神经和非神经前期细胞分裂产生不同的细胞类型。

决定细胞命运的因子在细胞内的不对称分布是一个复杂的过程。细胞首先要极化，使其一端与另

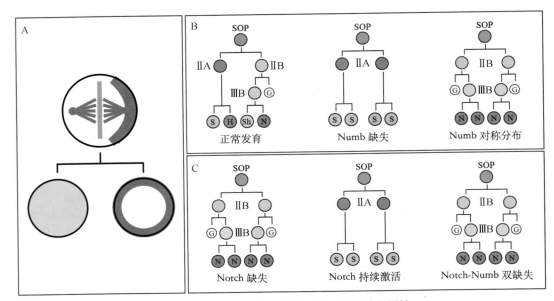

图 5-1-7　不对称细胞分裂可以造成细胞的多样性

A. Numb 蛋白的不对称分布可以使两个子细胞选择不同命运。集中在细胞一侧的 Numb 蛋白（绿色）是否只分配给一个子细胞，还取决于纺锤体（粉红色）的位置，即细胞分裂的平面（橙色）。**B**. 果蝇的 SOP 细胞通过三轮不对称的分裂产生组成 ES 器官的四个细胞。Numb 缺失或对称分布都会影响 ES 器官的形成。**C**. Notch 活性的改变也会影响 ES 器官的形成。H. 刚毛细胞；N. 感觉神经元；S. 毛孔细胞；Sh. 鞘细胞

一端不同。线虫的研究首先发现，分割蛋白 -3（Par-3）、分割蛋白 -6（Par-6）和非典型蛋白激酶 C（aPKC）这三种蛋白组成在演化上非常保守的一个蛋白复合物。细胞根据胚胎轴提供的极化信号，把这一复合物定位在一端使细胞极化。随后，这一复合物通过其他的蛋白因子，把 Numb 以及其他决定细胞命运的因子定位到细胞的对侧，并固定纺锤体的位置，从而使这些因子能不均等地分配给两个子细胞。

在脊椎动物中，这些影响果蝇和线虫发育中不对称细胞分裂的各种同源因子也存在，它们的氨基酸序列高度保守，提示内源性的不对称细胞分裂在脊椎动物发育中也起重要的作用。哺乳动物的神经系统有大量的神经元，它们是在胚胎发育的特定阶段，通过前期细胞的多轮分裂而产生。也就是说，在产生神经元期间，神经上皮中的一部分细胞分化成神经元，而另一些仍选择神经前期细胞的命运（自我更新），并继续分裂产生更多的神经元。通过实时成像技术直接观察发现，许多神经前期细胞能不对称地分裂，在自我更新的同时产生一个神经元。哺乳动物有两个高度保守的、编码 Numb 蛋白的基因。小鼠的神经前期细胞在分裂时，把 Numb 蛋白集中在细胞的一侧，并在分裂后更多地分配给继续成为前期细胞的子细胞。如果这些 Numb 蛋白缺失，神经前期细胞就不能进行自我更新；而迫使 Numb 蛋白较为平均地分配给两个子细胞，神经元的产生就会被抑制。这些研究表明，至少在神经前期细胞平衡

自我更新与分化的过程中，Numb 介导的不对称细胞分裂起关键作用。这一细胞分裂形式是否在脊椎动物的细胞多样性中也起作用，尚待进一步的研究。

四、一个神经细胞的"生日"（出生时刻）可决定其命运

前面已经提到，神经元是在较长的一段发育时期中，通过神经前期细胞（包括神经干细胞）多次分裂而产生。也就是说，不同的神经元有不同的"生日"，神经细胞分化也受时间调控（time regulation）。在这里，神经细胞生日的定义是神经前期细胞刚刚分裂并产生不具有分裂能力的神经元的时刻。大脑新皮质神经发育的研究首先揭示，神经细胞命运的决定也受时间上调控机制的影响。虽然皮质的不同区域具有相当特殊的功能，但是神经元在各个部位的分布十分相似，形成与皮质表面平行的六层，只是每层的厚薄在不同的区域有所不同。在胚胎发育过程中，皮质的投射神经元来源于皮质神经上皮内侧室管膜层（ventricular zone）中的神经前期细胞，后者一般在室管膜层内表面进行分裂，产生出来的神经元离开室管膜层，朝神经上皮的外表面迁移，在外侧的"皮质板"（cortical plate）分化为成熟的神经元。标记神经元生日的实验显示，皮质神经元是在特定的发育时期内，"由里朝外"产生出来的：深层的神经元先产生，然后再产生浅层的神经元，

后者必须穿过前者才能到达它们在皮质板的位置。由于不同层的神经元在形态、与其他神经元的连接和生理功能上不一样，所以这些标记实验也说明神经元的生日与它们的命运之间有对应的关系。进一步的研究揭示，一个皮质神经前期细胞可以多次分裂，它们所产生的神经元可以占据不同层，这也就是说，"皮质层次命运"与生日的对应关系是因为皮质前期细胞能在不同的时间产生不同的神经元，而不是因为皮质中有只能产生某一层皮质神经元的神经前期细胞。把皮质神经前期细胞在体外单个培养，即在没有类似于体内环境的条件下，它们仍然能按顺序产生不同层的皮质神经元。

细胞生日与命运之间的对应关系也体现在视网膜的形成过程中。脊椎动物的视网膜有六种神经元（神经节细胞，无长突细胞，双极细胞，水平细胞，视锥细胞和视杆细胞）以及一类胶质细胞（穆勒胶质细胞），这些细胞是在发育过程中按顺序产生出来的：首先是神经节细胞，最后才是视杆细胞、双极细胞和穆勒细胞。与大脑皮质的神经前期细胞一样，视网膜的前期细胞也有产生多种神经细胞的能力，即不同的视网膜细胞同样也不是来源于只能产生某一种细胞的前期细胞。然而，一个视网膜前期细胞在发育的某个阶段只能产生一种视网膜细胞，并且环境因素只能影响其所产生细胞的多少，但很难迫使它产生与其发育阶段不相符的细胞。比如说，把某一发育时期的视网膜前期细胞移植到发育较早或较晚的视网膜中，这些细胞仍然只能产生与它们自身发育时期相对应的视网膜细胞。

根据这些研究，科学家们提出：前期细胞在发育中经历一系列的"潜能状态"，每当进入一个状态后，它们只能产生某一种神经细胞，并且，这些潜能状态是由细胞内源性的因子决定的。那么，一个神经前期细胞是如何从一个潜能状态进入另一个潜能状态，从而使一个神经元的生日决定其命运的呢？

果蝇的中枢神经系统是由神经母细胞经过多次分裂产生。比如，在果蝇胚胎每一个腹部体节的两侧，各有 30 个这样的神经母细胞，每一次分裂以后，它们自我更新并同时产生一个较小的神经节母细胞（ganglioblast，GMC），后者再通过不对称性分裂产生两个不同的神经细胞。神经母细胞各不相同，各自产生一系列独特的、不同类型的神经元和胶质细胞。由于一个体节中不同的神经母细胞会在胚胎发育不同时期产生，因此在出生时间上，一个神经母细胞后产生出的神经元有时会早于另一神经

母细胞先产生出来的神经元。有意思的是，在最早几次分裂时，所有的神经母细胞，无论是产生于胚胎发育稍早或稍晚时期，都会按时序表达四个转录因子（图 5-1-8A、C）。虽然这些转录因子只是短暂地在神经母细胞中表达，但是它们会在分裂后产生的 GMC 以及 GMC 产生的神经细胞中继续表达。美国科学家 Chris Doe 实验室的研究表明，这些转录因子的短暂表达对于特定神经细胞的产生起关键作用（图 5-1-8B）。例如，神经母细胞第一次分裂时会表达驼背蛋白（hunchback，Hb），但在第二次分裂时转为表达畸形蛋白（krüepple，Kr）。通过遗传学的方法将 Hb 在神经母细胞中去除，它们就不再产生第一次分裂后产生的"头生"神经细胞，但是第二次分裂时产生的"二生"神经细胞不受影响，而去除 Kr 会得到相反的结果。反之，如果迫使神经母细胞持续地表达 Hb 或 Kr，它们不能产生别的神经细胞，而是不断地产生头生或二生神经细胞。

在体外，果蝇胚胎的神经母细胞依然能按顺序表达这些转录因子，进一步提示存在一个细胞内源性的时序调控机制，通过不同的转录因子，使神经母细胞从一个潜能状态转换为下一个。有趣的是，在果蝇视叶发育过程中，虽然神经母细胞也通过顺序表达转录因子来产生不同的视觉神经元，但所用的转录因子与腹部的完全不同（homothorax，klumpfuss，eyeless，sloppy-paired，dichaete，tailless）。同样有趣的是，果蝇脑部参与嗅觉学习与记忆的蘑菇体，在发育时，神经母细胞不是通过顺序表达不同转录因子，而是通过表达一个叫 chinmo 的蛋白，在连续分裂过程中，不断降低其表达量，也就是形成时间上的浓度梯度，来产生不同的神经元（图 5-1-8C）。

虽然果蝇的研究揭示，很多种神经前期细胞在一次次分裂时，会按顺序表达不同的转录因子，从而使它们能在不同发育时间产生不同的神经细胞，但是类似的机制还没有在哺乳动物中发现。有证据表明，果蝇研究中发现的另一个生日决定神经元命运的机制，也就是调控因子在神经前期细胞不断分裂过程中形成时间上的浓度梯度，很可能在演化过程中是保守的。

哺乳动物的大脑新皮质由胚胎前脑背侧的神经上皮发育而来，这一区域的神经前期细胞有两种。一种是位于室管膜层的放射状胶质细胞（radial glial cell，RGC），是神经干细胞，可以分裂很多次，产生很多个投射神经元。另一种是来源于 RGC 的中间神经前期细胞（intermediate neural progenitor，INP），一般只分裂一次，产生两个投射神经元。RGC 通过不对称

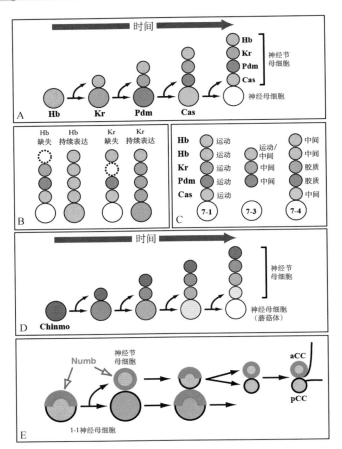

图 5-1-8　细胞命运调控因子表达随时间的不同改变，可以使果蝇中枢神经系统神经母细胞在每次分裂后产生不同的神经细胞

A. 在最早几次分裂时，果蝇胚胎腹部不同的神经母细胞，在连续分裂过程中，都会按顺序表达四个转录因子。B. Hb 和 Kr 缺失或持续表达能影响神经母细胞产生不同 GMC 的能力。虚线显示 GMC 或者死亡，或者变成二生（Hb 缺失）或头生（Kr 缺失）GMC。C. 7-1、7-3 和 7-4 这三个神经母细胞每次分裂后产生的 GMC 各不相同，但用同样的转录因子来决定它们的命运。7-1 和 7-4 前两次分裂时都表达 Hb。7-3 只分裂三次。运动 . 运动神经元；中间 . 中间神经元；胶质 . 胶质细胞。D. 果蝇脑部蘑菇体发育时，神经母细胞不断减低chinmo 一个蛋白的量（时间上的浓度梯度），在连续分裂过程中，产生不同的 GMC。E. 神经母细胞和 GMC 分裂时也将 Numb 蛋白不对称地分配给两个子细胞。GMC 只分裂一次，产生两个不同的神经细胞，并通过 Numb 的不对称分布使它们选择不同的命运

分裂，在自我更新的同时产生一个投射神经元。但随着皮质发育的进展，RGC 在进行自我更新的不对称分裂时，更多的是另外产生一个 INP，后者在室管膜层外侧形成亚室管膜层（subventricular zone），在此分裂产生神经元。小鼠研究发现，在没有成熟（有功能）微小 RNA（microRNA 或 miRNA）的情况下，RGC 虽然能够产生正常数量的皮质神经元，但这些神经元缺乏层次的特性，也就是说，miRNA 在皮质板层形成中起关键作用。其中，三种微小 RNA，miR-128，miR-9 和 let-7，在皮质神经前期细胞不断

分裂过程中，形成在时间上相反、在功能上拮抗的浓度梯度。miR-128 表达与 miR-9 的功能从高到低，分别能促进第六和第五板层神经元的命运，而 let-7 表达从低到高，并按不同浓度促进第四至第二层板层神经元的命运。let-7 在线虫中调控特定发育时期的基因表达，是最早发现的 miRNA 之一。在果蝇神经母细胞中，let-7 通过抑制 mRNA 翻译成蛋白，帮助 chinmo 形成时间上的浓度梯度。所以，虽然还不清楚，到底有多少决定细胞命运的调控因子在果蝇和小鼠神经发育过程中形成时间上的浓度梯度，但是这一机制很可能在演化过程中是保守的。

值得指出的是，在神经系统发育过程中，时序调控（timing control），也就是说生日与细胞命运之间的关系可能是一个较为普遍的现象；而且这种时序（time sequence）上的调控也可以通过细胞之间的相互作用来实现。例如，脊髓中的一些运动神经元的亚型也是按先后顺序产生的。鸡胚实验显示，先产生的运动神经元亚型会释放维甲酸类的分子到细胞外，以此来影响后产生运动神经元亚型的命运。在神经发育过程中，一般是先产生神经元，然后再产生胶质细胞，这一转换也可能是由时序（time sequence）上的调控机制来决定。把皮质神经前期细胞在体外单个培养，它们仍然能从产生神经元转换到产生胶质细胞。在脊髓发育中，有证据显示，运动神经元和少突胶质细胞来源于同一群神经前体细胞，但是按先后顺序产生。

五、神经细胞的多样性是由不同的内源性和外源性机制共同作用的结果

虽然一些神经前期细胞会利用上述机制中的某一种来决定细胞命运，但是在神经发育中，这些机制往往不是独立地运作，而是共同起作用。前面提到，果蝇中枢神经系统中的神经母细胞每次分裂后，都会通过时序（time sequence）上的调控机制，产生不同的 GMC。但是，神经母细胞在分裂时，也会像外周神经系统中的 SOP 细胞一样，把 Numb 等蛋白不对称地分配给两个子细胞中的一个。虽然 Numb 在这一分裂中不起作用，但是 GMC 也会不对称地将 Numb 分配给两个子细胞，并通过 Numb 的不对称分布使它们选择不同的命运（图 5-1-8E）。例如，1-1 神经母细胞的头生 GMC（GMC1-1a）分裂后，一个子细胞成为运动神经元（aCC），另一

个成为中间神经元（pCC）。如果没有 Numb，两个细胞都变成 pCC；反之，把 Numb 较平均地分配给两个子细胞，它们都变成 aCC。Numb 在其他 GMC 不对称地分裂时，很可能起相似的作用。也就是说，不对称分裂与时序（time sequence）调控共同起作用，使一个神经母细胞产生一系列不同的神经细胞。

　　一个有意思的现象是，时序调控（timing control）和不对称分裂（asymmetric division）这两个机制影响很多细胞的命运，而这些细胞命运之间几乎没有相似性。比如说，虽然 1-1（图 5-1-8E）、7-1、7-3、7-4（图 5-1-8C）这四个神经母细胞每次分裂后产生的细胞完全不同，有运动神经元，有中间神经元，也有神经胶质细胞，但是，它们使用同样的转录因子来决定这些截然不同的细胞命运（图 5-1-8C）。Numb 同样也能影响很多的细胞命运。虽然在 GMC1-1a 的分裂过程中，Numb 让细胞选择运动神经元的命运而不是成为中间神经元，但是在别的神经前期细胞分裂时，Numb 也可以让细胞成为不同的中间神经元。MP2 神经前期细胞只分裂一次，产生两个轴

突伸展方向不同的中间神经元（vMP2 和 dMP2）；Numb 使细胞选择 dMP2 的命运。在前面讲到的 SOP 细胞分裂中，Numb 蛋白被用来决定三个毫不相关的命运（ⅡB，神经元和刚毛细胞）。非神经细胞也能通过 Numb 使子细胞选择不同的命运。

　　那么，这些蛋白为何能决定这么多的命运呢？在不对称细胞分裂中，两个子细胞命运的决定也受 Notch 介导的细胞之间相互对话的影响，并且，Notch 和 Numb 功能的变化（缺失或增强）对细胞命运的影响完全相反。但是，在 Notch 和 Numb 都缺失的情况下，细胞命运的变化与 Notch 缺失所造成的一样（图 5-1-7C）。这些实验提示，Numb 和 Notch 很可能只是让细胞在两个命运中选择其中的一个，而不是决定某一特定的命运。也就是说，Numb 的不对称分布以及两个细胞之间或细胞与环境之间的对话，使它们在两个命运中做不同的选择。脊椎动物的神经发育更加复杂，需要产生更多不同功能的神经细胞，因而神经细胞的产生更可能是内源性和外源性机制共同作用的结果。

第五节　应用单细胞转录组技术阐明哺乳早期神经系统的发生和分化

　　细胞命运的决定是让一个细胞能特异地表达一组基因，这些基因让细胞最终拥有独特的形态与功能。近年来，单细胞转录组测序（single-cell RNA sequencing，scRNA-seq）技术凭借其高通量和高灵敏性的优势，让我们能从分子层面上阐明胚胎发育过程中细胞动态变化过程，极大地提高了人们对胚胎发育和器官形成过程的理解。前面我们介绍了神

经系统发生与分化的一些基本概念和决定因子，接下来以小鼠和人早期胚胎发育为例，介绍哺乳动物早期神经系统发育中的细胞谱系变化。通过结合单细胞转录组和空间转录组技术，研究人员对原肠运动中期外胚层、E5.5、E6.0、E6.5、E7.0 和 E7.5 的外、中、内三个胚层构建空间转录组，从分子层面重构了胚层谱系的发生过程（图 5-1-9）。

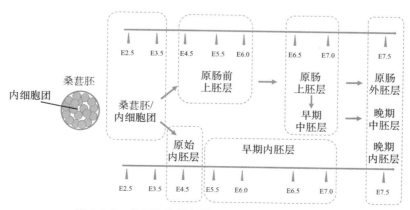

图 5-1-9　单细胞转录组揭示小鼠胚胎早期发育路径
单细胞转录组结合空间转录组揭示小鼠胚胎原肠胚到三胚层发育路径；原肠前上胚层主要发育成外胚层和中胚层，原始内胚层来源于桑葚胚中的内细胞团，并发育成内胚层

哺乳动物的早期胚胎发育过程具有较高的相似性。以小鼠为例，受精两天后，合子形成桑葚胚（E2.5），受精三天后，发育形成具有内细胞团的囊胚（blastocyst）（E3.5），受精四天后，产生上胚层（epiblast）和原始内胚层（primitive endoderm）（E4.5），进而形成了原肠胚（gastrula）和内、中、外三个胚层（E6.5～E7.5）。此后，早期胚胎开始分化出体节和器官，并产生神经板（neural plate）和原始心管（primitive heart tube）（E8.0～E8.5）。在随后的四天内（E9.5～E13.5），胚胎细胞通过大量增殖，从数千个细胞增加到数亿。在整个发育过程中，每一个阶段都涉及分子水平的精密调控，以确保每种细胞类型的产生和发展过程遵循既定的路线。通过细胞标记移植和谱系追踪等方法，发育生物学家在20世纪八九十年代已经初步建立了小鼠胚胎的细胞命运图谱。这些研究发现，细胞的空间位置对于细胞命运具有重要的影响。例如，当原肠运动完成后，前端外胚层细胞将按照头尾（cranio-caudal）的次序，发育为大脑及脊髓等具有严谨前后次序的中枢神经系统。然而小鼠早期胚胎发育，特别是原肠运动时期的胚层谱系建立及细胞命运决定的分子机制尚不清晰。单细胞转录组测序技术凭借其高通量和高灵敏性的优势，弥补了这一缺陷。

E6.5到E8.5是原肠形成和早期器官发育的阶段，在这48小时内，胚胎发育可以被详细划分为原条前、早期原条、中期原条、晚期原条、神经板形成、头部褶层发生和体节形成。利用单细胞测序分析，研究人员发现具有多能性的上胚层细胞的数量随着发育的进展逐渐减少。中胚层和定型内胚层从E6.75开始出现，E7.5之后，随着各个胚层中多种细胞类型的分化以及器官发生的开始，外胚层细胞也开始出现。在转录组水平，外胚层细胞更加接近神经外胚层以及原条细胞，而原条细胞又与中胚层和内胚层相联系。从E8.25到E8.5这个器官发生阶段，神经外胚层和中胚层通过神经中胚层前体细胞相互连接，这些前体细胞随后发育为躯干中胚层和脊髓伸进组织，这反映出三个胚层在谱系上的相关性和差异性。

从E9.5到E13.5，神经板（neural plate）向内折叠并闭合，成为由一层神经上皮细胞组成的神经管（neural tube），此后，神经系统开始快速发育。借助于大规模转录组测序分析，科学家们描绘了神经管-脊索发育轨迹，包括了脊索、神经管、前体细胞、发育中的神经元和胶质细胞等多种细胞

类型（图5-1-1，图5-1-3）。此外，还有三条神经脊发育轨迹，分别涉及感觉神经元、施旺细胞前体和黑素细胞。随着发育过程的进行，每条轨迹中每种类型细胞的数量都出现了显著的增加，然而值得注意的是，每种类型细胞的百分比都相对稳定。此外，基因表达谱显示，中枢神经系统中兴奋性神经元和抑制性神经元可能来源于多条交汇的轨迹，这可能是因为这些细胞在不同的脑区分化成熟。

在人类神经系统的早期胚胎发育过程中神经管闭合后，神经上皮细胞（neuroepithelial cells，NEC）转化为放射状胶质细胞（radial glial cell，RGC），并进行快速的增殖和分化，因此人类大脑的体积也开始急剧扩大。与其他哺乳动物相比，人类大脑，尤其是大脑皮质，在许多方面有独特的结构特征。这些特性随着胚胎发育的推进逐步显现，因此不能简单地通过小鼠脑发育过程来重现。利用单细胞技术研究人脑皮质以及海马发育过程中各种细胞类型的动态变化，有助于人们理解这些类型的细胞是如何出现的，它们的异常发育又是如何导致神经发育性疾病的，以及如何利用人类神经干细胞模拟或治疗脑疾病。

神经管由一层假复状神经上皮细胞组成，经过多次增殖后转变为放射状胶质细胞（RGC）。RGC进行不对称分裂，早期通过直接神经发生，产生一个RGC和一个神经元，后期通过间接神经发生，产生一个RGC和一个INP。随着发育过程的推进，孕中期神经元分化逐渐减少，RGC开始分化为胶质细胞。在这个过程中，尤其是孕初期阶段，神经上皮细胞如何转变为RGC，以及神经发生过程中分子水平的变化还不清晰。此外，近年来，研究发现人脑中，脑室下区外层（oSVZ）中存在一种新的神经干细胞——外侧放射状胶质细胞（oRG），该神经干细胞独特的细胞与分子机制是人脑皮质扩增的重要原因之一。

研究人员利用高通量单细胞测序技术，分析了从卡耐基分期（Carnegie stages，CS）CS12到CS22共10个人类胚胎的脑细胞转录组。CS12大脑中各个区域的表达谱没有明显的差别。从CS13开始各个脑区特异性的转录因子便开始表达，例如后脑的HOX、中脑的PAX6、丘脑的BBX2、中间神经节突起的NKX2.1，及大脑皮质的FOXG1等。虽然不同脑区表达特异性的转录因子，然而各个区域决定细胞类型的基因表达谱在很大程度上是保守的。

研究人员从所有样品中确认了63种细胞类型，

主要的类型包括神经上皮细胞、RGC、INP、多种神经元、类似间充质的细胞。虽然神经发生大量出现在孕中期末端，即使是最早期的脑样本中也能检测到少量的神经元、而这个阶段不存在 INP，表明这些少量的神经元来源于直接神经发生。直到孕早期的后期，INP 才开始出现，也就是间接神经发生从这个时期开始出现。随着发育的进展，神经上皮细胞的百分比逐渐下降，同时 RGC 数量开始逐步增加，而孕早期出现的间充质样细胞也出现显著的下降。

有些类型的神经元主要富集在早期样品中，这些神经元可能来源于直接神经发生；有些类型的神经元主要富集在晚期样品中，可能来自间接神经发生。早期样品中的神经元有些表达 MEF2C，有些表达未知功能的基因 LHX5-AS1，还有已知的表达 RELN 的 Cajal-Retzius 神经元，以及表达 TLE4 和 NR4A2 的底板神经元。此外，表达 NHLH1 的神经元、表达 NEUROD6 和 BCL11B 的神经元，及表达 CALB2 的神经元都产生于神经发生的后期。细胞分化轨迹分析显示在发育后期样本中，主要的分化轨迹是 RGC 经过 INP 到分化的神经元。在早期的样本中，分化轨迹为 RGC 直接产生分化的神经元，

即直接神经发生。此外，神经上皮细胞也可以直接转变为 RGC。

神经上皮细胞转化为 RGC 的过程，包括细胞间紧密连接的重构和 Nestin、RC2 蛋白的表达。RNA 测序分析显示，CS14 阶段只有少量的表达 Nestin 的 RGC，而 CS22 阶段 RGC 大量增加，而表达 ZO-1 的神经上皮细胞则出现了显著的下降。在孕早期，神经上皮细胞逐步向 RGC 转变，通过细胞类型转录本分析，作者发现转变过程的驱动基因与神经发育性疾病和精神性疾病相关，表明早期皮质发育过程在这些疾病发生发展过程中的重要影响。

研究人类大脑的早期发育机制，目前主要依赖小鼠模型或者类器官。通过比较对应发育阶段的人类和小鼠前脑单细胞测序数据，研究人员发现人脑中大多数细胞类型都存在于小鼠大脑中，而两群前体细胞特异性存在于人脑中，分别表达 C1orf61 和 ID4。与不同阶段人脑类器官转录组相比较，研究人员发现早期类器官中的细胞类型与相应阶段人脑中细胞类型有较低的相似度，而随着培养时间的延长，后期类器官与人脑细胞类型的相似度逐渐提高。演化上，非人类灵长类特有基因的过表达，可以导致小鼠脑膨大，有些会出现沟回结构。

小　结

本章阐述了决定神经细胞命运的一些基本的分子和细胞机制，这些机制在演化中是高度保守的。在决定神经细胞命运的过程中，细胞之间的相互作用起重要作用。这些相互作用既可以发生于神经细胞与非神经细胞之间，也可以发生于神经细胞之间；这些相互作用既可以通过弥散在环境中的诱导因子，也能通过细胞之间的直接对话。但是，细胞外的因子最终会在细胞内激活一个特异的分裂和分化程序，使神经前期细胞可以在很大程度上不受环境的影响，产生不同的神经细胞。通过对这些机制的进一步的研究，发育神经生物学的最终目标是能够精确地描述：在发育过程中，不同的神经元和胶质细胞如何按准确的数量、在特定的时期、在不同的神经系统部位产生。

参考文献

综述
1. Cepko C. Intrinsically different retinal progenitor cells produce specific types of progeny. *Nat Rev Neurosci*，2014，15：615-627.
2. Doe CQ. Temporal Patterning in the Drosophila CNS. *Annu Rev Cell Dev Biol*，2017，33：219-240.
3. Jan YN，Jan LY. Genetic control of cell fate specification in *Drosophila* peripheral nervous system. *Annu Rev Genet*，1994，28：373-393.
4. Jessell TM. Neuronal specification in the spinal cord：inductive signals and transcriptional codes. *Nat Rev Genet*，2000，1：20-29.
5. Louvi A，Artavanis-Tsakonas S. Notch signalling in vertebrate neural development. *Nat Rev Neurosci*，2006，7：93-102.
6. Pearson JC，Lemons D，McGinnis W. Modulating *Hox* gene functions during animal body patterning. *Nat Rev Genet*，2005，6：893-904.
7. Sauka-Spengler T，Bronner-Fraser M. A gene regulatory network orchestrates neural crest formation. *Nat Rev Mol Cell Biol*，2008，9：557-568.
8. Sur M，Rubenstein JL. Patterning and plasticity of the cerebral cortex. *Science*，2005，310：805-810.
9. Stern CD. Neural induction：old problem，new findings，yet

more questions. *Development*, 2005, 132: 2007-2021.

10. Zhong W, Chia W. Neurogenesis and asymmetric cell division. *Curr Opin Neurobiol*, 2008, 18: 4-11.

研究论文

1. Briscoe J, Pierani A, Jessell TM, et al. A homeodomain protein code specifies progenitor cell identity and neuronal fate in the ventral neural tube. *Cell*, 2000, 101: 435-445.

2. Cai Y, Yu F, Lin S, et al. Apical complex genes control mitotic spindle geometry and relative size of daughter cells in *Drosophila* neuroblast and pI asymmetric divisions. *Cell*, 2003, 112: 51-62.

3. Fukuchi-Shimogori T, Grove EA. Neocortex patterning by the secreted signaling molecule FGF8. *Science*, 2001, 294: 1071-1074.

4. Glinka A, Wu W, Onichtchouk D, et al. Head induction by simultaneous repression of Bmp and Wnt signalling in *Xenopus*. *Nature*, 1997, 389: 517-519.

5. Isshiki T, Pearson B, Holbrook S, et al. *Drosophila* neuroblasts sequentially express transcription factors which specify the temporal identity of their neuronal progeny. *Cell*, 2001, 106: 511-521.

6. Lee KJ, Dietrich P, Jessell TM. Genetic ablation reveals that the roof plate is essential for dorsal interneuron specification. *Nature*, 2000, 403: 734-740.

7. Li X, Erclik T, Bertet C, et al. Temporal patterning of Drosophila medulla neuroblasts controls neural fates. *Nature*, 2013, 498: 456-462.

8. Noctor SC, Martinez-Cerdeno V, Ivic L, et al. Cortical neurons arise in symmetric and asymmetric division zones and migrate through specific phases. *Nat Neurosci*, 2004, 7: 136-44.

9. Novitch BG, Wichterle H, Jessell TM, et al. A requirement for retinoic acid-mediated transcriptional activation in ventral neural patterning and motor neuron specification. *Neuron*, 2003, 40: 81-95.

10. Peng G, Suo S, Cui G, et al. Molecular architecture of lineage allocation and tissue organization in early mouse embryo. *Nature*, 2019, 572: 528-532.

11. Petersen PH, Zou K, Hwang JK, et al. Progenitor cell maintenance requires numb and numblike during mouse neurogenesis. *Nature*, 2002, 419: 929-934.

12. Pijuan-Sala B, Griffiths J, Guibentif C, et al. A single-cell molecular map of mouse gastrulation and early organogenesis. *Nature*, 2019, 566: 490-495.

13. Reversade B, De Robertis EM. Regulation of ADMP and BMP2/4/7 at opposite embryonic poles generates a self-regulating morphogenetic field. *Cell*, 2005, 123 (6): 1147-1160.

14. Rhyu MS, Jan LY, Jan YN. Asymmetric distribution of numb protein during division of the sensory organ precursor cell confers distinct fates to daughter cells. *Cell*, 1994, 76: 477-491.

15. Shen Q, Wang Y, Dimos JT, et al. The timing of cortical neurogenesis is encoded within lineages of individual progenitor cells. *Nat Neurosci*, 2006, 9: 743-751.

16. Shu P, Wu C, Ruan X, et al. Opposing gradients of microRNA expression temporally pattern layer formation in the developing neocortex. *Dev Cell*, 2019, 49: 764-785.

17. Wilson PA, Hemmati-Brivanlou A. Induction of epidermis and inhibition of neural fate by Bmp-4. *Nature*, 1995, 376: 331-333.

18. Vitali I, Fièvre S, Telley L, et al. Progenitor hyperpolarization regulates the sequential generation of neuronal subtypes in the developing neocortex. *Cell*, 2018, 174: 1264-1276.

19. Wu YC, Chen CH, Mercer A, et al. Let-7-complex microRNAs regulate the temporal identity of Drosophila mushroom body neurons via chinmo. *Dev Cell*, 2012, 23: 202-209.

20. Zhong S, Zhang S, Fan X, et al. A single-cell RNA-seq survey of the developmental landscape of the human prefrontal cortex. *Nature*, 2018, 555: 524-528.

第2章 大脑皮质的发育

马 健 时松海

大脑皮质位于大脑的最表层，是神经系统的高级中枢，是感知、运动、语言、学习记忆、情感和意识等高级功能的物质基础。哺乳动物大脑皮质绝大部分是由新皮质这一进化最晚出现的脑组织组成。大脑新皮质的结构和功能高度组织化，由早期发育过程中复杂有序的分子细胞机制调控形成。在进化中，大脑皮质的大小、形态和神经细胞多样性都发生显著变化，以实现大脑的高级功能。大脑皮质发育缺陷可导致脑畸形和严重的智力、社交和精神障碍。因此，对大脑皮质发育的研究，不仅有助于认识大脑这一极为重要器官的结构、功能和进化，也是探究人类脑疾病的发病机制以及开发新的诊疗方法的重要基础。在本章中，我们将阐述大脑皮质的基本发育调控机制，并讨论大脑皮质发育在进化中的保守和演变。

第一节 大脑皮质的发育起源和细胞组成

根据细胞组成和形态结构，大脑皮质分为新皮质（neocortex；也称同源皮质，isocortex）和旧皮质（paelocortex；也称为异质皮质，allocortex）。新皮质具有6层层状结构，约占大脑皮质体积的90%，包含额叶、顶叶、枕叶和颞叶等区域；旧皮质位于大脑皮质的边缘（也称边缘叶），一般具有3层层状结构，约占大脑皮质的10%，包含嗅球、内嗅皮质、梨状皮质（主要与嗅觉相关）和海马（也称archicortex，古皮质）等区域。古、旧皮质在大脑进化中出现较早，调控大脑的基本功能，如嗅觉、空间和声明性记忆等；而新皮质在大脑进化中较晚出现，是哺乳动物特有的。在本节中，我们主要阐述大脑新皮质的发育和细胞组织结构。

一、大脑皮质的发育起源

哺乳动物大脑皮质发育起源于神经管（neural tube），其发育过程受到一系列内在和外在因子严格调控。在胚胎发育早期，受精卵发育成原肠胚（gastrula），建立前-后（anterior-posterior）和背-

腹（dorso-ventro）轴。原肠胚分化成三个独立的胚层：外胚层（ectoderm）、中胚层（mesoderm）和内胚层（endoderm）。随着发育的进行，外胚层背侧正中的细胞板（即神经板，neural plate）的中心向胚胎内部下陷，同时其周围的外胚层隆起形成神经褶（neural folds），此时在神经板上形成的沟槽被称为神经沟。随后，神经沟两侧的神经褶继续向背侧正中移动，并融合形成神经管。神经板发育成神经管的过程被称为神经胚形成（neurulation），发生在胚胎发育早期，约在人类胚胎发育的第 22 天和小鼠胚胎发育的第 9 天。

哺乳动物神经管的形成过程以及分化模式在进化中是保守的，主要受到形态发生素（morphogen）调控。形态发生素在组织中扩散，以连续的浓度梯度方式调控细胞中的转录因子表达和基因表达程序，调控神经管的模式化发育和分化。神经管闭合后，神经管内的空腔发育成充满脑脊液的脑室（ventricle），其中大脑半球内的脑室被称为侧脑室（lateral ventricle）。神经管前端进一步膨大分化形成 3 个脑泡，并沿着前 - 后轴发育成大脑的前脑（forebrain）、中脑（midbrain）和后脑（hindbrain）。前脑包含端脑（telencephalon）、间脑（diencephalon）和视泡（optic vesicle），其中视泡最终发育成视神经和视网膜，间脑发育成丘脑和下丘脑，端脑发育成大脑皮质、嗅球和海马等。

二、大脑皮质的结构

根据主体兴奋性神经元的细胞特性，如胞体大小、细胞密度、信息输入和输出特性，及神经纤维投射模式等，大脑新皮质在水平方向上可分为 6 层（图 5-2-1A）。从表面向内依次为分子层（molecular layer，又称为第 1 层）、外颗粒层（external granular layer，第 2 层）、外锥体细胞层（external pyramidal layer，第 3 层）、内颗粒层（internal granular layer，第 4 层）、内锥体细胞层（internal pyramidal layer，第 5 层）和多形层（multiform layer，第 6 层）。每层基本与大脑表面平行，包含一到多种兴奋性神经元亚型。

分子层位于大脑新皮质最表面，细胞密度小于其他层，神经元主要为抑制性中间神经元，无兴奋性神经元。其他层的兴奋性锥体神经元顶树突投射至分子层，并在分子层中形成多个分支。从皮质的第 2/3 层到第 6 层，同层内的兴奋性神经元的细胞

类型和连接模式相似，分别是：胼胝体投射神经元（callosal projection neuron，CPN，主要分布在第 2/3 层）、棘状星状神经元（spiny stellate neuron，SN，第 4 层）、大脑下投射神经元（subcerebral projection neuron，SPN）和胼胝体投射神经元（CPN）（SPN 和 CPN，第 5 层），及皮质丘脑投射神经元（corticothalamic projection neuron，CThPN，第 6 层）。深层（也称为粒下层，infragranular layers，包含第 5 和第 6 层）神经元优先与皮质下结构连接，而浅层（也称为粒上层，supragranular layers，第 2 和第 3 层）神经元主要与对侧或同侧皮质连接。第 4 层神经元主要接受丘脑投射输入，在感知皮质中最显著。许多基因，尤其是编码转录因子或突触信号传导蛋白的基因，在皮质中具有明确的特异性表达模式。同时，轴突投射模式不同的神经元的基因表达也有显著差异，表明大脑皮质的分层不仅仅是一个解剖学概念，更重要的是反映了不同类型神经元在皮质中的规律分布和功能分离。

神经元类型、密度和突触连接的区域特性将大脑皮质分为若干不同的解剖学区域，与特定的生理功能相对应。通过对不同物种大脑皮质结构和功能的详细比较，发现哺乳动物共同祖先的大脑皮质主要由三类区域组成：初级感觉区、次级感觉区和运动区。除了占比大的与感觉和运动相关的脑区，哺乳动物大脑皮质中还有相当数量的联合区，如高等哺乳动物的额叶和颞叶。大脑皮质联合区可接受并整合多重感觉信息，与大脑的高级功能，如意识和学习记忆密切相关。

三、大脑皮质的细胞组成

大脑皮质的细胞组成主要为神经元和胶质细胞。神经元包含兴奋性投射神经元（占比 70% ～ 80%）和抑制性中间神经元（占比 20% ～ 30%）。兴奋性神经元为谷氨酸能（glutamatergic）神经元，轴突可以投射到距离较远的皮质内或皮质下区域，在皮质的不同区域以及不同脑区之间传递信息。抑制性中间神经元是 γ- 氨基丁酸能（GABAergic）神经元，轴突基本为局部投射，精细调控神经环路活动。胶质细胞在大脑皮质发育组装和功能执行中起着重要作用。大脑皮质神经元和胶质细胞均具有显著异质性（heterogeneity），包括形态、基因表达和电生理等特性，并且其空间分布和细胞组织结构与功能息息相关。

（一）兴奋性投射神经元

大脑皮质兴奋性神经元主要为锥体神经元，在几乎所有哺乳动物、鸟、鱼和爬行动物的中枢神经系统中广泛存在，但在两栖动物中缺乏。锥体神经元具有典型的形态特征，包括锥体形状的胞体、顶树突（apical dendrite）和基树突（basal dendrite）（图5-2-1A）。锥体神经元分布在大脑新皮质的第2～6层，根据胞体分布和投射模式，主要分为以下三类：胼胝体投射神经元 CPN、大脑下投射神经元 SPN 和皮质丘脑投射神经元 CThPN。除了轴突投射的差异，不同类型的锥体神经元的树突形态也存在差异，如顶树突的分支位置、数量和分支方向，这对信息的整合和突触可塑性至关重要。

（二）抑制性中间神经元

基于发育起源、特异性标志物表达、形态、电生理和突触连接等特性，大脑皮质抑制性中间神经元可分为 20 种以上的亚型，单细胞转录组学分析预测存在一百多种亚型，中间神经元的异质性极大地丰富了大脑皮质环路运行和信息处理的方式。根据特异性标记物表达，大脑皮质抑制性中间神经元主要分为三大类：分别表达小清蛋白神经元（parvalbumin，PV）、生长抑素（somatostatin，SOM）和 5- 羟色胺受体 3A（5-hydroxytryptamine 3a receptor，5HT3aR）的神经元（图5-2-1B）。这三类可进一步细分成不同的亚型，如 PV 神经元根据形态可分为篮状（basket）、枝形吊灯（chandelier）和跨层（translaminar）等神经元；SOM 神经元主要包含两种亚型：Martinotti 和 non-Martinotti 细胞；5HT3aR 神经元的亚型很丰富，包含胆囊收缩素（cholecystokinin，CCK）、神经肽 Y（neuropeptide Y，NPY）、血管活性肠肽（vasoactive intestinal peptide，VIP）和 Reelin 阳性的神经胶质状细胞等亚型。

（三）星形胶质细胞

星形胶质细胞（astrocyte）是大脑皮质中数量最多的胶质细胞，占据了神经元之间的大部分空间。星形胶质细胞的纤维与神经元、血管和其他胶质细胞相接触，在皮质的结构支持、新陈代谢、突触形成、信号传递、血脑屏障的形成和血流控制等中具有重要的功能。根据形态和分布的位置，星形胶质细胞可分为第一层星形胶质细胞（layer 1 astrocyte）、原生质星形胶质细胞（protoplasmic astrocyte）和纤维星形胶质细胞（fibrous astrocyte）（图5-2-1C 上）。近期研究表明，星形胶质细胞同神经元一样，也有高度的区域异质性，提示其起源和功能的特异性。

（四）少突胶质细胞

少突胶质细胞（oligodendrocyte）是中枢神经系统的髓鞘形成细胞，产生髓磷脂，紧紧包裹着轴

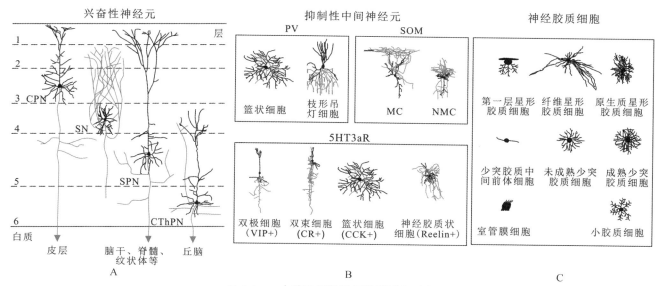

图 5-2-1　大脑皮质神经细胞类型和形态

A. 大脑皮质不同层兴奋性神经元的基本形态。CPN，胼胝体投射神经元；SN，棘状星形神经元；SPN，大脑下投射神经元；CThPN，皮质丘脑投射神经元。黑色，树突；灰色，轴突。B. 大脑皮质中抑制性中间神经元类型和形态。PV，小清蛋白神经元；SOM，生长抑素；5HT3aR，5- 羟色胺受体 3A；VIP，血管活性肠肽；CR，钙视网膜蛋白；CCK，胆囊收缩素；MC，Martinotti 细胞；NMC，non-Martinotti 细胞；黑色，树突；灰色，轴突。C. 大脑皮质中神经胶质细胞的类型和形态特征，包括星形胶质细胞、少突胶质细胞、室管膜细胞和小胶质细胞

突，形成髓鞘。在成年的大脑皮质中，根据形成髓鞘的能力，存在两种状态的少突胶质细胞：未成熟少突胶质细胞（pre-myelinating oligodendrocyte）和成熟的少突胶质细胞（myelinating oligodendrocyte）（图 5-2-1C 中），同时也有许多保持分裂能力的少突胶质中间前体细胞（oligodendrocyte progenitor cells，OPCs）。大脑皮质中少突胶质细胞也有异质性。

（五）室管膜细胞

室管膜细胞（ependymal cell）是排列在大脑脑室壁的上皮细胞，呈立方体或柱状形态，是神经胶质细胞的一种，在胚胎晚期或出生初期由神经前体细胞产生，生长有多纤毛结构，在脑脊液产生、转运和大脑稳态中发挥重要作用（图 5-2-1C 左下）。

（六）小胶质细胞

小胶质细胞（microglia）是大脑皮质免疫系统的组成部分，起源于胚胎卵黄囊中的早期骨髓前体细胞，在发育早期迁移到大脑皮质，并增殖分化，在皮质发育、神经环路的维护和运行等中发挥重要作用（图 5-2-1C 右下）。

第二节   神经发生和胶质发生

大脑皮质的结构和功能依赖于神经元和胶质细胞的有序产生和规则迁移。在皮质发育早期，神经前体细胞通过有序的分裂行为，产生大量不同类型的神经细胞（神经元和胶质细胞）。兴奋性神经元起源于端脑背侧的脑室区（ventricular zone，VZ），而抑制性中间神经元主要起源于端脑腹侧的神经节隆起（ganglionic eminence）。星形胶质细胞、少突胶质细胞和室管膜细胞与神经元有共同的神经前体细胞起源（图 5-2-2 A ～ C）。

一、神经前体细胞

（一）神经上皮细胞

大脑皮质的所有神经细胞最初都起源于位于神经管的单层增殖干细胞，称为神经上皮细胞（neuroepithelial cells，NECs）。NEC 具有顶端-基底细胞极性（apico-basal polarity），径向横跨整个神经上皮的厚度，细胞膜顶端和底端分别与神经管的内腔（lumen）和基膜（basal lamina）相连。同时，细胞膜顶端分布紧密连接（tight junction）和黏着连接（adherens junction，AJ）蛋白，将相邻的 NECs 紧密相互连接起来形成连接带（belt）。中心体特异性定位在顶端膜（apical membrane），并支持初级纤毛（primary cilium）的形成。在发育早期，NECs 进行多次对称分裂，扩大神经干细胞数量。NECs 分裂细胞周期中，细胞核在细胞质中径向移动（沿着顶-基轴），细胞分裂只发生在脑室表面，这一过程称为区间动态核迁移（interkinetic nuclear migration，INM）。由于神经上皮中的 NECs 非同步分裂，同一时间点，处于细胞周期不同阶段的 NECs 的细胞胞体在神经上皮中的径向位置不同，使神经上皮形成典型的假复层（pseudostratified）结构，容纳更多的 NECs，支撑大脑皮质的发育。随着发育的进行，NECs 表型发生显著变化，获得胶质细胞特征，分化为放射状胶质细胞（radial glial cell，RGC）。在小鼠中，NECs 在胚胎发育第 9.5 ～ 10.5 天向 RGCs 转变，主要特征是下调紧密连接分子（如 occludin）、表达星形胶质细胞标记物（如 Glast 和 FABP7），及上调特定转录因子（如 Pax6）。

（二）放射状胶质细胞

放射状胶质细胞 RGCs 是大脑皮质发育中短暂存在但至关重要的神经前体细胞，产生皮质几乎所有的神经元和胶质细胞。RGCs 主要分布在发育期大脑的脑室区，表达特异性转录因子，如 Pax6、Emx1 和 Sox9。RGCs 由神经上皮细胞 NECs 分化而来，因而保留了部分 NECs 特性，如细胞极性和黏着连接。RGCs 具有明显的细胞极性，胞体一极伸出细长的基底纤维（basal fiber）投射到软脑膜表面（pial surface），另一极伸出短的顶纤维通过黏着连接锚定在脑室区 VZ 表面。RGCs 的基底纤维支持新生神经元由神经发生区向软脑膜方向的径向迁移，调控"由内而外"的大脑皮质层状结构形成。

类似于神经上皮细胞 NECs，由于胞体假复层、细胞极性和中心体的特异性定位等因素，RGCs 也进行区间动态核迁移 INM，并只在脑室表面进行细胞分裂，分裂模式包含增殖的对称分裂（symmetric proliferative division）、神经细胞发生的不对称分裂（asymmetric neurogenic 或 gliogenic division）和终端对称分裂（terminal symmetric division）。随着发育的进行，RGCs 遵循规律的细胞程序，逐渐从对称增殖分裂转变为不对称神经发生分裂。在对称增殖分裂过程中，RGCs 的增殖潜能随着分裂次数的增加逐渐下降，直至过渡到不对称神经元发生分裂，每次分裂产生一个新的 RGC，和一个神经元或中间放大前体细胞（transit amplifying progenitors，TAPs），如中间神经前体细胞（intermediate progenitors，IPs）或基底放射状胶质细胞（basal radial glial cells，bRGCs；也称 outer subventricular zone radial glial cells，oRGCs）。中间放大前体细胞迁移至脑室下区（subventricular zone，SVZ）继续分裂分化产生神经元。值得一提的是，中间放大前体细胞的种类和数量调控大脑皮质的扩增和折叠。神经发生完成时，大部分 RGCs 进行终端对称分裂，退出细胞周期；少部分的 RGCs 继续分裂，进行胶质细胞发生（gliogenesis），产生星形胶质细胞和少突胶质细胞。随着胶质细胞发生，RGCs 逐渐消失，只有少部分转化为成体神经干细胞（adult neural stem cells，aNSCs）。

（三）短神经前体细胞

除了放射状胶质细胞 RGCs，脑室区 VZ 表面还存在一类神经前体细胞，称为短神经前体细胞（short neural precursors，SNPs）。SNPs 由 RGCs 分化产生，具有一些与 RGCs 相似的特性，如顶纤维锚定在脑室表面。但是，SNPs 的形态、分裂能力、细胞周期动力学等特性与 RGCs 有显著差异。SNPs 只有很短甚至没有基底纤维，并且短的基底纤维只投射到脑室下区 SVZ，基本只进行一轮对称分裂产生 2 个神经元。与 RGCs 同时期产生的神经元相比，SNPs 产生的神经元倾向占据皮质的较深位置。另外，目前也有研究认为 SNPs 是刚产生还未迁移到 SVZ 的 IPs。

（四）中间前体细胞

中间前体细胞 IPs 是放射状胶质细胞 RGCs 分裂产生的一种分裂能力有限的过渡性神经前体细胞，与 RGCs 特性相差较大。IPs 在脑室表面产生后，径向迁移脱离脑室区 VZ，主要分布在脑室下区 SVZ 中，因此未整合到 VZ 表面的细胞黏着连接带。脑室下区中的 IPs 呈多极形态，表达转录因子 Tbr2，分裂能力有限。在小鼠中，大部分 IPs 只进行一轮对称分裂，以消耗自身方式产生两个神经元，并且，IPs 不产生胶质细胞。

放射状胶质细胞 RGCs 进行不对称分裂的直接神经发生时，每轮细胞周期只能产生 1 个神经元，而通过 IPs 的分裂，每轮细胞周期至少产生 2 个神经元。因此，RGCs 通过产生 IPs 增加神经元输出，IPs 的出现有助于大脑皮质的进化扩增。

（五）基底放射状胶质细胞

在高等哺乳动物中，如雪貂（*Mustela putorius furo*）和灵长类等，放射状胶质细胞 RGCs 分裂产生大量基底放射状胶质细胞 bRGCs，bRGCs 对大脑皮质的扩增和折叠起着关键调控作用。在啮齿类动物大脑皮质中，bRGCs 相对罕见。bRGCs 产生后，在脑室下区 SVZ 聚集，促使 SVZ 区域扩增并特化成两个亚区：内脑室下区（inner subventricular zone，ISVZ）和外脑室下区（outer subventricular zone，OSVZ），bRGCs 主要分布在 OSVZ 中，并在 OSVZ 中分裂分化。人类的 bRGCs 除了表达一些 RGCs 分子标志物，如 Nestin、Vimentin 和 Pax6 等，还表达一些特异性标志物，如 Hopx 和 TNC 等。bRGCs 只保留了 RGCs 的细长的延伸到软脑膜表面的基底纤维，缺少顶纤维，因此不锚定在脑室 VZ 表面。另外，和 RGCs 一样，bRGCs 在细胞周期中也进行核迁移，并保持基底纤维，支持新生神经元的径向迁移。bRGCs 有较强的分裂能力，可进行对称增殖分裂，也可进行不对称分裂产生 IPs 或神经元，极大地扩增了大脑皮质神经细胞的数量，调控大脑皮质的扩增和折叠。

（六）成体神经干细胞

成年大脑中主要存在两群成体神经干细胞 aNSCs，分别分布在脑室-脑室下区（ventricular-subventricular zone，V-SVZ）和海马齿状回亚颗粒区（subgranular zone，SGZ），产生嗅球中间神经元和海马颗粒神经元。V-SVZ 的 aNSCs 又称为 B1 细胞（type B1 cells），起源于胚胎期的放射状胶质细胞 RGCs，被室管膜细胞包围，细胞顶部区域小，生长有与脑脊液接触的初级纤毛，aNSCs 基底纤维连接在邻近血管上。B1 细胞可被激活分裂产生 C 细胞（type C cells），后者具有较强分裂能力，可进行多次对称分裂产生 A 细胞（type A cells）。A 细胞进行

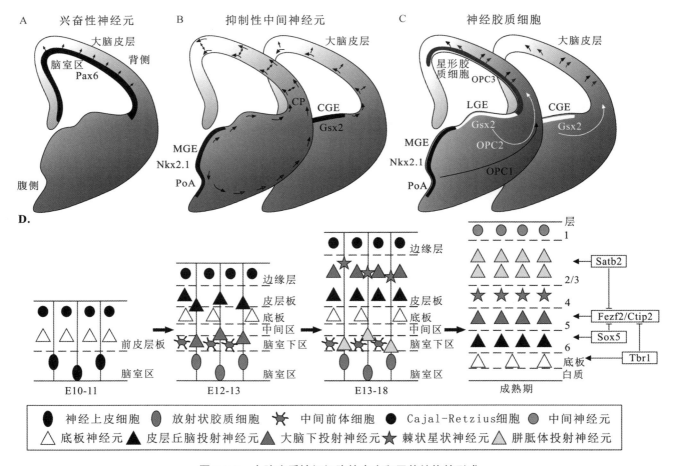

图 5-2-2   大脑皮质神经细胞的产生和层状结构的形成

A ~ C. 兴奋性神经元、抑制性神经元、星形胶质细胞和少突胶质细胞起源于端脑的不同区域。A. 兴奋性神经元起源于端脑背侧的脑室区（Pax6 ＋，黑色），新生神经元放射状向皮质迁移。B. 中间神经元起源于端脑腹侧的脑室区，其中大多数来自 MGE（Nkx2.1 ＋，黑色）和 CGE（Gsx2 ＋，黑色），少部分来自 PoA（Nkx2.1 ＋，黑色）。C. 星形胶质细胞起源于端脑背侧的脑室区（深灰色）；在皮质发育中，有三波少突胶质细胞的产生，分别来自 MGE 和 PoA（Nkx2.1 ＋，黑色）、LGE（Gsx2 ＋，白色）和端脑背侧（灰色）。D. 大脑新皮质"由内向外"的层状结构形成。在皮质的早期发育阶段（E10 ～ E11），神经管只包含单一的神经上皮细胞层，其中少部分神经上皮细胞经过不对称分裂，产生第一波神经元，形成前皮质板。随着发育的进行（E12 ～ E13），新生的兴奋性神经元将前皮质板分裂成边缘层和底板，并形成皮质板。较晚产生的兴奋性神经元以连续波方式迁移越过较早产生的神经元，分布在较浅层位置（E13 ～ E18），建立大脑皮质的六层结构。不同层的神经元的依次产生和迁移受到严格的分子转录机制调控。MGE. 内侧神经节隆起；CGE. 尾侧神经节隆起；PoA. 视前区；LGE. 外侧神经节隆起；CP. 皮层板；OPC. 少突胶质前体细胞

1 ～ 2 次分裂，进入吻侧迁移流（rostral migratory stream，RMS），以连锁迁移（chain migration）方式迁移至嗅球，分化为中间神经元并整合到神经环路。B1 细胞具有异质性，分布在 V-SVZ 不同位置的 B1 细胞产生不同类型的嗅球中间神经元。

二、兴奋性神经元神经发生

（一）直接神经发生和间接神经发生

大脑皮质神经发生主要在胚胎阶段，有高度规律的内在程序。在小鼠中，端脑背侧脑室放射状胶质细胞 RGCs 首先进行对称增殖分裂，在胚胎期 11 ～ 12 天（E11 ～ E12）进入神经发生阶段。

RGCs 的神经发生有直接和间接两种模式：在直接神经发生模式中，RGCs 通过不对称分裂直接产生一个神经元和一个 RGC 进行自我更新；在间接神经发生模式中，RGCs 通过不对称分裂产生一个中间放大前体细胞 TAP 和一个 RGC 进行自我更新，TAP 继续进行分裂分化，增加神经元产生的数量。不同类型 TAPs 的分裂方式和产生神经元的能力不同，中间神经前体细胞 IPs 进行有限（小鼠中通常一次）的对称分裂，产生少量神经元，基底放射状胶质细胞 bRGCs 可以进行对称增殖分裂和不对称神经发生分裂，产生更多的神经元。

直接神经发生在小鼠嗅球、海马和脊髓中相对普遍，是脊椎动物进化中相对保守的神经发生机

制。在这些区域中，神经发生周期也相对较短，如在嗅球中，大多数投射神经元仅在 2 ～ 3 天内产生（E11 ～ E13），而在大脑新皮质中需要 5 ～ 6 天（E12 ～ E16）。通过 TAPs 的间接神经发生，比直接神经发生更有效率地产生神经元，这对大脑新皮质六层层状结构的形成至关重要。因此，进化过程中，神经发生的模式调控大脑皮质中神经细胞的数量以及皮质的体积和形态。

（二）兴奋性神经元多样性起源

在大脑皮质发育过程中，兴奋性神经元以"由内向外"模式序列产生和迁移，分布在每一层的神经元亚型有相对特异性的形态、分子表达、电生理、突触连接和功能特性。关于不同亚型的兴奋性神经元在发育过程中是如何产生的，目前有两种基本假说：①预先决定的命运限制（pre-determined fate restriction）假说：即神经前体细胞是异质性的，具有多种亚型，不同亚型的神经前体细胞产生其所对应的特定亚型神经元（类似脊髓的神经发生模式）；②命运逐渐受限（temporally progressive fate restriction）假说：即存在一类全能神经前体细胞，其分裂分化特性在同一时间点大致相同，但随着发育的进行，分裂潜能和分化命运逐渐受到限制，因此在发育的不同时间点产生不同亚型的神经元。细胞命运谱系追踪和神经前体细胞体外培养等研究表明，大脑新皮质中的兴奋性神经元的多样性起源符合命运逐渐受限假说。

以小鼠大脑皮质为主体的研究表明，不同亚型的兴奋性神经元基本以连续波（consecutive waves）的形式产生，这主要是由放射状胶质细胞 RGCs 的形态结构和分裂特性决定的（图 5-2-2D）。分布在底板的底板神经元（subplate neuron，SPN）是 RGCs 产生的第一波神经元，主要发生在 E11.5 左右；随后（E12.5 ～ E13.5），RGCs 主要产生分布在第 6 层和第 5 层的皮质丘脑投射神经元 CThPN 和大脑下投射神经元 SCPN；第 4 层棘状星状神经元 SN 约在 E14.5 产生；大部分胼胝体投射神经元 CPN 在 E14.5 ～ E16.5 产生，分布在皮质的第 2/3 层；少部分的 CPN 在 E12.5 ～ E13.5 产生，分布在皮质的深层。SPN、CThPN 和 SCPN 是密切相关的神经元，位于皮质深层，在发育早期相继产生，具有类似的核心转录调控机制。锌指转录因子 Fezf2 及其下游 Ctip2 对大脑下投射神经元 SCPN 的产生分化至关重要，Fezf2 在 SCPN 中高表达，Fezf2 缺失导致皮质第 5 层的大胞体形态锥体神经元完全缺失。Ctip2 缺失时，SCPN 的产生和迁移不受影响，但形态和轴突投射都有显著缺陷。Tbr1 在 CThPN 和 SPN 中高表达，抑制 Fezf2 和 Ctip2 表达，调控 CThPN 和 SPN 的产生。另外，Sox5 可抑制包括 Fezf2 和 Ctip2 在内的 SCPN 基因的高水平表达，确保 SPN 和 CThPN 产生完成之后，才开始产生 SCPN。深层和浅层神经元产生转换的关键调控也是通过转录因子之间的相互抑制来实现的。Satb2 在 CPN 中高表达，抑制 CTIP2 调控 CPN 分化，当 Satb2 缺失时，几乎没有轴突穿越胼胝体。值得一提的是，一些关键转录因子在 RGCs 和分化的神经元中都有表达，其调控特定亚型神经元产生的机制还不完全清晰。

三、中间神经元神经发生

大脑皮质中间神经元起源于端脑腹侧，主要包括内侧神经节隆起（medial ganglionic eminence，MGE）、尾侧神经节隆起（caudal ganglionic eminence，CGE）和视前区（preoptic area，PoA）（图 5-2-2B）。MGE/PoA 和 CGE 的放射状胶质细胞 RGCs 分别产生约 70% 和 30% 的大脑皮质中间神经元，并且，这两个生发区产生不同亚型的中间神经元。MGE/PoA 的 RGCs 特异性表达 Nkx2.1，主要产生 PV 和 SOM 中间神经元。Nkx2.1 调控 MGE/PoA 起源的中间神经元的迁移分化，在迁移至皮质板前，Nkx2.1 在新生中间神经元中的表达下调，其下游转录因子 Lhx6 的表达将上调，促进细胞迁移、定位和分化。CGE 的 RGCs 特异性表达 Gsx2，产生 5HT3aR 中间神经元，其可分为多种亚型，如 VIP 和 CCK 等中间神经元亚型。

中间神经元的神经发生过程和兴奋性神经元的基本相似，放射状胶质细胞 RGCs 进行不对称分裂，通过直接神经发生和间接神经发生两种模式产生中间神经元。另外，端脑腹侧脑室下区的中间神经前体细胞 IPs 主要表达 Dlx1/2 或 Ascl1，也可产生中间神经元。在神经发生过程中，MGE 区域存在两类组织形态的 RGCs，均为双极形态，顶纤维都锚定在脑室区 VZ 表面，主要差异在于基底纤维，一类是具有细长的与软脑膜表面接触的基底纤维，另一类是具有相对短的锚定在 VZ 周边血管上的基底纤维。随着神经发生的进行，这两类 RGCs 的比例发生变化。在发育早期（如小鼠中 E12.5 前），大部分 RGCs 的基底纤维锚定在软脑膜上，和端脑背侧 RGCs 类似；在神经发生中后期，软脑膜表面锚定的 RGCs 数量减少，血管锚定的 RGCs 数量增多；在神经发生后期（如小鼠的 E16.5），血管锚定的 RGCs 占大多数。RGCs 从软脑膜锚定到血管锚定的转变，伴随着新生中间神经元切向迁移路线由浅层边缘层路线向深层 SVZ 路线的转变。

在小鼠大脑皮质神经发生过程中，端脑背侧的放射状胶质细胞 RGCs 的细胞数量基本保持不变，中间神经前体细胞 IPs 一般只进行一轮对称分裂。但是，MGE 的 RGCs 细胞数量随着神经发生的进行显著减少，脑室下区 SVZ 却显著扩增，包含大量的 IPs，IPs 可经历多轮对称分裂，产生多个神经元。端脑腹侧的 RGCs 减少和 IPs 增多调控多种中间神经元亚型的快速有序产生。

中间神经元的多样性与神经前体细胞的时空多样性紧密相关。首先，不同起源地产生的中间神经元亚型不同，如 MGE/PoA 产生 PV 和 SOM 神经元亚型，CGE 产生 5HT3aR 神经元亚型。其次，MGE/POA 的 RGCs 在发育的不同阶段也可以产生不同亚型的中间神经元，符合命运逐渐受限假说，单个 MGE/PoA 的 RGC 既能产生 PV 亚型，也能产生 SOM 亚型。MGE/PoA 起源的中间神经元基本以出生时间依赖的先"由内而外"而后"由外而内"迁移模式分布在大脑皮质中。SOM 亚型产生时间比 PV 亚型相对较早，稍多分布于大脑皮质深层。PV 亚型在整个神经发生过程中几乎以稳定的速率产生，PV 阳性的篮状细胞在皮质的 2～6 层中都有分布。枝形吊灯状细胞主要在神经发生晚期产生，特异性地分布在大脑皮质的第 2 和第 6 层中。

MGE 可进一步分为背侧（dorsal MGE，dMGE）和腹侧（ventral MGE，vMGE）两个亚区，不同亚区的放射状胶质细胞 RGCs 具有异质性，基因表达和所产生的中间神经元亚型都有显著差异。在小鼠中，dMGE 中的 RGCs 表达 Nkx6.2 和 Nrxn1 等，倾向产生 SOM 和 CR 共表达的 Martinotti 神经元，较早退出细胞周期；而 vMGE 的 RGCs 表达 Nkx2.1 和 Lhx8 等，倾向产生 PV 亚型；另外，dMGE 产生少部分位于深层和浅层的枝形吊灯状细胞，而 vMGE 产生大量的枝形吊灯状细胞，并且几乎都分布在浅层。但目前对端脑腹侧 RGCs 的异质性程度仍有争议。

CGE 起源的大脑皮质中间神经元比 MGE 起源的产生时间相对稍晚。在小鼠发育早期（约

E10.5），只有 MGE/PoA 产生大脑皮质中间神经元，产生峰值在 E12～E13。CGE 先产生迁移到大脑腹侧结构的神经细胞，从 E12.5 开始，才产生迁移到大脑皮质的中间神经元，产生峰值在 E15～E16，约 70% 的 CGE 起源中间神经元分布在大脑皮质的第 1～3 层中。

四、胶质细胞发生

大脑皮质大胶质细胞，包括星形胶质细胞和少突胶质细胞，主要由产生神经元的放射状胶质细胞 RGCs 在胚胎晚期和出生后早期继续分裂分化产生。胶质发生一般在神经发生之后，细胞发生过程相似，由 RGCs 通过不对称分裂产生细胞命运和分裂能力相对有限的中间胶质前体细胞（intermediate glial precursor cells）进一步分裂分化完成。在小鼠中，15%～20% 的端脑背侧 RGCs 进行从神经发生到胶质发生的转换，产生胶质细胞（图 5-2-2C）。完成转换后，RGCs 按相对稳定的比例以三种方式产生胶质细胞：只产生星形胶质细胞、只产生少突胶质细胞和既产生星形胶质细胞又产生少突胶质细胞的方式。

中间胶质前体细胞只产生星形胶质细胞或少突胶质细胞，分为中间星形胶质前体细胞（intermediate astrocyte precursor cell，I-APC）和中间少突胶质前体细胞（intermediate oligodendrocyte precursor cell，I-OPC）。单个端脑背侧 RGC 产生的中间胶质前体细胞的数目具有随机性，然而，单个中间胶质前体细胞产生数量相对固定的胶质细胞。单个 I-APC 产生 2～3 个同一亚型的星形胶质细胞，单个 I-OPC 产生 4～6 个同一亚型的少突胶质细胞，由同一中间胶质前体细胞产生的胶质细胞在皮质中呈局部簇状分布。因此，胶质细胞的产生过程对胶质细胞局部异质化有重要的调控作用。

在胶质发生过程中，放射状胶质细胞 RGCs 也可以在分化的终末期直接转化为星形胶质细胞。RGCs 的顶纤维从脑室表面脱离，胞体向软脑膜方向移动，转化为单极的过渡 RGCs（transitional radial glia，tRG），进而分化成星形胶质细胞。星形胶质细胞的起源具有明显的区域特性，提示其类型和功能多样性的起源。

大脑皮质少突胶质细胞除了起源于端脑背侧，还起源于端脑腹侧。在小鼠中，随着大脑皮质的发育，有三波少突胶质细胞的产生（图 5-2-2C）。约

从 E11.5 开始，表达 Nkx2.1 的 MGE/PoA 的 RGCs 产生第一波少突胶质细胞；约从 E16.5 开始，表达 Gsx2 的 LGE 和 CGE 的 RGCs 产生第二波少突胶质细胞。这两波少突胶质细胞从端脑腹侧向背侧迁移，最终均匀分布在皮质中；第三波由端脑背侧的 RGCs 产生，此时大量 MGE/PoA 起源的少突胶质细胞凋亡消失。成熟时期的大脑皮质中少突胶质细胞主要起源于端脑腹侧的 LGE/CGE 和端脑背侧，不同起源地产生的少突胶质细胞可以功能互补。另外，成熟期的大脑皮质中仍然保留大量具有分裂能力的少突胶质前体细胞 OPCs，OPCs 在适当的条件下分裂增补受损的少突胶质细胞。根据基因的特异性表达，成熟的少突胶质细胞可以被分成不同亚型，提示少突胶质细胞同样具有异质性。

第三节　神经细胞迁移分化

大脑皮质的层状结构不仅是皮质特有的结构特征，而且对皮质功能的实现至关重要。大脑皮质层状结构是在发育过程中逐渐建立的，依赖于神经细胞从起源地开始的有序精确迁移过程，包括兴奋性神经元在端脑背侧的径向迁移、抑制性神经元从端脑腹侧开始的切向迁移和随后的径向迁移，及神经胶质细胞的迁移。

一、大脑皮质层状结构形成

皮质层状结构主要由兴奋性神经元有序径向迁移形成（图 5-2-2D）。在皮质发生起始，神经元离开生发区（VZ 或 SVZ）迁移到软脑膜下，形成前皮质板（preplate），随后即将形成皮质板（cortical plate）的新生神经元，迁移至前皮质板中，将其分为两部分：上层的边缘层（marginal zone）和下层的底板（subplate），此时大脑皮质分为三层：边缘层、皮质板和底板。随后，大量的新生兴奋性神经元像波浪一样产生，并按出生时间依赖的"由内向外"迁移模式逐渐迁移到皮质板中，扩增皮质板，最终形成大脑皮质。

二、兴奋性神经元迁移

（一）迁移模式

神经细胞迁移一般有两种模式：细胞体位移运动（soma translocation）和胶质细胞介导的迁移运动（glia-guided locomotion）。细胞体位移运动是不依赖胶质细胞纤维的细胞运动，通常细胞在迁移的方向生长一根引导纤维（leading fiber），通过缩短引导纤维拉动胞体连续运动到达最终目的地。而胶质细胞介导的迁移运动需要依赖胶质细胞，迁移细胞极化形成朝向迁移方向的活跃生长的引导端（leading process）和尾随的跟踪端（trailing process）。引导端向前生长一小段并稳定后，中心体首先移动进入引导端，随后细胞核由微管介导向前运动，最后跟踪端收缩跟进。胶质细胞介导的迁移运动也被称为"两步核迁移"（two-stroke nucleokinesis），迁移过程一般是不连续的（saltatory），细胞不断重复此过程完成迁移。

在大脑皮质发育早期，新生神经元主要通过细胞体位移运动方式迁移到软脑膜下，此时皮质厚度较薄，新生神经元的引导纤维可以接触到软脑膜，协助新生神经元迁移，当细胞体向软脑膜迁移时，引导纤维逐渐变粗和缩短。随着发育的进行和皮质厚度的增加，新生神经元转变为主要通过胶质细胞介导的迁移运动进行迁移，以放射状胶质细胞 RGCs 的细长基底纤维为支架，进行径向迁移。

新生神经元在胶质细胞介导的迁移运动中，形态发生几次关键变化（图 5-2-3A）。在脑室区 VZ，刚产生的新生神经元呈双极（bipolar）形态，快速从 VZ 径向迁移到脑室下区 SVZ，并转变为多极（multipolar）形态，动态生长出多个短小纤维，此时细胞迁移速度较低。经过一段时间后，新生神经元缩回短小纤维，快速形成朝向脑室区的长纤维（发育成为轴突），并形成朝向软脑膜方向的引导端，神经元开启向软脑膜方向的相对快速的径向迁移。此时，神经元附着在母体放射状胶质细胞 RGCs 的基底纤维上，呈双极形态，引导纤维不与软脑膜表面相接触，顶端有类似生长锥的结构。在径向迁移时，新生神经元的迁移速度是不连续的，引导纤维先延伸一定长度，锚定缠绕在 RGCs 的基底纤维上，然后细胞体（细胞核）向前移动，不断重复此过程。在径向迁移后期，当引导纤维抵达边缘层，新生神经元与 RGCs 的基底纤维脱离，迁移方式转变为细胞体位移运动，该过程被称为"终端胞体移动（terminal soma translocation）"。最终，神经元到达并定位在正确的位置上，开始树突的生长和进一步分化。在小鼠中，大脑皮质新生神经元的迁移通常需要数天完成。

（二）分子调控机制

在新生神经元迁移过程中，放射状胶质细胞 RGCs 的纤维蛋白、细胞外基质蛋白、边缘层 Cajal-Retzius 细胞、邻近其他神经元、胞内外信号分子和细胞骨架动态变化等协同调控神经元的规律迁移和最终定位。

神经元迁移起始，包括膜蛋白和整联蛋白在内的众多蛋白调控新生神经元和放射状胶质细胞 RGCs 的黏附作用。RGCs 的基底纤维作为神经元迁移支架，不同位置分布着不同的蛋白，调控神经元与 RGCs 之间的黏附 / 排斥作用。调控细胞之间黏附作用的蛋白一般沿 RGCs 基底纤维分布，但在投射至边缘层的远端纤维上几乎不存在。相反，RGCs 基底纤维远端表达另外一些蛋白，如 Sparc-like 1，促使神经元从 RGCs 基底纤维上脱离，转变为细胞体位移运动的迁移方式。另外，缝隙连接（gap junction）蛋白在新生神经元和 RGCs 基底纤维的连接处表达，不仅调控两者之间的黏附作用，而且促进早期神经环路的建立。

新生神经元在迁移过程中，也动态表达一些蛋白分子调控迁移过程和迁移方式，如神经元在即将到达迁移终点时，高表达 Plxna2，与 RGCs 基底纤维上的 Sema6a 结合，调控神经元从基底纤维上的脱离。神经元从 RGCs 基底纤维的脱离与终端胞体移动相关。终端胞体移动需要新生神经元的引导端接触并稳定锚定在边缘层，边缘层的 Cajal-Retzius 细胞在此过程中发挥重要作用。Cajal-Retzius 细胞合成分泌细胞基质蛋白 Reelin，经迁移神经元内的 Disabled homolog 1（Dab1）信号转导，促使神经元的引导端黏附到边缘层的纤连蛋白上。当 Reelin 或者 Dab1 缺失时，神经元迁移紊乱，不能形成出生时间依赖的"由内向外"的层状结构，而形成相反的"由外向内"的层状结构，但是，前皮质板的形成不受影响，验证了发育早期新生神经元是以细胞体位移运动方式迁移的。

另外，Cajal-Retzius 细胞分泌的 Nectin1 与迁移神经元引导纤维上表达的 Nectin3 结合，稳定了神经元与 Cajal-Retzius 细胞之间的同质 N- 钙黏蛋白相互作用，减弱了神经元与 RGCs 之间的黏附力，促进迁移神经元的终端胞体移动。神经元迁移到达目的地后，优先和周边的神经元建立黏附联系，促进层状结构的形成，神经元–神经元之间的黏附作用是 N-Cadherin 依赖的。并且，神经元–神经元之间的黏附作用和神经元 -RGCs 之间的黏附作用是此消彼长的关系，在 Sema6A-PlxnA2/A4 信号缺陷

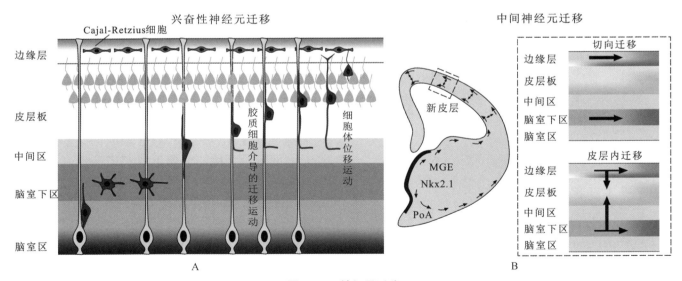

图 5-2-3 神经元迁移

A. 兴奋性神经元的"由内向外"迁移模式示意图。新生兴奋性神经元（灰色）产生后，迁移至脑室下区 / 中间区，形态为多极神经元，可进行小范围无定向移动，之后形态转变为双极化，沿放射状胶质细胞 RGCs（白色）的基底纤维进行胶质细胞介导的径向迁移运动，朝向脑室区的神经纤维不断延长发育成轴突。新生兴奋性神经元主要以胶质细胞介导的迁移运动模式迁移，但随着其引导纤维抵达边缘层，开始转变为细胞体位移运动模式。B. 抑制性神经元的长距离切向迁移和皮质内迁移。中间神经元从端脑腹侧向背侧的切向迁移主要由分子吸引或者排斥信号调控（左图），迁移到达大脑新皮质后，中间神经元将继续切向迁移扩散，随后，转变为径向迁移进入皮质板中（右图）

的小鼠中，当神经元到达终点时，新生神经元的分布较正常小鼠稀疏；当 Sema6A-PlxnA2/A4 的缺陷信号恢复后，神经元之间紧密分布，表明强的神经元 -RGCs 黏附可能导致弱的神经元–神经元黏附。因此，新生神经元在迁移的不同阶段，通过不同的信号通路不断调整自身对周围复杂环境的黏附强度，来实现迁移、定位和大脑皮质层状结构的形成。

三、中间神经元迁移

（一）迁移模式

与兴奋性神经元不同，端脑腹侧（MGE/PoA/CGE）产生的中间神经元需要经历长距离的切向迁移到达大脑皮质，然后继续切向和径向迁移到达皮质的最终位置并开始分化（图 5-2-3B）。

类似于兴奋性神经元，新生中间神经元在出生后也要先沿着母体放射状胶质细胞 RGCs 的基底纤维径向迁移，在发育早期是径向迁移到边缘层，在发育中后期是径向迁移到脑室下区 SVZ，然后再开始切向迁移。切向迁移主要有两条路线：边缘层的浅层路线和脑室下区的深层路线。另外，当皮质板开始分化时，还有一小部分新生中间神经元通过底板切向迁移。到达大脑皮质后，中间神经元再逐步进行切向和径向（由边缘层向下或由脑室下区向上）迁移，最终分布到皮质的不同位置。MGE/PoA 起源的中间神经元大致以出生时间依赖的先"由内向外"后"由外向内"的方式分布在皮质中，CGE 起源的中间神经元主要分布在皮质的浅层。在进化中，中间神经元从端脑腹侧通过边缘层和脑室下区切向迁移到大脑皮质的迁移模式是保守的。

（二）切向迁移

新生中间神经元切向迁移过程中，没有明显的底物支架引导，因此可能频繁改变迁移方向。切向迁移的中间神经元每个神经纤维（neurite）末端都有类似生长锥的结构，对细胞外排斥和吸引信号做出反应，一旦主导纤维被确定，胞体就会向主导纤维方向移动，其他神经纤维回缩，通过连续且动态变化的主导纤维的形成，神经元不断调整切向迁移方向。

新生中间神经元的切向迁移路线选择不是随机的，与神经元出生时间、类型和最终目的地等相关。在小鼠发育早期（E12.5 前），MGE 的放射状胶质细胞 RGCs 的基底纤维锚定在软脑膜表面上，

此时新生中间神经元主要采用浅层路线进行切向迁移。随着发育的进行，脑室下区 SVZ 扩增和纹状体形成，大部分 MGE 的 RGCs 基底纤维都锚定在脑室下区附近的血管上。当新生中间神经元离开母体RGCs 基底纤维时，由于缺少迁移到边缘层的支架，开始采取深层切向迁移路线。在小鼠 E14.5 之后，深层迁移路线占主导。另外，切向迁移路线选择与中间神经元亚型的形成和分布相关，如神经胶质状细胞主要分布在皮质的第一层，在发育过程中，其主要采用浅层迁移路线进行切向迁移，SOM 阳性的 Martinotti 细胞和 PV 阳性的篮状细胞也主要选择浅层迁移路线，但 SOM 阳性的 non-Martinotti 细胞倾向选择深层迁移路线。值得一提的是，切向迁移路线的选择对神经元的分化如轴突发育投射也有影响。

（三）皮质内迁移

新生中间神经元经切向迁移到达大脑皮质，在皮质中将采用不同的迁移方式：①切向路径内的迁移；②径向迁移，包括从边缘层向皮质的内向径向迁移和从脑室下区向皮质的外向径向迁移。中间神经元在皮质中的迁移主要受化学吸引信号的调控，如 Cajal-Retzius 细胞可为切向迁移的中间神经元提供位置线索，调控不同亚型的中间神经元在不同脑区的特异性分布。

新生中间神经元到达皮质后，将在边缘层或脑室下区停留一段时间，等待内向或者外向径向迁移的信号，皮质中已分层的锥体神经元可能发出化学吸引信号调控中间神经元径向迁移。从切向迁移到径向迁移的转换依赖于中间神经元神经纤维分支的转变。在切向迁移中，神经纤维与皮质或脑室表面平行，当接收到进入皮质的信号后，神经纤维将由水平转变为正交方向，实现从切向到径向迁移模式的转换。中间神经元在大脑皮质内径向迁移的时间和最终目的地受其出生时间，和兴奋性神经元化学吸引信号的调控。

（四）分子调控机制

中间神经元的切向迁移受到复杂的分子机制调控，包括驱动因子、趋化因子、转录因子、神经递质和表观遗传机制等。神经营养因子，如 BDNF（brain-derived neurotrophic factor）和 NT-4（neurotrophin-4），在发育皮质中广泛表达，被认为是中间神经元迁移的关键驱动因子，通过结合中间神经元上的酪氨酸激酶受体 TrkB 和 TrkC 促进神经元的迁移。MGE 起

源的中间神经元切向迁移到皮质的过程中，为避免进入纹状体和其他皮质下区域，神经元表达化学排斥因子（如 Sema3A/3F）受体，而 Sema3A/3F 广泛表达在纹状体投射神经元上，当敲除这些受体时，新生神经元将迁移至纹状体中。另外，MGE 脑室区中表达 Ephrin A5，中间神经元上表达其受体 EphA4，Eph/Ephrin 作为一种排斥信号，限制中间神经元从不适当区域迁移。发育中的 LGE 和大脑皮质产生呈梯度浓度分布的生物化学吸引因子，诱导新生中间神经元向皮质迁移，皮质产生的扩散蛋白 Nrg1（neuregulin 1）是常见的化学吸引因子，可与中间神经元上的酪氨酸激酶受体 ErbB4 结合，促进中间神经元向皮质的迁移。另外，边缘层和脑室下区或紧邻这些区域的细胞表达促进中间神经元迁移的分子，如软脑膜和脑室下区中的中间神经前体细胞 IPs 表达趋化因子 CXCL12，中间神经元表达其受体 CXCR4 和 CXCR7。CXCL12 和 CXCR4/7 所介导的信号引导并维持新生中间神经元在边缘层和脑室下区中切向迁移，直到接受到径向迁移信号。转录因子也可通过调控趋化因子受体方式调节中间神经元的迁移，如 Lhx6 可以促进 MGE 起源的中间神经元迁移相关受体（如 ErbB4、CXCR4/7）的表达；Coup-TFI 调控 Sp8 和 Coup-TF Ⅱ 表达，调控 CGE 起源的中间神经元迁移。神经递质 GABA 在引导中间神经元穿过皮质-纹状体连接和维持皮质内迁移分布等方面也起着重要作用，包括 DNA 甲基化、组蛋白修饰的表观遗传修饰和非编码 RNA 等可通过调控基因表达，调控中间神经元的迁移。

中间神经元从切向迁移转变到径向迁移，也受到多种因素的调控，如神经元丧失对 CXCL12 作为诱导信号的反应、通过缝隙连接蛋白（Connexin）与 RGCs 的基底纤维的结合等。在小鼠中，中间神经元向皮质板的径向迁移在出生后一周完成，值得注意的是，大概有 30% 的中间神经元在出生后的第一周和第二周凋亡。中间神经元在皮质的最终分布受到严格调控，与细胞类型相关，如 CGE 起源的细胞倾向分布在皮质浅层、枝形吊灯状细胞倾向分布于第 2 层和第 6 层。另外，越来越多的研究表明，中间神经元在皮质内的最终定位与兴奋性神经元也相关。同时，中间神经元的电活动和成熟度也调控其最终分布，如在小鼠出生后的第一周，MGE 起源的中间神经元上调钾 / 氯离子交换通道（KCC2），GABA 开始引起神经元的超级化电活动，降低细胞内钙离子变化，终止中间神经元的迁移。

第四节　谱系相关的结构和功能组装

发育早期大脑脑室区中的放射状胶质细胞 RGCs 作为最主要的神经前体细胞，通过时空有序的分裂分化模式产生了皮质中几乎所有的神经元和胶质细胞，同时介导新生神经元的规律迁移，表明 RGCs 对大脑皮质的结构发育至关重要。有意思的是，发育早期的神经细胞产生和迁移过程调控发育后期的突触环路组装。

一、神经前体细胞谱系发生和同源神经元柱形成

放射状胶质细胞 RGCs 由神经上皮细胞分化而来，在发育时期短暂存在。以小鼠端脑背侧 RGCs 为例，在大脑皮质发育初期（E10 ~ E11），RGCs 主要通过对称分裂扩大神经前体细胞数量（即增殖期），随着增殖分裂的不断进行，RGCs 增殖能力逐渐减弱，过渡到神经发生期进行不对称分裂（图 5-2-4A）。在神经发生期，RGCs 的分裂次数相对固定，单个 RGC 可通过直接和间接神经发生产生平均 8 ~ 9 个兴奋性神经元（神经发生单元，neurogenesis unit），神经元依赖出生时间按“由内而外”模式迁移分布到皮质的不同层。大部分 RGCs 在完成神经发生时进行终端分裂并消失，少部分 RGCs 进入胶质发生。在胶质发生期，RGCs 除了产生星形胶质细胞、少突胶质细胞和室管膜细胞，也产生嗅球中间神经元。随着胶质发生期的进行，大多数 RGCs 退出细胞周期并消失，少数 RGCs 转变成分布于脑室-脑室下区 V-SVZ 的成体神经干细胞，持续产生嗅球中间神经元。值得注意的是，成体神经干细胞的空间分布具有差异性，在腹外壁（lateral wall）更丰富，这可能与胚胎期不同部位 RGCs 的形态（如与血管的关联）和分裂特性（如进入静息期）差异有关。RGCs 程序化的谱系发生过程（增殖-神经发生-胶质发生）从根本上

决定了大脑皮质神经元和胶质细胞的数量和类型。

放射状胶质细胞 RGCs 对神经元迁移也起着决定性调控作用，其独特形态和组织结构决定了神经元的批次产生和规律迁移。RGCs 的胞体假复层和双极性形态（尤其是中心体的位置）决定了其在细胞周期过程中进行区间动态核迁移 INM 并只在脑室表面分裂，因此，不同批次的 RGCs 轮流在脑室表面分裂，导致神经元的产生以波的形式（wave-like fashion）进行。出生后的神经元沿着 RGCs 的细长基底纤维向皮质表面径向迁移，相同时间产生的神经元作为一个群体，迁移到相似的层位置，形成层状分布；不同时间产生的神经元，按出生时间

由内而外分布，先产生的神经元先完成迁移，分布在皮质深层，后产生的神经元迁移超越先产生的神经元，分布在其上方，如此重复，完成皮质的层状结构组装。

更进一步的是，在单细胞水平，单个进入神经发生的 RGC 进行多次不对称分裂，产生多个同源神经元［也称为姐妹神经元（sister neurons）］，这些同源神经元沿着相同母体 RGC 的基底纤维径向迁移，形成姐妹神经元柱（sister neuronal column）。而在增殖期的单个 RGC 可产生数个可进行神经发生的 RGCs，进而产生更多同源神经元，形成更为复杂的谱系关系，包括姐妹神经元（由同一 RGC

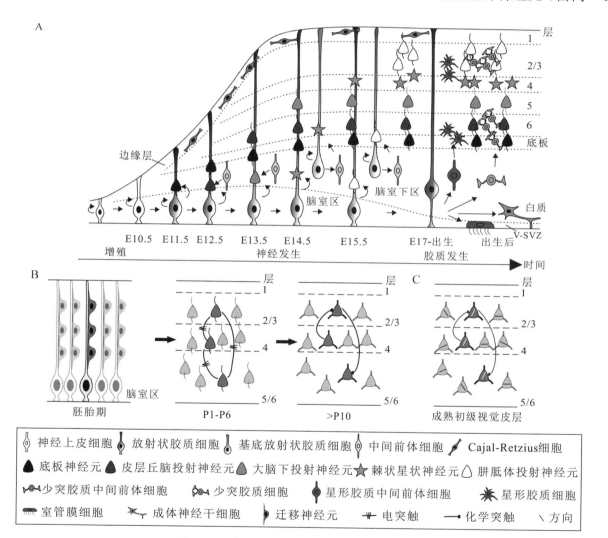

图 5-2-4 谱系相关的大脑皮质结构和功能组装
A. 哺乳动物大脑新皮质逐步发育组装示意图。随着发育的进行，端脑背侧的神经上皮细胞在脑室区增殖并分化为放射状胶质细胞 RGCs，RGCs 在经历最初的对称分裂增加神经前体细胞数量后，不对称分裂依次产生不同类型的皮质神经元，单个 RGC 可产生 8～9 个分布在不同层的神经元。在神经发生末期，少部分 RGCs 继续产生胶质细胞，形成局部聚集分布的星形胶质细胞团和少突胶质细胞团，部分 RGCs 分化为室管膜细胞和成体神经干细胞。B. 兴奋性神经元谱系相关的环路组装。单个 RGC 起源的同克隆神经元，称为姐妹神经元（深灰色），其沿着相同的 RGC 基底纤维径向迁移，形成同源发育柱。在出生后的第一周，姐妹神经元之间优先形成电突触耦合，在出生后的第二周，姐妹神经元之间优先形成化学突触联系。C. 兴奋性神经元谱系相关的功能组装。在小鼠视觉皮质的第 2/3 层，姐妹神经元之间具有相同或者相似的视觉方向偏好性

神经发生产生）和表姐妹神经元（cousin neurons；由不同的进行神经发生但同源的 RGCs 产生）。这些更广泛同源的神经元也呈柱状聚集分布，形成统称的同源柱（ontogenetic column）。另外，同源的胶质细胞也基本聚集在同源神经元附近。

二、谱系相关柱状神经环路的有效组装

大脑皮质在水平层状结构之外的另一显著的组织特性是基于感知皮质的"功能柱"概念（functional column）。在功能上，垂直分布于皮质不同层的神经元特异性形成突触连接，形成有特定的生理功能的柱状神经环路，如视觉皮质的方向选择性功能柱。功能柱被认为是皮质的基本结构和功能单位，有典型的环路连接特征，大致为第 4 层神经元接受丘脑神经元的投射输入，然后将信息传递到第 2/3 层神经元，经过处理后，信息再传递到第 5/6 层神经元，进而传递到皮质下组织或对侧半脑。底板神经元是皮质中最早产生的神经元之一，位于皮质第 6 层和白质之间，出生后大部分凋亡。丘脑神经元的轴突在出生前到达底板，与底板神经元之间形成突触联系，这是皮质发育中最早形成的突触，对随后的丘脑-皮质之间环路的形成和皮质发育非常关键。

尽管功能柱在不同物种、不同大脑皮质区域的精确大小有待进一步研究，但垂直方向上的环路组装和信息处理是大脑皮质的根本功能特性。由于相似的柱状分布特性，同源柱和功能柱被猜测可能相关。系统研究发现，进行神经发生的 RGCs 与其子代神经元之间特异性形成电突触联系，并且，单个 RGC 产生的姐妹兴奋性神经元之间优先形成电突触联系，促进后续化学突触联系在姐妹兴奋性神经元之间的特异性建立（图 5-2-4B）。这些特异性化学突触连接特性和功能柱内部环路特征基本一致，信息流由第 4 层到第 2/3 层再到第 5/6 层。更重要的是，姐妹兴奋性神经元有相似的生理功能（图 5-2-4C）。姐妹兴奋性神经元之间的优先电突触和化学突触的形成不仅直接调控皮质内部柱状神经环路的有效组装，而且也调控皮质长程神经环路的精准形成。因此，大脑皮质发育早期的神经发生和神经迁移直接和精准地调控后期神经环路的组装乃至功能图谱（functional map）的形成。值得一提的是，抑制性中间神经元的神经发生和迁移也调控其在皮质内的分布和环路组装。

第五节 大脑皮质的区域化

在切向维度上，大脑皮质不同部位存在显著的细胞组织结构差异，包括细胞密度、输出输入连接，及基因表达模式等，这些细胞组织学上的结构差异将皮质细分为不同的"区域"，并且，这些区域通常对应于专门的功能区，如运动皮质和体感皮质等。

一、大脑皮质结构和功能区域化

大脑皮质的区域化是发育和进化中非常重要的事件，不同区域的细胞组织结构存在显著差异，如感知皮质有明确的第 4 层，而前额叶皮质无第 4 层。并且，即使在同一功能区，如运动皮质，神经元的密度也有差异。在成熟大脑皮质中，从一个皮质区域向另一个区域的过渡通常是突然的，可以根据结构上的明确差异确定区域的边界；并且，通过对具有不同进化史的现存物种的皮质结构和功能的详细比较，发现哺乳动物的共同祖先的原始新皮质主要分为三类脑区：初级感觉区，接受外周信号的输入，如初级视觉皮质（primary visual cortex，V1）；次级感觉区，与初级感觉区域紧密相连，处理初级感觉区传递来的信息，如次级视觉皮质 V2；运动区，与随意运动的控制密切相关，接受丘脑核传递来基底端脑和小脑的信息，并将信息传递至脑干和小脑，如初级运动皮质（primary motor cortex，M1）。进化中，哺乳动物大脑皮质的扩张主要导致脑区之间的区域扩增，扩大次级感觉区域的数量。

二、大脑皮质区域化形成的调控机制

大脑皮质的功能区域具有特定的大小，并且具有精确的空间分布。皮质的区域化是在发育过程中逐步形成的，在不同的发育阶段，不同的区域特异性特征逐渐显现。未成熟的新生的皮质，即使所有

皮质神经元都已产生并形成层状结构，但皮质并不具有成熟期皮质的许多解剖学特征，如在切向维度，除了皮质厚度的变化，细胞结构是均匀的，因此皮质并没有形成区域化。大脑皮质的分化和区域化受多种内外机制精确协调调控，包括发育早期的信号分子或形态发生素、神经前体细胞和新生神经元中转录因子的表达，及丘脑到皮质的轴突输入等。

（一）转录因子调控大脑皮质区域化形成

转录因子在大脑皮质区域化中发挥着重要作用，包括建立和维持皮质的腹侧和背侧，以及特异性细胞类型的产生。Emx2、Pax6、Coup-TFI 和 Sp8 转录因子的梯度表达，调控神经前体细胞的位置或区域信息，并进一步调控子代神经细胞的位置信息（图 5-2-5 中）。Emx2 从前外侧到尾内侧是由低到高梯度表达，Pax6 的表达与 Emx2 刚好相反，从前侧 / 外侧到尾侧 / 内侧是由高到低表达，表明 Emx2 和 Pax6 分别在尾侧 / 内侧和前侧 / 外侧皮质区域发育分化中起着重要的作用。功能缺失实验进一步验证了转录因子在皮质特异性分化中的作用，在 Emx2 敲除小鼠中，前外侧区（额叶皮质区、运动区）扩大，而尾内侧区（初级视皮质区）减小，整个皮质大小不变；Pax6 敲除小鼠的表型与 Emx2 的相反，前外侧区减小，尾内侧区扩大。Coup-TFI 在皮质中呈现尾侧 / 外侧高-前侧 / 内侧低的梯度表达，并在脑室区和皮质板等区域表达。虽然 Emx2 和 Coup-TFI 在皮质前后轴上都呈现出从低至高的表达梯度，但它们在功能上有很大的不同：Emx2 优先确定皮质的尾部区域的特性，而 Coup-TFI 主要抑制皮质的前侧区域的特性。在 Coup-TF1 皮质特异性敲除小鼠中，皮质的前侧区域（包含运动区域）扩增，顶叶和枕叶皮质区缩小。Sp8 呈现前侧 / 内侧高-尾侧 / 外侧低的梯度表达，并且，在整个胚胎皮质神经发生过程中，除 Sp8 外，其余转录因子均在神经

前体细胞中表达，Sp8 仅在皮质发生早期表达。Sp8 优先确定与额叶 / 运动区域相关的皮质分化，在胚胎晚期，条件敲除 Sp8 基因，皮质标记物发生了前移。以上四种转录因子之间对彼此具有诱导或抑制作用，如 Sp8 是 Fgf8 的直接转录激活因子，而 Fgf8 的 Sp8 诱导受到 Emx2 的抑制，而 Emx2 本身又与 Sp8 结合。因此，综上所述，胚胎皮质神经前体细胞的区域特性是由它们所表达的多个转录因子的合作相互作用决定的，关键差异是每个转录因子的表达水平。

（二）信号分子调控大脑皮质区域化形成

发育早期的信号分子或者形态发生素可以指导大脑皮质的模式形成，形态发生素是由分布在特定位置的细胞分泌，并以浓度依赖的方式激活特定的细胞反应，主要是调控转录因子的梯度表达。在小鼠发育早期（E8.5 ~ E10.5）的多个信号分子，包括来自于神经嵴前侧（anterior neural ridge）、连合板（commissural plate）和反折边（anti-hem）的成纤维细胞生长因子（fibroblast growth factor，Fgf）、来自于端脑腹侧的 Sonic hedgehog（Shh）、来自皮质边缘（cortical hem）的骨形态发生蛋白（bone morphogenetic protein，Bmp）和 Wnts，已被证明共同调控端脑的区域化形成。这些信号分子调控脑室区神经前体细胞的 Emx2、Pax6、Coup-TFI 和 Sp8 的起始梯度表达，进而调控早期的皮质区域化和后期的皮质区域大小和分布，如来自神经嵴前侧和连合板的 Fgf3、8、17、18 等的表达域调控皮质前侧模式分化，Fgf8 通过抑制 Emx2 和 Coup-TFI 的表达，建立了 Emx2 和 Coup-TFI 在皮质前侧高-后侧低的梯度表达模式，在皮质前侧过表达 Fgf8，将导致皮质的区域化向后侧移动，与 Emx2 突变小鼠表型相似。Sp8 直接调控神经嵴前侧和连合板的 Fgf8 表达，并且与 Fgf8 之间相互诱导。在 Sp8 敲除小鼠

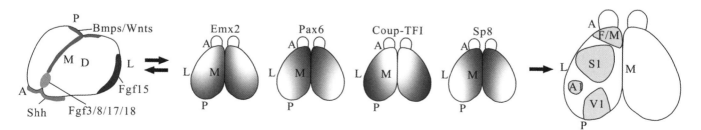

图 5-2-5　大脑皮质区域化形成的分子机制：转录因子和信号分子

端脑特定位置（左图，灰色 / 黑色标记）分泌的信号分子（Fgfs、Bmps、Wnts 和 Shh 等）调控特定转录因子（Emx2、Pax6、Coup-TFI 和 Sp8）的梯度表达（中间图），这些转录因子调控大脑皮质的区域化形成（右图）。A，前侧；P，后侧；M，内侧；L，外侧；D，背侧；F/M，额叶 / 运动皮质；S1，初级体感皮质；A1，初级听觉皮质；V1，初级视觉皮质

中，Fgf8 的表达被启动但过早下调。Fgf 和 Shh 抑制 Bmp 和 Wnts 的表达，Bmp 和 Wnts 调控皮质的背侧模式分化。在皮质发育过程中，不同信号分子之间表现出复杂的相互作用，共同调控皮质的区域化发育。

（三）丘脑皮质轴突调控皮质区域化形成

除了早期形态发生因子和调节神经发生的内在遗传机制，来自丘脑的输入对大脑皮质的区域化也有着非常关键的调控作用。丘脑皮质的轴突（thalamocortical axon，TCA）投射是大脑新皮质的主要输入，并以特定区域的方式将视觉、听觉和躯体的感觉传递到皮质的初级感觉区域。由于 TCA 是皮质感知信息输入的唯一来源，所以初级感觉区域的功能分化依赖于 TCA 的输入，并且，皮质区域的逐渐分化与 TCA 的区域特异性投射是平行发生的。此外，皮质在区域化形成过程中具有相当大的可塑性，皮质的不同部位在最初具有相似的发育潜能，当改变 TCA 传递到初级感觉皮质的感觉输入，初级感觉皮质出现功能可塑性，表明 TCA 输入在调控皮质特定区域分化和功能中的重要性。

因此，皮质的区域化是由内在和外在机制共同调控的，内在的遗传发育程序和形态发生因子建立了最初的基本区域（protoregion），由丘脑输入介导的神经活动依赖性机制进一步完善区域分化，最终形成具有明确边界的功能区域。

第六节 大脑皮质的扩增和进化

我们目前对大脑皮质发育的理解很大程度上是建立在对啮齿类动物小鼠的广泛研究之上的。然而，小鼠是无沟回动物，皮质容积小；人类大脑皮质具有复杂折叠结构，皮质容积大，细胞复杂性高。越来越多的证据提示，人类大脑皮质在发育特征、神经细胞数目、形态、分子特征和亚型等方面都有明显进化。另外，大脑皮质的扩增和进化不仅导致神经细胞数量和类型的增加，也可能影响皮质的功能组织模式。如啮齿类动物的大脑皮质功能性图谱为"盐和胡椒粉"（salt-and-pepper）分散模式，但食肉动物（如雪貂和猫）和灵长类等高等哺乳动物的功能性图谱是"风车状"（pinwheel）聚集模式。

一、大体积折叠大脑皮质的结构和功能

哺乳动物大脑新皮质的结构和功能组织具有基本的共性：水平方向的六层层状结构、径向方向的功能柱单元和宏观上的基本功能区等。但不同哺乳动物的大脑新皮质在形状、大小和神经元数量上有显著差异，如小鼠、猴和人类大脑皮质表面积差异约为 1∶100∶1000，人类大脑皮质是现存灵长类中表面积最大、细胞密度最高的。

根据大脑皮质的折叠程度，可将动物分为无脑回和多脑回动物（图 5-2-6 A ～ C），目前大脑皮质的折叠只在哺乳动物中发现。无脑回动物（如小鼠）的大脑皮质光滑无折叠，多脑回动物（如人类）具有折叠褶皱的大脑皮质结构，其中，皮质褶皱的凹槽部分称为"沟"，凸起部分称为"回"。无脑回动物的大脑皮质不仅表面是光滑的，而且包含白质在内的所有细胞层都是光滑的，并且不同脑区的细胞层厚度和细胞密度是大致恒定的。而在多脑回动物中，大脑皮质的厚度和细胞数量沿褶皱变化很大，在脑回顶端最厚、最多，在脑沟底端最薄、最少，并且脑回的白质厚度显著高于脑沟，与脑回神经元数量多于脑沟相关。有意思的是，多脑回动物大脑白质只在灰质第六层的边缘折叠，而朝向脑室的面是光滑的。在进化中，大脑皮质厚度的增加并不是很剧烈，大脑的增大主要是表面积的增加。神经元的形态和排列方式在脑回和脑沟也有差异，脑回兴奋性神经元倾向于垂直于皮质表面分布，而脑沟的倾向于切向排列，并且脑沟兴奋性神经元的顶端树突较短，基底树突切向伸展。因此，与脑沟相比，脑回兴奋性神经元的水平层状分布更清晰。

大脑皮质的折叠过程遵守严格的次序，最早形成初级折叠，其次是次级折叠，以此类推。大脑皮质的折叠在发育和进化过程中受到精确调控，在相同或者相似的物种中，大脑皮质的折叠模式是保守的，不同物种的折叠模式有显著差异。另外，脑沟的分布和细胞结构与功能区域分界相关，提示折叠参与大脑皮质的区域分化，折叠模式的差异可能反映了物种间功能区域布局的差异。

二、大脑皮质的扩增机制

大脑新皮质的扩增主要源于胚胎时期神经细胞发生的增多，而神经细胞发生的增多主要源于神经前体细胞（包括中间放大前体细胞）增殖能力的增强和增殖时间的延长。在大体积、多沟回大脑皮质动物中，神经前体细胞的寿命不仅延长了，而且数量和增殖能力都显著高于具有小体积、无脑回大脑皮质动物，如中间神经前体细胞 IPs 在小鼠中主要经历一次分裂，而在灵长类可经历多次分裂。尤为重要的是，与无脑回动物（如小鼠）相比，雪貂、猕猴和人类等多脑回动物的大脑发育过程中，放射状胶质细胞 RGCs 除了产生 IPs 外，还产生大量分布在外脑室下区的基底放射状胶质细胞 bRGCs，对皮质的扩增、折叠，及高级功能都起到关键作用（图 5-2-6D）。

基底放射状胶质细胞 bRGCs 不仅可以进行自我扩增的对称分裂，也可以进行不对称分裂，在自我更新的同时产生 IPs 或神经元。bRGCs 的快速产生将脑室下区分为内脑室下区 ISVZ 和外脑室下区 OSVZ，bRGCs 主要分布在 OSVZ 中。多脑回动物的 ISVZ 与无脑回动物（如小鼠）的 SVZ 在很大程度上是相似的，在神经发生过程中，ISVZ 的厚度基本保持不变。OSVZ 随着 bRGCs 数量的急剧增长逐渐增厚，在神经发生高峰期的猕猴大脑皮质中，OSVZ 的厚度是 VZ 和 ISVZ 厚度总和的 4 倍多，包含的神经前体细胞数量远远高于 VZ 和 ISVZ。值得一提的是，有研究表明，bRGCs 在发育的中后期大量产生，主要产生浅层神经元。浅层神经元的增多是大脑皮质进化的重要标志，同时也是皮质折叠的主因。在人类中，神经发生起始于妊娠期第 6 周，但直到妊娠期第 11 周外脑室下区 OSVZ 才出现，在接下来的 6 周时间，OSVZ 显著扩张成为大脑皮质的主要神经发生区域。OSVZ 扩张不是以消

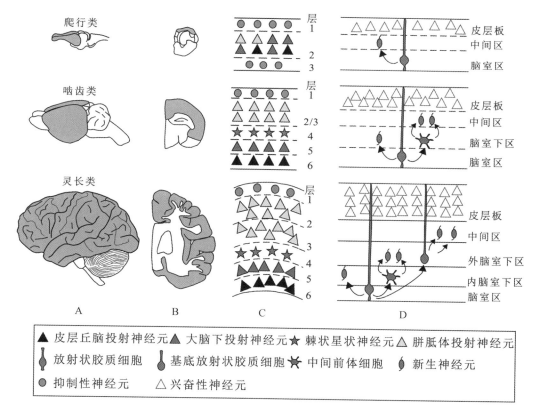

图 5-2-6 大脑皮质扩增和折叠的细胞机制

A～C. 三个代表性物种成熟大脑新皮质（灰色）结构对比。与爬行类和啮齿类相比，灵长类大脑新皮质表面积扩增，并且有显著的折叠结构（A、B）。爬行类动物大脑皮质只有三层，中间层包含密集的兴奋性神经元，根据兴奋性神经元的转录组和输入输出特性，皮质同样可分为深层和浅层。啮齿类和灵长类动物的大脑皮质均为六层，每层包含不同类型的兴奋性神经元（C）。D. 大脑皮质神经前体细胞类型和神经元数量。爬行动物的神经前体细胞只有分布在脑室区的放射状胶质细胞 RGCs，所有的神经元来源于直接神经发生；啮齿类动物中除了位于脑室区的 RGCs，还包含大量位于脑室下区的中间神经前体细胞 IPs，IPs 对称分裂直接产生 2 个神经元；灵长类动物的神经前体细胞包含位于脑室区的 RGCs、位于内脑室下区的 IPs 和外脑室下区的基底放射状胶质细胞 bRGCs，这些神经前体细胞通过分裂分化产生大量神经元扩增皮质，并且，bRGCs 还提供了神经元径向迁移的支架

耗 VZ 和 ISVZ 的神经前体细胞为代价，而是通过 bRGCs 的大量增殖分裂产生的。人类 bRGCs 可以产生少突胶质前体细胞，扩增白质区域。

大脑皮质的细胞组织形态和大小与发育过程中神经前体细胞的类型以及组织特性相关（图 5-2-6C，D）。爬行动物（reptiles，如乌龟 Trachemys scripta elegans）的大脑皮质只有三层层状结构，两层细胞稀疏的丛状皮质（内层和外层）包围着密集的神经元层。发育中的爬行动物大脑皮质有脑室区 VZ 和位于 VZ 的放射状胶质细胞 RGCs，并且也有 Tbr2 阳性中间神经前体细胞 IPs 存在，但这些 IPs 没有形成一个明显的脑室下区 SVZ，表明 SVZ 对大脑皮质扩张和六层层状结构形成很重要。另外，爬行动物中存在 Tbr2 阳性的 IPs，表明通过 IPs 的间接神经发生在哺乳动物出现之前就已经进化存在。在无脑回哺乳动物中，大脑皮质为 6 层层状结构，出现了浅层神经元，皮质增殖区有脑室区 VZ 和脑室下区 SVZ，神经前体细胞主要为 RGCs 和 IPs，IPs 可介导大量的神经发生。在多脑回哺乳动物中，大脑皮质同样为 6 层层状结构，皮质增殖区有脑室区 VZ、内脑室下区 ISVZ 和外脑室下区 OSVZ，神经前体细胞主要为 RGCs、IPs 和 bRGCs，大量的 bRGCs 产生更多的浅层神经元，促进大脑皮质的扩增和折叠。

基底放射状胶质细胞 bRGCs 的出现不仅增加了神经前体细胞的数量和种类，而且其基底纤维也可作为新生神经元径向迁移的支架，调控迁移路径和大脑皮质切向扩增。在无脑回动物（如小鼠）中，新生神经元的径向迁移几乎都是沿着母体 RGCs 的基底纤维，迁移路径与母体 RGCs 基底纤维平行。在多脑回动物中，大量产生的 bRGCs 都有一根伸向软脑膜表面的基底纤维，大大增加了基底纤维的数量，导致迁移支架的分化，为新生神经元的切向迁移提供了新的路径，有利于神经元的切向分布和大脑皮质表面积的扩张，同时也潜在增加了神经细胞多样性和环路组装的复杂性。

三、大脑皮质的折叠机制

大脑新皮质的折叠是神经生物学的基本问题，同时也是一个复杂的物理现象，是理解大脑发育和进化的关键基础。大脑皮质折叠是发生在大脑皮质发育晚期的一个较长的过程：在恒河猴（Macaca

mulatta）中，是从妊娠期的第 90 天到第 135 天；在人类中，是从妊娠期的第 25 周到出生后的 4 个月。皮质折叠期间，大脑皮质的表面积显著扩增，尤其是皮质的表面积在形成初级脑回和脑沟的过程中，近似呈线性增长。但有趣的是，在折叠过程的中后期，折叠进度逐渐放缓，皮质表面积仍在继续线性扩增，表明皮质的扩增和折叠是皮质发育的不同属性。

目前认为大脑皮质折叠是由机械力和细胞发生迁移两种机制共同导致的。在机械力理论中，目前主流理论是"差异扩增"（differential expansion）理论，认为组织的外层比内层的切向扩张速度更快，产生压缩力，导致皮质折叠。在多脑回哺乳动物中，折叠起始于兴奋性神经元神经发生结束时，此时皮质板中包含高密度的细胞，将发育成灰质，被称为"外层"；从皮质板到脑室之间的区域细胞稀疏，包含一些纤维，将发育成白质，被称为"内层"。外层的切向快速扩张是折叠的主要动力，其形成的折叠对内层也产生应力，导致内层的应力依赖性生长。皮质折叠进程和皮质内细胞的形态发育有着密切的联系，细胞分化，包括细胞胞体增大、神经纤维增多、树突和轴突生长和突触的形成都将引起皮质的切向快速增长和皮质刚度的变化。大脑外层和内层的相对厚度、切向扩增的相对速率，及刚度差异都影响到折叠形态的具体形成，造成不同物种的皮质折叠差异。

神经前体细胞和神经细胞的数量和类型对大脑皮质的折叠至关重要。除此之外，区域特异性的神经发生和神经元径向迁移的切向分散等细胞机制进一步调控皮质的折叠。在具有折叠皮质的物种中，大脑皮质不同区域的神经发生速率是不同的。神经发生速率高的区域形成的皮质结构切向扩增程度高，将发育成皮质的脑回；神经发生速率低的区域产生的皮质扩增程度低，将发育成皮质的脑沟。神经发生速率高和低的区域在皮质中交替排列。因此，可以通过发育早期神经发生速率推测未来大脑皮质脑沟和脑回的形成和分布。基底放射状胶质细胞 bRGCs 数量对皮质的折叠非常必要，绒猴（Callithrix jacchus）有较厚的皮质结构，富含神经元，但位于外脑室下区的 bRGCs 比例较低，大脑皮质几乎没有折叠。

大脑新皮质的扩增和折叠是哺乳动物大脑进化的重要里程碑，是人类高级认知功能的起源。先天神经发育障碍常常导致人类大脑皮质出现严重的折叠异常，如无脑回畸形、多小脑回和巨脑回，产生严重的精神缺陷疾病。另外，在自闭症谱系障碍、威廉斯综合征（Williams syndrome）、精神分裂症患者的大脑中也发现一些细微的折叠异常现象。虽然过去几十年的研究表明遗传学、细胞生物学和生物力学在大脑皮质折叠中的关键和相互作用，但我们目前对大脑皮质复杂的折叠机制的认知仍然非常有限。要理解大脑皮质折叠，需要对整个皮质发育过程中所有相关的进程进行系统深入定量的研究。新兴技术的发展和使用为分析和操纵皮质折叠提供了前所未有的工具，如对进化中不同哺乳动物的高通量单细胞分析，不仅将揭示进化中不同物种大脑皮质细胞亚型的多样性，而且有助于发掘潜在的大脑皮质发育的遗传机制，特别是神经前体细胞的多样性和谱系发育图谱。并且，针对目前已明确的一些与折叠相关的关键分子和细胞机制，基因组编辑技术的使用将制作出合适的实验动物模型（如雪貂、狨猴和猕猴）和体外研究系统（如大脑类器官），这些研究将有望阐明大脑皮质扩增和折叠背后的复杂机制。

参考文献

综述

1. Bayraktar OA，Fuentealba LC，Alvarez-Buylla A，et al. Astrocyte development and heterogeneity. *Cold Spring Harb Perspect Biol*，2014，7：a020362.

2. Elbaz B，Popko B. Molecular control of oligodendrocyte development. *Trends Neurosci*，2019，42：263-277.

3. Florio M，Huttner WB. Neural progenitors, neurogenesis and the evolution of the neocortex. *Development*，2014，141：2182-2194.

4. Geschwind DH，Rakic P. Cortical evolution：judge the brain by its cover. *Neuron*，2013，80：633-647.

5. Kriegstein A，Alvarez-Buylla A. The glial nature of embryonic and adult neural stem cells. *Annu Rev Neurosci*，2009，32：149-184.

6. Kroenke CD，Bayly PV. How forces fold the cerebral cortex. *J Neurosci*，2018，38：767-775.

7. Lim L，Mi D，Llorca A，et al. Development and functional diversification of cortical interneurons. *Neuron*，2018，100：294-313.

8. Lin Y，Yang J，Shen Z，et al. Behavior and lineage progression of neural progenitors in the mammalian cortex. *Curr Opin Neurobiol*，2020，66：144-157.

9. Llinares-Benadero C，Borrell V. Deconstructing cortical folding：genetic, cellular and mechanical determinants. *Nat Rev Neurosci*，2019，20：161-176.

10. Lui JH，Hansen DV，Kriegstein AR. Development and evolution of the human neocortex. *Cell*，2011，146：18-36.

11. Major G，Larkum ME，Schiller J. Active properties of neocortical pyramidal neuron dendrites. *Annu Rev Neurosci*，2013，36：1-24.

12. O'Leary DD，Chou SJ，Sahara S. Area patterning of the mammalian cortex. *Neuron*，2007，56：252-269.

13. Spruston N. Pyramidal neurons：dendritic structure and synaptic integration. *Nat Rev Neurosci*，2008，9：206-221.

14. Tremblay R，Lee S，Rudy B. GABAergic interneurons in the neocortex：from cellular properties to circuits. *Neuron*，2016，91：260-292.

15. Van Essen DC，Donahue CJ，Coalson TS，et al. Cerebral cortical folding, parcellation, and connectivity in humans, nonhuman primates, and mice. *Proc Natl Acad Sci U S A*，2019，116：26173-26180.

原始文献

1. Allaway KC，Munoz W，Tremblay R，et al. Cellular birthdate predicts laminar and regional cholinergic projection topography in the forebrain. *Elife*，2020，9：e63249.

2. Bishop KM，Goudreau G，O'Leary DD. Regulation of area identity in the mammalian neocortex by Emx2 and Pax6. *Science*，2000，288：344-349.

3. Gao P，Postiglione MP，Krieger TG，et al. Deterministic progenitor behavior and unitary production of neurons in the neocortex. *Cell*，2014，159：775-788.

4. Nadarajah B，Brunstrom JE，Grutzendler J，et al. Two modes of radial migration in early development of the cerebral cortex. *Nat Neurosci*，2001，4：143-150.

5. Noctor SC，Martinez-Cerdeno V，Ivic L，et al. Cortical neurons arise in symmetric and asymmetric division zones and migrate through specific phases. *Nat Neurosci*，2004，7：136-144.

6. Nowakowski TJ，Martinez-Cerdeno V，Ivic L，et al. Spatiotemporal gene expression trajectories reveal developmental hierarchies of the human cortex. *Science*，2017，358：1318-1323.

7. Nowakowski TJ，Pollen AA，Sandoval-Espinosa C，et al. Transformation of the radial glia scaffold demarcates two stages of human cerebral cortex development. *Neuron*，2016，91：1219-1227.

8. Reillo I，de Juan Romero C，Garcia-Cabezas MA，et al. A role for intermediate radial glia in the tangential expansion of the mammalian cerebral cortex. *Cereb Cortex*，2011，21：1674-1694.

9. Ren SQ，Li Z，Lin S，et al. Precise Long-range microcircuit-to-microcircuit communication connects the frontal and sensory cortices in the mammalian brain. *Neuron*，2019，104：385-401.

10. Spitzer SO，Sitnikov S，Kamen Y，et al. Oligodendrocyte progenitor cells become regionally diverse and heterogeneous with age. *Neuron*，2019，101：459-471.

11. Stahl R，Walcher T，De Juan Romero C，et al. Trnp1 regulates expansion and folding of the mammalian cerebral cortex by control of radial glial fate. *Cell*，2013，153：535-549.

12. Telley L，Agirman G，Prados J，et al. Temporal patterning of apical progenitors and their daughter neurons in the developing neocortex. *Science*，2019，364. eaav2522.

13. Wester JC，Mahadevan V，Rhodes CT，et al. Neocortical projection neurons instruct inhibitory interneuron circuit development in a lineage-dependent manner. *Neuron*，2019，102：960-975.

14. Yu YC，Bultje RS，Wang X，et al. Specific synapses develop preferentially among sister excitatory neurons in the neocortex. *Nature*，2009，458：501-504.

15. Yu YC，He S，Chen S，et al. Preferential electrical Coupling regulates neocortical lineage-dependent microcircuit assembly. *Nature*，2012，486：113-117.

第 3 章　神经营养因子：神经元存活、发育与可塑性的调节因子

叶玉如　鲁白

第一节　概　述

神经元是构成神经系统结构的基本单位。与其他种类细胞不同的是，神经元分化成熟后则无法继续分裂，因此，神经元是一种有丝分裂后细胞。在成熟的大脑中存在少量的神经干细胞，具有代偿受损神经元的功能，但是，与胎儿时期大脑相比，成年大脑中神经元再生的速率大大降低。由于神经元在神经系统中的重要作用，以及其自身的有丝分裂后特性，如何调节此类细胞的存活和功能，对整个生物学个体的生命过程具有极为重要的作用。在发育成熟的过程中，神经元的发生、选择性存活或凋亡、轴突与树突的分化，及突触连接的形成和成熟，对神经系统的功能以及神经联系的巩固协调至关重要。另外，在部分神经系统疾病导致的严重症状之前，经常出现大量神经元凋亡或坏死。在本章中，我们将论述在生理和病理条件下的神经元死亡，神经营养因子（neurotrophin factors，NTFs）对神经元存活和凋亡、发育和突触可塑性的调节作用，及基于神经营养因子的药物研发。

第二节 神经营养因子

神经营养因子蛋白质家族最早的成员是五十多年前分离得到的神经生长因子（nerve growth factor，NGF）。雄性小鼠的唾液腺中大量存在 NGF，成为用于纯化该因子和研究其生物学功能的重要来源。很长一段时间内 NGF 被认为是唯一能够逆向（即从神经末梢到其胞体）发挥作用的可溶性多肽，是支持几种交感神经节亚型神经元存活所必需的因子。在 20 世纪 90 年代末，即 NGF 发现约四十年后，第二个神经营养因子家族成员脑源性神经营养因子（brain-derived neurotrophic factor，BDNF）被发现和命名。随着克隆技术和核酸测序技术的快速发展，哺乳动物中神经营养因子家族另外两个成员也相继发现，即神经营养因子 3（neurotrophin-3，NT-3）和神经营养因子 4/5（neurotrophin-4/5，NT-4/5）。最近，在低等脊椎动物中也发现了属于该家族的神经营养因子 6/7（neurotrophin-6/7，NT-6/7）。本章主要讨论的是上述这些狭义的神经营养因子。

此外，广义的神经营养因子（neurotrophic factors，NTFs）家族成员还包括胶质细胞源性神经营养因子（glial cell-derived neurotrophic factor，GDNF）、血小板源生长因子（platelet-derived growth factor，PDGF），及神经多肽细胞因子（neuropoietic cytokine），如白血病抑制因子（leukemia inhibitory factor，LIF）、睫状神经营养因子（ciliary neurotrophic factor，CNTF）和白介素 6 等。

一、神经营养因子：不同的作用位点和表达谱

神经营养因子家族成员均具有高度同源性，约 50% 的氨基酸序列完全相同。该家族独特之处是，所有的神经营养因子的 6 个半胱氨酸位点所在的相应位置均完全一致，它们保证了二硫键的形成，即形成所谓的"半胱氨酸结"。尽管神经营养因子存在结构上的相似性，它们的主要表达部位却存在差异，影响着不同的神经元亚群。Northern 杂交试验分析表明 NGF、BDNF 和 NT-3 的 mRNA 大量集中在大脑中表达，而 NT-4/5 的 mRNA 主要表达则分布在外周组织中。另外，NT-6/7 mRNA 则表达在低等脊椎动物的大脑及其外周组织。除了表达部位分布不同外，神经营养因子的表达在发育过程中受到的调控也不同。在大脑的整个发育过程中，NGF 的表达始终保持稳定。而 BDNF 的表达量在胚胎时期开始上升，到成年的大脑组织中达到最高的表达量。相反，NT-3 则主要表达在胚胎发育的整个时期和出生后阶段，但是在成年后则逐渐减少甚至关闭表达。特别值得注意的是，BDNF 的表达仅仅可以在新生大脑的海马、后脑、中脑和间脑中检测到，在成年大脑中，BDNF 则表达在包括小脑和皮质的所有脑区。NT-3 在新生大脑的多个脑区均有表达，成年大脑中 NT-3 的表达则仅仅集中在小脑和海马区域。虽然 NGF 在发育的神经元中广泛表达，但在成年大脑中仅海马区域能够检测到，并且其表达量远远低于 BDNF。

二、神经营养因子的合成、加工与分泌

1. 神经活动引起的转录调控　在哺乳动物的大脑中，*NGF* 和 *BDNF* 的 mRNA 水平都受到神经活动的严格调节。膜去极化通过电压门控的 Ca^{2+} 通道（voltage-gated calcium channel，VGCC）和可渗透 Ca^{2+} 的谷氨酸受体，尤其是 NMDA 型谷氨酸受体（N-methyl-D-aspartate receptors，NMDARs）引发 Ca^{2+} 流入，然后触发转录因子如 Ca^{2+} 的结合-响应因子（CARF；也称为 ALS2CR8）和环 AMP（cAMP）应答元件（CRE）结合蛋白（CREB）的相应调节元件激活 *BDNF* 的 mRNA 转录。基因组分析发现人类和啮齿动物 *BDNF* 中共有九个启动子，其中启动子 IV 对神经元活动高度敏感，其包含多个 Ca^{2+} 响应性序列和 CRE 结合序列，可与 CARF 和 CREB 结合启动转录。在小鼠中，启动子 IV 中的特定敲入突变会破坏感官体验诱导的 *BDNF* 表达，并导致皮质抑制回路的发育不良，从而揭示了 *BDNF* 启动子 IV 依赖性转录的生理重要性。

2. 转录后调控与翻译合成　神经营养因子转录后通过可变剪接产生具有相同编码区的多种转录产物，它们具有不同的 5′ 和 3′ 非编码区组合。研

究发现只有含长 3′ UTR 的转录产物被引导到树突，可能发生局部 BDNF 合成。选择性缺失长 3′ UTR 转录产物的小鼠会导致海马和皮质神经元突触数量和形态异常，并减少视觉皮质中 GABA 能神经元的分布。这些发现表明 BDNF 是在树突中合成的，并且在树突具有重要的功能。

此外，突触活性可以诱导树突 mRNA 的局部翻译。第一，突触活动驱动高尔基体结构和核糖体从树突向突触移动。第二，翻译起始因子，如真核翻译起始因子 4（eukaryotic initiation factor 4，EIF4），延伸因子，如真核延伸因子 2 激酶（eukaryotic elongation factor 2，EEF2）和 S6 激酶，及胞质多聚腺苷酸化元素结合蛋白（cytoplasmic polyadenylation element binding protein，CPEB）都存在于树突中的多核糖体复合物中。这些翻译因子可通过代谢型谷氨酸受体或 NMDAR 依赖性激酶的磷酸化作用，引发 BDNF 等蛋白的局部翻译。

3. 翻译后蛋白加工与分泌　所有的神经营养因子都以神经营养因子前体原（preproneurotrophin）的形式被合成，经过酶切加工成为具有生物活性的成熟的神经营养因子。蛋白水解酶先在神经营养因子前体原 N 端的疏水信号肽处进行切割，产生神经营养因子前体。经典的观点认为，细胞内的水解酶 Furin 接着在神经营养因子前体的保守位点进行酶切，形成成熟的神经营养因子。此后，成熟的神经营养因子形成非共价同型二聚体，并被分泌到细胞外，以旁分泌和自分泌的形式作为逆向存活信号。

过去人们一直认为只有成熟形式的神经营养因子才可以被分泌到细胞外。但是，近期研究表明神经元也可以分泌神经营养因子前体，并被细胞外的水解酶切割而形成成熟的神经营养因子。那些神经营养因子前体是如何逃脱胞内蛋白水解酶剪切的机制，我们还无从了解，但是目前发现，神经营养因子前体的独特区域看来充当着比调控蛋白质折叠和分泌更为重要的角色。最近研究的结果提示，神经营养因子前体还可以作为具有生物学活性的配体而行使功能。事实上，人们观察到神经营养因子及其前体两种形式，在大脑中均大量存在。这一新的发现，可能对已有的神经营养因子信号功能和生物学活性的假说提出挑战。

第三节　神经营养因子受体

自从 NGF 被分离纯化以来，人们为了鉴定 NGF 的受体做出了不懈的努力，直到发现两个与 NGF 结合的受体，即低亲和力的神经营养因子受体 p75（low affinity neurotrophin receptor p75）和原肌球蛋白相关激酶（tropomyosin-related kinase，TrK，后来被命名为 TrkA，以区别于其他的 Trk 家族成员）。最早在 1986 年发现和鉴定 p75 是低亲和力 NGF 受体，随后还发现它与其他的神经营养因子有相近的纳摩尔级别亲和力。虽然 p75 分子不包含激酶催化模块，但它能与调节神经细胞生存、分化和突触可塑性的几个关键信号分子相互作用。1989 年，TrkA 作为 NGF 的受体被发现，TrkA 受体介导了 NGF 刺激引起的 PLCγ 磷酸化，有力揭示了 TrkA 是 NGF 的直接受体。另外两个神经营养因子受体家族成员，TrkB 和 TrkC，进一步被证明分别是 BDNF 和 NT-3 的直接受体。

一、Trk 家族受体的结构

虽然 TrkA、TrkB 和 TrkC 分别由独立的不同基因编码，但是它们具有很高的序列同源性，结构非常相似。与其他酪氨酸激酶受体相似，Trk 家族也是由胞外配体结合域、单跨膜域和具有酪氨酸激酶活性的胞内域构成。胞外域对于配体的识别、结合，及二聚化至关重要，该结构域的特征是有两个半胱氨酸富集域，之间夹着三个亮氨酸富集域，接着是两个 C2 型的免疫球蛋白样结构域。在这些结构域中，C2 型的免疫球蛋白样结构域最接近于细胞膜，行使着配体结合的功能（图 5-3-1）。

另外，Trk 胞外域包含着两个保守的糖基化位点。抑制糖基化形成将会阻止 Trks 在细胞膜表面的定位，并导致 Trk 酪氨酸激酶活性在没有配体结合的情况下，呈现持续激活状态，这一现象暗示着胞外域在调节受体功能方面充当着重要的角色。连接胞外结构域的是疏水的跨膜结构域，它将受体固定在细胞膜上。胞内结构域由近膜端区域、酪氨酸激酶域和一个短小的羧基端结构组成。酪氨酸位点位于胞内结构域，当配体结合后可以被自动磷酸化，对下游信号级联反应的起始必不可少。

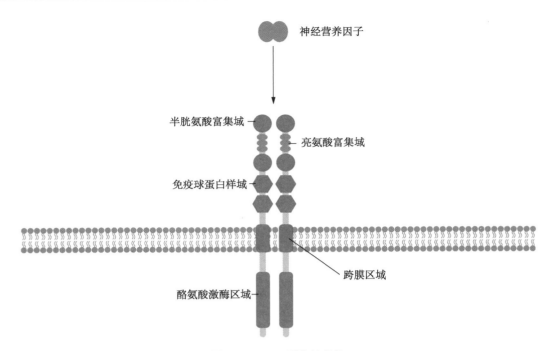

图 5-3-1　**Trk 受体的结构**

Trk 受体由一个和配体结合的胞外端、一个单跨膜结构域和一个含有酪氨酸激酶域的胞内端组成。Trk 受体的胞外端有两个半胱氨酸富集域，这两区域当中夹着亮氨酸富集域，近膜的半胱氨酸富集域后紧接着两个 C2 型免疫球蛋白样域。邻近胞外端的是疏水性的跨膜区域，起着锚定受体在膜上的作用。另外，Trk 受体的胞内端有一个近膜区域，酪氨酸激酶区域和相邻的短小羧基端。受体和配体结合之后，胞内端酪氨酸自身磷酸化是下游信号转导通路启动的必要条件。Trk 受体和成熟的神经营养因子具有高亲和力

二、Trk 受体：同源体和表达谱

1. TrkA　TrkA 在周围神经系统中表达量较高，在交感神经节和背根神经节中都有表达，在免疫系统中亦可检测到。在中枢神经系统中表达较为局限，主要在前脑基底的类胆碱能神经元。TrkA 已经被发现四种剪接体形式，其中两种在大鼠的嗜铬细胞瘤细胞系 PC12 中存在，另外两种则在胸腺中存在。在 PC12 细胞中发现的 TrkA 同源体包括了最早在 1989 年分离鉴定的 TrkA（也被称为 TrkA Ⅰ），第二种同源体在第二个免疫球蛋白样结构域和跨膜结构域之间，包含着 6 个氨基酸插入片段（被称为 TrkA Ⅱ）。TrkA Ⅰ 和 TrkA Ⅱ 在体内的表达也是不同的，TrkA Ⅰ 主要表达在非神经系统组织中，TrkA Ⅱ 主要表达在神经系统中。另外两种在胸腺中鉴定的 TrkA 同源体与最早鉴定的 TrkA Ⅰ 完全不同，它们具有不同数量的亮氨酸富集结构域。而 TrkA Ⅰ 存在三个亮氨酸富集区域，也被称为 TrkAL3。其他两种 TrkA 同源体仅具有一个或者没有亮氨酸富集区域，分别被称之为 TrkAL1 和 TrkAL0。这些同源体几乎全部在胸腺中表达。

2. TrkB　*TrkB* 基因的转录可以在神经系统中被大量检测到，在肺、肌肉和卵巢中也可以检测到痕量表达。原位杂交和免疫染色实验分析表明 TrkB 在大脑（包括皮质、海马、齿状回、纹状体、脑干）和脊髓中有广泛表达。在发育过程中，TrkB 的 mRNA 和蛋白质从胚胎到成年过程中都可以检测到。在早期的胚胎发生阶段，TrkB 也可在神经上皮中检测到。到目前为止，TrkB 已经被鉴定七个同源体。除了全长的 TrkB（TrkB-FL）最早在 1989 年被克隆外，两个缩短形式的 TrkB（TrkB-T1 和 TrkB-T2）从成年大鼠的小脑 cDNA 库中被分离得到。与 TrkB-FL 相比，缩短形式的 TrkB 的胞内结构域被两个独特而短小的羧基端序列所取代。无论是全长还是缩短形式的 TrkB 受体均在神经系统中广泛而且大量表达，但是表达区域有所不同。在神经系统中，TrkB-FL 和 TrkB-T2 主要表达在神经细胞中，而 TrkB-T1 则在神经和非神经系统中均有表达，如星型胶质细胞、少突胶质细胞和施旺细胞中。不同形式的 TrkB 的表达也随着发育过程而变化。TrkB-FL 蛋白最早在胚胎阶段可以被检测到，而缩短形式的 TrkB 主要在出生后晚期以及成年阶段被检测到。另外 4 个 TrkB 同源体的特征是，

在 TrkB-FL 和 TrkB-T1 受体胞外结构域仅具有一个（L1）或者没有（L0）亮氨酸富集区域。L1 和 L0 变异体不与 BDNF、NT-3 和 NT-4 配体结合，也不具有促神经元存活和促纤维原细胞转化的功能。

3. TrkC TrkC 主要表达在大脑中（特别是海马、皮质）和小脑的颗粒细胞层、脊髓运动神经元和各种神经节中。除了最早在 1991 年鉴定的 TrkC 以外，另外 5 个 TrkC 同源体相继被发现，均发生了胞内结构域的剪切或者片段插入。与 TrkB 相似，TrkC 的两个同源体的特征是酪氨酸激酶结构域的缩短（TrkC-T1 和 TrkC-T2），它们的胞内结构域也被独特而短小的羧基端序列所代替。另外三个同源体的特征是，其胞内结构域插入了不同长度的氨基酸片断（TrkC-14，25 和 39），这些插入片断破坏了酪氨酸激酶自磷酸化位点的结构特征，因此这些同源体不能够介导纤维原细胞的增殖，但是它们依然能够与配体结合，并且也能使酪氨酸快速磷酸化。TrkC 的同源体主要集中表达在神经系统中，然而有趣的是，不同缩短形式的同源体却只表达在星形胶质细胞、周围神经系统和非神经组织中。

三、p75 的结构

虽然 p75 也与神经营养因子结合，并且是神经营养因子信号通路中不可缺少的组成部分，但是 p75 的结构和生物学功能与 Trk 受体完全不同。p75 属于肿瘤坏死因子（tumor necrosis factor，TNF）家族受体，最早在 1986 年作为 NGF 的受体被发现。它编码了一个 75 kDa 的糖蛋白，可以形成二聚体或者与 Trk 受体在体内形成异聚体。因实验证明 p75 与成熟的神经营养因子亲和力较低，它作为低亲和力的神经生长因子受体，其命名用 NTR（neurotrophin receptor）作为角码，被校正为 $p75^{NTR}$。作为 TNF 受体家族的成员，它的结构与其他家族成员类似。胞外结构域包含 4 个半胱氨酸富集的结构域，一个跨膜结构域和一个胞内死亡结构域，不含有任何激酶结构域。在胞内死亡结构域中，胞内近膜结构域也被称为 Chopper 结构域，因为它能够启动背根神经节细胞的死亡程序。胞外结构域中的半胱氨酸结构域，对于神经营养因子的结合非常重要，而胞内域则被认为能够激活 NF-κB 信号传导通路并启动凋亡程序。

四、p75：同源体和表达谱

$p75^{NTR}$ 的表达受发育调控。在发育过程中，它主要在胚胎期和出生后期有高表达量，成年后表达量下降。$p75^{NTR}$ 在各种神经元亚群中均有丰富表达，包括纹状体神经元和脊髓运动神经元以及交感和感觉神经元。有趣的是，$p75^{NTR}$ 的表达区域与 Trk 受体的表达区域部分重合，例如，在 TrkA 高表达的前脑基底，也发现了 $p75^{NTR}$ 的高表达。甚至在某些表达重合区域还发现 $p75^{NTR}$ 与 Trk 受体形成聚合体。

很长时间，人们认为 $p75^{NTR}$ 基因仅仅表达单一的全长 p75 受体蛋白，但是最近的研究表明存在着缩短形式的 $p75^{NTR}$，即 s-$p75^{NTR}$（short $p75^{NTR}$），该变体的特征是缺失了胞外段四个半胱氨酸富集重复区域中的三个。与 $p75^{NTR}$ 相似，s-$p75^{NTR}$ 表达在大脑和脊髓中，然而表达量却大大低于全长的 $p75^{NTR}$。半胱氨酸富集重复区域的缺失，导致了 s-$p75^{NTR}$ 无法与 NGF 结合。然而无论是全长的 $p75^{NTR}$ 还是 s-$p75^{NTR}$ 的基因敲除小鼠，均表现出感觉神经元和施旺细胞的丢失，暗示着两种形式的 $p75^{NTR}$ 都与神经元存活密切相关。

五、各类神经营养因子受体的配体特异性

尽管 TrkA、TrkB 和 TrkC 结构具有相似性，它们对配体仍然存在显著不同的选择性。TrkA 是 NGF 的受体，但是它与 NT-3 也存在很低的亲和性。另外，NT-6/7 也可使用 TrkA 作为其信号传导受体。TrkB 是 BDNF 和 NT-4/5 的受体，NT-3 与 TrkB 有微弱的结合，但是对 TrkC 则具有高度的亲和性。最后，所有的神经营养因子均能以较低的亲和力结合 p75 受体。需要强调的是，$p75^{NTR}$ 对于前体形式的神经营养因子具有很高的亲和力，提示神经营养因子前体可能是 $p75^{NTR}$ 受体的直接配体。然而，这些神经营养因子前体激活了 $p75^{NTR}$ 受体介导的交感神经元和少突胶质细胞的凋亡过程，而并非起到营养支持和促进存活的作用。神经营养因子及其前体介导 $p75^{NTR}$ 信号通路的重要性，仍将是人们努力探索的有趣研究领域（图 5-3-2）。

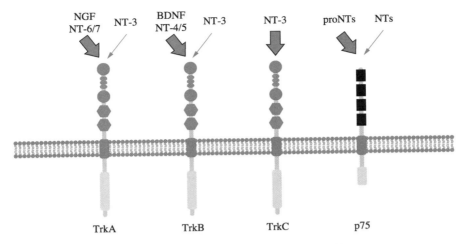

图 5-3-2　神经营养因子及其受体的特异性

神经营养因子对不同的受体具有不同的选择性。NGF 和 NT-6/7 主要和 TrkA 受体结合，BDNF 和 NT-4/5 主要结合 TrkB（大箭头）。NT-3 和 TrkC 有很强的亲和力（大箭头），但也微弱地结合 TrkA 和 TrkB（小箭头）。大多数神经营养因子（NTs）都能以弱亲和力结合 p75，而神经营养因子前体（proNTs）和 p75 则具有很强的亲和力

第四节　神经营养因子受体的下游信号传导通路

一、Trk 受体的激活

相应配体结合到 Trk 家族受体的胞外段后，Trk 受体发生了怎样的变化？与其他酪氨酸激酶受体类似，Trk 受体随着配体的结合发生二聚化，启动了胞内酪氨酸激酶结构域的激活，促进了受体胞内段其他酪氨酸的磷酸化。以 TrkA 为例，NGF 结合以后，诱导了 Y490、Y670、Y674、Y675 和 Y785 位点的磷酸化（图 5-3-3）。在 TrkB 和 TrkC 中相应的酪氨酸磷酸化位点，同样在与配体结合后发生磷酸化。在上述的五个酪氨酸位点中，Y670、Y674 和 Y675 位于激酶结构域的活性环结构中，Y490 和 Y785 则位于激酶结构域外。这些位点的磷酸化不仅仅是 Trk 受体完全激活所必需的，还作为了很多衔接蛋白分子的停泊位点，是启动 Trk 下游信号通路所必不可少的。

二、逆向运输

由于神经元结构的特殊性，传递神经营养因子生物学效应是依赖于神经营养因子受体复合物的逆向运输。当配体结合到受体并激活受体募集相关信号分子后，这些神经营养因子受体复合物与细胞膜形成网格蛋白有被小窝（clathrin-coated pit）后，会通过 dynamin 分子被内吞入细胞内。在神经末梢，包含神经营养因子及其相应受体的"信号内体"在轴突内向胞体逆向转运。如果在神经末梢抑制 PI3 激酶（phosphoinositide 3-kinases，PI3K）活化，则也抑制了神经营养因子受体的内吞过程，证明 PI3K 在受体逆向转运中起一定的作用。内吞后的神经营养因子受体复合物，仍然保留其一开始所招募的信号分子，以保证其活化状态，来执行独特的生物功能。例如，胞体部位的存活信号通路的启动，需要将内吞的神经营养因子受体转运到胞体。神经营养因子刺激感觉神经元和交感神经元的轴突远端，导致神经营养因子受体被内吞，进而转运到达胞体，并活化胞体部位的 ERK5 和 PI3K。活化的 ERK5 转运到细胞核中，磷酸化具有促存活作用的转录因子 CREB 和 MEF2，继而增强神经营养因子的存活作用。内吞入细胞内的 Trk 受体也可以被重新运回到细胞膜表面，进行第二轮激活作用。另外，在某些情况下，内吞的 Trk 亦可以被转运入溶酶体或蛋白体降解系统而被降解。

三、Trk 受体下游信号通路

Trk 受体激活后，有若干种机制启动其下游信号传导通路。直接招募信号传导通路分子是介导 Trk 受体生物效应的首要机制之一。受体的胞内段有若干个可以被磷酸化的酪氨酸残基，这些被磷酸

化的酪氨酸残基，为各种不同的衔接分子提供停泊位点（酪氨酸环位点）。通常当衔接分子和 Trk 受体结合时，它们就会被 Trk 受体的激酶域磷酸化。以这种方式激活的信号传导通路包括 Ras-MAPK、PI3 激酶（PI3K）/Akt 和 PLCγ 通路。

1. Ras-MAPK 通路　该通路需要一些特异的结合蛋白的参加。激活的 Trk 受体将 Shc 和 Frs-2 招募到酪氨酸 490 位点，或将 rAPS 和 SH2B 招募到激酶部位的酪氨酸环位点，并且通过磷酸化活化它们，最后将招募并形成含有 Grb2 和 SOS（son of sevenless）的复合物。SOS 能激活 Ras，由 Ras-GDP 转化为 Ras-GTP 活化型。值得注意的是 Grb2 能直接结合到已激活的 Trk 受体的激酶部位酪氨酸环位点的酪氨酸残基上，从而激活 Ras 蛋白及 Ras 介导的有丝分裂素活化蛋白激酶（mitogen-activated protein kinase，MAPK）通路的磷酸化级联反应（图 5-3-3）。活化的结果将会激活 MAPK 超家族，包括 MAPK 激酶的激酶 Raf-1 和 B-Raf，MAPK 激酶 MEK1/2 和 MAPKERK1/2。活化的 ERK1/2 会被转运到细胞核中激活若干个转录因子，包括 Egr-1 和 Elk-1。此二者在 NGF 引起的神经元类细胞系 PC12 细胞的分化和神经突起生长过程中起关键作用。

2. PI3K/Akt 通路　该通路是另一条由活化的 Trk 受体招募衔接分子激活的下游信号传导通路。Trk 受体下游至少有两条通路能够活化 PI3K。Grb2 被 Trk 受体招募后会和 Gab1 和 Gab2（Grb2 结合蛋白 -1 和 -2）形成复合物，此复合物会结合 PI3K 调节亚基 p85，并且使它磷酸化，继而激活 PI3K。或者，PI3K 的催化亚基能直接和 Ras 相互作用继而活化 PI3K。PI3K 磷酸化磷脂酰肌醇二磷酸（phosphatidylinositol 4,5-bisphosphate，PIP₂），产生磷脂酰肌醇三磷酸［phosphatidylinositol（3,4,5）-trisphosphate，PIP₃］，继而活化磷脂酰肌醇磷酸依赖的蛋白激酶（phosphoinositide-dependent protein kinase-1，PDK1），两者共同激活下游的 Akt 蛋白激酶，而 PI3K 促进细胞存活的机制关键即在能够活化 Akt 蛋白。Akt 活化后，会磷酸化和调节若干个涉及细胞生存的关键蛋白的活性。例如，Akt 能磷酸化 caspase9，并且抑制它的活性。此外，Akt 也能通过磷酸化叉头家族（forkhead family）的转录因子，从而抑制一些促凋亡基因的表达（图 5-3-3）。越来越多的证据表明 PI3K/Akt 通路也可能参与调节神经元细胞骨架的过程。PI3K 已被证明能够通过激活小 GTP 酶 Cdc-42/Rac/Rho 家族，调节肌动蛋白聚合过程。而且局部的 Trk 受体诱导的 Ras 和 PI3K 的激活，也能促进细胞的运动和生长锥导向过程。

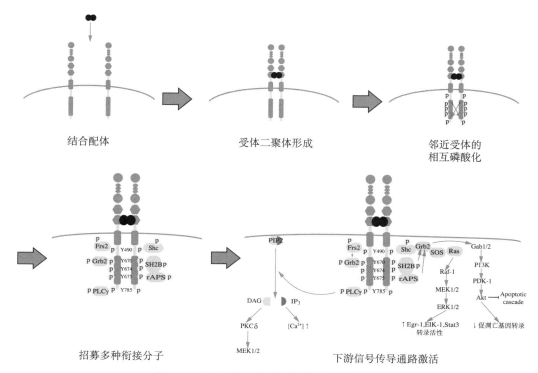

结合配体　　受体二聚体形成　　邻近受体的相互磷酸化

招募多种衔接分子　　下游信号传导通路激活

图 5-3-3　Trk 受体的激活及其下游信号通路

神经营养因子和 Trk 受体结合，促使两个受体形成二聚体。一旦形成二聚体，就会活化 Trk 受体的激酶区域，并且彼此磷酸化对方的酪氨酸残基。此图显示的是激活后 TrkA 受体上可被磷酸化的酪氨酸残基的位点信息。磷酸化酪氨酸残基为下游的衔接分子或信号分子如 Shc、PLCγ、Frs2、SH2B 和 rAPS 等提供了停泊位点，并且激活了 MAPK、PI3K、和 PLCγ 三条信号转导通路，具体描述请参照正文

以上试验观察结果提示，PI3K 通路除了有促进神经元存活以外，还可能具有更多的功能。

3. PLCγ 通路 PLCγ 一旦直接和 Trk 受体磷酸化后的酪氨酸 785 位点结合，则立即被活化（图 5-3-3）。活化后，PLCγ 水解 PIP_2，产生两个第二信使分子：肌醇三磷酸（inositol trisphosphate，IP_3）和二酰基甘油（diacylglycerol，DAG）。IP_3 促进细胞内钙离子的释放，进而激活由钙离子调节的酶如钙调素蛋白激酶（Ca^{2+}/calmodulin-dependent protein kinase，CaMK）和蛋白激酶 C（protein kinase C，PKC）。另一方面，DAG 也活化受它调节的 PKC 的同类酶（PKC-δ）。最近的研究揭示了 Trk 受体引起的 PLCγ 活化，可能参与调节神经细胞的电活动，这暗示着 Trk 受体介导的 PLCγ 活化，在神经营养因子诱导的神经元电活动和神经元的可塑性中也起到关键作用。

四、Trk 受体信号通路的负调控

Trk 受体活化后，除了激活下游信号联级分子以及信号传递以外，也能启动若干反馈机制来限制 Trk 受体的活化。这一点保证了在下一轮刺激时有足够的反应能力，并且防止了下游信号传导通路的过度增强。

在若干种反馈机制中，依赖于受体活化的内吞和转运过程是一种暂时缓解过多配体刺激的机制，内吞后受体还可能被泛素化标记从而经过蛋白酶体途径进行降解。其次，受体或下游通路分子的去磷酸化也可防止 Trk 受体的过度活化。例如，磷酸酶 SHP1 和 PTEN 能限制 TrkA 受体的活化。另一方面，有报道显示 NGF 同时可以上调 MAP 激酶磷酸酶 1（MAPKK1），通过去磷酸化使 ERK1/2 失活。最后，配体诱导 Trk 受体的降解是另一种抑制 Trk 受体信号传导通路的机制。BDNF 长期处理（30 分钟至 24 小时）后，可以导致 TrkB 受体在蛋白质和 mRNA 两个水平均减少。也有研究称当 Trk 受体激活时，会促进其与 LINGO-1 蛋白的结合，而这种结合会促使 Trk 受体经溶酶体途径而降解，从而抑制激活的 Trk 受体信号。所有这些机制共同防止 Trk 信号传导通路的过度激活。

五、p75^NTR 受体介导的信号通路

与 Trk 受体不同，p75^NTR 不具有激酶活性。因此，p75^NTR 传递细胞外信号需要结合其他受体或胞内衔接分子。至今已发现有各种结构特质不同的分子均能结合 p75^NTR，但 p75^NTR 信号联级通路的起始机制还并不清楚。p75^NTR 下游信号传导通路及其功能的研究在神经营养因子受体研究领域仍是一个挑战。

1. p75^NTR 招募衔接分子传递信号 因为 p75^NTR 缺乏激酶活性区，其信号传导必须通过招募衔接分子进行。目前对大多数和 p75 相互作用的蛋白质的认识，主要集中在蛋白质结构上，而对其功能的意义和信号联级成分则知之甚少。例如，神经营养因子受体相互作用因子（NRIF）、神经营养因子受体相互作用的 MAGE 同源物（NRAGE）和 p75^NTR 关联的细胞死亡执行者（NADE）都和 p75^NTR 有相互作用。p75^NTR 通过近膜端区域与 NRIF 和 NRAGE 结合，通过死亡结构域和 NADE 结合。招募此三者都和 p75^NTR 介导的促凋亡作用相关，特别是已发现 p75^NTR 招募 NRAGE 和 NRIF 后，立即激活了 JNK 并启动凋亡联级反应。但 p75^NTR 结合 NADE 后，其下游的信号联级通路仍不清楚。p75^NTR 活化除了有促凋亡的作用外，也有通过活化 NF-κB 增强神经元存活的作用。p75^NTR 招募 TNF 受体关联因子（TRAF6）和丝氨酸/苏氨酸激酶受体相互作用蛋白质 2（RIP2），这两个衔接分子均能激活 NF-κB 传导通路。在 NGF 的刺激下，p75^NTR 与 TRAF6 和 RIP2 结合后，都能导致 NF-κB 的活化。最后，p75^NTR 的胞内端也会和 GTP 酶 RhoA 相互作用，这在 p75^NTR 介导的神经突起的生长过程中具有重要作用（图 5-3-4）。

2. p75^NTR 与其他共受体的相互作用 p75^NTR 除了招募胞内的衔接分子以外，还能招募细胞膜上的其他受体进行下游信号的传导过程。例如，在调节神经突起的生长过程中，p75^NTR 招募 Nogo 受体（NgR）和 Lingo1 起一定作用。中枢神经系统髓鞘中有若干个蛋白质，包括 NogoA、少突胶质细胞髓鞘糖蛋白（oligodendrocyte-myelin glycoprotein，OMgP）和髓鞘关联糖蛋白（myelin-associated glycoprotein，MAG），都有抑制神经突起生长的作用，这特别不利于受损中枢神经系统轴突再生。NogoA、OMgP 和 MAG 都是 Nogo 受体（NgR）的配体，因此它们都能激活 p75^NTR/NgR/Lingo1 三体复合物。OMgP、MAG 或 NogoA 和 p75^NTR/NgR/Lingo1 复合物结合，增加了 RhoA 的活性，这恰好体现了 p75^NTR/NgR/Lingo1 复合物抑制轴突延伸的机制。

最近有报道证明，Sortilin 是另一个与 p75 结合的跨膜受体。已知 Sortilin 是神经营养因子前体（NGF 前体和 BDNF 前体）促凋亡信号通路所必需的。由于已发现的所有成熟的神经营养因子与 p75^{NTR} 只发生低亲和力结合，这一事实引起了科学家的兴趣，去寻找与 p75^{NTR} 有高亲和力的配体。最近证明神经营养因子前体和 p75^{NTR} 的亲和力远远高于成熟的神经营养因子，这暗示神经营养因子前体是 p75^{NTR} 的原本配体。Sortilin 在神经营养因子前体对 p75^{NTR} 介导的促凋亡信号通路中起到了关键作用。所有这些研究集中表明，p75^{NTR} 所行使的功能皆因与它所结合的共受体的身份而异。

最后，早已证明 Trk 受体与 p75^{NTR} 有相互作用的现象。但此 Trk-p75^{NTR} 复合物是否以信号传导受体角色而起作用，还不得而知。p75^{NTR} 能显著增强 NGF 和 TrkA 的亲和力，伴随而至的是 NGF 对 p75^{NTR} 亲和力的降低。p75^{NTR} 除了增加 Trk 受体对各自配体的亲和力外，还能调节配受体之间的特异性。例如，在 p75^{NTR} 的调节下，TrkB 对 BDNF 的选择性远远高于 NT3。总之，Trk 受体和 p75^{NTR} 除

了介导各自的下游信号传导通路外，它们间还有直接的相互作用（图 5-3-4）。

六、与其他信号通路的交叉对话

神经营养因子信号传导除了通过直接招募信号分子的方式以外，也可能通过与其他通路的交叉对话方式进行。例如，G 蛋白偶连受体（G protein-coupled receptor，GPCR）通路，可能在没有神经营养因子存在的情况下，通过 Trk 受体继而活化了其下游的 PLCγ 和 PI3K 信号通路。和神经营养因子不同，GPCR 活化（transactivation）Trk 受体的过程是缓慢的。以这种间接方式激活的 Trk 受体，可以持续激活 Akt，并促进神经元细胞存活。因此，神经营养因子和 GPCR 可能以平行方式来活化 Trk 受体信号通路。

神经多肽细胞因子激活的通路，也被证明和神经营养因子受体信号传导通路有交叉对话。神经营养因子和神经多肽细胞因子的共同作用，能够调节神经元的分化和发育中的细胞凋亡。例如，LIF 诱

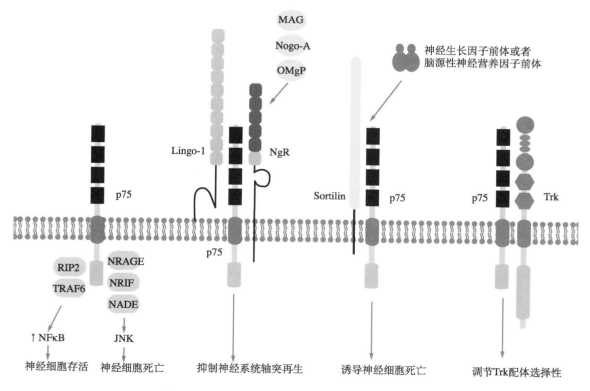

图 5-3-4　**p75 受体下游衔接分子和共受体的招募**

一般认为 p75 受体介导细胞存活还是细胞死亡，取决于它招募的下游衔接分子的种类。p75 结合 NRAGE、NRIF 和 NADE，导致 JNK 的激活和神经元的凋亡，若结合 RIP2 和 TRAF6，则激活 NF-κB 并促进神经元存活。其次，p75 也通过结合共受体转导信号。p75 招募 Nogo 受体（NgR）和 Lingo-1，在其介导的抑制神经再生过程中起重要作用。MAG、Nogo-A 和 OMgP 都以 p75/Lingo-1/NgR 的配体形式起作用。另一方面，由神经营养因子前体激活的 p75 会诱导细胞凋亡，在此过程中，招募 sortilin 是非常重要的。最后，p75 和 Trk 受体的相互作用，能够调节成熟配体和受体之间的相互选择性

导的交感神经元的凋亡依赖于 p75 受体信号通路的协同作用。另外，感觉神经元的分化需要 LIF 和 NGF 的协同作用。除了促神经元分化以外，神经营养因子和细胞因子也能够调节神经元的细胞表型，如 NGF、LIF 和 CNTF 在各种生理和病理条件下，调节胆碱能类型神经元的表达。这些发现揭示了神经营养因子和细胞因子能共同影响神经元前体细胞的分化程序。

第五节 神经营养因子对神经元存活与死亡的调控

一、发育过程中的神经元凋亡

在神经系统形成的最初阶段，神经元前体细胞定位于中枢神经系统的中心轴位置，在此处，前体细胞数目随着细胞有丝分裂而不断增加。一旦离开中心轴，此类细胞则停止分裂，开始发育成熟，并继续分化成神经元。新生的神经元迁移到其最终目的地，伸展轴突，与靶细胞建立适当的神经联系。早期研究工作已经发现，在这个建立神经联系的阶段，有大量的阶段性神经元死亡发生，有些区域甚至有高达 50% 的神经元死亡。长期以来人们无法了解在大脑发育过程中为何发生细胞死亡，其后这一谜团被逐步揭开。根据观察发现，发育过程中神经元死亡数量和程度与靶细胞的数目密切相关，因此提示了存活神经元的数目可能依赖于靶细胞群的大小。事实上，发育过程中的细胞死亡是由于中枢和周围神经系统均具有过量的神经元导致。由于靶细胞的数目有限，并不是所有的神经元都可以与靶细胞成功地建立功能性联系。为了能让已经建立功能性神经联系的神经元选择性地存活下来，未与靶细胞建立联系的神经元便会被诱导死亡。这类大量的神经元死亡即被称为发育中凋亡或者程序性细胞死亡。对发育过程中早期细胞死亡的研究表明，死亡过程是在一系列连续事件调控下完成的，并且有可预测的特征性形态学变化。这些变化直接导致了"程序性细胞死亡"这一概念的产生，意味着内在的死亡程序决定此类细胞最终进入死亡命运。在神经元大量消亡阶段，发生细胞死亡的形态学特征是，早期胞体和细胞核以及核边缘的皱缩和凝聚，而细胞膜和细胞内功能性的细胞器则没有明显损伤。最终，细胞膜成泡后导致圆形凋亡小体的形成，其中包含了胞内细胞器和核碎片。这些圆形凋亡小体会迅速地被邻近的巨噬细胞或者大胶质细胞吞噬。这种具有特征性的细胞死亡类型被命名为细胞凋亡（apoptosis），在希腊语中为"落下"的意思。这种大量的细胞死亡被认为是生物体正常发育过程的重要组成部分，因此这些细胞的死亡和清除是神经系统巩固已建立的功能性联系所必需的。

二、病理条件下的神经元死亡

虽然最初认为神经元凋亡仅仅发生在发育早期，用以消除大量过剩的神经元，但是很快人们认识到凋亡是代表了一种贯穿终生的神经元死亡类型。事实上，在各种神经系统退行性疾病中，如老年痴呆症、帕金森症和肌萎缩性（脊髓）侧索硬化症，都存在着神经元凋亡的现象。同样，在外伤或者癫痫引起的脑损伤中，也普遍观察到神经元凋亡。虽然如此，凋亡仅仅是脑损伤区域的神经元死亡形式之一。坏死（necroptosis）是另一种形式的神经元死亡，广泛存在于受病害影响的脑区。坏死与凋亡的不同之处在于，细胞胞体和细胞器膨胀肿大，这些变化意味着细胞遭受严重的新陈代谢损伤和破坏。细胞膜完整性遭到破坏后，胞内物质渗漏到周围基质并引起免疫反应。无论是凋亡还是坏死发生，均依赖于几个因素，如死亡刺激的种类、发生死亡的细胞的能量水平和细胞器的完整性等。它们决定着细胞是进入凋亡还是坏死程序。即使这样，确定神经元死亡的类型仍然较为困难，因为神经元的死亡可以同时具备坏死和凋亡的特性。这就说明了最终决定受损神经元命运的信号传导通路可能是凋亡和坏死程序相结合的结果。阐明由神经系统疾病启动的决定神经元死亡的信号传导通路，将为我们了解如何调控神经元死亡过程提供重要的线索。

无论神经元处于发育的哪个阶段，决定神经元生死命运的是存活信号与死亡信号的最终平衡。存活信号消失或者死亡信号通路上调，都会导致平衡破坏并启动凋亡程序。有趣的是，发育过程中的神经元凋亡相对于病理性的神经元死亡，则更多依赖于存活信号的减弱；而在病理情况下，死亡信号的产生则是诱导神经元死亡的主要因素。在神经系统退行性疾病中，发生死亡的神经元中可观察到一系列的有害刺激，包括错误折叠的蛋白质和异常的蛋白质聚集，或者活性氧的大量释放等伴随现象。

无论在生理还是病理条件下，如果存活信号强于死亡信号，则神经元的存活就可以保证。如果削弱存活信号或增强死亡信号，则使平衡往凋亡方向移动。在发育过程中缺少逆向营养作用，或病理条件下蛋白质错误折叠和蛋白质的异常聚集都会导致细胞凋亡。

三、Trk 受体：介导存活信号通路

长期以来神经营养因子被认为是在发育过程中调节神经元存活的关键分子。此外，神经营养因子在诱导神经脊起源的神经细胞前体分化和增殖过程中起着非常重要的作用。但是不同的神经营养因子诱导出不同种类的神经元。例如 NGF 对交感神经元和感觉神经元的分化至关重要，而 BDNF 和 NT-3 则主要起维持背根神经节（dorsal root ganglion，DRG）中部分感觉神经元和本体感受神经元存活的作用。检测神经营养因子敲除和 Trk 受体敲除小鼠中存活的神经元亚群，进一步证明了不同神经元种类依赖于不同的神经营养因子 -Trk 受体信号传导通路。神经营养因子敲除和受体敲除小鼠在存活的神经元种类上有惊人的相似性，这又一次证明了 Trk 受体介导的信号传导通路在发育过程中起着维持神经元存活的重要作用（图 5-3-5）。在 NGF 和 TrkA 受体的敲除小鼠中发现，缺失了交感神经元和感觉神经元。而在 BDNF 和 TrkB 受体敲除的小鼠中发现前庭系统障碍和三叉神经节、结状神经节和背根神经节中神经元的缺失。再者 TrkB 受体敲除小鼠中还发现运动神经元的消失。最后，在 NT-3 和 TrkC 受体敲除的小鼠中发现本体神经元缺陷，导致异常的运动行为和身体姿势。

除了生化和基因敲除研究的发现外，自然界中有 TrkA 发生突变的事例，这种自发的 TrkA 突变也说明 TrkA 受体在维持神经元存活的过程中是必不可少的。TrkA 受体的突变被证明是人类某些综合病的起因，如先天性无痛和无汗症（congenital insensitivity to pain with anhidrosis，CIPA），又称四型遗传性感觉和自主神经系统坏死。由于缺乏交感神经元和小型无髓鞘痛觉神经元，CIPA 综合征患者有体温调节障碍，也不能感觉到疼痛，从而导致损伤、自残和致死性的高热体温。这些观察结果清晰地证明了神经营养因子在发育过程中维持神经元存活的重要性。

那么神经营养因子信号通路是否也在病理条件下起作用呢？例如，切断视网膜节细胞和运动神经元的轴突都导致了神经元的凋亡。经研究发现加入外源性 BDNF 可以延长细胞存活若干天，但这种神经保护作用很快会脱敏和失效。BDNF 神经元保护作用的消失归结于受损神经元在没有电活动时不会对 BDNF 有反应。因此，尽管外加神经营养因子能够暂时激活存活的信号传导通路来延缓凋亡的发生，但要使受损神经元能长期存活下来还依赖于其他因素比如细胞的反应性。

四、p75 NTR 受体：介导促凋亡信号

和 Trk 受体相反，p75^{NTR} 的功能尚未研究清楚。由于 p75^{NTR} 缺乏胞内激酶区域，这使得求证 p75^{NTR} 下游的信号传导通路非常困难。但是对 p75^{NTR} 敲除小鼠的研究为揭示其潜在的功能（特别在发育过程中的功能）带来了重要的线索。现在已经有两种 p75^{NTR} 敲除小鼠，第一种是破坏 p75^{NTR} 的外显子 3，即破坏了 p75^{NTR} 的长链形式而其短链形式仍保持完整。第二种是删除了外显子 4，这样不管长链形式还是短链形式均不能表达。然而，这两种小鼠在表型上有明显的区别。p75^{NTR} 外显子 4 敲除的小鼠身体体积明显比外显子 3 敲除的小鼠要小。此外，在外显子 4 敲除的小鼠中有严重的周围感觉神经元和外周神经支配的缺失，而且与野生型鼠相比，光诱导的感光细胞凋亡明显减少，所以 p75^{NTR} 可能参与启动感光细胞的凋亡，引起多种形式的色素性视网膜炎（retinitis pigmentosa，RP）。这些研究结果暗示 p75^{NTR} 在调节神经元存活和神经元死亡过程中都具有重要作用。

因为 p75^{NTR} 是 TNF 受体家族的成员之一，并且含有死亡结构域，所以人们预测 p75^{NTR} 以死亡受体形式起作用。p75^{NTR} 外显子 3 敲除小鼠的视网膜中发现细胞凋亡减少。此外，在原代培养的皮质神经元、PC12 细胞或神经胶质瘤细胞中过度表达 p75^{NTR} 可导致 JNK 和 Caspase 的激活。但是什

么配体结合到p75^{NTR}，是什么机制导致了凋亡联级通路的传递，还远远不清楚。最近的研究表明招募衔接分子是主要机制之一。例如，p75^{NTR}上的死亡结构域，可招募NRIF和NADE，从而介导了p75^{NTR}促凋亡的作用。在NRIF敲除小鼠中发现，敲除NRIF分子可以缓解由神经营养因子刺激所导致的交感神经元凋亡。此外，在293T细胞中共同过度表达NADE和p75^{NTR}会启动凋亡信号和引起Caspase活化。其次，在PC12细胞中，p75^{NTR}招募的另一个衔接分子NRAGE也会导致JNK的高度激活和Caspase的活化。这些研究结果共同说明了p75^{NTR}诱导细胞凋亡的机制之一是招募促凋亡相关分子。如能阐明p75^{NTR}在何种条件下倾向于结合何种蛋白，将为如何调节p75^{NTR}受体的功能提供重要信息。

值得注意的是，p75^{NTR}除了促进凋亡外，也被认为具有促进神经元存活的作用。这个假设和p75^{NTR}外显子4敲除小鼠表现出缺失外周感觉神经元的现象是一致的，说明p75^{NTR}对维持这群神经元的存活是至关重要的。p75^{NTR}之所以能增强神经元的存活是因为它的下游增强了NF-κB的活化。没有TrkA的条件下，在大鼠的施旺细胞上，NGF会结合到p75^{NTR}并且活化NF-κB。在胚胎神经元和

交感神经元里，神经营养因子都会引起p75^{NTR}依赖性的NF-κB的活化。p75^{NTR}如何诱导NF-κB的活化，目前仍不清楚，但最近报道证明这个机制可能涉及蛋白质的相互作用。例如，p75^{NTR}和TRAF6结合时介导了下游NF-κB的活化。另外，p75^{NTR}和RIP-2的结合也同样激活了NF-κB。因此p75^{NTR}是促进细胞存活还是细胞凋亡取决于细胞内的分子成分。

在发现神经营养因子前体以前，人们普遍认为，在发育过程中缺乏Trk受体介导的促存活信号时，成熟的神经营养因子和p75^{NTR}的低亲和力结合是通过促进凋亡信号导致神经元凋亡的。但是，越来越多的报道证明在大脑受伤时和神经系统疾病中，p75^{NTR}信号的上调决定着神经元的死亡。受损后在各种类型细胞中的p75^{NTR}，神经营养因子前体和成熟的神经营养因子含量都会提高。相一致的是，外伤引起的神经元死亡，在p75^{NTR}外显子3敲除小鼠中和通过反义RNA降低p75^{NTR}表达的小鼠中都得以明显的缓解。而且最近报道称，在中枢神经系统受损后，NGF前体和BDNF前体都成为了诱导神经元死亡的病理性配体。这些研究结果显示，在病理条件下，p75^{NTR}信号传导通路的增强可以加剧神经元的死亡（图5-3-5）。

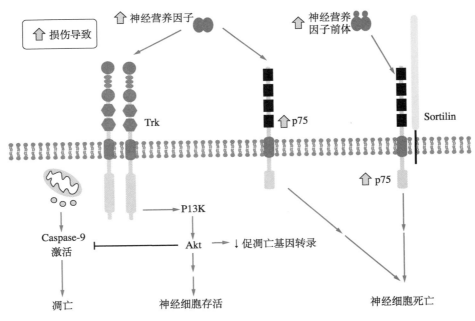

图5-3-5 神经营养因子：既产生促存活信号又产生促凋亡信号

第六节 神经营养因子与神经发育

通过对神经营养因子以及 Trk 受体下游信号传导通路的研究，显示神经营养因子对神经元发育至关重要。神经营养因子在神经元的发育过程的各个阶段都具有重要的调节作用，这些过程包括神经发生、轴突与树突的分化，及突触的形成和成熟等。

一、神经发生

胚胎期的神经干细胞表达 Trk 受体及其 p75^{NTR} 受体，表明神经营养因子在神经元分化之前就可能已经开始起调节作用。研究表明，用重组 BDNF 和 NGF 蛋白处理体外培养前三天的小鼠皮质和海马神经干细胞，可促进其在第 10 ～ 14 天分化为神经元的能力；相反，NT-3 没有这种促分化作用。神经元分化后，BDNF 是神经突起的分化和生长所必需的，进一步支持 BDNF 在神经分化中的作用。此外，在小鼠中 BDNF 基因的缺失会抑制中间神经元的分化。这些结果表明神经营养因子从神经发育的最早阶段就已经开始起调节神经干细胞分化的作用。

神经营养因子还调节海马齿状回和脑室下区域中成年神经干细胞的存活和分化。在大鼠齿状回或脑室下区域直接输注或通过腺病毒表达 BDNF，会增加这些脑区新生成体神经元的数量。相应的，BDNF 或 TrkB 基因缺陷型小鼠在海马齿状回表现出新生成体神经元数量的减少。与此相似，活动依赖性 BDNF 分泌受损的成年小鼠在脑室下区表现出神经元数量和存活率的降低。在成年小鼠中，降低成体神经干细胞 TrkB 的表达会减少它们的增殖和分化，这表明神经营养因子对成人神经干细胞的调控是由 TrkB 受体介导的。

二、轴突与树突的分化

在培养的海马神经元的轴突-树突极化过程中，未分化的神经突起接触细胞外 BDNF 会促进其分化为轴突。这种效果是由 TrkB 依赖性的 cAMP 升高和蛋白激酶 A（PKA）通过激活下游肝激酶 B1（LKB1）和 SAD（也称为 BRSK），进而驱动与轴突形成有关的细胞骨架变化而导致。此外，神经元

自身分泌的内源性 BDNF 有助于轴突的分化。在培养的海马神经元中，转染短发夹 RNA 敲低内源性 BDNF，会显著削弱轴突的发生，而未转染的邻近神经元则显示了正常的轴突发生。因为增加的 cAMP 和 Ca^{2+} 反过来可以通过 TrkB 激活促进神经营养因子的分泌，一个局部自放大自分泌反馈可经由神经营养因子诱导的神经营养因子的分泌来建立，从而导致 cAMP 和 PKA 活性的持久性局部上升，从而启动轴突的分化。

在培养的神经元中，神经营养因子的胞外梯度可引起的轴突生长锥转向。例如，在发育中的小鼠肢芽中，感觉神经元轴突可以指向含有 NGF、BDNF、NT-3 或 NT-4 的微珠。由于分泌的神经营养因子很容易与细胞表面和细胞外基质结合，因此它们更适合局部而不是远程导向。树突可能会局部分泌神经营养因子，以吸引带有适当 Trk 分子的轴突。BDNF 体内输注到非洲爪蟾的视神经上皮也促进了视网膜节细胞（retinal ganglion cell，RGC）轴突的分支和复杂性，而通过特异性抗体抑制 BDNF 具有相反的结果，揭示了内源性 BDNF 在调节轴突生长中的作用。然而，小鼠 BDNF 或 TrkB 缺失的小鼠没有明显的轴突形态学上的改变，这可能是因为其他神经营养因子或导向分子的补偿效应。

此外，神经营养因子对树突的分化和生长具有重要的调控作用。在小鼠大脑皮质切片中，重组 BDNF 能促进第四层椎体神经元树突的生长，NT-3 则会抑制其生长。有趣的是，神经元活性有助于增强 BDNF 对发育中的大脑皮质脑切片中树突生长的促进作用，这类似神经元去极化在促进 BDNF 诱导的神经肌肉中突触神经递质释放增强中的作用。在 BDNF 存在的情况下电刺激培养的海马神经元也可增强 TrkB 活性并增强 BDNF-TrkB 复合物的内吞。在小鼠大脑皮质切片中，由于直接对皮质锥体细胞和中间神经元转染 BDNF 和 NT-4 可以加速它们的树突发育，因此这些神经营养因子可能充当自分泌因子来促进树突生长，这种调控作用与自分泌促进轴突生长类似。在分子机制方面，各种神经营养因子的胞外分泌和 Trk 受体的膜募集都受类似的 cAMP 和 Ca^{2+} 介导的机制调控。因此，去极化诱导

的 Ca^{2+} 内流会促进 BDNF 本身的分泌和 TrkB 的细胞表面表达，从而放大了神经营养因子的自分泌作用。此外，一种类型的神经营养因子的激活也可以触发多种内源性神经营养因子的分泌以及它们储存在胞内受体的细胞表面表达，从而产生对神经元的协同自分泌作用。需要注意的是，由于外源神经营养因子的高水平表达可能导致非生理条件下释放未加工的神经营养因子，因此我们需要谨慎看待基于神经营养因子直接转染神经元的发现。

除了全长 TrkB，哺乳动物的大脑还以高水平表达 C 末端截短的 TrkB-T1。TrkB-T1 可以与 TrkB 形成非功能性异源二聚体，并具有与全长 TrkB 类似的 BDNF 结合能力，从而通过隔离细胞外 BDNF 而不激活 TrkB 信号来干扰 BDNF-TrkB 信号传导。TrkB-T1 在神经元中的内源性功能仍有待阐明，有证据表明它可能在神经发育过程中调节 TrkB 信号传导。在 TrkB-T1 选择性敲除小鼠中，某些脑区域（例如杏仁核）表现出树突生长缺陷，这可能是由于异常的 TrkB 信号转导引起的。鉴于 TrkB-T1 可以在神经胶质细胞中转导磷脂酶 Cγ（PLCγ）依赖性的 Ca^{2+} 涌入和 Rho GTPase 信号依赖性的形态学改变，需要进一步研究以阐明 TrkB-T1 在神经元中的 TrkB 非依赖性的功能。

三、突触的形成和成熟

在非洲爪蟾（*Xenopus laevis*）发育期视神经中，注入外源性 BDNF 会增加突触蛋白的密度，这提示 BDNF 可以促进突触的发生。BDNF 对突触发生的促进作用，部分依赖于 BDNF 对树突和轴突生长和分支的增加，从而提高轴突和树突之间接触的概率。此外，神经营养因子还调节突触的功能和形态成熟。神经营养因子对突触的调节作用首先是在解离培养的非洲爪蟾脊髓神经元和心肌细胞中发现的，用重组 BDNF 或 NT-3 处理的神经元在几分钟内显著增加了突触活性。由于自发性兴奋性突触后电流的频率增加但幅度没有增加，这表明神经营养因子调节突触的快速作用是由突触前神经末梢突触小泡胞吐的增强而不是由突触后反应性增强引起的。另一方面，未成熟的神经肌肉突触长时间暴露于外源性 BDNF 和 NT-3 也会导致这些突触的加速成熟，表现为自发性兴奋性突触后电流振幅的增加以及突触小泡蛋白 Synaptophysin 和 Synapsin-1 的聚集。在缺乏外源性神经营养因子的情况下，肌肉细胞内源性 NT-3 的活性依赖性分泌也在突触成熟中起作用。因此，BDNF 和 NT-3 参与神经肌肉突触形态和功能的成熟。

在培养的海马神经元中，外源性 BDNF 促进兴奋性和抑制性突触的形成，而外源性 NT-3 仅促进兴奋性突触的形成。神经营养因子对突触形成和成熟的影响，与其促进神经递质合成的酶、突触小泡蛋白和突触后神经递质受体的亚基等多种突触蛋白的表达中的作用是一致的，在发育的海马突触中也观察到内源性 BDNF 信号对突触成熟的类似作用。因此，在神经连接部位活性诱导的内源性 BDNF 的分泌可以促进突触成熟。

兴奋性和抑制性突触的平衡发育在神经环路形成过程中至关重要。由于 BDNF 可以促进兴奋性突触和抑制性突触的成熟，并且分泌的 BDNF 可能仅局部作用于附近的突触，因此，由活性引起的兴奋性突触中 BDNF 的分泌可能对同一突触后树突附近的突触成熟起到促进作用。例如，在发育中的海马的 CA3 区，谷氨酸能神经突触活性会导致 Ca^{2+} 依赖性 BDNF 的释放，而这种分泌的 BDNF 会导致 A 型 GABA 受体（$GABA_AR$）介导的突触电流的持续增强。此外，发育中的海马中的 GABA 能突触活性还通过激活 B 型 GABA 受体（$GABA_BRs$）来诱导 BDNF 分泌，并可能促进 GABA 能突触的成熟。$GABA_BRs$ 的作用可以通过增加 CaMK II 活性来介导，从而触发 BDNF 和 NT-3 的突触后分泌。因此，发育中的 GABA 能突触的 BDNF 分泌也可能促进附近的兴奋突触的成熟，产生 BDNF 介导的双向信号，从而协调相邻的兴奋性突触和抑制性突触的成熟。

第七节 神经营养因子与突触可塑性

传统上神经营养因子被认为是对神经元分化和成活起调节作用的一组分泌蛋白，近年研究显示，神经营养因子家族成员，尤其是脑源性神经营养因子（BDNF）在突触传递和可塑性中也有非常重要的作用，BDNF 通过两类受体 -TrkB 和 p75 受体，诱导急性效应，影响神经元的兴奋性，调节突触传递和可塑性。

一、对突触传递的急性调制

蒲慕明实验室用培养爪蟾神经肌接头为研究标本，于 1993 年首次报道培养液中给予 BDNF 或 NT-3，几分钟后神经末梢自发性的和电刺激诱发的递质释放均明显增强。1994 年，鲁白实验室报道在大脑神经元突触 NT-3 能快速调控突触传递。以后很多实验证明，神经营养因子在多数情况下对突触传递的急性调节是通过改变突触前机制来实现的，尽管它们对突触后通道有调节作用。除了对兴奋性突触传递的增强作用以外，BDNF 和 NT-3 对 GABA 介导的抑制性突触传递也有急性调控作用。抑制蛋白合成或者翻译，神经营养因子对突触传递的急性调控仍然存在，这是急性调控的一个显著特点。

在神经肌接头，神经营养因子增加递质释放可能是增加突触前内钙、导致突触囊泡胞吐过程加快所致。NT-3 增强突触传递是由于突触前内钙增加并激活细胞内 PI3 激酶系统、增加突触前末梢释放递质。与 BDNF 引起外钙内流增加突触前内钙不同的是，NT-3 主要提高细胞内 IP_3 水平，造成细胞内钙库释放钙离子进入突触末梢，在 IP_3 和 PI3 激酶系统共同作用下，增强神经肌接头突触传递。在中枢的海马和大脑皮质，BDNF 对突触传递的急性调控，是通过对突触相关蛋白 -Synapsin、Synaptophysin 和 Synaptobrevin 等下游靶分子的分布和磷酸化的调节实现的。

二、对突触可塑性的调节

神经电活动可以引起 BDNF 的快速分泌（几毫秒）。细胞生物学、人脑成像、行为学和遗传学等多学科的研究证明，BDNF 的快速分泌对海马依赖性的短时程记忆（一般为几十分钟）有重要作用。1996 年，鲁白实验室报道 BDNF 能促进海马 CA1 区长时程增强（long-term potentiation，LTP）的诱导形成。Bonhoeffer 实验室和 Kandel 实验室相继报道敲除小鼠 BDNF 基因后，海马 LTP 降低；而给予

外源性 BDNF 或者转染表达 BDNF 的腺病毒到海马内，则能够重新诱导出 LTP。至此，调控突触可塑性成为神经营养因子的一个新的功能，该类研究也形成了一个新领域。BDNF 是否通过突触传递的急性增强机制参与 LTP 形成？尽管有报道外源性 BDNF 能够直接增强海马 CA1 的基础突触传递，但这一发现难以被重复。大量实验证明，BDNF 通过对突触囊泡蛋白的磷酸化，增加了可分泌突触囊泡在突触前膜上的数量，从而促进了 LTP 诱导时突触对高频刺激的反应。其结果是 BDNF 促进 LTP 的形成。

神经电活动也可以在较慢的时程（几小时）上促进 BDNF 的基因表达。敲除 BDNF 基因后，小鼠海马依赖性的长时程记忆（几小时甚至几天）也受到严重影响。L-LTP 被认为是长时程记忆的基础。与 E-LTP 最大不同之处在于，L-LTP 需要基因转录和新蛋白合成以及突触生长。BDNF 对海马 L-LTP 维持有很重要的作用。海马锥体细胞可能主要分泌 BDNF 前体分子 proBDNF。在海马中还存在一种分泌蛋白——组织纤维蛋白酶原激活物（tissue plasminogen activator，tPA）。tPA 激活细胞外纤维蛋白酶，使 proBDNF 转换为成熟 BDNF（mBDNF），而这个过程在小鼠海马 L-LTP 的表达中起着关键性作用。另外，抑制蛋白合成能够阻断 L-LTP 的表达，而单独给予外源性 mBDNF 可恢复蛋白合成抑制后的 L-LTP 产生，提示晚时相 LTP 形成过程中 BDNF 是一个关键的蛋白产物。

mBDNF 主要激活 TrkB 受体，而 proBDNF 则主要激活 p75[NTR] 受体。敲除 p75[NTR] 后海马长时程抑制（long-term depression，LTD）受到损坏。加入外源性 proBDNF 则能易化海马 LTD，而且这种易化作用依赖于 p75[NTR]，提示 proBDNF 激活 p75[NTR] 在 LTD 形成中起关键作用。基于 proBDNF 和 mBDNF 分别激活 p75[NTR] 和 TrkB 后，表现出截然相反的生理效应，鲁白等提出神经营养因子作用的"阴阳学说"。该学说认为，酶切后的神经营养因子与前体通过不同机制，发挥正好相反的效果，对细胞成活、树突生长和树突嵴形成起调节作用。

第八节　基于神经营养因子的药物研发

神经损伤疾病（包括神经退行性疾病和急性神经损伤等）的治疗缺乏有效的药物，近二十年来的

以疾病修饰治疗药物（disease-modifying therapy）研发也几乎全部失败。以阿尔茨海默病为例，以病

原蛋白 Aβ 和 Tau 为靶标的药物研发到目前为止还没有任何成功的案例。Tuszynski 和鲁白等学者认为仅仅清除病原蛋白并不能有效治疗神经退行性疾病，他们在 2013 年提出了一种新的治疗策略：通过神经营养因子激活体内细胞营养和存活信号通路，从而达到营养、保护和修复神经元、抑制退行性病变的目的。同样，这种保护作用还被认为可适用于脑卒中等急性神经损伤疾病。而 BDNF 是脑内分布最广泛的神经营养因子，不仅能在体外促进培养神经元的存活和生长，还能促进突触传递、生长和可塑性，执行突触修复的功能，并且在多种神经损伤疾病模型中表现出治疗效果。因此，BDNF 的临床应用曾被报以极大的希望，然而 BDNF 用于治疗渐冻症（amyotrophic lateral sclerosis，ALS）的临床三期实验却惨遭失败，虽然部分数据显示了一定的效果，但总体上不能作为有效的治疗药物。

一、BDNF 作为治疗药物的缺陷

BDNF 在 ALS 临床试验失败的原因经过多年的研究总结，主要有以下几个方面：① BDNF 黏性大，给药后很难扩散到致病组织；②药代动力学特性差，蛋白进入体内很快被降解，在血液中半衰期仅 1 ～ 10 分钟；③最重要的是，BDNF 还会结合低亲和力受体 $p75^{NTR}$，而 $p75^{NTR}$ 的激活会导细胞凋亡和突触抑制。而且很多疾病状态下，受损失的细胞中 $p75^{NTR}$ 表达水平升高。因此 $p75^{NTR}$ 介导的非特异性，可能是 BDNF 临床试验失败的罪魁祸首。

二、TrkB 激动剂的研发

BDNF 本身不能成药，另一种思路是寻找激活受体 TrkB 的激动剂药物。TrkB 受体的结构，由胞外段、跨膜区域和胞内激活区域组成，胞外段结构分为五个结构域（D1 ～ D5）。TrkB 的胞内区是酪氨酸蛋白激酶，通过形成二聚体自身磷酸化后募集并磷酸化目标蛋白，传递下游信号通路。已有报道几种能够激活 TrkB 或其下游信号通路的小分子药物，为神经退行性疾病的潜在治疗药物，主要有 7,8- 二羟基黄酮（7,8-DHF）、TrkB 受体激动剂、LM22A-4、胰岛素受体（1R）激活剂（demethylasterriquinone B1，DMAQ-B1）、阿米替林和丙炔苯丙胺。但在严格的平行实验中，无论是激活 TrkB 还是下游 Akt 和 ERK 的活性检测分析，这些化合物均都不能显示阳性结果，因此对这些小分子能否直接激活 TrkB 提出了质疑。同时，BDNF/TrkB 复合物结构也显示，开发模拟 BDNF 二聚作用的小分子药物似乎很难实现。根据 BDNF 的结构有开发出多肽类似物，但它们似乎并没有确定的靶点特异性。此外，还可以构建 BDNF 表达病毒或者直接构建表达 BDNF 的间充质干细胞用于治疗，但其安全性和特异性仍然存在较大的疑问。

三、TrkB 激活型抗体及其应用

研究表明，特定的抗体能够通过交联两个单体受体的方式，从而模拟天然配体的功能，达到激活酪氨酸激酶受体的目的，近年来，已有多个 TrkB 激活型抗体可以用来替代 BDNF 作为治疗药物，具有和 BDNF 类似的生物学功能：激活 TrkB 及其下游信号通路，促进神经元突起生长和细胞存活，以及增强突触功能。另一方面，TrkB 激活型抗体克服了 BDNF 本身的缺陷，表现出比 BDNF 更优异的特性：①稳定性好，半衰期可达 2 ～ 3 周；②具有很好的组织扩散性；③特异性激活 TrkB 而不激活 $p75^{NTR}$；④部分抗体能与内源性 BDNF 起协同作用；⑤最后，抗体药物更容易进行工业化生产。

TrkB 激活型抗体由于其优秀的药学特性，已经在很多疾病模型中表现出了显著的治疗效果。例如，TrkB 激活型抗体能够同时抑制大脑中动脉阻塞（middle cerebral artery occlusion，MCAO）模型中的细胞凋亡和程序性细胞坏死，从而减少梗死体积，改善感觉和运动行为能力；在一种渐冻症动物模型中，TrkB 激活型抗体能够挽救运动神经元死亡；在青光眼模型中，TrkB 激活型抗体能够有效保护视网膜神经节细胞；最后，在阿尔茨海默病模型中，TrkB 激活型抗体能对抗 Aβ 寡聚体诱导的神经元死亡，修复突触，逆转认知行为损伤。综上所述，TrkB 激活型抗体有望成为 BDNF 的优秀替代药物。

参考文献

综述

1. Levi-Montalcini R. The nerve growth factor：thirty-five years later. *EMBO J*，1987，6：1145-1154.
2. Ip NY，Yancopoulos GD. The neurotrophins and CNTF：two families of collaborative neurotrophic factors. *Annu Rev Neurosci*，1996，19：491-515.
3. Segal RA，Greenberg ME. Intracellular signaling pathways activated by neurotrophic factors. *Annu Rev Neurosci*，1996，

19：463-489.

4. Poo MM. Neurotrophins as synaptic modulators. *Nat Rev Neurosci*，2001，2：24-32.

5. Dechant G，Barde YA. The neurotrophin receptor p75（NTR）: novel functions and implications for diseases of the nervous system. *Nat Neurosci*，2002，5：1131-1136.

6. Huang EJ，Reichardt LF. Trk receptors：roles in neuronal signal transduction. *Annu Rev Biochem*，2003，72：609-642.

7. Lu B，Pang PT，Woo NH. The yin and yang of neurotrophin action. *Nat Rev Neurosci*，2005，6：603-614.

8. Nagahara AH，Tuszynski MH. Potential therapeutic uses of BDNF in neurological and psychiatric disorders. *Nat Rev Drug Discov*，2011，10：209-219.

9. Lu B. BDNF-based synaptic repair as a disease-modifying strategy for neurodegenerative diseases. *Nat Rev Neurosci*，2013，14：401-416.

10. Park H，Poo MM. Neurotrophin regulation of neural circuit development and function. *Nat Rev Neurosci*，2013，14：7-23.

原始文献

1. Cohen S，Levi-Montalcini R. A nerve growth-stimulating factor isolated from snake venom. *Proc Natl Acad Sci USA*，1956，42：571-574.

2. Leibrock J，Lottspeich F，Hohn A，et al. Molecular cloning and expression of brain-derived neurotrophic factor. *Nature*，1989，341：149-152.

3. Maisonpierre PC，Belluscio L，Squinto S，et al. Neurotrophin-3：a neurotrophic factor related to NGF and BDNF. *Science*，1990，247：1446-1451.

4. Kaplan DR，Hempstead BL，Martin-Zanca D，et al. The trk proto-oncogene product：a signal transducing receptor for nerve growth factor. *Science*，1991，252：554-558.

5. Ip NY，Ibaneg CF，Nye SH，et al. Mammalian neurotrophin-4：structure，chromosomal localization，tissue distribution，and receptor specificity. *Proc Natl Acad Sci USA*，1992，89：3060-3064.

6. Lohof AM，Ip NY，Poo MM. Potentiation of developing neuromuscular synapses by the neurotrophins NT-3 and BDNF. *Nature*，1993，363：350-353.

7. Rabizadeh S，Oh J，Zhong LT，et al. Induction of apoptosis by the low-affinity NGF receptor. *Science*，1993，261：345-348.

8. Kim HG，Wang T，Olafsson P，et al. Neurotrophin 3 potentiates neuronal activity and inhibits gamma-aminobutyratergic synaptic transmission in cortical neurons. *Proc Natl Acad Sci USA*，1994，91：12341-12345.

9. Kang H，Schuman EM. Long-lasting neurotrophin-induced enhancement of synaptic transmission in the adult hippocampus. *Science*，1995，267：1658-1662.

10. Korte M，Carroll P，Wolf E，et al. Hippocampal long-term potentiation is impaired in mice lacking brain-derived neurotrophic factor. *Proc Natl Acad Sci USA*，1995，92：8856-8860.

11. Figurov A，Pozzo-Miller LD，Olafsson P，et al. Regulation of synaptic responses to high-frequency stimulation and LTP by neurotrophins in the hippocampus. *Nature*，1996，381：706-709.

12. Patterson SL，Abel T，Deuel TA，et al. Recombinant BDNF rescues deficits in basal synaptic transmission and hippocampal LTP in BDNF knockout mice. *Neuron*，1996，16：1137-1145.

13. Yang F，He XP，Feng L，et al. PI-3 kinase and IP3 are both necessary and sufficient to mediate NT3-induced synaptic potentiation. *Nat Neurosci*，2001，4：19-28.

14. Egan MF，Kojima M，Callicott JH，et al. The BDNF val66met polymorphism affects activity-dependent secretion of BDNF and human memory and hippocampal function. *Cell*，2003，112：257-269.

15. Pang PT，Teng HK，Zaitsev E，et al. Cleavage of proBDNF by tPA/plasmin is essential for long-term hippocampal plasticity. *Science*（*New York*，*N.Y.*），2004，306：487-491.

16. Ji Y，Lu Y，Yang F，et al. Acute and gradual increases in BDNF concentration elicit distinct signaling and functions in neurons. *Nat Neurosci*，2010，13：302-309.

17. Boltaev U，Meyer Y，Tolibzoda F，et al. Multiplex quantitative assays indicate a need for reevaluating reported small-molecule TrkB agonists. *Sci Signal*，2017，10（493）.

18. Guo W，Peng K，Chen Y，et al. TrkB agonistic antibodies superior to BDNF：Utility in treating motor neuron degeneration. *Neurobiol Dis*，2019，132：104590.

19. Han F，Guan X，Guo W，et al. Therapeutic potential of a TrkB agonistic antibody for ischemic brain injury. *Neurobiol Dis*，2019，127：570-581.

20. Wang S，Yao H，Xu Y，et al. Therapeutic potential of a TrkB agonistic antibody for Alzheimer's disease. *Theranostics*，2020，10：6854-6874.

第 **4** 章　轴突导向

刘国法　饶　毅

　　形成功能健全的神经系统（nervous system），其中关键的一步是在发育过程中建立神经细胞之间、神经细胞与靶细胞之间的准确联系。人的神经系统有数以千亿计的神经元（neuron），每个神经元与多个靶物连接。轴突导向（axon guidance）是建立这种连接的主要方式：神经元长出轴突（axon），在复杂的胚胎结构环境中找到合适的靶物，建立起精确的神经网络（neuronal circuit）。神经连接这个复杂的过程，受遗传程序的控制，也受胚胎发育中神经活动的调节。

　　一般认为轴突导向包括不受神经活动调节影响的寻路（pathfinding）和靶物选择（target selection）两步，而其后的细调（refinement）受神经活动的调节。由于神经元通常距离靶物较远，轴突有时需要行走在漫长且弯曲的道路上，这称为寻路。当轴突抵达靶区以后，它们需要找到特定的靶细胞、建立突触（synapse）。

　　这个领域过去二十多年来进展较快，研究活跃，我们还不能完全理解神经环路形成的机制。本章将以几个常用的研究模型，讨论轴突导向和细调的关键概念和机制，这些讨论可以成为理解其他具体环路形成的基础。同时，也讨论与轴突导向（axon guidance）相关的神经元迁移（neuronal migration）机制，以及轴突导向和神经可塑性（neural plasticity）与相关疾病的关系。

第一节　轴突导向研究回顾

　　轴突导向的研究，历史上可以追溯到西班牙科学家 Santiago Ramony Cajal。他在 19 世纪观察了胚胎期神经纤维的分布，推论了纤维生长的机制。1890 年，他发现了发育中的神经纤维在最前端的锥状结构，命名为生长锥（growth cone）。虽然 Cajal 当时观察的是静态结构，依赖不同发育时期的切片，他仍进行了动态推论，认为生长锥可以在致密的环境中开辟通路，带领神经纤维航行。1892 年，Cajal 提出了神经趋向性假说（neurotropic theory），认为神经纤维受某种可能和化学趋向性相似的力量所指导，驶向既定目标。

　　美国耶鲁大学的 Ross G.Harrison 发明体外细

胞培养方法，于 1910 年观察了神经纤维的生长动态和生长锥的运动行为。Harrison 还提出接触（contact）在导向中的作用。

芝加哥大学的 Paul Weiss 于 1941 年提出共振原理（resonance principle），认为轴突投射没有特异性，是神经活动同步共振确定神经投射的特异性。

Roger W. Sperry 曾经是 Weiss 的研究生，从 1942 年到 1963 年，他独自或与同事们一起利用蛙（anura）视网膜神经节细胞（retinal ganglion cell, RGC）到顶盖（tectum）的投射系统开展了一系列实验，否认了共振原理，明确提出化学亲和性假说（chemoaffinity hypothesis），认为导向是依赖神经纤维和靶物间的特异化学亲和力。

20 世纪七八十年代，曾有不同方式寻找化学亲和的分子基础。1980 年，德国马普研究所的 Frederich Bonhoeffer 开始探索用在体外建立视顶盖（retinotectal）投射的研究模型，这个模型到 1987 年基本成熟。Bonhoeffer 发现，RGC 轴突投射特异性是因为顶盖中分布有排斥性分子，而不同区域来源的 RGC 轴突对此排斥性分子反应不同，视神经和顶盖相配合，决定投射的特异性。Bonhoeffer 等进而用生物化学的方法提取排斥性分子，于 1995 年发现 RAGS，即统一命名后的 ephrin（爱芙素 A5）。同样的蛋白，于 1994 年为哈佛医学院的 John Flanagan 在寻找爱芙（Eph）类受体之配体时找到，到 1995 年 Flanagan 实验室发现配体在顶盖呈现的梯度分布，受体在视网膜呈梯度分布，而且这两个梯度正好互补。Bonhoeffer 和 Flanagan 的结果能解释鼻颞侧视神经（optic nerve）为什么可以特异投射前后端的顶盖。

遗传学研究对轴突导向分子机制有很大帮助。美国卡内基胚胎研究所的 E. M. Hedgecock 于 1985 年用秀丽隐杆线虫（C. elegans）研究轴突导向，并发现影响轴突的突变体。1990 年，他们对三个基因 Unc5、Unc6、Unc40 的突变表型进行了仔细的分析，提出线虫腹背轴存在梯度导向系统，指导从特定背侧轴突向腹侧生长，以及特定腹侧轴突向背侧生长，从而推论这三个基因的产物是导向分子或其受体。1992 年，他们克隆基因后证明，UNC6 是分泌型蛋白质，UNC5 是跨模型蛋白质。1993 年，伯克利加州大学的 C. S. Goodman 实验室在果蝇中发现影响轴突导向的突变体，果蝇遗传学从此也有效地推动了轴突导向研究。

在哺乳类，英国的 Lumsden 和 Davis 于 1983 年发明的三维胶培养方法，对轴突导向和神经细胞迁移的体外研究很有帮助。1988 年，还在美国哥伦比亚大学 Tom Jessell 实验室的加拿大科学家 Marc Tessier-Lavigne 用三维胶培养法证明，哺乳类神经管（neural tube）腹侧中线的底板（floor plate）有吸引性活性，随后发现底板同时也具有促进神经生长的活性。1994 年，该实验室用生物化学方法纯化得到鸡脑中促进神经生长的蛋白质导向分子 Netrin，并发现导素 Netrin 同时具有导向活性，吸引特定的轴突。导素的蛋白质序列和 Hedgecock 发现的线虫 UNC6 有同源性，属于同一家族。

迄今已发现了多个吸引和排斥轴突的导向分子家族，都是蛋白质。它们分布在特定区域，通过分布在不同神经纤维上的受体，指导轴突和树突的定向生长。并且这些分子还有其他作用。饶毅等于 21 世纪之初提出包括神经在内的体细胞有共同的导向分子和导向机制。不仅饶毅实验室发现轴突导向的分子可以导向神经细胞迁移、白细胞迁移、血管内皮细胞迁移，而且其他实验室和他们都发现以前认为是白细胞趋化性因子的分子，也可以起神经系统的导向分子的作用。目前，有许多导向分子已被发现，但其作用机制尚不完全明了。

第二节　轴突导向的研究模型

神经元之间通过多个步骤连接起来。通路常被分成几段，化长程为短路，路途可以有中间路标细胞（guidepost cell），它们产生信号分段指导轴突生长。轴突对外界反应可以随发育时间改变，同时也受路途中路标细胞的调节。可以有不同轴突，有些领先探路，有些随后粘附于领先轴突而行。在一些模型里可以看到这些现象。

一、中线模型

脊椎动物神经管的横线轴突（commissural axons）向腹侧中线投射，是研究寻路的常用模型（图

5-4-1）。这些轴突来源于横线神经元（commissural neurons），其细胞体位于胚胎神经管的背侧。这些神经元的轴突先在神经管同侧由背侧向腹侧生长，逐渐到达腹侧的底板（floor plate，FP）。这些轴突穿过底板，抵达神经管的另一侧（左右方向）。然后转向前后（头尾）方向继续投射。在一些种如大鼠（*Rattus rattus*）、小鼠（*Mus musculus*）、斑马鱼（*Danio rerio*），它们向前（头）端投射；在另一些种如鸡（*Gallus gallus*）和蛙（*Anura*），它们向头尾均有投射。这个中线（midline）模型，在果蝇的神经系统也存在。而在线虫，其中线虽然不是神经系统的腹侧中线，而是线虫虫体的腹侧中线。

通常认为，底板吸引横线神经元轴突到达腹侧，黏接作用使横线轴突进入和穿过底板。底板还有一个有趣而重要的功能，它排斥穿过底板后的横线轴突，使得来自左侧的轴突穿过底板到达右侧后，就不能再穿回左侧。细胞水平的研究提示，底板可以吸引未通过底板的横线轴突，但不能吸引已经跨过中线的横线轴突。相反，跨过中线以后的轴突受底板的排斥。跨过中线后的轴突转向纵向投射也依赖于底板。底板缺失的突变鼠横线轴突转向不正常。

在中线模型中，多个分子参与轴突导向（图5-4-2）。从背侧横线神经元发出的横线轴突向腹侧中线进发，是由于被顶板分泌的骨形成蛋白7（Bone morphogenetic-7，BMP-7）和背排素（Draxin）排斥和底板分泌的导素吸引。有趣的是，近来的研究显示神经管内侧室管细胞分泌的导素（Netrin）可与底板导素一起参与调节横线轴突的导向。在哺乳

类，还有刺猬素 Shh（sonic hedgehog）起吸引作用，使横线轴突转向底板，但果蝇和线虫都无 Shh 能导向的证据。到达底板后，横线轴突上有黏接分子结合于底板的黏接分子（adhesion molecules），依靠这些细胞黏接因子的相互作用使横线轴突进入底板。穿过底板后，这些轴突失去对导素的反应性，而获得对缝素（Slit）和号志素（如 Sema3B 和 Sema3F）的反应性，而缝素和号志素的排斥性作用，使通过底板后的横线轴突不重返底板。过底板后，轴突失去对 Netrin 反应的原因不清楚。在果蝇，横线轴突获得对 Slit 的反应是因为受体 Robo 在细胞表面的分布变化，过中线后，轴突生长锥膜表面 Robo 浓度增加。有些神经元轴突的 Robo 受体从开始浓度就高，导致这些轴突不能通过底板，或者被缝素 Slit 排斥到神经管外，或者在同侧神经管投射而过不了中线。在哺乳类，横线轴突在过底板前后对缝素 Slit 的反应不同是因为 Robo 家族一个特殊成员 Rig1（Robo3）在横线轴突内表达，调节有信号转导作用的 Robo 的功能。

跨过底板后，横线轴突向纵向投射的转向由翅整素（Wingless and Integrated，Wnt）控制。邹益民实验室发现翅整素 Wnt 家族有一个成员表达于神经管底板，而且呈现头端高尾端低的浓度梯度，吸引穿过底板后的横线轴突向头端转向。

二、视神经-顶盖拓扑对应投射模型

神经纤维投射有高度的组织化，其中一种组织

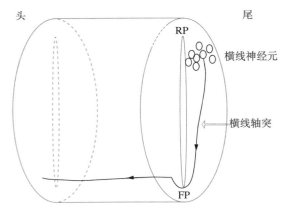

图 5-4-1 神经管中线模型

神经管有三个轴线：背腹、左右，和头尾。背侧的结构是背侧中线-顶板（roof plate，RP）。腹侧的结构是腹侧中线底板（floor plate，FP）。黑色圆圈代表横线神经元，它们位于神经管的背侧。它们送出的横线轴突先在同侧向腹侧行进，到达底板后，穿过中线，行进到异侧后再纵向头尾投射。不同种头尾投射情况不同，图示的是鼠类，跨中线后，这些轴突向头端投射

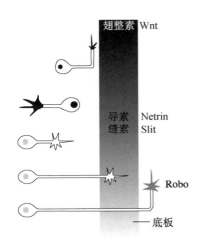

图 5-4-2 神经管中线轴突导向分子机制

导素 Netrin 和缝素 Slit 产生于底板。分布在底板的 Wnt（翅整素），从尾到头浓度梯度升高。轴突端蓝色表示 Robo 受体表达高。胞体为黑色的神经元，是同侧非横线神经元

形式是拓扑对应连接（topographic mapping）。体区感觉和运动系统，其神经纤维投射的对应连接较为熟知。Roger W. Sperry 将视神经投射发展成轴突导向的一个常用模型。视网膜节细胞（retinal ganglion cells，RGCs）长出视神经，投射到（两栖及鸟类的）顶盖、或者哺乳类相应的上丘（superior colliculus）。RGCs 位于视网膜的表层，其轴突到达视盘（optic disk）后，离开视网膜形成视神经。在蛙（和一些低等脊椎动物），视轴突到达位于中线的视交叉后，全部跨过视交叉，投射到对侧的顶盖。在哺乳类，腹颞侧的视轴突不跨视交叉，投向同侧上丘，而其他的视轴突，跨过视交叉，投向对侧上丘。

视顶盖（retinotectal）投射有精确的定位关系。视网膜中，每根视轴突有特定的位置来源，可以根据它在鼻颞（nasal-temporal）轴和背腹（dorsal-ventral）轴的方位来判定。颞侧的轴突投射到顶盖的前端（也是头端）。鼻侧的轴突投射到顶盖的后端（尾端）。腹侧视轴突投射到顶盖的内侧，背侧的视轴突投射到顶盖的外侧（图 5-4-3）。

Roger W. Sperry 于 1963 年提出化学亲和性假说，来解释视顶盖图谱对应投射的机制。他从 20 世纪 40 年代到 1963 年用两栖类成年动物做了一系列实验。这些动物视神经被切断后可以再生，而且再生的视神经根据原来的来源投射到原来的顶盖部位：即使将眼睛转 180°，位置变了的视神经仍然投

射到原来的顶盖部位。

Sperry 的化学亲和性假说认为不同区域的视神经和不同区域的顶盖间有特定化学亲和力，这个化学密码（chemical code）是由呈浓度分布的化学分子造成，视神经的梯度和顶盖的梯度相互匹配，形成拓扑对应投射。

起初以为对应投射是生长锥根据自己的来源有特异标记，简单而直接地在顶盖中找到与自己匹配的位点。近年在细胞水平进行仔细观察以后发现，还需调节轴突上侧枝生长。在鸡和鼠的研究都观察到，视神经轴突最初投射的区域比最终的靶区要广，无论是从顶盖的头尾轴还是内外轴看，轴突的投射范围都十分广泛。是通过调节侧枝的生长和裁剪，才形成最终的对应投射（图 5-4-3）。

鼻颞轴视神经向顶盖前后轴投射时，不管是鼻侧还是颞侧视神经轴突的主干都投射到了顶盖的后端。鼻侧视神经在顶盖后端生长的侧枝多，而颞侧视神经在顶盖前端生长侧枝多，侧枝多的位点，视神经主干可以维持，而侧枝少的部位，主干被修剪。这样，偏鼻侧的视神经可以在顶盖较后端维持主干（和侧枝），而偏颞侧的视神经靠顶盖后端的主干（和侧枝）不能被维持而被修剪，但是可以维持靠顶盖较前端的主干（和侧枝）。最终形成鼻侧视神经向后端顶盖、颞侧视神经偏向前端顶盖的投射关系。

视网膜腹背轴线视神经向顶盖内外轴线投射时，轴突主干抵达的位点比较接近最终位点，但是有差异。主干上长出偏顶盖内侧的侧枝，也长出偏顶盖外侧的侧枝。这两侧的侧枝被选择性调节，或者是通过促进生长，或者是通过特异修剪。侧枝修剪后，也可以调整主干的位置，使主干偏向侧枝稳定的方向。

分子机制上，Frederich Bonhoeffer 等的研究证明，视网膜鼻颞轴向顶盖前后轴对应投射中起重要作用的是爱芙素（ephrin）和爱芙（EphA）系统（图 5-4-4）。A 类爱芙素（ephrin A5）在顶盖呈前后浓度梯度分布，而 A 类爱芙（EphA）在视网膜呈鼻颞梯度。A 类爱芙素在这里起的作用是排斥性。顶盖后端较高浓度的 A 类爱芙素，因为颞侧的视神经爱芙浓度高，其侧枝生长在前端较多而后端较少，进入后端的颞侧视神经主干最终被修剪。鼻侧视神经爱芙 A 浓度低，对 A 类爱芙素反应低，在顶盖后端侧枝多，其主干和侧枝都可以稳定地存在于顶盖后端。

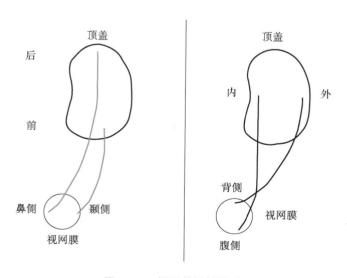

图 5-4-3 视顶盖投射模型

视顶盖投射对应有两轴线：视网膜里的鼻颞轴（nasal-temporal axis）和背腹轴（dorsal-ventral axis）。左图显示鼻颞轴视神经投射对应于顶盖的头尾轴（rostral-caudal axis），也是前后轴（anterior-posterior axis）。右图显示腹背侧视神经投射对应于顶盖的内外轴（medial-lateral axis）

腹背轴视神经向顶盖内外轴投射需要两套导向分子系统：B 类爱芙素（ephrinB）和翅整素（Wnt）及其相应的爱芙（EphB）和翅整素受体（Ryk，Fzl）（图 5-4-4）。理论上分析的结果是，在一个轴线上的对应投射，需要两种力量，才能达到精确定位，如果只有一种力量，轴突会都投向拓扑的一个极端。这两种力量，可以是不同类型。比如，可以有一种力量由一个呈浓度梯度分子提供，而另一种力量由轴突相互竞争来提供。腹背轴视神经向顶盖内外轴投射系统中，是两套分子（ephrinB 和 EphB，Wnt 和 Ryk，Fzl）梯度起平衡作用。

爱芙素 B1（ephrin B1）在顶盖呈内高外低的梯度，受体爱芙 B2（EphB2）和 B3 在视神经呈腹侧高背侧低梯度，将视神经吸引到内侧顶盖。邹益民等最近发现，Wnt3 在顶盖呈内高外低的梯度，介导 Wnt 排斥信号的 RyK 受体在视神经呈腹侧高背侧低梯度，而介导 Wnt 吸引信号的 Fzl 受体在视神经没有浓度梯度，呈均匀分布。这样视神经对 Wnt 有双相反应并呈逐渐变化。因为腹侧视神经表达较高的 Ryk，它们被 Wnt3 强烈排斥。而背侧视神经表达 Ryk 较低，所以只被顶盖内侧高浓度的 Wnt3 排斥，而被顶盖外侧低浓度的 Wnt3（通过视轴突上的 Fzl 受体）所吸引。所以，Wnt3 将所有视神经导向顶盖外侧，而平衡爱芙素 B1 将所有视神经导向顶盖内侧的力量。爱芙素 B 和 Wnt3 的作用是通过选择性地调节侧枝生长或者修剪来达到的。爱芙素 B 有利于视神经主干偏向内侧的侧枝，Wnt3 有利于主干偏向外侧的侧枝。这样，由两个分子形成拮抗性的梯度，互相平衡，导致对应投射。

顶盖的自发神经活动可能和拓扑形成有关。顶盖前后轴视神经主干被修剪、顶盖内外轴上视神经侧枝的生长和修剪都可以被神经活动所调节。

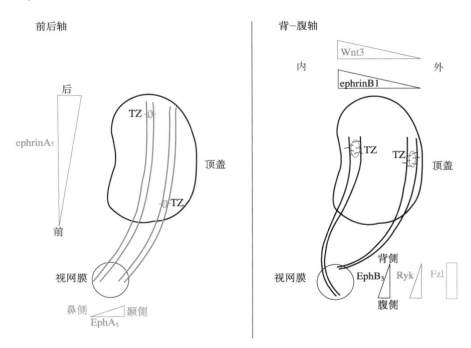

图 5-4-4   视顶盖对应投射机制

左图显示鼻颞视轴突依赖 EphA 介导的 ephrinA 排斥信号，EphA 以鼻侧低颞侧高的梯度存在于视网膜，而其配体 ephrinA 以梯度形式存在于顶盖。右图显示背腹视轴突投射依赖两套信号：ephrinB 和 EphB，Wnt 和 Ryk，Fzl。ephrinB1 在顶盖内呈内高外低的梯度，EphB2 和 B3 在视神经呈腹侧高背侧低梯度。顶盖有内高外低的 Wnt3 梯度，其排斥性受体 Ryk 在视神经呈腹侧高背侧低的梯度，其吸引性受体 Fzl 均匀分布于视神经腹背轴线。TZ 表示靶区（target zone）

第三节　导向分子

导向分子是指导轴突航行方向的分子。根据分子是否弥散，可以分为接触依赖（contact-dependent）的导向分子和弥散性（diffusible）导向分子。根据分子对轴突的作用，可以分为吸引分子和排斥分子。接触依赖性导向分子有跨细胞膜的跨膜蛋白，有通过其他分子和细胞膜连接的分子，或是分泌后紧密结合于细胞外基质的蛋白。弥散性导向分子在细胞外呈浓度梯度分布，有长程有短程。弥散性吸引分子又称化学吸引子（chemoattractant），弥散性排斥分子又称化学排斥子（chemorepellent）。

弥散性导向分子一般认为可以长程导向。在体外，一个固定地点来源的弥散性导向分子形成的梯度可以在几百微米到几厘米的距离内导向。在体内，特定弥散性导向分子的作用距离尚不清楚，有些弥散性分子起短程甚至接触导向的作用。分子本身的物理特性和环境都可以影响弥散程度和梯度稳定性。有些细胞可以将其他细胞分泌的导向分子收集在自己旁边，在中途起导向作用。

有些分子既可以起吸引作用，也可以起排斥作用。这个差别通常是由反应轴突来决定。比如不同的轴突可以反应不同，导素 Netrin 吸引横线轴突，但排斥滑车（trochlear）运动神经元的轴突。同一轴突在不同时候，对同一导向分子可以有不同反应。如导素吸引尚未跨过中线的横线轴突，但是，同样的这些轴突在已经跨过中线以后，对导素没有反应。轴突细胞膜上的受体和内部的环境，都可以影响轴突对导向分子的反应性。蒲慕明等于 20 世纪 90 年代发现，细胞内 cAMP 浓度水平确定对一些导向分子的反应是吸引还是排斥，而 cGMP 浓度水平确定对另一些导向分子的反应。

导向分子通过受体控制轴突方向。一个导向分子可以有不止一个受体，而这些受体或独立起作用，或协同起作用。有些受体相互作用后，改变了对导向分子的反应。在有些不同的导向分子及其信号转导通路（比如缝素和 SDF）之间，还存在着交互作用（cross-talk）。在爱芙素（ephrin）和爱芙（Eph）系统，有双向信号传递，可以是爱芙素做配体激活爱芙，也可以是爱芙做配体激活爱芙素（图 5-4-5）。

一、细胞粘附分子

轴突生长和寻路需要粘接于靶物。但是并非所有的细胞粘接分子（cell adhesion molecule）均支持轴突生长和寻路。允许和促进轴突生长的粘接分子可以铺出轴突生长的"公路"，而不允许轴突生长的粘接分子或者底物分子可以形成"栏杆"。细胞外基质（extracellular matrix，ECM）中有多种粘接分子和其他底物分子。细胞和轴突上也有粘接分子。轴突可以和 ECM 的分子作用而行进，也可以和其他细胞或者轴突上的粘接分子作用，比如先驱

轴突粘接于 ECM，进而后续轴突粘接到先驱轴突。在这样的情形下，调节束成（fasciculation）、束散（defasciculation）。

同质（homophilic）或者异质（heterophilic）的粘接分子结合，都可以介导粘接作用。细胞膜上的粘接分子也可以转导信号到细胞内。参与神经粘接的主要有三类粘接分子家族。

第一类是免疫球蛋白超家族（Immunoglobulin，Ig superfamily），为不依赖细胞外钙离子的跨膜蛋白，如 NCAM、NrCAM、L1CAM、Neuroglian、Fasciclins 等。细胞外段都有 Ig 重复片段和Ⅲ型纤接素重复片段（Fibronectin type Ⅲ repeats，FN Ⅲ）。神经细胞粘接分子 NCAM 是一个代表，一个细胞上的 NCAM 可以和另一个细胞上的 NCAM 结合，而影响轴突生长。有时粘接分子可以参与其他信号通路或者被其他信号调节，如 L1CAM 可以作为一些 Semaphorin 受体的组分参与排斥反应。

第二类粘接分子家族是钙黏素（Cadherin）。它们的相互结合依赖于细胞外的钙，能被钙浓度所调节。钙黏素细胞内段结合于 Catenins，而后者可以作用于细胞骨架（cytoskeleton）。除了粘接作用，也发现一种神经钙黏素（N-cadherin）可以作为缝素（Slit）排斥反应的组成部分。

第三类和粘接有关的分子是整合素（Integrin），它们介导细胞外基质 ECM 的粘接作用和信号作用。体内表达多个 ECM 分子如 Laminin、Fibronectin、Tenascin、Collagen、Thrombospondin，它们在体外可以促进或抑制神经生长。而在体内是否起作用，起允许性作用（permissive effect）还是指导性作用，尚不完全清楚。有些分子如 Laminin 可以调节轴突对导素（Netrin）的反应。而蛋白多糖（Proteoglycan）可能影响细胞外导向分子分布梯度或者轴突的反应。

二、导素

导素（Netrin）是非脊椎动物中首先发现的导向分子。线虫的导素是 UNC6。哺乳类导素家族已知有五个成员，分布于不同的组织细胞。导素既可吸引也可排斥轴突。导素的受体有两类，一类是线虫的 UNC40 及哺乳类家族成员 DCC（deleted in colorectal cancer）和 Neogenin。另一类受体是线虫的 UNC5 及其哺乳类同源分子 UNC5A，B，C 和 D 等。DCC/UNC40 可以介导吸引和排斥，UNC5 只

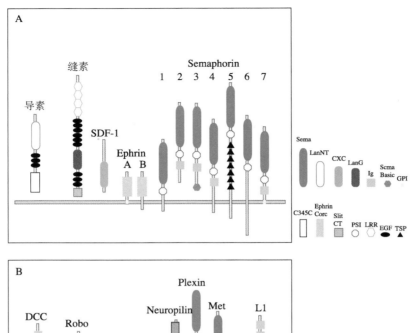

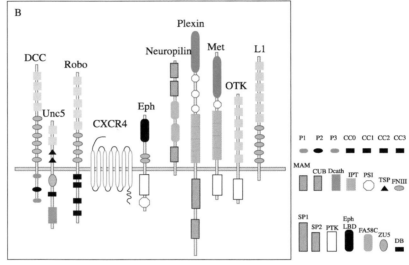

图 5-4-5 典型的导向分子及其受体

A. 常见配体；B. 常见受体，但爱芙素（ephrin）和爱芙（Eph）是双向作用，有些号志素也可以作受体。图中，分子大小仅为示意。Sema. 号志素；LamNT. 层粘连蛋白 V1 结构域；LamG. 层粘连蛋白 G 结构域；GPI. 糖基磷脂酰肌醇；C345C. 导素 C 端结构域；Ephrin Core. 爱芙素核心 . 含四个不变的半胱氨酸；PSI. PSI 结构域；LRR. LRR 重复域；SAM. SAM 域；TSP1. TSP1 重复域；MAM. MAM 结构域；CUB. CUB 结构域；IPT. IPT 结构域；SP1. SP1 结构域；PTK. 蛋白酪氨酸激酶结构域；Eph LBD. 爱芙配体结合结构域；FA58C. 凝血因子 5/8 C 端结构域；ZU5. ZU5 结构域；DB. DCC 氨基端；FN Ⅲ. 三型纤接素

介导排斥。哺乳类实验提示 DCC 单独只介导吸引，在与 UNC5 结合后，参与排斥。有结果提示线虫 DCC 单独也可能介导排斥。UNC5 单独可以介导排斥。果蝇实验提示 UNC5 单独介导短程排斥，而与 DCC 一起可以介导长程排斥。

导素的氨基酸序列有一段和 Laminin 相似并有三个 EGF 域。DCC 氨基端在细胞外，含 4 个 Ig 重复域、6 个 FN Ⅲ（三型纤接素，fibronectin type Ⅲ）重复域，细胞内段含 P1、P2、P3 三个保守域。晶体结构显示 DCC 的 FN Ⅲ重复域上有两个位点可与导素的 EGF 域结合。通过这些位点，一个导素分子

可结合两个 DCC 分子，从而启动受体下游信号传导。UNC5 蛋白的氨基端在细胞外，含 2 个 Ig 重复区、2 个 TSP 域，跨膜区后的细胞内有 ZU5、DB、DD 域各 1 个。导素的 EGF2 域与 UNC5 上的 2 个 Ig 重复域结合。

三、缝素

1984 年，缝素（Slit）突变体发现于筛选黑腹果蝇胚胎形式发生有关的基因时。缝的名称是突变体胚胎头端的表型，原意与中缝无关。1988 年找到

该突变表型对应的基因并确定其编码的是一种分泌型蛋白质。1999 年证明缝素的功能是排斥轴突生长。进一步研究发现 Slit 排斥迁移的神经元、白细胞，也影响血管内皮细胞运动。

果蝇和线虫各有一个缝素基因，脊椎类有三个。缝素蛋白含 4 个 LRR 重复域、7 个或 9 个 EGF 重复域、1 个 Laminin G 域、1 个半胱氨酸密集域。LRR 具有信号功能，可以与受体结合。受体称回环子（Roundabout，Robo），是一类跨膜蛋白家族，线虫有一个，果蝇有三个，脊椎类有三个典型的、一个不典型的。体内的缝素可被酶催化成氨基端缝素（Slit-N）和碳基端缝素（Slit-C）。Robo 细胞外段有 5 个 Ig 域、4 个 FN III 重复域，细胞内段有 CC 域。Ig 域和缝素结合，CC 域转导信号。哺乳类的 Robo 和果蝇的 Robo1 更接近，有 4 个不同的 CC 域（0，1，2，3），而果蝇的 Robo2 和 Robo3 分别只有 2 个 CC 域（0 和 1）。Robo3 不同于 Robo1 和 Robo2，哺乳类 Robo3 由于 Ig1 上几个氨基酸发生变化失去与缝素（Slit）结合的能力，反而参与导素 Netrin/DCC 介导的吸引功能。Robo3 可结合于 NELL2（神经上皮生长因子 2）防止脊髓横线轴突错误地进入腹侧运动柱。

四、号志素

目前已知最大的导向分子家族是号志素（semaphorin，Sema），既有弥散型，也有细胞膜表面型，一般都是排斥性的。果蝇第一个号志素是 Alex Kolodkin 和 Goodman 研究纤维束成（fasciculation）时发现的。脊椎类第一个号志素是罗玉林（Yuling Luo）和瑞珀（Jonathan Raper）等用生化方法提纯导致生长锥塌陷（growth cone collapse）的分子而发现的。其后发现，Sema 有轴突排斥性导向作用，而且排斥性分子都能使生长锥塌陷。

号志素蛋白序列上有保守的号志域，它由 420 个氨基酸组成。已知 8 类号志素，3 ~ 7 类存在于脊椎动物。2、3 和 5 类是分泌型蛋白质，7 类通过糖磷酸肌醇和细胞膜连接，其他是跨膜蛋白。虽然 3 类在体外研究系统属弥散性的，但在体内的弥散可能有限，短程导向。4、5 和 7 类可被酶切割而分泌到细胞外。

号志素有两类受体：Neuropilin（NP）和 Plexin（Plx）。NP1 和 NP2 可以结合号志素，但是这两个跨膜蛋白细胞内段很短，不像能转导信号，需要与其他传导信号的成分组成复合体。Plx 胞外段含 Sema 域，胞内段有信号转导功能。Plx 有四类（A 到 D）。PlxA1 和 NP1 组成复合受体介导 Sema3A 的功能，其中 NP1 直接与 Sema3A 结合。PlxB1 可以直接与 Sema4D 结合，无须 NP。Sema 复合受体可有其他组分，如蛋白激酶受体 Met 可以和 PlxB1 结合。血管内皮生长因子受体（VEGFRs）、无激酶活性的 Otk 和 L1 细胞粘接因子也参与 Sema 信号转导。PlxA1 也与 Slit-C 结合参与缝素介导的功能。

五、爱芙素和爱芙

爱芙素（ephrin）和爱芙（Eph）的配体和受体关系是双向的，二者可互为配体和受体。爱芙素是依赖接触的排斥性分子，其作用依赖于爱芙。爱芙素有 A 和 B 两类。A 类通过糖磷酸肌醇和细胞膜连接。B 类是跨膜蛋白，其胞内段有高度保守的含酪氨酸磷酸化位点区和羧基末端的 PDZ 域。哺乳类有六个 A 类爱芙素、三个 B 类爱芙素。A 和 B 两类爱芙素都有做受体的能力。

爱芙 Eph 是跨膜蛋白，膜外段有 1 个球形域、1 个半胱氨酸密集域、2 个 FN III 域，胞内段含酪氨酸蛋白激酶域、1 个 SAM 域、1 个 PDZ 域。哺乳类有十个 A 类爱芙，6 个 B 类爱芙。A 类爱芙一般可以和所有 A 类爱芙素结合，B 类爱芙一般与所有 B 类爱芙素结合。但有例外，EphA4 可以和 B 类爱芙素结合，ephrinA5 可以和 EphB2 结合。

六、翅整素

翅整素（Wnt）分泌型蛋白家族成员在哺乳类中有 19 个，具备多种功能，可以决定胚胎背腹轴、决定细胞命运、细胞分裂、细胞极性、突触形成等。最近几年发现它们参与轴突导向。对神经系统纵向轴方向行进的神经纤维，如皮质到脊髓的下行纤维，或者上行的感觉纤维，翅整素 Wnt 起重要的导向作用。它们可以是吸引性的，也可以是排斥性的。它们的导向作用从果蝇、线虫到哺乳类，具有保守性。

翅整素（Wnt）蛋白富含半胱氨酸，又有脂质和糖基修饰，特别疏水，不易弥散，也不易纯化。糖基化发生在氨基端糖基化位点上。

翅整素导向有两类受体：Frizzled（Fzl）和

Ryk。在已经检测的系统，Fzl3 介导翅整素的排斥作用，Ryk 介导吸引作用。Fzl 是七重跨膜蛋白，是否耦联 G 蛋白不清楚。Ryk 是跨膜受体，含蛋白激酶样序列，但是对酶活性关键的位点有突变，无酶活性。Fzl 可与其他跨膜蛋白如 LRP5、LRP6、Vangl 和 Celsr 形成受体复合体，介导翅整素的功能。

七、趋化因子

趋化因子（Chemokine）是一大类原来发现刺激白细胞运动的多肽，分子量约 12 kD。根据序列差异又分多个家族。它们的受体都是和 G 蛋白耦联的七重跨膜蛋白。有些趋化因子及其受体在神经系统中表达。在神经系统中功能了解最多的是 CXCL12（又称 SDF-1，stromal derived factor-1）及其受体 CXCR4。SDF-1 可以吸引一些轴突和神经元，它也可以调节神经细胞对其他导向蛋白质的反应（比如降低视神经对缝素 Slit 的排斥反应），而其他蛋白质也可以调节神经元对 SDF1 的反应。在小脑发育过程中，它起一个有趣的作用。小脑的颗粒细胞来源于外生发层（the external germinal layer，EGL）的前体细胞，这些前体细胞在特定时期才由外生发层向内颗粒层（the internal granular layer，IGL）迁移，而早期不迁移是因为紧靠外生发层的脑膜上表达趋化因子，而它吸引前体细胞使它们不离开外生发层，以后因为 Eph 通过 ephrin 来抑制 CXCR4 对趋化因子的反应，使前体细胞可以迁移离开外生发层，向内颗粒层迁移。

八、转化生长因子

转化生长因子（transforming growth factor beta，TGF-β）家族在哺乳类中有三十多个成员，功能多样。哺乳类有两个成员，骨形成蛋白 7（bone morphogenetic protein 7，BMP7）和生长 / 分化蛋白 7（growth/differentiation factor，GDF7），可能在神经管对横线轴突起排斥作用。线虫的 TGF-β 家族成员 UNC129 影响运动神经元轴突导向。TGF-β 受体有三类，其中两类是蛋白激酶。介导轴突导向的可能是蛋白激酶受体类，但是所涉及的通路可能并非经典的细胞生长有关通路。

九、刺猬素

刺猬素（sonic hedgehog，Shh）可以起吸引轴突的作用。脊椎动物有三个 Hh（Hedgehog），其中 Shh 被认为有轴突吸引作用。Shh 前体有氨基端的 19 kD 一段和 26 kD 的羧基端一段。羧基段有蛋白酶活性，自身切割前体，将氨基段和羧基段分开，氨基段本身起信号作用，与受体结合。十二重跨膜蛋白 Patched 1（Ptc）是 Shh 的受体。一般情况下，Ptc 抑制七重跨膜蛋白 Smoothened（Smo）的活性，刺猬素 Shh 与受体 Ptc 结合后解除了这种抑制，增强了 Smo 的活性，促进靶基因的表达。刺猬素也和其他联合受体结合，如 Boc、Gas1、Cdon 和 Lrp2。在 Shh 指导横线轴突转向神经管底板的系统，实验证明 Boc 和 Smo 参与介导 Shh 的吸引作用。Shh 对视神经有排斥作用。

十、背排素

背排素（Draxin）表达在胚胎神经管和脑组织中。背排素可抑制和排斥横线轴突的生长和导向。羧基段的背排素与 DCC 氨基段的 4 个免疫球蛋白区域结合。而它的另外一个区域与导素 Netrin 的第三个 EGF 片段结合。DCC 也结合于导素的同样 EGF 片段。背排素、导素和 DCC 形成一个复合体参与调节神经束成和导向。有研究表明背排素也结合于导素的其他受体，如 UNC5、Neogenin 和 DSCAM。而这些结合的功能仍不清楚。

十一、导向分子间的相互作用

在胚胎发育过程中，同一种组织或细胞可表达不同的导向分子，通过这些分子的协同作用调控轴突的生长和投射。如前所述，在中线模型中，横线轴突在中线交叉之前受到 BMP7 和背排素 Draxin 的排斥和底板产生的导素 Netrin 及刺猬素 Shh 的吸引，而对缝素 Slit 的排斥作用没有反应。穿过底板后横线轴突获得了对缝素 Slit 和号志素 Sema 的排斥反应，而失去了对导素 Netrin 的吸引作用。号志素 Sema 对横线轴突的排斥也受到刺猬素 Shh 和 NrCAM 调节。交叉后横线轴突获得翅整素 Wnt 的吸引和刺猬素 Shh 的排斥而向头侧生长。在丘脑皮质投射系统中，缝素 Slit 增强头侧轴突对导素的吸引反应，这种协同作用依靠于 Robo1 和 FLRT3 的结合而增加轴突生长锥上 DCC 的表达。

第四节　轴突导向机制

轴突导向和轴突生长常有关系，但是这个关系不是必定的。吸引性分子常促进轴突生长，排斥性分子可以抑制轴突生长，特别是使生长锥在一小时内塌陷（collapse）。但是，吸引可以在没有轴突延长的情况下发生，有些可以使轴突延长的分子也不吸引轴突。排斥性导向分子并不靠缩短轴突来起到排斥作用。在神经细胞迁移过程中，研究结果严格区别了导向性分子对运动性和方向性的作用。缝素 Slit 对运动的神经细胞起排斥作用，但是不抑制细胞的运动速度。

轴突的生长锥对弥散性导向分子的浓度梯度进行应答，依据生长锥不同方面感受到的浓度差别，决定行进方向；也就是将细胞外导向分子的非对称分布转化为生长锥非对称性运动。生长锥伸出多个指状突起（filopodium）和蹼状突起（lamellipodium）（图 5-4-6），它们呈动态伸缩，不断探索环境，而稳定的指状突起／蹼状突起可以调节整个生长锥的生长方向。

一、信号转导和细胞骨架

导向分子结合于生长锥表面的受体将信号转导到细胞内，最终通过调节细胞骨架来控制生长锥运动方向。肌动蛋白（actin）和微管蛋白（tubulin）是和运动有关的细胞骨架成分（图 5-4-6），它们分

别多聚化成为肌动蛋白丝（actin filament），也称微丝（microfilament）、微管（microtubule）。肌动蛋白丝主要在生长锥靠外层，特别富含于指状突起中、蹼状突起边缘。肌动蛋白多聚化产生推动细胞膜前突（protrusion）的力量，是一般细胞运动的主要动力，也是生长锥运动的动力。微管在生长锥的作用了解较少，它主要分布于轴突主干，生长锥的中间部分浓度较高，而边缘较低，但有时可以看到微管进入指状突起。简单的模型是，肌动蛋白多聚化决定前缘（leading edge）运动方向，微管其后与动蛋白丝耦联，稳定运动方向或有利生长锥、轴突主干跟上前缘。然而，近来研究发现导向分子的受体可直接结合于动态的微管来控制生长锥运动方向。导素 Netrin 与生长锥表面的 DCC 受体结合不但增强 DCC 与生长锥里的微管结合，而且也促进微管的多聚化从而吸引生长锥朝向导素方向生长。与之相反，导素与生长锥表面的 UNC5 受体结合，减弱 UNC5 与生长锥里的微管结合，从而排斥生长锥，导致它背向导素方向生长。

生长锥的运动在机制上认为和一般细胞运动相似，可以参考细胞生物学书籍。其中 Rho 家族小 GTP 酶对于调节肌动蛋白多聚化很重要。这个家族含 Rho、Rac 和 Cdc42 三种成员。Rho 促进应急纤维（stress fiber）的形成，其中含收缩性的肌动蛋白和肌球蛋白丝，Rac 促进富含肌动蛋白的蹼状突起形成，Cdc42 促进指状突起的形成。简单模型里，Rac 和 Cdc42 常常在运动细胞的前缘被激活，它们进一步促进肌动蛋白多聚化，推动细胞运动，而 Rho 常在运动细胞的尾缘（trailing edge）被激活，它通过肌动球蛋白收缩将尾缘收缩跟上前缘的运动。

吸引性导向因子通常促进靠近浓度高侧的生长锥内肌动蛋白多聚化，而排斥性导向因子则降低浓度高侧的生长锥内肌动蛋白多聚化、促进远侧肌动蛋白多聚化。已知的导向蛋白都能调节 RhoGTP 酶活性，并能通过 RhoGTP 酶来调节细胞骨架。导向蛋白和受体作用后，信号转导到 RhoGTP 酶的信号通路已经有一些研究。但是每个导向蛋白是通过一条简单通路还是几条通路，这些通路有何关系，尚不清楚。

哺乳动物研究证明，导素 Netrin 通过 DCC 受

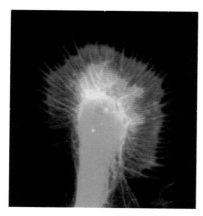

图 5-4-6　生长锥及其中动蛋白丝和微管分布
生长锥有指状突起、蹼状突起。动蛋白丝（红色）分布在边缘多。微管（绿色）分布在中心多，但是有向指状突起延伸的微管。这是一个爪蟾发育过程神经管中一个神经经过固定后的染色结果：rhodamine-phalloidin 染动蛋白丝，抗管蛋白抗体染微管

体起吸引作用时，可以激活两种胞浆内酪氨酸蛋白激酶，即 Src 家族和聚焦粘接激酶（focal adhesion kinase，FAK），进一步可以激活 Rac 和 Cdc42。线虫遗传学研究发现，导素通路含 UNC34（似哺乳类的 Ena 蛋白）、CED10（线虫的 Rac）、UNC115（似哺乳类结合动蛋白的 Ablim）和机制不清楚的 Seu 1、Seu 2、Seu 3。有一个胞浆内蛋白质 Max1 只参与导素的排斥性受体 UNC5 下游，与吸引无关。

缝素 Slit 结合 Robo 后，促进 Robo 和 SrGAP 的结合，SrGAP 是 GTP 酶激活蛋白，可以促进 Rho 家族 GTP 酶从结合 GTP 的、有活性的形式转变成结合 GDP 的、无活性的 GTP 酶。缝素通过 SrGAP 降低神经元里 Cdc42 的活性，从而使靠近缝素一端细胞内 Cdc42 的活性低于远离缝素一端，这样肌动蛋白多聚化不对称的结果可以达到排斥性作用。蛋白激酶 Abl 及其底物 Ena 也参与缝素排斥作用。爱芙素到爱芙的信号，已经发现可以通过 Rho 家族，如 A 类爱芙可激活鸟苷酸交换因子（GEF），将非活性 Rho 上的 GDP 交换下来，换上 GTP，激活 Rho，从而起排斥作用。由于爱芙还有到爱芙素的反向信号作用，所以爱芙和爱芙素具有双向信号传导功能。号志素 Sema 和 Rho 家族 GTP 酶的关系较复杂。一方面号志素可以通过它们进行信号转导，另一方面 GTP 酶可以反馈作用于号志素。

从 Rho 家族到肌动蛋白多聚化、细胞骨架调整，中间步骤尚在研究中。已知它们可以通过 N-WASP 和 WAVE 等调节 Arp2/3 复合体的活性。这个复合体可以在已有肌动蛋白纤维上，促进新的侧枝形成。另一类直接促进肌动蛋白多聚化的分子是 Formin，它们促进直的（linear）肌动蛋白纤维形成，这类蛋白也受 RhoGTP 酶调节。最近还发现一种促进直的肌动蛋白纤维形成的分子 spire，是否受 RhoGTP 酶调节还不清楚。

二、钙离子和环核苷酸

钙离子（Ca^{2+}）这一简单二价离子可以在细胞内起第二信使的作用，介导多个功能。静息时，通过自稳机制，细胞维持胞内钙离子浓度的基线在纳摩尔（nanomolar）范围。低而稳定的静息胞内钙离子浓度对细胞很重要，这样才能有效地对细胞外刺激造成的钙信号进行反应。在轴突生长和导向过程中钙起重要作用。只有当胞内钙离子浓度在最佳范围内，生长锥才能生长，过高或过低浓度的胞内钙离子浓度都抑制其运动和延伸。胞内钙离子浓度受两个途径控制，胞外钙通过细胞膜内流，细胞内钙库释放到胞浆。细胞外因子可以调节这些途径来影响生长锥的运动和轴突导向。发育期的神经元有自发性的胞内钙离子浓度振荡，表现出钙波或钙火花，也影响神经元和轴突。钙振荡的频率与轴突延长呈负相关：高频振荡减慢延长，低频振荡加快延长。体内观察到生长锥在决定是否改变方向的位点暂停延长时也出现高频率钙振荡。

轴突导向时胞浆钙参与介导吸引和排斥性导向。钙信号的时空型式导致不同的转向反应。有至少三个调控吸引或排斥的局部钙浓度范围：小的局部钙浓度增加（或者浅梯度增加）（小于 50 nM）导致排斥，稍大的胞内钙离子浓度导致吸引，较大的局部钙浓度增加（约 400 nM）引起排斥。对于整个生长锥的运动来说，生长锥内钙浓度影响其延伸与否。对于生长锥转向来说，局部钙浓度变化起导向作用。

钙的下游有多个分子。钙调素（calmodulin）是胞内钙的检测分子。它和钙结合后，可以和其他靶物结合，如蛋白激酶和蛋白磷酸酶。依赖钙-钙调素的蛋白激酶家族（CaMK）有五个成员，其中 CaMK Ⅳ 参与钙对轴突延长的调节，CaMK Ⅱ 参与轴突导向。CaMK Ⅱ 有四个基因（α，β，γ 和 δ）编码 28 种亚型，其表达不同，与钙-钙调素的亲和力也不同。α 和 β 亚基主要在脑中表达。β-CaMK Ⅱ 在发育早期表达和肌动蛋白细胞骨架结合，能调节纤维延伸。β-CaMK Ⅱ 可以被较低的钙-钙调素浓度所激活，可以感受小的钙信号，有迹象显示爪蟾的 β-CaMK Ⅱ 参与介导生长锥对吸引性导向因子的反应。α-CaMK Ⅱ 参与介导高钙引起的轴突分枝。

虽然 CaMK Ⅱ 参与钙依赖的吸引反应，而钙依赖的排斥反应涉及的下游信号不同。钙-钙调素依赖的磷酸酶钙神素（calcineurin，CaN）介导钙依赖的排斥反应。钙神素是脑内唯一高度表达的钙依赖性磷酸酶。CaN 被钙激活后，作用于磷酸酶-1（phosphatase 1，PP1），使生长锥转向。CaN 对钙的敏感性远高于 CaMK Ⅱ，它们形成一对激酶/磷酸酶，介导不同浓度钙信号所引起的生长锥转向。低浓度钙增加首先激活 CaN，导致排斥，稍高钙增加主要激活 CaMK Ⅱ 导致吸引。高钙引起的排斥是通过钙敏感的蛋白酶 Calpain。钙激活此蛋白酶，与 Src 家族酪氨酸蛋白激酶相互作用后，调节整合素（integrin）介导的细胞粘接。

钙信号除了调节细胞粘接外，可以通过 GAP、

GEF、CaMK Ⅱ 和 PKC 来调节 Rho 家族 GTP 酶，进而影响肌动蛋白细胞骨架。钙还可以和其他信号通路相互作用，比如 cAMP。一定时空分布的钙可能通过诱导信号网络从而协同调控轴突生长和导向。

环核苷酸 cAMP 和 cGMP 参与多个重要的细胞功能。细胞内 cAMP 和 cGMP 浓度影响轴突对细胞外导向分子的反应。抑制 cAMP 活性可以使轴突对导素 Netrin 的反应从吸引变成排斥。激活 cGMP 可以使轴突对号志素 Sema 和髓鞘相关糖蛋白等分子的反应从排斥变成吸引。这些发现提示了修复神经损伤的新途径：神经损伤后，中枢神经系统的环境对轴突再生起抑制作用。提高环核苷酸的浓度后，可以克服脊索损伤后环境对轴突生长的抑制作用，有利于再生。

cAMP 和 cGMP 调节轴突反应的机制尚不明了。移植可能是通过调节电压依赖性钙通道而调节钙信号。cAMP 可以抑制 CaN-PP1 对轴突生长的作用，使排斥变成吸引。Ca^{2+}、cAMP 和 cGMP 等第二信使作为重要的胞浆信号调节轴突运动方向。近来研究发现 cAMP 增强生长锥中微管动力学和信号分子转运。与之相反，cGMP 减弱这个过程。这种完全不同的调节机制控制轴突对信号分子的反应。

三、导向分子表达的调节

在胚胎发育过程中，导向分子、受体及下游的信号分子都能精确表达在特异的靶组织和投射的轴突上。一般认为有三种机制参与调节：基因的转录、蛋白质的翻译，及蛋白合成后的修饰。信号分子的转录受到细胞内相关基因和胞外因素的调节。许多转录因子参与调控导向分子的转录。例如，Nrf 2，Rorα 及 SetD5 参与调节号志素 Sema 的表达，Oct4、Sox2、NuRD 及 dFezf 调节导素 Netrin 的转录，而 Islet 及 Ap-1 调节 DCC 的表达。生长中的轴突与靶区接触可提高特异分子的转录，进而改变轴突对导向分子的反应。比如，调节 14-3-3 蛋白的表达水平可改变轴突对刺猬素 Shh 的反应，刺猬素对高度表达 14-3-3 蛋白的轴突失去了吸引作用而对其进行排斥。刺猬素也能增强其受体 Hhip 在交叉后横线轴突中表达而调节排斥反应。

生长锥内局部蛋白合成参与轴突导向。人们对生长锥内蛋白质合成和降解在轴突导向中的重要性的认识主要基于两个观察：没有胞体的轴突运动方向仍受导向分子控制；生长锥内含有信使 RNA（mRNA）、蛋白合成器和参与蛋白降解的分子。进

一步研究发现生长锥内可进行局部蛋白合成，而且导向分子能调节这个过程进而控制轴突运动方向。

不同的导向分子可调节生长锥内不同信号分子的局部合成。号志素 Sema3A 增加 DRG 神经元轴突生长锥内 RhoA 蛋白合成。而在非洲爪蟾视网膜节细胞里，号志素 3A 可增加视神经生长锥内 NF-Protocadherin（Nfpc）分子的合成。缝素 Slit2 促进视神经生长锥局部合成 Cofilin，去削减肌动蛋白纤维的稳定性从而导致生长锥塌陷和排斥。刘国法实验室发现在脊髓横线轴突交叉前生长锥里 micro-RNA-92 与 Robo1 信使 RNA 的 3′ 端非翻译区（3′ UTR）结合，抑制 Robo1 受体的合成，导致轴突失去对缝素 Slit 的排斥，从而配合导素 Netrin 对横线轴突的吸引让其投射到底板。导素可增强生长锥内 β 动蛋白、唐氏综合征细胞粘接分子（Down syndrome cell adhesion molecule，DSCAM），及翻译控制肿瘤蛋白（translationally controlled tumor protein，Tctp）的合成去调节生长锥的运动。调节局部蛋白合成有时依赖于导向分子的浓度变化。低浓度号志素（< 100 ng/ml）可引起鸡 DRG 神经元和小鼠及人胚胎干细胞来源的脊髓运动神经元轴突生长锥塌陷，这个过程需要蛋白合成参与。相反，高浓度号志素（> 625 ng/ml）引起的生长锥塌陷并不需要蛋白合成参与。进一步研究显示糖原合成激酶 3β（GSK3β）-rapamycin 通路参与了这种调节。

导向分子也直接调节生长锥里蛋白合成，比如在没有导素时，DCC 可与蛋白合成器中许多组分（真核细胞起始因子，核糖体蛋白，大和小核糖体亚单位，核糖体单体）结合，抑制局部蛋白合成。然而，当导素与 DCC 结合后促进这些组分与 DCC 分离，导致生长锥内局部蛋白合成增强而吸引轴突生长。目前还不清楚这种机制是否也存在于其他导向分子介导的生长锥内局部蛋白合成。

信号分子合成后的调节也参与轴突导向的调控。比如，果蝇导素的受体 Frazzled 合成后可被 γ 分泌酶（γ-secretase）分解成胞内片段，后者进入胞核促进 Commissureless 的表达，进而增加 Robo 在交叉后轴突上的蛋白水平，促进缝素的排斥反应。ADAM 蛋白酶可降解号志素受体 NP1 在轴突中的水平，减弱号志素的排斥反应。分泌型 Frizzled 相关蛋白（secreted frizzled related proteins，Sfrps）抑制 ADAM 蛋白酶活性，保护 Neogenin，L1CAM 和 N-cadherin（cadherin 2）免于降解，调节轴突投射的方向。

第五节　轴突导向和神经细胞迁移

　　轴突导向和神经细胞迁移是神经发育中两个不同的过程，在机制上它们有相同和不同之处。

　　神经细胞前体（neural precursors）要从其诞生的部位迁移到工作部位。胚胎发育期可能所有神经细胞前体都要迁移，成年动物中新生的神经细胞也需要迁移。迁移对神经系统的发育和维持都很重要。神经细胞迁移是19世纪观察胚胎后提出，60多年后才有令人信服的实验证据。神经细胞迁移异常可以导致多种人体疾病。在鸟类，已知神经细胞迁移对神经可塑性也是必需的。哺乳类迁移与可塑性关系不如鸟类明确。

　　根据迁移方向与中枢神经系统表面的几何关系，一般将迁移分为径向（radial）迁移和切向（tangential）迁移。Pasko Rakic 提出径向迁移的神经细胞依赖于胶质细胞，胶质细胞的辐射状纤维给神经细胞提供道路。切向迁移不依赖胶质细胞。两种迁移都需要细胞粘接，径向迁移时神经细胞需要和胶质细胞粘接，切向迁移时神经细胞需要和其他神经细胞或者其他细胞、基质结合。

　　轴突导向分子也可以控制神经细胞迁移的方向。最初通过对缝素 Slit 的研究发现这两个过程的导向使用相同分子，现在知道多个轴突导向分子可以导向迁移的神经细胞：如导素、号志素、爱芙素和趋化因子等。趋化因子 SDF-1 对小脑前体细胞的作用很有趣，这个吸引因子起的作用是将细胞固定在原出生地，到特定阶段，SDF-1 作用被抑制，细胞从而可以迁移。在这里，空间调控和时间调控发生了关系。

　　神经细胞迁移和轴突生长在细胞机制上有一个明显的差别：观察细胞体是否移动。轴突生长时，细胞体不动，而细胞迁移时细胞体跟在突起后面运动。常见的迁移方式是跳跃式移动（saltatory neuronal migration）：首先神经元前面的领先突起伸长，然后领先突起靠近细胞体的部分膨大，伴随着中心体的迁移，最后细胞核移动至此。调节微管和肌动蛋白细胞骨架在神经细胞迁移过程中起着重要的作用。

　　导向分子作用的部位在轴突寻路与神经细胞迁移可能有所不同（图 5-4-7）。在轴突寻路时，导向分子作用于轴突前端的生长锥。在神经细胞迁移时，神经细胞前面的领先突起有分枝，这些分枝和主枝没有明显差别，在没有外界调节的情况下，分枝和主枝动态伸缩，细胞体运动是跟着其中一个，细胞体运动后，主枝又产生新分枝，两者再重复下一轮的竞争，细胞体再跟上其中一枝。在有导向分子的情况下，导向分子使其中一枝相对稳定，靠近高浓度吸引性分子的一枝得到稳定，相反靠近高浓度排斥性分子的一枝最不稳定，最终调节细胞体的迁移方向。在少数情况下，一个迁移的神经细胞如果在迁移的方向迎面遇到排斥性分子，细胞体可以在和原迁移方向相反的一端长出一个新的突起，细胞体跟随这个突起迁移，从而很快发生 180° 的迁移方向变化。

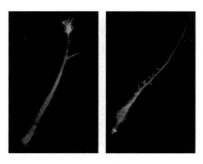

图 5-4-7　迁移的神经细胞

左：神经细胞迁移过程中，有领先突起。领先突起有分枝，动态竞争，其中一枝成为主干，带领细胞体的移动，其后，又不断重复分枝竞争，决定细胞移动方向。右：迁移的神经细胞也可以原来领先突起的生长锥消失，在细胞体完全相反的一边长处出新的突起，导致细胞 180 度转向。显示鼠脑 SVZ 细胞，动蛋白丝染绿色、微管红色

第六节　轴突导向、神经可塑性及相关疾病

　　生长锥到达靶细胞，它将停止航行，转变成突触前末端。虽然突触前末端在形态和功能上不同于运动的生长锥，有些生长锥的机制被保留或修饰性地用于突触形成和突触功能，也可以影响神经可

塑性。生长锥的指状突起对轴突寻路很重要，进一步的研究也发现指状突起也参与突触连接的动态修饰。轴突和树突都有指状突起，动态地伸缩、接触，可以稳定地形成突触。轴突的指状突起可以主动寻找树突的指状突起以形成连接。而树突的指状突起是树突棘（dendritic spines）的前体，树突棘是突触后端。调节指状突起运动的细胞内分子常常和轴突导向是相同的。钙信号和 Rho 家族 GTP 酶调控突触前后指状突起的形成和退缩。局部蛋白质合成和降解以及细胞骨架动态的调节对轴突导向和可塑性都重要。

轴突的分枝（axon branching）、剪枝（axon pruning）、活动依赖性细调都属于细调（fine tuning），在许多系统起作用。轴突常分枝，可以是主干中间长出侧枝（interstitial branch），也可以是轴突的末端长枝，如生长锥的分叉（bi-furcation）。轴突分枝（branching）已知有三个作用。一是使一根轴突可以支配多个靶物。例子之一是大脑皮质第五层神经元送出的轴突。它们是新皮质主要输出神经元，发育过程中其轴突先越过中脑和后脑的靶物，直接到达脊髓。其后，主轴突发生侧枝，和中脑后脑的靶物连接。分枝的第二个作用是在发育或者神经可塑性期间提供多个枝供其后选择。多个分枝，有时在轴突主干不同部位生出，其中那些被稳定下来的分枝，可以形成确定的连接。有时，主干达到最远的一枝可以收回而用原来的一个（可以是更短的）分枝。分枝的第三个作用是在神经细胞迁移时确定细胞体迁移方向。分枝是不依赖胶质细胞而迁移的神经细胞方向改变的一个主要方式。这些细胞的前导突起（leading process）常有几个枝，而且这些分枝是动态发生和收回，较稳定的分枝带领神经元胞体迁移，从而确定此时神经元迁移的方向。而与不同分枝"竞争"时，可能改变迁移方向。

神经连接不仅取决于连接的形成，也依赖于连接的修饰。剪枝是一个有效的修饰连接的方式。皮质第五层神经元到皮质下结构的连接，经过剪枝而精确。视神经投射到达顶盖初期，有越位的纤维，剪枝后才达到精确。在海马内部，投射到 CA3 区的纤维，也是在剪枝后才去掉越位纤维。剪枝过程中，局部蜕变也可能很重要。

神经活动对细调很重要。突触的活动可以增强或者减弱许多突触连接，也可以去除一些突触连接。最好的例子是神经肌接头 NMJ。发育早期，一个肌细胞常被多个运动神经元发出的多个轴突所支配。神经活动依赖的突触竞争强化其中一个连接而弱化其他连接，最终造成一个运动神经元一个肌肉细胞的一对一连接。轴突剪枝常跟随突触去除（synapse elimination）。突触竞争不仅发生在发育过程中，也在成体发生。轴突的指状突起（filopodium）和树突的指状突起都有多个而且动态生长，互相接触，但是只有少数形成突触。其中神经活动依赖的机制也起加强或者去除的作用。

异常的轴突导向与许多疾病有关。例如，先天性镜像运动综合征（congenital mirror movement syndrome）的患者胼胝体（corpus callosum）（人脑内最粗大的横向交叉纤维）和皮质脊髓传导通路（corticospinal tract）发育异常，近来研究发现这些患者的导素 Netrin 受体 DCC 基因发生了突变。Robo3 的突变可导致水平凝视麻痹（horizontal gaze palsy）及渐进性脊柱侧弯（progressive scoliosis），正常情况下第三脑神经外展神经核（abducens nucleus）上行轴突需要在脑干交叉（decussation）投射到对侧动眼神经核（oculomotor nucleus），而患者缺乏这种核间交叉导致这两对脑神经不能协同控制眼肌运动。Kallmann 综合征患者，由于嗅觉轴突导向异常导致先天嗅觉缺失。异常的轴突投射也引导分泌 GnRH 激素的神经元迁移到下丘脑以外的区域导致性腺反应不全。号志素 Sema3A 及 7A 基因突变存在于部分 Kallmann 综合征患者的体内。自闭症是一种神经发育异常疾病，患者的社交和交流能力低下并伴有重复行为，患儿脑内有些区域之间联系增强而有些脑区之间联系减弱，一般认为轴突生长和导向异常引起的脑区之间神经通路缺陷可导致脑区之间联系异常，近来研究发现许多导向分子及受体是自闭症的易感因素。导向分子、受体及受体下游信号分子表达异常也常见于多种神经退行性疾病，如帕金森病、早老性痴呆，及肌萎缩性侧索硬化症，也是这些疾病的易感分子。然而，轴突导向在这些多基因疾病中的作用目前还不清楚，需进一步研究。

参考文献

综述

1. Sperry RW. Chemoaffinity in the orderly growth of Nerve fiber patterns and connections. *Proc Natl Acad Sci USA*，1963，50：703-710.

2. Tessier-Lavigne M，Goodman CS. The molecular biology of axon guidance. *Science*，1996，274：1123-1133.

3. Guan KL, Rao Y. Signal transduction mechanisms mediating neuronal responses to guidance cues. *Nature Rev Neurosci*, 2003, 4: 941-956.

原始文献

1. Cajal S Ramón y. A quelle epoque apparaissent les expansions des cellules nerveuses de la moëlle épinière du poulet? *Anatomischer Anzeiger*, 1890, 21: 606-11, 2: 631-639.

2. Cajal S Ramón y. La rétine des vertébrés. *La Cellule*, 1892, 9: 121-133.

3. Harrison RG. The outgrowth of the nerve fiber as a mode of protoplasmic movement. *J Exp Zool*, 1910, 9: 787-846.

4. Weiss P. Nerve patterns: The mechanisms of nerve growth. *Growth Suppl*, 1941, 5: 163-203.

5. Sperry RW. Effect of 180 degree rotation of the retinal field on visuomotor coordination. *J Exp Zool*, 1943, 92: 263-279.

6. Attardi DG, Sperry RW. Preferential selection of central pathways by regenerating optic fibers. *Exp Neurol*, 1963, 7: 46-64.

7. Bonhoeffer F, Huf J. Recognition of cell types by axonal growth cones in vitro. *Nature*, 1980, 288: 162-4.

8. Walter J, Henke-Fahle S, Bonhoeffer F. Avoidance of posterior tectal membranes by temporal retinal axons. *Development*, 1987, 101: 909-913.

9. Drescher U, Kremoser C, Handwerker C, et al. In vitro guidance of retinal ganglion cell axons by RAGS, a 25 kDa tectal protein related to ligands for Eph receptor tyrosine kinases. *Cell*, 1995, 82: 359-370.

10. Cheng HJ, Nakamoto M, Bergemann AD, et al. Complementary gradients in expression and binding of ELF-1 and Mek4 in development of the topographic retino-tectal projection map. *Cell*, 1995, 82: 371-381.

11. Schmitt AM, Shi J, Wolf AM, et al. Wnt-Ryk signalling mediates medial-lateral retinotectal topographic mapping. *Nature*, 2006, 439: 31-37.

12. Hedgecock EM, Culotti JG, Thomson JN, et al. Axonal guidance mutants of Caenorhabditis elegans identified by filling sensory neurons with fluorescein dyes. *DevBiol*, 1985, 111: 158-170.

13. Hedgecock EM, Culotti JG, Hall DH. The unc-5, unc-6, and unc-40 genes guide circumferential migrations of pioneer axons and mesodermal cells on the epidermis in C.elegans. *Neuron*, 1990, 4: 61-85.

14. Leung-Hagesteijn C, Spence AM, Stern BD, et al. UNC-5, a transmembrane protein with immunoglobulin and thrombospondin type1 domains, guides cell and pioneer axon migrations in C.elegans. *Cell*, 1992, 71: 289-99.

15. Ishii N, Wadsworth WG, Stern BD, et al, UNC-6, a laminin-related protein, guides cell and pioneer axon migrations in C.elegans. *Neuron*, 1992, 9: 873-881.

16. Seeger M, Tear G, Ferres-Marco D, et al. Mutations affecting growth cone guidance in Drosophila: genes necessary for guidance toward or away from the midline. *Neuron*, 1993, 10: 409-426.

17. Kolodkin AL, Matthes DJ, O'Connor TP, et al. Fasciclin IV: sequence, expression, and function during growth cone guidance in the grasshopper embryo. *Neuron*, 1992, 9: 831-845.

18. Luo Y, Raible D, Raper JA. Collapsin: A protein in brain that induces the collapse and paralysis of neuronal growth cones. *Cell*, 1993, 75: 217-227.

19. Serafini T, Kennedy TE, Galko MJ, et al. The netrins define a family of axon outgrowth-promoting proteins homologous to C.elegans UNC-6. *Cell*, 1994, 78: 409-424.

20. Kennedy TE, Serafini T, dela Torre JR, et al. Netrins are diffusible chemotropic factors for commissural axons in the embryonic spinal cord. *Cell*, 1994, 78: 425-435.

21. Kidd T, Bland KS, Goodman CS. Slit is the Midline Repellent for the Robo Receptor in Drosophila. *Cell*, 1999, 96: 785-794.

22. Brose K, Bland KS, Wang KH, et al. Evolutionary conservation of the repulsive axon guidance function of Slit proteins and of their interactions with Robo receptors. *Cell*, 1999, 96: 795-806.

23. Li HS, Chen JH, Wu W, et al. Vertebrate slit, asecreted ligand for the transmembrane protein roundabout, is a repellent for olfactory bulb axons. *Cell*, 1999, 96: 807-818.

24. Wu JY, Feng L, Park HT, et al. The neuronal repellent Slit inhibits leukocyte chemotaxis induced by chemotactic factors. *Nature*, 2001, 410: 948-952.

25. Song HJ, Ming GL, Poo MM. cAMP-induced switching in turning direction of nerve growth cones. *Nature*, 1997, 388: 275-279.

26. Wong K, Ren XR, Huang YZ, et al. Signal transduction in neuronal migration: Roles of GTPase activating proteins and the small GTPase Cdc42 in the Slit-Robo pathway. *Cell*, 2001, 107: 209-221.

27. Wu W, Wong K, Chen JH, et al. Directional guidance of neuronal migration in the olfactory system by the secreted protein Slit. *Nature*, 1999, 400: 331-336.

第 **5** 章 树突发育

叶 冰

　　树突（dendrite）是神经元接收信号输入的主要部位，而轴突（axon）则主管神经元的信号输出。树突分枝的数目、大小和其他形态特征对神经环路的组建至关重要。一个神经元所能接收的输入信号的多少，与其树突的数量及形状有关。树突分枝还可通过定向生长以及互相竞争来决定神经元从何处接收输入。此外，树突形态对单个神经元的信号整合也有重要影响。很多神经系统的疾病都伴有树突

形态的病理改变，从另一方面凸显了树突形态在神经元功能中的重要性。因此，理解树突形态在发育中如何形成对基础和疾病研究都有重要意义。

　　近几十年的技术和研究方法上的突破极大促进了对树突发育的研究。本章总结几种主要的研究模型中的工作，在分子和细胞水平介绍树突生长、分枝、导向，及树突之间的相互作用，并讨论树突和轴突发育机制的差异。

第一节　树突发育研究概述

　　树突形态是现代神经科学先驱、西班牙科学家卡哈尔（Santiago Ramon y Cajal）研究神经元形态和分类的重要依据之一。卡哈尔不仅描述了不同物种中各类神经元树突分枝的形状，还归纳、总结了树突的主要分型。比如，他根据初级树突（即连接

在胞体上的树突）的数目把神经元分为单极、双极和多极三种基本形态。也描述了不同脑区神经元树突形态的特征，如视网膜中神经元树突的分层（图 5-5-1），而这后来成为研究树突发育的一个重要系统。

　　卡哈尔的成功除了得益于他非凡的洞察力，还

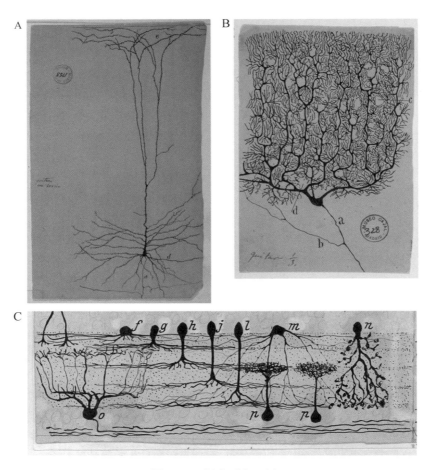

图 5-5-1   树突形态示例

卡哈尔绘制的锥体神经元（**A**）、蒲肯野神经元（**B**），及视网膜内网层的无长突细胞和神经节细胞（**C**）［图片来自 The Cajal Institute，"Cajal Legacy"，Spanish National Research Council（CSIC），Madrid，Spain］

依赖于高尔基发明的组织染色方法（卡哈尔对之做过重要改进）。这一技术使得在大脑中标记单个神经元成为可能，而这正是研究神经元形态所必需的。卡哈尔的神经元学说奠定了现代神经科学的基础。但是，仅仅观察固定的脑切片中的神经元是不足以深刻理解神经元发育机制的。卡哈尔之后、尤其是 20 世纪 80 年代之后的一系列技术和研究方法上的突破，逐步加深了我们对神经元发育的了解。其中包括对树突发育机制的理解。

20 世纪 80 年代，班柯（Gary Banker）发明了单个神经元的培养技术，促进了神经元细胞生物学的研究。另外，由于电镜技术的应用，神经元内的细胞骨架及其他细胞器的形态，及它们之间的关系得以被直接观察甚至量化。树突与轴突中微管极性的不同，最初就是利用电镜发现的。微管极性对树突和轴突的发育及其功能差异具有深远影响。

20 世纪 90 年代，活体成像以及延时摄影被应用于树突的发育研究。同时期，分子遗传学技术也有长足进步。

遗传编码荧光蛋白的应用，尤其是其与在特定神经元中表达转基因的遗传系统的结合，使得在体观察神经元的树突形态成为可能。基于这样的技术，非偏见的（unbiased）遗传筛选发现了调控树突发育的基因。斯坦福大学的骆利群和李次民首先在果蝇中发明了不仅能标记单个神经元，而且能仅改变该单个神经元基因的遗传学技术。至此，我们不仅能像卡哈尔那样观察单个神经元的形态，而且能够对该神经元进行基因改造，从而研究神经元发育的分子机制。而这一时期三维成像技术（如共聚焦、和双光子显微成像）开始普及，进一步使我们对神经元形态描述更趋完整。

正如生物学所有领域一样，我们对树突发育机制的理解得益于在不同模式物种、不同系统中的研究。非洲爪蟾蝌蚪的视顶盖神经元适合在体活体成像，为突触形成与树突发育的关系提供了线索。同一神经元的树突分枝自我回避概念的建立受水蛭

（leech）感觉神经元研究的启发，而通过对果蝇树突的研究揭示了其中的分子机制。果蝇和线虫提供了遗传筛选的系统，大大提高了发现树突发育分子机制的效率。近一二十年，小鼠分子遗传技术的发展使得研究不同细胞种类的树突发育成为可能。其中，小鼠视网膜神经元对研究不同种神经元如何建立独特的树突形态做出了重要贡献。

总之，虽然树突形态对神经元功能意义重大，并且一直是描述神经元形态和种类的重要依据之一，但许多重要问题尚未解决。近几十年的技术和研究方法上的突破对研究树突发育至关重要。巧妙运用不同物种和不同系统是揭示树突发育机制的一个关键。

第二节　树突发育的研究模型

理论上讲，任何神经元都可以作为树突发育的研究模型。事实上，树突发育机制的研究得益于在多种动物不同类型神经元中的研究；而某些系统由于其独有的优势为树突发育机制的研究做出了更多的贡献。在此介绍几种主要的模型。

一、在体模型

（一）果蝇多树突神经元

果蝇多树突神经元（multi-dendritic neurons，简称 MD 神经元）是覆盖果蝇幼虫体表的多种感觉神经元总称。它们都是多极神经元，即至少有两根初级树突（见本章第三节），并具有明显的树突-轴突极性。MD 神经元中的一类是树突分枝神经元（dendritic arborization neurons，亦即 da neurons），具有复杂的树突分枝。da 神经元可根据形态分为 1、2、3、4 类，即 C1da（class Ⅰ da 神经元）、C2da、C3da 和 C4da。如此的形态学分类后来得到了分子和功能研究的支持。这四类神经元的树突各具特征，是研究树突发育、细胞生物学、和功能很好的模型。

除了那些适用于果蝇系统有效的遗传学研究方法外，da 神经元还有几个特点使之尤其适合于树突发育的研究。首先，这些神经元处于表皮细胞和肌肉之间。由于幼虫表皮是透明的，其树突、胞体和近端轴突可以利用共聚焦显微镜来活体成像。da 神经元因此而成为在体研究树突细胞生物学的极佳模型。其次，虽然绝大多数无脊椎动物的神经元为单极或双极形态，而果蝇的 da 神经元具多极形态，与一般哺乳类神经元相似。而且，这些神经元的很多亚细胞结构与哺乳类神经元树突具有相似之处（例如，微管极性）。最后，C4da 中的一种叫作 ddaC 的亚型，其树突在果蝇发育过程中被完全修剪甚至消失，这种神经元因此成为研究树突修剪的重要模型。

由于 da 神经元是感觉神经元，其树突不接受突触输入。因此，该类神经元不适合用于研究受突触输入调节的树突发育。

（二）果蝇嗅觉投射神经元

果蝇成虫有大约 400 多个嗅觉感受神经元，探测不同嗅觉信号，其轴突延伸至初级嗅觉中枢——触角叶（antennal lobe）。这些感受神经元与嗅觉通路的第二级神经元（投射神经元）在触角叶形成精确的突触连接。不同种类的嗅觉感受神经元的轴突末梢分别投射到触角叶的约 60 个嗅觉小球（glomeruli）。而相应种类的投射神经元的树突就在特定的嗅觉小球中接受嗅觉感受神经元的突触传递。投射神经元处理过的信息则通过轴突投射至嗅觉信息处理的高级中枢。不同种类投射神经元的树突对嗅觉小球的投射呈现高度专一性。因此，果蝇嗅觉投射神经元是研究树突靶向定位的一个极佳模型。

（三）线虫 PVD 神经元

秀丽隐杆线虫的 PVD 神经元是具有复杂树突分枝的、具有多种感觉功能的感觉神经元。虫体左右各一个 PVD。树突的子分枝与母分枝几近垂直，逐级而下，几乎覆盖整个体表。PVD 树突如此规则的分布，加上线虫灵活的遗传学研究方法，令 PVD 神经元成为研究树突发育的优秀模型。

（四）小鼠新皮质和海马锥体神经元

小鼠新皮质和海马中的锥体神经元（pyramidal neurons）是研究哺乳类树突发育常用的在体模型。这些神经元的一个特征是具有两类不同的树突：一根主树突（又称脊树突）和一群基底树突。另外，这些神经元的树突上还分布有树突棘。目前关于主树突和树突棘的知识主要来源于对这两类神经元的研究。

在中枢神经系统中分析神经元形态需要稀疏（sparse）标记，以达到单个神经元标记的目的。卡哈尔正是利用这样的标记方法奠定了当代神经科学的基础。但是，卡哈尔时代的方法不能特异地改变所标记的神经元的基因，因而在研究分子机制上有局限性。小鼠中基于 Cre 重组酶技术以及基于病毒或电转导技术可以达到这样的要求。Cre、Flp 和 Dre 等不同的重组酶使交叉标记方法（intersectional approaches）成为可能。而近年愈渐成熟的、对纯化的神经元群体，甚至单个神经元转录组分析为研究不同细胞种类的树突发育打开了窗口。

（五）小鼠视网膜神经元

小鼠视网膜神经元是哺乳类中另一个富有成效的系统。小鼠视网膜中神经元的种类比较清楚。这为研究不同种类神经元如何建立独特的树突形态奠定了基础。小鼠视网膜中有超过四十种的视网膜节细胞（retinal ganglion cells，RGC）。这些神经元的树突形态具有一定的相似性，但又各具独自的特征。其中，节细胞树突在内网层的分层分布是研究树突导向和突触特异性的重要系统。树、轴突的如此分层分布也为研究节细胞与其他细胞（比如，无长突细胞）之间的相互作用提供了方便。多种视网膜神经元的树突具有优化的树突野（dendritic field）空间分布，使得这些神经元有效地接受感觉或突触输入。这为研究树突野的优化提供了一个极佳的模型，并为我们对树突的自我回避（self-avoidance）和瓦状平铺（tiling）等现象的理解做出了重要贡献。

二、体外模型

体外培养的神经元在树突的细胞生物学和发育生物学研究中起了重要作用。如上所述，在体分析中枢神经元形态需要稀疏标记单个神经元。而且，因为中枢神经元的树突通常是三维的，树突的在体研究最好采用三维成像技术，如共聚焦显微成像。

最初，稀疏标记单个神经元是高尔基发明、经

卡哈尔改进的技术实现的。但是，这一技术有很多局限性。除了费时外，定量研究三维树突分枝非常困难。此外，此方法也无法研究在体神经元的亚细胞结构。培养神经元可以解决这些局限性。首先，班柯（Banker）发明了单个神经元的培养系统。在这一系统中，不仅可以观察单个神经元的树突，而且可以用免疫荧光染色来标记蛋白，观察其在亚细胞结构（比如，突触和细胞器）中的分布和变化，从而促进了神经元细胞生物学的研究。其次，培养神经元是在二维平面生长树突和轴突的，因而不需要三维成像技术即可定量分析。最后，DNA 转染技术可以在培养神经元中表达标记物或改变基因表达，使得亚细胞结构（例如，细胞器）和分子机制的研究成为可能。最常用的培养神经元系统是小鼠或大鼠的新皮质和海马神经元。小脑颗粒细胞也较常见。

体外培养神经元与在体神经元的发育过程有很多不同。因此，源自培养神经元的实验结果通常需要通过在体系统的验证。这种理念极大推动了研究树突的在体系统的开发。果蝇、线虫等系统正是在这一前提下建立的。这些无脊椎动物系统同时还能把遗传筛选应用于研究树突发育的优势。另一方面，小鼠中分子遗传学技术的发展使得稀疏标记单个神经元，甚至改变该神经元的基因表达成为可能。这些技术应用直接导致了许多有趣的树突发育现象的发现，及相关分子和细胞机制的揭示。

即便如此，有些细胞生物学研究至今仍然只能在培养细胞上进行。比如，用全反射荧光显微镜术（total internal reflection fluorescence microscopy）观察囊泡释放。另外，有些研究虽然可以在在体系统中进行，但难度太大。因而，一种有效的研究方法是始于培养细胞，然后在在体系统中验证。

培养脑片是一种模拟神经元发育环境的体外模型。通常需要通过转染技术来荧光标记单个神经元，以便为观察树突提供足够的分辨率。这一系统的优势是可以用长时程缩时摄影记录树突结构和其他亚细胞结构在发育、生理过程中的改变。这类实验目前在在体系统中还相当困难。

第三节 树突发育的细胞生物学

在细胞生物学层面上，树突与细胞体和轴突相当不同（图 5-5-2）。另外，同一个神经元的树突与

轴突的生长、分枝和靶向定位也不一样。

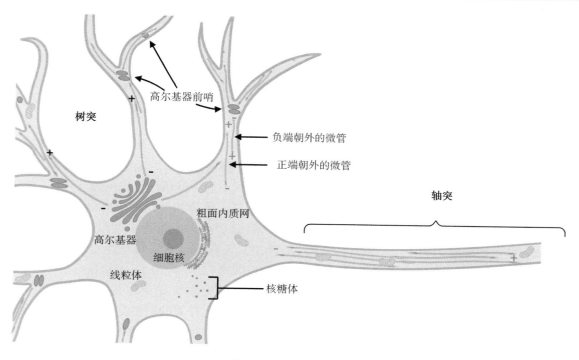

图 5-5-2　树突和轴突的细胞生物学差异

树突和轴突中的微管具有不同的极性。轴突中的微管正端朝向轴突远端，而树突中则混有正端和负端朝向树突远端的微管。另外，树突中有高尔基器前哨，而轴突中没有

一、树突中的微管和肌动蛋白细胞骨架

与轴突生长相似，树突生长依赖于细胞骨架（cytoskeleton）的延展和调整，其中，微管（microtubule）和肌动蛋白（actin）细胞骨架尤其重要。树突生长源于肌动蛋白为主的指状突起（filopodium）。指状突起相当不稳定，不断延伸和收缩。当一根指状突起变成树突时，微管侵入使其稳定下来。微管具有极性，其一端进行多聚化，故称"正端"（或"＋端"）。树突和轴突中的微管具有不同的极性。轴突中的微管正端朝向远离胞体的一端，而树突中则混有正端和负端朝向远离胞体的一端的微管，甚至在有些树突中只有负端朝向树突远端的微管。由于微管极性决定胞内运输的方向，树、轴突的这一差异对细胞器在细胞中的分布起到决定性的影响。事实上，微管极性在树突和轴突中的差异是如此普遍和重要，这一细胞生物学差异也成为鉴定树突和轴突的标准之一。

微管是胞内运输的重要轨道。马达蛋白（motor proteins）控制细胞器和蛋白等负荷在微管上的移动。动力蛋白（dynein）主要从正端向负端运输，而驱动蛋白（kinesin）则相反，主要从负端向正端运输。

纤丝状肌动蛋白（F-actin）也具有极性，其倒钩端（barbed 端）是生长端。但树突和轴突中的纤丝状肌动蛋白极性并无系统性差别。

二、树突发育中微管细胞骨架的调节

微管是由 α- 和 β- 管蛋白（tubulin）二聚体组成的多聚体。其正端为暴露在外的 β- 管蛋白，可快速生长。微管通过交替的生长和解聚而适应细胞的需求。微管动态的调节主要作用于正端，受微管相关蛋白（microtubule-associated proteins，MAPs）和微管正端跟踪蛋白（tracking proteins，TIPs）调控。例如，微管相关蛋白 2（microtubule-associated proteins 2，亦即 MAP2）是一个树突特有的微管相关蛋白，在微管之间形成交联，从而稳定微管，并促进树突生长。微管的另一端，即负端，暴露 α- 管蛋白。这一端常常附着在 γ- 微管蛋白环状复合体（γ-tubulin ring complex，γ-TuRC）上。微管因此受到保护而不会解聚。γ- 微管蛋白环状复合体的功能缺失可导致树突生长和分枝受阻。

微管的生长包括成核和延伸两个步骤。微管成核是指几个管蛋白相互作用形成一个可以生长的种子。γ- 微管蛋白环状复合体通常被招募到微管组

织中心，进而控制微管成核。在绝大多数种类的细胞中，中心体是主要的微管组织中心。神经元与绝大多数种类的细胞一个不同点是它们不再分裂，其中心体也在最后一次细胞分裂后不久便消失。刚诞生的神经元还是用胞体中的中心体来完成微管成核而促进微管生长的。但在中心体消失后，神经元中的微管必须通过不依赖于中心体的方式来组织。在树突中，高尔基前哨（Golgi outposts）、内体（endosomes）和微管片段等可供微管成核，促进微管生长。比如，线虫 PVD 神经元的树突生长锥中，γ- 微管蛋白环状复合体的组装在含有 RAB11 的内体上完成，并形成微管组织中心。这些微管组织中心产生正端朝外或负端朝外两种极性的微管。当有足够正端朝外的微管后，微管组织中心向树突顶端移动，继续参与树突的生长。当驱动蛋白 -1（kinesin-1）缺失时，作为微管组织中心的内体位于细胞体中。在这种情况下，所有的微管都从细胞体中产生，并且都是负端朝外。

一些马达蛋白可固定在细胞膜上，从而定向运输微管。动力蛋白复合体可能通过这一方式阻止负端朝远的微管进入轴突。动力蛋白复合体的缺损导致轴突中出现负端朝远的微管，及不应在轴突中存在的细胞器。

三、树突发育中肌动蛋白细胞骨架的调节

肌动蛋白（actin）细胞骨架的重组在树突生长和分枝中起重要作用。肌动蛋白的重组包括纤丝状肌动蛋白的伸长和分枝这两种不同且常常拮抗的作用。伸长的肌动蛋白骨架主要存在于指状突起中，而分枝的肌动蛋白骨架主要存在于生长锥的皮质肌动蛋白和蹼状突起。

Arp2/3 复合体促进纤丝状肌动蛋白的侧面新分枝的形成，而 Ena/VASP 和 Formin 家族蛋白作为倒钩端结合蛋白，促进纤丝状肌动蛋白的伸长。纤丝状肌动蛋白的伸长和分枝的协调影响树突的生长和分枝。例如，在浦肯野细胞树突发育中，膜弯曲蛋白 MTSS1 抑制 Formin 蛋白 DAAM，并增进 Arp2/3 对纤丝状肌动蛋白分枝的调节。另外，肌动蛋白纤维的切割分子（比如，actin depolymerization factor 和 cofilin）产生可供多聚化的无帽的倒钩端，从而调整纤丝状肌动蛋白、促进树突的分枝。除了 Arp2/3 复 合 体、Ena/VASP 和 Formin 蛋 白 外，

Cordon-bleu 也招募肌动蛋白单体来进行线性纤丝状肌动蛋白的组装，进而促进树突的伸长。

四、树突发育中微管和肌动蛋白细胞骨架协同调节

肌动蛋白细胞骨架的机动性与微管的生长是偶联的。微管通过可收缩的肌球蛋白和其他偶联蛋白与蹼状突起中的肌动蛋白网相互作用，进而调节树突发育。微管相关蛋白（MAPs）联结微管和纤丝状肌动蛋白，而微管正端跟踪蛋白（比如，CLIP-170）与 Formin 蛋白相互作用，以加速纤丝状肌动蛋白的伸长。

与轴突发育相似，在树突的发育中微管和肌动蛋白细胞骨架的调整受细胞表面受体的调节。与 Rho 相关的小 GTP 酶在传导受体信号的过程中起重要作用。RhoA、Rac1 和 Cdc42 这些 Rho GTP 酶控制 Formins、Ena/VASP 和微管相关蛋白等细胞骨架的调节蛋白。在爪蟾视顶盖和啮齿类海马神经元的树突发育中，Rac1 和 Cdc42 促进肌动蛋白的聚合和分枝以及树突生长，而 RhoA 抑制树突生长。Rho GTP 酶受鸟苷酸交换因子（GEF）和 GTP 酶激活蛋白（GAPs）调节。GEFs 促进 GTP 酶催化 GDP 产生 GTP 的能力，而 GAPs 则促进 GTP 变成 GDP。细胞表面受体通过调节 Rho 家族的 GEFs 和 GAPs 的活性而控制树突和轴突中的肌动蛋白细胞骨架的重组。例如，粘合 G 蛋白偶联受体 BAI3 调节 Dock1 这个对 Rac1 专一的 GEF，进而控制蒲肯野细胞树突的分枝。NMDA 型谷氨酸受体激活 Tiam1 这个对 Rac1 专一的 GEF，进而促进依赖于神经电活动的海马神经元树突的生长。

五、细胞内的分泌通路对树突生长的调节

在神经元的发育中，树突、轴突的生长导致细胞表面面积增加几百倍。除了要把相应数量的质膜运送到细胞表面，树突、轴突以及树突的不同分区还有质膜种类的特异性。这是通过细胞内的分泌通路多级调控和局部分布实现的。

细胞内的分泌通路的主要功能是把脂质膜分配到细胞表面。它由内质网、高尔基器，及其间的运输囊泡组成（图 5-5-2）。神经元树突中还有叫作"高尔基器前哨"的、类似高尔基的细胞器。这种

细胞器最初在哺乳类神经元中发现，之后在果蝇多树突分枝神经元中被详细研究。

在哺乳类的锥体神经元中，胞体内的高尔基器通常位于主树突的根部，并延伸至主树突的近段。如果这一分布被打乱，将导致主树突的消失。这说明胞内膜的极性运输对树突的形态有重要影响。

果蝇遗传筛选发现了调节内质网到高尔基器运输的几个主要的分子（Sec23，Sar1 和 Rab1）控制树突分枝神经元的树突生长。这几个基因的突变对树突生长的影响大于轴突生长，因而提示树突、轴突的生长对内质网到高尔基器的运输依赖性不同。高尔基器的 SNARE 蛋白 Membrin 的突变导致人的神经疾病。该种突变降低膜运输，并主要导致果蝇树突分枝神经元的树突生长减少，而对轴突生长无明显影响。这些发现说明树突生长对胞内分泌通路的缺损尤其敏感。高尔基器前哨亦存在于果蝇树突分枝神经元中的树突中。激光损毁高尔基器前哨，降低树突分枝的动态。树突中的高尔基器前哨与胞体中的高尔基器的区室化结构有所不同。胞体中的高尔基器包含顺部、中间部和反部三部分，而这三部分在树突中却常常是分开独立存在的。因此，树突高尔基器前哨往往仅有高尔基器三部分之一。这有可能是因为树突中缺乏能够联系高尔基器的顺、中、反三部分的高尔基结构蛋白 GM130。

除了细胞膜的添加，细胞膜的形状对树突的发育也起重要作用。线虫的 EFF-1（epithelial fusion failure-1）属 Fusogen 蛋白。这类蛋白控制细胞膜的弯曲度。EFF-1 的表达水平影响 PVD 神经元树突分枝。高水平的 EFF-1 抑制树突分枝，而 EFF-1 的低水平表达则导致过多分枝。

六、神经元的三种基本形态的决定

卡哈尔（Cajal）根据初级树突（primary dendrites，即连接在胞体上的树突）的数目把神经元分为单极、双极和多极三种基本形态（图 5-5-3）。多极神经元（multipolar neurons）（如哺乳类的锥体细胞）具有至少两根初级树突。双极神经元（bipolar neurons）只有一根初级树突，通常在胞体上位于轴突的对面，而形成双极形态。这根初级树突可以大量分枝（如小脑浦肯野细胞），也可以很少分枝（如视网膜双极神经元），甚至不分枝（如果蝇外部感觉神经元，即 ES 神经元）。单极神经元（unipolar neurons）的胞体上只有一根神经突。这根神经突通常分枝成树突和轴突。脊椎动物的背根神经节细胞就是单极神经元。卡哈尔的这一分类系统普遍适用于不同物种，但脊椎动物和无脊椎动物中这三类基本形态神经元的相对比例不同。脊椎动物的中枢神经元大多是多极神经元，而无脊椎动物的中枢神经元大多是单极神经元。

果蝇中的研究表明，转录因子 Dar1（Dendritic arbor reduction 1）在神经元中决定多极形态。Dar1 基因编码一个类似间隙基因（Krüppel）编码的锌指转录因子（Krüppel-like factor，KLF）。在神经系统中，Dar1 只表达在多极神经元中，并且只在最后一次有丝分裂后才开始表达。Dar1 基因的缺失导致多极神经元变成双极神经元。在单极或双极神经元中异位表达 Dar1，会使得这些神经元变成多极。在 Dar1 基因缺失的突变体中，多极神经元在发育早期呈多极，但随着发育的进行而逐渐变成双极神经元。在这一转变过程中，原本的初级树突并无形态改变，而细胞核与初级树突的相对位置发生了错

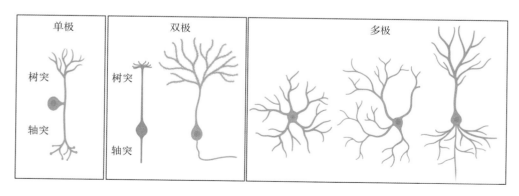

图 5-5-3　神经元的三种基本形态

单极神经元只有一根神经突与胞体相连。这根神经突可分枝成树突和轴突。双极神经元有一根初级树突，通常在胞体上位于轴突的对面。有些神经元的初级树突很少分枝（左），甚至不分枝，而有些神经元的初级树突则大量分枝（右）。多级神经元具有至少两根初级树突（图中仅示树突）

移。这一发现说明多极形态的维持离不开初级树突与细胞核之间的连接。Dar1调节细胞核定位基因的表达，并且细胞核定位基因的缺失也可使得多极神经元变成双极神经元。因此，细胞核在神经元中的亚细胞定位是决定神经元划分基本形态的重要因素。

第四节　树突的生长和分枝

树突的形态发育受神经元内在基因控制和周围环境的影响。在发育过程中的神经元内，转录、转译和染色质重组调节树突生长、朝向和重塑。而树突发育又受邻近细胞的影响，包括靶细胞产生的神经营养因子、神经元与周围细胞的粘合，及神经元之间的突触连接，等等。

一、神经元命运决定与树突形态发育

神经元的命运决定与其形态发育是两个相关而又有差异的过程。不同种类的神经元通常有不同的形态，但这形态的不同完全是由决定神经元命运的基因控制的吗？显然不是。如前所述，很多树突发育的细胞生物学调控是在神经元命运决定之后的。另外，同种神经元也可有形态差异。神经元种类区分是一个复杂的问题，因其受研究手段和侧重点的影响。随着近年来技术的发展（尤其是转录组分析手段的突破），目前关于这一问题正有集中的讨论，在此不作详述。但是，一个特定的基因是控制神经元的命运决定，还是调节其形态发育，却是一个常见的研究课题。

对线虫的研究产生了神经元分化中的"终极选择基因（terminal selector）"这一概念。终极选择基因通过调节一组相关基因的表达而决定神经元的特定属性。比如，终极选择基因调节某种神经递质合成过程中的一系列酶的表达，从而决定一种神经元是否合成该种神经递质。终极选择基因的功能发生于有丝分裂后的神经元中。其缺失导致神经元失去某一特定属性，但不影响神经元的身份。前面提及的 Dar1 基因是第一个被发现的树突发育的终极选择基因（见第三节）。Dar1 仅表达于多极神经元中，且只在最后一次有丝分裂后表达。在缺失 Dar1 的神经元中，该细胞特有的身份标记的表达不改变，轴突正常发育，树突的大体分枝正常。如果在通常不表达 Dar1 的单极或双极神经元中表达 Dar1，可使这些神经元呈现多极形态。所以，Dar1 是一个决定多极神经元形态的终极选择基因。

编码锌指蛋白的哈姆雷特（hamlet）基因也能决定双极或多极神经元形态，但其作用方式与 Dar1 完全不同。在果蝇的外周神经系统中，外部感觉神经元（external sensory，ES）是双极的，而同一谱系中产生的多树突神经元则是多极的。哈姆雷特基因通过以下机制决定 ES 神经元的命运。果蝇胚胎中，外部感觉器官前体细胞（external sensory organ precursor，ESOP）通过一系列固定的不对称细胞分裂，最终产生一个 ES 神经元、一个多树突（MD）神经元，及其他类型细胞（图 5-5-4）。在这个过程中，外部感觉器官前体细胞的子细胞ⅡB 产生一个 MD 神经元和一个ⅢB 前体细胞。ⅢB 细胞进一步分裂而形成一个双极的 ES 神经元和一个胶质细胞。哈姆雷特对ⅢB 谱系的发育至关重要。该基因最早在ⅢB 细胞中表达，并继续在其两个子细胞中表达。其缺失使ⅢB 谱系按照ⅡB 向 MD 神经元方向发育（"ⅡB or not ⅡB"的发音与莎士比亚戏剧主角哈姆

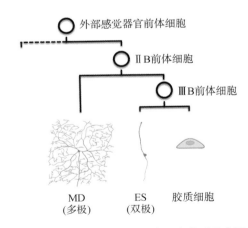

图 5-5-4　果蝇外周神经系统细胞谱系示意图
果蝇胚胎中，外部感觉器官前体细胞通过一系列固定的不对称分裂，最终产生一个 ES 神经元、一个 MD 神经元，及其他类型细胞（如胶质细胞）。ES 是双极神经元，而 MD 是多极神经元。外部感觉器官前体细胞分裂产生ⅡB 前体细胞。后者分裂产生一个 MD 神经元和一个ⅢB 前体细胞。ⅢB 细胞进一步分裂而形成一个双极的 ES 神经元和一个胶质细胞。虚线示意外部感觉器官前体细胞的另一个子细胞的谱系分枝

雷特的著名台词 "to be or not to be" 相似，该基因因此得名）。因此，哈姆雷特基因通过影响细胞命运来决定双极或多极神经元形态。

二、神经元内调节树突生长和分枝的基因

（一）转录调控对树突生长的调节

同一种神经元的树突通常具有特定的共同形态特征。转录调控（transcriptional regulation）对这些形态特征起关键作用。果蝇幼虫的外周神经系统是研究转录调控如何决定不同种神经元树突形态特征的一个有效模型。如前所述，这一系统中有双极和多极神经元，而其中的多极神经元中有多种具有不同形态特征的亚型（图 5-5-5）。树突形态的第一步是决定单极、双极、或多极基本形态，而这是由两个转录因子（哈姆雷特和 Dar1）决定的。

多极形态确定后，其他几个转录因子指导形成细胞亚型特有的形态特征。转录因子 Cut 在不同类型的树突分枝神经元（多极）中表达水平不同。Ⅰ型树突分枝神经元不表达 Cut，Ⅱ、Ⅳ和Ⅲ型树突分枝神经元分别表达低、中和高水平的 Cut。而这四种树突分枝神经元的树突的复杂性与 Cut 蛋白水平大致对应。在Ⅰ型神经元中表达 Cut 可使该类神经元长出类似Ⅳ型的树突树。缺失 Cut 的Ⅲ/Ⅳ型神经元的树突与Ⅰ型相似。四种树突分枝神经元中，Ⅰ型的树突树最简单。其树突树之所以简单，

不仅因为这类神经元不表达 Cut，而且因为它们表达一个叫作 Abrupt 的锌指转录因子。Abrupt 抑制树突的生长。缺失 Abrupt 的Ⅰ型树突分枝神经元长出大量树突分枝。在其他类型的树突分枝神经元中表达 Abrupt 减少树突生长。Ⅳ型树突分枝神经元的复杂树突需要一个叫作 Knot 的螺旋-环-螺旋转录因子。在四种 DA 神经元中，Knot 只在Ⅳ型神经元中表达。在其他类型的 DA 神经元中表达 Knot 可以把那些神经元的树突变成Ⅳ型。

遗传学研究揭示了转录因子控制树突形态多样化的另一种机制。各型 da 神经元都表达芳香烃受体家族的转录因子 Spineless。Spineless 缺失时，具有简单树突树的神经元（Ⅰ/Ⅱ型）的树突变复杂，而具有复杂树突树的神经元（Ⅲ/Ⅳ型）的树突变简单。换而言之，Spineless 的缺失使得树突形态趋于一种中间形态。因此，该转录因子的功能是使不同类型的神经元的树突多样化。

这些果蝇研究发现的机制中的一部分已经在哺乳类中发现了类似的机制。哺乳类的 CUT 同源物 Cux-1 和 Cux-2 专一地表达在大脑皮质的上皮质（Ⅱ/Ⅲ和Ⅳ），并参与上皮质的锥体神经元的树突分枝。与之相反，锌指转录因子 Zfp312 专一地表达于下皮质（Ⅴ and Ⅵ），并参与下皮质锥体神经元的树突发育。

哺乳类的皮质锥体细胞在完成迁移之后便开始树突发育。从细胞迁移向树突发育的转换受转录因子 Sox11 的调节。Sox11 在迁移的细胞中表达，而在迁移结束后终止。降低 Sox11 的表达导致迁移中的神经元过早生长树突。这一转录调控可以保证神经元在到达目的地后才开始生长树突。

（二）染色质重组因子对树突发育的调节

染色质重组因子通过调节转录因子对 DNA 的可接触程度来控制基因表达。神经元中的多亚基的 nBAF 复合体调节 DNA 与组蛋白的相互作用，从而调节转录因子对 DNA 的可接触程度。哺乳类神经元前体细胞的 nBAF 复合体中的 BAF53a 亚基参与前体细胞的扩增。在有丝分裂后的神经元中，BAF53a 被相似的 BAF53b 取代。这一亚基的置换是树突发育必需的。组蛋白中的赖氨酸残基受乙酰化的调节，从而影响染色质的结构以及转录因子对 DNA 的可及性。多梳家族蛋白通过修饰组蛋白的赖氨酸甲基化而消除基因表达。多梳阻遏复合体 1 和 2（polycomb repressive complex 1 和 2，亦

前体细胞	单极或双极	多极（树突数目）	
		C1da（少）	C4da（多）
Hamlet	有	有	无	无
Dar1	无	无	有	有
Spineless		有	有	有
Cut		有	无	有
Knot		部分有	无	有
Abrupt			有	无

图 5-5-5　控制果蝇幼虫外周神经元树突发育的转录因子
果蝇幼虫的外周神经系统中有双极和多极神经元（顶排示意图）。不同种多极神经元各具形态特征，例如：C1da 的树突数目较少，而 C4da 的树突数目较多。转录调控对不同种类神经元的树突形态的建立起关键作用。不同的转录因子控制树突形态发育的不同步骤。这些转录因子在发育的不同时期及不同种细胞中表达

即 PRC1 和 PRC2）修饰染色质可及度来参与树突发育。缺失 PRC1 和 PRC2 的神经元不能维持已经形成的树突。因此，染色质重组对树突的调节有可能是为了在神经元中维持与树突生长相关基因的表达，从而维持树突结构。

（三）树突发育的翻译控制

相对于转录控制而言，我们对翻译控制（translational control）在树突发育中的作用所知甚少。了解较多的是 Nanos/Pumilio 复合体的作用。mRNA 结合蛋白 Nanos（Nos）和 Pumilio（Pum）形成一个抑制翻译的复合体。其最初发现的功能是在果蝇胚胎发育中决定 mRNAs 的分布。Nos 和 Pum 都在果蝇树突分枝神经元中表达。过表达其中任一基因可大幅度减少树突分枝。而其缺失导致 III 型树突分枝神经元的富含纤丝状肌动蛋白的树突指状突起延伸，并减少 IV 型树突分枝。在哺乳类海马神经元中也观察到类似现象。在未成熟的海马神经元中敲除 Pum 的同源基因 Pum2 可增加树突生长。如果在成熟的海马神经元中敲除该基因，则增强树突指状突起的延伸，但减少树突棘。正如在果蝇中观察到的那样，在大鼠海马神经元中过度表达 Pum2 可导致树突分枝的减少。*Nos* mRNA 的 3′ 非翻译区中有一段叫作转翻控制元素的序列，调控 *Nos* mRNA 的翻译。在果蝇胚胎发育中，这段序列介导 *Nos* mRNA 在胚胎前部的翻译抑制，使得 Nos 蛋白位于胚胎后部。在果蝇树突分枝神经元中，该翻译控制元素弱化 *nos* 转基因对树突发育的影响，提示树突分枝神经元中有抑制 *nos* 翻译的机制。RNA 结合蛋白 Glorund 和 Smaug 介导该抑制。目前尚不清楚 Pum-Nos 复合体在树突发育中调节哪些基因的翻译。

三、调节树突生长和分枝的细胞外信号

（一）神经营养因子

神经营养因子（neurotrophic factors，NTFs）最初是因其调节靶细胞对神经元存活的作用而被发现的。而神经营养因子对树突发育的作用最早发现于培养的脑片。在脑片中，不同种神经营养因子对树突的分枝和生长有不同作用。基因敲除实验证实了其中的部分作用。脑源性神经营养因子（Brain-derived neurotrophic factor，BDNF）仅促进邻近的、几微米内的神经元的树突生长，提示该作用可能与靶细胞对神经元的作用相似，也是局部的。靶细胞产生的神经营养因子可以控制神经元树突树的大小。小鼠小脑浦肯野细胞的树突生长受限于其突触前的平行纤维分泌的神经营养因子 3（NT-3）的数量。在所有浦肯野细胞中敲除 NT-3 的受体 TrkC 不影响树突发育，而选择性地在一部分浦肯野细胞中敲除 TrkC 则导致这些细胞的树突变小。这个现象提示浦肯野细胞之间可能竞争 NT-3。去除平行纤维分泌的 NT-3 可以消除由此产生的树突大小差异，进一步说明浦肯野细胞之间竞争突触前细胞产生的 NT-3 以增大各自的树突野。

（二）介导外源性信号的胞内信号转导通路

来自细胞外的信号作用于细胞膜上的受体，激活胞内信号转导通路（signal transduction pathways），从而调节树突的发育。神经营养因子与其受体酪氨酸激酶（receptor tyrosine kinases，RTKs）结合后，使受体产生自身磷酸化，并结合连接蛋白（adaptor proteins）。这种蛋白之间的相互作用可以激活丝裂原激活蛋白激酶（又称胞外信号调节激酶，MAP kinase or MAPK）和磷脂酰肌醇 3- 激酶（PI3-kinase）介导的胞内信号传送通路，进而影响树突发育。Plexins 和 Robo 等导向受体通过 Rho 家族的 GTP 酶重组肌动蛋白，从而调节树突发育。TAOK2（thousand-and-one-amino acid 2 kinase）和 JNK（c-Jun N-terminal kinase）介导 Sema3A 及其受体 Neuropilin-1 对基底树突生长的促进作用。另外，受体酪氨酸蛋白磷酸酶 PTPδ 和酪氨酸激酶 Fyn 也介导 Sema3A 的信号，并促进基底树突的分枝。细胞粘附分子是在细胞表面介导细胞之间相互作用的重要分子，例如，与钙黏素相关的集簇原钙黏素（clustered protocadherins，cPcdhs）调节锥体细胞树突发育。集簇原钙黏素通过胞内的粘着斑激酶（focal adhesion kinases，FAKs），富含脯氨酸的酪氨酸激酶 2（proline-rich tyrosine Kinase 2，Pyk2），和其下游的蛋白激酶 C（PKC）转导信号。它抑制 FAK/Pyk2 和 PKC 的活性，从而阻止 PKC 特异性底物蛋白（myristoylated alanine-rich C-kinase substrates，MARCKS）的磷酸化，使其作用于肌动蛋白细胞骨架，进而影响树突分枝。

（三）神经电活动和神经信息传递对树突生长和分枝的调控

神经电活动（neural activity）调节树突的生长。胞内钙离子是介导神经电活动对树突生长调节的

主要因子之一。神经元去极化产生钙离子的内流，激活依赖于钙调蛋白的激酶（calcium/calmodulin-dependent protein kinase，亦即 CaMK），进而导致转录因子 cAMP 应答元件结合蛋白（cAMP-response element binding protein，亦即 CREB）的磷酸化。钙调蛋白激酶的作用也不一定通过转录调控，例如，钙调蛋白激酶 II（CaMK II）可以通过促进指状突起机动性、延伸和分枝来增加树突分枝。CREB 及其结合蛋白 CBP（CREB-binding protein）通过调节 BDNF 和 Wnt-2 等基因的转录而影响树突的生长。钙离子也可通过钙反应性反式激活因子（calcium-responsive transactivator，CREST），NeuroD，MECP2，和 MEF2 等转录因子调节树突发育的多个方面。树突发育与突触形成相互作用。树突的形成为突触形成提供了基础，而突触形成也调节树突的生长。爪蟾蝌蚪的顶盖细胞在发育中先形成简单的树突树，当生长至一定大小后稳定下来。在这一过程中，树突的形成与突触形成同时进行。在发育早期，突触活性促进树突的生长。树突树的大小因而与突触的活性相匹配。树突中不稳定的指状突起与突触前轴突末梢短暂接触，进行一种类似"取样"的过程。这一过程有细胞粘附分子 Neurexin 和 Neuroligin-1 参与。发育继续进行，谷氨酸受体介导的突触传递导致部分树突指状突起被稳定下来。其中，NMDA 型谷氨酸受体通过激活 Rac1 和 Cdc42 这两个 Rho GTP 酶来重组细胞骨架。随着发育的进行，谷氨酸能突触中 AMPA 型受体逐渐增多，进一步稳定树突分枝。在树突发育后期，RhoA 和 CAMK II 限制树突分枝的生长，使得树突发育停止。由于谷氨酸能突触的成熟（即 AMPA 型受体逐渐增多）受视觉输入的调节，视觉经验因而控制了树突的发育，使得树突的大小与突触数目和强度相匹配。这种依赖于神经电活动的调节导致树突倾向于朝有突触输入的方向生长。在海马神经元中，钙调蛋白激酶 I（CaMK I）通过丝裂原激活蛋白激酶通路和 CREB 介导神经电活动对树突生长的调节。另外，神经元去极化也可通过 β-catenin 来促进树突分枝。GABA 能突触传递也调节树突发育。在初生的神经元中，GABA 能突触传递是兴奋性的，并促进树突生长。在发育中的小鼠皮质中，GABA 能神经元的轴突末梢投射在皮质第一层与锥体细胞的脊树突形成突触，并在新生小鼠的皮质中促进脊树突的分枝和突触形成。

第五节　树突的导向

神经元的树突树很少呈围绕胞体的放射状，而是或多或少地偏向于一个方向。前面讨论过，对爪蟾蝌蚪的顶盖细胞发育的研究揭示了依赖于神经电活动的调节可导致树突倾向于朝有突触输入的方向生长。除此之外，树突的不对称分布常常有导向机制的参与。

一、细胞粘附分子对树突导向的调控

（一）细胞粘附分子引导视网膜神经元的树突分层

对斑马鱼中荧光标记的视网膜细胞的活体成像，揭示了内网层形成的过程。无长突细胞的突起首先形成初步的内网层。这些突起进而逐渐分层，成为视网膜节细胞树突生长的支架和基质。最先的视网膜节细胞从内往外在各层延伸树突，而后来的节细胞选择性地在特定亚层（sublamina）生长树突。可以想见，视网膜节细胞的树突识别无长突细胞建立的分子构架，而在特定亚层中生长。小鼠中的研究揭示了细胞粘附分子（cell adhesion molecules）是参与这一过程的关键分子。在成熟的视网膜中，星爆形无长突细胞（starburst amacrine cells）与 ON-OFF 方向选择性的神经节细胞（ON-OFF direction-selective ganglion cells，简称 ooDSGCs）形成突触。在发育中，星爆形无长突细胞迁移至内网层后便开始表达一种名为 MEGF10 的跨膜蛋白。该蛋白介导星爆形无长突细胞的突起之间的同质性细胞粘合，导致突起生长并分成两个亚层。MEGF10 的缺失导致星爆形无长突细胞的突起不分亚层，并且使 ooDSGCs 的树突生长到内网层的其他部位。ooDSGC 树突的生长需要星形无长突细胞提供的、由不同种钙黏素介导的同质性粘合相互作用。不同种的钙黏素分布在内网层的不同亚层，形成亚层的分子标志，介导树突和轴突的发育，及突触的形成。并非所有节细胞的树突在内网层中的分布都是由星爆形无长突细胞界定的。其他无长突细胞也参与形成内网层的亚层，从而为特定类型的节细胞的树突导向和生长提供支架。除了细胞粘附分子促进树突在同一亚层内生长外，各亚层之间也存在排斥信号，以限制树突在亚层间的生长（详见本节"二、导向分子对树突导向的调控"。）

（二）线虫中调节树突导向和分枝的细胞粘合复合物

线虫中的 PVD 感觉神经元的树突位于下皮细胞和体内器官之间。这些下皮细胞表达两种配体，即脊椎动物 L1-CAM 粘附分子的同源分子 SAX-7 和一个功能尚不清楚的分子 MNR-1（Menorin）。肌肉分泌脊椎动物的同源分子 LECT2（leukocyte cell-derived chemoeaxin-2）。PVD 神经元表达 DMA-1（dendrite-morphogenesis-abnormal）受体。这几种蛋白形成一个细胞粘合复合物。其中任一分子的缺失都导致二级分枝生长方向的错位，及三级分枝的减少。如果在通常不表达配体的细胞中异位表达配体，将导致 PVD 树突朝向这些细胞生长。因此，局部高浓度的 SAX/MNR-1/LECT2 配体激活 DMA-1 受体，然后通过调节细胞间的粘合或激活神经元的胞内机制而促进树突生长。

二、导向分子对树突导向的调控

（一）导向分子对果蝇树突穿越神经系统中线的调控

多种调节轴突导向的分子同时也调控树突的导向。腹神经索（ventral nerve cord）是果蝇中枢神经系统中与脊椎动物的脊髓类似的结构。腹神经索的中线释放导素（netrin）和缝素（Slit）这些导向分子。吸引性的导素及其受体 Frazzled 在果蝇腹神经索的中线吸引轴突，而排斥性的缝素及其受体 Robo 在中线排斥轴突。这两种导向信号分子决定了轴突在腹神经索内外侧的分布。这些导向信号分子也调节树突的分布。在果蝇胚胎和幼虫中，有些运动神经元的树突完全位于腹神经索中线一侧，而另一些运动神经元的树突则可穿越中线。树突如此的投射与同一神经元的轴突投射不一定相同。例如，RP3 神经元具有同侧和对侧树突。导素或 Frazzled 基因缺失时，RP3 只有同侧树突。Robo 缺

失的 RP3 只在中线附近长树突，因此位于中线的缝素 -Robo 信号阻止其树突生长。

（二）导向分子对哺乳类视网膜节细胞的树突的分层调控

在视网膜内网层的发育中，除了细胞粘附分子促进树突在同一亚层内生长，各亚层也存在由导向分子介导的排斥信号，以避免神经元树突的误长。导向分子号志素（Semaphorin，Sema）家族的成员在特定亚层提供排斥信号，以避免树突在此亚层错误生长。信息蛋白家族包括分泌蛋白和跨膜蛋白，它们是 Plexin 和 Neuropilin 家族受体的配体。内网层的内半部主导视觉通路的 ON 反应，并表达号志素 Sema6A。由于 OFF 型无长突细胞表达该信号蛋白的受体 PlexinA2，因而其树突被排斥于该亚层之外。另外，内网层的外面（内核层）表达号志素 Sema5A 和 Sema5B，从而阻止表达其受体 Plexin A1 或 A3 的神经元向内网层之外延伸树突。因此，在视网膜内网层的发育中，细胞粘附分子对树突的引导和对其生长的促进、与排斥信号一起使得视网膜节细胞的树突位于内网层的特定亚层。

（三）导向分子对果蝇嗅觉投射神经元树突导向的调控

果蝇的嗅觉感受器将轴突投射至触角叶这一脑区，与嗅觉投射神经元的树突形成突触。号志素 Sema-1a 在触角叶形成一个背外侧高、而腹内侧低的浓度梯度。在投射神经元中过表达 Sema-1a 导致其树突投射到触角叶中 Sema-1a 浓度高的背外侧。而投射神经元中 Sema-1a 的缺失导致其树突投射至 Sema-1a 浓度低的腹内侧。Sema-1a 是号志素家族的一个跨膜成员，通常作为配体。但是，由于上述的 Sema-1a 过表达和缺失是在嗅觉投射神经元中的、而非周围的其他细胞，所以 Sema-1a 是以受体的方式调控投射神经元树突导向的。Sema-1a 这一膜受体的配体是号志素 Sema-2a 和 Sema-2b。此二受体在触角叶中形成与 Sema-1a 相反的浓度梯度。它们的缺失导致投射神经元的树突投射到腹内侧。信号蛋白的浓度梯度大致界定投射神经元树突在触角叶的背外侧还是腹内侧。在此之上，投射神经元树突还需要更精准地导向到特定的嗅觉小球。例如，富含亮氨酸重复片段的蛋白 Tartan（Trn）和 Capricious（Caps）这两种膜蛋白就参与了某些投射神经元的树突精准导向。从机制上讲，Trn 和

Caps 可能是作为细胞表面的标志物来介导树突于特定嗅觉小球的识别。

三、树突导向的转录调控

不论是细胞粘附分子、导向分子，或其他调节树突导向的分子，它们在适当的时间、于适当的细胞中表达才是至关重要的。因此，正如其他发育过程一样，树突导向中也有转录调控这一重要环节。

（一）果蝇嗅觉投射神经元树突导向的转录调控

如前所述，信号蛋白的浓度梯度粗略界定投射神经元树突在触角叶的大体布局，而后 Trn 和 Caps 等膜蛋白介导投射神经元树突与特定嗅觉小球中的嗅觉感受器轴突形成突触。这两个过程都受到转录因子的调控。有些转录因子专门调控树突在触角叶的大体分布。例如，Cut 决定沿内外轴的分布。其缺失导致树突移向触角叶外侧，而其过表达导致树突移向内侧。这有可能是通过调节导向分子的表达而进行的。在此之后，另一些转录因子决定树突投射至哪个嗅觉小球。这两类转录因子共同作用而使得树突投射到特定嗅觉小球。对 DL1 嗅觉投射神经元树突导向的研究工作，揭示了转录因子如何调控树突导向。果蝇嗅觉投射神经元共有 150～200 个，大致属于三个细胞谱系：前背系（adPN），外侧系（lPN），和腹侧系（vPN）。adPN 与 lPN 的投射神经元分别表达两个不同的含 POU 结构区转录因子：adPN 系的神经元都表达转录因子 Acj6（Abnormal chemosensory jump 6，Acj6），而 lPN 系的神经元则表达 Drifter。DL1 神经元属于 adPN 系，其树突投射到 DL1 嗅觉小球。缺失 acj6 的 DL1 神经元的树突弥散投射至包括 DL1 小球在内的广泛区域。在 acj6 缺失的 DL1 神经元中错表达 Drifter，导致其树突投射至 DL1 之外的、一个完全不同的嗅觉小球。这说明 acj6 决定树突在 DL1 小球内的突触形成，而有无 Drifter 决定了这些树突是否投射到 DL1。进一步的研究揭示，acj6 和 Drifter 的作用依赖于调节大体布局的转录因子 Cut。acj6 和 Drifter 的作用随 Cut 表达水平不同而改变。在 acj6 缺失的 DL1 神经元中表达 Cut 虽然投射树突至较内侧的嗅觉小球，但是这些小球仍是 adPN 系的。在 acj6 缺失的 DL1 神经元中同时表达 Cut 和 Drifter，则导致树突投射至 lPN 系的小球。这说明，Cut 在树突导向中的功能依赖于 DL1 中存在的其他转录因子。这些发现说明树突的导向受不同转录因子的组合调控。换言之，一个转录因子的作用取决于另一个转录因子是否在该细胞中存在，而不是一个双向开关。这样的依赖性甚至可以一环套一环，形成一连锁的转录因子的组合。如此，大大扩展了转录因子作用的可能性。

（二）小鼠视网膜树突分层的转录调控

在小鼠视网膜中，转录因子 T-box brain 1（Tbr1）控制部分节细胞的树突在内网层的分层。表达 Tbr1 的节细胞在内网层较外侧的 OFF 亚层伸展树突。Tbr1 缺失时，这些神经元的树突出现在较内侧的 ON 亚层。在不表达 Tbr1 的神经元中异位表达 Tbr1，可把其树突导向 OFF 亚层。在某些表达 Tbr1 的神经元中，Tbr1 的作用是通过调控细胞粘附分子 cadherin-8 和 Sorcs3 来实现的。Satb1 转录因子决定 ooDSGCs 的树突在两个亚层的双层生长，因而在树突分层中起作用。但是，目前尚不了解该转录因子是决定细胞命运，还是树突导向。Satb1 缺失时，ooDSGCs 不能保持在 ON 亚层的树突，故而只有 OFF 亚层的树突。Satb1 的一部分作用是通过控制 IgSF 家族的 Contactin-5（Cntn5）实现的。Cntn5 表达于 ooDSGCs 及其突触伙伴 ON-SACs，并介导同质性粘合来稳定树突分枝。总体来说，相较于果蝇中的研究，目前对脊椎动物中树突分层的转录调控还所知甚少。随着特定细胞种类的遗传标记技术和基因组分析的不断发展，相信这一状况会有根本性的改变。

四、胶质细胞对树突导向的调节

胶质细胞可以通过分泌导向分子来调节树突的导向。例如，位于果蝇腹神经索中线的胶质细胞释放排斥性缝素 Slit。Slit 作用于神经元树突上的受体 Robo 而阻止树突穿越腹神经索中线。胶质细胞也可为树突生长和导向提供细胞粘合的基质。例如，线虫前端的感觉神经元的一根树突，其顶端与胶质细胞相连，从而被固定在身体前端。发育中，感觉神经元的细胞体向远离胶质细胞的方向迁移，树突随之延伸。树突顶端的固定需要由神经元和下皮细胞产生的胞外基质。感觉神经元产生含有透明带（zona pellucida，ZP）结构区的 DYF-7 分泌蛋白，而下皮细胞分泌含有透明带粘附蛋白（zonadhesin）

结构区的 DEX-1。这两种蛋白形成固定树突顶端的胞外基质。

五、神经电活动调节树突导向的机制

如第四节中阐述的，爪蟾蝌蚪顶盖细胞中的研究揭示了神经电活动调节树突生长和分枝，使其大小与突触数目和强度相匹配，从而导致树突朝有突触输入的方向生长。对啮齿类体感皮质的研究，进一步加深了对神经电活动如何调节树突导向的理解。啮齿类体感皮质有对应于触须垫的图谱。一根触须对应一个"桶状"结构。"桶"里面是星状神经元的树突和来自丘脑的轴突末梢。桶状结构在小鼠出生后的一周内形成。星状神经元最初朝各个方向伸展树突，因而一个星状神经元伸入多个初期的桶状结构中。当星状神经元开始接受丘脑的突触输入时，其树突开始向单个桶状结构集中。在新生鼠中阻断突触传递或剥夺来自触须的感觉输入导致树突弥散性生长，及桶状结构的消失。丘脑神经元的轴突激活星状神经元上的 NMDA 型谷氨酸受体，导致转录因子 BTBD3 从胞浆移位至细胞核，从而调节转录。BTBD3 在星状神经元中的缺失导致树突定向和桶状结构的消失。因此，BTBD3 可能介导突触传递对星状神经元树突定向生长的调节。

第六节　树突之间相互作用以优化树突野

前几节阐述了神经元自身遗传控制、其他细胞的影响，及神经元之间的突触传递对树突野形成的影响。本节则讨论不同神经元的树突之间，及同一神经元的不同树突之间的相互作用对优化树突野的贡献。树突之间的相互作用对神经元树突野的分布起关键作用。这类相互作用可分为三种：树突的自我回避（self-avoidance）、瓦状平铺（tiling）和镶嵌布置（mosaic arrangement）。树突间的这些相互作用界定了树突野之间、树突分枝之间的距离，从而优化树突野的空间分布，使得神经元可以有效地接受感觉或突触输入。果蝇系统对揭示树突之间的相互作用的概念和机制做出了尤其重要的贡献。

一、树突的自我回避

一个神经元的众多树突分枝［称作"姐妹分枝（sister branches）"］通常在树突树上散开分布，而不是与彼此相黏成束（图 5-5-6）。同一神经元的树突分枝的这一铺展特性叫作"自我回避"，有别于同种，但不同单个神经元的树突之间的排斥（即"瓦状平铺"，见下文）。树突的自我回避使得树突树能够最有效地覆盖感受野或突触连接区。自我回

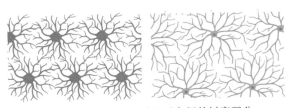
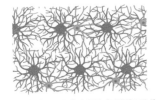

同一种的、不同单个神经元之间的树突瓦分　　　不同种神经元之间没有树突瓦分

自我回避　　　　　缺乏自我回避(Dscam缺失)

图 5-5-6　树突瓦状平铺和自我回避

树突瓦状平铺是指树突分枝完全地、不重复地覆盖神经系统或身体的一部分（上图左）。树突瓦状平铺通常发生在同一种、不同单个神经元之间。不同种神经元的树突之间是可以交叉的（上图右）。另外，很多种神经元并不存在树突瓦状平铺。下图左示"自我回避"：一个神经元的树突分枝通常散开分布，而不是与彼此相黏成束，有别于树突瓦状平铺。缺失 Dscam1 基因的神经元的树突互相黏附而成束（下图右）

避的概念最早来自对水蛭感觉神经元在外周的轴突的研究。损毁轴突的分枝导致同一神经元的姐妹分枝侵入空出的区域。这一发现提示了姐妹分枝之间可能存在排斥，并由此产生了姐妹分枝互相识别是基于每个神经元表达独特的识别分子的假说。约二十年后，这一假说在果蝇中得到初步证实。之后，哺乳类中的研究也发现了类似的机制。

（一）果蝇的唐氏综合征细胞粘附分子介导树突的自我回避

果蝇的唐氏综合征细胞粘附分子 1（Dscam1）基因可产生多达 38 016 种剪接亚型，从而为每个神经元表达独特的识别分子提供了可能。Dscam1 是一个免疫球蛋白超家族跨膜细胞粘附分子。有一半剪接亚型为胞外部分的差异。胞外部分相同的亚型可互相结合，而不同亚型间不结合。每个神经元表达一组独特的 Dscam1 亚型，因而姐妹分枝具有同样的 Dscam1 亚型，而不同神经元的树突上的 Dscam1 亚型不同。缺失 Dscam1 基因的神经元的树突互相黏附而成束。在不同种神经元中表达单一的 Dscam1 亚型足以导致不同种神经元的树突互相回避。减少 Dscam1 基因可能产生的亚型数目的遗传学实验揭示了至少需要数千种亚型才能保证树突区分姐妹分枝和非姐妹分枝。至于 Dscam1 介导的同质性识别细胞粘合如何导致姐妹树突间的排斥，至今仍是一个未解之谜。

（二）哺乳类的集簇原钙黏蛋白介导树突的自我回避

脊椎动物的神经系统同样含有树突自我回避的神经元。比如，哺乳类视网膜中，星爆无长突细胞的树突之间形成 GABA 能突触，而同一细胞的姐妹分枝不形成突触。因此，星爆无长突细胞的树突间具有分辨自我的能力。但是，哺乳类的 Dscam 基因没有像果蝇同源基因那样多样的剪接。一类叫作集簇原钙黏蛋白（Pcdhs）的基因提供了类似果蝇 Dscam1 的标志分子多样性。Pcdhs 是一类与 Cadherin 相似的细胞粘附分子。在小鼠中，Pcdh 基因位点包含 α、β、γ 三个基因簇，总共产生 58 种亚型。每个神经元可表达不同组合的 Pcdhα、Pcdhβ，和 Pcdhγ 亚型，由此为区别单个神经元提供了必要的分子多样性。cPcdhs 在星爆细胞和小脑浦肯野细胞中介导树突姐妹分枝的自我回避。在所有星爆细胞中表达同一 Pcdhg 亚型阻止了不同星爆细胞间形成突触，而不影响同一细胞的姐妹分枝的自我回避。另

外，虽然哺乳类的 Dscam 基因不具备足够多样性，但其产物 Dscam 蛋白可以掩盖 Cadherins 和 cPcdhs 介导的细胞粘合，从而参与姐妹分枝的自我回避。

二、树突的瓦状平铺和镶嵌布置

树突的瓦状平铺是指树突分枝完全地、不重复地覆盖神经系统或身体的一部分，就像瓦片覆盖房顶或瓷砖覆盖地板和墙壁一样（图 5-5-6）。树突瓦状平铺通常发生在同一类型的、不同单个神经元之间。在感觉系统中，这种现象能有效地保证同种感觉神经元树突之间没有过度的交叉，从而不但减少了细胞生长的材料消耗，而且为感觉系统对外周刺激定位提供了基础。果蝇幼虫的Ⅳ型树突分枝（C4da）神经元的研究对树突瓦状平铺的机制提供了重要线索。C4da 的树突呈现瓦状平铺。在 C4da 树突生长尚未完成时，用激光消除一个 C4da 导致周围 C4da 的树突侵入空出来的区域。这一发现提示，不同的 C4da 的树突互相排斥。可以想见，树突可以通过配体-受体或粘附分子探测到同类神经元的树突，然后彼此回避或停止生长。至今为止，介导树突的这种探测机制尚不清楚，但是，遗传分析揭示了树突瓦状平铺的潜在胞内信号机制。C4da 树突瓦状平铺需要 furry 和 tricornered 这两个同一分子通路的基因。Tricornered 是一个 NDR 激酶家族的丝氨酸/苏氨酸激酶。furry 和 tricornered 有遗传学上的相互作用，并且 Furry 蛋白与 Tricornered 蛋白可结合。Tricornered 激酶可能通过雷帕霉素靶蛋白复合物 2（target of rapamycin complex 2，TORC2）调节瓦状平铺。瓦状平铺的树突是处于二维平面的。深入的研究揭示了在 tricornered 和 furry 突变体中，树突不再局限在二维平面生长，因而呈现树突分枝交叉的现象。所以，tricornered 和 furry 并不是瓦状平铺形成过程中的排斥机制。导向分子 Sema-2b 及其受体 PlexB 激活 Tricornered 激酶，从而调节树突与胞外基质的粘合、把树突分枝限制在二维平面（Meltzer et al，2016）。在脊椎动物视网膜中，同种神经元树突也在视网膜的某一亚层均匀发布，彼此之间保持一定距离，形成瓦状平铺。这一在视网膜中的现象也称作镶嵌布置（mosaic arrangement），是指同种神经元的细胞体在视网膜的某一亚层均匀分布，彼此之间保持一定距离。树突间的排斥以及其他机制共同参与视网膜中细胞体的镶嵌布置。某些视网膜双极细胞存在树突瓦状平铺。用遗传方法减少这些双极细胞的数目导致剩余的同种细胞扩大其树突，提示树突间的排斥

可能是这类细胞树突瓦状平铺的原因。与此相似，在大鼠和猫视网膜中，手术损伤可导致周围的神经节细胞的树突树改变现状，朝空出的区域生长。但是，在小鼠中，减少节细胞数目并不改变周围的同种神经元的树突形态。这说明，镶嵌布置也可由其他机制形成，而不一定需要树突之间的排斥。不同星爆细胞的树突初达内网层时并不互相排斥。然后，树突间的排斥调整这些细胞的胞体。MEGF10和MEGF11通过参与两个神经元之间的同种识别而介导这种排斥。细胞缺失MEGF10或MEGF11时，细胞体随机分布。Dscam参与多巴胺能无长突细胞和表达bNOS的神经元的镶嵌布置。Dscam可能掩盖钙黏素介导的细胞粘合，从而避免了树突间的过分粘合，使得细胞体能够分开分布。

三、树突树的二维限制

有些神经元的树突树在近似二维平面的空间伸展。例如，果蝇幼虫的树突分枝神经元，脊椎动物的视网膜无长突细胞、节细胞和小脑浦肯野细胞。二维伸展限制了树突分枝之间的交叉，从而对姐妹分枝的自我回避以及不同神经元之间的树突瓦状平铺做出贡献。树突与周围细胞的相互作用实现了二维限制。果蝇多树突分枝神经元的树突上的整合素与旁边的表皮细胞上的层黏蛋白（laminins）相互作用，使得树突在二维平面生长。果蝇幼虫的表皮细胞分泌导向分子Sema-2b，作用于树突上的PlexB受体，从而调节树突与胞外基质的相互作用。这种二维限制的缺失则影响树突的自我回避和瓦状平铺。哺乳类的星爆细胞树突的自我回避受导向配体Sema6A及其受体PlexA2的调节，浦肯野细胞树突的姐妹分枝也采用导向配体Slit2及其受体Robo2调节自我回避。这些由导向分子介导的自我回避是直接的回避信号，还是通过界定树突的二维生长而影响自我回避，有待进一步的研究来揭示。

第七节 树突的发育重塑

一、调节树突发育重塑的分子机制

（一）与蜕皮素相关的分子通路

目前对树突发育重塑（developmental remodeling）的分子机制的了解主要来自果蝇的遗传学研究。蜕皮素（20-Hydroxyecdysone）属类固醇激素，参与协调昆虫的发育变态步骤。蜕皮素受体A，B1，和B2（EcR-A，EcR-B1，和EcR-B2）等三种蜕皮素受体由不同细胞表达，并控制这些细胞对蜕皮素的反应。其中，EcR-B1与树突修剪相关。TGF-β（transforming growth factor β）信号调节EcR-B1的表达，从而控制树突修剪。如果在蘑菇体中阻断TGF-β信号通路，神经元就不再表达EcR-B1，发育变态中的树突重塑也消失。在TGF-β缺失的神经元中表达EcR-B1则可以恢复树突的重塑。EcR受体是转录因子。表达EcR受体的神经元是否最终经历树突修剪过程还与受EcR受体调节的下游分子有关。果蝇幼虫中的研究发现了EcR受体的一些下游分子。果蝇幼虫C4da神经元的三种亚型中的ddaC的树突在变态初期完全被修剪，然后再重新长成完整的树突树。这一系统成为分析树突修剪分子机制的有效系统。ddaC的树突修剪依赖于EcR-B1在这种细胞中的表达。而EcR-B1控制高迁移率族蛋白（high mobility group，亦即HMG）转录因子Sox14的表达。在ddaC神经元中敲除Sox14可阻止树突修剪。Sox14进而调控Mical这一含有多个结构域的胞浆蛋白的表达。Mical基因的缺失阻断树突的修剪。Mical如何控制树突修剪尚未可知。

（二）胱冬肽酶和泛素-蛋白酶体系统

对ddaC的研究还发现了胱冬肽酶（英文，亦称凋亡酶）和泛素-蛋白酶体系统对树突重塑的作用。果蝇的胱冬肽酶由Dronc分子激活，而Dronc又受DIAP1（Drosophila inhibitor of apoptosis）抑制。Dronc功能的减弱抑制ddaC树突在变态中的切除，而过表达DIAP1抑制树突的修剪。虽然ddaC的树突在变态过程中被修剪，其轴突并不被修剪。在变态过程中，胱冬肽酶的活性只在被切除的树突中增强，而不在轴突或其他树突中增强。因此，局部激活胱冬肽酶可能是利用这一控制细胞凋亡的酶来切除树突的重要机制。泛素-蛋白酶体系统通过打断肽链来降解胞内的蛋白。一系列泛素连接酶参与这一过程，而其中 E3 泛素连接酶负责把泛素连接到靶蛋白上。减弱泛素功能可以在 ddaC 中阻止树突修剪中的切除步骤。泛素-蛋白酶体系统可能通过降解胱冬肽酶的抑制分子 DIAP1 或调节 Mical 的表达或剪接而参与树突切除。

（三）突触传递对树突的重塑

哺乳类神经系统中有很多发育重塑的例子，其中不少依赖于神经电活动的水平。比如，体感皮质的树突导向是一个依赖于神经电活动的发育重塑过程。其机制已在第五节作了详细讨论。突触传递重塑树突可以对神经环路作精细调控。鸡听觉系统中的层状核（nucleus laminaris，NL）神经元根据突触传递的强弱来调节其树突的大小。NL 神经元具有两个相似的树突簇，分别接收来自左、右耳的兴奋性输入。如此的形态和突触连接与该神经元参与声源定位有关。这两个树突分枝的大小受突触传递的调节。抑制一侧的突触传递导致该侧树突变小，但不对另一侧造成影响。激活一侧的突触输入则使得该侧树突变大。树突的这些改变都是可逆的。

二、树突发育重塑的细胞生物学机制

（一）微管的分解

树突的切除依赖局部微管的分解，而这一过程有 Ik2 和 Par-1 两个激酶参与。Ik2 促进 DIAP1 的降解，而 Par-1 是一个参与细胞极化和磷酸化微管相关蛋白的激酶。Ik2 或 Par-1 缺失时，树突中的微管在修剪初期不被分解。过早激活 Ik2 导致树突的过早切除。因此，Ik2 的激活决定了树突切除的开始。另一方面，Par-1 促进微管相关蛋白 Tau 从将被切除的树突中消失。Ik2 和 Par-1 可能通过激活微管切除蛋白 Katatin-p60-like1 来促进微管的分解。树突的切除在缺失 Katanin-p60-like1 的 ddaC 中被延缓。

（二）局部胞吞和钙信号

在树突被切除的过程中，切除点首先变细。该部位的局部胞吞增强，从而使该处到树突分枝远端的胞内钙浓度升高。调节胞吞的小 GTP 酶 Rab5 和 dynamin 参与这些变化。局部 Ca^{2+} 信号激活钙蛋白酶而促进树突的切除。另外，树突的切除需要调节囊泡再循环的小 GTP 酶 Rab11 的参与。Ik2 可激活 Rab11。因此，Ik2 可能通过调节微管分解和囊泡循环这两个方面而控制树突的切除。

第八节　树突与轴突的分化发育

树突-轴突的分化发育（dendrite-axon differential development）对神经元形态的多样性和神经环路的形成至关重要。树突-轴突的分化发育并不仅仅是延续神经元发育初期的树突-轴突极性的细胞生物学差异。原因有二。第一，一般来说，神经元采用相似的机制来确立树突-轴突的极性，但树突和轴突的形态具体到每种神经元却迥然不同。例如，小脑浦肯野细胞有很大的树突树，而其轴突分枝很简单。相反，小脑颗粒细胞的轴突分枝大于其树突分枝。第二，树突-轴突的分化发育受转录机制调控，说明这一过程启用了新机制，而非简单地延续最初确立的树突-轴突细胞生物学差异。树突-轴突分化发育的分子机制可以归类为"专一"和"双向"两种主要机制（图 5-5-7）。专一机制特异性地调节树突或者轴突的发育，而双向机制对二者起相反作用。这两类机制共同作用而决定每个神经元的树突

和轴突形态。在促进受损伤神经元的再生，或引导新生神经元的生长以修复神经系统的损伤时，不仅需要促进轴突的生长，而且需要正常的树突发育。因此，树突-轴突的分化发育机制的研究，对神经系统疾病的理解和治疗也是重要的。在动物体内，一个神经元的树突和轴突通常相距甚远，很少有系统能够把同一个神经元的树突、轴突采样分析。这一技术上的难点是在体研究树突-轴突的分化发育的主要障碍。采用像果蝇这样的小型动物以及三维成像技术解决了这一问题。近年小鼠遗传标记技术以及大体积的组织化学技术的突破也为在小鼠中研究树突-轴突的分化发育提供了契机。

一、专一调控树突发育的分子

专一调控树突发育的分子既有外源分子，也有

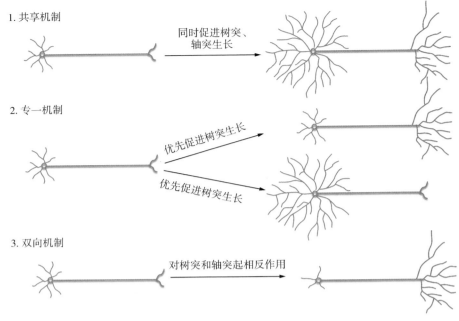

图 5-5-7 树突、轴突分化发育的三类机制

内源分子。另外，在发育早期确立的树突-轴突细胞生物学差异也影响树突的专一调控。

（一）BMP7 生长因子专一促进哺乳类神经元的树突生长

骨形成蛋白生长因子 7（bone morphogenetic protein 7，BMP7）是一个表达在神经系统的转化生长因子 β（TGF-β）超家族的成员。培养的大鼠交感神经元属无树突神经元。在体外培养条件下，BMP7 可诱发其胞体上树突的形成，但不影响轴突的数目。对于中枢神经元，BMP7 同样可选择性地增加树突长度和分枝数目，而不影响轴突生长。BMP7 对树突发育的专一性调节机制尚不清楚。BMP 通常与膜受体结合，导致 SMAD 蛋白的磷酸化，使 SMAD 移位至细胞核，从而促进转录。抑制转录则可以阻断 BMP7 对树突生长的诱导。BMP7 可能通过增高微管相关蛋白 2（MAP2）来促进树突生长。总体来说，虽然 BMP7 对树突生长有特异的促进作用，其机制有待更多研究揭示。

（二）NeuroD 转录因子专一调控神经电活动依赖的树突生长

NeuroD 属于碱性螺旋-环-螺旋类转录因子。NeuroD 决定神经元命运，但也在命运已经决定后的神经元中表达，并调节树突生长。在培养的小脑颗粒神经元中，NeuroD 的敲降抑制树突生长，而不影响轴突生长。在颗粒神经元中敲除 NeuroD 导致树突分枝的减少。NeuroD 调控神经电活动依赖的树突生长。高钾导致的膜电位去极化能促进体外培养的颗粒神经元的树突生长。NeuroD 的敲除抑制这一树突生长。生化研究揭示，NeuroD 可被钙调蛋白激酶 II（CaMK II）磷酸化，而 CaMK II 在介导细胞对神经电活动的反应中具有重要作用。CaMK II 对 NeuroD 的磷酸化对 NeuroD 介导的神经电活动依赖的树突生长是必需的。因此，NeuroD 专一调控神经电活动依赖的树突生长。

（三）Dar1 转录因子专一促进基于微管的树突生长

前面讨论过，果蝇的转录因子 Dar1 在神经元发育早期决定多极形态。Dar1 的这一功能包括连接初级树突与细胞核，及促进树突生长两个方面。事实上，Dar1 最初是在一个寻找专一调控树突发育的基因的遗传筛选中发现的。这一筛选发现了数个"树突树减少"（dendritic arbor reduction，dar）突变体。dar1 的缺失在各种多极神经元中都导致树突分枝的减少，而不影响轴突的生长和导向。Dar1 主要通过调节微管来影响树突生长，而不是通过调节肌动蛋白细胞骨架。这一功能可能是通过控制微管剪切蛋白的转录来实现的。

（四）ER-Golgi 运输的调节分子优先调节树突生长

果蝇中的遗传筛选还发现了三个编码 ER-to-Golgi 运输分子的基因：dar2，dar3 和 dar6，分别对应于哺乳类的 Sec23，Sar1 和 Rab1。缺失这些基因的 C4da 神经元的树突极度减小，而轴突大致正常。在培养的大鼠海马神经元中敲除这类基因，也观察到类似的现象。由于 ER 到 Golgi 运输是细胞内产生生物膜的主要来源，这一发现提示，生长中的树突对生物膜的需求大于生长中的轴突。胞内分泌通路对树突生长的调节在第三节有详细讨论，在此不再赘述。

二、双向调控树突和轴突发育的分子

除了专一调控，树突和轴突也可受到相反的调控，即"双向调控"。双向调控可以协调树突、轴突的发育和再生。

（一）Sema3A 促进树突生长、抑制轴突生长

当培养的海马神经元形成树突–轴突极性时，环腺苷酸（cAMP）促进轴突的出现，而抑制树突的形成；环鸟苷酸（cGMP）则起相反作用。号志素 Sema3A 抑制 cAMP 活性，但增强 cGMP 活性。因此，Sema3A 主要促进树突形成而抑制轴突形成。在树突轴突的极性确定后，Sema3A 通过 cAMP 和 cGMP 继续对树突和轴突的生长做相反的调控。对培养的海马神经元施加 Sema3A 或 cGMP 可导致更多树突分枝。cGMP 可能通过蛋白激酶 G（PKG）起作用，因为 PKG 的抑制剂可以反转 Sema3A 或 cGMP 对树突的作用。与之类似，Sema3A 在发育的新皮质中吸引锥体细胞的主树突向皮质表面方向生长，并同时排斥这些神经元的轴突，使之向相反方向生长（Polleux et al，2000）。这一作用有蛋白激酶 A（PKA）、蛋白激酶 G（PKG）和丝氨酸 / 苏氨酸激酶 LKB1 参与。这些发现说明，Sema3A 通过 cAMP 和 cGMP 这两个第二信使对树突和轴突的生长和导向作相反的调节。

（二）双亮氨酸拉链激酶（DLK）通路促进轴突生长而限制树突生长

双亮氨酸拉链激酶（dual leucine zipper kinase，亦即 DLK）是一类在进化上保守的激酶，调节轴突生长、再生和退变。除 DLK 自身这一丝裂原活化蛋白激酶激酶激酶（MAPKKK）外，DLK 通路通常包括上游的 E3 泛素连接酶 Pam/Highwire/RPM-1（PHR）和下游的丝裂原活化蛋白激酶通路。PHR 促进 DLK 的降解，因而 PHR 缺失时，DLK 蛋白水平增高。在线虫、果蝇和哺乳类神经元中，DLK 表达或活性增高都导致轴突末梢的过度生长。另外，DLK 的缺失阻断神经损伤后的再生。与其对轴突的作用相反，过高的 DLK 抑制树突分枝。果蝇的 PHR 是 Highwire（Hiw），而 DLK 叫 Wallenda（Wnd）。Hiw 的缺失或 Wnd 的过表达都导致 C4da 神经元轴突末梢过度生长和树突分枝的减少。DLK 通路的这个双向调控是通过不同的下游分子实现的。其对轴突生长的调节是通过控制唐氏综合征细胞粘附分子表达水平，并需要转录因子 Fos 的存在。而其对树突生长的调控则是由转录因子 Knot 介导的。事实上，在不表达 Knot 的神经元中，Wnd 专一性地促进轴突生长，而不调节树突发育。DLK 通路的双向调控可能协调神经损伤后的树突、轴突生长。小鼠和果蝇神经元轴突损伤都导致 DLK/Wnd 蛋白增高。而切断神经元轴突不仅触发轴突再生，而且导致树突分枝的减少。因此，受损伤的神经元可能以减少树突分枝的代价来促进轴突再生，而这一过程由 DLK 通路协调。

第九节　总结与展望

作为神经元的一个重要部分，树突的发育形成是神经发育的一个关键环节。不同种神经元的树突形态存在很大差异，这增加了研究树突发育机制的难度，但也提供了发现多样化机制的机遇。很多树突形态特征不存在于体外培养的神经元中，因而研究树突发育通常需要用在体系统。这也增加了研究的难度。这正是为何近二十多年来遗传学手段和在体成像成为研究树突发育机制的主要手段。与其他一些神经发育领域相比，树突发育的研究尚处于较初级的阶段。虽然很多分子被发现调节树突发育，

但统一的、概念性的理论很少。这可能与树突形态的多样性有关，但也说明我们对树突发育的机制尚处于描述的阶段。随着分子、细胞机制在不同种神经元和实验系统中被发现和验证，统一的理论会逐渐出现。关于树突发育机制的统一理论会在多个层次、多个角度出现，比如细胞生物学角度和层面、分子层次、计算生物学角度等等。因此，多学科、多途径的协同研究是未来突破树突发育机制难点的关键。

参考文献

综述

1. Cajal R. Histology of the nervous system of man and vertebrates. Oxford University Press，USA，1995.

2. Cline H and Haas K. The regulation of dendritic arbor development and plasticity by glutamatergic synaptic input：a review of the synaptotrophic hypothesis. *The Journal of physiology*，2008，586：1509-1517.

3. Dong X，Shen K and Bulow HE. Intrinsic and extrinsic mechanisms of dendritic morphogenesis. *Annu Rev Physiol*，2015，77：271-300.

4. Graham HK and Duan X. Molecular mechanisms regulating synaptic specificity and retinal circuit formation. *Wiley Interdiscip Rev Dev Biol*，2021，10：e379.

5. Hobert O. Regulatory logic of neuronal diversity：terminal selector genes and selector motifs. *Proc Natl Acad Sci USA*，2008，105：20067-20071.

6. Hong W and Luo L. Genetic control of wiring specificity in the fly olfactory system. *Genetics*，2014，196：17-29.

7. Jan YN and Jan LY. Branching out：mechanisms of dendritic arborization. *Nat Rev Neurosci*，2010，11：316-328.

8. Kanamori T，Togashi K，Koizumi H，et al. Dendritic remodeling：Lessons from invertebrate model systems. *Int Rev Cell Mol Biol*，2015，318：1-25.

9. Procko C and Shaham S. Assisted morphogenesis：glial control of dendrite shapes. *Current opinion in cell biology*，2010，22：560-565.

10. Valnegri P，Puram SV and Bonni A. Regulation of dendrite morphogenesis by extrinsic cues. *Trends in neurosciences*，2015，38：439-447.

11. Wang X，Sterne GR and Ye B. Regulatory mechanisms underlying the differential growth of dendrites and axons. *Neurosci Bull*，2014，30：557-568.

12. Wang X and Ye B. Transcriptional regulators that differentially control dendrite and axon development. *Frontiers in Biology*，2012，7：292-296.

13. Yaniv SP and Schuldiner O. A fly's view of neuronal remodeling. *Wiley Interdiscip Rev Dev Biol*，2016，5：618-635.

14. Zipursky SL and Grueber WB. The molecular basis of self-avoidance. *Annual review of neuroscience*，2013，36：547-568.

15. Zipursky SL and Sanes JR. Chemoaffinity revisited：dscams, protocadherins，and neural circuit assembly. *Cell*，2010，143：343-353.

原始文献

1. Baas PW，Deitch JS，Black MM，et al. Polarity orientation of microtubules in hippocampal neurons：uniformity in the axon and nonuniformity in the dendrite. *Proc Natl Acad Sci USA*，1988，85：8335-8339.

2. Emoto K，He Y，Ye，B，et al. Control of dendritic branching and tiling by the Tricornered-kinase/Furry signaling pathway in Drosophila sensory neurons. *Cell*，2004，119：245-256.

3. Grueber WB，Ye B，Moore AW，et al. Dendrites of distinct classes of Drosophila sensory neurons show different capacities for homotypic repulsion. *Curr Biol*，2003，13：618-626.

4. Han C，Wang D，Soba P，et al. Integrins regulate repulsion-mediated dendritic patterning of drosophila sensory neurons by restricting dendrites in a 2D space. *Neuron*，2012，73：64-78.

5. Kramer AP and Stent GS. Developmental arborization of sensory neurons in the leech Haementeria ghilianii. Ⅱ. Experimentally induced variations in the branching pattern. J Neurosci，1985，5：768-775.

6. McAllister AK，Lo DC，and Katz LC. Neurotrophins regulate dendritic growth in developing visual cortex. *Neuron*，1995，15：791-803.

7. Meltzer S，Yadav S，Lee J，et al. Epidermis-derived semaphorin promotes dendrite self-avoidance by regulating dendrite-substrate adhesion in drosophila sensory neurons. *Neuron*，2016，89：741-755.

8. Moore AW，Jan，LY，and Jan YN. hamlet, a binary genetic switch between single- and multiple- dendrite neuron morphology. *Science*，2002，297：1355-1358.

9. Oren-Suissa M，Hall DH，Treinin M，et al. The fusogen EFF-1 controls sculpting of mechanosensory dendrites. *Science*，2010，328：1285-1288.

10. Shelly M，Cancedda L，Lim BK，et al. Semaphorin3A regulates neuronal polarization by suppressing axon formation and promoting dendrite growth. *Neuron*，2011，71：433-446.

11. Wang X，Kim JH，Bazzi M，et al. Bimodal control of dendritic and axonal growth by the dual leucine zipper kinase pathway. *PLoS Biol*，2013，11：e1001572.

12. Wang X，Zhang MW，Kim JH，et al. The kruppel-like factor Dar1 determines multipolar neuron morphology. *J Neurosci*，2015，35：14251-14259.

13. Ye B，Kim JH，Yang L，et al. Differential regulation of dendritic and axonal development by the novel kruppel-like factor dar1. *J Neurosci*，2011，31：3309-3319.

14. Ye B，Zhang Y，Song W，et al. Growing dendrites and axons differ in their reliance on the secretory pathway. *Cell*，2007，130：717-729.

15. Zhou W，Chang J，Wang X，et al. GM130 is required for compartmental organization of dendritic golgi outposts. *Curr Biol*，2014，24：1227-1233.

第 6 章　突触的形成和发育

吴海涛　李　磊　罗振革　梅　林

第一节　引　言

前面的章节描述了发育过程中神经元发生、迁移、树突和轴突的分化，及轴突如何在信号分子的帮助下延伸到特定的位置。神经系统要发挥功能，下一步需要将神经元和神经元连接成神经网络，这个过程就是突触的形成。

突触是神经元和神经元之间或者神经元和其靶细胞（如肌肉细胞、腺体、平滑肌等）之间形成的特异的信号传递的位点，是神经环路以及整个神经系统形成的结构和功能的基础。突触传递和可塑性是神经系统能够行使感觉、认知、学习记忆，及运动等功能的关键。突触由突触前、突触间隙和突触后三部分结构组成。按照神经传递的类型来分类，有电突触和化学突触。电突触由突触前膜和后膜上缝隙连接蛋白（connexins）形成的，是一种对称性的细胞间的连接，分子量小于 1000 道尔顿的分子可以通过从一个细胞到另一个细胞，在细胞间协同电活动（synchrony）的产生中起重要作用。有关电突触的内容在本书第二篇介绍。本章重点讨论化学突触，它是不对称性的。广义上突触除了突触前和突触后膜之外还包括胶质细胞，它们不仅对突触进行包裹和隔离，同时对突触形成和功能有调控作用。

突触形成的过程中有三个重要的步骤。第一，神经元轴突需要从众多细胞中找到支配的靶细胞。只有发生了正确的连接，神经系统才能形成有功能的网络。轴突还可以和突触后神经细胞不同部位连接，比如轴突-树突型突触和轴突-胞体型突触，还有一些轴突和突触后神经元的轴突或者轴突末梢形成突触连接即轴突-轴突型突触，甚至还有一些比较少见的树突-树突型和胞体-胞体型突触。

第二，轴突接触到突触后细胞的部分会分化成突触前的结构，而突触后细胞结合突触前轴突的部分也会发生相应的分化，形成突触后的结构。突触前和突触后的分化十分精确，协同一致，受到复杂的分子机制精细调控，目前关于突触分化许多的相关知识多来源于神经肌肉接头（neuromuscular junction，NMJ）的研究。

第三，突触形成之后会经历逐渐成熟的过程，特别是发育过程中存在一个突触修剪和消退的现象，并且伴随着存留下的突触生长和增强。该过程受神经元电活动的调节，并且有胶质细胞的协同参与，它对于神经环路的结构和功能重塑有着重要的生理意义。

突触形成或维持的障碍可导致许多疾病发生。例如，NMJ 形成异常会产生先天性肌无力综合征，NMJ 重要蛋白的自身抗体可破坏 NMJ 的维持从而产生重症肌无力。在中枢神经系统中，突触形成和维持的异常和许多精神和神经疾病相关，例如自闭症、精神分裂症、神经退行性疾病例如阿尔兹海默病等，突触的缺陷甚至先于临床症状出现。

第二节　突触的基本组成和结构

一、神经肌肉接头的结构

神经肌肉接头（neuromuscular junction，NMJ）是外周神经系统连接运动神经元和肌肉纤维的胆碱能突触。除了运动神经元和肌肉纤维之外，NMJ 还由末梢施万细胞（terminal Schwann cells，tSC）包裹。当动作电位信号传递到运动神经末梢时，神经递质乙酰胆碱（acetylcholine，ACh）从突触前膜释放，结合突触后膜的乙酰胆碱受体（acetylcholine receptor，AChR）造成突触后膜去极化，引发肌肉纤维中动作电位，从而导致肌肉收缩。因此 NMJ 对于肌肉收缩、身体姿势和运动都非常重要。

哺乳动物的肌肉纤维是由成百上千个成肌细胞融合而成，NMJ 一般位于肌纤维的中间，每一根肌纤维都在成年后只被一个运动神经末梢支配。NMJ 的面积只占肌肉纤维总面积的 0.01% ～ 0.1%。光镜下成年哺乳动物的 NMJ 似一个蝴蝶脆饼样（pretzel-like）的结构，突触后膜皱褶整齐地排列在运动神经末梢下，一般与末梢的走向垂直，包裹在神经末梢上面和 NMJ 外侧的是末梢施万细胞。在电子显微镜下，运动神经末梢有许多突触囊泡聚集在突触前膜活性区（active zone），突触后的肌肉纤维形成大量皱褶（junctional folds），而在突触前膜和突触后膜之间的突触间隙还有一层突触基底层的结构（synaptic basal lamina）。在突触后褶皱结构中，AChR 和重要的信号分子被认为定位在皱褶结构顶部，而电压门控钠离子通道则富集在褶皱的底部。AChR 在皱褶的顶端的密度可以达到 10000 AChR/μm²，NMJ 之外几微米处 AChR 的密度则仅有 10/μm²。突触囊泡在突触前膜的密度也很高，并且聚集在活性区附近，后者正好对应着突触后膜皱褶开口处。突触囊泡释放的位置在活性区两侧，正好和突触后膜皱褶顶部相对应。这样的设计使得突触囊泡释放乙酰胆碱之后，可以在毫秒级时间内激活在突触后膜的 AChR，引起肌肉收缩。因此，神经末梢如何分化成突触前结构，以及突触后肌肉纤维膜怎样变成接头后膜并形成 AChR 高密度聚集是 NMJ 形成的关键事件，也是许多年来研究的重点（图 5-6-1）。

NMJ 形成过程包括突触前神经末梢和突触后肌肉纤维的分化，以及末梢施万细胞对突触的包裹等。在神经末梢延伸到肌肉纤维之前，肌肉前体细胞成肌细胞（myoblasts）相互融合形成多细胞核

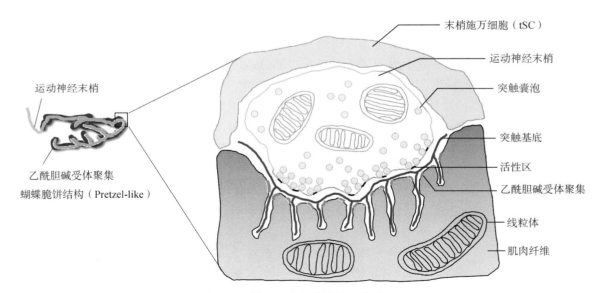

图 5-6-1　神经肌肉接头突触结构示意图

在不同放大倍数下观察到的神经肌肉突触结构。左图是在光学显微镜下看到的神经肌肉突触的结构，神经肌肉突触后 AChR 聚集为连续的蝴蝶脆饼状的结构（pretzel-like structure）。右图是电子显微镜下神经肌肉突触的结构

的肌管细胞（myotubes）。随后，仍然有成肌细胞继续融合到肌管细胞两侧的生长区域维持肌肉纤维的生长，因此肌肉纤维的中间区域相比两端更加成熟，具有更多的 AChR 表达，甚至可以形成许多小的 AChR 聚集簇，该现象被称为 AChR 的预排（prepatterning）（小鼠 E13-14）。当运动神经末梢生长到肌纤维中央区域之后，神经末梢停止生长，支配肌肉纤维进行突触前分化，包括诱导已有的 AChR 聚集变大，产生新的聚集簇，同时消除没有被支配的位于非突触区域的 AChR 聚集，使得 NMJ 位于肌肉纤维的中央区域。刚形成的 AChR 聚集体大多是椭圆形的斑块样结构，并且被多个神经末梢支配。随后，NMJ 渐变成所谓的蝴蝶脆饼的形状（虽然这个过程的生理意义并不清楚），并且支配肌肉的神经末梢也由多个变成一个（小鼠 E16-P14）。在一些运动神经元和肌肉疾病患者甚至正常老年人，肌肉往往会出现萎缩的现象，NMJ 也会出现相应的结构变化：突触后 AChR 聚集体的连续性逐渐碎片化，碎片分散的区域比成年 NMJ 要大一些，同时突触前神经末梢也会出现去支配或者部分去支配的现象。

二、中枢神经系统中突触的结构

按照突触性质的不同，中枢神经系统突触可划分为兴奋性、抑制性或调节性等不同亚型。其中，兴奋性突触以谷氨酸作为神经递质，而抑制性突触以甘氨酸或 γ- 氨基丁酸作为递质，调节性递质则包括多巴胺、5- 羟色胺、去甲肾上腺素、乙酰胆碱和神经肽等。一般而言，一种神经元以释放一种神经递质为主，新近研究发现一个神经元也可以释放两种递质，但是同一个神经元可同时接受多种神经递质的输入。高效精准的突触传递受神经递质释放和接收的时间和空间限制，依靠突触连接处突触前和突触后结构的精确对接来实现。尽管目前我们已经对神经递质和调质的释放，及突触后受体响应的蛋白质复合物和信号转导机制有了一定的认知和理解，但目前关于中枢神经系统突触是如何产生和动态维持的具体机制仍不十分清楚。

突触的形成是一个多步骤过程，涉及许多信号分子和级联效应。首先，神经元轴突、树突和树突棘（spine）之间的初始接触主要由细胞粘附分子家族成员（cell adhesion molecules，CAMs）和一些诱导因子介导，包括 SynCAM、β- 神经鞘磷脂、Narp 和 ephrinB/EphB 等。当 CAMs 家族分子或相关配体 / 受体形成跨细胞间的复合物时，触发双向信号传导，诱导突触前后膜分化。突触囊泡和突触蛋白在突触前扣结（synaptic boutons）内和突触后膜进行积累。有意思的是，一些没有发育完全的新生突触能够在突触前后膜接触后的 30 分钟内就可以释放神经递质。接下来的数小时至数天，突触后树突棘结构和功能逐渐成熟，此时树突棘尚未完全形成，突触前和突触后元件对细胞骨架干扰高度敏感。成熟后的突触的树突棘像蘑菇状，蛋白质组成完全、稳定突触成熟的时间可短（数小时）可长（数天、数月，甚至数年）。

树突棘（dendritic spine）是树突分枝上的棘状突起，是锥体神经元间形成突触的主要部位。在学习记忆过程中，突触可塑性常与树突棘的形成、消退、扩张和萎缩等变化相伴发生。树突棘的主要成分包括：①突触后致密区（post-synaptic density，PSD），位于突触后膜胞质面聚集的一层均匀而致密的物质，约占突触后膜表面积的 10%，与突触前膜活性区（active zone）恰好相互对应。PSD 是细胞支架特化的结构，富含像 PSD95 这样的支架蛋白分子。②突触后细胞膜受体，如离子型谷氨酸受体：N- 甲基 -D- 天冬氨酸受体（NMDAR）、海人藻酸受体（KAR）、参与突触可塑性诱发和维持的 α- 氨基 -3- 羟基 -5- 甲基 -4- 异恶唑丙酸受体（AMPAR），及代谢型谷氨酸受体 mGluRs 等。③细胞骨架结构（如肌动蛋白、肌球蛋白、微管结合蛋白和马达蛋白等）。④与突触后膜受体偶联的小 GTPase 和相关蛋白，受体被活化后，可通过激活 G- 蛋白效应酶和第二信使调节突触功能。⑤其他成分如微小 RNA、mRNA，及结合蛋白、转录因子、突触外基质蛋白和粘附分子等。

通常情况下，AMPAR 位于 PSD 边缘，而 NMDA 受体位于 PSD 中心。树突棘的形态学改变主要依赖于 NMDAR 的激活，参与长时程增强（long-term potentiation，LTP）中新树突棘的形成和长时程抑制（long-term depression，LTD）中已有树突棘的修剪。在树突棘发育和成熟过程中，肌动蛋白聚合和解聚可决定树突棘的运动性、生长和形状，树突棘的大多数形态结构变化同肌动蛋白聚合和解聚过程紧密相关。Rho 家族的 GTPases（特别是 RhoA、Rnd1、Rac1、Cdc42）是肌动蛋白的主要调控因子，对树突棘形态发生具有深远影响。Ras 家族的 GTPases 及其下游的 MAP 激酶信号通路也参与调节树突棘的发生及修剪进程。其中，SynGAP（synaptic Ras GAP）可作为 Ras 信号一个主要的突触后抑制剂，其在 PSD 中高度富集。激活 Ras 信号可以促进 LTP 形成，而 Rap1 和 Rap2 则分别介导了 LTD 和树突棘的修剪过程。与 RasGAP 和 SynGAP 相比，突触后树突棘相关 RapGAP 则可增强树突棘的生长。Ras 和 Rap 在突触后 PSD 基质中起相互拮抗作用，协同调节树突棘的形态和突触强度。

肌球蛋白ⅡB（Myosin ⅡB）是大脑中发现的主要的非肌肉型肌球蛋白Ⅱ亚型，其参与调节丝状体从树突轴的发出、树突棘发育，及蘑菇状树突棘的成熟过程，在树突棘的发生及修剪过程中发挥必不可缺的作用，尤其在树突棘头部形成中起到关键作用。短期抑制 Myosin ⅡB 活性可诱导形成丝状体样未成熟树突棘，并导致 LTP 和记忆获得受损。生理条件下，树突棘的体积往往与突触前膜活性区面积成正比，而突触前膜活性区面积又与囊泡数量成正比，囊泡数量会影响到每次动作电位所释放的神经递质多少。可见，较大的树突棘在突触前和突触后特性上代表着更强的突触连接和功能，在发育过程中，树突棘头部的生长可能与突触传递增强有关。PSD 的形状并不是固定的，可随着突触活性强度的改变而改变。

第三节　突触形成的基本过程

一、突触靶标识别的特异性

当轴突延伸到支配的靶细胞之后，轴突必须要从众多的细胞中挑选一个合适的细胞支配形成突触连接，不仅如此，还要在靶细胞的特定部位形成突触，因此突触形成在细胞水平和亚细胞的水平都是有特异性的。

1. 轴突对靶细胞选择性　突触连接的选择性在一些神经细胞类型中很强，混在一起的神经元的多个轴突最终可以特异性地支配不同的靶细胞。早在 100 多年前，J. N. Langley 在研究自主神经系统时发现，不同胸段的运动神经元可以支配颈上神经节不同的交感神经元。例如上段运动神经元的轴突经过颈上神经节投射到眼睛，并与支配肌肉的交感神经元形成突触连接，而下段运动神经元的轴突则投射到耳朵，并与支配血管的交感神经元形成突触连接。成年动物在神经损伤后，还可以建立特异性的突触连接，说明了突触形成的特异性。

在胚胎发育阶段，NMJ 的形成依赖于两个核心步骤，即脊髓前角运动神经元的正确投射和靶器官骨骼肌的分化成熟。早期运动神经轴突投射方向并不受骨骼肌调控，而是由其自身基因表达模式、神经电活性，及周围神经轴突导向分子等多种因素共同决定。随后，运动轴突投射并对其靶器官骨骼肌进行正确识别是形成 NMJ 稳定支配的关键步骤。体外实验发现，在共培养体系下脊髓运动神经元通常会忽略骨骼肌细胞表面已形成的"初始"（primitive）AChR 自发聚集簇，而选择在非 AChR 聚集簇部位形成新的突触样连接，表明运动神经元轴突在 NMJ 位置形成方面起决定性作用。在体实验观察到，在运动神经轴突投射到肌肉之前，肌纤维表面形成的"初始"AChR 聚集簇多集中在骨骼肌纤维的中央区域；而在膈神经或运动神经元缺失的动物体内仍会发生 AChR 的"预排"，提示"初始"AChR 聚集簇的形成并不依赖于运动神经元。

视网膜内丛状层（inner plexiform layer，IPL）里面特定的双极细胞和无长突细胞可以与特定的视网膜节细胞（retinal ganglion cell，RGC）形成突触连接。例如 ON 双极细胞与 ON 神经节细胞在视网膜内丛状层的 ON 层形成连接，而 OFF 双极细胞与 OFF 神经节细胞在视网膜内丛状层的 OFF 层形成连接。对鸡视网膜的研究表明，4 种免疫球蛋白家族的同嗜（homophilic）黏附因子（Dscam、DscamL、Sdk1 和 Sdk2）参与了双极细胞和神经节细胞之间特异性的突触连接的识别过程。

在嗅觉系统中，表达同一种气味受体的嗅觉受体神经元（olfactory receptor neuron，ORN）随机分布在鼻黏膜上皮，有意思的是，表达同种气味受体的 ORN 可将轴突投射到同一个嗅小球。这种精确的投射和突触连接的形成似乎和气味受体相关。气味受体是 G 蛋白偶联受体，在结合气味分子后调节 cAMP 的产生。在小鼠模型中的研究发现，气味受体通过 G 蛋白、cAMP、PKA，及 CREB 来调节基因表达，被调控的基因包括轴突导向受体 Nrp1 和其排斥性配体 Sema3A。参与 ORN 突触形成的分子还包括 Ephrin-A 和 EphA 受体，以及免疫球蛋白家族黏附分子 Kirrel2 和 Kirrel3 等。

2. 轴突对靶细胞的不同区域的选择性　轴突除了对于突触后的细胞类型有选择性之外，还会选择不同的亚细胞位点形成突触连接。就 NMJ 而言，成熟的 NMJ 往往定位在骨骼肌纤维的中央位置，且每根骨骼肌纤维表面仅保留一个完整的 NMJ 终板结构。有意思的是，在胚胎发育期，骨骼肌纤维表面形成的"初始"AChR 聚集簇多集中在其中央区域，当运动神经轴突末梢对骨骼肌建立正确的识别和支配后，绝大多数"预排"的初始 AChR 聚集簇会因缺乏神经支配而消退，只有骨骼肌正中央位置接收运动神经末梢支配的 AChR 聚集簇能够不断稳定成熟，并最终建立功能性的 NMJ 突触结构。

　　大脑皮质中的中间神经元也会与锥体神经元的特定亚细胞区形成突触，例如篮状细胞（basket cells）可以和锥体神经元的胞体形成突触，吊灯状细胞（chandelier cells，ChC）和锥体神经元的轴突的起始段形成突触，而玛蒂诺蒂细胞（Martinotti cells）（大脑多形层梭形细胞）则和锥体神经元的远端树突形成突触。小脑中不存在吊灯状细胞，其中的篮状细胞和浦肯野靶细胞的胞体和轴突起始段形成突触。浦肯野细胞的 Neurofascin（Nfasc）蛋白参与篮状细胞轴突的定位，它和 Ankyrin G 结合从而富集在浦肯野细胞的轴突起始段，诱导这个轴突起始段突触的形成。

3. 神经活动对突触连接的精细调控　突触形成除了受到识别分子的调节外，还受到环路神经元的电活动的调节。在视觉系统，双眼的视网膜节细胞（RGC）开始可以与外侧膝状体核（lateral geniculate nucleus，LGN）内同一个神经元形成突触，神经活动会将这些连接进行特化，最终导致成熟个体中每个 LGN 神经元只与单只眼睛的 RGC 形成突触。例如左眼特异层的 LGN 神经元，虽然同时接受左眼和右眼 RGC 的支配，由于来自左眼 RGC 的突触更多，更容易被左眼的输入激活，产生动作电位，最终导致左眼特异层的 LGN 神经元只能接受左眼 RGC 神经元的支配，遵循所谓的赫布法则（Hebb's rule）（详见第六篇第三章）。

　　在 NMJ 发育过程中，运动神经元和肌肉纤维的电活动也调控了突触连接的特异性。在小鼠出生时每个肌肉纤维可以由多个运动神经末梢支配，而在小鼠成年之后，每个肌肉纤维只受到一个运动神

经末梢的支配。该过程中运动神经元和肌肉的电活动发挥了重要的作用（详见本章突触消退部分）。

二、突触分化原理—神经肌肉接头（NMJ）

　　突触分化原理—神经肌肉接头（NMJ）突触的形成起始于运动神经轴突的生长锥延伸到肌肉纤维，相互接触之后，轴突的生长锥就转化为神经末梢，同时接触到神经末梢的肌肉纤维部分分化成突触后膜结构。随着发育的进行，神经肌肉接头最终会形成突触前、突触后，及突触间隙的结构。

　　神经肌肉接头的研究提供了一些突触形成的共性机制：首先，神经和肌肉可以调控彼此的分化。肌肉细胞单独培养时，AChR 在肌肉表面均匀分布，形成一些微小聚集体。和运动神经元共培养时，运动神经元的轴突生长锥随机接触到肌肉细胞，并不是去刻意地寻找 AChR 聚集体。相反，神经末梢会诱导产生新的、更大的 AChR 聚集体，而之前形成的 AChR 聚集体由于没有神经末梢支配而逐渐消失。因此在神经末梢上或者神经末梢分泌的蛋白因子主导调控了肌肉突触后膜的分化。在接触到肌肉纤维之前，运动神经元轴突生长锥已经含有突触囊泡，甚至在电刺激下，轴突生长锥也会释放神经递质 ACh，生长锥和肌肉纤维接触后受到肌肉上表达或分泌的蛋白的诱导，分化成突触前膜。一般把突触前对突触后的调节称为顺向（antegrade）调节，突触后对突触前的调节为逆向（retrograde）调节。随着神经肌肉接头的成熟，突触间隙和突触基底层的结构逐渐形成，乙酰胆碱酯酶（acetylcholinesterase，AChE）在突触间隙聚集并形成经典的突触后褶皱结构。

　　下面，我们将从突触前影响突触后的顺向信号以及突触后影响突触前的逆向信号两个方面，来详细介绍 NMJ 突触的形成过程。

1. 运动神经控制肌肉细胞突触后分化

（1）聚集素假说（the Agrin hypothesis）：20 世纪 70 年代，McMahan 实验室发现，损伤青蛙的肌肉组织导致神经萎缩和肌肉纤维的坏死，留下一个基底层（basal lamina）空壳。肌肉损伤之后，肌肉干细胞（satellite cells）增殖分化形成新的肌肉纤维，即使在没有神经末梢的情况下，再生的肌肉纤维也可以形成 AChR 聚集体，它们利用乙酰胆碱酯酶染色的方法找到原来 NMJ 对应的基底层结

构，发现这些新的 AChR 聚集体竟然和原来突触形成的部位完全吻合，并且随后可形成突触后膜的褶皱结构。该实验说明，在突触基底层中含有促进突触后膜形成和分化的信号。反之，如果抑制肌肉再生，新生的运动神经轴突也可以生长到原来的突触区域，并形成突触前膜活性区，说明基底层同时还含有诱导突触前膜分化的信号。相比研究突触前的分化，突触后的分化研究比较容易，因为可以利用体外培养的肌肉细胞研究 AChR 聚集。McMahan 等用这个方法追踪导致 AChR 聚集的活性，从电鳐（*Torpedo califormica*）的电器官中鉴定出了聚集素（Agrin）。纯化的聚集素可以使培养的肌肉细胞形成 AChR 聚集，用聚集素抗体可以在运动神经元和突触基底层检测到 Agrin 的存在。McMahan 据此提出了"聚集素假说"，认为聚集素在运动神经元中合成，随着神经轴突运送到突触末梢，分泌到突触间隙，富集在突触基底层。除了 AChR 之外，聚集素对于突触其他蛋白也能诱导聚集例如 AChE、Rapsyn，及 Utrophin，说明聚集素 Agrin 是在突触基底层中诱导突触后膜分化的关键信号分子之一。

Agrin 是一个大约 200 kDa 的蛋白质分子，含有多个 follistatin 样结构域、一个 laminin B 样结构域，C 端有多个 EGF 样结构域以及 laminin G 样结构域，还有多个糖基化修饰位点。Agrin 通过位于蛋白 N 端的结构域和突触基底层结合，特别与其中的 laminin-2 和 laminin-4 结合。*Agrn* 基因在许多细胞类型中表达，因为 mRNA 的可变剪切存在许多剪切体。在神经细胞中表达的 Agrin 在剪切位点（Z 位点）存在外显子的可变剪切，含有 8 个、11 个或者 19 个氨基酸的插入；而在其他细胞类型（包括肌肉细胞）表达的 Agrin 不含有 Z 位点的氨基酸的插入。只有在 Z 位点含有插入的聚集素才有诱导 AChR 聚集的活性，后期的晶体研究发现 Z 位点插入对 Agrin-LRP4 相互结合十分重要。其他细胞包括肌肉纤维表达的聚集体没有 AChR 聚集活性，它们的功能尚不清楚。Agrin 的 N 端序列也存在不同的剪接形式，在运动神经元中表达的 Agrin 蛋白 N 端可以帮助 Agrin 富集在突触基底层，而在中枢神经系统中表达的 Agrin 蛋白 N 端有一个跨膜结构域。在 *agrn* 敲除小鼠中，AChR 预排的现象似乎没有影响，但是几天之后，AChR 聚集体几乎完全消失，运动神经末梢不再终止在肌肉纤维中央区域进行突触前分化，而是向肌肉纤维的两端延伸，布满整个肌肉纤维。由于不能形成有功能的 NMJ，*agrn*

敲除小鼠在出生后因呼吸障碍而死亡。

（2）MuSK 介导了 Agrin 信号通路：Agrin 蛋白如何诱导 AChR 聚集形成的分子机制还不太清楚，但是在突触后膜定位的受体酪氨酸激酶（muscle-specific tyrosine kinase，MuSK）是一个关键分子。*Musk* 基因敲除小鼠不能形成 NMJ，因而在出生后不能自主呼吸而死亡。包括 AChR、AChE 以及 Rapsyn 等蛋白不能聚集，而是均匀分布在肌肉纤维。正常小鼠 AChR 的 mRNA 集中在突触区域，研究表明突触区域细胞核 AChR 基因转录远远高于非突触区域的细胞核（图 5-6-2）。在 *musk* 敲除小鼠的肌肉纤维中，AChR 的 mRNA 聚集现象消失了，表明 MuSK 对于肌肉纤维突触相关基因的转录也是必需的。MuSK 对于诱导突触后分化似乎也是充分的，激活 MuSK 可以在培养的肌肉细胞中诱导 AChR 聚集的形成，或者在体内肌肉纤维的非突触区域诱导 AChR 聚集。

MuSK 介导 Agrin 作用的证据还有：Agrin 处理肌肉细胞后，MuSK 很快会发生酪氨酸磷酸化；Agrin 不能诱导 MuSK 缺失的肌肉细胞形成 AChR 聚集；MuSK 的胞外段蛋白对于 Agrin 诱导的 AChR 聚集有抑制作用；过表达 MuSK 可以挽救 Agrin 敲除小鼠不能形成 NMJ 和出生后致死的表型。但是，生化实验表明 Agrin 并不能结合 MuSK 的胞外段，说明 MuSK 不是 Agrin 的直接受体。表达在非肌肉细胞中的 MuSK 蛋白也不能被 Agrin 激活，说明肌肉细胞中可能表达另一种蛋白作为 MuSK 的共受体参与了 MuSK 蛋白的激活。

（3）Lrp4 是 Agrin 和 MuSK 的共受体：经过科学家十多年的探寻，梅林和 Burden 两个实验室同时发现了低密度脂蛋白受体相关蛋白 -4（low-density lipoprotein receptor-related protein 4，Lrp4）可以直接结合 Agrin 蛋白，并激活受体酪氨酸激酶 MuSK。Lrp4 属于 LDL（low-density lipoprotein）受体家族，是单次跨膜蛋白，拥有很长的胞外段（ECD），包括 8 个 LDLa 重复序列（LDL class A repeats）、2 个 EGF 样模块、4 个 β-propeller 结构域（分别由 4 个 EGF 样模块分开）构成。其中第一个 β-propeller（β1）结构域介导了 Lrp4 和 Agrin 的直接结合，而 β3 结构域介导了 Lrp4 和 MuSK 的结合。晶体结构研究发现 Agrin 的 LG3 结构域和 Lrp4 的 β1 结构域形成复合物，其中 LG3 的 Z 位点的 8 个氨基酸形成一个带负电的环状结构，正好和 Lrp4 的 β1 结构域带正电的区域结合。此外，Agrin 和 Lrp4 之间

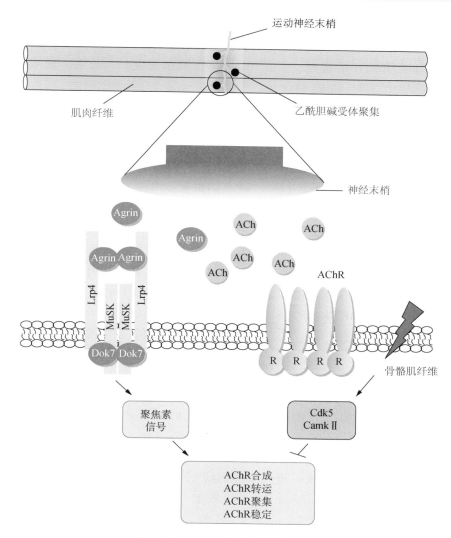

图 5-6-2　Agrin 信号通路调控 AChR 聚集形成

NMJ 突触部位运动神经末梢分泌的 Agrin 蛋白可通过结合 Lrp4 激活 MuSK，激活的 MuSK 通过一系列信号传导，最终导致 Rapsyn（R）结合 AChR 形成聚集簇。ACh 激活 AChR 造成的肌肉电活动可抑制 AChR 聚集的形成

以及 Agrin 和 Agrin 之间还存在另外两个不同的结合面，这样，Agrin 和 Lrp4 可以形成一个四聚体的结构，从而激活 MuSK。该结构解释了 Agrin 如何通过结合 Lrp4 从而激活 MuSK 的分子机制：在运动神经支配肌肉之前，Lrp4 可以结合 MuSK 形成异源二聚来维持 MuSK 较低的激酶活性。当神经支配肌肉之后，神经末梢释放含有 Z8 的 Agrin，后者结合 Lrp4 形成异源二聚体，进一步形成含有两个 Agrin 和两个 Lrp4 分子的四聚体结构。结构生物学的结果解释了为什么只有神经末梢分泌的 Agrin 可以激活 MuSK，诱导突触后分化，而其他细胞包括肌肉细胞分泌的 Agrin 不能激活 MuSK，也没有诱导突触后分化的能力。有意思的是突变小鼠只能表达 Lrp4 ECD 也足以激活 MuSK，诱导突触后分化和 NMJ 形成，说明 Lrp4 ECD 和 Agrin 的复合物可

以一起作为配体来激活受体酪氨酸激酶 MuSK。

关于 MuSK 的激活过程，还有一些重要的问题有待解决。例如 Agrin 和 Lrp4 形成的四聚体结构如何激活 MuSK。受体酪氨酸激酶二聚化是受体酪氨酸激酶激活的一般规律，因此 Agrin 结合 Lrp4 可能会导致 Lrp4 的构象改变，更容易和 MuSK 结合，进而促进 MuSK 二聚化。回答这个问题有待于 Agrin-Lrp4-MuSK 复合物结构的解析。

（4）Dok7 参与 MuSK 的激活：MuSK 蛋白的完全激活除了需要 Agrin 和 Lrp4 之外，还需要细胞内接头蛋白 Dok7。Yamanashi 实验室发现 Dok7 对于 MuSK 的激活是必不可少的，因此，*dok7* 敲除小鼠不能形成 NMJ 并且出生后不久死亡。过表达 Dok7 本身可以激活 MuSK，使得 *agrn* 敲除小鼠形成 NMJ 并存活数个星期。这些结果表明 Dok7 在

肌肉细胞中可能作为细胞内的重要下游分子帮助 MuSK 激活。

Dok7 的 N 端有 PH 结构域和 PTB 结构域，C 端富含酪氨酸残基，可能被磷酸化修饰。Dok7 结合 MuSK 靠近胞内近膜区域 NPxY 基序中 Y553 位点，这个位点的磷酸化是 MuSK 的激活所必需的。晶体结构研究发现 Dok7 PTB 结构域直接结合磷酸化的 Y553 位点，而 PH 结构域参与了 Dok7 和细胞膜上特异性的磷脂结合（磷脂酰肌醇二磷酸，PIP_2，以及磷脂酰肌醇三磷酸，PIP_3）。此外，PH 结构域还介导了 Dok7 发生二聚化，进而帮助两个 MuSK 分子胞内段相互靠近，彼此发生磷酸化，促进 MuSK 激活。然而在 Dok7 结合 MuSK 之前，MuSK 的 Y553 位点是如何发生磷酸化还不太清楚。如果将 MuSK 的活性位点 K608 突变，MuSK 其他的酪氨酸（包括 Y553）位点不能发生磷酸化，这说明 Y553 位点的磷酸化是依赖 MuSK 自身的激酶活性。因此，神经末梢分泌 Agrin 之前，可能由于 Lrp4 和 MuSK 的相互作用或者 MuSK 分子之间的相互作用可以导致 MuSK 的基础水平激活。

体外研究还发现 Lrp4 和 MuSK 可能受到其他结合蛋白的调节。例如，属于 Hsp-40 蛋白家族的 Tid1，可以结合在 MuSK 胞内近膜区域促进 MuSK 和 Dok7 的结合。淀粉样前体蛋白（amyloid precursor protein，APP）可以结合 Lrp4 增加 Agrin 诱导的 AChR 聚集簇形成。Mesdc2 可以结合 Lrp4，促进 Lrp4 糖基化和在细胞膜上的定位以及 Agrin 诱导的 AChR 聚集簇形成。

（5）Rapsyn 是 MuSK 的效应分子：Rapsyn（receptor-associated protein at the synapse）蛋白最早是从电鳐的电器官中发现的。人们从电器官中纯化 AChR 时发现有一个分子量为 43 kDa 的蛋白，几乎以 1∶1 的比例和 AChR 一起被共同纯化出来。很长时间以来 Rapsyn 被认为是突触后脚手架（scaffolding）蛋白，它一方面可以直接结合 AChR，另一方面可以和骨架蛋白结合，从而使 AChR 在突触后聚集并稳定。Rapsyn 的 N 端有豆蔻酰化修饰（myristoylation）位点、8 个 TPR（tetratricopeptide repeat）结构域、一个螺旋-螺旋结构域（coiled-coil），及 C 末端的 RING 结构域。豆蔻酰化修饰可以使 Rapsyn 结合在突触后膜，TPR 结构域介导 Rapsyn 自我聚集，螺旋-螺旋结构域参与结合 AChR，而 C 端的 RING 结构通过结合 β-dystroglycan 与连接到微丝骨架。这样的一系列相互作用被认为是 AChR 定位到突触后膜的机制。有趣的是，突触后聚集的 AChR 非常稳定，而 Rapsyn 的降解速度相对较快，表明 Rapsyn 除了作为支架，可能还有其他的功能。

在先天性肌无力综合征患者中发现了许多 *rapsn* 基因的突变，和 *rapsn* 敲除小鼠致死的表型不同，多数 *rapsn* 突变只造成较弱的 NMJ 异常。但是部分删除 RING 结构域的突变会造成死胎和流产。新近研究发现，Rapsyn 的 RING 结构域有"泛素化"E3 连接酶的活性。当锌指保守的氨基酸（第 366 位半胱氨酸）突变之后，RING 不再有 E3 连接酶的活性；这个突变可以抑制 Agrin 诱导肌肉细胞形成 AChR 聚集体和突变小鼠形成 NMJ。这些结果表明，Rapsyn 具有 E3 连接酶活性，可能参与 AChR 聚集和 NMJ 的形成。Agrin 信号激活 MuSK 后，使 Rapsyn 酪氨酸磷酸化（主要在 Y86 残基）并增加 Rapsyn 的 E3 连接酶活性，促进 AChR 的聚集。因此，Rapsyn 除了作为支架蛋白还可能作为信号分子参与了 MuSK 信号的传递并促进 NMJ 的形成。

除了 Rapsyn 之外，MuSK 下游信号分子还包括 Dok7、Crk、Abl、GGT、Rho，及 Pak1 等。Dok7 除了参与 MuSK 激酶激活之外，它的 C 端的酪氨酸在 MuSK 激活后发生磷酸化，并且招募 Crk 和 Crk-L 以及其他蛋白。在体研究发现 Dok7 蛋白 C 末端对于 NMJ 的形成非常重要。但是，只有 Agrin、Lrp4、MuSK、Dok7 或 Rapsyn 缺失，小鼠完全不形成 NMJ，而其他分子缺失后 NMJ 仍然可以形成（虽然有的会有一些影响）。这些结果表明可能存在其他一些未知的 MuSK 下游机制。

2. 肌纤维对运动神经末梢突触前分化的逆向调节 八十多年前，Viktor Hamburger 做了一个著名的实验，他把肢芽（limb bud）切除，发现相应脊髓前角运动神经元减少，后来 Rita Levi-Montalcini 发现失去肢芽（也就是肌肉）后的运动神经元会死亡，说明肌肉对于运动神经元有营养作用。由于后续的实验用背根神经节（dorsal root ganglion，DRG）神经元存活（而不是运动神经元存活）做实验，最终找到神经生长因子（nerve growth factor，NGF）只对 DRG 神经元有作用，而肌肉释放的靶向运动神经元的营养因子至今尚不清楚。

NMJ 突触形成的过程中，突触前和突触后是密切联系的，突触前和突触后的分化依赖彼此分泌的信号。突触后不能正常分化的突变小鼠的运动神经末梢不能在突触区域停止生长、进行突触前分化。

例如 Agrin 信号相关基因（*agrn*、*lrp4*、*musk*、*dok7* 和 *rapsn*）敲除小鼠，不能进行突触后分化，突触前运动神经末梢也不能正常分化，说明 Agrin-Lrp4-MuSK 信号通路在肌肉细胞中激活也可以逆向调控运动神经末梢分化。在重症肌无力小鼠模型中，针对 Lrp4 和 MuSK 抗体会导致突触前异常。除了这些重要分子之外，Disheveled（Dvl）通过结合 MuSK 调控突触前分化。在斑马鱼模型中，Wnt 分子结合 MuSK 激活 Dvl 信号通路，并且控制轴突末梢定位于肌肉中间区域。此外肌肉细胞还可以分泌许多蛋白调控突触前分化，例如 Embigin、FGF7、FGF10、FGF12、Collagen Ⅳ、GDNF、Laminin β2 等。

（1）Lrp4 作为逆向信号分子：Lrp4 分子是 1905 个氨基酸组成的单次跨膜蛋白，其中 1725 个氨基酸位于胞外段。Lrp4 除了结合 Agrin 帮助 MuSK 分子激活之外，还可以逆向调控运动神经末梢的分化。在体外实验中，结合 Lrp4 胞外段的小珠或者表达 Lrp4 蛋白的 HEK293T 细胞可以成功诱导囊泡蛋白在神经元轴突的接触区域形成聚集，说明 Lrp4 的胞外段可以诱导突触前分化。在小鼠肌肉细胞中敲除 *lrp4* 可以发现小鼠肌肉的微小终板电位（miniature endplate potential，mEPP）频率下降、突触前活性区减少、突触囊泡减少并且运动神经末梢遇到 AChR 聚集，不能停止生长。在 *agrn* 敲除的小鼠中，MuSK 过表达不仅可以恢复突触后 AChR 聚集，同时突触前运动神经末梢可以进行突触前分化，支配 AChR 聚集形成突触。在 *lrp4* 敲除的小鼠中，MuSK 过表达可以恢复突触后 AChR 聚集，但是突触前神经末梢不能进行突触前分化支配 AChR 聚集，而是继续生长。与此类似的是 *agrn* 敲除小鼠中过表达 Dok7 可以形成 NMJ，小鼠可以存活到 5 周以上，而 *lrp4* 敲除的小鼠过表达 Dok7 虽然也可以在肌肉纤维中形成 AChR 聚集，但是神经末梢不能停止生长并进行突触前分化。这些结果都表明 Lrp4 蛋白胞外段对于突触前运动神经末梢的分化至关重要。

因此，NMJ 形成过程中，Agrin 信号通路的激活一方面可以促进 AChR 在突触后膜形成聚集，另一方面可以诱导 Lrp4 分子在突触后聚集。而 Lrp4 分子在突触后的聚集可以诱导运动神经末梢的突触前分化。Lrp4 的胞外段应该通过结合运动神经末梢突触前膜的蛋白促进突触前分化，但是突触前膜结合 Lrp4 并参与分化的蛋白还有待进一步研究。

（2）β-Catenin 和 Slit2 调控突触前分化：对于 Wnt 信号下游蛋白 Dvl 的功能研究表明，肌肉细胞中 Dvl 突变不仅可以减少 AChR 聚集的形成，还可以降低共培养体系中突触前运动神经末梢自发突触电流的释放频率，提示肌肉细胞中 Dvl 的突变可能逆向影响 NMJ 突触前的分化。在肌肉中敲除 Wnt 下游的关键分子 β-catenin 也会导致肌肉的逆向信号的异常，并导致运动神经末梢形态和功能的改变。分布在小鼠膈肌上的膈神经主分支在 β-catenin 缺失的小鼠中发生了定位错误，同时膈神经的二级分支变得更少但是更长，AChR 聚集被神经末梢支配的面积减少。突触前自发的和受激的 ACh 释放在 β-catenin 敲除的小鼠中也显著降低。β-Catenin 在肌肉中缺失，对于突触后 AChR 聚集的影响不大，因此不大可能是由于突触后分化异常而导致的突触前发育缺陷。同时在运动神经元中敲除 β-catenin 对于 NMJ 形成没有影响。有意思的是，肌肉细胞中 β-catenin 功能获得的突变也会导致和 β-catenin 缺失突变类似的表型，即运动神经分支定位异常和递质释放异常。这些结果说明，正常的 NMJ 形成依赖于适当的 β-catenin 表达和活性水平。肌肉中 Yap 蛋白缺失也会造成 NMJ 突触前的异常，并且突触前异常可以通过抑制 β-catenin 降解来挽救。说明肌肉中的 Yap 可能作为上游蛋白调控 β-catenin 活性，影响 NMJ 突触前的分化。

进一步的研究表明，β-catenin 参与的转录的功能对于逆向调控突触前分化成熟非常重要，β-catenin 可能通过调控肌肉细胞中分泌蛋白的转录来影响突触前分化。通过一系列的筛选，发现了 Slit2 蛋白的表达水平在肌肉细胞中受到 β-catenin 的调控。在肌肉中过表达 Slit2 蛋白可以挽救 β-catenin 缺失造成的神经支配异常、活性区和突触囊泡减少，及 mEPP 频率减少的表型。这些结果表明肌肉中的 β-catenin 可能通过调控 Slit2 蛋白影响运动神经末梢在突触前的分化。但是膈神经的主分支定位错误不能被 Slit2 蛋白挽救，说明可能有其他蛋白参与 β-catenin 调控的突触前神经末梢的分化过程。

（3）层黏连蛋白（laminin）介导逆向信号：层黏连蛋白 Laminin 由 α、β、γ 三个亚基组成的异源三聚体大量存在于细胞外基质，肌肉细胞可以表达多种层黏连蛋白，并分泌到肌肉基质膜中。含有 β2 亚基的层黏连蛋白叫作 Laminin β2，在突触基底层中富集。Laminin β2 可以结合 P/Q 型钙离子通道来招募突触前其他蛋白。小鼠缺失 P/Q 钙离子通道会导致 NMJ 突触前的活性区减少，在活性区停靠的突触囊泡减少，以及突触前重要蛋白减少，例如 Bassoon、Piccolo，及 CAST/Erc2。此外，同样结合 Laminin β2 的 N 型钙离子通道也参与了 NMJ 突触前蛋白的招募。小鼠缺失 Laminin β2 也会导致突触前的分化异常以及钙离子通道的异常。由于钙离子通道可以结合 Bassoon 和 CAST/Erc2，因此，目前认为肌肉分泌到突触基底层的 Laminin β2 可以通过结合钙离子通道招募突触前的蛋白形成突触活性区。

（4）其他肌肉分泌蛋白参与突触前分化：胶质细胞源性神经营养因子（glial cell-derived neurotrophic factor，GDNF）是 TGF-β 家族的一员。肌肉中表达分泌的 GDNF 可能参与了 NMJ 的发育与成熟。在肌肉中过表达 GDNF 时，可以出现 NMJ 被多个运动神经末梢支配和突触消退障碍，同时出现震颤的症状。在运动神经元中敲除 GDNF 受体 Ret，会减少运动神经元的存活和运动神经末梢的成熟，提示肌肉分泌的 GDNF 可以逆向调控 NMJ 突触前的分化。利用微流小室的体外实验表明在轴突侧用 GDNF 处理可以加快轴突的生长和 NMJ 的形成，表明 GDNF 主要作用于运动神经元的末梢而不是胞体。与 GDNF 类似，肌肉中过表达脑源性神经营养因子（BDNF）前体 proBDNF 的小鼠能够加速 NMJ 突触的消退，而过表达成熟的 BDNF 能够延缓 NMJ 突触消退的过程。表明肌肉来源的 BDNF 可能逆向调控 NMJ 突触前运动神经末梢分化。肌肉来源 TNF-α 也可能调控 NMJ 突触前消退的过程，肌肉中特异性缺失 TNF-α 可以导致多个神经末梢支配的 NMJ 突触前消退变慢，并且该过程是突触前神经末梢的活性依赖的。

淀粉样蛋白前体蛋白（amyloid precursor protein，APP）家族成员 APP、APLP1 和 APLP2 对于 NMJ 形成也是非常重要的。这些分子可以作为跨突触的调控因子，例如 APP 家族成员可以在运动神经末梢和肌肉中分别表达，并在突触位置形成跨突触的二聚体，或者运动末梢表达的 APP 可以和肌肉中表达的 Lrp4 结合并促进 MuSK 的激活。肌肉细胞中表达的 APP 还可以通过调控 GDNF 的表达从而逆向影响运动神经末梢。

3. 神经对乙酰胆碱受体表达和聚集的调控　在 NMJ 形成过程中，除了 AChR 在肌肉细胞膜上重新排列外，运动神经末梢还可以影响肌肉纤维中 AChR 的转录过程。由于肌肉纤维是由几百个成肌细胞融合而成，突触区域只占肌肉纤维很小的面积，因此大部分细胞核都远离突触区域，只有小部分细胞核聚集在突触区域的细胞膜下面。这部分肌肉细胞的细胞核被称为突触细胞核，它们转录和翻译的产物不需要经过长距离的运输，很快就可以到达突触区域。新生成的肌管细胞几乎每个细胞核都表达 AChR 的不同亚基。但是在成年的肌肉中，只有突触细胞核表达 AChR 基因而非突触细胞核并不表达。

在 NMJ 形成早期，突触细胞核中 AChR 的表达高于其他的细胞核。在 MuSK 敲除的小鼠中，AChR 在突触区域高表达的现象消失，说明 MuSK 的激活对于 AChR 在突触区域的高表达非常重要。在出生之后，AChR 在非突触区域的转录是关闭的，该过程是由于运动神经的突触传递导致的肌肉电活动导致的。在去神经支配的肌肉中，肌肉中的 AChR 表达显著增加，而有活跃电活动的肌肉 AChR 表达比较低，直接刺激去支配的肌肉则可以降低 AChR 的表达。AChR 基因表达受到肌肉活性的影响可能是由于 Ca^{2+} 内流造成的信号通路激活介导的。当然除了 AChR 表达在突触区域受到调控之外，其他突触相关基因的表达也有类似的调控方式，例如 Lrp4、Dok7，及 Rapsyn 等等。

运动神经元释放的 ACh 可造成肌肉细胞的电活动，除了影响突触相关基因的表达变化，还影响 AChR 聚集。我们知道 Agrin 缺失的小鼠几乎没有 AChR 聚集，但是运动神经元缺失的小鼠，肌肉有散在的 AChR 聚集。说明运动神经末梢可能既能释放正性信号（Agrin），促进 AChR 聚集；也能释放负性信号（ACh），抑制 AChR 聚集。在 Agrin 缺失的小鼠中正性信号消失，负性信号仍然存在导致肌肉中预排的 AChR 聚集几乎完全消失。而运动神经元缺失的小鼠中，两种信号均消失，部分预排的 AChR 得到保留。ACh 合成酶（ChAT）缺失的小鼠中 AChR 聚集数量增加，说明 ACh 是抑制信号，而 *chat* 和 *agrn* 双敲的小鼠可以部分挽救 *agrn* 敲除小鼠中 AChR 消失的现象。在培养的肌肉细胞中也可以观察到 ACh 处理可以导致 AChR 聚集消除。

近年研究表明，ACh 诱发肌肉预排的 AChR 聚集消除的现象可能是通过肌肉细胞兴奋导致的 Ca^{2+} 内流从而激活一些激酶的活性相关，包括 PKC、CaMK II，及 Cdk5。肌肉细胞兴奋造成的 Ca^{2+} 内流可以激活蛋白酶 Calpain，切割 p35 形成 p25，从而激活激酶 Cdk5 促进预排的 AChR 聚集的消除。此外，Nestin 蛋白可以通过招募 Cdk5 到突触后膜与 p35 形成复合物，影响 AChR 聚集的消除。肌肉细胞的兴奋性还可以激活蛋白酶 Caspase-3 通过剪切 Dvl 从而造成 AChR 聚集的消除。

4. 神经肌肉接头成熟过程　成年的 NMJ 和刚形成的 NMJ 从分子组成，结构和大小都有非常显著的不同，这就是 NMJ 突触在发育中的成熟过程。当 NMJ 突触刚形成时，AChR 在肌肉表面接触运动神经末梢的区域形成聚集，并且突触区域细胞核内 AChR 基因表达开始升高。之后，肌肉的电活动开始减少突触区域之外的 AChR 的表达和稳定性，消减非突触区域 AChR 聚集。在胚胎时期 AChR 相对不稳定，半衰期大约为 1 天，而成年之后的肌肉中 AChR 聚集则相对比较稳定，半衰期大约为 2 个星期。成年之后 AChR 稳定性的改变可以帮助 AChR 更好地在突触后区域形成聚集。

在出生之后的几天，AChR 的组成亚基会发生改变，其中 γ 亚基表达下调而 ε 亚基的表达增加。这样 AChR 的组成会变为 2 个 α、1 个 β、1 个 δ 和 1 个 ε 亚基的异源五聚体通道，这样的通道特性更加适合其成熟的功能。出生之后，NMJ 的突触后膜会形成褶皱结构，AChR 聚集和 Rapsyn 蛋白一起主要分布在褶皱顶部，而其他蛋白例如钠离子通道则主要分布在褶皱底部。AChR 在突触区域的形状也发生了显著改变，从开始的椭圆形斑块状结构变成了连续的蝴蝶脆饼样结构。最后，突触后膜逐渐增大并且最终包含了更多的 AChR。NMJ 发育过程中的这些改变对于突触的成熟和稳定至关重要。

三、中枢神经系统突触发育遵循神经肌肉接头类似原理

在突触形成过程中，突触前和突触后协同分化形成有功能的突触。目前有关突触形成的大部分实验结果是从体外培养的神经元中获得的，因培养时间和培养细胞种类的不同，往往会导致实验结果存在一定差异。培养 14 天的海马神经元，突触前框架蛋白 Bassoon 和囊泡膜蛋白 Synaptophysin 在突触前的积聚要早于突触后 NMDA 受体和框架蛋白 PSD95，而 NMDA 受体聚集往往需要 1～2 个小时才能完成，提示突触前组装要早于突触后组装。但在培养 3～4 天的皮质神经元中，荧光标记的 NMDA 受体在神经树突和轴突接触后几分钟内即可发生聚集。尚不明确是突触前还是突触后成分启动分化过程。

1. 神经递质受体的聚集　中枢神经系统神经元之间的突触类型要比 NMJ 更为复杂，同一个神经元树突的兴奋性和抑制性突触的组成会有所不同。但二者都存在神经递质受体的突触后聚集现象。在中枢抑制性突触（如甘氨酸能、部分 GABA 能）中，突触后膜 Gephrin 蛋白可介导抑制性神经递质受体的聚集，类似于 Rapsyn 在 NMJ 发育中的作用；Gephrin 基因敲除小鼠缺失甘氨酸受体的聚集。就兴奋性突触而言（如谷氨酸 NMDA 受体），起聚集作用的框架蛋白可能是 PSD95、α-actinin、CaMK II、Cript、GKAP，及 Shank 和 Homer 等。这些分子之间可形成复杂的网状连接。分子网络的形成有一定顺序，PSD95 早于谷氨酸受体被募集到突触部位。与 NMDA 受体聚集的机制有所不同，AMPA 亚型谷氨酸受体和代谢型谷氨酸受体聚集的分子机制目前仍不完全清楚，但二者的聚集均受神经活动的调控。NMDA 受体早于 AMPA 受体被募集到突触部位。即使是同一受体的不同亚基，向突触部位转运和插入的动力学也不相同。突触后复合物蛋白多含有特殊的结构域（如 PDZ 结构域），与递质受体、细胞骨架，及脚手架蛋白结合，形成格子状（lattice-like）结构。需指出，神经活动，特别是突触可塑性活动，可对突触的形成和发育产生显著影响。比如，大鼠海马区的长时程增强作用（LTP）可增加树突棘的数目和稳定性。而在离体海马脑片中诱发长时程抑制（LTD）则可导致树突棘的萎缩和数目减少。可见，突触的形成和维持是一个高度动态化的过程。

2. 突触组织分子决定中枢神经末梢的分化　突触非对称性的细胞连接将突触区分为突触前膜和突触后膜，其中又有成百上千种蛋白存在于突触间隙内。突触前膜和突触后膜上的蛋白组分的不同是由哪些信号通路决定的尚未可知。在中枢神经系统，谷氨酸能突触是兴奋性突触的主要类型，对于谷氨酸能突触形成中所参与的信号通路的研究，可以为研究者揭示突触可塑性、突触功能异常，及神经系统疾病提供帮助。在之前的研究中，研究者发现突触前膜的 Neurexins 可与其突触后膜表达的配体 Neuroligins（NLGs）相互作用，两者协同作用在突触形成中发挥重要调控功能。但后续研究发现，同时敲除 α-Neurexins 蛋白或者 NLG 1-3 蛋白的小鼠并没有出现突触数量的明显变化。提示还有其他突触组织分子参与了中枢神经末梢的分化和突触形成（图 5-6-3）。

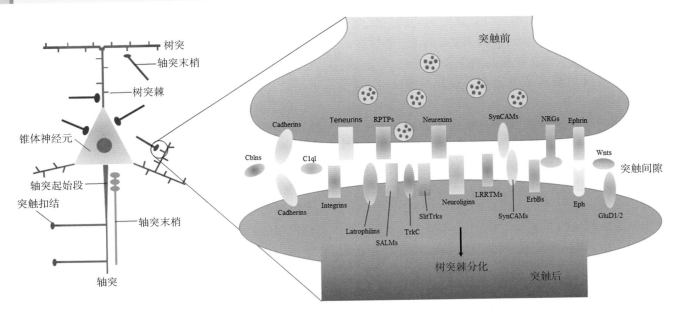

图 5-6-3 中枢神经系统主要突触组织分子作用模式

脑内锥体神经元兴奋性突触发育过程中，突触前后膜参与树突棘和神经末梢分化相关的跨膜蛋白、黏附分子，及细胞外可分泌蛋白等主要信号分子作用模式示意图

（1）Neurexin 及其配体（neuroligins，LRRTMs 等）：Neurexin 是突触前膜黏附分子，Neurexin 及其与突触后膜不同类型配体的相互作用被认为是突触特化形成的核心调节因子。目前已被证实，突触后膜上能够同突触前膜末梢 neurexin 相互作用的配体分子主要包括神经连接素（neuroligins，NLGs）家族分子、肌营养不良蛋白聚糖（dystroglycan）、LRRTMs、neurexophilins、小脑肽（cerebellins）等。其中，neurexin-neuroligin 复合物是一对经典黏附分子，其相互作用与突触的特异性选择、黏附和形成过程中的信号转导密切相关。neurexins 分子家族的一个显著特征是由于调控转录和剪切位点的不同，可产生一千多种转录本和蛋白亚型，而这被认为是实现神经突触多样性及特异性的分子基础。比如，分子量较大的 α-neurexin 是黑寡妇蜘蛛毒素 α-latrotoxin 受体，而分子量较小的 β-neurexin 则可以同神经连接素 NLGs 以及 dystroglycan 相互结合。位于突触后膜的 NLGs 胞内段可与突触后致密区内的脚手架蛋白 PSD-95 结合，后者含有三个 PDZ 结构域，可参与突触后蛋白在突触后部位的锚定。而在突触前，β-neurexin 可同另一个含有 PDZ 结构域的蛋白 CASK 相互结合，从而与多个突触前末梢内的蛋白相互作用。neurexin-neuroligin 复合物的这种跨突触的相互作用模式在介导突触前后膜分化过程中发挥着重要功能。

不同于外周 NMJ，中枢神经系统的突触可以是兴奋性或抑制性的。海马神经元中过表达 neurexin 配体 NLG1 可同时诱导兴奋性和抑制性突触形成。传统观点认为，与 NLG1、NLG3 和 NLG4 不同，NLG2 位于抑制性突触后部位，可通过聚集不同的递质受体、信号分子和脚手架蛋白等决定突触后膜的抑制性特性。然而最新研究表明，皮质中的 NLG2 可通过星形胶质细胞调控兴奋性而非抑制性突触的形成。导致这一矛盾性结果的原因目前尚不明了，有关 NLG2 调控突触形成的功能和机制仍有待深入探究。此外，突触后膜的 NLGs 往往只能诱发 NMDA 受体而非 AMPA 受体的聚集，提示 NLGs 可诱发沉寂型突触（silent synapse）的形成，而 neurexin-neuroligin 复合物是否直接参与了突触可塑性的调控也是一个非常重要的科学问题。

近期研究还发现，neurexins 是硫酸乙酰肝素蛋白聚糖（heparan sulfate proteoglycan，HSPGs）家族的一类新成员，其可发生硫酸乙酰肝素聚糖修饰，且该修饰具有一定的种属保守性。硫酸乙酰肝素聚糖修饰位点缺失的 neurexin1 突变小鼠突触结构与功能，只占野生型小鼠的 30%。Neurexin 蛋白硫酸乙酰肝素聚糖修饰介导了 neurexin-neuroligin 复合物的形成，neurexin 上的硫酸乙酰肝素聚糖可直接作用于突触后膜表面 neuroligin 蛋白二聚体所形成的活性口袋区域，从而确保了该复合物生理功能的实现。由于已知有超过 300 多种蛋白可与硫酸乙酰肝素聚糖结合，这些蛋白可通过结合 neurexin 表面硫酸乙酰肝素聚糖来调节突触发育和功能，其中就包括 FGF7 和神经胶质细胞分泌的 TSP1 等。此外，促突触发育的生长因子 pleiotrophin 也可通过特异性结合 neurexin 上的硫酸乙酰肝素聚糖，发挥诱导神经突触形成的功能。

如前所述，neurexin 基因经转录后可形成 1000 多种不同的 neurexins。传统观点认为，β-neurexin 是调控突触形成的主要类型，而 α-neurexin 则主要通过调控 N 型和 P/Q 型钙离子通道影响神经递质释放。此外，可溶性 β-neurexin 重组蛋白对 NLG 诱导形成抑制性突触的抑制效应要显著高于兴奋性突触，进一步提示可能存在其他 neurexin 结合分子参与了突触的形成。最新研究还发现，神经活动可通过激活腺苷酸活化蛋白激酶（AMPK）通路从而磷酸化 DNA 结合蛋白 p66α，磷酸化的 p66α 蛋白可通过招募 HDAC2 和 Suv39h1 建立抑制性组蛋白修饰，进而影响海马中 neurexin-1 可变剪接位点 4（SS4）的选择性剪切。因此，neurexin-1 这种受行为和神经元激活依赖性的可变剪接调控模式，在突触形成和稳定性中的功能和作用机制仍值得深入探讨。此外，neurexin-3 的 SS4 可变剪接可调控突触后膜 AMPA 受体的转运，neurexin-2 是否存在类似的功能和可变剪接机制？neurexins 分子中其他可变剪接位点是否也存在类似的神经活动依赖性调控机制？不同类型的 neurexins 分子在功能和作用机制上是类似的还是各有不同？这些问题都值得深入探讨。

（2）免疫球蛋白超家族成员（immunoglobulins superfamily，IgSF）SynCAM 等：免疫球蛋白超家族的成员包括 SynCAM、N-CAM/Fascicin II、Sidekicks、L1、SYG1 和 Nectin 等，是与突触形成有关的另一类细胞黏附分子。其共同特点是胞外区具有数个免疫球蛋白（Ig）样结构域。SynCAM 是一个脑特异免疫球蛋白超家族分子，其在突触间隙高水平表达。其胞外段具有三个 Ig 结构域，介导同种或异种 SynCAM 分子的同源或异源亲合和细胞黏附。其胞内段含有 PDZ 结构域结合位点，可与 CASK 和 Syntenin 直接结合。过表达 SynCAM 可促进突触形成，过表达 SynCAM 的非神经细胞与海马神经元共培养，可促进后者轴突末梢产生突触前分化。SynCAM 活性依赖于其胞外段 Ig 结构域。在神经元中过表达 SynCAM 胞内段对神经元突触前分化具有抑制作用。因此，SynCAM 介导的细胞黏附可发挥促神经元突触前分化效应。超高分辨成像结果显示 SynCAM 位于突触边缘区域，有助于突触形态的

塑造。此外，SynCAM 分子在调控活动依赖的突触可塑性方面也发挥重要调节功能。

（3）ephrins 和 Eph 受体：由于 MuSK 在 NMJ 形成中发挥必不可缺的作用，人们试图在中枢神经系统寻找起同样作用的受体酪氨酸激酶（RTKs）。EphB 受体酪氨酸激酶及其配体 ephrinB 在轴突导向中发挥重要作用。突触前 ephrinB 可通过突触后 EphB 受体诱导非成熟神经元表面 NMDA 受体聚集，导致 NMDA 受体复合物中含有 EphB、钙调素依赖蛋白激酶（Ca^{2+}-calmodulin-dependent protein kinase，CaMK II）等，但并不包含 PSD95 和 AMPA 受体等其他 PSD 组分。尽管 EphB2 基因敲除小鼠呈现活动依赖的突触可塑性缺陷，但总体突触结构和密度并不受影响，表明 EphrinB-EphB2 复合物并非突触形成所必需。

（4）神经调节素（neuregulins）与其受体 ErbB 信号：神经调节素（neuregulins，NRGs）属于表皮生长因子（EGF）超家族成员，由 4 个基因编码同源蛋白 NRG1-NRG4，且每个 NRG 可通过可变剪接产生多种异构体形成，比如 NRG1 就有 6 种亚型（I～VI）30 余种异构体。NRGs 受体 ErbB 蛋白属于单次跨膜受体酪氨酸蛋白激酶超家族成员，也由 4 个基因编码 4 个同源蛋白，其中 ErbB1 即 EGFR 受体，只能同 EGF 结合，ErbB2-ErbB4 是介导 NRGs 信号的主要受体。有意思的是，ErbB2 胞外段缺少 NRGs 结合域，而 ErbB3 又缺少胞内激酶结构域，只有 ErbB4 既能与配体 NRGs 结合又具有激酶活性。更重要的是 erbb4 而非 erbb2/3 基因变异与精神分裂存在关联，因此，目前有关 NRGs-ErbB 功能和机制的研究主要围绕 NRG1-ErbB4 信号通路展开。

现有结果表明，ErbB4 主要表达于大脑中的中间神经元，全长 NRG1 剪切生成活性 NRG1 配体后可结合并激活 ErbB4 受体的酪氨酸激酶活性，通过激活胞内下游信号通路，调控相关基因表达和蛋白翻译，进而影响神经发育和突触传递。NRG1-ErbB4 信号除了可以促进 NMJ 突触后膜乙酰胆碱受体基因转录和维持其聚集之外，在中枢神经系统，激活该通路也能促进 α7 nAChRs 胆碱能受体在突触前膜的表达，进而间接影响兴奋性谷氨酸能突触的发育。在体遗传学实验还表明，过表达 NRG1 可促进海马中间神经元胞体兴奋性突触的形成；在体敲除 ErbB4 能显著抑制 GABA 能中间神经元表面兴奋性突触的形成，同样也能抑制锥体神经元上抑

制性突触的发育。最新研究还表明，ErbB4 介导的 GABA 能中间神经元上兴奋性突触的形成依赖于其受体激酶活性，而与之相反的是，ErbB4 介导的锥体神经元上抑制性突触的发育并不依赖于其酪氨酸激酶活性。目前尚不清楚 NRG1-ErbB4 信号在不同细胞亚型中差异性调控不同类型突触形成的确切机制。当前研究主要集中在 NRG1-ErbB4 信号在突触形成过程中的作用及其机制，该信号通路在突触修剪过程中是否发挥作用仍有待进一步深入探讨。

（5）钙黏蛋白（cadherins）：钙黏蛋白是一类钙依赖性细胞黏附分子，可通过胞外域形成同源二聚体介导细胞间的黏附作用，基于分子结构的不同可分为以下几类：经典型、七次跨膜型、前钙黏蛋白（protocadherins）等。钙黏蛋白几乎在所有组织中均有作用，是衔接胞外黏附信号和胞内反应的传感器。其在突触前和突触后也均存在表达。神经型钙黏蛋白（N-cadherin）可调节树突棘的形态。钙黏蛋白可通过胞内部分与 β-catenin 和 α-catenin 结合，后者与肌动蛋白细胞骨架相连从而强化钙黏素介导的细胞黏附。钙黏蛋白家族成员的多样性决定了其功能具有一定的重叠性，当编码其中一种亚型的钙黏蛋白（如 N-cadherin）基因被敲除后，突触形成并不会产生明显影响。

不过，近期在视网膜中的研究结果表明，Ⅱ 型钙黏蛋白家族成员 Cdh8 和 Cdh9 特异性高表达于视网膜中一群双极细胞，缺失 Cdh8 和 Cdh9 后可显著减少这群双极细胞同视神经节细胞之间的突触连接。而如果在视网膜内一群无长突细胞（amacrine cells）中外源表达 Cdh8 和 Cdh9 后可重塑无长突细胞和双极细胞的轴突分支，并建立错误连接，表明一些特定亚型的钙黏蛋白分子在某些特定神经环路和突触连接形成过程中，可发挥特异性调控作用。

（6）整合素（integrins）：整合素由 α 亚基和 β 亚基组成二聚体，目前已知脑内有 16 个 α 亚基和 8 个 β 亚基表达。整合素主要通过与胞外基质蛋白的结合介导细胞之间或细胞与胞外基质的黏附。整合素可通过胞内结构域与 Talin 及 α-actinin 等细胞骨架相关蛋白结合，整合素可激活聚焦黏接激酶（focal adhesion kinase，FAK）等调节细胞骨架和信号传导的蛋白激酶。整合素不仅调节神经系统的早期发育，如神经元迁移、轴突生长、及导向，在突触成熟中也发挥作用。在脊椎动物 NMJ 中整合素介导与突触间隙基质成分的结合，对突触形成具有稳定作用。尽管中枢神经系统的突触间隙并不存在

fibronectin 和 laminin 等基质成分，整合素仍在突触部位富集。阻断整合素的功能，海马神经元的突触形成并不受影响，但会影响突触的功能性成熟，提示整合素可能在突触成熟和功能维持方面发挥作用。

（7）突触后膜 GPCR 蛋白 latrophilins：在哺乳动物中 latrophilins 共包括三种亚型：Lphn1 ～ Lphn3，是一种黏附性 G 蛋白偶联受体（GPCR）。latrophilins 含有一个短的 C 端胞内段、一个 7 次跨膜的 GPCR 结构域、GAIN/Horm、一个糖基化连接区、胞外 N 端 lectin-like（Lec）和 olfactomedin-like（Olf）结构域。其可作为机械敏感受体，参与注意缺陷多动障碍（attention deficit hyperactivity disorder，ADHD）等神经发育障碍。同 neurexins 一样，latrophilins 可同黑寡妇蜘蛛毒素 α-latrotoxin 相互结合，不同于 neurexins 的是 latrophilins 主要作为突触后膜受体发挥功能。不同于 neuroligins、LRRTMs 和 cerebellins，截至目前，在遗传学层面，lphn2 敲除小鼠所产生的突触形成减少表型，在所有细胞黏附分子（CAM）家族成员中是最强的。

在突触形成过程中，latrophilins 可与突触前膜 FLRTs 相互作用，并与 Unc5 受体形成大型复合物。FLRTs 是一种具有胞外富含亮氨酸重复序列（LRR）结构域的单次跨膜 I 型蛋白，通过糖基化连接区与下游的纤维连接蛋白（FN）样结构域相连。在突触间隙内（synaptic cleft）FLRT 的 LRR 结构域同 latrophilin 的 Olf 结构域相互结合；与此同时，latrophilins 还可与突触前膜的 teneurins 相互作用，且这种结合能力受到 latrophilins 和 teneurins 可变剪接的直接调控。最新研究结果还表明，teneurins-latrophilins-FLRT 相互作用在早期皮质神经元迁移过程中发挥关键作用，可通过一种接触排斥依赖的机制指导神经元迁移。

（8）突触前膜（teneurins）：teneurins 是一类 Ⅱ 型跨膜蛋白，共具有 4 种同源蛋白：Ten1 ～ Ten4，从神经系统早期发育到成年后呈现互补表达模式。在神经发育过程中，teneurins 在大脑广泛表达，在皮质中参与轴突导向（pathfinding）作用。如前所述，在神经发育中 teneurins 可作为 latrophilins 的高亲和力配体调控突触的形成。体外实验表明，表达 teneurins 可诱导突触后而非突触前特化结构，提示 teneurins 主要作为突触前膜 CAM 分子发挥功能。研究还发现，敲除 ten4 后，成年小鼠皮质的星形胶质细胞体积减小，其分支进入神经纤维比例降低，提示 Ten4 可能通过调控胶质细胞发育继而影

响突触连接。此外，敲除 ten3 可导致海马 CA1 与远脑下脚之间的神经投射发育异常，进一步研究还表明，Ten3 可通过嗜同性相互作用（homophilic interaction）模式促进高表达 Ten3 的海马 CA1 神经元与脑下脚细胞体之间形成神经环路。与之相反的是，敲除 ten2 并无显著表型变化。一个有意思的问题是，这些不同的 teneurins 同源蛋白在执行不同生理功能过程中，其相互作用蛋白除了 latrophilins 外，是否还存在其他结合分子？另外，由于神经环路的形成同时依赖轴突导向和突触形成两个过程，如何精确区分 teneurins 在这两个不同阶段中的作用？这些问题都有待进一步深入探讨。

（9）受体磷酸酪氨酸磷酸酶（receptor phosphate tyrosine phosphate，RPTPs）：受体磷酸酪氨酸磷酸酶（receptor-type tyrosine-protein phosphatases，RPTPs）属于最具特征性的突触 CAM 分子，与 teneurins 一样，最初发现其主要功能与神经元轴突导向有关。早期关于 RPTP 调控轴突和突触形成的开创性研究工作主要是在秀丽隐杆线虫中进行的。线虫中仅存在一种 RPTP 基因（ptp-3），根据启动子的不同，可分别生成较长 PTP-3A 和较短的 PTP-3B 两种转录本。其中，PTP-3A 特异性表达于突触部位，缺失 PTP-3A 可导致突触形态发生异常；而 PTP-3B 则表达于突触外，缺失 PTP-3B 可导致轴突导向的异常，表明不同的 PTP-3 转录本可能在轴突导向和突触形成中发挥不同的功能。

哺乳动物中的 RPTPs 主要包括 LAR、PTPδ 和 PTPσ 三种亚型，能够同 TrkC、SALMs、SlitTrks、IL-1RAPs 和 Netrin-G Ligand3 等多种突触后膜配体分子相互结合，但有关 RPTPs 确切的生理学功能仍不明了。在体外培养神经元中敲低 RPTP 可导致突触形成数目显著减少，在体敲除 PTPδ 会破坏兴奋性突触的形成，导致睡眠行为和节律紊乱；然而敲除 RPTPσ 却使树突棘密度和长度增加、突触传递效率下降，及 LTP 的降低。导致这种差异性结果的原因尚不明确，推测可能与不同 RPTPs 亚型在神经发育过程中的功能差异、补偿效应，或者 RNAi 的脱靶效应有关。

（10）其他胞外信号分子：在中枢神经系统突触形成过程中，包括神经营养因子在内的多种可分泌蛋白也参与了突触的发育调控过程。其中，在 NMJ 发育过程中起决定性作用的聚集素（agrin）在中枢神经系统也有表达，而且神经活动能诱导聚集素表达增加，推测聚集素可能参与调节中枢神经系

统突触的形成。阻断海马神经元中 agrin 的表达能够在某种程度上抑制突触形成，但 agrn 敲除小鼠的海马和皮质神经元突触形成正常，提示中枢神经系统突触形成并不依赖于聚集素。

多种神经营养因子（如 BDNF、NGF、NT3、NT4/5 等）也能促进突触的形成。在培养神经元中，加入 BDNF 能促进兴奋性和抑制性突触及神经环路的发育和成熟，促进神经突起分支形成并增加突触数目。此外，分泌性 Wnt 蛋白在突触形成中也发挥调节作用。小脑颗粒细胞产生的 Wnt7a 能诱导苔状纤维（mossy fiber，MF）轴突生长锥的突触特化，促进神经末梢囊泡相关蛋白 synapsin 聚集。wnt7a 缺失小鼠小脑突触发生延迟，不过可随时间推移最终正常形成。脊髓运动神经元树突产生的 Wnt3a 可以反向调节感觉神经元轴突末梢的分化。

分泌型 C1q 家族是补体 C1 复合物的组分之一，它是由 18 条多肽组成的糖蛋白复合物，在神经系统主要由小脑颗粒神经元和下橄榄核神经元等分泌。可同种类繁多的各种配体相互结合，参与调控突触的形成和功能。C1q 包括多种亚型，脑内主要有 C1q 类似蛋白（C1ql）和小脑肽（cerebellins，Cbln）。最新研究表明，分泌性 C1q 主要参与平行纤维-浦肯野细胞（PF-PC）、攀缘纤维-浦肯野细胞（CF-PC）、基底外侧杏仁核-内侧前额叶皮质（BLA-mPFC），及苔状纤维-海马脚 3（MF-CA3）四种突触的组成和调控。其中，在 PF-PC 突触中，Cbln1 和 Cbln2 通过介导形成 neurexin-Cbln-GluD2 跨突触复合体，促进突触的形成和维持；在 CF-PC 突触中，C1ql1 参与调控突触的形成，并影响突触的稳定性；在 BLA-mPFC 突触中，C1ql3 与突触后膜 Bai3 一起共同参与了兴奋性突触的形成；在 MF-CA3 突触中，C1ql2 和 C1ql3 可通过结合海人藻酸受体（KAR）影响 AMPA 受体内吞。

神经穿透素 Narp（neuronal activity-regulated pentraxin）是一种集中于突触间隙的分泌蛋白，可直接结合 AMPA 受体并引起后者聚集，该作用是通过稳定突触部位的 AMPA 受体抑或是促进突触外 AMPA 向突触部位的聚集仍不明了。而且，Narp 在体内的作用也尚未得到验证。

3. 胶质细胞促进突触形成　除了运动神经末梢和肌肉纤维之外，神经肌肉突触还需要第三种细胞类型，即一种特殊的施万细胞（Schwann cell，SC）。SC 分为三种，其中两种包裹着神经细胞的轴突，形成髓鞘或者不形成髓鞘的结构。第三种 SC 被称为

末梢施万细胞（terminal Schwann cell，tSC）或突触周围施万细胞，不包裹轴突，但是覆盖着运动神经末梢和肌肉表面，将 NMJ 突触包裹起来。在小鼠发育过程中，NMJ 最初覆盖着一个 tSC，成年之后 tSC 的数量增长到 3～5 个。NMJ 覆盖的 tSC 数量的增长可能和肌肉细胞中表达分泌的 NT3 激活 TrkC 相关。

SC 起源于神经嵴细胞（neural crest cells），在神经元轴突生长的时候伴随着轴突迁移。电镜结果表明，小鼠的 SC 出现在神经肌肉接触的位置。在发育过程中，SC 的突起会在神经元轴突的前面，可能参与引导轴突的生长，直到轴突可以接触到肌肉，停止生长并诱导 AChR 聚集的形成。目前还不清楚，这些帮助神经元轴突生长的 SC 是否发育为包裹在 NMJ 上的 tSC。由于 tSC 紧密的和神经末梢与肌肉接触，因此 tSC 被认为参与了 NMJ 的形成，调控突触的活性以及在神经损伤后 NMJ 的再生过程。由于目前还没有鉴定出 tSC 特异性的分子标志物和相应的 Cre 小鼠，所以，在研究过程中观察到的 NMJ 的异常不确定是 tSC 还是其他类型 SC 的作用。

NRG1 和其受体 ErbB2 和 ErbB3 全身突变的小鼠会导致 SC 形成障碍，进而不能正常形成 NMJ，提示 SC 在 NMJ 形成的过程中发挥着重要的作用。ErbB2 突变的小鼠没有 SC，虽然运动神经轴突可以生长到肌肉，但是运动神经末梢没有很好的分化，最终导致轴突末梢退行。同时在突变小鼠中可以观察到突触褶皱的结构存在异常，但是突触区域的基因表达没有变化。在小鼠中如果 SC 在轴突支配肌肉之前被杀死（E12.5），AChR 聚集的大小和数量都显著减少；但是 NMJ 形成（E15.5）之后，SC 被杀死则只能影响 AChR 聚集的大小而不影响数量，而且影响神经肌肉的突触传递。当小鼠的 NMJ 成熟之后（P30）将 SC 杀死，NMJ 会变得碎片化，神经肌肉的传递发生减弱。这些结果表明 SC 对于 NMJ 的形成和维持都发挥着重要的作用。

在外周神经损伤之后，SC 对于 NMJ 的再生也至关重要。当神经损伤不严重时，再生的神经轴突可以沿着原来的 SC 形成的路径生长，一直到原来支配的肌肉处形成 NMJ。在严重的神经损伤之后，神经损伤会导致 SC 处于激活的状态，突起可以延伸到突触间隙，包裹着损伤后神经末梢的碎片。神经损伤还会导致一些去神经支配的 tSC 的突起生长，接触到周围完整的 NMJ 形成施万细胞桥（SC bridge）的结构，来引导没有损伤的 NMJ 轴突生长到没有神经支配的 NMJ，从而形成新的支配。这

个过程需要一氧化氮（NO），因为当 NO 合成酶被抑制后，SC 的突起在损伤后就不能再生长。在缺失 SC 的突变斑马鱼中，再生的轴突不能跨越损伤位点并且沿着错误的轨迹生长，说明 SC 对于引导损伤后的轴突再生非常重要。有一群 SC 可以表达 netrin，从而吸引表达 DCC 的再生的轴突。一些 SC 可以增加糖基转移酶 LH3（lysyl hydroxylase 3）的表达并且促进 collagen4a5 加工，从而和 slit1a 蛋白一起对错误靶向的轴突形成排斥的作用。

SC 调控 NMJ 的形成可能通过分泌可以影响突触形成的因子或者直接影响神经末梢。从体外实验体系中鉴定出几种从 SC 分泌出的蛋白因子可能与突触形成相关。运动神经元、肌肉和 SC 都可以分泌 TGF-β，但是 NMJ 部位的 TGF-β 主要来源于 SC。当在体外运动神经和肌肉共培养的体系中加入 SC 条件培养基或者 TGF-β1 时，能够显著促进肌肉细胞表面 AChR 聚集的形成，而清除 TGF-β1 就可以阻断该生物学效应，提示 SC 可能通过分泌 TGF-β1 间接调控 NMJ 突触后膜 AChR 聚集的形成。在神经发生损伤后，tSC 也可以分泌 GDNF、artemin、BDNF、NGF 等分子来影响运动神经元的存活和轴突的再生。

中枢神经系统中胶质细胞特别是星形胶质细胞和小胶质细胞参与了突触的形成和功能重塑。星形胶质细胞和神经元轴突末梢、树突和胞体的突起共构成了三重突触结构（tripartite synapses），参与调控神经元活动和突触结构的重塑。脑内不同部位星形胶质参与形成三重突触结构的比例可能存在差别。比如，小脑分子层内由平行纤维和攀缘纤维形成的突触几乎 100% 包含星形胶质细胞；而在海马 CA1 区，只有 57% 的兴奋性突触接触星形胶质细胞。此外，大约 45% 由树突棘形成的兴奋性突触、30% 树突轴表面兴奋性突触和 6% 左右的基底外侧杏仁核内抑制性突触呈现三重突触结构特征。

新生神经元虽然具备形成突触的基本条件，但只有在胶质细胞存在的条件下才能形成大量的功能性突触。胶质细胞不仅可以增加成熟突触的数目，还可增强突触的功能。除中枢神经系统的胶质细胞外，外周胶质细胞也可促进突触的形成，大鼠的施万细胞同胚胎 5- 羟色胺（5-HT）能神经元共培养可显著提高神经元存活率并促进其生长和成熟。有关胶质细胞促进突触形成的机制仍不明了，推测胶质细胞可能是通过 ATP 和胆固醇等在内的多种可溶性因子发挥作用。有观点认为，胶质细胞可释放

一种由载脂蛋白 E（ApoE）包裹的脂蛋白运输胆固醇，胆固醇可通过增加突触囊泡、突触释放部位等突触前特化结构的形成发挥促突触形成作用。总体而言，有关胶质细胞参与突触形成和维持的功能和机制仍不甚明了，有待进一步深入探讨。

四、液–液相分离在突触形成中的作用

真核细胞中，蛋白质之间的相互作用和蛋白质催化的生化反应等生命活动需要发生在细胞中特定的区域。细胞通过膜结构形成各种细胞器进行区隔化，包括突触形成在内的多种生命过程可以发生在某些特定的细胞器中；生物大分子例如蛋白质和核酸可以通过液–液相分离（liquid-liquid phase separation，LLPS）的方式形成凝聚成液态的没有细胞膜结构的生物大分子聚集体。

在兴奋性突触结构中，在突触后膜有大量的蛋白质聚集形成突触后致密（postsynaptic density，PSD）的结构，PSD 蛋白聚集可以接收、放大和存储突触信号。PSD 蛋白聚集的形成和 LLPS 形成的无膜凝聚体具有诸多类似特性：首先，定位于 PSD 的蛋白浓度非常高；其次，PSD 蛋白聚集体在不同条件下可以增大和变小；最后，PSD 蛋白聚集体中蛋白可以和树突棘细胞质中的蛋白进行自由交换。例如，突触后膜蛋白 PSD-95 和 SynGAP 混合可以发生共相分离（co-condensate）；突触后支架蛋白 PSD-95、Shank、GKAP 和 Homer 按比例混合也可以发生共相分离，并且这四种蛋白共相分离还可以招募并凝聚 SynGAP 和突触后膜受体 NR2B，该机制表明突触后大量蛋白可能通过相分离机制形成突触后致密中大量蛋白的聚集。在突触前膜活性区域也存在大量蛋白富集在突触前膜，包括 RIM、RIM-BP，及电压门控钙离子通道（voltage-gated Ca^{2+} channel，VGCC）等，可调控突触囊泡的释放。体外纯化的 RIM 和 RIM-BP 蛋白在生理浓度下可以发生相分离，并且可以招募 VGCC 胞内端，该机制有助于突触前膜活性区蛋白聚集体的形成。同时突触前支架蛋白 synapsyn-1 可以和突触囊泡共相分离，该机制可能与突触囊泡在突触前膜的维持相关。

NMJ 突触后膜支架蛋白 rapsyn 在体外、细胞，及肌纤维中都可以发生相分离。与 PSD-95 蛋白需要和其他支架蛋白一起发生共相分离不同，rapsyn 蛋白可通过 TPR 结构域多位点结合导致单独相分离发生。rapsyn 蛋白相分离还能招募和富集 AChR、

MACF1、β-dystroglycan，α-actinin 和 calpain 到聚集体中。有意思的是 Agrin-Lrp4-MuSK 信号可能通过磷酸化 rapsyn 促进 rapsyn 发生相分离。在先天性肌无力患者中 rapsn 的突变，例如 L14P、N88K，及 R164H 可以抑制 rapsyn 蛋白相分离；而 L326P，E147K 和 117del2 则不影响 rapsyn 蛋白本身的相分离但是会影响招募 rapsyn 结合蛋白。因此，rapsyn 在突触后的相分离不仅和神经肌肉接头形成相关，还可以解释许多神经肌肉疾病的发病机制。

因此，突触形成过程中，突触前和突触后支架蛋白可通过 LLPS 机制形成高密度的蛋白聚集体，通过招募受体蛋白和骨架蛋白形成功能性突触结构。LLPS 不仅参与了突触形成过程，其组装或功能异常也可导致突触功能障碍及相关神经精神疾病的发生。

五、突触消退：过程、意义，及其机制

1. NMJ 突触的消退　在发育的早期，一根肌肉纤维往往会受到多个运动神经元轴突的支配。这样多个运动神经元轴突支配一根肌肉纤维可能有助于所有的运动神经元都可以支配肌肉纤维，同时所有的肌肉纤维都可以被运动神经末梢支配。在出生之后 14 天之后，肌肉纤维被多个运动神经支配会逐渐消失，最后每个肌肉纤维只被一个运动神经末梢支配。这个过程被称为突触的消退（synapse elimination），其对运动单元（motor unit）的建立以及肌肉运动精确控制非常重要。

支配同一个肌肉细胞的几个突触前神经末梢会发生动态的竞争，一般发生消退的突触前神经末梢会形成回缩球（retraction balls）的结构。突触消退时，tSC 可能参与了回缩的运动神经末梢的清除过程。在 NMJ 形成之后，突触前多个运动神经纤维占据着相似的突触后的面积以及相似的突触传递效率。之后，其中一个末梢逐渐增强，然后占据着更大的突触后的面积，而其他的神经末梢逐渐发生消退。

突触前神经末梢的电活动可以调控突触消退的过程，例如在部分运动神经元轴突中敲除 ChAT，导致一些轴突中缺失神经递质乙酰胆碱，因此在该小鼠中，具有突触传递活性的运动神经末梢可以被保留，而没有突触传递活性的末梢被消退。和突触传递效率相比，突触前的发放频率可能对于突触消退更加重要。在突触前神经末梢竞争的早期（P0-

P4），突触前的神经末梢电活动是同步的。当突触消退进行的时候，这些突触前的电活动逐渐变得不同步（P4-P14），最终在突触消退完成时，突触前的神经末梢的活动变得完全不同步（P14）。如果人为诱导竞争的轴突活动不同步可以促进突触消退的过程，而诱导两个竞争轴突活动同步则延缓突触消退的过程。当突触前的神经末梢电活动不同步时，肌肉纤维或者 tSC 可以区分两个不同的神经末梢。突触消退的过程除了受到突触前神经末梢电活动的影响，还可能受到肌肉的电活动调控。部分阻断突触后部分区域 AChR，可以导致阻断处的突触前神经末梢丢失。而阻断突触后全部 AChR，则不能导致突触前神经纤维的丢失。说明突触后也需要区别突触前的电活动来促进突触前神经末梢的消退。

在突触消退的过程中，tSC 细胞也发挥着重要的作用。回缩的轴突的末梢以及突触前的结构会被 tSC 吞噬，形成膜包裹的含有突触囊泡的结构叫作轴突体（axosomes）。虽然 tSC 可以区分不同突触活动的神经末梢，但是 tSC 吞噬过程可能包含了所有的轴突末梢，说明在突触消退的过程中，tSC 的吞噬作用可能并没有区分竞争胜利或者失败的轴突末梢。tSC 的作用更多的是通过生长的突起将神经末梢彼此分隔开或者将神经末梢和肌肉纤维分隔开。这些结果表明 tSC 不起始突触消退的过程，而是参与清理突触前的碎片。

越来越多研究开始探索突触消退过程中的分子机制，其中肌肉中分泌的一些逆向信号分子可能参与了突触消退的过程。例如，体外实验表明突触逆向调控分子 BDNF 可能参与了突触消退的过程。肌肉细胞分泌的 BDNF 的前体蛋白（pro-BDNF）通过其受体 p75 引起突触前神经末梢的消退，同时 pro-BNDF 还可以通过剪切成为成熟的 BDNF，稳定竞争胜利的神经末梢。小鼠的实验表明，TNF-α 全敲小鼠和肌肉敲除小鼠都延缓了 NMJ 突触消退，说明肌肉分泌的 TNF-α 也参与了突触消退的过程中。并且，突触前的电活动较强的神经末梢可以表达较少的 TNF-α 受体 TNFR1，而电活动较弱的神经末梢表达较多 TNFR1。因此肌肉分泌的 TNF-α 通过结合电活动较弱的神经末梢上高表达的 TNFR1，激活神经末梢中的 caspase-3，从而导致神经末梢的消退。许多调控 SC 功能的分子可以影响突触消退。例如在神经细胞中过表达 Nrg1 可以增加 tSC 数量，并且促进 NMJ 的突触消退的过程。主要组织相容性复合物（major histocompatibility

complex class Ⅰ，MHC-Ⅰ）家族的分子在中枢神经系统的突触消退过程中发挥着重要的作用，同样，这些分子可能也参与了 NMJ 的突触消退的过程。MHC-Ⅰ 分子在小鼠 NMJ 突触消退的时期在 NMJ 区域表达。当小鼠的 MHC-Ⅰ 分子不能正确定位于细胞膜上，小鼠的 NMJ 突触消退显著延缓，大约 20% 的 NMJ 在 12 月龄还保持着多个神经末梢支配。但是这些 MHC-Ⅰ 分子如何在 NMJ 突触消退的过程中发挥作用还需要进一步研究，例如 MHC-Ⅰ 在肌肉、tSC，还是在神经末梢中表达。在竞争的神经末梢中，是否表达不同的 MHC-Ⅰ 分子类型或者有不同的 MHC-Ⅰ 表达水平。tSC 是否可以识别不同的 MHC-Ⅰ 分子来参与 NMJ 突触消退的过程。

2. 中枢神经系统突触的修剪和消退 在早期突触形成期之后，突触的修剪和消除对于突触的发育过程也至关重要。在皮质突触发育和成熟过程中，发育性突触消除的幅度是惊人的，可达所有原始形成突触数量的 40% 以上，突触消除的速度可高达每秒数千个突触。发育性突触消除过程中，突触之间存在相互竞争关系，"失败者"将消失，"成功者"则占据全部。在神经肌肉接头、外侧膝状体核的视网膜输入和小脑突触发育过程中都突出地显示了这一特征。研究还表明，在发育性突触消除过程中，突触并不是通过主动解构过程消退的，而是在通过经典补体途径标记后被小胶质细胞或星形胶质细胞所吞噬。

目前认为，突触消除是一种活动依赖现象，长时程增强（LTP）和长时程抑制（LTD）都会引起突触水平的形态变化。LTP 可促进树突棘的周转和突触稳定，而 LTD 可导致树突棘的萎缩和突触丢失。LTD 可由 NMDAR 依赖的和 mGluR 依赖的两种不同的分子机制所诱导。其中，NMDAR 依赖的 LTD（NMDAR-LTD）可通过磷酸化 AMPAR 并促进其内吞的方式，降低树突棘表面 AMPA 受体的含量，诱导 LTD。另一方面，mGluR 依赖性 LTD（mGluR-LTD）则需要激活 GPCR 超家族成员 Ⅰ 类 mGluR 成员 mGluR2 或 mGluR5，并通过激活 PKC 信号磷酸化 GluR2，最终减少树突棘表面 AMPA 受体含量，产生 LTD，最终导致树突棘的萎缩和突触消退。

除了 mGluR-LTD 和 NMDAR-LTD 参与突触修剪和消退外，还有其他一些信号分子也参与了该过程。目前已知，轴突导向分子 Sema 7A 和 Sema 5B 均可促进突触消退，而 Sema 3A 可阻止突触的修剪。此外，GABA 能突触传递被认为与小脑和青春期女性海马区突触丢失有关。而 N-cadherin/β-catenin 复合物在整个发育过程中其含量越高，树突棘的稳定性越佳。最新的研究结果表明，相邻树突棘之间对 N-cadherin/β-catenin 复合物的竞争决定了它们在树突棘修剪中的不同命运，获胜的树突棘得以存留并变得更加成熟，而败方则接受被修剪的结局。

此外，星形胶质细胞也积极参与和调控突触的修剪过程。星形胶质细胞调控树突棘形态和突触功能的分子机制可能与 ephrin-Eph 信号通路有关。研究发现，ephrin-A3 对 EphA4 的激活可诱发树突棘的收缩。通过与 ephrin-A1 相互作用，EphA4 信号也被证明同体内突触下降和树突棘丢失密切相关，从而将树突棘的消退与突触弱化机制联系起来。

免疫系统也参与了突触的修剪过程。MHC-Ⅰ型分子与树突棘共存，MHC-Ⅰ基因敲除动物在海马和视觉皮质神经元培养中均显示出更强的兴奋性突触后电流（mEPSCs），并伴随突触前扣结大小和突触囊泡数量的增加。MHC-Ⅰ可与补体成分 C1q 共存，分泌性 C1q 除了参与上述突触形成之外，还是一种广泛参与突触消退的免疫因子，其在小鼠整个寿命阶段都持续表达。经典补体级联直接参与突触修剪已在背外侧膝状体（dLGN）中得到验证。在发育过程中，未成熟的星形胶质细胞可分泌转化生长因子 β3（TGF-β3），并刺激视网膜神经节细胞（RGC）中所有 C1q 亚基上调，而在高峰突触修剪期，C1q 始终与树突棘紧密相邻。

小胶质细胞作为大脑中的免疫细胞，它在发育过程中和神经活动依赖的环路重塑过程中与树突棘的修剪和消退密切相关。一个有意思的现象是，小胶质细胞似乎更倾向于同体积较小、更加动态化且更频繁丢失的树突棘子集进行接触。在海马体中，小胶质细胞可通过吞噬作用对树突棘发挥修剪作用，该过程依赖于小胶质细胞表面 CX3CR1 的表达。cx3cr1 基因敲除小鼠海马 CA1 区锥体神经元树突棘密度显著增加。此外，cx3cr1 基因敲除小鼠在发育过程中小胶质细胞数量明显降低，提示海马突触修剪缺陷可能与此有关。

第四节　突触形成与维持异常相关疾病

一、NMJ 相关神经肌肉疾病

先天性肌无力综合征（congenital myasthenia syndrome，CMS）是一类 NMJ 相关的遗传疾病，由 NMJ 发育相关或者功能调控相关的基因突变而引起的。根据这些突变基因的功能，CMS 基因突变可以被分为三类：大约 34% 的患者由于定位在突触后蛋白的基因突变；7% 的患者是位于突触间隙蛋白的基因突变，例如 ColQ 和 laminin β2；而位于突触前蛋白的基因突变大约占 2%。还有大约 50% 的 CMS 患者的基因突变还是未知的。在突触后，由于 agrin 信号通路的蛋白对于 NMJ 形成的重要作用，因此 agrin、Lrp4、MuSK 以及 Dok7 在 CMS 患者中都发现存在突变。CMS 患者最常见的是编码 AChR 各个亚基的突变，约占患者总数的 29%，其次是 rapsn 的突变，约占 6%。在突触间隙的蛋白中 AChE、ColQ、collagen ⅩⅢ，及 laminin β2 都是比较常见的 CMS 突变。定位于突触前的蛋白例如 ChAT 和 SNARE 蛋白的突变在 CMS 患者中都有发现。除了发生在 AChR 的某些特定突变之外，大多数的 CMS 突变都是常染色体隐性突变。

另一种 NMJ 相关的神经肌肉功能障碍，是自身免疫疾病引起的重症肌无力（myasthenia gravis，MG）。MG 是一种最为常见的 NMJ 异常的疾病，发病率大约为每 10 万人中有 40 ~ 60 人。绝大多数的 MG 患者（大约 85%）的血液中含有针对 AChR 的抗体或者 MuSK 的抗体。但是，仍然有 10% ~ 15% 的患者没有这两种抗体，被称为双阴性 MG 患者。最近的研究表明，部分双阴性 MG 患者有 agrin 和 Lrp4 的抗体。利用自身免疫性重症肌无力小鼠模型（EAMG）产生针对 agrin 和 Lrp4 的自身抗体，可以导致小鼠产生类似 MG 的表现，并且伴随着 NMJ 结构和功能的改变。针对 agrin 和 Lrp4 的抗体除了通过补体途径招募免疫细胞破坏 NMJ 之外，还可能直接影响 agrin 信号通路，从而导致 NMJ 结构和功能异常。这也说明 agrin 信号通路在 NMJ 维持中发挥的重要作用。

在衰老的过程中，我们的肌肉会逐渐萎缩，并且伴随着肌肉力量下降和肌肉易疲劳，该过程被称为老年性肌萎缩（sarcopenia）。在老年的肌肉组织中，肌肉纤维的数量会显著下降，肌肉纤维的大小和类型也会发生改变，并且可能有脂肪细胞和结缔组织的浸润。肌肉衰老的过程常常伴随着 NMJ 的碎片化。在大于 2 年的老年小鼠中，AChR 的聚集往往会变成破碎的彼此分开的点状分布，并且这些碎片化的 AChR 聚集所占的面积比正常的 NMJ 所占的面积大。在老年的人类组织中可以观察到运动神经元的丢失，但是在小鼠中是否有运动神经元死亡还存在争议。老年小鼠，运动神经的轴突会变得更细、更杂乱，有些部位的轴突有膨胀，四肢肌肉的 NMJ 可能会发生部分去神经支配的现象。

一个关键的问题是在衰老过程中 NMJ 碎片化和衰老肌肉萎缩的因果关系，是由于 NMJ 结构功能的变化导致肌肉萎缩还是由于肌肉发生的退化和再生导致 NMJ 结构和功能发生异常。在成年小鼠的肌肉中条件性敲除 *lrp4* 或者 *agrn* 会导致 NMJ 碎片化的现象以及肌肉萎缩。在 neurotrypsin 过表达的小鼠会增加 agrin 蛋白 C 端的片段并且导致 NMJ 碎片化和去神经支配。这些小鼠的表型都非常类似老年性肌萎缩的现象。在老年的小鼠肌肉中，Lrp4 的蛋白量显著下降，导致 MuSK 磷酸化水平的下降和 agrin 信号通路的削弱。过表达 Lrp4 的转基因小鼠可以改善老年小鼠中观察到的 NMJ 的碎片化和去神经支配的现象。同时，老年小鼠 sarcoglycan-α（SGα）的表达下降，并且 SGα 可以结合 Lrp4 稳定肌肉细胞中 Lrp4 蛋白。利用 AAV 在肌肉细胞中过表达 SGα 显著缓解老年小鼠肌肉 NMJ 的碎片化和去神经支配。这些结果表明在衰老过程中，减弱的 agrin 信号通路可能导致 NMJ 突触功能的减弱，进而可能导致老年性肌肉萎缩的现象。通过减缓 NMJ 的退化或者增强 NMJ 的突触传递可能是治疗老年性肌肉萎缩的新思路。

二、中枢神经系统突触与疾病的关联

中枢神经系统中的疾病可以被分为神经类和精神类疾病，神经类疾病主要影响了神经系统的结构、生理和生化功能等，例如神经退行性疾病，而精神类疾病则主要指由于未知原因影响我们感知、感觉和思维的疾病，例如精神分裂症、情绪障碍、焦虑症等。随着我们对于两种疾病越来越多的了解，神经类和精神类疾病的区别越来越模糊，突触的形成和功能异常被发现在这两类疾病中都发挥着重要的作用。

在神经退行性疾病中，突触结构和功能的异常远远早于神经元的丢失。例如在阿尔茨海默病（Alzheimer's disease，AD）中，早在患者神经元死亡之前，大脑中神经元之间的突触连接就发生了大量的丢失。过量的 Aβ 的产生和聚集以及寡聚的 Aβ 蛋白都是重要的致病因素。在体外的实验表明，nmol 级浓度的 Aβ42 的寡聚体可以在 45 分钟之内破坏突触长时程增强的效应，并且在 24 小时之内造成神经元的死亡。之后的研究表明，寡聚的 Aβ 蛋白会造成树突棘的丢失和突触可塑性的异常，因此 Aβ 寡聚蛋白可能通过破坏突触的维持促进 AD 的进展。

在精神类疾病中，突触的形成以及功能的维持异常似乎是最主要的致病因素。许多精神类疾病都具有很强的遗传性，但是简单的孟德尔遗传模式不能解释这些精神类疾病。这表明这些精神疾病可能由多种遗传因素共同导致，每个遗传因素只增加一定的易感性。例如在基因组关联（GWAS）研究中发现一个多巴胺受体 D2（Drd2）是一个精神分裂症的风险因子。而 D2 型多巴胺受体是目前抗精神疾病药物的主要靶点。此外，GWAS 研究中还发现了许多其他的风险基因，包括谷氨酸受体、电压门控钙离子通道，及在突触富集的跨膜蛋白 neurexin-1 和 teneurin-4 等等。这些结果表明神经发育特别是突触的形成和功能维持对于神经分裂症和躁狂症都有很强的联系。

自闭症谱系障碍（autism spectrum disorder，ASD）影响大约 1% 的儿童，其核心症状是社交障碍和重复刻板行为。大约 70% 的 ASD 患者有智力障碍，剩余的患者则有正常的智力，甚至有些患者在数学、艺术方面有特殊才能。对于 ASD 患者的研究发现，部分 ASD 患者大脑中有更多的树突棘。目前大规模基因测序的研究发现了一百多种基因突变可能和 ASD 发病相关。这些基因大多是编码和突触形成和突触传递功能相关的蛋白。例如，跨突触复合物 neurexin 和 neuroligin 蛋白在 ASD 患者中发现有多个亚型的基因都有突变。编码突触后支架蛋白 Shank3 突变也和 ASD 相关。RNA 结合蛋白 FMRP 可以定位于突触后结构中，参与了突触后蛋白局部翻译的调控，因此 FMRP 对于突触可塑性和学习的过程非常重要。突触信号异常可能是许多精神性疾病（例如精神分裂症）的主要致病因素，而很多基因突变可能既和精神分裂症相关，也和 ASD 相关，例如 Cav1.2、neurexin-1 以及 MeCP2 等。随着精神类疾病相关突变基因数量的不断增加，我们可能对于突触的功能和这些疾病的相关性有更加深入的了解。

在智力障碍（intellectual disability，ID）患者的研究发现，许多调控突触发育和突触传递分子的突变和智力障碍的发生相关。例如和智力障碍相关的一些蛋白可以调控 Rho GTPase 的功能，它们包括 GTPase 的鸟苷酸交换因子（GEF），例如 FGD1 和 ARHGEF9，或者 GTPase 的激活因子（GAP），例如 SrGAP3 和 Ophn1，以及 Rho GTPase 下游的效应蛋白，例如 Pak3 和 Limk1 等。这些蛋白的突变会影响神经元中骨架蛋白的改变，从而影响神经元轴突的生长、导向，及树突形态的发育和突触的建立。在体外培养的神经元中，ophn1 的敲除可以导致神经元树突棘长度减少以及突触传递和突触可塑性缺陷。因此，突触形成和突触功能的异常可能是导致许多智力障碍患者认知缺陷的重要原因。

第五节　总结与展望

突触形成是神经网络形成最为关键的步骤。要形成有功能的神经网络，突触形成必须要有特异性。神经细胞的轴突末梢需要从众多的细胞中识别出合适的靶细胞，并在靶细胞的特定区域形成突触连接。这种突触形成的特异性是由于大量的多样性分子产生吸引或者排斥性的信号来介导的，并最终由神经元的电活动来增强这种连接的特异性。

在突触形成过程中，突触前和突触后通过大量的信号分子进行交流，促进突触前、突触后结构的形成和成熟，例如在 NMJ 形成过程中，运动神经末梢分泌的 agrin 信号促进肌肉中 AChR 的聚集和突触区域 AChR 的表达，同时肌肉中也表达许多逆向信号分子例如 Lrp4、FGF、laminins 等，逆向调控突触前神经末梢的分化和成熟。包裹在突触周围的胶质细胞信号对于突触的形成和成熟也至关重要。在突触成熟的过程中，会发生突触的修剪和消退，帮助特异性的突触连接的形成。最后，突触的形成和维持异常和许多人类疾病密切相关，深入理解突触形成的机制可能帮助我们认识和治疗相应的疾病。

参考文献

综述

1. Darabid H, Perez-Gonzalez AP and Robitaille R. Neuromuscular synaptogenesis: coordinating partners with multiple functions. *Nat Rev Neurosci*, 2014, 15: 703-718.
2. Kandel ER, Schwartz JH, Jessell TM, et al. Principles of Neural Science. 5th ed. New York: McGraw-Hill Education, 2012: 1234-1258.
3. Kano M and Hashimoto K. Synapse elimination in the central nervous system. *Curr Opin Neurobiol*, 2009, 19: 154-161.
4. Li L, Xiong WC and Mei L. Neuromuscular junction formation, aging, and disorders. *Annu Rev Physiol*, 2018, 80: 159-188.
5. McAllister AK. Dynamic aspects of CNS synapse formation. *Annu Rev Neurosci*, 2007, 30: 425-450.
6. Mei L and Nave KA. Neuregulin-ERBB signaling in the nervous system and neuropsychiatric diseases. *Neuron*, 2014, 83: 27-49.
7. Mei L and Xiong WC. Neuregulin 1 in neural development, synaptic plasticity and schizophrenia. *Nat Rev Neurosci*, 2008, 9: 437-452.
8. Murai KK and Pasquale EB. Eph receptors and ephrins in neuron-astrocyte communication at synapses. *Glia*, 2011, 59: 1567-1578.
9. Sanes JR and Lichtman JW. Induction, assembly, maturation and maintenance of a postsynaptic apparatus. *Nat Rev Neurosci*, 2001, 2: 791-805.
10. Shen K and Scheiffele P. Genetics and cell biology of building specific synaptic connectivity. *Annu Rev Neurosci*, 2010, 33: 473-507.
11. Sudhof TC. Towards an understanding of synapse formation. *Neuron*, 2018, 100: 276-293.
12. Tintignac LA, Brenner HR and Ruegg MA. Mechanisms regulating neuromuscular junction development and function and causes of muscle wasting. *Physiol Rev*, 2015, 95: 809-852.
13. Wu H, Xiong WC and Mei L. To build a synapse: signaling pathways in neuromuscular junction assembly. *Development*, 2010, 137: 1017-1033.

原始文献

1. Anderson GR, Maxeiner S, Sando R, et al. Postsynaptic adhesion GPCR latrophilin-2 mediates target recognition in entorhinal-hippocampal synapse assembly. *J Cell Biol*, 2017, 216: 3831-3846.
2. Aoto J, Martinelli DC, Malenka RC, et al. Presynaptic neurexin-3 alternative splicing trans-synaptically controls

postsynaptic AMPA receptor trafficking. *Cell*，2013，154：75-88.

3. DeChiara TM，Bowen DC，Valenzuela DM，et al. The receptor tyrosine kinase MuSK is required for neuromuscular junction formation in vivo. *Cell*，1996，85：501-512.

4. Fogel AI，Akins MR，Krupp AJ，et al. SynCAMs organize synapses through heterophilic adhesion. *J Neurosci*，2007，27：12516-12530.

5. Gautam M，Noakes PG，Moscoso L，et al. Defective neuromuscular synaptogenesis in agrin-deficient mutant mice. *Cell*，1996，85：525-535.

6. Gautam M，Noakes PG，Mudd J，et al. Failure of postsynaptic specialization to develop at neuromuscular junctions of rapsyn-deficient mice. *Nature*，1995，377：232-236.

7. Hong S，Beja-Glasser VF，Nfonoyim BM，et al. Complement and microglia mediate early synapse loss in Alzheimer mouse models. *Science*，2016，352：712-716.

8. Irie M，Hata Y，Takeuchi M，et al. Binding of neuroligins to PSD-95. *Science*，1997，277：1511-1515.

9. Kim N，Stiegler AL，Cameron TO，et al. Lrp4 is a receptor for Agrin and forms a complex with MuSK. *Cell*，2008，135：334-342.

10. Li J，Shalev-Benami M，Sando R，et al. Structural Basis for Teneurin Function in Circuit-Wiring：A Toxin Motif at the Synapse. *Cell*，2018，173：735-748 e715.

11. Lin W，Burgess RW，Dominguez B，et al. Distinct roles of nerve and muscle in postsynaptic differentiation of the neuromuscular synapse. *Nature*，2001，410：1057-1064.

12. Okada K，Inoue A，Okada M，et al. The muscle protein Dok-7 is essential for neuromuscular synaptogenesis. *Science*，2006，312：1802-1805.

13. Robbins EM，Krupp AJ，Perez de Arce K，et al. SynCAM 1 adhesion dynamically regulates synapse number and impacts plasticity and learning. *Neuron*，2010，68：894-906.

14. Wu H，Lu Y，Shen C，et al. Distinct roles of muscle and motoneuron LRP4 in neuromuscular junction formation. *Neuron*，2012，75：94-107.

15. Yumoto N，Kim N and Burden SJ. Lrp4 is a retrograde signal for presynaptic differentiation at neuromuscular synapses. *Nature*，2012，489：438-442.

16. Zhang B，Luo S，Wang Q，et al. LRP4 serves as a coreceptor of agrin. *Neuron*，2008，60：285-297.

第7章 突触可塑性

杨 锋 王玉田

神经可塑性（neuroplasticity）是指神经细胞对神经活动所作出的神经结构和功能变化的应答反应，是神经系统最重要的特征之一。它是神经发育过程、学习和记忆、感知等各种脑高级功能的神经环路的、活动依赖性突触修饰的细胞基础。在功能上，神经可塑性包括突触传递、树突整合和神经元兴奋性的改变，这些变化反映了神经细胞内成分和（或）神经元上突触数量或者传递强弱的空间分布改变，也反映了神经元的基因转录和蛋白翻译调节的变化。从形态学角度，神经可塑性包含突触结构的修饰、神经轴突和树突分布和分枝样式的改变、突触连接数目和空间分布的变化，及突触前神经末梢上的"活动带"（active zone）形状与大小和突触后树突棘的变化。在发育早期和成年动物的脑损伤后，神经系统中会出现大规模突触连接的变化。正常成年动物的神经系统中，也存在有限的、活动或经验相关的局部神经元形态和突触结构的变化。

从生理学角度，突触传递效能既可增强也可减弱，这种现象被称为突触可塑性（synaptic plasticity），其变化可从几个毫秒、几天到几周，甚至更长时间。突触可塑性强弱主要是由突触前、后神经元间连接强度、大小决定的。突触可塑性对神经系统发育和功能都有重要作用，其瞬时的变化与感觉传入的短时程适应以及短时程记忆相关联，突触可塑性长时程的变化是未成熟神经系统的发育和成年脑的学习记忆以及其他脑的高级功能的细胞基础，因此突触可塑性活动随内外环境变化而伴随动物终身。在本章中，将总结到目前为止我们所知道的神经可塑性的细胞和分子的机制，中枢突触是脑内最易受到神经活动调节的部位，故主要集中介绍中枢神经系统的兴奋性突触可塑性，着重讨论两种不同形式的突触可塑性：海兔的突触前易化和哺乳类动物脑内海马的长时程增强，海马和小脑的长时程抑制。

第一节 兴奋性突触可塑性

一、兴奋性突触可塑性种类

可根据三个标准来划分突触可塑性种类：诱导来源、表达部位和分子基础。

1.诱导来源 突触可塑性的产生既可由突触内部、也可以由突触外部的机制引起。在同一突触的可塑性即同突触可塑性（homosynaptic plasticity），是由于该突触本身内在活动而改变了自身的功能状态，突触前或突触后的生物化学反应触发了这一类突触的功能变化。异突触可塑性（heterosynaptic plasticity），即两个神经元间的突触活动被第三个神经元所调制，后者通过直接的突触活动或释放神经递质、激素来改变前两个神经元间的突触功能。

2. 表达部位 无论同突触或是异突触可塑性，可由突触前神经末梢或突触后膜功能的变化所致。突触前表现为神经递质释放增加或者减少，突触后表现为突触后神经元对神经递质反应增强或减弱。

3. 分子基础 尽管不同形式突触可塑性的诱导机制不同，所有可塑性有共同点：一些第二信使携带信息从细胞表面到细胞内。短时程同突触可塑性是由于突触前神经末梢内 Ca^{2+} 浓度升高的直接作用，Ca^{2+} 不仅直接触发神经递质释放，而且作为一个第二信使参与短时程可塑性。较长时程同突触与异突触可塑性常由于激活 G 蛋白偶联受体（G protein-coupled receptors，GPCRs）或激活能调节突触前、后蛋白的蛋白激酶导致（图 5-7-1）。上述两类可塑性可持续几秒到几分钟。突触传递的持久变化是由于基因转录和新合成的突触蛋白所致，可持续几天、几周，甚至终身。

二、突触前可塑性机制

有两种相关机制影响突触前递质的释放。首先，动作电位触发突触前末梢内的 Ca^{2+} 浓度瞬时增加，这个过程是由于突触前膜上 Ca^{2+} 通道开放或者是突触前膜的兴奋性变化导致 Ca^{2+} 内流增加的结果。其次，突触末梢内 Ca^{2+} 的增加触发细胞内信号系统来调节突触囊胞的循环，这个过程涉及递质释放过程的早时相变化（如调节可释放递质的囊胞库的大小）、后时相变化（如囊胞与突触前膜融合）。

1. 短时程突触前递质释放增加和减少 突触前神经末梢的活动可引发从数十毫秒到几分钟不等的短时程突触传递的变化，包括突触传递活动的增强（短时程增强）、突触传递活动的减弱（短时程压抑）。这两种可塑性原因是突触前神经末梢 Ca^{2+} 的内流，或递质释放过程本身变化引起的递质释放的改变。

（1）双脉冲易化和抑制（double-pulse facilitation

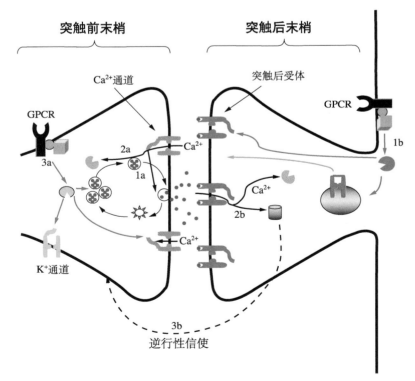

图 5-7-1 兴奋性突触可塑性机制和表达部位

Ca^{2+} 离子通过电压门控 Ca^{2+} 通道进入突触前末梢，直接触发神经递质释放（1a）并作为短时程同突触可塑性的第二信使（2a），激活 G 蛋白偶联受体（GPCR）通过调制 Ca^{2+} 通道和 K^+ 通道改变 Ca^{2+} 内流量、直接作用于释放机制，及囊胞再循环，从而对神经递质释放进行调节（3a）。激活突触后 GPCR（1b）或者其他受体引起 Ca^{2+} 内流（2b），触发突触后可塑性产生。突触后细胞也能够产生逆行性信使，作用于突触前细胞改变神经递质释放（修改自参考文献中的综述 13）

and suppression）：当两个间歇时间很短的电刺激作用于突触前神经元，同时记录突触后神经元的电反应，如果第二个刺激比第一个刺激引起的突触后电反应强，称为双脉冲易化（paired pulse facilitation），相反为双脉冲抑制（paired pulse depression）。刺激间歇小于 20 ms 通常引起双脉冲抑制，这是由于第二个刺激引发的神经冲动达到神经末梢时，通常处于第一个刺激引起的电压门控钠或 Ca^{2+} 通道失活过程中，从而导致可释放囊胞库的释放概率一过性减少。当刺激间歇为 20～500 ms 时，突触通常表现为双脉冲易化反应，双脉冲易化是由于第二个动作电位引发的 Ca^{2+} 的内流和第一个动作电位引发的残留 Ca^{2+} 总和，使神经末梢内 Ca^{2+} 浓度升高，而神经末梢内 Ca^{2+} 浓度与递质释放是非线性关系，原则上 Ca^{2+} 浓度的小幅度上扬可明显增加递质释放。

对特定的突触而言，递质释放的增加或减少主要与该突触的初始状态有关。短时程突触可塑性主要是由于递质释放概率的变化造成，突触可塑性表现为易化或抑制主要取决于该突触初始状态的递质释放概率，如初始状态的递质释放概率高，该突触活动常表现为抑制，部分原因是初始状态高的递质释放概率，限制了递质释放进一步增加的潜力。另外，重复刺激时高的释放概率容易造成递质囊胞的耗竭。相反，开始为低释放概率的突触，重复刺激通常表现为较大程度的易化活动。递质释放的多样性与突触前神经末梢上的"活动带"的形态有关。可塑性为易化的突触，其突触前囊胞的密度和"活动带"的面积常很小。

（2）强直刺激诱导的增强和抑制：强直刺激通常可诱导较长时程的突触可塑性。有几种不同的可塑性增强形式：其中快时相增强形式被称为易化，在串刺激过程中很快形成，一旦刺激停止易化很快衰减，衰减的时间常数为几十毫秒和几百毫秒；较慢时相的可塑性增强形式需几秒钟的强直刺激诱导产生，刺激停止后几秒钟内就会衰减；强直刺激后增强（posttetanic potentiation，PTP）最初由冯德培发现于神经肌接头（Feng TP，1941），是一种慢的突触可塑性增强，需数十个刺激方能诱导，刺激停止后其增强状态可持续几分钟；用 20 Hz 连续 1 分钟强直刺激神经肌接头，诱导强直刺激后抑制（tetanic depression）。

这几种可塑性形式是由于突触前神经末梢内残留 Ca^{2+} 浓度升高造成的。快成分的易化活动可能反映了 Ca^{2+} 在出胞位点相对快的饱和，而 Ca^{2+} 在神经末梢相对慢的大量集结可能导致了较慢时相的可塑性增强和 PTP 的形式。Zucker 等（1997）认为 PTP 的慢动力学性质是由于强直刺激引起胞内 Ca^{2+} 转移至线粒体，而后又从线粒体泄漏到胞浆所致。强直刺激后抑制是由于强直刺激引起神经末梢中 ryanodine 受体、IP3 受体（inositol tri-phosphate receptors）和 PLC（phopholipase C）功能下降，导致神经末梢内 Ca^{2+} 浓度降低造成的。

（3）短时程突触可塑性的分子机制：活动依赖性短时程突触可塑性是由于突触前神经元钙 / 钙调素依赖的蛋白激酶（calcium/calmodulin-dependent protein kinases，CaMKⅡ）激活所致。CaMKⅡ表达在突触前神经末梢和突触后膜，在突触前的底物是一组被称为突触素（synapsins）蛋白质，突触素有三种：Ⅰ、Ⅱ和Ⅲ。突触素的去磷酸化形式在功能上相当于"锚"的作用，将突触囊胞固定于细胞骨架上。磷酸化突触素Ⅰ使囊胞脱离细胞骨架，成为"可释放囊胞"。把 CaMKⅡ或已磷酸化的突触素Ⅰ注射入枪乌贼巨大神经轴突（squid giant axon）内可提高神经递质的释放，提示突触素Ⅰ被 CaMKⅡ磷酸化可以介导 Ca^{2+} 依赖性短时程突触前可塑性。

所有突触素 N- 末端丝氨酸残基对突触可塑性有重要的作用，当该残基被环磷酸腺苷依赖的蛋白激酶（cAMP-dependent protein kinase，PKA）和 CaMKⅡ磷酸化后，导致突触囊胞从膜上分离，并控制突触素与囊胞的连接。突触素Ⅰ和Ⅱ在短时程可塑性中起重要的作用，但如只缺Ⅰ或Ⅱ对突触传递影响很小，而两者同时缺失可导致 PTP 大幅度减弱。

在小鼠中敲除 GTP 结合蛋白 Rab3a 的基因，可以升高重复刺激过程中突触传递抑制率，这是由于神经末梢每一动作电位引起突触囊胞释放数目增加，进而导致突触囊胞的耗竭。单一敲除突触素Ⅱ或者同时敲除突触素Ⅰ和Ⅱ可明显引起突触囊胞库减少，从而引起短时程抑制。

2. 突触前受体调控递质的释放　外来因素如神经递质和激素作用于突触前受体也常影响突触前末梢的递质释放。突触前受体有离子型的，如烟碱样 ACh 受体（nicotinic acetylcholine receptor）和 $GABA_A$ 受体，也有代谢型 GPCR。这些突触前受体可以是自身受体，被神经末梢本身释放的递质激活；也可以是被其他神经末梢释放递质所激活的受体。1961 年，Dudel 和 Kuffler 用小龙虾（crayfish）神经肌肉接头为样本，报道了短时程突触前抑制的机制，抑制性神经元释放的 GABA 作用于神经末梢的 GABA$_A$，产生突触前抑制，使神经末梢兴奋性下降，神经末梢释放兴奋性递质谷氨酸减少。突触前受体的激活也可引起突触前易化，如突触前烟碱样受体激活可以增加 ACh 和谷氨酸的释放，可能是烟碱样受体激活引起 Ca^{2+} 内流增加，提高了神经末梢内 Ca^{2+} 浓度。

（1）突触前抑制：最常见一种突触前抑制是突触前代谢型 GPCR 介导的短时程异突触可塑性，这种受体介导的 G 蛋白激活通过两种机制引起神经递质释放减少：或抑制突触前末梢 Ca^{2+} 浓度升高，或直接调控突触前释放。神经递质可通过抑制 Ca^{2+} 通道，使 Ca^{2+} 内流减少而引起突触前抑制。去甲肾上腺素（norepinephrine，NE）作用于突触前肾上腺素能 α2 受体，抑制了神经末梢上的 N 型 Ca^{2+} 通道，使自身末梢释放减小。应用 Ca^{2+} 成像技术观察到在许多形式的突触前抑制过程中，突触前神经末梢 Ca^{2+} 内流减少。用膜片钳技术直接记录到了 G 蛋白激活后抑制了突触前神经末梢 Ca^{2+} 通道。GPRC 激活后可以抑制突触前 Ca^{2+} 通道，也能激活突触前的钾通道，增大钾电流后加快动作电位复极化进而减少 Ca^{2+} 内流。

调节 Ca^{2+} 内流以后的下游环节也可以引起突触前抑制。激活海马神经元突触前腺苷受体（presynaptic adenosine receptor）、GABA$_B$ 受体和 δ-阿片受体（δ-opioid receptor），也可以引起突触前抑制。尽管引起突触前抑制 Ca^{2+} 内流的下游环节仍然不是很清楚，但是已知 Ca^{2+} 内流与这些突触前抑制无关系，因为直接给予 Ca^{2+} 使突触前 Ca^{2+} 浓度升高时，上述三种受体激活后仍然引起突触自发释放活动频率降低。

（2）突触前易化：突触前代谢型受体激活也可引起递质释放的增加，例如 5- 羟色胺（5-hydroxytryptamine，5-HT）作用于海兔感觉-运动神经元突触前 5-HT 受体，引起突触前递质释放增加。与突触前抑制机制相似，5-HT 通过两种机制引起神经递质释放增加：升高突触前末梢 Ca^{2+} 浓度，或直接调控突触前释放机制，或两者皆有。有三种途径增加突触前 Ca^{2+} 浓度：①直接调控突触前 Ca^{2+} 通道；②调控突触前钾通道使动作电位变宽，间接引起 Ca^{2+} 内流增加；③调节突触前神经元胞内钙库释放 Ca^{2+}。用药理学的方法阻断钾通道或者直接注射电流到突触前末梢，变宽突触前动作电位，能显著增加突触前神经末梢 Ca^{2+} 内流和神经递质的释放。神经末梢动作电位引起 Ca^{2+} 通道开放概率的

增加和开放时间的延长，都能导致 Ca^{2+} 内流增加。突触前神经末梢 Ca^{2+} 浓度上升 20% 能引起大幅度神经递质的释放（约增加 100%）。

3. 海兔感觉-运动神经突触前易化引起的行为致敏　Kandel 等长期用低等海洋生物海兔（*Aplysia californica*）研究学习和记忆，非伤害性刺激作用于虹吸管皮肤时，会引起海兔的鳃回缩，即鳃缩反应。在反复同样的刺激后，鳃缩反应会减弱，这个过程是习惯化。当强的伤害性刺激作用于海兔尾部时，海兔鳃缩反应增强，引起致敏。致敏行为是海兔为了更好地适应环境而作出的保护性反射。其细胞机制是由于调制神经元释放 5-HT，增加感觉-运动神经突触传递，原因是感觉神经元末梢 Ca^{2+} 内流增加和 Ca^{2+} 内流以后的下游环节受到调制而引起神经递质释放增加（图 5-7-2）。海兔的致敏行为被认为是突触可塑性增强为基础的一种学习记忆的过程，可以用来研究学习和记忆的神经基础。

在 20 世纪 70 年代的研究发现 5-HT 能使海兔突触前感觉神经元胞体动作电位的时程变宽，电压钳箝显示 5-HT 的主要作用是减少细胞膜上慢激活

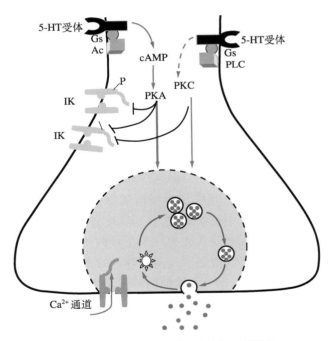

图 5-7-2　海兔神经递质释放的短时程易化

5-HT 作用于两种 GPCR 受体，通过 Gs 和 Go 蛋白，分别激活 PKA 和 PKC 信号通路。PKA 磷酸化钾通道，对钾电流起下调作用，动作电位时程延长，使 Ca^{2+} 内流增加、递质-谷氨酸释放增多；PKA 也能直接作用于递质释放机制，使含递质的囊胞移动至末梢活动带的可释放递质库，易化递质释放；并使末梢 L- 型 Ca^{2+} 通道开放。PKC 直接作用于释放机制，促使递质囊胞移动至末梢的可释放递质库，同时也能使突触前末梢 L- 型 Ca^{2+} 通道开放，使末梢释放谷氨酸增加（改自参考文献中的综述 13）

外向钾电流，由此导出简单的假说：突触前易化是由于动作电位变宽的缘故。膜片钳工作显示神经元膜上有一种在静息电位下开放的背景钾电流（Ik，s），5-HT 关闭该电流。伤害性刺激使中间神经元释放 5-HT，与管理鳃缩反射的突触前感觉神经元上的 5-HT 受体结合，激活腺苷酸环化酶使胞内的 cAMP 浓度升高，cAMP 激活 PKA，后者对背景钾电流通道本身或与通道偶联的蛋白直接磷酸化而关闭该钾通道，其结果是增加感觉-运动神经突触传递，导致鳃缩反射增强。尽管背景钾电流最初被认为介导了动作电位时程的变宽，后来的工作显示该电流更重要的作用是减少静息钾电导和增加感觉神经元的兴奋性。20 世纪 90 年代以来的工作表明，动作电位时相变宽是由于细胞膜上的延迟整流钾电流（Ik，v）减少所致，5-HT 激活 PKA 和 PKC 后减少延迟整流钾电流。PKC 主要在动作电位变宽的晚时相起作用，而 PKA 的磷酸化主要贡献在动作电位变宽的早时相。电压钳实验的工作支持上述动作电位变宽引起突触前易化的假说，感觉神经元胞体去极化可引起末梢释放神经递质，5-HT 引起突触前动作电位时程 10%～20% 的增加能够造成递质释放升高 150%～200%。如果用电压钳固定去极化的时程，5-HT 将不能增加神经递质的释放。用钙成像技术研究体外培养的感觉-运动神经元突触，发现 5-HT 确实能提高突触前末梢的 Ca^{2+} 内流，突触前易化与神经末梢 Ca^{2+} 内流相关联，Ca^{2+} 内流越多，突触前易化程度越大。

哪些第二信使参与 5-HT 引起的突触前易化作用？5-HT 能激活 PKA 和 PKC 信号通路并通过它们引起突触前易化作用。PKA 和 PKC 的易化作用又取决于突触的功能状态。突触活动强时，其易化作用在很大程度上被 PKA 特异性抑制剂所阻断，而 PKC 通路的抑制剂对易化作用几乎没有影响；在受压抑的突触，PKA 抑制剂基本上不能阻断突触前易化作用，而 PKC 起重要作用。

电击海兔尾部的在体研究或者给予 5 分钟 5-HT 处理的培养感觉-运动神经突触标本，非伤害性刺激引起的鳃缩反射增强和突触传递的增加能够持续几分钟，但最终会回到刺激前的水平。而反复电击尾部或者多次给予 5-HT，能使鳃缩反射增强和递质释放增加至 24 小时以上，这种效应被称为长时程易化作用（long-term facilitation，LTF），这是由于重复的强刺激或者多次给予 5-HT 使胞浆内 PKA 和 MAP 激酶转移到细胞核内，PKA 通过

MAP 激酶使 CREB-2 蛋白对 CREB-1 蛋白去抑制，活化的 CREB-1 蛋白激活几种即早基因转录，即早基因的蛋白水解酶产物对 PKA 调节亚单位进行蛋白水解，引起长时间 cAMP 非依赖性的 PKA 激活。与短时程易化不同的是，LTF 形成过程有形态学变化：持续形成新的神经末梢，并增加突触前、后接触面积。这种新的蛋白合成所致的新突触结构形成，是由于活化的 CREB 蛋白 C/EBP 的转录因子，该因子与 DNA 反应因子 CAAT 结合，激活基因使蛋白合成依赖的新的突触形成。

三、突触后可塑性机制

突触后膜对突触前末梢神经递质反应的变化能引起突触传递效能的改变，包括功能性受体数目增减、递质与受体结合效能的变化。最常见突触后可塑性机制是通过离子型受体上的丝氨酸/苏氨酸磷酸化或酪氨酸的磷酸化。

1. 烟碱样胆碱能受体的磷酸化及调制　烟碱样胆碱能受体（nicotinic acetylcholine receptor，nAChR）是第一个被发现的能够被蛋白激酶磷酸化的受体通道，该受体是一个由四种亚基组成的五聚体：两个 α 和各一个 β、γ 和 δ，每个亚基包括一个细胞外的 N 末端、四个跨膜片段（M1-4）和一个细胞外的 C 末端，每个 nAChR 有两个由 α 亚基与 γ 亚基或者与 δ 亚基所形成的 ACh 结合位点（图 5-7-3）。

几种蛋白激酶如 PKA、PKC 和蛋白酪氨酸激酶（PTK）能磷酸化 nAChR 的亚基，所有的磷酸化位点位于细胞内第三与第四跨膜片段（M3 和 M4）连接环上，磷酸化的主要作用是提高受体的脱敏速率，减少受体功能活动。多数情况下 nAChR 功能的磷酸化研究主要是采用蛋白激酶激动剂的药理学方法进行的，也有实验描述了受体磷酸化的生理过程。在神经肌肉接头，降钙素基因相关肽（CGRP）能与 ACh 一起被运动神经末梢释放，CGRP 与肌肉膜上的 GPCR 结合，升高肌肉内 cAMP 水平，激活 PKA 后磷酸化 nAChR γ 和 δ 亚基，增加 nAChR 受体的脱敏速率。ACh 本身也可作为一种调质，ACh 与 nAChR 结合造成大量 Ca^{2+} 通过 nAChR 内流，激活胞内 PKC 信号通路，磷酸化 nAChR 受体后使其活动下降。

2. GABA_A 受体磷酸化及调制　离子型 GABA_A 受体也受几种蛋白激酶磷酸化，从而调制受体功

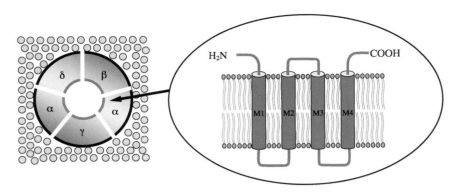

图 5-7-3 烟碱样胆碱能受体模式图

nAChR 是一个由四种亚基组成的五聚体：两个 α 亚基、一个 β 亚基和 γ 亚基以及一个 δ 亚基，每个亚基包括一个细胞外的 N 末端、四个跨膜片段（M1-4）和一个细胞外的 C 末端，每个 nAChR 有两个由 α 亚基与 γ 亚基或者与 δ 亚基所形成的 ACh 结合位点

能。GABA$_A$ 受体是一个由三种亚基组成的五聚体：α、β 和 γ，每个亚基包括一个细胞外的 N 末端、四个跨膜片段（M1-4）和一个细胞外的 C 末端，所有的磷酸化位点位于细胞内第三与第四跨膜片段（M3 和 M4）连接环上，PKA、PKC、CaMK II，及 cGMP 依赖的蛋白激酶能磷酸化 β 亚基上的丝氨酸残基，PKC 和 CaMK II 也能够磷酸化 γ 亚基上的丝氨酸残基。此外，v-Src 酪氨酸激酶也能磷酸化 γ 亚基上的酪氨酸残基。

GABA$_A$ 受体被磷酸化后，通常减弱 GABA 激活的电流，例如 PKA 磷酸化受体 β 亚基一个丝氨酸后，引起受体功能的降调作用并加快受体的脱敏过程。而 PKA 通过激活 GPCR，增大视网膜神经元和小脑蒲肯野神经元的 GABA 激活电流幅度，尚不清楚该效应是 GABA$_A$ 受体被直接磷酸化的结果，还是其他调节蛋白被磷酸化的间接作用。

3. 离子型谷氨酸受体磷酸化及调制 离子型谷氨酸受体（ionotropic glutamate receptors，iGluRs）

包括 AMPA 受体和海人藻酸（kainate）受体和 NMDA 受体三种亚型，AMPA 受体和海人藻酸受体也统称为非 NMDA 受体。这类受体分别都是各自由同源亚基构成的四聚体通道，AMPA 受体由 GluA1-4 亚基组成的四聚体，NMDA 受体则主要由两个 GluN1 和两个 GluN2A-D 亚基组成，海人藻酸受体由 GluK1-5 亚基组成的四聚体。所有离子型谷氨酸受体亚基具有相似的膜拓扑学结构，它们都有很长的 N 末端并有三个跨膜片段 M1、M3 和 M4，M2 片段进入细胞膜又反折回细胞内形成一个内孔环，C 末端位于细胞内，受体的谷氨酸结合位点由 N 末端的 S1 片段和 M3 与 M4 之间的连接环链 S2 片段组成（图 5-7-4）。

三种谷氨酸受体都能直接被丝氨酸/苏氨酸和酪氨酸激酶磷酸化，其磷酸化的位点位于受体的细胞内 C 末端，例如 PKA 和 PKC 能分别磷酸化 AMPA 受体 GluA1 亚基 C 末端上不同丝氨酸。

（1）非 NMDA 受体：有证据表明，多巴胺

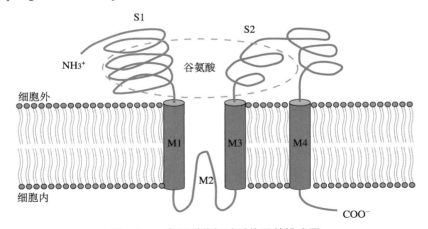

图 5-7-4 离子型谷氨酸受体亚基模式图

离子型谷氨酸受体包括 AMPA 受体、海人藻酸受体和 NMDA 受体，它们的亚基都具有相同的结构模式：很长的 N 末端位于细胞外（S1 片段），C 末端很短且位于细胞内侧，M1、M3 和 M4 分别是三个跨膜片段，M2 从细胞内侧进入细胞膜后又折返回细胞内，M3 通过 S2 片段在细胞外与 M4 相连，S1 和 S2 片段共同组成受体的配基结合位点

激活 PKA 后磷酸化视网膜细胞（retinal horizontal cells）的非 NMDA 受体（主要指包括 AMPA 和 KA 受体），增大非 NMDA 受体所介导的电流。直接激活 PKA 也能增大中枢神经元的非 NMDA 受体激动剂所诱导的电流。

PKA 对 AMPA 受体的基态磷酸化在维持正常水平的受体功能中起重要作用。在电生理实验的全细胞记录过程中，常能观察到非 NMDA 电流有明显的衰减，而 PKA 能阻止上述现象的发生，提示非 NMDA 受体的去磷酸化导致电流的衰减。PKA 主要的磷酸化位点在 AMPA 受体 GluA1 亚基 C 末端第 845 号丝氨酸。PKA 磷酸化 GluK2 亚基 C 末端第 686 号丝氨酸后能增大受体激动剂引起的非 NMDA 电流。

CaMK Ⅱ 也调制 AMPA 受体，增大谷氨酸激活的电流，CaMK Ⅱ 直接磷酸化 GluA1 亚基 C 末端上的第 831 号丝氨酸，从而提高 AMPA 受体的功能，这种 AMPA 电流的增大是磷酸化引起高电导的受体通道开放频率增高的结果。PKA 和 CaMK Ⅱ 磷酸化 AMPA 受体在哺乳动物海马的长时程突触可塑性中有重要作用。

（2）NMDA 受体：多种蛋白激酶能够调制 NMDA 受体，与 AMPA 受体相似，PKA 依赖的磷酸化对海马神经元 NMDA 受体功能的维持有重要作用。在细胞膜上与 NMDA 受体相邻的磷酸酶也对 NMDA 受体基态磷酸化有调制作用，因为磷酸酶抑制剂增大 NMDA 受体所介导的电流。磷酸酶的活性受到神经活动的调节，突触传递过程中 Ca^{2+} 内流激活 Ca^{2+} 依赖性磷酸酶 calcineurin，降低 NMDA 受体的活动，激活 β- 肾上腺能受体能够阻止上述抑制效应。另外，钙调蛋白直接与 GluN1 亚基 C 末端上抑制性位点结合，也能够降低 NMDA 受体的功能，此作用不依赖于受体磷酸化状态。

磷酸化 NMDA 受体上的酪氨酸，也可调节 NMDA 的功能活动。酪氨酸激酶的抑制剂能够降低海马神经元 NMDA 受体所介导的电流的幅度，而酪氨酸磷酸酶抑制剂则增大 NMDA 受体所介导的电流，说明内源性酪氨酸磷酸化和去磷酸化共同调节 NMDA 受体的功能。细胞内酪氨酸激酶 Src 和 Fyn 对 NMDA 受体有调制作用，Fyn 能与突触后蛋白 PSD-95 结合，PSD-95 又与 GluN2 亚基 C 末端相联系，其结果是 Fyn 可与 NMDA 受体相互作用；Src 通过磷酸化 GluN2A 亚基 C 末端上三个酪氨酸，增大 NMDA 受体所介导的电流幅度；上述磷酸化

还可减少由细胞外 Zn^{2+} 与 NMDA 受体结合后对 NMDA 受体的紧张性抑制。

四、突触效能的长时程增强

1. NMDA 受体依赖性的长时程增强　研究最为广泛深入的突触可塑性是海马 CA1 区的 NMDA 受体依赖的长时程增强（long-term potentiation，LTP），这是由于以下证据：①损毁啮齿类动物、高等灵长类动物和人的海马后发现，海马作为一个中枢神经系统关键的结构在学习记忆中发挥初始存储器的作用。②LTP 与记忆有很多共同特点，比如 LTP 能够很快地产生并伴随重复刺激，其效应在强度上得到提高、在时间上更加持久。LTP 具有输入特异性的特性，即 LTP 主要产生于受刺激的传入神经纤维相应的突触，而不是产生于同一突触后神经元上的邻近突触，LTP 的输入特异性使得神经网络储存信息的容量得以大幅度提高。LTP 另一个特征是协同性，即一个弱刺激本身不能产生 LTP，但当一个强刺激在同一突触后神经元的邻近突触引发 LTP 后，弱刺激也能够产生 LTP，LTP 协同性可能是回忆的结构基础。③LTP 在离体海马脑片标本上很容易诱导产生，有利于对 LTP 进行研究分析。如图 5-7-5 和图 5-7-6 所示，已知 LTP 的细胞机制主要是从离体脑片中两类兴奋性突触的实验中得到的，包括 Schaffer 侧枝纤维与 CA1 区锥体神经元的顶树突之间形成的兴奋性突触和海马齿状回颗粒细胞的苔藓纤维末梢（mossy fiber terminals）与 CA3 区的锥体神经元树突形成的兴奋性突触。根据 LTP 产生的时程，可以将 LTP 分为诱导、表达和维持三个阶段。

除了在海马不同区域的兴奋性突触观察到 LTP 外，在哺乳类动物脑内的兴奋性突触都能够观察到 LTP 现象，如皮质所有区域包括视皮质、体感皮质、运动皮质和前额叶皮质，以及皮质外结构如杏仁复合体、丘脑、新纹状体、伏隔核、腹侧被盖区和小脑。LTP 除了与学习和记忆有关外，在不同的脑区 LTP 可能还发挥不同的功能。

（1）NMDA 受体和 Ca^{2+} 的作用：1973 年 Bliss 和 Lomo 首次报道，刺激清醒家兔穿透纤维后在海马齿状回能够记录到突触传递的长时程增强。此后，Collingridge 及同事发现 NMDA 受体在诱导 LTP 产生过程中起着关键作用。谷氨酸 AMPA 受体是一个单价阳离子（Na^+，K^+）能够通过的通

道，在细胞膜的静息电位水平附近，作为神经递质的谷氨酸与 AMPA 受体结合后主要引起 Na⁺ 内向电流。而 NMDA 受体具有很强的电压依赖性，细胞外的 Mg^{2+} 在静息膜电位水平能够阻塞 NMDA 受体通道，所以 NMDA 受体基本上不参与低频突触活动中突触后反应。然而，当细胞去极化时，Mg^{2+} 与

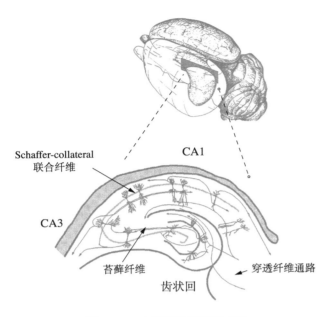

图 5-7-5   大鼠海马结构模式图

海马是皮质的一个组成部分，发育上比新皮质先，组织上有三层结构。海马本身由 CA1 区、CA3 区和齿状回三个部分组成，其中 CA1 区和 CA3 区的主要神经元是锥体细胞，齿状回的主要神经元是颗粒细胞。主要的兴奋性联系：内嗅皮质（entorhinal cortex）→穿透纤维通路→齿状回→苔藓纤维→ CA3 → Schaffer-collateral 联合纤维→ CA1 →海马白质→内嗅皮质

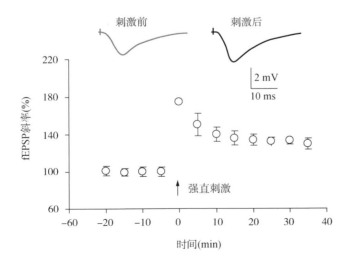

图 5-7-6   离体海马脑片中 CA3-CA1 突触的 LTP 表达

短暂强直刺激 Schaffer-colateral 联合纤维（100 Hz, 1 s, 两串脉冲），在 CA1 区能够记录到幅度和斜率增大的场电位，这种增强的突触反应被称为 LTP，通常在强直刺激引起 LTP 表达后 30 分钟，突触传递的增强仍然比刺激前高出 30% 以上

NMDA 受体通道内的结合位点解离，Ca^{2+} 和 Na^+ 通过 NMDA 受体内流到神经元的树突棘（图 5-7-7），细胞内 Ca^{2+} 浓度的升高足够引发 LTP 的产生，因此诱导 LTP 产生的必要条件是激活突触后神经元的 NMDA 受体。通常用两种实验方法来诱导海马 CA1 区的 LTP 的产生，一是用 25 ～ 100 Hz 的高频刺激其传入纤维，二是用低频刺激突触前传入纤维并同步化地给突触后锥体细胞注射电流，使其去极化。

大量的证据支持上述 LTP 产生的模型。例如 NMDA 受体特异性的拮抗剂对基础状态的突触传递只有很小的影响；导入 Ca^{2+} 螯合剂到突触后细胞内阻止内 Ca^{2+} 升高能够妨碍 LTP 的产生；相反增加突触后神经元的 Ca^{2+} 浓度可模拟诱导 LTP；应用钙成像技术发现 NMDA 受体激活后能够显著性升高树突棘内的 Ca^{2+} 水平，Ca^{2+} 在突触后神经元内仅仅需要持续 1 ～ 3 秒钟的升高就能足够诱导 LTP 的产生。

当 NMDA 受体激活造成突触后 Ca^{2+} 浓度升高不足以到达诱导 LTP 产生的阈值时，可以造成突触短时程增强（STP）。另外，在突触活动维持在低频水平 5 ～ 20 分钟后回到基础水平，也可以引起突触的长时程抑制现象（long-term depression，LTD）。任何能够造成突触后树突棘内 Ca^{2+} 水平的升高或者

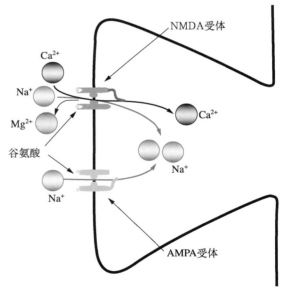

图 5-7-7   NMDA 受体依赖性 LTP 诱导模型

在正常突触传递过程中，突触前末梢释放的谷氨酸作用于突触后 AMPA 和 NMDA 受体，Na^+ 通过激活 AMPA 进入细胞内，而 Mg^{2+} 堵塞 NMDA 受体使 Na^+ 不能够通过该通道进入细胞内。突触后细胞去极化解除 Mg^{2+} 对 NMDA 受体通道堵塞，允许 Na^+ 和 Ca^{2+} 通过 NMDA 受体通道进入树突棘，从而触发 LTP 形成（修改自参考文献中的综述 13）

改变 Ca^{2+} 动力学性质的实验操作，都可以影响突触的可塑性，例如激活电压依赖性的 Ca^{2+} 通道也升高突触后 Ca^{2+} 离子水平，从而触发 LTP、STP 或者 LTD。也许是 Ca^{2+} 通道在突触后神经元空间分布的缘故，通过 Ca^{2+} 通道诱导 LTP 的机制不同于 NMDA 受体依赖性 LTP 的形成。

（2）LTP 诱导机制：有许多信号分子参与了细胞内第二信使—Ca^{2+} 离子的信号转导，但仅其中部分的信号分子在 LTP 过程中起作用。一些信号分子对 LTP 形成有直接的作用，另一些分子对 LTP 起调节作用。例如，能使 NMDA 受体活动升高或者降低的任何措施都能增加或者减小诱导 LTP 形成的能力，尽管这些措施可能在 LTP 形成过程中是不必要的。能够影响突触后去极化的因素，比如钾通道的开与关，也能影响 LTP 产生的能力。因此，判断信号分子是否与 LTP 形成有关，应该满足以下的条件：首先，诱导 LTP 产生的刺激能够产生或者激活该信号分子，不能诱导 LTP 产生的刺激不能够产生或者激活该信号分子；其次，阻断该信号分子参与的信号通路后，能够阻断 LTP 的产生；最后，激活该信号分子参与的信号通路，在没有 LTP 的诱导刺激时，也能够导致 LTP 的形成。

CaMK II 在 LTP 形成过程中起着一个关键分子的作用。在突触后致密带（postsynaptic density，PSD）中有高浓度的 CaMK II，当第 286 位点上的苏氨酸自我磷酸化后，CaMK II 的活性不再依赖钙–钙调蛋白。用 CaMK II 抑制剂或者敲除 CaMK II 后，能够阻碍 LTP 的产生。敲除 CaMK II 后，小鼠的脑内仍然可以诱导出只有正常小鼠一半的 LTP，提示除了 CaMK II 外，其他激酶在 LTP 形成中可能有重要作用。CaMK II 除了在 LTP 诱导过程中起作用外，还有其他的作用，不论是过量表达还是敲除 CaMK II 的小鼠，都是出生数周后才被用于实验研究，在相关突触中有可能出现生物化学方面的代偿变化。

触发 LTP 产生后存在 CaMK II 的自我磷酸化，使与 PSD 相连的 AMPA 受体 GluA1 亚基磷酸化。定点突变 CaMK II 第 286 位点上的苏氨酸后，CaMK II 不能够自我磷酸化，用这样突变的 CaMK II 取代正常内源性的 CaMK II 后，能够有效阻断 LTP 的产生。

其他几种蛋白激酶在 LTP 诱导过程中也起着作用，但没有一个分子能有 CaMK II 那样强的实验证据。激活后的 PKA 通过降低蛋白磷酸酶的活性间接地增加 CaMK II 的作用，PKA 可能在蛋白合成晚时相的 LTP 中起重要作用。PKC 也可能起着与 CaMK II 类似的作用。PKC 的抑制剂能够阻断 LTP 的产生，导入 PKC 到 CA1 的锥体细胞内可增强突触传递。尚不清楚 PKC 是否利用了与 CaMK II 一样的机制来增强突触传递的。Fyn 和 Src 等细胞内酪氨酸激酶以及 MAP 激酶也在 LTP 的形成过程中起作用，Src 通过提高 NMDA 受体的功能活动而 MAP 激酶通过降调钾通道的作用，参与了突触 LTP 触发过程。

逆行性信号分子也可能在 LTP 产生过程中起作用，这类物质在突触后神经元产生后被释放到突触间隙，弥散到突触前神经元，增加突触前神经末梢释放递质。

（3）LTP 表达机制：人们争论的一个焦点是 LTP 表达主要在突触前还是突触后。回答这个问题的障碍主要是技术上的困难，在神经网络中的一个神经元上有 10 000 个或以上的突触，很难观察单突触变化。人们普遍认为最简单的突触后机制是 AMPA 受体功能和（或）数量的变化诱导了 LTP 的产生，与此相对的是突触前递质释放概率的变化为最简单的突触前机制。当然，神经元间新的突触形成是介导 LTP 产生的第三种可能性。

20 世纪 80 年代发现诱导产生 LTP 后，细胞外的谷氨酸水平升高。因为 LTP 的诱导是由突触后 NMDA 受体开放造成的，人们推测突触后释放的某些逆行性分子导致 LTP。后来的研究发现对实验结果的解释有误差，另外有关逆行性分子的实验结果难以重复。迄今人们仍然不确信已有的技术是否能够精确地测定出突触释放的谷氨酸水平。

研究 LTP 被表达在突触前还是突触后的实验方法，绝大多数采用的是电生理分析，在这个领域一些主要电生理实验室对 LTP 产生机制有一定程度的认同性，尽管不同实验室结果仍存在不一致。AMPA 与 NMDA 受体通常共存于同一突触上，因此增加谷氨酸释放可能同等地增大由 AMPA 和 NMDA 受体介导的突触电流，然而，大多数研究人员发现在 LTP 诱导过程中，AMPA 受体介导的兴奋性突触后电流明显大于 NMDA 受体介导的兴奋性突触后电流，这个结果强烈提示 LTP 表达是由于 AMPA 受体的增加造成的。

在 LTP 形成过程中是否存在递质释放概率的变化，一些人认为有变化，另一些学者则认为没有。假设 LTP 的形成主要是由于递质释放的增加所致，那么在递质释放概率极高的突触上，LTP 不应该产生或者很小，事实上在非常年轻海马突触上能够找到支持上述假说的证据，通过降低细胞外液 Ca^{2+} 浓度来减少突触递质释放概率，此时才能够检测出 LTP，在年老的海马脑片上，用药理学的办法增加递质释放概率，对 LTP 没有影响。

大量的电生理和生物化学证据显示，在 LTP 形成过程中突触后功能是明显增强的。假定每一突触囊泡内神经递质的量是固定的，那么自发兴奋性突触后电流的大小就反映了 AMPA 受体功能和（或）数量的增加，事实上在 LTP 形成过程中，AMPA 电流是增大的，短暂地给予 NMDA 或者反复激活 Ca^{2+} 通道，都使树突棘内 Ca^{2+} 水平升高，其结果也是使 AMPA 电流增大。检测 AMPA 受体改变的更为直接的办法是测定直接给予 AMPA 受体激动剂所诱导的 AMPA 电流的大小，研究结果证实在 LTP 过程中 AMPA 受体激动剂引起的 AMPA 电流是增大的。

综上所述，AMPA 受体反应性的提高是形成 LTP 的主要机制之一。那么，AMPA 受体反应性是如何提高的呢？AMPA 受体 GluA1 亚基的磷酸化是原因之一。CA1 的锥体细胞 AMPA 受体主要由 GluA1 和 GluA2 亚单位组成，CaMKⅡ磷酸化 GluA1 亚基第 831 位点上的丝氨酸，PKA 则磷酸化第 845 位点上丝氨酸。LTP 的过程中伴随着 831 位点磷酸化的增强，CaMKⅡ抑制剂能够阻断上述效应，831 位点磷酸化能够增大 AMPA 受体单通道的电导，在 LTP 过程中 AMPA 受体单通道的电导值的确是增大的，提示 CaMKⅡ依赖的 AMPA 受体 GluA1 亚基磷酸化参与了 LTP 形成，敲除 GluA1 能够阻止小鼠 CA1 锥体细胞 LTP 的形成，这一发现支持 AMPA 受体 GluA1 在 LTP 形成过程中起重要作用。

（4）沉默突触：尽管已有的实验证据强烈提示突触后机制参与了 LTP，但也有数据显示 LTP 形成是递质释放概率的升高所致。当动作电位到达神经末梢时，就单一突触而言，递质量子性释放概率仅为 10% ～ 40%。因此，出现突触传递"丢失"。LTP 能够引起突触传递"丢失"比例下降，假定这种突触传递"丢失"是由于动作电位没能引起神经递质释放，那么 LTP 引起突触传递"丢失"比例的下降可以被解释为在 LTP 中神经递质释放概率是增加的。

支持递质释放概率增加是 LTP 形成的主要实验证据是来自对单突触传递的研究。Stevens 和 Siegelbaum 两个实验室发现，LTP 诱导产生后，不仅单突触传递"丢失"比例下降，而且更为重要的是 LTP 形成前后，可记录的 EPSC（excitatory postsynaptic currents）电流幅度没有变化，如果在 LTP 形成过程中存在突触后调节机制，那么这种 EPSC 电流幅度就应该增大，上述观察说明 LTP 是突触前递质释放增加所致。

然而，上述突触前的实验结果很难被重复。Malinow 实验室曾发现，AMPA 受体介导 EPSC 的变异系数是明显高于 NMDA 受体介导 EPSC 的变异系数，提示突触释放的谷氨酸激活含 NMDA 受体的突触数目多于含 AMPA 受体突触，最简单的解释是，一些突触只表达 NMDA 受体，而另一些突触表达 AMPA 和 NMDA 两种受体。只表达 NMDA 受体的突触在细胞膜超极化电位下，在功能上表现为"静息状态"，即无电流通过 NMDA 通道，当突触前释放的谷氨酸作用于 NMDA 受体，不能够引起突触反应。如果在上述"沉默"突触中存在着活动诱导性 AMPA 受体的表达，就可以在这类"沉默"突触上引发 LTP，理论上可以解释为什么在 LTP 过程中伴随着突触前递质释放的变化，LTP 诱导"沉默"突触向"功能"突触转变的假说，并不能解释单突触研究中 LTP 形成前后为什么 EPSC 电流幅度没有变化。

有证据支持上述"沉默"突触的假说：①电生理实验中，仅能记录到由 NMDA 受体介导的 EPSC 的突触，在给予能诱导 LTP 的措施后，在同一突触上能够记录到 AMPA 受体介导的 EPSC。②运用免疫金标记（immunogold labeling）电子显微镜方法，发现一定比例的发育中海马和海马培养神经元上，不能检测到 AMPA 受体，相反在所有海马突触上存在 NMDA 受体。在不表达 NMDA 受体依赖性 LTP 的突触上，总存在一定数量的 AMPA 受体。③在表达了外源性重组 GFP（绿色荧光蛋白）-GluA1 融合蛋白神经元，激活 NMDA 受体后升高树突棘上荧光度。王玉田和 McDonald 的实验室通过建立甘氨酸–诱发 LTP 的方法首次证明了 LTP 表达是有内源性 AMAP 受体从细胞内快速转运到突触后膜。相反，在培养海马神经元上用延长的低频刺激诱发的 NMDA 受体依赖性的长时程抑制［long-term depression（LTD），后面详叙］引起 AMPA 受体从突触上"丢失"，提示突触活动的变化可以引起突触上 AMPA 受体的重新分布。④在突触上，AMPA 和 NMDA 受体与不同的蛋白相互作用，显示它们可能受不同的机制调节。⑤突触后细胞膜融合的蛋白能够与 AMPA 受体相互作用，干扰突触后细胞膜融合能阻止 LTP 的产生，提示细胞膜融合是 AMPA 受体插入到细胞膜表面的重要机制。

图 5-7-8 的简单模型所示即 AMPA 受体的磷酸化和在突触膜上转运表达与聚集导致 LTP 的形成。尽管不清楚在突触膜上活动依赖性 AMPA 受体是怎样转运表达的，但有结果显示，直接激活 NMDA 受体后引起 dynamin 依赖的 AMPA 受体入胞活动，并且存在一个 AMPA 受体库，使得 AMPA 受体能够快速进出 PSD。培养海马 CA1 锥体细胞过量表达 CaMK II 或者诱导 LTP 后，观察到由 GluA1 亚基组成的 AMPA 受体插入突触细胞膜。在 LTP 形成中补充到 PSD 的 AMPA 受体到底来自何处？可能的解释是来自树突棘的细胞浆、邻近 PSD 细胞膜上的 AMPA 受体，及树突棘基底的树突干，目前形态学的研究大多支持后一种假说。

基于 NMDA 受体对谷氨酸的亲和力远高于 AMPA 受体的事实，对上述简单的沉默突触假说可作出不同的解读。根据"溢出"学说，在一个突触所释放的谷氨酸可以扩散到邻近的突触，由于扩散过程导致谷氨酸浓度下降，低浓度的谷氨酸仅仅选择性激活邻近突触上的 NMDA 受体，Richard W. Tsien 认为，由于囊胞与突触前膜不完全融合，引起囊胞中的谷氨酸以较低的速度流入突触间隙，使突触间隙中的谷氨酸浓度变低，选择性激活沉默突触上的 NMDA 受体，LTP 的产生是由于突触囊胞从不完全融合到完全融合造成高浓度的谷氨酸激活 AMPA 受体所致。

2. NMDA 受体非依赖性的长时程增强　有一些突触上的 LTP 不依赖于 NMDA 受体的激活。对后者的研究主要集中于海马齿状回颗粒细胞的苔藓纤维末梢与 CA3 区的锥体神经元近段树突间突触上，也见于小脑颗粒细胞与蒲肯野细胞间突触和皮质与丘脑间突触。

给予 NMDA 受体拮抗剂后仍然能够诱导出 LTP。有两者解释：一是苔藓纤维的 LTP 可能由突触前机制介导，二是激活非 NMDA 受体造成突触后内 Ca^{2+} 升高。以 Roger A. Nicoll 为代表的学者认为苔藓纤维的 LTP 是不依赖于突触后 Ca^{2+} 和细胞膜电位变化的，而以 Daniel Johnston 为代表的学者不同意上述观点，他们的结果显示，突触后内 Ca^{2+} 增加能够触发 LTP 的产生，这种突触后内 Ca^{2+} 增加是因为突触后 Ca^{2+} 通道的激活导致 Ca^{2+} 内流或者代谢型谷氨酸受体激活引起细胞内钙库释放 Ca^{2+} 的缘故。

一些精细操作的实验结果支持苔藓纤维的 LTP 是由突触前机制介导的观点，除了海马齿状回颗粒细胞的苔藓纤维末梢与 CA3 区的锥体细胞近段树突形成突触外，侧枝纤维与 CA3 区的锥体细胞远段树突形成突触，在后者的突触能够诱导出典型的 NMDA 受体依赖性 LTP。记录单个 CA3 细胞上突触反应时，这种反应包括了苔藓纤维和侧枝纤维两

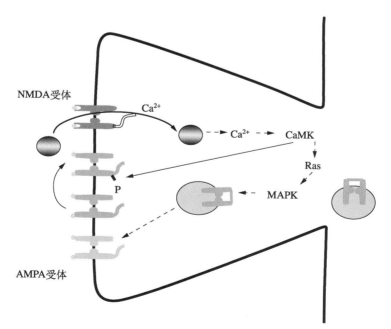

图 5-7-8　**NMDA 受体依赖性 LTP 中突触后沉默突触的激活**
Ca^{2+} 通过 NMDA 受体内流入树突棘后与 CaM 结合，激活 CaMK II 磷酸化膜上 AMPA 受体，增加 AMPA 受体通道的电导，CaMK II 同时激活 Ras-MAPK 信号通路，使细胞内的"储备" AMPA 受体装备到树突棘膜上，增加突触后细胞对递质谷氨酸反应，增强突触传递效能（改自参考文献中的综述 13）

种不同输入的突触活动，Nicoll 等给 CA3 细胞内注射 Ca^{2+} 螯合剂，或者使得 CA3 细胞膜超极化，能阻断 CA3 锥体细胞远段树突上突触的 LTP 形成，但不影响近段树突与苔藓纤维间突触的 LTP，进而给予 NMDA 受体拮抗剂不能够阻断苔藓纤维的 LTP 形成，但如减少细胞外 Ca^{2+} 能够妨碍近段树突与苔藓纤维间突触 LTP 的诱导，说明突触前 Ca^{2+} 浓度的升高对非 NMDA 受体依赖性 LTP 很重要。

另外，有两个主要的实验证据支持突触前机制：①在苔藓纤维 LTP 形成过程中，双脉冲易化程度减少；②给予 NMDA 受体阻断剂 MK-801，仍然能够观察到突触前递质释放概率的明显增加。

突触前末梢 Ca^{2+} 浓度的瞬时升高是如何触发苔藓纤维 LTP 产生？ Ca^{2+} 升高激活钙/钙调蛋白依赖性腺苷酸环化酶，提高 cAMP 水平进而激活 PKA，诱发苔藓纤维 LTP 产生。PKA 抑制剂能够阻断苔藓纤维 LTP，提高 cAMP 水平可引起苔藓纤维末梢释放递质增加，但不能进一步增强苔藓纤维已经形成的 LTP。在敲除 PKA 或钙/钙调蛋白依赖性腺苷酸环化酶的小鼠上，不能够诱导出苔藓纤维 LTP。

PKA 的重要作用在于调节突触囊胞循环或者囊胞释放机制。人们正在寻找参与苔藓纤维 LTP 的 PKA 关键底物。一种可能是突触前 N 型和 P 型 Ca^{2+} 通道，但实验证据不够强，另一种可能是突触前蛋白。PKA 能磷酸化几种突触囊胞蛋白，包括突触素（synapsins）、α-SNAP 和 rabphilin 以及 Rim，其中 rabphilin 和 Rim 能与一种被称为 Rab3a 的小分子 GTP 结合蛋白相互作用。在敲除小鼠 synapsin I 和 II 后，对苔藓纤维的 LTP 没有影响，敲除突触囊胞蛋白 Rab3a 后 LTP 不能形成，用药理的办法激活腺苷酸环化酶仍然能够提高敲除了 Rab3a 小鼠的突触传递活动，可能是 PKA 通过电压依赖性 Ca^{2+} 通道调节和直接影响囊胞释放，从而提高递质释放。敲除 rabphilin 后仍可诱导出苔藓纤维 LTP，提示 Rim 可能作为 PKA 的关键底物之一参与调节苔藓纤维的 LTP。

3. 早时相 LTP 与晚时相 LTP　与记忆一样，LTP 也分时相。如图 5-7-6 所示，单一强直刺激可诱导持续时间为 1～3 小时的早时相 LTP（early-phase LTP，E-LTP），E-LTP 无须新蛋白合成，Ca^{2+} 通过 NMDA 受体进入树突棘，活化 CaMK II 从而触发 E-LTP 形成。四个或者以上的串脉冲强直刺激引起持续时间为 24 小时以上的晚时相 LTP（late-phase LTP，L-LTP），这个过程需新的 RNA 和蛋白质合成，以

及 cAMP-PKA-MAPK-CREB 信号通路的参与。

cAMP/PKA 是 L-LTP 形成的关键信号通路。串脉冲强直刺激引起的 Ca^{2+} 内流激活腺苷酸环化酶，造成胞内 cAMP 浓度升高，进而活化 PKA。腺苷酸环化酶激动剂 forskolin 可诱导类似 L-LTP 的长时程突触增强，敲出腺苷酸环化酶后不能诱导 L-LTP。PKA 抑制剂能阻碍 L-LTP 形成，用抑制 PKA 活性的转基因小鼠实验，PKA 活性降低的同时伴随 L-LTP 减损，而 E-LTP 正常。MAPK 活性在 L-LTP 形成中是必需的，在串脉冲强直刺激前或 L-LTP 诱导中给予 MAPK 抑制剂，能降低 L-LTP 幅度。PKA 和 MAPK 的靶分子是基因转录因子 CREB 蛋白。PKA 和 MAPK 能磷酸化和激活 CREB。CREB 在动物长时程记忆中起重要作用。抑制或干扰 CREB 的功能，能损坏动物的 L-LTP 和长时程记忆。过量表达 CREB，使 L-LTP 和长时程记忆都比较容易实现。但这些实验处理并不影响 E-LTP 和短时程记忆。

L-LTP 形成的另一关键信号通路是激活细胞核内的 CaMKIV。诱导 L-LTP 产生的强刺激能快速地使钙调素从胞浆转移至细胞核，激活 CaMK IV 后磷酸化 CREB。敲出 CaMK IV 后，明显地抑制活动依赖性 CREB 磷酸化。这种小鼠的 L-LTP 和长时程记忆有明显损坏，但对 E-LTP 和短时程记忆无影响。一些研究提示，在 CREB 磷酸化、L-LTP 和长时程记忆，CaMK IV 至少与 cAMP-PKA-MAPK 信号通路有同样的重要性。

L-LTP 形成中，除突触传递功能长时程增强外，有突触结构长时程改变，如树突棘基底变大和新突触形成，这些变化需要基因转录和新蛋白合成。尚不清楚新合成的蛋白如何转运到受强直刺激的特定突触。

五、突触效能的长时程抑制

突触效能的长时程抑制（long-term depression，LTD）最初是 Masao Ito（1982）从在体家兔（albino rabbits）小脑上观察到的。而对 LTD 机制的研究，则多在海马脑片上进行。现在知道，几乎所有的突触既可表达传递效能增强的 LTP，也能够产生传递作用减弱的 LTD。通常，短暂的强刺激能诱导出 LTP，而持续的弱刺激可产生 LTD。

如果 LTP 是学习和记忆的基础，那什么是 LTD 的功能？尽管没有得到可靠的证明，近期累积的实验证据支持 LTD 是记忆过程中遗忘和学习行为可

塑性（behavior flexibility）的神经基础。显然同时存在突触传递效能增强和减弱的神经网络，比单一突触反应增加或者降低的神经网络有着更大的处理和储存信息的优势。脑发育过程中，LTP 和（或）LTD 对神经突触结构精细修饰有影响，强的相关活动能使突触连接加强，相反，弱的非相关活动造成突触连接减弱甚至消失。

1. 海马 CA3-CA1 突触 LTD LTD 的现象是 1982 年在小脑实验中发现的，而其机制研究和实质性进展，是在 Bear 等成功地在海马脑片上记录到 LTD 后才取得。Bear 实验室发现，用频率为 0.5 ~ 3 Hz 的长串电脉冲刺激 Schaffer 侧枝纤维，能有效地诱发 LTD。目前已知低频刺激能够在 CA1 区诱导出两种不同机制的 LTD：NMDA 受体依赖性 LTD 和 mGluR5 受体依赖性 LTD。

（1）NMDA 受体依赖性 LTD

诱导机制：用 1 Hz 的长串电脉冲刺激在体动物或者离体海马的 Schaffer 侧枝纤维诱导的 CA1 区 LTD，能被 NMDA 受体拮抗剂阻断，提示突触后 NMDA 受体和 Ca^{2+} 内流参与了 CA3-CA1 突触的 LTD 形成。LTD 的形成主要与突触后去极化和 Ca^{2+} 内流有关，低频刺激仅是外部表象。比如，注射电流使突触后膜超级化能够阻断低频刺激诱导 LTD 的产生。适当的突触后 NMDA 受体激活可足够地诱导 LTD，并无须突触前活动，Ca^{2+} 通过已激活的突触后 NMDA 受体就能触发 LTD 的产生。低频刺激引起突触后缓慢小量 Ca^{2+} 内流造成 LTD，而高频刺激引起突触后快速而大量 Ca^{2+} 内流使得 LTP 产生。Ca^{2+} 通过突触后的电压依赖性 Ca^{2+} 通道亦有助于 LTD 的形成，不过是辅助性作用，因为阻断 NMDA 受体后并不能诱导 LTD 的形成。

突触后蛋白磷酸酶 1（protein phosphatase 1，PP1）和蛋白磷酸酶 2B（protein phosphatase 2B，PP2B，也称为 calcineurin）在低频长串刺激诱导的 LTD 过程中起着重要作用。一般认为低频长串刺激激活 PP1，引起突触后蛋白区去磷酸化，从而诱导出 LTD，PP1 受蛋白抑制因子 -1（protein inhibitor-1，I-1）的调节，PKA 磷酸化 I -1 使 PP1 失活，而 PP2B 去磷酸化 I -1 使 PP1 激活，突触后钙 / 钙调素能够激活 PP2B。因此，突触后 PP2B 在 Ca^{2+} 离子内流诱导 LTD 产生中起关键作用。

表达机制：突触后谷氨酸受体的降调是 CA3-CA1 突触 NMDA 受体依赖性 LTD 表达的主要机制。阻断突触传递后，直接给谷氨酸，引起谷氨

酸诱发突触后电流减小的 LTD。突触后 AMPA 受体 GluA1 亚基的去磷酸化后，AMPA 电流减小，与 LTD 表达有关。此外，LTD 形成过程中突触后膜谷氨酸受体数目是减少的。

PKA 对 AMPA 受体的基态磷酸化在维持正常水平的受体功能中起重要作用。PKA 主要的磷酸化位点在 AMPA 受体 GluA1 亚基 C 末端第 845 号丝氨酸，受体磷酸化后能够增大受体激动剂引起的 AMPA 电流。在基态状况下，PKA 对 AMPA 受体 GluA1 亚基第 845 号丝氨酸有较强的磷酸化作用，而低频长串电刺激使该丝氨酸去磷酸化，从而引起 LTD 的表达。

低频刺激引起突触后膜 AMPA 受体内吞，减少膜上 AMPA 受体数目，是 LTD 表达的另一种重要机制。已知 AMPA 受体 GluA2 亚基的 C 末端与 Brag2 结合而使 AMPA 受体被募集到网格蛋白内吞小泡，从而引发 LTD- 有关的 AMPA 受体内吞。用特异性的 GluA2-Brag2 结合区域的 $GluA2_{3y}$ 多肽可以竞争性抑制 LTD- 关联的 AMPA 受体内吞，从而阻断 LTD 的表达。该多肽已广泛用于研究 LTD 的生理和病理功能中。另外，GluA2 还有可能通过与 NSF 蛋白相互作用，而被稳定在突触后膜，用特异性的多肽抑制剂阻断 NSF 与 GluA2 相互作用，几分钟后膜上 AMPA 受体减少和 AMPA 电流减小。

（2）mGluR 受体依赖性 LTD

诱导机制：谷氨酸除了能激活离子型谷氨酸受体外，也能激活代谢型谷氨酸受体（mGluR）。mGluR 分三大组，其中第一组包括 mGluR1 和 mGluR5 亚型，当这两亚型的 mGluR 激活后，通过磷酸肌醇激活 PLC。用一种被称为 MCPG 的 mGluR 受体拮抗剂，能够阻断低频电刺激后 3 ~ 7 天脑片所诱导的 LTD，在这种 LTD 产生过程中也需要 Ca^{2+} 通道激活和胞内 Ca^{2+} 浓度的升高，但无须 NMDA 受体的激活。

在过去 10 多年里，mGluR 是否参与 CA1 区 LTD 的诱导一直存在争议，一些结果不能重复，MCPG 本身是一个非常弱的 mGluR5 受体亚型拮抗剂。1 ~ 5 Hz 的低频刺激常不能激活 mGluR 去诱导 LTD 的产生，可靠的方法是先用长串双脉冲作为条件刺激或者拮抗掉腺苷对谷氨酸释放的抑制，使谷氨酸释放增加，然后再用低频刺激就能够诱导出 mGluR 依赖性、幅度明显的 LTD。给予 NMDA 受体阻断剂后，突触刺激能诱导出 LTD，或者用 DHPG 激活 mGluR5 产生 LTD，这种突触刺激诱导的 mGluR-

LTD 需要电压门控 Ca^{2+} 通道（L 型或 T 型）参与。突触刺激诱导的 mGluR-LTD 需要激活突触后 PLC 和 PKC 信号通路，与 NMDA 依赖性 LTD 不同，抑制突触后 PP1 并不影响 mGluR-LTD 的诱导。

mGluR-LTD 诱导与蛋白合成有关，抑制突触后 mRNA 翻译、干扰蛋白质合成能阻断 mGluR-LTD 的诱导。由于 LTD 是同突触传递效能的下降，突触位点通常远离神经元胞体，提示 mGluR-LTD 的诱导过程中需特定突触上的蛋白合成。仍不清楚 mGluR-LTD 的诱导中翻译调节机制和新蛋白是如何改变突触功能，但现有结果提示 mGluR5 激活特定突触 mRNA 翻译，其结果是诱导 LTD 的形成。

表达机制：总体上讲，mGluR-LTD 的表达机制不清。参与 NMDA 受体依赖性 LTD 的表达机制，并没有参与 mGluR-LTD 的表达，因为这两种 LTD 可以相互累积叠加，一种 LTD 的表达不能够阻断另一种 LTD 的表达。LTP 诱导能够翻转 NMDA 受体依赖性 LTD 的表达，但不影响 mGluR-LTD 的诱导。与 NMDA 受体依赖性 LTD 不同，mGluR-LTD 的表达与膜上 AMPA 受体的去磷酸化无关。

Siegelbaum 和 Nicoll 的实验室分别报道，mGluR-LTD 产生后，突触后膜对自发量子式谷氨酸释放的反应强度没有影响，但每次动作电位引起的突触反应明显减小，一种解释是 mGluR-LTD 表达是由于突触前谷氨酸释放概率下降的结果，另一种解释是突触后 AMPA 受体"全或无"丢失。另外，近期试验依据支持同 NMDA 受体依赖性 LTD 相似，mGluR-LTD 的表达也依赖于 GluA2 依赖性 AMPA 受体内吞，因为它也可以被 GluA2$_{3\gamma}$ 多肽阻断。

2. 小脑并行纤维-浦肯野细胞突触 LTD   小脑（cerebellum）是中枢神经系统中最大的运动结构，主要作用是维持身体平衡、调节肌肉张力和协调随意运动。小脑并不直接发动运动和随意控制肌肉的运动，而是作为一个大脑皮质下的运动调节中枢配合皮质完成运动机能。

那么，为什么要用小脑来研究神经可塑性的变化？早在 19 世纪，有人切除鸡的小脑上半部后，发现鸡出现平衡障碍，2 周后功能恢复正常，提示小脑具有通过学习而重新组合其功能活动的能力，小脑的这种运动学习功能使机体的运动行为在情况发生变化时做出调整和适应，使一些复杂的运动在重复的过程中逐渐地熟练起来并富有技巧。到目前为止，小脑是在神经环路水平上对学习和记忆机制理解最为深入的脑结构。

根据估算，人的小脑重量占整个脑的 10%，但神经元数目为整个脑的 50% 以上，这样庞大的神经元数目在接受身体的各种传入、完成感觉运动整合功能中，起着关键作用。与大脑皮质相比，小脑的结构和神经元环路的组成相对简单，其中包括作为"中继站"的小脑深核和小脑皮质的神经元环路。如图 5-7-9 所示，小脑深核接受谷氨酸能的苔状纤维（mossy fiber）和爬行纤维（climbing fiber）的兴奋性输入，同时也接受小脑皮质中浦肯野（Purkinje）神经元抑制性传出。苔状纤维是小脑的主要传入系统，它们起源于脊髓、前庭核和脑干中某些中继核团，它除了与深核神经元建立突触联系外，还与颗粒细胞形成突触位点；爬行纤维仅起源于下橄榄核。浦肯野神经元是末梢释放 GABA 的抑制性神经元，其轴突是小脑皮质的唯一传出途径，对深核神经元有强烈的抑制作用。浦肯野细胞接受两种主要的兴奋性输入，一个浦肯野细胞与单一爬行纤维形成约 1400 个突触位点，同时每个浦肯野细胞接受颗粒细胞轴突形成的并行纤维约 200 000 个兴奋性突触联系。据估算，一根苔状纤维可以和 460 个颗粒细胞接触，每根并行纤维又可联系约 1000 个浦肯野细胞。苔状纤维对颗粒细胞兴奋作用比对小脑深核神经元兴奋作用大 10 000 倍，结果一根苔状纤维的传入可以影响一片范围相当大的小脑皮质的活动，而要引起一个浦肯野细胞的兴奋，则需要相当多的并行纤维传入，造成足够大的 EPSP 的时间和空间总和。爬行纤维与浦肯野细胞间的突触是神经系统中最强有力的兴奋性突触之一，一次爬行纤维的传入即可引起浦肯野细胞一个足够大的 EPSP，从而使浦肯野细胞产生兴奋。

Marr（1969）和 Albus（1971）先后建立了小脑神经网络的数学模型。他们根据计算提出小脑在运动技巧的学习中起关键作用，并推测小脑的学习机制可能是由于爬行纤维传入长时程地改变浦肯野细胞对并行纤维传入的反应的缘故。Marr 认为爬行纤维传入可能加强浦肯野细胞对并行纤维传入的反应，而 Albus 认为相反。尽管他们的看法不一致，重要的是他们都强调了并行纤维-浦肯野细胞突触具有可塑性，爬行纤维传入的异突触作用是导致其突触可塑性的原因，这个理论已经得到实验支持。Ito 等（1982）发现，爬行纤维传入可以长时程地减弱浦肯野细胞对并行纤维传入的反应，出现可持续 1 小时的长时程抑制作用。这个 LTD 可以被理解成浦肯野细胞对并行纤维传入的长时程适应，对整个

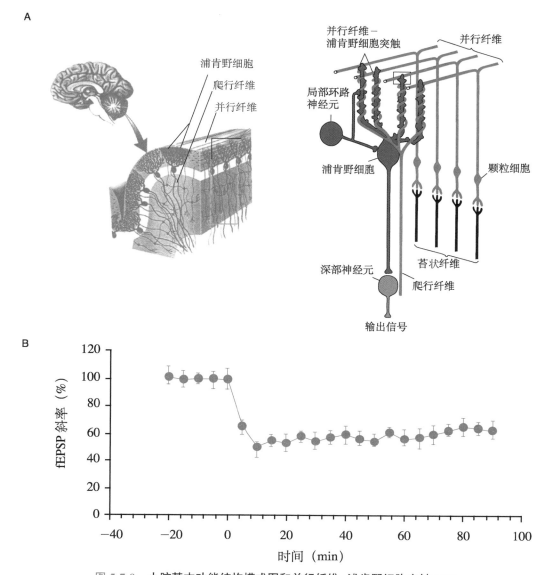

图 5-7-9　小脑基本功能结构模式图和并行纤维–浦肯野细胞突触 LTD

A. 小脑的神经元环路。小脑深核接受谷氨酸能的苔状纤维和爬行纤维的兴奋性输入，同时也接受小脑皮质中浦肯野神经元抑制性传出。浦肯野神经元是末梢释放 GABA 的抑制性神经元，其轴突是小脑皮质的唯一传出途径，对深核神经元有强烈的抑制作用。浦肯野细胞接受并行纤维和爬行纤维的兴奋性输入。**B**. 离体小脑脑片中并行纤维–浦肯野细胞突触的 LTD。长串低频电脉冲同时刺激并行纤维和爬行纤维（1 Hz，5 分钟），在并行纤维–浦肯野细胞突触能够记录到幅度和斜率减小的场电位，这种减弱的突触反应被称为 LTD，突触传递效能通常下降 20% ～ 50%，刺激停止约 10 分钟后突触强度下降达到最大值，其后抑制反应可持续 1 ～ 2 小时

机体而言，适应就是对新信息相关反应的长时程变化，是学习的一种表现。

（1）LTD 诱导机制：Ito 等在 1982 年首次描述了在体小脑的 LTD 现象，此后在急性小脑脑片、小脑原代培养细胞、急性分离浦肯野细胞和浦肯野细胞树突上也观察到 LTD 的现象。在体小脑和离体脑片上诱导 LTD 产生的标准方法是：用频率为 1 ～ 4 Hz、时间 2 ～ 6 分钟的低频长串电脉冲同时刺激并行纤维和爬行纤维，其结果导致并行纤维–浦肯野细胞突触传递效能下降 20% ～ 50%，刺激停止约 10 分钟后突触强度下降达到最大值，其后抑

制反应可持续 1 ～ 2 小时。

爬行纤维对 LTD 诱导的贡献是引起突触后膜足够地去极化，强烈激活浦肯野细胞树突上 Ca^{2+} 通道，结果造成大量的 Ca^{2+} 内流。事实上，在 LTD 诱导过程中使浦肯野细胞人为地去极化，可以模拟爬行纤维的作用。突触后给 Ca^{2+} 螯合剂能降低同时刺激并行纤维和爬行纤维的抑制反应，阻断 LTD 的产生。钙成像实验证实刺激爬行纤维后，浦肯野细胞树突中有大量 Ca^{2+} 聚集。

并行纤维兴奋后末梢释放谷氨酸，激活浦肯野细胞树突上的谷氨酸受体。胚胎和发育早期的蒲肯

野细胞存在 NMDA 受体，但成体的浦肯野细胞无 NMDA 受体表达，蒲肯野细胞表达一种含 GluA2 亚基、对 Ca^{2+} 不通透的 AMPA 受体和一种高水平表达的 G 蛋白偶联代谢性谷氨酸受体— mGluR1。LTD 诱导必须激活 mGluR1，阻断浦肯野细胞的 mGluR1 不能产生 LTD。mGluR1 激动后激活 PLC 产生 IP3 和 DG，IP3 与其受体结合后释放细胞内钙库中的 Ca^{2+} 进入细胞浆，DG 则激活 PKC 信号通路，IP3 受体激活参与并行纤维-浦肯野细胞突触的 LTD。AMPA 受体激活后导致钠离子内流，通过钠-钙交换机制使细胞内 Ca^{2+} 增加，钠离子也可能对 mGluR1-PLC 信号通路直接激活作用。

（2）LTD 表达机制：一般认为突触后 AMPA 受体的降调是并行纤维-蒲肯野细胞突触的主要表达机制。在体小脑、离体脑片和培养细胞以及缺乏突触前的急性分离浦肯野细胞为标本的实验证实上述观点是正确的。除了 PKC 对 AMPA 受体磷酸化是导致 AMPA 受体降调外，突触后 AMPA 受体的功能下降可能是几个因素作用的结果，改变突触后受体数目或者分布、受体电导值、动力学性质和受体亲和力。用药理学方法增加 AMPA 受体失敏，很容易诱导 LTD 的表达。GluA2 依赖的网格蛋白介导的 AMPA 受体胞饮参与了受体数目和分布改变的过程，王玉田和 Linden 实验室（Wang and Linden, 2000）共同发现干扰网格蛋白介导的受体胞饮过程，能够阻断培养浦肯野细胞上 LTD 的表达。

六、LTP/LTD 相关的突触结构变化（LTP/LTD-related synaptic structural changes）

活动依赖性突触效能改变的 LTP/LTD 伴随着突触结构的变化，尤其是树突棘的密度和形态的变化。发育、学习过程中和老年以及各种精神疾患，神经元树突棘的密度和形态有不同程度的改变。哺乳动物出生第一周树突棘密度开始增加，到第三周树突棘密度到达最高，与突触形成的高峰大致一致，接下来的几个月内，树突棘的密度不断地被修整，直到成熟状态的树突棘密度，这个过程可能与发育中活动依赖性突触连接的精细修饰相关联。

运用双光子成像技术，观察到强直刺激诱导 LTP 后树突棘密度和端部面积增加，而 LTD 产生后树突棘端部缩小。刺激后几十分钟内常观察到树突棘形态变化，可能与 LTP/LTD 的维持有关。用电子显微镜进行超微结构研究得到了一些矛盾结果，有报道 LTP 产生后树突棘端部增大、茎部缩短，树突棘和突触后 PSD 密度增加。

生理情况下 LTP/LTD 的诱导和突触结构变化的因果关系仍然不清楚。树突棘上的 AMPA 受体数目与树突棘大小和突触后 PSD 的面积呈正比关系，提示树突棘形态和功能性的突触传递存在相互调节的关系，这种调节可能是来自同一上游环节，或者是树突棘结构和突触传递两者长时程间接相互影响所致。比如 LTP/LTD 诱导过程中，既能引起突触后 AMPA 受体数目增加 / 减少，也导致树突棘增大 / 缩小。相反，电活动诱导的树突棘增大或者回缩也可能引起突触传递效能的增加或减少，进而产生 LTP/LTD。在发育过程中，这种树突棘增大 / 减少和 LTP/LTD 相互影响，导致突触结构更加牢固 / 突触数目的减少。

七、电活动依赖性突触连接精细修饰

在突触连接形成后伊始，发育中的神经环路经历突触连接精细修饰的阶段，神经环路上的一些突触连接变得更加稳定，而另一些突触连接随着时间的推移消失掉了。这种依赖于神经环路上电活动的突触连接修饰，参与了汇聚到同一突触后神经细胞的不同输入的突触前神经末梢相互竞争的过程。Hebb 提出突触前神经活动能够改变突触效能，发育中的视觉通路上活动依赖性连接的重新组合被认为遵循这个学说。Hebb 认为突触前、后神经活动同时发生，引起突触传递效能增强并使突触连接更加牢固，反之，当突触前、后神经活动不同步时，则导致突触传递减弱直至突触丢失。支持 Hebb 学说的主要实验证据来自于 LTP/LTD 研究相关的活动依赖性突触效能功能性变化，而不是突触结构性改变。那么，活动依赖性突触连接的修饰与 LTP 和 LTD 相关吗？ NMDA 受体依赖性神经环路修饰的研究强烈支持突触连接的变化与 LTP 和 LTP 相关，阻断 NMDA 受体使哺乳动物视觉通路上外侧膝状体开与关亚层的分离受阻，造成蛙视觉顶盖眼特异性的投射带形成障碍，发育中的视网膜-外膝体突触和视网膜-顶盖突触上 LTP 和 LTD 的诱导需要 NMDA 受体的激活，重复的视觉刺激能够诱导出视网膜-顶盖突触的 NMDA 受体依赖性 LTP 产生，提示自然刺激可以引起 LTP 样的突触修饰。发育关键时期突触对 NMDA 受体敏感性与 LTP/LTD 诱导有关，神经环路对 NMDA 受体敏感性与突触连接修饰相关联，因此 NMDA 受体在视觉系统发育中起重要作用。尽管存在上述的相关性，但是 LTP/LTD 是否与视觉神经环路中的突触连接修饰相关以及如何相关并不清楚。简而言之，突触连接的功能性和结构性可塑性的因果关系是发育神经生物学中尚未解决的主要问题之一。

八、动作电位时间依赖性的突触可塑性

脑内信息可能以神经动作电位时程长短、频率高低等不同型式储存于神经系统内。动作电位时间依赖性的突触可塑性（spike timing-dependent plasticity，STDP）可能在神经回路信息处理和储存中发挥重要作用。蒲慕明等研究显示，大鼠在体脑和离体脑片上所诱导的 LTP 还是 LTD，与突触前、后动作电位暴发的时间顺序有关。如图 5-7-10 所示，当突触前的动作电位在 20 毫秒内先于突触后动作电位暴发，将诱导出 LTP。相反，当突触前的动作电位在 20 毫秒内迟后于突触后动作电位暴发，则引导出 LTD。这种依赖突触前后动作电位暴发顺序的突触传递效能变化，能在许多类型的突触上观察到。另外，神经元兴奋性变化和树突整合也与突触前后动作电位暴发的时间顺序有关。STDP 在神经元感受野和人们感知的活动依赖性功能变化中起着重要作用。

与 LTP 和 LTD 的诱导机制相似，STDP 的诱导需要 NMDA 受体激活和随后引起的细胞内 Ca^{2+}

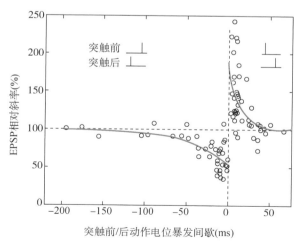

图 5-7-10　动作电位时间依赖性的突触可塑性

大鼠离体视觉皮质 2/3 层脑片上所诱导的 LTP 和 LTD 与突触前、后动作电位暴发的时间顺序有关，当突触前的动作电位在 20 毫秒内先于突触后动作电位暴发，诱导出 LTP，相反的时间顺序则引导出 LTD（引自参考文献中的综述 5）

升高，只是 STDP 的突触后 Ca^{2+} 水平可能不一样。STDP 被认为在离体培养海马和中脑脑片神经元的长时程兴奋性突触可塑性中，发挥更加有效的作用。钙成像实验显示，突触前-后动作电位次序，通过膜上 NDMA 受体和电压依赖性 Ca^{2+} 通道，使内流 Ca^{2+} 量大增；相反，突触后-前动作电位次序，仅仅使细胞内 Ca^{2+} 量少许增加，不过 STDP 的精细机制还有待进一步阐明。

九、神经元兴奋性的可塑性

长久以来，在学习和记忆研究中观察到这样一个现象，即重复的电活动能使神经元的兴奋性发生持久地改变。突触后神经元放电型式的变化，可能与兴奋性/抑制性传入力量对比或者是突触后神经元膜的电学性质改变有关。比如，短促高频刺激苔状纤维，引起小脑深核细胞的兴奋性发生快速而持久地增加。强直刺激苔状纤维除了引起小脑苔状纤维-颗粒细胞突触的 LTP 外，还能够易化小脑颗粒细胞的兴奋性。有趣的是，这种兴奋性的变化依赖于 NMDA 受体激活，但在没有 LTP 的情况下，颗粒细胞兴奋性的改变仍然存在。说明这种兴奋性的变化和 LTP 的产生由不同的机制介导。神经元兴奋性的快速变化是由于细胞内信号转导系统对细胞膜上通道调制的结果。培养海马脑片研究中发现一种动作电位时间依赖性的神经元兴奋性的可塑性：突触前、后动作电位时间顺序相关的 LTP/LTD，伴随着即刻的和持续时间很长的突触前神经元兴奋性的增强/减弱，表现为细胞放电阈值的改变和放电频率增加/减少。上述神经元兴奋性的调制具有时间特异性，对突触前、后放电时间顺序的要求与 LTP/LTD 的产生相同。与 LTP/LTD 的诱导相似，突触前神经元兴奋性的改变需要突触后 NMDA 受体激活和 Ca^{2+} 内流，提示有跨突触的逆行性信使参与。采用电压钳技术直接测量突触前神经元胞体上的钠离子电流，发现和 LTP 关联的兴奋性增高与钠离子通道的激活和失活动力学性质的改变有关，使得细胞容易暴发动作电位，而在 LTD 的诱导过程中，激活了突触前神经细胞的慢失活钾通道，造成突触前神经元兴奋性下降，故钠通道和钾通道的修饰可能为上述现象的主要机制。由于兴奋性的测量是在细胞体进行的，因此，仍不清楚神经末梢的兴奋性有多大程度的改变，也不清楚神经末梢上什么部位钠、钾通道性质的改变就能够影响动作电位放电阈值和时程。

后面两者能够调节神经末梢诱发性的递质释放和活动依赖性突触可塑性。在离体体感皮质脑片的 LTD 研究中，也能观察到神经元兴奋性的变化。

十、树突兴奋性与整合的可塑性（dendritic excitability and integrated plasticity）

除了突触前神经元兴奋性的变化外，相关的活动也可以导致局部突触后膜兴奋性的改变。1973 年 Bliss 和 Lomo 在突触可塑性的研究中发现：强直刺激所诱导的 LTP 伴随着突触后 EPSPs 增大和突触后放电频率的增加〔所谓 E-S 增强效应（E-S enhancement effect）〕，这种效应不同于突触传递的增强，它可能是 LTP 诱导过程中紧张性抑制作用减弱所致。最近，对树突直接的电活动记录显示，LTP 诱导的确伴随着突触后膜局部的瞬时激活钾电流的电学性质的改变，增加突触后兴奋性。除了与 LTP 关联的变化外，有人报道 LTD 的诱导也伴随着 NMDA 受体依赖性的 E-S 减弱效应，这种 E-S 减弱效应呈现输入特异性的特点。仅仅当 GABA 受体阻断后才能够表现出来，提示突触后树突内在兴奋性减弱。简而言之，树突局部膜电导的变化依赖于 NMDA 受体的激活，也许这种膜电导的变化是 LTP/LTD 诱导的直接结果。局部突触后受体的调制被认为参与了 LTP/LTD 形成，这些调制作用包括突触后受体磷酸化和受体在局部膜上表达数量的多少。突触后局部的电压门控离子通道的调制可能也是依据相似的机制来实现的。

树突膜上局部电导的调制不仅影响树突动作电位的触发和扩散，而且影响神经信息处理起关键作用的突触电位的总和。海马 CA1 区与 LTP/LTD 诱导相关的突触前、后放电的时相也能引起锥体细胞的 EPSPs 持久的空间总和的线性增加 / 减弱。这些调制作用具有输入特异性，比如，这类调制作用发生在一些突触前输入对同一突触后树突上的另一些输入起增加或者减弱的效应。这种空间总和的线性增加主要归结于对局部 H 通道的调制，从而影响树突 EPSPs 的总和。这类伴随 LTP/LTD 产生相关的线性变化，通过增加 / 减少对突触后神经元放电的输入调制作用，能提高对突触效能的调控。

十一、神经可塑性与脑的高级功能

毫无疑问，神经可塑性像建设城市所需要的砖瓦一样，支撑着动物脑功能和行为的可塑性。已知的神经可塑性的细胞和分子机制有助于人们进一步理解动物高级脑功能，例如学习和记忆。然而，就目前对神经可塑性基本性质的解析，远不足以完全了解脑结构和功能的原理。尽管已知 LTP/LTD 是记忆形成和维持所必需的，记忆本身是脑内大量神经元和突触活动的结果，但是想要知道哪些特定的突触上诱导的 LTP/LTD 足够介导特定的记忆是非常困难的。除非我们有证据显示，特定的突触是必需的，而且足够介导特定的记忆，否则我们不能百分之百肯定地说 LTP/LTD 介导了记忆的过程，只能简单地说 LTP/LTD 是记忆过程所需的必要的条件之一。当我们试图去验证介导脑高级功能细胞和分子机制的假说时，也非常困难去确信多少神经元及其相互的组合才能介导某种脑高级功能。

就目前人们对神经系统的认识而言，尽管还难以将细胞和分子事件与脑的高级功能的对应关系连接起来，但可以预期随着脑内示踪与神经环路定点激活技术的进步，假以时日我们能够了解单一神经元及其突触的性质和可塑性对局部小范围神经网络功能的贡献，进而理解神经可塑性在大范围神经网络所支撑的脑功能-动物自然行为中的作用。

在多数情况下，神经可塑性的生理上和行为上的意义仍然是个谜，突触传递活动的失调对遗传性和后天性的人体精神神经疾患如老年性痴呆、躁狂忧郁症、精神分裂症和药物成瘾的影响有待进一步研究，对哺乳动物脑内长时程可塑性机制和生理意义的研究还远未完成，人们对神经可塑性问题的认识还有很长的路要走。

第二节 抑制性突触长时程可塑性

如前所述，神经回路和功能的活动依赖性改变被认为在很大程度上依赖于突触效能的改变，比如 LTP/LTD。人们对突触可塑性机制的理解大部分的研究都集中在兴奋性突触上，现在清楚的是，长时程抑制性突触可塑性的机制也在神经回路与功能改变上起重要作用。通过改变兴奋 / 抑制平衡，GABA 能可塑性可调节神经回路的兴奋性，最终有助于学习和记忆以及神经回路的精细化。在这里简单介绍 GABA 能抑制性突触可塑性的机制和功能相关性的研究进展。

传统上，兴奋性突触的突触强度变化被认为是学习和记忆的基础。抑制性突触活动依赖性调节的研究因 GABA 能神经元类型过多、难以分离特定的抑制性输入而困难重重。尽管如此，越来越清楚的是，GABA 能抑制性突触也是有可塑性的，在整个大脑的连接强度上表现出依赖于活动的长时程双向变化，即抑制性突触长时程增强（inhibitory synaptic long-term potentiation，I-LTP）和抑制性突触长时程抑制（inhibitory synaptic long-term depression，I-LTD）。抑制性突触可塑性的各种形式取决于抑制作用间神经元细胞类型和脑区，表现为突触前抑制性递质 GABA 释放或突触后 GABA$_A$ 受体数量 / 敏感性 / 反应性的变化。由于抑制性突触在调节神经元兴奋性和兴奋性突触的影响（包括兴奋性突触可塑性的诱导）中起着至关重要的作用，GABA 能突触效能的改变可能产生重要的功能变化。越来越多的实验证据表明，抑制性突触可塑性通过改变兴奋性 / 抑制性平衡，在神经回路精细化和大多数形式的活动依赖性学习中发挥着重要作用。病理水平的神经活动也可导致 GABA 能突触效能的长时程变化，也已知这种抑制驱动的突触功能失调与一些神经精神疾病有关。在这里，主要介绍 GABA 能快速传递的长时程可塑性变化、不同形式的抑制突触可塑性的细胞机制、I-LTP/I-LTD 特征，抑制性突触可塑性的研究有助于对生理和病理情况下脑内神经回路和功能有更深入的全面理解。

一、突触前形式的抑制性突触可塑性

GABA 能可塑性的最典型形式是突触前末梢 GABA 释放的调节性变化，这种 GABA 能可塑性的突触前形式诱导是异突触可塑性，需要非 GABA 能的刺激，通常来自附近的兴奋性突触（图 5-7-11），这就需要将一些信号传递到 GABA 能突触前末梢以触发可塑性。在这里，介绍几种通过逆行信使分子来实现的突触前长时程可塑性。这些分子之所以这么称呼，是因为它们在突触后细胞中以活动依赖的方式产生，并在突触中来回移动，调节突触前

神经递质的释放。此外，谷氨酸本身可以直接诱导抑制性 GABA 能突触的可塑性。

1. 内源性大麻素介导的 I-LTD　常见的逆行信使是被统称为内源性大麻素（endocannabinoids，eCBs）的一组亲脂性分子。在许多脑区，重复性的传入刺激会触发 eCB（主要成分 2-AG）从突触后细胞释放并作用于突触前末梢，在那里 eCB 与 1 型大麻素受体（CB1R）结合，以短时程或长时程的方式抑制神经递质的释放，这个现象被称为内源性大麻素介导的长时程突触抑制（eCB-LTD）。eCB-LTD 在脑中广泛表达，在谷氨酸能和 γ- 氨基丁酸能突触中都有发现。尽管不同脑区的传入活动模式可能不同，但 eCB-LTD 在 GABA 能突触上产生的一个共同点是，初始需求谷氨酸从相邻兴奋性突触释放，激活突触后 I 组代谢型谷氨酸受体（mGluR-I）（图 5-7-11A）。已知，这种 eCB-LTD 介导的 I-LTD 广泛存在于海马体、杏仁核、背侧纹状体、脑干和视皮质。

虽然 I-LTD 是一种异突触的可塑性形式，但这并不排除突触前 GABA 能神经元间活动的参与必要性。事实上，对海马研究表明 CB1R 的激活不足以诱导 I-LTD，因为这种可塑性可以通过使 GABA 能中间神经元超极化而被阻断，表明 I-LTD 是联合的，需要突触前的神经元间活动与 eCB 信号配对，将短暂的变化转化为持久的变化，这种类似的情况也在视觉皮质 I-LTD 中被发现。神经元间的活动可能带来 Ca^{2+} 内流，而 Ca^{2+} 激活钙敏感的磷酸酶 – 钙调神经磷酸酶（calcineurin）。CB1Rs 是 G$_{i/o}$ 偶联受体，其激活导致腺苷酸环化酶蛋白激酶 A（PKA）转导信号通路活动降低，钙调神经磷酸酶活性的增强和 PKA 活性的降低可能会使一些尚未确定的底物的磷酸化状态转向去磷酸化状态，从而导致 GABA 释放的长时程减少。

其他调节突触前末梢的 eCB 信号通路的因素也能诱导 I-LTD。比如，2 型多巴胺受体（D2R）与 CB1Rs 共享相同的信号通路，也能够降低 PKA 活性。在前额叶皮质，D2R 或者 CB1Rs 受体的激活都会抑制 GABA 能的传递，同时激活 D2Rs 和 CB1Rs 引起大幅度的 GABA 能传递的下降。增加内源性多巴胺水平有助于 I-LTD 的诱导，这需要 D2R 和 CB1R 的激活。值得注意的是，eCB 信号的多巴胺能调节并不局限于前额叶皮质，而是一种普遍的机制，通过这种机制，大脑区域受到多巴胺能传入功能的充分影响，多巴胺能神经元存在的 VTA

也有类似机制存在。

eCB 介导的 I-LTD 有以下几种生理功能：①增强了谷氨酸能输入对动作电位产生的兴奋性影响，调节兴奋性突触的可塑性。因此，通过介导神经元的长时程去抑制，eCB 信号可以将兴奋/抑制平衡转移到兴奋状态，从而促进信号在神经网络内部和跨神经网络的传播。②在完整的动物中，杏仁核中的 I-LTD 与后天获得性恐惧的消失有关，VTA 中的 I-LTD 与可卡因诱导的突触变化有关，这可能是毒瘾的基础。③eCB 介导的 I-LTD 对于视觉皮质回路

的成熟是有帮助的。

2. BDNF-TrkB 介导的 I-LTP 脑源性神经营养因子（BDNF）以神经元活动依赖性形式从轴突末梢和树突分泌，也可调节兴奋性和抑制性突触传递。电生理研究显示，树突释放的 BDNF 逆行作用于抑制性突触前末梢，增强海马体、视皮质和视顶盖的抑制性突触效能（图 5-7-11B）。比如，在离体海马脑片灌流液中加入 BDNF 的 TrkB 受体阻断剂 K252a，阻断 GABA 能神经末梢释放 GABA 的增强现象，而在突触后神经元内给予 K252a 并不能够阻

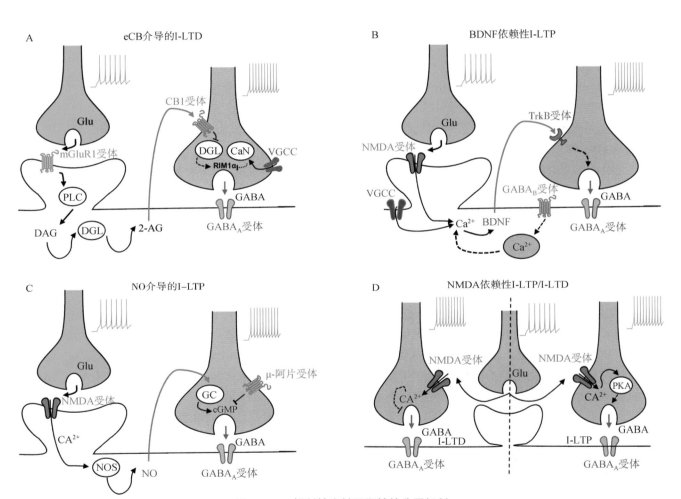

图 5-7-11 抑制性突触可塑性的分子机制

A. 内源性大麻素介导的 I-LTD。内源性大麻突触末梢释放谷氨酸，通过突触后激活Ⅰ组代谢型谷氨酸受体（mGluR-Ⅰ），触发内源性大麻素（eCB）介导的 I-LTD，导致磷脂酶 C（PLC）产生二酰甘油酯（DAG），二酰甘油脂肪酶（DGL）将 DAG 转化为主要的 eCB、2-AG，后者从突触后细胞释放出来，并逆行扩散传回突触前，激活 GABA 能神经末端的 1 型大麻素受体（CB1Rs），CB1R 活化随后降低蛋白激酶 A（PKA）活性。同时，神经细胞活动增加，通过电压门控 Ca²⁺ 通道（VGCCs）增加细胞内 Ca²⁺ 离子，增强钙调神经磷酸酶（CaN）活性。PKA 活性下降和 CaN 活性增强，两者联合一起降低细胞中未知底物的磷酸化状态，以依赖 Rim1α 的方式持续抑制 GABA 释放。B. BDNF 依赖性 I-LTP。由 NMDARs 或 VGCCs 开放引起的细胞内 Ca²⁺ 升高或细胞内 Ca²⁺ 释放，或者激活突触后 GABA_B 受体，通过一种未知的机制导致内 Ca²⁺ 的释放，突触后细胞内 Ca²⁺ 增加，引起 BDNF 释放，BDNF 作为一个逆行信号，激活 GABA 神经末梢上的 TrkB 受体酪氨酸激酶，通过系列信号通路，增强 GABA 能神经末梢 GABA 释放。C. 一氧化氮（NO）介导的 I-LTP。激活突触后 NMDA 受体使 Ca²⁺ 离子内流增加，升高一氧化氮合酶（NOS），增加 NO 产生，NO 跨膜进入突触前，刺激突触前鸟苷酸环化酶（GC），升高 cGMP 水平，增加 GABA 释放。μ 阿片受体拮抗 NO 增加 cGMP 信号的能力。D. NMDA 受体依赖性 I-LTP 或者 I-LTD。释放的谷氨酸（Glu）直接激活 GABA 能中间神经元上的突触前 NMDA 受体，这个过程无须逆行信使。对于不同突触，激活 NMDA 受体有不同作用：GABA 能神经末端 Ca²⁺ 离子的增加，可通过未明机制抑制 GABA 的释放，或者激活 PKA 增强 GABA 的释放

断突触前 GABA 能神经末梢释放 GABA 的增强现象，提示 BDNF 作为突触后神经元释放的逆行分子调节抑制性突触传递。虽然诱导的精确机制因脑区而异，但突触后 Ca^{2+} 的升高是 I-LTP 诱导的必要条件。Ca^{2+} 的来源可能是 NMDA 受体、L 型电压门控 Ca^{2+} 通道开放导致 Ca^{2+} 内流，或者细胞内储存的 Ca^{2+} 释放。细胞内 Ca^{2+} 升高起到促进 BDNF 分泌的作用。类似 eCB 介导的 I-LTD，逆行的 BDNF 介导的抑制性突触可塑性可能源于突触前抑制性中间神经元活动与 BDNF 同时作用，以增强 TrkB 信号来实现的。BDNF 还可以增加 GABA 能神经末梢数量，并调节 Cl^- 转运体 KCC2 的表达。BDNF 介导的 I-LTP 形式出现在 GABA 能神经回路发育成熟过程中，说明 BDNF 效应很可能受到发育过程的调控。

3. 一氧化氮介导的 I-LTP 长久以来，一氧化氮（nitric oxide，NO）被发现可以调节中枢神经系统兴奋性突触的强度。近来，人们发现 NO 作为一个关键的逆行信号，持续增强 VTA 中多巴胺能神经元上 GABA 的释放（图 5-7-11C），VTA 是一个重要的奖赏处理和药物成瘾区域。这种 NO 介导的 I-LTP 也是一种异突触性质的可塑性，即它是由谷氨酸能纤维的高频刺激触发的，其诱导需要 NMDA 受体激活、突触后 Ca^{2+} 升高和 NO cGMP 信号。因此，抑制 NO 合酶、鸟苷酸环化酶或 cGMP 依赖性蛋白激酶（PKG）或应用 NO 清除剂可消除 VTA 中的 I-LTP，而给予 NO 供体或 cGMP 类似物则可模拟这种 I-LTP 可塑性形式，但确切机制尚不清楚。

与成瘾性药物可改变脑内奖赏途径中突触可塑性一致，在体内单次给予吗啡可在 24 小时后消除 VTA 脑片中的 I-LTP，在体内单次给予 D9THC（大麻中的活性成分）会阻断 eCB 介导的突触可塑性，包括海马 I-LTD。上述 I-LTP 在给药后几天消退。吗啡可能靶向 GABA 能末梢的阿片受体，通过干扰鸟苷酸环化酶功能，消除 I-LTP 诱导。同样，D9THC 通过触发突触前 CB1Rs 的功能性耐受，消除海马 I-LTD。除吗啡外，有报道称，单次给予可卡因和尼古丁，以及急性应激也会阻断 VTA 中 NO 介导的 I-LTP。有趣的是，单次注射乙醇可诱导 VTA 的 DA 神经元上 GABA 释放的持续增加，以及 VTA 中 m- 阿片受体依赖的 I-LTP 阻断。这些结果强烈提示 GABA 能突触可塑性是成瘾药物的一个重要靶点。

VTA 可诱导抑制性突触的增强和抑制。有证据显示 eCB 和 NO 信号在 VTA 中抑制性突触可塑性的相似性和差异性。就像 eCB 在 VTA 中介导 I-LTD，NO 介导的 I-LTP 由突触后谷氨酸受体（I-mGluR 和 NMDA 受体）触发而致。而用 Ca^{2+} 螯合剂 BAPTA 阻断突触后 Ca^{2+} 升高，可消除 VTA 中的 I-LTP 而不是 I-LTD。此外，VTA 中的 eCB 依赖性 I-LTD 由较长的诱导触发，需要额外激活 D2Rs。研究显示，NO 介导的 I-LTP 也在丘脑中存在。

4. 突触前 NMDAR 依赖性 I-LTD/I-LTP 并非所有突触前形式的 GABA 能抑制性突触可塑性都需要逆行信号（图 5-7-11D）。在发育中的爪蟾视网膜顶盖系统中，由高频视觉刺激或 θ 波重复刺激产生的兴奋性突触释放的谷氨酸，可直接激活相邻 GABA 能神经元神经末梢上的 NMDA 受体，导致 I-LTD。突触前激活 NMDA 受体是必要的，但可能不足以诱导 I-LTD 产生。类似 eCB 介导的 I-LTD，NMDA 受体激动导致的 I-LTD 也需要同时伴随 GABAergic 中间神经元活动，这可能是通过促进 GABA 能神经末梢的 Ca^{2+} 升高，从而促进 Ca^{2+} 的内流。与兴奋性突触一样，通过突触前谷氨酸的 NMDA 受体激活，使得附近谷氨酸能和 γ- 氨基丁酸能神经末梢同步活动，并负责 I-LTD 的协同诱导。

对啮齿类动物小脑皮质的研究，发现存在另一种异突触形式的抑制性突触可塑性，它也需要激活 GABA 能神经末梢上的 NMDA 受体，通过突触前 NMDA 受体导致 Ca^{2+} 内流，触发小脑的星状细胞（stellate cells，SCs）GABA 释放的持续增加。具体来讲，这种发生在 SC-SC 间的抑制性突触上的 I-LTP，诱导所需的谷氨酸来自相邻被重复激活平行纤维释放，需要 cAMP/PKA 信号和活性区蛋白 RIM1a 参与。不过，尚不能够确定是否这种形式的突触前 NMDAR 依赖性 I-LTP 也需要突触前 SC 神经元活动参与。如图 5-7-11D 所示，这些突触前 NMDA 受体依赖但与逆行信号无关的可塑性形式的 I-LTP 和 I-LTD，诱导分子机制可能不同，但都表现为突触前形式的异突触可塑性。

二、突触后形式的抑制性突触可塑性

多种形式的抑制性突触可塑性归因于 GABA 能传递的突触后变化，也就是说，GABA 能突触传递强度可以通过多个突触后机制而改变。例如，突触后多种激酶（包括 PKC、CaMK Ⅱ、Src 和 PKA）对 GABA 受体磷酸化，可以增加或者减少 GABA 受体通道功能，从而改变 GABA 能突触可塑性。

GABA$_A$ 受体功能强弱还受突触后膜上和突触外相邻细胞膜上 GABA$_A$ 受体表达量的调控。此外，突触后 GABA 能信号可通过改变细胞内可通透性离子浓度来调节。下面将讨论抑制性突触可塑性的突触后机制。

抑制性突触可塑性的 GABA$_A$ 受体调制机制：通过对与运动学习相关的小脑深核（deep cerebellar nuclei，DCN）I-LTP 的研究，发现突触后膜 GABA$_A$ 受体转运是一种快速抑制性突触可塑性的机制，这种抑制性突触增强效应能够被作用于突触后 GABA$_A$ 受体的胞吐抑制剂破伤风毒素阻断，说明这种 I-LTP 是通过胞吐机制使突触后膜上 GABA$_A$ 受体增多的结果。相反，GABA$_A$ 受体在突触后膜上表达下降可导致 I-LTD。在海马体中，CaMK II 激活加上实验性癫痫相关的神经元活动可以提高 GABA$_A$ 受体细胞膜表达水平。相反，突触 NMDA 受体的激活引起钙调神经磷酸酶依赖性的 GABA 能传递下降和 mIPSC 振幅的降低，也是由于突触 GABA$_A$ 受体表达下降所致。幼鼠小脑 DCN 神经元上的抑制性突触也表现出 I-LTD，同样也是由于钙调神经磷酸酶介导的。有研究报道，磷酸酶 PP2A 介导了 BDNF 诱导的可卡因戒断期间内侧前额叶皮质中 GABA$_A$ 受体的减少。

在小脑浦肯野神经元（Purkinje neurons，PNs）中观察到一种快速增强的抑制作用，称为反弹增强（rebound potentiation，RP）。兴奋性输入引起突触后膜去极化，诱导 CaMK II 依赖性突触后反应性增强，是由于 GABA$_A$ 受体里 β2 亚基与 GABA$_A$ 受体相关蛋白（GABA$_A$ Receptor Associated Protein，GABARAP）相互作用的结果。RP 的确切表达机制尚不确定，CaMK II 激活可对 GABA$_A$ 受体信号转导产生多种影响。在小脑颗粒细胞中，CaMK II 激活可增加含 β3 亚单位 GABA$_A$ 受体介导的 Cl$^-$ 电流衰变时间，同时增加含 β2 亚单位受体的 IPSC 振幅，这可能是由于 GABA$_A$ 受体在膜上插入增多引起的。在海马神经元中，CaMK II 激活与 GABARAP 依赖的突触 GABA$_A$ 受体插入相耦合。与 RP 产生过程中机制相似，显示 GABA$_A$ 受体在膜上插入可能是上述两种可塑性形式的共同表达机制。

在研究觉醒时发现，新皮质神经元的重复放电阻断膜上 GABA$_A$ 受体进入细胞内，导致 IPSCs 的抑制，这种抑制可被突触后细胞的内吞抑制剂阻断。相反，模仿睡眠状态下的活动，使细胞在缓慢膜电压振荡过程中的放电，能够增加 GABA$_A$ 受体功能来增强抑制作用，这个过程可能是通过 GABA$_A$ 通道插入上膜介导的。实验发现，条件恐惧反应的获得伴随着杏仁核神经细胞表面 GABA$_A$ 受体表达的减少、mIPSC 振幅降低和频率下降。相反，恐惧的消失会提升神经细胞表面 GABA$_A$ 受体表达、增大 mIPSC 振幅和频率。与小脑浦肯野神经元和海马神经元一样，GABARAP 的破坏可阻断抑制的增强。有意思的是，抑制 GABARAP 功能也能够抑制条件性恐惧反应的消失。这些研究不仅强调了 GABA$_A$ 受体在多大程度上参与了抑制性传递在大脑中的调节，而且也强调了动物行为特性的范围，这些特性可能也受到抑制性可塑性的强烈影响。

GABA$_A$ 受体上膜插入也可能是 I-LTP 在视皮质 V1 区表达的基础。视皮质 V1 区快速尖峰篮状细胞（fast-spiking basket cells）与星形锥体细胞去极化配对激活可诱导 IPSCs 持续增强，这是 GABA$_A$ 受体通道开放数量的增加或者 GABA$_A$ 受体上膜转运的结果。这种 I-LTP 可以被早期视觉剥夺所阻断，因此推测可能是增强抑制的机制。因此，I-LTP 可能导致 V1 功能的改变，而 V1 功能与发育关键期视觉剥夺后观察到的视力丧失有关。有研究显示，活动剥夺被发现通过膜表面 GABA$_A$ 受体的丢失来减少培养皮质神经元的抑制性传递，这种 I-LTD 被认为是 GABA$_A$ 受体 β3 亚基泛素化的增加和表面 GABA$_A$ 受体稳定性的相关降低引起的。尽管确切机制不清，但这种 GABA$_A$ 受体调节有助于抑制性突触可塑性的许多稳态形式产生。

除了上述对 GABA$_A$ 受体直接调控外，细胞内外 Cl$^-$ 浓度差的改变也介导了抑制性突触可塑性的发生，其可塑性强弱取决于由 Cl$^-$ 转运体控制的细胞内外 Cl$^-$ 差的大小。在神经元内，KCC2 调控 Cl$^-$ 从细胞内向细胞外转运（外流），起到降低神经元胞内 Cl$^-$ 的作用，而 NKCC1 则促进 Cl$^-$ 从细胞外进入细胞内，起到增高胞内 Cl$^-$ 的作用。Cl$^-$ 转运体表达高低在哺乳动物发育不同阶段不同，在发育早期脑内 KCC2 的表达较低而 NKCC1 的表达较高，使得神经元胞内 Cl$^-$ 浓度保持在较高水平，激活 GABA$_A$ 受体通道造成 Cl$^-$ 外流，使得细胞处于去极化和兴奋状态。随着发育的不断成熟，神经系统内 KCC2 的表达程度逐渐增加而 NKCC1 的表达程度逐渐降低，从而降低胞内 Cl$^-$ 浓度，激活 GABA$_A$ 受体通道引起 Cl$^-$ 内流，使神经元向超级化抑制状态转变。上述 Cl$^-$ 转运体功能也受到神经元活动依赖性的调控。

三、抑制性突触可塑性特点和有待阐明的问题

到目前为止，尽管人们对抑制性突触的活动依赖性可塑性的认识有了很大进展，但一些问题在这一领域仍有待阐明。已知，长时程抑制性突触可塑性在中枢神经系统广泛存在，但对 I-LTP/I-LTD 的大多数认识来自离体脑片研究，有必要通过在体脑研究阐明 GABA 能突触可塑性在生理条件下的作用。与兴奋性突触可塑性一样，这样的在体研究有助于对抑制性突触可塑性在学习和记忆以及神经回路精细化方面有全面而深入解析。事实上，抑制性和兴奋性突触可塑性可以同时发生。触发兴奋性突触长时程可塑性的常用诱导方法也能激活抑制性突触上异突触可塑性。然而，在某些情况下，抑制性突触对突触可塑性的诱导要求与兴奋性突触稍有不同，因此，抑制性突触 LTP 或 LTD 可在没有兴奋性突触 LTP/LTD 的情况下，发生在谷氨酸能和 GABA 能突触上诱导 LTP 和 LTD，这对于更真实地描述活动依赖性突触可塑性如何促进大脑功能和神经回路完善是必要的。无论突触前还是突触后形式，长时程 GABA 能可塑性在本质上主要是异突触可塑性；也就是说，GABA 能可塑性诱导依赖于谷氨酸能突触，从而为兴奋性活动调节抑制性突触提供了一种途径。反过来，抑制性突触的突触可塑性可以对兴奋性突触产生重要的功能影响。例如，GABA 能突触效能的长时程变化不仅调节脑内兴奋性 / 抑制性平衡，而且通过调节兴奋性突触上的 LTP/LTD 的产生，从而对兴奋性突触的整体可塑性进行调控。尚不清楚，抑制性突触上是否也表达多突触的整体可塑性。此外，GABA 能突触长时程可塑性的确切分子机制仍然不清，I-LTP/I-LTD 如何逆转或消退仍有待阐明，也不清楚蛋白质合成在抑制可塑性中的作用。兴奋 / 抑制平衡的维持对神经网络的稳定性至关重要，抑制性传递的稳态调控已成为神经网络控制兴奋性和维持稳定性的重要机制，这种稳定的调节形式是如何与 I-LTP/I-LTD 相互作用来动态控制体内神经活动的，仍有待阐明。在癫痫发作和其他病理情况下，过度的神经元活动引起抑制性突触可塑性。因此，抑制性突触可塑性很可能在许多神经精神疾病中起关键作用。研究表明，抑制性突触可塑性的破坏或过度激活与一些神经精神疾病有关，包括癫痫、焦虑症、自闭症谱系障碍、帕金森病和亨廷顿病、睡眠障碍和创伤后应激障碍。然而，相关抑制突触可塑性机制的确切机制还需要进一步的研究。

第三节　突触弹性

突触弹性（synaptic scaling）是指突触连接强度具有弹簧样的缩放尺度。突触弹性是突触可塑性的一种形式，在维持神经元和神经网络活动的稳定性中起到重要的作用。本节主要讨论兴奋性突触的突触弹性，其功能是调节兴奋性突触的强度以维持神经元的稳定放电。已有证据表明，神经元通过一组 Ca^{2+} 依赖性传感器检测自身放电频率的变化，调节谷氨酸受体运输，增加或减少突触部位谷氨酸受体的积累，来调节突触连接的强弱。此外，可能通过平行路径感知局部神经回路或大范围神经网络中的活动变化，产生一个嵌套结构的稳态机制，在不同的时间和空间尺度上运行，力图达到局部或者大范围神经网络活动的稳态。

一、突触弹性现象

突触弹性首先在培养的新皮质神经元中被记录到，在那里观察到扰动的神经网络活动产生突触强度的代偿性变化，使平均放电频率回到控制值。这些培养形成的兴奋性锥体神经元和抑制性 GABA 能神经元网络，产生强大的自发活动。阻断一部分活动可抑制最初增加的放电频率，但在数小时后，放电频率会恢复到控制值。同样，在培养海马神经元上转染内向整流钾通道，使其超极化并减少放电，尽管该钾通道持续表达，但随着时间的推移，放电频率逐渐恢复。这些实验支持了这样一种观点，即皮质和海马锥体神经元有一个目标放电频率，调节突触强度大小，使其在输入受到干扰时神经细胞保持相对恒定的放电频率。如上所述，这提供了一个强大的机制，在面对突触输入或学习相关变化时，产生稳定的网络功能。但这种"神经放电频率稳态"尚未在完整的中枢神经系统得到直接证明。

中枢神经系统内稳态可塑性的最佳理解形式

是兴奋性突触的突触弹性，这在体外和体内都得到了证实，包括脊髓神经元、新皮质和海马锥体神经元。神经活性药物在小时的时间尺度里诱导谷氨酸能突触单位强度的双向代偿性变化，可以通过记录微小的兴奋性突触后电流（mEPSCs）来观察，这种 mEPSCs 是神经递质单个小泡释放的突触后反应，被认为是测量突触单位强度的指标。通过测量同一个神经元上许多突触产生的 mEPSCs，可以观察到调制网络活动均匀地增加或减少 mEPSCs 的整个振幅分布，从而使突触强度上升或下降。这种缩放过程具有一个特性，即神经元在不改变突触输入的相对强度的情况下使放电正常化，从而避免破坏依赖于突触权重差异的信息存储或处理机制。有趣的是，突触弹性的机制取决于突触类型：锥体神经元上的抑制性突触与兴奋性突触的弹性方向相反，这表明放电频率是通过兴奋和抑制的相互变化来调节的。

二、突触弹性的诱导：局部与整体机制

兴奋性突触强度的稳态调节需要神经元感知到"活动"的某些方面，并将这种活动的变化转化为突触强度的代偿性变化，但控制突触弹性活动信号的性质一直存在争议。在美国 Brandeis 大学的 Turrigiano 和 Nelson 夫妇观察到，神经元可以感知自身放电频率的变化，并在整体上调整突触权重以进行补偿；或者，突触信号的局部变化可以诱导突触传递的局部稳态变化；最后，突触弹性可能需要网络活动的广泛变化，通过许多神经元或胶质细胞同时释放可溶因子的活动依赖性变化来实现。突触后诱导的突触弹性标准范例，包括在培养神经细胞中阻断或增强网络活动、剥夺动物的感觉通路，这些方法改变了网络中每个神经元的活动，但区分上述导致突触弹性机制类型在技术上是困难的。比如，为了测试突触后放电的变化在诱导突触弹性中的充分性，有必要在不影响网络中其他神经元活动的情况下对单个神经元的放电进行操纵，同时监测突触强度的变化。如前所述，突触弹性的一个主要表达机制是谷氨酸受体在突触积累的变化。通常，AMPA 受体和 NMDA 受体两者都是离子型通道，聚集在中枢神经兴奋性突触后膜上，AMPA 受体介导大多数兴奋性突触电流；NMDA 受体还具有电压门控特征且对 Ca^{2+} 高通透，介导 Ca^{2+} 依赖性的突触可塑性。突触弹性导致两种类型谷氨酸受体的突触后变化，因此可以通过测量突触后膜处的受体累积变化来评价。

在培养海马神经元，通过表达内向整流钾通道（Kir），观察到单个神经元的慢性超极化，以诱导突触前形式的稳态可塑性。然而，由于这种超极化同时发生在神经元胞体和树突状区域，这种方法不能清楚地区分到底是神经元胞体或者是局部树突在诱导稳态可塑性中起关键作用。为了避免这一问题，人们利用神经元胞体微灌注技术，局部灌注河豚毒素（TTX）阻断电压门控钠通道，阻断突触后胞体放电，同时保持突触前放电完整，使用荧光标记的 AMPA 受体观察突触弹性（图 5-7-12A），发现 AMPA 受体在树突的突触后膜大量积累；相反，药理学急性阻断突触前释放或突触后谷氨酸受体激活，并没有引起被阻断的突触出现突触弹性。TTX 阻滞局部神经元放电与 TTX 阻断整体网络活动的效果是相似的，强烈提示阻断突触后动作电位发放足以导致突触强度的全面放大。不过，在神经活动亢奋期，并不完全清楚突触强度的降低是否由神经元突触后放电控制。

全局和局部稳态突触弹性机制可能与其他形式的突触可塑性（如 LTP 和 LTD）发生相互作用。全局稳态机制是按比例上下调整突触强度的，使神经元在不改变环路中突触输入相对强度的情况下稳定放电，因此由突触特异的可塑性形式（如 LTP 和 LTD）引起的突触权重变化所储存的信息不会被破坏。局部稳态机制（图 5-7-12B）如何与 LTP 和 LTD 相互作用取决于它的局部特性，一个非常局部的机制（如作用于单一突触）会倾向于消除 LTP 或 LTD 的影响；这种"遗忘"机制可以被选择性地打开或关闭（例如，通过神经调质），这对信息在神经网络中有效储存和管理很有用，如缺乏这种"遗忘"机制可能会对信息处理产生不佳效果。另一方面，一个神经元拥有多个树突分支，每一树突分支分布的突触群组成具有计算特性的"准局部"机制，每一树突分支的"准局部"机制相对独立于其他分支发挥作用，使得同一神经元上可以同时运算多个不同信息。不过，尚不清楚，同时阻断动作电位发放和谷氨酸受体激活，是否能够产生局部或"准局部"稳态突触可塑性。

三、突触弹性的分子机制

那么，神经元活动的变化如何转化为突触

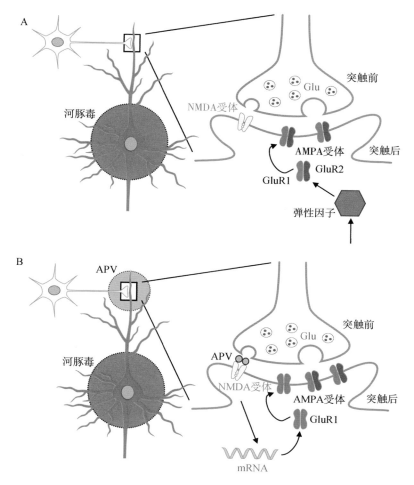

图 5-7-12　突触弹性局部和整体机制

A. 突触弹性机制。阻断突触后放电，而树突与神经网络活动保持完整，通过一种机制使得突触后"弹性因子"（scaling factor）水平升高，导致 GluA1 和 GluA2 亚单位组成的 AMPA 受体在突触后膜积累增加。**B**. 局部稳态机制。阻断突触后放电，同时，拮抗剂 APV 局部阻断树突处突触 NMDA 受体的激活，通过树突局部 AMPA 受体蛋白合成，升高突触后膜 GluA1 积累

AMPA 受体数量的稳态变化？神经元有内部传感器，能够检测到神经元活动的扰动，然后调节信号转导通路来调节突触后膜上的 AMPA 受体数量。利用药理学手段，通过靶向特定的分子或通路来破坏突触弹性，已知靶分子可以通过几种方式参与突触弹性：①靶分子本身是与活动变化相关的"活动信号"，并触发下游信号通路；②靶分子是由活动信号触发的信号转导的中心成分；③靶点是表达可塑性所需的 AMPA 受体转运机制中的一部分；④靶点是可塑性诱导机制或表达机制途径上的分子。

第一个被认为参与突触弹性的稳态活动信号的分子是脑源性神经营养因子（brain-derived neurotrophic factor，BDNF）。鲁白实验室工作显示，BDNF 是由皮质锥体神经元以活性依赖性方式释放，参与皮质发育和多种形式的可塑性表达。外源性给予的 BDNF 阻止了皮质培养中的慢性活动阻滞引起的突触强度增加。此外，阻止内源性 BDNF TrkB 受体的激活，可以模拟神经活动阻断的效果，并增加突触强度。这表明，活动阻滞增加兴奋性突触强度的一个途径是通过减少锥体神经元释放的 BDNF。然而，在对照条件下，慢性给予外源性 BDNF 不会降低培养的皮质锥体神经元上的 mEPSC 振幅（尽管它确实增加了抑制性中间神经元上的 mEPSC 振幅），阻断 BDNF 信号并不能阻止由慢性去极化导致的 mEPSCs 活动下调，说明增强 BDNF 的释放对于突触电流的稳态下调不是必需的。这反映出一个问题：大多数涉及突触强度放大的信号通路似乎没有参加突触强度缩小过程。

第二个被认为参与突触弹性的分子是细胞因子肿瘤坏死因子 α（tumor necrosis factor alpha，TNF-α）。TNF-α 是一种免疫分子，作为病理状态（如损伤）的炎症反应的一部分，引发细胞死

亡。在培养海马或皮质细胞中加入 TNF-α，15 分钟内明显增加 mEPSC 振幅和 AMPA 受体在膜上的表达。向培养液中添加可溶性 TNF-α 受体以中和内源性 TNF-α，可阻断给予 48 小时 TTX 所致 mEPSC 振幅增加。研究还发现，在 TTX 处理 2 天的培养神经细胞中，加入 TNF-α 条件培养基，通过 TNF-α 依赖机制增加 mEPSC 振幅。相反，通过增强神经活动来降低突触强度不能够通过阻断 TNF-α 信号来阻止，这表明，升高和降低突触强度是通过不同的途径介导的。Stellwagen 和 Malenka 实验室工作表明，参与增强 TTX 引起的突触强度的 TNF-α 来源于胶质细胞而不是神经元。在缺乏 TNF-α 表达的胶质细胞上生长的野生型神经元，在 TTX 处理 48 小时后不会增强突触强度，而在野生型胶质细胞上生长的缺乏 TNF-α 的神经元则会增强突触强度，这表明 TNF-α 对突触弹性的影响不是细胞自主的，而是需要神经元和胶质细胞之间的相互作用（尽管哪类胶质细胞尚不清楚）。人们根据上述实验提出的模型是：TTX 减少神经元释放谷氨酸，这一过程被胶质细胞感受到，导致胶质细胞释放更多的 TNF-α，继而作用于神经元，增加 mEPSC 振幅。阻断 TNF-α 信号可阻止微型抑制性突触后电流（mIPSC）出现。因此，在活动阻断时增加 TNF-α 和减少 BDNF 都起到相互调节 mEPSC 和 mIPSC 振幅的作用（图 5-7-13A）。

阻断突触后放电后很快突触弹性就完全显示出来，不需要改变整个网络（甚至附近的神经元群）的活动，这就给 BDNF 和 TNF-α 的突触弹性模型提出了一个问题，因为这两个模型都隐含着这样一个假设：突触弹性是由许多细胞同时改变释放可溶性因子引起的，然后这些因子在网络中广泛起作用，影响 AMPA 受体的积累，从而影响突触强度。BDNF 和 TNF-α 可能在局部正常发挥作用；锥体神经元可能以自分泌方式对自身的 BDNF 做出反应，单个神经元和胶质细胞之间的相互作用可能影响 TNF-α 的局部释放，尽管这种相互作用尚未被证实。

TNF-α 介导的突触弹性模型的另一个主要问题是依赖于胶质细胞源性 TNF-α 的突触强度增强的时程。TTX 处理 48 小时后才显著增加培养基中的 TNF-α 水平，TTX 处理培养神经元的 48 小时内条件培养基，并不能有效增加 mEPSC 振幅。相反，在大多数研究中，在 4～24 小时的神经活动阻断后，出现分级式的突触弹性，在几个小时内 AMPA 受体的突触积累产生明显增加，并且随着活动剥夺持续时间的延长，突触强度继续增加。而 TNF-α 本身能在几分钟内显著增强 mEPSC 的振幅，因此长时间活动阻滞所诱导的 TNF-α 依赖性突触弹性不是由于 TNF-α 的作用缓慢，而是由于 TNF-α 在培养基中的延迟积累所致。这表明 TNF-α 释放的变化不能够解释突触弹性的早期始发阶段，因此提出了一种可能性：TNF-α 不是介导突触弹性的"启动分子"，而是在长时间活动阻滞期间维持或表达突触弹性必需的分子。

由电压依赖性通道介导的细胞内 Ca^{2+} 的变化，是神经系统中最普遍和最重要的"活动信号"之一，这种 Ca^{2+} 内流对于多种形式的突触和内在可塑性的诱导至关重要。建模研究显示，设计稳态反馈回路的有效方法是使用细胞内 Ca^{2+} 的积分器，来调整神经元特性，使整合的 Ca^{2+} 信号接近某个"Ca^{2+} 设定点"。与建模研究一致，实验证明通过电压门控 Ca^{2+} 通道的 Ca^{2+} 内流减少，触发突触强度的增加。神经胞体暴发的动作电位触发胞体中 Ca^{2+} 的大量瞬时增加，局部灌注 Ca^{2+} 通道阻滞剂能够阻断胞体内 Ca^{2+} 瞬时增加，从而阻断突触弹性上调的诱导，这表明，介导突触弹性早期阶段的一个主要途径是动作电位放电的下降，使神经细胞胞体 Ca^{2+} 内流的减少所致（图 5-7-13B）。这种胞体 Ca^{2+} 内流下降本身作为一种细胞内信号，导致突触部位的 AMPA 受体逐渐累积增加，同时提示突触弹性机制并不是为了稳定神经元平均动作电位放电率，而是为了稳定神经元内 Ca^{2+} 水平。上述三种可能参与突触弹性分子，即细胞内 Ca^{2+}、BDNF 和 TNF-α，是否激活三种不同的途径，在不同的时间和空间尺度上介导或调节突触弹性，是尚未解决的问题；或者是否这三个信号分子在突触弹性诱导和表达途径中存在相互作用。

一旦神经细胞感知其活动发生了变化，通过一个或多个信号转导系统活动增加或减少，导致突触部位 AMPA 受体积累的改变。Ca^{2+} 内流可被细胞内多种 Ca^{2+} 依赖性激酶所感知，其中包括钙/钙调素依赖性蛋白激酶（CaMK）家族。用阻断 CaMK Ⅰ、Ⅱ 和 Ⅳ 的药物 KN93 阻断 CaMK 活性，可阻断 CaMK 对 mEPSCs 的影响。阻止培养海马神经细胞放电几天后，改变了神经元的 CaMK Ⅱ α 和 CaMK Ⅱ β 亚型的比例，通过一种或另一种 CaMK 亚型的过度表达改变 CaMK Ⅱ α 和 CaMK Ⅱ β 亚型的比例，从而对 mEPSC 的振幅、频率和动力学性质有复杂的稳态影响。CaMKⅡα 与 CaMKⅡβ 比值的变化可以解释某些研究中观察到的动作电位阻滞对 mEPSC 频率的影响，但对振幅的影响不明显。进一步研究表明，另一种被称为 CaMKⅣ 亚型的分子可能起来关键作用，与 CaMKⅡ 一样，CaMKⅣ 在钙 / 钙调素结合后必须自身磷酸化才能变得具有活性，同时也必须被 CaM 激酶激酶（CaMKK）磷酸化。CaMKⅣ 在细胞核内有很高的含量，提示参与基因转录和表达。在正常情况下，细胞核有高水平激活的 CaMKⅣ，短暂 TTX 处理可减少 CaMKⅣ 活性，与转染显性负向异构体的（dominant negative isoform）CaMKⅣ（或 CaMKK 的药理学抑制）一样，都可增加 mEPSC 振幅，引起突触弹性上调。CaMKⅣ 是一种转录调节因子，阻断 CaMKⅣ 的转录抑制剂，也可导致突触弹性上调。在新皮质神经元中，胞 Ca^{2+} 内流下降引起核内 CaMKⅣ 的活性下降，触发转录依赖性突触 AMPA 受体积累和 mEPSC 振幅稳态增加。在这个模型中，CaMKⅣ 作为一个转录抑制因子抑制一些促进 AMPA 受体在突触积累分子表达，所以，CaMKⅣ 活性增加造成突触弹性下调。

另一个与突触弹性有关的细胞信号途径是活性依赖性表达的即早基因 Arc（图 5-7-13B）。Arc 蛋白水平受神经细胞慢性活动的双向调节，在培养神经元或者培养脑片中，Arc 缺失会加大 AMPA 电流，尽管有实验室报道基础水平的突触传递没有变化。敲除 Arc 能够阻断河豚毒素对 mEPSCs 的放大作用，Arc 过度表达对 AMPA 介导的突触传递的影响更为多变，在一项研究中没有影响，在另一项研究中则减少了传递。有证据表明，Arc 的作用可能是通过 AMPA 受体的内吞作用来介导的，因为 Arc 可以直接与 AMPA 受体的内吞机制相互作用并影响 AMPA 受体的内吞机制。Arc 蛋白的下降可能有助于突触 AMPA 受体上调，以应对突触活动的阻断。相反，强烈激活神经元产生强烈的 Arc 表达，使得突触 AMPA 受体数量下调，稳态性的降低突触强度。但鉴于 Arc 表达丧失并不能阻止由神经元活动增强引起的突触弹性下调，说明在突触弹性降调过程中 Arc 信号通路不是降低突触 AMPA 受体表达的唯一途径。尚不完全清楚，Arc 是否是信号通路的一个基本要素？是耦合性的参与神经活动改变引起的突触弹性变化，还是 Arc 参与突触弹性调节必需

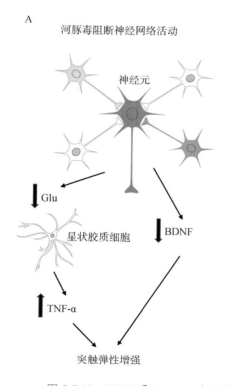

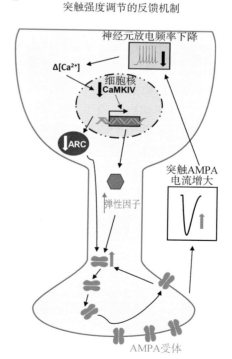

图 5-7-13　BDNF 和 TNF-α 在突触弹性中的作用及其突触强度反馈性调节机制
A. BDNF 和 TNF-α 在突触弹性中的作用。河豚毒阻断神经网络活动，减少神经元释放 BDNF，同时，增加胶质细胞释放 TNF-α。慢性（几天）BDNF 的减少和 TNF-α 的增加，共同作用增加兴奋性锥体神经元的突触弹性强度。**B**. 突触强度调节的反馈机制。神经元放电下降，导致胞内 Ca^{2+} 浓度下降，减少细胞核内 CaMKIV 的激活，增加"弹性因子"的转录，通过未明的机制使得 AMPA 受体在突触后膜积累增加，从而增加了兴奋性突触强度和提高放电频率，使其回到目标"设定点"水平。另外，有条多平行信号通路同时在突触弹性过程中起作用，例如，减少神经元兴奋会降低即刻反应早期基因 Arc 的水平，减少 AMPA 受体内吞作用，从而增加 AMPA 受体在膜上积累

的 AMPA 受体循环机制？

对稳态突触可塑性的研究还在进行中，参与突触弹性的潜在信号通路中的一个元素改变，都会对其他信号元素产生深远影响，最终影响突触功能和可塑性。BDNF、TNF-α、Arc、CaMKIV、Plk2 等是否被证明是突触弹性核心信号通路的一部分，或者其功能调控其他核心信号或运输因子的功能，还有待进一步研究证明。目前仍然有许多细节问题没有得到解决，例如，如何通过调节细胞内信号分子的激活来实现神经元放电的精确稳态调节，而不会在系统中产生过冲、振荡或漂移？另一个重要问题是如何确定神经元的活动"设定点"。

结语：突触可塑性是神经元连接强度的活动依赖性变化，长期以来一直被认为是学习和记忆的重要组成部分。在这里，我们回顾了兴奋性和抑制性突触可塑性以及突触弹性这三种广泛分类的突触可塑性的基本要素，并讨论了它们的产生机制和功能。几十年来，经典 Hebbian 突触可塑性一直是神经科学家的主要关注点，但它本身有其局限性，原因是人们对其 Hebbian 突触可塑性表现形式和功能认识主要来源于体外细胞模型和脑片模型的研究，很难准确展现行为动物大脑存在的突触可塑性特征。随着神经科学发展，一些用于在体脑成像和记录的新方法开发应用，比如新的神经递质和受体荧光探针、高灵敏度的生化传感器，及多种激酶和磷酸酶拮抗剂的开发应用，未来应该倾向于研究在体清醒自由活动的动物脑内负责相关行为的区域或者核团的突触可塑性，观察动物脑内相关区域在适应性行为学习过程中神经回路中个体神经元和整体回路突触可塑性，以期在整体视角上理解脑内突触可塑性在学习、记忆和药物成瘾，及神经精神疾患中的神经基础，有助于更好地提高人类记忆和智慧，开发出新药和新设备来预防和治疗神经精神疾患。

参考文献

综述

1. Braun AP and Schulman H. The multifunctional calcium/calmodulin-dependent protein kinase：from form to function. *Annu. Rev. Physiol*，1995，57：417-445.

2. Castillo PE，Chiu CQ，and Reed C. Carroll. Long-term synaptic plasticity at inhibitory synapses. *Curr. Opin*，*Neurobiol*. 2011，21（2）：328-338.

3. Collingridge GL，Isaac JTR and Wang YT. Receptor trafficking and synaptic plasticity. *Nature Neuroscience Rev*，2004，5：952-962.

4. Collingridge GL，Peineau S，Howland JG，et al. Long-term depression in the CNS，*Nature Reviews Neuroscience*，2010，11：459-473.

5. Dan Y and Poo MM. Spike timing-dependent plasticity：from synapse to perception. *Physiol Rev*，2006，86：1033-1048.

6. Turrigiano GG. The self-tuning neuron：synaptic scaling of excitatory synapses. *Neuron*，2008，135（3）：422-435.

7. Hilfiker S，Pieribone VA，Czernik AJ，et al. Synapsins as regulators of neurotransmitter release. *Philos Trans R Soc Lond B Biol Sci*，1999，354：269-79.

8. Kandel ER，Schwartz JH，Jessell TM. *Principles of Neuroscience*，4th Edition. New York. McGraw-Hill，2000：1227-1279.

9. Lu B，Pang PT，and Woo NH. The yin and yang of neurotrophin action. *Nat Rev Neurosci*，2005，6：603-614.

10. Malenka RC and Bear MF. LTP and LTD：an embarrassment of riches. *Neuron*，2004，44：5-21.

11. Schinder AF and Poo MM. The neurotrophin hypothesis for synaptic plasticity. *Trends Neurosci*，2000，23：639-645.

12. Song I and Huganir RL. Regulation of AMPA receptors during synaptic plasticity. *Trends Neurosci*，2002，25：578-588.

13. Cowan WM，Sudhof TC and Stevens CF. Synapses. Baltimore. Johns Hopkins University，2001：393-453.

14. Zucker RS and Regehr WG. Short-term synaptic plasticity. *Annu Rev Physiol*，2002，64：355-404.

原始文献

1. Bliss TV and Lomo T. Long-lasting potentiation of synaptic transmission in the dentate area of the anaesthetized rabbit following stimulation of the perforant path. *J. Physiol*，1973，232：331-356.

2. Collingridge GL，Kehl SJ and H. McLennan. Excitatory amino acids in synaptic transmission in the schaefer collateral-commissural pathway of the rat hippocampus. *J. Physiol*，1983，334：33-46.

3. Dale N and Kandel ER. Facilitatory and inhibitory transmitters modulate spontaneous transmitter release at cultured Aplysia sensorimotor synapses. *J. Physiol*，1990，421：203-222.

4. Greengard P，Jen J，Nairn AC，et al. Enhancement of the glutamate response by cAMP-dependent protein kinase in hippocampal neurons.*Science*，1991，253：1135-1138.

5. Kauer JA，Malenka RC，and Nicoll RA. NMDA application potentiates synaptic transmission in the hippocampus. *Nature*，1988，334：250-252.

6. Kirkwood A，Dudek SM，Gold JT，et al. Common forms of synaptic plasticity in the hippocampus and neocortex in vitro. *Science*，1993，260：1518-1521.

7. Li CY，Lu JT，Wu CP，et al. Bi-directional modulation of presynaptic neuronal excitability induced by correlated pre- and postsynaptic activity.*Neuron*，2004，41：257-268.

8. Liao D，Hessler NA，and Malinow R. Activation of postsynaptically silent synapses during pairing-induced LTP in CA1 region of hippocampal slice. *Nature*，1995，375：

400-404.

9. Lu WY，Man HY，Trimble W，et al. Activation of synaptic NMDA receptors induces LTP through insertion of AMPA receptors at excitatory synapses in cultured hippocampal neurons. *Neuron*，2001，29：243-254.

10. Malinow R，Schulman H，and Tsien RW. Inhibition of postsynaptic PKC or CaMK II blocks induction but not expression of LTP. *Science*，1989，245：862-866.

11. Man HY，Lin J，Ju W，et al. Regulation of AMPA receptor-mediated synaptic transmission by clathrin-dependent receptor internalization. *Neuron*，2000，25：649-662.

12. Mayer ML，Westbrook GL，and Guthrie PB. Voltage-dependent block by Mg^{2+} of NMDA responses in spinal cord neurones. *Nature*，1984，309：261-263.

13. Pang PT，Teng HK，Zaitsev E，et al. Cleavage of proBDNF by tPA/plasmin is essential for long-term hippocampal plasticity. *Science*，2004. 306：487-491.

14. Silva AJ，Stevens CF，Tonegawa S，et al. Deficient hippocampal long-term potentiation in alpha-calcium-calmodulin kinase II mutant mice. *Science*，1992，257：201-206.

15. Silva AJ，Paylor R，Wehner JM，et al. Impaired spatial learning in alpha-calcium-calmodulin kinase II mutant mice. *Science*，1992，257：206-211.

16. Wang YT and Linden DJ. Expression of cerebellar long-term depression requires clathrin-mediated internalization of postsynaptic AMPA receptors. *Neuron*，2000，25：635-647.

17. Wang Z，Xu NL，Wu CP，et al. Bi-directional modification of dendritic spatial summation accompanying long-term synaptic modification.*Neuron*，2003，37：463-472.

第 8 章 神经干细胞

马　通　明国莉　宋洪军

引　言

干细胞（stem cells）是指一类具有自我更新能力（self-renewal）和分化潜能的细胞。干细胞的自我更新能力使其具有"永生"（immortality）的特性。在哺乳动物的许多组织器官中，如皮肤与血液系统，干细胞终生存在。干细胞对正常生理条件下组织器官的发生、发育、维持和可塑性，及在病理条件下组织器官的再生与修复具有重要的作用。"干细胞"的概念源于人们对生殖细胞和血液细胞起源的研究，并且在血液系统的研究中得到极大的发展。在 20 世纪 80 年代，"干细胞"的概念被引入到神经科学领域。如今"神经干细胞（neural stem cell）"已经成为发育神经生物学的基本概念之一。与其他组织器官不同，在过去相当长的一段时期，普遍的观点认为哺乳动物中枢神经系统的神经元只可以在胚胎发育期间产生，而成年中枢神经系统不能产生新的神经元。自 20 世纪 60 年代以来，随着方法技术的进步，研究人员发现在成年哺乳动物大脑的特定区域存在神经干细胞（在"干细胞"的概念被引入之前，这些"神经干细胞"被描述为具有分裂增殖特征的前体细胞）和新生神经元（newborn neuron）。值得一提的是，在其他脊椎动物如斑马鱼中也有成体神经干细胞的存在，本章只讨论哺乳动物而对其他动物将不做介绍。在本章中，我们首先介绍神经干细胞的相关概念，然后重点论述成年哺乳动物特别是啮齿类动物大脑内的神经干细胞和新神经元的产生，最后讨论神经干细胞研究的前景。

第一节　神经干细胞的概念

神经系统结构是由神经细胞构成的。神经细胞包括神经元（neuron）和神经胶质细胞（glia cell）。神经元是构成神经系统结构的基本功能单位。神经胶质细胞又分为大胶质细胞（macroglia）和小胶质细胞（microglia），其中大胶质细胞包括少突胶质细胞（oligodendrocyte）和星形胶质细胞（astrocyte）。小胶质细胞作为驻留巨噬细胞来源于神经系统之外的原始巨噬细胞。神经元、少突胶质细胞和星形胶质细胞均起源于神经系统的神经干细胞（neural stem cell，NSC）。神经干细胞是指具有自我更新能力，并且具有多向分化潜能的神经前体细胞（neural progenitor cell，NPC）（图 5-8-1A）。神经干细胞可以处于静息状态（quiescent state），也可以被激活（activated），激活的神经干细胞能够通过对称性分裂（symmetric division）和不对称性分裂（asymmetric division）的方式实现自我更新。神经干细胞的自我更新特性使其能够扩增传代。神经干细胞的多向分化潜能使其能够以直接或间接的方式产生多种神经细胞类型，例如神经元、少突胶质细胞和星形胶质细胞。虽然"神经干细胞"的概念自 20 世纪 80 年代引入至今只有三十多年，但是该概念的应用对发育神经生物学有很大的推动作用，并且现在已经成为发育神经生物学的基本概念之一。

　　根据来源的不同，神经干细胞可以分为胚胎神经干细胞（embryonic NSC）、成体神经干细胞（adult NSC）和重编程性神经干细胞等。胚胎神经干细胞是指胚胎期神经组织中的神经干细胞。现已确切证明来源于神经上皮细胞（neuroepithelial cell）的放射状胶质细胞（radial glia cell，RGC）是哺乳动物胚胎期中枢神经系统的神经干细胞（图 5-8-1B）。放射状胶质细胞特异性表达巢蛋白（Nestin）、胶质纤维酸性蛋白（glial fibrillary acidic protein，GFAP）和脑脂质结合蛋白（brain lipid-binding protein，BLBP）。放射状胶质细胞具有双极性（bipolar），其胞体位于脑室区（ventricular zone，VZ），并且通过与脑室接触的顶端突起（apical process）和与软脑膜接触的基底突起（basal process）贯穿整个神经管壁。神经管（neural tube）在前后轴模式化（patterning）的作用下分化成前脑、中脑、后脑和脊髓。神经管在背腹轴模式化的作用亦分化成不同的区域。不同区域的放射状胶质细胞 RGC 具有胚胎神经干细胞共同的特征，同时具有各自不同的分子特征并且产生不同的神经元和神经胶质细胞类型。另外，放射状胶质细胞在不同的发育时期所产生的神经元和神经胶质细胞类型亦有所不同。放射状胶质细胞不仅可以作为神经干细胞产生各种神经细胞，其基底突起对新生神经元的放射状迁移（radial migration）亦具有重要的作用。

　　成体神经干细胞是指成年体内神经组织中的神经干细胞。与胚胎神经干细胞不同，哺乳动物成体神经干细胞只存在于特定的脑区。现在公认的存在成体神经干细胞的区域包括邻近大脑侧脑室（lateral ventricles）的脑室下区（subventricular zone，SVZ）和位于海马（hippocampus）齿状回的

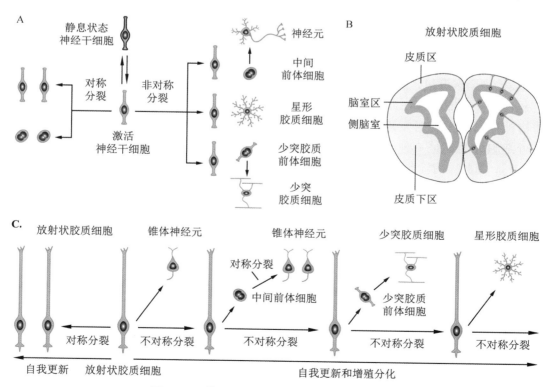

图 5-8-1　神经干细胞和放射状胶质细胞的特性

A. 神经干细胞的自我更新和增殖分化；B. 胚胎期小鼠端脑放射状胶质细胞的形态特征和分布；C. 胚胎期小鼠大脑皮质放射状胶质细胞的分裂模式以及其增殖分化的进程

颗粒下区（subgranular zone，SGZ）。

重编程性神经干细胞是指由其他类型的细胞通过各种方法技术转化而来的神经干细胞。例如由胚胎干细胞定向分化而来的神经干细胞、通过类似于诱导性多能干细胞（induced pluripotent stem cell，iPSC）技术得到的诱导性神经干细胞（induced neural stem cell）等。

神经干细胞可以进行对称性分裂和不对称性分裂（图 5-8-1C）。依前脑大脑皮质的神经干细胞即放射状胶质细胞 RGC 为例，在进行对称性分裂时，一个放射状胶质细胞分裂为两个放射状胶质细胞，从而可以实现神经干细胞的增殖。在进行不对称性分裂时，一个放射状胶质细胞分裂为一个放射状胶质细胞和一个神经元或中间前体细胞（intermediate progenitor cell，IPC）。中间前体细胞是一种分化潜能比较局限的神经前体细胞，中间前体细胞的对称性分裂可以产生两个中间前体细胞或两个神经元。因此，放射状胶质细胞的不对称性分裂在产生神经元的同时也可以维持自身的数量。放射状胶质细胞的不对称性分裂也可以产生神经胶质类细胞。以前普遍认为随着发育的进行神经干细胞可以依次产生神经元、少突胶质细胞和星形胶质细胞，然后神经干细胞在大部分的脑区消耗殆尽（图 5-8-1C），只有特定脑区的神经干细胞能够转化为成体神经干细胞。最近的研究发现，位于海马齿状回颗粒下区的成体神经干细胞可以同时产生颗粒神经元和星形胶质细胞，而不产生少突胶质细胞。随着研究的深入，各类神经干细胞的特性将被进一步揭开。

第二节　成年大脑内神经发生的发现过程

神经发生（neurogenesis）是指由神经干细胞产生功能性神经元的过程。神经发生的过程包括神经干细胞和中间前体细胞的分裂增殖（proliferation），新生神经元的分化（differentiation）、迁移（migration）、成熟（mature），及形成突触整合（integration）到神经网络之中。神经发生广泛存在于哺乳动物胚胎期的中枢神经系统中。然而，出生之后的哺乳动物中枢神经系统中是否依然有新的神经元产生呢？这个问题曾经困扰我们半个多世纪。20 世纪初期，神经生物学的先驱卡哈尔（Santiago Ramon y Cajal）在研究哺乳动物神经系统发育时发现神经元分化成熟后不再进行细胞分裂，是一种有丝分裂后细胞（postmitotic cell）。因此，哺乳动物出生后的中枢神经系统内不再有新的神经元产生。这种观念持续了半个多世纪。尽管亦有研究声称在出生后中枢神经系统内观察到有细胞分裂的现象，由于当时技术方法的限制，这些分裂的细胞最终产生神经元抑或神经胶质细胞并无法区分。

H3- 胸腺嘧啶脱氧核苷放射自显影（H3-Thymidine autoradiography）技术的应用使得研究人员可以追踪分裂细胞的命运，从而得以证明成年哺乳动物大脑内新生神经元的存在。H3- 胸腺嘧啶脱氧核苷（H3- 胸苷）可以在细胞周期的复制期掺入到 DNA 之中，然后通过放射自显影技术显示。在 20 世纪 60 年代，Joseph Altman 等应用该技术通过一系列的研究发现成年大鼠（rat）的海马齿状回、大脑侧脑室下区、嗅球等区域存在新生的神经元。在 20 世纪七八十年代，Michael Kaplan 等应用 H3- 胸苷标记和电子显微镜技术发现大鼠海马齿状回和嗅球中的新生神经元可以长期存活并且能够形成突触连接。同时期，Fernando Nottebohm 等在鸣鸟类（songbirds）成年脑中的研究显示新生的神经元在季节性歌曲的学习中具有功能性的作用。在 20 世纪 90 年代，研究人员在啮齿类动物的成年大脑组织中分离出了具有神经干细胞特性的神经前体细胞，并且建立了体外的神经球（neurosphere）培养方法。体外的研究显示神经干细胞不仅可以分裂增殖，而且可以产生所有的神经细胞类型，即神经元、少突胶质细胞和星形胶质细胞。随后，BrdU（bromodeoxyuridine）标记技术的应用极大地促进了成年神经发生的研究。BrdU 是一种胸腺嘧啶脱氧核苷类似物，亦可以在细胞周期的复制期掺入到 DNA 之中。与 H3- 胸苷标记不同的是，BrdU 可以通过免疫组织化学的方法显示，因此，可以结合其他神经细胞分子标志物进行系统的免疫组织化学分析。应用 BrdU 标记技术研究人员发现成年神经发生几乎存在于所有的哺乳动物中，其中包括人类。

经过半个多世纪的探索，现在已经确切地证明在成年哺乳动物的大脑侧脑室下区和海马齿状回颗粒下区存在神经干细胞和神经发生（图 5-8-2A ～ C）。除了 BrdU 标记的方法之外，我们也有了

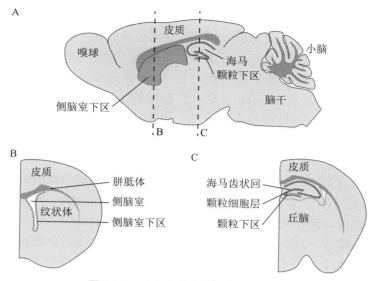

图 5-8-2 成体大脑内神经发生的区域

A. 大脑侧脑室下区和海马齿状回颗粒下区在小鼠大脑矢状图中的位置分布。虚线 B 和虚线 C 分别显示图 B 和图 C 的位置。**B.** 大脑侧脑室下区在小鼠大脑冠状图中的位置分布。**C.** 海马齿状回颗粒下区在小鼠大脑冠状图中的位置分布

更多的方法技术可以研究成体神经发生。例如，细胞分裂增殖的标记物 Ki67 和 MCM2 可以用免疫组织化学的方法显示神经干细胞和中间前体细胞的分裂增殖；基于反转录病毒（onco-retrovirus）的荧光蛋白表达可以标记分裂的神经干细胞和中间前体细胞，并且可以追踪其子代细胞的命运，显示其形态以及研究其功能；微管相关蛋白双皮质素（doublecortin，DCX）的表达可以显示新生未成熟神经元的存在。另外，应用转基因动物可以标记不同时期的神经干细胞、中间前体细胞和新生神经元。

第三节　成年大脑海马齿状回的神经发生

海马（hippocampus）是组成大脑边缘系统的一部分，位于大脑皮质和丘脑之间，在左右大脑半球呈对称分布。海马在学习记忆特别是长期记忆的形成以及空间定位和空间记忆中具有重要的作用。哺乳动物海马包括 CA1（cornu ammonis，CA）、CA2、CA3 区域，及齿状回（dentate gyrus）。CA 区域主要由谷氨酸能锥体细胞（pyramidal cell）构成，齿状回主要由谷氨酸能颗粒细胞（granular cell）构成。海马主要通过三突触回路（trisynaptic circuit）完成对信息的加工处理。齿状回颗粒细胞主要通过穿通通路（perforant pathway）接受来自内嗅皮质的输入，并通过苔藓纤维通路（mossy fiber pathway）投射到海马的 CA3 区域。然后，CA3 的锥体细胞通过 Schaffer 侧支通路（Schaffer collateral pathway）投射到 CA1 区域，而 CA1 锥体细胞的投射回到内嗅皮质以完成信息的输出。因此，齿状回是海马神经环路的重要组成部分，是海马的"门户"。成体海马神经发生存在于海马的特定区域，即齿状回颗粒下区（图 5-8-3A）。

一、成体海马神经干细胞及神经发生

哺乳动物海马齿状回颗粒下区是公认的存在成体神经发生的区域之一。成体海马神经干细胞，又称 I 型细胞（type I cell），位于海马齿状回颗粒下区（图 5-8-3B）。海马神经干细胞具有放射状突起，突起贯穿整个颗粒细胞层并且在内分子层（inner molecular layer）形成大量的分支，这些突起的分支常常与内分子层的血管相接触。海马神经干细胞特异性表达 Nestin、GFAP 和转录因子 Sox2。由于其放射状的形态和所表达的标志物与胚胎期放射状胶质细胞相同，海马神经干细胞又被称为放射状胶质样细胞（radial glia-like cell，RGL）或放射状星形胶质细胞（radial astrocyte，RA）。值得一提的

是，在正常生理状态下，大部分的海马神经干细胞并不进行细胞分裂，即处于静息状态（quiescent state）。因此，只有小部分的海马神经干细胞被激活进入细胞分裂周期。早期的体外培养研究显示海马神经干细胞具有三种分化潜能（tripotent），能够产生神经元、少突胶质细胞和星形胶质细胞。最近的在体单细胞谱系分析表明，单个成体海马神经干细胞可以对称分裂为两个海马神经干细胞，或进行不对称分裂产生海马神经干细胞和颗粒细胞或星形胶质细胞。因此，与具有三种分化潜能的胚胎神经干细胞和体外培养的海马神经干细胞不同，正常生理条件下的成体海马神经干细胞只有两种分化潜能（bipotent），并不能产生少突胶质细胞。然而，当条件性敲除成体海马神经干细胞中的 NF1（neurofibromin 1）或 Drosha/NFIB（nuclear factor I B，NFIB）后，成体海马神经干细胞既能够产生神经元和星形胶质细胞，又能够产生少突胶质细胞，说明其具有潜在的三种分化潜能。以上研究同时表明成体海马神经干细胞所处的环境以及其内在的机制对其特性的维持具有重要意义。

成体海马神经发生是一个连续的过程，并且包括不同的阶段（图 5-8-3B）。海马神经干细胞被激活后通过分裂产生中间前体细胞，又称为 II 型细胞（type II cell）。中间前体细胞没有放射状突起，并且大部分的中间前体细胞特异性表达转录因子 Tbr2。中间前体细胞具有快速分裂增殖的特征，能够通过对称性分裂实现自我增殖或产生齿状回成神经细胞（neuroblast）。成神经细胞又称为 III 型细胞（type III cell），可以分化为颗粒细胞，新产生的颗粒细胞是未成熟神经元（immature neuron）。成神经细胞和未成熟颗粒细胞均特异性表达微管相关蛋白双皮质素（doublecortin，DCX）。新生颗粒细胞经过短距离的迁移进入颗粒层，然后长出突起并分化成熟。成熟的颗粒细胞表达神经元特异性核蛋白NeuN（neuron-specific nuclear protein）和钙结合蛋白 CB（calbindin 1）。另外，转录因子 NeuroD1 在成神经细胞、未成熟颗粒细胞和部分的中间前体细胞中表达；而转录因子 Prox1 在成神经细胞和未成熟颗粒细胞中表达，并且 Prox1 在成熟的颗粒细胞中持续表达（图 5-8-3B）。对于不同种属的动物而言，新生颗粒细胞成熟所需时间有所不同，在成年小鼠中海马的颗粒细胞从产生到形成突触并且完全成熟需要七周至八周的时间。与出生前后产生的颗粒细胞相同，成体海马产生的颗粒细胞是谷氨酸能神经元。新生颗粒细胞分化成熟后，颗粒细胞的树突分布在齿状回的分子层并且形成大量的分支，其主要接受来自内嗅皮质的穿通通路的输入。颗粒细胞的轴突通过苔藓纤维通路投射到海马的 CA3 区域。因此，成熟后的新生颗粒细胞可以整合到海马的神经环路之中。

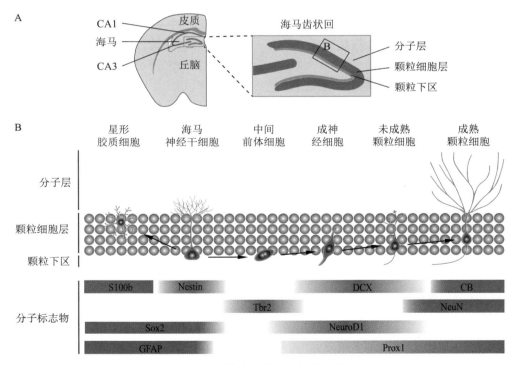

图 5-8-3　成体海马齿状回的神经发生

A. 成年小鼠海马齿状回颗粒下区的位置；B. 成体海马神经干细胞和神经发生的过程以及不同细胞类型的分子标志物

二、成体海马神经发生的微环境

成体神经发生只存在于特定的脑区而不是广泛存在于中枢神经系统，说明这些脑区具有维持神经发生的微环境（niche）。微环境对于神经干细胞的维持以及神经发生各个阶段的调节具有重要的作用。海马神经发生的微环境有多种构成成分。第一，颗粒下区的海马神经干细胞、中间前体细胞、新生和成熟的颗粒细胞之间可以相互作用。第二，海马齿状回存在苔藓细胞（mossy cell）、中间神经元、血管细胞和胶质细胞，这些细胞可以直接或间接地调节神经发生。第三，除了局部的各种细胞之外，海马齿状回接受大量的来自其他区域的神经纤维的投射，这些神经纤维释放的分子可以直接或间接调节神经发生。

维持静息状态是许多成体组织干细胞包括海马神经干细胞的重要特征之一，并且维持静息状态可能是这些成体干细胞得以长期存在的重要途径，因为过度的激活将导致其很快的消耗殆尽。微环境对海马神经干细胞静息状态的维持具有极其重要的作用。分泌性的形态发生素（morphogens），例如刺猬素（sonic hedgehog，Shh）、骨形态发生蛋白（bone morphogenetic protein，BMP）和 Wnt（Wingless and Int-1），不仅对神经系统早期的发育具有关键性作用，而且对成体海马神经干细胞的维持也具有要作用。Shh 信号通路是成体海马神经干细胞形成所必需的，并且激活该信号通路可以增强成体海马神经干细胞和中间前体细胞的分裂增殖。通过抑制物或敲除相应的受体阻滞 BMP 信号通路可以使静息状态的海马神经干细胞被激活进入分裂周期，说明该信号通路对维持海马神经干细胞的静息状态具有重要的意义。Wnt 信号通路的抑制物 Dkk1（dickkopf-1）和成熟颗粒细胞来源的分泌性抑制蛋白 sFRP3（secreted frizzled-related protein 3）可以抑制海马神经干细胞的激活，从而促使海马神经干细胞维持静息状态。另外，RBP-Jk（recombination signal binding protein-Jk）依赖的 Notch 信号通路也是维持海马神经干细胞所必需的。微环境中的其他细胞对海马神经干细胞也具有调节作用。苔藓细胞的激活可以促使海马神经干细胞维持静息状态，而星形胶质细胞来源的 Wnt3 和谷氨酸可以增强海马神经干细胞的分裂增殖。神经活动也可以通过微环境调节海马神经干细胞的静息状态。海马神经干细胞可以通过特异受体感受中间神经元释放的神经递质 γ- 氨基丁酸（GABA），当 γ-氨基丁酸的释放减少时，海马神经干细胞被激活。

微环境不仅对海马神经干细胞的维持具有重要作用，对新生颗粒细胞的成熟以及突触整合（synaptic integration）也具有关键作用。与胚胎期产生的神经元的发育一样，在接受 GABA 和谷氨酸（Glutamate）能神经元输入之前，成体海马的新生颗粒细胞在不成熟阶段表达钠钾氯共转运蛋白 NKCC1。NKCC1 使细胞内具有高浓度的氯离子，从而使得微环境中的 GABA 对不成熟的颗粒细胞具有紧张性激活（tonic activation）和兴奋性的去极化反应。成熟的颗粒细胞不表达 NKCC1 而表达钾氯共转运蛋白 KCC2，KCC2 能维持细胞内低浓度的氯离子，从而使得微环境中的 GABA 对成熟的颗粒细胞具有相位性激活（phasic activation）和抑制性的超极化作用。阻断 GABA 的去极化作用导致颗粒细胞树突生长与分支的减少，并且导致颗粒细胞无法形成正常的 GABA 和 glutamate 能突触。因此，微环境中的 GABA 对发育早期颗粒细胞的去极化作用对颗粒细胞的突触形成是必需的。

综上表明海马齿状回的微环境通过调节成体海马神经干细胞的静息与激活状态之间的平衡维持了海马神经干细胞，并且对新生颗粒细胞的成熟以及神经环路的形成具有重要的作用。

三、成体海马神经发生的调节

成体海马神经发生与胚胎期神经发生具有类似的过程，包括神经干细胞和中间前体细胞的分裂增殖，新生神经元的分化、迁移、成熟，及形成突触整合到神经网络之中。成体海马神经发生的各个阶段均受到细胞外信号以及细胞内分子的调节，并且微环境对神经发生的调节也是通过细胞受体及细胞内分子起作用。调节海马神经发生的因素有多种，例如转录因子、表观遗传修饰、神经环路、生理和病理的变化等。

转录因子是调控基因表达的重要分子，其在调节成体海马神经发生中具有关键的作用。成体海马神经干细胞表达转录因子 Sox2。当条件性敲除成体海马神经干细胞中的 Sox2 后，海马神经干细胞几乎消失殆尽，说明 Sox2 对成体海马神经干细胞的维持是必需的。值得一提的是，Notch/RBP-Jk 信号通路对成体海马神经干细胞的维持是通过 Sox2 作为下游调控基因实现的。Sox2 也可以通过调控其他基因的表达来调节海马神经干细胞，例如核受体 Tlx，该转录因子具有维持海马神经干细胞以及促进其分裂的作用。转录因子 Ascl1 可以响应成体海马神经干细胞的激活信号而表达，进而通过直接调控细胞周期调控基因促进海马干细胞的分裂。当条件性敲除 Ascl1 后，静息的成体海马神经干细胞不能被激活，因而不能产生中间前体细胞和颗粒细胞。因此，Ascl1 是激活成体海马神经干细胞的关键分子。中间前体细胞表达转录因子 Tbr2。当条件性敲除 Tbr2 后，中间前体细胞和神经元不能产生，然而，海马神经干细胞的分裂却增强了，说明 Tbr2 在海马神经干细胞经过中间前体细胞分化为神经元的过程中具有重要作用。转录因子 NeuroD1 表达在成神经细胞、新生未成熟颗粒细胞和部分的中间前体细胞中。当条件性敲除 NeuroD1 后，海马神经干细胞和中间前体细胞以及它们的分裂不受影响，但是新生未成熟颗粒细胞大量减少，并且新生颗粒细胞在完全成熟之前发生凋亡，说明 NeuroD1 可以促进中间前体细胞向颗粒细胞分化以及颗粒细胞的存活。转录因子 Prox1 表达在未成熟颗粒细胞中，并且在成熟的颗粒细胞中持续表达。Prox1 不仅对促进新生颗粒细胞分化成熟具有重要作用，并且对新生颗粒细胞的命运决定和成熟颗粒细胞的特征维持具有关键的作用。

表观遗传修饰是在基因的 DNA 序列不发生改变的情况下，基因表达的可遗传的变化，其在调节成体海马神经发生中具有重要的作用。DNA 甲基化（methylation）与去甲基化（demethylation）是表观遗传修饰的重要途径。甲基 CpG 结合域蛋白 MBD1/MECP2 能够通过结合甲基化 DNA 的区域调控基因的表达，进而调节海马神经前体细胞的分裂增殖和颗粒细胞的分化。可介导去甲基化作用的甲基胞嘧啶双加氧酶 Tet1 的缺失能够减少海马中间前体细胞的分裂增殖和新生颗粒细胞的产生。生长停滞 DNA 损伤可诱导蛋白 GADD45b 可以调控神经活动诱导的去甲基化，其能够通过调控成熟颗粒细胞中分泌性生长因子的表达间接地促进海马神经干细胞的分裂增殖和新生颗粒细胞树突的生长。组蛋白的修饰对调节成体海马神经发生也具有重要意义。组蛋白 H3K27 的甲基转移酶 Ezh2 表达在被激活的成体海马神经干细胞中，其可以促进海马干细胞的分裂增殖。组蛋白去甲基化酶 LSD1 表达的抑制或降低能够通过调控转录因子 Tlx 的目标基因的表达减少海马神经干细胞的分裂增殖。另外，组蛋白去乙酰化酶 HADC3 可以通过调控细胞周期蛋白依赖性激酶 CDK1 促进成体海马神经干细胞的分裂增殖和颗粒细胞的产生。

海马齿状区域不仅有颗粒细胞、苔藓细胞和中间神经元形成的局部神经环路，同时接受大量来自其他区域长距离的神经纤维的投射，因此，神经环路对海马神经发生也具有重要的调节作用。苔藓细胞激活可以直接通过 glutamate 信号或间接通过中间神经元的 GABA 信号调节海马神经干细胞的分裂增殖。内侧隔核（medial septum）的 GABA 能神经元可以长距离投射到齿状回的中间神经元，进而维持海马神经干细胞的静息状态。后脑中缝核的血清素（serotonin）能（serotonergic）神经元在齿状回有大量的投射，增加或减少齿状回的血清素信号能够促进或降低海马神经干细胞的分裂增殖。中脑的多巴胺能（dopaminergic）神经元在齿状回有弥散的投射，去除多巴胺能神经元的投射会导致海马神经干细胞的分裂增殖减少。

生理的变化以及血液中的循环因子和免疫细胞也是影响海马神经发生的重要因素。啮齿类动物跑步运动实验（running）的活动可以促进海马神经干细胞的分裂增殖和新生颗粒细胞的存活，并且该促进作用主要是通过来自外周的生长因子 IGF（insulin-like growth factor）和 VEGF（vascular endothelial growth factor）介导的。随着动物的老化（aging）海马神经干细胞和中间前体细胞以及新生颗粒细胞均会显著减少。具有血液交换作用的联体（parabiosis）实验表明，当年轻小鼠和老年小鼠联体时，年轻小鼠血液中较高水平的细胞因子 GDF11（growth differentiation factor 11）能够促进老年小鼠海马神经干细胞的分裂增殖和神经发生，而老年小鼠血液中较高水平的 CCL11（C-C motif chemokine 11）和 b2-microglobulin 可以抑制年轻小鼠的海马神经发生。在免疫 T 细胞缺失的免疫缺陷小鼠中，海马齿状回的分裂细胞减少，并且新生颗粒细胞的树突分支减少且长度较短，说明 T 细胞具有促进海马神经前体细胞分裂增殖和新生颗粒细胞分化的作用。

病理的变化也会影响成体海马的神经发生。应激（stress）和抑郁（depression）会降低海马神经前体细胞的分裂增殖。炎症（inflammation）能够通过激活的小胶质细胞释放的细胞因子急剧地抑制海马的神经发生。大脑的缺氧缺血损伤（hypoxic-ischemic brain injury）、卒中（stroke）和癫痫（epilepsy）均会急性刺激海马神经干细胞的分裂增殖，并且导致新生颗粒细胞的不正常迁移与分布。神经退行性疾病，例如阿尔茨海默病（Alzheimer's disease，AD）、帕金森病（Parkinson's disease，PD）和亨廷顿病（Huntington's disease，HD）对海马神经发生均有影响。由于病理的变化对微环境的影响比较复杂，因此其影响成体海马神经发生的确切机制有待进一步研究。

四、海马齿状回新生神经元的功能

进入 21 世纪以来，较为集中的研究使我们对成体海马神经发生的过程及其调节机制有了较为全面的了解，大量的研究表明成体海马齿状回新生的颗粒细胞的确可以形成突触整合到海马的神经环路之中，并且完全成熟的新生颗粒细胞与先前存在的颗粒细胞几乎具有相同的特性。自 20 世纪 60 年代成体海马神经发生被发现至今，研究人员对成体海马新生神经元的功能也进行了广泛的研究。与其他组织器官内新生细胞的组织修复作用不同，越来越多的研究表明成体海马神经发生是神经系统可塑性（plasticity）的一种途径。然而，我们至今对成体海马新生神经元的确切功能还不清楚。一方面是因为海马齿状回的确切功能并不十分清楚，另一方面是因为处于不同发育阶段的海马新生颗粒细胞的功能有所不同。有研究表明出生四周至六周的海马新生颗粒细胞具有较强的长时程增强作用（long-term potentiation，LTP），并且其阈值较低。这种短暂的增强的突触可塑性使得该阶段的新生颗粒细胞具有较强的兴奋性，从而有别于周围完全成熟的颗粒细胞，因此其对海马的功能可能具有独特的作用。

成体海马新生颗粒细胞潜在的功能之一是参与空间学习与记忆的形成。空间学习与记忆对动物的生存具有重要的意义。若干研究显示降低（reducing）或去除（depletion）成体海马新生颗粒细胞导致小鼠的空间学习与记忆特别是长时记忆的障碍。海马齿状回具有模式分离（pattern separation）的作用，即将内嗅皮质输入的相似的信息加以区分并传送到 CA3 锥体细胞。应用放射线照射或其他的方法去除海马新生的颗粒细胞后，小鼠很难完成模式分离相关的行为任务。因此，海马新生颗粒细胞可能参与齿状回的模式分离功能。另外，成体海马新生颗粒细胞可能对情绪（emotion）和遗忘（forgetting）也具有调节作用。

五、成体海马神经干细胞的胚胎起源

成体海马神经发生的研究多集中在神经发生的过程和调节以及新生神经元的功能，而对于成体海马神经干细胞胚胎起源（embryonic origin）的研究比较少。成体海马神经干细胞存在于颗粒下区，因此，颗粒细胞层的形成对于成体海马神经干细胞微环境的建立具有特殊意义。

早期的研究提示成体海马神经干细胞与围产期（perinatal）产生的颗粒细胞具有共同的胚胎起源。胚胎期海马神经上皮区（hippocampal neuroepithelium）位于内侧皮质（medial pallium），包括产生海马 CA 锥体细胞的阿蒙神经上皮区（ammonic neuroepithelium）和位于齿状缺口（dentate notch）处的齿状回神经上皮区（dentate neuroepithelium）（图 5-8-4）。齿状回神经上皮区，又称为第一齿状回生发区（primary dentate matrix），是齿状回颗粒细胞和成体海马神经干细胞共同的原始起源区域。在胚胎早期，由齿状回神经上皮区放射状胶质细胞产生的 Sox2、GFAP 和 Nestin 阳性的神经干细胞，Tbr2 阳性的中间前体细胞以及 Dcx 阳性的成神经细胞向齿状缺口处迁移并形成齿状回迁移流（dentate migratory stream，DMS）。齿状回迁移流中的细胞在齿状缺口处的软脑膜下区域聚集并形成齿状回原基（dentate primordium）。由于齿状回迁移流和齿状回原基中有分裂的神经干细胞和中间前体细胞，因此，齿状回迁移流和齿状回原基分别形成第二齿状回生发区（secondary dentate matrix）和第三齿状回生发区（tertiary dentate matrix）。随着胚胎发育的进行以及齿状回颗粒细胞层的形成，第一、第二和第三齿状回生发区在出生后依次消失。在小鼠出生后两周时，神经干细胞和中间前体细胞在齿状回粒细胞下区聚集形成生发区，并逐渐形成成体海马神经发生区。

虽然基于细胞群体（population）的研究使人们了解了海马齿状回颗粒细胞以及成体海马神经干细胞的胚胎起源，但是一直以来缺失直接的证据来证明成体海马神经干细胞的确切起源。最近基于单细胞克隆谱系分析的研究提供了直接的证据。分子标志物 Hopx 在内侧皮质区包括齿状回神经上皮区高度表达，并且成体海马神经干细胞亦表达该分子。应用具有诱导性标记特征的 Hopx 转基因小鼠标记胚胎早期的齿状回神经上皮区的放射状胶质细胞，宋洪军等发现单个胚胎早期齿状回神经上皮区的神经干细胞可以产生 Nestin 阳性的海马神经干细胞，并且这些海马神经干细胞通过齿状回迁移流到达齿状回，最终形成成体海马神经干细胞。因此，成体海马神经干细胞起源于胚胎期齿状回神经上皮区的放射状胶质细胞。

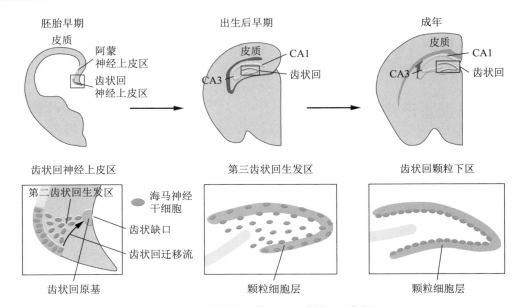

图 5-8-4   **成体海马神经干细胞的胚胎起源**

位于齿状回神经上皮区（第一齿状回生发区）的海马神经干细胞（放射状胶质细胞）可以产生海马神经干细胞，并通过齿状回迁移流达到齿状回原基。分裂的海马神经干细胞分别在齿状回迁移流和齿状回中形成第二和第三齿状回生发区。在小鼠出生后二周时海马神经干细胞在颗粒下区聚集，并形成后来的成体神经发生区

第四节   成年大脑侧脑室下区的神经发生

大脑侧脑室下区（subventricular zone，SVZ）位于构成侧脑室壁的室管膜（ependyma）与脑实质之间（图 5-8-5A ~ B）。侧脑室下区是成年哺乳动物中枢神经系统中最大的神经发生区域。

一、成体侧脑室下区神经干细胞及神经发生

侧脑室下区的神经干细胞，又称为 B 型细胞（type B cell），是一种特化的星形胶质细胞，特异性表达星形胶质细胞的标志物 GFAP、GLAST和 BLBP。侧脑室下区神经干细胞具有顶端突起（apical process）和基底突起（basal process）（图5-8-5C）。顶端突起具有单个初级纤毛（primary cilium），并且穿过室管膜细胞层与脑脊液接触。基底突起通过终足（end-feet）与脑实质的血管接触。从侧脑室壁整体观测，位于中心的侧脑室神经干细胞和位于周围的室管膜细胞形成了风车状（pinwheel）的结构。

侧脑室下区神经干细胞可以处于静息状态或激活状态，并且正常生理情况下大部分的神经干细胞处于静息状态。激活的神经干细胞表达 nestin

和 EGFR，并且可以对称分裂为两个神经干细胞以实现增殖（图 5-8-5C）。激活的神经干细胞可以通过分裂产生短暂扩增细胞（transient amplifying progenitor），又称为 C 型细胞（type C cell），其表达转录因子 Ascl1 和 Dlx2。短暂扩增细胞是一种中间前体细胞，其可以进行若干次的对称分裂以实现增殖，然后通过分裂产生成神经细胞。成神经细胞又称为 A 型细胞（type A cell），其特异性表达 DCX和 PSA-NCAM。侧脑室下区的成神经细胞相互紧密接触形成链状结构（chain）（图 5-8-5D），该链状结构由 GFAP 阳性的星形胶质细胞所包裹。链状结构中的成神经细胞以链状迁移（chain migration）的方式在侧脑室下区相互交联形成网状结构，并在侧脑室下区的前侧区域汇聚形成喙侧迁移流（rostral migratory stream，RMS）（图 5-8-5A）。然后，喙侧迁移流中的成神经细胞经过长距离的切向迁移（tangential migration）到达嗅球（olfactory bulb，OB），并最终通过放射状迁移（radial migration）分布到相应的嗅球各层。由此可见，侧脑室下区神经干细胞产生的成神经细胞经过长距离的迁移贡献了嗅球的神经元。

以前普遍认为侧脑室下区神经干细胞主要通过

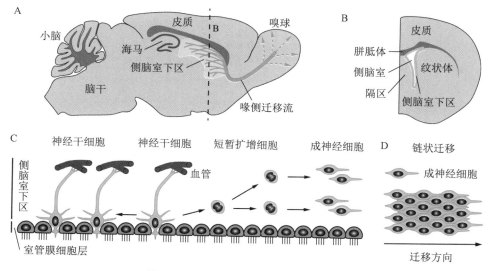

图 5-8-5　成体侧脑室下区的神经发生

A. 大脑侧脑室下区、喙侧迁移流和嗅球在小鼠大脑矢状图中的位置分布。虚线 B 显示图 B 的位置。**B**. 侧脑室下区在小鼠大脑冠状图中的位置分布。**C**. 侧脑室下区神经干细胞的自我更新和增殖分化。**D**. 侧脑室下区和喙侧迁移流中成神经细胞的链状迁移

不对称分裂的方式产生短暂扩增细胞以驱动侧脑室下区的神经发生。最近的研究发现，小部分激活的侧脑室下区神经干细胞通过对称分裂产生两个神经干细胞以实现增殖，大部分激活神经干细胞通过自身耗尽的对称分裂方式产生两个短暂扩增细胞以驱动侧脑室下区的神经发生。该研究潜在地解释了侧脑室下区神经发生随着年龄老化而逐渐减少的现象，但有待进一步的研究证实。侧脑室下区神经干细胞不仅可以产生神经元，也可以产生胶质细胞。尽管在病理条件下侧脑室下区神经干细胞能够产生星形胶质细胞和少突胶质细胞，但是在正常生理条件下似乎只产生少突胶质细胞。基于体外细胞培养的实时成像研究显示单个的侧脑室下区神经干细胞只能够产生神经元抑或少突胶质细胞，而在体单细胞克隆分析研究显示单个侧脑室下区神经干细胞只能够产生神经元，因此，多潜能的侧脑室下区神经干细胞是否存在还有待进一步的研究。

虽然侧脑室下区神经干细胞具有一些共同的特征，但是其并不是一群同质（homogeneous）的神经干细胞，而是一群异质（heterogeneous）的神经干细胞。其异质性主要表现为具有区域特性（regional identity），即身处不同位置的神经干细胞具有不同的特性。根据神经干细胞的位置、分子标志物和所产生神经元类型的不同，侧脑室下区可分为：位于纹状体侧并且表达 Gsh2 但是不表达 Nkx2.1 的外侧区，位于皮质侧并且表达 Emx1 的背侧区，位于隔区侧并且表达 Zic1 的内侧区，和位于

底部并且表达 Nkx2.1 的腹侧区（图 5-8-6）。

侧脑室下区神经干细胞可以产生多种类型的嗅球神经元。嗅球是一个高度分层的结构，并且具有多种类型的 Glutamate 能投射神经元和 GABA 能中间神经元。嗅球从外层到内层依此为：嗅神经层（olfactory nerve layer，ONL）、小球层（glomerular layer，GL）、外丛状层（external plexiform layer，EPL）、僧帽细胞层（mitral cell layer，MCL）、内丛状层（internal plexiform layer，IPL）、颗粒细胞层（granule cell layer，GCL）和位于嗅球核心区的喙侧迁移流（图 5-8-6）。嗅球的投射神经元包括僧帽细胞（mitral cell）和蓬头细胞（tufted cell）（分布在僧帽细胞层）。嗅球的中间神经元主要分布在小球层、外丛状层和颗粒细胞层。小球层的中间神经元又称为球周细胞（periglomerular cell，PGC），包括 CR（calretinin）球周细胞、CB 球周细胞和 TH（tyrosine hydroxylase）球周细胞。外丛状层的为外丛状层中间神经元。颗粒细胞层的中间神经元为颗粒细胞（granular cells），包括浅层颗粒细胞、深层颗粒细胞和 CR 颗粒细胞。嗅球的投射神经元起源于胚胎期嗅球自身，侧脑室下区神经干细胞产生的成神经细胞只贡献嗅球的中间神经元，并且不同区域的神经干细胞只产生特定类型的中间神经元。具体来讲，外侧区神经干细胞主要产生深层和浅层的颗粒细胞以及 CB 球周细胞，并且 CB 神经元主要产生于外侧区的腹侧部分。背侧区的神经干细胞主要产生 TH 球周细胞。内侧区的神经干细胞主要产生

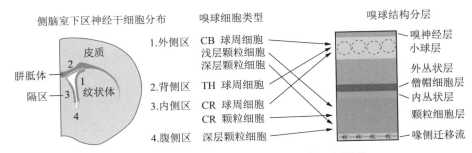

图 5-8-6　成体侧脑室下区神经干细胞的区域特化

小鼠成体侧脑室下区神经干细胞的特化区域、不同特化区域产生的嗅球中间神经元类型和嗅球的结构分层。1. Gsh2 阳性，Nkx2.1 阴性；2. Emx1 阳性；3. Zic1 阳性；4. Nkx2.1 阳性

CR 球周细胞和 CR 颗粒细胞。Nkx2.1 标记的腹侧区主要产生深层颗粒细胞（图 5-8-6）。另外，最近的一项研究发现，位于侧脑室下区前侧被 Nkx6.2 标记的区域可以产生四种以前未知的神经元类型。

二、成体侧脑室下区神经发生的微环境

　　成体侧脑室下区神经干细胞具有独特的微环境。其通过顶端突起与脑脊液接触，通过基底突起与脑实质的血管接触，并且与周围的室管膜细胞紧密接触形成风车状结构。侧脑室下区神经干细胞与其子代谱系短暂扩增细胞和成神经细胞亦可以相互影响。另外，细胞外基质（extracellular matrix）、周围环境中的可溶性分子、周围和其他脑区神经元活动所释放的神经递质也是微环境的重要组成部分。侧脑室下区的微环境对神经干细胞的维持具有重要的调节作用。侧脑室下区神经干细胞通过上皮钠离子通道 ENaC（epithelium sodium channel）能够感受液体流，并且该通道介导了液体流促进神经干细胞分裂的作用。分泌性的形态发生素 Shh、BMP 和 Wnt 是微环境中重要的调节因子。激活 Shh 信号通路可以短暂地促进侧脑室下区神经干细胞的对称分裂，但最终会导致神经干细胞的耗竭，说明 Shh 对侧脑室下区神经干细胞的维持具有重要作用。室管膜细胞表达 BMP 信号通路的分泌性抑制物 Noggin，该分子可以解除 BMP 信号通路抑制细胞分裂的作用，从而促进侧脑室下区神经干细胞的激活。Wnt7a 缺失或通过 Axin 抑制 Wnt 信号通路可以减少侧脑室下区神经干细胞的分裂。膜结合信号通路对侧脑室下区神经干细胞的维持也具有重要调节作用。激活 Notch 信号通路能够减少侧脑室下区神经干细胞的分裂，并且促使其静息状态的维持，而

Notch-RPBJ 信号的失活促使所有的神经干细胞分裂产生短暂扩增细胞和成神经细胞，并最终导致神经干细胞的耗竭。

　　侧脑室下区的其他细胞和分子也影响神经干细胞的维持。成神经细胞释放的 GABA 可以通过神经干细胞上的 GABAAR 受体减少神经干细胞的分裂，而神经干细胞自身和短暂扩增细胞释放的 DBI（diazepam-binding inhibitor protein）能够通过抑制 GABA 的作用促进侧脑室下区前体细胞的分裂。血管内皮细胞释放的 PEDF（pigment epithelium-derived factor）能够通过增强 Notch 信号通路从而促进神经干细胞的对称分裂。另外，与神经干细胞直接接触的血管内皮细胞可以通过 ephrin B2 和 jagged1 信号通路抑制分化并且促使神经干细胞维持静息状态。中缝核血清素能神经元的投射纤维在侧脑室壁形成致密丛状结构，这些纤维与室管膜细胞和神经干细胞直接接触，而血清素的释放能够促进神经干细胞的分裂。多巴胺受体的拮抗剂 haloperidol 可以增强侧脑室下区神经干细胞的分裂，说明多巴胺能够促进神经干细胞静息状态的维持。侧脑室下区存在乙酰胆碱能（choline acetyltransferase，Chat）神经元，这些 Chat 神经元的激活可以促进神经干细胞的分裂。综上表明侧脑室下区的微环境对侧脑室下区神经干细胞的维持以及神经干细胞静息与激活状态的调节具有关键作用。

三、成体侧脑室下区神经发生的调节

　　侧脑室下区神经发生是一个连续的过程，包括神经干细胞和中间前体细胞的分裂增殖、成神经细胞的分化和长距离的迁移、新生神经元的成熟以及突触整合。不仅侧脑室下区神经干细胞的维持受到微环境的调节，神经发生的各个阶段均受到细胞外

信号和细胞内分子的调节。调节侧脑室下区神经发生的因素有多种，例如转录因子、表观遗传修饰、生理和病理的变化等。

转录因子是调节侧脑室下区神经发生的重要细胞内分子，侧脑室下区神经发生的各个阶段均受到其调节。转录因子 Sox2 表达在侧脑室下区的神经干细胞和短暂扩增细胞之中，Sox2 缺失导致神经干细胞和神经发生的降低。核受体 Tlx 表达在侧脑室下区神经干细胞中并且促进神经干细胞的维持，而 Sox2 具有正向调节 Tlx 表达的作用。锌指蛋白 Ars2 能够通过其转录功能调控侧脑室下区神经干细胞中 Sox2 的表达，从而促进神经干细胞的维持。短暂扩增细胞和部分的神经干细胞表达转录因子 Ascl1，Ascl1 缺失会导致侧脑室下区和嗅球系统的神经发生以及少突胶质细胞产生的降低，说明该转录因子具有调控神经元和少突胶质细胞分化的作用。转录因子 Olig2 是中枢神经系统中调控少突胶质细胞发育的关键分子，在侧脑室下区 Olig2 表达在短暂扩增细胞和部分神经干细胞中，其具有抑制神经元分化而促进少突胶质细胞分化的作用。转录因子 Dlx1/2 和 Sp8/9 在侧脑室下区的神经发生中具有关键的作用，Dlx1/2 和 Sp8/9 在侧脑室下区和喙侧迁移流的成神经细胞以及成熟的嗅球中间神经元中表达，并且 Dlx1/2 还表达在短暂扩增细胞中。Dlx1/2 或 Sp8/9 的缺失均导致侧脑室下区和嗅球系统的中间神经元无法产生，并且 Dlx1/2 可能作为上游调控基因调控 Sp8/9 的作用。转录因子 Pax6 表达在部分短暂扩增细胞、成神经细胞和嗅球中间神经元中，具有调节 TH 球周细胞分化的作用。

表观遗传修饰在侧脑室下区神经发生中也具有重要作用。染色质修饰因子 BMI1（polycomb complex protein BMI-1）能够促进侧脑室下区神经干细胞的自我更新，从而调节神经干细胞的维持。DNA 甲基转移酶 DNMT3A 在成体神经发生区域持续表达，并且具有调节神经发生相关基因表达的作用，该基因的缺失导致侧脑室下区神经发生的减少。组蛋白去乙酰化酶 HDAC 家族在侧脑室下区和嗅球系统中广泛表达，HDAC 的抑制剂可以扰乱出生后侧脑室下区的神经发生。成体侧脑室下区的短暂扩增细胞表达 HDAC2，敲除该基因将导致侧脑室下区神经发生的缺陷。组蛋白甲基转移酶 Mll1（mixed lineage leukemia-1）广泛表达在侧脑室下区和嗅球的神经细胞谱系中，Mll1 通过持续的表达才能维持 Nkx2.1 在侧脑室下区腹侧区的表达，以保持其特性。敲除

Mll1 基因或用抑制剂短暂抑制 Mll1 的活性能够导致腹侧区细胞特性的改变。Mll1 的缺失甚至短暂的抑制可以导致腹侧区特性的改变。Mll1 也能够通过直接调控下游转录因子 Dlx2 的表达促进侧脑室下区神经元的分化，而对胶质分化没有影响。另外，越来越多的证据表明非编码 RNA，例如长链非编码 RNA（long noncoding RNA，lncRNA）和微小 RNA（microRNA）在调节神经系统发育中具有重要作用。长链非编码 RNA 在表观遗传修饰、转录和翻译的过程中均具有调控作用。长链非编码 RNA Pinky（Pnky）表达在侧脑室下区的细胞中，并且在神经干细胞中高度表达，其能够通过与剪接因子 PTBP1 相互作用调节神经元的分化。微小 RNA 是一类进化上保守的非编码小分子 RNA，具有在翻译水平调控基因表达的功能。侧脑室下区和嗅球系统中的成神经细胞表达微小 RNA miR-124，该分子可以通过对转录因子 Sox9 表达的抑制促进神经元的分化。

生理和病理的变化对侧脑室下区神经发生也有影响。随着动物的老化，侧脑室下区的神经干细胞、短暂扩增细胞、成神经细胞，及新生嗅球中间神经元均会减少。在小鼠的疾病模型中，局灶性和全局性缺血可以刺激侧脑室下区神经干细胞的分裂增殖和星形胶质细胞的增生，同时可以促使成神经细胞向邻近的脑损伤区异位迁移。在小鼠侧脑室下区邻近脑区制造炎症 / 脱髓鞘（inflammation/demyelination）模型，侧脑室下区的 Ascl1/Olig2 阳性的短暂扩增细胞和产生的少突胶质细胞均增加，而 Dlx2 阳性细胞、DCX 阳性的成神经和嗅球的新生神经元减少。该研究说明炎症 / 脱髓鞘影响了侧脑室下区神经干细胞的增殖分化。在小鼠癫痫模型和创伤性脑损伤（traumatic brain injury）模型中，侧脑室下区的分裂增殖细胞和成神经细胞均就增加，并且会导致成神经细胞的不正常迁移。另外，有研究声称在神经退行性疾病如阿尔茨海默病、帕金森病和亨廷顿病患者的大脑组织中发现了侧脑室下区神经发生的改变。由于人脑侧脑室下区神经发生的存在具有争议性，这些发现有待进一步证实。

四、侧脑室下区新生神经元的功能

嗅球直接接受来自嗅神经的投射，是嗅觉的初级中枢。嗅球的投射神经元僧帽细胞和蓬头细胞的顶树突在嗅小球接受嗅神经的信息后通过嗅束投射到更高级的皮质区。成体侧脑室下区产生的 GABA

能中间神经元经过长距离的迁移到达嗅球，并最终分化为球周细胞和颗粒细胞。在这些新生神经元中，小部分为球周细胞而绝对多数的是颗粒细胞。球周细胞能够通过树-树突触（dendrodendritic synapse）连接嗅小球内和不同嗅小球间的嗅球投射神经元，从而实现交互作用。颗粒细胞能够通过树-树突触连接同一个和不同的投射神经元，从而实现投射神经元的自抑制（auto-inhibition）和侧抑制（lateral inhibition）。目前为止，各类球周细胞和颗粒细胞的确切功能还不十分清楚。小鼠侧脑室下区产生的中间神经元迁移到嗅球后只有约一半的神经元会在产生六周后存活，并且新生神经元的凋亡主要发生在产生后二周至六周之间。进一步的研究证实成体小鼠新生的球周细胞和颗粒细胞的树突棘会随着嗅球神经活动的增强而增加，并且嗅觉的输入对出生二周至六周的球周细胞和颗粒细胞的存活具有关键的作用。成体小鼠新生的颗粒细胞在产生后二周至四周之间具有较强的兴奋性，并且与先前存在的颗粒细胞相比新生颗粒细胞终身显示较高的树突棘更新（dendritic spine turnover）频率。这些新生神经元独特的生理特性可能对嗅球的可塑性和功能具有重要作用。通过遗传学方法去除嗅球中新生的神经元可以削弱小鼠对气味精细区分的能力，并且该现象可能是通过调节僧帽细胞的模式分离作用而实现的。另外，有研究显示通过光遗传学的方法激活新生的颗粒细胞能够增强小鼠难辨气味的学习和记忆能力。

五、成体侧脑室下区神经干细胞的胚胎起源

现在研究人员已经确切地证明来源于神经上皮细胞的放射状胶质细胞 RGC 是哺乳动物胚胎期中枢神经系统的神经干细胞，并且神经元、少突胶质细胞和星形胶质细胞均来自放射状胶质细胞。在出生之后，哺乳动物中枢神经系统中绝大部分区域的放射状胶质细胞或以耗尽的方式产生星形胶质细胞和室管膜细胞，或直接转化为星形胶质细胞和室管膜细胞。因此，中枢神经系统中的大部分的区域在成年后不能再产生新的神经元。其中胚胎期海马齿状回神经上皮区的放射状胶质细胞产生了神经干细胞，这些神经干细胞通过迁移后聚集在齿状回颗粒下区，形成了成体海马神经干细胞。在胚胎期的端脑（telencephalon）中，脑室区的放射状胶质细胞被区域模式化（regionally patterned）为不同的区域，其中包括表达 Emx1 的皮质区、表达 Gsh2 但是不表达 Nkx2.1 的外侧神经节隆起（lateral ganglionic eminence，LGE）、表达 Nkx2.1 的内侧神经节隆起（medial ganglionic eminence，MGE）和表达 Zic1 的隔区（septum）（图 5-8-7）。在胚胎早期，皮质区产生大脑皮质的锥体神经元；外侧神经节隆起产生纹状体投射神经元；内侧神经节隆起产生大脑皮质中间神经元和苍白球投射神经元；隔区产生隔区核团的神经元。在胚胎中期，各个区域的部分放射状胶质细胞在继续产生各自相应脑区神经元的同时，其中一部分的放射状胶质细胞减慢了分裂速度，进入相对的静息状态。这些进入静息状态的放射状胶质细胞在出生后转化成了侧脑室下区的神经干细胞，并且在被激活后能够产生嗅球的中间神经元。成体侧脑室下区各个区域的神经干细胞继承了胚胎期相应区域的分子特征，例如表达 Emx1 的背侧区、表达 Gsh2 但是不表达 Nkx2.1 的外侧区、表达 Nkx2.1 的腹侧区和表达 Zic1 的内侧区（图 5-8-7）。由此可见，成体侧脑室下区的神经干细胞起源于胚胎期的放射状胶质细胞，并且成体侧脑室下区神经干细胞的区域特性源自胚胎期的放射状胶质细胞。

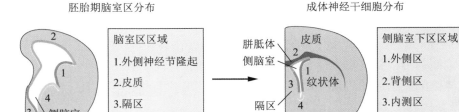

图 5-8-7 成体侧脑室下区神经干细胞的胚胎起源

小鼠胚胎期脑室区区域与成体侧脑室下区神经干细胞特化区域的对应关系。1. Gsh2 阳性，Nkx2.1 阴性；2. Emx1 阳性；3. Zic1 阳性；4. Nkx2.1 阳性

第五节　成年人大脑内的神经发生

成体海马齿状回颗粒下区和侧脑室下区的神经发生广泛存在于哺乳动物包括非人灵长类的大脑中，并且随着年龄的老化神经发生持续减少。尽管研究人员对成年人大脑内的神经发生进行了大量的研究，但到目前为止，成体人海马齿状回颗粒下区和侧脑室下区的神经发生是否存在仍然具有很大的争议。

成体人海马齿状回颗粒下区神经发生的直接证据来自对死后肿瘤患者大脑组织的研究。过去在对肿瘤患者进行诊断时需要以静脉输液的方式输入胸腺嘧啶脱氧核苷类似物 BrdU 或 IdU（iododeoxyuridine），以确定具有快速分裂特性的肿瘤的位置，因此，这些患者当时所有组织的分裂细胞均可以被 BrdU 或 IdU 标记。Peter Eriksson 等在 1998 年报道了五例肿瘤患者的脑组织分析结果，这些患者在 BrdU 输入诊断几周至几年后去世，并且去世时在 57～72 岁不等。他们的研究发现成体人海马齿状回颗粒细胞层和颗粒下区具有 BrdU 阳性的细胞，并且这些 BrdU 阳性细胞表达成熟神经元的特异性标记物 NeuN 和成熟颗粒细胞的特异性标记物 CB。Aurelie Ernst 等在 2014 年对经 IdU 输入诊断肿瘤患者的脑组织研究也发现 IdU 阳性的细胞存在于颗粒细胞层，并且这些细胞表达 NeuN 和神经元标记物 MAP2（microtubule association protein-2）。成体人海马齿状回颗粒下区神经发生的另一证据来自基于放射性碳 14（^{14}C）的追溯性神经元出生日期追踪（birthdating）研究。在 20 世纪五六十年代，人类进行大量的地面之上的核试验，使大气中的 ^{14}C 在该时期具有较高的水平。^{14}C 与大气中的氧反应能够产生二氧化碳（CO_2），二氧化碳通过光合作用进入植物体内，而植物体内的二氧化碳最终能够通过食物链进入人体内。因此，该时期产生的神经元 DNA 中具有较高水平的 ^{14}C。Kirsty Spalding 等在 2013 年基于放射性碳 14 的研究显示，成体人海马每天有七百多个新生神经元产生，并且随着年龄的老化海马神经发生没有显著的减少。

应用 DCX 和 PSA-NCAM 作为新生神经元的标记物，Maura Boldrini 和 Elena Moreno-Jimenez 等的研究显示成体人海马齿状回存在大量的新生神经元，并且每个齿状回具有上千的新生神经元。然而，同样应用 DCX 和 PSA-NCAM 作为新生神经元的标志物，若干实验室的研究显示成体人海马齿状回只存在极其稀少的新生神经元，并且随着年龄的老化海马齿状回的新生神经元数量显著减少。应用 Ki67 和 Sox1/Sox2 等标志物标记分裂的海马神经干细胞和神经前体细胞，DCX 和 PSA-NCAM 标记新生神经元，Shawn Sorrells 等系统地分析了 14 孕周龄（gestational week）至 77 岁人脑齿状回神经上皮区和齿状回的分裂细胞和新生神经元分布。他们的研究显示在人出生后一年内海马齿状回区域的分裂细胞急剧减少，在 7 岁和 13 岁时只有零星的分裂细胞，在 13 岁后特别是 35 岁之后分裂细胞极其稀少。他们同时发现在各个阶段分裂细胞分布在整个齿状回区域，具有神经发生特性的颗粒下区在人海马齿状回没有形成。与分裂细胞相同，DCX 和 PSA-NCAM 标记的齿状回新生神经元在人出生后一年内急剧减少，并且在 35 岁之后极其稀少。由上述可知，成体人海马齿状回神经发生是否存在以及新生神经元的多少都具有争议。

成体人侧脑室下区的神经发生也不明确，并且成体人侧脑室下区的细胞构筑与啮齿类（图 5-8-5）有所不同。成体人侧脑室下区具有间隙层（gap layer）和星形胶质细胞带（astrocyte ribbon）。间隙层邻近室管膜细胞层，该层的细胞极其稀少。星形胶质细胞带邻近脑实质，该层具有大量的星形胶质细胞和相互交错的星形胶质细胞突起。早期的研究显示成体人侧脑室下区具有分裂增殖的细胞，并且能够分离培养出具有神经干细胞特征的细胞。Arturo Alvarez-Buylla 和杨振纲等的研究表明人婴儿期侧脑室下区，喙侧迁移流和嗅球存在有大量的 DCX 阳性新生神经元，并且以链状迁移的方式迁移至嗅球。在成体人侧脑室下区，喙侧迁移流路径和嗅球中只有极少的新生神经元存在，并且主要分布在侧脑室下区和喙侧迁移流路径中，这些零星的新生神经元似乎并不迁移到嗅球。因此，这些新生神经元的最终命运并不清楚。通过研究经 IdU 输入诊断肿瘤患者的脑组织和应用放射性碳 14 的追溯性分析，Aurelie Ernst 等发现成体人纹状体中存在

DCX 和 PSA-NCAM 阳性的新生神经元，并且这些新生神经元最终分化成了纹状体的中间神经元。该研究提示这些纹状体中的新生中间神经元可能来自于侧脑室下区。然而，杨振纲等的研究表明人纹状体的中间神经元起源于胚胎期外侧神经节隆起，并且成体人侧脑室下区产生的新生神经元表达转录因子 Sp8，而这些新生神经元并不迁移到纹状体中。总之，成体人侧脑室下区新生神经元的命运还不清楚，并且成体人纹状体中是否存在神经发生也有待进一步的研究。

综上所述，我们对成体人海马齿状回颗粒下区

和侧脑室下区的神经发生还没有共识。以下因素可能是造成这一局面的原因。第一，技术方法和伦理道德的限制使我们无法直接追踪标记人脑内的神经干细胞及其子代谱系。第二，人大脑组织标本的稀缺性，并且各个实验室对人大脑组织标本的处理方法也很难统一。第三，死后脑组织标本处理的时效性对免疫组织化学研究的影响，由于很多脑组织均是在死后 24 小时甚至更长的时间才得以处理，这会使得各种标记物的免疫组织染色容易受到影响。第四，种属的差异性，也许成年人类大脑的神经发生与其他动物有所不同。

第六节　神经干细胞研究的前景

自 20 世纪 60 年代以来，特别是 20 世纪 90 年代以来的二十多年间，神经干细胞研究有了长足的发展，取得了一系列重要的基础性的研究成果。总结过去，我们在以下方面对神经干细胞有了较为深入的了解。第一，神经干细胞是所有神经细胞包括神经元和神经胶质细胞的前体细胞。然而，二十年之前，我们还在质疑是否存在神经元和神经胶质细胞共同的前体细胞。现在我们知道无论在体内还是在体外，神经干细胞均能够产生神经元和神经胶质细胞，并且中枢神经系统的神经元、少突胶质细胞和星形胶质细胞均起源于胚胎神经干细胞。第二，神经干细胞具有胶质细胞的特征。曾经一度被认为只是具有支持作用的放射状胶质细胞 RGC 现在被证明是胚胎神经干细胞，并且成体侧脑室下区和海马齿状回颗粒下区的神经干细胞也具有星形胶质细胞的特征。例如，胚胎神经干细胞和成体神经干细胞都表达星形胶质细胞的标志物 GFAP 和 BLBP。第三，神经干细胞具有区域特性。在模式化的作用下，神经管沿前后和背腹方向形成了不同的区域，而不同区域的胚胎神经干细胞具有不同的分子特征并且产生不同的神经细胞类型。另外，成体海马神经干细胞产生齿状回颗粒细胞而成体侧脑室下区神经干细胞产生嗅球中间神经元，并且成体侧脑室下区神经干细胞也具有区域特性。第四，神经干细胞的行为是动态变化的。神经干细胞的行为不是一成不变的，而是随着发育和神经发生的进程而变化。例如，大脑皮质区的神经干细胞在胚胎早期产生深层的锥体细胞，而在胚胎后期产生浅层的锥体细

胞，并且神经干细胞先产生神经元后产生神经胶质细胞。第五，神经干细胞是受到严格调控的。我们认识了神经发生的基本过程，如神经干细胞的维持与自我更新、神经元和神经胶质细胞的产生等，并且发现神经发生的各个阶段均受到微环境和细胞内分子的调节。

过去的研究使我们对神经干细胞的特性和行为有了基本的认识。无论在细胞水平还是分子水平我们对神经干细胞都进行了广泛的研究。尽管如此，仍然有许多问题尚待进一步的探索。展望未来，神经干细胞研究有待解决以下问题。

第一，神经干细胞静息状态与激活之间转换的调控机制。胚胎神经干细胞进入静息状态可以转化为成体神经干细胞，而成体神经干细胞可以由静息状态被激活，并且激活后的成体神经干细胞也可以回到静息状态。这种静息状态与激活之间转换的调控机制有待深入的研究。近几年发展起来的单细胞组学（single-cell omics）技术为我们提供了有力的工具。例如，作为单细胞组学技术典型代表的单细胞转录组测序（single-cell RNA sequencing, scRNA-seq）能够在单个细胞水平对信使 RNA（mRNA）进行高通量测序，从而获得单个细胞整体水平的基因表达情况，甚至揭示细胞所处的状态。因此，单细胞转录组测序技术的应用有望全面了解静息状态神经干细胞和激活神经干细胞的分子特征以及两者之间的差异，从而为进一步的分子机制研究提供有益的线索。

第二，神经干细胞对各种调控信号的整合机

制。过去的研究使我们认识了个别分子和个别信号通路对神经干细胞的调节，而神经干细胞整合细胞内外信号的机制还不清楚。一方面我们可以进一步研究信号通路之间的相互作用关系，另一方面我们可以结合单细胞组学技术和新的生物信息学工具整体分析神经干细胞的基因调控网络（gene regulatory network）。单细胞表观基因组学（single cell epigenomics）技术能够通过单细胞测序全面了解遗传物质的表观遗传修饰情况，包括 DNA 甲基化和染色质可及性（chromatin accessibility）等。单细胞转录组测序和表观基因组学以及其他单细胞组学技术的应用为我们整体而全面了解细胞的分子特征和分子网络提供了潜在的可能。基于单细胞组学所获得的大数据，通过发展新的理论和开发新的生物信息学工具有望综合分析并了解神经干细胞对各种调控信号的整合机制，并且从中发现新的关键分子和信号通路。

第三，神经干细胞的异质性。尽管我们知道了不同区域之间神经干细胞的异质性，但是对同一区域内神经干细胞的异质性知之甚少。造成这种局面的主要原因是我们过去多是在细胞群体（population）水平上研究神经干细胞，从而掩盖了区域内神经干细胞的多样性。近几年基于单细胞克隆谱系分析和在体成像（in vivo imaging）技术的研究已经开始揭示区域内神经干细胞的多样性。单细胞转录组测序技术的逐步应用以及与单细胞克隆谱系分析和在体成像技术的结合将使我们有望深入了解神经干细胞的异质性、神经干细胞行为的多样性，及不同种类神经干细胞之间的谱系关系。

第四，成体新生神经元的功能。目前为止，我们对哺乳动物成体新生神经元的功能知之甚少。无论成体海马齿状回还是嗅球都具有成千上万的成熟神经元，而这些数量不多的新生神经元对海马和嗅球会有何种意义呢？问题的答案可能归于新生神经元成熟过程中的独特特性。新生神经元的成熟需要经过不同的阶段，而不同阶段的未成熟神经元对周围神经活动的变化具有不同的反应，并且海马齿状回和嗅球的新生未成熟神经元在特定阶段都具有较强的兴奋性。这些特性使得未成熟神经元与周围成熟神经元相比具有更大的适应性和更强的可塑性。未来结合在体成像和在体记录（in vivo recording）技术对哺乳动物行为过程中不同发育阶段的新生神经元进行研究有望揭示成体神经发生的功能意义。

第五，成年人大脑内的神经发生。自 1998 年 Peter Eriksson 等首次报道成年人大脑内的神经发生以来，经过二十多年的研究我们仍然对成体人大脑内的神经干细胞和神经发生不清楚。过去的研究多依赖于个别标记物的免疫染色，而放射性碳 14 的追溯性分析由于受到人脑组织标本和技术方法的限制也不具有广泛应用的条件。单细胞组学技术能够全面揭示单个细胞的整体分子特征，甚至揭示细胞所处的状态，而基于单细胞转录组、荧光原位杂交（fluorescent in situ hybridization，FISH）和原位测序（in situ sequencing）的空间转录组（spatial transcriptomic）技术不仅可以获得单个细胞的整体分子特征，同时可以获得细胞的解剖位置信息。这些技术的应用为我们提供了可行的研究成体人大脑内神经发生的新方法。另外，随着技术方法的进步，如非介入性（non-invasive）脑成像技术的发展，新技术方法的出现也可能为我们提供更多的研究工具。

第六，诱导性神经干细胞和神经干细胞的临床应用。由于技术方法和伦理道德等因素，我们对人胚胎和成体神经干细胞的认识远远落后于对啮齿类动物神经干细胞的认识。哺乳动物神经发生的研究多基于啮齿类动物特别是无脑回的（lissencephalic）小鼠，然而进化中形成的人类大脑不仅具有更大的体积，而且具有多脑回的（gyrencephalic）皮质。更为重要的是，近年的研究表明胎儿期人大脑皮质的神经发生与小鼠截然不同。在妊娠中后期人大脑皮质的分层结构有其独特性（图 5-8-8），其中包括脑室区（ventricular zone，VZ）、内脑室下区（inner subventricular zone，iSVZ）、外脑室下区（outer subventricular zone，oSVZ）、中间区（intermediate zone，IZ）和皮质板（cortical plate，CP）。人胎儿脑室区、内脑室下区、中间区和皮质板分别与胚胎期小鼠脑室区、脑室下区（subventricular zone，SVZ）、中间区和皮质板类似。然而，在人胎儿中存在的外脑室下区在胚胎小鼠中并不存在（图 5-8-8），并且人胎儿的外脑室下区在人类大脑皮质的神经元产生和脑回（gyrus）的形成中具有关键的作用。

从细胞水平上来讲，人胎儿大脑皮质不仅具有脑室区的放射状胶质细胞和内脑室下区的中间前体细胞，而且在外脑室下区具有大量的分裂增殖细胞，其中包括中间前体细胞和独特的外放射状胶质细胞（outer radial glia cell，ORG）。与双极性的放射状胶质细胞不同，外放射状胶质细胞是单极性（unipolar）的，其具有基底突起与软脑膜接触，但

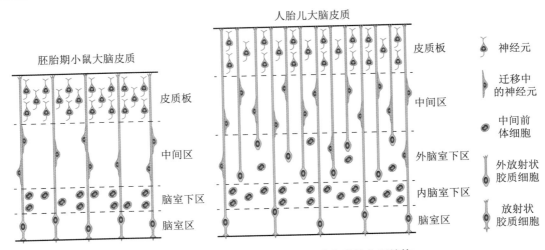

图 5-8-8 胚胎期小鼠和人胎儿大脑皮质的分层结构

胚胎期小鼠大脑皮质分层结构包括脑室区、脑室下区、中间区和皮质板。人胎儿大脑皮质分层结构包括脑室区、内脑室下区、外脑室下区、中间区和皮质板

是没有顶端突起。因而，用啮齿类动物作为模式动物研究人类的大脑发育具有很大的局限性。21 世纪以来，快速发展的重编程干细胞（reprogrammed stem cell）技术特别是诱导性神经干细胞（induced neural stem cell）技术为我们研究人源性神经干细胞提供了有力的工具。一方面诱导性神经干细胞技术的应用突破了人源性神经组织细胞来源的局限，另一方面，基于诱导性神经干细胞技术建立的类脑器官（brain organoid）具有模拟人类大脑发育的潜在价值。初步的研究显示人源性类脑器官不仅具有人胎儿期大脑皮质的基本细胞类型，包括放射状胶质细胞、外放射状胶质细胞、中间前体细胞和多种神经元，还具有类似于人胎儿大脑皮质的分层结构，包括外脑室下区，甚至显示出沟回结构。因此，对人源性诱导性神经干细胞以及类脑器官的研究将有助于我们认识人类大脑的发育与组织，并且对药物筛选等临床相关研究也具有重要的价值。成体组织器官的干细胞一般具有组织损伤修复的功能。尽管哺乳动物成体神经干细胞只存在于特定的区域，并且在生理状态下不具有组织损伤修复的功能，但是细胞移植仍然是神经组织损伤与神经细胞损伤相关神经系统疾病的潜在治疗途径。因此，基于人源性诱导性神经干细胞的细胞移植研究也具有重要的意义和广阔的前景。

第七节 总 结

本章介绍了神经干细胞相关的基本概念；回顾了哺乳动物成体神经发生研究的简要历程；以被广泛研究、了解较多的啮齿类动物小鼠为对象，系统地阐述了神经干细胞的特性、神经发生的过程、微环境和细胞内分子对神经发生的调控，及成体新生神经元潜在的功能意义；最后，介绍了成体人大脑内神经发生的研究和神经干细胞研究的前景。鉴于进化的保守性和人类的特殊性，虽然这些知识多来自啮齿类动物的研究，但是本章所描述的有关神经干细胞和神经发生的基本概念、基本过程和基本规律同样适用于非人灵长类动物和其他哺乳动物。神经干细胞研究目前正处于迅速发展的阶段。随着方法技术的进步，神经干细胞研究将会进一步揭示神经系统发生、发育和组织的基本规律，并且推动神经干细胞相关的临床研究和应用，最终惠及人类健康。

参考文献

综述

1. Bond AM，Ming GL，Song H. Adult mammalian neural stem cells and neurogenesis：five decades later. *Cell Stem Cell*，2015，17：385-395.
2. Gage FH，Temple S. Neural stem cells：generating and regenerating the brain. *Neuron*，2013，80：588-601.
3. Gonçalves JT，Schafer ST，Gage FH. Adult neurogenesis in

the hippocampus：from stem cells to behavior. *Cell*，2016，167：897-914.

4. Gross CG. Neurogenesis in the adult brain：death of a dogma. *Nat Rev Neurosci*，2000，1：67-73.

5. Kempermann G，Gage FH，Aigner L，et al. Human adult neurogenesis：evidence and remaining Questions. *Cell Stem Cell*，2018，23：25-30.

6. Kriegstein A，Alvarez-Buylla A. The glial nature of embryonic and adult neural stem cells. *Annual review of neuroscience*，2009，32：149-184.

7. Lim DA，Alvarez-Buylla A. The adult ventricular-subventricular zone（V-SVZ）and olfactory bulb（OB）neurogenesis. *Cold Spring Harb Perspect Biol*，2016，8（5）：1-33.

8. Lledo PM，Merkle FT，Alvarez-Buylla A. Origin and function of olfactory bulb interneuron diversity. *Trends in neurosciences*，2008，31：392-400.

9. Lui JH，Hansen DV，Kriegstein AR. Development and evolution of the human neocortex. *Cell*，2011，146：18-36.

10. Ming GL，Song H. Adult neurogenesis in the mammalian central nervous system. *Annu Rev Neurosci*，2005，28：223-250.

11. Obernier K，Alvarez-Buylla A. Neural stem cells：origin, heterogeneity and regulation in the adult mammalian brain. *Development*，2019，146（4）：1-15.

12. Qian X，Song H，Ming GL. Brain organoids：advances, applications and challenges. *Development*，2019，146（8）：1-12.

13. Song J，Olsen RH，Sun J，et al. Neuronal circuitry mechanisms regulating adult mammalian neurogenesis. *Cold Spring Harb Perspect Biol*，2016，8（8）：1-19.

14. Stuart T，Satija R. Integrative single-cell analysis. *Nat Rev Genet*，2019，20：257-272.

15. Weissman IL. Stem cells：units of development，units of regeneration，and units in evolution. *Cell*，2000，100：157-168.

原始文献

1. Alonso M，Lepousez G，Sebastien W，et al. Activation of adult-born neurons facilitates learning and memory. *Nat Neurosci*，2012，15：897-904.

2. Altman J，Bayer SA. Mosaic organization of the hippocampal neuroepithelium and the multiple germinal sources of dentate granule cells. *J Comp Neurol*，1990，301：325-342.

3. Altman J，Das GD. Autoradiographic and histological evidence of postnatal hippocampal neurogenesis in rats. *J Comp Neurol*. 1965，124：319-335.

4. Berg DA，Su Y，Jimenez-Cyrus D，et al. A common embryonic origin of stem cells drives developmental and adult neurogenesis. *Cell*，2019，177：654-668.

5. Bonaguidi MA，Wheeler MA，Shapiro JS，et al. In vivo clonal analysis reveals self-renewing and multipotent adult neural stem cell characteristics. *Cell*，2011，145：1142-1155.

6. Delgado RN，Mansky B，Ahanger SH，et al. Maintenance of neural stem cell positional identity by mixed-lineage leukemia 1. *Science*，2020，368：48-53.

7. Ernst A，Alkass K，Bernard S，et al. Neurogenesis in the striatum of the adult human brain. *Cell*，2014，156：1072-1083.

8. Furutachi S，Miya H，Watanabe T，et al. Slowly dividing neural progenitors are an embryonic origin of adult neural stem cells. *Nat Neurosci*，2015，18：657-665.

9. Fuentealba LC，Rompani SB，Parraguez JI，et al. Embryonic origin of postnatal neural stem cells. *Cell*，2015，161：1644-1655.

10. Ge S，Goh EL，Sailor KA，et al. GABA regulates synaptic integration of newly generated neurons in the adult brain. *Nature*，2006，439：589-593.

11. Reynolds BA，Weiss S. Generation of neurons and astrocytes from isolated cells of the adult mammalian central nervous system. *Science*，1992，255：1707-1710.

12. Sanai N，Nguyen T，Ihrie RA，et al. Corridors of migrating neurons in the human brain and their decline during infancy. *Nature*，2011，478：382-386.

13. Shani-Narkiss H，Vinograd A，Landau ID，et al. Young adult-born neurons improve odor coding by mitral cells. *Nat Commun*，2020，11（5876）：1-16.

14. Sorrells SF，Paredes MF，Cebrian-Silla A，et al. Human hippocampal neurogenesis drops sharply in children to undetectable levels in adults. *Nature*，2018，555：377-381.

15. Wang C，You Y，Qi D，et al. Human and monkey striatal interneurons are derived from the medial ganglionic eminence but not from the adult subventricular zone. *J Neurosci*，2014，34：10906-10923.

第 9 章　神经再生与移植

郑滨海　鲁朋哲

引言　神经损伤后轴突再生的重要性

人类对于脊髓损伤（spinal cord injury）的不可修复性早在 4500 年前的古埃及医书中就有记载："当你诊查一位颈部椎骨脱位的人，发现他的手膀和腿不能动弹，此即为不治之症"（Edwin Smith Papyrus）"。当代医学的发展已经能够给予脊髓损伤患者相当好的护理，很大程度上延长了患者的预期寿命。尽管如此，至今仍没有能够有效提高脊髓损伤患者功能恢复的治疗方法。脊髓损伤特别是严重性损伤后，患者的功能缺失通常是永久性的。功能恢复有限的主要原因是：成体哺乳动物的中枢神经系统（CNS，包括脑和脊髓）的神经元（neuron）再生（regeneration）能力低下。相比之下，周围神经系统（peripheral nervous system，PNS）有相当强的再生能力，比如上肢和下肢的神经损伤（neural injury）后可以通过再生得到有效的功能恢复。所以，成体中枢神经系统的再生能力低下仍然是当今神经科学的重大课题；这也是本章的主要讨论范围。中枢神经系统的再生不仅仅局限于基础科学或者学术讨论，而且对临床医学有深远的意义。脊髓的特殊构造使其成为一条超长的信息通路，随之脊髓损伤也凸显了这条通路受损所能带来的巨大破坏性。除此之外，其他神经科疾病如脑损伤、卒中，及一些神经退行性疾病的治疗也可以受益于神经再生。

在讨论神经再生的细胞学和分子机制之前，首先有必要了解一下到底什么是神经再生。从广义的角度上讲，神经系统中任何可能导致功能提高及恢复的结构性变化都可称作为再生现象。这包括神经回路的再生、神经元的再生、神经元轴突和树突的再生、突触的再生、神经胶质细胞及所属结构（例如寡突胶质细胞及髓鞘）的再生，等等。然而，在科学研究中，神经再生通常所指的是狭义层面上的定义，即神经元的轴突再生（axon regeneration）。与接受电信号的树突相比，输出电信号的轴突可以相当长。脊髓损伤后信息通路的阻断主要是贯穿脊髓上下的轴突被切断所造成。此外，神经元的死亡在一定程度上对功能缺失也有作用。由于轴突再生的重要性，科研中的神经再生通常就是指狭义定义下的轴突再生。

如图 5-9-1 所示，损伤（如神经外伤）造成神经元轴突的断裂。断裂点远端的轴突部分与神经元细胞体分离，逐渐退化消失。断裂点近端的轴突部分有少许回缩，但因为与神经元细胞体仍然连接在一起，会继续得到营养成分。在周围神经系统里，近端的轴突在施万细胞的帮助下有效再生，并

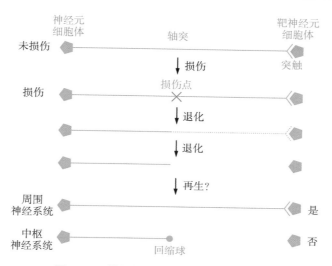

图 5-9-1 神经损伤和再生的细胞学示意图

神经损伤和再生主要指神经元轴突的损伤和再生。轴突损伤后，损伤点远端退化，而近端有少许回缩。在周围神经系统里，轴突可以通过再生重新与靶神经元建立有功能性的连接。而在中枢神经系统里，轴突再生通常以失败告终，并在损伤轴突的顶端形成回缩球

通常和靶细胞形成有功能性的突触连接，以至功能恢复。而在中枢神经系统中，近端的轴突虽然也可能有再生的努力和尝试，一般来说再生都会以失败告终，留下众所周知的回缩球（retraction balls）。一百多年来，数代神经科学家努力研究，希望从周围神经系统学到促进轴突再生的原理及方法，以便运用到中枢神经的再生中去。

除非特殊声明，本章讨论的神经再生主要指成体中枢神经受损伤之后神经元的轴突再生。我们首先介绍神经再生研究的经典实验和理论基础，然后讨论再生的分子机制以及损伤瘢痕对神经修复的影响。作为神经修复的一个重要手段，细胞移植对狭义和广义层面上神经再生的作用将单独列节探讨。最后阐述从结构上再生到功能恢复的一些可能途径。

第一节　分子生物学之前的经典移植实验

现代神经科学对再生的研究始于一百多年前西班牙籍神经科学之父卡哈尔（Cajal）的经典实验。卡哈尔运用了当时最先进的意大利科学家高尔基发明的组织染色方法，结合显微镜技术以及他自己过人的绘画天赋，对神经损伤后的组织和细胞进行了详细和相当准确的描述。他的许多观察和论点到今天仍然适用，包括中枢和周围神经系统再生能力的截然不同、中枢神经元轴突再生失败后形成特有的回缩球，等等。这些研究收集在卡哈尔后来发表的书中：《神经系统的退化和再生》（*Degeneration and Regeneration of the Nervous System*）。实际上，卡哈尔对神经损伤和再生的研究为后来被证实的神经元学说（the neuron doctrine）提供了有力证据。而神经元学说正好与高尔基推崇的神经网状学说（the reticular theory）所对立。有趣的是，卡哈尔和高尔基两人同时获得1906年的诺贝尔生理学或医学奖，

体现了人们对科学的认知有其时代上的局限性，而科学的进步是一个循序渐进，并不断去伪存真，对已有理论进行修改和完善的过程。

两组相距七十年的经典神经移植实验给神经再生的研究带来深远的影响。20世纪初，卡哈尔就对中枢神经系统的不可再生性进行了深刻的描述："发育一旦结束，轴突和树突生长和再生的源泉就不可逆转地枯竭了。在成体的中心（指中枢神经系统），神经通道是固定的，终结的，一成不变的。所有的都会死去。没有什么可以再生。"为了探索中枢神经系统不可再生的原理，卡哈尔和弟子特洛（Tello）在脑中做了第一组经典的神经移植实验。他们把一段周围神经植入脑中，发现脑中的神经元轴突可以生长到移植的周围神经中去，说明周围神经的环境可以支持中枢轴突再生。

20世纪80年代，加拿大科学家阿瓜约（Aguayo）

领导的团队运用先进的技术更加令人信服地证明这一点。他们把成年大鼠的一段视神经（属于中枢神经系统）切断，然后把一段较长的周围神经植入，一端接到眼球，另一端接到上丘（图 5-9-2A）。视网膜神经节细胞（retinal ganglion cell，RGC，一种中枢神经元）的轴突一般来说不能通过损伤的视神经再生，但可以通过植入的周围神经再生；一旦再生到上丘，可以在上丘记录到对眼睛的闪光刺激所引起的靶神经元动作电位。这个实验表明中枢神经的轴突不仅能够在移植的周围神经中再生，再生的轴突还可以在靶区产生有功能的连接。

该团队还将周围神经移植运用到脊髓上，并用现代的轴突示踪方法进一步证实中枢神经轴突可以通过移植的周围神经再生。最令人印象深刻的例子是他们将一段 35 mm 长的坐骨神经的两端分别植入脊髓和脑干的延髓两点搭桥（图 5-9-2B）。实验结果表明中枢神经系统的轴突可以通过这一段很长的周围神经桥梁再生长达约 30 mm（David and Aguayo，1981）。以上实验共同说明两点：①中枢神经的轴突并非一成不变，而是在一定实验条件下可能再生的；②再生能力或许跟生长环境有关。20 世纪 80 年代是分子生物学开始被运用到生物学各个领域进行基础研究的年代。Aguayo 现代

版的神经移植实验点燃了研究神经再生分子机制的激情。

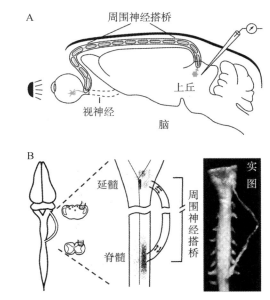

图 5-9-2　**经典神经移植实验**
A. Aguayo 团队现代版周围神经移植实验用电生理方法展示视网膜神经节细胞的轴突可以通过植入的一段较长的周围神经再生至上丘，并产生有功能的连接（Kandel ER，Schwartz JH，Jessell TM，et al. Principles of Neural Science，New York，2000）；**B**. 该团队还将一段很长的周围神经的两端植入脊髓和延髓两点，用现代轴突示踪术展示中枢神经系统的轴突通过周围神经提供的旁路再生（来自参考文献中的原始文献 5）

第二节　成年中枢神经能否再生的分子机制

一、三条理论简述

中枢神经再生的分子机制研究大致可以分为三个方向，也代表了常用于解释中枢神经不再生性的三个理论。第一个理论是外源抑制论，主要观点是中枢神经系统的环境里存在抑制轴突生长和再生的因子，包括髓鞘和胶质瘢痕（glial scar）产生的抑制蛋白。第二个理论是内源因子论，主要观点是中枢神经元本身的轴突再生能力低下。第三个理论是外源促进论，主要观点是中枢神经系统的环境里缺乏促进轴突生长和再生的因子，例如神经营养因子。外源抑制论始于 20 世纪 80 年代末，在中枢神经再生的分子机制研究早期约 20 年的时间里处于主导地位，但近年来其局限性日趋明显。内源因子论由来已久，但真正起飞是在近十多年来，并已逐渐取代外源抑制论的主导地位。外源促进论与另外

两个理论特别是内源因子论相辅相成，并在细胞移植方面（见下节讨论）具有特殊重要的意义。值得一提的是，这三个理论在实践中并不互相排斥。也就是说，中枢神经不可再生或许有多种原因并存，当然在各种情形下一般会有主次之分。

二、再生和芽生的区别

上面导言中提到神经再生通常指的是狭义上的神经元轴突的再生（图 5-9-1）。这里还要介绍跟再生（regeneration）相关的一个现象：芽生（sprouting）（图 5-9-3）。轴突再生是指某一神经元本身的轴突受损之后，轴突重新生长的现象。与之相比，芽生是指神经系统里一些神经元受损之后，其他未受损的神经元轴突发生新的生长的现象。芽生的发生有多种原因，如去神经支配组织及

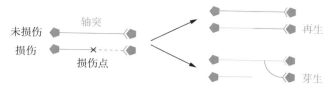

图 5-9-3　轴突再生和芽生是神经修复的两种途径

中枢神经系统受损后，受损伤的神经元轴突重新生长，称再生（此为狭义的再生）；未受损的神经元轴突产生新的生长，包括去神经支配所引起的补偿性生长，称为芽生。再生和芽生都可能对功能恢复起作用。与再生相比，中枢神经系统受损后芽生可以自发产生；芽生不必从损伤点近端起始；人工促进轴突芽生也相对容易

受伤处组织分泌物的影响等。去神经支配所引起的芽生现象通常被称作为补偿性芽生（compensatory sprouting）。再生和芽生的轴突都有可能与合适的靶神经元发生有效连接，对功能恢复起到积极作用。再生的轴突需要生长经过（穿过或绕过）损伤点，且通常要经过长距离的生长才能到达合适的靶区。而芽生的轴突可以起始于损伤点远端，可以通过相对较短距离的生长就可到达靶区（图 5-9-3）。与轴突极少自发再生相比，中枢神经系统损伤后有一定程度自发芽生的现象，而脊髓损伤患者部分功能自主恢复或许来源于此。与之相应，用人工方法促进芽生的困难也小一些。当然，芽生也可以产生不利影响，如痛觉传入纤维的芽生会增加疼痛感。中枢神经再生的研究要同时考虑到轴突再生和芽生，并具体分析再生和芽生对功能恢复的作用与副作用。

三、外源抑制因子

外源抑制论的两大支柱是髓鞘抑制论和胶质瘢痕抑制论。髓鞘抑制论早在 20 世纪 80 年代初期就有科学家提出，但具体开创此理论的是瑞士科学家施瓦博（Schwab）。20 世纪 80 年代末，施瓦博团队用生化方法提纯中枢神经系统髓鞘里对体外神经突（包括轴突和树突，因为体外较难分清两者）生长有抑制作用的蛋白质成分，并用免疫学方法做出针对该成分的抗体，称神经突生长抑制因子 1 抗体（inhibitor of neurite growth 1，IN-1）。随后，该团队发表一系列文章，表明在大鼠里使用 IN-1 抗体可以引起脊髓损伤后轴突的再生，包括皮质脊髓束（corticospinal tract，CST）轴突的再生（Schnell and Schwab，1990），甚至功能的恢复。在人体中枢神经系统里，皮质脊髓束是用来支配随意与精细运动的主要神经途径。与此相应，皮质脊髓束的再生成为

鼠类实验动物中脊髓损伤与修复研究的重要课题。

有了 IN-1 抗体，它所识别的抗原就可推断是髓鞘抑制神经再生的重要成分。此抗原在 2000 年被三个实验室同时发现，是一种蛋白质，称 Nogo（"行不通"，意味有了它，轴突在此不可通行）。髓鞘里还有两大轴突生长抑制蛋白：MAG（myelin associated glycoprotein）和 OMgp（oligodendrocyte myelin glycoprotein）。这三个髓鞘蛋白作为配体通过神经元表面表达的受体，如 NgR1（即 Nogo receptor 1）、类似于 NgR1 的另外两个受体（NgR2，NgR3）、PirB、辅助受体 LINGO-1 和 p75NTR，将抑制信号传递到神经元细胞体内，经过 Rho 和 ROCK（Rho-associated protein Kinase）达到抑制轴突生长的效果（Geoffroy and Zheng，2014）。

髓鞘抑制蛋白及受体的发现为以分子遗传学方法证明其在神经再生中的作用提供了条件。小鼠分子遗传学，特别是用胚胎干细胞方法敲除基因的遗传学方法，是哺乳动物模型中确定基因功能的公认标杆。然而，对 Nogo，MAG，OMgp 以及受体 NgR1，PirB 和 p75NTR 基因敲除的实验从整体上证明仅仅针对髓鞘抑制信号通路的方法不能引起显著及可以重复的轴突再生现象。以皮质脊髓束为例，多篇论文发现没有作用，即使把三大髓鞘抑制蛋白同时敲除也没有引起显著的再生（Lee et al，2010）；少数或有模棱两可的作用，或是原本发现的强力再生现象后被证实为实验假象。科学上的理论必须被可重复的实验现象所支持；科学进步也是一个对原有理论进行不断修改和更正的过程。值得指出的是，虽然靶向髓鞘抑制因子对轴突再生的影响极其有限，但对芽生还是有显著或至少可重复显现的作用。所以，髓鞘抑制蛋白对轴突生长的主要作用体现在对芽生的影响。另外，一些实验室提出髓鞘抑制蛋白及受体对突触可塑化（synaptic plasticity）有作用，或许是髓鞘抑制因子调节神经系统修复和功能恢复的另一途径。总之，针对髓鞘抑制因子的分子遗传学实验表明了外源抑制论特别是髓鞘抑制论在理论上的局限性；这些研究在时间上与内源再生因子发现的交叠也促成了神经再生研究从外源抑制论向内源因子论的过渡。

除了髓鞘抑制论，外源抑制论的另一大支柱是胶质瘢痕抑制论，由美国科学家希尔弗（Silver）为代表主创（Silver and Miller，2004）。神经损伤后，胶质瘢痕产生一类蛋白质，叫作软骨素蛋白聚糖（chondroitin sulfate proteoglycans，CSPGs）。它们

的硫酸软骨素（一种糖胺聚糖）支链对体外的轴突生长有抑制作用。2002年，英国科学家首先用源于一种细菌的软骨素（分解）酶ABC（chondroitinase ABC）演示降解脊髓损伤点附近的软骨素蛋白聚糖可以提高有限的轴突再生现象。这之后的十年，利用软骨素酶ABC促进再生的研究得到广泛的扩展。总体来说，仅仅用软骨素酶ABC对狭义上的受损伤轴突再生的作用非常有限，这点与靶向髓鞘抑制因子的结果相似。软骨素酶ABC作为辅助手段与周围神经移植等其他方法组合运用的效果相对更显著。与髓鞘抑制分子另一类似之处是软骨素酶ABC对突触可塑性有作用，这在眼优势可塑性（ocular dominance plasticity）的实验中有体现。

受这些经典的髓鞘和胶质瘢痕的抑制因子的影响（Nogo，MAG，OMgp，CSPGs），其他中枢神经系统抑制因子不断被发现，包括损伤点胶质瘢痕及邻近区域其他细胞和组织产生的各类抑制因子。其中最受瞩目的一类是轴突导向分子（axon guidance molecules），如Semaphorin，Ephrin，Netrin，RGM，Wnt，特别以对Wnt信号通路的研究为例，因其有罕见的分子遗传学证据（Hollis et al，2016）。此类蛋白质在神经系统发育过程中为轴突的导向提供至关重要的信号通路；很多轴突导向分子对轴突顶端的生长锥（growth cone）有双重作用：既可吸引也可排斥。再生研究中通常注重这类分子的排斥性或抑制性。与上述的经典髓鞘和胶质瘢痕抑制因子类似，神经导向分子在中枢神经损伤和修复中的主要作用也很可能不是通过再生，而是通过对芽生、突触可塑性等神经可塑性的影响。

综上所述，外源抑制论在再生研究早期具有主导地位，但在2000—2010年，一系列分子遗传学的实验显示了该理论的局限性。其实，外源抑制论的机制可以有多种，并非一定要局限在髓鞘和胶质瘢痕的抑制性。近年来逐渐认识到的突触连接和传递对再生的抑制也是外源抑制的体现（Zheng et al，2019）。此假说的基本观点是损伤后所残留的轴突分支及其突触连接和传递对残存轴突的再生有抑制作用。

四、内源因子

科学家很早就猜想内源因子对再生有重要影响。1984年，加拿大科学家首先发现背根神经节（dorsal root ganglion，DRG）神经元的周围轴突分支受损会激发其中枢轴突分支的再生（Richardson and Issa，1984）。DRG感官神经元的特殊之处是它的主要轴突分支后，一支在周围神经系统中伸展到身体各处，另一支进入脊髓与中枢神经元连接。虽然同源于DRG神经元，这两大轴突分支的再生能力截然不同：周围分支再生能力高，而中枢分支再生能力低。一般来说，如果只是中枢分支受损，再生有限。但如果周围分支同时或者预先受损，中枢分支受损后就有一定的再生能力。这说明轴突再生能力有一定内源性，因为同样的中枢分支在周围分支受损前后的再生能力有所不同。最可能的解释是，周围分支受损使得DRG神经元内部发生了变化，从而提高其整体再生能力。进一步研究发现DRG神经元轴突周围分支受损后，细胞体内环腺苷酸（cAMP）浓度增高；胞体内cAMP的多少影响轴突再生能力：增高cAMP就增强再生能力（Qiu et al，2002）。与此同时，一项体外细胞培养的研究说明中枢神经系统视网膜神经节细胞的轴突再生能力随着发育过程向前推进而减弱（Goldberg et al，2002）。这些研究让科学家开始思考如何提高神经元内在的再生能力。当然，cAMP在体内促进DRG神经元轴突再生的能力极其有限，而调节视网膜神经节细胞轴突生长的分子机制仍无从可考。

内源因子的重大突破来自哈佛大学何志刚实验室的一项研究（Park et al，2008）。他们设想轴突再生的调控可能与发育生物学中细胞生长的调控相当，所以在分子通路上也会有共性。以视神经挤压伤为损伤模型，他们采用条件性基因敲除的方式筛选了多个调控细胞生长的基因，发现 *Pten*（phosphatase and tensin homolog）基因条件性敲除（conditional knockout）之后明显地观察到视网膜神经节细胞轴突的再生现象（图5-9-4A、B）。这是中枢神经再生研究中第一次操纵单基因得到显著且可重复的轴突再生结果。之后，此结果扩展到脊髓损伤后皮质脊髓束的轴突再生（图5-9-4C）（Liu et al，2010）。自从发现Pten以来，一系列调节中枢轴突再生的内源性因子及分子通路被发现，包括Socs3/Stat3，KLFs，Sox11，DCLKs，Armcx1，Lin28，Myh9/10，等等（He and Jin，2016）。同时操纵多个分子通路可以进一步提高轴突再生或芽生的程度，如 *Pten/Socs3* 双敲致使未损伤一边的皮质脊髓束轴突通过中线向损伤一边大幅芽生；最显著的一个例子是用腺相关病毒载体递送CNTF，c-Myc加上 *Pten/Socs3* 双敲促使视神经损伤后RGC轴突大量再生（图5-9-4D、E、F）。

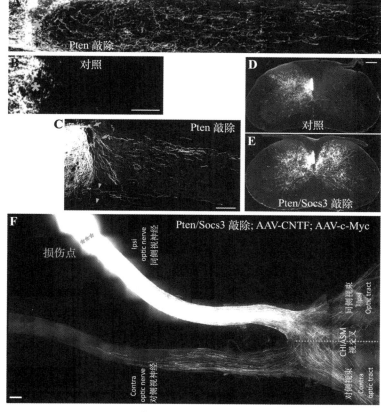

图 5-9-4 轴突再生和芽生分子机制范例

A、B. 视网膜神经节细胞中 *Pten* 基因条件性敲除引起视神经挤压损伤后轴突再生。C.*Pten* 基因条件性敲除引起脊髓背侧半切损伤后皮质脊髓束轴突再生。蓝箭,再生通过损伤处;蓝箭头,再生通过腹侧未损伤处。D、E. *Pten* 和 *Socs3* 基因同时条件性敲除引起锥体束切断术后皮质脊髓束轴突从未损伤一边向去神经支配的一边(右侧)大幅度芽生。F. 同时多种分子操纵使得视网膜神经节细胞轴突在损伤后大幅度再生。蓝色星号=损伤处;图示引自参考文献中的原始文献 15(A,B),原始文献 11(C);Jin D,Liu Y,Sun F,et al. Restoration of skilled locomotion by sprouting corticospinal axons induced by co-deletion of PTEN and SOCS3, Nat Commun, 2015, 6:8074.(D,E),原始文献 4(F),稍作修改。比例尺 = 100 μm(A/B,F),200 μm(C,D/E)

除了用于发现 *Pten* 基因的有针对性的候选基因方法以外,还有两个发现新内源因子的方法。一个是组学法(omics)。例如,c-Myc 在视神经轴突再生中的重要促进作用是通过蛋白组学发现的(Belin et al,2015);而 Huntingtin(Htt,突变会引起亨廷顿病,Huntington disease)在皮质脊髓束轴突向神经干细胞移植物再生中的促进作用是通过转录组学的方法发现的(Poplawski et al,2020)。

另一个发现新内源因子的方法是在低等实验动物中发现新的分子通路,然后根据物种之间进化上的保守性到高等动物模型中证实同源分子是否也有调节再生的功能。这方面最显著的例子是 DLK(dual leucine zipper kinase)及其信号通路(Jin and Zheng,2019)。DLK 最早在秀丽隐杆线虫(*C. elegans*)中发现有调控神经元发育的作用,特别是在突触形成的过程中。后来,两个实验室同时发现 DLK 是线虫中轴突再生不可或缺的基因。哺乳动物

基因组中有两个与线虫 DLK 同源的基因:DLK(也称 MAP3K12)和 LZK(leucine zipper kinase,也称 MAP3K13)。其中 DLK 在周围神经和视神经损伤后的轴突再生中起作用,而 LZK 被发现在星状胶质细胞瘢痕的增生和瘢痕中起作用。DLK/LZK 在这点上与 Socs3/Stat3 类似:同一信号通路可以同时调节神经元和星状胶质细胞对损伤的反应,说明轴突再生和损伤修复的调节因子可同时具有内源性和外源性。DLK/LZK 同其他一些内源因子不同之处还体现在它们可以调节神经元对损伤的不同反应,甚至包括看似矛盾的反应,如轴突再生、退化和细胞死亡。这在视网膜神经节细胞上研究得最为透彻。

这十多年内源性再生机制研究的迅猛进程表明许多神经细胞内部的生物过程都与轴突再生有关,包括转录、翻译(蛋白合成)、信号传导、能源、代谢、轴突运输、细胞骨架、细胞膜等等。这在理论上打破了以往由外源抑制论为主导的思想框

架。另外一个概念是可以把调节轴突再生的内源性分子通路分成两类：一类支持基本的再生能力（regenerative competence），如 Pten；另一类调节损伤信号传导（injury signaling），如 DLK（Lu et al, 2014）。此外，仅有轴突再生是不够的。最近几年的研究还说明再生的轴突不一定能够有效地传递电信号，而增强再生轴突传递电信号的能力（包括重塑髓鞘）可以把结构上的轴突再生转化为功能上的恢复（Bei et al, 2016）。

五、外源促进因子

与外源抑制论和内源因子论的此消彼长相比较，神经再生第三个学说外源促进论的发展道路较为平缓。外源促进论的主要观点是成体中枢神经系统缺乏促进轴突生长的因子，特别是神经营养因子（neurotrophic factors，NTFs）。神经系统发育过程中，神经营养因子的多少和时空分配调控着神经元生长和形态发生，包括轴突的生长和一些轴突分支的自然退化。在髓鞘抑制论建立的同时，科学家已经发现神经营养因子，如神经生长因子（nerve growth factor，NGF）、脑源性神经营养因子（brain-derived neurotrophic factor，BDNF）、神经营养素-3（neurotrophin-3，NT-3），对中枢神经系统损伤后的轴突生长有一定作用。之后的研究注重于多点递送神经营养因子，以造成神经营养因子的梯度，诱使轴突向浓度高的方向生长（Alto et al, 2009）。外源促进因子需要通过激活某个特定的内源信号通道才得以促进神经元轴突的再生。例如，外源的 IGF1 和 osteopontin 通过激活神经元的 IGFR 和 mTOR 得以促使视神经或皮质脊髓束轴突的生长（Duan et al, 2015）。因此，外源促进因子与内源因子有着不可分割的联系。不同类的外源因子可以结合使用。例如，在脊髓损伤处及远端用水凝胶提供外源 GDNF，EGF 和 FGF 结合在损伤近段提供 IGF1、osteopontin 和 CNTF，可以促进脊髓固有轴突再生并穿越损伤区域（Anderson et al, 2018）。另外，递送神经营养因子也可与其他的促进轴突生长的策略相结合，特别是神经干细胞等相关细胞的移植。除了直接提供外源的生长因子以外，移植的神经干细胞可分泌各种不同的因子并逆向传导到皮质脊髓束胞体，导致这些细胞逆转到早期神经发育状态并进行大量的再生（详细讨论见细胞移植一节）。

第三节 损伤瘢痕对神经修复的影响

在脊髓损伤处，神经和非神经细胞互相作用，产生一个复合瘢痕（图 5-9-5）。在损伤中心，主要以基质细胞（包括成纤维细胞，可能还有周细胞）、巨噬细胞等血源白细胞形成的非神经的病灶核（lesion core），即为纤维化瘢痕（fibrotic scar），且在人体脊髓挫伤中常伴有空腔。紧包在病灶核周边的是星状胶质细胞瘢痕（astrocyte scar），又称星状胶质细胞瘢痕边界（astrocyte scar border，以表明其相对病灶核所处的位置）。星状胶质细胞瘢痕更外围的星状胶质细胞反应性逐渐递减，以至于离损伤处一定距离的组织会趋于正常状态（去神经支配区域除外）。在传统的文献中，损伤处的复合瘢痕通常被称作胶质瘢痕（glial scar）。实际上这是一个比较模糊的概念，特别是没有体现处于损伤中心的非神经的纤维化瘢痕。一些新的文献对损伤中心的纤维化瘢痕与病灶核周边的星状胶质细胞瘢痕的分辨较为明显。我们先讨论星状胶质细胞瘢痕，因为对它的研究较为长久；然后讨论近年才受到重视的纤维化瘢痕。

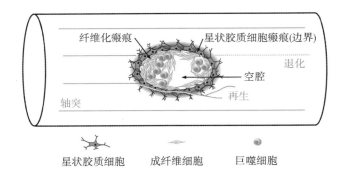

图 5-9-5 脊髓损伤处的纤维化瘢痕和星状胶质瘢痕

中枢神经系统如脊髓受损后，受损处病灶核主要由成纤维细胞（可能还有周细胞）等基质细胞形成的成纤维瘢痕，同时常伴有空腔（尤其在人体中最常见的挫伤之后）。病灶核外面的星状胶质细胞瘢痕（边界）把非神经的病灶核与外围保存的神经组织隔开，因而具有保护作用。轴突的保存、退化和再生与原发性损伤、二次性损伤、损伤处复合瘢痕的形成和演化有关。小胶质细胞（未示）对瘢痕形成亦有重要影响

一、星状胶质细胞瘢痕

星状胶质细胞瘢痕的前身是概念较为模糊的

胶质瘢痕（或疤痕）。传统的观点是，胶质瘢痕不仅是轴突再生的物理屏障，也是化学屏障。物理屏障是指胶质瘢痕中反应性星状胶质细胞及其突起互相紧密结合，对轴突再生造成有形的物质障碍。而化学屏障是指胶质瘢痕所分泌的软骨素蛋白聚糖（CSPGs）等抑制轴突生长的其他因子。上面讨论过用软骨素酶 ABC 来降解 CSPGs 中的抑制成分，而促使轴突芽生等对功能恢复可能有益的生物现象，但单用软骨素酶 ABC 并不能引起显著的受损轴突的再生。由于早期研究注重胶质瘢痕对轴突再生的负作用，其对损伤后恢复的正面作用有所忽视。以索夫若涅夫（Sofroniew）为代表的科学家早在 20 世纪 90 年代末就对星状胶质细胞瘢痕对中枢神经系统损伤后的正面作用有所认识（Sofroniew，2018）。该团队通过表达单纯疱疹病毒胸苷激酶并使用与其相关的药物杀死处于分裂状态的反应性星状胶质细胞，先在脑损伤，之后又在脊髓损伤模型中，表明星状胶质细胞瘢痕有修复血脑屏障、阻止白细胞浸润、减少神经元等细胞退变、保存残留组织和功能的积极作用。之后，在星状胶质细胞中选择性敲除 Stat3（信号转导及转录激活蛋白 3）基因的实验，进一步证实妨碍星状胶质细胞的反应增生及其瘢痕的形成会造成炎症扩散，增大病灶体积，并减少实验动物自发运动能力的恢复。实际上，近年来对于其他信号通路如 LZK（也称 MAP3K13）等的分子机制研究，也说明了正常的星状胶质细胞瘢痕形成对减少损伤处病理变化有利。虽然有这些研究，但在很长一段时间，很多科学家仍然认为星状胶质细胞瘢痕通过对轴突再生抑制的影响，从总体上对损伤后的修复害多益少。这个观点到近年才受到有力挑战。

其实，科学家们早已注意到脊髓损伤后如果观察到轴突再生，再生的轴突经常不是绕过原本以为有抑制作用的增生星状胶质细胞及瘢痕，而是紧贴着由 GFAP 标记的星状胶质细胞及其细胞突生长。这包括 5- 羟色胺（5-HT）能神经元轴突的少许自发再生，以及敲除 Pten 基因引起的皮质脊髓束轴突的再生。但这些仅仅是相关联的实验观察，并不确证星状胶质细胞增生及瘢痕在功能上促进再生。为了直接衡量增生胶质细胞及瘢痕对轴突再生的影响，Sofroniew 实验室用选择性杀死细胞或敲除 Stat3 基因的方法来防止，消减或灭除星状胶质细胞增生及瘢痕，但发现这些手段都不能引起包括皮质脊髓束、上行感官束或 5- 羟色

胺能神经元这三种轴突的自发再生（Anderson et al，Nature 2016）。更重要的是，他们结合 DRG 神经元周围轴突分支预损伤所引起的再生启动效应，与用水凝胶补给站递送轴突生长因子的方法刺激感官轴突的再生；而这一人工引起的再生不仅没有在阻止星状胶质细胞瘢痕后有所提高，反而有所下降。这说明在人工刺激轴突再生的情况下，星状胶质细胞瘢痕对再生是有益的。当然，这个结果还需要今后在其他许多不同情况下进行验证，例如不同的轴突种类或刺激再生的方法，以判断是否具有普遍性。但有一点基本可以肯定，就是星状胶质细胞增生及瘢痕并不遵循传统理论所推崇的对轴突再生有害无益，而是益处和害处并存，或大多数情况益处大于害处。

最近一项研究发现新生小鼠脊髓损伤后的无瘢痕自愈与小胶质细胞编排的损伤处组织愈合有关（Li et al，2020）。损伤两周之后，成鼠的损伤中心充斥着巨噬细胞和小胶质细胞，紧邻成纤维细胞，再外裹星状胶质细胞瘢痕。相比之下，幼鼠的损伤中心却没有大量的巨噬细胞和小胶质细胞，而积累了一些 GFAP 标记的状胶质细胞；与之相应，5- 羟色胺能和皮质脊髓束的轴突通过原来的损伤处大量生长。这项有趣的研究或许对研究损伤处星状胶质细胞瘢痕及与其他细胞的相互影响对于组织愈合和功能恢复的作用有重要启示。

二、纤维化瘢痕

纤维化瘢痕（fibrotic scar）位于脊髓损伤中心的病灶核，属于非神经的组织。早期脊髓损伤的研究，成纤维细胞有时被认为是胶质瘢痕的一部分。虽然有少量研究指出纤维化瘢痕（有时也称作 Fibrous scar）与原先的胶质瘢痕类似，对再生和恢复有负作用，但这些研究没有得到广泛的重视。甚至有些学者认为人体脊髓损伤特别是挫伤后没有明显的纤维化瘢痕。近年来，纤维化瘢痕受到应有的重视，并与星状胶质细胞瘢痕区分开来。虽然多数科学家认为成纤维细胞是纤维化瘢痕的主要成分，但细胞来源仍有争议。一项用遗传追踪的实验显示周细胞（pericytes）是脊髓部分横切伤后纤维化瘢痕的主要来源；而另一项研究说明血管周成纤维细胞（perivascular fibroblasts）组成了脊髓挫伤后的纤维化瘢痕。这方面还需进一步的研究，包括针对不同物种、损伤模型、不同的启动子的遗传追踪等

等。不管是成纤维细胞，还是周细胞，它们有一定的共性，都是基质细胞（stromal cells）。

纤维化瘢痕对中枢神经损伤后修复的影响如何？很可能与星状胶质细胞瘢痕类似，正反作用都会有。以周细胞研究为例，遏制周细胞增殖会抑制纤维化瘢痕的形成，但可能会造成两种截然相反的结果。如果遏制特别有效，完全阻断纤维化瘢痕的形成，脊髓损伤处就得不到愈合。如果遏制适中，部分抑制纤维化瘢痕的形成，研究者发现 5- 羟色胺

能和皮质脊髓束的轴突出现生长现象，并伴有功能的提高。这说明调节纤维化瘢痕的形成和演化对损伤后的修复是有意义的。紫杉醇（taxol）曾用来促进轴突生长，但它对纤维化瘢痕也有直接影响。未来的研究需要更加透彻地阐明纤维化瘢痕来源、纤维化瘢痕与星状胶质细胞瘢痕的互相作用，及复合瘢痕对轴突再生、组织修复与功能恢复的影响。值得指出的是，在改变损伤处复合瘢痕的努力中，新型生物材料将提供多用途的有效手段。

第四节　细胞移植在神经修复中的作用

在神经损伤和再生研究领域，应用细胞移植（cell transplantation）来重建受损的神经系统是一个很重要的研究方向。细胞移植源于组织移植（如上述卡哈尔和 Aguayo 的神经移植实验），但细胞移植相对来说更有特异性。细胞移植可同时具有多种促进组织修复和功能恢复的机制。干细胞（stem cells）的发现［包括胚胎干细胞（embryonic stem cells，ESC），诱导性多功能干细胞（induced pluripotent stem cells，iPSC），神经干细胞（neural stem cells，NSC）］给细胞移植带来了新的生命力。此节专门讨论细胞移植在神经修复中的作用。

一、细胞移植的原理

细胞移植的主要目的是修复和重建受损或病变退化的中枢神经系统。以脊髓损伤为例，损伤通常导致大面积的病变区，包括中央灰质和大部分白质区域。即使有部分白质存留，但由于未损伤的轴突数量少，加上部分轴突脱髓鞘，难以支持正常脊髓功能。病变区由退化的神经组织、空腔和瘢痕组织组成，病变区周围有胶质瘢痕逐渐形成，这些都不利于轴突的再生。细胞移植可以填充和弥合病变部位，为宿主轴突的再生提供有利的细胞基质。如果在损伤早期进行移植，移植的细胞可以分泌各种因子，通过神经保护和免疫调节（immune regulation）机制减少二次损伤并促进轴突再生。如果移植的细胞是神经干/祖细胞，移植的细胞分化成神经元，不仅可以替代损伤部位丢失的神经元，还可以作为中间神经元重新连接中断的轴突。此外，移植胶质细胞，特别是少突胶质细胞祖细胞

（oligodendrocyte progenitor cells，OPC），可以使那些宿主脱髓鞘的轴突重新髓鞘化，以增强其传导性。

二、移植细胞的来源

（一）神经系统的细胞

发育中的中枢神经系统组织包含不同阶段的神经干细胞（NSC）、神经祖细胞（neural precursor cells）、神经元前体细胞（neuronal progenitor cells）和胶质前体细胞（glial progenitor cells），及早期的神经元和胶质细胞。获得神经干细胞和祖细胞的简单方法就是解剖和分离流产胚胎的中枢神经组织。解离的早期神经细胞可以立即用于细胞移植（Lu et al, 2012a），也可以培养神经干细胞用于后期移植。

在 20 世纪和 21 世纪之交，细胞培养的发明，尤其是培养神经干细胞和神经祖细胞，为细胞移植研究打开了一扇新的大门。培养神经干细胞不仅可以产生大量的细胞，并可以通过不同的培养条件或基因改造来分化成不同类型的神经元或胶质细胞。然而，培养的神经干细胞能否保持其原始干细胞特性，在体外和体内都能否分化为特定神经元和胶质细胞，是一个关键问题。事实上，来自啮齿动物和人类发育中枢神经系统培养的神经干细胞在移植后神经元分化潜力方面存在差异。早期研究表明，虽然培养的啮齿类中枢神经系统的神经干细胞在体外可以同时分化为神经元和胶质细胞，但培养的神经干细胞移植到完整或损伤的脊髓中只能分化为胶质细胞。另一方面，培养人的神经干细胞移植到损伤的神经系统中仍能保持其神经元分化能力（Lu et al, 2012a）。然而，使用人类胚胎组织用于中枢神经系

统移植存在资源有限和伦理问题。

另一种方法是从胚胎干细胞（ESCs）和诱导性多功能干细胞（iPSCs）等多功能干细胞中诱导产生神经干细胞。胚胎干细胞来自早期囊胚的内细胞团，能够长期增殖并分化成各种细胞类型，包括神经细胞。诱导性多功能干细胞具有与胚胎干细胞类似的特征，但它们可以从成人体细胞中产生，这样不仅避免使用人类胚胎组织，并且可以用以自体移植，因此降低细胞移植免疫排斥（immune rejection）的风险（Takahashi et al，2007）。诱导多能干细胞的产生是再生医学的又一次革命性创新，因为这些细胞不仅可以用于建立疾病模型，还可以用于研发新的治疗方法，包括神经细胞移植。

除了从胚胎干细胞或诱导性多功能干细胞诱导神经干细胞外，神经元或神经干细胞也可以从胚胎和成人体细胞中直接转化。其原理与产生诱导性多功能干细胞类似。将体细胞转化为诱导神经元的策略主要有两种：①先锋转录因子（如 Ascl1、Ngn2 和 NeuroD）与促进转录因子（如 Brn2 和 Myt1l）共同表达；②先锋转录因子与信号通路调节剂因子组合。诱导的神经元（induced neurons）或神经干细胞通常用于体外神经系统疾病模型的建立。虽然移植诱导的神经元不易生存，调整诱导的时间可以解决这个问题。体细胞，如成纤维细胞，可以首先在体外进行基因加工载入诱导形式的神经重编程基因。然后可以将这些细胞移植到病变部位，利用小分子药物激活重编程基因表达，将其转化为神经元。这种结合体外神经重编程与体内神经转化的方法与传统的神经干细胞移植相比，具有以下几个优势。第一，诱导的神经元可以自体移植，避免免疫排斥。第二，体细胞如成纤维细胞比神经干细胞更容易在体内存活，特别是在受损的中枢神经系统内。第三，它是安全的，因为诱导神经元的生成不涉及神经干细胞可能过度生长的中间阶段。但诱导神经元能否整合到宿主中枢神经系统中进行功能性连接尚不清楚。此外，限制诱导神经元的应用瓶颈是转化效率低。如能克服这些障碍，这项技术更容易临床转化。

除了神经干细胞和神经祖细胞可以自发分化为神经元和胶质细胞外，胶质前体细胞和少突胶质祖细胞可以用于神经退行性疾病和中枢神经系统损伤的细胞移植。例如，研究表明星形胶质细胞在肌萎缩侧索硬化症（ALS）疾病的病理和运动神经元的死亡中起着关键作用。因此，移植健康的星形胶质细胞有可能挽救运动神经元的死亡和减缓疾病进展。在脊髓损伤和多发性硬化（multiple sclerosis）的疾病中，移植少突胶质细胞祖细胞可能有助于重新髓鞘化那些去髓鞘化的轴突。

施万细胞（Schwann cells）是周围神经系统中的胶质细胞，对促进周围神经损伤后的轴突再生起着重要作用。此外，施万细胞还能分泌多种神经营养因子，并能使周围轴突髓鞘化。基于以上特点，施万细胞已成为修复中枢神经系统损伤的重要候选细胞类型，目前正在美国进行临床试验。虽然各种研究已经证明了施万细胞移植在支持脊髓损伤动物模型轴突再生方面的潜力，但无论是再生的解剖学证据还是功能恢复都非常有限。

与施万细胞相似，嗅鞘细胞（olfactory ensheathing cells）是嗅觉系统的胶质细胞，它能够包裹多个非髓鞘化的原发性嗅觉轴突，并支持再生的原发性嗅觉神经元的生长。由于这种促进再生特性，嗅鞘细胞已成为中枢神经系统损伤修复的另一种候选细胞类型。虽然多篇研究报道了移植嗅鞘细胞对损伤神经系统的改善，但其实际效果颇有争议。

（二）非神经细胞

用于中枢神经系统修复最常用的非神经细胞是间充质干细胞（mesenchymal stem cells）。它是典型的传统成人多能干细胞（multipotent stem cells），用于肌肉、软骨和骨骼疾病，及损伤的修复。间充质干细胞可以从许多不同的成人组织中分离出来，如骨髓、脂肪组织、内脏和血管，也可以从胎儿的生命支持系统中分离出来，如羊水、脐带或胎盘。由于间充质干细胞易于从成体组织中获得，具有免疫调节作用，并能成功修复软骨、骨骼疾病和损伤，这种细胞已成为中枢神经系统修复的热门细胞类型，尤其是脊髓损伤。但间充质干细胞不是神经细胞，其修复机制仅局限于神经保护和免疫调节。

三、移植细胞用于中枢神经系统损伤修复的机制

（一）神经保护

神经保护（neural protection）是神经退行性疾病和中枢神经系统损伤的一大研究课题。与神经退行性疾病的缓慢进展不同，中枢神经系统损伤有一个明确的原发性损伤，然后是一个从原发性损伤部位扩散的继发性损伤，包括进一步的神经细胞死

亡、脱髓鞘和轴突变性（Liu and Xu，2012）。任何能够减轻二次损伤并保留神经组织功能的治疗方法都可以定义为神经保护。虽然大多数神经保护的研究都集中在损伤急性期的药物治疗上，但许多研究表明细胞移植后也有神经保护作用。其主要机制是移植细胞分泌不同的生长因子和营养因子。上面讨论的大多数细胞类型都能分泌具有一定神经保护作用的各种因子。例如，神经干细胞和施万细胞可分泌多种神经营养因子。间充质干细胞还通过分泌细胞因子，如转化生长因子 β，白细胞介素 6、10 等，来调节免疫功能和减轻炎症反应，从而保护神经细胞免受进一步损伤。此外，移植的细胞也可以通过体外基因改造增强上述一些生长因子的表达，以利于更近一步发挥其神经保护作用。神经保护可以从解剖学、电生理学和行为学方向去研究。最常用的方法是评估残留组织，其次是评估病灶范围、损伤周围神经元残留／萎缩和轴突死亡等。在脊髓损伤研究中，专门以神经保护为主要目标的细胞移植研究不多。许多研究将神经保护作为细胞移植综合效应中的一种有益机制，然而实践中很难将神经保护效应与其他细胞移植修复机制区分开来。

（二）再髓鞘化

中枢神经系统损伤不仅破坏轴突的连接，而且损伤局部神经元和少突胶质细胞，导致残留轴突脱髓鞘化（demyelination）。此外，一些神经退行性疾病的主要病理生理是脱髓鞘化，如多发性硬化症（MS）。脱髓鞘的后果是轴突传导功能障碍和感觉及运动功能的丧失。虽然中枢神经系统损伤后会自发性再髓鞘化（remyelination），但再髓鞘化的质量和程度是有限的。最近的一项研究表明，虽然神经损伤后少突胶质细胞前体细胞（OPC）有增殖，但少突胶质细胞的分化和成熟受阻（Wang et al，2020）。应用 PDGFRa-CreER：tdTomato 报告基因在小鼠中跟踪少突胶质细胞祖细胞命运图谱的实验显示，tdTomato 标记细胞大部分是未分化的少突胶质细胞祖细胞或未成熟的少突胶质细胞，表明损伤后少突胶质细胞祖细胞分化受到抑制。随后，研究确定损伤诱导少突胶质细胞祖细胞表达 GPR17 和小胶质细胞的持续激活抑制了少突胶质细胞祖细胞的分化，从而大大降低了再生轴突的再髓鞘化。抑制 GPR17 表达和减少小胶质细胞能促进大量再生轴突髓鞘化（Wang et al，2020）。

近些年来，人们不断努力，通过少突胶质细胞

祖细胞或施万细胞移植来增强脊髓损伤后的再髓鞘化。施万细胞移植的优点是可以通过培养患者周围神经节段进行自体移植。动物研究显示，脊髓损伤后，移植的施万细胞可使宿主轴突发生髓鞘化或合鞘化（ensheathment）（Bunge et al，2017）。据估计，在大鼠挫伤性模型中，移植物内约有 5000 个被施万细胞髓鞘化的轴突。然而，只有一半是来自移植的施万细胞，因为从周围神经迁移的内源性施万细胞也可以使脱髓鞘的轴突或再生轴突髓鞘化。为了提高疗效，施万细胞移植与其他疗法相结合，如甲基强的松龙、cAMP、神经营养因子、软骨素酶，甚至与嗅鞘细胞相结合。联合治疗增强再髓鞘轴突的数量，其中一些研究还显示适度的行为学改善。这些研究促使了美国《迈阿密项目》（《The Miami Project》）进行施万细胞移植的临床试验。

神经干细胞或祖细胞也可分化成少突胶质细胞，可使轴突重新髓鞘化。然而，神经干细胞的分化遵循人类神经发育的规律：它们先分化成神经元，之后才是胶质细胞的分化。在两种胶质细胞类型中，少突胶质细胞的分化和成熟出现的时间要比星形胶质细胞晚，甚至在移植后半年至 1 年左右（Lu et al，2017）。此外，移植后 1 年左右，与神经元（29%）和星形胶质细胞（48%）相比，少突胶质细胞分化比例较小（12%）。因此，移植神经干细胞用于再髓鞘化相对效率较低。

由于移植神经干细胞用于再髓鞘化的局限性，移植预分化的少突胶质细胞祖细胞是一个可行的策略。大多数研究从人类多功能干细胞诱导和分化成少突胶质细胞祖细胞。在一项早期的研究中，人类胚胎干细胞衍生的少突胶质细胞祖细胞被移植到亚急性阶段（伤后 7 天）或慢性阶段（10 个月）的大鼠脊髓挫伤部位。只有亚急性期移植的少突胶质细胞祖细胞能促使宿主轴突再髓鞘化和功能恢复，而慢性期的移植则不然，这表明治疗时机很重要。另外，细胞移植的位置对宿主轴突的成功再髓鞘化很重要。由于大多数残留轴突位于白质的侧面和腹面，所以细胞移植的位置应集中在该病灶区。虽然通过细胞移植进行再髓鞘化的研究取得一定进展，并进行临床试验，但如何高效、持续地通过细胞移植再髓鞘化从而达到功能改善的目的，仍然存在挑战。第一，再髓鞘化只有在那些不完全的脊髓损伤中才有可能存在残留和脱髓鞘的轴突。第二，目前还没有详细的研究来描述脊髓损伤后脱髓鞘轴突的位置、比例和范围，这对设计移植的部位和细胞

数量很重要。第三，移植的少突胶质细胞祖细胞再髓鞘化的效率也许很低。细胞移植与其他策略相结合也许可以增强少突胶质细胞祖细胞再髓鞘化（Assinck et al，2017）。最后，目前还不清楚移植细胞再髓鞘化和功能恢复是否存在因果关系。在功能改善后特异性清除移植的少突胶质细胞可以回答这个问题。

（三）轴突再生

由于轴突连接的破坏是脊髓损伤后功能障碍的主要原因，因此促进轴突的再生和可塑性是脊髓损伤研究的主要目标。对于轴突再生，可将细胞移植在病灶部位，以填充或弥合病变空腔，为再生轴突的生长提供细胞基质。此外，移植细胞可与宿主神经细胞紧密相连，使损伤的轴突残端与移植细胞直接接触以促进轴突再生。此外，移植的细胞可以改变或减少胶质瘢痕，使宿主轴突容易再生并可能伸展出病变部位。为了研究细胞移植后某些下行或上行轴突束的真正再生，所研究的轴突束甚至整个脊髓应该被完全切断以确保没有残留轴突存在。

移植的神经细胞和非神经细胞都能支持和促进一些宿主轴突再生。但是，再生轴突的数量和距离一般非常有限。因此，许多研究常通过基因改造使细胞额外表达及分泌神经营养因子或生长因子，以促进更多的轴突再生。这种方法称为体外基因治疗。少数研究甚至用反转录病毒对施万细胞或胶质前体细胞进行基因改造，使其表达两种神经营养因子 BDNF 和 NT-3。移植这些细胞的确促进轴突再生。然而，这种更多的再生可能仅仅是来自少数再生轴突的分枝。

虽然体外基因治疗能明显地促进轴突再生，但主要的挑战则是再生的轴突通常滞留在细胞移植物内，而很少长出移植物进入远端并和远端的神经细胞连接。尤其是当移植细胞表达高浓度的神经营养因子吸引再生的轴突，而远端的神经营养因子较少，无法将再生轴突从移植体内吸引出来。此外，远端脊髓组织可能含有某些生长抑制因子，进一步排斥再生轴突重新进入远端组织。当移植的是非神经元细胞时，如胶质细胞和间充质干细胞，这些移植物内的再生轴突不可能与这些细胞进行功能性连接，因而很难参与功能恢复。

为了促进再生轴突穿过病变/移植部位，进入远端脊髓组织并与其连接，除了移植细胞作为生长支持基质外，还需要其他策略。第一种策略是在远端组织中提供生长因子作为化学吸引剂，吸引再生轴突从移植部位长出，进入远端脊髓组织。这可以通过体内基因疗法（gene therapy），用表达神经营养因子或生长因子的病毒载体转导远端脊髓神经细胞。病毒载体注射点附近产生的生长因子通常高于周围组织，因此可以建立生长因子梯度，吸引再生轴突向病毒载体注射中心生长。第二种策略是增加神经元的内在再生能力，使受伤的轴突能够更广泛、更远距离地再生。

美国加州大学圣地亚哥分校的图申斯基（Tuszynski）实验室首次尝试了这种设计，并成功地促使上行感觉轴突束和下行的运动神经束再生并穿越病变部位进入远端组织。以运动神经再生为例，他们选择一个大鼠完全的 T3 横断模型来测试脑干衍生的网状脊髓系统是否再生穿越病变部位进入远端组织（Lu et al，2012b）。为了激发网状脊髓神经元的内源性生长能力，他们向脑干网状核注入 cAMP。为了给轴突生长提供一个良好的细胞基质，他们移植骨髓间充质干细胞来填充横断部位。为了建立神经营养因子梯度，他们将移植细胞进行基因改造表达脑源性神经营养因子（BDNF），并通过注射表达 BDNF 的慢病毒和 AAV 载体的混合物，将相同的脑源性神经营养因子输送到脊髓损伤远端。这种方法不仅成功地使网状脊髓轴突再生到横断病灶部位，而且还超越病灶部位进入远端脊髓组织（Lu et al，2012b）。量化显示，有 300～400 个轴突重新进入远端脊髓组织并延伸达 3 mm 之多。此外，这些再生的轴突与远端脊髓神经元建立了突触连接。

上述研究应用细胞移植结合其他疗法来促使轴突再生方面取得了巨大的成就。然而，挑战依然存在。第一，移植非神经元细胞和胶质细胞不能促进主要控制自主运动功能的皮质脊髓束再生。第二，不同类型的轴突再生可能需要不同的生长因子。第三，超越病变部位的再生轴突的数量和距离非常有限，这也许不足以促进功能恢复。第四，由于长期使用基因治疗方法过度表达生长因子和某些基因可能会产生不良的后果，因此很难将其中一些策略转化为临床应用。因此，修复中枢神经系统损伤和疾病还需要进一步的研究或新的策略。

（四）潜在神经元中继的形成

上述大多数研究移植非神经元细胞或胶质细胞，这就需要再生轴突通过桥接并进入远端脊髓组织进行连接。然而，移植的神经干/祖细胞可以分化成神经元，作为再生轴突连接的新目标。因此，再生轴突没有必要长出移植物，因为移植的神经元可以长出自己的轴突并和远端宿主神经元连接。再生轴突与移植神经元的连接，以及移植神经元与远端宿主神经元的连接，可以构成神经元中继（neuronal relay），使受伤轴突与远端损伤部位的脊髓神经元重新连接（图 5-9-6）。

为了完整地形成神经元中继来重新连接损伤的脊髓，移植的神经干/祖细胞必须存活并完全填充病变部位，与宿主组织紧密连接。由于宿主轴突的再生需要横断的轴突残端与移植体直接接触，因此移植体与宿主的良好融合至关重要（Kadoya et al，2016）。同样，移植神经元的轴突的生长和延伸也需要移植物与宿主组织的直接接触。因此，促进移植的神经干/祖细胞在损伤脊髓中，特别是在大面积和严重损伤部位，存活、分化和与宿主组织的融合是关键之一。对此，Tuszynski 实验室使用含有十种生长因子（BDNF，NT-3，PDGF-AA，IGF-1，EGF，bFGF，aFGF，GDNF，HGF，MDL28170）的鸡尾酒式的纤维蛋白基质将移植细胞保留在病变部位，并支持其在大面积和严重损伤脊髓中的存活、分化和与宿主组织融合（Lu et al，2012a）。这些生长因子包括支持神经元存活和分化的神经营养因子、神经干细胞增殖因子、宿主血管生成因子，及抗细胞凋亡因子。应用这种方法使得移植的神经干/祖细胞能够在大面积和严重损伤的部位良好地存活并完全填充病变部位（图 5-9-6）。

移植细胞分化产生的神经元对于神经元中继的形成是一个极其重要的组成部分。移植啮齿动物胚胎脊髓组织衍生的初级神经干/祖细胞通常分化成

30% 的神经元和 60% ～ 70% 的胶质细胞（Lu et al，2012a）。移植人的神经干细胞在前几个月主要分化为神经元，后期分化为胶质细胞。所以神经元和胶质细胞的比例可能会随着时间的推移呈动态变化（Lu et al，2017）。理想的移植神经元应该是中间神经元，因为这些神经元自然地在神经元之间传递信号。例如，V2a 脊髓中间神经元对运动和感觉功能的传递和协调至关重要，可以将兴奋性刺激从皮质脊髓束传递到脊髓运动神经元中控制运动功能。此外，移植的神经元应该类似于发育中的神经元，具有充分的内在生长能力，可以将其轴突延伸到周围和远端区域进行连接。只要移植的神经干/祖细胞生存良好，就能分化成健康的神经元，并能将其轴突延伸到宿主白质中进行长距离生长和进入宿主灰质与其神经元连接。在 T3 横断大鼠模型中移植大鼠神经祖细胞后，在尾端方向 0.5 mm 处有多达 29 000 个轴突出现（Lu et al，2012a）。这些轴突有的可延伸长达 20 多毫米。移植人类神经干细胞后可以衍生出高达 150 000 个轴突并延伸到整个大鼠中枢神经系统（约 100 mm）（图 5-9-7）。这些轴突数量和距离都远远超过上节中讨论桥接病变部位的再生的宿主轴突，说明神经元中继形成对恢复功能性连接有巨大潜力。

完整的神经元中继形成不仅需要移植神经元轴突向外生长和连接，还需要宿主轴突再生到移植体中并和移植神经元连接。令人惊讶的是，最难再生的皮质脊髓束大量地再生到神经干/祖细胞移植物中。在移植体内有数千个再生的皮质脊髓束轴突（图 5-9-8）（Kadoya et al，2016）。皮质脊髓束的再生需要它自然支配的脑干或脊髓神经元细胞，而非端脑部位的神经元细胞。此外，再生的皮质脊髓束轴突与移植的神经元形成恰当的连接。用单纯疱疹病毒的跨突触追踪显示再生皮质脊髓束轴突与前中间运动神经元连接，如用 Chx10 标记的兴奋性中间神经元 V2a，表明与适当的靶点连接。另一方面，再生的皮质脊髓束轴突避开不合适的靶点，如感觉神经元。在后续的机制研究中，同一课题组发现移植的神经干细胞使皮质脊髓束神经元逆转到早期胚胎发育转录状态，从而进行再生。实现皮质脊髓束轴突的大量再生，是神经再生研究领域的一大里程碑。

虽然皮质脊髓束轴突可以大量地再生，但再生的轴突只能在移植体内延伸很小的距离，通常约为 2 mm（Kadoya et al，2016）。这可能是由于再生轴突与移植的神经元的连接限制了它们的进一

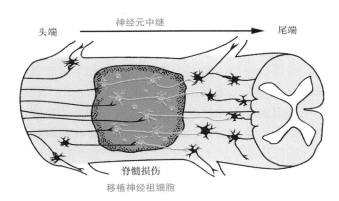

图 5-9-6 神经元中继形成示意图

下行运动轴突（黑色）再生进入病灶部位并于与移植的神经元（蓝色）突触连接。移植的神经元将其轴突延伸到尾端宿主脊髓中并与宿主神经元突触连接

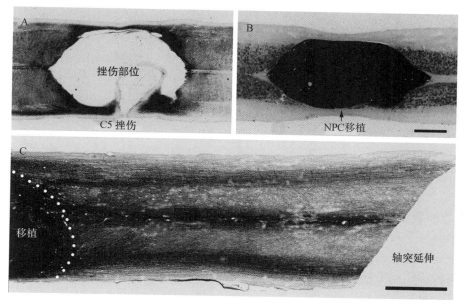

图 5-9-7　神经干细胞移植以及从移植神经元衍生的大量轴突生长

A. 一个 3.5 个月后成年大鼠 C5 严重双侧挫伤部位（lesion）；**B.** 神经干细胞移植（NPC graft）存活并完全填充损伤部位（黑色 GFP 标记）；**C.** Tau 标记的轴突（黑色标记）从人神经干细胞移植物（graft）中延伸在宿主脊髓组织中。比例尺＝ 1 mm

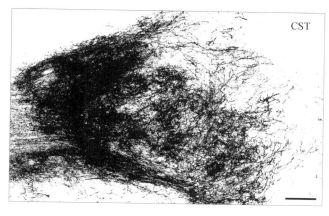

图 5-9-8　神经干细胞移植后皮质脊髓束大量再生

红色荧光蛋白标记的皮质脊髓束轴突（黑色）大量再生到在颈中脊髓损伤部位的神经干 / 祖细胞移植物中。比例尺＝ 200 μm

步生长。这与最近提出的"突触抑制轴突再生"学说一致。该学说指出，在发育过程中突触连接抑制轴突生长机制，也适用于轴突再生（Zheng et al，2019）。如能暂时降级或抑制突触活性，就可能会促进皮质脊髓束轴突的进一步生长。值得注意的是，除了皮质脊髓束大量再生外，其他下行的运动轴突和上行的感觉轴突只有少量的再生。这些结果表明，多数损伤的成年轴突再生能力有限，这与移植的神经干 / 祖细胞分化而成的年轻神经元能够大规模地长距离生长存在明显的差异。因此，促进成年宿主轴突再生仍是一大挑战。

尽管皮质脊髓束再生的距离有限，其他轴突再生数量也不是很多，但这些再生轴突与移植神经元的连接可以形成潜在的神经元中继。在移植神经干细胞的 T3 横断模型中，电生理学研究表明当刺激在横断部位以上时，横断部位以下的诱发电位反应部分恢复（Lu et al，2012a）。这种诱发反应的恢复取决于移植物中突触的存在，因为应用 NMDA 受体阻断剂犬尿喹啉酸（kynuernic acid）会消除这种恢复。这些结果表明兴奋性突触传递跨越有神经元中继功能的移植物。最近的研究表明，通过光遗传学方法刺激在小鼠脊髓损伤模型中再生皮质脊髓束，整个神经干细胞移植物产生明显的神经元网络反应。此外，刺激从移植物产生的轴突也能引起损伤以下的脊髓神经元反应，表明移植神经元形成潜在的神经元中继。

以上研究提供了支持潜在神经元中继形成的证据。然而，通过细胞移植建立有效的神经元中继仍面临挑战。主要的原因是移植的神经元的无序排列和轴突的随机生长。在发育的脊髓中，不同类型的神经元来自于不同的神经祖细胞，这些神经祖细胞沿着背腹、喙尾和中侧方向排列和有序生长。然而，移植的神经干 / 祖细胞没有这样有序的排列和生长。事实上，虽然从移植的神经祖细胞中分化出感觉和运动有关的中间神经元，但它们成群随机分布在移植体内。如能使用具有精确组织的通道的支架，模仿发育中的脊髓来移植不同类型和部位的神经祖细胞，也许可以解决移植的神经元无序排列问题。除了无序排列的移植神经元胞体，由于在成人脊髓中缺乏轴突引导分子，其轴突的生长和连接也可能是随机的。对于下行的运动系统或上行的感觉系统，理想的神经元中继也应该是单向的。移植神经元衍生的轴突的向外生长是否遵循这样的规律尚不清楚。此外，再生的宿主轴突的数量和距离都是有限的，这些都限制了神经元中继的功效。未来的工作可以集中研究怎样优化神经元中继的形成，以最大限度促进中枢神经系统损伤后的功能恢复。

第五节 神经损伤后功能恢复的若干途径

本章的主题是神经再生和移植。再生是神经科学家梦寐以求的终极目标，移植（包括干细胞移植）则是再生的重要手段。与此同时，神经再生和移植并不是神经系统损伤后促使功能恢复的唯一途径。其他的方法可以单独或与再生和移植一起共同促进功能恢复。这里我们简要地讨论五大方面。

第一，神经保护是神经损伤研究常常涉及的一个重要课题。其理论依据是原发性损伤发生之后，病灶部位和附近区域因为神经组织及免疫系统的反应会发生二次性损伤。如果合适调整这些人体自发的反应，可以减少、阻止，甚至在一定程度上逆转二次性损伤。神经保护常被认为是中枢神经损伤后促使功能恢复（至少近期内）最可行的方案之一，更在脑损伤和卒中的研究中占有一定主导地位，但至今罕有（或没有）有效的以神经保护为主要机制的药物。对脊髓损伤来说最有名的例子是控制炎症和抑制免疫的甲基强的松龙（methylprednisolone），曾被美国药监局批准在急性损伤患者中使用，但已下架，因为总体临床试验数据并不证明其有效。另外值得一提的是全身或局部的适当低温处理也被广泛用于研究其神经保护的效用，但也还没有成为公认的临床治疗方案。基础研究表明二次性的损伤，不管是神经元胞体还是轴突等等，都有可能逆转。所以，神经保护还会继续在神经损伤和修复研究中占有一席之地。

第二，神经系统的功能可塑性（functional plasticity）近年在神经损伤领域里得到了新的重视和发展。功能可塑性是指神经系统中化学上的或及其微观上的变化，虽然在解剖学中没有显著变化，但引起功能上的改变或提高。传统上所谓的康复训练，实际上就是这个原理，通过如上下肢的反复使用让幸存的神经电路得到加强，以至对功能恢复起到积极作用。电刺激、化学刺激，或电化同时刺激（总称神经调节）在动物模型中显示可以提高功能恢复。其中以电刺激为主导，并在一些实验中对电刺激的时空格局、机械辅助康复训练有相当要求（van den Brand，2012）。研究表明，电刺激甚至在人体试验中也对脊髓损伤后完全瘫痪（但损伤点仍应有残存组织）的患者起到小部分功能恢复的作用。电刺激因此重新成为脊髓损伤和修复研究中的重要手段。电刺激与积极的特别是有机械辅助的康复训练的结合还有待扩展和推广，才能成为脊髓损伤后功能修复的常规手段。在化学刺激上，众所周知的方法包括激活 5- 羟色胺系统来帮助运动等。在最近的一项研究中，科学家发现不管是用 KCC2 蛋白的表达、小分子 KCC2 激活剂，或化学遗传学方法，只要抑制了 T7 和 T10 两处脊髓相反侧半切损伤之间的抑制性中间神经元，小鼠就有更好的功能恢复（Chen et al，2018）。这个结果并不建立在再生之上；如能在脊髓挫伤模型中仍然有效，将可能使用到人体上。

第三，神经系统的结构可塑性（structural plasticity）一直是损伤后功能恢复的可能途径。这是指神经解剖学上不包括轴突再生的显著的结构变化，可以成为功能提高的基础。中枢神经损伤后，受伤的神经元轴突再生有限，但未受伤的神经元的轴突可以重新分支生长，就是上文所说的芽生。芽生是神经系统结构可塑性的典型体现，在未有外界介入（如基因治疗、递送化学小分子或神经营养因子、细胞移植等）的情况下就可以自然发生。芽生可以是神经系统功能自主恢复的理论基础之一，促进芽生也可以作为一个中位目标以达到推动功能恢复的目的。与狭义的再生相比，促进芽生要相对容易，也可能更容易实现临床应用。

第四，神经系统内在神经元的再生，也就是狭义上的轴突再生，是神经损伤后修复的一个主要目标。卡哈尔时代中枢神经不可再生的理念在最近十多年再生研究的迅速发展中已被逐步突破。无论是神经元内源性的生长潜能与传导损伤信号通路，还是外源性的有利于再生的因子和因素，都可能对轴突再生起积极作用。损伤处的胶质瘢痕、纤维瘢痕对神经损伤后的修复有多种复杂的影响，包括直接和间接的影响。与此相关，免疫反应对再生和修复也有各种各样的影响。这些都需要进一步研究。但关键的是，中枢轴突再生现已完全可能，并在视神经损伤模型中显示支持功能的改善。今后在中枢神经系统受损后完全有可能通过促使内在神经元轴突再生而提高功能恢复。

　　第五，神经干细胞以及相关细胞的移植为再生（无论狭义还是广义上的再生）打开了一扇大门。如上所述，神经干/祖细胞的移植可以同时有多种机制促进修复，包括分泌对神经保护和轴突再生有利的因子、对免疫系统的调节、填充病灶部位的空腔、提供轴突生长基质等等。然而，最有潜在深远影响力的或许是难度最高的，仍然是移植的神经干细胞分化成神经元代替损坏的神经元或通过连接形成有功能效益的神经中继。神经干细胞移植后，通常认为再生能力弱的皮质脊髓束居然能发生再生现象，说明中枢神经元有轴突再生的潜能，需要进一步挖掘。如何在时空上控制移植物衍生的神经元分化，如何将移植的神经元和病灶两端宿主神经元高效地形成连接并由此产生对功能恢复有益的神经回路，将是长期的重大课题。

　　综上所述，中枢神经系统损伤和修复的研究在最近十多年发展迅猛。新的分子调节机制，以神经元内源性因子为代表，随之而发现新的外源性因子，大大增强了中枢轴突再生现象的可重复性。干细胞移植同时以多种机制促进修复，并引领神经中继理念。其他方法如电刺激、神经网络调节、脑机界面给功能恢复也带来新的希望，并可以与再生与移植结合使用。促使中枢神经系统损伤后功能恢复这条路上还会有许多曲折，但应用到人体上的总趋向已势不可当。

　　致谢：本章的撰写参考了第 3 版《神经科学》何志刚教授（波士顿儿童医院，哈佛医学院）和徐晓明教授（印第安纳大学）的同名章节。以此致谢！

参考文献

综述

1. Assinck P, Duncan GJ, Hilton BJ, et al. Cell transplantation therapy for spinal cord injury. *Nat Neurosci*. 2017, 20: 637-647.

2. Bunge MB, Monje PV, Khan A, et al. From transplanting Schwann cells in experimental rat spinal cord injury to their transplantation into human injured spinal cord in clinical trials. *Prog Brain Res*. 2017, 231: 107-133.

3. Geoffroy CG, Zheng B. Myelin-associated inhibitors in axonal growth after CNS injury. *Curr Opin Neurobiol*, 2014, 27C: 31-38.

4. He Z, Jin Y. Intrinsic control of axon regeneration. *Neuron*, 2016, 90: 437-451.

5. Jin Y, Zheng B. Multitasking: Dual leucine zipper-bearing kinases in neuronal development and stress management. *Annu Rev Cell Dev Biol*, 2019, 35: 501-521.

6. Liu NK, Xu XM. Neuroprotection and its molecular mechanism following spinal cord injury. *Neural Regen Res*. 2012, 7: 2051-2062.

7. Lu Y, Belin S, He Z. Signaling regulations of neuronal regenerative ability. *Curr Opin Neurobiol*, 2014, 27C: 135-142.

8. Silver J, Miller JH. Regeneration beyond the glial scar. *Nat Rev Neurosci*, 2004, 5: 146-156.

9. Sofroniew MV. Dissecting spinal cord regeneration. *Nature*, 2018, 557: 343-350.

10. Zheng B, Lorenzana AO, Ma L. Understanding the axonal response to injury by in vivo imaging in the mouse spinal cord: A tale of two branches. *Exp Neurol*, 2019, 318: 277-285.

原始文献

1. Alto LT, Havton LA, Conner JM, et al. Chemotropic guidance facilitates axonal regeneration and synapse formation after spinal cord injury. *Nat Neurosci*, 2009, 12: 1106-1113.

2. Anderson MA, O'Shea TM, Burda JE, et al. Required growth facilitators propel axon regeneration across complete spinal cord injury. *Nature*, 2018, 561: 396-400.

3. Bei F, Lee HH, Liu X, et al. Restoration of Visual Function by Enhancing Conduction in Regenerated Axons. *Cell*, 2016, 164: 219-232.

4. Belin S, Nawabi H, Wang C, et al. Injury-induced decline of intrinsic regenerative ability revealed by quantitative proteomics. *Neuron*, 2015, 86: 1000-1014.

5. David S, Aguayo AJ. Axonal elongation into peripheral nervous system "bridges" after central nervous system injury in adult rats. *Science*, 1981, 214: 931-933.

6. Duan X, Qiao M, Bei F, et al. Subtype-specific regeneration of retinal ganglion cells following axotomy: effects of osteopontin and mTOR signaling. *Neuron*, 2015, 85: 1244-1256.

7. Hollis II ER, Ishiko N, Yu T, et al. Ryk controls remapping of motor cortex during functional recovery after spinal cord injury. *Nat Neurosci*, 2016, 19: 697-705.

8. Kadoya K, Lu P, Nguyen K, et al. Spinal cord reconstitution with homologous neural grafts enables robust corticospinal regeneration. *Nat Med*. 2016, 22: 479-487.

9. Lee JK, Geoffroy CG, Chan AF, et al. Assessing spinal

axon regeneration and sprouting in Nogo-, MAG-, and OMgp-deficient mice. *Neuron*, 2010, 66: 663-670.

10. Li Y, He X, Kawaguchi R, et al. Microglia-organized scar-free spinal cord repair in neonatal mice. *Nature*, 2020, 587: 613-618.

11. Liu K, Lu Y, Lee JK, et al. PTEN deletion enhances the regenerative ability of adult corticospinal neurons. *Nat Neurosci*, 2010, 13: 1075-1081.

12. Lu P, Wang Y, Graham L, et al. Long-distance growth and connectivity of neural stem cells after severe spinal cord injury. *Cell*, 2012a, 150: 1264-1273.

13. Lu P, Blesch A, Graham L, et al. Motor axonal regeneration after partial and complete spinal cord transection. *J Neurosci*. 2012b, 32: 8208-8218.

14. Lu P, Ceto S, Wang Y, et al. Prolonged human neural stem cell maturation supports recovery in injured rodent CNS. *J Clin Invest*, 2017, 127: 3287-3299.

15. Park KK, Liu K, Hu Y, et al. Promoting axon regeneration in the adult CNS by modulation of the PTEN/mTOR pathway. *Science*, 2008, 322: 963-966.

16. Poplawski GHD, Kawaguchi R, Van Niekerk E, et al. Injured adult neurons regress to an embryonic transcriptional growth state. *Nature*, 2020, 581: 77-82.

17. Richardson PM, Issa VM. Peripheral injury enhances central regeneration of primary sensory neurones. *Nature*, 1984, 309: 791-793.

18. Schnell L, Schwab ME. Axonal regeneration in the rat spinal cord produced by an antibody against myelin-associated neurite growth inhibitors. *Nature*, 1990, 343: 269-272.

19. Takahashi K, Tanabe K, Ohnuki M, et al. Induction of pluripotent stem cells from adult human fibroblasts by defined factors. *Cell*, 2007, 131: 861-872.

20. Wang J, He X, Meng H, et al. Robust Myelination of Regenerated Axons Induced by Combined Manipulations of GPR17 and Microglia. *Neuron*, 2020, 108: 876-886.e4.

第6篇 感觉系统

张 旭

感觉和运动是动物和人类赖以生存的神经系统两大基本功能。感觉系统由不同的器官（特化和非特化的感受器）和多种感觉模式组成，包括躯体（触、压、温度、痛和痒等）、内脏和特殊感官（视觉、听觉、嗅觉、味觉）。我们每天早上醒来，体验到温暖的阳光、闻到香甜的牛奶、耳旁传来家人亲切的呼唤、不小心碰倒了东西等，从最简单的脊髓反射到高级的认知行为，无不包括感觉神经系统的活动。感觉系统能迅速和准确地对瞬时或持续、有害或有利的环境变化做出反应，通过不同感觉信号和感觉通路的相互作用，使机体很快适应环境的变化，做出恰当的反应。

早期对于感觉机制的基本认识主要来自心理物理学研究以及神经内、外科的临床观察，从中获得了各种感觉通路、基本神经回路和脑区域定位、刺激引起的特异感知和定量关系等基础知识。近30年来，伴随生命科学特别是神经科学的飞速发展以及多种新技术和方法的应用，对感觉系统的神经机制研究有了突破性进展。特别是近10年内，单细胞技术的发展和应用，对感受器细胞的分子特性有了更加充分的了解。本篇除了在总论中概括了感觉系统的基本规律（感受器信号、感觉通路和感觉信息编码以及感觉强度、空间和时程特征）外，通过各章节分别对各种感觉进行系统和深入的介绍，旨在阐述各种感觉系统的组成和形态学基础，揭示感受器的信号转导、感觉信息的传递、加工和整合过程，并阐明其分子、细胞和环路机制。

在各种感觉中，视觉研究最为深入，因此将其分为两部分，分别在本篇第2章和第3章对视觉的外周和中枢机制进行介绍。第4、5、6、7章分别阐述听觉、嗅觉、味觉、痛觉、触压觉、温度觉和痒觉及其调制。在本书第8章中叙述内脏感觉，着重讨论内脏痛，也介绍了其他内脏感觉，即所谓"内源性感觉"。所有章节不仅囊括了各类感觉的基本内容，也介绍了该领域的最新进展。

第 1 章　感觉系统总论

张　旭　赵志奇

第一节　感觉和感觉器官

动物和人类通过感觉器官感受内外环境的刺激及其变化，感受这些刺激信息的第一站是相应感觉器官的感受器。感受器是一种换能装置，把各种形式的刺激转换为电信号，并以神经冲动的形式经传入神经纤维到达中枢神经系统。在每个感觉系统中，感受器提供了刺激信息的第一个神经表征。依据感受器的结构，可以将其分为三类：①特化的感受器细胞，如视网膜中的视杆（细胞）和视锥（细胞）、内耳的毛细胞、味蕾中的味觉细胞等；②简单的神经终末，如温度感受器和痛觉感受器；③有结缔组织被囊的神经末梢，如环层小体及触觉小体。依据感受器分布的位置，分为感受嗅、听、视等体外信号的外感受器（exteroreceptor）和存在于内脏以及其他内部器官的内感受器（interoceptor）或内脏感受器（visceroceptor）。依据感受器敏感的物理刺激类型，可将其分为电感受器、电磁感受器、温度感受器、机械感受器（如触觉感受器）、本体觉感受器、听觉感受器、前庭感受器、光感受器、化学感受器等。化学感受器是一个总称，指的是对所处环境中化学成分的变化起反应的所有感受器，其中包括嗅、味感受器，及随血浆中氧、pH 和渗透压等变化敏感的内脏感受器。痛、痒觉也是非常重要的心理感觉，各类物理刺激比如强的机械力、过高和过低的温度均可介导

痛觉，通过痛觉的回避反应，可以使我们避免伤害，轻微的机械振动或者特定的化学物质可引起痒觉。

每一种感受器都有相应的适宜刺激，即其最敏感的能量形式。大多数感受器包含亚细胞特化结构，它们拥有特化的结构和分子复合体，对特异刺激极为敏感，例如视杆外段中的光敏色素在受到一个光量子照射后就会发生立体构型的变化，使视杆兴奋。感受器并不只是对适宜刺激有反应，例如所有感受器均能为电流所兴奋。大多数感受器也对突发的压力和化学环境的变化有反应。

每个感觉器官传递一组性质上相似的感觉模态（modality），特殊感觉是视、听、头部运动、嗅、味，躯体感觉包括触、振动、温度、痛、痒等，平衡感觉则又是另一种模态。在每一种感觉模态中，通常可以进一步按其性质加以分类。视觉模态可以细分为不同的质：亮度、红、绿、蓝等，味觉的质为甜、酸、咸、苦等，听觉的质为不同的音调等。一般来说，对于每一种模态都存在一种特殊的感觉器官，而对应于某一种质的刺激可以存在一种特化的感受器，也可以由几种感受器介导。以视觉为例，其感觉器官是眼，而相应于不同的质存在着不同的光感受器（视杆及具有不同光谱敏感性的各种视锥）。感觉模态的主要类型归纳于表 6-1-1。

表 6-1-1　人类感觉模态的主要类型

感觉模态	能量形式	感觉器官	感受器
化学性			
一般化学性	分子	各种类型	游离神经末梢
动脉氧	氧分压	颈动脉体	细胞和神经末梢
渗透压（渴觉）	渗透压	下丘脑	渗透压感受器
葡萄糖	葡萄糖	下丘脑	葡萄糖感受器
pH（脑脊液）	离子	延髓	脑室细胞
味觉	离子和分子	舌和咽	味感受器
嗅觉	分子	鼻	嗅感受器
躯体感觉			
触觉	机械性	皮肤	神经末梢
压觉	机械性	皮肤和深部组织	神经末梢
温度觉	温度	皮肤、下丘脑	神经末梢和中枢神经元
痛觉	各种形式	皮肤和各种器官	神经末梢
痒觉	分子和机械性	皮肤	神经末梢
肌肉感觉			
血管压力	机械能	血管	神经末梢
肌肉牵张	机械能	肌梭	神经末梢
肌肉张力	机械能	腱器官	神经末梢
关节位置	机械能	关节囊和韧带	神经末梢
平衡感觉			
线加速	机械能	前庭器官	毛细胞
角加速	机械能	前庭器官	毛细胞
听觉	机械能	内耳（耳蜗）	毛细胞
视觉	电磁能	眼	光感受器

（引自 Shepherd GM., Neurobiology, 3rd ed. New York：Oxford University Press，1994.）

第二节　感受器信号及感觉信息的编码

一、感受器换能和感受器电活动

各种刺激最先在感受器中转换为电信号（换能）。在某些化学感受器（如对血中氧分压敏感的感受器），整个细胞可以是一个换能器，但是在大多数情况下换能发生在感受器的某一特化部位。特化部位呈现许多不同的形式，可能是微绒毛（如在味觉），也可以是纤毛（嗅觉），在大多数皮肤、内脏和肌肉的感受器，换能部位是神经纤维的终端，这些终端可以是游离、裸露的神经末梢（如在皮肤中），或是埋在特殊的结构中（如在肌梭中）。此外，特化部位也可以在特殊的细胞内膜或细胞器，如在光感受器中。

目前已知有两大类分子对于介导人类的第一级感受起关键作用，一类是七次跨膜的 G 蛋白耦联受体（G protein-coupled receptor，GPCR），另一类是六次跨膜的瞬间受体蛋白（transient receptor potential，TRP）通道。视觉、嗅觉和味觉都是通过不同的 GPCR 受体介导，而温度觉通过不同的 TRP 通道介导。目前的证据表明人类的部分触觉是通过 Piezo2，听觉是通过 TMC 蛋白介导的。除了 GPCR，痒觉还通过单次跨膜的 Toll 样受体、细胞因子受体等介导。痛觉机制更加复杂，除了 GPCR、TRP 通道、单次跨膜受体等，还有两次跨膜的离子通道 ATP 受体 P2X 等参与调控痛觉。图 6-1-1 显示了化学感受器 GPCR 和温度感受器 TRP 通道的换能机制的模式图。在化学感受器（图 6-1-1A），嗅分子作为一种配体（ligand）与位于嗅感受器纤毛中的受体蛋白（receptor）（一种 GPCR）相结合，从而激活 G 蛋白（G protein）。G 蛋白激活效应器（effector），例如激活腺嘌呤环化酶（adenosine cyclase，AC），促进环化 AMP（cAMP）的合成，cAMP 作为第二信使增加离子通道的电导，使感受器膜去极化，产生感受器电位。磷酸二酯酶（phosphodiesterase，PDE）也可以是效应器，被 G 蛋白激活从而激活三磷酸肌醇（1，2，3-inositol triphosphate，IP3）和二酰甘油酯（diglyceride，DG）。嗅分子也可以直接与离子通道蛋白相结合，脂溶性分子可以扩散的形式通过膜而作用于胞液中的感受器。在温度感受器（图 6-1-1B），温度刺激直接作用于 TRP 通道，TRP 通道开放，导致 Ca^{2+}、Na^+ 内流增加，产生去极化效应。显然这些机制有一个共同特点，换能最终均影响离子的运动，从而改变跨膜的电荷分布，导致膜电位的变化，即感受器电位（receptor potential），

其基本机制与突触电位的机制相似。

二、感受器的兴奋和感觉神经纤维的脉冲活动

感受器电位最终转换为神经脉冲。感觉换能的部位和脉冲发生的部位通常是分开的，在某些情况下两者处于一个细胞或一条神经纤维之中，但也可有突触介于其中，在视网膜中换能部位的光感受器和脉冲发生部位的神经节细胞之间甚至有两个突触。

在以神经末梢为感受器的情况下，感受器电位本身直接引起神经纤维产生动作电位；而在特化的感受器，感受器电位与突触电位一样以电活动的方式进行扩布，然后引起动作电位。在牵张感受器，牵张使跨神经终端膜的内向正电流增加，在终端产生感受器电位。电位借助电活动电流扩布，经过细胞到达轴突中脉冲发生的部位。在光感受器，光子作用于外段中膜盘上光敏感的视色素，然后触发膜电位的变化（感受器电位），经细胞扩布至感受器终端的突触输出处。无论在哪一种情况，引起动作电位发生的电位称为发生器电位（generator potential）。对于神经末梢感受器来说，发生器电位就是感受器电位，但对于特化的感受

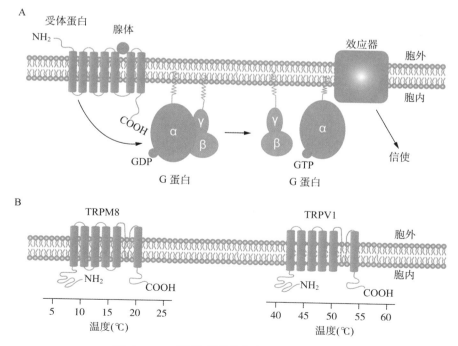

图 6-1-1　　两类感受器功能转换机制示意图

A. 化学感受器。Receptor：受体蛋白，G protein：G 蛋白（包括 α、β 和 γ 三个亚基），Effector：效应器（例如：腺苷环化酶）。B. 温度感受器，TRPM8 是冷觉受体，TRPV1 是伤害性热受体

器来说，发生器电位只是感受器电位传递至神经末梢的那一部分。

以电活动形式扩布的感受器电位在传入神经纤维中编码为神经脉冲，并由传入神经传至神经系统的其他部分。以蛙牵张感受器为例加以说明：在肌肉的牵拉先逐渐增强（动态期）、而后保持恒定（静态期）的刺激情况下，若用河豚毒素阻遏脉冲的发生，可清楚地观察到感受器电位振幅在动态期内先随牵拉的增强而增大，在动态牵拉终了时达到峰值，然后缓慢下降，在静态牵拉期内降至一个更低的稳定水平。在自然的情况下，将同时记录到脉冲放电，脉冲频率与感受器电位的幅度有好的相关性：当感受器电位的幅度随刺激强度平稳地增大时，脉冲频率逐渐增高；感受器电位幅度降低时，脉冲频率随之减小。虽然刺激是连续变化的，但在感受器中转换为不同频率全或无的神经脉冲，这类似于电子学上模拟信号转换为数字信号。

脉冲频率（R）与刺激强度（S）密切相关，两者的关系可以用幂函数描述，即：

$$R = K \cdot (S - S_0)^n$$

其中 S_0 为阈值，K 和 n 为常数。指数 n 可以有不同的数值，对有些细胞刺激与反应间成比例，即 $n = 1$，但对大多数细胞 n 小于 1。

感觉适应（sensory adaption）是一种重要的生理现象：在感觉刺激长期作用下，感觉强度发生变化（通常是减退），这可以发生在不同的水平上。在感受器水平，当一个恒定强度的刺激施加于感受器时，其感觉传入神经中的脉冲频率随时间延长逐渐下降。适应的程度因感受器的类型而异。触觉适应很快，如果对环层小体施加恒定的压力，感受器电位衰减得十分迅速。这种感受器显然不能用于传递持续性信号，但对刺激的变化却十分灵敏，且所产生的脉冲频率与变化发生的速率直接相关，因此常称为瞬变感受器，它适于传递快速变化的信息。另一方面，颈动脉窦、肌梭、关节囊感受器、伤害感受器的适应很慢，且不完全，即长时间刺激后感受器电位及脉冲频率仍然维持在相当高的水平。这种缓慢而不完全的适应过程对动物的生命活动有一定意义，例如：肌肉牵张在持续的姿势调节中起作用；引起痛和冷的感觉往往可能是潜在的伤害性刺激，如果其感受器显示明显的适应，在一定程度上就会失去其报警的意义；颈动脉窦和主动脉弓感受器在血压的调节中连续地执行其功能，这些感受器出现适应显然会影响调节系统运转的精度。

第三节　感觉通路及其信号编码和处理

一、感觉的中枢通路和感觉皮质

躯体感觉、视觉和听觉等感觉系统的感觉传导通路由外周初级传入–脊髓或脑干–丘脑–大脑皮质组成。各感觉系统的初级传入神经元的轴突在到达丘脑之前均从一侧交叉至对侧，最后投射到大脑皮质。躯体感觉的初级传入在脊髓和脑干是大部分交叉；视觉系统的初级传入是部分交叉，鼻侧神经纤维在视交叉投射至对侧；听觉系统的初级传入是多种交叉。丘脑是感觉信息加工的重要驿站，每个感觉系统有特异的丘脑核团，如腹后外侧核、外侧膝状体和内侧膝状体分别对躯体觉、视觉和听觉信息进行加工。核团内依胞体直径有大、小神经元之分，通常大神经元以最快速度将外周信号传递到皮质。

如图 6-1-2 所示，各感觉系统的丘脑特异性中继核团的神经元轴突分别投射到大脑感觉皮质的相关区域，包括初级感觉区和邻近的联络区，构成了外周感觉的精确机能定位区，即皮肤感觉、视网膜和声调等外周感觉的皮质代表区。大脑皮质结构上分为 6 层，来自丘脑神经元的轴突主要终止在位于中间的 III 和 IV 层。由于在中间层含有许多小神经元，在组织切片上像砂状颗粒，因此感觉区也称为皮质粒状区。Golgi 染色显示，在垂直方向有清晰的结构模式特征，从脑表面到脑的深层，有 0.5 ～ 1 mm 宽的圆柱状结构，每个柱大约由 2500 个神经元组成。柱状结构的 II～IV 层接受传入，而 V 和 VI 层为传出层。因此，柱状结构是机能单位。初级感觉皮质 V 和 VI 层神经元的轴突下行投射到向其发出上行传入的丘脑特异核团，下行的皮质–丘脑轴突的数量大大超过上行的丘脑–皮质轴突，这种强的下行控制保证感觉刺激激活神经元的活动，而周围神经元受到抑制，保证感觉信息的精确和迅速传递。

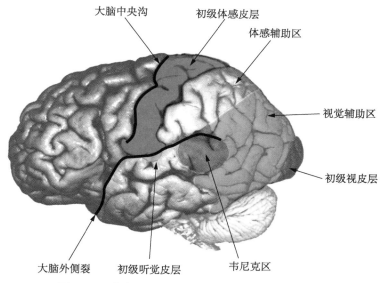

图 6-1-2　人大脑皮质初级感觉区和联络区定位分布
（引自参考文献 6）

二、特异神经能量定律

感觉信息在中枢神经系统的不同水平得到加工和整合。对于每一种感觉模态来说，感觉通路由一系列以突触相连接的特殊神经元所组成，并由所有与该通路有关的神经回路一起形成相应的感觉系统。

不同的感受器所产生的脉冲在形式上十分相似，它引起何种感觉取决于它们最终激活脑的哪一个解剖部位。由于从感觉器官到皮质的各条特异的感觉通路是互相独立的，因此当刺激发生在一个特定感觉的神经通路时，不管该通路的活动是如何引起的，或者是在由通路中的哪一部分所产生的，所引起的感觉总是该感受器在生理情况下兴奋时所引起的感觉。例如，无论是压迫刺激手上的环层小体，还是因臂丛的肿瘤刺激了神经，所引起的感觉都是触觉。同样，如果把一根纤细的电极插入脊髓背柱、丘脑或大脑皮质后中央回相应的纤维中，并施加刺激，所引起的感觉均是触觉。这一原理最初由德国生理学家 Müller 在 19 世纪 30 年代所提出，称为特异神经能量定律（doctrine of specific nerve energies），是感觉生理学的基础之一。

三、感觉回路组织方式的共同特点

不同感觉系统神经回路的组织方式有共同特性。在感觉通路中神经纤维分叉向几个神经元提供输入，称为辐散。一个神经元又可以接收来自几根

轴突的输入，谓之聚合。这既可以发生在一个中枢之内，也可以发生在不同的中枢之间。从一条通路来说，连接是串联形式，在不同水平的神经过程按前后的次序发生。但是因为在相继的水平上神经元连接的辐散和聚合，因此也存在着信息传输的并联型通路，即对不同类型的信息同时进行传递和整合。

一些中枢通路主要传递一种感受器的输入，称为特异感觉通路。在感觉信息传递过程中，另一些通路因其纤维的辐散及与其他输入的聚合，其特异性变得越来越低，成为多模态通路。特异的感觉通路实现感觉信息的精细传递，而非特异通路用于感觉的整合及整个机体行为的调节。对于机体的分析和综合功能来说，两者都必不可少。在不同的感觉通路中，除通常信息的向中性传递外，还有离中性的连接进行信息的反馈。

四、感受野

感受野是感觉功能中的一个重要概念。对于感觉通路中的任一神经元来说，感受野系指由所有能影响其活动的感受器所组成的空间范围，这种影响可以是兴奋性的，也可以是抑制性的，可以直接来自感受器，也可能通过中间神经元或来自不同的水平。以触觉为例，记录丘脑中某一个对触觉敏感的神经元，并用细杆轻触皮肤的不同点，可发现只有当刺激点落在身体的某一区域内时该神经元的脉冲频率才发生变化，这个区域就是该神经元

的感受野。

感觉神经元的感受野大小不一。某些神经元的感受野很小，例如视皮质的某些神经元仅对照射 0.02 mm² 视网膜区域的光有反应。但另一些神经元有极大的感受野，例如中枢神经系统中某些神经元对很大区域的皮肤刺激均有反应，而相邻的感受野往往互相重叠。

感受野通常是非均质的，可以进一步区分为兴奋区和抑制区。例如视网膜神经节细胞具有中心兴奋–周围拮抗的感受野，即在感受野中心兴奋区的周围有一个环形的抑制区。另外，也可以是感受野中心是抑制区而周围是兴奋区。

原则上，对于感觉系统中的每一个细胞都能够确定其感受野的特性，包括位置、大小、兴奋区和抑制区的划分等。在各类感觉中枢中，相邻的细胞的感受野一般具有相似特性。通过研究处于不同水平依靠突触相联系的感觉神经元，能够发现感受野变化的模式，从而阐明各类感觉中枢的功能原理。在不同的水平，感受野的大小、形式，及有效刺激的性质都会变化。

第四节 感知觉的一般规律

感觉信号由传入神经向中枢传递，在中枢内经过信息的整合，形成感知觉。感知觉包括对刺激的察觉、辨认，及对不同刺激的辨别能力。研究感知觉使用的主要手段是心理物理学方法，这种方法把刺激的物理参数和感觉的各种特性联系起来，对感觉现象做出定量的描述。而感觉神经生物学研究的主要目的之一，就是在不同层次上阐明这些定量关系的神经机制。尽管感觉的模态各不相同，但存在一些重要的共同规律。

一、刺激强度与感觉的关系

单个感受器的兴奋通常并不引起感知，即感知要比感受器的阈值更高。如一个光量子能使一个视杆兴奋，但必须要有 5 ~ 7 个视杆同时活动才能使人感知。当刺激高于感知阈值后，刺激强度（S）和感觉强度（I）之间的关系可以用 Stevens 幂函数来描述，即

$$I = K \cdot (S - S_0)^n$$

其中 K 为常数，S_0 为刺激的阈强度。若对上式两侧取对数，则

$$\lg I = n\log(S - S_0) + K'$$

其中 $K' = \log K$，仍为常数，即两者的对数是线性关系。

与此有关的是感觉辨差阈，即能检测的刺激参量的最小变化（ΔS）。在一定范围的刺激强度内，辨差阈是刺激强度的一个恒定的分数，即 $\Delta S/S = K$，对压力刺激为 3%，对光刺激为 1% ~ 2%，对味觉刺激为 10%。如果将此式在整个刺激范围（S）内加以积分，就可以推导出描述感觉强度和刺激强度关系的韦伯–菲纳定律（Weber-Fechner law），即：

$$I = K' \cdot \lg S$$

此关系长期以来被奉为心理物理学的基本定律。但近年的研究已清楚地表明，虽然在一定范围内 Weber-Fechner 定律和前述的 Stevens 幂函数对刺激强度和感觉强度间关系的描述都有良好的近似，但前者的适用范围要比后者小得多。以视觉为例，Stevens 幂函数适用的亮度范围至少为 10^4，但 Weber-Fechner 定律仅在 10^2 的范围内给出较好的近似。

辨差阈并不限于对刺激强度，也可相对于刺激的其他参数，如在视觉中颜色的辨别、在听觉中音调的辨别等。

二、感觉的空间辨别和对比

在若干感觉系统，对感受器的自然刺激通常呈现一定的空间模式。这些感觉系统具有空间上的辨别能力。体感觉系统和视觉系统的空间辨别是人们所熟知的。研究体感觉系统空间辨别特性常用的是两点辨别法，即测试皮肤上的两点接近到什么程度，在刺激时仍能感觉到是两点而不是一点。在视觉系统中相似的测试则采用两个光点（测定视锐度的一种方法）。一个普遍规律是：当刺激强度低时，空间辨别能力很差；随着刺激的增强，空间辨别能力提高。

对比是和空间辨别密切相关的一个特性。在视觉中对比是指所观察的图像相邻部分的亮度比。对于其他感觉，对比也可以用作相似的定义。在听觉，对比指某一声源的响度与其背景噪声之比。只

有当对比足够大时，才能使刺激与其背景相区别。如果一个视觉图像的不同部分之间亮度比太小，图像就会变得模糊不清。

三、感觉通路中的侧向抑制

在感知觉中一个普遍的特征是存在对比增强效应（contrast-enhancing effect）。当看一个亮背景上的暗区时，会发现暗区的边缘看起来要比中央更暗，而与暗区相毗邻的亮背景区域看起来比背景的其他部分更亮一些。这种对比增强的现象不限于视觉，在听觉、皮肤感觉、味觉均有发现。这种现象的神经生理基础在于感觉器官和感觉通路中存在侧向抑制。早在 20 世纪 40 年代，在对鲎（马蹄蟹）复眼的研究中，Hartline 和 Ratliff 发现，在各小眼之间存在侧向抑制现象——一个小眼的活动会由于近旁小眼的活动而抑制。之后的研究已证明，这在许多动物的感觉系统中是一种共同的机制。在脊椎动物感觉系统中，侧向抑制常常是通过抑制性的中间神经元实现的。

由于投射的辐散，一个局部的刺激可以激活一大群中枢神经元。如果这个过程不受限制，在通路的更高水平被激活的神经元群将越来越大，显然将导致分辨能力的降低。有抑制性中间神经元介导的

侧向抑制存在，不仅使这种信号的辐散受到限制，还将因抑制而提高了空间对比度，自然就增强了感觉系统的辨别能力。

四、感觉的时间特性

感觉反应的频率响应特性一般不高，刺激间的时间间隔太短，就会产生融合的感觉。当周期闪光的频率超过几十赫兹便融合起来，即无闪烁的感觉，这是人们熟知的现象。听觉的融合频率则要高得多。

刺激的时程对感觉强度有显著的影响。在阈值附近，在一定的时间范围内，刺激时程与感觉强度成正比，即存在着时间上的线性总和。例如在视觉中，当刺激时程小于 0.1 s 时，阈值光强度（I）随刺激时程（t）按反比降低，即 $I \cdot t$＝常数。如果时程超过 0.1 s，总和即不再成线性。其他的感觉模态也存在类似的关系。

很短暂的刺激在感觉中能总和起来，反之长时间的刺激却导致抑制，即适应。视觉系统的明适应和暗适应在视觉功能中起着重要的作用，研究得最深入。感觉适应实际上是感受器以及感觉的神经系统适应的主观表现。大多数感觉都有这种现象，但痛觉是例外，它几乎不存在适应，这和其感受器及传入纤维的生理特性也是一致的。

第五节 总 结

不同的感受器把各种不同类型的刺激转换成电信号（感受器电位），这种换能通过第二信使或者直接作用于感受器的离子通道而实现。感受器电位在感觉纤维中编码为神经脉冲，其频率与刺激强度呈幂函数关系。感觉信息在沿感觉通路传递的过程中由不同水平的神经网络（神经元回路）进行处理和整合。在阐明感觉系统的工作原理中，感受野是一个重要概念。

尽管感觉的模态不一，但存在一些重要的共同规律：刺激强度与感觉强度间的关系可用 Stevens 幂函数描述；感觉的空间、时间辨别，及对比有相似的特性；感觉通路中存在着侧向抑制。

参考文献

1. Finger TE，Silver WL，Restrepo D. The neurobiology of taste and smell. 2nd ed. New York：Wiley-Liss，2000：479.
2. Lestienne R. Spike timing, synchronization and information processing on the sensory side of the central nervous system. *Prog Neurobiol*. 2001，65（6）：545-591.
3. Castro-Alamancos MA. Dynamics of sensory thalamocortical synaptic networks during information processing states. *Prog Neurobiol*. 2004，74（4）：213-247.
4. Horng SH，Sur M. Visual activity and cortical rewiring：activity-dependent plasticity of cortical networks. *Prog Brain Res*. 2006，157：3-11.
5. McMahon SB. Wall and Melzack's textbook of pain. 6th ed. Philadelphia，PA：Elsevier/Saunders；2013. xxix：1153.
6. Squire LR. Fundamental Neuroscience. 2th ed. New York，Academic Press，2003.
7. Kandel ER，Koester JD，Mack SH，et al. Principles of Neural Science. 6. ed. New York：McGraw Hill，2021.

第2章 视网膜

薛 天 马玉乾 陈聚涛

　　生命从孕育到演化均在太阳光辐照下进行，光是绝大部分物种生存的重要外部条件。在生命进化的历史长河中，不同的生物形成了多种多样执行光感受能力的视觉系统。哺乳动物绝大多数的视觉光感受发生在位于眼底的一层神经组织——视网膜。

　　光线通过眼的屈光结构到达眼底视网膜中的感光细胞，在这里光信号被转换为电信号，经过视网膜中其他神经细胞的传递与整合，编码视觉信息的电信号通过视神经传递到大脑中枢，最终形成视觉感知。

第一节 眼的演化与结构

一、眼的演化

　　作为进化最完备的哺乳动物的眼是一个十分精密的光学系统，其中包含复杂的屈光与光感受部分。这样一个复杂的构造是通过数亿年由简入繁的进化过程发展而来的。在现存的从简单原始到复杂高等的动物身上，仍然可以看到光感受器官逐步演化的痕迹。

　　作为单细胞光合生物的鞭毛虫的"眼睛"构造最为简单，主要是由感光色素集合组成的感光细胞器，这样的结构被称为眼斑。虽然其只能够侦测环境的明暗，但这使得鞭毛虫能够产生趋光或避光的反应。在多细胞无脊椎动物中开始形成特化的具有感光能力的单细胞光感受器。这些感光细胞很多情况下同富含吸光色素的色素细胞相邻，色素细胞遮蔽一定方向的光线，使得这些感光细胞具有很初步的分辨光线方向的能力，比较有代表性的是涡虫体表的

色素杯状眼点。随着动物的进化，多个感光细胞形成的光敏感细胞聚集区内陷，形成具有一定方向选择能力的窝状眼。随着感光细胞层进一步的凹陷和开口的缩小形成了小孔成像能力，使其具备了一定的图像分辨能力，例如鹦鹉螺的暗箱眼。最终在内陷的包含感光细胞的视网膜前演化出精细屈光成像的角膜和晶状体等结构，形成了脊椎动物的透镜眼。

　　脊椎动物的眼睛演化可以概括为如下几个阶段（图6-2-1）。

二、眼的结构

　　以脊椎动物中高级的哺乳动物为例，其眼结构十分保守，均由一个高度特化的神经视网膜进行光信号转导和处理，以及屈光系统和其他支持与附属结构所组成。一个成人眼球在结构上由外到内分为形成眼球壁的纤维膜、中层的葡萄膜、内层的视网

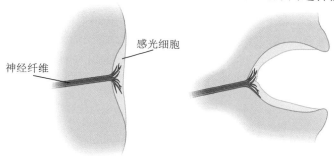

① 光敏感细胞聚集区　　② 内陷区域形成
　　　　　　　　　　　　具有一定的方向选择能力

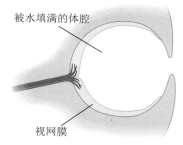

③ "针孔"允许更加精细的方向判断
　　更加的敏感并具有一定的成像能力

神经纤维　　感光细胞　　被水填满的体腔　　视网膜

④ "针孔"闭合，透明液体
　充满组织。适应无水环境

⑤ 角膜和晶状体形成
　更好的保护和屈光能力

⑥ 虹膜和特化的角膜出现

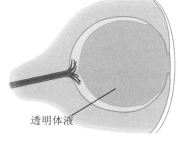
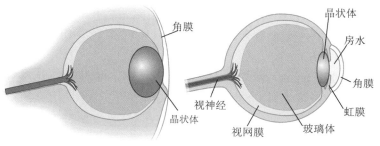

透明体液　　角膜　　晶状体　　视神经　　视网膜　　玻璃体　　晶状体　　房水　　角膜　　虹膜

图 6-2-1　眼睛的演化过程

脊椎动物的眼睛演化大概分为几个阶段：①感光细胞出现，有特定的聚集区；②感光位置内陷形成限定方向的敏感度；③感光位置前端形成"针孔"结构，允许更加精细的方向判断和具有一定的成像能力；④"针孔"闭合，透明液体充满组织，适应了无水的环境；⑤角膜和晶状体形成，保护眼睛结构以及行使更优的屈光功能；⑥虹膜和特化的角膜出现，提供更完善的视觉体系和支撑系统

膜，及晶状体、玻璃体和房水等内容物。

　　眼球纤维膜由角膜和巩膜组成。角膜是眼球最前端的透明部分，大约占眼球壁整体的六分之一，是主要的屈光结构，占整个眼睛光学系统折射能力的2/3。角膜之后连接乳白色且厚而坚韧的巩膜，眼球纤维膜构成了一个较为密闭的空间结构，对保护眼内组织和维持眼球内部稳态具有重要作用（图6-2-2）。

　　眼球纤维膜内为葡萄膜，因其富含色素和血管呈紫棕色而得名。葡萄膜由前部的虹膜、中部的睫状体和后部的脉络膜构成。虹膜呈圆盘状，位于角膜之后，中央有一圆孔，称为瞳孔。其大小可被虹膜内肌肉调整，控制入眼光通量以适应环境光暗情况。脉络膜是位于视网膜和巩膜之间的组织，是一层柔软光滑、富含血管与色素且具有弹性的棕色薄膜。脉络膜的血管为视网膜提供氧气和营养，色素则在眼球内部形成屏蔽光线的暗箱环境，有助于提高视觉的敏感度。

　　睫状体位于虹膜和脉络膜之间，其通过悬韧带与瞳孔正后方的透明且富有弹性的晶状体相连，睫状体内的睫状肌的收缩或松弛带动晶状体改变其屈光度，从而在视远物或视近物时，影像都能准确地

投射在眼底的视网膜上。睫状体同时能分泌房水，房水的成分与血浆类似，其为眼内的一些无血管组织提供营养，例如晶状体和角膜。同时眼内房水的

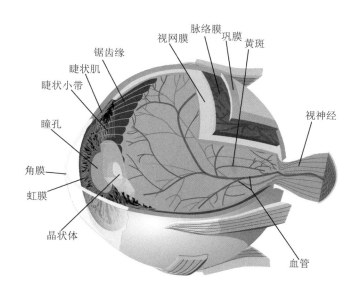

锯齿缘　　睫状肌　　睫状小带　　瞳孔　　角膜　　虹膜　　晶状体　　视网膜　　脉络膜　　巩膜　　黄斑　　视神经　　血管

图 6-2-2　人的眼球结构

人类眼球的结构，由一个高度特化的神经视网膜进行光信号转导和处理，以及屈光系统和其他支持与附属结构所组成。一个成人眼球在结构上从外到内分为形成眼球壁的纤维膜、中层的葡萄膜、内层的视网膜，及晶状体、玻璃体和房水等内容物

生成和排出维持动态平衡，保持一定的眼压，从而维持眼球的结构充盈。玻璃体充斥于晶状体和视网膜之间，是眼球内无色透明的胶状物质，约占眼球内腔的4/5。玻璃体对视网膜起支撑作用，使视网膜紧贴眼底。

视网膜（retina）是眼球内侧的感光神经组织，其具有十分特化的组织结构和细胞组成。光线透过角膜、瞳孔、晶状体和玻璃体，最终投射于视网膜。视网膜上的感光细胞将光信号转化为神经电活动，经过多级视网膜内神经元的传递与处理，最终通过视神经将视觉电信号传递到大脑中，动物对外界的视觉感受由此形成。

第二节　视网膜的结构与细胞组成

视网膜是脊椎动物眼中的感光神经结构。视网膜由六大类神经细胞、胶质细胞，及视网膜色素上皮细胞组成，其中神经细胞包括视杆细胞（rod cells）、视锥细胞（cone cells）、水平细胞（horizontal cells）、双极细胞（bipolar cells）、无长突细胞（amacrine cells）、神经节细胞（ganglion cells）。视网膜中的胶质细胞以穆勒胶质细胞（Müller glia cells）为主，辅有少量小胶质细胞（microglial cells）。视网膜与脉络膜之间，紧贴视锥视杆细胞的是视网膜色素上皮细胞（retinal pigmentoepithelial cells，RPE）。如图所示（图6-2-3），视网膜内各种细胞有序紧密排列，神经细胞间形成特定的突触连接，使得视觉神经信号可在细胞间传递。穆勒胶质细胞将各种神经细胞紧密包裹，为其提供物理支撑以及营养供给，这样的有序结构是视网膜行使功能的结构基础。感光细胞感受到光刺激后，将光信号转化为电信号，通过双极细胞将电信号传递到神经节细胞，最终由神经节细胞将视觉信息通过其轴突形成的视神经传递到大脑。在视网膜中视觉信号传递和处理过程中，水平细胞和无长突细胞对视觉信息起调节的作用。

哺乳动物视网膜光感受器细胞（photoreceptor cells）包括视杆细胞和视锥细胞，它们紧密排列于视网膜最外侧，其胞体所在核层称为外核层（outer nuclear layer，ONL）。所有的视杆细胞均含有同一种感光蛋白——视紫红质，视杆细胞对光敏感度最强，主要负责低光照条件下的暗视觉；人类等高级灵长类的视锥细胞含有三种不同的视锥感光蛋白，根据所含的感光蛋白对不同波长光线的敏感度，视锥细胞可以分为短波长敏感（蓝）视锥、中波长敏感（绿）视锥和长波长敏感（红）视锥。视杆细胞对光敏感度较低，主要负责强光照条件下的明视觉和色觉。

光感受器细胞、双极细胞与水平细胞形成的突触连接构成了视网膜的外网状层（outer plexiform layer，OPL）。水平细胞、双极细胞、无长突细胞、穆勒胶质细胞的胞体组成了内核层（inner nuclear

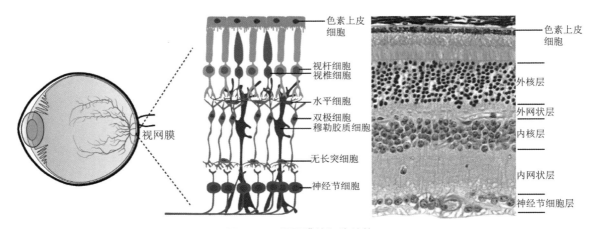

色素上皮细胞

视杆细胞
视锥细胞
水平细胞
双极细胞
穆勒胶质细胞

无长突细胞

神经节细胞

视网膜

色素上皮细胞

外核层

外网状层
内核层

内网状层

神经节细胞层

图 6-2-3　视网膜的细胞结构

左图：脊椎动物眼中的感光神经结构—视网膜的位置。中图：视网膜由六大类神经细胞、胶质细胞，及视网膜色素上皮细胞组成，其中神经细胞包括视杆细胞（rod cells）、视锥细胞（cone cells）、水平细胞（horizontal cells）、双极细胞（bipolar cells）、无长突细胞（amacrine cells）、神经节细胞（ganglion cells）；视网膜中的胶质细胞以穆勒胶质细胞（Müller Glia cells）为主，辅有少量小胶质细胞（microglial cells）；视网膜与脉络膜之间，紧贴视锥视杆细胞的是视网膜色素上皮细胞。右图：根据视网膜中细胞胞体所在的聚集位置和相互之间的连接位置，可以把视网膜结构分为若干层，从外到内依次为：色素上皮细胞层、外核层、外网状层、内核层、内网状层、神经节细胞层

layer，INL）。双极细胞、无长突细胞与神经节细胞形成的突触连接构成了视网膜的内网状层（inner plexiform layer，IPL）。双极细胞负责把光感受器的信号传递到视网膜神经节细胞。水平细胞和无长突细胞是视网膜中的中间神经元，前者介导光感受器细胞和双极细胞之间的横向信号联系，后者介导双极细胞与神经节细胞之间的横向联系。

视网膜节细胞（retina ganglion cells）是视网膜的输出单元，它们的轴突组成视神经，进入大脑。其胞体主要位于视网膜最内侧的神经节细胞层（ganglion cells layer，GCL），根据其在何种光刺激条件下会产生兴奋性电活动，神经节细胞可以分为给光型（ON）、撤光型（OFF）和给光－撤光型（ON-OFF）。给光型神经节细胞接受给光型双极细胞的输入，它们的树突分布于内网层较靠近神经节细胞层的亚层；撤光型神经节细胞接受撤光型双极细胞的输入，树突分布于内网层较靠近内核层的亚层。给光－撤光型神经节细胞的树突大多是双层或弥散的分布。视网膜内视觉信号处理和传导通路会在后续小节中详细描述。

在灵长类动物和一部分鸟类的视网膜中，靠近中央位置，存在一个特化的区域称为黄斑区（macular area）；其主要负责我们的明视觉和色觉，任何累及黄斑区的病变都会导致明显的中心视力的丧失。黄斑区富集了大量的视锥细胞，保证了中央视觉的高分辨率。黄斑区的最中心称为中央凹，这里所有的感光细胞均为视锥细胞，神经节细胞在这里向周围排开，使得光线能够直接到达感光细胞层。

从神经发育的角度，不同的视网膜细胞均起源于视网膜祖细胞。根据其内在的基因表达和细胞外的信号分子变化，在不同的发育时期产生不同的视网膜细胞，最后形成了一个完整且形态结构特异的视网膜结构。在视网膜发育初期，首先产生的是视网膜神经节细胞；紧随其后是视锥细胞和水平细胞；其后无长突细胞、视杆细胞、双极细胞依次产生；最后产生的是穆勒胶质细胞。各种视网膜细胞的发生顺序在各个物种间十分保守（图 6-2-4）。

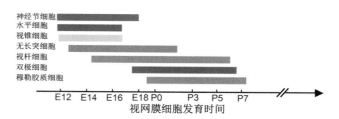

图 6-2-4　视网膜各细胞的发生顺序

从神经发育的角度，不同的视网膜细胞出现的时间不一样。在视网膜发育过程中，依次产生的视网膜细胞为：视网膜神经节细胞，水平细胞和视锥细胞；无长突细胞；视杆细胞；双极细胞，穆勒胶质细胞。E12 ～ E18. 小鼠胚胎期 12 ～ 18 天；P0 ～ P7. 小鼠出生到小鼠出生后 7 天

第三节　视网膜感光细胞的感光分子机制

在哺乳动物视网膜中，有三类感光细胞：视杆细胞、视锥细胞和一部分具有自主感光能力的神经节细胞（自感光神经节细胞，intrinsically photosensitive retinal ganglion cells，ipRGCs）。视杆细胞和视锥细胞主要介导形成图像光感受的成像视觉（image vision）；而自感光神经节细胞主要介导诸如光调控昼夜节律、瞳孔光反射、情绪等非成像视觉（non-image forming vision）的感光功能。各类感光细胞通过细胞内复杂的光信号转导机制将外界的光信号转换为神经电信号，构成了视觉感知最前端的光信息处理。

一、视杆细胞与视锥细胞的感光机制

哺乳动物视杆细胞富含光敏感分子视紫红质（rhodopsin），它是由视蛋白（opsin）和其结合的视黄醛组成，其中视蛋白是 G 蛋白耦联受体，视黄醛存在全反式和 11- 顺式两种异构体。视紫红质吸收光子后将导致其中的 11- 顺式视黄醛（11-cis-retinal）转换为全反式视黄醛（all-trans-retinal），这种变构会导致视蛋白发生相应的构象变化，从而激活视紫红质。被活化的视紫红质激活 Gt 信号转导蛋白，使其发生三磷酸鸟苷 / 二磷酸鸟苷（GTP/GDP）置换。激活的 Gtα 亚基与磷酸二酯酶（PDE）结合并使其活化，进而水解环鸟苷酸（cGMP），造成细胞内 cGMP 水平下降，使得细胞膜上的环核苷酸门控通道（CNG channels）关闭，形成细胞膜上的电位超极化，进而减少感光细胞向下游双极细胞的谷氨酸释放（图 6-2-5）。

研究表明，1 个被光激活的视紫红质蛋白能够

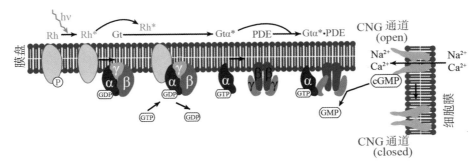

图 6-2-5　脊椎动物视杆细胞中的光信号转导

光激活视紫红质，使其变成活化状态的 Rh*，活化状态的 Rh* 激活异源三聚体的 Gt 类型的 G 蛋白，G 蛋白的 GDP 替换成 GTP。激活状态的 Gtα（Gtα*）能够结合并激活磷酸二酯酶（phosphodiesterase，PDE），PDE 能够水解环化的 GMP（cGMP）到 GMP，进而关闭环腺苷酸门控的离子通道（cyclic-nucleotide-gated，CNG channels，CNG channels）

激活约 20 个 Gtα 转导蛋白，而 Gtα 进一步激活 PDE 酶，每秒钟可水解数以万计的 cGMP。因此，一个光子诱发的信号，经 G 蛋白耦联受体介导的级联过程而急剧放大，单个光子吸收就足以诱导视杆细胞产生电活动。

视锥细胞感光信号转导的分子机制与视杆细胞的基本类似，不过也有一些不同之处，比如视锥细胞的单光子反应比视杆细胞的小 2 个数量级，且反应速度比后者快很多倍。因此视锥细胞能够适应更强的光照射，同时感受光强的敏感度降低。

值得指出的是，视紫红质感光后，其中 11- 顺式视黄醛转换为全反式视黄醛。如果没有分子机制将全反式视黄醛转换回 11- 顺式视黄醛，感光细胞将不能持续对光产生反应。此时同视杆视锥细胞紧密结合的视网膜色素上皮细胞发挥了关键作用。色素上皮细胞中含有异构酶 RPE65，其协助视杆视锥细胞将全反式视黄醛转换回 11- 顺式视黄醛，从而介导了视色素的循环与再生。

二、自感光神经节细胞的感光机制

自感光神经节细胞（ipRGCs）含有一种不同于视锥和视杆细胞的视蛋白——视黑素（melanopsin）视蛋白，虽然此类细胞仅占视网膜神经节细胞非常小的比例（< 3% ~ 4%），但其参与了生物节律的光授时、瞳孔光反射等多种非成像视觉的感光生理过程。

同视杆视锥细胞中使用的色素分子一样，视黑素视蛋白也与 11- 顺式视黄醛结合形成完整的视蛋白单元，通过吸收光子将 11- 顺式视黄醛异构成全反式视黄醛来变构成活化状态的视蛋白分子。与参与成像视觉的视杆和视锥细胞相比，自感光神经节细胞因为视蛋白分布的密度较低，细胞水平的光敏感度低了 4 ~ 6 个数量级。在 ipRGCs 细胞中，被光激活的视黑素视蛋白通过 G 蛋白偶联机制激活磷脂酶 C（PLCβ4），继而打开下游的离子通道，造成细胞膜电位的去极化。一系列工作证实了这些离子通道属于 TRP 家族中的 TRPC6 和 TRPC7 两种亚型（图 6-2-6）。有趣的是，这一光信号转导过程与果蝇复眼中的光信号转导过程十分类似，提示哺乳动物视网膜中的自感光神经节细胞很可能是一类较原始的感光细胞。

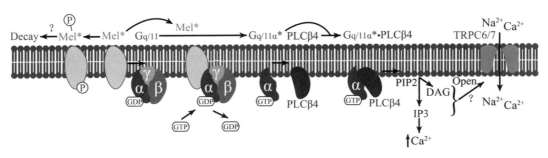

图 6-2-6　ipRGCs 中光信号转导模式图

视黑素感光吸收光子以后将信号传递给 G 蛋白，进而激活 PLCβ4，活化的 PLCβ4 能够水解 PIP2 成 DAG 和 IP3，导致下游阳离子通道 TRPC6/7 的打开，从而引起 ipRGCs 细胞膜电位的去极化激活

第四节　视网膜中的神经环路与信息处理

视觉信息在视网膜中基本的传递路线为光感受器细胞→双极细胞→视网膜神经节细胞，在三种类型细胞形成的核层与核层之间，分别有水平细胞和无长突细胞对传递过程中的视觉信息进行调节与加工。

一、双极细胞的反应特性

感光细胞与双极细胞之间的神经递质为谷氨酸，双极细胞由于含有不同谷氨酸受体而对光产生两种截然不同的反应。含有代谢型谷氨酸受体的双极细胞被称为给光型（ON）双极细胞。在黑暗中或撤光时，由于感光细胞谷氨酸释放增加，这种双极细胞中的代谢型谷氨酸受体被激活，进一步激活抑制性 G 蛋白，导致阳离子通道关闭，从而造成双极细胞超极化；给光时感光细胞的谷氨酸释放减少，双极细胞中的抑制性 G 蛋白活性减弱，阳离子通道受到的抑制作用减弱，使得双极细胞去极化（图 6-2-7）。含有离子型谷氨酸受体（AMPA/kainate）

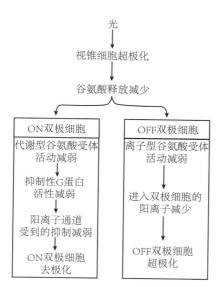

图 6-2-7　**ON 双极细胞与 OFF 双极细胞对光照做出相反的反应**
上图展示的是从光刺激到视锥细胞，进而到两类双极细胞信号反应的流程。光激活视锥细胞，视锥细胞表现为超极化，谷氨酸释放减少；ON 双极细胞表达的代谢型谷氨酸受体活性减弱，抑制性 G 蛋白信号通路减弱，从而削弱了对阳离子通道的抑制作用，阳离子通道开放，细胞表现为去极化；OFF 双极细胞表达的离子型谷氨酸受体活性减弱，阳离子流入减少，表现为超极化

的双极细胞被称为撤光（OFF）双极细胞。在黑暗中或撤光时，感光细胞谷氨酸释放增加，使得进入这些双极细胞的阳离子增加，从而造成双极细胞去极化；而给光时感光细胞释放谷氨酸减少，使得进入这些双极细胞的阳离子减少，从而造成双极细胞超极化。

二、水平细胞的侧抑制形成中心——周边拮抗型感受野

水平细胞在神经节细胞拮抗性周边感受野的形成，以及在视网膜明暗适应中起重要作用。通常认为水平细胞通过释放抑制性神经递质而影响光感受器细胞的活动。一个水平细胞在从光感受器细胞接受兴奋性递质的同时，会将抑制性递质输送回光感受器细胞的突触前末梢，及周边的光感受器细胞的突触前末梢，从而减少这些光感受器细胞的谷氨酸释放。水平细胞的这种侧抑制的特性，介导了双极细胞和神经节细胞的"中心-周边拮抗型"感受野（receptive field）。

给光型（ON）双极细胞对感受野中心的光点刺激呈去极化反应；如用光环刺激其周边感受野（不刺激感受野中心），则在给光时呈拮抗型超极化，因此形成了中心-周边拮抗型的同心圆式感受野（图 6-2-8）。撤光型（OFF）双极细胞则对感受野中心光点撤光，周边光环给光时呈去极化反应。这种侧抑制有利于视觉系统增强视像边缘的对比度，突出景物的轮廓线条。相比于均一的背景，在明暗差别的边缘区，暗区光感受器细胞释放的谷氨酸会增强双极细胞的抑制效果（抑制性递质释放增多），使得旁边亮区的光感受器细胞更趋于超极化，这样会使亮区更明显（给光型双极细胞反应最强）；而亮区光感受器细胞释放的谷氨酸减少，从而减弱双极细胞的抑制效果（抑制性递质释放减少），使得旁边暗区的光感受器细胞更趋于去极化，这样的"去抑制"也会使暗区更凸显（撤光型双极细胞反应最强）。综合起来就会使明暗交汇的图像边缘对比度更凸显。

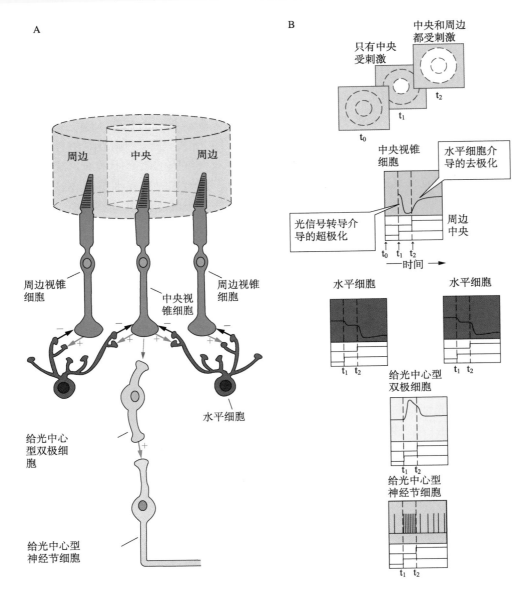

图 6-2-8 构成给光中心型细胞周边感受野的神经环路示意图

A. 水平细胞抑制性输入的功能解析。加号代表兴奋性突触（突触前后细胞膜电位变化方向相同），减号代表抑制性突触（突触前后细胞膜电位变化方向相反）；**B**. t1 时刻感受野中央给予光刺激，t2 时刻后同时在感受野周边给予弥散光刺激，在此种刺激方式下视网膜各类细胞的反应。感受野周边的光刺激导致水平细胞超极化。抑制性神经递质释放减少，净效应是使得中央的视锥细胞发生去极化，抵消了大部分由视锥细胞外段部分光信号转导产生的超极化效应

三、无长突细胞的反应特性

无长突细胞是视网膜中种类最繁多的细胞类型，有 60 种左右，它们的胞体位于内核层（常位的无长突细胞）和神经节细胞层（移位的无长突细胞）。绝大多数的无长突细胞是抑制型的，含有抑制性神经递质 GABA 或甘氨酸；但少数也含有兴奋性递质 ACh 或谷氨酸，即使含有兴奋性递质的无长

突细胞也都有抑制性递质的共存（如 ACh、GABA、Glu、Gly）。从信号处理的作用上说，无长突细胞可以分成三种类型：直接参与视网膜信息传递；参与信息调控；只涉及大范围信息调控。大部分无长突细胞都不产生动作电位，但有少数无长突细胞能够产生动作电位。因为无长突细胞在视觉信息处理方面更多地调控视网膜神经节细胞的明暗对比和方向选择性，所以无长突细胞的一些生理功能见下文。

四、视网膜神经节细胞的明暗反差与方向选择性

（一）无长突细胞介导视杆双极细胞-视网膜神经节细胞的连接通路

在哺乳动物视网膜中，视杆信号并不通过视杆双极细胞直接到达神经节细胞，而是通过了一个特殊的联系，传递进入视锥双极细胞后，再到达神经节细胞。视杆信号首先到达视杆双极细胞，但视杆双极细胞并不直接和神经节细胞联系，而是激活无长突细胞（AII）。AII 无长突细胞一方面通过缝隙连接与给光型视锥双极细胞联系，另一方面通过甘氨酸的抑制性突触与撤光型视锥双极细胞联系；虽然所有视杆双极细胞都是给光型双极细胞，但是通过这样的两种不同极性的联系，可以同时传递给光和撤光的信息。在给光时，视杆双极细胞去极化，释放谷氨酸激活了 AII 无长突细胞；通过其同给光型视锥双极细胞的缝隙连接，直接激活了给光型视锥双极细胞，进而激活了给光型神经节细胞。与此同时，因为 AII 无长突细胞的激活，其甘氨酸型突触也被激活，因此抑制了撤光型视锥双极细胞。而在撤光时，情况则刚好相反。视杆双极细胞超极化，AII 无长突细胞也超极化，通过缝隙连接使给光型视锥双极细胞超极化。因为 AII 无长突细胞的超极化，撤光型视锥双极细胞受到的甘氨酸能抑制被去除，而产生去抑制反应，可激活撤光型神经节细胞。在此通路中的 AII 无长突细胞是直接参与视网膜信息传递的无长突细胞的典型。其输入、输出的空间分布都较局限。因此可以保证一定的空间分辨率。AII 无长突细胞可能也是视网膜中密度最高的无长突细胞。

（二）视网膜节细胞通过中心-周边拮抗型感受野分析明暗反差

视网膜神经节细胞的中心-周边拮抗型感受野延续了双极细胞的性质，而同时又加入了无长突细胞的作用。这种中心-周边拮抗型感受野，形成了视网膜对明暗信息和对比度反差的初级加工与处理。

多数神经节细胞具有和上述双极细胞一样的同心圆式的中心-周边感受野结构。因此，当它的感受野中心接受光点刺激时，一个给光中心的神经节细胞会产生去极化反应，并产生一串动作电位。同样，一个撤光中心细胞对出现在其感受野中心的暗点有反应。但是，这两种细胞对中心刺激的反应均会被对周边刺激的反应所抵消。这使得多数视网膜神经节细胞对同时覆盖其感受野中心和周边的光刺激并无强烈的反应。相反，神经节细胞主要对它们感受野内的亮度差异有强烈反应（图 6-2-9）。具体来说，当一个刺激掠过其感受野时，一个给光中心细胞产生的反应如图 6-2-9A 所示。对于给光中心神经节细胞，阴影覆盖整个感受野的中心和周边，感受野中心的阴影使其超极化，而周边的阴影使其去极化。在整个感受野无光的条件下，中心和周边相抵消而使细胞的反应维持在低水平（图 6-2-9A- 左）。但当亮点照射感受野中心位置时，亮点对神经元的影响是使其去极化，其细胞放电频率最大（图 6-2-9A- 中）。然而当光斑覆盖感受野中心和周边时，由于周边的光斑使其超极化，感受野中心神经节细胞放电频率受到抑制而下降（图 6-2-9A-右）。同样，对于撤光中心神经节细胞的反应则刚好相反（图 6-2-9B）。

（三）视网膜神经节细胞的方向选择性

在一些哺乳动物如兔、猫、大小鼠的视网膜中，视网膜节细胞对视觉信息的初步处理与加工除了通过中心-周边感受野分析明暗反差外，还能对穿过感受野的一束光的运动方向进行偏向反应，即某个特定运动方向光束能够引起该视网膜神经节细胞的最高放电频率。具有这种特性的神经节细胞叫作方向选择性（direction selectivity）视网膜神经节细胞（direction-selective retinal ganglion cell, DSGC）。数量最多、研究最为透彻的 DSGC 是给光-撤光型（ON-OFF）的 DSGC：其树突大多是双层或弥散的，分布于内网层的给光和撤光层，分别接收 ON 型和 OFF 型的双极细胞传递的视觉信息。

视网膜神经节细胞方向选择性主要是由无长突细胞的不对称抑制决定的。其中，星暴型无长突细胞（starburst amacrine cell, SAC）是一类决定 DSGC 方向选择性的重要细胞，能够分泌 GABA 抑制性神经递质。DSGC 方向选择性的基本解释为：以 ON 型的 DSGC 为例，当光刺激沿着非偏好方向移动时，位于 DSGC 非偏好方向的 SAC 首先被 ON 双极细胞激活。SAC 树突的离心式兴奋，进而释放 GABA，使其对 DSGC 抑制。与此同时，尽管 DSGC 正在接收来自双极细胞的兴奋性输入，但总体的抑制效果抵消了光照引发的兴奋。当光刺激沿着偏好的方向运动时，由于在偏好一侧的 SAC 对 DSGC 的抑制效果不强烈，DSGC 接收到来自双极

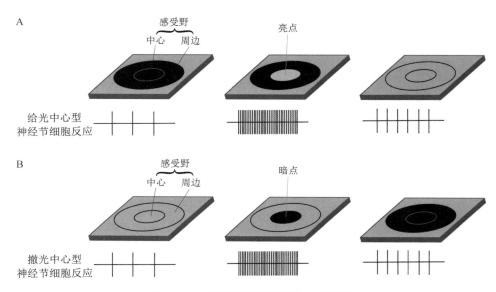

图 6-2-9　视网膜神经节细胞的感受野

A. 当一个亮点投射在给光中心型神经节细胞的感受野中心时，细胞发放一串动作电位；如果亮点的范围扩大，覆盖了感受野周边，放电大幅度减少。**B**. 当一个暗点投射在撤光中心型神经节细胞的感受野中心时，细胞发放一串动作电位；如果暗点的范围扩大，覆盖了感受野周边，放电大幅度减少

细胞的兴奋性信号；此时 DSGC 实现最大限度地激活。这种无长突细胞的不对称抑制导致视网膜神经节细胞不同方向光束的响应程度不一样，从而形成了视网膜视觉信息的方向选择性。

参考文献

综述

1. 韩济生主编. 神经科学（3 版）. 北京：北京大学医学出版社，2009：568-574.
2. Luo L. Principles of neurobiology，Second Edition. Boca Raton：CRC Press，2021.
3. Mark FB，Barry WC，Michael AP. Neuroscience：Exploring the Brain（2nd ed.）. Philadelphia：Lippincott Williams & Wilkins，2001.
4. Land MF，Fernald RD. The evolution of eyes. *Annual Review of Neuroscience*. 1992，15：1-29.
5. Breitmeyer B. Blindspots：The many ways we cannot see. New York：Oxford University Press，2010：4.
6. Land MF，Nilsson DE. Animal eyes（2nd ed.）. Oxford：Oxford University Press，2012：7.
7. Autrum H. Comparative physiology and evolution of vision in invertebrates-A：Invertebrate photoreceptors. Handbook of Sensory Physiology. VII/6A. New York：Springer-Verlag，1979：6-9.
8. Arendt D，Tessmar-Raible K，Snyman H，et al. Ciliary photoreceptors with a vertebrate-type opsin in an invertebrate brain. *Science*，2004，306：869-871.
9. 谢平. 探索大脑的终极秘密——学习、记忆、梦和意识. 北京：科学出版社，2018.
10. Wass JH，Boycott BB. Functional architecture of the mammalian retina. *Physiol Rev*，1991，71：447-480.
11. Cepko C. Intrinsically different retinal progenitor cells produce specific types of progeny. *Nat Rev Neurosci*，2014，15：615-627.
12. Berson DM. Strange vision：ganglion cells as circadian photoreceptors. *Trends Neurosci*，2003，26：314-320.
13. Fernald RD. Casting a genetic light on the evolution of eyes. *Science*，2006，313：1914-1918.
14. He S，Dong W，Deng Q，et al. Seeing more clearly：recent advances in understanding retinal circuitry. *Science*，2003，302：408-411.
15. Taylor WR，Vaney DI. New directions in retinal research. *Trends Neurosci*，2003，26：379-385.
16. Yau KW，Hardie R C. Phototransduction motifs and variations. *Cell*，2009，139：246-264.
17. Yau KW. Phototransduction mechanism in retinal rods and cones-the Friedenwald lecture. *Invest Ophth Vis Sci*，1994，35：9-32.
18. Brill MH. The structure and properties of color spaces and the representation of color images. *Color Res Appl*，2013，38：333-338.
19. Neitz J，Neitz M. The genetics of normal and defective color vision. *Vision Res.*，2011，51：633-651.
20. Ali RR，Sowden JC. DIY eye. *Nature*，2011：472.
21. Do MTH，Yau KW. Intrinsically photosensitive retinal ganglion cells. *Physiological Reviews*，2010，90：1547-1581.

原始文献

1. Peng YR，Shekhar K，Yan W，et al. Molecular classification and comparative taxonomics of foveal and peripheral cells in primate retina. *Cell*，2019，176：1222-1237.
2. Shekhar K，Lapan SW，Whitney IE，et al. Comprehensive

classification of retinal bipolar neurons by single-cell transcriptomics. *Cell*，2016，166：1308-1323.

3. Yan W，Laboulaye MA，Tran NM，et al. Mouse retinal cell atlas：molecular identification of over sixty amacrine cell types. *The Journal of Neuroscience*，2020，40：5177-5195.

4. Tran NM，Shekhar K，Whitney IE，et al. Single-cell profiles of retinal neurons differing in resilience to injury reveal neuroprotective genes. *Neuron*，2019，104：1039-1055.

5. Yi W，Lu Y，Zhong S，et al. A single-cell transcriptome atlas of the aging human and macaque retina，*National Science Review*，2021，0：1-18.

6. Emanuel AJ，Do MTH. Melanopsin tristability for sustained and broadband phototransduction. *Neuron*，2015，85：1043-1055.

7. Do MTH，Kang SH，Xue T，et al. Photon capture and signalling by melanopsin retinal ganglion cells. *Nature*，2009，457：281-282.

8. Xue T，Do MTH，Riccio A，et al. Melanopsin signalling in mammalian iris and retina. *Nature*，2011，479：67-73.

第 3 章　视觉中枢机制

王　伟　杜久林

　　人类通过感觉器官来感知和认识外部丰富多彩的自然世界。眼睛是心灵的窗口，在所有的感知觉中，80%以上外部信息是通过视觉系统获得的，因此人类大脑一半以上的脑区都与视觉信息处理和感知有关。归纳起来，人类视觉系统有三大主要功能：运动感知、物体识别和颜色视觉。其中，物体识别和颜色视觉是在灵长类大脑，从处理简单视觉信息的初级视皮质到处理编码复杂视觉信息如面部和物体的颞下脑区的通路内完成的。这一视觉通路传统上被称为腹侧视觉通路；而运动视觉则是在从初级视皮质到参与空间位置感知的后顶叶联合皮质的背侧视觉通路中完成的（图 6-3-1A）。在可见光范围内（390～780 nm），外部自然世界的图像以光的形式投射到眼睛中的神经组织——视网膜上，被其中的光感受器细胞接收后，转变成神经电脉冲信号，完成光→电信号跨纬度的转换，从此由光信息编码的外部世界被转换并编码在神经元的电脉冲信号中，成为视觉神经信号。这些神经电信号通过在既分离又平行的视觉前馈-反馈投射神经环路，向大脑不同区域传播，最后在大脑中再现外部真实视觉场景和物体（图 6-3-1B）。研究视觉信号在视觉系统中是如何被编码和解码，揭示视知觉的神经环路机制，不仅是人类理解大脑奥秘的重要途径，也是类脑人工智能取得根本性突破的重要基础之一。

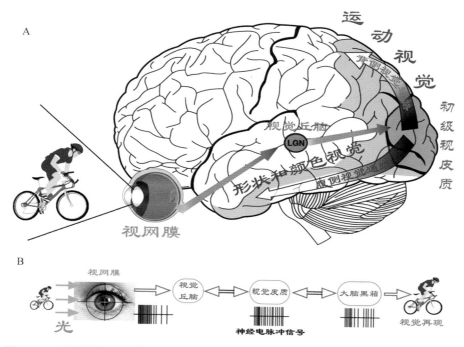

图 6-3-1　人类视觉大脑背侧和腹侧视觉通路（A）以及光电视觉信号转换（B）示意图

第一节　初级视觉中枢通路

　　眼睛前置的哺乳动物，如猫科动物和灵长类，其视神经纤维上行投射遵循以下规则：右眼视网膜颞侧部分和左眼视网膜鼻侧部分的神经节细胞的轴突形成右视束，投射至右侧视皮质；而左视束则由来自左眼颞侧和右眼鼻侧的视神经轴突组成，投射至左侧视皮质。眼睛侧置的哺乳动物，如啮齿类和一些草食性动物，左眼和右眼主要司职同侧的视野，它们绝大部分的视神经纤维交叉到对侧。高等哺乳动物的初级视觉系统相似性很高，图 6-3-2 呈现了人类初级视觉通路的概貌。两侧视网膜神经节细胞的轴突所形成的视神经（optic nerve）在颅底形成视交叉（optic chiasm），部分交换神经纤维后形成视束（optic tract）。视束中约 90% 的神经纤维投射到丘脑外膝体（lateral geniculate nucleus，LGN），接收左右视野的外膝体中继神经元（relay neuron）轴突，再经视放射（optic radiation）到达同侧大脑枕叶的初级视皮质（primary visual cortex，V1）的第四层，形成前馈神经连接。另外，初级视皮质第六层神经元有远远超过前馈投射数量的下行反馈神经纤维投射到外膝体。上述从视网膜到初级视皮质的前馈和反馈神经环路，构成了包括灵长

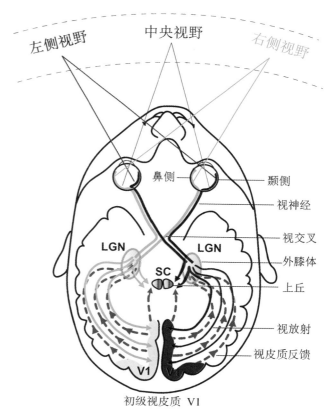

图 6-3-2　人类初级视觉通路视野拓扑投射模式图

左、右两侧视野及其对应的视觉神经通路分别由红色和绿色显示

类在内的高等哺乳动物的初级视觉系统，初级视觉皮质 V1 区与次高级视皮质 V2、V3 区以及位于颞叶和顶叶中更高级的视皮质存在着广泛的前馈和反馈投射连接。同时，左右侧的视皮质又经胼胝体（corpus callosum）相互连接。视束中约 10% 的神经纤维投射至顶盖前区（pretectum）和上丘（superior colliculus，SC），分别参与瞳孔反射（pupillary reflex）和跳跃式眼球运动（saccadic eye movement）的调节。另外，少量视网膜神经节细胞的轴突在视交叉水平离开视觉通路，投射到下丘脑（hypothalamus）的视交叉上核（视上核）（suprachiasmatic nucleus，SCN），参与调节昼夜节律。

初级视觉中枢系统中的各级神经元，都在外部视野中有一个对应的空间反应位点，也称为神经元的感受野（receptive field）。来自视网膜的神经纤维投射遵循严格的视网膜空间位置拓扑规则（retinotopic organization），即视网膜邻近神经元的轴突末梢投射到下一级脑区中具有相邻空间位置感受野的神经元上。视野中不同空间位置的视觉图像，通过相对应的视网膜神经节细胞进行兴奋性投射，被"绘制"在相应视野空间位置的外膝体和初级视皮质神经元上。由于视网膜各类神经细胞分布不均匀，导致视网膜的这种拓扑投射是非线性的。例如，尽管灵长类视网膜中央凹（fovea）所占面积很小，但中央凹里的光感受器密度极大，而对应编码视野中的中央视觉区域。初级视皮质 V1 大约 40% 的面积接受视网膜中央 5° 范围内的神经元投射，这造成了中央视野（5° 之内）具有极高空间分辨率的特性。

第二节　外膝体

一、解剖学结构

外膝体通常指外膝体背核（dLGN），是丘脑（thalamus）的一部分，它是中枢视觉通路的第一个中继站。猴的外膝体的结构与人基本相似。图 6-3-3 为猴的外膝体冠状切片图，其外膝体由 6 个细胞层组成，各层之间主要由神经元突起组成。两个腹部层（第 1、2 层）的细胞个体较大，称为大细胞层（magnocellular layer），主要接受来自视网膜神经节细胞体积形态大的细胞（parasol retinal ganglion cells）的输入；四个背部层（第 3～6 层）的细胞较小，称为小细胞层（parvocellular layer），主要接受来自神经节细胞体积形态小的细胞（midget retinal ganglion cells）输入（图 6-3-3）。图中显示外膝体各细胞层与两侧视网膜神经纤维投射的空间关系，其中每一层仅接受来自某一侧眼的输入，因此外膝体细胞均为单眼驱动型。来自对侧（contralateral，C）和同侧（ipsilateral，I）视网膜对应部位的神经节细胞轴突，分别投射到外膝体的不同层中，其中 C 终止在 1、4、6 层，I 则终止于 2、3、5 层。由于 C 和 I 投射到外膝体的部位在视野的空间位置上是对应的（topographic register），当电极径向地从外膝体的一层穿至另一层时，所记录到的细胞的感受野空间位置不变，只是输入从一只眼换至另一只眼（第 2、3 层除外）。另外，灵长类外膝体大小细胞层腹部底层还分布着众多细胞胞体较小的 K 细胞（koniocellular），负责处理来自视网膜的短波信号，参与颜色信息的处理。猫是进行视觉生理学研究中另一个常用的模式动物，其外膝体从背部到腹部共分为 A、A1 和 C 三层，其中 C 又可分为 C、C1 和 C2 三个亚层。同侧眼的神经节细胞投射至 A1（X 型和 Y 型神经节细胞）和 C1 层（W 型神经节细胞）；对侧眼的纤维则投射至 A（X 和 Y 型）、C（X、Y 和 W 型）和 C2 层（W 型）。来自两眼神经纤维在外膝体分层投射的形成，依赖于发育早期同侧视网膜神经节细胞高度同步化的自发活动。

二、神经环路（neural circuit）

外膝体的每一层通常包含两类细胞，即中继细胞（relay cell）和中间神经元（interneuron），它们分别占总数的 75% 和 25% 左右。中继细胞亦称投射细胞（projection cell），它们接受来自视网膜的前馈输入和来自视皮质（V1、V2 和 V3 区）的反馈输入。中继细胞轴突则主要投射至初级视皮质第四层（部分分支投射到第六层），介导视觉信号的传递。中间神经元均为抑制性 γ-氨基丁酸（GABA）能神经元，接受来自视网膜、中继细胞和皮质下行纤维的突触输入；其轴突不离开外膝体，而在中继细胞的胞体和轴突的初始段与之形成突触联系，调节

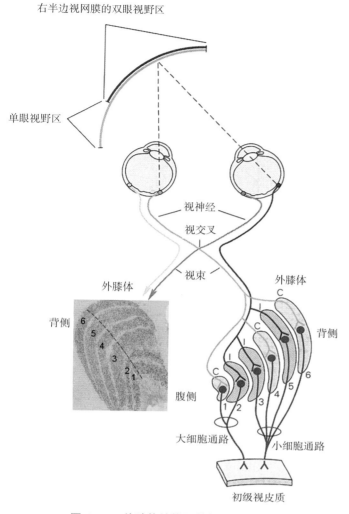

右半边视网膜的双眼视野区

单眼视野区

视神经

视交叉

视束

外膝体　　　　　外膝体

C

I

背侧　　　　　　C

背侧

C　　I

I

6　5　4　3　2　1

腹侧

大细胞通路　　　小细胞通路

初级视皮质

图 6-3-3　外膝体结构及其视网膜投射

左侧下图为猴的外膝体冠状切片图，蓝色斑点为 Nissl 染色法显示的外膝体细胞胞体。外膝体有 6 个细胞层，从腹部到背部依次为第 1 ～ 6 层，其中，第 1、2 层由大细胞组成，第 3 ～ 6 层由小细胞组成。外膝体各层仅接受来自一侧眼的输入。图中 C 和 I 分别代表来自对侧和同侧视网膜对应部位的神经节细胞的轴突末梢，其中 C 终止在第 1、4、6 层，I 则终止于第 2、3、5 层（修改自参考文献中的综述 4）

中继细胞对视觉信号的传递和处理。以猫外膝体为例，只有不到 10% 的输入是来自视网膜兴奋性谷氨酸能的突触，而有 30% 以上是来自视皮质 17 区兴奋性谷氨酸能的突触，30% 左右来自中间神经元和膝周核（perigeniculate nucleus，PGN）中的中间神经元的 GABA 能突触，其余一小部分则来自脑干网状系统（图 6-3-4A）。

三、神经元感受野特征

成年哺乳动物的每个外膝体神经元仅接受 1 ～ 3 个神经节细胞的输入，并且以其中一个为主，

因此外膝体中继神经元感受野特性与神经节细胞极为相似。其一，大部分外膝体中继神经元具有中心-周边拮抗式同心圆感受野，并可分为给光-中心和撤光-中心两类细胞。其二，其感受野中心面积与神经节细胞相仿，且亦随着感受野在视网膜的离心度的增加而变大。其三，灵长类外膝体也存在大量各种颜色拮抗型神经元。近年来的工作表明，外膝体神经元的感受野并非严格的同心圆，而是一定程度上的椭圆形，这使得它们呈现出一定的方位选择性。这种椭圆形感受野也是源于神经节细胞的不对称性输入。目前对外膝体中间神经元的研究相对较少，其感受野与中继神经元不尽相同，这与它们具有不同的神经回路有密切的关系。

尽管具有上述的相似性，外膝体神经元与神经节细胞在功能特征上存在一定的差异。首先，其感受野周边对中心的拮抗作用更加有效，表现为外膝体神经元的对比敏感度（contrast sensitivity）较高且对弥散光反应较小，这可能源于相邻外膝体神经元的侧向抑制作用。其次，有证据表明外膝体神经元的反应受到另一视网膜相应部位输入的抑制，这种抑制是由外膝体各层之间存在的纵向抑制性突触联系所介导。

四、外膝体信号的平行处理

外膝体在一定程度上沿袭了视网膜对视觉信号的平行处理方式。如上所述，在猴视觉系统中，视网膜大细胞和小细胞分别投射至外膝体的大细胞层（第 1、2 层）和小细胞层（第 3 ～ 6 层），进而投射到视皮质的不同细胞亚层（参见图 6-3-3 和图 6-3-9B）。大细胞通路主要传递和处理快速、高对比敏感度和低空间分辨率的非颜色信息，因而主要与运动信息处理有关；而小细胞通路则传递和处理慢速、低对比敏感度和高空间分辨率的视觉信息，与形状和颜色信息处理有关。此外，由于外膝体每层只接受单眼输入，左眼和右眼的视觉信息在外膝体中保持分离。给光通路（on-pathway）和撤光通路（off-pathway）在外膝体中亦保持相对独立，但是给光通路和撤光通路在外膝体中存在明显的中心-周边拮抗反应不对称性，而到了视皮质撤光通路对更大范围内的刺激，存在更强的外周抑制反应。

五、外膝体在视觉功能中的作用

目前，尽管人们已经比较详细地了解了外膝体的

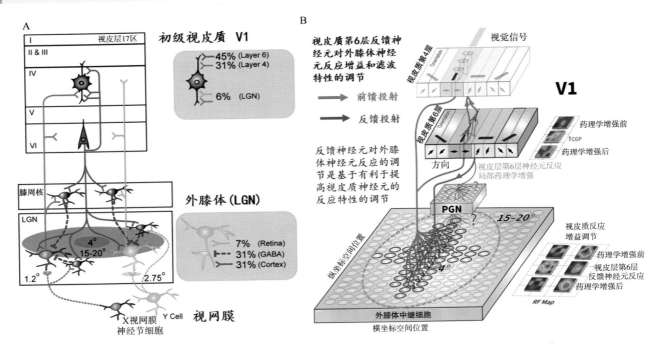

图 6-3-4　猫初级视觉系统前馈和反馈神经突触投射连接以及视皮质下行反馈功能调节

A. 来自初级视皮质 17 区第六层反馈锥体神经元的下行反馈对外膝体中继细胞的神经投射连接和区域（绿色）远大于视网膜的上行投射（红色）。X 和 Y，视网膜两类神经节细胞，蓝色：中间 GABA（丁胺酸）能抑制性神经元（引自参考文献中的综述 10）。**B**. 视皮质第六层反馈神经元对外膝体神经元反应增益和功能选择性的调节，这种调节也是推拉（push-pull）机制性的调节（引自参考文献中的原始文献 15）

结构和神经环路，但对外膝体在视觉功能中的作用尚不完全清楚，特别是对外膝体所接受的大量的非视网膜输入的功能的认识还很肤浅。以猫的初级视觉系统为例，外膝体神经元接受视网膜神经节细胞的突触输入，并由中继细胞将视觉信号传递给视皮质，这是视觉系统的主要前馈通路。初级视皮质神经元的一个主要特性就是具有方位选择性。通过外膝体前馈输入，视皮质第 4 和 6 层神经元的方位选择性最初是通过来自多个空间相邻的丘脑中继细胞感受野的兴奋性前馈汇聚输入而产生的。但是视皮质第 6 层反馈连接到外膝体核团形成的突触数量远大于前馈投射连接的数量，这也是视觉和其他感觉系统神经连接网络的一个基本特征。视皮

质第 6 层反馈神经元和接受这些投射的外膝体细胞的感受野在空间位置上是相同的，但是形成的突触数量和覆盖面要大得多。反馈神经元活动可以选择性地促进或抑制与视皮质神经元方位选择性相关的外膝体中继细胞的前馈输入（图 6-3-4B），从而局部易化了外膝体细胞对视觉信号的处理能力，使外膝体成为视觉中枢调节和控制视觉信息流的关键部位，而不仅仅是一个被动的信息中转站。此外，外膝体还接受脑干网状系统和上丘的下行投射输入：来自脑干的弥散性去甲肾上腺素能和 5-羟色胺能的投射以及来自脑干的局部性乙酰胆碱能的投射。目前对这两种投射的功能意义还处于猜测中。

第三节　初级视皮质

一、解剖学结构

初级视皮质（primary visual cortex，V1）又称纹状皮质（striate cortex），即 Brodmann 17 区，位于大脑枕叶，接受来自外膝体中继细胞轴突组成的视放射的投射。初级视皮质处于软脑膜和白质之

间，厚约 2 mm，由 6 层细胞组成，由表及里依次为第 1～6 层，其中灵长类 V1 第 4 层又分为 4A、4B、$4C_\alpha$ 和 $4C_\beta$ 四个亚层（图 6-3-5）。和其他大脑皮质一样，初级视皮质主要有两种神经元：锥体细胞（pyramidal cell）和星形细胞（stellate cell）。锥体细胞是皮质内的投射神经元，主要分布在第 2、3、

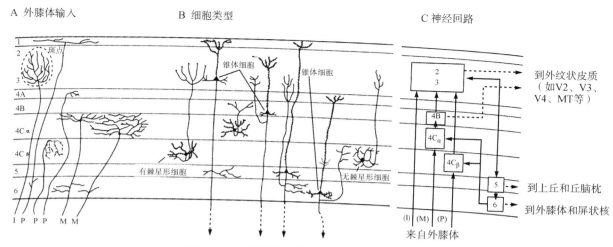

图 6-3-5 初级视皮质的细胞组构及其突触连接

A.外膝体大（M）、小（P）细胞层及层间区（I）向初级视皮质的投射；**B**.初级视皮质中主要的两种神经元（锥体细胞和星形细胞）的形态和分布；**C**.初级视皮质的输入、输出及其皮质内连接（引自参考文献中的综述 4）

5、6 层，胞体较大（直径约 30 μm），呈三角形，尖端朝向皮质表面形成顶树突，底部形成若干个基树突，这些树突主要接受来自星形细胞的突触输入，其细长的轴突由胞体底部向下发出，主干深入白质，终止于外纹状皮质或下行投射至外膝体和上丘，轴突侧枝则与皮质内神经元形成皮质内连接。所有的锥体细胞并行排列，与皮质表面垂直。星形细胞可分为有棘和无棘两类，主要分布于 4A 和 4C 亚层，胞体较小（直径约 20 μm），多呈圆形，树突伸向四方，接受来自外膝体的纤维投射，其轴突终止于邻近的锥体细胞和其他星形细胞的树突，形成皮质内连接。锥体细胞和有棘星形细胞属兴奋性谷氨酸能神经元，而无棘星形细胞则多为抑制性 GABA 能神经元。

二、神经环路

图 6-3-5C 显示 V1 中的神经回路。外膝体神经纤维投射至 V1，其中小细胞（即第 3～6 层）的轴突主要终止于 V1 的 $4C_\beta$ 亚层中的有棘星形细胞的树突，而大细胞（即第 1～2 层）则终止于 $4C_\alpha$ 亚层中的有棘星形细胞的树突；同时两者有轴突侧枝终止在第 6 层。另外有少量来自外膝体层间区的神经元轴突终止于第 2、3 层斑点区（blob）中的神经元。在皮质内，星形细胞和锥体细胞之间在局部范围内形成皮质内突触连接。星形细胞的轴突终止于 2、3 和 4B 层中的锥体细胞的树突；而第 2、3 层锥体细胞的轴突侧枝投射到第 5 层锥体细胞，进而这

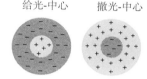

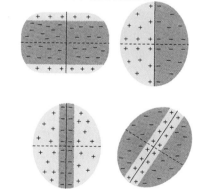

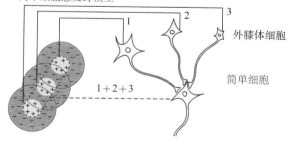

图 6-3-6 初级视皮质简单细胞感受野的类型和等级假说模型

A.视网膜神经节细胞和外膝体细胞的感受野为中心-周边拮抗式，分为给光-中心和撤光-中心两类；**B**.简单细胞几种代表性的感受野类型；**C**. Hubel 和 Wiesel 提出的简单细胞感受野形成的等级假说模型（引自参考文献中的综述 4）

些细胞的轴突侧枝或投射至第6层的锥体细胞，抑或反向投射至第2、3层锥体细胞，而第6层锥体细胞的轴突侧枝则终止于第4C亚层的无棘星形细胞上。最终，V1的信号输出由锥体细胞的轴突投射至其他脑区，其中，第2、3层和4B亚层的轴突终止在V2、V3、V4、MT（medial temporal area）等外纹状皮质，第5层终止在上丘和丘脑枕，第6层则下行投射到外膝体和屏状核（claustrum）。另外，除了上述垂直方向上的突触连接外，视皮质中还存在大量的由锥体细胞轴突侧枝与锥体细胞或无棘星形细胞在2、3层形成的远距离水平连接。

三、神经元感受野特征

视皮质中有一小部分细胞位于接受外膝体投射最多的4C亚层，它们与视网膜神经节细胞和外膝体细胞相似，对小光点敏感，具有中心-周边拮抗式同心圆感受野。但大多数皮质细胞具有复杂结构的感受野，其最佳刺激是具有特定朝向的光带或暗带，即对0°～180°方位之内的不同特定方位的光栅刺激有选择性反应。按感受野结构反应特征以及线性和非线性反应强弱，可分为简单细胞（simple cell）和复杂细胞（complex cell）。

简单细胞 主要分布在V1第4层，在猴的其他层亦有发现，其在形态上对应于星形细胞。与外膝体细胞相似，用小光点测定的简单细胞的感受野可分为给光区和撤光区，两者相互拮抗。但显著不同的是，其给光区和撤光区不是同心圆式的，而是呈平行的带状。简单细胞的感受野略小于外膝体细胞，通常有一条狭长的中央带，或为给光型或为撤光型，其一侧或两侧是平行的拮抗区。如图6-3-6所示，简单细胞对大面积的弥散光无反应，而对处于拮抗区边缘具有一定方位和宽度的条形刺激有强烈反应，这一方位称为该细胞的偏好方位（preferred orientation）。偏好方位随细胞而异，条形刺激离开偏好方位10°～20°即可使细胞反应显著减小或消失；与偏好方位垂直的条形刺激则几乎不引起任何反应。部分简单细胞对某个运动方向的条形刺激相当敏感，即对运动方向具有选择性。此外，不同的细胞对运动的速度亦具有不同的选择性。目前主流观点认为，简单细胞的感受野是由许多具有同心圆感受野的外膝体细胞在空间上有序排列汇聚所产生（图6-3-6C）。这里需要

指出的是，视皮质内的水平连接和抑制性相互作用，对感受野的结构形成也起到重要作用。简单细胞对偏好方位的运动正弦光栅刺激，具有很强的线性调制反应。

复杂细胞 主要分布于视皮质第4层以外的其他层中，在形态上对应于锥体细胞，其感受野比简单细胞大和复杂。复杂细胞的许多性质与简单细胞相似，具有方位和运动方向选择性。但与简单细胞显著不同的是，其感受野没有清晰的给光区和撤光区，对落在感受野中任何位置的条形刺激都有相似的反应（图6-3-7）。因此，复杂细胞所处理的信息显然不同于简单细胞，前者是处理视觉刺激中诸如方位等简单视觉元素，而后者则是处理其感受野在某一位置中的具有复杂或抽象特性的视觉刺激。Hubel和Wiesel经典实验研究表明，复杂细胞的感受野是由具有相同偏好方位感受野的简单细胞有序汇聚而成。此外，他们还发现有一类超复杂细胞，它们对条形刺激的反应类似于复杂细胞，但不同之处是超复杂细胞感受野的一端或两端具有很强的抑制区。因此，它们的最佳刺激是具有特定方位的端点、角隅和拐角等。

四、神经元双眼反应特性

每侧外膝体和初级视皮质处理对侧视野的信息，并且司职同一侧视野的神经节细胞在外膝体中的投射是严格分离的，在到达初级视皮质水平，来自双眼的信息才逐层汇聚。在猴V1第4层，来自双眼的信息仍然保持分离状态，每个简单细胞仅为单眼驱动，双眼信息的汇聚是发生在随后的各层中。猫的V1则不同，在第4层中，来自双眼的信息在一定程度上即已汇聚，具体表现在该层中有80%的神经元为双眼驱动型；且第4层之外的各层细胞亦多为双眼驱动型。双眼驱动细胞具有如下特征：①在左、右眼各有一个感受野；②两侧感受野处于两侧视野相对应的空间位置上；③两侧感受野具有相似的时空特征；④同时照射两侧感受野，细胞对光反应可以双眼叠加也可以双眼抵消；⑤多数细胞对两侧感受野的空间视差（visual disparity）非常敏感，称为视差敏感细胞，是立体视觉或深度视觉的神经基础。但是，同一刺激在两眼所引起的反应通常是不等的，多数情况下一只眼的输入占优势，这称为眼优势（ocular dominance）。

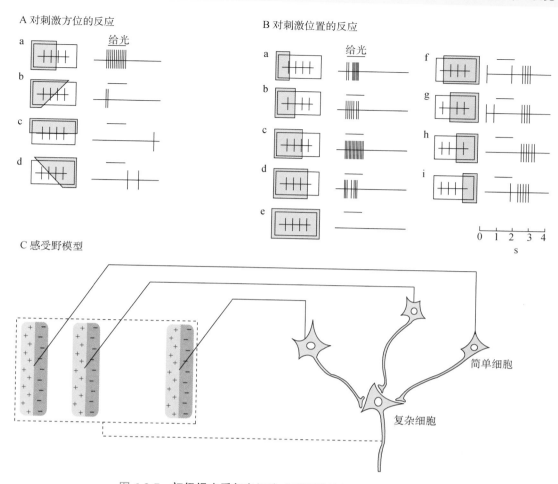

A 对刺激方位的反应

B 对刺激位置的反应

C 感受野模型

简单细胞

复杂细胞

图 6-3-7 初级视皮质复杂细胞感受野的特征和等级假说模型
A 和 **B** 分别显示一个复杂细胞对不同的刺激方位和位置的选择性反应；**C**. Hubel 和 Wiesel 提出的复杂细胞感受野形成的等级假说模型（引自参考文献中的综述 4）

五、视皮质功能柱

具有相似视觉功能的细胞聚集成群，在视皮质中垂直于皮质表面，呈有规律的柱状分布。同一柱内的神经元具有编码相似特征的感受野（方位选择性、颜色敏感性以及眼优势等）和功能特性（图 6-3-8 A ～ F）。

具有简单和复杂感受野的细胞倾向于分层群集。例如，简单细胞多位于第 4 层，而复杂细胞则分布于其他层中，且第 4 ～ 6 层细胞的感受野相对较大。相邻细胞的感受野彼此靠近或有不同程度的重叠。如果将记录电极垂直插入皮质，对各层细胞逐个记录，会发现这些细胞的感受野相互重叠，每一细胞的感受野落在所有其他细胞感受野之中。所有细胞感受野的范围通常是单个细胞的几倍，称为皮质该点的集合野或称为群体细胞感受野。若电极以几乎平行于皮质表面倾斜插入，就会发现细胞

感受野在视野中的空间位置连续迁移。电极移动 1 ～ 2 mm，就必定产生视野的位移，其位移的距离与集合野的大小相当。皮质细胞感受野的大小与该细胞感受野在视野中的空间位置密切相关（图 6-3-2）。在注视中心，相应皮质区域细胞的感受野和集合野均最小，表征注视中心的视皮质区域则相对最大，对应的视觉分辨率也越高；越偏离注视中心，感受野和集合野就越大，相应代表的视皮质区域则越小，对应的视觉分辨率下降，但对视觉运动信息更敏感。

视皮质方位功能柱 当电极垂直插入视皮质，逐层记录到的所有细胞均有几乎相同的偏好方位（第 4 层细胞除外，它们没有偏好方位）。如果电极倾斜插入皮质，沿途记录到的细胞的偏好方位大致以 10°/50 μm 的变化率连续改变（顺时针方向或逆时针方向）。这表明在视皮质，具有相同偏好方位的细胞以功能柱方式垂直于皮质表面排列。这样一

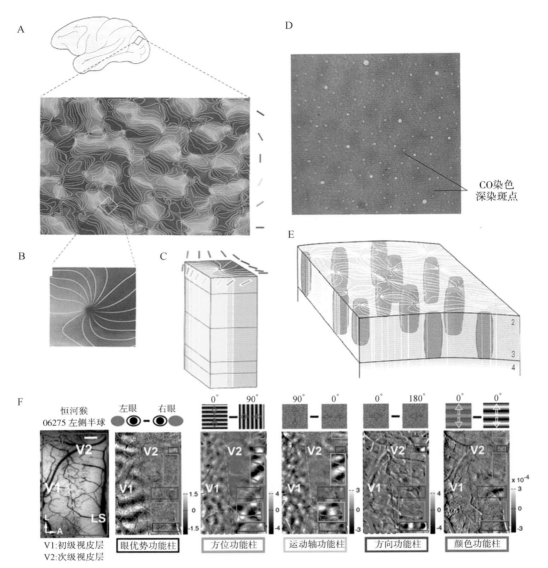

图 6-3-8　猴初级视皮质功能柱结构

A. 用皮质内源性信号光学成像技术，记录到的猕猴视皮质方位功能柱图谱。不同颜色代表不同的方位刺激（右侧的线条）以及这些不同方位在视皮质中激活的方位功能柱。**B**. 图 **A** 中方块内区域的放大图，显示方位功能图谱中由相邻但不同方位选择性区域形成的一个特殊风车中心（pinwheel）结构。**C**. 方位柱风车中心的三维结构，显示 0° ～ 180° 全方位的连续薄片状柱状结构。**D**. 组化染色得到的初级视皮质颜色斑点分布。用细胞色氧化酶方法显示的第 2、3 层中的斑点结构。**E**. 颜色斑点柱的三维结构及其与方位柱的相对位置。**F**. 内源性信号光学成像记录到的 V1 和 V2 不同功能柱结构分布（图 **A** ～ **E**，引自参考文献中的综述 4；图 **F**，引自参考文献中的原始文献 1）

套包含 0° ～ 180° 全方位的连续薄片状柱状结构称为方位柱（orientation column，见图 6-3-8 A ～ C）。

　　应用 2- 脱氧葡萄糖技术进一步从解剖学上证实了方位柱的存在。其工作原理是，如果给动物注射放射性同位素 14C 标记的 2- 脱氧葡萄糖，其被神经元主动摄取。神经元活动越强，摄取量就越大，累积在该神经元中的放射性就越强。若把 2- 脱氧葡萄糖注入麻醉的猴，随后把一个有黑、白垂直线条的图案在动物前 1.5 m 处来回晃动 45 分钟，然后立刻将猕猴初级视觉皮质制作切片。结果放射自显影照片清楚地证实了生理学研究的发现：与皮质表面垂直的切片显示出放射性的窄带，间隔 0.5 mm，扩及视皮质的所有层次。显然，窄带中的细胞对垂直的线条有强的反应。第 4 层的放射性是均匀的，因为这一层的细胞没有方位选择性。同 V1 相似，V2 和 V3 亦存在方位柱。随着内源性光学成像技术的发展，利用神经元活动所引起的细胞本身反射光或外加电压敏感性染料激发荧光的变化，在活体动物视皮质上可以清楚地观察到方位柱以及其他功能柱的精细结构和动态变化（图 6-3-8F）。视皮质方位功能柱，也可以被高速运动的随机点刺激激活，从而编码运动轨迹或运动轴向信息。

视皮质颜色功能柱 在第 2、3、5、6 层中，尤其是第 2 和 3 层颜色敏感性细胞倾向于群集成柱状结构，称为颜色柱。颜色柱在皮质表面呈 250 μm×150 μm 大小的椭圆形斑点（blobs，见图 6-3-8D、E）。这些斑点排列成行，位于眼优势柱的正中线上，行距约为 350 μm，行内斑点间距约为 550 μm。斑点以圆柱体状不连续地纵贯视皮质。斑点在第 2、3 层内最清晰，在第 6 层中适度可见，在第 1、4B 和 5 层中模糊不清，在第 4C 层中则连成一片。第 2、3 层斑点内的细胞接受来自外膝体大细胞经由第 4C$_\alpha$ 和 4B 层的间接输入，同时也接受来自外膝体小细胞经由第 4C$_\beta$ 层的间接输入。此外，有少量来自外膝体层间区的神经元轴突投射到斑点区。斑点内的细胞之间以及它们与斑点间区细胞之间存在交互性投射。

斑点内的细胞对可见光光波波长具有选择性，即为颜色敏感性神经元。它们方位选择性反应较弱，对低时空频率的光栅刺激敏感，多为单眼驱动型细胞。同一斑点或颜色柱内编码邻近颜色的细胞在柱内倾向于相邻成群聚集。

眼优势柱 初级视皮质不同区域的第 4C 层细胞接受来自外膝体的单侧和对侧单眼信息输入，在随后的其他层中双眼信息有不同程度的汇聚，因而第 4C 层以外的细胞 80% 以上为双眼驱动。当电极垂直插入皮质，可发现沿途所有细胞均为同一侧眼优势。但若是倾斜插入皮质，约经过 0.4 mm，具有左、右眼优势的细胞就会开始交替出现。这表明 V1 在纵贯整个皮质厚度上被分隔成众多垂直薄片柱，相邻薄片柱内的细胞分别为左、右眼优势。这种左眼或右眼占优势的皮质薄片柱称为眼优势柱

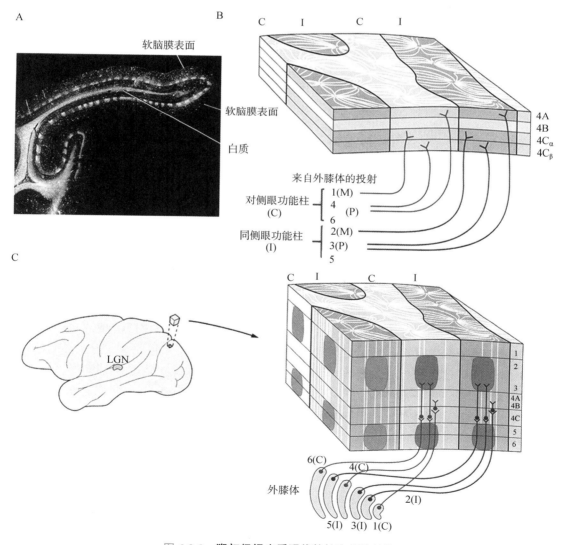

图 6-3-9 猴初级视皮质眼优势柱和超柱结构
A. 用放射自显影方法显示的第 4 层中的眼优势柱的分布；**B**. 眼优势柱的三维结构及其与方位柱的相对位置；**C**. 视皮质超柱结构。图中 C 和 I 分别代表对侧眼和同侧眼功能柱（引自参考文献中的综述 4）

（ocular dominance column）。眼优势柱与方位柱是相互独立的功能结构，它们在 V1 中的分布和走向没有相关性，而是随机交叉的。但是有研究表明，与颜色柱类似，方位柱的中心往往处于眼优势柱的正中线上（参见图 6-3-9A、B）。

在解剖学上，眼优势柱的存在也得到了证实。将 ^3H 标记的脯氨酸注射到猴的一侧眼中，标记物经神经节细胞轴突顺行转运并跨突触后到达外膝体神经元，随后沿中继神经元的轴突到达视皮质第 4 层，从而采用放射自显影方法显示出来自这一侧眼的外膝体在 V1 的投射。在皮质纵切片上，可以看到第 4 层中呈现周期性的亮斑，见图 6-3-9A；在皮质水平切片上，V1 显示出黑白相间的条纹，分别代表两侧眼的优势柱。同生理学结果一致，黑白条纹的宽度也是相对恒定的，约为 0.8 mm。以前认为眼优势柱的形成与发育早期神经节细胞的自发同步化活动以及视觉经验有关，但新近的研究表明眼优势柱的产生在发育早期主要取决于外膝体和皮质细胞的内在信号分子。

空间频率功能柱　视觉神经元对空间频率反应的高低体现动物的视觉分率能力，实验室中常用不同宽窄的移动正弦光栅检测神经元的空间分辨能力。由于猕猴初级视皮质 V1 的不同功能细胞分布在不同层，利用脑功能成像技术，只检测出颜色功能柱中的神经元，其空间分辨能力显著弱于颜色功能柱外的神经元，目前还没有检测出猕猴 V1 区存在空间频率功能柱。但是具有相同空间频率偏好的神经元，在猫 17 区（V1）中有柱状排列，即空间频率柱（spatial frequency column）。空间频率柱贯穿整个皮质厚度，柱间距约为 1 mm。从皮质表面看，空间频率柱呈带状连续分布，与方位柱和眼优势柱交叉，但其边界不如后两者分明。具有高空间频率的功能柱集中在 V1 的中央区，而低空间频率的则逐渐向 V1 周边区扩散。最近有研究表面，在猕猴外纹状皮质 V4 脑区，却存在与猫 V1 类似的空间频率功能柱，处在高空间频率柱内的细胞具有极高的空间分辨率。

运动方向功能柱　来自猕猴外膝体大细胞层的投射，主要集中在 V1 第 4 层 α 亚层以及第六层，因而猕猴 V1 对运动方向敏感的神经元，主要是层级分布的，猕猴初级视皮质中没有形成运动方向功能柱。但是视觉动物猫 17 区（V1）和 18 区（V2）视皮质中，对运动方向敏感的神经元非常丰富并聚集成群，形成了对运动方向具有选择性的功

能柱。在一个方向功能柱内，细胞倾向于两种相反的运动方向，且多数细胞与其相邻的细胞具有相近的方向选择性，从而形成方向柱（motion direction column）。当电极倾斜插入皮质，沿途细胞的最佳方向逐渐变化，但不时出现不规则的大的跳跃，既从一个方向变成相反的方向。

超柱　可以把初级视皮质的基本功能单位看作约 1 mm（长）×1 mm（宽）×2 mm（深）的小立方体，即所谓的超柱（hypercolumn）。它包含一组司职各种方位的方位柱和一对左右眼优势柱，见图 6-3-9C。超柱遍及整个 V1 区，每个超柱表征视野中相对应的一小部分，处理相关视野中的各种视觉信息，包括方位、颜色、亮度、运动和双眼视觉等。值得注意的是，超柱是连续的不可分割的，一套方位柱中的第一薄片柱和一对眼优势柱的左右眼次序均是随机的；同时超柱本身是不规则的，并不是严格的方块。

功能柱中存在大量的垂直于皮质表面的皮质内连接，它们是不同细胞层信息传递的通道，是视皮质行使功能的基础。同时，视皮质存在由锥体细胞轴突侧枝形成的远距离水平连接。锥体细胞轴突侧枝可沿某一层水平投射达几毫米，这种投射是不连续的，并以一定的间隔形成一簇轴突终末，其间隔与超柱的宽度大致相当。生理学和解剖学方法证明，这些水平连接发生在具有相似功能的功能柱之间。因而视皮质有两组相互交错的连接，一组是纵向的，其纵跨皮质各亚层并连接具有不同视觉处理功能的细胞；一组是横向的，把具有相同反应特征的功能柱联系起来。这些水平连接可以整合视皮质一个较大范围（直径几个毫米）内的信息，因此，一个细胞的功能可能为其正常感受野之外的视觉刺激所影响。目前确实已发现细胞的偏好方位不是一成不变的，而是随着周围背景的改变发生动态变化。在心理物理学上的所谓的周围视觉元素调制效应（contextual effect），我们对物体的视知觉感知受其背景的影响可能就是由这些水平连接所介导的。

六、串行和平行信息处理方式

感受野组构的等级假说　视网膜神经节细胞的感受野在一定程度上沿承了双极细胞的特征，而外膝体细胞的感受野基本上取决于神经节细胞。对于初级视皮质神经元感受野的组构，Hubel 和 Wiesel 提出了等级假说（hierarchical hypothesis），即前一

级神经元感受野的有序排列汇聚成后一级神经元相对复杂的感受野。如图 6-3-6 所示，简单细胞的感受野由许多具有同心圆感受野的外膝体细胞的空间上汇聚所产生，这些外膝体细胞的感受野在视野中的空间位置略有不同，且排列成一直线，这一直线的方位即为它们所汇聚的简单细胞的偏好方位。同样，复杂细胞的感受野由具有相同偏好方位感受野的简单细胞汇聚而成（参见图 6-3-7），这些简单细胞的感受野在视野中排成一直线。所以垂直的边缘不管落在感受野的何处，总会引起其中一些简单细胞的兴奋，从而导致该复杂细胞的反应。同样，超复杂细胞的感受野可由复杂细胞感受野的有序汇聚而成。

这个假说很好地解释了视觉系统信息处理的某些重要特征，近年来也得到了电生理工作的有力支持：①只有具有相同感受野空间位置的外膝体细胞和猫初级视皮质第 4 层简单细胞存在单突触的兴奋性连接；②第 2、3 层复杂细胞的兴奋性突触输入绝大部分来自第 4 层具有相同感受野位置的简单细胞；③简单细胞只分布在直接接受外膝体投射的第 4、6 层，而复杂细胞在所有层中均有分布，但它们的感受野结构和复杂性在每层中各不相同。这一假说也受到一些质疑，例如有研究显示，有少数位于第 2、3 层中的复杂细胞直接接受外膝体的单突触输入；皮质远距离水平连接和局部皮质反馈性连接影响皮质细胞感受野的特性。因此，随着研究的逐步深入，这种等级假说需要进一步的修正和完善。

这一假说本质上是将视觉系统对视觉信息的加工和处理看作是一个串行的过程，这在一定程度上是正确的。不仅是感受野的形成，在亮度、对比度、颜色以及运动信息的处理方面，各自信息的平行通路在一定程度上都存在串行处理，以逐步抽取对视觉有意义的信息。在高级脑区下颞叶已发现对脸有特异反应的细胞即是一例。但总体而言，期待一个或较少的一群细胞具有十分复杂的抽象能力是不合理的。由于其具有很高的冗余度，并且外部环境的视觉目标是无穷而可变的，以串行方式处理信息显然是不经济的。

信息的平行处理　与上述串行处理相对应，视觉系统中亦存在信息的平行处理（parallel processing）方式。视觉是一个从二维视网膜像所蕴含的信息演绎出外部世界时空结构的过程，其最终结果是视知觉（visual perception）。这显然表明视网膜像中含有多重物理参数以反映外部世界的多维结构，这些参数通常包括视网膜位置、光波波长、时间和左右眼。生理学和解剖学研究表明，视觉系统中确实存在相互分离的信号通路，分别对上述参数所对应的信息进行平行处理。主要包括：①大细胞和小细胞通路：如前所述，视网膜大细胞和小细胞分别投射至外膝体大细胞层和小细胞层，进而再分别投射到 V1 第 $4C_\alpha$ 和 $4C_\beta$ 层，分别传递、处理与运动和颜色、形状相关的信息。这两个通路在外纹状皮质仍保持相互的独立（参见下文）。②颜色和形状通路：上述的小细胞通路在从第 $4C_\beta$ 向第 2、3 层的投射中发生分离，一部分细胞投射至斑点区，处理与颜色相关的信息；另一部分细胞则投射到斑点间区，处理与形状有关的信息。③给光通路和撤光通路：尽管给光通路和撤光通路在视网膜中即已存在交互影响，但它们在视网膜-外膝体-初级视皮质水平上仍然保持相对独立。④左右眼通路：在外膝体，左右眼的信息是分离的。视皮质细胞尽管多为双眼驱动，但在 V1 总以一眼为主，因而左右眼的信息在 V1 也是相对独立的。⑤空间频率通路：上述保持平行分离的大、小细胞通路还分别选择性处理低、高空间频率的视觉信息。

第四节　外纹状皮质

初级视皮质 V1 以外的视皮质均称为外纹状皮质（extrastriate cortex）（图 6-3-10）。猕猴大脑皮质有 35 个以上的区域与视觉有关，占据了整个大脑皮质的一半。其中 V1（17 区）和 V2（18 区）是皮质中最大的脑区，其他许多视皮质部分或全部都深埋在大脑表面的皱褶中。

V2 区，也被称为次级视皮质，紧邻 V1 区并接受其有序投射，是目前研究得相对清楚的外纹状皮质区。V2 区细胞也可分为简单细胞和复杂细胞，它们感受野特性与 V1 区的细胞没有本质区别，但这些细胞均为双眼性，且感受野比 V1 神经元大。用细胞色素氧化酶染色法，根据染色深浅的不同，发现 V2 区存在规则的亮暗带状条纹区（stripes）；与染色浅的亮条纹（pale stripes）相比，暗条纹又分为宽、窄

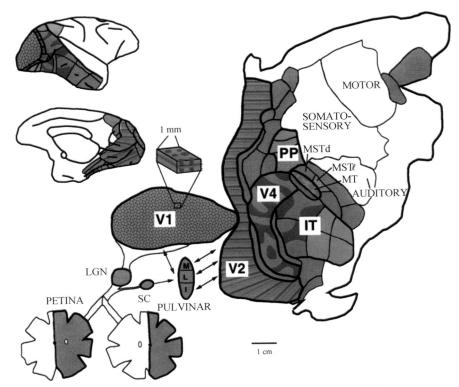

图 6-3-10 猕猴视觉通路和主要外纹状视觉皮质展开图

RETINA. 视网膜；PULVINAR. 丘脑枕核；SC. 上丘；LGN. 外侧膝状；V1. 初级视皮质；V2. 次级视皮质；V4. 视皮质第四区；IT. 下颞叶皮质；PP. 后顶叶皮质；MT. 运动视觉皮质；MSTt. 腹侧内侧颞上皮质；MSTd. 背侧内侧颞上皮质；AUDITORY. 听觉；SOMATOSENSORY. 本体感觉；MOTOR. 运动（引自参考文献中的综述 14）

两类（thick stripes 和 thin stripes）。利用内源性信号光学成像技术可以发现，这些条纹区在功能上主要分别编码形状、运动（包括双眼视差）和颜色信息（图 6-3-8F）。其中，宽带区除了编码运动方向外，大部分细胞还参与立体视觉信息的处理，称为双眼视差细胞（视差为物体在两眼视网膜上的图像差异）。

一、大、小细胞的神经通路

在外纹状皮质，大、小细胞通路仍然保持相对的分离（图 6-3-11A）。大细胞（magnocellular）通路经由神经节大细胞→外膝体大细胞层→$4C_\alpha$（V1）→4B（V1）→V2 深染宽带层→V5/MT，处理与运动相关的信息。此外，大细胞通路分支还经由 V2 深染宽带层投射到 V3 区，处理动态形状相关的信息。小细胞（parvocellular）通路在 V1 水平可分为两条，一是经由神经节小细胞→外膝体小细胞层→$4C_\beta$（V1）→第 2、3 层中的颜色斑点区（V1）→V2 深染窄带层→V4 颜色区，处理与颜色相关的信息；另一条小细胞通路则是经由神经节小细胞→外膝体小细胞层→$4C_\beta$（V1）→第 2、3

层中的斑点间区（V1）→V2 浅色亮带层→V4 形状区，处理与形状相关的信息。需要注意的是，这种信号通路的分离只是相对的，各个脑区之间存在广泛的相互联系。例如在 V1 区，大、小细胞通路均具有轴突投射至第 2、3 层的斑点区，并且斑点区和斑点间区之间存在水平连接；在 V2 区，不同层之间亦存在横向的连接。此外，大细胞也部分投射到 V4。

二、各级神经元的感受野

视觉信息通过初级和次级视皮质（V1 和 V2）分拣处理后，继续向更高级脑区投射，进行下一步整合处理。往腹侧和背侧脑区投射的下一个脑区分别是 V4 和 MT 脑区。V4 最初被认为是颜色处理中心，后来发现 V4 脑区绝大多数神经元，其感受野是 V1 感受野的 4～7 倍大，偏好编码中等复杂度的形状信息，比如拐角和弧度曲线等。MT 脑区则被认为是运动信息处理中心，其感受野比 V1 感受野大 5 倍以上。MT 脑区中不仅有方向选择性功能柱，还有视差功能柱，有助于深度场景的识别。同时神经元开始编码收缩和扩展运动，说明高级视皮

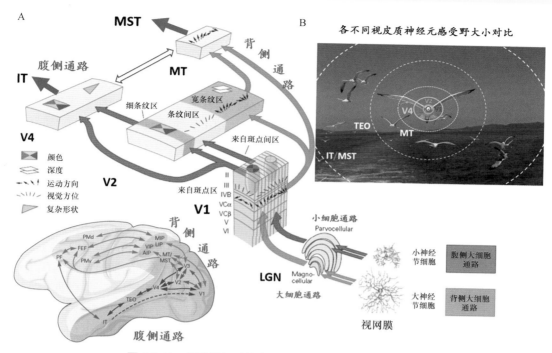

图 6-3-11　视觉神经系统中两条平行处理视觉信息的通路

A. 背侧通路主要负责处理运动和深度视觉信息，腹侧通路主要负责处理形状和颜色信息；**B**. 各个视皮质感受野大小比较。插图为各级脑区神经元感受野大小比较。AIP. 后顶叶区域；VIP. 腹顶叶区域；LIP. 侧顶叶区域；MIP. 中顶叶区域；PMv. 腹侧运动前区；PMd. 背侧运动前区；FEF. 前额眼动区；PF. 前额叶（图 A 修改自参考文献中的综述 4）

质的功能专一性和复杂性越来越强，它们分别处理视觉目标的不同特征信息。V4 和 MT 脑区神经元还具有明显的视网膜拓扑位置投射关系。

　　外纹状皮质视觉通路十分复杂，关联的 30 多个皮质区域彼此互相投射。在这些复杂的投射网中，可以大体区分出两大投射通路。一条是经由 V1 → V2 → V4 → IT（inferior temporal，下颞叶皮质），称为腹侧通路（ventral pathway）或颞叶通路（temporal pathway），主要处理与形状、颜色和立体视觉相关的信息，关心目标是"什么（what）"的问题，即物体识别的问题；另外一条是经由 V1 →（V2）→ V5/MT（中颞叶区）→ MST（medial superior temporal，内上颞区），往后顶叶皮质（posterior parietal）投射，称为背侧通路（dorsal pathway）或顶叶通路（parietal pathway），主要处理与运动和立体视觉相关的信息，关心目标在"何处（where）"的问题。两条通路都处在一个等级化的神经环路中，上游脑区的感受野相对较小，只能编码局部的相对简单的视觉刺激，下游脑区开始拥有越来越大的感受野，单个神经元接受了多个上游神经元的信号输入，有能力表征大面积的复杂视觉刺激，同时更高级脑区神经元的感受野越来越不遵循视网膜拓扑位置投射关系。到 IT 和 MST 及以后脑区，

其神经元完全丧失了视网膜拓扑位置投射关系，可以编码和表征单双侧视野中的物体（图 6-3-11B）。

三、视觉信息整合中的捆绑问题

　　迄今为止，我们知道大脑中存在几十个直接或间接与视觉信息处理相关的皮质区，它们既平行又分级地处理各种不同的视觉信息。那么，一个视觉目标所包含的形状、颜色、亮度、运动等信息是如何在各个脑区和神经环路中有机结合而形成视觉认知的？这个视觉的根本问题迄今还不清楚，这就是视知觉理论中的"捆绑问题"（binding problem）。目前主要有两种认识：一种观点认为不同特征视觉信息的"捆绑"需要注意（attention）的参与，即具有不同视觉功能的视区编码某视觉目标的不同特征，通过选择性注意，这些区域所编码的视觉信息有机整合起来，从而形成视觉认知；另一种流行的观点则认为，不同特征信息的"捆绑"是通过相关视区神经元之间的同步化活动来实现的。电生理实验发现，不同功能类型的皮质神经元之间的活动存在时间上的同步性。这种同步性广泛存在于同一功能柱内或同一视区不同功能柱内的相同功能类型的细胞、处理不同信息的视区内的细胞，及大脑两半球对应视

区内的细胞。解剖学发现，神经元活动大范围的同步化可能源于各个视皮质之间存在的广泛的交互性投射，特别是更高级视皮质向 V1 和 V2 存在大量的反馈性投射，都是有助于进行视觉信息整合的完成。

四、面孔识别与物体识别

腹侧通路中的下颞叶皮质是物体识别的重要脑区，因为该脑区的损坏会带来物体识别上的障碍，甚至特定脑区的损害会引起某一类别物体识别的障碍，比如脸盲症。所以对于下颞叶功能的研究是探索物体识别神经机制之谜的钥匙所在。

在诸多种类的物体中，面孔是非常特殊的一类。对面孔的识别对于我们正常的日常生活和社交都至关重要。关于面孔信息加工神经机制的研究也有悠久的历史，Charles Gross 等率先在猕猴下颞叶发现了对灵长类面孔特异性反应、而不对其他类物体反应的细胞（Bruce et. al，1981；图 6-3-12A）。这类细胞的发现暗示了视觉系统的高级阶段可能编码我们日常可以理解的语义概念，这极大地激发了

人们的兴趣。但之后很长时间内，因为这类细胞并不经常被记录到，这类细胞的特性并没有被系统地研究。伴随着功能核磁共振技术的出现，人们率先在人类大脑发现对面孔强烈响应的脑区，其后也在猕猴得到印证——猕猴的左右半球在下颞叶区域各有 6 ~ 10 个约 3 mm 直径大小的岛状区域，对面孔刺激的反应强于对其他类的物体，被称作面孔脑区，这些 face patch 因为彼此之间存在着特异性的联结从而形成了一个面孔网络。在核磁影像的引导下，研究人员记录了 face patch 内神经元的活动，证明了 face patch 即有大量的面孔细胞（face cell）构成（Tsao et al，2006；图 6-3-12B）。Face patch 的发现为系统研究面孔识别的神经机制提供了便利。

在其后的十几年内，多家实验室对面孔细胞展开了系统研究，并做出了不少原创性的工作。首先，人们发现不同 face patch 内的神经元在编码面孔朝向这一基本信息有明显的区别：较低级的 face patch 有明显的朝向选择性——神经元仅对部分面孔朝向（比如正脸）反应；较高级的 face patch 对朝向选择性变弱，但呈现出对面孔个体的选择性，

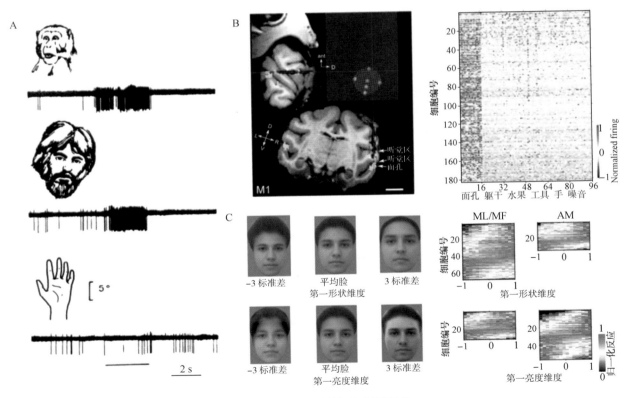

图 6-3-12 面孔识别神经机制的研究

A. 猕猴颞叶面孔细胞对视觉刺激的反应；**B**. 功能核磁引导的电生理记录（左）发现 face patch 内大部分神经元都选择性地对面孔反应（右）；**C**. 通过计算机视觉算法提取面孔变化的主要特征维度（左），系统刻画面孔细胞反应随特征变化的改变趋势（右）。D/V/L/R. 背侧 / 腹侧 / 左侧 / 右侧；ant. 前侧；M1. 猴子 1；ML. 中侧面孔脑区；MF. 中底面孔脑区；AM. 前中面孔脑区（图片出处，**A**：参考文献中的原始文献 2，**B**：参考文献中的原始文献 14，**C**：参考文献中的原始文献 4）

即神经元以朝向不变的方式编码了面孔个体。另外，研究人员对面孔细胞如何编码面孔个体进行了深入研究，他们采用参数化的方式生成卡通或接近真实的面孔，系统刻画面孔细胞对面孔特征的反应情况。研究显示，面孔细胞较为线性地整合面孔特征，即可认为面孔细胞是在编码特征（比如两眼间的距离、肤色深浅等），而并非某个特定的面孔个体（图 6-3-12C）。这一系列研究系统揭示了大脑编码复杂物体所遵循的基本规律。最后，研究人员通过使用更为丰富、特意的刺激发现了几个新的 face patch，分别对应了运动的面孔和熟悉的面孔，为进一步研究面孔信息在自然状态下如何被使用提供了新的途径。

下颞叶中不仅仅存在着对面孔特异反应对 face network，还存在了了其他类别的特异性网络，包括对于身体特异反应的躯干网络（图 6-3-13A），对场景反应的场景网络。这些网络也是由多个 patch 组成，并且 patch 里面存在着大量对类别特异反应的神经元。但是下颞叶还是存在着大量的区域，并不属于任何已经知道的特异性网络，另外一个问题也没有回答的是，为什么会存在某些类别（面孔，身体等）对应的类别特异性网络，而某些类别（比如食物，树木）却又不存在对应的类别特异网络呢？Nancy Kanwisher 用瑞士军刀（Swiss knife）做了一个形象的类比，她认为某些视觉任务（如面孔识别）需要特殊的区域来处理，就好比瑞士军刀里的红酒

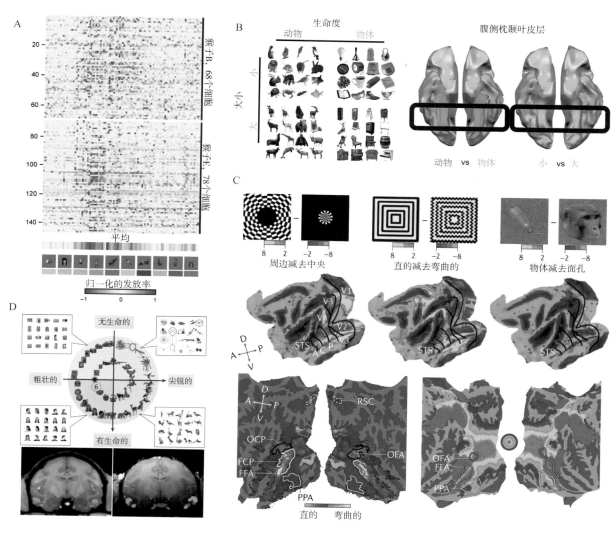

图 6-3-13 网络模型和拓扑结构

A. 猕猴下颞叶 body patch 大部分神经元都选择性地对 body 反应；B. 生物体/非生物体、实际物体大小在下颞叶的表征；C. 类别特异性网络的位置拓扑结构；D. 物体空间模型（A：Kumar S, Popivanov ID, and Vogels R. Transformation of visual representations across ventral stream body-selective patches. *Cereb Cortex*, 2019, 29: 215-229. B：Konkle T and Caramazza A. Tripartite organization of the ventral stream by animacy and object size. *J Neurosci*, 2013, 33: 10235-10242. C & D：Arcaro MJ and Livingstone MS. On the relationship between maps and domains in inferotemporal cortex. Nat Rev Neurosci, 2021, 22: 573-583.）

起子只能用来开红酒木塞一样，而下颞叶那些没有特异性选择性的区域是处理一般的视觉任务，就好像瑞士军刀里的普通工具一样，可以应付各种场景。

这个回答的理解其实是关系到了一个更为基础的问题：下颞叶的功能组织原则是什么？一种假说认为下颞叶继承了它上游低级视觉皮质（V1，V2，V4）的视网膜拓扑结构的功能组织结构，特别是中央-周边的组织结构，这种假说认为不同类别特异性网络的位置关系与视网膜拓扑结构有着对应关系，比如 face network 与中央视野表征区域重合，而 scene network 与周边视野表征区域重合（图 6-3-13B）。另外一种假说来源于数据驱动的方法，通过下颞叶对不同客体的反应，从而建立不同客体之间表征相似性，继而证明了下颞叶存在着生物体/非生物体，及实际物体大小等主要维度（图 6-3-13C）。第三种假说认为下颞叶在表征一个低维度的客体空间，类别特异性脑区的存在是因为同一类别的客体在客体空间中处于类似的位置，更为有趣的是这样的客体空间也存在于不同的以客体识别为任务的深度学习网络中。并且基于这样的客体空间，研究者还在下颞叶中找到了两个新的以形状特征为聚类标准的网络（图 6-3-13D）。这些假说彼此之间并不是绝对互斥的，而是从不同的层面去理解这一问题。而对这一问题的回答将大大促进我们对于客体识别神经机制的理解。

第五节　色　觉

大脑如何实现从神经元反应到心理认知的过程，是脑科学的根本问题之一。光波是不具有颜色的电磁波，我们能识别出数千种不同的色调，是因为大脑给不同波段的可见光信息设定了主观颜色标签。但是这一主观心理行为在我们视觉大脑中是如何实现的，迄今仍不清楚。色觉（color vision）是一种感受可见光线中不同波长成分的主观经验。它是视觉的重要组成部分，是亮度视觉（brightness vision）必要而有益的补充。色觉丰富了我们的视觉经验，增强了我们对物体的辨别和感知能力。

一、色觉理论的发展

关于色觉的研究最早可以追溯到 17 世纪，Newton 在 1666 年首先利用三棱镜将白光分解成不同颜色，揭示了光的波长与我们主观感知到的颜色之间的关系，成为了光谱学的开端，也为色觉的研究提供了最重要的基础。1801 年，Young 提出了"三原色"理论（trichromatic theory），后经过 Helmholtz 的改进，形成了杨-亥姆霍兹理论（Young-Helmholtz theory），这种理论假设眼睛中存在着三种不同的感光元素，分别对长波、中波、短波敏感，即能感受红光、绿光和蓝光，根据这三种感光元素对各种光反应以不同比例结合就可以形成各种人类感知到的颜色，这三种颜色即为三原色。"三原色"理论解释了许多重要的色觉现象，但它无法解释颜色视觉后像和颜色对比等色觉现象。于是其他色觉理论应运而生，其中最重要的是 Hering 于 1878 年提出的"颜色拮抗"理论（opponent process theory），这种理论认为颜色在视觉系统中是通过拮抗的方式处理的，即红-绿拮抗、蓝-黄拮抗和黑-白拮抗，一种颜色引起的兴奋就会引起对应另一种颜色的抑制，所以在同一位置不会看到一组拮抗颜色的同时出现。在此后的一个多世纪中，这两种理论在长期反复的论争中不断完善，同时也推动了色觉研究的发展。近半个多世纪来，随着视觉神经生物学研究的不断深入，这两种理论均找到了对应的神经基础。现在我们知道，在人类的视网膜中确实存在分别对长、中、短波长敏感的视锥细胞，它们产生的视觉信号在视觉通路的各级中以拮抗编码的方式传向大脑。

二、视锥细胞和视色素

人类、旧大陆猴和部分新大陆猴是三色视生物，即视网膜存在三种分别对长、中、短波长的光敏感的视锥细胞，分别称为 L、M、S 视锥细胞。自然界中大多数哺乳动物只拥有双色视觉，即视网膜上只有对中长波和短波光敏感的两类视锥细胞。视锥细胞中的感光物质为视色素，可以将光信号转换为电信号。在 20 世纪 60 年代，运用显微分光术测定了人的单个视锥细胞的光谱吸收曲线，证明了三种视锥细胞的存在，它们对光的吸收峰分别约为 560 nm、530 nm 和 460 nm。20 世纪 80 年代，

Nathans 应用分子生物学方法，测定了编码人三种视色素的基因序列，其中分别对应 L、M 视锥细胞的长、中波视色素基因都位于 X 染色体上，位置相邻且彼此有 95% 的同源性同源；对应 S 视锥细胞的短波视色素基因位于 7 号常染色体上，其与另外两种视色素的基因仅有 43% 的同源性。

三、色觉的神经机制

三种视锥信号并非通过各自专门的通路传向大脑，而是以拮抗成对的编码方式进行传递。早在视网膜水平，就已存在编码成对拮抗颜色的水平细胞、双极细胞、无长突细胞和神经节细胞，其中神经节细胞尤为明显，表现为同心圆形状的中心-周边型拮抗，称为单拮抗感受野。当感受野的中心对一种视锥细胞的输入呈兴奋（或抑制）反应，其感受野外周就会对与之相对的视锥细胞信号输入呈抑制（或兴奋）反应，如中心对 L 信号兴奋，而外周对 M 信号抑制。

在外膝体中，颜色信息主要由第 3 ～ 6 层的小细胞和各层次之间散在分布的颗粒细胞传输处理，而位于第 1、2 层的大细胞无颜色处理功能。小细胞接受 L-M 的视锥细胞的输入，负责 L-M 拮抗的信号处理；颗粒细胞主要接受 S-（L ＋ M）的输入，负责 S-（L ＋ M）拮抗的信号处理。1984 年，Derrington、Krauskopf 和 Lennie 三位生理学家根据视锥细胞信号的拮抗调制特性提出了 DKL 视锥激活空间，又称 DKL 颜色空间，用于描述颜色对于视锥细胞的激活特点。DKL 颜色空间以 L-M、S-（L ＋ M）和 L ＋ M 三条拮抗通路作为三个维度，由 L-M 轴与 S-（L ＋ M）轴构成的平面为等亮度平面，该平面上的各点代表颜色的亮度相同，可以有效地将亮度和色调分离开，在等亮度水平下研究颜色认知的机制。总体上，外膝体中的颜色反应细胞的偏好颜色基本都位于 DKL 颜色空间的坐标轴方向附近，提示这些细胞对视锥细胞的信号输入进行线性的处理整合。

来自 LGN 的视觉信息大部分直接输入到大脑初级视皮质 V1，并经过 V2、V4、IT 等腹侧视觉皮质通路逐级进行加工处理。在 V1 中，处理颜色信息的细胞主要集中于可以被细胞色素氧化酶（cytochrome oxidase，CO）深染的斑点区内。除了单拮抗细胞，V1 中还存在着另外一种拮抗细胞，即双拮抗细胞（double opponent cell）。双拮抗细胞根据其感受野的形状可以分为两类，一类具有同心圆式的感受野结构，感受野中心和外周分别接受两组相反的拮抗信号调制，如中心对 L 信号兴奋、对 M 信号抑制，而外周对 L 信号抑制、对 M 信号兴奋；另一类双拮抗细胞具有相互平行的两个感受野亚区，同样分别接受两组相反的拮抗信号调制。双拮抗细胞既存在颜色的拮抗，还存在空间的拮抗，不仅可以参与颜色编码，还可以参与颜色边界检测。利用在可以被 CO 深染的 V2 窄带区中注射逆向示踪剂霍乱毒素 B（cholera toxin-B，CTB-Au），发现投射到 V2 窄带区的细胞 81% 来自 V1 的斑点中，证实了 V2 窄带区与 V1 斑点区的组织学连接。来自多个不同实验室的电生理记录结果都显示，V2 窄带区中颜色细胞的比例都显著高于 V2 中的其他染色带。有研究认为 V1 的颜色细胞总体上对视锥细胞的信号输入采用线性的整合处理方式，颜色调制曲线的带宽较宽，符合视锥信号线性结合的模型。V2 中的颜色细胞的感受野特性与 V1 类似，但有研究认为 V2 中非线性结合细胞的比例（约 33%）明显高于 V1 中的比例。利用内源光学成像手段在 V2 的窄带中，发现相似的颜色可以激活邻近皮质表面区域，这些区域与 V1 分散的颜色斑点非常相似，但面积大得多，这种斑点区内的颜色有规律排布结构被称为色相图（hue map），随后在 V1 的颜色斑点中也发现了色相图的功能结构。在单细胞分辨率水平的双光子钙成像结果显示 V2 中偏好相同颜色的细胞相比 V1 聚类程度更加明显，更有规律性（图 6-3-14）。

V4 曾被认为是对于颜色认知最为重要的脑区，曾被称为是"颜色中心"，但随后对猕猴 V4 的研究发现，V4 还参与形状、亮度等信息的编码；对猕猴的 V4 进行损毁后，猕猴仅仅出现了轻度的颜色区分障碍，但是有明显的形状区分障碍，提示 V4 在猕猴的颜色认知过程中有重要作用，但并非决定性的作用。通过离子电渗法在猕猴 V2 窄带区注射生物素化葡聚糖胺（biotinylated dextran amine，BDA）进行顺向示踪，发现 V2 窄带的神经元会集中投射到 V4 形成核团组织。Conway 等利用 fMRI 发现在 V4 中存在着一些功能区域，其中大多数细胞具有较强的颜色选择性，这些区域被命名为团块区（glob）。颞叶皮质 IT 位于 V4 的下游通路，其中后下颞叶皮质（posterior inferotemporal cortex，PIT）在 fMRI 研究中发现与 V4 一样都存在着团块状的颜色反应区域。另外，PIT 与 V4 位置相邻，且边

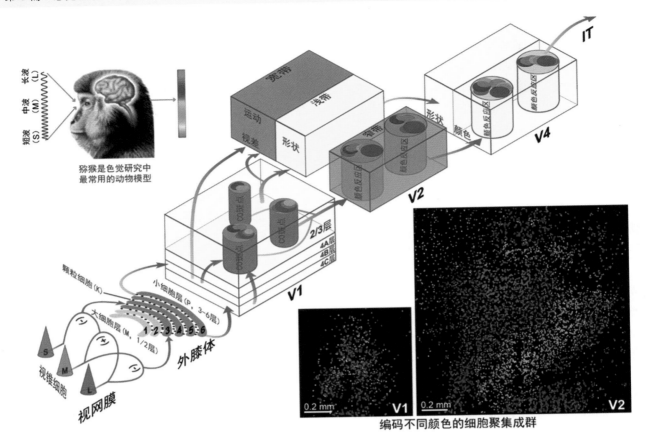

图 6-3-14　颜色视觉信息在灵长类动物大脑中的传递通路

左上角插图显示颜色是大脑中的主观感知，右下角插图展示是猕猴双光子成像单细胞分辨率的颜色细胞集群（改自参考文献中的原始文献 11）

界不清晰，团块内的细胞反应特性也十分相似，因此 V4 常与 PIT 一起称为 V4 复合体（V4 complex）。空间分辨率更高的内源性光学成像揭示，V4 团块区的颜色细胞，也是聚集在颜色斑点中。V4 的颜色斑点大小与 V2 的相似，但 V4 中的色相图相比于 V1 和 V2 中的色相图排布更加规则（图 6-3-14）。

IT 前侧区域 AIT 相比于 PIT 对于颜色认知更加重要，但其参与颜色认知的具体功能与机制尚不清楚。一些研究显示，AIT 的细胞在猕猴在执行颜色分类任务时，反应会变强，提示相比于 PIT 单纯编码颜色的基本维度，AIT 能够参与颜色分类等的高级认知活动。

总而言之，色觉是通过多等级的视觉通路对颜色信号进行逐级整合加工，而最终形成我们的颜色认知。但是，我们对于颜色视觉神经机制的了解远远少于我们对形状视觉和运动视觉的了解。许多颜色认知相关的问题，如颜色各维度参数在大脑中的神经编码机制、大脑中是否存在决定颜色认知的"颜色中心"，及"颜色恒常"的神经机制等等，仍有待深入探索和研究。

第六节　视觉系统的发育和可塑性

视觉系统具有高度复杂而有序的神经网络，视通路中许多初级和中高级脑区，都存在精确的视网膜位置拓扑式投射关系和并行处理各种视觉信息的不同神经环路，视觉系统已成为神经科学领域中研究神经发育、神经结构和功能的可塑性，及其相互关系的重要模型。视觉系统包括胚胎期在内的早期发育，主要取决于遗传性因素，决定了视网膜→外膝体→初级视皮质神经元之间相对无序的初始突触连接的形成。在随后的发育过程中，在神经元自发活动和视觉经验的影响下，早期无序的神经连接，按竞争性原则有选择性地被塑造成有序的、具有拓扑投射关系的神经环路和网络。幼年视觉系统具有很强的可塑性，是发育的关键期（critical period）。在关键期内，人为改变视觉环境或神经元活动将不可逆地改变视觉系统的结构和功能。新近的研究表明，成年动物的视觉系统，特别在其功能方面也具有一定程度的可塑性。

一、视觉系统的发育

神经节细胞形成于眼中，外膝体细胞起源于胚胎的间脑，而初级视皮质第 4 层的细胞则在端脑中形成。从胚胎发育早期起，这三种结构就彼此相距甚远。目前的研究表明，神经节细胞和外膝体细胞的轴突生长锥在导向分子的引导下，通过化学亲和的原则识别靶区；进而通过位置信息的匹对到达其靶细胞，形成初始的突触连接。在胚胎发育期间，高级哺乳动物外膝体分层结构的出现早于光感受器细胞的形成；视网膜到外膝体和外膝体到初级视皮质的突触连接随即先后形成。尔后，这些初始的突触连接经历了一个精细的修饰过程（refinement）。例如，在发育的早期，绝大多数外膝体神经元接受两眼输入，而发育后期和成年后的外膝体神经元只对一侧眼刺激有反应。解剖学示踪实验显示，来自左、右眼的神经节细胞轴突进入外膝体的初始阶段，两者投射区相互重叠；随着发育的进行，轴突侧枝选择性收缩和调整生长方向，导致两眼投射区逐渐分离。类似的现象也发生在外膝体细胞向视皮质的轴突投射。在这个突触连接修正过程中，视神经回路在自发的或由视觉经验引起的神经元活动的作用下不断地调整，逐渐在视觉通路各级产生拓扑式突触连接，最终形成成熟的视觉系统。

视觉系统的发育过程和速度因种而异。哺乳动物出生后，视觉系统特别是视皮质在相当长的一段时间内尚处于未成熟阶段。幼猫在出生时眼睑是闭合的，两周后眼睛打开，第 3～5 周则是猫视觉发育的关键期。出生后 3 周内的幼猫，其视皮质细胞的反应比较迟缓，有些完全没有反应，在整体上与成年猫的视皮质有相当大的差异。尽管如此，具有方位选择性和眼优势的细胞已经开始出现。随着发育的进行，皮质细胞的反应逐渐接近于成年猫的细胞。例如，眼优势柱在第 3 周开始出现，到第 13 周时与成年猫已基本相似（图 6-3-15）。与幼猫不同，猴在出生时视觉系统相对成熟，视线能跟踪目标，其关键期从出生开始一直扩展到第 6 个月，其中，第 6～8 周最敏感。新生猴甚至晚期胚胎猴的

视皮质细胞的方位选择性反应能力与成年猴就已接近，方位柱已颇具雏形。眼优势柱的形成情况则有所不同。虽然新生猴初级视皮质的眼优势细胞分布与成年猴接近，在平行于皮质表面的水平切面上，可以隐约看到间隔约为 0.4 mm 的很浅的条纹，但在纵切面上没有完整柱形结构的痕迹，即纵贯视皮质厚度的眼优势柱还没有形成，这种状况一直延续到出生后的第 4 周。人视觉系统的关键期在 3～4 岁。需要注意的是，发育关键期在不同种动物间是不一样的，而且在同一动物的不同神经系统间也有差异，如与上述视觉系统相比，人发展语言能力的关键期出现较晚，但持续时间很长，在 2～7 岁。

二、神经元自发活动影响视觉系统发育

在视觉通路突触连接的修饰过程中，神经元之间的同步化活动起关键性的作用。多电极记录和钙成像等方法揭示，在视网膜拓扑投射形成之前和形成过程中，视网膜神经节细胞自发产生有规律的成串的动作电位，并与邻近细胞产生相对同步化的自发活动，这种活动逐渐向周围细胞传播，形成所谓的视网膜波（retinal wave）。在外膝体细胞和视皮质神经元上也发现类似的现象。目前普遍认为，视网膜波对两眼神经节细胞轴突纤维在外膝体内的分层分布和拓扑投射起到了引领性的作用，而外膝体细胞的同步化活动则被推测与视皮质拓扑投射形成有关。因此，人为长期改变神经节细胞的活动将导致视觉系统结构和功能的异常。例如，在胚胎时期，将河豚毒素（TTX）注射到眼中以阻断神经节细胞的自发活动，包括视网膜波，结果外膝体双眼输入的分离和拓扑投射的形成受阻，视皮质眼优势柱的形成也受到遏制；运用电刺激视神经方法，同步所有的神经节细胞的活动，结果皮质方位柱不能正常形成；动物出生后如长期给予高频闪光刺激，使两侧视网膜神经节细胞的活动趋于同步化，结果导致眼优势柱不能正常形成。

三、幼年视觉系统具有高度可塑性

哺乳动物在出生后相当长的一段时间内，其视觉系统结构和功能具有高度的可塑性，特别是在关键期内，视觉环境对视觉发育造成不可逆的影响。

单眼视觉剥夺的影响 在关键期内，如果将

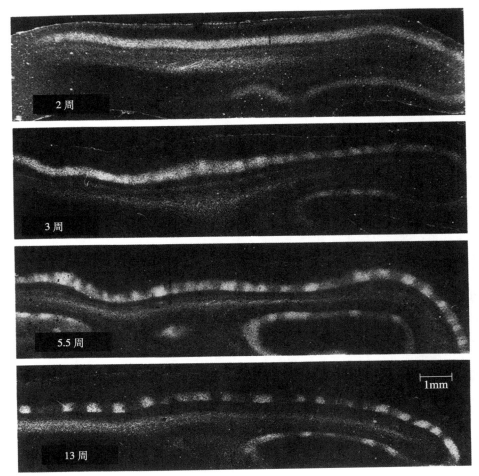

图 6-3-15 猫在出生后不同时期初级视皮质的眼优势柱发育情况
黑白间隔条带分别代表左右眼优势柱（引自参考文献中的综述 4 ）

幼年动物的一只眼用手术缝合，剥夺视觉 1 周以上，即进行单眼视觉剥夺（monocular deprivation，MD），该眼将失去视觉功能。在幼猫出生后一周内缝合一侧眼睑，1 ~ 3 个月后把手术眼打开，结果发现手术眼没有视觉，尽管其瞳孔反射和视网膜电图都正常，神经节细胞对光反应没有明显的异常，甚至外膝体细胞的感受野也是正常的，但是绝大多数视皮质细胞（90% 以上）对手术眼没有反应。解剖学结果与上述电生理结果完全一致。³H 标记的脯氨酸示踪实验发现，视觉剥夺的动物其正常眼的优势柱异常地宽，而手术眼的则很窄。在新生猴上也取得了相似的结果。视觉剥夺猫的外膝体细胞尽管反应基本正常，但细胞形态变化显著：在接受手术眼输入的外膝体层次，细胞胞体只有正常的一半。在关键期内，视觉剥夺对视觉系统发育造成的影响是不可逆的。在动物出生后将其一只眼缝合 3 个月，然后打开，同时把另一只眼缝合 1 年后再打开。5 年后在视皮质进行记录，发现几乎所有的细胞对最初的手术眼没有任何反应。在行为上，动物的那一只眼是失明的，而另一只眼则完全正常。相似的例子可见于临床病例，先天性白内障患者成年后做摘除手术并不能使其视觉恢复；但后天性的白内障患者即使患病多年，一旦在摘除后即可复明。

双眼视觉剥夺的影响 猫在黑暗中出生并生长或出生后双眼被缝合，即进行双眼视觉剥夺（binocular deprivation），其视皮质细胞的眼优势和优势柱发育基本正常，但大多数细胞不能为双眼驱动，而且它们的方位和方向选择性均明显下降，方位和方向选择性细胞的比例亦大大降低。此外，出现许多对两侧眼均无反应的细胞。显然，双眼视觉剥夺比单眼视觉剥夺所造成的影响要小得多。原因可能在于双眼视觉剥夺的动物，其两眼神经节细胞的自发活动本身或其相对强弱没有改变，皮质细胞接受的来自两眼的信息基本相当，故左、右眼优势柱发育正常。但由于其形状和运动信息完全被剥夺，故导致成年猫视皮质细胞的方位和方向选择性明显降低。

由上述可知，眼优势柱的形成是一个依赖于神经节细胞活动的双眼竞争性的过程。在动物发育的关键期内，双眼对视皮质的输入存在竞争性，竞争能力的大小取决于自发的或由视觉经验引起的神经元活动的相对强弱。在正常情况下，两眼视通路的神经元活动强度相当，竞争处于一种平衡状态，从而在视皮质上形成结构对等的左、右眼优势柱。如果人为或病理性地改变两侧通路中神经元活动的相对强度，平衡向优势眼一侧移动，导致眼优势柱发育异常。同样，利用这一竞争性原理，临床上采用单眼掩盖法对儿童屈光参差型弱视患者进行治疗，即通过视觉剥夺正常眼，使得两侧视觉通路神经元活动达到相对平衡，在皮质上形成正常的眼优势柱，并最终使双眼视力逐渐恢复。运用光学成像方法和更精确的示踪技术，最近发现，眼优势柱的形成可分为两个阶段：在关键期之前，就已存在由遗传因素决定的边界粗糙模糊的眼优势柱轮廓；在关键期内，这种粗略的眼优势柱在视觉经验和神经元活动的精雕细琢下逐渐成形，发育完成。

人工斜视和异常视觉经验的影响　在切断一侧眼外肌人工造成斜视时，两眼仍然接受正常的视觉输入，但两眼对物体的注视发生了改变，由于竞争关系，会产生一个优势眼和一个弱视眼。在这种情况下，幼猫和幼猴皮质细胞虽然具有正常的感受野，但细胞多为优势眼驱动，双眼驱动的细胞很少。这可能是由于斜视造成双眼视野分离，两眼神经节细胞活动的同步性随之下降，根据 Hebb 的突触学习理论，这势必造成皮质细胞最终接受来自优势眼的投射，导致双眼驱动型细胞数量减少。

将新生猫置于一种只有垂直条纹的圆筒中饲养，或戴上一副只画有垂直条纹的眼镜，长大后小猫的皮质细胞只对垂直刺激有反应。如果新生猫在水平条纹的环境中长大，细胞则只对水平刺激有反应。在临床上也有类似的报道。如果在儿童期有高度的散光且未作矫正，成年后即使矫正了散光，但某些方位上的视锐度仍然很低。这显然是因为在儿童期与这些方位相关的图形长期处于散焦状态，视网膜成像模糊，造成视皮质细胞在该方位上的反应受到不可逆的削弱。

神经生长因子的作用　神经营养性因子是许多脑区突触可塑性发生的关键分子之一。在关键期内向大鼠脑室中注入神经生长因子（NGF），可以消除单眼视觉剥夺的效应，包括眼优势柱向正常眼的

偏移和外膝体细胞形态的改变。皮质内局部施加脑源性神经生长因子（BDNF）则可以阻止局部眼优势柱的形成。与此相一致，在关键期内，局部施加 BDNF 的抗体或其抑制物，以阻遏内源性 BDNF 所诱导的信号，可以导致正常动物不能形成左、右眼优势柱，并且单眼剥夺引起的眼优势改变的关键期大幅度延长。此外，BDNF 在视皮质中的表达也受视觉经验和神经元活动的影响。

四、成年视觉系统的可塑性

传统上认为，随着视觉系统的成熟，视皮质变得高度稳定，可塑性也随即消退，具体可表现在成年动物视觉系统结构和功能不受视觉剥夺和异常视觉经验的影响。但目前大量的研究表明，成年哺乳动物的感觉皮质（包括视、听和躯体感觉皮质）以及运动皮质，在结构和功能上仍具有可塑性。最典型的例子是盲点（scotoma）实验：小面积损伤成年猫或猴双侧视网膜的一小块对应区或作单侧损伤并摘除另一眼，人为地在初级视皮质上造成一个双眼剥夺的盲区。2～6 个月后，该皮质区内的细胞感受野明显地向盲区外迁移，表现为对盲区周边的视网膜区域产生反应。这个现象最快可发生在手术后 1 小时内。显然，在这个变化过程中，视网膜-外膝体-视皮质的拓扑投射发生了重组。但是最近用猴进行的功能核磁共振成像研究并不支持上述可塑性的观点，可能是由于功能核磁的空间分辨率有限的缘故（这个研究也同时做了单细胞记录）。

心理物理学研究表明，人类终身具有知觉学习（perceptual learning）的能力。尽管目前还不十分清楚知觉学习的神经基础，一种普遍接受的观点是这个过程实质上反映了大脑皮质功能甚至结构的动态改变。由于知觉学习对视觉刺激的基本特征（例如方位、视网膜特定区域、源于左眼或右眼等）具有专一性，这表明初级视皮质参与了这个过程。但近年的研究发现这些专一性可以用新的实验范式去除，说明知觉学习可能发生在高级脑区。反复视觉刺激可以改变成年动物视皮质的拓扑投射以及皮质细胞的动态感受野。例如，成年猫在经过由方位刺激引起的适应性学习后，V1 细胞的最佳方位发生偏移。与此相一致，临床上有很多成年弱视患者在经过特定的视觉图像反复刺激后，其视觉对比敏感度和视锐度均有不同程度的改善。

相对于发育早期，成年动物视觉系统的可塑性

能力相对较弱。一种解释是关键期后皮质内抑制逐渐增强，从而降低了皮质细胞突触可塑性的能力。细胞外间质（extracellular matrix，ECM）也影响突触可塑性。人为降解 ECM 中一种抑制轴突生长的成分，可以部分恢复成年大鼠眼优势柱的可塑性能力。

对视觉系统可塑性的理解对于认识神经系统的发育和可塑性具有普遍意义。其他感觉系统的发育也存在类似的关键期。在这一时期，它们的结构和功能可以由于恰当的使用而变得敏锐，也可能由于不当的使用或废用而受到不可逆的损伤。这些问题的研究具有重要的实际意义，可以为提高人类的健康水平、儿童智力开发等提供科学方法和理论依据。

第七节 总 结

眼睛是心灵的窗口，在所有的感知认知中，视觉是基础。如何从视觉感知到心理认知，是脑科学的根本问题。视觉系统是人类和高等动物重要的感觉系统。外界环境的视觉信息，包括形状、颜色、亮度、运动、远近等，在视网膜初步加工后由不同的视觉通路经外膝体传递到大脑皮质；在大脑皮质，视觉信息依次由初级视皮质向更高级视皮质传递。在信息传递过程中，视觉系统以串、并行相结合的信号处理方式对表征视觉目标中不同特征的视觉信息进行逐级抽提，平行处理，并将它们储存在高级视皮质的不同区域。最终这些区域的视觉信息在某种目前未知机制的作用下有机地组织起来，形成视觉。视觉系统的结构和功能在发育过程中甚至在成年后仍具有可塑性，视觉经验在关键期内对视觉系统的发育具有不可逆的影响。

致谢

本章第四节第四部分"面孔识别与物体识别"为中科院脑科学与智能技术卓越创新中心常乐博士和北京大学鲍平磊博士共同撰写。

参考文献

综述

1. Gegenfurtner KR. Cortical mechanisms of colour vision. *Nat Rev Neurosci*，2003，4：563-572.
2. Hirsch JA，Martinez LM. Circuits that build visual cortical receptive fields. *Trends Neurosci*，2006，29：30-39.
3. Hubel DH. *Eye*，*Brain*，*and Vision*. New York：Scientific American Library，1988.
4. Kandel ER，Schwartz JH，Jessell TM，eds. *Principles of Neural Science*. 4th ed. McGraw-Hill Companies，Inc.，2000.
5. Karmarkar UR，Dan Y. Experience-Dependent Plasticity in Adult Visual Cortex. *Neuron*，2006，Vol 52，4：577-585.
6. Katz LC，Crowley JC. Development of cortical circuits：lessons from ocular dominance columns. *Nat Rev Neurosci*，2002，3：34-42.
7. Maunsell JH，Newsome WT. Visual processing in monkey key extrastriate cortex. *Annu Rev Neurosci*，1987，10：363-401.
8. Merigan WH，Maunsell JH. How parallel are the primate visual pathways? *Annu Rev Neurosci*，1993，16：369-385.
9. Nathans J，Merbs SL，Sung CH，et al. Molecular genetics of human visual pigments. *Annu Rev Genet*，1992，26：403-424.
10. Sillito AM，Jones H. Corticothalamic interactions in the transfer of visual information. *Philos Trans R Soc Lond B Biol Sci*，2002，357（1428）：1739-1752.
11. Singer W，Gray CM. Visual feature integration and the temporal correlation hypothesis. *Annu Rev Neurosci*，1995，18：555-586.
12. Treisman A. Solution to the binding problem：progress through controversy and convergence. *Neuron* 1999，Vol 24，105-110.
13. Tsodyks M，Gilbert C. Neural networks and perceptual learning. *Nature*，2004，431：775-781.
14. Van Essen D，Gallant J. Neural mechanisms of form and motion processing in the primate visual system. *Neuron*，1994，13（1）：1-10.
15. 寿天德. 视觉信息处理的脑机制. 上海科技教育出版社. 上海. 1997.

原始文献

1. An X，Gong H，Qian L，et al. Distinct functional organizations for processing different motion signals in V1，V2，and V4 of macaque. *Journal of Neuroscience*，2012，32：13363-13379.
2. Bruce C，Desimone R，Gross C. Visual properties of neurons in a polysensory area in superior temporal sulcus of the macaque. *Journal of Neurophysiology*，1981，46（2）：369-384.
3. Cang J，Renteria RC，Kaneko M et al. Development of precise maps in visual cortex requires patterned spontaneous activity in the retina. *Neuron*，2005，48：797-809.

4. Chang L，Tsao DY. The code for facial identity in the primate brain. *Cell*, 2017, 169, 1013-1028.

5. Crowley JC，Katz LC. Development of ocular dominance columns in the absence of retinal input. *Nat Neurosci*,1999,2: 1125-1130.

6. Felleman DJ，Van Essen DC. Distributed hierarchical processing in primate cerebral cortex. *Cerebral Cortex*, 1991, 1: 1-47.

7. Gilbert CD，Wiesel TN. Columnar specificity of intrinsic horizontal and corticocortical connections in cat visual cortex. *J Neurosci*, 1989, 9: 2432-2442.

8. Hochstein S，Ahissar M. View from the top: hierarchies and reverse hierarchies in the visual system. *Neuron*, 2002, 36: 791-804.

9. Hubel DH，Wiesel TN，Stryker MP. Anatomical demonstration of orientation columns in macaque monkey. *J Comp Neurol*, 1978, 146: 421-450.

10. Livingstone MS，Hubel DH. Specificity of intrinsic connections in primate visual cortex. *J Neurosci*, 1984, 4: 2830-2835.

11. Liu Y，Li M，Zhang X，et al. Hierarchical representation for chromatic processing across macaque V1，V2，and V4. *Neuron*, 2020, 108: 1-13.

12. Martinez LM，Alonso JM. Construction of complex receptive fields in cat primary visual cortex. *Neuron*, 2001, 32: 515-525.

13. Reid RC，Alonso. Specificity of monosynaptic connections from thalamus to visual cortex. *Nature*, 1995, 378: 281-284.

14. Tsao DY，Freiwald WA，Tootell RBH，Livingstone S. A cortical region consisting entirely of face-selective cells. *Science*. 2006, 311（5761）: 670-674.

15. Wang W，Andolina I，Lu Y，et al. Focal gain control of thalamic visual receptive fields by layer 6 corticothalamic feedback. *Cerebral Cortex*, 2018, 28（1）: 267-280.

第 **4** 章 听觉系统

闫致强　柴人杰

第一节　外周听觉系统

一、耳的组成

　　一般来说，我们所能感知的声音信号，来自外界物体的纵向振动所产生的一定频率范围内的声波。这些声波通过一定介质（比如空气）传入耳朵。耳接收声音带来的振动能量，在一定频率范围内对其进行放大，将空气振动转换为耳蜗内的液体振动并进行阻抗匹配，最后再将机械形式的信号转换为神经信号传输到大脑神经系统。在这个过程中，耳还必须感受声源的位置信息，并根据环境变化和大脑的意识对工作状态进行主动反馈和调节。整个过程由耳的三个最为重要的部分协同完成（图6-4-1），即外耳（outer ear）、中耳（middle ear）和内耳（inner ear）。

（一）外耳

　　人类外耳的最外侧为耳廓（pinna）（即耳郭），由软骨支撑而起的皮肤层组成。耳廓的功能类似于

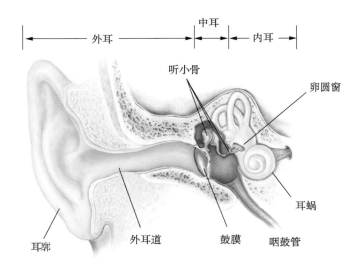

图 6-4-1　人耳的解剖结构
耳由外耳、中耳和内耳组成。外耳包括最外侧的耳廓和外耳道；中耳由鼓室、咽鼓管、鼓窦和乳突组成；内耳包括感受声音信息的耳蜗和感受位置信息的前庭器官（Bear M，Connors B，Paradiso M. Neuroscience：exploring the brain，2nd ed. New York：Lippincott Williams & Wilkins Inc，2001）

天线，收集、反射声音并使之最有效地聚集到外耳道（ear canal）。人类的外耳道端口到鼓膜之间的长度为 2.5 ～ 3.5 cm。外耳道可以被理想化为一端封闭另一端开口的管子，当声音波长为外耳道长度的 4 倍时将产生共振，其共振频率由下列公式导出：

$$f_0 = c/4L$$

f_0 为共振频率；c 为声音速度；L 为外耳道长度。

当外耳道的长度为 2.5 cm，声音的速度为 33 100 cm/s 时，可以计算出外耳道的共振频率为 3310 Hz，所以在该共振频率附近的声音将会得到加强。连同外耳的其他部分的作用，外耳最大可以获得近 15 dB（decibel）的增益（Shaw，1974）。

（二）中耳

中耳由鼓室（tympanic cavity）、咽鼓管（eustachian tube）、鼓窦（tympanic antrum）和乳突（mastoid）所组成。鼓室是由鼓膜（tympanic membrane）和侧壁形成的不规则密闭腔体，内有听骨链将鼓膜振动传递到内耳。听骨链（ossicular chain）由三块听小骨组成，即锤骨（malleus）、砧骨（incus）和镫骨（stapes），它们是人体内最小的骨骼，总重量不到 60 mg，其中镫骨的平均重量不到 3 mg。听骨链被人体内最小的两条肌肉，即镫骨肌（stapedius muscle）和鼓膜张肌（tensor tympani muscle）所支配。鼓室的气压平衡和气体交换由咽鼓管的瞬间开放来完成。

中耳的主要生理功能是实现声阻抗匹配（acoustic impedance match）。由于内耳液体的密度远远大于空气的密度，如果中耳没有声阻抗匹配功能，99.9% 的声音能量将不能从空气介质传入到内耳的液体介质中。中耳通过三种阻抗匹配机制，即面积比机制（area ratio mechanism）、杠杆机制（lever mechanism）和弧形鼓膜变形机制（curved membrane buckling mechanism）来保证外界声音信号高效率地传入内耳。面积比机制是指声音振动的总能量必须从面积大的鼓膜上集中到面积小的卵圆窗上来，使得振动压强增加 17 倍。杠杆机制是指锤骨柄相当于杠杆的长臂，砧骨相当于杠杆的短臂，长短臂的长度比值使振动压强增加 1.3 倍。弧形鼓膜变形机制是指鼓膜在锤骨柄两侧形成的两个弧形中心处的振动幅度大于锤骨柄，这种振动模式产生了新的杠杆放大作用，使振动压强加大。三种机制可以使总的声音振动压强增加约 44 倍，相当于 33 dB。

（三）内耳

内耳包括感受声音信息的耳蜗（cochlea）和感受位置信息的前庭器官（vestibular system）（图 6-4-1）。其中耳蜗将是本小节讨论的重点。

耳蜗部分的骨迷路形成骨性螺旋管，该螺旋管的内部被膜迷路分成鼓阶（scala tympani）、前庭阶（scala vestibuli）和中阶（scala media）（图 6-4-2）。鼓阶和前庭阶充满外淋巴液而中阶则充满内淋巴液。含有听觉毛细胞（hair cell）的柯蒂氏器（organ of Corti）位于中阶的基底膜（basilar membrane）上。受到声音振动刺激，听觉毛细胞的膜电位发生变化并释放神经递质，最后使得支配毛细胞的听觉神经产生兴奋和冲动，通过螺旋神经节（spiral ganglion）将声音信息传到听觉中枢，从而听到声音。耳蜗不只是简单被动地对声音有反应，而是在外毛细胞（outer hair cell）的主动运动和耳蜗传出神经系统的参与下对外界声音主动做出极其精细复杂的响应，从而使得耳蜗对声音具有极强的频率分辨能力和灵敏度。

二、耳蜗

耳蜗是将声音的振动信号转换为大脑可以感受和进行处理的神经脉冲信号的器官，是听觉外周最重要的组成部分。人的耳蜗形状如同蜗牛（图 6-4-2A），由螺旋形管道绕中间的蜗轴盘旋 2.5 ～ 2.75 周，全长约为 35 mm，总宽度为 1 cm，高 5 mm。耳蜗毛细胞是听觉感受器细胞，位于基底膜上方的柯蒂器（Corti 氏器）内。耳蜗毛细胞分为外毛细胞和内毛细胞（inner hair cell）。哺乳类动物的外毛细胞沿着蜗管方向排列成三排，而内毛细胞排列为一排。人类的外毛细胞数量约为 12 000 个，内毛细胞数量约为 3500 个。外毛细胞的特点是其电运动性（electromotility），而内毛细胞则不具备这样的特点。内毛细胞的数量虽少，但受 95% 的听觉传入神经纤维的支配。而外毛细胞主要受起源于听觉脑干的上橄榄核的传出神经纤维的支配。因此，解剖学上的特征提示内毛细胞主要完成听觉信息向中枢的传递，而外毛细胞主要参与听觉信号转换中的离心调节和主动过程，决定听觉灵敏度和精细辨别能力。

（一）耳蜗结构

哺乳动物中，内耳包含前庭、3 个半规管和耳

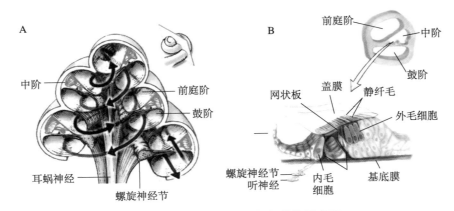

图 6-4-2 哺乳类耳蜗的解剖结构示意图

A. 耳蜗的剖面结构图显示耳蜗由三个管腔（前庭阶、中阶和鼓阶）所组成。箭头线表示声音振动波在耳蜗内的传递路径；B. 柯蒂器（organ of Corti）的结构和在耳蜗迷路中的位置（A 引自 http://www.iurc.montp.inserm.fr/cric51/audition/english/start2.htm；B 引自 Bear M，Connors B，Paradiso M. Neuroscience：exploring the brain，2nd ed. New York：Lippincott Williams & Wilkins Inc，2001）

蜗。耳蜗是主要的听觉器。哺乳动物的耳蜗具有特有的螺旋卷曲形态。人的耳蜗管被软组织分成 3 个充满液体的部分：前庭阶、中阶和鼓阶。3 个部分在耳蜗内围绕着蜗轴一起旋转，沿耳蜗卷曲方向平行排列。耳蜗的螺旋底部有两个膜性窗口，分别称为卵圆窗和圆窗。蜗管的前庭阶和鼓阶分别终止于卵圆窗和圆窗。前庭阶和鼓阶充满外淋巴液，在蜗顶有的蜗孔将二者相连通。中阶是封闭的管腔结构，将前庭阶和鼓阶分隔开，其内部充满内淋巴液。在耳蜗中，位于基底膜上的柯蒂器是最重要的听觉感受装置，由内、外毛细胞，支持细胞，盖膜等构成。内、外毛细胞和支持细胞构成一层上皮组织脊（epithelial ridge），分布在基底膜上（图 6-4-2B），上方被含纤维和胶状质的盖膜（tectorial membrane）所覆盖。盖膜是柯蒂器内第二个上皮组织脊，与基底膜的振动相互作用，对毛细胞产生机械刺激。

当声音振动传入耳蜗后，基底膜上下振动，带动柯蒂器一起运动（图 6-4-3）。由于基底膜的运动轴和盖膜的运动轴是错开的，在基底膜和盖膜之间的毛细胞的纤毛束产生一个相对剪切运动。当基底膜向上（向前庭阶）振动时，毛细胞的纤毛束受到一个向外（向最长纤毛的方向）的剪切力。这个力对毛细胞是个兴奋性的刺激，进而使得支配这个毛细胞的听神经的发放增加（图 6-4-3A）。当基底膜处在振动的中点时，毛细胞不受到剪切运动的刺激，不会产生兴奋（图 6-4-3B）。当基底膜向下（向鼓阶）振动时，毛细胞受到一个向内（向最短纤毛的方向）的剪切力。这个力对毛细胞产生

的是抑制性作用，将引起听神经发放的减少（图 6-4-3C）。对于健康的哺乳类耳蜗，毛细胞并非简单被动地接受基底膜振动的刺激，实际上毛细胞对振动刺激有着主动和积极的机械性反应。这个反应是通过外毛细胞的电运动性（electromotility）来实

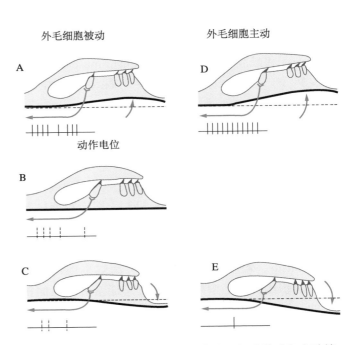

图 6-4-3 耳蜗的基底膜和柯蒂器在外毛细胞被动和主动情况下的振动

A. 在声音的稀疏相，基底膜和盖膜向上运动产生一个向最高静纤毛方向的剪切力，使毛细胞兴奋；B. 基底膜回到静息位置，没有剪切力产生，毛细胞不受到刺激；C. 在声音的压缩相，基底膜和盖膜向下运动产生一个相反方向的剪切力，使毛细胞抑制；D、E. 外毛细胞的主动运动使基底膜的振动幅度得到加强（Bear M，Connors B，Paradiso M. Neuroscience：exploring the brain，2nd ed. New York：Lippincott Williams & Wilkins Inc，2001）

现的。所谓电运动性是指当外毛细胞在去极化时缩短，超极化时伸长。外毛细胞的电运动性是由表达于细胞侧壁、被称作 PRESTIN 的细胞膜蛋白驱动的。PRESTIN 属于一个阴离子转运家族中的溶质载体蛋白 26（SLC26A），但 PRESTIN 并不发挥转运阴离子的功能。目前一致认为，PRESTIN 是驱动外毛细胞电能动性的机械力，是一种分子马达蛋白。已知的分子马达如肌球蛋白（myosin）、驱动蛋白（kinesin）、动力蛋白（dynein）等，需要消耗 ATP，从而改变蛋白质的构象，产生机械运动。而 PRESTIN 却与众不同，它是一种直接的电–机械力的转换器（voltage-force transducer），不依赖 ATP 和 Ca^{2+}，也不需要跨膜电流，只需要跨膜电压，运动的频率可以达到人耳所感受到的上限频率。外毛细胞的电运动性使得基底膜的振动得到进一步的放大和加强（图 6-4-3D、E），并使得基底膜的振动产生非线性成分。另外，源自脑干上橄榄复合体的传出神经也通过外毛细胞的电运动性对基底膜的振动进行调控。因此，柯蒂器的机械振动是一个极其复杂的主动过程，体现了耳蜗对声音频率的精细辨别能力和灵敏度。当耳蜗因为噪声、药物或其他因素使得这种主动过程受损或丧失时，耳蜗的灵敏度和频率选择性等就会下降（Liberman et al，2002）。

（二）耳蜗毛细胞

毛细胞是内耳上皮组织发挥功能的主要组织者，它能将机械振动信号转导为电信号（机电转导）。哺乳动物的听觉毛细胞位于内耳耳蜗基底膜上的柯蒂器内。听觉毛细胞分为内毛细胞和外毛细胞，二者的解剖形态有所不同：①内毛细胞呈现鸭梨形，而外毛细胞呈现圆柱形；②内毛细胞紧密地埋在支持细胞中，四周没有空隙，而外毛细胞的胞体四周有空隙；③内毛细胞的纤毛束按"一"字形排列，而外毛细胞的纤毛束按"V"或"W"形排列；④内毛细胞主要由传入神经支配，而外毛细胞主要由传出神经支配；⑤内毛细胞的纤毛束同盖膜不紧密接触，而外毛细胞纤毛束的顶端则紧紧地埋入盖膜。内毛细胞和外毛细胞的这些差异同它们在机械电转导的过程中所起的作用直接相关。例如，外毛细胞胞体四周的空隙可能同其电运动性有关，而内毛细胞被支持细胞紧密围住则表明内毛细胞无电运动性。

（三）耳蜗的电信号转导

耳蜗的功能是将声音振动的机械能量转换为神经信号（cochlear transduction）。机械电转导（mechanoelectrical transduction，MET）发生的确切部位在毛细胞的纤毛上。毛细胞的名字来源于其顶端的毛状纤毛簇，称为纤毛。纤毛从细胞的顶端突起，进入充满内淋巴液的蜗管中，包括一根动纤毛（kinocilium）和多根长短不一的静纤毛束（stereocilia）。哺乳动物耳蜗毛细胞静纤毛直径一般为 0.2 μm，长度不超过 6～7 μm。静纤毛主要由交联的平行肌动蛋白丝组成，静纤毛在动纤毛的指导下逐渐发育。哺乳动物耳蜗毛细胞静纤毛发育成熟时，动纤毛已退化，仅存基体。静纤毛排列成行，长度向动纤毛或基体方向逐渐增加，形成阶梯状结构，赋予静纤毛极性。

静纤毛上有机械门控离子通道。相邻高低不等的纤毛的顶端由一个特殊结构的尖端连接（tip-link）（图 6-4-4B）。根据门控弹簧假说（gating spring hypothesis），机械电转换通道处于尖端连接处，这些通道属于机械门控离子通道（mechanically gated channel），其开放或关闭由尖端连接控制。尖端连接将纤毛牵拉产生的机械张力传递到 MET 通道时期打开，引起 Ca^{2+} 和 K^+ 离子内流，导致毛细胞去极化（图 6-4-4A）。最新研究表明，MET 通道的组分包括但不限于 TMC1、TMC2、LHFPL5、TMHS 和 TMIE 等蛋白，最新的研究表明其中的机械力门控的成孔亚基为 TMC1/2 蛋白。这些蛋白聚集于 tip-link 下端，与 tip-link 组成蛋白 PCDH15 结合。当纤毛没有受到盖膜和基底膜形成的剪切力的作用时，约有 10% 的通道处于开启状态。当纤毛束向最长纤毛的方向弯曲时，尖端连接的张力增加，使关闭的机械门控通道被拉开。由于毛细胞的纤毛束处在有约 + 80 mV 的高钾离子的内淋巴液中，而毛细胞内的静息电位为 - 60 mV 左右，纤毛束周围的钾离子受 140 mV 电势差的驱动经被打开的机械门控通道流入毛细胞内（图 6-4-4A）。流入胞内的钾离子产生去极化效应，使得毛细胞胞体上的电压门控钙通道开放，钙离子流入胞内。胞内增加的钙离子触发内毛细胞中含有兴奋性神经递质（谷氨酸）的突触囊泡的释放，从而兴奋听觉神经末梢。当纤毛束向最短纤毛的方向弯曲时，尖端连接的张力减少，机械门控通道关闭，产生超极化效应。离子与机械刺激同步在毛细胞内外流进和流出，使得毛细胞的膜电位发生与机械刺激同步的改变，这个电位被称为毛细胞感受器电位（receptor potential）。感受器电位的波形与刺激信号波形很类似，但不完全

机械门控钾通道

尖端连接

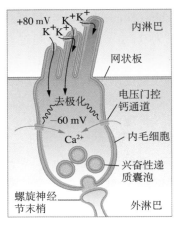
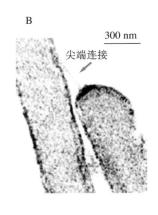

图 6-4-4　毛细胞的机械电转导过程

A. 当静纤毛尖端受力伸展时，与尖端相连的钾离子通道打开，流入的钾离子使细胞去极化，从而又打开电压门控的钙离子通道。钙离子的流入使得神经递质从突触囊泡中释放并弥漫到突触后螺旋神经节细胞末梢；**B**. 电子显微镜图像显示静纤毛尖端连接的超微结构（**A** 图来自：Bear M，Connors B，Paradiso M. Neuroscience：exploring the brain，2nd ed. New York：Lippincott Williams & Wilkins Inc，2001；**B** 图来自：http://www.iurc.montp.inserm.fr/cric51/audition/english/start2.htm）

一样。造成差异的原因之一是毛细胞在接受兴奋性刺激和抑制性刺激时所产生的膜电位变化是不对称的，兴奋性刺激时膜电位变化的幅度要大于抑制性刺激时膜电位的变化幅度。

（四）听觉神经元

在哺乳动物中，听觉系统的功能依赖于两个神经感觉组织：柯蒂器和感觉螺旋神经节中的神经元，称为螺旋神经元（spiral ganglion neurons，SGNs），位于蜗轴与骨螺旋板相连处的螺旋神经节中（图6-4-2B）。在声音的传递过程中，毛细胞将机械能转换为生物电，听觉神经产生神经冲动，并沿突触传递到颅内的听觉中枢。螺旋神经元是听觉传导通路的第一级神经元。螺旋神经元属于双极神经元，一侧的神经纤维支配毛细胞，可接受毛细胞释放的神经递质的刺激而兴奋，另一侧的中枢突起组成蜗神经，投射到大脑的听觉中枢。螺旋神经元的命运决定发生在胚胎发育早期，早于听感觉上皮的形成时期。

根据周围神经支配形式的差异，将螺旋神经元分为两种类型：Ⅰ型和Ⅱ型螺旋神经元（图6-4-5）。Ⅰ型螺旋神经元占所有螺旋神经元总群的90%～95%，胞体较大，其传入神经被髓鞘包裹，

主要支配内毛细胞并将信息向内耳神经核团投射。Ⅰ型螺旋神经元的分布符合音频定位拓扑图，即每个Ⅰ型螺旋神经元最敏感的频率与其在耳蜗分区上的相对位置保持一致。此外，Ⅰ型螺旋神经元还具有可变的自发频率（spontaneous rates，SRs），其自发率与其阈值表现呈负相关关系。根据阈值与自发频率的关系，Liberman 等将螺旋神经元分为三类：高自发频率（> 18 spikes/s）、中自发频率（0.5～18 spikes/s）和低自发频率（< 0.5 spikes/s）。单个内毛细胞可能由具有不同 SRs 的 SGN 纤维支配。这种多样性使得耳蜗中编码的声音强度具有广泛的动态范围，有利于在噪音环境中保持听力。与Ⅰ型 SGN 的轴突相比，Ⅱ型 SGN 轴突较短，体积小，数量仅占所有 SGN 总数的 5%～10%，传入神经无髓鞘包裹，主要支配外毛细胞。二者对内、外毛细胞的支配形式也有所不同。每个Ⅰ型螺旋神经元仅支配一个内毛细胞，形成一个带状突触，但一个内毛细胞可被 5～30 个Ⅰ型 SGN 支配；而每个Ⅱ型螺旋神经元可支配 2～5 个，个别可多达 20 个外毛细胞，但每个外毛细胞仅可受一个Ⅱ型螺旋神经元支配。因此，声音信号向大脑的传递通常被认为是由内毛细胞和Ⅰ型螺旋神经元主导的。

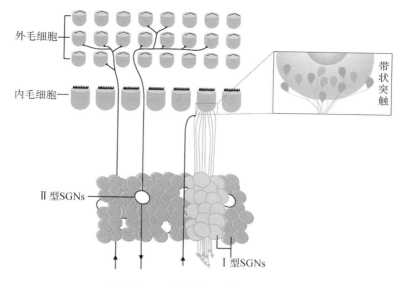

外毛细胞

内毛细胞

带状突触

Ⅱ型SGNs

Ⅰ型SGNs

图 6-4-5　螺旋神经元的支配形式

螺旋神经元是双极神经元，一侧支配毛细胞，另一侧投射到听觉中枢，分为两种类型。Ⅰ型神经元主要支配内毛细胞，呈现"多对一"的支配方式；Ⅱ型神经元主要支配外毛细胞，呈现"一对多"的支配方式。神经信号的传递依赖毛细胞和螺旋神经元之间形成的带状突触（图来自：Graven SN and Browne JV. Auditory development in the fetus and infant. 2008. Newborn and Infant Nursing Reviews. 8，187-193.）

听觉毛细胞向螺旋神经元传递电信号依赖于一种特殊的突触类型，称为带状突触（ribbon synapse），存在于脊椎动物声、光受体细胞及其相连的双极神经元的末端。带状突触活动区只位于几个固定的区域，即细胞中的快速囊泡释放区。带状突触最显著的功能特征是它能够对瞬时信号做出快速反应，同时对持续刺激保持长期的反应。这些特征基于特殊机制来实现快速的神经递质释放（通过胞吐作用）和补充，及及时的神经递质回收（通过内吞作用）。通过透射电镜观察，典型的耳蜗内毛细胞带状突触为球形或椭圆形的电子密度体，呈带状排列。带状突触长度范围可达为 200 ～ 1000 nm，囊泡集中在周围 20 nm 的范围内，这些突触囊泡的直径约为 35 nm。通常认为，每个螺旋神经元只与内毛细胞建立一个突触连接，接受某一个内毛细胞中单独的带状突触释放的神经递质。每个内毛细胞拥有 10 ～ 30 个带状突触，即毛细胞和传入神经表现"一对多"的神经突连接模式。

（五）听觉信号的传递

听觉的形成是一个机械运动转化为神经信号的过程，包括从外耳收集声波、中耳传声到耳蜗引起基底膜振动、毛细胞纤毛弯曲、产生神经冲动，及中枢信息处理等过程。外界声波通过介质（如空气、骨质等）传导到外耳道，引起中耳种鼓膜的振动。鼓膜是一个有弹性的组织，它的震动能量传递到中耳道的听小骨链，将声波转化为机械能。听骨链包括锤骨、砧骨和镫骨，锤骨和砧骨传递机械震动，镫骨底板接收机械振动并传导至卵圆窗膜。卵圆窗与蜗管的前庭阶相连，卵圆窗膜的振动引起前庭阶的外淋巴液的行波传递，刺激耳蜗内的纤毛细胞而产生神经冲动。

双极听觉神经元将编码后的听觉神经信息沿其中枢支神经纤维———听神经向脑内传递，首先到达延脑的耳蜗神经核。可以说，由于耳蜗编码后的听觉神经信息投射并终止于耳蜗核，听觉中枢神经上行传导通路始于耳蜗核。耳蜗核发出纤维大部分交叉至对侧，其中部分到上橄榄核内交换神经元后继续外侧折向上行，形成外侧丘系；少部分向同侧投射并止于上橄榄核或外侧丘系。外侧丘系为主要的上行听觉通路，其发出的传入神经止于同侧下丘，少数止于对侧下丘。由下丘发出的传入纤维向同侧的内侧膝状体传递信息，也有少数外侧丘系直接止于内侧膝状体。最后由内侧膝状体将听觉信息传递到颞叶的初级听皮质（41 区）和次级听皮质（21 区、22 区、42 区）。初级听皮质位于颞叶，其他听皮质区域在初级听皮质周围分布（图 6-4-6）。还有一条通路是不经过上橄榄核，直接从耳蜗核换元发出纤维到下丘、内侧膝状体，沿着同样的通路进入听觉处理中枢。

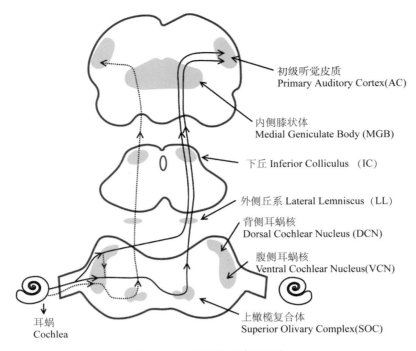

图 6-4-6 听觉信号传导通路

图示为耳蜗到听觉皮质的同侧和对侧听觉通路。听觉通路的主要核团包括上橄榄复合体（SOC）、耳蜗背侧和腹侧核（DCN 和 VCN）、外侧丘系（LL）、下丘（IC）、内侧膝状体（MGB）和初级听觉皮质（AC）（图来自：Jayakody DMP，Friedland PL，Martins RN，et al. Impact of aging on the auditory system and related cognitive functions：A narrative review. Front Neurosci. 2018，12：125. ）

三、听觉神经的编码特性

螺旋神经元（spiral ganglion neurons）是连接耳蜗毛细胞和脑干耳蜗核的重要枢纽，人类的听觉神经由大约 30 000 根纤维组成。它们可以分为两大类：接受内毛细胞输入的 Ⅰ 型神经纤维，占全部听觉纤维的 95%；接受外毛细胞输入的 Ⅱ 型神经纤维，占全部听觉纤维的 5%。Ⅰ 型神经纤维被髓鞘包裹，是典型的双极细胞，每个 Ⅰ 型神经纤维只可以和一个内毛细胞相连接，形成带状突触，而一个内毛细胞可以和多个 Ⅰ 型神经纤维相连接。Ⅱ 型神经纤维不含髓鞘，是假单极细胞，每个 Ⅱ 型神经纤维可以和多个外毛细胞相连接形成 Ribbon 突触。随着单细胞测序技术的不断发展，科学家们近些年的研究发现 Ⅰ 型神经纤维又可以分为 Ⅰa、Ⅰb 和 Ⅰc 三种亚型，分别对应于高、中、低自发放电率纤维，并且 Ⅰc 型神经纤维更容易受到年龄的影响。由于耳蜗基底膜的频率位置关系，低频纤维来自耳蜗顶端，因而位于听觉神经干的中央，而高频纤维来自耳蜗基部，因而走在神经干的周边。

大多数的螺旋神经元只接受来自一个内毛细胞的输入（图 6-4-7A），它们只对某个特定的声音频率最为敏感，该频率被称为其特征频率（characteristic

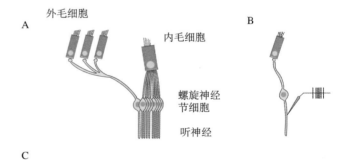

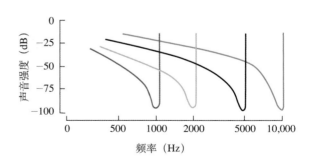

图 6-4-7 螺旋神经元对毛细胞的支配方式和听觉神经的频率选择性

A. 一个内毛细胞可以被多达 20 根神经纤维所支配，但每根听觉神经纤维只支配一个毛细胞。一根听觉神经纤维可以支配多个外毛细胞。**B.** 单根听觉神经纤维上记录到的动作电位反映了单个内毛细胞的活动特性。**C.** 在具有不同特征频率的听觉神经纤维上记录到的调谐曲线（图片来源：Bear M，Connors B，Paradiso M. Neuroscience：exploring the brain，2nd ed. New York：Lippincott Williams & Wilkins Inc，2001）

frequency，CF）。毛细胞的兴奋反映了其所连接的基底膜的振动，即单根听觉神经纤维（耳蜗螺旋神经节纤维）的响应特性由所对应的基底膜位置的响应特性决定。因此，听觉神经纤维的特征频率对应于其基底膜位置的最佳响应频率。如何测定其频率响应特性呢？我们可以通过微电极记录单根听觉神经纤维发放的方法来刻画其频率响应特性（图 6-4-7B），即对不同声音频率的响应敏感度。具体来说，对于每一个频率的声音，找到能够引起该听觉神经纤维发放增加所需的最低声强，进而刻画出一条随频率变化的声强曲线，即该听觉神经的调谐曲线（tuning curve）（图 6-4-7C）。该曲线中最低值所对应的声音频率，即为该听觉神经的特征频率。

　　即使没有外界声音刺激，听觉神经也会产生自发活动（spontaneous activity）（图 6-4-8A），一般被认为来自内毛细胞神经递质的随机释放。正常情况下，大脑不会将听觉神经的自发活动理解为来自外界的声音刺激进而产生虚幻听觉感。为什么内毛细胞会随机释放神经递质呢？至今仍没有完整答案。一个可能原因是来源于背景噪声，因为生物体不可能处在绝对安静状态，而心跳、呼吸、血液流动等都难免对耳蜗产生扰动。听觉神经自发活动的生理意义在于它建立了一个神经活动的基础水平，进而能够接受毛细胞的兴奋和抑制的双向刺激。一个有趣的现象是，各听觉神经纤维的自发活动水平并不相同，且与听觉反应阈值呈负相关，即高自发活动的神经纤维的反应阈值较低；而低自发活动水平的神经纤维的反应阈值较高。

　　一般来说，听觉神经的发放水平会随声强增长而增长，因此，在足够强的声音刺激下所有听觉神经都会产生发放（图 6-4-8B）。我们将恰好引起发放水平增加的最低声强定义为该听觉神经在某声音频率的发放阈值。受神经元活动不应期的限制，听觉神经的发放速率不能无限增长，在一定水平上会出现饱和，使得听觉神经只有一个有限的动态范围。该动态范围往往只有 30～40 dB（图 6-4-8B），远远小于人耳所具有的约 120 dB 的动态感受范围。因此，依靠单听觉神经纤维无法取得大的听觉动态感受范围。那耳蜗是如何实现该功能的呢？实际上，每个内毛细胞与 16～20 根听觉传入神经相连接（图 6-4-7A），每根纤维的自发性放电频率和发放阈值都不尽相同，其工作范围区间也不同。因此，具有不同反应阈值的听觉神经纤维协同工作，来为听觉神经的大动态范围的强度编码提供基础。此外，听觉神经还利用不同声强的纯音对不同面积的耳蜗基底膜的刺激等机制进一步扩大听觉神经的动态范围。

　　通常情况下，一种频率的声音刺激可以引起听觉神经纤维发放的增加。但是在两种不同频率声音的共同刺激下，其对听觉神经发放的影响既可以是相互加强，也可以是相互减弱。当一种频率的声音对另外一种频率的声音引起的发放产生压抑作用时，我们称之为双音压抑现象（two-tone suppression）（图 6-4-9A）。双音压抑现象的出现需要满足一定的条件，即压抑音的强度和频率必须处在被压抑音（探测音）的"V"形调谐曲线两侧的区域内（图 6-4-9B）。双音压抑产生的确切机制尚未完全明了，目前人们对双音压抑有三个认识：①双音压抑不是传出神经产生的，因为切断来自上橄榄神经核团的传出神经，双音压抑仍然出现；②双音压

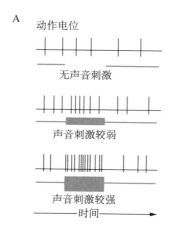

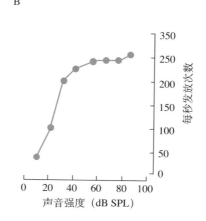

图 6-4-8　听觉神经的发放次数同刺激声音强度之间的关系

A. 当没有声音刺激时，听觉神经纤维保持一定的自发活动水平。当出现外界声音刺激时，发放的速率随声音的强度的增加而增加；B. 听觉神经发放速率很快随声音强度的增加而达到饱和，因此听觉神经的动态范围很有限

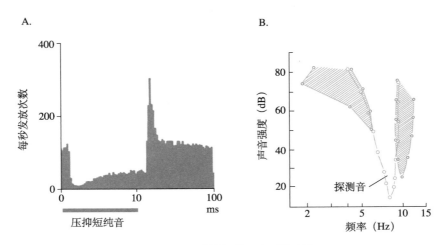

图 6-4-9　听觉神经的双音压抑现象

A. 以第一个纯音为背景（探测音），再给予第二个不同频率的压抑短纯音，使得听觉神经的发放水平下降；**B**. 如果第二个纯音的频率和强度落在听觉神经调谐曲线两侧的一定区域（阴影区），双音压抑现象就可出现（**A**. Kiang NY，Watanabe T，Thomas EC，et al. Discharge patterns of single fibers in the cat's auditory nerve. Cambridge：MIT Press，1965；**B**. Arthur RM，Pfeiffer RR，Suga N. Properties of "two-tone inhibition" in primary auditory neurons. J Physiol，1971，212：593-609.）

抑不是耳蜗内抑制性突触介导的结果，因为双音压抑的潜伏期只有 0.1 ms 左右；③双音压抑可能在耳蜗机械振动的阶段就已经产生，因为压抑可以在基底膜的振动测量中被观察到。

最后，如前所述，基底膜的不同位置对应不同的最为敏感的声音频率，因此，声波行波在基底膜上的最大激活位置可以编码相应的声音频率，该原则被称为部位机理（place principle）。除此之外，听觉神经也可以利用锁相方式（phase locking）对声音频率进行编码，即在一个周期内，神经纤维的发放不是随机出现的，而是集中出现在特定相位上。锁相发放可以发生在每一个周期，也可以每隔若干个周期出现一次。比如，一个螺旋神经节细胞可能对 2000 Hz 声音中 25% 的周期发放动作电位，但

都集中出现在该周期的特定相位上。因此，如果存在一组这样的神经元协同工作，总体上就可以对每一个声音频率的周期都有发放，从而使得听觉神经的锁相发放模式也编码该声音的频率信息，这被称为齐射原理（volley principle）。该基于锁相方式的编码弥补了前述的基于位置方式编码的不足。例如，基底膜的频率拓扑图在听觉中枢的投射区没有对非常低的声音频率敏感的神经元，即不能对低频率采用位置编码，此时就可以依靠锁相发放来对低频信息进行表征。值得注意的是，锁相只发生在频率低于 4 kHz 的声音，而无法出现在高于 4 kHz 的声音（Rose 等，1967），而后者只能依靠位置编码。总之，声音的频率信息在低频以锁相形式编码，在中频以锁相和位置来共同编码，在高频则只能以位置来编码。

第二节　耳蜗核

一、细胞类型和连接

耳蜗核（cochlear nucleus）是听觉传导通路中最底层的神经核团，是听觉中枢处理来自传入神经传递信息的最初环节（图 6-4-6）。耳蜗核左右各一，左右对称分布于接近脑桥和延髓的交界面，来自内耳进入耳蜗核的听神经传入纤维通常称为初级神经纤维，耳蜗核的传出神经纤维被称为二级神经纤维，再下一级的上行神经纤维称为三级纤

维。耳蜗核是脑干最大的中枢核团，根据解剖生理差异可将耳蜗核分为三个亚区：前腹侧耳蜗核（anteroventral cochlear nucleus，AVCN），后腹侧耳蜗核（posteroventral，PVCN），背侧耳蜗核（dorsal cochlear nucleus，DCN）。

根据形态特征和染色反应的不同可将耳蜗核神经元分为数十种。腹侧耳蜗核神经元类型主要包括：章鱼状细胞（octopus cells），球状丛细胞（spherical bushy cells），球形丛细胞（globular bushy cells），

多极细胞（multipolar cells）。背侧耳蜗核主要神经元类型包括：巨细胞（giant cells），星状细胞（star or stellate cells），车轮细胞（cartwheel cells），梭形细胞（fusiform cells）。颗粒细胞（granular cells）和小细胞（small cells）分布于耳蜗核表面及背侧耳蜗核与腹侧耳蜗核之间的特定区域中（图 6-4-10）。

Pfeiffer 根据耳蜗核神经元对短纯音（时程 20～50 ms）刺激反应的时间特性（peri-stimulus time historgram，PSTH）分为初级反应型神经元（primary-like，PL）、梳状型神经元（chopper，C）、给声开始型神经元（on-set，O）、休止型（pauser，P），及建立型（build-up，B）神经元等几大类，加上各类均有些亚型和交叉类型，耳蜗核神经元的 PSTH 分类多达 13 种（图 6-4-11）。

二、腹侧耳蜗核

用染色方法能够在腹侧耳蜗核（ventral cochlear nucleus，VCN）区分几种主要的神经元：球状丛细胞（spherical bushy cells）、球形丛细胞（globular bushy cells）、星型细胞（star or stellate cells），及章鱼状细胞（octopus cells）。每种细胞类型都以其特征性的方式编码特定的声音信息，并与脑干中更为高级的中心相联系，形成有助于听觉处理的高度特异性神经元回路的连接。球状丛细胞主要分布在腹侧耳蜗核的前端，章鱼状细胞分布在尾端，而星状细胞和球形丛细胞主要集中在中央位置。球状丛细胞和球形丛细胞是腹侧耳蜗核，主要投射到上橄榄核、外侧丘系核，及下丘的神经元。

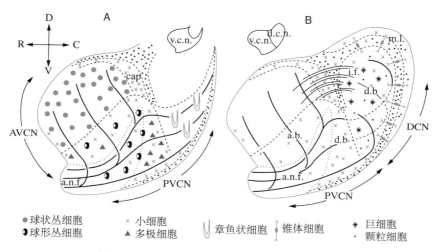

图 6-4-10　猫的耳蜗核中细胞类型及分布情况

A. 腹侧耳蜗核；**B**. 腹侧耳蜗核和背侧耳蜗核。a、n、f. 听神经；a、b. 听神经上升支；b、d. 听神经下降支（采自 Osen KK. Course and termination of the primary afferents in the cochlear nuclei of the cat. Arch Ital Biol，1970，108：21-51.）

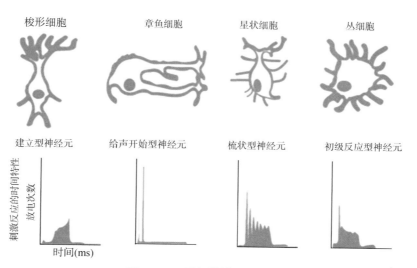

图 6-4-11　耳蜗核神经元分类

根据耳蜗核神经元的形态特征和对短纯音刺激反应的时间特性，将耳蜗核神经元进行分类

丛细胞为前腹侧耳蜗核刺激兴奋性的输出神经元，其具有相对较大的胞体，粗大的髓鞘轴突以及有大量较细分支、茎短粗大的树突。丛细胞根据其连接性和生理学特征分为球状丛细胞和球形丛细胞。球状丛细胞和球形丛细胞能够对声音刺激的精确定时信息进行编码，然后将其发送至上橄榄核用于双耳声音定位。一个球状丛细胞仅从听神经中接收少量的（通常猫为1～4个）大型兴奋性终球突触，因此球状丛细胞对声音的反应和听神经很相像，即对持续的声音有持续的动作电位，并与突触前的动作电位有一对一的关系。球状丛细胞的主要功能是准确地传递神经信号，很少对输入信号进行加工和修饰。而球形丛细胞则接收大量的（通常猫为20个）中型突触，称为改良终球。连接到球形丛细胞的Held萼状末梢较到球状丛细胞的多而小，突触联结也在胞体而不是在树突上。球形丛细胞对持续纯音的反应特征很像球状丛细胞，但在初反应之后要出现一个突然的反应消失，随后持续的反应又恢复。这种暂停型（pauser type）的反应可能表明球形丛细胞接受某种即时性的抑制性输入。

星型细胞主要包括T星型细胞和D星型细胞。T星型细胞将其轴突发送至上橄榄核、外侧丘系核和下丘脑（尤其是下丘脑中央核）。当响应于纯音刺激时，这些细胞能够以相等的动作电位间隔规则激发，并可能传达复杂的声音信息如语音。而D星型细胞具有非定向的树突结构，并把轴突发送至对侧耳蜗核，这些细胞主要通过甘氨酸发送抑制信号。星型细胞与球状丛细胞有很大的差别。多个耳蜗神经元发来的小轴突末梢在其树突上形成突触。星状细胞对纯音的反应具有梳齿形反应（chopper type，即放电与放电暂停交替进行）的特征，并与纯音的频率以及锁相无关。当星型细胞对声音适应后，梳齿形反应消失。

章鱼状细胞主要位于后腹侧耳蜗核，其输入仅由听觉神经纤维提供。支配章鱼状细胞的听觉神经纤维的特征频率（最低阈值频率）范围较为广泛，因此章鱼状细胞对声音的调整较为广泛，而章鱼状细胞这种调整宽频声音编码的结果仍有待充分理解。章鱼状细胞的轴突主要通过中间声纹投射到单耳中心，在啮齿动物或其他哺乳动物中，章鱼细胞也能投射至听觉脑干中的上橄榄旁核。章鱼状细胞对声音的反应与上述三种细胞的反应有很大的不同，它仅对声音的启动（onset）有单一的动作电位反应，表明章鱼状细胞受到了较强的抑制性影响。

三、背侧耳蜗核

背侧耳蜗核（dorsal cochlear nucleus，DCN）的结构较腹侧耳蜗核复杂，并具有显著的层状结构特征。成年哺乳动物背侧耳蜗核包括三层神经元细胞结构：浅表分子层、梭形细胞（fusiform cells）层和深层。浅表分子层主要包括低密度的小神经元细胞（主要由星形细胞组成）和神经元细胞突起（主要由无髓鞘颗粒细胞轴突、轮状细胞棘状树突、梭状细胞顶端树突组成）。浅表分子层和梭状细胞层的边界主要分布着轮状细胞（cartwheel cells）。梭状细胞层主要包括呈规则排列的梭状细胞胞体、高尔基细胞（Golgi cells）、单极刷状细胞（unipolar brush cells）和颗粒细胞（granule cells）。深层神经元细胞结构主要包括巨细胞（giant cells）、垂直细胞（vertical cells）和神经元细胞突起（由梭状细胞的基底树突和传入听神经纤维组成）。背侧耳蜗核主要的投射细胞是梭状细胞和巨细胞，背侧耳蜗核内的多种类型的细胞形成复杂的内部联系，显著地影响着梭状细胞和巨细胞对声音的反应。研究发现，巨细胞对梭状细胞有延迟性兴奋的影响。噪声性耳鸣过程中，梭状细胞会增加自发放电频率及跨单元同步性。

四、各种细胞类型的基本电生理特性

从耳蜗的双极细胞发出的听神经的电活动除了对声音的频率有显著的选择性外，还有如下的几个特点：①在没有声音刺激的条件下产生自发性电活动（哺乳动物新生期）；②对特征频率纯音（4 kHz以下）的反应有锁相（phase-lock）特征；③对应于声强的变化，其反应的变化在很大的声强范围内呈单调性。然而，对中枢听觉系统的神经元来讲，对声音反应的类别就多种多样，与听神经的反应特点有显著的不同。许多听觉中枢神经元没有或者只有较弱的自发性放电和锁相反应的特征，而且对声强反应的动态范围也较听神经的小，并在神经元之间有很大的差异。这些反应的多样性不仅反映在不同的听觉中枢结构之间，也反映在同一听觉核团中。由于耳蜗核是中枢听觉系统的第一站，同侧的听神经投射到耳蜗核并形成突触联系，其神经元的单耳反应特征对高层听觉结构中神经元的电生理性质有很重要的影响。

每个耳蜗核的细胞类型对声音的刺激都有它自

己独特的响应方式（图 6-4-12）。每个类型的细胞以不同的方式参与处理听觉神经所传递的信息。这些不同的响应方式源于下述三方面的因素：①耳蜗核细胞与听神经的连接方式；②耳蜗核细胞的生物物理特性；③耳蜗核细胞之间的连接方式。耳蜗核四种主要的细胞类型为章鱼细胞、星状细胞、丛细胞（包括球状丛细胞和球形丛细胞）和梭状细胞。前三种主要在腹侧耳蜗核分布，梭状细胞集中在背侧耳蜗核。

　　细胞的生物物理特性决定了突触电流是如何响应上游神经元活动以及信息输入的整合。章鱼细胞和丛细胞可以快速精准地响应听神经的电活动。由于这两类神经元表达低电压门控的钾离子通道，因此它们都具有较低的膜电阻、快速的突触电位应答，及快速适应的动作电位发放。这两类神经元的突触后电流（电位）依靠 α- 氨基 -3- 羟基 -5- 甲基 -4- 异噁唑丙酸受体（α-amino-3-hydroxy-5-methyl-4-isoxazolepropionic acid receptors，AMPA）介导，需要听神经较大的突触电流才能激发出动作电位。相反，星状细胞只需较少的突触电流刺激即可诱发其放电，并且其突触后电位需要 N- 甲基 -D- 天门冬氨酸受体（N-methyl-D-aspartate receptors，NMDA）参与，表现为慢速、较持续的突触电位变化。背侧

耳蜗核的梭状细胞的电生理特征与星状细胞类似，容易诱发，动作电位的发放具有重复性特点（图 6-4-12）。因此，根据其放电模式的差异可以推断出，章鱼细胞和丛细胞负责接收来自双极细胞处理过的关于声音起始和音调高低的信息；而星状细胞处理音调强度，梭状细胞收集声音的定位信息。

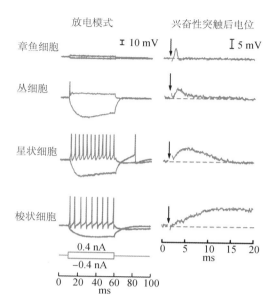

图 6-4-12　耳蜗核各类神经元的基本电生理特征

耳蜗核中 4 大类神经元放电的基本动作电位和突触后电位特征

第三节　橄榄核

　　在许多物种中，听觉是交流的基础，是定位和识别声音的关键，能帮助动物察觉看不见的危险与机会。声音的各种信息，例如在哪里出现以及意味着什么，必须从声音在每个耳朵的物理特征表征中提取出来。那么声音的定位是如何实现的呢？Thompson（1882）和 Rayleigh（1907）首先提出了经典的"声音定位的双工理论"。根据这一理论，声音定位的主要线索是声音到达两耳间的强度差异和时间差异。在许多脊椎动物中，例如哺乳动物和鸟类，通过上橄榄复合体的神经元比较声音在两只耳朵中的相对强度及时间上的差异，判断和分析后再传入下丘或听觉皮质进行更高级的整合，从而完成声源的空间定位。

一、两耳声强差异检测

　　哺乳动物的上橄榄复合体包括三个主要核团：

外侧上橄榄核、内侧上橄榄核，及内侧斜方体核。外侧上橄榄核利用双耳声强差异来定位声音，生物头部会偏转波长与头部相似或小于头部的声音，即对那些波长小于头部直径、频率较高的声波有屏蔽作用，导致近耳的强度大于远耳的强度。由这种"头部阴影"产生的双耳声音强度的差异可由包括内侧斜方体核和外侧上橄榄核在内的神经回路检测到。

　　来自同侧的前腹侧耳蜗核球状丛细胞和星状细胞输入兴奋性信号，而来自包括对侧的前腹侧耳蜗核球形丛细胞和同侧斜方体内侧核主细胞在内的非突触通路输入抑制性信号，上橄榄外侧核内神经元会比较这两种信号。外侧上橄榄核神经元不同的放电率反映出声源位置的差异会造成兴奋和抑制之间不同的平衡。来自同侧的声音能更强烈地激活外侧上橄榄核的神经元，产生相对强的兴奋和相对弱的抑制，而来自对侧的声音会产生更强的抑制。上橄榄核神经元对对侧抑制性刺激和同侧兴奋性刺激的

反应特征频率几乎是相同的，而且在特征频率处的反应阈限两边的刺激也很相似。此外，抑制性反应区（对侧刺激抑制对同侧刺激反应的频率和强度范围）和兴奋性反应区（细胞产生兴奋性反应的频率和强度范围）大致相等。频率特定的同侧和对侧信号传入的汇聚使得外侧上橄榄核的细胞能够更加精细地分析到达两耳的声音刺激的耳间强度差。

二、声音位置检测

除了双耳声强差异之外，大多数脊椎动物还根据两耳间时差定位声音。不同位置的声源对两耳的影响是不同的：在靠近声源的耳朵处，声音到达得更早，声音也就更强烈。内侧上橄榄核通过对比到达双耳的声波波形的某一部分，例如正弦波的波峰，形成双耳相位图。

耳蜗神经纤维及其靶向的丛细胞通过与声压同步发射来编码声音，这个特性被称为"时间锁相"。尽管单个神经元在某些周期中可能无法发出信号，但每个周期中神经元群的发射可以很好地表现声波的精细结构，因此这些神经元携带着关于输入声音每个周期的时间信息。从侧耳传来的声音会引起近耳比远耳更早的锁相反应，从而导致两耳之间的相位差始终一致（图 6-4-13）。

头部的大小决定了双耳时间延迟与声源位置的关系，神经电路能够处理精细的时间延迟。声音在空中的传播速度大约是 340 m/s，所以人类双耳的延迟约为 600 μs，而小型鸟类的最大延迟只有 35 μs。

编码相对较低频率的神经元能很好地传达双耳时差，因为这些神经元可以在每个声音周期中的相同位置放电，这样就可以将双耳时差编码为双耳相位差。如果某一声音的波长或半波长正好等于两耳

间的声学距离时，其波形在两耳间将会有 360° 或 180° 的相位差，这时，以相位作为声源定位的线索将遭到破坏。因此 1500 Hz 是两耳能作相位比较的最高频率。实验证明，超过 1500 Hz 的声波的空间定位主要以强度为线索，低于这个频率时则以时间或相位的线索为主，对接近 1500 Hz 的声音定位时则容易发生混淆。电生理研究表明，外侧上橄榄核神经元对双侧耳蜗传入声刺激的强度差极为敏感，而内侧上橄榄核神经元主要对低频音发生反应，对两耳间微小的时相差很敏感，它们相辅相成，并同时受下丘以及听觉皮质的下行调控。

三、橄榄核对耳蜗的反馈投射

尽管感觉系统主要是负责传入的，将感觉信息传输到大脑，但最近的研究已经使人们认识到传出调节在听觉系统许多层面的重要性，甚至包括脑干上橄榄复合体向耳蜗发出的传出信号。

橄榄耳蜗神经元形成从上橄榄复合体到耳蜗毛细胞的反馈回路。它们的细胞体位于橄榄核中高密集细胞团周围。在哺乳动物中已辨别出两组橄榄耳蜗神经元。橄榄壳内侧神经元有髓鞘轴突，终止于外毛细胞两侧；外侧橄榄壳神经元有无髓鞘轴突，与内毛细胞相关的传入纤维同侧终止。

大多数内侧橄榄蜗神经元的胞体位于橄榄复合体的腹侧和内侧，它们将轴突发送到对侧耳蜗，但许多神经元也支配同侧耳蜗。这些胆碱能神经元通过一类特殊的烟碱乙酰胆碱受体（nicotinic acetylcholine receptor）通道作用于毛细胞，这些通道由 α9 和 α10 亚基组成。通过这些通道进入的钙离子激活 K^+ 通道，使外毛细胞超极化。因此这些神经元介导负反馈，并且是双耳性的，主要由对

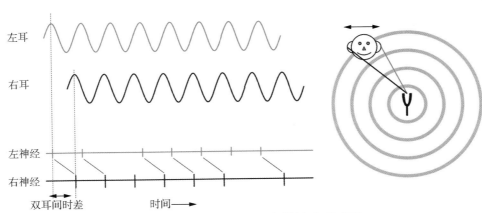

图 6-4-13　多毛细胞发射的"锁相"示意图
蓝色波浪为左耳接收的声波，黑色波浪为右耳接收的声波。双耳之间存在时间差，但相位差始终一致（引自参考文献中的综述 4）

侧耳蜗腹侧核的星状细胞驱动。橄榄耳蜗神经元的侧支终止于耳蜗核内的星状细胞，作用于传统的烟碱和毒蕈碱乙酰胆碱受体，形成一个兴奋性反馈回路。这些传出纤维的活动增加了噪声中信号的表现，降低了耳蜗的敏感性，并保护耳蜗免受响声的损害。

第四节　下丘核和上丘核

一、下丘核的输入和输出投射及功能

（一）下丘在声音传输系统中的地位和作用

中枢听觉通路从脑干延伸到中脑和丘脑，再到听觉皮质（图 6-4-14）。耳蜗核位于脑干，听觉信息通过耳蜗核胶质细胞的中央突起从耳蜗传递至不同类型的神经元，每一种神经元的轴突走向不同，终止于脑干和中脑的不同靶点，最终将声学信息主要传递到对侧下丘。下丘（inferior colliculus）位于中脑背侧，是四叠体的下一对小丘，包括中央核（central nucleus）、中央旁核（pericentral nucleus）和外核（external nucleus）三个主要部分，有人将三个主要区命名为中央核（central nucleus）、外皮质（external cortex）和背侧皮质（dorsal cortex）。中央核的结构特征非常明显，它是由碟形神经元和多极细胞所形成的层状结构。

作为听觉系统中的核团，下丘对听觉信息的处理和加工起到重要作用。下丘不仅是一个神经传导核团，而且是一个负责将低级听觉系统传递的单耳和双耳信息进行整合和分类的关键结构。

（二）脑干上行听觉通路在下丘汇聚

下丘在脊椎动物的听觉通路中占据中心位置，信息可以从耳蜗核直接传递到下丘，也可以通过一个或两个脑干听觉核团的突触间接传递至下丘，几乎所有从低级听觉脑干核团发出的上行听觉投射都在下丘有突触连接。

下丘最主要的激发源为对侧耳蜗腹侧核星状细胞、对侧耳蜗背核梭形细胞、同侧内侧上橄榄和对侧上橄榄的主细胞、外侧丘系和对侧背核的主细胞，及对侧下丘和听觉第五层锥体细胞皮质的连接处。主要抑制源包括外侧丘系、同侧外侧上橄榄核、橄榄旁上核和对侧下丘。

双侧的外侧上橄榄核、外侧丘系中间核和外侧丘系背侧核、同侧的内侧上橄榄核和外侧丘系腹侧核，及对侧的前腹侧耳蜗核、后腹侧耳蜗核和背侧耳蜗核对下丘的中央核有大量直接投射。而同侧的耳蜗核和内侧斜方体核、对侧的内侧上橄榄核，及双侧的周上橄榄核区域对下丘的中央核有较弱的神经投射。此外，下丘还接受两侧的听觉皮质、同侧的内

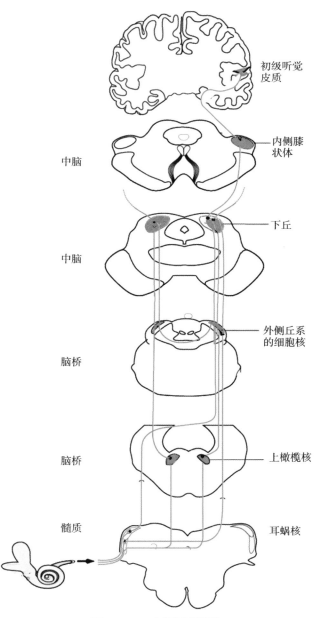

左侧标注（从上到下）：
中脑
中脑
脑桥
脑桥
髓质

右侧标注（从上到下）：
初级听觉皮质
内侧膝状体
下丘
外侧丘系的细胞核
上橄榄核
耳蜗核

图 6-4-14　中枢听觉通路

听觉信号从耳蜗到初级听觉皮质通路示意图（引自 Brodal P and Brodal A. The olivocerebellar projection in the monkey. Experimental studies with the wethod of retrograde tracing of horseradish peroxidase. 1981. 201（3）：375-393.）

侧膝状体、同侧的上丘发出的下行投射。从听觉皮质发来的对下丘的大量投射，也影响着听觉上行和下行通道的神经传导和下丘内部环路的信号处理。

（三）下丘把听觉信息传递给大脑皮质

从下丘发出的声音信息有两种流向：第一种到同侧上丘，在那里它参与头部和眼睛对声音的反应。第二种到达大脑皮质听觉区域的中转站即同侧丘脑（ipsilateral thalamus）。听觉信息通过丘脑传递至大脑皮质。下丘的神经元投射到内侧膝状体（medial geniculate body），内侧膝状体的主要细胞依次投射到听觉皮质。

（四）下丘的声音定位通路与大脑皮质注视控制有关

大脑皮质中的许多听觉神经元对耳间时间和水平差异非常敏感，因此对声音在空间中的位置也很敏感。这些细胞大多有宽阔的感受野和宽泛的调谐。然而与作为听觉中继的中脑不同，对声音位置敏感的大脑皮质区域，其中没有音频拓扑结构组织。皮质中的声音定位通路起源于下丘的中央核，并通过听觉丘脑、A1 区和皮质关联区上传，最终到达与注视控制有关的额叶视野区。中央核的许多神经元携带声源位置的信息，这些神经元细胞的大多数对耳间时间和强度的差异非常敏感，可以作为定位声音方位的基本线索。为了准确地定位声音，动物必须忽略来自周围表面的在最初的直达波之后到达的声音反射。实验表明，哺乳动物抑制除最初直达波外的所有声音反射，这种现象被称为优先效应。下丘抑制了声音的模拟反射，在下丘能够测量到优先效应的生理相关性眼睛或头部的运动可以通过刺激前额视野区来激发，前额视野区直接连接到脑干被盖前运动核团（介导注视变化）以及上丘。但是从下丘的定位敏感神经元到上丘的注视控制回路的中脑通路，可以直接调节头、眼和耳的定向运动。

综上所述，听觉中脑下丘在听觉中枢系统中是一个重要的上行中继站。它在音频、声强、复杂声音加工和空间定位等方面起了关键的作用。对这些功能的神经机制的研究是听觉神经科学中的重要课题。

二、上丘核整合声源信息

（一）上丘的声音位置地图

下丘不仅是一个汇合点，也是上行通路的分支点。中央核神经元投射到丘脑，也投射到下丘的外部皮质和下丘的臂部核。从下丘发出的声音信息有两种流向：传递到同侧上丘（superior colliculus）（或鸟类的视顶盖），在那里它参与头部和眼睛对声音的反应；或者传递到同侧丘脑——大脑皮质听觉区域。根据空间中的听觉和视觉线索，上丘参与了头部和眼睛的反射性定向运动。当它们到达上丘时，双耳的声音线索和构成哺乳动物声音定位的单耳频谱线索融合在一起，形成了一个声音的空间地图。在这个地图中，每个神经元都会对特定的声音方向比较敏感。这种信息的融合是至关重要的，因为单凭借双耳水平和时间差是无法明确编码空间中的单个位置信息的。提供垂直位置信息的单耳频谱线索是很重要的，因为同一垂直面上的不同位置，会产生相同的双耳时间或强度差异。

在上丘内，听觉的空间地图与视觉空间地图、体表空间地图的位置重叠在一起。与视觉和体感地图不同的是，听觉地图是根据识别声源在空间中的特定位置的线索组合计算的，而不是通过外周受体的空间分布形成的。

上丘的听觉、视觉和体感神经元都聚集在同一个结构的输出通路上，控制眼睛、头部和外耳的定向运动。上丘的运动回路与空间中的运动目标相对应，同时还与感觉空间地图相对应。这种感觉和运动的对应有助于运动的感觉引导。

（二）上丘的可塑性

由于头部和耳朵的大小和形状的不同，声音定位的线索在个体内部和个体之间都会有差异。此外，这些线索的神经通路也可能在发育过程中发生变化，并随着年龄的增长而变化。以谷仓猫头鹰（barn owl）为例的声音定位的神经系统，已经成为研究大脑突触可塑性的重要模型。

除了对声音位置信息的正常发育过程有研究之外，对于人为操纵感觉信号的研究也十分重要。在成年哺乳动物和鸟类中，堵塞一只耳朵会改变双耳的听觉线索，并导致未堵塞的耳朵对声音的错误定位。当这种对声音信号的操作（堵塞一只耳朵的实验）在幼年猫头鹰身上进行时，这些动物最初会出现声音定位错误，但在数周内就恢复了准确的声音定位反应。这一过程伴随着上丘、下丘内听觉神经元对于使用耳塞所产生的异常信号的调整。如果耳塞在适应后被取下，猫头鹰最初会错误地认为声音在相反的方向上，但会逐渐恢复准确的行为以及大脑中正常的声音空间图（图 6-4-15）。

因为视觉和听觉线索在外部世界通常是一致的，所以它们在上丘的表达位置也是一致的。改变视觉输入，就会改变声音和视觉线索之间正常匹配，也会影响声音的定位。如果在发育早期进行实验，这种视觉操作会导致丘脑中声音的空间映射发生显著变化。例如，当幼年雪貂的眼睛因眼球外肌的切除而发生侧偏时，对侧上丘的听觉地图也会发生移位，从而使视觉和听觉地图保持一致。对于不能移动眼睛的谷仓猫头鹰，通过饲养带有三棱镜的猫头鹰，三棱镜会使视觉世界水平偏离，该实验会使猫头鹰的听觉和视觉地图发生错误匹配。在数周的时间里，猫头鹰会调整它们的听觉定位反应，使它们的动作与目标位置在偏离的视觉空间中相对应。虽然只从听觉线索来看，猫头鹰对声音的反应是不正确的，但这是一种适应性反应，因为这能使动物看到声音的来源。在行为改变的同时，丘脑的神经元通过视野中的位移量逐渐改变它们对耳间时间差的反应。

戴着三棱镜的幼猫头鹰下丘中央核的听觉图谱不会发生改变。但是，幼年猫头鹰从中央核到外核的有序轴突连接会逐渐萌生，形成一条新学会的耳间时间差异的通路。来自中央核的原始输入持续存在，但是会被 GABA 的释放所抑制。在猫头鹰的三棱镜被移除后，视觉和听觉地图能快速恢复正常对应模式，这可能是由于旧的功能连接被保留下来造成的。棱镜实验表明视觉在听觉系统突触功能变化

中起主导作用。这一观点的另一个证据是，上丘的一个小损伤，能抑制下丘为了适应三棱镜形成的视觉位移而在相应区域的突触变化。据推测，在正常发育过程中，来自上丘的相同的指示信号能引导听觉线索转化为一张排列良好的空间声音地图。

鸟类和哺乳动物可塑性的一个显著特点是空间地图对动物年龄的敏感性。与许多其他系统一样，空间声音地图的形成也有一个关键时期，在这个关键时期，感官体验的改变可以改变大脑和行为。在幼年猫头鹰、雪貂和豚鼠身上可以看到明显的定向行为的适应性变化，但通常在成人身上没有这种变化。然而，动物在幼年时期的学习能提高成年之后的可塑性。如果幼年猫头鹰受到棱镜位移的影响，但随后恢复正常视力，它们能够在与成年猫头鹰相同的棱镜位移下重新获得有移位的地图和相应的行为。然而，如果它们没有在青少年时期受到过棱镜影响，那么在成年后下丘不能获得有移位的地图。因此，早期学习阶段在神经系统中留下了一个特殊而永久的痕迹。

动物的动机状态对大脑的可塑性也很重要。如果让装有棱镜的成年谷仓猫头鹰猎杀活体老鼠，这种生活条件更能刺激神经，它们的行为和神经可塑性介于正常饲养的成年和青少年时期之间。需要完成特定感官信息任务的哺乳动物身上，也发现了类似的感觉神经元可塑性增强的现象。这表明，如果注意力和动机能够得到适当的投入和训练，成人大脑也可以获得更多的可塑性。

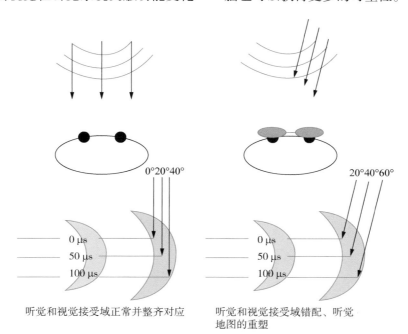

听觉和视觉接受域正常并整齐对应　　听觉和视觉接受域错配、听觉地图的重塑

图 6-4-15　声音定位的可塑性神经位点

猫头鹰在幼年时期听觉和视觉的接收域可以重塑［引自 Knudsen EI. Mechanisms of experience-dependent plasticity in the auditory localization pathway of the barn owl. J Comp Physiol A. 1999，185（4）：305-321.］

第五节 听觉皮质

一、听觉皮质功能概述

听觉输入信号耳蜗核、内侧膝状核等中继核团的处理之后最终上行到位于颞叶背面的听觉皮质。听觉皮质的解剖结构可以分为核心区、带区和外带区三部分（图6-4-16）。其中位于中心区的初级听觉皮质（A1）是接受下级听觉输入的主要区域。和初级视觉皮质类似，初级听觉皮质同样具有六个分层。下级听觉输入经由内膝体首先投射到初级听觉皮质的Ⅲb区和Ⅳ区，在进一步分类整合后听觉信息被传递到听觉皮质其他区域。

听觉皮质在对信息进行分类整合后能够呈现出下级核团所不具有的新的特性。通过和其他脑区之间形成的神经环路，听觉皮质在复杂声音客体，例如语言的学习理解以及记忆的形成过程中都发挥着重要作用。

和视觉皮质相似，听觉皮质也具有可塑性。尤其是幼年动物的听觉皮质具有极强的可塑性。研究表明在啮齿类动物中，听觉皮质的音频图谱会在早期发育阶段逐渐完善。将动物暴露在重复的特定频率的声音信号中，动物听觉皮质对该频率敏感的区域面积和神经元数量会显著扩张，同时对其他频率有响应的区域会相对地衰减退化。这一结果不仅表明初级听觉皮质的发育依赖于后天经历，而且通过实验证实了可以通过人工干预影响听觉皮质的发育过程。对这一现象发生机制的深入了解可能会进一步揭示人类听觉中枢损伤疾病（如多种形式的阅读障碍）的病因，并提出新的治疗方案。而和幼年期动物相比，成年期动物可塑性一般被认为是较弱的。但是Merzenich等的研究表明，对成年动物的行为训练也能导致听觉皮质生理性和功能性的变化。实验结果显示，在经过训练后，成年动物听觉皮质中对与行为相关的声音频率（尤其是与注意力或强化相关的频率）有反应的区域面积扩大了。成人听觉皮质突触可塑性的发现，为成年后的大脑修复带来了新的希望。

二、初级听觉皮质的频率编码拓扑地图

在低级听觉处理区域中，初级听觉皮质中有着对特定声音频率响应的细胞，这些细胞的分布构成了基于特征频率（characteristic frequencies，CF）的频率编码拓扑地图（tonotopic map）：不同神经元对应不同特征频率，神经元分布形成了有规律的空间排列地图（图6-4-17）。调谐低频的神经元分布

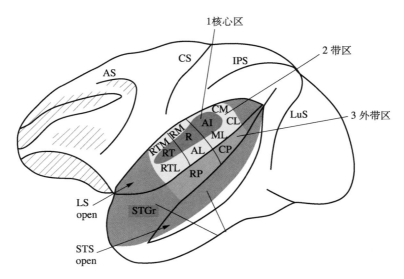

图6-4-16 猴类听皮质区域分布图

共分为三类区域：① "核心区"包括AⅠ、R和RT区域；② "带区"（belt）包括RTL、AL、ML、CL、CM、RM和RTM区域；③ "外带区"包括RP和CP区域。LS.侧沟；STS.上颞沟；AS.弓状沟；CS.中央沟；IPS.顶内沟；LuS.月形沟（引自参考文献中的综述4）

在 A1 的前端，高频调谐的神经元则分布在 A1 尾端。因此，就像视觉皮质和体感皮质中存在的对空间位置拓扑地图一样，初级听觉皮质也具有反映外周感觉信息（听觉中的频率信息）的空间拓扑地图。如前所述，听觉通路的最初阶段耳蜗的不同位置就可以编码声音的频率信息，而来自耳蜗的一维的频率表征在初级听觉皮质表面被进一步扩展，在不同方向上呈现不同的分布规律：在一个方向上是平滑的频率梯度，在另一个方向上是等频率带（iso-frequency band）。在许多动物中，一些接受并处理声音信号的亚区域有显著的生物学意义。这些亚区域由于广泛的听觉信号输入而扩大。其他感觉皮质，如视觉皮质中也同样存在着类似的变化——接受中央凹信号输入的脑区面积明显要更大。

大多数的听觉皮质神经元对两耳的任何一个刺激都会产生反应，但对于两耳输入信号的敏感程度存在差别。按照对输入信号源的敏感程度差异，A1 的听觉皮质内的神经元可以分为两大类：双侧型和单侧型。双侧型神经元对双耳的输入信号都敏感，能够产生叠加反应。但双侧型对两只耳朵的敏感程度不是等同的——对侧耳刺激引起的反应要强于同侧耳刺激引起的反应。双侧型神经元对单侧耳刺激会产生兴奋反应，对对侧耳刺激会产生抑制反应。这两种神经元在听觉皮质表面交替排列。特别是在初级听觉皮质的高频部分，双侧型和单侧型神经元的交替排列平行于等频率带，并与特征频率梯度相垂直，形成听觉皮质交叉功能图谱。

初级听觉皮质中的某些神经元似乎是根据频率带宽来组织的。所谓带宽，是指神经元对声音反应的频率范围。不同的神经元细胞对声音频率范围的响应存在差异。有相同响应带宽的神经元倾向于聚在一起形成细胞簇和亚功能区，而响应带宽不

同的神经趋向于分离。这些具有不同响应带宽的细胞簇还可以进一步塑造皮质内的突触连接。一个神经元接收的皮质内输入主要来自具有相似带宽和特征频率的其他神经元。这种基于相似选择性的模块化组织能够通过不同带宽和中心频率的神经元滤波器对传入信号进行去冗余处理。该处理模式非常有利于复杂频谱声音的加工（如特定物种的发声和人类语音）。

三、听觉皮质信息的双通路信息加工

视觉神经系统的双通道理论发现，初级视觉皮质的输出会在背侧和腹侧双通道进行进一步加工，分别对应于物体的空间定位（where）和物体识别（what）两种功能。近期研究表明，类似的背侧腹侧分工也存在于听觉皮质。对灵长类中三个最易获取的带区的解剖学追踪研究表明，腹侧通路开始于核心区和带区的前部，并投射到前额叶皮质；而背侧通路起始于核心区和带区的尾部，延伸至顶叶和前额叶皮质。接受前部听觉投射的额叶区域与非空间功能有关，即听觉对象信息（what）；与尾部听觉区域连接的额叶区域则与空间处理有关，即声源位置信息（where）。电生理和影像学研究也为这一观点提供了支持。当声音被定位或声源移动时，即完成听觉空间定位任务时，尾部和顶叶区域更活跃；而当识别相同的听觉刺激比如音调时，即完成听觉对象识别任务时，则腹侧区域更活跃。动物脑损伤实验也进一步得到了一致结论。因此，前腹侧通路通过分析声音的频谱和时间特征来识别听觉对象（what），而后背侧路通路则负责声源定位和声源运动的检测（where）（图 6-4-18）。

值得注意的是，尽管这种按照物体识别和物体定位的"what-where"双通路思想非常有吸引力，但也可能过于简单化。例如，听觉皮质的内侧带区也会向背侧和腹侧额叶皮质投射，而尾侧和前部也具有对空间反应的神经元，进而挑战了这一理论。对更复杂听觉刺激的成像研究表明，顶叶通路也具有额外功能，包括对声音刺激的时间特性例如频谱位移的加工。总而言之，虽然不同系统的加工细节不尽相同，但大体上来讲，感觉系统将刺激分解为不同特征，并通过并行的多通路来对这些特征进行分析和加工。这样的多功能通路的研究思路虽然并不全面且有不足之处，但仍然极大地帮助了实验设计、假设验证和知识拓展。

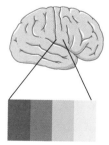

图 6-4-17 初级听觉皮质的频率编码拓扑地图

1 5 15 20 特征反应频率（kHz）

对同一频率刺激敏感的神经元聚集在一起，对不同频率刺激敏感的神经元规律排布形成频率梯度变化的拓扑结构（引自参考文献中的综述 4）

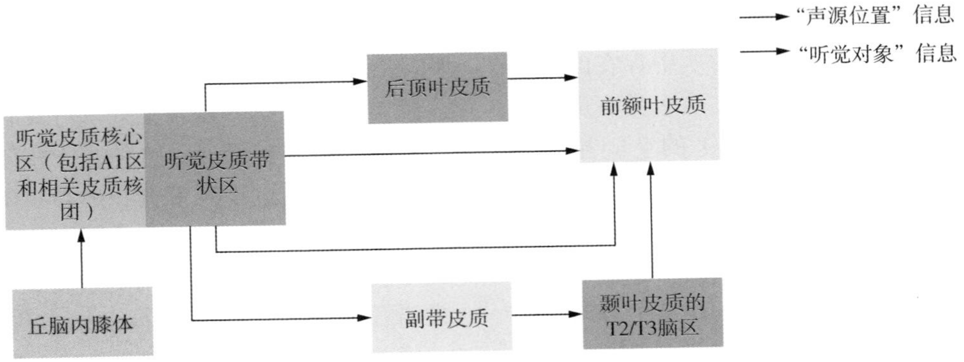

图 6-4-18 "声源定位"和"听觉对象"信息的并行处理

MGB. 丘脑内膝体；PB. 副带皮质；PFC. 前额皮质；PP. 后顶叶皮质；T2/T3. 位于颞叶皮质的脑区（引自参考文献中的综述 3）

第六节 发声的学习和产生

一、发声学习和关键期

（一）发声学习

发声学习是动物模仿其他发声者的声音后从而改变自身发声的行为，是动物声音传递的重要途径之一。人类是高级的发声学习者，人类语言包含了极为复杂和多变的交流声音，同时越来越多的研究表明一些鸟类和哺乳类具有不同程度的发声学习能力，成千上万的鸟类都可以创作复杂的声音，与人类语言学习有着惊人的相似之处，因此鸟类可以作为发声学习的模型。发声学习在人类和鸟类语言形成中起到非常重要的作用。

听觉是人类和鸟类发声学习和产生的关键，几乎所有的动物都是利用听觉来定位和识别声音，包括同物种不同个体间行为上重要的交流声音，比如交配和警示叫声等。此外，对于发声学习者而言，听觉对于学习模仿别人发出的声音也是必要的。听觉在发声学习中有两个独立的功能：一是听到别人的发声从而进行模仿；二是听觉为发声学习者以听觉反馈的形式提供了准确运动表现的感觉信息。这一点在人类和鸣禽中极其相似。

正常的发声行为不能单一地进行学习，发声的学习是多种多样的，比如人类存在众多的语言和方言，同样鸟类的叫声也各不相同。发声学习的多样性是受遗传调控的，测试发声学习的一个关键是，检测在没有听到其他个体声音的情况下是否可以建立正常的发声行为。聋哑的孩子不能正常地学习说话，没有接触过人类语言的孩子虽然听力完好，但是也不能建立正常的语言行为。同样在鸣禽中，耳聋的鸣禽也不能正常进行声音学习和产生，没有接触过声音的鸟类也只会发出高度简单化的声音，虽然也呈现不同物种间的一些特征。

（二）发声学习在敏感期最佳

各种证据表明，人类和鸟类对发声学习生来并不是一无所知的。三周大的婴儿可以区别出从未接触过的不同种类的声音。类似地，新孵化的鸣禽天生就可以表现出对自己物种的所有声音的识别和认知。出生后很快就可以形成神经系统，新生的鸣禽在真正接触到声音后很快即可学会鸣唱。

鸟类的鸣啭是鸟类语言学习记忆的过程，是一种习得行为，与婴儿学习说话是类似的：首先通过听觉对亲鸟或者同类其他个体的声音进行模仿，然后建立听觉反馈，对自身发声进行校对，最后稳定达成一致。这期间总共历经三个发展阶段：亚音、塑性鸣啭和稳定鸣啭。亚音是指开始模仿亲鸟或者同类个体的声音的时期；塑性鸣啭也指鸣啭学习的临界期，建立听觉反馈，对自身发声进行校对，这一时期非常关键，如果这一时期动物致聋，成年后也将不能正常地鸣啭鸣唱；最后是稳定期，发声学习趋于稳定完善（图 6-4-19）。

发声学习能力与年龄相关，而且接触声音越早感知能力可能会越好。在语言学习的敏感或者关键时期，可以快速熟练地学习语言并且没有口音。然而随着年龄的增长，语言学习能力会下降。如果在青春期之前没有接触过外语，大多数人都不能很好地掌握这门外语，尤其是发音和语法方面。同样鸣禽也有明显的敏感期，对于大多数物种的鸟类，如果在

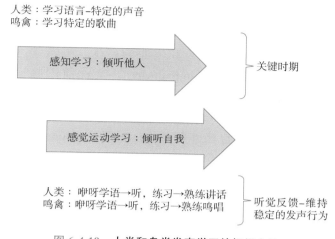

人类：学习语言-特定的声音
鸣禽：学习特定的歌曲

感知学习：倾听他人 } 关键时期

感觉运动学习：倾听自我

人类：咿呀学语→听，练习→熟练讲话
鸣禽：咿呀学语→听，练习→熟练鸣唱 } 听觉反馈-维持稳定的发声行为

图 6-4-19　人类和鸟类发声学习的相似之处
人类和鸟类都是通过听觉模仿其他个体，然后通过听觉反馈，对自身发声进行校对（引自参考文献中的综述 13）

最初的几个月没有接触到歌声，即使后来接触，也不能很好地发声鸣唱，存在缺陷，这种鸟类被称为封闭的发声学习者。在敏感期内，鸟类可以快速学会新的音节类型，而不需要在敏感期之前长期练习。

二、鸟类和人类的发声神经回路

人类和鸣禽在语言和歌唱学习之间有很多相似的行为，它们都进化出了特别的神经系统用于声音的学习和产生。鸟类和人类（尤其是前脑区域）中组织的极大差异让两个大脑系统之间看起来似乎没有任何直接的相似之处（图 6-4-20）。

鸟类和人类之间一个主要的区别就是鸟类没有哺乳动物（包括人类）具有的多层皮质。相反，与鸟类进化相关的前脑区组织位于核中，类似哺乳动物的皮质，像哺乳动物和鸟类中的许多低级区域一样。哺乳动物的新皮质由柱状和层状组织组成，并有在径向和切线方向正交组织的纤维。鸟类的感觉前脑神经结构则是由切线组织的类层状和正交定位的类柱状实体反复组织而成的典型回路。它们的相似可能为这两个类群的比较提供神经生物学方面的解释。仔细观察人类和鸣禽的声音控制系统，会发现它们在声音产生和加工的神经通路组织中有许多解剖学和功能的相似性。

声音产生的神经联系具有看似分层的结构。在整个脊椎动物中，声音的产生需要空气动力源和发声的器官，这些外周结构的一级神经支配被认为是起源于一套同源的脑干结构。对人类的病变、刺激和影像学研究表明，这些区域与语言的流利度、音量、发音和节奏有关。

三、鸟类的发声神经回路

鸟类的鸣声分成鸣叫和鸣啭。鸣叫是一些由遗传决定的、对特定刺激的简单发声反应；鸣啭则是鸣禽发出的一种后天习得且有周期性的歌声。鸣啭控制系统包含一些已知的复杂听觉神经元，如鸣曲选择性神经元，这反映了听觉在鸣啭学习中的关键重要作用。鸣曲选择性神经元存在于整个成年鸣禽的发声系统，且其对自身歌声和部分传授者歌声的反应比对其他同样复杂的听觉刺激的反应更为强烈。发现这些神经元的关键是对个体进行相关的行为刺激，如自身发出的鸣曲或同种鸟类的鸣曲。此外，大部分鸣曲选择性神经元对声音的敏感程度是有组合性的。与单独播放的声音相比，个体自己的鸣曲被部分组合并按顺序播放时，这类神经元的兴奋性呈现大幅度的非线性增加。这类神经元构成一个具有高频谱敏感性和时间敏感性的声音特征探测器，可为鸣禽的发声区提供声音频率或发声模式相关的反馈、它们声音与目标的匹配程度，及发出了匹配声音的时间点等信息。

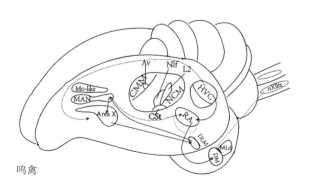

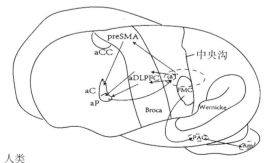

图 6-4-20　鸣禽和人类的大脑对比
人类和鸟类都进化出了特别的神经系统用于声音的学习和产生（引自参考文献中的综述 7）

（一）鸣啭控制系统

鸣禽的鸣啭控制系统由两条通路组成，分别是鸣啭运动通路和鸣啭学习通路（图 6-4-21）。两条通路起始点高级发声中枢（high vocal center，HVC）对高度复杂的声音刺激产生反应后，直接从听力皮质接受信息并传递给其他鸣啭控制核团。鸣啭运动通路（vocal motor pathway，VMP）通过 HVC- 古纹状体粗核（nucleus robustus archistriatalis or robust nucleus of the arcopallium，RA）- 舌下神经气管鸣管亚核（tracheosyringeal part of hypoglossal nucleus，nXIIts）控制发声行为和鸣曲的产生。鸣啭学习通路（anterior forebrain pathway），又称前端脑通路（AFP），通过 HVC-X 区 - 丘脑背外侧核内侧部（dorsolateral medial nucleus of the thalamus，DLM）- 新纹状体巨细胞核外侧部（lateral magnocellular nucleus of the anterior neostriatum，LMAN）-RA 学习鸣曲和维持鸣啭记忆（图 6-4-22）。在鸣啭相关

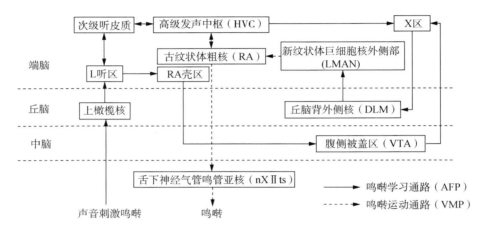

图 6-4-21　鸣啭控制系统示意图

鸣禽的鸣啭控制系统由鸣啭运动通路和鸣啭学习通路组成

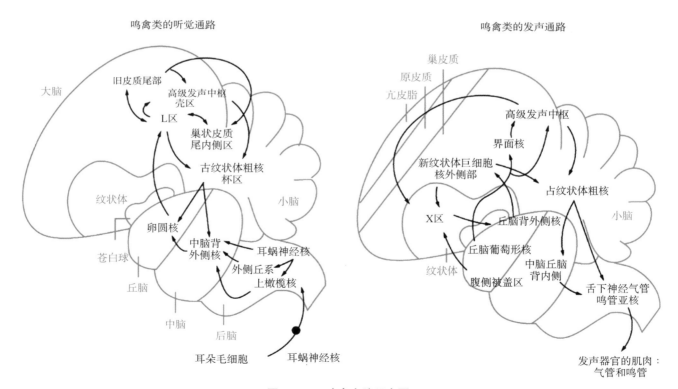

图 6-4-22　鸣禽大脑示意图

鸟类听觉通路和发生通路在大脑中的分布（引自 Bolhuis JJ and Moorman S. Birdsong memory and the brain：in search of the template. 2015. Neurosci Biobehav Rev. 50：41-55）

核团中，听觉反馈起到重要作用。

（二）鸣禽对鸣曲的选择性敏感

在鸣禽中的鸣曲选择性神经元对不同鸣声的选择性敏感不是与生俱来的，而是在鸣啭学习过程中逐渐发展的。这些鸟类的发声学习过程分成感觉学习期和感觉运动学习期两个部分，且时间的长短具有物种差异。鸣啭控制核团在幼年学习期间发生巨大的可塑性变化，包括单个神经元的形态、神经元数目、突触联系模式和核团体积。在感官发育阶段的早期，神经元对同种的声音刺激的反应是相同的。幼年鸣禽对鸣声模型的最初听觉体验对发声过程中重要的感觉运动神经元有长期的影响，这有助于理解听觉记忆和反馈如何相互作用来指导鸣啭学习。处于这个成长阶段的幼鸟需要听到自己发声，同时以传授者（多数情况下为亲鸟）提供的鸣曲为模板来训练发声。一项对熟睡幼鸟进行神经记录的研究显示，白天听指导歌曲会使古纹状体粗核的鸣叫前运动神经元活动在第二天晚上发生变化。神经元活动的时间模式依赖于导师鸣曲的声学结构，也需要幼鸟在白天的鸣啭练习。随着时间的推移，幼鸟通过听觉反馈和发声训练不断完善自己的学习，在此过程中对自己鸣声的反应增强，对其他刺激的反应减弱。在这个时间致聋或被隔离的幼鸟会因听力反馈的消失而停止感觉运动学习，在性成熟后发出不正常的鸣曲。

（三）鸣曲选择性神经元的镜像特性

鸣曲选择性神经元不仅可以对复杂的声音信号做出反应，也可以在发声过程中产生神经冲动，例如对特定歌曲有反应的神经元会在个体唱这首歌时也产生兴奋。这类神经元属于镜像神经元，可反映同类行为并进行从简单到复杂的模仿。成鸟的鸣唱是一种相对稳定的运动行为，其中参与鸣啭的神经元反应可以为这些镜像神经的功能研究提供线索。例如，这些鸣曲选择性神经元的听觉反应和发声前运动之间有着显著的对应，在播放歌曲中一组音节时会触发的听觉反应与下一个音节的发声前运动类似。因此，这类听觉反应也可以被认为是对下一个音节的运动指令的预测。鸣曲选择性神经元的镜像特性揭示了它们可能在连接听觉反应和发声运动中起到重要作用。

在大脑结构相对简单的动物中，研究镜像神经元可能有助于解决在灵长类动物中具有挑战性的相关问题。听觉经验对于人类和鸣禽习得和维持语音和鸣叫都是至关重要的。鸣禽中这种鸣啭的感觉–运动耦合可能是镜像神经元的普遍功能，和人类的语言发展相似。人类体内可能存在类似鸣曲选择性神经元的结构，它们对习得的语言序列具有更高的敏感度。相比于鸣禽的发声感觉学习期，这类神经元在人体中也有相似的发展过程。人类语言形成的最佳时期是幼儿时期，此时对各种声音刺激的听觉灵敏度相同，这种听觉灵敏的声音刺激范围随后因个人听觉体验而缩小并成形。对人类单个语言区域的刺激可以影响语言的产生和感知，部分皮质神经元对同一个单词的反应不同，取决于它是被试者还是其他人所发出的。鸣禽为研究这种感觉–运动相互作用的机制提供了模型，可以为人体中相关神经元的研究提供帮助。

参考文献

综述

1. Schreiner CE，Winer JA. Auditory cortex mapmaking: principles, projections, and plasticity. *Neuron*，2007，56: 356-365.

2. Joris PX，Yin TCT. A matter of time: internal delays in binaural processing. *Trends Neurosci*，2007，30: 70-78.

3. Romanski LM，Averbeck BB. The primate cortical auditory system and neural representation of conspecific vocalizations. *Annu Rev Neurosci*，2009，32: 315-346.

4. Bendor DA，Wang X. Neural representations of pitch in auditory cortex of humans and other primates. *Curr Opin Neurobiol*，2006，16: 391-399.

5. Kaas JH，Hackett TA，Tramo MJ. Auditory processing in primate cerebral cortex. *Curr Opin Neurobiol*，1999，9: 164-170.

6. Konishi M. Similar algorithms in different sensory systemsand animals. *Cold Spring Harb Symp Quant Biol*，1990，55: 575-584.

7. Jarvis ED. Learned birdsong and the neurobiology of human language. Annals of the New York Academy of Sciences，2004.

8. Zhang YS and Ghazanfar AA. A Hierarchy of autonomous systems for vocal production. *Trends in Neurosciences*，2020，43（2），115-126.

9. Brenowitz EA and Larson TA. Neurogenesis in the adult avian song-control system. *Cold Spring Harbor Perspectives in Biology*，2015，7（6），a019000.

10. Perkel DJ. Origin of the anterior forebrain pathway. *Annals of the New York Academy of Sciences*，2004，1016，736-748.

11. Mooney R. Auditory-vocal mirroring in songbirds. *Philos Trans R Soc Lond B Biol Sci*. 2014，369（1644）: 20130179.

12. Tschida K，Mooney R. The role of auditory feedback in vocal learning and maintenance. *Curr Opin Neurobiol*,

2012，22（2）：320-327.

13. Brainard MS，Doupe AJ. Translating birdsong：songbirds as a model for basic and applied medical research. *Annu Rev Neurosci*，2013，8（36）：489-517.

原始文献

1. Jia Y，Zhao Y，Kusakizako T，Yan Z，et al. TMC1 and TMC2 proteins are pore-forming subunits of mechanosensitive ion channels. *Neuron*，2020，105（2）：310-321.

2. Darrow KN，Maison SF，Liberman MC. Cochlear efferent feedback balances interaural sensitivity. *Nat Neurosci*，2006，9：1474-1476.

3. Scott LL，Mathews PJ，Golding NL. Posthearing developmental refinement of temporal processing in principal neurons of the medial superior olive. *J Neurosci*，2005，25：7887-7895.

4. Tollin DJ，Yin TC. The coding of spatial location by single units in the lateral superior olive of the cat. Ⅱ. The determinants of spatial receptive fields in azimuth. *J Neurosci*，2002，22：1468-1479.

5. Warr WB. Organization of olivocochlear efferent systems in mammals. In：DB Webster，AN Popper，RR Fay（eds）. *The Mammalian Auditory Pathway*：*Neuroanatomy*，1992：410-448. New York：Springer.

6. Winer JA，Saint Marie RL，Larue DT，et al. GABAergic feedforward projections from the inferior colliculus to the medial geniculate body. *Proc Natl Acad Sci U S A*，1996，93：8005-8010.

7. Yin TCT. Neural mechanisms of encoding binaural localization cues in the auditory brainstem. In：D Oertel，RR Fay，AN Popper（eds）. *Integrative Functions in the Mammalian Auditory Pathway*，2002：238-318. New York：Springer.

8. Lomber SG，Malhotra S. Double dissociation of "what" and "where" processing in auditory cortex. *Nat Neurosci*，2008，11：609-616.

9. Chase SM，Young ED. Spike-timing codes enhance there-presentation of multiple simultaneous sound-localization cues in the inferior colliculus. *J Neurosci*，2006，26：3889-3898.

10. Prather JF，Peters S，Nowicki S，et al. Precise auditory-vocal mirroring in neurons for learned vocal communication. *Nature*，2008，451：305-310.

11. Imig TJ，Reale RA. Patterns of cortico-cortical connections related to tonotopic maps in cat auditory cortex. *J Comp Neurol*，1980，192：293-332.

12. Lu T，Liang L，Wang X. Temporal and rate representations of time-varying signals in the auditory cortex of awake primates. *Nature Neuroscience*，2001，4：1131-1138.

13. Rauschecker JP，Tian B. Mechanisms and streams for processing of "what" and "where" in auditory cortex. *Proc Nat Acad Sci USA*，2000，97：11800-11806.

14. Zhang L，Bao S，Merzenich MM. Persistent and specific influences of early acoustic environments on primary auditory cortex. *Nat Neurosci*，2001，4：1123-1130.

15. Stacho M，Herold C，et al. A cortex-like canonical circuit in the avian forebrain. *Science*，2020，369（6511），eabc5534.

16. Polomova J，Lukacova K，Bilcik B，et al. Is neurogenesis in two songbird species related to their song sequence variability? *Proc Biol Sci*，2019，30，286（1895）：20182872.

李　乾　王佐仁　徐富强

第一节　嗅觉与味觉对动物生存至关重要

　　动物不仅能感受外界的物理信息，而且能感受环境中化学物质的刺激。空气中除了氧气及氮气外，还有许多挥发性的小分子，通过呼吸或主动的吸气进入鼻腔，作用在鼻黏膜上的嗅觉感受器。食物中也有许多化学物质，它们可以与舌头上的味觉感受器相接触。一般而言，嗅觉（olfaction 或 smell）是指动物对空气中的脂溶性小分子的感受功能（水生动物的嗅觉则是对水溶性的小分子做出反应），而味觉（gustation 或 taste）是对水溶性化学分子的感受功能。

　　要体会嗅觉对动物的重要性，可以把自己想象成一只小鼠。小鼠昼伏夜出，生活在黑暗的地洞之中，通过气味来寻找食物，并且判断食物是否无毒而且是否有营养；通过气味来检测天敌，一旦闻到些许的狐狸或雪貂的气味，紧急躲藏；根据气味来找到栖息的位置，也根据同伴发出的体味来判断它

们的性别和年龄，并据此采取进一步的行动。比如，若雄鼠判断对方是成年雄性则发动攻击以保护领地，而若对方是成年雌性则驱使交配行为。显然，嗅觉系统对动物的生存及繁殖至关重要。早在 20 世纪 70 年代已经发现，损毁嗅球导致动物进食的急剧减少和社会行为的剧烈改变。近来用遗传学操作导致嗅觉系统失活的实验也发现，动物一旦失去嗅觉，即便在实验室良好的生存环境中存活率也显著降低。

　　人和动物利用味觉来识别食物的性质，调节食欲和控制摄食量。从简单的水生生物到复杂的哺乳动物，各种动物都有它们特异的味觉系统。味觉是动物最基本、最原始且至关重要的感觉功能。动物利用它们特殊的味觉感受器，高度敏感和专一地对外界环境中的水溶性化学物质进行识别，并且做出相应的趋利避害行为应答。因此，味觉对动物个体的发育以及动物种群的生存繁衍都至关重要。

第二节　嗅　觉

一、嗅觉系统的组成

　　昆虫、脊椎动物等绝大多数动物都有很发达的

嗅觉。动物能够探测具有各种各样化学结构的气味分子，这些分子化学结构的细微改变就能够导致非常不同的嗅觉感受。嗅觉系统对很多气味探测的阈

值非常低，有的低至百亿分之一。那么，不同种的气味分子如何激活嗅觉感受细胞？嗅觉感受细胞的活动如何导致不同的嗅觉感受？嗅觉感受如何为动物的状态所影响进而被修饰并产生学习和记忆？嗅觉信号又是如何改变动物的社会行为和繁殖行为？

在脊椎动物中，存在多个嗅觉子系统。在小鼠中有四种嗅觉子系统（图 6-5-1），包括：①嗅上皮（main olfactory epithelium，MOE），其中的神经元投射到嗅球（main olfactory bulb，MOB）；②犁鼻器（vomeronasal organ，VNO），其中的神经元投射到副嗅球（accessory olfactory bulb，AOB）；③ Grueneberg 神经节（Grueneberg ganglion，GG）和④中隔器官（septal organ，SO），它们的神经元投射到嗅球。而在灵长类动物中仅有嗅上皮结构得以保留，其余嗅觉子系统被认为均已退化，只是在人类胎儿和新生儿中还有明显的犁鼻器结构。因此，嗅上皮及嗅球也被称为主嗅觉系统。

近二十多年来，我们对嗅觉系统的理解日益加深，发现了人类、小鼠和大鼠中几乎全部的嗅觉受体（olfactory receptor）家族并阐述了它们在嗅上皮细胞中的分布模式，阐明了嗅上皮感觉神经元中的信号转导机制，逐步揭示了嗅觉受体基因转录调控的分子机制。在功能研究方面，对气味在嗅球中的活动模式取得了初步的共识，并运用遗传学技术和生理学手段来研究嗅球及嗅皮质对气味的表征方式。对特殊嗅觉系统的研究，尤其是犁鼻器及副嗅球系统，取得了显著的进展。本章将以主嗅觉系统为重点介绍嗅觉系统的基本组成及其各自特点，并简要介绍副嗅觉系统的特征。

二、气味首先作用于鼻腔内的嗅觉神经元

（一）嗅上皮中的嗅觉神经元是嗅觉感受器

在哺乳动物中，感觉气味的第一级结构是位于鼻腔后上部的嗅上皮（图 6-5-2A），成年人的嗅上皮约为 5 cm²。嗅上皮主要包含三种细胞类型：嗅觉神经元（olfactory sensory neuron，OSN）、基底细胞（basal cell），及支持细胞（sustentacular cell）（图 6-5-2B）。其中 OSN 是嗅上皮中直接感知气味的感受器，即嗅觉感受器，支持细胞则如胶质细胞一般起支持作用，而基底细胞是 OSN 和支持细胞的前体细胞。OSN 非常独特，它们的寿命较短，一般只能存活 30 ～ 90 天，其原因是 OSN 暴露在空气中，直接接触毒素和细菌等。OSN 不断地被基底细胞所替代，因而基底细胞向 OSN 的分化与再生常被作为研究神经再生的模型。

哺乳动物嗅上皮一般包含细胞形态高度一致的几百万个 OSN，其特殊分化的形态非常适合检测气味分子。OSN 具有双极细胞的特点，有一根细长的主树突垂直伸向嗅上皮表面，形成一个直径 2 ～ 3 μm 的球形突出物，称为树突结（dendritic knob），每一个树突结上长出 20 ～ 35 根逐渐变细的纤毛（cilium，复数是 cilia），可长达 100 μm（图 6-5-2B）。纤毛是嗅觉神经元很重要的结构，其中分布着识别气味的一系列蛋白，包括嗅觉受体以及信号转导分子等。气味与纤毛上的嗅觉受体结合，触发一系列的胞内信号转导，最终激活细胞，产生高于静息发放频率的动作电位，并通过 OSN 的轴突

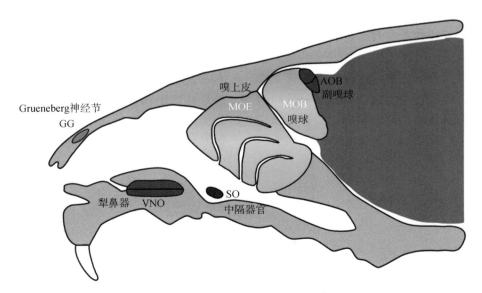

图 6-5-1　小鼠的四个嗅觉子系统

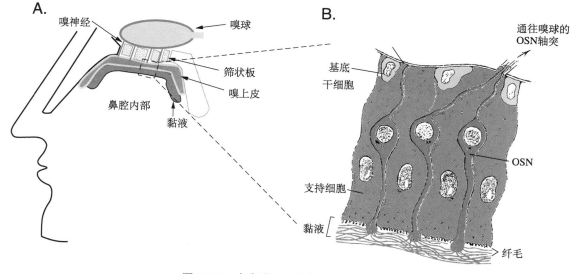

图 6-5-2　人类嗅上皮的位置及基本结构
A. 嗅上皮在人鼻腔中的大体位置；B. 嗅上皮所包含的细胞类型

传到嗅球。OSN 轴突直径约 0.2 μm，由其胞体底部发出，穿越底部筛骨，集结成束并由嗅鞘胶质细胞（olfactory ensheathing cell）包围。OSN 轴突终点是嗅球的嗅小球层（glomerular layer）。

OSN 是气味的感受神经元。它们是嗅上皮中唯一属于神经元的细胞，而其他细胞都不具备神经元的功能，如发放动作电位。嗅上皮或嗅球的损毁，包括早期的手术损毁、后来的化学损毁（如甲硫咪唑、甲基溴和 ZnSO₄）及近期的遗传学操作，都导致动物对气味识别能力的丢失。许多电生理学记录及近期的钙成像记录都毫无置疑地直接证实气味能够强烈且迅速地激活 OSN，并且气味浓度与单细胞的激活水平呈现出典型的 S 状曲线。

（二）气味被许多不同的受体所识别

气味分子作用于嗅上皮表层的 OSN，通过与纤毛上的嗅觉受体相结合后激活 OSN。嗅上皮中的支持细胞及 Bowman 腺体分泌黏液，把纤毛浸润其中，提供适当的分子及离子环境，使得 OSN 能够存活和兴奋。黏液中同时存在可溶的气味黏合蛋白（odorant binding proteins），虽然它们并非嗅觉受体，但这些可溶性的气味黏合蛋白对气味分子在黏膜内浓度的调控（低浓度时富集和高浓度时遮蔽）和清除起重要作用。

对哺乳动物而言，数不胜数的挥发性化学分子都可被嗅觉系统检测，因此，一方面嗅觉受体必须可以与大量不同分子结构的气味相结合；另一方面动物能够通过嗅觉系统检测到化学分子间极为细微

的差别，如同分异构体，这些结构上稍有不同的气味分子应该可以激活不同的受体。嗅觉系统对以上两方面的解决方案是依靠大量不同的嗅觉受体以及组合编码进行识别。

1. 气味受体家族　嗅觉受体中最先发现的一类大家族称为气味受体（odorant receptor，OR）。1991 年 Buck 及 Axel 发现鼻黏膜中很大的一个编码 G 蛋白偶联受体（G protein-coupled receptor，GPCR）的基因家族，推测它们可能是 OR。从大鼠中分离气味受体的实验方案基于三个假设：首先，已知气味激活 OSN 导致 GTP 依赖的第二信使 cAMP 大量生成，因此 OR 可能是 GPCR，且与其他 GPCR 一样有 7 个跨膜区。其次，因为嗅觉系统能够检测大量而且不同的气味，因此 OR 可能是一个大规模多基因家族。最后，OR 在单个 OSN 中的表达可能具有选择性。

尽管这一工作最初只克隆了 10 个 OR 基因的全序列及 8 个 OR 基因的部分序列，后续工作证明所得到的关于 OR 的结论基本正确。已知 OR 都是 GPCR 且有 7 个跨膜区（7 TM）（图 6-5-3）。从 TM3 到 TM5 之间序列差异很大，可能是这个区域编码与气味结合的蛋白序列。通过基因克隆及基于基因组的数据分析，得到了几个物种（人、大鼠和小鼠）全部 OR 的序列。小鼠及大鼠拥有大约 1000 个有效的 OR 基因，占基因总数的 3%，并且只有少量的假基因。人类有大约 400 个有效 OR 基因（只占基因总数的 1%），但有约 800 个假基因。OR 基因又从属于近 100 个亚家族，显示了进化所产生

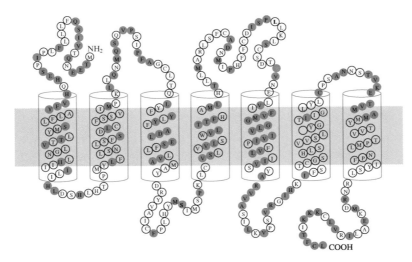

图 6-5-3　克隆的第一个全序列气味受体 OR 基因

这个基因编码一个有 7 个跨膜区的 GPCR

的受体多样性，从而对自然界数量众多且结构复杂的气味分子进行识别。

在单个 OSN 的水平上 OR 是如何分布的？目前发现一个 OSN 只表达一种 OR，称为"一个神经元一个受体"法则（"one neuron one receptor" rule）。更有趣的是，只有父方或母方的等位基因上的受体才会表达，因此 OR 是少数几种只表达一个等位基因的分子。表达同一受体的 OSN 数目在几千到几万，它们随机且零散地分布于嗅上皮 4 个区域中的一个（从嗅上皮的背侧到腹侧分成四个区域，目前认为这些区域数目多于 4 个，且相互之间有一定的重叠）。这种广泛的分布也许有助于细胞在大范围内对气味分子进行取样，但区域性分布的具体功能特点仍不清楚。1999 年对 OR 的功能性检测才第一次完成。运用腺病毒把大鼠 I7 受体基因转入所有的 OSN 中，证明表达 I7 受体的细胞被辛醛及相似气味激活。许多 OR 所对应的配体尚不清楚，主要是绝大多数 OR 异源表达时不能上膜，因而不能运用常用的异源表达策略寻找对应的配体。迄今这方面的努力大都是运用遗传操作，把 GFP 转入特定的受体细胞中，在分离 GFP 细胞后再通过钙成像的方法来确认激活此受体细胞的气味分子。由于工作量极大，至今只有几个受体的配体通过这种方式得到初步鉴定。另一种常用的方法则是在体外细胞系中表达嗅觉受体，同时表达帮助嗅觉受体运输到细胞膜上的伴侣蛋白以及报告基因，从而筛选出激活嗅觉受体的配体。一些特定的 RTP 家族伴侣蛋白和 OR 同时表达到体外细胞中，OR 可以上膜，有效地与配体结合并激活细胞。这一体外表达系统有

可能提供一个有效平台，鉴定每一受体的激活气味分子。

2. 其他嗅觉受体家族　在嗅上皮中，绝大部分嗅觉神经元表达 OR 基因，但还有少部分嗅觉神经元表达其他嗅觉受体家族基因（表 6-5-1），包括痕量胺相关受体（trace amine-associated receptor，TAAR）、四次跨膜蛋白 A（membrane-spanning，4-pass A，Ms4a）、鸟苷酸环化酶 -D（guanylate cyclase-D，GC-D）。TAAR 与 OR 一样，均属于 GPCR 家族成员，小鼠有 15 个有效的 TAAR 基因，人类有 6 个。TAAR 主要识别胺类物质，这些胺类物质富集于动物的分泌物，如尿液和汗液，从而介导动物本能的行为反应。TAAR 在 OSN 中的表达也遵循"一个神经元一个受体"法则。此外，TAAR 嗅觉神经元将轴突投射到背侧嗅球的特定区域，称为 DⅢ。MS4A 和 GC-D 均表达在嗅上皮中特定区域（称为 cul-de-sacs）的一类 OSN 中，MS4A 在 OSN 中的表达并不遵循"一个神经元一个受体"法则，即一个 OSN 中能表达多个 MS4A 家族的成员，这些 OSN 可以检测不饱和脂肪酸、硫酸化类固醇，及空气中的二氧化碳。表达 MS4A 和 GC-D 的 OSN 也将轴突投射到背侧嗅球的特定区域，形成类似项链一样的结构，称为项链状嗅小球（necklace glomeruli）。

（三）气味–受体结合引起胞内信号转导的级联反应

气味受体的发现得益于有关在 OSN 内信号转导的级联反应研究。通过在分离的青蛙嗅上皮纤毛层进行生化实验，Pace 等于 1985 年首先发现气味

表 6-5-1 嗅上皮中表达的嗅觉受体家族

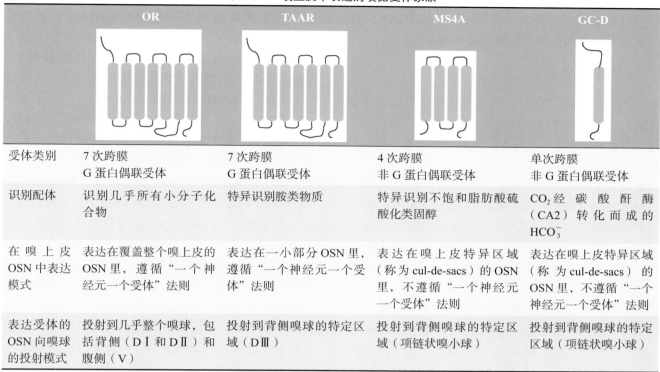

受体类别	OR 7 次跨膜 G 蛋白偶联受体	TAAR 7 次跨膜 G 蛋白偶联受体	MS4A 4 次跨膜 非 G 蛋白偶联受体	GC-D 单次跨膜 非 G 蛋白偶联受体
识别配体	识别几乎所有小分子化合物	特异识别胺类物质	特异识别不饱和脂肪酸硫酸化类固醇	CO_2 经碳酸酐酶（CA2）转化而成的 HCO_3^-
在嗅上皮 OSN 中表达模式	表达在覆盖整个嗅上皮的 OSN 里，遵循"一个神经元一个受体"法则	表达在一小部分 OSN 里，遵循"一个神经元一个受体"法则	表达在嗅上皮特异区域（称为 cul-de-sacs）的 OSN 里，不遵循"一个神经元一个受体"法则	表达在嗅上皮特异区域（称为 cul-de-sacs）的 OSN 里，不遵循"一个神经元一个受体"法则
表达受体的 OSN 向嗅球的投射模式	投射到几乎整个嗅球，包括背侧（DⅠ和DⅡ）和腹侧（Ⅴ）	投射到背侧嗅球的特定区域（DⅢ）	投射到背侧嗅球的特定区域（项链状嗅小球）	投射到背侧嗅球的特定区域（项链状嗅小球）

刺激导致 cAMP 的大量增加，此时需要 GTP 的存在，因此 GTP 依赖的腺苷酰环化酶参与了从嗅觉刺激到电信号的转换过程。随后的生化及遗传学操作研究鉴定了许多参与这一信号转导过程中的分子，包括在嗅觉系统中极丰富的 G 蛋白 Golf、腺苷酰环化酶Ⅲ（ACⅢ）、cAMP 门控的离子通道（cyclic nucleotide-gated channel，CNGC），及 Ca^{2+} 和钙调蛋白（calmodulin）激活的磷酸二酯酶（PDE）。这些结果表明 cAMP 作为第二信使在嗅觉信号转导中的重要性，并提示嗅觉信号转导和视网膜上视觉系统的信号转导有相似的途径。气味分子结合在 OSN 纤毛上的特定嗅觉受体，包括 OR 和 TAAR，形成气味受体复合体。这种复合体通过 Golf 激活 ACⅢ，合成 cAMP，进而打开 CNGC，引起细胞的去极化。Ca^{2+} 的涌入打开钙激活的 Cl^- 通道（ClC），导致 Cl^- 的外流而进一步使 OSN 去极化（图 6-5-4A）。同时，钙的内流又导致 OSN 的失敏（见下文"嗅觉适应"）。

嗅觉系统的敏感性很早就在行为实验中得到验证，不少气体分子在小于十亿分之一的浓度下仍可被探知。在生理条件下，一个嗅觉分子就可以触发 OSN 的有效反应。嗅觉系统的高敏感性可能是通过气体分子与受体的多次结合以及单个 OSN 表达大量的受体蛋白来获得的，同时从 OSN 到嗅球投射的高度汇聚也提高了敏感性。

表达 MS4A 和 GC-D 的 OSN 并不具有 cAMP 作为第二信使的信号转导通路。这些细胞缺乏 ACⅢ、PDE1A 等信号分子，但有 GC-D、PDE2A 这些 cGMP 作为第二信使所需的分子，提示这些细胞可以利用 cGMP 作为第二信使。同时，这些细胞也无 CNGA2 亚型，却有 CNGA3 亚型，显示它们

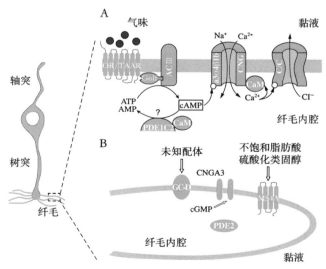

图 6-5-4 气味在嗅上皮嗅觉神经元纤毛上触发的信号转导途径

A. 气味与 OR 或 TAAR 结合，通过 Golf 引发 cAMP 的增加和 CNGC 的开放；B. 表达 MS4A 和 GC-D 的 OSN 采用 cGMP 而非 cAMP 的信号转导通路

有不同的 CNGC（图 6-5-4B）。这些 OSN 里具体的信号转导途径还需要进一步研究，尤其 MS4A 结合气味分子后如何引发信号转导还不清楚。

（四）嗅觉适应

当气味持续存在时，机体所感知的气味强度会变低，这一现象称为嗅觉适应。在嗅上皮中，Ca^{2+} 进入激活钙调蛋白，形成 Ca^{2+}-钙调蛋白复合物，并在嗅觉适应中起主要作用。第一，Ca^{2+}-钙调蛋白复合物导致 CNGC 的磷酸化，从而抑制 CNGC。CNGC 在绝大多数 OSN 中由 CNGA2、CNGA4 和 CNG1b 三种亚基组成。敲除 CNGA4 的基因导致气体分子引起的电流缺失和细胞反应适应性的消失，提示 CNGA4 亚基对气味反应的敏感性以及去敏感性中都有贡献。第二，Ca^{2+}-钙调蛋白复合物激活磷酸二酯酶 PDE1c，促进 cAMP 水解。第三，Ca^{2+}-钙调蛋白复合物激活蛋白激酶，引起 AC Ⅲ 磷酸化从而减缓 cAMP 的生成（图 6-5-5）。受体被激活后随即被 GRK 磷酸化，也会导致受体失活和嗅觉系统的去敏感化。

三、嗅觉受体表达选择性的调控

嗅觉神经元建立并维持"一个神经元一个受体"的方式遵循两种可能的模型。在嗅觉受体激活期，此时嗅觉神经元在发育过程中，嗅觉受体 OR 基因初始均被异染色质标签 H3K9me3 和 H4K20me3 所标记，处于沉默状态。只有当特异的去甲基化酶如 LSD1 解除了某个特定 OR 基因的异染色质修饰后，在转录调控因子的帮助下，转录复合物结合到特定 OR 基因的启动子区域，从而开启该 OR 基因的转录。在嗅觉受体维持期，当某一特

定 OR 转录并翻译后，并正确运输到细胞膜上，会通过一个负反馈调控的机制，利用 OR 下游信号通路中的 ADCY3 抑制 LSD1 的表达，从而阻止了 LSD1 对其余 OR 基因的去甲基化，使得其余 OR 基因终身处于沉默失活状态，保证了"一个神经元一个受体"的终身维持（图 6-5-6A）。

在此过程中，还有两个生物学事件对"一个神经元一个受体"至关重要。其一，在嗅觉受体激活期增强子起着重要作用。至今已经发现了 63 个 OR 增强子（OR enhancer），长 500～1000 bp，距离最近的 OR 基因平均大约 35 kb，Lomvardas 实验室将它们分别用希腊岛屿（Greek Island）的名字加以命名。由于 OR 基因簇初始时处于异染色质的聚集体中，除了需要 LSD1 的去甲基化之外，还需要在增强子的帮助下脱离异染色质聚集体。多个 OR 增强子能在辅助蛋白 LHX2、LDB1 等的帮助下形成增强子活性中心（enhancer hub），招募到此活性中心的 OR 基因将进入转录活性区域启动转录（图 6-5-6B）。由于招募到该活性中心的概率较低，因此这也对"一个神经元一个受体"机制的建立有很大的贡献。其二，在嗅觉受体维持期，由于受体表达量非常高，OR 蛋白在内质网中翻译后将会诱发内质网的应激反应（ER stress response 或 unfolded protein response），经过一系列分子如 pERK 和磷酸化的 EIF2A 的作用，导致转录因子 ATF5 的表达。ATF5 增强了 OR 蛋白的伴侣分子如 RTP1/2 和 OR 信号转导分子 ADCY3 等的表达，一方面帮助 OR 运输到细胞膜上，建立 OR 信号转导通路，缓解了内质网应激反应，另一方面 ADCY3 抑制了 LSD1 的表达，使得其余 OR 始终处于沉默失活状态，保证了 OR 选择的恒定（图 6-5-6C）。

然而，令人意外的是，最新的单细胞测序结果

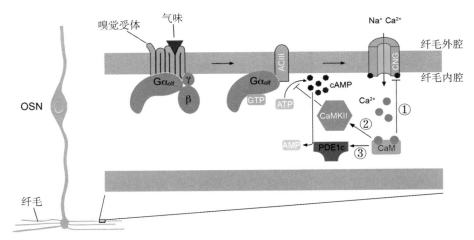

图 6-5-5　嗅觉适应的分子机制

显示，在发育过程中未成熟的 OSN 其实能表达多种嗅觉受体基因，这可能是由于 LSD1 收到负反馈下调之前激活了多个受体基因。只有当 OSN 成熟后，才变成了"一个神经元一个受体"的模式。至于是什么机制介导了 OSN 成熟过程中从多个受体基因变成单个受体基因的表达，目前还不是很清楚。

四、嗅球是嗅觉信号处理的第一级中枢

（一）特定类型嗅觉神经元汇聚到嗅球中的特定功能单元

嗅上皮上的 OSN 被气味分子激活后将感觉信息传递到嗅球。嗅球左右各有一个，处于鼻腔后部和大脑前额叶之前。OSN 的轴突在嗅上皮中聚集成束，投射到嗅球中特定的嗅小球（glomerulus，复数 glomeruli）。嗅小球是嗅球解剖上一个最具特征的结构，小鼠每侧嗅球有大约 2000 个相互隔离的嗅小球（直径 50 ~ 200 μm）。OSN 与嗅球中的三种细胞形成突触连接，其中僧帽细胞（mitral cell）投射至不同嗅皮质，外簇状细胞（tufted cell）投射到同一嗅球内的另一侧（内–外），而内簇状细胞投射至距嗅球较近的嗅皮质（如前嗅核和前梨状皮质），第三类球旁（periglomerular）细胞为局部神经元。

研究表明，嗅球中小范围的损毁导致在嗅上皮

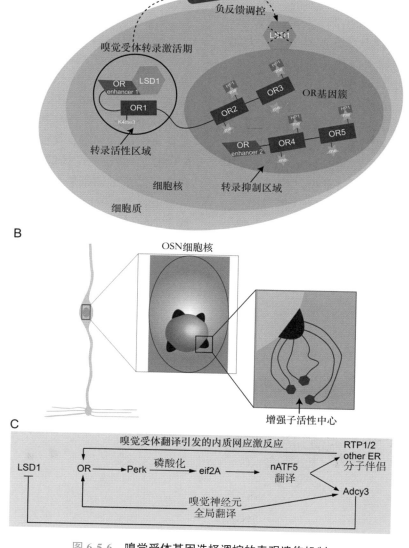

图 6-5-6　嗅觉受体基因选择调控的表观遗传机制

A. 表观遗传在嗅觉受体激活期和维持期中的关键作用；B. 增强子活性中心在嗅觉受体激活期中非常重要；C. 在嗅觉受体维持期中，受体翻译引发的内质网应激反应起了调控作用

大范围的 OSN 退化，在嗅球的嗅小球层小范围注射荧光追踪剂可以逆行追踪到较大范围的嗅上皮。这些结果提示，分布在嗅上皮上很大区域的 OSN 汇聚到嗅小球中的一点。电生理记录显示，一个僧帽细胞可以对嗅上皮多个区域内的气味做出反应，在功能上进一步支持了这种结构上的汇聚。

单一受体的原位杂交染色显示，一种受体只表达在嗅球的内外侧两个嗅小球中。通过遗传操作可以示踪表达同一受体的 OSN 在嗅球中的投射，在特定受体后加上标记蛋白，发现一个 OSN 的轴突只投射到一个嗅小球上，表达相同受体的 OSN 轴突会汇聚到同侧嗅球的两个嗅小球中，而且同一受体对应的嗅小球大体两侧对称（图 6-5-7）。这种一个 OSN、一种受体，及 2 个嗅小球的连接方式，显现出一个巨大的汇聚比例。小鼠在一侧鼻腔内有几百万的 OSN，约一千种嗅觉受体，大约 2000 个嗅小球，因此平均每个嗅小球有几千个 OSN 聚合。

对应每一种受体的嗅小球在嗅球中的空间位置在同一品系的不同动物上保持相对固定的位置，OSN 有上千种受体细胞，每种表达特定受体的细胞又数以千计，它们是如何在嗅球上找到固定的位置呢？受体的替换导致其对应的嗅小球位置的改变，但不能彻底改换到被替换受体所对应的位置上，提示气味受体是一个重要的但非唯一的决定因素。OSN 细胞自身的活动也对这种投射的建立及维持有重要作用，在 CNGC、Golf 等基因剔除老鼠中，OSN 的投射只表现出细微的改变，显示若整个嗅上皮的细胞活动都被抑制，对投射图谱的建立及维持影响有限。而选择性地抑制 OSN 细胞，会导致其

在与其他 OSN 相竞争的环境中逐渐被替换，进而它们所对应的嗅小球消失，提示 OSN 相对于其他相邻细胞活动强度的变化对它们的生存和投射图谱的维持有明显的影响。在分子层面上，Sakano 实验室发现多种轴突导向分子在 OSN 投射图谱的建立上至关重要，其中嗅球背-腹侧轴上的投射图谱建立是由 ROBO2 和 SLIT1 的相互拮抗以及 SEMA3F 和 NRP2 的相互拮抗所介导的，而前-后轴上的投射图谱建立是由 SEMA3A 和 NRP1 的相互拮抗所介导的，SEMA3A 和 NRP1 的表达受到嗅觉受体基础活性的调控。此外，OSN 投射到嗅球的位置还进一步受到更精细的调控，这是由 KIRREL2/3 和 EPHA/EPHRIN-A 分子介导的，这些分子的表达则受到 OSN 的活动调控。

（二）主嗅球内的投射细胞接受单一受体嗅觉神经元的输入

嗅球中的信号通过固定的投射汇聚到嗅小球后，是如何传递到嗅球中投射细胞的？哺乳动物嗅球中的投射细胞——即前段中提及的僧帽/簇状细胞（mitral/tufted cells），有一根顶树突（apical dendrite），它在嗅小球中连续分支并与 OSN 轴突形成谷氨酸能的突触，接受嗅上皮的兴奋性输入（图 6-5-8B）。僧帽/簇状细胞还有数根底树突，这些底树突处于僧帽细胞层及嗅小球层之间的外丛状层（external plexiform layer）。底树突可以长达 1 mm，近半个嗅球的长度，但是底树突并不接受兴奋性的输入，底树突上是抑制性的 GABA 能突触。每一个嗅小球中有数千个 OSN 的轴突和来自 20～50 个僧帽/

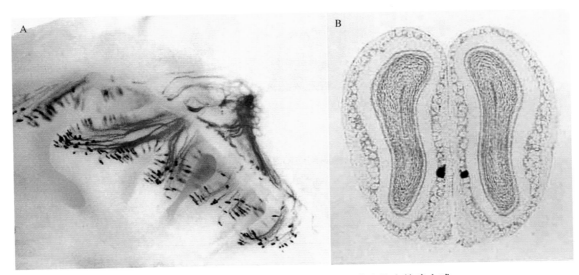

图 6-5-7　表达同一受体的 OSN 聚合到嗅球中特定的嗅小球
A. 表达 P2 受体的 OSN 弥散分布在嗅上皮中一个区域；B. P2 受体 OSN 的轴突聚合到嗅球上两侧对称的嗅小球（引自参考文献中的综述 5）

簇状细胞的顶树突，从数千个 OSN 到 20 ～ 50 个僧帽 / 簇状细胞，达到接近 100 倍的汇聚。因此，结构上的证据支持僧帽 / 簇状细胞作为嗅觉受体的特征检测器（feature detector）。

这种高度汇聚的连接表明僧帽 / 簇状细胞的反应特征是由其对应的 OSN 所决定的。单个僧帽细胞可以对多种气味起兴奋或抑制作用，而对应不同嗅小球的僧帽细胞也能被一组气味所激活（图 6-5-8C）。因此，不同嗅小球所对应的僧帽细胞检测各自特定的气味。相邻的僧帽细胞所能检测的气味相似，且发放同步化。对嗅小球活动水平进行的光学成像提供了嗅小球作为功能单元最强的证据。早期运用放射性的 2- 脱氧葡萄糖进行成像研究发现，单一气味激活嗅球中数目不等的嗅小球及其对应的细胞。

Katz 实验室运用内源性信号成像技术在能分辨嗅小球的水平上发现，醛类及酯类气味可以激活嗅小球（图 6-5-8A）。之后，利用高分辨功能磁共振成像检测整个嗅球的活动模式（activity pattern）时发现：①任何气味激活的活动模式都不是随机的，而是形成强度不一的嗅小球簇；②左右两个嗅球中的活动模式高度相似（图 6-5-9A）；③气味分子同系物在嗅球中的活动模式呈规则性变化（图 6-5-9B）；④不同品质气味的活动模式差异巨大（图 6-5-9C）；⑤同一气味激发的活动模式的拓扑高度相似，但强度与浓度正相关（图 6-5-9D）。

利用电生理及钙成像检测技术都显示，虽然单个 OSN 只表达一种受体，但 OSN 细胞可以对多种气味起反应，这种对气味反应的选择性随气味浓度

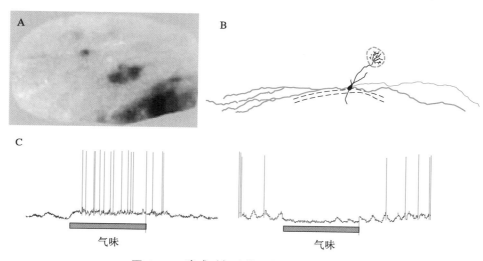

图 6-5-8　嗅球对气味的反应
A. 对内源信号进行成像显示一种气味激活嗅球中少量的嗅小球；B. 僧帽细胞的形态，虚线显示其顶树突相连的嗅小球；C. 同一细胞对气味的兴奋性反应（左）及抑制性反应（右）

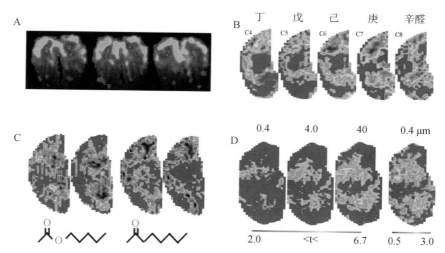

图 6-5-9　化学信息在嗅球中的编码
A. 两侧激活的活动模式大体对称；B. 同系物的活动模式发生规律的变迁；C. 不同品质的气味激活迥异的活动模式；D. 同一气味激活的活动模式的拓扑高度相似，强度与浓度正相关

的提高而降低。相似的情况在嗅小球及僧帽细胞中都有体现，使得反应的特异性在很大程度上受到浓度变化的影响。

（三）嗅球内的神经环路调控对气味的生理反应

嗅球中的投射细胞在数量上只占细胞总数很少的一部分。除了投射神经元外，嗅球中还有至少三种中间神经元：颗粒细胞（granule cell）、球旁细胞（环嗅小球细胞）和短轴突细胞（short axon cell），这三类细胞的数目之和是僧帽/簇状细胞的 100 倍以上。那么，它们对嗅觉信号的处理有哪些贡献呢？嗅球内部的基本神经环路可以简化为图 6-5-10。僧帽/簇状细胞在嗅小球层以其顶树突接收来自 OSN 的输入，在胞体产生动作电位并把信号传导到更高级中枢。所有脑区对信号的处理基本上包括对输入的整合处理和输出的调控，嗅球也不例外，在嗅球中这两种处理过程发生在嗅球中的不同层。

对 OSN 输入的调控主要发生在嗅小球层。在嗅小球内部，OSN 直接与僧帽/簇状细胞的顶树突相连接，通过 AMPA 型及 NMDA 型谷氨酸受体接收兴奋性的嗅觉感受信息。在嗅小球层，大部分的球旁细胞都是 GABA 能的抑制性神经元，同时接收了 OSN 和僧帽/簇状细胞的兴奋性输入。此外，通过这一层中短轴突细胞的介导，球旁细胞能对僧帽/簇状细胞产生较大范围的侧抑制。这种在输入层的抑制性连接，类似于视网膜上水平细胞对光感

受细胞的抑制。它们对感觉信息的处理或许也基本相同，即通过提高自我抑制和侧抑制来降低背景噪声，从而提高信号的对比度。在嗅小球层还有一些多巴胺能的球旁细胞和一些 GABA 能兼多巴胺能的球旁细胞，这一类细胞对信号的处理作用还不是很清楚。

对僧帽/簇状细胞输出的调控主要发生在外丛状层。在这里僧帽/簇状细胞的底树突和颗粒细胞的树突形成树突–树突型突触。从僧帽/簇状细胞到颗粒细胞的连接是兴奋性的，主要通过颗粒细胞树突上的 NMDA 型谷氨酸受体来介导。从颗粒细胞到僧帽/簇状细胞的突触却是强抑制性的，主要通过僧帽/簇状细胞底树突上的 GABA 受体介导，这种连接方式提供了有效的自我抑制及侧抑制。和输入层信号处理不同的是，僧帽/簇状细胞有非常长的底树突，这些底树突有广泛的延伸且相互重叠。因此，僧帽/簇状细胞的输出受到空间分布十分广泛的其他投射细胞的影响。

表达每一种受体的 OSN 平均投射到两个嗅小球，一个处于嗅球内侧，另一个处于嗅球外侧，两侧的嗅小球之间也有紧密的神经连接。与嗅小球相连的外层簇状细胞投射到另一侧嗅小球相连的颗粒细胞层，形成镜像对称的相互连接。这种在受体水平上的嗅球内精确联系可能促使同一种受体细胞发放的同步化，但这种假设还缺乏直接的实验数据支持。

嗅球除了接收从嗅上皮来的感觉信息输入外，还接收从多个中枢来的输入。包括从蓝斑来的去甲

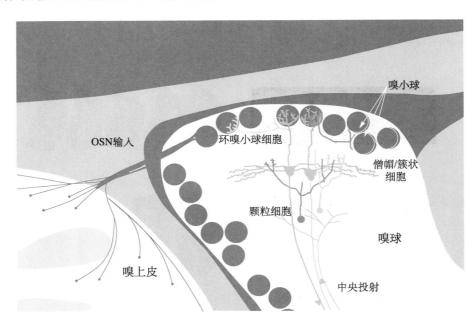

图 6-5-10   嗅球内部神经环路简图
僧帽/簇状细胞是兴奋性投射细胞，而球旁细胞和颗粒细胞是抑制性中间神经元

肾上腺素能输入，它们主要位于嗅小球层和颗粒细胞层。这一通路能够抑制颗粒细胞释放 GABA，从而提高僧帽细胞的兴奋性反应。另外，从脑干中缝核来的 5- 羟色胺能输入终止在嗅小球层。从基底前脑来的乙酰胆碱能输入终止于嗅球中的所有层，尤其是外丛状层，乙酰胆碱能输入集于颗粒细胞的树突上，被认为可调控侧抑制的效率。除以上调制性神经递质外，嗅觉大脑皮质及前嗅觉核团也在颗粒细胞层有大量的反馈性输入（小鼠中嗅球的输出与中枢输入比约为 1∶10）。但是，正如所有脑区的反馈性投射一样，嗅觉皮质的反馈性投射对嗅球信号处理所起的作用仍不清楚。

五、嗅球的下级投射

在所有感觉系统中，嗅觉系统向皮质的投射是唯一不需经过丘脑中继的，僧帽 / 簇状细胞的轴突通过侧嗅束（lateral olfactory tract）直接投射到嗅皮质。嗅皮质可以划分为多个不同的区域。嗅皮质分为：①前嗅核（anterior olfactory nucleus）；②梨形皮质（piriform cortex）；③皮质杏仁核（cortical amygdala）；④嗅结节（olfactory tubercle）；⑤位于颞叶内部的内鼻区（entorhinal area）。这些区域都向额叶回的眶额皮质（orbitofrontal cortex）直接投射，同时也通过丘脑间接投射到眶额皮质。此外，嗅觉信息还通过杏仁核投射到下丘脑，通过内鼻区投射到海马回。额叶皮质被认为对于嗅觉信息的主观感受和气味的区分很重要，从杏仁核到下丘脑的投射被用来调控情绪及动机性的行为，而从内鼻区到海马回的投射与嗅觉关联记忆密切相关。

既然单个僧帽 / 簇状细胞只接收来自一个特定受体的输入，那么这种对受体的选择性在嗅皮质是否得到了保留？利用病毒示踪的方法，科学家们证实单个僧帽 / 簇状细胞向多个嗅皮质广泛投射，并不存在有序的空间映射，例如梨形皮质，不同的僧帽 / 簇状细胞可以投射到梨形皮质相同的区域，且投射的末梢相互混杂，无明显区别。在梨形皮质中丧失了嗅球的空间有序结构，一种可能性是这样的无组织连接使得梨形皮质中的神经元能从嗅球接受很多不同嗅觉信息处理通道，在这种随机连接的基础上每个个体独特的嗅觉经历可以巩固、去除或调整某些特异的连接，从而使梨形皮质对气味的响应能反映个体的嗅觉经历，即嗅觉相关的学习。那么，僧帽 / 簇状细胞的投射是否在某些特定脑区具

有有序的投射模式呢？向皮质杏仁核的投射显示具有相对的有序性，不同的僧帽 / 簇状细胞可以投射到皮质杏仁核的不同空间区域，这种相对有序的连接模式暗示皮质杏仁核可能介导了动物的嗅觉本能行为。

虽然嗅皮质不同区域有不少解剖学差别，但它们之间仍有许多相似之处：这些区域都属于古皮质，因此只有三层而非六层。第一层为表丝状层，在这里嗅皮质上的锥体神经元接收来自嗅球及其他皮质的输入；第二层较薄，其中密集排布着锥体神经元和中间神经元的胞体；第三层较厚，含有此皮质部分细胞的胞体以及从联合皮质来的轴突末端。嗅皮质的一个主要特点是各区域之间广泛的相互连接。嗅皮质的主要输入来自嗅球中的僧帽 / 簇状细胞，这一输入是兴奋性的谷氨酸能。嗅皮质也接受神经调制性输入，包含乙酰胆碱能、去甲肾上腺素能、5- 羟色胺能和多巴胺能的输入。对嗅皮质的功能性研究仍然较少，嗅皮质对气味的反应规律及神经环路对嗅觉反应的制约还都处于未知状态。

六、副嗅觉系统主要探测外激素

动物通过进化发展出许多特别的交流方式来鉴别和吸引异性，以及运用这些社会信号来辨认同类个体的社会地位，这种信息的交换主要通过散发及接受外激素（pheromone，也称信息素或费洛蒙）来实现的。虽然对哺乳类外激素的化学性质所知有限，但已知它们与物种、性别，及动物的激素状态有关。外激素信号最终达到下丘脑而引起动物行为及内分泌的明显变化。这些非常可靠而且易重复的行为变化，为行为神经生物研究者提供了研究哺乳动物本能性行为神经机制非常好的模型。过去二十年来，一系列的进展也使得我们对外激素处理有了基本的了解。

外激素的信号处理在多个水平上和嗅觉信号的处理相似，但也有其独特之处。以前认为外激素都是通过副嗅觉系统的独立神经通路来处理，而常规嗅觉是通过主嗅觉系统来处理。现在公认不是这样简单的区分，主嗅觉系统也能识别部分外激素，而副嗅觉系统也能识别挥发性的物质。副嗅觉通路起始于位于鼻腔前下端的犁鼻器（图 6-5-11A），犁鼻器中的感觉神经元称为犁鼻细胞，它投射到副嗅球。副嗅球位于主嗅球的背后侧，体积较小。副嗅球中的细胞再投射到内侧杏仁核（medial amygdala）、

终纹床核（bed nucleus of stria terminalis，BNST）和后内侧皮质杏仁核（posteromedial cortical amygdala，PMCo）等，在此处外激素的信息被投射到几个与社会及繁殖行为有关的核团，包括前下丘脑核团（anterior hypothalamus）、内腹侧核团（ventromedial nucleus）、内侧视前（medial preoptic area）等（图6-5-11B）。这一神经通路有两个特点：其一，外激素的信息并不投射到皮质，因此对外激素的处理被认为是下意识的；其二，从感觉细胞到对行为的直接控制最短只有三级突触，因此外激素是非常直接的行为信号。

自从 Dulac 及 Axel 实验室于 1995 年克隆出第一批犁鼻器受体的基因以来，小鼠中 300 个犁鼻器的受体已被相继克隆。这些受体分属于两个大的亚家族——V1R 及 V2R。它们的分子结构与 OR 非常不同，却与味觉受体亚家族 T1R 接近。犁鼻器分为上下两层，V1R 受体细胞分布于顶层，V2R 受体细胞位于底层。V1R 及 V2R 都是 GPCR，其中 V1R 细胞中有 $G\alpha_{i2}$ 亚基，而 V2R 细胞中有 Gαo 亚基。犁鼻器受体细胞这种分子上的两分同时在解剖结构上得到保持：顶层表达 V1R 及 $G\alpha_{i2}$ 的细胞投射到副嗅球的前半端，而底层表达 V2R 及 Gαo 的细胞投射到副嗅球后半端。副嗅觉系统的这种内部区分在功能上的意义仍不清楚。

与 OSN 中的信号转导途径有所不同，犁鼻感受细胞采用与果蝇复眼细胞的光转导途径相似的信号转导途径。V1R 及 V2R 和信息素结合后激活 G 蛋白，随后激活磷脂酶，催化细胞质膜上磷脂酰肌醇的水解，产生二酰基甘油（DAG）和 1,4,5-三磷酸肌醇（IP$_3$），打开 TRPC2 阳离子通道，最终触发细胞发放动作电位。

犁鼻感受细胞是如何对外激素产生反应的呢？Leinders-Zufall 等运用钙成像及生理记录显示，离体状态下犁鼻感受细胞对提纯的外激素化学成分有极为灵敏及高度特异性的反应。单个细胞几乎只对一种化学成分起反应，而且反应的阈限极低。进一步运用小鼠尿液作为天然的外激素，发现单个细胞对雄性或雌性外激素的反应有选择性。

外激素又是如何在副嗅球中进一步处理的呢？副嗅球中也有僧帽细胞，与主嗅球中的僧帽细胞不同，副嗅球中的僧帽细胞有多根顶树突到多个小型的嗅小球中，而且它们几乎没有底树突。表达同一受体的犁鼻受体细胞投射到副嗅球中的多个小型嗅小球，这种解剖结构保证了副嗅球中的僧帽细胞可以接受多个受体的输入。示踪研究也显示，每个僧帽细胞的多个顶树突都与同一受体的嗅小球相连，从而有利于聚合连接。除僧帽细胞外，副嗅球中也有抑制性的中间神经元：球旁细胞和颗粒细胞。副嗅球也接受中枢的反馈性投射，如从蓝斑来的去甲肾上腺素投射和从终纹床核（bed nucleus of stria terminalis）来的可能为抑制性的投射。

副嗅球中的投射细胞对外激素的反应具有高度选择性。通过从清醒小鼠的副嗅球中记录僧帽细胞的反应，发现这些细胞对其他个体表现为缓慢和较长时程的激活反应。即便在复杂的整体动物水平上，反应也具有较高的选择性，即一个细胞选择性地对

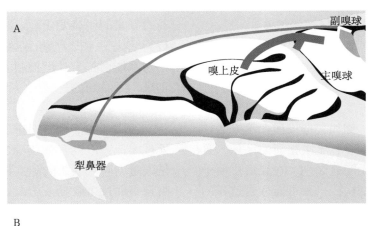

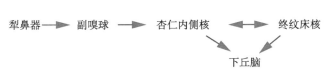

图 6-5-11　副嗅觉系统示意图

A. 犁鼻器处于鼻腔前下端并投射到副嗅球；**B**. 副嗅觉系统经杏仁内侧核投射到下丘脑，调控社会及繁殖行为

某一特定性别及种类的动物产生兴奋性反应。不仅如此，抑制性的反应也具有高度的选择性，显示选择性兴奋和抑制都是外激素编码特性中的一部分。

外激素到达杏仁核及下丘脑之后的编码方式仍不清楚。敲除 TRPC2 基因使小鼠犁鼻器失活，TRPC2 基因敲除小鼠不能正确辨认其他动物的性别，从而导致行为的混乱，如这种雄性小鼠试图与其他雄性小鼠交配，进一步的生理记录将揭示外激素在下丘脑中的编码，并进一步解释外激素在单细胞水平上触发的感觉反应是如何与动物行为相关联。

虽然人类在进化中副嗅觉系统发生了退化，仅胚胎期的前几个月具有犁鼻器结构（是否有功能还不清楚），但主嗅觉系统也能探测外激素，因此人类具有识别外激素的基础。刚出生的婴儿对母亲的本能趋向性，是由于女性乳腺分泌物所介导的行为。然而，还没有鉴定出来人类分泌物中哪种具体化学物质是外激素，对这些物质的确定能够加深对人类外激素的理解。

第三节　味　觉

动物的味觉感受细胞特异地识别各种水溶性的味觉物质（tastant），并向高级神经中枢传输不同的信号。动物能识别的五种基本的味觉模态（taste modality）是：甜、苦、酸、咸、鲜（umami）。甜味的代表性化合物是碳水化合物，如各种分子结构为（CH_2O）n 的天然糖类。能引起苦味的化合物有很多种，虽然很多苦味化合物的结构都有含有氮原子的五元环或者六元环，但是它们之间并没有共同的分子式。通常，引起苦味的物质对动物而言大多都是有毒的或是有害的；苦味识别可能是动物在生物进化过程中形成的一种自我保护机制。能作为氢离子供体的酸性物质都能引发酸味。各种盐类在合适的浓度下都呈咸味，而在高浓度下都呈苦味。鲜味主要是指谷氨酸单钠及其他一些氨基酸引起的味觉反应。例如，蘑菇中的内源性谷氨酸单钠含量较高，所以蘑菇能给出很强的鲜味。只有纯净的化学物质才能引发单一的甜味、苦味、酸味、咸味或者鲜味。而天然的味觉多是一种复杂的、混合的感觉，即是由这五种基本的味觉模模态组合形成的"复合味"。需要指出的是：辣味不是基本的味觉模态，因为辣味是咸味、热觉，及痛觉刺激口腔黏膜、鼻腔黏膜、皮肤和三叉神经而产生的综合感觉。比如，舌头遇到烧碱（NaOH）刺激时亦会感到辣味。涩味也不是味觉模态，其原因是可溶性单宁（鞣酸）具有强收敛性，能刺激口腔里的触觉神经末梢产生兴奋，导致"涩"的感觉。

一、味觉感受器的解剖结构

动物利用它们特化的味觉器官来感受各种味觉刺激。特化的味觉器官中分布着识别各种味质的味觉感受器细胞。原生动物和海绵用整个身体感受味觉刺激。陆生无脊椎动物不仅在口腔中有味觉感受器，而且它们的身体表面也广泛地分布着味觉感受器。以昆虫纲的果蝇为例，果蝇的口腔内部分布有味觉感受器神经元。此外，果蝇的味觉器官还包括口器（proboscis）、腿和翅膀（图 6-5-12）。在果蝇的味觉感受器单元是分布于这些味觉器官上的味觉刚毛（taste bristle）。在每根味觉刚毛的根部嵌有一个感受机械压力的触觉神经元和 2 ～ 4 个感受不同味质的味觉神经元。这些味觉神经元的树突直接延升至味觉刚毛的顶端开口处，从而使得这些味觉神经元的味觉受体可以与水溶性的化学物质直接接触。口器外部和口腔内部的味觉神经元将感受到的化学信息通过它们的轴突传递至脑中的食管下神经节（subesophageal ganglion），而腿和翅膀上的味觉神经元将感受到的化学信息传递至胸神经节。

陆生脊椎动物的味觉感受细胞分布在口腔、舌和咽。哺乳动物的主要味觉器官是舌。传统观点认为：舌的不同部位对不同的味质有着不同的敏感性。舌尖部对甜味比较敏感，而舌两侧对酸味比较

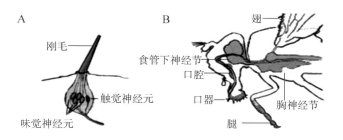

图 6-5-12　**果蝇的味觉刚毛和味觉器官**
A. 果蝇味觉刚毛的结构及其内部的神经元；**B**. 果蝇味觉刚毛的分布

敏感。舌两侧前部对咸味比较敏感，而软腭和舌根部对苦味比较敏感。这种味区的分布模式有着合理性。识别甜味的区域在舌尖将有利于驱使动物寻找到更多有营养的碳水化合物。因为大多数苦味物质是有害或有毒的，舌根部感受到苦味后将使吞咽受阻，并刺激咽喉的呕吐反应，从而避免有毒物质继续进入消化系统。所以，识别苦味的区域在舌根能够对动物形成一种安全保护机制。然而，近年来，随着味觉受体被克隆以及其在舌表面的表达情况被确认，人们发现这种传统观点认为的区域化的味觉敏感性并不是绝对的。对不同味质最敏感的区域之间有重叠；对某种味质最敏感区域并不是对其他几种味质没有任何应答，只是阈值较高而已。

舌的表面覆盖着一层黏膜，在黏膜中分布着许多有味觉识别功能的细小突起——乳头（papilla）。据它们的形态学特征，舌上的乳头可分为三类：轮廓状（circumvallate）乳头、叶状（foliate）乳头和菌状（fungiform）乳头（图 6-5-13）。这三类乳头的数量和在舌上的分布区域也不同。舌上只有十个左右的轮廓状乳头。它们主要分布在舌表面的后三分之一。叶状乳头分布在舌的后边缘。舌上有几百个真菌状乳头，它们主要分布在舌表面的前三分之二（图 6-5-13）。

在这三类乳头都嵌有味觉识别的功能单元——味蕾（taste bud）。舌上共含有几千个味蕾。真菌状乳头内嵌有的味蕾较少，为 1～5 个。而轮廓状乳头内则嵌有数百个味蕾。除了含有支持细胞和基底细胞外，每个味蕾中都包裹着 50～150 个味觉细胞（图 6-5-13）。支持细胞排列在味觉细胞的周围，形成一个能允许味觉物质进入的腔。味觉细胞从味蕾的下半部一直延升至味蕾顶部。根据形态学

特征，味觉细胞可分为三类：深色细胞、中间色细胞和浅色细胞。味觉物质通过味蕾上端的开口进入味蕾腔内，然后与味觉细胞顶端的微绒毛上的受体结合，进而激活味觉细胞。味觉细胞是一种特化了的细胞，具有上皮细胞和神经细胞的双重特性。一方面，味觉细胞是上皮细胞，所以它们的更新速度快。味觉细胞的寿命大概只有 10 天。脱落的味觉细胞很快会被由基底细胞分化而来的新味觉细胞所替代。另一方面，虽然它们没有轴突，但味觉细胞又具有神经细胞的特征，味觉细胞的细胞膜是可兴奋的。受到味觉刺激后，味觉细胞的细胞膜可以去极化，并且导致味觉细胞释放神经递质（如单胺类递质）。味觉细胞所释放的神经递质刺激味觉传入神经元，味觉传入神经元将味觉信号进一步传向味觉神经节。不同的味觉细胞分别表达识别不同味觉物质的受体，表达不同味觉受体的味觉细胞在舌上的分布也不均匀。

二、味觉识别的信号转导机制

味觉细胞顶端的细胞膜上有识别五类味觉物质的受体。味觉受体与味觉物质结合后，导致味觉细胞的细胞膜去极化和神经递质的释放。通过这种方式，味觉细胞将感受到的化学信息转化成电信号并在神经系统中传递和加工。但是，五种味觉物质与膜上受体结合后引起的跨膜信号转导机制是各不相同的。采用电生理膜片钳技术、生物化学和分子生物学手段，研究者对味觉识别的跨膜信号转导机制逐渐有了较深入的了解。味觉物质与相应的受体结合后将激活受体，有的味觉受体本身就是离子通道，受体激活后，离子通道打开，引起阳离子（钠

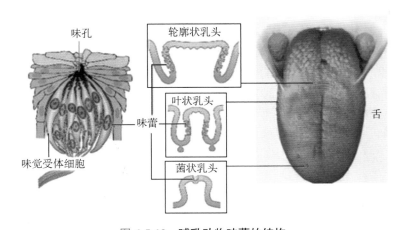

图 6-5-13　哺乳动物味蕾的结构
从左到右：哺乳动物的味蕾、味觉乳头的结构，及其在舌上的分布

离子或氢离子）内流。其他类型的味觉受体通过第二信使导致细胞膜上的代谢型离子通道开放以及阳离子内流。阳离子内流引起细胞膜去极化至一定的阈值后，导致细胞外的钙离子内流或者细胞内钙库的释放。细胞质内的钙离子浓度升高使囊泡与突触前膜融合，导致神经递质的释放（图 6-5-14）。

咸味感觉的跨膜转导机制较简单。对氯化钠的转导是通过打开微绒毛膜上的钠离子通道实现的，钠离子顺着电化学梯度直接流入细胞内，引起味觉细胞膜的去极化。味觉细胞感受钾盐的机制也是类似的：钾离子直接流入细胞内并且引起去极化。味觉细胞对酸味的跨膜转导机制有两种：第一种机制是酸味物质释放的氢离子将 pH 敏感的钾离子通道阻断。钾离子通道在静息电位的情况下通常开放，由氢离子导致的钾离子通道阻断引起味觉细胞膜去极化。第二种机制是氧离子通过利尿剂（amiloride）敏感的钠离子通道直接进入味觉细胞。当唾液中钠离子浓度较高时，氢离子将阻碍钠离子从这些通道中通过，因此，酸性物质可以降低咸味的感觉。

味觉细胞感受甜味、苦味和鲜味则采用了另一种的跨膜信号传导机制——G 蛋白介导的第二信使途径。甜味物质与味觉细胞膜上的受体结合后，可激活两条信号途径。一方面，甜味物质与 GPCR 结合后，激活腺苷酸环化酶，使细胞内的 cAMP 浓度上升。cAMP 激活 cAMP 依赖的蛋白质激酶。蛋白质激酶将位于味觉细胞侧面的钾离子通道磷酸化，使之关闭。钾离子通道关闭将引起味觉细胞膜的去极化反应。另一方面，甜味物质（尤其是一些人工合成的甜味剂）的受体被激活后，通过 G 蛋白的作用，可以引起细胞内的 IP₃ 浓度上升。IP₃ 浓度上升将导致细胞内钙库的释放，促进神经递质的释放。

苦味物质多种多样，而且它们的分子结构无共性。因此，苦味物质的信号转导机制也是多样化的。细胞膜不通透的苦味物质通常与味觉细胞膜上的 GPCR 结合后，可激活 IP₃ 途径，也可能激活 cAMP、cGMP 介导的膜上离子通道。细胞膜通透的苦味物质（如奎宁）则不需要激活 G 蛋白，而是直接进入细胞，阻断味觉细胞顶端的钾离子通道。鲜味物质（主要是一些谷氨酸等一些氨基酸）的信号传导机制也采用 G 蛋白途径。鲜味物质与 GPCR 结合后，激活下游信号途径，引起细胞膜去极化。另外一种可能是：作为神经递质的谷氨酸直接与某些味觉神经纤维上的 AMPA 或 NMDA 受体结合，从而直接激活这些神经纤维。

在过去 20 年中，味觉神经研究取得的一个最大进展是克隆了哺乳动物的甜、鲜、苦、咸和酸味的味觉受体基因，并鉴定了相应受体的功能（表 6-5-2）。这些工作主要是由 Charles Zuker 教授及 Nicholas Ryba 团队完成的。首先，他们克隆了哺乳动物味觉受体第一家族 T1R。T1R 包括 T1R1、T1R2、T1R3 三个成员。这些受体属于 G 蛋白偶联受体家族第 3 亚型。他们进一步发现了 T1R2＋T1R3 以异二聚体形式参与甜味识别。T1R2 和 T1R3 异源二聚体主要表达于舌轮廓乳突和叶状乳突的味觉感受细胞中，在菌状乳突表达量较少。异源二聚体 T1R2/TlR3 具有多个配体的结合位点，因此可以识别结构不同的甜味分子。他们也发现敲除 T1R1 或 T1R3 的小鼠表现出对谷氨酸的感受能力减弱。T1R1 或 T1R3 双基因敲除的小鼠失去对鲜味的感知能力，证实了 T1R1＋TlR3 异源二聚体是哺乳动物的鲜味受体。异源二聚体 T1R1＋T1R3 主要表达在舌前部的菌状乳头和软腭中，介导鲜味

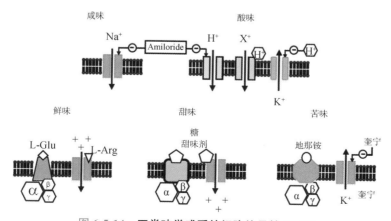

图 6-5-14　五类味觉感受的细胞信号转导途径

咸味、酸味、鲜味、甜味和苦味的转导分子机制［改编自 Shimada S，Ueda T，Ishida Y，et al. Acid-sensing ion channels in taste buds. Arch Histol Cytol. 2006，69（4）：227-231.］

觉感知。同时，他们发现了哺乳动物苦味受体家族 T2R。T2R 属于 GPCR 的第一亚类（A 家族），已知人的 T2R 有 25 种，小鼠则有 36 种。一个苦味受体 T2R 可以识别多种苦味的配体分子，而一个味觉感受细胞可以表达 4～11 种不同的 T2R，这使得每个苦味味觉感受细胞能识别多种苦味的配体分子。

Zuker 团队进一步发现了上皮细胞钠通道（epithelial sodium channel，ENaC）是哺乳动物咸味的受体。ENaC 通道通常由 3～4 个亚基组成，每个亚基有双跨膜的分子结构。ENaC 的抑制剂——阿米洛利能够降低味觉细胞对 NaCl 的反应，提示上皮细胞钠通道是咸味的味觉感受器，敲除 ENaC 基因后的小鼠基本失去了对 NaCl 的偏好，因此确定 ENaC 通道是哺乳类动物的咸味受体。

2019 年，Zuker 团队和 Emily Liman 团队的研究发现 otopetrin-1（Otop1）质子通道的敲除导致酸敏感味觉受体细胞（TRC）失去了对酸的反应。在甜味细胞中，异位表达 Otop1 的表达使得它们能对酸刺激做出反应。这些研究结果确定了 Otop1 质子通道是哺乳动物的酸味受体。

表 6-5-2　介导哺乳动物五类味觉感受的受体分子

味觉模态（taste modality）	味觉受体（taste receptor）
甜味（sweet）	T1R2 + T1R3 二聚体
鲜味（umami）	T1R1 + T1R3 二聚体
苦味（bitter）	T2R（多种）
咸味（salt）	ENaC 通道
酸味（sour）	Otop1 质子通道

三、味觉信息在神经系统中的传递和整合

味觉细胞接受到味觉分子的刺激后释放神经递质，从而激活与之相连的味觉传入神经，将味觉信息传入更高级的神经中枢进行加工处理（图 6-5-15）。初级味觉神经纤维侵入每个味蕾，并与每个味觉细胞的底都相连。每根味觉神经纤维都可分支多次，和多个味觉细胞形成突触连接。这样的解剖结构决定了味觉神经纤维可以同时接收到来自不同的味觉细胞的信号输入，也决定了味觉的多样性。由于味觉细胞具有上皮细胞的特性，容易脱落，但是新生的味觉细胞在 semaphorin 3A 和 7A 等分子的帮助下，总是能与相应的味觉神经建立正确的联系，构

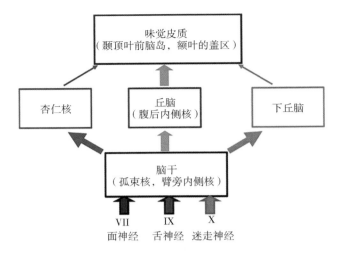

图 6-5-15　味觉系统的中央投射
哺乳动物味觉神经通路，从周边向中央的逐级投射

成正确的神经环路。

关于味觉的编码，长期以来一直存在争论。过去通常有两种模型：标记线（labeled line）模型和"交叉纤维"模型（across-fiber pattern）。在标记线传输模型中，味觉受体细胞对单一的味道起反应，并且有独立的神经纤维传递味觉刺激信息，不同味觉模态之间不存在相互干扰。而在交叉纤维模型中，一种味觉模态的信息被传入不同的细胞或神经纤维中。五种味觉在味觉感受细胞里或者在味觉神经纤维中被混合编码。近年来，Zuker 团队和其他研究人员的研究成果基本上证实了味觉信息是按照标记线模型进行编码的。首先，他们发现同一种味觉模态的味觉受体表达在同一个味觉感受细胞中，而不是多种味觉模态的受体共表达在一个细胞内。而且，一位表达小鼠自身没有的苦味受体到甜味细胞中，使得小鼠的甜味细胞能识别这个外源苦味分子并作出甜味分子。此外，他们通过钙成像观察了不同模态的味觉信息在脑内传播的情况，发现当味觉信号最终到达味觉皮质后，位于不同区域的特定皮质神经元编码了不同的基本味觉。这些结果证实了味觉信号主要以标记线的方式从外周向大脑传递。

分布在舌表面前三分之二的味蕾被第Ⅶ对脑神经（面神经）所支配。分布在舌表面后三分之一的味蕾被第Ⅸ对脑神经（舌神经）所支配。而分布在软腭表面和食管的味蕾则被第Ⅹ对脑神经（迷走神经）所支配。面神经、舌神经和迷走神经将味觉信息投射至延髓的孤束核（nucleus of the solitary tract）及臂旁内侧核（parabrachial nucleus）。接着，味觉

信息被投射到三个部位：下丘脑、杏仁核和丘脑的腹后内侧核（ventral posteromedial nucleus）。投射到丘脑腹后内侧核的味觉信息被进一步传递到大脑皮质的前脑岛（anterior insula）和额叶的盖区（speculum）。味觉信息通过神经传递的速度是非常快的。人的味觉感受到滋味仅需 1.6 ～ 4.0 ms，比触觉（2.4 ～ 8.9 ms）、听觉（1.27 ～ 21.5 ms）和视觉（13 ～ 46 ms）的都更快。相对而言，咸味的感觉最快，苦味感觉最慢。所以，通常苦味总是在最后才被感受到。

味觉信息在大脑皮质被深度加工处理，并与视觉和嗅觉信息在眶额叶皮质等脑区进行整合。所以，人对食物的味觉评价已经脱离了本能的化学感受，而是一种复杂的大脑的意识行为，即一种知觉。

四、味觉灵敏性的调节

动物味觉的灵敏性存在着个体性差异。例如：女性的味觉识别的灵敏性普遍高于男性，这可能是女性较男性更喜欢清淡食物的一个原因。动物味觉的灵敏性也不是一成不变的。人的胎儿在 4 个月时，味蕾已发育完全，就已经能够品尝羊水中的味觉物质了。7 ～ 8 个月的胎儿的味觉的神经束已髓鞘化。刚出生的婴儿味觉系统就已发育完善。婴儿能识别甜、苦、酸、咸、鲜等味觉物质，并且做出相应的行为应答。6 个月到 1 岁的婴儿的味觉最灵敏。儿童和青少年的味觉识别的灵敏位也很高。随着年龄的增长，成年人的味觉的灵敏性会逐渐下降。

味觉细胞将感受到的味觉信息传递到大脑皮质，再经大脑皮质的味觉中枢处理后与其他类型的感觉信息进行整合。所以，除了受到发育的调节外，动物味觉的灵敏性还受到诸多的器质性、心因性因素的影响。动物味觉受到激素分泌水平、温度、情绪和健康状况等方面的调节。例如：将大鼠的肾上腺皮质切除后，缺乏肾上腺皮质激素，导致大鼠血液中的钠离子浓度偏低，这种肾上腺皮质被切除的大鼠对咸味的敏感性将大大升高。所以，肾上腺摘除的大鼠会主动寻找盐水来补充血液中的钠离子，以避免很快死亡。动物的情绪和精神状况对味觉敏感性也有影响，在愤怒、恐惧、焦虑、悲伤或疲劳时，动物味觉敏感性味觉会降低。轻度的饥饿可提高味觉敏感性，而在耐受了较长时间的饥饿后，味觉功能可暂时丧失。动物味觉的敏感性也受食物或刺激物本身温度的影响，在 20 ～ 30℃时，动物味觉的敏感性最高。

动物的健康状况对动物味觉的敏感性有很大的影响。在疾病状况下，动物的味觉功能可能出现异常。例如，长期的发热性的消耗性疾病、营养不良、维生素及微量元素锌的缺乏、蛋白质及热量摄入不足都会使患者的味觉敏感性下降，从而产生口淡的感觉。由于血液循环障碍和唾液内成分改变等原因，有关癌症患者的味觉会减弱甚至消失。

在过去的 20 年中，对化学感受系统的理解取得了长足的进展。迄今为止，对嗅觉和味觉系统的化学感受的理解最为透彻。在嗅觉系统，一个庞大的编码气味受体的基因家族已经被克隆，细胞内的信号转导机制已经基本明了，绝大多数 OSN 都采用 G 蛋白及 cAMP 作为第二信使的级联反应；从嗅上皮到嗅球的功能性连接也已清楚，表达相同受体的 OSN 聚合到嗅球中处于固定位置的嗅小球中。在嗅觉信号在嗅球中的编码方面，光学成像及生理学研究所取得的进展表明，气味激活不同的空间组合模式。在检测外激素的研究上也取得了进步：受体及信号转导机制已经大体清楚，而且细胞对外激素的反应的特异性被发现。在味觉系统，编码甜、苦、鲜、酸和咸味的受体基因已被克隆，五种味觉的胞内信号转导机制及细胞对味觉物质反应的特异性也比较明了。

过去 20 年有关嗅觉和味觉的研究进展大部分得益于分子生物学及遗传工程技术的进步，对这两个系统的功能及在中枢神经环路研究还需进一步深入。未来需要进一步发展如光学成像和电生理等功能性研究手段，结合遗传工程和分子生物学的技术，更加深入地阐明嗅觉和味觉的感受及感知机制。

参考文献

综述

1. Brann DH，Datta SR. Finding the Brain in the Nose. *Annu Rev Neurosci*，2020，43：277-295.

2. Chandrashekar J，Hoon MA，Ryba NJ，et al. The receptors and cells for mammalian taste. *Nature*，2006，1444（7117）：288-294.

3. Dulac C，Torello AT. Molecular detection of pheromone signals in mammals：from genes to behaviour. *Nat Rev Neurosci*，2003，4（7）：551-562.

4. Margolskee RF. The biochemistry and molecular biology of taste transduction. *Curr Opin Neurobiol*. 1993，3（4）：526-531.

5. Mombaerts P. Genes and ligands for odorant，vomeronasal and taste receptors. *Nat Rev Neurosci*，2004，5（4）：263-

278.

6. Monahan K, Lomvardas S. Monoallelic Expression of Olfactory Receptors. *Annu Rev Cell Dev Biol*, 2015, 31: 721-740.

原始文献

1. Belluscio L, Lodovichi C, Feinstein P, et al. Odorant receptors instruct functional circuitry in the mouse olfactory bulb. *Nature*, 2002, 419 (6904): 296-300.

2. Bhandawat V, Reisert J, Yau KW. Elementary response of olfactory receptor neurons to odorants. *Science*, 2005, 308 (5730): 1931-1934.

3. Buck L, Axel R. A novel multigene family may encode odorant receptors: a molecular basis for odor recognition. *Cell*, 1991, 65 (1): 175-187.

4. Chandrashekar J, Kuhn C, Oka Y, et al. The cells and peripheral representation of sodium taste in mice. 2010, *Nature*, 464 (7286): 297-301.

5. Dulac C, Axel R. A novel family of genes encoding putative pheromone receptors in mammals. *Cell*, 1995, 83 (2): 195-206.

6. Greer PL, Bear DM, Lassance JM, et al. A family of non-GPCR chemosensors defines an alternative logic for mammalian olfaction. *Cell*, 2016, 165 (7): 1734-1748.

7. Hoon MA, Adler E, Lindemeier J, et al. Putative mammalian taste receptors, a class of taste-specific GPCRs with distinct topographic selectivity. *Cell*, 2000, 96 (4): 541-551.

8. Hu J, Zhong C, Ding C, et al. Detection of near-atmospheric concentrations of CO_2 by an olfactory subsystem in the mouse. *Science*, 2007, 317 (5840): 953-957.

9. Jin H, Fishman H, Ye M, et al. Top-down control of sweet and bitter taste in the mammalian brain. 2021, *Cell*, 184 (1): 257-271.

10. Lee H, Macpherson LJ, Parada CA, et al. Rewiring the taste system. 2017, *Nature*, 548 (7667): 330-333.

11. Leinders-Zufall T, Lane AP, Puche AC, et al. Ultrasensitive pheromone detection by mammalian vomeronasal neurons. *Nature*, 2000, 405 (6788): 792-796.

12. Liberles SD, Buck LB. A second class of chemosensory receptors in the olfactory epithelium. *Nature*, 2006, 442 (7103): 645-650.

13. Luo M, Fee MS, Katz LC. Encoding pheromonal signals in the accessory olfactory bulb of behaving mice. *Science*, 2003, 299 (5610): 1196-1201.

14. Magklara A, Yen A, Colquitt BM, et al. An epigenetic signature for monoallelic olfactory receptor expression. *Cell*, 2011, 145 (4): 555-570.

15. Matsunami H, Montmayeur JP, Buck LB. A family of candidate taste reccptor in human and mouse. *Nature*, 2000, 404 (6778): 601-604.

16. Mombaerts P, Wang F, Dulac C, et al. Visualizing an olfactory sensory map. *Cell*, 1996, 87 (4): 675-686.

17. Mueller KL, Hoon MA, Erlenbach I, Chandrashekar J, Zuker CS, Ryba NJ. The receptors and coding logic for bitter taste. *Nature*, 2005, 434 (7030): 225-229.

18. Pace U, Hanski E, Salomon Y, et al. Odorant-sensitive adenylate cyclase may mediate olfactory reception. *Nature*, 1985, 316 (6025): 255-258.

19. Saito H, Kubota M, Roberts RW, et al. RTP family members induce functional expression of mammalian odorant receptors. *Cell*, 2004, 119 (5): 679-691.

20. Stowers L, Holy TE, Meister M, et al. Loss of sex discrimination and male-male aggression in mice deficient for TRP2. *Science*, 2002, 295 (5559): 1493-1500.

21. Teng B, Wilson CE, Tu YH, et al. Cellular and neural responses to sour stimuli require the proton channel Otop1. *Curr Biol* 2019, 29 (21): 3647-3656.

22. Xu F, Liu N, Kida I, et al. Odor maps of aldehydes and esters revealed by functional MRI in the glomerular layer of the mouse olfactory bulb. *Proc Natl Acad Sci USA*, 2003, 100 (19): 11029-11034.

23. Zhang J, Jin H, Zhang W, et al. Sour sensing from the tongue to the brain. *Cell*, 2019, 179 (2): 392-402.

24. Zhao GQ, Zhang Y, Hoon MA, et al. The receptors for mammalian sweet and umami taste. *Cell*, 2003, 115 (3): 255-266.

25. Zhao H, Ivic L, Otaki JM, et al. Functional expression of a mammalian odorant receptor. *Science*, 1998, 279 (5348): 237-242.

第 6 章　痛觉及其调制

张玉秋　李昌林　张　旭

疼痛是人类共有的普遍经验。人们不仅自己曾经历程度不等的疼痛，也能对他人的疼痛感同身受。2020 年国际疼痛学会对疼痛的定义做出修订："疼痛是一种与实际或潜在的组织损伤相关的不愉快的感觉和情感体验，或与此相似的经历"。它包括痛感觉和痛情绪两种成分。在人类，痛觉始终是属于个人主观的知觉体验。一方面我们很难设计某种仪器对主观感受进行客观的测量，另一方面我们也很难以人的主观感受来臆测动物是否"感到"疼痛。由此，引出"伤害性感受（nociception）"和"痛觉（pain）"这两个既相互关联又有所区别的概念。前者是指能够触发疼痛信号产生痛的感觉过程，该过程并不必然导致痛的感觉，例如许多战场上受伤的士兵在安全撤离之前，甚至不会感到疼痛。人和动物对于疼痛刺激都能够做出相应的痛反应，表现为骨骼肌收缩（躯体反应），血压升高、瞳孔扩大、出汗（内脏反应），及逃避、反抗等防御反应。痛也总是伴随程度不同的惊慌、恐惧、焦虑和抑郁等情绪反应。伤害性信息由外周感受器传入脊髓初级中枢，脊髓投射神经元发出的轴突经多条上行传导束传递到脑的多个区域，脑内不同痛觉中枢的协同作用产生复杂的痛觉感受。躯体感觉皮质（somatosensory cortex）SI 区感受痛刺激的定位、强度和性质，而部分边缘皮质和皮质下结构，如前扣带皮质、内

侧前额叶、岛叶皮质、杏仁核和海马等编码疼痛的情绪和情感信息。

根据疼痛的性质，痛可以分为刺痛（快痛或第一痛）、灼痛（慢痛或第二痛）和钝痛（内脏和深部组织痛）等；依据疼痛发生部位，痛可以分为浅表痛（皮肤痛）、躯体深部组织痛和内脏痛。浅表痛主要表现为刺痛和灼痛，躯体深部组织痛主要表现为弥漫性钝痛，内脏痛呈模糊和难以定位的钝痛和灼痛，常伴有牵涉痛（即在远离痛器官的身体其他部位感觉到疼痛）。近年来，人们更多地依据疼痛的功能意义将其分为生理性痛和病理性痛。生理性疼痛是对机体具有重要警示和保护意义的疼痛，这种疼痛是功大于过的。少数患有先天性无痛综合征的患者，由于无法感受到疼痛，可能因致命的外伤或难以及时察觉的内脏疾患而死亡。生理性疼痛的生物学意义由此可见一斑。病理性疼痛是机体在病理情况下产生的疼痛，如组织炎症、神经损伤、肿瘤浸润，或者某些不明病因引起的慢性疼痛，常持续数周或数月，导致外周和中枢神经系统的长时程变化，使机体的痛觉敏感性极大提高（痛觉敏化），对非痛刺激产生痛的感觉（触、冷诱发痛）。这种疼痛完全丧失了痛觉原有的警示作用，给人们带来极度痛苦。因此，病理性疼痛在痛觉研究中占有很重要的地位，也是医学界亟待攻克的重大难题。

第一节 痛觉产生的机制

一、外周伤害性信息传递和伤害感受器神经元

（一）伤害感受器和感受器神经元

皮肤、肌肉、关节和内脏器官对于外界环境的感觉信息是由支配四肢和躯干的背根神经节（dorsal root ganglion，DRG）神经元接收并传递，头面部的感觉信息由三叉神经节（trigeminal ganglion，TG）神经元接收并传递。这些外周神经系统感觉神经元的主要功能是将接收到的感觉信息转换成电信号并传递至中枢神经系统。感觉神经元的胞体聚集在DRG和TG中，是感觉信息传入的第一级神经元，属于假单极神经元，胞体发出的单个轴突分为两支：一支为周围神经轴突，接受外周组织不同类型的感觉信息，另一支为中枢神经轴突，将外周接收的信息传入至脊髓背角或延髓背角的三叉神经脊束核并形成感觉系统环路的第一级突触连接。背根神经节神经元的轴突在外周和中枢神经系统之间形成的传输链称为初级传入纤维（primary afferent fiber）。初级传入纤维在外周组织形成纤维束，称为外周神经（peripheral nerves）。

多模式（polymodal）的感觉信息与接收信息的外周神经纤维种类的多样性相对应，这些外周神经纤维的主要区别在于直径和传导速度。早期研究对于外周神经纤维有两种分类标准：一种是Erlanger和Gasser的Aα、Aβ、Aδ和C神经纤维分类，另一种是Lloyd和张香桐的Ⅰ、Ⅱ、Ⅲ和Ⅳ类神经纤维分类。表6-6-1中显示两种分类在纤维直径、传导速度和神经支配的对应关系。根据背根神经节内细胞直径大小及发出纤维的种类将神经元分为大、中、小三类。大直径细胞发出有髓鞘的Aα和Aβ轴突纤维，主要介导本体感觉和轻触觉的信息传递；

中等直径的细胞发出薄髓鞘的Aδ轴突纤维，主要介导伤害性感觉信息传递；小直径细胞发出无髓鞘的C类轴突纤维，主要介导非伤害性温度觉、痒觉和伤害性感觉信息传递。

接收伤害性热刺激和化学刺激的周围神经轴突在外周组织中形成多分支的游离末梢。德国生理学家von Frey提出皮肤痛觉源于游离神经末梢。英国生理学家Sherrington在刺激皮肤引起脊髓反射的实验中，首次提出了"伤害性感受器（nociceptor）"的概念："一种能特异感受伤害性刺激的初级感觉神经。"遵循这个概念，寻找和证明了背根神经节（DRG）和三叉神经节（TG）中支配皮肤、肌肉和关节的初级感觉神经元的Aδ和C纤维，对伤害性机械和热刺激产生反应。因此，将伤害性刺激转换成神经冲动的初级感觉神经元的外周部分，称为"伤害性感受器"或"痛觉感受器"（表6-6-2）。普遍认为Aδ和C纤维分别介导快痛和慢痛，快痛即快速、定位明确、尖锐的刺痛；慢痛是被伤害性刺激引起的延迟的、定位模糊的灼痛，常激起痛苦的情绪反应。

传统上，伤害感受器神经元根据其神经化学特性分为两大类。一类是含神经肽P物质（substance P，SP）和降钙素基因相关肽（calcitonin gene related peptide，CGRP）的肽能神经元，同时表达对神经生长因子（nerve growth factor，NGF）具有高亲和力的酪氨酸激酶受体TrkA。另一类不表达SP或TrkA的神经元，可以被α-D-半乳糖基-结合凝集素IB$_4$选择性识别，同时表达ATP门控离子通道亚型P2X$_3$，并且对胶质细胞源性神经营养因子（glia cell line-derived neurotrophic factor，GDNF）敏感的非肽能神经元。随着高通量单细胞RNA测序技术的发展和成熟，基于转录本的DRG感觉神

表 6-6-1　神经纤维分类

纤维类别	直径（μm）	传导速度（m/s）	神经支配
Aα（Ⅰ类）	13（12～20）	75（70～120）	肌梭、腱器官
Aβ（Ⅱ类）	9（6～12）	55（25～70）	皮肤
Aδ（Ⅲ类）	3（2～5）	11（10～25）	皮肤，肌肉，关节，内脏
C（Ⅳ类）	1（0.3～3）	1（0.5～2）	皮肤，肌肉，关节，内脏，角膜

表 6-6-2　伤害性感受器的分类及特性

分布	伤害性感受器类型	有效刺激
皮肤	Aδ 机械性	机械损伤
	Aδ 多觉性	机械损伤和伤害性灼热
	C 机械性	机械损伤
	C 多觉性	伤害性机械、热、冷和化学刺激
肌肉	Aδ 机械性	伤害性挤压
	C 机械性	伤害性挤压
	C 化学性	有害化学物质
	Aδ 和 C 多觉性	重压和伤害性热
关节	Aδ 机械性	关节扭转
	C 机械性	关节扭转
内脏	Aδ 内脏伤害性 C 内脏伤害性	依器官不同，对强烈膨胀、牵拉、灼热、有害化学刺激

经元分类结合功能研究使我们对痛觉感受器的认识更加细致和全面。

（二）基于转录本的感受器神经元分类

如前所述，根据细胞直径大小和发出纤维的种类及神经化学特性将 DRG 神经元分为三群：① 肽能神经元（pepdidergic）；② 非肽能神经元（non-peptidergic）；③ 表达神经丝蛋白 -200（NF200）的大神经元。随后的研究发现有一群 DRG 神经元表达酪氨酸羟化酶（tyrosine hydroxylase，TH），与上述三群细胞没有重叠，提示了作为 C 纤维低阈值机械感受器（C low-threshold mechanoreceptors，C-LTMR）的 TH 神经元代表了一个新的类型。为了更为全面地了解 DRG 神经元基因表达特征，研究人员采用了单细胞 RNA 测序技术，随机选择细胞进行测序，就可以无偏颇地鉴定 DRG 神经元的类型和分子特性。Usoskin 等（2015）和张旭实验室的 Li 等（2016）对 DRG 神经元进行了单细胞测序，并基于生物信息学分析结果进行了分类。最近，张旭实验室又通过新的单细胞测序方法对更多数量的 DRG 神经元进行了单细胞测序分析。比较分析上述数据，虽在命名上有较大区别，但在神经元分类上有很好的一致性。考虑到张旭实验室的数据所包含的 DRG 神经元的数目最多，下面的细胞分类将基于他们的结果进行阐述。如图 6-6-1 所示，依据转录本 DRG 神经元可分为 16 个类型，包括：5 个类型表达神经肽 GAL；1 个类型表达神经肽 NTS 和 NPPB，属于痒觉感受器；1 个类型表达

TH，属于 C-LTMR；2 个类型表达 Mrgpra3；2 个类型表达 Mrgprd；5 个类型高丰度表达神经丝重链（Nefh）。在表达神经肽 GAL 的神经元中，有 1 类特异性地高表达 Trpm8，被认为是冷觉感受器的主要来源。除了 Trpm8 代表的类型，其他类型的功能特性还需深入研究。Mrgpra3 阳性神经元属于痒觉感受器，其中一类 Mrgpra3 神经元中还表达 Mrgprb4，该类神经元对推拿样的安抚刺激敏感。Mrgprd 阳性神经元是植物凝集素 B4（Isolectin B4）标记神经元的最主要来源，是对 β 丙氨酸敏感的痒觉感受器，虽可分为两类但目前并不清楚两者在功能上有何显著区别。高表达 NF200 的神经元有 5 类。1 类高表达 Pvalb 和 Wnt7a，属于本体觉感受器；1 类高表达 Ntrk2 和 Baiap2l1，属于 Aδ-LTMR；Prokr2 阳性神经元同时表达 NPY2R，可能属于快适应的 Aβ-LTMR；1 类缺乏特异的代表性分子，但高表达 Ntrk3、Gfra1 和 Ret，属于 Aβ field-LTMR；最后 1 类高表达 Smr2 和 Calca，属于表达神经肽的大神经元，其功能尚不清楚。从图 6-6-1 可见，编码神经肽的 Tac1 和 Calca 在 DRG 神经元的各类型中广泛分布而缺乏特异性。

在经典的神经化学研究中，神经营养因子的受体 TrkA、TrkB、TrkC、Gfra1、Gfra2 和 Gfra3 等常被用于描述 DRG 神经元的分类。肽能神经元主要表达对神经生长因子（NGF）具有高亲和力的酪氨酸激酶受体 TrkA 和胶质细胞源性神经营养因子（GDNF）的受体 Gfra3，而非肽能神经元主要表达 Gfra2 或 Gfra1。大神经元主要表达 TrkB 或

图 6-6-1   小鼠 DRG 神经元的分类

t-SNE 分布图显示了 DRG 神经元的分类，数字和颜色对应一个类型，点代表单个的神经元。圆点图显示了不同类型 DRG 神经元代表性基因的表达情况。圆点的大小代表了表达该基因的细胞在一个类型中所占的百分比，圆点的颜色深度表征了基因在相应类型神经元中的表达丰度

TrkC。单细胞测序数据分析结果显示，这些受体分子的表达确实与 DRG 神经元类型紧密相关，但是用单个分子来描述分类很不精确。如图 6-6-2 所示，一般用 3 个分子的组合可代表一个类型神经元。Mrgpra3 阳性神经元表达 $Ntrk1^{high}/Gfra1^{high}$，其中 MrgprB4 阳性神经元还表达低丰度的 $Ntrk3$。两类 Mrgprd 阳性神经元则表达 $Gfra1^{low}/Gfra2^{high}$，其中一类表达低丰度的 $Ntrk1$，另外一类表达低丰度的 $Ntrk3$。$Ntrk3^{low}/Gfra1^-/Gfra2^{high}$ 可代表 TH 阳性的 C-LTMR，$Ntrk2^{high}/Ntrk3^{low}/Gfra1^{low}$ 可代表 TrkB 阳性的 Aδ-LTMR。$Ntrk1^-/Ntrk2^-/Ntrk3^{high}$ 代表了 Pvalb 阳性的本体觉神经元。Aδ-LTMR 和本体觉神经元都是 S100b 阳性的 DRG 大神经元。除了上述两类，S100b 阳性的 DRG 大神经元还包括：$Ntrk1^-/Ntrk3^{high}/Gfra1^{high}$、$Ntrk1^{high}/Ntrk3^{low}/Gfra1^-$、$Ntrk1^{high}/Ntrk3^-/Gfra1^-$ 的三类神经，其中最后一类是表达神经肽的大神经元。$Ntrk1^{low}/Gfra3^{high}/Ngfr^-$ 则代表了 Nppb 阳性的肽类神经元，$Ntrk1^{low}/Ntrk3^{low}/Gfra3^{high}$ 则表征了 Trpm8 阳性的冷觉神经元。$Ntrk1^{low}/Ntrk3^{low}/Gfra3^-$ 则代表了占比最小的一类神经元，其代表性分子包括 $Rxfp1$、$Esr1$ 和 $Tnni1$ 等，该类神经元在感觉系统中的功能还未有研究。剩余的三类神经元都高丰度表达 $Ntrk1$ 和 $Gfra3$，三者依靠表达 $Ntrk2$ 的丰度不同来区分，但实际研究中则需依赖其他分子来区分。

通过对单细胞测序结果的分析，有几点值得注

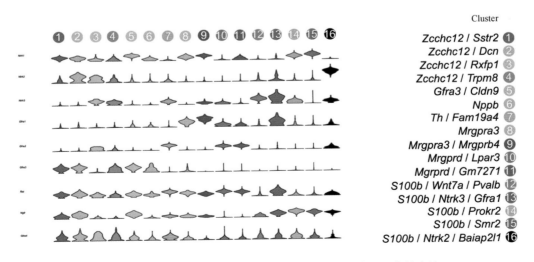

图 6-6-2   生长因子受体编码基因在小鼠 DRG 神经元中的表达

图中显示生长因子受体编码基因在不同类型 DRG 神经元中的相对表达丰度，数字和颜色对应一个类型

意：第一，某个基因只表达在一类神经元上是非常少的，因此并没有绝对的特异性标记物。第二，采用新技术分类，不同类型的神经元基因组表达差异，但并不排除它们介导类似的功能。第三，新技术的应用的确能够扩展和深化我们的认识，但并不意味着传统的知识和技术没有意义。最后，基于动物的基因将神经元进行分类，对人类是否适用值得商榷。

（三）不同伤害性刺激和感受器神经元

1. 伤害性温度刺激　人体中伤害性热刺激和冷刺激的温度阈值分别在 40 ~ 45℃和 20 ~ 0℃。伤害性热（47℃）和伤害性冷刺激（4℃）分别可以激活约 50% 和 10% ~ 15% 的 C 纤维。当温度刺激低于 0℃时，更多的 C 纤维和部分 Aδ 纤维被激活。

伤害性热刺激　TRPV1（辣椒素受体，又称香草酸受体 VR1）是一个四聚体的非选择性阳离子通道，该通道的发现是疼痛领域最重要的发现之一。2021 年美国科学家 David Julius 因对 TRPV1 通道的研究而获得诺贝尔生理学或医学奖。TRPV1 主要在 Aδ 和 C 传入神经纤维表达，可被约 43℃的热刺激激活，同时还可以被辣椒素激活，具有较强的温度依赖性，是感觉神经元表面的一种温度计。另一种介导热反应的 TRPV2 通道与 TRPV1 有大约 50% 的序列相同，可以被更高温度的热刺激激活，阈值为 52℃。此外，TRPV 家族的另外两种与温度相关的通道 TRPV3 和 TRPV4 也在感觉神经元中表达，可以激活被热刺激抑制的钾离子通道（KCNK2）。TRPV3 可以被反复的热刺激敏化，但是不参与 C 纤维介导的热反应。在皮肤角质细胞中也有 TRPV3 和 TRPV4，可以直接被热刺激激活，促进其他化学物质释放，从而间接影响伤害性感受器的激活。Yang 等报道了成纤维生长因子 13（FGF13）通过作用于电压依赖性钠离子通道 1.7（Nav1.7）参与对伤害性热感受的调控，提出了一种不依赖 TRP 通道的热伤害感受机制。Nav1.7 在感觉神经元高表达，也是少数有人体基因学数据支持的止痛靶点。编码 Nav1.7 的 SCN9A 的双等位基因突变失活，会导致人类先天无痛症的临床表型；而尼安德特人基因中编码 Nav1.7 蛋白的三个氨基酸突变（M932L、V991L 和 D1908G）则导致其对疼痛更加易感。

冷伤害性刺激　TRPV1 敲除小鼠对伤害性冷刺激的反应没有改变，提示伤害性高温和低温可能由不同的伤害性感受器介导。在三叉神经感觉神经元中发现了一种对伤害性冷刺激反应的受体（cold-

and menthol-sensitive receptor，CMR），被命名为 TRPM8 受体。TRPM8 在低于 25℃时被激活，其激活温度范围从 25℃到 8℃。当 TRPM8 被冷或挥发性冷感物质薄荷醇激活时，胞外 Ca^{2+} 进入神经元，钾通道活动降低，Na^+/K^+-ATP 酶功能降低，引起神经元兴奋并诱发动作电位。此外，还发现了一种可以感受更低温度（阈值 < 17℃）的 TRP 家族通道 TRPA1。TRPA1 可以被多种亲电子复合物激活包括芥子油、辣根素、肉桂醛等，还可以被炎症介质敏化。电压门控钠通道、电压门控钾通道，及双孔钾通道（KCNK）与 TRPM8 共同作用，调节冷感觉阈值和传递冷刺激诱发的动作电位。迄今为止已有超过 30 个 TRP（瞬时受体电位）通道家族成员在哺乳动物中被克隆，它们在外周和中枢神经系统广泛分布，与多种感觉反应包括热、冷、疼痛、压力、嗅觉和味觉等密切相关。

2. 伤害性机械刺激　伤害性感受器可以被机械刺激激活，这些机械刺激来自直接的机械压力、组织变形、渗透压改变等，使外周组织感受强压、内脏器官膨胀、骨组织损伤、组织肿胀等。研究显示针刺痛强度的感受与辣椒素不敏感的伤害性感受器 Aδ 纤维相关。大多数机械门控的离子通道是在细菌、果蝇和线虫等无脊椎动物中发现，而哺乳类动物的机械伤害性感受器中介导痛觉信息传递的转导途径并不清楚。

早期的研究发现有三种可能的机械刺激传导的通道，包括退化蛋白家族 DEG/ENaC 离子通道、TRP 通道和 KCNK 通道。DEG/ENaC 离子通道，又被称作 MDEG（BNC1/ASIC2）。在 BNC1 缺失小鼠，有一类快速适应的机械感受器对毛发移动的反应降低，而其他传入神经包括 C 纤维没有反应，表明 BNC1 参与非伤害性机械感觉（触觉）而不参与伤害性机械传导。感觉神经元胞膜上的 TRP 通道可能参与机械伤害性感觉的传导。TRPV2 在 Aδ 纤维中表达，对机械和热刺激都有反应。TRPV4 在 DRG 中有表达，TRPV4 敲除的小鼠表现出正常的机械刺激敏感，但是在机械和热痛觉过敏的模型中反应降低。另外，在 TRPA1 敲除的小鼠中，Aβ 和 C 纤维对机械刺激的反应降低，提示 TRPA1 在机械刺激的传导中也发挥功能。KCNK 通道家族中的 KCNK2（TREK-1）和 KCNK4（TRAAK）在伤害性感受器 C 纤维中表达，可以介导多种生理和药理学刺激，包括压力和温度。这些通道敲除的小鼠表现出对压力、热刺激和冷刺激的反应异常。

KCNK18 在肽能 C 纤维和低阈值的 Aβ 机械敏感纤维中表达，可以调控动作电位的时长而改变神经元兴奋性，参与机械刺激传导。这些 KCNK 通道并不直接对机械刺激敏感，而是作为神经元兴奋性的调控因子参与伤害性和非伤害性机械刺激传导。近期研究发现在人和小鼠的感觉神经元中都表达 Piezo2 机械激活的非选择性阳离子通道，接受机械力相关的触觉和本体感觉信息。研究发现激活 Piezo2 表达的 DRG 神经元可以诱发小鼠疼痛行为，Piezo2 敲除小鼠对机械伤害性刺激的反应降低。炎症痛和神经损伤模型中，Piezo2 敲除小鼠对机械性刺激的反应降低。这些研究提示炎症和神经损伤状态下，Piezo2 参与机械性触诱发痛的伤害性信息传导。

3. 伤害性化学刺激 组织损伤使伤害性感受器甚至非伤害性感受器对热刺激和机械刺激更加敏感，这种现象可能与外周组织释放的化学介质相关。DRG 初级感觉神经元末梢会释放神经递质和调质，而外周组织中非神经元的细胞包括成纤维细胞、肥大细胞、中性粒细胞、血小板、巨噬细胞，甚至皮肤角质细胞等也会释放调质因子参与疼痛信息编码和传递。这些化学介质可以通过离子通道直接改变感觉神经元的兴奋性或者通过代谢型受体介导第二信使的信号通路参与疼痛信号传递。

外周组织释放的致痛化学物质可以根据释放的组织或细胞不同分为：①初级感觉神经元末梢释放的神经递质和调质：谷氨酸（glutamate）、γ- 氨基丁酸（GABA）、乙酰胆碱（ACh）、SP、CGRP、血管活性肠肽（VIP）、甘丙肽（galanin）、阿片肽、垂体腺苷酸环化酶激活肽（PACAP）、生长抑素（somatostatin, SOM）、胆囊收缩素（CCK）、促肾上腺皮质激素释放因子（CRF）、NGF、脑源性神经营养因子（BDNF）、脂类代谢物质如前列腺素（PGs）和其他分子如大麻素（CB）、一氧化氮（NO）等。②交感神经释放的化学物质：去甲肾上腺素（NE）、花生四烯酸代谢物、神经肽 Y（NPY）等。③受损的组织释放的化学物质：缓激肽（BK）、前列腺素（PGs）、五羟色胺（5-HT）、三磷腺苷（ATP）、组织胺、H$^+$、K$^+$、NO、Ach、蛋白酶、溶血磷脂酸（LPA）、内皮素（ET）等。④免疫细胞释放的细胞因子：白细胞介素（IL-1、IL-17）、肿瘤坏死因子（TNF-α）、趋化因子（CCL2, CXCL1）等。相应地，痛觉感受器也表达多种类型的受体和离子通道来介导上述刺激因子的作用，这些受体和离子通道根据其特性主要分为：①配体门控离子通道：谷氨酸受体（NMDA/mGluR）、GABA$_A$R、5-HT$_3$R、P2X、ASIC 通道、TRP 通道家族，作用的时间是毫秒级。② G 蛋白耦联受体（GPCR）：肾上腺素受体（α 受体）、BK 受体（B$_1$/B$_2$）、前列腺素受体、组胺受体（H$_1$/H$_2$）、神经激肽（NK1）、GABA$_B$R、5-HTR（5-HT$_1$/5-HT$_2$）、P2Y、阿片受体、腺苷受体、神经肽受体，作用时间从秒到分钟级。③酶联受体：酪氨酸激酶受体（TrkA）等。刺激外周痛觉感受器可以直接引起自发性疼痛；也可通过信号转导增加痛觉感受器的敏感性，这一现象被称为外周敏化（peripheral sensitization）。外周敏化是产生病理性疼痛的一个重要机制。

（四）胶质细胞和 DRG 基质对伤害性感受器的作用

1. 卫星细胞与伤害性感受器 卫星细胞（satellite glial cells，SGCs）是一种包绕在神经元胞体周围的特殊类型的胶质细胞，大部分的卫星细胞可以完全包裹神经元。SGCs 主要在 DRG、TG、副交感神经节和交感神经节中。SGCs 和神经元表面的间隙类似突触间隙距离约为 20 nm，SGCs 和神经元之间有相互作用，称为神经元-胶质单位。大部分的神经元是由 SGCs 单独环绕包裹，有 4% ～ 9% 的 DRG 神经元可以共同被同一胶质细胞包绕，形成更加紧密的连结，更容易产生神经元和神经元以及神经元和 SGCs 的相互作用。SGCs 和神经元之间的紧密连结除了可以维持神经元的稳态外，对疼痛的产生和调控也有重要作用。神经损伤或炎症可以激活感觉神经节中的 SGCs，SGCs 激活的特点包括：星形胶质细胞的标记物 GFAP 表达上调；SGCs 之间的连接更加紧密；SGCs 上的内向整流钾通道 Kir4.1 下调；SGCs 对疼痛介质 ATP 更加敏感。激活的 SGCs 释放促炎细胞因子 IL-1β、IL-6、TNF 和 CX3CL1，增强神经元的兴奋性。

2. 施万细胞与伤害性感受器 施万细胞（Schwann cells）包绕在神经元轴突束外部边缘的胶质细胞，共有两种类型：一种是形成髓鞘的施万细胞，另一种是不形成髓鞘的施万细胞。施万细胞在轴突生长阶段会分泌多种生长因子例如神经生长因子（NGF）、胶质细胞源性神经营养因子（GDNF）、脑源性神经营养因子（BDNF）。大直径轴突周围会包绕形成髓鞘的施万细胞，例如伤害性感受器 A 纤维，而小直径轴突周围包绕不形成髓鞘的施万细胞并形成 Remark 束（Remark bundle），例如伤害性感受器 C 纤维。激活施万细胞会导致髓鞘功能改变而影响伤害性感受器纤维的传导特性。神经损伤后，施万细胞会通过蛋白酶降解髓鞘蛋白而脱髓鞘，进而影响痛觉传递。另一方面施万细胞释放的蛋白酶会破坏血管神经屏障，使免疫细胞渗透进入神经周围，促进疼痛的产生。

3. DRG 神经元胞外基质与伤害性感受器 DRG 基质（extracellular matrix，ECM）是 DRG 神经元的胞外环境，是分泌蛋白胞外网络结构，由结构蛋白和非结构蛋白（基质细胞）构成。主要包括原纤维蛋白例如胶原蛋白，糖蛋白例如层黏连蛋白、纤连蛋白、韧黏素，蛋白聚糖例如硫酸乙酰肝素（HS）、硫酸软骨素、硫酸皮肤素、硫酸角质素蛋白聚糖。这些蛋白嵌入在水凝胶骨架中构成胞外基质。跨膜受体整联蛋白在胞内信号通路和胞外环境中起到中心联结作用，介导细胞和周围胞外环境信息交流。此外，ECM 会在一系列蛋白酶的作用下重塑，这些蛋白酶由皮肤成纤维细胞、巨噬细胞，及角质细胞释放，包括丝氨酸蛋白酶、苏氨酸蛋白酶、基质金属蛋白酶（MMPs）。DRG 神经元胞外基质参与伤害性刺激痛觉反应、急性痛的产生和慢性痛的维持。ECM 的紊乱会影响痛觉的产生和传递。研究发现小鼠脊髓背角中缺少 ECM 蛋白 Reelin 时，神经元迁移障碍，位置无法矫正，小鼠机械性触诱发痛和化学刺激的疼痛反应减少而热痛敏增强。组织或神经损伤会伴随伤害性感受器外周末梢的 ECM 改变，其中 MMP 的活动调控胞外基质重塑而整联蛋白介导细胞功能改变。损伤后 MMP 反应增强参与痛觉产生，例如 MMP-9 激活性切割 IL-1β 导致小胶质细胞激活。

二、脊髓背角对伤害性信息的整合

脊髓背角是痛觉的初级中枢。伤害性信号由 DRG 小细胞细纤维传入脊髓背角，经过复杂的突触环路，包括兴奋性和抑制性神经网络整合后，通过脊髓投射神经元向上传递到大脑产生痛觉感知。

（一）脊髓背角的分层和初级感觉纤维传入

脊髓背角是初级传入神经元的第一个突触所在地，是感觉信息在投射到大脑之前进行整合和调制的场所。主要包括四类基本神经成分：来自 DRG 初级感觉神经元的中枢突末梢，兴奋性或抑制性中间神经元，投射神经元和来自脑内的下行投射轴

突。瑞典解剖学家 Rexed 根据细胞构筑特征将脊髓的灰质分为 10 层，其中与感觉传入有关的主要是 Ⅰ～Ⅵ层（背角）和 Ⅹ 层（围绕中央导水管周围的灰质）。Ⅰ层是覆盖在脊髓背角表面最薄的一层细胞，贯穿脊髓全长，骶和腰段最明显。Ⅱ层贯穿脊髓全长，骶、腰和颈段最为发达。在显微镜下呈透明状，也称胶状质层（substantia gelatinosa，SG）。Ⅲ层贯穿脊髓全长，腰段最发达，胸段最小。该层神经元较大，树突和轴突的分支较为广泛。Ⅳ层是背角中相对较厚的一层，细胞大小不均，形态各异，树突可延伸到 Ⅰ～Ⅲ 层。Ⅴ层是背角最狭窄的部分，被称为背角的颈部。Ⅵ层是背角的最底层，只在颈、腰膨大处存在。

Aδ 伤害性传入纤维主要终止在 Ⅰ 层，肽能伤害性 C 传入纤维终止于 Ⅰ 层 Ⅱ 层的外层（Ⅱo），大部分非肽能伤害性 C 纤维终止在 Ⅱ 层的内层（Ⅱi）。低阈值机械感受器包括无髓鞘的 C 类（C-LTMR）和有髓鞘的 A 类（A-LTMT），传入纤维终止在 Ⅲ～Ⅴ 层（图 6-6-3）。内脏传入纤维主要投射到脊髓背角的 Ⅰ、Ⅱo 和 Ⅴ，肌肉传入主要在 Ⅰ 和 Ⅴ 层的外侧部。不同的初级传入纤维在脊髓背角与哪种类型的神经元形成突触，以及是否存在某种确定连接模式，尚不确定。

（二）脊髓投射神经元

伤害特异性投射神经元主要集中在 Ⅰ 层，Ⅱ 层几乎没有分布，少量散在于 Ⅲ～Ⅵ 层。大部分 Ⅰ 层神经元是特异性伤害感受性神经元，即这些神经元仅对伤害性刺激发生反应，但也有一小部分 Ⅰ 层神经元对组织胺等致痒剂有反应。位于深层（Ⅳ～Ⅵ）的神经元并非是伤害特异的，它们对非伤害刺激和伤害性刺激都发生反应，因此也有广动

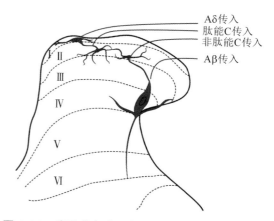

图 6-6-3　脊髓背角分层和不同初级纤维传入示意图

力（wide dynamic range，WDR）神经元之称。

尽管丘脑是人和非人灵长类脊髓背角投射神经元的主要靶区，但在啮齿类脊髓Ⅰ层神经元主要（80%）终止于脑干臂旁核（parabrachial nucleus，PBN）。脊髓投射神经元到脑干和丘脑的其他投射主要包括延髓尾端腹外侧部（CVLM）、延髓头端腹内侧部（rostral ventromedial medulla，RVM）、中脑导水管周围灰质（periaqueductal gray，PAG）、孤束核（NTS）、丘脑和下丘脑等。

对大鼠腰4脊髓节段的研究显示，脊髓Ⅰ层投射神经元仅占所有神经元的5%。尽管脊髓投射神经元数目少，但由于投射神经元靶向复杂多样，目前仍缺乏有效的分类标记方法。采用形态学、电生理学和逆向标记等方法研究发现，投射到PBN的脊髓投射神经元约80%表达SP受体NK1R。所有这些投射神经元都表达VGLUT2，不表达GABA和glycine，推测这些NK-1R阳性投射神经元都是兴奋性的。进一步对这些投射神经元进行神经化学分析发现，这些投射神经元部分也表达钙结合蛋白、强啡肽、脑啡肽、甘丙肽、蛙皮素、血管活性肠肽和CCK。

（三）脊髓背角中间神经元

脊髓背角神经元可以分为两大类：中间神经元和投射神经元。中间神经元又分为以GABA和（或）甘氨酸（glycine）为主要递质的抑制性中间神经元和以谷氨酸为主要递质的兴奋性神经元。Ⅰ~Ⅲ层几乎所有的甘氨酸免疫阳性神经元也是GABA免疫阳性的，提示大部分抑制性中间神经元释放GABA，部分也释放甘氨酸。约有26%的抑制性中间神经元分布在Ⅰ~Ⅱ层，38%分布在Ⅲ层，其余均为兴奋性神经元（包括兴奋性中间神经元和投射神经元）。

从外周初级传入脊髓投射神经元有复杂的信息传递环路。几乎所有的伤害性初级传入末梢都释放谷氨酸，有些还共释放神经肽SP和CGRP。伤害性C纤维和Aδ纤维直接激活Ⅱo层的兴奋性垂直细胞，转而激活表达NK-1R的Ⅰ层投射神经元；伤害性C纤维也可激活位于Ⅱi层的兴奋性中央细胞，后者再激活Ⅱo层的兴奋性垂直细胞；Ⅰ层投射神经元也可直接接受伤害性C和Aδ纤维传入。这样，伤害性信息可以直接激活投射神经元或者通过其他前馈兴奋性环路激活投射神经元，将伤害性信息传递到脑。

（四）脊髓背角神经元突触传递和可塑性

在生理状态下，背角神经元突触传递对长时间或高强度的伤害性刺激输入展现活动依赖的可塑性，如以每秒1次的频率重复刺激外周C传入纤维时，背角神经元诱发放电逐渐增加，称为"紧发条"现象（wind-up），其结果是促进了伤害性信号的传递，使得传递到更高级中枢的信息被放大。这一现象被称为中枢敏化（central sensitization），导致痛觉过敏和触诱发痛。NMDA受体拮抗剂可以选择性抑制这种激活依赖的可塑性，但AMPA/KA受体拮抗剂无明显作用。伤害性刺激可在背角神经元特异性激活MAPK家族成员ERK来诱发中枢敏化。NMDA受体和ERK之间可以互相激活。中枢敏化和慢性痛的形成和发展密切相关，并且造成疼痛向损伤区域外扩散。

脊髓背角神经元兴奋性突触传递的长时程增强（LTP）一度受到很多关注，因为人们认为感觉突触传递反应的增强可以解释慢性痛中的痛敏现象。因此，这种突触可塑性被认为是引起炎性痛和神经病理痛的主要分子机制。强直刺激坐骨神经C纤维可引起脊髓C反应场电位和背角WDR神经元发放的LTP。与海马CA1区LTP类似，脊髓LTP也是NMDA受体依赖性的。但不同的是，脊髓LTP的诱导还需要SP受体NK1的参与。由于NMDA受体也是脊髓水平LTP的分子开关，所以对于背角神经元NMDA受体的调制直接影响痛觉的可塑性。非NMDA受体依赖的突触可塑性在痛觉系统中也很重要。在部分脊髓背角神经元中，AMPA受体是没有GluR2亚基的，但对Ca²⁺也有高通透性，在部分脊髓背角神经元中，AMPA受体没有GluR2亚基，但对Ca²⁺仍具有高通透性，这些受体的激活也可引起突触传递的长时程增强。

（五）脊髓胶质细胞对痛觉信息的调控

中枢胶质细胞表达多种神经递质和神经调质的受体和转运体，提示其不只是"被动"地营养和支持神经元，而且"主动"调控神经元活动，参与对神经系统的信息加工和处理。星形胶质细胞是哺乳类动物中枢神经系统内分布最广泛的一类细胞，也是胶质细胞中体积最大的一种。在多种神经病理性痛模型，如神经根切断或脊神经结扎动物，可见脊髓星形胶质细胞增殖，星形胶质细胞标志物GFAP表达上调；用星形胶质细胞毒素（如

flurocitrate）或星形胶质细胞谷氨酰胺合成酶抑制剂（如 methionine sulfoximine）抑制星形胶质细胞增殖可缓解神经病理痛。另一种重要的胶质细胞—小胶质细胞起源于胚胎卵黄囊中的红细胞—髓系祖细胞，并在中枢神经系统形成过程中发育成熟。中枢小胶质细胞在维持神经元正常生理功能中发挥着积极的作用。它们可通过其分支突起感知周围环境，并对 ATP 等递质 / 调质做出快速的反应。小胶质细胞的最大特点就是即使是中枢神经系统非常微小的病理变化，也会引起它们的快速激活。激活的小胶质细胞发生形态改变和增殖。根据激活程度的不同，小胶质细胞的形态从静息态（有许多细突起，放射状分支）向预备态（突起增粗，极性增加，第二级分支减少）、反应态（突起进一步增粗，分枝显著减少）和阿米巴样（胞体增大变园没有或少有突起）转变，并获得吞噬功能。大量证据显示，脊髓小胶质细胞在神经病理性痛和炎症痛发生中起关键作用，炎症或神经损伤早期给予非选择性小胶质细胞抑制剂 minocycline 明显阻止或延迟神经病理性痛和炎症痛的发展。

　　啮齿类动物中枢神经系统的星形胶质细胞表达多种神经递质 / 调质的受体，单个星形胶质细胞可包绕 140 000 个突触和 4～6 个神经元胞体，与 300～600 个神经元树突相接触。星形胶质细胞与神经元及其突触间的密切关系为神经源性兴奋物质直接激活星形胶质细胞提供了结构基础。有研究显示，增加初级感觉神经元的兴奋性传入可直接激活脊髓背角星形胶质细胞。激活的星形胶质细胞可释放多种胶质递质（gliotransmitter），ATP 是介导胶质细胞间通讯的最重要胶质递质之一。多种亚型的 P2 受体表达在背角神经元、星形胶质细胞和小胶质细胞。另外，白细胞介素、趋化因子和神经营养因子（IL-1、IL-18、TNF-α、IL-17、CCL2、CXCL1、BDNF）也可以作为胶质递质调节中枢敏化和慢性痛。脊髓背角神经元突触传递和可塑性改变是慢性痛发展和维持的重要细胞机制。脊髓胶质细胞调控慢性痛的关键在于胶质细胞对背角神经元突触传递及可塑性的调控。该调控不仅增加兴奋性突触传递，并可下调抑制性突触传递诱发中枢敏化。

三、伤害性信息上传到脑

　　如前所述，脊髓背角神经元接受外周伤害性信息传入并在脊髓内部加工处理后，将感觉信息汇聚到投射神经元并进一步传递到多个脑区，最终产生痛觉和痛相关情绪。对脊髓投射神经元进行顺向和逆向病毒追踪的结果显示，丘脑腹后外侧核（VPL）、腹后内侧核（VPM）、后核（Po）、腹后核三角区（PoT）腹后侧（VPPC）、髓板内核群和中央下核（Sm）等接受来自脊髓背角浅层的投射，感觉信息经丘脑中继后投射到大脑皮质。脑干和中脑的许多脑区也接受脊髓浅层投射神经元的输入，包括 CVLM、RVM、脑桥网状核（PrN）、PBN、楔形核（CN），及 PAG（图 6-6-4）。有些脊髓浅层的投射神经元同时发出侧枝投射到 PBN、PAG 和丘脑，也有一些神经元倾向于只投射到某一特定脑区。尽管多数脊髓投射神经元以对侧投射模式将感觉信息传递到脑，但也有部分投射神经元具有双侧投射的模式。位于脊髓深层的投射神经元也投射到苍白球、杏仁核和下丘脑，由背角深层投射到 PBN 的是一种双侧投射模式，深层投射神经元几乎不投射到 PAG。

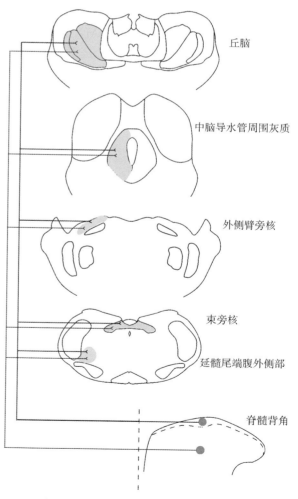

丘脑

中脑导水管周围灰质

外侧臂旁核

束旁核

延髓尾端腹外侧部

脊髓背角

图 6-6-4　大鼠脊髓背角投射神经元向脑干和丘脑部分核团投射示意图

（一）脊髓上行传导通路

1. 脊髓丘脑束（STT） 由背角特异性伤害感受、非特异性伤害感受和非伤害性感受等三类投射神经元的轴突组成，是痛觉、温度觉和痒觉信息的主要传导通路。脊髓丘脑束（spinothalamic tract, STT）主要源于脊髓背角Ⅰ层和Ⅴ～Ⅵ层的投射神经元。Ⅰ层投射神经元的轴突经脊髓中央导水管交叉后，在脊髓白质中组成脊髓丘脑侧束上行；Ⅴ～Ⅵ层投射神经元的轴突交叉后在脊髓丘脑前束上行。STT有粗略的躯体传入顺序排列，来自躯体尾端的上行轴突位于最外侧，躯体头端的上行轴突靠内侧。来自头面部的感觉信息经三叉丘脑束上行，位于STT的内侧（图6-6-5）。

2. 脊髓脑干束（SBT） 脊髓脑干束有类似于STT细胞的分布，主要来源于脊髓Ⅰ层和Ⅳ～Ⅵ层。SBT和STT细胞对伤害性刺激的反应类型也是类似的，两条通路的投射神经元紧密重叠。尽管这些神经元传递类似的痛觉信息，但可能有不同的功能。STT到丘脑的输入是对侧的，但SBT到脑干的输入是双侧的。SBT主要终止于CVLM、蓝斑（LC）、PBN、PAG等。脊髓到脑干的投射是重要的，在伤害感受性活动的整合和自稳态行为状态的加工处理中起作用。在脑干整合之后，也有通路间接地传导伤害性活动到前脑。此外，脊髓到脑干的输入影响和调制脊髓和前脑的活动，进而影响痛的体验。

3. 脊髓网状束（SRT） 主要由Ⅴ、Ⅶ、Ⅷ、Ⅹ和少量Ⅰ层的神经元轴突组成，投射到延脑和脑桥网状结构（延脑中央核、延脑巨细胞核、网状大细胞核、外侧网状核、脑桥核的头端和尾部、旁巨细胞核和蓝斑下核等）。脊网束神经元接受广泛的外周传入会聚，包括皮肤、肌肉、关节、骨膜和内脏传入。

4. 背柱突触后纤维束（PSDC） 是指在背柱内的突触后纤维，投射到延脑的薄束核、楔束核，换神经元后投射到丘脑。PSDC的胞体主要集中在Ⅲ和Ⅵ层，也见于Ⅰ、Ⅵ和Ⅶ。第Ⅲ、Ⅵ层神经元的轴突延伸到第Ⅱ层，因此C传入末梢可能与其形成单突触联系。电刺激脊髓背柱能有效缓解顽固性内脏痛，机械刺激背柱或薄束核导致受试者无法容忍的疼痛并牵扯到骶部和会阴部，提示背柱通路参与内脏痛觉信息传递。

5. 脊髓下丘脑束（SHTT） 在鼠和猴的脊髓有大量的背角神经元直接投射到下丘脑，主要来自背角Ⅳ～Ⅵ层，少量来自Ⅰ层，这些投射神经元也有侧支投射到杏仁核、隔区和伏隔核。该通路参与介导伤害性刺激引起的自主、神经内分泌和情绪反应。

6. 脊颈束（SCT） 指脊髓背角-外侧颈核-丘脑（VPL和Po）的传导束。少量投射到中脑。食

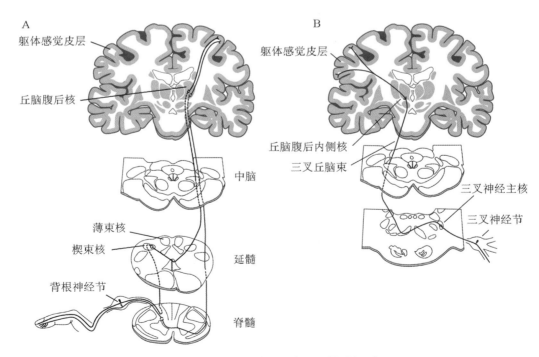

A

躯体感觉皮层

丘脑腹后核

中脑

薄束核
楔束核

背根神经节

延髓

脊髓

B

躯体感觉皮层

丘脑腹后内侧核
三叉丘脑束

三叉神经主核
三叉神经节

图 6-6-5 脊髓（延髓）-丘脑-皮质投射示意图

A. 来自躯干四肢的感觉信息通过脊髓丘脑束上传经丘脑腹后核投射到躯体感觉皮质；B. 来自头面部的感觉信息通过延髓三叉神经主核上传经丘脑腹后内侧核投射到躯体感觉皮质

肉类动物（如猫、浣熊）的 SCT 特别发达，但在灵长类比较小。SCT 神经元主要源于 IV 层（60%），其次也位于 III 层（25%）和 V 层（10%），轴突传导速度为 15 ～ 100 m/s，在皮肤感觉快速传导中起主要作用。所有 SCT 神经元接受 Aβ 和 Aδ 传入，50% ～ 70% 接受 C 传入。毛囊传入、强压和夹皮肤、伤害性热和缓激肽动脉注射均可兴奋 SCT 神经元。双侧切断猫的 SCT，导致动物痛觉的严重丧失。

（二）丘脑痛觉整合中枢

STT 投射主要终止于丘脑的腹内侧核后部（VMpo）、腹外侧核（VL）、背内侧核的腹尾侧部（MDvc）、中央外侧核（CL）、束旁核（Pf）、Sm 和腹后核群，VPL、VPM 和腹后下核（VPI）。

VMpo 作为一个特异的 I 层 STT 丘脑皮质接替站，传递躯体感觉，包括痛、温、痒觉等。在非灵长类，它是未发育的，在猴是小的，但在人是巨大的。VMpo 主要投射到后岛叶皮质，功能磁共振成像（fMRI）显示，这个区域被可伤害性刺激激活。在清醒猴的 VMpo 单个单位记录表明，该区与伤害性冷和热刺激诱发的面部行为反应有关。腹后核（VP，包括 VPL、VPM 和 VPI）是丘脑躯体感觉核，接受来自薄束核、楔束核和三叉神经主核的皮肤机械感觉传入，按躯体部位的顺序投射到初级体感（SI）皮质。VP 内可记录到对低强度和高强度机械刺激反应的神经元（WDR 神经元），其中部分神经元也对伤害性热刺激有反应。MDvc 主要投射到前扣带回皮质。对麻醉猴的记录显示，MDvc 离散地分布有特异性伤害感受性神经元，感受野较大部分有双侧感受野。在髓板内核群（ILN，包括 CL 和 Pf）可记录到对伤害性电刺激、机械刺激或热刺激反应的神经元，这类神经元受到伤害性刺激后有持续时间较长的高频后放电。Sm 位于丘脑内侧，主要接受来自脊髓背角 I 层投射神经元的传入，投射到眶额叶皮质，该脑区神经元仅对伤害性刺激有反应，感受野较大。光遗传学激活 Sm 可产生明显的镇痛效应，对神经损伤引起的焦虑和抑郁样行为也有明显的改善，提示该脑区可能参与介导疼痛的感觉和情绪信息。

（三）臂旁核痛觉信息处理

臂旁核是位于脑干的一个核团，被中间的纤维束

分为外侧臂旁核（LPBN）与内侧臂旁核（MPBN），脊髓 I 层投射神经元主要投射到外侧臂旁核。外侧臂旁核内表达 CGRP 的神经元亚群和表达速激肽 I 受体（*Tacr*1）的神经元亚群均可被伤害性刺激激活，后者是 PBN 接受脊髓背角神经元投射的主要细胞亚群。Deng 等的研究证明，同侧脊髓 -PBN 投射主要介导疼痛的感觉信息，对侧脊髓 -PBN 投射主要传递和处理疼痛的情绪信息。PBN 可投射到多个脑区，包括杏仁核、丘脑和下丘脑等，特别是丘脑髓板内核（ILN）。ILN 的上行投射主要到达前扣带皮质和岛叶皮质。

（四）痛觉信号到达大脑皮质

知觉是大脑皮质独有的功能。接受痛觉传入的丘脑各核团投射到不同的皮质区域，表明大脑皮质无疑应该参加痛觉的产生过程。但至今对它的了解仍非常有限。正电子发射断层摄影（PET）结果显示，短暂的皮肤热痛刺激可以激活皮质和皮质下多个脑区，最明显和普遍的激活发生在躯体感觉皮质（SI 和 SII 区）、前扣带皮质（anterior cingulate cortex，ACC）和岛叶皮质（IC）。躯体感觉皮质 SI 和 SII 区主要接受丘脑 VP 和 VMpo 的投射，在清醒猴的 SI 和 SII 区可记录到对伤害性刺激有反应的神经元，这些反应与刺激的强度和位置相对应。SI 和 SII 脑区损伤患者不能定位和描述痛刺激的性质，提示其编码非伤害性和伤害性刺激的空间、时间和强度信息。ACC 主要接受来自内侧丘脑的输入，包括 MDvc、Pf 和 CL 等。大鼠、兔子和猴的 ACC 神经元均可对伤害性刺激有反应，感受野大呈双侧分布。ACC 神经元在清醒动物也对伤害性刺激的线索有反应。催眠暗示结合功能成像研究显示，当受试者的不愉快情绪随刺激强度暗示增强时，ACC 脑区活性也显著增强。ACC 损伤的患者，对痛刺激产生的负性情绪明显减轻，提示该脑区主要编码痛的情绪和情感成分。IC 主要接受丘脑 VMpo 的投射。在大鼠和猴，约 40% 的 IC 神经元对伤害性刺激有反应，多数对内脏、压力感受器和渗透压刺激敏感。刺激 IC 可引起不愉快的痛感受，IC 损毁的患者，出现对疼痛"说示不能"（pain asymbolia），在这种情况下，基础痛阈是正常的，但对痛刺激的行为反应是不当的。

第二节　痛觉调制

一、脊髓水平的伤害性信息调制

脊髓背角Ⅱ层是痛觉调制的关键部位。自古以来，在民间已广泛流传用机械性、化学性、热和电鱼放电等手段止痛。人们在日常生活中有轻揉皮肤可局部止痛的经验。20世纪60年代，电生理学的研究显示，刺激低阈值有髓鞘的 Aβ 初级传入纤维可减弱脊髓背角伤害性神经元的反应，阻断有髓鞘纤维的 Aβ 传导增强背角痛敏神经元的反应，为外周非伤害刺激传入止痛的神经机制提供了实验支持。这种粗纤维对背角伤害性信息传递的抑制主要发生在背角Ⅱ层（胶状质层，SG），由伤害性初级传入纤维末梢、脊髓背角中间神经元、投射神经元和脑干下行纤维形成局部神经环路是脊髓伤害性调制的基础。1965年，Melzack 和 Wall 在此基础上提出了著名的闸门控制理论（gate control theory）。闸门控制理论的核心就是脊髓的节段性调制。具体来说，脊髓背角痛觉传递神经元（T）既接受伤害性 C/Aδ 纤维传入，也接受非伤害性 Aβ 纤维传入，但这个传入受到位于Ⅱ层（SG）抑制性中间神经元的前馈门控。Aβ 传入兴奋 SG 神经元，C/Aδ 传入抑制 SG 神经元的活动。因此，损伤引起 C/Aδ 纤维活动使 SG 神经元对 T 细胞的前馈抑制解除，闸门打开，伤害性信息上传引起痛觉。当诸如轻揉皮肤等刺激兴奋 Aβ 传入时，SG 细胞兴奋，闸门关闭，抑制 T 细胞活动，减少或阻遏伤害性信息向中枢传递，使疼痛缓解。"闸门"也受脑干下行冲动的控制（图 6-6-6A）。

Duan 等通过交叉遗传策略选择性标记和去除表达特定分子的神经元亚群，对脊髓闸门控制机制进行了更为细致的研究。他们发现脊髓背角Ⅱ层富含 SOM 阳性的兴奋性神经元，这些 SOM 神经元是连接 Aβ 传入和脊髓痛觉传出神经元之间的多突触环路的一部分。清除Ⅱ层 SOM 神经元使慢性痛小鼠触诱发痛缺失，但对热痛过敏没有影响，提示该类神经元在机械痛敏中的重要意义。他们进一步证明，表达强啡肽（Dyn）的一类抑制性中间神经元对门控 Aβ 传入激活 SOM 神经元是必需的（图 6-6-6B）。接下来的问题是：Aβ 传入到脊髓痛觉传递神经元（T）的单突触兴奋如何能够被滞后的多突触抑制性传入"门控"呢？Zhang 等利用保留完整 Aβ 传入的背根神经节-脊髓切片进行膜片钳记录，特异性操纵痛觉传递神经元（T）的谷氨酸受体观察不同类型谷氨酸受体在闸门控制中的作用。结果发现，Aβ 传入在 T 神经元诱发的快起始的 AMPAR 介导的 EPSP 是阈下电位，它为抑制性传入（闸门）阻止慢起始的 NMDAR 依赖性的动作电位发放提供了一个时间窗。而 Aβ 在 T 神经元诱发的快起始的 AMPAR 介导的 EPSP 之所以是阈下电位，主要是因为 T 神经元快钾通道（I_A）的电滤波作用。他们利用交叉遗传靶向操纵脊髓背角的 Dyn 抑制性神经元，发现脊髓背角神经元表达适量的快钾通道（I_A）依赖于 Dyn 神经元的自发性电活动。这些研究从时间机制和突触水平揭示了疼痛闸门控制的工作原理，并由此提出了另一种闸门控制方式，即抑制性神经元的自发放电导致痛觉传递神经元的钾通道活动（图 6-6-6C）。来自不同实验室的工作显示脊髓存在不同的闸门控制环路。触诱发痛是慢性痛的主要特征。需要指出的是在损伤和药物处理情况下，闸门控制会失效。在这些情况下，Aβ 刺激反而引起触诱发痛。在神经病理性情况下，特异性阻断 Aβ 传导可抑制触诱发痛，但并不影响 C-纤维介导的痛敏。

二、痛觉下行抑制系统

（一）脑干痛觉下行抑制系统

我国学者邹冈和张昌绍在20世纪60年代发现微量注射吗啡于兔的第三脑室周围灰质内可以引起强大的镇痛作用。随后有许多工作证明从第三脑室尾端开始，沿中脑导水管到第四脑室头端为止的周围结构内注射微量吗啡均有镇痛作用，一般认为最有效的区域在 PAG 的腹外侧部。不久，Reymold（1969）报道了电刺激大鼠 PAG 可使动物耐受剖腹探查手术。Meyer（1976）和 Fields（1978）等分别提出了在脑干后部存在一个以 PAG 和中缝大核（NRM）为主体，下行到脊髓背角的内源性镇痛系统的概念。这个概念不断获得新的实验证

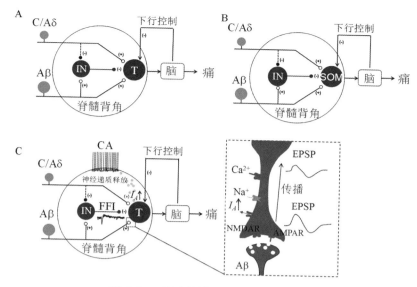

图 6-6-6 疼痛的脊髓闸门控制模式图

A. 脊髓背角的"闸门"神经元（IN）控制 Aβ 纤维传入对痛觉传递神经元（T）的兴奋；B. 脊髓背角 Dyn 神经元作为闸门（IN）控制背角 Ⅱ 层的 SOM 神经元的兴奋性输出；C. 脊髓背角的"闸门"神经元（IN）可通过两种方式门控触觉信息向痛觉通路的传导。经典的门控方式是通过 Aβ 激活前馈抑制（FFI）阻止痛觉传递神经元（T）的兴奋；另一种门控方式是通过"闸门"神经元的紧张性电活动（CA），通过释放神经递质作用于 T 神经元，引起快钾通道电流（I_A），I_A 的电滤波作用使兴奋性突触后电流从树突向胞体传导过程中逐渐减弱，成为阈下电位（图中紫色放大区），从而阻止 T 神经元激活

据。由 PAG、延髓头端腹内侧核群（RVM，包括 NRM 和邻近的网状结构）和一部分脑桥背外侧网状结构（蓝斑核群）组成的脑干痛觉下行抑制系统（descending pain inhibitory system），经脊髓背外侧束（DLF）下行对延髓和脊髓背角痛觉信息传入产生抑制性调制（图 6-6-7）。

PAG 除接受脊髓的纤维传入外，还接受来自皮质、间脑和脑干的许多神经元传入。来自脊髓的伤害性传入激活 PAG 中的抑制性神经元。PAG 的传出主要终止在 RVM 和外侧网状核（LRN），少量直接到达脊髓背角。PAG 通过两条通路对背角神经元进行下行调制，一条是 PAG-RVM- 背角，另一条是 PAG-LRN- 背角。电刺激和微量吗啡注入 PAG，明显抑制动物的痛反应和背角痛敏神经元的活动。PAG 的腹外侧区对痛觉有高度选择性抑制。PAG 的下行抑制作用需要其他核团中继，其中证据最为确凿的是 RVM。PAG 与 RVM 之间的兴奋性联系提示它是 PAG 下行抑制通路的一个关键性结构。RVM 包括 NRM、网状巨细胞核（Rpg）、外侧网状巨细胞旁核（Rpg1）和网状巨细胞核 α 部（Rgcα），主要接受来自前额皮质、下丘脑、杏仁核和纹状体的传入，RVM 传出纤维经脊髓背外侧束（DLF）终止在延髓和脊髓背角。电刺激中缝大核对鼠、猫和猴多种动物的背角神经元伤害性反应有选择性抑制，损毁背外侧束可阻断抑制效应。

在 PAG 和 RVM 中存在两类痛觉调制神经元，一类被称为"启动"神经元（on-cell），其特点是动物痛反应出现前，神经元放电突然增加；另一类被称为"停止"神经元（off-cell），痛反应停止前几百毫秒该神经元放电骤然停止。一般认为，off-cell 阻抑伤害性信息的传递而出现镇痛效应。On-cell 则增强伤害性信息传递而产生易化效应。但目前还缺乏分子和细胞学机制来证实这两类细胞的特性。RVM 内 50% 左右的神经元为 5-HT 能，其余 50% 包括了 NE、多种神经肽和 GABA 能神经元。其中，5-HT 与 NE、5-HT 与阿片肽、GABA 与阿片肽等也多有共存现象。延脑尾部的 LRN 接受 PAG 传入，其传出终止在脊髓背角。电刺激 LRN 可选择性抑制背角神经元的伤害性反应，损毁 LRN 大大减弱刺激 PAG 对背角神经元的抑制。LC 和蓝斑下核（SC）是痛觉调制系统中的另一个主要结构。LC 和 SC 是脊髓去甲肾上腺素（NE）的主要来源，来自 LC 和 SC 的下行纤维大都投射到双侧脊髓的 Ⅰ、Ⅱ 和 Ⅴ 层。电刺激或微量注射兴奋性氨基酸于 LC/SC 内，可产生明显的镇痛作用。该作用可被双侧或同侧切断腹外侧束（VLF）明显减弱，但切断双侧 DLF 对 LC/SC 的镇痛作用无影响，表明 LC/SC 对脊髓背角神经元的抑制效应主要是经双侧（以同侧为主）VLF 传导的。

脑干痛觉调制系统含有多种经典神经递质和神

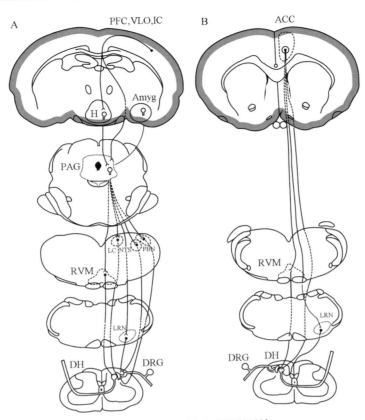

图 6-6-7 内源性痛觉调制系统

A. 痛觉下行抑制通路；**B**. 痛觉下行易化通路。PFC. 前额叶皮质；IC. 岛叶皮质；VLO. 腹外侧眶皮质；ACC. 前扣带皮质；Amyg. 杏仁核；H. 下丘脑；PAG. 导水管周围灰质；PBN. 臂旁核；LC. 蓝斑；NTS. 孤束核；RVM. 延脑头端腹内侧部；LRN. 外侧网状核；DH. 脊髓背角；DRG. 背根节

经肽。在 PAG 中有 5-HT、SP、VIP、ENK、DYN 和 GABA 等，NRM 中有 ENK、SP、SOM、TRH，LC 中有 NE、NPY、甘丙肽等，且多种递质和神经肽如 5-HT 和 ENK，5-HT、SP 和 TRH 共存于同一神经元。脊髓背角有大量阿片肽受体，初级传入末梢和背角神经元都有分布。来自脑干下行的 ENK 和 DYN 纤维末梢释放的阿片肽，可通过其受体抑制伤害性初级传入和脊髓伤害性信息上传。RVM 的 5-HT 能神经元与脊髓投射神经元有单突触直接联系，刺激 RVM 可抑制背角投射神经元的伤害性反应和动物的痛行为反应，5-HT 拮抗剂或神经毒选择性破坏 5-HT 神经元，可明显减弱上述的抑制效应。RVM 下行的 5-HT 能轴突也可通过背角抑制性中间神经元与投射神经元形成多突触联系，间接调控背角伤害性信息上传。脊髓背角表达多种亚型的 5-HT 受体，如 $5-HT_{1A}$、$5-HT_{1B}$ 和 $5-HT_3$ 等，通过这些受体下行的 5-HT 能通路实现对背角神经元的抑制。LC、蓝斑下核、A5、外侧臂旁核和 KF 核等去甲肾上腺素能神经末梢投射到背角 I 、II 和 V 层。NE 直接作用于脊髓，通过 α_2 受体选择性抑制

背角伤害性反应和动物的痛行为反射。

（二）皮质和其他脑区对痛觉下行抑制系统的调控

以往对痛觉下行抑制系统的研究大都集中在 PAG-RVM- 脊髓背角通路，但 PAG-RVM 是否受到来自上位中枢如皮质的调控研究较少。神经通路示踪实验显示，PAG 与前脑多个脑区有丰富的纤维联系，额叶皮质的内侧前额叶（mPFC）和眶额叶皮质（OFC）都发出浓密的下行纤维投射到 PAG，特别是腹外侧 PAG（vlPAG）。从 mPFC 到 PAG 的下行投射主要是兴奋性的，vlPAG 内兴奋性神经元和抑制性神经元均接受来自 mPFC 的兴奋性投射，光遗传学刺激 mPFC-PAG 通路对慢性痛小鼠的痛觉敏化行为产生明显的抑制效应，相反，抑制该通路可放大神经病理性疼痛。Zhang 和 Tang 等（1997）首先证明电刺激激活腹外侧眶皮质（VLO），OFC 的主要亚区，对正常大鼠产生明显的镇痛作用，损毁 vlPAG 可取消电刺激 VLO 引起的痛抑制效应。Tang 实验室对 VLO 的下行抑制及可能机制展开过

系统的研究，发现 VLO-PAG 下行通路不仅在正常动物、对炎症痛和神经病理性痛诱发的痛觉敏化也具有强大的镇痛效应。Zhang 实验室最近的研究进一步证明，光遗传学激活 VLO-PAG 兴奋性投射显著缓解小鼠三叉神经痛，但对慢性痛诱发的焦虑和抑郁样行为无明显缓解，提示 VLO-PAG 痛觉下行抑制通路在调控痛觉敏化中的特异性作用。岛叶皮质（IC）在痛感受与传递及痛调制中都扮演重要角色，后岛叶皮质接受来自丘脑 VPI 和 VPM 的投射，与 S Ⅰ 和 S Ⅱ 也有结构和功能连接。后岛叶皮质尾侧颗粒细胞亚区参与对持续性痛的维持，损毁该区可长时间缓解慢性痛的敏化行为。前岛叶皮质主要接受来自丘脑内侧核团的传入，也发出下行纤维投射到的 PAG、RVM、LC 和 PBN 等，激活 IC-PAG/RVM/LC 下行投射明显抑制脊髓伤害性反射。除大脑皮质外，外侧下丘脑（LH）也发出大量纤维投射到 vlPAG，电刺激或化学刺激 LH 显著抑制大鼠伤害性行为反应，阻断 RVM 5-HT 能信息传递可阻断刺激 LH 引起的抗伤害效应，提示 LH-PAG 可能也参与对脊髓伤害性信息的下行抑制过程。

三、痛觉下行易化系统

尽管以 PAG 和 RVM 为核心的内源性下行抑制系统对脊髓痛觉传递的抑制性影响已获得广泛研究，但在研究过程中偶然发现的电刺激 PAG、NRM，及 NGC 对脊髓背角神经元和甩尾反射的兴奋（易化）作用也引起人们的研究兴趣。McCreery（1979）首先报道了单脉冲刺激猫的 NRM 或 NGC 可以易化或抑制脊丘束神经元对机械刺激的反应。随后，研究者陆续发现，低强度电刺激猴、猫和大鼠的脑干内侧网状结构、NGC、NRM 和 PAG 可兴奋部分脊髓投射神经元。20 世纪 90 年代，Zhuo 和 Gebhart 等针对 NGC 在痛觉下行抑制 / 易化中的作用进行了系列研究，并首次提出："下行易化系统是一个不同于下行抑制系统而独立存在的机能系统"。

如前所述，在 PAG 和 RVM 内均存在 off-cell 和 on-cell。有研究表明，以短串脉冲刺激 PAG 可兴奋 58% 的 RVM on-cell 和 44% 的 off-cell，提示脑干对脊髓伤害性输入具有双向调节作用。鉴于 RVM 内的 off-cell 和 on-cell 在分布上具有明显的同源性，电刺激或谷氨酸微量注射于 PAG、NRM 和 NGC 对脊髓背角神经元的兴奋 / 抑制作用可发生于同一个刺激位点的不同刺激强度和同一注射

点的不同谷氨酸浓度，即在刺激或注射位点不变的情况下，低强度的电刺激或低浓度的谷氨酸可激活易化系统，从而兴奋脊髓背角神经元。高强度电刺激或高浓度谷氨酸可同时激活下行易化和抑制系统。由于抑制作用具有明显的量效关系，而易化作用则并不因刺激强度的增大而增大。因此，在正常生理性痛条件下，下行抑制作用可能掩盖了下行易化作用，但在病理性痛条件下，下行易化系统活动的增强和下行抑制系统的失效进一步放大痛觉的敏化。5-HT 对于脑干痛觉下行调控系统具有重要意义，对痛觉具有易化和抑制双向调制作用。如前所述，脊髓背角表达多种 5-HT 受体，激活 5-HT$_{1A}$ 和 5-HT$_{1B}$ 受体可通过抑制 GABA 释放对脊髓投射神经元产生去抑制，介导对脊髓伤害性反应的易化；而激活 5-HT$_3$ 受体可增加 GABA 能神经元的活动，对脊髓伤害性反应产生抑制效应，从而介导脑干的下行抑制作用。

Zhuo 实验室对 ACC 神经元在痛觉中的作用进行了系统、深入的研究，证明 ACC 神经元突触后 LTP（post-LTP）与慢性痛的发生发展密切相关。外周伤害性刺激包括热的、化学的，及外周神经损伤或炎症均可激活 ACC 神经元，抑制 ACC 神经元活动特别是与 LTP 产生和表达相关的分子如 PKMzeta 和钙依赖的 AMPA 受体产生明确的镇痛效应。激活 ACC 到脑干下行抑制系统的兴奋性投射可直接激活脑干 GABA 能神经元，抑制脑干到脊髓背角的 5-HT 能投射产生痛觉易化效应。进一步，该实验室还发现了一条从 ACC 直接向脊髓背角的纤维投射，这条 ACC- 脊髓背角投射源于 ACC 的 Ⅴ 层投射神经元，其轴突终止于脊髓背角 Ⅰ～Ⅲ 层。抑制该投射通路明显阻断脊髓背角伤害性神经元的异常放电和动物的痛行为反应，增强 ACC- 脊髓投射神经元的活性可直接激活脊髓背角伤害性神经元产生痛敏。这些发现表明，ACC 神经元不仅通过脑干下行易化系统间接调控脊髓伤害性活动，也可通过 ACC- 脊髓背角投射直接易化伤害性反应（图 6-6-7）。最近的研究显示初级和次级感觉皮质可直接投射到脊髓后角深层，并促进神经损伤引起的触诱发痛。

四、针刺镇痛

针灸是中医学的重要组成部分。20 世纪 50 年代末我国医学家在针灸可以缓解痛的临床基础上，发展了一种新的方法——"针刺麻醉"，用针刺穴

位诱导几十分钟后，在患者清醒状态下进行外科手术。虽然临床上已习惯称之"针刺麻醉"，但并非真正意义上的"麻醉"，而是针刺镇痛（acupuncture analgesia，AA）。"针刺麻醉"的临床应用推动了针刺镇痛原理的研究。研究表明，针刺主要激活穴位下肌肉的压力感受器和部分牵张感受器，传入冲动由大和中等、有髓鞘的 II 和 III 类粗纤维传导。且研究者认为可以用 Melzack 和 Wall 在 1965 年提出的"闸门控制学说"来阐释针刺镇痛机制，即针刺激活粗纤维，对细纤维诱导的背角神经元活动产生抑制而镇痛。而同样基于"闸门控制学说"产生和发展起来的经皮电刺激神经（transcutaneous electric nerve stimulation，TENS）疗法，经皮肤表面电极直接电刺激痛源部位或支配痛源部位的传入神经产生镇痛效应，其临床有效性也已得到充分的检验和证实。无论是针刺还是 TENS，其作用不只是发生在外周，更多地在于脊髓和脑的中枢整合作用。

（一）针刺和痛觉信号的相互作用和整合

20 世纪 60 年代中期我国著名神经生理学家张香桐提出"针刺镇痛是来自针刺穴位和痛源部位的传入信号在中枢神经系统相互作用、加工和整合的结果"的假说。大量的电生理研究证明，这种相互作用发生在中枢神经系统从脊髓到大脑皮质多个水平。针刺信号和痛信号的相互作用至少包括三个网络：①发生在同一水平甚至同一核团的直接的相互作用，如脊髓背角；②通过局部回路对痛敏神经元进行抑制性调制；③针刺激活下行抑制系统，抑制背角痛觉信息传递。针刺镇痛和阿片镇痛激活的神经结构有很大的相似性，包括背角、脑干网状结构（中缝核群、中央灰质等）等。实验证据来自三方面：①针刺可以激活这些结构的神经元活动。早期的电生理记录只能观察单个核团。20 世纪 90 年代韩济生实验室的 c-Fos 研究显示针刺镇痛后全脑的功能激活。②损毁或阻滞其中之一的活动时，针刺镇痛效应出现不同程度的减弱。③直接刺激或阿片类药物注射到这些核团产生镇痛。总之，针刺激活这些结构，一方面通过脑高级部位的神经通路抑制丘脑痛敏神经元的活动，同时也通过中脑导水管周围灰质–中缝核群–脊髓背角的下行抑制系统阻滞背角投射神经元的痛觉传入。

（二）参与针刺镇痛的神经递质／调质

1. 阿片肽　内啡肽、脑啡肽和强啡肽三类内源性阿片肽均参与介导动物和人的针刺镇痛效应。针刺可引起脊髓、下丘脑、尾核和中脑导水管周围灰质等部位阿片肽的释放。阻断阿片受体或用阿片肽抗血清阻止阿片肽与阿片受体结合，均可减弱针刺镇痛效应。内源性抗阿片物质（如胆囊收缩素，CCK）释放增多时可减弱针刺镇痛。这些结果从不同的角度说明阿片肽在针刺镇痛中起重要作用。不同阿片肽在低频（2 Hz）和高频（100 Hz）电针镇痛中作用不同，低频电针激活脑和脊髓中的脑啡肽能系统和脑内的内啡肽能系统，介导镇痛效应，损毁下丘脑弓状核，减弱低频电针镇痛。高频电针镇痛由脊髓强啡肽能系统介导，损毁脑桥的臂旁核，减弱高频电针镇痛。不同频率的电刺激也会激活脑内不同部位的阿片受体。例如，2 Hz 电刺激同时激活顶盖前区前核背侧和腹侧的 μ- 阿片受体，而100 Hz 电刺激仅激活腹侧的 μ- 阿片受体。反复电刺激具有累积镇痛作用，这可能与电刺激调节垂体和下丘脑 β- 内啡肽释放有关。此外，持续的 2 Hz 或 100 Hz 电刺激会降低电针镇痛作用，即电针耐受，电针耐受在 100 Hz 时更容易发生，推测强啡肽可能是介导电针耐受的关键介质。

2. 单胺类递质　针刺传入既促进 5- 羟色胺（5-HT）的合成，也加速其释放和利用。针刺产生镇痛效应时，脑内 5-HT 含量增高，针刺无效者，5-HT 水平不变。脑干下行抑制系统的重要结构 NRM 和 DRN 内富含的 5-HT 神经元，前者的轴突下行到脊髓，后者轴突上行投射到丘脑髓板内核群、下丘脑、纹状体和边缘系统。局部损毁或给予5-HT 受体拮抗剂、5-HT 合成抑制剂等影响 5-HT 通路的任何环节，可明显减弱针刺镇痛。

3. 去甲肾上腺素　去甲肾上腺素能神经元在针刺镇痛中有双向作用。脑干 A1、A5 和 A7 核团中有下行和上行投射的两类去甲肾上腺素能（NA）神经元，激活投射到脊髓的 NA 能神经元，加强针刺镇痛作用，而激活 NA 能上行神经元拮抗针刺镇痛。此外，电针治疗后大脑皮质 α_2 肾上腺素受体（$\alpha_2 AR$）表达增加，而脊髓中 $\alpha_2 AR$ 表达减少，提示去甲肾上腺素系统在大脑和脊髓作用不同。

4. 谷氨酸　电针可通过调节谷氨酸受体表达或磷酸化而镇痛。不同穴位刺激后 NMDA 受体表达存在差异。电针可显著抑制 ACC 中 NMDA 受体的表达上调，但对海马内的 NMDA 受体表达及磷酸化均无影响。实验结果的不同与选择的穴位不同和关注的区域不同等因素有关。另外，谷氨酸转运体表达的变化也参与介导电针镇痛。因此，电针可以通过沉默谷氨酸受体、减少其表达或增强谷氨酸再摄取等方式而镇痛。

5. 其他递质和调质　乙酰胆碱（ACh）、多巴胺（DA）、GABA、催产素、神经降压素和 SP 等也可能参与针刺效应。例如，尾核头部和缰核-蓝斑通路中的 ACh 能神经元的激活均影响针刺镇痛效应。既往认为，多巴胺不利于针刺镇痛，若将 DA 受体拮抗剂氟哌啶与针刺同时使用，可大大增强针刺镇痛。但也有研究表明，D1 受体激活促进电针镇痛，而 D2 激活对抗电针镇痛。因此 DA（其他神经递质和调制也存在类似的现象）是促进还是对抗针刺镇痛，可能与脑区、激活的受体亚型及选用的动物模型有关。

综上所述，针刺镇痛过程是涉及多脑区、环路和递质系统的复杂活动。同一神经结构中往往含有多种递质和调质，同一神经元中有不同递质或调质共存，同一递质有不同的受体亚型。深入的针刺镇痛机制研究已经起步，越来越多的国内外科学家参与到这一领域。遗传分子标记和功能操控、3D 可视化技术和神经环路示踪等新技术的应用必将为揭示针刺镇痛的神经机制研究带来新的突破。近年的研究表明，胶质细胞、交感和副交感神经系统，及神经免疫调节在针刺镇痛中起重要作用。

第三节　疼痛的情绪和情感

疼痛是一种复杂的感觉和情绪过程，包括感觉分辨（sensory-discrimination）和情绪（emotional-affective component）两个基本成分。对疼痛感觉分辨成分的研究，在基因、分子、细胞和系统水平已获得重要进展，但对于疼痛的情绪、情感成分的研究相对滞后。越来越多的临床观察显示，疼痛特别是慢性疼痛所伴随的负性情绪状态，如焦虑、恐惧、孤独，甚至厌世等给患者造成的心身伤害远比疼痛本身更为严重。

一、前扣带皮质参与痛厌恶情绪的产生

如前所述，从外周感受器到大脑皮质，有多条上行传入通路传递和处理痛信息。目前尚不知晓是否具有特化的外周感受器分别介导痛的感觉信息和情绪反应。从脊髓和延髓背角经过外侧丘脑到达皮质体感区的上行投射被称为外侧痛系统，主要负责传递痛的感觉信息，而从脊髓和延髓背角经过内侧丘脑/髓板内核群到达 ACC 和 IC 皮质的上行投射称为内侧痛系统，可能主要传递痛的情绪和情感信息。ACC 除接受来自内侧丘脑的上行投射外，与躯体感觉皮质 SI 和 SII、IC、mPFC 和杏仁核也有往返的纤维联系。早期的临床观察发现，切除 ACC 及周围皮质组织能明显缓解慢性顽固性疼痛患者的焦虑、抑郁等不良情绪，但不影响患者对伤害性刺激的强度和位置等感觉特性的分辨。电生理学和人类功能脑成像研究发现，ACC 神经元不仅可对伤害性刺激本身发生反应，也可对伤害性暗示（如看到尖锐的硬器、火等）发生反应，并参与对痛厌恶事件的预测。在痛刺激强度不变的情况下，随着受试者被暗示刺激强度的升高，其不愉快程度也升高，与此同时，ACC 的兴奋程度随之增强。动物行为学研究证明，损毁双侧 ACC，以伤害性非条件刺激，如热板、福尔马林和激光等诱导的条件性回避反应显著降低，提示 ACC 可能编码痛的情绪特征。

当动物或人暴露于痛刺激时，会表现出回避或逃避行为，这些有关的痛信息会储存在它们的记忆中，当这种痛刺激的线索或暗示再次出现时，它们会通过痛的预测对伤害性刺激做出回避，该过程正是由于对痛的不良情绪体验和痛经验的记忆引起的。因此，一种联合痛刺激与环境的学习模型可以用来反映痛的不良情绪，如福尔马林条件性位置回避（F-CPA）模型，使动物对曾经经历过不愉快的环境产生记忆，从而厌恶该环境而主动回避之。Fields 实验室（2001）首次利用 F-CPA 模型证明 ACC 参与痛厌恶情绪的产生。进一步，Zhang 实验室的系列研究揭示 ACC 特别是吻侧 ACC（rACC）锥体神经元表达的 NMDA 受体 GluN2A 和 GluN2B 亚单位及其下游信号通路 PKA-ERK-CREB 是痛厌恶情绪产生所必需的；雌激素通过其受体 ERβ 和 GPER 调控 rACC 兴奋性锥体神经元表达的 NMDA 受体对痛厌恶情绪的产生既是必要的也是充分的；突触蛋白 SIP 30 也通过调控 rACC 神经元兴奋性

递质释放介导痛厌恶情绪的产生；光遗传学激活 rACC 内 CaMK2A 阳性神经元可以直接诱发厌恶样情绪。

除 ACC 外，杏仁核也参与痛厌恶情绪过程。双侧损毁杏仁核明显抑制痛厌恶行为，杏仁核内给予 β- 肾上腺素受体抑制剂、NMDA 受体拮抗剂、mGLuR1 拮抗剂或 α₂- 肾上腺素受体激动剂和 GABA$_A$ 受体激动剂均可阻断痛厌恶行为产生。影像学数据证实，当健康人感受到悲伤情绪时，杏仁核 -ACC 环路会在处理疼痛信息时同时激活。光遗传学抑制三叉神经节（TG）到 PBN 的单突触投射可以引起条件性位置偏好，激活 TG-PBN 诱发厌恶样行为，提示 PBN 可能参与痛厌恶行为。Minami 实验室的系列研究证明，抑制终纹床核（BNST）GABA 能中间神经元阻断痛厌恶行为产生，激活这些神经元，直接诱发厌恶样行为；BNST 内谷氨酸 -NO 信号、NE 和 CRF 引起厌恶情绪，NPY 和阿片肽抑制痛厌恶情绪。

二、皮质边缘环路参与痛相关焦虑和抑郁

临床上，慢性痛继发焦虑和抑郁现象相当普遍。流行病学调查显示，慢性痛在人群中的发病率约 30%，其中 50% 以上的慢性痛患者伴有焦虑或抑郁。Nicholl 等的研究（2014）发现，抑郁症的发病率与慢性痛的发病率密切相关，在患有慢性痛疾病人群中，抑郁症的发病率显著高于正常人群（35%～70% vs. 5%～17%）。

皮质边缘环路主要包括 mPFC、OFC、ACC、IC、杏仁核、海马、腹侧被盖和伏隔核等脑区。以往对该环路的研究主要集中在学习记忆、情感动机、认知评价和行为决策等方面。近年来对慢性痛的研究发现，这些皮质和皮质下结构的形态和功能改变直接影响病理性疼痛的发展和转归，特别是慢性痛引起的情绪紊乱和认知损害。事实上，早在 20 世纪 60 年代的"疼痛闸门理论"中，已提出边缘脑对疼痛信息整合的重要作用。近年来，人类功能脑成像和动物模型研究也逐步揭示皮质边缘脑区在慢性痛及其情绪反应的发生、预测和决策中的重要作用。

前扣带皮质　ACC 是慢性痛多种负性情绪综合征的关键脑区，不仅在痛厌恶情绪产生中具有重要作用，也参与焦虑和抑郁病理过程。在神经病理性痛模型大鼠，ACC 神经元兴奋性增高，MRI 显示双侧 ACC 体积时间依赖性缩小，且这些改变与动物是否伴有焦虑和抑郁样行为密切相关，这与临床抑郁患者的 ACC 兴奋性活动增强、体积缩小相一致。一项关于慢性痛继发焦虑 / 抑郁的时间过程与 ACC 神经元兴奋性活动的相关性研究显示，坐骨神经损伤后，小鼠的行为表现经历 4 个阶段：①痛觉敏化，但无焦虑 / 抑郁样行为；②痛敏和焦虑 / 抑郁并存；③损伤愈合，痛觉敏化消失，但焦虑 / 抑郁样行为仍存在；④痛敏和焦虑 / 抑郁样行为均消失，动物痊愈。在该模型小鼠的第（2～3）阶段，即疼痛和焦虑 / 抑郁共病或疼痛消失焦虑 / 抑郁样行为表型存在的情况下，ACC 神经元自发放电频率和簇状发放显著增强，NMDA 受体介导的突触传递增强，但在焦虑 / 抑郁样行为出现之前和恢复之后，ACC 神经元的放电特征与对照小鼠相近，在（2～3）阶段，光遗传学抑制 ACC 兴奋性神经元活动，明显抑制小鼠焦虑 / 抑郁样行为，提示 ACC 神经元的高兴奋状态与慢性痛诱发的焦虑 / 抑郁样行为表型特异性相关。与之相似，损毁 ACC 痛相关焦虑行为消失，ACC 内给予 GABA$_A$ 激动剂抑制小鼠焦虑 / 抑郁样行为，光遗传学激活 ACC 锥体神经元直接引起焦虑样行为。这些研究表明，ACC 神经元高兴奋状态可能是慢性痛继发焦虑 / 抑郁的必要和充分条件。

内侧前额叶　mPFC 是涉及感觉、学习、记忆、决策和执行功能的重要神经结构，在痛的情感和认知过程中起重要作用。mPFC 是个异质结构，具有种属特异性差异。啮齿类 mPFC 包括前边缘叶（prelimbic，PL）和下边缘叶（infralimbic，IL）。PL 和 IL 接受来自丘脑、基底外侧杏仁核（BLA）和对侧 mPFC 的投射；部分来自 BLA 的输入终止于 mPFC 的 GABA 能中间神经元，对 mPFC 的输出起前馈抑制作用。在临床慢性痛患者，mPFC 的神经活动和形态、体积发生改变，神经元活性显著降低，PL 和 IL 自发和诱发放电减少，锥体神经元顶树突长度和分支减少，兴奋性突触传递减低。行为学上，光遗传学激活兴奋性锥体神经元，产生镇痛和抗焦虑作用，光遗传学抑制 mPFC 兴奋性椎体神经元直接引起焦虑样行为。总之，增加 mPFC 的兴奋性输出或降低抑制性输出均可有效缓解疼痛和焦虑 / 抑郁。

眶额叶皮质　OFC 是 PFC 的腹侧亚区，汇聚来自视、嗅、听和躯体感觉等多个皮质的信息输

入，参与奖赏、惩罚、成瘾、学习记忆、行为决策等过程。近年来，该脑区在情绪障碍和慢性痛中的作用也受到关注。慢性颞下颌痛患者和临床抑郁患者常伴有 OFC 体积缩小、代谢降低。经颅磁刺激 OFC 可缓解抑郁。Zhang 实验室的研究显示，慢性痛伴焦虑和抑郁的情况下，OFC 的主要亚区 VLO 锥体神经元兴奋性活动降低，光遗传学或化学遗传学激活 VLO 可产生明显的镇痛和抗抑郁效应，选择性激活 VLO 兴奋性锥体神经元或抑制 GABA 能神经元均可对抗慢性痛诱发的焦虑和抑郁样行为。药理学激活 VLO 内 D1Rs 可产生明显的抗抑郁作用，但对外周神经损伤引起的痛觉敏化无影响；相反，激活 D2Rs 显著抑制神经损伤引起的痛觉敏化行为，对慢性痛诱发的抑郁样行为无影响，提示 VLO 内表达不同受体亚群的神经元可能分别调控慢性痛的感觉和情绪。

杏仁核　杏仁核汇聚感觉和情绪信息，在介导应激和痛的情绪反应中起关键作用。电刺激杏仁核在人和动物均可诱发焦虑；临床抑郁症和慢性痛患者均可见杏仁核体积缩小。基底外侧杏仁核（BLA）和中央杏仁核（CeA）是杏仁核的两个重要的核团，BLA 接受来自感觉环路的大量投射，如丘脑、ACC、IC 和 mPFC，主要输出到 CeA、NAc、PFC 和海马。CeA 也接受来自脊髓—臂旁外侧核（PBN）的直接输入。慢性痛时，BLA 和 CeA 神经元兴奋性增高，自发和诱发的神经活动增强，PBN-CeA 和 BLA-CeA 之间的兴奋性突触传递增强。PBN-CeA 之间的突触传递增强贡献于慢性痛诱发的焦虑/抑郁样行为，光遗传学兴奋 PBN-CeA 通路可直接诱发动物焦虑/抑郁样行为。激活 BLA-CeA 通路明显抑制慢性痛小鼠的焦虑/抑郁样行为，而失活该通路诱发小鼠的焦虑样行为。CeA 的 GABA 能神经元与内侧丘脑束旁核（Pf）的兴奋性谷氨酸能神经元之间有直接的突触联系，这些 Pf 谷氨酸能神经元直接投射到皮质体感区 SⅡ。在抑郁与疼痛共病条件下，投射到 Pf 的 CeA GABA 能神经元活动增强，光遗传学抑制 CeA-Pf 的 GABA 能抑制性投射可缓解应激引起的痛觉敏化和抑郁样行为。CeA 的 GABA 能神经元也投射到 PAG，与 PAG 的 GABA 能神经元形成单突触联系，激活该通路可通过去抑制机制解除对 PAG 兴奋性神经元的抑制，缓解疼痛和抑郁的共病，而抑制该通路增强应激小鼠的痛觉敏化行为。这些结果提示，杏仁核不同亚区和不同投射通路在介导慢性痛继发的焦虑/

抑郁样行为中发挥不同的作用。

小结：疼痛是一种与实际或潜在的组织损伤相关的不愉快的感觉和情感体验，或与此相似的经历。生理痛作为机体受到伤害的一种警告，是不可缺少的保护机制。病理痛是对机体的一种长期慢性折磨，是临床的一大难题。外周初级感觉神经元作为痛觉感受器可感受伤害性刺激，其分子机制在于感受器神经元上存在感受不同刺激的受体和离子通道。损伤激活了外周伤害性感受器，伤害性信息经 Aδ 和 C 纤维传至脊髓背角，释放化学物质（如谷氨酸和 P 物质），经脊髓局部环路处理兴奋背角Ⅰ层和Ⅳ～Ⅵ层投射神经元，这些神经元的轴突组成上行传导束（如脊髓丘脑束），将伤害性冲动传递到脑干网状结构、臂旁核和丘脑感觉核团，最终到达大脑皮质 SⅠ、SⅡ 区和 ACC、IC 等边缘皮质，产生痛觉和不愉快情绪。脊髓局部神经网路、脑干和皮质下行通路能够对痛觉信息进行精细调制，它对于痛觉系统的正常工作是必不可少的。针刺穴位可产生镇痛作用，且已成为临床治疗疼痛的重要手段。针刺镇痛的神经环路和递质系统机制极为复杂，进一步应用现代神经科学手段研究并揭示针刺镇痛的神经机制是痛与镇痛研究的重要方向之一。

尽管在许多动物模型中的伤害性感受尚不能完全与痛觉划等号，但对于这些动物模型的研究为揭示痛觉的分子、细胞和环路机制提供非常有益的理论和实验支持。考虑到痛觉是一种复杂的躯体和心理体验，涉及从外周到皮质的多个水平，因此，需要从整合的角度来研究痛觉产生和调制的神经机制。近年的研究，包括国内大量的研究论文表明胶质细胞和免疫细胞及神经免疫调节在病理性疼痛中起重要作用，研究神经系统和免疫系统的相互作用是神经生物学、免疫学和医学研究的一个共同热点，并将为开发镇痛药指明新的方向。

参考文献

综述

1. Basbaum AI，Bautista DM，Scherrer G，et al. Cellular and molecular mechanisms of pain. *Cell*，2009，139：267-284.
2. Bliss TV，Collingridge GL，Kaang BK，et al. Synaptic plasticity in the anterior cingulate cortex in acute and chronic pain. *Nat Rev Neurosci*，2016，17：485-496.
3. Chen T，Zhang WW，Chu YX，et al. Acupuncture for pain management：Molecular mechanism of action. *Am J Chinese Med*，2020，48：4.
4. Han JS. Acupuncture：neuropeptide release produced by

electrical stimulation of different frequencies. *Trends Neurosci*, 2003, 26: 17-22.

5. Ji RR, Chamessian A, Zhang YQ. Pain regulation by non-neuronal cells and inflammation. *Science*, 2016, 354: 572-577.

6. Koch SC, Acton D and Goulding M. Spinal circuits for touch, pain, and itch. *Ann Rev Physiol*, 2018, 80: 189-217.

7. Melzack R, Wall PD. Pain mechanisms: a new theory. *Science*, 1965, 150: 971-979.

8. Todd AJ. Neuronal circuitry for pain processing in the dorsal horn. *Nat Rev Neurosci*, 2010, 11: 823-836.

9. Patapoutian A, Tate S, Woolf CJ. Transient receptor potential channels: targeting pain at the source. *Nat Rev Drug Discov*, 2009, 8: 55-68.

10. Raja SN, Carr DB, Cohen M, et al. The revised International Association for the Study of Pain definition of pain: concepts, challenges, and compromises. *Pain*, 2020, 161: 1976-1982.

11. Vachon-Presseau E. Effects of stress on the corticolimbic system: implications for chronic pain. *Prog Neuropsychopharmacol Biol Psychiatry*, 2018, 87: 216-223.

12. Woolf CJ, Ma Q. Nociceptors—noxious stimulus detectors. *Neuron*, 2007, 55: 353-364.

13. Xiao X, Zhang YQ. A new perspective on the anterior cingulate cortex and affect pain. *Neurosci Biobehav Rev*, 2018, 90: 200-211.

原始文献

1. Caterina MJ, Schumacher MA, Tominaga M, et al. The capsaicin receptor: a heat-activated ion channel in the pain pathway. *Nature*, 1997, 389: 816-824.

2. Chen T, Taniguchi W, Chen QY, et al. Top-down descending facilitation of spinal sensory excitatory transmission from the anterior cingulate cortex. *Nat Commun*, 2018, 9: 1886.

3. Corder G, Ahanonu B, Grewe BF, et al. An amygdalar neural ensemble that encodes the unpleasantness of pain. *Science*. 2019, 363: 276-281.

4. Cox JJ, Reimann F, Nicholas AK, et al. An SCN9A channelopathy causes congenital inability to experience pain. *Nature*, 2006, 444: 894-898.

5. Deng J, Zhou H, Lin JK, et al. The parabrachial nucleus directly channels spinal nociceptive signals to the intralaminar thalamic nuclei, but not the amygdala. *Neuron*, 2020, 107: 909-923.

6. Duan B, Cheng L, Bourane S, et al. Identification of spinal circuits transmitting and gateing mechanical pain. *Cell*, 2014, 156: 1417-1432.

7. Huang J, Gadotti VM, Chen L, et al. A neuronal circuit for activating descending modulation of neuropathic pain. *Nat Neurosci*, 2019, 22: 1659-1668.

8. Li CL, Li KC, Wu D, et al. Somatosensory neuron types identified by high-coverage single-cell RNA-sequencing and functional heterogeneity. *Cell Res*, 2016, 26: 83-102.

9. Rainville P, Duncan GH, Price DD, et al. Pain affect encoded in human anterior cingulate but not somatosensory cortex. *Science*, 1997, 277: 968-971.

10. Rodriguez E, Sakurai K, Xu J, et al. A craniofacial-specific monosynaptic circuit enables heightened affective pain. *Nat Neurosci*, 2017, 20: 1734-1743.

11. Sheng HY, Lv SS, Cai YQ, et al. Activation of ventrolateral orbital cortex improves mouse neuropathic pain-induced anxiodepression. *JCI Insight*, 2020, 5: e133625.

12. Usoskin D, Furlan A, Islam S, et al. Unbiased classification of sensory neuron types by large-scale single-cell RNA sequencing. *Nat Neurosci*, 2015, 18: 145-153.

13. Wang K, Wang S, Chen Y, et al. Single-cell transcriptomic analysis of somatosensory neurons uncovers temporal development of neuropathic pain. *Cell Res*, 2021, 31 (8): 939-940.

14. Woolf CJ. Evidence for a central component of post-injury pain hypersensitivity. *Nature*, 1983, 306 (5944): 686-688.

15. Yin W, Mei L, Sun T, et al. A central amygdala-ventrolateral periaqueductal gray matter pathway for pain in a mouse model of depression-like behavior. *Anesthesiology*, 2020, 132: 1175-1196.

16. Zang KK, Xiao X, Chen LQ, et al. Distinct function of estrogen receptors in the rodent anterior cingulate cortex in pain-related aversion. *Anesthesiology*, 2020, 133: 165-184.

第 7 章　触－压觉、温度觉与痒觉

万　有　邢国刚　孙衍刚

躯体通过皮肤及其附属的感受器接受不同的刺激，产生各种类型的感觉，称为躯体感觉（somatic sense）。躯体感觉可分为浅感觉和深感觉两大类，根据接受刺激性质的不同，浅感觉可分为三大类，即机械刺激引起的触－压觉、温度刺激引起的温度觉和伤害性刺激引起的痛觉；深感觉也称本体感觉，包括位置觉和运动觉。本章主要介绍触－压觉和温度觉。近年来，关于痒觉及其机制的研究取得了重要进展，本章也介绍痒觉这一独特的躯体感觉。

第一节　触－压觉

给皮肤施以触、压等机械刺激所引起的感觉，分别称为触觉（touch sense）和压觉（pressure sense），由于两者在性质上类似，故统称为触－压觉。通过触－压觉可以感知物体的大小、形状和质地。

一、皮肤触－压觉机械感受器的分型及功能

触－压觉感受器的适宜刺激是机械刺激，包括拉伸力、剪切力，也包括广义上的原子力显微镜施加到细胞的压应力，及临床检查使用的超声波等。人类无毛皮肤区的触－压觉感受器有四种，包括环层小体（Pacinian corpuscle）、触觉小体（Meissner's corpuscle）、鲁菲尼小体（Ruffini's corpuscle）和梅克尔感受器（Merkel disk）等。有毛皮肤区的感受器也有四种，除毛囊感受器代替触

觉小体外，其余三种感受器与无毛皮肤区大致相同。其中，环层小体和触觉小体属于快适应感受器（rapidly adapting，RA），而鲁菲尼小体和梅克尔感受器属于慢适应感受器（slow adapting，SA）。

（一）无毛皮肤区

人类无毛皮肤区的触－压觉感受器分为环层小体、触觉小体、梅克尔感受器和鲁菲尼小体四种类型（图6-7-1）。

环层小体（Pacinian corpuscle）属快适应感受器，感受野大，主要对触动、吹动，尤其是振动皮肤的刺激进行编码。环层小体是一个直径约 1 mm 的洋葱样多层囊样的结构，位于真皮深处，插入囊内的 A_β 纤维是真正的感觉神经末梢。当机械刺激引起囊的外层变形时，将信息传到其中的神经末梢，使之也变形，并产生去极化的发生器电位，进

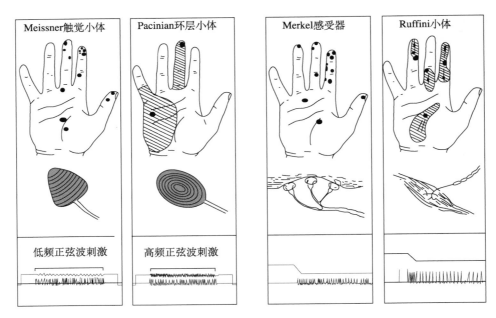

A. 快适应感受器　　　　　　　　　　　B. 慢适应感受器

图 6-7-1　无毛皮肤区几种触-压觉机械感受器的形态、放电类型及感受野特点

A. 快适应（rapid adapting，RA）机械感受器：触觉小体（Meissner corpuscle）和环层小体（Pacinian corpuscle）；B. 慢适应（slowly adapting，SA）机械感受器：梅克尔（Merkel）感受器和鲁菲尼（Ruffini）小体。图中上面一行是分布在手无毛区的感受野特点，皮肤表层感受器的感受野包含皮肤的斑点状斑块，那些位于深层的感受器延伸到皮肤的广泛区域（斜线阴影），但直接位于感受器上方的皮肤（实心黑色部分）的反应最强。图中显示，环层小体和鲁菲尼小体的感受野相对较大，而触觉小体和梅克尔感受器的感受野相对较小。中间一行是感受器的形态，下面一行是对波动性刺激的反应（**A**）和对皮肤压陷刺激的反应（**B**）

而引起神经纤维产生动作电位。环层小体主要编码波动性刺激的频率，而不是强度，波动性刺激的频率在 50～500 Hz 范围均有效，最佳频率为 250 Hz。但刺激强度不同时，每一次波动变形产生的动作电位数量也可以不同。此外，兴奋的环层小体数目不同，也可体现出不同的编码强度。

触觉小体（Meissner corpuscle）属快适应感受器，感受野小，主要对刺激强度的变化速度（刺激强度的变化率）进行编码。触觉小体位于皮肤的表皮下，也是一种小囊，伸入其中的 A$_\beta$ 纤维末梢将刺激转化为电信号。当刺激持续作用时，动作电位

的频率明显变慢，故属于快适应感受器。这一感受器编码刺激强度的变化速度（图 6-7-2）。

当手被物体戳到时，或用手指抚摸粗糙物体时，皮肤发生形变很快，这时感受器可很好地发挥作用，这种感受皮肤形变速度的意义在识别盲文时可充分显现出来。Meissner 小体也可感受波动性刺激（最佳范围为 30～40 Hz），引起颤动感觉。

梅克尔感受器（Merkel disk）也称 Merkel 盘，属慢适应感受器，主要对刺激的部位进行编码。Merkel 感受器位于表皮内，是皮肤中唯一的、不以神经末梢为感受器的机械感受器；由一群含有囊

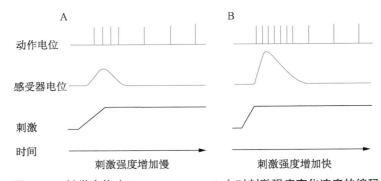

　　　　　　　　刺激强度增加慢　　　　　　　　刺激强度增加快

图 6-7-2　触觉小体（Meissner corpuscle）对刺激强度变化速度的编码

A. 当刺激强度增加较慢时，感受器电位幅度低，刺激开始时动作电位频率低；B. 当刺激强度增加很快时，感受器电位幅度高，刺激开始时动作电位频率高

泡的感受器细胞组成，它们与一根感觉神经纤维（A$_\beta$）的末梢分支构成突触联系（图 6-7-1B）。一个 Merkel 盘的直径约为 0.25 mm，只有当刺激作用到其支配的皮肤表面时才能被感受到，因而感受野很小，可对刺激的皮肤位置进行编码。

鲁菲尼小体（Ruffini's corpuscle）属慢适应感受器，感受野大，主要对刺激强度进行编码。Ruffini 小体位于真皮底部，是一个充满胶质丝状物的小囊，伸入其中并与胶质丝状物相接触的 A$_\beta$ 纤维末梢是真正的感受器结构。皮肤受到的任何形变或牵拉均可引起神经末梢去极化，并产生动作电位。

（二）有毛皮肤区

也有四种触－压觉感受器。一种为毛囊感受器（hair follicle receptor），它与无毛皮肤区的触觉小体的特点非常相似；第二种也是梅克尔感受器，但其结构与无毛区稍有不同；其余两种（环层小体和鲁菲尼小体）与无毛区的相同。

过去认为皮肤触－压觉感受器的传入纤维均为有髓鞘的 A$_\beta$ 纤维，但现在发现有一种毛囊感受器（down hair receptor）的传入纤维是 A$_\delta$ 纤维；最近又观察到人也有与动物（例如猫）相同的无髓 C 纤维支配的机械感受器，它们对很慢的运动刺激（例如抚摩）最敏感。

二、触－压觉敏感性的指标：触觉阈和两点阈

（一）触觉阈和两点阈

关于触－压觉的敏感性，在实验心理学、感觉生理学和临床医学中均用触觉阈及两点阈表示。

触觉阈（touch threshold）　用不同性质的点状刺激检查人的皮肤感觉时发现，不同感觉的感受区在皮肤表面呈相互独立的点状分布。如果用点状触压刺激皮肤，只有当某些特殊的点被触及时，才能引起触觉，这些点称为触点（touch point）。在触点上引起触觉的最小压陷深度（μm），称为触觉阈（touch threshold）。触觉阈的高低与感受器的感受野大小和皮肤上感受器的分布密度有关。在人体的鼻、口唇和指尖等处，触觉感受器的感受野很小，而感受器分布密度却很高，因而触觉阈很低；相反，在腕和足等处的感受野较大，而感受器密度却很低，所以触觉阈很高。研究表明，人手掌面的指尖是触觉最敏感的部位（阈值在 10 μm 以内），其次

为手指的其余部分。

两点阈（spatial threshold）　将两个点状刺激同时或相继触及皮肤时，人体能分辨出这两个刺激点的最小距离，称为同时两点阈（simultaneous spatial threshold）或相继两点阈（successive spatial threshold）。后者比前者阈值低，约为前者的 1/4，因而以触觉辨认物体时，用手指在物体表面抚摩比仅仅放在物体上不动更能识别。体表不同部位的两点阈差别很大，例如指尖和口唇特别低（2～5 mm），而背部、肩部和大腿较高，可达 10～20 倍以上。

（二）触觉小体和梅克尔盘的分布密度是决定触觉敏感性的外周机制

触觉小体和梅克尔感受器单位的感受野小，触觉阈低，决定了它们具有较高的分辨物体空间特性的能力。在手的无毛区指尖处皮肤中，它们的分布密度最高，约 100/cm^2，而手掌处则明显减少，只是指尖的 1/3～1/4。触觉小体和梅克尔盘的分布密度在手的越远端越高，与触觉敏感度的变化一致；而环层小体和鲁菲尼小体的分布与触觉敏感度的变化无关。说明触觉小体和梅克尔盘的分布密度与触觉敏感性有重要的关系。

（三）侧抑制是降低两点阈的中枢机制

侧抑制是感觉通路中普遍存在的现象，是由某一感受野的传入神经轴突侧支，通过抑制性中间神经元实现的、对最接近的感受野传入的抑制。在两点阈的判断中，受刺激的两个神经元的感受野之间，必须存在一个中间感受野，才能辨别出刺激是两点，像图 6-7-3A 则是分辨不出的。而如果有侧抑制（图 6-7-3B），由于支配中间感受野的神经元受到上一级神经元抑制，从而使中枢感受到是两点而不是一点受到了刺激。

三、触－压觉感受器换能的机制

从感受器的结构特点和反应速度来看，皮肤触－压觉感受器的换能是由物理因素对离子通道或通道复合体中介直接实现的。也就是说，机械感受分子本身就是离子通道，其开和（或）关直接受机械力控制。现已证明，触－压觉感受器绝大部分都是游离神经末梢，起换能作用的离子通道存在于纤细的末梢膜上。人们通过对少数换能离子通道的初步研究，对其分子机制提出了一些基本认识（图 6-7-4A，C）。

A.

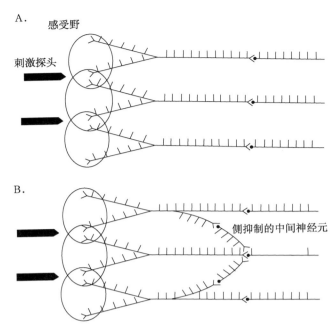

图 6-7-3 侧抑制降低两点阈的原理模式图

要感受到两个分开的刺激，在刺激的两个感受野间，必须有一个感受野未受刺激。**A**. 没有侧抑制，刺激引起三个神经元相同的放电，感觉到一个点受刺激；**B**. 有侧抑制，感受野在中间的神经元向中枢传递信息时，受到两侧感受野的神经元轴突的侧抑制，而两侧感受野的信息仍然可以不变地传递，因而可感觉到两点受刺激

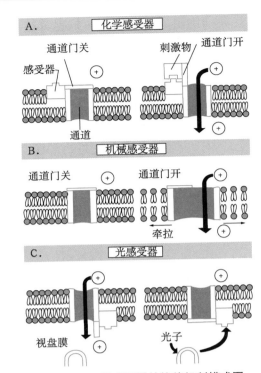

图 6-7-4 三种感受器的换能机制模式图

A. 化学感觉器；**B**. 机械感受器；**C**. 脊椎动物光感受器

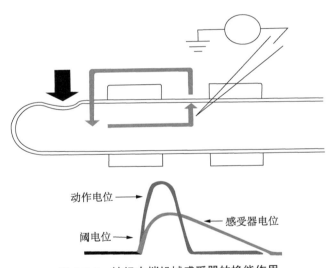

图 6-7-5 神经末梢机械感受器的换能作用

A. 粗箭头表示机械刺激，引起神经末梢变形；微电极插入朗飞结记录电活动。**B**. 微电极记录的感受器电位及动作电位

认为机械力使神经末梢变形，牵张扩大了膜上的离子通道，使原来不能通过的 Na$^+$ 得以通过（图 6-7-4B），引起内向电流，并沿轴突在第一个朗飞结处形成外向电流，使其去极化，达到阈电位时触发产生动作电位（图 6-7-5）。

（一）机械敏感离子通道——机械传导分子

机械门控通道（mechanically gated channel）或机械敏感离子通道（mechanosensitive channel）作为一种机械-电分子开关，将机械力转化为电或生化信号。机械敏感离子通道对沿着细胞膜平面的机械力（膜张力）起反应，进而改变离子通道的开放与关闭，在触觉、听觉、肌腱牵拉等多种机械感受过程中发挥作用。这些通道主要有退化蛋白/上皮钠离子通道（degenerin/epithelial sodium channel，DEG/ENaC）、瞬时受体电位（transient receptor potential，TRP）通道、双孔钾通道（two-pore domain potassium channel，K2P）和 Piezo 蛋白。

（二）退化蛋白/上皮钠离子通道（DEG/ENaC）

退化蛋白/上皮钠通道（DEG/ENaC）超家族是一类对阿米诺利敏感的非电压门控型钠离子通道。20 世纪 90 年代，研究人员在秀丽杆线虫中克隆出 *deg-1* 和 *mec-4*，因其编码的蛋白质能参与触角细胞的退化而得名退化蛋白 DEG 家族。此后发现 DEG 与 ENaC 一样，也具有 Na$^+$ 选择性，且对阿米洛利敏感，因此将这两类蛋白质统一命名为 DEG/ENaC 超家族。DEG/ENaC 通道蛋白家族具有相同的结构，包括 2 个跨膜结构域、1 个富含半胱氨酸的胞外环，及位于胞内的 N 端和 C 端（图 6-7-6）。它们能够选择性地通透钠离子且可被阿米洛利阻断，或因细胞外 pH 下降而激活。DEG/ENaC 家族通道蛋白在包括外周机械感受器在内的多种器官和组织中表达，能够响应多种刺激，包括机械力、胞外低 pH 环境，及 FMRF 酰胺四肽。

DEG/ENaC 超家族的激活机制复杂多样，且各亚家族的激活机制不同。以 DEG 家族为例，DEG 由 3 个同源或异源的蛋白质组装而成，在生物体触觉和痛觉等机械刺激中起重要作用。机械刺激的改变能够激活 DEGs 通道产生瞬时电流，而持续的刺激会使通道脱敏，不再开放；机械力的再次改变能使通道重新被激活。

（三）瞬时感受器电位（TRP）通道

1975 年，Minke 等最先在果蝇的视觉传导系统中发现了 *trp* 基因，因该基因突变体的光感受器仅产生瞬时而非 Ca^{2+} 依赖的持续性感受器电位，丧失了 Ca^{2+} 依赖的光适应性，故而得名瞬时受体电位（transient receptor potential，TRP）。至今，TRP 通道家族的成员已超过 30 个，根据序列同源性这些通道可分为瞬时受体电位锚蛋白（transient receptor potential ankyrin，TRPA）、TRPC（transient receptor potential canonical）、瞬时受体电位 M 蛋白 TRPM（transient receptor potential melastatin）、瞬时受体电位黏脂蛋白（transient receptor potential mucolipin，

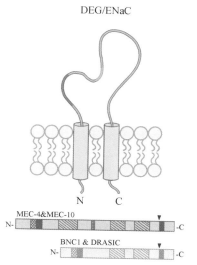

DEG/ENaC

图 6-7-6　DEG/ENaC 超家族蛋白结构拓扑图
位于细胞膜上通道单元含有一个短的 N 末端和 C 末端的疏水跨膜区和一个大的细胞外环，这个环包括多个糖基化位点和具有保守跨度的半胱氨酸残基。这些结构域参与通道活性的控制和孔道的形成。TM2 是离子通道的核心部分，虽然长度很短，但是高度保守，它可以与 TM1 区域相连，进而影响通道的开放和离子的选择性通透。外部的结构域有富含半胱氨酸的保守区域，对离子通道的基本功能至关重要〔Bianchi L and Driscoll M. Protons at the gate：DEG/ENaC ion channels help us feel and remember. Neuron. 2002，34（3）：337-340.〕

TRPML）、NompC 蛋白复合物（transient receptor potential NompC，TRPN）、瞬时受体电位多囊蛋白（transient receptor potential polycystin，TRPP）和瞬时受体电位香草素（transient receptor potential vanilloid，TRPV）七个亚家族。TRP 通道家族具有类似的蛋白质结构，由 6 次跨膜结构域（TM1～TM6）以及位于胞内的 N 端和 C 端构成，在 TM5 与 TM6 之间形成孔道区域（图 6-7-7）。但是 TRPP 可能是个例外，它多了一个跨膜区和一个位于胞外的 N 端。许多 TRP 蛋白在其氨基端有多个锚蛋白结构域（TRPM、TRPP、TRPML 和 TRPY 除外）。TRP 通道大多是非选择性阳离子通道，可以通透 Na^+、Ca^{2+}、Mg^{2+} 和 K^+ 等阳离子，但 TRPV5 和 TRPV6 是高 Ca^{2+} 选择性通道，其 Ca^{2+}/Na^+ 通透比率（P_{Ca}/P_{Na}）高达 100 倍以上。

有研究报道，机械刺激能通过直接或间接的途径激活某些 TRP 通道，介导其对机械刺激的应答反应。其中，TRPN 是唯一一个目前被确凿证实的机械力感受通道。

TRPN 通道已知表达于线虫、斑马鱼和两栖动物，其中 TRPN1 受 *nompc* 基因的调控，参与听觉的产生以及表皮压力的传导，能够调节果蝇的触觉、听觉和本体感觉。斑马鱼的 TRPN 通道 TRPN1 在其内耳和侧线的听毛细胞中表达，在压力传导和听觉产生过程中起重要作用。线虫多巴胺神经元上有 TRPN 型通道 TRP-4 的表达。*trp-4* 突变体线虫在爬行时身体程度明显大于野生型线虫，表现为本体感觉的受损。有研究表明，TRP-4 能够介导线虫多巴胺神经元的触觉响应。

TRPV 通道在果蝇的机械感受相关的神经元胞膜中呈广泛分布，包括 NAN 和 IAV 两种亚型，主要与听觉相关神经元的生理活性有关。TRPA 基因最先发现于果蝇体内，包括 TRPA1 和 TRPA2 两种。TRPA1 主要存在于机体的咽部、肠，及本体感觉神经元中，与机械敏感性刺激反应也存在相关性。除此之外，TRPC、TRPM、TRPML 等 TRP 通道亚型在机体的感觉、触觉、听觉，及机械性痛觉的产生与传递过程中也有作用。

TRP 通道参与生物体对机械刺激响应过程的分子机制有两种可能，其一是 TRP 通道作为信号接收器直接感受机械刺激，并将机械力转换为生物电化学信号；其二是 TRP 通道并不直接感受机械刺激，而是作为信号调制器，间接接收和放大其他机械敏感通道通过胞内第二信使系统，如二酯酰甘油

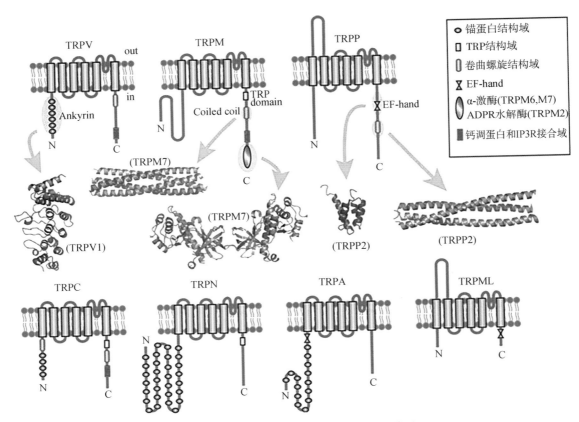

图 6-7-7 **TRP 通道超家族及跨膜结构拓扑图**

图中仅显示了在胞内 N 端和 C 端上存在的一些常见和容易识别的结构域或骨架蛋白，并给出了一些结构域或骨架蛋白的高分辨率结构代表
（Li M，Yu Y，Yang J. Structural Biology of TRP Channels. *Adv Exp Med Biol*. 2011，704：1-23. ）

（DAG）、多不饱和脂肪酸（PUFA）、PLC、Ca^{2+}等传递来的信号。

（四）双孔钾通道（K2P）（two-pore potassium channel）

K2P 通道是钾通道超家族的一个分支，具有两个特殊的孔道区域。按照功能特点，K2P 家族可以分为六个亚家族：TWIK（弱内向整流钾离子通道）、TREK（TWIK 相关的机械敏感性双孔钾离子通道）、TASK（TWIK 相关的酸敏感的双孔钾离子通道）、TALK（TWIK 相关的碱性 pH 激活的双孔钙离子通道）、THIK（氟烷抑制的双孔钾离子通道）、TRESK（钙离子激活的双孔钾离子通道）。K2P 通道蛋白由同源或异源二聚的亚基构成，每个亚基含有 4 个跨膜片段、两个孔道结构域和胞内的 N 端和 C 端（图 6-7-8）。尽管 K2P 通道家族内的序列同源性很低，但在孔道结构域具有最高的保守性。

目前有 3 种 K2P 通道在体外被证明具有机械门控的特性：TWIK 相关钾离子通道 1（TWIK-related K^+ channel 1，TREK-1）、TREK-2 和 TWIK

相关花生四烯酸激活钾离子通道（TWIK-related arachidonic acid-stimulated K^+ channel，TRAAK）。其中 TREK-1 通道是目前研究最充分的机械敏感性

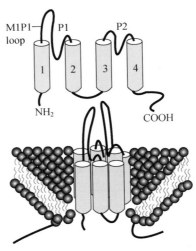

图 6-7-8 **K2P 通道蛋白结构拓扑图**

每个亚基由四个跨膜段（TM1 ～ TM4）和两个成孔（P1、P2）结构组成串连排列，N 端和 C 端都位于胞浆内（上）。两个相同或不同的亚单位序列，联合形成一个功能性的 K2P 通道，功能通道是由两个亚基组成的二聚体（下）［Eric Honoré. The neuronal background K_2P channels：focus on TREK1. Nat Rev Neurosci. 2007，8（4）：251-261.］

钾离子通道。TREK-1 是一个多调式的双孔钾离子通道，通道活性除了受机械力调控外，还可以受温度、胞内外 pH、脂质、挥发性麻醉药等刺激因素的调控。此外，通道活性也受到一些膜受体调控和第二信使磷酸化通路的调控。对完整细胞的膜拉伸可以激活异源表达的 TREK-1、TREK-2 和 TRAAK 通道，证明机械力可以激活此类通道。

（五）机械门控 Piezo 离子通道

2010 年，Coste 等在小鼠神经母细胞瘤里发现 *Piezo1*（*Fam38A*）、*Piezo2*（Fam38B）两个基因（来源于希腊语 "piezein"，意为压力），其蛋白质产物介导机械门控非选择性阳离子电流的产生，并证实 Piezo 通道蛋白是一类机械敏感通道蛋白。它们广泛分布于感觉神经节、肾、膀胱、结肠、血管、肺等多种组织，可非选择性地通过二价阳离子 Ca^{2+}、Mg^{2+}、Mn^{2+}、Ba^{2+}，及一价阳离子 K^+、Na^+ 等。

Piezo1 和 *Piezo2* 基因编码的蛋白分别由 2500 个和 2800 个氨基酸构成，包含 24～36 个跨膜区域，是目前所知的跨膜区域最多的蛋白之一。Piezo1 蛋白的结构是一种类似三叶螺旋桨的三聚体，包括一个中央孔结构域和三个外周扩展翼。中央孔模块由外螺旋、C 端胞外结构域、内螺旋和 C 端胞内结构域组成。C 末端胞外结构域形成了带有负电荷残基的 "帽" 结构，决定了阳离子而非阴离子进入孔道，并且决定了 Piezo1 通道离子通透特性的孔道区模块与决定机械门控机制的机械传感模块是相互独立的，两个模块相互协调完成机械敏感性阳离子通道的功能（图 6-7-9）。但 Piezo2 与 Piezo1 是否具有相同或相似的结构还有待于进一步研究。

Piezo1 涉及多种类型体细胞中的机械转导功能。多种机械应力（包括拉伸、挤压力和剪应力等）均可激活 Piezo1 通道。Piezo2 作为快适应机械激活离子通道，在背根神经节（dorsal root ganglion，DRG）感觉神经元和皮肤机械感受器（Merkel 细胞-神经突复合物）中表达。在感觉神经元和 Merkel 细胞中缺乏 Piezo2 的小鼠表现出严重的触觉丧失。Piezo2 精确地定位于支配多毛和无毛皮肤中低阈值机械感受器（LTMR）的外周区域，并发现 LTMR 的机械敏感性依赖于 Piezo2。皮肤 Merkel 细胞中存在 Piezo2 机械敏感性离子通道，在 Merkel 细胞感受外界轻触觉刺激中发挥重要作用。Piezo2 机械敏感性离子通道不仅表达在 Merkel 细胞，也表达在受其支配的传入神经纤维末梢。两者在感知复杂的外界刺激中协同作用，以达到精确分辨物体的能力。

（六）其他机械敏感通道蛋白

除了上述几类机械敏感通道蛋白之外，一些电压门控或配体门控的通道蛋白也显示出一定的机械敏感性，如 Shaker-IR 钾离子通道蛋白、N 型钙离子通道蛋白、NMDA 受体通道蛋白、钙离子依赖 BK 通道蛋白（BK_{Ca}）和 G- 蛋白偶联受体（G protein-coupled receptors，GCPR）等。

机械敏感通道是生物体对机械性刺激发生响应的信号受体和能量转换器。机械敏感通道能在机械力作用下，通过自身的分子构象变化，将机械刺激转换为电化学信号，从而在机体听觉、触觉、痛觉和本体觉等感觉产生、血压稳定与平衡等过程中起机械信号受体和能量转换器的作用。

四、触-压觉信息的传递通路

皮肤触-压觉感受器的传入神经纤维在外周神经中的排列，与支配的皮肤区域有一定的定位关系。如手部相邻皮肤触-压觉感受野的传入神经纤维，在正中神经和尺神经中的排列是有规律的，即在神经干中，与中枢传导通路一样，也是有定位分

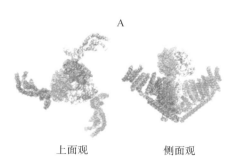

上面观　　　　侧面观

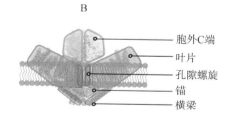

胞外C端
叶片
孔隙螺旋
锚
横梁

图 6-7-9　**Piezo 通道蛋白结构**

A. Piezo1 通道蛋白的冷冻电镜结构。（左）上面观；（右）侧面观；**B**. 可能的功能结构域［Wu J，Lewis AH，Grandl J. Touch，tension，and transduction-The function and regulation of Piezo ion channels. Trends in Biochemical Sciences. 2017，42（1）：57-71.］

布的（图 6-7-10）。

（一）背柱内侧丘系是触-压觉的主要传递途径

在背柱内侧丘系中，触-压觉的第一级神经元的中枢端轴突经背根进入脊髓后，其上行分支经脊髓背侧的薄束（fasciculus gracilis）（下肢及 T7 以下躯干）和楔束（fasciculus cuneatus）（上肢和 T₆ 以上躯干）到达延髓的背柱核，如薄束核（gracile nucleu）和楔束核（cuneate nucleus）换元。

背柱核的神经元是背柱内侧丘系的第二级神经元，从机能上看，可将它们分为三类：①与触-压觉快适应感受器机能有关，对有毛皮肤的毛囊感受器传入或无毛皮肤的触觉小体的短暂机械刺激，或对环层小体的振动刺激发生反应；②与触-压觉的慢适应感受器传入有关，即对梅克尔细胞或鲁菲尼小体的刺激发生反应；③与皮肤触-压觉无关，对肌肉的牵拉刺激发生反应。背柱核的神经元与第一级神经元不同，表现在以下三方面：①背柱核神经元的感受野较大，这是因为多个一级传入神经元的轴突末梢可汇聚在一个背柱核神经元上；②有时一个背柱核神经元可对一种以上的触-压觉感受器的刺激发生反应，这是因为不同类型的感受器传入发生会聚；③背柱核神经元除有兴奋性感受野外，常常也有抑制性感受野，这与背柱核中的抑制性中间神经元的活动有关。

背柱核神经元的轴突经内侧丘系投射到对侧丘脑，第三级神经元由腹后外侧核（ventral posterolateral nucleus of thalamus，VPL）发出，其轴突投射到大脑皮质躯体感觉区。头面部的皮肤触-压觉传递通路与背柱内侧丘系的性质一致。第一级传入的神经末梢到达三叉神经感觉主核，在这里发出第二级神经元的轴突，经三叉丘系到达对侧丘脑腹后内侧核（ventral posteromedial nucleus of thalamus，VPM）的第三级神经元，然后再传递到躯体感觉皮质。

（二）其他的脊髓触-压觉传递通路

脊颈束（spino-neck tract）　脊颈束起自脊髓背角神经元，主要接受毛囊的感觉输入，但也可被伤害性感受器的传入激活。脊颈束到达外侧颈核（在颈髓上部），再换元投射至对侧丘脑的腹后外侧核（VPL），换元后投射到躯体感觉皮质。

背柱突触后通路（postsynaptic pathway of the dorsal column）　起源于可以接受多种机械感受器（包括环层小体、皮肤慢适应触-压觉感受器和伤害性感受器）传入的脊髓背角神经元，它们的轴突从脊髓背柱到达背柱核，换元后经内侧丘系到对侧丘脑 VPL，再换元后到躯体感觉皮质。

背柱内侧丘系和通过脊髓背部的两条通路是传递触-压觉的主要通路，损伤脊髓背部将引起触觉鉴别能力、振动觉和本体感觉受损，特别是下列两种感觉受损：一是皮肤书写觉（graphesthesia），指辨认写于皮肤上的字或图画的能力。二是实体觉（stereognosis），指用手抚摸以识别物体的能力。但触刺激和颤动感觉的定位能力仍然保留，痛觉与温度觉不受影响。

五、丘脑与触-压觉

内侧丘系（包括三叉丘系）与脊髓丘脑束均与丘脑 VPL 和 VPM 构成突触联系，在 VPL 和 VPM 中的神经元，多数可对一种特殊感受器产生明显反应，虽然感受野一般比第一级神经元的大，但还是较小的，并与对侧身体的感受野间有严格的定位关系，与大脑皮质的躯体感受区的投射也有严格的定位关系。

丘脑 VPL 和 VPM 的神经元，除了有兴奋性感受野外，常常还有抑制性感受野。灵长类 VPL 和 VPM 中的抑制性中间神经元属于 GABA 能神经元。

破坏 VPL 和 VPM 后，可引起对侧躯体和头面部的感觉障碍，主要受损的是背柱内侧丘系和三叉丘系通路传递的触-压觉，痛感觉的分辨能力也丧失，但当内侧丘系完整时，痛的情感成分仍存在（可能由内侧脊髓丘脑束和脊髓网状束起作用）。在某些人，丘脑的躯体感觉区域损伤后可出现中枢痛（或称丘脑痛），这种无分辨能力的痛也可见于脑干或皮质损伤。

六、躯体感觉皮质与触-压觉

（一）躯体感觉的皮质定位分布

在哺乳动物，尤其是灵长类，SⅠ区对于躯体感觉具有重要意义，具有精细的空间鉴别能力。

由身体外周的触-压觉感受器、各级中继核及其间的传导通路至皮质，均为严格的点对点关系，而且保持着相邻部位间的互相邻近关系。

躯体感觉在皮质的定位分布图，体现了躯体感觉皮质与体表部位的对应关系，即身体对侧的下肢在最 SI 区的内侧，依次向外为躯干、上肢、面部，最外侧为牙、舌和食管。身体各部分在皮质的代表区的面积与体表面积并不一致，而是与其感觉敏感程度成比例。这是因为感觉敏感区的感受器分布密度高，单位面积中感觉单位数目多，传入纤维多，以致皮质相应的神经元数目也多，因而占据较大面积的缘故。

SI 区可分为 3a、3b、1 和 2 区共四个各自独立的体表代表区（图 6-7-10）。SI 区的 3a、3b、1 和 2 区，各有来自丘脑 VPL 和 VPM 不同部分的独自的躯体感觉输入，但互相又有联系。图 6-7-10 中表示了 3b 区和 1 区的代表部位具有平行的分布，以及所代表的区域的内外相应关系。

（二）皮质神经元的柱状结构

在躯体感觉系统的丘脑及皮质中，单个神经元只对一种性质的感觉刺激发生反应。对触压刺激发生反应的神经元的特异性明显，例如，一些神经元对触毛发生反应，而另一些对恒定的压陷皮肤发生反应。对皮肤中较浅表的感受器（触觉小体和梅克尔盘）发生反应的神经元的感受野相当小，而对皮肤深层感受器（环层小体和鲁菲尼小体）发生反应的神经元的感受野则大得多。对同一种性质的刺激发生反应的神经元是群集在一起的，并与对不同性质刺激发生反应的神经元群分开。

上述现象不是以皮质细胞构筑的 VI 层进行分界的，而是以皮质表面到白质的垂直构筑群集，是

柱状结构。这是由 Mountcastle 和 Powell 等首先证明的，他们用一个微电极从皮质表面垂直插入，穿过皮质，像图 6-7-11A 所示，当记录时，在同一条穿越线上遇到的相邻上、下神经元均有共同的感受野。图 6-7-11B 表示图 6-7-11A 微电极记录得出的手部皮肤浅触觉的感受野。而距离该穿越线 1 mm 左右的垂直柱的细胞，感受野的部位有变化，或感觉性质有变化（例如对指尖的压觉或指尖关节的位置发生变化）。再远一些的柱的感受野则可能在前臂或肘部，而且兴奋性感受野明显变大（图 6-7-11C），这里还表示了相应皮质神经元的抑制性感受野，以及刺激相应感受野皮肤时，皮质神经元的放电反应。因而在皮质柱状结构中，每一个柱内的神经元的特异性一致，表现为：①柱的感受器特异性（receptor-specificity）：应用选择性的适宜刺激兴奋三种不同的皮肤机械感受器（梅克尔盘、触觉小体和环层小体）时，在一个柱内的神经元常常只能由一种感受器引起兴奋。②柱的感受野特异性（receptive field-specificity）：一个柱内的各神经元的外周感受野常常是完全相同的或基本是重叠的。因而位于一个垂直柱内的神经元既是一种感受性质特异的机能单位，又是一个定位单位。

在 SI 区的 3a、3b、1 和 2 四个独立的区域中，每一个区域主要对一种性质的刺激发生反应。例如 Brodmann 3a 区主要接受肌肉牵张感受器输入，3b 区主要对快和慢适应皮肤机械感受器反应，2 区主要对深压觉输入发生反应，而 1 区主要对快适应皮

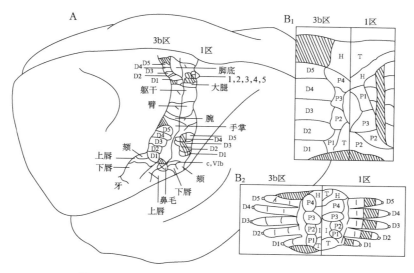

图 6-7-10　皮质 S I 区中 3b 和 1 区的体表代表区

A. 猴脑的背面观，显示 3b 和 1 区的体表定位分布，划线区为脚和手的有毛区。手和脚趾以数字表示。B₁. A 中 3b 和 1 区中无毛手掌处的放大。
B₂. 从大量猴研究中得出的 3b 和 1 区手掌定位分布的设想图。P. 手掌；T、H. 大小鱼际垫；D. 指

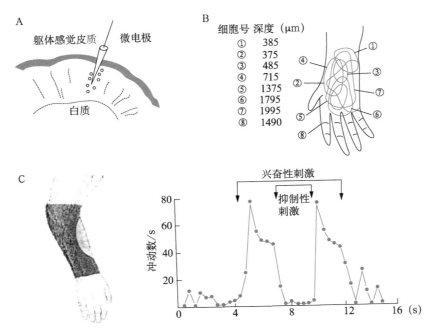

图 6-7-11 猴躯体感觉皮质中神经元的感受野

A. 电极垂直穿过皮质；**B.** 电极遇到的每一个细胞都对手的同一区域感受野的触刺激发生反应；**C.** 皮质另一个区域中的细胞感受野，前臂兴奋性感受野周围是抑制性感受野，刺激抑制性感受野时可引起兴奋性感受野的细胞放电反应抑制

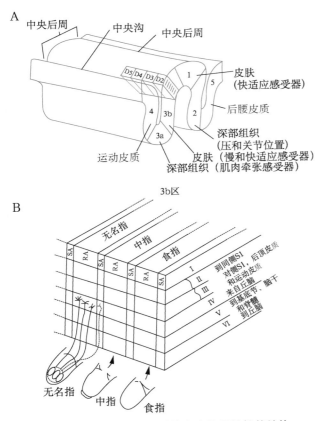

图 6-7-12 躯体感觉皮质的高度特异性柱状结构

A. 躯体感觉皮质的 Brodman 3a、3b、1 和 2 区，从皮肤的不同感受器接受投射，3b 区接受皮肤表面的慢和快适应感受器输入，1 区接受皮肤表面的快适应感受器输入，3a 区接受肌肉牵张感受器输入，2 区接受深部组织的压陷和关节位置感觉输入；**B.** 放大的 3b 区，示皮质垂直方向的柱状结构（从表面到白质）。参与形成快适应（RA）和慢适应（SA）触-压觉。水平方向的层表示从脑的某些区域接受输入和到其他区域的投射

肤机械感受器传入发生反应。因此在 3b 区中，在每一个手指的部位均分为两个柱，其中一个柱的传入来自快适应感受器，柱宽 800 μm。另一个来自慢适应感受器，柱宽 200 μm（图 6-7-12）。

（三）皮质信息处理的复杂性

Brodmann 1 区和 2 区的某些神经元反应是复杂的，例如有些神经元对感受野的点状刺激不发生反应，而对机械刺激在感受野内的运动反应活跃，有的有方向选择性。已观察到有三种不同的动态反应形式：①运动敏感神经元：对各方向的运动均反应；②方向敏感神经元：对某一方向的运动有较好的反应，而对相反方向的运动反应差（图 6-7-13）；③方位敏感神经元：对不同角度的轴的运动反应不同，但在同一轴上的两个相反方向的运动反应相同。还有些神经元对压在皮肤上的某一方向的边缘反应明显。这类细胞只存在于 1 区和 2 区，特别是在 2 区，至今未在丘脑传入的终止区 3a 和 3b 发现，提示这种复杂的特性不是来自感受器，而是进入皮质的信息经过处理后产生的，其机能尚不清楚，有人认为可能与三维空间的识别能力有关。

从 SI 区的 2 区最后投射到 Brodmann 5 和 7 区，这里的细胞具有更复杂的特性，接受多种不同性质输入的会聚，常常与运动有关。触觉、位置觉与视觉信息在这里整合，可对人的外环境进行综合判断。

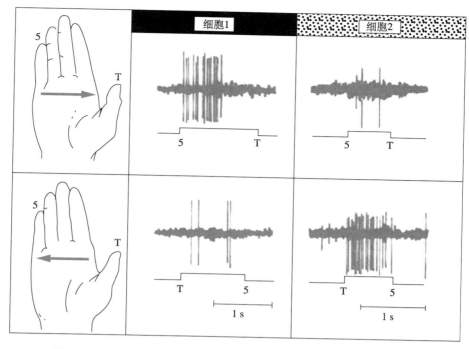

图 6-7-13　躯体感觉皮质中方向敏感性神经元对相反运动方向的反应
猴皮质手区两个感受野相同的神经元对用毛笔刷手心的放电。**A**. 毛笔从尺侧刷向桡侧时，细胞 1 放电很多，而细胞 2 放电少；**B**. 毛笔从桡侧刷向尺侧时，细胞 1 放电很少，而细胞 2 放电多

第二节　温度觉

对环境温度的感受是从皮肤温度感受器开始的。感受的刺激包括冷（cold）和热（heat），主观意识上却能分辨出冷（cold）、凉（cool）、温（warm）和热（hot）四种类型的温度感觉。这些温度感觉起源于物体表面的温度和身体接触部位的皮肤温度之间的差异。人体能感知从冷到热很宽范围的温度变化，但 43℃ 以上和 15℃ 以下的温度引起的不仅是温度觉，还有痛觉，属于伤害性温度感觉。

一、皮肤温度感受器

躯干、四肢和头面部皮肤的温度感受器是脊神经节和三叉神经节细胞外周轴突的游离神经末梢，其单根传入纤维的感受野（即该神经纤维所支配的皮肤区域）为点状或扁圆形，一般直径约 1 mm 或更小。用心理物理方法测试观察，每一个感受野（也称为冷点或热点）要么对热敏感，要么对冷敏感，但不会同时对冷和热都敏感。皮肤温度感受器的密度，以面部和耳最高，在全身的皮肤区域

中冷点均较热点多。本节不涉及身体其他部位的温度感受器，如下丘脑、脊髓和消化道等内脏温度感受器。

（一）温热感受器和冷感受器的特异性

在意识清醒人的微神经元图（microneurography）研究中证明，对皮肤温度敏感的神经元有特异性。将微电极插入桡神经中，记录到感受温度刺激的单纤维在正常温度（32℃）时有自发放电（与触－压觉纤维不同，它们在没有受到刺激时是没有放电的），当其感受野温度迅速升高时放电频率出现短瞬间（时相性）明显升高并达到峰值（升高的幅度依赖于温度对时间的变化率 dT/dt 等），然后下降，表现出适应现象；当感受野的温度迅速下降时，则自发放电频率短暂抑制。对作用于该感受野的触、牵拉、振动或针刺刺激，感受纤维均不出现放电反应。

许多研究者在猫、猴等多种动物中记录过温度敏感神经纤维有类似的电活动。图 6-7-14 中显示的是 Hensel 等在猫的实验中得出的结果：皮肤的温度

感受器有两种：温热感受器和冷感受器，它们敏感的温度范围很宽。在中等温度时（如35℃），二者均处在较低的活动水平，表现为在其传入纤维上只有较低频率的放电。当皮肤温度变暖时，冷感受器活动减弱甚至不活动，温热感受器活动增高；而皮肤温度变凉时，温热感受器不活动，冷感受器活动增加。当皮肤温度达到45℃时温热感受器活动水平达高峰，高于45℃（伤害性范围）后，温热感受器活动急剧下降并停止，说明温热感受器不是热痛的感受器。从图6-7-14冷感受器的温度-反应曲线看，皮质中枢若单以冷传入纤维的平均放电频率来感受凉的程度是很困难的，因为不是越凉放电越快。皮质中枢怎样从外周的感受器得到准确的信息，尚没有圆满的解释。温度进一步降至伤害性冷的温度时，还有另外的伤害性冷感受器发挥作用。

温度感受器的传入纤维为有髓细纤维和无髓纤维。大多数冷感受器的传入纤维为Aδ纤维，而大多数温感受器的传入纤维为C纤维，这些传入纤维即它们的第一级感觉神经元的外周突起。感觉神经元的胞体位于脊髓背根神经节（来自躯体和四肢皮肤的）和三叉神经节（来自头面部皮肤的），与触-压觉的感觉细胞比较，体积比较小，感觉神经元的中枢突起进入脊髓和脑干。

（二）温度敏感 TRP 离子通道

瞬时受体电位（transient receptor potential，TRP）离子通道能够被特定的温度变化激活，行使分子温度探测器的功能。迄今为止，已经在哺乳动物鉴定有11种温度敏感的TRP通道（thermosensitive TRP channels，thermo-TRPs）（表6-7-1），这些通道分别属于TRPV、TRPM、TRPA和TRPC亚家族，它们激活的温度阈值在我们可以辨别的生理温度范围内。研究报道，有7种TRP通道（TRPV1-4、TRPM2、TRPM4和TRPM5）可以被不同的热温度（heat）激活，其中2种TRP通道（TRPV1和TRPV2）被高温（hot，分别是≥42℃和≥52℃）激活；5种TRP通道（TRPV3、TRPV4、TRPM2、TRPM4和TRPM5）被温热（warm）的温度激活。另外有2种TRP通道（TRPA1和TRPM8）分别被冷温度（cold）（≤17℃）和凉温度（cool）（≤27℃）温度激活，其余2种TRP通道（TRPM3和TRPC5）则分别是伤害性热和伤害性冷感受器（图6-7-15）。

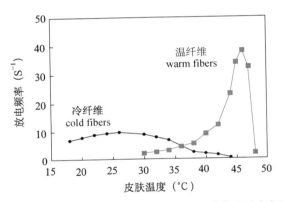

图 6-7-14　冷感受器群和温热感受器群的平均静态放电频率

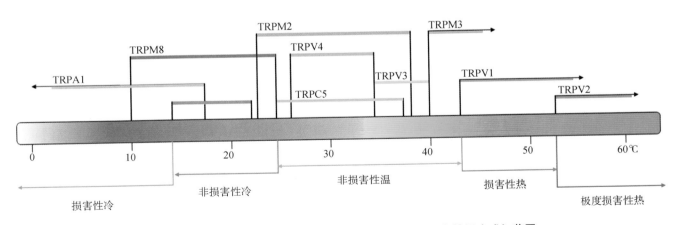

图 6-7-15　哺乳动物温度敏感 TRP 通道（thermo-TRPs）的温度感知范围

TRPA1（＜17℃），TRPM8（10～26℃），TRPM2（23～38℃），TRPC5（15～25℃），TRPV4（27～34℃），TRPV3（33～40℃），TRPM3（＞40℃），TRPV1（＞42℃），TRPV2（＞52℃）。这些与心理物理温度范围重叠，包括伤害性冷（＜15℃）、非伤害性冷（10～25℃）、非伤害性温热（25～42℃）、伤害性高温（42～52℃）和极端伤害性高温（＞52℃）[Hoffstaetter LJ, Bagriantsev SN, Gracheva EO. TRPs et al. a molecular toolkit for thermosensory adaptations. *Pflugers Arch*. 2018，470（5）：745-759]

表 6-7-1 与温度换能有关的 TRP 通道的特性

通道	温度敏感性	非温度激动剂	阻断剂	组织分布
TRPV1	≥ 42℃	辣椒素，脂加氧酶	钌红	感觉神经元，脑，脊髓，皮肤
		酸性 pH 等	辣椒平	舌，膀胱
TRPV2	≥ 52℃	生长因子（小鼠）	钌红	感觉神经元，脑，脊髓，肺，肝，脾，心，结肠，免疫细胞
TRPV3	≥ 33℃（33 ～ 40℃）	樟脑，2-APB	钌红	感觉神经元，皮肤，脑，脊髓，胃，结肠
TRPV4	≥ 27 ～ 34℃	低渗的，佛波醇硅酯	钌红	感觉神经元，皮肤，脑，肾，内耳，膀胱，脂肪，等
TRPM2	≥ 23 ～ 38℃	环腺苷二磷酸核糖，β- 烟酰胺腺嘌呤二核苷酸（β-NAD），H_2O_2，胞内 Ca^{2+}	马来酸罗格列酮	脑，免疫细胞、胰腺，等
TRPM3	温热 - 热（＞ 40℃）	孕烯醇酮硫酸酯，硝苯吡啶三苯甲咪唑	罗格列酮	脑，感觉神经元，胰腺，眼
TRPM4	温热（＞ 15℃）	胞内 Ca^{2+}		心，肝，免疫细胞、胰腺，等
TRPM5	温热（＞ 15℃）	薄荷，icilin，桉油精	辣椒平	味觉细胞、胰腺
TRPM8	＜ 27℃（10 ～ 26℃）	薄荷，icilin，桉油精	辣椒平	感觉神经元，前列腺（人）
TRPC5	凉（15 ～ 25℃）	Gq/11- 蛋白偶联受体，甘油二酯，Gd^{3+}	AM12，AC1903，Pico145（HC-608）GFB-8438	脑，感觉神经元，肝，心，肾
TRPA1	冷（≤ 17℃）	肉桂酰胺，芥末油蒜素，icilin 等	钌红	感觉神经元，毛细胞

Uchida K，Sun W，Yamazaki J，Tominaga M. Role of thermo-sensitive transient receptor potential channels in brown adipose tissue. *Biol Pharm Bull.* 2018，41（8）：1135-1144. Dhaka A，Viswanath V，Patapoutian A. *Annu Rev Neurosci.* 2006，29：135-161. Uchida K，Tominaga M. The role of thermosensitive TRP（transient receptor potential）channels in insulin secretion. Endocrine Journal 2011，58（12），1021-1028

另外，还有一些多觉神经元（polymodal nociceptor），它们能够感知伤害性温度（冷与热）和机械刺激。研究证实，某些神经元只表达 TRPV1，或只表达 TRPM8，或同时表达 TRPV1 和 TRPA1。辛辣化合物肉桂醛（cinnamaldehyde）和芥末油（mustard oil）可以激活 TRPA1，说明表达 TRPA1 的神经元是伤害性刺激（包括伤害性冷）的多觉感受器。然而，温感受器 TRPV3 的表达模式不同，它只表达在小鼠皮肤的表皮细胞，皮肤细胞似乎能够"感受"温度，继而将温度信息与 DRG 神经元交流。

1. 热敏感性 TRP 通道 温度升高可激活四种 TRP 亚型。其中 2 种对温热刺激有反应（TRPV4 Warm ＞ 27℃和 TRPV3 Warm ＞ 33℃），另外 2 种对热痛刺激有反应（TRPV1 Hot ＞ 42℃和 TRPV2 Hot ＞ 52℃）。

TRPV1 是依赖于电压和温度的通道，在人胚胎肾（HEK）细胞中表达时显示外向整流特性，并且在加热至 48℃或在辣椒素作用时显著增强。在室温下，通过这些通道的电流在 0 mV 以下可以忽略，但在 42℃时，通道的激活频率在 - 100 ～ + 50 mV 之间。这些阳离子通道对 Ca^{2+} 的渗透性是 Na^+ 的 10 倍（P_{Ca}/P_{Na} ～ 10），被认为是伤害性热的感受器，但不会被非伤害性热激活。事实上，在缺乏 TRPV1（KO）的小鼠中，对伤害性热的反应明显较弱，尽管其他通道可能也参与了对伤害性热刺激的感知，因为在一些实验中，热刺激仍然会激活受体。TRPV1 在背根神经节（DRG）、三叉神经节（TG）和节状神经节（NG）的小直径感觉神经元中强烈表达，也在下丘脑中表达，这些部位可能在热感受中发挥重要作用。

TRPV2 在极高温（52℃）下被激活，但不受辣椒素的影响，表现出向外整流的 I～V 曲线和 P_{Ca}/P_{Na}～3。该通道的 Q10 在 100 左右，通常认为激活 TRPV2 的温度比激活 TRPV1 的温度更有害。这些通道在有髓的中-大直径 DRG 神经元（Aδ 和 Aβ）以及下丘脑和 NG 中强烈表达。

TRPV3 通道在温热、接近高温的温度（33～40℃，Q10 约为 6）下激活，产生具有明显向外整流和 P_{Ca}/P_{Na}～12 的电流。它们是辣椒素不敏感的通道，但可以被樟脑（camphor）激活，它们被认为与热感觉和热痛觉有关。事实上，有人认为，TRPV3 通道对小鼠选择更舒适温度的速度起着更大的作用，而不是对温度本身的选择。相比之下，TRPV4 通道更有可能参与在非疼痛范围内选择偏爱温度。有趣的是，有人提出 TRPV3 通道通过皮肤角质传递热刺激，而角质细胞又将该信息传递到感觉末梢。TRPV3 通道不仅在 DRG 和 NG 神经元中表达，在下丘脑神经元中也有表达，而且在 DRG 神经元中它们与 TRPV1 存在共定位。研究表明，TRPV3 能够作为温感受的换能器。例如，有 TRPV3 表达的感觉神经元能被 33℃ 以上的热（heat）激活；TRPV3 基因敲除的小鼠对非伤害性和伤害性热（heat）刺激的反应明显减弱，而对非温度的其他刺激的反应没有影响，表明 TRPV3 在温度感觉中有特殊的作用。已有实验表明，一种可以引起人感到温暖的天然化合物樟脑（camphor）可能是其特异性激动剂。

TRPV4 是阳离子（P_{Ca}/P_{Na}～6）通道，在更低的温热温度（27～34℃，Q10 约为 10）下激活，产生向外整流电流，在生理范围内对温度变化做出动态响应。这些通道被认为在热感受和温度调节中发挥作用，尽管一些研究者无法通过升高温度来激活这些通道。同样，TRPV4 基因敲除小鼠对温度变化的反应减弱。与 TRPV3 相似的是，表达在角质细胞中的这些通道被认为在热信息的传递中发挥重要作用。该通道对温度的敏感性在离体的膜片中丧失了，这表明它需要一个可溶的细胞内因子。TRPV4 通道在 DRG、TG、NG 和下丘脑视前区/下丘脑前部神经元中均有表达，尽管它们在下丘脑中似乎表达在轴突末梢终末而不是在神经元胞体中，但是它们在体温调节中的作用尚不清楚。

TRPM2（23～38 ℃）、TRPM3（＞40 ℃）、TRPM4（＞15 ℃）和 TRPM5（＞15 ℃）也是可被升温激活的通道。TRPM2 对电压不敏感，表现为 P_{Ca}/P_{Na}～1，在 23～38℃ 激活，Q10 约为 15。

TRPM3 广泛表达，产生向外整流电流，具有 0.1 和 10 之间的 PCa/PNa，并在 ＞40℃ 激活，Q10 约为 7。值得一提的是，TRPM3 与 TRPV1 和 TRPA1 一起被描述为 TRPs 三联体的一部分，参与了小鼠急性伤害性热的转导。这三种通道的联合敲除（triple KO）对于完全减少急性伤害性热感觉是必要的，单敲或双敲组合会导致热反应缺陷，但小鼠对伤害性热刺激仍保持强烈的躲避反应。TRPM2 和 TRPM5 在由内向外（inside-out）的膜片钳记录中被热激活，提示有膜界机制。有趣的是，TRPM2 的激活似乎是由于 I～V 斜率的增加，而 TRPM4 和 TRPM5 的激活则是由于激活曲线向负电位偏移。这最后两个通道基本上是钙非通透的。

2. 冷敏感性 TRP 通道　目前发现至少有两种 TRP 通道被温度下降激活：TRPM8（＜27℃）在低温范围激活，而 TRPA1（＜17℃）感知冷痛温度。同样，凉温纤维（Aδ 和 C 纤维）的激活阈值在 30℃ 左右，冷温 C 纤维的激活阈值＜20℃。因此，按温度下降时的激活阈值来描述两种 TG 神经元群体可区分为 30℃ 和 20℃，分别为低阈值和高阈值神经元群。一般来说，冷温纤维在正常皮肤温度的情况下会持续放电，当皮肤温度降低时，它们放电的频率会增加；当皮肤温度升高时，它们就会停止放电。此外，冷温纤维能适应温度的小幅下降。

TRPM8 通道是电压依赖性的阳离子通道，Na^+、K^+、Cs^- 和 Ca^{2+}（P_{Ca}/P_{Na}～3）均可通过。当在 HEK 细胞中表达并以全细胞膜片钳记录时，它们显示出一种依赖于电压的外向整流电流，当冷却从 30℃ 到 15℃ 或使用薄荷醇时，这种电流强烈增加。在基础状态和冷刺激下，其诱发电流的反转电位都在 0 mV 左右，在这个电位之下的电流几乎可以忽略不计。表达 TRPM8 的 CHO 细胞（在 25～15℃ 范围内）在冷刺激下也会导致细胞内钙离子的增加，其 Q10 在 25～18℃ 范围内为 24 左右。温度的影响是由于开放概率的增加和沿电压轴的电导-电压关系的改变。虽然刺激发生在较低的温度下，但在由内向外（inside-out）的膜片钳记录中也得到了类似的结果，这表明细胞的完整性是重要的，但不是必不可少的。TRPM8 在迷走神经、TG，特别是 DRG 传入神经中是一个重要的冷感受器。冷刺激信号转导可能需要激活和抑制几个不同的离子通道，如 TRP、TREK 和 ENaC 通道等。在这种情况下，TRP 通道可能在非伤害性冷刺激范围内更重要，而 TREK 通道可能更多地参与到凉爽（cool）温度范围的感受中。有证据表明，TRPM8 能够作为冷感受器换能。TRPM8 选择性地表达在小直径的初级感觉神经元群上，可被凉和薄荷兴奋。大多数冷敏感神经元也可被特异性配基薄荷所兴奋，许多冷敏感神经元表现出与转染 TRPM8 的细胞一致的非选择性阳离子电流特性。

TRPA1 在低于 TRPM8（< 17℃）的温度下被激活，产生向外整流的阳离子电流，在对照条件和冷刺激（约 10℃）时具有相似的 Ca^{2+} 和 Na^+ 通透率（$P_{Ca}/P_{Na} \sim 1$）。肉桂醛可以选择性地激活 DRG 神经元中的 TRPA1 通道，就像缓激肽（与 BK 受体共同表达）一样，这提示它在感知伤害性刺激方面的作用。然而，TRPA1 敲除小鼠似乎在通过皮肤感知冷刺激方面没有困难，而 TRPM 敲除小鼠对冷刺激的反应明显减弱。相比之下，大约 50% 培养的 NG 神经元在凉爽温度（< 24℃）刺激时激活 TRPA1 通道；大约 10% 的 NG 神经元通过不依赖 TRPA1 和 Ca^{2+} 的途径对冷刺激做出反应。TRPA1 通常与 TRPV1 共定位，这可以解释为什么在极冷的刺激下反而有热感觉的矛盾现象。TRPA1 在 DRG 和 TGs 中表达，而 TRPA1 和 TRPM8 在 DRG 神经元中不存在共表达，但在 TG 神经元中存在。总之，TRPA1 是内脏（NG）神经元中参与冷感觉的主要离子通道，而 TRPM8 在体细胞神经元中发挥同样的作用。

3. 温度激活 TRPs 的分子机制　温度怎样激活 TRPs？这是一个基本的科学问题，但目前尚不能完全回答。温度对通道的激活很可能是间接的，有多种可能性：如① 需要细胞内的可溶性因子。在全细胞记录模式下，热刺激可以激活 TRPV4，但在分离膜片上则不可以，提示可溶性细胞内因子对于热激活 TRPV4 是需要的；② TRPM8（冷）和 TRPV1（热）的激活与膜电压有密切关系，均可被去极化激活，温度能使电压依赖的激活曲线右移，以致温度敏感的生理范围变大，然而通道的什么结构在起作用尚不清楚；③ 有工作表明，TRP 通道受 PIP2 调制，如冷或薄荷醇激活 TRPM8 需要 PIP2 存在，而且重复温度刺激引起的 TRPM8 失敏机制中也有 PIP2 参与。总之，温度激活 TRPs 的机制是复杂的，可能有多种因素的参与。

（三）角质细胞的温度换能通道

皮肤上皮细胞也可能是温度感受细胞，这些细胞可以直接感受温度，然后再将温度信息传递给温度感觉传入纤维。角质细胞有 TRPV3 和 TRPV4 表达，TRPV3 和 TRPV4 敲除的小鼠有异常的温度行为。Denda 等报道在人的皮肤和角质细胞可有 TRPV1 的免疫反应活性。用辣椒素激活上皮细胞的 TRPV1，可引起细胞内钙水平升高；这一作用可被 TRPV1 的竞争性拮抗剂辣椒平（capsazepine）所阻断。这些发现提示哺乳动物角质细胞可能参与温度感觉。

（四）非 TRP 蛋白质温度换能离子通道

除上述的 TRPs 通道外，还有一些其他的通道蛋白参与皮肤温度换能。

① 双孔（K2P）钾离子通道。目前已知的热敏 K2P 通道主要有 TREK-1、TREK-2 和 TRAAK（图 6-7-16），这些通道在 14℃ 时是静默的，在 > 40℃ 时它们的活动急剧增加到最大值。TREK-1 是一种由冷刺激强烈抑制的 K2P 通道，高水平表达在 DRG 神经元和下丘脑。其活动水平随温度变化而变化。在生理温度时，通道是开放的，神经元膜接近静息电位；在较低的温度时，通道关闭，神经元去极化。TREK-1 和 TRAAK 常在 TRPV1 阳性神经元中表达，并通过升高钾离子漏电流（potassium leak）作用于热激活的 TRP 通道。相反，钾离子漏电流的减少会导致神经元去极化，并增加兴奋性。与之一致的是，TREK-1 $^{-/-}$、TRAAK $^{-/-}$ 或双敲除小鼠显示伤害性感受纤维的放电增加，并对伤害性热敏感性增加。有趣的是，单独敲除 TRAAK 并不能改变冷敏感性，但 TREK-1 $^{-/-}$ 或 TREK-1/TRAAK 双敲除小鼠也出现对冷刺激的敏感性增加。这与观察到的 TREK-1、TREK-2、TRAAK 与 TRPM8 共表达一致。然而，另一种 K2P 通道即 TASK-3，在 TRPM8 阳性神经元群中特别富集。TASK-3 的缺失导致小鼠对冷刺激敏感。虽然 TASK-3 被证明只有弱的温度敏感性，但它对冷敏感神经元的兴奋性起到了阻断作用。

② Na/K ATPase 抑制的钾离子通道，在冷换能中有作用，低温可加强其活动。

③ ENaC（上皮钠通道）是冷温度兴奋作用的分子候选者。低温可以激活上皮钠通道并增强 DEG/ENaC 家族其他成员的活性。

④ P2X$_3$ 受体在一组感觉神经元上有表达，可感受非伤害性温度（15 ~ 42℃）刺激。与野生型小鼠相比，P2X$_3$ 基因敲除小鼠对温热和寒冷温度的

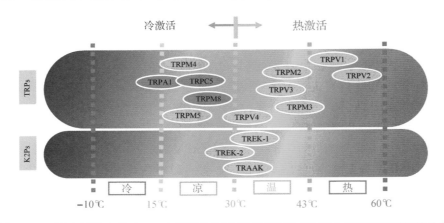

图 6-7-16　瞬态受体电位（TRP）通道和双孔钾离子通道（K2P）的温度感受阈值分布

虽然 K2P 通道是通过升高温度（橙色）激活的，但 TRP 通道也可以通过降低温度（蓝色）激活［Lamas JA，Rueda-Ruzafa L，Herrera-Pérez S. Ion channels and thermosensitivity：TRP，TREK，or both? *Int J Mol Sci*. 2019，20（10）：2371.］

躲避增强，导致偏好温度范围更窄。在甩尾实验中也观察到小鼠对冷、热温度的躲避增强。在体脊髓记录发现，P2X$_3$ 基因敲除的小鼠，脊髓后角神经元对温热刺激的反应降低，在 34℃ 和 38℃ 的温度下这种缺失是显著的，并且伴随着对脊髓神经元的机械诱发信号的减少。

二、皮肤温度感觉的传导通路和感觉中枢

（一）皮肤温度觉的传导通路（脊髓和脑干）

皮肤温度觉的传导与痛觉的传导是同行的，它们的传导通路合称为浅感觉传导通路。

1. 躯体和四肢的皮肤温度觉传导通路　皮肤温度感觉的第一级神经元是背根神经节（DRG）中的小直径神经元，它们的中枢突起从背根进入脊髓。这些神经元所在的背根神经节及进入脊髓的节段取决于外周突起神经支配的区域，与其他躯体感觉一样是按皮节分布的。中枢突起的纤维也比较细，在白质中广泛分支，形成 Lissauer 氏束终止在背角的最表层，并在这里更换神经元。第二级神经元（背角边缘区和胶状质Ⅰ、Ⅱ层）的轴突交叉到对侧脊髓前外侧后上行，参与脊髓丘脑束，直接或间接到

达丘脑。在脊髓丘脑束中的排列与在背柱中触－压觉一样，也是有定位分布的：由骶髓上行的在最外侧，腰部的在中间，颈部的在最外侧。外科手术前外侧脊髓切断术，是以前临床上用于治疗顽固性躯体疼痛的手术，除引起痛觉丧失外，对侧身体皮肤的冷和温热觉也丧失，就是因为温度觉与痛觉有共同的传导通路所致。

2. 头面部皮肤温度觉的传道通路　第一级感觉神经元的胞体在三叉神经节，中枢突起进入脑桥后下行组成三叉神经脊髓束，终止于三叉神经脊束核（也称为延髓的"背角"）。三叉神经脊束核的神经元（第二级神经元）发出的轴突交叉到对侧上行，成为三叉丘系的组成部分，到达丘脑。

（二）丘脑、大脑皮质与皮肤温度感觉

全身皮肤温度觉的传导通路经脊髓丘脑束和三叉丘系均到达丘脑。脊髓丘脑束到达腹后外侧核（VPL）、三叉丘系到达腹后内侧核（VPM）更换神经元，再投射到大脑皮质。

临床上躯体感觉皮质 SⅠ区损伤的患者，受影响的感觉是精细的触觉和位置觉，特别是绘画和实体辨别觉的紊乱，疼痛和温度感觉相对不受影响。故大脑皮质在温度觉中的意义尚不十分清楚。

第三节　痒觉的外周与中枢机制

痒觉是一种引起搔抓欲望的不愉快感受，包含感觉、情绪和动机等多种成分。痒觉作为重要的机体自我保护机制，通过引起搔抓去除体表的有害

物，具有重要的生理意义。根据刺激源的不同，痒觉被分为机械性痒与化学性痒。机械性痒主要由作用于体表的机械刺激诱发（如蚊虫接触等），化学

性痒为致痒物质（如组胺等）作用在分布于皮肤中的神经末梢所引起。化学性痒可根据其是否对抗组胺类药物敏感，进一步分为组胺依赖型痒和非组胺依赖型痒。近年来，关于痒觉的分子、细胞及神经环路机制的研究取得了一系列突破性进展，证实了痒觉区别于痛觉和触觉等，是一种独特的躯体感受。

一、痒觉的信号转导机制

痒觉起始于初级感觉神经元（背根神经节和三叉神经节）支配皮肤的神经纤维末梢，神经纤维中的受体或皮肤中的感受器将致痒刺激转换为电信号。神经纤维末梢表达多种痒觉信号转导受体，包括 G 蛋白偶联受体（GPCRs）、Toll 样受体及细胞因子受体等。

（一）痒觉信号物质及受体

1. 组胺（histamine）及其受体　组胺是最为人熟知的致痒物质，其相关痒觉信号通路的研究也最为透彻。组胺主要由皮肤中的肥大细胞释放，通过作用于组胺受体诱发痒觉，其中表达在初级感觉神经纤维上的 H1R 和 H4R 被认为是介导痒觉的主要受体。H1R 激活后，通过磷脂酶 Cβ（PLCβ）、磷脂酶 A2（PLA2）及蛋白激酶 C（PKC）等信号通路激活辣椒素受体（TRPV1），完成痒觉信号的转导。

2. Mas 相关 G 蛋白偶联受体（Mas-related G-protein-coupled receptors，Mrgpr 受体）　Mrgpr 家族是参与非组胺依赖型痒的重要受体。Mrgpr 受体家族包含众多成员，并广泛表达在背根神经节和三叉神经节中。MrgprC11 可以被人工合成肽段 SLIGRL、脑啡肽原水解物 BAM 8-22 等激活，并通过 PLCβ 通路作用于 TRPA1，从而介导蛋白酶相关的痒觉信号转导。MrgprD 与 MrgprX4 分别参与 β-丙氨酸和胆汁阻塞引起的痒觉。氯喹（chloroquine）是治疗疟疾的常用药物，其副作用之一就是引起瘙痒，且对于组胺拮抗药物不敏感。研究表明氯喹可激活 MrgprA3 受体，并且经由 Gβγ 通路激活瞬时受体电位通道 TRPA1，实现痒觉信号转导。

3. 蛋白酶活化受体 2（protease activated receptor 2，PAR2）　PAR2 是参与非组胺依赖型痒的重要受体。PAR2 表达在感觉神经纤维及角质细胞上，可以被肥大细胞释放的胰蛋白酶、组织蛋白酶等激活，引起神经性炎症和瘙痒。刺毛黧豆（cowhage）是另一种经典的非组胺类致痒剂，其有效成分半胱氨酸蛋白酶作用于 PAR2 引起痒觉。PAR2 也被认为参与特应性皮炎所引起的瘙痒。

4. Toll 样受体（toll-like receptors，TLR）　TLR 是先天性免疫受体，可以识别入侵的病原体与内源性分子，引起免疫反应。TLR 可识别包括咪喹莫特（imiquimod）、瑞喹莫特（resiquimod）等咪唑喹啉衍生物，从而引起瘙痒。表达在初级感觉神经元中的 TLR3 和 TLR7 在痒觉中发挥重要作用，TLR3 同时参与组胺及非组胺依赖型痒，而 TLR7 仅参与非组胺依赖型痒觉转导。

5. 细胞因子及细胞因子受体（cytokines and cytokine receptors）　细胞因子及其受体除了在炎症和免疫反应中扮演重要角色，也诱导痒觉产生。由 Th2 淋巴细胞释放的白介素 31（IL-31）是目前在痒觉中研究最透彻的细胞因子。IL-31 参与特应性皮炎相关的痒觉，其受体 IL-31RA 和 OSMR 在痒觉相关感觉神经元中都有表达。胸腺基质淋巴细胞生成素（TSLP）、IL-33 等细胞因子也参与介导特应性皮炎中的痒觉。

（二）痒觉的外周神经机制

背根神经节是躯体感觉传入的重要节点，在体电生理记录实验表明痒觉由无髓鞘的 C 纤维和有髓鞘的 Aδ 纤维传导。C 纤维广泛参与触觉、温度觉与痒觉信息传递，根据是否对机械力敏感可分为机械不敏感 C 纤维和机械/热敏感 C 纤维。其中机械不敏感 C 纤维可以被组胺激活，机械/热敏感 C 纤维对组胺不敏感，但可以被非组胺类致痒剂（如刺毛黧豆提取物）激活。

痒觉相关初级感觉神经元表达 TRPV1。现在普遍认为 TRPV1 参与组胺依赖型痒，TRPA1 参与非组胺依赖型痒。TRPV1 阳性神经元并非特异介导痒觉，它同时也参与痛觉与温度觉。研究表明，表达 MrgprA3 的 DRG 神经元是痒觉特异的，激活 MrgprA3 神经元特异引起痒觉而不引起疼痛，且杀死 MrgprA3 神经元阻断痒觉刺激诱发的搔抓行为，而不影响辣椒素引起的疼痛行为。

二、脊髓中痒觉信息的处理机制

（一）化学痒的传输通路

脊髓中不同类型的神经元参与化学痒觉信息的传递和处理。近来的研究发现参与化学痒处理的兴奋性神经元表达特定分子标记物。脊髓中表达胃泌素释放肽受体（gastrin releasing peptide receptor，

GRPR）的神经元是一类兴奋性中间神经元，这些神经元选择性参与痒觉而非痛觉信号的传递。它们与脊髓投射神经元形成突触连接，将脊髓的痒觉信号传递到大脑。电生理和光遗传学研究表明，GRPR 阳性神经元与突触前胃泌素释放肽（gastrin releasing peptide，GRP）阳性神经元间谷氨酸能的连接率很高，但是 GRPR 阳性神经元的逐步去极化依赖于 GRPR 受体而非谷氨酸受体的活性。脊髓化学性痒通路中的另一个重要成分是表达神经肽钠尿多肽 b 的 A 型受体（natriuretic polypeptide receptor subtype A，Npra）的神经元。Npra 在一部分脊髓中间神经元中与 GRP 共表达，即 Npra 阳性神经元处于脊髓痒觉通路中 GRPR 神经元的上游。

脊髓抑制性中间神经元在调控痒觉环路方面发挥重要作用，这些神经元的活性缺失或异常会导致痒觉环路的过度兴奋。脊髓抑制性神经元通过释放 γ-氨基丁酸（GABA）或甘氨酸（glycine，Gly）等神经递质来调节突触后神经元的活性，进而对脊髓痒觉信号的传导起到重要的抑制性调控作用。脊髓甘丙肽阳性神经元与 GRPR 阳性神经元形成抑制性突触连接，门控化学性痒觉信息的传递。

（二）机械痒的传输通路

除致痒剂引起的化学痒外，轻微触觉刺激也可以引起痒觉，这种类型的痒称为机械痒。机械痒不依赖于脊髓 GRPR 阳性神经元，表明脊髓中存在独立的神经环路选择性介导机械痒的传输。近期研究发现了一系列机械痒通路中的关键成分，比如脊髓中表达尿皮质激素 3（urocortin 3，Ucn3）或神经肽 Y1 型受体（NPY1R）的兴奋性中间神经元。这两类神经元均接受皮肤低阈值机械感受器的输入，并且在背侧脊髓有一定程度的重叠。脊髓中表达神经肽 Y（neuropeptide Y，NPY）的抑制性中间神经元可以门控机械痒的传输。

（三）脊髓投射神经元

脊髓投射神经元将各种躯体感觉信息进一步传递到大脑，脊髓丘脑通路和脊髓臂旁核通路均参与痒觉信息的传输。位于脊髓背角浅层的投射神经元大多表达 NK1R，即 P 物质（substance P，SP）的受体，这群神经元同时介导痒觉和痛觉信息的传递。电生理研究发现灵长类脊髓投射神经元具有多模态的反应特性，可以同时响应痒觉、痛觉、温度觉等不同躯体感觉刺激。投射到臂旁核（parabrachial nucleus，PBN）的脊髓投射神经元接受脊髓 GRPR 阳性神经元的直接输入，因此 GRPR 阳性神经元通过一个两级突触环路将痒觉信息传递到臂旁核。

不同躯体感觉模态，如痛觉和痒觉等的上行传输都依赖脊髓投射神经元。痛觉和痒觉之间的相互作用在感觉传输通路中广泛存在，但是目前还少有直接检测脊髓到大脑的通路在痛觉和痒觉中作用的功能研究。

三、大脑中痒觉信息的处理机制

（一）痒觉激活的脑区

痒觉信息在大脑中的研究大多为在人类中进行的宏观尺度脑成像，包括正电子发射断层扫描（PET）和功能性核磁共振（fMRI），这些研究发现许多脑区被痒觉刺激，或者痒觉引起的搔抓行为及情绪反应激活。其中包括丘脑、初级和次级躯体感觉皮质、前额叶皮质（PFC）、前扣带回（ACC）、岛叶皮质、运动和前运动皮质，及顶叶皮质等脑区，这些不同脑区被认为参与痒觉信息处理的不同方面。一般认为丘脑是将痒觉从脊髓传递到初级感觉皮质的中继站，而躯体感觉皮质编码痒觉的时空特性和强度信息，运动皮质被认为参与痒觉引起的搔抓行为的计划和执行，高级皮质如 PFC 和 ACC 等则可能参与处理痒觉的情绪和动机等成分。

尽管一些脑区同时被组胺依赖型和非组胺依赖型的痒觉刺激激活，但是这两种痒激活的脑区存在一定差异。另一方面，对痒和痛有响应的脑区十分类似，大多数研究均没有发现痒觉特异的脑区，提示痒觉和痛觉在脑中信息处理的差异很可能体现在细胞水平。

得益于光遗传学、电生理、在体成像等技术的快速发展，近来越来越多的研究从功能上解析不同脑区在痒觉信息处理中的作用。小鼠研究发现，臂旁核中谷氨酸能神经元在痒觉信息处理中具有重要的作用，而臂旁核的下游脑区中央杏仁核也参与痒觉信息的处理。另一方面，腹侧被盖区多巴胺能神经元的活性在痒觉引起的搔抓行为开始后立刻上升，而抑制腹侧被盖区多巴胺能神经元可以降低痒觉引起的搔抓行为，提示腹侧被盖区多巴胺能神经元可能编码搔抓行为的驱动力。

（二）痒觉的情绪成分

痒觉是一种包含感觉、情绪和动机等成分的复杂感受。研究发现急性痒觉刺激可以引起动物的条件性位置厌恶及焦虑样行为，提示痒觉包含负面的情绪成分。研究发现中央杏仁核的部分神经元可以被不同种类的致痒剂激活，刺激这群对痒觉有反应的神经元可以减少动物焦虑样行为，提示杏仁核在编码痒觉的负面情绪方面发挥一定的作用。腹侧被盖区的 GABA 能神经元在痒觉引起的搔抓行为起始后活性上升，抑制这群神经元会削弱痒觉引起的条件性位置厌恶，提示腹侧被盖区 GABA 能神经元可以调控痒觉的负面情绪。另外，激活中脑导水管周围灰质的 GABA 能神经元也可以降低痒觉引起的条件性位置厌恶，表明这群神经元在调控痒觉的情绪方面也具有一定的贡献。

虽然痒觉是一种不愉快的感觉，但是抓痒有时会产生一种愉悦的感受，这种愉悦感可以进一步促进搔抓行为的延续。核磁共振研究表明腹侧被盖区可能与抓痒产生的愉悦感有关，最近的研究也发现小鼠腹侧被盖区多巴胺能神经元可以被急性痒觉刺激引起的搔抓行为激活。多巴胺能神经元的激活在小鼠的搔抓行为被阻止后消失，提示腹侧被盖区多巴胺能神经元的兴奋与搔抓引起的愉悦感有关。同时，抑制腹侧被盖区多巴胺能神经元可以降低搔抓行为依赖的条件性位置偏好，进一步支持腹侧被盖区在调控痒-搔抓循环中情绪成分方面具有重要作用。

（三）痒觉的下行调控

痒觉信息处理受到大脑的下行调控，许多脑区参与这一过程。人的功能成像和小鼠光纤记录研究都发现中脑导水管周围灰质在痒觉信息处理过程中被激活，电刺激中脑导水管周围灰质可以抑制动物中组胺引起的脊髓神经元反应，提示中脑导水管周围灰质可以调控痒。近期研究发现中脑导水管周围灰质谷氨酸能神经元中一类表达速激肽 I（Tac1）的神经元亚群可以易化痒-搔抓循环，这群神经元与投射到脊髓的延髓头端腹内侧核（rostral ventromedial medulla，RVM）神经元形成谷氨酸能突触连接，提示中脑导水管周围灰质 Tac1 阳性神经元到 RVM 的环路介导痒觉的下行调控。

神经调质系统在脊髓痒觉信号处理中也有重要的作用，其中 5-羟色胺（5-HT）被广泛认为参与痒觉的下行调控。RVM 中 5-羟色胺能神经元可以直接投射到三叉神经尾核和脊髓背角，该投射通过作用于 5-羟色胺 1A 型受体（5-HT1A）易化脊髓的痒觉信号处理。中脑导水管周围灰质 Tac1 阳性神经元引起的脊髓痒觉环路的易化并不由下行 5-羟色胺能投射介导，提示 RVM 对痒觉的下行调控可能存在多条平行通路。RVM 可以与脊髓 GRPR 阳性神经元形成快速抑制性突触，构成另一条潜在的下行痒觉调控环路。除此之外，其他脑区如前扣带回（ACC）到背内侧纹状体（DMS）的神经环路也被发现可以动态调控组胺依赖型的痒觉信息处理。

第四节　总　结

本章首先介绍了触-压觉的外周机制、传递途径和皮质机制。在外周机制中着重介绍了人手部无毛区各种触-压觉感受器的特点与机能，以及近年来机械换能通道分子生物学的研究进展。在传递途径中介绍了主要的和次要的途径及它们的作用。在皮质机制中重点介绍了 S I 区的几个分区和皮质神经元柱状结构及其特点，及皮质信息处理的复杂性。但意识性感觉最终是怎样产生的尚有待于进一步阐明。

皮肤温度感受器可以感受广大范围的非伤害性和伤害性温度刺激，引起冷、凉、温和热的感觉。已经报道有 11 种 TRPs 通道，分别有各自的温度敏感范围及其特点。温度觉的中枢传导通路与痛觉的传导通路走行一致。

自克隆了 TRPs 通道后，温度感觉离子通道的研究已经有了较大的进展，但温度怎样门控这些通道，化学激动剂怎样激动它们，通道激活后怎样编码并传递准确的温度信息，它们是否各自有特异的传导通路，在温度感觉换能中它们是否是最重要的，及怎样解释外界温度引起的中枢过程等诸多问题，仍有待于解决。

本章还介绍了痒觉的外周分子机制以及中枢细胞环路机制，重点总结了近年来痒觉在小鼠中的研究进展。痒觉研究相对痛觉等其他躯体感觉尚处于早期阶段，痒觉的神经机制还有待于进一步阐明。对慢性痒等痒觉相关疾病的机制研究也不够深入，这类研究将会对慢性痒的治疗具有重要的指导意义。

参考文献

综述

1. Garciaanoveros J，Corey DP. The molecules of mechanosensation. *Annu Rev Neurosci*，1997，20：567-594.

2. Hille B. *Ionic channels of excitable membrane.* 2nd edition. Sunderland：Sinauer Associates Inc，1992：201-208.

3. Nicholis JG，Martin AR，Wallace BG：Transduction and processing of sensory signals，In：*From Neuron to Brain. 3rd edition.* Sunderland：Sinauer Associatesm Inc，1992：467-497.

4. Martinac B. Mechanosensitive ion channels：molecules of mechanotransduction. *J Cell Sci*，2004，117：2449-2460.

5. Ernstrom GG and Chalfie M. Genetics of sensory mechano-transduction. *Annu Rev Genet*，2002，36：411-453.

6. Kandel ER，Jessell TM. Touch，In：Kandel ER，Schwart JH，Jessel TM，eds. *Principles of Neural Seience.* 5th edition. New York：Elsevier Press，2005：367-384.

7. Niemeyer BA. Structure-function analysis of TRPV channels. Naunyn. *Schmiedebergs Arch. Pharmacol*，2005，371（4）：285-294.

8. Lis A，Wissenbach U，Philipp SE. Transcriptional regulation and processing increase the functional variability of TRPM channels. *Naunyn Schmiedebergs Arch Pharmacol*，2005，371（4）：315-324.

9. Tominaga M，Caterina MJ. Thermosensation and pain. *J Neurobiology*，2004，61：3-12.

10. Berne RM，Levy MN，Koeppen BM，et al. Physiology. 5th edition.（影印版）北京：北京大学医学出版社，2005：101-103.

11. Dhaka A，Viswanath V，Patapoutian A. TRP ion channels and temperature sensation. *Annu Rev Neurosci*，2006，29：135-161.

12. Chen XJ，Sun YG. Central circuit mechanisms of itch. *Nat Commun*，2020，11：30-52.

13. Ikoma A，Steinhoff M，Stander S，et al. The neurobiology of itch. *Nature Rev Neurosci*，2006，7：535-547.

14. Lay M，Dong X. Neural mechanisms of itch. *Ann Rev Neurosci*，2020，43：331-355.

原始文献

1. Price MP，Lewin GR，Mcllwrath SL，et al. The mammlian sodium channel BNC1 is required for normal touch sensation. *Nature*，2000，407：1007-1011.

2. Price MP，Mcllwrath SL，Xie J，et al. The DRASIC cation channel contributes to the detection of cutaneous touch and acid stimuli in mice. *Neuron*，2001，32：1071-1083.

3. Bandell M，Story GM，Hwang SW，et al. Noxious cold ion channel TRPA1 is activated by pungent compounds and bradykinin. *Neuron*，2004，41：849-857.

4. Moqrich A，Hwang SW，Earley TJ，et al. Impaired thermosensation in mice lacking TRPV3：a heat and camphor sensor in skin. *Science*，2005，307：1468-1472.

5. Pena Edl，Malkia A，Cabedo H，et al. The contribution of TRPM8 channels to cold sensing in mammalian neurones. *J. Physiol*，2005，567：415-426.

6. Konietzny F，Hensel H. The dynamic response of warm units in human skin nerves. *Pflügers Arch*，1977，370：111-114.

7. Vriens J，Watanabe H，Janssens A，et al. Cell swelling，heat，and chemical agonists use distinct pathways for the activation of the cation channel TRPV4. *Proc Natl Acad Sci U S A*，2004，101：396-401.

8. Zhang L，Barritt GJ. Evidence that TRPM8 is an androgen-dependent Ca^{2+} channel required for the survival of prostate cancer cells. *Cancer Res*，2004，64：8365-8373.

9. Hoffstaetter LJ，Bagriantsev SN，Gracheva EO. TRPs et al.：a molecular toolkit for thermosensory adaptations. *Pflugers Arch*，2018，470（5）：745-759.

10. Lamas JA，Rueda-Ruzafa L，Herrera-Pérez S. Ion channels and thermosensitivity：TRP，TREK，or both? *Int J Mol Sci*，2019，20（10）：2371.

11. Wu J，Lewis AH，Grandl J. Touch，tension，and transduction-the function and regulation of piezo ion channels. *Trends Biochem Sci*，2017，42（1）：57-71.

12. 李娟，陈珊，李婧影，等. 机械敏感通道蛋白的研究进展. 福州大学学报（自然科学版）2019，47（5）：707-713.

13. 唐泽华，杨晓娜，卢向阳，等. 退化蛋白/上皮钠通道超家族成员的激活与调控机制. 生命科学 2020，32（7）：723-730.

14. Liu Q，Tang Z，Surdenikova L，et al. Sensory neuron-specific GPCR Mrgprs are itch receptors mediating chloroquine-induced pruritus. *Cell*，2009，139：1353-1365.

15. Mishra SK and Hoon MA. The cells and circuitry for itch responses in mice. *Science*，2013，340：968-971.

16. Mu D，Deng J，Liu KF，et al. A central neural circuit for itch sensation. *Science*，2017，357：695-699.

17. Su XY，Chen M，Yuan Y，et al. Central processing of itch in the midbrain reward center. *Neuron*，2019，102：858-872.

18. Sun YG，Zhao ZQ，Meng XL，et al. Cellular basis of itch sensation. *Science*，2009，325：1531-1534.

第 8 章 内脏感觉：内源性感觉

徐广银

与体表感觉相似，内脏的化学、温度和机械刺激由内脏神经末梢感受器换能，转变成介导内脏传入（visceral afferent）信息的神经冲动，经内脏神经传至各级神经中枢进行解码。例如适度扩张膀胱、直肠和胃的传入信息被高级中枢解读为尿意、便意和胃饱满等内脏感觉（visceral sensation），从而自主控制大小便和进食。但是，大多数内脏活动（例如正常的胆囊排空、肠胃蠕动和心血管运转等）均不能随意控制，而是由低级中枢即可对内脏传入进行正常调节。从优化体内机能结构的意义来看，这是合理的布局；但是，这种布局不是一成不变的，当膀胱、直肠和胃受到过度的扩张刺激时，一般的尿意、便意和胃饱满等内脏感觉会发展成带有情绪成分的知觉。与知觉相比，内脏感觉很容易被其他感觉刺激掩盖和忽略。在有些文献和教科书中，人们将嗅觉和味觉称作特殊内脏感觉，将其余内脏感觉称为一般内脏感觉。本章只限于一般内脏感觉。

内脏感觉和躯体感觉受不同环境、自主控制各自器官的要求程度不同，使得内脏感觉和躯体感觉（somatic sense）各具特点。由于内脏器官所处的体内环境比较稳定，各种外界刺激都预先被躯体和特殊感官的各类感受器所感受，因此内脏器官直接受到外界刺激的机会很少。在现实生活里，缺少内脏感觉对生命似乎没有造成急迫的威胁，所以鲜为人们关注。然而，内脏和躯体一样也会受到伤害性刺激，引起强烈的、定位模糊的内脏痛。内脏器官的病变和炎症、手术和其他意外事故造成的创伤以及超越生理限度的牵拉和扩张等，都会对内脏造成伤害，引发痛觉。伴有强烈情绪成分、难以忍受和急迫感的内脏痛，一直是临床上棘手的难题，近年来也是慢性疼痛基础研究的热点之一。

对内脏传入的研究始于 19 世纪 60 年代。1868年 Hering 和 Breuer 发现赫伯反射，即扩张肺能抑制吸气、兴奋呼气，萎缩肺则反过来能兴奋吸气、抑制呼气；切断迷走神经赫伯反射消失，说明刺激肺的传入信息是由迷走神经向中枢传递。虽然这种信息不能直接解读为内脏感觉，但它是内脏传入信息的著名例证。20 世纪二三十年代，电生理方法在生理和医学研究中得到广泛运用，使得 Adrian 有可能从迷走神经传入纤维记录肺牵张引起的神经冲动。随着动作电位记录技术不断的改进，及显示和鉴别有髓鞘（A）和无髓鞘（C）神经动作电位方法的建立，到 20 世纪 50 和 60 年代进入了实现收集和分析内脏传入信息的发展阶段。这些研究进展并没有像研究躯体感觉系统一样促使人们进一步研究内脏感觉。直至 20 世纪 80 年代，国际生理科学联合会发起召开了"内脏感受机制及其感觉"专题国际讨论会，出版了"内脏感觉"专辑，总结了内脏感觉的研究成果，这些工作成为研究内脏感觉的新起点。该专辑总结了内脏感觉神经机制的新进展：①根据感受器最适宜的自然刺激对内脏感受器进行了分类，从而有助于评估内脏感受器是否能用改变强度的方式编码出内容不同的内脏传入信息，形成不同的内脏感觉，例如触觉和痛觉；②应用神经解剖示踪技术，显示内脏传入纤维与其他感觉在中枢神经系统终止的不同形式，为解释内脏传入纤维不同的功能提供了形态学依据；③对内脏和躯体感觉在脊髓和脑干会聚的功能结构做了深入研究，为特异的内脏感觉，诸如牵涉痛等的形成机制提供了中枢网络依据；④对内脏传入纤维的药理学、神经化学和对具有递质特性的生物活性物质进行的研究，为阐明多种脑肠肽在内脏活动的作用提供了新依据。值得注意的是，这四个方面的进展只是反映了内脏感觉的生理机制，没有把各种内脏感觉经验中具有重要作用的心理学和知觉部分包括在内。在物质和文化生活水平不断提高的现代，人们对精神生活的需求也随之提高。超越生理极限的精神生活引发的许多问题，例如过度兴奋或紧张、极度忧郁或焦虑等都能引起食欲和内脏功能紊乱，导致情绪异常以及躯体和精神健康状况出现问题。由于计算机技术、PET 和 fMRI 成像技术的发展，能记录正常人和患者中枢神经机能活动，从而了解不同内脏和精神活动的显像变化规律。随着新知识的不断积累，内脏感觉研究有希望得到新的发展。

近年来资料证明体内脂肪组织和胃分泌的瘦素不但能通过迷走神经向中枢神经系统传递信息，还能经过血液循环（内分泌途径）将反馈信号送达下丘脑。这些经体液传递的信号影响机体的能量代谢以及食欲和体重调节，它和经神经传递的内脏传入信息不全相同，是一类长时程的内脏传入信息。因此，研究内脏感觉机制需从整体尤其是人体的角度进行研判，避开大脑的学习、记忆、知觉和心理等高级功能得出的结论总是不完善的。一切传入信息，无论是否可被感知到，需要在人体（或动物）清醒状态直接或间接地验证才能确认。由于技术上的便利，研究人体躯体感觉机制比内脏先起步，但是，近年来在人体研究内脏感觉尤其是内脏痛的报道上呈明显上升的趋势。

一百年前，英国的生理学家谢灵顿（Sherrington）根据刺激的不同来源将传入感觉系统进一步分为内源性感觉（interoceptive）、本体感觉（proprioceptive）和外源性感觉（exteroceptive）系统三大类，虽然内源性感受器和"内源性感觉"（interoceptor，interoception）曾一度被"内脏感受器"和"内脏感觉"取代。近年来，随着内脏感觉领域的扩大，"内源性感觉"一词的使用已有增多的趋势，有人主张将"内脏感觉"和"内源性感觉"同等使用，但也有人认为"内源性感觉"的含义应当比"内脏感觉"的范围更大，甚至主张将本体感觉也包括在内源性感觉中。为兼顾传统观点和近年来的新进展，本章以"内脏感觉"为题，并以"内源性感觉"为副标题。

第一节 内脏传入

一、内脏初级传入神经元

（一）传入单位

凡是支配胸腔、腹腔和盆腔内脏器官（包括其血管和腺体），胞体分布在脊髓背根节或相应的迷走和舌咽神经节的神经细胞，都统称为内脏初级传入神经元。它们属于假单极细胞，在传入神经系统中起着换能器、编码器和传送器的作用。每个初级传入神经元包括外周支及其感觉末梢，和中枢支及其突触联系装置，组成一个传入单位。卡哈尔（1909）和 Ranson 等（1933）在光镜下观察到，无论是脊髓背根节还是迷走神经节的神经元，或是有否髓鞘，通常中枢支的纤维直径比外

周支的细（图6-8-1），后来被电镜观察和电生理实验证实。此外，有些细纤维其外周支有髓鞘，但中枢支无髓鞘。在中枢支中，只有一个施万细胞包围的无髓鞘纤维要比外周支多，提示初级传入神经纤维从外周进到中枢时，有可能进行重组。由于内脏传入神经元的解剖走向和功能与自主神经系统（autonomic nervous system，ANS）（属传出神经）很接近，至今仍有不少学者根据纤维走向，将内脏传入分类为交感传入和副交感传入。为了避免在解剖和功能意义上的误解，有学者根据胞体所在神经节的不同位置，把内脏传入分为迷走内脏传入和脊髓内脏传入。因为这种分类法比前一种清楚，不会和自主神经相互混淆，本章采用后一种分类方法。

（二）迷走内脏传入

迷走神经是因其外周分布极广、走向蜿蜒曲折而得名。上自外耳道的皮肤、枕骨大孔的脑膜、咽喉和除脾和胆囊外的几乎所有胸、腹腔的脏器，包括食管、气管、心肺和主动脉弓、主动脉和门静脉、胃和小肠、肝和胰腺、胆管和肠系膜，直至大肠，都有迷走神经分支的支配（图 6-8-5）。这些神经干和其分支除含有轴突和胶质细胞外，在主要神经干和其分叉处，常可看到干旁神经节和树状细胞（dendritic cell）。前者由多个球状细胞和若干神经细胞组成，有 90% 的干旁神经节受到迷走传入神经的支配。神经干的树状细胞是近来才发现的，属于免疫防御系统的细胞。

在迷走神经中，80%～85% 是传入纤维，而且绝大多数是无髓鞘传入神经，胞体分布在颈静脉神经节和结神经节中（表 6-8-1）。除一些支配外耳的神经纤维是属于躯体感觉传入之外，其余的纤维都是内脏传入，支配着上自颈部的气管和食管、下至腹腔的大部分脏器。它们按其所支配脏器的顺序投射到延脑孤束核，第二级神经元从孤束核伸出轴突，投射到下部和上部脑干、下丘脑和杏仁核等，组成结构完善的多条神经通路，调控各自脏器的机能活动（图 6-8-5 左上角）。用胞体注射顺向示踪法，迷走传入末梢和传出终端在胃肠道壁内的分部，在壁内各层均能找到不同类型的传入末梢。但只能在肠壁神经丛和黏膜下神经丛才能找到节前迷走纤维及其终端装置（图 6-8-1）。

一般认为，迷走内脏传入不传导伤害性信息。近年来，许多新的研究结果证明，支配心脏、气管和食管黏膜的迷走传入神经参与痛觉和不舒适感的形成。动物实验结果提示，迷走内脏传入有可能介入中枢神经系统对伤害性感觉和痛觉的抑制性控制。

（三）脊髓内脏传入

在猫的脊髓内脏神经纤维中，约 20% 是传入

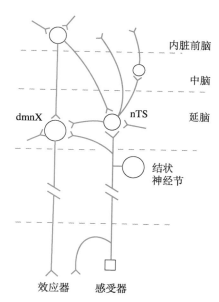

图 6-8-1　迷走传入及其中枢联系和传出
nTS. 孤束核；DmnX. 迷走神经背运动核

纤维，其中 90% 以上是无髓鞘纤维。整个脊髓初级传入神经元总数 100 万～150 万，属于内脏传入的神经元只占 1.5%～2.0%；其余的都是脊髓躯体感觉传入，支配皮肤和躯体深层的组织结构。说明分布在内脏的传入神经密度远少于躯体。另外，内脏传入纤维从脏器按节段投射到脊髓背角第 Ⅰ 和第 Ⅴ 层，少数到第 Ⅱ、Ⅲ 和第 Ⅳ 层，偶尔投射到对侧背角第 Ⅴ 和 Ⅹ 层。更为重要的是，一个无髓鞘内脏传入纤维不但可投射到 4～5 个脊髓节段以上，而且分布到整个背角横向宽度，它所覆盖的空间可能要比单个皮肤神经的空间大得多。这两个分布特征似乎可以用来说明内脏感觉定位不明确和感觉层次不清晰的神经解剖学依据。

从脊髓节段来看，胸-腰段的脊髓内脏传入的主要作用是将与形成痛觉和不舒适感相关的内脏事件换能和编码，并将编码的信息传送到脊髓。此外，这些传入纤维也参与经过脊髓或脊髓外椎前神经节的"小肠-小肠"反射，以及对心脏和肾的反射性调节。盆腔脏器接受胸-腰段和骶段两类脊髓

表 6-8-1　不同种系动物的迷走传入

动物	颈迷走神经			腹腔迷走神经		
	纤维数	无髓鞘	传入纤维	纤维数	无髓鞘	传入纤维
猫	30 000	84%	80%	31 000	＞98%	＞90%
兔	23 000	87%	75%～80%	26 000	＞99%	＞90%
大鼠	—	—	—	11 136	＞99%	73%

内脏传入的双重支配，因此其传入纤维密度高过其他的脏器，这可能和中枢神经系统需要对这些脏器精确调控有关。骶段脊髓内脏传入的支配对直肠和膀胱的贮存和排放，生殖器官的活动、尿意、便意以及痛觉的形成等，都是必要的条件。与此相反，胸-腰段脊髓内脏传入可能只对痛觉的形成起重要作用。

（四）肠神经系统的感觉神经元

消化道的肠神经系统（enteric nervous system）也有感觉神经元，其胞体和轴突都在胃肠道的管壁中，与中枢神经系统无直接联系；但其中有一些神经元会将轴突投射到椎前神经节与交感节后神经元建立突触联系。因此，应将它们和上述经典的内脏初级传入神经元加以区分。

二、内脏感受器的种类

（一）多模态感受器

多模态感受器具有三个特征：不仅仅对范围广和种类多的机械刺激起反应，还能对化学和（或）温度刺激都能反应，这是多模态感受器和其他感受器的主要区别。多模态感受器的传入纤维多数是 C 纤维。大鼠腹侧腹腔迷走神经的胃支有 78% 的传入神经纤维的末梢是多模态感受器。大鼠支配胃底的迷走单根传入纤维进入胃浆膜层后，可被示踪长达几毫米，其末梢纤维分成侧支，或伸向平滑肌形成肌内列阵式末梢（intramuscular arrays，IMAs），或伸向肠壁神经丛的多处神经节构成节内层状末梢（intraganglionic laminar endings，IGLEs）。前者可能接受肌肉张力变化的刺激，起着牵张感受器的作用；后者可能起着化学感受器的作用，监测神经节周围化学环境变化，发挥多模态感受器的作用，或向神经节分泌活性物质，起轴突反射传出支的作用。但尚需更多的实验证据。

（二）机械感受器

内脏感受器传统的分类是根据它们对机械刺激的反应来确定。动物的电生理研究结果显示，存在三种与内脏感觉的感知过程有关的特异性机械感受器（mechanoreceptor）。

1. 强度-编码机械感受器　绝大多数是多模态，具有广动力反应范围特性。虽然它们放电反应的阈值低，但它们能跟随刺激强度从非伤害到伤害性的变化，伴随产生放电频率升高和持续时间延长。因此，它们被认为具有编码强度改变的能力，将强度逐渐增加的信息传递到中枢，由中枢网络解译成自身感觉逐渐加强的内脏感觉。

2. 高阈值机械感受器　只能被强度高到接近人体痛阈的机械刺激所激活。因此，它们被视为只能编码和传递与伤害性机械刺激有关的信息。

3. 无机械敏感性感受器　也可称为"沉默"的伤害性感受器（"silent" nociceptors），最初是在支配关节的传入神经发现的，后来发现在体表和内脏传入神经中也存在。在正常生理情况下，这一类感受器无机械敏感性，但在炎症和局部缺血等病理状态下，这类感受器可被机械刺激激活。这类感受器在内脏可能尤为重要，因为化学刺激和炎症对内脏的致痛作用比机械刺激更有效。心脏是一个明显的示例，对正常心脏施于机械刺激不会引起任何感觉，但是化学刺激，尤其是心肌缺血，会引起剧烈疼痛。

虽然形态学已证明，部分内脏传入纤维的末端是游离神经末梢，但它们如何进行机械刺激换能和编码成生物信号仍不清楚。新近的实验证据显示，有 25% 的背根节神经元对机械刺激敏感。在支配胃或结肠的传入神经元中，约 50% 的神经元具有机械敏感性。对胃肠道的机械刺激使胞内钙离子浓度升高，取消胞外的钙离子或预先用钆灌流，都能达到取消机械刺激的效应，提示黏膜上有对机械刺激敏感的钙离子通道，也有可能存在对机械刺激敏感的钾离子通道。它们可能都和机械刺激信息的换能和编码有关。

（三）温度感受器

由于一直认为温血动物体内温度恒定，内脏是否存在温度感受器对正常生活影响不大，因此忽视了对内脏温度感受器（thermoreceptor）的研究。20世纪 70 年代后期，兔的大内脏神经实验结果表明，对温热刺激起反应的传入纤维中，有一类对 40℃ 刺激的反应最强，另一类则要上升到 46℃。二十多年后，在大鼠大内脏神经-肠系膜体外分离的标本上的研究揭示，当在 1～2 秒钟内将局部温度从 10～15℃ 上升到 42～49℃，保持 10～30 秒时，在 41 个记录到的内脏神经 C 传入纤维中，80% 呈慢适应反应，其余的呈快适应；由于感受野集中在大内脏-上肠系膜复合神经节、内脏动脉和上肠系膜动脉分叉处附近区，它们很有可能参与内脏血流尤其是肠系膜和胃肠道血流的调节。

二十多年前，对热敏感（transient receptor potential vanilloid 1，TRPV1）蛋白（瞬间感受器电位香草醛样 I 型通道）的基因已被克隆，它是 TRP 家族兴奋性通道的成员。TRPV1 主要分布在外周神经 C 纤维末梢，能被 43 ℃ 温度、pH < 6.0 和辣椒素等刺激所激活，因此具有在分子水平整合多种伤害性刺激的功能。当直肠发生炎症引起过敏时，表达 TRPV1 的支配直肠肌层、黏膜下层和黏膜层的神经数量增多，提示直肠过敏造成的便意紧急可能和表达 TRPV1 的感觉神经数量增多有关。

在人体膀胱存在冷感受器。薄荷醇能激活冷感受的离子通道（transient receptor potential M8，TRPM8）（瞬间感受器电位抑制黑素样相关型通道），用薄荷醇刺激能引起膀胱的冷反射，不影响痛阈和对机械刺激的阈值。在猫和大鼠的实验也证明，薄荷醇作为非伤害性冷刺激，能激活支配膀胱的内脏传入纤维，并增加部分背根节神经元的内向电流。TRPM8 已被确认是一种对冷和薄荷醇刺激敏感的离子通道，是介导上述反应的受体，因此它也被称为（cold-and menthol-sensitive receptor 1，CMR1）（冷和薄荷醇 I 型感受器）。大鼠的实验发现支配膀胱的背根节神经元 TRVV1/TRPM8 表达有很多的重叠。

（四）化学感受器

食物的不同化学成分、神经末梢释放、脏器细胞和微生物分泌的化学物质、局部缺血和酸碱度的改变等都是有效的适宜化学刺激，对内脏感觉的生理和病理生理尤为重要。由于支配不同脏器或同一脏器不同部分的内脏传入神经末梢所表达的受体或同一类受体的亚型的差异性，因此它们的特异化学敏感性也不同。例如，支配消化道不同节段的内脏传入神经末梢多数都对牵张刺激敏感，但其化学敏感性不尽相同，大多数支配胃和十二指肠的神经末梢对胆囊收缩素很敏感，而支配直肠的神经末梢则对缓激肽敏感。一个神经末梢可以表达多种受体，因此它会对多种化学分子起反应。更为重要的是多种受体的组合和数量并非固定不变，它们会因周围微环境的变化（例如炎症）而改变。因此，其化学敏感性随之而变，在一个神经末梢的两种受体可能起互补或抵消作用。

（五）内脏初级传入神经元的其他功能

除了换能、编码和传送传入信息外，内脏初级传入神经元还可通过其外周终末侧支组成的轴突反射回路对末梢周围的组织释放活性物质，影响该组织的营养和发育，或使该组织产生神经源性机能异常（例如神经源性炎症等）。这类逆行的"传出"性功能引起的效应反馈性改变传入神经末梢的兴奋性和其他功能。

三、发生在初级传入神经元上的反射

传入信息不仅可在传入神经末梢甚至可在受体水平上进行初步整合，而且还可在外周初级传入神经元水平进行初步整合，组成几种脊髓外反射回路。从表面上看，脊髓外反射的研究都在与皮肤痛和深部组织痛有关刺激进行，属于躯体感觉和运动系统。但从研究的实际对象来看，大多数都属于意识不能控制的炎症反应。例如：血管缩张、血浆外溢和血球聚集；内分泌、神经递质和神经肽释放；神经末梢致敏或失敏；躯体肌肉非随意收缩等，这些效应只需要由低级中枢，甚至脊髓外反射即可完成。由于它们具有内脏神经系统控制非随意活动调节的基本特征，可以为研究内脏类似的反射活动提供有益的线索。

（一）轴突反射

1927 年，Lewis 提出了轴突反射（axon reflex）的概念，他用钝针在皮肤上画线，先后形成沿线变红反应、两侧泛红（flare）和鞭痕样隆起（wheal），这和抓痒引起的现象很接近，他认为这种"三重反应"是因为沿线神经末梢受到刺激所产生的神经冲动传向中枢，当冲动传到神经侧支的分叉口时，除从主支继续向中枢传递外，还能从支配血管的侧支向末梢逆向传递，使血管扩张，如图 6-8-2A 所示，他用了 Langley（1900）提出的"假反射"（pseudo reflex），即"轴突反射"的概念，说明传入神经有传出功能的假说。虽然他的假说和传统的 Bell-Magendie 定律不一致，但由于实验可在自己身上验证，容易为众人所接受。

Bell 和 Magendie 在 19 世纪初提出了 Bell-Magendie 定律，即脊髓背根神经是传入神经、腹根是传出神经，这是神经生理学上的一个重要发现。传入神经的传出功能是在单个传入神经末梢水平上对 Bell-Magendie 定律的重要补充，它的发现已经对研究内脏传入产生了不小的影响。在以后的 60 年间，轴突反射的假说又有了补充和修改。初级传入神经末梢能释放 P 物质和其他神经肽，能直接作用在血管上，或间接通过肥大细胞对血管施加影响而引起炎症。因此，图 6-8-2B 是在 Lewis 的假说图上（图 6-8-2A）加上了一个肥大细胞（mast cell），并指明肥大细胞受 P 物质激活后，能释放组胺，后者强化末梢的舒血管效应。这一点补充和修改使传入神经有传出功能的假说以及与炎症形成的关系得到了充实和发展，推动了神经源性炎症反应概念的形成。炎症反应通常只指在损伤区周围血管和细胞的反应，它有利于对付和排除侵入体内的细菌等异物，还能有效处理体内坏死的组织，从而加速治愈的过程。随着免疫系统和神经系统相互作用研究的深入，肥大细胞作为一类免疫细胞在轴突反射的关键作用被确认。神经源性炎症反应的概念也随之被广泛地用来说明许多疾病的起因，这对神经源性炎症的深入了解有重要临床意义。

近来的研究表明，局部麻醉剂或河豚毒素可以阻断神经冲动在轴突的传导，但不能抑制感觉传出支的作用，使轴突反射假说受到质疑，因此提出了以"轴突反应"来取代"轴突反射"的假说（图

6-8-2C）。离心冲动传到末端，引起 P 物质或其他神经肽释放，改变了血管通透性而产生神经源性炎症。由于只发生在一个末梢上，无须通过反射弧，因此被叫作轴突"反应"，而非"反射"。肥大细胞的介入，促进轴突"反应"向邻近的末梢传播，使炎症的范围随之扩大（图 6-8-2C）。图 6-8-2D 描绘了递质的释放只和感觉神经末梢局部去极化产生的感受器电位有关，而与传向中枢的动作电位没有必然的联系。由此提出了表达 TRPV1 的伤害性感受器可能具有感觉和传出双重功能的推测，这种递质释放和动作电位产生是通过不同但又相关的机制的观点，不仅为用"轴突反应"机制解释传入神经的传出功能的可能性提供了依据，而且还为深入研究神经源性炎症提供了重要的启示。虽然凡是由感觉传入神经末梢释放的物质引起的炎症统称为神经源性炎症，但在正常情况下，不能完全排除动作电位对释放递质的贡献。

由于绝大多数内脏传入及其活动是下意识和非随意的，"轴突反射"的布局对内脏活动的调控有重要的生物学意义。支配胃肠道的、对辣椒素敏感

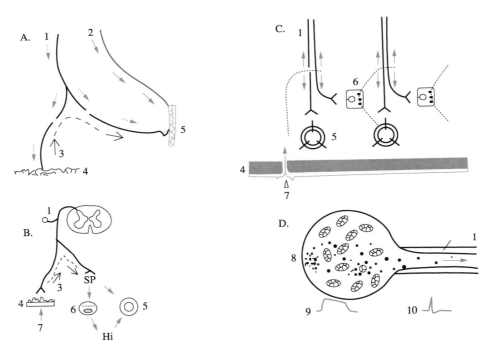

图 6-8-2 轴突反射示意图

A. 轴突反射的假说图：感觉传入神经（1）的逆行神经冲动（点线箭头），像交感传出神经支配（2，实线衢头）一样，能激活血管（5）运动。皮肤（4）刺激引起的传入冲动，亦可通过轴突反射通路（3）影响血管运动。**B.** 神经源性炎症假说图：图 4B 和 4A 的主要区别是，多加了肥大细胞（6），并指明组胺（HI）是由肥大细胞释放，作用于血管上。同时指出，当皮肤受到刺激时（7），通过轴突反射通路（3）释放 P 物质（SP），作用于肥大细胞和血管上。**C.** 轴突反应假说图：伤害性刺激（7）产生的离心冲动（向下箭头），使末梢释放 P 物质和其他神经肽，它们依次作用于肥大细胞和血管，引起局部血管反应和肥大细胞脱颗粒，后者产生的活性物质相继又激活邻近的神经末梢，并依次将此效应向外扩展，导致神经源性炎症。由于只发生在一个末梢上，不经过轴突反射通路，因此被称作"轴突反应"。**D.** 感觉传入神经（1）末梢（8）受到刺激引起的递质释放，只和对河豚毒素不敏感、呈等级形式的感受器（局部）电位（9）有关，与对河豚毒素敏感、全或无形式的、传向中枢的动作电位（10）没有必然的联系

的传入神经，通过轴突反射，引起曲状体样传入末梢释放神经递质。这类传入神经在保护胃黏膜细胞中扮演着重要角色。人体试验表明，在胃内施于低浓度的辣椒素（ $1 \sim 8$ μg/ml，100 ml）能抑制胃酸分泌，增高跨胃黏膜电位差。当胃黏膜受到乙醇或消炎痛（indomethacin）损伤时，跨胃黏膜电位差下降，辣椒素能使它恢复到高电位，说明它有修复胃黏膜的功能。此外，在胃腔施加酸刺激，可通过辣椒素敏感的内脏传入通路，激活肠壁神经丛中特异的神经元的 c-Fos 表达。除消化系统外，轴突反射和神经源性炎症反应还与呼吸系统疾病、与心血管有关的血-脑屏障失常、关节炎和损伤性脑水肿等疾病的病理有密切关系。

（二）胞体反射

大量的证据表明，从外周向脊髓传递的神经冲动，除了传到脊髓背角外，也要转向位于背根节的胞体。从电生理的角度考虑，要在一个没有树突的假单极细胞上，经过源于胞体的同一个主干，传递传入和传出信息是有很大限制的（图 6-8-3）。要形成通过胞体的脊髓外反射回路似乎是不可能的。因此，对这些传入信号，胞体将会做出什么样的反应，是一个重要而有趣的问题。

（三）背根反射

从隐神经切断面的近心端记录到电刺激邻近

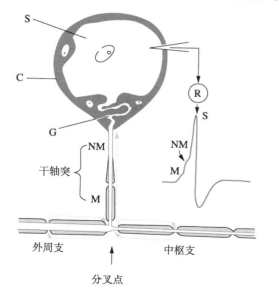

图 6-8-3　外周向心传导的动作电位向胞体和中枢末梢传递
胞体内做记录动作电位及其上升相的两种不同来源的电紧张电位：M. 来自干突起的有髓鞘段；NM. 来自无髓鞘段。中枢支和干轴突的直径都比外周支细；S. 胞体动作电位；G. 小球；C. 被膜；S. 胞体；R. 记录电极（修改自参考文献中的综述 7）

神经或同一根神经引起的传出放电，并证明这些离心传导的动作电位是在初级传入神经纤维上，从脊髓向外周传递，这种传出放电被称作背根反射（dorsal root reflex，DRR）。从初级传入神经纤维向脊髓传导的冲动排放，经脊髓中间神经元触发的脊髓内的传入神经中枢末梢局部去极化电位，称为背根电位（dorsal root potential，DRP）。它是一种负向的慢电位，以电紧张的方式沿传入神经并向脊髓表层扩布。从一束背根切断面的中枢端或脊髓表面可记录到 DRP，这种去极化的初级传入神经纤维后来又被称为初级传入去极化（primary afferent depolarization，PAD）。在 PAD 的作用下，当初级传入神经的中枢末梢去极化超过一定阈值，就会产生向外周传导的动作电位，这就是背根反射的起因。脊髓中间神经元分泌的 GABA 与 PAD 的形成有关。初级传入神经的中枢末梢可能释放兴奋性氨基酸-谷氨酸，通过细胞膜上非 NMDA 受体的介导激活了 GABA 中间神经元，释放 GABA，经末梢上 GABA-A 受体激活氯离子通道。由于末梢 Na^+-K^+-Cl^- 共转运体的作用，使胞内的氯离子外溢，导致末梢去极化，形成 PAD。DRR 产生的离心神经冲动和从感受器产生的向心冲动会在传入神经纤维上相互碰撞从而改变传入信息的性质。机体可能用此方法在脊髓外对信息进行调节。近几年来的研究进展表明，除了粗的有髓鞘传入纤维外，Aδ 和无髓鞘（C）神经纤维都可由炎症诱发 DDR。但至今仍不清楚在中枢支的末梢，由背根反射产生的离心动作电位是否也能传到胞体。虽然产生 DDR 的基本条件在内脏传入都具备，但至今缺乏内脏初级传入神经 DRR 的研究。

四、脊髓外反射回路

（一）胃迷走传入神经-食管侧支反射回路

在支配胃的迷走传出神经纤维中，有 10% 来自非颈部以上的迷走传出神经。为了进一步了解其来源，用腹腔食管腹侧迷走神经离体标本，在贲门水平迷走胃支断面的中枢端，记录迷走离心（向胃）放电。但是，其中约有一半的被测纤维支配腹腔食管上段，对机械刺激敏感。在感受野上重复施加非伤害性机械刺激，能引起重复反应，说明它不是损伤放电。这一结果提示，被测纤维可能是支配胃的迷走神经传入纤维，进入胃之前，沿途向食管发出侧支。当感受野受到吞咽刺激时，也可从远心处记录到离心的"感觉"冲动。在整体动物生理学实验中，扩张腹腔上段食管引起胃舒张反射。切断食管和十二指肠与胃之间肠壁神经系统的联系，同时阻断经典的迷走传入–中枢整合迷走传出反射回路之后，仍能保留约40%胃舒张反应。其机制可能是离心的"感觉"冲动，通过轴突反射的方式传到胃，引起胃的舒张。

（二）内脏传入神经–交感椎前神经节反射回路

有证据提示（图6-8-4），有些支配肠管的胸腰段脊髓传入神经元能发出侧支到交感椎前神经节，和节内的节后传出神经元建立突触联系，形成一种脊髓外反射回路。说明内脏传入神经可通过外周交

感神经节（例如，下肠系膜神经节）直接参与对效应器的常规性调节。

（三）肠壁神经–交感椎前神经节反射回路

在肠神经系统中，有些肠壁传入神经元的轴突投射到椎前交感神经节，和节后神经元建立突触联系，构成另一类脊髓外反射通路（图6-8-4）。

由于传入单位形态结构的特点，使初级传入神经元的各段之间有可能形成一种原始型反射回路。内脏刺激在神经末梢换能、编码和初步整合，因此内脏传入信号有可能通过这些原始型反射回路就地而及时地做出反射性、下意识的反应，这种原始反应对维持体内环境的恒定和参与内脏慢性病理过程可能具有重要的生物学意义。

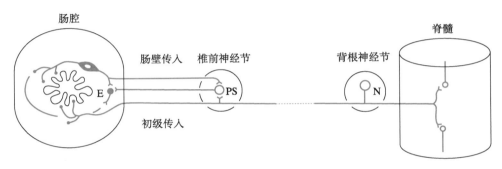

图 6-8-4　支配肠腔的初级传入和肠壁传入神经对交感椎前神经节的投射
E. 肠神经丛；PS. 交感节后神经元；N. 初级传入神经元

第二节　内脏传入的中枢投射

内脏传入神经有两项主要功能：第一是对内环境失衡的无意识反射性调节，以确保脏器正常运作；第二是脏器内发生的事件传送到高级中枢，解译成内脏感觉（包括痛觉）。一般认为，前者主要通过迷走内脏传入来完成，后者主要由脊髓内脏传入来实现。

一、迷走内脏传入的中枢投射

迷走内脏初级传入神经主要投射到延脑的孤束核（nucleus of the solitary tract，NTS）和终极区（area postrema，AP），少数到疑核（ambiguous nucleus，amb）和迷走背运动核（dorsal motor nucleus of the vagus，dmnX）（图6-8-5右上角），主要传送无意识传入信息，引起非随意的反射性调节；

但隔膜下肠道的很多信号也调节进食行为。最近的研究资料提示迷走内脏传入也与内脏感觉包括痛觉有关。此外，在上端颈髓也有迷走传入神经的投射，这种投射可能和心肌缺血引起的颈部和下颌部牵涉痛的形成有联系。

大鼠的孤束核头尾全长约8 mm，尾端的6 mm是迷走内脏传入的投射区。根据细胞结构的不同，可将孤束核进一步分成6个区或次核（subnucleus）（图6-8-6B）。延脑的终极区（Area Postrema，AP）是一个围绕脑室的器官，其内部的神经元直接与血流和脑脊液接触，因此是血脑屏障最薄弱的环节。AP是化学感受中枢，能感知脑脊液或血液中的多种毒素和化学致吐物质，再影响nTS的神经元（图6-8-6A）。在延脑表达5-HT的迷走传入末梢主要分布在AP和nTS附近，有少量在nTS的腹侧次核。

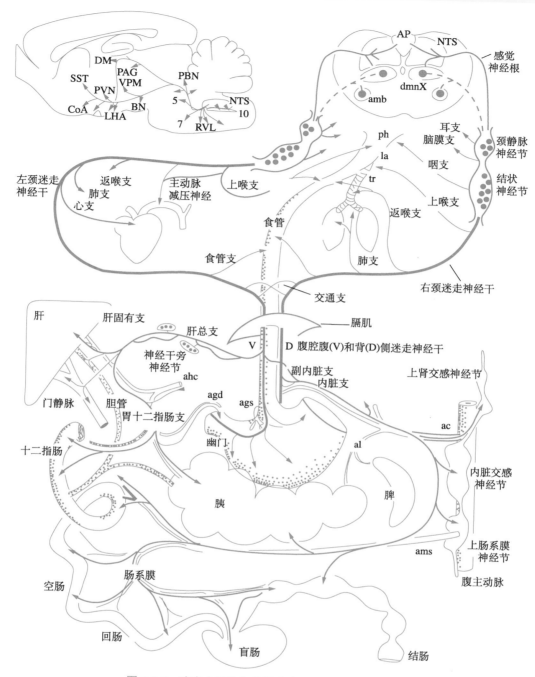

图 6-8-5　迷走内脏传入外周分布和中枢投射示意图

中枢简略字：amb. 疑核（ambiguous nucleus）；AP. 终极区（area Postrema）；BST. 端纹底核（bed nucleus of the stria terminalis）；DM. 丘脑背内侧核（dorsomedial hypothalamic nucleus）；CeA. 杏仁中心核（central amygdala）；LHA. 下丘脑外侧区（lateral hypothalamus）；NTS. 孤束核（nucleus of the solitary tract）；PAG. 中央导水管周围灰质（periaqueductal grey）；PVN. 丘脑室旁核（paraventricular nucleus of the hypothalamus）；PBN. 臂旁核（parabrachial nucleus）；RVL. 延脑前腹外侧区（rostral ventrolateral medulla）；SN. 黑质（substantia nigra）；VPM. 丘脑腹后内侧核（ventral posteromedial thalamic nucleus）；5. 三叉神经核；7. 面神经核；10（dmnX）. 迷走神经背运动核（dorsal motor nucleus of the vagus）。外周简略字，agd. 右胃动脉（arteria gastrica dextra）；ags. 左胃动脉（arteria gastrica sinistra）；ahc. 肝总动脉（arteria hepatica communis）；al. 脾动脉（arteria lienalis）；ams. 上肠系膜动脉（arteria mesenterica superior）；la. 喉（larynx）ph. 咽（pharynx）；tr. 气管（trachea）［修改自 Berthoud H，Neuhuber WL. Distribution and morphology of vagal afferents and efferents supplying the digestive system.//Tache Y，Wingate DL，Burks TF，eds. Innervation of the gut pathophysiological implications. Boca Raton，Florida：CRC Press，Inc. 1994：44-66］

图 6-8-7 左上角图解说明从 nTS 向中枢各水平的投射包括：①对延脑的 dmnX 和疑核（amb）、面神经和三叉神经运动核、延脑前腹外侧区（RVL）

A1 去甲肾上腺能细胞群和脑干网状结构中间神经元群的投射；②对脑桥背外侧臂旁核（PBN）有强的投射；③nTS 对下丘脑室旁核（PVM）和外侧区

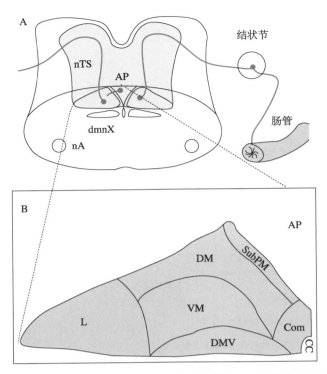

图 6-8-6　迷走内脏传入、延脑孤束核（nTS）和终极核（AP）的示意图

A. DmnX. 迷走神经背运动核；nA. 疑核。**B.** 孤束核和终极核（虚线）的放大图，孤束核可分为六个区：L. 外侧区（lateralpart）；DM. 背内侧区（dorsomedial part）；VM. 腹内侧区（ventromnedial part）；DMV. 背内侧腹侧区（dorsal medioven-tral part）；SubPM. 终极下内侧区（subpcstrema medial）；Com. 联合区（comissural Part）；CC. 中央管（修改自参考文献中的原始文献 4）

（LHA）、丘脑背内侧核（DM）、杏仁核、端纹底核（BST）和脑岛皮质也都有投射。

图 6-8-7A 显示，小鼠延脑背部孤束核尾段含有去甲肾上腺能和肾上腺能神经元（A2/C2）的一些核团，接收从迷走内脏传入和从体循环经过 AP 传来的信息，再从孤束核向丘脑室旁核背盖（paraventricular hypothalamic nucleus，dorsal Cap，PaDC）和内侧小细胞区（paraventricular hypothalamic nucleus，medial parvicellular part，PaMP），及杏仁中心核（CeA）投射（图 6-8-7 上半部两侧的虚线是丘脑室旁核和杏仁核群的放大图）。近年来的研究表明，在延脑背部孤束核的 C2 神经元是内脏感觉传入的第一级中间神经元。外周化学感受器和肺牵张感受器传入的信号能激活 C2，再由 C2 促进呼吸节律升高。与此相反，来自去甲肾上腺能神经元的信号抑制呼吸节律。对基因缺陷小鼠的研究结果证明，这两类神经元都从哺乳动物无刚毛-磷甲同源物 1，Mashl 阳性的元初细胞演变而成，它们的分化是由 T 细胞白血病同源框 3，Rnx/Tlx3 和 Paired-like homeobox 2a，

Phox2a 或配对样同源框 2b，Phox2b 基因组决定的，这种分化方式可能在神经系统发育过程中普遍存在。

从杏仁核的基内侧区（basomedial amygdaloid nucleus，anterior part，BMA）以及 PaMP 和 PaDC 有下行纤维投射到延脑腹外侧部——含有去甲肾上腺能和肾上腺能神经元区（A1/C1）。由它们组成反射回路，反射性地引起与外周炎症有关联的神经内分泌以及行为和自主反应。图 6-8-7B 是图 6-8-7A 下半部含有 A2/C2 区域的放大图。从 AP 来的信息主要传到孤束核中部和联合区，在 AP 水平的孤束核中部，有从腹腔迷走神经投射的传入纤维，支配胸腔上部包括气管呼吸系统的迷走传入神经投射到 AP 尾部水平的孤束核联合区。因此，孤束核的这两个区成为血源性和神经源性两种信息汇聚的重要区域。但是孤束核的背外侧、腹外侧区、间质和胶状区不接受血源性传入信息，只选择性地接受来自特异内脏感觉通路的传入信息。从这些区域和 AP 都有纤维投射到迷走背运动核，但从 AP 也有纤维投射到疑核，再从背运动核和疑核发出迷走传出纤维支配效应器官，组成迷走-迷走反射回路。

二、脊髓内脏传入的中枢投射

胸-腰和骶段脊髓内脏初级传入和躯体初级传入一样，都投射到脊髓背角第 I 和 V 层。这种内脏和躯体传入的汇聚是牵涉痛形成的解剖学基础。经过中间神经元，内脏传入信号经脊髓投射神经元，沿同侧或对侧的脊髓上行通路向高级中枢结构投射，其中包括臂旁核、中央导水管周围灰质和丘脑等（图 6-8-8）。

（一）脊髓-网状束

从脊髓背角 V、VII 和 VIII 层，经脊髓-网状束投射到同侧和对侧的脊髓腹外侧束，上行到延脑内侧区域，包括顶盖巨细胞区、顶盖大细胞区、旁内侧网状核、顶盖外侧区和绳状体（图 6-8-9A）。

（二）脊髓-中脑束

起始于脊髓背角 I 和 V 层，经脊髓同侧和对侧脊髓臂旁束，投射到中脑臂旁核（图 6-8-9B，实线）。投射到中央导水管周围灰质的通路主要经过脊髓对侧上行（图 6-8-9B 虚线）。

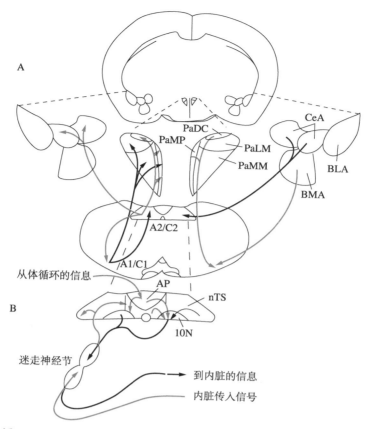

图 6-8-7　迷走内脏传入和体循环传入信息经孤束核向更高级的神经中枢投射，参与外周炎症引发的神经内分泌、行为以及自主反应

nTS. 孤束核（nucleus of the solitary tract）；10N. 迷走背运动核（dorsal motor nucleus of the vagus）；AP. 终极区（area Postrema）；CeA. 杏仁中央核（central amygdala）；BLA. 杏仁基外侧核（basolateral amygdaloid nucleus，anterior part）；BMA. 杏仁基内侧核（basomedial amygdaloid nucleus，anterior part）；PaDC. 丘脑室旁核背盖（paraventricular hypothalamic nucleus，dorsal cap）；PaLM. 丘脑室旁核外侧大细胞区域（paraventricular hypothalamic nucleus，lateral magnocellular part）；PaMP. 丘脑室旁核内侧小细胞区域（paraventricular hypothalamic nucleus，medial parvicellular part）；A1/C1. 去甲肾上腺能和肾上腺能神经元在延脑腹外侧的重叠区；A2/C2. 去甲肾上腺能和肾上腺能神经元在延脑孤束核的重叠区（修改自参考文献中的原始文献 7）

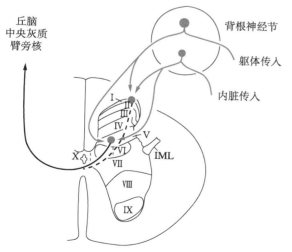

图 6-8-8　内脏和躯体初级传入的脊髓汇聚和投射

在脊髓背角第 Ⅰ、Ⅴ 层转换神经元投射到丘脑、中央导水管周围灰质、臂旁核等各级中枢（修改自 Cervero F，Foreman RD. Sensory innervation of the viscera. //Loewy AD，Spyer MK，eds. Central regulation of autonomic functions. Oxford：Oxford University Press，1990：104-125.）

（三）脊髓-丘脑束

外侧脊髓-丘脑束（虚线）是从脊髓背角 Ⅰ、Ⅳ 和 Ⅴ 层投射到对侧丘脑腹核和腹后外侧核。内侧脊髓-丘脑束（实线）是较小的一束，直接投射到对侧丘脑的内侧核和内髓板核群（图 6-8-9C）。

从猫得到资料显示，脊髓第 Ⅰ 层细胞投射到臂旁核和中央导水管的数量要比投射到丘脑分别多 4 倍和 2 倍。相反，从对侧投射到丘脑和中央导水管的第 Ⅰ 层细胞约占 80%，从对侧投射到臂旁核的细胞相对少，只有 60%。大多数投射细胞是在颈 1～2、颈膨大和腰膨大脊髓段。之前的观点认为，对痛觉而言，投射到丘脑的脊髓第 Ⅰ 层细胞是主要的。但近年来的资料证明，臂旁核和中央导水管不仅对痛的知觉和情绪成分的形成起重要作用，它们与痛的下行抑制也有关联。此外，它们也参与对内环境恒定的控制以及对非伤害性信息

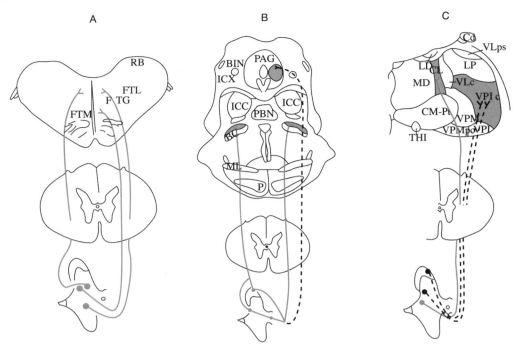

图 6-8-9   脊髓内脏传入的中枢投射示意图

A. 猫脊髓－网状束：从脊髓背角Ⅴ、Ⅶ和Ⅷ层投射到同侧和对侧脊髓腹外侧束，上行到延脑内侧区域，包括：FTG（顶盖巨细胞区，gigantocellular tegmnental field）、FTM（顶盖大细胞区，magnocellular tegmental field）、FTL（顶盖外侧区，lateraltegmental field）、RB（绳状体，restiform body）。B. 猴胸 T3 段脊髓中脑束（spinomesencephalic tract）：起始于脊髓背角Ⅰ和Ⅴ层，经脊髓同侧和对侧脊髓臂旁束，投射到中脑臂旁核（实线）。但投射到中央导水管的通路主要经过脊髓对侧上行（虚线）；BC. 结合臂（brachium conjunctivum）；BIN. 下丘臂核（nucleus of the brachium of the inferior olliculus）；ICC. 下丘（inferior clliculus）；ICX. 下丘外核（external nucleus of the inferior olliculus）；ML. 内侧丘系（medial lemniscus）；P. 锥体束（pyramidal tract）；PAG. 导水管周围灰质（periaqueductal gray matter）；PBN. 臂旁核（parabrachial nucleus）。C. 猴胸段外侧脊髓－丘脑束（虚线）：从脊髓背角Ⅰ、Ⅳ和Ⅴ层投射到对侧丘脑腹核和腹后外侧核，胸段内侧脊髓－丘脑束（实线）是较小的一束，它直接投射到对侧丘脑的内侧核和内髓板核群；Cd. 尾核（caudate nucleus）；CL. 中央外侧核（nucleus centralis laterli）；CM. 中央中核（centrum medianum）；LD. 背外侧核（lateral dorsal nucleus）；LP. 后外侧核（lateral posterior nucleus）；MD. 背内侧核（dorsomedial nucleus）；Pf. 束旁核（parafascicular nucleus）；VLc. 腹外侧核尾部（ventral later-al nucleus caudal part）；VPI. 腹后核（ventral posteroinferior nucleus）；VPLc. 腹后外侧核尾部（ventral posterolateral nucleus caudal part）；VPM. 腹后内侧核（ventral posteromedial nucleus）；VPMpc. 腹后内侧核小细胞区（ventral pos-teromedial nucleus, parvocellular part）；THI. 缰脚间束（habenulointerpeduncular tract）（修改自 Cervero F，Foreman RD. Sensory innervation of the viscera. //Loewy AD，Spyer MK，eds. Central regulation of autonomic functions. Oxford：Oxford University Press，1990：104-125.）

的处理。臂旁核接受脊髓的大量投射，其传出纤维又投向中枢的哪些结构？从猴的资料显示，它通过以下三条通路投射前脑：①中央背盖束是分布最广而又最显著的一条通路；②内侧通路（medial pathway）；③腹侧上行儿茶酚胺通路（ventral ascending catacholaminergic pathway）。臂旁核有大量传出纤维投射至杏仁中央心核和纹端底核的外侧部分（the lateral division of the bed nucleus of the stria terminalis），中等数量纤维投射到背盖腹侧区和黑质，少量投射到下丘脑背内侧和腹内侧核、外侧核、上乳头和漏斗核，及脑干的背中缝核（dorsal raphe）和环形核（annular nuclei）。

杏仁核参与应激引起的心率、血压、呼吸和血浆皮质酮水平变化的调控。此外，还影响体液的恒定、身体对盐的需求、生殖系统的活动和产妇的

行为。在灵长类，杏仁核参与主动性记忆、知觉和情绪行为的形成的信息加工。来自臂旁核的内脏传入信息对上述行为的产生也发挥重要作用。此外，从臂旁核到丘脑非味觉部分的腹后内侧核小细胞区（parvicellular division of ventro-posteromedial nucleus）的投射表明，某些内脏传入可能通过穿越丘脑的通路，将信息传递到大脑皮质。

从目前的资料看，迷走和脊髓内脏传入分别从延脑孤束核和脊髓背角向高级中枢投射，其具体区域虽然不尽相同，但在几个重要的驿站，诸如延脑网状结构核群、臂旁核群、中央导水管灰质核群、丘脑和下丘脑核群，及杏仁核群等，都有投射区。表 6-8-2 总结了起源于各脏器的迷走和脊髓内脏传入所产生的生理效应。脊髓内脏传入（S）虽然也引起便感和尿感，但主要介导痛觉。相反，虽然迷

走内脏传入（V）也能产生不适感和痛觉，但多数
和咳欲、食欲，及口渴感等有关。应当指出，绝大

多数由迷走和脊髓内脏传入引起的无意识生理效应
未包括在表 6-8-2 中。

表 6-8-2　起源于各脏器的迷走和脊髓内脏传入所产生的生理效应

器官	传入神经	感觉	调节 / 反射
呼吸道			
咽喉	V 机械压力感受器	刺痛，刺激感	吸气反射，呼吸停止
	刺激感受器	咳欲	咳反射，吞咽
	冷 / 流动感受器	痛，恶心	支气管扩张等
气管支气管	V 刺激感受器	胸骨下刺痛	灼伤-咳反射，喉痉挛
肺	上皮化学感受器	刺激感，极想咳，透不过气	支气管收缩，黏液分泌，呼吸过度
	V 慢适应感受器	无 / ？	赫-伯反射
	V 感受器	喉刺痛，不适感	呼吸保护性反射
		呼吸困难，痛	
心血管系统			
大血管	V 管壁压力感受器和化学感受器	无	心血管调节
			多种反射
	S 机械感受器	不适感，痛	多种脊反射
心脏	V 机械感受器（心房、心室）	无	心血管调节
			多种反射
	S 心房感受器	无	血管反射
	S 心室，冠状血管	不适感，痛，其他感觉	心脏-心脏反射 其他心血管反射
胃肠道			
食管	V 张力感受器	充满感，胃灼烧感	推进性蠕动
	温度感受器	多种温度感觉	呕吐
	S 机械感受器	不适感、胀痛	—
胃	V 张力感受器	充满感 / 排空感	胃储存，胃舒展
	V 黏膜的机械、化学	充满感 / 饥饿感	分泌，蠕动
	温度感受器	多种温度感觉	呕吐
	S 浆膜机械感受器	不适感，痛	小肠-小肠反射
十二指肠	V 张力感受器	—	分泌，蠕动
空肠和回肠	V 黏膜的机械、化学和温度感受器	—	—
肝	V 渗透压感受器	口渴感	渗透压调节
胆囊	S 机械感受器	不适感，痛	？
结肠和直肠	S 机械感受器	充满感，便欲，不适感，痛	排便，节制便欲
肛门	S 机械感受器	切割感	肛门-直肠和肛门-膀胱反射
	温度感受器？	温度感觉？	
	伤害性感受器？	痛觉	

（续表）

器官	传入神经	感觉	调节/反射
泌尿系统			
肾	S 机械和化学感受器	痛觉	肾－肾和其他反射
输尿管	S 机械感受器	痛觉	—
膀胱和尿道	S 机械感受器	充满感，便欲，不适感，痛	排尿和节制尿欲反射
胰	S 机械感受器	痛觉	?
	V 化学感受器	—	胰岛功能、糖代谢
脾	S 机械感受器	不适感，痛	?
总体			
所有器官包括各种血管等	S 机械感受器，高阈值，化学敏感，机械不敏感感受器	?	多种防御性反应/反射
		病理痛	营养性功能?

V. 迷走内脏传入；S. 脊髓内脏传入；?. 仍有疑问；—. 无资料（*Visceral sensory neuroscience：Interception*）

第三节　内源性感觉

虽然内脏感觉的辨别和知觉比躯体感觉差，但其情绪成分比躯体感觉强，而且难于克制，尤其是内脏痛；由于技术上的限制，情绪成分的研究进展较慢。近年来，计算机技术、非侵害性断层扫描，及功能成像扫描技术的发展，使得有可能在清醒人体进行实时记录中枢神经系统不同核团机能活动的成像。通过对成像的分析可以了解到不同情绪和精神活动引起的不同脑区的活动规律。

脑内的形成过程有了长足的进展。综合使用fMRI、PET、EEG 和 MEG 技术使研究人员有可能获得足够的精度去比较躯体和内脏感觉在人脑形成过程的异同点。躯体感觉在初级躯体感觉皮质（SI）有明显的对应躯体拓扑分布，而内脏感觉主要表现在 SII区。内脏感觉和躯体感觉相似，都能在边缘周围和边缘结构，例如脑岛皮质、前扣带和前额皮质找到反应区。这些区域和内脏感觉的情绪和知觉的形成有关。畏惧和注意能改变内脏感觉在脑岛皮质和前扣带皮质引起的反应，在功能性肠胃痛患者，内脏刺激引起皮质反应的形式会发生变化。总之，这类研究成果的不断积累为了解功能性肠胃痛的病理生理提供新的知识。

为了与外源和本体感觉相区分，内源性感觉被用来泛指起源于体内的感觉。内源性感觉虽然起名很早，但在相当长的时间内未被广泛采用，甚至被内脏感觉所替代。因此，有不少学者认为内脏感觉是内源性感觉的同义词。

最近，Cameron 在《内脏感觉神经科学：内源性感觉》专著的序言中提到，内源性感觉是指对在身体内部发生的多种生理活动和功能的知觉，即从体内内脏器官组织产生的传入感觉冲动对高级神经系统活动程序和机体行为活动产生作用，这一整套机能被称为内源性感觉。在这里用内源性感觉的定义比其生理学和生物学定义更广，是从心理生物学（psychobiology）定义，即所有能够和不能被知觉的以及是否直接或间接地影响机体的行为活动的内脏传入信息都应包括在内。为此，必须开发新技术，在人处于清醒状态，不需要人的主诉就可判断是否有内脏传入冲动上达脑的不同结构。在前几十年，正因为这种技术尚未建立，内源性一词未被广泛采用。近二三十年来，人们对人类脑高级机能认识的需求日渐增高，可行的技术也日趋完善，加之内源性感觉和许多热门学科，诸如情绪和感情活动、学习记忆、注意和心算，以至躯体健康状况和精神活动等，都有密切关系。因此，广义的内脏感觉–内源性感觉又重新为学术界所采用。对广义的内脏感觉各环节的深入研究能为内脏机能失调和疾病的生理病理学提供新的线索。

第四节　慢性内脏痛

一、内脏痛的特征

内脏痛（visceral pain）是指腹腔或胸腔内脏器官来源的疼痛，常与多种疾病相关。慢性内脏痛（chronic visceral pain，CVP）是临床上报道的慢性疼痛中最常见的疼痛形式之一，其发生率高达20%。在许多情况下，慢性内脏痛的治疗很不理想，因为其病因和病理生理机制尚不清楚，因此，这种疼痛严重影响了患者的生活质量，加重了患者及其家庭乃至整个社会的医疗负担。

（一）诱发内脏痛的主要因素

内脏器官的疼痛常常是多病因的，常见的诱发因素如下：①空腔脏器壁上肌肉的异常收缩和扩张；②迅速牵张实心内脏器官（如肝、脾和胰腺）的包膜；③突然的内脏肌肉缺氧；④炎症引起的致痛物质的形成和聚集；⑤化学物质的直接刺激，尤其是对食管和胃的刺激；⑥对韧带和脉管的牵拉或挤压；⑦一些组织结构的坏死（如心肌、胰腺等）。在临床上，这些因素会互相影响和伴随出现。

（二）内脏痛的三大特点

1. 与皮肤感觉比较，内脏感受相对比较单一，在绝大多数情况下，内脏的感觉是疼痛或不舒服，因此内脏感受器对"感觉"和"非感觉"信号的分辨过程只是区分引起疼痛的刺激与不引起感觉的刺激。

2. 内脏痛定位模糊而弥散，有体表牵涉区、强烈的情绪和自主神经系统反应和运动反射等。

3. 常常引起皮肤痛的刺激如刀割或挤压，施加在某些内脏（例如心脏）并不产生疼痛。

（三）内脏痛的三种编码方式

内脏痛的感受器、传入神经支配、脊髓分布和回路等比介导皮肤痛的神经结构更为复杂。有学者提出内脏感受器可能以三种方式编码内脏伤害性信息：

1. 特异内脏伤害性感受器传递内脏伤害性信息，是痛觉特异学说的皮肤特异伤害性感受的概念的延伸。有些实验证明，在心脏、肺、胆囊、睾丸和尿道等存在两类感受器，一类对非伤害性刺激反应，另一类对伤害性刺激反应。

2. 内脏感受器对刺激强度的识别是基于痛觉模式学说，低强度刺激引起低频率发放，不产生感觉，而高强度刺激引起高频发放，产生疼痛。

3. 内脏感受器对外周信息有总和作用，由于绝大多数内脏的神经支配密度非常低，支配整个胸、腹部内脏的神经只占全部脊神经传入的 5%～10%，因此传入信息的总和对内脏感受的识别不仅是必需的，而且是重要的因素。

除了这 3 种方式外，在内脏还存在大量的"寂静伤害性感受器"，它们特异性地对化学刺激反应，在内脏发炎后，炎症介质激活这些感受器，并转而对机械刺激敏感，对扩张产生强烈反应。因此，这类感受器在内脏炎症痛形成中发挥重要作用。

二、内脏痛的信号传导通路

（一）内脏痛的信息传入

对内脏伤害性感受器和传入纤维的认识存在不同的观点。内脏感受器传入与特殊感官和躯体感觉传入不同，许多内脏传入纤维兴奋不能导致知觉，例如刺激支配肺叶的牵张感受器和小肠的化学感受器、动脉压力感受器和化学感受器等相联结的内脏神经纤维，并不引起感觉，它们虽属"传入"纤维，但其功能是与维持内环境稳定有关，而与"感觉"无关。与此相反，所有皮肤"传入"均传导"感觉"。由于内脏组织损伤并不都产生疼痛，因此，由皮肤痛提出的"伤害性感受器"概念并不完全适用于内脏器官。

传递躯体伤害性信息的无髓鞘初级传入分为肽类和非肽类两种。前者含 P 物质（substances P，SP）和钙降素基因相关肽的（calcitonin gene-related peptide，CGRP），并对神经生长因子 NGF（nerve growth factor）敏感；后者不含这两个肽，可被植物凝集素 IB4（isolectin B4）特异性标记，表达 P2X3（purinergic receptor P2X，3）受体，对胶质细胞源性神经营养因子 GDNF（glial cell derived neurotrophic factor）敏感。但绝大多数内脏传入是含 SP 和 CGRP 的肽类纤维。伤害性机械扩张大鼠直肠，早期引起脊髓背角 SP 和 CGRP 减少，后期引起抑制性递质甘丙肽和 VIP（vasoactive intestinal peptide）增加，而背根节中四种肽的 mRNA（messenger RNA）明显上调。脊髓施加 SP 或 CGRP 受体拮抗剂抑制内脏炎症痛。敲除 SP 受体 NK-1 的小鼠防止或削弱了内脏炎症痛觉过敏的发展，但不影响躯体痛阈。这些结果表明神经肽 SP 和 CGRP 是参与内脏痛产生和发展的重要信号分子。此外，介导躯体感觉传入的谷氨酸受体也参与内脏痛。脊髓施加非 NMDA（N-Methyl-D-aspartic acid）受体拮抗剂对扩张直肠诱导的背角痛敏神经元的抑制作用强于 NMDA 受体拮抗剂，提示非 NMDA 受体可能在介导内脏痛中发挥重要作用。

（二）内脏痛的中枢

内脏痛的信息是通过脊髓内脏传入向高级中枢传递的，在多个水平对疼痛的感觉分辨和情绪成分进行整合和信息加工。各类伤害性内脏刺激引起的

痛觉分辨主要由脊髓的经典感觉通路介导，而迷走传入则主要影响其强烈的情绪和自主反应成分。基于传导通路的不同，用药物、手术和非药理学的方法对症治疗，可为慢性内脏痛提供不同的治疗方案。图 6-8-10 显示与痛觉的感觉分辨和情绪成分有关的中枢结构，随着现代神经科学技术与方法的发展，特别是光遗传学和化学遗传学的方法在神经环路剖析中的应用，对内脏痛的中枢定位和敏化机制将会取得突飞猛进的发展。

三、慢性内脏痛的动物模型

与躯体疼痛研究相比，慢性内脏痛的研究相对滞后，其中原因之一是内脏痛的动物模型发展相对缓慢。因此，在研究慢性内脏痛的分子机制、寻找治疗内脏痛的潜在分子靶点和未来发展的新疗法过程中，建立符合临床疾病特征的慢性内脏痛的动物模型十分重要。本节综合已发表的文献资料，重点

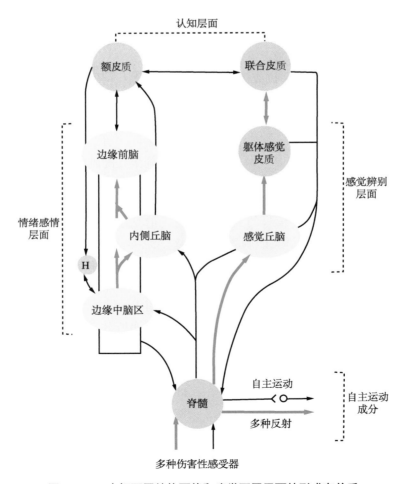

图 6-8-10　中枢不同结构可能和痛觉不同层面的形成有关系

灰线箭头在中枢的流程表示痛感觉的辨别层面。在外周灰线箭头表示有髓鞘神经纤维，黑线箭头表示细的有髓鞘和 C 神经纤维。点状是网状结构区，H 是下丘脑（修改自参考文献中的综述 5）

介绍功能性胃肠疼痛的实验动物模型，并分析各模型的优缺点和实际应用价值。

（一）应激诱导的内脏痛模型

包括早期应激和成年应激两种形式。①早期生活应激诱导的内脏痛模型，其中包括：新生期母婴分离模型（neonatal maternal deprivation，NMD）和新生期结直肠刺激模型；②成年应激诱导的内脏痛模型：其中包括急性应激模型、慢性轻度应激模型、间隙性异源型应激模型（heterotypical intermittent stress，HIS）和环境恐惧诱导的应激模型等。

（二）理化刺激诱导的内脏痛模型

包括：①感染后内脏痛模型：除了应激因素外，肠易激综合症（irritable bowel syndrome，IBS）大多数发生在胃肠道感染等疾病后，据报道高达 10% 的胃肠道感染患者合并 IBS；值得注意的是，机体感染时的心理状态在 IBS 的发展过程中也发挥重要作用。②化学刺激诱导的内脏痛模型：化学刺激物已经被用于临床前模型去研究结肠炎和由此产生的内脏感觉高敏，在模型大鼠中，芥末油、醋酸或酵母多糖和三硝基苯磺酸（trinitrobenzene sulfonic acid，TNBS）可以诱导短期的内脏感觉高敏。

（三）内脏痛的遗传模型

越来越多的啮齿类动物株和转基因技术的出现，使我们能够运用特定株 / 已知敲除基因的动物模拟遗传因素和持续性环境因素对 IBS 症状的发展、严重性和持续时间的影响。已有研究显示情绪障碍的遗传易感性和 IBS 的发生是关联的，这些遗传因素可能不直接导致 IBS 发生，但可能间接通过增强其对应激的反应促使胃肠道功能改变和易化 IBS 的症状。

四、内脏痛反应的检测方法

（一）胃肠痛的刺激方法

结直肠扩张（colorectal distension，CRD）和胃扩张（gastric distention，GD）是刺激肠胃的主要方式。与体表组织不同，胃肠道是空腔脏器，其适宜或自然刺激是扩张或牵拉。因此，要观察对机体外界刺激的反应必须给胃肠道一个适宜刺激；当然胃肠对冷热刺激也非常敏感，但由于相关资料较少，故在此仅介绍胃、肠扩张技术。

1. 结直肠扩张（CRD）　是在实验室和临床评估肠道感觉最广泛使用的刺激方法，这种方法是将特制的球囊从肛门插入人或动物的结直肠腔内，并通过软管与外部检压计或控压装置连接，实验时以一个恒定的压力或者阶梯式上升的压力扩张球囊以达到扩张球囊所在处的肠道的目的。CRD 已运用于评估人、大鼠和小鼠的内脏感觉，由于大鼠可重复性好，因此，目前大量的研究都集中在大鼠模型。

2. 胃扩张法（GD）　是用来刺激胃的一种方法，这种方法是将特制的球囊通过腹部手术植入胃底部胃腔内，并通过软管与外部检压计连接，与 CRD 类似，实验时以一个恒定的压力或者阶梯式上升的压力扩张球囊以达到扩张球囊所在处的胃部组织的目的；并同时在动物的颈部肌肉埋置一对金属电极用来记录肌肉的电活动。动物手术恢复正常后再进行相关实验。

（二）内脏痛的监测和记录

上面介绍了胃肠道的适宜刺激方法，接下来介绍如何记录和分析机体对扩张刺激的反应。

1. 内脏运动反应（visceral motor response，VMR）检测法　早在 1988 年，Ness 和 Gebhart 已经描述了内脏痛觉的检测技术，这项技术已经成为临床前和临床评估内脏痛的主要检测方法。该技术就是在胃肠道受到等压扩张刺激下，记录和评价机体的行为反应以及拟情感反应。大鼠 CRD 后产生的自主行为反应称为拟情感反应，包括血压和心率的变化；CRD 刺激引起的腹部肌肉收缩通常称为内脏运动反应（VMR），VMR 是检测内脏痛应用最广的参数。评估 VMR 的方法有两种，一是腹部撤回反射（abdominal withdrawal reflex，AWR）评分法，即通过台式血压计将气球快速加压至恒压 20 mmHg，40 mmHg，60 mmHg 和 80 mmHg，持续 20 秒钟，在此期间观察动物的反应并给予相应的分值：0，未见可察觉的异常表现；1，头部轻微僵直而身体无明显异常；2，侧腹部收缩；3，下腹壁抬离桌面；4，下腹部躯体拱起。根据动物在不同压力扩张情况下的反应给予相应的分数，同一压力下分值越高表明动物疼痛越明显。此种方法操作简单易行，但主观性较强；通过双盲法是排除实验者主观因素影响的可靠方法。另一方法就是腹部肌电图（EMG）记录法，即在记录前预先将一对记录电极植入腹部的肌肉组织中，实验时将记录电极与肌电记录装置连接，从而记录 CRD 后腹部肌肉的电活动，通过分析电活动的大小来判断机体的痛反应大小。与AWR评分相比，此法较为客观，但动物经历了手术的创伤刺激，手术创伤也可能影响实验结果的真实性。总之，这些技术操作简单，基本相同原理，然而，不同的实验室，同一实验室不同研究人员之间所得到的结果可能有差异。这些差异可能由多种因素所致，包括实验的动物模型不同；操作人员、动物种类，分析参数；内脏感觉评分基线，疼痛阈值，疼痛刺激的耐受性等。随着现代科技的高速发展，CRD 或 GD 刺激装置也可以无线植入待测空腔脏器内，然后无线联到遥测装置上进行监控和检测。

2. 颈部肌肉肌电图（EMG）记录法 主要用来观察胃对 GD 的反应性，即在扩张预先植入胃内气囊扩张后，记录颈部肌肉的电活动，通过分析电活动的大小来判断机体的痛反应大小，但要注意排除手术创伤和感染的可能影响。

3. 心律变异度 除了 VMR 法外，也可通过记录 CRD 或 GD 后的心律变异度（heart rate variability，HRV）来反映动物内脏痛的强弱。HRV 是反映自主神经系统活性和定量评估心脏交感神经与迷走神经张力及其平衡性，即通过测量连续正常 R-R 间期变化的变异性来反映心率变化特征，从而用以判断其对心血管活动的影响。HRV 降低为交感神经张力增高，HRV 升高为副交感神经张力增高。但由于 HRV 分析复杂且影响因素较多，故实验室实际应用较少。

4. 其他方法 近年来，功能性脑成像技术如功能性核磁共振成像等方法也用于评估内脏高敏的高级脑中枢的反应。另外，临床用于疼痛评估的视觉模拟评分法（visual analog scales，VAS）和麦-吉疼痛问卷（McGill pain questionaire，MPQ）等也用于内脏痛的测量。由于内脏痛的特殊性，急需建立疾病特异性的检测方法和疼痛问卷等。

五、慢性内脏痛的病理生理机制

与躯体疼痛研究相比，内脏痛的研究相对较少，因此，对慢性内脏痛的病理生理机制的理解也相对滞后。综合目前对内脏痛的基础研究和临床诊治方面的进展，现将慢性内脏痛的病理机制分类总结如下。

（一）脑–肠轴（Brain-gut axis）与慢性内脏痛

环境因素特别是应激对胃肠道功能的影响巨大，在这过程中，脑–肠轴（brain-gut axis）在中枢神经系统和胃肠道之间的双向信号传递中发挥重要作用（图 6-8-11）。在正常生理情况下，脑–肠轴负责维持机体最基本的生理功能，如消化道功能的中枢调节。该轴功能紊乱会导致肠道内环境平衡失调、胃肠功能紊乱和慢性腹部疼痛等；胃肠道和脑之间的双向信号网络系统对于维持机体内环境稳态和调节神经系统、激素和免疫水平是非常重要的，影响这些系统将引起应激行为反应的改变。近年来的研究发现下丘脑–垂体–肾上腺（hypothalamic-pituitary-adrenal，HPA）轴在应激诱导的内脏痛高敏反应中发挥重要作用，其中去甲肾上腺素和皮质酮是发挥作用的重要信号分子（图 6-8-11）。

（二）肠道微生物（gut microbiota）与慢性内脏痛

微生物–脑–肠轴已成为一个迅速发展的研究领域，涵盖神经科学、精神病学、胃肠病学和微生物学等广泛的生物医学研究。有研究指出，与健康人相比较，IBS 患者的肠道微生菌群有明显改变；双歧杆菌属特别是婴幼儿双歧杆菌和植物乳酸杆菌可以有效地改善应激和结肠炎诱导的内脏痛高敏。

（三）免疫系统和内脏痛

免疫系统是微生物–脑–肠轴的一个关键组成部

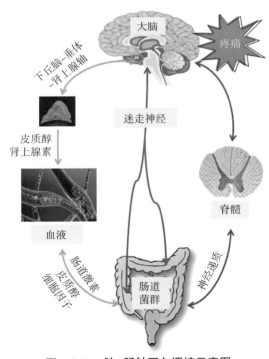

图 6-8-11 脑–肠轴双向调控示意图
（修改自参考文献中的综述 11）

分，在维持中枢神经系统和胃肠道的内环境稳态中起着非常重要的作用。免疫系统和 HPA 轴之间，自主神经系统（automatic nervous system，ANS）和肠神经系统（enteric nervous system，ENS）之间，有着直接或间接的联系，这些调控系统参与了内脏痛的病理生理过程。研究表明，小胶质细胞参与慢性内脏痛的形成，小胶质细胞的激活不但是炎症痛和神经病理痛的发生及维持的关键因素，也在内脏痛的发生和发展过程中发挥重要作用。同样，Tolls 样受体也与内脏痛密切相关。Tolls 样受体是机体天然免疫系统模式识别受体超家族，也是机体维持肠道黏膜和肠道共稳态的重要的天然防御机制成员。通过急性阻断、基因敲除 Tolls 样受体可提高阿片类药物镇痛的效果和持续时间，提示 Tolls 样受体可作为一种潜在的内脏痛治疗的新靶点。

（四）性激素与内脏痛

多年来，性别差异在疼痛敏感中的作用一直存在争议。性激素可以影响脑-肠轴信号网络，也会影响临床试验结果如药物对内脏痛高敏患者的疗效。性别差异相关的内脏痛的解释可能是多因素的，包括环境、心理和生物性别等。IBS 是一种女性占大多数的疾病（男女比例为 1∶2），这和女性对应激易感性较高是一致的。雌性激素如雌激素和孕激素水平在月经周期以及在绝经期和绝经后是变化的，这种变化常常可以解释胃肠运动功能和内脏敏感性的变化。另外，相比于男性，成年女性体内有较高水平的应激激素如促肾上腺皮质激素（adrenocorticotropic hormone，ACTH）和皮质酮；此外，有报道显示性腺激素特别是雌性激素是 HPA 轴的重要的调节剂。有实验证明雌激素受体 α 和 β 本身可以增加促肾上腺皮质激素释放激素（corticotropin releasing hormone，CRH）的表达。许多研究证明了性别差异在应激反应本身及应激诱导的疼痛中的调节作用，但机制并不十分清楚，主要原因是大多数的临床前实验都是用雄性动物来进行研究的。总之，性别在内脏痛的病理生理过程中的作用仍然是一个复杂问题，有待进一步研究。

（五）硫化氢和内脏痛

硫化氢（H_2S）在体内是由多种酶包括 CBS、胱硫醚-γ 裂解酶（cystathionine-γ lyase，CSE）和 3- 巯基丙酮酸硫转换酶（3-mercaptopyruvate sulfurtransferase，3-MST）合成的。因 H_2S 具有一系列特殊的生理功能，使得其在内源性气体信号分子家族中备受瞩目，但其详细的信号转导机制尚不清楚。H_2S 供体注射到大鼠或小鼠足底皮下组织、胰管、肠腔或膀胱均引起伤害性疼痛反应，这种反应可能分别通过激活 Cav3.2 和 TRPA1（transient receptor potential A1）来实现的。小鼠雨蛙肽诱导的胰腺炎和环磷酰胺引起的膀胱炎所致内脏疼痛可被 CSE 抑制剂，也可被 Cav3.2 药物阻断剂或基因沉默所翻转。因此，H_2S 似乎促进 Cav3.2 和 TRPA1 功能而导致痛觉的产生。近年来，有研究发现 H_2S 能增强电压门控性钠通道的功能；CBS 抑制剂能翻转糖尿病所致的胃部痛觉高敏。在 IBS 的动物模型中，CBS 抑制剂能翻转新生期母子隔离所诱发的成年子代大鼠的内脏痛高敏反应和抑制 Nav1.7 和 1.8 的高表达；也能翻转新生期结肠炎症所致的内脏痛高敏和 TRPV1 的高表达，这些实验均表明 H_2S 参与内脏痛的形成，并可能是通过激活多种离子通道来实现的。除了 H_2S 外，其他气体信号分子，例如 NO 在慢性内脏痛中也发挥一定的作用。

（六）表观遗传调控（epigenetic regulation）与慢性内脏痛

在过去二十年里，疼痛遗传学领域已经探索了基因对疼痛的感知过程的影响。最近，Camilleri 等重点描述了遗传基因在 IBS 中的作用，这些基因包括 Nav1.5、G 蛋白偶联胆汁酸受体 -1、KDEL 内质网蛋白保留受体 -2 和 GRID2IP（谷氨酸受体、离子型、δ2 相互作用蛋白）、神经营养蛋白 -1 和细胞分裂调控蛋白 -42 同源物，这些研究为如何将遗传领域的技术方法更好地运用到内脏痛领域指明了方向，但对这些有特异性改变基因的作用还有待进一步深入研究。除遗传因素外，疼痛表观遗传学领域的进展也使得人们对疼痛的分子机制有了更深入的了解。表观遗传学是指引起稳定的和（或）可遗传的基因功能的改变而不伴随任何 DNA 序列变化的过程，其机制包括 DNA 甲基化、组蛋白修饰和染色质重塑等。大多数表观遗传机制研究主要围绕组蛋白的乙酰化和 DNA 的甲基化过程。组蛋白乙酰化可以影响疼痛行为，在炎症痛的模型中，全身和鞘内注射组蛋白去乙酰化酶（histone deacetylase，HDAC）抑制剂有明显的镇痛效果。而且有可能是通过抑制去乙酰化导致背根神经节和脊髓内的 mGlu2 受体（metabotropic glutamate receptors 2）高表达介导的。事实上，组蛋白的乙酰化和应激诱导的内脏感觉高敏相关,已有研究发现慢性 WAS 诱导的反应被认为是在表观遗传水平上进行调节的,应用 HDAC 的抑制剂可以翻转 WAS 诱导的内脏痛觉过敏。至于 DNA 甲基化机制是否参与内脏痛形成目前报道较少。最近的研究发现 CBS 基因在糖尿病引起的胃部痛觉高敏的大鼠模型中也发生去甲基化现象,与此同时,DNA 甲基转移酶也显著下降,但发生去甲基化的分子机制在不同疼痛模型中也不尽相同。还有研究表明,在慢性应激诱发的内脏感觉高敏的大鼠模型中 Nr3c1(糖皮质激素核受体)启动子区甲基化显著增加,且与脊髓 L6-S2 区域该基因表达减少相关。

六、牵涉痛

(一)牵涉痛(referred pain)的定义与特性

与躯体皮肤痛定位局限的特性不同,内脏疾病引起疼痛的区域远远大于病理损伤的部位。临床上最典型的是阑尾炎早期的疼痛,常常涉及上腹部或脐周围部,这种实际感受疼痛的躯体部位远离深部组织病变部位的现象,称为"牵涉痛"。牵涉痛的分布区域有较大的个体差异,但一种组织或器官的牵涉区的分布有一定的特征。如心肌梗死引起的疼痛,四分之一的患者报告疼痛不仅发生在胸部中央的胸骨部位和上腹部,而且也发生在左臂的尺部。深部组织痛常引起部分肌肉的紧张和皮肤痛觉过敏。早在 19 世纪末,Head 详细记录了不同内脏疾病引起的牵涉痛的特征并描述了皮肤过敏区图谱(又称 Head 区)。牵涉痛本身界限模糊,而 Head 区却有明确的边界,并与脊髓节段支配的皮节的边界一致,因此认为 Head 区是取决于那些支配器官的背根。膈区痛是说明牵涉痛与脊髓节段紧密关系的最突出的范例,膈的中央部位由脊髓颈段第 3 和第 4 脊神经分支(膈神经)支配,这两个脊神经也支配颈部和肩部的皮肤和肌肉。当中央膈区受到刺激时,在靠近胸腰段的膈肌实际所在部位并不感到疼痛,而在同一脊神经支配的远离膈的颈部和肩部有明显的痛感。相反,当膈外侧边缘区受到刺激时,疼痛发生在局部,这可能因为其神经支配的是胸段 T6～T10 的肋间神经(图 6-8-12A)。

(二)牵涉痛产生机制

牵涉痛产生机制至今尚不完全清楚。早在 20 世纪 40 年代末,张香桐先生首先提出了对牵涉痛脊髓机制的解释,并精心绘制了图解(图 6-8-12B)。几十年来,生理学家根据大量的临床和实验性研究,对牵涉性痛机制的解释提出了几种假说:

1. 牵涉痛是由传入纤维分支决定。不同组织的传入共同进入一个脊髓节段的背根,即传入纤维在同一脊髓节段会聚。如图 6-8-12C 所示,单个传入纤维的分支支配两个组织结构,一个到皮肤,另一个到内脏。这种来自两个不同特性组织的传入冲动共用同一通道到达脊髓。脊髓神经元分辨其来源时,难免产生混淆,原来没有痛觉传入的部位会感到疼痛。图 6-8-12E 是传入分支的另一种形式,支配内脏的一个传入分支的传入冲动,经其另一支配皮肤的分支轴突逆行传导,引起生物活性物质(如 P 物质)在皮肤中的释放,从而激活支配皮肤的伤害性感受器。这些敏感化的伤害性感受器对非伤害性刺激反应,产生疼痛。解剖学研究表明,1% 的背根节神经元的轴突有两个分支,分别支配远离的两个结构,即肩部和横膈,或臂部和心包。

2. 内脏疾病时,内脏感受器激活引起的脊髓反射参与牵涉痛的形成。如图 6-8-12D 所示,持续的内脏伤害性传入,经脊髓背角中间神经元激活运动神经元,导致肌肉收缩产生的继发性伤害性传入不断地进入脊髓,引起远离内脏的牵涉性肌肉痛。此外,疼痛常常引起交感传出,表现为血压增高、瞳孔放大、竖毛和出汗等,反过来交感传出活动也引起疼痛的产生。

3. 会聚性投射是最广泛被接受的一种假说。这是因为有些临床现象不能用疼痛部位伤害性感受器激活来解释,如截肢引起的幻肢痛。触发刺激的错位是由于中枢神经系统某些神经元的激活造成,这些神经元在正常时接受缺失肢体的传入投射,在肢体未缺失前可被伤害性感受器激活,这些神经元也接受身体其他部位的传入投射。这种会聚性投射是牵涉性感觉错位的基础。如图 6-8-12D 所示来自内脏和躯体的伤害性传入均经同一脊髓节段进入,会聚在同一脊髓背角投射神经元上,由于这个神经元既可被躯体传入激活,也可被内脏器官传入激活,因此,到达脑的信息取决于刺激部位。另一例证是心肌缺血诱发的牵涉性痛,心脏传入由 T1 进入脊髓,T1 也接受胸部和左臂尺侧皮节的传入,以及该段支配的骨骼肌的传入。在心肌缺血时,位于 T 的脊丘束神经元接受来自心肌的传入,但是它通常接受的是来自皮肤、关节和臂部肌肉的信息,因此,

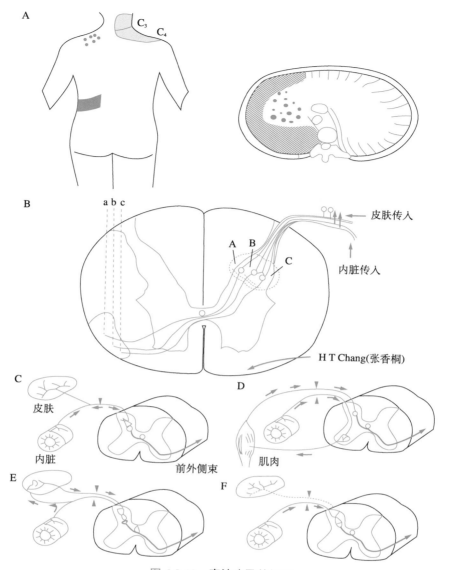

图 6-8-12 **牵涉痛及其机制**

A. 膈区疾患诱发的明牵涉性痛；**B**. 张香桐提出和绘制的牵涉痛假设图；**C**～**F**. 几种诱导牵涉痛的可能机制

大脑错误地"认为"感觉来自胸部和臂部。电生理研究证明，脊髓痛敏神经元同时可被皮肤刺激和内脏刺激激活，同一神经元接受皮肤和内脏传入的会聚为会聚投射假说提供了证据。

参考文献

综述

1. Labanski A，Langhorst J，Engler H，et al. Stress and the brain-gut axis in functional and chronic-inflammatory gastrointestinal diseases：A transdisciplinary challenge. *Psychoneuroendocrinology*，2020，111：104501.

2. Cameron OG. *Visceral sensory neuroscience*：*Interoception.* New York：Oxford University Press，2002. VII-IX，3-220.

3. Odell DW. Epigenetics of pain mediators. *Curr Opin Anaesthesiol*，2018，31（4）：402-406.

4. Gebhart GF，Bielefeldt K. Physiology of visceral pain. *Compr Physiol.* 2016 15，6（4）：1609-1633.

5. Janig W. Neuronal mechanisms of pain with special emphasis on visceral and deep somatic pain. *Acta Neurochirurgica*，Suppl，1987，38：16-32.

6. 陆智杰，俞卫锋. 内脏痛-基础与临床. 北京：人民军医出版社，2013.

7. Mei N. Sensory structures in the visceral. // Autrum H，Ottoson D，Perl ER，et al. eds. *Progress in sensory physiology.* New York：Springer-Verlag，1983：1-42.

8. Pasricha PJ，Willis WD and Gebhart GF. *Chronic abdominal and visceral pain*：*Theory and Practice.* Informa Healthcare USA，Inc.，2007.

9. Szolcsanyi J.Forty years in capsaicin research for sensory pharmacology and physiology. *Neuropeptides*，2004，38：377-384.

10. Willis WD. Dorsal root potential and dorsal root reflexes a

double-edged sword. *Exp Brain Res.* 1999，124：395121.

11. 张弘弘，孙艳，徐广银 . 慢性内脏痛的病理机制研究和临床治疗新进展 . 中国疼痛医学杂志，2017：23（1）：2-20.

12. 赵志奇 . 疼痛及其脊髓机理 . 上海：上海科技教育出版社，2000：22-61，167-173.

13. Sanvictores T，Tadi P. *Neuroanatomy，autonomic nervous system visceral afferent fibers and pain.* 2020. In：StatPearls［Internet］. Treasure Island（FL）：StatPearls Publishing，PMID：32809678.

原始文献

1. Appendino G，De Petoceli L，et al. Development of the first ultra-potent "capsaicinoid" agonist at transient receptor potential vanilloid type 1［TRPV1］channels and its therapeutic potential. *J Pharm Exp Therap*，2005，312：561-570.

2. Cervero F. Laird JMA. Understanding the signaling and transmission of visceral nociceptive events. *J Neurobiol*，2004，61：45-54.

3. Clapham DE. Signal transduction：hot and cold TRP ion channels. *Science*，2002，295：2228-2229.

4. Danzer M，Samberger C，Schicho R，et al. Immunocytochemical characterization of rat brainstem neurons with vagal afferent input from the stomach challenged by acid and ammonia. *Europ J Neurosci*，2004，19：85-92.

5. Drewes AM，Rossel P，Le Pera D，et al. Dipolar source modelling of brain potentials evoked by painful electrical stimulation of human sigmoid colon. *Neurosci Let*，2004，358：45-48.

6. Foreman JC. Neuropeptides and the pathogenesis of allergy. *Allergy*，1987，42：1-11.

7. Holis JH，Lightman SL，Lowry CA. Integration of systemic and visceral sensory information by medullary catacholaminergic system during peripheral inflammation. *Ann NY Acad Sci*，2004，1018：71-75.

8. Klop EM，Mouton LJ，Hulsebosch R，et al. In cat four times as many lanina I neurons project to the parabrachial nuclei and twice as many to the periaqueductal gray as to the thalamus. *Neuroscience*，2005，134：189-197.

9. Qi F，Zhou Y，Xiao Y，et al. Promoter demethylation of cystathionine-beta-synthetase gene contributes to inflammatory pain in rats. *Pain*，2013，154：34-45.

10. Smith AP. The concept of well-being：relevance to nutrition research. *British J Nutrition*，2005，3（suppll）. sl-s5.

11. Wei，JY，Wang YH. Effect of cholecystokinin pretreatment on the CCK sensitivity of rat polymodal vagal afferent fibers in vitro. *Am J Physiol. Endocrinology Metabolism.* 2000，280：E695-E706.

12. Yang FC，Tan T，Huang T，et al. Genetic control of the segregation of pain-related sensory neurons innervating the cutaneous versus deep tissues. *Cell Rep*，2013，5（5）：1353-1364.

13. Zhang HH，Hu J，Zhou YL，et al. Promoted interaction of nuclear factor-kappaB with demethylated cystathionine-beta-synthetase gene contributes to gastric hypersensitivity in diabetic rats. *J Neurosci*，2013，33：9028-9038.

14. Mahurkar-Joshi S，Chang L. Epigenetic mechanisms in irritable bowel syndrome. *Front Psychiatry*，2020，11：805.

15. Lomax AE，Pradhananga S，Sessenwein JL，et al. Bacterial modulation of visceral sensation：mediators and mechanisms. *Am J Physiol Gastrointest Liver Physiol*，2019，317（3）：G363-G372.

16. van Thiel IAM，de Jonge WJ，Chiu IM，et al. Microbiota-neuroimmune cross talk in stress-induced visceral hypersensitivity of the bowel. *Am J Physiol Gastrointest Liver Physiol*，2020，318（6）：G1034-G1041.

17. Santoni M，Miccini F，Battelli N. Gut microbiota，immunity and pain. *Immunol Lett*，2021，229：44-47.

索 引

T